第八届中国石油石化腐蚀与防护技术交流大会暨石油石化腐蚀与防护专家论坛论文集

中国石油学会石油石化腐蚀与防护专业委员会
黑龙江大庆土壤环境材料腐蚀国家野外观测研究站　编
新疆库尔勒土壤环境材料腐蚀国家野外观测研究站

中国石化出版社
·北京·

图书在版编目(CIP)数据

第八届中国石油石化腐蚀与防护技术交流大会暨石油石化腐蚀与防护专家论坛论文集 / 中国石油学会石油石化腐蚀与防护专业委员会，黑龙江大庆土壤环境材料腐蚀国家野外观测研究站，新疆库尔勒土壤环境材料腐蚀国家野外观测研究站编. -- 北京：中国石化出版社，2024. 9.
-- ISBN 978-7-5114-7692-0

Ⅰ. TE98-53

中国国家版本馆 CIP 数据核字第 2024X8F161 号

中国石化出版社出版发行

地址:北京市东城区安定门外大街 58 号
邮编:100011 电话:(010)57512500
发行部电话:(010)57512575
http://www.sinopec-press.com
E-mail:press@sinopec.com
北京鑫益晖印刷有限公司印刷
全国各地新华书店经销

*

880 毫米×1230 毫米 16 开本 51.75 印张 1548 千字
2024 年 9 月第 1 版 2024 年 9 月第 1 次印刷
定价:458.00 元

前　　言

随着全球经济逐渐摆脱过往的阴霾，复苏之路虽显缓慢却仍在坚定前行。然而，这一过程中，发达经济体复苏的增长动力明显不足，成为制约全球经济快速回暖的关键因素。与此同时，全球债务规模持续膨胀、比例攀升，为经济稳定埋下了隐患。此外，地区间的冲突与紧张局势频发，战争热点此起彼伏，不仅威胁着国际安全格局，也深刻影响着全球能源市场与供应链的稳定。在这样的国际大环境下，石化能源行业作为全球经济的重要支柱之一，正面临着前所未有的挑战与转型的机遇。

油气生产与储运、石油炼化、煤化工、特种化工等石油石化行业正步入一个充满变革与挑战的新纪元。随着可再生能源的蓬勃兴起与绿色转型的迫切需求，减少温室气体排放、缓解环境污染成为了不可回避的责任与使命。与此同时，安全环保的标准也被赋予了前所未有的高度，要求企业不仅要追求经济效益，更要兼顾生态与社会的可持续发展。行业内部也面临着降低运行能耗、优化维修成本、实现低投资高效扩张等多重压力。这些挑战促使石油石化企业不断探索创新之路，通过技术创新、管理优化等手段，提升整体运营效率，降低运营成本，以适应日益严峻的市场环境和社会期望。在这一过程中，石油石化行业正逐步转型为更加绿色、智能、高效的现代化工体系。作为国家能源战略安全的坚实基石，石化能源生产设备设施的完整性管理被赋予了前所未有的重要性，其标准日益严苛。同时，对于腐蚀损伤的健康度保障也提出了更高要求，力求设备在恶劣环境下仍能稳健运行。而且，形势更为严峻的现实是，中国经济高速发展四十多年期间投资建设的一些石油石化生产设备设施开始面临老龄化问题，投资更新不易，更换报废导致经济损失，投产运行容易次生安全伤亡事故。石油石化能源行业设备设施腐蚀风险治理体系和腐蚀损伤隐患治理能力亟待发展和完善，行业急需成熟的工业技术体系和技术能力，保障在役设备设施，尤其是老旧设施的完整性和腐蚀损伤健康度。

另一方面，数字化转型发展是党中央布置的任务，是国内专业技术与产业发展弯道超车的必要路径。二十大号召到 2035 年实现(腐蚀泄漏)安全风险治理体系和治理能力现代化，针对腐蚀未病和已病的防与治数字化转型，包括监检测感知系统的信息化、诊断评估的智能化、防控系统自动化。国内目前尚且还有很多技术需要研发、产业需要升级，石油石化腐蚀防护技术和产业发展面临战略新机遇。

为了加速实现石油石化领域腐蚀风险治理体系及腐蚀损伤隐患治理能力的现代化进程，确保石化能源生产设备设施的完好无损与腐蚀防护的卓越健康状态，从而为国家能源战略安全提供坚实保障，推动石油石化腐蚀与防护技术的革新与产业升级，引领行业向更加安全、高效、环保的方向发展，全面提升石油石化行业安全生产的品质与标准，第八届中国石油石化腐蚀与防护技术交流大会暨石油石化腐蚀与防护专家论坛将于2024年9月11日~13日在陕西省西安市隆重召开。

本次大会吸引了众多国内外知名专家、学者以及相关从业者的热情参与，聚焦"推动腐蚀与防护技术升级，助力安全生产高质量发展"主题，深入探讨石油石化行业在新能源、新业态、新领域全生命周期中面临的腐蚀问题，寻求提高装备设施完整性和可靠性健康度的有效途径，以实现安全风险的全面受控。同时，会议还将关注如何借助信息化、数字化、智能化手段，精准识别、评价、预测和预防现有站场及管道完整性失效风险，实现预测性维护，推动石油石化行业防腐领域的"数字化转型"。

本次大会得到了中国石油、中国石化、中国海油、国家管网、延长石油以及相关高等院校和科研院所等单位的大力支持，共计征集论文210余篇，择优收录130篇辑册成集并公开出版发行。本论文集是对此次大会学术成果的集中展示，涵盖了油(气)田企业、炼化企业、油气储运等多个专题的研究内容。其中包括油气田设施及长输管道腐蚀防护技术、炼化装置及管道腐蚀防护技术、数字化与低碳及新能源新技术等前沿领域的探讨，以及对腐蚀机理、监测评价、防护技术等方面的深入研究。这些论文不仅反映了当前石油石化腐蚀与防护技术的最新成果和发展水平，也为解决实际生产中的腐蚀问题提供了有益的思路和方法。

我们衷心感谢每一位作者的积极投稿和辛勤付出，同时也感谢评审专家的认真评审和严格把关，使得本论文集能够顺利出版。希望本论文集能够为广大读者提供有价值的参考，促进石油石化腐蚀与防护技术的交流与进步，为行业的可持续发展贡献力量。

本书编委会

2024年9月

目　　录

第一篇　油气田设施及长输管道腐蚀防护技术篇

第二篇　炼化装置及管道腐蚀防护技术篇

第三篇 数字化与低碳及新能源新技术篇

第一篇　油气田设施及长输管道腐蚀防护技术篇

页岩油管道在线泄漏监测技术应用及效果分析

陈康林　钟建伟　孙　晟　付宇鑫　亢　松　盛　洋

（中国石油长庆油田分公司）

摘　要　随着油田开发的深入，含水上升管道腐蚀严重原油泄漏时有发生，为生产运行管理带来难题，如何及时掌握管道运行中是否发生泄漏及泄漏位置极为重要。为此，通过管道在线泄漏监测技术的应用实现对管道的及时监控，该文对油田目前应用的在线泄漏监测系统的情况进行分析，提出了下步改进意见。

关键词　泄漏在线监测；流量平衡；负压波；效果分析；技术应用情况

1　开展管道泄漏在线监测的必要性

页岩油共有各类集输管线 211 条，长度 996km。随着油田开发进入中高含水期，管线的腐蚀破损所带来的安全环保问题日益严峻。近年来通过清水试压和管道腐蚀检测将部分问题管线提前暴露和整改，大大减轻了管线泄漏的风险，但腐蚀及其他原因造成的原油泄漏还是时有发生，为生产运行管理带来难题，因此及时掌握管道运行中是否发生泄漏及泄漏位置极为重要，同时设计要求接增压点以上的管线必须配套泄漏检测系统。如表 1 所示。

表 1　管线服役年限统计表

管线类别		<5 年	5~10 年	10~15 年	>15 年	小计
集输管线	条数	175	33	3	1	211
	长度/km	893	93.6	9.5	0	996.1

2　国内主要管道泄漏监测技术

原油长输管线监管方式主要有质量流量平衡法、光纤法、负压波法、次声波法等管线泄漏检测方法对长输管线进行监控，通过监测分析压力、输差、次声波频率等数据，实现泄漏报警，以达到及时处理紧急情况的目的。

2.1　质量流量平衡法

根据质量守恒定律，在管线无泄漏的情况下进入管道的质量流量等于流出管道的质量流量，当泄漏程度达到一定量时，入口和出口形成明显的流量差。检测管道多点位的输入和输出流量，或检测管道两端泵站的流量并将信号汇总构成质量流量平衡图像，根据图像的变化特征就可确定泄漏的程度和大致位置。

2.2　负压波法

在泄漏发生时，泄漏处立即产生因流体物质损失而引起局部流体密度减小出现的瞬时压力降低和速度差，这个瞬时压力下降作用在流体介质上就作为减压波源通过管道和流体介质向泄漏点的上下游以声速传播。当以泄漏前的压力作为参考标准时，泄漏时产生的减压波就成为负压波，设置在泄漏点两端或泵站的传感器通过接收和分析负压波信号，就可确定泄漏程度和位置。如图 1 所示。

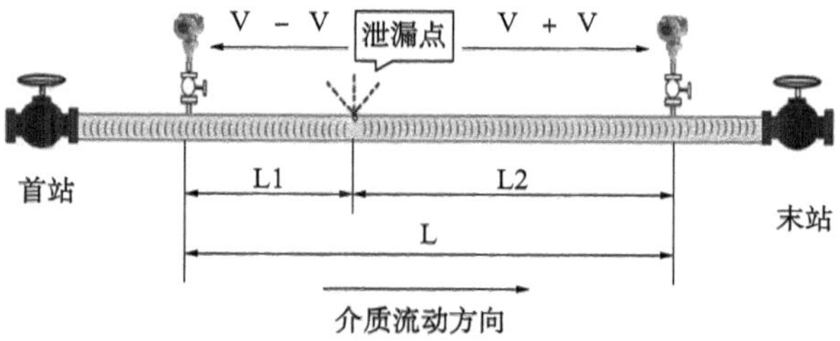

图 1　负压波法泄漏监测原理示意图

2.3　光纤法

在油气管线附近并行铺设一条或几条光缆，利用光纤作为传感器，对油气管线进行实时监测；在光纤的两端各设置一套光功率检测模块，并和计算机连接，利用计算机对数据进行分析和融合，获得管线周围的压力变化和振动信号的特征，当管线中的油气发生泄漏时，产生的应力或冲击力将改变光纤的特性和损耗，通过对光纤背向散射光功率和光纤输出光功率的测量，对损耗大小和频谱的分析，发现并准确定位油气管线泄漏位置。如图 2 所示。

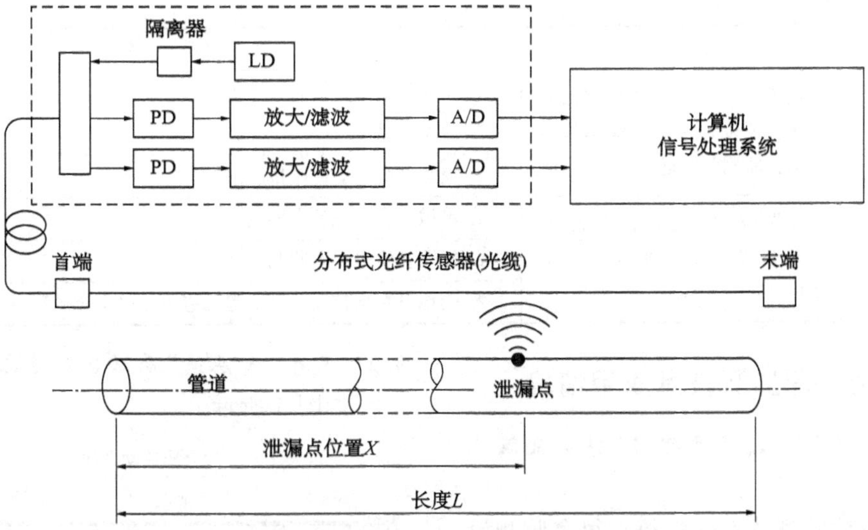

图 2　光纤法泄漏监测原理示意图

2.4　次声波法

管道破裂后泄漏处的多向湍射流与管壁相互作用后会产生声波，声波以管道内输送介质为媒介，向上下游传播。安装在上、下游的泄漏检测仪表检测到泄漏，通过自适应信号去噪、泄漏信号重构、声纹特征提取和神经网络模型，可以实现对泄漏信号的可靠识别和诊断。如图 3、表 3 所示。

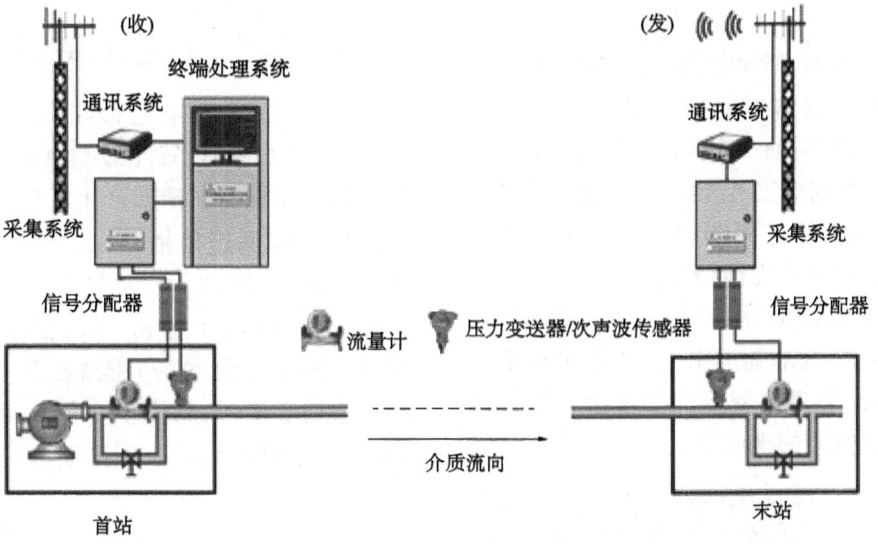

图 3　次声波法泄漏监测原理示意图

表 2　管线泄漏检测方法对比表

项　　目	优　　点	缺　　点
质量流量平衡法	安装、维护方便	1. 仪表精度要求高、价格高、安装
		2. 定位精度低
		3. 泄漏检测灵敏度低、误报率高
		4. 受地形影响较大，管线起伏造成管段不充满时误差较大
负压波法	安装维护方便，能够实现定位，成本低，定位精度高，技术成熟	1. 泄漏检测易误报、漏报
		2. 泄漏检测灵敏度低
		3. 受地形影响较大，管线起伏造成管段不充满时误差较大

续表

项　目	优　点	缺　点
光纤法	灵敏度高、能够实现定位和预警，定位精度高、泄漏检测度高，监测距离远	1. 安装施工工作量大、维护复杂
		2. 成本高昂
		3. 灵敏度高，造成误报、漏报多
次声波法	安装维护方便、技术成熟、灵敏度高、定位准确、成本适中	1. 灵敏度受管道长度影响
		2. 插输管线需多段监测
		3. 受地形影响较大，管线起伏造成管段不充满时误差较大

3　页岩油管道泄漏监测技术应用情况

3.1　“负压力波法”和“输量平衡法”结合泄漏监测技术

为了消除各种监测技术的劣势，很多监测设备对部分监测技术进行了有效结合。页岩油开发分公司共应用了15套采用“负压力波法”和“输量平衡法”结合的泄漏监控系统。该系统主要是以负压波法和质量平衡对比法为基本方法，利用管道瞬态模型，采用流量报警、压力定位，以及流量、压力综合分析进行报警、定位的智能监测系统。

“负压波法”通过监测“泄漏”引起的“压力下降”来判断有无泄漏发生并进行定位，如图4。不难理解，某些站内操作引起的非泄漏“压力下降”必须屏蔽，否则会发生频繁的无意义报警。“输量平衡法”是靠管道两端的流量计实时监测比对进出流量，判断有无泄漏发生。北京科力达宏业科贸有限公司的KLDHY系列管道泄漏监测系统在“负压波法”的基础上引入了“管道输量平衡法”，把二者结合后，就形成了优势互补，极大地提高了泄漏监测的准确率。

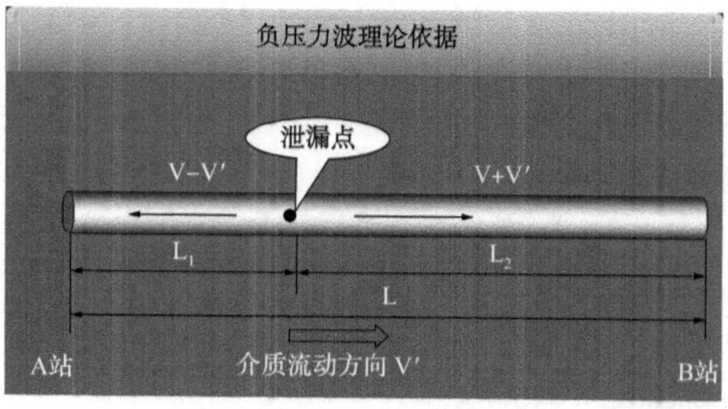

图4　原理示意图

KLDHY系列管道泄漏监测系统以“负压波法”为基本方法，利用管道瞬态模型，采用流量报警，压力定位。

3.2　基于“负压波”原理的基本数学模型建立

如图5所示。

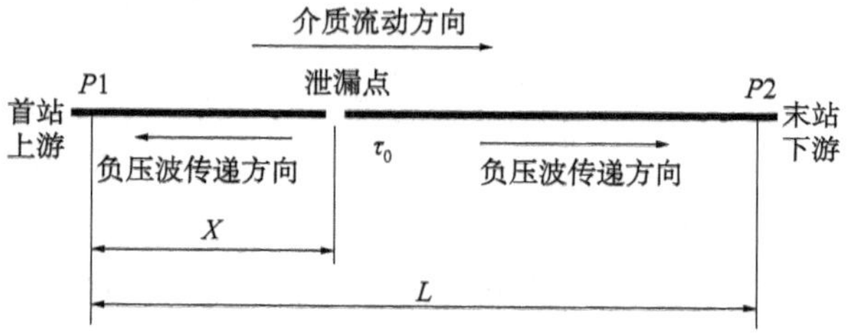

图5　压力波传递示意图

X—泄漏点与首端的距离；α—压力波传播速度；L—首末两站间的距离(管长)；τ_0—首末站变送器输出信号的时间差；

$$X=\frac{1}{2}(L+\alpha\tau_0)$$

上述公式的推导过程如下：

上下游分别设置压力测点 p_1、p_2，当管线在 X 处发生泄漏时，泄漏产生的负压波即：以一定的速度 α 向两边传播，在 t 和 $t+\tau0$ 时刻被传感器 p_1、p_2 检测到，对压力信号进行相关处理，式中 α 为波速，L 为 p_1、p_2 之间的距离未发生泄漏时，相关系数 $\Phi(\tau)$ 维持在某一值附近；当泄漏发生时，$\Phi(\tau)$ 将发生变化，而且当 $\tau=\tau0$ 时，$\Phi(\tau)$ 将达到最大值。理论上：

$$\Phi(\tau)=\lim_{T\to\infty}\frac{1}{2T}\int_{-T}^{+T}p_1(t)p_4(t-\tau)\mathrm{d}t$$

$$\tau\in\left(-\frac{L}{\alpha},\ \frac{L}{\alpha}\right)$$

$$\tau_0=\frac{2X-L}{\alpha}$$

解出定位公式如下：

$$X=\frac{1}{2}(L+\alpha\tau_0)$$

式中，X 为泄漏点距首端测压点的距离；m；L 为管道全长；m；a 为压力波在管道介质中的传播速度；m/s；τ_0 为上、下游压力传感器接收压力波的时间差；s。

由以上公式可知，要实现准确的定位，必须精确的计算压力波在管道介质中的传播速度 a 和上、下游压力传感器接收压力波的时间差 τ_0。

压力波在管道介质中传播速度的确定：

压力波在管道内传播的速度决定于液体的弹性、液体的密度和管材的弹性：

$$\alpha=\sqrt{\frac{K/\rho}{1+[(K/E)(D/e)]C_1}}$$

式中，α 为管内压力波的传播速度，m/s；K 为液体的体积弹性系数，Pa；ρ 为液体的密度，kg/m^3；E 为管材的弹性，Pa；D 为管道的直径，m；e 为管壁厚度，m；C_1 为与管道约束条件有关的修正系数。

式中弹性系数 K 和密度 ρ 随原油的温度变化而变化，因此，必须考虑温度对负压波波速的影响，对负压波波速进行温度修正。在理论计算的基础上，结合现场反复试验，可以比较准确的确定负压波的波速。

压力波从首端到末端所需的时间 τ 可以通过现场试验测定，L 为已知，那么压力波的传递速度 $\alpha=L/\tau$ 就可以计算出来。有了这个速度，如果能准确地检测到压力波到达首端和到达末端的传递时间差，就很容易计算出泄漏点位置。当然，由于不同管线的工况参数及被输介质的理化性质有差异，压力波的传递速度受介质（原油）密度、温度、黏度等物理性质和当时输送速度影响比较大，必须做必要的修正处理。

3.3 技术难点及解决方案

“负压波”和“输量平衡”互补型管道泄漏监测技术在大庆、华北平原油田应用较为成熟，但对于位处峁梁交错黄土高原上的第十采油厂，要成功应用，仍需解决五大技术难题：

（1）大翻越管线报警定位技术难题；

（2）小排量间输管线报警定位技术难题；

（3）通信技术难题；

（4）远程数据共享技术难题；

（5）报警优化。

从图 6 可以看出，假设从甲站向乙站输油，管线经过 A、B、C 三点，从 A 点至 B 点为上坡，B 点至 C 点为落差，A 点（甲站起点）压力为 P_1，流量为 Q_1，相关的 B、C 点分别为 $P'Q'$、P_2Q_2。泄漏报警定位系统监测的是 P_1Q_1、P_2Q_2，当 $Q_1=Q_2$ 时，系统正常，当 $Q_1>Q_2$ 时，系统显示管线存在泄漏。这时，需要通过压力变化来判断泄漏点。实际输油时，由于重力的作用产生自流现象，B 点至 C 点常常有一段为“空”管段，即原油紧贴管线下壁形成瀑布般高速自流，管内充不满。这样，A、C 之间任何一点发生泄漏，产生的水力波都不能通过“高速自流”管段传输至 A 点或者 C 点。因此系统就无法定位。

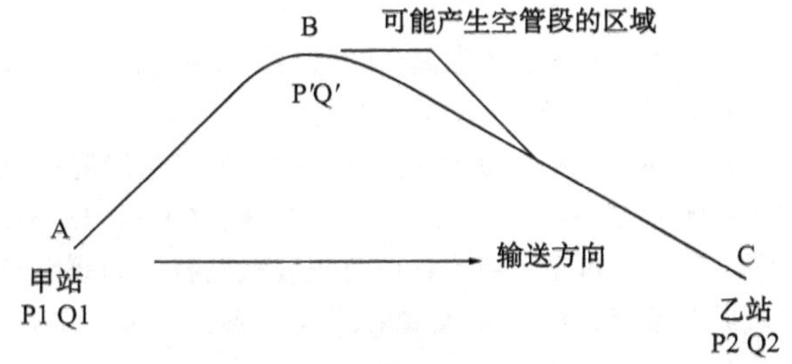

图 6　翻越管线示意图

在山区当管线穿越山梁沟壑落差大、输量比较小时，极易形成半管油的充不满现象，阻断了压力波的传递途径，系统也就无法对泄漏进行定位。要成功解决负压区只能有两种办法：

办法一就是在输油管线承压允许的条件下合理调整输油管线输油参数，适当提高排量，或者必要时可以在收油站适当节流憋压，以便消除空管段，保证将管线充满，使泄漏压力波能够顺利传递到两端；但输油是动态的变化的，管线的承压能力也是有限的，憋压运行道理简单，实现困难。

办法二就是避开空管段分段监测。在管线最高点（B 点）安装野外监测点，撇开负压区，对管线分段监测。监测点之内的实时自动监测报警、定位，负压区实时自动检测报警、人工巡线定位。

4　取得的认识及下步建议

（1）常规的单项管道泄漏在线监测技术针对长庆油田复杂的的地形结构不适用，我们必须考虑各类技术的综合应用。

（2）“负压力波法”和“输量平衡法”结合的管道泄漏在线监测系统和 3D 建模管道泄漏在线监测系统在相对平缓，高程变化不大的管线上一定程度上是能实现对管道泄漏的报警和准确定位的。

（3）继续完善 3D 建模管道泄漏在线监测系统模型的边界条件设置，充分考虑每条管道的压力、排量、含水、含气、管径、壁厚、长度、空间走向等实际情况，修正模型计算方法，以期准确实现泄漏报警和准确定位。

（4）针对含气量大、路径地形复杂，特别是高程差大于200m（终点低于起点），容易形成段塞流的管线，需要继续开展广泛调研，引进适应工况复杂的泄漏监测系统开展试验。

参 考 文 献

［1］周明才．输油管道泄漏实时监测报警系统［J］．石油钻采工艺，2003，（06）：49.

［2］付道明，孙军，贺志刚，等．国内外管道泄漏检测技术研究进展［J］．石油机械，2004，（03）：48-51.

［3］胡琼，范世东．液体管道负压波检漏技术的研究现状与发展趋势［J］．管道技术与设备，2009，（04）：21-24.

［4］胡鑫．站间输油管道泄漏监测方法的研究［J］．信息系统工程，2016，（08）：88.

［5］马小林，王泽根，谢静文．负压波在管道泄漏检测与定位中的应用［J］．管道技术与设备，2013，（03）：17-19.

［6］宋立军，杨拥民，熊先锋．基于负压波分析的油管检漏技术研究［J］．机械，2003，（03）：70-71+80.

［7］李通达．基于光纤分布式声波传感的管道流速及泄漏监测技术研究［D］．华中科技大学，2021.

［8］张铖三．基于光纤振动感知技术的管道泄漏监测识别技术研究［D］．齐鲁工业大学，2024.

［9］张晓宁．光纤传感技术在市政给排水管道泄漏监测中的应用研究［J］．住宅与房地产，2024，（09）：149-151.

［10］牛立群．石油泄漏监测的光学单元无线系统的设计与研究［D］．大连理工大学，2017.

［11］郑恩文．长距离输油气管道泄漏监测与准实时检测技术研究［J］．黏接，2019，40（10）：20-24+31.

含铬耐蚀管材在姬塬油田侏罗系油井的现场试验

田宇欣[1,2]　吴春生[1,2]　孙雨来[1,2]　程碧海[1,2]　付彩利[1,2]　杨立华[1,2]

（1. 低渗透油气田勘探开发国家工程实验室；2. 中国石油长庆油田分公司油气工艺研究院）

摘　要　近年来，姬塬油田经过多年的开发已至中后期，腐蚀套损严重，严重威胁着油田的安全生产。本文通过采出水成分、腐蚀产物成分等分析，明确了姬塬油田腐蚀因素。通过化学成分分析和现场挂环试验评价了5Cr管材的耐蚀性，并在油田现场进行了油管入井试验。结果表明：姬塬油田井筒中以CO_2腐蚀为主；相比J55钢，5Cr挂环腐蚀速率大幅降低，耐蚀能力显著提升。5Cr耐蚀管材在姬塬油田下入30口井，腐蚀速率较J55↓50%上，在姬塬油田具有较好防腐效果。

关键词　姬塬油田；含铬耐蚀管材；CO_2腐蚀；现场应用

1　引言

姬塬油田地处鄂尔多斯盆地，经过多年的开发已至中后期，腐蚀套损严重，成为严重危害油田开发作业安全及经济效益的最大隐患。姬塬油田现有700余口侏罗系油井，总矿化度高达（4～11）×10^4mg/L，Cl^-浓度（1～7）×10^4mg/L，井底CO_2平均分压为0.04MPa。井筒动液面以下套管普遍存在严重内腐蚀，油井内套管防腐蚀主要采用环氧酚醛涂层内防腐蚀技术，利用改性环氧酚醛喷涂热固化涂层隔绝腐蚀性介质。然而，防腐涂层在服役过程中容易受到外部环境的物理/化学损伤，需进一步改进防腐蚀措施，研究试验新型耐蚀管材，并结合其他防腐蚀等措施，降低套管局部腐蚀速率，控制油田套损率。

本文对姬塬油田重点区块进行腐蚀因素测试和套管腐蚀机理分析，采用能谱仪（EDS）、X射线衍射（XRD）等方法对井筒采出液及腐蚀产物成分进行分析，并进行现场挂环入井和油管试验，以期为重点腐蚀区内防腐蚀技术推广提供参考，为姬塬油田全生命周期防腐蚀提供一条经济可行的技术路径。

2　姬塬油田侏罗系油井腐蚀因素分析

2.1　产出液水质分析

对66口油井采出液水质进行测试，分析结果如表1所示：姬塬油田各区块水质差异较大，总矿化度在41186～91956mg/L之间，平均矿化度68376mg/L。采出液中Cl^-和HCO_3^-离子含量均较高，通常随着Cl^-浓度的增加，水介质总矿化度增大，电解质导电性增强，腐蚀速率上升，由于Cl^-的穿透性较强，对套管表面点蚀的影响更为显著。HCO_3^-含量越高，CO_2含量越高，腐蚀倾向越强，且HCO_3^-可以直接参与阴极的还原反应，加快了阳极金属的溶解。

表1　采出液水质分析结果表

区块	井数（口）	水样中CO^2浓度/（mg/L）	K^+/（mg/L）	Na^+/（mg/L）	Ca^{2+}/（mg/L）	Mg^{2+}/（mg/L）	总Fe/（mg/L）	CO_3^{2-}/（mg/L）	HCO_3^-/（mg/L）	Cl^-/（mg/L）	SO_4^{2-}/（mg/L）	矿化度/（mg/L）	含有SRB井数/口	SRB数量/（个/mL）
耿A	4	12481	137	10606	6854	810	3.2	<5	550	64605	350	83916	0	0
耿B	5	16324	97	13100	3229	459	2.5	<5	410	44123	1945	63369	2	6
耿C	10	9507	108	13807	806	213	2.7	<5	1006	23950	1292	41186	4	23
耿D	6	4453	163	20050	3079	562	30.2	<5	913	40229	1623	66651	1	1
沙A	12	6392	84	11185	1256	199	0.6	<5	612	39863	4079	57282	10	6
盐A	21	1011	169	21265	8387	509	21.9	<5	305	40907	2702	74269	8	5
黄A	8	979	308	31841	15904	1028	3.2	<5	169	40799	1900	91956	3	2
平均	66	7307	152	17408	5645	540	9.2	<5	567	42068	1984	68376	28	6

2.2 腐蚀产物分析

表2为1#井和2#井井筒腐蚀产物EDS分析结果(图1)，1#井和2#井的井筒腐蚀产物膜中均含有$FeCO_3$，$FeCO_3$是CO_2腐蚀产物，说明油管和套管发生CO_2腐蚀。1#井腐蚀产物中C、O、Cl、Fe含量较高，结合XRD和EDS分析结果(图2)，腐蚀产物主要以$FeCO_3$为主，同时含有少量的Fe_3O_4和FeS，FeS腐蚀产物极有可能为SRB的腐蚀产物，而2.1节的水质分析结果也表明，某些井筒中存在SRB，其生理活动易造成H_2S的产生。

表2　井筒腐蚀产物EDS分析结果

元素	1#井腐蚀产物		2#井腐蚀产物	
	001	002	012	013
C	7.2	19.88	30.09	30.14
O	18.7	32.37	42.23	38.47
Mg	0.1	0.13	0.79	0.6
Si	—	—	7.75	6.94
S	0.26	0.27	0.63	0.42
Cl	1.65	6.26	0.28	0.39
Ca	0.55	0.71	6.25	5.66
Cr	—	0.88	—	0.23
Fe	71.56	39.49	11.98	17.16

(a)1#井

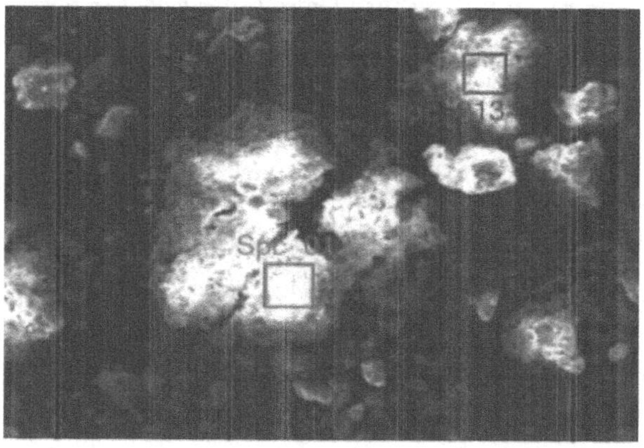

(b)2#井

图1　井筒腐蚀产物EDS分析位置

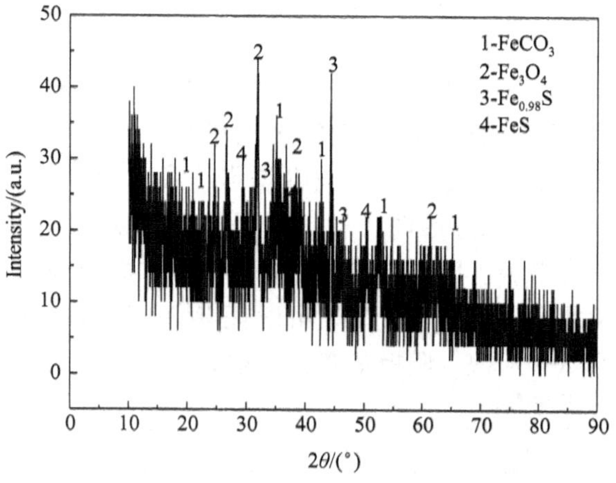

(a)1#井

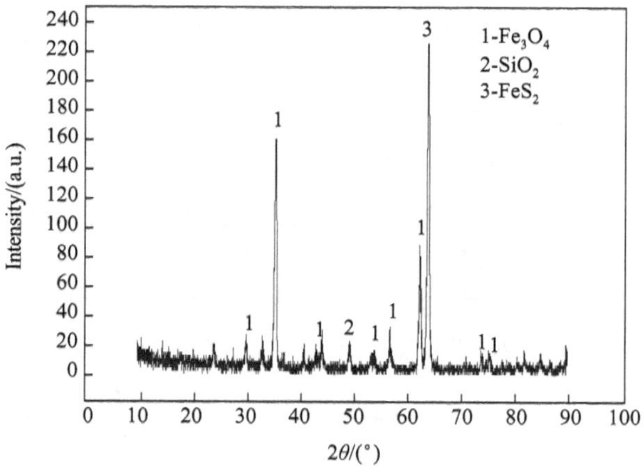

(b)2#井

图2　井筒腐蚀产物XRD分析结果

3　现场试验

3.1 腐蚀挂环下井试验

2022年3月~11月，在姬塬油田开展4口井下的腐蚀挂环现场评价试验。挂环材质为J55钢和5Cr低合金耐蚀钢，挂环位置为泵下200m。如表3所示：安A井中的材料以均匀腐蚀为主，J55钢的腐蚀速率为0.3857mm/a，5Cr低合金耐蚀钢腐蚀较为轻微，腐蚀速率为0.0735mm/a，材料表面未见明显腐蚀缺陷。

安A井J55钢和5Cr低合金耐蚀钢挂环的宏观形貌和表面腐蚀产物膜微观形貌如图3、图4所示：J55钢外壁腐蚀严重，外壁减薄程度差异极大，多处发生了大凹陷和大量点蚀坑，有一处甚至发生了腐蚀断裂；5Cr 钢相比 J55 腐蚀程度轻微，但存在部分点蚀坑。5Cr 低合金耐蚀钢表面覆盖有致密的龟裂状产物膜，EDS 显示(图 5)表面腐蚀产物成分主要含有 C、O、Fe、Cr 以及极少量 Si、S、Ca、Mn 等元素；J55 钢表面腐蚀产物较为疏松，EDS 显示表面腐蚀产物成分主要含有 C、O、Fe 以及极少量 Si 等元素。

表 3　安 A 井三种挂环的平均腐蚀速率计算结果

序号	试样名称	监测前/g	监测后/g	试验时间/d	尺寸(内径×宽度×厚度)/mm	平均腐蚀速率/(mm/a)
1	J55-2#	81.774	71.437	225	65×20×2.5	0.3857
2	J55-3#	79.512	57.8082	225	65×20×2.5	
3	5Cr-5#	82.469	79.6377	225	65×20×2.5	0.0735
4	5Cr-6#	82.202	78.9237	225	65×20×2.5	

(a)J55钢试样　(b)5Cr钢试样

图 3　安 A 井挂环试验后 J55 钢和 5Cr 低合金耐蚀钢的宏观形貌

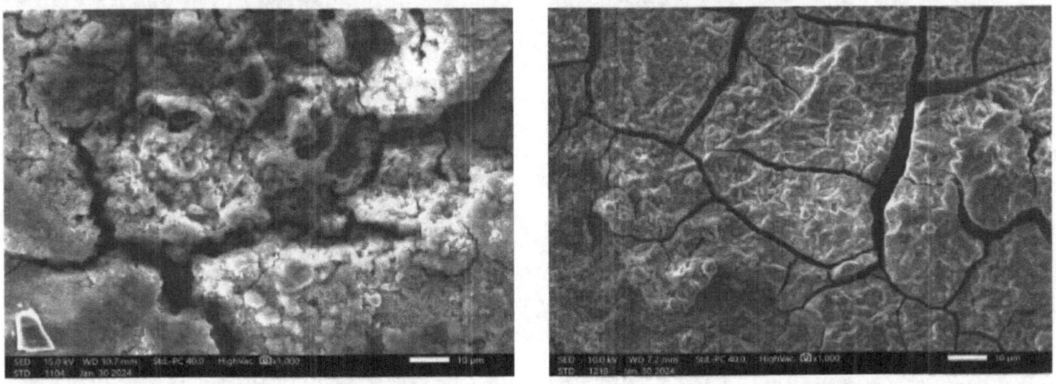

(a)J55钢试样　(b)5Cr钢试样

图 4　安 A 井挂环试验后 J55 钢和 5Cr 低合金耐蚀钢的表面微观形貌

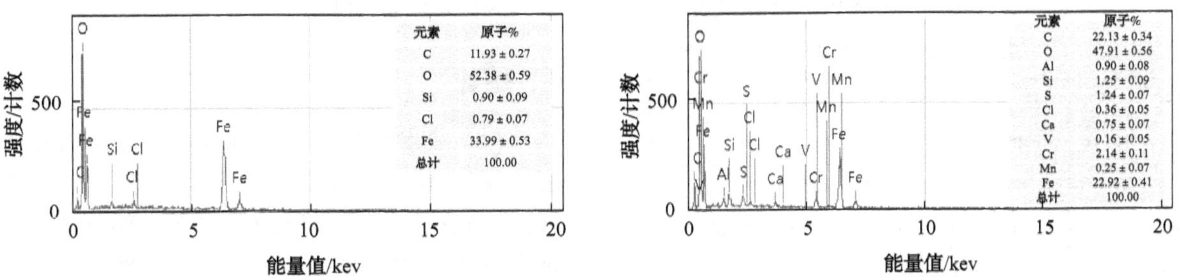

(a)J55钢　(b)5Cr钢

图 5　安 A 井腐蚀挂环外壁 EDS 分析

3.2　油管下井试验

2022~2023 年在姬塬侏罗系重点区域腐蚀井段开展了 30 口实物油管入井试验，涧 A 井的 SEM 形貌如图 6 所示。由图可见，腐蚀坑内和外壁上均有腐蚀产物附着，腐蚀坑底部有立方体形状和片状的腐蚀产物附着，外壁腐蚀产物多呈圆形颗粒形貌。对局部腐蚀坑底部和外壁的腐蚀产物进行 EDS 分析，结果见表 4，腐蚀坑底部的腐蚀产物中主要由 C、O、Fe、Cr 等元素组成，其中 Cr 元素的含量远超基体成分的 5.06%，表明 Cr 元素已在腐蚀产物中出现富集现象。

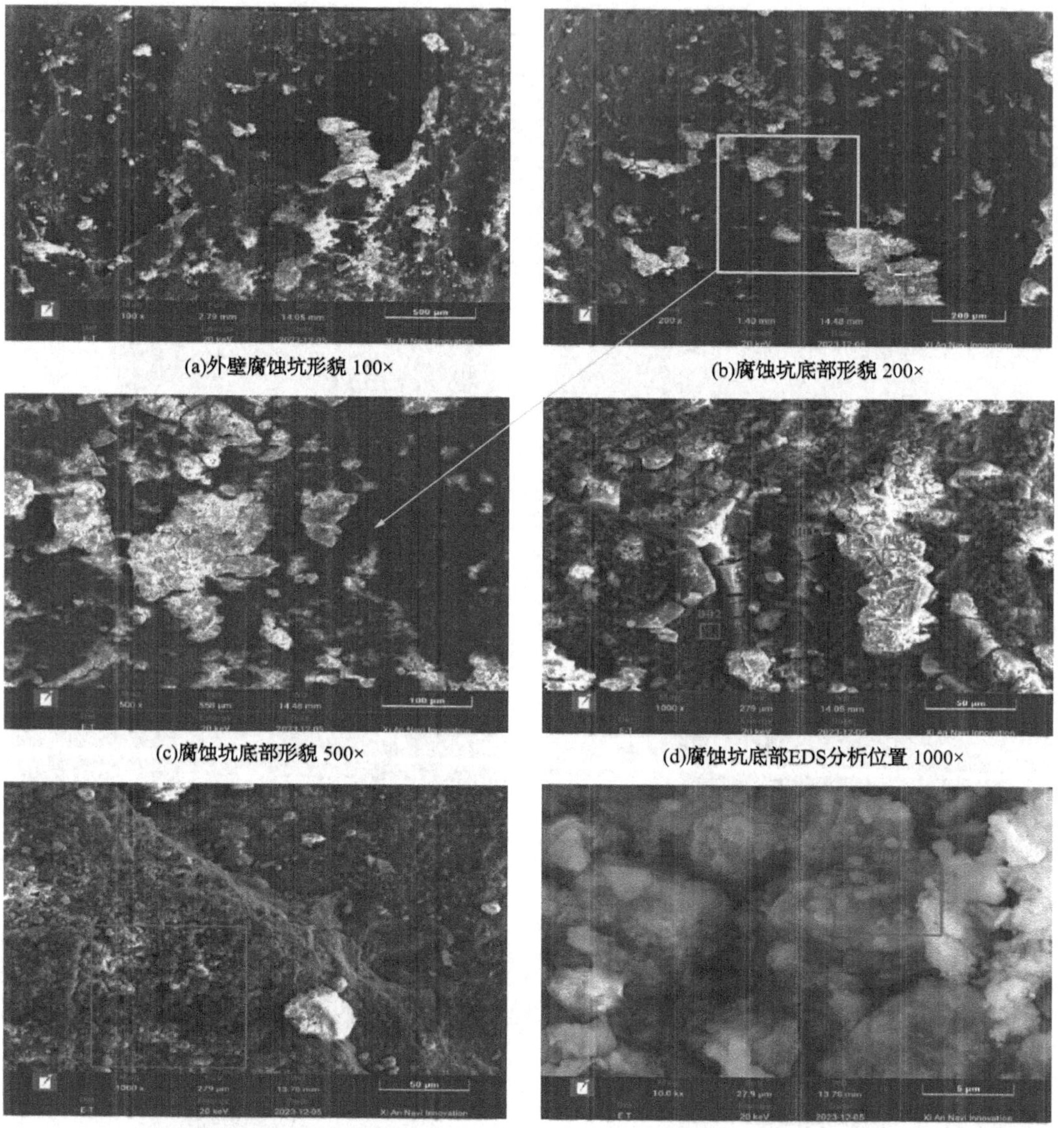
(a)外壁腐蚀坑形貌 100×　(b)腐蚀坑底部形貌 200×
(c)腐蚀坑底部形貌 500×　(d)腐蚀坑底部EDS分析位置 1000×
(e)外壁腐蚀产物EDS分析位置 1000×　(f)腐蚀产物EDS分析位置 10000×

图 6　油管外壁局部腐蚀坑 SEM 形貌及 EDS 分析位置

表 4　EDS 分析结果　wt%

位置	C	O	Si	S	Cl	Cr	Fe
001	12.16	36.46	0.89	1.90	1.11	20.20	27.29
002	21.56	18.85	0.54	1.24	0.51	9.21	48.10
003	17.22	30.26	1.14	1.30	0.75	11.48	37.85
004	38.66	16.60	0.36	13.79	—	0.44	30.15
005	28.43	12.05	—	24.85	—	0.18	34.49

4　结论

（1）姬塬油田侏罗系油井井筒采出液总矿化度在 41186~91956mg/L 之间，Cl^- 和 HCO_3^- 离子含量均较高，属于重腐蚀采出水，部分井中检测到含有硫酸盐还原菌 SRB，CO_2 含量较高；腐蚀产物主要以 $FeCO_3$ 为主，部分油井含少量 FeS。姬塬油田以 CO_2 腐蚀为主。

（2）现场腐蚀挂环和油管试验表明，与 J55 钢相比，5Cr 耐蚀管材腐蚀速率明显降低，腐蚀轻微，在姬塬油田具有较好防腐效果。

参 考 文 献

[1] 周妍，李震，甘宁，等．长庆油田套损井综合防治技术[J]．测井技术，2021，45(02)：196-200.

[2] 向蓉，王飞，徐杰斌．套损井原因分析及治理对策[J]．西部探矿工程，2012，24(06)：120-124.

[3] 王董志刚，张雪珍，丁欣．油套管腐蚀影响因素与防腐蚀技术研究[J]．设备管理与维修，2021(14)：115-116.

[4] 李琼玮，奚运涛，董晓焕，等．超级 13Cr 油套管在含 H_2S 气井环境下的腐蚀试验．天然气工业，2012(12).

[5] 长庆油田油套管腐蚀预测研究与建议．李琼玮，杨全安，李成龙，任建科，戚建晶．腐蚀科学与防护技术，2005(05).

[6] 李琼玮，孙雨来，程碧海，等．套管内腐蚀的牺牲阳极保护效果模拟评价[J]．石油管材与仪器，2021，7(06)：62-66.

[7] 付彩利，程碧海，董晓焕，等．长庆油田油水井套管防腐工艺实施效果与分析[J]．山东化工，2016，45(17)：88-90.

[8] 吴明，宗月，谢飞，等．模拟海水中 Cl～-浓度对 Q235 和 X70 管线钢腐蚀行为的影响[J]．金属热处理，2017，42(02)：62-66.

[9] 耿玉广，张伟，刘云，等．油井管杆腐蚀结垢原因分析及防治技术[J]．腐蚀科学与防护技术，2015，27(03)：305-309.

[10] 郭钢，刘广胜，王小鹏，等．长庆油田低合金耐蚀管材耐蚀性评价及现场应用[J]．腐蚀与防护，2022，43(12)：83-87.

积液气井分散型固体缓蚀剂制备及评价

吕　锋[1,2]　李　楷[1,2]　于淑珍[1,3]　朱方辉[1,2]　刘爱华[1,2]　骆登茂[3]

（1. 低渗透油气田勘探开发国家工程实验室；2. 中国石油长庆油田分公司油气工艺研究院；
3. 中国石油长庆油田分公司第一采气厂）

摘　要　近年来，在某气区发现部分积液井的井筒管柱在气液交界面及以下部分发生管柱腐蚀穿孔、油管断脱等现象，分析认为传统缓蚀剂加注效果有限，无法保障积液段的缓蚀剂有效浓度。为保障积液井井筒安全，开展固体缓蚀剂研究，利用胶囊包覆缓蚀剂的原理，筛选出乙烯-醋酸乙烯酯共聚物胶囊材料和己二酸咪唑啉聚合物缓蚀剂，制备了分散型固体缓蚀剂，通过胶囊的缓慢渗透作用，延长缓蚀剂作用时间。60天的现场试验结果表明，固体缓蚀剂的缓蚀率可保持在80%以上，制备的分散型固体缓蚀剂技术原理可靠，为严重积液气井的腐蚀防护提供了新的技术路线。

关键词　积液气井；固体缓蚀剂；包裹；现场试验

长庆油田拥有气井达20000余口，2023年天然气产量达520亿方，占国内天然气产量的1/4。近年来，气田开发进入中后期，随着老井产能的递减，气井携液能力不足，井筒气液流通不畅，导致部分井井筒积液。在鄂尔多斯盆地气田井下作业中发现，部分积液井井筒腐蚀严重，造成气井停产，每年累计损失高达数千万元。

针对积液气井防腐，目前的主体采用防腐管材配套缓蚀剂加注技术，但在实际气井使用中发现，常规的缓蚀剂由于流体流动、高温高压等恶劣工况会导致缓蚀剂分子脱吸附，分解等造成缓蚀效率下降，且在气井中液体缓蚀剂容易被气流携带至地面，导致积液段的缓蚀剂有效浓度降低，对油管保护效果有限，需要定期重新投加缓蚀剂分子，大大增加了现场工作量。从保障积液段缓蚀剂加注浓度、延长有效期角度出发，开展分散型固体缓蚀剂研究，实现低产积液井油套管有效防护，对保障井筒全生命周期的安全和油田效益开采具有重要意义。

1　分散型固体缓蚀剂材料筛选及工业化制备

固体缓蚀剂与液体缓蚀剂相比，密度更大，能持续释放有效缓蚀成分，并且块状的固体缓蚀剂不易被气流携带到地面等优点，在气井中有较高的应用前景。陈普信等人用酰胺咪唑啉缓蚀剂作为固体缓蚀剂的基本成分制备了气井固体缓蚀剂，通过井口含铁监测与井筒挂环腐蚀监测腐蚀速度的变化，结果均为腐蚀速度明显下降。沈长斌等人提出了一种新的固体缓蚀剂制备方法：胶囊包覆法。通过室内实验，优选出咪唑啉类衍生物作为母体缓蚀剂，优选出明胶、明胶与阿拉伯胶聚合体、乙基纤维素、醋酸纤维素等作为载体材料，从而制备出微胶囊型咪唑啉缓蚀剂。通过调研分析，目前固体缓蚀剂存在一些问题：有效期短、溶解太快、室内评价的研究还不够完善等。本文筛选出了胶囊型-气井缓蚀剂，采用有机分子包覆液体缓蚀剂形成固体胶囊缓蚀剂，利用胶囊囊壁的可渗透性缓慢释放缓蚀剂，释放的缓蚀剂会逐步扩散到井筒的流体介质中，从而达到一次注入长期缓蚀的目的。

1.1　分散型固体缓蚀剂制备及机理

采用将己二酸咪唑啉聚合物包覆于乙烯-醋酸乙烯酯共聚物高分子溶胶中，制备成分散型固体缓蚀剂的方法，利用增重剂、乳化剂、固化剂等优化其形貌、密度、缓释能力。固体缓蚀剂制备原理及微观形貌如图1所示。

1.2　固体缓蚀剂材料筛选

1.2.1　评价方法

（1）稳定性评价

分别对调研筛选的四种固体缓蚀剂在60℃环境下放置2h，对在高温环境下包裹材料的孔隙渗透性、稳定性进行评价，分析高温对固体缓蚀剂的影响。

（2）缓蚀性能评价

依据标准 SY/T 5273—2014，使用 N80 材质，模拟下古区块水溶液介质 $CaCl_2$ 33.9g/L、$MgCl_2$ 12.9g/L、Na_2SO_4 0.022g/L、NaCl 20.35g/L，实验温度为 90℃，分别对 P_{CO_2} 为 1.5MPa 以及饱和 CO_2 工况下进行缓蚀剂评价实验，固体缓蚀剂浓度为 500ppm，实验周期为 96h。

1.2.2　室内评价研究

（1）稳定性试验

通过对乙烯-醋酸乙烯酯共聚物（EVA）、聚乙烯蜡、壳聚糖 3 种固体缓蚀剂的包裹材料高温稳定性进行测试，实验结果如表 1 所示。从实验结果可以看出 EVA 抗高温稳定性均较好，在 60℃放置不同时间后，孔隙渗透性和稳定性变化较小。

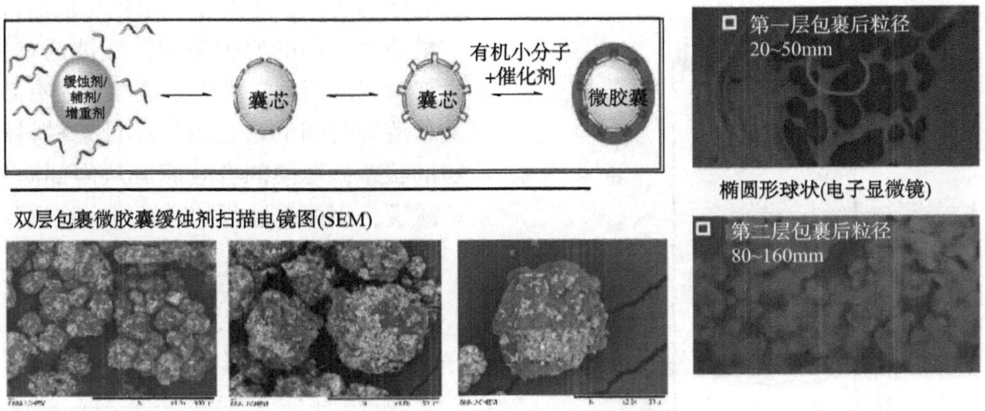

图 1　微胶囊缓蚀剂技术原理及微观形貌

表 1　三种包裹材料的稳定性测试

组成参数	孔隙渗透性	稳定性				
EVA	渗透率 43%	60℃	5d	10d	15d	20d
		溶解率/%	8	20	26	33
聚乙烯蜡	渗透率 55%	60℃	5d	10d	15d	20d
		溶解率/%	1	1.5	26	1.8
壳聚糖	渗透率 81%	60℃	5d	10d	15d	20d
		溶解率/%	20	88	26	98

（2）缓蚀性能

模拟现场 $CaCl_2$ 地层水水型（总矿化度 120g/L），温度 90℃，CO_2 分压 1.0MPa，总压为 25MPa，对水溶性有机膦酸（PBTCA）、己二酸咪唑啉、咪唑啉季铵盐三种包裹的缓蚀剂进行缓蚀性能测试，试验结果见表 2。实验表明，己二酸咪唑啉聚合物在高温高压下表现出良好的缓蚀效果。

表 2　三种缓蚀剂不同加量下的缓蚀率测试

缓蚀剂	缓蚀效率			
PBTCA	加量/ppm	200	500	1000
	缓蚀率/%	37	43	45
己二酸咪唑啉	加量/ppm	200	500	1000
	缓蚀率/%	86	91	96
咪唑啉季铵盐	加量/ppm	200	500	1000
	缓蚀率/%	79	84	89

1.3　分散型固体缓蚀剂释放速率与扩散速率评价

设置水浴温度为 95℃，加入 6L 模拟下古区块采出液，然后加入 20g 固体缓蚀剂，每隔半小时对 3#-10#位置处进行取样，然后通过分光光度计对 3#-10#位置处的吸光度进行测试，直至 3

#-10#位置处吸光度不再发生显著变化时停止实验。

实验时采用 320nm 的波长进行测试，固体缓蚀剂浓度按照 20% 的有效含量进行计算，加入水溶液中浸泡 24h 后进行测试，计算不同位置处有效浓度的分析，明确固体缓蚀剂的释放速率及扩散速率。如图 2 所示。

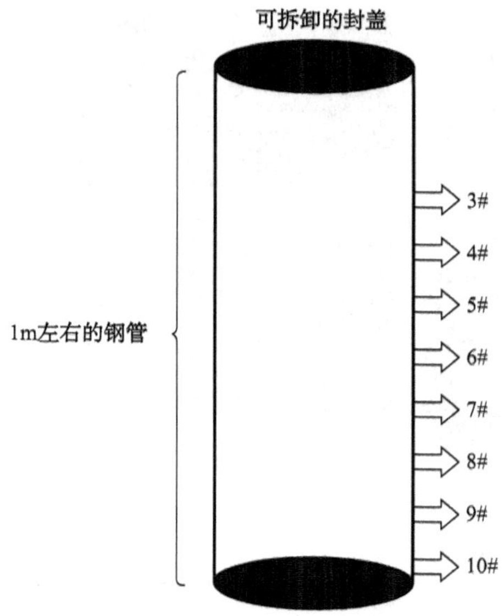

图 2　固体缓蚀剂扩散与释放试验装置模型图

按上述方法进行 7h 实验，实验结果如表 3 所示。

固体缓蚀剂扩散速率曲线如图 3 所示。从每隔半小时的测试数据可以看出，当扩散时间一定时，固体缓蚀剂不同位置处的有效浓度基本保持一致，即固体缓蚀剂在半小时内，即可从实验装置的底部扩散至顶部。随着扩散时间的增加，单位时间内的扩散浓度呈现出先增加后降低的趋势。扩散速率增加的原因为固体缓蚀剂首先发生表层骨架材料的溶解，然后是缓蚀剂的有效成分扩散。随着溶解时间的延长，外层骨架材料溶解达到稳定的状态，缓蚀剂有效成分从内部向外的扩散速率减缓，固体缓蚀剂的溶解进入缓慢释放阶段。

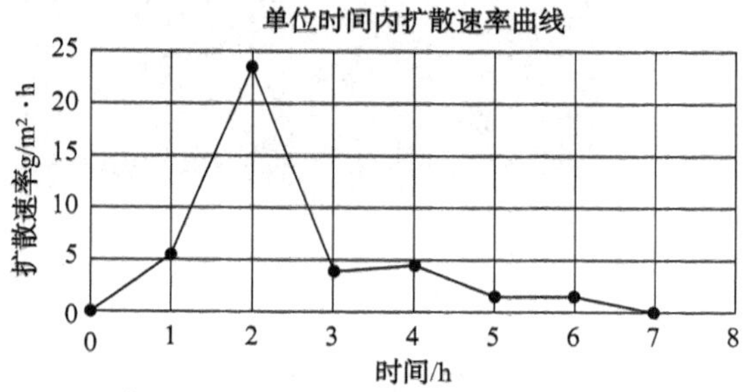

图 3　微胶囊缓蚀剂扩散速率曲线

表 3　微胶囊缓蚀剂释放速率及扩散速率实验结果(吸光度)

时间	1h	1.5h	2h	2.5h	3h	3.5h	4h	4.5h	5h	5.5h	6h	6.5h	7h
10#90cm	1%	5%	9%	10%	13%	16%	15%	15%	17%	17%	17%	17%	17%
9#80cm	4%	7%	9%	14%	13%	16%	15%	15%	18%	17%	18%	18%	18%
8#70cm	1%	6%	13%	11%	15%	14%	15%	15%	16%	17%	17%	17%	16%
7#60cm	3%	6%	12%	13%	12%	14%	14%	18%	17%	17%	20%	17%	17%
6#50cm	2%	4%	9%	13%	12%	15%	14%	14%	16%	16%	17%	17%	18%
5#40cm	3%	7%	11%	11%	11%	16%	14%	14%	16%	16%	16%	17%	17%
4#30cm	3%	5%	10%	12%	14%	15%	18%	16%	16%	17%	16%	16%	16%
3#20cm	1%	6%	8%	12%	15%	18%	15%	16%	16%	16%	17%	17%	17%

从表 3 的实验结果可以看出，当微胶囊缓蚀剂扩散 5h 后，通过分光光度计测试得到 3#-10#位置处的吸光度为 16-18%，此时 3#-10#位置处的微胶囊缓蚀剂的浓度不再随时间延长发生变化，此时溶液中固体缓蚀剂有效成分的浓度约为 50ppm。则通过计算得到微胶囊缓蚀剂有效成分释放速率为 50ppm/5h = 10ppm/h。按照积液量 $3m^3$，释放速率 3 个月计算，需加注固体缓蚀剂质量为 10ppm/h×3×30×324×3/20% = 324kg。

1.4　固体缓蚀剂工业化制备

分散型固体缓蚀剂采用离心喷雾干燥法进行工业化制备，如图 4 所示，空气经过滤和加热，进入干燥器顶部空气分配器，热空气呈螺旋状均匀地进入干燥室。料液经塔体顶部的高速离心雾化器，(旋转)喷雾成极细微的雾状液珠，与热空气并流接触在极短的时间内可干燥为成品。成品连续地由干燥塔底部和旋风分离器中输出，废气由风机排空。

在固体缓蚀剂制备过程中，不同的工艺参数对固体缓蚀剂中的有效成分、粒径等具有不同程度的影响。通过正交试验，以产品中固体缓蚀剂含量为考察指标，做四因素四水平正交试验如表4所示，试验结果如表5所示。

通过试验得到固体缓蚀剂制备的最优参数为进风口温度170℃、出风口温度70℃、离心盘转速22000r/min、加料速度550kg/h。

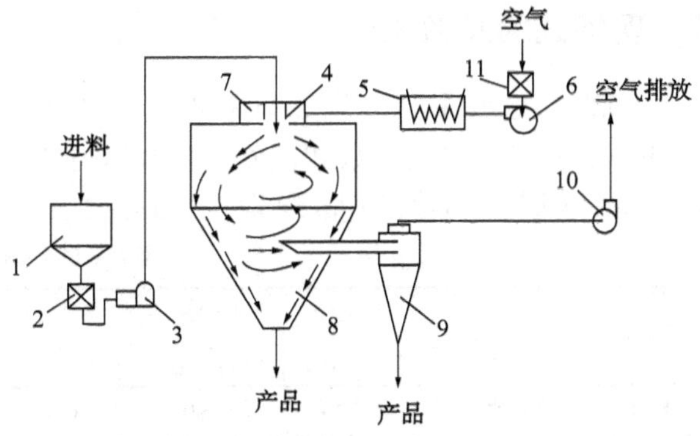

图4　离心喷雾干燥器设备示意图

表4　喷雾干燥法参数优化试验因素水平表

水平	因素			
	进风口温度/℃	出风口温度/℃	离心盘转速/(r/min)	加料速度/(kg/h)
1	150	70	10000	450
2	160	80	14000	500
3	170	90	18000	550
4	180	100	22000	600

表5　不同工艺参数下的有效成分含量

试验号	A 进风口温度/℃	B 出风口温度/℃	C 离心盘转速/(r/min)	D 加料速度/(kg/h)	结果
1	150	70	10000	450	70.4
2	150	80	14000	500	65.3
3	150	90	18000	550	62.6
4	150	100	22000	600	56.9
5	160	70	14000	550	80.3
6	160	80	10000	600	68.6
7	160	90	22000	450	62.9
8	160	100	18000	500	71.6
9	170	70	18000	600	74.3
10	170	80	22000	550	82.1
11	170	90	10000	500	61.4
12	170	100	14000	450	64.1
13	180	70	22000	500	67.4
14	180	80	18000	450	69.5
15	180	90	14000	600	71.9
16	180	100	10000	550	73.4
K1	255.2	292.4	273.8	266.9	302.7
K2	283.4	285.5	281.6	265.7	
K3	281.9	258.8	278	298.4	
K4	282.2	266	269.3	271.7	
极差	7.05	8.4	3.075	8.175	—
主次顺序	B>D>A>C				—
优水平	A2	B1	C2	D3	—

2 现场试验及效果

2023 年选取采气一厂 2 口常规气井作为试验井，试验井气水质参数如表 6，靖 1 和靖 2 两口井固体缓蚀剂加注量分别为 214.92kg 和 275.4kg，现场加注如图 5 所示。2 个月后分析采出水水质，通过测量采出液中铁离子浓度和固体缓蚀剂中的有效成分，评价固体缓蚀剂效果，试验结果如图 6、图 7 所示。

表 6　试验井气水质分析统计表

试验井	套压/MPa	产气/($10^4m^3/d$)	产水/(m^3/d)	水气比/($m^3/10^4m^3$)	配产/($10^4m^3/d$)	CO_2/%	矿化度/(mg/L)	Cl^-/(mg/L)	pH
靖 1	19.31	4.27	1.99	0.46	3.0	0.72	56894	36581	5.63
靖 2	22.96	3.56	2.55	0.72	3.0	2.38	44336	20719	6.14

图 5　两口试验井现场加注药剂照片

结果表明固体缓蚀剂在长庆气田积液井工况介质下，释放周期达 60 天，经测试计算水样中固体缓蚀剂缓蚀效率≥82%，缓蚀剂浓度为 61ppm，具备较好的腐蚀防治效果。

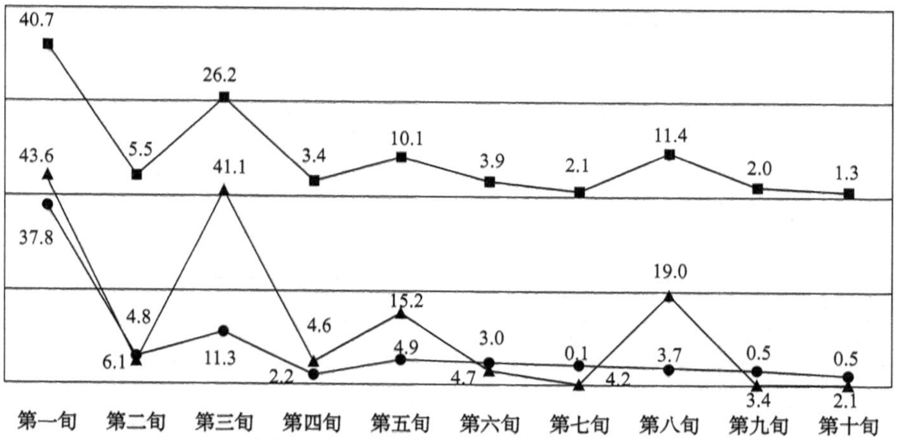

图 6　试验井采出液铁离子监测曲线

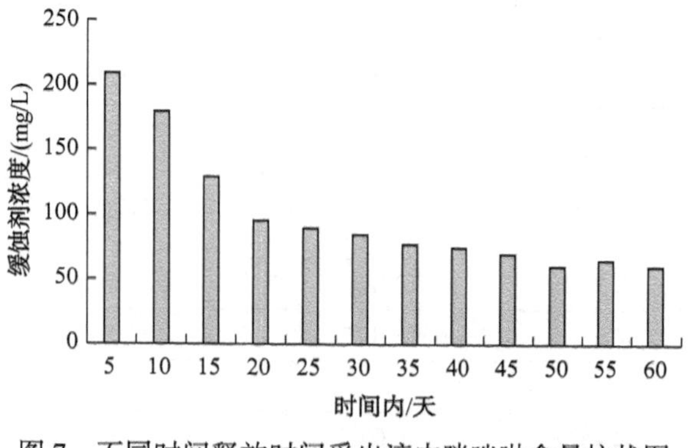

图 7　不同时间释放时间采出液中咪唑啉含量柱状图

3 结论

（1）通过固体缓蚀剂性能评价，最终筛选出用 EVA 材料作为包裹材料，包裹乙二酸咪唑啉聚合物缓蚀剂制备分散型固体缓蚀剂。

（2）在矿化度 120g/L，温度 90℃，CO_2 分压 1.0MPa，总压为 25MPa 的室内实验，包裹己二酸咪唑啉聚合物的缓蚀剂在 500pmm 浓度下缓蚀率达 91%。

（3）优化离心喷雾干燥法工艺参数，得到固体缓蚀剂制备的最优参数为进风口温度 170℃、出风口温度 70℃、离心盘转速 22000r/min、加料速度 550kg/h。

（4）固体缓蚀剂在长庆气田积液井工况介质下，释放 60 天，固体缓蚀剂浓度为 61ppm，缓蚀效率≥82%，具备良好的腐蚀防治效果。

参 考 文 献

[1] 李琼玮，孙雨来，李慧，等．苏里格低压气井的暂堵压井工艺试验研究[C]．低渗透油气田套损井防治技术研讨会．中国腐蚀与防护学会，低渗透油气田勘探开发国家工程实验室，2018.9.

[2] 陈浩琳．高温井筒 CO_2 腐蚀缓蚀剂的制备和缓蚀性能研究[D]．中国石油大学(华东)，2020.

[3] 王翰文，张力为，梅开元，等．CO_2 地质利用与封存环境下钢材腐蚀行为与腐蚀控制措施研究进展[J]．热力发电，2024，53(02)：37-47.

[4] 姚金星．元坝地区气井井筒堵塞机理及解堵措施研究[D]．西南石油大学，2019.

[5] 吕祥鸿，谢登峰，徐建国，等．侏罗系油藏油井用固体缓蚀剂适用性研究[J]．焊管，2024，47(03)：35-40.

[6] 陈普信，郑家桀，王海．SIM-1 油井固体缓蚀剂的研究与应用[J]．油田化学，2001，17(3)：232-234.

[7] 沈长斌，薛钰芝．微胶囊技术制备缓释型咪唑啉类缓蚀剂[J]．大连铁道学院学报，2004，25(4)：85-92.

[8] 连宇博，黄晨，翁华涛，等．缓释型胶囊缓蚀剂的制备与作用行为研究[C]中国腐蚀与防护学会缓蚀剂专业委员会．第二十二届全国缓蚀剂与水处理学术讨论会论文集．西安长庆化工集团有限公司，2022：8.

[9] 林富荣，崔存凤，秦亮，等．聚合型咪唑啉缓蚀剂的合成与性能[J]．材料保护，2015，48(11)：52-55+43.

[10] 余华利，邓希，李珊，等．国内气田用缓蚀剂评价标准现状分析[C]中国石油学会天然气专业委员会．第 31 届全国天然气学术年会(2019)论文集(06 储运安全环保及综合)．中国石油西南油气田公司天然气研究院；，2019：6.

[11] 李茁实，程文华，董春，等．微胶囊化膨胀型阻燃剂与有机蒙脱土协效阻燃乙烯-醋酸乙烯共聚物性能[J]．复合材料学报，2021，38(08)：2546-2553.

[12] Deckers A，Bruderle H，Sessig V. Process for preparing oxidized polyethylene waxes：U. S. Patent 6，060，565[P]. 2000-5-9.

[13] Harish S，Arihant A，Bhavna S，et al. Vapor Phase Antimicrobial Active Packaging Application of Chitosan Capsules Containing Clove Essential Oil for the Preservation of Dry Cakes[J]. Food and Bioprocess Technology，2023，17(3)：780-790.

[14] 程真．井下缓释型缓蚀阻垢剂的合成及性能研究[D]．中国石油大学(北京)，2022.

[15] 贾方，王佳．油田系统微胶囊缓蚀剂研究与应用进展[J]．中国腐蚀与防护学报，2006，(04)：251-256.

[16] 刘云飞，许京荆，李盛鹏，等．基于 CFX 及 CCD-RSM 优化催化剂离心喷雾干燥工艺参数[J]．天然气化工(C1 化学与化工)，2019，44(06)：98-103.

陇东页岩油水平井结蜡规律研究及防治新技术试验

冯珂婷[1,2]　李琼玮[1,2]　刘环宇[3]　苑慧莹[1,2]　李　慧[1,2]　杨　乐[1,2]

(1. 低渗透油气田勘探开发国家工程实验室；2. 中国石油长庆油田分公司油气工艺研究院；
3. 中国石油长庆油田分公司页岩油开发分公司)

摘　要　庆城页岩油开发中，受高产水平井、高气液比等因素的影响，油井管杆因结蜡频繁热洗，加大了日常生产管理难度和成本投入。基于对页岩油水平井现场采集的原油及蜡样进行四组分、碳数分析证明井筒中结蜡存在纵向规律，结蜡段主要集中在井口-1000m处，500m以上浅部硬质蜡占比高，以下蜡质相对较软。井下常规油管内流体温度现场测试发现常规热洗的有效深度仅可达到400~700m，分别采用油基、水基清蜡剂对严重结蜡井进行增效热洗，以试验后的功图、载荷变化以及油样含蜡量为指标对其长效性进行评价。采用清蜡剂增效热洗后，最大载荷稳中有降，油样含蜡率明显上升，与常规热洗相比具有长效性，优势明显。探索此类页岩油水平井结蜡机理和规律，制定合理的清防蜡措施，有助于进一步指导页岩油高效开发和结蜡防控的降本增效。

关键词　页岩油水平井；结蜡机理；清蜡剂

2019年，在陇东地区探明了10亿吨级庆城页岩油大油田，实现了长7页岩油勘探的历史性突破。针对页岩油有效动用，采用超长段水平井钻井和水平井细分切割体积压裂新技术的规模应用，实现快速建产达到127万t/a以上水平。与北美海相页岩油相比，中国页岩油以陆相为主，普遍具有黏土矿物含量高、原油密度大及含蜡量高等特征。在投产后，页岩油水平井普遍存在结蜡问题，蜡质伴随岩屑等杂质在井筒下析出沉积，造成蜡卡、蜡堵，严重结蜡井蜡垢交织、清防难度大，修井频次高，严重影响原油的产出效率。

目前存在的主要问题为页岩油含蜡量高，油井产量高(平均单产7.9t)，结蜡速度快且结蜡量大；且页岩油井筒深部结蜡机理尚不明确，难以有效治理。探索此类页岩油水平井结蜡机理和规律，制定合理的清防蜡措施，有助于进一步指导页岩油高效开发和结蜡防控的降本增效。

1　页岩油水平井结蜡机理和规律

分别取陇东页岩油典型井的油样进行组分分析，其结果见表1，可以看出长7水平井原油中含蜡量高(22.53%)、析蜡温度为23.71℃，原油在开采过程中，从井底沿井筒举升到井口时，压力、温度降低，从而结蜡。长7水平井原油组成接近：饱和烃含量64.75%、芳香烃含量16.87%、胶质含量13.85%、沥青质含量4.53%。饱和烃和芳香烃总含量超81.62%，胶质沥青质含量较同区域的长6，长4、5较低。

表1　油样的基本性质

井号	20℃密度/(g/cm^3)	凝固点/℃	含蜡量/%	析蜡温度/℃	四组分分析			
					饱和烃/%	芳香烃/%	胶质含量/%	沥青质含量/%
华H1*-8	0.9187	8.6	22.16	22.36	65.31	17.02	14.08	3.59
华H1*-10	0.9325	8.9	18.52	23.85	64.21	17.37	14.54	3.88
华H*0-3	0.8848	8.4	19.84	25.83	65.28	15.48	14.53	4.71
华H*0-8	0.8680	8.6	19.1	25.83	65.25	15.78	14.71	4.26
华H*0-5	0.9012	8.3	20.51	23.42	64.27	18.57	12.78	4.38
华H*0-10	0.8972	8.1	30.42	22.47	63.57	17.84	13.56	5.03
华H*0-11	0.8964	6.5	28.63	23.58	65.37	16.79	14.25	3.59
华H*0-14	0.8917	8.3	24.36	23.36	64.31	16.05	13.72	5.92
华H*0-15	0.9048	8.1	19.22	22.67	65.22	16.94	12.47	5.37

此外，利用气相色谱-质谱联用(GC-MS)对页岩油典型井油样进行全组分分析，如图1所示，页岩油碳数主要集中在C_8-C_{25}之间。各井所取油样碳数在16以上(蜡质组分)的质量分数分别为49.52%、51.21%、56.67%和58.35，约为一半以上，重质组分含量较高，易出现结蜡情况。

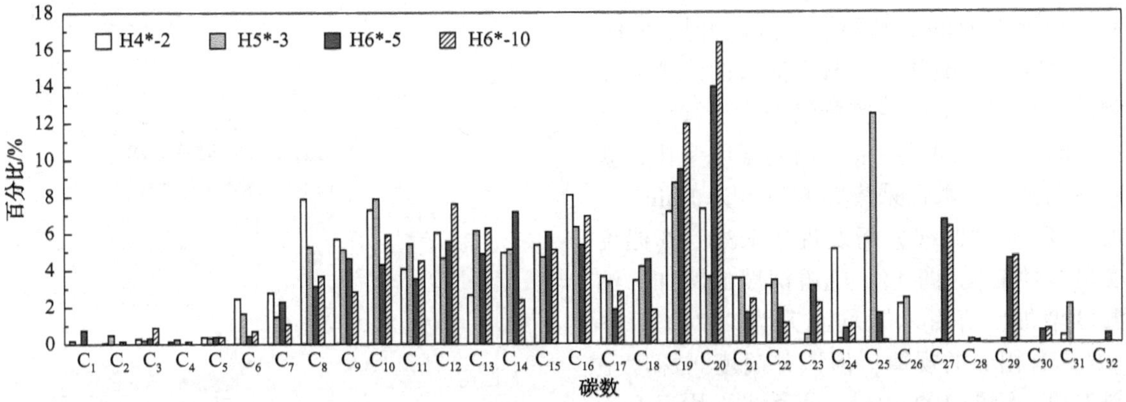

图1　页岩油典型井油样碳数分布

对83口井结蜡情况进行统计分析，如表2所示，结蜡段主要集中在井口下200-800m处，500米以上浅部硬质蜡占比高，以下蜡质相对较软(图2)。其中部分高产量井呈现出全井段结蜡严重、油管堵死的情况，结蜡范围广、深度深，清防蜡挑战性较大。

表2　结蜡井统计分析(部分)

井号	结蜡描述
华H＊-6	油杆井口下第20-97根结蜡1~2mm 油管井口下第1根-30根结蜡2~3mm
华H＊-2	油杆井口下1-72根结蜡1~3mm； 油管井口下20根干蜡堵实；
华H＊-4	油管井口至500m，结蜡厚度2~3mm， 500-1000m位置结干蜡1~2mm
华H＊-4	井口下油管第31~91根，结硬蜡2~4mm， 部分堵实和结垢

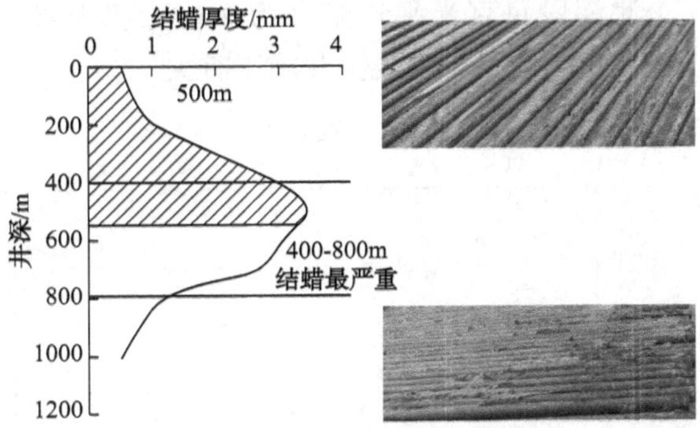

图2　油井结蜡位置统计示意图

开展典型井蜡样全组分分析(图3)，从华H＊0平台不同井深蜡样碳数分布来看，碳数主要集中在C_{10}~C_{26}，与油样的碳数分布趋势一致。从井口往下，蜡样中重质组分占比越来越大，越靠近井底，井筒中析出的蜡碳数越高，分子链越长，溶蜡点越高，表明井筒中结蜡存在纵向规律。

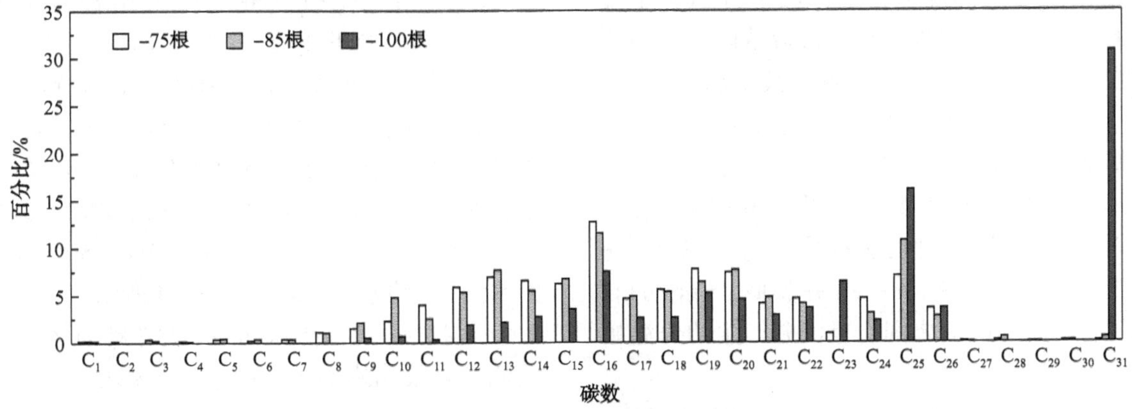

图3　华H＊0平台不同深度蜡样碳数分布

2 油管内温度测试

油管内流体温度变化涉及三相流动变化和多级热量传递，理论计算较为困难，且需要大量假设参数，缺乏有效的实测验证，因此开展华 H3＊-6 和华 H4＊-6 油井井下常规油管内流体温度现场测试，采用井下温度监测仪随泵挂管柱一同下井，实时记录不同深度油管内的温度变化，获得管内井温剖面，数据采集频率设定为 $1min^{-1}$。

由深度-温度曲线分析发现华 H3＊-6 温度与深度呈线性变化(图 4)，随着深度的增加，油管内温度增加，每百米平均温升为 2.24℃。华 H4＊-6 具有相似的规律，但该井温度与深度呈两个斜率段，测深 102~814m 每百米平均温升为 1.73℃，958~1294m 每百米平均温升为 2.13℃，整个测深段每百米平均温升为 2.03℃，上部温度变化率低应是与常规洗井施工有关。

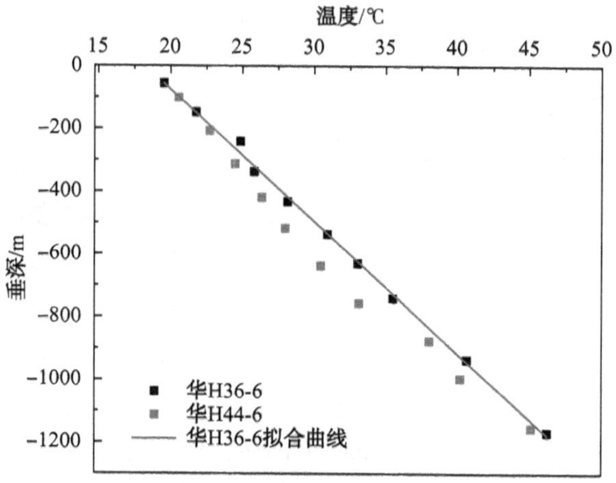

图 4　井垂深-温度曲线图

由洗井温度曲线(图 5)看，华 H4＊-6 井上部 4 个测点(102、208、313、420m)在 7.5~9.5h 之间温度达到峰值，上部温度升高源于洗井液的热交换；且随着井深增加峰值降低是由洗井液在下行过程温度降低导致。其余测点(525、670、814、958、1102、1294m)的温度呈先下降后小幅上升趋势(升幅<1℃)，主要是洗井液推动上部低温井液下行所致，因此华 H4＊-6 洗井的有效深度介于 400 和 500m 之间。华 H3＊-6 井温度变化规律与华 H4＊-6 井类似，热洗的有效深度在 600~700m 之间，且洗井产生的升温幅度较大。

结合页岩油井筒纵向结蜡规律，越靠近井底，

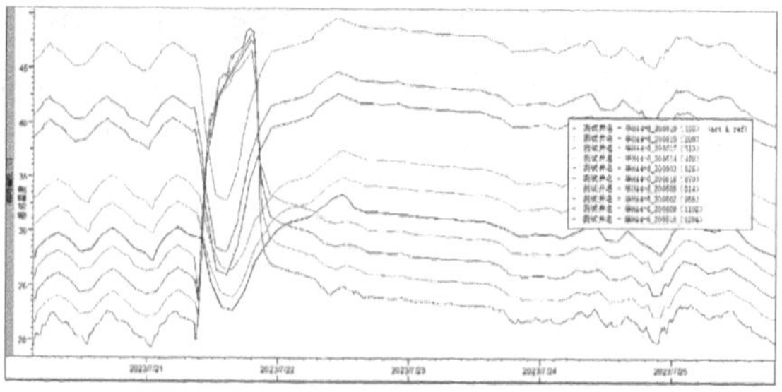

相对温度[°C]vs 时间[ToD]

(a)华H4*-6洗井井温曲线

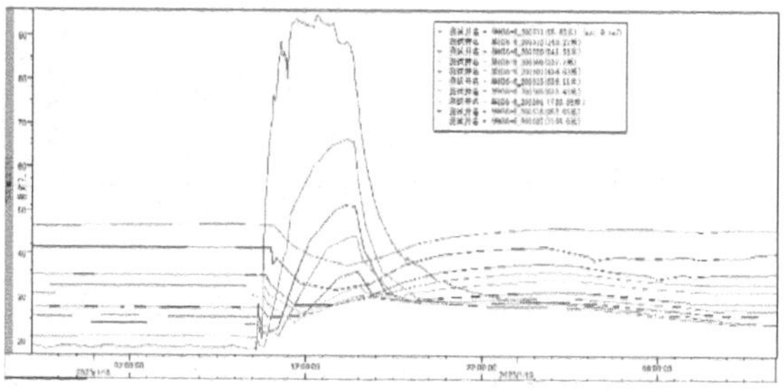

相对温度[°C]vs 时间[ToD]

(b)华H3*-6洗井井温曲线

图 5

蜡样中重质组分占比越来越大，井筒中析出的蜡碳数越高，分子链越长，溶蜡点越高。而洗井液下行过程中温度逐渐降低，热洗的有效深度仅可达到 400~700m，且与页岩油井筒内越靠近井底溶蜡点越高的规律相矛盾，热洗清蜡效果不佳。基于此，提出采用高效清蜡剂进行增效热洗策略。

3 清蜡剂室内及现场试验

3.1 清蜡剂室内评价

取现场实际蜡样进行清蜡剂室内评价，取页岩油不同区块的蜡样四种：1#华 H10＊-7(黄棕色、分散颗粒、略硬)，2#华 H3＊-6(棕黄色、软黏)，3#直井蜡样(黑色)，4#固平 2＊-34(长 6、黑色、干硬块)，将这四种蜡样制成直径 14mm 左右、质量 2g 左右的蜡球。

分别选取油基、水基两种溶蜡剂特性如下：油基：轻烃、稳定轻烃、低温高效除蜡剂 YJ；水基：混合液(烷基苯磺酸+乙二醇+N,N-二甲基＊20%+0.2%DETPMP)、ZX1、ZX2。其中后 3 种分别配制 50mL 的 10%、25%、50%和原液的水溶液(清水)，如表 3、表 4 所示。

优选相对性能更好的水基清蜡剂 ZX1 和油基低温高效除蜡剂 YJ-1 进入后续试验。

表 3　水基清蜡剂实验情况汇总

代号	实验温度/℃	状态	溶蜡时长/min	溶解量	备　注
清水	75℃	缓慢熔化	90~120	3#溶解 1/2	熔化蜡质和水分层
				4#全溶	
混合液	40℃、50℃、60℃	先溶解、后溶胀	60~240	60min 初步溶解，量少，240min 变化不大。	(1)10%、30%、50%和原液的效果差异小；(2)60℃，效果好于 50℃、40℃
ZX1	60℃	原液	120	3#最好，4#次之；总体溶解效果最好	(1)原液的效果最好，50%的次之；(2)60℃相对于 50℃、40℃，效率降低 3.85%
		50%原液	120	3#最好，4#次之；总体次之	
		10%原液	120	3#最好，4#次之；总体再变差	
ZX2	60℃	原液	120	总体溶解效果溶胀为主	球浮于清蜡剂液面，少量溶解、溶胀
		50%原液	120	总体溶解效果溶胀为主	球浮于清蜡剂液面，少量溶解、溶胀
		10%原液	120	总体溶解效果溶胀为主	球浮于清蜡剂液面，少量溶解、溶胀

表 4　油基清蜡剂实验情况汇总

代号	实验温度/℃	状态	溶蜡时长/min	溶解量
油基低温高效除蜡剂 YJ1	28℃	40 分钟有部分散开	600	1#、2#全部散开
油基低温高效除蜡剂 YJ2	30℃	30 分钟有部分散开	720	1#/全部散开、2#部分脱落

3.2　清蜡剂现场试验

首先通过室内实验优选性能相对更好的水基清蜡剂 ZX1 和油基低温高效除蜡剂 YJ-1，分别采用油基、水基清蜡剂在页岩油典型 5 口井进行增效热洗试验，包括华 H1＊-1、华 H1＊-4、华 H4＊-2、华 H4＊-8、华 2＊-5 共 5 口井。其中华 H4＊-2、华 H1＊-4 采用水基清蜡剂，华 H1＊-1、H4＊-8、华 2＊-5 采用油基清蜡剂。选用华 H4＊-2、华 H4＊-8 典型井进行现场试验效果分析。

华 H4＊-2 试验井采用水基清蜡剂，从示功图来看（图 6），在增效热洗前后冲程维持在 2.5m 左右，没有明显变化。从载荷变化曲线来看，增效热洗前平均最大载荷为 54.95kN，平均最小载荷为 29.95kN。在增效热洗后平均最大载荷为 53.23kN，平均最小载荷为 30.73kN，最大载荷降低幅度为 3.13%，增效热洗效果良好。

华 H4＊-8 试验井采用油基清蜡剂，从示功图来看（图 7），在增效热洗前后冲程维持在 2.5m 左右，没有明显变化。从载荷变化曲线来看，增效热洗前平均最大载荷为 72.50kN，平均最小载荷为 24.20kN。在增效热洗后平均最大载荷为 71.09kN，平均最小载荷为 24.64kN。最大载荷降低幅度为 1.94%，具有较好的热洗效果。

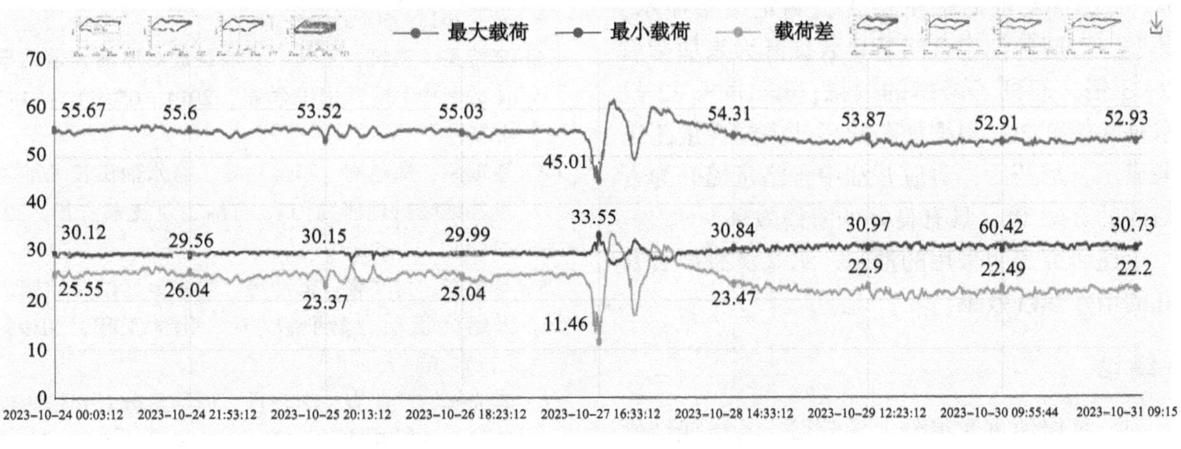

图 6　华 H48-2 试验井功图分析及载荷变化

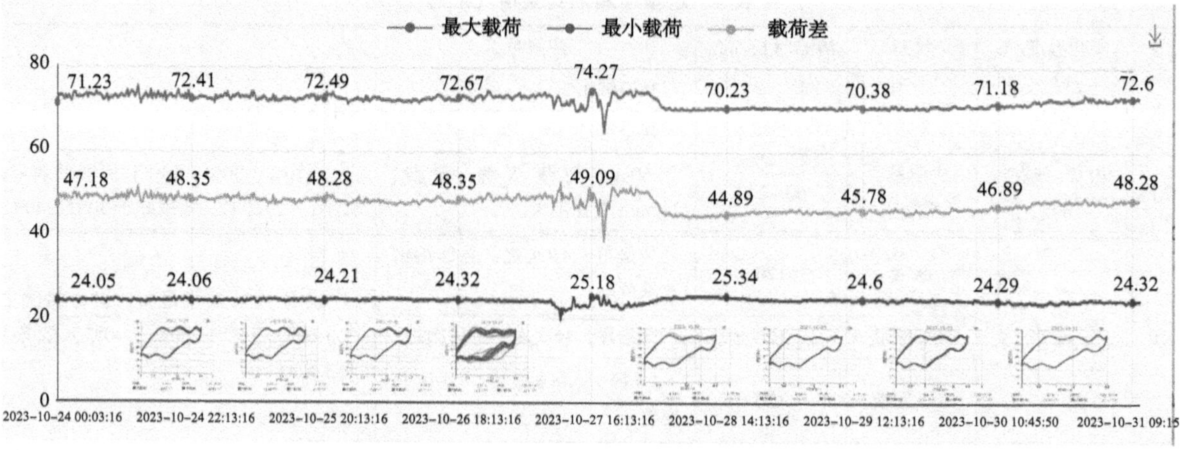

图 7　华 H48-8 试验井功图分析及载荷变化

同时采用气相色谱法对试验前后油样的含蜡量进行分析，如表 5 所示。

表 5　试验前后油样含蜡量统计表

井号	日期	饱和烃/%	含蜡量/%
华 H4＊-2	加药前，13：18	58.16	9.96
	10.29	75.00	22.04
	10.31	75.82	26.58
	11.2	81.91	13.92
	11.4	56.18	27.59
	11.6	68.82	21.11
华 H4＊-8	加药前，13：20	78.72	9.71
	加药后，10.27	63.33	21.36
	10.29	87.78	19.64
	10.31	73.33	13.05
	11.2	68.48	22.12
	11.6	77.78	15.71
	11.8	76.67	29.73

本次现场试验，华 H4＊-8 投加油基除蜡剂 1.5t，根据加药前后油中蜡含量测定结果显示，加药后，对应井油中含蜡量显著提升为未加药前的 2~3 倍，起到了溶蜡的效果；华 H4＊-2 投加水基除蜡剂 2t，根据加药前后油中蜡含量测定结果显示，加药后，对应井油中含蜡量提升为未加药前的 2~3 倍，具有良好的溶蜡效果。

上述研究表明采用的油基、水基清蜡剂具有较好的增效热洗效果。

4　结论

（1）页岩油重质组分含量较高，易出现结蜡情况，清防蜡较困难。页岩油水平井结蜡段主要集中在井口下 200~800m 处，500m 以上浅部硬质蜡占比高，以下蜡质相对较软。井筒中结蜡存在纵向规律，即越靠近井底，结蜡碳数越高，分子链越长，溶蜡点越高。而洗井液下行过程中温度逐渐降低，热洗的有效深度仅可达到 400~700m，且与页岩油井筒内越靠近井底溶蜡点越高的规律相矛盾，热洗清蜡效果不佳。

（2）通过室内评价优选性能相对更好的水基清蜡剂 ZX1 和油基低温高效除蜡剂 YJ-1 进入后续现场试验。分别对华 H4＊-2、华 H4＊-8 试验井进行增效热洗后，最大载荷均明显降低；加药后 10 天内对应井油样中含蜡量均提升为未加药前的 2-3 倍，具有良好的溶蜡效果。

参考文献

[1] 雷启鸿，何右安，郭芪恒等．鄂尔多斯盆地页岩油水平井开发关键科技问题[J]．天然气地球科学，2023，34(6)：941-949.

[2] 何永宏，薛婷，李桢等．鄂尔多斯盆地长 7 页岩油开发技术实践—以庆城油田为例[J]．石油勘探与开发，2023，50(6)：1-14.

[3] 李传宪，白帆，王燕．原油组成对原油管道结蜡规律的影响[J]．化工学报，2014，65(11)：4571-4578.

[4] 潘瑞娟，郑建刚，李继彪等．合水油田长 6 油藏水平井结蜡机理研究[J]．石油工业技术监督，2018，34(4)：54-58.

[5] 景俊杰，付文耀，彭冲等．陇东地区油井结蜡机理及蜡沉积动力学研究[J]．化学工程，2019，47(11)：68-73.

[6] 李光辉，严美容，李晓丹．原油组分对含蜡原油析蜡特征的影响规律[J]．油气储运，2020，39(3)：298-302.

[7] 宋佳恒，徐颖，刘晓燕等．油井结蜡与清防蜡技术研究进展[J]．当代化工，2022，51(8)：1960-1964.
[8] 景俊杰．陇东油田井筒深处结蜡原因及清防蜡技术研究[D]．西安：西北大学，2020.
[9] 林日亿，张建亮，李轩宇等．油井结蜡规律及热洗方式对比研究[J]．中国石油大学学报(自然科学版)，2022，46(1)：155-162.
[10] 钟张起，侯读杰，叶晓峰等．示功图载荷比与清蜡定量化分析[J]．行业论坛，2014，33(9)：10-11.
[11] 马磊，陈武，张伟等．保温涂层及其在油管隔热应用方面的研究进展[J]．化工新型材料，2021，49：243-247.
[12] 黄元斌，李勇，付作义．油管防蜡涂层研究[J]．石油化工应用，2021，40(9)：70-73.

形状记忆合金用于超深井井下工具服役性能的设计与探索

许志舍[1,2]　刘　伟[1,2]　李明星[1,2]　甘庆明[1,2]　高云文[1,2]

（1. 中国石油长庆油田公司油气工艺研究院；2. 低渗透油气田勘探开发国家工程实验室）

摘　要　在油气开采的过程中，封隔器是控制井下采油和注水等工艺的关键部件，其作用主要是密封油套环空，隔绝油气层。近些年油气田的开发重点逐渐向深井超深井发展，为满足所需，相应的钻采工艺及设备也不断地发展，这对封隔器的耐温耐压等各方面的使用性能提出了新的挑战。传统封隔器使用的橡胶材料耐高温、耐磨蚀性能较差，针对于传统橡胶材料的缺点，考虑使用耐高温形状记忆合金材料作为坐封部件来取代传统的胶筒封隔器，通过形状记忆合金施行驱动，高温耐腐蚀合金作为坐封部件，实现耐高温性能于耐磨蚀性能的良好组合，延长封隔器的使用寿命。经实验测试，结果表明 $Ni_{54.6}Ti_{45.4}$ 合金丝材在高温140℃时经多次拉伸循环仍能保持95%以上的回复率，初步实验满足实际应用需求，后续仍需结合实际工况和应用场景而定。

关键词　井下工具；超深井；封隔器；耐高温形状记忆合金

针对于长庆油田页岩油原位转化项目苛刻的井下环境，其生产井井深1400米，井筒温度300~350℃，预测井底流压2MPa，产出气中 CO_2 含量8.6%（分压0.17MPa）、H_2S 含量15.4%（分压0.31MPa）、H_2 含量10.1%（分压0.20MPa），矿化度55.15g/L，可能存在单质S。井筒管柱及工具处于高温、苛刻腐蚀环境。

传统封隔器使用的橡胶材料耐高温、耐磨蚀性能较差，丁腈橡胶分子链上的α氢长时间或反复在一定高温下即与氧发生不稳定的中间体，在高温井下180℃以上高温时分解成带羰基和带羟基的两个链段，丁腈橡胶发生热氧老化，胶筒材料的结构也发生相应的变化，拉伸强度和伸长强度都随着完井作业的进程而下降，进而导致密封件密封失效。井下复杂的环境中存在各种腐蚀性介质，封隔器长期处于含氧、硫化氢、二氧化碳或导电性的钻井液中，同时收到机械力和水力等共同作用，容易腐蚀并产生多种类型的失效，在施工周期要求较长时的适应性较差。

随着石油资源的逐步开发，非常规油田、页岩层油田的开采比例越来越高，石油开采难度加大。实际开采生产时，井下环境复杂，随井深深度的不断增加，温度、压力也在不断增加，并且其中混有各种腐蚀性气体，如 CO_2、H_2S、H_2 或者单质S等，高温高压复杂深井的工况对封隔器要求也越来越高。作为封隔器核心部件的胶筒，组成其的橡胶材料在井下高温、高压以及酸性介质作用下的性能是决定封隔器密封能力的关键。

1　形状记忆合金

社会的发展屡屡变迁，造就了不同的时代，出现了代表每个时代的独特材料，不同的时代变换也因而出现了多种新材料，约上世纪中后期研究者发现了一类独特的新功能材料，即形状记忆合金，此材料预变形卸载后加热到一定的温度会回复为变形前的形状进而展示出形状记忆效应，同样也可以经预变形卸载后回复到变形前的形状进而展现出超弹性。

NiTi形状记忆合金源于1963年的Buehler等人偶然实验发现NiTi合金具有优异的形状记忆效应，此发现在材料发展史上具有显著的意义。而后发明了首个NiTi记忆合金产品-管接头，现今形状记忆与超弹性合金工程应用的实例已经很多，主要包括管接头和紧固圈，记忆合金驱动器等。

1.1　形状记忆合金效应

具有一定形状的合金经过任意塑性变形后（另一形状），通过加热到合金固有的某一临界点以上后，合金完全恢复到初始形状，从表面看，这种合金能够记忆原来的形状，因此将此现象称为形状记忆效应。从变形角度可描述为：对于普通金属材料，在受到外应力作用过程中，当应力超过屈服强度时，产生塑性变形，应力去除后，塑性变形永久保留下来，不能恢复原状，如图 1(a)所示。对于具有形状记忆效应的合金，在受到外应力过程中，应变随应力增加而增加，卸载后存在残余应变，在随后加热至一定温度，合金恢复到原来状态，残余应变为零，合金完全恢复原状，如图 1(b)所示。

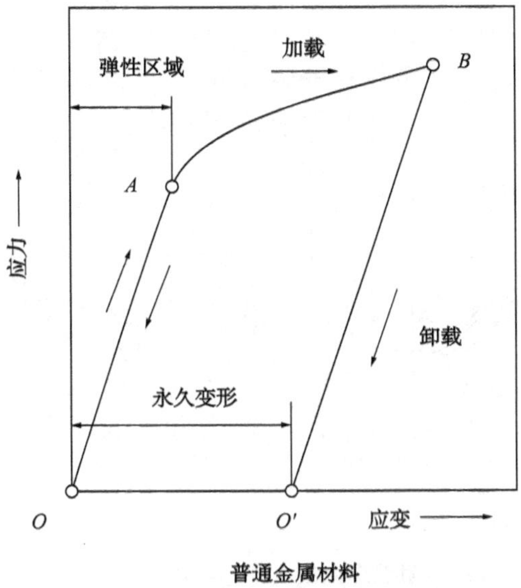

(a)普通金属材料应力应变曲线示意图

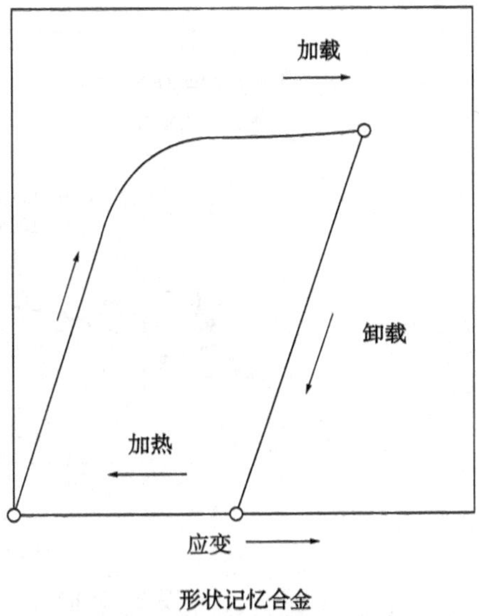

(b)形状记忆合金应力应变曲线示意图

图 1　合金在拉伸加载过程中的应力-应变曲线

1.2　Ni-Ti 形状记忆合金

通过 SMA 的发展史，最早在 1959 年 NiTi 合金被 Buehler 发现，而在之后几年的 1962 年才发现 NiTi 合金的 SME 特性，在随后多年的 NiTi 合金的发展历程中，在 1969 年 Grumman Aerospace 公司逐渐开发出可以商业化应用的管接头，成为第一成功案例，在随后的 1971 年，Andresen 又成功开发出牙齿矫正丝的商业化应用，从此，NiTi 合金的应用与探索呈现百花齐放的局面，到如今 NiTi 合金还被应用于生物医疗，航空航天探索装置，机械电气产品等方面。

NiTi 基记忆合金通常呈现出三种马氏体相变，分别为 B2→B19′、B2→RB19′相变和 B2→B19→B19′相变，而其不同的相变路径主要与掺杂元素有关，如图中电阻温度曲线所示，当掺杂 Fe、Cu 等元素时，其相变方式有了显著改变，图中 1.2a 的 NiTi 合金经历了 B2→B19′，而掺杂了 Fe 的 Ni-Ti-Fe 合金在图 1.2b 中呈现为 B2→R→B19′这样的相变路径；掺杂了 Cu 的 Ni-Ti-Cu 合金在图 1.2c 中呈现为 B2→B19→B19′这样的相变路径。近等原子比的 NiTi 合金中，通常只发生 B2→B19′相变，由于 B19′马氏体的晶体结构为单斜结构，且 B2→B19′的相变应变比较大，约为 8%，且具有较大的相变滞后(>20℃)，则形状记忆效应得以广泛应用。如图 2 所示。

1.3　形状记忆合金在工业领域的应用

形状记忆合金常用作汽车中的线制动器(如后视镜折叠)、热制动器(如离合器)、减震垫片以及储能弹簧等使得汽车更具有安全和舒适性的部件，图 3 为奔驰汽车上使用的形状记忆合金驱动器。

日产公司研制出了冷却风扇离合器，所用的材料是镍钛 SMA 材料。随着冷却风扇离合器周围的温度发生变化，螺旋弹簧会出现膨胀和收缩的现象，发动机水温能够被控制，在天气冷的时候，冷态时间能够被缩短，在天气炎热的时候，还够避免冷却水开锅，从而节约能源。汽车在结冰的路面上行驶时，为了防滑，会考虑在轮胎上安装防滑钉。其基本原理是：根据路面的情况，防滑钉能够自行进行伸缩，当防滑钉由 SMA 材料制成时，它可以随着路面上温度不断变化，利用其自身的形状记忆效应，实时地调整伸缩变换。

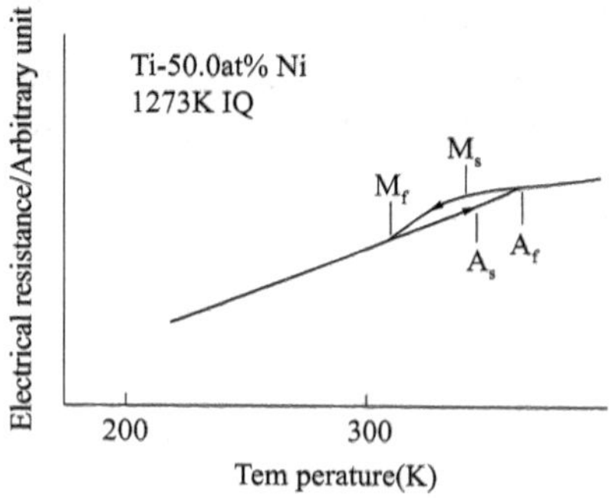

(a)等原子比NiTi

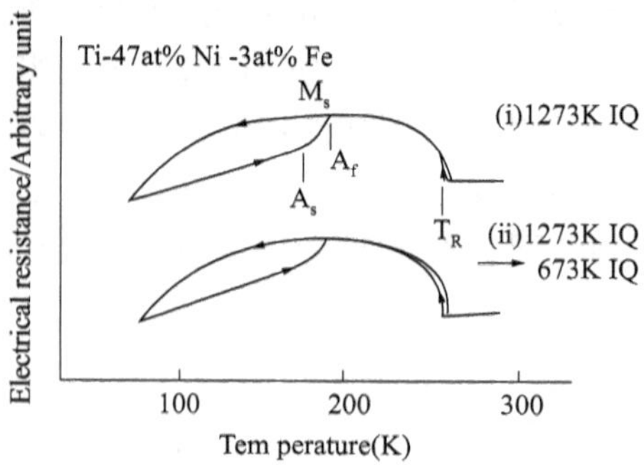

(b)Ti-47at%Ni-3at%Fe合金

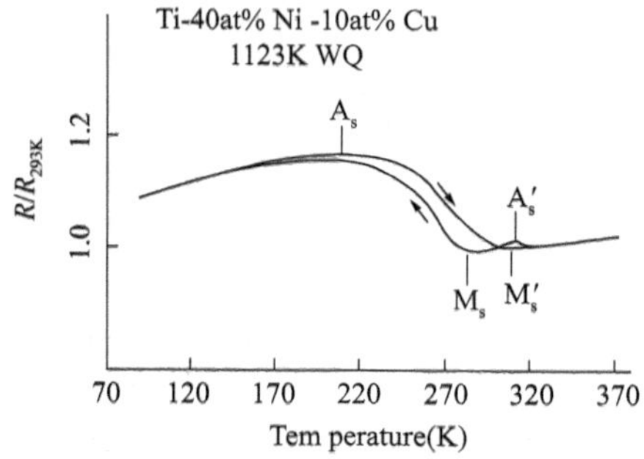

(c)Ti-40at%Ni-10at%Cu合金

图 2　不同 NiTi 记忆合金的电阻温度曲线

图 3　奔驰 SMA 驱动器

在开关元器件领域，利用形状记忆合金的超弹性、高阻尼性，用 Ni-Ti 合金薄膜、合金丝做旋转开关、微动开关、按钮开关的弓簧片、薄膜器件、压簧、拉簧等弹性元件，替代铜带、钢带、铜丝、钢丝等材料，以提高产品的机械寿命。将高温形状记忆合金连接件用于气密封微动开关的密封装置、电气连接装置，替代现用的焊接密封技术，解决铜焊引起的变形等问题，并能在严酷的环境(−65℃～300℃)中可靠使用。图 4 为传统隔离开关与使用记忆合金的新型隔离开关对照图片。

图 4　传统隔离开关与使用记忆合金的新型隔离开关

2　封隔器研究现状

在油田的油气开采中，目前的封隔器广泛使用的是传统的橡胶材料作为密封件，主要是由于其填充性能好，易于坐封且适用于复杂的井筒情况而被广泛采用。但橡胶材料的缺点也很明显：耐高温、耐磨蚀性能差，在施工周期要求较长时的适应性较差。这使得相关研究人员开始考虑使用合金材料坐封来取代传统的胶筒封隔器，其特点为：耐高温和耐磨蚀性能好、使用寿命长，封隔器的内通径较大。用它可以进行分层采油、分层注水，可以满足多元复合驱多层分注、外围油田分层注采和不压井作业的需要。

图5为金属封隔器的基本原理图，这是由大庆油田采油工程研究院的相关工作人员设计的使用超弹性NiTi合金材料作为封隔器主要部件的金属封隔器。该封隔器充分利用超弹性合金的超弹性能，在外力作用下使其扩张，实现与套管的密封，解封之后，利用其超弹性性能，使其恢复至原来的行政，达到解封的目的。

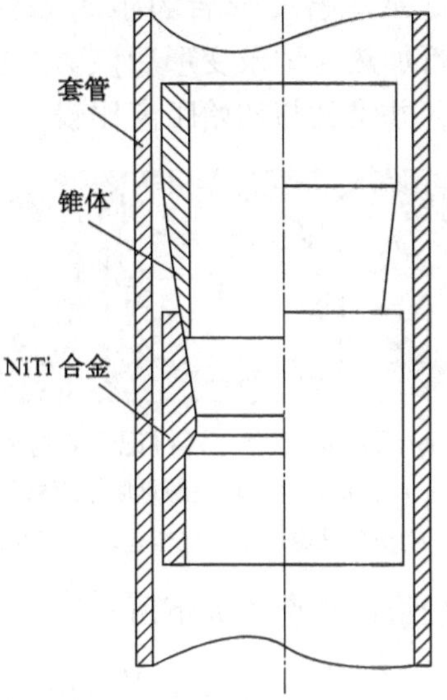

图5　金属封隔器原理图

图6为金属封隔器的结构示意图，如图所示其工作过程是由动力坐封器、坐封封隔系统、丢手总成3部分完成，同时，配套系统包括插入管柱和解封打捞工具。封隔器工作系统由合金密封体、锥体、工作筒组成。丢手总成由释放套、夹头体、弹簧爪、拉杆组成。

动力坐封器将大小相等、方向相反的2个机械力通过坐封套、拉杆的传递，分别作用于锥体和工作筒上，使得锥体相对于合金密封体向下运动，将合金密封体胀大，从而密封在套管上，当机械力达一定值时，释放套被拉断，丢手总成工作，完成丢手。

图7为承德石油高等专科学校联合中国石油钻井工程技术研究院江汉机械研究所的工作人员利用NiTi合金的形状记忆性能设计的金属封隔器，其主要由动力坐封器、密封系统、丢手总成3部分组成。主要起密封作用的封隔器密封系统由记忆合金密封件、锥体、套管组成，结构如下图所示。丢手总成由释放套、夹头体、弹簧爪、拉杆组成。

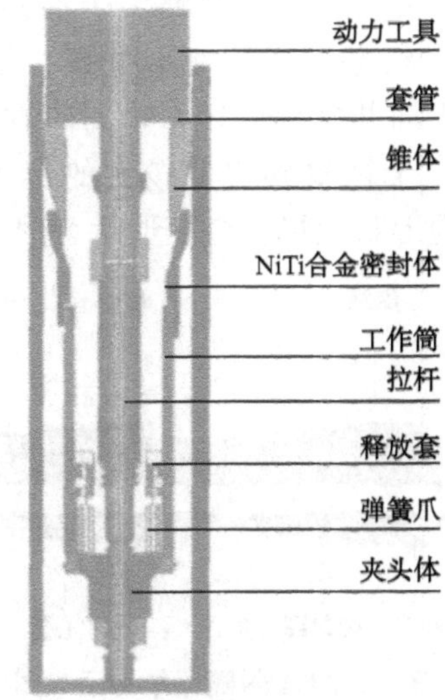

图6　金属封隔器结构示意图

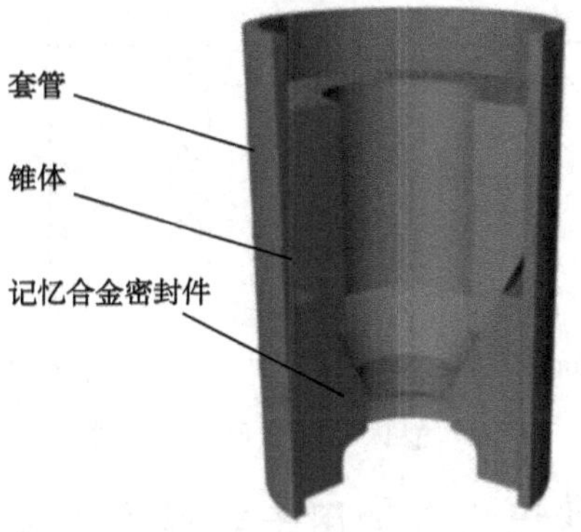

图7　金属封隔器

工作时，动力坐封器将大小相等方向相反的两个机械力通过坐封套、拉杆的传递，分别作用在锥体和套管上，使得锥体相对于记忆合金密封件向下运动，将合金密封件胀大，从而密封于套管上，当机械力达到一定值时，释放套被拉断，丢手总成工作，完成坐封。生产过程结束时，可通入低温液体或气体使得封隔器工作温度下降到低温状态，这样记忆合金密封件在管壁压力和其他零件的拉力共同作用下，发生形状恢复，顺利从井筒中取出。

2.1　形状记忆合金用于封隔器的探索研发

高温高压复杂深井的工况对封隔器要求也越来越高，为了延长封隔器在长庆油田苛刻井下工况环境中的使用寿命，使用金属材料替代原有耐腐蚀性与耐高温性能较差的橡胶材料作为密封部件，尝试采用形状记忆合金加上高温耐腐蚀合金的组合来实现坐封功能。图8为自封式封隔器Z331示意图，安少云等在自封式封隔器Z331的基础，提出了形状记忆合金的改进方案，使用形状记忆合金取代原皮碗零件，在高温下对其进行扩孔定形，使其管壁直径略大于油井井管内径，然后在常温状态下进行变形处理，使其直径变小，且小于油井井筒内径，坐封时在井下升温，形状记忆合金恢复到之前较大的尺寸，完成坐封，图9为形状记忆合金变形示意图。

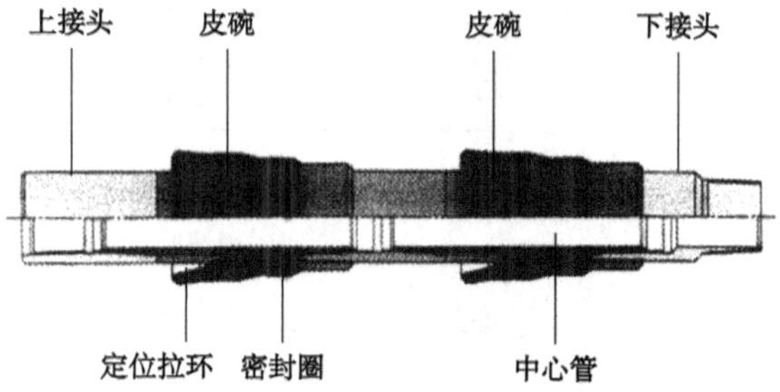

图8　Z331封隔器结构示意图

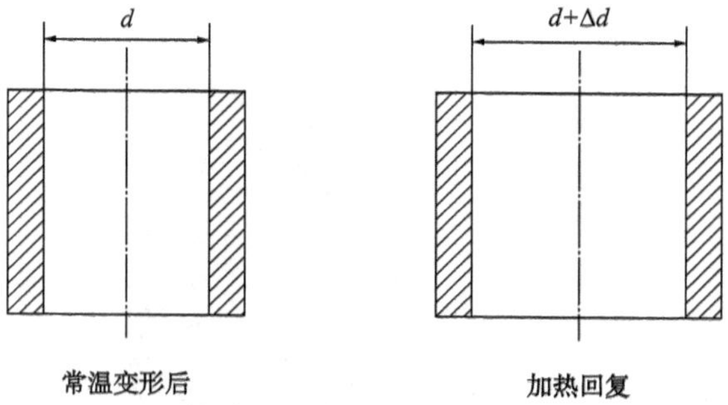

图9　形状记忆合金变形示意图

3　形状记忆合金用于封隔器选材的实验研究

NiTi合金是迄今为止发现的记忆特性最好的一种形状记忆合金。由于NiTi合金的弹性各向异性小，难以在易界处产生大的应力集中，所以在热循环或应力循环中性能比较稳定，反复循环的寿命比较长。与标准近等原子比镍钛合金相比，富镍镍钛合金（例如$Ni_{55}Ti_{45}$）更适合作为结构材料，因为其具有更高的硬度、强度和更好的尺寸稳定性，此外该合计还具有低弹性模量、非磁化、优异的耐腐蚀性和良好的油润滑性能。合金强度的改善主要归因于合金中Ni含量的增加，这导致强化相的体积分数增加，包括Ni_4Ti_3和Ni_3Ti_2。

考虑到封隔器的实际使用场景，在井下作业时需要有较强的回复能力且伴随较强的回复应力（>300MPa），同时井下的环境也对其抗磨损性能以及耐腐蚀性能也存在一定要求，故选取二元富镍镍钛形状记忆合金（成分为Ni-45.4wt.%Ti）作为驱动材料。针对不同方案设计的内容需求，设计定制了三种规格尺寸的形状记忆合金材料，分别为直径6mm的NiTi合金棒材、直径1mm的NiTi合金丝材以及直径0.7mm的NiTi合金丝材。

3.1　形状记忆合金性能评价方法

3.1.1　形状记忆效应测试

图10为6mm形状记忆合金棒材记忆效应测试示意图。形状记忆效应测试目的是测试记忆合金原料在不同温度下的形状记忆效应，通过变形后加热回复的方法进行测试，其具体流程为：针对直径6mm的NiTi棒材，先切取所需尺寸将其成形至形状记忆合金环，变形前在试样环上标记两点，记录两点间的初始距离L_0，而后将其弯折变形，记录弯折变形后的距离L_1，通过加热台对其进行加热，记录变形后该两点在不同温度下的距离，并将其与初始距离比较。

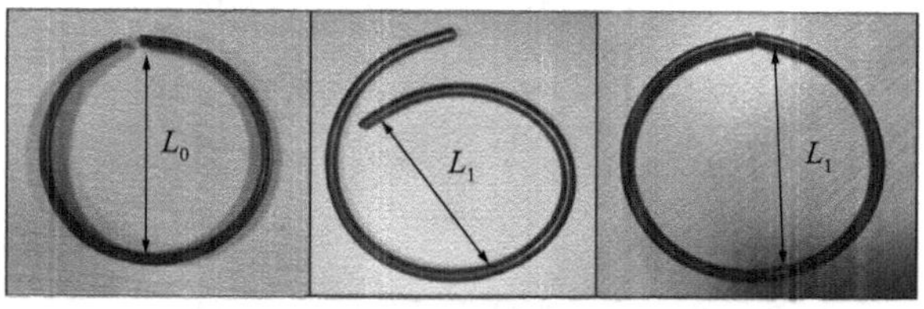

图10　6mm形状记忆合金棒材记忆效应测试示意图

L_0：记忆合金环上两点原始距离

L_1：变形后某温度下记忆合金环上两点距离

定义变形回复率A如下所示：

$$A=\frac{L_1-L_0}{\Delta L_0}\times100\%=\frac{\Delta L}{\Delta L_0}\times100\%$$

图11为形状记忆合金丝材记忆效应测试示意图。对于丝材，测试流程为：首先切取适当长度的形状记忆合金丝材，记录一段丝材的初始角度θ_0，而后将其弯折，记录下此时弯折后的角度θ_1，通过加热台对其进行加热，记录在不同温度下丝材的角度，并与初始角度作为对比。

定义变形回复率A如下所示：

$$A=\frac{\theta_1-\theta_0}{\Delta\theta_0}\times100\%=\frac{\Delta\theta}{\Delta\theta_0}\times100\%$$

3.1.2　6mmNiTi合金棒材形状记忆效应

图12、图13可知，随着回复次数的递增，形状记忆合金环开始发生回复的温度越来越低，大约在65℃左右时开始发生回复变形，随温度的升高，变形回复率也不断升高，当温度升至82℃时，两个记忆合金环在不同的测试中都产生了95%以上的回复效果，这表明当将形状记忆合金样品置于82℃一段时间后，其会发生回复变形，会大致回复至初始形状。

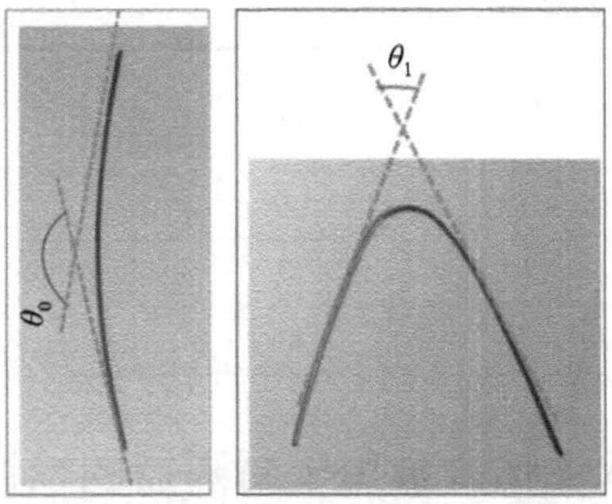

图 11　形状记忆合金丝材记忆效应测试示意图

θ_0：丝材两端初始角度

θ_1：变形后某温度下丝材两端角度

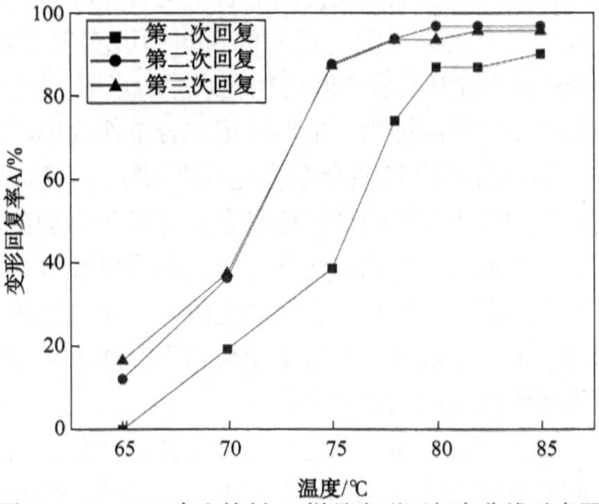

图 12　6mmNiTi 合金棒材-1 样品变形回复率曲线示意图

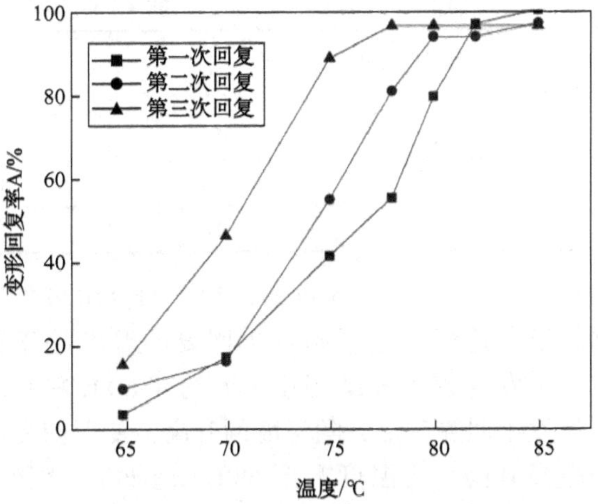

图 13　6mmNiTi 合金棒材-2 样品变形回复率曲线示意图

3.1.3　1mmNiTi 合金丝材形状记忆效应

表 1 为 1mmNiTi 合金丝材的变形回复率数据，图 14 为 1mmNiTi 合金丝材的变形回复率曲线。根据所定义的变形回复率

$$A=\frac{\theta_1-\theta_0}{\Delta\theta_0}\times100\%=\frac{\Delta\theta}{\Delta\theta_0}\times100\%$$

对数据进行处理，得到其不同温度下的变形回复率，而后选取变形回复率作为纵轴，温度作为横轴，建立形状记忆合金的温度与变形效果之间直观的关系。

表 1　1mmNiTi 合金丝材变形回复率

温度/℃ / 变形回复率/%	60	70	80	90	100	110	120	130	140	145
第一次	4	6	8	10	20	33	82	88	91	94
第二次	0	0	8	12	19	33	78	90	93	94
第三次	0	0	3	7	16	28	72	90	94	94

由表 1 以及图 14 可知，随着回复次数的递增，形状记忆合金开始发生回复的温度趋于稳定，未发生较大程度变化，大约在 60℃ 左右时开始发生回复变形，随温度的升高，变形回复率先缓慢升高，当温度升至 100℃ 以上时，形状记忆合金的变形回复率较快升高，当温度到达 140℃ 时，两个记忆合金丝样品在不同的测试中都产生了 95% 以上的回复效果，这表明当将形状记忆合金样品置于 140℃ 一段时间后，其会发生回复变形，会大体回复至初始形状。

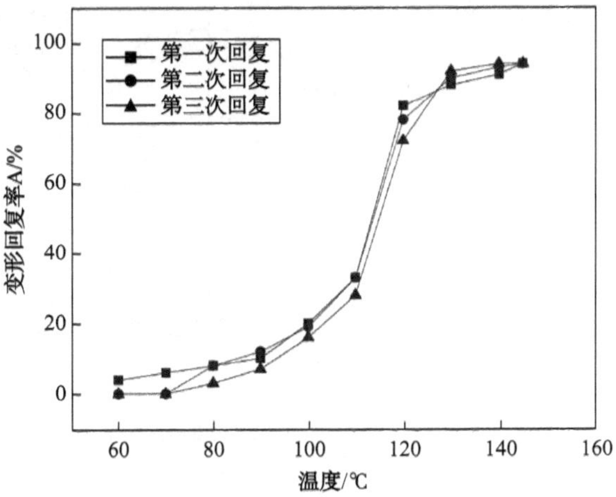

图 14　1mmNiTi 合金丝材变形回复率曲线示意图

3.1.4　0.7mmNiTi 合金丝材形状记忆效应

表 2 为 1mmNiTi 合金丝材的变形回复率数据，图 15 为 0.7mmNiTi 合金丝材的变形回复率曲线。

表 2　0.7mmNiTi 合金丝材变形回复率

变形回复率/% \ 温度/℃	60	65	68	70	72
第一次	14	17	19	49	100
第二次	16	18	24	53	100
第三次	11	12	20	47	99

由表 2 以及图 15 可知，随着回复次数的递增，形状记忆合金开始发生回复的温度趋于稳定，未发生较大程度变化，大约在 60℃左右时开始发生回复变形，随温度的升高，变形回复率先缓慢升高，当温度升至 68℃以上时，形状记忆合金的变形回复率较快升高，当温度到达 72℃时，两个记忆合金丝样品在不同的测试中都产生了 95%以上的回复效果，这表明当将形状记忆合金样品置于 75℃一段时间后，其会发生回复变形，会大体回复至初始形状。

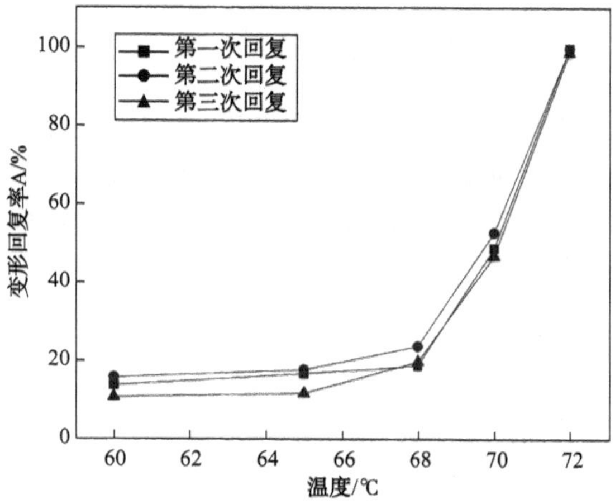

图 15　0.7mmNiTi 合金丝材变形回复率曲线示意图

4　形状记忆合金用于封隔器的设计方案

4.1　形状记忆合金变形驱动高温耐腐蚀合金

封隔的目的是在油管与套管之间的间隙中，实现径向密封，那么只要使用形状记忆合金配合高温耐腐蚀合金完成空间内径向的密封即可实现座封，图 16(a)为油管套管之间的径向间隙示意图。因此，方案的设计思路即为，由形状记忆合金作为驱动部件，驱动高温耐腐蚀合金发生变形来占据径向空间。其中作为驱动的形状记忆合金应具备驱动变形能力，变形前，形状记忆合金与高温耐腐蚀合金组成的封隔器置于油管与套管的空隙内，而当加热变形后，形状记忆合金应当驱动高温耐腐蚀合金发生变形实现空隙内的径向密封。

由此思路，将形状记忆合金设计为环状，其变形前的直径较小，当对其加热时，发生形状回复，记忆合金环直径增大，此时在径向方向上对高温耐腐蚀合金管施加变形力，该力由内而外驱动高温耐腐蚀合金环在径向发生塑性变形，使其变形后紧贴在套管的内壁，从而实现径向密封，以完成坐封。图 16(b)为形状记忆合金变形前后的形状变化示意图，图 17 为通过形状记忆合金变形驱动高温耐腐蚀合金发生变形完成封隔的示意图。

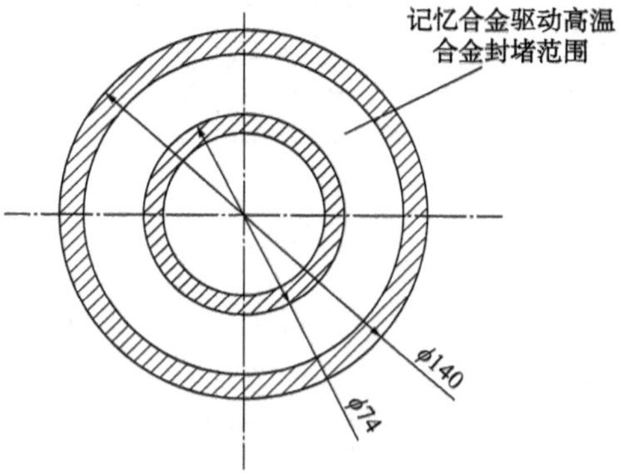

(a)油管套管间隙示意图

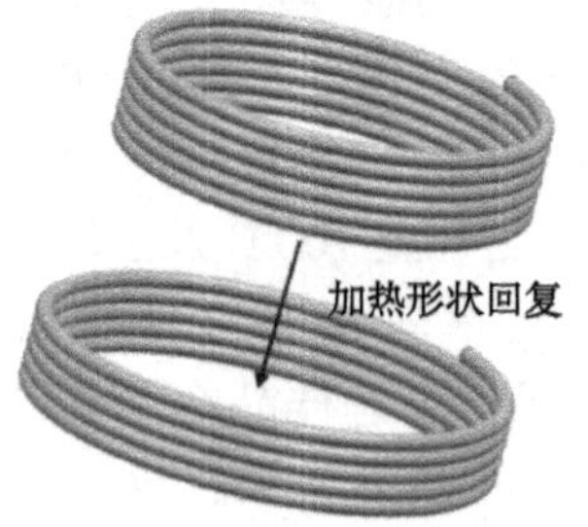

(b)形状记忆合金变形前后示意图

图 16

4.2　形状记忆合金螺钉释放弹性封隔圈

图 18 为形状记忆合金螺钉限制弹性封隔圈示意图。使用外力将弹性封隔圈进行弯折变形使其直径减小，将其安装至基座上，而后将形状记

忆合金螺钉插入基座上的螺纹孔，通过外力将形状记忆合金螺钉稍加变形，使形状记忆合金螺钉可以对弹性封隔圈起到束缚作用，使其不能回弹至初始形状。

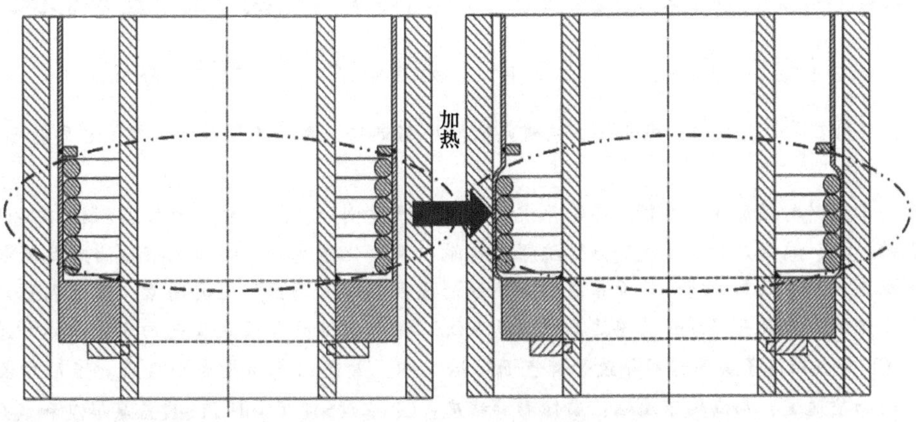

图 17　形状记忆合金变形驱动高温耐腐蚀合金示意图

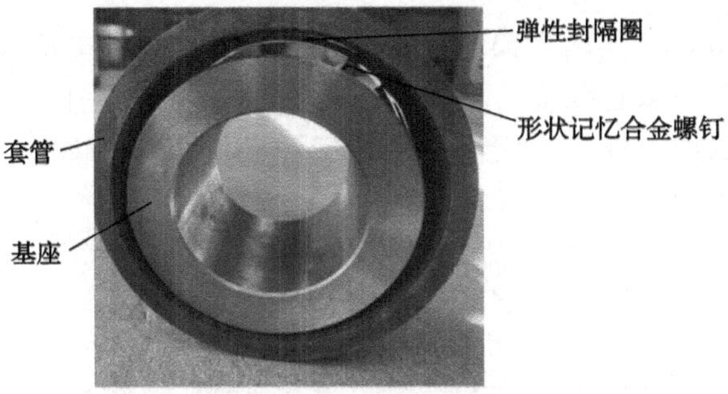

图 18　形状记忆合金螺钉安装示意图

参 考 文 献

[1] 卢秋羽，李俊亮，许永权，等．浅谈高温高压井下封隔器发展现状[J]．中国设备工程，2024(01).

[2] 杨东，窦益华，许爱荣．高温高压深井酸压封隔器失封原因及对策[J]．石油机械，2008(09)

[3] 舟久保，熙康．形状记忆合金[J]．北京：机械工业出版社，1992.

[4] 赵连城，蔡伟，郑玉峰．合金的形状记忆效应与超弹性[M]．北京：国防工业出版社，2002. 5270.

[5] Otsuka K, Wayman C M. Shape Memory Materials [M]. Cambridge University Press, 1998.

[6] Buehler W J, Gilfrich J V and Wiley R C. Effect of low-temperature phase changes on the mechanical properties of alloys near composition TiNi[J]. Journal of Applied Physics, 1963. 34(5): 1475-1477.

[7] 刘庆港．超弹性 NiTi 基记忆合金缓冲装置的仿真及优化研究[D]．中国石油大学(北京)，2022.

[8] 王垚，李春福，林元华，等．SMA 在石油工程中的应用研究进展[J]．材料导报，2016(S2).

[9] 杨东，窦益华，许爱荣．高温高压深井酸压封隔器失封原因及对策[J]．石油机械，2008(09).

[10] 耿冰．Cu-26. 4 Zn-4 Al(Re)记忆合金弹簧的应用设计[J]．鞍山师范学院学报，2008(04).

[11] 刘克勇，蔡伟，赵连城，等．封隔器用钛镍形状记忆合金超弹性实验研究[J]．石油机械，2007(06).

镇原油田井筒及地面系统垢下腐蚀监测及认识

杨　乐[1,2]　吴春生[1,2]　王卫军[1,2]　苑慧莹[1,2]　姜　毅[1,2]　谷成义[1,2]

（1. 中国石油长庆油田公司油气工艺研究院；2. 低渗透油气田勘探开发国家工程实验室）

摘　要　本文针对镇原油田井筒及地面系统结垢腐蚀严重问题，通过垢下腐蚀监测挂环设计、试验及腐蚀挂环表面分析、腐蚀产物层厚度和点蚀坑深度测量以及电化学测试，明确了镇原油田结垢和局部腐蚀的对应关系及造成镇原油田井筒和地面系统垢下腐蚀的原因和影响腐蚀的主要因素。结果表明：镇原油田垢下腐蚀以点蚀为主，且井筒点蚀速率远高于地面系统。垢下腐蚀的原因主要是由于采出水中溶解的 O_2、H_2S、SRB、Cl^-及成垢离子共同作用导致管道表面结垢沉积，管道内表面生成垢层后，垢层自身的微孔作为腐蚀反应的物质通道，形成垢下腐蚀；腐蚀影响程度：Cl^-浓度>温度>pH 值>覆盖层厚度和成分。

关键词　镇原油田；垢下腐蚀；监测；点蚀

镇原油田始探于 20 世纪 70 年代初，2009 年进入快速建产阶段。随着开发时间的延长，综合含水上升，注水时间增长，不同地层及注入水配伍性差，结垢问题日益突出，结垢导致油井产量下降，注水井欠注等问题日益严重，极大的增加了油田的开发运行成本。并且，在采出水在回注过程中，因水质较差、机杂、硫化物、细菌、CO_2 含量高，单井注水管线垢下腐蚀严重，造成采出水回注系统运行问题较多，管理难度加大。腐蚀破坏形态以内腐蚀穿孔为主，局部点蚀速率比均匀腐蚀速率大一个数量级。

近年来随着测试技术的发展，电化学测试技术已能够快速、灵敏、实时的测出金属的腐蚀信息及表面的变化状态。由于传统的电化学测试难以精确捕捉到垢层下金属的微区腐蚀情况，专家学者们致力于发展垢下腐蚀的电化学分析方法，在垢下腐蚀电化学行为及测试技术方面取得了很大的进展。因此，从电化学方面分析和总结针对垢下腐蚀局部特性的研究方法具有重要的实际价值。

本论文通过镇原油田垢下腐蚀监测挂环设计、试验及腐蚀挂环表面分析、腐蚀产物层厚度及点蚀坑深度测量、电化学测试，探究了镇原油田结垢和局部腐蚀的对应关系及造成镇原油田井筒地面系统垢下腐蚀的原因和影响腐蚀的主要因素。

1　垢下腐蚀监测挂环设计及试验

1.1　地面系统腐蚀监测挂环设计

在一块 20#碳钢板上，设计直径 20mm 的多个不同深度的盲孔（2mm、4mm、6mm、8mm、10mm），用于模拟不同厚度的垢层；孔中心线在一条直线上，一次切割可以剖开全部盲孔。一端加工挂钩，用绳子悬挂于油田储罐中，如图 1 所示。

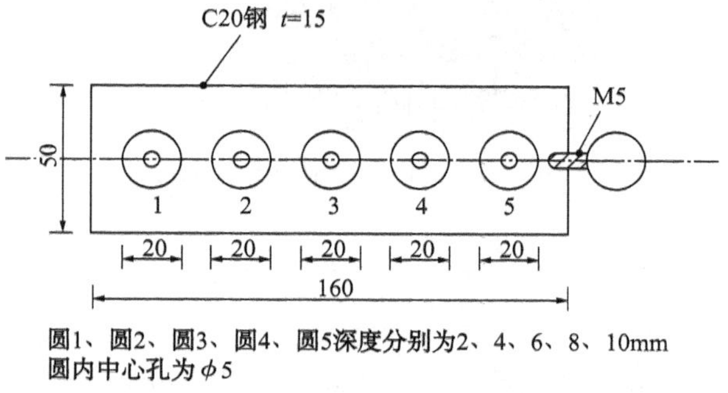

图 1　地面系统挂环示意图

地面系统电化学挂环设计：材质、规格尺寸同上图相同，在加工好的不同深度的盲孔背部侧面攻丝，加工出内螺纹，将铜丝缠绕在与内螺纹相配合的螺丝上，引出电化学测试所需要的工作电极线，将铜丝与螺丝连接处用 704 硅橡胶密封，以防止盲孔处发生电偶腐蚀。用 304 不锈钢板加工一面开口的正方体盒子，将背部带导线的挂环嵌入盒子中，上紧侧面螺纹，用于保护导线在现场悬挂时不受破坏。

1.2　油井垢下腐蚀监测挂环设计

油井垢下腐蚀挂环结构如图 2 所示，大头端带内螺纹，能和筛管螺纹旋紧，随着筛管下入油井中。另一端内空五面体结构，每个棱面上有两个不同深度（2mm、4mm、6mm、8mm、10mm）的直径 20mm 的盲孔。上部盲孔侧位加工 M5 通孔，用铜导线穿过通孔从五面体内孔引出，铜丝与螺丝连接处用环氧树脂密封。5 根铜导线塞入五面体内孔中，旋入 M30 聚四氟乙烯螺纹堵塞内孔。

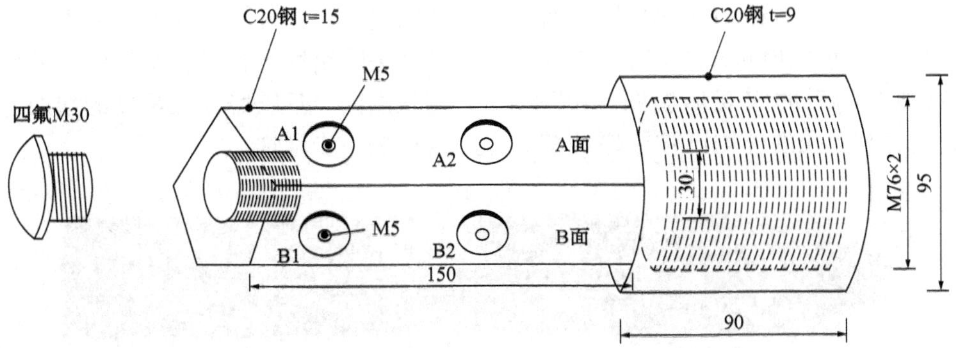

注：C面、D面、E面上的圆1、圆2与A面、B面上的圆1、圆2直径相同，均为20mm
A1、B1、C1、D1、E1圆深度分别为2mm、4mm、6mm、8mm、10mm
A2、B2、C2、D2、E2圆深度分别为2mm、4mm、6mm、8mm、10mm

图 2　油井垢下腐蚀挂环示意图

1.3　腐蚀挂环现场试验

选取腐蚀严重区块油井及站点共下入 20 套腐蚀挂环，其中，油井 5 套，站点 15 套。由于现场施工、悬挂绳磨断掉入罐内、采油井未检泵等原因，现场回收 8 座站点的垢下腐蚀挂环，实际挂入时间 129～173 天；1 口采油井的腐蚀挂环，下入时间 190 天，具体站点及井号如表 1 所示。

表 1　腐蚀挂环/挂片下入及起出统计表

编号	站点/井号	挂入位置	挂环/挂片作用时间/d
1	镇二转	除油罐	173
2	镇三转	除油罐	173
3	镇四转	除油罐	173
4	镇九转	除油罐	129
5	镇七转	原水罐	137
6	镇四联	除油罐	134
7	镇四联(3.13)	除油罐	129
8	镇二转措施废液处理站	废液罐	173
9	镇 300-01 井	井筒	190

2　现场挂环腐蚀行为研究

针对现场取回的垢下腐蚀挂环及挂片，开展腐蚀产物的微观形貌 SEM 观察、垢样元素含量 EDS 分析、垢样物相结构的 XRD 分析、试片垢下表面的电化学测试。

2.1　表面观察与分析

采用 JSM-6390A 扫描电镜进行挂片表面腐蚀产物膜和腐蚀形貌的观察与分析，并使用与之配套的电子能谱(EDS)进行元素分析。将浸泡不同时间的挂片取出后，进行微观腐蚀形貌 SEM 观察，并对相关局部区域腐蚀产物进行 EDS 分析，然后刮取腐蚀产物进行物相结构的 XRD 分析。

2.2　腐蚀产物层厚度及点蚀坑深度观察测量

采用德国蔡司生产的 Smart Zoom 5 型超景深光学数码显微镜和金相显微镜进行典型腐蚀区域的拍摄及腐蚀坑深度测量，并利用下式计算点蚀速率：

$$V_{corr} = 365h/t$$

式中，V_{corr}为点腐蚀速率，mm/a；h 为点蚀坑深度，mm；t 为实验时间，d。

2.3　电化学测试

采用美国 EG&G 公司生产的 M 2273 电化学综合测试系统，试验采用三电极体系，不同深度(2mm、4mm、6mm、8mm、10mm)盲孔挂片试样为工作电极，饱和甘汞电极为参比电极，铂片为辅助电极，对浸泡了不同时间的挂片试样进行电化学测量，扫描速度为 0.5mV/s。电化学测试参数见表 2。

表 2　电化学测试参数

温度/℃	20	40	60
Cl^-含量/(mg/L)	291	34482	89800
pH	5	7	9
HCO_3^-/(mg/L)	409		

3 结果与分析

3.1 表面观察与分析

图 3(a)和(b)分别为镇 300-01 井下腐蚀 190 天及镇二转采出水中腐蚀 173d 后的宏观形貌图和去除腐蚀产物后的宏观形貌图。由图 3(a)可知，试片表面盲孔内外均已被厚厚的棕红色腐蚀产物覆盖，外层腐蚀产物比较疏松，有些已经脱落，内层腐蚀产物为黑褐色。由图 3(b)可知，试片表面盲孔内均已被厚厚的灰褐色腐蚀产物覆盖，挂环左侧发生了严重的溃疡状点蚀。试片去除腐蚀产物后，盲孔内外发生了严重的溃疡状点蚀。且随着盲孔深度的增加，点蚀严重程度也进一步增加。

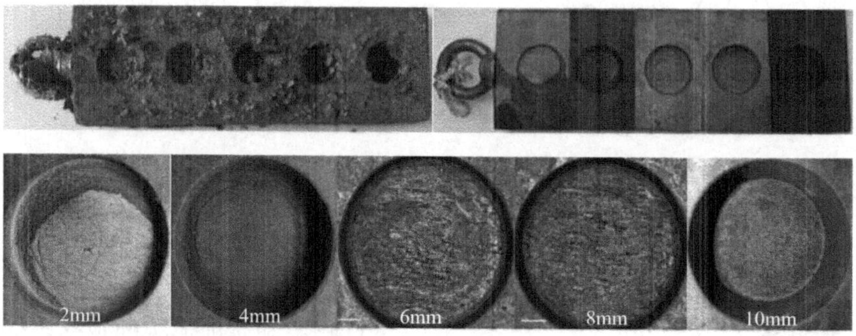

(a)站点腐蚀挂片形貌图

(b)井筒腐蚀挂环形貌图

图 3　腐蚀挂片、挂环宏观形貌图

图 4(a)和(b)为镇二转腐蚀挂片腐蚀 173d 后的 SEM 图，由图可看出，20#碳钢挂片表面已完全被腐蚀产物覆盖，且该腐蚀产物可分为两层，内层为一层相对致密的腐蚀产物，外层为疏松的团簇颗粒状腐蚀产物，其间存在很多孔隙，致使腐蚀性离子可容易的通过孔隙进入到 20#碳钢表面，致使其发生局部腐蚀。图 4(c)和(d)为镇 300-01 井井下母堵挂环腐蚀 190d 后的 SEM 图，由图可看出，母堵挂环盲孔内表面已完全被腐蚀产物覆盖，且该腐蚀产物也可分为两层，外层为均匀致密的片状腐蚀产物，但是其上出现大量裂缝，内层为厚度不等的块状和颗粒状腐蚀产物，其间存在很多孔隙，可使腐蚀性离子容易的通过裂缝和孔隙进入到母堵挂环表面，致使其发生局部腐蚀。

图 5(a)和(b)分别为镇二转腐蚀挂片腐蚀 173d 后的 EDS 图和 XRD 分析结果。由图 5(a)可知，20#碳钢挂片表面内、外层腐蚀产物主要含有 Fe、Ca、O、C、S 和 Cl；由图 5(b)可知，20#碳钢挂片表面腐蚀产物的物相结构主要为 Fe_2O_3、SiO_2、FeS、FeO(OH)和 $CaCO_3$。图 5(c)和(d)分别为镇 300-01 井井下母堵挂环腐蚀 190d 后的 EDS 图和 XRD 分析结果。由图 5(c)可知，井下母堵挂环盲孔内表面内、外层腐蚀产物主要含有 Fe、Si、Ca、O、C、S 和 Cl；由图 5(d)可知，井下母堵挂环盲孔内表面腐蚀产物的物相结构主要为 FeS、Fe_2O_3、SiO_2、$CaCO_3$。腐蚀产物中出现的 SiO_2 主要是由水中泥沙造成的，$CaCO_3$ 的出现是由于水中的 HCO_3^- 与 Ca^{2+} 结合而形成的结垢。现场挂环在地面系统及井筒采出水中均发生了明显的溃疡状垢下点蚀，主要是由于采出水中富含的溶解 O_2、H_2S、SRB、Cl^- 以及成垢离子共同作用的结果。

其他七个站点腐蚀挂片的表面特征具有和镇二转腐蚀挂片类似的腐蚀特征，只是程度轻重的区别，因此，此处不再重复赘述。

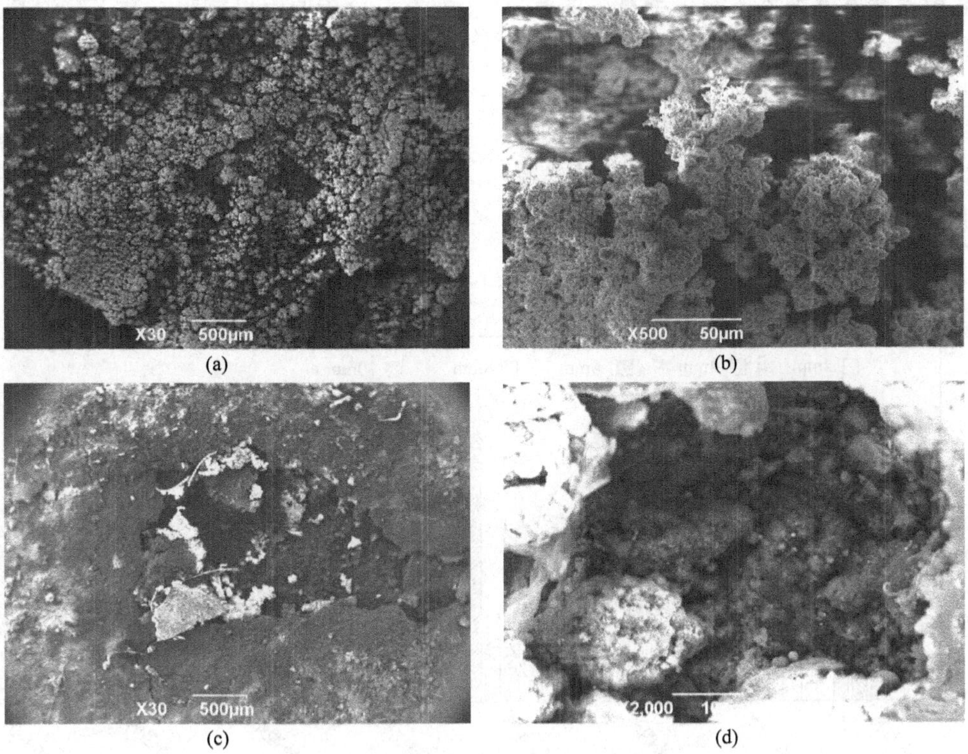

图 4　腐蚀挂片、挂环 SEM 图

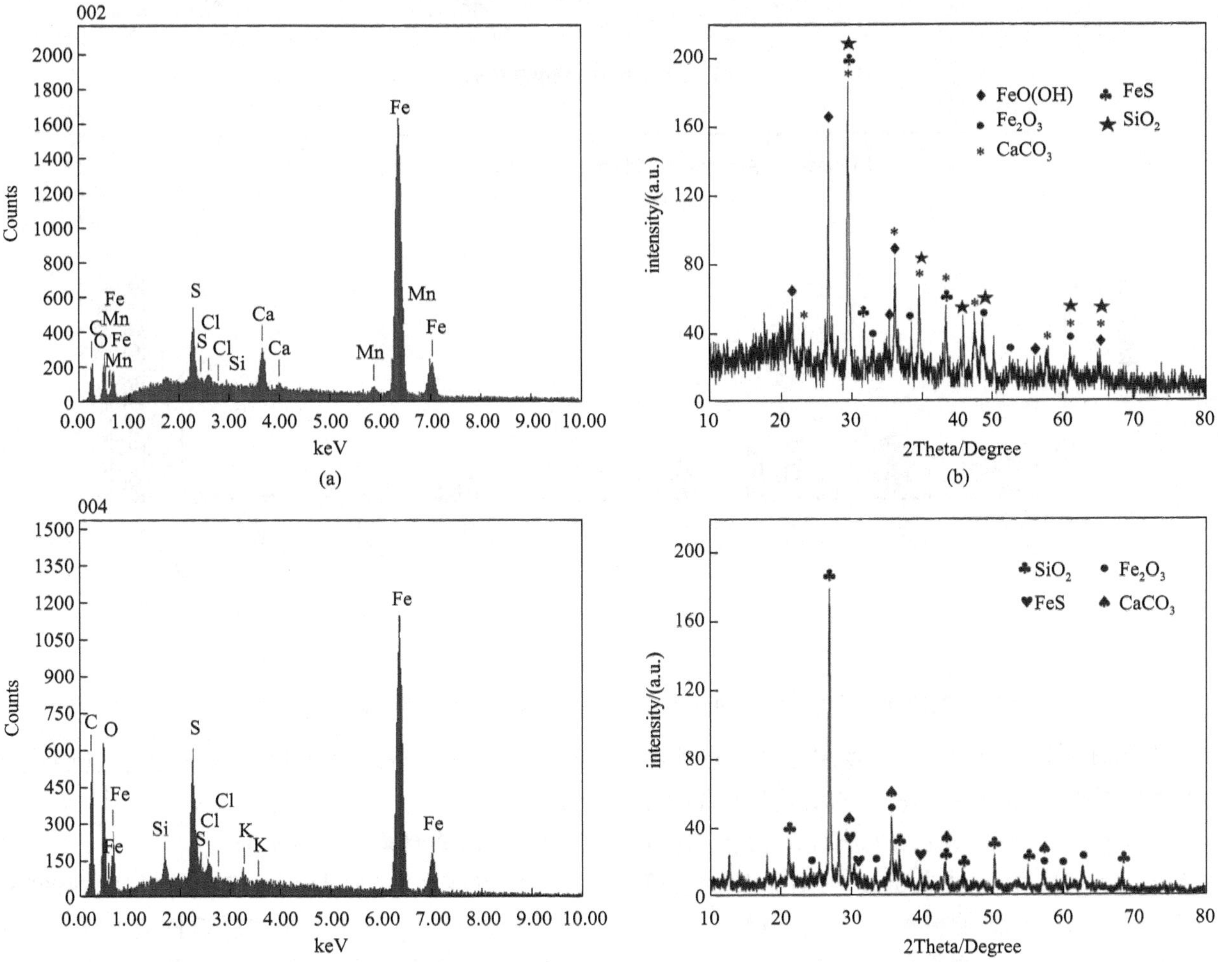

图 5　腐蚀挂环 EDS 和 XRD 图

3.2 结垢腐蚀产物层厚度及点蚀深度观察测量

现场腐蚀挂片及挂环在不同深度盲孔内的点蚀坑厚度和最大点蚀速率分别如图 6(a) 和(b) 所示。由图 6(a) 可知，随着盲孔深度的增加，现场挂片及挂环的结垢腐蚀产物层厚度也随之增加。由图 6(b) 可知，其中镇 300-01 井下挂环在不同深度盲孔内的点蚀速率远高于其他挂片点蚀速率。分析原因可能为：井下高温高压环境对点蚀影响比较大，高温下通过结垢腐蚀产物层的物质交换速率大，同时腐蚀性物质的渗透压大，很容易通过孔隙进入到碳钢表面，发生明显局部腐蚀，导致井筒挂环的点蚀速率大于地面系统挂环的点蚀速率。

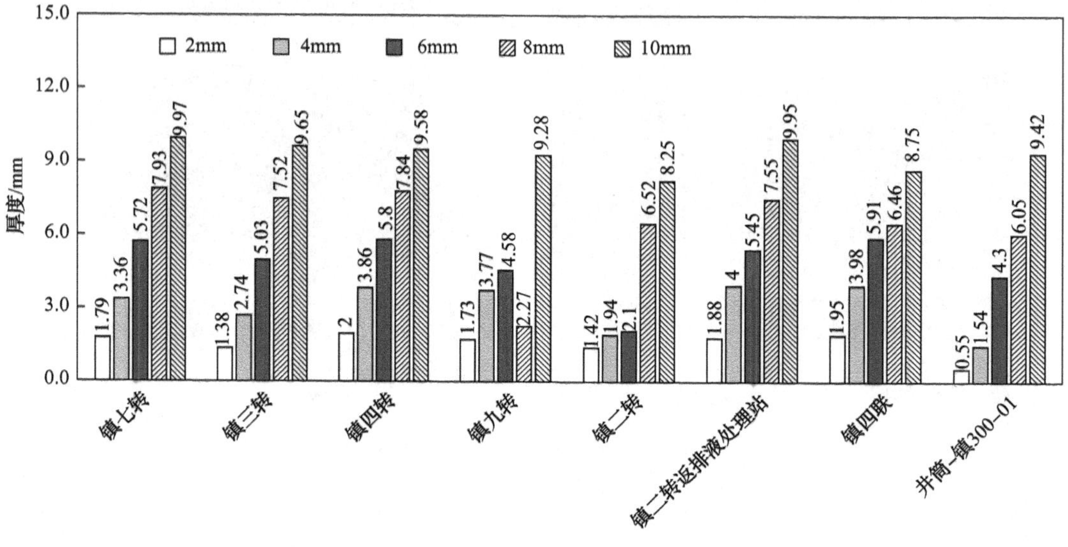

(a)结垢腐蚀产物层厚度/mm

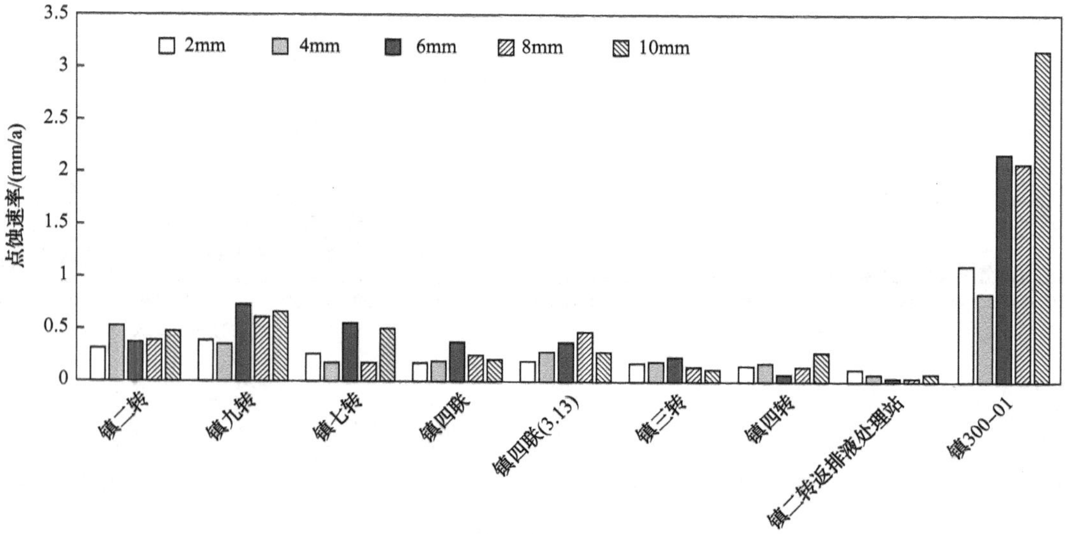

(b)最大点蚀速率/(mm/a)

图 6　腐蚀挂环及挂片在不同深度盲孔内的点腐蚀产物厚度和最大点蚀速率图

并且通过分析结垢腐蚀产物层厚度对点蚀深度的影响可知，地面系统 8 个现场挂环样品中，有 4 个在 6mm 盲孔深度(结垢腐蚀产物层)的点蚀速率达到最大值。说明 6mm 的结垢腐蚀层厚度对碳钢垢下腐蚀影响较大。而井筒挂环受采油井底高温高压影响，物质交换受结垢腐蚀层影响相对小，在 10mm 结垢腐蚀层厚度下点蚀速率最大。

3.3 电化学测量结果与分析

取点蚀系数(最大点蚀速率/均匀腐蚀速率)最大的镇四联、最小的镇二转返排液处理站和镇 300-01 挂环进行电化学测量。实验结果如图 7

(a)-(d)所示。结合图7(a)-(d)可得，地面系统及井筒挂环的自腐蚀电流(icorr)基本上随盲孔深度、温度及Cl^-浓度的增加而增大，其icorr的排序为：镇二转返排液处理站>镇四联>镇300-01。随pH值增加，地面系统及井筒挂环的icorr出现完全不同的变化规律。主要因素对20#碳钢挂片在镇四联、镇二转返排液处理站和井下镇300-01采出水中垢下腐蚀影响程度从重到轻依次为：Cl^-浓度>温度>pH值>覆盖层厚度和成分。

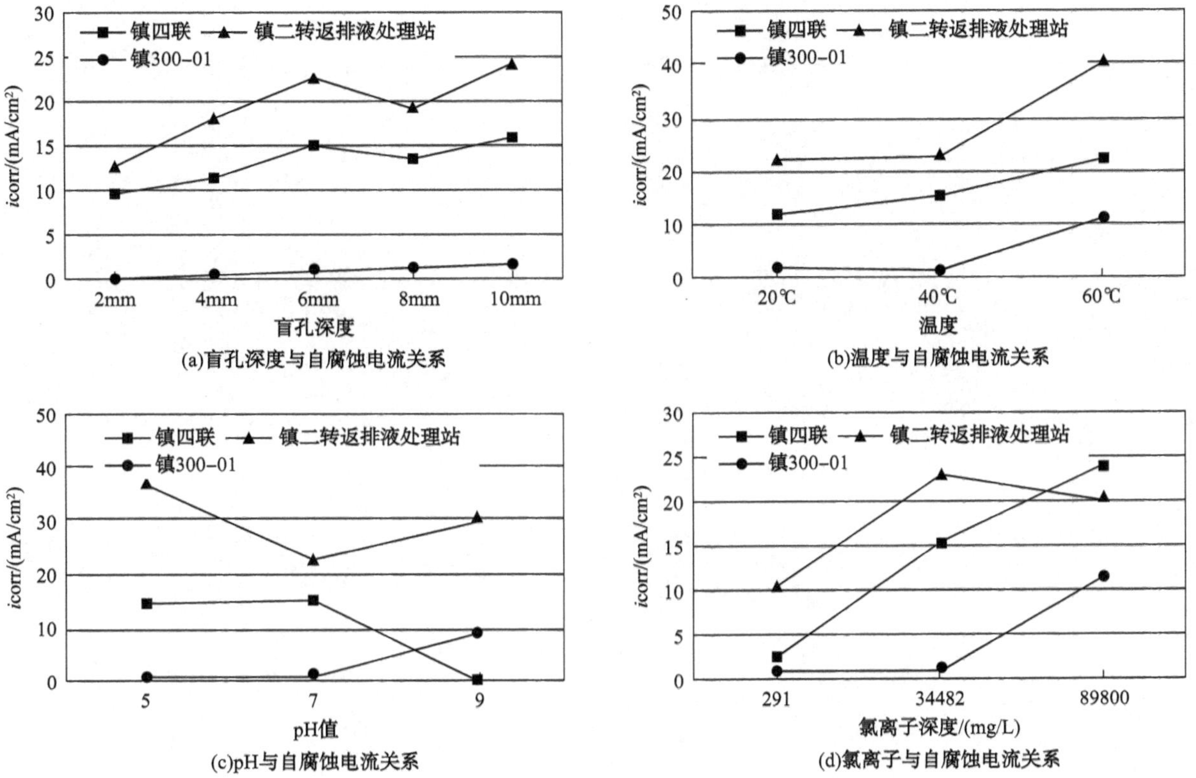

(a)盲孔深度与自腐蚀电流关系　(b)温度与自腐蚀电流关系

(c)pH与自腐蚀电流关系　(d)氯离子与自腐蚀电流关系

图7　四种主要因素对垢下腐蚀的影响分析曲线(b、c、d均为6mm盲孔中的测试结果)

4　认识及结论

综合上述分析及测试结果可知：

(1)镇原油田结垢腐蚀产物层呈双层结构，内层相对致密，存在较多裂缝，外层为疏松的团簇状、块状或颗粒状，存在很多孔隙，可使腐蚀性离子通过孔隙进入碳钢表面，致使其发生明显局部腐蚀。

(2)镇原油田垢下腐蚀以点蚀为主，且井筒点蚀速率远高于地面系统。地面系统在6mm结垢腐蚀层厚度下对碳钢垢下腐蚀影响较大。井筒在10mm结垢腐蚀层厚度下点蚀速率最大。

(3)垢下腐蚀的原因主要是由于采出水中溶解的O_2、H_2S、SRB、Cl^-及成垢离子共同作用导致管道表面结垢沉积，管道内表面生成垢层后，垢层自身的微孔作为腐蚀反应的物质通道，形成垢下腐蚀；腐蚀影响程度：Cl^-浓度>温度>pH值>覆盖层厚度和成分。

参　考　文　献

[1] 赵彦东．镇原油田注水系统结垢与腐蚀机理探讨[J]．西部探矿工程，2013，25(12)：60-63.

[2] 李建中，苏春娥，刘凯，等．镇原油田结垢机理及防垢技术研究[J]．石化技术，2015(1)：17-18.

[3] Melchers R E. Effect on marine immersion corrosion of carbon content of low alloy steels[J]. Corrosion Science, 2003，45(11)：2609-2625.

[4] 邹妍，王佳，郑莹莹．电化学方法研究锈层覆盖下碳钢的腐蚀规律[J]．中国腐蚀与防护学报，2011，31(2)：91-96.

[5] 陈洁净，鞠虹，孙灿，等．电化学测试技术在垢下腐蚀中的应用[J]．中国腐蚀与防护学报，2017，37(03)：15-23.

[6] 朱元良，赵艳娜．N80钢沉积物下闭塞电池腐蚀影响因素研究[J]．南阳理工学院学报，2009，1(6)：46-50.

[7] Gan Y，Li Y，Lin H C. Experimental studies on the

local corrosion of low alloy steels in 3.5% NaCl [J]. Corrosion Science, 2001, 43: 397.

[8] 朱元良，郭兴蓬．中性介质中碳钢腐蚀沉积膜下局部腐蚀行为[J]．中国腐蚀与防护学报，2008，28(5)：271-276.

[9] 许淳淳，吴小梅，刘幼平．用模拟闭塞电池方法研究十二烷基硫酸根对不锈钢局部腐蚀的影响[J]．中国腐蚀与防护学报，2002，22(3)：129-132.

适用于油田盐水环境的缓蚀剂制备与性能评价

姬文钰　谯　夫　刘贵宾　王　维　程海宏

（西安长庆化工集团有限公司）

摘　要　针对目前油田采出水矿化度高，水中氯离子含量高，造成采油井和注水井套管产生的严重的腐蚀现象，本文以水合肼为复合主剂，与酒石酸进行反应，制备出复合型缓蚀剂，采用静态挂片失重法、动电位极化法评价了缓蚀剂在含3.0%（质量分数）NaCl的饱和$Ca(OH)_2$溶液中对Q235碳钢的缓蚀作用。缓蚀剂在浓度为500mg/L下的最高缓蚀率为83.86%，腐蚀速率为0.00524mm/a。

关键词　缓蚀剂；缓蚀率；电化学测试

在油气田开发过程中，对于氯离子浓度较高的地层水和回注水，会对采油井和注水井套管产生严重的点蚀现象，长期点蚀会导致套管穿孔失效，甚至油井报废。盐水腐蚀的主要原因在于卤素离子，特别是氯离子，具有很强的侵蚀性。氯离子能够渗透到金属表面，破坏其天然保护层（如氧化膜），并在金属表面引发电化学腐蚀反应。相比于普通的腐蚀，盐水腐蚀更为严重，因为氯离子不仅加快了金属的腐蚀速率，还能在金属表面形成局部腐蚀点，导致腐蚀现象迅速扩展。腐蚀产物的积累进一步恶化了这一过程，可能会引起金属结构的脆化、断裂或失效。为了应对盐水腐蚀带来的挑战，研究者们提出了多种防护策略。这些策略包括使用具有较好耐腐蚀性的金属材料，如不锈钢和镍合金；采用防腐蚀涂层，如防锈油漆和塑料涂层，以隔绝卤水与金属的接触；然而，尽管已有大量的研究和防护措施，盐水腐蚀的复杂性和多样性仍然对防护技术提出了更高的要求。为解决这一问题，本文以水合肼和酒石酸为原料合成了一种复合型缓蚀剂，并在盐水中进行静态挂片失重实验，并进行电化学实验，通过模拟电路拟合得到溶液电阻和转移电阻，计算得出缓蚀效率。

1　实验部分

1.1　实验药品与仪器

本实验所需药品均为分析纯的氯化钠、氧化钙、无水乙醇、水合肼、酒石酸；本实验中所使用的仪器为电热恒温水浴锅、电热鼓风干燥箱、CST520型电化学工作站、DSX500型全自动三维成像显微镜。实验中所使用的钢片试件材质为Q235钢，试件规格为Ⅲ型40mm×13mm×2mm。

1.2　实验方法

1.2.1　静态挂片失重法

在钢片使用前精准测量长、宽、高、圆孔内径。用冷风吹干钢片，检查无锈痕后放入干燥器中备用，并准确称重。向6个玻璃磨口瓶中分别加入120mL模拟卤水，然后再分别加入0mg/L、50mg/L、100mg/L、200mg/L、500mg/L的缓蚀剂，向每个瓶内悬挂两枚Q235钢片，在悬挂过程中需注意保持高度一致，钢片需完全浸没于溶液中，实验简图如图1所示。悬挂完毕设置不同温度放置于水浴锅中7d。

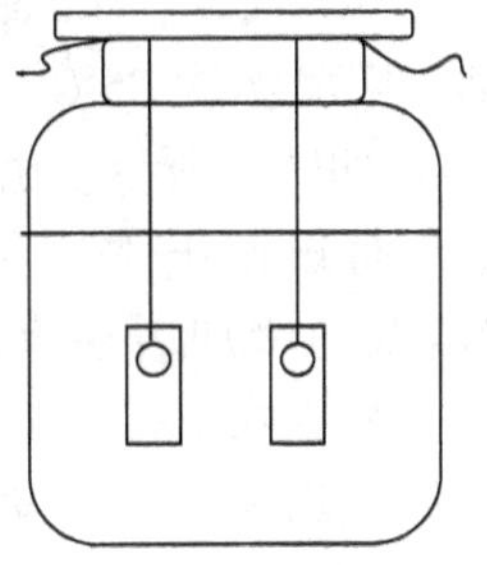

图1　钢片挂片实验简图

挂片结束后，使用酸洗液清理钢片表面的腐蚀结垢产物后，再用蒸馏水洗去酸洗液，而后放入无水乙醇中去除多余水分，干燥后用分析天平再次称重，精确至0.0001g，腐蚀速率、缓蚀率按以下公式进行计算。

$$V=\frac{8.76\times10^4\times W}{S\times t\times\rho} \quad (1)$$

式中，V为均匀腐蚀速率，mm/a；W为钢片失重，g；S显钢片腐蚀面积，cm^2；t不腐蚀时间，h；ρ 为钢片密度，g/cm³。

$$\eta=\frac{M_0-M}{M_0}\times 100\% \qquad (2)$$

式中，η 为缓蚀率；M_0 为空白样失重质量，g；M 为样品失重质量，g。

1.2.2　电化学测试

在 CST520 型电化学工作站上，采用三电极体系，对 Q235 钢在含不同浓度 BEFC 的 5%HCl 溶液中腐蚀的极化曲线扫描。实验所用的三个电极为：饱和甘汞电极作为参比电极、铂电极作为辅助电极、自制的 Q235 钢电极作为工作电极，将三个电极按照如图 2 所示进行安装。在每次实验前，应将工作电极打磨光滑，用无水乙醇洗涤，吹风机吹干。扫描开路电位，待开路电位稳定后，选择动电位扫描，设置扫描参数为：扫描范围为±250mV，扫描速度为 0.5mV/S。

1.3　缓蚀剂的制备

使用酒石酸与水合肼复配反应(图 3)。具体的实验步骤如下：按照摩尔比为酒石酸：水合肼=1：1 的比例，温度为 25℃，转速为 2000r/min 的烧杯内持续反应并搅拌 1h。

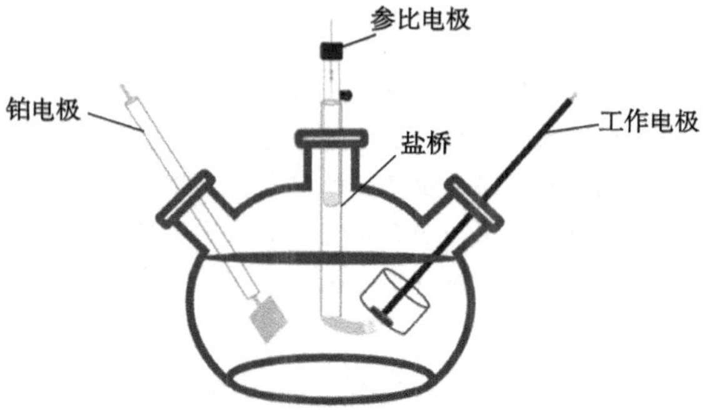

图 2　电化学工作装置图

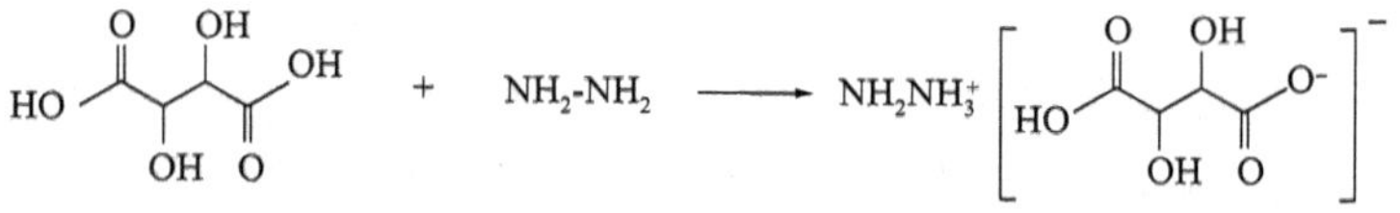

图 3　缓蚀剂合成路线图

2　结果与讨论

2.1　缓蚀剂的性能评价

2.1.1　静态挂片失重实验

使用静态挂片失重法对缓蚀剂在模拟腐蚀介质中的缓蚀性能进行评价。加入质量浓度为 0mg/L、100mg/L、200mg/L、300mg/L、400mg/L、500mg/L 缓蚀剂。实验温度 25℃，恒温放置 7d。静态挂片实验结果如图 4 所示。由图可知，缓蚀率随浓度的增加而逐渐升高，最高缓蚀率为 84.37%。随着浓度的增加缓蚀率增加，腐蚀速率逐渐降低，在 500mg/L 的腐蚀速率为 0.00524mm/a，继续增加浓度后发现缓蚀率逐渐趋于平缓，缓蚀率未有明显的变化。

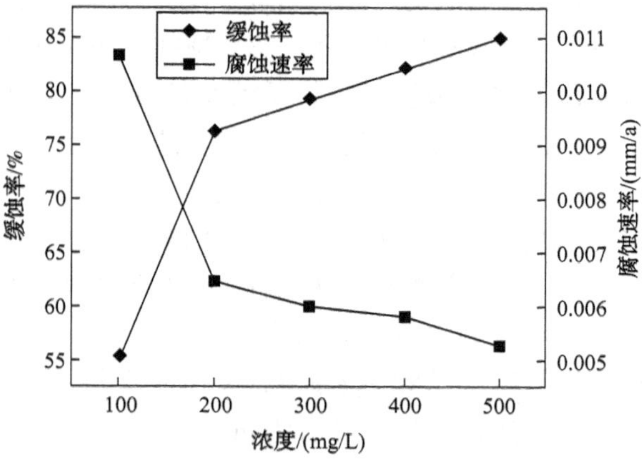

图 4　静态挂片失重实验结果

2.1.2　温度对缓蚀性能的影响

采用静态挂片失重法在模拟腐蚀介质中，实验温度分别为 30~70℃，加入缓蚀剂的质量浓度分别为 0mg/L、100mg/L、200mg/L、300mg/L、400mg/L、500mg/L，实验时间为 7d，静态挂片实验结果如图 5 所示。由图 5 左图可知，缓蚀率随温度的上升逐渐减小，图 5 右图是对在 500mg/L 时不同温度下的腐蚀速率进行比较分析。结果表明，Q235 碳钢的腐蚀速率随温度的升高逐渐降低。在温度为 60℃ 时的腐蚀速率为 0.0115mm/a，温度为 70℃ 时的腐蚀速率为 0.03294mm/a，这可能是在金属表面生成的钝化膜由于温度过高而被破坏，腐蚀速率增大。在温度小于 60℃ 时，缓蚀率受温度影响较小。

2.1.3　时间对缓蚀性能的影响

如图 6 所示，在含 3.0%(质量分数)NaCl 的饱和 $Ca(OH)_2$ 溶液中，Q235 钢的缓蚀率在腐蚀时间为 7d 时的最高缓蚀率为 83.47%，最小腐蚀速率为 0.0069mm/a，随着腐蚀时间的延长，腐蚀速率开始逐渐下降，酒石酸分子中所含有的羟基(—OH)，羧酸根(—COO^-)以及水合肼中的氨基(—NH_2)通过配位作用吸附在钢片表面，极性基团的一端被金属所吸附，而憎水端向上定向排列，保护并减缓腐蚀发生，故 7d 和 14d 的最高缓蚀率分别为 83.47%和 85.41%，最小腐蚀速率分别为 0.00524mm/a 和 0.00637mm/a。

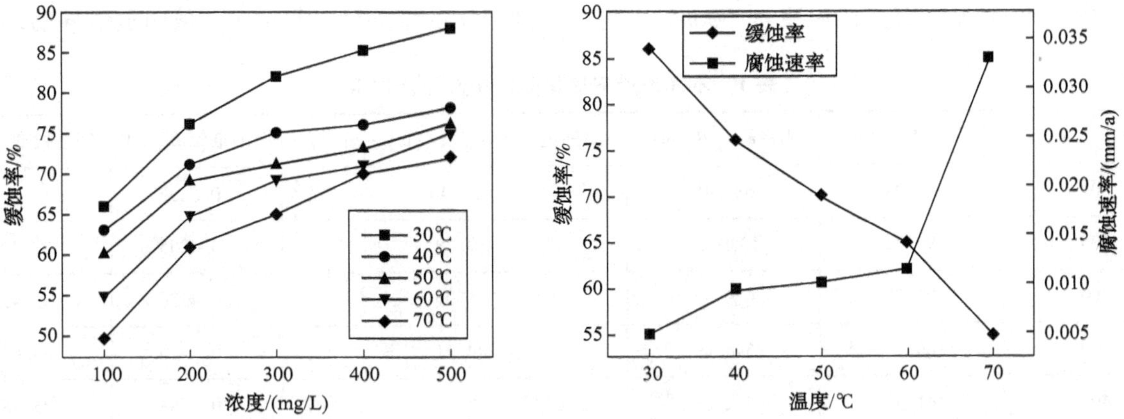

图 5　温度对缓蚀性能影响

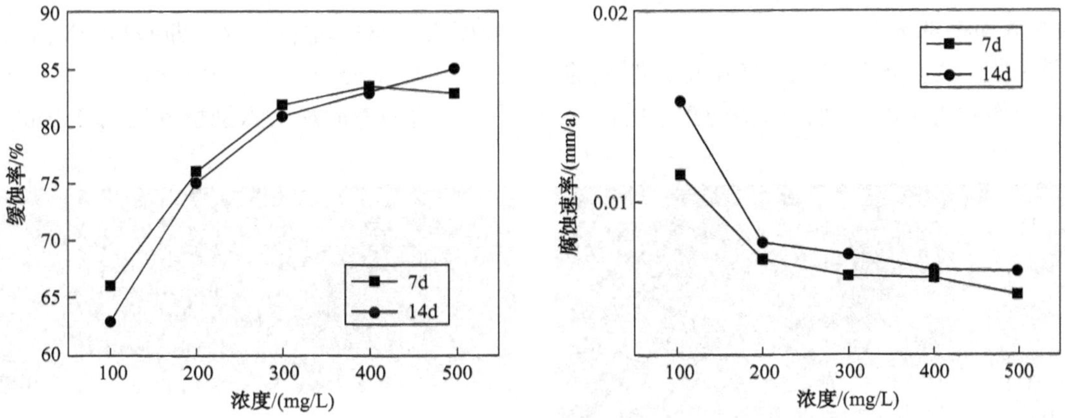

图 6　时间对缓蚀性能影响

2.2　缓蚀剂的电化学测试

使用动电位极化法对合成缓蚀剂在不同溶液中腐蚀电位的变化情况进行扫描。加入质量浓度分别为 0mg/L、100mg/L、200mg/L、300mg/L、400mg/L、500mg/L，实验温度 30℃，实验数据通过 C-view 软件进行拟合处理，扫描的 Tafel 极化曲线如图 7 所示。由图可知，自腐蚀电位随浓度的增加，阴极和阳极的 Tafel 斜率均有改变，这说明缓蚀剂在较低浓度下通过抑制阳极来阻止碳钢被腐蚀，在 200～500mg/L 浓度间主要通过抑制阴极来阻止腐蚀。这表明缓蚀剂是对阴极和阳极均有控制的混合型缓蚀剂。表 1 显示了电化学腐蚀动力学参数，即腐蚀电位(E_{corr})、阳极塔菲尔斜率(β_a)和阴极塔菲尔斜率(β_c)以及通过外推 Tafel 线获得的腐蚀电流密度(I_{corr})。

缓蚀效率 $IE(\%)$也可由公式(3)计算，其中 I^0_{corr}为未添加缓蚀剂的腐蚀电流密度，I_{corr}为加入缓蚀剂的腐蚀电流密度：

$$IE(\%)=\frac{I^0_{corr}-I_{corr}}{I^0_{corr}}\times 100 \tag{3}$$

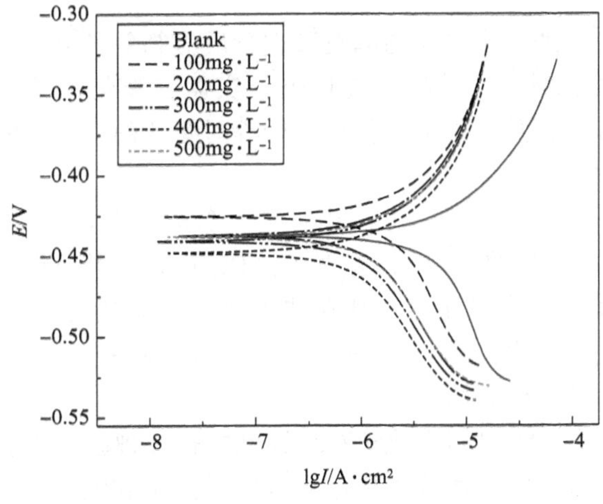

图 7　不同浓度下的 Tafel 极化曲线

从表1的结果可以看出，阳极的 *Tafel* 斜率随浓度的增加逐渐减小，阴极的 *Tafel* 斜率在缓蚀剂浓度为 100*mg/L* 时增加，而后开始减小。腐蚀电流密度从 13.46$\mu A\cdot cm^{-2}$降低至 5.82$\mu A\cdot cm^{-2}$，缓蚀率逐渐增加，在浓度为 500*mg/L* 时缓蚀效率下降较为明显，这可能是因为此时在 *Q*235 碳钢表面吸附已经趋于饱和状态，故增大缓蚀剂的浓度缓蚀率，水合肼分子与酒石酸的协同效应减弱，导致缓蚀率的下降。酒石酸与水合肼分子的增加使估算的 E_{corr} 值向负值移动。

表1　不同浓度下极化曲线参数拟合结果

浓度 c/(mg/L)	阳极斜率 B_a/mV	阴极斜率 B_c/mV	腐蚀电流密度 I_{corr}/(μA·cm^{-2})	腐蚀电位 E_{corr}/V	缓蚀效率 *IE*/%
0	248.03	689.45	13.46	−0.5537	—
100	293.82	1380.14	9.78	−0.4255	27.37
200	192.72	629.54	5.99	−0.4376	55.49
300	166.28	544.49	4.71	−0.4409	65.01
400	141.52	412.03	3.61	−0.4483	73.18
500	184.54	560.20	5.82	−0.4384	56.76

2.3　钢片表面形貌分析

如图8所示为点蚀观测图，图中可以明显的看出碳钢表面发生了的孔蚀，图中的颜色的深浅程度表示腐蚀坑的深度，即 Q235 碳钢试样在含 3.0%(质量分数)NaCl 的饱和 $Ca(OH)_2$溶液中腐蚀 7d 后的表面最大点蚀坑深度为 28μm。

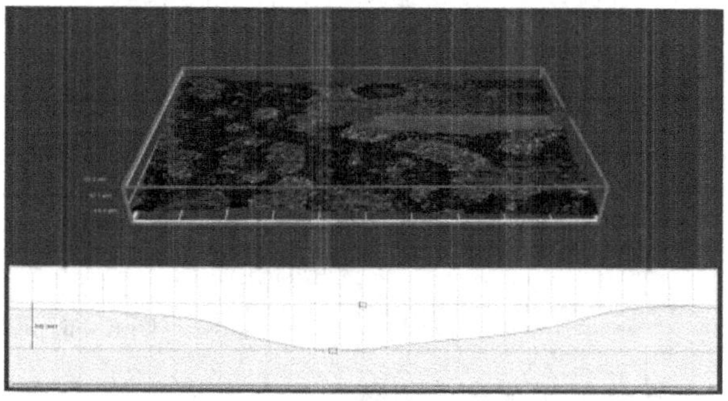

图8　点蚀观测图

3　结论

通过水合肼与酒石酸进行反应制备了复合型缓蚀剂，通过静态挂片失重实验，极化曲线扫描，钢片表面形貌扫描分析等对缓蚀剂进行性能评价，主要结论如下：

(1) 通过静态挂片实验，筛选出在含 3.0%(质量分数)NaCl 的饱和 $Ca(OH)_2$溶液中效果最佳的缓蚀剂配方，其在浓度为 500mg/L 下的最高缓蚀率为 84.37%，腐蚀速率为 0.00524mm/a。

(2) 通过电化学对缓蚀性能进行评价，极化曲线表明缓蚀剂是复合型缓蚀剂，在 100mg/L 是以控制阳极为主，在 200~500mg/L 是以控制阴极为主。

参考文献

[1] 敬思伟，蒙延冲，刘欢，等．油水井套管盐卤水腐蚀防护工艺技术分析研究[J]．内蒙古石油化工，2022，48(11)：97-99+96.
[2] 邓倩．油田水中典型阴/阳离子对油管钢的腐蚀研究[D]．西南石油大学，2017.
[3] 周婧雯．油田采出水回注水管道腐蚀控制技术[J]．全面腐蚀控制，2022，36(01)：143-144.
[4] 乔冰．氯离子对钢筋腐蚀行为的影响及其缓蚀剂的研究[D]．厦门大学，2009.
[5] 朱海威，余红发，麻海燕．阻锈剂对海洋环境下混凝土中钢筋腐蚀影响电化学研究[J]．东南大学学报(自然科学版)，2020，50(1)：109-119.
[6] 陈启荣，周霄骋，蔡景顺，等．混凝土模拟孔隙液中酰胺有机缓蚀剂对 Q235 缓蚀行为研究[J]．混凝

土，2019，4(12)：64-68.
[7] Zhuang，J.，Song，R.，Xiang，N.，et al. Corrosion Behavior of Micro-arc Oxidation Coatings Formed on 6063 Aluminum Alloy[J]. Corrosion Science and Protection Technology，2017，29(5)：492-498.
[8] 中华人民共和国石油天然气行业标准 SY/T 5273—2014. 油田采出水处理用缓蚀剂性能指标及评价方法，2006.
[9] 刘洋．地层卤水环境钢筋缓蚀剂的防腐蚀性能研究[D]. 中国地层卤水大学，2012.
[10] 战风涛，高统海，杨震，等．一种双缩水合肼Schiff碱的合成及其酸化缓蚀性能[J]. 腐蚀与防护，2017，38(1)：45-49.

陕北某气田井筒腐蚀原因分析

徐　东　张向京　李　强　高永飞　徐　龙　王　霞　王　娜

（中国石油长庆油田分公司）

摘　要　为掌握陕北某气田井筒腐蚀情况，采用失重法现场监测了井筒腐蚀速率，并对腐蚀后挂片进行了腐蚀产物膜形貌及元素组成、三维形貌等表征，分析了腐蚀介质、生产工况和测试工况的腐蚀速率的影响。结果表明：陕北某气田井筒平均腐蚀速率在0.010~0.054mm/a，部分气井腐蚀挂片表面有腐蚀麻点和局部腐蚀；引起气井腐蚀的主控因素是天然气中的CO_2，腐蚀产物主要为$FeCO_3$；井筒腐蚀速率总体上随日产水量和温度的上升而升高，与气井产出水矿化度、日产气量、测试压力之间无明显的线性的关系。建议对于腐蚀速率较高的气井采取针对性防腐措施以缓解气井井筒的局部腐蚀，防止腐蚀穿孔。

关键词　气井；N80碳钢；CO_2腐蚀；影响因素

在天然气开发过程中，由于天然气中通常含有一定量的腐蚀性气体（如CO_2、H_2S等），加之井筒内存在地层水或凝析水，在井筒高温高压环境中形成强腐蚀环境，导致气井井筒发生腐蚀加剧。气井井筒腐蚀穿孔、断裂将会影响气井产量，甚至报废气井。国内学者对鄂尔多斯盆地的气田井筒腐蚀进行了相关研究，认为引起气田井筒腐蚀的主要原因是天然气中的CO_2、H_2S及采出水中的Cl^-。吴宝玉等通过油管MIT测试、井下挂片失重腐蚀评价研究了榆林气田某气井的井筒腐蚀，结果表明N80油管整体腐蚀较轻，腐蚀最严重的位置在1000m和1500m附近，存在点蚀穿孔风险。引起腐蚀的主要原因为天然气中的CO_2和低矿化度凝析水。田喜军等使用24臂井径仪（MIT）和磁测厚仪（MTT）组合以及电磁探伤仪器现场检测了加注缓蚀剂和未加注缓蚀剂的气井井筒腐蚀情况，并在室内用高温高压反应釜进行腐蚀模拟试验，未加缓蚀剂的井筒腐蚀量为20%~50%，腐蚀类型主要为片状腐蚀、线状腐蚀和环状腐蚀等局部腐蚀，加注缓蚀剂的井筒腐蚀轻微，但存在局部点蚀现象。室内模拟试验表明，影响榆林气田井筒腐蚀的主要因素为CO_2。马旭等测量了苏里格气田X区2口气井修井作业时起出油管的壁厚，并对6口气井进行腐蚀挂片检测，结果表明，苏里格气田X区腐蚀程度为轻微，主要由$H_2O-H_2S-CO_2-Cl^-$体系引起的电化学腐蚀。

陕北某气田位于鄂尔多斯盆地陕北大斜坡的东北侧，已开发20多年，气田进入了开发中后期，气井含水率逐年上升，井筒腐蚀也逐年加剧。本文选取了该气田的5口气井，进行井下挂片失重腐蚀评价，并对挂片进行腐蚀产物膜微观结构及元素组分分析、腐蚀深度测量，结合气井采出水水质、气井生产状况，分析井筒腐蚀原因，以期为气井井筒完整性评价及防腐措施的选择提供依据。

1　实验部分

1.1　试剂与仪器

主要试剂：丙酮，无水乙醇，盐酸，乌洛托品等，均为分析纯。

主要仪器：BSA224S型分析天平［赛多利斯科学仪器（北京）有限公司］；FEI Quanta 600F扫描电镜（美国FEI公司）；OXFORD INCA energy 350能谱分析仪（英国牛津仪器公司）；OLYMPUS DSX500光学数码显微镜（日本Olympus公司）。

1.2　实验方法

1.2.1　采出水水质分析方法

依据SY/T 5523—2016《油气田水质分析方法》对陕北某气田5口气井的采出水进行水质分析。

1.2.2　天然气中酸性气体组成分析方法

依据GB/T 13610—2020《天然气的组成分析　气相色谱法》对陕北某气田5口气井采出的天然气进行酸性气体含量分析。

1.2.3　井下挂片失重腐蚀评价及腐蚀试片表征方法

依据SY/T 5329—2022《碎屑岩油藏注水水

质推荐指标及分析方法》5.5 中评价腐蚀率测定方法，将腐蚀挂片进行表面积测量、脱脂、清洗、干燥、恒重处理。将与油管材质相同的 N80 腐蚀挂片（规格：50×25×2mm），化学成分（wt.%）为：0.37% C，0.27% Si，1.50% Mn，0.01%P，0.008S，0.12%Cr，余量为 Fe，悬挂在不同深度的井筒中，每种材质的平行样不少于 5 个。腐蚀一段时间（不少于 180 天）后，将挂片取出。去除挂片表面油污，用扫描电镜和能谱分析仪对腐蚀产物膜结构和元素组成进行分析，然后酸洗去除腐蚀产物膜，干燥称重，按照式(1)计算平均腐蚀速率。最后用三维数码显微镜测量最大腐蚀深度。

$$r_{\mathrm{coor}}\frac{8.76\times10^{4}\times(m-m_{\mathrm{t}})}{S\times t\times\rho} \tag{1}$$

式中，r_{corr} 为平均腐蚀速率，mm/a；m 为实验前的试片质量，g；m_{t} 为实验后的试片质量，g；S 为试片的总面积，cm^2；ρ 为试片材料的密度，g/cm^3；t 为实验时间，h。

2 结果与讨论

2.1 天然气中酸性气体分析结果

陕北某气田 5 口气井采出的天然气进行酸性气体含量分析结果见表 1。由表 1 可得，陕北某气田天然气中酸性气体中 CO_2 含量大大高于 H_2S，CO_2 和 H_2S 的分压比均大于 500，故引起陕北某气田井筒腐蚀的主控因素为 CO_2。

2.2 采出水水质组成分析结果

陕北某气田 5 口气井采出水水质分析结果见表 2。由表 2 可得：陕北某气田采出水 pH 呈弱酸性；成垢阴离子含量高，可能会在井筒产生结垢；采出水的矿化度差异大，从 23000～260000mg/L 分布，高矿化度能够增强采出水的导电性，增强电化学腐蚀。

表 1　天然气中酸性气体含量测定结果

分析项目 \ 井号	1#	2#	3#	4#	5#
CO_2/%	1.25	0.25	0.05	1.39	6.90
H_2S/(mg/m³)	3.24	1.29	2.27	1.01	149.94

表 2　气井采出水水质分析结果　　mg/L

分析项目 \ 井号	1#	2#	3#	4#	5#
pH	6.08	5.39	6.15	6.08	5.80
Cl^-	105265.23	101067.60	30258.17	53596.32	15479.46
SO_4^{2-}	59404.46	24501.06	11316.83	2845.78	195.39
HCO_3^-	672.04	282.50	65.00	343.86	330.07
Ca^{2+}	25895.69	46788.99	9443.65	17018.97	1793.50
Mg^{2+}	224.38	476.96	1041.44	960.25	2966.79
$\sum Na^++K^+$	66851.27	22809.59	12266.14	14916.01	2588.86
矿化度	258313.07	195926.70	64391.23	89681.18	23354.06

2.3 井筒腐蚀速率测定结果

陕北某气田腐蚀挂片去除腐蚀产物膜后的外观见图 1，平均腐蚀速率测定结果见图 2。由图 1 和图 2 可得：2#和 4#井腐蚀挂片表面光洁完整，基本无腐蚀坑；1#和 3#井腐蚀挂片表面有大量腐蚀麻点；5#井腐蚀挂片表面存在强烈的局部腐蚀。按照 NACE RP0775—2005《油田生产中腐蚀挂片的准备和安装以及试验数据的分析》的腐蚀分类标准，2#和 3#井的腐蚀速率属于轻度腐蚀，其余井的腐蚀速率属于中度腐蚀。

2.4 腐蚀产物膜微观形貌及元素组成分析结果

陕北某气田腐蚀挂片表面腐蚀产物膜扫描电镜分析结果见图 3，腐蚀产物膜能谱分析结果见表 3。由图 3 和表 3 可得：2#和 3#井的腐蚀产物膜较为致密平整，对基体的保护作用强，而 1#、4#和 5#井的腐蚀产物膜均存在缺陷，对基体的保护能力弱，因此会出现出现图 2 的测定结果。5 口气井的腐蚀产物膜的主要组成元素均为 C、O、Fe，原子比例大致为 3 : 1 : 1，说明腐蚀产物主要组成为 $FeCO_3$。部分气井腐蚀产物中还有少量的 S、Cl、Ca、Na 等元素，可能是由于挂片表面有 $CaCO_3$ 结垢和无机盐的结晶。

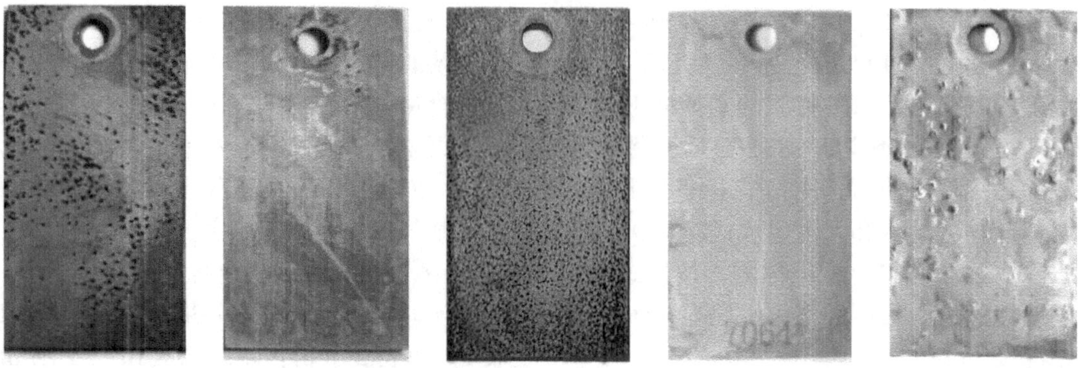

1#　2#　3#　4#　5#

图 1　气井井筒腐蚀后挂片外观

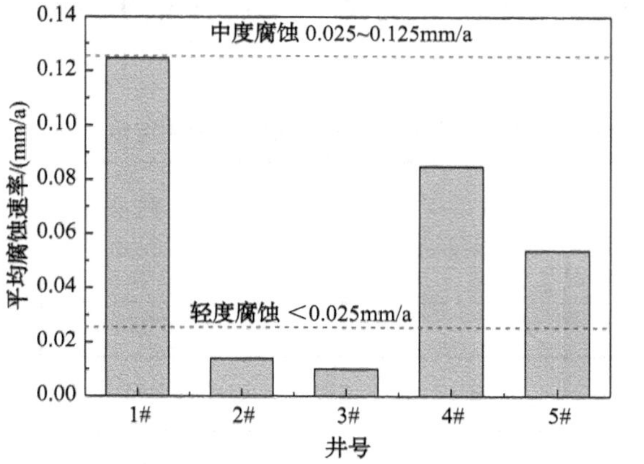

图 2　井筒腐蚀速率测定结果

1#　2#　3#　4#　5#

图 3　腐蚀后挂片表面腐蚀产物膜扫描电镜图

表 3　腐蚀后挂片能谱分析结果

井号 / 元素(At.%)	1#	2#	3#	4#	5#
CK	19.88	20.77	16.64	24.29	10.68
OK	51.71	58.9	62.34	55.17	57.13
SK	1.33	0.03	0.04	0.65	2.65
ClK	0.97	0.21	—	0.04	2.32
CaK	3.61	1.8	0.45	—	1.07
FeK	21.34	17.65	19.54	19.11	25.65
NaK	1.16	0.64	0.99	0.74	0.50
总计	100	100	100	100	100

2.5 井筒最大腐蚀深度测量结果

陕北某气田腐蚀挂片表面腐蚀深度测定结果见图4，腐蚀挂片表面三维腐蚀形貌见图5。由图4和图5可得：1#、3#和5#井的腐蚀深度较大，2#和4#井的腐蚀深度较小，与图1中腐蚀挂片去除腐蚀产物膜后外观相符。1#、3#和5#井井筒容易出现点蚀穿孔，影响气井正常携液。

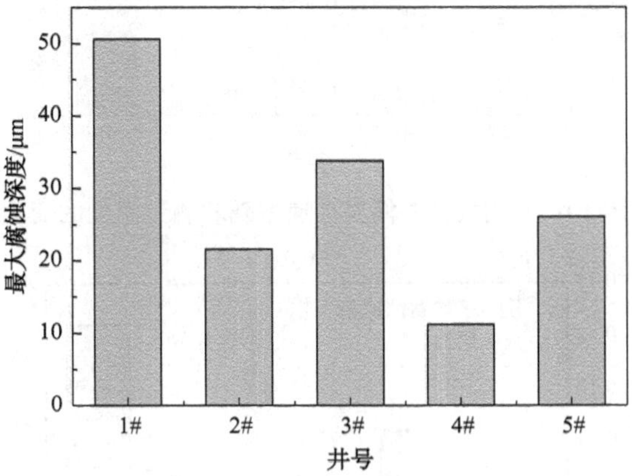

图4　井筒腐蚀深度测定结果

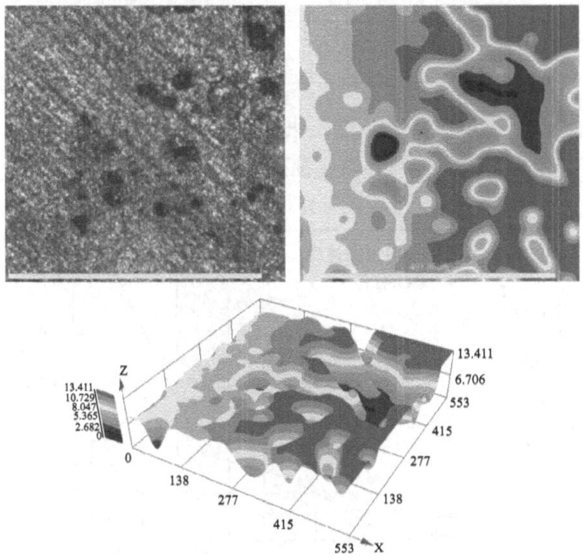

图5　气井井筒三维腐蚀形貌(3#气井)

2.6 油管腐蚀影响因素分析

2.6.1 酸性气体的影响

不同气井井筒腐蚀速率随着天然气中 CO_2 含量的变化见图6。由6可得，气井井筒平均腐蚀速率随着天然气中 CO_2 含量的增加，先增加后降低。CO_2 分压是影响 CO_2 腐蚀的主要因素，腐蚀速率随着 CO_2 分压的增加先增大后减小，CO_2 分压影响碳钢表面致密的腐蚀产物膜的生产。天然气中 CO_2 含量增大，井筒表面能够迅速形成具有保护作用的 $FeCO_3$ 致密腐蚀产物膜，能够缓解腐蚀介质对井筒的腐蚀。

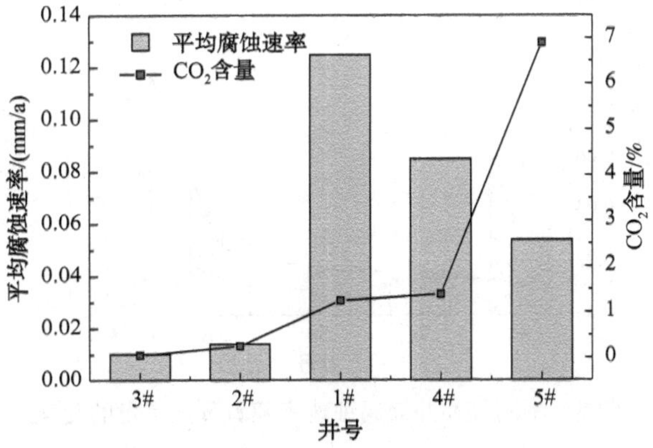

图6　不同气井井筒腐蚀速率随着天然气中 CO_2 含量的变化

2.6.2 采出水矿化度的影响

不同气井井筒腐蚀速率随着采出水矿化度的变化见图7。由7可得，气井井筒腐蚀速率和采出水的矿化度之间没有显著的线性关系，其原因比较复杂，主要是采出水在腐蚀过程中发挥作用与气井的产水量、天然气中 CO_2 含量、温度等影响有关。

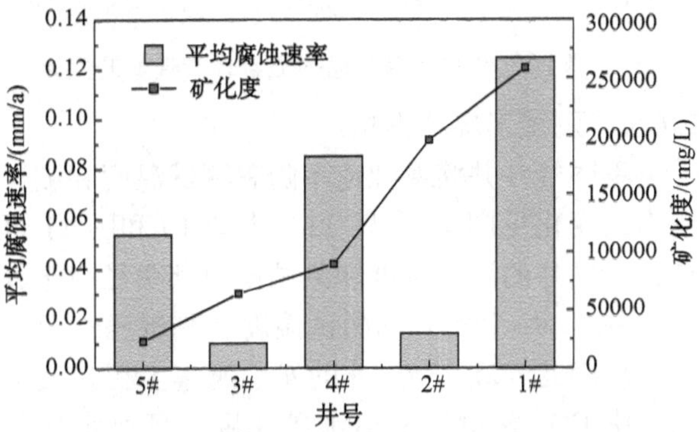

图7　不同气井井筒腐蚀速率随着采出水矿化度的变化

2.6.3 生产工况的影响

不同气井井筒腐蚀速率随着日产水量和日产气量的变化见图8和图9。由8和图9可得，井筒腐蚀速率整体上随时日产水量的增加而增加，与日产气量的变化无显著的线性关系。当天然气为干气(不含水)时，井筒不会产生腐蚀。日产水量增大，增加了井壁和含 CO_2 采出水接触的几率，故而增大腐蚀。4#气井的腐蚀速率较大，可能和4#气井天然气中 CO_2 含量较高和采出水矿化度高有关。有研究表明，气井井筒流速大于1m/s时，流速增加对 CO_2 腐蚀的影响不大。5口气井的井筒流速均大于1m/s，故体现为气井腐蚀速率与日产气量无明显关系。

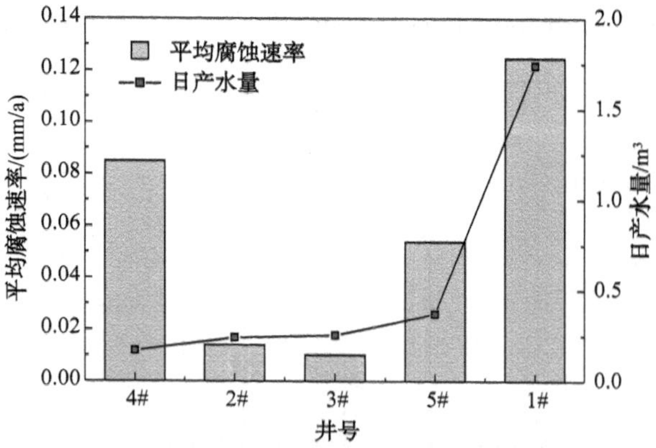

图 8　不同气井井筒腐蚀速率随着日产水量的变化

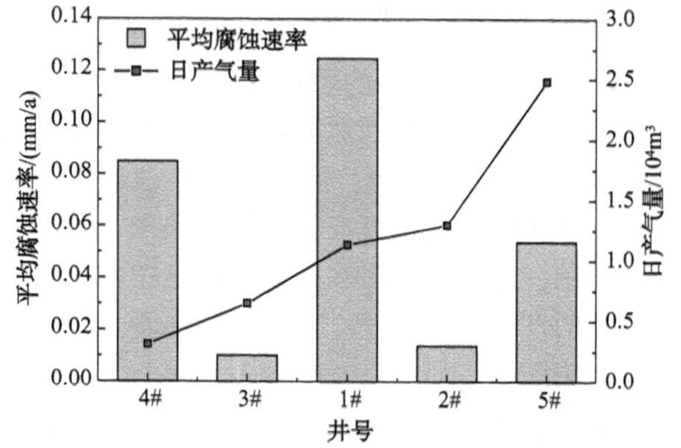

图 9　不同气井井筒腐蚀速率随着日产气量的变化

2.6.4　测试工况的影响

不同气井井筒腐蚀速率随着测试温度和测试压力的变化见图 10 和图 11。由图 10 和图 11 可得，1#气井的测试温度和测试压力都明显高于其他气井，2#~5#气井的测试温度和测试压力差异不大。因此，2#~5#气井的腐蚀速率主要是受天然气中 CO_2 含量、采出水矿化度、日产水量和日产气量等因素的影响。一般认为，温度会影响到 CO_2 腐蚀过程中形成腐蚀产物膜的结构，在小于 60℃时，一般为均匀腐蚀，60℃~110℃时，一般为局部腐蚀，与图 1 中的挂片腐蚀形貌基本一致。1#气井的测试温度约为 80℃，传质作用加强，使得试片表面无法形成完整的具有的腐蚀产物膜，故而表现出腐蚀速率大。测试压力对于 CO_2 腐蚀的影响不大，主要是通过 CO_2 分压来研究腐蚀。根据不同气井井筒腐蚀速率测定压力和天然气中 CO_2 含量计算测试点的 CO_2 分压，不同气井井筒腐蚀速率随着 CO_2 分压的变化见图 12。由图 12 可得，气井井筒的腐蚀速率随着 CO_2 分压的增大先增加后降低。CO_2 分压增大，H_2CO_3 浓度随着 CO_2 分压的增加，系统的 pH 值降低，N80 碳钢的腐蚀速率急剧增加。随着 CO_2 分压的不断增加，腐蚀产物容易在碳钢表面形成保护层，使得 N80 碳钢腐蚀速率下降。

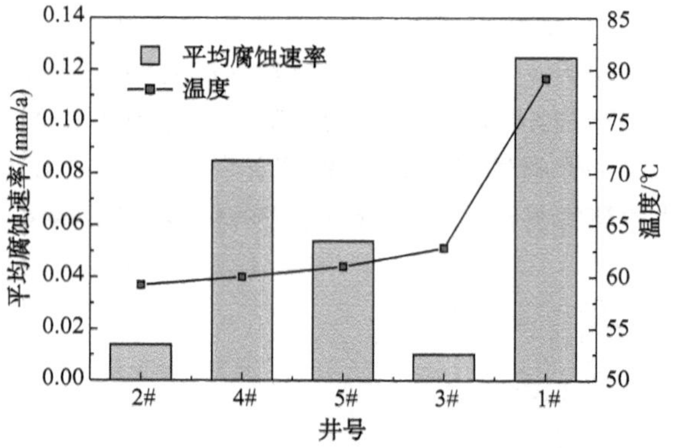

图 10　不同气井井筒腐蚀速率随着测试温度的变化

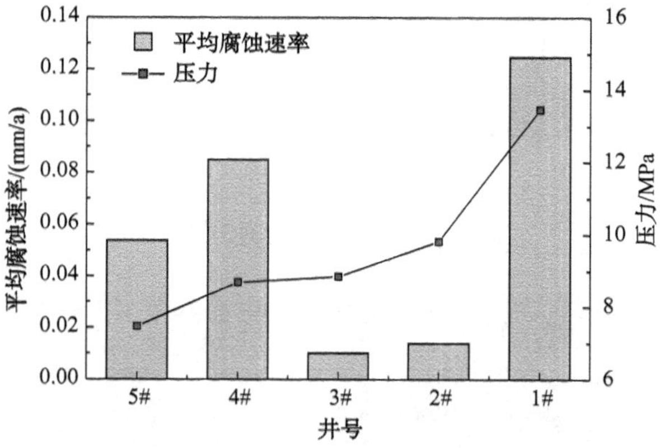

图 11　不同气井井筒腐蚀速率随着测试压力的变化

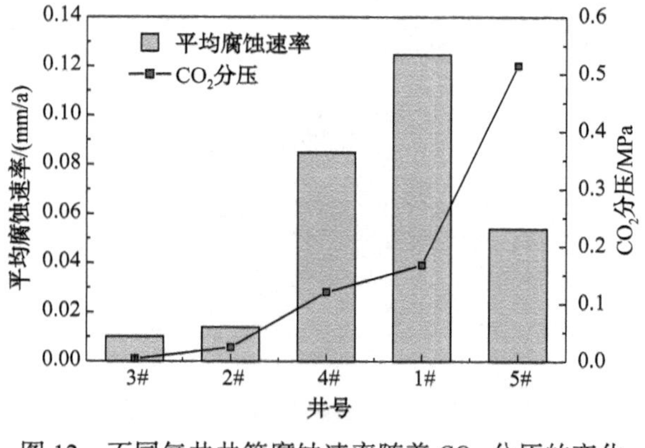

图 12　不同气井井筒腐蚀速率随着 CO_2 分压的变化

3　结论

（1）陕北某气田井筒平均腐蚀速率（0.010~0.054mm/a）和腐蚀形貌差异较大，部分气井腐蚀速率属于中度腐蚀，并存在强烈的局部腐蚀，容易造成腐蚀穿孔。

（2）由气井产出天然气中的酸性气体含量和腐蚀产物能谱分析结果可知，引起气井腐蚀的主控因素是天然气中的 CO_2，腐蚀产物主要为 $FeCO_3$。

(3) 陕北某气田井筒腐蚀速率总体上随日产水量和温度的上升而升高，与气井产出水矿化度、日产气量、测试压力之间无明显的线性的关系。

(4) 建议对于腐蚀速率较高的气井采取针对性防腐措施以缓解气井井筒的局部腐蚀，防止腐蚀穿孔。

参 考 文 献

[1] 刘良果，胡欢，刘鹏，等．川南某页岩气井 N80 油管腐蚀穿孔的失效分析[J]．材料保护，2023，56(11)：193-198，204.

[2] 柳军，李强，余雷，等．高产气井油管用 13Cr-L80 钢的腐蚀疲劳裂纹扩展行为[J]．机械工程材料，2023，47(08)：52-58.

[3] 师伟，孙龙飞，赵光强，等．气井 N80Q 油管腐蚀失效分析[J]．石油管材与仪器，2023，9(05)：55-58.

[4] 吴保玉，宋振云，陈平．气井井筒 CO_2 腐蚀及结垢监测实验研究[J]．钻采工艺，2021，44(01)：77-81.

[5] 田喜军，高亮，李大朋，等．榆林气井井筒的腐蚀原因[J]．腐蚀与防护，2019，40(05)：383-386，390.

[6] 马旭，蔡宁骏，邹远军，等．苏里格气田 X 区油管的腐蚀现状及腐蚀原因分析[J]．腐蚀与防护，2019，40(02)：143-146，155.

[7] 白海涛，王永清，马云，等．温度对 CO_2/盐水中碳钢腐蚀形貌的影响及其描述方法研究[J]．表面技术，2018，47(08)：204-210.

[8] Pots B，Kapusta S，John R，et al. Improvements on de Waard-Milliams Corrosion Prediction and Applications to Corrosion Management[C]// Corrosion 2002 Conference and 7 Expo，2002：02235.

[9] Choi Y S，Young D，NešićS，et al. Wellbore integrity and corrosion of carbon steel in CO_2 geologic storage environments：A literature review [J]. International Journal of Greenhouse Gas Control，2013，16(1)：S70-S77.

[10] Kermani M B，Morshed A B. Carbon dioxide corrosion in oil and gas production：a compendium[J]. Corrosion，2003，59，659-683.

[11] Waard C D，Lotz U，Milliams D E. Predictive Model for CO_2 Corrosion Engineering in Wet Natural Gas Pipelines[J]. Corrosion，1991，47(12)：976-985.

[12] Wei L，Pang X，Gao K. Effects of crude oil on the corrosion behavior of pipeline ateel under wet CO_2 conditions [J]. Materials Performance，2015，54(5)：58-62.

[13] 陈飞，饶文艺．高压气井、凝析气井 CO_2 腐蚀机理及防腐技术[J]．石油天然气学报(江汉石油学院学报)，2005，(S1)：297-299+10.

[14] 林冠发，白真权，赵新伟，等．温度对二氧化碳腐蚀产物膜形貌特征的影响[J]．石油学报，2004，25(3)：101-105.

[15] 龙凤乐，郑文军，陈长风，等．温度、CO_2 分压、流速、pH 值对 X65 管线钢 CO_2 均匀腐蚀速率的影响规律[J]．腐蚀与防护，2005，26(7)：290-293.

[16] Mustafa A H，Angeles-Chavez B，Ismail M C. Inhibition of CO_2 corrosion of X52 steel by imidazoline-based inhibitor in high pressure CO_2-water environment[J]. Journal of Materials Engineering & Performance，2013，22(6)：1748-1755.

[17] Islam M A，Farhat Z N. Characterization of the corrosion layer on pipeline steel in sweet environment[J]. Journal of Materials Engineering & Performance，2015，24(8)：3142-3158.

采出水回用高压注汽锅炉腐蚀行为和安全评价技术研究

丁万成

（中石油新疆油田公司重油开发公司）

摘　要　通过采用高温高压模拟试验对采出水回用高压注汽锅炉后的腐蚀行为进行研究表明，炉管在回用污水中主要以均匀腐蚀为主，动态腐蚀速率在0.1385~0.2137mm/a之间。应用压力管道安全评价软件TGRC-ARSP给出了炉管的剩余承载能力，含缺陷管道的临界腐蚀缺陷尺寸和在剩余安全服役时间的预测，并通过现场炉管解剖和实物静水压试验和有限元分析对评价方法进行了验证。

关键词　炉管；采出水；注汽锅炉；腐蚀行为；寿命预测

1　前言

西部某稠油油田主要采用注蒸汽方式开采，日平均污水量高达3.5万m^3以上，将其做深度处理，供给热采注汽锅炉，可节约淡水资源，充分利用稠油污水的热能，实现油田污水的零排放和资源化。由于稠油污水具有含有机物浓度高、矿化度高、氯离子含量高等特点，注汽锅炉在使用过程中，回用水中的Cl^-、SO_4^{2-}、S^{2-}、HCO_3^-离子以及温度、pH值等因素都会影响到锅炉的腐蚀和结垢，为锅炉的安全生产造成隐患，尤其是与腐蚀介质直接接触的锅炉管，更易产生结垢、腐蚀鼓包穿孔等恶性事故。因此，对稠油采出水回用高压注汽锅炉腐蚀行为进行研究，以采取必要的处理措施来防止此类问题的发生，对确保注汽锅炉系统的安全经济运行具有重要意义。

2　稠油采出水回用注汽锅炉腐蚀行为研究

2.1　研究方法

采用现场所取水样和材料，通过高温高温高压模拟试验，考察稠油采出水回用锅炉对注汽系统的腐蚀影响因素，应用灰色极差法和灰色关联分析法评价回用锅炉介质中离子浓度和环境因素对注汽系统的腐蚀程度；通过高温高压模拟试验和电化学实验方法，以及腐蚀和结垢产物的宏微观分析测试等手段，认识回用水对注汽系统的腐蚀结垢机理与规律，以便采取应对措施和为安全评价提供基础数据。

2.1.1　试验设备及试样处理方法

试验材料为现场所取锅炉管和注汽管线材料，经测试符合20G材料化学成分。所有试样均为φ72mm的1/6圆环。试验前，将试样分别用400#、600#、1000#砂纸逐级打磨以消除机加工的刀痕，此后，将试样清洗、除油、冷风吹干后测量尺寸和称重。然后，将试样相互绝缘安装在特制的试样架上，放入高压釜内的腐蚀介质中。腐蚀介质为现场所取回用水，试验装置是美国Cortest公司生产的344.4×10^5Pa的动态高压釜，示意图见图1。试验前先通入高纯氮10h除氧，然后装样密封，继续通入高纯氮2h除氧。然后升温，试验完毕后样品脱水后试样经热风吹干，用FR-300MKII电子天平(精度1mg)称重并计算其失重腐蚀速率。

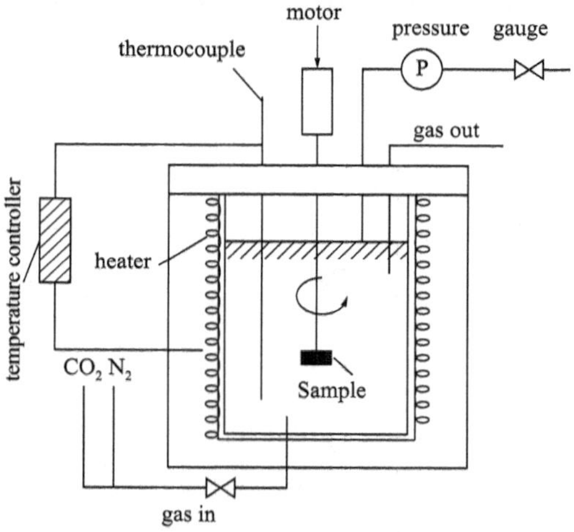

图1　高温高压试验装置示意图

2.1.2　表面腐蚀产物和结垢的分析方法

试验结束后，采用 X 射线衍射法(XRD)研究腐蚀产物结构。同时，为进一步了解表面膜的情况，特别是断面的微区的情况，用 JSM-5800 型扫描电镜(SEM)观察试样的表面腐蚀形貌。采用交流阻抗谱(EIS)法研究表面膜对电化学腐蚀影响。

2.1.3　平均腐蚀速率的计算方法及有关标准规定

用失重法计算平均腐蚀速率，

$$CR=9360G/S(\mathrm{mm/a})$$

式中，G 为试样的失重；S 为试样面积，mm^2；CR 为平均腐蚀速率，mm/a。

对于腐蚀程度的认识则依赖于 NACE RP-0775-91 标准的规定(表 1)。

表 1　NACE RP-0775-91 标准对腐蚀程度的规定

分　类	轻度腐蚀	中度腐蚀	严重腐蚀	极严重腐蚀
均匀腐蚀速率/(mm/a)	<0.025	0.025~0.125	0.125~0.254	>0.254
点蚀速率/(mm/a)	<0.127	0.127~0.201	0.202~0.381	>0.381

2.2　稠油采出水回用对注汽系统的腐蚀影响因素研究

2.2.1　腐蚀试验参数

腐蚀介质为现场所取水样，分别改变试验温度、压力、流速、pH 值大小和水中 Cl^-、HCO_3^-、SO_4^{2-}、以及 Fe 离子、Ca^{2+}、Mg^{2+}、SiO_2 的含量，测试炉管材料的腐蚀速率，以确定不同因素的影响程度，试验时间均为 5 天。表 2 为所测试试验参数值。其中测试某一种参数的影响时，其他参数尽可能不变，以着重说明被测试参数的影响。

表 2　测试试验参数改变情况

试验	环境因素				介质浓度因素/(mg/L)						
	温度/℃	压力/MPa	流速/(m/s)	pH 值	Cl^-	HCO_3^-	SO_4^{2-}	S^{2-}	SiO_2	$Ca^{2+}+Mg^{2+}$	Fe^{3+}
1	50	14	1.0	7.5	1500	50	50	1.0	80	0.1	0.002
2	110	12	1.5	8.5	2500	200	300	2.0	160	1	0.02
3	250	10	2.0	10	3500	400	700	3.0	240	5	0.15
4	325	8	2.5	13	4500	800	1200	4.0	320	10	0.25

2.2.2　试验结果分析

为了确定各种影响因素对腐蚀行为及过程的作用大小，有必要将各种影响因素的综合作用定量化，并按照一定的权重进行量化比较。根据试验结果关于系统温度、压力、流速和 pH 值对炉管钢腐蚀的影响作用大小，按极差的大小来比较应为：pH 值/流速/温度/压力 = 0.7/0.499/0.301/0.076 = 9.2/6.6/4.2/1。同理，按极差法对介质中各种离子的影响程度排序可得 Cl^-/HCO_3^-/SO_4^{2-}/S^{2-}/SiO_2/Ca^{2+}、Mg^{2+}/Fe 离子 = 0.3004/0.2687/0.0467/0.0435/0.03/0.0234/0.0226 = 13.3/11.9/2.1/1.9/1.3/1.03/1。

由于极差法分析较粗略，且偶然性较大，我们采用灰色关联分析法进行进一步的比较和分析。表 3 给出了不同因素与炉管钢腐蚀速率关联度的计算结果。

表 3　不同因素与炉管钢腐蚀速率的灰关联度

因素	环境因素				介质浓度因素						
	温度	压力	流速	pH 值	Cl^-	HCO_3^-	SO_4^{2-}	S^{2-}	SiO_2	$Ca^{2+}+Mg^{2+}$	Fe^{3+}
灰关联度	0.603	0.375	0.646	0.809	0.702	0.644	0.201	0.216	0.133	0.135	0.132

通过极差法及灰关联分析法可以得出，不同因素对炉管钢和注汽管钢的腐蚀速率作用程度由大到小顺序依次是：pH 值、流速、温度、压力和 Cl^-、HCO_3^-、SO_4^{2-}、S^{2-}、SiO_2、Ca^{2+}、Mg^{2+}、Fe 离子。各种影响因素的作用规律为：增加炉管钢的腐蚀速率的因素主要有 Cl^-、HCO_3^- 等；

降低炉管钢的腐蚀速率的因素有 Fe 离子、pH 值、Ca^{2+}、Mg^{2+}；随着溶液中 Ca^{2+}、Mg^{2+}、SiO_2 和 Fe 离子等的增加，回用水结垢趋势上升。

2.3 回用水对锅炉管及注汽管线的腐蚀结垢机理与规律研究

由于锅炉在加热循环过程中回用水的温度、压力、各种离子含量处在不断变化之中，这就更增加了锅炉材料与回用水间的腐蚀和结垢问题的复杂性。因此模拟测试不同阶段锅炉的腐蚀和结垢现象，从而掌握沿注汽锅炉生产工艺流程的材料腐蚀与结垢规律，用于指导生产就非常必要。

2.3.1 腐蚀试验参数

腐蚀介质为现场取样的预热段进口水和辐射段出口水。根据锅炉蒸汽生产流程图，水在炉内将经历三个阶段：预热段、对流加热段和辐射加热段。试验用回用水中主要环境因素和离子浓度见表 4。

表 4　高温高压模拟试验参数

试验	环境因素				介质浓度因素					
	温度/℃	压力/MPa	流速/(m/s)	pH 值	Cl^-	HCO_3^-	SO_4^{2-}	S^{2-}	SiO_2	Fe^{3+}
预热段进口	50	14	2.0	7.8	1801.33	641.28	267.56	1.96	82.2	0.003
预热段出口	110	12	2.0	8.5	1798.04	595.37	234.93	2.01	80.2	0.002
对流段出口	260	10	2.0	9.6	1752.78	109.53	92.54	0.75	82.2	0.001
辐射段进口	220	9	2.0	10.0	1772.53	108.66	122.75	1.13	82.2	0.001
辐射段出口	295	8	2.0	12.3	4209.25	0	1021.44	3.02	310.9	0.237

2.3.2 试验结果与分析

2.3.2.1 试验结果

研究表明，锅炉管及注汽管网材料在回用污水中主要以均匀腐蚀为主，属中等以上程度腐蚀，动态腐蚀速率在 0.1385～0.2137mm/a 之间，静态腐蚀速率在 0.1432～0.2073 之间，动态与静态腐蚀速率基本接近；材料在污水回用各个阶段均发生局部腐蚀，但同均匀腐蚀相比，腐蚀的严重程度要小。除预热段出口处外，炉管材料的局部腐蚀速率均在中度腐蚀以下。图 2 为去掉腐蚀产物后动静态腐蚀宏观形貌图，图 3 为辐射段出口处锅炉管表面腐蚀垢的 SEM 图。

2.3.2.2 试验结果分析

从腐蚀特征来看，回用水在三个阶段对锅炉及注汽管材料随着系统中 pH 值的变化，腐蚀速率不断减小，而其他因素的影响不如 pH 值的影响显著；随着回用水进入锅炉到辐射段出口变成蒸汽，回用水对炉管材料的腐蚀程度从预热段出口开始逐渐减弱；炉管材料的腐蚀速率在预热段和对流段变化较大，呈现出由小到大再变小的趋势；在整个流程中，动态腐蚀较静态腐蚀要稍微严重一些。从回用水的结垢特征来看，在污水回用过程中，锅炉管不同部位均有结垢的可能性，且愈靠近辐射段，结垢倾向愈大。

图 2　预热段进口水环境中动静态腐蚀宏观形貌

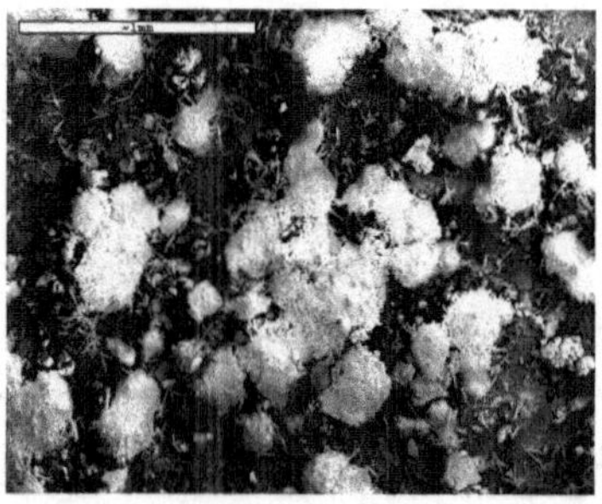

图 3　辐射段出口处锅炉管表面腐蚀垢的 SEM 图

3　安全评价技术

注汽系统能否在稠油采出水环境中安全运行，需要应用试验结果综合分析稠油采出水回用可能对锅炉造成的危害，评估锅炉管材料在回用污水中的适用性，分析计算炉管材料的剩余强度和剩余寿命，以充分认识回用污水对炉管的腐蚀成因及其严重程度，为选用适当的防护措施提供理论指导，为系统检测周期和监测方法的确定提供依据。

3.1　锅炉管的剩余强度评价

3.1.1　剩余强度评价方法

安全评价的目的主要是确定服役中的管线能否安全运行、是否需要更换等问题。炉管的极限承压能力与腐蚀缺陷的形状和大小有关，其评价的主要对象类型有：体积型缺陷（主要是腐蚀所造成的腐蚀缺陷）、平面型缺陷（主要是指应力腐蚀缺陷等）、几何不完整缺陷和弥散损伤型缺陷。由于模拟试验得出结果主要为均匀腐蚀，同时对在役管线检测到的缺陷主要为内壁腐蚀、管体裂纹和环焊缝缺陷等平面型缺陷，因此，在评价时，为了简化，将内壁腐蚀考虑为壁厚减薄，然后考虑裂纹（平面）型缺陷对管线剩余承压能力的影响。

3.1.2　炉管剩余强度评价

对于含体积型缺陷管道，采用中国石油天然气集团公司管材研究所根据 API RP 579 开发的 ARSP 软件进行计算。对裂纹型缺陷的评价，采用双判据法，通过弹塑性断裂力学分析，采用失效评估图（FAD）来进行安全评价。该方法采用了 API RP579 的通用失效评价曲线，考虑了含裂纹型缺陷构件从脆性断裂到塑性失稳所有可能的破坏行为，其方程可用下式表示

$$K_r=(1-0.14L_r^2)[0.3+0.7\exp(-0.65L_r^6)]$$

$$(L_r\leqslant L_r^{max})\quad K_r=0\qquad (L_r>L_r^{max})$$

式中，$K_r=\dfrac{K_I}{K_{mat}}$，K_r 为韧性比；K_I 为含裂纹构件裂纹尖端应力强度因子；K_{mat} 为材料断裂韧性；

$L_r=\dfrac{\sigma_{ref}}{\sigma_{ys}}$，$L_r$ 为载荷比，σ_{ref} 为含裂纹构件所承受的载荷，σ_{ys} 为屈服载荷；

Lrmax 为塑性崩溃截止线，根据材料种类不同可取不同数值。评价时，需要计算出给定载荷和裂纹尺寸时的 K_r、L_r 值，若评估点（L_r，K_r）落在失效评估曲线内，则在给定载荷下构件是安全的；若评估点（L_r，K_r）落在失效评估曲线外，则构件可能是不安全的。

3.1.3　主要参数确定

（1）管尺寸参数。根据取样管段，管道外径 D 取 89mm，管道壁厚取公称壁厚 12mm。

（2）管材性能参数。评价时采用实测屈服强度进行计算。根据测试结果，取炉管的最小屈服强度为 270MPa。

（3）安全系数的选取。由于炉管失效将导致锅炉停用、财产损失甚至人员伤亡，因此炉管服役正常与否关系重大。为安全起见，取三级安全系数 $F=0.5$。

（4）载荷的确定。根据炉管压力变化基本范围在 8～14MPa 范围内，因此根据炉管危险部位和各节点压力值，分别取内压值为 8.0MPa、9.0MPa、10.0MPa、12.0MPa 和 14.0MPa 进行计算，以对应炉管辐射段出口、辐射段进口、对流段出口和预热段出口等几个危险节点的压力值。

（5）缺陷尺寸的确定。由于所取样品炉管腐蚀较轻，对局部腐蚀和均匀腐蚀均难以进行定量测试，因此在强度评价时，假定炉管上存在一定大小的腐蚀缺陷，以此计算炉管的极限承压能力。

3.1.4　强度评价结果

由于缺陷周向尺寸对评价结果影响不大，因此评价时忽略周向缺陷尺寸。此外，为安全起见，将缺陷假设为矩形形状，通过叠代计算，得出不同炉管内压下的缺陷深度和轴向长度的极限缺陷尺寸曲线以及假定不同缺陷尺寸时炉管的极限承载压力。此外，温度也会影响到炉管钢的屈服强度，温度升高时，钢材的屈服强度相应降低，当温度由室温（20℃）升高至 300℃时，炉管钢的屈服强度由原来的 270MPa 下降至 150MPa，因此强度评价时还需考虑温度的影响。图 4 和表 5分别给出了炉管在不同内压下极限缺陷尺寸以及炉管存在不同深度缺陷时的极限承压能力值。

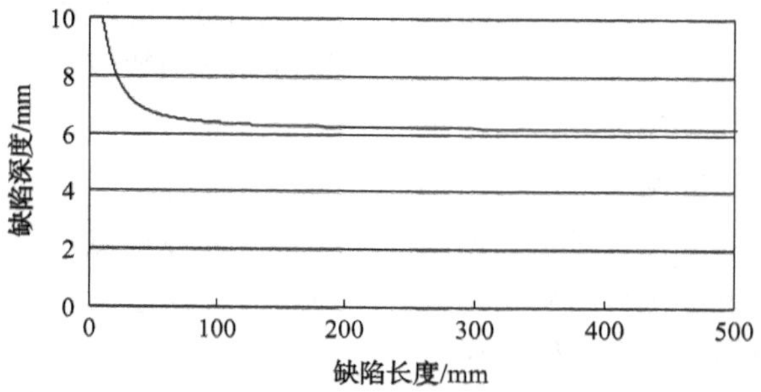

图 4　炉管在 9MPa 下极限缺陷尺寸

表 5　炉管在不同缺陷深度下的极限承压能力

炉管剩余壁厚/mm		12	11	10	9	8	6
极限承压能力/MPa	不考虑安全系数	44.9	41.3	37.6	33.9	30	26
	安全系数 $F=0.5$	22.5	20.7	18.8	17.0	15.0	13.0
	温度影响(300℃)	14.6	12.6	10.5	9.5	8.4	7.3

从图 4 和表 5 中可以看出，随着炉管服役压力的增加，炉管的极限缺陷尺寸可以达到 6mm 以上，且随着缺陷长度的减小，极限缺陷深度不断增加；当缺陷的长度达到 100mm 以上时，炉管承压大小对极限缺陷深度基本不再产生影响；但考虑到系统的安全系数及温度的影响，实际允许缺陷最大尺寸要小得多，仅为原来的四分之一左右。而由图 4 和表 5 则可以看出，随着炉管剩余壁厚的减少，炉管所能承受的极限压力几乎呈直线下降，在考虑系统安全系数和温度影响的情况下，当炉管剩余壁厚大于 8mm 时，可满足目前生产压力的需要。

3.2　炉管的腐蚀剩余寿命预测

3.2.1　剩余寿命预测思路

炉管剩余寿命预测是在管道剩余强度评估的基础上进行的，主要是预测管道的未来情况。在进行含腐蚀缺陷管道剩余寿命预测时，最主要的难点在腐蚀缺陷发展规律的确定上。在进行注汽锅炉寿命预测时，利用了可靠性理论，腐蚀剩余寿命预测过程大体可由以下几个步骤组成：(1) 建立管线腐蚀速率的概率分布模型，利用管道腐蚀检测数据和服役年限，通过统计分析，利用数学方法进行拟合，找出其概率分布规律；(2)通过剩余强度评价，确定出缺陷极限尺寸；(3)计算得出管道失效概率随时间变化规律；(4)给定目标可靠度，确定管道剩余寿命，即检测周期。

3.2.2　剩余寿命预测结果

对炉管的腐蚀剩余寿命进行预测时，可利用可靠性剩余寿命预测原理。由于炉管不同部位承受压力不同，其剩余强度与炉管部位密切相关，因此炉管不同部位的极限缺陷尺寸不同，而前述试验测试表明，不同部位炉管的腐蚀速率也不一致，因此，计算炉管的腐蚀剩余寿命时需要综合考虑炉管不同部位腐蚀速率和承压能力。采用上述可靠性理论对炉管的极限缺陷尺寸和剩余寿命(检测周期)进行预测，预测结果如表 6 所示。

表 6　极限缺陷尺寸和剩余寿命预测结果

部位	预热段进口	预热段出口	对流段出口	辐射段进口	辐射段出口
极限缺陷尺寸/mm	1.97	2.01	1.92	1.82	1.72
剩余寿命/a	9.5	7.6	10.1	10.6	11.5

4　现场炉管解剖检验情况与有限元分析和实物验证对比分析

在应用稠油采出水回用回用注汽锅炉腐蚀规律认识和依据安全评价加强稠油采出水回用锅炉管理的基础上，对现场回用稠油采出水二年以后的锅炉炉管解剖检验和材料的理化性能测试和腐蚀结垢情况分析。

4.1　炉管解剖情况和材料的理化性能测试

图 5 为重油公司 18 号注汽站 2#炉炉管解剖宏观照片，利用 Spectrovac-2000 型直读光谱仪对现场解剖的管材的化学成分进行分析结果表明

材料中的有害元素 S、P 含量均较低，符合标准要求，但碳(C)含量偏高。材料的显微组织分析如图 6 所示。材料的显微组织、晶粒度及硬度均正常，未发现异常组织和粗大晶粒。材拉伸性能和冲击韧性测试测试结果符合 GB 713—1997 指标要求。图 7 为解剖炉管的电镜扫描结果。

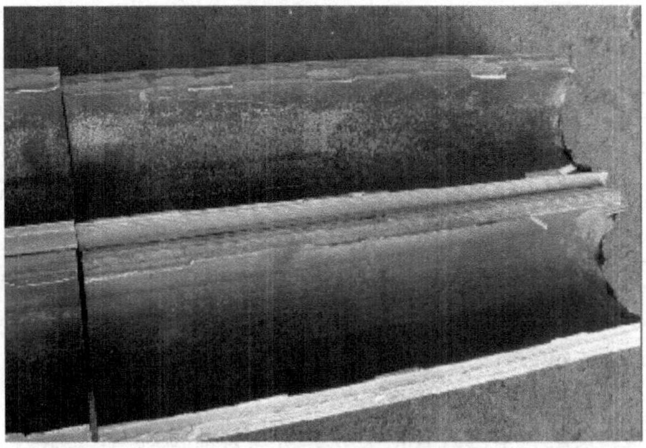

图 5　解剖炉管的宏观照片

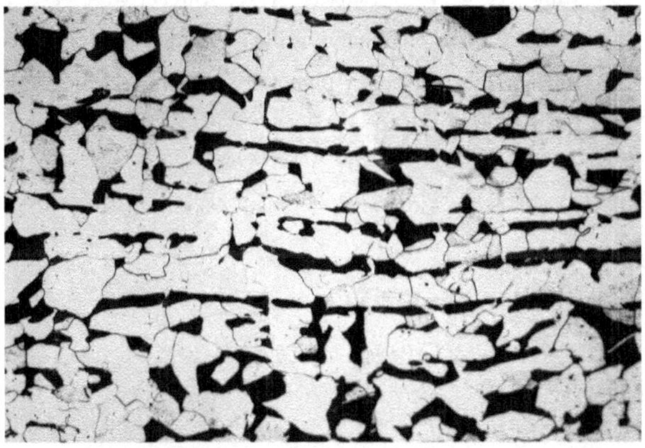

图 6　炉管材料金相组织照片

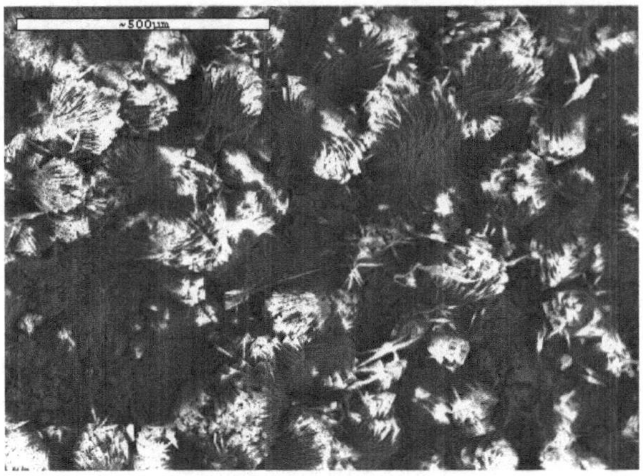

图 7　锅炉管腐蚀形貌

从表中数据可以看出，对炉管钢，材料的冲击韧性符合标准要求值。但对照取样管段 20℃(由于常温为 15 ~25℃)时的冲击功和标准要求值，通过将标准冲击功要求值进行换算处理，发现注汽管段材料的冲击功比标准要求值(≥20.25J)略有下降，可见注汽管材料在使用过程中韧性发生了退化。综合分析上述测试结果可知，除注汽管材料冲击韧性略有降低外，炉管及注汽管网材料金相组织和力学性能基本正常，符合标准要求。

4.2　有限元分析和实物验证对比分析

全尺寸实物静水压爆破试验是对含缺陷管道承压能力进行评估的最直接和最有效的方法，一般是用来验证评估方法的安全性(保守性)。在进行注汽系统安全性评估时，进行了实物管的爆破试验(预制了缺陷)，并利用有限元和安全评估软件对爆破压力进行了计算，结果如表 7 所示。可以看出，软件计算结果总是偏安全的，与有限元计算结果相近，这是由所采用评估方法的保守性决定的，而且软件计算结果保守性不大(与实际爆破压力相比)，适合于管道承压能力的计算。

表 7　实际爆破压力和计算爆破压力的对比

序号	缺陷尺寸/mm (轴向×环向×深度)	有限元计算结果/MPa	爆破试验结果/MPa	软件计算结果/MPa
1	100×30×3	76.8	77.31	73.3

4.3　认识

试验结果和现场炉管解剖结果说明，锅炉回用污水比使用清水时腐蚀速度增加，但只要采取适当的控制措施和加强管理是完全可以实现污水回用锅炉的安全运行的。从现场炉管检验来看，腐蚀情况小于高温高压模拟试验情况，这与我们根据腐蚀行为研究结果在稠油采出水处理中采用离子调整技术，使 PH 值保持在合理范围之内，同时由于 HCO_3^- 离子在高温下的水解和分解作用，使炉水 PH 值保持在 10 ~12，相应的降低了对炉管的腐蚀。有限元分析和全尺寸实物静水压爆破试验结果也说明对腐蚀规律和剩余寿命的预测结果是可信的。

5　结论

(1) 炉管材料在现行回用污水中使用时，腐蚀速率在 0.1385 ~ 0.2137 范围，腐蚀程度按 NACE RP-0775-91 标准评判属于中度腐蚀；通过离子调整技术减少回用水中有害离子的数量可以降低回用水的腐蚀性和结垢倾向。

（2）综合分析材料的理化性能和耐腐蚀性能及目前腐蚀状况，表明所测试的20G管网材料适合于所用高温蒸汽环境，但由于管壁腐蚀减薄作用和管体缺陷的存在及发展将严重影响的注汽系统今后运行的安全性和使用寿命，其影响程度可通过安全可靠性评价加以确定。

（3）通过对注汽管网进行剩余强度评价和剩余寿命预测，给出了注汽管网可允许的极限腐蚀缺陷尺寸、极限裂纹尺寸和腐蚀剩余寿命，为稠油采出水回用锅炉的检测、维修周期制定提供科学决策依据，对确保了注汽设备的安全运行具有指导意义。

（4）需要继续加强对水质的处理和锅炉运行状况的监测，同时要强化停炉期间的管理。

参考文献

[1] L I Ji ke，ZHANG Ping sheng. Steam Line Burst Caused by Hydrogen Attack and Its Prevention[J]. American Society ofMechanical Engineers，Pressure Vessels and Piping Division(Publication)PVP，1996：225-230.

[2] 李宇春，龚洵洁，周科朝．材料腐蚀与防护技术[M]北京：中国电力出版社，2004.

[3] 陈旭俊，黄惠金，蔡亚汉．金属腐蚀与保护基本教程[M]. 北京：机械工业出版社，1988.

[4] 温建萍，李海．石油热采注汽管线腐蚀破裂原因[J]. 石油化工腐蚀与防护，2001，18(2)：25-27.

[5] 刘晓东，李著信．基于灰色组合模型的管道腐蚀速率预测[J]. 压力容器，2007，24(3)：15-19.

[6]刘思峰，党耀国，方志耕．灰色系统理论及其应用[M]. 北京：科学出版社，2004.

[7] M Zrilic，Z Burzic，Z. Cvijovic. Fracture Toughness and Crack Resistance of Steam Pipeline Steel in Initial and Used States[J]. St rength of Materials，2004，V 36(1)：47-58.

[8] Morris A a，Dear J b，Kourmpetis M c. Life assessment by monitoring biaxial st rainrates in high temperature steam pipelines[J]. Shiyou Xuebao/ Acta Petrolei Sinica，2006，27(1)：119-123.

[9] 朱敏．主蒸汽管道失效分析与寿命预测[D]. 武汉：武汉理工大学，2002.

[10] Dmit rik V V，Tsaryuk A K，Bugaet s A A，et al. Evaluation of remaining life of welded joint s of ipelinesfor thermal power plants[J]. Paton Welding Journal，2006(2)：6-10.

管道防腐涂层材料新进展研究

丁　畅

（中石化皖能天然气有限公司）

摘　要　介绍了油气管道中金属腐蚀发生的原因，从节内外防腐层两个方面分析了现今管道的常用防腐涂层，并且研究分析了4种防腐涂层新材料，具体对比说明了不同涂层的制造方法、研究方式、防腐机理、防腐性能，文章对减少油气运输管道腐蚀具有积极的推动作用。

关键词　金属腐蚀；管道防腐涂层；超疏水；防腐

金属腐蚀是引发油气管道运输巨大经济损失的关键问题。近年来，科学家已经开发出许多方法来抑制腐蚀的发生。20世纪50~70年代我国就开始采用石油沥青防腐涂层保护油气长输管道，70年代开始又先后使用环氧煤沥青、聚乙烯胶黏带、煤焦油瓷漆等防腐涂层，80年代开始在防腐层设计中采用挤压聚乙烯、熔结环氧粉末、新一代煤焦油磁漆等防腐材料，90年代至今开始广泛采用材料组合设计进行管道防腐，如三层聚乙烯、双层熔结环氧粉末、三层聚丙烯等。随着材料科学的不断进步，防腐涂层性能不断改善，总体看来，目前国内外对于管道防腐涂层的研究多致力于开发新型高性能涂层，以提高防腐层的抗腐蚀性能，增强其在不同环境中的适应性。

1　管道腐蚀机理

由于长输油气管道所处环境复杂，土壤温度、湿度、电阻率、酸碱度以及微生物均可对管道腐蚀产生重要作用，使管道容易发生化学腐蚀和非均匀腐蚀，输送的油气物质中若存在具有氧化性的气体如H_2S以及在溶液中呈现酸性的气体CO_2等，会加剧管道中电化学反应。

1.1　化学腐蚀

化学腐蚀是指金属表面与非电介质直接发生纯化学反应而引起的破坏。管道中活泼的金属元素与油气中溶解或者管道所处外界环境中存在的CO_2、H_2S、Cl^-、O_2等物质反应，引起腐蚀。尤其是在高温下，石油管道非常容易被氧化，甚至发生脱碳现象，都是由于化学反应造成的。

1.2　电化学腐蚀

金属发生电化学反应时，电极电位较低的部位容易失去电子，电极电位较高的部位得到电子。当管道处于电解质溶液中，容易形成很多原电池，发生原电池腐蚀。当管道铺设在电气铁路、高压线附近，会发生杂散电流腐蚀，是由于杂散电流使处在电解质溶液中的金属发生电解，因此在此处需要设置排流防护装置。当土壤中含油硫酸盐时，在缺氧环境下硫酸盐还原菌会将亚铁氧化成高铁，将硫酸盐还原成硫化物，促进腐蚀作用。

1.3　不均匀腐蚀

土壤物理化学性质的不均匀性、金属材质的电化学不均衡性、管道涂层组分的不均匀以及微孔、缝隙等缺陷的存在造成电位差，对管道产生腐蚀作用。当管道由于其他原因发生局部腐蚀，甚至穿孔时，不均匀腐蚀会加剧这一现象，导致腐蚀加剧。

2　防腐涂层新材料

2.1　环氧涂层改性

M. I. Abdou等人将钛铁矿/三聚氰胺－甲醛复合物（IFMC）添加至环氧树脂中，对环氧涂层进行改性，对比常规环氧涂层和添加1%、3%、5%、7%和9%的IFMC改性环氧涂层的抗腐蚀性能，并将之依次命名为空白组、IFMC－A组、IFMC－B组、IFMC－C组、IFMC－D组、IFMC－E组，质量损失数据如表1所示，研究表明缓蚀性能IMFC－E>IMFC－D>IMFC－C>IMFC－B>IMFC－A>空白组，在环氧涂层中最优IFMC添加比例为9%。IMFC改性环氧涂层膜的阻隔效应可归因于片状钛铁矿颗粒的存在，这些颗粒通过环氧基体在钢表面平行排列，形成多层防护屏障，通过提供保护屏障、增加薄膜厚度和增强涂层间附着力等方式来增强防腐蚀作用。如图1所示，从涂层薄膜中观察到的阻挡效应归因于钛铁矿颗粒的层状性质，其中形成了物理阻挡层，防止水、氧气和离子进入，以抑制钢的腐蚀和黏合剂的降解。

表1　改性环氧涂层膜在5%氯化钠溶液盐雾箱中500h前后的质量损失数据

涂层	初始质量/mg	最终质量/mg	质量损失/mg	CR/(mm/y)	PE/%
空白组	77940.4	77609.0	331.4	0.1479	—
IFMC-A	76194.1	76085.0	109.1	0.0486	67.0
IFMC-B	77226.3	77166.3	60.0	0.0267	81.8
IFMC-C	80315.4	80294.6	20.8	0.0093	93.7
IFMC-D	78958.3	78952.1	6.2	0.0027	98.1
IFMC-E	80521.4	80520.3	1.1	0.0005	99.6

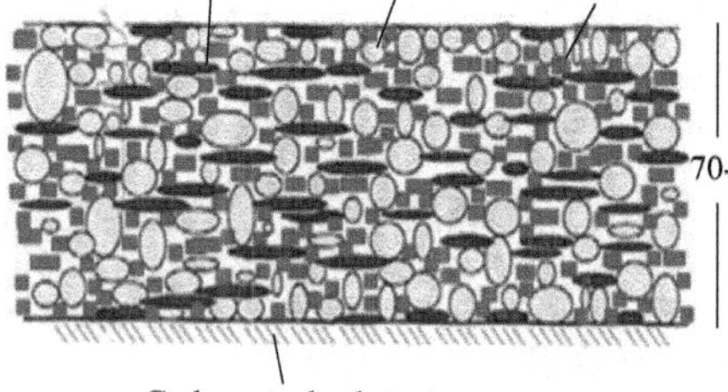

图1　IMFC改性环氧涂层保护机理的模型

不同种类添加剂的改性环氧涂层具有不同的优异性能。强玉杰等人把一种环保的药物型缓蚀剂2-巯基苯并咪唑(M)原位嵌入氧化石墨烯纳米片(GO)上的沸石咪唑骨架-8(ZIF-8)中，制备了具有良好分散性和功能性的M-ZIF-8/GO复合纳米材料，并进一步将该纳米材料引入水性环氧树脂中，制备了具有优异防腐性能的M-ZIF-8/GO/EP复合涂层，研究表明GO纳米片能在涂层内部形成迷宫阻隔效应，M-ZIF-8能有效的提升涂层的交联密度和填料的相容性。何阳通过Michael亲核加成在热还原氧化石墨烯上连接十二烷基链，使TRGO具备了疏水性。研究发现通过三乙胺作为催化剂制备的烷基化石墨烯具有最佳的疏水性，其水接触角高达144°，将其加入到有机涂层中，复合涂层的水接触角比纯环氧涂层提升了15°。电化学测试结果表明LR-GO-B/EPs的阻抗模值和自腐蚀电流较EPs提升了三个数量级，其原因是LRGO具有较大的比表面积和较强的疏水性。

2.2　超疏水涂层

超疏水涂层特别适用于海洋环境，它通过显著减少水-固接触面积来减少水中腐蚀物质与钢基体之间的反应。在某些情况下，超疏水涂层可以被视为管道腐蚀和污垢的廉价解决方案，而且它们很容易在不同材质的钢基底上使用。海上油气管道使用超疏水聚合物涂层的优点除了防腐蚀以外还包括自清洁、防结冰、油水分离和黏性减阻等。

Tengfei Xiang等人通过电沉积制备了一种具有良好耐蚀性的超疏水涂层，首先，在基底上制作一层微纳米结构镍涂层，然后在制备好的镍涂层上电沉积铬涂层，以提高其耐蚀性，在实验中其腐蚀电流密度为2.525x10^8A/cm^2，经过对比实验，发现Ni/Cr-20涂层性能相对最优，此时涂层的水接触角为167.9±2.4°，显微硬度为754±4HV，原因在于超疏水表面中截留的空气可以防止腐蚀介质渗入基体，并且空气本身也具有较大的电阻，大大降低了阴极腐蚀速率。其次，是由于层次结构产生的“毛细管效应”排斥电解质，且铬涂层同样具有优异的耐腐蚀性。其采用EIS技术评估不同样品的耐腐蚀性，从图2可看出阴极斜率低于阳极斜率，这意味着当阴极部分的电位为正时，电流密度变化缓慢，表明阴极部分对材料表面保护良好，从实验结果的Nyquist曲线可以看出，Ni/Cr-20表现出最大的容性电抗电弧，表明Ni/Cr-20在所有材料中耐蚀性最好。

Ma Qiang等人发现激光处理能有效地在基体钢上形成理想的多孔多层微/纳米结构。经过

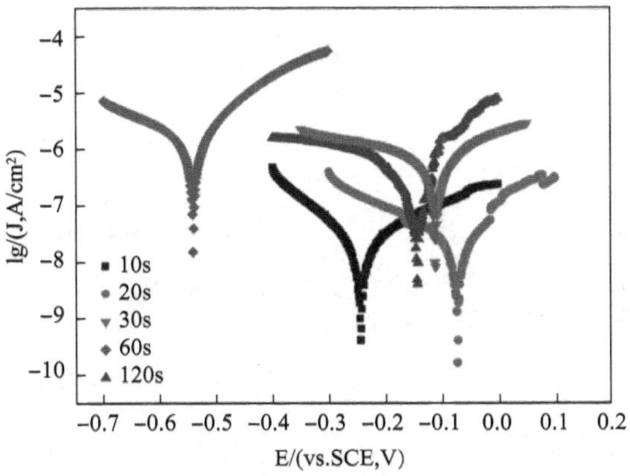

图 2　样品的动电位极化曲线

FAS-17 改性和润滑油注入，在钢基体上成功地形成了具有低接触角滞后的光滑表面，制备的光滑表面表现出优异的自清洁和耐腐蚀性能，若应用于油气运输管道中能保证钢材使用过程中管道壁面的清洁程度，提高使用年限，并且由于连续无缺陷润滑层的保护，光滑表面也显示出优异的防结霜性能，从而延缓了水滴的成核和冷凝。其制备过程是首先在碳钢上制备多孔多层微/纳米结构，然后对激光处理的钢表面进行氟化处理，以降低表面能。最后，选择 PFPE 油注入制备好的氟化钢试样上，形成光滑均匀的润滑层，如图 3 所示。

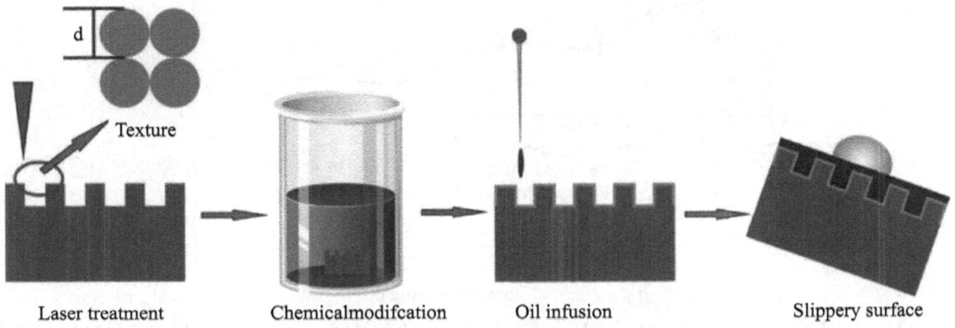

图 3　在碳钢上制造光滑表面示意图

OCP 实验常用来测试材料的腐蚀趋势，图 4 显示了表面处理前后基础钢的 OCP 变化，证实了 SHS 和光滑表面在增强防腐能力方面的有效性。具体而言，碳钢的 OCP 值随着在 NaCl 溶液中浸泡时间的延长呈连续下降趋势，而 SHS 和光滑表面的 OCP 曲线下降值较小，很快就会达到平衡状态，表明 SHS 和光滑表面可以显著降低基础钢的腐蚀趋势，从而提高其耐蚀性。

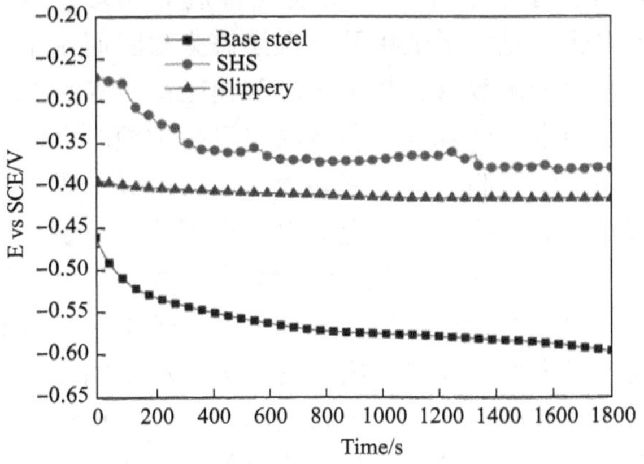

图 4　钢表面、SHS 和光滑表面在
3.5WT.%NACL 溶液中 OCP 值的演变

Yuwei Ye 等人在 Q235 碳钢上制备了一种含超疏水性低聚苯胺的电活性二氧化硅涂层，制备流程如图 5 所示，涂层的防腐蚀能力的提高归因于 E-M-SiO_2 可以有效地抑制腐蚀介质的扩散，并在 Q235 钢表面形成了由 α-Fe_2O_3 和 Fe_3O_4 组成的钝化膜。

图 6 显示了复合涂层系统在 3.5%NaCl 溶液下不同浸泡时间的 OCP 值。由于腐蚀介质的渗透，环氧、环氧/E-SiO_2、环氧/M-SiO_2 和环氧/E-M-SiO_2 涂层的 OCP 数值整体上随浸泡时间的增加逐渐下降。环氧树脂在不同浸泡时间下的 OCP 值从-0.15 下降到-0.56V，环氧树脂/E-M-SiO2 涂层在所有浸泡过程中 OCP 值从-0.07 下降到-0.29V，OCP 值的变化相对较小，表明该涂层腐蚀趋势最低，这一改变主要是由于预处理涂层 E-M-SiO_2 的超疏水性能，它有效地避免了腐蚀介质与基板之间的接触。

对比三种超疏水涂层的性能和制造方法，如表 2 所示，发现电沉积是常用的超疏水涂层制造方式，Ma Qiang 等人制造的涂层的防腐性能最好，腐蚀电流密度最小。未来的研究应侧重于开发新型智能超疏水涂层，该涂层包含缓蚀剂和自愈能力，以便独立修复其防腐、防生物污染和自愈功能。

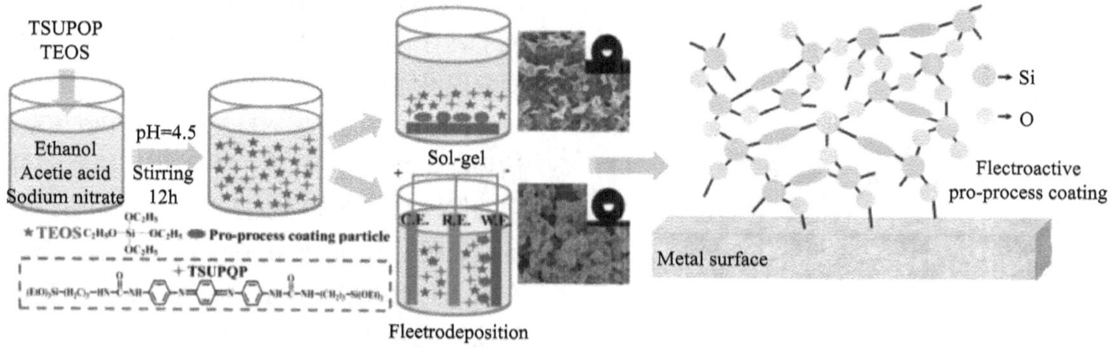

图 5 E-M-SiO_2 涂层制备流程

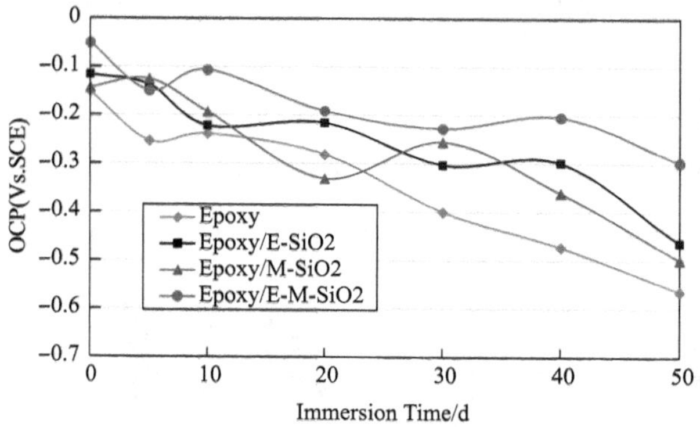

图 6 环氧、环氧/E-SiO_2、环氧/M-SiO_2 和环氧/E-M-SiO_2 涂层在 3.5%NaCl 溶液下不同浸泡时间的 OCP 值

表 2 不同涂层的性能及制造方法

钢材	涂层	功能	制造方法	参考文献	腐蚀电流密度/(A/cm^2)
—	含有苯胺低聚物的电活性二氧化硅涂层	防腐	Electrodeposited method	YUWEI Ye et al., 2018	5.73×10^{-8}
S45C 碳钢	fabricating slippery surface	防腐、防结霜	nanosecond laser treatment	Ma Qiang et al., 2019	2.19×10^{-8}
低碳钢	Ni/Cr-20 涂层	防腐、自清洁、机械稳定性强	Electrodeposited method	Tengfei Xiang et al., 2019	2.525×10^{-8}

2.3 自主型自修复防腐涂层

自修复防腐涂层主要包括成膜物质型与缓蚀剂型。成膜物质型通过成膜物质实现自修复。成膜物质以微胶囊、碳纳米管或微脉管等为载体，当涂层发生损伤时，胶囊会随之发生破裂从而释放包裹的成膜物质，修复涂层从而恢复涂层的防腐性能。缓蚀剂型是当涂层发生损伤或者破裂时，破裂处析出一定量的缓蚀剂，这些缓蚀剂作用于金属基底表面，从而达到抑制金属腐蚀的目的。

常见的成膜型修复剂包括亚麻油、环氧树脂、桐油、多壁异氰酸酯等，不同种类的修复剂形成的保护膜性能有所不同。李海燕等采用导电聚苯胺为壁材，以亚麻油为芯材制备出防腐性能优良的防腐涂层，并且具有自修复性能，可将其应用于海洋钻井平台及油气管道等领域。Li Q 等以聚甲基丙烯酸甲酯与聚醚胺为材料研制了一种固化剂微胶囊，将之与环氧树脂微胶囊一同加入涂层中，研究发现所制涂层发生破损时，固化剂和环氧树脂会在涂层表面形成一层保护膜，从而修复破损涂层。赵金等发现聚氨酯漆与纳米二氧化钛混合的纳米复合涂料具有优异的抗腐蚀性能，研究发现聚氨酯与无机纳米粒子组合一方面提高了内壁表面光洁度，另一方面利用纳米粒子的荷叶效应使涂层产生自洁净效果，这种涂层在天然气管道防护方面具有广泛的应用前景。

缓蚀剂型智能防腐涂层以缓蚀剂为修复剂，此类涂层制作方法有两种，一种是直接将缓蚀剂掺杂在涂层里面，在腐蚀性离子向涂层渗入的过程中析出缓蚀剂，但是这样制作出来的涂层无法控制缓蚀剂析出速度，另一种是将缓蚀剂储存在纳米容器或微胶囊中，通过载体控制缓蚀剂的释放。王贵容等采用微胶囊包埋缓蚀剂的技术，以月桂酸和脲醛树脂为材料制备出自修复微胶囊，此类微胶囊将赋予涂层自修复性能。

纳米容器为载体加入缓蚀剂是当前研究的热点，纳米容器的载药和释药的能力随着纳米容器的结构改变而改变。文家新等借助富含缓蚀剂BTA的pH敏感性智能纳米容器BTA@MSNs-SO3H-PDDA制备了一种智能防腐涂层，研究表明该涂层可灵敏地响应pH值变化，对碳钢腐蚀具有显著的智能防护性能。陈中华等以二氧化硅微球为缓蚀剂载体，与苯丙乳液制备成防腐涂层，当涂层腐蚀时，该涂层会自动释放缓蚀剂，降低腐蚀速率，当微胶囊的含量为1.5%时，涂层的综合性能最佳。王照鹏等使用P25纳米颗粒材料为前驱体制备出钛酸盐纳米管，并在钛酸盐纳米管中加入苯并三唑，再加入到溶胶-凝胶涂层中，研究结果表明BTA的释放量与溶液的pH值成反比，当涂层发生破损后，破损处的BTA被释放，阻止金属被腐蚀性离子腐蚀。

2.4 搪瓷涂层

有机防腐涂层虽然被大规模的应用，但无机非金属材料具备有良好的耐蚀性、耐磨性、耐高温以及不易老化的特点，也逐步受到重视，比如陶瓷涂层、搪瓷涂层以及热喷玻璃(釉)涂层等。搪瓷涂层是近年来兴起的防腐涂层，具有极高的防腐蚀能力，其耐盐性能也比其他材料高出很多，兼具硬度高、耐高温、耐腐蚀、耐摩擦等优良性能，应用于油气输送管道中，可在节约资源的同时提高运输安全性。搪瓷的制备方法有湿法浸搪、干法静电喷涂、热喷涂法、溶胶凝胶法等，如表3所示。

表3　搪瓷的制备方法及优缺点

制备方法	优　点	缺　点
湿法浸搪	操作简单，效率高	机械化程度低
干法静电喷涂	操作简单，搪瓷粉末的利用率高、可减少边缘部位的缺陷	喷涂设备庞大、需在密闭环境中进行、对喷涂粉末粒径要求高、烧结后涂层孔隙率高、涂层厚度不超过200μm
热喷涂法	操作灵活、喷涂效率高、涂层厚度可控、基体温度低、作业环境要求低	热值利用率低、釉料利用率低、制备的涂层表面粗糙度大、与基材结合强度低、内部孔隙率大
溶胶凝胶法	制备过程易控、涂层烧结温度低、用料少、成本低	无法适用于大规模的工业生产，涂层与基体的附着力差、无法控制涂层厚度、涂层厚度薄(不超过500nm)、缺陷多

不同氧化物添加剂浓度会对搪瓷涂层性能产生至关重要的影响。杨晓永等、瞿学炜等、Rossi等、Chen等分别研究了不同ZrO_2添加量、不同烧结温度和石英添加量、不同Al_2O_3颗粒添加量、不同SiO_2含量对涂层耐磨性和抗腐蚀性能的影响，研究结果表明，ZrO_2添加量为6%、烧结温度为850℃、石英含量为12%、)Al_2O3颗粒含量为20wt%、SiO_2含量超过64wt%时的涂层具有更好的抗腐蚀性能，此时涂层致密度较高，进而导致涂层对腐蚀介质的阻碍作用增强。

3　结语

目前常用的防腐涂层有复合防腐涂层、有机防腐涂层和无机防腐涂层，但是当前涂层材料在长距离油气输送管道中仍存在抗老化性差、造价高昂、工序较为复杂、剥离强度低等缺点。好的涂层可有效提高天然气管道的安全性和经济性，但涂层失效会对管道生产运行造成影响，研制新型多功能防腐涂层用于延缓和降低涂层失效的影响是下一步研究的重点。环氧涂层改性可提高涂层的抗机械性能和抗腐蚀性能，超疏水和自修复涂层能够通过减少与腐蚀介质接触提高涂层的使用年限和适用范围，搪瓷涂层具有良好的耐高温和抗盐性，在不同的环境下可以选择适当的新型防腐涂层，最大限度地减少油气管道运行的腐蚀现象。

参　考　文　献

[1] 汪雨微，欧宝立，鲁忆，等．功能化纳米TIO_2/环氧树脂超疏水防腐复合涂层的制备与性能[J]．复合材料学报，2021，38(12)：3971-3985.

[2] 王帅，张金星，李纪朋，等．国内油田地面系统防腐研究与应用进展[J]．石油管材与仪器，2022，8

(05)：1-7.

[3] 刘战剑，付雨欣，任丽娜，等．超疏水涂层在防腐阻垢领域研究新进展[J]．化工进展，2022，14：1-17.

[4] M. I. ABdou，M. I. Ayad，A. S. M. Diab，et al. Influence of surface modified ilmenite/melamine formaldehyde composite on the anti-corrosion and mechanical properties of conventional polyamine cured epoxy for internal coating of gas and oil transmission pipelines[J]. Progress in organic coatings，2017，113：1-14.

[5] 强玉杰，李昊，金莹．负载缓蚀剂的 MOF/GO 智能防腐涂层[C]．第二十二届全国缓蚀剂与水处理学术讨论会论文集，2022：92.

[6] 何阳．改性石墨烯环氧复合涂层的制备及防腐性能研究[D]．重庆工商大学，2022.

[7] Tengfei Xiang，Depeng Chen，Zhong Lv，et al. Robust superhydrophobic coating with superior corrosion resistance[J]. Journal of alloys and compounds，2019，798：320-325.

[8] Qiang Ma，Wei Wang，Guangneng Dong. Facile fabrication of biomimetic liquid-infused slippery surface on carbon steel and its self-cleaning，anti-corrosion，anti-frosting and tribological properties[J]. Colloids and surfaces a，2019，577：17-26.

[9] Yuwei Ye，Zhiyong Liu，Wei Liu，et al. Superhydrophobic oligoaniline - containing electroactive silica coating as preprocess coating for corrosion protection of carbon steel[J]. Chemical engineering journaL，2018，2：53-92.

[10] 李海燕，马英杰，李志科，等．一种自修复微胶囊及其制备方法和应用：中国，110052230B[P]. 2020-03-31.

[11] Li Q，Mishra A K，Kim N H，et al. effects ofprocessing conditions of poly (methylmethacrylate) encapsulated liquid curing agent on theproperties of self-healing composites[J]. Composites，part b. engineering，2013(49)：6-15.

[12] 赵金，郝保红，赵晨璇，等．天然气管道纳米复合涂层结构设计及性能测试[J]．北京石油化工学院学报，2019，27(02)：29-34.

[13] 王贵容，刘瑾怡，任昭仪，等．月桂酸微胶囊自修复涂层的制备及其防腐性能研究[J]．上海涂料，2021，59(4)：19-22.

[14] 文家新，张欣，刘云霞，等．掺杂 PH 敏感性智能纳米容器 BTA@ MSNS-SO_ 3H-PDDA 碳钢智能防腐涂层的制备及性能研究[J]．中国腐蚀与防护学报，2022，42(02)：309-316.

[15] 陈中华，梁家妮．以负载缓蚀剂的二氧化硅微胶囊制备水性智能防腐涂料及其涂层性能研究[J]．电镀与涂饰，2018，37(06)：231-235.

[16] 王照鹏，王洪涛，许志龙，等．添加装载缓蚀剂纳米管溶胶-凝胶涂层的缓蚀自修复行为[J]．腐蚀与防护，2021，42(7)：8-13+19.

[17] 杨晓永．不同 ZRO_2 添加量搪瓷涂层制备及耐腐蚀摩擦性能研究[D]．兰州理工大学，2021.

[18] 瞿学炜．低碳钢表面搪瓷涂层制备及其摩擦腐蚀性能研究[D]．兰州理工大学，2020.

[19] Rossi S，Calovi M，Velez D，et al. Influence of addition of hard particles on the mechanical and chemical behavior of vitreous enamel[J]. Surface and coatings technology，2019，357：69-77.

[20] Chen K，Chen M，Yu Z，et al. Simulating sulfuric acid dew point corrosion of enamels with different contents of silica[J]. Corrosion science，2017，127：201-212.

六元杂环缓蚀剂 XCH 对 N80 油管钢 CO_2 腐蚀控制研究

熊启勇 徐金山 李 敏 朱建忠

（中国石油新疆油田公司）

摘 要 针对油气田 CO_2 驱油过程中 N80 油管钢可能发生严重 CO_2 腐蚀的问题，本文通过简单的一步法合成了一种高效六元杂环缓蚀剂 XCH，用于抑制井下 CO_2 腐蚀。通过电化学测试和失重分析表明，XCH 对 N80 油管钢在 CO_2 饱和油田产出水中的腐蚀表现出优异的缓蚀性能，在温度为 90℃，浓度为 0.21mM 时，缓蚀效率高达 99.1%。通过密度泛函理论计算和 GFN-xTB 计算确定了 XCH 分子在 Fe 表面的吸附构型及吸附机理，XCH 分子主要通过 S 原子与 Fe 表面通过化学吸附形成 Fe-S 键，在 Fe 表面吸附成膜从而阻止腐蚀介质入侵 N80 油管钢表面。

关键词 N80 油管钢；CO_2 腐蚀；缓蚀剂；电化学测试；量子化学计算

1 引言

CO_2 驱油是实现油田低碳开发与提高采收率的重要措施，CO_2 相关的 N80 油管钢腐蚀问题是石油和天然气行业所面临的长期挑战，尽管 CO_2 气体本身无腐蚀性。但油气在管道内部输送过程中，会形成饱含 CO_2 的水溶液环境，N80 油管钢管道因此极易遭受腐蚀，这会导致管道内部故障、造成经济损失，并威胁人身安全。尤其是将 CO_2 注入油田储层提高石油采收率的场景，盐和 CO_2 含量更高，腐蚀问题更加严峻。

使用缓蚀剂因其添加量少、经济效益高、操作方便，已成为油气田行业针对管道内部腐蚀的常用防护措施，尤其以杂环有机化合物为主的有机缓蚀剂、因其结构中包含的氮、氧、磷和硫杂原子以及一些官能团，通常能表现出较高的缓蚀效率。含氮杂环化合物不仅被用作生物药物，还可以用作高效的缓蚀剂。这是因为六元杂环化合物分子中的三个 N 原子可以充当给电子位点，以促进它们在金属基底表面上的吸附。Dong 等人在 60℃ CO_2 饱和油田产出水溶液中，将(5-(2-羟乙基)-1,3,5-六元杂环-1,3-二基)二甲醇用作缓蚀剂，在浓度为 2.0%时，缓蚀效率可达 84.6%。Onyeachu 等人研究了 1,3,5-三(4-甲氧基苯基)-1,3,5-六元杂环烷在 CO_2 饱和的 3.5%NaCl 中的缓蚀作用，发现在添加量为 100ppm，在室温条件下缓蚀效果可达 90.2%。尽管以上工作针对 CO_2 腐蚀问题已开发了一系列六元杂环化合物缓蚀剂，然而该类缓蚀剂缓蚀效果还不够优异，因此有必要在六元杂环的 C 或 N 原子上引入取代基进行进一步修饰，以提升六元杂环缓蚀剂的缓蚀性能。此外，相关研究也未能深入揭示六元杂环化合物在 N80 油管钢/溶液界面的缓蚀作用机理，为后续高效六元杂环化合物缓蚀剂的开发提供指导。

在本研究工作中，我们合成了一种六元杂环缓蚀剂(XCH)，通过电化学测试和失重分析等手段，测试了 XCH 对 N80 油管钢在 CO_2 饱和模拟油田产出水中的缓蚀性能。此外，基于 DFT 的量子化学计算，探讨了 XCH 分子的电子结构结构与缓蚀机理之间的联系，并采用 GFN-xTB 方法计算了 XCH 在有 H_2O 分子存在的环境下在 N80 油管钢表面的吸附，揭示其缓蚀作用机理，为环境友好型六元杂环化合物缓蚀剂的开发设计以及提升六元杂环化合物的缓蚀性能提供了重要参考。

2 实验部分

2.1 材料与试剂

实验所选用的金属钢材为 N80 油管钢。所有测试前，将样品分别用 400、800、1000 目的 SiC 砂纸逐级打磨，然后依次用丙酮脱脂，乙醇冲洗，最后冷风吹干后待用。实验所用的腐蚀溶液为模拟饱和 CO_2 油田污水溶液。溶液配方如表 1 所示。

表 1　油田地层水化学成分

无机盐	NaCl	KCl	$MgCl_2 \cdot 6H_2O$	$CaCl_2$	Na_2SO_4	$NaHCO_3$
浓度/(g/L)	62.36	3.4	4.46	0.57	0.64	0.52

所有实验测试前，先向溶液中持续通入 $CO_2$4h 确保氧气完全去除，在测试过程中保证 CO_2 气体的持续通入。所有的测试均在温度为 90℃ 中进行。

合成所用的试剂如苯基硫脲、甲醛水溶液、苯胺均购自阿拉丁公司。

2.2　缓蚀剂的合成

XCH 的合成步骤如图 1 所示，将 A、甲醛水溶液和 B 的混合物以 1∶2∶1 的摩尔比加入到乙醇溶液中。然后在回流温度下搅拌至其完全溶解，应约三个小时后，观察到晶体状固体从甲醛水溶液中析出。随后将该沉淀物过滤，用乙醇洗涤，并在真空条件下进行干燥，最后在乙醇溶液中重结晶得到纯化的 XCH 产物。

2.3　蚀剂的表征

合成的化合物 XCH 通过傅里叶变换红外光谱（FTIR）和核磁共振氢谱（^{1}H－NMR）进行表征。

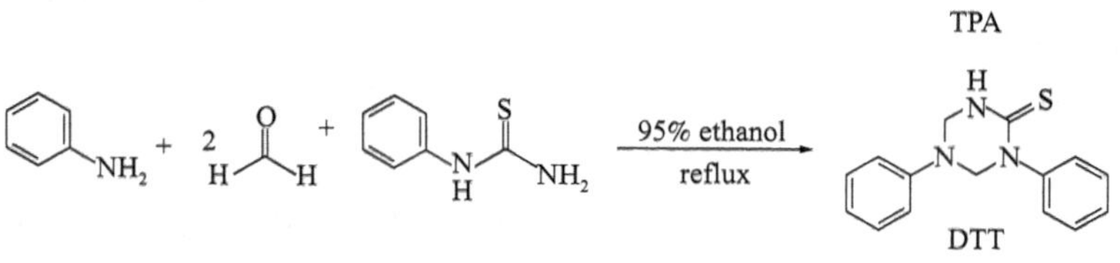

图 1　XCH 分子的合成路线图

2.4　电化学测试

使用 CS350 电化学工作站进行电化学测试，工作电极为 N80 钢，暴露面积为 1cm^2，参比电极为饱和甘汞电极（SCE），辅助电极为 Pt 电极，试验温度为 90℃。测试前，向电解池溶液中通入 $CO_2$4h，确保 O_2 完全去除，接下来的电化学测试中保持 CO_2 气体持续的通入，确保测试溶液为 CO_2 饱和状态。在开始电化学测试之前，先进行 1h 开路电位测试，待开路电位稳定后，进行电化学阻抗谱（EIS）测量。EIS 测试频率范围 10^5Hz～10^{-1}Hz，交流激励信号幅值为 5mV。测得的 EIS 数据用 ZSimpWin 软件进行拟合，获得极化电阻（R_p）数据后，用公式（1）计算所合成的缓蚀剂的缓蚀效率（$\eta_R\%$）：

$$\eta_R(\%)=\frac{R_P-R_P^0}{R_P}\times 100 \quad (1)$$

式中，R_p^0 和 R_p 分别为添加缓蚀剂前后的极化电阻，单位为 Ωcm^2。

极化曲线（PC）测试电位范围为－0.25V～＋0.25Vvs. E_{ocp}，扫描速率为 0.5mV/s。利用 Tafel 外推法对极化曲线数据进行拟合，获得相应的电化学参数，包括腐蚀电位（E_{corr}）、腐蚀电流密度（i_{corr}），阴极和阳极 Tafel 斜率（b_a，b_c），并通过公式（2）计算得到缓蚀效率（$\eta_p\%$）：

$$\eta_p(\%)=\frac{i_{corr}^0-i_{corr}}{i_{corr}^0}\times 100 \quad (2)$$

式中，i_{corr}^0 和 i_{corr} 分别代表添加缓蚀剂前后 N80 油管钢的腐蚀电流密度。

2.5　失重实验

腐蚀失重实验所用 N80 油管钢试样尺寸为 40mm×13mm×2mm，通气条件与电化学实验相同。在测试前，用分析天平称样品的重量（准确度±0.1mg）。在 90℃ 饱和 CO_2 的产出水中浸泡 72h 后将试样从溶液中取出，使用 Clarke's 溶液 5min 超声波清洁去除样品表面的腐蚀产物，然后用乙醇冲洗，用吹风机吹干，用电子天平再次称重。为保证数据的可靠性，每组实验进行三次，计算平均失重。然后，缓蚀剂的缓蚀效率（$\eta_w\%$）可根据公式（3）计算得到：

$$\eta_w\%=\frac{V_0-V}{V_0}\times 100 \quad (3)$$

其中，V_0 和 V 分别是不含和含有缓蚀剂的失重腐蚀速率。

2.6　量子化学计算

利用 Gaussian 09 进行相关量子化学计算。首先基于 DFT，在 B3LYP/6-311g＊的水平上对 XCH 的分子结构进行几何优化。随后，使用 B3LYP/def2-TZVP 高精度基组进行单点能计算，计算中通过 SMD 模型考虑 H_2O 溶剂效应。基于单点能计算结果，分析 XCH 的前线分子轨道分布。

为了深入探究 TPA 和 XCH 分子在 Fe 表面的吸附机理，在周期性边界条件下进行 GFN-xTB 计算。首先，切割出一个 Fe(110)表面来构建出三维周期性盒子模型(5×5×3 个 Fe 原子)。为了考虑溶剂 H_2O 分子与 TPA 或 XCH 分子之间的相互作用，在盒子里放置了 60 个 H_2O 分子和 XCH 分子，从而形成 Fe-H_2O 固/液界面。通过 xtb-python 模块使 ASE 与 GFN-xTB 进行联立实现周期性计算。在计算过程中，底部的两层 Fe 原子保持冻结，而剩余的最顶层 Fe 原子、XCH 分子和 H_2O 分子允许驰豫。

3 结果与讨论

3.1 XCH 分子结构表征

如图 2 所示为 XCH 的傅里叶红外光谱。波数为 3400cm^{-1}和 1600cm^{-1}的峰来源于 XCH 分子中苯环的 N—H。3180cm^{-1}和 1500cm^{-1}处对应六元杂环环上的 N—H 振动峰。1540cm^{-1}处的尖峰对应 C ═S 官能团。

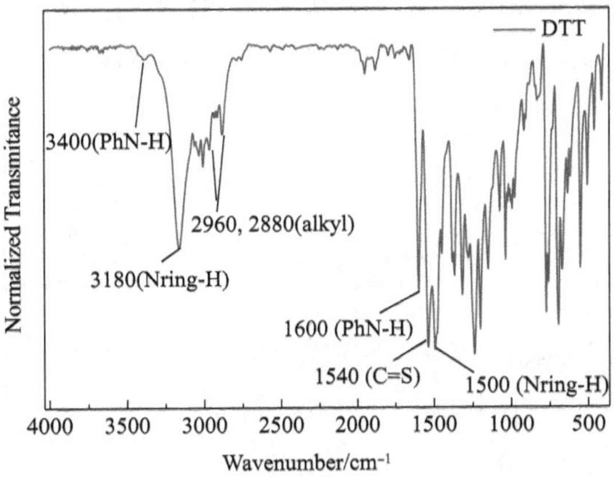

图 2　XCH 分子的 FTIR 波谱

如图 3 所示为 XCH 的^{1}H NMR 谱图，^{1}H NMR(400MHz，DMSO-d6)δ8.70(d，J=2.8Hz，1H，1NH)，7.37(td，J=7.6，4.0Hz，4H_{arom})，7.26(t，J = 7.4Hz，1H_{arom})，7.20(d，J = 8.0Hz，2H_{arom})，7.12(d，J = 7.7Hz，2H_{arom})，7.03(t，J = 7.3Hz，1H_{arom})，5.14(s，2H，CH_2)，4.83(d，J = 2.7Hz，2H，CH_2)。综合 FTIR 和^{1}H NMR 分析结果，验证了 XCH 分子的成功合成。

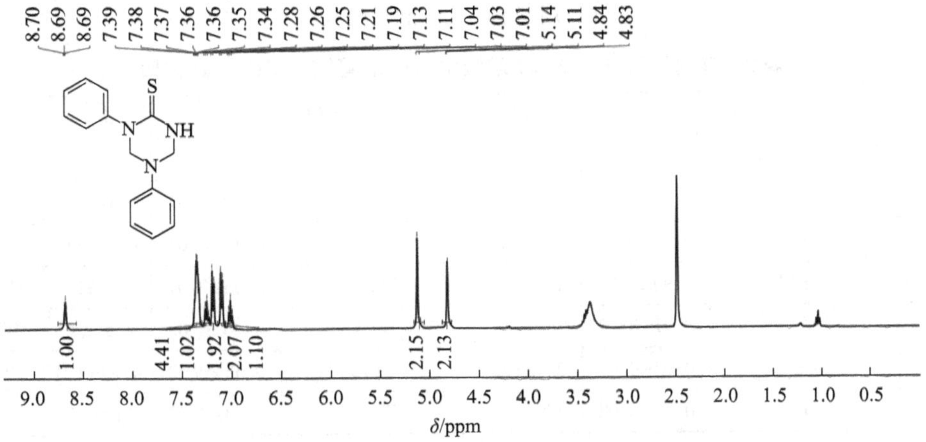

图 3　XCH 分子的^{1}H NMR 谱图

3.3 电化学测试

如图 4 所示为 N80 钢分别在 XCH 缓蚀剂中不同浓度条件下的 Nyquist 图和 Bode 图。采用如图 5 所示的等效电路图。添加 XCH 后，如图 4(a)，Nyquist 图显示出压扁的容抗弧，具有两个时间常数，其中第一个时间常数可归因于双层电容及缓蚀剂在电极表面吸附的膜电阻，第二个时间常数可归因于电荷转移电阻。阻抗谱的容抗弧半径随着缓蚀剂浓度的增加而增大。在缓蚀剂浓度为 0.21mM 时，缓蚀效果最为优异。

图 4(b)为 N80 钢在加不同浓度 XCH 条件下的 Bode 图。从图 4(b)中可以看出，波德相角的峰值与 XCH 的浓度成正比，XCH 添加浓度仅为 0.018mM 时，在低频处的模值(｜Z｜)阻抗是空白的 10 倍以上，并且 XCH 添加浓度在 0.21mM 时，Bode 图的相位角峰更高、更宽，说明在溶液/钢界面吸附效果较好，缓蚀效率最好。

为了更全面地分析电化学参数，将采用图 5 所示的等效电路模型来拟合 EIS 数据参数值在表 2 中列出。如表 2 所示，与空白溶液中的 R_p 为

81Ωcm² 相比，在溶液中加入 XCH 后，R_p 的值明显上升，特别是在添加浓度为 0.21mM 时，R_p 可达 9161Ωcm²。对应 XCH 的缓蚀效率为 99.1%，这表明 XCH 均具有优异的缓蚀性能。

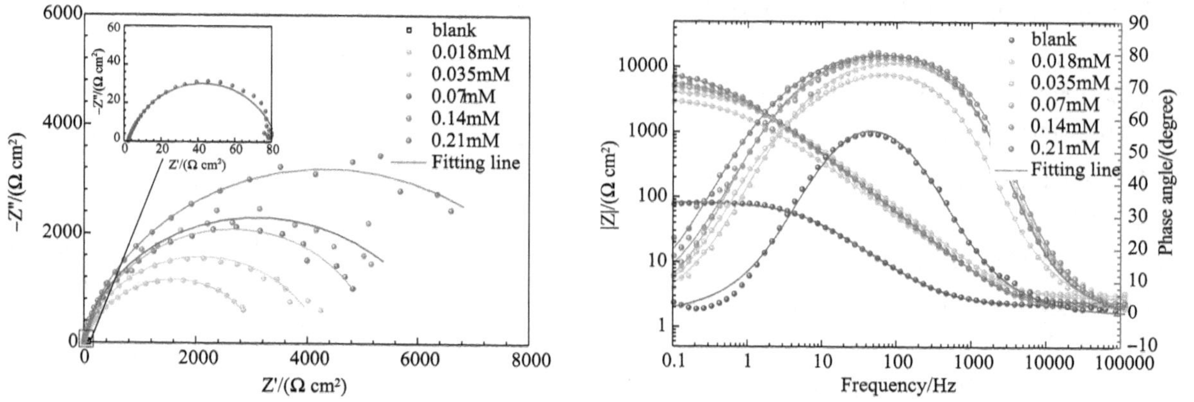

(a)　(b)

图 4　在含不同浓度 XCH 溶液中 N80 油管钢的电化学阻抗谱图

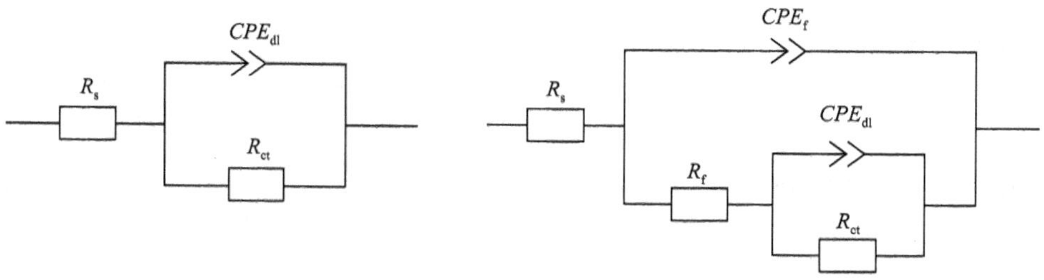

(a)在空白情况下　(b)在含有缓蚀剂的情况下

图 5　用于 EIS 拟合的等效电路

表 2　在含不同浓度 XCH 溶液中 N80 油管钢的 EIS 拟合参数

Inh	Conc/mM	CPE_f Y_0/(μΩ^{-1}s^{n}cm^{-2})	CPE_f n	R_f/(Ωcm²)	CPE_{dl} Y_0/(μΩ^{-1}s^{n}cm^{-2})	CPE_{dl} n	R_{ct}/(Ωcm²)	R_P/(Ωcm²)	η_R/%
blank	0				739±3	0.82±0.01	81±1	81±2	
XCH	0.018	71±18	0.87±0.02	1531±156	117±22	0.77±0.01	1608±114	3139±51	97.5
	0.035	41±14	0.90±0.02	2319±30	113±14	0.65±0.01	1975±153	4304±29	98.1
	0.07	49±17	0.91±0.02	2819±57	79±3	0.76±0.02	2455±70	5274±42	98.5
	0.14	44±8	0.92±0.02	2544±58	96±15	0.55±0.02	4157±174	6701±96	98.8
	0.21	44±12	0.92±0.02	2701±11	67±4	0.58±0.05	6460±70	9161±53	99.1

为了进一步评估 XCH 的缓蚀性能，如图 6 所示为 60℃下，N80N80 油管钢在 CO_2 饱和盐溶液中，添加或不添加缓蚀剂的动电位极化曲线图。由 Tafel 外推极化曲线包括 E_{corr}（腐蚀电位）、i_{corr}（腐蚀电流密度）、b_a 和 b_c（Tafel 斜率）、η_p%（缓蚀效率，由公式 2 计算得出），列于表 3 中。

如图 6 所示，在空白溶液中加入 XCH 后，极化曲线的阳极和阴极分支均向 X 轴的左侧移动，这表明 XCH 对 N80 油管钢的阳极溶解和阴极析氢反应均受到抑制。此外，E_{corr} 的值也略微正移，这表明 XCH 是优先抑制阳极腐蚀过程的

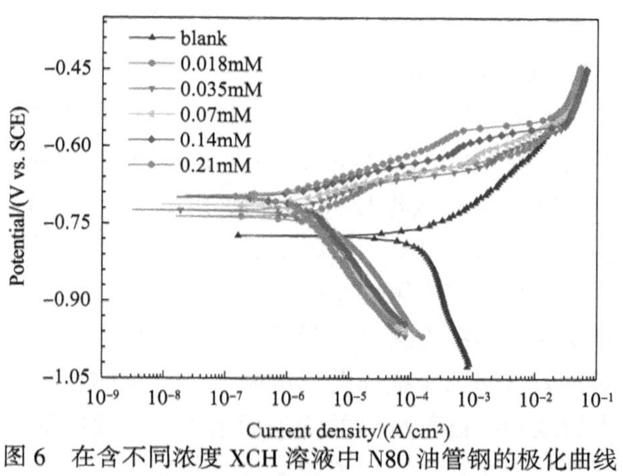

图 6　在含不同浓度 XCH 溶液中 N80 油管钢的极化曲线

混合型缓蚀剂。表 3 显示，在空白溶液中 i_{corr} 达到 $1.58\times10^{-4}A/cm^2$，表明 N80 油管钢的腐蚀比较严重。当 XCH 的添加浓度为 0.21mM 时，i_{corr} 值减小到 $1.32\times10^{-6}A/cm^2$，相应的缓蚀效率达到 99.2%。此外，随着 XCH 浓度的增大，i_{corr} 的值逐渐下降，对应缓蚀效率逐渐升高。

表 3　在含不同浓度 TPA 或 XCH 溶液中 N80 油管钢的极化曲线拟合参数

Inh	C/m	E_{corr}/(Vvs. SCE)	i_{corr}/(Acm^{-2})	b_a/($mV\ dec^{-1}$)	b_c/($mV\ dec^{-1}$)	η_P/%
blank	0	−0.773±0.002	$(1.58\pm0.02)\times10^{-4}$	110±7	−385±1	
XCH	0.018	−0.737±0.001	$(5.25\pm0.15)\times10^{-6}$	41±5	−159±5	96.7
	0.035	−0.725±0.002	$(3.03\pm0.07)\times10^{-6}$	39±7	−208±8	98.0
	0.07	−0.714±0.001	$(2.67\pm0.04)\times10^{-6}$	53±2	−183±5	98.3
	0.14	−0.699±0.003	$(2.06\pm0.03)\times10^{-6}$	35±4	−165±2	98.7
	0.21	−0.697±0.003	$(1.32\pm0.04)\times10^{-6}$	44±8	−170±3	99.2

3.3　失重结果分析

如图 7 所示，在 90℃下在 CO_2 饱和盐溶液中的不添加和添加不同缓蚀剂的失重结果。空白体系下铁的腐蚀速率高达 $0.209gm^{-2}h^{-1}$。添加不同浓度缓蚀剂后，腐蚀速率显著，XCH 在浓度为 0.21mM 时，腐蚀速率减小程度最大，缓蚀效果最好。

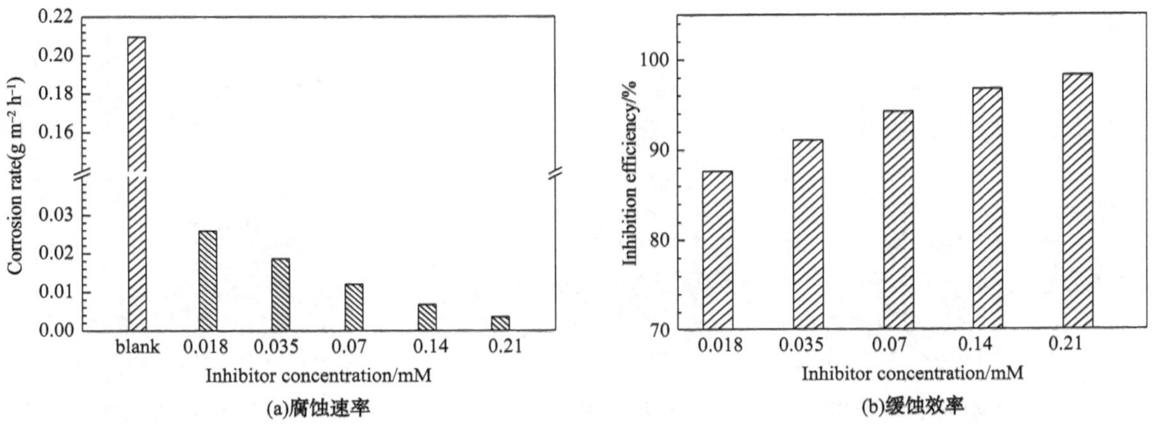

图 7　N80 油管钢在未添加和添加不同浓度的 XCH 在 60℃ CO_2 饱和溶液中的失重结果

3.4　量子化学计算

为了进一步了解 XCH 的缓蚀机理，对 XCH 分子进行了量子化学计算。通过最高占据分子轨道(HOMO)和最低未占据分子轨道(LUMO)前线分子轨道分布来判断缓蚀剂的吸附位点，再根据前线分子轨道能级最高已占据轨道能量(E_{HOMO})、最低未占据轨道能量(E_{LUMO})以及能级差($\Delta E=E_{LUMO}-E_{HOMO}$)来判断缓蚀剂分子与钢吸附时的电子转移难易程度。优化后的几何结构、HOMO、LUMO 的电子密度分布如图 8 所示。从图中可以看出，对于 XCH 分子，由于苯环的存在，HOMO 主要分布在 S 原子、六元杂环环和苯环上，XCH 的 LUMO 主要位于六元杂环环和苯环上。

为了深入揭示 XCH 分子在 N80 油管钢表面上吸附的影响，在考虑有 H_2O 分子存在和周期性边界条件下进行了 GFN-xTB 计算，并得到了 XCH 分子在 Fe 表面吸附后的优化构型和电子密度差分布。图 9 展示了 XCH 分子在 H_2O 溶液环境中的各种吸附构型和电子转移密度差方面的信息。从图 9(b)可以看出 XCH 分子的 S 通过化学吸附与 Fe 表面形成四个 Fe—S 键，成键键长 2.18~2.46Å 接近杂原子(S：1.05Å)和 Fe 原子(1.32Å)的共价半径之和。因此 XCH 分子通过与 Fe 表面形成化学键(化学吸附)来抑制 N80 油管钢的腐蚀。此外，缓蚀剂的化学吸附与电子转移过程有关，从图 9(c)中可以看出，XCH 在 H_2O 环境中在 Fe 表面吸附后，参与成键的 S 原子表现出明显的缺电子状态(用蓝色等值面表示)，对应的成键 Fe 原子表现出电子富集状态(用绿色等值线表示)，表明 XCH 在 N80 油管钢表面的吸附主要是通过 S 原子向 Fe 表面提供电子。

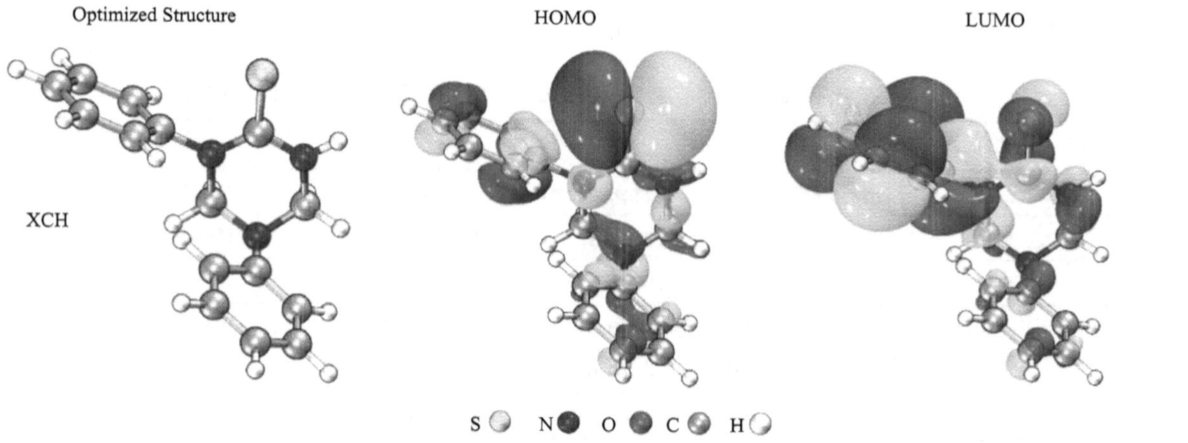

(a)几何优化构型　(b)HOMO轨道分布　(c)LUMO轨道分布

图 8　XCH 分子

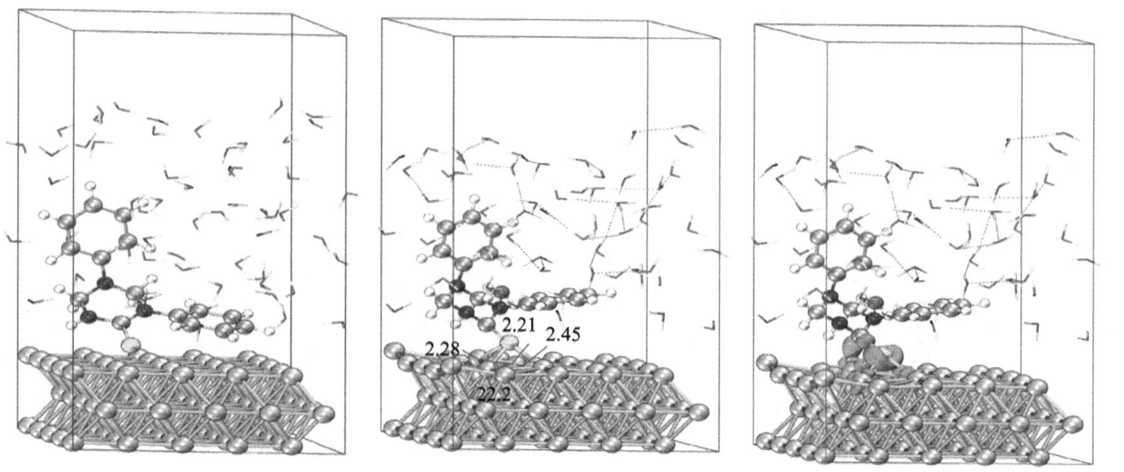

(a)XCH在Fe-H_2O表面初始　(b)优化的吸附构型　(c)电子密度差分布：(蓝色和绿色)

图 9

蓝色和绿色等值面分别代表电子缺失和电子积累，标记的键长单位是 Å

4　结论

本研究通过简单的一步合成法成功合成了一种六元杂环化合物缓蚀剂 XCH。通过实验和理论计算探究了其对 N80 油管钢在 CO_2 饱和产出水中的缓蚀效果及缓蚀作用机理，得到以下结论：

(1) XCH 对 N80 油管钢在含 CO_2 产出水的腐蚀表现出优异的缓蚀性能，在浓度为 0.21mM 时，缓蚀效率高达 99.1%。

(2) 电化学测试表明，XCH 在腐蚀溶液中对 N80 油管钢的阴阳极过程都有明显的抑制作用，是一种阳极抑制占主导的混合型缓蚀剂。

(3) GFN-xTB 计算表明，XCH 分子中的 S 原子通过形成 Fe-S 键化学吸附在 Fe 表面，形成吸附膜阻止腐蚀性粒子入侵 N80 油管钢表面。

(4) XCH 作为一种耐温型 CO_2 腐蚀缓蚀剂，可以有效吸附在碳钢表面并形成致密的保护膜，可望作为 CCUS 工艺中井下 N80 油管 CO_2 腐蚀的重要防护手段。

参　考　文　献

[1] 朱道义，施辰扬，赵岩龙，等．二氧化碳驱化学封窜材料与方法研究进展及应用[J]．新疆石油天然气，2023，19(1)：65-72.

[2] 张晨阳，王福焕，魏华，等．“双碳”目标下塔里木油田油气与新能源融合发展实践[J]．新疆石油天然气，2022，18(02)：16-20.

[3] A. A. Abd，S. Z. Naji，A. S Hashim. Failure analysis of

carbon dioxide corrosion through wet natural gas gathering pipelines [J]. Eng Fail Anal, 2019, 105(1): 638-646.

[4] WANG Xiaodan, YANG Pu, LI Ruidong, et al. Investigation of supercriticalCO_2 corrosion behavior of X80 carbon steel in pipelines: an in situ experimental and DFT study [J]. The Journal of Supercritical Fluids, 2024, 213(1): 106371.

[5] WANG Wenhe, GUANG Yu, LIU Wei, et al. Experimental investigation of stress corrosion on supercritical CO_2 transportation pipelines against leakage for CCUS applications [J]. Energy Reports, 2023, 9(1): 266-276.

[6] A. Hamza, I. A. Hussein, M. J. Al-Marri, et al. CO_2 enhanced gas recovery and sequestration in depleted gas reservoirs: a review[J]. J Petrol Sci Eng, 2021, 196(1)107685.

[7] 佘军，张德平，潘若生，董泽华．井下含硫环空液中 p110 油管钢应力腐蚀开裂的电化学噪声特征[J]. 金属学报，2018，54(10)：59-67.

[8] 陈言光，董泽华．含氮杂环双季铵盐在高温酸性溶液中的缓蚀性能[J]. 腐蚀与防护，2007，28(6)：282-285.

[9] YANG Jiang, WANG Xintong, Wang Yefei, et al. Effect of molecular structure of thio-chemicals on corrosion inhibition in CO_2 corrosive environments[J]. SPE Journal. 2024, 29(1): 1473-1482.

[10] YANG Zhen, WANG Yefei, ZhAN Fengtao, et al. Dimer indolizine derivatives of quaternary salt corrosion inhibitors: enlightened high-effective choice for corrosion prevention of steel in acidizing[J]. SPE Prod & Oper, 2021, 36(1): 34-42.

[11] C. Dong. E3S Web of Conferences: 4th International Conference on Green Energy and Sustainable Development(GESD 2021)[C]. France: GESD 2021, 2021.

[12] I. B. Onyeachu, D. S. Chauhan, M. A. Quraishi, et al. Influence of hydrodynamic condition on 1, 3, 5-Tris(4-Methoxyphenyl)-1, 3, 5-Triazinane as a novel corrosion inhibitor formulation for oil and gas industry. [J] Corrosion Engineering, Science and Technology, 2021, 56(2): 154-161.

某天然气管道深井阳极杂散电流干扰检测及治理

牛亚龙[1]　宋光宗[2]

（1. 中石化天然气分公司广西天然气销售中心；2. 山东省中远天然气技术服务有限责任公司北海分公司）

摘　要　某天然气管道日常检测反馈存在明显杂散电流干扰问题，线路阴保站恒电位仪无法恒电位模式运行，只能以恒电流模式运行。本文结合管道杂散电流干扰现状，分析干扰数据，查找干扰源并根据实际情况设置相应措施，为其他类似工程提供参考。

关键词　管道；杂散电流干扰；干扰治理；监测

1　背景

广西某支线管道设计压力 4MPa，管径 D273.1mm，线路全长约 25km。沿线设置站场两座。沿线穿越铁路 2 处，高等级公路 2 处，小型河流穿越 5 处。线路全线采用常温型加强级三层 PE 外防腐层，采用强制电流阴极保护。设置 1 座阴保站，位于黎塘分输清管站，沿线设置阴保测试桩和多套固态去耦合器。

管道直流杂散电流干扰源一般为直流接地极、城市轨道交通系统、直流电气化铁路、外部管道阴极保护系统等。

经过勘察，本工程线路管道周边无直流接地极、城市轨道交通系统、直流电气化铁路，首站(线路阴保站)距离外部管道已建线路阴保站深井阳极地床距离较近，外部管道阴极保护系统可能会对本工程管道造成一定的杂散电流干扰。杂散电流干扰将带来两方面的不利影响，一是在管道上产生感应电压，危及管道安全运行和操作人员的人身安全；二是干扰阴极保护系统的正常运行和造成管道的腐蚀，特别是在低土壤电阻率地区。

2　直流杂散电流干扰

2.1　直流杂散电流干扰判断准则

（1）根据 GBT 21448—2017《埋地钢质管道阴极保护技术规范》的规定：

- 无 IR 降阴极保护电位：

无 IR 降阴极保护电位 EIRfree 应满足式(1)要求：

$$E_{1} \leqslant E_{\mathrm{IRfree}} \leqslant E_{\mathrm{P}} \tag{1}$$

式中，E_1 为限制临界电位；E_{IRfree} 为无 IR 降阴极保护电位；E_{P} 为金属腐蚀速率小于 0.01mm/a 时的最小保护电位。

- 阴极保护电位(表 1)：

表 1　管道在土壤中的自然电位、最小保护电位及限制临界电位

环境条件	自然电位(参考值)/V	最小保护电位(无 IR 降)Ep/V	限制临界电位(无 IR 降)El/V
一般土壤和水环境	-0.65～-0.4	-0.85	El[b]
T<40℃，100<ρ<1000Ω·m 含氧的土壤和水环境	-0.5～-0.3	-0.75	El[b]
T<40℃，ρ>1000Ω·m 含氧的土壤和水环境	-0.4～-0.2	-0.65	El[b]
存在硫酸盐还原菌腐蚀风险的缺氧土壤和水环境	-0.8～-0.65	-0.95	El[b]

注：a：所有电位相对于铜/饱和硫酸铜参比电极(CSE，下同)。

b：管道防腐层的限制临界电位 El 不应比-1.2V(CSE)更负，具体数值应结合管道干扰情况及环境参数确定，应避免防腐层出现阴极剥离、起泡、管体氢脆现象。

（2）根据 GB 50991—2014《埋地钢质管道直流干扰防护技术标准》的规定：已投运阴极保护的管道，当干扰导致管道不满足最小保护电位要求时，应及时采取干扰防护措施。

（3）澳大利亚国家标准《Cathodic protection of metals Part 1：Pipes and cables》AS 2832.1—

2015 对受到杂散电流干扰的埋地管道防护效果检验指标也做了规定，对涂层性能良好的结构应遵循以下准则：

- 电位正于保护准则的时间不应超过测试时间的 5%；
- 电位正于保护准则+50mv 的时间不应超过测试时间的 2%；
- 电位正于保护准则+100mv 的时间不应超过测试时间的 1%；
- 电位正于保护准则+800mv 的时间不应超过测试时间的 0.2%。

2.2 直流杂散电流干扰检测评价

2.2.1 主要检测内容

在线路阴保站停运和投运状态下，分别对沿线管道的通电、断电电位进行监测，通过数据分析评估管道受干扰情况，并排查管道周边的直流干扰源，进一步制定相关措施。

2.2.1.1 线路阴保系统停运时直流干扰检测

（1）在恒电位仪停运状态下，对沿线测试桩的电位进行测试电位数据典型曲线图如图 1 所示。

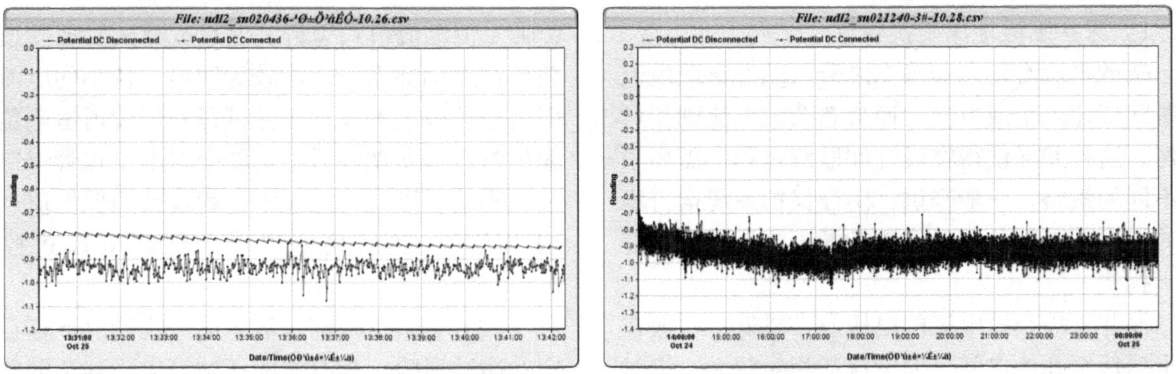

图 1

（2）管道阴极保护系统对外部直流干扰具有一定的抑制作用，因此，对线路阴保系统进行调试、运行，最终确定恒电位仪输出电流量分别为 0.02A 时，管道沿线测试桩电位均能在保护要求范围之内。典型测试图如图 2 所示。

（3）干扰源排查

经过排查，站场周边的疑似直流干扰源主要外部管道的线路阴保站（深井阳极 2 座）。由于外部线路阴保系统其外加电流通过阳极地床向被保护管道施加足够的阴极电流，因此在阳极地床处周围容易形成了一个有一定作用范围的阳极电压漏斗，位于影响区域内的埋地管道或其他金属结构物必定会受到干扰作用。在业主协调下，外部管道线路阴保系统在 10.26 日 8：30～14：50 停运，本工程线路电位曲线变化如图 3 所示。

外部管道阴保停运时，测试的电位曲线如上图所示，可以看出外部管道阴保系统的投运对管道的电位影响较大，因此基本可以断定直流干扰源主要为外部管道线路阴保系统。通过对线路其他测试桩的测试，判断干扰源干扰范围约在首站周边 2km 范围内。

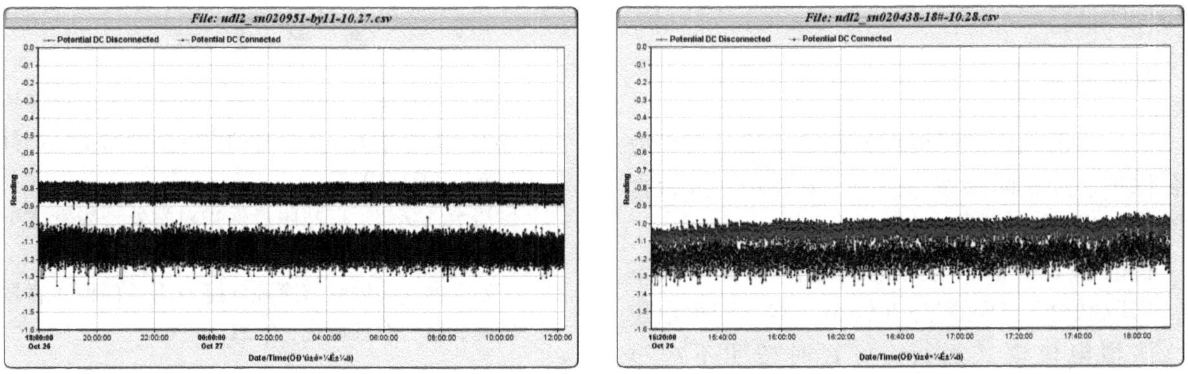

图 2

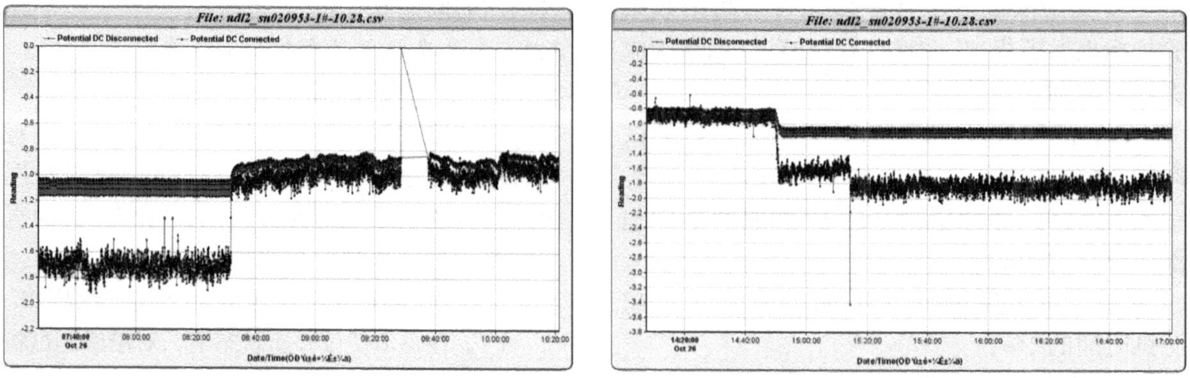

图 3

2.2.2　深井阳极地床干扰特性

杂散电流有动态与静态之分。动态杂散电流随时间变化大小或方向，而静态杂散电流则相对稳定。这种差异使得在设计和监测过程中需要采取不同的策略。一般来讲，阴极保护系统运行稳定的情况下，深井阳极地床杂散电流干扰属于静态干扰。

深井阳极杂散电流的电压通常较低，一般在几十毫伏至几伏之间，但电流却相对较大，有时可达到数安培。杂散电流主要是直流电，这与深井阳极所采用的阴极保护方式密切相关。直流电的特性使得杂散电流在土壤中的传播路径相对固定，且易于预测和监测。

土壤电阻率是影响杂散电流大小及分布的主要控制因素。土壤电阻率越高，杂散电流的扩散范围越小；深井阳极的输出电流越大，产生的杂散电流也越大，其影响范围也相应扩大。经查阅相关文献，杂散电流的强干扰半径与土壤电阻率和输出电流呈二次函数正相关，与阳极埋深和阳极体总长度呈二次函数负相关。这意味着在特定条件下，杂散电流的强干扰半径是有限的。这也在本工程外部管道阳极地床干扰约 2km 半径范围得到印证。

3　相应措施

（1）为消除外部阴极保护系统干扰，可采取联合保护、迁移阴保站等措施。具体项目应根据实际情况进行选择。

目前本工程管道与外部管道因归属单位不同，采取联合保护可实施性较小。本工程恒电位仪无法恒电位模式运行，可暂时按照不超过 0.02A 恒电流模式运行。但通过测试发现管道目前受线路阴保系统影响较为明显，较小的电流可引起电位较大的波动，尤其是外部管道恒电位仪输出参数有所调整时，可能会对本工程管道造成较大影响，因此考虑在本工程线路阴保汇流点处增加试片，利用恒电位仪的恒断电模式控制电位。

（2）管道受外部杂散电流干扰情况下存在一定的腐蚀风险。为有效的评估管道受到杂散电流干扰的腐蚀影响和阴极保护水平，建议对沿线的腐蚀敏感区考虑采取必要的腐蚀监测措施，在管道沿线干扰严重的管段设置智能测试桩，并将采集的阴保参数、腐蚀监测数据统一上传系统管理平台进行数据的分析和管理。

（3）因目前管道沿线电位均在标准要求的范围内，可暂不采取直流排流措施。后期检测过程中发现电位超标无法调节时，需要考虑一定的直流排流措施。

（4）通过本研究的结论，对以后相关阴极保护系统设计能起到一定的指导作用，如相近管道阴极保护系统的相互干扰问题，应尽量考虑一定的距离避免干扰。

参　考　文　献

[1] 岑康，黄夏雨，代敏雪，等．强制电流阴极保护阳极地床杂散电流干扰特性研究，中国安全生产科学技术，2021.10.

[2] 付浩卡，李超．厂站阴极保护对站外干线管道干扰及缓解措施，煤气与热电，2016.09.

[3] 王宇．油气长输管道腐蚀问题与阴极保护防腐技术措施研究，腐蚀研究，2022.

某油田典型高温稠油管道失效分析

罗小武　时彦杰

（中国石油新疆油田公司）

摘　要　高温稠油管道失效是某油田较典型的管道失效，本文从管道本体及防腐层检测报告、阴极保护状况、运行工况及管道外环境，分析研究了典型稠油管道失效形式、失效机制和发展过程，找出了导致失效的主导因素和可控因素，提出了相应的预防措施。

关键词　高温稠油管道；失效；原因分析；建议措施

某油田目前在役长输稠油管道 8 条。运行温度较高，在 70～90℃之间。根据近年的失效数据统计：自 2016 年以来，保温稠油输送管道穿孔 12 次，管体检测结果显示管道腐蚀状况严重，给油田的安全生产和环境保护带来严重的威胁。

本文在资料调研的基础上，通过典型稠油输送管道的本体及防腐层检测报告、阴极保护状况、运行工况及管道外环境，分析研究了典型稠油管道失效形式、失效机制和发展过程，找出了导致失效的主导因素和可控因素，提出了相应的预防措施。以指导在役管道的改进及新建管道的设计，这为该油田延长埋地保温稠油输送管道的服役年限、保障管道的安全运行奠定基础、提供技术支撑。

1　管道的基本情况

某稠油管道，起点位于某稠油处理站，终点为克拉玛依炼油厂，高程差-14m。该管线全长 28.839km，设计输量 80 万吨/年，设计压力为 6.4MPa，外径、壁厚 D273×6mm，材质为 T/S-52K 直缝钢管，防腐层为两道氯磺化聚乙烯，保温层为 40mm 硬质聚氨脂泡沫塑料，保护层为 4mm 高密度聚乙烯，全线采取外加电流阴极保护。该管线于 1991 年投产使用，其出站温度 92℃，进站温度 65℃。管道埋深 1.8m 左右，沿线大部分为戈壁滩，地势较为平坦，末站附近约有 3km 管线穿过农田，地下水位较高。

2　管道失效情况

根据近十年的失效统计数据，该管道是某油田失效率最高的长输管道。失效主要发生在 0～11km 内以及 21～26km 内，分布在管线的两端，即出站段及克石化进站段，其中腐蚀最严重的在出站 0～2km 内。管道失效次数沿里程分布如图 1所示。

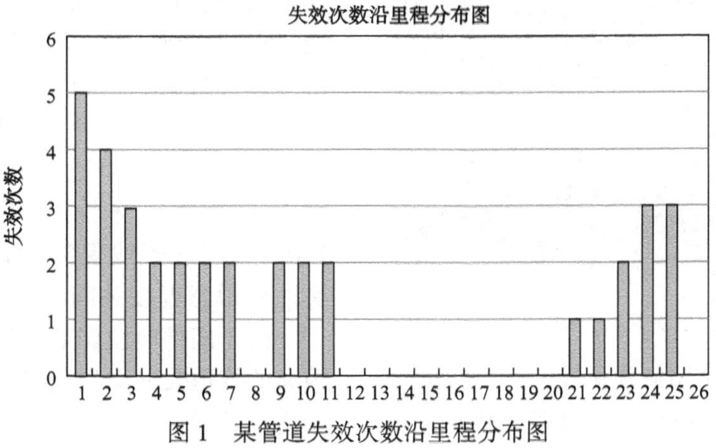

图 1　某管道失效次数沿里程分布图

2　管道失效分析

2.1　本体检测结果

根据2021年管道本体漏磁检测的结果，管道本体存在大量的金属损失，金属损失主要为管体外部金属损失，沿管道里程分布如图2所示。金属损失的分布与管道失效的分布具有正相关性。

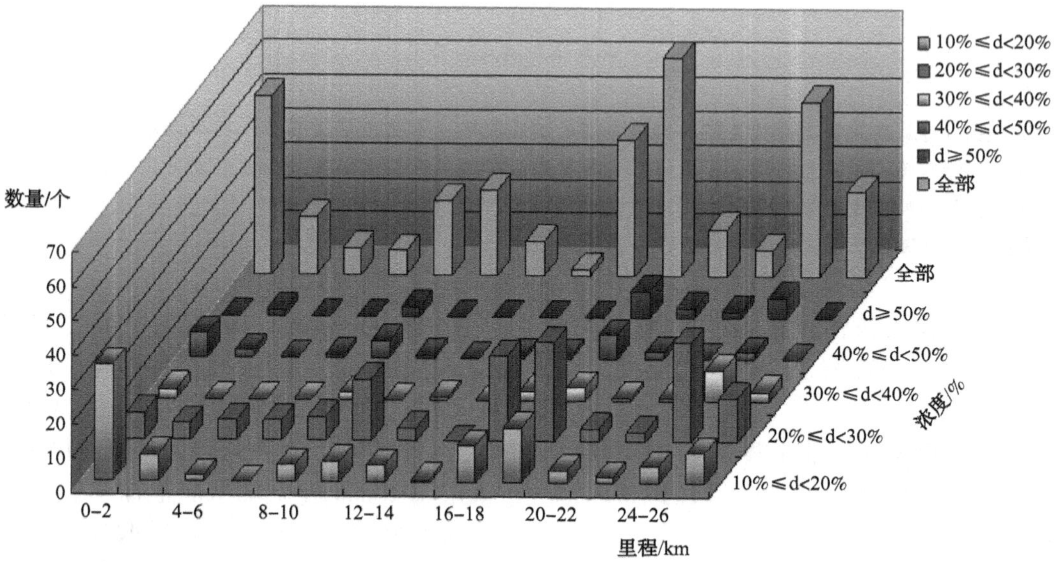

图2　管道本体金属损失沿线分布图

2.2　外保温与防腐层

图3为所取稠油输送管道的宏观检测结果。由图可见，机械去除补口套后，在搭接片处出现渗水痕迹。由于该管线在补口设计上未安装防水帽，当补口位置发生渗漏时，土壤水介质会沿管道轴向渗入，存在诱发整个渗水管段发生腐蚀的风险。保温层厚度和补口套搭接长度均符合标准要求。当保温层剥离后，管体及补口处防腐层存在明显老化、破损现象，随防护层剥离严重。

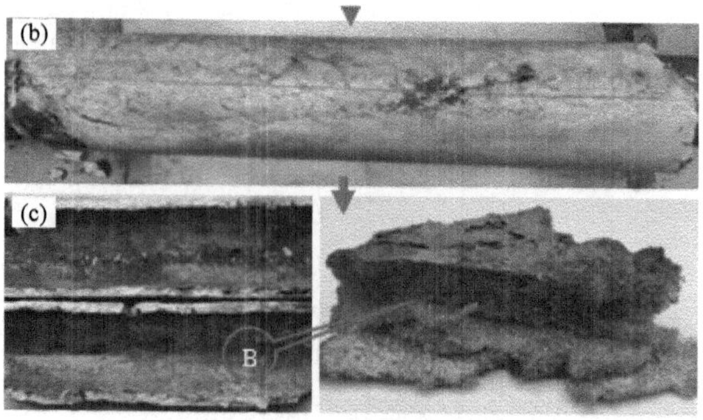

图3　保温层宏观检查图

该条管道防腐层采用氯磺化聚乙烯。氯磺化聚乙烯由于具有优异的耐候性、难燃性和耐腐蚀性等，被广泛用于油气输送管道和储罐的防腐涂料。但其长期使用的温度范围为-40℃～93℃，并且在较高温度环境中耐湿热老化性能较差。研究表明，常用的氯磺化聚乙烯涂层在年平均30.3℃的运行温度条件下，使用寿命不超过20年。而该条输送管道的管输温度普遍在65℃以上，这将会加速氯磺化聚乙烯涂层的老化过程，并且该管线从1991年投入使用，已经服役31年，防腐层老化严重，使用寿命大大降低。

2.3　阴极保护

该条管道保温层为40mm硬质聚氨脂泡沫塑料，保护层为4mm高密度聚乙烯，该种结构对阴极保护电流有屏蔽作用，虽然从测量的管地电位看，达到了保护数值，但阴保电流无法通过保温层到达防腐层破损的地方。加之保温层补口处的缺陷，当防护层破损、保温层进水后，由于稠油输送管道管输温度过高，管道腐蚀加剧，就碳钢和低合金钢而言，保温层或绝缘层下最具破坏性的腐蚀温度范围为60～120℃，而该管线保温层内的管道温度正处于腐蚀的敏感温度区间。

由于阴保电流屏蔽，距离防护层破损点一定距离的管道表面会发生吸氧腐蚀。而防腐层老化剥离或破损诱发的氧浓差电池，以及腐蚀过程所导致闭塞效应，则会加速远离防护层破损点管道表面发生腐蚀的严重程度，上述检测结果也证实分析管段严重腐蚀部位距离防护层破损点约10cm，这主要由管道运行温度和渗入介质的电阻率决定。

2.4 土壤腐蚀性

根据检测单位2021年提供的“敷设环境调查报告－土壤腐蚀性调查报告”，根据GB/T 19285—2014《埋地钢质管道腐蚀防护工程检验》规范土壤腐蚀性评价为“中”，在开展该管道研究工作中检测结果表明防腐保温层内含有较高数量的SRB、FB和TGB，无论是喜氧细菌（TGB），还是厌氧细菌（SRB），在特定的环境条件下，都会与吸氧腐蚀（如TGB在防护层破损处附近（含氧较高））以及析氢腐蚀（如SRB在远离防护层破损处（含氧较低））产生明显的协同作用，从而促进高温稠油输送管道的腐蚀，尤其是局部腐蚀（点蚀）的发生。

2.5 运行工况

该管道出站温度高达90℃以上，高温环境对防腐层和保温层，特别是对投产31年的管道而言，会加剧老化。另外，就碳钢和低合金钢而言，高温也造成了保温层或绝缘层下管体的腐蚀加剧。

3 建议

（1）鉴于目前该条管道高失效情况，适当缩短管道检测周期。

（2）实施管道防腐层维修时，选择耐高温，耐湿热抗老化性能强的防腐层材料。

（3）针对本体腐蚀较差的管段，实施本体及防腐层维修时，建议沿线采用柔性阳极敷设。

（3）改进补口设计（如添加防水帽）、改善补口技术（如改善搭接片的连接工艺）对预防稠油输送管线的腐蚀具有重大作用。

（4）优化稠油管输技术，降低管输温度。

参 考 文 献

[1] 王琳，范玉然，何金昆．某输油管道腐蚀穿孔失效原因分析，2022(3)：50-56.

[2] 李洪福，曾海伟，王晨．油气田地面工程，2021(2)：82-91.

[3] 叶春波．保温层下防腐检测技术取得突破[J]．石油化工腐蚀与防护；2017(4).

[4] 张交辉，金文渊．中低温碳钢管道保温层下腐蚀原因分析及对策[J]．大氮肥，2017(5).

[5] 刘颖．长输油气管道站场埋地管道的防腐技术措施[J]．化工管理，2017(24).

石油储罐腐蚀行为及腐蚀监测研究进展

王文彬　祝传秋　赵　泽　董涛涛

（中国石油新疆油田公司）

摘　要　结合储罐运营环境对诱发储罐腐蚀的主要因素进行分析，重点介绍了各种现有的腐蚀监测方法的工作原理，对比了不同方法在储罐腐蚀监测中存在的优势与不足，并对相关研究与实际应用进行了总结。

关键词　储油罐腐蚀；影响因素；腐蚀行为；监测技术；综述

新疆油田王家沟油气储运中心地处乌鲁木齐市经济技术开发区(头屯河区)，占地面积约141万m^2，始建于1961年，业务范围涵盖原油及成品油石油的储存、管道运输、铁路外运等。王家沟储运中心属于大型油库，是"中国石油乌鲁木齐储运中心"，也是中亚国际大通道的枢纽，具有占地面积大、库区内的各种设施众多、结构复杂等特点。其中各类储油罐是重要设施，在石油的储运过程中起着至关重要的作用。

在储油罐常年运营的过程中，储罐外部接触到复杂的大气环境，储罐内部储存着腐蚀性石油介质，以及储罐底部含有无机盐、有机酸、硫化物、微生物及各种杂质沉淀的沉积水腐蚀环境，因此石油储罐的腐蚀是一种常见的自然现象。另外，储罐底板与储罐底部圈板的T形焊缝由于焊接处理问题而形成局部热应力区域，更是成为腐蚀的敏感部位。以上包括外部、内壁及T形焊缝等储罐不同部位特别是储罐底板存在的各种腐蚀问题会缩短储罐的使用寿命，严重时将引发罐底穿孔、崩罐甚至报废，造成严重的安全风险及巨大的经济损失，还可能引发恶性泄漏及环境污染事故。2015年中国腐蚀报告显示，仅2014年我国因腐蚀造成的经济损失和解决腐蚀付出的经济代价远超所有自然灾害损失的总和，约占当年国民生产总值的3.34%，成为了困扰着我国石油化工行业的难题。

针对石油储罐复杂多样的环境条件及储罐复杂的腐蚀行为，对储运中心石油储罐不同部位、不同防护措施下的腐蚀行为进行系统的实验研究，确定储运中心储罐腐蚀的重点环节和关键影响因素，对其腐蚀过程进行监测，建立有效的腐蚀失效监测系统，实时监测并评价腐蚀的发生和腐蚀程度，评估储油装置的剩余寿命，最大限度地将腐蚀泄漏危险纳入可预测、可预防的范围内，是储运中心亟需面对与解决的课题。

本文主要结合石油储罐腐蚀影响因素、腐蚀行为及储罐腐蚀监测方法的研究发展现状，对诱发储罐腐蚀的主要因素进行了分析，对照各种储罐腐蚀监测方法的优缺点，讨论不同的腐蚀监测方法在储罐腐蚀监测中应用的可行性，以此为石油储罐腐蚀高效监测技术的发展提供有价值的参考。

1　储罐腐蚀行为及其影响因素

储油罐运营过程环境条件复杂多样，不同部位所处环境介质有很大差异，各部位的腐蚀影响因素及腐蚀行为、腐蚀机理各不相同(图1)。针对储油罐内外壁、罐顶、底板、焊缝等不同部位所处腐蚀环境和腐蚀影响因素的差异，目前国内外研究者开展了大量研究，并提出了相应的防护措施，以下对储油罐外壁、储油罐罐顶内部、储油罐内壁、储罐底板外侧、储罐底板内壁及储罐T形焊缝等不同部位的腐蚀影响因素及腐蚀行为等的研究现状进行综述。

1.1　储油罐外壁

储油罐主要处于大气环境中。大气中的水蒸气使罐体外壁表面形成连续的薄层水膜，水膜溶解大气中的O_2、CO_2及石油化工企业所处的工业大气中通常存在的SO_2、H_2S、NO_2等有害气体，导致罐体外壁发生电化学腐蚀。在这种情况下，均匀腐蚀是主要的腐蚀形式。但是，当储油罐表面存在局部凹陷、焊缝或是沉积杂物等不均匀状态时，参与电化学腐蚀阴极过程的氧气浓度的不均匀分布将导致罐体表面不均匀的局部腐蚀，甚至造成严重的腐蚀穿孔。

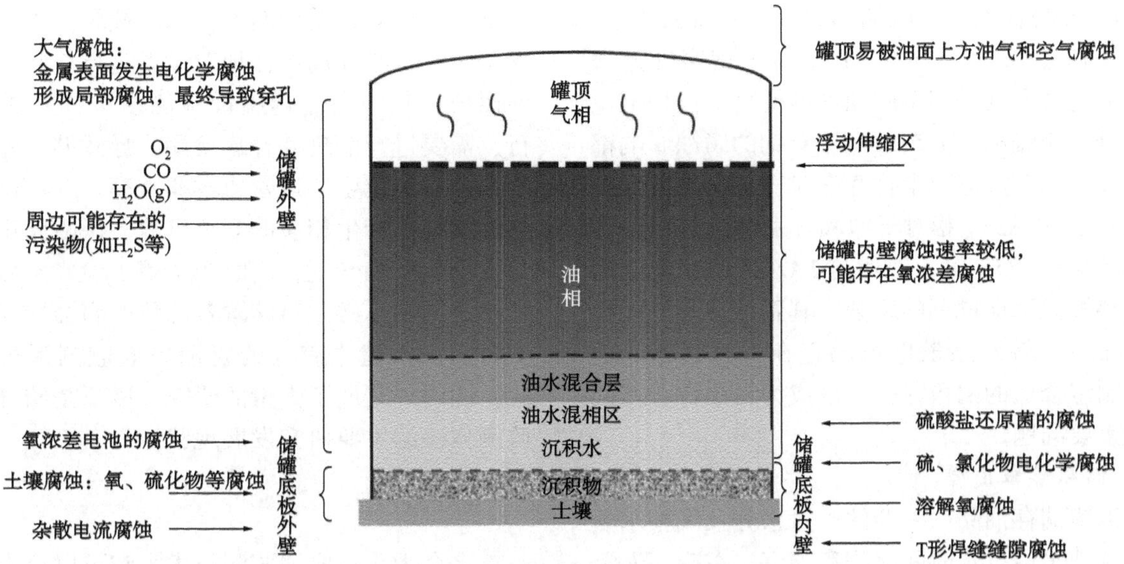

图1　腐蚀关键影响因素及腐蚀类型示意图

1.2 储油罐顶内部

储油罐顶内部一般不与油品直接接触，通常处于油气相环境。油气相环境中 O_2、H_2S、CO_2 等酸性气体溶解在水蒸气中，发生电化学腐蚀，这是导致储油罐顶内部腐蚀的主要原因。一方面，CO_2 的存在使得储罐材料发生腐蚀时腐蚀产物中形成 $FeCO_3$，可能造成局部的坑点、片状等腐蚀形式。另一方面，油气相 H_2S 的存在使得电化学腐蚀的阳极过程及阴极过程更为复杂。阳极过程形成表面活性中间物($FeHS^-$)，促进阳极腐蚀产物的迁移，使得阳极过程活化加速；阴极过程中 H_2S 与水蒸气的相互作用则令阴极去极化过程明显加速。由此，储罐顶内部往往存在严重的腐蚀。

1.3 储油罐内壁

与油品直接接触的储油罐内壁中部的腐蚀主要是油品的化学腐蚀。油品直接接触区储罐内壁通常仅仅发生比较轻微的腐蚀。但是，油品中的水、氧及硫化物、硫醇金属衍生物等对该部位腐蚀过程影响较大。而且，在储油罐内壁油/气界面、水/油界面处存在氧气浓度差异，使得油/气界面、水/油界面的氧浓差腐蚀及由此产生的点蚀成为必须重点关注的腐蚀原因和腐蚀形式。

1.4 储罐底板外侧

承受复杂载荷的大型储油罐在长期服役的过程中，罐基础沉降、沥青砂防水层开裂等造成罐底部分受到潮湿的土壤环境的影响，土壤中大量的积水、无机盐、不均匀氧分布、杂散电流、微生物等因素容易诱发储罐底板外侧发生积水腐蚀、土壤腐蚀、杂散电流腐蚀等严重的腐蚀现象。

底板外侧积水在罐底局部形成氧浓差电池，毛细作用使得罐底各部位积水含盐量不同，加大氧浓差电池的电位差，从而造成储罐底板的不均匀腐蚀。

储罐底板土壤腐蚀更为复杂，土壤的电阻率、盐分、含水量、含气量及微生物、杂散电流都对底板土壤腐蚀过程产生较大的影响。而且，这些因素相互影响，使得储罐底板腐蚀更难以控制。

杂散电流干扰也是储罐底板腐蚀的重要影响因素，杂散电流引起的腐蚀不仅速度快而且剧烈，能在较短时间内发生多次腐蚀穿孔，广大研究者对直流与交流杂散电流促进金属腐蚀发生的情形展开了大量的研究。Fu 等指出交流电会使钢的腐蚀电位负移，从而增强钢的电化学活性，促进其腐蚀。实际上，交流引起的杂散电流腐蚀仅仅是等效阳极直流干扰时腐蚀的很小一部分。Qian 等认为直流杂散电流可使阳极/阴极极化，从而加速钢腐蚀和溶解氧的阴极还原。X52 管线钢在土壤溶液中的腐蚀实验表明，存在 $10A/m^2$ 的直流杂散电流时腐蚀速率相比自由腐蚀速率高了十几倍。当无直流干扰时，钢材表面清晰、光亮，几乎无腐蚀。杂散电流密度增加，钢材表面快速变暗，有明显的腐蚀产物。

杂散电流还通过影响阴极保护(cathodic protection，CP)而间接影响储油罐底板的腐蚀速率。XU 等研究发现在不同的 CP 电位下钢腐蚀速率随交流电流密度呈现不同幅度的变化。保护电位较正时，交流和直流杂散电流对钢的腐蚀影响都比较大。当交流电流干扰存在时需控制阴极保护电位低于-0.85V(相对于饱和甘汞电极)。若 CP 值控制为-0.85V 时，即使是 $1A/m^2$ 的直流杂散电流都极大地促进钢的腐蚀，其腐蚀速率可能超过 1mm/a。针对杂散电流的存在，对储油罐底板如何制定合适的阴极保护标准成为目前行业里的一个重要问题。

1.5 储罐底板内壁

油罐储存油品中夹杂的少量水分及气相水蒸气的凝结水经过长时间沉积和下沉，在罐底逐渐形成了沉积水。通常储运中心储油罐排水管的中心线比罐底约高 300mm，由于排水管高度的限制，罐底常年存在沉积水无法排尽的问题，总有 200~300mm 的沉积水存在。沉积水引起储罐底板腐蚀的因素相当复杂，沉积水中大量的氯化物、硫化物、溶解氧、酸性物质及硫酸盐还原菌(SRB)引起的电化学腐蚀和微生物腐蚀成为储罐底板内侧腐蚀的主要原因。据不完全统计，美国油田生产环节中油井及其管线腐蚀中有 70%为 SRB 导致。其中，最具代表性的是 SRB 代谢反应引起的储罐底板内壁的微生物腐蚀。SRB 在厌氧条件下不断消耗罐底水溶液中氢原子产生的氢，一方面将硫酸盐还原成硫化物，另一方面使得罐底防腐层部分脱落，钢板表面电化学腐蚀过程中的阴极反应不断进行，由此促进罐底钢板表面的阳极反应，使罐底板的腐蚀过程加速进行。

1.6 储油罐 T 形焊缝

储罐在生产过程中会因为焊接工艺或者焊接技术等原因造成焊接点存在一定的问题，比如在底板同储罐底部圈板的连接位置，即 T 形焊缝处易产生局部热应力。发生局部热应力所造成的直接后果就是会在焊缝热应力区与基材处形成缺陷、外应力、残余应力、以及电化学性质等方面存在很大差别的腐蚀敏感部位。同时，储罐底部会有雨水和污水的集聚，形成腐蚀的环境并加剧储罐的腐蚀。因此，局部热应力及积水成为储罐 T 形焊缝处腐蚀的重要因素。

综上所述，由于储罐存储介质成分的复杂性及自身长时间与土壤和大气直接接触的工作方式，在内部腐蚀性介质与复杂外部环境的共同作用下，储罐时刻受到腐蚀作用的威胁。为了保障安全生产，必须周期性地对设备进行检修。目前油田公司范围内储罐腐蚀检测多以固定周期进行，需要进行清罐并开罐检测，导致储罐停产周期长，各单位生产运营成本非常高。为了避免因储罐腐蚀而产生相应的安全事故，保障储运中心的安全生产和管理，同时为了减少检修次数、延长维护周期，必须对储罐各部位的腐蚀情况进行实时监测，建立有效的腐蚀失效监测系统。对此，国内外开展了大量的研究，以下是储罐腐蚀监测方法的主要研究发展现状。

2 监测方法

迄今为止，腐蚀监测技术大致可以分为两大类，一类是以挂片失重法、超声波测厚法为代表的非电化学方法；另一类是以极化阻力法及电化学阻抗谱技术为代表的电化学方法。

2.1 非电化学方法

2.1.1 挂片失重法

挂片失重法作为腐蚀科学研究中最为传统的一种检测方法，它模拟了金属挂片于环境中自然腐蚀过程，以金属挂片发生腐蚀现象前后的质量变化为依据评估腐蚀的严重程度。失重法不仅可以用于获取金属平均腐蚀速率，也可联合一系列材料表征手段(如扫描电镜、X 射线衍射等)来推测腐蚀机理。

挂片失重法作为一种经典的腐蚀监测方法，具有自身独特的优势：

1) 结构简单，挂片期间无需操作，监测成本低廉。

2) 监测结果稳定可靠，与其他腐蚀监测方法联用时常作为验证其可靠性的依据。如王一品等人在武汉的大气环境下以挂片失重法为参照，验证了电阻探针技术监测结果的可靠性。

模拟挂片的工作模式也使得这种监测方法存在一定弊端：

1) 实验周期长。金属挂片需要长时间处在腐蚀环境(如土壤)中，无法实现实时测量。

2) 重现性较差。通常需要多组平行实验。由于金属挂片处在腐蚀环境中不受人为干扰，监测过程中无法得知表面状态，无法保证每个腐蚀挂片的监测结果都是真实有效的，尤其是金属挂片在腐蚀过程中不能发生断裂。

3）获得的腐蚀信息有限。金属挂片的质量变化是腐蚀的结果，仅能获取平均腐蚀速率，无法判断挂片过程中金属试片腐蚀行为发生变化的时间。

4）影响因素多。流体、腐蚀产物、挂片方位等都是影响实验结果的因素。

挂片法作为一种传统的腐蚀检测方法，凭借着自身成本低廉的优势作为长距离管道腐蚀监测技术的选择之一，在实际生产中也有一定应用。但挂片法仅能获取金属材料处于某腐蚀环境中的平均腐蚀速率，仅能作为管道及储罐腐蚀行为的参照，常需要与其他检测技术并用。如伊拉克东南部哈法亚油田及国内特大型海相整装气田均选择挂片法与其他监测方法并用，获取金属设备的腐蚀行为，为油田/气田的腐蚀监测与防护提供参考。除此之外，炼化行业中水煤浆气化装置的腐蚀也可通过挂片法及其他监测方法的联用来进行评价。

2.1.2　超声波测厚技术

超声波测厚技术的工作原理是利用了声波信号在传播过程中遇到不同界面（如缺陷、底面等）会发生反射、折射的物理特性，导致声波信号的传播过程发生一定程度的衰减，通过比较声波返回信号之间的差异来估计壁厚，其工作原理如图2所示。

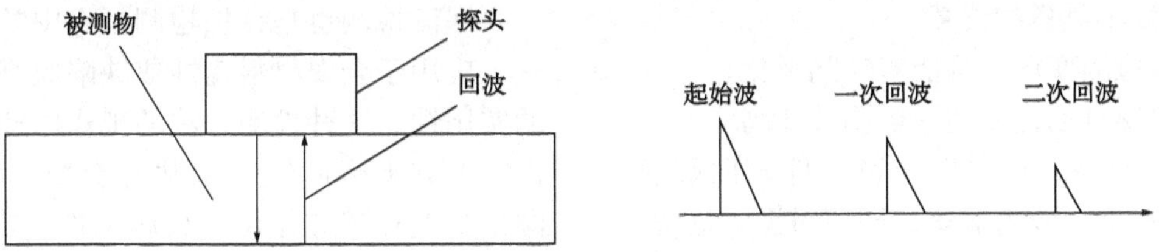

图2　超声波检测技术原理示意图

超声波测厚是一种常见的检测方法，具有成本低、快速灵活、无损的特点，相较于挂片失重法，超声波测厚技术的优势在于：

1）可以直接测量实际管道的壁厚。

2）可以通过声波信号之间的差异来确定腐蚀缺陷的形态特征。

3）检测快，测试结果准确可靠。

基于以上特点，超声波测厚技术目前在腐蚀监测领域的实际应用十分广泛。例如，我国目前规模最大、丰度最高的特大型整装海相气田—普光气田于2016年将超声波测厚技术应用于现场检测以获取集气站和井管线处腐蚀速率。检测结果表明实际腐蚀速率介于0.017~0.055mm/a之间，通过设计壁厚、原始壁厚、人工检测与超声波检测数据进行对比后发现，超声波检测技术的测量数据准确可靠，与人工测量数据对比的偏差率在0.16%~0.33%之间。该技术的应用可以替代传统费时费力的人工检测，降低人工成本及员工劳动强度，有助于掌握管线腐蚀状态，对保证普光气田安全平稳生产具有重要意义。

但是，超声波测厚技术在腐蚀监测中仍存在如下不足：

1）检测效率低、易漏检，不善于监测和确定短或窄的腐蚀特征，如点蚀。

2）需要使用耦合剂将探头与被测元件进行连接。

3）无法对埋地管道或其他处于危险环境的管道进行监测。

4）一般只用于离线检测，无法实现长期的在线监测，而且是通过定期检测来评价金属材料的腐蚀状况，无法实时体现环境变化对腐蚀状态的影响。

5）声速变化影响着测试精度。除此之外，材料性质、镀层、锈蚀、耦合剂厚度等也会给测量带来误差。这是由于该方法是建立在假定声速恒定的基础上的，实际声速易受环境温度及应力的影响，折射角也会因声速变化而产生改变。因此，在测试前通常需要进行声速校正，降低或消除声速变化对腐蚀监测精度的影响。

2.1.3　漏磁检测技术

漏磁检测技术是目前使用最为广泛的无损腐蚀检测技术之一。通过磁化产生磁场，若材料表面状态的改变和缺陷的形成会引起磁导率的改变，磁力线的畸变形成漏磁场，通过特定的磁传感器（如磁敏二极管、霍尔传感器等）收集并分析漏磁信号即可获得金属表面状态和缺陷特征，工作原理如图3所示。

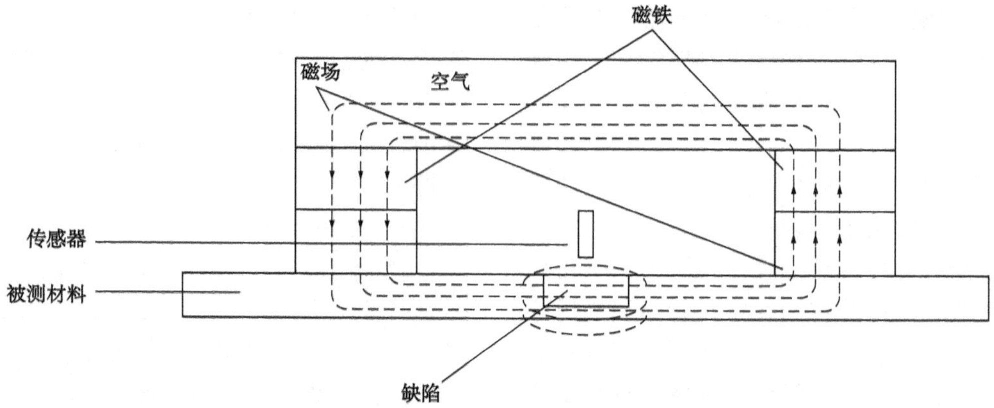

图3　漏磁检测技术工作原理示意图

漏磁监测技术具有挂片失重法和超声波测厚法这两种方法不具备的优势：

1）可以检测变形，且能对缺陷量化。

2）易实现自动化监测，监测效率高。

3）灵敏度高，对磁性金属工件表面裂纹、孔洞等缺陷的检测效果显著，即便对无明显特征的缺陷也能做到有效排查，适用于大面积监测。

漏磁监测技术在检测过程中也存在一定的局限性：

1）对材料磁化要求高。漏磁检测技术的工作基础是漏磁信号的获取与分析，因此被检材料必须为磁性金属材料。

2）不适用于形状复杂的工件以及表面有涂层和覆盖层的工件。

3）轴向特性较差。太窄的缺陷会因磁通量泄漏调小而无法准确测量，长而粗糙的缺陷可能会被误以为是一系列凹坑。

自应用于腐蚀科学领域后，便凭借着自身优势受到科研工作者的广泛关注，相关研究大量开展，并在输气管道的腐蚀监测中应用广泛。徐冠中等将设计的漏磁检测系统应用在天然气长输管道缺陷检测工程项目中，基于10处不同的内外部缺陷的漏磁检测报告与实际开挖结果对比后发现，漏磁检测系统具有较高检测精度，可以将误差控制在10%以内。凌沛文等在另外一处天然气长输管道的漏磁检测过程中发现2处金属损失深度大于20%质量分数的管道缺陷，并基于内检测报告进行开挖检测，也验证了漏磁检测系统的测量精度可以高达90%以上。该技术的实际应用可以准确可靠地对天然气管道、储罐及相关化工设备中存在的问题进行分析，及时解决问题，为安全生产提供有力帮助。

2.1.4　涡流检测技术

涡流检测也是无损检测技术中常用的方法之一，应用于金属材料腐蚀或缺陷监测时具有极高的实用性。这种检测方法的工作原理是在被检工件的上方平行放置一个载有交变电流的激励线圈，受电磁感应作用，金属工件内部产生涡流，涡流信号的大小、振幅、相位、流动形式等均受到工件电磁特性、几何尺寸及表面缺陷的影响，且反作用于激励线圈令阻抗发生变化，以此来判断工件的表面状态是否改变，工作原理如图4所示。

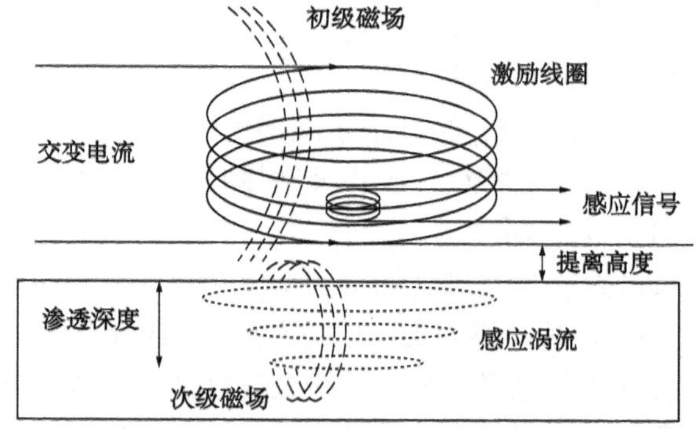

图4　涡流监测技术的工作原理示意图

使用涡流检测技术获取腐蚀信息时具有以下优势：

1）对工件表面缺陷的检测具有很高的灵敏度，响应快，分辨率高。

2）适用范围广，适合大部分条件苛刻的检测环境，可以在高温、狭窄区域进行检测。

在某气田全长18.036km的含硫集输管道的内腐蚀检测中使用Pioneer检测器检测管道金属损失缺陷时，涡流检测数据与开挖实测数据进行对比分析后发现，涡流内检测缺陷位置与实测数据的误差不超过 60cm，缺陷深度误差介于 -0.32%~18.7%之间，缺陷宽度和长度误差在 ±45mm 范围内，很好地验证了电磁涡流检测技术对内腐蚀缺陷量化大小及深度的准确度。

目前国内外对电磁涡流检测技术的理论研究成果较多，成型设备却很少。另外，涡流检测技术在实际应用中仍存在以下局限性：

1）无法检测工件的内部缺陷。这是因为激励线圈通入交变激励信号时，涡流趋肤效应的存在使得试件不同深度处的涡流密度分布不均，涡流场集中在试件表面。因此，在实际应用时常规的涡流检测技术仅适用于金属表面及近表面的缺陷。

2）仅适用于铁磁性材料或能感生涡流的非金属材料的检测。

3）涡流效应的影响因素众多，难以对工件的缺陷进行定性与定量。

2.1.5　电阻探针技术

电阻探针技术作为一种实时监测技术，一直在腐蚀监测领域中发挥着重要作用。这种方法利用了导体的截面积在任意时刻均与自身电阻成线性关系的特性，当材料表面状态发生改变时，材料厚度与截面积的缩小会引起自身电阻的改变，据此与金属损耗的关系可计算出腐蚀量与腐蚀速率。探针的结构如图 5 所示。

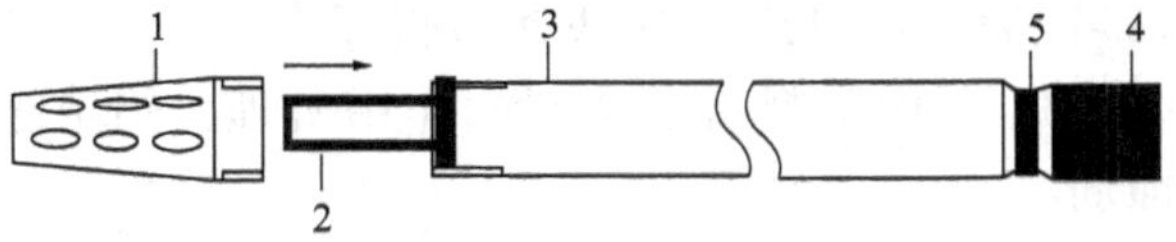

图 5　电阻探针结构示意图

1—保护帽；2—测量元件；3—探头杆；4—信号接口；5—卡槽

华北油田第五采油厂于 2019 年在榆一站、赵一站安装了高测试精度的电阻探针式注水系统腐蚀率在线监测系统。同年 5 月至 12 月在榆一站同时进行了挂片实验与腐蚀速率的在线测量，8 个月的测量数据验证了电阻探针技术的可靠性，两组数据基本吻合，平均误差控制在 10% 以内；赵一站的测量在某段时间内出现波动，这与厂区施工时间高度重合，进一步验证了应用电阻探针技术的腐蚀在线监测系统具有较高的准确性。广泛的应用研究表明电阻探针技术具有诸多特点，包括：1）测量原理简单、测试速度快、监测周期短；2）适用性广，可用于不同介质的测量环境（气相、液相等）；3）可实时提供连续的腐蚀数据，可以远程监测。因此，电阻探针技术能对油田系统的腐蚀信息进行实时监测，为油田系统掌握设备腐蚀动向、采取防腐手段提供有力的技术支持，满足了油田系统生产过程中的防腐需要。

但电阻探针法也存在一些缺点：

1）灵敏度不高，金属损耗到达一定量后才会反应。为了保证灵敏度，电阻探针通常很薄，加工要求很高，使用寿命也较短。

2）误差较大，腐蚀产物的导电性会对检测结果产生影响，即不适用于腐蚀速率较高的体系。

3）测量精度易受环境温度影响，需要温度补偿单元来尽可能消除温度对电阻的影响。

4）无法定量监测腐蚀状态。

2.1.6　电感探针技术

电感探针是一种内含线圈与金属薄片的探针。探针会在激励电流的作用下基于电磁感应原理产生磁场，当金属薄片表面状态及厚度发生改变时，磁场强度的变化引起线圈电感的变化，根据电感的变化与金属损耗的关系可推算出金属的腐蚀速率与腐蚀量。探针的结构如图 6 所示。

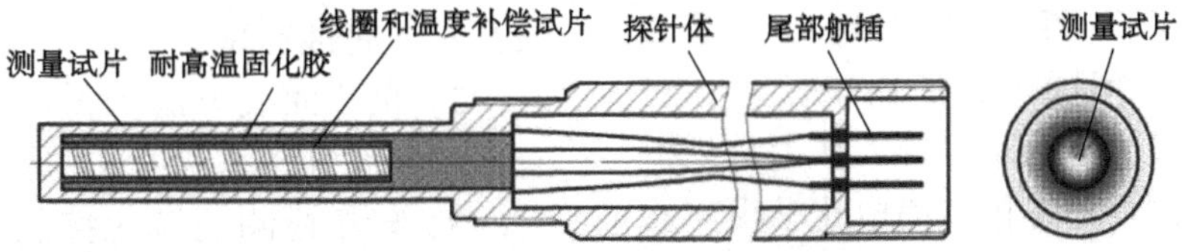

图 6　电感探针的结构示意图

电感探针技术在结构形式上与电阻探针技术相似，但原理不同，各有各的优势。电感探针技术的优势在于：

1）使用范围广，测量结果稳定可靠。研究发现，以电感探针监测技术为基础的在线监测系统在高温高压条件下测得的腐蚀速率与挂片实验的误差均不超过 10%。

2）灵敏度高，线圈电感对金属薄片的厚度变化十分敏感，响应时间较常规电阻探针快 2~3 个数量级，电阻探针的响应时间为 1h 左右，电感探针的反应时间只需 10min 左右。

3）解决了挂片失重法测试周期长、重现性差、以及电阻探针法不适用于现场监测的问题之余，也很好地集成了二者的优势，可以监测到腐蚀速率的短期变化，实现自动监测，工作效率更高。

但电感探针技术也有一定的局限性：

1）测量精度易受环境温度的影响。材料的导磁性容易受到周围环境（如温度等）的干扰，在测量过程中需要进行温度补偿。

2）成本相对较高。

目前电感探针技术已经实现了工业化应用，尤其是油气行业中重点部位的腐蚀监测。例如燕化公司炼油厂在蒸馏设备中分布了 134 个高低温电感探针监测点，通过获取管道和设备的腐蚀变化趋势与结果来评价"一脱三注"（即原油脱盐，塔顶注入有机胺、低温缓蚀剂和水）等防腐蚀工艺的效果。中石化某天然气净化厂也在 2009 年投用使用了一套含有 156 个监测点的电感探针腐蚀监测系统，运行状态良好。

2.2 电化学方法

2.2.1 电化学噪声技术

电化学噪声技术是指电化学动力系统演化过程中，其电化学状态参数、状态参量的一种随机非平衡波动现象。电化学噪声的产生与电化学系统本身有关，不受仪器的噪声或其他外来因素干扰，能够原位、连续、无损地监测局部腐蚀的萌生与发展，通过对电化学噪声的分析可以进行测量腐蚀速率的测量、判断腐蚀类型及监测材料腐蚀情况等，该技术在局部腐蚀的监测领域研究较多。

目前，市场上基于电化学噪声法的商品化腐蚀监测系统。主要是美国 Honey-well 公司的 Smart CET500 系统和英国 CAPCIS 公司的 Concerto MKⅡ系统，但国内石油化工行业针对该技术的实际应用较少。朱培可等人认为常规检测方法无法准确监测局部腐蚀，而电化学噪声技术具有较好的检测效果。他们以 304 不锈钢为实验材料，对比了多种电化学测试方法对人为制造的局部腐蚀的检测效果，结果表明电化学噪声技术与线性极化、交流阻抗谱等方法的测试结果吻合，采用电化学噪声技术能够有效监测局部腐蚀。该技术有望在未来应用于石油化工行业局部腐蚀的监测中。

2.2.2 极化曲线技术

极化曲线是一种电化学测量技术。利用极化方法研究金属腐蚀信息的主要方式有三种：强极化区的 Tafel 外推法、线性极化法和弱极化法。

2.2.2.1 强极化区的 Tafel 外推法

当极化电位偏离自然腐蚀电位足够远时被称为强极化区（通常 $\Delta E>\pm100$mV）。强极化区的过电位与电流呈现一条直线，沿阴阳极极化曲线外推至相交处即可确定腐蚀电流 i_{corr}，以评价腐蚀程度，如图 7 所示。

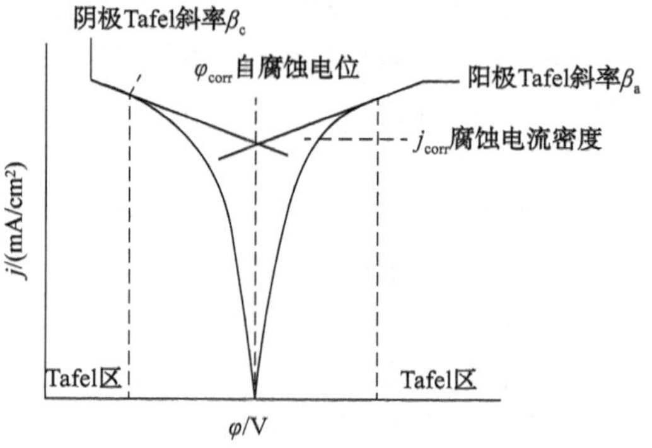

图 7　Tafel 外推过程示意图

利用强极化区的 Tafel 直线外推法具有以下优势：

1）方法简便、快速。

2）可以提供反应的动力学信息，如通过 Tafel 斜率 β_a 和 β_c 判断决速步骤等。

3）可用于判断缓蚀剂的作用机理，筛选缓蚀剂。

强极化区的 Tafel 直线外推法的劣势在于：

1）测量过程对体系的扰动非常大，具有破坏性，精度较差。强极化过程中所施加的极化电流密度的绝对值比腐蚀电流密度高 2～3 个数量级，可能导致电极表面状态改变而发生钝化，获取的腐蚀信息有一定的偏差，测量结果无法反映最真实的腐蚀速率。

2）极化曲线方法测量的是暂态结果，无法直接反映腐蚀速率随时间变化的性质；

3）现场检测的极化控制十分困难，不适用于实际环境中的腐蚀监测。

2.2.2.2 线性极化测量技术

当极化电位与自然腐蚀电位的偏移值 ΔE 较为微小时被称为线性极化区（通常 $\Delta E<\pm10$mV）。在线性极化范围内可以用 Stern-Geary 方程式来描述腐蚀电流 i_{corr} 与极化电阻 R_p 之间的关系，呈公式（2）所示的反比例关系。其中，B 为 Stern

常数，取决于 Tafel 斜率β_a与β_b。对于大多数系统而言，B 介于 13～52mV 之间。

$$j_{corr}=\frac{B}{R_P} \tag{2}$$

$$B=\frac{\beta_a\beta_c}{2.303(\beta_a+\beta_c)} \tag{3}$$

式中，j_{corr}为腐蚀电流，A；R_p为极化电阻，$\Omega\cdot cm^2$；B为 Stern 系数，取值与阳极 Tafel 斜率β_a与阴极 Tafel 斜率β_c有关，如式(3)所示。

线性极化测量技术在弥补了强极化的劣势的同时，也具有以下优势：

1）原理简单，测试速度快。

2）对体系施加的微弱极化不会引起金属表面状态的变化及腐蚀控制机理的变化，适宜连续检测或应用于现场检测。

线性极化测量技术的劣势在于：

1）精度较低。部分腐蚀体系在腐蚀电位φ_{corr}附近的线性度不高或阴阳极极化的线性区域不完全对称，影响测量精度。

2）需要预先获取阴阳极 Tafel 斜率才能利用 Stern-Geary 方程式计算金属的瞬时腐蚀速率，无法直接反映腐蚀速率随时间的变化情况。

3）不适合电导率较低的体系。

线性极化探针在国内石油化工行业具有一定的应用基础。普光气田作为国内目前已知最大规模的海相整装高含硫气田，高 H_2S、CO_2 等酸性气体的存在使得气田集输管道受到腐蚀问题的困扰。集输管道系统采用了腐蚀挂片与线性极化探针等多种监测手段并用的方式，设置了 300 个监测点用以评估管道的腐蚀状态，清楚地了解了管道的腐蚀状态，有效降低了腐蚀泄漏风险。

2.2.2.3　弱极化测量技术

极化电位与腐蚀电位之间的偏移值相差±10～±70mV 时属于弱极化。由于弱极化法测定金属腐蚀速度的理论比较复杂，早年的研究较少。但随着腐蚀科学研究的深入，这种测量技术也逐渐被科学家们重视起来。

张银等采用中科院金属所研制的 CMB-4510A 腐蚀速率测量仪针对胜利采油厂坨三站污水处理流程中的实际腐蚀情况，利用线性极化、弱极化及交流阻抗相结合的方法进行了腐蚀速率的测量，监测结果与现场挂片的结果吻合，误差小于 6%。这表明电化学测量方法能够反映油田生产系统各环节的腐蚀状况，可以用于监测腐蚀速率及缓蚀剂的缓蚀效果，具有较高的应用价值。

2.2.3　电化学阻抗谱

电化学阻抗谱(EIS)也称为交流阻抗技术，是在平衡电位的条件下，对电化学测试体系施加十分微小的扰动，通过分析机理信号与响应信号之间的频率与相位之间的变化来获取金属的腐蚀信息，属于一种非破坏性和非侵入性的技术，能够较真实地反映测试体系的腐蚀状况，适合混凝土等高电阻体系，应用范围极其广泛。等效电路拟合是阻抗谱分析的常用方法，它利用了电路的阻抗特性与电化学系统阻抗特性相似的特点，通过电器元件(电容、电感等)的串并联来模拟电化学反应，能够提供金属腐蚀更多的动力学信息，同时有助于更好地研究金属腐蚀机理，因此 EIS 常作为研究金属腐蚀机理的重要方法。

电化学阻抗谱的劣势在于：

1）对于快速腐蚀的样品，低频测量可能存在困难。

2）电化学阻抗谱技术与线性极化测量技术存在相同的缺陷，仍需要事先得知 Tafel 斜率与 Stern-Geary 系数以将极化电阻 Rp 转化为腐蚀速率。

3）数据解析过程复杂，专业性强。测试结果的准确性取决于等效电路是否合适。但由于腐蚀体系的多样性，不存在统一的电路模型，针对具体的腐蚀体系需要具体分析。

2.2.4　恒电量监测技术

恒电量监测技术凭借着快速、无损、灵敏度高、重现性好的特点受到科研工作者们的关注。这种技术将恒定电荷作为激励信号用于扰动电化学测量体系，随后记录并分析被测电极双电层电容自放电过程中的电位衰减曲线来获取与腐蚀相关的电化学信息。由于腐蚀过程中同时存在物质变化与电量传递，通过计算腐蚀反应的电量可以准确测量金属腐蚀速率。恒电量技术的本质是一种暂态断电松弛技术，测试过程是在没有任何静电流通过的开路条件下进行的，不受溶液介质电阻的影响，适用于高阻体系。而且激励信号扰动小且瞬时，更能反映材料的真实腐蚀状态。

恒电量技术的发展较晚，Kanno 与 Suzuki 等人于 20 世纪 70 年代末成功运用恒电量技术评估了溶液中金属的腐蚀速率，这标志着其作为一种监测技术正式进入腐蚀科学领域。国内湖南大学在恒电量监测领域的研究起步较早，在理论研究与实际应用方面都开展了大量工作，成功将恒电量技术应用于缓蚀剂的筛选、不锈钢及铝合金上的小孔腐蚀研究、涂层防护性能的评价、混凝土中钢筋腐蚀的测定等领域。这些重要的研究工作使得恒电量测试技术迅速发展成为一种灵敏、快速的智能型腐蚀监测方法。表1总结了不同监测技术的优劣势，预示着恒电量腐蚀监测技术在油气田、石化、能源电力等诸多领域有很好的应用前景。

表1　不同监测技术的优劣势对比

分　类	监测方法	优　势	劣　势
非电化学方法	挂片失重法	成本低廉、结构稳定、结果可靠	周期长、获取的信息较少
	超声波测厚技术	可确定腐蚀形态特征及管道壁厚	无法在线监测，易漏检，需要温度补偿
	漏磁检测技术	灵敏度高、可检测形变、量化缺陷并自动监测	材料磁化要求高、轴向特性差
	电阻探针技术	原理简单，适用范围广	误差较大、探针加工要求高、需要温度补偿
	电感探针技术	灵敏度高、结果准确、自动监测	成本较高、需要温度补偿
电化学方法	极化曲线技术	原理简单、测量速度极快	扰动大、测量准确度较差
	交流阻抗技术	应用范围广、不具有破坏性、适合高阻体系、能够提供腐蚀机理信息	数据处理过程复杂，专业性较强
	恒电量技术	扰动小、灵敏度高、测量快速、适合高阻体系、可自动实时监测	现场应用评估推广不足

3　总结

石油工业系统相关设备特别是储罐的腐蚀一直是困扰石油化工行业发展的全球性难题，腐蚀现象的发生不仅造成经济损失，还容易引发安全事故。大量的研究工作推动了腐蚀监测技术的发展，目前已经派生出多种监测方法，但并非所有监测方法都能应用于实际生产，如何实现真实储罐的监测，用于评估储罐腐蚀状况及剩余使用寿命，依旧是当前腐蚀科学领域的重点研究方向。恒电量技术相对于现有的非电化学和电化学技术具有扰动小、灵敏度高、测量快速、适合高阻体系的特点，同时可实现自动实时监测，可预期恒电量腐蚀实时监测技术在油气田、石化、能源电力等诸多领域的实际应用现场的安全管理和预警中有着广阔的应用前景。

参考文献

[1] Hou B, Li X, Ma X, et al. The cost of corrosion in China[J]. npj Materials Degradation, 2017, 1.

[2] 何娟霞，周琪勇，马野，等．油罐腐蚀泄漏液体影响范围建模及应用[J]．消防科学与技术，2020，39(06)：845-849.

[3] 张攀峰，於孝春．受直流杂散电流影响埋地管线的ANSYS模拟[J]．腐蚀与防护，2011，32(2)：146-149.

[4] Fu A Q, Cheng Y F. Effect of alternating current on corrosion and effectiveness of cathodic protection of pipelines[J]. Canadian Metallurgical Quarterly, 2012, 51(1): 81-90.

[5] McIntosh D H. Grounding where corrosion protection is required [J]. IEEE Transactions on Industry Applications, 1982, IA-18(6): 600-607.

[6] Qian S, Cheng Y F. Accelerated corrosion of pipeline steel and reduced cathodic protection effectiveness under direct current interference [J]. Construction and Building Materials, 2017, 148: 675-685.

[7] Xu L Y, Su X, Cheng Y F. Effect of alternating current on cathodic protection on pipelines[J]. Corrosion Science, 2013, 66: 263-268.

[8] 杨志．大型原油储罐内壁底板腐蚀机理及防护分析[J]．全面腐蚀控制，2022，36(1)：105-107.

[9] 孙海洋，王岚，刘建升．硫酸盐还原菌对X70管线钢腐蚀行为研究[J]．油气田地面工程，2020，39(1)：62-66.

[10] 王一品，安江峰．电阻探针技术和挂片失重法腐蚀监测结果的对比分析[J]．材料保护，2021，54(6)：72-78.

[11] 谷建，薛军，陈广．普光气田集输系统腐蚀挂片脱落原因解析[J]．内蒙古石油化工，2012，38(9)：53.

[12] 郑民君，张靖，韩国强，等．某油气田腐蚀监测系统优化研究[J]．全面腐蚀控制，2023，37(2)：86-90，125.

[13] 程明．哈法亚油田 CPF3 的腐蚀监测技术应用[J]．腐蚀与防护，2020，41(6)：53-56，61.
[14] 李东昕．长距离集输管道腐蚀监测技术研究[J]．石油和化工设备，2022，25(12)：190-193.
[15] 唐应彪．水煤浆气化装置的腐蚀与防护[J]．河南化工，2022，39(2)：34-37.
[16] 汤捷．基于超声波无损技术的管道安全精准测量研究[J]．中国检验检测，2023，31(1)：8-12.
[17] 张荣海，廖俊必，徐涛．具有校正功能的超声波管道腐蚀监测系统[J]．电子设计工程，2016，24(17)：119-121，124.
[18] 白雪皎，祝海江．高温管道超声波测厚方法影响因素仿真研究[J]．计量科学与技术，2022，66(2)：55-60.
[19] 谢兆军．超声波在线监测技术在普光气田的应用探究[J]．材料保护，2020，53(1)：170-174，178.
[20] 潘翔，张永康，常国强．超声波测厚仪校准结果超差问题的分析[J]．计量与测试技术，2020，47(10)：89-91.
[21] Berradja A. Electrochemical Techniques for Corrosion and Tribocorrosion Monitoring：Methods for the Assessment of Corrosion Rates[M]. Singh，A.，Ed.；Intech：Rijeka，Croatia，2019.
[22] Wu Z，Deng Y，Liu J，et al. A Reinforcement learning-based reconstruction method for complex defect profiles in MFL inspection[J]. IEEE Transactions on Instrumentation and Measurement，2021，70：1-10.
[23] Barbian A，Beller M. In-line inspection of high pressure transmission pipelines：state-of-the-art and future trends[C]//Proceedings of the 18th world conference on nondestructive testing，durban，South Africa，2012.
[24] 徐冠中，杨帆．漏磁检测系统在长输天然气管道缺陷检测中的应用研究[J]．能源与环保，2022，44(11)：6-11.
[25] 凌沛文，杨树斌，陈玉宝，等．某输气管道漏磁内检测金属损失缺陷验证检测及评价[J]．中国特种设备安全，2023，39(4)：72-75.
[26] 钱政平，章文显，李广立，等．涡流检测技术在螺栓检测中的应用[J]．轨道交通装备与技术，2023，(1)：33-34，37.
[27] 季舒安，金卫良，金英，等．基于电涡流效应的钢质体应变实时检测技术研究[J]．中国安全生产科学技术，2023，19(2)：224-230.
[28] 李睿，王长新，富宽，等．油气管道裂纹涡流检测探头的研制[J]．无损检测，2023，45(2)：60-65.
[29] 谢崇文，罗欢，李潮浪．电磁涡流检测技术在气田集输管道内检测中的应用与分析[J]．管道技术与设备，2020，(6)：27-30.
[30] 倪雅，陈焕勇，康壮苏，等．腐蚀监测在悬索桥主缆中的应用设计[J]．流体测量与控制，2022，3(6)：83-86.
[31] 王选择，郑烨，张瑜灿，等 应用于腐蚀监测的金属探针阻值测量方法[J]．仪表技术与传感器，2022，(11)：34-39.
[32] 郑立群，张蔚，台闯，等．高温腐蚀监测电阻探针和测试仪的研制及应用[J]．石油化工腐蚀与防护，2002，(5)：50-53.
[33] 吴泽美，马伟娜，刘万斗，等．油田注水系统腐蚀率在线监测技术的应用[J]．石油石化节能，2021，11(12)：16-19.
[34] 贾松波．腐蚀监控技术在炼油装置中的应用[J]．全面腐蚀控制，2021，35(2)：124-127.
[35] 宋积文，张亮，金曦．油气管道在线腐蚀监测技术的研究现状及发展趋势[J]．当代化工研究，2022，(20)：152-154.
[36] 陈怡，刘溪．腐蚀监测系统在某大型炼油项目中的应用[J]．石油化工自动化，2020，56(02)：11-15，82.
[37] 王伟杰．海底管道内腐蚀监测技术研究现状与发展[J]．涂层与防护，2021，42(12)：37-42.
[38] 孔祥军，马玲，李磊等．石化行业腐蚀及腐蚀监测技术现状[C]//中国石油石化工程研究会．石油和化工设备管道防腐技术与对策专题研讨会论文集．2010：44-50.
[39] 王科林，高淑红，杨阳，等．油气田投捞式井筒探针腐蚀监测技术的开发及应用[J]．腐蚀与防护，2022，43(2)：58-61.
[40] 陈捷．电感在线监测油田水腐蚀速率标准的研究与应用[J]．石油工业技术监督，2013，29(6)：24-26.
[41] 顾晨阳．石油炼化企业的腐蚀检测基础技术[J]．化工管理，2020，(18)：36-37.
[42] 宋诗哲，万小山，郭英，等．磁阻探针腐蚀检测技术的应用[J]．化工学报，2001，(7)：622-625.
[43] 龙媛媛，刘晶姝，孙振华等．CO_2 驱采出井井下腐蚀监测技术与缓蚀剂优化加注技术在胜利油田的应用[C]//中国腐蚀与防护学会缓蚀剂专业委员会．第二十届全国缓蚀剂学术讨论会论文集．《腐蚀与防护》编辑部，中国湖北武汉，2018：280-283.
[44] 刘忠友，唐汇云，杨富淋，等．燕化公司炼油厂全厂腐蚀在线监测系统[J]．石油化工腐蚀与防护，2011，28(2)：15-19.
[45] 朱国利．腐蚀监检测技术在石油石化工业中的应用[J]．涂层与防护，2022，43(2)：29-35.

[46] 邓俊豪，王贵，胡杰珍，等．基于电化学噪声研究模拟海洋大气环境下 304 不锈钢的点蚀行为[J]．电化学，2020，26(2)：298-307.

[47] 周玉波，邵丽艳，李言涛，等 腐蚀监测技术现状及发展趋势[J]．海洋科学，2005，(7)：77-80.

[48] 张震，吴欣强，谭季波．电化学噪声原位监测应力腐蚀开裂的研究现状与进展[J]．中国腐蚀与防护学报，2020，40(3)：223-229.

[49] 张中正．金属腐蚀电化学噪声测量法的研究与进展[J]．中国金属通报，2021，(5)：182-183.

[50] 韩磊，张艳玲，刘小辉，等 电化学噪声技术在炼油厂腐蚀监测中的应用[J]．安全、健康和环境，2015，15(5)：50-53.

[51] 朱培珂，桂晶，路辉，等．电化学噪声技术对不锈钢表面局部腐蚀监测的应用进展[J]．电镀与精饰，2021，43(1)：11-17.

[52] Jamali S S，Moulton S E，Tallman D E，et al. Evaluating the corrosion behaviour of magnesium alloy in simulated biological fluid by using SECM to detect hydrogen evolution [J] . Electrochimica Acta，2015，152：294-301.

[53] Kirkland N T，Birbilis N，Staiger M P. Assessing the corrosion of biodegradable magnesium implants：A critical review of current methodologies and their limitations[J] . Acta Biomaterialia，2012，8(3)：925-936.

[54] Andrade C. Electrochemical methods for on-site corrosion detection [J] . Structural Concrete，2020，21(4)：1385-1395.

[55] Stern M，Geary A L. Electrochemical polarization：I. A theoretical analysis of the shape of polarization curves[J] . Journal of The Electrochemical Society，1957，104(1)：56.

[56] Jr S，Galvan J C，Pardo A，et al. "Estimation of the corrosion rate in circumstances of difficult implementation of the common methods for electrochemical measurements" [M] . Nova Science Publishers，Inc. 2009：387-403.

[57] 龚金海，刘德绪，王晓霖．普光气田集输系统的腐蚀控制技术[J]．腐蚀与防护，2012，33(4)：317-319.

[58] 张银，任韶然，张亮，等．胜利油田集输系统腐蚀在线监测的试验与应用[J]．腐蚀与防护，2009，30(3)：200-202.

[59] Ribeiro D V，Abrantes J C C. Application of electrochemical impedance spectroscopy(EIS) to monitor the corrosion of reinforced concrete：a new approach [J]. Construction and Building Materials，2016，111：98-104.

[60] 刘钧泉，简初．交流阻抗法测量金属腐蚀速度——交流阻抗技术在腐蚀研究中的应用(一)[J]．广东化工，1987，(2)：35-39.

[61] Lorenz W J，Mansfeld F. Determination of corrosion rates by electrochemical DC and AC methods[J]. Corrosion Science，1981，21(9)：647-672.

[62] 周梦鑫，吴军，樊志彬，等．大气腐蚀在线监测技术研究现状与展望[J]．中国腐蚀与防护学报，2023，43(1)：38-46.

[63] 张德平，孙苗苗，曹祥康，等．油气工业缓蚀剂评价与腐蚀监测技术进展[J]．表面技术，2020，49(11)：1-12.

[64] 蔡双雨．电化学暂态测试技术对比研究、优化及应用[D]．北京 北京科技大学，2021.

[65] 荣福凤，迟洁茹，赵永韬．恒电量智能腐蚀监测系统的研究[J]．现代仪器，2008，(2)：43-45，65.

[66] 赵永韬，郭兴蓬，董泽华．基于恒电量的便携式腐蚀监测系统的研究[J]．计算机测量与控制，2004，(10)：905-907.

[67] Kanno K i，Suzuki M，Sato Y. An application of coulostatic method for rapid evaluation of metal corrosion rate in solution[J]. Journal of The Electrochemical Society，1978，125(9)：1389.

[68] Kanno K i，Suzuki M，Sato Y. Tafel slope determination of corrosion reaction by the coulostatic method[J]. Corrosion Science，1980，20(8)：1059-1066.

[69] 陈训娥，赵常就．涂装金属体系耐蚀性的快速测定[J]．表面技术，1992，(4)：191-194.

[70] 张小华，陈范才，赵常就．恒电量仪在钢筋混凝土腐蚀监测中的应用[J]．湖南大学学报(自然科学版)，2001，(5)：61-66.

[71] 赵常就，陈范才，陈训娥，等．用恒电量瞬态技术快速研究了大气加速腐蚀试验箱中气相缓蚀的缓蚀作用(详细摘要)[C]//中国腐蚀与防护学会缓蚀剂专业委员会论文集．第十届全国缓蚀剂学术讨论会论文集．1997：425-427.

长输油气管道阴极保护技术发展现状及趋势分析

苏卓然　肖静文　赵建芯　任铁英　李　波　朱传涛

（山东省天然气管道有限责任公司）

摘　要　长输油气管道是能源运输的重要通道，为了延长管道使用寿命、保证输送安全、减少维护成本，阴极保护技术被广泛应用于长输油气管道的腐蚀防护中。阴极保护技术通过在管道表面施加电流，使金属结构处于电化学反应中的保护状态，起到防止腐蚀破坏的作用。人工智能、物联网、大数据等技术将逐渐在阴极保护领域得到应用，通过智能感知设备实时监测管道及周围环境的状态，提高阴极保护设施的运行效率和安全性。

关键词　长输油气管道；阴极保护技术发展现状；发展趋势；人工智能；大数据

随着社会对环境保护和安全意识的提高，长输油气管道阴极保护技术的可持续发展成为当前研究的热点之一。通过改进技术手段、提升管理水平，长输油气管道的阴极保护技术将迎来更广泛的应用，更加有效地保障管道的运行安全和环境友好性。

1　阴极保护技术基本原理

阴极保护技术是一种通过在金属结构表面施加外部电流，使其成为电化学反应中的阴极，从而抑制金属结构腐蚀的技术。阴极保护的基本概念是利用外加电流改变金属的电化学电位，使金属处于电极化保护状态，实现对金属结构的防腐功能。其工作原理包括两个关键方面：对于施加外加电源的阴保系统，消耗的是失电子的金属阳极（一般为惰性材料），使被保护金属结构物表面转化成阴极区达到保护效果，从而将其转化为阴极区域；通过电化学过程向金属结构提供足够的电子，使得金属表面达到电极化，达到金属能量平衡保护极化电位区间。阴极保护系统的主要组成部分包括阳极、阴极、电源和控制系统。阳极通常是由惰性材料制成，如铂、铁、镍等，放置在需要防腐的结构表面或附近。阴极则是被保护结构本身，接受来自阳极的电流。电源提供稳定的直流电源以维持保护系统运行。控制系统则用来监测和调节阴极保护系统的各项参数，确保保护效果达到最佳状态。阴极保护技术对长输油气管道的防腐具有重要性，采用阴极保护技术能有效延长管道使用寿命、降低维护成本、提高输送效率、减少环境污染风险。通过在长输油气管道表面施加适当电流，构建电化学反应，达到极化要求，遏制管道的腐蚀，有效保护管道结构。

2　长输油气管道阴极保护技术发展现状

2.1　国内外阴极保护技术的研发和应用概况

国内外阴极保护技术的研发和应用已经取得了长足的进展，并在多个领域得到了广泛应用。阴极保护技术的应用范围非常广泛，涉及诸多领域。管道是阴极保护技术应用的重要领域。长输输油、输气管道因地下环境湿润、土壤中的溶解氧、二氧化碳等物质的存在，容易发生腐蚀，而通过阴极保护技术可以有效地延缓管道的腐蚀速度、保护管道结构完整性。储罐也是阴极保护技术的重要应用对象，在石油、化工等领域的储存设施中，通过阴极保护技术可以降低腐蚀速率，保障储罐的使用寿命。燃气金属管道、码头金属结构、海上风电金属结构、船舶等领域都是阴极保护技术的应用场景。特别是海上风电金属结构和船舶，由于长期处于海洋环境中，金属结构容易受到海水腐蚀，而阴极保护技术正是海洋工程防腐蚀的核心手段之一。

2.2　现有阴极保护技术的优缺点分析

阴极保护技术是一种有效的管道腐蚀控制方法，但也存在一些优缺点。优点：阴极保护能够长期有效降低管道的腐蚀速度，延长管道的使用寿命。相比一些其他腐蚀控制方案，阴极保护系统的日常运行和维护相对简单，操作成本较低。阴极保护技术无需使用化学药剂，不会对环境造成污染，符合绿色发展理念。阴极保护技术适用于不同类型的管道材料和工作环境，具有较高的适用性。缺点：建设阴极保护系统需要投入较大资金，初期成本较高。阴极保护系统的设计、安装和运行需要专业知识和技术支持，人才储备相对稀缺。

2.3 实际案例研究：成功应用阴极保护的管道项目

国内某新建天然气管道阴极保护系统采用了外加电流的方式，结合了智能化监测系统平台和智能终端的使用，实现了智能化水平比较高的先进的阴极保护管理系统，该项目主要分输天然气到省内沿途地区。在管道设计阶段，工程师们根据当地的土壤特性和气候条件，制定了合理的阴极保护方案。在施工阶段，油建单位等专业团队进行阴极保护系统的安装，并根据设计要求进行了调试和优化。随后，对管道进行了严格的质量检查和智能化的验收，确保阴极保护系统正常运行。经过一段时间的运行，该阴极保护系统运行稳定，通过对数据的监测反应管道防腐蚀系统及设施的运行良好，充分体现了阴极保护系统及智能化管理的高效和方便。通过对管道防腐蚀控制的参数监测和管理，实现了管道稳定运行，也延长了使用寿命，大大减少了维护成本，提高了运行效率。

2.4 当前技术发展中存在的问题和挑战

目前阴极保护技术的标准体系尚不完善，缺乏统一的设计规范和操作规程，导致各地区或不同企业的阴极保护管理水平参差不齐。阴极保护技术对操作和维护人员的专业技能要求较高，相关人才储备相对不足，需要加强人才培训和引进工作。随着科技的发展，智能化监测和控制技术在阴极保护领域的应用日益重要，如何将智能化技术与传统阴极保护技术结合，提高系统运行效率是一个亟需解决的问题。阴极保护技术虽然环保，但在实际应用中还存在改进空间，例如对阴极保护物质的替代和回收利用等方面需要加强研究。

3 阴极保护技术发展趋势

3.1 新材料、新技术在阴极保护中的应用前景

新材料方面，如纳米材料、功能材料等具有良好的导电性和耐腐蚀性，可用于制造更高效的阴极保护电极，提高系统的抗腐蚀能力。另外，先进的耐冲击、耐磨损材料也可以应用于阴极保护系统的构建，增强系统的耐久性和稳定性。新技术方面，如人工智能、物联网、大数据等技术将逐渐在阴极保护领域得到应用。通过智能感知设备实时监测管道及周围环境的状态，利用大数据分析实现腐蚀预测与诊断，提高阴极保护设施的运行效率和安全性。

3.2 智能化、自动化在阴极保护系统中的应用

山东省扮演着油气管道保护工作的重要角色，油气管道总里程达到1.4万公里以上。全省的油气管道中，数据采集与控制系统应用率高达96%，管道基础数据完整率达到91%，83%的场站可以实现远程自动控制，伴行光缆覆盖了1万多km的管道，利用无人机和视频监控巡视的管道总长超过1000km，这表明山东在油气管道智能化方面具备坚实的基础。2022年，山东省制定下发了《山东省石油天然气管道智能化建设实施方案》，着重转变思维模式，建立标准体系，坚持分类施策，以典型示范引领，努力把山东省建成为全国管道智能化发展的典范，为“山东智慧”做出贡献。

3.3 环保、节能在阴极保护技术发展中的考量

在材料选择方面，倾向于采用对环境友好的材料，减少有害物质的使用和排放，以降低对环境的影响。例如，优先选择可再生材料或可以循环利用的材料，减少资源的浪费，并避免对自然环境造成负面影响。注重系统设计和运行过程中的能源消耗。阴极保护技术的设备运行需要消耗一定能源，为了节约能源，应采用节能型设备和控制系统，提高电流传输效率，减少不必要的能源消耗，以实现节能目标。减少水、土壤和大气等环境的污染也是重要考量因素。

4 结束语

随着工程建设领域的不断创新和发展，长输油气管道阴极保护技术必将在节能减排、安全可靠等方面发挥更加重要的作用，不断推动长输油气管道阴极保护技术的研究和实践，为我国能源事业的发展作出更大的贡献。

参考文献

[1] 罗登强．油气长输管道阴极保护防腐技术管理研究[J]．化工管理，2020，(35)：131-132.

[2] 苏杰臣．油气长输管道中阴极保护技术的应用分析[J]．全面腐蚀控制，2020，34(06)：18-19.

[3] 张俊斌．浅谈长输(油气)管道的阴极保护有效性检测性能影响的比对研究[J]．全面腐蚀控制，2018，32(09)：61-67.

[4] 李尚航，王旭，李广明．油气长输管道中阴极保护技术的应用[J]．化工管理，2018，(20)：146-147.

[5] 孙志新，贺虎彪．油气长输管道阴极保护系统维护及提升[J]．云南化工，2018，45(03)：108.

西部油气田管道失效分析及防护措施

宫兆波　杨龙斐　赵明辉　哈丽旦木·托呼提买提　李远朋　邵克拉

（中国石油新疆油田公司）

摘　要　为了降低西部油气田管道失效率，通过宏观调查统计方法和失效识别方法，对失效情况进行分类，综合分析管道失效原因并进行数据的深度挖掘，提出针对不同阶段时的失效预防措施。分别对5520次管道失效原因进行分析，得出由内外腐蚀导致的失效占比89.7%，其他因素引起失效占比11.1%。结果表明内腐蚀和外腐蚀是造成金属管道失效的主要类型，非金属管道表现为接头处失效和本体失效。基于管道失效原因，从设计期、建设期和运行期三个维度出发，提出解决和预防腐蚀失效的措施。该研究结果可为日后分析管道失效和延长管道使用寿命提供理论支持，并为降低管道失效率、控制运行风险提供技术支持。

关键词　油田管道；失效分析；内腐蚀；外腐蚀；防控措施

随着石油与天然气行业的快速发展和能源需求的日益增长，管道输送因其具有运输量大、受地形影响小、密闭安全、运费低、自动化程度高、劳动生产效率高等优势成为五大运输产业中最安全的运输方式。目前我国的油气管道已经初步形成了网络体系。但从20世纪50年代以来，随着油气管道敷设长度和运行时间的逐年增加，管道失效事故也屡有发生。事故可能会引起火灾、爆炸，从而造成巨大的经济损失、人员伤亡和不可逆转的环境污染等灾难性后果。并且在维护管道安全方面，现阶段我国与发达国家之间还存在较大差距，我国的油气管道事故发生率达到0.003次/(千米·年)，而美国、德国等国家通常在0.00025～0.0005次/(千米·年)，这与国内缺少油气田管道相关失效管理工作基础有较大的影响。

油气田管道包括单井出油(采气)管道、集油(集气)管道、注水管道、注汽管道、输油(输气)管道等，作为油田生产的重要组成部分，具有介质复杂多样、敷设环境复杂、管网密集交错、失效频发的特点。为了减少及预防西部油气田管道失效事故的发生，本文对5220次失效开展统计分析，并制定相应的防范措施，致力做好管道的失效控制工作。

1　技术思路和研究方法

1.1　失效类别统计

制定现场管道失效识别流程(图1)，油气田管道开展失效识别及统计工作。

由图1的失效识别流程可知失效原因的判别过程以及判别依据。管道失效原因通常分为内腐蚀、外腐蚀、环境敏感断裂、第三方破坏、制造与设计施工缺陷、运行操作不当、等7大类。根据统计结果(表1)，腐蚀作为危害管道安全、影响管道完整性的主要因素，需进行重点考虑。

表1　西部油气田近年站外管道失效原因统计表

类型	单位	内腐蚀	外腐蚀	制造与施工缺陷	环境敏感断裂	第三方破坏	运行操作不当	敷设环境温度变化	合计
金属	次	2059	1632	104	43	4	2	3	3838
非金属	次	913	91	318	35	13	3	9	1382
合计	次	2972	1714	422	78	17	5	12	5220
占比	%	56.9	32.8	8.1	1.5	0.3	0.2	0.2	100

备注：非金属管道的内/外腐蚀指的是金属接头部分的失效。

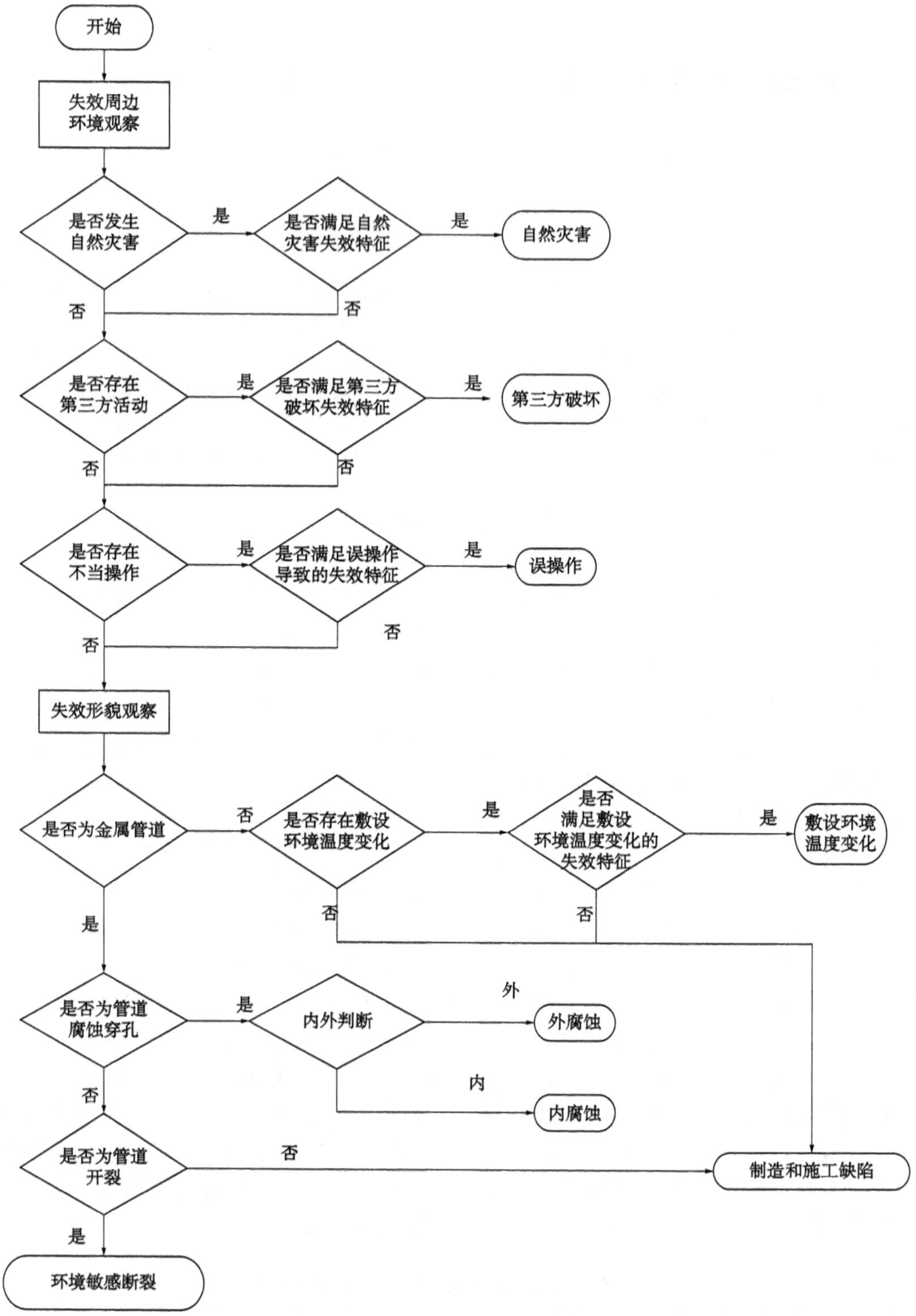

图 1　某油田管道失效识别流程图

由表 1 可知，西部油气田管道的失效原因主要是内外腐蚀，占比达到 89.7%；其次制造与施工缺陷导致的失效占比 8.1%；环境敏感断裂、第三方破坏、运行操作不当和敷设环境温度变化引起的失效占比 2.2%。随着已服役非金属管道使用年限的逐年增加，非金属管道的失效次数也不断上升。

1.2　失效原因分析

1.2.1　金属管道内腐蚀原因分析

（1）运行年限长、工况复杂多样

该油田管线运行时间如下表 2 所示，其中运行时间十年以下的管道占比接近管道总长度的一半。部分老区管道运行时间超过 20 年后将进入损耗失效阶段，失效次数会逐年增加。

表 2　某油田 2023 年管道运行年限分布表

运行年限/年	管线长度/km	所占比例/%
$t \leqslant 10$	7019.5	30
$10<t \leqslant 20$	8748.3	38
>20	7412.5	32

根据 2023 年 743 次失效时钟位置的统计数据(图 2)，可知发生失效占比最大的为 6 点位置，达到 23%，对应位置的底部腐蚀相对严重。这是由于在进入开发后期时，油井产液量降低，大部分集输管道由于流速低，使油水两相有足够的时间进行沉淀和分离，其中水相容易沉积在管道底部，形成管道不满流从而导致底部及附近发生局部腐蚀。

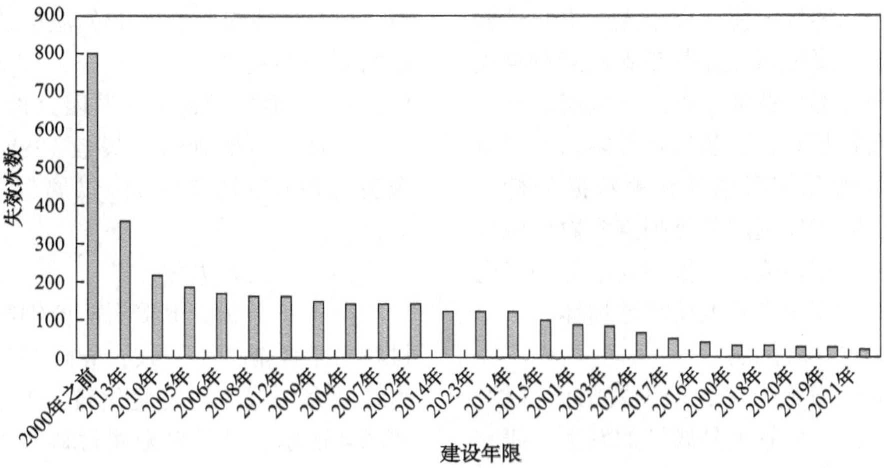

图 2　某油田失效管道运行年限图

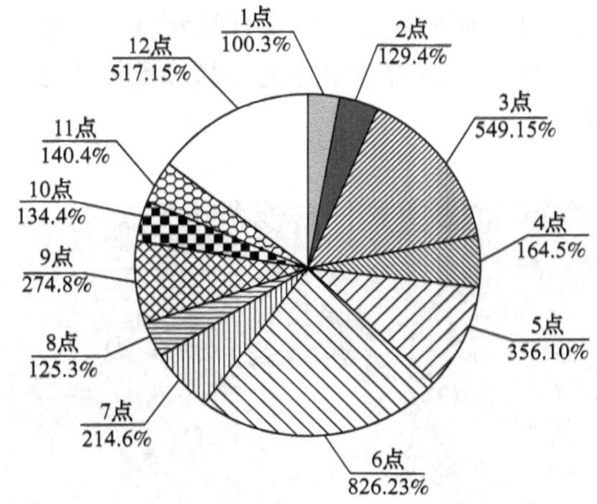

图 3　某油田管道失效时钟位置比例图

(2) 垢下腐蚀、微生物腐蚀严重

管道介质中的 Ca^{2+}、Mg^{2+} 离子浓度较高，形成大量 $CaCO_3$ 垢沉积在管道表面，引起垢下严重的局部腐蚀，同时产生电偶腐蚀和细菌腐蚀。

管道内含有较高数量的厌氧细菌(SRB)、铁细菌(FB)和喜氧细菌(TGB)，SRB 与 TGB 在特定环境条件下将分别产生析氢腐蚀、吸氧腐蚀，可形成明显的协同作用促进管道的腐蚀，形成更严重的局部腐蚀穿孔。

(3) 介质腐蚀性多样

油田管道输送的介质多为油气水混合物，因油田部分区块进入开发中后期，采出液中含水量高，这些介质中含有 Cl^-、SO_4^{2-}、HCO_3^- 等腐蚀性离子，以及 O_2、CO_2 等腐蚀性气体，长期作用下会导致管道内壁腐蚀减薄，甚至穿孔。

(4) 新的开发方式，导致腐蚀性难以判断

随着火驱、CO_2 驱、注聚等新开发方式的涌现，采出液的腐蚀性更加复杂，老的集输、处理系统加剧了地面系统的腐蚀。

(5) 无内腐蚀防护措施

内涂层能在管道内壁以及腐蚀的介质之间起到隔离的功效，但油田金属管道绝大多数没有内涂层，且运行过程中没有进行清管、加缓蚀剂、监测等预防措施，导致管道内腐蚀比较严重。

1.2.2　金属管道外腐蚀原因分析

(1) 地下水位高、腐蚀性强

选取部分区域进行土壤电阻率测试、管道自然腐蚀电位测试、土壤室内理化指标分析，发现管线腐蚀区块土壤含盐量、Cl^- 含量较高。氯离子半径小，具有较强的穿透能力，容易穿透金属保护层到达金属表面于金属产生溶解度很高的腐

蚀产物，同时可溶性盐腐蚀速度随温度升高而增高，大约每升高 10℃腐蚀速度增加一倍。并且部分埋地管线位于水塘区内，沉积水中通常含有矿物质、盐类及溶解氧，形成电解质溶液。

（2）防腐层老化、破损严重

早期管道防腐材料为沥青玻璃丝布、氯磺化乙烯等，若超过防腐层的使用年限(20 年)将会发生自然老化，甚至严重剥离。在运行温度和周围地下水位较高的环境下，防腐层破损点处由于形成虹吸原理，水蒸气将渗入破损点，沿管外壁及防腐层间隙形成腐蚀点，尤其是聚氨酯黄夹克类型防腐层。并且部分稠油管道外防腐层常年处于高温、低温交替状态，容易破坏外防腐层材料的稳定性。通过近几年管道外检测数据分析发现，该油田管道防腐保温层的破损点多数形状规则、有明显的机械划伤痕迹，推测大部分为管道运输过程或施工过程中导致的防腐层损坏。

（3）阴极保护系统问题

该油田集输管道绝大多数未设置阴极保护，导致管道防腐层失效后管道外腐蚀的发生。研究发现管道阴极保护电位随温度的增加而减少，在 20℃、50℃和 80℃的最小保护电位分别为-0.859V、-0.959V 和-1.001V，但在已有阴极保护运维管道中，默认阴极保护电位仍设置在-0.85V～-1.2V 之间，导致已设置阴极保护的部分管道保护率较低。

（4）保温层下微生物腐蚀

与内腐蚀相似，管道外防腐保温层内含有较高数量的 SRB、FB 和 TGB，且 SRB 与 TGB 在破损处也会形成协同腐蚀，从而形成更严重的局部腐蚀穿孔。

（5）冻土区影响

新疆属于严寒地区，在冻土区，管道的运行会受到冻胀和融沉的影响，导致管道变形甚至断裂。此外，季节变化引起的温度差异也会加剧管道的腐蚀和失效。

1.2.3　非金属管道失效原因分析

统计非金属管道共失效 1382 次，多发生在接头部位(占比 72%)，以腐蚀作为主要失效形式。

（1）接头处失效

由于非金属管道接头部位钢制材料与非金属材料力学性能的不一致，导致接头处存在巨大的边缘应力，管道工况变化较大时容易发生失效，如图 4 所示。并且非金属材料的注水管线在设备启停阶段，容易在接头处经常发生断裂。非金属管道钢制接头部受内部介质和外部土壤的腐蚀减薄或穿孔。同时在受到外部地层沉降、其他外力载荷条件下，应力集中点也容易导致接头处发生断裂。

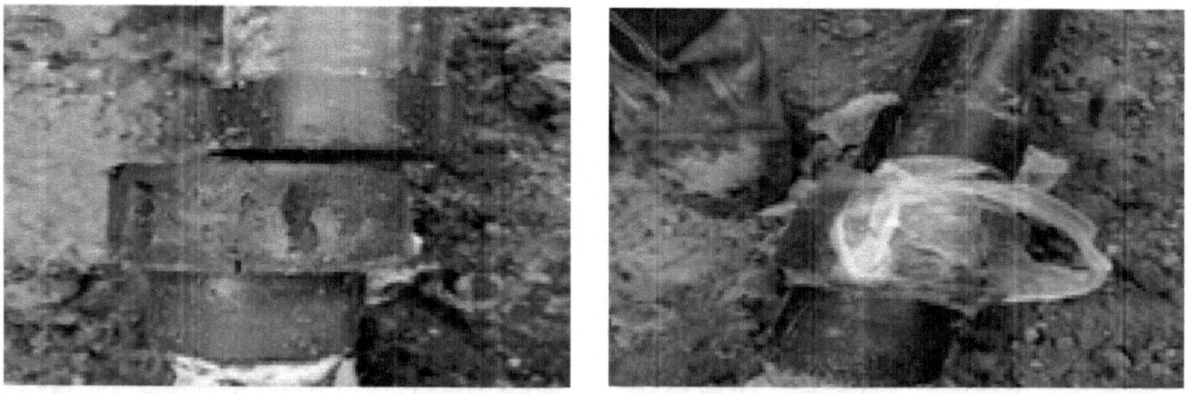

图 4　非金属管道接箍处破损

（2）本体失效

非金属管道易受外力破坏，硬物冲撞、硌压均会对非金属管道造成一定的伤害，并且制造缺陷或在运输和施工过程中磕碰导致表面损伤。由于制造工艺、原材料的不同，不同管材的使用范围是不相同的，若在使用过程中超出使用范围，或处于运行温度接近限定温度且长时间运行时，将会造成复合管性能退化，导致内衬层的分层、收缩和卷曲。

2　结果和效果

2.1　防控措施

2.1.1　设计期

（1）在设计初期，应对管道可能面临的各种风险进行全面评估，包括腐蚀、机械损伤、地质灾害等，通过风险评估，从管道材质、敷设方式、防腐保温材料、工艺流程、自控水平等方面分析风险，识别出潜在的失效模式和风险因素，提出有针对性的风险控制措施，估算管道使用寿命，为后续设计提供依据。

（2）根据风险评估结果，选择合适的管材和防腐工艺，确保管道材料具有良好的耐腐蚀性和机械性能，并优化管道设计工艺，如采用合理的壁厚、加强支撑结构等，以提高管道的强度和稳定性。

（3）从设计阶段对管道补口结构、材料、施工工艺等进行设计改进，提高补口质量。

2.1.2　建设期

（1）做好管线施工管理，严格把控管道防腐保温层预制和施工质量。金属管线需做好管线外防腐进场、补口、下管、焊接、回填的施工过程质量监督和验收，避免发生防腐层损伤、管线应力过大等问题。非金属管线除了要做好管线下部异物清理，确保管线上下两层垫层的铺设高度，避免野蛮施工。还要加强管线接头的施工管理，避免由外腐蚀导致的接头失效。

（2）组织开展管道高程、走向及埋深检测、防腐层、阴极保护有效性检测及内检测工作，并在管线下沟复土前完成基线检测及评价，对于检测发现的破损点或阴极保护无效段应按照相关标准进行整改修复，形成相应的数据记录。

2.1.3　运行期

（1）重视管道失效识别分析工作，明确失效原因、失效类型，规范填写失效记录，并定期统计失效数据，得出规律性结论来指导管道设计和维护。针对重要的集油干支线开展监测评价，获得管线腐蚀动态分析，并逐步强化管道阴极保护的覆盖率。

（2）结合失效原因，针对不同风险因素，开展针对性的检测评价工作，提高检测的准确性。如果管道以内腐蚀为主，增加内腐蚀直接评价（ICDA）开挖检测的工作量，加大管道内腐蚀检测力度。严把内检测管道的开挖验证质量关，确保检测数据的准确性。在后期管道维修过程中，根据实际开挖情况及时修正检测报告，为精准维修管道缺陷和保障管道本质安全提供保证。

（3）按照不同管道不同缺陷的轻重缓急制定维修计划，立即维修严重缺陷和不可接受缺陷。针对暂未列入维修计划的管段，应加强管道日常巡检频率。编制科学的管道维修方案，做好维修过程的管理，保证维修质量并及时更新管道数据。补漏对于使用年限长和腐蚀严重的管段只是缓解措施，应根据检测评价结果，判定是否更换整个管道。

（4）在运行过程中，定期对管道进行风险再评估，更新风险因素和失效模式，根据风险再评估结果，调整和完善管道完整性管理策略。

2.2　应用成效

在管道失效数据分析的基础上，某油田公司采取了相应治理措施并加强了管理力度，规范管道失效识别流程，深度分析管道失效原因以及潜在危险因素，近几年管道失效率显著下降。

3　结论

油田地面管道失效的原因是多方面的，包括但不限于腐蚀、制造与施工缺陷、第三方破坏、运行操作不当等。其中，腐蚀是导致管道失效的最常见原因，尤其是在潮湿、多盐或含腐蚀性介质及微生物的环境中更为显著，不同因素协同作用将导致失效次数的增加。管道底部腐蚀情况相对严重，当处于特定环境条件下易形成更严重的局部腐蚀穿孔。非金属管道的失效形式主要体现在接头处失效和本体失效。

从设计、建设、运行等不同阶段出发，分析失效原因，提出失效防控对策。由于油田地面管道失效问题涉及多个环节和因素，需要采取综合性的防控措施，从源头上减少失效风险。通过管道材质、设计工艺、检测、精准修复、阴极保护及维修等方面分阶段的针对性治理，油田的管道失效率大大下降，降低了管道运行风险。

参 考 文 献

[1] 曲慎扬．原油管道工程[M]．北京：石油工业出版社，1991.

[2] 李平全．油气输送管道失效事故及典型案例[J]．焊管，2005(04)：76-84+92.

[3] 杨琳．油气管道失效控制技术探讨[J]．石化技术，2019，26(01)：263.

[4] Sun J L, Cheng Y. F. Modelling of mechano-electrochemical interaction at overlapped corrosion defects and the implication on pipeline failure prediction[J]. Engineering Structures, 2020, 212.

[5] 李鹤林，赵新伟，吉玲康．油气管道失效分析与完

整性管理[J]. 油气储运，2005，24(B12)：1-7.
[6] 刘娇阳，吴明，胡志勇，等. 油气管道失效原因分析[J]. 当代化工，2015，44(02)：315-317+320.
[7] 宋成立，方艳，陈庆国，等. 集油管道失效原因分析[J]. 石油管材与仪器，2019，5(04)：74-77.
[8] 潘家华. 油气管道断裂力学分析[M]. 北京：石油工业出版社，1989.
[9] 李鹤林. 天然气输送钢管研究与应用中的几个热点问题[J]. 中国机械工程，2001(03)：117-120+8.
[10] 吉玲康，冯耀荣，庄传晶，等. 螺旋缝埋弧焊弯管残余应力及使用安全性研究[J]. 石油机械，2001，29(001)：11-13.
[11] 袁军涛，朱丽娟，宋恩鹏，等. 西部油田地面集输管线腐蚀穿孔及防治措施[J]. 油气田地面工程，2016，35(01)：86-88.
[12] 姬鄂豫，陈海玲. 油气集输管道腐蚀的防治方向及安全检测[J]. 油气田地面工程，2013，32(01)：42-43.
[13] 林冬，王毅辉，秦林. 国外管道失效数据库建设对我国管道风险管理的启示[J]. 焊管，2012，35(10)：64-66+72.
[14] Lee L H，Rajkumar R，Lo L H，et al. Oil and Gas Pipeline Failure Prediction System Using Long Range Ultrasonic Transducers and Euclidean-Support Vector Machines Classification Approach[J]. Expert Systems with Applications，2013，40(6)：1925-1934.
[15] Zardasti L，Hanafiah N M，Noor N M，et al. The Consequence Assessment of Gas Pipeline Failure due to Corrosion[J]. Solid State Phenomena，2015，227：225-228.
[16] Crawley F K，Lines I G，Mather J. Oil and Gas Pipeline Failure Modelling[J]. Process Safety & Environmental Protection，2003，81(1)：3-11.
[17] 张爱良，唐德志，张维智，等. 国内典型油气田钢质管道失效管理现状分析[J]. 石油规划设计，2020，31(05)：49-55.
[18] 罗自治，张传涛，杨勇，等. 国外管道失效原因分析及对我国管道管理建议[J]. 煤气与热力，2011，31(03)：79-82.
[19] 刘硕，张强，佟倡，等. 油气长输管道线路失效管理标准及现状研究[J]. 中国石油和化工标准与质量，2020，40(11)：5-6.
[20] 宋成立，方艳，陈庆国，等. 集油管道失效原因分析[J]. 石油管材与仪器，2019，5(04)：74-77.
[21] 温素丽，刘翔，李红波，等. 输油站场工艺管道腐蚀失效行为分析研究[J]. 油气田地面工程，2020，39(07)：76-80.
[22] 祝悫智，吴超，李秋扬，等. 全球油气管道发展现状及未来趋势[J]. 油气储运，2017，36(04)：375-380.
[23] 沈鈊月. 油气集输管道内腐蚀及内防腐技术[J]. 化工设计通讯，2020，46(02)：29-30.
[24] 李鹤林. 油气管道失效控制技术[J]. 油气储运，2011，30(06)：401-410+393.
[25] 郭崇. 固体杂质对输油站安全运行的影响及预控措施[J]. 石油化工安全环保技术，2016，32(05)：32-34+53+5.
[26] 赵国仙，黄静，薛艳. 某油田地面集输管道用材腐蚀行为研究[J]. 中国腐蚀与防护学报，2019，39(06)：557-562.
[27] 龙媛媛，张春茂，刘晶姝. 油田采出水腐蚀性动态模拟试验研究[J]. 石油化工腐蚀与防护，2006(03)：19-21.
[28] 万里平，孟英峰，王存新，等. 西部油田油管腐蚀结垢机理研究[J]. 中国腐蚀与防护学报，2007(04)：247-251.
[29] 韩方勇，丁建宇，孙铁民等. 油气田应用非金属管道技术研究[J]. 石油规划设计，2012，23(06)：5-9+50.
[30] 袁亮，麻慧博，沈晓燕，等. 新疆油田非金属管道风险评价[J]. 数学的实践与认识，2016，46(10)：112-119.
[31] 白永军. 引起管道腐蚀的失效因素及防腐措施分析[J]. 中国高新技术企业，2015(16)：74-75.
[32] 石仁委，郝毅，宁华东. 管道失效的腐蚀因素分析[J]. 全面腐蚀控制，2014，28(11)：16-21.
[33] 张向东. 大庆油田管道失效治理实践与认识[J]. 油气田地面工程，2020，39(09)：96-100.

沿海地区天然气管道敷设防腐蚀应用探讨

杜山英　李　虎　安顺利

（中国石化天然气分公司）

摘　要　天然气输送到用户，离不开管道的输送，管道输送是当前最普及、最快捷、最安全的输送方式，但是在沿海地区，由于地下水位高，含盐量大，对天然气管道敷设中的焊接点、绝缘接头、补强片、地面上的金属部件等造成腐蚀，甚至产生轻微的天然气泄漏或者微小渗漏。而天然气泄漏是影响天然气安全和管道输送安全的重要问题，需要着重防止。本文对沿海地区的天然气管道敷设进行了探讨。

关键词　沿海地区；管道；防腐蚀

我国是陆地大国，也是濒临北太平洋的海洋大国，有渤海、黄海、东海和南海四大海域，海域辽阔，面积约 300 万 km^2，南北纵贯 37 个纬度，大陆海岸线约 1.8 万 km，岛屿海岸线约 1.4 万 km。近几年，由于天然气管道的全国普及，沿海省份的天然气管网也日益增多，及时了解我国沿海地区的主要大气环境特征及大气腐蚀性，了解沿海气候和土壤与内陆省份的参数差异，可以让我们从设计到施工、从运行到维护，能更准确地做好管道差异化管理，做到防患于未然，减少管道腐蚀造成的危害。

1　概述

我国沿海地区地形以丘陵、山地为主，间或有少量的冲积平原，具有气候类型多样、南北差异大的特点。从北至南覆盖了温带（丹东至连云港）、亚热带（连云港以南、除雷州半岛外的大陆沿海）、热带（雷州半岛、海南岛、台湾南部、南海岛礁）三个气候带。除渤海沿岸及黄海部分沿岸地区为亚湿润气候（年降水量在 400～800mm）外，我国其他沿海地区均为湿润气候（年降水量超过 800mm）。我国沿海地区既受海洋气候影响又受大陆气候影响，属于典型的季风气候，气温、降水随季节变化较大。在温带和亚热带季风气候区，冬季寒冷少雨，夏季高温多雨。在热带季风气候区，全年高温，冬季少雨，夏季多雨。

2　我国沿海地区气象因素变化规律分析

2.1　气温分布

如图 1 所示，我国沿海地区均位于季风区，受季风气候影响，年平均气温普遍高于西部同纬度非季风区。由于我国南北纬度跨越大，分布于不同气候带的沿海地区气温差异较大，渤海及黄海北部沿海地区年平均气温在 8～12℃，黄海南部沿海地区年平均气温在 12～16℃，东海北部沿海地区年平均气温在 16～20℃，东海南部以及南海大部分沿海地区年平均气温在 20～24℃，海南岛大部及台湾南部沿海地区年平均气温超过 24℃。表 1 列出了 1962～2021 年我国典型沿海地区的年最高气温和年最低气温分布情况。我国沿海各地区年最高温度以及历史高温极值相差较小，大部分沿海地区年最高温度均在 30～40℃之间波动。

2.2　相对湿度分布

我国沿海地区因为降水量多，且靠近海洋，水汽来源大，相对湿度普遍较附近内陆地区高。就各海域而言，东海和南海沿海地区湿度要高于渤海和黄海沿海地区。我国沿海地区年均相对湿度普遍超过 60%，东海和南海沿海地区年均相对湿度普遍超过 70%，部分地区年均相对湿度可超过 80%。

3　天然气管道现状

当前，天然气埋地管道普遍采用高碳钢钢管，外层为环氧粉末防腐层，钢管焊接处为外补口采用热收缩补口带，热收缩补口是由无溶剂双组分液体环氧涂料+辐射交联聚乙烯热收缩补口带组成的三层结构。热煨弯管采用“双层环氧粉末+外缠聚丙烯胶带”涂层结构，这些防腐材料具有十分突出的优点：

（1）防腐性能好，能最大限度保护管材本体，外部介质隔绝率达 99%，长期运行安全可靠，显著降低管道腐蚀速度。

（2）无需现场施工，与管材一体成型，施工简便迅速，综合造价低。

（3）在高温条件下也具有很好的耐腐蚀和耐冲击性，能直接接触海水。

（4）使用寿命可达30-50年，正确的安装和使用可使管网维修费用极低。

而站场管道及其他非埋地管道则采用表面环氧富锌底漆+环氧云铁中间漆+氟碳面漆的防腐工艺，其优点为：

（5）防腐性能好，与金属黏结性能好，外部介质隔绝率达99%，长期运行安全可靠，显著降低管道腐蚀速度。

（6）耐高温和暴晒，露天运行稳定好。

（7）耐雨水重冲刷和侵蚀，潮湿环境稳定好。

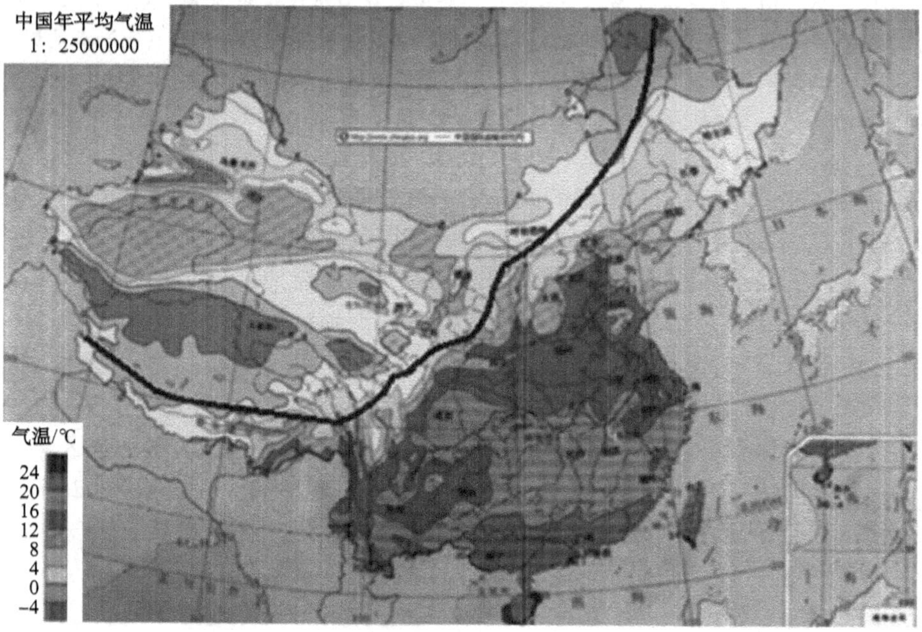

图1

表1　部分沿海地区近50年年最高气温、年最低气温分布

地区	年最高气温/℃				年最低气温/℃			
	最高值	最低值	平均值	标准值	最高值	最低值	平均值	标准值
大连（瓦房店）	37.0	31.0	33.3	1.4	-12.7	-25.1	-18.8	2.9
青岛	38.9	30.1	33.2	1.7	-4.8	-14.3	-9.8	1.9
舟山	40.2	32.7	36.0	1.8	-1.0	-6.0	-3.3	1.2
厦门	39.2	33.7	36.4	1.2	6.1	1.5	4.1	1.2
北海	37.1	33.7	35.1	0.9	7.1	2.0	4.5	1.4
三亚	35.9	30.8	34.3	1.1	15.5	5.1	11.9	2.5

4　沿海地区地下水特点及管道腐蚀分析

沿海地区土壤不仅表层积盐重、心土层含盐量也很高；盐分组成与海水基本一致，以氯化物占绝对优势；经实际测量，秦皇岛的地下水质K^+离子含量112.32mg/L；Na^+离子含量702.32mg/L；Ca^{2+}离子含量115.43mg/L；Mg^{2+}离子含量94.24mg/L；Cl^-离子含量1318.74mg/L；SO_4^{2-}离子含量230.54mg/L HCO_3^{2-}离子含量330.25mg/L尤其是Cl^-离子含量高达1318.74mg/L属强腐蚀性介质。

地面管道的腐蚀主要由大气腐蚀和轻微的电化学腐蚀造成。在管沟里的天然气管道由于置于潮湿的管沟中，环境温度较大，一些有害气体容易溶入管道表面的水膜中，形成电解液，造成局部电化学腐蚀，这种情况与油库的油罐外壁类似。埋地管道则直接跟土壤接触，长期处于水泡状态，与内陆地区的土壤环境有很大的不同。

5 天然气管道防腐机理

一般来讲，天然气管道直埋敷设使用的管道外面有高密度环氧粉末防腐层保护层，环氧粉末防腐层是防防腐材料，也不受海水腐蚀，不会进水，但是，每根天然气环氧粉末防腐管道长为12m，管道就需要有接头，接头处的处理，由于不是在工厂一次成型，除了内钢管需要焊接，外面的防腐层也需要在现场用补强片连接起来，这样，接头处就成了防水最薄弱的地方，成为渗水(微深)的主要部分。一旦外面的补强片层泄漏，水渗透到钢管表面，会与土壤中的微电子形成电厂回路，然后造成阴保系统的保护功能失效。同时，外面的水对内钢管造成腐蚀，时间稍长，就会酿成泄漏事故。

另外，由于站场管道和站场设施设备没有防腐层，只是一层面漆，相当于直接与空气直接接触，特别是现场的仪表，由于是不锈钢面壳，不锈钢是耐腐蚀的。但是，在高盐的氯离子环境下，不锈钢会发生腐蚀。有关试验结果显示：在实验条件下，304不锈钢受氯离子作用而点蚀的浓度界限约为150mg/L，316L不锈钢约为250mg/L。

高氯环境会造成现场仪表的腐蚀，同时也会加速管道的腐蚀，一旦管道腐蚀，天然气出现泄漏，会造成生产事故和社会危害，需要着重防止。但是随着地下管线年限增加，管道老化，泄漏事故呈上升的趋势。经过对发生的泄漏事故进行分析，20%的事故是外单位施工、重载车辆行驶在人行道上所致，80%的事故是管道及管件腐蚀所致。防止管道及管件腐蚀成了天然气管道需要着力解决的一个问题。

6 优化措施

针对沿海气候特点，优化后的做法分为2种：

(1) 在管道连接处，全部采用加强级黑色三PE防腐层，环氧粉末层胶黏剂层防腐层最小厚度2.9mm，且聚乙烯层端面应形成≤30°的倒角，钢管焊缝部位的防腐层不小于防腐层最小厚度的80%。

(2) 在穿越河底等处，由于要保证外护管100%不泄漏，对外护管采用了钢管，焊接，同时对外护管进行了阴极保护。下面着重以一个热力管线保护为例，介绍将牺牲阳极阴极保护法应用于热力管道防腐中，成功地解决了高氯河底下管道防腐蚀问题。

例如：广西河池南丹支线穿过金城江，其管道总长455.8m，管径为DN300，外防腐材料为800μm厚环氧粉末涂层。

(3) 牺牲阳极防腐蚀系统的优化

1) 牺牲阳极材料的选择

目前，普遍使用的牺牲阳极材料有三种，即镁阳极、锌阳极和铝阳极，镁阳极比重小、电位负、对钢的驱动电压大，主要应用于土壤介质中；锌阳极的驱动电压较小、电流效率高可应用于低电阻率的土壤介质中和水介质中，铝合金阳极通常在海水介质的船舶、港工设施中应用比较广泛，在土壤介质中应用较少。

由于被保护管道所处环境地下水位较高，北海海边的过河管道埋设于淡海水浇灌的土壤中，Cl^-离子含量高达1318.74mg/L，属强腐蚀性介质。所以本设计方案：过河管道的过河保护选择规格为33kg级锌合金牺牲阳极和11kg级镁合金牺牲阳极。为了保证牺牲阳极输出电流稳定，提高阳极电流效率，降低阳极接地电阻，阻止阳极表面钝化层形成，阳极周围一定要填加严格按比例配成的填充料，每支阳极需用填充料50kg，二者装入布袋之后，组成阳极填料包。

2) 保护电流密度的选择和保护电流的正确选择

金属构件施加阴极保护时，使金属达到完全保护时所需要的电流密度为最小保护电流密度，在设计时称为阴极保护电流密度，选取的阴极保护电流密度大小是影响金属构件防蚀效果的主要参数，它与最小保护电位(钢为-0.85V)相对应。如果选取的保护电流密度偏低，会造成保护不足，金属构件达不到完全保护，产生不同程度的腐蚀；反之，将会造成不必要的浪费。

阴极保护电流密度与许多因素有关，如被保护金属的种类、表面状态、表面防腐涂层的种类和质量、介质的性质、有效保护年限以及外界条件的影响等。这些因素的差异可使阴极保护电流密度由几个A/m^2变化到数百个mA/m^2。本方案借鉴国内外文献，根据以往的工程经验和本工程的实际情况，选取阴极保护电流密度为$i=1mA/m^2$。

3) 阳极表面处理

在组装牺牲阳极之前，应检验阳极表面是否

有油污和氧化物。牺牲阳极表面的油污和氧化物能降低阳极的活性，影响阳极电流的发生。所以阳极表面如存在油污和氧化物，应采用砂纸将阳极表面打磨干净。

4）阳极组合体组装

每只阳极配电缆 3m，电缆与阳极钢芯焊接，焊接长度不小于 50mm，连接处采用双层特殊密封工艺进行密封。电缆的另一端与扁钢焊接，焊接长度不小于 40mm，连接处采用双层特殊密封工艺进行密封。每条特制的白布袋装填充料 50kg，装一支经表面处理过的组装型牺牲阳极，阳极放置在填料包的正中央，阳极必须被填充料紧密包敷，严禁明显偏心。

（4）牺牲阳极施工安装需要注意的地方

牺牲阳极输出电流的大小和保护范围与阳极旁离管壁距离有着密切的关系。当阳极旁离管壁较近时，回路电阻较小，阳极输出电流较大，而电流分布范围较窄；当阳极旁离管壁较远时，回路电阻变大，输出电流较小。根据现场实际情况，确定水平埋设阳极，阳极埋设位置距管道外壁 1~1.5m，最小不小于 0.3m，埋设深度与管道中心线深度相同。

1）阳极床浇水

阳极填料包放入阳极坑后，必须对坑内进行浇水，坑内水位必须完全浸没填料包，且坑内积水必须保持一段时间，以便彻底浸透填料包。

2）阳极焊接

阳极与被保护管线之间采用电焊连接，即将阳极电缆一端的钢片与被保护的钢管的引出钢筋直接焊接在一起，焊缝总长度大于 40mm，焊点处采用环氧煤沥青处理。

3）阳极床回填

阳极床回填前，必须在阳极电缆上铺设标准砖，防止在以后施工中碰断电缆，阳极床回填时，禁止向坑内回填沙石、水泥块、塑料等杂物。

4）均压线的安装

为避免干扰腐蚀，用电缆将近距离平行的管道连接起来以消除管道之间的电位差，连接方法与牺牲阳极连接方法相同。

5）保护效果监测系统

为监测管线的保护效果，设计埋地长寿命参比电极和测试桩。参比电极选用埋地型长寿命 $Cu/CuSO_4$ 参比电极，规格型号为 MCT-II，使用寿命大于 10 年。测试桩选用 CS-4 型测试桩，由于牺牲阳极均匀分布，管线选取 2 个典型位置点作为测试点，一个点设置在 2 组阳极的中间位置，为测试电位参数；另一个点设置在阳极安装点，为测试阳极参数，两个点共用一个测试桩。

7　结语

沿海省份管道建设要采用不同于内陆的管道防腐措施，并对施工过程中影响质量的各个要素进行控制，使施工生产、安全和维护过程处于受控状态，确保工程质量满足环境、安全及运行要求。为管道安全可靠运行提供有力的保障，沿海管道的防腐也可以根据实际情况选用不同的材料和加工工艺，改进管道的防腐技术，在沿海城市，天然气管道可以收到良好的防腐效果。

参 考 文 献

[1] 张洪奎，张亍，曹旦夫．沿海地区钢结构的腐饨及防腐涂层 IJ1．油气储运，2012，31(2)：135-138，167-168.

[2] 陈鑫，埋地管线防腐层破损原因分析及检测方法[J]．石油和化工设备，2019，022(007)：76-77.

[3] 唐其环，海洋大气腐蚀性分类分级[J]．环境技术，2003，2(1)：2-4.

油气田储罐腐蚀现状与阴极保护的应用

魏永辉　申　亮　冯　智　詹海勇　宋文宇

（中国石油新疆油田公司）

摘　要　储罐在油气田集输、处理工艺中扮演着极其重要的角色，储罐的腐蚀给油气田正常生产运行造成极大影响，腐蚀的储罐维修周期长、维护成本高，给油气田企业高效益运行带来较大挑战。以石西油田作业区集输站库为研究，通过分析储罐腐蚀的现状及原因，探寻采用储罐外加强制电流的阴极保护方式，并在现场应用取得良好的应用效果。

关键词　油气田；集输站库；储罐；腐蚀；阴极保护

在油气田生产运行过程中，储罐是生产处理过程中的重要设施，目前，国内油气田储罐多用于生产场站集输、处理工艺系统中，大多数储罐为小型储罐，此类储罐建设年限较早，使用年限较长，且储罐在建设之初，多数采用牺牲阳极阴极保护。随着油田的开发建设，油田开采逐步进入中后期，含水率升高，采出水水质情况复杂，对储罐的腐蚀加剧，依据目前新疆油田生产现状，近年储罐腐蚀情况严重加剧，导致日常储罐的运行维护成本增大，经济效益低下。根据储罐的腐蚀情况，可以看出采用牺牲阳极阴极保护，在目前的生产条件下，难以满足储罐的防腐蚀性能要求，因此，亟需采用新的储罐防护形式，以满足储罐安全生产运行要求。

新疆油田公司石西油田作业区集输站库储罐主要用于含水原油、含油污水的贮存、沉降处理，在储罐的日常清罐维护过程中，往往发现储罐的罐底板和壁板最下方部位是腐蚀最严重的部位，罐底板腐蚀主要表现为坑蚀，钢板表面存在大小、深浅不一的腐蚀坑。腐蚀类型主要为均匀腐蚀、坑蚀等，破坏形式主要为腐蚀穿孔。

因此对石西油田集输站库现场使用的储罐腐蚀的现状进行分析，总结了储罐的腐蚀现状和具体失效形式，通过外加强制电流的阴极保护方式在现场进行实践和应用，取得了良好的应用效果，结果表明，外加强制电流的阴极保护方式的应用，极大减缓了储罐腐蚀的速率，有效延长了其使用寿命，降低了储罐维修频次和运行成本，取得了很好的经济效益。

1　储罐腐蚀现状及原因分析

1.1　储罐罐底及罐壁内腐蚀

在对储罐的检查过程中，经常发现罐底、罐壁内腐蚀情况严重，分为两种腐蚀形式，一是钢板大面积腐蚀，钢板分层状腐蚀（图1、图2），二是钢板坑蚀，导致腐蚀穿孔（图3、图4）。

图1

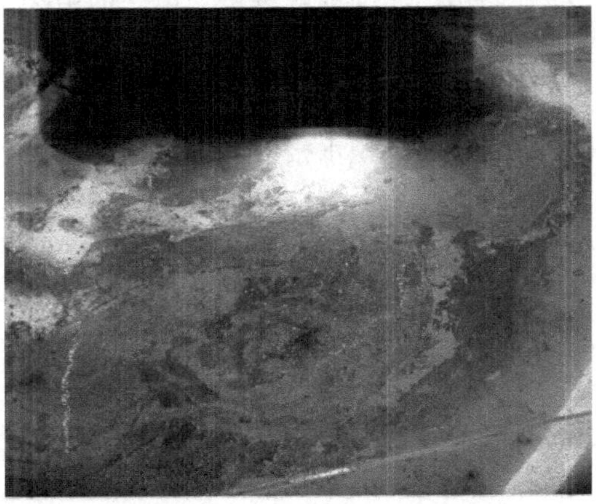

图2

图 3

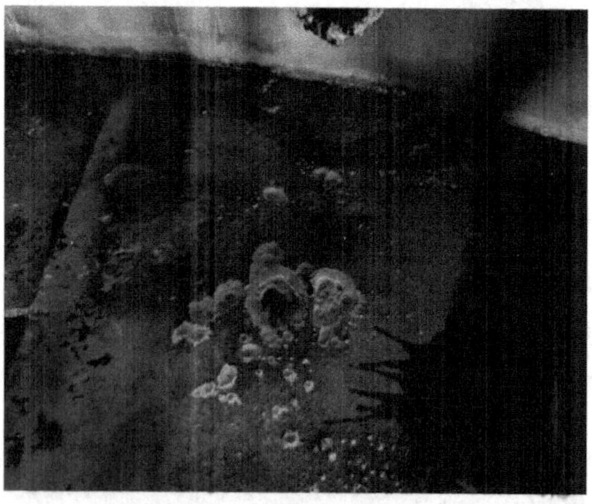

图 4

钢板大面积腐蚀，分层锈蚀的情况往往发生在罐壁下部，靠近罐底部位，而罐底大面积腐蚀常常发生在边缘位置，此种腐蚀情况导致钢板厚度减薄情况较为严重，维修处理需要补贴钢板或局部整体更换，导致维修周期长，成本高。

储罐的坑蚀、穿孔腐蚀在日常运行过程中最为常见，此种类型腐蚀往往较为集中，腐蚀面积不大，但是腐蚀位置的腐蚀深度较深，且能将钢板腐蚀穿孔，给生产运行带来一定的泄漏风险。

结合储罐内腐蚀现状分析，由于油田采出液所含的溶解氧、硫化氢等因素，同时其矿物质离子含量也比较高(表 1)，导致储罐在长期使用过程中，与底部的沉积水接触，发生腐蚀现象。

表 1　采出液水质分析结果

样品名称	数　值
pH 值	6.82~7.1
氯离子	11835mg/L
钾离子、钠离子	7116.9mg/L
钙离子	1007.3mg/L
矿化度	21305.3mg/L

1.2　储罐罐底及罐壁外腐蚀

除了储罐的内腐蚀之外，在生产运行过程中，储罐的外腐蚀也尤为严重。外腐蚀主要分布在储罐底座周围及储罐与操作间房檐搭接位置(图 5、图 6)。

图 5

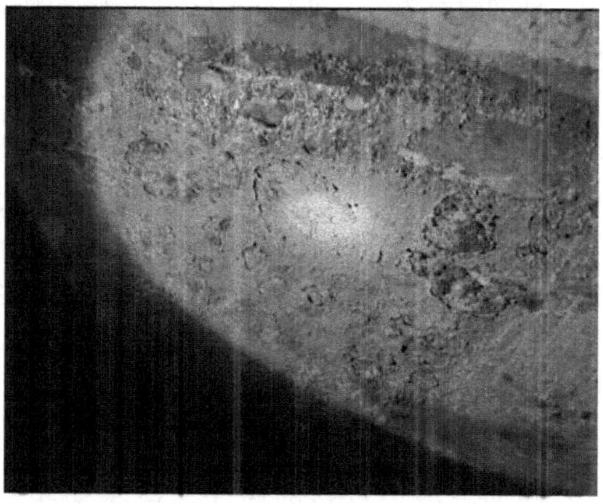

图 6

此种腐蚀主要聚集在储罐保温棉处易积水位置，主要是雨雪融水积蓄在保温棉内，钢板长期与空气接触，导致的氧化腐蚀。

2　储罐现有的防护措施及效果分析

2.1　储罐现有的防护措施

石西油田集输站库有部分储罐在设计之初配备了阴极保护装置，均采用的是牺牲阳极阴极保护系统(图 7)，阳极为镁合金。

2.2　储罐现有防护措施效果分析

通过对比站场内配备牺牲阳极阴极保护系统的储罐与未配备保护系统的储罐，配备牺牲阳极阴极保护系统的储罐(图 8)整体腐蚀程度要明显优于未配备的储罐(图 9)。

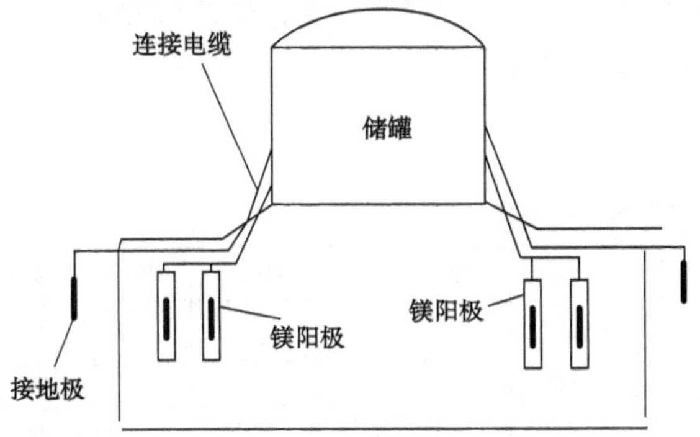

图 7

图 8

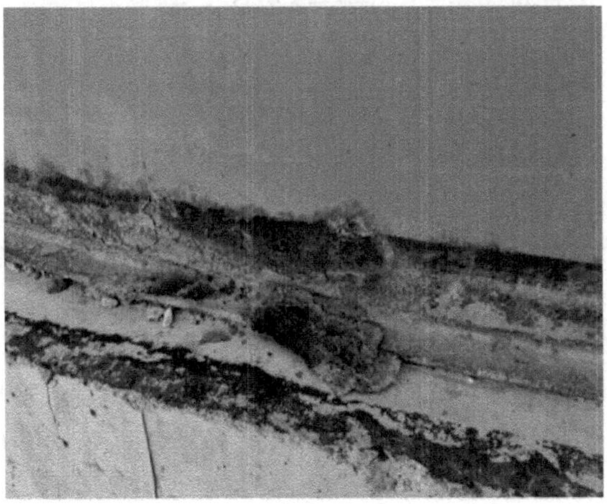

图 9

可以看出，有阴极保护的储罐罐壁完好，抗腐蚀程度较好，而未配备阴极保护的储罐，本体腐蚀相对较为严重，腐蚀速率明显较高。

虽然配备了牺牲阳极阴极保护系统的储罐抗腐蚀性能较好，但在实际生产过程中，此类储罐依然发生腐蚀(图 10、图 11)，且腐蚀速率依然较快，难以满足油气田生产对储罐耐蚀性能的要求。

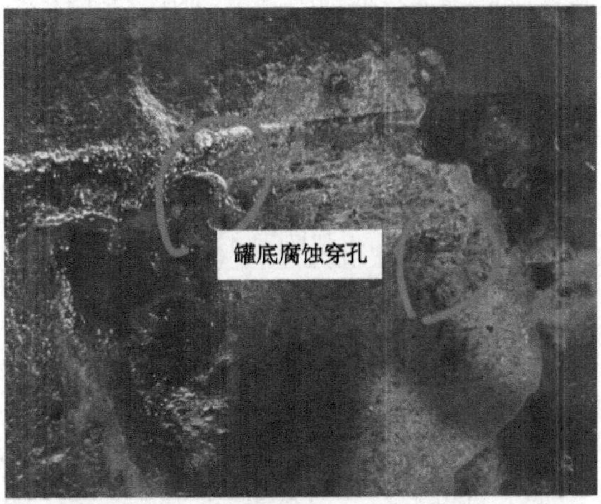

图 10

图 11

通过对现场 18 个储罐的牺牲阳极阴极保护系统的有效性统计分析发现(表 2)，无效防护储罐为 3 个，而处于若防护的储罐为 15 个，说明牺牲阳极阴极保护系统在现有环境条件下，难以达到有效防护状态[有效防护：保护电位：-850～-1200mV，回路电阻≤2Ω；无效防护：回路电阻为 0Ω(断路]。

3 外加强制电流阴极保护系统的应用

经过对牺牲阳极阴极保护系统在现场实际应用的效果可以看出，石西油田地处沙漠腹部，干旱少雨，土壤电阻率较高，采用牺牲阳极阴极保护系统难以达到现有环境条件下对储罐防腐蚀要求。因此，通过储罐腐蚀现状分析，针对已配备牺牲阳极阴极保护系统依然腐蚀存在腐蚀的储罐，筛选出 5 座，选用外加强制电流阴极保护方式，即增设恒电位仪，辅助阳极地床采用浅埋阳极地床技术，对储罐进行防护。

3.1 外加强制电流阴极保护系统的选型

经过分析对比，选择石西油田作业区石南联

合站五座储罐进行外加强制电流阴极保护系统试验应用，依据储罐相关参数，其中 14m 直径储罐两座，11m 直径储罐三座，高度均为 12m，底面积总和约为 645m²。

表 2　阴极保护有效性统计

站库	储罐	阴极保护情况	站库	储罐	阴极保护情况	站库	储罐	阴极保护情况
莫北转油站	1#清水罐	3 处弱保护	莫北转油站	3#事故罐	2 处弱保护 1 处无效保	石南联合站	4#沉降罐	1 处弱保护 1 处无效保护
	2#清水罐	3 处无效保护		1#轻烃储罐	6 处无效保护		5#沉降罐	1 处弱保护 1 处无效保护
	1#注水罐	3 处弱保护		2#轻烃储罐	6 处无效保护		6#缓冲罐	1 处弱保护 1 处无效保护
	2#注水罐	2 处弱保护 1 处无效保护	石南联合站	1#净化油罐	2 处弱保护		7#缓冲罐	2 处弱保护
	1#事故罐	1 处弱保护 2 处无效保护		2#净化油罐	2 处弱保护		8#污水沉降罐	1 处弱保护 1 处无效保护
	2#事故罐	1 处弱保护 2 处无效保护		3#净化油罐	2 处弱保护		9#污水沉降罐	2 处弱保护
无效防护储罐 3 个；弱防护储罐 15 个								

根据现场实际需求及相关要求，选用的外加强制电流阴极保护系统应达到以下设计技术指标：

1）阴极保护系统设计有效保护期不小于 25 年；

2）保护率：100%；

3）保护度：≥85%；

4）在有效保护期间内，施加阴极保护后，保护电位应满足负于-0.85V（相对于铜/饱和硫酸铜参比电极，并不含 I_R 降，下同），最负点保护电位控制在-1.50V；

保护电流密度的选择：

金属构件施加阴极保护时，使金属达到完全保护时所需要的电流密度为最小保护电流密度，在设计时称为阴极保护电流密度，选取的阴极保护电流密度大小是影响金属构件防蚀效果的主要参数，它与最小保护电位（钢为-0.85V）相对应。如果选取的保护电流密度偏低，会造成保护不足，金属构件达不到完全保护，产生不同程度的腐蚀；反之，将会造成不必要的浪费。

根据现场储罐实际数据，取 25mA/m²。

外加电流阴极保护系统的工艺计算：

① 储罐所需总保护电流

根据储罐保护面积和保护电流密度的取值，总的保护电流：

$$I_1 = i_1 \times S_1 \qquad (1)$$

式中，i_1 为外加电流系统保护电流密度；S_1 为总保护面积；I_1 为所需保护电流，A。

根据公式(1)计算总的保护电流约需 17A。

② 阴极保护站数量的确定

每座阴极保护站正常工作时的输出电流 30A，提供 17A 保护电流，共需阴极保护站 1 座。

③ 恒电流仪设备容量的选定

根据现有钢制管线阴极保护工程实例，充分考虑到每座阴极保护站所需要的极化电流（30A）和实际运行中所需要的维持保护电流（约 30～50A），又为使设备安全、耐久、可靠运行，留有一定余量，最终选择恒电位仪的输出为 30A/50V，整个系统需提供 1 台 30A/50V 规格的恒电流源。

④ 辅助阳极用量计算

每座阴极保护站每站平均要输出 30A 电流，阴极保护设计使用寿命为 25 年，对应的发生电流量为 4A/支。故所需混合金属氧化物阳极数量为

$$N = I(1+10\%)/I_f \qquad (2)$$

式中，N 为混合金属氧化物阳极的数量，支；I 为每个阴极保护站最大输出电流量，30A；

I_f 为每支辅助阳极体发生电流量；10%为设计裕量。

经计算 $N=8$ 支。

因此，考虑到使用时组合阳极体的配置要求及石西油田沙漠腹部地区土壤电阻率及腐蚀的实际情况，实际每座站采用 8 支 Φ219×2000mm 的组合阳极体，每支组合阳极体内含 1 支 Φ25×1000mm 的管状混合金属氧化物阳极，每座站共计 8 支 Φ25×1000mm 的混合金属氧化物阳极体。同时，依照辅助阳极地床设计原则，采用浅埋阳极地床技术，阳极地床深度 3m。

经过计算选型，最终选取能满足现场使用要求的一套外加强制电流的阴极保护系统，并在生产现场应用实施。

3.2 外加强制电流阴极保护系统应用效果

在石南联合站选用五座储罐应用外加强制电流阴极保护系统后，对比 5 个储罐罐壁及罐底腐蚀效果发现(表 3)，在前后相邻的年度相同的时间周期内，外加强制电流阴极保护对储罐防护效果明显。

表 3　阴极保护应用效果对比

序号	储罐名称	应用前效果(一年使用周期)	应用后效果(一年使用周期)
1	1#水罐	罐内壁底部存在腐蚀，罐底内部存在蚀坑	罐底完好，内壁底部存在轻微腐蚀
2	2#事故罐	罐壁完好，罐底内部存在连片腐蚀	罐壁、罐底完好
3	3#事故罐	罐壁完好，罐底存在局部蚀坑	罐壁、罐底完好
4	4#沉降罐	罐外壁底部存在局部腐蚀，罐底存在部分蚀坑	罐外壁底部存在轻微局部腐蚀
5	5#沉降罐	罐外壁存在局部腐蚀，内部完好	罐壁、罐底完好

未采用外加强制电流阴极保护前，对五个罐罐壁及罐底检查发现，罐底及罐壁使用一年左右，均存在不同程度的腐蚀(图 12)，主要表现为罐外壁底部局部腐蚀较为严重，罐底及罐内壁存在局部坑蚀和片状腐蚀。而采用外加强制电流阴极保护使用一年后，对储罐检查发现，罐底及罐内壁的腐蚀程度要明显较好(图 13)，个别储罐局部存在腐蚀的部位为保温棉长期积水位置。

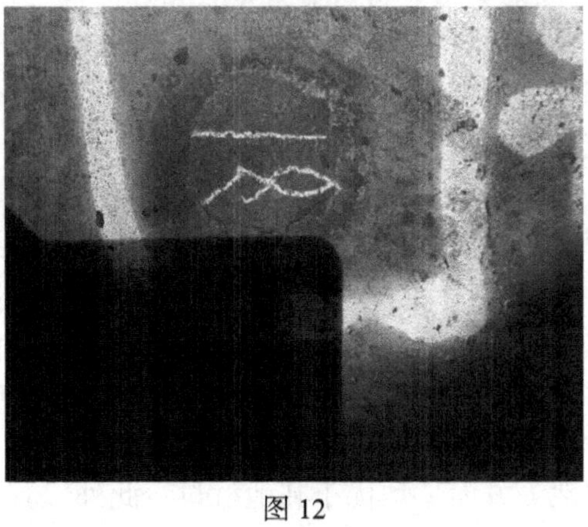

图 12

图 13

4　结论

通过对新疆油田公司石西油田作业区集输站库储罐腐蚀现状进行分析，找出了储罐腐蚀的原因及腐蚀表现形式，并通过分析现有阴极保护方式现场适应性验证评价，可以得出，在石西油田生产环境条件下，牺牲阳极阴极保护方式虽然对储罐有一定的防护效果，但是防护效果相比外加强制电流阴极保护仍然较差，因此外加强制电流阴极保护在现场的成功应用，有效地延长了储罐的使用寿命，减少了储罐的维修频次和工作量，取得了较大的经济效益和良好的推广应用价值。

同时，此次储罐外加强制电流阴极保护方式在现场的成功应用，也为油气田企业在储罐防腐方面提供了一定的参考性，对于已建的使用牺牲阳极阴极保护的储罐，油气田企业应合理评估其适用性，及时评价分析其对储罐的防护有效性，若其难以满足现场对储罐的腐蚀防护要求，应优先采用加强制电流阴极保护方式，可有效降低储罐腐蚀速率，显著延长其使用寿命。

大口径钢质管道玻璃钢防腐内衬生产工艺与装备

张学亮

（中石化烟台龙口液化天然气有限公司）

摘　要　龙口LNG采用电厂排出的温海水来汽化液化天然气，为此从临近电厂到LNG海水汽化器，需要建设一条6.7km螺旋缝碳钢输送温海水管道，管径2200mm，取水规模23300方/小时。为解决温海水的腐蚀问题，研发了一种耐温海水腐蚀的玻璃钢内衬材料、钢管内衬制作工艺及机械化生产装备。该内衬材料经实验室加速实验具有50~70年的防腐寿命。该项研究已经得到了工程应用，达到了设计要求。本文重点介绍该项技术在材料、工艺及装备方面的技术成果及应用情况。

关键词　防腐；钢质管道内衬；光固化材料；环氧树脂；玻璃钢；机械设备

龙口LNG项目取用临近燃煤电厂排出的温海水汽化LNG外输，为此，需要建设一条长约6.7km的从电厂到LNG接收站的螺旋缝碳钢温海水输送管道，管径2200mm，取水规模23300m^3/h。为解决温海水的腐蚀问题，研发了一种耐温海水腐蚀的玻璃钢内衬材料、钢管内衬制作工艺及机械化生产装备。实验室加速实验表明，该内衬材料具有50~70年的防腐寿命。该项研究已经得到了工程应用，达到了设计要求。本文重点介绍该项技术在材料、工艺及装备方面的技术成果及应用情况。对这种防腐内衬的基本要求是：防腐性能优异、热膨胀性能与钢铁相近、对钢管表面的黏接性能能够长久保持、耐冲蚀、耐磨损、抗渗透性能优异、有足够的机械性能及厚度、在管道长周期运行中能够保障防腐层不开裂长寿命。

根据GB/T 23258—2020标准，环氧树脂型GRP材料适用于本项目温海水防腐蚀要求。但标准中提供的玻璃钢内衬制作方法是预制等长的玻璃钢管道，插入钢管中并灌入树脂浆料黏结。该方法只适用于薄壁玻璃钢管不易变形的小管径（≤250mm）无缝钢管，对于DN2200直径的螺纹钢管，由于其薄壁玻璃钢管易变形且螺纹焊缝余高阻碍灌浆，难以保证间隙完全填充达到质量要求，因此并不适用此方法。

TCBMF95—2020、TCCPA19—2020标准中的内衬钢筋混凝土方法不适用于本项目，因其要求密封圈式柔性连接，而本项目钢管采用焊接方式。经调研、筛选，确定采用环氧类玻璃钢材料作为钢管防腐基本材料。

T/HGJ 50590—2019《乙烯基酯树脂防腐蚀工程技术规范》对树脂基玻璃钢内衬材料的厚度、性能及结构有规定，但技术指标，特别是黏结强度，未达到本项目要求。

目前无技术标准能完全满足本项目技术指标。本项目防腐层性能要求高于现行非金属防腐涂层标准。为满足设计要求，组织设计院、协作单位及专家，经过一年多努力，借鉴先进技术，研发出高于现行标准的新型玻璃钢防腐内衬材料及机械化生产工艺，已满足设计要求。

1　玻璃钢内衬材料的研发与成果

1.1　玻璃钢内衬材料的基本性能

根据项目设计要求，对玻璃钢防腐层材料进行了大量的实验研究工作，从中获得了一种新型玻璃钢防腐内衬材料，这种材料具有优异综合性能。表1给出了这种玻璃钢内衬防腐层材料与同类管道防腐涂层及玻璃钢内衬的性能对比结果。

由表1，我们开发的玻璃钢内衬材料在性能上超越现行防腐涂层或内衬标准。在力学性能和防腐性能上，如厚度、硬度、附着力、耐磨性、抗冲击、抗弯曲、吸水率、耐热水浸泡、氯化物渗透性等方面，均优于其他材料。此外，其机械化连续施工能确保产品质量一致，且大幅提升施工效率，满足工程进度需求。

在此强调附着力性能。对比显示，我们的玻璃钢内衬材料在初始和长期浸泡后的附着力均远超乙烯基树脂和环氧涂层（标准T/HGJ 50590—2019）。这表明该材料固化收缩率低，环境惰性强，防腐性能和使用寿命优于传统材料。

表1　本项目玻璃钢内衬防腐层材料与其他管道防腐涂层及玻璃钢内衬的性能对比

序号	项目名称	本项目研制	T/HGJ 50590—2019 要求	SY/T 0326 要求	SY/T 0457 要求
		管道玻璃钢内衬[a]	乙烯基玻璃钢内衬标准	储罐玻璃钢内衬标准	内防腐涂层标准
1	厚度	3mm	3mm	特加强级≥0.9mm	特加强级≥450μm
2	外观	表面平整、光滑、无划痕	无漏涂、气泡、折皱等	无明显机械杂质	表面平整、光滑、无划痕
3	巴氏硬度	≥55	≥40	≥30	≥2H(铅笔硬度)
4	附着力/MPa	≥20	≥8	撬剥法，以拉不开玻璃钢层或拉开后不露出金属基体且玻璃布不与树脂脱层为合格	≥10
5	耐磨性(23℃±2℃)/(L/μm)	≥6(相当于橡胶轮法 240mg)	≤40(cs-17w，1000g，500r，mg)	未对此项进行要求	≤120(橡胶轮法，mg)
6	抗冲击性(20J)	30J，无漏点	≥30J(1kg 钢球自由落体)	未对此项进行要求	6J，无漏点
7	抗 1 弯曲(23℃±2℃)	3mm 无裂纹	未对此项进行要求	未对此项进行要求	1.5°无裂纹
8	阴极剥离(65℃，-1.5V，48h)/mm	≤5	未对此项进行要求	未对此项进行要求	未对此项进行要求
9	电气强度/(MV/m)	≥30	未对此项进行要求	未对此项进行要求	≥25
10	体积电阻率/(Ω·m)	$\geq 1\times10^{13}$	未对此项进行要求	未对此项进行要求	$\geq 1\times10^{13}$
11	吸水率(60℃，15d)/%　蒸馏水	≤1.2	满足	未对此项进行要求	未对此项进行要求
	吸水率(60℃，15d)/%　3.5%(质量分数)氯化钠溶液	≤1.1	满足	未对此项进行要求	未对此项进行要求
12	耐热水浸泡(50℃，28d)拉开法附着力/MPa	≥20	≥8	未对此项进行要求	≥10
13	耐盐雾(1000h)	1 级	满足	未对此项进行要求	1 级
14	氯化物渗透性(23℃，45d)/(mol/L)	$\leq 6\times10^{-5}$	≥1.5Mpa	未对此项进行要求	未对此项进行要求
15	耐海水(50℃，90d)	防腐层完整、无起泡、无脱落、无开裂	满足	满足	未对此项进行要求
16	10%HCl(常温 90d)	防腐层完整、无起泡、无脱落、无开裂	满足	满足	满足
17	3%NaCl(常温 90d)	防腐层完整、无起泡、无脱落、无开裂	满足	满足	满足
18	10%H_2SO_4(常温 90d)	防腐层完整、无起泡、无脱落、无开裂	满足	满足	满足
19	10%NaOH(常温 90d)	防腐层完整、无起泡、无脱落、无开裂	满足	满足	满足
20	施工效率	机械化施工	手工制作	手工制作	机械化施工

注 a：所有测试数据来自于第三方测试报告。

1.2　玻璃钢内衬材料的技术创新

本项目创新在于利用光感引发聚合反应，使约 40%树脂部分硬化及强化，形成核壳软硬乳化结构。软体核心在后续加热或长期室温下逐渐固化，最终实现整体完全固化，形成网状交联结构。

这种固化机理满足机械化连续生产的快速固化需求，且完全消除光感聚合快速固化反应引起的收缩变形影响。所有变形及应力通过核壳软硬乳化结构的软体核心释放，固化过程低收缩且缓慢，几乎无不良影响，赋予材料卓越附着力，远超乙烯基树脂等材料。

采用这种固化机理可实现预浸带式生产模式，确保树脂对增强纤维的完全浸透。与树脂+干布生产方式相比，预浸带方式生产高性能玻璃钢性能提高至少 30%，是军品、汽车行业等重要途径之一。

在预浸带的生产中，不进行紫外线的照射，所以，即便在高温高压的生产条件下也不发生任何的固化反应，保证了增强纤维被低黏度的树脂完全浸透。

预浸带生产完毕后，在低温下储藏及运输

(-15℃)，环氧树脂在-5℃下即便与固化剂混合也不会发生固化反应。

在使用预浸带时，通过解冻及紫外光照射，使预浸带在控制条件下发生分步固化，从而实现了玻璃钢内衬的机械化生产。这项技术目前是非常前沿的。

2　玻璃钢防腐内衬机械化生产工艺的研发及成果

2.1　保证玻璃钢内衬抗渗透的核心结构设计

我们研制开发的玻璃钢内衬的抗渗性，相比T/HGJ 50590—2019《乙烯基酯树脂防腐蚀工程技术规范》中的玻璃钢衬里抗渗性要求有所提高，源于材料结构有所创新。相关性能指标经过实验室加速试验验证，明显优于标准要求。

为进一步提高内衬的抗渗性能，在满足T/HGJ 50590—2019标准的基础上，我们创新出了多层叠加结构的设计，该设计结构如图1所示。

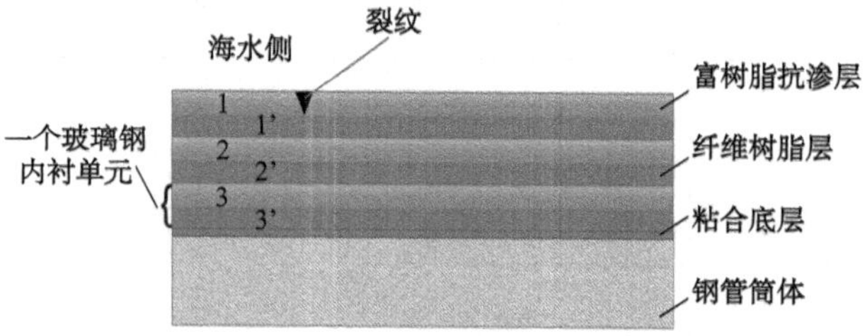

图1　本项目设计的多层叠加玻璃钢内衬防渗透结构

按照图1所示，1、2、3代表三个内衬叠加单元中各自的富树脂层，1′、2′、3′代表三个内衬叠加单元中各自的增强纤维加强层，1-1′组合相当于T/HGJ 50590—2019《乙烯基酯树脂防腐蚀工程技术规范》的玻璃钢衬里的一个完整结构。

若最外侧富树脂层1现裂纹，扩展至增强层1′时遇玻璃纤维增强层而止(强度骤增)。海水仅达1′层，并沿管道环向移动(非径向)。因玻璃纤维毛细管作用，海水扩散较轻松。故海水难穿第二个富树脂层2。1′层中海水环向扩散路径远长于径向，显著延长玻璃钢内衬寿命。此设计为本项目技术亮点。

在增强纤维的编织方法上，我们采用了一种特殊的编织结构。在这种特殊的编织结构引入导流通道，使得制作玻璃钢内衬时富树脂层中的气泡可以通过导流层排出去，使得玻璃钢内衬中没有气泡的残留。根据文献的报道，消除了玻璃钢内衬中的孔隙等缺陷，就消除了水在防腐层中的扩散通道，将大大地提高了防腐层的寿命，见图2。

图2　本项目研制的玻璃钢内衬成品管——内衬光滑平整无孔

采用这种引入了导流通道的编织结构的另一创新点是：1′号增强层与2号富树脂层交界的玻璃纤维束是环向的，所以导流通道就是环向的。这样即便是水由于意外原因通过了1号富树脂层，渗透进来的水分子也只能沿着导流通道在1′号增强层与2号富树脂层交界处做环绕管道一周的环向移动，而不会向2′富树脂层穿透。从而保证了水不会穿透玻璃钢内衬到达钢管内壁。

为了证明这种设计的效果，我们按照SY/T 6854—2012《埋地钢质管道液体环氧外防腐层技术标准》设计了一套实验。

试验方法是：用6mm钢板经过喷砂除锈后，在钢板上分别制作800μm的无溶剂液态环氧涂层及2.5mm厚的玻璃钢内衬防腐层。固化后，放入95℃水浴浸泡24h、168h、1000h。到点后取出自然晾干，按标准方法从四个角进行翘剥测试。根据翘剥露出金属底材的面积确定抗水能力的级别。不露出金属底材的，评为1级；露出金属底材面积少于一半的，定为2级。

图3给出了满足SY/T 6854—2012标准的无溶剂液态环氧涂料防腐层浸泡24h及168h的测试结果。可以看出，95℃浸泡24h1级，95℃浸泡168h2级。

图4给出了我们所研制的玻璃钢内衬浸泡168h及1000h后的测试结果。95℃热水浸泡168h及1000h后，都是1级。进行拉拔附着力测试，95℃热水浸泡168h平均附着力为：22.23MPa，95℃热水浸泡1000h平均附着力为：19.83MPa，性能下降10%。95℃热水浸泡168h

翘剥掉的重量为 0.46g（该面积上玻璃钢内衬的重量应该为 1.45g），95℃热水浸泡 1000h 翘剥掉的重量为 0.48g，重量下降 4%。按照文献的计算方法，95℃×4800h 浸泡，性能下降 50%，可作为海水浸泡 70 年的评判依据。我们研制的这种特殊结构的双固化高性能玻璃钢防腐内衬，应该具有在海水中使用近 70 年的寿命。

2.2　保证附着力持久的核心设计

附着力是玻璃钢内衬最重要的性能之一，在水中附着力保持长久不降的是对于本项目来说是十分重要的。如何保证附着力在使用中长久不降，这一定是本项目最核心的问题。

影响附着力的因素很多。但是，在涂层相对介质表现为完全惰性（比如：3PE、热收缩套），或极慢速水解（比如：玻璃钢内衬、环氧粉末涂层、无溶剂液态环氧涂层）的条件下，影响涂层附着力的因素就只有力学因素。各种原因引起的涂层内应力是迫使附着力逐渐下降的根本原因。比如，3PE 防腐管，如果在地面放置，半年后附着力下降 50% 以上，热收缩套防腐后管道如不下沟，半年后附着力下降 50%～80%。

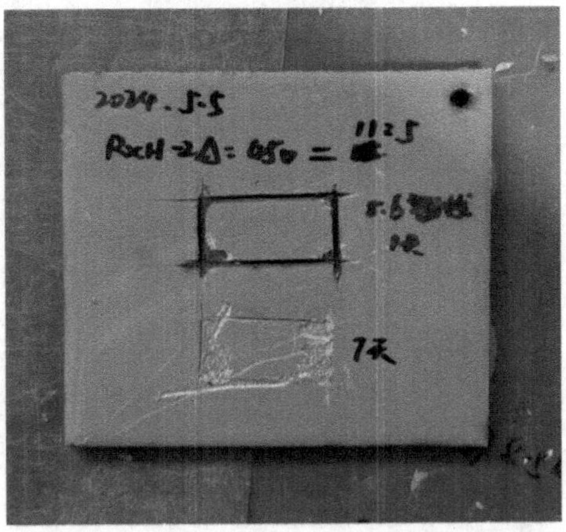

图 3　满足 SY/T 6854—2012 标准的无溶剂液态进口环氧涂料 95℃浸泡后的翘剥测试结果

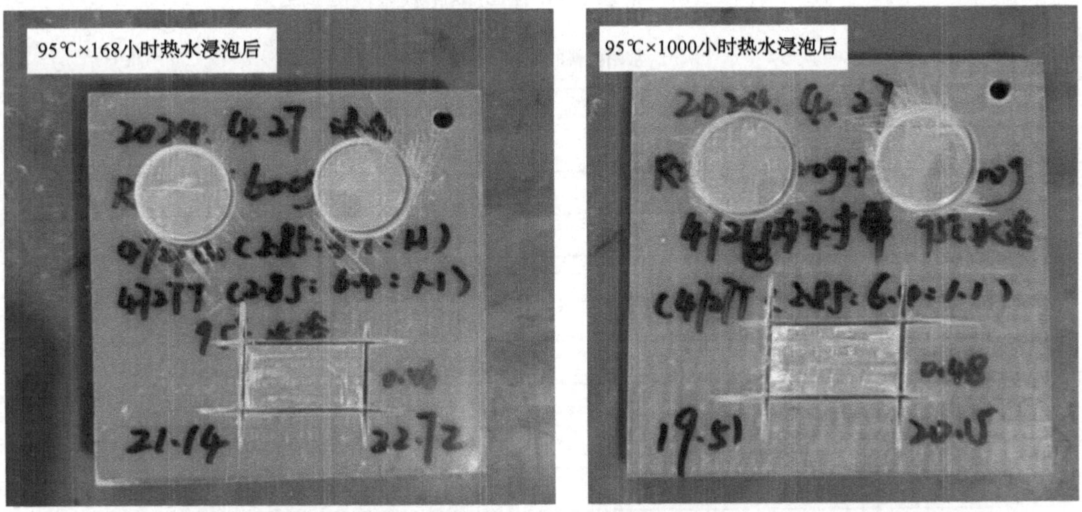

图 4　本项目研制的玻璃钢内衬防腐层 95℃浸泡 168h 及 1000h 后的翘剥测试结果

我们用一个案例来进一步说明。2009 年在临邑首站浮顶储油罐罐体内壁涂刷无溶剂环氧导静电涂料，厚度 400μm。施工验收时测试附着力为 18.5MPa，2013 年再次测量涂层的附着力时，涂层外观基本良好，附着力测试最高只有 2.1MPa。每天白天黑夜，周而复始，涂层外边覆盖原油，白天吸收热量较多，使得罐壁温度达到 40～50℃，夜晚下降到常温 20℃。在这种 30℃温差的交变环境中，由于热膨胀系数涂层与钢铁罐壁之间存在差异，导致附着力丧失殆尽。

热膨胀系数与钢管材料的差异化是导致温热交变环境下附着力快速下降的主要原因。从材料上讲，复合材料之间物理性能越是接近，复合牢固度越高。为了让我们所研制的玻璃钢内衬像皮肤一样附着在钢管的内壁上长久不衰，我们必须要把玻璃钢内衬的热膨胀系数做到与钢铁一致。而且，在此方面，我们必须要消除玻璃钢材料固有的各向异性之特征，要把横向和纵向的热膨胀系数都保持与钢铁一致。图 5 给出了第三方为本项目的玻璃钢内衬材料所做的 20～80℃温度范围内的线膨胀系数的测试结果。可以看出，所研制的玻璃钢内衬材料的线膨胀系数是 10×10^{-6}，钢铁材料的线膨胀系数是 $(10\sim12)\times10^{-6}$，两者基本上是一致的。

CMA 211001062364

纤维增强塑料检测报告

常建科®

委托单位 江苏修德材料科技有限公司	委托日期 2023.03.08	委 托 人 张立	报告编号 ADSFLX2300023
生产厂家 江苏修德材料科技有限公司	委托地址 /	建设单位 /	样品状态 可检
施工单位 / 代表部位 /	试样名称 光敏玻璃钢预浸带		任务单号 Adsflx2300023
工程名称 / 代表数量 /	样品型号 CND-400T-H5-1700/2		委托编号 AC-WT23000204
工程地址 / 监理单位 /	检测类别 委托检测		检测环境 室温
检测标准 《纤维增强塑料平均线膨胀系数试验方法》GB/T 2572-2005			检测日期 2023.03.08-03.09
检测设备 高精度热膨胀仪（115040）、游标卡尺（113329）			

检测项目	计量单位	性能指标	检测结果	单项判定	检测结论
线膨胀系数	/℃	-	1.0×10^{-5}	-	应委托方要求，本报告出实测值。
备注	测试温度：20℃-80℃。				

说明：1. 若对报告有异议，应于收到报告之日起十五日内，以书面形式向检测单位提出，逾期视为对报告无异议。
2. 送样检测，仅对来样检测负责。3. 检测报告部分复印或未加盖本公司专用章（鲜章）均无效。

批准：　　审核：　　试验：

报告日期：2023-03-10　邮编：21[illegible]
检测单位：常州市建筑科学研究院集团股份有限公司
地　　址：常州市长江中路288号
电　　话：0519-86980609　投诉电话：0519-86975167

报告编号：ADSFLX2300023　　第1页 共1页

图 5　本项目研制的玻璃钢内衬的线膨胀系数测试结果

表1-1-9　　常用材料的线膨胀系数　　1/℃

材料名称	温度范围/℃	a(×10⁻⁶)	材料名称	温度范围/℃	a(×10⁻⁶)
灰铸铁	0~100	10.4	镍铝合金(磁尺用)	20~100	11.0
球墨铸铁	0~100	10.4	铁锰合金(磁尺用)	20~100	11.0
磷铜钛铸铁	20~50	9.17	紫铜	0~100	17.2
45钢	20~100	11.59	黄铜	20~100	18.0
T10A	20~100	11.0	铝青铜	20~100	17.6
20Cr	20~100	11.3	锡青铜	20~100	18.0
40Cr	25~100	11.0	铝	0~100	23.8
65Mn	25~100	11.1	镍	0~100	13.0
2Cr13	20~100	10.5	光学玻璃	20~100	11.0
60Si2Mn	20~100	11.5~12.4	有机玻璃	20~100	120~130
1Cr18Ni9Ti	20~100	16.6	水泥、混凝土	20	10~14
Ni5820	11.5		纤维、夹布胶木		30~40
Ni32Co4Vu	20~100	1.5	聚氯乙烯管材	10~60	50~80
GCr15	100	14.0	尼龙	0~100	110~150
CrMOAl	A20~100	12.3	硬橡胶、胶木	17~25	77

图 6　多种钢铁材料的线膨胀系数

为了获得与钢铁一致线膨胀系数，并保持各向同性，经过大量的实验，找到了一种特定的玻璃纤维的编织方法。利用这种特定方法编织的玻璃丝布，获得的玻璃钢内衬，经过60℃加热固化，依然保持着较高的附着力，附着力拉拔测试一般都在18~22MPa之间。经过10~60℃的温度交变，我们的内衬依然保持高附着力，再次证明了我们在玻璃钢增强纤维设计上的先进性。

对于管型材料，一定要考虑累计膨胀问题。油田上推广应用的聚乙烯内衬管，之所以在实际应用中出现很多问题就是没有考虑好累计膨胀。

累计膨胀问题在轴向出现得多，在径向上几乎没有出现。聚乙烯内衬管由于累计膨胀，在使用一段时间后，内衬聚乙烯管比钢管长出一大截，并在钢管内上下弯折，堵死管道。玻璃钢内衬如果没考虑横向的累计膨胀，就会把补口拱起及开裂，造成补口防腐的失效以及附着力的下降。为此，我们在消除累计膨胀方面给予了认真的考虑。比如栈桥上管道的补口防腐，管道昼夜温差变化至少 20℃，在补口位置上完成的玻璃钢内衬依然保持着完好，没有拱起，没有开裂，附着力达标并优于设计要求。这就证明，我们的在消除轴向累计膨胀的设计是十分有效的。

2.3　保证防腐层不开裂的核心设计

消除玻璃钢内衬轴向上的累计膨胀是确保防腐层不开裂的关键设计。方法是通过留出膨胀带来实现。我们使用管道旋转铺贴预浸带技术制作增强层，预浸带宽 300mm，搭接范围为-2～+5mm。通过监控贴补机头行走速度来控制搭接量。铺贴前，底面喷涂 500μm 厚涂覆树脂，该树脂填充预浸带间隙并密封防水。固化后，涂覆树脂具有类似弹簧的作用，能释放玻璃钢材料的轴向变形，防止累计伸长及开裂。图 7 展示了第一层内衬预浸带铺贴情况，可见 2mm 伸缩带。

图 7　第一层内衬增强层制作效果——伸缩缝

伸缩缝会完全被涂覆树脂所填充，这一点毋庸置疑！因为第一层内衬的增强层铺贴完毕后，就立刻开始喷涂该内衬的富树脂层，喷涂后再用刮板刮，从而保证了涂覆树脂完全填充所有的缝隙。

现场补口玻璃钢内衬防腐层的制作，我们也是利用了伸缩带防拱起和防开裂的设计原理。现场补口玻璃钢内衬的制作，先刷涂树脂，再黏贴预浸带，补口玻璃钢内衬与管道主体内衬之间采用邻接+预浸带盖板黏结的方式。这样制作方法既达到了防水密封的效果，又在补口两侧留出来两道伸缩缓冲带，从而保证了补口防腐永不破坏，附着力长久不衰。图 8 给出了现场补口玻璃钢内衬制作的照片。可以看出工人按照我们所设计这种防拱起防开裂的结构进行着施工。

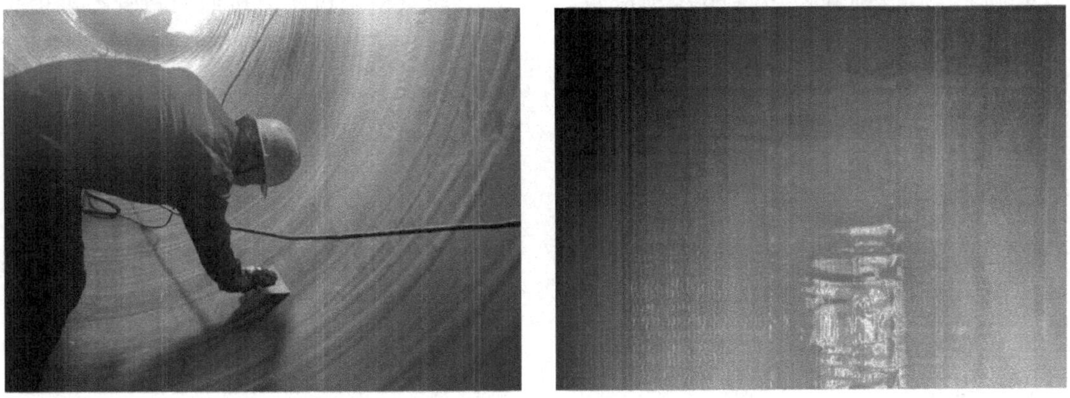

图 8　现场补口玻璃钢内衬制作的照片

2.4　机械化生产技术实施效果

与手工制作的玻璃钢衬里相比，我们所研制的钢管双固化高性能玻璃钢内衬机械化连续生产工艺，具有质量好、功效高、力学结构合理，玻璃钢自成内管等优点。协作单位在河北青县建设一条自动化生产线，2023 年 12 月份投产，到目前为止已为龙口 LNG 温排水管道工程完成了 450 根 DN2200 钢管玻璃钢内衬的制作。根据工程质量报表显示，其生产工艺稳定、质量稳定、性能优异，满足设计要求。图 9 给出了成品管的照片。

3　玻璃钢防腐内衬机械化生产核心设备的研发与成果

我们研制开发的钢管玻璃钢内衬机械化生产线由四个部分组成：抛丸除锈工位、双组份管内壁喷涂工位、贴衬工位、加热固化工位。其中，最具创新的贴衬工位。

图9　玻璃钢内衬成品直管及弯管

贴布机已经实现的功能包括：喷涂树脂(流量及压力可调)、刮板刮涂、压辊贴衬预浸带、预浸带张力控制放卷、预浸带红外解冻、预浸带上膜自动收卷、预浸带下膜自动收卷、双级光固化、压辊导向自适应调整、压辊压力调整、刮板压力调整、视频监控搭接、照明。其中有多项技术处于国内外领先地位。

进一步完善内衬厚度在线监测、桁梁自动补偿调节等技术。技术完善后，产品质量将实现自动控制。

4　技术应用情况

钢管双固化高性能玻璃钢内衬制造技术已经在龙口 LNG 温排水管道工程中得到应用。全线 6700m 管道，涉及 DN2200、DN1600、DN1200、DN813 等规格的钢管近 600 根，还有各种管件、三通及人孔管全部采用该项技术制作内衬。按照工程管理流程，对产品质量层层把关，严格检查。到目前为止，已经完成 450 根 DN2200 钢管的生产，没有出现过一起大的质量事故，关键技术指标均达到并优于设计指标。委托国内知名第三方质量检测机构，按照质量管理规程完成了材料初检、工艺评定及材料中间检测的质检流程。工程监理及 PBC 对每根管道，每个补口、每个管件均进行质量检查，已经形成数万条检测记录。

从工程质量部分反映的数据来看，该技术质量比较稳定，产品性能优于设计标准，成品管产品合格率≥99%。

5　结论

结合龙口 LNG 温排水管道工程，中石化烟台液化天然气有限公司与协作单位经过一年多的研制开发，成功地开发出双固化高性能钢管玻璃钢防腐蚀内衬制造及装备技术，并在龙口 LNG 温排水管道工程中的得到了应用。从已获得的数据及资料来看，得结论如下：

（1）双固化高性能钢管玻璃钢防腐蚀内衬性能优异，性能指标优于现行的同类型防腐涂层及玻璃钢涂层。可实现机械化连续生产，产品质量稳定可靠。

（2）双固化高性能钢管玻璃钢防腐蚀内衬在保证附着力长久不减、防止内壁防腐层拱起、脱落、开裂等方面设计理念先进合理，从各种数据反映证实，所采用的这些先进的设计理念确实发挥了作用，确保了双固化高性能钢管玻璃钢防腐蚀内衬使用中的长稳安满优性能。

（3）双固化高性能钢管玻璃钢防腐蚀内衬应用前景广阔，可在市政工程以及核电工程等管道使用环境对内防腐要求高的领域推广使用。

（4）建议尽快完善相关标准、推广使用。

参　考　文　献

[1] SY/T 0457—2019 钢质管道液体环氧涂料内防腐技术规范 .

[2] SY/T 0422—2018 钢质管道熔结环氧粉末内防腐层技术标准 .

[3] F2306191647 光敏玻璃钢防腐层检测报告，2023. 08. 11.

[4] F2010120831 光敏玻璃钢防腐层检测报告，2021. 04. 07.

[5] GB/T 23258—2020 钢质管道内腐蚀控制规范 .

[6] SY/T 6856—2012 石油天然气工业复合材料内衬钢管 .

[7] TCBMF95-2020TCCPA19—2020 内衬玻璃钢钢筋混凝土复合管 .

[8] T/HGJ 50590—2019 乙烯基酯树脂防腐蚀工程技术规范，p2，p4.

[9] SY/T 0326—2012 钢质储罐内衬环氧玻璃钢技术标准，p14.

[10] SPE-0003CC12《龙口 LNG 项目电厂温排水取水工程玻璃钢内衬技术规格书》.

[11] 聂亚楠、沈浩、古坤鹏、王成启，中国腐蚀与防护学报，vol36 No4，pp357-362.

[12] 杨海，中国科学院大学硕士学位论文《水环境中环氧粉末涂层失效行为》，p12.

[13] SY/T 6854—2012 埋地钢质管道液体环氧外防腐层技术标准 .

B10 铜镍合金输水管线腐蚀穿孔失效分析

徐志刚　何悦阳　孙玉江　倪　剑　杨中娜　金　磊

[中海油(天津)管道工程技术有限公司]

摘　要　某平台用于输送海水的 B10 铜镍合金管线，停产检修发现弯头与法兰焊缝接头处有腐蚀穿孔。采用宏观形貌观察、SEM 和 EDS、XRD、金相组织检验等方法，分析腐蚀穿孔失效机理。结果表明，在法兰的腐蚀坑底部、冲蚀磨损区、腐蚀沟槽和穿孔部位以及弯头的腐蚀坑底部，都普遍存在着“冰糖”块状的晶间腐蚀形貌，局部存在晶粒被逐层剥落形成“台阶”状的剥蚀形貌；优先腐蚀的晶界形成一个回路，被包围的晶粒发生明显的选择性脱镍和溶解，引起晶粒剥落；法兰硬度偏低及晶粒粗大的柱状晶组织是导致材料耐腐蚀性能下降。铜镍合金管线腐蚀穿孔发生在弯头冲蚀磨损的敏感区及耐蚀性最差的焊接热影响区，是由冲蚀磨损、晶间腐蚀、选择性脱成分腐蚀协同作用的结果，需加强服役管线相似部位的腐蚀监测。

关键词　B10 铜镍合金；失效分析；冲蚀磨损；晶间腐蚀；脱成分腐蚀

1　引言

B10 铜镍合金即 Ni 含量为 10%的白铜合金，因其具有良好的耐流动海水腐蚀性能、机械性能和物理性能，而广泛应用于海洋工程和滨海电厂的热交换器、舰船的冷凝器管、海水淡化处理设备管线系统等。但是，国内外频频报出铜镍合金管的腐蚀泄漏事故，铜镍合金海水管线的腐蚀问题亟待解决。铜镍合金海水管线的腐蚀部位主要集中在管线弯头、T 形管线接头、管线变径区以及对焊管段的焊接热影响区等敏感部位；探究其腐蚀失效原因，主要包含有流场诱导腐蚀、冲蚀磨损、晶间腐蚀、点蚀、空泡腐蚀、电偶腐蚀、选择脱成分腐蚀或几种腐蚀的协同作用。本研究通过宏观形貌观察、扫描电镜和能谱分析、化学成分分析、硬度和力学性能试验、金相检验等方法，对增压泵出口 B10 铜镍合金管线腐蚀穿孔进行失效分析，确定腐蚀穿孔的失效机理，对在役管线腐蚀减薄监测提供技术支撑。

某平台海水管线系统停产检修时发现有泄漏，经查是管线局部腐蚀穿孔所致，穿孔的位置位于管线增压泵出口直管转弯管段，即弯头与法兰焊接处，见图 1 所示的 E1 区。该海水管线为冷却水系统，用于输送海水，管线的弯头和法兰均为 B10(C70600)铜镍合金材料，管线的规格为 Φ219.1×4.5mm，压力等级为 150LB，管线设计压力 1.76MPa，海水设计流速为 1.2~1.8m/s，温度 50℃。输送海水中可能含砂，砂含量不详。

对该平台在役海水冷却管线系统进行脉冲涡流和超声波测厚无损检查，发现增压泵出口后 Φ219.1×4.5mm 第一弯头 E1 壁厚不满足 ASME B31.3—2020《Process Piping》计算厚度的要求，其他弯头 E2 和 E3 有近 1mm 减薄，而直管段无减薄，可见在役海水管线在增压泵出口弯头处已发生明显的腐蚀减薄，直管段和弯头壁厚的脉冲涡流检检测结果见图 2。

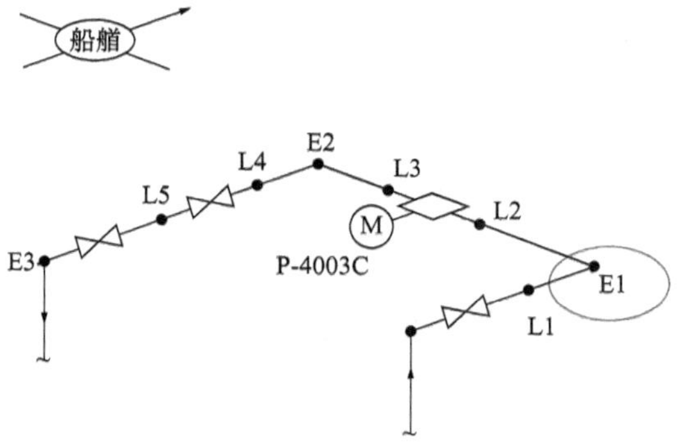

图 1　海水冷却管路系统示意图
(L 为直管段，E 为焊接法兰弯头)

2　宏观分析

失效法兰为变径法兰，壁厚最薄处为 5mm，与壁厚 5.1mm 的弯头呈 160 度角正反两面用气体保护焊对接焊连接，变径法兰与弯头对接焊示意见图 3，弯头与法兰对接焊缝接头见图 4。

严重腐蚀集中在铜镍管线焊接法兰内壁面的法兰一侧，弯头一侧腐蚀较轻。法兰内表面凹凸不平似波纹状，密布腐蚀坑，符合海水冲蚀磨损的形貌特征。这些腐蚀坑除覆盖有黑色或灰色物质外，还呈现有方向性，腐蚀坑底均是朝向环焊缝，说明海水的冲蚀方向是由弯头流向法兰。在法兰环焊缝的边缘，即法兰热影响区有宽约30mm的腐蚀减薄区，参见图5和图6，减薄严重已呈沟槽状，槽底宽仅9mm，有二处呈椭圆形穿孔，最大的一处穿孔尺寸14mm×6mm，见图7。将腐蚀穿孔部位切割下来并经清洗和磨抛处理，作为腐蚀形貌和组织检验试样，见图8，图中从左至右涉及1区～5区，即法兰母材区、法兰减薄及穿孔区（即法兰焊接热影响区）、焊缝及熔合区、弯头局部腐蚀区（即弯头焊接热影响区）、弯头母材区。从试样的截面看，法兰焊接热影响区被海水冲刷成一个勺子形状的缺口，缺口底部减薄明显，缺口的形成与焊缝余高引起海水流速和流向改变造成的湍流有关。

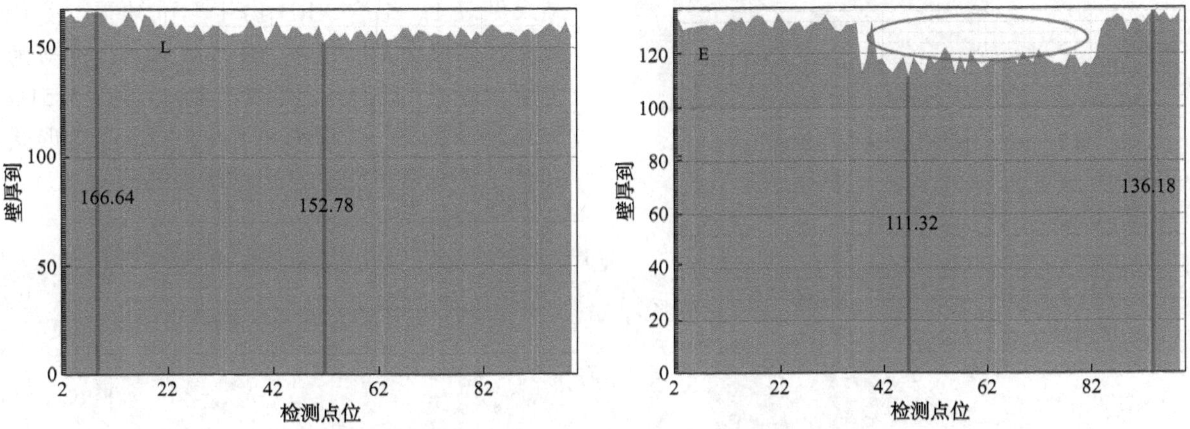

图2 直管段（L）和弯头（E）壁厚脉冲涡流检测图谱

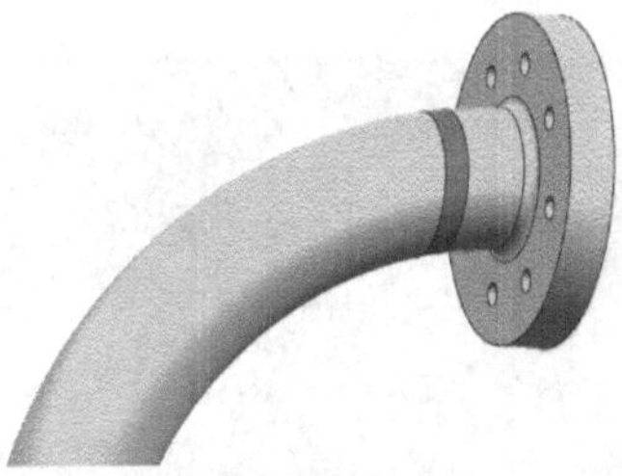

图3 弯头与变颈法兰对接焊示意图

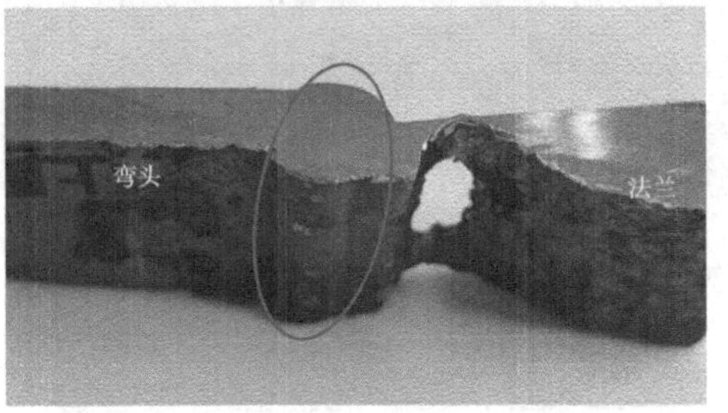

图4 弯头与变径法兰双面对接焊缝

弯头的焊接热影响区存在大而浅的腐蚀坑，腐蚀区域长度约130mm，宽度约13mm，坑底表面呈黑色，但未见明显的腐蚀产物。

测量壁厚尺寸，弯头设计壁厚要求不低于4.5mm，实测平均5.1mm，壁厚未见减薄。法兰厚壁处平均壁厚11.7mm，其中熔合线处的壁厚4.9mm，缺口底部平均厚度0.6mm，说明法兰热影响区壁厚减薄至少4.3mm。弯头和法兰的连接采用对接接头双面焊接，外壁焊缝宽9.6mm，焊缝余高4.3mm，内壁焊缝宽9.1mm，焊缝余高3.4mm。

图5 铜镍海水管线弯头和焊接法兰

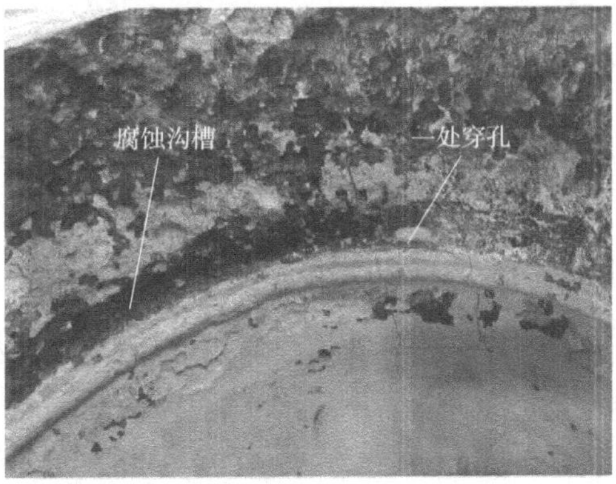

图6 内壁腐蚀沟槽和一处穿孔

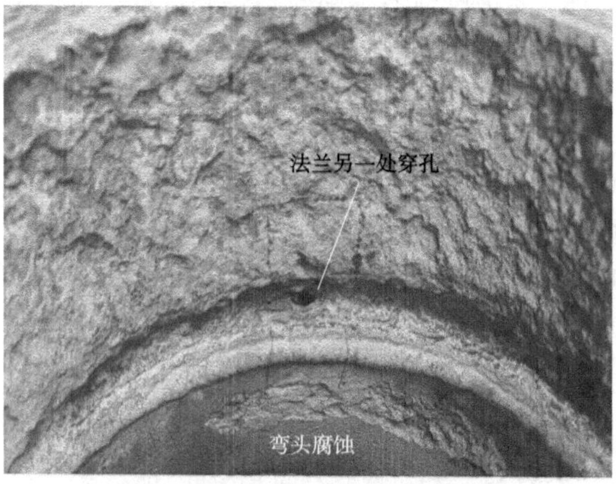

图7　另一处穿孔及弯头局部腐蚀

刮取适量的法兰内壁黑色和灰色物质，采用石油醚、酒精溶解除油、过滤、干燥处理后进行XRD物相测试。腐蚀产物XRD分析结果见图9，黑灰色腐蚀产物主要为：碱式氯化铜 $Cu_2(OH)_3Cl$、氧化亚铜 Cu_2O、$FeNi_3Cl_2(OH)_8$、SiO_2，可见法兰处黑灰色物质均存在铜的腐蚀产物，且受到了 O_2 和 Cl^- 的作用。同时对腐蚀产物进行EDS能谱测试，测试点位见图10，测试结果见表1。结合XRD物相测试结果，除铜镍合金基体成分外，还有Mg、Al、Ca、Si等海水中所含砂石的成分。腐蚀产物中含有5.51%Cl和0.87%的S，S在海水中的主要存在形式是 SO_4^{2-}，S元素可能来自于海水中的硫酸盐。

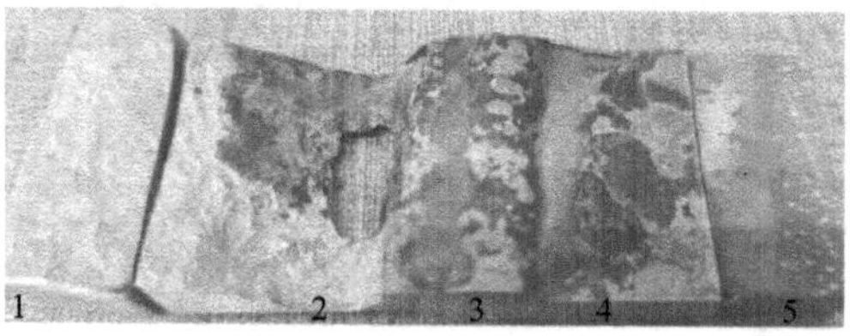

(a)穿孔处内表面

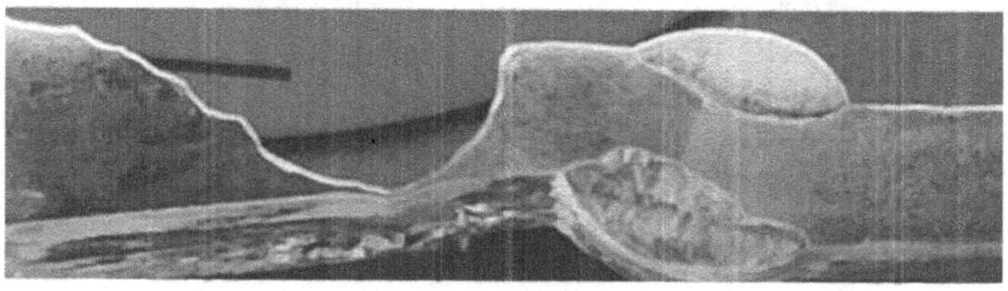
(b)穿孔处壁厚截面

图8　腐蚀形貌和组织检验试样

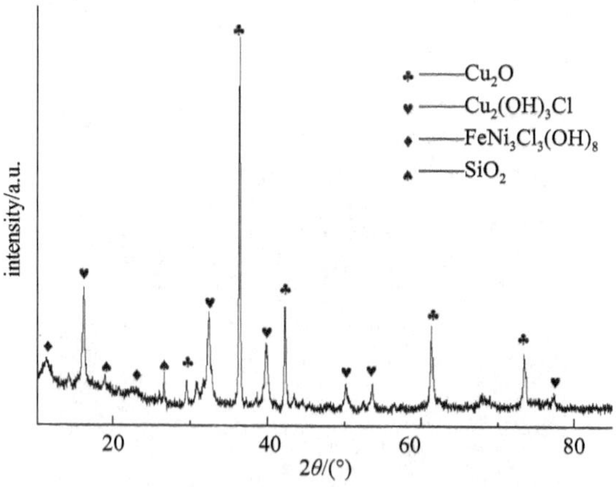

图9　法兰内壁腐蚀产物XRD谱图

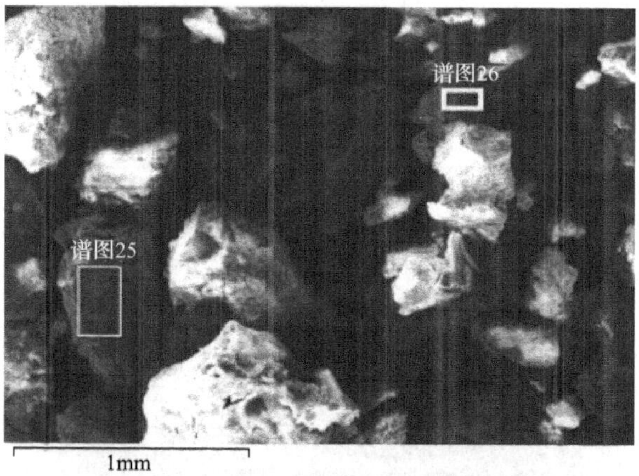

图10　法兰内壁腐蚀产物EDS能谱测试点位

表1　法兰内壁能谱EDS测试结果　wt%

测试点位	C	O	Mg	Al	S	Cl	Ca	Fe	Ni	Cu
谱图25	28.37	32.68	1.02	4.60	0.87	5.51	0.57	1.21	2.22	56.23
谱图26	8.16	19.61	1.24	3.52	0.71	2.09	0.40	—	2.09	12.39

3　SEM和EDS分析

利用SEM观察法兰和弯头热影响区的腐蚀微观形貌，法兰热影响区不同部位的形貌参见图11，全区域表现出典型的“冰糖”块状晶间腐蚀形貌(图11a，b)，铜镍合金的奥氏体晶界被优先腐蚀，晶界弱化，在海水冲刷的协同作用下奥氏体晶粒被逐层剥落，局部区域形成“台阶”状的立体剥蚀形貌(图11c，d)，剥蚀晶面光滑有层次，局部晶界上堆积有少量腐蚀产物。有些区域可见腐蚀泥纹花样以及数量较多的从铜镍合金剥落下来的多面体小晶粒或晶粒簇(图11e，f)。

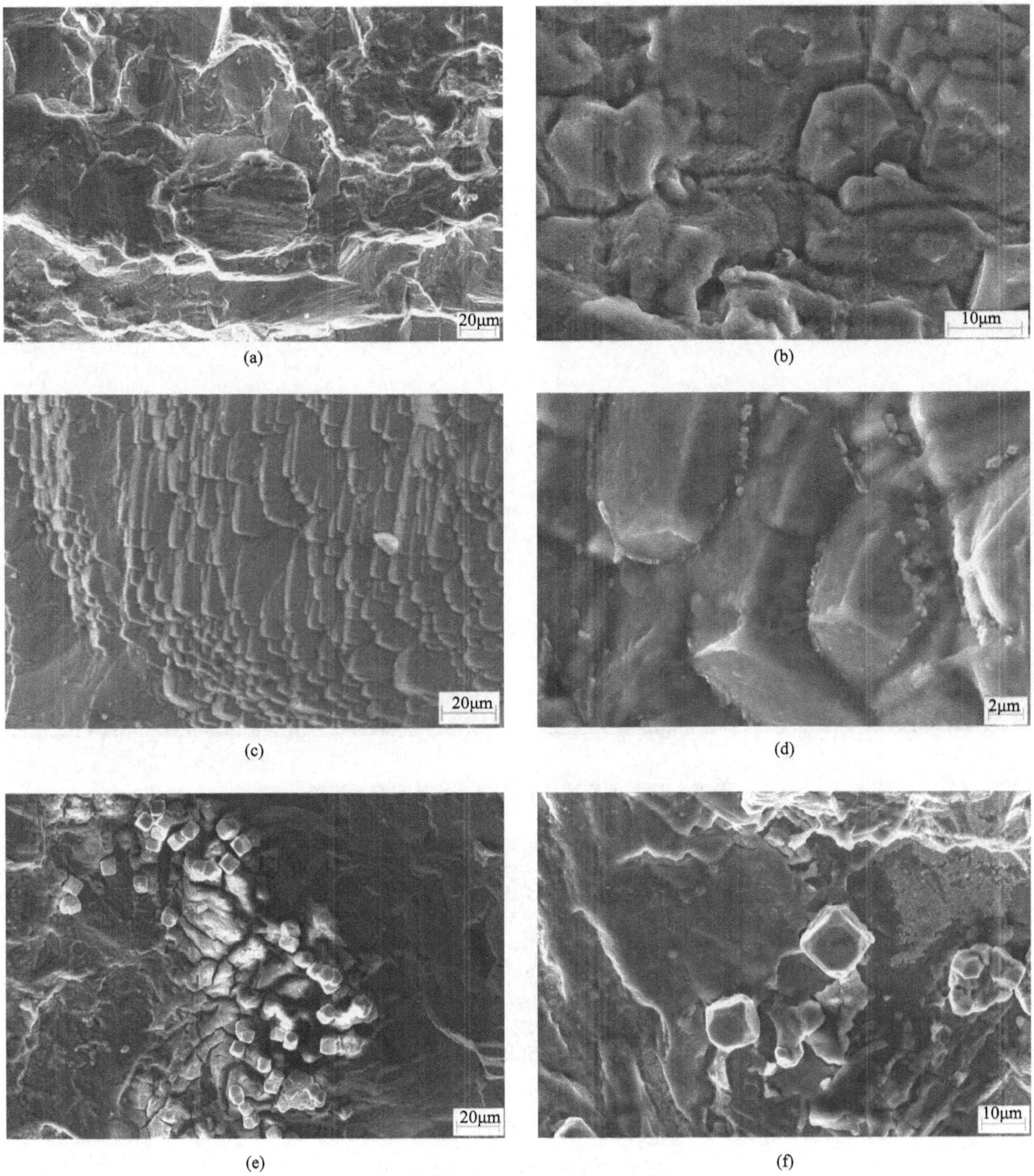

图 11　法兰的几种腐蚀典型形貌

弯头热影响区的腐蚀程度轻，局部有扁平的腐蚀凹坑，坑底及侧面均显示出晶间腐蚀特征，见图 12。弯头局部腐蚀区未见法兰腐蚀区“台阶”状的立体剥蚀形貌和剥落的小晶粒，说明弯头的腐蚀模式不是冲蚀磨损。

利用 EDS 对法兰和弯头热影响区不同位置进行微区分析，分析选区点位见图 13，结果见表 2。经过振动超声清洗后的法兰冲蚀区(谱图 1~谱图 7)只测出 O 和 Cl 两种腐蚀性元素，并未测出 S，但是从法兰腐蚀表面刮取的黑灰色物质中检测出 S，同时在弯头的腐蚀坑底也检测出 O、S、Cl(谱图 8~谱图 10)，说明流动海水中存在硫化物，法兰冲蚀区之所以未能检测出 S，分析认为与样件清洗和海水已将硫化物冲走有关。成分检测中还发现，从铜镍合金剥落下来的小晶粒，其成分中缺失较多的镍和铁，B10 合金的镍含量中位数是 10%，铁含量中位数是 1.4%，而剥落晶粒的镍测量值 0.84%，铁 0.5%(谱图 5 和谱图 6)，说明剥落的小晶粒发生严重的脱镍和脱铁现象，即同时还存在选择性脱成分腐蚀。

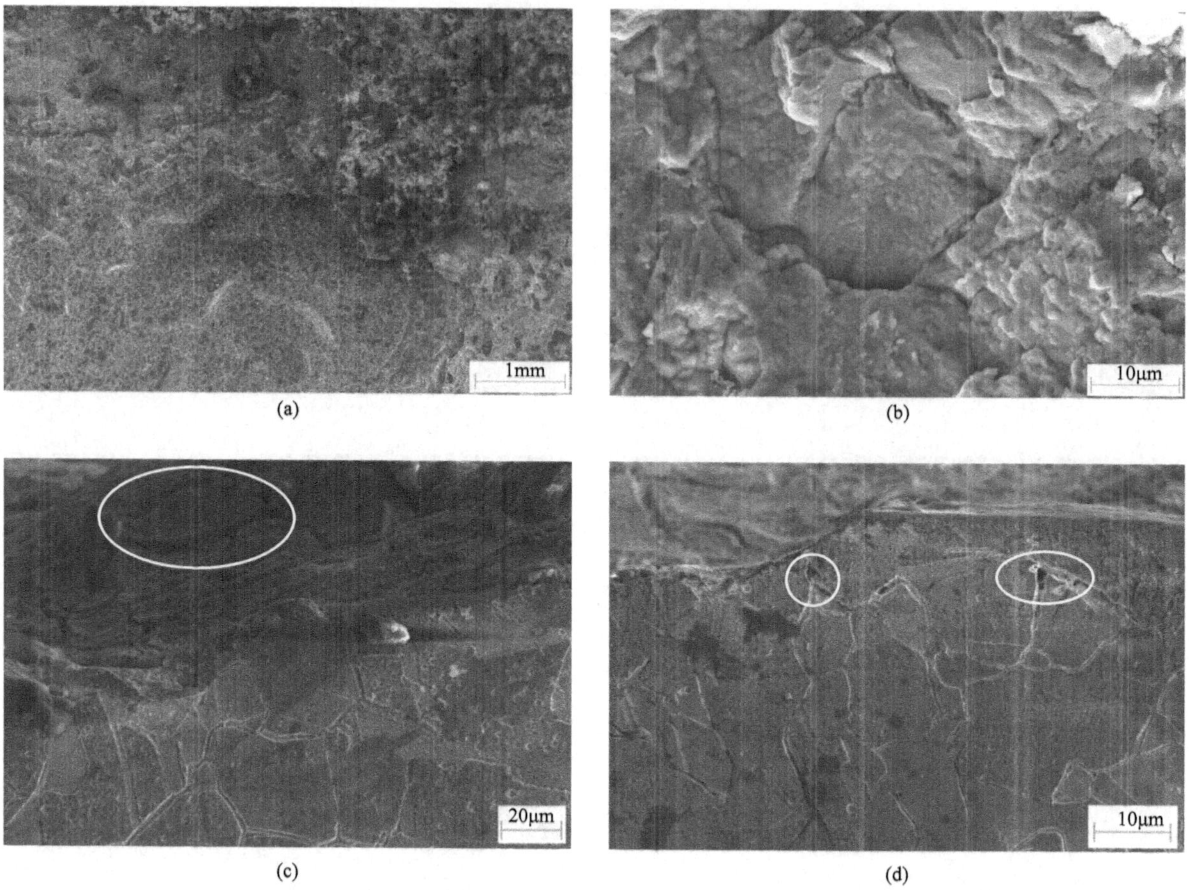

图 12 弯头的腐蚀坑底及侧面的晶间腐蚀形貌

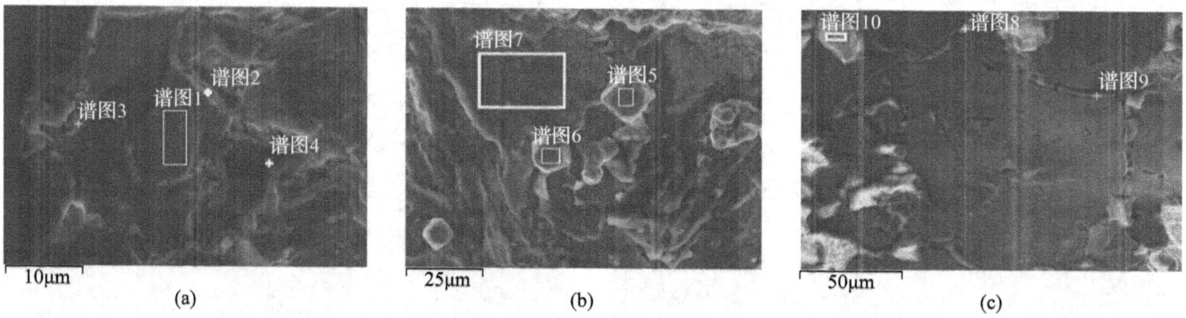

图 13 EDS 分析的不同点位

表 2 不同点位的成分分析结果

wt%

部位	谱图序号	C	O	Mg	S	Cl	Ca	Mn	Fe	Ni	Cu
法兰	谱图 1	—	17.72	—	—	0.42	—	0.72	5.16	12.15	63.82
	谱图 2	—	16.73	—	—	0.38	—	0.69	4.84	11.26	66.10
	谱图 3	15.83	9.91	—	—	0.39	—	0.48	3.58	8.20	61.62
	谱图 4	6.69	11.21	—	—	0.29	—	0.73	4.08	10.14	66.86
	谱图 5	—	12.76	—	—	0.62	—	—	0.50	0.84	85.29
	谱图 6	—	13.04	—	—	0.55	—	—	0.54	0.75	85.12
	谱图 7	11.60	26.14	—	—	1.00	—	0.69	8.68	12.11	39.80
弯头	谱图 8	34.70	20.19	0.36	0.97	3.90	0.35	0.32	3.97	10.55	24.68
	谱图 9	28.34	32.69	0.38	1.10	2.78	0.39	0.31	3.67	12.10	18.24

续表

部位	谱图序号	C	O	Mg	S	Cl	Ca	Mn	Fe	Ni	Cu
	谱图 10	8.13	26.44	0.65	1.47	5.08	0.60	0.36	6.42	15.76	35.08
	ASTM B111/B111M-	—	—	—	—	—	—	0.5~1.0	1.0~1.8	9.0~11.0	Bal

4 理化检验

4.1 化学成分

采用斯派克 ARCOS SOPICP 电感耦合等离子体原子发射光谱仪(ICP)测试化学成分，焊接法兰和弯头五个不同区域的测试结果见表 3，成分满足 ASTM B111/B111M 要求。

4.2 拉伸性能

在法兰安装边处取 Φ12.5×50mm 的拉伸试样 3 件，采用 Z600 双立柱万能试验机进行拉伸试验，测试结果见表 4，力学性能满足 ASTM B111/B111M 要求。

表 3　化学成分分析结果　　wt%

项　目	Cu	Ni	Mn	Fe
法兰母材	86.97	10.31	0.91	1.76
法兰焊接热影响区	87.33	10.15	0.87	1.65
焊缝及熔合区	88.11	9.75	0.76	1.38
弯头焊接热影响区	86.83	10.62	0.80	1.75
弯头母材	86.89	10.58	0.71	1.80
ASTM B111/B111M	余	9.0~11.0	0.5~1.0	1.0~1.8

表 4　法兰的拉伸试验结果

项　目	屈服强度 $R_{p0.2}$	抗拉强度 R_m	断后伸长率 A
法兰 1#	176.6MPa	345.6MPa	47.2%
法兰 2#	182.0MPa	351.7MPa	45.4%
法兰 3#	176.6MPa	343.0MPa	39.4%
ASTM B111	≥105	≥275	≥30

4.3 硬度测试

采用 Tukon2500 维氏硬度计测试法兰母材、法兰穿孔处、焊缝、弯头热影响区、弯头母材五个不同部位的显微硬度 HV_5，结果见表 5。ASTM B111/B111M《铜和铜合金无缝冷凝器管和套圈坯料的标准》中未对 90/10 合金的硬度有明确要求。测试结果是法兰穿孔处与法兰母材硬度无差别，但都较低，硬度指标作为材料耐冲蚀磨损的重要性能，此次法兰穿孔处硬度低对耐冲蚀磨损不利。

表 5　维氏硬度 HV_5 测量结果

法兰母材	法兰穿孔处	焊缝及熔合区	弯头热影响区	弯头母材
98.7	98.8	92.7	103.2	101.7

4.4 组织分析

组织分析试样，经研磨、抛光后，用配比为 $FeCl_3$：盐酸：乙醇 = 5g：2mL：96mL 的蚀刻剂进行蚀刻，用金相显微镜对其组织进行观察。法兰及弯头不同部位，即法兰母材、法兰减薄及穿孔区、焊缝及熔合区、弯头热影响区及弯头母材的显微组织见图 14，各区域显微组织形态和晶粒尺寸差异巨大。

法兰母材为典型的轧制态组织，铸态树枝晶偏析组织完全消失，表现为典型的奥氏体 α 单相再结晶组织(图 14a)，晶粒度 9.0 级，而腐蚀穿孔处组织(图 14b，c)是晶粒大小不均，带有特定生长方向的 α 相柱状晶，生长方向与弯头中线呈约 30 度角，其晶粒度为 6.0 级。晶粒粗大的合金由于晶界弱化，本身耐腐蚀性能较差，而 30 度夹角的柱状晶晶界平直，晶界与海水流经焊缝余高所形成的湍流恰好相切，湍流加剧合金沿晶界的剥落，直至减薄形成穿孔。焊缝的熔合区是晶粒细小的 α 相等轴晶，焊缝组织为多生长方向的针状树枝晶(图 14d)。弯头热影响区

为带有孪晶的 α 相再结晶组织(图 14e)，晶粒度 9.0 级，局部区域有腐蚀坑，坑内有晶间腐蚀形貌。弯头母材为带孪晶的 α 单相再结晶组织(图 14f)。

(a)法兰母材(1区)

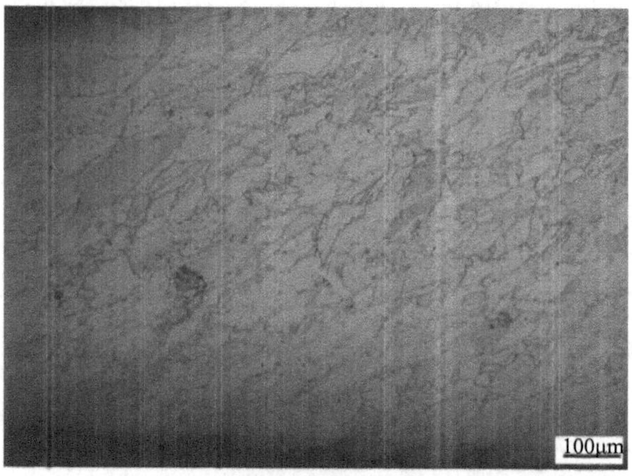

(b)法兰减薄及穿孔区(2区)

(c)法兰减薄及穿孔区(2区)

(d)焊缝及熔合区(3区)

(e)弯头的热影响区(4区)

(f)弯头母材(5区)

图 14　法兰及弯头不同区域的显微组织

为确定法兰腐蚀的机理，对法兰减薄及穿孔区(2 区)的截面进行 SEM 电子金相观察，结果见图 15。发现特定生长方向的 α 相柱状晶长直晶界是晶间腐蚀的优先通道，最易发生腐蚀，见图 15a，b，在海水冲刷及湍流的协同作用下，加剧了合金沿晶界的剥落。同时还观察到，一些小晶粒其晶界也存在类似晶间腐蚀的特征，即脱成分腐蚀，腐蚀的发生是以随机大角度晶界为切入点，引发该晶界的脱镍，引起晶界逐渐溶解，最终造成晶粒脱落，见图 15c，d。

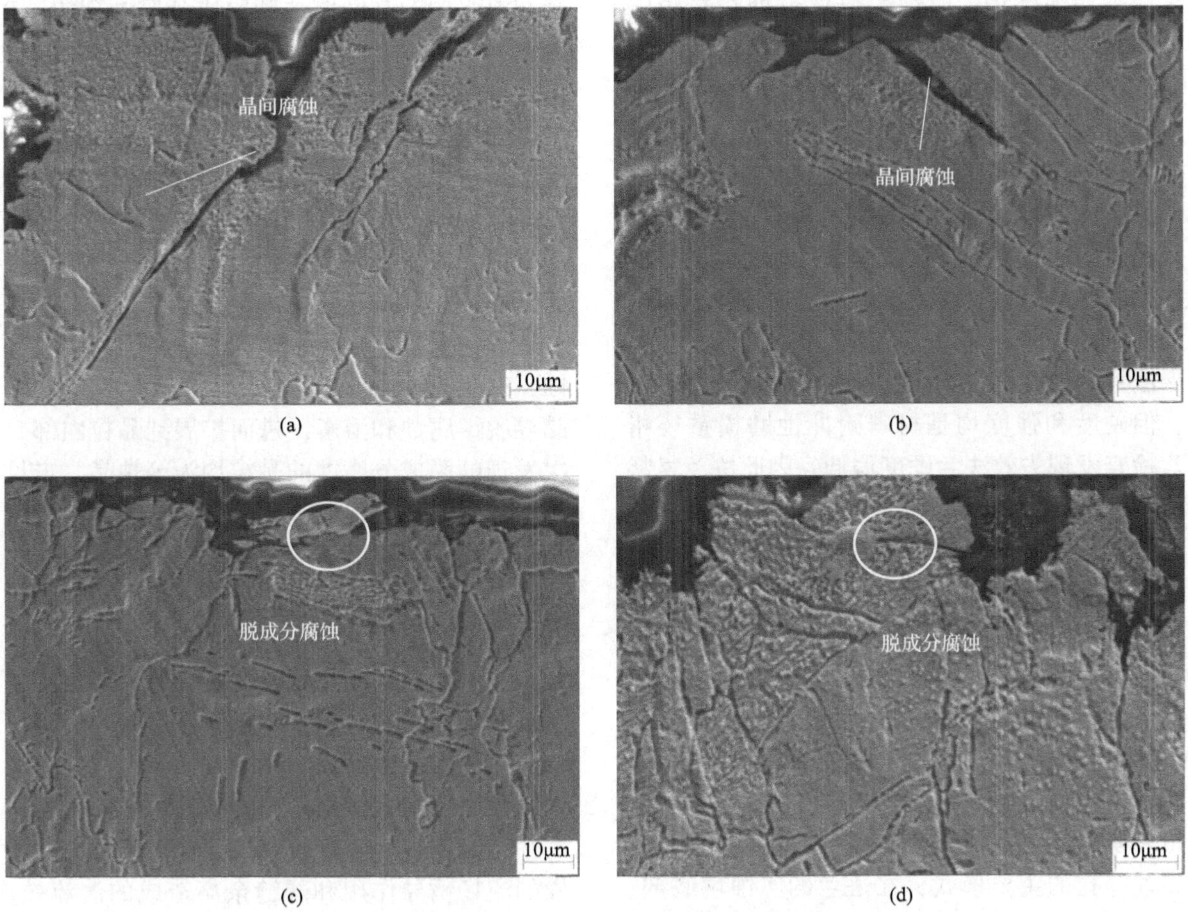

图 15　法兰腐蚀减薄区截面的晶间腐蚀及脱成分腐蚀 SEM 像

5　讨论

经过宏观观察和微观分析，确定 B10 铜镍管线弯头与法兰焊接接头的腐蚀减薄区存在冲蚀磨损(即磨损腐蚀)、晶间腐蚀、选择脱成分腐蚀三种腐蚀失效模式，B10 铜镍合金管线腐蚀穿孔发生在海水冲蚀磨损的敏感区及耐蚀性最差的焊接热影响区，是由冲蚀磨损、晶间腐蚀、脱成分腐蚀协同作用的结果。

(1) 冲蚀磨损　金属在流动的含有固体粒子的流体中做相对运动，其冲蚀磨损的总失重增大是由于电化学腐蚀与机械磨损之间的协同效应所致。影响冲蚀磨损的因素主要环境因素和材料因素。冲蚀磨损是铜镍合金在海水中最严重最普遍的腐蚀失效模式。法兰内壁布满波纹状的腐蚀坑，且腐蚀坑底均是朝向焊缝，说明海水的冲刷方向是由弯头流向法兰，腐蚀现象与海水系统管线的布局走向吻合；在法兰焊接热影响区被海水冲刷出勺子形状的缺口，缺口底部减薄明显，缺口的形成与焊缝余高引起的水流流速和流向改变造成的湍流有关。湍流使金属表面液体扰动程度要比层流剧烈，腐蚀破坏更为严重。液体对金属表面的剪切应力是一个重要参数，能使表面钝化膜破坏造成冲蚀磨损。微观分析显示，法兰的冲蚀磨损区的腐蚀特征主要是晶间腐蚀和剥蚀，在分析中发现腐蚀产物中包含许多从铜镍合金上剥离的小晶粒和晶粒簇(图 13b)，正是在流动海水特别是含砂海水的腐蚀和磨损双重作用下，加剧了铜镍合金发生晶间腐蚀和晶粒剥蚀的速度。孙婷婷等研究了环境因素对 B10 铜镍合金耐蚀性的影响，结论是 Cl^- 含量升高阻碍氧化膜的生成，降低 B10 的耐蚀性；海水流速高于 3m/s 后，B10 耐冲蚀磨损的能力急剧降低，且含砂海水的冲刷对该材料的破坏作用更为显著。

本次 B10 铜镍管线腐蚀穿孔就发生在冲蚀磨损的敏感区，失效部位既是弯管段又是对焊管段的热影响区。探究其失效原因，外在因素是存在流场诱导腐蚀和焊缝余高造成紊流效应，使得焊缝区域出现严重的湍流现象，从而加速管壁的冲蚀磨损。内在因素是焊缝和热影响区组织差异，加剧冲蚀磨损。腐蚀失效部位处在热影响区，其显微组织是晶粒粗大的柱状晶，晶粒度6.0级，柱状晶生长方向与弯头中线约呈30度夹角。粗大的柱状晶相比细小的等轴晶，其晶界明显弱化，在腐蚀环境下，晶界处优先发生点腐蚀形成腐蚀凹槽，流动海水对管壁产生剪切力，晶粒粗大的柱状晶带腐蚀凹槽晶界处更容易被撬动，形成逐层晶粒剥落，最终造成冲蚀磨损减薄和局部穿孔。

法兰的硬度值虽然在技术条件中没有特别要求，但硬度和强度均是材料耐冲蚀磨损重要指标。检查发现失效法兰硬度偏低，因此法兰材料硬度值偏低一定程度上加剧了冲蚀磨损的进程。生产技术规范要求：配件和法兰应该退火处理，检查发现腐蚀失效法兰并未实施焊后退火热处理，导致不同区域的组织差异大。

（2）晶间腐蚀　有研究显示，B10合金晶界特征对其耐蚀性有重要影响，不同类型晶界的腐蚀敏感性差异很大，随机大角度晶界的腐蚀敏感程度就高于小角度晶界尤其是共格孪晶界。失效分析表明，晶间腐蚀和剥蚀是B10铜镍合金管线腐蚀穿孔的主要模式，在法兰的腐蚀坑底部、冲蚀磨损区、减薄及穿孔部位，弯头的腐蚀坑底部，普遍存在着“冰糖块”状的晶间腐蚀形貌，局部存在晶粒被逐层剥落形成“台阶”状的立体剥蚀形貌，剥蚀实质是晶间腐蚀的升级。B10铜镍合金管线在海水服役环境下，不论是法兰和弯头正常的α单相再结晶组织，还是焊缝热影响区的粗大柱状晶组织均发生了不同程度的晶间腐蚀，晶界成为组织中的薄弱环节。

（3）脱成分腐蚀　脱成分腐蚀是优先腐蚀的晶界形成一个回路，被包围的晶粒发生明显的腐蚀溶解，造成晶粒脱落，在形貌上与晶间腐蚀相似。从铜镍合金基体上剥落下来的小晶粒，其成份中缺失较多的镍和铁，B10合金成分中镍含量中位数是10%，铁含量中位数是1.4%，而表2选区测试点5，6的EDS成分分析剥落小晶粒的镍含量仅为0.84%，铁含量仅0.5%，说明剥落的晶粒发生脱镍和脱铁现象，即存在选择脱成分腐蚀。铜镍合金脱镍后变为纯铜，对海水腐蚀的抵抗能力极差，随着晶界被打通，大量Cl^-和S^{2-}沿晶界渗入，进而引起与晶界相邻晶粒的脱镍和溶解。本次B10铜镍管线的腐蚀失效区域均检测出了Cl和S元素。Mansfeld等报道了B30合金在海水中的晶间腐蚀和脱成分腐蚀现象，B30合金只在天然海水中才会发生选择脱成分腐蚀，由此推断脱成分腐蚀可能与海水中的微生物有关。如依附于管壁焊缝余高背面腐蚀产物垢下的硫酸盐还原菌（SRB）的代谢活动就会产生硫化物，硫化物是铜镍合金在海水中服役的“毒药”。一方面，硫能阻碍铜镍合金表面保护性腐蚀产物膜Cu_2O的形成。另一方面，硫化物（S^{2-}）本身会造成铜镍合金在海水中的晶间腐蚀和脱成分腐蚀，S^{2-}可选择性地与晶界处Ni发生反应，引起晶界脱镍腐蚀和溶解，进而扩展到晶粒内部。本次发现的脱成分腐蚀的晶粒均为等轴晶，未见到粗大柱状晶粒，说明脱成分腐蚀的选择性发生可能与晶界类型和晶粒取向有关。

6　结论

（1）B10铜镍合金管线腐蚀减薄穿孔发生在海水冲蚀磨损的敏感区及耐蚀性最差的焊接热影响区，是由冲蚀磨损、晶间腐蚀、脱成分腐蚀三种腐蚀失效模式协同作用的结果。

（2）铜镍合金管线弯头处存在结构突变所引发的流场诱导作用和焊缝余高造成的湍流效应，是腐蚀失效的外在因素；而焊接热影响区出现粗大的柱状晶组织，导致晶界弱化，是腐蚀失效的内在因素；材料硬度值偏低，管线中存在硫化物，加剧了腐蚀失效的进程。

（3）建议铜镍合金管线弯头与法兰焊接后，增加局部退火热处理工艺，改善焊接热影响区组织与性能。并加强在役铜镍管线相似部位的腐蚀监测。

参考文献

[1] Abraham G J, Kain V, Dey G K. MIC failure of cupronickel condenser tube in fresh water application[J]. Eng. Fail. Anal. 2009. 16(3): 934.

[2] Chandrak, Kain V, Dey G K, et al. Failure analysis of cupronickel evaporator tubes of a chilling plant[J]. Eng. Fail. Anal. 2010. 17(2): 587.

[3] 石常亮，张欣，李扬，等．船舶冷却系统铜镍合金管腐蚀穿孔原因[J]．理化检验-物理分册，2022，58(2)：53-57.

[4] 张重德，刘进辉，刘成，等．海水管线变径接头的穿孔原因的结果[J]．腐蚀与防护，2015，36(4)：402-406.

[5] 马爱利，姜胜利，郑玉贵．输海水B10铜镍合金管

的腐蚀机制[C]//2014 海洋材料腐蚀与防护大会.2014.

[6] 李海川，杨红燕，汪殿龙，等.B10 铜镍环焊接热影响区失效分析[J]. 焊接，2018(9)：6.

[7] 邓为民，费培忠.铜镍合金换热管的失效机理分析[J]. 电站辅机，2012，33(2)：4.

[8] 张嘉凝.B10 铜镍合金加工变形组织与腐蚀性能研究[D]. 北京有色金属研究总院，2019.

[9] 张智，施太和，周理志等.油气田开发过程中的流场诱导腐蚀[J]. 石油钻探技术，2007，35(3)：215-218.

[10] 马爱利，张亚明，姜胜利，等.船用焊接 B10 铜镍环失效分析[J]. 腐蚀科学与防护技术，2015，27(5)：473-482.

[11] 张丽民，杜风贞，刘淑凤.舰船用铜镍合金传热管的穿孔泄漏原因[J]. 腐蚀与防护，2022(004)：043.

[12] Schleich W. Application of copper-nickel alloy UNS C70600 for seawater service [A]. Corrosion/2005 Annnual Conference and Exhibition [C]. Houston: NACE international: 2005.

[13] 崔崑.钢的成分、组织与性能[M]. 不锈钢，北京：科学出版社，2019.

[14] 孙婷婷，李宁，薛建军，等.环境因素对 B10 铜镍合金耐蚀性的影响[J]. 装备环境工程，2010，7(4)：5.

[15] Ma A L, Jiang S L, Zheng Y G et. al. Correlation between micro-structure and corrosion behavion of two 90Cu10Ni alloy tubes [J] ActaMetall. Sin. (Engl. Lett.). 2014. 27(4): 7308.

[16] Mansfeld F, Liu G, Xiao H. et. al. The corrosion behavior of copper alloys stainless steels and titanium in seawater[J]. Corros. Sci.. Exhibition [C]. Houston: NACE international: 2005.

[17] Yuan S J, Pehkonen S O. Surface characterization and corrosion behavior of 70/30Cu-Ni alloy in pristine and sulfide-containing simulated seawater [J]. Corros. Sci.: 2007. 49: 12769.

地面输水用柔性复合管爆破失效原因分析

马　超　李　金

（中国石油塔里木油田公司）

摘　要　塔里木油田某气田某区块地面输水系统柔性复合管在服役8个月后出现刺漏。通过宏观观察、几何尺寸测量、红外光谱分析等方法，分析管线失效的原因。结果表明：该柔性复合管内衬管在生产过程中受到外伤造成开裂，在运行过程中高温输送介质泄漏污染增强层纤维，导致纤维性能下降、断裂，管体鼓包后，最终在外保护层外伤严重处发生了爆破失效。

关键词　柔性复合管；爆破失效；内衬层；鼓包

随着开发年限的增长，单井产水越来越高，为了抑制水淹速度，排水采气成为了常态化工作。而塔里木油田地层水腐蚀性较强，常见侵蚀性 CO_2超过 100mg/L 或低于-30mg/L、Cl-最高超过 180000mg/L。使地面管道不断遭受严重积水、强腐蚀性介质的环境考验。相较于碳钢管道，柔性复合管具有施工方便、成本低、寿命长、耐腐蚀性强等优点，因此被广泛应用在输水管道。柔性复合管在服役过程中，由于原始制造质量、施工不规范、介质腐蚀性强、温度和压力等物理场的作用以及人为破坏等因素，使得管道的抗压强度降低，同样会造成管道失效，导致生产中断、污染环境。本文对塔里木油田某区块地面输水用柔性复合管爆破失效进行了分析，查找失效原因并提出了合理化建议。

1　现场情况

2023 年 6 月，塔里木油田某区块输水用柔性复合管发生爆管，失效位置（图 1）位于距离克深 X 井上游约 160m 的涵洞内，发现管线外保护层开裂长 40cm，内衬层存在长约 10mm，宽约 2mm 胀裂缺陷。截至失效发生时，该条管线服役时间不足 8 个月。该柔性复合管规格为 DN150，生产标准执行 SY/T 6662. 2—2020《石油天然气工业用非金属复合管 第 2 部分：柔性复合高压输送管》，其中增强层为涤纶纤维，内衬层为 PEX-II 型交联聚乙烯。该管线埋地敷设，输送介质为气田水，设计温度为 75℃，运行温度最高达到 60℃，设计压力为 6. 4MPa，运行压力最高达到 3. 9MP。

图 1　失效现场

2　送样情况与测试方法

2.1　送样情况

为了确定同批次未失效和未服役管段是否存在质量问题，本次共送样 8 根，其中失效管样 1 段；失效管段附近管样 3 段（紧邻失效管段的管样 1 段，失效管段的上下游管样各 1 段）；同批次未使用管样 3 段；见图 2。为完成高温（65℃）静水压及高温（65℃）水压爆破试验，其中失效管段上游管样、失效管段下游管样和 2 根未使用管样，共4个管样制作扣压接头，见图3。

图2　输水干线柔性复合管失效分析管样

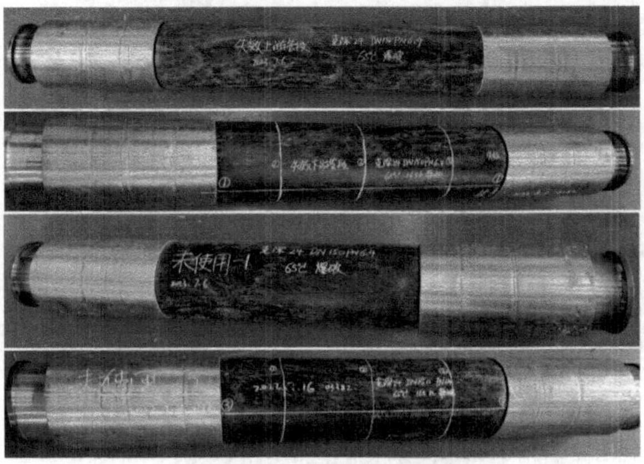

图3　制作扣压接头的4根管样

2.2　测试方法

通过开展失效试样宏观形貌分析、尺寸测量、内衬层材料密度检测、交联度检测、红外光谱检测、维卡软化温度检测、氧化诱导温度检测、拉伸性能检测、热稳定性检测和增强层纤维红外光谱分析、老化性能、高温(65℃)静水压及高温(65℃)水压爆破试验等，综合分析了管材爆管失效原因。

3　结果与分析

3.1　宏观形貌分析

如图4所示，失效管段外保护层有长约40cm沿轴向方向的开裂，增强层纤维暴露，纤维发生了黄变。增强层开裂位置周向偏转80°的位置，外保护层有鼓包现象，鼓包区域对应的内衬管有沿轴向方向的裂纹，长约14cm。失效管段及上下游邻近管段的外保护层有严重的沿轴向的划伤，严重的已穿透外保护层。

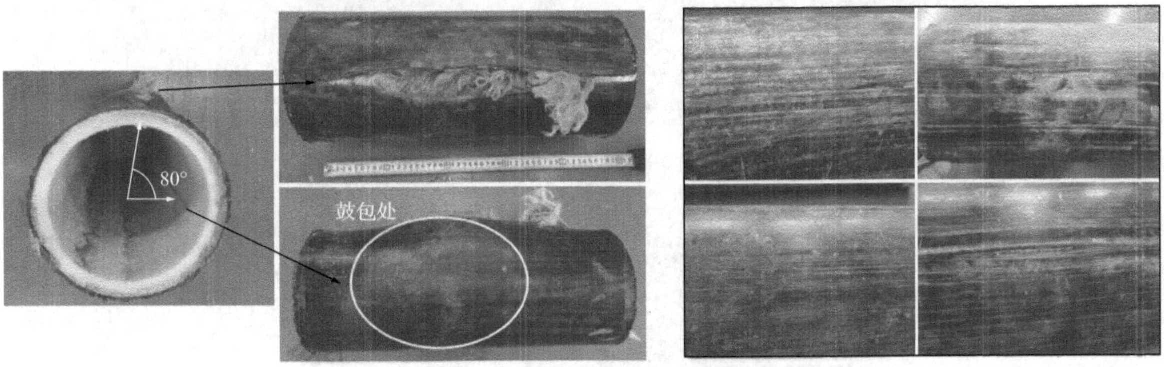

图4　柔性复合管失效宏观形貌

图5显示，柔性复合管增强层由四层纤维缠绕而成，由外向内，第1层和第3层缠绕方向相同，第2层和第4次缠绕方向相同，相邻两层纤维缠绕方向夹角约为55°。内衬管开裂位置对应的四层增强层均发生了断裂，断口整齐，与水压爆破的参差不齐断口有明显区别；逐层剥离增强层，从外向内，纤维断口尺寸逐渐变大，断口轴向长度由最外层的3cm增加至最内层的7cm；纤维断裂区域及附近区域的增强层纤维呈现出明显的黄变，增强层中残留大量泥沙，由外向内，泥沙残留量明显增多。依据上述失效形貌初步判断，增强层纤维是由内向外逐层破坏，携带泥沙的泄漏介质由内向外逐层扩散，泥沙逐层沉积，因增强层纤维对泥沙有过滤作用，所以呈现出内层泥沙多，外层泥沙少的现象。

图6显示，内衬管清洗前的外观形貌显示，外表面残留大量泥沙。经过清洗后，可以看到内衬管外表面有一处明显的沿轴向方向的划痕，总长度约为32cm，图中由左向右划痕逐渐加深，至末端最为严重，管体有明显的凹陷，且管壁沿

轴向开裂就发生在划痕最严重的区域，外表面的裂纹边缘断口整齐；管体内表面的裂纹长 14cm，裂纹靠近内表面的边缘发白，有屈服变形的塑性形变形貌。基于上述形貌，结合图 4 中内衬管裂纹对应的外保护层鼓包处无明显外伤的形貌，初步判断，内衬管为生产过程中受外伤碰撞，由外向内开裂。

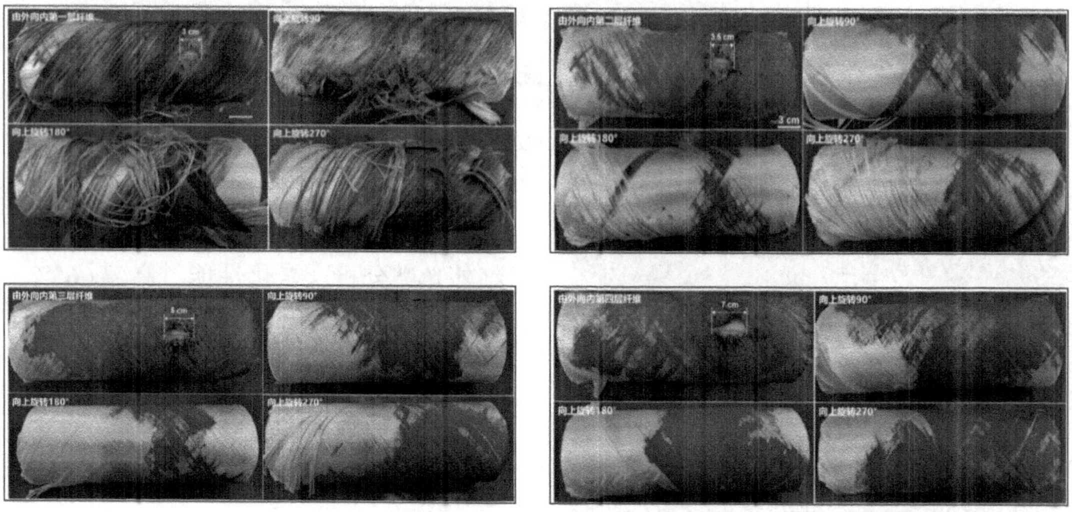

图 5　柔性复合管增强层纤维及断口形貌

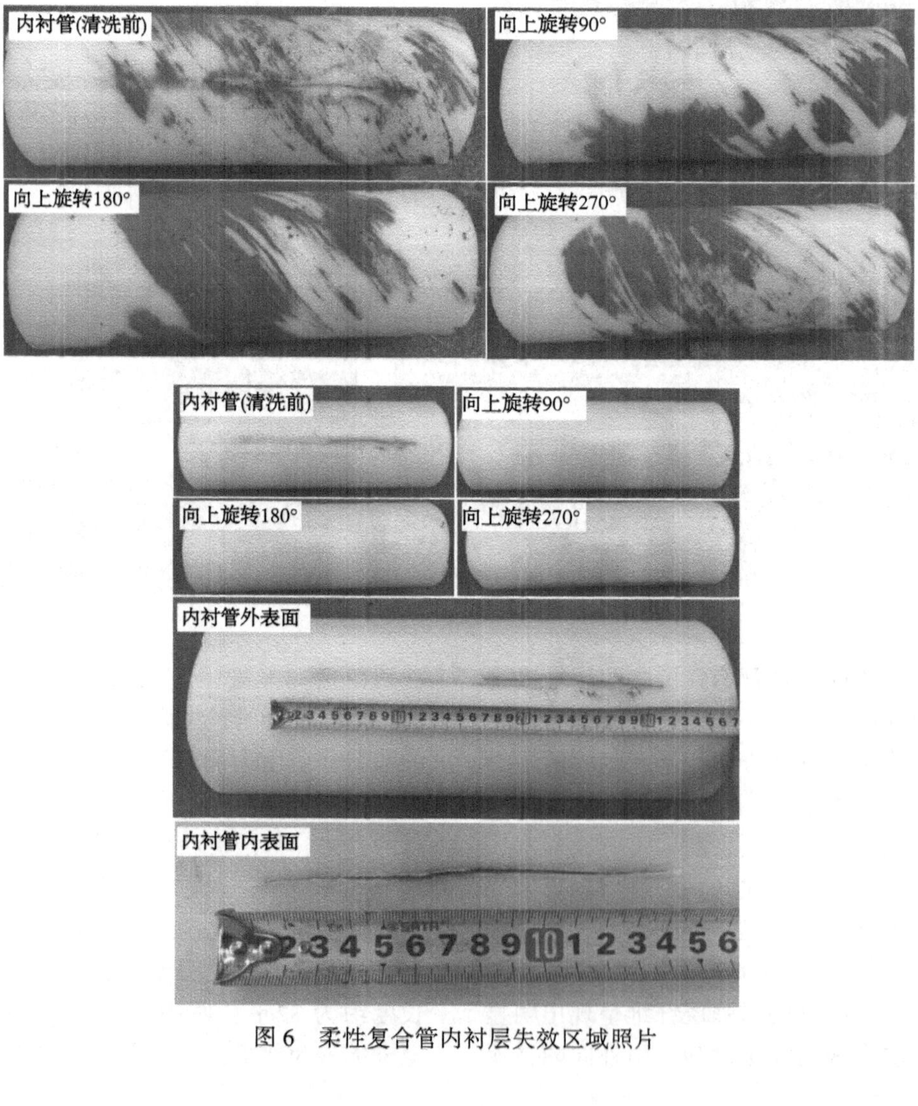

图 6　柔性复合管内衬层失效区域照片

3.2 尺寸测量

按照 GB/T 8806—2008《塑料管道系统 塑料部件尺寸的测定》要求，利用游标卡尺对柔性复合管进行尺寸测量，测量位置见图 7，结果见表 1，与 SY/T 6662.2—2020 附录 B 进行对照，总壁厚、内径、内衬层厚度和外保护层厚度均满足标准要求。

3.3 内衬层材料红外光谱检测

按照 GB/T 6040—2002《红外光谱分析方法通则》要求，利用 Thermo Scientific Nicole iS50 型红外光谱仪测得未服役与失效管样内衬层材料的红外图谱，结果如图 8 所示。红外光谱图显示，2912cm^{-1} 和 2845cm^{-1}、1470cm^{-1}、715cm^{-1} 处具有明显的聚乙烯特征峰，证明内衬层材质为聚乙烯。对比服役前后，可以发现，聚乙烯结构未发生明显变化。

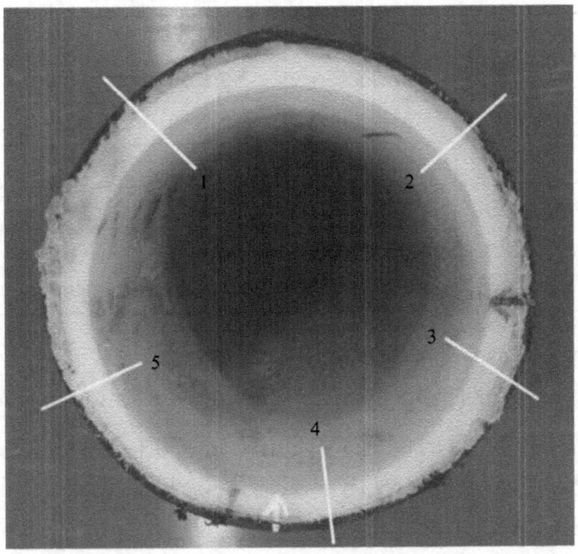

图 7　尺寸测量位置

表 1　柔性复合管尺寸测量结果(单位：mm)

项目	1	2	3	4	5	平均值	标准值
总壁厚	17.14	18.06	17.11	18.47	17.78	17.71	≥16.5
外径	191.06（管体外伤严重，仅供参考）						—
内径	152.3	155.8	152.8	153.4	153.1	153.48	≥150
内衬层厚度	9.88	10.06	9.89	9.97	9.87	9.93	≥9.5
外保护层厚度	3.81	3.99	3.78	3.82	4.03	3.89	≥3.5
增强层厚度	3.45	4.01	3.44	4.68	3.88	3.89	—

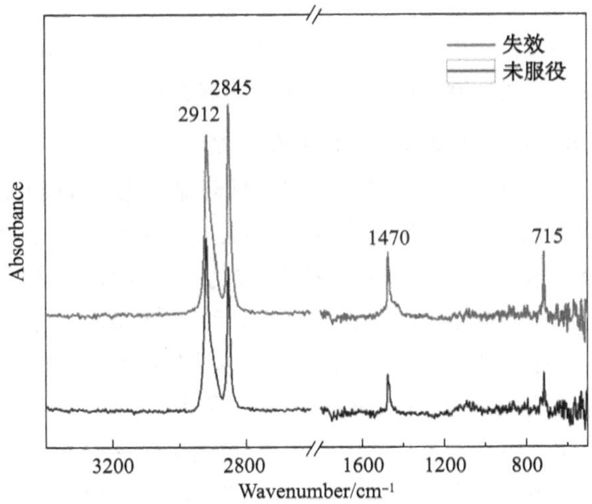

图 8　未服役与失效管样内衬层材料红外光谱图

3.4 内衬层材料密度检测

参考 GB/T 1033.1—2008《塑料 非泡沫塑料密度的测定 第 1 部分：浸渍法、液体比重瓶法和滴定法》，从未服役和失效管样内衬层取块状试样，采用 ET-120SL 电子密度计测定样品密度。数量为 3 个，取平均值作为检测结果。由表 2可知，失效管材内衬层材料的平均密度分别为 0.930g/cm^3，满足 SY/T 6662.2—2020 中高密度聚乙烯的密度要求。

表 2　失效管样内衬层材料密度测量结果

项目	1	2	3	平均值	标准值
未服役	0.9560	0.9553	0.9555	0.9556	≥0.930
失效	0.9539	0.9532	0.9528	0.9528	≥0.930

3.5 内衬层材料交联度检测

参考 GB/T 18474—2001《交联聚乙烯(PE-X)管材与管件 交联度的试验方法》，从未服役与失效管样内衬层分别取细丝状样品 2 个进行交联度测试。由表 3 可知，未服役与失效管材内衬层材料交联度分别为 62.2%和 62.1%，可以判断，未服役与失效管样内衬层材料交联聚乙烯，服役前后交联度无明显变化。

表 3　失效管样内衬层材料交联度测量结果

	项目	1	2
未服役	试验前质量/g	0.5026	0.4964
	试验后质量/g	0.3090	0.3089
	交联度/%	61.5	62.2
失效	试验前质量/g	0.5009	0.5027
	试验后质量/g	0.3085	0.3124
	交联度/%	61.6	62.1

3.6　内衬层材料维卡软化温度检测

依据 GB/T 1633—2000《热塑性塑料维卡软化温度(VST)的测定》中的 B_{50} 法(50N，50℃/h)，从未服役和失效内衬管取块状样，采用 RV-300FW 维卡软化点温度检测仪测定样品的维卡软化温度。数量分别为 6 个，分别取平均值作为检测结果。由表 4 和表 5 可知，未服役和失效管样的内衬管的维卡软化温度分别为 83.67℃ 和 83.43℃，服役前后维卡软化温度无明显变化。

表 4　未服役内衬管维卡软化温度检测结果(B_{50} 法)

试样编号	起始试验温度	维卡软化温度/℃	维卡软化温度平均值/℃
1#	室温	83.21	83.67
2#	室温	83.30	
3#	室温	84.73	
4#	室温	83.85	
5#	室温	83.05	
6#	室温	83.90	

表 5　失效管样内衬管外表面维卡软化温度检测结果(B_{50} 法)

试样编号	起始试验温度	维卡软化温度/℃	维卡软化温度平均值/℃
1#	室温	86.61	83.43
2#	室温	83.61	
3#	室温	84.75	
4#	室温	82.74	
5#	室温	83.01	
6#	室温	79.88	

3.7　内衬层材料耐老化性检测

按照 GB/T 19466.6—2009《塑料 差示扫描量热法(DSC) 第 6 部分：氧化诱导时间(等温 OIT)和氧化诱导温度(动态 OIT)的测定》规定的试验方法，采用 AQ200 型差示扫描量热仪对未服役和失效的柔性复合管内衬层材料进行氧化诱导时间测试，结果如图 9 和图 10 所示。未服役管样内衬层材料进行氧化诱导时间大于 20min，服役后管样内衬层的氧化诱导时间为 11min，说明服役过程中失效管样的内衬层长期与高温输送介质接触，稳定剂有流失，导致管材的耐老化性能下降。

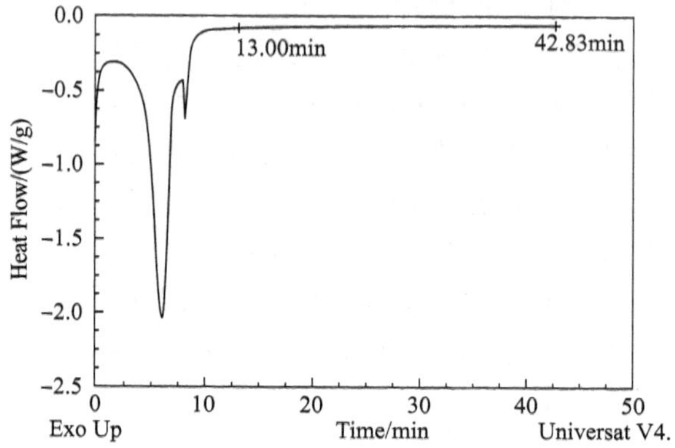

图 9　未服役管样内衬层材料 DSC 曲线

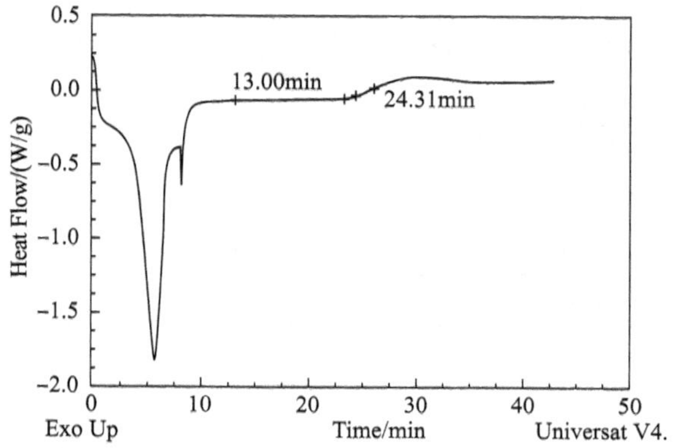

图 10　失效管样内衬层材料 DSC 曲线

3.8　内衬层材料拉伸性能检测

按照 GB/T 8804.3—2003《热塑性塑料管材 拉伸性能测定 第 3 部分聚烯烃管材》规定的试验方法，采用 AGS-X10kN 型超大行程拉伸试验机测定未服役与失效管样内衬层哑铃型样条的拉伸性能，结果如表 6 和表 7 所示。拉伸性能结果显示，内衬层材料的屈服强度、模量和断裂伸长率均有明显下降，这是由于管材在服役过程中长期与介质接触，发生了溶胀，力学性能发生了下降。

表 6　未服役内衬层材料拉伸测试结果

试样编号	断裂伸长率/%	屈服强度/MPa	弹性模量/MPa
1	454.7	24.6	861.1
2	534.3	24.4	816.1

续表

试样编号	断裂伸长率/%	屈服强度/MPa	弹性模量/MPa
3	437.8	25.4	844.1
4	507.5	24.6	785.7
5	513.7	24.9	788.4
平均值	489.6	24.8	819.08

表7　失效管样内衬层材料拉伸测试结果

试样编号	断裂伸长率/%	屈服强度/MPa	弹性模量/MPa
1	552.4	24.7	688.9
2	81.9	24.1	650.3
3	229.5	24.6	527.1
4	491.9	23.5	627.9
5	552.9	24.4	593.8
平均值	381.7	24.3	617.6

3.9　增强层纤维红外光谱检测

如图11所示，增强层纤维的红外光谱图中1710cm^{-1}为碳基伸缩振动，1238cm^{-1}和1081cm^{-1}为羧基中的碳基伸缩振动，723cm^{-1}为面外弯曲振动吸收，证明增强层纤维为涤纶纤维。对比服役前后纤维红外光谱，可以发现，3000~3700cm^{-1}，2850~2950cm^{-1}，1641cm^{-1}出现了三个新的吸收峰。结合管材失效信息，可以判断3000~3700cm^{-1}的处为内衬管破裂后，输送介质进入增强层，增强层纤维吸水后的羟基吸收峰；2850~2950cm^{-1}是输送介质有少量轻质油，污染增强层纤维后，产生的甲基和亚甲基的吸收峰；1641cm^{-1}处吸收峰可能为涤纶纤维在高温水环境中发生了水解，水解产物含羰基的芳香化合物的特征吸收峰，证明高温输送介质泄漏后，污染增强层纤维后会对纤维的结构造成损害，进而影响力学性能。

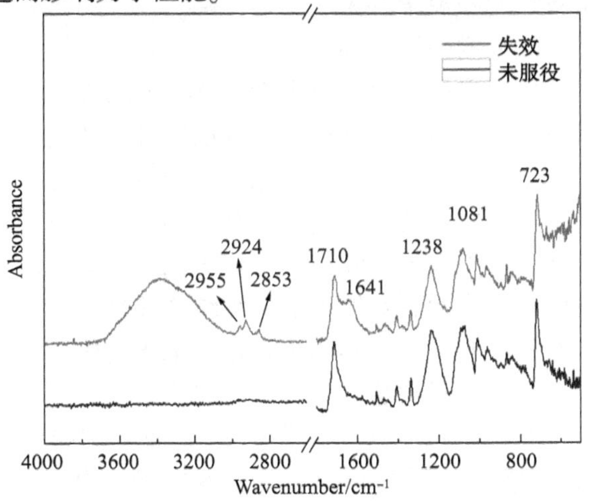

图11　未服役和失效管样增强层纤维红外光谱图

3.10　增强层纤维热稳定性及成分分析

通过热重分析法，表征增强层纤维的热稳定性和成分，由图12可知，未服役增强层纤维的热失重曲线只要一个明显的失重台阶，可以确定是涤纶纤维热分解的失重，失重率为83.54%，因该曲线测试气氛为N_2，涤纶纤维分解不完全有16.46%的残炭。而失效管段中的增强层纤维的热失重曲线有三个的失重台阶，失重率分别是5.5%、70%、3.5%和3.65%。第一个失重台阶为增强层纤维吸收的水分，挥发后导致失重；后三个失重为涤纶纤维化学结构被高温水解破坏后的热分解失重，再次证明了高温输送介质对增强层纤维结构的影响。

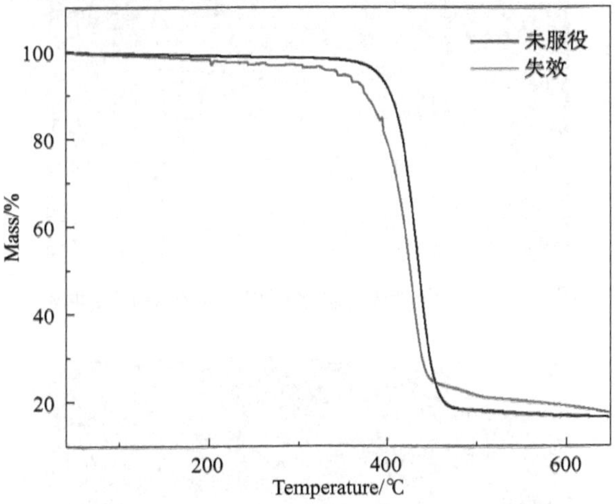

图12　失效管样增强层纤维热失重曲线

3.11　高温水压爆破试验

按照GB/T 15560《流体输送用塑料管材液压瞬时爆破和耐压试验方法》的规定进行爆破强度测试。SY/T 6662.2—2020要求管材的爆破压力应为公称压力的3倍，该柔性复合管的公称压力为6.4MPa，合格的爆破压力为三倍公称压力，即19.2MPa，因该管线的服役工况温度为65℃，根据SY/T 6662.2—2020附录C进行温度折减（60<t≤70℃ Ⅱ型复合管温度折减系数为0.82）后为15.7MPa。未服役和失效下游段的管样的高温水压爆破强度分别为18.6MPa和18.4MPa，满足标准要求。如图13、图14所示。

3.12　高温静水压试验

按照GB/T 6111—2018《流体输送用热塑性塑料管道系统耐内压性能的测定》的方法进行高温（65℃）短期静水压强度测试。SY/T 6662.2—2020要求温度为65℃时，保压压力为1.5倍公称压力，保压时间为1h，试验过程中管体应无渗漏、破裂。该柔性复合管的公称压力为6.4MPa，则保压压力为9.6MPa。试验过程中两个管样均无渗漏、破裂，满足标准要求。静水压试验后的爆破试验显示，两个管材的爆破压力分别为18.4MPa和16.9MPa，大于标准要求的15.7MPa。如图15、图16所示。

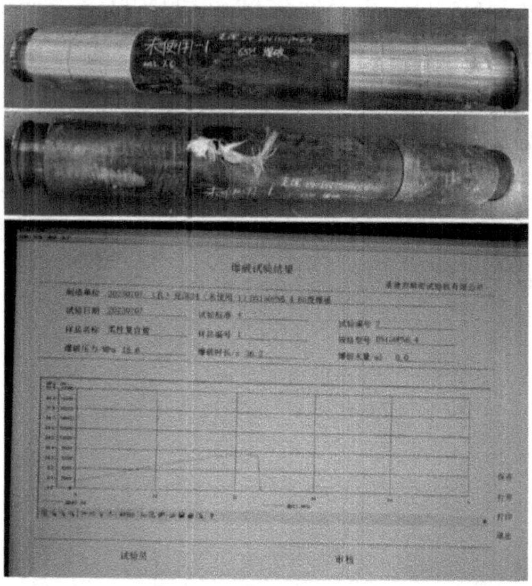

图13　未服役管样高温水压爆破形貌和试验曲线

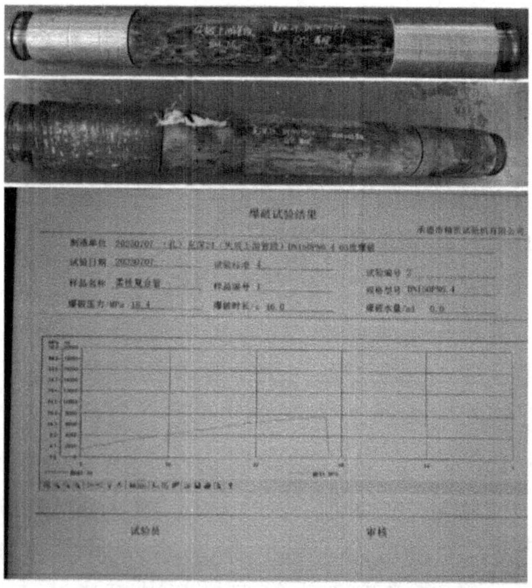

图14　失效上游管样高温水压爆破形貌和试验曲线

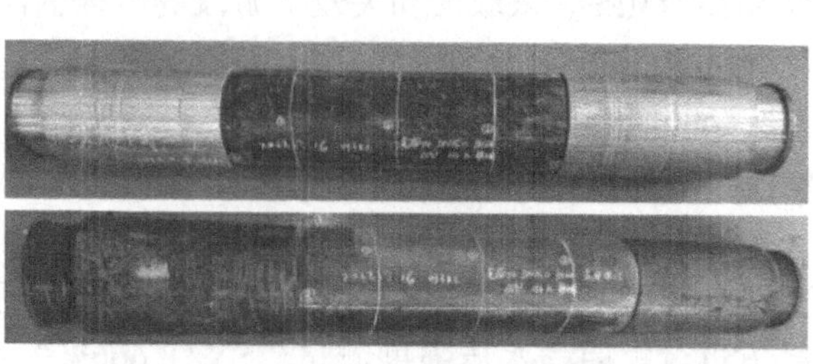

图15　未服役管样静水压试验前后形貌和试验曲线

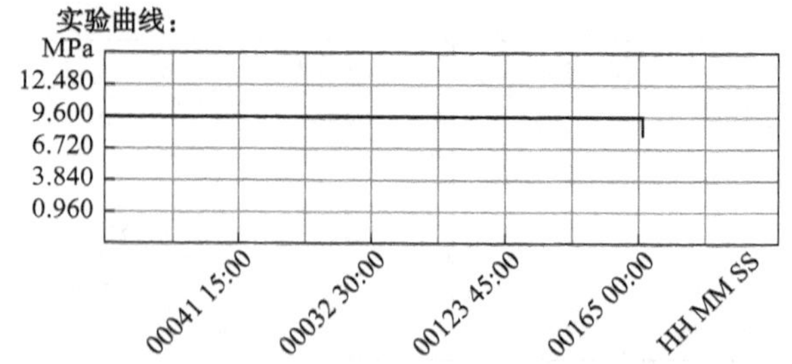

图15　未服役管样静水压试验前后形貌和试验曲线(续图)

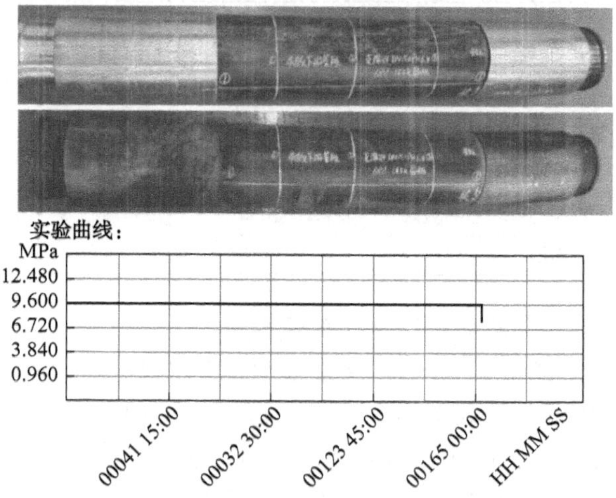

图16　失效下游段管样静水压试验前后形貌和试验曲线

3.13　综合分析

综合内衬层材料、增强层材料、整管的评价结果和管道运行情况调研结果，对失效原因进行综合分析：

（1）内衬层材料

从内衬层材料分析来看，红外分析结果显示内衬层材质为聚乙烯；交联度大于60%，确定内衬层材质为交联聚乙烯；红外光谱和热失重分析结果显示内衬层有明显的溶胀现象；服役后内衬层材料氧化诱导时间明显缩短，断裂伸长率、屈服强度和模量发生了明显下降。

（2）增强层材料

从增强层材料分析来看，红外光谱数据显示增强层纤维为涤纶纤维，增强层纤维的颜色发生了变化，由白色变为浅黄色，结合热失重分析结果，可以确定增强层纤维也存在溶胀。同时红外光谱、热失重分析和拉伸性能表征结果证明高温输送介质泄漏后对增强层纤维结构和性能均造成了不利影响，进而影响了管材的承压性能。

（3）外保护层

外保护层多处受到严重的沿轴向方向的划伤，严重的已贯穿外保护层，对内部结构的保护作用减弱。

（4）整管承压能力

未服役和失效管段上下游整管的静水压和爆破试验结果显示管体承压能力满足 SY/T 6662.2—2020 在高温下的承压能力要求。

综合以上分析，内衬管在生产过程中受到外伤产生开裂，运行过程中高温输送介质泄漏污染增强层纤维，导致纤维性能下降、断裂，管体鼓包后，在外保护层外伤严重处发生了爆破失效。

4 结论与建议

（1）结论

该柔性复合管内衬管在制造过程中受到外力冲击开裂，运行过程中该区域对应的管段为没有无支撑固定装置的穿越段，运行过程中的压力波动导致内衬管在外伤缺陷裂纹拓展变大，高温介质渗漏进入增强层，导致增强纤维性能下降，最终导致管体承压能力下降，开裂失效。

（2）建议

① 加强驻场监造，提高管材制造质量，减少缺陷；

② 该管线温度呈现升高趋势，达到该型柔性复合管服役温度上限，输送介质温度需要有降温措施；

③ 该段管线穿越涵洞时应设置固定支撑方案，减少管体在涵洞内的摆动，降低失效风险。

参 考 文 献

[1] 尹承禹，丁夷飞．柔性复合管在油田中的应用[J]．云南化工，2020(11).

[2] 陈庆国，齐国权等．地面集输用柔性复合管爆管失效原因分析[J]．石油管材与仪器，2021(04).

[3] 齐国权，崔小虎，祁小兵等．地面集输用柔性复合管开裂失效原因分析[J]．石油管材与仪器，2020(02).

[4] LI Houbu，YAN Milin，QI Dongtao，et al. Failure analysis of steel wire reinforced thermoplastics composite pipe[J]. Engineering Failure Analysis，2012，20(8)：88-96.

[5] 齐国权，戚东涛，魏斌，等．高温高压条件下柔性复合管评价方法研究[J]．石油管材与仪器，2015，1(5)：31-33.

[6] 张冠军，齐国权，戚东涛．非金属及复合材料在石油管领域应用现状及前景[J]．石油科技论坛，2017，36(2)：26-31.

[7] 齐国权，戚东涛，魏斌，等．非金属管在酸性环境应用存在的问题[J]．油气储运，2015，34(12)：1272-1275.

[8] 齐国权，李鹤林，李循迹，等．油田非金属管国内标准的发展与应用[J]．油气储运，2014，33(10)：1029-1033.

[9] KOTOMIN S V，AVDEEV N N. Compaction and consolidation of aramid and composite fibers. 1. compaction of aramid fibers[J]. Mechanics of Composite Materials，2002，38(5)：461-470.

[10] QIAO Hongdong，ZHANG Yin，BAI Yong，et al. Study on reinforced thermoplastic pipe under combined tension and internal pressure [J]. Ships and Offshore Structures，2018，13 (sup1).

[11] WEI X F，KALLIO K J，BRUDER S，BELLANDER M，ET AL. Hedenqvist. Diffusion-limited oxidation of polyamide：Three stages of fracture behavior [J]. Polymer Degradation and Stability，2018，154：73-83.

钢制油气管道失效智能识别技术研究与应用

贾海民　薛　剑　鲜　俊　仝　汉　王宏军

（中国石油塔里木油田公司）

摘　要　钢制油气管道在运行过程中可能会发生腐蚀、泄漏甚至断裂等失效，对管道的安全使用构成了巨大威胁。传统的分类识别方法需要进行大量的实验分析，费时费财费力。本文提出一种基于卷积神经网络的油气管道失效识别预测方法，即通过建立钢制油气管道失效图集，进行钢制油气管道失效图像标准化处理，完善钢制油气管道失效图像入库采集规范，研究并应用钢制油气管道腐蚀失效智能识别模型，实现了截管后基于计算机视觉的失效智能识别，提升了现场失效识别精度和效率，促进了油田管道失效管理向智能化发展。

关键词　油气管道；腐蚀失效；卷积神经网络；图像识别

钢制油气管道输送处理合格的石油和天然气，被广泛用于石油和天然气的长途运输。然而在管道内介质的温度、压力，以及管道外的环境温度、压力和土壤成分等各种潜在因素的影响下，管道不可避免地可能发生腐蚀、泄漏甚至断裂等失效，对管道的安全使用构成了巨大威胁。因此，及时判别管道发生腐蚀的类型，并采取一系列策略将管道维持在安全状态是至关重要的。目前传统的管道失效识别主要依靠人的经验和第三方实验室测试分析，对腐蚀管道进行一系列的测试，并将测试结果与管道的腐蚀特征信息相结合，从而判别腐蚀的类型，并且掌握导致腐蚀发生的因素。但这一过程消耗了大量的时间、人力和财力，尤其是种类多、机理复杂、影响因子多变的腐蚀失效，不能实现快速检测、快速判断和快速调整，不能满足油气管道失效管理和风险管理的要求，需要给油气田现场提供一种便捷、快速、科学、有效的失效识方法和工具，提升失效“三级识别”率。

随机器学习、人工智能等大数据技术的发展，为解决工作量大、效率低、识别精度不足、经费受限等问题带来了新的机遇。近年来，图像识别技术在油气管道缺陷识别、管道漏磁内检测、结构损伤检测等方面也逐渐发挥着重要作用。管道失效智能识别技术难度大，至今为止尚未有人将图像识别技术应用于油气管道的失效识别中。因此明确钢制油气普通碳钢管道常见失效类型，攻克多耦合因素作用下普通碳钢钢制油气管道失效后失效类型的智能识别技术，实现截管后基于计算机视觉的失效智能识别，提升现场失效识别精度，提高“三级识别”率的同时降低第三方失效分析工作量和资金投入，促进钢制油气普通碳钢管道失效管理向智能化发展。

1　失效案例分析及失效图集编制

首先对塔里木、新疆、长庆等油气田进行了现场调研，应用制定钢制油气管道失效数据采集模板，对上述油田的腐蚀失效样品库和油田现场积累的历史管道失效数据及腐蚀相关数据进行采集。并对相关历史失效分析案例以及文献、安科、管研院以及实验室积累的管道失效分析案例进行整理，并以相同的数据格式采集上述的管道失效分析案例中的数据。通过油田现场腐蚀失效图像数据采集测试，形成一套完善的适用于油田现场的失效位置图像信息采集方法。

调研钢制油气管道内外腐蚀失效案例，共采集了 264 个样本（失效管段），拍摄收集共计 4776 张原始失效图像，其中，内腐蚀以细菌腐蚀和 CO_2 腐蚀为主，外腐蚀以保温层下腐蚀为主。细菌腐蚀的典型失效特征如图 1 所示

其次对失效图集编制进行编制。通过对油田现场采集数据以及管道历史失效案例的分析，按照内腐蚀、外腐蚀、第三方破坏 3 大类，CO_2 腐蚀、细菌腐蚀、土壤腐蚀、保温层下腐蚀、补口腐蚀、直流杂散电流腐蚀、交流杂散电流腐蚀、电偶腐蚀等 9 小类，编制形成了钢制油气管道腐蚀失效样本集。以 CO_2 腐蚀图集案例为例，图集包含了两部分信息，即失效特征信息以及文本

信息。其中失效特征信息展现了在该环境下的腐蚀失效特征，文本信息包含了管道基本信息、腐蚀位置、服役时长、运输介质、服役工况、腐蚀原因详细的文本信息。在 CO_2 腐蚀中，温度、CO_2 分压、H_2S 分压、离子浓度、pH 值等因素是重要的影响因素，对管道发生 CO_2 腐蚀有很大的影响[3]。细菌腐蚀的典型失效特征如图 2 所示。

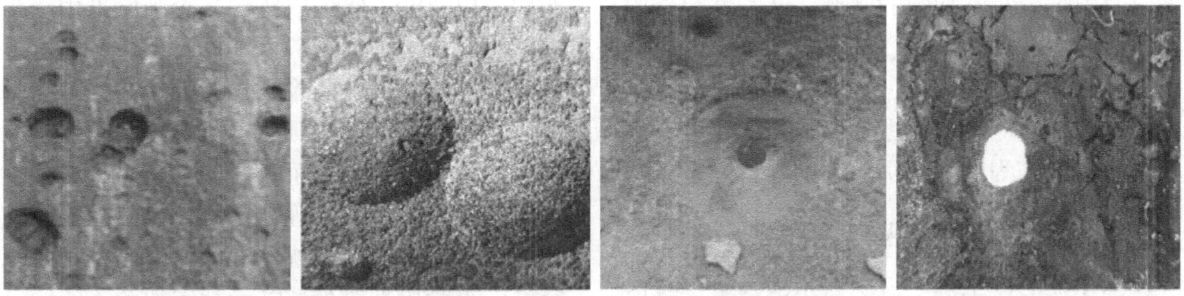

(a)　(b)　(c)　(d)

图 1　细菌腐蚀的典型失效特征

基本信息：P110钢，$\phi 73\times5.5$mm，油井管

腐蚀位置：安全阀下流动短节丝扣及本体

服役时长：1.26年

输送介质：油、气、水

服役工况：井口温度40~50℃，CO_2分压约为0.5MPa，H_2S分压0.1~0.5KPa；Ca^{2+}含量6874.42mg/L，$Na^{+}+K^{+}$离子含量77319.08mg/L，Mg^{2+}含量1059.51mg/L，Cl^{-}含量134399.81mg/L，SO_4^{2-}含量50mg/L，矿化度130000mg/L，综合含水0.5%；$CaCl_2$水型，pH值6.2

腐蚀原因：油管材质不合格，耐蚀金属元素含量偏低，耐蚀性较差。同时，CO_2分压较高，在40~50℃的服役温度下发生严重的CO_2腐蚀减薄，导致油管无法承受管柱重力而断裂。

图 2　细菌腐蚀的典型失效特征

2　管道失效图像标准化处理

管道腐蚀形貌受环境影响很大，在采集失效管段腐蚀图像时，变量因素也很多，因此需要对失效信息进行标准化处理，以减小各数据之间的差异。失效数据的预处理包括图像数据的预处理和文本性数据的预处理，以规范数据格式以及减小不确定性因素的影响，整体流程如图 3 所示。

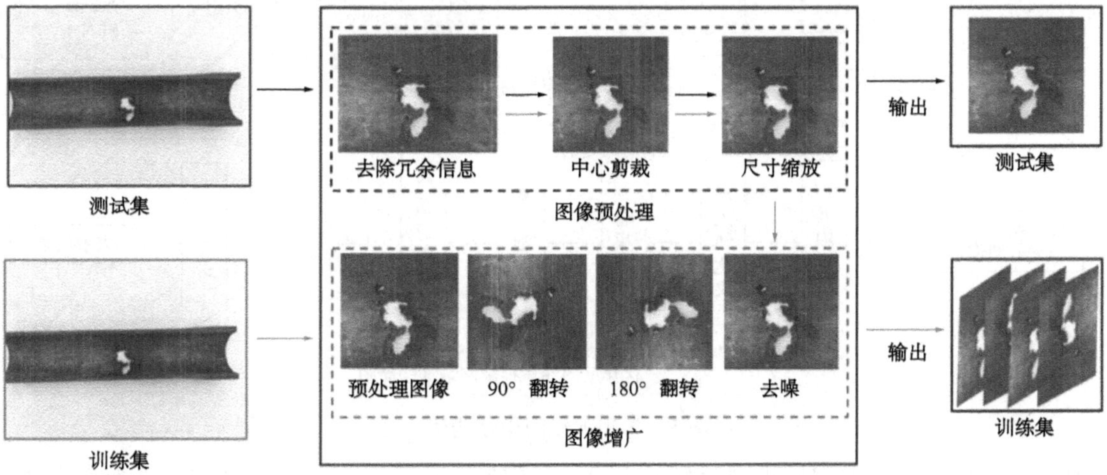

图 3　失效数据预处理、数据增广以及数据集构建流程

图像信息的处理包括图像的预处理以及图像增广。图像预处理操作旨在消除干扰因素对腐蚀特征的影响，保证所有图像具有相同的尺寸等。图像增广旨在增加图像数据量，以解决图像数据量少以及数据分布不均匀的问题。文本性数据的处理包括有用数据的提取、缺省值的填充、数值变换等，以解决数据维度过高以及数据残缺问题，考虑到实际应用中数据的获取难度较大，可选取关键参数作为图像识别的辅助性信息。

3　建立管道失效图像采集入库技术要求

受油田作业区干燥、风沙灰尘油渍多、摄取设备等限制，现场采集的失效图片往往存在对比度过低、噪声过于明显、颜色明显失真、图像细节信息不够丰富等问题，目前国内外缺乏油气田集输钢质管道现场失效信息采集规范，严重阻碍腐蚀失效图像智能识别技术的发展。为了提升失效图像识别准确性，更好地推动钢质管道失效智能识别技术的发展，需要针对现场失效图像信息采集制定相应规范。

钢制油气管道失效图像采集入库技术包括失效图像采集工具的准备、失效样管取样、失效部位的清理、失效图像的采集及失效信息记录与整理等内容。失效图像信息采集主要依托各类图像拍摄设备及其他辅助工具，其中油田现场主要采用的图像拍摄设备包括各类相机、管道内窥镜、智能检测机器、无人机等，需要结合油气田现场失效图像采集位置选取相应的设备。失效管段的取样包括采集工具准备、失效样管取样与包装运输、失效部位的清理、失效图像的采集及失效信息记录与整理5个流程。失效样管送达失效样品库后，应及时采集失效图像，否则应采用适当的措施对样品进行清理，保证样品干燥、整洁且失效形态突出。失效图像采集与处理的标准化方法研究对拍摄环境、拍摄角度以及不同失效管段所采取的拍摄方法做出了相应的规定。采取标准化的失效图像采集与处理方法可以有效减少外来因素的干扰，减小数据扰动，从而提高模型的识别精度。直管段裂纹处取样示意图如图4所示。

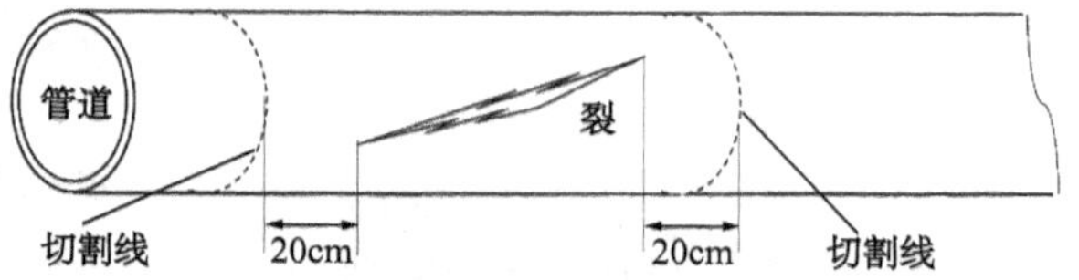

图4　直管段裂纹处取样示意图

4　管道失效智能识别模型建立

目前流行的VGGNet，ResNet，GoogleNet等卷积神经网络模型网络结构的深度较深、参数较多，无法直接用于失效图像的分类中。在现有模型的基础上，结合腐蚀失效图像自身的特征，对卷积神经网络模型进行了优化，建立了一种适用于失效识别且网络较简洁的卷积神经网络模型。如图5所示。

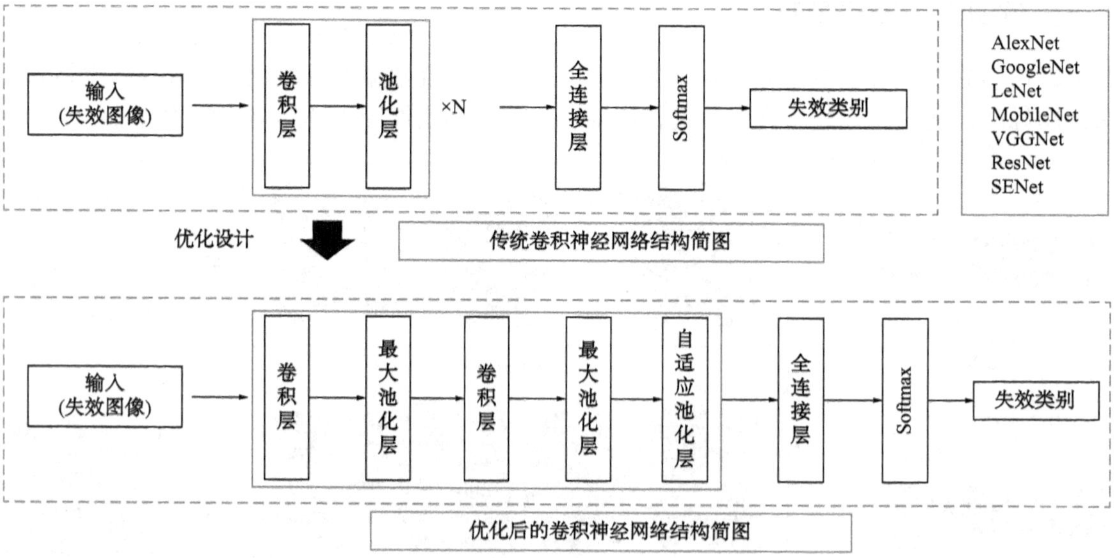

图5　卷积神经网络结构优化

钢制油气管道失效智能识别模型包括实现内腐蚀、外腐蚀、第三方破坏3大类失效的智能识别，土壤腐蚀、保温层下腐蚀、补口腐蚀、交流杂散电流腐蚀、直流杂散电流腐蚀、电偶腐蚀、阴极保护失效引起的腐蚀、CO_2腐蚀以及 SRB 腐蚀等 9 小类失效的智能识别。根据内腐蚀、外腐蚀、第三方破坏的形貌特征以及数据特点，将钢制油气管道腐蚀失效智能识别分为 3 个步骤。第一步实现内腐蚀、外腐蚀、第三方破坏的识别，第二步实现 CO_2腐蚀、SRB 腐蚀的识别，第三步实现土壤腐蚀、保温层下腐蚀、补口腐蚀、交流杂散电流腐蚀、直流杂散电流腐蚀、电偶腐蚀、阴极保护失效引起的腐蚀识别。

首先是建立单模态模型，即内、外腐蚀及第三方破坏分类模型。本模型用于识别内腐蚀、外腐蚀及第三方破坏三大类型。内、外腐蚀及第三方破坏分类模型使用的是 DenseNet 网络，结合腐蚀失效图像自身的特征，对卷积神经网络模型进行了优化、调参，建立了适用于识别内、外腐蚀的卷积神经网络模型。得到最优性能的模型后，保存其参数，提取最后一层卷积层参数，以类激活图即热图的形式在原始图像上显示，类激活图(CAM)能够可视化决定腐蚀分类的关键性特征，颜色越深的地方就表示该区域的特征对分类结果的贡献越大。内、外腐蚀分类模型准确率较高，可达 90%；而第三方破坏分类模型的分类精度较低(65%)，这是由于第三方破坏失效图像的数量太少，且图像增广方法无法从根本上解决数据量的问题，因此导致内腐蚀、外腐蚀及第三方破坏分类模型的分类精度较差。后期随着数据量的提升，模型的精度会有质的提升。

其次是建立单模态模型，即内腐蚀小类分类模型。基于图像的内腐蚀分类模型使用的是 InceptionV3 模型，其网络结构如图所示。图像识别模型中涉及超参数众多，在模型的建立阶段，需要不断尝试各种组合，寻找最优组合，使图像识别模型达到最优的分类性能。确定好模型结构后，需要进一步优化模型中的参数，以 InceptionV3 为例。在人工智能图像识别模型中涉及较多参数，为提高模型的精度，在模型训练阶段，通过不断迭代更新模型中的参数，寻找一组最优的参数解，使图像识别模型达到最优的分类性能。CO2、细菌腐蚀内腐蚀小类分类模型精度最高为 75%，提取最后一层卷积层参数，以类激活图即热图的形式在原始图像上显示，颜色越深的地方就表示该区域的特征对分类结果的贡献越大。

第三是建立外腐蚀分类模型，共收集土壤腐蚀、保温层下腐蚀、补口腐蚀、杂散电流腐蚀(直流、交流)、阴极保护失效引起失效管段共 237 根。在外腐蚀小类的分类任务中，数据结构采取图像+工况信息的方式，首先使用图像信息做出粗略的分类，然后对于剩下难以区分的类型，结合图像所处的工况信息，利用多模态模型预测其腐蚀类型。如图 6 所示。

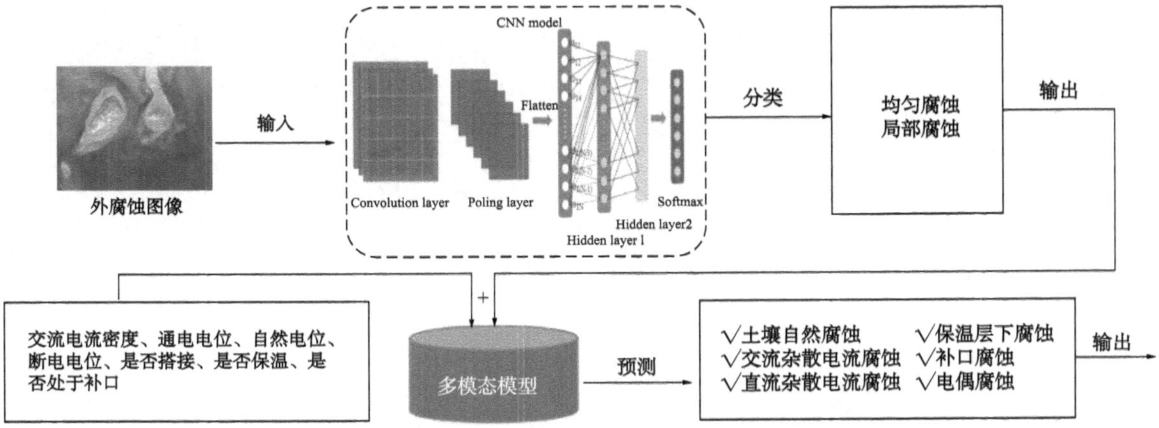

图 6　卷积神经网络结构优化

5　结论

基于卷积神经网络的钢制油气钢质管道失效智能识别技术，完成了适用于管道失效特点的“一键式”失效图像标准化处理方法研究，初步实现了 CO_2 腐蚀、SRB 细菌腐蚀、土壤腐蚀等 9 小类的智能识别，实现了现场截管后基于计算机视觉的失效智能识别，提升现场失效识别精度，提高“三级识别”率的同时降低第三方失效分析工作量和资金投入，促进了油田公司失效管理向智能化发展。

参 考 文 献

[1] Liao D D, Huang B, Liu J, et al. Failure analysis of glass fiber reinforced composite pipe for high pressure sewage transport[J]. Engineering Failure Analysis, 144 (2023) 106938.

[2] Liu Z Y, Liao W J, Wu W, et al. Failure analysis of leakage caused by perforation in an L415 steel gas pipeline[J]. Case Studies in Engineering Failure Analysis 9 (2017) 63-70.

[3] 魏勇，李秀丽．埋地长输油气管道的腐蚀防护与检测[J]. 安全、健康和环境，2012(5)：45-47.

[4] 王和波．长输油气管道腐蚀检测及修复的相关研究[J]. 工程技术与应用，2018(2)：73-74.

[5] 吴庆伟．埋地管道腐蚀与防护技术一般问题[J]. 全面腐蚀与控制，2016(9:)33-36.

某注水井高压柔性复合管线失效分析

陈绍云 陈广明 丁 路 王 瑶

（中国石油塔里木油田公司）

摘 要 针对某注水井柔性复合高压管线爆裂失效，分别测试了其内衬层或增强层的密度、硬度、交联度、氧化诱导时间、维卡软化温度、拉伸强度和红外光谱等性能或指标，并核算耐压强度，以期分析确定其爆裂失效的原因，为其管材的生产和注水井管线设计选材提供指导。结果表明，该失效管内衬层为交联聚乙烯，属于Ⅱ型高压柔性复合管，各项性能无明显下降，符合标准要求；增强层核算后6层涤纶纤维的耐压强度小于标准要求的3倍公称压力，而8层可达到耐压要求；该复合管因其增强层未达到标准要求的3倍公称压力，部分涤纶纤维与渗入的注水相互作用而性能下降，以及内衬层接头附近存在机械损伤，从而导致管体承压能力下降而最终爆裂失效。建议该复合管降压使用，并加强制造监理、入场检验和现场施工的管理。

关键词 高压柔性复合管；注水；耐压强度；失效分析

1 引言

西部油田某注水井的注水管道属于该油田石炭系高压注水系统，输送介质为油田伴生滤后水，运行温度51~56℃，运行压力23MPa，设计压力25MPa，设计温度65℃。由于油田注水管线压力较高，介质的腐蚀性较强，采用金属管线耐蚀性较差，管材使用寿命较短，选用耐蚀纯材管成本太高，选用一般碳钢或低合金管线需要反复更换，造成人力财力的巨大损失，腐蚀穿孔还会造成环境污染，因而选用非金属管材具有耐腐蚀、使用寿命长、节约投资和维修成本的优点。该注水管线就选用了高压柔性复合管，其规格为RF-S-120mm×20mm-25MPa，全长1.27km，于2014年5月11日投入使用。2022年8月11日，该注水管道在距其配水间50m处发生刺漏现象，经开挖后确认为注水管道本体穿孔失效，失效处距离接头约5cm（图1）。高压柔性复合管是由不同的非金属材料分层结合形成的，可以肯定的是发生刺漏不是该管材的耐蚀性原因，是非金属材料方面的原因，还是操作运行不当导致的刺漏，只有通过对其进行失效分析才能确定。因此，为了弄清该高压柔性复合管失效原因，从现场取得失效管样，通过检测分析，结合现场使用工况，综合分析了失效的原因，提出该高压柔性复合管的使用建议，为高压柔性复合管的生产和注水管线设计选材提供重要的指导作用。

2 形貌分析

现场取得失效管段长约24cm，样品外保护层有3处破裂，内衬层内壁沾有泥沙。从失效柔性复合管样品的外观形貌可见，失效管样具有柔性复合管典型的三层结构：外保护层、增强层和内衬层。样品外保护层有3处破裂，最大的破裂口破裂方向与轴向方向呈54.7°（即纤维缠绕方向），破裂处有裸露的增强层纤维，未破裂处有鼓包变形现象；内衬层沿管体轴向呈“S”型破裂，破裂口长度约15cm，起裂于接头端，如图1所示。

图1 失效管段失效形貌

图2是将失效管样的保护层打开后的增强纤

维层形貌。由图可见，保护层与该柔性复合管增强层由六层纤维缠绕而成，由内向外，第1层、第3层和第5层缠绕方向相同，第2层、第4层和第6层缠绕方向相同，相邻两层纤维缠绕方向夹角约为54.7°，各层纤维有不同程度的颜色变化，推测是与从接头处渗入的注水相互作用导致的。

图2　柔性复合管增强层纤维形貌

图3为内衬管破裂口局部管壁放大形貌。由图可见，在放大分层撕裂处呈现出韧性撕裂形貌，应为爆破拉伸断裂的结果。同时，在失效管样内衬管破裂口最宽处断口边缘附近发现有外伤痕迹(图4)，管道承受高压时，可能成为内衬管管体的应力集中点，诱发管体破裂。

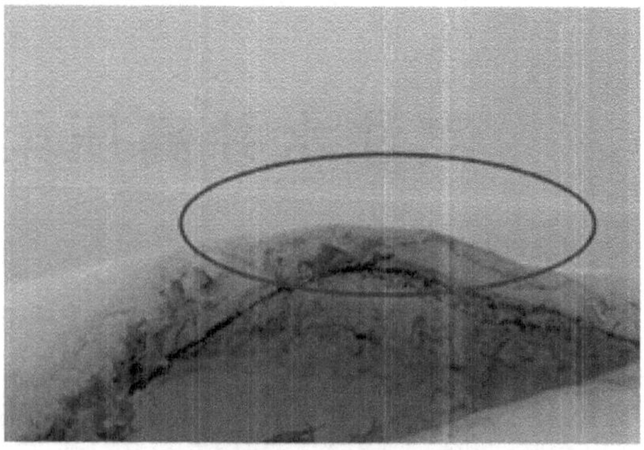

图3　内衬管破裂口局部管壁放大形貌

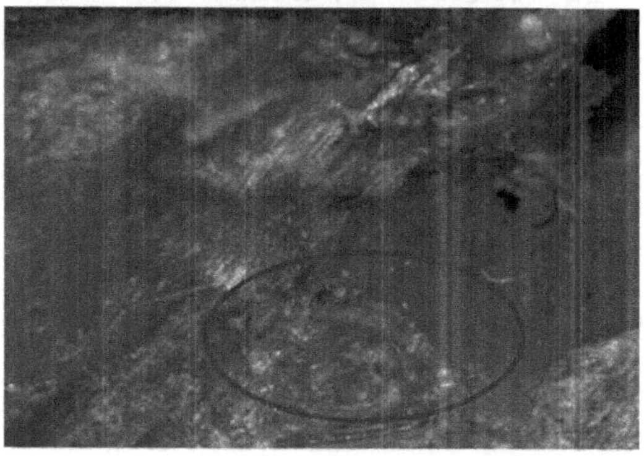

图4　内衬管破裂最宽处断口边缘

按照GB/T 8806—2008《塑料管道系统 塑料部件尺寸的测定》要求，利用游标卡尺对柔性复合管进行尺寸测量，总壁厚、外径、内径和内衬壁厚分别测试5个点，取平均值作为检测结果，测量结果见表1，与SY/T 6662.2—2012附录B进行对照，总壁厚、内径和内衬层均满足标准要求。

表1　尺寸测量结果　mm

项目	1	2	3	4	5	平均值	标准值
总壁厚	21.51	20.92	21.55	22.51	20.93	21.48	≥20
外径	126.70	126.50	124.95	125.10	126.70	125.99	≥120
内径	83.68	84.66	81.85	80.08	84.84	83.02	≥80
内衬壁厚	7.46	7.65	7.42	7.48	7.35	7.45	—

3　内衬管材料性能检测

3.1　密度和硬度的测试

采用ET-120SL电子密度计和D型邵氏硬度计分别测定内衬管样品密度和内外表面的硬度，测试结果列于表2中。由表可见，该管材内衬层材料的平均密度为0.9495g/cm³，满足SY/T 6662.2—2012中对聚乙烯树脂的密度要求；材料的内外表面的平均硬度分别为60.4HD和62.5HD，表明失效管样内衬管内外表面硬度基本一致，均值为61.5HD。

表2　失效管样内衬管的密度和硬度(HD)测量结果

项目		1	2	3	4	5	平均值	标准值
密度/(g/cm³)		0.9487	0.9502	0.9504	0.9491	0.9490	0.9495	≥0.930
硬度/HD	外表面	62.5	62.7	62.1	63.1	61.9	62.5	—
	内表面	60.3	60.1	61.7	60.1	59.9	60.4	—

3.2 交联度、耐老化性、维卡软化温度和拉伸性能检测

根据检测项目对试样的要求，从失效内衬管上分别取样，依据检测项目的标准要求进行交联度、耐老化性、维卡软化温度和拉伸性能的检测，结果列于表3中。由表可见，该失效的柔性复合管内衬层材料平均交联度为75.7%，达到GB/T 18992.2—2003标准中规定的过氧化物交联聚乙烯交联度≥70%的要求，表明失效的柔性复合管为SY/T 6662.2—2012中的Ⅱ型复合管；检测内衬管断口和远离断口的平均氧化诱导时间分别为82.46min和82.75min，二者均值为82.61min，均大于标准要求20min；平均维卡软化温度为75.18℃，拉伸性能的平均屈服强度和断裂伸长率分别为23.77MPa和86.23%，维卡软化温度和拉伸性能也满足技术要求。

表3 内衬管的交联度、氧化诱导时间、维卡软化温度和拉伸性能的检测结果

项目	试样	1	2	3	平均值	标准值	检测依据标准
交联度/%	内衬管样	75.1	76.3	—	75.7	≥70	GB/T 18474—2001
氧化诱导时间/min	内衬断口	82.46	82.47	82.45	82.46	≥20	GB/T 19466.6—2009
	远离断口	82.85	82.58	82.81	82.75		
维卡软化温度/℃	块状样	75.19	75.26	75.10	75.18		GB/T 1633—2000
屈服强度/MPa	哑铃型样条	23.82	23.72	23.78	23.77		GB/T 8804.3—2003
断裂伸长率/%		87.52	80.91	90.26	86.23		

3.3 红外图谱分析

图5是内衬层材料内外表面的红外图谱。由图可见，在2919cm^{-1}、2845cm^{-1}、1462cm^{-1}和719cm^{-1}处的特征峰均为亚甲基($-CH_2-$)的振动峰，说明内衬材料材质为聚乙烯($-[CH_2-CH_2]_n-$)，且内外表面化学结构没有发生明显变化。

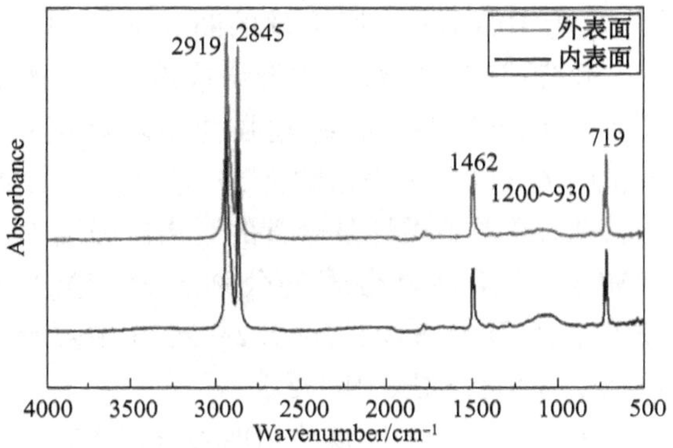

图5 失效管样内衬层材料红外光谱图

4 增强层纤维性能检测

4.1 纤维红外光谱分析

图6是失效管样增强层纤维红外光谱图。由图可见，增强层纤维的红外谱图中1713cm^{-1}处的强吸收峰为C═O伸缩振动峰，1239cm^{-1}和1093cm^{-1}两处特征峰为C—O伸缩振动，721cm^{-1}处的特征峰为苯环C—H面外弯曲振动吸收峰，由此表明增强层为涤纶纤维，说明化学结构没有发生明显变化。3600~2800cm^{-1}为-OH特征峰，增强层纤维的黄褐色区域在此处的特征峰明显强于其他区域，应为51~56℃运行温度下介质与纤维长期相互作用所致。

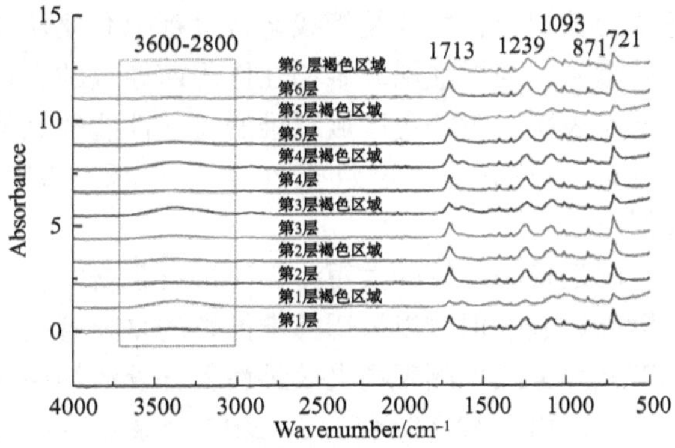

图6 失效管样增强层纤维红外光谱图

4.2 增强层纤维拉伸性能检测

表4是失效管样增强层纤维拉伸性能测试结果。由表可见，增强层褐色区域纤维拉伸性能较其他区域纤维略低，原因纤维在51~56℃运行温度下与渗漏的注水长期相互作用部分水解所致。研究表明，暴露在水中的涤纶纤维吸收的水分量会随时间的增加而增加，水分会渗透到聚合物的非晶态区域并其发生水解，导致其拉伸性能降低。

表 4　增强层单根纤维断裂强力(N)测试结果

试样	第 1 层	第 2 层	第 3 层	第 4 层	第 5 层	第 6 层
褐色区域	0. 23922	0. 24543	0. 26961	0. 28731	0. 29839	0. 30863
非褐色区域	0. 36099	0. 27643	0. 28490	0. 55927	0. 32033	0. 52128

5　综合分析

该柔性复合管输送介质为油田伴生滤后水，运行温度 51~56℃，运行压力 23MPa。依据 SY/T 6662. 2—2012 标准，管线运行温度下的温度修正系数为 0. 95(Ⅱ型)，计算得到修正后的公称压力为 23. 75MPa，略大于运行压力，满足现场使用需求。

红外分析内衬层材质为聚乙烯，平均密度为 0. 9495g/cm^3，满足 SY/T 6662. 2—2012 要求；平均维卡软化温度为 75. 18℃；平均屈服强度为 23. 77MPa；平均交联度为 75. 7%，满足 SY/T 6662. 2—2012 中的Ⅱ型复合管要求。这些检测结果与分析表明，该柔性复合管内衬层为交联聚乙烯材质，其各项性能符合标准或技术要求。

增强层材料形貌和红外分析结果表明，该柔性复合管失效区域的部分增强层纤维的颜色由白色变为黄褐色，主要是管线运行过程中介质从接头处渗入，与增强层纤维相互作用而导致的；拉伸试验表明，黄褐色区域纤维的力学性能较其他区域有一定下降，导致柔性复合管承压能力降低。

因送检失效管样太短，无法进行管材实物水压爆破试验，但可以采用标准推荐的复合管内压强度核算公式推测现场失效柔性复合管的初始耐压性能。由于 SY/T 6662. 2—2012 附录 C 中的管道内压强度核算公式中只规定了 4 层以内纤维缠绕层数的修正系数，未规定 6 层及以上纤维缠绕层数的修正系数，故采用现行 SY/T 6662. 2—2020 标准中附录 E 推荐的复合管耐内压强度核算公式，对同规格 6 层纤维增强全新柔性复合管进行耐压强度核算，推测现场失效柔性复合管的初始耐压性能：

$$P_B=\frac{nN_iK_BC_3C_4}{D_{计}^2(1+\varepsilon)^2} \tag{1}$$

式中，P_B为复合管的耐压强度，kg/cm^2；N_i为增强层上纤维丝的总根数；K_B为纤维丝的单根强度，kg/根；$D_{计}$为增强绕层平均直径，cm；ε为增强丝的扯断伸长率；C_3为缠绕或编织层数影响缠绕或编织不均性的修正系数(二层$C_3=0.9$、四层$C_3=0.8$、六层$C_3=0.75$、八层$C_3=0.7$)；C_4为纤维丝强力不均修正系数取低值时，$C_4\approx1$；n为不同缠绕角度的计算系数，按式(2)计算。

$$n=\frac{2\sin^2\alpha}{\pi\cos\alpha} \tag{2}$$

式中，α为缠绕角度，度(°)。

根据表 5 厂家提供的涤纶工业长丝产品质量测试报告中的纤维力学性能测试数据，可进行柔性复合管的耐内压强度核算。首先对实测的纤维丝强度进行如下的换算：

K_B(纤维丝的单根强度，N/根)= 实测断裂强度×线密度/(102×每束纤维根数)　(3)

其中实测断裂强度为 8. 31cN/dtex，纤维线密度是 36300dtex，每束有 4224 根纤维，则：

K_B(纤维丝的单根强度)= 0. 08147N/dtex×36300dtex/4224 根=0. 7001N/根=0. 07001kg/根。

其次，经过统计 6 层纤维增强层的纤维总根数 N_i约为 1976832 根，测量得到的增强层平均直径 $D_{计}$为 10. 01cm，增强丝的断裂伸长率 ε 为 12%，缠绕或编织层数影响缠绕或编织不均性的修正系数 $C_3=0.75$，纤维丝强力不均修正系数取低值时 $C_4\approx1$，缠绕角约为 54. 7°时 $n=0.735$，代入公式(1)得到柔性复合管的耐内压强度 P_B为 60. 7MPa，为柔性复合管的公称压力 25MPa 的 2. 43 倍，不符合 SY/T 6662. 2—2020 中爆破压力不低于 3 倍公称压力的要求。

目前厂家生产的同规格(DN80mm PN25MPa)柔性复合管增强层通常采用 8 层纤维缠绕，依据标准 SY/T 6662. 2—2020 附录 E 可知，8 层纤维缠绕时，修正系数 $C_3=0.7$，统计的增强层内纤维总根数约为 2635776 根，代入公式(1)可得到 8 层纤维缠绕时柔性复合管的耐内压强度 P_B为 75. 5MPa，略大于 3 倍公称压力(75MPa)，符合标准要求。由此可知，采用 6 层增强纤维缠绕的失效管线耐压强度偏低，采用 8 层纤维缠绕更为合适。

表 5　厂家提供的涤纶工业长丝产品质量测试报告

测试项目	优等品	一等品	合格品	实测值	检验方法
表面油污（cm^2/卷装表面）	0	0	10	0	GB/T 16604
毛丝（根/卷装表面）	5	20	30	5	GB/T 16604
蜘蛛丝（根/卷装表面）	0	4	10	0	GB/T 16604
线密度偏差率（LD）（%）	±2.0	±2.5	±3.0	2.1	GB/T 16604
线密度变异系数（CV/%≥	1.40	1.60	2.00	1.20	GB/T 16604
断裂强度（cXAdtex）>	8.00	7.70	7.40	8.31	GB/T 16604
断裂强度变异系数（CV/%<	3.00	4.00	5.00	4.2	GB/T 16604
断裂伸长率（CVb/%	M1±2.0	M1±3.0	M1±4.0	12.0	GB/T 16604
断裂伸长率变异系数（CV/%≥	8.00	9.00	10.00	3.0	GB/T 16604
4.0cN/dtex 负荷伸长率/%	M2±0.8	M2±0.9	M2±1.0	7.6	GB/T 16604
干热收缩率（177℃）/%	M3±1.5	M3±2.0	M3±2.5	14.56	GB/T 16604

注：M1、M2 和 M3 分别为断裂伸长率、4.0cN/dtex 负荷伸长率和干热收缩率的中心值，分别为 14.0%、7.5%和 14.0%。

综合以上检测与分析，该柔性复合高压管耐内压强度不符合标准要求，同时在较高的运行温度下增强层纤维长期与渗漏的介质相互作用而导致承压能力降低，在内衬层接头附近存在机械损伤的情况下，最终造成管线在服役过程中爆管失效。

6　结论及建议

（1）该失效复合管内衬层或增强层的组成、密度、硬度、交联度、氧化诱导时间、维卡软化温度和拉伸强度等性能或指标符合标准要求，属于Ⅱ型柔性复合高压输送管，但其内衬层在接头附近有沿管体轴向长约 15cm 的“S”型破裂口和局部机械损伤，增强层是由 6 层不同颜色的纤维交叉缠绕而成，外保护层有 3 处破裂和鼓包变形。

（2）管线失效原因主要是 6 层纤维缠绕的失效管线耐压强度达不到标准要求的 3 倍公称压力，介质渗入增强层后与纤维长期相互作用，使得纤维性能下降和管体承压能力降低，最终在服役过程中在机械损伤处发生爆管失效。

（3）由于该高压柔性复合管的增强层纤维层数偏少，承压能力下降，因此该管线在现有工况条件下运行存在失效风险，建议降压运行，并加强线路巡检。

（4）由于内衬层机械损伤和增强层层次不够导致该高压柔性复合管刺漏失效，因此需要加强柔性复合管制造过程监理，严格按 SY/T 6662.2—2020 的技术要求和补充协议执行，严防不合格产品出厂；严格入场现场检验，要对产品的外观检查和增强层的层数与承压能力进行复核，确保管材的性能与质量满足设计和现场要求；强化现场施工管理，提高管材的现场施工质量，保障地面注水管线服役的本质安全。

参考文献

[1] 柯红峰，黄新杰，李爱玲，等．柔性复合高压输送管的研究与利用[J]．化工管理，2015，(2)：19.

[2] 郭连升，王振东．柔性复合高压输送管在油田开发中的应用[J]．清洗世界，2020，36(7)：103-104.

[3] 刘海璋，赵坤，李红智，等．油气田用柔性复合高压输送管材及性能研究[J]．新技术新工艺，2021，(3)：27-31.

[4] 王冬林，梁剑，姚志佳，等．浅谈柔性复合高压输送管质量控制[J]．石油工业技术监督，2019，35(8)：36-38.

[5] Andreopoules A. G. A new coupling agent for aramidfibers [J]. Journal of Applied Polymer Science，1989，38：1053-1064.

[6] Fisher E. H.，Gibson A，G. Continuousfiber reinforced thermoplastic pipes for transport and distribution of fluids for the oil and gas industries [J]. Plastics，Rubber Compos，1999，27(10)：447-451.

[7] ISO. ISO 11357-1-2009 Plastics-differential scanning calorimetry (DSC)-Part 1：General principles [S]. 2009.

[8] ISO. ISO 306-2004 Plastics-thermoplastic materials-determination of Vicat softening temperature (VST) [S]. 2004.

[9] 宋成立，郭继银，宋文文，等．某油田单井油气集输柔性复合管泄漏原因[J]．理化检验-物理分册，2022，58(3)：53-57.

[10] Allen N. S., Edge M., Mohammadian M., et al. Physico chemical aspects of the environmental degradation of poly (ethylene terephthalate) [J]. Polymer Degradation and Stability, 1994, 43(2): 229-237.

[11] Pirzadeh E., Zadhoush A., Haghighat M. Hydrolytic and thermal degradation of PET fibers and PET granule: The effects of crystallization, temperature and humidity [J]. Journal of applied polymer science, 2007, 106(3): 1544-1549.

[12] 李广山，陈庆国，夏晓晖，等．柔性复合管在油田服役后的性能[J]．理化检验-物理分册，2024，60(1)：1-5.

某注水柔性复合管穿孔失效分析

赵志勇　鲜　俊　柳　楠　宋跃海　张云冬

（中国石油塔里木油田公司）

摘　要　针对某注水柔性复合管的穿孔失效，开展了宏微观形貌、密度、硬度、维卡软化温度、交联度、DSC、热重和拉伸强度的检测与分析，以确定其失效的原因，为其生产和应用提供重要的指导。结果表明，该注水失效管为Ⅰ型柔性复合管，但壁厚低于标准要求；内衬层为普通聚乙烯，存在局部树脂缺失，在最严重处开裂穿孔；受污染纤维颜色变深，发生脆性断裂；外保护层在内衬同一位置处穿孔。该复合管失效是由于在内衬层存在树脂缺失最严重处发生开裂穿孔，高矿化度介质渗透并运移至增强纤维层，导致其机械性能显著降低，在高压下局部断裂，最终管体难以承受内压而爆裂穿孔。建议加强生产、出厂和入场等环节的质量控制。

关键词　油田；柔性复合管；注水；穿孔；失效分析

1　事件概况

西部油田某注水管线采用的是柔性复合管，其规格为 RFS-II-99 * 17—25MPa，制造执行标准 SY/T 6662.2—2012，输送介质为注水，运行温度约 45℃，最高运行压力 22MPa。该管线投用于 2017 年 9 月 26 日，至 2023 年 8 月共发生 3 次穿孔刺漏，第 3 次刺漏位于同一管线管体临近三个不同部位（见图 1）。通过对第 1 个管段室内检测分析，以弄清其失效原因，为油田用柔性复合管的生产与应用提供重要的参考或指导。

图 1　失效样品外观形貌

2　试验方法与设备

2.1　试验材料

试验材料采用现场穿孔刺漏的 II 型柔性复合管，长度 300mm，规格是 DN65mmPN25MPa。

2.2　试验设备

高清形貌观察采用 OLYMPUS Smart Zoom5 型超景深光学显微镜，材料红外光谱采用 Thermo Scientific Nicole iS50 型红外光谱仪测得，表面硬度采用 D 型邵氏硬度计测试，样品密度采用 ET-120SL 电子密度计测定，维卡软化点温度采用 RV-300FW 型热变形、维卡软化点温度测定仪测试，材料 DSC 曲线由 AQ200 型差示扫描量热仪测试，热稳定性由 TGA-2 热重分析仪检测，拉伸性能由岛津超大行程试验机测试，以上各项测试方法和操作条件依据相关标准要求进行。

3　试验结果与分析

3.1　形貌的宏微观检查

失效管段穿孔部位的外部和内部形貌如图 2 所示。由图可见，穿孔部位外保护层存在 20mm

左右孔洞，对应内衬层有穿透性孔洞，且开口朝向外壁方向。表 2 是失效管段尺寸的测量结果，可知该管段壁厚不满足 SY/T6662.2—2012 标准的要求。

如图 3 所示，对管体进行逐层解剖。打开外保护层，第 1 层纤维表面附着沙土，第 1～3 层纤维呈棕褐色，在穿孔部位附近发生断裂。最内层纤维沿轴向发生断裂，且穿孔部位也位于其中。图 4 是最内层纤维打开后的形貌，发现穿孔部位的纤维呈现棕褐色，内层断裂部位及其附近纤维硬而脆且断口齐整，呈脆性断裂特征。

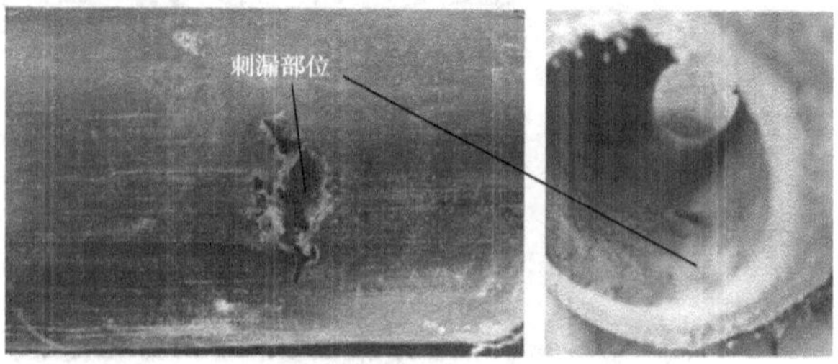

图 2　刺漏管段外观形貌

表 1　失效管段壁厚的测试结果

mm

壁厚	1	2	3	4	5	6	平均值
失效管段	16.12	16.39	16.21	16.04	16.01	16.23	16.17
SY/T 6662.2—2012 要求	17.0～17.6						

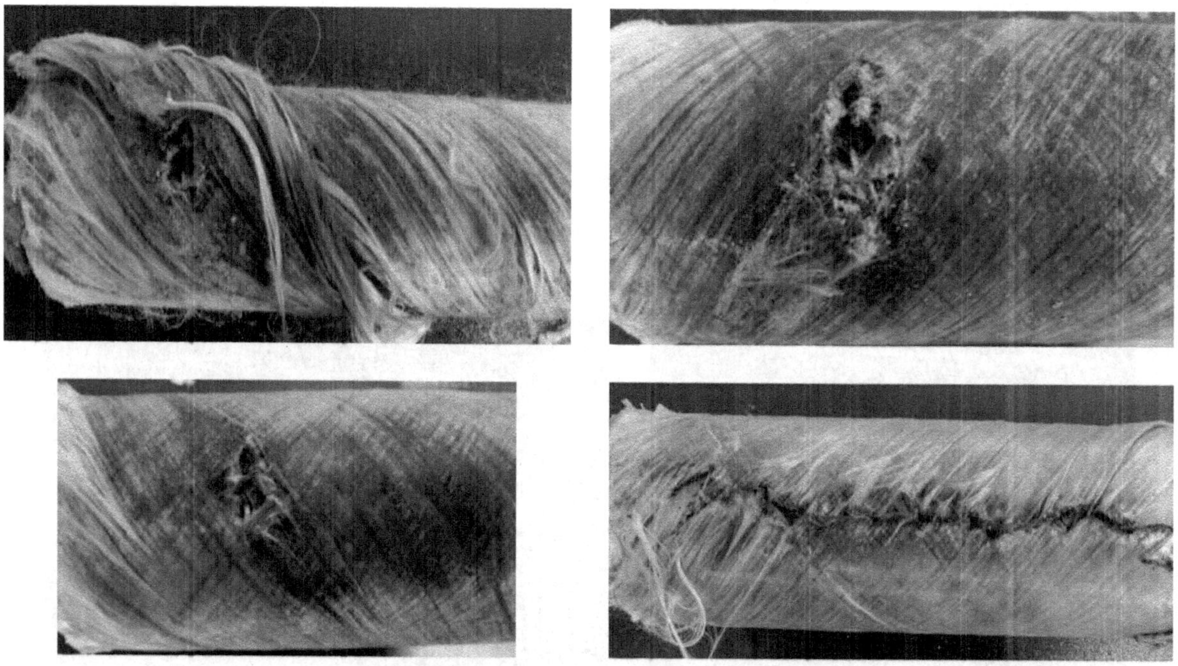
图 3　第 1-4 层纤维外观形貌

图 4　第 4 层纤维打开后形貌

图 5 为内衬层外表面形貌。由图可见，该内衬层外表面存在一条向下凹陷的轴向斑痕，与内层纤维断裂趋势形态基本一致，推断该管段发生穿孔刺漏与内衬层存在缺陷有关。

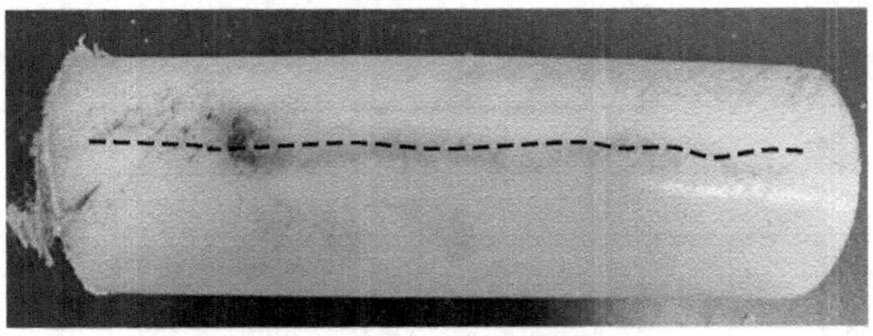

图5　内衬层纤维外观形貌

图6是另外2根失效管段内衬层的穿孔附近外表面形貌。可见，另外2根管段的穿孔位置内衬层外表面同样存在沿轴向的凹陷斑痕缺陷，具有与上述一样的特征。图7为1#管段内衬层内外表面形貌，其树脂缺失最为明显，内外表面同时向中间凹陷，最小壁厚仅为本体1/2，而管体并未出现鼓包，排除后期因鼓包导致的壁厚减薄，由此推断该部位为内衬层原始减薄缺陷或壁厚不足所致。如图8所示，通过其中2段穿孔管段外保护层喷码可以辨识出穿孔部位位于管体同一轴线，说明内衬层缺陷也在同一轴向的方位上。

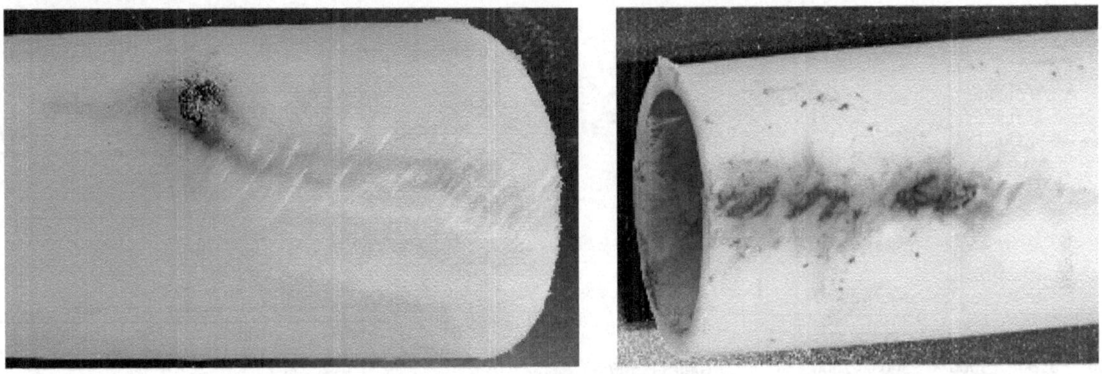

图6　穿孔内层管段外表面形貌

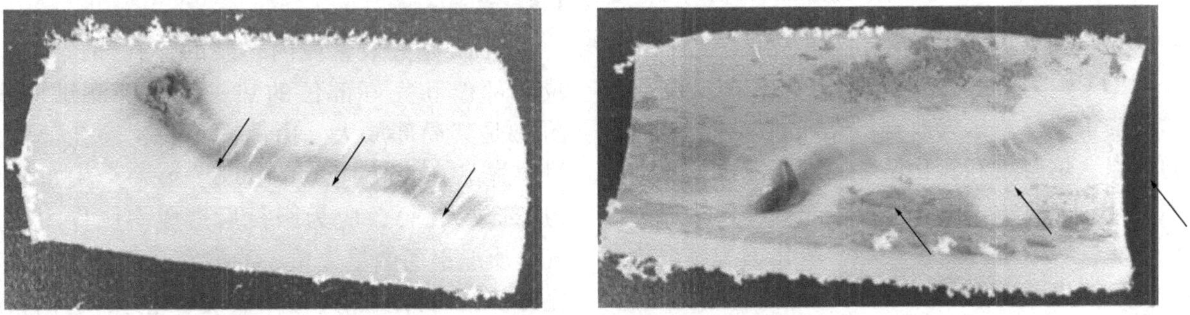

图7　1#穿孔内层管段内外表面形貌

图8　穿孔管段外保护层形貌

3.2　内衬层的密度、硬度、维卡软化温度和交联度测定

依据GB/T 1033.1—2008、GB/T 2411—2008、GB/T 1633—2000和GB/T 18474—2001，采用液体比重瓶法、D型邵氏硬度计测试和RV-300FW型热变形与维卡软化点温度测定仪（B_{50}法）分别检测失效管段完好部位和失效部位内衬层的密度、硬度和维卡软化温度，结果列于表2中。由表可见，该失效管段的内衬层完好部位和失效部位的密度没有变化，且满足GB/T 15558.1—2015中规定的聚乙烯混配料基础树脂密度不低于0.930g/cm^{3}的要求；失效部位的硬度和维卡软化温度均较完好部位的偏低；内衬层的交联度平均值为13%，表明它属于普通聚乙烯。

3.3　内衬层的红外光谱特征

采用Nicolet iS50 FT-IR型红外光谱仪分别分析失效部位和完好部位内衬层的结构成分，结果如图9所示。由图可见，聚乙烯的特征峰2915cm^{-1}、2547cm^{-1}、1462cm^{-1}和717cm^{-1}非常明显，化学结构没有发生明显变化，表明内衬层的材质是聚乙烯，图中出现的在1070cm^{-1}特征吸收峰属于穿孔部位受介质污染或溶胀作用　所致。

表 2　失效管段内衬层密度、硬度和维卡软化温度检测结果

项目	样品类型	1	2	3	4	5	平均值
密度/(g/cm³)	完好部位	0.9381	0.9384	0.9392	—	—	0.9386
	失效附近	0.9386	0.9385	0.9381	—	—	0.9384
硬度/HD	完好部位	57.5	58.1	58.3	57.1	57.7	57.7
	失效附近	53.9	54.1	54.5	53.5	53.3	53.9
维卡软化温度/℃	完好部位	73.33	74.90	73.98	—	—	74.07
	失效附近	72.11	72.69	73.57	—	—	72.79
交联度/%	内衬层	18	8	—	—	—	13

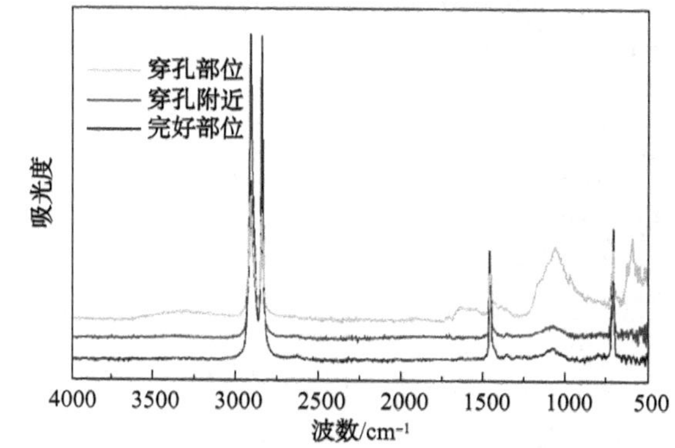

图 9　失效管段不同部位样品的红外图谱

3.4　DSC 分析

依据 GB/T 19466.6—2009，采用 AQ200 型差示扫描量热仪测试失效管段完好部位和失效部位的熔点、熔融焓和氧化诱导温度，测试结果如图 10 和图 11 所示。由图可见，完好部位熔点为 133.37℃，熔融焓为 114.6J/g，氧化诱导温度为 243.64℃，失效部位熔点为 131.99℃，熔融焓为 97.75J/g，氧化诱导温度为 244.68℃。对完好和失效部位树脂基体熔融焓测试结果进行计算，得出完好和失效部位树脂基体结晶度分别为 39%和 33.4%，即穿孔部位附近聚乙烯树脂的结晶度小于本体的，因而其韧性较本体高。

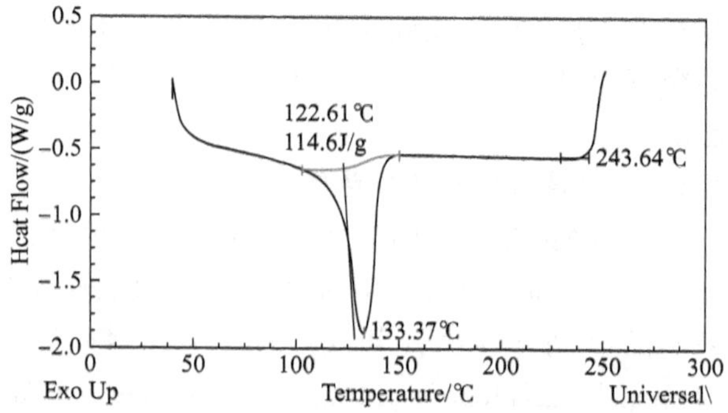

图 10　穿孔部位附近内衬层样品 DSC 曲线

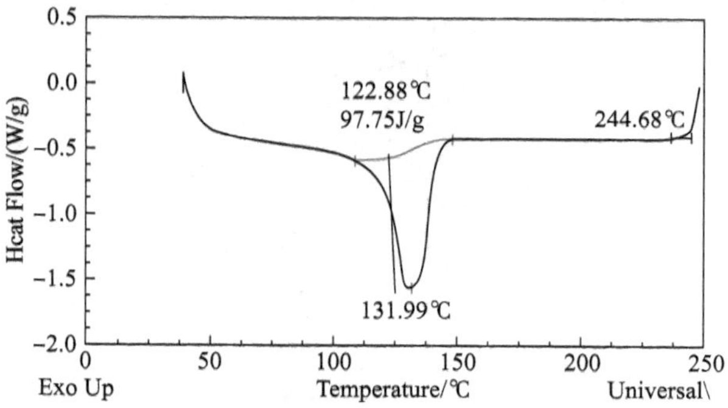

图 11　完好部位内衬层样品 DSC 曲线

3.5　热重分析

图 12 是失效管段内衬层的穿孔部位、基体减薄部位和完好部位的热失重性能测试曲线，图 13是其局部放大。由两图可见，穿孔部位内衬层样品在 150～450℃ 出现了第一个失重台阶(局部放大图)，应为服役后造成溶胀作用的油气介质逸出而微量失重，导致穿孔部位与减薄和完好部位内衬层热失重存在较小差异，但内衬层不同部位热分解温度基本一致，均为 450℃左右。

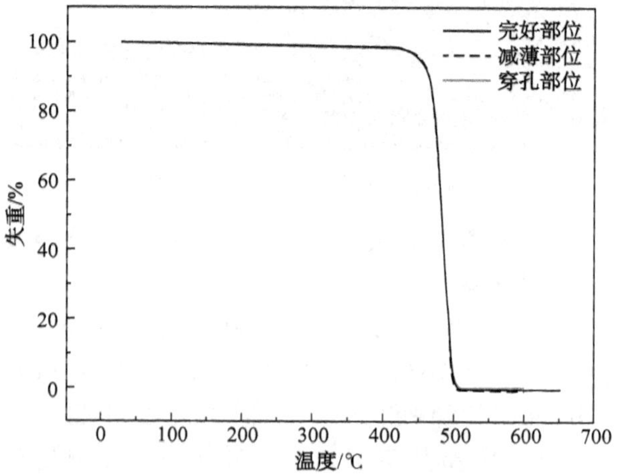

图 12　不同部位内衬层样品热失重曲线

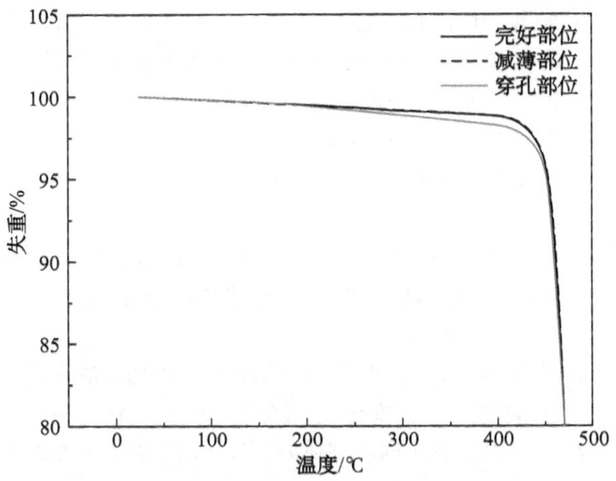

图 13　不同部位内衬层样品热失重局部放大曲线

3.6　内衬层和增强纤维的拉伸试验

依据 GB/T 1040.2—2006，采用岛津超大行程试验机测试内衬层和增强纤维（完好与污染）的抗拉强度及断裂伸长率，测试结果见表 3 所示，完好与污染增强纤维的形貌如图 14 和拉伸试验曲线如图 15 所示。由表可见，内衬层的平均屈服强度和断裂伸长率分别为 20.15MPa 和 680.35%，而完好增强纤维的最大拉断力和断裂伸长率分别为 84.49N 和 17.28%，污染增强纤维的分别为 67.57N 和 3.76%，很明显污染后增强纤维的拉伸性能出现显著降低。

表 3　内衬层和增强纤维的拉伸强度测试结果

样品	拉伸性能	1	2	3	4	5	平均值
内衬层	屈服强度 σ_Y/MPa	20.66	20.19	19.80	19.80	20.28	20.15
	断裂伸长率 ε_B/%	688.09	730.09	703.50	591.12	688.95	680.35
完好增强纤维	最大拉断力/N	84.49	—	—	—	—	—
	断裂伸长率 ε_B/%	17.28	—	—	—	—	—
污染增强纤维	最大拉断力/N	67.57	—	—	—	—	—
	断裂伸长率 ε_B/%	3.76	—	—	—	—	—

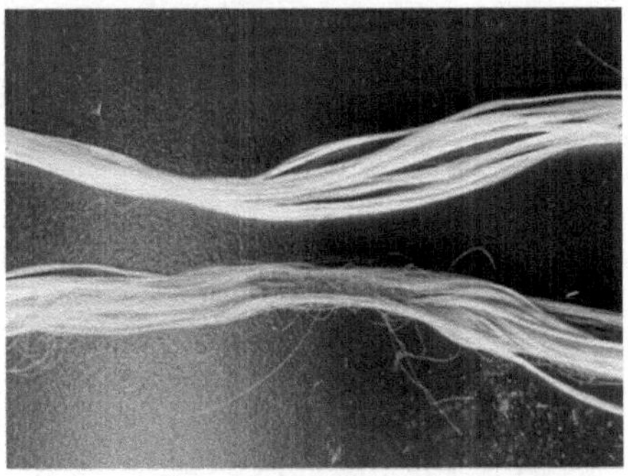

图 14　完好和污染纤维拉伸样品形貌

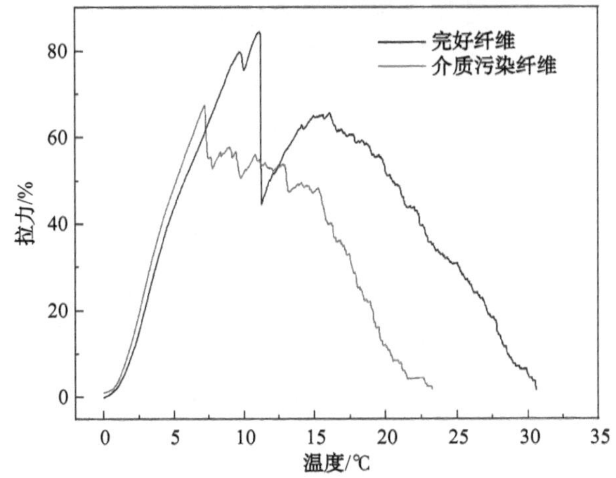

图 15　不同纤维拉伸曲线

4　结论与建议

（1）该注水柔性复合管失效管段样品壁厚不满足 SY/T 6662.2—2012 标准要求，内衬层材质为普通聚乙烯，属于 I 型柔性复合管，存在局部树脂缺失，在最严重处开裂穿孔；受污染纤维颜色变深，发生脆性断裂；外保护层和内衬在同一位置处穿孔。

（2）该注水柔性复合管在内衬层存在树脂缺失最严重处发生开裂穿孔，高矿化度介质渗透并运移至增强纤维层，在高压情况下导致局部发生断裂，最终增强层不足以承受管体压力而穿孔失效。

（3）建议加强柔性复合管在生产、出厂和入场等过程的质量控制，严禁不合格产品进入油气生产运行环节。

参　考　文　献

[1] 柯红峰，黄新杰，李爱玲，等．柔性复合高压输送管的研究与利用[J]．化工管理，2015，(2)：19.

[2] 郭连升，王振东．柔性复合高压输送管在油田开发中的应用[J]．清洗世界，2020，36(7)：103-104.

[3] 刘海璋，赵坤，李红智，等．油气田用柔性复合高压输送管材及性能研究[J]．新技术新工艺，2021，(3)：27-31.

[4] 陈庆国，齐国权，夏明明，等．地面集输用柔性复合管爆管失效原因分析[J]．石油管材与仪器，2021，7(4)：49-54.

[5] 王冬林，梁剑，姚志佳，等．浅谈柔性复合高压输送管质量控制[J]．石油工业技术监督，2019，35(8)：36-38.

[6] 齐国权，崔小虎，祁小兵，等．地面集输用柔性复合管开裂失效原因分析[J]．石油管材与仪器，2020，6(2)：49-54.

[7] 宋成立，郭继银，宋文文，等．某油田单井油气集输柔性复合管泄漏原因[J]．理化检验-物理分册，2022，58(3)：53-57.

[8] 车飞，牛小驰，藏国军，等．在役柔性复合管缺陷的微波无损检测与分析[J]．管道技术与设备，2023，(6)：32-35.

[9] 李广山，陈庆国，夏晓晖，等．柔性复合管在油田服役后的性能[J]．理化检验-物理分册，2024，60(1)：1-5.

[10] 张阿昱，刘德俊，梁 航，等．柔性复合管内衬材料耐介质性能研究[J]．合成树脂及塑料，2023，40(4)：39-43.

[11] 全娇娇．柔性复合管内衬层在介质中的性能变化规律研究[J]．云南化工，2019，46(1)：161-162.

[12] 赵苗苗，孙玉新，刘亚明，等．油田采出水在役柔性复合管性能变化[J]．化工装备技术，2023，44(4)：8-10.

柔性复合管在油田服役后的性能评价

陈庆国　夏晓晖　燕自峰　宁长春

（中国石油塔里木油田公司）

摘　要　为评价柔性复合管在油气田地面集输系统中应用效果，通过对两条在役柔性复合管进行承压试验、组织结构分析、内衬层及增强层性能进行检测或试验，以确定其适应性。结果表明，两管样服役后结构层保持完整，未发现明显缺陷，内衬层颜色加深；两管样失效形式均为管体爆破，但1#样由于长期高温运行导致爆破压力不满足标准要求；两样管内衬层分别是交联聚乙烯和普通聚乙烯，其增强层分别是芳纶纤维和涤纶纤维，其热分解温度分别为580℃和440℃，但芳纶纤维的拉伸强度明显小于涤纶纤维。

关键词　油气田；集输系统；柔性复合管；性能评价

随着油气田开发中后期出水量增加，腐蚀环境愈发恶劣，迫切需要防腐性能好且耐热耐压的非金属管材解决地面集输系统的腐蚀问题，其中柔性复合管是一种在油田应用广泛的非金属管材。截至2022年12月，柔性复合管在塔里木油田已应用1611km，且呈逐年递增趋势。为探究柔性复合管在油气集输环境中应用效果，对该油气田在役的2条柔性复合管线取样进行试验评价。根据评价结果确定不同服役环境对柔性复合管性能的影响程度，为后续柔性复合管的正确使用起到一定的指导作用。

1　样品选取

2条在役柔性复合管管线取样分别为：1#为油、气、水混合集输管线样、2#为单井气举管线样，工况信息见表1，外观如图1、图2所示。

表1　样品工况信息

样品	管道名称	规格	输送介质	运行压力/MPa	运行温度/℃	H_2S 含量/ppm	投用时长	备注
1#	混合集输管线	DN80PN4MPa	油气水	2.9	90	0	3年	高温运行
2#	单井气举管线	DN50PN16MPa	干气	12	30	0	6年	高压气举

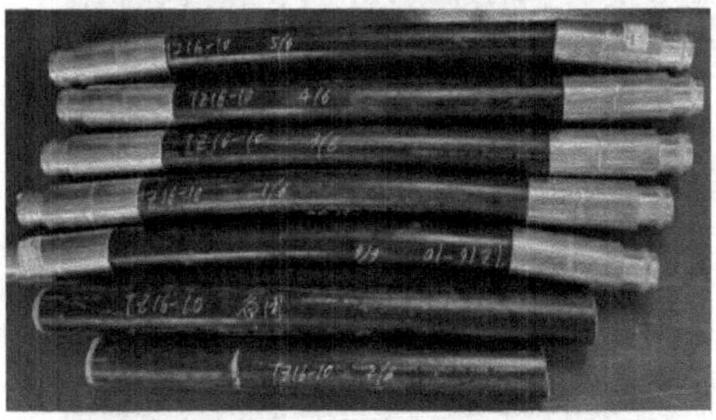

图1　在役柔性复合管1#样品

图2　在役柔性复合管2#样品

2　试验方法

依据SY/T 6662.2—2020标准要求，对1#、2#所选试样进行结构解剖，分析其内衬层的形貌，检测其密度、硬度、维卡软化温度、结构成分、氧化诱导温度、热重、交联度及拉伸性能，然后进行水压爆破、气密封、短时循环压力试验，检测在役管线的承压性能；根据检测结果来评价两条柔性复合管服役后内衬层性能，综合分析两条在役柔性复合管在不同工况下的适用性。

3　评价结果与分析

3.1　结构解剖宏观分析

3.1.1　管体解剖形貌

对1#样品管体进行解剖发现（参见图3），外保护层喷码显示设计温度为60℃，在内衬管外部缠绕有2层深黄色的纤维绳作为增强结构层。整体来看，该柔性复合管服役后外保护层、增强层及内衬层结构保持完整，未见开裂、鼓包等失效形貌，但内衬管由于溶胀作用变为深黄色。

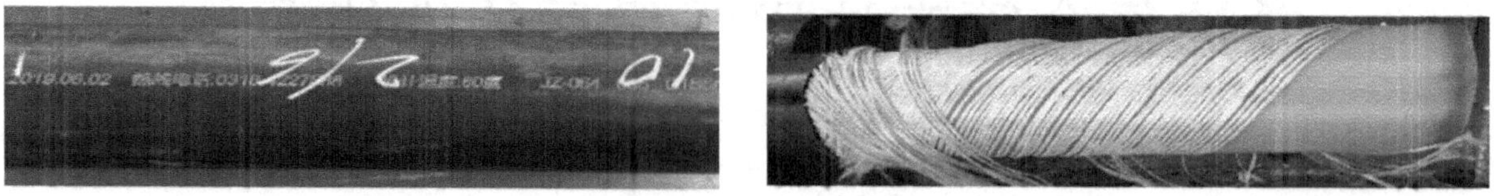

图 3　1#样解剖内形貌

对 2#样品管体进行解剖同样可看到(见图 4 所示)，该样品外保护层完整，增强层结构为非粘接型交叉缠绕的四层纤维干纱，各层纤维缠绕方向一致、排列整齐，未出现断裂、错排等现象。内衬管整体光滑平整，未见明显的开裂、鼓包、起泡等缺陷，但颜色变为浅黄色。

图 4　2#样保护层内外表面形貌

3.1.2　内衬层微观形貌

将 1#和 2#试样内衬层剖开后，内衬层截面宏观形貌如图 5 所示。由图可见，两试样的外表面整体光滑平整，内表面底部有油污附着，且内表面颜色较外表面更深，都是由于油气介质的渗透和溶胀作用导致。

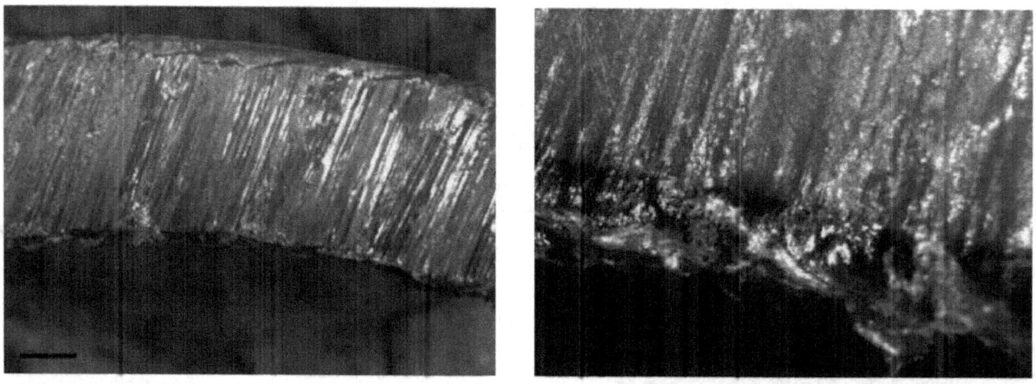

图 5　1#、2#内衬层横截面微观形貌

3.1.3　增强层微观形貌

观察柔性复合管增强层纤维样品的形貌(放大倍数为 50 和 100 倍)如图 6 所示，可见样品纤维束结构保持完整，未见纤维断裂、缠结等现象。

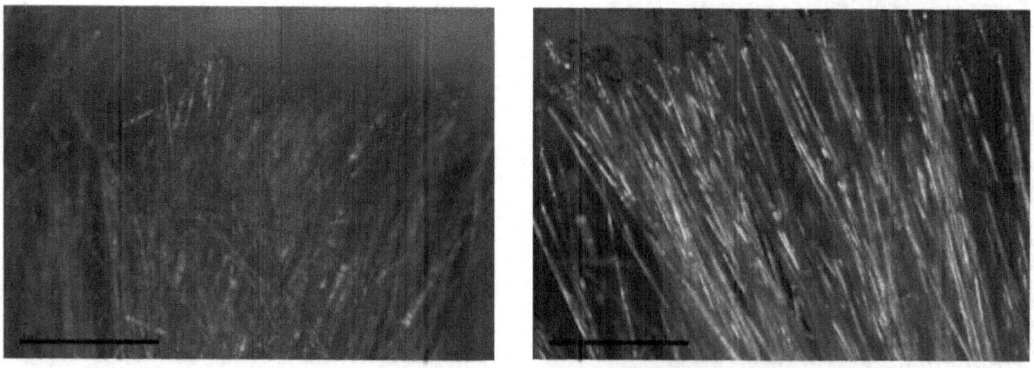

图 6　1#和 2#柔性复合管增强层形貌

3.2 管体承压性能与密封性能

3.2.1 水压爆破及气密封性

1#和2#样品做水压爆破的形貌和测试结果见图7、图8和表2所示。结果表明，样品水压爆破失效形式均为管体爆破，扣压接头完好。但1#爆破压力不满足SY/T 6662.2—2020要求的短时水压爆破压力应≥3.0倍公称压力×温度折减系数(即3.0×4MPa×0.95=11.4MPa)的要求，而2#试样满足该标准要求。

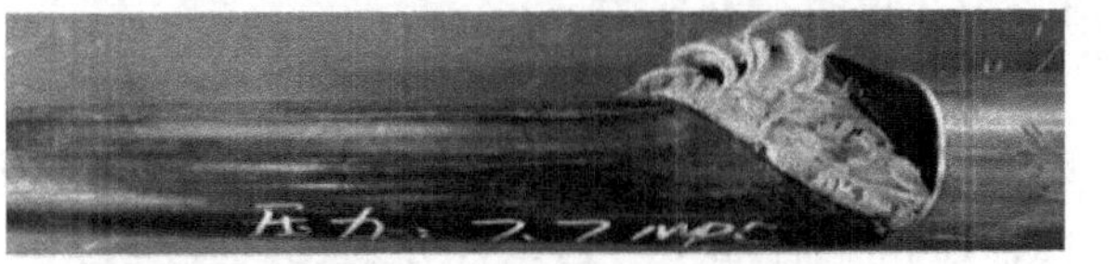

图7 1#-2样品水压爆破

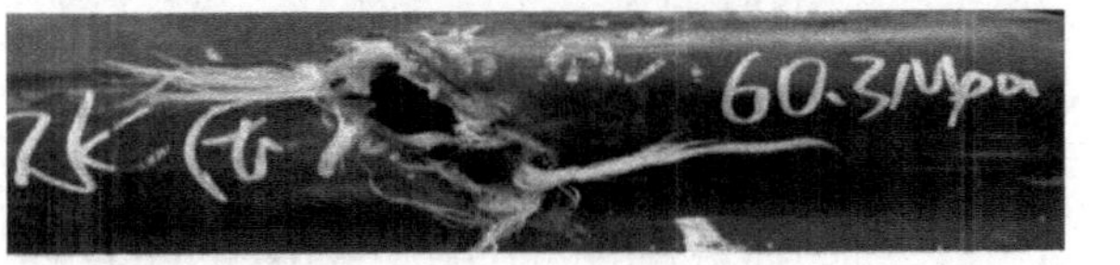

图8 2#-2样品水压爆破

表2 水压爆破强度测试结果

样品号	规格	试验温度	爆破压力	对标结果
1#	DN80PN4MPa	90℃	7.7MPa	不满足SY/T 6662.2—2020要求
2#	DN50PN16MPa	室温	60.3MPa	满足SY/T 6662.2-2020要求

图9和图10分别是1#和2#样品接头气密封性能试验的压力随时间的变化情况。检查发现，1#、2#样品中所选含接头试样在气密封试验过程中均无破裂、无渗漏，所测得的压降小于试验压力的5%，满足SY/T 6662.2—2020中对于柔性复合管气密封性能的规定。

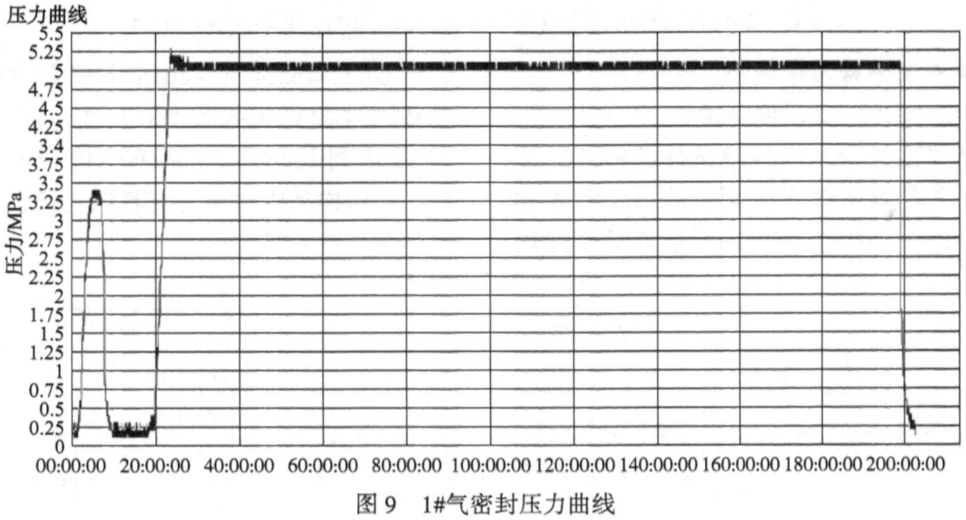

图9 1#气密封压力曲线

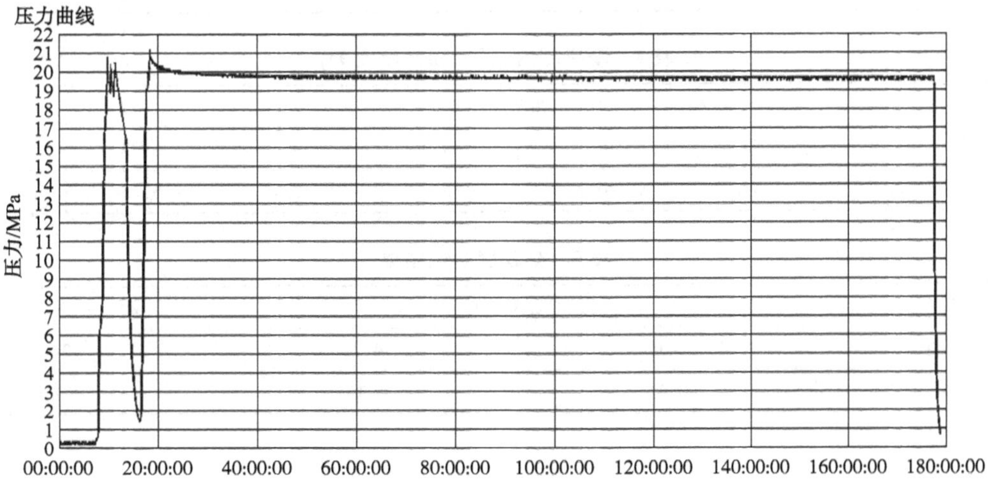

图10 2#气密封压力曲线

3.2.2　短时循环压力

图 11 和图 12 分别是 1#和 2#样品短时循环压力试验的压力随循环次数的变化情况。检查发现，1#和 2#样品中所选试样分别在试验压力 0~6.0MPa 和 2.4~24.0MPa 下经 7000 次短时循环压力试验后，样品及接头无破裂、无渗漏，均满足 SY/T 6662.2—2020 要求。

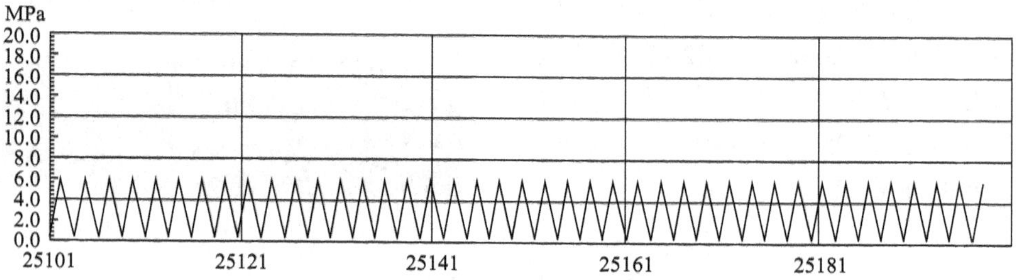

图 11　1#短时循环压力曲线试验压力：6.0MPa，循环次数：7000

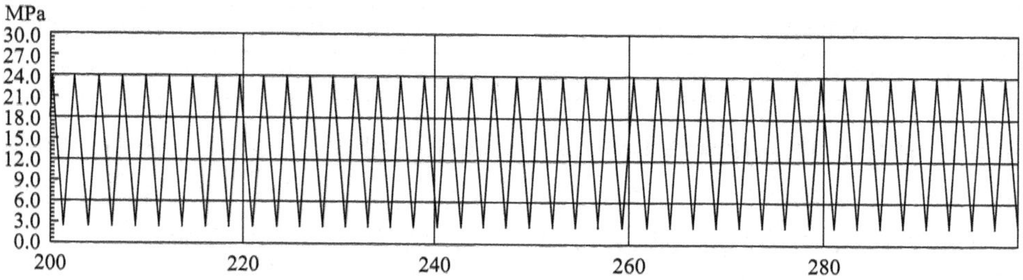

图 12　2#短时循环压力曲线试验压力：24.0MPa，循环次数：7000

3.3　内衬层性能和结构组成

3.3.1　密度、硬度、交联度测试

1#和 2#柔性复合管内衬层试样的密度、邵氏硬度和交联度测试结果分别见表 3、表 4 和表 5。由表可见，柔性复合管内衬层样品密度均满足 GB/T 15558.1—2015 中规定的聚乙烯混配料基础树脂密度不低于 0.930g/cm³ 的要求；1#和 2#内衬层的平均邵氏硬度分别为 59.0 和 56.0；1#样品内衬层为交联聚乙烯，2#样品内衬层为普通聚乙烯。

表 3　密度试验结果

样品类型	1#内衬层		2#内衬层	
样品编号	1#-5	1#-6	2#-5	2#-6
空气中质量/g	3.8924	2.9655	3.3091	2.6716
酒精中质量/g	0.6631	0.5050	0.5550	0.4476
密度/(g/cm³)	0.951	0.951	0.948	0.948
平均值/(g/cm³)	0.951		0.948	

表 4　硬度测量结果(邵氏硬度 D)

样品类型	检测值						平均值
1#内衬层	59.9	58.5	58.3	59.9	59.3	58.3	59.0
2#内衬层	54.3	55.7	54.7	56.5	57.1	57.5	56.0

表 5　交联度测试结果

样品类型	交联度/%测试值		交联度/%测试平均值
1#柔性复合管内衬层	74.66	74.71	74.69
2#柔性复合管内衬层	0.41	0.34	0.38

3.3.2 维卡软化温度、氧化诱导试验、热重测试

表6、表7和图13分别是1#和2#柔性复合管内衬层试样维卡软化温度（B_{50}）、内外表面的氧化诱导和分解温度测试结果。由表或图可见，1#和2#柔性复合管内衬层的平均维卡软化温度分别为76.26℃和68.86℃；1#样品外表面的熔点、熔融焓、结晶度均低于内表面，而氧化诱导温度则相反；2#样品外表面的熔融焓和结晶度均低于内表面，而熔点和氧化诱导温度也相反，表明油气介质的渗透将会降低内衬材料的抗氧化分解能力；内外表面的热分解温度及热失重的变化特征较相似。

表6　维卡软化温度测试结果（B_{50}）

样品类型	测试值			平均值
1#内衬层	76.58	77.03	75.18	76.26
2#内衬层	69.46	68.43	68.70	68.86

表7　内衬层DSC测试结果

样品类型	熔点/℃	熔融焓/(J/g)	结晶度/%	氧化诱导温度/℃
1#内衬外表面	132.50	149.70	51.1	226.975
1#内衬内表面	135.00	157.60	53.79	216.44
2#内衬外表面	133.17	94.01	32.09	245.91
2#内衬内表面	131.96	108.90	37.17	233.01

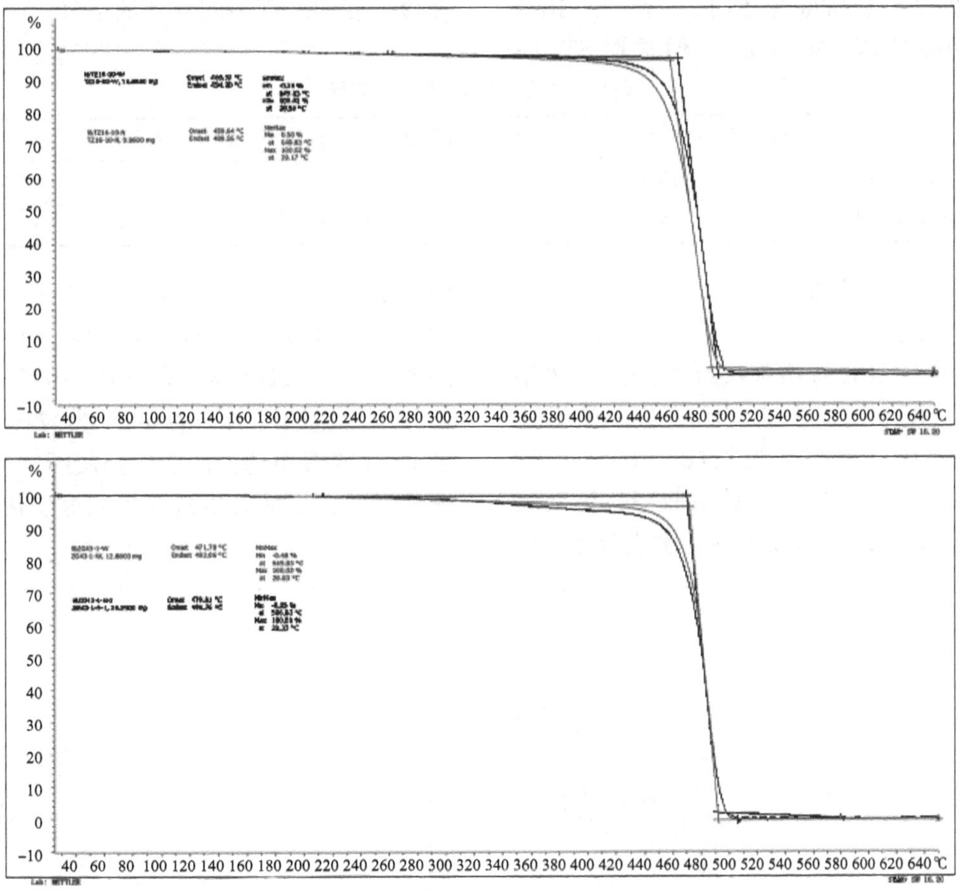

图13　1#、2#内衬层内外表面样品热失重曲线

3.3.3 结构成分

1#和2#样品内衬层材料的结构成分测试红外谱图分别如图14所示。由图可见，两样品的红外图谱中聚乙烯的特征吸收峰（2915cm^{-1}、

2843cm⁻¹和 2852cm⁻¹)明显，除聚乙烯特征峰外，还在 1459cm⁻¹和 718cm⁻¹之间出现了不同强度的特征吸收峰，属于 C-C 骨架弯曲振动吸收峰，而醚类中 C-O-C 不对称伸缩振动吸收峰(1262cm⁻¹左右)和环氧乙烷基团中 C-O-C 伸缩振动吸收峰(807cm⁻¹)也在这一范围内，但它们的强度皆不强，也就是说含量较少，应为渗透进来的油介质成分。

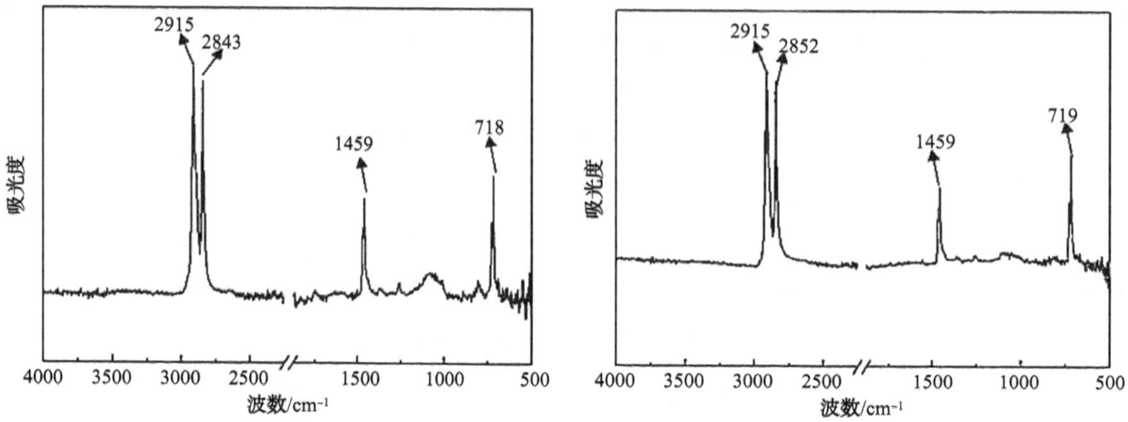

图 14　1#、2#样品内衬层红外谱图

3.3.4　拉伸性能

1#和 2#柔性复合管内衬层样品屈服强度、弹性模量及断裂伸长率的测试结果见表 8。由表可知，1#和 2#样品断裂伸长率满足 GB/T 15558.1—2015 要求(≥350%)，但根据 SY/T-7415—2018《油气集输管道内衬用聚烯烃管》标准要求高密度聚乙烯(HDPE)的拉伸屈服强度应≥20MPa，因此两条柔性复合管服役后的内衬层屈服强度均出现不同程度的下降。

表 8　样品拉伸性能测试结果

样品类型	屈服强度 σ_Y/MPa 检测平均值	弹性模量 E/MPa 计算平均值	断裂伸长率 ε_B/%检测平均值
1#柔性复合管内衬层	19.97	669.94	627.57
2#柔性复合管内衬层	18.29	615.10	538.41

3.4　增强层性能和结构成分

3.4.1　结构成分分析

1#和 2#柔性复合管增强层纤维的红外光谱如图 15 所示。由图可见，1#样品谱图中 3310cm⁻¹为-NH 伸缩振动吸收峰，1635cm⁻¹和 1537cm⁻¹为-CO-NH-弯曲振动吸收峰，证明增强层纤维为芳纶纤维，服役后的化学成分未发生明显变化。2#样品谱图中 1713cm⁻¹为羰基伸缩振动，1239cm⁻¹和 1093cm⁻¹为羧基中的羰基伸缩振动，3000~2800cm⁻¹为-CH_2-振动，730cm⁻¹为面外弯曲振动吸收，873cm⁻¹为芳环上两个相邻的 C-H 变形振动，证明增强层纤维为涤纶纤维，服役后的化学成分也未发生明显变化。

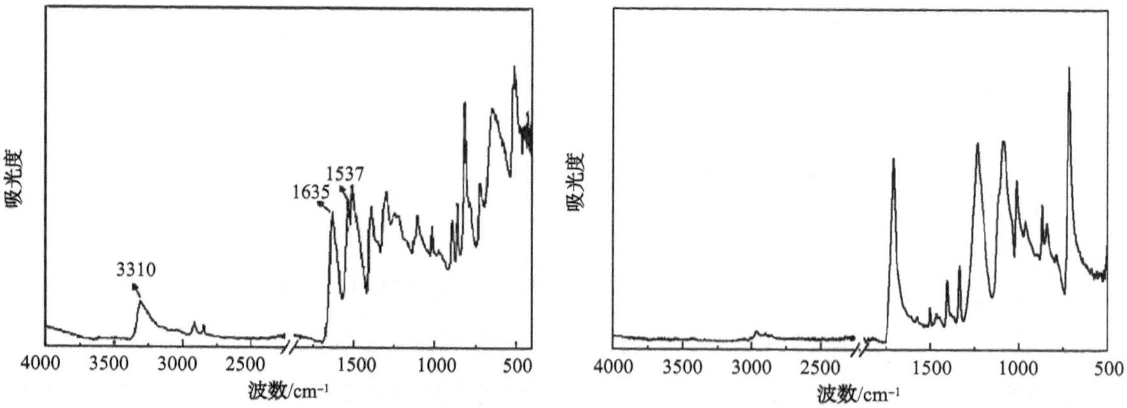

图 15　1#和 2#柔性复合管样品内衬层红外图谱

3.4.2 热重

柔性复合管增强层样品的热分解温度测试结果分别是1#芳纶纤维为580℃左右，2#涤纶纤维为440℃，表明芳纶纤维的耐温性能高于涤纶纤维。

3.4.3 拉伸性能

增强层纤维的拉伸力及断裂伸长率测试结果见表9。由拉伸性能测试结果可知，1#增强层芳纶纤维的拉伸强度皆小于2#增强层涤纶纤维，原因在于渗入夹层间(内衬层和增强层之间)的油气介质长期与增强纤维接触而发生的渗透和溶胀作用，导致增强纤维力学性能降低。

表9 增强纤维样品力学性能测试结果

样品类型	拉伸力 F(N/tex)			断裂伸长率 ε_B/%		
	检测值		检测平均值	检测值		检测平均值
1#增强层纤维	0.53	0.58	0.55	3.25	4.06	3.655
2#增强层纤维	0.56	0.77	0.665	11.99	12.62	12.305

3.5 综合评价分析

根据以上检测或试验的结果来看，1#柔性复合管在高温运行下性能下降明显，特别是水压爆破压力低于标准要求，因此应用1#柔性复合管的管线要监控运行，在运行温度上严格控制，必要时要降温运行。2#柔性复合管的管线按目前工况可稳定运行。为此对油田地面集输管线和污水管线应用柔性复合管需要加强以下四个方面的管理：制造厂家注意质量把控、成品管材到货需要对其进行抽检、现场安装要严格执行标准或规范要求、应用工况必须与设计相符合。

4 结论及建议

(1) 1#和2#两条柔性复合管服役后各结构层保持完整，未发现明显缺陷。但因油气介质的渗透和溶胀作用，导致服役后两条管样内衬层和增强层纤维的颜色变深。

(2) 两样品管水压爆破的失效形式均为管体爆破，但1#爆破压力不满足标准要求；气密封性和短时循环压力试验后，管体及接头无破裂、无渗漏，均满足SY/T 6662.2—2020要求。

(3) 两样品管内衬层的密度均满足标准规定；平均邵氏硬度分别为59.0和56.0；结构组成分别为交联聚乙烯和普通聚乙烯；平均维卡软化温度分别为76.26℃和68.86℃；1#样品外表面的熔点、熔融焓、结晶度均低于内表面，而氧化诱导温度则相反；2#样品外表面的熔融焓和结晶度均低于内表面，而熔点和氧化诱导温度也皆相反；内外表面的热分解温度及热失重的变化情况较相似。

(4) 1#柔性复合管内衬层为交联聚乙烯，增强纤维为芳纶纤维，建议使用温度低于80℃2#柔性复合管内衬层为普通聚乙烯，增强纤维为涤纶纤维，建议使用温度低于65℃。

(5) 建议1#柔性复合管所使用的管线需要高度关注，后续运行应采取降温运行，同时柔性复合管在油气水输送系统中的应用要注意质量把控、到货抽检、安装规范和设计运行。

参考文献

[1] 尹承禹，丁夷飞. 柔性复合管在油田中的应用[J]. 云南化工，2020，47(11)：15.

[2] 张冠军，齐国权，戚东涛. 非金属及复合材料在石油管领域应用现状及前景[J]. 石油科技论坛，2017，36(2)：26-31.

[3] 张瑾，李风，郭志永，等. 柔性复合管在不同模拟腐蚀环境下的性能研究[J]. 全面腐蚀控制，2020，34(11)：29-31.

[4] 齐国权，戚东涛，魏斌，等. 高温高压条件下柔性复合管评价方法研究[J]. 石油管材与仪器，2015，5 (1)：31-33.

[5] 王涛. 柔性复合管在油田集输中的应用探析[J]. 中国石油石化，2017，360 (1)：80-81.

[6] 陈庆国，齐国权，夏明明，等. 地面集输用柔性复合管爆管失效原因分析[J]. 石油管材与仪器，2021，7(4)：49-54.

[7] 徐广丽，秦绪，蔡亮学，等. 集输服役前后钢丝缠绕增强复合管性能变化研究[J]. 压力容器，2021，38(8)：21-28.

[8] 刘海璋，赵坤，等. 油气田用柔性复合高压输送管材及性能研究[J]. 新技术新工艺，2021，3(7)：27-31.

[9] 宋成立，郭继银，朱文文，等. 某油田单井油气集输柔性复合管泄漏原因[J]. 理化检验-物理分册，2022，58(3)：53-57.

[10] 程旺军，杨勇鸣，李强. 柔性复合塑料高压输送管制造过程的质量监理要点[J]. 设备监理，2016，28(3)：50-53.

[11] 刘青山，肖雯雯，葛鹏莉等. 聚乙烯复合管在油田苛刻环境的适用性[J]. 工程塑料应用，2020，48 (10)：122-128.

塔里木油田克深气田集输干线结垢问题研究及解决措施

马　超　李　金

（中国石油塔里木油田公司）

摘　要　为解决塔里木油田克深气田集输干线首次结垢难题，避免再次出现垢堵，在现场调研的基础上，通过X衍射检测分析、红外光谱分析、离子色谱分析三种方法综合分析确定垢样成分主要为磷酸钙盐，结合克深气田地层出水特点，对结垢原因进行综合分析，判断管线结垢的主要原因是克深X1区块单井环空保护液(磷酸盐)与克深X2区块的气田水(钙离子)发生化学反应，生成磷酸钙盐，进而堵塞管道。创新性采用“精准切割+分段除垢+化学浸泡+清管疏通”的除垢方式，有效解决管线垢堵难题，通过常态化加注阻垢剂+定期清管作业进行经验固化，消除垢堵隐患。

关键词　气田；结垢；精准切割；阻垢；清管

在气田开采生产过程中，随着开发进入中后期，大多数单井都会出现带水生产的情况，由于气田水液量多、矿化度高、出砂严重、多区块气水混输等多种因素的影响，加之带水生产后携温能力强，集输管线温度高，单井又缺少气液分离装置，天然气生产大多采用气液混输的方式，在管道变径处，受到流速减慢的影响，存在管线结垢的风险。以西部某气田为例，2021年克深气田X2集气站在施工期间首次发现管线结垢现象，结垢最厚处内径缩小三分之二，致使管线输送天然气能力大打折扣；且垢体黏性强、硬度大，前期现场试验各种手段除垢，收效甚微，严重影响冬季天然气保供任务。针对克深气田天然气集输干线首次出现的结垢现状，本文通过分析化验管线垢样成分，判断结垢成因，选择合适解堵方式进行现场实施，创新性探索出适用于克深区块天然气集输干线的除垢、阻垢措施，为避免后续同类型集输管线出现垢堵问题提供了可靠的经验借鉴。

1　集输管线结垢情况概述

克深气田X2集输干线，管径：*DN*400，材质22Cr，运行压力10.8MPa，温度28.8℃，每日输送气量达500万m^3，气源来自四条DN150-DN200干线，汇集到克深X2集气站，然后在站内管线逐步变径至*DN*400，进入X2集输干线，最后输送至处理站。自2018年11月份投产后，由于缺乏收、发球装置，未曾开展清管作业。2021年9月份在安装发球筒作业，打开X2集输干线前端变径段的过程中，发现管线内部结垢严重，底部约沉积80-150mm的垢状堵塞物，内部缩径严重，堵塞物分为3层，靠管壁层为红色层状硬物质，中间层为深红色泥岩状物质，最内层为白色石膏状物质(图1)。

图1　堵塞物分层示意图

1.1　垢样分析

为了有效解决集输管线垢堵现状，现通过多种实验方法对垢样进行分析，准确确定垢样化学成分，为采取合适除垢手段解决垢堵难题奠定基础。

1.1.1　X衍射检测分析

对四种形态的堵塞物分别选取少量样品，进行X衍射检测分析，样品见图2~图5。XRD分析结果表明：3种样品矿物组分均以$CaCO_3$(方解石)为主，占比60%~70%；其次含$CaSO_4$(石膏)20%～30%，以及少量石盐及石英，化验结果如表1所示。

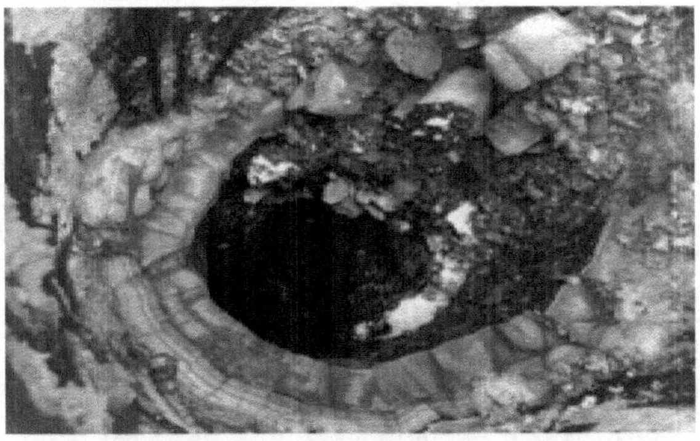

图2　垢样总图

图3　管壁层状硬垢

图4　中间层垢样

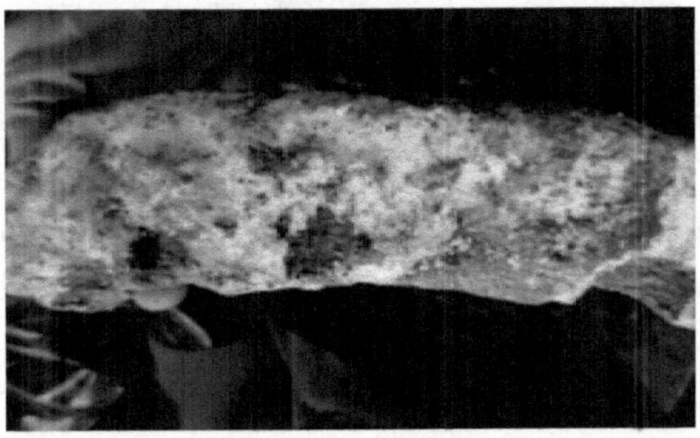

图5　中心层垢样

表1　四种堵塞物样品化验成分分析　　%

样品编号	矿物种类和含量/%						
	石英	钠长石	钾长石	方解石	石膏	石盐	黏土矿物
白色软膏状垢	0.7	1.2	—	70	24.4	3.7	—
层状硬垢	1.3	—	—	67	28.5	3.2	—
红色泥岩状垢	6.1	—	0.7	63.3	26.4	3.5	—
三合一混合垢	1.2	—	—	66.5	28.5	3.8	—

1.1.2　红外光谱分析

为了进一步确定成分，然后开展红外光谱检测分析。分别取少量3种单一堵塞物，在550℃下灼烧，除去有机物，分别得到白色粉状溴化钠等物质。将白色粉状物与溴化钾粉末研磨、压片，通过红外扫描得到各自的红外光谱图。

通过红外解析软件解析得知：3种堵塞物中主要成分均为磷酸氢钙，这与X衍射检测分析结果不符，需要进一步确定准确结果。

1.1.3　离子色谱分析

(1) 准确称取一定量堵塞物，参照标准HJ 557—2010，于105℃烘箱中干燥恒重，计算失重，记为游离水含量。结果见表2。

(2) 将(1)中经105℃烘干的试样，根据标准HG/T 3533—2011，在高温炉中550℃下灼烧至恒重，称量灼烧后样品质量，计算失重，得到有机物和化合水含量。结果见表2。

(3) 将经550C灼烧后试样，用稀硝酸(20%)溶解，溶解过程中没有气泡产生，过滤、洗涤，将滤液及洗涤液定容至250mL，得到溶液A，滤纸上残渣记为滤渣B。

(4) 针对(3)中滤渣B，根据标准HG/T 3534—2011恒重，测定硝酸不溶物含量。结果见表2。

(5) 针对(3)中滤液A，使用紫外分光光度法测定其中Fe元素和SO_2含量，使用原子发射光谱法测定其中Na^+、K^+、Ca^{2+}、Mg^{2+}、Ba^{2+}、Sr^{2+}等阳离子含量，使用莫尔滴定法测定其中

Cl^-含量。结果见表 2。

表 2　堵塞物成分分析结果

	样品名称	白色膏状物质	深红色泥岩状物质	红色层状硬物质
分析项目	游离水质量分数/%	33.9	30.3	25.8
	有机物及化合水质量分数/%	8.3	11.8	12.6
	硝酸不溶物质量分数/%	0.7	2.5	1.5
	Fe 元素含量/(mg/kg)	988	3.20×10^3	1.93×10^3
	Na^+含量/(mg/kg)	5.10×10^4	3.38×10^4	3.47×10^4
	K^+含量/(mg/kg)	1.28×10^4	1.73×10^4	1.55×10^4
	Ca^{2+}含量/(mg/kg)	2.17×10^5	2.07×10^5	2.66×10^5
	Mg^{2+}含量/(mg/kg)	2.47×10^3	3.19×10^3	1.54×10^3
	Ba^{2+}含量/(mg/kg)	712	659	661
	Sr^{2+}含量/(mg/kg)	3.54×10^3	1.84×10^3	2.74×10^3
	SO_4^{2-} 含量/(mg/kg)	1.19×10^3	1.03×10^3	1.63×10^3
	CL^-含量/(mg/kg)	未检出	未检出	未检出

(6) 由表 2 看出：能检出的阴离子含量偏低，与阳离子明显不匹配。在酸溶过程中无气泡，表明堵塞物中几乎不含有 CO_3^{2-} 离子，红外分析表明其中含有磷酸类离子，使用离子色谱测定堵塞物中磷酸类离子。具体方法：将 3 种堵塞物研碎，置于干净烧杯中，加入去离子水，煮沸、静置 5min，过滤，得到澄清滤液，利用离子色谱测定滤液中阴离子含量。离子色谱分析谱图见图 6。

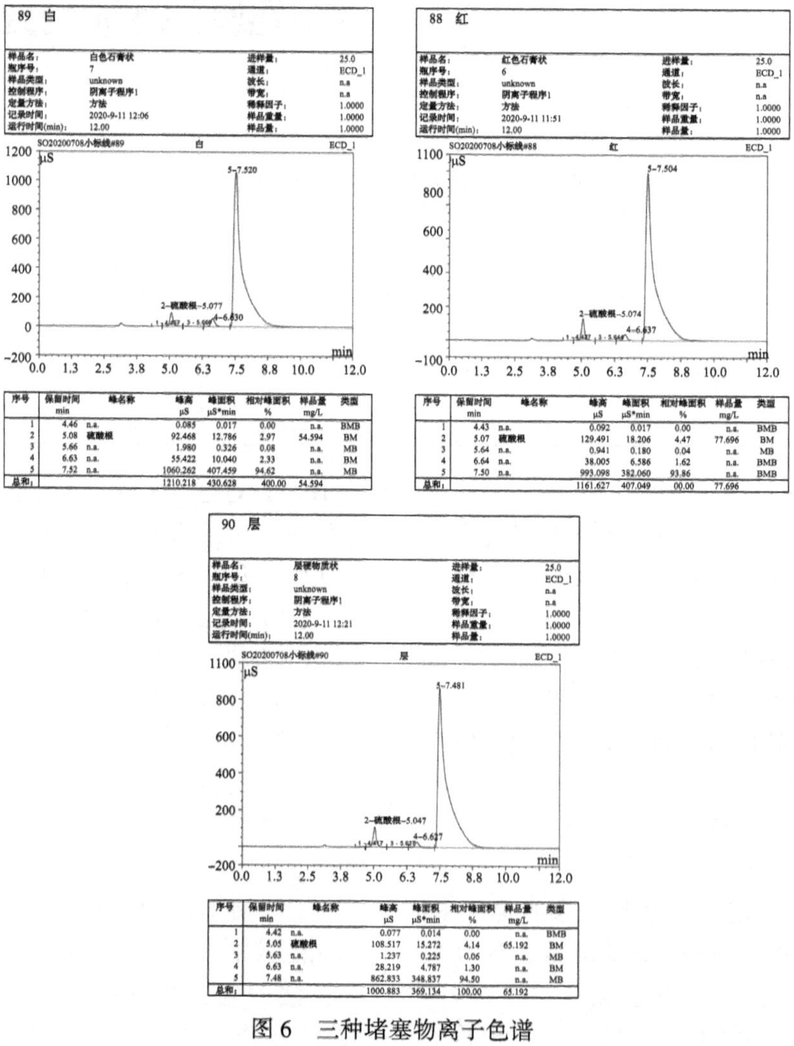

图 6　三种堵塞物离子色谱

由离子色谱分析可知：3 种堵塞物中均含有大量 PO_4^{3-} 和少量 SO_4^{2-}、Br^- 等阴离子。

1.2 结论

（1）XRD 分析使用的谱图库仅仅涉及岩石方面的内容，没有磷酸盐等物质的谱图，导致在堵塞物分析过程中未能识别出磷酸盐。

（2）综合多种实验方法分析，确定 X2 集输干线堵塞物中主要成分为磷酸钙盐，同时含有少量硫酸钙，溴化钠等物质。

2 结垢成因分析

通过对气田集输管道结垢类型进行分析，结合克深气田类型特征，总结影响集输管道结垢成因如下：

（1）随着克深气田开发进入中后期，单井带水生产已成常态，由于天然气生产过程中并未经过气液分离器分离，矿化度高富余大量离子气田水进入集输管线，在输送过程中很容易产生结垢现象。

（2）气田水中含大量二氧化碳气体，在气田水中以 CO_3^{2-}、HCO_3^- 离子形态存在，与游离态的 Ca^{2+} 反应生成 $CaCO_3$ 沉淀，加之气田水温度高，使 $CaCO_3$ 沉淀生成速度加快，在管线中会沉淀更多 $CaCO_3$ 垢状物。

（3）进入克深 X2 集输干线的天然气来自四个不同区块，且均为见水气田，水质复杂，不同区块气田水离子混合更容易生成结垢，克深 X1 区块单井普遍存在油套连通现象，环空保护液（磷酸盐）与克深 X2 区块的气田水（钙离子）混合后发生化学反应，进而生成磷酸钙盐。

（4）管径变大，流速减慢，导致结垢物沉积严重，通过垢样在不同管段的厚度变化可知，由于进站的管线直径较小（DN200），流速较大，不易沉积。进站后由于管径的增大（逐渐增大至 DN400），流速降低，且弯头多，导致这些结垢物就很容易沉积下来。

（5）气田水相比较天然气携砂能力更强，克深气田地层出砂严重，气田单井见水后在生产过程中会携带大量泥砂进入集输管线，泥砂会堵塞管道，致使垢状物更容易沉积。

（6）集输管线建设初期并未安装清管装置，自管线投用以来未开展清管工作，管线低洼积存大量气田水，为结垢提供良好环境。

3 防垢、除垢技术方法

3.1 防垢技术方法

通过文献调研与现场实践相结合，总结以下气田常用的防垢、除垢方法，根据实际情况选取适配的方法技术能有效解决管线垢堵问题。

3.1.1 分离设备分水转输

开发后期单井带水生产已成为常态化现象，要从根源上解决结垢症状，最直接的办法是解决气田水，将管线中的气田水从天然气中分离转输，可以极大程度降低管线中钙离子、镁离子等多种垢状物成分，从而降低结垢情况发生。

3.1.2 安装管道除砂器

对于地层出砂严重的气田，在集输管道出口安装除砂器可以有效去除气田水携带来的砂、泥等杂质，减轻了堵塞管道的情况，从而降低了气田水沉积出现垢堵的现象，增加除砂器也对下游设备、阀门起到一定程度保护作用。

3.1.3 加注阻垢剂

加注阻垢剂是油气田常用的防止管线结垢的手段之一，阻垢剂的选择要根据气田垢状物的种类确定，阻垢剂一般可加注于单井输气管线出口或集气站汇管出口以阻止垢状物生成，但是对于已经生成的垢状物无法进行分解。

3.2 除垢技术方法

3.2.1 酸洗除垢技术

酸洗除垢技术主要用于以碳酸盐垢、氢氧化物垢或含铁化合物等腐蚀垢为主的油田垢，所用酸主要包括无机酸和有机酸两大类。无机酸包括盐酸、硝酸、硫酸等；有机酸包括氨基磺酸、柠檬酸等。

3.2.2 间接除垢技术

间接除垢技术主要针对的是以硫酸盐等难溶垢为主的油田垢样，其主要除垢机理是将这些难溶垢转化成易溶于酸的垢物，再通过酸洗、螯合剂清洗等除掉。

3.2.3 螯合剂除垢技术

螯合剂主要包括有机磷酸盐类、轻基羚酸类、氨羚络合剂类和大环聚醚、聚胺等，它们主要用于除去硅酸盐和硫酸盐等难于被酸除去的垢物。其主要机理是通过螯合剂的多个配位键与成垢的金属离子进行整合作用，形成可比成垢物质本身更稳定的、易溶于水的配合物，从而随处理液一起排出体系，达到除垢目的。

3.2.4　物理除垢技术

物理除垢技术包含种类较多，常用的有机械除垢技术、高强声机波除垢技术、高压水射流除垢技术、电脉冲除垢技术、油管电磁加热技术等。

4　现场解决措施

4.1　结垢位置检测

通过查阅近两年该联络线出口压力数据，可知管线压力基本无变化，因此可以判断该联络线并未全线结垢。为了掌握管道结垢情况，经过现场技术人员讨论后，决定利用内窥爬行机器人进行检查。在出站位置经过内部摄像检查发现，站内管道结垢严重，站外 50m 内还有少量结垢，而在 50m 外，结垢很少，见图 7、图 8。

图 7　距离出站口 2m 位置

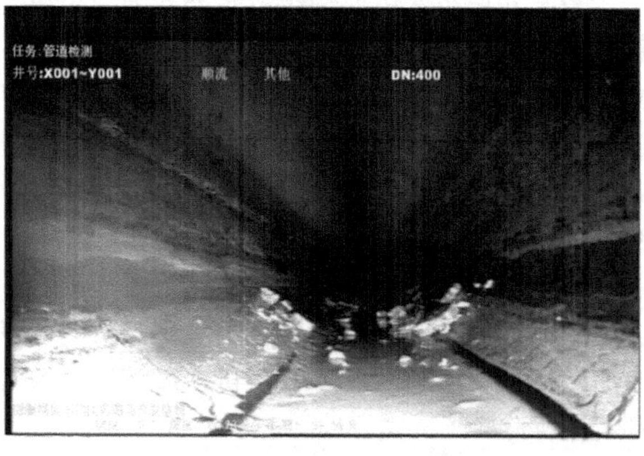

图 8　距离出站口 45m 位置

为了彻底摸清站外管道结垢情况，经过技术人员的讨论，在出站管线 1km(低洼)处进行管线切割，然后在靠近河床的切割开来管道的上游和下游分别进行检查，发现结垢或其它杂质很少，证实了该联络线管道结垢位置仅限于站内和站外 50m，见图 9、图 10。

图 9　河床机器人内窥镜检查

图 10　河床内窥镜机器人检查结果

4.2　选择除垢方法

(1) 鉴于站内管道结垢严重，且硬度大，为彻底有效清理结垢管线，通过比较常见的管道除垢方法后，决定站内采用分段切割+人工除垢的方式。

(2) 针对站外结垢管道，经过讨论后，决定采用溶垢型解堵剂进行清理。实验检测所进行了溶垢试验和溶垢型解堵剂的筛选工作，经试验确定了溶垢型 H07-3 解堵剂具有很好的溶垢效果。

随后采用该解堵剂对站外附近的管道内进行溶垢作业，通过站内管道端口观察，溶垢效果很好。但是，在清管站旁边的沟内(较低部位)切割开来的管口观察可见，向下游方向出站的管内底部仍有白色较软的沉积物(应当以 $CaCO_3$ 和 $CaSO_4$ 为主)，宽度约 18cm，最厚处约 10mm，这可能是所加入的解堵剂量较少所致。

(3) 为了彻底消除该联络线固体杂质，管线连接完后，开展了首次清管作业，采用聚氨酯泡沫清管器，用时 25h，共排液约 350m^3，固体杂质约 4m^3，收球筒大筒全部堵满，说明管道内部杂质很多，然后开展了第二次清管作业，用时 6h，仅有少量固体杂质约 0.1m^3，证明管线已彻底疏通。

4.3 经验固化

为了避免再次出现集输管线结垢情况，一方面在站内增加了阻垢剂加注装置，开展日常加注，减少管线结垢的风险；另一方面开展年度常态化清管作业，定期对管线进行疏通清理，避免管线积存气田水、砂等固体杂质造成结垢，2022年、2023年在开展常态化清管作业时，发现管道内部无固体杂质。通过管线后期运行情况来看，采取阻垢剂日常加注+定期清管的方式，能有效规避管线结垢堵塞问题。

5 结论与建议

本文对克深气田X2集输干线首次结垢现状进行研究，通过多种试验分析方法确定了垢样类型和成分，结合克深气田特点对结垢成因进行了系统的分析，同时根据现场实际情况采取“精准切割+分段除垢+化学浸泡+清管疏通”的除垢方法，提供了一种新型的除垢思路，快速有效解决了站内站外管线垢堵问题，最后通过常态化添加阻垢剂+定期清管进行经验固化，彻底消除了垢堵隐患，助力保障管道和站场完整性管理的本质安全。

建议：

（1）今后在进行不同区块调气时，首先要考虑携带的不同介质带来的影响，比如：管线结垢，固体杂质增多对下游阀门的冲蚀等。

（2）对带水生产的单井或集气站出口注入适配的阻垢剂可以有效防止集输管线结垢，特别是生产中后期含高矿化度气田水的气田，应做为常态化管道管理措施。

（3）带水生产气田尽可能在单井或者集气站开展气液分离，从而减少管线结垢的风险，避免垢堵影响集气干线正常运行。

（4）清管作业是一种降低管道腐蚀，提高管道输送能力的经济有效方式，对抑制垢堵情况也有明显效果，必须开展常态化的清管作业。

参考文献

[1] 邱正阳，李长俊，邱奎．蜀南气矿井筒结垢机理研究[J]．油气田地面工程，2011，30(11)：19-20.

[2] 高波，王勇，李冰，等．天外天气田结垢趋势预测[J]．天然气勘探与开发，2009，32(01)：71-73+84.

[3] 张伟国，金颢，杜庆杰，等．LH深水油田采出水动态结垢特性及预测模型[J]．油气田地面工程，2021，40(07)：29-34.

[4] MAO B. A systematic and comprehensive approachin analyzing produced water re-injection[J]. Journal of Petroleum Science & Engineering，2011，80(1)：14-25.

[5] 章彪．浅析油田地面集输管线结垢现状及防垢方法[J]．全面腐蚀控制，2019，33(01)：52-54.

[6] Vazirian M M，Charpentier T V J，Monica D O P，et al. Surface inorganic scale formation in oil and gas industry：As adhesion and deposition processes [J]. Journal of Petroleum Science and Engineering，2016，137：22-32.

[7] 顾曙斌，周新墙．C3区块集输管线结垢原因分析及治理[J]．石油化工应用，2013，32(08)：34-36+44.

[8] 陈凯，唐汝众，史有刚，等．油水井硫化亚铁垢的形成机理及防治技术[J]．石油化工腐蚀与防护，2009，26(S1)：4-7+14.

[9] 秦国治．清洗剂综述[J]．石油化工腐蚀与防护，1995(4)：37.

[10] 孙海虹．油气田除垢机理与应用技术探讨[J]．断块油气田，1999，6(5)：46-48.

[11] 陈荣圻．环保型有机螯合剂产品[J]．印染，2010，36(19)：40-43.

[12] 钟玉凤．有机螯合剂在环境保护中的应用[J]．江西科学，2007，25(3)：351 354.

[13] 涂乙．油田除垢清洗技术研究进展与对比分析[J]．油气田环境保护，2011，21(3)：53-55.

[14] 董绍华，王东营，安宇，等．国外管道完整性管理审核技术与案例分析[C].//中国石油学会，北京石油学会，第七届石油天然气管道安全国际会议暨第七届天然气管道技术研讨会论文集．2014：69-73.

阴极保护系统对储罐外底板保护电位及内部电压差分布影响数值模拟研究

贾福生　柯庆军

（中国石油塔里木油田公司）

摘　要　油田大量使用各种储罐，主要为污水罐和原油罐。为了防止储罐底板外壁发生腐蚀穿孔，国内外普遍对储罐底板外壁采取了阴极保护方式。阴极保护系统的状态对于储罐外底板电位具有重要影响，主要影响的是外底板保护电位及内部电压差。在部分油气田站场阴极保护系统辅助阳极依然使用深井阳极地床，导致罐底板电位分布不均匀，中心位置有效保护度低，腐蚀严重。本文研究了阴极保护系统对储罐外底板保护电位及内部电压差分布规律的影响，可以为储罐外底板阴极保护设计及改造提供依据。

关键词　储罐；阴极保护系统；阳极地床

1　概述

储罐是石油开采、储运、加工过程中重要的基础设施，是石油化工企业的重要设备，对整个石油、石化系统的安全、稳定、长期运行起着重要作用。储罐在运行过程中，经常遭受内、外环境介质的腐蚀，这些腐蚀严重影响了储罐的寿命和安全运行。

对于罐底内外侧的腐蚀，行之有效的防蚀方法就是防腐层+阴极保护。目前，阴极保护技术作为金属腐蚀防护最经济、最有效的方法已经得到了较为广泛的应用。目前大型储罐的阴极保护技术虽然得到了大规模的推广应用，但是还不是非常完善，尤其储罐外底板阴极保护电位分布是研究的难点和热点。阴极保护系统的状态对于储罐外底板电位具有重要影响，主要影响的是外底板保护电位及内部电压。在部分油气田站场阴极保护系统辅助阳极依然使用深井阳极地床，导致罐底板电位分布不均匀，中心位置有效保护度低，腐蚀严重。本文研究了阴极保护系统对储罐外底板保护电位及内部电压差分布规律的影响，可以为储罐外底板阴极保护设计及改造提供依据。

2　储罐罐底外壁阴极保护电位分布数学模型建立

2.1　现场试验储罐罐底外壁及其阴极保护系统三维几何模型构建

收集整理与校核的现场试验储罐罐底外壁及其阴极保护系统几何资料，例如：

① 储罐直径、壁厚；

② 阳极地床的数量、尺寸和位置；

③ 罐底土壤或沙子等介质的分层模型及分界面；

④ 汇流点的位置信息。

根据以上信息，在 BEASY CP 软件中的 Model Build and View Results 模块中构建现场试验储罐罐底外壁及其阴极保护系统三维几何模型。

2.2　储罐罐底及阳极等边界条件的确定

（1）储罐罐底的边界条件确定

获取现场试验储罐底板外壁材料，制作成标准极化试样（$1cm^2$或$6.5cm^2$），埋入与罐底接触介质环境中，通过电化学工作站或直流电源，采用自动或手动的恒电位阶跃的方法，测试不同电位下对应的极化电流密度，从而获得其极化曲线。

（2）辅助阳极的边界条件确定

对于长度较小的远阳极地床而言，辅助阳极的极化较均匀，对远处保护对象的电位分布影响较小，因此不需要在计算中加入辅助阳极极化曲线，完全可以采用恒电流密度作为其边界条件。设定的恒定电流密度等于恒电位仪输出电流除以辅助阳极及其填包料的表面积。

（3）罐底板外侧介质分层电阻率的确定

罐底板外侧介质包括沙子和土壤，对于浅层的沙子和土壤，可根据设计或施工资料，确认其电阻率或通过取样采用电阻率测量盒测试获得。

3　结果与分析

3.1　阴极保护系统对储罐外底板保护电位分布影响规律分析

3.1.1　深井阳极平均埋深对储罐底板电位分布影响

储罐直径23.8m，当土壤电阻率为10Ω·m，破损率为1%涂层状况下，深井阳极距离储罐水平距离15m，计算平均埋深分别为15m、35m、55m和75m下罐底板电位分布情况如图1所示。

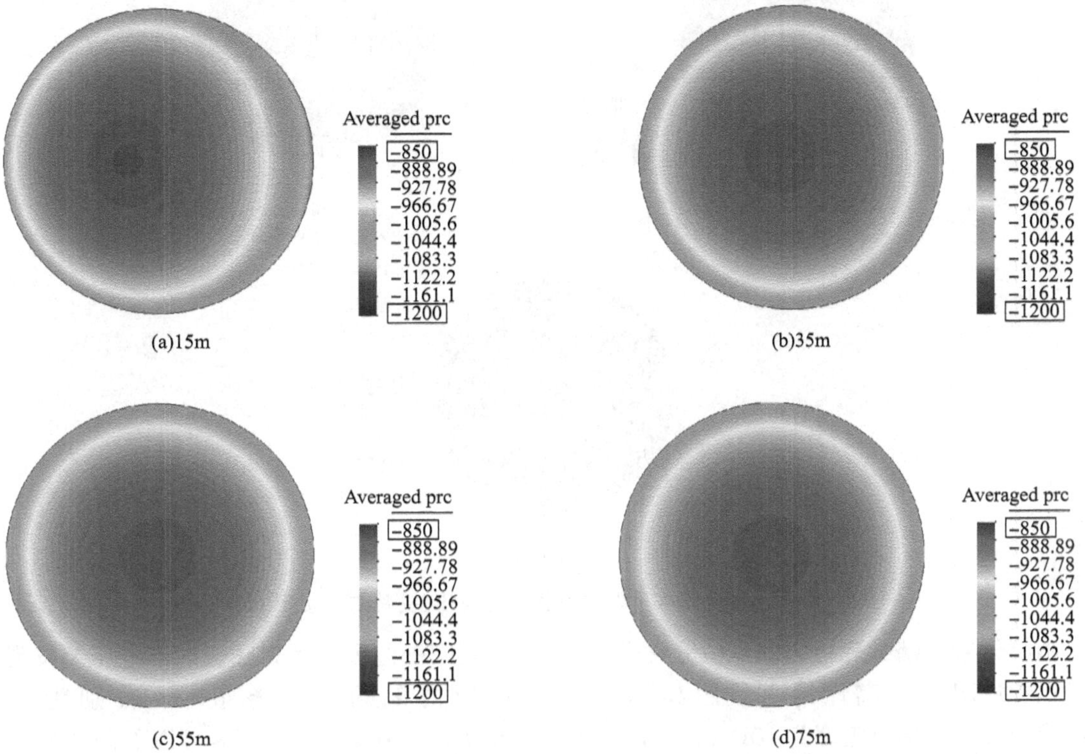

图1　深井阳极不同埋深时的电位分布

当深井阳极水平距离为15m，垂直埋深大于55m时，罐底电位分布基本相同，呈现中间最正圆周最负的分布；当埋深继续降低时，靠近阳极电位最负，最正电位逐渐向远离阳极侧偏移。当深井阳极水平距离为15m，随着垂直埋深增大，最大电位差逐渐降低，当深井阳极垂直埋深大于55m时，最大电位差变化较小。

3.1.2　极化行为对储罐外底板保护电位分布影响

3.1.1中为了讨论问题方便，将极化曲线近似为线性；但是对于实际情况中的储罐底板，其极化行为为非线性，因此讨论了相同条件下线性和非线性极化行为的电位差。罐底直径仍为23.82m，阳极水平距离200m，埋深55m，破损率1%，土壤电阻率10Ω·m，分别计算不同输出下的电位分布见表1。相同输出电流下，非线性极化的电位分布均匀性要优于线性极化。

表1　不同极化行为时的电位差

算例	极化行为及电流/A	电位范围/mV	最大电位差/mV
1	线性极化-1.5	-748.9~-865	116.1
2	非线性极化-1.5	-791.3~-887.1	95.8
3	线性极化-2.25	-878.3~-1052.4	174.1
4	非线性极化-2.25	-837.8~-961.9	124.1
5	线性极化-3	-1007.8~-1239.9	232.1
6	非线性极化-3	-870.5~-1017.3	146.8
7	非线性极化-4.5	-916.7~-1100.9	184.2
8	非线性极化-9	-1002.3~-1300.3	298
9	非线性极化-0.5	-927.3~-968.3	41

3.2　阴极保护系统对储罐底板内部电压差影响规律分析

3.2.1　土壤电阻率对储罐底板内部电压分布影响

深井阳极距离储罐直线距离200m，土壤电阻率为10Ω·m、100Ω·m及1000Ω·m，在0.1%破损涂层状况下，计算通电点位于罐底板中心处罐底板内部电压差，各种情况下电流均为0.5A。在不同土壤电阻率下计算底板内部电压差发现，储罐底板内部的电压差很小，分别为0.00173mV、0.00178mV、0.0018mV，基本可以忽略不计，如图2所示。

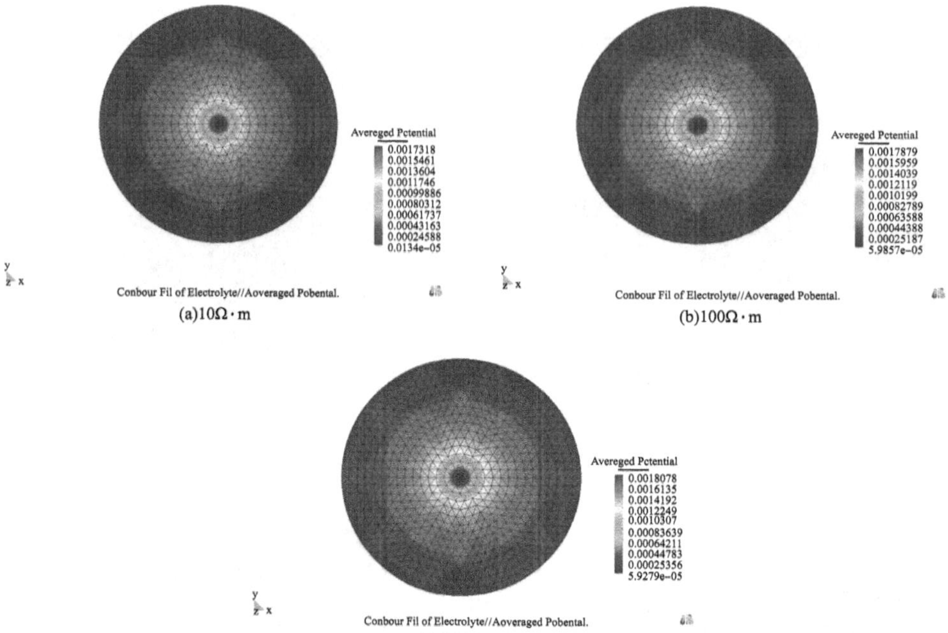

(a)10Ω·m　(b)100Ω·m　(c)1000Ω·m

图2　不同土壤电阻率下储罐底板内部电压差(涂层破损率0.1%)

3.2.2　阳极位置对储罐底板内部电位分布影响

计算深井阳极距离储罐直线距离200m、100m以及30m，土壤电阻率为10Ω·m，10%破损涂层状况下，通电点位于罐底板中心处罐底板内部电压差，各种情况下输出电流均为35A。在不同阳极位置下计算底板内部电压差发现，储罐底板内部的电压差很小，分别为0.16mV、0.16mV、0.16mV，基本可以忽略不计，如图3所示。

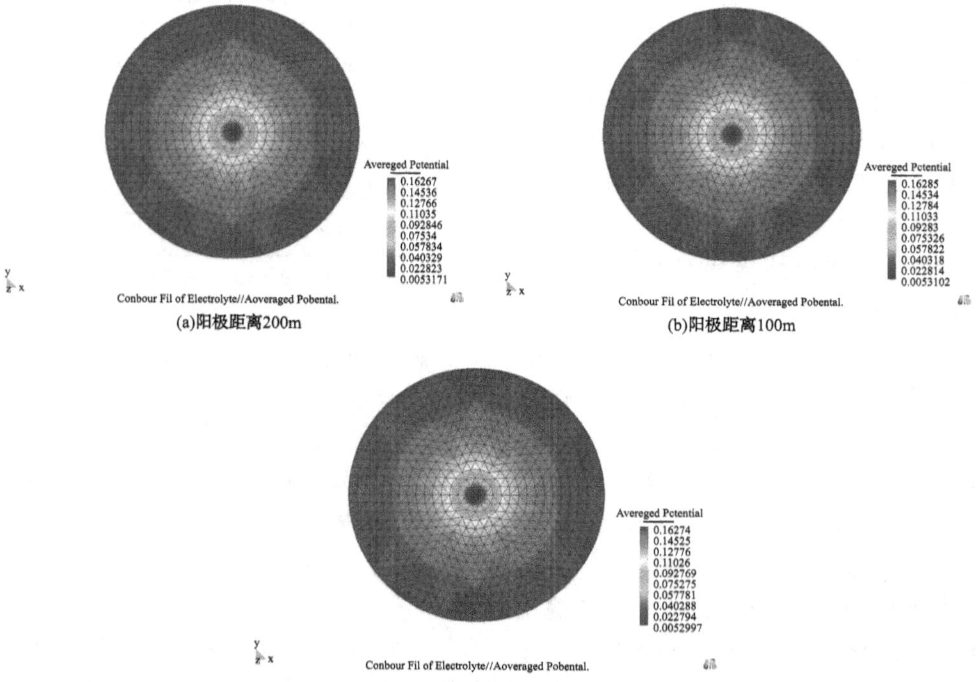

(a)阳极距离200m　(b)阳极距离100m　(c)阳极距离30m

图3　不同阳极位置下储罐底板内部电压差(涂层破损率10%)

3.2.3 涂层破损率对储罐底板内部电压分布影响

深井阳极距离储罐直线距离200m，土壤电阻率为10Ω·m，破损率为0.1%、1%、10%及100%(裸钢)涂层状况下，计算储罐底板内部电压差。涂层破损率0.1%条件下进行计算，输出电流为0.5A，罐底板内部电压差为0.0018mV；涂层破损率1%条件下进行计算，输出电流为4.5A，罐底板内部电压差为0.018mV；涂层破损率10%条件下进行计算，输出电流为35A，罐底板内部电压差0.17mV；涂层破损率100%条件下进行计算，输出电流为350A，罐底板内部电压差，分别为1.45mV。可以看出在不同涂层破损率下计算底板内部电压差发现，储罐底板内部的电压差很小，基本可以忽略不计，如图4所示。

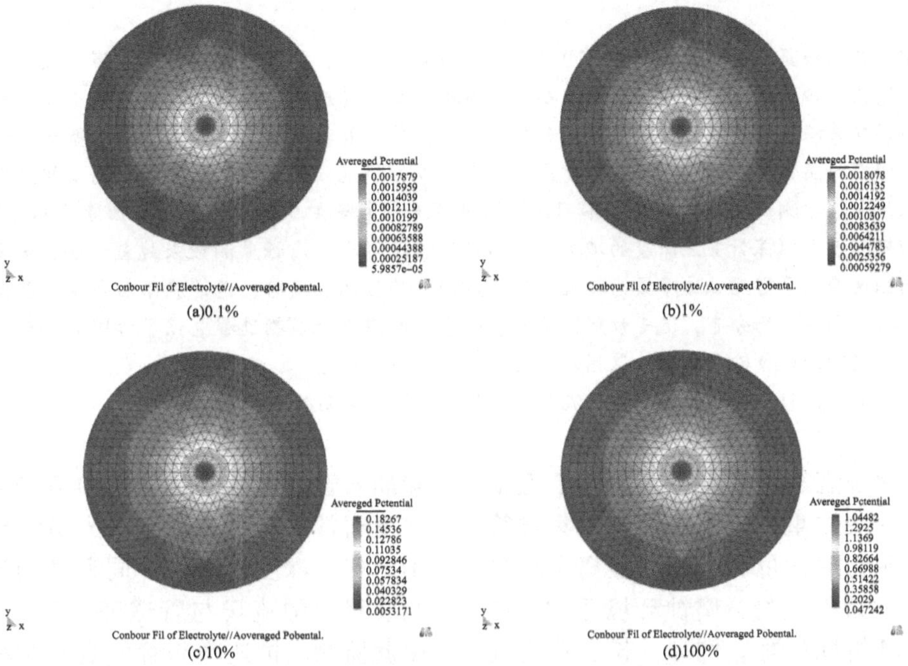

图4　不同涂层破损率储罐底板内部电压差

4 结论

通过阴极保护系统对储罐外底板保护电位及内部电压差分布影响数值模拟研究，可以得出以下结论：

（1）阴极保护系统阳极地床埋深对储罐外底板电位分布影响较大，当深井阳极平均埋深大于55m，最大电位差变化较小，电位分布较为均匀；

（2）金属材料/介质界面的极化行为即保护电位与电流密度之间的关系，随着电流密度增加，保护电位增速减缓即极化电阻降低，从而在增加阴极保护电流时实际的最大电位差比线性极化时的要小；

（3）储罐底板内部电压差主要与金属电阻有关，由于金属内阻很小，故内部电压差对于储罐外底板保护电位几乎没有影响。

参 考 文 献

[1] 赵玉飞，周冰，张盈盈，郭继银，李玲杰，张彦军．各因素对储罐底板外壁阴极保护电位分布影响的数值模拟[J]．腐蚀与防护，2021，4（42）：77-87.

[2] 王东．牙哈装车南站储罐底板阴极保护电位分布研究[D]．西南石油大学，2015.

[3] 梁宏，刘书梅，肖容鸽．储罐底板阴极保护电位分布不均匀性分析[J]．油气储运，2004（04）：39-42+60-64.

[4] 郭超，王播，俞龙，宋海英，王铭伟．储罐底板下表面阴极保护系统设计的常见问题[J]．油气储运，2012，31（11）：833-836+887.

[5] 蒋卡克，杜艳霞，路民旭，董亮．阴极保护数值模拟计算中阳极边界条件选取研究[J]．腐蚀科学与防护技术，2013，04：287-292.

油田集输管道电阻探针安装深度对腐蚀监测效果的影响

方　艳

（中国石油塔里木油田公司）

摘　要　在油田集输管道的运行中，由于输送介质腐蚀性强，导致管道腐蚀穿孔事故频发，因此需要准确监测管道内腐蚀情况。现场腐蚀监测需要将电阻探针插入管道内部，安装深度通常由工作人员经验决定。但是不同安装深度会造成内部介质不同程度的扰流，导致电阻探针周围与实际管道壁面的流动状态存在差异，电阻探针腐蚀监测结果无法准确反应管道真实腐蚀情况。因此，本文基于自制多相流腐蚀实验环道装置，采用电化学测试技术，开展了不同深度电阻探针-管壁在真实管流下的腐蚀速率同步测试实验。实验结果明确随着电阻探针安装深度的增加，监测腐蚀速率增大，腐蚀监测效果越差。D/3 安装深度电阻探针监测腐蚀速率与管壁腐蚀速率最为接近，腐蚀监测准确性高。同时，通过流体动力学仿真模拟不同安装深度电阻探针周围流场分布，进一步解释了安装深度对电阻探针监测过程电化学协同流体动力学腐蚀的影响机制，对提升油田集输管道腐蚀监测效果具有一定的指导意义。

关键词　电阻探针；安装深度；多相流环道实验；流场；监测效果

内腐蚀问题一直都是油气田集输管道完整性管理环节中的关注重点。由于油气田集输管道输送介质的矿化度含量和腐蚀性质离子含量高，甚至含有大量微生物，腐蚀环境恶劣，油气输送管道腐蚀情况严重。例如，长宁页岩气集输管线某平台地面集气管线连续发生了 3 次内腐蚀穿孔，多平台停产而造成了严重的经济损失。大庆采油五厂站场污水管道发生了垢下腐蚀，导致管道穿孔，最终产生管道爆裂的恶果。元坝气田站场自 2016 年投运以来，站场污水管道腐蚀穿孔超过 15 次。因此，为了准确掌握管道腐蚀情况，腐蚀监测方法在油气田广泛应用。在油气田中广泛应用的腐蚀监测技术包括腐蚀挂片、电阻探针、LPR 探针、电指纹（FSM）、氢探针等。其测量原理和适用范围等信息见表 1。其中，LPR 探针只适用于导电介质；FSM 监测设备昂贵，运行中故障频发；氢探针需紧密安装在管道表面，安装要求高，且对于厚壁金属构件响应速率极慢。因此，目前油气田广泛采用腐蚀挂片和电阻探针监测方式，适用范围广、监测方便全面且相对经济。但是利用挂片或探针等腐蚀监测装置进行腐蚀速率监测时仍存在一个关键问题，腐蚀监测装置插入管道内部会造成管内流场突变，其安装深度通常是通过现场技术人员凭经验判断，但不同安装深度将造成不同程度的流体扰动，监测装置周围流场与管道壁面流场将存在差异，由此监测腐蚀速率与管壁真实腐蚀速率也存在一定差异。因此，现场油气田管道电阻探针监测腐蚀结果并不能反应管道真实的腐蚀情况，而能否准确监测管道的腐蚀情况影响着油气田的安全生产。但是，目前的研究对于电阻探针这类插入式腐蚀监测装置和管道壁面腐蚀情况存在差异的关注较少，更少有研究深入分析造成这种差异的根本原因。因此，本文通过实验室自主研制的多相流腐蚀实验环道装置，采用电化学测试技术，开展了油气田管道流动状态和腐蚀环境下的电阻探针腐蚀监测实验，对管道壁面和不同安装深度探针的腐蚀速率进行同步测试，以研究探针安装深度对腐蚀监测准确性的影响规律，量化高监测准确性的安装深度。同时，结合电阻探针-管道有限元流场仿真模拟，进一步阐述了不同安装深度对电阻探针腐蚀监测效果的影响机制，对提升油气田管道探针腐蚀监测准确性，保证油气田管道的安全运行具有重要意义。

表1　常见的腐蚀监测方法

监测方法	测量原理	适用范围	应用实例
腐蚀挂片	通过失重法表征平均腐蚀速率	任何环境	温黄气田、普光气田、西南油气田、美国 Tioga 高酸性气田、法国 Lacq 气田
电阻探针	探头腐蚀后截面积减小，电阻增大，测量探头电阻变化表征金属平均腐蚀速率	除高含硫气体以外的环境	温黄气田、普光气田、西南油气田、加拿大 Burnt Timber 集输系统
LPR 探针	用两电极或三电极测量极化电阻	电解质溶液	普光气田、磨溪气田
FSM	非插入式监测，通过测量电势变化，可连续监测管道某点的腐蚀情况及该处剩余管壁的厚度	任何环境	普光气田、塔里木油田
氢探针	通过监测材料渗氢量的变化评价是否存在氢腐蚀	含硫天然气	美国 Tioga 高酸性气田、加拿大 East Crossfiled 高含硫气田、加拿大 Burnt Timber 集输系统

1　实验方法

1.1　实验材质

多相流环道实验所用探针由工作电极、参比电极和辅助电极组成。参比电极（RE）为饱和甘汞电极，辅助电极（CE）为碳电极。工作电极直径 10mm，采用与管线钢类同的材质 20#钢，元素组成见表 2，采用环氧树脂密封在 PVC 管中，并用 400#、800#、1000#、1500#、2000#砂纸对试样依次进行打磨，采用石油醚与酒精清洗。

表2　20#钢的化学元素组成

元素	Fe	C	Si	Mn	P	S	Ni	Cr	Cu
组成/%wt	≥98	0.17-0.23	0.17-0.37	0.35-0.65	≤0.035	≤0.035	≤0.03	≤0.25	≤0.25

1.2　实验溶液

环道实验所用溶液由 NaCl、$CaCl_2$、Na_2SO_4、$MgCl_2$、KCl 配制，离子浓度见表 3。采用 PHS-3C 雷磁 pH 计测定溶液 pH 值为 6.4。

表3　实验溶液离子浓度

离子类型	离子	浓度/(mg/L)
阳离子/(mg/L)	K^+	2000
	Ca^{2+}	8700
	Na^+	80000
	Mg^{2+}	600
阴离子/(mg/L)	Cl^-	100000
	SO_4^{2-}	300

1.3　多相流环道实验装置与方法

本实验采用自主设计搭建的流动腐蚀实验环道模拟油气田集输管道腐蚀监测环境，环道采用 PVC 管，直径 70mm，主要由液罐、流量计、可拆卸的测试段、电化学工作站、计算机、环道控制器以及气瓶组成，装置示意图如图 1 所示。每组实验溶液 100L，实验前利用氮气对液罐除氧 30min，直到用溶解氧仪测定水样含氧量等于 0 为止，确保实验在无氧环境中进行。实验中持续通入 CO_2 以模拟管道流体酸性环境。在管壁上安装 20#钢工作电极，采用电化学工作站测试工作电极腐蚀速率，代表管壁腐蚀速率，并与不同安装深度电阻探针监测腐蚀速率进行对比，从而研究电阻探针安装深度对腐蚀监测效果的影响。

1.4　实验工况

根据油气田现场典型工况，设定实验温度 30℃，流速 1.5m/s，周期 12h，分别选用 $D/3$、$D/2$ 和 $2D/3$ 的安装深度（D 为管道内径），每组进行 3 次重复实验以确保实验结果的有效性，整个实验过程中只有电阻探针安装深度发生变化，如图 2 所示。

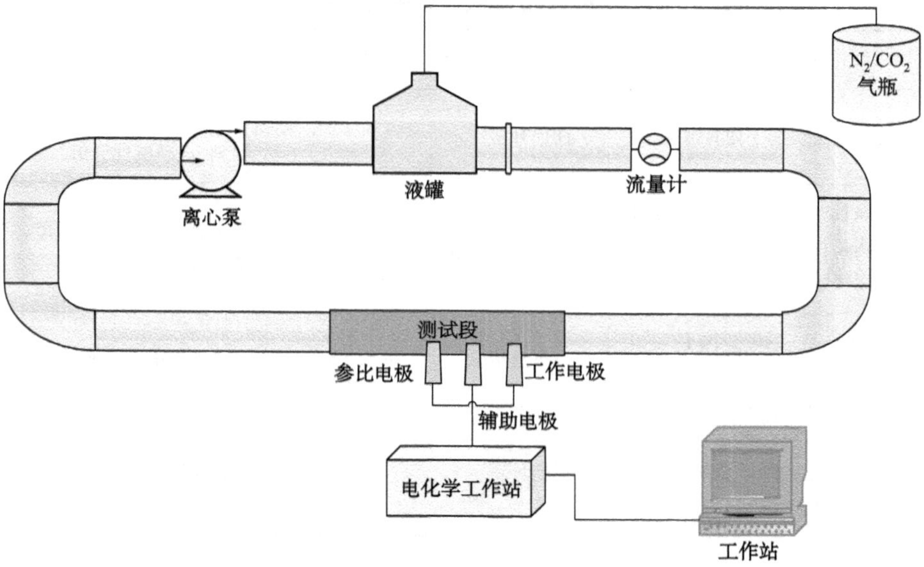

图 1　多相流环道实验装置

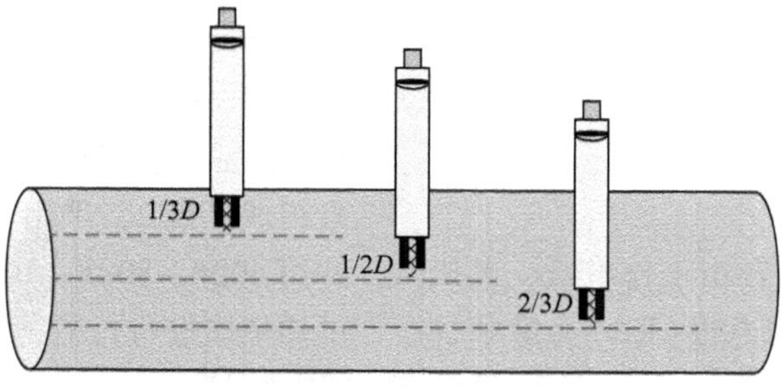

图 2　电阻探针不同安装深度示意图

1.5　电化学测试

采用科思特电化学工作站进行电化学测试，电化学分析、电化学交流阻抗谱(EIS)测试交流振幅为 10mV，扫描频率范围为 10^{-2}～10^{5}Hz。动电位极化测试扫描起始电位为-0. 5Vvs. OCP，扫描终止电位为+0. 5Vvs. OCP，电位扫描速率为 0. 1mV 8130¹Ç A 31

1.6　腐蚀形貌表征

采用 ZEIS S EVO MA15 型扫描电子显微镜(SEM)对腐蚀产物形貌进行表征。

2　不同安装深度电阻探针-管壁腐蚀实验结果分析

2.1　腐蚀产物形貌分析

管壁与不同安装深度电阻探针的腐蚀形貌如图 3 所示。在管道流动的作用下，管道壁面与不同安装深度下探针表面腐蚀产物均不连续，均存在孔状缺陷，但壁面腐蚀产物形貌致密，腐蚀坑最少。电阻探针在 $D/3$ 安装深度时，腐蚀产物膜较为致密且相对完整，监测腐蚀速率较低。而在 $D/2$ 和 $2D/3$ 安装深度下，探针表面腐蚀产物与壁面和 $D/3$ 安装深度下腐蚀产物膜存在明显差异，膜层疏松，局部腐蚀坑逐渐增多，监测腐蚀速率逐渐增大，高于管道壁面腐蚀速率。因此，随着安装深度增大，电阻探针表面腐蚀产物膜缺陷增多且更为疏松，监测腐蚀速率增大，与管壁真实腐蚀速率的差异增大，腐蚀监测准确性降低。

2.2　动电位扫描分析

腐蚀产物膜覆盖条件下，管道壁面和不同安装深度电阻探针的极化曲线如图 4(a)所示，阴极极化曲线斜率大于阳极极化曲线斜率，因此，电化学腐蚀过程阴极反应占主导地位。管壁-电阻探针监测腐蚀速率如图 4(b)所示，管道壁面腐蚀速率为 4. 25mm/a，电阻探针在 $D/3$ 安装深度处监测腐蚀速率小于壁面腐蚀速率，随着探针安装深度增加，在 $D/2$、$2D/3$ 安装深度处监测腐蚀速率均大于管道壁面腐蚀速率，且当安装深度由 $D/3$ 增至 $D/2$ 时，监测腐蚀速率从 4. 12mm/a 陡增至 4. 73mm/a。因此，探针在 $D/$

3 安装深度的腐蚀速率与管道壁面速率最接近。腐蚀电流密度变化和腐蚀速率的变化规律保持一致。

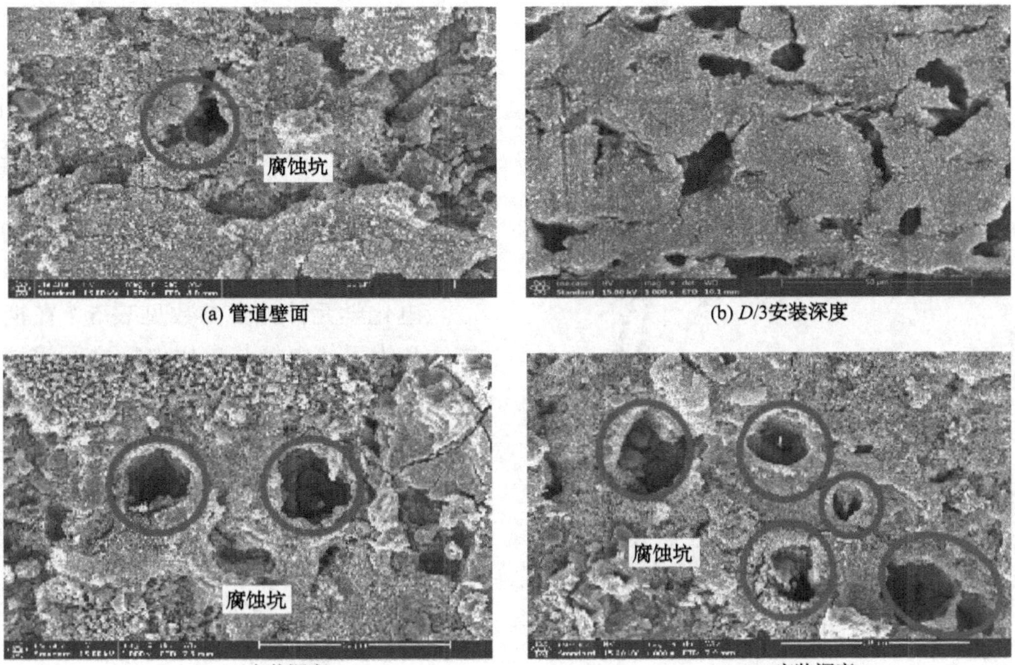

(a) 管道壁面　(b) $D/3$安装深度　(c) $D/2$安装深度　(d) $2D/3$安装深度

图 3　管道壁面与不同安装深度探针的腐蚀形貌

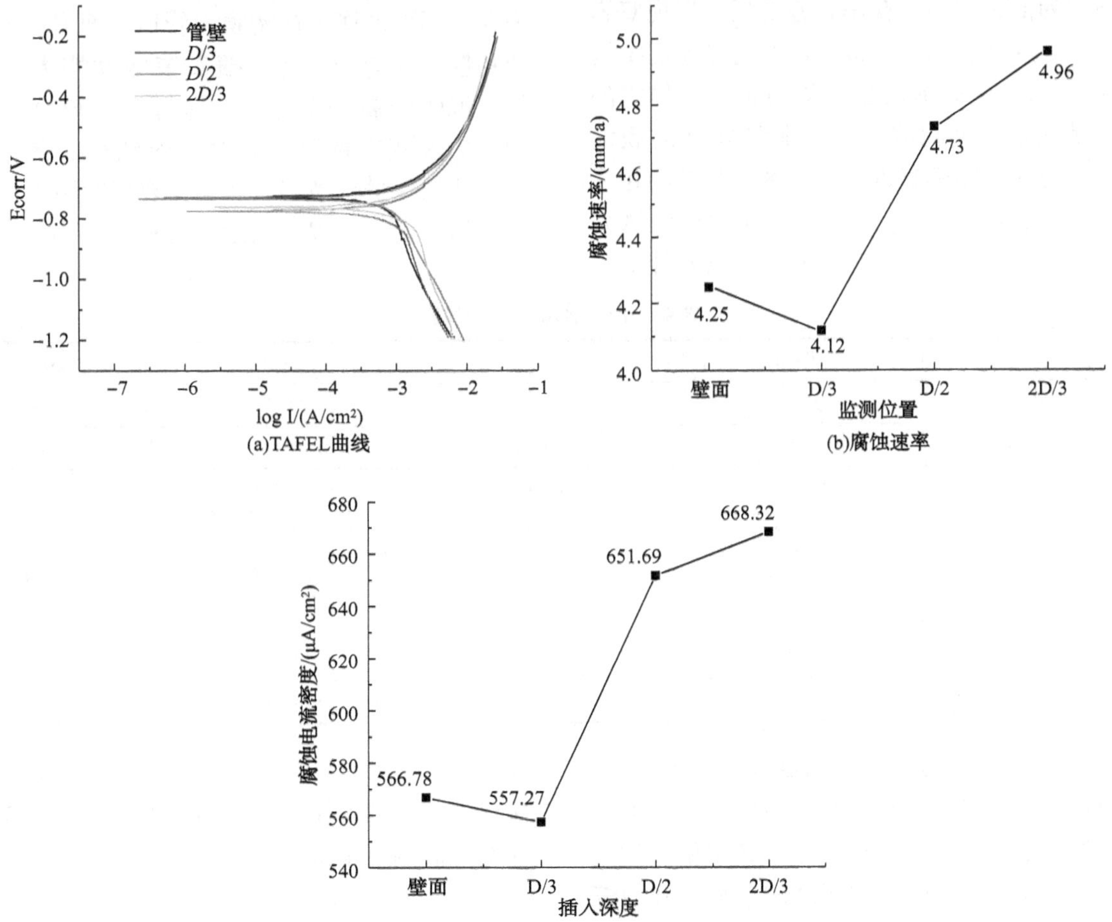

(a)TAFEL曲线　(b)腐蚀速率　(c)腐蚀电流密度

图 4　管壁–不同安装深度电阻探针极化曲线数据图

2.3 阻抗谱分析

如图 5 所示，管壁与不同安装深度下电阻探针电化学阻抗谱 Nyquist 图。Nyquist 图由一个高频容抗弧和一个半径极小的低频容抗弧构成，高频区和低频区的容抗弧分别反映了电荷转移电阻和电极表面腐蚀膜的电阻，高频容抗弧与法拉第电磁感应放电相关，低频容抗弧表示腐蚀产物的吸脱附或沉积。在不同安装深度下，Nyquist 图的高频区和低频区均出现偏心容抗弧，呈现双容抗弧，说明探针表面基本被腐蚀产物覆盖但结构不够致密，Cl^- 让原本覆盖完整的腐蚀产物膜的活性区域增加，使得腐蚀产物膜缺陷处的膜溶解，这样腐蚀产物膜就具有完整区域与准活化区域的双容抗弧特征，与图 4 中 SEM 表征测试表面存在点蚀坑缺陷一致。在 D/3 安装深度下，

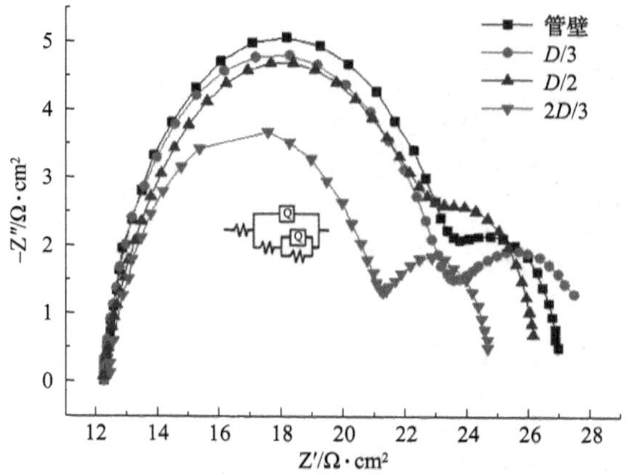

图 5　管道壁面与不同安装深度电阻探针的 Nyquist 图

容抗弧半径最大，监测腐蚀速率最小；2D/3 安装深度下，容抗弧半径最小，监测腐蚀速率最大，具有双层产物膜但膜电容极小。当安装深度由 D/2 增至 2D/3，高频容抗弧半径减小幅度最大，即在 2D/3 安装深度下，探针腐蚀明显加剧。随着探针安装深度增加，高频容抗弧半径减小，且与管道壁面容抗弧的差距增大，即电化学溶解速率越大，腐蚀产物在电极表面的覆盖面积增大。

电化学元件拟合参数见表 5。在拟合电路图中，R_s 为工作电极与参比电极之间溶液电阻，探针腐蚀产物与溶液构成双电层，Q_{dl} 为双电层电容常相位角元件，n 为对应电容的弥散系数，R_{ct} 为电荷转移电阻，Q_f、R_f 为腐蚀产物的电容和电阻，R_p 为极化电阻。R_S 和 R_f 均随安装深度逐渐增而减小，管壁处 R_f 最大，D/3 安装深度的 R_f 较大，与管壁差异最小，与 D/3 安装深度下与管壁处形成的腐蚀产物最为相似的结果一致。安装深度由 D/3 增至 D/2 时，R_f 明显减小，表明进一步增大电阻探针的安装深度，监测腐蚀速率增大，形成的腐蚀产物膜与管道壁面形成的腐蚀产物膜差异较大。Q_{f-n} 随安装深度增大缓慢降低，说明安装深度越大，探针表面成膜越不均匀。R_p 也随安装深度的增大而减小，腐蚀产物对基体的保护性减弱，D/3 安装深度腐蚀产物膜对基体的保护较强，腐蚀程度相对较小。

表 4　电化学元件拟合参数

监测位置	壁面	D/3	D/2	2D/3
$R_s/(\Omega\cdot cm^2)$	12.32	12.29	11.52	11.40
$Q_{dl}-Y/(\Omega^{-1}\cdot Sn\cdot cm^2)$	6.23×10^{-3}	4.70×10^{-3}	6.31×10^{-3}	7.41×10^{-3}
$Q_{dl}-n$	0.9100	0.9064	0.9045	0.8629
$R_{ct}/(\Omega\cdot cm^2)$	11.56	11.12	10.55	10.37
$Q_f-Y/\Omega^{-1}\cdot Sn\cdot cm^{-2}$	0.6331	0.6346	0.4151	0.4242
Q_{f-n}	0.9322	0.7873	0.7567	0.6480
$R_f/(\Omega\cdot cm^2)$	5.15	4.96	4.12	3.98
$R_p/(\Omega\cdot cm^2)$	16.71	16.08	14.67	14.35

2.4 不同安装深度电阻探针腐蚀监测偏差

根据多相流环道测试结果，不同安装深度下电阻探针监测腐蚀速率与管壁腐蚀速率偏差如图 6 所示。随着电阻探针安装深度的增加，其与管道壁面的腐蚀速率偏差增加，在 D/3 安装深度处监测偏差为 3.05%，2D/3 监测深度处偏差达到了 16.71%。因此，随着安装深度增加，电阻探针监测腐蚀速率的准确性降低，在 2D/3 安装深度处监测效果最差。

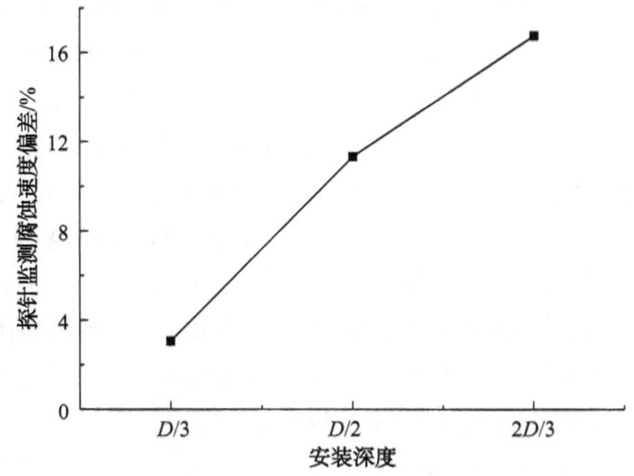

图 6　不同安装深度电阻探针与管壁间腐蚀速率偏差

3　安装深度对电阻探针腐蚀监测影响机制分析

3.1　电阻探针-管道有限元模型的建立

电阻探针-管道有限元几何模型如图 7 所示，计算域为内径 70mm，管长 800mm 的水平管段，与多相流环道实验一致。在管段中心的 12 点方向垂直插入探针，安装深度为 $D/3$、$D/2$、$2D/3$。

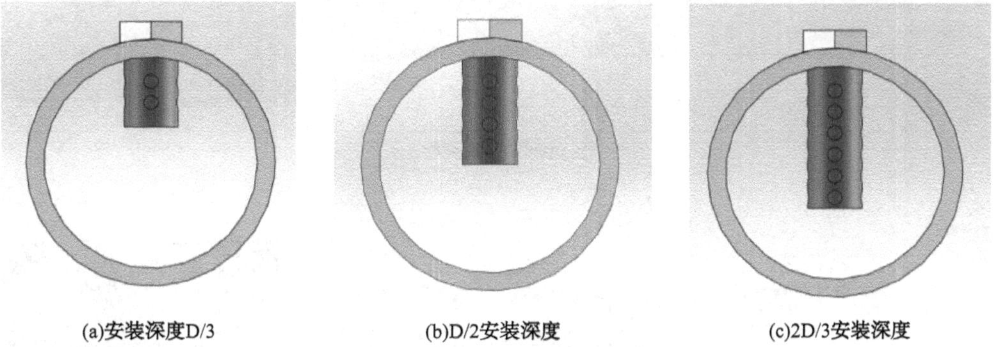

图 7　电阻探针-管道有限元模型

3.2　网格划分与无关性验证

利用 ICEM 对几何模型划分网格，类型为非结构化网格，在探针底面及计算域管壁采用边界层网格，探针局部网格如图 8 所示。在不同的网格密度下，不同安装深度探针周围的最大流速计算结果如图 9 所示。为确保计算精度，同时提高计算效率，优选单元数为 999768、1127811 和 1256636 的网格开展仿真计算。

图 8　探针底面局部加密 ICEM 网格划分示意图

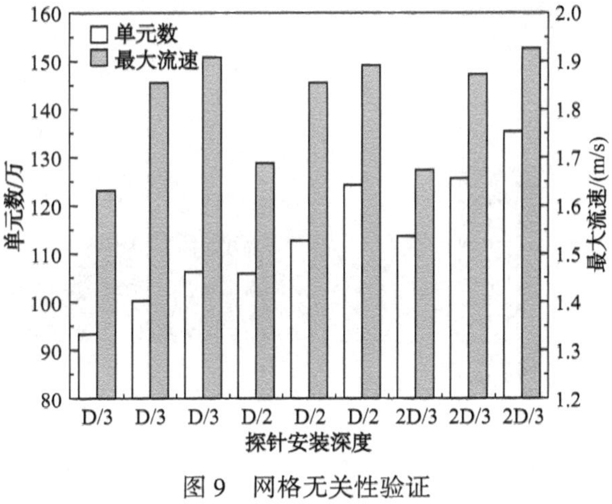

图 9　网格无关性验证

3.3　边界条件及求解方法

管道边界条件设置为速度入口和压力出口。根据油田运行参数，入口流速设置为 1.5m/s，出口静压为大气压，计算域管壁及探针底面为无滑移管壁。由于管流 Re 大于 2300，流态为湍流，选择 Standard k-ε 模型，COUPLED 算法求解。近壁面处理方式为 Enhanced Wall Treatment，动量项、湍流动能项和湍流耗散率项均选择二阶迎风的空间离散方法。

3.4　流场模拟结果分析

不同安装深度下，探针底面与管壁的流速分布如图 10 所示。入口处流速均匀，流体已达充分发展状态，插入探针后管内流通直径减小导致过流断面流速迅速增长。探针柱身两侧及底部流速显著提升，流体绕过探针后进入涡流低速区，管壁壁面和探针底面处流速为 0，形成滞流区，在流体粘性影响下近壁面形成流动边界层，边界层内的速度梯度随垂直距离增大而递增，边界层外的管流流速在探针局部绕流影响下大于入口流速。探针底面的速度梯度沿流动方向逐渐下降，边界层厚度沿流动方向逐渐增厚，流动边界层厚度 δ 与安装深度的关系为 $\delta(D/3)>\delta(D/2)>\delta(2D/3)$，$D/3$ 探针在工作电极处边界层厚度最小，在前端的边界层厚度介于 $D/2$ 和 $2D/3$ 探针之间。探针底面流速最大值在安装深度 $D/3$、$D/2$、$2D/3$ 处依次增大，且始终大于管壁流速，说明探针安装越深，局部流场扰动越剧烈。根据边界层理论，传质边界层厚度约占流动边界层的 1/10，且传质边界层越薄，质量传输速率越高。管道输送油田水等含有腐蚀性离子的介质时在传质边界层内存在离子浓度梯度变化，离子传输阻力与边界层厚度一致，不同安装深度下探针底面的传质变化造成探针监测效果的差异。

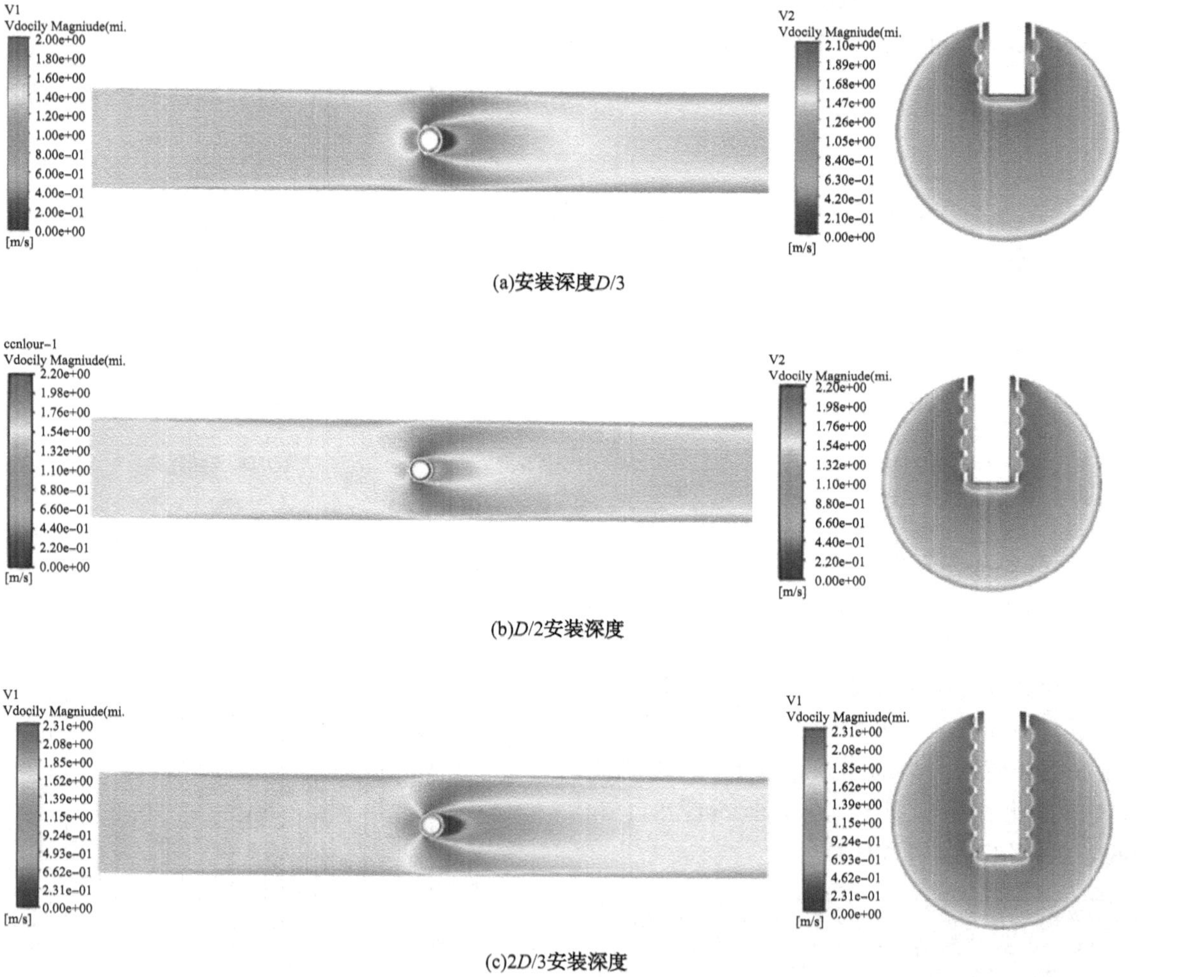

(a)安装深度$D/3$

(b)$D/2$安装深度

(c)$2D/3$安装深度

图 10　不同安装深度探针周围速度场分布云图

在管内插入探针后局部流速迅速增长，边界层内速度梯度使探针表面产生剪切力。随着探针安装深度的增加，其底面剪切力增大，如图 11 所示。剪切力均呈现前端强于末端的分布特点，并沿流动方向持续降低，最大剪切力位于流体分离点附近。探针底面流体紊乱程度的差异造成底面受力不均，当电极与溶液接触发生电化学反应时，在探针前端受剪切作用的影响更大。

3.5　不同深度电阻探针腐蚀监测影响机制分析

20#钢在饱和 CO_2 介质中的反应机理见式(1)～(6)，阴极反应由 H^+、H_2CO_3 和 HCO_3^- 的还原反应组成，阳极反应为金属溶解过程，反应过程中消耗大量 H^+ 促使阴极去极化，促进了电化学腐蚀进程。

流动条件下以 20#钢为材质的管壁腐蚀由电化学因素与流体动力学因素协同促进，其中电化学腐蚀起主导作用。管壁堆积有以 $FeCO_3$ 为主的疏松腐蚀产物，流体冲刷造成基体表面部分腐蚀产物膜剥离，基体暴露在腐蚀介质中，流动介质加速溶液中 Cl^- 迁移到基体表面，Cl^- 催化腐蚀产物膜生成的化学方程式见式(7)、式(8)。Cl^- 既降低腐蚀产物膜与基体的黏附强度，又导致腐蚀产物膜致密性下降，在离子通道处形成缝隙腐蚀，腐蚀坑内微观湍流促使腐蚀坑向加深加宽方向发展。

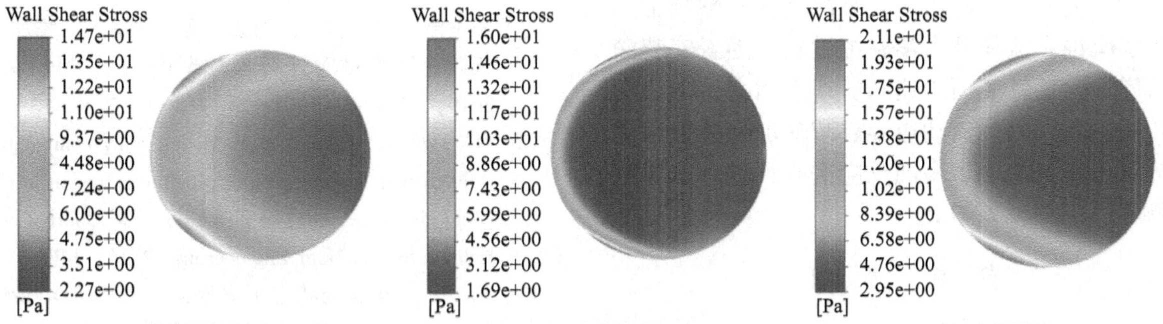

(a)安装深度*D*/3　　(b)*D*/2安装深度　　(c)2*D*/3安装深度

图 11　不同安装深度探针表面剪切力分布云图

$$2H^++2e^-\longrightarrow H_2 \quad (1)$$

$$2H_2CO_3+2e^-\longrightarrow 2HCO_3^-+H_2 \quad (2)$$

$$2HCO_3^-+2e^-\longrightarrow 2CO_3^{2-}+H_2 \quad (3)$$

$$Fe+H_2O\longrightarrow FeOH_{(ads)}+H^++e^- \quad (4)$$

$$FeOH_{(ads)}\longrightarrow FeOH^-+e^- \quad (5)$$

$$FeOH^-+H^+\longrightarrow Fe^{2+}+H_2O \quad (6)$$

$$Fe+OH^-+Cl^-\longrightarrow FeClOH^-_{(ads)}+e^- \quad (7)$$

$$FeClOH^-_{(ads)}\longrightarrow FeOH^++Cl^-+e^- \quad (8)$$

以 20#钢为材质的电阻探针在管流条件下由电化学因素与流体动力学因素协同促进腐蚀。不同安装深度电阻探针在管流条件下对腐蚀监测影响机制如图 12 所示，流体流动造成探针底面 Fe^{2+} 浓度降低，促进阳极反应方程正向进行，阴极反应速率与探针安装深度相关。电阻探针底面边界层均沿流动方向逐渐增厚，平均边界层越厚，速度梯度和剪切力越小，腐蚀性离子传输阻力越大，离子对流扩散速率越小，流动加速腐蚀在边界层内的影响越低。随着电阻探针安装深度的增加，其前端及底面流体的流速增大，下管壁边界层边缘处流速在局部绕流影响下大于入口流速，剪切作用增强，加快腐蚀产物剥离，未及时形成腐蚀产物的探针基体再次与腐蚀性介质直接接触，加快腐蚀速率。另外，流体边界层减薄也将加速腐蚀性离子传质过程，加剧腐蚀反应进程。

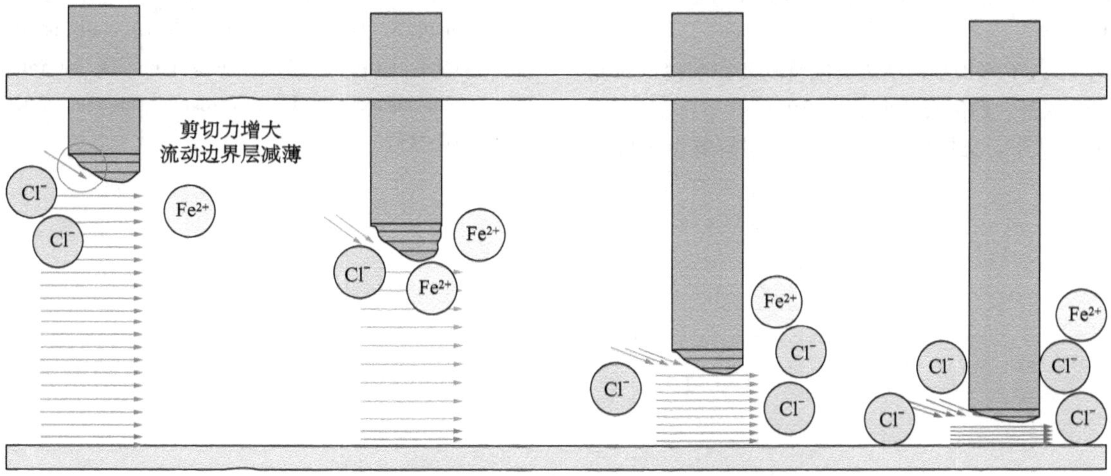

图 12　电阻探针安装深度对腐蚀监测影响机制示意图

4　结论

（1）随着电阻探针安装深度的增加，其腐蚀电流密度、腐蚀速率、腐蚀坑数量均增加，腐蚀产物表面致密度降低。

（2）电阻探针腐蚀监测结果与管壁腐蚀速率

的差异随着安装深度的增大而增大。*D*/3 安装深度下的监测偏差为 3.25%，腐蚀监测效果最好；2*D*/3 安装深度下监测偏差为 14.84%，腐蚀监测效果差。

（3）电阻探针的监测安装深度同时影响了其电化学腐蚀和流体动力学腐蚀过程。随着安装深度的增加，探针底面流速和剪切力增大，加快腐蚀产物剥离，同时流动边界层减薄加速腐蚀性离子传质过程，加剧了腐蚀反应进程，进一步导致监测腐蚀速率偏差增大。

参 考 文 献

[1] 青松铸，张晓琳，文崭，等．长宁页岩气集气管道内腐蚀穿孔原因探究[J]．材料保护，2021，54(6)：166-169+174.

[2] 王洪磊．三元复合驱采油污水防腐阻垢缓释技术研究[D]．大庆：东北石油大学，2011.

[3] 龚小平，曾力，陈曦，等．元坝气田场站污水管道腐蚀机理及防腐对策研究[J]．石油化工腐蚀与防护，2021，38(5)：6-11.

[4] 李洪．D 气田天然气集气系统完整性评价研究[D]．成都：西南石油大学，2015.

[5] 孙海．天然气压气站内腐蚀挂片监测管道内腐蚀[J]．腐蚀与防护，2011，32 (3)：239-242.

[6] LIAO K X，QIN M，WANG M A，et al. Probing pipe flow impact corrosion monitoring effectiveness under corrosion monitor coupons conditions [J]. Fuel 2023，353：129288.

[7] 胡永碧，谷坛．高含硫气田腐蚀特征及腐蚀控制技术[J]．天然气工业，2012，32(12)：92-96+134-135.

[8] 詹旭聪．CY 气田集输系统腐蚀监测及控制技术研究[D]．成都：西南石油大学，2019.

[9] 张弟，梁平，史艳华，等．温度和溶解氧对 X80 管线钢在库尔勒土壤模拟溶液中腐蚀行为的影响[J]．热加工工艺，2016，45(8)：70-73.

[10] 唐鑫，廖柯熹，黄元洁，等．总压对 L360NS 钢在 CO2/H2S/O2 体系中腐蚀行为的影响[J]．材料保护，2023，第 56(6)：75-81.

[11] 郭玉洁，文泽宙，孙海礁，等．除氧剂的添加对注气井油管管材腐蚀行为的影响[J]．材料保护，2019，52(1)：18-21.

[12] HU Haitao，Cheng，Y. F. Modeling by computational fluid dynamics simulation of pipeline corrosion in CO_2-containing oil-water two phase flow [J]. Journal of Petroleum Science and Engineering，2016：146.

[13] 杨雨．不同润湿状态下海底湿气管道 CO_2 腐蚀行为研究[D]．成都：西南石油大学，2019.

[14] 赵大伟．低 Cr 耐蚀材料表面腐蚀产物膜的形成和特性研究[D]．西安：西安石油大学，2010.

[15] 孙丽丽，朱闯，王勇，等．Fe 基高 Cr 激光熔覆涂层 CO_2腐蚀行为研究[J]．兵器材料科学与工程，2012，35(5)：22-26.

[16] 徐大召．Mg-Zn-Y-Zr 系生物镁合金组织与性能的研究[D]．郑州：河南科技大学，2020.

[17] Liao K X，Liu Y H，He G X，et al. Shale gas flow carrying liquid in gathering pipeline with different inclination angles [J]. Engineering Failure Analysis，2023，150.

[18] 李德顺，马国林，郭涛，等．基于 k-ε 模型的剪切流中湍流动能衰减规律研究[J]．华中科技大学学报(自然科学版)，2021，49：83-87.

[19] 雍兴跃，张雅琴，李栋梁，等．近壁处流体力学参数对流动腐蚀的影响[J]．腐蚀科学与防护技术，2011，23(3)：245-250.

[20] Zhang S，Hou L，Du H，et al. A study on the interaction between chloride ions and CO_2 towards carbon steel corrosion [J]. Corrosion science，2020，62：167-177.

某油田联络管线腐蚀原因分析

孙佳妮

（中国石化西北油田分公司）

摘　要　某油田联络管线已运行19年，存在较严重的腐蚀问题。为了减少腐蚀，降低经济损失，有必要对腐蚀原因进行识别。通过对腐蚀现场的勘察及管线检测结果、运行数据、流体介质参数等资料的综合分析引起腐蚀的原因，制定整改措施。

关键词　联络管线；腐蚀情况；原因分析；整改措施

某油田联络管线承担着2个站库间的重质原油输送任务，于2003年11月投产，材质为L360螺旋焊管，规格为Φ323.9×7.1mm，长度为20.8km。重油输送不同于常规原油，其所含胶质和沥青质含量高、黏度大，并含有大量天然乳化剂，因此采用加热输送工艺。管线无内防腐措施，外防腐保温措施为强制电流阴极保护+环氧煤沥青涂层+聚氨酯泡沫+聚乙烯管壳。由于输送介质的特性以及温差可引起金属膨胀、收缩，覆土环境及回填土可产生土壤应力，因此，对于管线受力特殊的部位，为防止管线变形失稳，需根据计算设置锚固墩。

某油田联络管线运行至今多次发生腐蚀问题，给生产运行影响。通过现场调研及资料汇总，分析管线的腐蚀原因，提出切实有效的整改措施，以延长该管线的使用寿命，保障其安全平稳运行。

1　管线腐蚀问题

2010年至今，某油田联络管线累计发生严重腐蚀17次，尤其进入2016年后，见图1。地埋式敷设输油管线是油库在特殊环境中普遍采用的安装形式，由于采用埋地敷设方式，抢修工作存在较大困难，影响正常生产，也造成较大经济损失。

通过对腐蚀位置、类型、形貌等信息的汇总，总结出该管线的腐蚀情况，见图2～3。由图2～3可知，该管线腐蚀类型多样，且多集中在起点站库出站5km内。

图1　管线腐蚀处照片

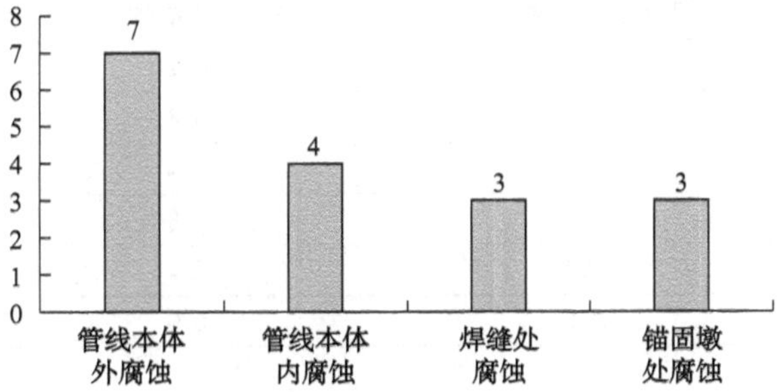

图2　管线腐蚀类型

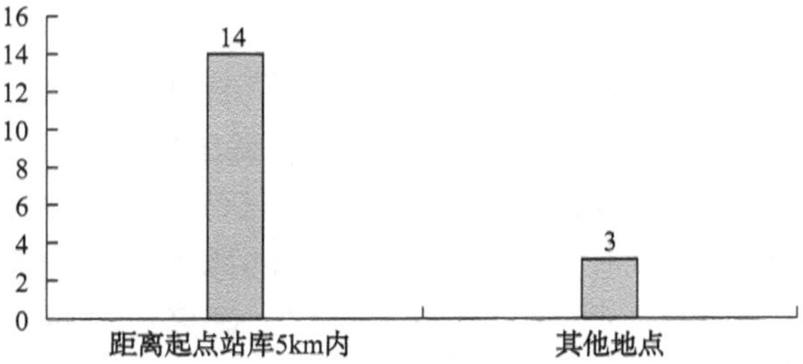

图3　管线腐蚀位置

2　管线检测情况

根据TSG D7003—2010《特种设备安全技术

规范》要求，管理单位需对管线开展年度检测工作。非开挖条件下的钢制管线检测技术是应用广泛的埋地管线检测方法。为查找腐蚀薄弱管段及应力集中点，2016 年对该管线进行了磁应力检测。磁应力检测也称金属磁记忆技术，是一种基于逆磁致伸缩效应的无损检测方法。

检测共计发现 103 处磁场异常点，其中评价为立即修复(Ⅰ级)的有 3 处，评价为监控降压使用(Ⅱ级)的有 7 处，评价为继续使用的有 93 处。Ⅰ级的 3 处磁场异常位置集中在起点站库出站 5km 内；Ⅰ级、Ⅱ级共计 10 处磁场异常中有 4 处为环焊缝缺陷或腐蚀，有 2 处为锚固墩应力应变状态。管理单位对评价为Ⅰ级的 3 处磁场异常点立即开展了维修工作。部分磁应力检测评价结果见表 1。

表 1　磁应力检测评价结果表

距离起点站库距离/m	疑似锚固墩	等级	维修建议	预测及检测到的缺陷状态值
1510	非锚固墩	Ⅰ级	立即维修	腐蚀 75%，焊缝缺陷
3327	非锚固墩	Ⅰ级	立即维修	腐蚀 75%，焊缝缺陷
4060	非锚固墩	Ⅰ级	立即维修	焊缝腐蚀 100%，应力应变状态，漏点
1478	非锚固墩	Ⅱ级	监控降压使用	腐蚀超过 25%，焊缝区应力应变状态
2720	非锚固墩	Ⅱ级	监控降压使用	腐蚀超过 25%，应力应变状态
9115	锚固墩	Ⅱ级	监控降压使用	铁板，应力应变状态
12150	锚固墩	Ⅱ级	监控降压使用	铁板，应力应变状态
13200	非锚固墩	Ⅱ级	监控降压使用	应力应变状态
15150	非锚固墩	Ⅱ级	监控降压使用	应力应变状态
18100	非锚固墩	Ⅱ级	监控降压使用	应力应变状态

利用开挖方式对检测结果进行验证，通过目测、超声测厚等方法对该管线本体进行检测。在此过程中发现本体减薄 6 处，通过观察管线外壁的缺陷、腐蚀产物等情况判断腐蚀类型，发现外腐蚀 4 处，内腐蚀 2 处。开挖检测结果见表 2。

表 2　开挖检测结果表

距离起点距离/m	最小剩余壁厚/mm	最大壁厚损失	内/外腐蚀
2900	6.2	12.68%	外腐蚀
3017	6.8	4.23%	内腐蚀
3400	5.6	21.13%	外腐蚀
3790	6.8	4.23%	内腐蚀
4035	6.2	12.68%	外腐蚀
15610	6.0	15.49%	外腐蚀

3　腐蚀风险分析

3.1　管线内腐蚀原因分析

某油田采出液呈“五高一低”特征，即高含水、高含硫化氢、高含氯离子、高含溶解氧、高矿化度、低 pH 值，腐蚀性强。虽然该管线输送的是经脱水、脱硫工艺处理后的原油，但仍含水、含硫，且采出水的矿化度、氯离子含量很高。输送原油化验数据见表 3。

表 3　输送原油化验结果表

化验项目	结果
含水量/%	0.50
盐含量/(mg/L)	573.1

续表

化验项目	结果
硫含量/%	2.46
地层水矿化度/(mg/L)	20×10^4
地层水 Cl^- 含量/(mg/L)	7.4×10^4

3.1.1　含水因素

管线内腐蚀通常与水有关。水是该管线腐蚀的主控因素，其高氯离子含量、低 pH 值、携带大量溶解氧的特点，是腐蚀的根源，也是腐蚀防治的关键。

3.1.2　含硫化氢因素

干燥的硫化氢对金属材料无腐蚀破坏作用，但硫化氢一旦溶于水，即刻电离，使水具有酸性。同时，硫化氢本身易发生渗氢现象，由于渗氢作用会导致钢材的脆性破裂。在腐蚀环境中，反应产生的氢，一部分通过相互结合形成氢分子排出，另一部分渗入钢的内部并溶入晶格中，溶于晶格中的氢有很强游离性，在一定条件下导致材料的氢脆和氢损伤。通过对比输送介质中硫化氢含量及腐蚀处形貌发现，该管线内腐蚀类型主要以硫化氢腐蚀为主，出现点蚀和局部断裂。

3.1.3 含氯离子因素

氯离子通过以下方式加快了管线腐蚀的发生，一是氯离子能与管线金属形成络合物，催化铁的电化学反应；二是氯离子能破坏并穿透管线外层已形成的氧化膜，接触金属本体进行腐蚀；三是氯离子能吸附在管线表面或钝化膜上，与腐蚀介质溶液形成强电场，促进管线金属离子的溶出。由表3可知，输送介质中含有大量氯离子，为该管线内腐蚀的发生提供了条件。

3.1.4 采出水矿化度因素

矿化度是指水中离子含量，也称为水的盐含量，表示水中盐类的总和。某油田采出水矿化度较高，可达 20×10^4 mg/L。介质中矿化度越高，无机盐浓度越大，电化学腐蚀速率越快。同时，高矿化度的溶液易产生污垢，虽然污垢本身没有腐蚀性，但在管壁上易形成不均匀的垢层。管线内一般含有氧气，因此垢下区域易形成贫氧区，无垢区域易形成富氧区，即形成了氧浓差电池，加快局部腐蚀。

3.1.5 管线起点温度高因素

促进腐蚀问题的原因还在于管线“高温高压”的环境，温度的升高可以极大地促进腐蚀进程，压力的升高使溶解在水中的腐蚀性介质量增加。美国现场调查指出，90%的晶间应力腐蚀开裂(IGSCC)发生在气压站下游16km以内，即管线上温度最高区域。某油田联络管线出站温度约72℃，出站压力约0.87MPa；进站温度约61℃，进站压力约0.15MPa。因出站附近温度、压力相对较高，更易发生各类腐蚀问题。这是腐蚀多集中在起点站库出站5km内的原因之一。

3.2 管线外腐蚀原因分析

3.2.1 土壤腐蚀性因素

该管线年度检测中对管线敷设环境腐蚀性进行调查。依据GB/T 19285—2014《埋地钢质管道腐蚀防护工程检验》的要求，对土壤电阻率、土壤腐蚀性等参数开展测试工作。某油田联络管线所经区域主要以荒地、盐碱地为主，土壤电阻率变化较大。全段土壤电阻率评价为“中偏弱”。对土壤进行取土化验测试，土壤腐蚀性评价等级为“中”。

该管线修复时，现场开挖作业坑抽查管体外防腐情况，发现管线在靠近起点站库一端，多处涌出或渗出地下水，相应区域管体外表面呈现局部腐蚀情况，腐蚀面积大小及腐蚀坑深度根据土壤含水量多少有所差异。这是腐蚀多集中在起点站库出站5km内的原因之一。

3.2.2 管线起点温度高因素

研究表明，涂层老化也与温度有关。某油田联络管线出站附近温度较高，则相应管段的涂层、防腐层也更易老化和破损，对管线的保护性大大降低，增加了外腐蚀的可能性；同时，较高的温度加速了外腐蚀进程。这是腐蚀多集中在起点站库出站5km内的原因之一。

3.2.3 管线防腐层破损因素

对于长输管线和集输管网，管线外防腐技术的采用和施工质量直接关系到管线的安全运行和使用寿命。在对防腐层破损处进行开挖验证时发现，造成缺陷的主要原因为管线防腐层、保温层老化整体脱落和机械损伤造成的管线防腐层、保温层破损。防腐层破损后，管线本体与腐蚀性土壤直接接触，发生电化学反应，导致管线外壁腐蚀。管线的保温材料为聚氨酯泡沫，含有大量酸性物质，当管壳因老化或机械外力等因素发生破裂，水渗入聚氨酯泡沫层后，其酸性物质将外泻，加剧管线腐蚀速度。

这是表2中距起点15610m处本体外腐蚀的原因。开挖后发现管线下部管壳有裂缝，疑为施工时产生的机械损伤。测厚数据显示管线下部减薄，最小剩余壁厚6mm。管壳破裂后，雨水或季节性流水渗入保温层导致外腐蚀的发生。

3.2.4 保温管线阴极保护电流屏蔽问题

某油田联络管线的阴极保护站设置于终点站库中。日常运维测试及管线检测结果均表明阴极保护系统运行正常。最近对起点站库附近修复时进行通、断电测试，通电电位在−1.0～−1.2VCSE，断电电位在−0.8～−0.9VCSE，不能完全满足GB/T 21448—2017《埋地钢质管道阴极保护技术规范》中的−0.85VCSE要求。

该管线带有聚氨酯泡沫保温层。张文艳等人研究了保温层对外加电流阴极保护的屏蔽性，结果表明外加电流阴极保护对埋地带保温层管线起不到"完全"的保护作用。这一结论通过科研项目的现场模拟试验得到了验证，即防腐保温层具有极高的绝缘电阻，对阴极保护电流产生屏蔽作用，阴极保护难以成为保温层下管线腐蚀防护的有效手段。

3.3 环焊缝处腐蚀原因分析

3.3.1 环焊缝金属与本体不同

管线本体金属和环焊缝金属成分不一样，两者的电位差可达0.275V，管线埋入地下后，电位低的部位遭受腐蚀。管线本体金属和环焊缝金属因耐蚀性差异构成的电偶效应，使环焊缝或其热影响区处快速腐蚀。

3.3.2 施工工艺因素

因早期管线接口处的外防腐工艺相对落后，是在预制瓦粘贴的泡沫塑料上缠绕聚乙烯胶带，本体采用液体充填方式，接口处密封性相对本体较低。由于密封性较差，水容易渗入聚氨酯泡沫层，水和聚氨酯泡沫内的酸性物质共同作用于环焊缝处，发生腐蚀。

3.4 锚固墩处腐蚀原因分析

管线敷设时，当转角弯头强度不能满足要求时采用固定式锚固墩锚固。管线建设初期，为保障冬季投产，避免应力集中，在管线的地下弯头、穿跨越段、土质松软不厚实等地段敷设了固定式锚固墩34处。因工艺不够成熟、设置数量过多，长期运行后锚固墩处管段成为腐蚀隐患点。

3.4.1 复杂应力作用

管线年度检测中对地质条件进行了调查，发现管线所处环境位于某山地震带，在近10个月的调查期间共计发生地震活动183次，其中震级最大为5.4级。因此，支撑管线的锚固墩处受到强烈外力的作用，加之介质工作压力对管段产生的径向应力、热胀冷缩变形产生的温差应力、流动介质冲刷管段产生的应力等的共同作用，在固定墩处产生应力集中现象，促进了管线腐蚀的发生。

3.4.2 施工工艺因素

因早期锚固墩与管线的搭接工艺相对落后。锚固墩通过止推板与管线连接，止推板与管线接触区域直接焊接而成。当管线本体金属与止推板金属成分不一样时，管线本体金属与止推板金属因耐蚀性差异构成的电偶效应，使两者焊接处或其热影响区处快速腐蚀。

3.4.3 混凝土材质因素

锚固墩外部为比重20t/m^{3}的混凝土结构。当锚固墩处于干湿交替的区域，混凝土中毛细孔吸水、失水交替进行，使内部钢结构与管道的自腐蚀速度加快，腐蚀程度加深。

3.4.4 静态环境加剧腐蚀

锚固墩内管段一旦发生腐蚀，无法直接进行防腐处理，锚固墩整体包埋管线，静态环境进一步加剧腐蚀进程。

4 整改措施

（1）对频繁腐蚀管段进行治理，更换起点站库出站5km管线。

（2）对全线34处固定式锚固墩进行整体拆除，在必要的应力集中处安装可更换式锚固墩。同时做好锚固墩与管线连接部位的防腐措施，如喷涂高效防腐涂料，做好连接处的防腐层处理。

（3）做好管线内、外检测工作，通过外检测了解防腐层破损情况，及时开挖进行修复，防止腐蚀性介质与管线本体接触发生外腐蚀；同时，降低阴极保护电流的流失，加强阴极保护对管线的保护。通过漏磁等内检测手段，了解管线本体腐蚀及应力应变状态，及时开挖进行管段补强或更换，降低腐蚀发生的几率；因为内检测前需进行多轮管线清管作业，清管可去除附着在管线内壁上的油泥、杂质、积液等，腐蚀介质的减少，大大降低了管线内发生垢下腐蚀的概率。

（4）对于管线检测时检出的强度不达标的环焊缝处，需使用碳纤维材料进行补强；同时，今后应加强焊接环节施工现场的监督及质量把控工作，检查焊工的资质水平，严格要求焊缝的高度、宽度等各项指标，减少环焊缝处缺陷。

5 结论

（1）某油田联络管线腐蚀类型主要分为四类，即管线本体外腐蚀、管线本体内腐蚀、环焊缝处腐蚀和锚固墩处腐蚀。

（2）因靠近起点站库一端，多处涌出或渗出地下水，加之管线起点处温度、压力高，极大地促进了腐蚀进程，致使在起点站库出站5km内的管段频繁出现腐蚀。

（3）管线本体内腐蚀主要是由输送介质含水、含硫化氢、高含氯离子、高矿化度的性质及管线起点温度高引起的；管线本体外腐蚀主要是由土壤腐蚀性、外防腐层破损、保温层屏蔽阴极保护电流造成的；环焊缝处腐蚀主要是由环焊缝金属与本体不同引起电偶腐蚀，施工工艺不科学引起的；锚固墩处腐蚀主要是由复杂应力作用，施工工艺不科学，混凝土材质吸水、失水，静态腐蚀环境造成的。

（4）积极推进相应整改措施可降低联络管线腐蚀风险，保障管线安全平稳运行。

参 考 文 献

[1] 李扬．浅谈重质原油管道输送方法[J]．石化技术，2016，23(1)：132-132.

[2] 张建宾，孟静．长输管道锚固墩的设置[J]．管道技术与设备，2018(1)：7-7.

[3] 陈桂方．油库输油管敷设的方式及安全措施[J]．储运技术，1999(3)：36-36.

[4] 何仁洋．压力管道定期检验规则—长输(油气)管道：TSG D7003—2010[S]．北京：新华出版社，2010.

[5] 刘凯峰．埋地钢质管道检测技术研究[J]．中国石油和化工标准与质量，2020，40(23)：67-67.

[6] 丁疆强，姜永涛，毛建，等．磁应力检测技术在长输油气管道环焊缝排查工程中的应用[J]．石油工程建设，2022，48(1)：77-77.

[7] 翁永基．材料腐蚀通论—腐蚀科学与工程基础[M]．北京：北京石油工业出版社，2004.

[8] 马团校．硫化氢腐蚀与防护[J]．全面腐蚀控制．2021，35(1)：92-92.

[9] 宋华，硫化氢—H_2S的腐蚀原理与防护技术的研究[EB/OL]. https://wenku.baidu.com/view/9ca78567f5335a8102d2208c.html,2022-10-14.

[10] 肖立杰．油气田高氯环境中钢的腐蚀规律研究现状[J]．全面腐蚀控制．2013，27(5)：33-33.

[11] 娄亮杰，徐忠苹，李爱贵，等．高矿化度油田污水处理系统的腐蚀因素分析及治理措施[J]．腐蚀与防护．2018，39(11)：894-894.

[12] 闫茂成，翁永基．温度和应力对管道钢应力腐蚀过程电化学行为的影响[J]．石油工程建设，2004，30(3)：4-5.

[13] 何仁洋．埋地钢质管道腐蚀防护工程检验：GB/T 19285—2014[S]．北京：中国标准出版社，2014.

[14] 胡修俊．埋地钢质管道外防腐方法及综合评价研究[D]．成都：西南石油大学．2007.

[15] 付忠昌．改性聚氨酯泡沫防腐保温管[P]．中国专利：200420051070.1，2005-04-06.

[16] 黄留群．埋地钢质管道阴极保护技术规范：GB/T 21448—2017[S]．北京：中国标准出版社，2017.

[17] 张文艳，李柯，侯胜，等．埋地保温管线外加电流阴极保护适应性[J]．腐蚀与防护，2014，35(9)：947-947.

[18] 杨新勇，蒋勇，杨玉琴，等．塔河油田输油管道典型腐蚀与对策[J]．全面腐蚀控制，2012，26(10)：64-65.

[19] 苏鑫，康静．油气管道固定墩处发生腐蚀的原因及对策[J]．江汉石油职工大学学报，2012，25(1)：49-49.

[20] 胡康，王营．某油田长输管线套管的腐蚀情况分析[J]．天然气与石油，2020，38(3)：100-100.

顺北油气田集输系统腐蚀因素研究

张　裕　张占锋　李　杰

（中国石化西北油田分公司）

摘　要　顺北油气田集输系统的防腐工作需考量因素多，稳定运行依赖有效的监控及防腐措施。顺北油气田的腐蚀因素包括 H_2S、CO_2、Cl^- 等强腐蚀性流体介质、集输环境中的高流速、高压力和沙漠地形变化等。针对这些腐蚀因素，本文提出了监控措施和防腐策略，提出了相应的改进措施。

关键词　硫化氢腐蚀；管道防腐；腐蚀因素

顺北油气田是中石化深地工程主阵地之一，也是西北油田增储上产的主阵地，位于天山南麓、塔里木河流域至塔克拉玛干沙漠北缘及中部延伸区域，油藏类型为碳酸盐油藏。主要勘探开发区块有 4 个，面积 $1.9\times10^4km^2$。产出流体高含 H_2S、CO_2、Cl^- 等强腐蚀性介质，开发方式复杂，输送工况严苛，地势起伏大，地面集输系统腐蚀因素复杂。腐蚀监控方式包括电磁超声技术和网状超声技术测壁厚、管道漏磁内检测和管道电磁涡流检测、光纤泄露监控系统、腐蚀挂片及探针等。防腐措施包括缓蚀剂连续加注、定期清管、阴极保护、源头设计等。A 区集输系统源头内防较完善，但 B、C 区受工艺和管材限制，源头内防不足。站库也存在腐蚀问题，日常检修发现，腐蚀集中在油气处理前端，容器气相进出口处，常见问题为罐壁涂层脱落、牺牲阳极损耗大、底部管道局部腐蚀严重、结垢严重、罐壁条带状环形腐蚀等。

1　流体介质

1.1　井口产出气成分

如表 1 所示，顺北油气田井口产出气 H_2S、CO_2含量高，尤其是 B1 条带，H_2S 含量 0.5%～2.5%，CO_2含量 7%～8%。以 H_2S 腐蚀为主，H_2S 和 CO_2共存，CO_2加速腐蚀速率。

表 1　顺北油气田各条带井口产出气成分

项目	A1 条带	B1 条带	A2 条带	B2 条带	B3 条带
H2S 含量/ppm	6232	13747	1555	4567	4556
氧气/φ%	0.6016	0.7717	0.6442	0.5439	0.6132
氮气/φ%	11.0086	6.3662	25.4615	5.1479	10.3273
二氧化碳/φ%	2.0004	6.8605	1.8562	1.9342	2.2932
氢气/φ%	0.0764	0.0113	0.0282	0.0020	0.0128
甲烷/φ%	75.3318	76.9578	61.6091	83.8693	78.7494
乙烷/φ%	6.2068	4.0064	6.4451	4.3784	4.2865
丙烷/φ%	2.5527	1.8353	2.3306	1.7838	1.6971
异丁烷/φ%	0.4371	0.5520	0.3231	0.4607	0.4142
正丁烷/φ%	1.0111	1.1146	0.7340	0.8930	0.7599
新戊烷/φ%	0.0042	0.0131	0.0035	0.0062	0.0054
异戊烷/φ%	0.2940	0.6198	0.2001	0.3720	0.3268
正戊烷/φ%	0.3397	0.5905	0.2378	0.3991	0.3239
已烷及已烷以上/φ%	0.1191	0.3066	0.0981	0.1820	0.1505
氦气/φ%	0.0432	0.0469	0.0341	0.0598	0.0342

1.2 原油成分

如表2所示，顺北油气田井原油以稀油为主，高含硫，易析出高熔点蜡和沥青沉积物，和地层无机物一起沉积，堵塞管道，产生垢下腐蚀。

表2 顺北油气田各条带原油成分分析

项目	A1条带	B1条带	A2条带	B2条带	B3条带
含盐量/(mg/L)	185.5996	18.5869	2466.7519	30.9754	14.0655
硫含量/%	0.1002	0.1081	0.1201	0.0258	0.0364
蜡含量/%	2.6859	3.0364	2.5524	3.1396	2.5164
凝固点/℃	-19.65	-7.85	-13.2	-6.67	-13.07
沥青质/%	1.6107	2.0101	1.3608	1.5347	1.5103
饱和烃/%	39.4293	38.3025	60.0370	39.0469	38.1981
芳香烃/%	11.3729	9.2703	10.9216	8.7421	12.7628
胶质/%	3.9114	4.1143	4.1104	3.7914	3.7532
不稳定系数CII	3.2277	3.8043	6.7712	4.0038	2.9747
运动黏度/(mm^2/s)	2.6011	5.9021	5.1248	1.6695	1.3797

1.3 管道堵塞物成分

如表3所示，管道堵塞物多为无机和有机物掺杂，有机物以蜡质和沥青沉积物为主，无机物以来自地层的矿物为主，满足垢下腐蚀条件。

表3 顺北油气田集输管道堵塞物成分分析

管道堵塞物来源	沥青质/ω%	饱和烃/ω%	芳香烃/ω%	胶质/ω%	有机物总计/ω%	无机物主要成分1	无机物主要成分2	无机物总计/ω%
SHBA01井	35.02	22.57	0.78	2.29	63.04	NaCl，29.57%	$GaSO_4$，7.39%	36.96
SHBA02井	8.82	18.20	3.56	2.06	37.18	$GaSO_4$，62.82%		62.82
SHBA03井					29.32	$GaSO_4$，66.44%	黏土矿物，4.24%	70.68
SHBA04流程					94.90	地层沙，2.20%	$GaSO_4$，1.40%	5.10

1.4 外来强腐蚀成分

注氮气开采时氮气含氧量为0.1%~0.5%，氧气的加入加剧了腐蚀的复杂性和腐蚀速率。通过腐蚀监检测及室内试验，证实1#处理站原油外输腐蚀速率超标与三嗪类脱硫剂有关。

1.5 水质分析

如表4所示，地层水水质pH值6.4~8，矿化度$(6\sim12)\times10^4$mg/L，Cl^-含量$(3\sim7)\times10^4$mg/L，高矿化度及高Cl^-含量也是腐蚀因素之一。

表4 顺北油气田地层水成分分析

项目	A1条带	B1条带	A2条带	B2条带	B3条带
密度/(g/cm^3)	1.0499	1.0392	1.0670	1.0292	1.0307
pH值	7.16	7.23	6.69	7.84	7.36
CL^-	42668.5685	34283.8005	58975.9420	20969.0172	25841.7834
$SO4^{2-}$	571.6058	476.6395	596.9408	1600.7566	429.1708
$CO3^{2-}$	19.5772	3.7124	0.3524	137.1467	12.7716
$HCO3^{2-}$	449.4246	839.6731	341.5999	1572.7713	757.2930

续表

项目	A1 条带	B1 条带	A2 条带	B2 条带	B3 条带
OH^-	65.4909	0	0	0	0.0672
K^++Na^+	20736.0692	18262.8151	23206.9802	9437.7667	6710.9659
Ca^+	5870.8420	3283.4571	12524.8480	4498.0392	8829.6354
Mg^+	494.4296	265.3906	574.2298	245.5938	205.6419
Br^-	286.7707	118.0710	103.0232	74.7403	58.5213
I^-	23.2592	30.1285	53.2511	30.4905	14.4681
总矿化度	68324.6480	57624.3949	95186.5905	36640.9655	42727.5794

1.6 油气水比例

随着开发进程动态变化，注入含氧的氮气量逐渐增多、液量下降含水上升、集输系统腐蚀源输送量由含 H_2S 天然气为主转为高矿化度水为主，腐蚀主导因素也对应变化。如表 5 所示，腐蚀挂片监测点显示，无外来流体时，腐蚀速率<0.01mm/a，低于轻度水平，随注采工艺变化，强腐蚀流体进入系统，挂片监测发现多处腐蚀速率异常超标，呈数量级增加。

表 5　挂片探针腐蚀监测网络部分点位各季度腐蚀速率

监测点名称	2023 年第一季度		2023 年第二季度		2023 年第三季度		2023 年第四季度		2024 年第一季度	
	均匀腐蚀速率	点腐蚀速率	均匀腐蚀速率	点腐蚀速率	均匀腐蚀速率	点腐蚀速率	均匀腐蚀速率	点腐蚀速率	均匀腐蚀速率	点腐蚀速率
B13X 高压阀组站通球筒	0.0012	0.0136	0.01	0.0901	0.1154	0.1716	0.0643	0.1685	0.0018	0.0559
联合站增压器分离器进口	0.0506	0.2783	0.0151	0.0515	0.0087	0.0307	0.0107	0.0348	0.0768	0.1412
B1-4 阀组站生产汇管	0.0014	0.0159	0.03	0.138	0.0173	0.0594	0.0201	0.0498	0.5718	0.6152
B301X 计量阀组站	0.0124	0.0317	0.1857	0.319	0.0586	0.1099	0.0553	0.1327	0.0159	0.0495
B3X 计量阀组站/B3 条带外输管线	0.0011	0.0091	0.0162	0.0411	0.0424	0.0884	0.0359	0.1036	0.0078	0.0353

2 集输环境

2.1 管道高程分析

地表密布连绵起伏的流动小沙丘，且北东向条带状大沙丘发育；条带间管道频繁横穿大沙丘，高程随地势起伏变化大，如图 1 所示；条带内管道与大沙丘同向，少量斜穿，起伏变化小。

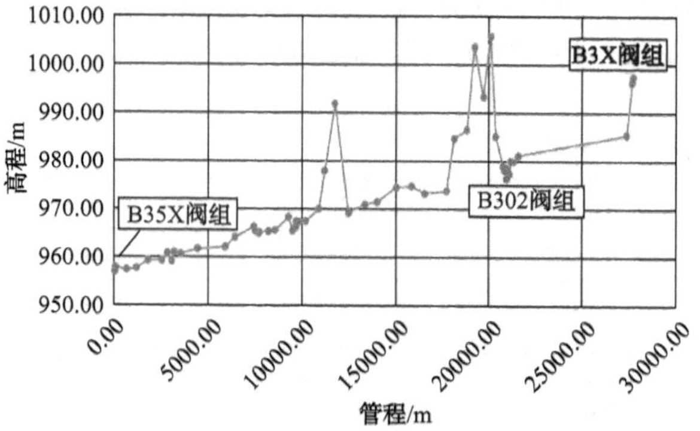

图 1　B3 条带北集输管道高程

2.2 管道材质情况

顺北油气田集输系统管道材质主要以 20#碳钢及抗硫材质钢管线为主。集输干线 A 区内防腐措施相对较为完善；B、C 区集输管道受管材选型及经济性的制约，源头内防不足；单井管道以柔性复合管为主，对于部分高产、高温井，非金属柔性管耐温性能无法满足高温工况，选择了抗硫碳钢管。

2.3 气候特征

四季干燥、多风沙，冬夏、昼夜温差变化大，冬夏地表温差可达 80～100℃，昼夜可达 30～40℃。

3 腐蚀风险分析

3.1 硫化物应力开裂、氢脆

顺北油气田为高含硫油气田，腐蚀以 H_2S 和 CO_2 共存为主，不同区域风险不同，管线检测发现缓蚀剂连续加注能有效提供防护。敏感金属、特定腐蚀介质和局部拉应力集中，易诱发脆性开裂，其扩展速度远快于均匀腐蚀。顺北油气田部分管道材质非抗硫、焊缝热处理不配套、存在外部应力，应通过选用抗硫材质、焊缝热处理和消除应力等措施降低风险。

3.2 冲刷腐蚀

H_2S 环境下，H_2S 腐蚀产物膜未破坏时腐蚀速率低(表 6)，由表 6 可知，顺北油气田集输系统流体介质流速高，易冲刷破坏 H_2S 腐蚀产物膜，引发冲刷腐蚀。

已建管道应采取动态识别冲刷腐蚀风险部位，并在线外补强或停产更新。新建管道可以优化源头设计，材质转为耐蚀合金，增大管径降流速，增加壁厚，并配套在线监测，在低洼爬坡段设置监测阀池，以识别冲刷腐蚀风险。

3.3 沉积物/垢下局部腐蚀

顺北油气田储层处于断裂带，经酸压改造，地层岩屑易携至地面。部分沙漠区域集输管道管径大，气液混输，分层流流速小，管道易积液沉垢，引发垢下局部腐蚀。B301、B3X 阀组腐蚀速率超标的原因是油气产输量低、流速低，且处于低洼位置，利于杂质沉积和地层水积聚，引发沉积物/垢下局部腐蚀。

管线检测发现实施“缓蚀剂连续加注+清管”措施能有效提供防护，如表 7 所示，清管可清出大量积液及固相物质，是消除垢下腐蚀的有效手段。应按“先上游支线、后下游干线”原则排序清管，保障输送安全。

3.4 氧腐蚀

如图 2 所示，O_2腐蚀速率远高于 H_2S 和 CO_2 腐蚀。注水注气等操作易引入 O_2，加剧腐蚀。联合站增压器分离器进口和 B13X 阀组腐蚀速率超标，与上游井使用纯度 96.5%的 N_2气举直接相关，需加强源头控氧或除氧。

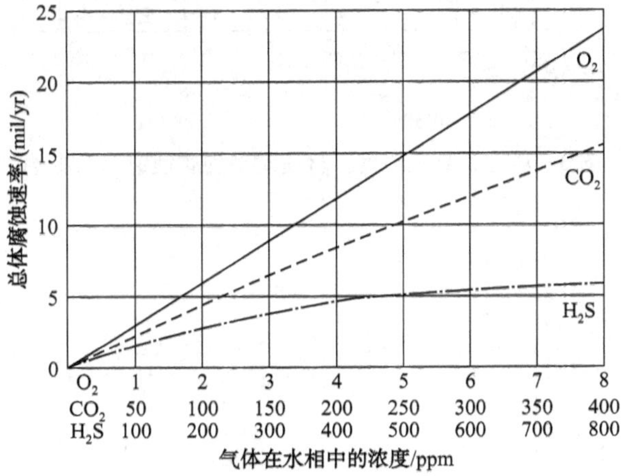

图 2　O_2腐蚀速率远高于 H_2S 和 CO_2

表 6　顺北油气田集输系统流体介质流速

序号	管道名称	规格	起点压力/MPa	起点流速/(m/s)	终点压力/MPa	终点流速/(m/s)
1	B3X 阀组站至 B2-2 分输站联络管线	DN250	6.51	1.79	4.17	2.77
2	B13X 流程至 B1-2 分输站集输管线	DN350	7.84	1.82	6.87	3.76
3	B12X 流程至 B1-2 分输站集输管线	DN400	8.34	0.004	6.87	1.91
4	B1-2 分输站至联合站分输管线	DN250	4.17	2.76	0.7	14.73
5	B1-2 分输站至联合站联络管线	DN400	6.87	4.77	2.50	6.40
6	A23X 流程至联合站联络管线	DN400	4.15	3.91	2.50	6.40
7	B12X 流程至 TZ 天然气管线	DN150	6.15	5.45	4.16	7.99

表 7　顺北油气田集输干线清管情况

序号	管道名称	长度/km	管道规格/Φmm×mm	清管次数	清出积液量/m^3	清出固相质量/kg
1	B3X 至 B2-2H 分输站	51.4	273×9.2	3	420	20
2	B1-2H 至联合站	81.4	273×9.2	1	300	15
3	B12 阀组至 B1-2 分输站混输管线	30	406.4×10.31	1	220	60
4	B13 阀组至 B1-2 分输站混输管线	23	355.6×7.92	1	360	80
5	B1-2H 至联合站	81.4	406.4×10.31	1	1	50
6	联合站至 1#处理站	14.2	355.6×7.92	1	1	120
7	B12 阀组至 TZ 集气首站(中中合作)	19	168.3×7.11	2	1	5
8	A23X 阀组至联合站	34.9	406.4×10.31	3	280	71

如图3所示，平均腐蚀速率和压力、氮气纯度、材质等因素有关。定期清管时积液未清干净易加剧O_2腐蚀，可通过优化制氮工艺、加注除氧剂等方式控氧控腐蚀，如图4所示，不同除氧剂的效果不同。

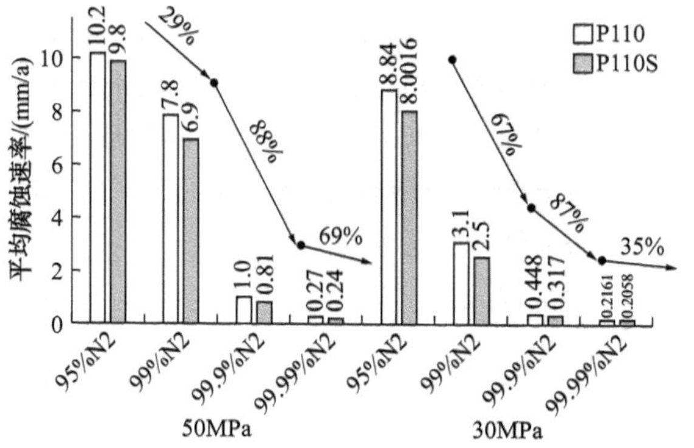

图3　压力、氮气纯度、材质对平均腐蚀速率的影响

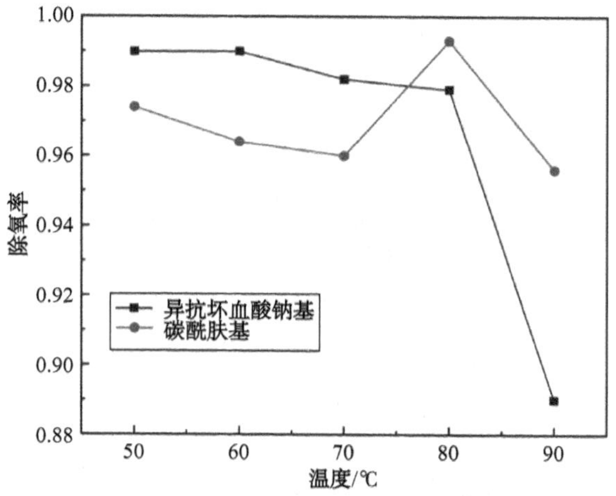

图4　两种除氧剂的除氧率随温度的变化

3.5　高低温影响

超温会导致非金属管失效，如图5所示。由于昼夜温差大，阀池及管道裸露段易凝水，易产生低温凝水腐蚀及析蜡垢下腐蚀。交变温度也会导致金属疲劳裂纹，发生温度膨胀应力破坏。

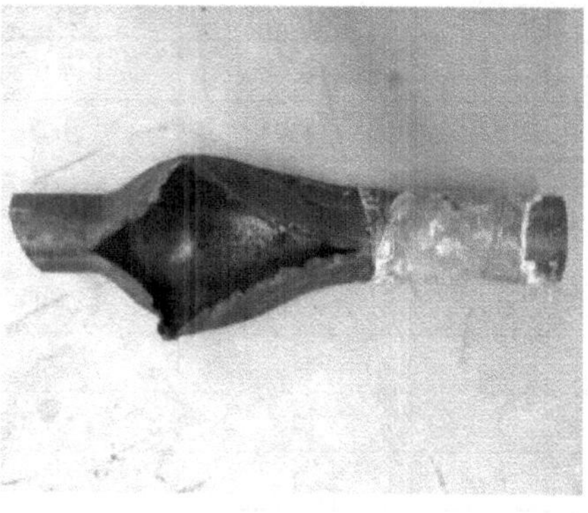

图5　超温导致非金属管失效

3.6　管道裸露

如图6所示，管道裸漏后，外保温层受光照影响，黄夹克老化加快，影响使用，紫外光会导致柔性复合管老化失效。温度变化也会导致聚乙烯类防腐层回弹松弛、开裂，金属管道外防腐层失效。

图6　顺北油气田集输系统部分管道裸漏

3.7　土壤腐蚀

如图7所示，顺北地下水水位1~3m，土壤电阻率21Ω~52Ω·m，最大腐蚀速率0.321mm/a，属于中等腐蚀。B区集输主干线与110kVA输电线并行，局部交叉，联络线交流电压0.9~1.5V，存在较弱的杂散电流干扰，需加强监控。

图7　顺北油气田集输系统部分管道存在土壤腐蚀

4　结论

本文分析了顺北油气田的腐蚀因素，提出了监控措施和防腐策略，提出了相应的改进措施：

（1）顺北油气田集输系统面临硫化氢主控腐蚀环境，氧对其影响大，建议彻底控氧。

（2）针对高流速强冲刷腐蚀，已发现多处明显冲刷腐蚀，建议定期数据分析，提前更换或补强，防控爆管风险。

（3）顺北沙漠地势变化大，低洼段易积液沉垢，沉积物垢下腐蚀是主要风险，需坚持定期在线清管。

（4）已建腐蚀监测体系有效，需优化监测网络，深化数据分析，提高信息化水平，指导现场防控。

（5）对于氧腐蚀严重、易刺漏处等风险较高部位，应加注合适的缓蚀剂，保持阴极保护有效性，定期进行内检。

（6）针对本文所述高风险因素，在源头设计时应充分考虑源头内防、不引入外来腐蚀化学药剂、加强源头控氧或除氧。

（7）现场管理人员应充分考虑腐蚀高风险因素，设计施工作业生产全链条管理腐蚀风险。

参考文献

[1] 王成达，严密林，赵新伟，等．油气田开发中 H_2S/CO_2 腐蚀研究进展[J]．西安石油大学学报(自然科学版)，2005，(5)：78-82+11.

[2] 万里平，唐酞峰，孟英峰．长庆油田油井井筒腐蚀机理与防护措施[J]．石油与天然气化工，2006，(4)：311-313+325+251.

[3] 王宽心．石化系统铵盐结晶沉积预测及腐蚀规律研究[D]．浙江理工大学，2014.

[4] 牛雁坡．石油运输管道腐蚀原因和腐蚀速率预测研究[J]．管道技术与设备，2011，(5)：45-47.

[5] 董磊．氯离子与硫酸根离子浓度比对供水管道中黄铜-铅电偶腐蚀的实验研究[D]．广西大学，2022.

[6] 李诗喆．石油管道腐蚀因素分析及腐蚀防护优化措施[J]．石化技术，2021，28(11)：150-151.

[7] 张冠军，齐国权，戚东涛．非金属及复合材料在石油管领域应用现状及前景[J]．石油科技论坛，2017，36(2)：26-31+37.

[8] 普宗朝，张山清，李景林，等．近 47a 塔克拉玛干沙漠周边地区气候变化[J]．中国沙漠，2010，30(2)：413-421.

[9] 张学元，杜元龙，郑立群．16Mn 钢在 H_ 2S 溶液中的脆断敏感性[J]．材料保护，1998，(1)：6-9+2.

[10] 王树涛，郑新艳，李明志，等．抗硫套管钢 P110SS 在高含 H_2S/CO_2 环境中的腐蚀行为和硫化物应力开裂敏感性研究[J]．腐蚀科学与防护技术，2013，25(1)：7-12.

[11] 刘敏．C110 油套管微观结构和硫化物应力开裂机理研究[D]．上海大学，2018.

[12] 朱红波，王伟，孙立强，等．油田集输管道多相流冲刷腐蚀机理与影响因素研究进展[J]．石油工程建设，2023，49(3)：1-9.

[13] 王伟志，扈俊颖，钟显康．油气生产与输送过程中冲刷腐蚀的研究进展[J]．材料保护，2021，54(9)：123-132.

[14] 章博．高含硫天然气集输管道腐蚀与泄漏定量风险研究[D]．中国石油大学，2010.

[15] 徐江峰，郝健，黎力，等．油井垢下腐蚀的影响因素与防腐措施研究[J]．材料保护，2023，56(03)：159-165+188.

[16] 吴雨乐．油田污水中碳钢垢下腐蚀机理与防护方法初探[D]．华中科技大学，2020.

[17] 陈星杙，郑云萍，李蕾，等．油气管道的腐蚀与防护技术研究[J]．管道技术与设备，2010，(2)：49-51.

[18] 许艳艳，侯帆，丁保东，等．注氮气井井下设备腐蚀原因分析及相应对策[J]．腐蚀与防护，2017，38(10)：815-817+822.

[19] 余钟芬．高低温交互作用下镍基高温合金腐蚀行为的研究[D]．东北大学，2014.

[20] 钟秋杨．聚乙烯燃气管道光氧老化性能和寿命预测研究[D]．重庆科技学院，2023.

[21] 刘静．重庆市 20#钢质燃气埋地管道的土壤腐蚀研究[D]．重庆大学，2013.

[22] 刘振斌．埋地燃气管道杂散电流腐蚀规律及预测模型研究[D]．华南理工大学，2021.

西北油田腐蚀穿孔统计分析及防治对策研究

李　芳　曾文广　张江江　刘青山　郭玉洁

（中国石化西北油田分公司）

摘　要　塔河油田介质腐蚀性强，地面集输系统腐蚀风险高，近年来通过技术创新、工艺创新、方案优化等途径，合理选用多种腐蚀防治措施，腐蚀穿孔数持续下降，为油田现场安全生产与环保工作做出了积极贡献。本论文对塔河油田地面集输系统近5年的腐蚀穿孔数进行了统计分析，总结金属管道腐蚀规律特征，调查内腐蚀主要原因，并提出加注缓蚀剂、除氧剂、PE内穿插修复、风送挤涂修复等针对性防治技术对策。

关键词　腐蚀穿孔；H_2S腐蚀；氧腐蚀；缓蚀剂；修复工艺

1　前言

塔河油田产出液具有高含 H_2S（0.013%～7.8%）、高含 CO_2（3%～6%）、高含 Cl^-（12×10^4～17×10^4 mg/L）、高含水（60%～85%）、低pH值的特点，介质腐蚀性强、腐蚀风险高。金属管道腐蚀穿孔不仅给油气正常的安全生产造成影响，还会造成巨大的经济损失。从近几年对塔河油田地面集输系统腐蚀穿孔跟踪与统计分析来看，85%以上的穿孔为管道底部5点–7点部位的局部点腐蚀，均匀腐蚀并不明显。塔河油田原油粘度高，存在局部沉积现象，含水高时易发生油水分离，存在油、气、水段塞流及局部积水现象，因此造成管道内腐蚀环境不均，形成点腐蚀；另外塔河油田产出介质复杂，形成局部垢下腐蚀及闭塞电池腐蚀环境，促进点腐蚀快速发生。点腐蚀问题已成为了制约塔河油田集输系统安全运行的主要问题。

2　腐蚀穿孔调查统计

2.1　现状调查

塔河油田地面集输系统近5年腐蚀穿孔数持续下降（表1、图1），由2012年的1481次下降到2016年的672次，降幅54.6%。日均腐蚀穿孔数由2012年的4.1次/日，降低到2016年的1.8次/日，降低了56.1%。此外，2017年上半年腐蚀穿孔较2016年同期下降23.9%。

表1　近5年塔河油田地面集输系统腐蚀穿孔统计

项目内容	2015年	2016年	2017年	2018年	2019年	2020年上半年
腐蚀穿孔/次	1481	1302	1031	866	672	280
腐蚀穿孔降幅/%	–22.9	12.1	20.8	16.0	22.4	23.9
日均腐蚀穿孔(次/日)	4.1	3.6	2.8	2.4	1.8	1.5

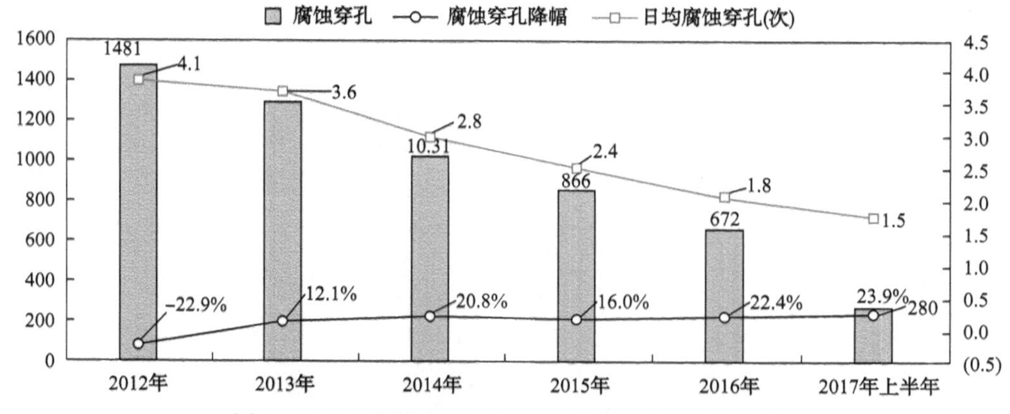

图1　近5年塔河油田地面集输系统腐蚀穿孔趋势图

近5年单井管道、集输管道、站内管道和污水管道均呈现不同程度的下降趋势(表2、图2)，其中单井管道2012年445次，2016年270次，降幅39.3%；集输管道2012年343次，2016年62次，降幅81.9%；油气站内管道2012年296次，2016年207次，降幅30.1%；污水/注水管道2012年397次，2016年133次，降幅66.5%。

表2　近5年塔河油田各类管道腐蚀穿孔统计

系统＼年份	2015年	2016年	2017年	2018年	2019年	2020年上半年	合计
单井管道/次	445	305	312	329	270	106	1767
集输管道/次	343	162	59	90	62	14	730
油气站内管道/次	296	284	218	201	207	65	1271
污水/注水管道/次	397	551	442	246	133	95	1864
合计/次	1481	1302	1031	866	672	280	5632

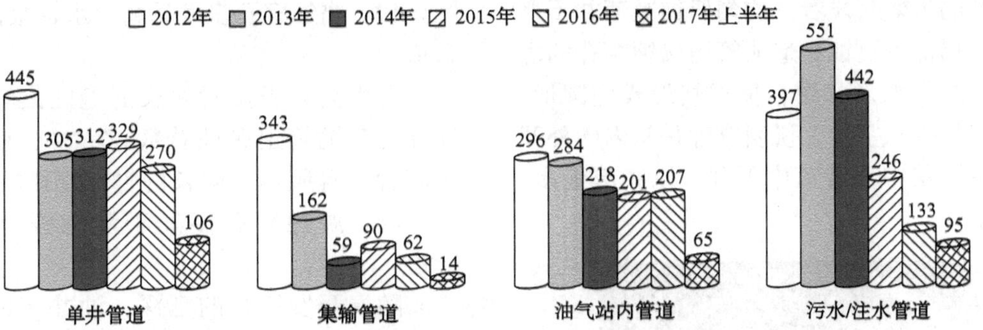

图2　近5年塔河油田各类管道腐蚀穿孔统计图

统计发现，虽然集输管道、站内管道和污水管道在历年的腐蚀穿孔占比中均呈下降趋势(表3、图3)，但是单井管道穿孔所占比例却在逐年上升，2013年占比23.4%，2017年已经占比41.6%，所以单井管道腐蚀形势不容乐观。

表3　近5年塔河油田各类管道腐蚀穿孔占比统计

系统	2015年	2016年	2017年	2018年	2019年	2020年上半年
单井管道/%	30.0	23.4	30.3	38.0	40.2	41.6
集输管道/%	23.2	12.4	5.7	10.4	9.2	5.5
油气站内管道/%	20.0	21.8	21.1	23.2	30.8	25.5
污水/注水管道/%	26.8	42.3	42.9	28.4	19.8	37.3

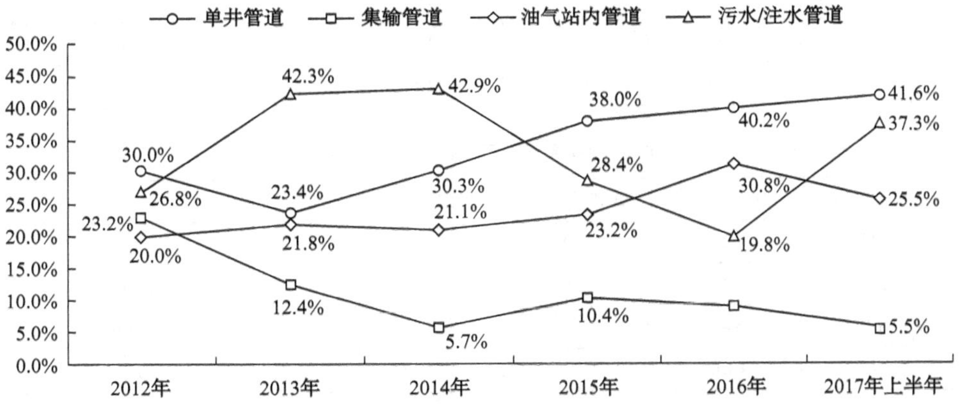

图3　近5年塔河油田各类管道腐蚀穿孔占比统计图

2.2 规律特征

在塔河油田 $H_2S-CO_2-H_2O-Cl^--O_2$ 复杂腐蚀环境体系下，金属管道腐蚀形貌以点孔洞为主，主要集中于高含水、服役时间久、运行负荷偏低的管道、多发于管道底部、焊缝、高程差变化等部位。

（1）腐蚀穿孔多发于管道内壁底部

对穿孔管道开挖后壁厚检测结果显示（表4），管段底部的减薄率为73%，管道减薄部位由于局部力学性能和承压能力降低，在油气生产运输过程中最终成为腐蚀穿孔点，表现出穿孔多发于管道内壁底部。

表4　金属管道开挖壁厚检测结果

部位	管段底部	管段左侧	管段顶部	管段右侧	顺时针测壁厚
编号	(1)	(2)	(3)	(4)	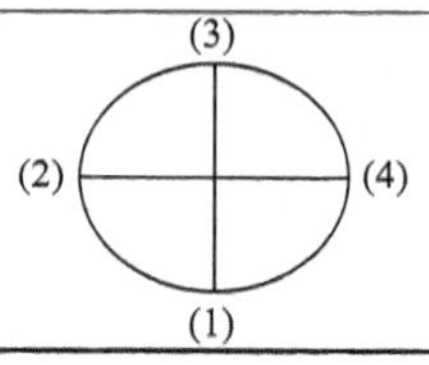
壁厚/mm	1.9	6.9	7.0	7.0	

从断开的失效管段看，均匀腐蚀减薄并不严重，管壁内局部点腐蚀是造成管道腐蚀穿孔的主要原因，从穿孔的形状看，呈现圆形或椭圆形，外小内大、呈外八字形，说明腐蚀是从内向外开始的，且主要集中于管道中下部，以底部最多，如图4所示。

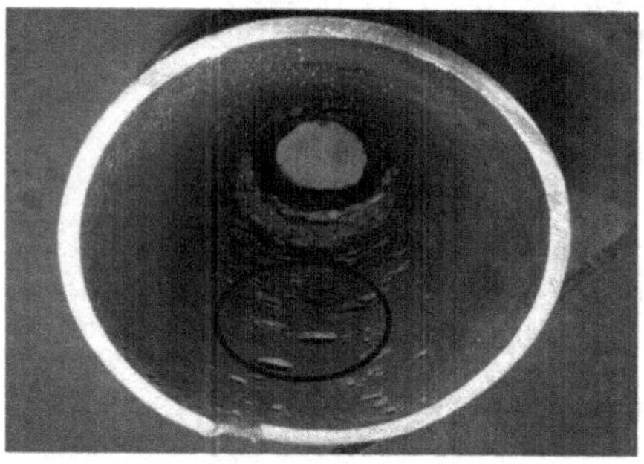

图4　金属管道局部点腐蚀穿孔照片

（2）腐蚀穿孔多发于高含水且服役时间长的管道

含水高且服役时间长的老区集输管道占腐蚀穿孔集输管道腐蚀总数60.7%，表现出多发于高含水且服役时间长的管道规律特征（表5）。

（3）腐蚀穿孔多发于流态流速变化大的管道

随着开发历程的延深，油井产能下降，管道负荷低于设计输送能力，管道内流体在较低流速，油水密度差大，管道输送距离长，促进了油水分离分层，加剧了腐蚀。10区、11区和S72区都属于流速低引起的腐蚀穿孔，流速低于0.8m/s管道腐蚀穿孔占总数的93.5%（表6）。

表2-6　输送不同含水介质管道的腐蚀穿孔统计

含水率/%	2015年/次	2016年/次	2017年/次	2018年/次	2019年/次	总计/次	百分比/%
<30%	1293	1011	929	799	643	4675	100.0
30%~60%	134	185	56	45	23	443	9.5
>60%	54	106	46	22	6	234	5.0
总计	1481	1302	1031	866	672	5352	—

表6　不同流速下腐蚀穿孔情况统计表

流速/(m/s)	2015年/次	2016年/次	2017年/次	2018年/次	2019年/次	合计/次	占总穿孔比/%
<0.8	123	120	129	90	43	505	10.2
0.8-2	233	335	258	360	223	1409	28.4
>2	1125	847	644	416	406	3438	69.2
总计/次	1481	1302	1031	866	672	5352	—

（4）腐蚀穿孔多发于高程变化管段

通过对腐蚀穿孔次数严重的11-1站原油外

输管道、S72 站原油外输管道、9-2 站原油外输管道的高程差现场检测，发现管道在高程差变化低洼处及爬坡处腐蚀集中多发，统计数据表明占腐蚀总数的 81.3%(图 5)。

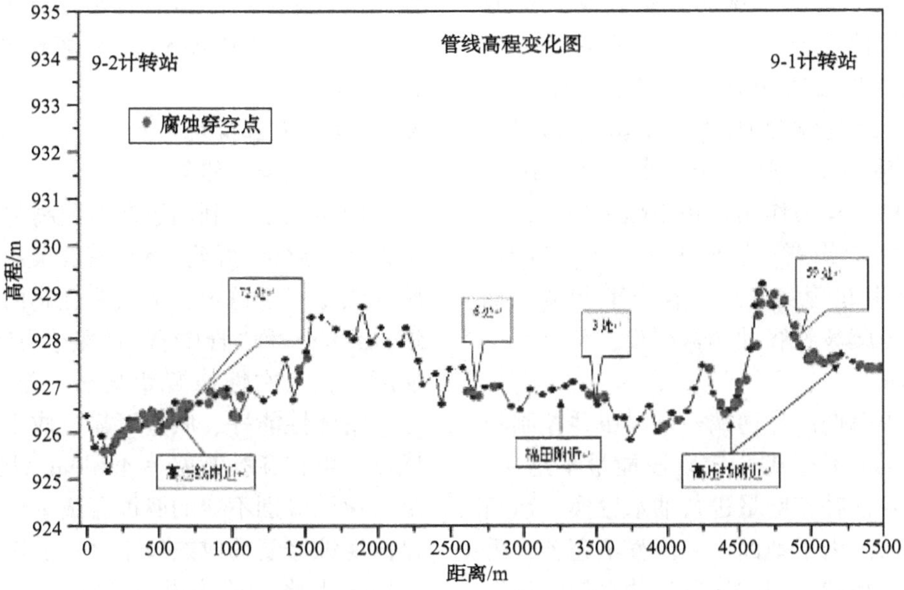

图 5　9-2 站原油外输腐蚀穿孔随高程变化分布情况

(5) 腐蚀穿孔多发于管网中下游的不同区块介质汇合段

管道树状连接或串联连接是地面集输最为经济的建设方式，但是在插入点介质流速的影响，导致发生“湍流腐蚀”“空泡腐蚀”使管材的腐蚀破坏增加。西达里亚集输干线管网共腐蚀 223 处，处于该管网中下游的原油外输管道腐蚀 138 处，占整个管网腐蚀的 62%。

3　腐蚀穿孔原因分析

(1) 含水率

随着开采历程的深入，采出液含水率不断上升，部分区块进入高含水期，当采出液含水率超过乳状液转向点后，采出液由原来的油包水(W/O)型乳状液逐渐变为水包油(O/W)型乳状液。在含水率低于转向点时，油与水能形成稳定的油包水型乳状液，即使伴生气中含有的 CO_2、H_2S，因为管道接触的是油相、腐蚀很轻微，当含水率高于转向点时，出现游离水，当含水继续升高时，游离水的量可形成水垫，即管道底部为水，中部为油包水，上部为伴生气，管道的底部直接接触水，油相对金属的保护作用减弱，水润湿钢铁表面，对管壁造成腐蚀。

(2) CO_2 和 H_2S 共存

CO_2/H_2S 的分压比决定 CO_2 和 H_2S 共存条件下的腐蚀状态，研究认为 CO_2/H_2S 的分压比可分为三个区，$P_{CO_2}/P_{H_2S}<20$，H_2S 控制腐蚀过程，腐蚀产物主要为 FeS；$20<P_{CO_2}/P_{H_2S}<500$，CO_2/H_2S 混合交替控制，腐蚀产物包括 FeS 和 $FeCO_3$；$P_{CO_2}/P_{H_2S}>500$，CO_2 控制腐蚀过程，腐蚀产物主要是 $FeCO_3$。由于腐蚀介质含量差异，运行工况压力、温度不同，塔河油田各区块腐蚀类型主控因素也不同。

(3) 氯离子

由于 Cl^- 半径较小，极性强，易穿透保护膜，在腐蚀产物膜未覆盖的区域，Cl^- 催化机制使得阳极活化溶解，即有：

$$Fe+Cl^-+H_2O \longrightarrow [FeCl(OH)]^-_{ads}+e+H^+$$

$$[FeCl(OH)]^-_{ads} \longrightarrow FeClOH+e$$

$$FeClOH+H^+ \longrightarrow Fe^{2+}+Cl^-+H_2O$$

塔河油气田采出水 Cl^- 含量高，在 12×10^4~17×10^4mg/L 之间，使得催化作用增大，阳极活化溶解缩率也增大，一方面在于对腐蚀产物膜的破坏，增大了活性区域面积；另一方面则会加速区域阳极溶解，降低腐蚀过程中钝化的可能性。即在大范围腐蚀产物膜未破坏区域和小范围活性区域之间形成大阴极、小阳极的“钝化-活化腐蚀电池”，使腐蚀向基体纵深发展而形成蚀孔。

(4) pH 值

塔河油田采出水水质 pH 值变化不大，基本稳定在 5.2~6.0。在低 pH 值条件下，CO_2 溶解于水生成的 HCO_3^- 作为阴极去极化剂促进电化学腐蚀发生。

（5）流速

塔河油田地面集输系统腐蚀穿孔 92.8% 的腐蚀发生在介质流速低于 0.8m/s 的条件下，特别是塔河老区的集输管道含水率超过 60%，油水密度差大，管道输送距离长、输送流速 < 0.8m/s；在低流速下，高程变化水平和稍微倾斜的管流中，由于重力作用，相态趋于分层，水层在底部或低洼处积聚，形成 $H_2O-CO_2-H_2S-Cl^-$ 腐蚀环境，引起管道底部、管道下游端、管道低洼处、管道爬坡处腐蚀非常严重。

（6）溶解氧

油田开发中后期产量递减，针对单井控制的定容体，在衰竭时开采到一定阶段能量不足后，需要通过注水替油补充能量进行油水置换，达到恢复产能的目的。由于地面工艺流程不完善，采用开式流程注水替油、间歇注采、盐水扫线的生产方式，导致 O_2 介入，O_2 是腐蚀剂，加快了腐蚀进程。

4　腐蚀穿孔防治对策

4.1　腐蚀穿孔预防

（1）耐蚀管材

通过选用耐蚀性优、经济性好的耐蚀钢种管材，以及耐蚀性好的非金属管材降低腐蚀速率，从源头提高集输管道抗腐蚀能力。改善苛刻环境下集输管道腐蚀穿孔问题，控制集输管道腐蚀速率，减缓腐蚀。

（2）防腐内涂层

为避免金属管道腐蚀穿孔，塔河油田先后应用了无溶剂环氧涂层、环氧黑陶瓷涂层、环氧白陶瓷涂层等内涂层管道共计 521.7km，有效的降低了金属管道的腐蚀穿孔速率。

（3）加注缓蚀剂

缓蚀剂在无氧环境下具有一定的腐蚀抑制作用，利用静态挂片法评价现用缓蚀剂使用效果，实验结果表明：缓蚀剂可以抑制由 CO_2 和 H_2S 引起的均匀腐蚀，缓蚀率可达 79.9%。此外，缓蚀剂的使用效果受到介质流速、管道敷设地势、缓蚀剂雾化程度的影响，所以对被保护管段进行缓蚀剂预膜处理，可以达到充分保护管道的目的。

（4）加注“除氧剂+缓蚀剂”

单井注水、盐水扫线等作业过程中存在溶解氧腐蚀，“缓蚀剂+除氧剂”可有效抑制氧腐蚀。利用静态挂片法评价缓蚀剂与除氧剂组合对腐蚀控制的效果，实验结果表明：缓蚀剂与除氧剂共同加注，腐蚀速率降低大幅降低，缓蚀率可达 73.4%。

4.2　腐蚀穿孔治理

（1）内穿插修复

内穿插技术利用了非金属材料良好的化学稳定性和耐腐蚀性能，将高密度聚乙烯管内穿插在原在线金属管道中，形成非金属内衬和原金属管道包裹的一种“管中管”的复合结构。具有修复速度快，一次性修复距离长、全线焊接，无法兰、整体性能好、质量可靠、成本低、寿命长等优点，可在穿孔孔径 ≤4×4cm 钢骨架存在且修复后承压级别不变的腐蚀管道上应用，是目前管道内腐蚀修复的成熟技术之一。塔河油田应用内穿插技术修复管道共计 523km，目前应用效果良好。

（2）涂层风送挤涂修复

涂层风送挤涂技术通过挤涂球和封堵球携带涂料，在空压机的推动下，在管道内壁形成聚合物水泥砂浆加强层+无溶剂环氧涂料过渡层+溶剂环氧涂料防腐层的三层连续均匀的涂层复合结构，三者复合后整体厚度达到 3～4mm，形成具有防腐性能优良、力学性能加强的复合衬（层）里结构，能够对管道内部坑蚀、穿孔点进行修复，阻止输送介质中的腐蚀性物质对钢管的侵蚀。可在穿孔孔径 ≤1×1cm 钢骨架存在且修复后承压级别降低的腐蚀管道上应用。塔河油田应用涂层风送挤涂技术修复管道共计 227km，目前应用效果良好。

5　结论与认识

（1）塔河油田地面集输管道近 5 年腐蚀穿孔数持续下降，但是单井管道穿孔所占比例却在逐年上升，腐蚀形势依然严峻。

（2）在塔河油田 $H_2S-CO_2-H_2O-Cl^--O_2$ 复杂腐蚀环境体系下，金属管道腐蚀形貌以点孔洞为主，主要集中于高含水、服役时间久、运行负荷偏低的管道、多发于管道底部、焊缝、高程差变化等部位。

（3）通过选用耐蚀管材、防腐涂层提高金属管道抗腐蚀能力，通过加注缓蚀剂、除氧剂控制金属管道腐蚀穿孔速率，通过内穿插和涂层风送挤涂修复技术治理高风险管道腐蚀问题，为塔河油田安全生产与优质高效发展做出了积极贡献。

参 考 文 献

［1］张江江，刘冀宁，高秋英，等．湿相 CO_2 环境管道内沉积物及对腐蚀影响的定量化研究［J］．科技导报，2014，32(32)：67-71.

［2］张江江．塔河油田注气井管道腐蚀特征及规律［J］．科技导报，2014，32(31)：65-70.

［3］高秋英，等．20#碳钢管道内沉积物对腐蚀行为的影响［J］．科技导报，2014，32(24)：35-39.

［4］肖雯雯，孙海礁，张志宏．塔河油田稠油区单井管线点腐蚀影响因素分析与控制技术研究［J］．全面腐蚀控制，2013，27(6)：55-58.

［5］朱原原，等．复杂腐蚀环境下 HT-PO 管道修复技术的应用［J］．油气储运，2013，32(12)：1355-1357.

［6］羊东明，等．内穿插修复技术在塔河油田的应用［J］．腐蚀与防护，2014，35(4)：383-385.

20# 碳钢在无碱复合驱模拟采出液中腐蚀行为研究

王天祥

（大庆油田设计院有限公司）

摘　要　无碱复合驱（复合盐、聚合物、表面活性剂）作为一种新型改进驱油技术能够有效低成本提高采收率及降低管线结垢。但是，随着集输系统采出液见剂浓度逐渐升高，目前在用的20#碳钢材质（无内防腐）的集输管道在未来采出液中的适应性还不明确。为摸清20#碳钢材质在采出液中的腐蚀情况，依据大庆油田某区块产能建设工程所提供的无碱复合驱三元上返采出液浓度预测，通过室内模拟现场集输系统工况环境，利用动态腐蚀模拟试验和电化学试验，明确20#碳钢在无碱复合驱模拟采出液中的腐蚀行为。试验结果表明，20#碳钢试片在配制最高浓度模拟液中的腐蚀速率较大，腐蚀等级为中度，而在目前区块采出液和回掺水中的腐蚀等级为低度，试片表面在模拟液中出现了明显的钝化现象，但Cl^-能够很快穿透钝化膜导致钝化时间较短，加速了腐蚀电极反应。考虑到未来集输管道中采出液里存在的大量Cl^-，使电化学反应过程变得更加复杂，将导致管道内腐蚀情况加剧，因此建议集输管道采取合适的内腐蚀防护措施。

关键词　20#碳钢；无碱复合驱；模拟采出液；腐蚀行为

1　前言

大庆油田多年来采用化学驱开发技术，提高石油采收率作用显著，截至目前生产原油突破25×10^8t，其中三次采油累计产量近3×10^8t。三元复合驱（碱、表面活性剂和聚合物）是在一元驱和二元驱等化学驱基础上发展出的三次采油技术。但随着注入系统中存在大量的碱，导致管线产生了严重的结垢现象，对设施的连续正常运转造成了很大的影响。为解决管线设施结垢等问题，进一步提高生产效率，拟采用无碱复合驱新型改进驱油方式，即在三元复合驱（ASP）的基础上，使用复合盐代替碱所构成的驱油技术。在注入段塞阶段，注入体系中的复合盐、表面活性剂和聚合物相互之间协同作用，其中复合盐中少量的NaOH能够降低聚合物和表面活性剂在油藏中吸附的滞留损失，降低界面张力；聚合物在一定程度下阻止表面活性剂失活，并且油水界面在聚合物与表面活性剂共同作用形成具有较高界面电荷的混合吸附层，能够降低界面张力；复合盐中NaCl能够使界面双层变薄，使表面活性剂分子在界面上排列更加稳定，界面张力在长时间保持较低的水平，从而提高采收率。但是，随着采出液见剂浓度逐渐增加，以及介质中大量Cl^-离子引入，造成采出液介质腐蚀行为变得复杂，将导致采出液集输设备腐蚀问题突出。为了分析无碱复合驱采出液对现有集输管道20#碳钢材质的腐蚀影响，本文通过室内动态腐蚀模拟试验等，开展在用集输管道材质对模拟采出液的腐蚀适应性测试分析。

2　试验

通过油田生产现场取回的样品及室内模拟采出液的配制（依据开发预测的最高浓度配制），其中该取样区块历经基础井网开发阶段、加密井网开发阶段、主力油层聚合物驱油开发阶段、二类油层三次采油开发阶段，目前已停止注聚，拟采用无碱复合驱驱油开发方式。利用室内高压釜动态试验设备模拟集输管道工况条件，通过统计20#碳钢试片在不同介质中的腐蚀失重，测得各介质中试片的平均腐蚀速率，以得出贴合生产现场实际的20#碳钢腐蚀情况。然后利用电化学工作站分别测试试片的极化曲线，对其在介质中的腐蚀行为进行电化学分析，同时通过扫描电镜观察试片腐蚀后表面形貌。

2.1　动态腐蚀模拟试验

2.1.1　试验介质

本次试验介质由目前生产区块的采出液、回掺水、集油模拟液和掺水模拟液组成，其中该生产区块的采出液和回掺水由油田某区块转油放水站取回，集油模拟液和掺水模拟液通过向取样液体中加入预测上返最高浓度的三元配方配制而成。三元配方主要由复合盐（NaCl：NaOH＝8：1）、复配表活剂（石油磺酸盐：乳化剂＝4：1）和聚合物（2500万分子量）构成。集油模拟液和掺水模拟液中的三元配方配制浓度如表1所示，配制后的模拟采出液具体化学成分测试结果如表2所示，其中预期 Cl^-浓度为3700mg/L。

表1　模拟采出液中三元配方浓度　　mg/L

介质	复合盐浓度	聚合物浓度	表活剂浓度
集油模拟采出液	480	1000	60
掺水模拟采出液	480	1000	60

表2　试验介质的主要化学成分

介质	钙离子/(mg/L)	镁离子/(mg/L)	碳酸根离子/(mg/L)	碳酸氢根离子/(mg/L)	氢氧根离子/(mg/L)	硫酸根离子/(mg/L)	氯离子/(mg/L)	铁离子/(mg/L)	钠离子/(mg/L)	pH值
模拟采出液	14.2	10.8	615	3284	0	11.3	3733	0.8	4100	9.4
目前区块采出液	58.5	18.9	219	3525	0	10.8	969	0.8	2027	8.4

2.1.2　试验材质

本次试验所用材料为20#碳钢试片，其微量元素成分如表3所示（Fe余量），实验试片尺寸规格约为50mm×25mm×2mm，平均重量约为20.090g。

表3　试验20#钢片的主要化学成分　　%

成分质量分数/%	C	Mn	Si	Cr	S	P	Ni	Cu
20#碳钢	0.17~0.24	0.39~0.37	0.17~0.37	≤0.25	≤0.035	≤0.035	≤0.25	≤0.25

2.1.3　试验方法与步骤

结合本次产能所采用的无碱复合驱驱油开发集输工艺参数条件，通过室内高压釜动态腐蚀试验，模拟生产现场的实际运行温度、压力、流速等工况条件，并按照给定工艺参数条件，分别设定本次试验集油管道温度45℃、压力1.6MPa、流速1.2m/s；掺水管道65℃、压力2.5MPa、流速1.5m/s，试验周期为7d。试验前按照SY/T 0026—1999《水腐蚀性测试方法》标准要求对试验试片进行清洗处理，试验前用丙酮去油脱脂、无水乙醇清洗20#碳钢试片，烘干后置于干燥器内准备待用；试验后使用配制的酸洗液进行除锈处理，干燥称重后分别计算试片的失重数据。

2.2　电化学试验

2.2.1　试验介质与材质

本次试验介质同动态腐蚀模拟试验介质相同，即集输模拟液和回掺水，集输模拟液中的三元配方浓度和试验介质的化学成分如表1和表2所示。试验材料为20#碳钢试片，微量元素成分如表3所示，试片有效试验面积约为1cm²（10mm×10mm）。

2.2.2　试验方法与步骤

试验前把上述试片的非试验面积位置与导线连接，并用环氧树脂进行涂覆和镶嵌在塑料管内；试片试验面积区域依次用W50、W28、W20、W10、W5的砂纸进行打磨，使试验表面保持在同一平面，用蒸馏水冲洗后再用丙酮、无水乙醇除去油脂和水分。试验仪器为瑞士万通的Autolab系列电化学工作站，辅助电极采用金属铂电极，参比电极为饱和KCl电极。将处理好的20#碳钢试片分别放入集输模拟液和回掺水体系中，待体系充分稳定后再进行极化曲线测试。

3　结果分析与对策

3.1　试验结果

对高压釜试验后处理的试片进行干燥、称重，并按照公式分别计算不同介质中试片的腐蚀速率。经计算得到，试片在掺水模拟液中腐蚀速率最大，在集油模拟液中腐蚀速率相对较小，而在目前区块采出液和回掺水中腐蚀速率相当，且在回掺水中的腐蚀速率最小。同时按照SY/T 0026—1999《水腐蚀性测试方法》标准要求，如表4所示，对各介质中试片的腐蚀程度进行分级。所有20#碳钢试片腐蚀等级均为中度以下，其中在集油和掺水模拟液中的腐蚀等级均为中度，而在目前区块采出液和回掺水中的腐蚀等级均为低度，动态腐蚀测试对照结果如表 5 所示。通过观察处理后的试片腐蚀形貌，如图 1 所示，可以发现掺水模拟液中的试片表面有明显的腐蚀痕迹。

表 4　相关标准对腐蚀程度的规定

腐蚀评价标准	均匀腐蚀速率/(mm/a)	点蚀腐蚀速率/(mm/a)	腐蚀等级
SY/T 0026—1999	<0.025	0.305	低
	0.025~0.125	0.305~0.610	中
	0.126~0.254	0.611~2.438	高
	>0.254	>2.438	严重

表 5　室内动态腐蚀对照测试结果

介质	腐蚀速率/(mm/a)	腐蚀等级	温度\\压力
目前区块采出液	0.0186	低	45℃\1.6MPa
集油模拟液	0.0296	中	45℃\1.6MPa
掺水模拟液	0.1132	中	65℃\2.5MPa
回掺水	0.0179	低	65℃\2.5MPa

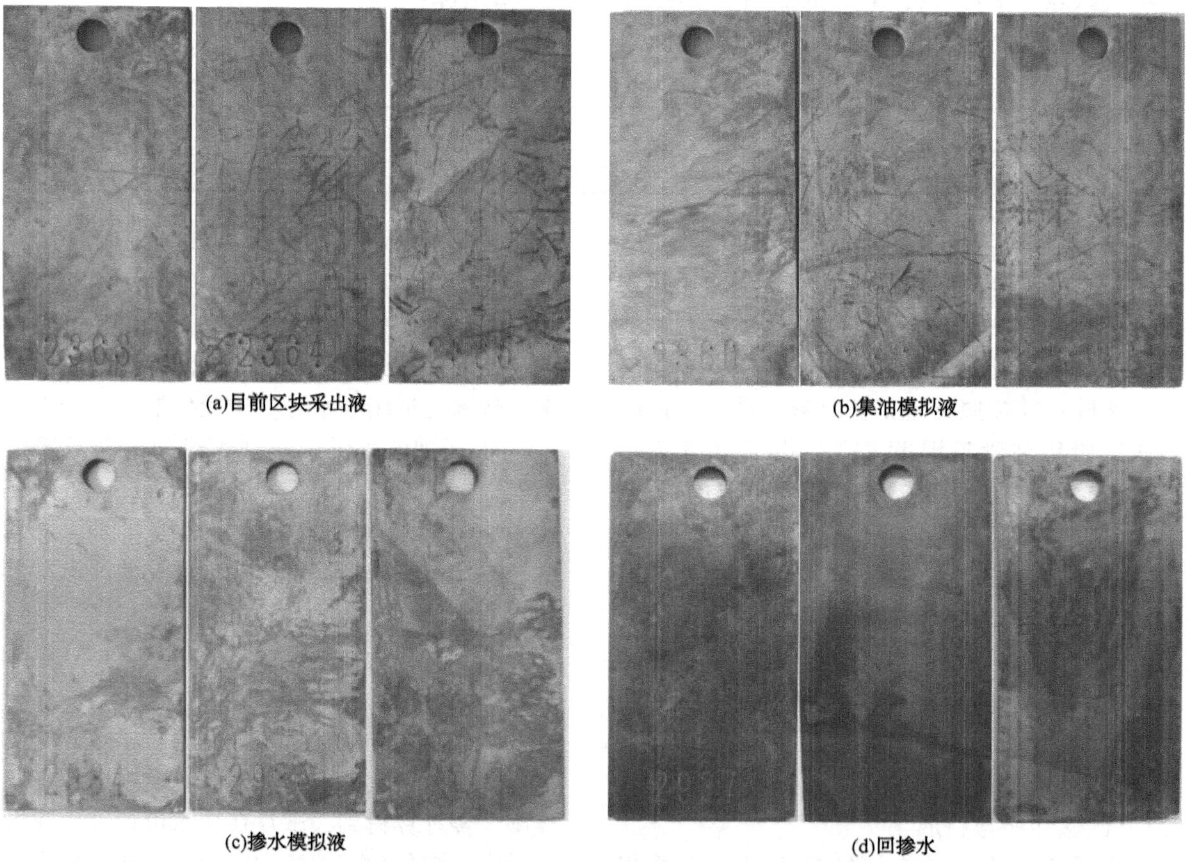

图 1　20#碳钢在 4 种介质中的腐蚀形貌

利用 Autolab 电化学工作站分别针对回掺水和集输模拟液进行的电化学测试，所测得的极化曲线如图 2 所示。从图中可以看到，在集输模拟液体系中 20#碳钢试片的阳极反应区域产生了表面钝化现象，即随着阳极极化电压的变大，电流反而明显变小，但很快电流又重新变大。而在回掺水体系中测得的极化曲线，在阳极反应区没有出现类似上述明显的电流先减小、后变大的表面钝化现象。然后通过扫描电镜对试片的腐蚀情况和表面形貌进行观察，可以清楚的看到，集输模拟液中的碳钢试片表面局部出现了明显的点蚀坑，点蚀形貌如图 3 所示，最大点蚀直径约

30um 左右。

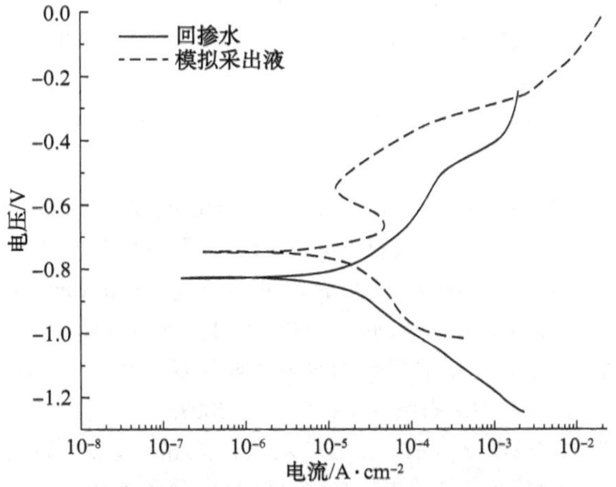

图 2　20#碳钢在模拟液和回掺水中的电化学极化曲线

3.2　结果分析

（1）动态腐蚀模拟试验

由动态腐蚀模拟试验结果可知，集油和掺水模拟液介质中的试片腐蚀等级均为中度，而在目前区块采出液和回掺水中的试片腐蚀等级均为低度，可以推测模拟液中的介质腐蚀性较强，尤其是 Cl^- 的存在会对腐蚀起到很强的促进作用。同时对集油和掺水工况条件进行对比，即压力由 1.6MPa 提高至 2.5MPa、温度从 45℃ 设置为 65℃、流速从 1.2m/s 提升至 1.5m/s，试片在掺水模拟液中的腐蚀速率约为集油模拟液 3.8 倍，说明温度的升高和压力的提升均对试片的腐蚀起到了一定促进作用。

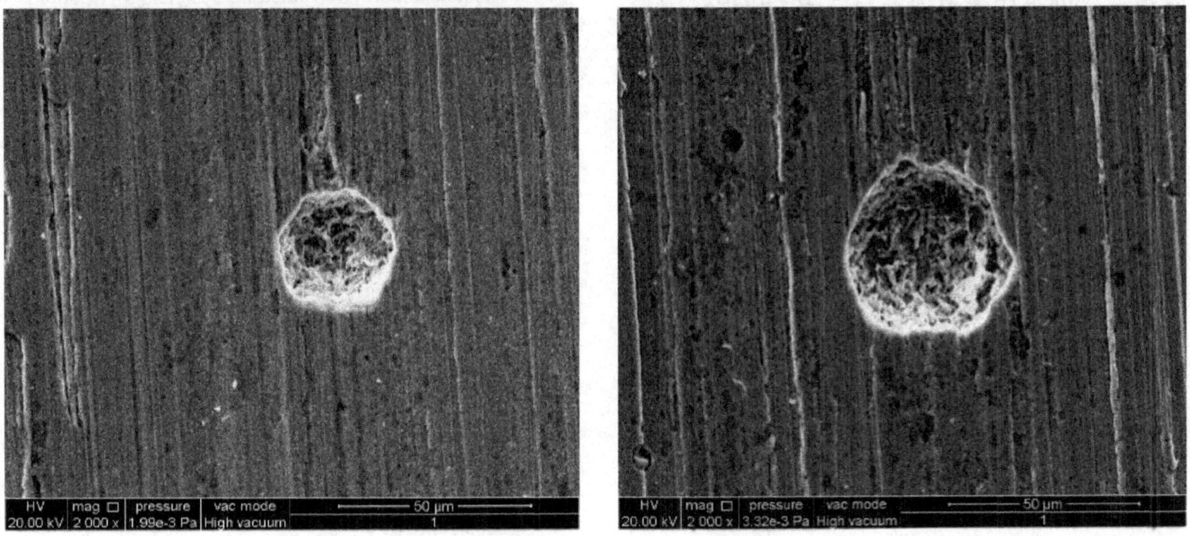

图 3　20#碳钢在模拟液中的点蚀形貌

（2）电化学试验

通过测得的极化曲线数据分析可知，试片表面在模拟液中出现了明显的钝化现象，但钝化时间很短。说明模拟液中的介质在金属表面形成了薄膜，聚合物和表面活性剂均具有一定的缓蚀作用，但 Cl^- 能够很快穿透钝化膜，加速腐蚀电极反应，并在试片局部形成点蚀坑。

（3）腐蚀行为分析

通过分析可知试片在阳极的腐蚀主要为吸氧腐蚀，Cl^- 对阳极铁的溶解起到了加速促进作用，其阳极反应为：

$$Fe \longrightarrow Fe^{2+} + 2e \qquad (1)$$

Cl^- 的加入使电化学的阳极过程变得复杂，具体过程如下：

$$Fe + H_2O + Cl^- \longrightarrow [FeClOH]^-_{ad} + H^+ + e \qquad (2)$$

$$[FeClOH]^-_{ad} \longrightarrow FeClOH + e \qquad (3)$$

$$FeClOH + H^+ \longrightarrow Fe^{2+} + Cl^- + H_2O \qquad (4)$$

在集油模拟液和掺水模拟液中加入三元配方后，虽然一定浓度的聚合物和表面活性剂成分具有一定的缓蚀作用，在试片表面形成薄膜抑制腐蚀反应。但由于介质中相对大量的 Cl^- 的存在，同时由于 Cl^- 半径较小，穿透表面膜层能力较强，即使模拟液中的表面活性剂和聚合物在碳钢表面形成了钝化膜，Cl^- 也能够穿透钝化膜吸附层以及腐蚀产物达到碳钢表面而促进腐蚀。碳钢表面金属 Fe 与 Cl^- 生成中间腐蚀产物并快速分解成 Fe^{2+}，在反应过程中 Cl^- 起到了对阳极反应的催化作用。

模拟液中金属表面局部 Cl^- 浓度过高，将会促进阳极溶解过程加剧，导致金属表面出现腐蚀小孔，蚀孔内构成了活化-钝化局部腐蚀电池，具有大阴极以及小阳极作用，Cl^- 作为活性阴离子向孔内迁移维持电荷平衡，导致孔内 pH 值降低，促进局部点蚀发生。同时随着温度的升高、压力的提升，进一步加大了 20#碳钢试片在模拟液中的腐蚀程度。

3.3 防护对策

根据上述试验结果分析，可以考虑防护对策如下。在管道材质选择方面，可根据运行工况条件选择耐腐蚀材质，比如不锈钢管道、渗铝钢、双金属复合管等。在内腐蚀环境控制方面，可通过降低介质中含氧量、添加缓蚀剂等方式以实现腐蚀防护。在管道内壁防护方面，选择有效的防护涂层，采用耐蚀性强的材料覆盖金属表面，隔绝金属与腐蚀性介质接触。在施工过程中也要考虑管道连接处采用管道内补口技术，以保证涂层的连续性。

4 结论

20#碳钢试片在室内动态模拟试验集输工况条件下的腐蚀等级均为中度，属于中度腐蚀范畴，而在目前区块采出液和回掺水中的腐蚀等级均为低度，属于轻度腐蚀范畴，而在掺水模拟液中随着工况条件的改变，即温度升高、压力变大、流速变快，试片的腐蚀速率相对较快。大量的 Cl^-的加入使电化学的阳极反应过程变得更加复杂，Cl^-不仅能够快速的穿过钝化膜到达碳钢表面，与 Fe 生成中间腐蚀产物，使阳极溶解速度加快，同时局部 Cl^-浓度过高将导致点蚀发生。针对本次产能开发所采用的无碱复合驱新型化学剂，从室内动态腐蚀模拟试验结果来看，因集输管道中的模拟采出液含有 Cl^-能够促进 20#碳钢腐蚀，建议管道选择耐腐蚀材质、管道内壁采用涂层及添加缓蚀剂等腐蚀防护措施。

参 考 文 献

[1] 李缙．大庆油田累计生产原油突破 25 亿吨[J]．油气田地面工程，2023，42(5)：36.

[2] ZHONG H，YANG T，YIN H，et al. Role of alkali type in chemical loss and ASP flooding enhanced oil recovery in sandstone formations [J]. SPE Reservoir Evaluation & Engineering，2019，23(2)：431-445.

[3] 张耀．三次采油集输管线结垢及腐蚀机理研究[D]．大庆：东北石油大学，2011.

[4] SHENG JAMES J. A comprehensive review of alkaline-surfactant-polymer（ASP）flooding [J]. Asia-Pacific Journal of Chemical Engineering，2014，9（4）：471-489.

[5] ABEDL-WALI，A. A. Effect of simple polar compounds and salinity on interfacial tension and wettability of rock oil brine system [J]. Journal of King Saud University Engineering Sciences，1996，8(2)：153-162.

[6] 李兆爱．驱油聚合物水溶液黏度稳定性研究[D]．青岛：中国石油大学(华东)，2008.

[7] ZHAO Z，BI C，LI Z，et al. Interfacial tension between crude oil and decylmethylnaphthalene sulfonate surfactant alkali-free flooding systems[J]. Colloids and Surfaces A：Physicochemical and Engineering Aspects，2005，276(1)：186-191.

[8] 朱殿瑞，刘晓东，纪鹏荣，等．20#钢在三元复合驱弱碱体系采出液中的腐蚀与防护[J]．腐蚀与防护，2008，29(2)：71-73.

[9] 刘远齐．NaCl 三元复合驱采出液水质变化情况及处理试验分析[J]．油气田地面工程，2022，41(9)：56-57.

[10] 王为，郭鹤桐，高建平，等．20 碳钢在三元复合驱溶液中的腐蚀行为[J]．中国腐蚀与防护学报，1998，18(3)：198-206.

[11] 方华，华大利，李双林，等．三元复合驱采出液对 20#钢腐蚀的主要影响因素[J]．油气田地面工程，2009，28(12)：31-32.

[12] SONG Y，SHAN D，HAN EH. Pitting corrosion of a rare earth Mg alloy GW93 [J]. Journal of Materials Science & Technology，2017，33(9)：95-96.

[13] LIU QY，MAO LJ，ZHOU SW. Effects of chloride content on CO_2 corrosion of carbon steel in simulated oil and gas well environments[J]. Corrosion Science，2014，84：168-170.

[14] SARA，AL，SAADI，et al. Passivity breakdown of 316L stainless steel during potentiodynamic polarization in NaCl solution[J]. Corrosion Science，2016，111：720-727.

[15] 于鑫．NaCl 三元复合驱 20#碳钢集油管线腐蚀行为研究[D]．大庆：东北石油大学，2022.

非接触式金属磁记忆检测技术在埋地管道中的应用

刘智慧

（大庆油田有限责任公司）

摘　要　对油气管道进行检测是评估管道完整性的重要手段。当前，管道检测的方法主要包括内检测和外检测，但这两种技术存在的客观不足难以满足油气埋地管道检测的需求。非接触式金属磁记忆检测方法的理论研究及现场应用效果表明，该技术能够利用埋地金属管道的自然磁性，不需要对被检测对象进行专门的磁化或施加电流等操作，不需要管道停产，在非开挖条件下即可对埋地金属管道进行本体检测，实现早期诊断管道应力集中部位、发现腐蚀及裂纹等宏观缺陷的目的。具有良好的应用前景。

关键词　管道检测；金属磁记忆；本体检测；埋地管道；非开挖

对油气管道进行进行安全性检测，是油气输送管道完整性评估的重要依据。当前，检测管道的方法主要包括内检测和外检测。

管道内检测是将具有探测、采集以及存储等功能的检测器搭载到清管器上，借助清管器在管道内的运动，完成对管道的全面检测。通过分析采集到的数据实现对缺陷判别、定位、评估等检测目的。目前常用的管道内检测技术有超声波内检测以及漏磁内检测。内检测技术可以深入地了解管道腐蚀、裂纹、焊接缺陷、管径变形等内部情况，能实现对管道本体缺陷数据的定量检测，为管道维护保养提供较为准确的数据，也有助于及时发现隐患，从而防范管道事故的发生。但该技术对管道清管器有较高要求，需要在管道停止使用或降低使用的情况下开展，且需要开挖并剥离外防腐层，因此埋地管线领域很少使用。

外检测是指不进入管道内部的情况下，对管道表面进行检测的方法。目前我国管道外检测方法大多是针对管线的涂层、防腐层完整性、阴极保护有效性等因素进行的检测和评价，根据检测结果间接评估管道本体状态。外检测技术不影响管道正常使用，但无法对管道腐蚀、内部裂纹、应力集中等本体缺陷进行定量检测和评估。

上述内检测和外检测技术存在的客观不足难以满足油气埋地管道检测的需求。随着金属磁记忆检测技术的发展及应用，出现了检测埋地管道的非接触式金属磁记忆检测方法。该技术的概念是 Doubov 教授率先提出，它是铁磁学，力学，金属学等多门学科的综合产物，能对铁磁性构件的应力集中、微观缺陷、宏观缺陷做出评估和定位，磁记忆技术不仅可以用来确定铁磁材料的应力集中部位和损伤程度，而且还可以对管道失效进行早期诊断和剩余寿命预测。杨勇等通过磁记忆检测仪对埋地金属管道进行检测，证明了磁记忆技术能够在非开挖条件下对管道应力集中部位进行早期诊断。该技术将是未来管道检测技术的重点发展方向。

1　非接触式金属磁记忆检测技术介绍

1.1　检测原理

地球是一个巨大的磁体，地表上到处都分布着可以探测和计量的磁场。由维拉里（Villari）效应可知，管体缺陷会引起其所处区域内应力的变化，导致附近和周边区域磁场发生变化，从而引起管线上方的磁力剖面发生可以检测的变化，这样的现象被称之为磁力异常。并且，管道上方的磁场不会因为管道负荷的消减而消失，这便是“磁记忆”效应。

当管道由于腐蚀开裂、金属疲劳损伤以及变形损伤等原因导致应力集中情况，在应力异常位置的上方，磁场的切线（与管道轴向垂直）方向的磁力线强度为最高水平，则在与管道轴向方向上磁力线强度会变为零，见图 1。金属磁记忆检测技术根据仪器在被检物体表面测到的磁场法向分量和切向分量的强度值和变化特性，使用专用的软件对数据进行分析和计算，来评价管道的应力变形状态，确定应力集中区位置并评估其严重程度。因此对应力集中损伤的检测非常敏感。

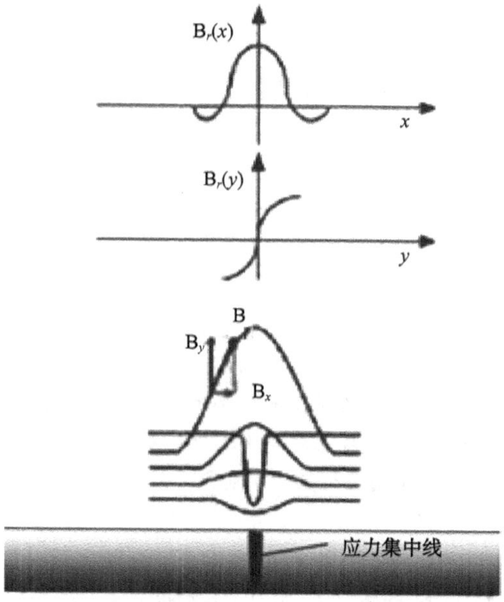

图1　应力集中区域磁场曲线变化情况

1.2　异常等级划分

对于有损伤的管段，根据磁异常综合指数 F 确定损伤管段的应力风险等级。

磁异常综合指数 F 反映了已记录的磁场值超过背景磁场值的大小比值、峰值密度以及其分布的特征。通过以下公式计算得出：

$$F = e^{-AG}$$

式中，A 为修正系数；G 为损伤程度的度量值。

根据标准 SY/T 6151《钢制管道管体腐蚀损伤评价方法》、GB/T 35090—2018《无损检测 管道弱磁检测方法》，磁异常危险等级划分为三个等级，不同等级的磁异常对应管体不同程度的损伤。磁异常危险级别划分见表1。

表1　磁异常危险等级划分表

序号	F 值	磁异常危险等级	管体应力集中情况
1	0<F≤0.2	一级	强
2	0.2<F≤0.55	二级	中
3	0.55<F≤1.0	三级	弱

1.3　技术优势

（1）可确定埋地管道金属管体的状态，是对埋地钢铁管道进行无损检测的全新工艺。

（2）无需大量的开挖工作，在地上对埋地钢铁管道进行无损检测。

（3）无需停产、检测不影响管道工作。

（4）不仅可检测管道上存在的金属损伤，还可以检测应力危险区域，做到防患于未然。

（5）可比较不同时期同一管段的检测数据，可以用来监控缺陷的发展和受力状态异常而产生的磁场变化。

（6）检测速度快，每小时可检测约 2km 的埋地管道。

（7）检测成本低，检测不需耗材，不需大量的清理准备工作。

（8）定位准确，可以 mm 为单位记录长度。

（9）利用埋地管道金属的自然磁性，不要求对被检测对象进行专门的磁化或施加电流等操作。检测过程只是单纯的感应采集磁场强度数据，不需要任何激励源，不发射任何物质。

（10）开挖验证时可使用配套的金属磁记忆接触式检测配件，可在不去除防腐层的情况下，检测管道管体的金属状态。

1.4　适用性

非接触式金属磁记忆检测适用于各种管径的铁磁性金属埋地管道的非接触式检测。对于多数情况下的埋地管道，只要保证能确定管道位置和管道上方地表可正常行走即可进行检测。

2　现场应用

2.1　现场概况

本次检测的对象是 A 油田油集输管道，材质均为 20 号碳钢，埋深 1.4m，总长度 81719m，分为三个区段，分别为环井检测区段，检测长度 41256m；站间线检测区段，检测长度 18880m；外输线检测区段，检测长度 21583m。

2.2　检测结果

经过对磁记忆检测结果进行分析得出，本次检测共发现磁记忆异常 232 处，其中一级异常 4 处(一级异常管体应力集中情况为“强”)，二级异常 96 处(2 级异常管体应力集中情况为“中”)，三级异常 132 处(3 级异常管体应力集中情况为“弱”)。

金属磁记忆分析软件(G-MTM)将不同等级磁异常位置分布的情况进行展示，得到异常分布密度图。异常分布密度图可以指导对管体缺陷较为严重且集中的管段进行针对性维修或更换。以外输线检测区段异常分布密度图为例，从图中可以看出，该检测区段存在一级异常($0<F\leq0.2$)1 处，二级异常(0.2<F≤0.55)10 处，三级异常(0.55<F≤1)5 处。见图2。

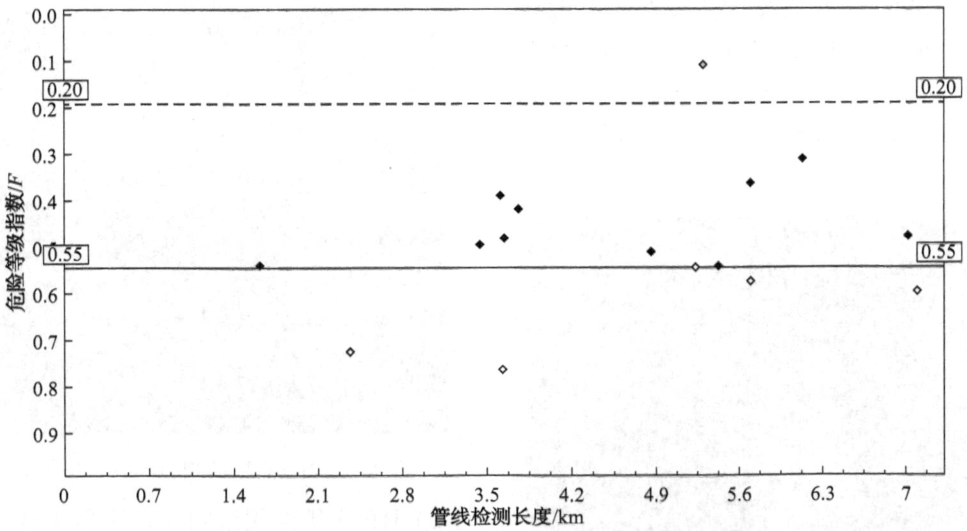

图 2　A 油田外输线测区段异常分布密度图

2.3　开挖验证

依据金属磁记忆初步检测数据，对确定出的开挖验证点进行现场开挖验证工作，应用直接检测设备对开挖管段的管体进行接触式检测，进一步验证管道的应力及管体腐蚀损伤情况。共开挖验证 10 个异常点，其中一级异常 4 处、二级异常 4 处、三级异常 2 处。

2.3.1　一级异常点开挖验证结果

（1）H1-3 集油阀组间 4 环管道序号 2 异常点

开挖后管道防腐层完好无破损，防腐层有 1 处有明显重压痕迹，经接触式磁记忆检测发现重压处发生应力畸变，畸变处附近管体检测无异常，防腐层未破开验证该点腐蚀情况，该点定义为应力集中损伤点，按照标准 GB/T 50698、SY/T 6151 评价损伤等级为一级缺陷，与磁记忆检测结果接近。见图 3。

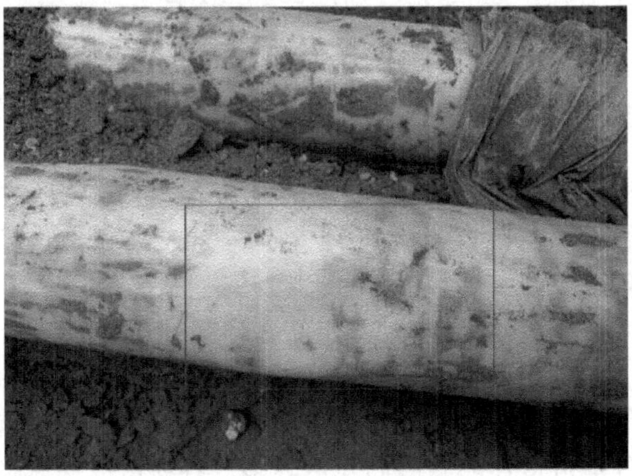

图 3　H1-3 集油阀组间 4 环管道序号 2 异常点

（2）H2-1 集油阀组间 2 环管道序号 1 异常点

开挖后管道防腐层破损，去除破损周边防腐层发现管道有腐蚀，打磨管体后使用测厚仪检测管体剩余壁厚，1 号位置存在一处减薄点，位于管道 6 点钟方位，最小壁厚为 4.07mm，设计壁厚为 4.5mm，管体金属损失比分别为 9.6%；2 号位置存在一处减薄点，位于管道 5 点钟，最小壁厚为 3.93mm，管体金属损失比为 12.7%；全部腐蚀点均为外腐蚀，按照标准 GB/T 50698、SY/T 6151 评价损伤等级为一级缺陷，与磁记忆检测结果接近。见图 4。

图 4　H2-1 集油阀组间 2 环管道序号 1 异常点

（3）1 号外输线序号 19 异常点

开挖后管道防腐层无破损保温层部分空间未填充，去除周边防腐层发现管体有积水及腐蚀情况，打磨管体后使用测厚仪检测管体剩余壁厚，该位置存在一处减薄点，位于管道 6 点钟方位，最小壁厚为 4.39mm，设计壁厚为 4.5mm，管体金属损失比分别为 2.4%；腐蚀点为局部外轻微腐蚀，按照标准 GB/T 50698、SY/T 6151 评价损伤等级为一级缺陷，与磁记忆检测结果接近。见图 5。

图 5　1 号外输线序号 19 异常点

(4) 2 号外输线序号 9 异常点

开挖后管道防腐层有见破损，管道异常处为焊口处及管道穿越套管处，经接触式磁记忆检测发现焊口处存在异常，损伤处有应力痕，按照标准 GB/T 50698、SY/T 6151 评价损伤等级为一级缺陷，与磁记忆检测结果接近。见图 6。

图 6　2 号外输线序号 9 异常点

2.3.2　二级异常点开挖验证结果

(1) H2-2 集油阀组间 5 环序号 3 异常点

开挖后管道异常点附近防腐层有外力应力破损，去除破损点周边防腐层发现管道防腐层破损处管道有外力应力坑，经接触式磁记忆小型设备检测该处应力集中，存在外力损伤，按照标准 GB/T 50698、SY/T 6151 评价损伤等级为二级缺陷，与磁记忆检测结果接近。见图 7。

图 7　H2-2 集油阀组间 5 环序号 3 异常点

(2) H1-3 集油阀组间 3 环序号 4 异常点

开挖后管道异常点附近防腐层有拼接，去除防腐层发现管道有腐蚀，异常点为管道接口处防腐未处理好渗漏腐蚀，最小壁厚为 3.9mm，设计壁厚为 4.5mm，管体金属损失比分别为 13.3%。按照标准 GB/T 50698、SY/T 6151 评价损伤等级为二级缺陷，与磁记忆检测结果接近。见图 8。

图 8　H1-3 集油阀组间 3 环序号 4 异常点

(3) H2-2 集油阀组间 2 环序号 1 异常点

开挖后管道异常点附近防腐层未见破损，去除异常点周边防腐层未发现管道有轻微腐蚀，腐蚀范围直径 5cm 左右，腐蚀情况不严重，按照标准 GB/T 50698、SY/T 6151 评价损伤等级为三级缺陷，该点由二级异常点转为三级异常点处理。见图 9。

(4) H2-2 集油阀组间 3 环序号 0 异常点

开挖后管道异常点附近防腐层未破损，去除异常点周边防腐层发现管道有轻度腐蚀；异常点处地势低洼防腐层内积水较多，容易造成快速腐蚀，按照标准 GB/T 50698、SY/T 6151 评价损伤等级为三级缺陷，该点由二级异常点转为三级异常点处理。见图 10。

图 9　H2-2 集油阀组间 2 环序号 1 异常点

图 10　H2-2 集油阀组间 3 环序号 0 异常点

2.3.3　三级异常点开挖验证结果

（1）H2-1 集油阀组间 4 环序号 1 异常点

开挖后管道异常点附近防腐层未破损，去除破损点周边防腐层发现管道有腐蚀，该点为管道焊接点，接口处防腐未处理好，造成接口处腐蚀，打磨管体后使用测厚仪检测管体剩余壁厚，最小壁厚为 3.6mm，设计壁厚为 4.5mm，管体金属损失比分别为 20%，采用接触式磁记忆小型设备对焊口处检测，管道侧方焊口处发现异常，按照标准 GB/T 50698、SY/T 6151 评价评价损伤等级为二级缺陷，该点由三级异常点转为二级异常点处理。见图 11。

（2）H2-2 集油阀组间 4 环序号 4 异常点

开挖后管道异常点附近防腐层未见破损，去除破损点周边防腐层发现管道防腐漆面磨损有轻微腐蚀痕迹，管道金属表面腐蚀轻微，按照标准 GB/T 50698、SY/T 6151 评价评价损伤等级为三级缺陷，与磁记忆检测结果接近。见图 12。

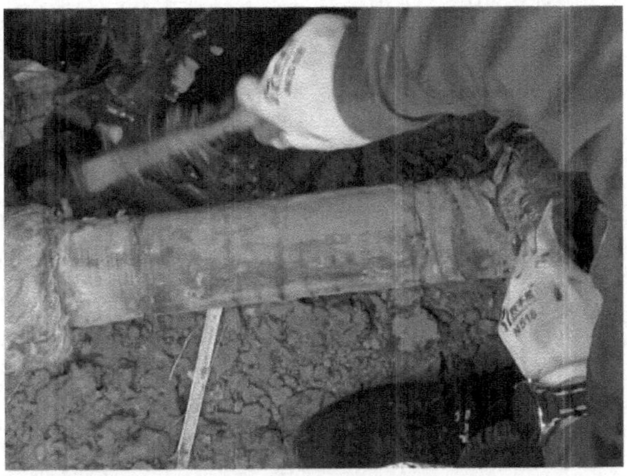

图 11　H2-1 集油阀组间 4 环序号 1 异常点

图 12　H2-2 集油阀组间 4 环序号 4 异常点

通过开挖验证，经接触式磁记忆和超声波测厚，异常点探坑内均存在多处不同程度内腐蚀、外腐蚀及防腐层破损情况，10 个异常点中 7 个异常点开挖验证结果与检测结果一致，另 3 个异常点经开挖验证后异常等级发生了变化。磁记忆检测结果验证准确率为 70.0%。

3　结语

理论研究和现场应用效果表明，非接触磁记忆检测技术能够利用埋地金属管道的自然磁性，不需要对被检测对象进行专门的磁化或施加电流等操作，不需要管道停产，在非开挖条件下即可对埋地金属管道进行本体检测，实现早期诊断管道应力集中部位、发现腐蚀及裂纹等宏观缺陷的目的，可提高管道修复、更换的针对性，具有良好的应用前景。

参 考 文 献

[1] 国家质量监督检验检疫总局．油气输送管道完整性管理规范：GB 32167—2015[S]．北京：中国标准出

版社，2016：1-20.
[2] 王昌波，金梅，白任彦．智能清管器在管道上的应用[J]．科技创新导报，2013，2：136-136.
[3] 雷晓青．油气管道无损检测方法选择[J]．石油工业技术监督，2013，29(7)：28-30.
[4] 郑京召，郭爱玲．中国石化华中成品油管道缺陷成因分析及维修维护措施[J]．石油库与加油站，2018，27(4)：13-16.
[5] Dubov A A. A study of metal properties using the method of magnetic memory[J].
Metal Science & Heat Treatment，1997，39(9)：401-405.
[6] 任吉林，邬冠华，宋凯，等．金属磁记忆检测机理的探讨[J]．无损检测，2002，24(1)：29-31.
[7] 郭爱莲．磁记忆检测技术的基础性研究与应用[D]．秦皇岛：燕山大学，2011.
[8] 杨勇，尹春峰，姬杰．金属磁记忆技术在埋地金属管道应力集中区检测中的应用[J]．石油工程建设，2012，38(5)：54-57.
[9] 王红波．油气输送管道检测方法及安全评价[D]．秦皇岛：燕山大学，2014.
[10] 无损检测管道弱磁检测方法：GB/T 35090—2018[S]．北京：中国质检出版社，2018.

大型储罐海水试压的质量控制

孟祥刚[1]　王志国[2]　于志华[1]

（1. 大庆油田设计院有限公司；2. 大庆油田有限责任公司）

摘　要　水压试验是验证大型储罐罐底、罐壁、浮盘等部位严密性、强度、稳定性等性能质量的重要验收环节。对于沿海地区的石油储备库储罐，海水试压对罐壁腐蚀问题尤为严峻。本文对海水试压过程中储罐内壁腐蚀进行了系统分析。并对储罐内涂层的选择、临时牺牲阳极阴极保护中阳极种类的选择，以及临时牺牲阳极阴极保护方案的设计和安装进行了阐述。针对试压过程中的监测和淡水冲洗，做出风险隐患提示，确保海水试压对储罐的腐蚀得到有效控制。

关键词　海水试压；防腐措施；涂层；牺牲阳极；电流密度

随着我国石油化工工业的发展以及国家战略石油储备的需要，我国建设了多座大规模石油储备库。其中一部分储备库建设在沿海地区。在大罐建造期间，水压试验是其中一个重要的质量验收环节。试验周期一般为 1～3 个月。通过水压试验验证罐底严密性，罐壁强度及严密性、浮盘的稳定性和严密性，浮顶排水管的严密性，基础的沉降等。

储罐水压试验时需要大量的水，然而在许多沿海地区淡水资源比较匮乏，自来水流量小，积蓄时间长，导致充水试验周期长；充水试验作为项目施工和验收的关键环节，对项目工期产生很大影响，尤其在北方港口区域，一年中可利用施工期较短，合理压缩充水试验周期显得尤为重要。而且大规模储油库区水压试压需要大量使用淡水，会影响到该区域居民用水。在沿海就近取用海水进行大型储罐充水试验，可规避淡水充水试验存在的困难，保证工期顺利进行。目前，在建设过程中，用海水进行大型储罐充水试验已成为建设单位可以采纳的一种方式。采用海水进行水压试验的方式既解决了供水问题，又能解决工程建设中的实际问题。但是海水在充水试验过程中，海水介质对钢质储罐的腐蚀是必须面对的问题。在海水试压的同时要做好储罐内壁防腐蚀控制，因此在设计过程中，亟需制定一个严谨、科学的充水试验方案。

1　储罐内防腐措施

储罐内防腐设计将根据不同部位所处的腐蚀环境，采用不同的防腐措施。储油罐底部有沉积水的部分（包括罐底板、罐底板往上 2m）腐蚀性较强，可采用绝缘性防腐涂层。例如：无溶剂环氧涂料、溶剂型环氧涂料、环氧玻璃鳞片涂料等，涂层干膜厚度不宜小于 300μm。绝缘性涂层的表面电阻率不应低于 $1\times10^{13}\Omega$。

与原油接触的罐壁中间部位：侧壁从上檐往下 1.6m 距罐底板往上 2m 区域。如果建设期较短，大气腐蚀比较弱，不涉及海水试压的罐壁板，可不进行涂层防腐。由于进油后，油品会附着在罐壁上，油膜会对罐壁起到保护作用。如果库区很大，建设期较长，靠近码头，采用海水试压时，可采用非碳系环氧导静电涂层进行腐蚀控制，涂层干膜厚度不宜小于 300μm。消除静电影响，导静电涂层表面电阻率控制在 $1\times10^{8}\Omega\sim1\times10^{11}\Omega$。在储罐建设期超过 2 年以上时，该部位可采用冷喷涂锌或喷涂无机富锌进行腐蚀控制，涂层干膜厚度不宜小于 75μm。冷喷涂锌层和无机富锌涂层中的锌粉即起到了防止大气腐蚀的作用，在潮湿环境中，锌粉还可作为罐壁的牺牲阳极使用，储罐进油后，还可以消除静电核积聚。当库区建设期长，储罐建成后短时间无法充油时，环氧导静电涂料不耐大气腐蚀，长时间暴露在大气环境下，会导致涂层粉化失效，在某油库出现过这种问题。设计前期，也可以考虑采用环氧底漆+聚氨酯面漆结构进行腐蚀控制，环氧底漆干膜厚度不小于 300μm，聚氨酯面漆干膜厚度不小于 50μm，总干膜厚度不小于厚度 350μm。参考石油行业标准 SY/T 6319—2016《防止静电、雷电和杂散电流引燃的措施》4.6.5.1 要求，在管道、容器或设备内部的油漆、塑料或金属氧化物(锈)薄膜，不具有静电隐患。

碳钢浮盘下表面及浮盘侧壁外表面与油品接触部分采用非碳系环氧导静电涂层进行腐蚀控制，涂层干膜厚度不宜小于300μm。

为了防止海水试压对储罐安装的附件产生腐蚀，海水试压前应对罐内附件采取相应的防腐措施。

2　储罐内壁涂装方案

目前国内大型储备库油罐，多为 $10\times10^4m^3$ 外浮顶储罐。储罐采用碳钢板材质，在大气和海水介质环境中腐蚀形式以均匀腐蚀为主。海水环境中，pH值接近中性，含有多种盐类，含盐量高，主要成分NaCl，占总盐度的71.8%，海水的电阻率低，是典型的电化学腐蚀。

钢板的腐蚀控制一般采用以下两种技术方案：一种方案是出厂时进行的车间底漆预涂工艺，大罐钢板预制时采用临时车间底漆，一般采用无机富锌底漆，干膜厚度不小于75μm。罐体焊接完成，完成海水试压后清除临时车间底漆，再按设计要求重新进行防腐层涂装。另一种方案是无车间底漆预涂，将出厂后的钢板直接送到金属预制厂进行切边，切边后在预制厂直接按设计要求进行防腐层涂覆，可将底漆、中间漆和面漆直接涂到规定的厚度，海水试压后对破损的涂层和焊缝进行修补。也可先涂底漆和中间漆，预留最后一道面漆，海水试压结束后补涂焊缝的底漆和中间漆，最后统一进行面漆涂覆。

3　储罐内表面临时牺牲阳极保护设计

3.1　阳极选型

对于海水环境，牺牲阳极选用带状阳极时，可选用带状铝合金或带状镁合金牺牲阳极。带状铝合金阳极，在国家和行业标准中，没有具体规格尺寸要求，通常按照行业标准中镁合金的规格尺寸进行制造。选用块状阳极时，针对海水中的大量 Cl^-，宜选用铝合金阳极。块状铝合金阳极在国家和行业标准中，有明确的具体规格尺寸。

铝合金阳极、镁合金阳极性能可按照GB/T 50393—2017《钢质石油储罐防腐蚀工程技术规范》附录D要求执行。带状镁合金阳极和铝合金阳极尺寸规格可参照GB/T 17731—2015《镁合金牺牲阳极》执行。

3.2　设计计算

储罐临时阴极保护的保护范围包括：储罐底板内表面、储罐侧壁内表面及浮盘底板下表面。

3.2.1　保护电流公式

$$I_{总}=iS \tag{1}$$

式中，$I_{总}$为需求保护总电流，A；i为保护电流密度，A/m^2；

S为保护面积，m^2。

新建储罐海水试压，推荐阴极保护电流密度为 $100mA/m^2$。

$$I_a=\Delta E/R \tag{2}$$

式中，I_a为阳极输出电流，A；ΔE为驱动电压，取0.25V；R为阳极的接水电阻，Ω。

$$R=\frac{\rho}{2\pi L}\left(ln\frac{4L}{r}-1\right) \tag{3}$$

式中，R为阳极接水电阻，Ω；ρ为介质电阻率，$\Omega\cdot m$，海水一般取0.25$\Omega\cdot m$；L为阳极长度，m；r为阳极当量半径，m。

阳极当量半径可按公式(4)计算

$$r=C/2\pi \tag{4}$$

式中，r为阳极当量半径，m；C为阳极截面周长，m。

阳极块的使用数量可按公式(5)计算

$$n=I_{总}/I_a \tag{5}$$

n为牺牲阳极块的数量。

牺牲阳极的使用寿命可按公式(6)计算

$$Y=\frac{W\cdot Q}{8760\times I_m}\cdot\frac{1}{K} \tag{6}$$

式中，Y为牺牲阳极使用寿命，a；W为牺牲阳极的实际重量，kg；Q为牺牲阳极的实际电容量 $A\cdot h/kg$；1/k为牺牲阳极的利用系数，取0.85；I_m为牺牲阳极平均发生电流，A，其取值应为总电流的3/5~4/5。

3.2.2　牺牲阳极用量计算

根据保护部位的面积和所需要的保护电流密度值进行牺牲阳极计算。

采用块状阳极进行临时阴极保护时，可依据公式(1)~公式(5)计算，利用公式(6)进行校核。

采用带状阳极进行临时阴极保护时，可依据公式(6)计算。

3.2.3　牺牲阳极布置

储罐壁内侧由于安装刮蜡板和密封装置，侧壁一般不安装牺牲阳极，防止损伤刮蜡板和密封装置。

采用块状牺牲阳极和带状牺牲阳极时，可在罐底板和浮盘底板采用环形布置。为减少焊接数量，可采用带状牺牲阳极。将带状阳极两端分别焊接在罐底和浮盘上面，随着逐渐注入海水阶段试验的过程中，带状阳极被逐步拉伸，呈线状。带状阳极布置时，应均匀布置，并避开内件，防止浮盘受力不均。带状阳极一般采用两端分别焊接在罐底和浮盘上的方式，其优点是减少焊点，罐壁保护效果好。

3.2.4 保护效果检测

为了检测储罐临时阴极保护的保护效果，在储罐内浮盘人孔处安装 1 条吊线，吊线上安装 $Ag/AgCl$ 参比电极，并将参比电极引线引至浮盘人孔上方，在试压过程中的冲水、保水和放水阶段，对阴极保护电位进行日常监测。

4 淡水冲洗

试压结束后，在海水排放的同时，施工人员应随着浮盘的下降用淡水对罐壁及附件进行冲洗和擦拭。冲洗结束后检测罐内壁氯化物残留量不应高于 $3\mu g/cm^2$，否则应用淡水重复冲洗。清洗后，重新进行检测，检测合格后，方可进行下一步施工。如果清洗不干净，含盐量超标，进行涂层涂覆，会影响涂层与基材的附着力，导致漆膜起泡和脱落，影响储罐使用寿命，带来不必要的经济损失。

5 结论

大型储罐建议优先选用淡水进行试压。当库区靠近码头，且无法采用淡水试压时，可考虑采用海水进行试压。

海水试压过程中，通过合理的阳极选择，电流密度选取，精准的临时牺牲阳极用量的计算，可以确保海水对储罐的腐蚀得到很好的控制。

参 考 文 献

[1] 侯文斌．储罐采用海水试压的防腐[A]．当代化工，2009，38(6)：639-640.

[2] 王建生．海水试压原油储罐内壁起泡分析[A]．上海涂料，2014，52(4)：51-52.

油田三次开采技术的管道内腐蚀技术研究

姜峥嵘

（大庆油田有限责任公司）

摘　要　油田三次开采技术通过向地层注入大量聚合物及其他开采液以提高采收率，然而，这一过程在一定程度上加剧了油田管道的腐蚀问题。本文深入探讨了三次开采技术引发管道内腐蚀的原因，论述了当前的腐蚀监测技术、防护与管理策略、管道维护与检修技术，通过各种新技术与创新，可以有效减缓腐蚀进程。因此，科学的管理和技术手段对于控制油田三次开采技术带来的管道内腐蚀问题至关重要。

关键词　三次开采；聚合物；管道腐蚀；监测技术；防护策略

随着全球能源需求的持续增长和常规石油资源的逐渐枯竭，油田的开发正面临着前所未有的挑战。为了进一步提高油田的采收率，三次开采技术逐渐成为油田开发的重要手段之一。三次开采技术主要包括化学驱、热力驱、微生物驱等，其中化学驱技术尤为广泛应用，通过向地层注入聚合物、表面活性剂、碱液等化学物质，显著提高原油的采收率。然而，这些化学物质的注入和使用对油田管道系统带来了新的腐蚀风险。

管道作为油田生产和运输的关键设施，其长期稳定运行对于油田的安全生产至关重要。而三次开采过程中注入的大量化学物质往往与管道内的流体、环境条件等相互作用，导致管道的腐蚀问题日益严重。特别是在高温、高压以及复杂流体环境下，腐蚀问题不仅会缩短管道的使用寿命，还可能引发泄漏事故，带来严重的经济损失和环境污染。因此，深入研究三次开采技术中管道腐蚀的机理，探索有效的防护和修复技术，对于保障油田的安全运行具有重要的理论意义和实际价值。

1　三次开采技术引发管道腐蚀的原因分析

三次开采过程中注入的化学物质，如聚合物、表面活性剂、碱液及二氧化碳等，极易与管道内的流体及金属表面发生反应，加剧腐蚀。主要有以下几种原因。

1.1　聚合物的影响

聚合物（如部分水解聚丙烯酰胺，HPAM）在注入地层后，其分子结构和物理性质会导致流体的粘度显著增加。这种高粘度特性在管道内容易形成局部滞留区，尤其是在管道的弯曲处或低流速区域。由于这些滞留区的流体流动速度减缓，腐蚀介质（如氧气、二氧化碳、硫化氢等）会在金属表面停留更长的时间，直接增加了腐蚀物质与管道金属之间的接触时间。这种情况加剧了局部腐蚀现象，特别是点蚀和缝隙腐蚀等类型的腐蚀风险显著增加。

此外，HPAM在高浓度下还可能与油藏中的其他化学成分发生反应，生成沉积物或腐蚀性副产物。这些沉积物不仅会在管道内壁沉积，加重物理堵塞问题，还会改变管道内的电化学环境，进一步加剧腐蚀过程。随着时间的推移，局部腐蚀可能发展为更为严重的腐蚀形式，如应力腐蚀开裂（SCC），这对油田的安全运行构成了重大威胁。

1.2　注入水的化学性质

在三次采油过程中，为了增强驱油效果，注入水通常会经过特殊处理，如加入碱性物质、表面活性剂或其他化学添加剂，这些处理措施旨在提高原油的采收率。然而，这些处理措施也同时改变了注入水的化学特性，如pH值、氧化还原电位（ORP）和离子强度，这些变化对管道材料产生了复杂的腐蚀影响。

1.3　二氧化碳及酸性气体的影响

CO_2驱油技术是三次开采中常用的方法之一。注入的CO_2在油层中溶解后，会形成碳酸，降低流体的pH值，增强酸性环境，从而加速碳钢管道的腐蚀。此外，某些天然气驱动技术中可能存在的H_2S气体也会形成腐蚀性极强的硫酸盐，导致管道内壁出现局部的严重腐蚀。H_2S与CO_2共同存在时，两者在管道内壁上的腐蚀作用具有协同效应，形成更为复杂的腐蚀产物，如铁硫化物(FeS)和硫酸盐。这些腐蚀产物一方面会降低管道材料的机械强度，另一方面会导致管道表面形成不均匀的覆盖层，诱发严重的局部腐蚀，甚至应力腐蚀开裂(SCC)。此外，H_2S气体还具有强烈的毒性和腐蚀性，特别是在湿气环境下，其腐蚀速率成倍增加，对管道的整体结构安全构成极大的威胁。

1.4 微生物腐蚀

在某些三次开采技术中，微生物驱油技术通过注入特定微生物以改变地层的物理化学性质。在三次采油技术中，微生物驱油技术作为一种具有广泛应用前景的提高采收率方法，逐渐受到重视。然而，在这一过程中，微生物的引入和繁殖对油田管道的腐蚀问题也带来了不可忽视的挑战。微生物腐蚀(Microbiologically Influenced Corrosion，MIC)是一种复杂的腐蚀现象，主要由微生物的代谢活动引发，这些活动产生的酸性产物(如硫酸、乙酸)及生物膜的形成，改变了金属表面的化学和电化学环境，导致管道的加速腐蚀。

微生物腐蚀的影响不仅限于化学反应，还包括对材料力学性能的影响。微生物在其代谢过程中产生的有机酸和其他腐蚀产物会逐渐侵蚀管道材料的晶粒界面，使得金属结构变得疏松，降低材料的抗拉强度和韧性，最终导致应力腐蚀开裂(Stress Corrosion Cracking，SCC)或氢脆现象的发生。尤其是在油田环境中，管道经常承受较高的内外压差和机械应力，微生物腐蚀引起的材料性能退化会显著增加管道失效的风险。

此外，微生物腐蚀还具有难以监测和预测的特点。由于微生物繁殖和生物膜形成的速度较快，加上油田环境中的流体条件复杂，传统的腐蚀监测技术难以实时捕捉到MIC的早期迹象。因此，微生物腐蚀往往在腐蚀损伤已经较为严重时才被发现，这时往往已造成不可逆的管道损伤。

2 腐蚀监测技术

由于油田环境的复杂性以及腐蚀过程的隐蔽性，如何准确、及时地监测管道腐蚀情况，已成为油田开发中的重要技术挑战。通过有效的腐蚀监测，不仅能够提前发现潜在的腐蚀问题，还可以为防腐措施的优化提供科学依据，从而减少因腐蚀导致的事故风险和经济损失。腐蚀监测技术可以分为在线监测和离线监测两大类。

2.1 在线监测技术

在线监测技术具有实时性强、数据连续性高的特点，能够在管道运行过程中持续获取腐蚀信息，是油田管道腐蚀监测的主流方法。常见的在线监测技术包括电化学监测、腐蚀探针、超声波检测和射线成像技术等。

2.1.1 电化学监测

电化学监测技术是通过测量金属表面电位、腐蚀电流密度等参数来评估腐蚀速率的技术。它可以实时反映管道金属在各种介质中的腐蚀情况，尤其适用于评估缓蚀剂的效果。电化学噪声分析(Electrochemical Noise Analysis，ENA)和线性极化电阻(Linear Polarization Resistance，LPR)是两种常用的电化学监测方法。ENA通过分析电化学噪声信号，能够捕捉到局部腐蚀(如点蚀和缝隙腐蚀)发生的早期迹象；LPR则通过测量极化电阻来计算腐蚀速率，适用于均匀腐蚀的监测。

2.1.2 腐蚀探针

腐蚀探针是一种直接插入管道内部的监测设备，能够实时测量管道内的腐蚀状况。探针通常由与管道相同或相似材料制成，通过记录其质量损失或电阻变化来评估腐蚀速率。腐蚀探针操作简单、成本较低，但其监测结果可能受流体流速、温度和压力等因素的影响，需结合其他监测手段进行综合分析。

2.1.3 超声波检测

超声波检测技术是利用超声波在金属和腐蚀产物界面上的反射特性来检测管道壁厚变化的一种无损检测方法。超声波检测能够有效识别管道内部的均匀腐蚀和局部腐蚀(如坑蚀、裂纹)。其优点在于检测精度高、检测范围广，尤其适用于厚壁管道的腐蚀监测。然而，超声波检测对操作环境和设备要求较高，需要专业技术人员进行操作和数据分析。

2.1.4 射线成像

射线成像技术主要包括X射线和γ射线成像，通过射线穿透管道后在探测器上形成的影像来评估管道内部腐蚀的情况。射线成像技术能够直观展示管道内壁腐蚀损伤的位置和程度，特别适合检测复杂管道系统的内部缺陷。尽管射线成像技术具有较高的精度和可靠性，但其设备成本较高，且需要严格的操作安全控制。

2.2　离线监测技术

离线监测技术通常通过定期取样分析和检测设备进行腐蚀评估。这类技术包括重量法、金相分析和化学成分分析等。尽管离线监测不能实时反映腐蚀状况，但其测量精度较高，尤其适合对特定腐蚀类型（如晶间腐蚀、应力腐蚀开裂）进行深入分析。

2.2.1　重量法

重量法是通过称量腐蚀试片在腐蚀前后的质量变化来计算腐蚀速率的一种方法。该方法操作简单，适用范围广，尤其在实验室条件下具有较高的准确性。

2.2.2　金相分析

金相分析是通过显微镜观察腐蚀试片的表面和截面，分析腐蚀形态和腐蚀产物，提供更为直观的腐蚀信息。

2.2.3　化学成分分析

化学成分分析主要针对腐蚀产物和管道材料的成分变化进行检测，帮助识别腐蚀原因和腐蚀介质。

综上所述，腐蚀监测技术的选择应基于具体的油田环境和腐蚀类型，通过结合在线和离线监测方法，可以获得全面、可靠的腐蚀信息。这不仅能够及时发现和预防腐蚀问题，还为制定有效的防腐策略提供了数据支持，确保管道系统的长期安全运行。

3　腐蚀防护与管理策略

腐蚀防护与管理策略在油田三次开采过程中至关重要，旨在有效控制和减缓管道腐蚀，从而延长管道使用寿命，降低维护成本，保障生产安全。由于油田腐蚀环境复杂多样，防护与管理策略需要综合考虑材料选择、防腐技术应用的优化。

3.1　材料选择

材料选择是腐蚀防护的基础。选用适合特定工作环境的抗腐蚀材料，如不锈钢、镍基合金或涂覆特殊防腐层的碳钢，可以从源头上减少腐蚀风险。高合金材料如镍基合金在极端环境中表现出卓越的抗腐蚀性能，尤其在含高浓度硫化氢或氯离子的环境中，可以显著延长管道的使用寿命。然而，这类材料的高成本限制了其广泛应用，因此在实际操作中，通常结合经济因素和腐蚀环境进行合理选择。此外，对于碳钢材料，可通过涂覆环氧树脂、聚氨酯等防腐层，或者采用热喷涂技术增强其抗腐蚀能力。

3.2　防腐技术

防腐技术的应用是腐蚀防护策略的核心。根据管道腐蚀的不同类型和环境条件，可以采取多种防护措施，如防腐涂层、阴极保护和缓蚀剂的使用。

3.2.1　防腐涂层

防腐涂层是最常见的防护手段之一，其主要作用是隔离管道材料与腐蚀介质的直接接触，减少腐蚀发生的可能性。不同的涂层材料适用于不同的腐蚀环境，如环氧树脂涂层适用于一般腐蚀环境，而聚乙烯涂层则适用于高温高压条件下。涂层的施工质量直接影响其防护效果，因此需要严格控制施工过程，并进行定期检查和修复，以保持涂层的完整性和有效性。

3.2.2　阴极保护

阴极保护是通过改变管道表面的电化学环境来防止腐蚀的一种技术。常用的阴极保护方法包括牺牲阳极保护和外加电流保护。牺牲阳极保护通过使用比管道材料更易腐蚀的金属（如锌或镁）作为阳极，牺牲阳极发生腐蚀而保护管道免受腐蚀。外加电流保护则通过施加外部电流，使管道成为阴极，从而抑制其氧化腐蚀。这两种方法在长距离管道中被广泛应用，特别是地下或水下管道。

3.2.3　缓蚀剂

缓蚀剂的使用是另一种有效的防腐手段。缓蚀剂通过在管道表面形成保护膜或中和腐蚀介质，减少金属腐蚀的速率。根据腐蚀环境的不同，可以选择不同类型的缓蚀剂，如有机胺类、亚硝酸盐类或磷酸盐类缓蚀剂。缓蚀剂的使用需要精确控制其浓度和分布，以确保其在整个管道系统中均匀有效地发挥作用。

3.3　腐蚀管理策略

在防护措施之外，腐蚀管理策略也是确保防护措施有效实施的重要保障。腐蚀管理包括建立完善的腐蚀监测和维护体系、制定合理的防腐政策以及开展定期培训和应急演练。通过腐蚀监测，可以及时掌握管道腐蚀的动态变化，为防护措施的调整提供科学依据。同时，定期的维护和检修能够及时发现和修复管道中的腐蚀问题，避免因腐蚀失控导致的重大事故。

3.4 管理制度的完善

此外，腐蚀防护的有效性还依赖于管理制度的完善。制定明确的腐蚀防护规范，确保防护措施的标准化实施，并通过定期审计和评估，确保腐蚀防护策略的持续改进。对于关键设备和管道，应该制定详细的腐蚀风险评估和管理计划，包括应急预案的制定和演练，以应对可能的突发腐蚀事件。管理制度的完善不仅包括技术层面的要求，还需要建立健全的组织架构和责任分配机制，以确保各级人员在腐蚀防护中能够切实履行职责。

3.5 应急管理和培训

应急管理和培训也是腐蚀防护管理策略的重要组成部分。由于油田管道腐蚀可能会带来严重的安全和环境风险，必须制定详细的应急预案，包括应急响应程序、应急物资的储备和应急演练的定期开展。通过模拟突发事件，训练相关人员的应急反应能力，可以有效减少腐蚀导致的事故损失。此外，定期开展腐蚀防护知识培训，提升操作人员的腐蚀防护意识和技能，也有助于在日常工作中更好地预防和控制腐蚀。

3.6 经济效益评估

经济效益评估是腐蚀防护与管理策略中不可忽视的一环。防腐措施的实施和管理往往伴随着较高的成本，因此需要对不同防护方案进行经济性分析，权衡其投入与可能带来的收益。通过成本效益分析，可以确定最佳的防腐策略，以最低的成本实现最大的防护效果。这不仅涉及材料和技术的选择，还包括长期运营维护的预算规划，以及腐蚀事故发生后可能带来的经济损失评估。

3.7 国际标准和行业规范

国际标准和行业规范的遵循也是腐蚀防护管理的重要方面。全球范围内，各国和各行业都有相应的腐蚀防护标准，如美国国家腐蚀工程师协会(NACE)标准、ISO 国际标准等。这些标准为腐蚀防护提供了详细的技术指南和操作规范。在油田开发中，严格遵循这些标准，能够确保防腐措施的科学性和有效性，减少由于不规范操作导致的腐蚀风险。

综上所述，腐蚀防护策略是一个多层次、多维度的系统工程，涵盖了从材料选择到防护技术应用，通过系统的腐蚀防护，可以大幅度降低管道腐蚀的发生率，延长设备的使用寿命，确保油田开发的安全性和经济性。在实际操作中，必须根据具体的环境条件和腐蚀风险，制定和实施适合的防护策略，并不断优化和完善，以应对复杂多变的腐蚀挑战。

4 管道维护与检修

在油田三次开采过程中，管道的维护与检修是确保管道系统安全、稳定运行的重要环节。由于腐蚀对管道的影响具有隐蔽性和突发性，定期的维护和检修工作不仅能及时发现和修复腐蚀问题，还能预防可能引发的安全事故和经济损失。

4.1 管道维护

管道维护包括日常监测和保养两大部分。日常监测通过定期检查和数据记录，及时掌握管道运行状态和腐蚀状况。常用的监测方法包括目视检查、超声波检测、涡流检测和射线成像等。这些技术能够提供管道壁厚、腐蚀速率和缺陷位置等信息，为维护工作提供科学依据。此外，通过安装在线监测设备，如腐蚀探针和电化学监测装置，可以实现对管道腐蚀的实时监控，及时发现异常情况并采取相应措施。

日常保养则主要是对管道系统进行定期清洗和防腐处理。管道清洗可以有效去除管道内的腐蚀产物和沉积物，减少这些物质对管道壁的进一步侵蚀。常用的清洗方法包括化学清洗和机械清洗。化学清洗通过注入化学药剂溶解和冲洗腐蚀产物，而机械清洗则利用清洗球或清洗刷对管道内壁进行物理清除。清洗完成后，还需要对管道进行防腐处理，如重新涂覆防腐涂层或注入缓蚀剂，以增强管道的抗腐蚀能力。

4.2 管道检修

管道检修是对管道进行系统性检查和修复的过程，通常在发现重大腐蚀问题或进行定期停产检修时进行。检修内容包括腐蚀部位的修补、更换严重腐蚀的管段以及检测和修复焊接接头等。在检修过程中，常用的修复技术包括补焊、套管修复和更换管段。补焊技术适用于修复管道表面的局部腐蚀，通过焊接工艺将损伤部位填补和修复。套管修复则是在腐蚀严重的管道内部安装一层新的管道，起到加固和隔离腐蚀介质的作用。而更换管段则是对无法修复的严重腐蚀管段进行整体更换，以确保管道的安全运行。

管道的维护与检修是一个系统而复杂的工程，需要综合考虑管道的运行环境、腐蚀状况和技术手段，通过科学的监测、及时的保养和有效的检修，确保管道系统的长期安全稳定运行。

5 新技术与创新

随着油田三次开采技术的发展，针对管道腐蚀问题的新技术和创新不断涌现。这些新技术不仅提升了腐蚀监测和防护的效果，还在一定程度上降低了维护成本，延长了管道的使用寿命，为油田开发带来了新的契机。

5.1 智能传感器技术

智能传感器技术是近年来发展迅速的一项创新，广泛应用于腐蚀监测领域。智能传感器可以实时监测管道内外的腐蚀环境参数，如温度、压力、pH 值、腐蚀电流等，并通过无线网络将数据传输至监控中心，实现远程监控和数据分析。这种技术不仅提高了监测的实时性和准确性，还降低了人力成本和现场风险。此外，智能传感器系统还可以与大数据分析和人工智能技术结合，预测腐蚀趋势，提前预警潜在的腐蚀风险。

5.2 自修复材料

自修复材料是另一项具有前景的创新技术。自修复材料能够在受到损伤或腐蚀后，通过自身的化学反应或结构变化自动修复损伤区域，从而延缓腐蚀进程。常见的自修复材料包括含有微胶囊的涂层材料和形状记忆合金。微胶囊自修复涂层材料在涂层破裂时，微胶囊内的修复剂释放出来，填补破裂区域并恢复涂层的防护性能。形状记忆合金则通过温度变化或外力作用自动恢复原状，从而修复因腐蚀或机械损伤造成的缺陷。

5.3 纳米技术

纳米技术在腐蚀防护中的应用也取得了显著进展。纳米材料具有独特的物理和化学性质，可以显著提高防腐涂层的性能。例如，纳米氧化锌、纳米氧化钛等纳米颗粒被添加到防腐涂层中，能够增强涂层的耐磨性和抗紫外线能力，延长涂层的使用寿命。此外，纳米材料还可以用于开发新型缓蚀剂，通过纳米结构的特性提高缓蚀剂的稳定性和分散性，从而更有效地抑制腐蚀反应。

5.4 机器人检测技术

机器人检测技术也在油田管道腐蚀监测中得到广泛应用。管道检测机器人可以携带多种检测设备，如超声波探头、射线成像装置和腐蚀探针等，深入到管道内部进行全面的腐蚀检测。相比传统的人工检测，机器人检测具有灵活性高、检测精度高和覆盖范围广的优势，特别适用于复杂和危险环境中的管道检测。

5.5 电化学保护技术

电化学保护技术的创新应用也为管道防腐提供了新的解决方案。例如，基于电化学原理的智能阴极保护系统能够实时调节电流密度，根据管道的腐蚀情况自动优化保护效果。这种系统可以显著提高阴极保护的效率，延长管道的使用寿命。

5.6 区块链技术

区块链技术在腐蚀数据管理中的应用也是一个新兴的领域。通过区块链技术，可以实现腐蚀数据的去中心化存储和管理，确保数据的透明性和不可篡改性。这不仅提高了数据的安全性，还能为腐蚀防护措施的优化提供可信的数据支持。

6 结论

三次开采技术虽然能够有效提高油田采收率，但随之而来的管道腐蚀问题不容忽视。腐蚀的发生与聚合物及其他化学物质的使用密切相关，同时受多种因素影响。通过合理选择监测、防护技术、维护与检修方法，广泛应用智能传感器、自修复材料、纳米技术、机器人检测、电化学保护和区块链技术等前沿技术，不仅为解决管道腐蚀问题提供了有效手段，还推动了油田开发的智能化和现代化进程。通过不断探索和应用这些新技术，油田管道的腐蚀防护将迈上新的台阶，保障油田的安全、高效、可持续发展。

参 考 文 献

[1] Fang, Y. et al.. Polymer flooding and its effect on pipeline corrosion[J]. Journal of Oilfield Chemistry, 2023, 45(3), 233-245.

[2] Li, Z., & Chen, X.. The impact of CO_2 injection on corrosion rates in oil pipelines[J]. Corrosion Science, 2022, 188, 109710.

[3] Zhang, L. et al. Advances in online corrosion monitoring technologies for oil pipelines [J]. Materials Performance, 2021, 60(4), 22-28.

[4]王洪涛，王晓峰．油田三次采油技术中管道内腐蚀问题研究[J]．石油化工腐蚀与防护，2020(1)：1-6.

[5] 张建国，宋岩，李艳军．油田三次采油中缓蚀剂的应用研究[J]．油气田地面工程，2022(5)：67-70.

[6] 陈东，魏荣，何春雷．油田采出水处理技术的研究

进展[J]. 中国给水排水，2023(1)：89-93.
[7] 李建华，张文峰. 油田采油过程中防腐技术研究[J]. 油气储运，2022(1)：65-68.
[8] 魏金鹏，李云龙. 腐蚀电位监测在油田三次采油技术中的应用研究[J]. 石油化工自动化，2021(6)：74-77.
[9] 王峰，王艳丽. 电化学噪声分析在油田管道腐蚀监测中的应用研究[J]. 中国科技论文，2023(1)：86-89.
[10] 王建华，张宏伟. 超声波检测在油田管道内腐蚀监测中的应用研究[J]. 无损检测，2021(9)：77-80.
[11] 刘志勇，张晓东. 油田管道防腐涂层技术研究进展[J]. 油气储运，2023(3)：95-98.
[12] 张欣怡，杨德云. 油田开采过程中的材料耐腐蚀性研究[J]. 材料导报，2022(3)：44-48.

水溶性致密层导静电防腐漆的制备和性能研究

尹廷发　刘　岩　黄永辉

（大庆油田昆仑集团开普化工有限公司）

摘　要　针对环保要求和大庆油田对导静电防腐涂料市场需求，通过原材料的优选、配方的设计、产品性能等的研究，优选性能优异的环氧乳液主要成膜物质，通过选择石墨烯为导电功能性填料，研发出高性能水性导静电防腐涂料，满足了北方气候条件和油田装备涂装的特殊性要求。通过性能的检测、导静电性能测试、耐盐雾实验等。结果表明：研发的水溶性致密层导静电防腐漆，不仅基本性能（附着力、耐冲击性及涂层结合强度）优异，还具有优异的耐水、耐盐雾和耐化学品性和导静电性能，满足油田装备对防腐漆应用的环保要求和易燃易爆介质储运安全性能要求。

关键词　导静电防腐漆；石墨烯；电阻率；耐蚀性

目前，受石油资源及环保法规的限制，防腐涂料开始由传统的溶剂型向“绿色化”的方向发展，其中水性化技术是当今研究的重点和主要发展方向之一。开发环保型工业重防腐涂料是全球许多发达国家涂料专家正在积极探索的高技术项目，在国内更是一个新兴的领域。在一些典型的重防腐涂料市场，如基础设施、石油和煤气、电力、桶槽、海洋和化学品工业，水性涂料的使用正在不断增加。用于重防腐领域的有水性醇酸体系、水性环氧体系（环氧云铁中涂和环氧富锌底漆）、水性无机富锌体系、水性环氧酯体系等。

导静电防腐涂料兼具导静电性和防腐性，将其涂覆至材料表面，可以起到消除静电、削弱电磁干扰和防腐蚀等作用。近些年来，随着石油化工产业、电子工业和航空航天等领域的快速发展，静电和腐蚀带来的危害越来越显著，使得导静电防腐涂料受到了广泛的关注。研发高性能、低成本、环保型、多功能化的涂料是未来导静电防腐涂料的发展趋势，导静电涂料作为一种特殊功能涂料，已在石化行业得到广泛的应用，对人们的生命财产安全起到至关重要的作用。

1　试验部分

1.1　主要原料

水性环氧乳液［WEP－20（53）］、水性石墨烯导电液（BC－XJ31A）、水性环氧固化剂（WA－05）上海君江新材料销售有限公司；分散剂（TEGO750W、TEGO760W）、消泡剂（TEGO810、TEGO902W）、基材润湿剂（TEGO270）、疏水气相二氧化硅（R972）德国赢创化学有限公司；增稠剂（RheoWT－299、RheoWT－212）、中和剂（MA－95）、流变剂（EW）德谦（上海）化学有限公司；抗闪锈剂（FR－766）天津国隆化工有限公司；钛白粉（R902、R706）美国杜邦化学有限公司；沉淀硫酸钡（1250 目嘉信）深州嘉信化工有限责任公司；去离子水（自制）；采用 JSF－550 搅拌、砂磨、分散多用机对涂料原料进行搅拌、分散；通过电阻率仪进行涂层电阻率的测试；大庆油田设计院土建防腐室对涂层进行耐腐蚀性能的测定。

1.2　防腐漆及涂层的制备

1.2.1　水溶性致密层导静电防腐漆的制备

以水性环氧乳液作为涂料的主要成膜物质，水性环氧固化剂（WA－05）为固化剂，水性石墨烯导电液作为涂料的稀释剂。取一定量的水性石墨烯导电液于器皿中。将钛白粉、膨润土加入至上述溶液中，充分搅拌并润湿后，在多功能搅拌机中以 1500r/min 的速度分散 60min，在砂磨机中研磨至细度为 45μm。添加多功能助剂和消泡剂、增稠剂防闪锈剂等，在多功能搅拌机中加入水性环氧乳液以 1000r/min 的速度搅拌 120min，将混料充分溶解搅匀后，用 200 目不锈钢滤网过滤，即制得新型石墨烯导电防腐涂料，详细配方成分见表 1。

表 1　水性导静电防腐涂料配方

序号	名称	用量
1	水性石墨烯导电液	200.00
2	分散剂	5.00
3	分散剂	5.00
4	消泡剂	2.00
5	消泡剂	2.00
6	膨润土	2.00
7	气相二氧化硅	5.00
8	钛白粉	100.00
9	沉淀硫酸钡	55.00
10	水性环氧乳液	600.00
11	润湿剂	2.00
12	防闪锈剂	10.00
13	中和剂	2.00
14	增稠剂	5.00
15	增稠剂	5.00
合计		1000.0

1.2.2　样板涂层的制备

在 0.6~0.7MPa 压力下，用 60 目石英砂对试验钢板表面进行喷砂处理，除油除尘，干燥器内保存待用。取一定量上述已配制的涂料和聚酰胺固化剂，按比例混合，并充分搅拌均匀，采用空气喷涂的方式制

备涂层，空气压力为 0.3~0.4MPa。喷涂后的试验板在室温下至实干后，进行物理机械性能（附着力、耐冲击性及涂层与基材的结合强度）、耐腐蚀性及电性能测试。

1.3　性能测试

1.3.1　涂层的物理机械性能测试

参照 GB/T 9286—1998《色漆和清漆漆膜的划格试验》进行涂层的附着力测试。参照 GB/T 1732—1993《漆膜耐冲击测定法》进行涂层耐冲击性测试。涂层与基材的结合强度测试：依次进行附着力及抗冲击性能等测试，附着力满足技术指标。

1.3.2　涂层的耐腐蚀性测试

耐化学试剂试验参照 GB1763—79《漆膜耐化学试剂性测定法》进行。分别采用 3% NaCl，10%H_2SO_4、10% NaOH 溶液及去离子水，将样板 2/3 的面积浸入在液面以下，观察涂层的失效行为。耐中性盐雾试验参照 GB/T 1771—2007《色漆和清漆耐中性盐雾性能的测定》进行。喷雾盐水为 5% NaCl 水溶液，盐雾箱内的温度为 (35±2)℃。在试验周期结束后，擦去试板表面的残液及沉积的盐颗粒，并观察样板表面涂层的破坏情况。

1.3.3　涂层的导电性能测试

为了考察导电石墨烯对水性导静电漆导静电的影响，分别在面漆中掺杂 10%、15%、18%、20%的石墨烯浆料，进行表面电阻率的测定。

2　结果与讨论

2.1　涂层基本性能测试

2.1.1　涂层附着力测试

如图 1 所示为涂层附着力测试结果，未发现有明显涂层脱落，评定为 1 级。

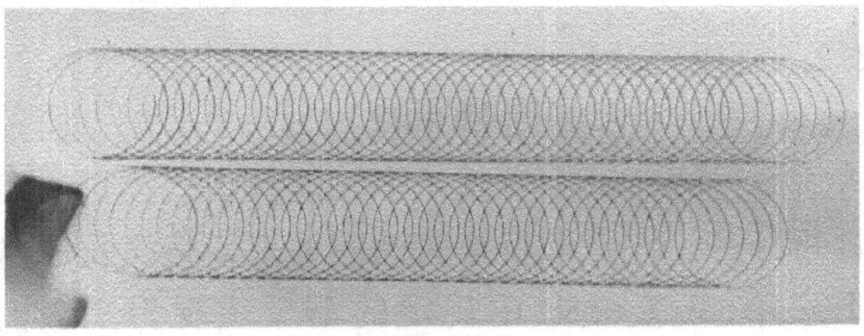

图 1　涂层附着力测试

2.1.2　涂层耐冲击性测试

如图 2 所示为涂层耐冲击 50cm 后的状态。采用 4 倍放大镜对冲击后的涂层进行观察，可发现重锤冲击后的涂层周围无裂纹产生，且不存在剥落等现象，说明涂层耐冲击性能良好。

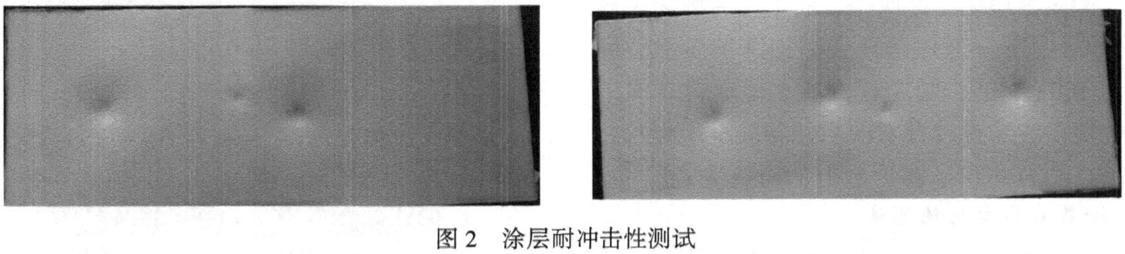

图 2　涂层耐冲击性测试

2.2 涂层的耐腐蚀性测试

2.2.1 耐化学品浸泡试验

涂层的耐化学品浸泡实验分别在 3% NaCl、10% H_2SO_4、10% NaOH 溶液及去离子水中进行，按照 GB1763—79《漆膜耐化学试剂性测定法》进行实验操作(图 3)。每组实验采用 3 块涂有导电防腐漆的样板，3 块涂层样板浸泡在 10% NaOH 溶液中约 1500h 时，无明显变色，无破环情况，说明涂层耐碱性能优异。3 块涂层样板在 3% NaCl 溶液及去离子水中浸泡测试 1500h 后，无失光、变色、鼓泡、脱落等失效现象。说明本配方设计的导电防腐涂料在强碱、盐等溶液中具有优异的耐腐蚀性能。这主要是由于本配方设计中，环氧类树脂固化交联后生成网状结构；另外分子链中极性羟基和醚键的存在，大大提高了对基体的附着，同时聚酰胺固化剂本身具有良好的耐水性，这也提高了树脂固化后的粘结能力。3 块涂层样板放入恒定温度(25±1℃)的酸溶液中，每块样板长度的 2/3 浸泡浸泡于溶液中，当样板规定的浸泡 50 小时时，样板取出，用滤纸吸干其表面的水分，样板无起泡、起皱，脱落等现象。涂层的耐酸介质性能良好，满足使用要求。

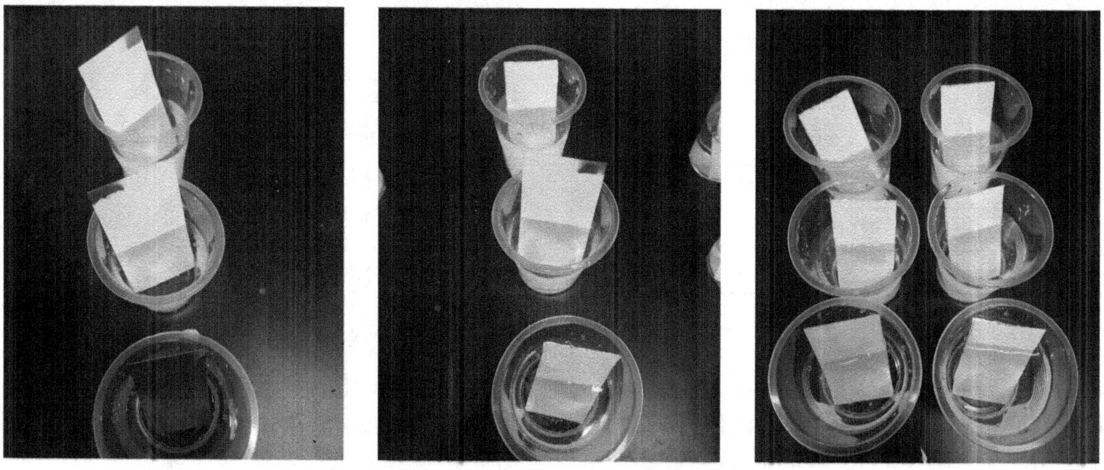

图 3　底漆样片的耐酸、碱、盐性测试图

2.2.2 中性盐雾试验

耐盐雾性试验暴露方法按 GB/T 1771 进行。将喷涂过漆的试板暴露于中性盐雾中，经过一定时间暴露，评定试板被腐蚀的结果。将氯化钠溶于符合 GB/T 6682 中规定的至少纯度为三级的水中，质量浓度为(50±5) g/L。盐雾箱内的温度设定为(35±2)℃，对于面积为 80cm^2 的水平喷雾收集装置来说，在最小周期为 24h 测得的盐雾溶液的平均收集速率应为 1～2.5mL/h。如图 4 所示，分别为含有石墨烯水性涂料和不含石墨烯涂料分别经过 400h 、500h 、600h 和 700h 盐雾测试后的照片，石墨烯水性涂料在盐雾处理 400h，漆膜涂层未出现腐蚀。而不含石墨烯水性涂料 400h 时部分区域出现铁锈逐渐被腐蚀。同时对比 500～700h，同样石墨烯水性涂料具有更好的性能。说明设计开发的水性导静电涂料具有耐盐雾性超过 400h，具有较好的防腐性能。

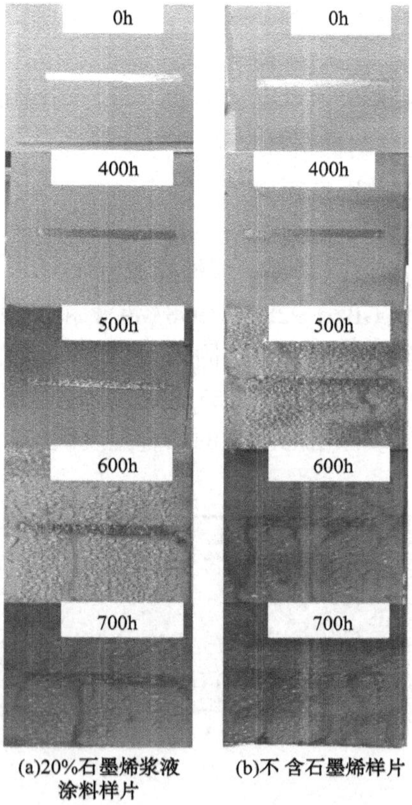

(a)20%石墨烯浆液涂料样片　(b)不含石墨烯样片

图 4　为涂层在中性盐雾试验箱中测试不同时间

2.3 涂层的导电性能测试

为了考察导电石墨烯对水性导静电漆导静电的影响，分别在面漆中掺杂 10%、15%、18%、

20%的石墨烯浆料(图5、表2)。从图5中可以看出随着石墨烯掺杂浓度的提升，样片的颜色逐渐变深，这是因为掺杂石墨烯显黑色所致，掺杂量越大则样片黑色越重。

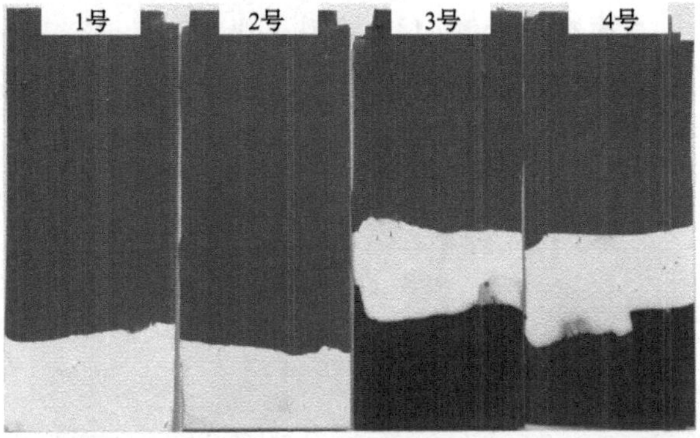

(a)10%　(b)15%　(c)18%　(d)20%

图5　不同量石墨烯掺杂后的复合漆表观形貌照片

表2　石墨烯对水性导静电漆导静电的影响

质量分数/%（石墨烯浆液）	10	15	18	20
表面电阻率	3.2×10^{12}	2.0×10^{12}	6.7×10^{11}	4.5×10^{10}

图6为加入不同含量石墨烯的面漆样片场发射扫描电镜照片，从扫描电镜照片中可以看出样片表面存在部分石墨烯片，而且表面层中片状结构逐渐增多，说明随石墨烯掺杂量增加已能成功掺杂于面漆混合液中，而且分布非常均匀，干燥之后形成致密的石墨烯层与内部石墨烯相连形成网络导静电结构，这种特性将有利于提升面漆的导静电以及附着力等特性。

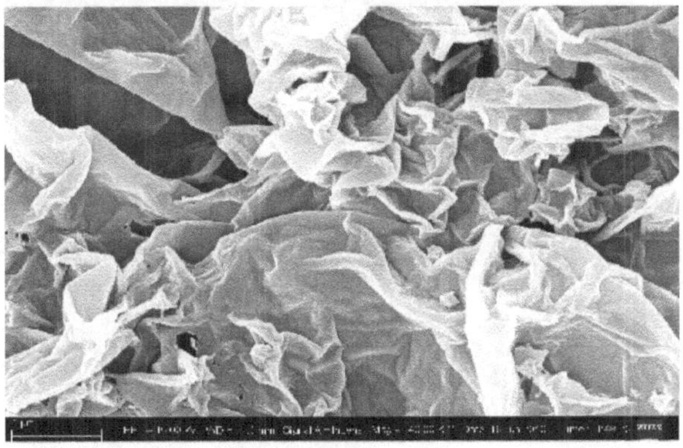

(a)10%

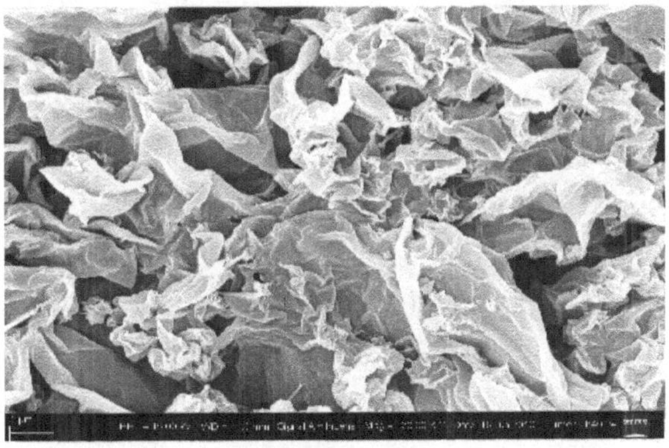

(b)15%

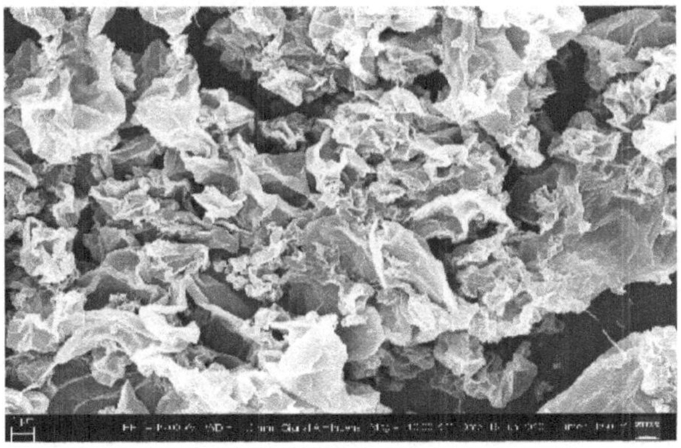

(c)18%

(d)20%

图6　不同含量石墨烯的水性环氧面漆样片场发射扫描电镜照片

3　结论

(1) 选择导电性能的片层石墨烯作为导电材料，使研制开发的水溶性致密层导静电防腐漆产品具有良好导静电性能。

(2) 水溶性致密层导静电防腐漆具有优异的耐酸、碱、盐腐蚀性能，配方体系中引入片层结构石墨烯，加强了产品致密性，提高了产品的耐腐蚀性能。

(3) 研制开发的产品以水作为稀释剂，减少VOC排放，满足绿色环保要求。

参考文献

[1] 姚唯亮，杜飞飞，孙凌．新型水性环氧体系在防腐

涂料中的应用前景[J]. 上海涂料，2011(09)：8-10.

[2] 陶永忠，陈挺，顾国芳. I 型环氧树脂固化剂及其涂料性能[J]. 涂料工业，2001，31(01)：36-38.

[3] 周立新，杨卓如，叶楚平，等. 双组分水性环氧涂料固化成膜机理探讨[J]. 电镀与涂饰，2009(02)：43-45.

[4] 俎喜红，胡剑青，王锋，等. 环境友好防锈涂料的研究进展[J]. 化工进展，2008，27(09)：1394-1399.

[5] 黄尚顺，黄科林，李克贤，等. 磷酸盐防锈颜料的研究进展[J]. 金属科技与发展，2009(22)：22-26.

[6] 谷艳娇，王长峰，冯金珠. 水性环氧导静电耐油防腐涂料的研制[J]. 涂料工业，2012，42(10)：41-44.

油气田新型防腐涂料应用技术

张宝龙

（大庆油田有限责任公司）

摘　要　随着全球能源需求的不断增长，油气田作为重要的能源开采场所，其设备和管道面临着极为恶劣的自然环境条件。腐蚀性气体、温度变化、土壤与水下作业等多种腐蚀因素共同作用，严重影响了设备的使用寿命。防腐涂料作为油气田防护技术的重要手段，随着科技的进步，已从传统涂料逐步向高性能、环保型材料方向发展。本文探讨了油气田作业环境中的防腐涂料应用技术，分析了防腐涂料的基本原理、分类及其在油气田中的应用现状。针对不同油气田环境特点，研究了新型防腐涂料技术的发展，包括纳米材料、复合涂层和高温防腐涂料的创新，并结合塔河油田的实际应用案例，详细阐述了施工工艺及效果评价。最后，本文提出了油气田防腐涂料应用中面临的挑战，并对未来技术发展方向和改进建议进行了展望。

关键词　油气田防腐涂料；纳米材料；复合涂层；高温防腐

1　引言

1.1　研究背景与意义

油气田作为能源开采的重要场所，其作业环境通常面临复杂的自然条件和恶劣的工作环境，设备和管道极易受到腐蚀性物质的侵蚀，如 H_2S、CO_2 等腐蚀性气体，以及高温、高压等环境因素的影响。这些腐蚀问题不仅会缩短设备的使用寿命，还可能导致重大安全事故和经济损失。因此，如何有效防止设备和管道的腐蚀问题，成为了油气田开发中的重要研究课题。

防腐涂料作为一种有效的防护措施，在油气田中得到了广泛应用。随着科技的不断进步，新型防腐涂料的研发和应用也日益受到关注。通过使用高性能的防腐涂料，可以有效延长油气田设备的使用寿命，降低维护成本，提高作业的安全性和经济效益。因此，研究和推广新型防腐涂料的应用技术，对于提高油气田的整体作业效率和安全性具有重要意义。

1.2　防腐涂料在油气田中的应用现状

近年来，新型防腐涂料在油气田中的应用逐渐增多。例如，纳米涂料和复合涂层技术的引入，使得涂料的防腐性能得到了显著提升。纳米材料具有优异的防腐性能和力学性能，能够有效增强涂层的致密性和耐久性。此外，高温防腐涂料和特殊功能涂层的应用也使得油气田的防腐技术更加多样化和高效化。这些新型防腐涂料在油气田中的应用，显著提升了设备的抗腐蚀能力，延长了其使用寿命，同时也降低了维护和更换成本。

然而，新型防腐涂料的推广应用仍面临一些挑战。施工难度较高、成本较高以及环保问题，都是当前需要解决的瓶颈。此外，油气田环境的多样性和复杂性，使得防腐涂料的选择和应用必须更加精细化。因此，进一步优化新型防腐涂料的性能和应用技术，仍是油气田防腐领域的主要研究方向。

2　防腐涂料的分类与基本原理

2.1　防腐涂料的定义及作用机制

防腐涂料是一种通过在物体表面形成保护膜，阻止腐蚀介质与基材直接接触，从而减缓或防止腐蚀发生的材料。其作用机制主要基于物理屏障、化学抑制和电化学保护三方面。

（1）物理屏障

防腐涂料通过形成一层致密的物理屏障，隔离腐蚀介质（如水分、氧气和腐蚀性化学物质）与金属基材的直接接触，防止其与基材发生反应。涂层的致密性和厚度决定了防腐效果，通常厚涂层和多层涂料系统能够提供更好的屏障效果。

（2）化学抑制

某些防腐涂料含有能够与腐蚀介质发生化学反应的活性成分，如钝化剂或缓蚀剂，这些化学物质可以中和腐蚀介质或在金属表面形成一层钝化膜，从而进一步增强防护能力。例如，含有锌粉的涂料可以与腐蚀介质中的氧气发生反应，形成不易溶解的锌盐，从而钝化金属表面，减少腐蚀的发生。

(3) 电化学保护

防腐涂料还可以通过电化学保护机制发挥作用，例如阴极保护原理。含有锌、镁等金属的防腐涂料能够形成比基材更活泼的电极，作为牺牲阳极，当腐蚀介质存在时，优先发生氧化反应，保护基材不被腐蚀。这种阴极保护机制特别适用于海洋环境或地下作业中的钢结构防腐。

2.2 油气田常用防腐涂料的分类

2.2.1 环氧树脂涂料

环氧树脂涂料是油气田防腐涂料中应用最为广泛的一种，因其优异的粘附性、耐化学腐蚀性和机械性能，在各类油气田设备的防腐涂装中占据重要地位。环氧树脂涂料的主要成分是环氧树脂，通过与固化剂反应形成坚固的保护膜。其防腐机理主要是通过形成致密的物理屏障，阻止腐蚀介质与金属基材直接接触，从而有效防止腐蚀的发生。

环氧树脂涂料的耐化学性能使其特别适用于油气田中的化学环境。例如，在含有酸性气体（如 H_2S 和 CO_2）和盐分较高的工作环境中，环氧树脂涂料能够提供持久的防护效果。此外，环氧树脂涂料还具有较好的耐磨性和机械强度，能够承受油气田设备运行中的磨损和冲击。在高温高压环境下，环氧树脂涂料同样表现出优异的稳定性和耐久性。

然而，环氧树脂涂料也有一定的局限性。它的耐候性较差，在长时间暴露于紫外线下会发生粉化和褪色现象，因此通常需要与其他涂料结合使用。此外，环氧树脂涂料对施工环境要求较高，湿度过大或温度过低都会影响其固化效果。

2.2.2 聚氨酯涂料

聚氨酯涂料是一种具有优异耐磨性和抗冲击性的防腐涂料，广泛应用于油气田中的设备和管道防腐。聚氨酯涂料的特点是其弹性好、耐候性强，并且具有较高的耐化学腐蚀性能。在油气田环境中，设备和管道常常暴露于复杂的机械应力和化学介质中，聚氨酯涂料能够很好地适应这些极端条件，提供长效的防腐保护。

聚氨酯涂料分为单组分和双组分两种类型。单组分聚氨酯涂料施工方便，适合在现场涂装作业中使用；而双组分聚氨酯涂料则具有更高的防护性能，适用于需要更高耐久性的设备涂装。此外，聚氨酯涂料具有出色的耐候性，在户外暴露环境中能够长时间保持涂层的完整性和美观性，这使其在油气田中的管道和储罐外防护中得到广泛应用。

2.2.3 氟碳涂料

氟碳涂料是一种高性能防腐涂料，因其优异的耐候性、耐腐蚀性和自清洁性能，在油气田的防腐应用中逐渐受到重视。氟碳涂料的主要成分是氟树脂，具有很高的化学惰性，能够抵抗酸、碱、盐等多种腐蚀性介质的侵蚀，同时在极端的环境条件下也能保持稳定的防护效果。

氟碳涂料的另一大特点是其出色的耐候性。在长时间暴露于阳光、风雨等自然环境下，氟碳涂料不会出现粉化、褪色或龟裂等现象，因此非常适合用于油气田中的户外设施和设备防腐。此外，氟碳涂料还具有很好的自清洁性能，涂层表面不易附着污物，即使在恶劣的沙尘环境中，也能够保持设备的清洁与美观。

然而，氟碳涂料的成本较高，施工难度也相对较大。因此，在油气田的实际应用中，氟碳涂料通常用于对防腐性能要求极高的关键部位或需要长期暴露在外部环境中的设备上。同时，氟碳涂料通常作为面漆，与底漆配合使用，以发挥更好的防护效果。这种多层涂装体系能够显著延长设备的使用寿命，降低油气田的维护成本。

2.3 性能与成本的权衡

在实际应用中，油气田防腐涂料的选择不仅仅取决于涂料本身的性能，还需要考虑施工难度、成本以及涂料的寿命。环氧树脂涂料价格适中，施工工艺成熟，适合大面积使用；聚氨酯涂料适用于对机械性能和耐候性要求较高的场合；氟碳涂料则因其高性能和高耐久性，主要应用于关键部位的长效保护。根据设备的使用环境、维护周期和预算等因素进行综合考虑，可以在性能和成本之间找到最佳平衡。

3 油气田环境对设备腐蚀的影响

油气田作业环境的复杂性导致了多种类型的腐蚀问题，严重影响设备的可靠性和使用寿命。油气田作业环境通常处于极端自然条件下，包括高温、高压、腐蚀性气体的存在，以及土壤和水下环境中的腐蚀问题。这些条件导致了不同类型的腐蚀机理共同作用，使得设备的防护要求更加严苛。为了有效控制这些腐蚀问题，了解油气田环境中各类腐蚀的特点至关重要。

3.1　油气田作业环境

3.1.1 高温、高压环境

油气田作业环境中常常伴随着高温和高压，这对设备材料的选择和防腐涂料的应用提出了严峻挑战。在高温环境下，金属材料容易发生氧化反应，形成氧化皮，从而导致材料强度下降并加速腐蚀。尤其是在温度超过 200℃ 的条件下，普通防腐涂料难以维持其保护性能，必须选择专门设计的耐高温防腐材料。高压环境则会增强腐蚀介质的渗透性，加速材料的腐蚀速率。压力的增加可能导致涂层出现微裂纹，使得腐蚀介质能够迅速进入材料内部，导致局部腐蚀的发生。在油气田作业中，设备通常承受超过 20MPa 的压力，这进一步加剧了腐蚀的影响。

3.2　腐蚀性气体的影响（如 H_2S、CO_2）

油气田作业中经常伴随着腐蚀性气体的存在，其中 H_2S 和 CO_2 是两种最具代表性的腐蚀介质。H_2S 腐蚀通常被称为硫化氢应力腐蚀开裂（SSC），它不仅会引发金属材料的应力腐蚀，还会导致氢脆现象。研究表明，当环境中 H_2S 浓度超过 500ppm 时，碳钢材料的腐蚀速率将显著增加，尤其在湿气存在的条件下，腐蚀速度更快。CO_2 腐蚀则主要表现为酸性腐蚀，其机理是 CO_2 溶解在水中形成碳酸，进而与金属发生电化学反应。数据显示，当 CO_2 浓度超过 30%，腐蚀速率会急剧增加。因此，在油气田中，这些腐蚀性气体的浓度与温度、湿度相结合，对设备的防腐设计提出了更高的要求。

3.3　土壤腐蚀与水下作业的腐蚀问题

土壤腐蚀是油气田地面和地下管道面临的主要腐蚀类型之一，尤其是在含有较高盐分和湿度的土壤中，腐蚀速率将明显加快。土壤电阻率、酸碱度和含水量等因素直接影响腐蚀的发生与发展。在一些盐碱地带，管道腐蚀速率可能高达每年 0.1~0.2mm，长期运行将严重威胁管道的安全性。水下作业环境中，海水腐蚀是另一个主要问题，尤其是在含有溶解氧、氯离子和其他腐蚀性物质的海水中，金属材料更容易发生电化学腐蚀。水下设备和管道通常处于复杂的水流和压力环境下，这些因素都会加剧腐蚀过程，因此，必须采用更加耐腐蚀的材料和防护措施。

3.4　腐蚀对油气田设备使用寿命的影响

腐蚀是影响油气田设备使用寿命的关键因素之一。腐蚀不仅会降低设备的机械强度，导致断裂、泄漏等事故，还会增加维护成本和设备更换的频率。根据相关统计数据，腐蚀问题导致的油气田设备损失占据了设备失效总数的 30%以上，某些关键设备的腐蚀失效率甚至高达 50%。

腐蚀对设备使用寿命的影响主要体现在两个方面：一是直接的材料损失，如局部腐蚀导致的厚度减薄和整体结构的弱化；二是腐蚀引发的二次问题，如腐蚀产物堵塞管道、腐蚀介质泄漏导致的环境污染等。以管道为例，腐蚀会导致壁厚减薄，管道的耐压能力下降，从而增加爆管风险。对于储罐和海洋平台等大型设备，腐蚀问题不仅影响设备的结构安全，还可能对整个油气田作业带来致命影响。

腐蚀速率的关键指标通常用每年 mm 的腐蚀速率（mm/a）表示。实验数据显示，在油气田典型环境中，未经防护的碳钢材料腐蚀速率可达 0.1mm/a 以上，这意味着短短几年内设备就可能面临失效风险。因此，通过合理的防腐措施和材料选择，控制腐蚀速率在合理范围内，如将腐蚀速率降低至 0.01mm/a 以下，可以显著延长设备的使用寿命。

4　新型防腐涂料技术的研发与应用

近年来，随着材料科学和纳米技术的发展，新型防腐涂料的研究取得了显著进展。传统防腐涂料在某些极端环境中的防护性能已逐渐不能满足需求，因此科学家们不断探索新材料、新工艺和新技术，以提高防腐涂料的耐久性、环保性和经济性。新型防腐涂料的研究方向主要集中在纳米材料的应用、复合涂层技术的发展以及高温环境下的防护材料创新，这些进展为油气田等极端环境下的防腐提供了新的解决方案。

4.1　纳米材料在防腐涂料中的应用

纳米材料因其独特的物理和化学性质，在防腐涂料中显示出巨大的潜力。纳米颗粒的尺寸效应和表面效应使其在涂层中能够形成更加致密的结构，从而提高涂料的防腐性能。例如，纳米氧化铝、纳米二氧化钛等材料被广泛应用于防腐涂料中，这些纳米颗粒能够增强涂层的致密性，减少腐蚀介质的渗透。此外，纳米材料还具有良好的抗菌和抗紫外线性能，能够提高涂层的耐候性和耐久性。

在实际应用中，纳米材料不仅可以作为填料添加到涂料基体中，还可以与其他功能性材料结合，形成具有特定性能的复合涂层。例如，纳米银粒子因其抗菌特性，被添加到油气田管道的内壁涂层中，有效防止微生物引发的腐蚀问题。此外，纳米石墨烯作为一种导电材料，能够通过阴极保护机制，进一步提高涂层的防腐效果。研究表明，掺入纳米材料的涂层，其防腐性能可提高30%以上，耐用性也显著增强。

4.2　复合涂层技术的发展

复合涂层技术是近年来防腐涂料领域的研究热点之一。通过将不同功能的材料复合在一起，复合涂层能够同时具备多种优异性能，如耐化学腐蚀、耐磨性、抗冲击性等。常见的复合涂层包括有机-无机复合涂层和多层涂层体系，这些技术的应用大大提高了涂层的综合性能。

有机-无机复合涂层通过将有机树脂与无机纳米材料结合，既保留了有机材料的柔韧性和附着力，又增强了无机材料的硬度和耐腐蚀性。这种复合结构能够有效解决传统涂层在极端环境中的脆弱性问题。例如，环氧树脂与纳米二氧化硅的复合涂层，不仅提高了涂层的耐磨性，还增强了其对酸碱腐蚀的抵抗能力。

多层涂层体系则通过不同材料层的叠加，形成梯度防护结构，各层涂层的功能互补。例如，底层涂料主要提供附着力和耐腐蚀性，中间层增强涂层的机械性能，而面层涂料则提供耐候性和美观性。研究表明，多层复合涂层的防腐寿命可延长至单一涂层的两倍以上，特别适用于油气田的关键设备防护。

4.3　高温防腐涂料的创新

高温环境下的防腐一直是涂料技术中的难点，特别是在油气田和炼油化工等行业，设备长期暴露于200℃以上的高温条件下，普通防腐涂料容易失效。为了应对这一挑战，研究人员开发了多种新型高温防腐涂料，以提高其在高温下的稳定性和耐久性。

硅酸盐涂料是高温防腐领域的一个重要突破。这类涂料能够在高温下保持良好的稳定性，耐受超过600℃的温度而不发生分解。硅酸盐涂料不仅具有优异的耐高温性能，还能抵抗氧化和热腐蚀，广泛应用于油气田中的高温设备和管道防护。另一种新型高温防腐涂料是陶瓷基涂料，其通过在涂层中引入陶瓷材料，提高了涂层的抗氧化性和耐磨性，适用于高温高压环境。

5　案例应用

5.1　某油田的应用情况分析

T油田其原油主要为稠油，部分油井的H_2S含量较高。集输过程中的环境特征包括高CO_2、高H_2S、高Cl^-、高矿化度、低pH值的“五高一低”腐蚀性环境，同时还伴随着高温高压的工况。这些极端条件导致管线设备极易发生腐蚀，常规的防腐措施难以满足长效防护的需求。为解决这一问题，油田采用了高性能无溶剂纳米复合防腐涂料，以应对管线内的腐蚀问题。

集输管线模拟工况见表1。

表1　集输管线模拟工况　mg/L

组分	Ca^{2+}	K^++Na^+	Mg^{2+}	Cl^-	SO_4^{2-}	HCO_3^-	I^-	Br^-	总矿化度
含量	11598.6	69831.7	1224.5	131489.2	264.3	145.3	7.43	251.43	214739.9

地面集输管线模拟工况环境实验条件表，见表2。

表2　地面集输管线模拟工况环境实验条件表

输送介质组成	流速/(m/s)	温度/℃	H_2S分压/MPa	CO_3分压/MPa	O_2分压/MPa	实验周期/d	试样位置
油、气、水(H_2S-CO_2共存)	1.5	80	0.001	0.20	0.012	30	油、气、水

5.2　防腐涂料的施工工艺

5.2.1　表面处理

在涂装防腐涂料之前，管线的表面处理至关重要。施工中，T油田的管道内壁采用了喷砂处理，达到Sa2.5级的标准，确保表面具有足够的粗糙度，以增强涂料的附着力。该处理过程能够有效清除管道表面的氧化皮、锈蚀和其他污染物，确保涂料能够均匀附着在基材表面。

5.2.2　涂装工艺与注意事项

涂装过程采用了无气喷涂技术，确保涂层厚度均匀，避免流挂现象。施工时，涂料的湿膜厚度被控制在 450μm 左右，干膜厚度达到规定要求，以确保涂层在长期腐蚀环境中的防护能力。施工现场严格控制温度、湿度和通风条件，以确保涂层的固化效果达到最佳。

5.2.3　涂料固化与维护

涂料的固化是确保其防腐性能的关键步骤。T 油田的施工现场使用了恒温固化设备，将环境温度控制在 25±2℃，以确保涂料能够在规定时间内完全固化。实验数据显示，表干时间为 2.5h，实干时间为 8h。为了延长设备的使用寿命，油田定期对涂层进行检查和维护，特别是在高腐蚀区域。

5.3　应用效果分析与经济性评价

T 油田集输管线应用的高性能无溶剂纳米复合防腐涂料表现出了优异的防护效果(表 3)。实验数据显示，在模拟油、气、水混合介质下运行 30d 后，涂层仍保持完整无损，未出现脱落和起泡现象。耐油田污水测试结果显示，该涂料的湿态附着力为 8.97MPa，显著高于传统涂料的平均水平。

表 3　高性能无溶剂纳米复合防腐涂料与竞品的性能对比

性能检测	复合纳米防腐涂料	竞品
附着力(拉拔法)/MPa	15.47	11.88
耐 80℃油田污水(90d)	涂层完整、无脱落、无起泡	涂层完整、无脱落、无起泡
耐 10%HCl(常温 90d)	涂层完整、无脱落、无起泡	轻微变色，并有多处微泡
耐 10%H_2SO_4(常温 90d)	涂层完整、无脱落、无起泡	涂层完整、无脱落，轻微起泡
耐 10%NaOH(常温 90d)	涂层完整、无脱落、无起泡	涂层完整、无脱落、无起泡
耐盐雾性(3000h)	涂层完整、无脱落、无起泡	涂层有锈点，有多处鼓泡
阴极剥离(48h)/mm	1.05	1.25
模拟工况介质(30d)	涂层完整、无脱落、无起泡	涂层脱落且腐蚀严重

根据性能对比，T 油田使用的纳米防腐涂料在多项关键性能指标上表现优异，例如，耐盐雾测试中，涂层在经过 3000h 的测试后仍保持完整，而竞品涂层则出现了锈点和鼓泡现象。在耐酸碱腐蚀测试中，纳米涂料在 10% HCl 和 10% H_2SO_4 条件下的耐受能力明显优于竞品，涂层无脱落且无起泡。从经济性角度来看，虽然无溶剂纳米涂料的初始成本较高，但其更长的使用寿命和更少的维护需求，使得整个生命周期的经济效益显著提升。应用该涂料后，T 油田减少了 30% 的设备维护成本，并且延长了管线的使用寿命，提高了生产效率。

6　油气田防腐涂料应用中的挑战与对策

6.1　施工环境的限制

在油气田作业中，施工环境常常十分恶劣，对防腐涂料的施工带来了一系列挑战。首先，油气田地处偏远，施工条件有限，尤其是在冬季或极端天气下，低温、高湿度以及大风等环境因素都会影响涂料的施工质量和固化效果。例如，低温条件下，涂料的固化速度会显著减慢，导致施工周期延长，并可能影响涂层的最终性能。高湿度则可能导致涂层表面出现白雾现象，影响美观和防护效果。此外，油气田施工现场通常存在空间狭窄的问题，尤其是在设备密集区域，涂装施工的操作空间有限，增加了施工难度。

应对这些问题的对策之一是选择适合恶劣环境的特种防腐涂料，例如具有快速固化特性的涂料，可以在低温或高湿条件下保持良好的固化效果。其次，施工前必须充分准备，尽量选择合适的天气窗口进行涂装作业。同时，针对空间狭窄的问题，可以采用专业的涂装设备，如无气喷涂机，确保涂层能够均匀覆盖到所有角落。此外，通过加强施工人员的技术培训，提高其应对复杂环境的能力，也是解决施工环境限制的重要途径。

6.2　涂料与基材的兼容性问题

涂料与基材的兼容性是决定涂层性能的重要因素之一。在油气田中，基材类型多样，常见的包括碳钢、不锈钢、合金材料等。这些材料的物理化学特性不同，导致涂料在不同基材上的附着力和防护性能存在差异。若涂料与基材不兼容，可能导致涂层附着不牢，出现脱落、起泡等问题，进而失去防腐功能。此外，基材表面的处理质量也直接影响涂层的附着力。如果表面处理不当，如存在油污、锈蚀等污染物，都会导致涂层难以附着在基材表面。

解决涂料与基材兼容性问题的关键在于科学选择适合基材的涂料体系。例如，对于碳钢基材，环氧树脂类涂料表现出良好的附着力和防腐性能；对于不锈钢和合金材料，建议选择具有更高附着力和抗化学腐蚀能力的特种涂料。在施工前，应确保基材表面经过合适的处理，如喷砂、打磨等，以提高涂层的附着力。此外，可以通过小面积试验，验证涂料与基材的兼容性，确保大面积涂装的成功。

6.3 长期使用中的维护与修复问题

防腐涂料在油气田的长期使用过程中，不可避免地会受到机械损伤、化学腐蚀以及环境老化等因素的影响，导致涂层性能下降。因此，维护与修复工作是保障涂层长期防护效果的关键。常见的维护问题包括涂层表面损伤、局部剥落、起泡等现象。如果不及时修复，涂层失效的部分可能进一步扩大，导致基材暴露在腐蚀环境中，造成更严重的损害。

为确保涂层的长期防护效果，应制定定期检查和维护计划，对设备和管道进行全面的涂层检测，发现问题及时修复。常见的修复方法包括局部打磨、重新涂装等。对于大面积损伤的涂层，可能需要进行重新喷涂。此外，在修复过程中，选择与原涂层兼容的修复涂料至关重要，以避免新旧涂层之间出现附着力问题。同时，优化防腐涂料的配方，提高其抗老化性能，延长涂层的使用寿命，也是减少长期维护成本的重要措施。

6.4 未来发展方向与技术改进建议

随着油气田开采条件的不断变化和复杂化，未来防腐涂料技术的发展方向将更加注重耐极端环境性能的提升。首先，针对高温、高压环境，进一步研发耐高温涂料和复合涂层技术，使涂料在更严苛的工况下依然能够保持稳定的防护性能。其次，纳米材料的应用将是未来防腐涂料的重要发展趋势。纳米材料能够显著提高涂层的致密性和防腐性能，通过在涂料中添加纳米填料，可以增强涂层的抗渗透性和机械性能。

7 结论

油气田防腐涂料的应用对于延长设备使用寿命、保障作业安全具有重要意义。通过持续优化防腐涂料的性能、改进施工工艺，油气田的设备防护技术将进一步提升。未来，随着纳米技术和复合材料的发展，防腐涂料在极端环境中的应用潜力将被进一步挖掘，同时环保型涂料的研发也将成为行业的重要趋势。面对复杂的作业环境和技术挑战，油气田防腐涂料技术的发展仍需多方面的创新和突破。

参考文献

[1] 刘姣．油田石油储运防腐管涂层防腐性试验研究[J]．化学与粘合，2024，46(04)：382-387.

[2] 李春雨，冯昕媛，张玉香，等．环氧涂料风送挤涂技术在油田集输管道的应用及评估[J]．腐蚀与防护，2023，44(10)：90-94.

[3] 丁虹升．油田地面工程管道防腐施工技术研究[J]．中国石油和化工标准与质量，2022，42(12)：38-39.

[4] 于海佳．低黏度无溶剂环氧防腐涂料在油田生产中的应用[J]．全面腐蚀控制，2022，36(04)：83-84.

[5] 羊东明，刘冀宁．油气田金属管线腐蚀综合防治技术研究[R]．新疆：中石化西北油田分公司，2012.

喇嘛甸油田外腐蚀控制技术研究与实践

邵守斌　邵柯闻

（大庆油田有限责任公司）

摘　要　针对喇嘛甸油田地势低洼，土壤电阻率平均为8.74Ω·m。在全厂埋设60个腐蚀挂片，测试平均质量腐蚀速率7.02g/dm^2·a，点蚀速率为0.76mm/a，最大点蚀速率为1.36mm/a，土壤重腐蚀区域占60%，土壤电阻率低、外腐蚀严重。为了全面直观掌握管道现状及深入进行腐蚀机理分析，通过利用电镜、X射线衍射分析、室内模拟试验技术手段，对喇嘛甸油田埋地管道外腐蚀机理进行了分析研究，初步确定内外腐蚀主要因素。外腐蚀主要是喇嘛甸油田土壤电阻率低；土壤腐蚀性强，由于施工、外力破坏、外补口等质量因素，造成外防腐层破损，导致管体土壤中形成电化学腐蚀。在防治对策上，继续加强管道完整性管理，在外腐蚀控制上，继续推广数值模拟阴极保护技术、阴极保护自动调控技术，站场区域阴极保护等外腐蚀控制技术，有效控制埋地管道失效率，提高埋地管道运行维护管理水平。

关键词　埋地管道外腐蚀；腐蚀机理；防治对策研究

1　管道腐蚀现状

1.1　全厂管道现状

截至2023年年底，喇嘛甸油田现有埋地管道19975条10107.83km。按照管道年限统计：运行21～30年管道有1524.90km，占比15.09%；运行30年以上管道有1304.48km，占比12.91%(表1)。按照管道类型统计：Ⅰ类管道24.81km占比0.24%；Ⅱ类管道623.24km占比6.17%；Ⅲ类管道9459.78km占比93.59%(表2)。

表1　管道运行年限统计表　km

管道类型	合计	0~5年	6~10年	11~15年	16~20年	21~25年	26~30年	30年以上
	长度	长度	长度	长度	长度	长度	长度	长度
油集输	5612.07	1239.19	1522.95	600.07	682.44	430.34	340.21	796.86
气集输	96.36	14.4	11.84	8.65	16.42	16.35	5.28	23.42
输油	24.81	6.97	0	0	11	2.86	2.6	1.37
输气	144.2	12.11	12.79	38.1	11.82	56.85	6.93	5.6
注入	4021.43	725.12	880.39	900.32	486.34	248.13	367.88	413.26
污水	177.79	9.73	36.15	25.3	10.95	18.79	16.1	60.77
供排水	31.17	2.29	7.13	2.21	3.77	6.7	5.88	3.2
合计	10107.83	2009.82	2471.25	1574.64	1222.74	780.02	744.88	1304.48

表2　管道分类统计表

管道类型	合计		Ⅰ类		Ⅱ类		Ⅲ类	
	长度/km	数量/条	长度/km	数量/条	长度/km	数量/条	长度/km	数量/条
油集输	5612.07	14050	0	0	206.41	279	5405.66	13771
气集输	96.36	55	0	0	24.43	7	71.93	48
输油	24.81	7	24.81	7	0	0	0	0
输气	144.2	91	0	0	42.07	20	102.13	71
注入	4021.43	5624	0	0	350.32	353	3671.11	5271

续表

管道类型	合计		Ⅰ类		Ⅱ类		Ⅲ类	
	长度/km	数量/条	长度/km	数量/条	长度/km	数量/条	长度/km	数量/条
污水	177.79	113	0	0	0	0	177.79	113
供排水	31.17	35	0	0	0	0	31.17	35
合计	10107.83	19975	24.81	7	623.24	659	9459.78	19309

1.2 金属管道现状

截至2023年年底，喇嘛甸油田现有埋地金属管道18546条9042.82km。按照管道年限统计：运行21～25年管道有694.50km，占比7.68%；运行26～30年管道有736.24km，占比8.14%；运行30年以上管道有1300.62km，占比14.38%（表3）。

表3　地面系统金属管道统计表

管道类型	合计		0～5年		6～10年		11～15年		16～20年		21～25年		26～30年		30年以上	
	长度/km	数量/条	长度/km	数量/条	长度/km	数量/条	长度/km	数量/条	长度/km	数量/条	长度/km	数量/条	长度/km	数量/条	长度/km	数量/条
油集输	5565.89	13965	1195.91	3186	1522.95	3095	598.88	1956	682.44	1670	429.32	1060	340.21	872	796.17	2126
气集输	96.36	55	14.4	7	11.84	9	8.65	4	16.42	9	16.35	9	5.28	5	23.42	12
输油	24.81	7	6.97	1	0	0	0	0	11	2	2.86	1	2.6	1	1.37	2
输气	140.3	90	12.11	8	12.79	10	38.1	23	7.92	6	56.85	33	6.93	7	5.6	3
注入	3047.27	4306	676.28	995	765.41	956	485.51	623	180.34	235	165.93	223	361.21	584	412.59	690
污水	139.32	89	7.37	6	24.94	16	14.61	7	1.2	1	18.79	10	14.13	16	58.27	33
供排水	28.87	34	2.29	5	7.13	7	2.21	4	3.77	3	4.4	6	5.88	3	3.2	6
合计	9042.82	18546	1915.34	4208	2345.05	4093	1147.96	2617	903.09	1926	694.5	1342	736.24	1488	1300.62	2872

1.3 管道总体失效情况

截至2023年年底，我厂管道失效3468次，失效率为0.343次/km.a。金属管道失效3124次，失效率为0.345次/（km·a），非金属管道失效344次，失效率为0.323次/（km·a），发生失效的管道2211条，长度为1312.61km，占总条数11.07%，占总长度12.99%，其中，油系统1326条，长度为620.96km，注入系统848条，长度为621.06km，污水系统30条，长度为53.36km（表4）。

表4　2023年管道失效情况统计表

管道类型	金属管道			非金属管道			全厂合计		
	管道长度/km	失效次数/次	失效率/（次/km·a）	管道长度/km	失效次数/次	失效率/（次/km·a）	管道长度/km	失效次数/次	失效率/（次/km·a）
油集输	5565.89	1999	0.358	46.18	1	0.022	5612.07	2000	0.355
气集输	96.36	1	0.01	0	0	0	96.36	1	0.01
输油	24.81	0	0	0	0	0	24.81	0	0
输气	140.3	8	0.057	3.9	0	0	144.2	8	0.055
注入	3047.27	1057	0.346	974.16	341	0.349	4021.43	1398	0.347
污水	139.32	44	0.315	38.47	2	0.052	177.79	46	0.258
供排水	28.87	15	0.518	2.3	0	0	31.17	15	0.48
合计	9042.82	3124	0.345	1065.01	344	0.323	10107.83	3468	0.343

2023年全厂管道失效3468次，按照类别统计，单井掺水管道失效1227次，占比35.38%；注剂管道失效912次，占比26.30%，是管道治理的重点（表5）。

表 5　不同类别管道失效情况统计表

序号	管道类型	类别	失效次数/次	小计	占比/%
1	油集输管道	单井出油管道	492	2000	14.19
2		单井掺水管道	1227		35.38
3		站间集油管道	77		2.22
4		站间掺水管道	89		2.57
5		站间热洗管道	107		3.09
6		转油站外输管道	8		0.23
7	气集输管道	湿气输气管道	1	1	0.03
8	输油管道	联合站输油管道	0	0	0
9	输气管道	返输干气管道	8	8	0.23
10	注入管道	注水管道	486	1398	14.01
11		注剂管道	912		26.3
12	污水管道	污水管道	46	46	1.33
13	供排水管道	清水管道	15	15	0.43
合计			3468	3468	100

1.4　金属管道失效分析

运行 6~10 年，管道失效率 0.426 次/km·a；运行 11~15 年，管道失效率 0.539 次/km·a，运行 16~20 年，管道失效率 0.403 次/km·a，运行 21~25 年，管道失效率 0.407 次/km·a，运行 26~30 年，失效率 0.444 次/km·a，运行 30 年以上，失效率 0.4 次/km·a，各运行年限的管道都存在失效的问题，说明管道失效主导因素与管道运行年限关系不大(表 6)。

表 6　各系统金属管道分年限失效情况统计表

管道类型	0~5 年		6~10 年		11~15 年		16~20 年		21~25 年		26~30 年		30 年以上	
	失效/次	失效率/(次/km·a)	失效/次	失效率/(次/km·a)	失效/次	失效率/(次/km·a)	失效/次	失效率/(次/km·a)	失效/次	失效率/(次/km·a)	失效/次	失效率/(次/km·a)	失效/次	失效率/(次/km·a)
油集输	5	0.004	549	0.36	483	0.804	313	0.457	205	0.476	127	0.372	287	0.36
气集输	0	0	0	0	0	0	0	0	0	0	0	0	1	0.043
输油	0	0	0	0	0	0	0	0	0	0	0	0	0	0
输气	0	0	1	0.078	3	0.079	1	0.126	2	0.035	1	0.144	0	0
注入	6	0.009	446	0.581	131	0.269	43	0.238	71	0.427	156	0.431	201	0.486
污水	0	0	2	0.08	0	0	0	0	5	0.265	11	0.776	26	0.445
供排水	0	0	1	0.14	2	0.904	7	1.852	0	0	0	0	5	1.558
合计	11	0.006	999	0.426	619	0.539	364	0.403	283	0.407	295	0.444	520	0.4

金属管道腐蚀失效以内腐蚀为主，占 85.44%。集输和注入系统管道内腐蚀最严重，分别占 88.54%和 80.51%(表 7、图 1)。

表 7　地面系统金属管道内外腐蚀失效统计表

系统名称	内腐蚀/次	占比/%	外腐蚀/次	占比/%	机械损伤/次	占比/%
油集输	1770	88.54	229	11.46	0	0
气集输	0	0	1	100	0	0
输油	0	0	0	0	0	0
输气	6	75	2	25	0	0

续表

系统名称	内腐蚀/次	占比/%	外腐蚀/次	占比/%	机械损伤/次	占比/%
注入	851	80.51	203	19.21	3	0.28
污水	32	72.73	12	27.27	0	0
供排水	10	66.67	5	33.33	0	0
合计	2669	85.43	452	14.47	3	0.1

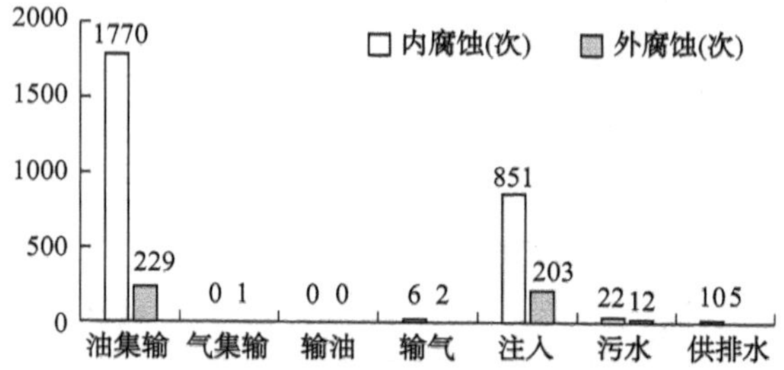

图 1　地面系统金属管道内外腐蚀失效统计图

经过我厂近几年采取多种措施，持续治理失效管道，失效率由 1.543 次/(km · a) 下降到 0.343 次/(km · a)，整体呈下降趋势，但仍然很高，需综合治理(图 2)。

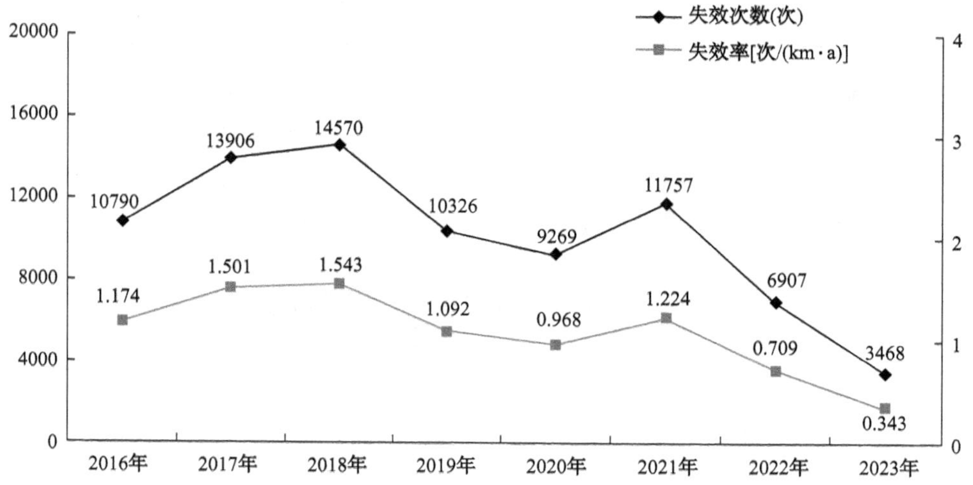

图 2　历年管道失效统计图

2　管道外腐蚀原因分析

2.1　土壤腐蚀性强

我厂自然地势低洼，地下水位高，土壤电阻率低，平均土壤电阻率为 8.74Ω · m，导致土壤腐蚀性强。经过埋地腐蚀挂片 20 组，60 个挂片，分布在全厂 6 个联合站，14 个转油站，测试，平均质量腐蚀速率 7.02g/dm^2 · a，平均点蚀速率为 0.76mm/a，最大点蚀速率为 1.36mm/a，属于重腐蚀区。SY/T 0087《钢质管道及储罐腐蚀评价标准》中土壤腐蚀性分级表，见表 8，腐蚀分级图见图 3，埋设挂片情况见图 4~图 7。

表 8　SY/T 0087《钢质管道及储罐腐蚀评价标准》中土壤腐蚀性分级表

腐蚀性	极轻	较轻	轻	中	重	严重
平均腐蚀速率/(g/dm^2 · a)	<1	1~3	3~5	5~7	大于 7	—
最大点蚀速度/(mm/a)	—	—	<0.305	0.305~0.611	0.611~2.438	≥2.438

腐蚀失效管段外观目测及腐蚀产物成分现场初步鉴定为管道外壁土壤腐蚀，喇 400 站，1#、2#管段内壁无明显腐蚀痕迹，外壁腐蚀严重，腐蚀类型为大面积均匀腐蚀伴有局部点蚀，1#管段最薄处剩余壁厚仅为 2.16mm，2#管段最薄处剩余壁厚仅为 2.00mm，证明均匀腐蚀已经造成了管道壁厚的大幅度减薄，加之管道存在严重局部点蚀区域(1#管段最大点蚀深度 2.13mm，2#管段最大点蚀深度 2.06mm)，造成管道穿孔失效(图 8、图 9)。

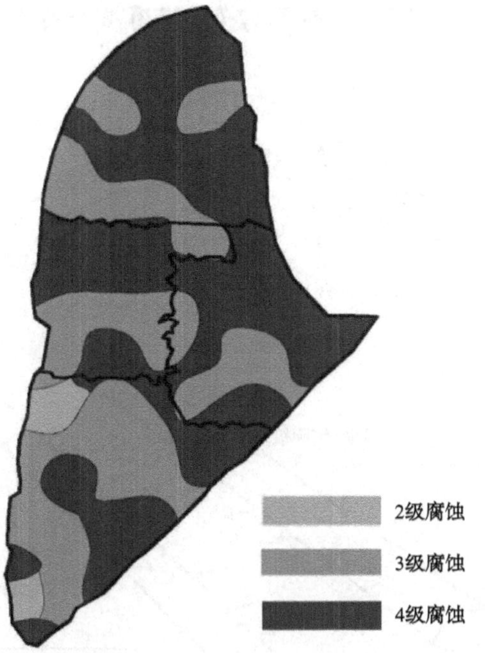

图3　腐蚀分级图

图4　测量氧化还原电位

图5　埋设挂片

图6　喇Ⅲ-1联合站区域挂片

图7　喇140转油站区域挂片

图8　喇5-P1828单井集油管线外腐蚀

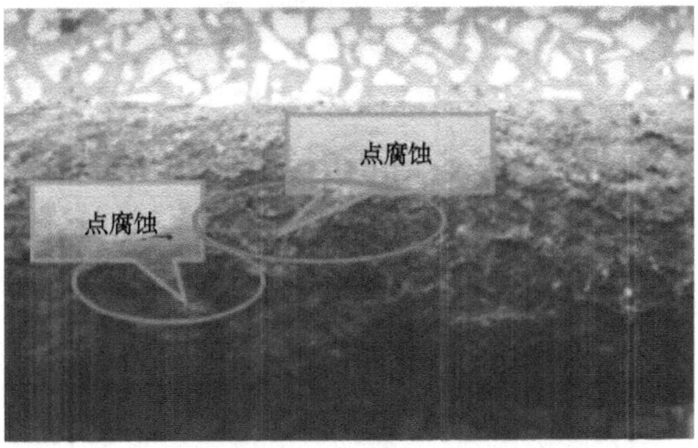

图9　喇5-PS2327单井集油管线外腐蚀

土壤腐蚀机理分析：SEM照片可见，腐蚀产物分布不均，存在明显的孔洞和裂纹，对管体覆盖不完整，腐蚀产物间不具有连续性，有砂粒状腐蚀产物(图 10)。

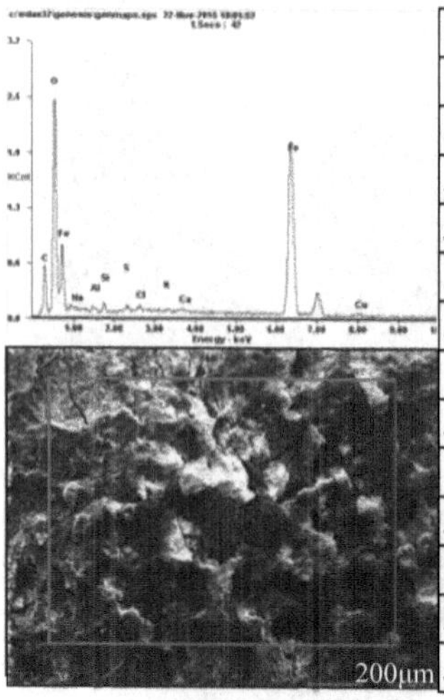

Element	Wt%	At%
CK	13.13	26.14
OK	32.78	48.97
NaK	00.85	00.89
AlK	01.01	00.89
SiK	01.67	01.42
SK	00.28	00.21
ClK	00.13	00.09
KK	00.32	00.19
CaK	00.63	00.37
FeK	44.73	19.15
CuK	02.87	01.08
ZnK	01.61	00.59
Matrix	Correction	ZAF

图 10　2#腐蚀管段外壁腐蚀产物微观形貌及成分分析结果

由能谱分析结果可知，1#、2#管段外部腐蚀产物的成分大致相同，均已 C、O 和 Fe 元素为主要成分，有微量的 S、Cl 元素，另外还有 Si、Na、K、Ga、Gu 等元素，为掺杂在腐蚀产物中土壤的成分。可见 1#、2#腐蚀管段外壁腐蚀产物主要为铁的氧化物。

土壤腐蚀以氧腐蚀为主，过程如下：

阳极反应：$Fe \rightarrow Fe^{2+} + 2e$

阴极反应：$H_2O + O_2 + 2e \rightarrow 2OH^-$

形成的 $Fe(OH)_2$ 在一定条件下与土壤中的氧继续作用，形成 $Fe(OH)_3$，$Fe(OH)_3$ 产物不稳定，脱水后形成羟基氧化铁 FeOOH，FeOOH 在一定条件下失水形成 Fe_2O_3，与 Fe^{2+} 反应生成 Fe_3O_4。

各种电池腐蚀如图 11～图 14 所示。

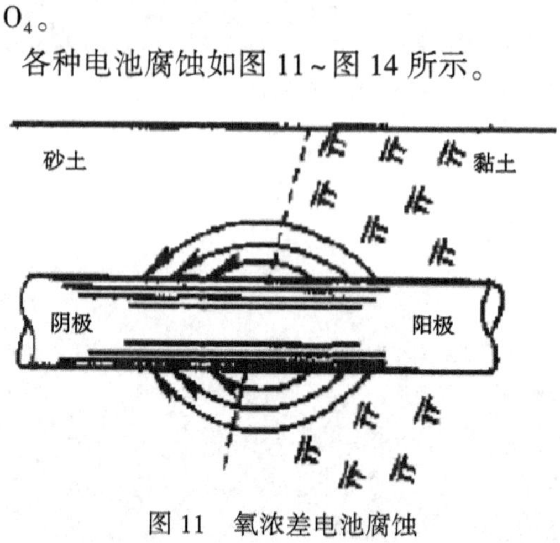

图 11　氧浓差电池腐蚀

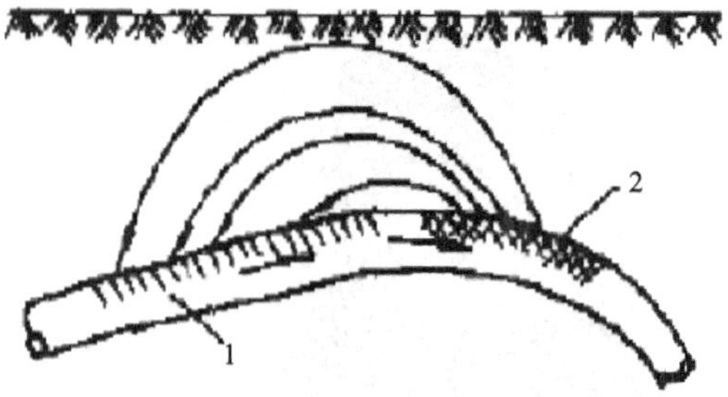

图 12　冷弯部位形成应力电池腐蚀

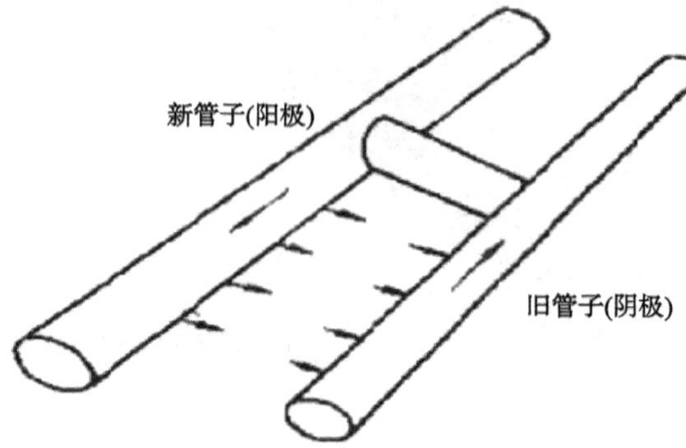

图 13　新、旧管线电池腐蚀

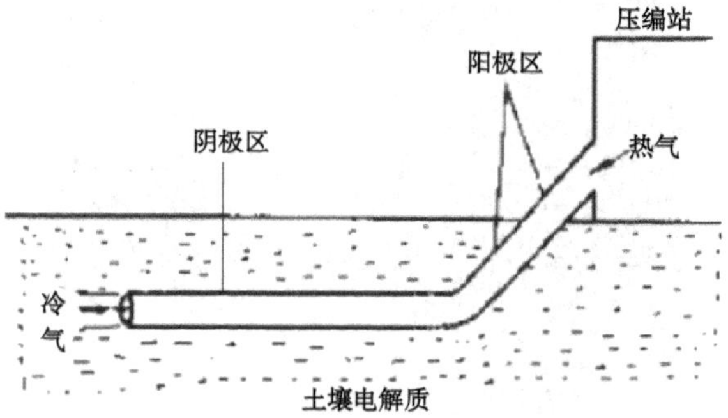

图 14　温差电池腐蚀

腐蚀产物中含有一定的 Cl^-，Cl^- 可以破坏材料表面的氧化物膜引起点蚀，孔蚀坑一旦形成，具有深挖的动力，即向深处自动加速。在蚀孔内的金属表面处于活化状态，电位较负，蚀孔外的金属表面处于钝化状态，电位较正。于是孔内和孔外构成一个活态—钝态微电偶腐蚀电池，电池具有大阴极小阳极面积比结构，使孔内发生阳极溶解(图 5)。

2.2　管道防腐层破损，导致外腐蚀

在基建施工中，由于受到外力破坏、外补口不达标等因素影响(图 16、图 17)，导致裸露的管体夹克层内进水，直接接触土壤发生电化学腐蚀。

图 15　阳极溶解

图 16　外力破坏导致管体损伤(2017 年产能工程)

图 17　施工外补口质量不达标(未加防水帽)

2.3　由于施工补口造成局部腐蚀

在管道检测中，经常发现等距离腐蚀点，这些点集中在管道的接口处，施工补口造成管体缺陷腐蚀，同时补口处腐蚀防护措施质量问题。管体埋入地下后，地下水直接进入防腐层内，形成氧浓差电池腐蚀。造成接口处腐蚀严重。由于在管道的不同部位氧的浓度不同，在贫氧的部位管道的自然电位低，是腐蚀原电池的阳极，其阳极溶解速度明显大于其余表面的阳极溶解速度，故遭受腐蚀(图 18)。

图 18　管道局部腐蚀

2.4　穿孔修复，外补口质量不达标导致腐蚀

在埋地管道穿孔修复时，施工单位没有按照修复防腐层、保温层、防护层的工序，进行外补口，导致管体继续发生外腐蚀(图 19)。

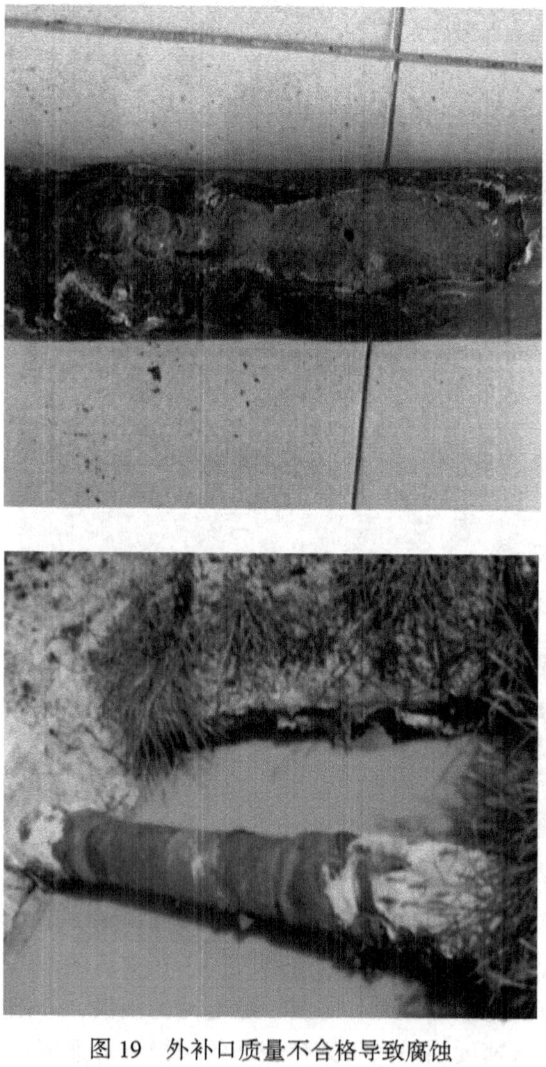

图 19　外补口质量不合格导致腐蚀

3　防治对策

3.1　建立管道完整性质量控制体系

计划建立从规划设计-物资采购-基建施工-竣工检测-运行检测-运行维护-穿孔修复的管道全过程质量控制体系(图 20)，通过建立管道大数据管理运行平台，对管道进行完整性管理，确保埋地管道平稳运行。

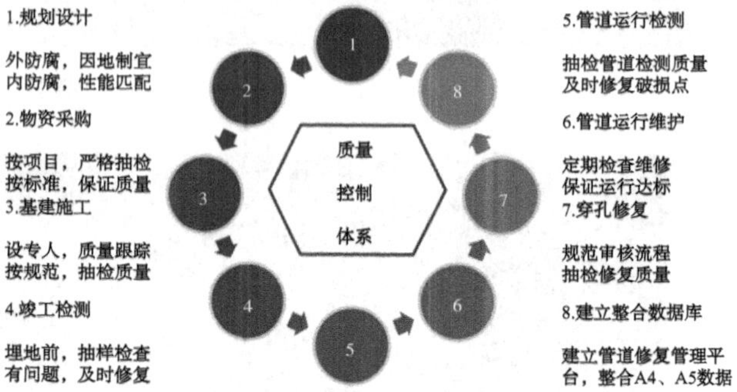

图 20　质量控制体系

3.2　开展喇嘛甸油田土壤腐蚀性评价技术研究

(1) 试验布点及土壤指标测试：为摸清喇嘛甸油田土壤腐蚀性，对油田土壤进行样品采集，为方便测试，将喇嘛甸油田均匀分成 70 个区域，对每一个区域选点进行测试，共计开挖测试土壤样本点 70 个，开挖土方 70m^3。现场测试数据 70 组，共计 980 个，化验分析样品 70 组，取得数据 560 个(图 21)。

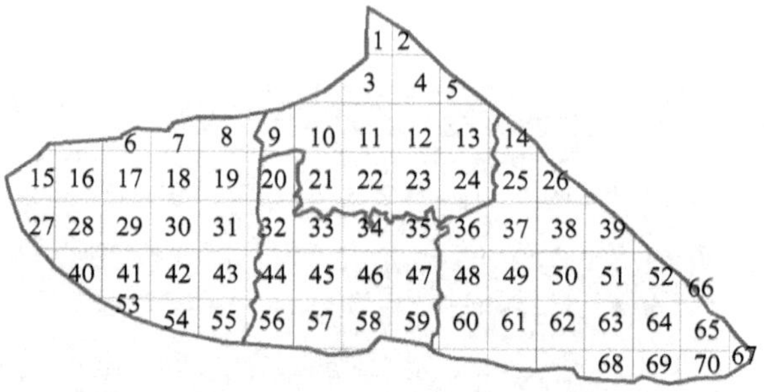

图 21　第六采油厂网格划分图

(2) 土壤腐蚀性现场测试：对布置的 70 个测试点进行了现场开挖、测试、取样，取得了一批土壤腐蚀性参数(土壤类型、土壤电阻率、金属自然电位、电位梯度、氧化还原电位、含水率、容重等)，同时记录各测试点的 GPS 坐标、地势、植被等情况(图 22)。

(3) 土壤环境测试：在现场测试期间，对布置的 70 个测试点进行了现场取样、实验室土壤环境指标分析，取得土壤中 CO_3^{2-}、HCO_3^{2-}、

SO_4^{2-}、Cl^-、Ca^{2+}、Mg^{2+}、土壤酸碱度、土壤含盐量等 8 项指标土壤环境数据 70 组（表 9、表 10）。

图 22　土壤腐蚀性现场测试

表 9　土壤理化分析数据汇总表（部分）

试验点编号	pH 值	CO_3^{2-}/%	HCO^3-/%	Ga^{2+}/%	Mg^{2+}/%	Cl^-/%	SO_4^{2+}/%	总含盐量/%
1#	8.4	0	0.086	0.0007	0.0005	0.002	0.0073	0.4
2#	9.39	0.0412	0.2511	0	0.0002	0.0074	0.0064	4.73
3#	7.84	0	0.0419	0.0252	0.001	0.1227	0.3442	5.93
4#	9.03	0	0.1162	0	0.0001	0.004	0.0015	4.32
5#	8.5	0	0.1046	0.0048	0.0007	0.0104	0.0088	7.2
6#	8.28	0	0.0721	0.0014	0.0007	0.0017	0.0073	1.3
7#	9.96	0.0709	0.0721	0	0.0001	0.0288	0.0573	10.89

表 10　土壤腐蚀性现场测试数据汇总表（部分）

试验点编号	土壤类型	土壤电阻率/Ω	氧化还原电位/mV	金属自然电位/mV	含水量/%	容重/(g/cm^3)	总孔隙度/%	电位梯度/(mV/m)	
								东西	南北
1#	黏土	5.024	513	-762	24.05	1.6	40.16	0.16	0.76
2#	壤土	5.024	551	-777	24.18	1.6	40.22	0.26	0.72
3#	壤土	0.942	471	-746	22.72	1.67	37.98	0.79	0.8
4#	黏土	3.768	416	-765	24.36	1.65	38.44	0.71	0.8
5#	黏土	3.14	407	-780	34.5	1.49	43.77	1.24	1.51
6#	砂土	11.932	373	-766	18.69	1.81	33.33	0.93	1.02
7#	黏土	2.512	362	-768	28.31	1.6	40.11	0.6	0.86
8#	壤土	1.57	415	-645	26.01	1.57	41.25	0.09	0.16
9#	黏土	5.652	358	-775	31.05	1.51	43.23	0.31	0.22
10#	黏土	1.256	475	-739	28.49	1.54	41.99	0.14	0.27
11#	黏土	8.164	500	-714	16.29	1.65	38.34	0.16	0.1

（4）喇嘛甸油田土壤腐蚀性等级评价：运用多指标综合评价法对喇嘛甸油田 70 个测试点的土壤腐蚀性进行了评价，评价结果表明：喇嘛甸油田区域的土壤类型以黏土为主（二矿、三矿、四矿），土壤含盐量高，电阻率低，具有极强的腐蚀性，腐蚀性等级为“强”，部分区域土壤类型为壤土或砂土（一矿），土壤含盐量相对较低，电阻率较高，土壤腐蚀性等级较黏土降低 1 到 2 个等级，为“中”或“较弱”。2 级腐蚀区域占喇嘛甸油田总面积的 2.8%，3 级腐蚀区域占 37.2%，4 级腐蚀区域占 60%（图 23）。

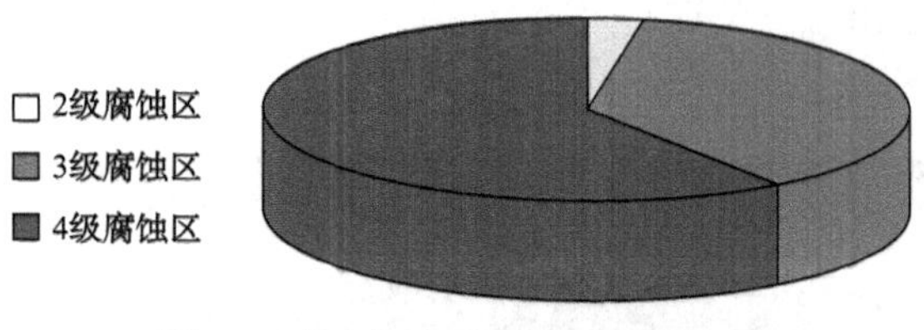

图 23　喇嘛甸油田腐蚀区域饼分图

3.3　开展大区域阴极保护应用研究

为了控制站内、外储罐罐底及埋地管道腐蚀速率，开展喇Ⅲ-1 区域阴极保护现场应用试验建设 150m 辅助阳极井 10 座，阴极保护装置 10 套，通过应用直流分配、双阳极极化互补、IR 降测试等技术，实现了联合站—中转站—计量间—单井管线—油井套管大区域阴极立体保护，运行十年，保护效果明显(图 24)。

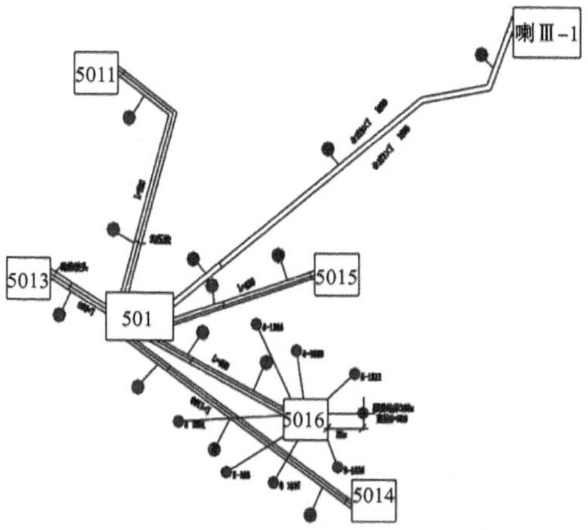

图 24　喇Ⅲ-1 地区实施区域阴极保护示意图

保护后，腐蚀速率、穿孔率明显下降，保护电位均在 - 0.85 ~ - 1.2v，保护了埋地管道 46.3km 及 150m 深套管，控制了站内容器、管线及套管的腐蚀速度，形成了完整的综合区域防护体系，使阴极保护技术由平面管网拓展到油水井套管，实现了地上地下立体化防护(图 25)。

3.4　开展数值模拟阴极保护设计研究

优化阳极地床位置解决过保护和欠保护问题，利用边界元法开发基于数值模拟阴极保护设计软件，采集保护区块土壤电阻率、氧化还原电位等参数进行数值模拟计算，实现阴极保护科学设计，提高了区域阴极保护设计水平，达到了国内领先(图 26)。

2012 年，在喇 451 地区继续推广数值模拟大区域阴极保护技术，实现了喇 451 中转站——21 座计量间——单井管线大区域立体防护体系(图 27)。

3.5　开展废旧油管辅助研究技术应用研究

废旧油管辅助阳极原理是在外加电流阴极保护系统中，采用废旧油管充当阳极材料，废旧油管阳极应用原理见图 28。

2018 年 6 月在喇 5014#计量间阴极保护站阳极井维修中，采用打桩施工方式，利用废旧油管作为辅助阳极，埋深 5m，保护电位达 - 1.05V，有效保护了计量间所辖的 4.21km 单井管道，节约投资 16 万元(图 29)。

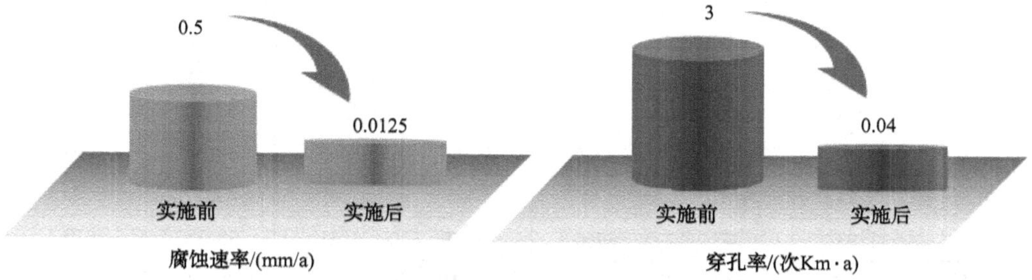

图 25　腐蚀速率、穿孔率对比图

图 26　阴极保护设计软件

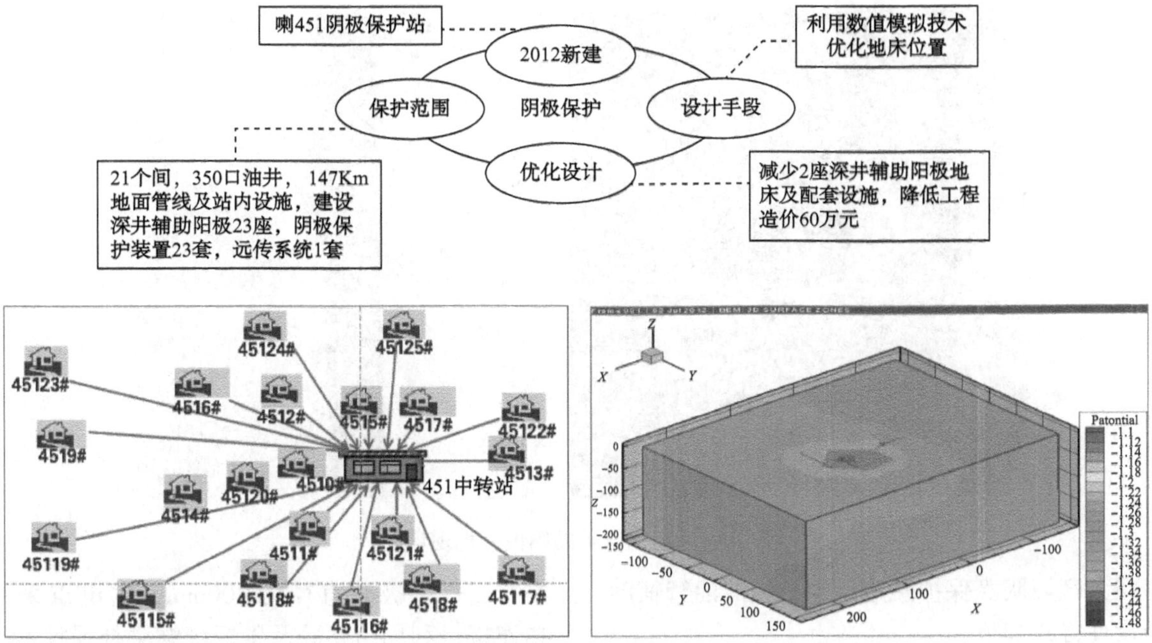

图 27　立体防护体系示意图

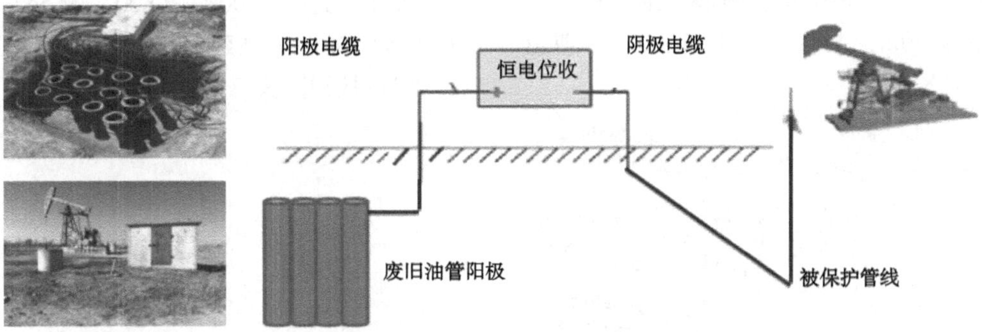

图 28　废弃油管辅助阳极原理图

图 29　废旧油管辅助阳极施工图

2020 年 6 月对废旧油管辅助阳极井进行现场开挖检验，阳极接线处未发生脱落及腐蚀现象，称重损失重量 22. 8kg，表明阳极运行良好。计算表明废旧油管阳极井还可继续使用 3 年，与设计寿命 5 年吻合(图 30)。

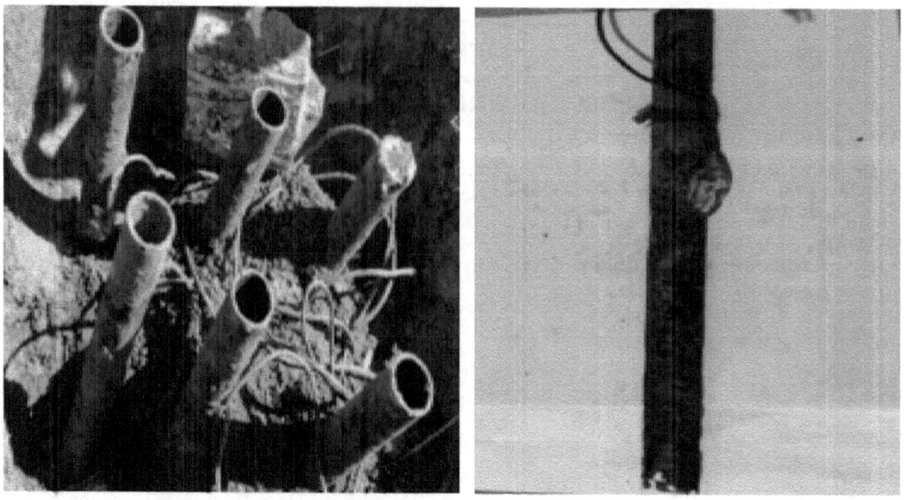

图 30　废旧油管辅助阳极开挖现场图

在大区域阴极保护站建设中，废旧油管辅助阳极设计方式如下：

一是选用 14 根废旧油管，7 根为一组，接缝焊接固定，上下接箍串接，组成辅助阳极，立式浅埋，埋深 20m，阳极总质量 1680kg，理论运行寿命可达 8 年。

二是阳极井直径为 400mm，通电点采用丝扣连接，利用防腐胶及碳纤维缠绕补强技术，延长了通电点使用年限。

目前已在喇 700、喇 800、喇 551、喇 661 等大区域阴极保护站建设中设计应用 10 口废旧油管辅助阳极井(图 31)，节省工程投资 160 万元。

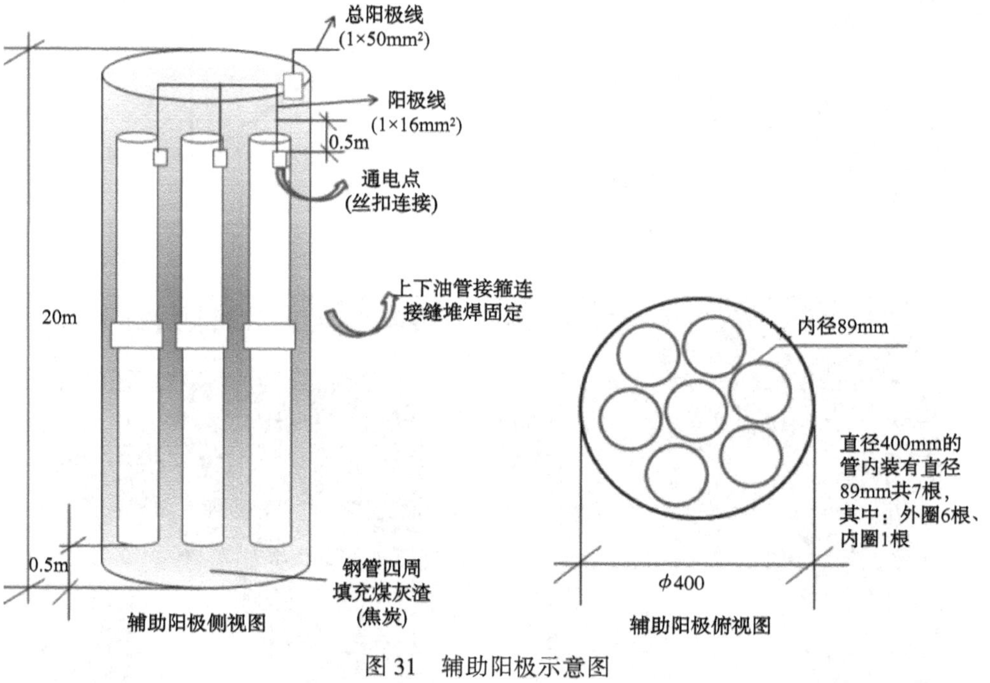

图 31　辅助阳极示意图

3.6　开展阴极保护自动调控系统技术研究

阴极保护自动调控系统包括了智能阴极保护管理平台、电位自动遥测分机和极化探头、恒电位仪运行管理装置和阴极保护恒电位仪设备及阳极地床等，可实现数据的实时采集与远传，并自动控制阴极保护恒电位仪的运行。

通过安装在管道(或储罐)附近的电位遥测分机和极化探头，完成管道(储罐)通电电位、断电电位、自然电位等数据的采集工作，并通过内置的 RoLa 网络发送到恒电位仪运行管理装置中，由运行管理装置采集到的数据，经内部诊断系统处理后，将控制信号送恒电位仪处理，从而实现恒电位仪的自动调整；恒电位仪及遥测分机所有的运行数据，将通过运行管理装置传入采油厂内部网络中，实现阴极保护自动调控、视图化显示及系统评价等功能(图 32)。

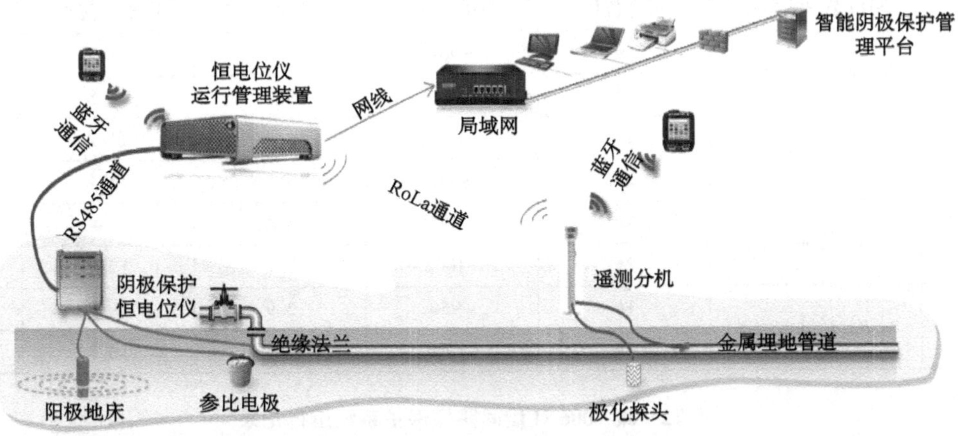

图 32　阴极保护自动调控系统运行原理图

(1) 开发智能阴极保护管理平台：2019 年通过对喇 700 阴极保护自动调控系统节点进行梳理，开发完成了智能阴极保护管理平台，实现了数据自动采集、自动调控、自动诊断等管理功能，在局域网页面内即可在线查询、实时调节，减少了现场员工手动录数、调控工作量，提高了阴极保护运行率及运行效果，满足了智能化生产的需求。智能阴极保护平台的主界面，见图 33。

图 33　智能阴极保护管理平台主页

(2) 阴极保护自动调控系统运行效果：智能阴极保护管理平台 2019 年 6 月投入运行，已平稳运行 5 年。恒电位仪运行率达 100%，恒电位仪电位稳定在−0.85～−1.25V 运行，阴极保护达标率 100%(表 11、表 12)。

表 11　喇 700 站内阴极保护系统运行记录表

日期	阴极保护站名称	恒电位仪	保护电位/mV	输出电压/V	输出电流/A	接地电阻/Ω
2019.6.17	喇 700 转油放水站	1#	−956	3.6	11.5	0.31
		2#	−997	3.2	11.2	0.29
2019.7.26	喇 700 转油放水站	1#	−964	3.4	11.2	0.3
		2#	−1004	3.7	10.9	0.34
2019.8.8	喇 700 转油放水站	1#	−964	3.7	11.4	0.32
		2#	−996	3.4	11.4	0.3
2019.9.24	喇 700 转油放水站	1#	−961	3.7	11.6	0.32
		2#	−1004	3.4	10.9	0.31
2019.10.18	喇 700 转油放水站	1#	−971	3.9	11.2	0.35
		2#	−1004	3.4	10.8	0.31

续表

日期	阴极保护站名称	恒电位仪	保护电位/mV	输出电压/V	输出电流/A	接地电阻/Ω
2019.11.26	喇700转油放水站	1#	-962	3.4	11.4	0.3
		2#	-1001	3.4	10.8	0.31
2020.4.5	喇700转油放水站	1#	-958	3.7	11.2	0.33
		2#	-997	3.5	11.1	0.32
2020.5.14	喇700转油放水站	1#	-962	3.4	9.4	0.36
		2#	-1002	3.1	10.9	0.28
2020.6.20	喇700转油放水站	1#	-956	2.9	9.2	0.32
		2#	-1004	3	10.7	0.28

表12　喇7006计量间阴极保护系统运行记录

日期	站名	恒电位仪	保护电位/mV	输出电压/V	输出电流/A	接地电阻/Ω
2019.9.8	喇7006#计量间	1#	-894	3.4	15.4	0.22
2019.10.15	喇7006#计量间	1#	-879	3.2	14.8	0.22
2019.11.24	喇7006#计量间	1#	-864	2.9	13.7	0.21
2019.12.18	喇7006#计量间	1#	-887	3.2	14.6	0.22
2020.4.5	喇7006#计量间	1#	-878	2.8	13.8	0.2
2020.5.14	喇7006#计量间	1#	-875	2.8	14.1	0.2
2020.6.20	喇7006#计量间	1#	-881	2.6	14	0.19

通过对实施区域阴极保护自动调控系统。实现阴极保护自动化、智能化、视图化、自动报警等功能，减少人工测试劳动强度，减少测试人员数量，自动判断阴极保护系统运行是否正常和有效，自动调控恒电位仪的工作参数，保证阴极保护系统的正常有效运行，目前该项技术已在喇560等6座站推广应用，减少了员工手动录数、调控工作量，提高了阴极保护运行率及运行效果使阴极保护装置运行率达到100%。

3.7　开展合金管应用技术研究

合金化电化学防腐保温管(图34)以成熟的热浸镀锌技术为基础，以油田大量报废的油管为基材，利用热浸镀锌的金相生长能力，修复油管表面的微观缺陷处，使报废油管的微小裂缝被金相填补，达到地面埋地管道应用的性能要求，使油田大量的报废油管经低成本处理后，应用于地面管道。

图34　合金化电化学防腐保温管

现场试验选择喇9-PS2610油井，将该井集油、掺水管线全部更换，试验结果表明，合金化电化学管道的电位均在-0.85~-1.20V，符合阴极保护规范的要求，2012年在长关井治理中，在9口井推广应用了合金化油管3.15km(图35~图37)。

3.8　开展碳纤维补强技术应用研究

针对地面低压管线的局部腐蚀、站内容器的局部腐蚀，不能停产、油气泵房内管线焊补存在安全隐患等问题，开展了管线局部补强技术研究，其技术原理是采用修补剂对管线缺陷或穿孔处进行修补，采用碳纤维复合材料在管道外形成复合材料修补层，修补完毕后，碳纤维材料与管线共同承压。

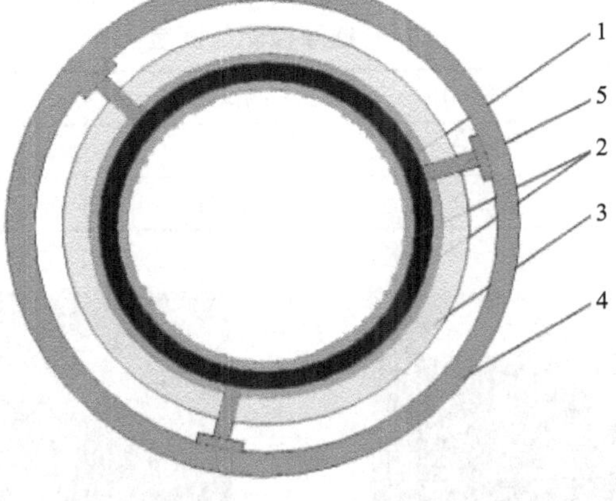

图 35　合金化电化学防腐保温示意图

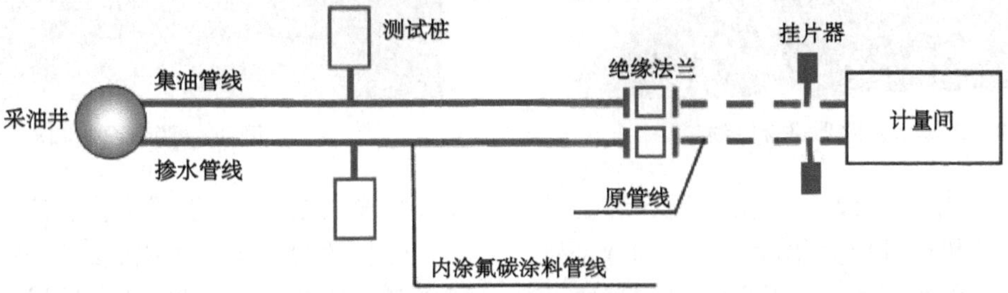

图 36　现场试验流程图

图 37　试验现场照片

（1）室内爆破实验：将试样人为制造缺陷，缺陷深度 4.7mm，轴向长度 200mm，环向长度 200mm。对管线缺陷处进行补强，设计碳纤维缠绕层数为 5 层（0.5mm/层）、补强宽度为 500mm，试验水压达到 18.0MPa 时，管体无缺陷处发生膨胀，并随之爆裂，而碳纤维补强处完好无损，试验表明：采用碳纤维复合材料对管道腐蚀点进行补强，使管道机械性能大幅度提高，满足工艺压力要求(表 13、图 38)。

表 13　爆破实验管线基础数据

管线规格	实际壁/mm	材质	抗拉强度/MPa	屈服强度/MPa	爆破压/MPa
Φ325×7	6.7	Q235B	435	235	18.0-20.2

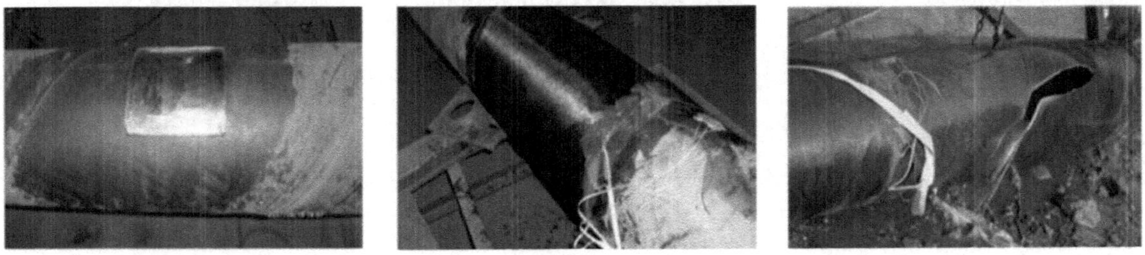

图 38　室内爆破实验现场照片

（2）现场试验：喇Ⅰ-1联合站已投产28年，7#游离水脱除器进液管线和脱水泵出口汇管从未更换过，穿孔频繁。这两条管线均为联合站内重要的生产管线，若要进行更换需要停产，进行焊补则存在安全隐患，因此对这两条管线进行碳纤维管线补强（表14、图39、图40）。

表14　壁厚检测数据表

管线及规格	测试点1	测试点2	测试点3	测试点4
7#游离水脱除器进液管 $\varphi 219\times 7$(mm)	2.33	3.16	3.41	2.98
脱水泵汇管 $\varphi 273\times 7$(mm)	2.57	3.01	3.37	3.52

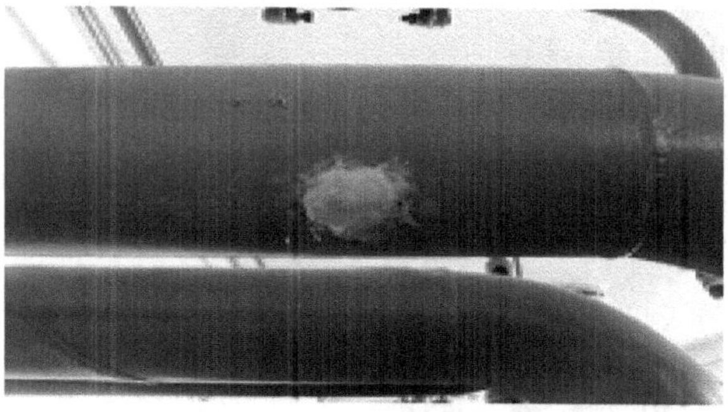

图39　游离水脱除器进液管线

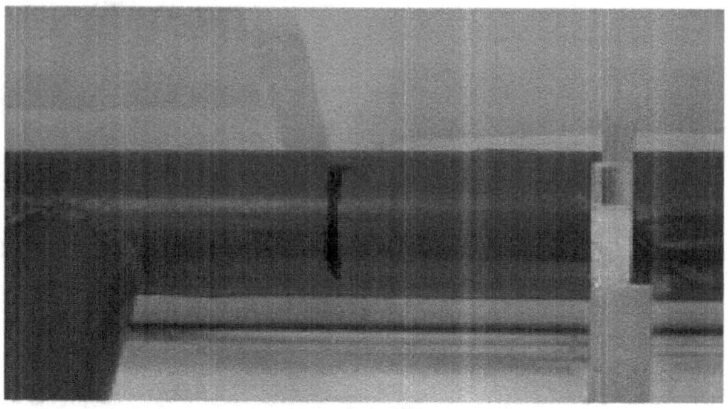

图40　脱水泵出口汇管

修补管线工作压力为2.5MPa，由于局部腐蚀严重、穿孔，导致机械性能大幅度下降，为保证管线修复后有足够的承压能力，将管线补强后承压能力设计为10MPa。

$P=(\sigma$ 管线 δ 管线 $-\sigma$ 碳纤维 δ 碳纤维$)/r$

经过计算得出，需要碳纤维缠绕层数6层，每层厚度0.25mm，管线补强长度为1m。

（3）效益分析：采用碳纤维补强技术效益主要在于不停产带压补强，同时局部维修比更换新管线节约费用42.9%，但价格高于焊补，适合应用于位置重要、不能轻易停产更换的管线，施工过程不动火，不存在安全隐患（表15）。

表15　两种管线处理方式对比

处理方式	工作量	费用	优缺点
碳纤维补强	2处	3000元	施工周期短，无需停产，施工过程不动火，不存在安全隐患
管线更换	$\varphi 219\times 7$　6m $\varphi 273\times 7$　6m	7000元	价格高，需要停产，影响产量

4　结束语

通过开展喇嘛甸油田外腐蚀控制技术研究与实践，积极开展技术攻关，获得省部级科研项目3项、形成了以管道失效治理为中心的阴极保护技术、管道修复技术、基础配套等3个技术系列38项技术，其中，在EI发布论文3篇、在学报、核心期刊发表论文26篇，2023申报国家发明专利4项，有效地降低了埋地管道外腐蚀速率（图41）。

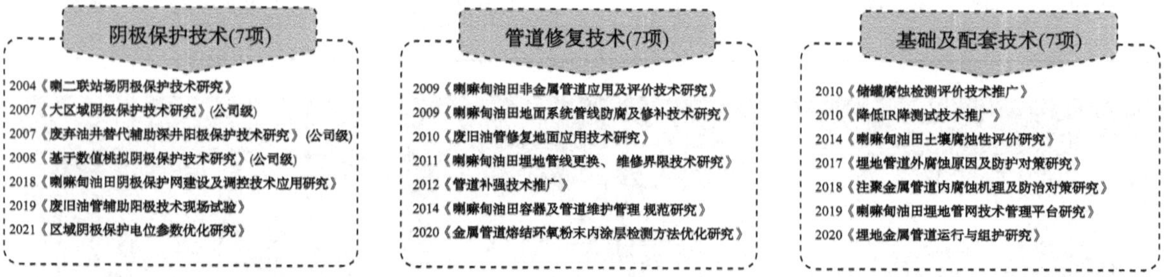

图41　技术成果

参 考 文 献

[1] 张平，秦兴述．埋地钢制管道阴极保护参数测量方法：GB/T 21246—2007. 北京：中国标准出版社，2007：14-20.

[2] 杜艳霞．输油泵站区域阴极性阴极保护实施中的问题[J]. 腐蚀与防护技术，2006，27(8)：417-421.

[3] 马含悦，杜磊．区域阴极保护技术概况及其发展[J]. 腐蚀与防护技术，2014，35(5)：425-429.

[4] 邵守斌．数值模拟技术在区域阴极保护设计中的应用[J]. 油气田地面工程，2016. 03：108-110.

[5] 辜志俊，李济克，崔刚，等．阴极保护技术条件：GB/T 33378—2016. 北京：中国标准出版社，2016：5-9.

[6] 藏晗宇，彭博，丁宝峰，等。站场区域阴极保护：GB/T 35508—2017. 北京：中国标准出版社，2017：4-7.

[7] 胡士信，张本革，石薇，等．埋地钢质管道阴极保护技术规范：GB/T 21448—2017. 北京：中国标准出版社，2017：6-9.

[8] 刘玲莉，陈洪源，薛致远，等．区域性阴极保护技术规范：Q/SY 05029—2018，北京：石油工业出版社，2017：3-9.

[9] 于敏，邵守斌．埋地金属管道腐蚀防护技术[J]. 油气田地面工程，2014(11)：104.

[10] 邵守斌．数值模拟技术在罐底阴极保护设计中的应用[C]//全国石油和化学工业腐蚀与防护技术论坛．2009. 256-230.

储气库热煨弯管开裂失效原因分析

王思耀[1]　崔　鹏[2]　徐伯文[1]　殷新田[1]　魏秋林[1]

（1. 中国石油大港油田公司；2. 大港油田采油工艺研究院）

摘　要　通过理化性能检测、组织分析、残余应力分析等手段，并结合现场服役工况，系统分析了某储气库采气管道热煨弯管发生开裂泄漏的原因。研究结果表明：在加工过程中不当的热处理操作，导致弯曲段材料出现了马氏体硬脆组织，外弧侧外表面硬度明显偏大且存在多处浅表裂纹，在残余拉应力、内压以及温度变化产生的轴向应力联合作用下，裂纹扩展至内表面，最终导致弯管失效。

关键词　储气库；热煨弯头；开裂；失效；原因

储气库作为天然气季节调峰及战略储备的作用越来越得到国家的高度重视，相比常规气田，储气库具有“多周期注采、高低压交替、长周期运行”的特点，这对储气库的安全生产提出更高的要求。由于储气库的地面设施种类繁多、运行工况复杂、运行压力高，导致安全风险更大，尤其是注采系统涉及的管件类型、材质、规格、数量、供货商等庞杂繁多，近年来管件失效事件也时有出现，直接威胁储气库的安全平稳运行，成为储气库地面系统安全管理的薄弱环节。

2022 年，华北地区某储气库井场注采平台采气总阀后第二个弯管外弧侧发生开裂泄漏（图 1），该弯管运行时间为 21 年，输送介质为天然气井流物，失效时运行压力 6.02MPa、环境温度为-5℃。该弯管为无缝钢管热煨而成，规格为 $\Phi 273\times 12$mm，曲率半径 $R=4D$，材质为 16Mn，母管执行标准为 GB 1591—88《低合金结构钢》，弯管执行标准为 SY 5257—91《钢制弯管》。

图 1　开裂弯管现场照片

1　试验

通过磁粉探伤和超声波探伤检测，确定失效弯管是否存在其他开裂部位或超标缺陷。通过壁厚检测，确定钢管是否存在因腐蚀或冲蚀造成的壁厚减薄。依据 GB 1591—88 和 SY 5257—91，对失效弯管进行化学成分、拉伸性能、冲击韧性、全截面硬度、金相组织分析等理化性能检测，评判弯管理化性能是否满足标准要求。通过裂纹分析和断口分析，明确弯管开裂过程。综合运行工况和试验结果，明确弯管开裂失效原因，并提出针对性的风险管控建议。

2　试验结果与讨论

2.1　宏观形貌与壁厚检测

弯管样品长约 1800mm，裂纹位于弯曲段，并沿环向开裂，长度约 200mm（图 2）。依据 GB/T 11344—2008《无损检测接触式超声脉冲回波法测厚方法》，采用超声测厚仪，对失效弯管进行壁厚检测。结果表明，该弯管壁厚符合 SY 5257—91 标准的要求，且开裂部位与其他位置的壁厚未见明显差异。

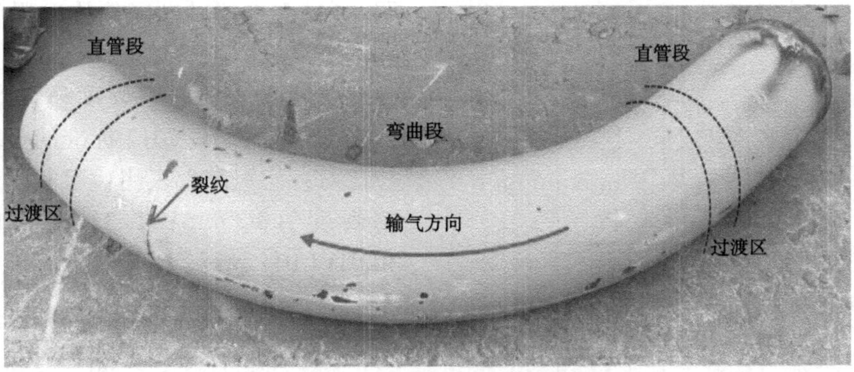

图 2　开裂弯管宏观形貌

2.2　无损检测

依据标准 ASTM E 709—2021，采用磁粉探伤仪对弯管外表面进行了磁粉检测，依据标准 SY/T 4109—2020《石油天然气钢质管道无损检测》，采用超声波探伤仪对弯管表面进行 100% 超声波探伤检测。结果表明，除开裂位置外未见其他表面裂纹显示和其他超标缺陷显示。

2.3　理化性能检测

为了分析弯管的理化性能是否符合标准要求，依据标准 GB 1591—88 和 SY 5257—91，对失效弯管进行了化学成分、拉伸性能、夏比冲击、全截面硬度和金相组织等理化性能检测。

2.3.1　化学成分分析

依据标准 GB 4336—2016《碳素钢和中低合金钢 多元素含量的测定火花放电原子发射光谱法（常规法）》，采用直读光谱仪对弯管直管段管体进行了化学成分检测（表 1）。结果表明，失效弯管的化学成分符合 GB 1591—88《低合金结构钢》中对 16Mn 钢的要求。

表 1　化学成分分析结果　　%

项目	碳(C)	硅(Si)	锰(Mn)	磷(P)	硫(S)	铬(Cr)	钼(Mo)	镍(Ni)	铌(Nb)	钒(V)	钛(Ti)	铜(Cu)
直管段管体	0.16	0.31	1.47	0.013	0.0039	0.026	0.0078	0.022	<0.0008	0.0037	0.0055	0.13

2.3.2　拉伸性能检测

依据标准 GB/T 228.1—2010《金属材料拉伸试验第 1 部分：室温试验方法》，采用 SHT 4106 材料试验机，对直管段、过渡区、外弧侧、内弧侧、中性区分别进行了拉伸性能检测（表 2）。结果表明：(1)弯曲段中性区与内弧侧抗拉强度超过 GB 1591—88 要求的上限值；(2)弯曲段外弧侧抗拉强度超过 GB 1591—88 要求的上限值并明显高于弯管其他位置的抗拉强度，同时，外弧侧的延伸率明显低于其他位置，且不符合 GB 1591—88 中对 16Mn 的拉伸性能要求；(3)其余管段拉伸性能均满足规范要求。

表 2　弯管拉伸性能检测结果

试样		$R_{t0.5}$/	R_m/	A/
编号	宽度×标距/mm	MPa	MPa	%
直管段	38×50	405	548	40.5
过渡区	38×50	365	569	38.5
弯曲段内弧侧	38×50	538	783	30.5
弯曲段外弧侧	38×50	651	955	14.0
弯曲段中性区	38×50	592	817	31.0
GB 1591—88 对 16Mn 的拉伸性能要求		≥345	510~660	≥22%

续表

2.3.3　夏比冲击检测

依据标准 GB/T 229—2007《金属夏比缺口冲击试验方法》，采用冲击试验机，对失效弯管的直管段、过渡区、外弧侧、内弧侧以及中性线区进行了夏比冲击性能检测（表 3）。结果表明：(1)过渡区试样的单个冲击吸收功结果不符合 GB 1591—88 的要求；(2)直管段、弯曲段外弧侧和过渡区的试样断口剪切面积不符合标准 SY/T 5257—2012 的要求；(3)以试样断口剪切面积为

50%时的温度作为韧-脆转变温度($FATT_{50CVN}$)，弯管外弧侧试样的韧-脆转变温度 $FATT_{50CVN}$ 在0℃左右(表4)。

表3　热煨弯管夏比冲击试验结果

取样位置	试验温度/℃	冲击吸收能量/J		断口剪切面积/%	
		单个试样	平均值	单个试样	平均值
直管段	-10	101 77 43	74	30 20 10	20
中性区	-10	71 71 69	71	50 50 50	50
外弧侧	-10	40 41 41	41	40 45 45	43
内弧侧	-10	77 72 71	73	55 50 50	52
过渡区	-10	139 12 23	58	40 0 0	13
标准要求		每组试验的最小平均吸收功应不低于27J；单个试件最小吸收功应不低于22J		三个试件断口剪切面积平均值应大于或等于50%，每个试件至少呈现40%剪切面积	

表4　弯管外弧侧系列温度夏比冲击试验结果

试验温度/℃	冲击吸收能量/J		断口剪切面积/%	
	单个试样	平均值	单个试样	平均值
20	48 57 48	51	65 67 60	64
0	49 59 59	56	50 50 50	50
-10	40 41 41	41	40 45 45	43
-20	35 31 29	32	40 30 20	30
-30	29 24 24	26	20 15 15	17

2.3.4　硬度试验

依据标准 GB/T 4340.1—2009《金属材料 维氏硬度试验 第1部分：试验方法》，对失效弯管的直管段、过渡区、弯曲段外弧侧、内弧侧和中性线区进行了维氏硬度检测(表5)。检测结果表明：(1)弯曲段的硬度值均呈现为外壁大于中部和内壁的特征；(2)由于 GB 1591—88 和 SY 5257—91 中未对材料硬度作详细要求，故本次依据 SY/T 5257—2012 标准的要求与试验结果进行比对，比对结果表明：弯曲段外弧侧靠近外壁的硬度值高于 SY/T 5257—2012 标准要求的300HV(10)。

表5　弯管硬度检测结果(HV10)

直管段		161 162 161	158 162 162	160 162 163	160 158 162	158 162 162
过渡区		232 222 211	209 204 208	185 208 196	169 167 163	165 165 166
弯曲段	外弧侧	324 279 260	357 280 267	332 278 261	328 270 261	319 277 261
	中性区	252 231 219	244 227 220	247 230 211	257 219 216	259 234 220
	内弧侧	259 229 208	256 233 220	256 226 218	266 224 218	266 221 216

2.4　金相组织分析

2.4.1　管体金相组织

依据标准 GB/T 13298—2015、GB/T 4335—2013 和 ASTM E45—18a，采用激光共聚焦显微镜和金相显微镜及图像分析系统，检测了失效弯管直管段、过渡区、弯曲段外弧侧、内弧侧和中性线区的金相组织(图3)。从金相分析结果可知，直管段组织为珠光体和铁素体，弯曲段出现了马氏体组织，管体各部位内外壁组织晶粒度存在差异，内壁均存在不同程度的带状组织。

2.4.2　裂纹金相组织

在开裂位置的端部处沿纵向切取金相试样，并进行金相组织分析(图4)。裂纹起裂于外壁，垂直向下扩展。靠近外壁的金相组织[图4(b)]为马氏体，裂纹尖端处的金相组织[图4(c)]主要为马氏体+铁素体，裂纹的扩展方式以穿晶为主沿晶为辅。

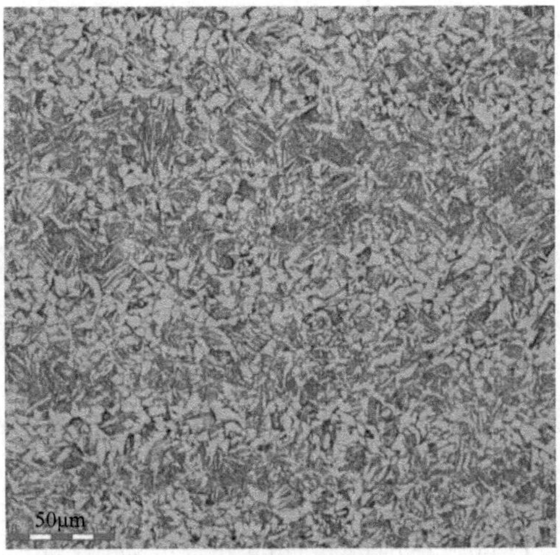

(a)过渡区弯管侧

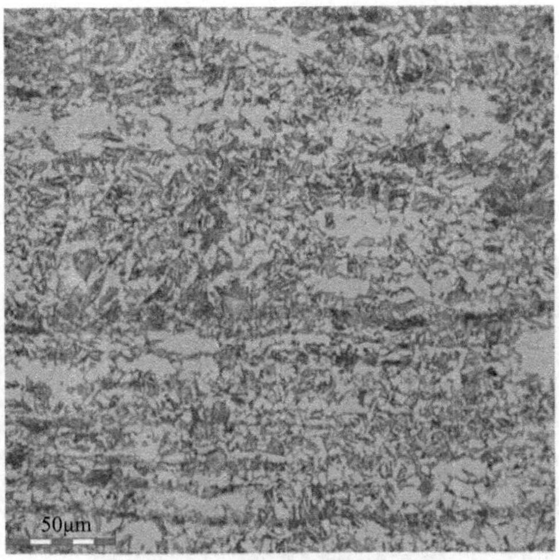

(b)中性区内壁

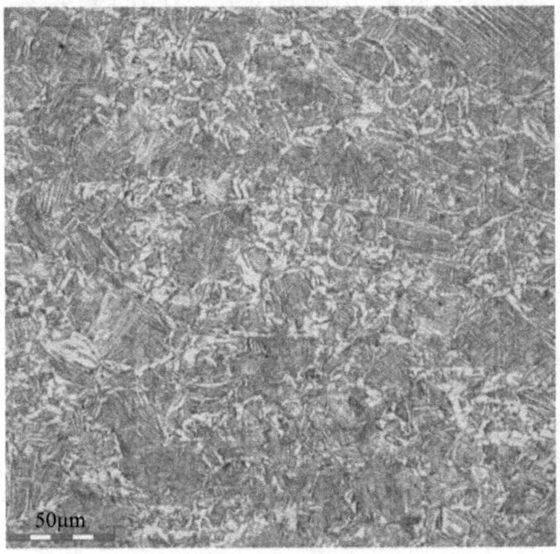

(c)弯曲段外弧侧内壁

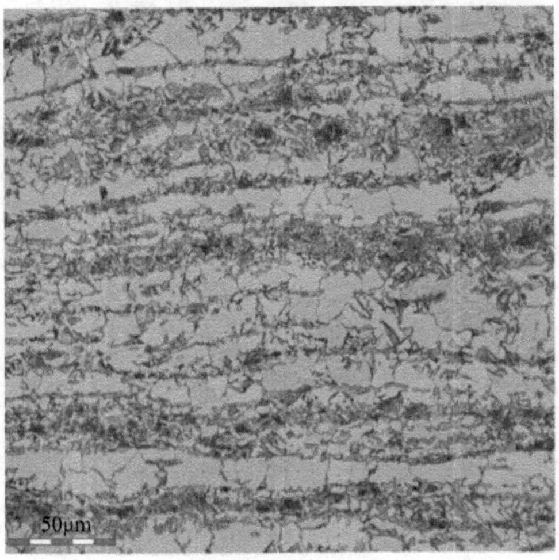

(d)弯曲段内弧侧内壁

图 3　金相组织

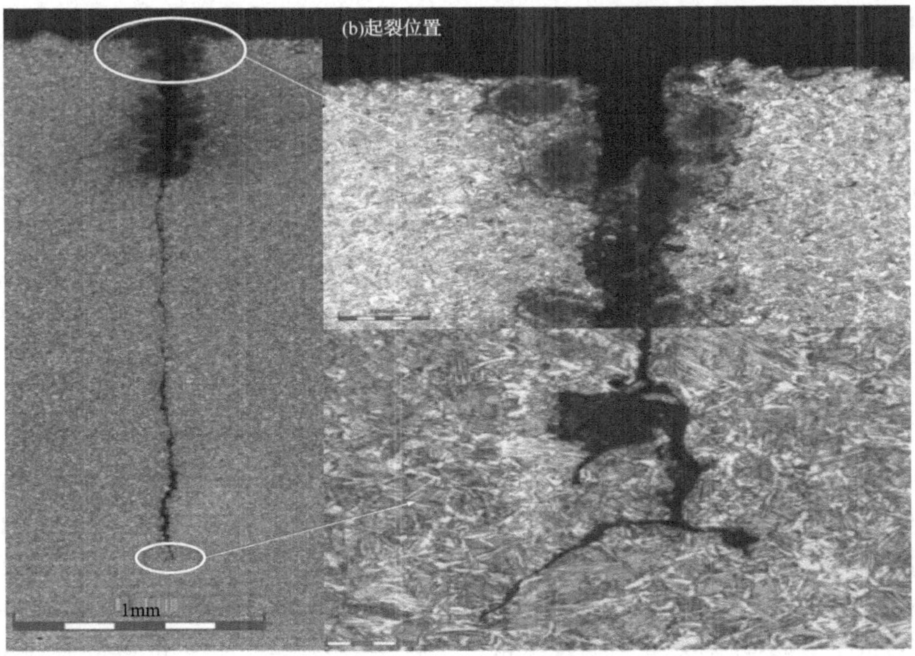

(a)裂纹宏观　　(c)裂纹尖端

图 4　裂纹组织形貌

断口附近存在多处与失效裂纹平行的环向浅表裂纹，裂纹长度在20~150μm之间，且越靠近失效断口处浅表裂纹越密集(图5)。与失效裂纹相似，这些浅表裂纹起裂于外壁，起裂位置的组织为马氏体，扩展方式以穿晶为主沿晶为辅。

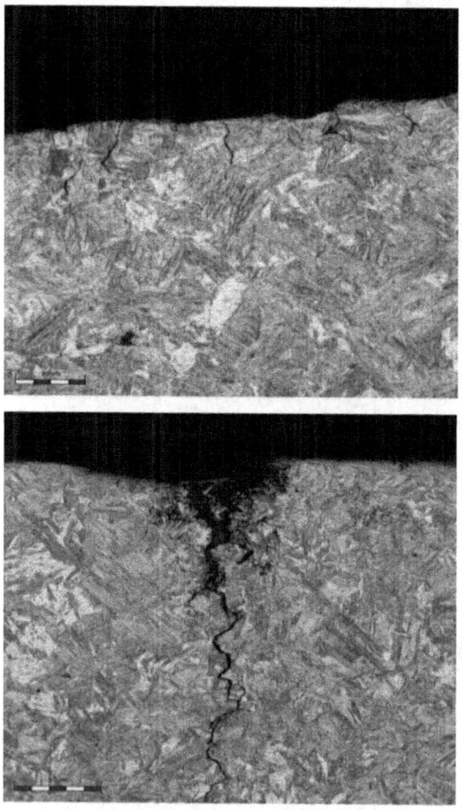

图5　断口附近的浅表裂纹

2.5　断口形貌

使用扫描电子显微镜(SEM)对断口进行形貌观察和表面物质分析，失效弯管宏观断口(图6)表面附着有黄褐色浮锈，未见明显的宏观塑性变形，断口平齐，靠近内壁有较薄的剪切唇，剪切唇为最后瞬断区。

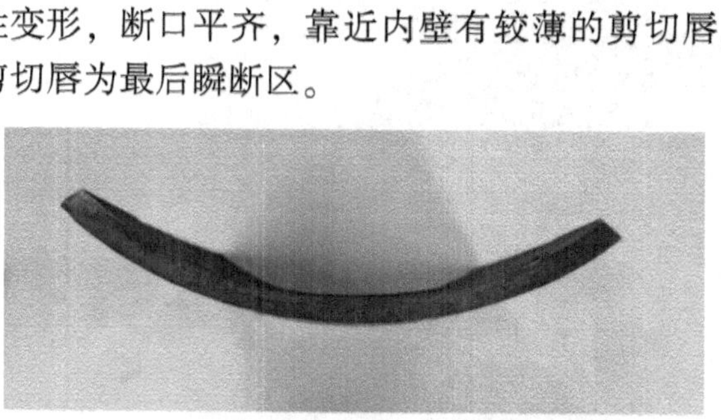

图6　失效弯管断口宏观形貌

将断口切割成6块进行详细观察(图7)，内壁剪切唇最薄的位置(3#断口)位于外弧侧，并向中性区逐渐增加，可判断3#断口处为最先穿透壁厚。各断口低倍下形貌(图8)可以看出：扩展区放射线和剪切唇特征明显，扩展区放射线未见明显收敛于外壁某一位置，但均指向外壁，表明开裂由外壁先起裂。

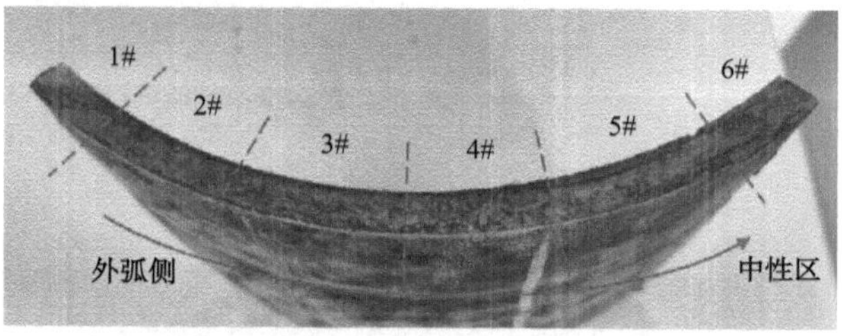

图7　失效弯管断口清理后形貌及线切割示意图

断口微观形貌观察结果表明：断口的源区为包含一些沿晶特征的解理形貌(图9)，扩展区可见两种典型的准解理形貌特征，包括高密度的撕裂棱(韧窝)和解理小断面同时存在的形貌[图10(a)]、放射状的河流花样[图10(b)]，未见疲劳特征；瞬断区(剪切唇)为韧窝形貌(图11)。这些微观形貌均指出断口为脆性开裂。

对断口进行能谱分析，结果表明，外壁源区和扩展区表面物质以铁的氧化物为主，瞬断区未见明显的铁氧化物，从断口氧化程度来看，进一步说明外壁最先起裂。

2.6　残余应力检测

为掌握失效弯管的外表面残余应力情况，依据GB/T 32073—2015《无损检测 残余应力超声临界折射纵波检测方法》，采用M04型多通道超声波法残余应力测量系统，对失效弯管靠近断口外弧侧试样进行了外表面轴向残余应力检测(表6)，结果表明轴向残余拉应力最大测试值为80.25MPa。

2.7　综合原因分析

2.7.1　材质分析

由理化性能试验结果可知，失效弯管的化学成分符合GB 1591—88中对16Mn的要求，而拉伸性能和冲击性能不符合GB 1591—88的要求，表明该弯管材料质量不合格。其中，该弯管在弯曲段的抗拉强度超过标准要求的上限值，而且在外弧侧的抗拉强度和硬度最高、冲击功最低，加之金相组织分析中发现马氏体组织，表明该弯管在弯曲段外弧侧的脆性较大。同时，该弯管外弧侧在壁厚方向上的硬度呈现出内壁向外壁逐渐升高的特点，表明弯头外弧侧在外壁的韧性比内壁更低。一般情况下，不当的热处理温度和保温时间会使材料中产生马氏体硬脆相组织，还会造成材料淬透性差、晶粒粗大等不良影响，这些硬脆组织就是导致材料力学性能高强低韧的主要原因。

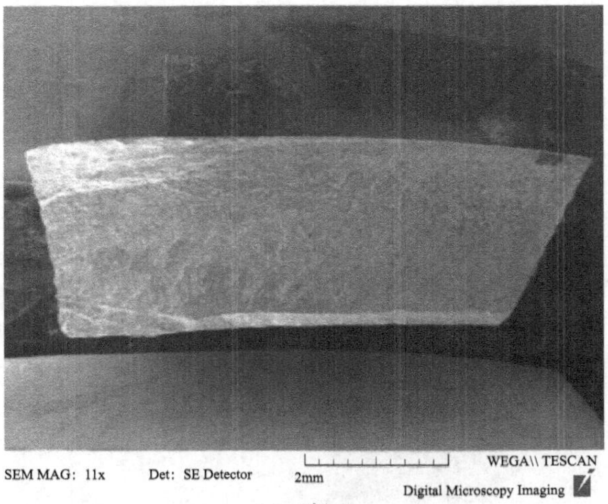

(a)1#断口

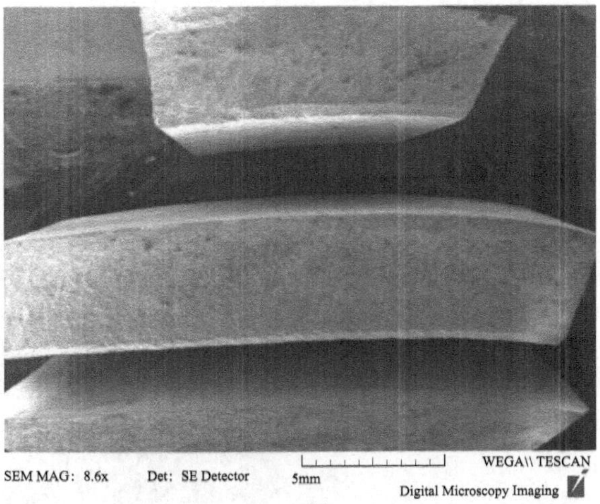

(b)2#断口

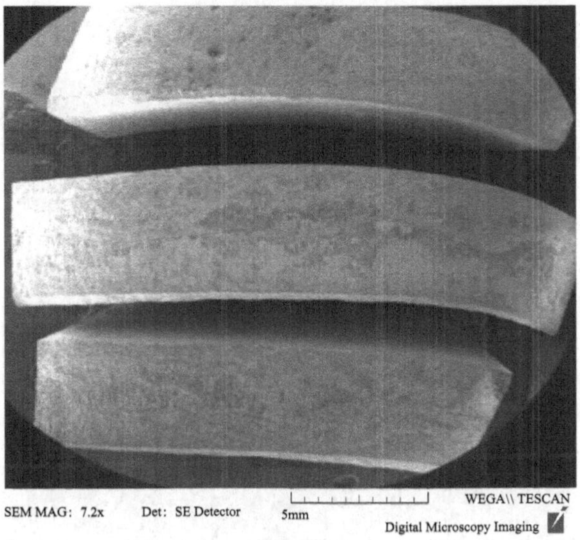

(c)3#断口

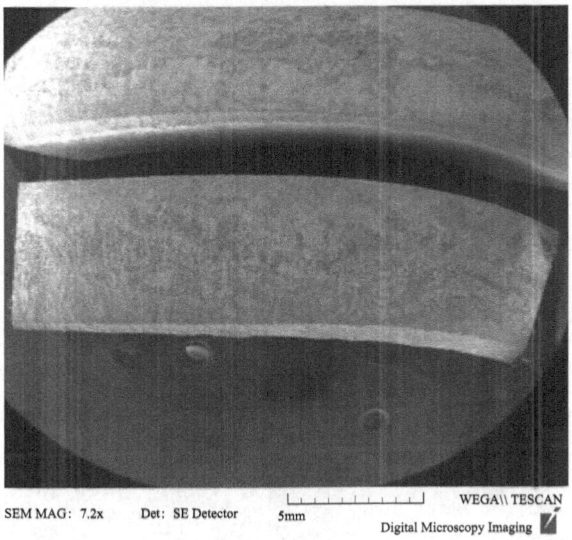

(d)4#断口

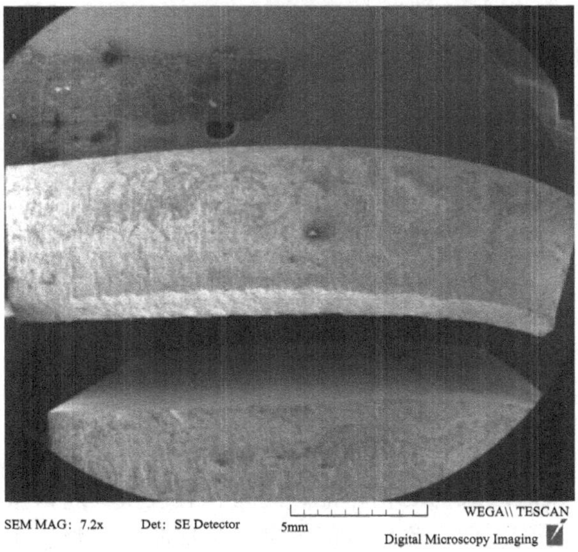

(e)5#断口

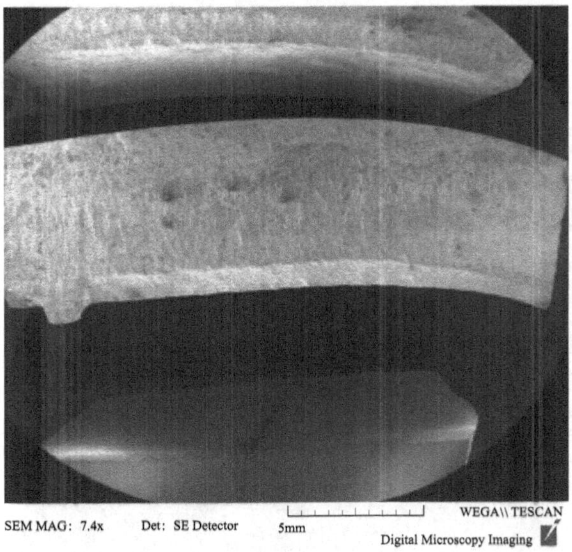

(f)6#断口

图 8　断口低倍下形貌

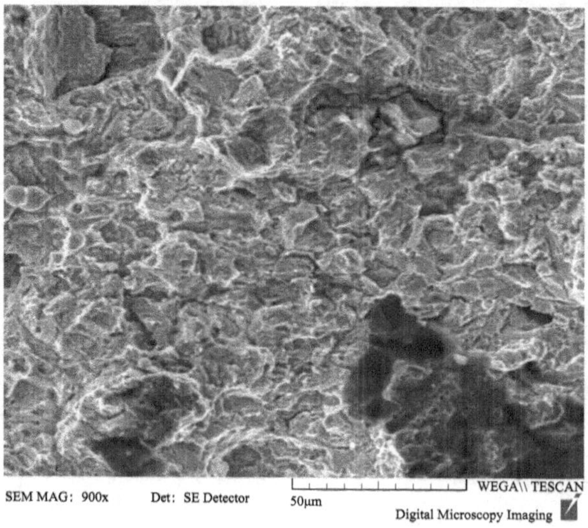

图 9　断口外壁的解理形貌

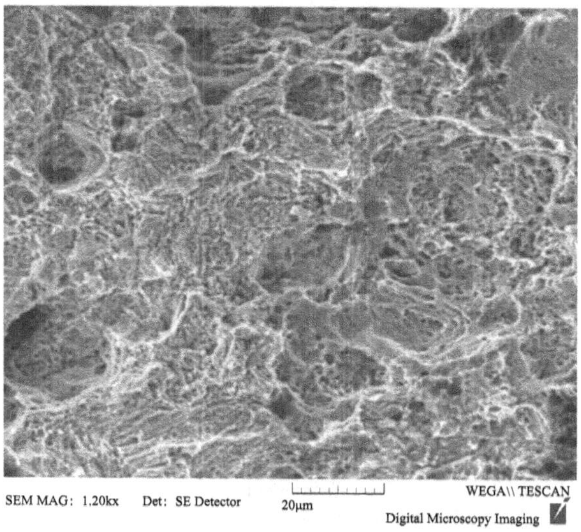

(a)高密度的撕裂棱和解理小断面同时存在

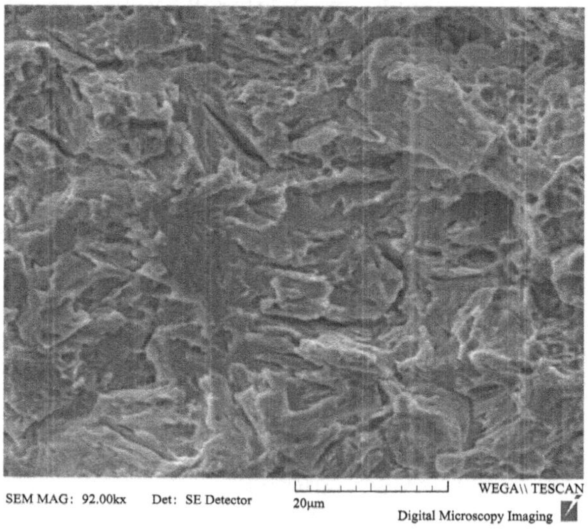

(b)放射状的河流花样

图 10　断口扩展区准解理形貌

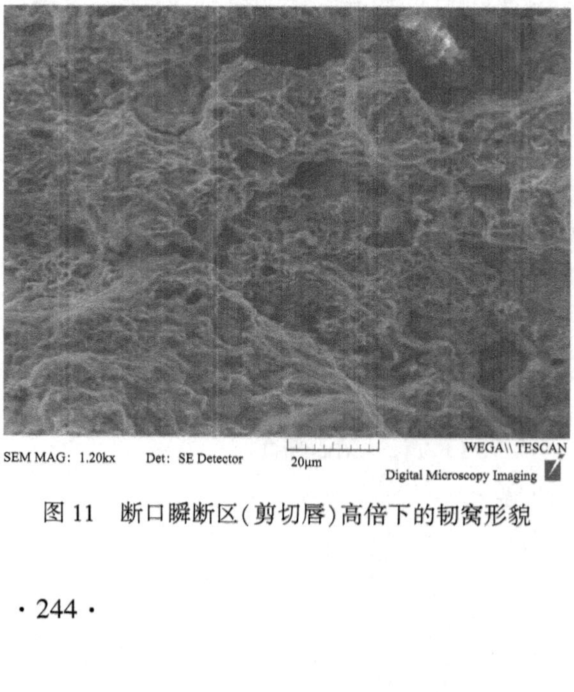

图 11　断口瞬断区(剪切唇)高倍下的韧窝形貌

表 6　超声法残余应力检测结果

测点名称	测点 1	测点 2	测点 3	测点 4	测点 5
轴向应力值/MPa	35.02	37.50	40.05	80.25	37.5

此外，根据该弯管外弧侧系列温度夏比冲击试验结果，其韧-脆转变温度在 0℃ 左右，而该弯管在失效时的环境温度约-5℃，此时弯管的服役温度在低于其韧-脆转变温度时韧性进一步降低，更容易在外壁萌生裂纹，断口附近发现的浅表裂纹与之相印证。同时，裂纹及其断口微观分析也发现脆性特征，进一步证明了材料由于脆性较大而发生了开裂。

2.7.2　应力分析

在弯管热煨弯制过程中，其外弧侧外壁承受

的拉应力最大，内弧侧外壁承受的压应力最大，而该弯管的残余应力检测结果也表明其外弧侧存在轴向残余拉应力，最大值为 80.25MPa。同时，根据在注气到采气阶段管道内部压力由 2.1MPa 上升到 6.16MPa，失效时管内介质温度 23.5℃ 到环境温度-5℃，依据标准 GB 50251—2003《输气管道工程设计规范》计算该弯管产生的轴向应力合计约为 132.478MPa。因此，残余拉应力、内压和温度变化产生的轴向应力会促进该弯管裂纹的萌生和扩展。

综上所述，采气弯管材质不合格，弯管在弯曲段外弧侧的脆性较大，外弧侧在外壁的韧性比内壁更低，服役环境温度低于弯管外弧侧材料的韧-脆转变温度，弯管外弧侧材料性能已由韧转脆，在与残余拉应力、内压和温度变化产生的轴向应力联合作用下，弯管外壁萌生裂纹并发生脆性开裂。

3　结论与建议

(1) 该失效弯管化学成分符合 GB 1591—88 中对 16Mn 的要求；拉伸性能、和冲击性能不符合 GB 1591—88 要求，弯曲段硬度值高于直管段，在壁厚方向上的硬度呈现出内壁向外壁逐渐升高的特点；金相分析发现弯曲段各部位均出现了马氏体组织。

(2) 该弯管开裂的原因为：在加工过程中不当的热处理操作导致弯曲段材料出现了马氏体硬脆组织，外弧侧外表面硬度明显偏大且存在多处浅表裂纹，在残余拉应力、内压和温度变化产生的轴向应力联合作用下裂纹扩展至内表面，最终导致弯管失效。

(3) 建议对同批次弯管进行在线材质排查和外壁浅表裂纹排查，加强弯管质量检验。

参考文献

[1] 刘建华. 高压主蒸汽管焊缝裂纹原因分析及处理[J]. 化工管理，2018(16).

[2] 曲业民，曹小刚. 压力容器和压力管道应力腐蚀开裂机理及影响因素[J]. 化学工程与装备，2023，(09)：179-181.

[3] 李锐峰，赵旭，栾晖，等. 油气管道开裂原因[J]. 理化检验-物理分册，2022，58(12)：58-63.

[4] 王飞，周少坤，王海涛，等. L360N 天然气管道弯管的开裂原因分析[J]. 热加工工艺，2022，51(21)：144-147+151.

老油田集输管网区域性阴极保护设计与应用

张传干[1]　王振堂[1]　王　丽[2]　魏海生[1]　潘景亚[1]　李智勇[1]

（1. 中国石油大港油田公司；2. 渤海石油装备河北华油一机抽油机有限公司）

摘　要　为突破老油田单井管道区域性阴极保护实施难点，选取地面管网种类齐全，具有普遍代表性的官16井区开展试验应用，以探索建立一套适应复杂集输管网区域保护建设的规范模式。通过运用馈电测试+基于数值模拟计算方法、优选管道绝缘措施、创新内置牺牲阳极技术，有效降低了区域性阴极保护建设成本支出，提高了区域性阴极保护实施效果，为下步规模推广应用奠定基础。

关键词　集输管网；区域性阴极保护；管道绝缘；内置牺牲阳极；保护电位

随着油田开发的深入发展，单井埋地管道的严重腐蚀给油田的生产、开发和管理都带来了严重的问题，在经济上造成了巨大损失，亟需开展油田区域性阴极保护技术的应用。所谓区域性阴极保护就是将某一区域内多条不同管道作为一个整体进行保护，通常用于站场内埋地金属管道和站场外单井集输管道。由于埋地金属管道因防腐绝缘层老化、损坏，土壤腐蚀性强等因素影响，通常采用外加电流区域性阴极保护方法。

目前，区域性阴极保护在大港南部油田覆盖率较低，不足10%，主要是存在两方面难点：一是单井集输管道数量多，分布广，结构复杂，阴极保护电流难以实现均匀分布。二是单井管道与油水井套管之间无绝缘，消耗电流大，实施难度大，投资高。为寻求一条低投资、效果好的集输管网阴极保护建设模式，提高技术应用覆盖率，在王官屯油田官16井区试验开展区域性阴极保护技术应用项目。

1　区域单井管网特点

王官屯油田官16井区集输管网位于官195断块，沧县南排河两岸，有油井23口，拌掺生产（图1）。集输管网包括集输、掺水干线各1条；集输、掺水支线各1条；单井集油、掺水管道各23条。管道累计数量50条，长度11.3km。其中，钢制管道44条9.8km，非金属管道6条1.4km。

单井管道以“T”接、串接方式与集输干、支线相连，形成以干、支线为干、枝的树状结构。管道距离短、数量多，分布不均，并行、交叉现象比较普遍。管道无论在井口还是支线首末段均未安装绝缘装置。管道所处腐蚀环境恶劣，防腐绝缘层老化、破损严重，管道所处外部土壤电阻率低，内部输送介质温度高。

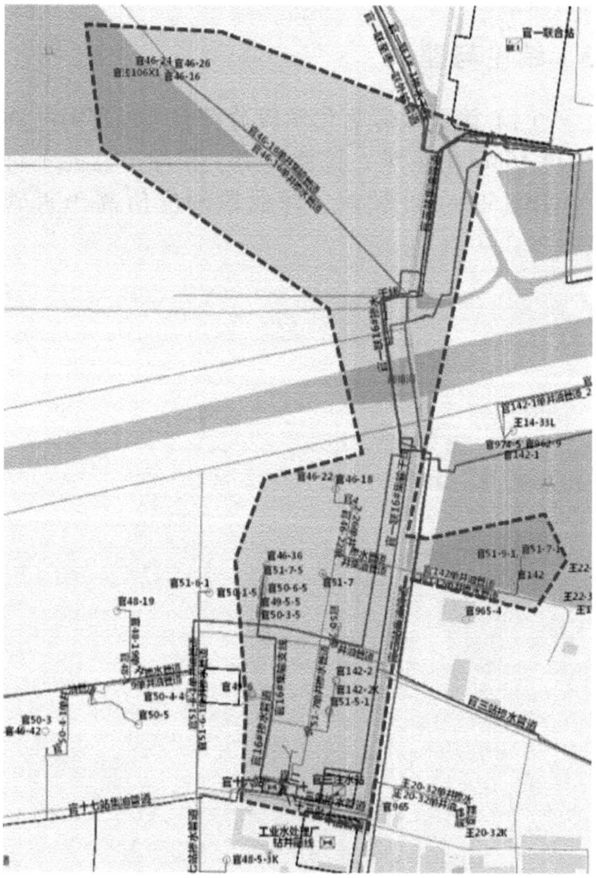

图1　官16井区集输管道分布图

2　区域性阴极保护实施要点

在官16井区首先开展馈电测试，部署临时阳极地床5组，布置临时电源设备5台。敷设系统实验电缆，安装测试参比电极等，准确获取了南部油田实施区域阴极保护所需电流密度范围，为集输管网区域保护设计提供了关键技术数据。

同时基于数值模拟计算的方法，建立区域性阴极保护电位分布描述方程，确定区域性阴极保护电位体系边界条件，然后用边界元法进行求解，最终得到保护效果云图。对阳极地床类型、数量、分布，通电点布置合理进行优化设计，达到复杂管网阴极保护电流均衡分布，提高管道保护率(图2)。

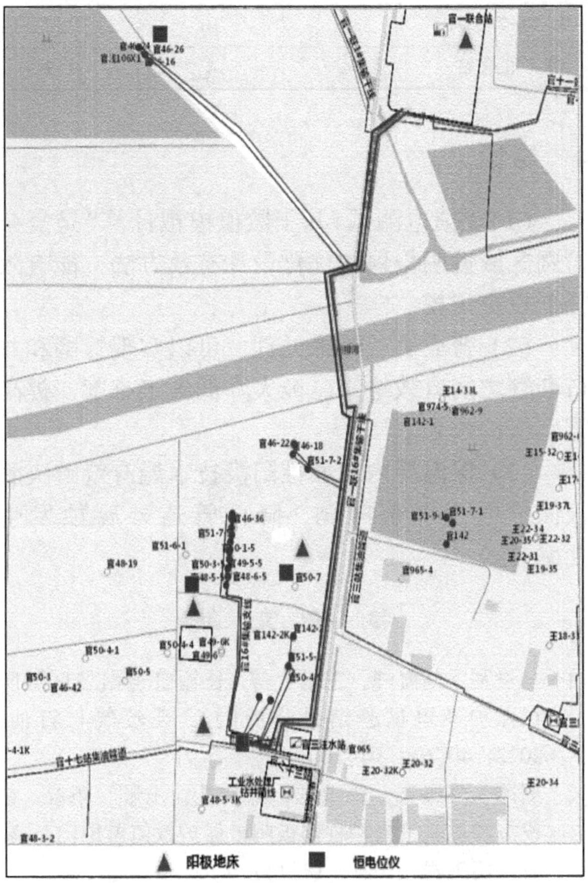

图2　阴极保护模拟设计结果图示

2.1　设计参数

南部油田集输管道均具有夹克泡沫隔热保温层、输送介质温度高(50~70℃)、所处土壤环境电阻率低(6~8Ω·m)、自然电位低(-0.76~-0.68v)。依据《埋地钢质管道阴极保护技术规范》(GB/T 21448—2017)保护准则，结合南部油田集输管道特点，通过室内模拟实验，确定所需最低有效保护电位标准为-0.95V。

阳极消耗率设计为6mg/A·a，保护电流密度设计为20mA/m^2，确定该区域共需设计阴极保护系统4个，阳极地床5口。在官16站建立阴极保护主站，在官46-36井丛场、官50-7、官一联合站建立局部补偿阴极保护站点3个。分布位置如图2所示。

2.2　管道绝缘措施研究

主要包括区域范围内管网与油井套管之间、计划保护区域内管道与区域外管道之间绝缘措施。从加装绝缘法兰、非金属管道短接、普通法兰绝缘处理(图3)等方面，选择既经济又有效区域绝缘隔离措施。

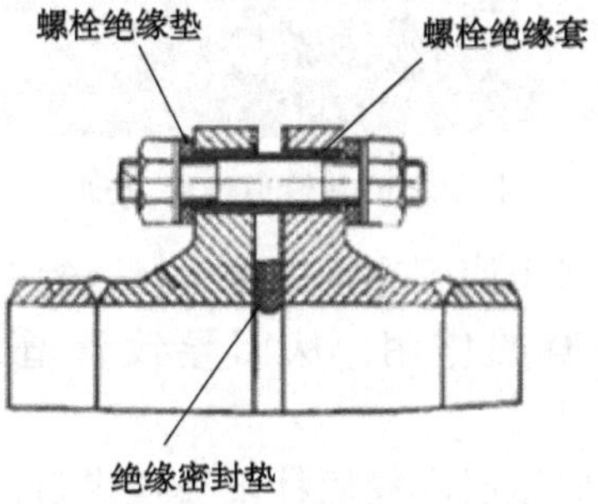

图3　普通法兰绝缘处理示意图

管道实施阴极保护一般在管道两端安装绝缘法兰，将设计保护管段与非保护管段实现电性绝缘。但单井集输管网之间、集油管道与油井套管之间目前基本无物理绝缘。若在无绝缘情况下，开展区域保护，区域范围十分庞大，所需要的保护电流也将十分巨大，实施困难；若将集输管网划分为若干个有限区域分别保护，就需要完善绝缘装置，但管道、油井均处于生产中，完善绝缘装置需要停产改造流程，不易实现。若不动生产流程，将流程上现有普通法兰进行绝缘处理，达到绝缘效果，将是一种简单易行的方法。

具体采取措施：法兰片间密封垫添加聚四氟绝缘垫，紧固螺栓与法兰片间加装绝缘纸(绝缘套管)，酚醛树脂绝缘垫片。若法兰片间为石棉垫，无需停产，直接处理紧固螺栓即可。处理后的普通法兰，经绝缘测试，绝缘电阻可达10MΩ以上，满足了SY/T 0086—2020《阴极保护管道的电绝缘标准》中要求(图4)。

2.3　阴极保护电流屏蔽问题解决

外加电流阴极保护法利用土壤作为电解质，阴极保护电流通过土壤和防腐层破损点流入管道，对管道实现阴极保护。对防腐蚀保温管线而言，由于防腐蚀保温结构具有极高的绝缘电阻，对阴极保护电流形成屏蔽性，使得管道不能满足处于连续电解质环境这一阴极保护必要条件，若仍采用传统的阴极保护方式，那么阴极保护电流

图 4　单井管道绝缘处理

将不能通过土壤到达管道表面，导致阴极保护不能发挥应有的作用，从而导致管道外腐蚀的发生。

通过保温层内置牺牲阳极技术可以解决“阴极保护电流屏蔽”问题。保温层内置牺牲阳极技术原理与传统的牺牲阳极技术原理相同，同样为原电池原理，即用一种电位比所要保护的金属还要负的金属或合金与被保护的金属电性连接在一起，依靠电位比较负的金属不断地腐蚀溶解所产生的电流来保护其他金属。保温层内置牺牲阳极技术可有效解决防腐蚀保温层对阴极保护电流的屏蔽问题，为埋地保温层管线补口处提供有效的阴极保护，并为此类问题的解决开拓了一种新的思路和方法。

3　区域性阴极保护实施效果

2022 年，大港王官屯油田官 16 井区单井管道区域性阴极保护建设完成。其中，完成普通法兰绝缘处理 42 处，建立 4 套强制电流阴极保护系统，安装 50V/50A 恒电位仪 4 台，新建深井钛基氧化物阳极地床 5 口，保护电位测试桩安装 10 只。在单井管道易积水、跨河出入地端等 20 处安装保温层内置镯式锌牺牲阳极 35 只。

系统投入运行后，4 台阴极保护恒电位仪，共输出阴极保护电流 45A，实现了官 16 井区 44 条 9.8km 集输管道阴极保护，最低阴极保护极化电位全部达到了-0.95V 技术要求。投入运行后截至 2024 年 8 月份王官屯油田官 16 区域单井管道未出现因外腐蚀导致的漏失(表 1)。

表 1　恒电位仪运行参数表

安装位置	输出电压/V	输出电流/A	控制电位/V
官 16 站	2.07	12	-1.2
官 46-36 井丛场	5.5	19	-1.2
官 50-7 井场	3.3	10	-1.2
官一联合站	1.6	4	-1.2

4　结论

（1）“馈电测试+基于数值模拟计算”是复杂管网区域性阴极保护优化设计有效方法，能有效降低投资规模。

（2）普通法兰绝缘处理，可以实现管网和井口套管之间有效绝缘，极大降低施工难度，提高管网保护效果。

（3）保温层内置牺牲阳极技术能有效解决阴极保护电流屏蔽问题，降低管道外腐蚀发生几率。

参 考 文 献

[1] 马贵利，刘海峰，王浩，等. 长输管道站场区域阴极保护馈电试验结果分析[J]. 天然气与石油，2022，40(6)：94-100.

[2] 周冰，赵玉飞，张盈盈，韩文礼，王顺，董亮. 在役海洋桩基平台牺牲阳极阴极保护数值模拟[J]. 装备环境工程，2021，18(1)：9.

[3] 晏贤臣. 管道绝缘接头(法兰)绝缘性能测试方法的适应性研究[D]. 西南石油大学，2018.

[4] 张文艳，武晓丽，谢毅，等. 埋地带保温层管线阴极保护技术的实施方式——保温层内置牺牲阳极技术[C]. 2015 年管道防腐蚀及失效分析与控制技术研讨会.

大港油田南部区块缓蚀阻垢剂优选与评价

何丕祥[1]　李东平[2]　汪文昌[3]　李　倩[1]　吴　辉[2]

（1. 中国石油大港油田公司；2 中国石油大港油田公司天津；3 中国石油大港油田公司第一采油厂）

摘　要　大港油田部分区块由于腐蚀结垢造成杆断、管漏等现象，根据对造成腐蚀结垢的因素分析，如水质、结垢、细菌、硫化氢等因素分析，确定了造成杆管腐蚀的主要原因。根据原因分析室内开展了缓蚀剂、阻垢剂、杀菌剂、除硫剂等药剂的筛选，形成了预防腐蚀的缓蚀阻垢剂；根据室内缓蚀阻垢实验表明，优选的复合缓蚀阻垢剂腐蚀速率远远低于0.076mm/a，缓蚀率达到92%以上，阻垢率大于95，水中含硫物为0，硫酸盐还原菌为0，可有效防止腐蚀的发生。

关键词　大港油田；杆管；腐蚀；缓蚀剂

油井腐蚀是一个复杂的过程，受多种因素影响，主要包括以下几个方面：(1)化学因素，产出液中的化学成分对腐蚀有显著影响，溶解气体如二氧化碳和硫化氢是造成油井腐蚀的主要原因，CO_2能够形成酸性环境，促进电化学反应，加速腐蚀过程，H_2S同样具有较强的腐蚀性，能在金属表面形成硫化物，影响金属的钝化状态，导致腐蚀。(2)物理因素，温度和压力是影响腐蚀速率的物理因素，高温高压环境会加剧腐蚀反应，特别是在含有CO_2和H_2S的酸性环境中。(3)生物因素，硫酸盐还原菌(SRB)等微生物的活动也会导致腐蚀，它们可以将硫酸盐转化为硫化氢，增加腐蚀风险。(4)电化学因素，油井中的金属设备与产出液接触时，会形成腐蚀电池，发生电化学反应，导致金属被氧化，形成腐蚀。大港油田部分区块地层产出液矿化度高、温度高和腐蚀性气体含量高，造成油井、地面管网、设备及注水井筒腐蚀结垢现象严重，给油田开发和生产带来了巨大危害。

1　腐蚀现象分析

1.1　油井腐蚀特点分析

油井的腐蚀多表现为杆管腐蚀，属于金属腐蚀，金属腐蚀就是金属材料和腐蚀介质(空气、水、土壤等)发生化学或电化学的作用而使其力学性能降低的现象。大港油田南部地区油杆、油管材质以N80钢为主。抽油杆、油管的表面存在着明显的点蚀(图1)、坑蚀(图2)、剥落腐蚀(图3)等特征，腐蚀形态表现为局部腐蚀特征，电化学腐蚀较明显。

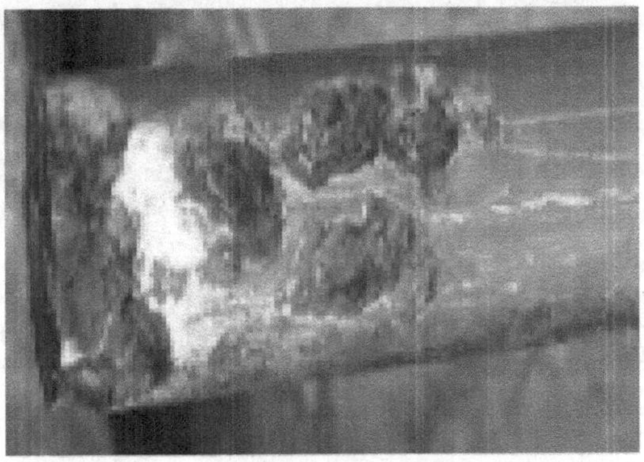

图1　点蚀现象

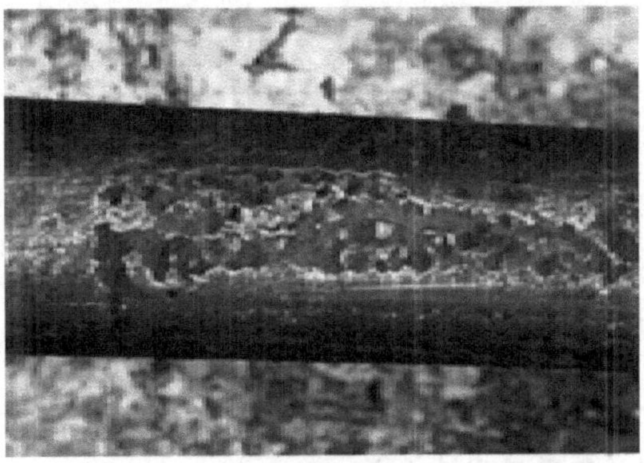

图2　坑蚀现象

图3　剥落腐蚀

1.2 腐蚀程度

据修井作业数据分析发现，油井腐蚀存在的明显的腐蚀井段在1300~1700m，而这一井段与油井动液面相近，说明油井在油气水交界处更容易发生腐蚀。而且油井含水越高，腐蚀越严重，如官2井(图4)含水29%，检泵周期可达771d，而官3井(图5)含水91.8%，检泵周期仅为97d。由此可见，南部地区腐蚀与油井环境有很大关系。

图4 官2井油杆

2 腐蚀因素分析

由于地层采出液矿化度高、温度高为腐蚀结垢提供了温床，加之腐蚀性气体、微生物等因素的参与，地面设备设施及井下管柱的腐蚀结垢问题严重影响了油田的正常生产

2.1 水质分析

该区块水型主要为氯化钙水型，矿化度在20000~30000ppm，易形成结垢加剧腐蚀(表1)。

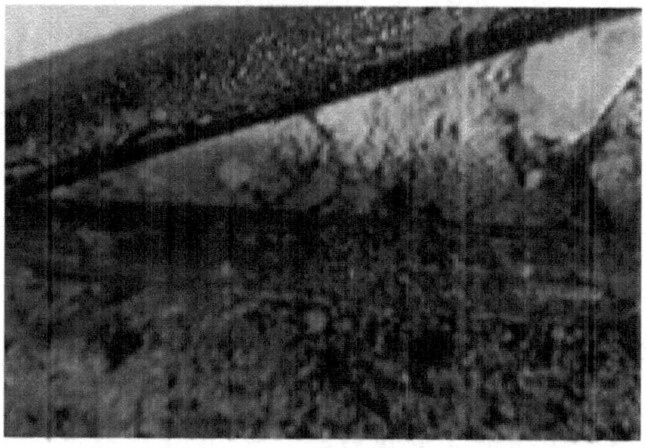

图5 官3井油杆

表1 南部油田注水站水型分析

站点	pH值	K+Na	Mg^{2+}	Ca^{2+}	Cl^-	SO_4^{2-}	HCO_3^-	CO_3^{2-}	总矿化度	水型
自一联	7.15	10615	146	842	17725	360	488	0	30176	$CaCl_2$
枣二联	7.26	10304	67	381	16413	0	580	0	27745	$CaCl_2$
枣一联	7.2	10960	79	922	18434	24	519	0	30938	$CaCl_2$
官一联	7.10	9246	97	401	14854	24	641	0	25262	$CaCl_2$
官二期	7.2	8591	85	321	13542	168	671	0	23378	$CaCl_2$
女一污	7.18	7855	67	371	12230	600	488	0	21611	$CaCl_2$
官二联	7.05	10143	79	331	15988	96	671	0	27308	$CaCl_2$
小一联	7.02	7694	79	311	12124	264	549	0	21021	$CaCl_2$
段一联	7.05	7268	49	271	10883	264	1281	0	20016	$NaHCO_3$
平均	7.13	9186	83	461	14688	200	654	0	25273	

2.2 细菌等因素分析

对该区块水质进行细菌、硫化氢、溶解氧和硫化物进行分析，该区块硫酸盐还原菌含量超标，同时含有一定量的硫酸盐还原菌和硫化物，易造成硫化氢腐蚀(表2)。

2.3 腐蚀速率及腐蚀级别测定

根据《碎屑岩油藏注水水质指标及分析方法》进行区块注水系统腐蚀速率的测定和腐蚀级别的判断，该区块腐蚀级别是严重，腐蚀速率远远大于0.076mm/a(表3)。

表2 细菌等因素分析

联合站	温度/℃	SRB 个/ml	TGB 个/ml	FEB 个/ml	气体 H_2S/ppm	溶解氧/(mg/L)	污水硫化物/(mg/L)
自一联	47	2500	10^2	10^4	19	0.10	5.71
枣一联	50	1300	10^3	10^4	14	0.09	2.35

续表

联合站	温度/℃	SRB 个/ml	TGB 个/ml	FEB 个/ml	气体 H_2S/ppm	溶解氧/(mg/L)	污水硫化物/(mg/L)
枣二联	48	700	10^3	10^3	3	0.12	0.96
官一联	50	7000	10^2	10^3	53	0.11	5.48
官二联	60	700	10^3	10^4	100	0.09	≥16
官二期	51	2500	10^3	10^4	29	0.12	3.05
女一联	56	110	10^3	10^3	11	0.13	1.25
小一联	62	700	10^4	10^4	100	0.12	≥16
段一联	48	2500	10^4	10^4	70	0.1	≥16

表 3　采出水系统腐蚀速率及腐蚀级别

系统名称	静态腐蚀速率/(mm/a)	试片表面描述	动态腐蚀速率/(mm/a)	腐蚀级别
自一联	0.1836	表面发黑，局部腐蚀	0.4015	严重
枣一联	0.1847	表面发黑，局部腐蚀	0.4136	严重
枣二联	0.1773	表面发黑，局部腐蚀	0.3753	严重
官一联	0.2380	表面发黑，局部腐蚀	0.4731	严重
官二期	0.2629	表面发黑，局部腐蚀	0.3965	严重
女一联	0.2518	局部腐蚀	0.4784	严重
官二联	0.2464	表面发黑，局部腐蚀	0.3843	严重
小一联	0.2648	表面发黑，局部腐蚀	0.5198	严重
段一联	0.2292	表面发黑，局部腐蚀	0.3283	严重

2.4　结垢预测

采用行业标准《油田水结垢趋势预测方法》Davis-Stiff 饱和指数法，及 Ryznar 稳定指数 SAI 对比分析，对采出水开展 $CaCO_3$结垢趋势预测与研究，在现运行温度下均有结垢趋势。所有系统到 70℃时，均结垢严重(表 4)。

表 4　不同温度下结垢预测　　℃

系统	运行温度	结垢趋势预测			
		40	50	60	70
自一联	47	无	有	严重	严重
枣一联	51	有	有	严重	严重
枣二联	50	无	无	有	严重
官一联	50	无	有	有	严重
官二期	52	无	有	有	严重
女一联	56	无	有	有	严重
官二联	60	无	无	有	严重
小一联	64	无	无	有	严重
段一联	48	有	有	严重	严重

2.5　SRB 细菌分析

SRB 是成群或成菌落地附着在管壁上，在流动水中不易检测到。因此对挂片附着的黏泥中 SRB 也进行了培养检测，SRB 菌团量超过了 110 个/ml 的行业标准(图 6)。

2.6　硫化氢气体含量分析

对 9 座联合站天然气取样检测(三相分离器气相出口)，并与 2019 年检测数据对比，硫化氢含量也较高(图 7)。

3　药剂的筛选与评价

根据腐蚀因素，开展了缓蚀剂、阻垢剂、杀菌剂、除硫剂等药剂的筛选与评价，并进行了药剂的加量及复配以后效果验证，验证表明复配的药剂针对南部油田腐蚀具有良好的抑制作用，可以有效减缓腐蚀现象的发生。

3.1　缓蚀剂的筛选与评价

选取现场用 4 种缓蚀剂对 N80 钢片进行缓蚀评价实验，实验结果表明缓蚀剂 B 在加量 80ppm 时，具有良好的缓蚀效果(表 5)。

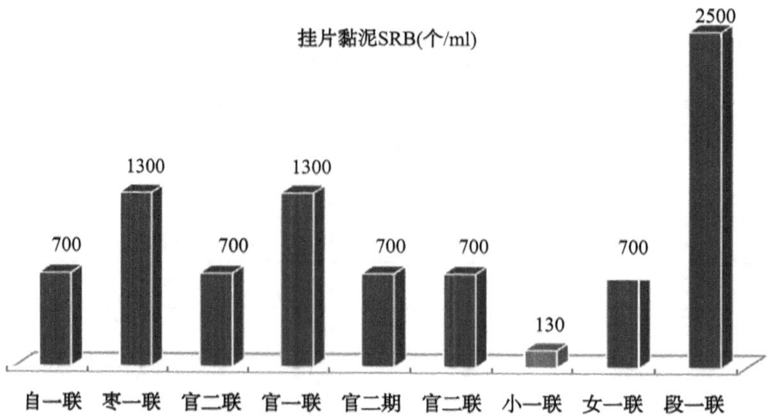

图 6　挂片黏泥 SRB 实验数据图

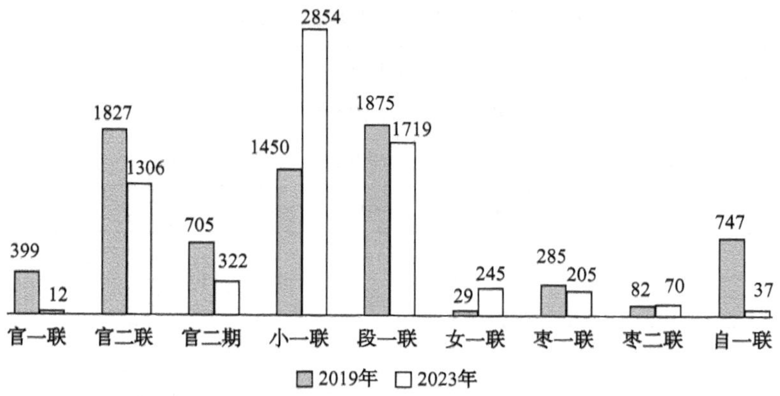

图 7　硫化氢含量检测对比图

表 5　缓蚀剂评价实验结果

	30ppm		50ppm		80ppm		120ppm		160ppm	
	腐蚀速率/(mm/a)	缓蚀率/%	腐蚀速率/(mm/a)	缓蚀率/%	腐蚀速率/(mm/a)	缓蚀率/%	腐蚀速率/(mm/a)	缓蚀率/%	腐蚀速率/(mm/a)	缓蚀率/%
缓蚀剂 A	0.0926	65	0.0646	75.6	0.0365	86.2	0.0275	89.6	0.0605	77.2
缓蚀剂 B	0.0545	79.4	0.045	83.0	0.0132	95.0	0.0149	94.4	0.0212	92.0
缓蚀剂 C	0.1411	46.7	0.1229	53.6	0.0922	65.2	0.0736	72.2	0.0673	74.6
缓蚀剂 D	0.0753	71.5	0.0625	76.4	0.0442	83.3	0.0378	85.7	0.041	84.5

3.2　阻垢剂的筛选与评价

选取了 5 种阻垢剂，在 120℃条件下，开展阻垢实验，实验标准阻垢剂 A 在加量 0.04%的条件下，可以有效的防止结垢的发生(表 6)。

表 6　阻垢剂评价实验结果

序号	阻垢剂	有效浓度，ppm(120℃，72h)					混合后 pH 值
		200	400	600	800	1000	
1	F+J	结垢	结垢	结垢	结垢	混浊	7
2	P	结垢	结垢	结垢	不结垢	不结垢	7
3	A	结垢	不结垢	不结垢	不结垢	不结垢	6
4	H	结垢	结垢	不结垢	不结垢	不结垢	6
5	HP	结垢	结垢	不结垢	不结垢	不结垢	6

3.3　杀菌剂的筛选与评价

选取了目前常用的酮类杀菌剂和季铵类杀菌剂进行对比实验，水样采取小六站地表水，培养温度 35℃，培养时间 7d，空白样品采用 2 平行 5 级稀释，加药样品采用 2 平行 3 级稀释，加药浓度 100mg/L，实验结果表明季铵类杀菌剂效果比较好，杀菌率可达 100%(表 7)。

3.4　除硫剂的筛选与评价

优选了 3 种三嗪类液体除硫剂，采用测硫管测试水中硫化物含量的方法，测定除硫剂除硫效果。选取目前产出液中硫化物含量为 50ppm 样品进行除硫剂实验。实验结果表明当除硫剂 A 加量为 20ppm 时，可以有效去除产出液中硫化物(表 8)。

表 7　杀菌剂评价实验结果

长菌情况 / 加药地点	SRB		TGB		铁细菌	
	长菌观察生长指标	细菌数量个/mL	长菌观察生长指标	细菌数量个/mL	长菌观察生长指标	细菌数量个/mL
小六站加药前	20000	2.5	10000	0.6	20000	2.5
小六站加药后	0	0	0	0	0	0
杀菌率	100%	100%	100%			
地表水加药前	22100	60	2220	2500	22210	600
地表水加药后	000	0	000	0	000	0
杀菌率	100%	100%	100%			

表 8　除硫剂评价实验结果

	除硫剂加量/ppm			
	10	20	30	50
加入除硫剂 A 后硫化物含量	15	8	0	0
加入除硫剂 B 后硫化物含量	20	10	7	0
加入除硫剂 C 后硫化物含量	25	15	5	0

3.5　药剂的配伍性研究及缓蚀阻垢性能评价

对优选的缓蚀剂 B、阻垢剂 A、杀菌剂和除硫剂 A 进行按照 80：400：100：20 的比例，形成复配的缓蚀阻垢剂，选取 4 个地点的水样进行缓蚀、阻垢、杀菌和除硫性能测定，其各项指标均达到良好的效果。

表 9　综合实验评价

	腐蚀速率/(mm/a)	缓蚀率/%	阻垢率/%	杀菌率/%	除硫率/%
水样 1	0.056	93	92	99	99
水样 2	0.058	92	91	99	99
水样 3	0.048	94	95	99	99
水样 4	0.052	91	93	99	99

4　结论及认识

（1）通过对腐蚀结垢原因分析，水中腐蚀结垢离子、细菌、含硫物是造成腐蚀结垢的主要原因。

（2）室内优选了缓蚀剂、阻垢剂、杀菌剂和除硫剂，复配后形成新的缓蚀阻垢剂，具有良好的防腐效果。

参　考　文　献

[1] 赵慧萍，赵文娟，等. 金属电化学腐蚀与防腐浅析[J]，化学工程与装备，2013，(10)：135-136.

[2] 王丹，刘阳，等，某油田油井钢材腐蚀及缓蚀剂研究[J]，石油工程建设，2021，(6)：35-39.

[3] 宋时权. 孤东八区腐蚀原因及治理对策研究[J]，化学工程与装备，2014，(4)：118-120.

[4] 吴美泽，孙玉民，等. 华北油田油井腐蚀结垢原因分析及治理方法优选[J]，长江大学学报，2016，13(22)：41~44.

[5] 李冬梅. 浅谈金属腐蚀与防护方式[J]，全面腐蚀控制，2018，32(3)：27-28.

[6] 艾俊哲，段立东，等. 咪唑啉固体缓蚀剂的溶解性能及缓蚀性能[J]，腐蚀与防护，2019，10(40)：740-746.

硫化氢治理技术在大港南部油田的应用探讨

王　菁　魏海生　潘景亚　赵　维　马永雷　舒克双

（中石油大港油田公司）

摘　要　油田生产开发过程中，从地层产出的采出液经过地面流程管线输送到联合站，经过处理后再进行回注（包括回注到地层）。若水中含有硫化氢、二氧化碳、氧气时，水的腐蚀性便急剧增加。在油田污水中，硫化物、硫酸盐是硫的主要存在方式，硫化氢易造成管材腐蚀穿孔，不仅带来了巨大的经济损失，还严重影响了油田的正常生产。

关键词　油田；硫化氢；腐蚀；SRB除硫剂；治理

大港南部油田采出水具有矿化度高、温度高和腐蚀性气体含量高的特点，造成油井、地面管网、设备及注水井筒腐蚀结垢现象严重，给油田生产和开发带来了巨大危害。随着油田开发进入中后期，生产工况环境日益复杂，生产工艺变化、增产技术等应用引入了新的腐蚀问题，严重影响油气资源安全高效开发。南部油田9座污水处理站，矿化度19000~32000mg/L，pH值6.9~7.4，水温45~70℃，并含有硫化氢、二氧化碳和溶解氧等酸性气体，天然气管线中硫化氢含量均超过了100ppm。为了降低油气中的硫化氢含量，减少硫化氢腐蚀引起的钢材穿孔风险，通过对现有除硫方法的对比分析，优选除硫剂，现场采用化学加药（除硫剂），把天然气中硫化氢控制在安全临界浓度（30mg/m^3，20ppm）以下，避免泄漏后人员伤害，保障了安全生产。

1　油田硫化氢的危害

1.1　剧毒性

硫化氢是一种有臭鸡蛋气味，有毒、有害但无色的不良气体。通常在硫化氢中毒时，会反射性地引起呼吸停止，也可以直接麻痹呼吸中枢，而立即引起窒息，造成闪电式中毒死亡，毒性为一氧化碳（CO）的5~6倍。

安全临界浓度：30mg/m^3（20ppm）即在H_2S环境中8h内未采取任何人身防护，可接受的H_2S最大浓度值。

H_2S浓度超过危险临界浓度（100ppm）的天然气一旦泄漏，人员吸入会造成不可逆的伤害。

H_2S浓度超过1000ppm的天然气一旦泄露，人员吸入会造成迅速死亡。

1.2　腐蚀性

硫化氢易溶于水而形成湿硫化氢环境引起腐蚀，一是硫化氢与铁反应，由于条件和环境的不同，将产生多种晶体形成的腐蚀产物硫化铁，其通式一般表示为FexSY，其中部分硫化铁晶体结果缺陷相对较小，可以阻止铁离子扩散，对进一步腐蚀起到抑制作用，如FeS_2和FeS，但还有部分硫化铁晶格不完整，结构较疏松，反而会加速腐蚀进行；二是氢去极化腐蚀，表现为以下三种形式：①硫化氢应力腐蚀破裂（SSCC）；②氢致开裂（HIC）；③有关应力的氢致开裂（SOHIC）。

2　油田硫化氢产生机理

在油田污水中，单质硫、硫化物、硫酸盐是硫的主要存在方式，油气井中所含的硫化氢主要来源于油气中有机硫化物的高温分解、水中硫酸盐的高温还原、钻井和修井中药剂的高温分解或细菌作用产生的硫化氢及地层中自生的硫化氢。

2.1　生物体内普遍含硫

生物体的代谢产物和降解产物中，有脂肪族含硫化合物（如硫醇）、芳香族含硫化合物（硫酸）、含硫的氨基酸（蛋氨酸、胱氨酸、半胱氨酸），还有H_2S和硫。当生物死亡后，生物体内的硫和含硫有机化合物与沉积物一起被埋入地下，经过水解、氧化、细菌降解和各种复杂的化学和生化作用，伴有H_2S的生成。若这些过程发生在地表或浅层沉积物中，H_2S难以保存，而能够保存下来的含硫有机化合物、硫酸盐和硫，则为以后H_2S的再次形成提供了物质条件。

2.2　硫酸盐还原菌（SRB）还原作用

油田开发过程中经常通过注水井向油层注水

以保持油层压力，由于注入水中常含有硫化氢或硫酸盐还原菌及硫酸盐，而 SO_4^{2-} 在厌氧的条件下，通过硫酸盐还原菌的活动，会产生 H_2S 气体。

硫化氢产生机理的条件：

① 温度：细菌生长适宜的温度 30~60℃；

② pH 值：细菌生产适宜 pH 值 5~10；

③ 硫酸根：水样中存在高浓度的硫酸根；

④ 菌源：水样中检出高浓度的硫酸盐还原菌(SRB)。

2.3　硫酸盐热化学还原作用

在高温作用下，有机质和烃类与硫酸盐发生作用，将硫酸岩矿物还原生产硫化氢和二氧化碳。这种高温作用受深埋、地温的影响，也可能受岩浆活动的影响，成为含硫酸盐深部地层大量生成 H_2S 的主要原因。硫酸盐热化学还原作用是天然气中生成高丰度硫化氢的主要原因。

2.4　岩浆成因

岩浆活动使地壳处的岩石熔融，产生含 H_2S 的挥发成分。因为地球内部硫元素的丰富度远远高于地壳，因此，火山喷发产物中往往含有大量的 H_2S 气体。

2.5　不稳定含硫有机化合物的热化学分解

在钻井过程中，随着井深和低温的增加，细菌作用退居次要地位，在生成 H_2S 的化学反应中，起主导作用的是温度。含硫有机化合物在热力作用下，含硫的杂环断裂形成硫化氢，在这一过程中，含硫有机质先转化为含硫烃类和含硫干酪根，当温度增加到一定程度(大约 80℃)干酪根中的原子逐渐断裂生成一定量气体，其中包括硫化氢，但浓度较低，当温度继续升高到深层热解作用阶段(130℃)时，开始发生含硫有机化合物分解产生大量硫化氢，故这种成因的硫化氢往往存在于干气之中，例如，硫醇的热分解可能生产 H_2S。

2.6　酸化

在石油和天然气开发过程中，酸化是油气井增产、注水井增注的一项十分有效的增产措施。通过油水井酸化可除去进井底带的堵塞物(如氧化铁、硫化亚铁、黏土)恢复底层的渗透率；还可溶解地层的岩石，扩大孔隙结构的喉部，提高地层的渗透率。但是在酸化过程中，有些酸会与岩石及堵塞物反应，生产有毒气体硫化氢。

2.7　高能气体压裂

该技术适用于中、深油气藏的油田增产，是利用炸药在井筒周围先造成对称分布的裂缝，在有大量的火药燃烧时产生的高能气体去扩展和延伸裂缝，使其与天然气裂缝沟通，从而达到增产的效果。火药燃烧室释放出大量热量，一般温度高达 600~800℃，在绝热条件下使气体温度达到千度以上，使油藏中不稳定含硫有机化合物产生热化学分解。火药燃烧后会产生一定量的 CO_2、CO、N_2、NO、HCl 及 H_2S 气体。

3　油田硫化氢检测分布现状

依据 GB/T 11060.1—2010《第 1 部分：天然气含硫化合物的测定：用碘量法测定硫化氢含量》对南部油田 9 座联合站天然气取样检测(三相分离器气相出口)，均含有硫化氢，整体呈北低南高，尤其南端三个站硫化氢含量超过了 800ppm。

表 1　联合站硫化氢含量

站点名称	自一联	枣一联	枣二联	官一联	官二期	女一联	官二联	小一联	段一联
硫化氢含量/ppm	84	23	50	104	537	179	2086	3206	1293

4　常见硫化氢治理方法

按除硫效果可分为粗脱、半精脱和精脱；根据除硫方法的特点又可分为氧化法、吸附法、吸收法、生物法等；依据物质所处的状态又可分为干法除硫和湿法除硫两大类。

4.1　物理除硫法

物理除硫法是根据气相平衡原理硫化氢的物理性质进行初步除硫，通过总结国内外原油除硫经验可知，硫化氢气体在常温条件下为气相，硫化氢在原油中的溶解度较小，根据气液相平衡原理，加热、减压等工艺都可以改变硫化氢在原油中的溶解平衡，从而降低原油中的硫化氢含量。硫化氢的常压沸点介于 C2 和 C3 之间，因此在分离原油中 C2 和 C3 等轻组分的同时也可以将其中所含的硫化氢气体分离出。

常见的物理除硫法主要有分馏法、多级分离法和负压闪蒸法。

4.2　化学除硫法

化学除硫法主要是将合成或者复配除硫剂投

入到单井套管或者联合站的三相分离中与原油中的硫化氢结合发生化学反应，从而达到除硫的效果。在化学除硫中，对于不同条件下的原油中硫化氢存在差异，既要达到除硫的效果，又要避免除硫剂带来的二次危害，如对套管的腐蚀，原油的破乳率等，目前国内外对于化学除硫的方法主要有沉淀法、氧化法、电化学法、中和法等。

4.2.1　沉淀法

将含金属离子的盐或氧化物加入到含硫化氢的原油中，与硫化氢作用生成难溶化合物。常用的物质有化合物主要有氧化锌、氧化铁、醋酸锌硫酸铜、碳酸亚铜等等。主要反应原理如下：

$$ZnSO_4+S^{2-}\longrightarrow ZnS\downarrow+SO_4^{2-}$$

$$FeO+H_2S\longrightarrow FeS\downarrow+H_2O$$

4.2.2　醇胺法

除硫工业装置主要包括吸收塔、胺液再生塔等，其工艺流程为含有硫化氢等酸性气体的原料气由底部进入吸收塔，与来自塔顶的再生贫胺液混合净化后排空或者进入下一工段；吸收硫化氢后的富胺液经换热器进入胺液再生塔得贫胺液再利用，分离出的硫化氢气体进入下一工段（图1）。

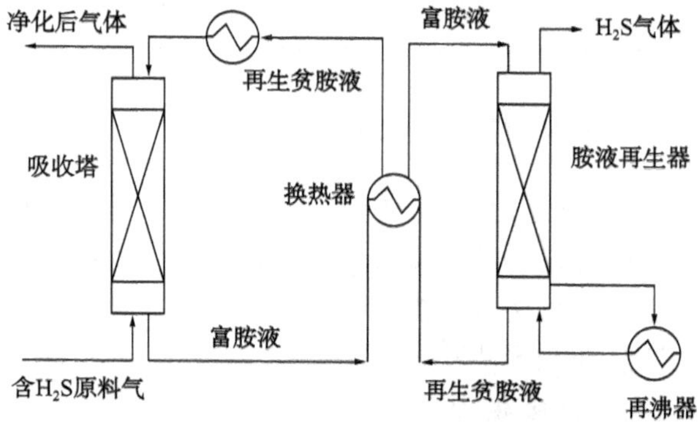

图1　醇胺法天然气除硫工艺流程图

4.2.3　氧化法

氧化法即是通过氧化剂将 H_2S 氧化成单质 S 或硫化物达到原油除硫的效果。常见的氧化剂主要有无机类氧化剂、有机类氧化剂等。

其中无机类氧化剂中应用较为广泛的主要有次氯酸钠、双氧水（过氧化氢）、臭氧、二氧化氯等。以催化曝气除硫工艺为例，李拥军，徐文刚，张金荣等人研究的催化曝气除硫工艺技术通过现场试验将高含硫化氢原油处理后其硫化氢含量降至 $15mg/m^3$，达到了安全生产和环境保护要求。工艺原理概括如下，单井采出原油经投加药剂后进入液相除硫催化曝气塔，在曝气塔中将原油中的液相硫化氢分离出来，液相硫化氢经双氧水氧化转化成高价态硫，反应式如下：

$$H_2S+H_2O_2=\!=\!=S+2H_2O$$

$$H_2S+5H_2O_2=\!=\!=SO_4^{2-}+6H_2O$$

现场试验表明该工艺在双氧水加药浓度为6000ppm，氢氧化钠加药浓度为3000ppm，循环气量为 $50m^3/h$ 时能够保证处理后原油中硫化氢含量达到安全阈限值以内。

有机类氧化剂主要有醛类除硫剂（季铵盐做催化剂）、环氧化合物、顺丁烯亚酰胺及衍生物等，其中醛类除硫反应方程式如下：

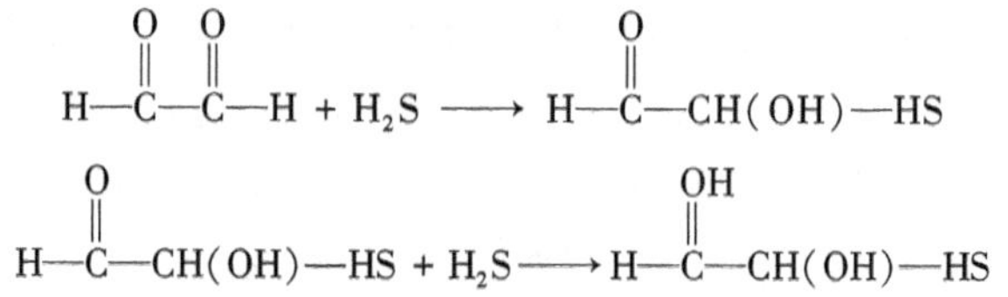

除硫剂的合成及性能评价文献中介绍到，醛类除硫剂与直链有机胺或三嗪类化合物的经复配后的混合物除硫性能更佳。由醛类化合物复配的除硫剂溶于水后其水溶液 pH 值变化不大，腐蚀速率较低，在油田生产中可有效的避免对采油及运输管道的腐蚀。醛类除硫剂优点是无腐蚀性、不结块、不会增加盐类等物质，且醛类有机物具有杀菌性，有利于将原油中的硫酸盐还原菌（SRB）消灭，其研究前景广阔，但缺点是某些小分子沸点低，在低温下反应缓慢，只有在高温条件下（70℃）才能达到高效原油除硫的效果。

4.3　生物除硫法

油气田开发的过程中，未经杀菌的注入地层，生成的硫酸盐还原菌（SRB）可通过代谢作用将地层中的硫酸盐还原成硫化氢，这也是生物法除硫着手的关键点。“生物除硫防腐技术”是利用油井中的反硝化细菌进行除硫，使硫化氢生产单质硫或高价态硫氧化物。

5　硫化氢治理技术应用试验

综合对比除硫方法，中和去除方法较为安全。即利用化学反应清除逸出的硫化氢，采用杀菌剂抑制次生硫化氢生成。

表2　除硫方法对比

硫化氢清除方法	优点	缺点
电解氧化	无需外加试剂	电极结垢、钝化
曝气氧化	方法简单、成本低	爆炸危险、需外加铁催化剂

续表

硫化氢清除方法	优点	缺点
化学氧化	去除率高、加药量小	爆炸危险
中和去除	去除快速、安全	成本较高
沉淀去除	去除率高、成本较低	有沉淀生成、影响破乳

5.1 除硫剂优选

以南部油田段六拨地区为试点，开展硫化氢治理试验。

油田用恶臭气体治理剂(CL-001)是一种以三嗪类衍生物为主的除硫剂，以下简称：除硫剂CL-001。该药剂集合了化学除硫法和生物除硫法的优点，既能有效的降低原生硫化氢浓度含量，又能很好的抑制次生硫化氢的产生，从而达到最好的除硫效果。

反应机理：酸碱中和反应

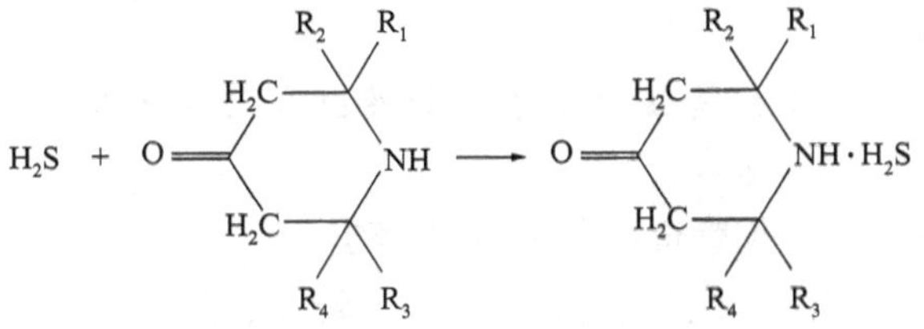

中和还原

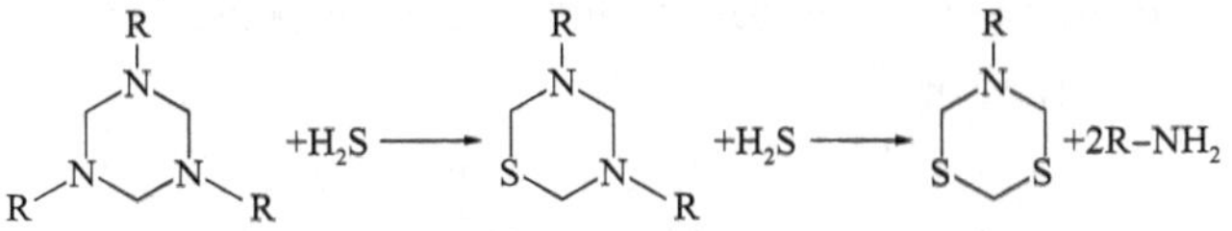

除硫剂CL-001特点：

(1) 除硫剂CL-001的分子量小，具有较大的除硫容量，因此采用低分子量除硫剂组分将具有更高的除硫效果。除硫剂为有机类液体，且为非危险化学品，外观为均匀液体，pH值8-10，无有机氯。而且热稳定，在100℃情况下，不会产生可逆反应。

(2) CL-001是一种复合型的除硫剂。含有除硫和杀菌两种成分，既能切断因SRB还原而产生的硫化氢来源，又能消除原有的硫化氢，除硫率达到90%以上。

(3) 除硫剂CL-001与原油中的采出水具有良好的配伍性，本身具有一定的缓释、防结垢作用，对井筒及地面系统不会造成腐蚀、结垢及堵塞的现象。

5.2 配伍性试验

(1) 油田用恶臭气体治理剂CL-001与破乳剂互溶性试验

除硫剂CL-001具有水中溶解、油中分散的特性，对油、水及气态H_2S及有机硫能发挥全方位的作用，除硫效果显著。为保证原油开采及后续处理过程能够安全稳定运行，配伍性的研究包括三方面内容：互溶性；除硫剂CL-001及其脱硫产物对破乳剂破乳性能的影响程度及破乳药剂对除硫剂CL-001的脱硫效率影响程度(图2)。

左侧为破乳剂、右侧为脱硫剂　　不同体积比互掺照片(左侧1∶2；右侧1∶1)

图2　配伍性安全剂

通过试验观察发现，除硫剂CL-001与现场用破乳剂，具有很好的互溶性。

(2) 破乳剂对除硫剂CL-001脱硫效率的影响

在500mL的油水混合物中分别加入与不加入破乳剂时除硫剂CL-001的脱硫效率。破乳剂与除硫剂CL-001的加入量均为1mL。系统置于常温下反应并定时检测硫化氢浓度(表3)。

表3　破乳剂对除硫剂CL-001的除硫效率影响

反应时间/s		90	120	150	180
H_2S原始浓度/(mg/m^3)		510	510	510	510
H_2S剩余浓度/(mg/m^3)	除硫剂CL-001	99	54	23	9
	除硫剂CL-001+破乳剂	100	53	22	10
除硫效率/%	除硫剂CL-001	80.6	89.4	95.5	98.2
	除硫剂CL-001+破乳剂	80.4	89.6	95.7	98.0

(3) 除硫剂CL-001对破乳性能的影响

本实验研究采用具塞量筒法。破乳条件为：加量50~100ppm，温度40~45℃，沉降时间为2h。

脱硫剂与原油乳状液分别按0∶10(对照)、2∶8的比例进行充分混合，置于100mL的具塞量筒中，加入100ppm的破乳剂，手摇200次左右(振幅大于20cm)，使破乳剂与油水混合物充分混匀。将各具塞量筒置于恒温水槽中，静置2h，每隔15min记录一次量筒内的分水量。实验结果如表4所示。除硫剂CL-001的存在对破乳剂的性能几乎无影响。

表4　除硫剂CL-001对破乳剂的破乳效率影响

脱硫剂类型	分水量						
	15min	30min	45min	60min	75min	90min	120min
空白	5	7	10	11	12	12	12
脱硫剂	6	8	11	11	12	12	12

5.3　单井及系统硫化氢含量普查

现场伴生气含量硫化氢浓度检测执行GB/T 11060.11—2014《天然气含硫化合物的测定第11部分：用着色长度检测管法测定硫化氢含量》标准要求。

检测方法：取出检测管，去掉两端封口，一段插入取样器取样口的橡胶孔中，另一端平方于需检测位置，缓慢拉动手柄到取样器第二档，吸入检测管中的硫化氢会与检测管中的化学性质发生变色反应，根据检测管上刻度与变色长度，可读出硫化氢浓度(表5)。

表5　段六拨地区来油含硫普测数据

井区	含硫化氢井数/口	硫化氢最高值/ppm	硫化氢平均值/ppm
段一	12	1800	696
段三	10	1100	240
段四	5	1000	364
段五	12	1600	511
段七	8	1200	428
段八	9	550	206

油井中11口井硫化氢含量超过1000ppm，段三四五站、段一七站、泛华来液伴生气中硫化氢含量均超过1000ppm。

5.4　联合站内硫化氢治理

5.4.1　治理方式

液体除硫，加药地点为联合站来油汇总管线，24h连续加注。

5.4.2　投加量的确定方法

根据前期对除硫剂投加量的实验研究得出经验公式：

除硫剂加入量(kg/d)=每日硫化氢产生量(kg/d)/硫容比%

每日硫化氢产生量(kg/d)=(总液量处理总液量kg/d)×液相中硫化氢浓度(质量分数)+(伴生气总体积(m^3)×硫化氢浓度(体积分数)×单位体积硫化氢质量(kg/m^3)

实验研究表明，原油中汽液两相硫化氢分配方程为：

液相中硫化氢浓度(ppm)=0.091×气相中硫化氢浓度(ppm)+0.0516

对于未曾治理过的系统，刚开始治理时，实际加药量应该是计算出加药量的1~3倍，等硫化氢溢出量得到控制后，可按照计算出的加药量进行加药。

5.4.3　治理效果跟踪

每周定期(每周一、三、五)监测治理后的站内硫化氢浓度，监测方式采用硫化氢检测管法，检测部位为三相分离器气相出口、天然气干燥器取样口10cm以内。现场人员负责准确读取检测数据，做好相应的记录并整理成报表。

5.5　三条输油管道前端加药配合站内除硫剂加药治理

5.5.1　单管道投加药量的确定

对硫化氢超过500ppm的管路，结合产液量及生产现场情况，选择主要的输油管路在前端配备加药装置，实施连续加药，以保证输油过程中的工作环境安全。

以管道伴生气硫化氢浓度100ppm以内为基准，药剂加量控制在计算药量1~2.5倍范围内。

经试验验证，段四站输油管道前端的除硫剂加量75~150kg/d时，能控制段三、四、五输油管道进站口伴生气硫化氢浓度在100ppm以内；段八站除硫剂加量75~100kg/d时，能控制段八站输油管道进站口伴生气硫化氢浓度在50ppm以内；段一站脱硫剂加量90~120kg/d时，能控制段一、七输油管道进站口伴生气硫化氢浓度在100ppm以内。

5.5.2　投加方式

加药装置24h连续加注。加药地点为段一站、段四站、段八站(图3)。

5.5.3　效果跟踪

监测方式采用硫化氢检测管进行浓度检测，做好相应记录并整理成报表。

治理效果如表6所示，除硫剂的加入能很好的控制站内各检测口伴生气的硫化氢含量。

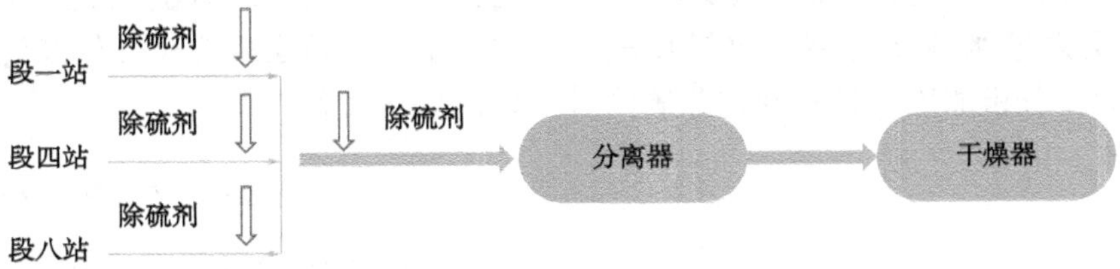

图 3　段六拨地区硫化氢治理示意图

表 6　硫化氢治理数据表单

序号	日期	硫化氢检测数据/ppm			干燥器出口（开口，20cm）	加药位置	加药量/kg
		三相分离器进口立管	三相分离器气出口	干燥器出口（闭口）			
1	2023.8.18	1300	1250	1250		段四站	100
2	2023.8.19	1100	1000	950			100
3	2023.8.20	950	900	850			150
4	2023.8.21	550	450	450		段四站、段一站、段八站	100/100/50
…	…	…					
33	2023.9.19	300	200	130		段四站、段一站、段八站、段一联	100/100/150/150
37	2023.9.23	260	200	150			100/100/100/50
…	…	…					
92	2023.11.17	140	80	40	15		100/100/100/50
104	2023.11.29	100	80	60	20		100/100/100/100
…	…	…					
106	2023.12.1	100	80	60	20		100/100/100/100
107	2023.12.2	80	70	50	10		100/100/100/100
112	2023.12.7	50	50	40	10		200/190/210/90
114	2023.12.9	30	20	10	0		250/250/200/90

5.6　*单井加药治理摸索*

5.6.1　选井原则

产液量大；伴生气硫化氢含量高；进口流程完善；上井路线方便。

结合现场生产选择：段 40-44；段 40-37-1；段 35-61 三口井作为单井治理井。

5.6.2　加药方式

采用油井套管直接加注方式，即将除硫剂直接加入套管中，然后用水压入井筒内。

优点：除硫剂与 H_2S 在井筒中直接接触，在地下反应。

缺点：投注量大，反应慢，除硫剂利用率低，加注不具有持续性，药效的连续作用效果不好。

前期：加药后用水冲洗 5min；处理效果不明显，2~4h 有效，超过 5h，伴生气硫化氢浓度开始恢复；整体有效时间短。

后期：改为加药后用水冲洗 15s；提高加注量，效果明显。

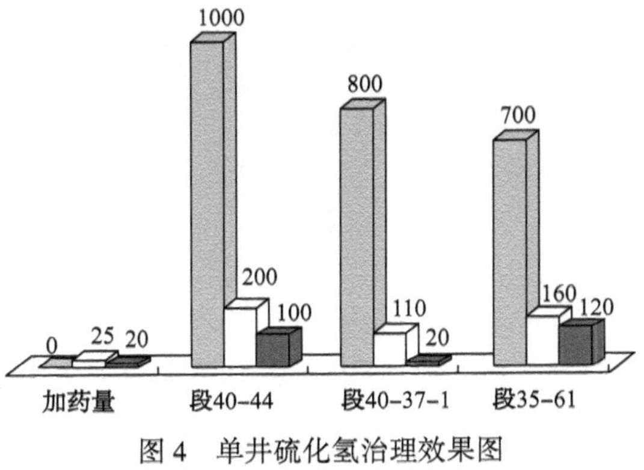

图 4　单井硫化氢治理效果图

5.6.3　效果跟踪

如图 4 所示，通过调整加药方式和加药量可以很好的控制单井伴生气硫化氢的含量；三口井单井治理加药量在 20kg/次；加药周期 1 次/2~3d。药剂不能直接冲至井底，而要顺着井壁缓慢流入井底效果较好，为硫化氢的源头治理提供参考，反之直接用大量水冲至井底，效果比较快，但有效期较短。分析原因，是药剂在井筒内很快顺着产液采出。

6 总结

通过采用加除硫剂治理硫化氢技术在现场的应用试验，有效控制了联合站伴生气硫化氢的浓度，使联合站工作环境的硫化氢浓度控制在安全临界点以内，降低了安全生产隐患。

其次试验探索了前端加药治理硫化氢的可能性，为下步南部地区硫化氢从源头上治理提供了实践依据，可实现安全环保及管道防护，具有很好的经济效益。

参 考 文 献

[1] 刘霞，三嗪类脱硫剂在海上油田天然气系统的应用研究[J]. 石油化工应用，2020，8，39(8).

[2] 李拥军，徐文刚，张金荣，邹俊刚，夏玮，杨宏峰，杜雪峰. 高含硫化氢原油除硫技术研究与应用[J]. 油气田环境保护，2011，12，21(6)：22-24.

钡锶垢复合除垢防腐体系构建及性能研究

李俊仪　周海刚　孙振华　董晓通

（中国石化胜利油田分公司）

摘　要　为了清除油气田开发过程中产生的具有结垢致密、溶解度低且不溶于酸碱的硫酸锶钡垢，采用化学除垢技术，对比研究了螯合主剂和不同助剂之间的协同增效以及改性作用，通过单因素实验确定了优化的复合除垢剂配方。结果表明，优选的可满足除垢指标要求；研发的以 DTPA 为主剂的新体系，以柠檬酸为增效剂，JFC 为渗透剂，PESA 为绿色缓蚀剂，在 KOH 调节 pH 情况下对垢块的除垢率可达到 85%，对于粉末除垢率可达到 98%。并进行腐蚀率测试发现对管道有良好的防腐效果，且耐温耐盐效果良好。

关键词　钡锶垢；化学除垢；除垢防腐体系；DTPA

随着油田进入二次三次采油的开展，注入水中高含 SO_4^{2-}，Ca^{2+} 及 Mg^{2+}，而地层水中高含 Ba^{2+}，Sr^{2+} 及 HCO_3^-，两者不配伍导致硫酸钡锶垢问题严重（约占 70%），造成井筒、生产管线及设备堵塞，影响正常生产。由于硫酸钡锶垢在水中的溶解度极小，且不溶于常规的酸碱溶液，因此常采用螯合剂进行清除。螯合剂的除垢机理主要包括螯合增溶作用、晶体畸变作用以及分散作用等，通过增大垢在水中的溶解度、使垢物变松软等方式达到除垢的目的。常用的螯合剂主要有：有机磷酸盐类、羟基羧酸类、氨羧络合剂类和大环聚醚、聚胺等。国外的钡锶垢除垢剂研究起步较早，如英国 Akzo 公司的 S462 和 S466 除垢剂成功应用于北海油田以及墨西哥湾油田。国内相关研究起步相对较晚，除垢剂配方种类较多但未成体系，主要有长庆油田的 CQ-2、胜利油田的 SLP-1、塔河油田的 SS-1、塔里木油田的 SA-20 以及江苏油田的 DS-8 等。这些目前在各油田广泛采用的钡锶垢除垢剂多为以性能较优且环保的氨基羧酸盐类螯合剂为主剂的复配体系，质量分数在 8%～25%，适用温度在 40～100℃，溶垢能力在 3.87～17.6g/L。目前除垢仍存在以下问题亟待解决：1）现用除垢剂配方不成体系，在国内外所处水平不明确；2）结垢物组成多样，但现用除垢剂普适性不强，需要优选适用于高温和不同结垢类型的除垢剂；本文针对现场情况，采用真实垢样开展除垢剂溶垢性能评价实验，分析除垢剂类型、结垢物组成、温度、除垢剂质量分数及浸泡时间等因素对除垢剂溶垢效果的影响，研发新型除垢剂体系和改进现用除垢剂体系。

1　实验部分

1.1　主要材料、试剂与仪器

除垢剂主剂：乙二胺四乙酸（EDTA-2Na，99%白色粉末）、二乙基三胺五乙酸（DTPA，99%白色粉末）、羟基乙叉二膦酸（HEDP，60%透明液体）、聚丙烯酸（PAAS，45%透明液体）、柠檬酸（CA，99%白色粉末），山东优索化工科技有限公司；乙二胺四亚甲基膦酸（EDTMPS，30%淡黄色液体）、水解聚马来酸酐（HPMA，50%橘黄色液体）、氨基三亚甲基膦酸（ATMP，50%透明液体）、多氨基多醚基甲叉膦酸（PAPEMP，40%淡黄色液体）、聚环氧琥珀酸（PESA，40%透明液体）、聚天冬氨酸（PASP，40%淡黄色液体），青岛孚迈斯高新材料有限公司；复配体系（t132，40%透明液体），东营思万思石油科技有限公司；氨基羧酸盐复配体系（SD132，40%透明液体，目前涠洲油田现场用剂），天津龙海翔睿石油技术服务有限公司。

除垢剂助剂：评价的部分主剂也可以用作增效剂和分散剂，增效剂包括 t132、EDTMPS、ATMP、PAPEMP、HEDP、CA，分散剂包括 PAAS、HPMA、PESA、MA/AA、PASP、焦磷酸钠（99%白色粉末，连云港冠苏实业有限公司）；pH 调节剂包括 NaOH 和 KOH，均为分析纯，国药集团化学试剂有限公司；除油剂包括脂肪醇聚氧乙烯醚（AES，99%无色透明液体）、烷基酚聚氧乙烯醚（APEC，99%无色透明液体）、十二烷基磺酸钠（SDS，99%粉末）、碳酸钠、烷基-苯基-烷基醚磺化物（JFC-F，99%白色粉末）；渗透剂包括聚氧乙烯脂肪酸酯（A－103，99%）、异辛醇聚氧乙烯醚（JFC－E，99%无色透明液体）、脂肪醇和聚氧乙烷的缩合物（JFC，99%）、磺化琥珀酸二辛酯钠盐（KST，45%淡黄色液体），山东优索化工科技有限公司。

垢样：硫酸钡粉末，分析纯，天津市北辰方正化学试剂厂；重晶石；油田油井垢样，组成以 $BaSO_4$ 和 $SrSO_4$ 为主。

仪器：高温干燥箱，力辰科技有限公司；丝口瓶，100mL 容量瓶。

1.2 实验方法

1.2.1 除垢剂溶垢能力测定方法

将 100mL 清水配制的除垢剂溶液和不同垢样，投入丝口瓶或小型高温高压反应釜（>70℃）密封，在设计温度下保温，观察溶垢情况，并对残余的垢样进行过滤、烘干、称重，计算除垢剂溶垢量及除垢率，公式如下：

$$S=\frac{m-(m_2-m_1)}{V}\times 100 \tag{1}$$

$$k=\frac{m-(m_2-m_1)}{m}\times 100 \tag{2}$$

式中，S 为溶垢量，g/100mL；k 为除垢率，%；m 为垢样初始质量，g；m_1 为溶垢残渣过滤前滤纸的质量，g；m_2 为滤纸和溶垢残渣烘干后的质量，g；V 为除垢剂溶液体积，mL。

1.2.2 防腐能力测定标准

根据 SY/T 5273—2014 中的标准进行腐蚀实验。

2 结果与讨论

2.1 新型除垢剂体系研发

2.1.1 螯合剂类型对除垢率的影响

基于硫酸钡/锶垢溶解度极低且不易溶于酸、碱和有机溶剂的特点，采用有机螯合剂与锶钡离子形成稳定螯合物的方法是目前清除锶钡垢的主要策略。采用螯合剂作为主剂，以固体硫酸钡为研究对象，反应时间为 24h，通过筛选优化以获得最佳的螯合剂种类及浓度。不同浓度下螯合剂 EDTA、DTPA 对硫酸钡垢的除垢效果见图 1。由于不同螯合剂对离子的络合能力不同，对硫酸钡的溶解能力也不一样。螯合剂 EDTA、DTPA 与离子形成螯合物的 $\lg K_{稳}$ 分别为 7.7、8.6，螯合剂与钡离子的结合能力依次为 DTPA>EDTA。

为快速获得各除垢剂主剂溶垢性能差异，首先采用分析纯硫酸钡粉末进行溶垢观察实验。实验温度 70℃，除垢剂质量分数为 1%～30%，将 1g 硫酸钡粉末加入 100mL 除垢剂溶液中，观察 48h 后溶解情况。结果表明，EDTA－2Na、HPMA、PAA、PESA 和 PASP 的溶垢效果较差，其余 7 种除垢剂效果较好，并确定了这些除垢剂完全溶解硫酸钡粉末时所需要的最低使用含量。

进一步采用油田真实垢样对优选的 7 种除垢剂主剂进行溶垢性能检验。实验温度 70℃，将 0.5g 垢粒投入 20mL 除垢剂中浸泡 48h。结果表明，仅有 DTPA 和 EDTA 能够达到现场要求的最低溶垢指标。真实垢粒相对致密、反应表面积小，要求除垢剂对垢粒具有更强的渗透性、螯合增溶和剥离破碎等作用。由图 1 可得 DTPA 除垢率较好，因此选择 DTPA 为主剂。

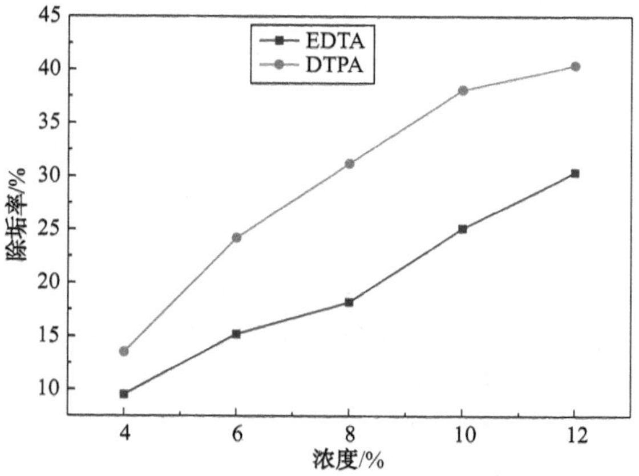

图 1　不同浓度螯合剂对除垢率的影响

2.1.2 助剂对除垢率的影响

为适应井下工况、提高除垢剂的综合性能，选择 DTPA 为除垢剂主剂，同时复配多种助剂，如增效剂可以增强除垢剂主剂对垢的溶解能力，分散剂可以分散垢粒，pH 调节剂可以提高钡锶垢溶解度和调节螯合剂电性，除油剂可以清除垢样表面油膜等。

（1）增效剂筛选

增效剂最早由 Morris RL 提出，他在螯合剂中加入草酸作为增效剂来提高除垢效果。增效剂大部分为有机酸，这些有机酸含有羧基和氨基，通过分子之间的同离子效应，可以改善垢的表面化学性质，增强螯合剂与金属离子的反应活性，从而促进除垢剂的除垢效果。常见增效剂有草酸、肉桂酸、水杨酸、丙烯酸、马来酸酐、柠檬酸及酒石酸等。

为了筛选优化出最有效的增效剂，实验在所

筛选的主剂的条件下，分别考察柠檬酸、ATMPA、HEDP、EDTMPS、羧基乙酸和氨三乙酸对除垢效果的影响，采用氢氧化钾调节溶液pH为12左右，加入1g $BaSO_4$粉末，放入80℃的烘箱中静置24h后取出，冷却至室温，抽滤后烘干剩余固体，计算除垢率，结果见图2。

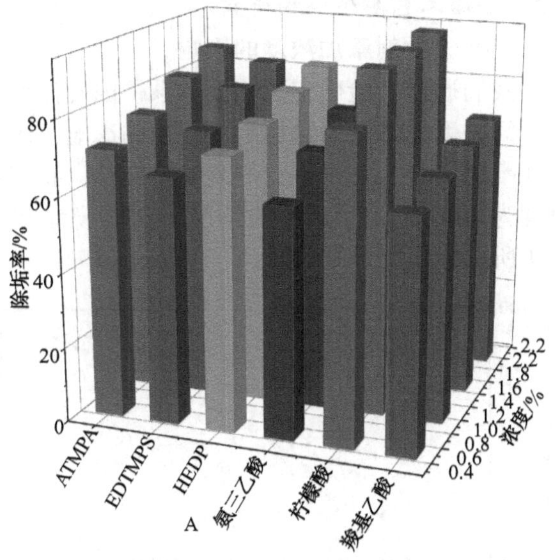

图2 增效剂种类及浓度对除垢效果影响

由图2可知，六种增效剂的除垢效果的增效作用由强到弱依次为：柠檬酸、ATMPA、HEDP、EDTMPS、羧基乙酸和氨三乙酸。其中柠檬酸除垢效果有明显的增效作用，其对DTPA的增强效果随浓度变化呈现先增大后减小的趋势。ATMPA对除垢效果具有一定的增强作用，但并不显著，而其他几种增效剂，包括HEDP、EDTMPS、羧基乙酸和氨三乙酸对除垢效果不仅没有增效作用，反而起抑制效果。

分析可知，柠檬酸在碱性环境中，这类物质失去正电离子使其离域键的电负性大大增强，极易与表面带正电荷硫酸钡发生物理和化学吸附，从而大大增加了DTPA溶解硫酸钡的能力。浓度过大会起反作用是因为它们在高浓度下容易与钡离子生成二次沉淀。选取柠檬酸作为除垢配方的增效剂。

（2）分散剂筛选

将垢粒投入到不同质量分数（0.5%～3%）不同种类的分散剂溶液中，在70℃下保温48h，观察垢粒的破碎程度。结果表明，分散剂对垢粒的分散效果大都与其质量分数呈正比；焦磷酸钠和PESA对垢粒的分散效果最好。由于焦磷酸钠含有磷元素，不环保，因此选择PESA作为分散剂，并进一步将0～0.5%的PESA与10% DTPA复配进行70℃下溶垢实验。结果表明，当PESA质量分数在0.3%～0.5%时，对DTPA的溶垢效果有一定提升作用，因此推荐PESA的复配质量分数范围在0.3%～0.5%。

（3）pH调节剂筛选

金属离子螯合剂，如DTPA、EDTA在液中与H离子的合作用强于金属子，因此他们发挥效力必须在高pH值环境下进行。所有溶垢作业都需在pH值为11，12的条件下进行以保证DTPA充分去质子化，充分与金属离子螯合。常用碱剂由NaOH和KOH，为测试不同碱对溶垢的影响，设计了对比实验。

采用NaOH、KOH将10% DTPA溶液的pH值调节至10～13，观察70℃下DTPA对硫酸钡粉末的溶解效果。结果表明，KOH用作pH调节剂的效果比NaOH好，当pH值大于13时，溶垢效果有所下降。因此选择KOH用做pH调节剂，pH值调节范围在10～12（表1）。

表1 不同pH剂和pH值下的溶垢量和除垢率

NaOH调节	初始垢块/g	溶垢量/g	除垢率	KOH调节	初始垢块/g	溶垢量/g	除垢率
10	1.2588	0.3536	28.09%	10	1.2318	0.4036	32.77%
11	1.1808	0.5736	48.58%	11	1.1291	0.5736	50.80%
12	1.2951	0.7975	61.58%	12	1.3128	0.7791	59.35%
13	1.2428	0.7899	63.56%	13	1.2308	0.7813	63.48%

（4）渗透剂筛选

在实际生产中，对垢的研究发现，垢表面会吸附一层油污，其存在会造成在化学清洗过程中除垢剂与垢样表面难以充分接触。且管道表面经过长时间冲刷，垢块逐渐变得致密。渗透剂具有亲水亲油的“两亲”性质，因而在除垢过程中可改善除垢剂的表面性质，改善润湿性和起泡性，降低表面张力，在除垢过程中起着渗透、洗涤、乳化、溶解等作用，使除垢剂与垢接触更全面，从而达到增强除垢效果的目的。因此，在化学除垢配方中往往需要添加表面活性剂来达到增加除垢效果的目的。

由图3可得，改变渗透剂种类，对溶垢量有影响，其中JFC效果最好，接下来以JFC为渗透剂，观察溶垢量和除垢率效果。

JFC全称是脂肪醇聚氧乙烯醚，RO－(CH_2CH_2O)n－HR＝C8－10，n＝4～6，属非离子型表

面活性剂，具有固定的亲水亲油基团，能定向排列在溶液的表面，显著降低界面张力。兼有渗透、脱脂及除垢的功能。但是加入过量的JFC对垢样的溶解起到一定的阻碍作用原因可能是JFC过量时，超过了表面活性剂的临界胶束浓度，没有达到最佳效果。因此JFC浓度为0.5%有较好的效果。

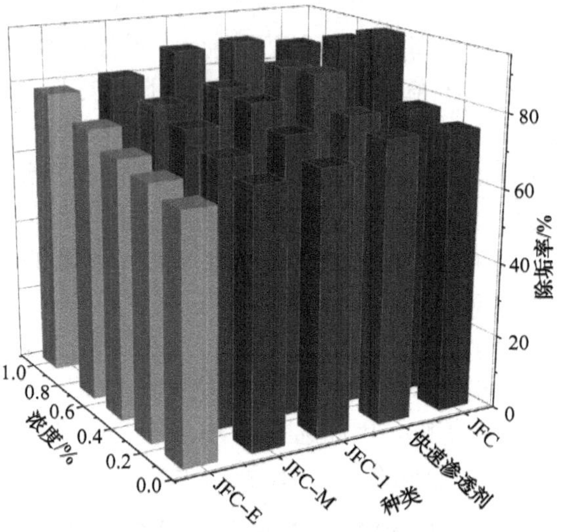

图3　渗透剂添加量和种类对除垢率的影响

5）正交实验结果

为测试不同因素对溶垢量的影响大小，进行了四因素三浓度的正交实验，测试结果如表2所示。

表2　正交实验结果

编号	DTPA浓度/%	JFC浓度/%	柠檬酸浓度/%	pH	溶垢量/g
1	4	0	0	10	0.3075
2	4	0.5	0.5	12	0.3736
3	4	1	1	13	0.4136
4	8	0	0.5	12	0.5191
5	8	0.5	1	13	0.5675
6	8	1	0	10	0.5224
7	12	0	1	13	0.6446
8	12	0.5	0	10	0.691
9	12	1	0.5	12	0.813
均值1	0.3649	0.4904	0.506967	0.547633	
均值2	0.536333	0.544033	0.568567	0.528567	
均值3	0.7162	0.583	0.5419	0.541233	
极差	0.3513	0.0926	0.0616	0.019067	

从极差分析得均值大小确定优化水平为：DTPA12%，JFC1%，柠檬酸0.5% pH13。从极差大小确定因子次序为：DTPA浓度>JFC浓度>柠檬酸浓度>pH值。

由于pH对体系影响最小，且提升pH需要成本过高，因此选择pH为12，因此最终的除垢体系配方为12%DTPA，0.5%柠檬酸，1%JFC，将其充分混合，制备成除垢体系。

2.2　除垢工艺条件影响研究

（1）除垢剂添加浓度的影响

我们通过实验确定了除垢体系，因此需要确定不同浓度的体系对除垢阻垢缓蚀的影响，因此设计不同实验，首先进行的是除垢实验，我们在温度为70℃，pH为12的情况下进行，结果如图4所示。

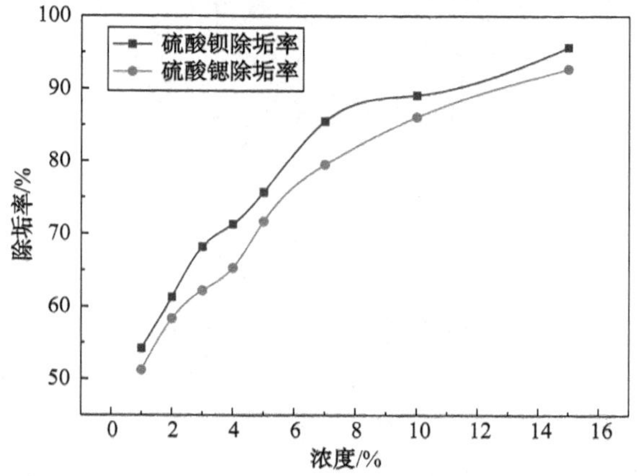

图4　硫酸锶/钡除垢率随浓度变化

由图可得，除垢率随药剂体系有较大变化，随着浓度的增加，除垢效果的变化也比较明显，体系浓度在10%时硫酸锶的除垢率有85%左右，碳酸钡的除垢率则在90%以上。

（2）浸泡时间的影响

量取配置好的除垢剂20mL放入丝口瓶中，分别称取1g $BaSO_4$、$CaCO_3$固体和垢样加入丝口瓶后，放入80℃的烘箱中静置不同时间，隔段时间后取出丝口瓶静置冷却至室温，然后再进行抽滤，将滤饼烘干后进行称重，计算除垢率。实验结果见图5。

如图5所示，随着反应时间的延长，硫酸钡、碳酸钙和垢样的除垢率逐渐增加，但增幅是先大后小，在24h后除垢率随时间变化明显减缓。由于除垢过程中同时存在硫酸钡/钙垢的解离反应和钙钡离子与螯合剂的络合反应，刚开始时，溶液中的螯合剂浓度较高，其与钡/钙离的络合能力强，因此除垢率增加较快，且延长除垢时间有利于除垢剂向碳酸钙钡垢内部渗入，从而

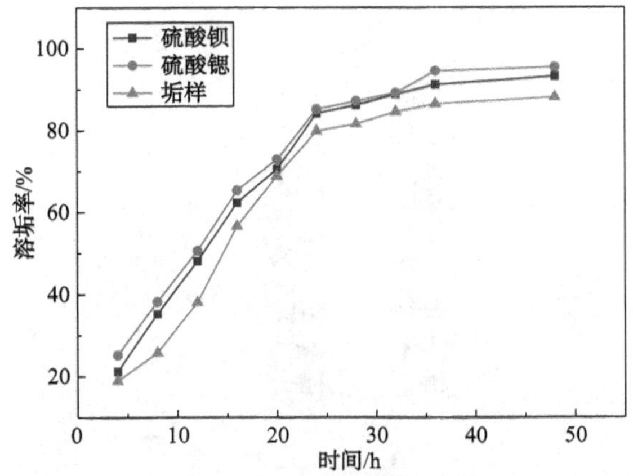

图 5　时间对除垢效果的影响

有利于二者的充分接触反应，提高除垢率。然而，随着反应的进行，螯合剂浓度和剩余的钡/钙垢逐渐减小，二者的络合能力也随之降低，当反应达到 24h 后，由于绝大部分的垢样已经被溶解，而且大量的除垢剂被消耗，因此导致除垢速率逐渐减慢。考虑到时间成本，一般采用该配方清洗 24h 即可。

（3）pH 值的影响

除垢剂在不同 pH 条件下具有不同的除垢效果。为验证 pH 对除垢效果的具体影响，量取配置好的不同 pH 值的除垢剂 20mL 放入丝口瓶中，称取 1g $BaSO_4$、$CaCO_3$ 固体和硫酸锶钡垢样加入丝口瓶后，放入 80℃ 的烘箱中静置 24h 后取出丝口瓶，静置冷却至室温，然后再进行抽滤，将滤饼烘干后进行称重，计算除垢率。实验结果见图 6。

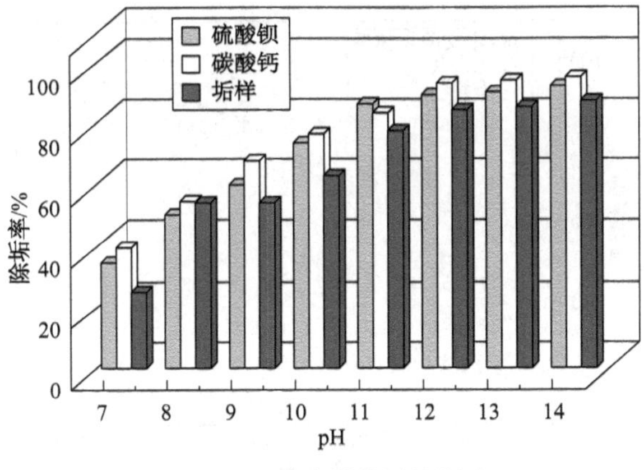

图 6　pH 对除垢效果的影响

从图 6 可以看出，硫酸钡、碳酸钙和垢样的除垢率随溶液 pH 值的增加而增加，但当 pH 大于 12 后，除垢率的增幅明显减小。一方面是因为硫酸钡在高 pH 值情况下更容易解离；另一方面，在不同的 pH 值条件下，螯合剂存在形式不同，形成螯合物的稳定性也不同，升高 pH 可以减小 DTPA 的酸效应，从而增加其与锶钡离子的螯合能力，当 pH 大于 12 时 DTPA 的酸效应达到最低，螯合能力最强，因此除垢效果达到最大。

此外，相比酸性环境，除垢剂在碱性条件下对设备及其管线的腐蚀性要小很多，因而垢的化学清洗配方多为碱性条件。但若 pH 值过高，也可能容易产生氢氧化物沉淀，且强碱条件下对金属管道具有一定的腐蚀伤害，为了节约成本以及避免强碱条件下对金属管道腐蚀伤害，因此综合考虑，除垢剂溶液的 pH 值为 12 时，除垢效果最好。

2.3　复合除垢缓蚀剂综合性能评价

2.3.1　腐蚀速率性能评价

根据之前的实验结果，进行防腐实验，需在之前的体系中再加入缓蚀剂，将 12% DTPA，0.5%柠檬酸，1%JFC，混合均匀，再加入绿色缓蚀剂 PESA。按照不同浓度的防腐剂配置溶液进行防腐实验。根据 SY/T 5273—2014 中的标准进行腐蚀实验。

用游标卡尺测量试片的尺寸，精确至 0.02mm，并计算试片面积。将试片先用纸擦净，然后放石油醚的器中，用脱脂棉除去试片表面油脂后，再放人无水乙醇中浸泡 5min，进一步脱脂和脱水。取出试片放在滤纸上，用冷风吹干后再用滤纸将试片包好，贮于干燥器中，放置 1h 后称量，精确至 0.1mg。按试验用量配制缓液，该液应在 24h 内使用。将配制好的缓液按设计质量度值用液管分别试验容器中用氮气吹扫上述试验容器，排除其中的空气，再用橡胶管将油田采出水导人。同时做不加缓蚀剂的空白试验。每个试验容器中挂三片试片，试片不允许与容器壁接触，试片间距应在 1m 以上，试片上端距液面应在 3cm 以上。每组试验做三组平行样。将试验装置放人恒温箱中，在设定温度下恒温放置一个试验周期。将已达到试验周期的试片取出，观察、记录表面腐蚀形貌后，立即用清水冲洗并用滤纸擦干。

加入不同浓度下的缓蚀率如图 7 所示，在加入 100mg/L 时，缓蚀效果可达 91.2%，加入 100mg/L 时对钢片的缓蚀效果如图 8 所示，可以看到防腐效果明显。根据除垢配方的使用浓度，仅需在除垢体系中加入 0.1g 的防腐剂即可达到效果。

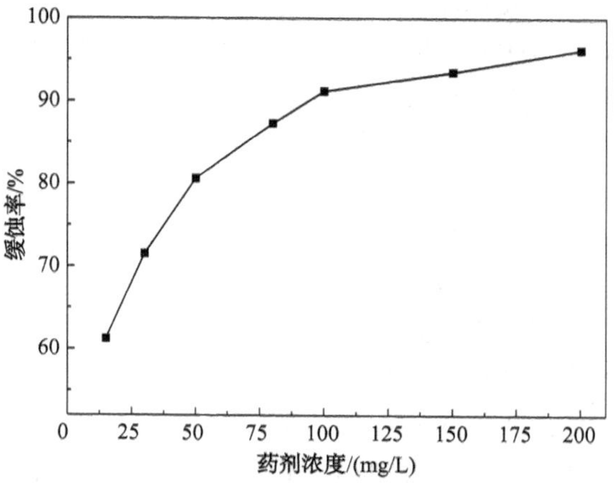

图 7 缓蚀率随 PESA 浓度变化曲线

图 8 加入体系(左)未加体系(右)

2.3.2 复合体系热稳定性能评价

不同油田井下温度会有所不同，有的药剂适用于低温条件，在此条件下除垢效果会更好，但在高温下会发生药剂自身沉淀或除垢效果减弱的情况，为避免热不稳定性对除垢实验造成的不利影响，保证复合体系能适用于不同温度环境的油田，针对热稳定性的评价是必要的。

取 100mL 复合体系药剂置于带盖玻璃丝口瓶，在温度分别为 60℃、80℃和 100℃的烘箱下静置三天，每隔 24h 观察有无变色和产生沉淀的情况，实验结果见图 9，热稳定性良好，无变色沉淀现象。

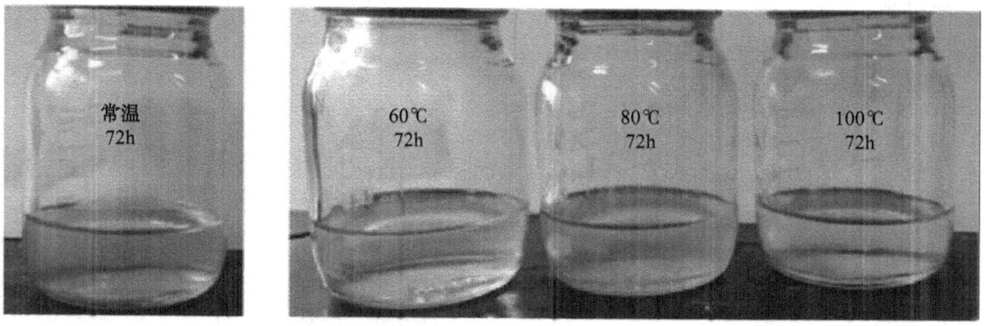

图 9 除垢剂热稳定性能评价实验

2.3.3 配伍性能评价

对于化学驱的油田试剂，必须做配伍性，目的是考察所研制复合体系是否会与地层水和注入水有效混合，是否会产生沉淀现象或其他现象。实验结果发现当除垢剂以 0.001%~10%的浓度加入到海水和地层水中后在 24h 之内一直呈澄清状态，均无沉淀、絮状物和冻胶现象产生，说明所研制复合体系与地层水和海水配伍性良好。

2.4 现用除垢剂体系评价对比

为检验现场用除垢剂的溶垢效果，测定真实垢样的溶解能力。将除垢体系和油田常用除垢体系 BSSR 和 SY-J，结果如图 10 所示，本文中的除垢体系对比 BSSR 和 SY-J 有较明显的提升。

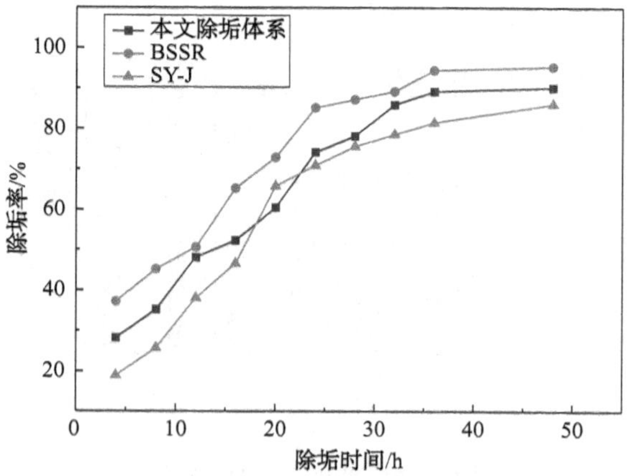

图 10 不同除垢体系对比

3 结论

(1) 除垢体系配方为 12%DTPA，0.5%柠檬酸，1%JFC，0.1gPESA，体系总用量在 10%时硫酸钡的除垢率有 85%左右，碳酸钙的除垢率则在 90%以上，缓蚀率达 90%以上。

(2) 体系在 70℃时，pH 为 12 下时达到最优效果，且除垢时间在 24 小时时达到良好效果，且该体系稳定性较好，在高温度和高矿化度下仍能适用。

（3）该体系除垢效果明显，对比油田常用除垢体系 BSSR 和 SY-J，有更好的除垢效果。且适用范围更广，稳定性也更强。

参 考 文 献

[1] AI-PING S, JIAN-YING H E, FEI L I, et al. Squeeze Injection System of Barium Strontium Sulfate Scale Inhibitors in the South China Sea West Oilfield [J]. Science Technology and Engineering, 2017.

[2] LIMIN C, YANCHUANG L, YUKAI L, et al. Research and Application of Prevention and Control Technology of Barium Strontium Sulfate Scale Downhole in Western South China Sea Oilfield [J]. Drilling & Production Technology, 2020, 43(1).

[3] 樊家铖. 硫酸钡/锶防垢剂的研制与防治机理研究[D], 2019.

[4] HUI L. Mechanism and research progress of cleaning barium and strontium scale in oil and gas field[J]. Petrochemical Industry Application, 2017.

[5] 徐颖，杜平，郜津，等. 碳酸钙除垢剂复配性能研究[J]. 天津化工，2022，36(02).

[6] 周文. 输油管线结垢物清除研究[J]. 石化技术，2015，22(02).

[7] 潘定成，冯浦涌，王贵，等. 硫酸盐垢除垢剂 BSSR 除垢反应机理与矿场应用[J]. 精细石油化工，2023，40(02)：39-43.

[8] 吴昊. SY-J 除垢剂对三元复合驱集油管线垢质清除效果研究[J]. 化学工程师，2020，34(08).

油田集输管道内外腐蚀相互影响因素研究

陈丽娜　韩　庆　闫泰松　刘延峰　李长治

（中国石化胜利油田分公司）

摘　要　本文立足胜利油田，针对集输管道腐蚀穿孔频繁的特点，利用有限元数值模拟的形式，对内外腐蚀缺陷的特征参数，以及内、外腐蚀缺陷相互作用规律进行分析，从而掌握了缺陷深度是影响内、外缺陷相互作用的最主要因素。随着内、外缺陷长度的增加，管道剩余强度会下降，但当缺陷长度大于2.5$\sqrt{Rt}$时，剩余强度基本不变。且随着内、外腐蚀缺陷的极限影响距离不断增加，变化速率越来越小。随着内、外缺陷深度的增加，管道剩余强度会迅速下降，且下降的幅度越来越大。当内、外腐蚀缺陷的极限影响距离出现显著增加，变化速率越来越大。为后序开展多腐蚀缺陷相互作用下的剩余强度计算奠定了基础。

关键词　管道；腐蚀；有限元；特征参数；相互影响

集输管道是油田开发过程中的主要输送方式，随着服役年限的增加，运行过程中受介质物性、承载压力、环境温度、管体材质、第三方破坏等因素影响，腐蚀穿孔频繁，严重影响了油田的正常生产，同时造成环境污染，给油田的绿色生产带来了极大的环保压力。胜利油田技术检测中心通过开展多腐蚀缺陷管道失效压力的有限元数值模拟研究，探索腐蚀缺陷间相互作用对管道失效压力影响规律，以及内外腐蚀共存时腐蚀缺陷间相互作用准则，进而为管道运行提供安全保障。

1　内外腐蚀有限元建模

选用的直管段几何尺寸为外径 D = 168mm，设计壁厚 t = 13mm，根据圣维南原理，设定直管段长度为 L = 2m，排除端部效应影响。材料参数依据20#钢直缝埋弧焊钢管特性，材料服从各向同性和小变形假设，建立含内、外腐蚀缺陷管段模型相关参数见表1。缺陷位置位于管段中部，几何模型如图1所示。

表1　管段几何模型参数

材料	屈服强度/MPa	抗拉强度/MPa	杨氏模量/GPa	泊松比	长度/m	直径/mm	壁厚/mm
20#钢	323	485	206	0.3	2	168	13

由于管道模型属于轴对称结构，选取1/2对称模型进行分析，在管道两端面施加轴向位移约束 $U_Z = 0$，在管道纵向剖开截面施加对称约束，

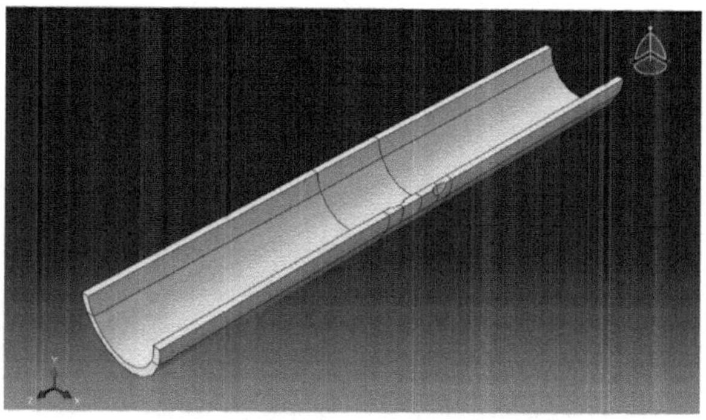

图1　含内外腐蚀缺陷管道几何模型

此约束对整个模型的应力应变状态没有影响。管道的载荷及边界条件约束如图2所示。

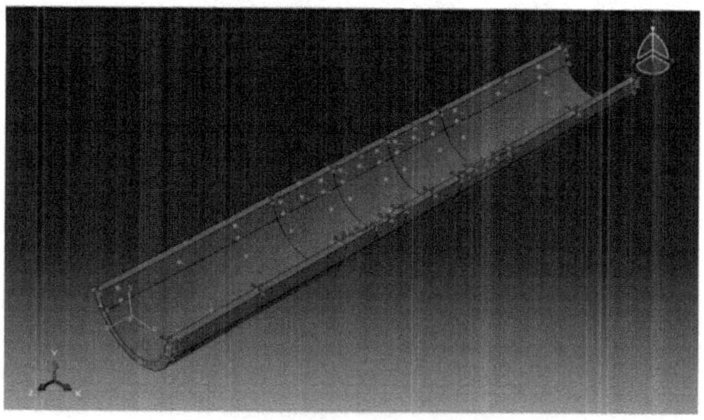

图2　载荷和边界条件

重点研究区域为缺陷区域及其周边，因此在重点区域处进行网格细分，如图3所示。而在次要区域只需粗略划分网格。进行网格划分时，本模型选择八节点六面体减缩积分单元（C3D8R）划分网格，这种单元不易发生“剪切自锁”问题，并且在网格扭曲情况下还能保持较高的精度。图4为含缺陷管段网格划分示意图。

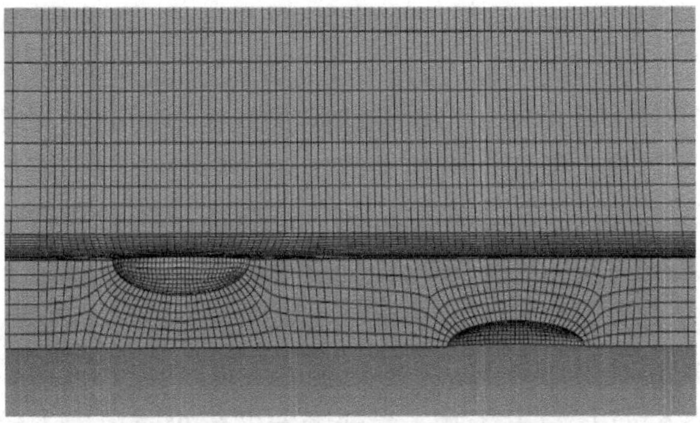

图 3　内、外腐蚀缺陷区域示意图

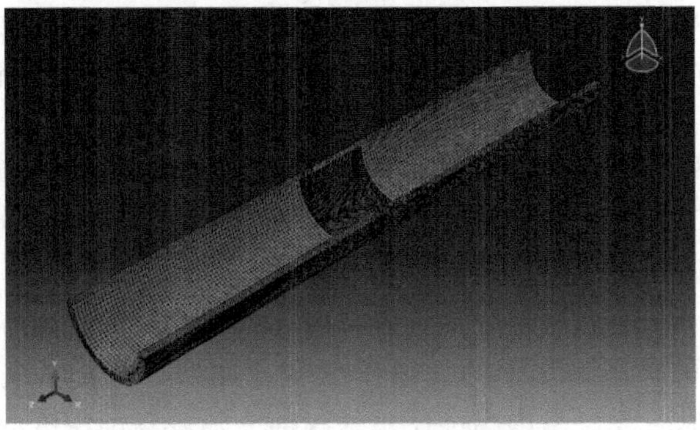

图 4　含缺陷管段网格划分示意图

含体积型缺陷管道是否发生失效，可以通过缺陷区域的 Von Mises 等效应力来判断。由于 20 #碳钢为低钢级钢，本文采用应力失效准则，当缺陷区域 Von Mises 应力达到一定的参考值，参考应力为 $\sigma_{ref}=\sigma_s$，即管道屈服强度时，管道判定为失效。

2　内外腐蚀缺陷特征参数分析

相关研究表明，腐蚀缺陷的深度和长度对管道剩余强度有较大影响，而腐蚀宽度由于影响较小可以忽略。因此后续在进行内、外缺陷的对比研究时忽略腐蚀宽度的影响。

2.1　内、外缺陷长度对失效压力影响分析

设置内、外腐蚀缺陷深度为 5.2mm，宽度为 10.55mm，内、外缺陷长厚度 d/t 都分别为 0.6、1.0、1.5、2.0、2.5，在 ABAQUS 中分别计算含内、外腐蚀缺陷管道在不同缺陷长度下的剩余强度。腐蚀缺陷区域的等效应力云图如图 5 所示。可以看出，内、外腐蚀缺陷管道腐蚀区域内应力关于缺陷长轴对称分布，整个管道上应力较大区域大致分布在缺陷的轴向中心位置，且等效应力最大点(最危险点)始终位于缺陷最深处及其周边区域。当缺陷长度较小时，应力较大区域在缺陷范围内分布较广，且缺陷区域应力与缺陷周围区域应力数值相差较小。当缺陷长度增大时，缺陷部分沿长轴对称的区域整体应力将急剧增加，管道可靠性显著降低。并且对比内、外腐蚀缺陷区域应力分布可知，内腐蚀缺陷管道等效应力要大于外腐蚀缺陷管道，内腐蚀缺陷管道要更危险。

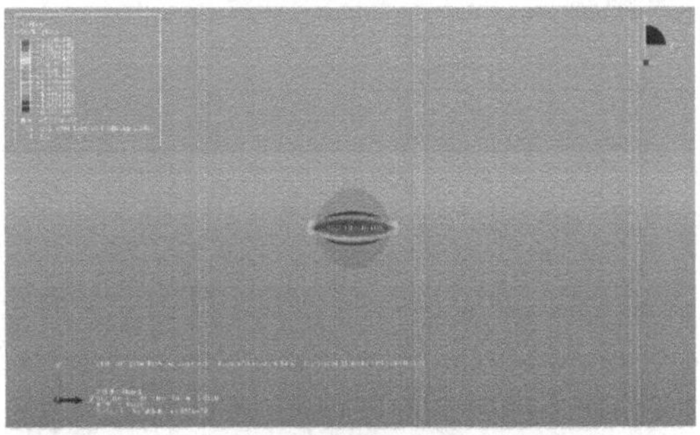

(a)外腐蚀a=0.6

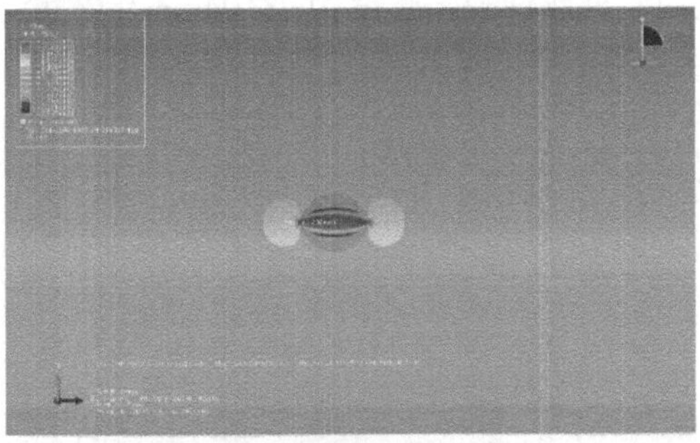

(b)内腐蚀a=0.6

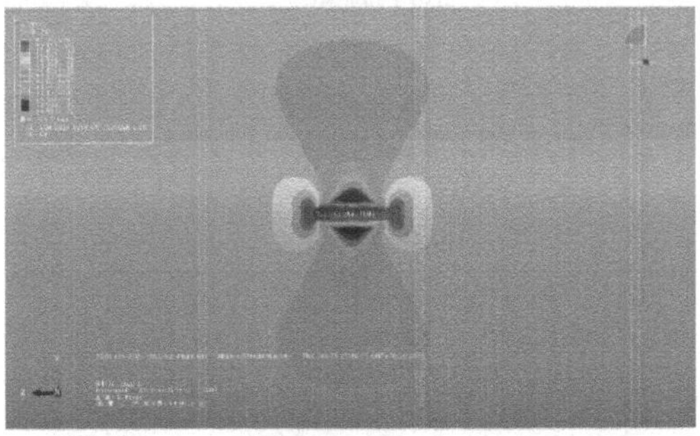

(c)外腐蚀a=1.5

(d)内腐蚀a=1.5

图 5　含内、外腐蚀缺陷管道不同缺陷长度下应力分布图

图6所示分别为含有内、外腐蚀缺陷管道在不同缺陷长度下的失效压力变化曲线。由图可见，无论是内腐蚀还是外腐蚀，随着腐蚀长度的增加，管道失效压力都呈现出下降的趋势，并且下降的幅度越来越小直至失效压力趋于定值在腐蚀长度较小时，相同腐蚀长度下，含内腐蚀缺陷的管道失效压力小于含外腐蚀缺陷管道的失效压力，说明内腐蚀缺陷对管道剩余强度的影响更大。同时可以看到，在腐蚀长度较小时，含内、外腐蚀缺陷管道的失效压力差距较大但随着腐蚀缺陷长度增大到一定程度后，内、外腐蚀缺陷对管道失效压力无明显影响差异。

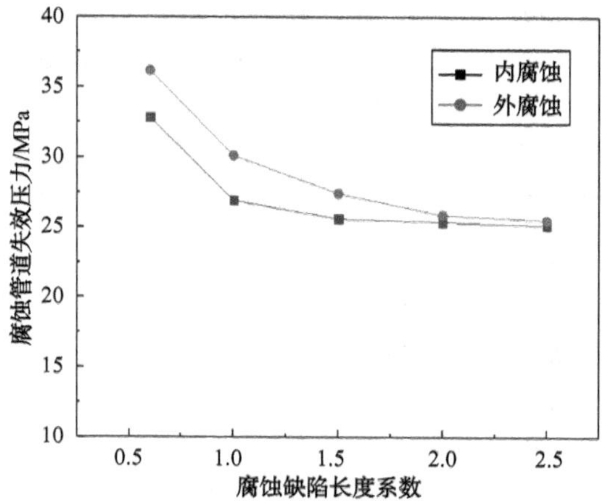

图6　含内、外腐蚀缺陷管道不同缺陷长度下失效压力曲线

2.2　内、外缺陷深度对失效压力影响分析

设置内、外腐蚀缺陷长度为28.04mm，宽度为10.55mm，内、外缺陷深度d/t都分别为0.1、0.2、0.3、0.4、0.5、0.6，在ABAQUS中分别计算含内、外腐蚀缺陷管道在不同缺陷深度下的剩余强度。腐蚀缺陷区域的等效应力云图如图7所示。可以看出，内、外腐蚀缺陷管道腐蚀区域内应力关于缺陷长轴对称分布，整个管道上应力较大区域大致分布在缺陷的轴向中心位置，且等效应力最大点(最危险点)始终位于缺陷最深处及其周边区域。当缺陷深度较小时，应力较大区域在缺陷范围内分布较广，且缺陷区域应力与缺陷周围区域应力数值相差较小。当缺陷深度增大时，缺陷部分沿长轴对称的区域整体应力将急剧增加，管道可靠性显著降低。并且对比内、外腐蚀缺陷区域应力分布可知，内腐蚀缺陷管道等效应力要大于外腐蚀缺陷管道，内腐蚀缺陷管道要更危险。

图8所示分别为含有内、外腐蚀缺陷管道不同缺陷深度下的失效压力变化曲线。由图6可见，无论是内腐蚀还是外腐蚀，随着腐蚀深度的增加，管道失效压力都呈现出下降的趋势，并且下降的幅度越来越大。在内、外腐蚀深度相同的情况下，含内腐蚀缺陷的管道失效压力小于含外腐蚀缺陷管道的失效压力，说明内腐蚀缺陷对管道剩余强度的影响更大。同时可以看到，在腐蚀深度较小时，含内、外腐蚀缺陷管道的失效压力差距较大。

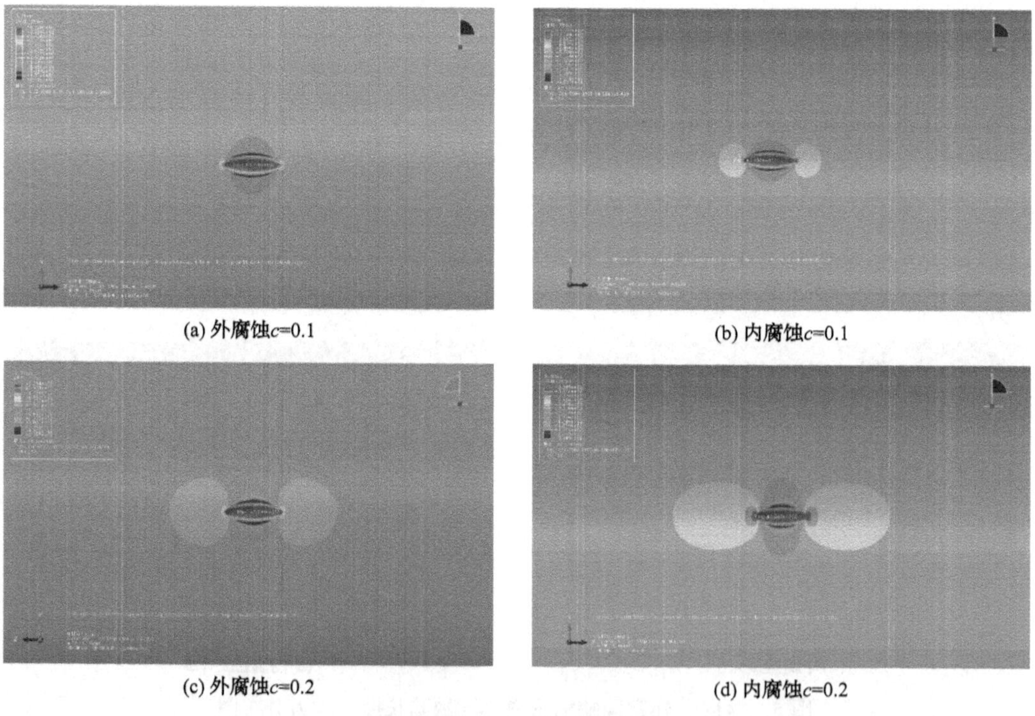

(a) 外腐蚀c=0.1　(b) 内腐蚀c=0.1

(c) 外腐蚀c=0.2　(d) 内腐蚀c=0.2

图7　含内、外腐蚀缺陷管道不同缺陷深度下应力分布图

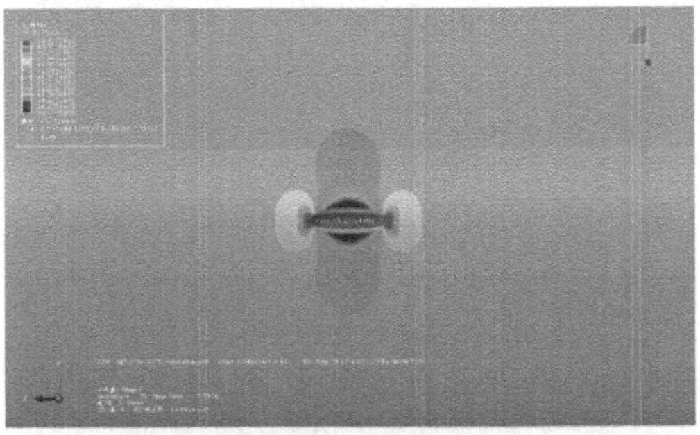

(e) 外腐蚀c=0.3

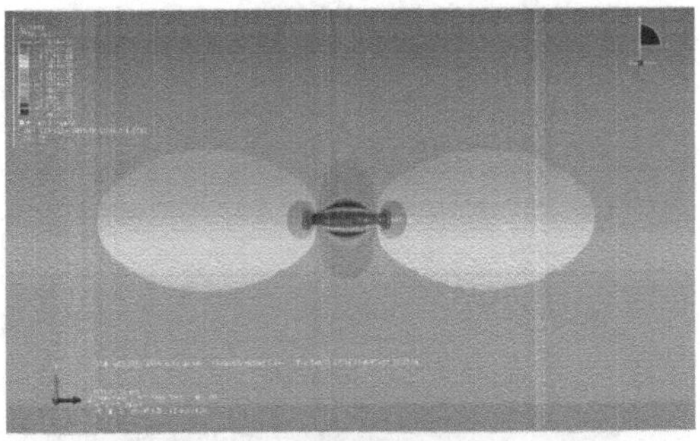

(f) 内腐蚀c=0.3

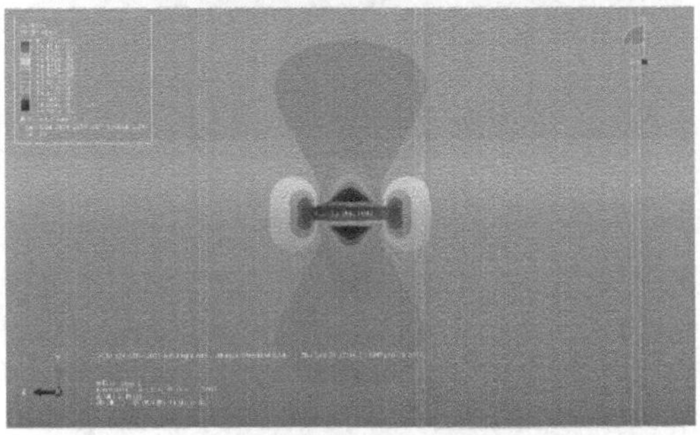

(g) 外腐蚀c=0.4

(h) 内腐蚀c=0.4

图 7　含内、外腐蚀缺陷管道不同缺陷深度下应力分布图(续)

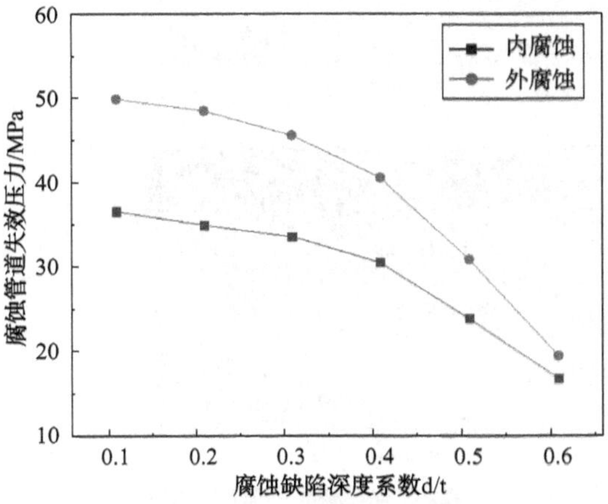

图 8　含内、外腐蚀缺陷管道
不同缺陷深度下失效压力曲线

3　内、外腐蚀缺陷相互作用分析

3.1　内外腐蚀缺陷相互作用表征方法

为了直观表达内外腐蚀缺陷间的相互作用对管道失效压力的影响，本文选用含内外缺陷管道失效压力 P_i 与含单缺陷管道失效压力 P_0 进行对比，采用 5%判定准则来判断是否产生相互作用，如式(1)所示。当相互作用系数 ω 小于 5%时，在工程上可认为内外缺陷不存在相互影响，可以看作相互独立的单缺陷。

$$\omega=\frac{\Delta P}{P_i}\times 100\%=\frac{|P_i-P_0|}{P_i}\times 100\%\leqslant 5\% \qquad (1)$$

式中，ω 为相互作用系数；P_i 为有限元计算含内外双缺陷管道失效压力，MPa；P_0 为有限元计算含单缺陷管道失效压力，MPa。

3.2　基于内外腐蚀缺陷长度的相互作用分析

采用控制变量法，设置内、外缺陷深度 5.2mm，宽度 10.55mm，长度系数 $L/\sqrt{Dt}$ 都分别为 0.6、1.0、1.5、2.0，设置不同缺陷轴向间距 SL 为 0、10、20、30、40、50、70、100、150mm，此外考虑内外腐蚀缺陷位置相对的情况。基于以上轴向间距和判定标准，利用 ABAQUS 有限元软件计算得到不同缺陷长度下内外腐蚀缺陷管道失效压力，选取长度系数 a = 0.6，1.5 情况下管道失效压力分布云图，如图 9 所示。在对管道进行加压过程中，管道内部腐蚀缺陷区域等效应力大于外部缺陷，且内部腐蚀缺陷区域最先达到屈服。随着内外腐蚀缺陷轴向间距的增大，内外腐蚀缺陷间相互影响减小，直至没有相互作用。内外腐蚀缺陷位置相对时管道缺陷部位等效应力最大，是最危险点。

腐蚀缺陷管道失效压力计算结果如图 10 所示。为方便作图比较分析，将内、外缺陷相对情况下的间距取为 -20mm。可以看出，随着内外腐蚀缺陷间距的增大，腐蚀缺陷管道失效压力逐渐增大，最后趋于稳定。对于不同长度的腐蚀缺陷，腐蚀长度越大，内外缺陷存在相互作用的间距越大，对应图上表现出来的曲线增长趋势更缓。

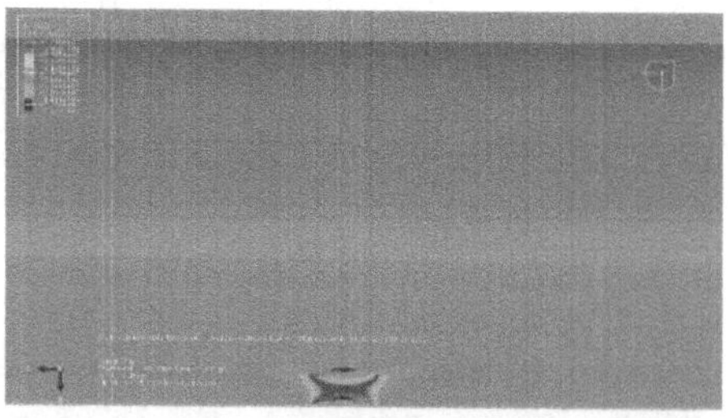

位置相对

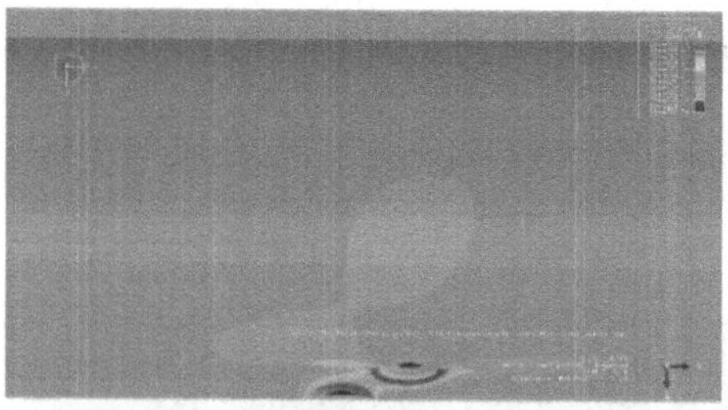

S_L=0mm

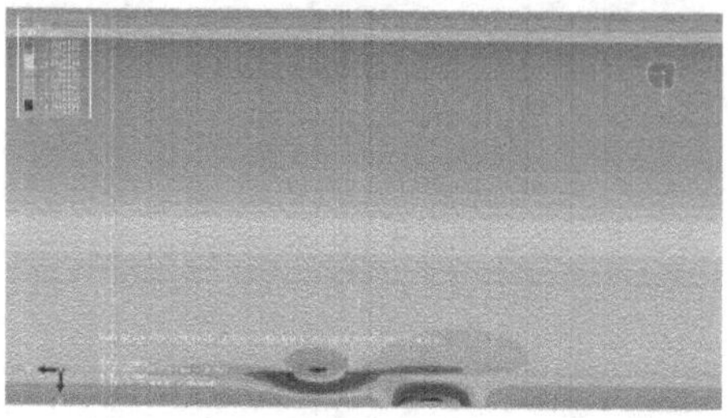

S_L=20mm

S_L=50mm

S_L=100mm

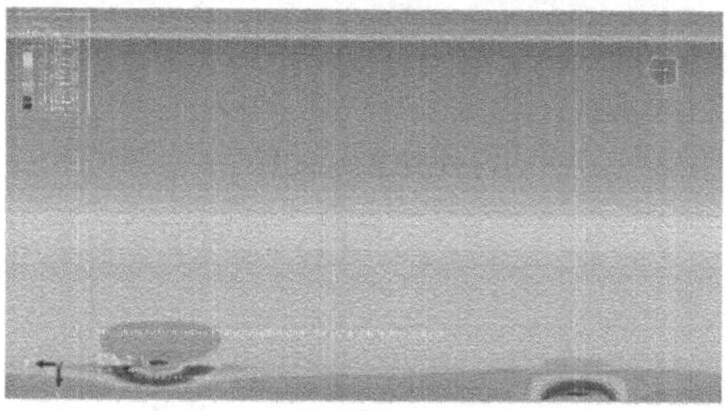

S_L=150mm

(a)a=0.6

位置相对

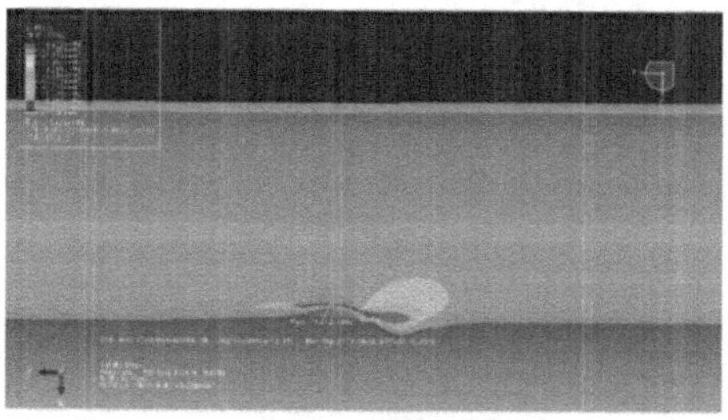

S_L=0mm

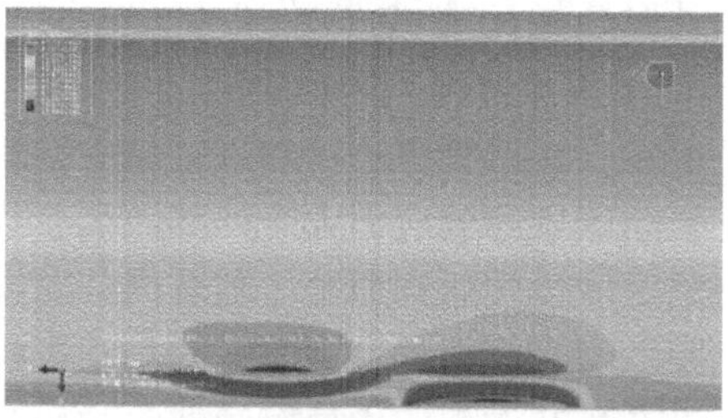

S_L=20mm

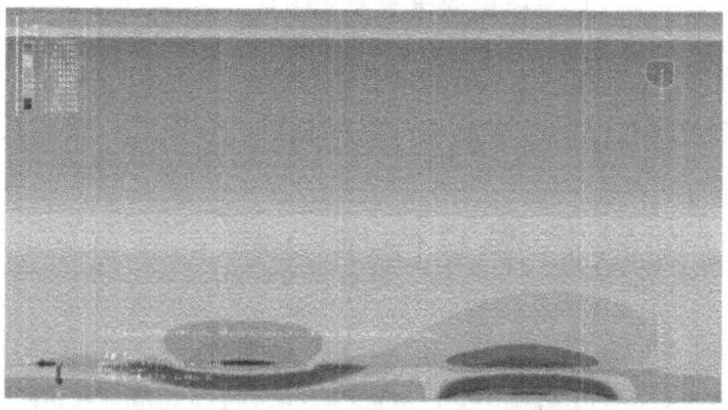

S_L=50mm

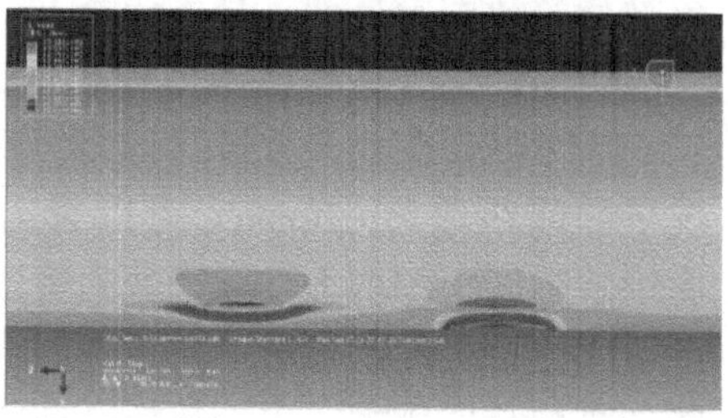

S_L=100mm

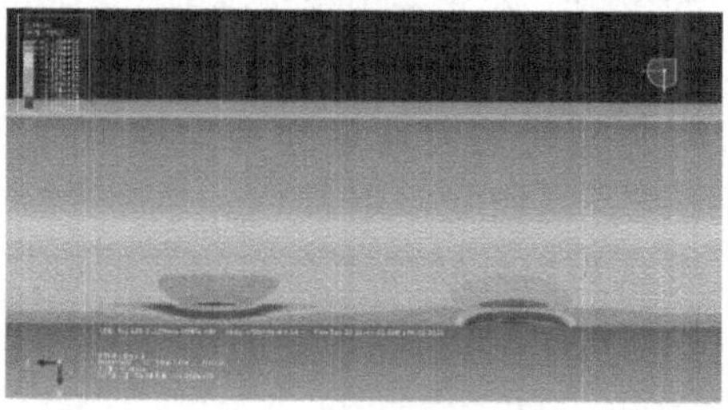

S_L=150mm

(b)a=0.6

图9　含内、外腐蚀缺陷管道不同缺陷长度下压力分布图

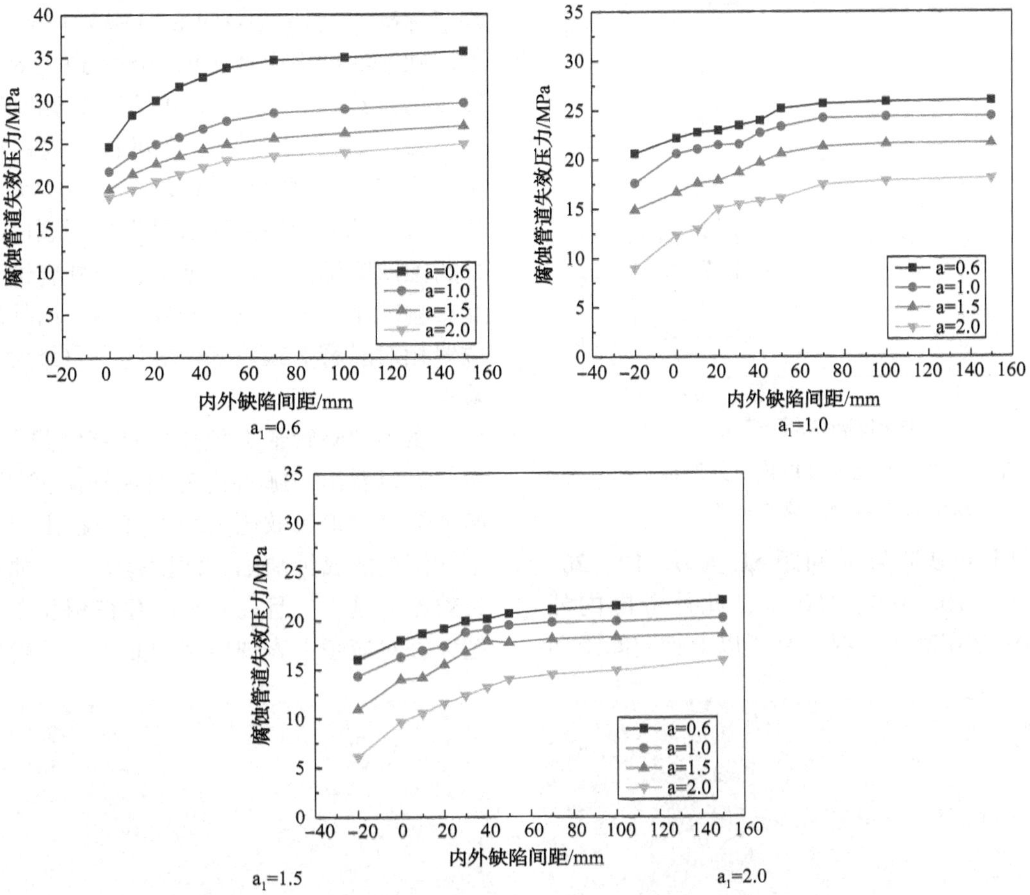

图 10　含内、外腐蚀缺陷管道不同缺陷长度下不同缺陷间距失效压力曲线

为深入探究内外腐蚀缺陷间相互作用距离变化情况，将以上不同长度腐蚀缺陷在不同间距下的相互作用系数进行分析，绘出 SL-ω 图，以工程上普遍采用的 5% 为标准求得极限作用距离 Llim，以内外腐蚀缺陷长度系数 a = 0.1 为例，如图 11 所示，求得极限作用距离为 39.8mm。分别求得 a = 0.2、0.3、0.4 时对应的极限作用距离为 65.7mm、98.2mm、117.6mm，说明随着双腐蚀缺陷长度的增加，内外腐蚀缺陷极限作用距离逐渐增加。

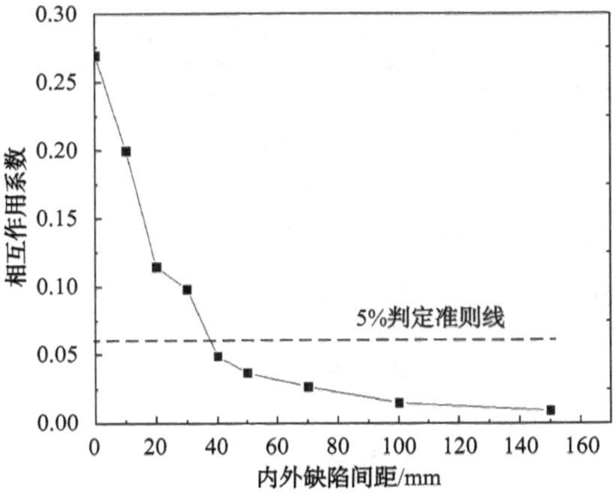

图 11　极限作用距离计算方法示例

基于以上 5% 判定标准，计算得到不同缺陷长度下内外极限影响距离，如表 2 所示。

表 2　不同缺陷长度下内外缺陷极限影响距离数据

序号	1	2	3	4	5	6	7	8
a_1	0.6	0.6	0.6	0.6	1.0	1.0	1.0	1.0
a_2	0.6	1.0	1.5	2.0	41	52.8	59	66.8
L_{lim}/mm	32.6	44.69	55	64	41	52.8	59	66.8
序号	9	10	11	12	13	14	15	16
a_1	1.5	1.5	1.5	1.5	2.0	2.0	2.0	2.0
a_2	0.6	1.0	1.5	2.0	0.6	1.0	1.5	2.0
L_{lim}/mm	47.97	57.36	65	70.6	53	64.33	70.91	75.37

如图 12 所示，缺陷长度 a1、a2 在 0.6~2.0 范围内变化，内、外腐蚀缺陷极限影响距离的变化范围在 32.6~75.37 范围内，且随着内、外缺陷长度 a1、a2 的增加，内、外腐蚀缺陷的极限影响距离不断增加，但变化速率越来越小。

3.3　基于内外腐蚀缺陷深度的相互作用分析

为便于研究，内外腐蚀缺陷取相同尺寸。采用控制变量法，设置内外缺陷长度 28.04mm，宽度 10.55mm，深度都分别为 0.1、0.2、0.3、

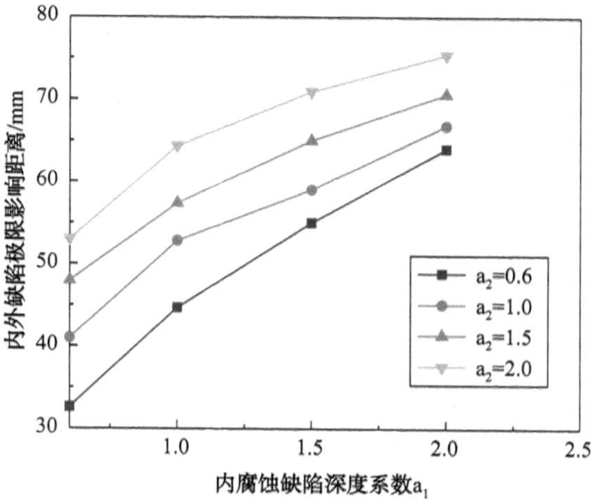

图 12　基于缺陷长度的内、外腐蚀缺陷极限影响距离关系图

0.4，设置不同缺陷轴向间距 SL 为 0、10、20、30、40、50、70、100、150mm，此外考虑内外腐蚀缺陷位置相对的情况。基于以上轴向间距和判定标准，利用 ABAQUS 有限元软件计算得到不同缺陷深度下内外腐蚀缺陷管道失效压力，选取深度系数 d/t=0.2，0.4 情况下管道失效压力分布云图如图 13 所示。在对管道进行加压过程中，管道内部腐蚀缺陷区域等效应力大于外部缺陷，且内部腐蚀缺陷区域最先达到屈服。随着内外腐蚀缺陷轴向间距的增大，内外腐蚀缺陷间相互影响减小，直至没有相互作用。内外腐蚀缺陷位置相对时管道缺陷部位等效应力最大，是最危险点。

腐蚀缺陷管道失效压力计算结果如图 14 所示。可以看出，随着内外腐蚀缺陷间距的增大，腐蚀缺陷管道失效压力增大直至趋于定值。对于不同深度的腐蚀缺陷，深度越大，腐蚀管道整体失效压力越小，且内外缺陷存在相互作用的间距越大，对应图上表现出来的曲线增长趋势更缓。

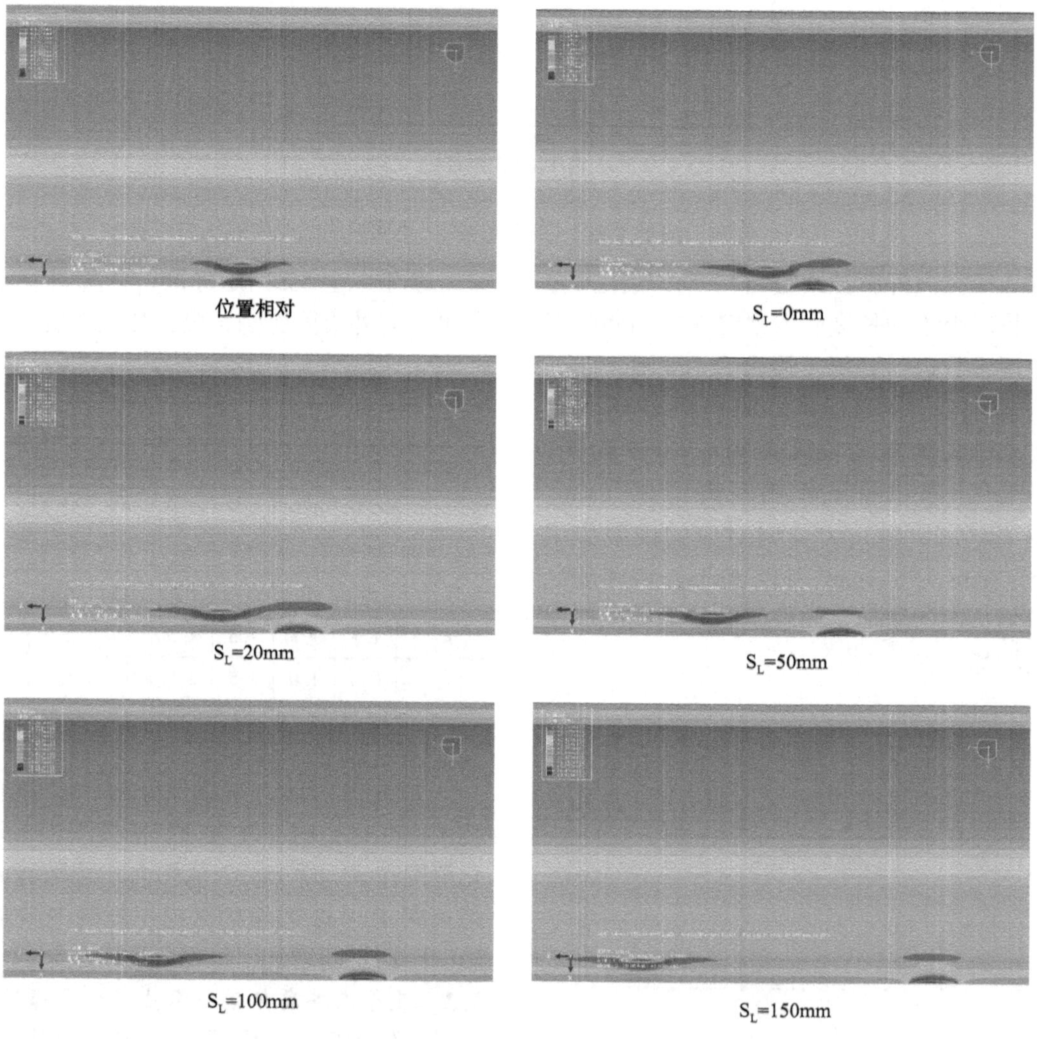

(a)c=0.3

图 13　含内、外腐蚀缺陷管道不同缺陷深度下压力分布图

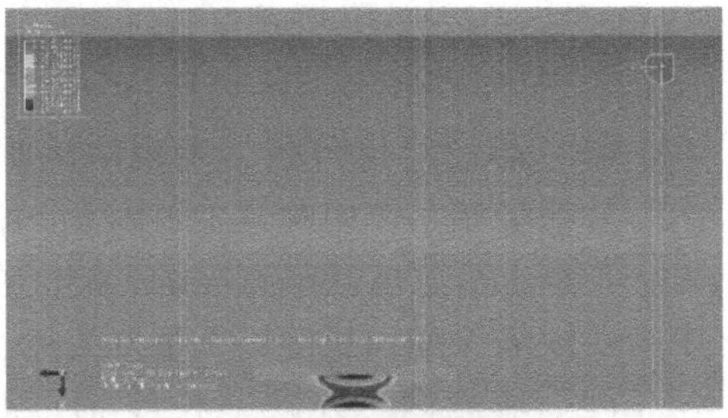

位置相对

S_L=0mm

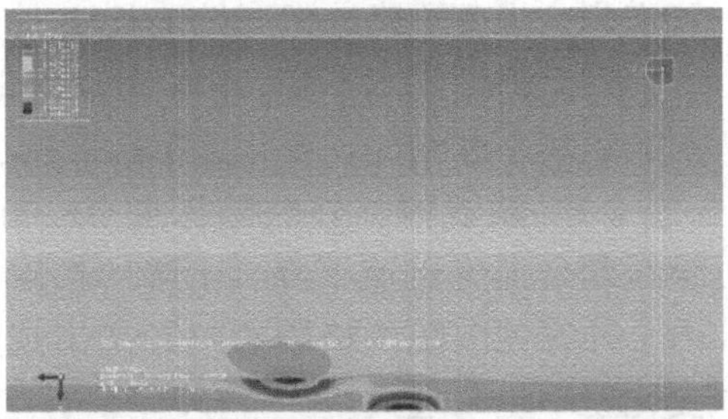

S_L=20mm

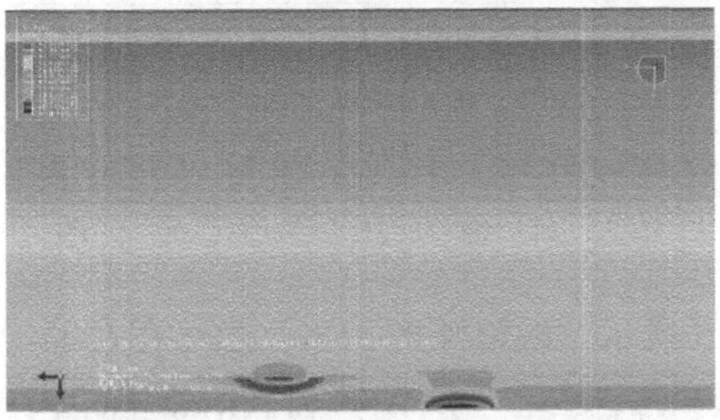

S_L=50mm

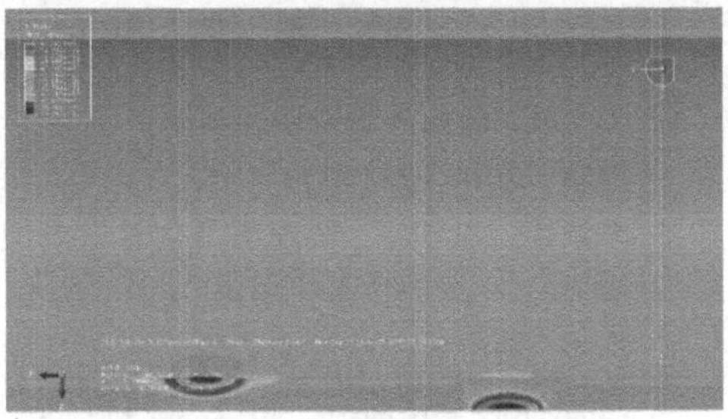

S_L=100mm

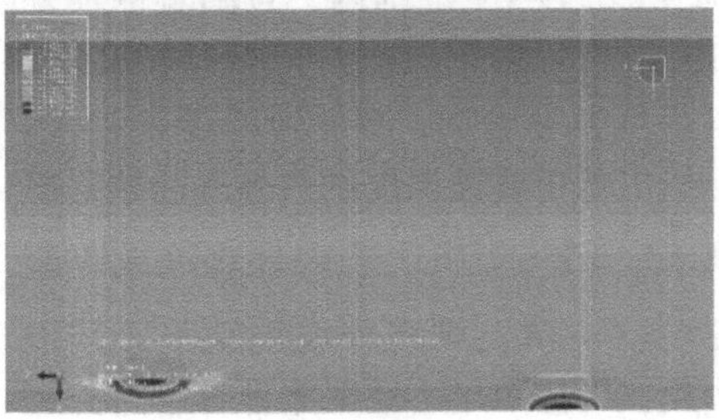

S_L=150mm

(b)c=0.4

图 13　含内、外腐蚀缺陷管道不同缺陷深度下压力分布图(续)

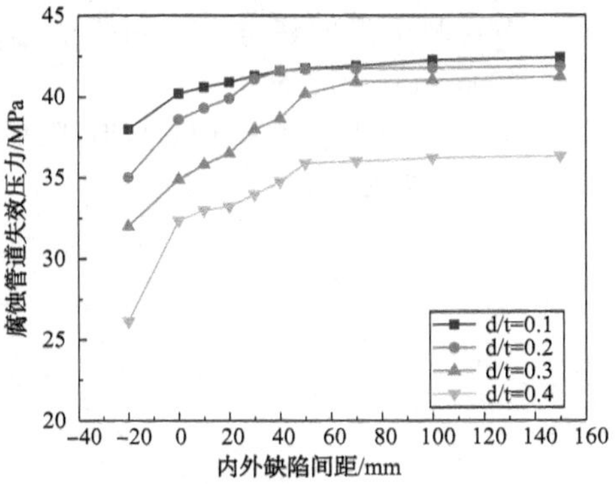

d_1/t=0.1

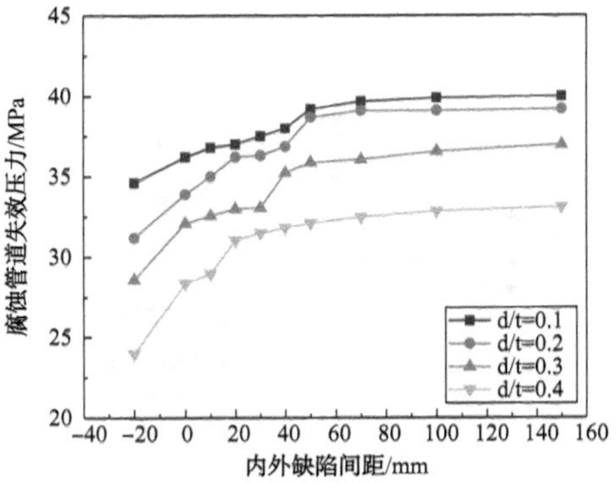

d_1/t=0.2

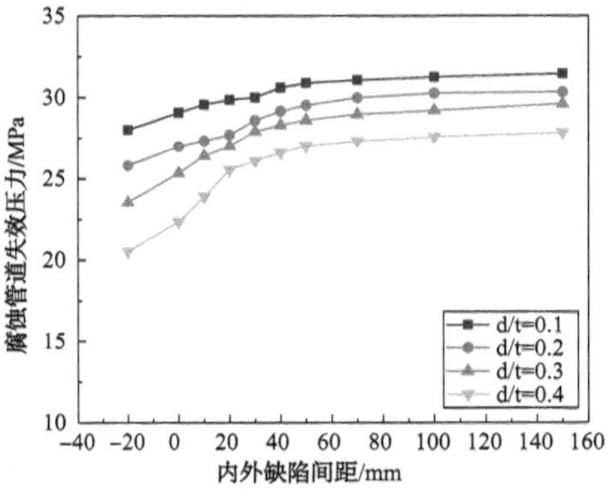

d_1/t=0.3

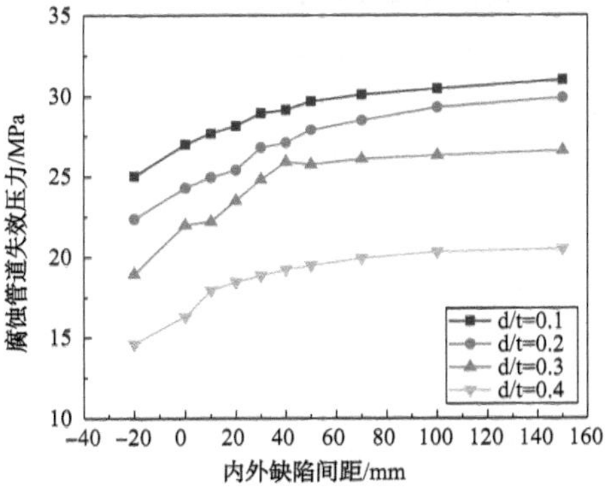

d_1/t=0.4

图 14　含内、外腐蚀缺陷管道不同缺陷深度下不同缺陷间距失效压力曲线

基于5%判定标准，计算得到不同缺陷深度下内外极限影响距离，如表3所示。

表3　不同缺陷深度下内外缺陷极限影响距离数据

序号	1	2	3	4	5	6	7	8
d_1/t	0.1	0.1	0.1	0.1	0.2	0.2	0.2	0.2
d_2/t	0.1	0.2	0.3	0.4	0.1	0.2	0.3	0.4
L_{lim}/mm	25.7	32.23	37.97	47.09	28.9	36	43	56.33
序号	9	10	11	12	13	14	15	16
d_1/t	0.3	0.3	0.3	0.3	0.4	0.4	0.4	0.4
d_2/t	0.1	0.2	0.3	0.4	0.1	0.2	0.3	0.4
L_{lim}/mm	31.9	43.9	51	64.91	35.6	51.54	60	69

如图15所示，缺陷深度d1/t、d2/t在0.1～0.4范围内变化，内、外腐蚀缺陷极限影响距离的变化范围在25.7～69范围内，且随着内、外缺陷深度d1、d2的增加，内、外腐蚀缺陷的极限影响距离出现显著增加，变化速率越来越大。经过分析，给出基于腐蚀深度的内外腐蚀缺陷极限影响距离 $S_{Lim}=1.6\sqrt{Dt}$。若内外腐蚀缺陷距离大于 $S_{Lim}=1.6\sqrt{Dt}$，则内外腐蚀缺陷之间不存在相互作用，可按照单个缺陷来计算管道的失效压力，如果在这个距离范围之内，则需要考虑内外腐蚀缺陷之间的相互作用，进行耦合计算。

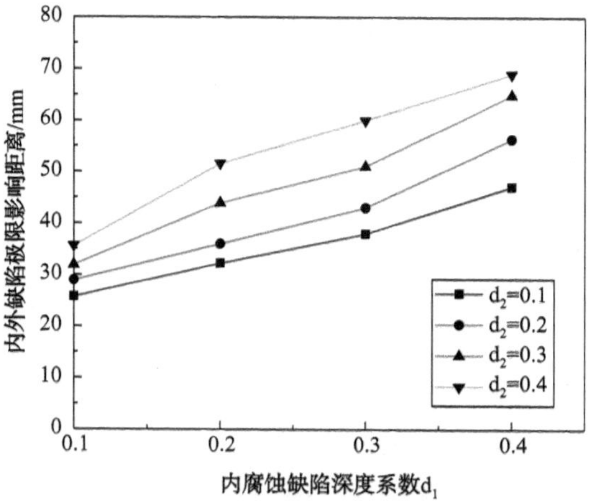

图15　基于缺陷深度的内、外腐蚀缺陷极限影响距离关系图

4　结论

（1）通过对比分析，发现缺陷深度是影响内、外缺陷相互作用的最主要因素，缺项长度次之，工程上可忽略缺陷宽度的影响。在实际工程中应对缺陷深度和长度给予重点关注。

（2）随着内、外缺陷长度a1、a2的增加，管道剩余强度下降，但当缺陷长度大于 $2.5\sqrt{Rt}$ 时，剩余强度基本不变。内、外腐蚀缺陷的极限影响距离不断增加，变化速率越来越小。

（3）随着内、外缺陷深度d1、d2的增加，管道剩余强度迅速下降，下降的幅度越来越大。内、外腐蚀缺陷的极限影响距离出现显著增加，变化速率越来越大。

参考文献

[1] 张文毓. 国内外管道腐蚀与防护研究[J]. 全面腐蚀控制，2017，31(12)：1-6.

[2] 李淑艳，王学军. 谈油田集输管道腐蚀因素及防腐措施[J]. 工程技术，2019，(2)：355.

[3] 李刚. 油田地面建设集输管道施工技术与质量管理[J]. 工程管理前沿，2019，(24)：36-37.

[4] 邱昌盛. 超高压反应管的极限压力研究[D]. 广州：华南理工大学，2013.

[5] 帅健，张春娥，陈福来. 基于爆破试验数据对腐蚀管道剩余强度评定方法的验证[J]. 压力容器，2006，23(10)：5-8.

[6] 陈严飞. 海底管道破坏机理和极限承载力研究[D]. 大连：大连理工大学，2009.

超分子清洗剂在油田采出水中的应用研究

徐明明　刘云磊　王亭沂　徐英彪　李　风

（中国石化胜利油田分公司）

摘　要　油田采出水结垢、腐蚀问题已成为制约油田降本增效、提高开发管理水平的重要因素之一。超分子清洗剂作为一种利用超分子的组装作用的新型药剂，能够起到除垢、拒污、防腐等作用。本文对中石化某油田采出水处理站开展结垢原因及垢样成分分析，并对站内应用的物理防垢仪进行了效果评价，同时开展了超分子清洗剂的适应性评价试验，探索其在油田水缓蚀防垢方面应用的可能性。

关键词　超分子清洗剂；采出水；防垢；缓蚀

目前，我国大部分油田已进入以注水开发为主要技术的中后期阶段，为保持地层压力、提高油田采收率，需要从注水井注入大量清洁水，以驱动储层原油向采油井流动。油田注水系统的腐蚀结垢是注水开发以来一直困扰油田生产的一个重要的问题。油田水在采出、处理到回注的过程中，由于压力、温度、离子组成等条件的改变或与水质的不配伍，系统结垢不可避免，轻则造成管线堵塞，设备报废；重则造成地层堵塞，注水井报废，给油田带来很大的经济损失。

目前国内外油田采用最多的防垢手段是化学防垢，其次是物理防垢，前者主要是通过加入阻垢剂来防止结垢物质的形成，后者则是通过形成某种条件或改变外界条件来破坏成垢因素。两种防垢手段存在不同程度的用量大、费用高、适应性差等缺点。

1　超分子清洗剂

超分子清洗剂的工作机理主要通过超分子药剂的选择组装作用，将金属表面的锈垢、水垢等热阻大的污垢分散到水里，并在管壁上形成一层坚硬致密、平整光滑、防腐蚀、防污垢堆积的超分子层保护膜，能够起到除垢、拒污、防腐等多项作用。目前主要应用于工业循环水系统、生物除油系统等。

（1）除垢：组成药剂的超分子选择性组装过程，通过振动、渗透、分散作用，破坏污垢组分间的结合，将污垢以分子或离子状态均匀分散于水溶液里，从而达到彻底清除各种混合污垢的目的。

（2）拒污：超分子组装过程使原子态的金属表面形成一层之谜的“联姻”分子层，即薄而致密的超分子膜，其微观结构的尺寸效应，类似于荷叶表面，能够有效组织污垢附着，拒绝二次污染。

（3）防腐：金属表面的这层致密而又清洁的超分子膜，可以增强金属表面的防腐能力，提高换热效率，延长设备寿命。

2　实验室适应性评价

2.1　试验方案

针对超分子清洗剂的除垢和防垢作用，进行室内防垢率及缓蚀率实验，防垢率试验执行Q/SHCG 133《油田采出水处理用防垢剂技术要求》，缓蚀率试验执行Q/SHCG 40《油田采出水处理用缓蚀剂技术要求》，分别测试超分子清洗剂在不同加药浓度下的防垢率和缓蚀率，探索其在油田采出水中的适应性(表1)。

表1　试验依据

序号	项目	执行标准	加药量/(mg/L)	指标
1	防垢率	Q/SHCG 133《油田采出水处理用防垢剂技术要求》	10	碳酸钙垢≥80% 硫酸钙垢≥85%
2	缓蚀率	Q/SHCG 40《油田采出水处理用缓蚀剂技术要求》	30	碳酸钙垢≥70%

2.2　试验数据

根据执行标准要求并参考工业循环用水系统的实际投加情况，设计超分子清洗剂的加药浓度分别为1、3、5、7、10、20、30mg/L，采用室内试验与现场实践结合的方式，开展防垢率与缓蚀率试验(表2)。

表2　实验室检测数据(平均值)

序号	加药量/(mg/L)	碳酸钙防垢率/%	硫酸钙防垢率/%	缓蚀率/%
1	1	74	78	96
2	3	80	85	79
3	5	89	89	63
4	7	94	96	50
5	10	98	97	44
6	20	—	—	40
7	30	—	—	35

2.3　数据分析

采用配置水开展室内防垢实验，试验数据显示碳酸钙防垢率和硫酸钙防垢率随着超分子清洗剂加药浓度的增大而增大，当加药浓度为1mg/L时，碳酸钙防垢率和硫酸钙防垢率已达到74%、78%，说明超分子清洗剂对水质的防垢效果有一定的作用。

采用某采出水站来水开展缓蚀率测试，数据显示缓蚀率随着加药量的增加呈现降低趋势，当加药量为3mg/L时，可满足缓蚀率≥70%的技术要求，说明在低浓度时超分子清洗剂的缓蚀作用最佳。

通过室内试验数据分析，超分子清洗剂在油田采出水中具有良好的适应性，当加药量为3mg/L时，可同时满足碳酸钙防垢率、硫酸钙防垢率及缓蚀率的标准要求(图1)。

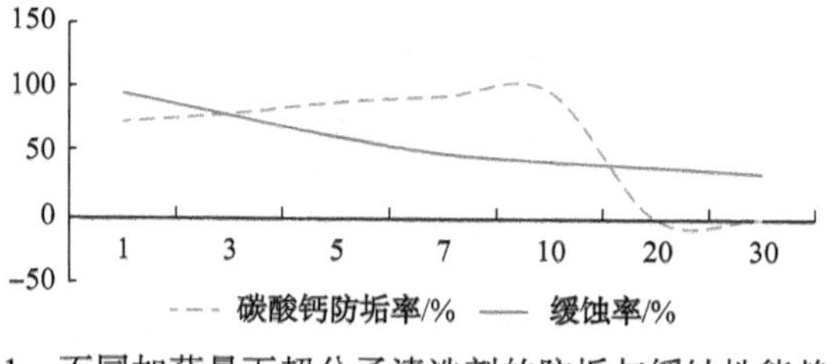

图1　不同加药量下超分子清洗剂的防垢与缓蚀性能趋势

3　现场水适应性评价

3.1　采出水站基本情况

中石化某油田采出水处理站水质呈酸性，腐蚀性强，总铁含量在6mg/L左右，细菌含量高，水质稳定性差。为解决回注水腐蚀严重以及下游水质不稳定的问题，该站采用空气预氧化工艺，去除水中存在的亚铁离子、二氧化碳等物质，以保证回注水水质达标。该站设计出水指标为含油≤8mg/L，悬浮物≤3mg/L，粒径中值2um，来水水性分析见表3。

表3　中石化某油田来水水性分析

项目	结果	项目	结果
Na^+/(mg/L)	17483.9	温度/(℃)	50
K^+/(mg/L)	479.1	pH值	6.78
Ca^{2+}/(mg/L)	713.5	溶解氧/(mg/L)	0.1
Mg^{2+}/(mg/L)	178.3	游离二氧化碳/(mg/L)	350
Sr^{2+}/(mg/L)	0	硫化物/(mg/L)	0.1
总铁/(mg/L)	6.0	含油量/(mg/L)	41.9
亚铁/(mg/L)	3.7	悬浮物/(mg/L)	22.8
Cl^-/(mg/L)	21012.5	粒径中值/(μm)	2.9
SO_4^{2-}/(mg/L)	72.3	平均腐蚀速率/(mm/a)	0.096
F^-/(mg/L)	0	SRB/(个/mL)	600
NO_3^-/(mg/L)	46.7	IB/(个/mL)	0
CO_3^{2-}/(mg/L)	0	TGB/(个/mL)	0
HCO_3^-/(mg/L)	3720.2	矿化度/(mg/L)	43706

3.2　现场问题分析

水质改性工艺实施后该站pH值由6.5提升值7.0左右，对水质结垢趋势进行预测，$CaCO_3$、$MgCO_3$垢的结垢趋势增加明显。站内结垢的现象具体体现为流程压力增高、过滤罐滤料板结造成滤料更换周期短(6~8个月)、闸门垢死等，影响回注水处理系统的正常运行。

目前该站的防垢控制措施是在回注水出站前投加阻垢剂，以降低外输水的结垢速率，但随着站内生产流程中压力、温度等因素的变化，集输管线、阀门等部位仍会出现不同程度的结垢现象，地面管输压降增高、水表结垢造成读数不准、井口闸门关不严的现象日益突出。

对该油田采出水进行了结垢趋势预测(图2)，发现主要的结垢产物是白云石、碳酸钙镁、碳酸钙等，其主要化学成分为$CaMg(CO_3)_2$、$CaCO_3$等，同时，对现场所取的结垢产物进行XRD分析，确定其主要成分为方解石(化学成分$CaCO_3$)，所占质量百分比为91.7%。见表4及图3。

碳酸钙垢可发生在油气田生产的各个流程节点中，若采出液的离子含量高，碳酸钙垢极易堵塞孔喉通道，致使油井产液量低。同时在油气集输过程中，由于碳酸钙垢的成垢速度很快，易在集输管道内壁结垢析出，使得管线有效横截面面积减小，大大加大了液体输送消耗的能量。而且由于垢层表面粗糙不平，摩擦阻力增大，更为严重的是由于垢层的不均匀性，使得某些地方出现裸露的金属表面，产生局部腐蚀或者产生点蚀穿孔，使得管道损坏，带来严重的经济损失。

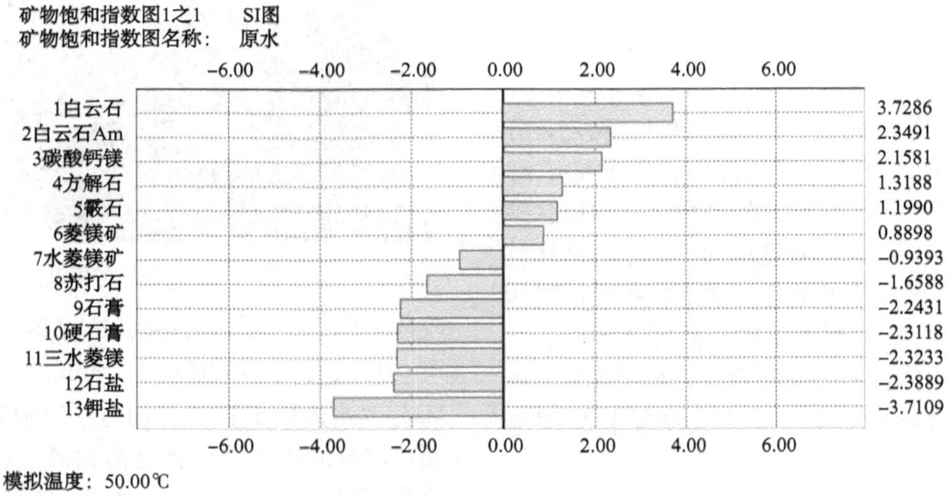

图 2　原水结垢趋势预测

表 4　站内混合反应器垢样成分分析

序号	英文名称	中文名称	主要化学成分	质量百分比/%
1	calcite	方解石	$CaCO_3$	91.7
2	halite	岩盐	NaCl	3.0
3	非晶体成分	—	—	5.3

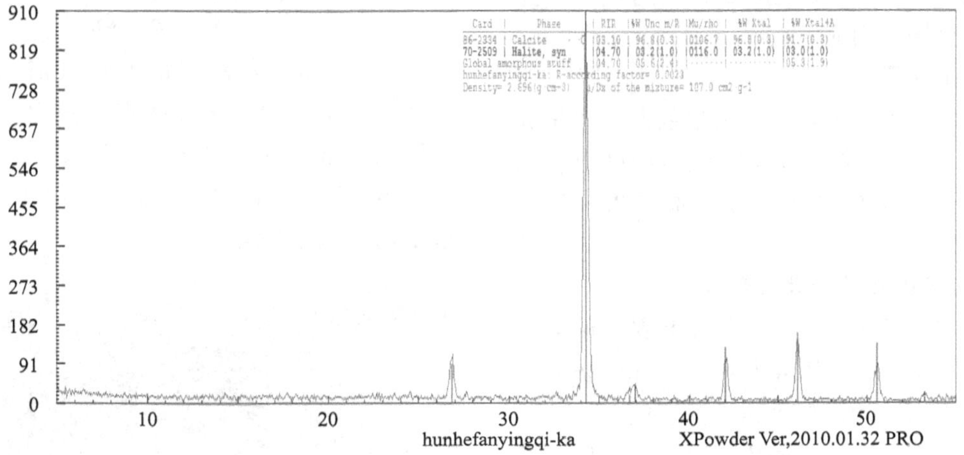

图 3　站内垢样 XRD 图

3.3　结垢原因分析

碳酸钙在水中的溶解度很低，但存在可逆反应，其结垢反应机理如下：

碳酸钙在水中的溶解反应为：

$$Ca^{2+}+CO_3^{2-} \rightleftharpoons CaCO_3\downarrow \quad (1)$$

CO_3^{2-}离子的浓度直接受水的 pH 值和碳酸平衡状态的影响，碳酸平衡各级反应式为：

$$CO_2+H_2O \rightleftharpoons H_2CO_3 \quad (2)$$

$$H_2CO_3 \rightleftharpoons H^++HCO_3^- \quad (3)$$

$$HCO_3^- \rightleftharpoons H^++CO_3^{2-} \quad (4)$$

由反应式(3)和反应式(4)可以得到：

$$2HCO_3^- \rightleftharpoons CO_3^{2-}+H_2CO_3 \quad (5)$$

由反应式(2)和反应式(5)可以得到

$$2HCO_3^- \rightleftharpoons CO_3^{2-}+CO_2+H_2O \quad (6)$$

反应式(6)是水中三种状态碳酸的统一化学式，即游离碳酸（CO_2、H_2CO_3）、重碳酸盐碳酸（HCO_3^-）和碳酸盐碳酸（CO_3^{2-}）的统一化学式。水中的CO_3^{2-}离子要同时参与碳酸平衡和碳酸钙溶解平衡两方面的反应，所以，油田水中碳酸钙的溶解平衡可以用下列可逆反应来表示：

$$Ca(HCO_3)_2 \rightleftharpoons CaCO_3\downarrow + CO2\uparrow + H_2O \quad (7)$$

通过对该站进行水性分析，调研其生产工艺流程，确定了影响该站采出水结垢的主要因素：

（1）二氧化碳分压

压力影响碳酸钙垢，主要是影响二氧化碳分压，压力降低二氧化碳分压降低，平衡向右移动，使碳酸钙更易于沉积。压力增大，二氧化碳分压增大，碳酸钙的溶解度增加，结垢可能性就减小（式7）。该采出水处理站来水存在酸性气体二氧化碳，现场检测时最高含量可达400mg/L左右，经过预氧化工艺处理后，二氧化碳气体析出，平衡整体向右移动，碳酸钙结垢趋势明显增加。

（2）pH值

pH值对垢的影响主要体现在氢离子含量的高低。pH值较低时，溶液中氢离子含量多，溶液此时处于酸体系，碳酸钙不易形成，结垢较少；pH值较高时，溶液中氢离子含量少，碳酸钙容易形成，结垢较多。该采出水处理站来水pH值在6.5左右，水质呈现弱酸性，当水体经空气预氧化处理后，pH值由6.5提高至7.2左右，结垢趋势增加明显。

（3）离子含量

该采出水处理站来水碳酸氢根的离子含量高达3000mg/L以上，明显高于其他类型站点，来水钙离子含量为700~800mg/L，本身为一种容易结垢的水体。

3.4 现场物理防垢装置效果评价

该采出水处理站在空气预氧化装置之前装有物理防垢装置1台，如图4所示。物理法防垢是通过某种作用阻止无机盐沉积于系统壁上，同时允许无机盐在溶液中形成晶核甚至结晶，但要求这种结晶悬浮于溶液中而不黏附于系统的器壁上。

其防垢原理如下：

当流体流过物理防垢装置时，装置的原电池作用将形成一个微电场，使水分子极化，形成“水偶极子”，物理防垢装置合金材料的电负性比液相中的离子要低，一些金属电子将进入流体中，成为“自由电子”，“水偶极子”和“自由电子”将取代一些已经被捕获的离子，CO_3^{2-}、HCO_3^-、SO_4^{2-}和Cl^-等，或被电负性小的离子或

图4　站内物理防垢装置

胶体，Ca^{2+}、Mg^{2+}所捕获，这使得Ca^{2+}、Mg^{2+}脱离CO_3^{2-}、SO_4^{2-}和HCO_3^-，形成原子结构的Ca^0、Mg^0。“水偶极子”和“自由电子”的捕获作用，将使得原来流体中带正负电荷的离子（如钙镁等离子和酸根离子等）和胶体物质（如硅石、氧化铝以及锈颗粒）相互结合的环境得以改变，到达一种新的动态平衡状态；对于已经趋向于或已经结合的正负离子之间的晶格键断裂，阻止了垢的形成。

现场防垢效果评价依据Q/SH 1020 1737—2006《物理防垢仪防垢效果评价方法》对，采取表面张力降低值技术指标。

$$\Delta F = Fq - Fh$$

式中，ΔF为表面张力降低值，mN/m；Fq为防垢合金处理前水样的表面张力，mN/m；Fh为防垢合金处理后水样的表面张力，mN/m。

若ΔF表面张力降低值大于等于2mN/m，即说明防垢效果优异。

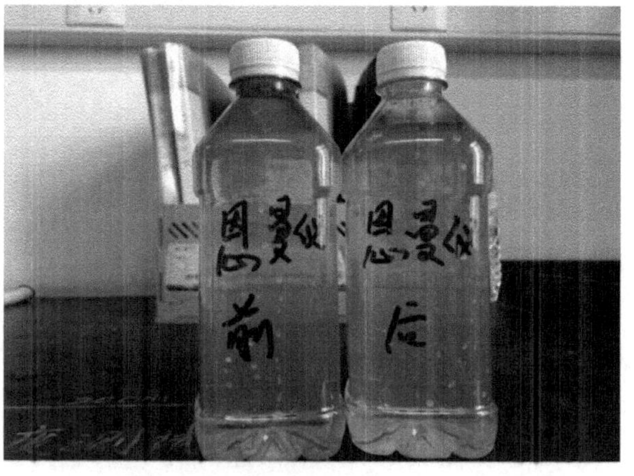

图5　恩曼物理防垢器前后水样

现场测试数据如表5所示。

通过现场检测数据发现，物理防垢装置前后的钙镁离子变化不大，表面张力出现不同程度的

提高，说明该装置对该油田采出水未起到明显的防垢作用。

表 5　防垢装置防垢效果数据　mN/m

时间	*Fq*	*Fh*	Δ*F*
2019.11.01	65.0	71.8	-6.8
2019.11.13	55.7	63.2	-7.5
2019.11.19	52.1	61.9	-9.8

3.5　超分子清洗剂防垢性能评价

以上述油田采出水为试验对象，针对碳酸钙的结垢问题，开展超分子清洗剂对现场水的适应性评价。

通过前期的室内试验数据分析，设定加药量分别为 1、3、5、7mg/L，依据 SY/T 5523 测定加药前后水中钙离子、镁离子、碳酸氢根离子含量变化，判定药剂的缓蚀防垢效果(图 6)。

(1) 取 1、3、5、7mg/L 的 1%浓度的超分子清洗剂，分别加入 500mL 试样水样中，同时做空白实验。

(2) 将加药后的样品置于 50℃ 恒温干燥箱内 7d。

(3) 测定加药前后 Ca^{2+}、Mg^{2+}、HCO_3^- 离子数量。

图 6　滨二水样恒温 50℃、静置 7d

表 6　实验室检测数据(50℃)

项目	原水	恒温 50℃、静置 7d				
		加药量/(mg/L)				
		空白	1	3	5	7
Ca^{2+}	713.5	366.5	647.5	687.3	704.3	695.7
Mg^{2+}	178.3	175	170.3	169.4	173.1	170.6
HCO_3^-	3720.2	2739.2	3387.3	3705.2	3680.7	3692.9

如表 6 所示，原水的 Ca^{2+}、Mg^{2+}、HCO_3^- 含量较高，有明显的碳酸钙的结垢倾向。在恒温 50℃、静置 5d 后，Ca^{2+}、HCO_3^- 出现不同程度的下降，说明在静置过程中生成了碳酸钙的沉淀；当加入不同浓度的超分子清洗剂时，较空白相比 Ca^{2+}、HCO_3^- 出现不同程度的上升，说明清洗剂对水防垢作用明显，Ca^{2+}、Mg^{2+} 并未和 HCO_3^- 发生明显的化学反应，水中并未出现明显的结垢产物(图 7)。

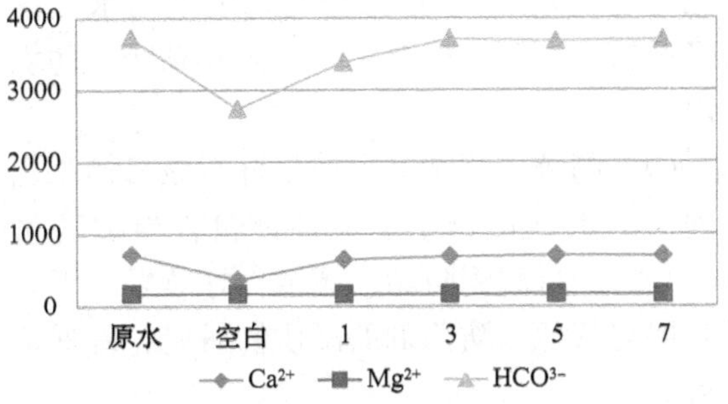

图 7　离子变化情况/(mg/L)

3.6　超分子清洗剂缓蚀性能评价

取上述油田采出水，为避免水中二氧化碳、硫化氢等气体溢出，在采出水处理站现场开展缓蚀性能试验，设定加药量分别为1、3、5、7mg/L，同时做空白，室内 50℃ 条件下恒温放置 7 天，测试缓蚀率。

如表 7 所示，加药量为 1mg/L 时，缓蚀率可基本达到减缓腐蚀的效果，同时 50℃ 条件下，随着加药量的增加缓蚀率逐渐降低，说明高加药量下，缓蚀效果会逐渐下降。

表 7　缓蚀率检测数据(50℃)

序号	加药量/(mg/L)	缓蚀率/%
1	1	79
2	3	70
3	5	58
4	7	41

3.7　小结

通过室内及现场试验，初步确定了超分子清洗剂在油田采出水处理站应用的可能性，当加药量为 3mg/L 时，缓蚀率能达到 70%，同时对水中的钙镁垢由明显的抑制作用，可在现场应用。

4　结论

(1) 通过室内试验及现场水的研究分析，超分子清洗剂在油田采出水具有良好的适应性，对结垢、腐蚀作用效果明显，可在油田采出水处理站开展应用。

（2）对目标采出水处理站进行了结垢原因及成分分析，确定了该采出水处理站的结垢成分主要为碳酸钙，主要水中的二氧化碳引起，对站内在用的物理防垢仪进行了效果评价，分析确定并未起到物理防垢的作用。

（3）对站内在用的物理防垢仪进行了效果评价，依据 Q/SH 1020 1737—2006《物理防垢仪防垢效果评价方法》，数据表明采出水的水表面张力降低值未达到预期要求，并未起到物理防垢的作用。

（4）超分子清洗剂目前仅针对该目标采出水处理站的水性进行了适应性评价，当加药量为 3mg/L 时，可起到防垢、缓蚀良好效果，下一步可开展与其他三防药剂的配伍性研究，确保应用效果。

参考文献

[1] 江绍静，余华贵，刘春燕. 高矿化度体系碳酸钙结垢动力学研究[J]. 应用化工，2011，40(9)，1623-1628.

[2] 朱倩，郑海英. 碳酸钙成垢离子含量与阻垢效果的影响规律[J]. 油气田地面工程，2011，30(10)，27-29.

[3] 毛平平. 油田污水电磁防垢除垢技术研究[D]. 青岛：中国石油大学(华东)，2007.

[4] 周战军，王汝广，周峰，等. 注水管线物理清洗技术[J]. 油气田地面工程. 2007.

[5] 张晨利，薛雄锐，马建军. 非开挖穿插高密度聚乙烯管在线管道修复技术[J]. 管道技术与设备，2002.

渤海湾海底管道腐蚀风险分析和理化性能检测

于俊峰　孔庆昊　李民强　薛　峰　修长军

（中国石化胜利油田分公司）

摘　要　由于海洋环境的复杂性，弃置回收的海底管道数量很少，回收完整且进行腐蚀分析和力学性能试验的管道就更少。注水海管比输油海管面临更大压力、更多腐蚀因素的介质。因此，利用弃置某注水海底管道的结构信息、运行参数，对可能存在的风险进行分析，选取典型的管道进行宏观形貌检查、理化性能检测和屈曲特性、剩余强度、剩余寿命分析。结果表明已达到设计使用寿命的管道目前理化性能基本符合技术规格书的要求，现有防腐措施有效，可继续服役年限在15年以上。本文也对海底管道内、外防腐工艺进行了分析对比，为现行设计和施工提供参考依据，并针对性的提出了腐蚀控制和完整性管理建议。

关键词　海底管道；腐蚀；风险分析；理化性能检测

某海底注水管道2003年6月份投产，设计使用寿命15年，材质X56，服役16年，已达到设计寿命，2019年经弃置处理后拆除回收。对回收的管道进行研究，可以直接准确地得到整条管道的腐蚀状况，这对于具有相同结构和工艺的管道以及在相同服役条件下的管道的运行管理具有重要意义。因此，进行内外腐蚀宏观检查和理化性能检测，以获取海管长期服役运行后的腐蚀情况和理化性能数据，针对性提出海管完整性管理方面的建议，为具有相同结构和工艺的海管以及在相同服役条件下的海管的安全运行提供参考和，保障海上油田安全生产。

1　海底管道基础信息

该海底注水管道总长约541m，设计寿命15年，投产时间为2003年。立管段及海底平管段两端(36m)采用双层管保温结构，内外管之间为泡沫黄夹克保温材料(厚度40mm)，海底平管段中间段为单层管结构，双层管到单层管均采用锚固件过渡。双层管内管和单层管均采用$\phi114\times10$ API 5L X56 PSL2无缝钢管，双层管外管采用$\phi273\times19$ API 5L X56 PSL2无缝钢管。双层管的外管外壁采用环氧富锌底漆+玻璃布进行防腐，此外，该海管外壁还采用牺牲阳极(铝-锌系合金牺牲阳极)阴极保护方法进行防腐。管道双层管内管和单层管的内壁均有防腐涂层，节点采用玻璃钢内补口接头。

2　腐蚀宏观检查

该海底注水管道结构复杂、管道类型多，经对回收管段现场勘察和筛选，选取具有典型性和代表性的管段进行外壁和内壁腐蚀宏观检查。

2.1　外腐蚀宏观检查

根据对该海底注水管段回收管段结构调研及现场勘察，从回收管段中选取具有典型性和代表性的立管上端单层管与双层管过渡管段(水上)、潮差段硫化橡胶加强防腐立管段(水上)、带牺牲阳极双层管管段(水下)、双层管与单层管过渡管段(水下)、单层管管段(水下)、单层管节点(水下)进行外壁腐蚀宏观检查。

2.1.1　立管锚固件

图1为立管上端单层管与双层管过渡管段的外观，该管段层管与双层管之间采用锚固件连接过渡。单层管采用岩棉进行保温，未观察到有防腐层，岩棉破损严重；双层管外壁有玻璃布，玻璃布老化破损、形成裂隙并有剥离脱落，立管外壁生成一层红褐色腐蚀产物；氯丁橡胶表面基本完好、无宏观可见的破损。

图2为去除外壁岩棉和玻璃布后的宏观形貌，单层管与双层管上半部分外壁大部分位置呈现密密麻麻的点状腐蚀坑，但腐蚀坑都不深。这种外壁腐蚀形貌，与单层管采用岩棉进行保温有关。

2.1.2　潮差段硫化橡胶加强防腐立管段

图3为潮差段硫化橡胶加强防腐立管段的外观，玻璃布防腐层老化破损、外壁生成一层红褐色腐蚀产物，而氯丁橡胶表面基本完好、无宏观可见的破损。

图 1　立管上端单层管与双层管过渡管段的外观

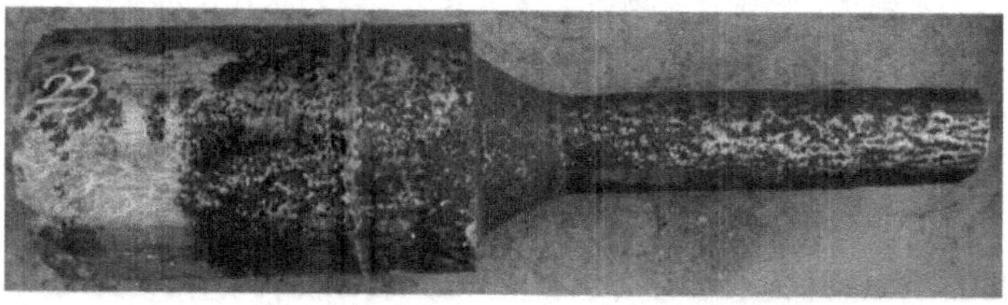

图 2　立管上端单层管与双层管过渡管段去除岩棉和玻璃布防腐层后的宏观形貌

图 3　潮差段硫化橡胶加强防腐立管段的外观

图 4 为去除硫化橡胶和玻璃布防腐层后的宏观形貌，上半部分无氯丁橡胶加强防腐的管段腐蚀严重，而下半部分有氯丁橡胶加强防腐的管段没有腐蚀。

图 4　潮差段硫化橡胶加强防腐立管段去除硫化橡胶和玻璃布防腐层后的宏观形貌

2.1.3　带牺牲阳极双层管管段

图 5 为带牺牲阳极双层管管段的外观，牺牲阳极基本消耗殆尽、几乎无残留；管段外防腐层表面附着有大量的贝壳等海生物，从而使防腐层部分位置遭到破坏。管段外防腐层上还附着有泥沙。

图 6 是去除牺牲阳极和玻璃布防腐层后的宏观形貌，管段外壁大部分位置裸露出金属光泽，间或有红褐色的铁锈和呈点状分布的微小较浅的局部腐蚀坑；牺牲阳极安装焊接垫片与管段之间也未发现有明显的局部腐蚀坑，表现出均匀腐蚀的特征。

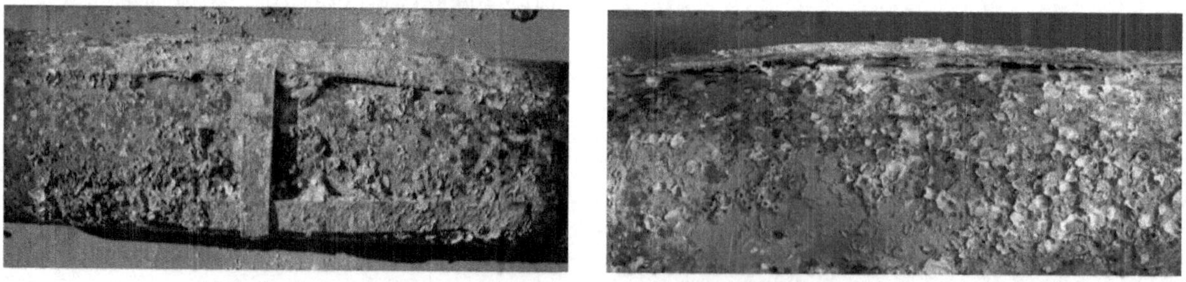

图 5　带牺牲阳极双层管管段的外观

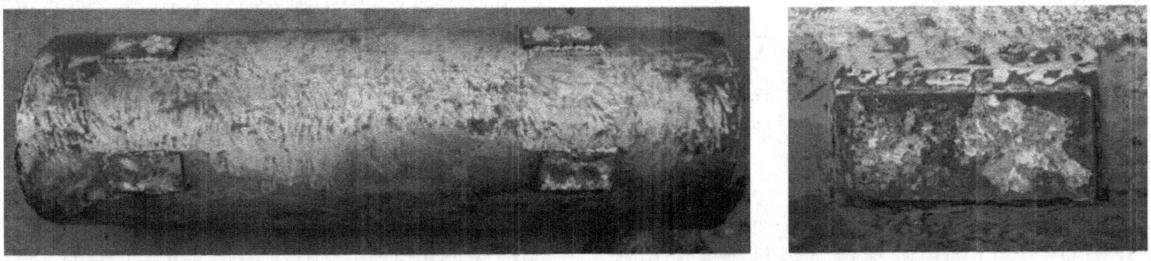

图 6　带牺牲阳极双层管管段去除牺牲阳极和玻璃布防腐层后的宏观形貌

2.1.4　双层管与单层管过渡管段

图 7 是双层管与单层管过渡管段的外观，双层管外壁为玻璃布防腐层，表面附着有海生物和泥沙，防腐层有部分破损和剥落，管段裸露处表面有一层红褐色的锈；单层管为弯头，采用热收缩套进行防腐防水，热收缩套外表面也有海生物和泥沙附着，热收缩套发生老化很容易被撕开，热收缩套之间密封较差、有张口，单层管弯头表面也有锈生成。

图 8 是去除玻璃布防腐层和热收缩套后的宏观形貌，双层管与单层管外壁大部分位置裸露出金属光泽，零星分布有微小较浅的局部腐蚀坑，但过渡部分表面有一层较厚的红褐色的铁锈，表明热收缩套防水性能较差。

2.1.5　单层管管段

图 9 是单层管管段的外观，单层管采用与双层管不同的外防腐层(2PE)，外防腐层上零星附着有贝壳等海生物，外防腐层表面有回收过程中拖拽等导致的划痕，但未发现有宏观可见的破损和管段表面裸露。

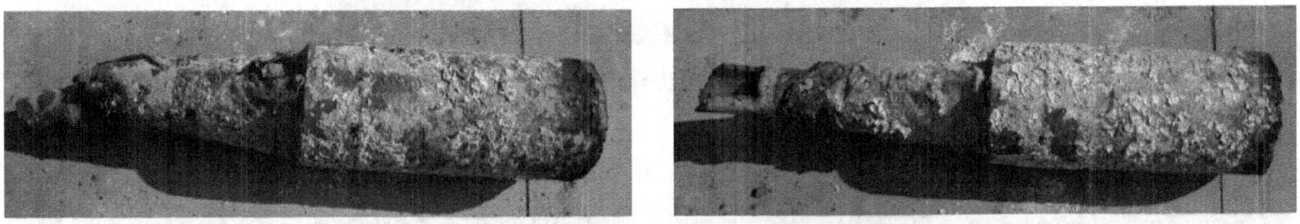

图 7　双层管与单层管过渡管段的外观

图 8　双层管与单层管过渡管段去除玻璃布防腐层和热收缩套后的宏观形貌

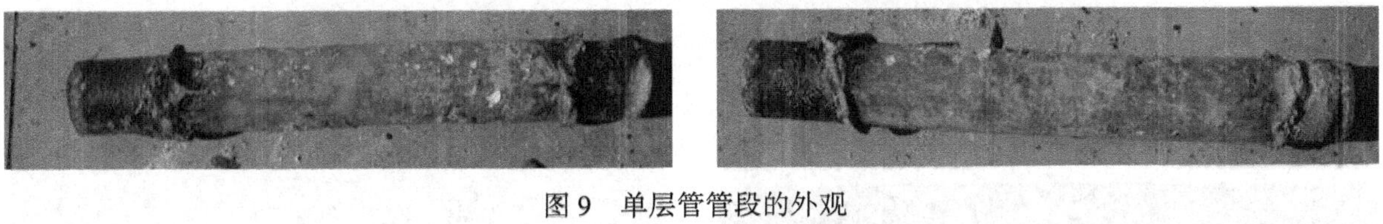

图 9　单层管管段的外观

图 10 是去除保温层后的宏观形貌，管段外壁有一层灰色涂层，涂层完好(白色的划痕是去除防腐层时所致)，表面光滑平整，没有腐蚀迹象。该管道防腐层为高氯化聚乙烯防腐漆(加强级 3PE 防腐层)，从使用来看防腐效果很好。

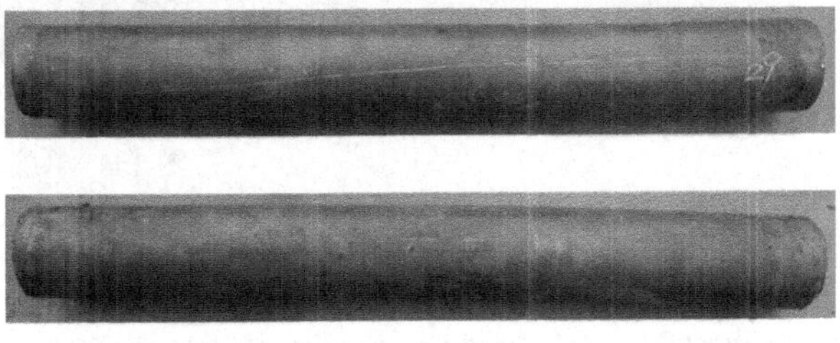

图 10　单层管管段去除防腐层后的宏观形貌

2.1.6　单层管节点管段

图 11 是单层管节点管段的外观，单层管节点管段采用热收缩套进行防腐，热收缩套上附着有贝壳等海生物且存在老化翘皮现象，但未发现有宏观可见的管段表面裸露。

图 12 是去除热收缩套后的宏观形貌，节点管段外壁有一层红褐色的浮锈，经打磨去除后裸露出银白色金属光泽，管段环焊缝与管体外壁的形貌一致，整体上未发现局部腐蚀。

2.2　内腐蚀宏观检查

该海底注水管道双层管内管和单层管的管体内壁均有一层涂层，经检查所有双层管内管管体和单层管管体的内壁形貌完全相同。而节点采用了玻璃钢内衬接头，因此节点的内壁形貌与管体存在明显不同。

2.2.1　双层管内管管体和单层管管体

图 13 和图 14 分别是双层管内管管体和单层管管体的内壁宏观形貌，管体内壁表面均分布有一层较厚的油膜，用抹布将表面的黑色油膜擦净后，涂层裸露出来，涂层均表面光滑平整、无任何破损。双层管内管管体和单层管管体的内壁均无腐蚀。该管道内防腐层为塞克-54 涂料，从使用来看防腐效果极好。

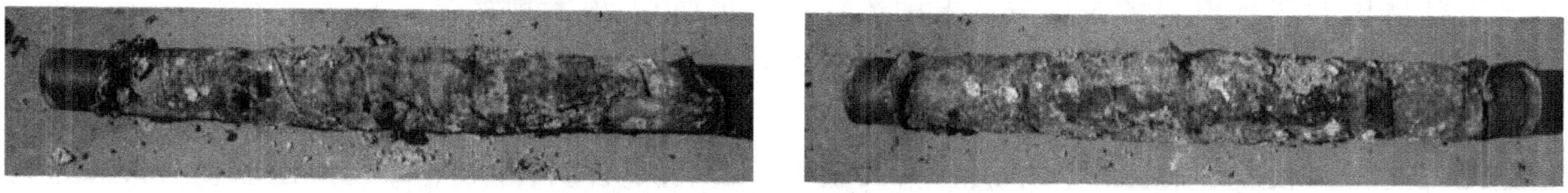

图 11　单层管节点的外观

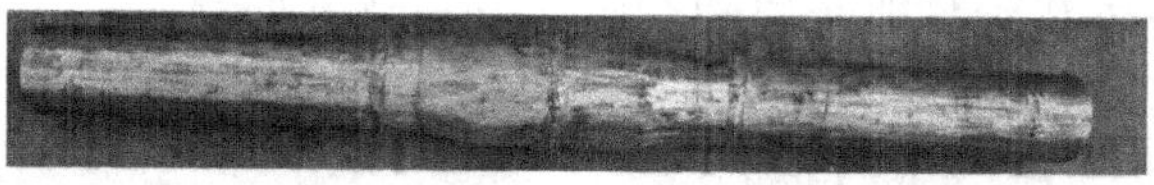

图 12　单层管节点外壁去除热收缩套后的宏观形貌

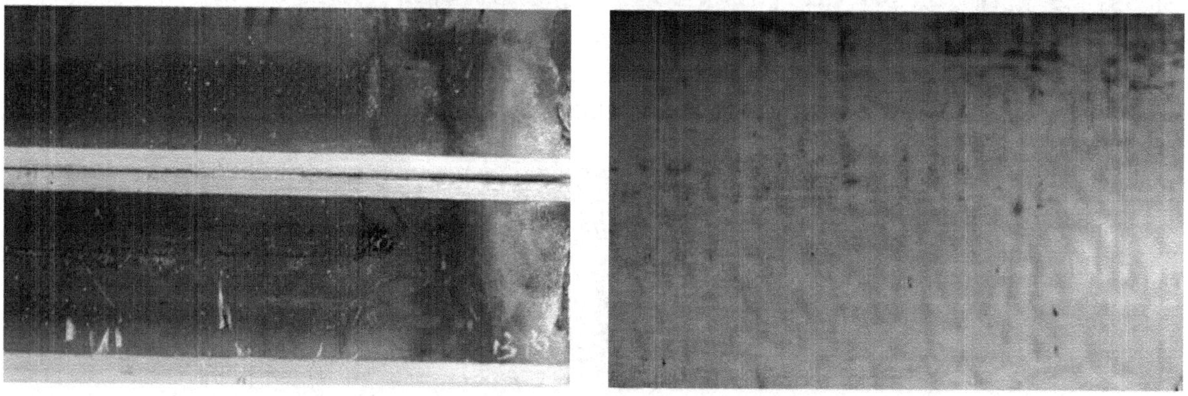

图 13　双层管内管管体的内壁宏观形貌

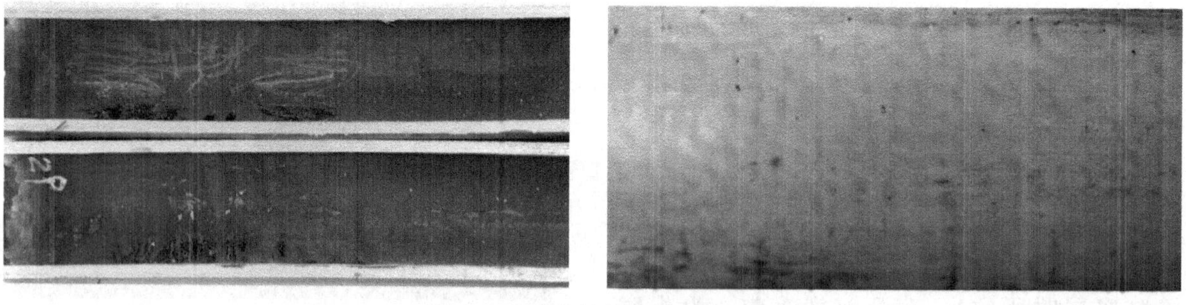

图 14　单层管管体的内壁形貌

2.2.2　双层管内管节点和单层管节点

图 15 是双层管内管节点和单层管节点的内壁宏观形貌，节点钢管内壁安装有玻璃钢内衬套管。去除玻璃钢内衬套管内壁的污物后，玻璃钢内衬套管表面完好无破损。玻璃钢套管与钢管内壁之间贴合紧密，两端采用橡胶密封圈密封，防

止水和腐蚀介质进入玻璃管内衬套管与钢管之间。从拆开的玻璃钢内衬套管外壁与钢管内壁的形貌看，钢管内壁有一薄层红褐色的腐蚀产物，并且玻璃管内衬套管外壁也附着有一薄层红褐色的腐蚀产物，但腐蚀属于均匀腐蚀，没有发现局部腐蚀坑，这表明橡胶密封圈使用16年后的密封效果较好，尽管还有部分的水汽和腐蚀物质进入玻璃钢内衬套管和钢管之间的间隙，但发生的是均匀腐蚀，没有发生缝隙腐蚀等腐蚀速率极快的局部腐蚀。

图15　某注水海管单层管节点内壁宏观形貌

3　理化性能检测

从该海底注水海管回收管段上取样进行理化性能试验，检验海管长期服役后理化性能是否仍满足海管设计技术规格书的要求。

3.1　金相组织检验

从该海底注水管道回收管段取样，采用金相倒置显微镜，按照GB/T 13298—2015标准进行金相组织检验，结果见表1及图16~图18。检验结果表明：该海底注水管道管体及焊接接头金相组织均属于正常组织，不存在危害钢管及焊接接头性能的存在异常组织(如魏氏组织)。

表1　海底注水管道回收管段金相组织检验结果

检验位置		显微组织
双层管外管管体		回火索氏体
双层管内管管体		铁素体+珠光体
单层管管体		铁素体+珠光体
双层管外管焊接接头	焊缝	针状铁素体+多边形铁素体+珠光体
	熔合区	粒状贝氏体
	细晶区	铁素体+珠光体
单层管焊接接头	焊缝	针状铁素体+多边形铁素体+珠光体
	熔合区	粒状贝氏体
	细晶区	铁素体+珠光体

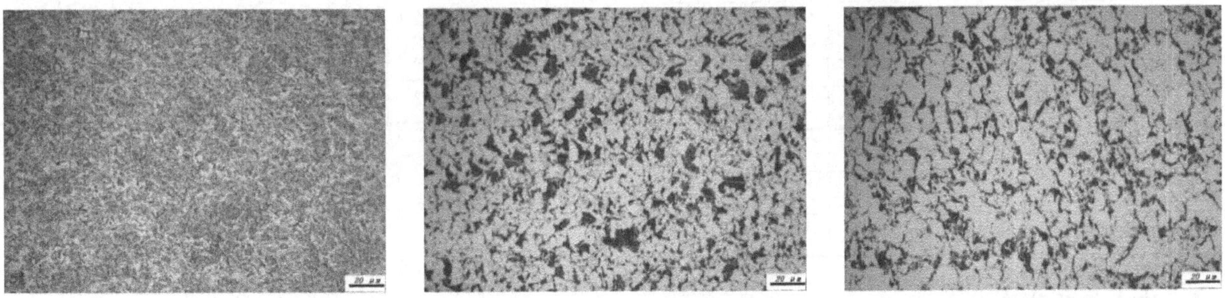

图16　回收管段(左：双层管外管；中：双层管内管；右：单层管)管体金相组织形貌

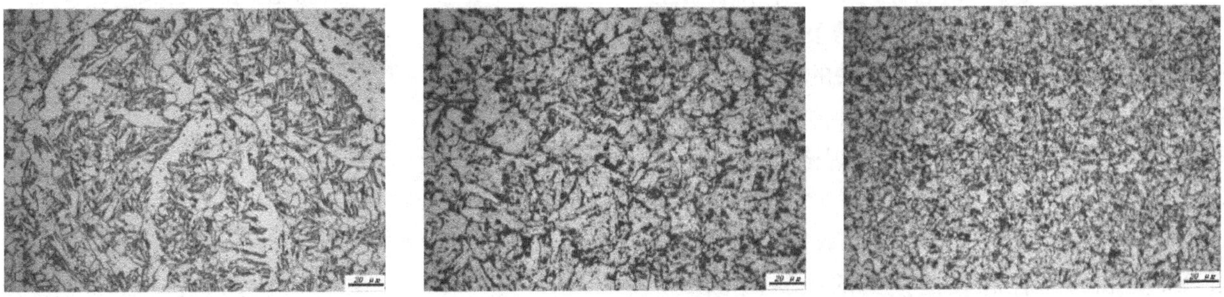

图17　双层管外管焊接接头(左：焊缝；中：熔合区；右：细晶区)金相组织形貌

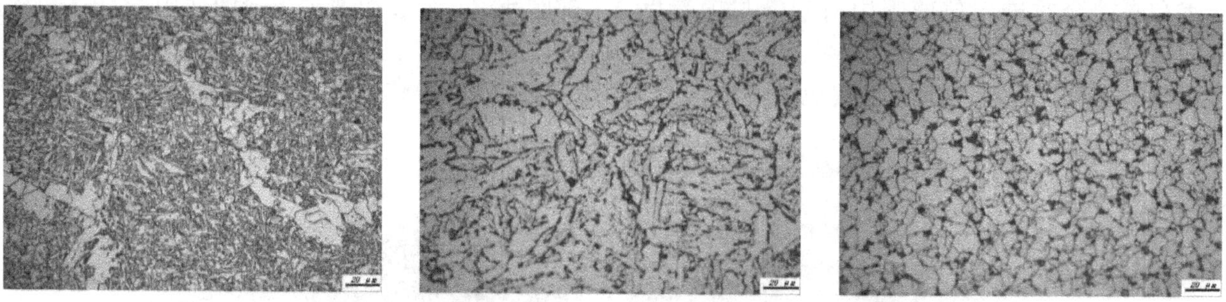

图 18　单层管焊接接头(左：焊缝；中：熔合区；右：细晶区)金相组织形貌

3.2　化学成分分析

从该海底注水管道回收管段取样，采用直读光谱仪，结果见表 2。试验结果表明：该海底注水管道的化学成分均符合技术规格书的要求。

表 2　海底注水管道回收管段化学成分分析结果　wt%

检验位置	C	Si	Mn	P	S	Cr	Mo	Nb	V	CE_{IIW}
双层管外管管体	0.15	0.19	1.51	0.013	0.0029	0.033	0.020	0.056	0.0036	0.41
双层管内管管体	0.16	0.51	1.45	0.017	0.0087	0.057	0.0093	0.054	0.0028	0.42
单层管管体	0.13	0.48	1.28	0.022	0.014	0.044	0.0077	0.042	0.0027	0.35
技术规格书要求	≤0.20	—	—	≤0.03	≤0.025	—	—	—	—	≤0.43

3.3　室温拉伸性能试验

从该海底注水管道回收管段取样，采用万能材料试验机，结果见表 3。试验结果表明：该海底注水管道的室温拉伸性能符合海管技术规格书的要求。

表 3　海底注水管道回收管段拉伸性能试验结果

检验位置	屈服强度 $R_{t0.5}$/MPa	抗拉强度 R_m/MPa	屈强比 $Rt_{0.5}/R_m$	断后伸长率 A/%
双层管外管管体	495	600	0.83	40
双层管内管管体	415	560	0.74	34
单层管管体	420	550	0.76	37
双层管外管焊接接头	—	560	—	—
单层管焊接接头	—	565	—	—
技术规格书要求	≥386	—	≤0.85	—

3.4　冲击性能试验

从该海底注水管道回收管段取样，采用摆锤冲击试验机，结果见表 4。试验结果表明：该海底注水管道除了双层管外管焊接接头的冲击性能低于技术规格书要求外，双层管内管管体、单层管管体和焊接接头的冲击性能符合技术规格书的要求。

3.5　硬度试验

从该海底注水管道回收管段取样，采用维氏硬度试验机，管体和焊接接头的检验(压痕)位置分别见图 19 和图 20，结果分别见表 5 和表 6。试验结果表明：该海底注水管道管体和焊接接头的硬度均符合技术规格书的要求。

表 4　海底注水管道回收管段拉伸性能试验结果

检验位置	规格/mm	试验温度/℃	冲击功/J			
			单个值			平均值
双层管外管管体	55×10×10	-28	265	273	286	275
双层管内管管体	55×10×7.5	-28	58	63	58	60
单层管管体	55×10×10	-28	186	179	187	184
双层管外管焊接接头	55×10×7.5	-28	12	24	21	19
单层管焊接接头	55×10×5	-28	61	67	71	66
技术规格书要求	55×10×10	-28	≥33	≥40		

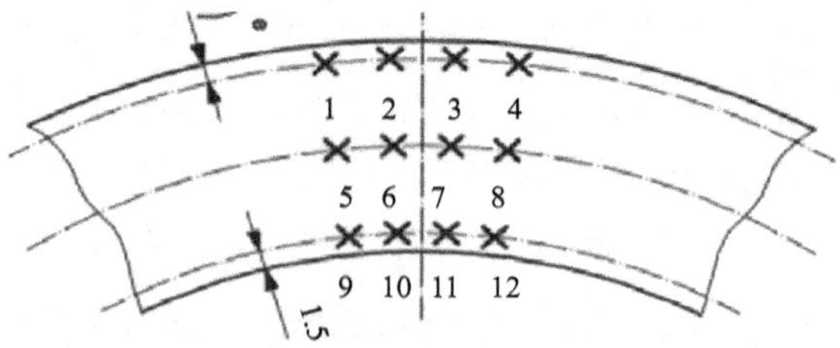

图 19　管体检验(压痕)位置示意图

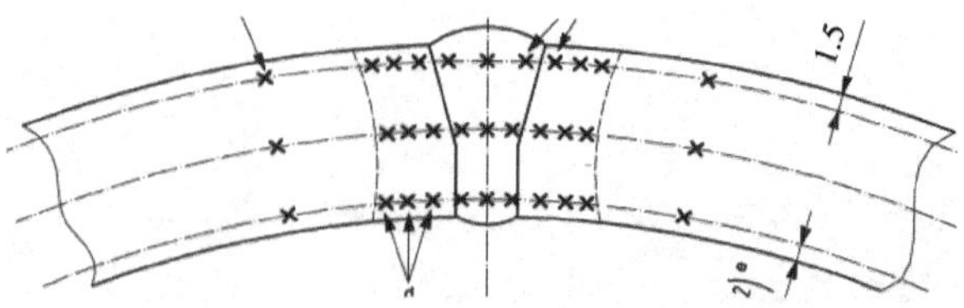

图 20　焊接接头检验(压痕)位置示意图

表 5　海底注水管道回收管段管体的硬度试验结果(HV5)

检验位置	压痕位置											
	1	2	3	4	5	6	7	8	9	10	11	12
双层管外管管体	175	176	177	180	181	180	183	183	186	186	185	188
双层管内管管体	188	187	188	186	180	193	188	191	180	186	181	180
单层管管体	176	178	178	178	171	171	170	170	168	168	171	170
技术规格书要求	≤325(HV5)											

表 6　海底注水管道回收管段焊接接头的硬度试验结果(HV5)

检验位置		压痕位置										
		1	2	3	4	5	6	7	8	9	10	11
双层管外管焊接接头	外表面	192	176	170	182	192	192	189	200	173	172	175
	壁厚中心	183	179	191	210	232	210	217	231	217	185	183
	内表面	201	186	194	196	283	205	209	203	206	209	213
单层管焊接接头	外表面	165	173	164	163	194	203	202	182	182	179	186
	壁厚中心	176	161	164	172	180	191	199	196	188	178	191
	内表面	155	156	163	164	161	166	161	156	161	156	153

4　结论与建议

4.1　结论

(1) 海底注水管道立管上端单层管及其与双层管过渡位置外腐蚀严重，现有涂层防腐方式在大气区和飞溅区防腐效果较差；硫化橡胶加强防腐部分的立管无外腐蚀，无硫化橡胶加强防腐部分的立管存在较严重外腐蚀。

(2) 双层管外管外壁的牺牲阳极消耗完全，玻璃布存在老化破损，外壁发生轻微腐蚀；双层管与单层管过渡管段、单层管节点管段的热收缩套存在破损、翘皮或张口，密封性不好，管段外壁呈均匀腐蚀，无明显较深较大的局部腐蚀坑；单层管的外防腐层无宏观可见的破损，管段无外腐蚀。

(3) 该海底注水管道双层管内管和单层管的内涂层完好无破损，不存在内腐蚀；节点的玻璃钢内衬套管完好，玻璃钢内衬套管与钢管之间有密封胶圈，海管输送介质中的固体杂质在玻璃钢内衬套管两端外的钢管表面沉积，钢管内壁存在腐蚀，但未发现较明显的局部腐蚀坑。

(4) 该海底注水管道回收管段除了双层管外管焊接接头的冲击性能低于技术规格书要求外，其他管段的理化性能均符合技术规格书的要求。

(5) 总体来看，材质为 X56 海底注水管道以均匀腐蚀为主，壁厚减薄量较小，管材的各项性能均能满足继续服役使用要求，可继续服役剩余寿命 15 年。

4.2　建议

(1) 对于大气区和飞溅区已经腐蚀严重的管段，在不进行喷砂除锈的情况下，选用低表面处理防腐涂料的方式进行涂刷。新建或更换的海管立管和附件建议选用新的防腐蚀材料，满足长效防腐要求。

(2) 同时期建设、采用相同结构和防腐工艺、目前仍在役且预期延长服役的海管，在延期服役前应开展立管上端单层管、无硫化橡胶加强防腐的立管部分、海管结构过渡位置及节点等位置的腐蚀检测评估工作，经检测评估确认安全后方可延期服役。

(3) 内涂层是防止管道内腐蚀的有效措施，今后在新建注水管道、集输管道、混输海管等可能遭受严重内腐蚀的管道时可考虑采用。

(4) 新建管道时加强现场焊接、管道结构过渡位置及节点的外防腐处理的质量控制。

(5) 设计部门应对海底管道过渡段热收缩套工艺进行论证和改进，选用更适合海上施工的工艺进行密封。

(6) 为确保目前服役期的海底管道安全运行，建议加强可检测管段的焊缝位置的检测，在条件许可的情况下，开展同类型管道的内检测，并重点关注易发生冲蚀位置的管道内腐蚀情况。

在同类型管段管道的日常运行中，应当切实执行完整性管理措施，加强监控，预防管道发生受外力破坏等第三方破坏风险。

参 考 文 献

[1] 金磊. 某海底输气管道回收段的腐蚀评价[J]. 腐蚀与防护，2017，38(4)：301-305.

[2] 冯胜，曲伟首，金磊，等. 某海底油水混输管道回收管段的腐蚀检测评价[J]. 腐蚀与防护，2019，40(11)：838-844.

[3] 刘超，张星星，刘泉林，等. 魏氏组织对焊接接头缝隙腐蚀的影响[J]. 金属热处理，2018，43(02)：111-115.

[4] 王志超，孙维连，孙铂. 45 钢筋连接套筒开裂失效分析[J]. 热加工工艺，2018，47(12)：248-251.

CO_2驱井下缓蚀剂的优选与缓蚀机理研究

李俊仪　魏　旭　孙振华

（中国石化胜利油田分公司）

摘　要　针对胜利油田CO_2驱大规模开采面临的井下高含水严重CO_2腐蚀问题。以缓蚀剂单体咪唑啉、季铵盐、硫脲、醇胺、脂肪醇为原料，复配优选出一种新型耐高温抗CO_2缓蚀剂。投加浓度达到200mg/L以后，缓蚀率均能达到85%以上，适用于不同温度、流速和CO_2压力条件。缓蚀机理研究表明，吸附作用遵循Langmuir吸附模型，增大了表面电荷传递电阻，抑制了腐蚀阳极过程，极大减轻了钢表面腐蚀。现场实验加药浓度为200mg/L，可实现井下腐蚀速率小于0.076mm/a，满足防护需求。

关键词　CO_2驱；井下；耐高温抗CO_2缓蚀剂；缓蚀率；缓蚀机理

随着能源需求的日益高涨及石油价格的大幅上扬，CO_2提高石油采收率（EOR）在石油工业中处于越来越重要的地位。油井管材的高温高压CO_2腐蚀和防护问题日益突出，面临巨大挑战。目前国外油气田集输系统所用缓蚀剂大都为界面型吸附缓蚀剂，大体可分为咪唑啉类、酰胺类、季铵盐类、含硫化合物类、含氧或含磷化合物类和少数的无机盐类，缓蚀剂也得到了较为广泛的研究和应用。但CO_2驱环境复杂，不同区块、不同单元的腐蚀环境（温度、水质、细菌、腐蚀性气体等因素）差异较大，存在复杂环境下多因素腐蚀，因此缓蚀剂使用针对性不强。CO_2驱采出液含油气水多相，腐蚀机理复杂，造成缓蚀剂在多相流中的缓蚀效果不稳定。

CO_2驱油田针对腐蚀常用的方法是注入缓蚀剂，其操作简便和高缓蚀能力被广泛应用于油田防腐蚀技术的研究。但是，这种的传统缓蚀剂在高温环境下会发生分解进而失去缓蚀保护作用，对局部的点蚀却不能起到很好的保护作用，因此传统缓蚀剂在CO_2驱油田不具备很好的保护作用。为保证生产的安全性和经济性，必须深入开展针对性防腐研究，开发适合CO_2驱注采系统的不同腐蚀环境的缓蚀剂防腐技术。

本研究采用高温高压釜动态测试及电化学测试方法，优化复配一种新型耐高温抗CO_2缓蚀剂，模拟井下不同温度、流速、CO_2分压工况，评价缓蚀剂的缓蚀性能，利用缓蚀剂吸附模型及电化学分析，配合扫描电镜SEM形貌和原子力AFM表面分析对缓蚀机理进行研究，并在现场进行了应用效果评价。

1　试验方法

1.1　腐蚀介质

试验采用的腐蚀介质为胜利油井采出水样（取样井为CO_2驱区块井次，采出液介质具有代表性），其离子成分见表1。

表1　胜利油井采出水样组成

采出水	Cl^-	HCO_3^-	CO_3^{2-}	Ca^{2+}	Mg^{2+}	Na^+	总矿	水型
mg/L	40945	366	60	18289	241	5302	65203	$CaCl_2$
模拟水	40945	366	60	18289	241	5217	65118	$CaCl_2$
配制	12.8g/LNaCl+50.75g/L $CaCl_2$+2.04g/L $MgCl_2$.6H_2O+0.5g/L $NaHCO_3$+0.11g/L Na_2CO_3							

1.2　高温高压釜测试条件及方法

锅炉烟道气腐蚀实验采用失重法，参考中国GB/10124—88《金属材料实验室均匀腐蚀试验方法》、NACE TM-01-71《高压釜腐蚀试验方法》、中国石油行业标准SY 5273—2014《油田注水缓蚀剂评定方法》进行试验。

腐蚀测试核心条件为：温度选取130℃，测试时间为24小时，流速为1m/s，二氧化碳分压 1MPa。

1.2.1　酸洗液的配置

配置酸洗液，其主要成分：10%盐酸+1%的乌洛托品+1%7701 缓蚀剂。

1.2.2　试样处理

试片前处理参照标准 GB/2477 和 SY/T 5273—2014，将试片先后置于丙酮中除油，然后置于无水乙醇中，用脱脂棉擦拭干净，再用冷风吹干，用滤纸包好放置在干燥器中，电子分析天平称重(精度 0.1mg)备用。

试验后参照标准 GB/T 16545—1996，对试片上的腐蚀产物进行清除。反应完成后，卸压，打开高压釜取出试片，记录试片表面形貌，将试片置于酸洗液中浸泡 1~3min，用棉球擦洗金属表面除去金属产物，随后用分析纯丙酮洗去表面有机物残余，并使用无水乙醇脱水，冷风吹干用滤纸包好，置于干燥器中 0.5h 后称重，并记录数据。

1.2.3　高温高压试验方法

高温高压腐蚀实验采用全浸泡挂片失重法。常温下，往高压釜中加入腐蚀介质，安装试片(每种试样平行样三个，两个用于计算平均腐蚀速率，一个用于表面形貌分析和腐蚀产物成分分析)，密封高压釜。根据试验需要(部分试验需要除氧 2h)，分别通入计量的一种或者两种气体，升温至所需要的温度，调节所需要的压力条件，控制搅拌速率模拟介质流速，试验 24h 后，通入冷却水降温、卸压后，取出试片，清洗、除锈、干燥后称重，记录数据与试片表面情况。实验装置如图 1 所示：

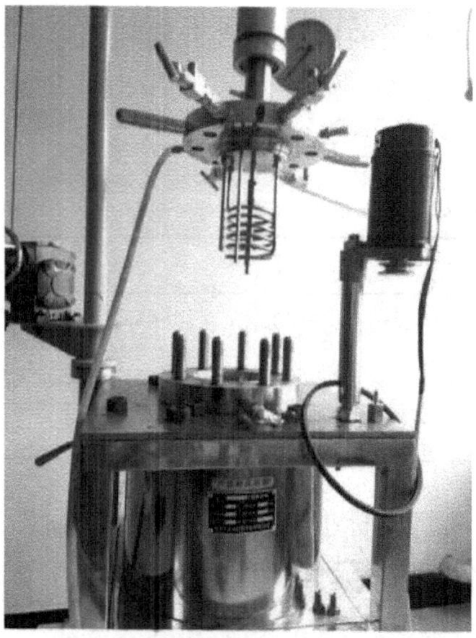

图 1　高温高压实验装置

不同实验的充气步骤如下：

CO_2腐蚀充气：向配置的 2L 模拟现场水中持续通入 1h 的 CO_2，将其中的 1.5L 溶液加入高压釜中，挂好试片后将高压釜密封，向持续通 CO_2气并排放 10min，关闭出气阀。接着通入 1MPa CO_2气体，然后放空，重复 3 次。再通入 1MPa CO_2，高速搅拌 10min 后放空。最后通入 1MPa CO_2，加热升温至所需的温度，待温度稳定后调整釜内压力，使 CO_2 压力稳定在 1MPa。

1.2.4　平均腐蚀速率的计算

本实验采用的腐蚀速率均为失重腐蚀速率，按式 1 计算：

平均腐蚀速率计算公式：

$$V = C \times \Delta G / (S \times t \times \rho) \quad (1)$$

式中，V 为平均腐蚀速率，mm/a；ΔG 为实验前后试片质量之差，g；S 为试片表面积，cm^2；t 为腐蚀时间，h；ρ 为试片材质密度，g/cm^3(钢铁取 7.8)；C 为换算系数(8.75×104)。

1.2.5　腐蚀表面形貌及产物分析

腐蚀后试样经过石油醚、无水乙醇处理，冷风吹干放置干燥器干燥后，进行扫描电镜 SEM 形貌和原子力 AFM 表面分析。

使用荷兰 FEI/飞利浦公司 Quanta 200 环境扫描电子显微镜对试样的表面形貌进行观察，确定腐蚀产物的微观形貌和分布特征、致密度等特征。为了增加样品的导电性和保证图像的清晰，测试前在真空镀膜机上镀金，并用导电胶固定在仪器的样品测试台上。

利用 AFM 原子力显微镜观察金属表面的形貌，测试时扫描面积为 5×5μm，可以得到腐蚀形貌的三维高度图，同时得到测试区域的平均粗糙度，研究缓蚀剂对金属的防护作用。

1.3　电化学测试

1.3.1　工作电极的制备

电极材料为 N80、P110 和 J55 钢，加工成 10mm×10mm×3mm 作为工作电极，用耐高温涂料涂封，工作面积为 $1cm^2$，试验前将工作电极用砂纸由 180#逐级打磨至 1200#金相，用丙酮除油，去离子水及无水乙醇清洗干净，用冷风吹干并用密封袋封好，放在干燥器中备用。

1.3.2　动电位扫描测试

实验使用 CS-350 电化学工作站，采用三电极体系，钢电极为工作电极，饱和甘汞电极为参比电极，铂电极为辅助电极，试验介质为饱和CO_2的模拟油井水。

待电极稳定0.5h后进行电化学极化测试，电位扫描范围为自腐蚀电位±0.2V，扫描速度为0.5mV/s，测试数据由弱极化区三参数法进行拟合求算Icorr

1.3.3 交流阻抗测试

交流阻抗(EIS)谱的测定采用IM6e电化学测试系统，测试频率范围为10mHz~10kHz，正弦波交流激励信号幅值为±10mV，测试数据由zview软件进行拟合处理。复配实验

2 井下耐高温抗CO_2缓蚀剂优选研究

采用电化学和高压釜动态方法，对常用CO_2缓蚀剂单体及助剂进行缓蚀性能正交试验组合测试，测试确定耐高温高压CO_2缓蚀剂成分；测试井下三种温度、三种流速、两种CO_2分压工况的五种浓度缓蚀剂的缓蚀性能，基本试验条件：模拟水，1MPa CO_2，流速1m/s，24h，130℃，J55、N80和P110钢。

2.1 抗CO_2缓蚀剂单体及助剂缓蚀性能正交试验组合测试

井下抗CO_2高效缓蚀剂的正交试验：选择两种单体缓蚀剂咪唑啉和季铵盐，利用咪唑啉、季铵盐、硫脲、醇胺、脂肪醇五种主要缓蚀组分，按五因素四水平正交表$L^{16}(4^5)$进行优化试验，各取4个水平值，共得到16个缓蚀剂样品进行测试(表2)。

表2 缓蚀剂正交试验表

试验	咪唑啉(A)	季铵盐(B)	硫脲(C)	醇胺(D)	脂肪醇(E)
1	8%	0	2%	0	0
2	8%	5%	4%	2%	5%
3	8%	10%	6%	5%	10%
4	8%	15%	8%	10%	15%
5	12%	0	4%	5%	15%
6	12%	5%	2%	10%	10%
7	12%	10%	8%	0	5%
8	12%	15%	6%	2%	0
9	16%	0	6%	10%	5%
10	16%	5%	8%	5%	0
11	16%	10%	2%	2%	15%
12	16%	15%	4%	0	10%
13	20%	0	8%	2%	10%
14	20%	5%	6%	0	15%
15	20%	10%	4%	10%	0
16	20%	15%	2%	5%	5%

采用电化学测试和高压釜动态测试的筛选评价。电化学测试条件：60℃，N80、P110和J55钢，CO_2饱和模拟水，缓蚀剂浓度100mg/L。高压釜测试条件：130℃，1MPa CO_2饱和模拟水，流速1m/s，N80、P110、J55钢，缓蚀剂浓度200mg/L，腐蚀测试时间为24h。

按前面正交试验设计配制16种缓蚀剂，通过电化学极化曲线法和高压釜腐蚀测试，优选出一种性能最优的缓蚀剂。

2.1.1 极化曲线测试

从图2~图4来看，加入缓蚀剂后，腐蚀电流密度均减小，腐蚀电位略有正移。从表3中三种钢的腐蚀电流密度和缓蚀率来看，缓蚀剂15号的缓蚀率最高。

2.1.2 高压釜腐蚀测试

从表4中可以看出130℃、CO_2介质中，三

种钢的腐蚀速率均较大，需要进行缓蚀剂保护；其中 P110 的腐蚀速率最高，其次是 J55 和 N80；从不同缓蚀剂对三种钢的作用来看，15 号缓蚀剂的缓蚀率最高。

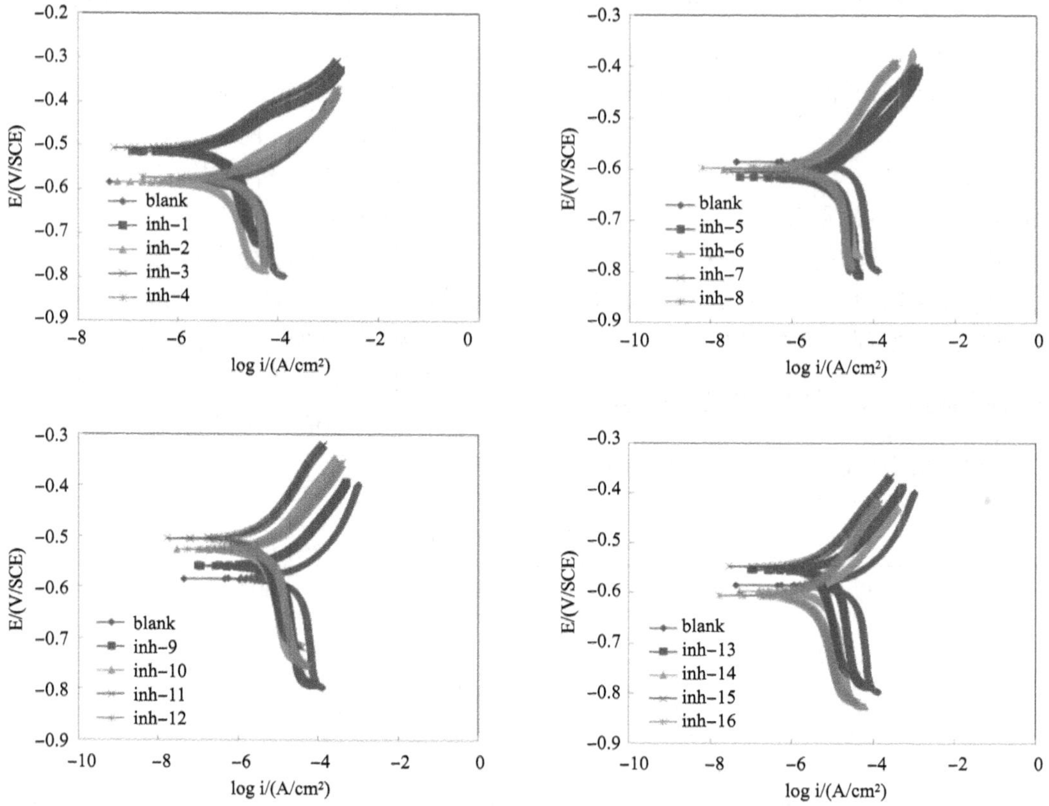

图 2　N80 钢在不同缓蚀剂作用下的极化曲线

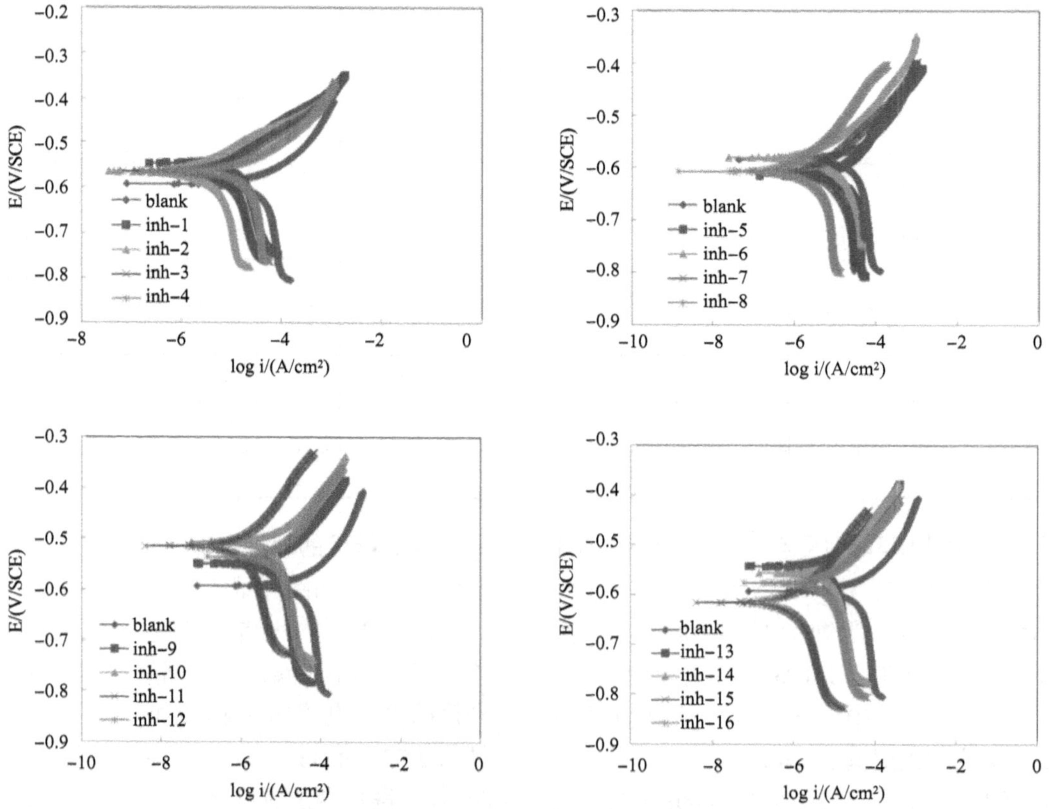

图 3　P110 钢在不同缓蚀剂作用下的极化曲线

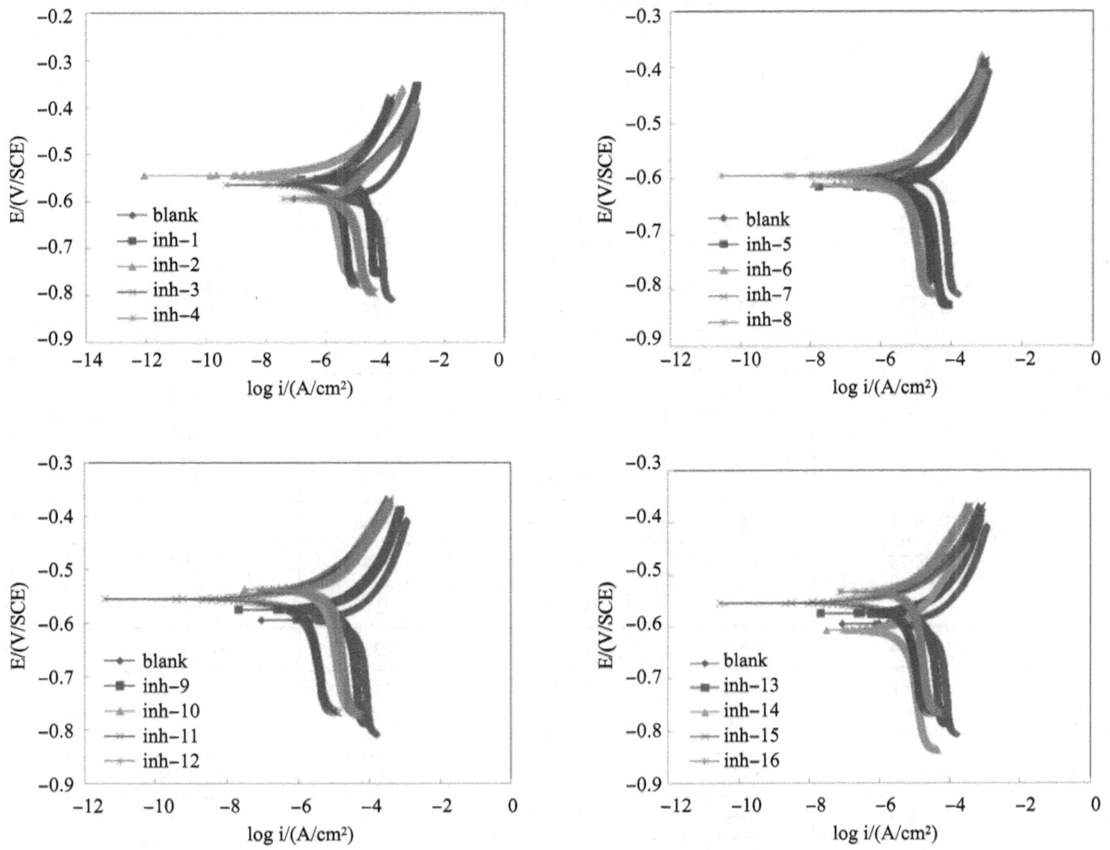

图 4　J55 钢在不同缓蚀剂作用下的极化曲线

表 3　不同缓蚀剂作用下的极化测试比较

管材缓蚀剂	N80		P110		J55	
	腐蚀电流密度/（μA/cm²）	缓蚀率 η	腐蚀电流密度/（μA/cm²）	缓蚀率 η	腐蚀电流密度/（μA/cm²）	缓蚀率 η
空白	93.2		115.4		108.9	
Inh-1	12.34	87%	12.85	89%	13.05	88%
Inh-2	7.98	91%	8.88	92%	9.01	92%
Inh-3	8.66	91%	9.07	92%	9.55	91%
Inh-4	13.41	86%	14.67	87%	15.08	86%
Inh-5	12.78	86%	13.87	88%	14.02	87%
Inh-6	7.01	92%	8.15	93%	8.23	92%
Inh-7	10.32	89%	10.82	91%	10.86	90%
Inh-8	7.64	92%	8.62	93%	8.77	92%
Inh-9	11.44	88%	12.21	89%	12.36	89%
Inh-10	9.37	90%	9.96	91%	9.98	91%
Inh-11	9.15	90%	9.68	92%	9.77	91%
Inh-12	10.67	89%	11.46	90%	11.44	89%
Inh-13	9.88	89%	10.54	91%	10.62	90%
Inh-14	6.55	93%	7.98	93%	7.35	93%
Inh-15	5.23	94%	5.87	95%	5.42	95%
Inh-16	6.31	93%	7.65	93%	6.94	94%

表 4 不同缓蚀剂的缓蚀率比较

管材缓蚀剂	N80		P110		J55	
	腐蚀速率/(mm/a)	缓蚀率 η	腐蚀速率/(mm/a)	缓蚀率 η	腐蚀速率/(mm/a)	缓蚀率 η
空白	3.9618		9.563		4.8976	
Inh-1	0.8122	79%	0.9546	90%	0.9547	81%
Inh-2	0.4919	88%	0.6589	93%	0.5124	90%
Inh-3	0.5124	87%	0.7547	92%	0.6983	86%
Inh-4	0.8745	78%	0.9546	90%	0.8836	82%
Inh-5	0.8214	79%	1.2541	87%	1.3111	73%
Inh-6	0.4618	88%	0.5625	94%	0.4697	90%
Inh-7	0.5861	85%	0.6834	93%	0.5648	88%
Inh-8	0.4821	88%	0.4974	95%	0.5462	89%
Inh-9	0.6378	84%	0.6881	93%	0.8694	82%
Inh-10	0.5462	86%	0.8206	91%	0.9556	80%
Inh-11	0.5364	86%	0.7321	92%	0.5452	89%
Inh-12	0.6258	84%	0.6997	93%	0.6711	86%
Inh-13	0.5541	86%	0.5665	94%	0.5447	89%
Inh-14	0.3718	91%	0.3929	96%	0.3338	93%
Inh-15	0.2437	94%	0.2921	97%	0.2655	95%
Inh-16	0.2683	93%	0.3911	96%	0.3004	94%

通过对以上 16 组缓蚀剂进行电化学极化和高压釜失重测试评价，15 号缓蚀剂对三种钢的缓蚀性能最佳，达到 94%~97%，作为优选缓蚀剂进行全面性能测试。

2.2 优选缓蚀剂性能评价

对优选的缓蚀剂 inh-15，进行不同条件下的缓蚀性能评价。

2.2.1 不同浓度下的性能评价

模拟水温度 130℃，测试时间为 24h，流速为 1m/s，二氧化碳分压 1MPa，缓蚀剂浓度分别为 50mg/L、100mg/L、200mg/L、300mg/L 和 500mg/L。随着缓蚀剂 inh-15 浓度的增加，碳钢腐蚀速率逐渐减小，缓蚀率逐渐增大(表 5)。

表 5 不同浓度缓蚀剂 inh-15 的缓蚀性能

缓蚀剂浓度	N80		P110		J55	
	腐蚀速率/(mm/a)	缓蚀率 η	腐蚀速率/(mm/a)	缓蚀率 η	腐蚀速率/(mm/a)	缓蚀率 η
0	3.9618	—	9.563	—	4.8976	—
50mg/L	0.5741	86%	0.7886	92%	0.6674	86%
100mg/L	0.3859	90%	0.5942	94%	0.4997	90%
200mg/L	0.2437	94%	0.2921	97%	0.2655	95%
300mg/L	0.2227	94%	0.2587	97%	0.2546	95%
500mg/L	0.1986	95%	0.2228	98%	0.2367	95%

2.2.2 不同温度下的性能评价

模拟水温度分别为 60℃、80℃、130℃，测试时间为 24h，流速为 1m/s，二氧化碳分压 1MPa，缓蚀剂浓度为 200mg/L。相比空白，200mg/L 缓蚀剂 inh-15 作用下，不同温度下碳钢的腐蚀速率均大幅减小，缓蚀率均超过 85%(表 6)。

2.2.3 不同流速下的性能评价

模拟水温度 130℃，测试时间为 24 小时，流速分别为 0m/s、0.5m/s 和 1m/s，二氧化碳分压 1MPa，缓蚀剂浓度为 200mg/L。相比空白，

200mg/L缓蚀剂 inh-15 作用下，不同流速下碳钢的腐蚀速率均大幅减小，缓蚀率均超过85%（表7）。

2.2.4 不同二氧化碳分压下的性能评价

模拟水温度130℃，测试时间为24小时，流速为1m/s，二氧化碳分压分别为0.5MPa和1MPa，缓蚀剂浓度为200mg/L。相比空白，200mg/L缓蚀剂 inh-15 作用下，不同 CO_2 压力下碳钢的腐蚀速率均大幅减小，缓蚀率均超过85%（表8）。

表6 不同温度下缓蚀剂 inh-15 的缓蚀性能

管材温度		N80		P110		J55	
		腐蚀速率/(mm/a)	缓蚀率 η	腐蚀速率/(mm/a)	缓蚀率 η	腐蚀速率/(mm/a)	缓蚀率 η
60℃	空白	4.6104	—	6.8278	—	10.2684	—
	缓蚀剂	0.2611	94%	0.2805	96%	0.5746	94%
80℃	空白	1.7186	—	23.4371	—	8.0165	—
	缓蚀剂	0.2445	86%	0.6548	97%	0.4438	94%
130℃	空白	3.9618	—	9.563	—	4.8976	—
	缓蚀剂	0.2437	94%	0.2921	97%	0.2655	95%

表7 不同流速下缓蚀剂 inh-15 的缓蚀性能

管材流速		N80		P110		J55	
		腐蚀速率/(mm/a)	缓蚀率 η	腐蚀速率/(mm/a)	缓蚀率 η	腐蚀速率/(mm/a)	缓蚀率 η
0	空白	1.7829	—	2.1122	—	2.3343	—
	缓蚀剂	0.2075	88%	0.2158	90%	0.2367	90%
0.5m/s	空白	3.2507	—	5.7135	—	4.6882	—
	缓蚀剂	0.2445	92%	0.2548	96%	0.2614	94%
1m/s	空白	3.9618	—	9.563	—	4.8976	—
	缓蚀剂	0.2437	94%	0.2921	97%	0.2655	95%

表8 不同 CO_2 压力下缓蚀剂 inh-15 的缓蚀性能

管材 CO_2 压力		N80		P110		J55	
		腐蚀速率/(mm/a)	缓蚀率 η	腐蚀速率/(mm/a)	缓蚀率 η	腐蚀速率/(mm/a)	缓蚀率 η
0.5MPa	空白	1.2585	—	1.4961	—	1.5842	—
	缓蚀剂	0.1858	85%	0.2118	86%	0.2055	87%
1MPa	空白	3.9618	—	9.563	—	4.8976	—
	缓蚀剂	0.2437	94%	0.2921	97%	0.2655	95%

该缓蚀剂在不同条件下的性能测试数据表明，浓度达到200mg/L以后，在设定的条件波动范围内，缓蚀率均能达到85%以上，适用于不同温度、流速和 CO_2 压力条件。

3 缓蚀机理分析

3.1 缓蚀剂吸附模型研究

利用130℃不同浓度缓蚀剂下高压釜测试的缓蚀率结果，采用 Langmuir 吸附模型对所得实验数据进行拟合，发现 Langmuir 吸附等温式与实验结果吻合较好。Langmuir 吸附等温式可用式(1)表示：

$$\frac{C}{\theta}=fc+\frac{f}{K} \tag{1}$$

式中 θ 为缓蚀剂在金属表面的覆盖度；c 为缓蚀剂的有效浓度；K 为吸附平衡常数；f 为吸附因子。根据实验数据，对 $c/\theta-c$ 作图，结果如图5所示。

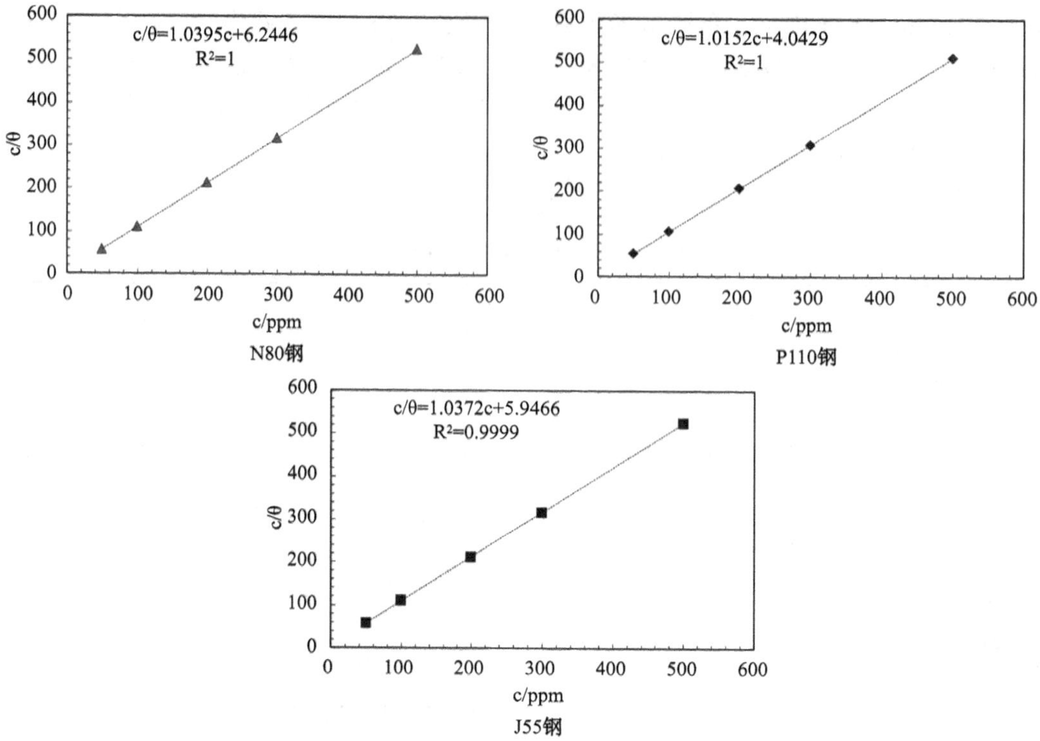

图5　吸附等温拟合线

图5中吸附等温线的相关系数 $R^2=1$，说明具有良好的相关性。根据标准吉布斯自由能可由式计算：

$$K=\frac{1}{55.5}\exp\left(\frac{-\Delta G^0}{RT}\right) \tag{2}$$

式中，R 为气体平衡常数($8.314J\cdot K^{-1}\cdot mol^{-1}$)；$T$ 为绝对温度(K)(实验温度为130℃)。

当吸附自由能大于-20kJ/mol时，缓蚀剂在金属表面的吸附为物理吸附过程，当吸附自由能小于-40kJ/mol时，为化学吸附过程，而吸附自由能介于二者之间，则为混合吸附。

计算缓蚀剂的吸附热力学参数，见表9。从吸附吉布斯自由能数值来看，该缓蚀剂在碳钢表面属于自发的化学吸附。

表9　缓蚀剂 inh-15 的吸附热力学参数

管材	f	$K/(mg/L^{-1})$	$\Delta G/(kJ/mol)$
N80	1.0395	0.1665	-40.297
P110	1.0152	0.2511	-41.675
J55	1.0372	0.1744	-40.454

3.2　缓蚀剂的电化学作用评价

随着缓蚀剂浓度的增加，腐蚀电流显著降低，缓蚀剂的缓蚀效率随其浓度的增加而增加。观察极化曲线发现腐蚀电位向阳极有轻微的移动，但是移动小于85mV由此可知缓蚀剂inh-15是以阳极型为主的混合型缓蚀剂，主要抑制金属阳极的溶解过程(图6)。从表10可以看出，随缓蚀剂inh-15浓度增加，缓蚀率逐渐增大。

表10　不同浓度缓蚀剂 inh-15 的极化曲线测试参数

管材	缓蚀剂浓度/(mg/L)	$i_{corr}/(\mu A/cm^2)$	$E_{corr}/(V/SCE)$	$b_a/(mVdec^{-1})$	$b_c/(mVdec^{-1})$	$\eta_i/(\%)$
N80	0	93.2	-0.571	83.8	165.8	—
	50	14.35	-0.533	85.4	107.3	85%
	100	9.34	-0.499	92.8	94.9	90%
	200	5.23	-0.463	99.8	101.6	94%
	300	4.87	-0.481	95.4	97.1	95%
	500	4.21	-0.531	102.4	67.2	95%
P110	0	115.4	-0.589	46.9	127.6	—
	50	15.76	-0.574	58.0	129.8	86%
	100	10.24	-0.544	62.3	147.4	91%
	200	5.87	-0.521	82.5	121.6	95%
	300	5.42	-0.558	95.5	143.9	95%
	500	4.89	-0.559	105.2	119.8	96%
J55	0	108.9	-0.598	71.1	118.1	—
	50	15.33	-0.591	64.3	188.1	86%
	100	9.96	-0.578	57.9	162.8	91%
	200	5.42	-0.619	78.4	123.0	95%
	300	5.11	-0.559	86.4	123.1	95%
	500	4.75	-0.579	98.2	122.4	96%

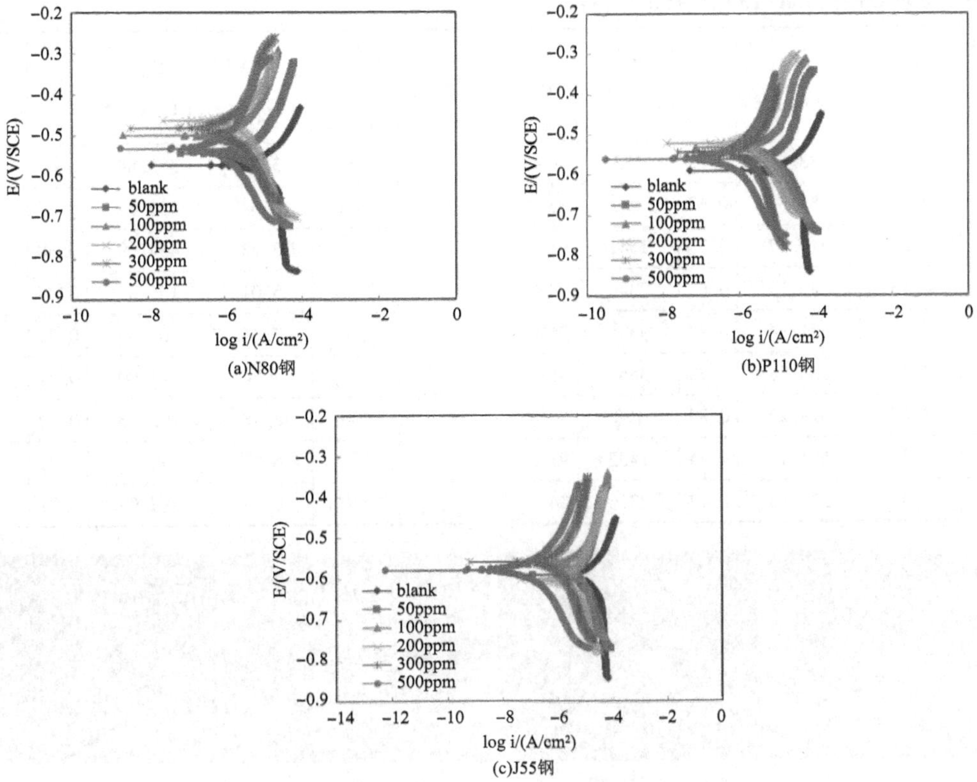

图 6　不同浓度缓蚀剂 inh-15 的极化曲线测试

随着缓蚀剂浓度的增加，容抗弧半径有着明显的增加趋势，说明了缓蚀剂浓度的增加使电荷转移电阻增大，即总的腐蚀电化学过程受到了抑制(图 7)。从表 11 可以看出，随缓蚀剂 inh-15 浓度增加，缓蚀率逐渐增大。

3.3　腐蚀表面微观分析

缓蚀剂吸附后，极大减轻了钢表面腐蚀，表面形貌趋于平整，粗糙度下降(图 8~9)。

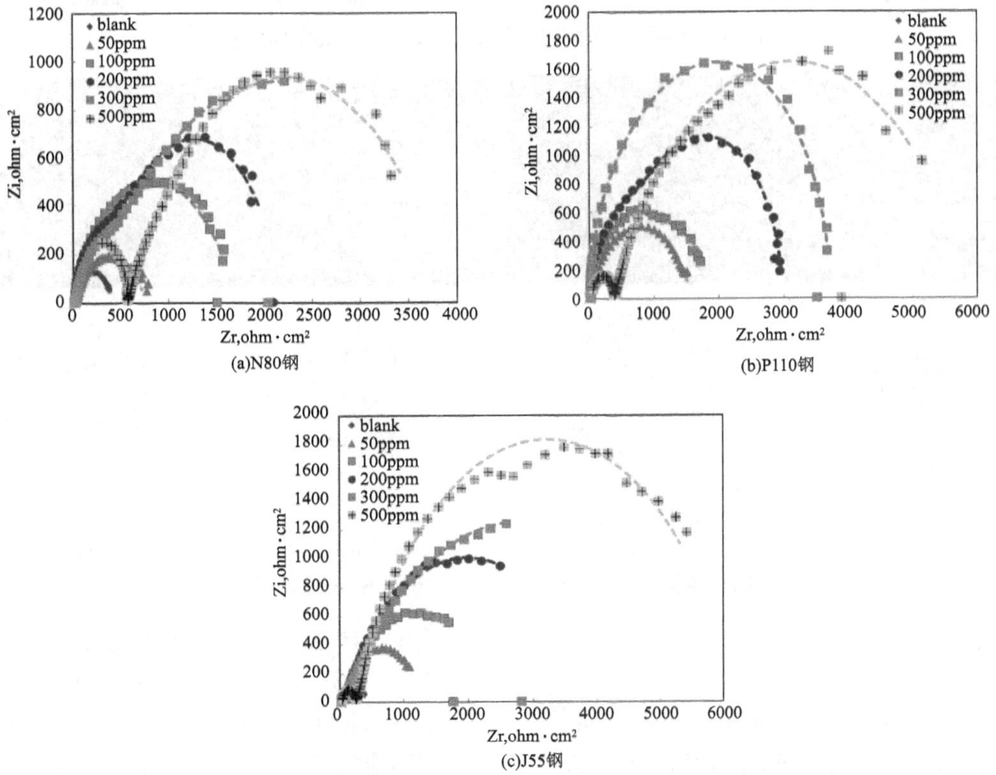

图 7　不同浓度缓蚀剂 inh-15 的阻抗测试

表 11　不同浓度缓蚀剂 inh-15 的阻抗测试参数

管材	缓蚀剂浓度/(mg/L)	R_s/(Ω·cm²)	C_{dl}/(μF·cm⁻²)	n	R_{ct}/(Ω·cm²)	η
N80	Blank	4.88	588.54	0.79	133	—
	50	2.17	186.62	0.67	890	85%
	100	5.25	419.17	0.77	1542	91%
	200	4.53	536.73	0.65	2346	94%
	300	7.08	351.84	0.74	3335	96%
	500	5.36	333.28	0.73	3567	96%
P110	Blank	3.67	398.26	0.83	128	—
	50	2.31	674.14	0.75	1432	91%
	100	6.31	521.88	0.74	2316	94%
	200	3.52	585.88	0.63	3032	96%
	300	3.34	456.07	0.67	3758	97%
	500	3.23	434.09	0.68	5857	98%
J55	Blank	5.01	105.32	0.79	121	—
	50	4.46	167.33	0.71	1523	92%
	100	4.34	281.09	0.77	2643	95%
	200	3.78	403.55	0.72	3768	97%
	300	6.21	290.01	0.71	5679	98%
	500	6.14	287.04	0.71	6128	98%

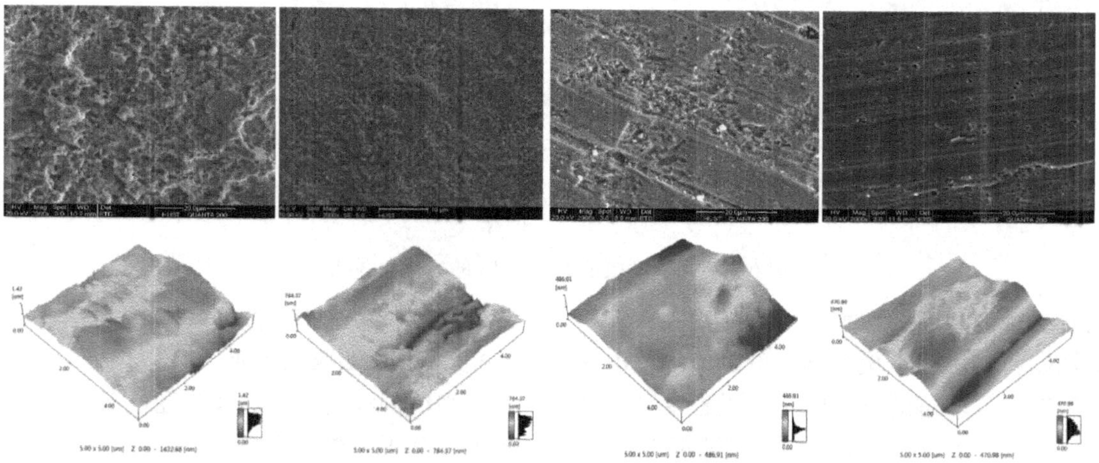

0mg/L　50mg/L　200mg/L　500mg/L

图 8　不同缓蚀剂浓度下 N80 钢试片微观表面形貌

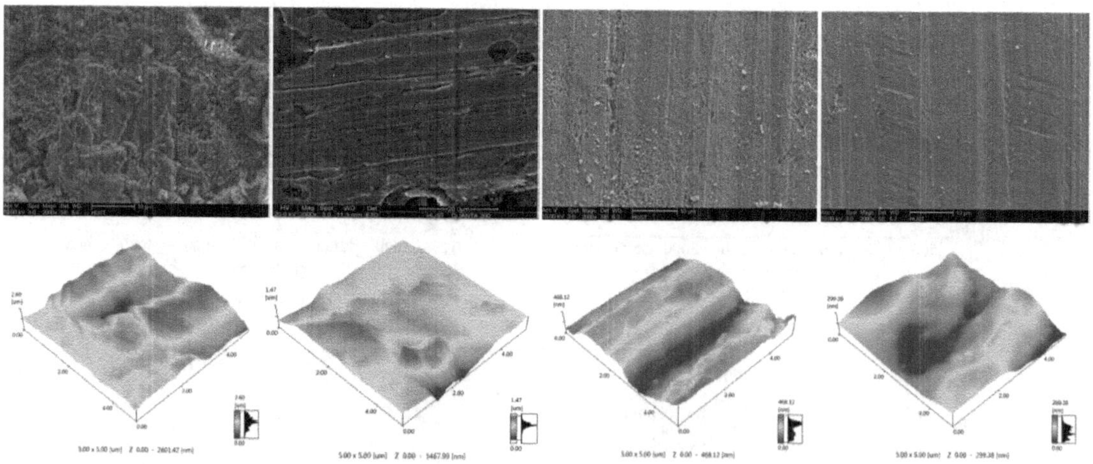

0mg/L　50mg/L　200mg/L　500mg/L

图 9　不同缓蚀剂浓度下 P110 钢试片微观表面形貌

4　应用效果

在胜利油田选取某 CO_2腐蚀井，为自喷井，地层深度 2500m（井下温度约 110℃），CO_2含量 17.2%，含水 63.4%，N80 管柱，应用时间为 2022.1 至今。井下防护应用普通钢+缓蚀剂/低铬钢+缓蚀剂，防护方案选择普通钢+RS-Ⅱ型新型耐高温缓蚀剂；药剂加注方式为连续式投加，

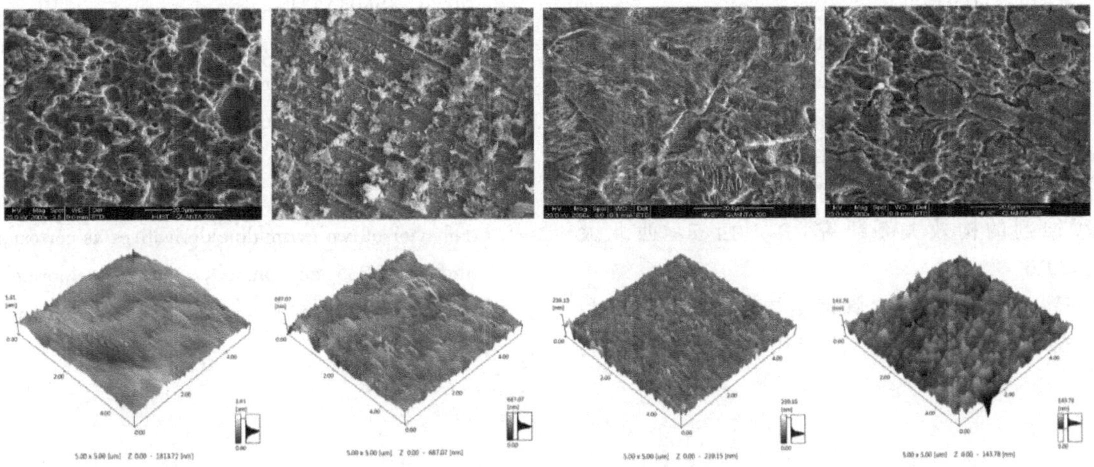

0mg/L　　50mg/L　　200mg/L　　500mg/L

图 10　不同缓蚀剂浓度下 J55 钢试片微观表面形貌

每 7 天为一周期，周期首天为冲击式投加，药剂浓度 200mg/L；随钢丝绳+脱挂器下入 N80 腐蚀挂片，进行加药前后同一腐蚀周期(30d)的腐蚀监测(图 11)。

现场应用结果表明，50%<含水≤70%的推送防护措施，可实现井下腐蚀<0.076mm/a，满足防护需求(表 11)。

图 11　现场应用照片

表 11　井下挂片腐蚀数据

监测周期	挂片材质	挂片深度/m	腐蚀速度/(mm/a)
2022.1.4~2.5	N80	2300	0.426
2022.3.8~4.10	N80	2300	0.074
2022.4.10~5.11	N80	2300	0.068
2022.5.15~6.15	N80	2300	0.053
2022.6.16~7.15	N80	2300	0.067
2022.7.15~8.19	N80	2300	0.061
2022.8.25~9.27	N80	1800	0.073
2022.9.27~10.28	N80	1800	0.065

5　结论

（1）经过电化学比较和高压釜测试，缓蚀剂 inh-15 在 130℃ 下对三种钢的缓蚀率为 94%~95%。

（2）在不同条件下的性能测试表明，缓蚀剂 inh-15 浓度达到 200mg/L 以后，缓蚀率均能达到 85%以上，适用于不同温度、流速和 CO_2 压力条件。

（3）缓蚀剂 inh-15 属于混和型缓蚀剂，主要增大了表面电荷传递电阻，抑制了腐蚀阳极过程。钢表面缓蚀剂的吸附作用遵循 Langmuir 吸附模型，属于自发的化学吸附过程。该缓蚀剂吸附后，极大减轻了钢表面腐蚀，使钢表面形貌趋于平整，粗糙度下降。

（4）现场应用投加量 200mg/L，50%<含水≤70%的推送防护措施，可实现井下腐蚀<0.076mm/a，满足防护需求。

参　考　文　献

[1] Chen, S., et al., A critical review on deployment planning and risk analysis of carbon capture, utilization, and storage(CCUS) toward carbon neutrality[J]. Renewable and Sustainable Energy Reviews, 2022, 167: 112537.

[2] Sun, H., et al., Corrosion challenges in supercritical CO_2 transportation, storage, and utilization—a review[J]. Renewable and Sustainable Energy Reviews, 2023, 179: 113292.

[3] Kairy, S. K., et al. Corrosion of pipeline steel in dense phase CO_2 containing impurities: A critical review of test methodologies[J]. Corrosion Science,

2023. 214：110986.

[4] Zhang，Q. H.，N. Xu. Developing two amino acid derivatives as high-efficient corrosion inhibitors for carbon steel in the CO_2-containing environment[J]. Industrial Crops and Products，2023，201：116883.

[5] 陈钧. 咪唑啉类、硫脲类、胺类以及胺基膦酸类有机缓蚀剂的构效关系研究[D]. 西安：西北大学，2013.

[6] 吴一新，孙飞. 新型硫脲衍生物在高矿化度饱和 CO_2 盐水中对碳钢的缓蚀作用[J]. 石化技术，2023，30(05)：1-4.

[7] Shamsa，A.，et al. Impact of corrosion products on performance of imidazoline corrosion inhibitor on X65 carbon steel in CO_2 environments[J]. Corrosion Science，2021，185：109423.

[8] Wang，X.，et al. Inhibition effect and adsorption behavior of two pyrimidine derivatives as corrosion inhibitors for Q235 steel in CO_2-saturated chloride solution [J]. Journal of Electroanalytical Chemistry，2021，903：115827.

真空复合镀膜柱塞的研究与应用

宋元新　薛小军　胡　东　孙明军　陈孝勇

（中国石化胜利油田分公司）

摘　要　往复泵故障直接影响了各注入系统的稳定性，对油田安全生产和经济效益构成巨大影响，其安全运行是保证油田生产平稳、高效、经济运行的关键所在。由于往复泵工作工况较差，柱塞存在使用寿命短，维修次数频繁等现象。针对常规往复泵柱塞使用寿命较短等问题，本文介绍了一种新型真空复合镀膜柱塞，该柱塞具有优异的耐腐蚀、耐磨性能，能有效的解决柱塞使用寿命短等问题，可为油田注入系统安全平稳生产、高效经济运行提供技术支撑。

关键词　真空复合镀膜；往复泵柱塞；表面处理；技术研究；现场应用

往复泵是油田生产系统中的重要设备，承担着注水、注汽、注聚等任务，往复泵故障直接影响了油田各注入系统的稳定，对油田安全生产和经济效益构成巨大影响，其安全运行是保证油田生产平稳、高效、经济运行的关键所在。目前油田范围内在用各类往复泵超过 2000 台，广泛分布于注水站、注汽站、增压站、接转站、联合站等场所。胜利油田目前有注水开发油田 60 多个，日注水量超过 82 万 m^3，目前油田常用的注水泵有往复泵和离心泵两种，其中往复泵数量超过 1500 台，占到注水泵总量的 75%。往复泵通过柱塞的往复运动增压，运行压力高达 30MPa。柱塞长期在高压环境中高速往复运转，加上柱塞表面直接与注入污水接触，柱塞表面经常出现涂层剥落、划痕、坑蚀等现象，导致柱塞失效频繁，增加了维修工作量和生产运行成本。

经统计，地面工程维修中心 2021 年全年维修的往复泵，70%的故障都是由往复泵柱塞失效导致的，估算油田每年因柱塞损坏发生的更换费用高达上千万元，不但增加了维修工作量，也增加了注水成本，影响了注水时率和产量。因此针对不同运行工况，提高往复泵柱塞使用寿命，降低维修维护频次和成本是油田亟待解决的问题。

1　柱塞表面处理工艺技术现状

目前往复泵柱塞表面处理工艺类型多、材料品种多，生产厂家多，柱塞性能优劣各异，价格各不相同。在油田的实际生产中，往复泵柱塞的选择依据只能以价格为主，在未超出年初成本计划额度的范围内选取价格较低的柱塞。而柱塞制造工艺、材质的不同，表面单项性能差异巨大，有的附着性好适应高压环境、有的硬度高适应磨损环境，有的耐蚀性好适应腐蚀环境。没有针对应用环境的柱塞优选，造成柱塞损坏频繁，运维成本超支的同时大幅增加了人工运维工作量。目前常见柱塞表面处理工艺技术主要有以下几种：

（1）电镀工艺技术。电镀工艺技术是常用的金属表面处理技术，该技术通过在金属表面镀铬、镍、钛合金等多种金属从而提高金属表面的硬度等物理性能。但金属镀层的附着性较差，往复泵振动工作环境易产生剥落现象。

（2）高频淬火技术。高频淬火技术是在金属表面产生感应电流，通过电流加热金属表面，然后通过快速淬火的方式对金属表面进行热处理，从而提高金属表面的物理性能。

（3）等离子堆焊技术。等离子堆焊技术是利用等离子弧产生的高温将合金粉末和金属表面迅速加热，合金粉末和金属表面熔化、混合、凝固后形成一层性能优异的合金层，从而实现金属表面强度和硬度的堆焊技术。

（4）热喷涂陶瓷技术。热喷涂陶瓷技术是通过将氧化锆等陶瓷材料喷涂在金属表面，经过化学反应后形成一层耐磨陶瓷。喷涂后形成的陶瓷涂层具有隔热性好，耐磨性强，韧性强等优点，可以广泛的应用于往复泵柱塞表面处理等领域。

（5）辉光离子渗氮技术。辉光离子渗氮技术是在高压脉冲电场的作用下，将氮离子注入柱塞金属表面，形成耐磨层，其维氏硬度可达 1200 左右。在注入过程中，金属表面升温并发生辉光放电现象。经离子注入的柱塞氮化表面具有很好的耐蚀性，能够显著提高往复泵柱塞硬度和强度。

2　柱塞失效形式与原因分析

2.1　油田注水水质特性

胜利油田区块类型众多，由于各区块的地质条件、开发方式、储层改造措施、集输技术等不相同，油田各类污水的性质差异较大。

（1）钻井污水中所含的杂质的性质与钻井液和钻井泥浆有关，其主要杂质有悬浮油和悬浮物等。

（2）采油污水的主要特点是水温较高，矿化度较高，水中含有溶解的氧、二氧化碳、硫化氢等气体，水中含有的悬浮固体一般包括泥砂、腐蚀物、结垢、细菌及有机物等，同时有悬浮油存在。

（3）洗井污水主要特点是铁含量高，悬浮物浓度高，细菌含量高，水中含有原油和硫化氢等，因此洗井污水水质较差。

（4）作业污水的水质特点主要有：水中悬浮物含量较高；水质呈酸性，含有一定量的残余酸液；胶体和铁含量较高；悬浮油含量高，含有多种化学药剂成分。

2.2　柱塞失效形式

根据油田回注水水质特性，分析柱塞失效时的状态，往复泵柱塞失效的形式主要有以下几种：

（1）表面剥离导致的失效。表面剥离产生的原因主要有两种，一种是柱塞在生产时基体表面处理的不干净，合金层与基体的附着力不足，柱塞在工作时受到高强度的冲击或负荷后，合金层开裂导致的表层剥离；另一种是往复泵在运转过程中，液力端产生的低压气泡破裂后会产生很大的爆破力和高温，产生汽蚀现象导致柱塞表面剥离。

（2）表面拉伤导致的失效。表面拉伤产生的主要原因有两种，一种是柱塞在往复运动时，夹杂在密封填料间的杂质与柱塞摩擦导致表面拉伤；另一种是压帽挤压填料密封，使填料向外扩张，柱塞往复运动时与柱塞填料的表面摩擦力增大，导致表面拉伤。

（3）腐蚀因素导致的失效。油田回注污水普遍具有矿化度高、偏碱性等特征，且含有大量的氧、二氧化碳、硫化氢、氯离子等强腐蚀性物质，特别是高矿化度回注污水中的溶解氧，在腐蚀过程中起到阴极去极化作用，加速了对金属腐蚀。柱塞长期在流体的冲刷下，产生应力腐蚀、温度腐蚀、化学及电化学腐蚀，对柱塞表面的合金层造成严重破坏，成为柱塞失效的主要原因。

2.3　柱塞失效原因分析

为了得到往复泵柱塞失效原因，调研了全油田胜采、河口、临盘、东胜等4个采油厂，目前四家采油厂在用柱塞主要有2Cr13、316L、Ni60喷涂、合金喷涂、碳钢等5个类型。统计了各类柱塞现场使用情况，如表1所示。通过对油田注水泵柱塞现有工艺及材料的室内实验分析及现场应用跟踪，开展柱塞泵柱塞运行过程中损坏机理研究，明确影响柱塞寿命主控因素，分析论证影响柱塞性能指标界面，在此基础上，通过不同注水系统水质、压力等参数分类，分析不同指标评价限定值。

表1　各类柱塞现场使用寿命统计分析

序号	类别	工况条件/压力 MPa	使用天数/d		
			最小	最大	平均
1	碳钢	9~11	10	140	20
2	2Cr13	15~25	18	90	37.1
3	316L	15~25	22	540	62.5
4	Ni6 喷涂	33~36	15	120	43.05
5	合金喷涂	25~35	8	180	60.6

（1）往复泵运行工况差。往复泵依靠柱塞往复运动增压，液力系统压力最高可达到40MPa，长期在高压环境中往复高速运动，加上与回注污水的直接接触，柱塞等活动件表面极易出现坑蚀、划痕、涂层脱落等损坏（图1），使密封失效，柱塞和填料密封的寿命都很短。据统计，填料密封寿命不超过400小时（约17天左右），柱塞寿命仅能达到800小时左右（约33天），柱塞等配件成为易损件，需要经常更换。

（2）柱塞表面耐蚀性差。目前油田常用的高压往复泵柱塞一般是采用镍基粉末喷焊工艺来制造的。镍基喷焊合金层的厚度约1.0mm，硬度最高不超过62HRC（维氏硬度约700左右），而且喷焊合金层的耐腐蚀性也不强。当磨损量达到0.5mm以上时，很容易出现点蚀现象（图2），导致柱塞失效，柱塞更换频繁。

因此，通过提高柱塞表面的硬度、耐磨性、

耐腐蚀性等理的柱塞放入真空镀膜炉中，利用夹具将其固定。第四性能，可以有效提高柱塞的使用寿命，在不改变柱塞本体材质的情况下，需要对柱塞表面处理工艺进行改进。

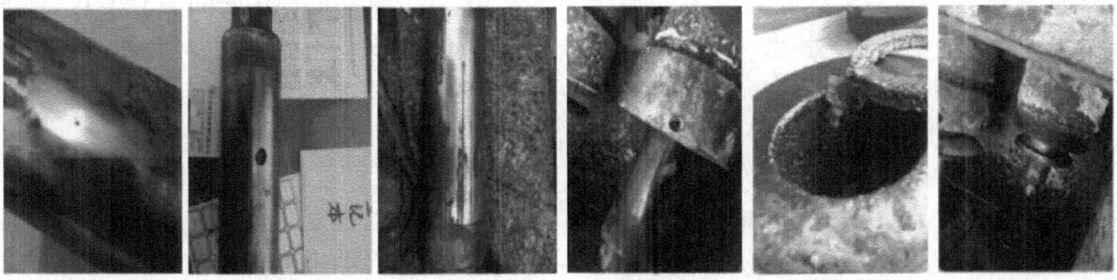

图 1　柱塞泵各部损坏形式

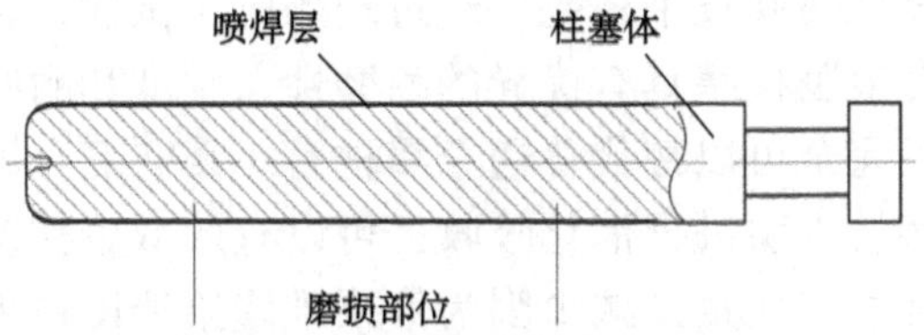

图 2　柱塞磨损部位示意图

3　真空复合镀膜柱塞研究与应用

通过采集不同区块往复泵柱塞运行情况数据并进行分析表明，常规的镍基合金柱塞在磨损和腐蚀的双重因素作用下，使用寿命通常较短。目前国内柱塞生产厂家为了提高柱塞寿命，大多选择在镍基合金粉末中添加稀有金属，但这都只是在某一方面提高了柱塞的性能指标。为了更提高柱塞表面合金层的性能，根据以上几种柱塞表面处理工艺的优缺点对比，从抗腐蚀性、耐磨性、附着性、经济性等方面进行综合分析，选用了真空复合镀膜技术对往复泵柱塞进行了表面处理，并开展了现场试验。

3.1　技术原理

独立的复合材料镀膜技术在国内已有许多的成功的生产应用，但要把一些在个别性能优异的复合镀膜材料集合起来实现在一个器件上，改善整体的使用性能，目前还是空白，尤其在石油石化行业目前还没有成熟的镀膜技术应用。真空复合镀膜技术将溅射镀膜工艺和多弧离子镀膜工艺相结合，该技术可根据晶体形状、临界载荷、与基材的结合力等，同时把四种陶瓷靶材分九层在柱塞表面进行镀膜，镀膜处理后的柱塞具有优秀的耐磨和耐腐蚀性能。

3.2　制备过程

利用自主研发的真空镀膜设备实现了柱塞的分层镀膜工艺，真空复合镀膜柱塞的制备过程主要包括准备阶段和镀膜阶段两个过程。

（1）准备阶段。准备阶段首先要对待镀膜柱塞进行表面清洁，第一步用酒精+丙酮溶剂对柱塞进行手工清洁，第二步利用酒精、丙酮混合液采用超声波清洗柱塞 30 分钟，要求柱塞表面无无污物、油污。第三步将进行过表面清洁处步将真空镀膜炉进行抽真空操作。

（2）镀膜阶段。从硬度、附着力、脆性、防腐蚀、表面光洁度等考虑选择氮化钛、氮铝钛、碳氮化钛、钛硅铝氮四种材料作为镀膜的靶材，低硅材料做插层。

3.3　技术优势

真空复合镀膜柱塞充分发挥了离子镀膜和溅射镀膜两种技术的优势，整个制造工艺过程一次镀膜完成，不需要进行后续的打磨处理，完全实现了水、气、渣、尘的零排放。该技术具有成本低、成品率高等优点，真空复合镀膜后的柱塞预期寿命平均可增加 5.0 倍至 12.0 倍，与其他表面处理工艺柱塞比较经济效益更好(表 2)。

表 2　真空复合镀膜技术与常规镀膜技术的对比

指标	复合镀膜技术	常规镀膜技术	结论
密度	3.3g/cm^3	2g/cm^3	膜层致密
硬度	40GPa	15GPa	超高硬度
磨损率	<1.0×10^{-8}	8×10^{-8}	高耐磨性能
摩擦系数	0.1	0.14	低摩擦系数
工作温度	800℃	500℃	低表面能
典型厚度	1200nm	2000nm	无氢碳膜
镀膜真空度	1×10^{-5}	1×10^{-2}	杂质颗粒少
镀膜例子能量	100eV	<5eV	超强附着力

3.4　现场应用效果评价

2021 年以来，真空复合镀膜柱塞在胜利油田现河采油厂、滨南采油厂、纯梁采油厂等单位选取了不同区块进行了现场应用，使用结果表明，真空复合镀膜柱塞与常规的等离子堆焊技术、高频淬火技术、电镀工艺技术、热喷涂陶瓷技术柱塞相比，新型柱塞的使用寿命为常规柱塞的4~12倍，具有较高的技术优势和性价比优势，能有效的降低设备故障率，节约维护维修成本，经济效益显著，典型应用案例如下。

现河采油厂六户采油管理区六户接转站1#注水泵为五柱塞泵，柱塞规格为38mm×350mm，泵压为28MPa，冲次为110次/分钟，水质为CaCl2型，水质矿化度为33000mg/L，对柱塞腐蚀严重。2021年6月1日全部更换为真空复合镀膜柱塞，到2022年3月20日全部失效，5根柱塞最长使用时间为292天，最短的使用时间为200天，平均使用时间为260天，与之前使用的镍铬合金柱塞相比，使用时间提高了12倍。

滨南采油厂采油管理六区滨14注水站2#注水泵为三柱塞泵，柱塞规格为38mm×300mm，泵压为30MPa，冲次为130次/分钟，水质为CaCl2型，水质矿化度为35000mg/L，对柱塞腐蚀严重。2021年5月10日全部更换为真空复合镀膜柱塞，到2022年3月5日全部失效，3根柱塞最长使用时间为289天，最短的使用时间为230天，平均使用时间为275天，与之前使用的镍铬合金柱塞相比，使用时间提高了6.5倍。

纯梁采油厂高青采油管理高20注水站3#注水泵为五柱塞泵，柱塞规格为48mm×355mm，泵压为29MPa，冲次为120次/分钟，水质矿化度为32500mg/L，对柱塞腐蚀严重。2021年6月10日全部更换为真空复合镀膜柱塞，到2021年12月20日全部失效，5根柱塞最长使用时间为193天，最短的使用时间为150天，平均使用时间为168天，与之前使用的镍铬合金柱塞相比，使用时间提高了4.5倍。

4　结论

本文针对往复泵柱塞使用寿命短，维修频繁等现象，结合油田不同区块水质特性，分析不同表面处理工艺的柱塞失效机理，结合油田回注污水工况确定主要影响因素，提出了一种新型的真空复合镀膜技术柱塞。经过现场应用试验，真空复合镀膜柱塞具有优异的耐磨性、硬度和耐腐蚀性，完全可以替代普通金属柱塞。真空复合镀膜柱塞技术引进、消化吸收，可以有效减少柱塞泵检维修工作量，减少因为停泵维修给油田带来的经济损失，有力支撑油藏经营管理创效能力，具有广阔的推广应用前景。

参　考　文　献

[1] 徐栋. 3W-1B型高压泵柱塞表面工艺改造[J]. 铝加工，2015(2)：50-51.
[2] 何丽君. 柱塞外圆表面耐磨性能制造工艺改进[J]. 石油化工和设备，2008(2)：71-72.
[3] 张余川. 柱塞式注水泵易损件寿命分析及提高路径[J]. 中国设备工程，2002(17)：155-157.
[4] 胡建新. 柱塞式注水泵技术改进与应用分析[J]. 石油化工和设备，2020(6)：122-123.
[5] 吴广洲. 往复式注水泵液力端技术改造的应用及效果评价[J]. 化学工程与装备，2019(1)：220-222.

钢质管道环氧粉末内防腐施工技术

袁志彬

（中国石化胜利油田分公司）

摘　要　随着胜利油田已进入高含水采油开发期，采出液具有矿化度高、水温高、存在成垢离子及含有腐蚀性气体等多种复杂的腐蚀性因素，从而造成了输送钢质管道的内壁腐蚀及采出水回注管线腐蚀穿孔、含水油管线腐蚀穿孔，每年有大量管线需更换，为油田带来了巨大的经济损失。通过钢质管道环氧粉末内防腐涂层的实际应用证明，在减少输送介质对钢质管道的腐蚀、延长钢质管道使用寿命、减少输送阻力、降低输送动力消耗、增加输送能力、减少钢质管道输送对介质的污染等方面展现出越来越明显的优越性。

关键词　环氧粉末；内防腐；静电喷涂

1　前言

粉末静电喷涂工艺与传统的喷漆工艺相比具有更优良的性能，例如耐磨、耐温、耐酸、碱、盐、油的腐蚀，它还具有更高的绝缘性、柔韧性及其他优点，无毒、无污染、节能、成本低等，并逐步取代了传统的喷漆工艺。该环氧粉末内防腐生产工艺将钢质管道传动、喷粉、中频等采取集中控制操作，使用方便；采用粉末静电喷涂工艺，防腐质量符合标准要求；工人劳动强度低，施工人员少等特点，在国内外得到了普遍的应用，取得了理想的效果。

2　工作原理

引进国内先进的 GP-900 静电粉末喷涂机，配套钢质管道传动台、中频加热、喷粉杆支撑、引风除尘系统等进行施工，解决了钢质管道环氧粉末内防腐施工时送进速度不稳定、加热温度不匀、厚度偏心及施工环境差等问题，保证环氧粉末内防腐施工质量，满足用户要求(图 1)。

图 1　环氧粉末内防腐作业线

3　施工工艺流程及操作要点

3.1　施工工艺流程图(图 2)

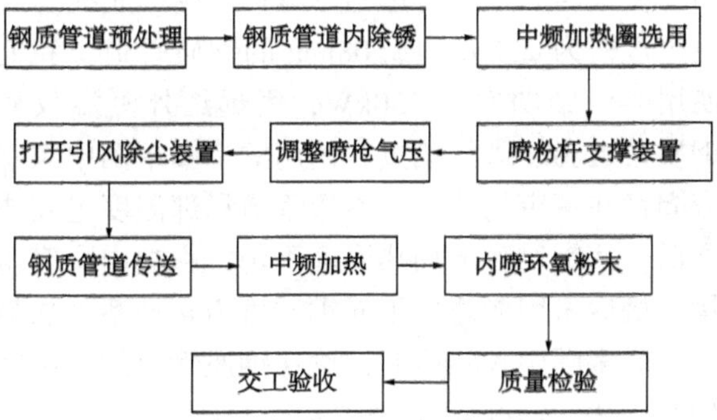

图 2　施工工艺流程图

3.2　操作要点

3.2.1　钢质管道预处理

（1）对钢质管道进行内外壁外观和尺寸偏差检查，外观和尺寸偏差应符合标准 GB/T 8163《输送流体用无缝钢管》。

（2）采用合适的方法清除钢质管道内表面的油脂和污垢等附着物，进入钢质管道的表面预处理设备和部件必须无灰尘、油脂或其他污染钢质管道表面的物质。

3.2.2　钢质管道内除锈

（1）钢质管道预处理后，应逐根检查钢质管道内表面的外观质量，如有影响内涂层质量的钢质管道，应予以剔除。

（2）当钢质管道表面温度低于露点以上 3℃时，不宜进行喷射作业。

（3）采用喷射除锈对钢质管道进行内除锈。除锈质量应达 GB/T8923.1—2011《涂装前钢材

表面处理 表面清洁度的目视测定 第1部分 未涂覆的刚才表面和全面清楚原有涂层后的钢材表面的锈蚀等级和处理等级》中规定的Sa2.5级，锚纹深度应在30μm～100μm范围内，表面锚纹深度应与涂层厚度相适应，最低不得小于30μm。

(4) 喷射除锈后的钢质管道，其内表面应用清洁、干燥、无油的压缩空气吹扫，以除去残留的灰尘等污染物。钢质管道内除锈后8h内应进行涂敷，当出现返锈或表面污染时，必须重新进行内除锈。

3.2.3　中频加热圈选用

根据钢质管道管径大小选用适合的中频加热圈，共有五套，分别适用于φ60～φ108、φ114～φ168、φ219～φ273、φ325～φ377、φ426～φ508等各种规格。

由于涂敷内涂层时，钢质管道的加热温度必须在所使用熔结环氧粉末涂料所要求的温度范围内，但最高温度不得超过275℃。该作业线防腐生产规格为φ60mm～φ508mm的钢质管道，我们使用的中频功率为250kW，用远红外测温仪对钢质管道温度进行测量，使用的多圈单闸中频感应圈存在一定的缺点，钢质管道局部温度过高或高低，使钢质管道加热温度不匀，影响内防腐质量。最后采用能适应不同钢质管道直径系列加热的单圈多闸中频感应圈，确保钢质管道加热温度均匀，达到标准要求(图3～图4)。

图3　多圈单闸中频感应圈

3.2.4　喷粉杆支撑装置

为了使内防腐厚度达到标准要求，不会出现偏心问题，以保证内防腐质量。使用的喷粉杆支撑装置，采用内支撑轮和外支撑底座，保证喷粉杆与钢质管道同心，有效的防止了内防腐厚度的偏心问题。

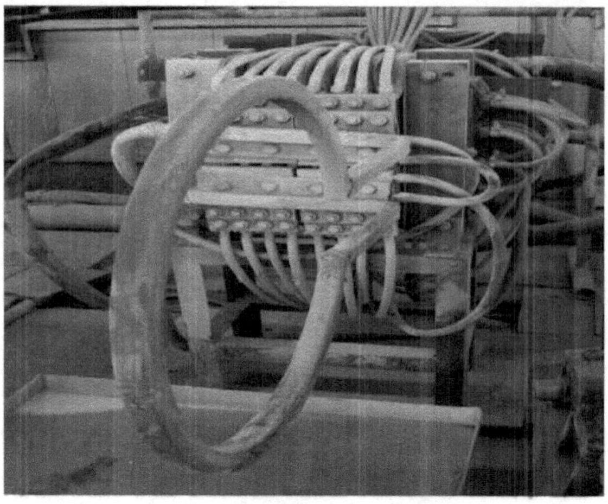

图4　单圈多闸中频感应圈

(1) 根据钢管规格的大小选用合适的内支撑轮。将内支撑轮套于喷粉杆枪头位置，保证枪头与钢管的同心度。设计了三套内支撑轮，并且每一套内支撑轮可根据钢管规格来调节大小，保证同心度。

(2) 为保证整体喷粉杆的平衡，在喷粉杆下面安装了三组外支撑底座。每组外支撑底座由气缸、支座以及控制阀组成。控制阀采用K25D型二位五通单电控电气滑阀。该阀是由一个二位三通先导电磁阀和二位五通气控滑阀组成的单稳态换向元件。由先导电磁阀控制主阀的阀芯移位来改变气流方向，电磁阀断电后，主阀阀芯自动复位，无记忆功能。如图5所示。

3.2.5　调整喷枪气压

(1) 采用的GP-900型和GP-1000型静电喷涂机，具有三次进气功能，三次进气带有旋转雾化和枪针清洗功能，使喷涂更均匀，上粉率更高。通过一、二、三次气压控制阀的调节来控制出粉量大小及枪头的出粉雾化效果，达到最佳防腐质量(图6～7)。

(2) 施工前供粉桶装好环氧粉末，调整好喷枪的一、二、三次气压。调整一次气压为0.1～0.3MPa、二次气压为0.05～0.2MPa、三次气压为0.05～0.15MPa，施工过程中，根据钢管规格、内防腐厚度的不同，在要求的范围内调整一、二、三次气压。

3.2.6　打开引风除尘装置

引风除尘系统是成倒锥旋风除尘器，它由一个顺时针方向和一个逆时针方向的两个并联组成。其工作原理是：含尘空气经过与密闭清理室的连接管进入除尘器的圆筒体，经旋流将粉尘分

图 5　K25D 型二位五通单电控电气滑阀

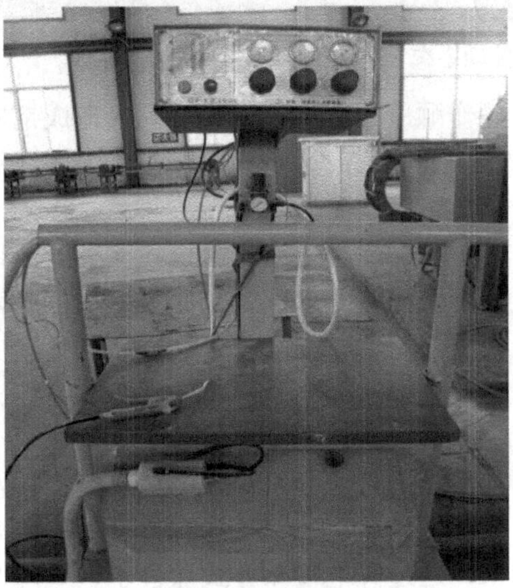

图 6　GP-900 型

图 7　GP-1000 型

离下来，在过渡到向下扩张的圆锥体，大部分空气经中间小圆筒排出，少量空气随粉尘一起向下，为使该部分空气上升时不再带走粉尘，在锥体的下部设置了一个圆锥屏，该部分空气从圆锥屏的中心孔上升，落下的粉尘搜集在下部的灰斗中，完成粉尘与空气的分离排放。根据粉尘排放量的需求，选择离心引风机型号 4—72：功率 3kW，转数 1450rpm，风量 5962m^3/h，全压 1723Pa（图 8）。

3.2.7　钢质管道传送

根据作业线要求，生产钢质管道直径不同，其电动机的负载会有很大的差异，而且需频繁的起动、制动、正转、反转等要求，而该作业线设计防腐生产规格为 φ60mm ~ φ508mm 的钢质管道，所以采用了带调速的行星摆线针轮减速机：XWTD3—5—1/17。

图 8　引风除尘装置

生产时施工人员将待防腐钢质管道送至传动台上，启动传动台正向传送钢质管道，送进速度可调至最大，快速将钢质管道传送至喷涂位置（图9）。

图9　作业线传动系统

3.2.8　中频加热

（1）启动中频加热，同时打开喷粉机的粉源。中频加热时，钢质管道的加热温度必须在所使用熔结环氧粉末涂料所要求的温度范围内，但最高温度不得超过275℃。钢管的保温和冷却应符合所用熔结环氧粉末涂料的固化温度和固化时间要求。可适当提高温度或延长时间，但不得降低温度或缩短时间。

（2）所要求的温度采用远红外测温仪检测钢质管道的加热温度，加热温度应符合所使用熔结环氧粉末涂料的固化要求，应至少每隔一小时测量并记录一次钢质管道的加热温度，直至完成钢质管道的喷涂。

3.2.9　环氧粉末内喷涂

（1）环氧粉末内喷涂所使用的压缩空气应干燥无油。为使压缩空气达到使用条件，采用了ESC150-7型螺杆式空气压缩机。该空气压缩机与干燥机相连，确保了压缩空气的清洁、干燥、无油，保证了环氧粉末内防腐产品质量。

（2）打开喷粉机的气源、反向启动传动台将钢质管道缓慢的螺旋传送。反向启动传动台将钢管缓慢的螺旋传送，送进速度根据钢管规格和内防腐层厚度的不同控制在150-400转/分，并且送进是否平稳及送进速度决定钢质管道内防腐的厚度和表观质量。

（3）最后依次关闭喷粉机、中频加热装置。操作顺序要严格执行，否则会造成钢质管道管端位置加热温度达不到要求，无法保证钢质管道管端位置涂层质量。

（4）当整根钢质管道喷涂完毕，将钢质管道传送至下管平台位置，固化冷却完成钢质管道的防腐。

4　结论

钢制管道环氧粉末内防腐施工技术是一种高效且持久的防腐方法。本技术采用环氧树脂粉末，通过静电喷涂方式涂覆于钢管内壁，形成一层均匀、密实且具有较强附着力的防护层。此涂层不仅能阻隔水分、氧气及其他腐蚀性物质与钢管接触，还能在极端温度和压力条件下保持稳定，显著提升管道的耐蚀性和使用寿命，适用于输送石油、天然气、水以及其他化学物质的管道系统。

参考文献

[1] 李正仁，李锐，杨涛. 金属表面粉末涂装[M]. 北京：化学工业出版社，2010.
[2] 龙志斌，龙云正，汪颐等. 钢管3PE外防腐多层聚烯烃涂敷新工艺介绍[J]. 焊管，2009，32(10)：40-42.
[3] 南仁植. 粉末涂料与涂装技术[M]. 北京：化学工业出版社，2008.

纳米陶瓷复合材料防腐修复技术研究与应用

曲海涛　全伟力　刘立潜　牟宗浩　杨宏春

（中国石化胜利油田分公司）

摘　要　目前常规的油田集输管道内防腐技术存在防腐时效短、工艺复杂、不耐高温、综合成本高等缺点。纳米陶瓷防腐修复技术形成的致密涂层可以最大限度延长钢质管道使用寿命，消除管道运行中的安全和环保隐患，本文对纳米陶瓷防腐修复技术的技术原理和性能指标进行了研究，现场应用表明，该技术具有优异的防腐蚀、耐磨性能，能有效地解决管线内防腐寿命短等问题，可为油田集输管道安全平稳生产、高效经济运行提供技术支撑。

关键词　纳米陶瓷；防腐修复；复合材料；技术研究；现场应用

1　前言

胜利油田经过多年开发，油区管道数量不断增加，管道里程日益增长。据统计，胜利油田目前已建成各类油、气、水集输管道8000余条，总长超过100000公里，运行时间超过十年的达50%，管道腐蚀逐年加剧。据统计，油田集输管道平均每10公里2.5处隐患，各类管道年泄漏次数约为3.3万次，泄漏位置大多数发生在焊口、弯头部位，因此提高焊口、弯头防腐质量是管道长寿命的关键问题，集输管线整体防腐和修复对油田降本增效、安全环保具有重要的意义。

油田集输管道输送介质具有复杂性，各类管道的内壁腐蚀远远超过外壁腐蚀，因此大部分管道采用了内防腐工艺。但受制于防腐材料性能和施工工艺的局限，使内防管道达不到设计寿命。随着城市建设的加快，油田处于城区绿化带、水体等敏感区域的老旧管线逐年增多，通过更换新管线解决管线穿孔腐蚀问题的方式，面临着开挖恢复及青苗赔偿用高，部分区域穿越风险难度大，施工周期长，成本高等问题。目前常用的集输道内修复技术存在着一次连续修复距离短，开挖点多，修复材料不耐温，连续弯头通过性差等缺点，难以达到管线修复治理延寿目的。因此，选用性能优越的材料采取非开挖的方式对旧管线进行长距离一次性修复，是提高管线使用寿命和安全环保运行的有力保障。

2　集输管道内防修复技术现状

目前常见的集输管道内防修复技术主要有以下几种：

（1）内涂覆涂料防腐技术。该技术广泛地应用于油气集输管道内防腐，其主要原理是在腐蚀介质与管道内壁之间形成隔离层，减缓集输管道内壁腐蚀。内涂覆涂料防腐技术能有效地减缓内腐蚀，能节约大量管材和维护费用，减少管线清垢次数，提高了集输管道的输送效率。目前内涂覆涂料防腐技术主要有：H87涂层技术、水泥砂浆与玻璃钢内衬技术、环氧粉末技术等。

（2）热喷涂玻璃釉防腐技术。传统的搪瓷防腐技术施工成本高、防腐性能差，极易变形破损，无法适应集输管道输送的需要。热喷涂玻璃釉含有的玻璃体成分具有很好的浸润效果，在高温环境下，非金属与金属界面发生化学反应，增加了防腐层的亲和能力，大大提高了涂层的耐热、耐温能力，有效的改善了防腐效果。

（3）HDPE管道修复技术。该技术利用HDPE材料具有形状记忆的特点，在衬管插入待修管道之前，将衬管的尺寸暂时缩小，衬管穿入管道后，用加热或加压方法将使HDPE衬管恢复到原来的尺寸，可有效减少HDPE衬管在管道中运移时的磨损。衬管直径略大于管道内径，形状恢复后的HDPE衬管胀贴在管道内壁上，形成性能优良的衬里。该技术适用于长距离输送管道，最高使用温度为85℃，施工时弯头、阀门处全部断开进行特殊处理，施工成本为新上管线的50%～60%。

3　纳米陶瓷复合材料防腐修复技术简介

3.1　纳米陶瓷材料

传统的陶瓷材料脆性大，韧性和强度较低，应用领域受限。纳米陶瓷材料是一种新兴的高科技材料，其粒尺寸、晶界宽度、第二相分布、气孔尺寸、缺陷尺寸都是在纳米级的水平上。纳米陶瓷复合材料通过有效的分散、复合使异质纳米颗粒均匀弥散地保留于陶瓷基质结构中，有效改善了陶瓷材料的韧性、耐磨性和高温力学性能。研究表明当陶瓷材料成为纳米材料后，材料的力学性能得到很大改善，主要表现为(1)断裂强度提高；(2)断裂韧性提高；(3)耐高温性能提高。

3.2　技术原理

纳米陶瓷复合材料是由纳米陶瓷无机成分和高分子有机成分组成的复合材料，采取非开挖方式对旧管线清洗后在内壁现场制作一个由纳米陶瓷加固层和纳米陶瓷防腐层组成的内衬管，该内衬管具有加强管道强度、防腐和防结垢的功能。其显著特点有：(1)附着力高，纳米陶瓷复合材料制作的内衬管和钢管内壁有很强的粘接力；(2)自身强度高，保证了内衬管不脱落使用寿命长，可对管线形成长效的防护作用。(3)使用寿命长，纳米陶瓷复合材料内衬管厚度 2～4mm，克服了涂层厚度薄、易脱落、使用寿命短的缺点。经检测管道内衬 2mm 的纳米陶瓷复合材料后，其抗压强度相当于增加 1mm 的钢管厚度，抗渗透性能是玻璃钢管道的 4 倍以上。

3.3　纳米陶瓷复合材料性能指标

纳米陶瓷具有耐压、耐磨、抗冲击、抗拉伸等优异的特点，在使用后，固化时间短，施工期短，施工时间不受季节限制，施工完成后无需养护即可立即投入使用。其具体性能参数如表 1 所示。

表 1　纳米陶瓷复合材料性能参数

项目	TP01 型(内衬)
巴氏硬度	>80
耐冲击强度/(kJ/m^2)	>90
拉伸强度/MPa	>100
拉伸断裂伸长率/%	>3%
弯曲强度/MPa	>120
粘接强度/MPa	>5
抗压强度/MPa	>190
导热系数/(W/m·k)	<0.12
阻燃性/级	V-0
介电强度/(kV/mm)	>20
表面电阻率/Ω	$>1.0\times10^{15}$Ω
耐温性能/℃	低温：-70，湿热：80-120
耐腐蚀/抗渗透	耐酸碱盐(H_2S、CO_2 等腐蚀性介质)

纳米陶瓷复合材料防腐技术主要技术特点有：能有效解决管道弯头、焊口防腐修复困难问题；修复后，提高管线服役生命周期达 20 年以上；有效解决油田占压、穿越管线防腐修复问题；可通过标准弯头，一次性可施工 2000m 以上，整体防腐无薄弱点；解决高温管线(运行温度 150℃)的防腐修复问题；解决功能性管线(CCUS、页岩油、化学驱、地热等)防腐修复问题；常温固化，施工方便快捷；可用于新管线防腐和旧管线修复，旧管线修复后可达到原设计压力。

4　纳米陶瓷复合材料防腐修复技术推广应用

4.1　技术研究推广路线

本文主要是开展常温环境下在役集输管线内壁涂敷修复技术的推广应用，该技术旨在消除腐蚀泄漏隐患，恢复管线性能，延长管线寿命。该技术研究推广包括研究适合胜利油田在用油气管线内壁涂覆纳米陶瓷复合材料、适应不同输送介质管线内壁涂覆纳米陶瓷材料性能参数优化研究、现场施工工艺优化研究，自动化机具设备研制、材料耐候性、耐高温、耐磨性和防结垢指标评价等主要研究内容。其技术研究推广路线如图 1 所示。

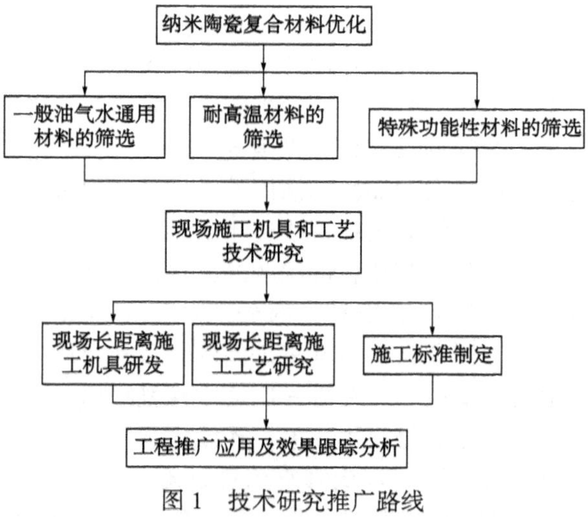

图 1　技术研究推广路线

4.2　技术推广关键点

推广适合胜利油田现场管道修复加强的高性能纳米陶瓷系列材料，需满足三个关键点：

(1) 适合胜利油田油气管道的纳米陶瓷复合系列材料的筛选研究确定(耐高温性、耐磨性能、防结垢等性能指标)；

（2）常温条件下，固化防腐工艺，在管道内壁涂敷厚度均匀的纳米陶瓷复合材料防腐层；

（3）研制满足现场应用的机具设备，提升弯头、三通等特殊管段的通过性，保证防腐修复质量。

纳米陶瓷复合材料防腐修复技术主要选择油田敏感区域老旧高风险管线，包括占压、穿越管线旧管线，以及特殊功能管线，如地热、化学驱、CO_2驱、高含硫化氢管线等。

4.3 施工作业流程

在进行纳米陶瓷复合材料内衬修复技术施工前，首先应对管道进行除油、除垢清洗，一般采用PIG清洗技术、旋流喷砂技术或其他环保清洗技术相结合的方式对管道进行清洗，清洗后的管道需达到内衬涂覆施工要求。然后根据待修复管线要求配制纳米陶瓷复合材料，对管线进行涂覆内衬、固化、直至达到设计厚度，固化时间可根据管道型号、长度、天气情况进行调整。具体施工流程如图2所示。

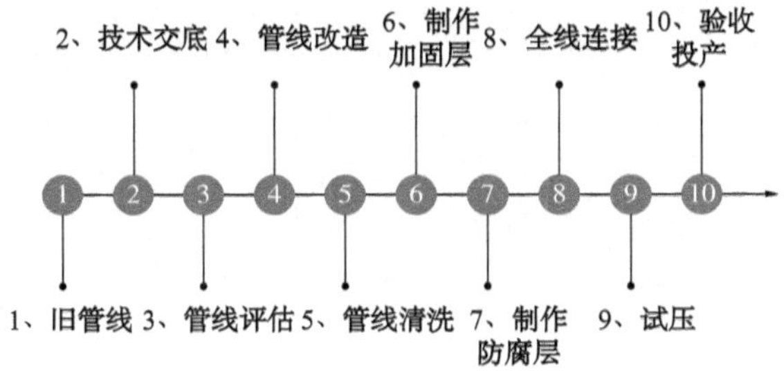

图2 施工作业流程图

（1）管线评估：根据管线基础数据和运行维修情况，对待修复管线进行评估和初步设计，管线需满足承压0.6MPa的基本条件。

（2）管线清洗：管线清洗采用PIG清洗技术、旋流喷砂技术、专用表面溶垢除油剂清除管道内壁的油、垢和锈，要求达到Sa 2.0级标准，即表面无可见的油脂、污垢，氧化皮、铁锈等附着物基本清除，保证材料和管道具有足够的附着力。清洗过程全部在清洗设备和管道的密闭系统内完成，清洗残留物不落地全部回收，清洗材料、清洗过程环保无污染。

（3）纳米陶瓷防腐层制作：纳米陶瓷内衬管的制作包括材料配置、泵料入管、材料和管体结合以及内衬管固化，配制纳米陶瓷复合材料，以空压机做动力，施工压力0.4MPa，采用专有机具在管道内壁制作防腐层，每次厚度1mm，固化24h制作第2次，3次制作直到防腐层设计厚度3mm。

（4）管线试压：固化养护72h后，试压2.5MPa。

（5）质量检查：防腐层厚度上下左右均匀一致，与设计厚度差别不超过±0.5mm；修复前、后使用管道用专用内窥仪或红外潜望镜仪检查除垢、除锈情况以及涂敷的连续性和平整性；采用涂层测厚仪对管线整体防腐层厚度进行检测；防腐层制作过程中可制作样管，用来检验其厚度和完整性。

4.4 现场应用及效果评价

（1）胜利油田某采油厂注水管线防腐修复

某采油厂某管理区φ114×9mm注水管线，设计压力16MPa，运行压力13MPa。自2013年投产使用以来，近年来每公里每年穿孔多达15次，地面占压严重，存在维修工作量大、难度大和安全环保隐患。

通过对管线进行清洗，然后采用纳米陶瓷复合材料在管线内现场制作3mm防腐层构造进行修复，修复后管道试压16MPa，运行压力13MPa，至今运行正常，没有发生穿孔泄漏情况，减少了维修成本和工作量，保证了安全生产，消除了环保隐患。

（2）胜利油田某管区集油管线防腐修复

该管线为φ273×11mm油水混输管线，其含水量为95%，介质腐蚀性强，管线采用3PE外防、赛克54内防，小车补口工艺，2022年初建成投产，9月份就发生穿孔，对多个焊口处进行维修，由于该管线穿越河流，周围有绿化带和居民小区，存在重大的安全和环保风险，于10月份停产。如果不修复利用，就造成很大的浪费，由于管线距离长有弯头，其他修复技术不能满足需求，采用纳米陶瓷防腐修复技术，先对管线进行清洗，清除原赛克54防腐材料和油、垢、锈等污物达到Sa 2.0级标准，采用纳米陶瓷复合材料对其防腐修复，防腐层厚度3mm，试压到设计压力2.5MPa，仅用了十几万就使该管线“起死回生”，节约了大量资金，效益显著。

（3）某管理区注水支线防腐修复

某管理区采油一站注水支线管线规格为φ114×9，总长度约为1050m，为穿越新建管线，地上有公路、绿化带、建筑物占压，为了提高管线长寿命，采用纳米陶瓷复合材料进行内防腐，一次性施工1050m，有效解决了管线焊口、直管段整体防腐问题，为管线服役生命周期延长提供了保障，确保安全环保生产、降低维修成本。

（4）胜利油田某断块油田集输管线防腐内衬

某断块油田高效施工井场是2022年新建设的新井场，为了加快使用，将采用高效作业施工，加速井场建设。新井场内有三根主管线使用纳米陶瓷复合材料，往西穿越两根管线，分别是φ219×10×430m油管线、φ168×13×430m水管线，中间穿越公路、河流、楼宇；往南φ219×10×420油管线中间穿越公路和楼宇。因管线都属于穿越地段防止后续出现穿孔问题造成更严重的损失，将新管线使用纳米陶瓷复合材料来加强管道内壁防腐。

5　结论

现场试验表明，纳米陶瓷复合材料是一种具有优良性能的管道内防腐修复材料，可用于油田各类集输管道的内防腐和修复施工，能有效解决油田集输管道内防腐效果差、使用年限短的问题。对旧管道的内衬加强修复，大大降低了维修成本费用，实现节能增效。该技术克服了内衬修复技术成本高、易窜层、不易二次维修、使用年限短的缺点。纳米陶瓷复合材料防腐修复技术可广泛应用用于油田、炼化、燃气等行业的管道、大罐、容器和设备等的防腐修复加固施工，是一种质量可靠、性价比高的先进技术，具有良好的推广应用前景。

参　考　文　献

[1] 周佳旭. 油田管道结垢的成因及除防垢技术[J]. 化工管理，2017(20)：185-186.

[2] 彭冲，李亚洲，欧阳诗昆，等. 柔性陶瓷复合涂层在油田集输管线防垢中的应用研究[J]. 广东化工，2020(15)：3-5.

[3] 李专，肖鹏，熊翔. 连续纤维增强陶瓷基复合材料的研究进展[J]. 粉末冶金材料科学与工程，2007(1)：7-9.

X80管线钢环焊缝氢扩散多场耦合模拟研究

徐涛龙[1]　过思翰[1]　郭　磊[2]　韩浩宇[1]　李又绿[1]

(1. 西南石油大学石油与天然气工程学院；2. 国家石油天然气管网集团有限公司西气东输分公司)

摘　要　利用现有的X80现役管道掺氢是最经济的氢气输送方式，但管道环焊缝区间氢渗透扩散导致氢脆失效是当前规模化掺氢输送的主要障碍。基于此，研究通过建立X80管线钢环焊缝区域三维模型，考虑组织不均匀性的影响，利用多场顺序耦合模拟技术分析氢在残余应力场、氢浓度场共同作用下扩散过程。为进一步明确环焊缝区多场耦合诱导下氢原子的空间分布规律，利用多道焊接过程的温度场模拟获得焊缝区的残余应力场，并以此作为载荷诱导，再结合氢扩散控制方程与化学位梯度氢扩散本构方程，得到氢在环焊缝多区模型中的分布状态。

关键词　环焊缝区；残余应力；多场顺序耦合；氢扩散；X80管线钢

氢气已成为最具发展前景的新能源之一，利用现有的X80管道掺氢是最经济的氢气输送方式，但管道环焊缝区间氢渗透扩散导致氢脆失效是当前规模化掺氢输送的主要障碍。截止目前，氢气诱导开裂的精确机制仍未统一，并且不同氢致开裂理论的模型都有各自的实验结果支持。目前可以达成共识的是，氢气诱导裂纹产生与几个关键因素有关，应力诱导下氢原子的聚集就是其中之一。管道环焊缝区域存在焊接残余应力，氢原子容易在残余应力的诱导下发生富集，当局部浓度达到阈值时易于引发氢致裂纹的出现，从而引发安全事故。因此，对于管线钢环焊缝区中的氢浓度扩散分布进行模拟计算具有重要的理论意义和工程价值。

目前，金属中扩散氢含量的现场测试方法主要包括水银法和气相色谱法。水银法测量装置须严格密封，且会对实验人员和环境造成一定的危害，气相色谱法检测速度快且准确度高，但需要持续加热至一定温度提取氢气。因此氢气在焊缝内的扩散无法通过实验方法在现场进行测量，有限元分析可能是预测氢气浓度演变的唯一有效手段。针对环焊缝区氢脆失效行为的耦合分析模型的建立，Mochizuki与蒋文春从低维度着手，提出了轴对称焊接模型模拟残余应力，并耦合氢浓度扩散场进行了模拟研究，但在计算过程中没有考虑焊缝区域的组织不均匀性。在此基础上，张体明开始在三维应力-浓度模型中引入了组织不均匀性的影响，结合焊接残余应力对焊接区域的氢扩散过程进行了模拟研究。Gobbi等基于前人工作，分三步实现弱耦合，模拟了氢在钢中的扩散行为、氢在裂纹尖端富集规律以及导致断裂扩展区内聚力降低而引发氢脆断裂的现象。

在以上研究的基础上，本工作选用X80钢环焊缝焊管为研究对象，基于多道焊接过程的温度场模拟获得焊缝区的残余应力场，并以此作为载荷诱导，同时结合环焊缝区域组织不均匀性特征，得到氢在环焊缝多区模型中的分布状态，为临氢焊接管线的安全评定奠定基础。

1　管线钢材料属性及残余应力测定

试验材料为X80在役管线钢，通过透射电镜进行微观组织形貌及EBSD分析后，获得其化学成分见表1，图1所示为焊缝中心(WM)、热影响区(HAZ)、母材(BM)的显微组织形貌。由图1可知，X80管线钢环焊缝区域主要由晶粒细小的铁素体和粒状贝氏体组成，同时在焊缝区域以及热影响区能见到明显的缺陷部分或夹杂物，容易形成氢陷阱并进一步导致氢致开裂。

表1　X80管线钢环焊缝区域化学组分

质量分数/%

C	O	F	Ne	Al	Si	P	S	Mn	Fe
23.61	2.65	9.1	1.24	0.44	0.87	0.5	0.67	1.94	50.21

在焊接过程中，X80管线钢焊接热物性参数如图2所示。BM(母材)、HAZ(热影响区)和WM(焊缝中心)的氢扩散系数与溶解度参考张体明等通过电化学渗透技术测量得到的数据，如表3所示。

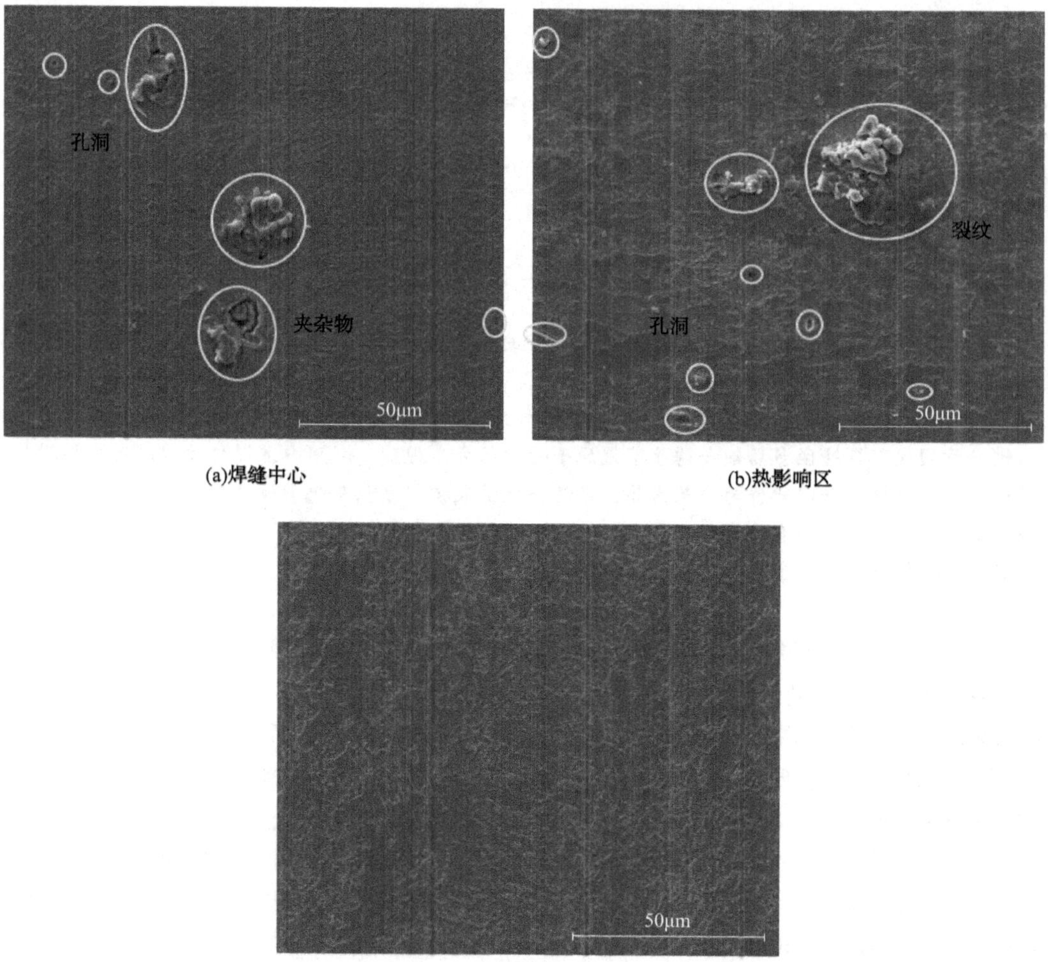

(a)焊缝中心　(b)热影响区　(c)母材

图 1　X80 管线钢组织金相：(a)焊缝中心；(b)热影响区；(c)母材

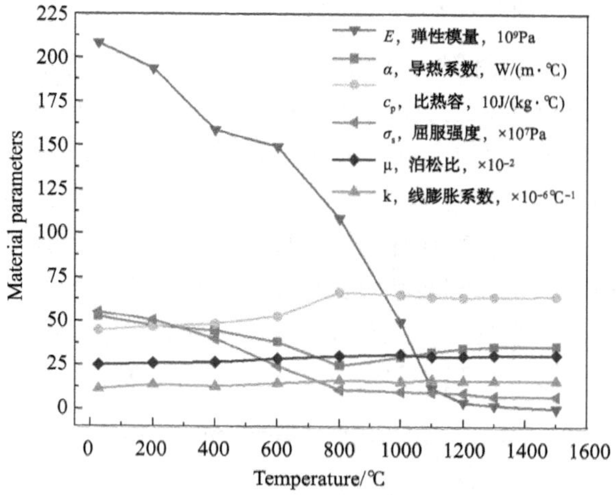

图 2　材料性能参数

表 3　X80 钢环焊缝区域氢扩散系数

区域	扩散系数 $D/(10^{-8}mm^2s^{-1})$	吸附氢浓度 $C_0/10^{-6}$	溶解度 $S/(10^{-4}mmN^{-1/2})$
母材	3.302	0.02350	4.797
热影响区	4.990	0.01752	3.576
焊缝中心	5.315	0.01665	3.399

选取 X80 在役管道使用盲孔法进行残余应力检测实验，实验装置如图 3 所示，使用实验获取的 X80 钢管道环焊缝区域实际残余应力分布情况来验证残余应力模拟结果。如图 4 所示，分别在距焊缝中心 0mm，15mm，30mm，60mm 处布置 4 个测点，从焊缝中心向母材方向编号依次为 B1、B2、B3、B4，获取 X80 钢在役管道环焊缝残余应力测试数据。

2　氢扩散数值模拟

2.1　氢扩散基本理论

根据扩散阶段质量守恒原理，氢扩散控制方程的积分形式为：

$$\int_{v}\frac{dc}{dt}dV+\int_{s}n\cdot JdS=0 \tag{1}$$

其微分方程形式为：

$$\frac{dc}{dt}+\nabla\cdot J=0 \tag{2}$$

图 3　盲孔法实验设备

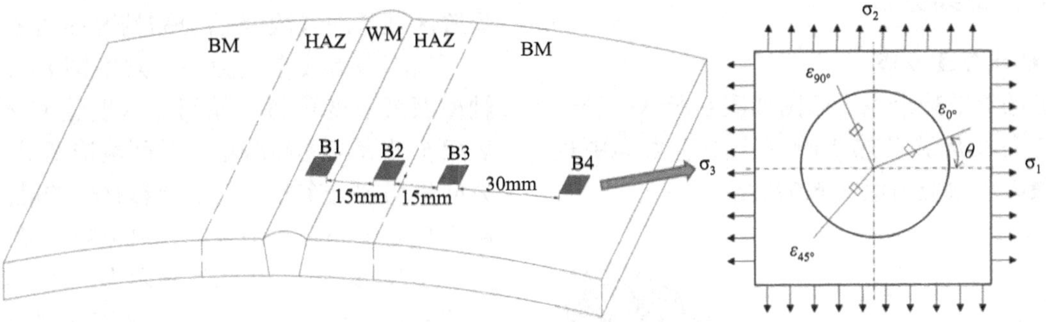

图 4　盲孔法测试点位

在大多数情况下，扩散过程受到外部环境的影响，例如：化学势梯度、温度梯度、机械载荷等。因此，扩散的驱动力可能是单个或多个因素共同作用的结果。而如果同时考虑这些驱动力，问题将变得复杂且难以求解。因此可以将所有的驱动力都考虑为化学势梯度，以简化问题的求解。

根据传质理论，在非均匀介质中，由化学位梯度引起的氢扩散的本构方程为：

$$J=-SD\cdot\left[\frac{\partial\varphi}{\partial x}+k_s\frac{\partial}{\partial x}[\ln(\theta-\theta_z)]+k_\sigma\frac{\partial\sigma}{\partial x}\right]\quad(3)$$

式中，J 为扩散通量，kg/(m^2·s)；D 为扩散系数，m^2/s；c 为浓度，kg/m^3；φ 为氢活度，$\varphi=c/s$；S 为溶解度，kg/m^3；k_s 为“Score”效应系数；θ 为温度，$\theta=293.15$K；θ_z 为绝对零度；k_σ 为等效应力梯度系数，m^2/N；σ 为等价压应力，$\sigma=-(\sigma_{xx}+\sigma_{yy}+\sigma_{zz})/3$。

当不存在温度梯度时，公式(3)简化得到：

$$J=-SD\cdot\left(\frac{\partial\varphi}{\partial x}+k_\sigma\frac{\partial\sigma}{\partial x}\right)\quad(4)$$

其中，应力梯度系数的表达式为：

$$k_\sigma=\frac{c}{S}\cdot\frac{V_H}{R(\theta-\theta_z)}\quad(5)$$

2.2 有限元模型

针对多场耦合作用下的氢扩散分析的数值计算过程可分为 4 步：

第 1 步，建立管道多道环向对接焊的三维实体模型。选取外径为 114mm、壁厚 12mm 的管道进行分析计算，焊缝开 V 型坡口，焊缝坡口角度设置为 60°，其几何形状如图 5 所示。进行温度场与浓度场分析时网格类型选用三维八节点单元 DC3D8，进行残余应力场分析时网格类型选用三维八节点单元 C3D8R。同时，为了模拟焊接的真实情况，采取生死单元方法对焊接区域进行删除和再激活。

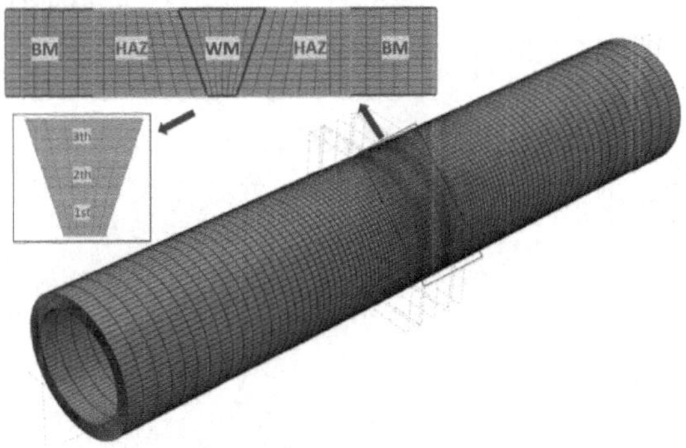

图 5　有限元模型

第 2 步，对焊接温度场进行计算，焊接热源采用半椭球模型，编写 DFLUX 子程序施加移动热源模拟焊接过程，实现热源在管道环面逐层加载的过程。

第 3 步，实现温度场与焊接应力场的耦合计算。采用间接式的顺序耦合技术实现温度场与应力场耦合，即先利用热传递单元得到温度场，再导入温度场开展三维应力分析。

第 4 步，实现残余应力场中氢扩散的耦合计算。提取焊接残余应力场的静水应力结果，结合氢扩散本构方程，实现残余应力诱导下环焊缝区域氢的渗透过程的模拟。

3 有限元结果分析

3.1 焊接残余应力场

管道的等效残余应力云图如图 6 所示。管道焊接完毕后在焊缝及热影响区产生应力集中现象，其最大等效应力值为 607MPa。

图 6　残余应力模拟云图

将获得的等效残余应力结果与 X80 在役管道盲孔法残余应力检测实验结果进行对比，以验证残余应力模拟结果。与检测实验方法相同，分别在距焊缝中心 0mm，15mm，30mm，60mm 处取残余应力结果进行对比，结果如图 7 所示。

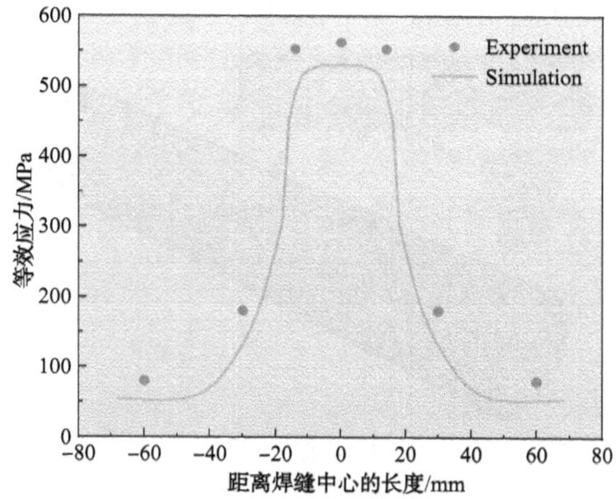

图 7　残余应力结果对比

将数值分析所得到的焊接残余应力与盲孔法实验所测定的等效应力残余应力进行比较，观察图 7 可知，模拟与盲孔法测定的焊接残余应力分布趋势基本吻合。实验值相较于模拟值整体偏高，其原因可能是当使用盲孔法测量残余应力时，在前期打磨管道对测点产生了一定的机械外力，但相同的分布趋势说明这里采用的数值模拟方法能较准确地反映焊接残余应力分布规律。

3.2 氢浓度扩散场

将获取的残余应力场作为氢扩散的预定义场进行应力场与浓度场的耦合计算，由此获得的环焊缝区域晶间氢浓度 C_L 分布情况如图 8 所示。

当不考虑残余应力时，观察图 8(a) 中管道轴截面氢浓度可得，晶间氢浓度值 C_L 沿管道内表面至外表面逐渐减小。晶间氢浓度沿管道轴向方向呈均匀分布状态，管道母材区的晶间氢浓度高于焊缝中心与热影响区，热影响区晶间氢浓度略高于焊缝中心，这主要是因为扩散氢在不同区域的溶解度存在差异，即母材的氢溶解度最高，其次为热影响区，焊缝中心的氢溶解度最低；当考虑残余应力的诱导作用以后[图 8(b)]，晶间氢在焊缝中间部位即静水应力最大的区域发生富集。由于在设定温度环境下氢化物的析出或溶解速度远远大于其扩散速度，模拟时没有考虑固溶氢与氢化物的相变，这里提到的氢浓度就是晶格间隙内氢的总含量。

为了精确分析不均匀应力场对氢浓度分布的诱导作用，选取距焊接起点 90°位置焊缝中心的径向路径作为考察区域，读取了体系达到平衡浓度时各有限元分析点的晶间氢浓度，结果见图 9。对于焊缝中心区域，在无应力作用时，氢原子稳定沿浓度梯度从内表面向外表面扩散，氢浓度最高值为管线钢内表面的吸附氢浓度 0.01665‰。在应力诱导氢扩散模拟过程中发现，位于应力集中区域的晶间氢原子浓度远高于应力较低处的晶间氢浓度，氢的最高浓度可达 0.058‰，相比于原始状态增加了 3.5 倍，出现明显的氢聚集现象。

在焊缝中心考察路径上沿厚度方向选取 2cm、4cm、6cm、8cm、10cm 点，按时间历程读取各点氢浓度变化情况，如图 10 所示。从图中可以看出，焊接残余应力较为集中的第一道焊缝与第二道焊缝处容易引起氢的聚集，氢浓度增长速度明显高于残余应力较低处。结合晶间氢浓

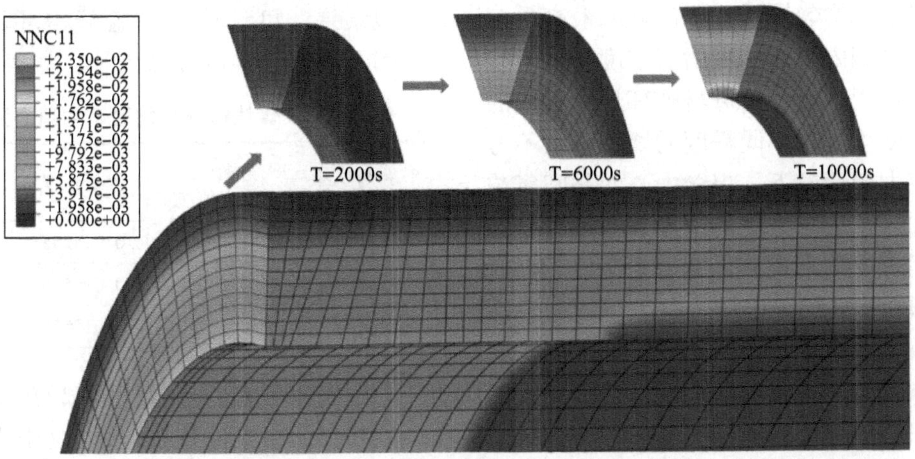

(a)无残余应力

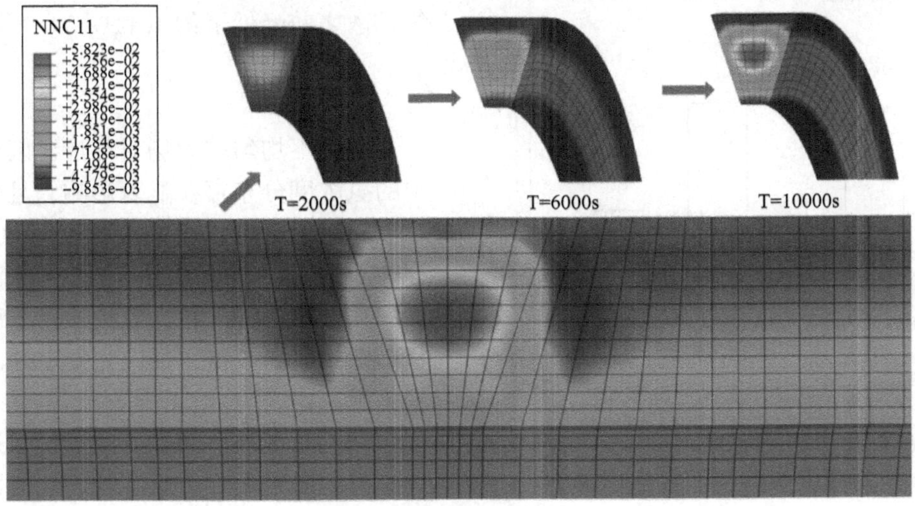

(b)存在残余应力

图 8　晶间氢浓度分布云图

度及静水应力沿径向路径变化可以推测，残余应力促进了氢在管道钢中的聚集，其诱导氢原子向应力集中区域扩散，且残余应力梯度对氢扩散的影响大于浓度梯度对氢扩散的影响，此模拟结果也符合应力诱导氢扩散的相关理论。

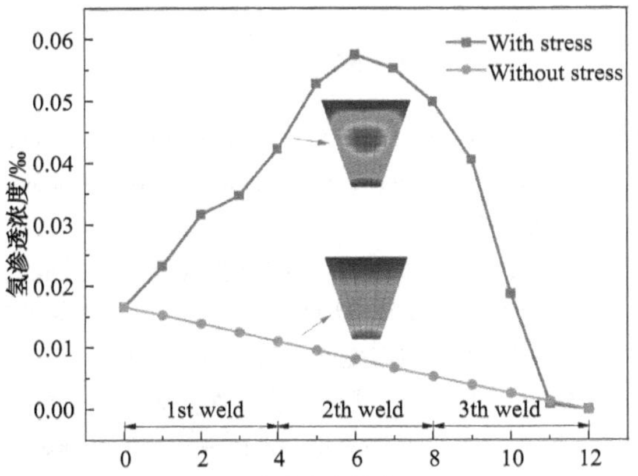

图 9　有无残余应力诱导下晶间氢浓度对比

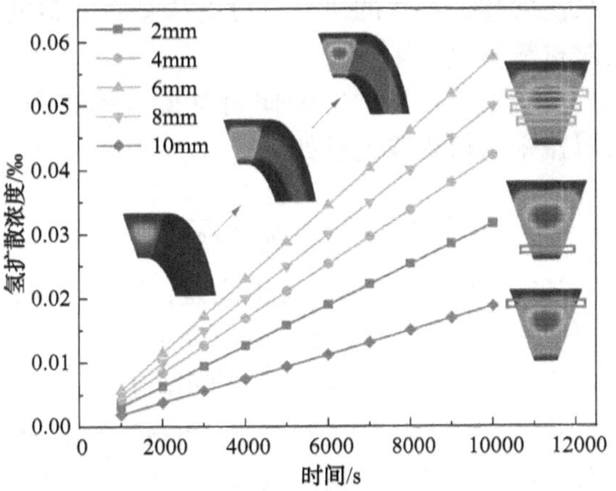

图 10　不同时刻下管道径向晶间氢浓度分布

为了考察环焊缝不同区域组织不均匀性与残余应力场对氢扩散的协同作用，在距焊接起点90°径向位置读取了环焊缝各区域的晶间氢浓度分布情况。图 11 为环焊缝不同区域应力诱导下径向路径晶间氢浓度分布最大值。在仅考虑环焊缝不同区域组织不均匀性时，各区域的最高晶间氢浓度即为管线钢内表面的吸附氢浓度；加入残余应力的诱导作用之后，除母材外环焊缝各区的最高晶间氢浓度均出现不同程度的增加。在不考虑焊接残余应力的情况下，焊缝中心的晶间氢浓度最低；在加入残余应力场的诱导后，环焊缝区域的最高晶间氢浓度出现在焊缝中心区域。由此可以推测，X80 钢环焊缝区域的组织不均匀性和残余应力均在氢扩散过程中起着重要作用，其中，对于晶体间隙处的氢扩散来说，残余应力的影响大于组织不均匀性的影响。

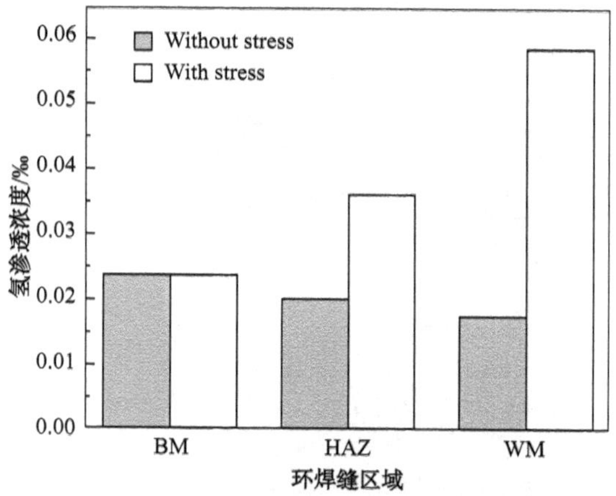

图 11　环焊缝不同区域最高晶间氢浓度

3.3　管线钢材料性能劣化情况

对于管道环焊缝区域而言，氢致失效裂纹极易萌生于氢富集区域，因此，在通过数值模拟确定环焊缝区域氢富集情况之后，在此基础上进行裂纹扩展相关参数的研究，可以从侧面考察氢富集对材料劣化的影响。

氢对裂纹扩展的影响使用氢覆盖率 θ 表示，氢覆盖率与氢浓度关系如下：

$$\theta_{\mathrm{H}}=\frac{C}{C+\exp(-\Delta G_{\mathrm{b}}^{0}/RT)} \tag{6}$$

其中，$G_b{}^0$为吉布斯自由能差，30kJ/mol；R 为理想气体常数，8.314Pa · m^3 · mol^{-1} · K^{-1}；C 为氢浓度质量分数，‰；T 为实际温度。

同时，对于高强度管线钢，Serebrinsky 等通过对表面能的计算发现，氢覆盖率和临界氢依赖内聚应力之间存在以下关系：

$$\frac{\Phi_{\mathrm{c}}(\theta_{\mathrm{H}})}{\Phi_{\mathrm{c}}(0)}=1-1.0467\theta_{\mathrm{H}}+0.1687\theta_{\mathrm{H}}^{2} \tag{7}$$

其中，$\Phi_c(0)$ 表示无氢影响的断裂能；$\Phi_c(\theta_H)$ 表示受氢覆盖率影响的断裂能。结合上节中多场耦合下环焊缝不同区域最高晶间氢浓度的模拟结果，可计算 X80 管线钢环焊缝区域氢覆盖率及内聚力强度降低因子，如表 4 所示。

表 4　X80 管线钢环焊缝区域内聚力强度降低情况

位置	晶间氢浓度分布最大值/‰	氢覆盖率	内聚力强度降低因子
BM	0.0235	0.004255	0.99555
HAZ	0.03635	0.006566	0.993135
WM	0.05877	0.010572	0.988953

由表 4 可知，环焊缝区域的最高氢覆盖率为 0.010572，主要分布在焊缝中心区域；从内聚力强度降低情况来看，环焊缝各区域的降幅均在 1%左右，降幅最大值出现在焊缝区域，相较于氢扩散之前降低了约 1.11%。

4　结论

（1）不均匀应力场对环焊缝区域的晶体间隙中的氢浓度分布存在显著影响，且残余应力梯度对氢扩散的影响大于浓度梯度对氢扩散的影响。存在不均匀应力场情况下，晶间氢浓度分布与静水应力分布趋势一致，氢的最高浓度相比于原始状态增加了 3.5 倍，在应力集中处出现明显的氢聚集现象。

（2）对于晶体间隙处的氢扩散过程来说，残余应力的影响大于组织不均匀性的影响；在不考虑焊接残余应力的情况下，焊缝中心的晶间氢浓度最低，在加入残余应力场的诱导后，环焊缝区域的最高晶间氢浓度出现在焊缝中心区域。

（3）从管线钢力学性能劣化程度来看，考虑残余应力场与组织不均匀性的影响后，环焊缝各区域的内聚力强度降幅均在 1%左右，降幅最大值出现在焊缝区域，相较于氢扩散之前降低了约 1.11%。

参 考 文 献

[1] GHOSH T K, PRELAS M A. Energy resources and systems: renewable resources(volume 2)[M]. Columbia: Springer, 2011.

[2] 秦朝葵，谢依桐. 氢能：城市燃气行业的挑战与机遇 第一部分 氢能发展大观：制氢技术、氢能输送、氢能应用[J]. 城市燃气，2020(10)：2-8.

[3] 马建新，刘绍军，周伟，等. 加氢站氢气运输方案比选[J]. 同济大学学报(自然科学版)，2008(5)：615-619.

[4] MAZLOOMI K, GOMES C. Hydrogen as an energy car-

rier: prospects and challenges [J]. Renewable&Sustainable Energy Reviews, 2012, 16(5): 3024-3033.

[5] 李守英，胡瑞松，赵卫民，等. 氢在钢铁表面吸附以及扩散的研究现状[J]. 表面技术，2020，49(8)：15-21.

[6] DENG Q, ZHAO W, JIANG W, et al. Hydrogen embrittlement susceptibility and safety control of reheated CGHAZ in X80 welded pipeline [J]. Journal of Materials Engineering and Performance, 2018, 27(4): 1654-1663.

[7] Lynch, S. Hydrogenembrittlement phenomena and mechanisms[J]. Corros. Rev. 2012, 30, 105-123.

[8] Beachem, C. D. A new model for hydrogen assisted cracking (hydrogen embrittlement). Metall. Mater. Trans. B 1972, 3, 441-455.

[9] Kirchheim, R., Somerday, B., Sofronis, P. Chemomechanical effects on the separation of interfaces occurring during fracture with emphasis on the hydrogen-iron and hydrogen-nickel system [J]. Acta Mater. 2015, 99, 87-98.

[10] Xie, D., Li, S., Li, M., et al. Hydrogenated vacancies lock dislocations in aluminium. Nat. Commun. 2016, 7, 13341.

[11] Zheng, W. J.; Liu, Y.; Gao, Z. L.; Yang, J. G. Just-in-time semi-supervised soft sensor for quality prediction in industrial rubber mixers. Chemom. Intell. Lab. Syst. 2018, 180, 36-41.

[12] Saini, N.; Pandey, C.; Mahapatra, M. M. Effect of diffusible hydrogen content on embrittlement of P92 steel. Int. J. Hydrogen Energy 2017, 42, 17328-17338.

[13] Chakraborty, G., Rejeesh, R., Albert, S. K. Study on hydrogen assisted cracking susceptibility of HSLA steel by implant test. Def. Technol. 2016, 12, 490-495.

[14] Abe, M., Nakatani, M., Namatame, N., Terasaki, T. Influence of dehydrogenation heat treatment on hydrogen distribution in multi-layer welds of Cr-Mo-V steel[J]. Weld. World 2012, 56, 114-123.

[15] Mochizuki Masahito, Hayashi Makoto, Hattori Toshio. Numerical Analysis of Welding Residual Stress and Its Verification Using Neutron DiffractionMeasurement[J]. Journal of Engineering Materials and Technology, 2000, 122(1): 98-103.

[16] 蒋文春，巩建鸣，唐建群，等. 焊接残余应力下氢扩散的数值模拟[J]. 焊接学报，2006(11)：57-60，64，115-116.

[17] 张体明，赵卫民，蒋伟，等. X80 钢焊接残余应力耦合接头组织不均匀下氢扩散的数值模拟[J]. 金属学报，2019，55(02)：258-266.

[18] Gobbi G, Colombo C, Miccoli S, et al. A weakly coupled implementation of hydrogen embrittlement in FE analysis[J]. Finite Elements in Analysis and Design, 2018, 141: 17-25.

[19] 郭杨柳，马廷霞，刘维洋，等. 基于 ABAQUS 的 X80 管线钢焊接残余应力数值模拟[J]. 金属热处理，2018，43(9)：218-222.

[20] CRANK J. The Mathematics ofDiffusion[M]. Oxford: Clarendon Press, 1956.

[21] Gorban A N, Sargsyan H P, Wahab H A. Quasichemical models of multicomponent nonlinear diffusion[J]. Mathematical Modelling of Natural Phenomena, 2011, 6(5): 184-262.

[22] 张显，国凤林. 氢扩散与裂纹尖端应力场耦合效应的有限元分析[J]. 表面技术，2018，47(06)：240-245. DOI: 10.16490/j.cnki.issn.1001-3660.2018.06.034.

[23] 褚武扬，乔利杰，李金许，等. 氢脆和应力腐蚀——基础部分[M]. 北京：科学出版社，2013：37.

[24] Toribio J, Kharin K, Lorenzo M, et al. Role of drawing-induced residual stresses and strains in the hydrogen embrittlement susceptibility of prestressing steels[J]. Corros. Sci., 2011, 53:

[25] 张兰. X80 管线钢氢致应力腐蚀开裂行为研究[D]. 成都：西南石油大学，2019.

[26] Serebrinsky S, Carter E A, Ortiz M. A quantum-mechanically informed continuum model of hydrogen embrittlement[J]. Journal of the Mechanics & Physics of Solids, 2004, 52(10): 2403-2430.

渝西页岩气田 N80 钢油管腐蚀失效分析

张　笠　曹世昌　孙超亚　罗远平　邓亨建

（重庆页岩气勘探开发有限责任公司）

摘　要　渝西页岩气田自 2017 年底首口页岩气井投产以来，累计投产井 48 口，其中下油管 29 口。至 2022 年底，累计发生油管穿孔、断落 7 井次，油管失效已成为制约气井产能发挥的重要因素。本文从腐蚀特征、腐蚀规律、腐蚀条件、腐蚀结论等方面入手，依托实验室取得的成果制定了解决重庆页岩气公司油管腐蚀的措施，为公司页岩气井平稳生产奠定了基础，对国内深层页岩气井油管防腐提供了重要的参考价值。

关键词　页岩气井；油管腐蚀；油管防腐

我国页岩气储量丰富，随着页岩气开采成本逐步降低，页岩气开发进入急剧增长期，目前川渝地区已形成年产页岩气 650 亿方的生产规模。渝西区块页岩气气质组分甲烷占比约 98%，二氧化碳占比约 1.5%，硫化氢含量为 0，从气质组分分析，页岩气对管柱的腐蚀并不强。然而，随着水力压裂工艺的技术迭代，大量返排液的回用造成页岩气管柱环境改变，井下管柱及地面管线失效频发，尤其是对井下管柱而言，苛刻的服役工况及地温梯度变化，油管腐蚀机理变得异常复杂。

1　失效井工况及区块腐蚀环境

相对于国内其他高含 CO_2、H_2S 的气田，渝西深层页岩气田的井筒腐蚀性不算特别强。但由于在页岩气开发中，压裂液大量滞留和地层可动水体的产出，使得井底容易出现积液，地层流体中的高矿化度、低含量 CO_2 以及细菌等，在井底条件下极易引起井筒腐蚀问题。截至 2021 年底，共计 13 口井下入油管，其中 6 口井油管失效。渝西深层页岩气井油管失效具有以下特点：(1)腐蚀穿孔占比高，占下油管总井数的 42.8%；(2)硫酸盐还原菌含量高，达到 1000-3000 个/ml；(3)入井至穿孔失效时间短，失效时间在 52~189 天；(4)气井水气比高，总体区间为 3.1~12.9 方/万方。

渝西区块 Z203H1-2 井于 2020 年 6 月 14 日投产，井深 5911.0m，压裂段长 1501m，开井压力 44.29MPa，日产气量 21.34×104m^3。2020 年 10 月 24 日该井下入 Φ60.3mm×4.83mm N80 油管，套压 22.17MPa，油压 16.34MPa，12 月 19 日该井生产数据异常(图 1)，初步判断为油管穿孔，该井油管失效周期为 57 天。Z203H1-2 井修井作业过程中发现，从第 1 根至第 34 根 Φ60.3mm×4.83mm N80 油管腐蚀穿孔，并在井下 340m 处发生断落，腐蚀情况触目惊心。

本文根据腐蚀特征、腐蚀规律、腐蚀条件、腐蚀结论等研究成果，制定了针对重庆页岩气公司油管腐蚀的措施，解决了油管腐蚀的问题。

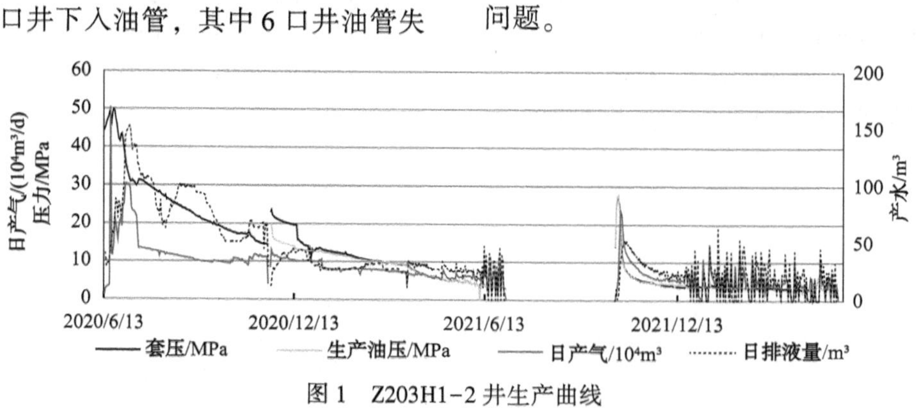

图 1　Z203H1-2 井生产曲线

2 腐蚀失效分析

2.1 宏观形貌分析

渝西区块属于低含二氧化碳天然气气质，返排液中含细菌，现场油管失效井次均采用了N80材质油管。取出失效油管发现腐蚀主要发生在油管内壁，内壁有沿着轴向腐蚀沟槽，但是冲刷特征不明显(图2)。腐蚀坑表面附着一层黑色物质，黑色物质中含有长杆状不明物体(图3)。

图2　内壁腐蚀形貌

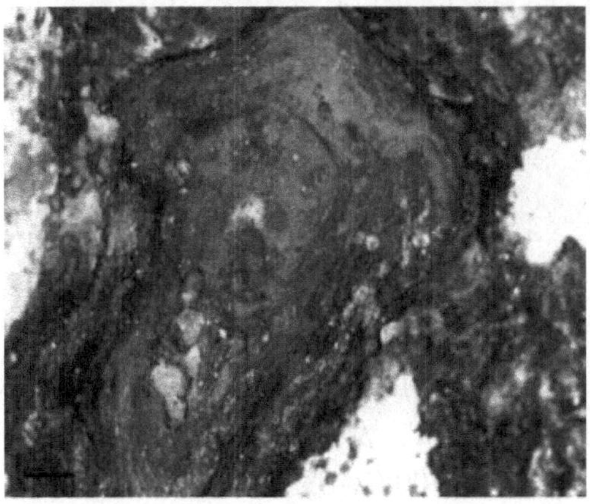

图3　腐蚀坑分析

2.2 化学成分分析

取现场失效油管，开展了材质及材料性能分析，结果表明油管材质质量较好，腐蚀不是因为材质质量不合格导致的。

(1) 材料化学成分分析

将管段取样采用化学法对油管进行化学成分分析，结果见表1。其磷和硫元素满足GB/T 19830—2017《石油天然气工业 油气井套管或油管用钢管》标准中对N80材质的要求。

表1　化学成分分析结果　　(wt%)

元素	C	Si	Mn	S	P	V
测试结果	0.277	0.242	1.55	0.0078	0.015	<0.005

(2) 冶金质量分析

对抛光后的腐蚀坑附近基体在金相显微镜不同倍下进行观察，腐蚀坑附近的基体中夹杂物比较细小，尺寸在10μm以下左右，成点状分散分布，没有发现疏松结构存在，因此冶金质量比较好[图4(a)~4(d)]，与远离腐蚀坑的基体夹杂物分布类似[图4(e)和图4(f)]。

(a)腐蚀坑部位低倍

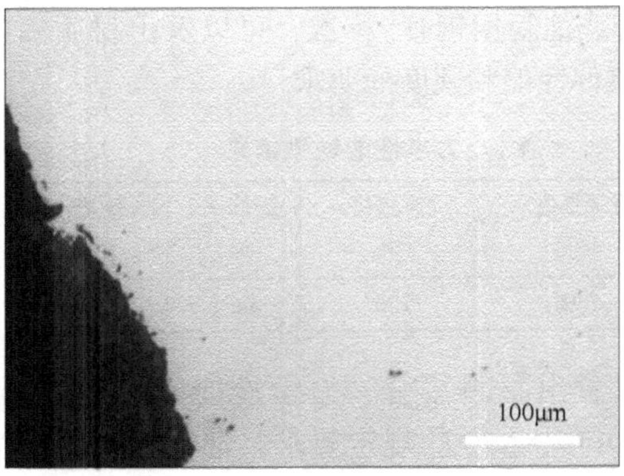

(b)腐蚀坑部位低倍

图4　基体中夹杂物

(c)腐蚀坑部位高倍

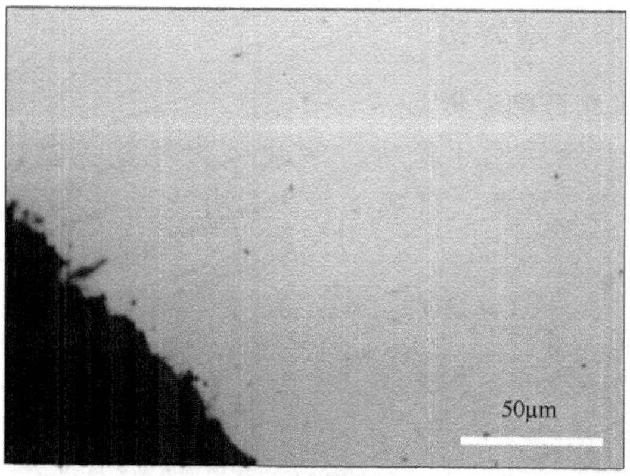

(d)腐蚀坑部位高倍

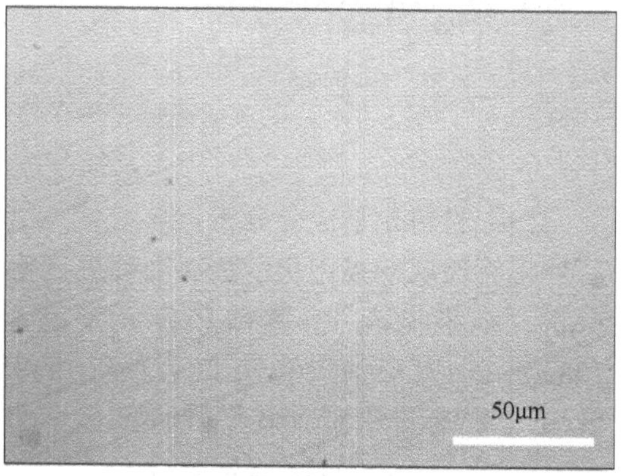

(e)远离腐蚀坑的基体高倍

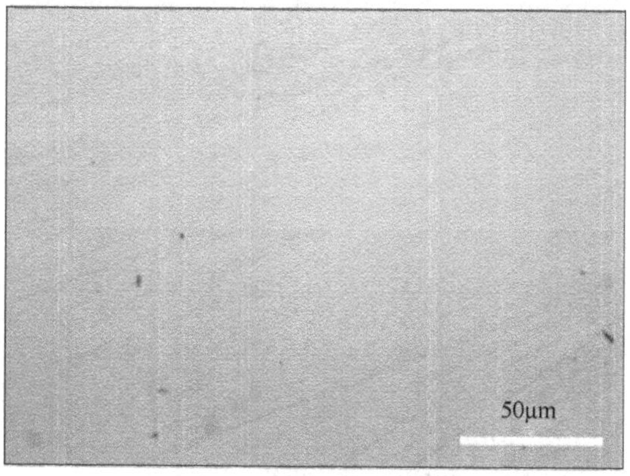

(f)远离腐蚀坑的基体高倍

图 4　基体中夹杂物(续)

(3) 金相组织分析

在金相显微镜下分析金相组织，可以看出钢坑洞附近的基体的组织为粒状贝氏体+少量块状铁素体，组织细小，没有发现珠光体，不属于典型的热轧态组织即珠光体+铁素体。如图 5(a)~5(d)，与远离腐蚀坑的基体金相组织相同[图 5(e)]。

(4) 力学性能检测

将管段取样做板状力学性能测试，结果见表 2。对照 GB/T 19830—2017《石油天然气工业 油气井套管或油管用钢管》标准，可以看出材质满足 N80 拉伸性能和硬度的要求。

表 2　力学性能检测结果

钢级	屈服强度/MPa	抗拉强度/MPa	延伸率/%	硬度/HRC
N80	695	726	14.2	17.6

可以看出材料成分、力学性能满足 GB/T 19830-2017 中 N80 的规定要求；油管材质夹杂物细小，数量少，孤立分布，冶金质量良好。

2.3　腐蚀因素综合分析

根据前期油管检测情况，腐蚀主要发生在井下 1000m 以上油管段和井下 2000~2500m 油管段情况可以看出，发生腐蚀的温度在 30~60℃温度区间和 80~100℃温度区间。

2.3.1　1000m 以上油管段

本段温度在 30~60℃之间，因此首先开展了细菌在 60℃下的生存活性实验，结果见表 3。

可以看出，细菌在 60℃返排液中生存状态较好，可以生存代谢。

同时对仅细菌和细菌+二氧化碳环境下的腐蚀评价实验，结果见图 6、图 7。

可以看出，细菌与二氧化碳对腐蚀具有耦合作用，平均腐蚀速率成倍增长，且腐蚀形貌以点蚀为主。

取油管失效部位开展了 SEM 分析，发现失效部位同时存在无机晶体状腐蚀产物和絮状腐蚀产物(图 8)。

图 9、图 10 分别是无机晶体状腐蚀产物和絮状腐蚀产物的 EDS 测试结果。

通过图 9 可以看出，无机晶体状腐蚀产物元素主要是 C、O、Fe 等，且原子比例在 1 : 3 : 1 左右，说明这些腐蚀产物主要是二氧化碳的腐蚀

产物 $FeCO_3$。

通过图 10 可以看出，絮状腐蚀产物中除了 C、O、Fe 以外还含有 S，说明可能有 SRB 存在并参与了腐蚀。

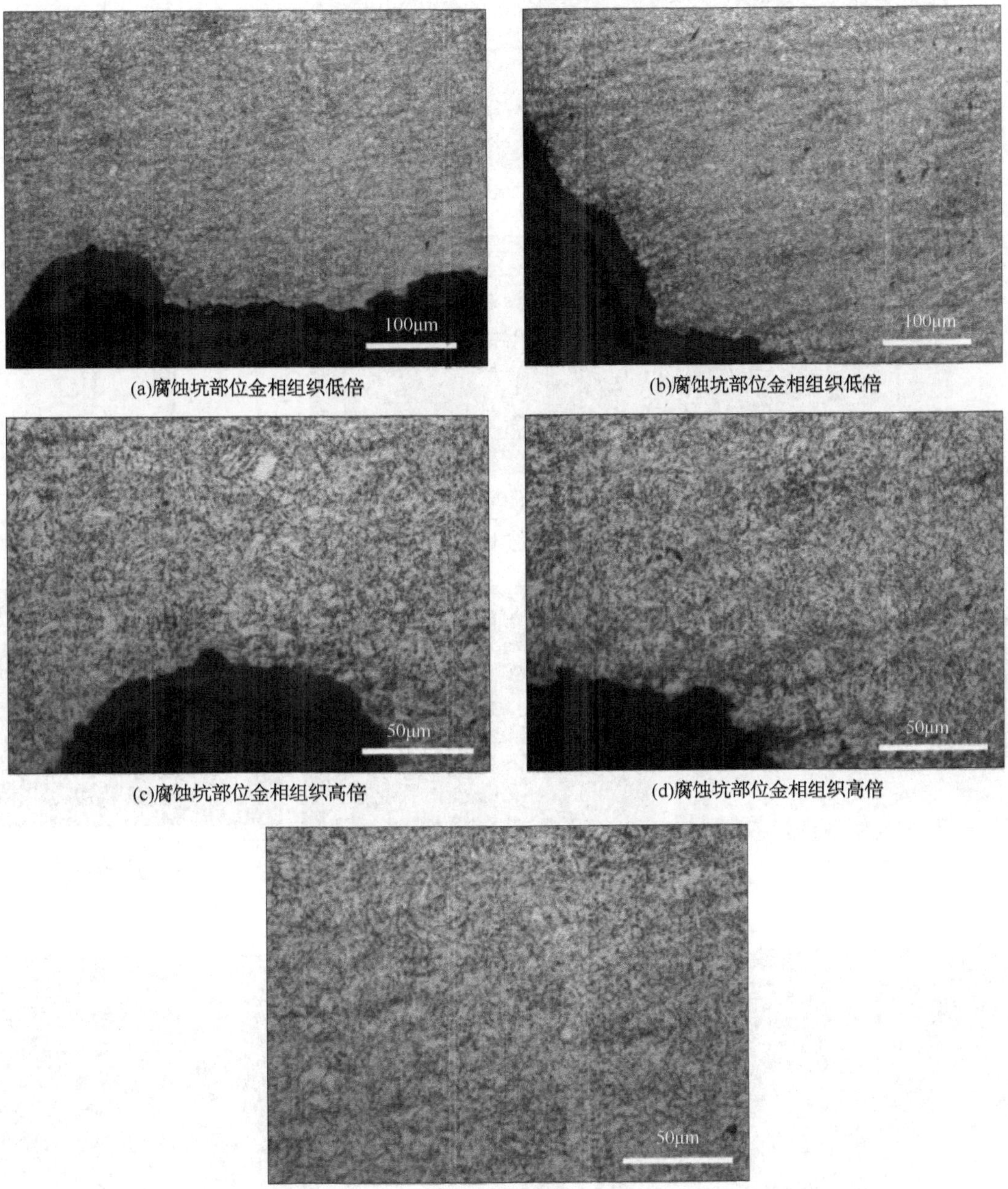

(a)腐蚀坑部位金相组织低倍　(b)腐蚀坑部位金相组织低倍

(c)腐蚀坑部位金相组织高倍　(d)腐蚀坑部位金相组织高倍

(e)基体组织高倍

图 5　基体的金相组织

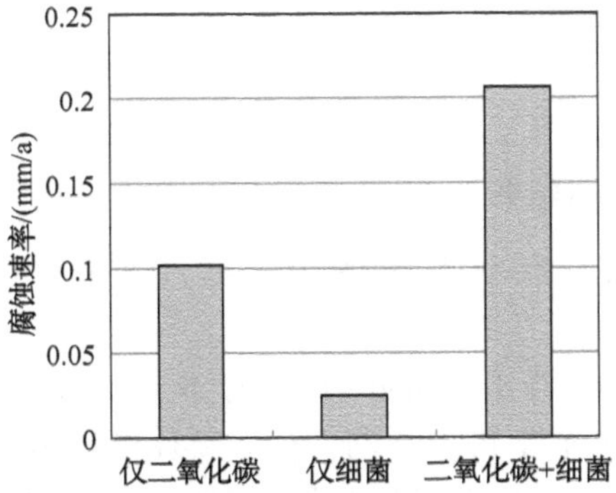

图 6　腐蚀速率对比

（40℃、N80 钢，现场返排液、二氧化碳饱和）

表 3　60℃时返排液中细菌生存状态结果

培养时间/天	SRB/(个/ml)		FB/(个/ml)	
	返排液	返排液+营养液	返排液+试片	返排液+营养液+试片
0	70×10^4	35×10^4	25×10^4	12.5×10^4
2	11×10^4	6×10^3	25×10^1	70×10^3
7	6×10	7×10^4	6.0×10^2	11×10^4
14	0	25×10^3	2.5×10^3	6×10^3
18	0	0.6×10^0	5×10^3	2.5×10^4

注：注：现场水+营养液=现场水+SRB 营养液+FB 营养液；加入比例为 50(现场水)：25(SRB 营养液)：25(FB 营养液)

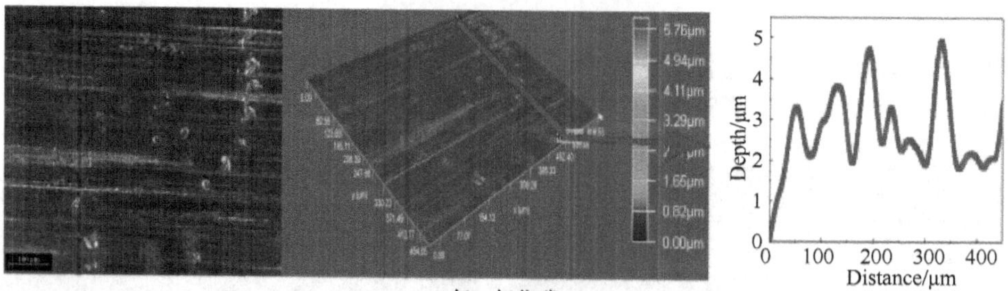

(a)仅二氧化碳

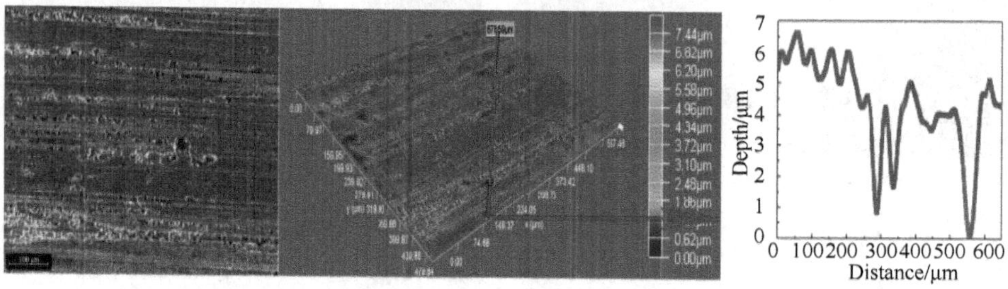

(b)二氧化碳+细菌

图 7　局部腐蚀情况对比

(a)观察部位　(b)晶体状腐蚀产物　(c)絮状腐蚀产物

图 8　腐蚀形貌

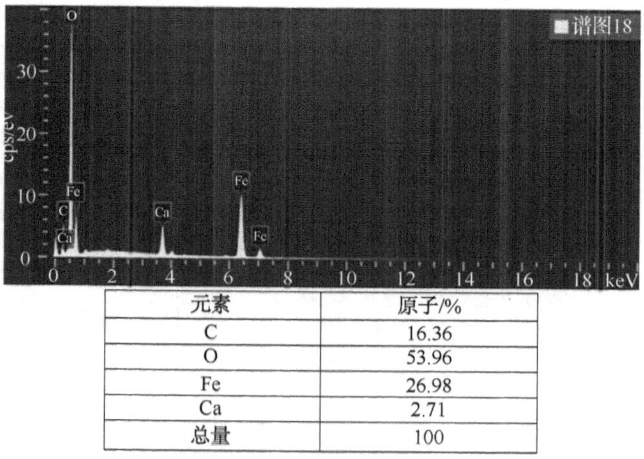

元素	原子/%
C	16.36
O	53.96
Fe	26.98
Ca	2.71
总量	100

图 9　晶体状腐蚀产物 EDS 测试结果

取油管腐蚀部位进行了死活细菌染色，结果见图 11。

可以看出，腐蚀部位有细菌菌落，结合 EDS 结果，说明细菌参与了腐蚀。

2.3.2　2000~2500m 段以上油管段

本段温度在 80~100℃ 之间，因此首先开展了细菌在 90℃ 下的生存活性实验，结果见表 4。

可以看出，SRB 在 90℃ 下不能生存代谢，FB 在 90℃ 下可以存活，但是整体活性不高。

接着，开展了仅二氧化碳时的腐蚀实验，结果见表 5。

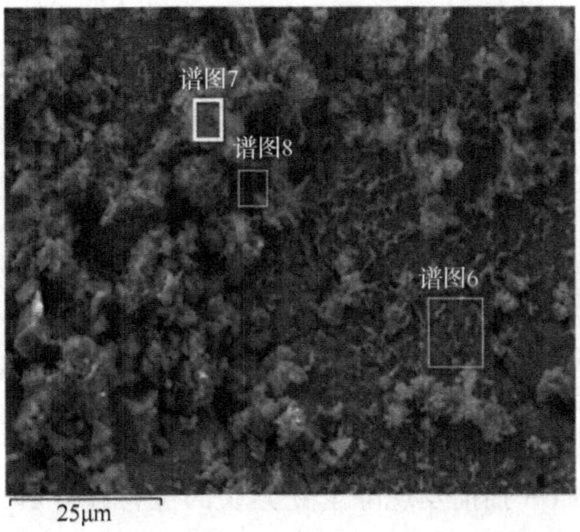

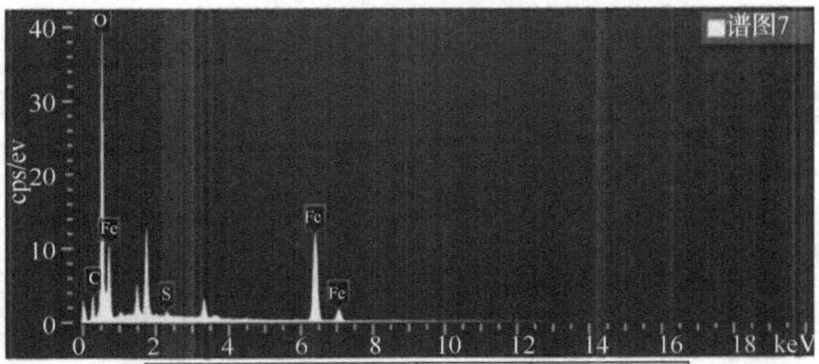

元素	原子/%
O	53.45
Fe	22.11
C	24.18
S	0.26
总量	100

图 10　絮状腐蚀产物 EDS 测试结果

表 4　90℃时返排液中细菌生存状态结果

培养时间/天	SRB/(个/ml)	FB/(个/ml)
0	25×10^4	70×10^3
1	0	2.5×10
7	0	6.0×10^0

表 5　90~100℃腐蚀速率

温度/℃	腐蚀速率/(mm/a)
90	0.1024
100	0.1375

可以看出，即使二氧化碳仅 0.05MPa 时 N80 也会发生明显腐蚀。图 12 是实验后试片表面及截面形貌图。

可以看出，试片表面腐蚀产物膜较为疏松，说明腐蚀较易发生；同时，截面形貌表明有轻微点蚀出现。

对井下 2031m 油管(第 214 根油管)进行了取样，破开后可以看到内表面有明显的腐蚀特征，存在很多小台阶，具体见图 13。

SEM 观察发现腐蚀产物发现除了较多的球状物质，还夹杂有立方块(图 14)。

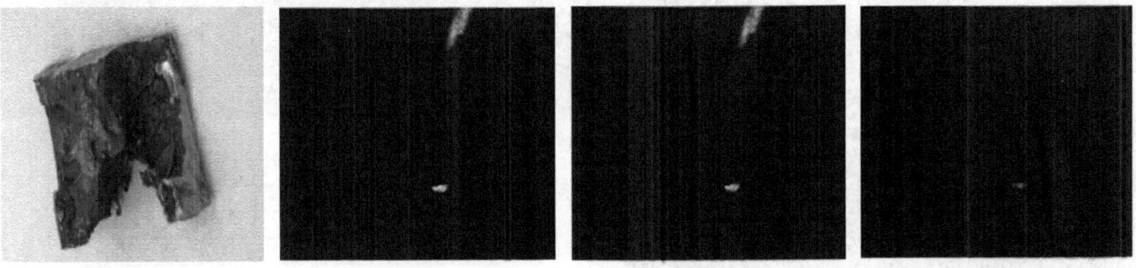

(a)染色试件　(b)死活细菌叠加　(c)仅活细菌　(d)仅死细菌

图 11　细菌死活染色结果

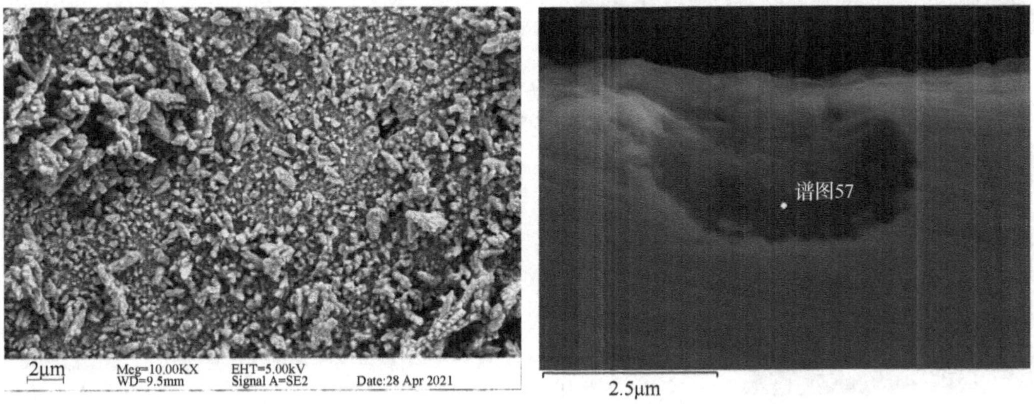

(a)表面形貌　(b)截面形貌

图 12　试片表面及截面形貌

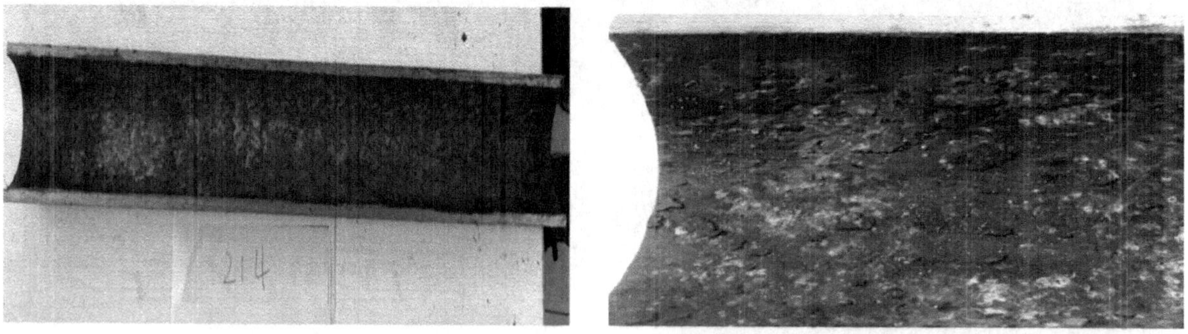

图 13　井下 2031 米油管内壁形貌

图 14　#214 管段内表面腐蚀物形貌

EDS 扫描发现除了立方块部位含硫外其余部位均不含硫，立方块部位 EDS 扫描结果见图 15。

虽然立方块中含有明显 S 元素，但是只含有微量 Fe，说明立方块不是油管腐蚀产物，可能是残余的井流物。

切开油管做截面观察，发现有伸入基体凸起物，EDS 线扫描表明腐蚀产物层从内至外均不含硫(图 16)。

综合室内实验和现场油管分析结果可以看出：(1) SRB 不是本段油管发生腐蚀的原因；(2)本段二氧化碳分压高于 0.21MPa，会导致 N80 油管发生二氧化碳腐蚀。

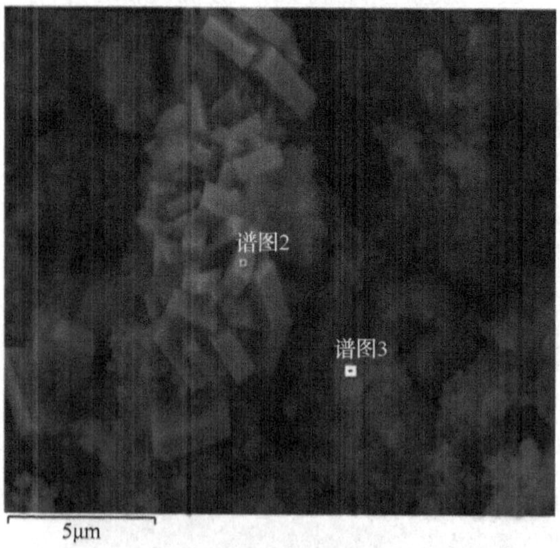

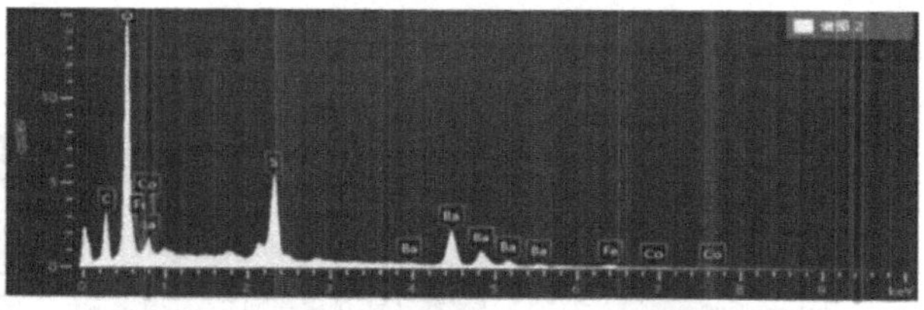

元素	原子/%
C	34.76
O	44.65
S	8.33
Ba	10.58
Co	1.54
Fe	0.14
总量	100

图 15　立方块 EDS 结果

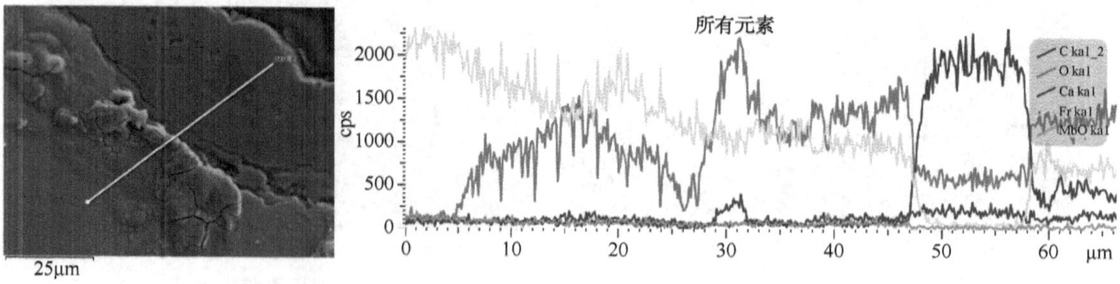

图 16　截面元素结果

3 防腐措施

油管防腐总体思路是控制腐蚀源，提升管材防腐性能，加强细菌含量动态监测。通过定期加注缓蚀剂，返排液杀菌等手段，降低井下硫酸盐还原菌的活性同时辅以内涂层油管，自 2021 年 7 月实施该方式以来，重庆页岩气公司未发生油管失效。

4 结论

综合现场情况及实验室研究结果，渝西区块油管腐蚀主要以硫酸盐还原菌为主，油管上部温度在 30－60℃ 区间范围内腐蚀最为严重，高于 60℃ 也存在腐蚀但比较轻微，腐蚀原因为二氧化碳分压过高导致。同时，硫酸盐还原菌与二氧化碳对油管腐蚀形成了耦合作用，加快了油管腐蚀速率，下步将进一步探索新材料防腐效果。

参考文献

[1] LAN D W, CHEN M Y, LIU Y C, et al. Development of shale gas in China and treatment options for wastewater produced from the exploitation: sustainability lessons from the UnitedStates[J]. Journal of environmental engineering, 2020, 146(9): 04020103.

[2] ZHAI G Y, WANG Y F, ZHOU Z, et al. Exploration and research progress of shale gas inChina[J]. China geology, 2018, 1(2): 257-272.

[3] 青松铸，张晓琳，文崭，等. 长宁页岩气集气管道内腐蚀穿孔原因探究[J]. 材料保护，2021，54(6)：166-169，174.

[4] 刘乔平，冯思乔，李迎超，等. 页岩气田集输管线的腐蚀原因分析[J]. 腐蚀与防护，2020，41(10)：69-73.

[5] 孙玉朋. X80 管线钢在微生物存在下的腐蚀行为研究[D]. 沈阳：辽宁大学，2019.

深水半潜式生产平台高性能牺牲阳极铸造工艺研究与应用

喻发令[1] 吴尧增[2] 刘孔忠[1] 贺海龙[3] 杨文灯[3] 周 伟[4] 李 辉[3] 许 彪[3]

[1. 中海石油(中国)有限公司湛江分公司；2. 中海油研究总院有限责任公司；
3. 中海油能源发展装备技术有限公司湛江分公司；4. 湛江中海石油检测工程有限公司]

摘 要 深水半潜式生产平台30年不回坞方案对浮体阳极的防腐性能提出了极高的要求。为了提高铝锌铟阳极性能和铸造合格率，通过试制筛选合适的浇铸温度、搅拌时间、冷却速率等关键参数，优化铁芯处理、模具形式等工艺，以提升阳极铸造质量。通过阳极性能试验验证，总结出适用于半潜式生产平台浮体结构防腐保护的高性能牺牲阳极铸造工艺。

关键词 半潜式生产平台；高性能阳极；铸造工艺；浇铸温度；性能试验；铁芯处理；浇铸模具

深水半潜式生产平台通常设计要求在位服役时间较长，这对浮体结构防腐带来极大挑战。在项目开发前期，与国内外诸多知名油漆厂家交流，均告知无法提供满足30年寿命要求的油漆，甚至无法保证15年以上的油漆寿命。根据20世纪90年代以来国内常规导管架平台牺牲阳极的使用情况，以及国际类似项目的行业做法，牺牲阳极保护方案是较好的防腐保护方案。

而如何提高阳极性能，确保阳极性能符合设计要求，成为阳极铸造的重点。在阳极试生产阶段，贴壁型(Flushed Mounted)阳极底部裂纹超标率高达80%，少量阳极电容量低于设计要求，部分阳极截面空腔率超标，阳极试样表面腐蚀形貌较差等。针对这些问题，调整和优化阳极浇铸温度、搅拌时间、冷却速率、铁芯模具准备、浇铸程序等铸造工艺，并采用破坏性试验、化学成分检测、电化学性能试验等常规阳极试验并结合金相检验，进一步验证铸造质量和电化学性能，并总结出一种提高阳极性能的铸造工艺。

1 高性能铝锌铟阳极设计要求

1.1 环境工况及参照规范

半潜式生产平台位于南海海域，常年气温较高，浮体吃水在35~40米之间。阳极设计的各方面参数和计算方法主要参照DNVGL-RP-B401(2017)、NACE SP0387等规范。

1.2 铝锌铟阳极化学成分

针对南海海域环境情况，选用常温铝锌铟阳极，阳极化学成分主要参照海洋工程近些年的工程应用及试验结果数据。铝锌铟阳极化学成分如表1所示。

表1 铝锌铟阳极化学成分

锌 Zinc(Zn)	2.5~5.75
铝 Aluminum(Al)	Rem.
铟 Indium(In)	0.015~0.040
镉 Cadmium(Cd)	≤0.002
硅 Silicon(Si)	≤0.12
铁 Iron(Fe)	≤0.09
铜 Copper(Cu)	≤0.003

1.3 电化学性能参数

电化学性能是阳极铸造质量的重要指标，主要通过电容量和闭路电位这两个参数进行评估。根据规范，这两个参数采用96小时阳极试样的电化学性能试验来验证，包括观测试验期间的闭路电位，观察试验结束后的阳极表面腐蚀形貌，以及测量试样结束后的试样消耗重量并以此换算成单位质量所拥有的电容量(表2)。

表2 电化学性能参数

性能参数 Performance Parameter	
电容量 Energy Capacity, [Ampere hours/kg]	2500
闭路电位 Closed Circuit Potential vs Ag/AgCl, [mV] at the end of the 4th testing period	-1050

1.4 阳极类型及应用范围

铝锌铟阳极主要用于对浮体外板、压载舱和

污油水舱的防腐保护，根据阳极布置需求，将阳极设计为贴壁型(Flushed Mounted)(图1)和立式型(Standoff)。其中，贴壁型阳极的阳极底部距离阳极铁芯只有6毫米，且阳极铁芯厚度20毫米，在阳极铸造时如何控制阳极底部表面裂纹缺陷是重要研究内容。

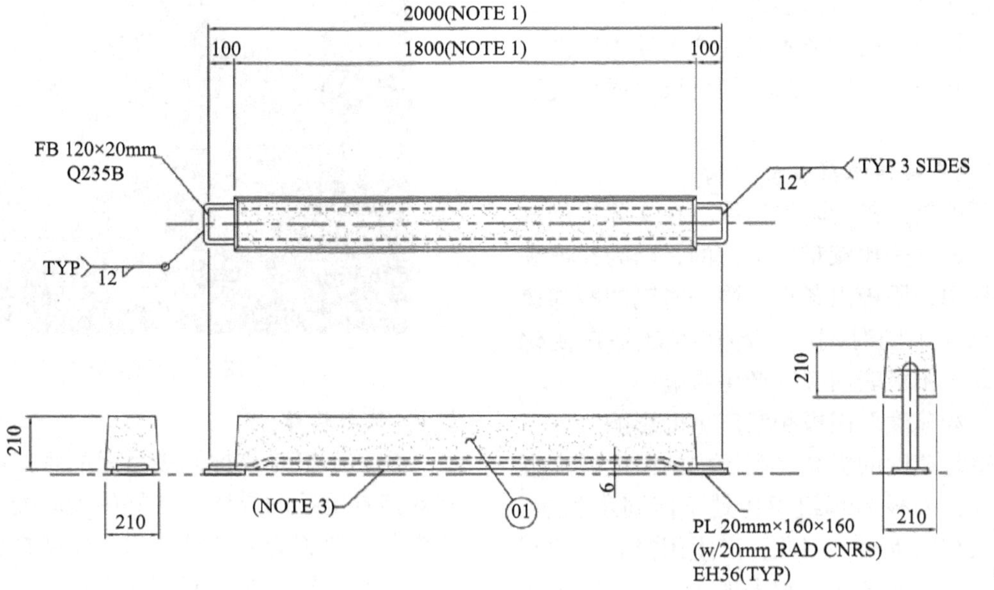

图1　贴壁型阳极

2　铸造工艺

除成分配比对阳极的性能有直接影响以外，阳极铸造工艺直接影响阳极质量。铸造工艺即铸造的所有工序的程序化、数字化、体系化完善和固化，包括金属添加与混合、铁芯处理、成型模具及浇铸、表面处理等，以保证阳极铸造满足性能要求，并保证合格率。

在阳极铸造前期，阳极电化学试验结果一直不理想，部分阳极试样电容量不满足设计要求，阳极试样表面腐蚀形貌较差，表面活化率也不稳定，如图2所示。通过金相检测分析，认为是合金晶间结合不均匀，存在晶界腐蚀。

图2　阳极试样表面腐蚀形貌较差

经研究分析，认为造成合金晶间结合不均匀的主要原因是金属融化温度、搅拌不均匀、浇铸温度、冷却速度等问题造成。其中，浇铸温度、冷却速度对铸造质量有直接影响。

2.1　浇铸温度与阳极常见缺陷的关系

每种牺牲阳极都有一个最恰当的浇铸温度，才会得到最佳的性能。而找到这个恰当的浇铸温度需要通过前期大量反复的试验，收集不同温度情况下的实验数据，通过对各种实验数据分析对比，从而得到这种牺牲阳极的最恰当浇铸温度。结合阳极试验和金相试验结果，整理浇铸温度与阳极常见缺陷的关系如下。

（1）浇铸温度过高容易产生的缺陷

当浇铸温度高于阳极铸造要求时，容易出现缩孔、缩松，热裂温裂，冷裂，自补缩不足等缺陷，这种情况在重厚型的阳极上尤为明显。当铝液温度过高时，在注入阳极模具型腔内吸入性气孔增大，从而导致气孔的产生；同时由于铝液温度过高，产生体膨胀、线膨胀增大，形成缩孔。在凝固的过程中，由于体收缩产生热裂；晶体在收缩的过程中产生温裂；当牺牲阳极在凝固后，阳极本体温度由于与环境温度相差非常之大，阳极在模具型腔内易产生冷裂现象。

（2）浇铸温度过低时容易产生的缺陷

浇铸温度过低，会产生冷隔、浇不足，渣

孔、气孔等。这是因为浇铸温度低，铝液冷凝速度快，在铝液进入阳极模具型腔内后，温度已低于阳极铸造的要求，从而使铝液不能完全浇铸成型，产生浇不足(不满)现象。另外，当浇铸温度偏低时，铝液中的杂渣不能完全上浮到铝液的表面，造成除渣不干净，从而使阳极表面出现渣孔的现象。

2.2 冷却速度对阳极质量的影响

冷却速度指阳极的降温速度。在实际生产过程中，这个速度是比较难以把控的，因为在连续的铸造过程中，阳极内各点在同一时刻的冷却速度及同一点在不同时刻的冷却速度都是在变化的，会因此对阳极表面裂纹产生影响。

(1) 冷却速度对阳极裂纹产生的影响

随着冷却速度的提高，阳极中的温度梯度也在不断增大，阳极内部组织各处不能同步收缩，则热应力值相应提高，因此，产生阳极裂纹的倾向性增大。冷却速度的差别表现在凝结厚度的变化，使阳极裂纹的倾向性急剧提高。针对浮体阳极前期出现的此类问题，取消水冷方式，采用风冷方式，让阳极在模具内降温至设定的范围值，避免急速冷却导致阳极裂纹的产生。

(2) 冷却速度对阳极表面质量的影响

在通常采用普通结晶和铸造速度较慢的情况下，提高冷却速度会使阳极表面产生冷隔，而使阳极表面产生偏析浮出物和拉裂的倾向性降低。

金属熔化、稀有金属添加顺序：铝锭→铝硅合金→锌锭→铟锭，优化后的阳极各金属融化温度、加入顺序、搅拌时间等如表3所示。

表3　高性能阳极金属熔化、加入、搅拌时间要求

工序	工作内容	参数（温度/搅拌时间）	质量控制内容
1	熔铝	炉温：≤750℃/ 原料重量：500kg	实际炉温：/ 搅拌时间：N/A
2	硅铝合金	温度：≤750℃/ 原料重量：1~1.1kg	实际炉温：/ 搅拌时间：10分钟
3	锌	温度：≤750℃/ 原料重量：18~20kg	实际炉温：/ 搅拌时间：10分钟
4	铟	温度：≤710℃/ 原料重量：0.1~0.11kg	实际炉温：/ 搅拌时间：4-6分钟

为保证各种金属元素充分混合，以上过程应严格保持温控需求及搅拌混合时间。同时不能使用其他裸露金属工具进行搅拌(图3)。

图3　铝锭融化

2.3 铁芯处理

铁芯不仅是支撑阳极重量的骨架结构，也是有效传导电荷的导体。良好的表面处理质量将提高铁芯与锌铝合金的结合力，保证在整个生命周期铁芯与锌铝合金的紧密贴合和电荷传导。

在早期对贴壁型阳极的试制过程中，阳极底部裂纹超标率高达80%，同时紧邻铁芯区域局部出现空腔。经分析，认为是由于铁芯加热温度不够，熔融状态的铝合金熔液浇铸至磨具内，遇铁芯后快速冷却凝固，造成冷却不均匀导致裂纹。根据试制结果，浇铸前铁芯预热至240℃左右并保持在浇铸完成，可使得溶液与铁芯更好的结合，有效减少因铁芯温度低造成局部过快冷却形成的裂纹、空腔等问题。

为了保证铁芯与锌铝合金的结合力，要求铁芯表面做好喷砂除锈的基础上，铁芯表面粗糙度不能太低。在浇铸前铁芯应喷砂至ISO Sa2.5级或SSPC SP 10等级且表面粗糙度不低于80um，如喷砂完成时间过长产生浮锈需清除浮锈后使用。

2.4 模具及浇铸工艺要求

阳极浇铸模具的形式及浇铸的各方面准备对于阳极浇铸质量也有重要作用。主要控制措施如下：

(1) 模具制备

模具内部应保持光洁，如是焊接成型模具应将焊道打磨光滑，内部涂刷一层氧化锌便于脱模，分体式盖板模具更便于清渣及辅助(浇铸时敲击铁芯产生持续震动)排气。

(2) 浇铸时成型模角度

浇铸时成型模侧倾5-10度时可助铝合金熔

液与铁芯结合，可有效帮助铁芯下部空气排出，在铝合金熔液没过铁芯时用重物敲击铁芯产生振动可进一步排出空气，避免气室形成和局部过快冷凝导致空气无法及时排出，从而形成空腔。

（3）浇铸口位置

在成型模具设计时应考虑浇铸口位置与铁芯及端头的距离，应避免浇铸口直接置于铁芯上部和靠近端头，如浇铸口直接在铁芯上部，在浇铸时铝合金熔液会直接浇在铁芯上四处溅射，带入大量空气和加速氧化形成氧化渣，浇口位置也会过早冷凝堆积造成流动性差并没有足够的时间补缩，很容易在铁芯下部形空腔。同时较长的模具浇口离一端过近造成两端冷凝速度不一致，也会造成结晶不均衡和增加空腔及裂纹的形成可能性。

（4）成型模具温度

成型模温度的提升可有效的避免浇铸过程中局部过快冷凝，整体同步冷凝可使得阳极体内部结晶更均衡，还能有效的避免因冷凝不均衡产生裂纹。浇铸前，成型模具模体温度应整体加温至420℃±30℃左右，并保持该温区直至浇铸完成。

（5）浇铸过程及温度控制

当所有稀有元素完成添加及搅拌均匀后就可实施浇铸作业，浇铸时铝合金熔液温度控制在720℃±30℃左右，条件允许下使用带加温/保温的坩埚承盛铝合金溶液进行浇铸，浇铸前应在保温坩埚内静置10分钟左右可使浮渣更多的析出，清除表面浮渣。浇铸时应控制好浇铸速度、应保持匀速，不宜时快时慢，防止因局部温度过高造成阳极出现裂纹或阳极晶粒发生变化。连续浇铸的铝合金熔液形成的冲击力可有效的使铝合金溶液中的浮渣浮于铝溶液表面，也可以有效的冲出在浇铸时带入的空气，浇铸过程中应及时捞出表面浮渣或者使用过滤装置，补缩应及时连续，浇口完全凝固后不允许再进行补缩，浇口严禁锤击处理。

（6）冷却和脱模温度

浇铸完成后，在模具保温一定时间，待合金全部凝结，采用自然冷却的方式，脱模温度不高于300℃；在该温区内阳极体基本完成结晶固化，内部晶间结合稳定，裂纹现象几乎不可见。如阳极体长度超过1.5m需要更低的脱模温度，过高温脱模可能产生拉伤性横向裂纹。严禁使用泡水或者浇水加速冷却。

图4　贴壁型阳极浇铸情况

（7）表面处理

为避免腐蚀在铁芯与阳极本体结合处开始，在铁芯与阳极本体结合点进行密封处理，如涂刷环氧树脂或者打硅酮胶等。

对于贴壁型阳极，贴壁一侧的阳极面需要喷涂油漆，以防止该侧提前消耗而发生阳极体与铁芯分离脱落。

3　性能试验

性能试验是检验阳极铸造质量的直接检验手段。根据国标及DNV等规范，性能试验主要包括切剖破坏性试验、接触电阻试验、化学成分分析和电化学性能试验，同时也需要进行尺寸和重量检验，确保阳极尺寸和重量满足要求。为了进一步验证阳极晶界和阳极性能的关系，证明电化学性能试验结果的准确性，增加了金相检验。

3.1　切剖破坏性试验

根据规范要求对各型阳极按比例进行切剖试验，切剖试验阳极定为长度的25%、50%区域进行切剖分析评估阳极体内部质量状态。气孔总面积应不超过总切面积的2%；非金属夹杂物不超过总切面积1%以及单个切面积的2%。实际抽样切剖阳极试验检查，阳极切面均匀致密，铁芯与铝锌铟合金紧密贴合(图5)。

3.2　接触电阻试验

测量阳极体与阳极脚间的接触电阻，电阻过大会影响阳极的电流释放。按照规范，实际接触电阻不大于0.001Ω。

3.3　化学成分分析

生产期间每炉开始、中间和结束各取一个样检验分析，符合设计元素参数要求才能进行浇铸作业，实验室对送检试样进行复核，成分结果100%满足要求。

图 5　阳极切剖破坏性试验截面情况

3.4　电化学性能试验

将阳极浇铸期间取样的阳极试样，采用模拟作业区水温、含盐量等自然条件状态下的 96 小时加速试验。记录 4 个时间点的闭路电位，对试样进行酸洗、烘干并称重，计算出消耗量再换算出单位质量阳极的电容量，平均电容量达到 2630A. h/kg 以上。试验结果表面，阳极试样表面腐蚀形貌良好，腐蚀产物容易脱落，且表面溶解均匀，说明阳极表面活化良好，即阳极具备通过消耗其自身以达到保护被保护结构的目的(图 6)。

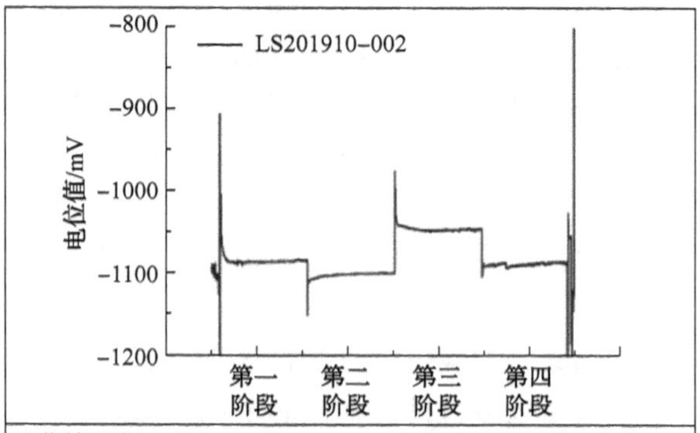

电位结果为相对于21℃的“Ag/AgCl/海水”参比电极的电位值。

图 6　电化学性能试验电位曲线图

3.5　金相检验

单纯肉眼识别电化学完成后的试样腐蚀形貌来判断阳极试样有效活跃区存在较大的人为主观因素。通过金相检验，在微观条件下识别实验体活化区域来判断有效活化面积，分析内部晶间结合状态和晶间腐蚀状态辅助评估试验性能。根据观察，绝大部分试样无明显晶界腐蚀；对于个别腐蚀形貌较难判断但出现明显晶界腐蚀的阳极予以作废(图 7)。

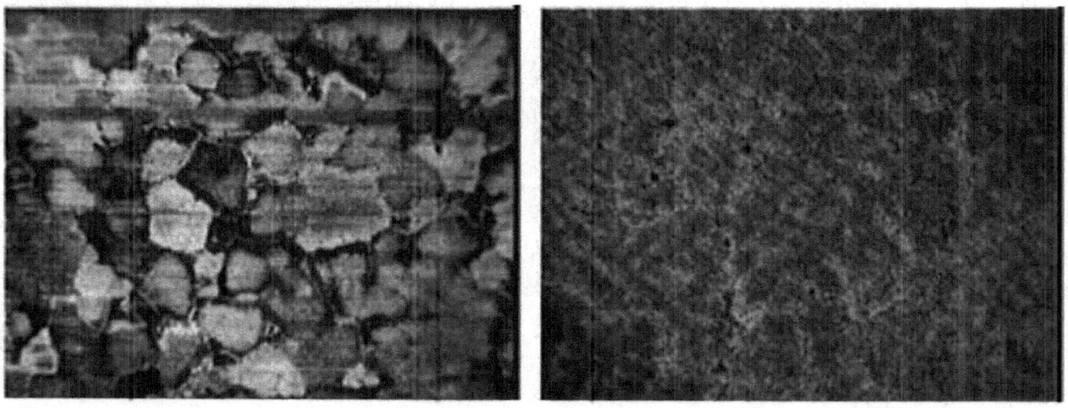

图 7　金相试验结果

4　高性能阳极铸造工艺的效益

在半潜式生产平台浮体阳极生产过程中，通过对阳极铸造过程中出现的一系列问题进行原因分析，从牺牲阳极铸造工艺上进行优化研究，根据试验结果优化工艺，再根据试验结果验证工艺，最终形成一套适用于半潜式生产平台浮体的高性能阳极铸造工艺。

得益于高性能阳极铸造工艺的应用，阳极体表面裂纹产生率低于 0.1%，其中贴壁型阳极裂纹超标率由 80%降到约 1%；阳极电化学试验结果合格率达到了 99%，电容量超过设计电容量 5%以上；阳极试样表面腐蚀产物容易脱落，且表面溶解均匀，有效活化面积达到了 90%以上，其金相检验结果也显示合金晶间结合均匀，晶界腐蚀状况不明显。

高性能铝合金阳极铸造工艺将浮体阳极整体合格率由前期的 84%提高到 99.5%，节省铸造成本约 15%，阳极总体性能提高 10%以上，整体效益显著，具有较好的推广作用。

参　考　文　献

[1] 刘晓军，白荣国，刘飞华，等. 李岩. 铝合金牺牲阳极失效分析[J]. 全面腐蚀控制，2011，25(5)：31-33，30.

[2] 刘功浪，林顺岩. 阳极铝合金熔炼铸造工艺研究[J]. 铝加工，2000，20(6)：9-13.
[3] 严汉芳，霍柏震，马景升，等. 牺牲阳极金属型铸造工艺设计与生产实践[J]. 铸造技术，2009，30(2)：304-306.
[4] 刘存，马永青，赵增元，等. 牺牲阳极设计与检测方法[J]. 腐蚀与防护，2012，20(9)：772-776.
[5] 刘存，陈虹宇. 海洋工程铸造牺牲阳极设计与检测[J]. 中国海洋平台，2017，32(3)：30-35，42.
[6] 魏文果，王国伟，文九巴，邵芳芳. 铝基牺牲阳极材料合金化研究进展[J]. 全面腐蚀控制，2011，25(8)：14-17.
[7] 向延平，陈妃春，吴志. 浅析A21铝合金阳极的铸造[J]. 广船科技，2019，29(1)：32-34.
[8] 李海龙，翟永周，郭伟朋，周燕祥. 稀土元素对铸造锌铝合金微观组织和力学性能的影响[J]. 热处理，2018，33(6)：34-36.
[9] 高存贞，杨涤心，谢敬佩，王爱琴. 高铝锌合金研究现状及进展[J]. 热加工工艺，2010，39(7)：23-26.
[10] 朱宏学，施晓峰，黄斌，等. 结构改进在提高阳极模品质中的应用[J]. 中国铸造装备与技术，2015，(7)：30-32.

川东北高含硫气田净化厂脱硫系统腐蚀原因及对策研究

王　希　叶开清　龙继勇　李丁川　沈若飞　甘凤明

（中国石油西南油气田公司）

摘　要　川东北高含硫气田LJZ脱硫系统每年因腐蚀原因需进行停产检修，严重制约了生产工艺的高效、经济运行，通过对腐蚀情况、硫沉积垢样的监测和分析，腐蚀监测和检测实施情况的统计分析，确定了：影响腐蚀监测效率的3个要因要因，分别是长期监测带位置设计不优化不同腐蚀程度监测带监测频率过于频繁；很多无现场实际指导意义，造成测厚工作量巨大；即测厚数据的分析应用不充分也是导致无效或无意义测厚工作量大。针对3个要因，制定了对于监测的管道，梳理前期监测工作，优化监测带位置及测厚数据量；根据已取得的腐蚀速率、风险等级确定不同的测厚频率，根据优化结果，结合腐蚀监测系统中计算的腐蚀速率对应的严重程度分级，以及设备的风险等级，综合确定管道和容器检测频率；多种监测数据相互印证，确定可靠腐蚀速率，指导监测带的优化和调整。通过3个对策的逐步实施，分类、分级对管道类、容器类的测厚带个数及检测频次进行优化。优化工作分三轮逐步实施，最终实现整个项目管道类和容器类状态监测带较活动前减少了58%。人工超声测厚工作量减少了58%，活动后，腐蚀监测年均成本降低至60%。

关键词　腐蚀对策；净化装置；腐蚀速率；测厚；腐蚀监测

1　问题描述

1.1　生产系统腐蚀情况

根据LJZ气田现场的大修记录，自投产以来，LZJ气田每年都进行了大修，每次耗时2个月左右，大修期间现场生产难以继续，严重限制了LZJ气田生产工艺的高效、经济运行。从每年的大修内容上看，多为压力容器、阀门的常规检查，以及填料、TEG溶液等耗材的更换或补充。通过2020年的技术改造项目，对燃料系统、TEG等管线进行优化，部分关键设备、阀门增加了备用设备，LJZ气田脱硫生产系统的可靠性已经大为加强。但是，由于LJZ气田的气质为高含硫天然气（H2S含量为9.5%～11.5%），脱硫生产系统的腐蚀问题仍然较为突出。如再生塔重沸器因严重的管束腐蚀穿孔导致装置停产；脱硫单元贫富砜胺液换热器也因换热板腐蚀穿孔问题在2019年大修时进行了返厂维修，一定程度上影响了装置的正常开产；目前装置脱硫再生塔内部也腐蚀比较严重，2/3列脱硫吸收塔在2020年大修期间也发现严重的焊缝裂纹问题，如图1所示。

根据同类高含硫天然气田生产设备的腐蚀情况研究，高含硫净化装置主要腐蚀介质为H2S、CO2、胺液及其降解物质等。存在H2S－CO2－H2O腐蚀、MDEA－CO2－H2S－H2O、高温硫化、氧化腐蚀、H2SO4、H2SO3露点腐蚀、元素S引起的腐蚀、甘醇引起的腐蚀等腐蚀环境。净化装置重点腐蚀部位如表1所示。

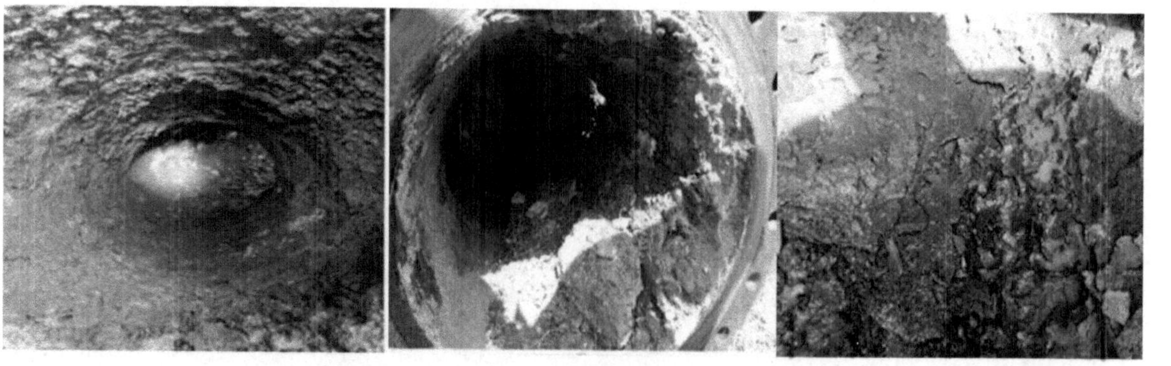

图1　设备腐蚀图

表 1　净化装置重点腐蚀部位分布

序号	装置	重点腐蚀部位	腐蚀介质	腐蚀类型
1	脱硫装置	原料气的过滤分离器底部及其排污管道	原料气	硫化物引起的应力腐蚀开裂；氯离子引起的不锈钢腐蚀开裂；H2S 引起的电化学腐蚀
2		液力透平的出口管道；吸收塔底部及其出口管道；贫富胺液换热器的富胺液端及其管道	富胺液	MDEA-CO2-H2S-H2O 腐蚀；均匀减薄；点蚀；胺应力腐蚀开裂
3		胺液再生塔顶冷凝器及其管道	酸性气、酸气水	H2S-CO2-H2O 腐蚀；氯离子引发的不锈钢腐蚀开裂
4		胺液再生塔底再沸器出口部位壳体和返塔线	富胺液、酸性气、酸性水	MDEA-CO2-H2S-H2O 腐蚀；胺应力腐蚀开裂
5	脱水装置	吸收塔底部；贫富甘醇换热器的富甘醇端及其管道	富甘醇	富甘醇降解产物；杂质
6		甘醇再生系统	富甘醇	富甘醇降解产物；杂质
7	硫磺回收装置	酸气放空管道；液硫脱气管道；酸气分液罐及其管道	酸性气、酸气水	低温湿硫化氢腐蚀；硫化物应力腐蚀开裂
8		Claus 炉燃烧室；一、二级转换器；三级硫冷凝器进口管道	酸性气、过程气	高温硫腐蚀；硫化物引发的应力腐蚀焊接开裂；硫酸的露点腐蚀
9		三级硫冷凝器及其出口管道	过程气	硫酸的露点腐蚀；低温湿硫化氢；硫化物引发的应力腐蚀焊接开裂
10	尾气处理装置	急冷水泵出口管道；急冷塔底部	酸性水	低温的湿硫化氢腐蚀；硫化物引发的应力腐蚀开裂
11		尾气吸收塔及其管道	胺液	MDEA-CO2-H2S-H2O 腐蚀；胺应力引发的腐蚀开裂
12	酸水汽提装置	酸水汽提塔及其管道；酸水缓冲罐	酸性水	硫化物引发的应力腐蚀开裂；低温下的湿硫化氢腐蚀

通过现场腐蚀监测实验，分析 LJZ 气田脱硫生产系统各区域腐蚀速率。选取 LJZ 气田净化厂脱硫生产系统的主要腐蚀区域，采用探针/挂片等腐蚀检测方法，测试各区域的腐蚀速率，各腐蚀检测点位如表 2 所示。

表 2　LJZ 气田净化厂的主要腐蚀检测点位

编号	检测部位	挂片/探针材质	所在单元
FS-1	天然气进站管线	316L	脱硫单元
FS-2	进料过滤分离器出液管	316L	脱硫单元
FS-3	水解反应器空冷出口管	316L	脱硫单元
FS-4	再生塔底重沸器气相返回管	316L	脱硫单元
FS-5	液体透平出口管	316L	脱硫单元
FS-6	胺液再生塔顶空冷器出口管	316L	脱硫单元
FS-7	再生塔顶回流罐至硫磺回收单元管路	316L	脱硫单元
FS-8	胺液再生塔顶回流管	316L	脱硫单元
FS-9	脱水塔天然气入口管	20#	脱水单元
FS-10	脱水塔出口富 TEG 管	20#	脱水单元
FS-11	次级硫冷凝器酸性气入口管线	20#	硫磺回收单元
FS-12	末级硫冷凝器尾气出口管线	20#	硫磺回收单元
FS-13	急冷水泵出口管线	20#	尾气处理单元

为便于比较，同时又可反映腐蚀速率随时间变化情况，采用各月的平均腐蚀速率进行比较，分别对探针/挂片在线监测腐蚀数据进行分析，结果如图 2 所示。由图 2 可知，LJZ 气田净化厂脱硫生产系统腐蚀较严重的部位主要集中在天然气进站管线、进料过滤分离器出液管、胺液再生塔、末级硫冷凝器尾气出口管线和急冷水泵出口

管线，特别是天然气进站管线，尤其在 2020 年 7 月份腐蚀速率达到 0.729mm/年，远超国家腐蚀控制标准 0.076mm/年。

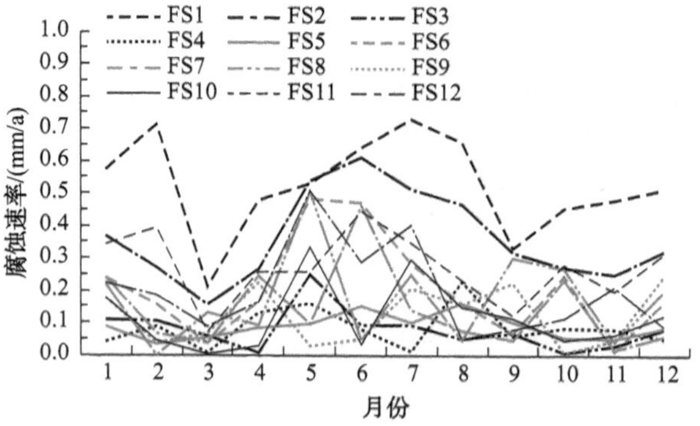

图 2　净化厂生产系统
2020 年各腐蚀检测点的腐蚀速率

1.2　硫沉积与垢样情况

LJZ 气田自 2016 年投产以来，在净化厂脱硫生产系统的进汇管球阀。LJZ 气田自 2016 年投产以来，在净化厂脱硫生产系统的进汇管球阀、单流阀等位置陆续出现硫沉积现象，管线中的硫沉积导致集输管道的压力升高，逼近联锁压力值，不得不采用压产的方式来维持气井生产，硫沉积一定程度上制约了脱硫生产装置的长周期运行。经过统计分析，硫沉积主要发生在压力、温度发生较大变化的部位，如靶式流量计阀座处等(图 3)。

采用扫描电镜能谱(SEM-EDX)仪(型号 JSM IT-500)进行实验，对于靶式流量计阀座处的沉积物综合分析结果可见：(1)样品微观呈块状结构，(2)EDS 结果显示，主要元素有碳、硫，还有少量氧、钙。其中，无机物主要有元素硫组成，这与管道所输送的高含硫介质具有直接关系。根据清管作业的台账数据，每次清管作业的排出物含硫较少，说明硫沉积在净化厂脱硫生产系统中并不严重(图 4~5)。

(a)分离器底部的单质硫　　(b)靶式流量计阀座处的单质硫

图 3　不同设备的硫沉积现场图片

图 4　靶式流量计阀座处的样品

图 5　腐蚀产物样品 SEM-EDX 分析结果

1.3　腐蚀监测和检测实施情况

根据近三年 LJZ 气田腐蚀监测工作的统计(图 6)：智能清管监测设备的风险等级为 IC1 级，计划 1 次/3 年，实际实施 1 次，年均费用支出 123 万元，占比总腐蚀监测管理成本的 14%；腐蚀挂片和腐蚀探针主要针对风险等级为 IC1 的设备，计划 2 次/1 年，腐蚀挂片正常按计划实施，近 3 年实施 6 次，腐蚀探针受某些因素的影响，近 3 年只取了 1 次，挂片和探针合计年均费用支出为 150 万元，占腐蚀监测年均费用的 17%。超声测厚工作量相对巨大，活动前激活需长期监测的测厚带共计 12511 个，近三年年均采集数据点超 90000 个，其中测厚频率为 1~36 月不等，从 IC1~IC3+类容器和管道均有不同程度的涉及，近三年年均费用支出为 595 万元，占腐蚀监测总费用的 69%。

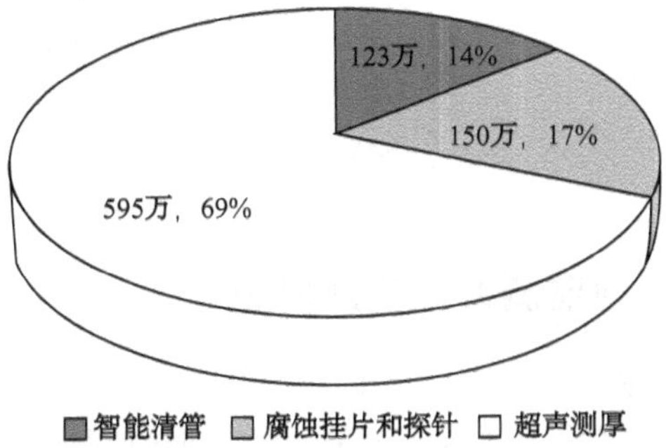

图 6　腐蚀监测年均费用构成图

近3年年年均费用支出为868万元，其中智能清管、腐蚀挂片及腐蚀探针合计年均费用占比为31%，且针对的全部是IC1高风险等级的设备，且本身监测的频率不高，因此该几项工作优化空间不大，并非是年均费用成本高的症结所在。

人工超声测厚占比最大，达到了69%，其中无危害介质IC3+类管线容器、管线或容器材质本身为不锈钢、测厚带数据点位置过于密集（网格类型）、连续多次测厚已证明未见腐蚀、非严重腐蚀测厚频次过大这5种情况占总测厚工作量的65%左右，见图7。这种大量存在重点不突出、针对性不强无效或基本无意义测厚工作量，是造成年均费用成本高的症结所在。

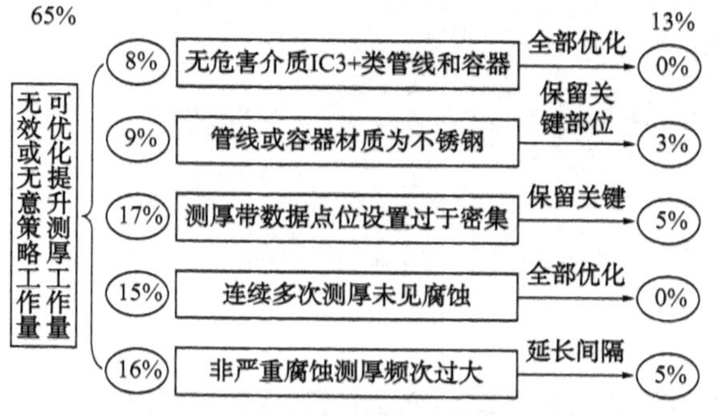

图7　可优化提升工作量占比分析图

2　影响腐蚀检测效率的因素分析

从“人员”、“机器”、“材料”、“方法”、“环境”五个方面，共分析出7个造成项目无效或者无意义测厚工作量大的末端因素：(1)检验员操作经验不足；(2)专业技术人员配备不足；(3)同一个点位需多次重复测量；(4)测厚工作开展及测量结果管理不到位；(5)结果数据分析应用不充分；(6)基线数据基础上长期监测带位置设计不优化；(7)不同腐蚀程度监测带监测频率设计不合理。如图8所示。

在确定末端因素的基础上，对7个末端因素逐一进行了要因确认。通过资料调查、数据分析和现场确认，目前激活的长期监测带并未根据管道和容器输送的介质、本身材质、已经获得的可靠的腐蚀情况等对其进行优化，长期监测带位置设计不优化是要因之一。不同腐蚀程度监测带监测频率过于频繁，很多无现场实际指导意义，造成测厚工作量巨大，也是要因之一。通过数据分析和现场确认发现，项目目前已取得大量的测厚数据，但是测厚数据并未与其他监测手段如腐蚀挂片探针的数据进行比对分析验证，且未根据已经获得的可靠的腐蚀趋势去优化后续的测厚工作，即测厚数据的分析应用不充分也是导致无效或无意义测厚工作量大的一个主要原因。

综上所述，共确定长期监测带位置设计不优化、不同腐蚀程度监测带测厚频率设计不合理、测厚数据分析应用不充分为无效或无意义测厚工作量大的三个重要原因。

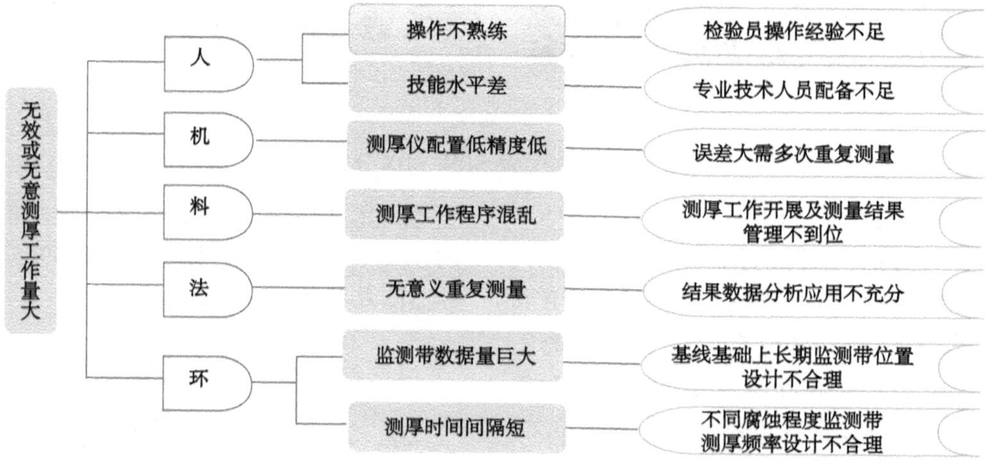

图8　末端因素分析关联图

2　腐蚀监测方案改进措施

2.1　方案比选

针对以上3点主要原因，并通过对比、分析及评价优选出腐蚀检测改进方案，具体见表3。

2.2　对策实施方案

选定最佳对策方案后，制定对策实施方案。

2.2.1　对策实施一

对于监测的管道，梳理前期监测工作，优化监测带位置及测厚数据量。

表 3　对策提出与优选表

序号	要因	对策	有效性	操作性	经济性	可靠性	选定方案
1	长期监测带位置设计不优化	梳理前期监测工作，优化监测带位置范围	中	低	中	中	选定
		全部重新部署监测带	中	低	高	中	否定
2	不同腐蚀程度监测带测厚频率不合理	将所有监测带测厚频率降低为原来的 1/3	高	中	低	高	否定
		根据已取得的腐蚀速率、风险等级确定不同的测厚频率	低	低	低	中	选定
3	监测数据分析应用不充分	引进新的监测技术，获取多样化的腐蚀监测数据	高	低	中	高	否定
		多种监测数据相互印证，确定可靠腐蚀速率，指导监测带的优化和调整	中	低	低	中	选定

(1) IC3+类管道：按照雪佛龙后果风险标准 IC 排序，未纳入腐蚀回路的 IC3+和非特种设备管道。剔除以下介质的 IC3+管线：LT(三甘醇贫液)、RT(三甘醇富液原因：进行 3 次测厚未发现腐蚀)、OW(检修污水)、FG(不含水燃料气)、N2(氮气)、WW(废水 & 检修污水 & 冷凝水)、CI(化学品注入管线)、DW(洁净水)、PL(液硫、三甘醇溶液排放)、AA(空气)、W(冷却水)、TF(三甘醇进料)、TLD(三甘醇剔料)、TW(锅炉进水)、OG(放空)。保留以下介质的 IC3+管线：SW(酸水)、WS(汽提水)、LS(贫/半贫砜胺液)、CND(凝结水)、STM(高压 & 中压蒸汽管线)。

(2) IC1/IC2 管道剔除无腐蚀介质的 FG(燃料气)、GP(产品气)、N2(氮气)；保留 PLD(排放溶液)。

(3) 根据腐蚀速率：对 2018 年 1 月 1 日以后累计测厚大于 3 次，且 visions 系统中计算的四个腐蚀速率最大值达到 0.025mm/年的测厚带所在回路确定为必须持续检测的管道回路。

(4) 无条件保留已经发现内部腐蚀情况比较严重的标记为重点关注管道。

对于监测的容器：

(1) IC3+类容器

① 剔除系统台账中所有非在役设备。

② 按照雪佛龙后果风险标准 IC 排序，剔除 IC3+中如下系统和单元容器：02 化学注药系统、03 加热分离和计量单元、10 硫磺成型系统、11 商业计量站、15 管廊系统(保留蒸汽分离器 D-071501)、19 空气和氮气系统、21 新鲜水系统、23 消防水系统、24 污水生化处理系统、25 污水回注处理系统、26 污水反渗透系统、27 冷却水系统、29 雨水处理系统、30 原水处理系统、33 排水收集转输系统、35 中控室、51 综合楼警卫室系统。

③ 在①和②筛选结果的基础上，结合 Visions 系统中记录的测厚数据(根据四个腐蚀速率最大者)，筛选出腐蚀较严重的容器纳入监控范围。

④ 将以下介质的 IC3+容器保留在监控范围内：如果 IC3 容器中有介质为 AW(酸水)、WS(汽提水)、LS(贫/半贫砜胺液)。

⑤ 根据现场工况验证腐蚀情况比较严重的设备标注为重点关键设备，纳入必须监控范围。

(2) IC1/IC2 类容器

① IC1 和 IC2 容器清单(62 台 IC1，123 台 IC2)共 185 台，保留具有腐蚀性介质(如酸水、酸气、半贫/富砜胺液等)的容器。该类容器要结合 Visions 测厚数据和历史内部检查报告，核实腐蚀情况，合理布置状态检测位置和数量。若数据分析后无明显腐蚀的该类容器，根据腐蚀和损伤机理安排监测点来监测潜在的腐蚀和损伤，比如有耐腐蚀涂层和衬里的碳钢容器等。

② 对于非强腐蚀性的 IC1 和 IC2 类容器的腐蚀监测点选取时应结合 Visions 系统计算的腐蚀速率和系统里的完整性检测报告，尤其是历史的大修内部检查报告(大修时的测厚报告由于动态选点从而无法保持点位一致性一般不录入系统计算)，合理布置状态检测带的位置和数量。对于识别出该类中无明显腐蚀的容器，也应选择合理的点位布置监测带，但是在实际检测频率和管理上按照上述 IC3 类执行。

③ 平时在线无法检测的放空塔和火炬塔顶点火系统应考虑在大修时检测并纳入大修检测计划包里，比如火炬系统开头的点火设备。

④ 对于 IC1IC2 有腐蚀性介质的和验证内部

腐蚀情况比较严重的容器标记为重点关注设备，纳入需长期重点监测的范围。

2.2.2　对策实施二

根据已取得的腐蚀速率、风险等级确定不同的测厚频率，根据优化结果，结合腐蚀监测系统中计算的腐蚀速率对应的严重程度分级，以及设备的风险等级(IC1、IC2、IC3+)，见表4，综合确定管道和容器检测频率。

表4　测厚时间间隔频率

腐蚀速率/严重程度分级	风险等级			剩余寿命因子
	IC1	IC2	IC3	
已经泄漏、临时修补、临界最小厚度被允许继续生产的设备	≤3月			0.5
高(≥0.125mm/年)	1年			0.5
低(<0.125mm/年)	3年			0.5
新装、换新设备/部件	1年			0.5

2.2.3　对策实施三

多种监测数据相互印证，确定可靠腐蚀速率，指导监测带的优化和调整。对监测结果数据展开综合分析比对，准确判断被监测容器和管道真实的腐蚀状况。一方面，完整性数据分析员将测厚数据上传至Visions系统腐蚀趋势分析模块，将人工超声测厚数据与历史测厚数据进行比对，尤其是上次测厚数据，计算出短期腐蚀速率和长期腐蚀速率及设备剩余使用寿命。另一方面，将人工超声测厚数据与同期送检的腐蚀挂片和腐蚀探针数据进行比对，若项目后期引进在线测厚和自动超声测厚技术，人工测厚数据还将与在线测厚和自动超声测厚数据进行比对和相互验证，最终判定设备真实准确的腐蚀状况。

针对腐蚀异常加剧的结果指示，加强与工艺工程师的沟通，进一步分析现场工艺变化可能导致或加剧腐蚀的容器或管道回路。最后经过小组讨论，根据设备腐蚀的严重程度，对设备提出维修、改造或更换等建议。若为严重腐蚀设备，应立即实施维修、改造或者更换，并把设备标注为重点监控设备，并采取相应的扩大监测范围，缩短监测周期，增加监测方法等对策，采集更多上下游数据，以保证设备的安全可靠运行。最后，完整性数据分析员关闭当前监测任务，并在腐蚀监测系统里实时更新调整后的监测任务和计划，现场执行调整后的监测任务，强化监测数据应用分析流程图如图9所示。

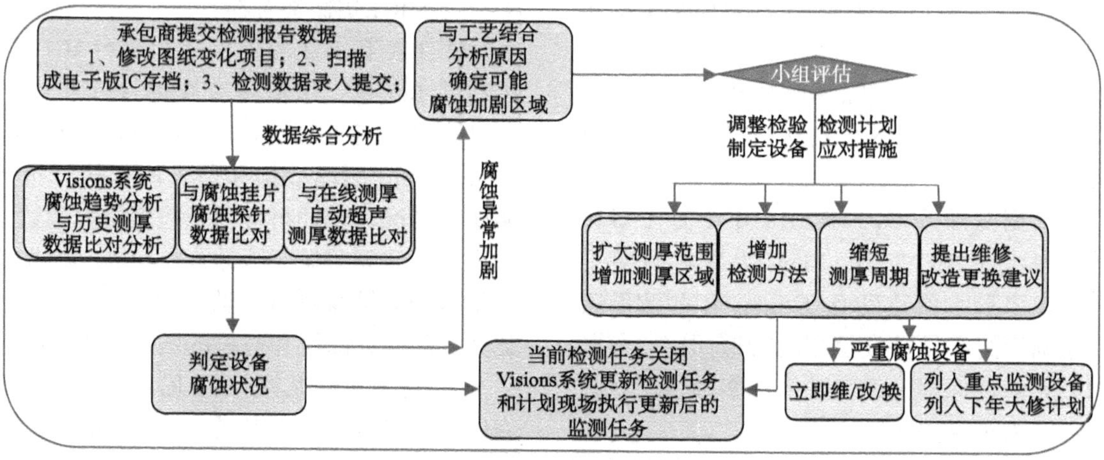

图9　强化监测数据应用分析流程图

3　结论

通过3个对策的逐步实施，分类、分级对管道类、容器类的测厚带个数及检测频次进行优化。优化工作分三轮逐步实施，最终将整个项目管道类的8835个和容器类3676个共计12511个状态监测带TML优化到5213个状态监测带，较活动前减少了58%。

根据活动成果，人工超声测厚年均费用支出占比为69%，通过改进措施，测厚工作量减少了58%，所以腐蚀监测年均成本降低值=费用成本降低值=69%×58%=40%，活动后，腐蚀监测年均成本=100%-40%=60%。

参　考　文　献

[1] 中国石化股份公司青岛安全工程研究院. 设备风险检测技术实施指南[M]. 中国石化出版社，2005.

[2] 胡伟. 天然气脱酸工艺[J]. 辽宁化工，2017，46(9)：917-919.

高含硫气田集输系统腐蚀与防护技术应用

李　宏[1]　谭　浩[1]　贾长青[1]　谈　彬[1]　张亮亮[2]

[1. 中国石油西南油气田公司；2. 贝克休斯(中国)油田技术服务有限公司]

摘　要　良好的高含硫气田集输系统腐蚀控制，是实现安全开发的基础。为了充分认识高含硫气田集输系统的腐蚀控制现状，以罗家寨高含硫气田、普光气田、铁山坡高含硫气田为研究对象，分析了不同腐蚀与防护技术在高含硫气田集输系统的差异化应用。研究结果表明：不同的腐蚀与防护技术在国内高含硫气田集输系统的搭配应用，起到了很好的腐蚀控制效果。结论认为：①能有效抗 SSC、HIC 且增加微量元素含量要求的高品质碳钢，优选的水基缓蚀剂，以及根据超声波测厚、腐蚀挂片、在线腐蚀监测系统数据，调整缓蚀剂加注比例，能有效将站场内部集输系统的腐蚀速率控制在较低水平。②根据基线检测和漏磁检测数据对比，认为长距离管线干气输送工艺，能大幅度减缓 H_2S、CO_2对管线的腐蚀。③气液混输管线，采用油基缓蚀剂预膜，能有效隔绝高酸性输送介质与碳钢管道的接触，减缓内腐蚀速率。④采用 3 层 PE 加强级外防腐+强制电流阴极保护工艺，是隔绝埋地管道与土壤接触、减缓外腐蚀的有效措施。⑤镍基合金钢能有效抵御高含硫、高含 CO_2 的酸性气体腐蚀。

关键词　腐蚀控制；高含硫；集输；内腐蚀；外腐蚀

高含硫气田开采天然气通常含有 H_2S、CO_2 以及成分复杂的气田水，与常规气田相比，腐蚀与防护是气田开发管理的难点、重点。加拿大阿尔贝塔省 EUB 统计资料显示，管线因各种原因引起泄漏的比率占 85%，排序为：内腐蚀(54%)>外腐蚀(14%)>第三方破坏(8%)>构筑物破坏>焊缝失效>管线失效(3%)，因其他原因发生管线破裂的比率占 15%。内腐蚀是管线设备的内部腐蚀物质造成管线、设备损害，外腐蚀则是指管线设备外部受各种因素的影响从而产生腐蚀。内腐蚀主要类型有氢诱发裂纹(HIC)、硫化物应力腐蚀破裂(SSC)以及 CO_2 电化学腐蚀三大类。氢诱发裂纹是由于 H_2S 在水中产生 H^+，得到电子变成氢原子进入金属内部，造成钢材的延伸性、端面收缩率、强度等发生变化。同时 H^+在钢材内部结合成氢分子，产生巨大的应力，从而产生裂纹，材料变脆。低强度钢可产生鼓泡现象，高强度钢则在内部发生阶梯式开裂。另外 CO_2、Cl^-的存在，可以增大 HIC 的敏感性。硫化物应力腐蚀破裂，其形成主要原因与氢脆一致，同时还存在拉伸应力、制造残余应力等。CO_2 电化学腐蚀主要是 CO_2 溶于水生成碳酸从而引起电化学腐蚀。外腐蚀主要是由于管道外部受大气、土壤、地下水、杂散电流等因素，造成管道腐蚀。本文着重分析高含硫气田主要防腐技术及效果，对高含硫气田安全平稳开发具有重要意义。

1　主要材质

1.1　碳钢

碳钢是含碳量在 0.0218%~2.11%的铁碳合金，在高含硫集输系统中，主要使用普通碳钢和抗硫碳钢，例如 20#、45#等普通碳钢管材，L360QS、L245NS、A333gr6 等抗硫管材。普通碳钢一般应用于燃料气管线、新鲜水供给管线、新鲜 TEG 管线等，而抗硫碳钢则主要应用于与硫化氢接触的原料气管线、放空管线等(表 1)。

表 1　高含硫气田常用管材表

管道名称	原料气管线	放空管线	药剂加注管线	含硫污水管线	新鲜水、新鲜 TEG 管线
输送介质	原料气	原料气	缓蚀剂、水合物抑制剂	含硫污水	新鲜水、新鲜 TEG
管道材质	L360QS、L245NS、N08825	L360QS、L245NS、316L、A333gr6	316L	L245NS	20#碳钢

一些普通不抗硫碳钢在某些特殊环境下，也可在含硫环境中使用，例如卧龙河高含硫气田，

嘉陵江气藏硫化氢含量大于4%，原料气管线使用20#碳钢，由于气井伴随产凝析油，凝析油在集输管线内壁产生一层保护膜，起到很好的保护作用，管线的腐蚀速率反而很低，使得个别管道可以在此种工况下服役超三十年。高含硫气田碳钢材料选择遵循 NACE MR0175/ISO 15156《石油天然气工业-石油和天然气生产中含 H_2S 环境使用的材料》标准，且增加微量元素含量要求(表2)。

表2　高含硫接触材料标准外附加技术指标表

元素名称	硫(S)	磷(P)	锰(Mn)	镍(Ni)	铌(Nb)	钒(V)	(铌+钒)
含量要求	≤0.003%	≤0.018%	≤1.40%	≤1.0%	≤0.02%	≤0.05%	≤0.06%

在实际应用中，管线在弯头、盲端等地方腐蚀速率较快。罗家寨气田C井场测试分离器燃料气置换管线曾出现腐蚀穿孔(图1)，该段管线上游安装有盲板，下游连接原料气管线，材质为L245NS抗硫管线，设计压力9.9MPa。腐蚀穿孔主要原因为该段管线为盲管段，长期接触高含硫气体，且长期积液。罗家寨气田B集气站TEG回流罐A333gr6放空管线也曾发生过腐蚀穿孔，穿孔位置位于安全阀上游，主要原因为该段管线长期接触含硫气体，且属于盲管段。

不同工况下管线的腐蚀速率不完全相同。以罗家寨气田和普光气田为例，两者使用20#碳钢的燃料气管线发生腐蚀穿孔的概率均较小。普光气田使用A333gr6低温碳钢的放空管线腐蚀穿孔概率比罗家寨气田高，主要由于普光气田井场频繁进行正吹、反吹解堵作业以及井筒清洗作业，放空频率较高，放空管线接触含硫介质以及井筒解堵溶液的时间较长，造成放空管线腐蚀加剧。

1.2　合金钢

合金钢是在普通碳素钢基础上添加适量的合金元素而构成的铁碳合金，根据添加元素的不同，可获得高韧性、高强度、耐腐蚀、耐高温、耐低温等特殊性能。近年来高含硫气田集输系统使用合金钢管材越来越多，主要使用NO8825、NO0625、316L等合金钢，用于原料气管线、药剂加注管线、阀门等(表3)。普光气田气井井口到加热炉二级节流阀之间管线使用NO8825镍基管线，罗家寨气田井口缓蚀剂、防冻剂加注管线使用316L不锈钢，部分关键阀门密封面使用NO0625堆焊，防腐效果均较好。

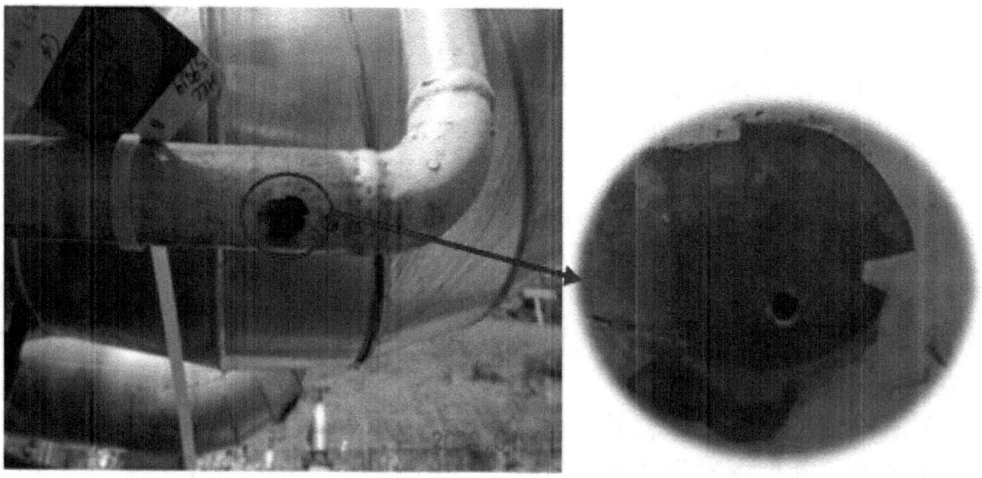

图1　罗家寨气田C井场燃料气管线腐蚀穿孔图

表3　镍基合金化学成分表

合金＼元素	镍/%	铬/%	碳/%	锰/%	硅/%	铜/%	钼/%	铝/%	钛/%	磷/%	硫/%
NO8825	38~46	19.5~23.5	≤0.05	≤1.0	≤0.5	1.5~3.0	2.5~3.5	≤0.2	0.6~1.2	≤0.02	≤0.03
NO0625	≥58	20~23	≤0.1	≤0.5	≤0.5	≤0.5	8~10	≤0.4	≤0.4	≤0.015	≤0.015

1.3　双金属复合管

双金属复合管是由耐蚀合金层与基体管两部分组成。耐蚀层是依据使用介质环境、使用寿命等进行选择设计，以满足耐腐蚀性能的要求；基体管是根据输送介质压力确定，以保证能满足输送压力和强度的需求。因此双金属复合管的整体性能是集基体管的机械性能与耐蚀合金层的耐蚀性能于一体，充分发挥两种材料性能的特点，具有很高的性价比。对于国内高含硫气田，目前运用的最多的是镍基复合管、镀锌管，例如普光气田分水岭区块、铁山坡气田从井口一直到外输管道均使用镍基复合管。集输管道使用镍基复合管，因其抗腐蚀性能强，因此一般不再连续加注缓蚀剂以及进行管道预膜作业。普光气田分水岭区块由于气井出水较多，集输管线携液能力弱，需频繁进行清管，但集输管线一直正常运行，说明镍基复合管抗磨性能较好。镍基复合管工艺的难点在于焊接，对于焊接的对口要求较高，国内对于焊口的质量检测标准，也需要进一步完善。

2　站场内腐蚀控制

2.1　腐蚀因子

2.1.1　常规因子

金属腐蚀是指在周围介质的化学或电化学作用下，并且经常是在和物理、机械或生物学因素的共同作用下金属产生的破坏。通过对国内外气田气井的研究资料来看，影响气井井管腐蚀的因素多种，对于酸气管线的腐蚀，常与以下因素相关：CO_2分压、H_2S 分压、气田水组成、烃的组成、油水比率、金属材质、流速、固体悬浮物、微生物、氧气、有机酸。这些腐蚀因子中，对于罗家寨气田来说，产气中硫化氢和二氧化碳的浓度分别为10%和7%，在国内的含硫气田中属于高含硫水平，并且存在硫化氢与二氧化碳浓度双高，硫化氢和二氧化碳是影响系数很大的两种因子，H_2S 的破坏力主要是点蚀，使其部分管壁厚度减小变薄、坑蚀或穿孔，H_2S 与钢材发生反应形成氢鼓泡；CO_2腐蚀管道主要表现为孔腐蚀和轮藓状腐蚀，并且腐蚀穿孔的效率非常高，这对现场集输管线腐蚀保护是一个严峻的考验。

2.1.2　硫沉积

研究表明，硫沉积的存在会提高硫沉积对腐蚀速率的影响是复杂的，并取决于多种因素，包括沉积物的性质、金属表面状态以及环境条件。在一些情况下，硫沉积可以减少腐蚀速率。例如，在某些含硫化氢的环境中，硫沉积在金属表面可以形成保护性硫化铁膜，该膜可以阻止腐蚀介质与金属接触，从而降低腐蚀速率。然而，在其他情况下，硫沉积可能会增加腐蚀速率。例如，当沉积的硫含量过高时，可能会破坏已经形成的保护性硫化铁膜，从而加速腐蚀过程。此外，如果在金属表面形成不均匀的硫沉积，可能会形成大阴极和小阳极的腐蚀原电池，进一步加剧局部腐蚀。总的来说，硫沉积对金属的腐蚀起到负面的作用，会起到加速腐蚀的情况。即使是在硫元素可以生成保护性硫化铁膜的情况下，这一层膜也很难达到均质性的覆盖在金属表面，如此会造成电化学腐蚀的进一步发展(图 2)。因此，对硫沉积的清除与预防也是在完整性管理流程中的重要部分。

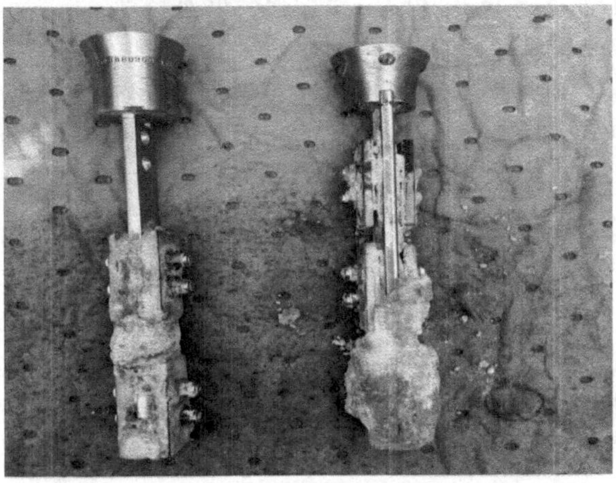

图 2　罗家寨气田 LJ-11 井下游腐蚀挂片上硫沉积

硫沉积对腐蚀速率的影响取决于许多因素，包括硫的类型、浓度、环境条件以及金属表面的状态等。因此，在实际应用中，需要针对具体环境条件和设备材料进行细致的腐蚀行为研究，以确定硫沉积对腐蚀速率的具体影响。硫沉积不但会减少分离器等设备的有效容积，而且还会在沉积处造成严重的腐蚀甚至穿孔，影响气田正常安全生产，造成巨大的安全隐患。

对于元素硫的析出和沉积加速管材的腐蚀，研究认为加速腐蚀过程的可能反应如下：

$$H_2S+S_x = H_2S_{x+1}$$

$$2Fe = xFe^{2+}+2xe^-$$

$$H_2S_{x+1}+2xe^- = H_2S+xS^{2-}$$

$$xFe^{2+}+xS^{2-} = xFeS$$

吸附在材料表面的元素硫还可能发生如下反应促使局部腐蚀的发生。

$$S+2H^++2e^- = H_2S$$

此处元素硫作为有效的阴极去极化剂为材料的孔蚀和应力腐蚀开裂过程提供有效的阴极反应，促使孔蚀和列尖阳极溶解过程的进行。

2.2　缓蚀剂选型

针对高湿含硫天然气生产场景，研发设计连

续加注气液相缓蚀剂是很有必要的，实现酸性气体管线腐蚀方面的有效抑制，缓蚀剂要兼顾存在单质硫沉积时，也能非常有效地抑制管线的局部腐蚀。高含硫湿气适用的缓蚀剂通过在水和金属之间形成疏水屏障或通过与金属表面作用形成一层薄薄的保护膜或钝化膜，从而隔离腐蚀因子与金属的接触使金属得到保护。薄膜由抑制剂与金属表面的化学结合而形成，紧紧地附着在金属上。尽管薄膜可能被水流破坏或撕裂，由于在水相和气相中含有高剂量的抑制剂残留物，当发生任何方式的损坏时，保护膜会迅速修复。

2.3 缓蚀剂用量

根据实验室测试数据和在类似系统的应用经验，罗家寨气田单井缓蚀剂加注剂量，按照高含硫湿气计算为 3.6L/10^5m^3，并使用雾化器将产品加注到井口气体管线中，以便在气流中进行充分混合。

作业初期现场按照每口井按基准量 20L/d 进行加注，各井的腐蚀速率均低于腐蚀率控制指标。由于停井时间及系统内单质硫的沉积情况逐步加重，井口缓蚀率出现较大的波动。根据各井运行情况，挂片腐蚀率数据及各管线内硫磺沉积的情况，后期将缓蚀剂逐渐调整到现有加注速率（表 4）。

根据历年的现场腐蚀挂片数据显示，目前罗家寨气田各井腐蚀速率均在控制指标以内(表 5)。

表 4　井场各井 2022 年日产气量及缓蚀剂加注速率表

井号	单井日均产气量	加注速率
LJ11	$827e^3m^3$	45L/d
LJ12	$1258e^3m^3$	40L/d
LJ13	$1376e^3m^3$	60L/d
LJ14	$1140e^3m^3$	35L/d
LJ15	$1357e^3m^3$	35L/d
LJ20	$1140e^3m^3$	35L/d

表 5　2022 年大修期间腐蚀挂片数据表

井号	单井日均产水量/m^3	最新腐蚀速率/(mm/a)
LJ11	2.59	0.0057
LJ12	3.88	0.0099
LJ13	3.98	0.0064
LJ14	3.70	0.0067
LJ15	4.07	0.0076
LJ20	3.92	0.0093

数据显示，在合理的缓蚀剂用量保护下，场站内各井的腐蚀控制良好，均在 0.01mm/a 以下。

2.4 缓蚀剂加注

场站内通过连续加注缓蚀剂对管线进行保护，加注方式为加注缓蚀剂至每口井的井口位置（图 3），缓蚀剂通过喷雾方式进入气流中，与气液混流相混合，与管壁接触，形成保护性薄膜。

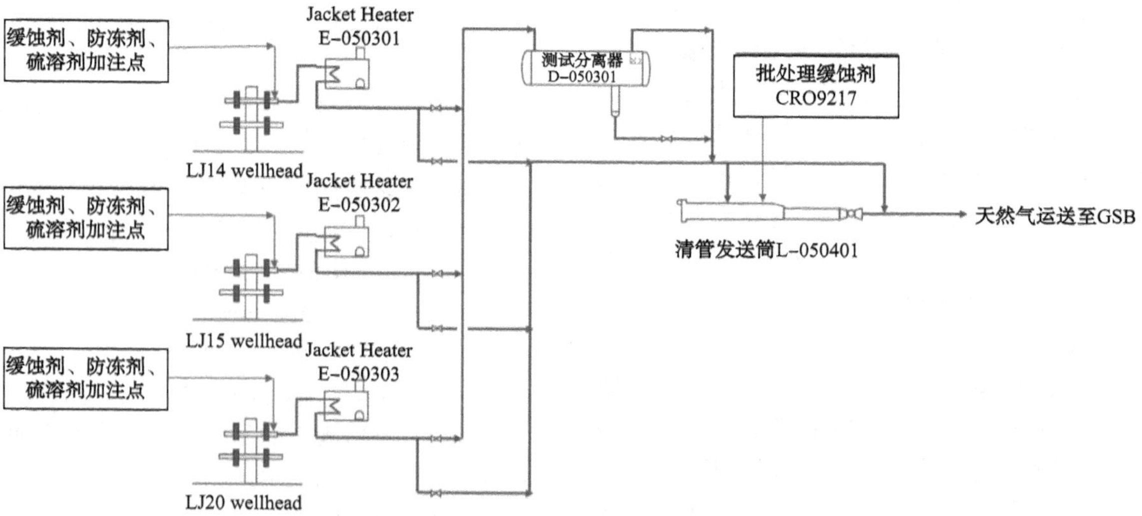

图 3　罗家寨气田 C 井场化学药剂加注点示意图

3 管道内腐蚀控制

3.1 缓蚀剂选型

由于管线中的液体成分很少，并且管道的所有表面都没有与液体接触，因此需要一种替代连续注入产品的应用方法。通常的方法是在气流中引入一段液体（在合适的溶剂中的缓蚀剂），该液体沿整个长度与管线的整个圆周接触。抑制剂应具有良好的薄膜持久性，可分散在柴油、冷凝液或其他可用溶剂中。

管道的内腐蚀控制，需要在内壁建立一层隔膜，一次性加注一定量的缓蚀剂在管线中，利用清管器将缓蚀剂均匀涂抹在管道内壁，由此产生疏水薄膜预防腐蚀方面非常有效。从生产实践看，高含硫湿酸气管道采用油基批处理缓蚀剂效果较好。湿气管道或可能因异常条件而偶尔进水的管道，更能需要使用缓蚀剂以确保达到设计预期寿命。

3.2　缓蚀剂用量

缓蚀剂预涂膜主要使管壁与缓蚀剂接触，在管道的内壁形成一层疏水性的保护膜，有效地阻止酸性气体对管道的腐蚀。罗家寨气田各集输管道预膜缓蚀剂加注量推荐值见表6。

表6　罗家寨气田各集输管道预膜缓蚀剂加注量推荐表

管线	通径/(mm)	输送介质	推荐加量/L	周期
A井场-B集气站	300	含硫湿气	370	一季度
C井场-B集气站	300	含硫湿气	300	一季度
B集气站-净化厂集气末站	500	含硫干气	3000	半年

3.3　缓蚀剂加注

在每次批处理开始之前，对管线进行清管通球作业，清洁管道内壁及管道内低洼处的积水。管道缓蚀剂批处理采取一个清管球推动缓蚀剂段塞的方法进行，利用酸性天然气推动段塞，批处理过程中控制成膜时间在10s，形成厚度约为3mils的保护膜，以达到涂膜保护管道的目的。

3.4　管道干气输送工艺

天然气中H_2S、CO_2以及成分复杂的气田水对集输管道、设备具有很强的腐蚀性，特别是气田水，除自身能够腐蚀管道、设备，还能强化H_2S、CO_2的腐蚀性，因此去除天然气中的水，采用干气输送工艺是高含硫气田的常用做法。天然气脱水工艺主要有溶液吸收法、分子筛吸附法、冷凝法。

3.4.1　溶液吸收法

溶液吸附法是利用吸水性较强的化学溶剂与天然气接触后，吸收天然气中的水分。因三甘醇对水有极强的亲合力，而对甲烷有较低的溶解度，可再生，所需设备简单，脱水效果较好，因此被广泛应用于油气田开发。三甘醇脱水原理是利用天然气与浓三甘醇(贫液)溶液充分接触，天然气中的水能充分溶于三甘醇(富液)，从而脱出天然气所含水分。同时将富液进行再生处理后，可重复使用(表7)。

表7　三甘醇理化性质表

熔点/℃	闭口闪点/℃	开口闪点/℃	分解温度/℃	沸点/℃	燃点/℃
-7	165	196	206	285	371

罗家寨气田B集气站建有三列三甘醇脱水装置，每列装置原料气处理量为310万方/天，原料气经脱水后，水露点能达到-30℃以下，再生后的三甘醇溶液三甘醇含量能达到99%，效果较好，但也存在以下缺点：一是由于原料气含有H_2S、CO_2等，随着使用时间延长，三甘醇溶液会由碱性变为酸性，需根据溶液PH值加注PH调节剂；二是一旦上游过滤装置出现问题，对原料气中的颗粒杂质过滤效果不好，会造成三甘醇溶液发泡，但该种情况极少出现；三是三甘醇溶液再生过程的能耗较大，重沸器燃料气消耗量约26方/小时(图4)。

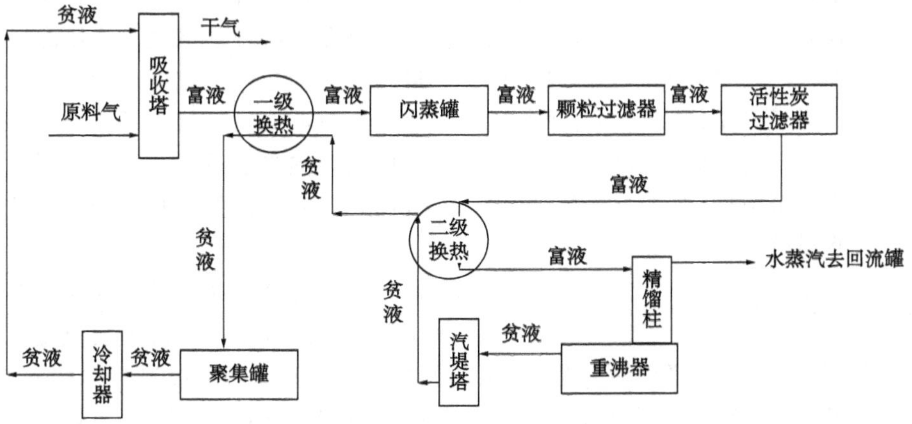

图4　罗家寨气田三甘醇脱水工艺流程示意图

3.4.2　分子筛吸附法

3.4.2.1　分子筛结构

分子筛吸附法是一种深度脱水的方法，它的露点降可达-120℃以上。分子筛是一种人工合成的晶体型硅铝酸盐，其骨架最基本的结构是硅氧(SiO_4)和铝氧(AlO_4)四面体，它们按一定的方式通过公用顶点氧联结在一起，形成首尾相接的环状，具有许多排列整齐的晶穴、晶孔和孔道。分子直径小于分子筛晶体孔穴直径的物质可以进入分子筛晶体，可以被吸附，否则被排斥。分子筛可根据不同物质的极性或可极化性进行优先吸附，天然气中的水、含硫化合物、CO_2属于极性分子一类，因此，分子筛对它们具有较强的吸附力。分子筛对原料气各组分的吸附强度顺序如下：$H_2O>H_2S>CO_2>CH_4$。分子筛能经受住600-700℃的短暂高温，不溶于水，具有均一的孔径和极高的比表面积、吸附性能强、热稳定性好、强度高等特点，广泛应用于天然气脱水工业。分子筛的化学式可表示为：

$$Me_{x/n}[(AlO_2)_x(SiO)_y]\cdot mH_2O$$

式中，Me为金属阳离子，主要是Na^+、K^+、Ca^{2+}等。

3.4.2.2　分子筛吸附脱水工艺

分子筛吸附脱水至少要有两座吸附塔，一座进行脱水，一座进行填料再生，可根据运行效果进行切换。原料气首先进入过滤分离器，去除其中的油、颗粒等杂质，而后进入其中一座分子筛吸附塔脱水，其出口安装有过滤器，可去除粉尘等杂质。脱水后的干气一部分外输，一部分经加热后，进入另一座吸附塔，对填料进行再生。再生气经冷却器冷却后，进入再生气分离器，分离出水后再次进入脱水系统。分子筛脱水工艺脱水效果好，但其因成本较高、再生过程能耗较大等缺点，主要运用于低温冷凝(NGL)回收及生产液化天然气(LNG)中的脱水工序，高含硫气田开发则运用较少(图5)。

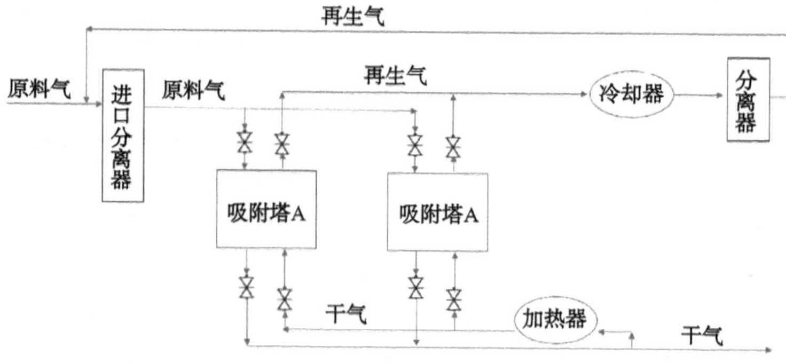

图5　分子筛脱水工艺流程示意图

3.4.3　冷凝法

冷凝法一是保持压力不变，通过降低温度，凝析出天然气水分，该方法适用于含水量较大的天然气。二是根据天然气中各组分的液化温度不同，通过加压和降温，冷凝析出天然气中的水分。对于井口压力较高的气井，可直接进行节流降压。节流后的天然气温度会降低，若温度低于露点，则会冷凝析出天然气中的水分。对于井口压力较低的气井，可先压缩天然气，提升天然气压力和温度，然后再经节流冷却后，让温度低于露点，从而达到脱水目的。

4　管道外腐蚀控制工艺

管道出现外腐蚀一般是外部环境介质作用的结果。大部分金属如直接暴露在自然环境，容易发生氧化反应，从而出现腐蚀。因此对管道进行外防腐，不让管道与自然环境直接接触，同时增加一些防护措施，能有效降低管道腐蚀速率。

4.1　外防腐涂层

在管道设计阶段，需要根据管道具体使用环境，综合考虑埋地深度、土壤酸碱性、土壤含水量、防腐涂层施工难度等因素，选择合适的防腐涂层。目前高含硫气田长输管道外防腐涂层主要使用聚乙烯二层及三层结构涂层(3PE)。罗家寨气田、普光气田外输长管道均采用3层PE加强级外防腐工艺。

定期开展防腐层质量评价，对管线进行防腐层技术等级评价(表8)至关重要。罗家寨气田B集气站至净化厂管线利用ACVG测试发现外防腐层缺陷点50处，其中7处dB值大于40(图6)，DCVG测试结果显示50处缺陷点中有7处测试结果为阴极/阳极(C/A)级别，43 处为阴极/阴极(C/C)级别，与 ACVG 测试结果吻合。抽取 5 处缺陷分级为中等的缺陷点进行开挖验证。

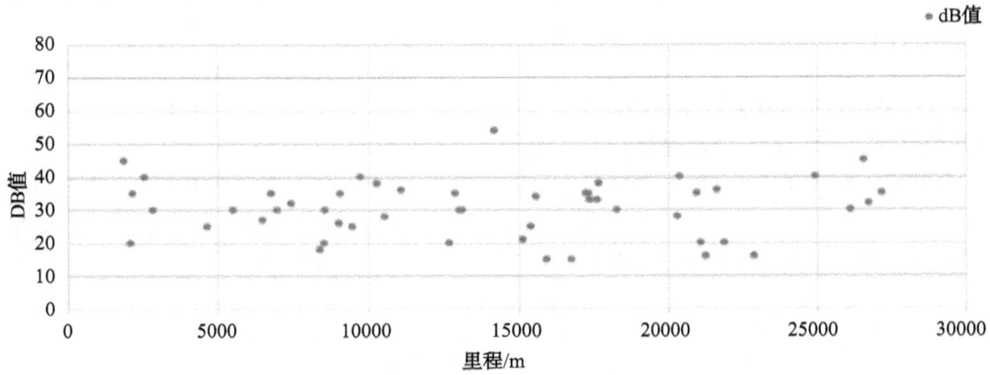

图 6　B 集气站至净化厂绝缘层破损点分布图

表 8　B 站至净化厂管线防腐层技术等级分类统计表

防腐层技术等级	1	2	3	4
电流衰减率 Y/(dB·m^{-1})	Y≥ 0.0011	0.0011<Y ≤0.0015	0.0015<Y ≤0.0023	0.0023 <Y
管段长度/km	26.85	2.15	0	0
占总管线比例	92.4%	7.6%	0	0

4.2　阴极保护

阴极保护法包括强制电流、牺牲阳极两种方法，其中强制电流是国内长距离输送管道的主要方法。强制电流法是向金属构件输入直流电，当金属构件的电位低于某个电位时，产生阴极极化现象，从而抑制被保护金属构件发生电子迁移，减缓管道腐蚀速率。罗家寨气田、普光气田外输长管道均采用强制电流阴极保护(图 7)，能有效减缓管道腐蚀速率。

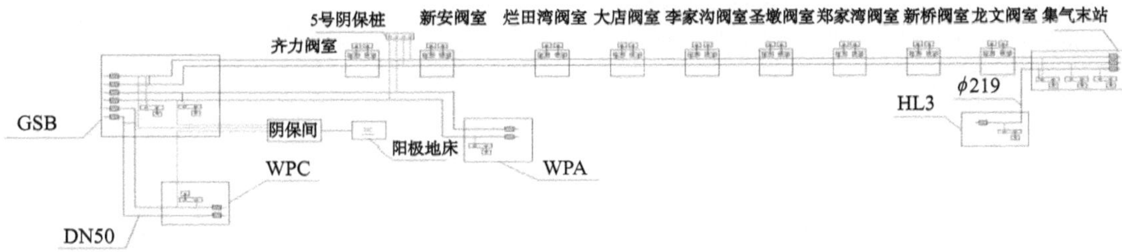

图 7　罗家寨气田内部集输管道阴极保护示意图

5　结论

(1) 能有效抗 SSC、HIC 且增加微量元素含量要求的高品质碳钢，优选的水基缓蚀剂，以及根据超声波测厚、腐蚀挂片、在线腐蚀监测系统数据，调整缓蚀剂加注比例，能有效将站场内部集输系统的腐蚀速率控制在较低水平。

(2) 根据基线检测和漏磁检测数据对比，认为长距离管线干气输送工艺，能大幅度减缓 H_2S、CO_2 对管线的腐蚀。

(3) 气液混输管线，采用油基缓蚀剂预膜，能有效隔绝高酸性输送介质与碳钢管道的接触，减缓内腐蚀速率。

(4) 采用 3 层 PE 加强级外防腐+强制电流阴极保护工艺，是隔绝埋地管道与土壤接触、减缓外腐蚀的有效措施。

(5) 镍基合金钢能有限抵御高含硫、高含 CO_2 的酸性气体腐蚀。

参　考　文　献

[1] 刘墨山. 川渝地区含硫天然气管道泄漏事故后果模拟研究[D]. 北京：中国地质大学(北京)，2010.

[2] 张江江，张志宏，羊东明，等. 油气田地面集输碳钢管线内腐蚀检测技术应用[C]. 2013 中国油气田腐蚀与防护技术科技创新大会论文集. 2013：431-436.

[3] 吴伟，韩进山，李效华. 集输管材应力导向氢致开裂实验评价[J]. 油气田地面程，2012，31(10)：45-47.

[4] 刘烈炜，张振飞，徐东林. 抗硫碳钢在高温高压 CO_2/H_2S 条件下腐蚀速率的研究[J]. 材料保护，

2008，41(1)：15-16，50.
[5] 中华人民共和国国家质量监督检验检疫总局. 石油天然气工业 油气开采中用于含硫化氢环境的材料第 2 部分：抗开裂碳钢、低合金钢和铸铁：GB/T 20972. 2-2008[S]. 2008.
[6] 石油和天然气工业—石油和天然气生产中的含 H_2S 环境中使用的材料—第 3 部分：耐开裂的 CRA(耐腐蚀合金)和其他合金-第四版：ISO 15156-3-2020 [S]. 2020.
[7] 张西雷，马庆乐. 双金属复合管焊接工艺研究[J]. 焊管，2016，39(1)：45-48.
[8] 孙玉，张薇，唐成瑞，等. 油气管道腐蚀因素与防腐措施进展[J]. 全面腐蚀控制，2023，37(3)：115-118.
[9] 范舟，李洪川，刘建仪，等. 高含硫气田元素硫沉积及其腐蚀[J]. 天然气工业，2013，33(9)：102-109.
[10] 葛枫，贾长青，高贵友等，高含硫气田集输管道完整性管理实践[J]. 天然气技术与经济，2023，17(1)，60-66.

高含硫天然气净化厂液硫池腐蚀分析与防护

杨 娜

（中国石化西南油气分公司石油工程技术研究院）

摘 要 针对川东北某高含硫净化厂液硫池腐蚀失效问题，通过开展液硫池结构分析、腐蚀产物检测分析和腐蚀机理分析，得到腐蚀产物元素成分和腐蚀原因，最后提出液硫池腐蚀防护措施。研究结果表明：此高含硫净化厂液硫池结构包括200厚C40耐热混凝土结构层、防水层、隔热层和耐酸防腐层4层结构，池内用混凝土整体浇注；通过采用电镜能谱方式对腐蚀产物进行检测分析，腐蚀产物外侧主要为O、S、Cr元素，腐蚀产物内侧主要为O、S、Fe元素，通过环境介质分析进行腐蚀机理分析，液硫池内主要为低温湿H_2S腐蚀环境、硫酸露点腐蚀环境、固体硫磺腐蚀环境、大气腐蚀环境这四种腐蚀环境；最后提出“不锈钢顶板材质升级+采用耐高温硅酸盐混凝土材料+优化液硫池内衬防腐工艺”的腐蚀防护措施。

关键词 高含硫天然气净化厂；液硫池；腐蚀失效；腐蚀机理；腐蚀防护措施

川东北某高含硫天然气净化厂共建有4套日处理能力300万立方米的天然气净化装置，其中H_2S平均含量5.6%，CO_2平均含量为6.5%，有机硫平均含量362.4mg/m^3，全厂年处理高含硫原料气能力40亿立方米，年产净化气能力34亿立方米，年产硫磺能力30万吨，净化后的天然气质量符合国家标准《天然气》（GB17820—2018）指标，产品硫磺达到工业硫磺质量标准（GB/T 2449.1—2021）一等品质量指标。是我国第一座具有自主知识产权的高含硫天然气净化厂，首次实现高含硫天然气净化技术国产化，气田一体化自动控制、智能化运营管控整体达到国际先进水平。

表1 《天然气》GB 17820—2018 天然气质量指标

项 目		一类	二类	三类
高位发热量[a]/(MJ/m^3)	≥	36	31.4	31.4
总硫[a]/(mg/m^3)	≤	60	200	350
硫化氢[a]/(mg/m^3)	≤	6	20	350
CO_2[a]/y,%	≤	2.0	3.0	—
水露点[b,c]/℃		在交接点压力下，水露点应比输送条件下最低环境温度低5℃		

[a]本标准中气体体积的标准参比条件是101.325kpa，20℃。

[b]在输送条件下，当管道管顶埋地温度为0℃时，水露点不应高于-5℃。

[c]进入输气管道的天然气，水露点的压力应该是最高输气压力。

表2 工业硫磺质量标准（GB/T 2449.1—2021）

指标名称	一等品
硫(S)/%	≥99.50
水分/%	≤2.0
灰分/%	≤0.1
酸度(以H_2SO_4计)/%	≤0.005
有机物/%	≤0.3
砷(As)/%	≤0.01
铁(Fe)/%	≤0.005

此天然气净化厂联合装置实行分区一年一检修，历次检修均发现各个液硫池存在不同程度的顶板腐蚀、防腐防水层脱落等问题。液硫池是硫磺回收装置中的重要组成部分，主要作用是储存硫磺回收单元的液体硫磺，同时液硫池具备保温隔热和耐酸腐蚀功能，以确保液体硫磺的安全存储和使用。由于液体硫磺具有较高的熔点，需要在一定温度下储存，通常储存温度在140~150℃之间，因此液硫池需要具有良好的保温性能。此外，液体硫磺还具有较强的酸腐蚀性，因此在储存过程中还需要考虑耐腐蚀性。本文通过研究，对此高含硫天然气净化厂液流池顶板腐蚀失效原因进行分析，同时提出针对性防腐措施，有利于提高净化装置的安全稳定运行水平。

1 液流池结构及工艺流程

川东北某高含硫天然气净化厂共建四套联合

装置，单套联合装置天然气处理能力为 300 万方/天，每套联合装置由脱硫单元、脱水单元、硫磺回收单元、尾气处理单元和酸水汽提单元组成(图 1)。

液硫池是硫磺回收单元的主要设施，主要作用是收集来自各冷凝冷却器捕集的液硫，液硫池主要由 3 个分区组成，分别为第一脱气区、第二脱气区和存储区，内部隔墙将三个分区隔开，液流池结构如图 2 所示。自各级硫冷凝器和液硫捕集器的液硫自流至液硫池后，首先由重力自流至第一脱气区，在第一脱气区停留并脱除 H_2S 后，经过内部隔墙和液流池顶的空隙溢流到第二脱气区，脱气后的液硫自液硫池脱气区溢流至存储区，为保证池内液硫的流动性，整个液流池底从第一脱气区至储存区有 1% 的向下坡度，同时在液硫池中采用循环脱气工艺和空气鼓泡工艺可将液硫中的 H_2S 脱除至 10ppmw 以下。液态硫磺在液硫池内循环脱气后由液硫提升泵送至液硫成型单元，经过造粒、打包后作为成品出厂。

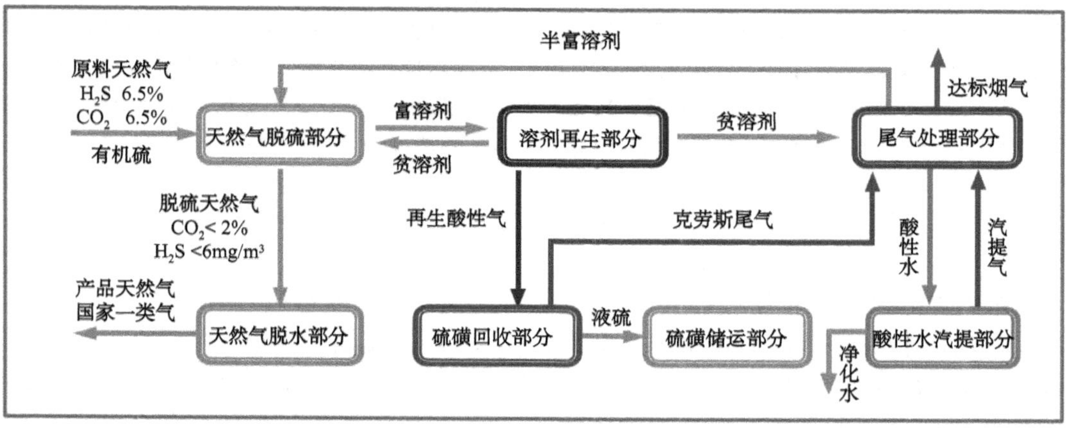

图 1　天然气净化单元

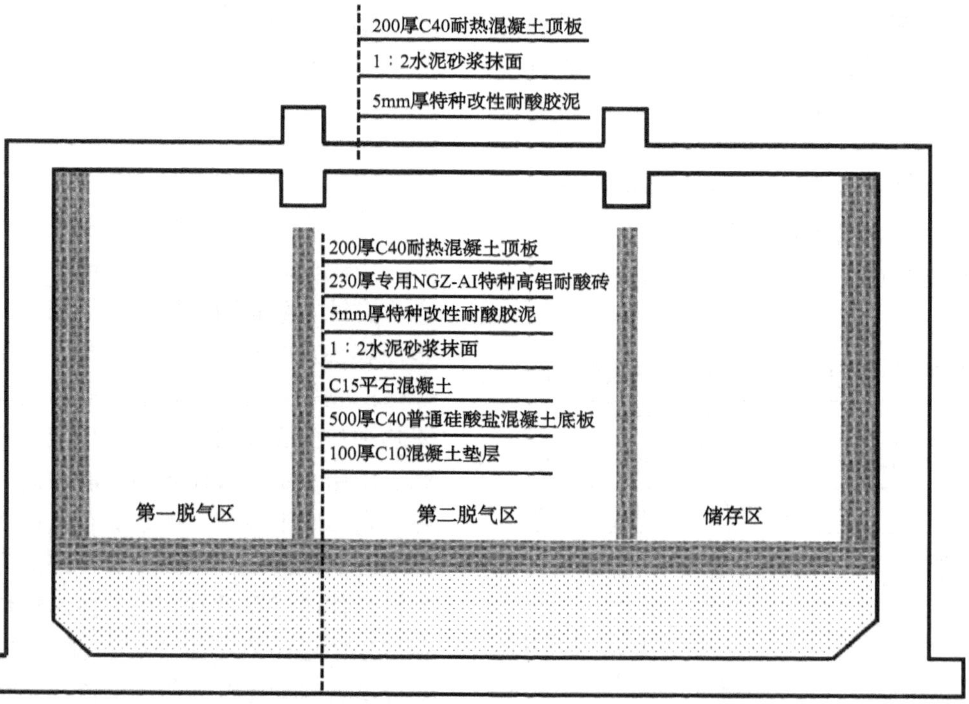

图 2　液流池结构

由于液硫池内处于 140～150℃高温状态，同时液体硫磺具有腐蚀性，因此要求液硫池内砌筑材料具有保温性能和耐腐蚀性。此高含硫天然气净化厂的液硫池结构包括 200 厚 C40 耐热混凝土结构层、防水层、隔热层和耐酸防腐层 4 层结构，池内用混凝土整体浇注，然后在混凝土内侧采用两层耐酸砖砌筑一道耐酸墙，最后将耐高温的防腐胶泥贴于液硫池内壁，以此实现池内耐高温防腐蚀目的。

目前采用的钢筋混凝土基础垫层强度等级为C10，钢筋混凝土池底板、钢筋混凝土池壁板、水池顶板强度等级均为C40。池底和池壁混凝土采用普通硅酸盐水泥耐热补偿收缩混凝土，在距池顶板最近的施工缝处开始浇筑耐热混凝土，池体抗渗等级为S8。池体底板及壁板内衬人孔采用液流池防腐隔热专用NGZ-AI特种高铝耐酸砖，配套NGZ高铝耐火胶泥砌筑，液硫池内衬采用NGZ 5mm厚特种改性耐酸胶泥，耐酸胶泥主要以硅酸钾作为黏合剂，无机分子材料作为固化剂，其中硅铝酸盐一般由多组分耐酸填料组成，具有黏接性能好和机械强度高等特点，耐酸砖和耐酸胶泥具有良好的耐高温防腐性能，其技术指标见表3。

2 腐蚀失效形式及原因分析

2.1 液流池失效形式

液硫池内运行环境比较恶劣，此天然气净化厂液硫池主要腐蚀失效形式为顶板腐蚀、渗透检测气孔超标、防腐层脱落、防水层损坏等问题。

（1）不锈钢顶板腐蚀

检维修期间发现液硫池池顶不锈钢板大面积腐蚀穿孔，同时伴随有局部腐蚀，顶板表面附着大量硫磺。顶板材质为304不锈钢，厚度为1mm(图3)。

表3　耐酸砖和耐酸胶泥理化性能指标

理化指标	Al_2O_3含量/%	耐火度/℃	导热系数/(W/m·K)	耐硫度/%	常温耐压/MPa	耐酸度/%	体积密度/(g/cm³)
高铝耐酸砖	28	1350	0.38	97.7	23.2	98.2	1.8
耐酸胶泥	16	1050	0.35	97.0	—	98.4	1.6

图3　液硫池顶不锈钢板腐蚀

（2）渗透检测气孔超标

对液硫池一区、二区、三区进行渗透检测，液硫池一区编号112#、127#气孔超标，评定为Ⅱ级不合格；液硫池二区编号72#、108#、113#、117#，气孔超标，评定为Ⅱ级不合格；液硫池三区112#、124#气孔超标，评定为Ⅱ级不合格(图4)。

（3）防腐层脱落

液硫池池顶防腐层有脱落、开裂现象，裸露的防腐层表面附着较多硫磺，防腐层脱落后，池内混凝土结构会直接与高温腐蚀性气体接触，很容易产生疏松、脱落等问题，进一步导致钢筋结构腐蚀，严重影响液硫池安全运行(图5)。

（4）防水层损坏

液硫池顶部防水层存在开裂、损坏等情况，无法起到顶部防水效果，导致池内更加严重的渗水，当液硫池池内存在液态水时，硫磺会进一步反应，对池内其他金属设备造成腐蚀(图6)。

2.2 失效原因分析

（1）腐蚀形貌分析

选取液硫池池顶不锈钢板腐蚀产物为典型样

品，腐蚀产物为外侧为淡黄色晶体，内侧为黄褐色块状物质，腐蚀产物整体呈块状，疏松易脆，同时伴有少量黄色粉末(图7)。

(2) 腐蚀产物检测分析

为进一步明确腐蚀产物组分，采用EDS能谱分别检测腐蚀产物内外侧元素，将腐蚀产物内外侧分别黏附于导电胶上，可以看出腐蚀产物外侧呈淡黄色(图8)，内侧呈黄棕色(图9)，表征形貌分别如图10和图11所示，腐蚀产物元素检测结果如表4所示。

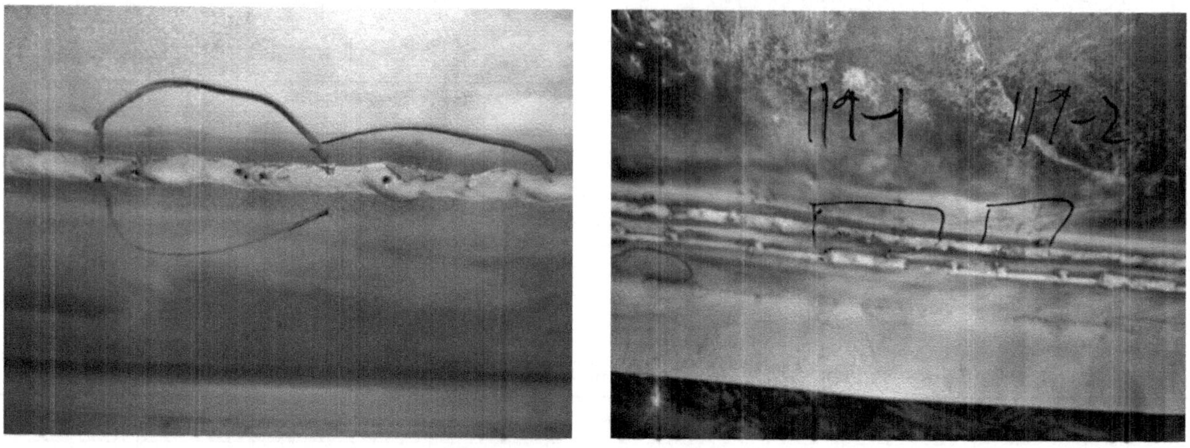

图4　编号112#、127#渗透检测

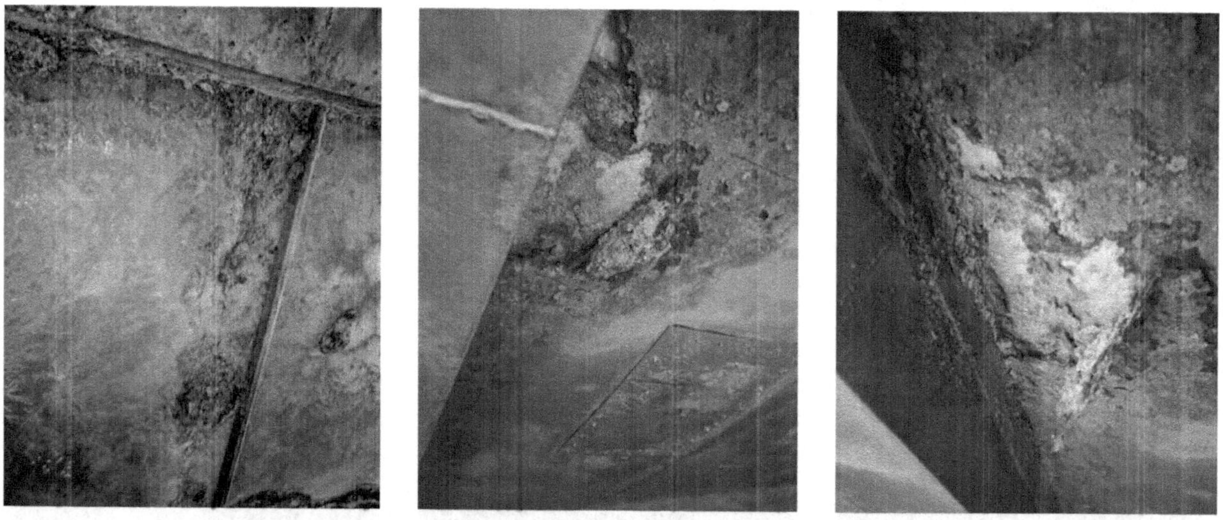

图5　防腐层脱落

图6　液硫池顶部防水层损坏

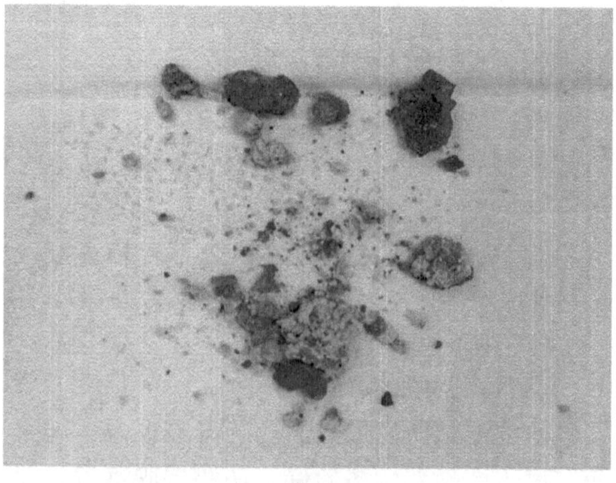

图7　池顶不锈钢板腐蚀产物

图 8　腐蚀产物外侧

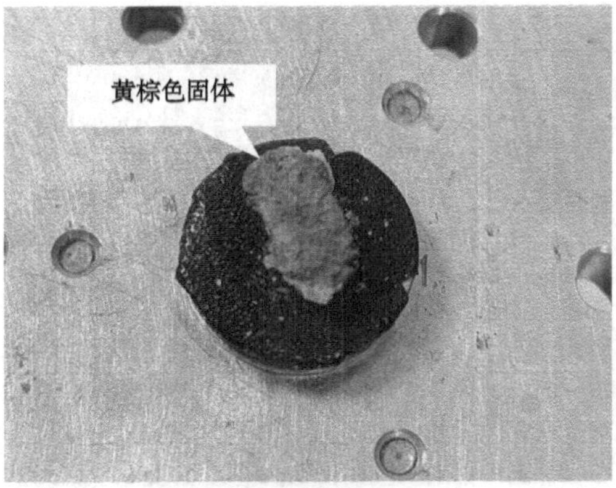

图 9　腐蚀产物内侧

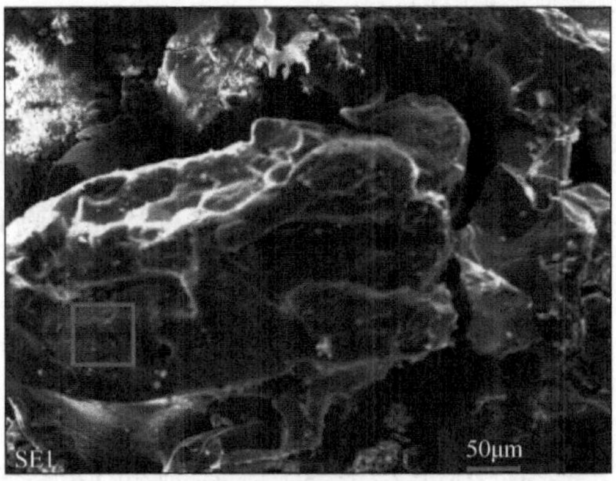

(a)点位1

(b)点位2

(c)点位3

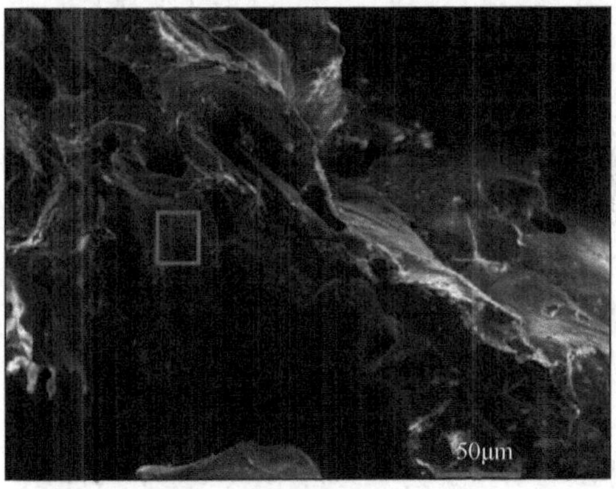

(d)点位4

图 10　腐蚀产物外侧表征形貌

(a)点位1

(b)点位2

图 11　腐蚀产物内侧表征形貌

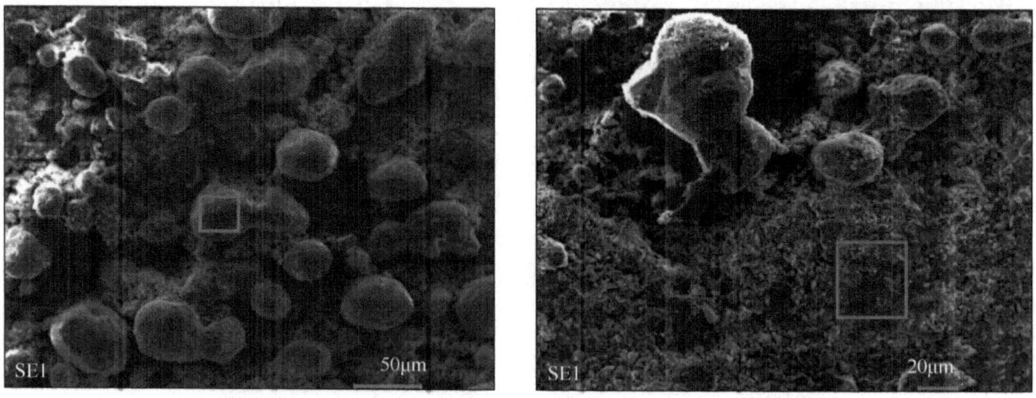

(c)点位3　　(d)点位4

图 11　腐蚀产物内侧表征形貌(续)

从腐蚀产物形貌图可以看出，腐蚀产物外侧主要呈晶体块状，晶体之间堆积较紧密，晶体表面附着一层颗粒状腐蚀产物；腐蚀产物内侧表面则附着大量块状晶体和疏松的丝绒状物质，相互之间存在孔隙，分布相对疏松。

表 4　腐蚀产物内外侧元素比例(原子数百分比)

样品	点位	O	S	Fe	Al	Cr	Si
腐蚀产物外侧	点位 1	32.84	67.16				
	点位 2	64.06	34.01		1.93		
	点位 3	48.64	25.99		2.49	22.88	
	点位 4		69.05			30.95	
腐蚀产物内侧	点位 1	72.81	8.21	12.45	1.80	2.48	2.25
	点位 2	43.08	21.42	29.52	1.94	3.13	0.90
	点位 3	36.09	63.91				
	点位 4	61.21	24.07	8.22	1.26	3.08	2.15

从腐蚀产物元素检测可以看出，腐蚀产物外侧主要为 O、S、Cr 元素(占比 98%左右)，同时含少量 Al 元素，点位 1 显示只含 O、S 元素，因此推测腐蚀产物主要为 SO_3固体，点位 4 只含 S、Cr 元素，因此推测腐蚀产物为硫磺(S_8)，硫磺呈淡黄色，与腐蚀产物宏观形貌相对应，Cr 元素为顶板不锈钢中元素。腐蚀产物内侧主要为 O、S、Fe 元素(占比 94%左右)，同时含少量 Al、Cr、Si 元素，因此推测腐蚀产物主要为 $Fe_2(SO_3)_3$或 FeS，$Fe_2(SO_3)_3$主要呈灰白色或黄色，FeS 呈黑褐色，与腐蚀产物宏观形貌(黄褐色)也相对应。

2.3　腐蚀机理分析

液硫池内运行温度在 140~150℃之间，池内主要腐蚀介质有 H_2S、O_2、SO_2、SO_3等，根据液硫池内腐蚀环境及介质，液硫池内主要形成低温湿 H_2S 腐蚀环境、硫酸露点腐蚀环境、固体硫磺腐蚀环境、大气腐蚀环境这四种腐蚀环境。

(1) 低温(<260℃)湿 H_2S 腐蚀

碳钢的低温湿 H_2S 腐蚀反应一般会在碳钢表面上形成一层膜，该表面膜的组成结构随环境温度、湿度等因素发生变化，从而影响碳钢的防腐性能。

在室温下，湿 H_2S 在碳钢表面生成的 Fe_9S_8 无保护性：

$$9Fe+8H_2S \longrightarrow Fe_9S_{8+8}H_2$$

在 100℃湿 H_2S 中，生成的 $Fe_{(1+x)}S$ 和少量 FeS 无保护性：

$$(1+x)Fe+H_2S \longrightarrow Fe_{(1+x)}S_{+}H_2$$

$$Fe+H_2S \longrightarrow FeS_{+}H_2$$

当温度提高到 100~150℃时，产物生成的是 FeS_2(黄铁)和 $F_{e(1-x)}S$(磁黄铁)，此时对于碳钢有少量保护作用，同时可以能降低高强度钢对于硫化物应力腐蚀开裂的敏感性。

$$Fe+2H_2S \longrightarrow FeS_2+2H_2$$

$$(1-x)Fe+H_2S \longrightarrow Fe_{(1-x)}S_{+}H_2$$

(2) 硫酸露点腐蚀

在硫磺回收单元，SO_2会与过量的 O_2反应生成 SO_3，SO_2和 SO_3进一步与池内水蒸气反应生成亚硫酸和硫酸，进而促进碳钢和其他合金的均匀或局部腐蚀，导致形成低温 SO_3露点腐蚀。

低温 SO_3露点腐蚀的机理：

$$H_2S+O_2 = SO_2+H_2O$$

当氧气过量时，发生如下反应：

$$SO_2+O_2 = SO_3$$

在高温情况下，SO_3 不腐蚀设备，但在 400℃及以下，SO_3会与水蒸汽结合生成稀硫酸：

$$SO_3+H_2O \longrightarrow H_2SO_4$$

$$Fe+H_2SO_4 \longrightarrow Fe_2(SO_4)_3+H_2$$

稀硫酸会对液硫池内产生露点腐蚀，并且随

着温度下降，促使冷凝液的形成，冷凝液附着在设备表面，加剧露点腐蚀。

（3）固体硫磺腐蚀

干燥的元素硫不具有腐蚀性，但在潮湿的环境中，元素硫发生一定的反应后可能会给设备带来严重的腐蚀问题。液硫池内若保温效果不良可能会导致池内壁温度降至120℃以下，此时池内的硫蒸汽可能会在内壁形成一层固体硫磺，阻止壁面温度传递，进一步降低池内温度，若空气从液流池通气孔吸入时带入气态水，就会为铁和硫接触创造腐蚀环境。

（4）大气腐蚀

液硫池在安装或检修期间，池内壁可能会生成氧化铁铁锈，氧化铁铁锈会和 H_2S 反应生成固体硫磺和水，当池内温度低于120℃时固体硫磺会在液硫池内壁沉积，主要反应式为：

$$Fe+O_2+H_2O \longrightarrow Fe_2O_3 \cdot H_2O$$

$$Fe_2O_3+H_2S \longrightarrow FeO++H_2O+S_8$$

3　液硫池腐蚀防护措施

（1）不锈钢顶板材质升级

此高含硫净化厂液硫池顶板采用304不锈钢，304不锈钢主要由18%的铬和8%的镍组成，同时含有少量的碳、锰和其他元素，304不锈钢在一般大气环境下的耐蚀性表现良好，但在某些特殊环境下(如海水中或含有硫酸、氯化物等物质的环境)可能会发生腐蚀。316不锈钢含有16%~18%的铬、10%~14%的镍以及2%~3%的钼，316不锈钢由于钼的加入，在高温下的抗氧化性和耐腐蚀性方面更强，耐高温可达到1200~1300℃，可在苛刻的条件下使用。特别是在氯化物环境下，如海水中或硫酸等腐蚀性介质中，表现出更好的抗腐蚀性。因此建议将液硫池顶板由304不锈钢升级为316不锈钢材质，同时进行加厚处理(图12~13)。304和316不锈钢成分如表5所示。

表5　304和316不锈钢元素成分

钢种	Fe	Cr	Ni	Mo	其他C、Si、Mn、P、S等元素
304不锈钢	67-71.5%	17.5-19.5%	8-10.5%	—	8%左右
316不锈钢	67-70%	16-18%	10-14%	2-3%	5%左右

图12　304不锈钢

图13　316不锈钢

（2）采用耐高温硅酸盐混凝土材料

SH/T 3132—2013《石油化工钢筋混凝土水池结构设计规范》中第3.7条规定：“水池混凝土的环境温度不得高于80℃。”理解为当液硫池采用普通硅酸盐钢筋混凝土作为材料设计铸造时，就认为在此种情况下液硫池使用的混凝土结构受高温影响不稳定，会有发生损坏的风险。

目前液硫池内运行温度在140~150℃之间，为保证液硫池内的安全稳定运行，建议将普通硅酸盐混凝土材料替换为耐高温硅酸盐混凝土材料，这种耐高温硅酸盐混凝土材料在混凝土中添加了一定量的矿物掺合料和高温纤维等材料，具有优异的耐高温性能、高密度、高强度、高耐久性和高工作温度等特点，使其在高温环境中仍能保持一定的强度和稳定性，不会因高温而迅速损坏或退化(图14)。

（3）优化液硫池内衬防腐工艺

液硫池内衬防腐工艺主要为：首先在液硫池

图 14　耐高温硅酸盐混凝土

内混凝土上刷涂构造胶和玻璃丝布 4 布 5 涂，然后在液硫池内壁焊钢板上浇筑耐酸浇注料，这种工艺和材料的致密性能和防腐耐酸度较低，液硫池使用 1~2 年后会产生玻璃丝布的防腐层会局部脱落、内衬钢板膨胀和收缩，造成耐酸浇注料坍塌导致高温硫腐蚀性介质渗透腐蚀混凝土表层。

因此对液硫池内衬防腐工艺进行优化，首先对液硫池内壁防腐层施工采用 5mm 厚度三次涂刷一次成型工艺，保证液硫池内壁防腐层在通蒸汽加温后不出现发黏、脱落、起皮等现象，在施工结束后采用加温的方式检测防腐涂层是否完好。然后再采用稀释 35%~40%浓度的硫酸涂刷池内壁进行酸洗，分别在墙体刷涂第一遍 1.5mm 耐高温防腐保护层，然后再用耐高温防腐保护层刷涂第二遍和第三遍，最后在液硫池顶部混凝土上刷涂 1.5mm 厚度防腐层，涂刷至 5mm 厚。

4　结语

针对川东北某高含硫净化厂液硫池腐蚀失效情况，分别从液硫池失效原因和腐蚀机理方面进行分析，最后提出相关腐蚀防护措施，主要得到以下结论：

（1）此高含硫净化厂液硫池主要由第一脱气区、第二脱气区和存储区 3 个分区组成，液硫池结构包括 200 厚 C40 耐热混凝土结构层、防水层、隔热层和耐酸防腐层 4 层结构，池内用混凝土整体浇注；

（2）液硫池主要腐蚀失效形式为顶板腐蚀、渗透检测气孔超标、防腐层脱落、防水层损坏等问题；

（3）通过采用电镜能谱方式对腐蚀产物进行检测分析，腐蚀产物外侧主要为 O、S、Cr 元素，腐蚀产物内侧主要为 O、S、Fe 元素，通过环境介质分析进行腐蚀机理分析，液硫池内为低温湿 H_2S 腐蚀环境、硫酸露点腐蚀环境、固体硫磺腐蚀环境、大气腐蚀环境这四种腐蚀环境；

（4）针对液硫池腐蚀失效问题，提出“不锈钢顶板材质升级+采用耐高温硅酸盐混凝土材料+优化液硫池内衬防腐工艺”的腐蚀防护措施。

参　考　文　献

[1] 杨幸儒，燕继艳，向鹏，等. 元坝气田净化装置腐蚀流分析及防护技术研究[J]. 中国设备工程，2021，(S1)：141-144.

[2] 李长恩. 硫磺回收装置腐蚀机理与防护技术研究[J]. 设备管理与维修，2024，(05)：92-94.

[3] 戴名扬，吴玉国，吴聪聪. 硫磺回收装置腐蚀与防护分析[J]. 辽宁化工，2023，52(01)：80-83.

[4] 许春艳. 液硫池结构设计探讨[J]. 硫磷设计与粉体工程，2020，(02)：46-48+6.

[5] 李煌. 硫黄回收装置液硫池腐蚀与控制技术措施[J]. 石油化工腐蚀与防护，2022，39(03)：16-18.

[6] 周斯雅，郑鑫，任挺，等. 液硫储罐腐蚀原因及应对措施探讨[J]. 设备管理与维修，2022，(05)：47-50.

[7] 吴钰. 液硫池防腐层失效原因分析及修复措施[J]. 石油与天然气化工，2022，51(01)：13-19.

[8] 陈永凯. 液硫池蒸汽伴热管腐蚀分析[J]. 石油化工腐蚀与防护，2021，38(03)：62-64.

[9] 李月，刘攀. 液硫池破损原因分析及改进措施研究[J]. 石油与天然气化工，2016，45(03)：103-108.

[10] 袁辉，王会强. 硫磺回收装置腐蚀机理与防护分析[J]. 装备环境工程，2020，17(11)：24-30.

[11] 谭旎，丁鸿. 高含硫天然气净化厂液硫池修复技术[J]. 硫酸工业，2022，(03)：21-23.

[12] 周斯雅，刘艳，余宗财，等. 液硫储罐腐蚀原因分析及防护建议[J]. 天然气与石油，2017，35(05)：82-88.

[13] 王君. 液硫池内衬施工要点[J]. 石油化工建设，2019，41(S1)：66-68.

[14] 全本军，王宇. 液硫池内衬防腐材料的发展及应用[J]. 中国资源综合利用，2020，38(03)：65-67.

[15] 宗瑞磊，余锋，李黎. 硫磺回收装置液硫脱气设备的腐蚀与控制[J]. 石油化工腐蚀与防护，2020，37(06)：18-21.

[16] 梁明贵. 酸性气田液硫池内壁防腐技术[J]. 油气田地面工程，2015，34(06)：55-57.

[17] 张盟娟，于海洋，曹妮娜，等. 液硫存储设备的选型与设计[J]. 氮肥技术，2017，38(04)：27-28+31.

川西须二气井地面腐蚀分析与防护措施研究

路　玉　史雪枝　肖　茂　周小虎　杨　娜

（中国石化西南油气分公司石油工程技术研究院）

摘　要　川西须二气藏新井实施体积压裂后，井场地面流程腐蚀失效问题突出。本文通过环境分析及实验研究认为腐蚀主因为CO_2腐蚀，此外其与冲蚀、Cl^-及SRB等的协同作用导致局部腐蚀风险增加。文章结合典型井失效分析，揭示川西须二气井随气量下降、水量上涨、井口温度变化，地面流程腐蚀主因从"CO_2腐蚀+冲蚀"变为"CO_2腐蚀为主，细菌、Cl^-、冲刷促进腐蚀"。并针对性提出了药剂防腐及防冲蚀措施，有效遏制了川西须二气井地面腐蚀泄漏的发生。

关键词　CO_2腐蚀；致密气；地面；冲蚀；细菌；主控因素

川西须家河组气藏从2021年开始采用套管泵送桥塞体积压裂，该工艺带来了大量的细菌、少量出砂，采气井场地面流程面临CO_2腐蚀、冲蚀、细菌腐蚀等，内腐蚀失效问题突出。类似的腐蚀案例在国内外有大量文献报道，美国Nesic等对美国气田设备腐蚀的研究结果表明，CO_2腐蚀和细菌腐蚀是开采过程中常见的腐蚀类型。李静研究发现金秋区块致密气产出水中普遍存在SRB、TGB、FB等微生物，通过室内试验也证明了其存在微生物腐蚀的风险，采用杀菌剂能够防止微生物腐蚀的发生。张金星等对某气田井场地面管道失效事件展开分析，通过现场检测、实验室测试和数值模拟计算，明确腐蚀失效的主要原因为冲蚀。刘华敏等对气田地面管线穿孔情况开展了研究和分析，认为固相颗粒对弯头内壁外侧有冲蚀作用，从而加剧点蚀。谢明等对气田不同开采阶段地面管道的失效模式开展了分析，在排采和生产过程中失效模式有明显区别，排采阶段冲蚀严重，生产阶段电化学腐蚀严重。总之，不同区块的腐蚀主因有着显著差异，而找出川西须二气井地面腐蚀的主控因素，进而进行有针对性的防腐措施尤为重要。

1　川西须二气井地面腐蚀环境分析

（1）气井开采特征

川西须家河组气藏以须二、须三、须四、须五段为主要目的层，其中须二气藏的开发重点区块为新场须二和高庙须二。

新场须二气藏原始地层压力在68～85MPa之间，平均为77.05MPa，地层压力系数在1.44～1.73之间，平均为1.64。地层温度在127～142℃之间，平均为132.4℃，地温梯度在2.22～2.44℃/100m之间，平均为2.35℃/100m。CO_2含量平均0.98%，水样的总矿化度900～143000mg/L，产出水水型多样，包括$CaCl_2$型、$NaHCO_3$型、$MgCl_2$型，以$CaCl_2$型为主。pH值分布范围5.5～7.91，平均值6.63。

高庙须二气藏原始地层压力在75.51～83.78MPa之间，地层压力系数在1.59～1.81之间。地层温度在121.14～127.36℃之间，地温梯度在2.32～2.36℃/100m之间。CO_2含量平均1.26%，水样的总矿化度52918.6～137000mg/L，Cl^-为31898～86400mg/L，水型为$CaCl_2$型。

川西须二气井产能和开采特征存在明显差异。同属新场须二的气井，开采特征包括：①X851、X856、X2等井：无阻流量131×10^4～$245\times10^4m^3/d$，累计水气比0.1～12.9$m^3/10^4m^3$，累产气2.40×10^8～$9.59\times10^8m^3$，表现为初期产能高、后期均水侵，X2井依靠低部位X201井排水实现平稳生产，X851、X856水侵后复产难度大；②X601、L150等井：其中X601井无阻流量$39\times10^4m^3/d$，不出水，累产气$1.51\times10^8m^3$。L150井日产气4×10^4～$7\times10^4m^3$，稳产14年，累计水气比0.1$m^3/10^4m^3$，累产气$2.48\times10^8m^3$，无水侵迹象，属于中产井。③X3井：初期日产气$24\times10^4m^3$，后期水侵严重，累计水气比3.0$m^3/10^4m^3$，累产气$0.81\times10^8m^3$，属于低产井。

2021年新井采用套管泵送桥塞体积压裂后，开采特征与老井有着显著差异。以XS101-2井为例，投产即带水生产，初期产出液主要为压裂返排液，Cl^-浓度约20000mg/L；水侵后快速产出地层水，Cl^-浓度快速上升至47000mg/L。

（2）地面腐蚀环境分析

采气井场采用"加热节流、分离计量、气液分输"的工艺，体积压裂井采用双流程(一用一备)，材质以普通碳钢为主(EE级、Q345、20#)。

典型井的井场腐蚀环境为：①CO_2腐蚀分压：一级节流前为0.59~0.36MPa，一级节流后0.18~0.15MPa，二级节流后0.029~0.034MPa。②温度：站场流程的温度为21~53℃。③细菌：体积压裂井投产初期在未加药的情况下细菌含量普遍超标，其中SRB细菌含量整体在1100~110000个/ml。④出砂：现场未发现明显出砂，从分离器取出的水样未见明显砂粒。但从XS101-2井失效件微观分析时发现少量支撑剂(表1)。

开发实践表明，对于老井(非体积压裂井)的地面腐蚀问题主要表现在：产量大、流速高的气井高压管汇腐蚀严重(表2)。而实施体积压裂后，地面腐蚀失效风险已延伸至中低产气井，部位包括高压段管线的弯头和直管、水套炉撬、污水管线(表3)。统计近年累计发生的6井共9次地面腐蚀泄漏案例，腐蚀泄漏部位分别为：井口出口管线1次，进节流撬前的弯头/直管2次，进水套炉弯头1次，水套炉撬(二级节流前)4次，站内污水管线1次。

表1　典型井地面流程的压力温度

	井口-管汇台	管汇台-进水套炉前	水套炉一级节流前	水套炉一级节流后	水套炉二级节流前	水套炉二级节流后
压力/MPa	56	34~37	36.6	16.7	14.6	2.8~3.2
CO_2腐蚀分压/MPa	0.59	0.36~0.39	0.38	0.18	0.15	0.029~0.034
温度/℃	39.19	36.5~40	53	36	44	21

表2　川西须二老井地面腐蚀情况

井号	Q气/(万方/天)	Q水/(方/天)	油压/套压/MPa	各环节温度、压力	地面腐蚀情况
X851	43.22	3	57.34/60.36		管汇台腐蚀严重，使用8个月之后管汇台高压端的密封钢圈腐蚀刺漏。
X2	初期45 目前5.94	>300	初期51/14 目前19/10	初期：地面管汇油嘴一级节流，水套炉进行二、三级节流。 一级节流前压力45MPa、温度80℃。节流后压力为10MPa±，温度67℃。	在管汇部件、井口连接采油树左侧管线法兰、井口连接采油树右侧管线法兰发生严重腐蚀而发生泄漏。井口至管汇部分地面管线材质为20G，经过2年时间后壁厚减薄10mm，腐蚀速率达到了5mm/a。

表3　川西须家河组新井(体积压裂井)地面腐蚀/泄漏统计

气井	投产时间	泄漏时间	泄漏部位
XS101	2021.4.13	2023.11.24	进水套炉弯头
		2023.12.9	采气树生产翼出口直短节
XS101-1	2022.2.24	2022.7.30	一级节流前水套炉内部的盘管弯管、节流油嘴损坏严重
XS101-2	2022.10.5	2023.6.29	进节流撬前的弯头
		2023.11.3	进节流撬前的直管
X207-1	2022.7.5	2023.11.23	站内污水管线
X8-5H	2023.5.12	2023.11.15(未泄漏)	一级节流阀出口法兰钢圈有沟状腐蚀坑
		2024.4.16(未泄漏)水套炉撬为去年11月15日新换的，使用时间5个月	一级节流阀出口到一级节流后进水套炉前的流程法兰盘内壁、及端部腐蚀严重
DY106-1	2023.10.22	2024.3.5	水套炉二级节流前测温套筒

2　川西须二气井地面腐蚀主控因素研究

1）实验方法和步骤

依据 JB/T 7901—1999《金属材料实验室 均匀腐蚀全浸试验方法》，将外形尺寸为 50×10×3mm 的板状试样浸泡在盛有模拟溶液的高温高压釜中，并按照工况条件要求，设定试验温度、总压、CO_2分压、SRB、Cl^-浓度等参数（表 4）。冲蚀样是在常规样的基础上，首先在样品表面预制出一个直径大约为 1.5mm 的坑，之后采用喷砂机将较大的颗粒冲击样品表面，使表面被冲出浅坑，之后用砂纸将表面进行打磨。

表 4　实验方案

实验材质	评价因素	SRB/(个/ml)	Cl^-/(mg/L)	实验温度/℃	实验压力/MPa	CO_2分压/MPa	实验周期/h
普通碳钢、不锈钢、抗菌钢（常规样和冲蚀样）	冲蚀	10^5	40000	40	35	0.63	168
普通碳钢、不锈钢、抗菌钢（常规样）	无 CO_2	10^5	40000	40	35	—	168
	较低 Cl^-	10^5	28990	40	35	0.63	168
	无 SRB	—	40000	40	35	0.63	168

试验结束后，将实验后的样品在超声波清洗器中依次用去离子水、无水乙醇对试样进行清洗，然后采用 GB/T 16545—2015 标准中推荐的去膜液除去试样表面的生物膜及腐蚀产物，最后再次用去离子水、无水乙醇清洗试样。

试样去膜后，采用电子天平进行称重，精确到 0.1mg。计算试样的均匀腐蚀速率。

依据 AMPP TR21478—2023，采用超景深光学显微镜观察去膜后试样表面 3D 形貌，测量和记录试样表面点蚀坑的深度。

对于去膜后的试样，采用数码照相机对试样腐蚀前后的宏观形貌进行观察记录。对于一部分未去膜的试样，采用扫描电子显微镜观察试样表面的腐蚀产物微观形貌，并利用附带的能谱仪分析腐蚀产物的化学组成。利用 X 射线衍射仪分析未去膜试样表面腐蚀产物的物相结构。对于含 SRB 条件下腐蚀后的试样，采用扫描电子显微镜观察试样的生物被膜形貌。

2）实验结果

（1）冲蚀的影响

三种材料在全因素工况下常规样与冲蚀样对比：①均匀腐蚀速率差异较小，但冲蚀样局部腐蚀速率显著增加，反映出冲蚀增加局部腐蚀风险；②不锈钢常规样表面几乎没有发现点蚀坑，而冲蚀样表面出现了少量的点蚀坑（图 1~3）。

（2）CO_2腐蚀的影响

全因素工况与无 CO_2工况（腐蚀因素为 Cl^-+SRB）对比：①均匀腐蚀速率：不锈钢材质无明显变化，CO_2对其他材质腐蚀性较强。②点蚀方面：三种材质表面形貌较为完整，均未发现明显的点蚀坑，单 CO_2对点蚀影响有限（图 4~5）。

（3）Cl^-的影响

Cl^-浓度 40000mg/L 与 28990mg/L 工况对比：较低 Cl^-浓度下，普通碳钢、不锈钢、抗菌钢表面均未发现明显的点蚀坑，普通碳钢材质下均匀腐蚀速率明显较低，即浓度高能加剧普通碳钢的腐蚀风险、抗菌钢的点蚀风险（图 6~7）。

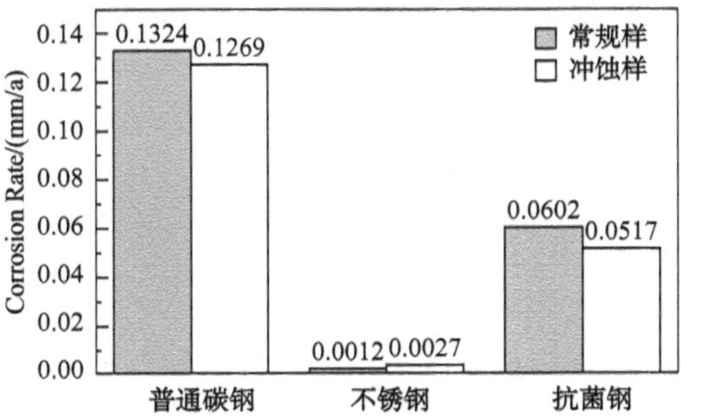

图 1　三种材料在全因素工况下的均匀腐蚀速率

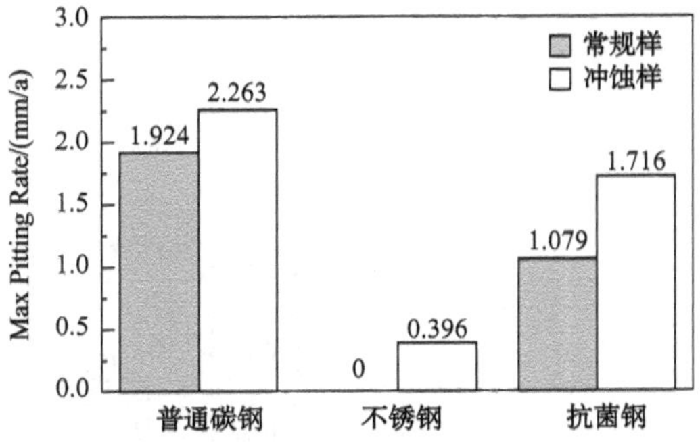

图 2　三种材料在全因素工况下的最大点蚀速率

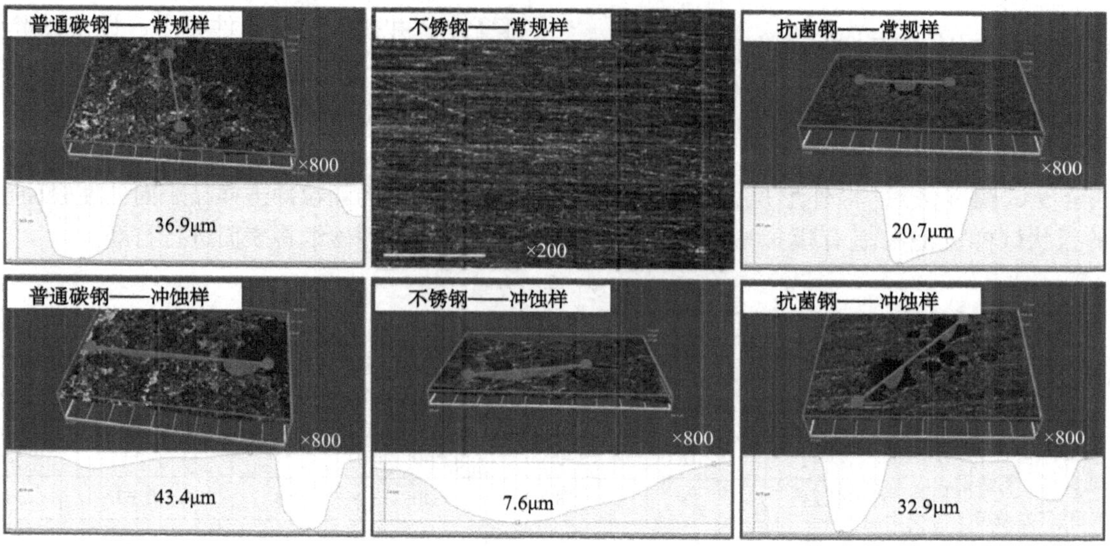

图 3 三种材料的常规样和冲蚀样在试验后的局部腐蚀形貌

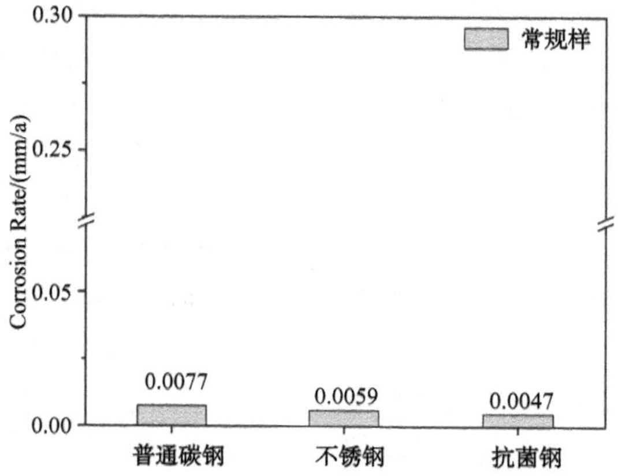

图 4 三种材料在无 CO_2 工况下的均匀腐蚀速率

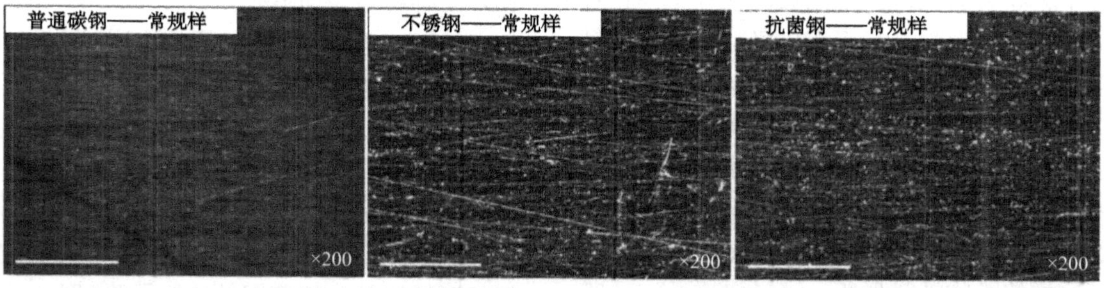

图 5 三种材料在无 CO_2 工况下的局部腐蚀形貌

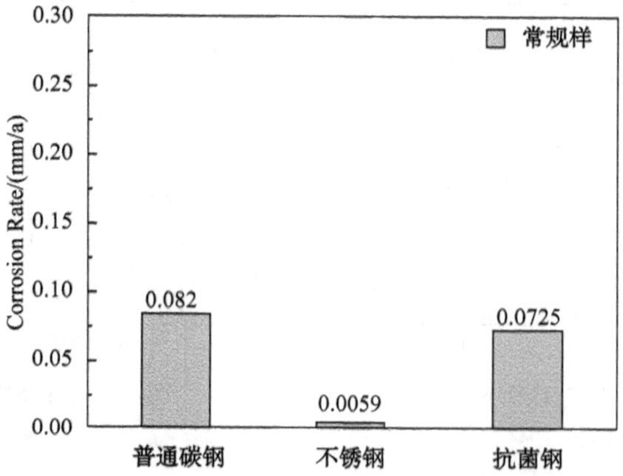

图 6 三种材料在较低 Cl^- 工况下的均匀腐蚀速率

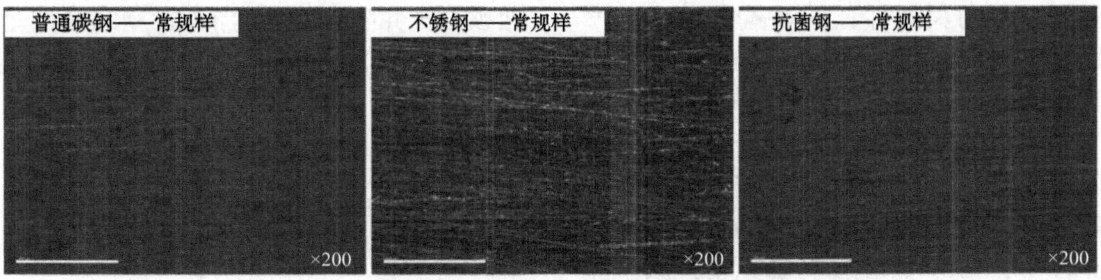

图 7　三种材料在较低 Cl^- 工况下的局部腐蚀形貌

（4）SRB 的影响

10^5个/ml SRB 与无 SRB 对比：无 SRB 工况下，普通碳钢、抗菌钢均匀腐蚀速率升高、表面点蚀坑深度变浅，不锈钢无明显变化，SRB 生物膜阻碍均匀腐蚀，但能加剧局部腐蚀(图 8~9)。

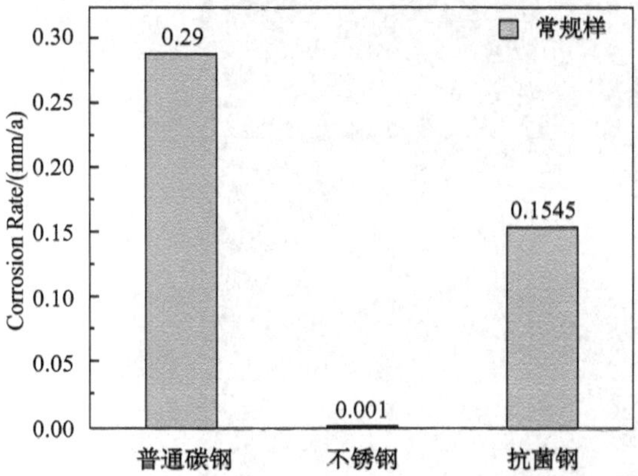

图 8　三种材料在无 SRB 工况下的均匀腐蚀速率

概括以上认识，冲蚀增加局部腐蚀风险；CO_2对普通碳钢、耐菌钢腐蚀性较强，单 CO_2对点蚀影响有限；浓度高 Cl^- 能加剧普通碳钢的腐蚀风险、抗菌钢的点蚀风险；SRB 生物膜阻碍均匀腐蚀，但能加剧局部腐蚀。综合来看，川西须二气藏腐蚀的主控因素为 CO_2，此外 CO_2与冲蚀、CO_2与 Cl^-、CO_2与 SRB 等协同作用会使材料局部腐蚀风险增加。

3）现场失效分析

XS101-2 井于 2022 年 10 月 5 日投产，2023 年 6 月 29 日发生高压弯头刺漏，11 月 3 日发生节流撬上游高压直管刺漏。通过失效件的宏观形貌特征以及微观检测，发现两次刺漏的主因存在明显差异(图 10~11)。

6 月 29 日的失效件，整体呈蜂窝状腐蚀，正对气流方向腐蚀穿孔，在焊缝处腐蚀凹陷。采用能谱仪分析腐蚀产物的化学组成，主要为 O、Fe、C 等元素。分析失效的主要原因为 CO_2腐蚀+冲蚀。

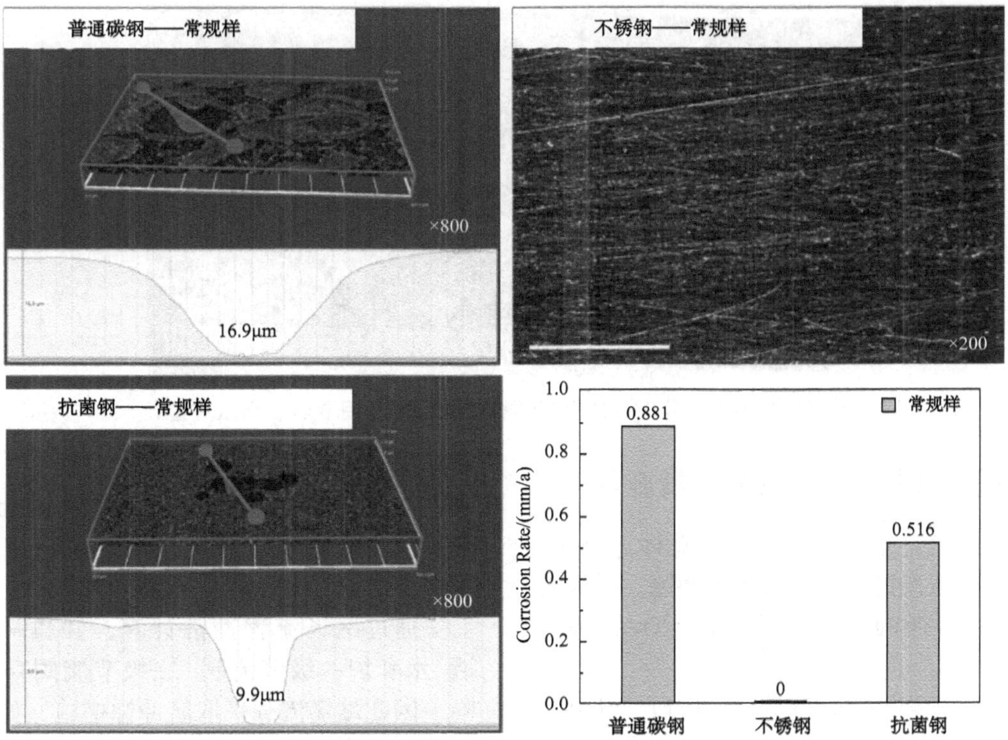

图 9　三种材料在无 SRB 工况下的局部腐蚀形貌

11 月 3 日的失效件，4~8 点方向腐蚀严重，沿流向存在沟壑状的腐蚀形貌，截面观察呈 V 型；12 点方向有轻微腐蚀，整体减薄，局部有浅坑。采用能谱仪分析腐蚀产物的化学组成，除了 O、Fe、C 等元素外，还发现 S、Cl 等元素。以管段下半部分的样品为例，检测的 30 个点位中，14 个点位含有 S 元素，原子比例最高 18.97%；11 个点位含有 Cl 元素，原子比例最高 82.12%。分析失效的原因以 CO_2 腐蚀为主，细菌+Cl^-+冲刷促进腐蚀。因此，川西须二气井随着气量的下降、水量的上涨、井口温度变化(表 5)，地面流程的腐蚀主因发生改变。

表 5　XS101-2 井生产动态数据

时间	套压/MPa	井口流温/℃	日产气/万方	日产水/方	氯根/(mg/L)
2022. 11. 17	38. 9	20. 3	36. 17	21. 6	21231
2023. 6. 29	27. 57	57. 8	12. 56	58. 9	32149
2023. 11. 3	20. 59	47. 4	4. 71	63	46101

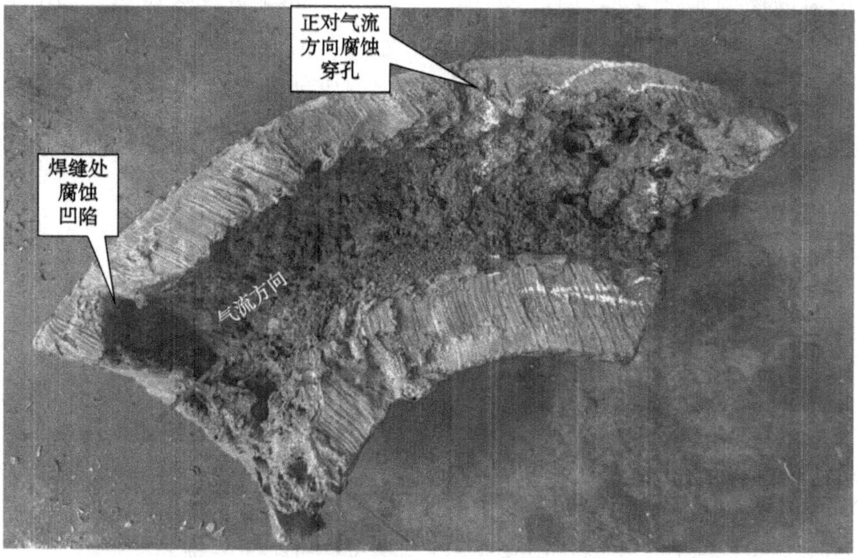

图 10　XS101-2 井失效件宏观形貌(2023 年 6 月 29 日、高压弯头)

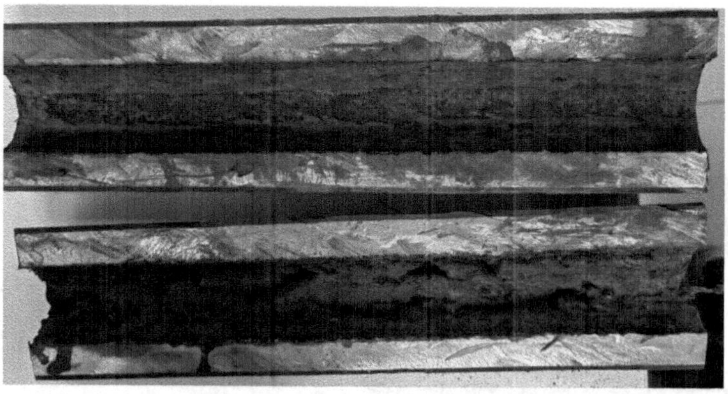

图 11　XS101-2 井失效件宏观形貌(2023 年 11 月 3 日、高压直管)

3　川西须二气井地面腐蚀防治措施

川西须二气井地面腐蚀防治的总体思路为：重点考虑高压段的防 CO_2 腐蚀和防冲蚀。采用普通材质加注药剂的防腐方案，以 CO_2 缓蚀剂为主。

针对体积压裂井，在套管生产阶段，从井口加注缓蚀剂；在油管生产阶段，考虑到井口加注时流程太短药剂分散效果差的问题，从井下管柱间歇加注，即从油管大四通侧翼将药剂加注到油套环空，通过油管返出，保护井筒和地面流程(图 12)。

通过站场流程冲蚀计算，井口-节流放空撬-水套炉一级节流阀-二级节流阀存在冲蚀风险，因此站场流程采取防冲蚀措施，如高压流程采用方弯头、盲三通(图 13)。

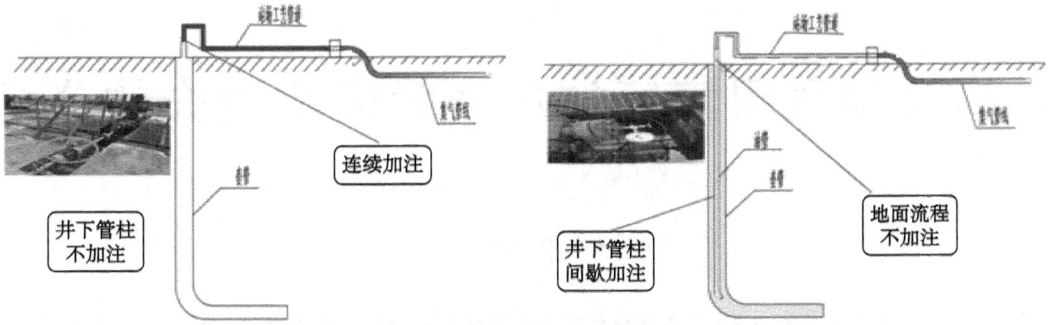

图 12　药剂加注方案(左：套管生产阶段；右：油管生产阶段)

图 13　丰谷 108 的防冲措施(方弯头、盲三通)

4　认识及建议

(1) 川西须二气藏为典型的高温高压含 CO_2 有水气藏，实施套管泵送桥塞体积压裂后，在原有 CO_2 腐蚀失效基础上，又叠加了投产即带水生产、细菌腐蚀、砂冲蚀等风险。地面腐蚀失效案例已从过去的产量大、流速高气井的高压管汇，延伸至中低产气井，失效部位扩展至高压段管线的弯头和直管、水套炉撬和污水管线。

(2) 建立了冲蚀、CO_2、Cl^-、细菌等综合因素影响下的腐蚀模拟实验评价方法，研究结果表明：川西须二气井地面腐蚀的主因为 CO_2 腐蚀，此外 CO_2 与冲蚀、CO_2 与 Cl^-、CO_2 与 SRB 等协同作用导致局部腐蚀风险增加。

(3) 统计 2021-2023 年间为数不多的体积压裂新井就发生了 6 口井共 9 次地面腐蚀泄漏。通过深化腐蚀机理认识，并采用药剂防腐以及防冲蚀措施，截至目前川西须二体积压裂新井井数已增加至 25 口井，但未发生新的地面腐蚀泄漏案例。

参 考 文 献

[1] NESIC S, NORDSVEEN M, NYBORG R, et. A mechanistic model for CO_2 corrosion with protective iron carbonate films [C]. Corrosion Corrference, NACE - 01040, 2001.

[2] 李静. 金秋区块致密气微生物腐蚀控制措施研究及应用[J]. 石油化工腐蚀与防护, 2024, 41(1): 1-5.

[3] 张金星, 崔伟, 张景山等. 某气田井场地面管道腐蚀问题分析[J]. 化工装备技术, 2023, 44(5): 27-31.

[4] 刘华敏, 王浩. 页岩气地面集输系统微生物腐蚀影响因素分析[J]. 油气田地面工程, 2020, 39(12): 83-87, 91.

[5] 谢明, 唐永帆, 宋彬等. 页岩气集输系统的腐蚀评价与控制——以长宁-威远国家级页岩气示范区为例[J]. 天然气工业, 2020, 40(11): 127-134.

[6] 叶男, 廖柯熹, 何国玺等. 页岩气地面集输管道腐蚀原因分析及防护措施研究[J]. 石油天然气工业, 2021, 54(7): 142-147.

某高含硫气田集气站放空管道腐蚀失效分析

刘明星　陈　曦　李　怡　王　成　邹振敏

（中国石化西南油气分公司）

摘　要　针对某高含硫气田XX集气站内放空管道腐蚀失效问题。通过现场排查发现腐蚀主要集中于火炬分液罐进口直管段、封头、出口弯头后的放空总管，位于管道5~7点钟方向，以坑蚀为主，管道底部存在明显减薄，分析腐蚀产物发现C、O、S元素含量较高，结果表明主要发生的腐蚀为氧腐蚀、硫化氢腐蚀及二氧化碳腐蚀，分析为积液腐蚀及腐蚀产物层下腐蚀。并对同类型管道提出腐蚀防护建议，为同类型集气场站工艺优化提供技术支撑依据。

关键词　高含硫气田；放空管道；积液腐蚀；硫化氢腐蚀；扫描电镜

1　前言

某高含硫气田位于复杂山区，天然气中平均硫化氢含量为5.22%，二氧化碳含量为3.12%~15.5%，属于高含硫化氢、中含二氧化碳气藏，气田水总矿化度为53793mg·L^{-1}、硫化物含量为1093.9mg·L^{-1}，pH值为6.4，水型为$CaCl_2$型，呈弱酸性。天然气经采气树采出后，由单井站输送至集气站进行分水分离，再输送至净化厂进行净化处理，气田集输系统采用全湿气混输工艺，气田水矿化度较高，水中含有较多的氯离子和二氧化碳、硫化氢等腐蚀性物质，对碳钢管道具有很强的腐蚀性，且硫化氢与二氧化碳的腐蚀具有协同作用。据统计，高含硫酸性气田在投产6年内场站的管道和设备均存在不同程度的点蚀或局部腐蚀。气井在生产过程中涉及到放空、吹扫、置换等操作，在生产过程中当管道长时间接触腐蚀性介质时，存在严重的腐蚀风险，且气井生产过程中带出的固体杂质也会对管道造成冲刷磨损，从而加剧腐蚀发生。且从国外高含硫气田运行经验来看，投产7年之后腐蚀问题将成倍增加，该气田投产至今已接近10年，腐蚀风险较大。因此，非常有必要对集气场站内的腐蚀情况进行深入分析，确定腐蚀主控因素，为管道延长寿命提供理论依据及技术支撑。

某气田自2014年投产以来，共计开展21座场站放空管线腐蚀超标点更换治理，且近几年腐蚀问题凸显。2024年场站检维修期间，发现8座场站内放空总管均存在不同程度的减薄情况，均进行同材质更换。本文为寻找放空管线腐蚀原因，通过观察现场腐蚀产物宏观和微观形貌，分析腐蚀产物、气田水样、天然气气质组分等，研究腐蚀机理，分析腐蚀原因，针对目前存在的问题，提出相关的应对措施，指导同类型放空管道腐蚀管控，以避免类似腐蚀情况再次发生（图1）。

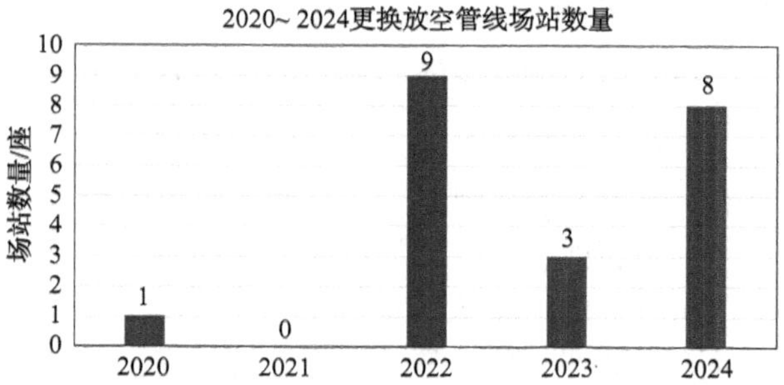

图1　自投产以来放空管线更换治理情况

2　腐蚀情况

2.1　腐蚀情况简介

XX集气站于2015年11月投产，站内工艺管线分为酸气管线、污水管线、放空管线。站内所有压力容器、不同压力等级的酸气管线均有放空管线，场站内所有放空管线均汇入放空总管，再进入火炬分液罐分液后进入火炬。站内放空管线及水套炉盘管材质为A333Gr.6碳钢，设计压力1.6MPa，设计温度-45~70℃，管线规格为DN200×6.5mm，管道内壁无缓蚀剂及防腐涂层保护（图2）。

2024年检维修期间开展全面检测，发现放空总管存在多处严重腐蚀，壁厚检测实测最小壁厚2.57mm，计算金属损失率为60%(2021年壁厚检测仅发现在火炬分液罐进口平直段存在腐蚀，实测最小壁厚5.97mm，金属损失率8.15%)，且腐蚀主要集中于放空总管，切割后发现管道5~7点钟方向较10~2点钟方向壁厚有明显减薄，管道内焊缝余高腐蚀严重，母材存在明显的腐蚀坑及腐蚀产物，已无法满足现场使用要求，如图3所示。根据历年检维修隐患治理情况，放空总管腐蚀主要位于火炬分液罐进口平直段、弯头位置、封头处。

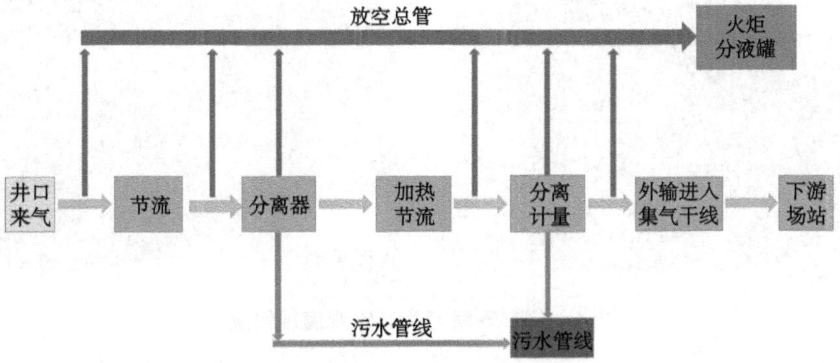

图2　XX集气站内流程示意图

图3　左：放空管线内部腐蚀；右：放空管线焊缝腐蚀(底部壁厚减薄)

2.2　腐蚀影响因素分析

(1) 化学与电化学腐蚀

该气田为高含硫、中含二氧化碳气田，天然气中存在的H_2S、CO_2气体溶于气田水中，形成酸性腐蚀介质，导致腐蚀发生；气田检维修期间进行全流程清洗，清洗液为碱性液体，也会导致管道发生腐蚀。在存在电解质的情况下，管道金属表面与腐蚀介质会形成原电池，导致电化学腐蚀，电化学腐蚀速率快，且伴随着电流流动，对管道具有极大的危害。

(2) 物理因素

XX集气站内放空管道管道内多为低压、低流速状态，当进行放空操作时，会将流程中的积液以及其他杂质带入放空管道，对管道表面造成损伤并形成腐蚀，尤其在流速较快的弯头处，冲刷腐蚀更为严重(图4)。当管道中流体流速较高或处于湍流状态时，钢铁表面上的腐蚀产物膜受到流体的冲刷而被破坏，导致粘附不牢固，钢铁将长期处于腐蚀状态，因此需控制流速，降低冲刷腐蚀风险。但气体流速太低，携液能力降低，造成管线积液，将产生酸液腐蚀及腐蚀产物层下腐蚀，导致管道局部腐蚀破坏，通常需规定管道中的气体流速应大于3m/s。当管道内运行温度升高，对腐蚀反应具有促进效果，当管道温度过低时，易析出含硫天然气中的凝析水，导致管道处于酸液环境中，易发生腐蚀，因此管道运行温度控制在合理范围内。

图4　放空管线弯头处宏观腐蚀情况

2.3　气质及水样分析

对场站气质组分及气田水进行取样分析，具体结果见表1～表2。发现井口采出天然气90.34%为甲烷，此外还含有5.362%的硫化氢以及2.788%的二氧化碳。气田水中的矿化度高达36886mg/L，pH为6.33，硫化物含量为12625mg/L，氯离子含量为25718mg/L，钙离子含量为10126mg/L，水型为$CaCl_2$，由此可见气田水矿化度较高，腐蚀环境较恶劣，气田水中的硫化物以及氯离子的存在均会导致管道发生腐蚀。

表1　气田水样分析结果

矿化度/(mg/L)	硫化物/(mg/L)	Cl^-/(mg/L)	HCO_3^-/(mg/L)	Mg^{2+}/(mg/L)	Ca^{2+}/(mg/L)	SO_4^{2-}/(mg/L)	K^++Na^+/(mg/L)	pH
36886	12625	25718	634	1127	10126	1742	4260	6.33

表2　气质组分分析结果

H_2/(mol%)	He/(mol%)	N_2/(mol%)	CO_2/(mol%)	H_2S/(mol%)	CH_4/(mol%)	C_2H_6/(mol%)
0.06	0.018	1.698	2.788	5.362	90.34	0.054

2.4　腐蚀产物分析

为分析管道腐蚀成因，在腐蚀位置取样进行分析，表面处理后采用扫描电子显微镜(SEM)观察腐蚀产物微观形貌，采用能谱(EDS)对腐蚀产物进行定性分析。

图5～图6分别不同放大倍数的腐蚀产物的SEM形貌图及EDS能谱图。由图可知，腐蚀产物呈现疏松状态，且分布不均匀，存在明显的分层情况。为进一步明确腐蚀产物的主要组分，分别对腐蚀产物的不同位置处进行能谱分析，结果如表3所示，从表中可以看出，放空管线腐蚀产物主要化学成分为S、O、C，其中S元素相对质量分数在11.86%～23.79%之间，O元素相对质量分数在17%～26%之间，C元素元素相对质量分数在4%～37%之间，表明在放空管线中主要发生氧腐蚀、硫化氢腐蚀和二氧化碳腐蚀，由于取样及寄样过程中不可避免存在腐蚀产物与空气接触，因此其中的氧腐蚀产物主要是空气中的氧导致。

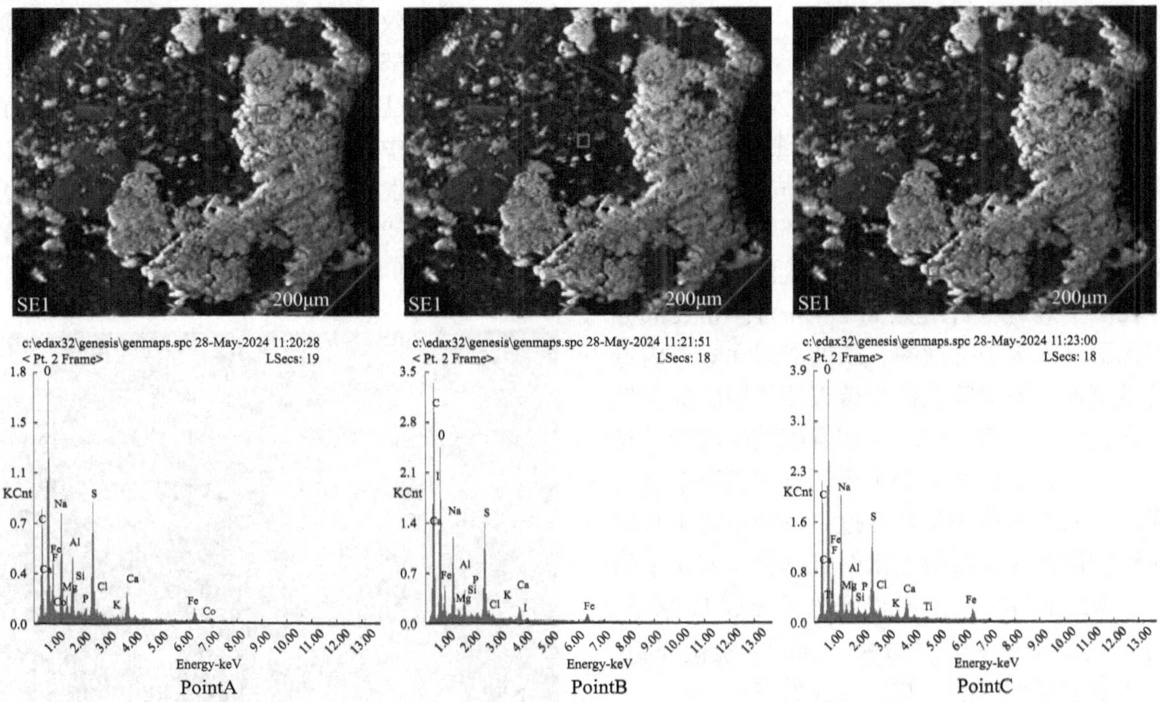

图 5　上：腐蚀产物扫描电子显微镜图；下：腐蚀产物不同位置能谱图

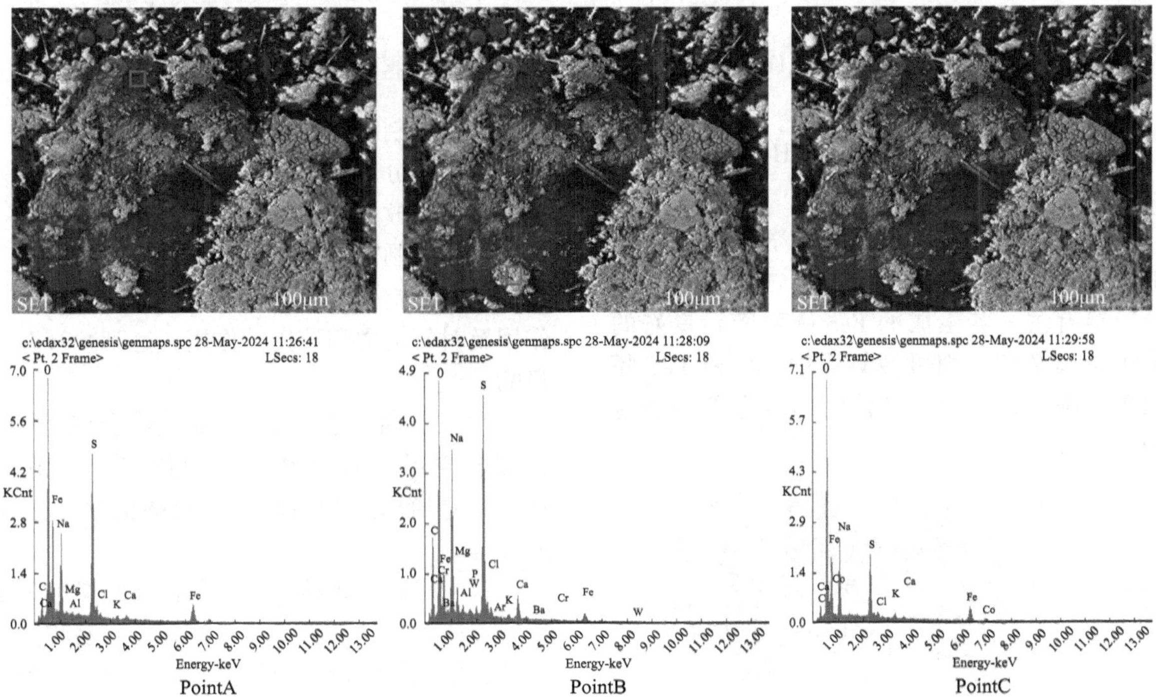

图 6　上：腐蚀产物扫描电子显微镜图；下：腐蚀产物不同位置能谱图

表 3　腐蚀产物不同位置各元素含量

元素含量/(Wt%)	C	O	Fe	Na	Mg	P	S	Cl	Ca
PointA	18.57	21.3	17.88	7.61	1.33	1.00	14.08	0.78	8.46
PointB	37.63	17.63	12.96	6.34	0.71	0.82	12.8	1.04	4.61
PointC	22.65	22.2	15.17	9.56	0.75	0.58	11.86	1.50	6.30
PointD	5.28	19.61	39.00	8.11	0.40	/	23.49	1.08	1.70
PointE	14.45	16.09	14.30	10.71	1.95	1.04	23.79	1.88	6.41
PointF	4.05	26.31	36.45	11.65	/	/	13.98	1.95	1.22

3 腐蚀机理分析

根据场站管线日常运行情况及现场腐蚀特征，主要为静态 H_2S-CO_2 液相腐蚀及层下腐蚀。场站放空管线由于日常放空、场站流程清洗等，气体在放空管线内的速度与温度都较低，气体中的酸液析出聚集在放空管线的平直段，且放空总管存在多个焊缝，焊缝余高 2~5mm，导致部分酸液无法进入火炬分液罐，长期滞留在管道内造成管道腐蚀。放空管线内含硫天然气中的硫化氢溶解在管道内的积液中，生成氢硫酸的弱酸，具有腐蚀性。且硫化氢溶于水后，首先吸附于金属表面，金属表面铁原子铁经过一系列阴离子吸附和脱附、阳极氧化反应、水解等过程，液相中的 H_2S 电离出 H^+ 和 S^{2-}，H^+ 得到电子形成 H 原子，Fe 原子失电子成 Fe^{2+}，与 S^{2-} 生成 Fe_xS_y 化合物，引发严重的局部腐蚀，其反应式如下：

$$H_2S \rightleftharpoons HS^- + H^+$$

$$HS^- \rightleftharpoons H^+ + S^{2-}$$

$$Fe + H_2S + H_2O \rightleftharpoons FeHS_{ad-} + H_3O^+$$

$$FeHS_{ad-} \rightleftharpoons FeHS_{ad+} + 2e^-$$

$$FeHS_{ad+} + H_3O^+ \rightleftharpoons Fe^{2+} + H_2S + H_2O$$

$$Fe^{2+} + HS^- \rightleftharpoons FeS + H^+$$

H_2S 对铁金属基体的腐蚀速率与腐蚀产物膜 FeS 的附着力、致密度以及腐蚀介质中 H_2S 的分压等有关。若生成的 FeS 膜致密且良好的附着于金属基体，则可缓解腐蚀；但若 FeS 膜不致密，则因其与金属基体间形成电偶而加速腐蚀(图 7)。

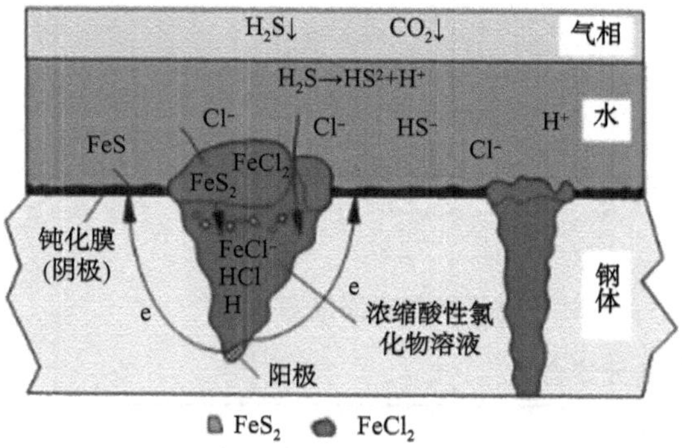

图 7　静态 H_2S-CO_2 液相腐蚀示意图

场站在日常放空操作时，放空气体会将少量的液体及其他杂质带入放空总管，当放空速率较大时，会导致放空管线内积液与管道形成的气液界面产生波动，且对表面产生的疏松腐蚀产物产生冲击效果，腐蚀产物摸脱落，导致管道不断发生局部腐蚀。当腐蚀发生后，由于腐蚀产物较疏松且不均匀，在气田水存在的情况下，气田水中具有腐蚀性的离子容易进入腐蚀产物膜下，发生严重的局部腐蚀，多个坑蚀发育后连片成溃疡状，严重时出现点面结合的大面积腐蚀(图 8)。

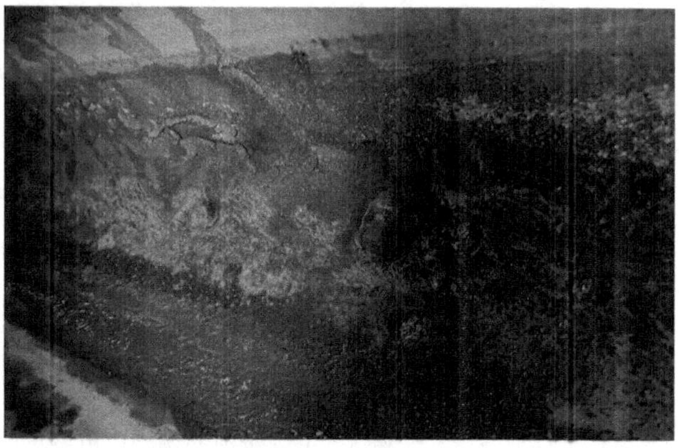

图 8　放空管线内壁表面腐蚀

4 腐蚀管控措施

(1) 控制罐体液位：在日常运行管理中，严格控制火炬分液罐、分离器液位处于低液位，避免酸液进入放空管线。

(2) 控制放空速度：在进行放空操作时，需严格控制放空速度，降低气体对放空管线的冲击作用及对管道内积液搅动作用，达到减缓腐蚀的目的。

(3) 及时吹扫管线：当场站全流程清洗、日常放空后，采用氮气或燃料气吹扫放空管道，将管道内残留的清洗液及酸液吹扫至火炬分液罐。

(4) 优化无损检测：目前仅对易腐蚀位置进行定点监测，建议除弯头、盲肠段、易积液管段以外，增加易腐蚀管段检测密度，每年 3 轮无损检测完成全场站管线的全覆盖，扫除腐蚀监测盲区。

(5) 优化设计：增加放空总管坡度，根据焊缝内余高计算坡度对积液的影响，坡度为 5‰时为 600mm，1°时积液距离为 300mm，5°时仅为 60mm，可适当增加放空总管安装坡度，有效减少酸液的积聚，优化管道内部防腐，对后期新建场站，采用内涂管道，有效减缓腐蚀(图 9)。

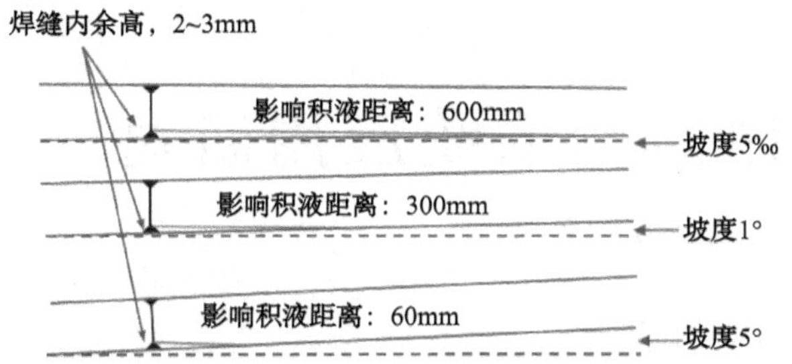

图 9　放空总管坡度对积液范围的影响

5　结论

（1）通过对典型高含硫集气场站放空管线腐蚀情况进行分析，表明腐蚀原因主要与管道内的积液以及气体介质中的硫化氢与二氧化碳相关，放空管线腐蚀类型主要为静态 H_2S-CO_2液相腐蚀以及腐蚀产物层下腐蚀，气体介质中的硫化氢与二氧化碳溶解在积液中导致腐蚀的发生。

（2）建议采取相应措施，控制罐体液位、放空速度、及时吹扫管道积液、优化无损检测方案，同时优化设计，避免易积液管段出现，采用内涂管道，增强管道防腐蚀性能，可有效减缓高含硫场站放空管道的腐蚀速率。

参 考 文 献

[1] 梁平，唐柯，陶振春．天然气管线内腐蚀影响因素分析[J]．河南石油，2000，14(6)：28-30.

[2] 陈明，崔琦．硫化氢腐蚀机理和防护的研究现状及进展[J]．石油工程建设，2010，36(5)：43-45.

[3] 罗江伟，王增刚，孙丽，等．高含硫气田集气站场压力容器腐蚀状况分析与防护[J]．油气田地面工程，2018，37(3)：81-85.

[4] 杨发平，王贵波．普光气田地面集输系统腐蚀监测及控制体系[J]．天然气工业，2012，32(1)：94-97.

[5] 王寿平，黄雪松，李明志，等．普光气田地面生产系统腐蚀控制技术及其效果[J]．天然气工业，2012，32(12)：97-101，135.

[6] 任春燕．集气管道内腐蚀主控因素及腐蚀评价方法研究[J]．石油工程建设，2021，47(05)：20-24.

[7] 吕杉．高含硫气田集输系统腐蚀和腐蚀控制[J]．石油规划设计，2002，13(6)：34-43.

[8] 申乃锋，蒋光迹，苏孔荣，等．高含硫气田 A333 管材腐蚀情况及防护措施[J]．腐蚀与防护，2016(5)：430-433.

[9] 陈广，石海军．普光气田集气站场设备管线腐蚀因素解析[J]．油气田地面工程，2017，36(04)：90-92.

[10] 蒋秀，刘艳，范举忠，等．某集气站排污水管腐蚀失效原因分析[J]．腐蚀科学与防护技术，2017，29(02)：195-198.

[11] 蒋秀，范举忠，屈定荣，等．某集气站埋地管道腐蚀失效原因分析[J]．腐蚀科学与防护技术，2019，31(03)：320-324.

[12] 陈明，崔琦．硫化氢腐蚀机理和防护的研究现状及进展[J]．石油工程建设，2010，36(5)：43-46.

[13] 苗健，白真权，严文，等．模拟油田 CO_2/H_2S 环境 P110 钢的腐蚀行为研究[J]．石油矿场机械，2004，33(6)：17-20.

高含硫气田集输管道腐蚀监测系统应用研讨

袁银春　黄元和　李　怡　王　威　周文学

（中国石化西南油气分公司）

摘　要　元坝气田采出高酸性原料气，通过L360QS抗硫碳钢集输管道外输，管道存在潜在的腐蚀性，腐蚀监测系统的有效性评价至关重要。通过选取典型集输管道，将超声波在线监测系统和电指纹的监测数据，与管道漏磁检测结果进行数据对齐，明确管道的壁厚减薄率，评价出UT和FSM现场数据监测有效性较高；同时，结合日常运行情况，进一步提出防雷接地、安装位置等四种优化方案，进一步提高元坝气田的腐蚀监测系统应用的有效率，保证了气田安全平稳生产。

关键词　高含硫气田；集输管道；超声波在线监测技术；电指纹；优化改造

根据管道完整性管理规范，天然气集输管道的腐蚀防护和腐蚀监测是安全管理的重要内容。随着越来越多的高含硫气田的开发，管道的腐蚀监测与检测技术也越来越成为工作关注的重点难点。管道漏磁内检测技术为目前油气管道定期全面检测的主要手段，而在线腐蚀监测为实时动态监测手段，能够实时在线测量并远程传输设备的腐蚀速率及相关参数，并通过系统软件对监测数据进行大数据分析及图表化展示，为防腐措施决策及调整提供管理依据。

目前，石油石化行业中，在线腐蚀监测技术可以分为侵入式直接监测和非侵入式的间接监测。电阻探针、电感探针等需要放入到管道内部进行监测，属于侵入式直接监测方式。而非侵入式监测主要通过声、电、热等参数的监测来判断管道腐蚀情况，主要包括：超声波测厚、电指纹、光纤腐蚀监测等。元坝气田位于四川盆地复杂山区，天然气中硫化氢平均含量为5.5%，二氧化碳平均含量为8.8%，根据气井气田产出水流体介质特性，平均总矿化度为53793mg·L^{-1}、硫化物为1093.9mg·L^{-1}，pH值为6.4，水型为弱酸性，集输系统采用L360QS抗硫碳钢和缓蚀剂进行防护，存在的潜在腐蚀问题。针对该问题，集输管线采用非侵入式的超声波在线检测系统（UT）和侵入式的电指纹（FSM）腐蚀在线监测技术，实现酸气管道的实时腐蚀数据监测。

针对UT和FSM，国内外学者在实验和理论方面做了大量研究工作，但主要集中在储罐、非含硫管道等方面，高含硫集输管道腐蚀监测上也仅是进行技术探讨、短时间运行分析设备可靠性，未针对高含硫、地势起伏大等长时间运行的山区埋地设备，开展数据可靠性及设备有效性评价分析。同时，针对近年来，元坝气田部分腐蚀设备设备故障率升高、局部管道出现腐蚀超标，腐蚀监测系统的有效性存疑，亟需开展腐蚀监测系统在高含硫埋地集输管道的有效性评价，为后续腐蚀监测系统的应用提供理论支撑。

1　基本概况

1.1　超声波在线检测系统基本情况

选用进口超声波在线检测系统14套，分别安装于不同的埋地管道上，主要位于积液段、弯头等易腐蚀、易冲蚀位置，探头数量根据酸气管道尺寸安装，4~12个不等。设备采集的管道壁厚数据可通过物联网卡远传和工业以太网传输至服务器，实现数据远传及分析处理功能。

UT设备投产至今，主要存在以下问题：位于野外的采集器主板被雷击坏2次，更换维修后恢复正常；4台设备的监测数据出现壁厚波动较大，且存在壁厚异常增加，因设备埋地及拆除难度大，维修维保难度大。

1.2　电指纹基本情况

选用进口FSM和国产FSM进行联合监测，其中进口FSM设备有25套，国产FSM设备有2套，通过焊接安装在管道积液处或弯头处等易腐蚀、冲蚀等管线环向焊接处。采集数据通过工业以太网、物联网卡传输到中控室服务器，进行实时在线查看。

FSM 设备投产至今，主要存在以下问题：6 套 FSM 电指纹数据失真；3 套 FSM 腐蚀监测系统数据停止上传。此类故障的出现，导致无法及时获取酸气管线的腐蚀情况，影响酸气管线的安全管控。

2　腐蚀监测系统有效性评价

2.1　典型管段选取

2022 年至 2023 年，气田完成集输管道第三轮漏磁内检测复检工作及开挖验证工作，漏磁检测技术的置信度为 99%，数据可靠性较好。结合漏磁检测结果及管线的气液输送模式，选取 5 段典型管道，开展腐蚀检测系统和漏磁检测结果数据对齐，评价监测系统的有效性(表 1)。

表 1　典型管段基本情况

序号	管线编号	管线长度/km	运行时长/年	气液输送模式	气流速度/(m/s)	腐蚀检测设备安装情况	备注
1	GD1	9.3	9	混输	0.76	UT-1、FSM-1	
2	GD2	4.57	6	分输	5.27	FSM-21-Ⅱ	
3	GD3	6.64	9	分输	3.05	UT-2、FSM-2	
4	GD4	5.92	9	分输	9.05	FSM-7、国产 FSM-15	
5	GD5	14.72	9	分输	8.22	UT-8、FSM-8、FSM-9、FSM-10、国产 FSM-14	

2.2　腐蚀监测系统与漏磁检测结果对比分析

2.2.1　UT 与漏磁检测结果对比分析

根据 2024 年 1 月 UT 监测结果，GD1 与 GD3 的腐蚀速率均较小，最大为 0.01mm/a(表 2)，低于腐蚀管控值(0.076mm/a)，壁厚减薄率也均低于 5%，远低于行业腐蚀速率标准(0.076mm/a)。

表 2　UT-1 和 UT-2 腐蚀监测结果

设备	探头方位	壁厚减薄/mm	减薄率/%	腐蚀速率/(mm/a)
UT-1	1	0.0034	0.0371%	0.000499
	4	0.0698	0.7736%	0.010239
	6	0.0037	0.0401%	0.000543
	8	0.0006	0.0063%	0.000088
	10	0.0066	0.0693%	0.000968
	12	0.032	0.3517%	0.004695
UT-2	1	0.0005	0.0033%	0.000073
	2	0.004	0.0277%	0.000587
	3	0.0055	0.0363%	0.000807
	4	0.0007	0.0047%	0.000103
	6	0.0041	0.0278%	0.000602
	7	0.004	0.0268%	0.000587
	8	0.003	0.0200%	0.000440
	9	0.0025	0.0164%	0.000367
	10	0.005	0.0328%	0.000734
	12	0.0052	0.0336%	0.000763

续表

设备	探头方位	壁厚减薄/mm	减薄率/%	腐蚀速率/(mm/a)
UT-8	1	0.0206	0.1427%	0.004920
	2	0.0013	0.0093%	0.000311
	3	0.0064	0.0459%	0.001529
	4	0.0156	0.1134%	0.00372
	5	0.001	0.0074%	0.000239
	6	0.0103	0.0752%	0.002460
	7	0.0082	0.0598%	0.001958
	8	0.0131	0.0966%	0.003129
	9	0.0064	0.0472%	0.001528
	10	0.0044	0.0324%	0.001051
	11	0.0029	0.0208%	0.000692
	12	0.0005	0.0035%	0.000119

漏磁检测出具的金属损失列表仅出具大于5%的缺陷异常点，无小于5%的异常点，若设备安装位置未有金属损失点，表明该处壁厚损失未超过5%。对比UT监测结果与智能检测结果，具体情况如下：

(1) 漏磁检测出具金属损失列表没有UT-1安装位置的金属损失量，表明UT-1安装位置壁厚减薄未超过5%。根据UT-1的监测数据，最大减薄未0.77%，未超过5%，与智能检测结果一致。

(2) UT-2安装位置在GD3(距离下游收球筒阀门中心13m)，漏磁检测出具的金属损失列表中存在大于5%的减薄点最近为下游阀门中心上游27.867米。根据UT-2的监测数据，最大减薄未0.036%，与智能检测结果一致。

因此，UT监测的壁厚减薄率与漏磁检测的金属损失率结果一致，表明UT监测的管道壁厚数据有效。

2.2.2　FSM与漏磁检测结果数据对比分析

根据2024年1月FSM监测结果，GD2的壁厚减薄率为7.24%，腐蚀速率0.0965mm/a，存在腐蚀超标；其余各管道的壁厚减薄率均低于1%，满足腐蚀防控要求(表3、图1)。

表3　FSM电指纹腐蚀监测数据

位号	监测管段	管道壁厚/mm	减薄5%的壁厚损失量/mm	监测最大壁厚损失量/μm	监测最大壁厚率/%
FSM-1	GD1	9.5	0.475	6.632	0.070
FSM-2	GD3	11	0.550	65.939	0.599
FSM-7	GD4	10	0.500	25.752	0.258
FSM-8	GD5	12.5	0.625	70.651	0.565
FSM-9	GD5	12.5	0.625	37.218	0.298
FSM-10	GD5	12.5	0.625	94.181	0.753
国产FSM-14	GD5	12.5	0.625	32.25	0.258
国产FSM-15	GD4	10	0.500	22.70	0.227
FSM-21-Ⅱ	GD2	8	0.4	579.112	7.24

对比了FSM监测结果与漏磁检测结果，具体情况如下：

(1) FSM-1、FSM-2、FSM-9、FSM-10、国产FSM-14和国产FSM-15的安装位置，在漏磁检测出具金属损失列表上没有点位，表明其安装位置壁厚减薄未超过5%。根据各FSM的监测数据，最大金属损失均未超过5%，与智能检测结果一致。

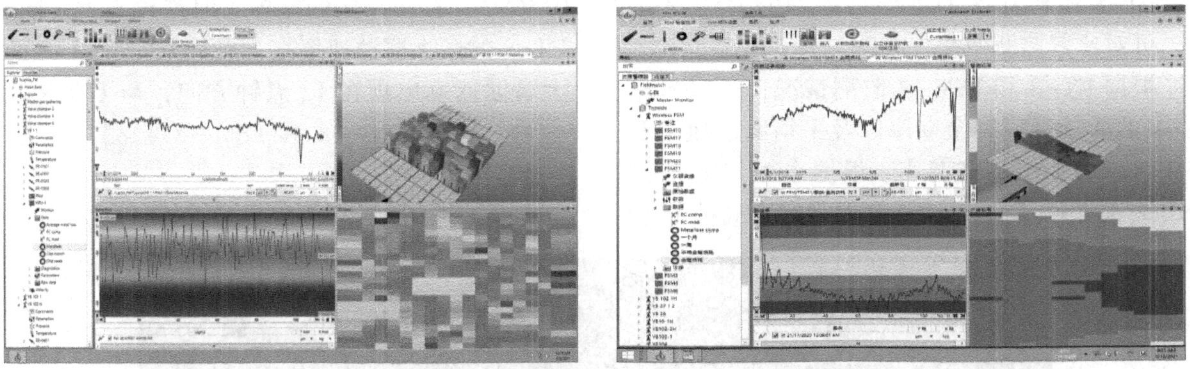

图 1 FSM 监测系统(左：FSM-1；右：FSM-21-Ⅱ)

(2) FSM-21-Ⅱ安装位置在漏磁检测报告显示该处管道外部存在 10%的金属腐蚀缺陷，经开挖验证，管道存在外腐蚀，缺陷点位于 FSM-21II 安装区域内(图 2)。根据现场无损检测结果，该处的 0 点钟方向存在最大壁厚减薄为 0.739mm(减薄 9.24%)，与漏磁检测结果较为一致。

图 2 FSM-21-Ⅱ开挖情况及 FSM 针脚焊接示意图(非该处缺陷)

2.2.3 国产 FSM 与漏磁检测结果数据对比

核查漏磁检测结果，FSM-14 和 FSM-15 安装的位置均为未有金属损失点，表明该处壁厚损失未超过 5%。根据 FSM-14 和 FSM-15 的安装情况，其分别对应不同的管线壁厚，计算出对应壁厚减薄 5%的金属最大损失量，然后与监测设备的壁厚最大损失量对比，可以看出电指纹设备监测的壁厚减薄也低于 5%，与智能检测结果一致(表 4、图 3)。

表 4 国产 FSM 电指纹运行情况

位号	监测管段	位置	管道壁厚/mm	减薄 5%的壁厚损失量/mm	监测最大壁厚损失量/mm	监测最大壁厚率/%
FSM-14	GD5	进站处	12.5	0.625	0.0282	0.226
FSM-15	GD4	进站处	11	0.55	0.0284	0.258

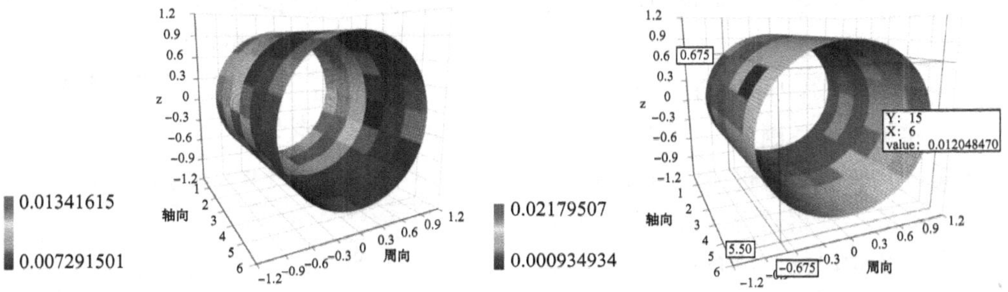

图 3 国产 FSM 腐蚀速率监测示意图(左：FSM-14；右：FSM-15)

2.2.4 FSM 与 UT 监测结果对比分析

UT-8 和 FSM-8 安装位置在 GD5，UT-8 和 FSM-8 中间为一段直管，长度为 760mm，其安装示意图见图 3。根据其安装位置及管线信息分析，UT-8 和 FSM-8 的运行工况、输送介质等一致，可对比其监测效果。

根据 UT-8 和 FSM-8 监测情况，可以看出 UT-8 的酸气管线剩余壁厚以及平均腐蚀速率和 FSM-8 酸气管线的减薄率。根据表 2，UT-8 的金属减薄最大为 0.14%，FSM-8 的减薄率为 0.565%，存在一定的差异，但差异不大；同时，UT-8 的最大腐蚀速率在 1 点钟方向 FSM-8 的最大腐蚀速率出现在 12 点钟方向，与 UT-8 较为一致。因此，UT-8 和 FSM-8 监测结果较为一致。

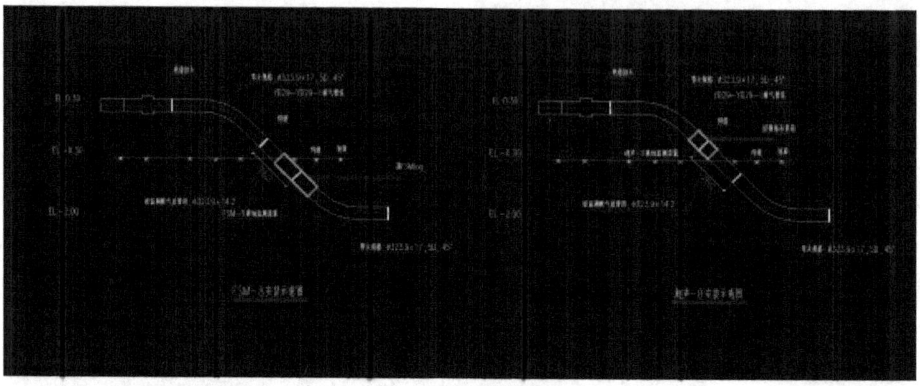

图 4　安装示意图

2.2.4　国产 FSM 与艾默生 FSM 数据对比分析

FSM-15 安装于 GD3 进站处，FSM-7 也安装在 GD3 进站处，可视为同一腐蚀环境。FSM-15 腐蚀速率低于腐蚀管控值（0.076mm/a），管线最大减薄率为 0.227%，7 点钟方向；FSM-7 腐蚀速率低于腐蚀管控值（0.076mm/a），最大减薄率为 0.258%，7 点钟方向。二者数据偏差较小，监测结果视为一致。

3　腐蚀监测系统优化及建议

3.1　设备防雷接地优化

2022 年，对元坝气田 FSM 系统设备进行检查，8 个 FSM 系统设备安装在站外未防雷接地，未设计安装防雷接地装置（接地装置、各设施接地系统、浪涌保护、屏蔽及等电位连接），FSM 系统设备未接地或接地不满足要求可能造成使用过程中容易出现设备频繁损坏，如果漏电可能造成人员触电，存在安全隐患。

这 8 个站外 FSM 设备中，目前有 6 个设备故障，分析与未接地有关。因此，后期可开展可选点进行设备接地实验，对其进行防雷装置、接地网进行设计和安装，观察运行效果。若运行良好，便可对站外其余管段的监测系统进行防雷装置、接地网进行设计和安装，使 FSM 系统设备规范接地，保障安全生产。

3.2　设备安装位置优化

元坝气田位于复杂山区，集输管道存在明显的低谷和高顶，低谷与高顶存在 30～60m 不等落差，结合智能检测结果金属损失分布数据，严重腐蚀点多落在沿线山谷低洼区域内。在酸气管线上坡处，气流带动积液冲向山坡上，但因为气流速度低或者高程高，造成部分积液反复冲刷，造成上坡处管线腐蚀，出现金属损失的情况。

因此，后期 FSM 或 UT 在选点安装时，建议安装在以下位置：管线的低洼易积液处、高程差较大的上坡段下部、智能检测结果腐蚀严重点、输气量大的输气干线需要安装、气体流速低的管段。

3.3　UT 探头数量优化

根据酸气管道智能检测结果，酸气管线的内腐蚀风险点基本分布于管线的下部，即 3～9 点钟方向，管线上部出现的内腐蚀的可能性较小。因此，在保证监测效果的基础上，优化 UT 探头的数量，可实现降本增效。探头数量及安装可根据以下原则进行选择：根据尺寸不同，选择不同的探头数量，采用管道下部探头密集，上部稀疏的安装方式（表 5）。

表 5　UT 探头数量及安装方位推荐

序号	管线尺寸	探头数量	探头方位
1	4	3	4、6、8
2	6	4	0、4、6、8
3	8	6	0、4、5、6、7、8
4	10	8	0、3、4、5、6、7、8、9
5	12	10	0、2、3、4、5、6、7、8、9、10

3.4 腐蚀监测系统日常运行管理优化

（1）提高维护操作人员专业技能

目前腐蚀监测设备及系统只有部分维保以及专业技术人员熟悉操作，一些维保人员不了解道理不会操作，下步将尽快完善 FSM、UT 设备等相关操作规程。对于阴极保护系统的维护人员，一方面需要对其专业技能进行培训，使其提高自己的专业素养；另一方面还需要提高其责任感，使其在工作中能够尽职尽责，全力维护集输管道及腐蚀监测系统的正常运行。

（2）强化管理制度

腐蚀监测系统的管理制度还不够完善，强化新建腐蚀监测系统的施工管理，确保施工质量达到标准要求，从源头上杜绝施工缺陷对后续运行管理的不良影响，同时每月巡检时重启一次设备、及时对电池进行更换、端子接线紧固等，并做好记录。同时，采集箱采用放置干燥剂以及密封堵泥来密封，定期取出称重获取水分进入情况，获得规律后便可定期进行干燥剂更换。

4 结论

本文在充分调研国内外腐蚀监测系统研究现状的基础上，首先基于现场实际腐蚀监测情况，结合漏磁检测现状和结果，优选了典型酸气管道作为研究对象来对比评价腐蚀监测系统的有效性；同时，针对腐蚀监测系统运行现状，提出了改进建议与优化。本文最终得到的主要结论如下：

（1）FSM、UT 腐蚀监测设备可靠性较好，监测数据准确，满足高含硫气田的现场应用；

（2）根据腐蚀监测系统的运行情况和运行要求，形成了防雷接地、设备安装位置优化等相应措施，为高含硫气田腐蚀监测系统应用提供了理论基础。

参考文献

[1] 伍从广．高含硫天然气埋地集输管道的安全管理研究[J]．油气田地面工程，2020，39(1)：152-154.

[2] 宋积文，张亮，金曦．油气管道在线腐蚀监测技术的研究现状及发展趋势[J]．当代化工研究，2022，(20)：152-154.

[3] 石鹏飞，胡凌越，段国庆，等．腐蚀监测技术研究现状与展望[J]．全面腐蚀控制，2023，37(10)：23-30.

[4] 朱国利．腐蚀监检测技术在石油石化工业中的应用[J]．涂层与防护，2022，43(2)：29-35.

[5] 马文明，张中意，尚晓培，等．超声波壁厚在线监测系统在高酸气田的应用[J]．油气田地面工程，2020，39(4)：79-83.

[6] 李冰毅，王振强．工艺管道腐蚀超声波在线监测技术及应用[J]．安全．健康和环境，2020，20(10)：26-29.

[7] 张克文．长输管道超声波在线检测技术探讨[J]．石油和化工设备，2022，0(25)：190-193.

[8] 祁永刚，段汝娇，杨绪运，等．基于 FSM 的管道腐蚀监测技术实验研究[J]．检验检测，2022，(39)：56-61.

[9] 王清岭，郭西水，黄雪松，等．国产化 FSM 设备在高含硫气田输气管道上的应用[J]．油气田地面工程，2019，38(4)：86-92.

[10] 顾锡奎，何鹏，陈思锭．高含硫长距离集输管道腐蚀监测技术研究[J]．石油与天然气化工，2019，48(1)：68-73.

[11] 辛佳兴，陈金忠，李晓龙，等．油气管道内检测技术研究前沿进展[J]．石油机械，2022，(5)：119-126.

冲刷-拉应力共同作用下 X70 管线钢的腐蚀行为研究

王伟志[1]　扈俊颖[2]　赵　凯[1]　聂　凌[1]　兰高力[1]

[1. 中国石化西南油气分公司(联益公司)；2. 西南石油大学石油与天然气工程学院]

摘　要　选取 X70 钢为研究对象，利用环路系统(流速 2.5m/s)及应力加载装置(拉应力 400MPa)，结合动电位极化曲线、电化学阻抗谱表面形貌分析探讨了冲刷和拉应力对 X70 钢腐蚀行为的影响，量化了冲刷、拉应力、冲刷与拉应力协同作用对腐蚀的影响。结果表明拉应力可以降低腐蚀产物的致密性和提高 X70 钢的反应活性，同时冲刷可以加快腐蚀反应的传质过程并且增强沙粒对 X70 钢表面的破坏作用，二者除了能单独促进 X70 钢的腐蚀外，还能进一步产生协同促进作用，协同作用导致的腐蚀电流密度增量为 37.54μA/cm^2。

关键词　冲刷；拉应力；环路系统；电化学；表面形貌；协同作用

随着油气资源的开发以及能源市场竞争的加剧，管道运输已经成为能源战略中至关重要的一环。与此同时，管道的腐蚀失效严重影响着管道运输的正常运行，有些事故甚至导致了较大的人员伤亡与经济损失。在石油与天然气的开采过程中，地层中的砂砾通常会被腐蚀性流体从井底携带进入油气管线及其生产设备，在高速流动下容易发生严重的冲刷腐蚀，从而引起生产设备以及输送管线的减薄甚至穿孔，造成这些过流部件的提前失效。除此之外，在油气输送过程中，油气管线还会受到金属内部残余应力以及来自外部环境和操作过程中产生的外应力，可能导致管道发生应力腐蚀开裂(SCC)，显著缩短了管线服役寿命。

事实上，油气管线可能同时服役在应力腐蚀和冲刷腐蚀环境中，应力腐蚀和冲刷腐蚀的共同作用容易导致更严重的腐蚀失效，显著影响了油气行业的生产安全。在本工作中，利用自主设计的含有应力加载装置的环路系统进行了实验，结合动电位极化曲线、电化学阻抗谱及表面形貌分析研究了冲刷和拉应力对腐蚀的协同作用。

1　实验

1.1　试样和溶液

本研究中的试样材料为 X70 管线钢，其化学成分组成见表 1。X70 管线钢的抗拉强度和屈服强度分别为 626.9MPa 和 573.5MPa。电极被加工成平面拉伸试样，具体尺寸如图 1 所示。在实验之前，使用 SiC 砂纸(从 400#到 1200#)逐级打磨 X70 电极工作面，并用丙酮去油，去离子水冲洗，在无水乙醇中脱水，最后在 N_2中干燥。

表 1　X70 管线钢的化学成分

成分	C	Si	Mn	P	S	Cr	Mo	Ni	Al	Fe
含量/(wt.%)	0.05	0.24	1.48	0.016	0.002	0.04	0.23	0.16	0.027	余量

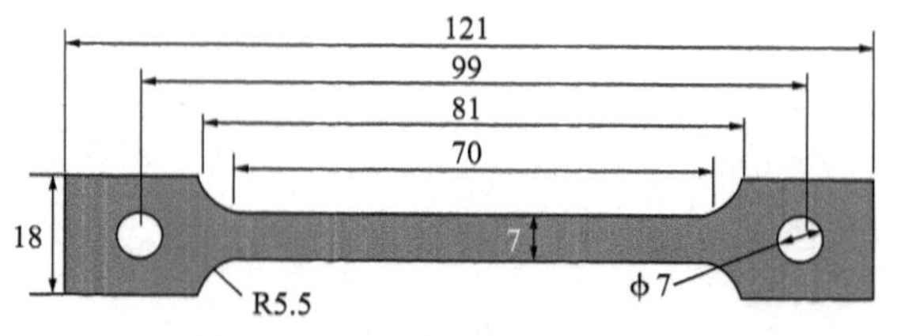

图 1　平面拉伸试样示意图

实验溶液是基于国内某油田的地层水的离子成分制备的，其化学成分见表 2。在实验之前，通过持续通入 CO_2(99.95%)24h 以除去溶解在溶液中的氧气。二氧化碳饱和后，溶液的 pH 值为 5.45。为了维持溶液中的 CO_2饱和的状态，同时防止 O_2进入溶液，实验过程中保持 CO_2持续通入溶液。

表 2　实验溶液化学成分

成分	NaCl	$CaCl_2$	Na_2SO_4	$MgCl_2 . 6H_2O$	$NaHCO_3$
含量/(g/L)	23.8	1.26	0.03	0.50	0.64

1.2　实验装置

图 2(a)为用于模拟现场油气输送管线的环路测试系统，主要由管道，离心泵，蓄水池，流量计和测试管段部分组成。环路测试系统总长约 6m(长 2m，宽 1m)，由透明聚碳酸酯(PC)管制成，内径为 50mm。实验选用储液罐容积为 35L，管内含有温控装置来调节溶液的温度。环路系统中流速为 2.5m/s，实验温度控制在 50℃，实验溶液中 SiO_2 沙粒含量为 0.25wt%。测试段部分内曲面被加工成平面用于放置拉伸试样，使得拉伸试样能与测试段紧密贴合，图 3(c)为测试部分的内表面。图 3(b)为测试段应力加载部分，在实验过程中，可以通过压缩弹簧(已知其弹簧劲度系数 350N/mm)对拉伸试样施加拉应力，本实验中施加的拉伸应力为 400MPa。

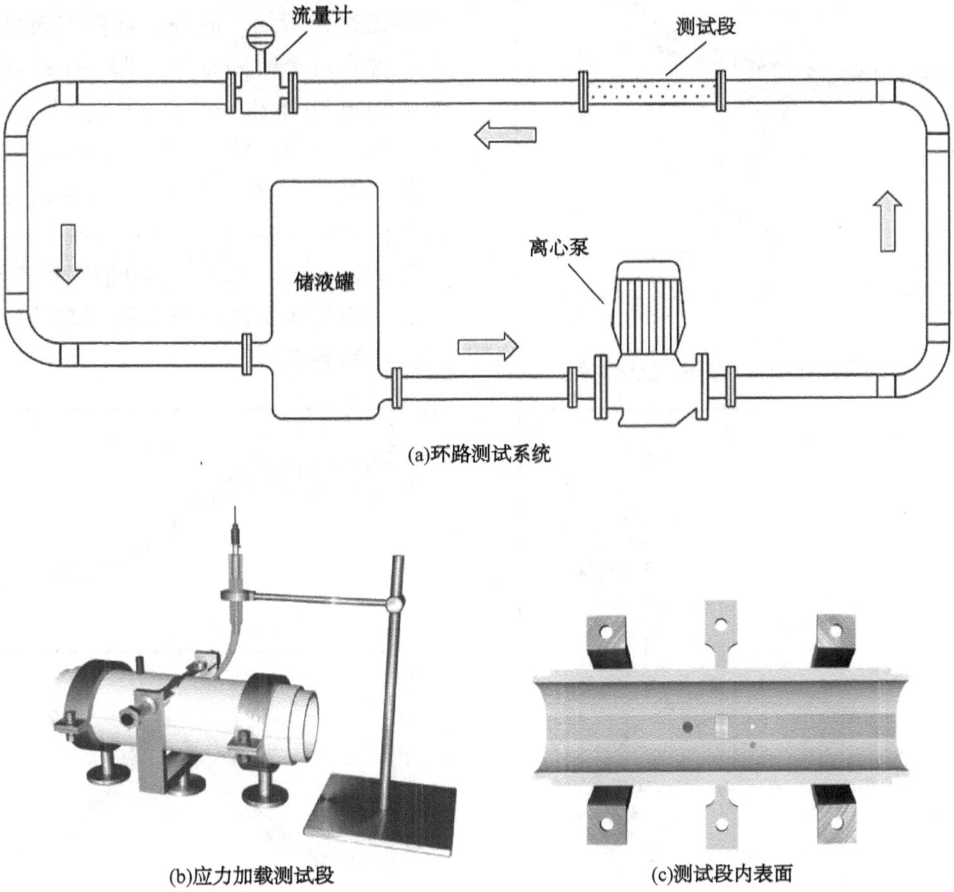

(a)环路测试系统

(b)应力加载测试段　　(c)测试段内表面

图 2　实验装置

1.3　电化学测试及形貌观察

电化学测试均在 CS310 电化学工作站上进行。采用传统三电极体系，饱和甘汞电极为参比电极，铂电极为辅助电极，X70 钢电极为工作电极。实验 9h 后，进行电化学阻抗和极化曲线测试。电化学阻抗频率范围为 100000Hz~0.01Hz，交流幅值为 5mV。极化曲线扫描范围为-0.3V(vs. OCP)~0.3V(vs. OCP)，扫描速率为 1mV/s。

利用扫描电子显微镜(SEM)(ZEISS EVO MA15)观察电极去除腐蚀膜前后的表面形貌。

2　结果与讨论

2.1　电化学行为研究

图 3 显示了 X70 管线钢在不同条件下腐蚀 9h 后测得的极化曲线。从图中可以看出，在静态条件下，在相同的阳极电位下，加载了拉伸应

力的 X70 钢的阳极电流比未加载拉应力的情况更大，这表明拉应力可以加速金属的阳极溶解，从而使得阳极电流增加，并且阴极电流会随着阳极电流的增加而增加。在冲刷条件下，由于流体流动可以加速腐蚀反应的传质过程，阴极极化曲线与静态条件下相比差异显著，在相同的阴极电位下，冲刷条件下的阴极电流大幅度增加。结果表明，拉应力和冲刷都能促进 X70 钢的腐蚀过程，在拉应力和冲刷的共同作用下，腐蚀的阳极反应和阴极反应都会被促进从而加速 X70 钢的腐蚀。

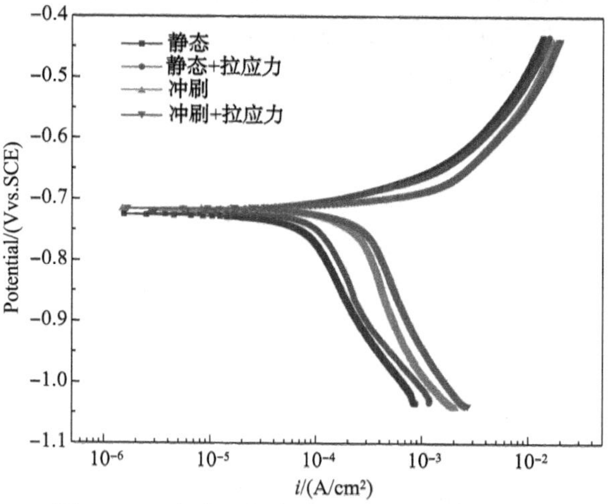

图 3　X70 钢在不同条件下的动电位极化曲线

图 4 为 X70 管线钢在不同条件下腐蚀 9h 后的电化学阻抗谱图。因为在静态和冲刷条件下金属腐蚀的阻抗模型不同，根据阻抗曲线特点并结合实际电极情况提出了图 5 中的两个等效电路进行 EIS 数据拟合。图 5(a)用于拟合静态条件下的 EIS 数据，图 5(b)用于拟合冲刷条件下的 EIS 数据。由于仪器设备、溶液和电力干扰等因素，拟合线在高频范围内虽然未能与 EIS 原始数据很好重合，但是不会影响整体的拟合结果。在等效电路中，R_s 为溶液电阻，Q_{dl} 为与双电荷层电容相关的恒相位元件，R_{ct} 为电荷转移电阻，Q_f 为与腐蚀产物层电容相关的恒相位元件；R_f 为腐蚀产物层的电阻；L 为电感；R_L 是电感电阻，拟合结果如表 3 所示。此外，在静态条件下，Nyquist 图中含有三个时间常数，即一个高频电容环、一个中频电感环和一个低频电容环；在冲刷条件下，Nyquist 图中则只有一个高频电容环路和一个低频电感环路。其中，高频下的电容半圆与界面电荷转移反应有关，中/低频下的电感半圆与金属溶解过程中形成的中间吸附产物($FeOH_{ads}$)有关，而低频下的电容半圆与腐蚀过程中形成的腐蚀产物有关。

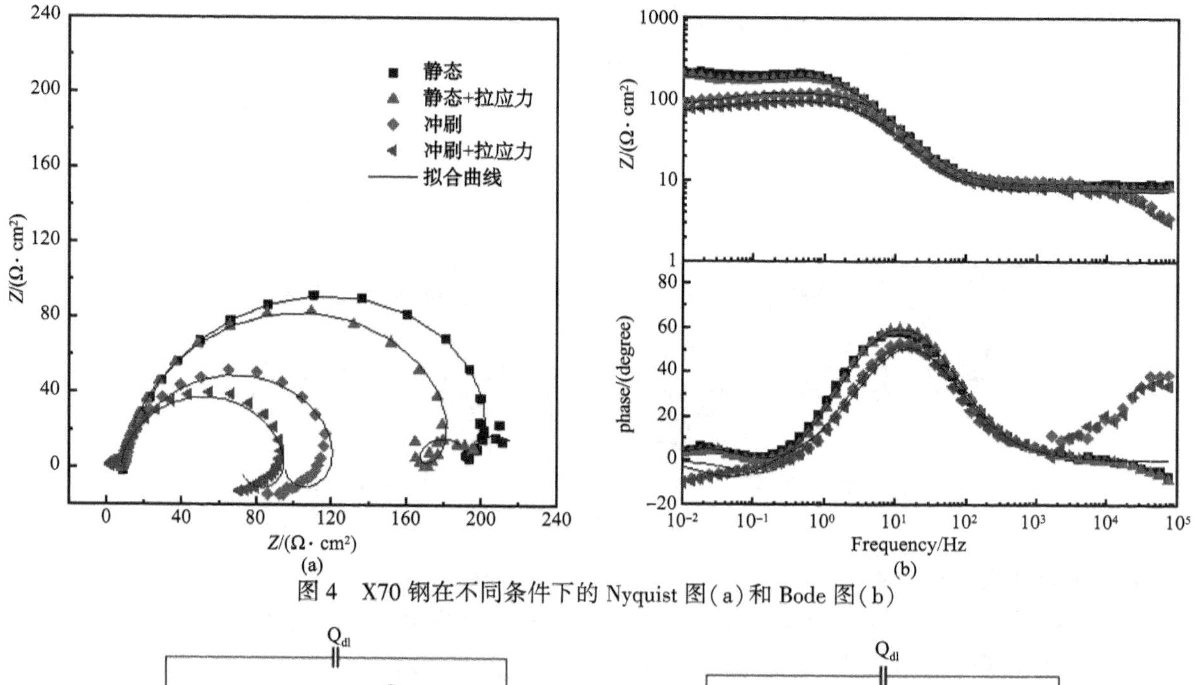

图 4　X70 钢在不同条件下的 Nyquist 图(a)和 Bode 图(b)

图 5　用于拟合 EIS 数据的等效电路

表3 电化学阻抗拟合结果

条件	R_s/ ($\Omega\cdot cm^2$)	Q_{dl}/ ($F\cdot cm^{-2}\cdot s^{-n}$)	n_1	R_{ct}/ ($\Omega\cdot cm^2$)	Q_f/ ($F\cdot cm^{-2}\cdot s^{-n}$)	n_2	R_f/ ($\Omega\cdot cm^2$)	R_L/ ($\Omega\cdot cm^2$)	L/ ($H\cdot cm^{-2}$)
静态	8.97	0.0005691	0.8764	182.70	0.2793	1	32.32	42.35	18.87
静态+拉应力	8.11	0.0005209	0.9016	155.70	0.2301	1	31.78	30.84	20.74
冲刷	8.72	0.0004360	0.9188	111.00	/	/	/	291.01	1167.00
冲刷+拉应力	7.40	0.0006947	0.8844	89.80	/	/	/	231.20	838.80

Nyquist图清楚地揭示了不同条件下电容环路的大小：静态>静态+拉应力>冲刷>冲刷+拉应力。此外，静态条件下的极化电阻($R_p=R_{ct}+R_f$)不同于冲刷条件下的极化电阻($R_p=R_{ct}$)，这是因为在冲刷条件下，流体流动产生的壁面剪切应力和沙粒的撞击会导致腐蚀产物不容易积聚在金属表面，因此反应在电化学过程没有腐蚀产物膜电阻。众所周知，腐蚀电流可以反映金属材料的腐蚀速率，并且腐蚀电流与极化电阻(R_p)成反比。因此，为了定量分析拉应力和冲刷对腐蚀速率的影响，根据Stern-Geary公式将R_p转换为了腐蚀电流密度(i_{corr})：

$$i_{corr}=\frac{B}{R_p} \tag{1}$$

式中，B为经验常数，mV；在本工作中设定为26mV；R_p为极化电阻，$\Omega\cdot cm^2$。

静态条件下，无拉应力和加载拉应力的X70钢的腐蚀电流分别为120.92$\mu A/cm^2$和138.68$\mu A/cm^2$。在冲刷条件下，无拉应力和加载拉应力的X70钢的腐蚀电流分别为234.23$\mu A/cm^2$和289.53$\mu A/cm^2$。与其他情况相比，冲刷条件下，加载拉应力的电极的腐蚀电流最大，这表明拉应力和冲刷可能会产生协同作用从而促进X70钢腐蚀。

在冲刷条件下，加载拉应力的电极的腐蚀过程会受到金属材料和溶液性质、拉应力、冲刷及其协同作用的影响。因此，在冲刷条件下，加载拉应力的电极的腐蚀电流密度($i_{\sigma,e}$)可以定义为：

$$i_{\sigma,e}=i_0+\Delta i_\sigma+\Delta i_e+\Delta i_s \tag{2}$$

$$\Delta i_\sigma=i_\sigma-i_0 \tag{3}$$

$$\Delta i_e=i_e-i_0 \tag{4}$$

式中，i_0为静态条件下无拉伸应力的电极的腐蚀电流密度，反映了金属和溶液自身的性质($\mu A/cm^2$)；Δi_σ为拉伸应力引起的腐蚀电流密度变化($\mu A/cm^2$)；Δi_e为冲刷引起的腐蚀电流密度变化($\mu A/cm^2$)；Δi_s为协同作用引起的腐蚀电流密度变化($\mu A/cm^2$)。

在本实验中，Δi_σ表示加载和未加载拉伸应力的电极腐蚀电流密度之间的差异，Δi_e则表示冲刷条件下和静态条件下的电极腐蚀电流密度之间的差异。通过计算，可以求得i_0、Δi_σ、Δi_e和Δi_s分别为120.92、17.76、113.31和37.54$\mu A/cm^2$。其中，Δi_σ，Δi_e和Δi_s均大于0，说明拉应力和冲刷不仅可以单独促进X70钢的腐蚀，并且还能产生协同作用加速X70钢的腐蚀。

2.2 表面形貌分析

图6和图7显示了X70管线钢在不同条件下实验9h后的SEM照片。在静态条件下，未加载拉伸应力的电极表面覆盖有一层较厚且致密的腐蚀产物膜，同时，还可以观察到一些颗粒分布在电极表面。加载拉应力后，电极表面同样被一层较厚的腐蚀产物膜覆盖，腐蚀膜表面产生了少量裂纹，表面上的固体颗粒比较分散。由于腐蚀产物覆盖在电极表面，很难具体得知电极的腐蚀情况，因此需要除去腐蚀产物后再观察电极的表面形态。去除腐蚀产物后，未加载拉应力的电极表面有少量小凹坑，并且可以发现打磨时形成的一些划痕依然存在，由此可知腐蚀程度并不严重。对于加载拉应力的电极，可以观察到电极表面的腐蚀凹坑数量增加，说明此时腐蚀程度加剧。

相比与静态条件下未加载拉应力的电极，在冲刷条件下电极表面覆盖着一层较薄且松散的腐蚀产物膜，并且腐蚀产物膜上还存在许多孔隙。当加载拉应力后，电极表面的腐蚀产物膜受到了明显的破坏，露出了部分金属基质。去除腐蚀产物后，未加载拉应力的电极的整个表面比静态条件下更粗糙，不过有趣的是电极表面上没有发现明显的凹坑。当加载拉应力后，电极的表面也同样变得更加粗糙，此时电极表面还出现了几个小凹坑。

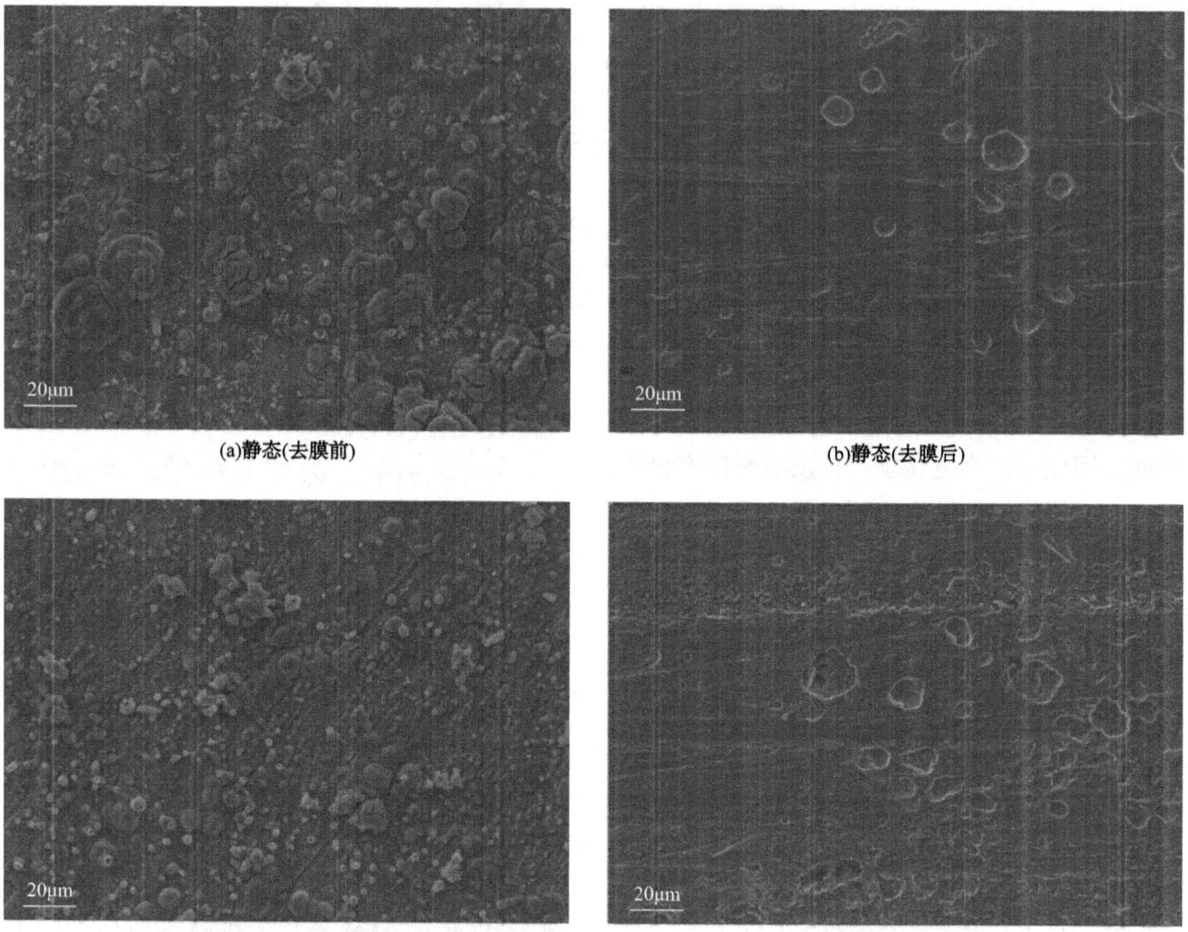

(a)静态(去膜前)　(b)静态(去膜后)

(c)静态+拉应力(去膜前)　(d)静态+拉应力(去膜后)

图 6　X70 管线钢在静态条件下的 SEM 照片

SEM 结果表明，拉应力和冲刷都加速了 X70 钢表面的腐蚀过程。拉伸应力倾向于增加金属表面的凹坑数量和扩大凹坑宽度，而冲刷则使整个金属表面变得更粗糙。在冲刷和拉应力的共同作用下，X70 钢表面不仅变得更加粗糙，而且还分布着一些小凹坑。由此可知拉应力和冲刷的共同作用会对 X70 钢表面造成更大的损伤。

2.3　协同作用讨论

通过静态条件下的 SEM 图片可以知道拉伸应力会降低腐蚀产物的保护作用，加载拉伸应力的 X70 钢表面的腐蚀产物膜会变得更加疏松，膜上的孔隙或裂纹也得到了扩展。因此，溶液中腐蚀性离子更容易接触到金属基质，这使得金属会发生更严重的腐蚀。此外，拉伸应力还会影响金属表面腐蚀产物膜的结构并改变其孔隙率，腐蚀产物的多孔性与外加的拉伸应力成正比：

$$\Delta p \propto k\varepsilon(1-2v) \tag{5}$$

式中，Δp 为腐蚀产物膜的孔隙率变化量；k 为多孔材料的特征常数；ε 为弹性应变；v 为泊松比。

需要指出的是，拉应力还可以通过将应变能引入金属中而引起金属的更多局部变形和位错，从而增加金属的反应活性以加速腐蚀。

从冲刷条件下电极的 SEM 图片可以看出，流体的壁面剪切应力和沙粒的撞击会去除金属表面的腐蚀产物膜，降低腐蚀产物膜对金属基质的保护作用。并且砂粒的撞击还能直接破坏并粗化金属表面，扩大金属基体腐蚀面积从而促进腐蚀。此外，冲刷会加速腐蚀性离子(H^+、HCO_3^-和H_2CO_3)向电极表面迁移，同时加快反应生成的Fe^{2+}从电极表面的离开，这将促进腐蚀反应的传质过程。

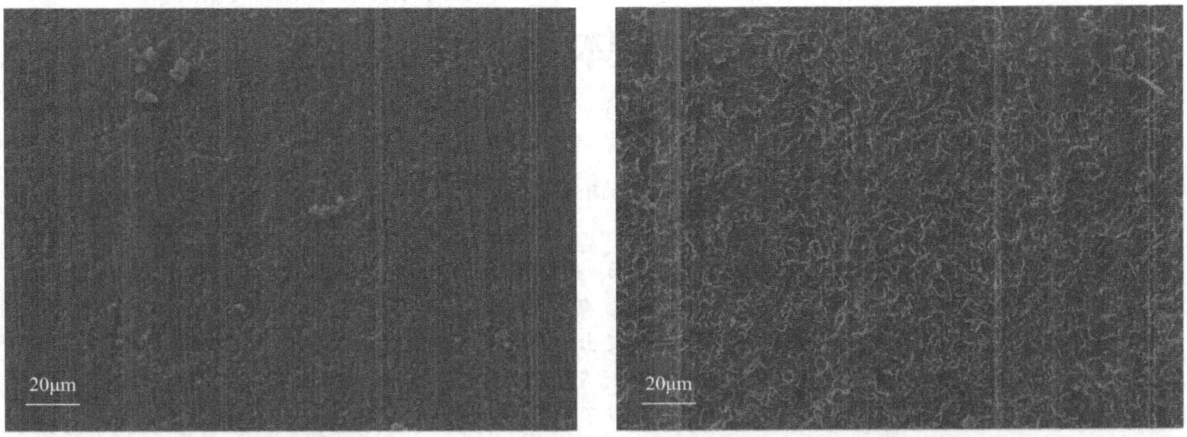

(a)冲刷(去膜前)　(b)冲刷(去膜后)

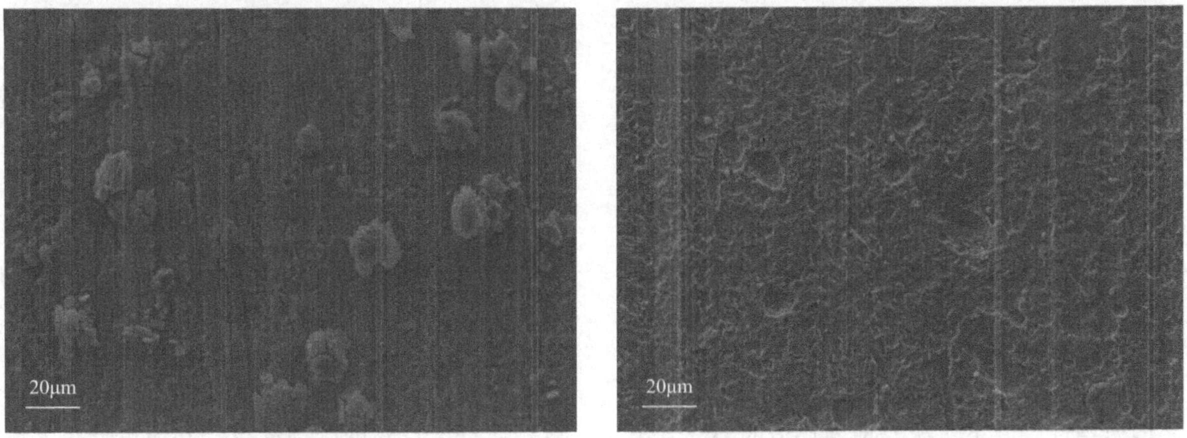

(c)冲刷+拉应力(去膜前)　(d)冲刷+拉应力(去膜后)

图 7　X70 管线钢在冲刷条件的 SEM 照片

结合电化学测试结果可以知道，一旦 X70 钢表面暴露在冲刷和拉应力的条件下，拉应力和冲刷会对金属的腐蚀产生一定的协同作用，这甚至大于拉应力对腐蚀的促进作用，因此明确协同作用的腐蚀机制显得尤其重要。通过分析，可以知道这种协同作用的机理主要体现在以下 2 个方面：(1)拉应力会导致腐蚀过程中形成的腐蚀产物更加疏松，在冲刷条件下，由于流体的壁面剪切应力和沙粒的冲击，这些腐蚀产物会更容易被去除掉，从而使金属基质暴露在腐蚀环境中并被腐蚀破坏；(2)由于拉应力使得腐蚀产物膜变得更加疏松且多孔，因此腐蚀性离子更加容易通过疏松的腐蚀产物膜接触到金属基体，同时流体冲刷也能加速腐蚀性离子向金属表面迁移。因此，拉应力和冲刷都对电化学反应的传质过程产生重要的影响，从而促进了腐蚀。

3　结论

(1) 拉应力可以降低腐蚀产物的致密性和提高 X70 钢的反应活性，同时冲刷可以加快腐蚀反应的传质过程并且增强沙粒对 X70 钢表面的破坏作用，因此二者都能单独促进 X70 钢的腐蚀。

(2) 拉应力和冲刷会互相影响彼此的反应过程，从而降低腐蚀产物膜的保护性能和加速腐蚀反应的传质过程，进一步产生协同作用促进腐蚀，协同作用导致的腐蚀电流密度增量为 37.54μA/cm^2。

深层页岩气井筒-地面-集输腐蚀特征及管控体系研究

严　曦　严小勇　卜　淘　阴丽诗　王　坤　向　伟　王林坪　张　云

（中国石化西南油气分公司）

摘　要　围绕深层页岩气生产过程中井筒-地面-集输系统面临的腐蚀问题，采用失效产物检测分析法，开展不同生产流程的腐蚀特征分析，明确了引发集输系统主要腐蚀原因：由冲蚀、细菌腐蚀、CO_2腐蚀、氧腐蚀等多个因素导致。针对存在的腐蚀诱因提出控制对策，主要包括控砂、增大壁厚、材料表面涂层、加注杀菌剂缓蚀剂、实施清管作业等措施，同时开展的精准腐蚀检测-评价技术，也有效支撑了集输系统腐蚀风险的精准识别与后续管控措施调整，形成了井筒-地面-集输系统全流程一体化防控办法。

关键词　深层页岩气；腐蚀特征；腐蚀原因；管控措施

威荣页岩气是国内首个商业开发的深层页岩气田，排液及生产过程中具有高温、高产液、高递减、易出砂的特征。CH_4含量约97%、平均CO_2含量1.5%左右，采出水总矿化度较高，含有Ca^{2+}、Mg^{2+}、Cl^-、HCO_3^-离子及大量SRB、TGB、FB等细菌（其中SRB数量高达1.3×10^5个/mL）。由于早期对页岩气的腐蚀认识不充分，加之重复使用压返液进行压裂施工，大量的SRB等细菌被带入生产流程，导致井下-地面-集输系统腐蚀问题突出。另外受页岩气开采层位不同，地质条件、井下工况、地面环境的差异，因此腐蚀特征及原因也各不相同，需要针对具体工况环境开展分析，为页岩气井筒-地面-集输系统腐蚀防控工作提供参考。

1　井筒-地面-集输腐蚀失效特征及原因分析

1.1　腐蚀失效特征分析

1.1.1　井下管柱

威荣深层页岩气田油管材质为P110，服役温度为30~135℃左右。根据现场起出油管分析，明显腐蚀迹象的井段集中在0~1150m，2000m后无腐蚀迹象。对失效油管剖管开展宏观形貌分析，发现油管内壁呈现如下特征：锈红色及黄褐色相兼特征且腐蚀产物覆盖，并随机分布大量的局部腐蚀坑与点蚀坑（图1）。

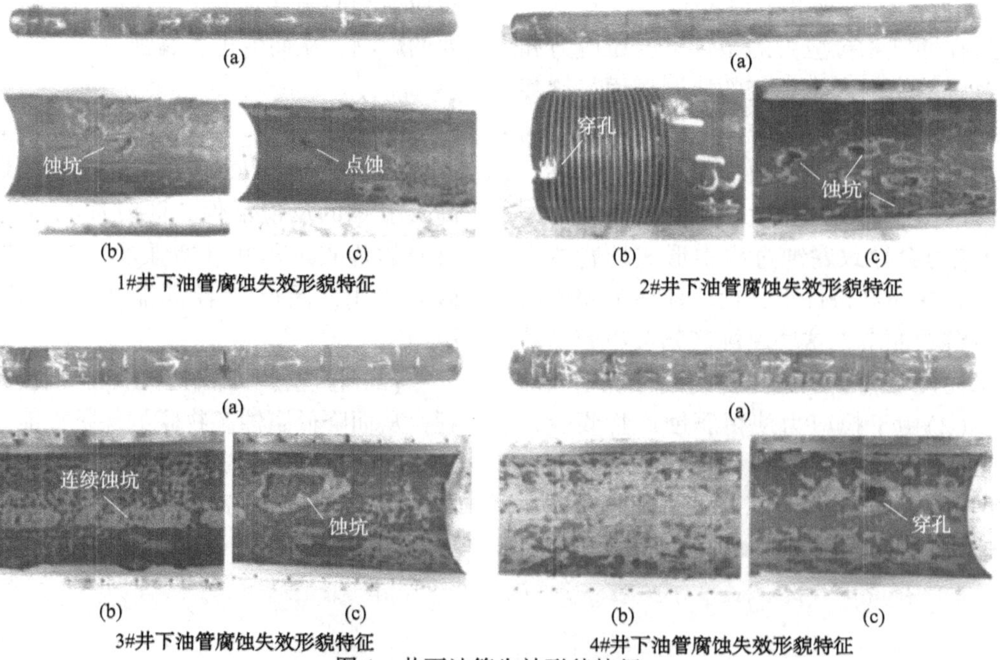

图1　井下油管失效形貌特征

结合能谱+X 射线衍射对腐蚀产物进行分析，表明井下油管腐蚀产物含 $FeCO_3$、Fe_2O_3 及 FeS。同时不同物相的衍射峰强度显示 $FeCO_3$含量最高，存在少量 Fe_2O_3、FeS。一般来说 $FeCO_3$ 物相是典型的 CO_2腐蚀产物，Fe_2O_3 是典型的氧腐蚀产物，而 FeS 相的形成与 H_2S 有关，页岩气不含硫化氢因此认为和硫酸盐还原菌产生的腐蚀有关。由此表明井下油管失效样品的腐蚀可能与二氧化碳、氧、细菌等物质有关(图 2-3)。

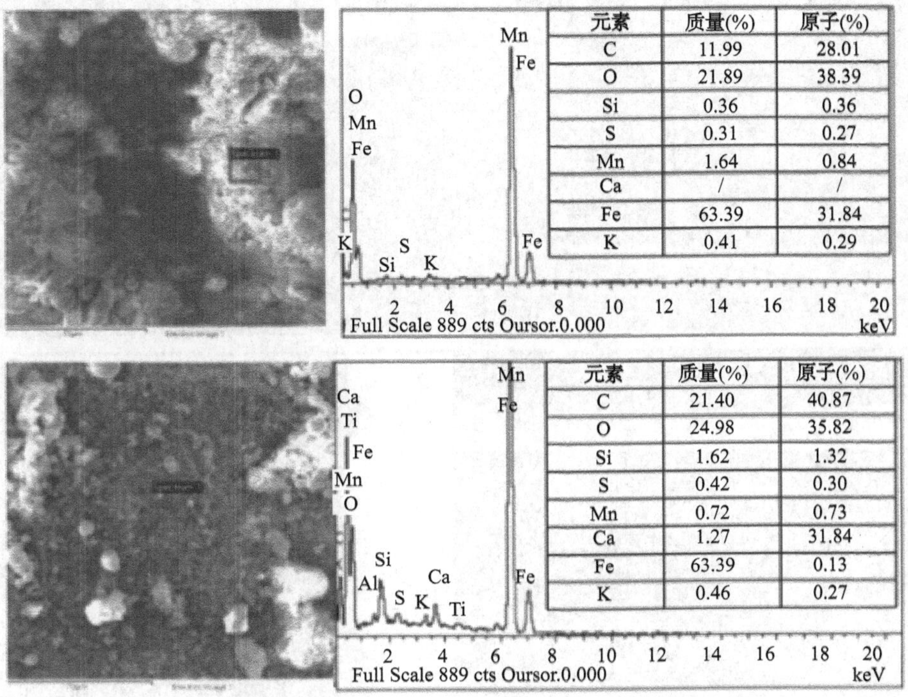

图 2　失效管段微观形貌及能谱分析结果

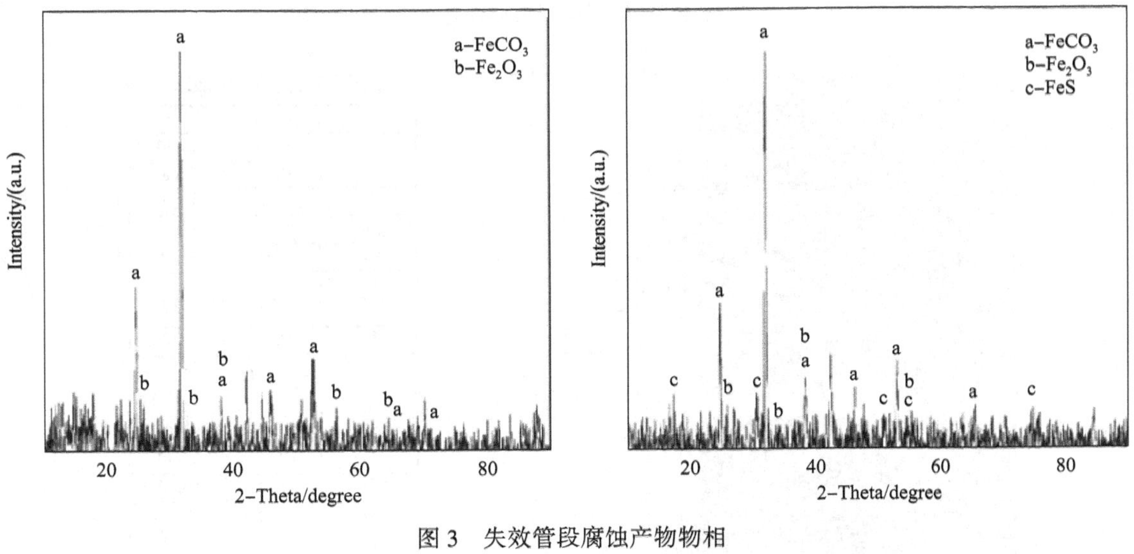

图 3　失效管段腐蚀产物物相

1.1.2　地面管线

威荣页岩气田采气集输流程为：采气井口→(除砂器)→分离器→平台计量外输→集气站脱水→外输。节流前投产初期井口温度为 80~95℃，中后期温度为 30~35℃，材质为 Q345D，节流后由投产初期的 40~80℃下降至 20~30℃。据前期统计地面集输腐蚀穿孔主要发生在弯头、三通、焊缝等气体流向发生突变处，正对气流方向存在明显冲蚀坑或冲蚀缝，后期集输系统腐蚀形貌较多样化，包括单个点腐蚀坑、沟槽、片状腐蚀(图 4)。

结合能谱检测+X 射线衍射对腐蚀产物进行分析，检测结果表明井下失效样品的腐蚀产物主要为 $FeCO_3$，同时含有少量的 Fe_2O_3、FeS 等产物(图 5~6)。

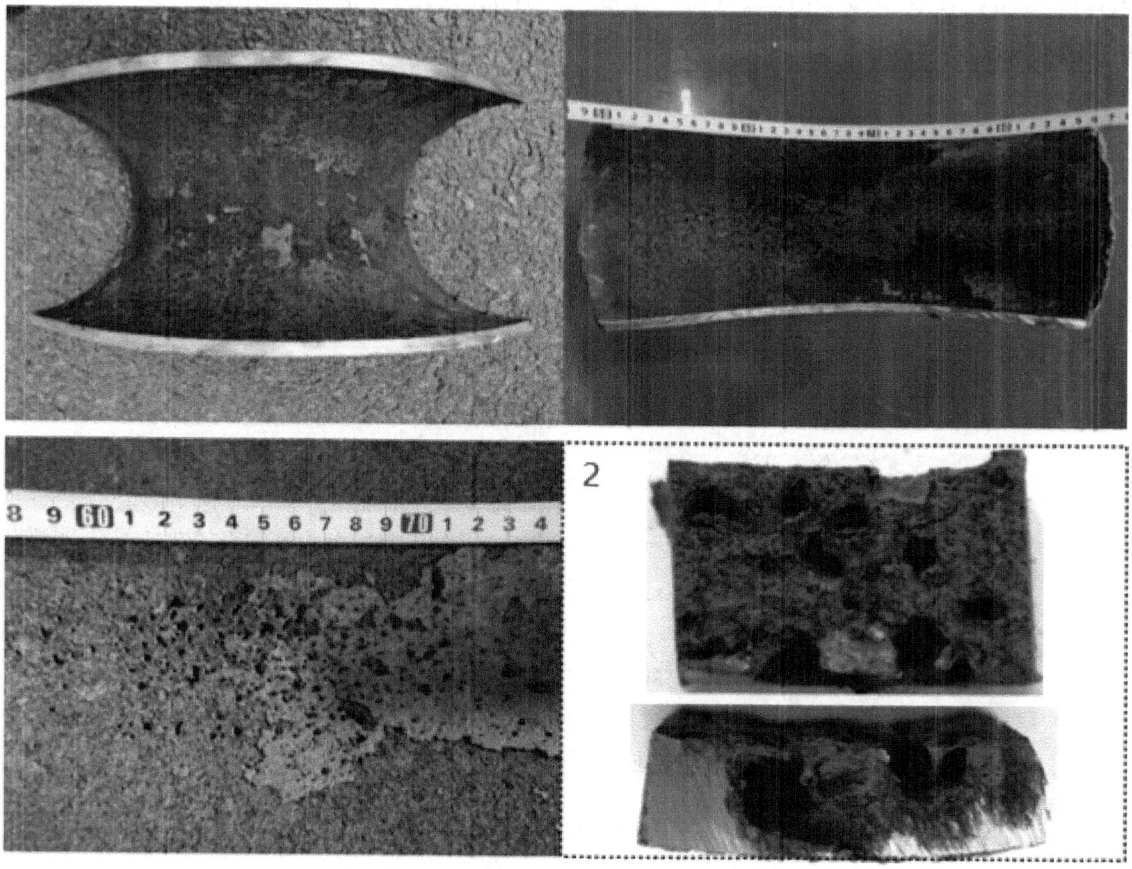

图 4　地面管线失效形貌特征

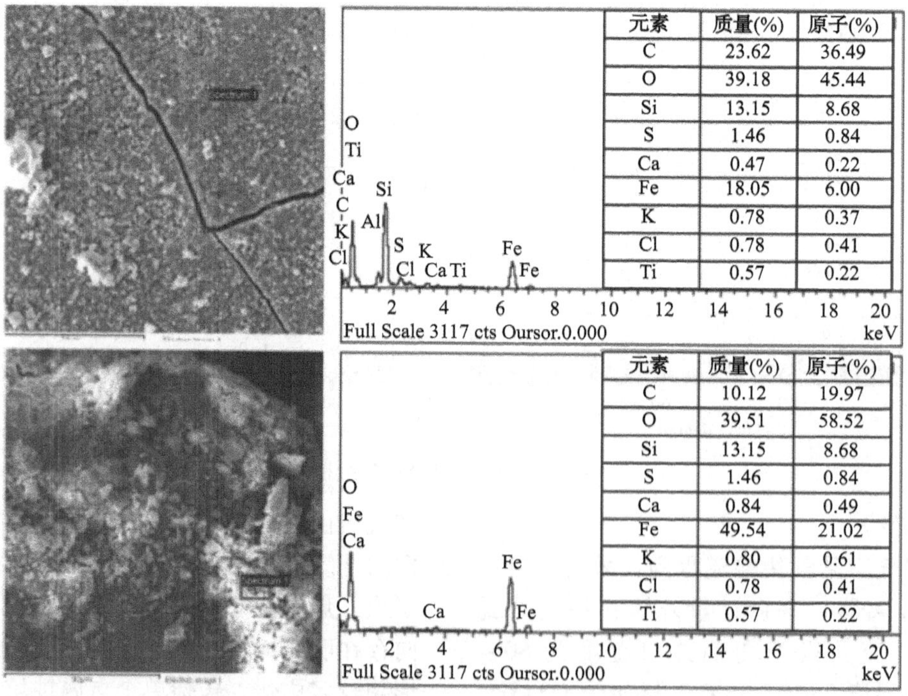

元素	质量(%)	原子(%)
C	23.62	36.49
O	39.18	45.44
Si	13.15	8.68
S	1.46	0.84
Ca	0.47	0.22
Fe	18.05	6.00
K	0.78	0.37
Cl	0.78	0.41
Ti	0.57	0.22

元素	质量(%)	原子(%)
C	10.12	19.97
O	39.51	58.52
Si	13.15	8.68
S	1.46	0.84
Ca	0.84	0.49
Fe	49.54	21.02
K	0.80	0.61
Cl	0.78	0.41
Ti	0.57	0.22

图 5　地面失效管段微观形貌及能谱分析结果

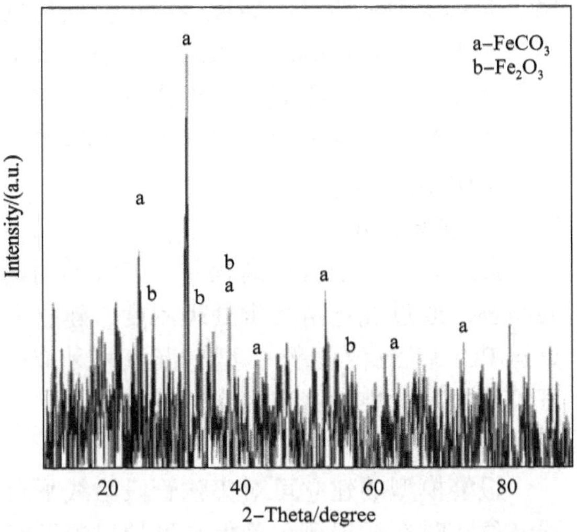

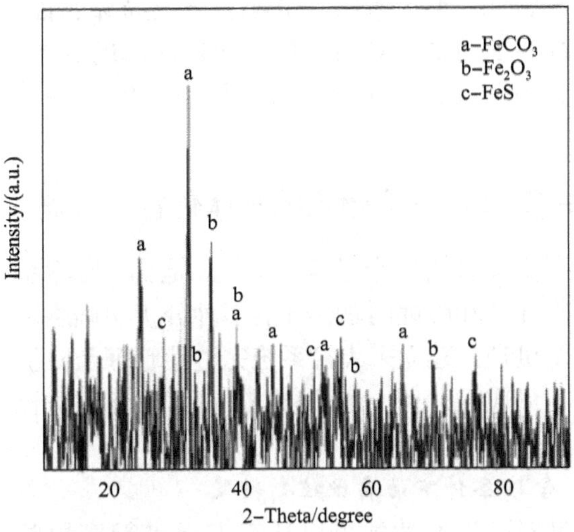

图6　地面失效管段腐蚀产物物相

1.1.3　集输管道

集输管道湿气输送，管道材质为 L360M，整体设计压力 6.3MPa，金属损失类型多为坑状金属损失，同时结合智能检测数据进一步表明腐蚀缺陷主要集中在管道下半部分 5：00~7：00 钟方向及上坡持液段。开展管道失效分析(SEM+EDS、XRD)，认为集输管道的腐蚀是由冲蚀+细菌腐蚀+二氧化碳腐蚀+结垢等多个因素耦合所致。

1.2　腐蚀原因分析

1.2.1　冲蚀

由于页岩气井在压裂过程中普遍使用石英砂和陶粒作为支撑剂，在生产过程中砂粒会随气流被带出，对地面管道甚至是集输管道内部造成严重冲蚀。被带出的砂粒会对地面管线三通、弯头与弯管等流速发生变化的区域造成严重的冲刷作用，破坏金属表面保护膜，同时在硫酸盐还原菌的作用下加速穿孔。

1.2.2　细菌腐蚀

研究表明在 PH=6-9、温度=30~50℃、有机物为养料、无氧环境、流速等条件下，硫酸盐还原菌(SRB)能够充分繁殖。页岩气井输送介质中本身不含有 H_2S，但腐蚀产物能谱分析存在 S 元素同时 XRD 检测中也含有少量 FeS，表明 SRB 细菌参与反应。SRB 细菌通过还原硫酸盐产生 H_2S，进一步通过化学反应腐蚀金属生成 FeS 和 $Fe(OH)_2$ 等腐蚀产物，而代谢产物(FeS)的存在，可以增加溶液的导电性，加速电子转移过程，促进腐蚀发生。

1.2.3　二氧化碳腐蚀

根据气样检测数据统计分析，威荣页岩气中 CO_2 的含量平均为 1.5%左右。根据腐蚀情况与 CO_2 分压的关系认为在整个生产阶段均会产生中等程度腐蚀。CO_2 腐蚀影响因素除了分压还与温度有关，当温度<60℃，形成的 $FeCO_3$ 膜与基体结合差、无附着力且易脱落，另外在清管产物中也出现了 $FeCO_3$ 物质，进一步表明集输管道受二氧化碳腐蚀。同时返排液中的 Cl^- 很容易穿透并破坏金属表面 $FeCO_3$ 等钝化膜的形成，引起强烈的局部腐蚀。

1.2.4　氧腐蚀

生产流程中氧气来源主要包括两种方式，方式一：输送介质中本身含少量氧，方式二：排水采气工艺如膜制氮气举制氮不纯引入氧，同时穿孔部位腐蚀产物检测到少量的 Fe_2O_3，因此可以推断可能发生氧腐蚀。氧腐蚀受溶解氧含量、温度、腐蚀介质中离子浓度、流速的影响，另外有研究表明，溶解氧具有极强的去极化作用以及浓差电池作用，即使在质量浓度非常低的情况下也能引起较严重腐蚀。当溶解氧含量大于 0.6mg/L 时，在含量相同的情况下，由溶解氧、二氧化碳及硫化氢引起腐蚀的速率存在如下关系：$V_{溶解氧}=80V_{二氧化碳}=400V_{硫化氢}$。

1.2.5　垢下腐蚀

由于气井返排液中会携带固体砂粒及其他的腐蚀产物进入集输系统后在管壁沉积到一定程度会导致垢下腐蚀，同时对采气平台及集输管线水样开展结垢趋势预测，发现均有碳酸盐垢和硫酸钡垢结垢趋势。垢下腐蚀会优先在垢层覆盖的部分发生腐蚀，形成氧浓差电池，造成局部腐蚀。当局部腐蚀垢被破坏后，可为管道内部的砂粒、积液、细菌提供有利的环境，导致腐蚀进一步发生。

2 井筒-地面-集输系统一体化管控措施

围绕页岩气生产过程中井筒-地面-集输系统面临冲蚀和腐蚀问题，开展多种分析明确腐蚀特征及机理，建立采集输系统完整性管理及防护技术，形成了井筒-地面-集输系统全流程防控办法。

2.1 含砂条件下的腐蚀控制对策

针对页岩气冲蚀可以从三方面进行腐蚀防控。一是制度控砂，采取及早钻塞，提粘提量液体携砂，增长返排时间等措施，提高井筒清洁性，减少气井出砂对正式生产流程的影响；二是材料控制，在生产阶段考虑充足的冲蚀裕量，采取迎冲面加厚、采用加厚方弯头、盲三通等措施，针对刺漏频繁部位可选用内衬陶瓷材料制成的内衬陶瓷弯头、内衬陶瓷三通等耐冲蚀部件；三是工艺防治，采取生产流程设置除砂器或高压旋流除砂器等手段控制。

2.2 含积液条件下的腐蚀控制对策

2.2.1 药剂防腐

（1）加注杀菌缓蚀剂

针对“细菌+二氧化碳”腐蚀问题，井下-地面-集输全系统开展防腐。基于腐蚀机理分析并结合起出油管腐蚀情况，将80℃作为油管腐蚀的界限温度，优化涂层油管下入深度为2000m以浅。同时开展杀菌剂和缓蚀剂室内筛选评价实验形成杀菌+缓释一体化技术，针对井下管柱、地面管道和集输管道加注对象的不同，充分考虑多种因素（产水、浓度、生物膜处理量等）设计杀菌剂、缓蚀剂加注用量，以达到最优保护效果。该杀菌缓释一体化技术对井筒-地面-集输系统均有较好的防腐效果，SRB $\leqslant$ 10 个/ml、TGB/FB $\leqslant$ 25 个/ml，腐蚀挂片监测腐蚀速率基本 $\leqslant$ 0.076mm/a。

（2）开展抗氧缓蚀剂研发

由于水中溶解氧是也是引起管道腐蚀的因素，因此需要开展药剂加注抑制氧腐蚀的发生。根据水中除氧的原理不同，分为物理除氧和化学除氧两种方法，物理除氧法主要是通过加热的方式，使水中的溶解氧被排出以达到除氧的效果；化学除氧法则是通过添加化学药剂，使药剂和溶解氧发生反应以达到除氧目的。目前威荣工区针对氧腐蚀采用加注除氧剂的方式进行管控，正在开展药剂复配研发适合页岩气工区的抗氧、抗二氧化碳缓蚀剂。

2.2.2 集输控水

针对各条集输管道高程差、产液不同量不同的问题，通过优化清管批处理制度、建立平台分离器 PCS 高液位报警模型、湿气脱水等方式，可较好的减少集输管道中腐蚀环境。

（1）建立分离器报警模型

报警模型的建立可对集输管段沿线平台分离器液位实时在线提醒，确保高液位时能及时将多余的水排除，避免未被分离器分离的水进入集输管道，导致集输管道积液。

（2）优化清管制度

清管可以清扫集输管道内杂质、积液、积污，提高管道输送效率，减少管道内壁腐蚀，为了避免集输管道中长期积液，必须进行清管作业。根据生产情况，采用钢刷+皮碗组合清管方式，以30天/次的清管周期开展“清管+杀菌+涂膜”，同时针对集输线路SRB等细菌的附着特点，不断优化措施，完善清管制度。

（3）湿气脱水

针对集输管道高程较大易积液的特点，形成“干线干气输送，支线湿气输送”模式。利用分子筛脱或三甘醇脱水撬装置进行深度脱水，通过吸附剂的吸附和脱附的操作方法，而实现不同气体的分离，该方式可彻底解决集输管道积液引发的腐蚀问题。

2.3 精准腐蚀监测-评价技术

针对页岩气面临的冲蚀和腐蚀问题，以“气相组分、液相浓度、固相成分”的原则，开展“超声波定点测厚、挂片精准监测、电阻探针连续预警、细菌数量周期评估”，高效适应了页岩气工区现场需求，实现了细菌数量、管道壁厚、药剂浓度、腐蚀速率的有效监测，支撑了集输系统腐蚀风险的精准识别与后续管控措施调整。

3 结论

（1）对深层页岩气的井筒-地面-集输系统失效特征开展分析，明确引发集输系统腐蚀穿孔是由于冲蚀、细菌腐蚀、CO_2腐蚀、氧腐蚀等多个因素导致。

（2）出砂及含液条件下提出腐蚀控制对策，主要包括控砂、增大壁厚、加注杀菌缓蚀剂、实施清管作业等管控措施，同时形成的精准腐蚀检测-评价技术也有效支撑了集输系统缺陷的识别。

参 考 文 献

[1] 王腾，严小勇，张伟，等．威荣页岩气田腐蚀机理与管控对策研究[J]．石化技术，2022，29(12)：123-125.

[2] 朱丽霞，罗金恒，李丽锋，等．页岩气输送用转角弯头内腐蚀减薄原因分析[J]．表面技术，2020，49(08)：224-230.

[3] 王磊，岳明，龙岩，等．西部某输气管道弯管穿孔泄漏原因[J]．腐蚀与防护，2023，44(03)：113-118.

[4] 黄烨，刘双江，姜成英．微生物腐蚀及腐蚀机理研究进展[J]．微生物学通报，2017，44(7)：1699-1713.

[5] 刘华敏，王浩．页岩气地面集输系统微生物腐蚀影响因素分析[J]．油气田地面工程，2020，39(12)：6.

[6] 迟丽颖．地面集输系统 CO_2 腐蚀与防腐技术研究[D]．大庆：东北石油大学，2017.

[7] 娄亮杰，徐忠苹，李爱贵，等．高矿化度油田污水处理系统的腐蚀因素分析及治理措施[J]．腐蚀与防护，2018，39(11)：892-895.

[8] 李海奎．注空气过程中井下管柱氧腐蚀防护技术研究[D]．青岛：中国石油大学(华东)，2015.

[9] 喻智明．注氮气驱井筒氧腐蚀行为研究[D]．成都：西南石油大学，2017.

[10] 吴贵阳，王俊力，袁曦，等．页岩气气田集输系统腐蚀控制技术研究与应用[J]．石油与天然气化工，2022，51(2)：64-69.

[11] 钟显康，李浩男，扈俊颖．页岩气开采与集输过程中腐蚀问题与现状分析[J]．西南石油大学学报(自然科学版)，2022，44(6)：162-174.

[12] 陆宏宇．浅谈油田注水管道腐蚀现状与防腐策略研究[J]．全面腐蚀控制，2023，37(01)：126-128.

管道腐蚀失效类型识别方法研究与评价

黄天杰[1,2]　李永宽[1,2]　赵明霞[1,2]　范冬艳[1,2]　马　锋[1,2]　李　洋[1,2]

(1. 中国石油吉林油田公司；2. CO_2驱油与埋存试验基地)

摘　要　油田地面管道服役环境复杂，管道失效概率高，矿场腐蚀类型与形貌识别难，随着高后果区面积不断增大，安全环保风险不断增大。为解决现有油气田管道失效类型的有效判别，通过对失效管体和服役环境分析、采样、测试等方式，建立了管道腐蚀失效类型识别方法，建立了电偶腐蚀、冲刷腐蚀、垢下腐蚀、水线腐蚀一级腐蚀形貌识别方法，确定了相关腐蚀典型形貌，通过室内腐蚀实验模拟分析与矿场腐蚀形貌对比分析，形成了CO_2腐蚀、溶解氧腐蚀、细菌腐蚀、CO_2和细菌共同作用下腐蚀的二级腐蚀形貌识别方法，确定了油田管道失效根本原因，实现现场失效类型的快速判断，为矿场失效管道防治技术研究提供了依据。

关键词　管道；失效类别；识别方法；验证评价；腐蚀形貌

油田管道失效率高，在300次/千公里·年，其中内腐蚀失效占整体的83.2%，但油田腐蚀失效样品库管线腐蚀形貌差异大，缺少腐蚀类型识别方法建立管道腐蚀失效识别评价方法，需要强化内腐蚀识别与主要因素认识。针对现场失效管道多种失效类型同时存在，根据腐蚀因素分析、室内模拟评价、微观失效分析、小类识别，形成失效类型识别与模拟验证方法，形成了可直接应用于现场失效管线的形貌识别技术，实现矿场集输管道腐蚀失效类型快速判断，为集输管道失效防治技术优选与油田安全环保生产提供保障。

1　典型失效管道采集与分析方法

1.1　失效管线的采集

试样的合理采集对于整个检验检测分析环节非常重要，直接影响最终分析结果的准确性，具有代表性的样品采集是实验分析结果准确认识与针对性防护对策优选的前提。对于典型失效样品的现场采集，应避免对腐蚀失效区域带来二次损伤，对于典型失效管线的切取，至少应该选取上下游远离失效位置进行切割，以免切割产生的损伤，对于断裂或者有裂纹的样品，在最初发现裂纹时及时对断口进行切取保护。

对于现场切取的样品，应当及时进行真空烘干，尤其是一些带有微生物腐蚀的样品，更应该注意对失效区域的保护。失效样品烘干取样后，应对其进行密封保存送检，送检过程中应尽量避免磕碰损伤，尤其是带有断口的失效样品，更应注意对断口的保护。失效样品采集后的储存、运移过程应注意空气、水、温度等因素的影响，采取针对性保护措施。

服役环境的采集主要集中与材料服役环境中的腐蚀性影响因素。记录腐蚀部位(部件)的原始资料，包括部件编号、使用日期、遭受腐蚀的时间、腐蚀环境等。对于存在腐蚀产物样品的采集，应根据腐蚀产物的位置、外观、颜色分别采样，收集在不同的密封袋或取样瓶内。需现场配备相关辅助设备如测厚仪、游标卡尺、毛刷、密封袋、密封容器等采集工具。

对于送检的腐蚀失效样品，首先应该对其表面腐蚀形貌进行采集判断，从而保留腐蚀的最初原始形貌。采集过程中应该尤为注意对细微腐蚀形貌的采集，包括腐蚀产物、断口腐蚀微裂纹以及失效管道内部是否存在微生物腐蚀迹象，从而为下一步试样微观位置切取进行判断。

通过对失效样品的宏观腐蚀形貌进行判断后，可以初步诊断其可能伴随的腐蚀类型。从而进一步利用实验室拥有的微观设备进行研究。

通过对失效样品的一系列宏微观分析，从而得到样品发生失效的原因。在此基础上进一步通过实验室模拟腐蚀失效过程，对判断的腐蚀失效机理进行验证。同时根据腐蚀诱因提出相应的解决方法并同步开展模拟实验进行验证。

1.2　失效样品分析及验证方法

从现场的失效管线采集结果可以看出，多种

管道失效类型同时存在于吉林油田的管道。根据《油气田管道和站场无泄漏示范区建设指导意见》中腐蚀类型识别要求，建立了管道腐蚀失效类型识别与模拟验证方法，确定了基于油田自主评价的二级失效样品失效类型识别方法。

一级识别是基于现场失效管道的位置、腐蚀形貌、腐蚀结垢产物信息等进行判断，针对管道的内腐蚀，主要可分为均匀腐蚀、水线腐蚀、冲刷腐蚀、垢下腐蚀、电偶腐蚀，在一级识别的基础上，进一步结合实验室室内腐蚀模拟评价、微观形貌分析进行二次分析，根据腐蚀机理与主控因素分析，开展二级识别腐蚀形貌模拟对比验证，确定失效类型判断的准确性(表1)。

表1　失效类型分级评价

级别	管道种类	失效类型	识别方法
一级识别	金属管道	水线腐蚀、冲刷腐蚀、垢下腐蚀、电偶腐蚀	矿场直观形貌验证评价
二级识别		溶解氧腐蚀、CO_2腐蚀、细菌腐蚀、CO_2和细菌共同作用下腐蚀	腐蚀规律、机理精细分析、腐蚀模拟对比验证

2　典型失效管道评价

2.1　一级识别与评价

2.1.1　水线腐蚀形貌

水线腐蚀是指由于气/液界面的存在，沿着该界面发生的腐蚀状况。腐蚀严重部位出现在液面及液面下部位置，气、水腐蚀介质的存在是导致水线腐蚀主要因素。失效位置通常分布于管线底部油水界面处或水气界面处，而其他位置无明显腐蚀现象或呈均匀腐蚀。在气水界面的附近，因为腐蚀介质的扩散途径短，腐蚀性气体的浓度大，多生成致密性差的腐蚀产物。在室内模拟矿场工况条件下，将腐蚀试片悬挂于气液界面交界面，上部位于气相中，下部位于液相中。实验表明，气相中试片光亮基本无腐蚀，腐蚀严重部位出现在液面及液面下部位置，存在明显的腐蚀界面，是导致水线腐蚀主要因素，腐蚀形貌与现场典型腐蚀形貌相近，见图1。

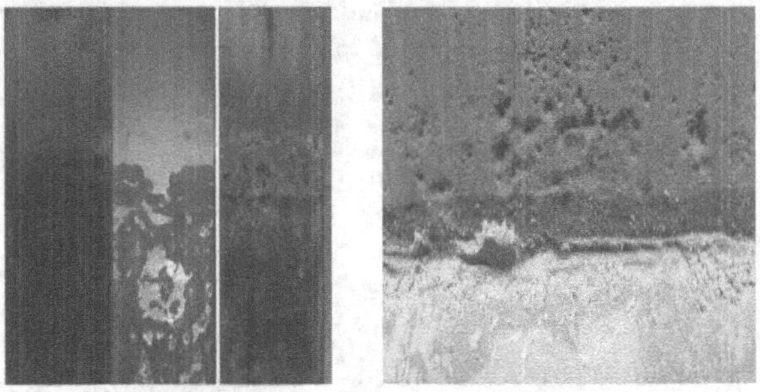

室内模拟形貌　　矿场管道形貌

图1　水线腐蚀形貌

2.1.2　冲刷腐蚀形貌

模拟冲刷工况条件下，随着腐蚀介质流速的升高，腐蚀速率增加，腐蚀严重部位出现在介质接触的管线下部，管线存在明显减薄现象。常发生于管道异形构件、变径、流向改变处，沿管口方向观察，管径厚度沿轴向方向存在“薄区”截面上可以清晰地看出存在明显的冲刷腐蚀痕迹，即局部位置存在明显的“薄区”，同时可以发现，部分“薄区”由于严重减薄，甚至发生肉眼可见的点蚀与穿孔现象。

在地面集输系统，在弯头、三通处介质流向迅速改变，易在拐角位置引起湍流，进而导致冲刷腐蚀，主控因素主要为腐蚀介质和介质的流速。管道内输送介质引起的冲刷腐蚀，液相冲刷减薄区一般常位于5点钟~7点钟附近，气相冲刷减薄区一般常位于11点钟~1点钟附近，冲刷腐蚀减薄区呈一条带状其他位置为均匀减薄区。

在室内高温高压釜模拟矿场工况下的冲刷腐蚀，实验表明，在高速搅拌产生的高流速条件下，腐蚀试片的腐蚀速率随着流速的升高，腐蚀严重部位出现在与液体接触位置，试片产生了溃疡状腐蚀，试片厚度显著减薄，进一步验证了管段失效的原因是由于发生了冲刷腐蚀引起的减薄穿孔，室内试片冲刷腐蚀形貌与现场典型冲刷腐蚀形貌相似，室内、矿场形貌对比见图2。

室内模拟形貌　　矿场管道形貌

图2　冲刷腐蚀形貌

2.1.3　垢下腐蚀形貌

在集输系统生产过程中，由于水质、钙镁离子、腐蚀与结垢产物、机杂、含油等影响，在温度、压力、流速变化条件下，易在金属管道的内壁上吸附，形成垢在管道表明的沉积。由于管道金属表面、沉积物、外部集输介质的差异性，导致垢下腐蚀的产生，造成管道缩颈与穿孔，影响安全生产。沿管口方向观察，存在一定厚度的腐蚀结垢产物层，且管径厚度有不均匀变化，常发生于集输介质(输水、输油)管道内。

针对矿场材质与室内材质的差异性，通过不同粗糙度的室内试片与矿场管道材料的腐蚀实验表明，材料的粗糙度大，比表面积大，与腐蚀流体接触面积大易使腐蚀结垢产物附着，从而加剧腐蚀。在腐蚀介质的作用下垢下腐蚀严重，垢层以下金属形成闭塞原电池加速腐蚀，垢下菌盐浓差的影响导致点蚀、局部腐蚀加剧，在80℃相同条件下垢下腐蚀速率是无垢条件下的1.5倍以上，腐蚀速率见表2。

表2　不同腐蚀试样腐蚀速率对比评价

实验条件	试片类型	前重	后重	失重	表面积	腐蚀速率
温度：80℃压力：2MPa	标准试片	10.7518	10.7292	0.0226	13.6	0.257
	矿场管线	22.8107	22.7451	0.0656	33.6	0.302
温度：70℃压力：2MPa	标准试片	10.8259	10.8091	0.0168	13.6	0.191
	矿场管线	21.6615	21.6135	0.048	33.6	0.221
温度：60℃压力：2MPa	标准试片	10.9401	10.9287	0.0114	13.6	0.130
	矿场管线	20.7918	20.7591	0.0327	33.6	0.151

依托室内腐蚀结垢规律评价方法，通过室内腐蚀试片的预腐蚀后继续空白不加防腐药剂的腐蚀实验评价、预腐蚀试片不除垢直接加防腐药剂开展加药后腐蚀状况评价、预腐蚀试片除垢后再加防腐药剂开展加药后腐蚀状况评价等不同实验模拟评价表明，两种加药后的腐蚀试片腐蚀较轻，而预腐蚀后继续空白不加防腐药剂的腐蚀试片表面有大量的腐蚀产物存在，并且这种腐蚀产物并不致密，由于垢的存在，垢下菌盐浓差的影响导致垢下腐蚀严重，部分位置存在大量的腐蚀坑，这种腐蚀产物的存在极易引起局部腐蚀的萌生，引起垢下腐蚀闭塞电池效应的产生，这是导致试样表面产生大量点蚀的原因之一。室内模拟垢下腐蚀的腐蚀形貌与现场典型的垢下腐蚀形貌相近，见图3、图4。

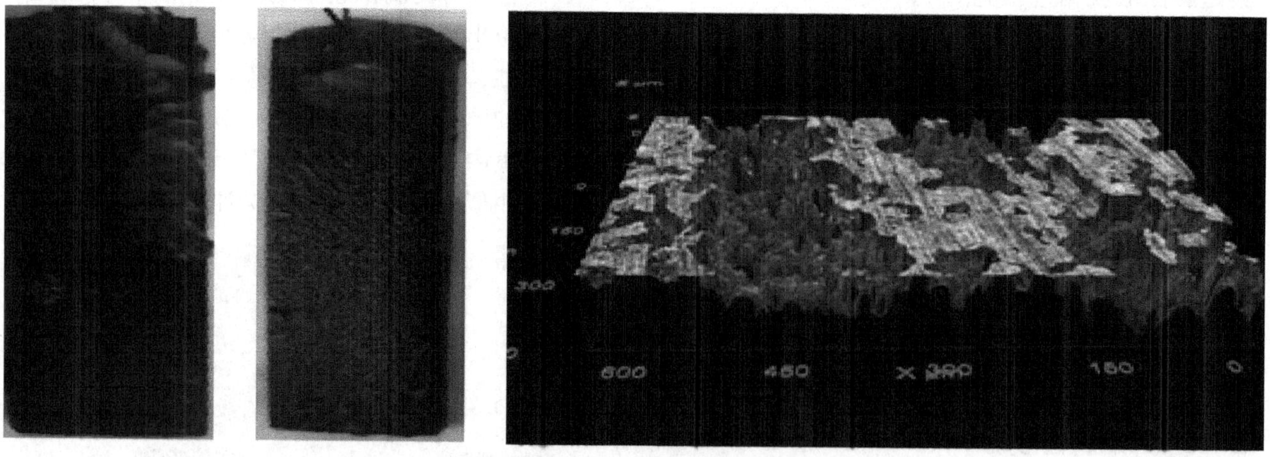

图3　室内模拟后垢下腐蚀形貌

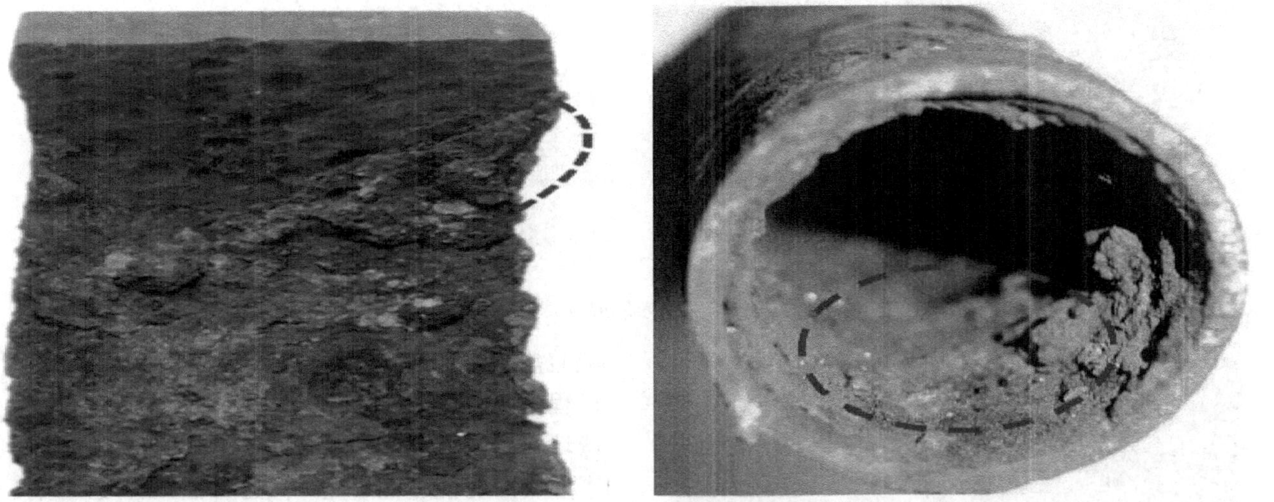

图 4　矿场管道垢下腐蚀形貌

2.1.4　电偶腐蚀形貌

电偶腐蚀是指两种不同的金属相互接触且处于同一电解质中所产生的腐蚀行为，两种不同电位的材质易形成阳极与阴极，作为阳极的金属的腐蚀损失增大，而作为阴极的金属腐蚀损失减小。易发生部位为不同材质管道连接处、焊接处或不同金属阀门的接触处。金属材质差异越大则电偶腐蚀越严重，尽量避免异种材质接触，保持材质相近或选电偶序中位置接近的金属，同时可以表面处理、增大电阻，在异种金属之间添加隔离绝缘垫片或表面涂层的方法，避免电偶腐蚀，常见电偶腐蚀形貌见图 5。

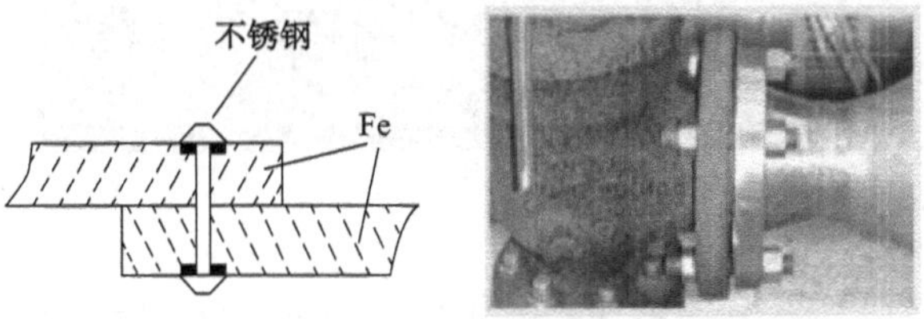

图 5　电偶腐蚀形貌

2.2　二级识别

2.2.1　溶解氧腐蚀规律与验证

在有水条件下无氧时的腐蚀速率较低，在有氧条件下是无氧条件下的 50 倍，同时在无水、无氧条件下碳钢基本无腐蚀，腐蚀数据见表 3。

在相同温度、相同压力、相同水质条件下，腐蚀速率随含氧量增加而增大，在动态腐蚀实验条件下腐蚀速率较高，远大于静态腐蚀实验条件下的腐蚀速率，腐蚀规律见图 6。

溶解氧腐蚀是氧分与金属管道接触时，引起的电化学腐蚀，是由于氧去极化剂的作用。腐蚀产物易氧化生成 $Fe(OH)_3$、Fe_3O_4等沉淀物，通常颜色为暗深红色至红褐色腐蚀产物，由于腐蚀产物疏松，主控因素为氧浓度、温度和流速等。造成管道的垢下腐蚀严重，形成溃疡状腐蚀形貌，与现场典型腐蚀形貌相近，腐蚀规律见图 7、图 8 所示。

表 3　不同条件下腐蚀速率对比评价

	空气+水	N_2除氧+水	干空气无水
腐蚀速率	5.286	0.1211	0.0002

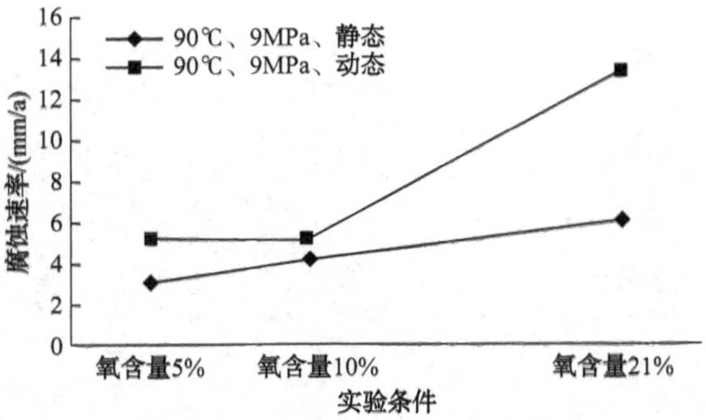

图 6　不同氧含量腐蚀速率

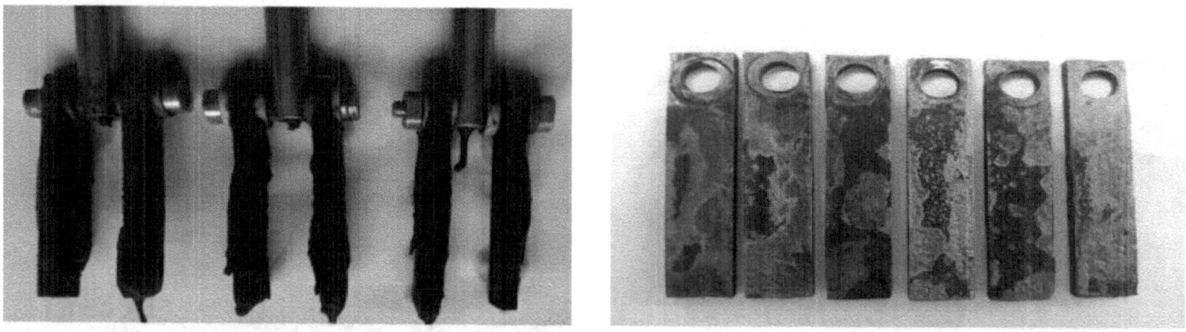

图7　室内氧腐蚀形貌

图8　矿场氧腐蚀形貌

2.2.2　细菌腐蚀形貌的室内验证

微生物腐蚀是指腐蚀体系中存在的微生物(铁细菌、腐生菌、硫酸盐还原菌等)造成的金属腐蚀。在油田注水与技术系统中，硫酸盐还原菌(SRB)是微生物腐蚀(MIC)的主要因素之一。硫酸盐还原菌对金属的腐蚀主要表现为生长代谢过程中在金属表面形成生物膜，改变了生物膜内微环境，其代谢产物与金属基体相互作用，加速了金属的腐蚀过程。是导致吉林油田管线腐蚀失效的重要原因之一。

室内模拟与矿场典型细菌腐蚀形貌相同，产生严重的点蚀与坑蚀现象。腐蚀产物主要为黑色，并伴有白色结晶状颗粒，有浓烈的硫磺的味道，腐蚀形貌见图9。

有细菌存在下，有菌水样腐蚀速率显著高于无菌水样，SRB与SO_4^{2-}作用生成S^{2-}，导致局部腐蚀、点蚀。细菌水样试片点蚀严重，符合SRB细菌腐蚀的特征，与现场典型腐蚀形貌相近，见图10。

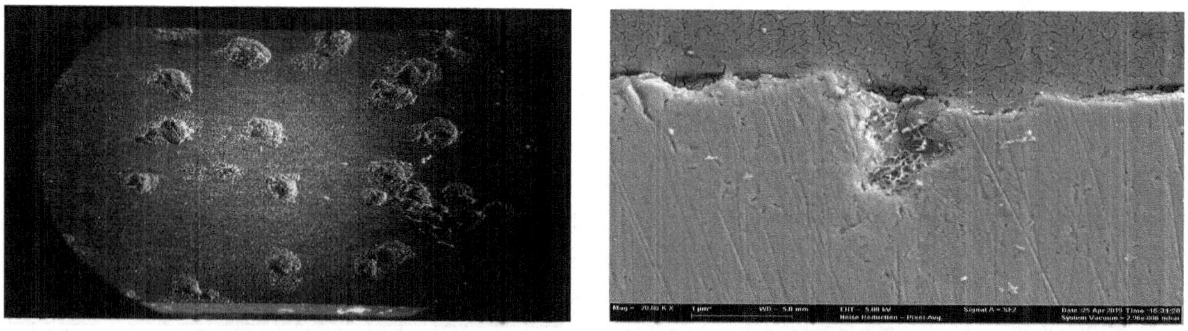

图9　室内细菌腐蚀形貌

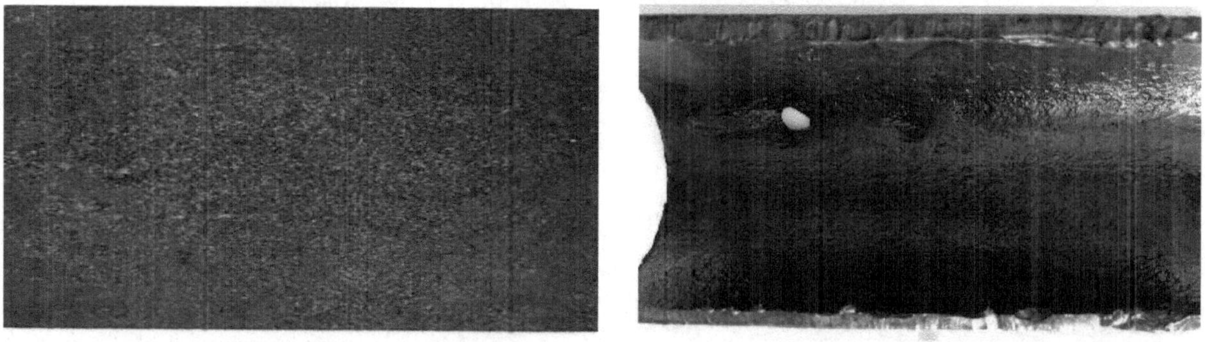

图10　矿场细菌腐蚀形貌

2.2.3　CO_2腐蚀规律与验证

油气管道中CO_2腐蚀是含有一定浓度的CO_2和水时产生的腐蚀。CO_2腐蚀是电化学腐蚀，在无水条件CO_2不腐蚀，含水40%以下，腐蚀结垢较轻，含水50%以上，腐蚀结垢较重。

当集输介质中含CO_2气体或侵蚀性CO_2时，腐蚀速率随温度升高，腐蚀加剧，在80℃时达到峰值，腐蚀速率随压力升高，腐蚀加剧，通常存在黑色的腐蚀产物$FeCO_3$(图11~12)。

pH(pH<5)时腐蚀产物较少，pH(pH>5)时的腐蚀产物较多，通常发生在油管线底部，气管线顶部，有垢存在的注水管线底部，主要包括点蚀、台地浸蚀、流动诱使局部腐蚀等。主控因素为CO_2分压、温度和流速等，与现场典型腐蚀形貌相近，见图13。

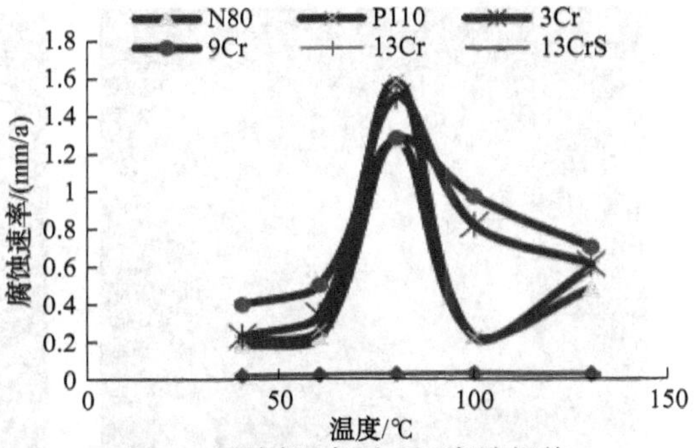

图11　不同温度下CO_2腐蚀规律

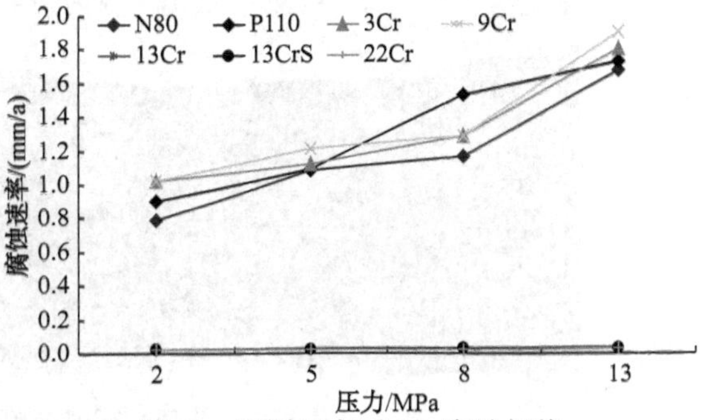

图12　不同压力下CO_2腐蚀规律

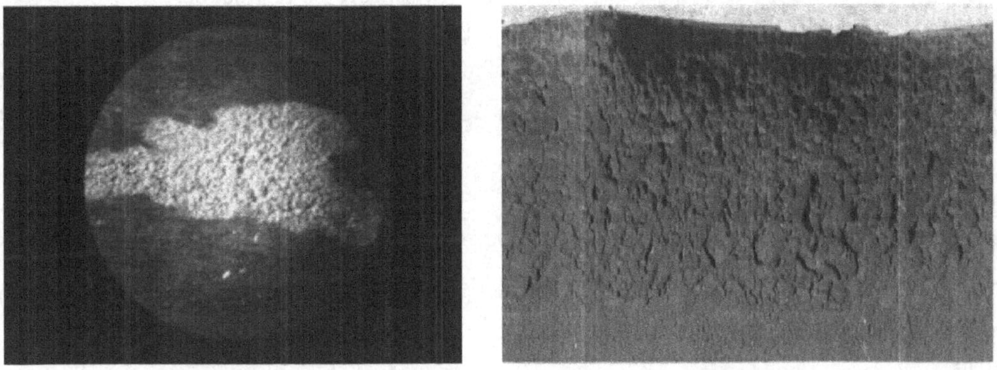

室内模拟形貌　　矿场管道形貌

图13　CO_2腐蚀形貌

2.2.4　细菌与CO_2共存条件下腐蚀规律与验证

腐蚀实验表明，在单一存在SRB条件下，SRB对腐蚀影响较小，腐蚀速率很低在0.08mm/a。在灭菌水、存在CO_2条件下，CO_2导致的腐蚀速率较高，腐蚀速率在0.486mm/a，在相同温度条件下其腐蚀速率大约是细菌的5倍以上。在CO_2、SRB二者共同作用条件下，对腐蚀速率产生促进作用，腐蚀速率在1.021mm/a，腐蚀速率大于二者之和，见表4。

CO_2、SRB二者的协同作用促使腐蚀加剧，腐蚀实验表明在试片表面形成了较为松散的腐蚀产物，该腐蚀产物膜不具有保护作用，并且易脱落。在腐蚀产物下面存在明显的点蚀、坑蚀和局部腐蚀。室内模拟的CO_2、SRB的协同腐蚀形貌与现场典型腐蚀形貌相近，见图14、15。

表4　细菌与CO_2共存条件下腐蚀规律

实验系列	实验类型	平均腐蚀速率/(mm/a)
水质腐蚀	现场水N_2除氧	0.088
CO_2腐蚀	现场水+CO_2腐蚀实验	0.486
细菌腐蚀	现场水+SRB细菌腐蚀实验	0.088
CO_2+细菌腐蚀	现场水+CO_2+SRB细菌腐蚀实验	1.021

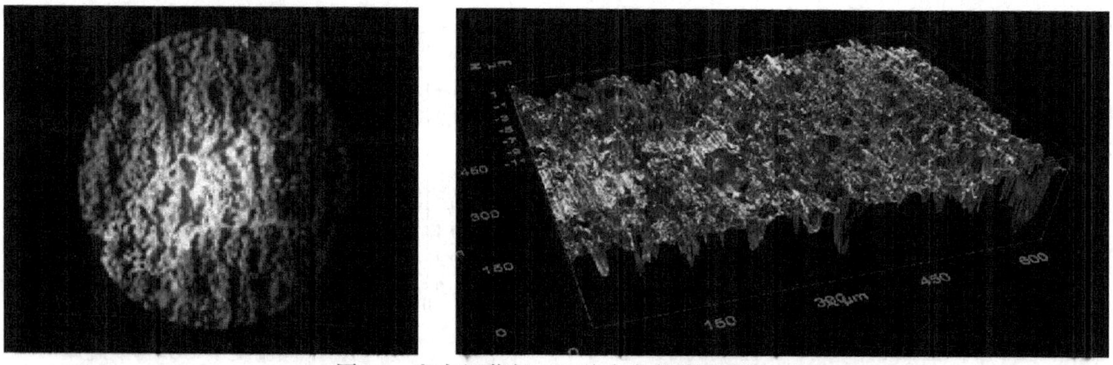

图 14　室内细菌与 CO_2 共存条件腐蚀形貌

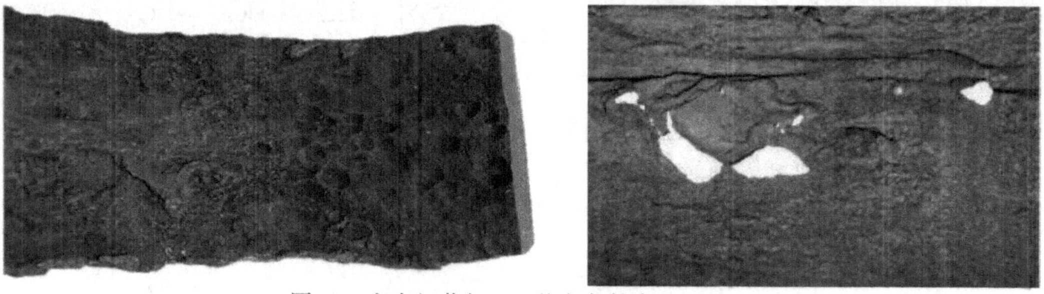

图 15　室内细菌与 CO_2 共存条件腐蚀形貌

3　结论与建议

对选取的典型失效管线进行实验室微观失效分析，判断典型失效管线失效类型，依据实验室分析结果，确定失效管线上典型腐蚀形貌所对应的腐蚀类型，根据矿场管道形貌，建立了典型管道失效类型分析二级腐蚀形貌识别方法，实现了管道内腐蚀失效类型的快速判别，实现腐蚀预警作用，为油田集输钢质管道腐蚀综合防治技术研究提供了依据。

（1）不同腐蚀工况与介质条件下腐蚀形貌差异大，需要根据腐蚀因素分析确定腐蚀失效类型。

（2）形成的典型失效形貌和管道失效类型识别方法，可以实现矿场管道失效类型的快速判断。

参　考　文　献

[1] 陈琛．长庆油田集输管道检测与完整性评价系统[J]．油气田地面工程．2017，（7）：71-74.

[2] 韩霞，王子明，王田丽．气液比对 CO_2 驱集输管线腐蚀的影响规律[J]．油气田地面工程．2014，（12）：27-28.

[3] 殷宏．CO_2 驱油集输系统管线腐蚀特性及选材技术研究[J]．油气田地面工程．2021，（12）：65-69.

[4] 袁军涛，朱丽娟，宋恩鹏，等．西部油田地面集输管线腐蚀穿孔及防治措施[J]．油气田地面工程．2016，（1）：86-88.

[5] 周方舟．长输管道腐蚀缺陷检测技术与应用[J]．油气田地面工程．2016，（3）：72-74.

[6] 谭建华，李国娜，周立峰．塔里木油田某凝析油管道腐蚀原因分析及解决措施[J]．油气田地面工程．2018，（3）：73-76.

[7] 车立新，段常贵．埋地钢质管道应力腐蚀开裂及其预防[J]．煤气与热力．2006，（10）：1-4.

[8] 吴明，谢飞，陈旭，等．埋地油气管道腐蚀失效研究进展及思考[J]．油气储运．2022，（6）：712-722.

[9] 廖柯熹，姚安林，张淮鑫．天然气失效故障树分析[J]．天然气工业，2001，21(2)：94-96.

[10] 帅健，蔡强康，吕英民．埋地输油管道的断裂失效概率评估[J]．石油大学学报：自然科学版．2001，（2）：87-90.

[11] 黄小美，李百战，彭世尼，等．燃气管道失效概率评估方法研究[J]．石油学报．2010，（4）：664-667.

[12] 张向东．大庆油田管道失效治理实践与认识[J]．油气田地面工程．2020，（9）：96-100.

[13] 蔡锐，吴鹏，赵金龙，等．某 L245 集输管道腐蚀失效原因分析[J]．表面技术．2019，（5）：58-64.

[14] 张建军，赵伟，张昕．油田埋地管道腐蚀失效规律性认识及治理对策[J]．油气田地面工程．2022，（8）：61-67.

[15] 黄家校．油田集输金属管道腐蚀原因与防腐措施[J]．全面腐蚀控制．2022，（5）：91-92.

吉林油田集输管道管材的耐腐蚀性评价

魏海涛　袁金芳　张　然

（中国石油吉林油田公司）

摘　要　吉林油田集输管道分布广泛、集输介质复杂，腐蚀所致的管道失效类型繁多、情况复杂，为了更好的了解集输管道所用的金属管材在油田采出液环境和常温输送工艺条件下的耐蚀性，对常用的金属管材进行化学成分测试、腐蚀速率测定和抗 H_2S 腐蚀性能评价。对吉林油田，评价对象选择新木现场典型失效区块的管道，试验结果表明化学成分的变化和性能影响需要在材料选择和工程设计时予以考虑，以确保结构的可靠性和安全性。

关键词　管材；化学成分；耐蚀性能；完整性管理

吉林油田现场典型失效区块的管道进行采集，结合宏微观的分析方法，对失效管线的类型进行统计分析，发现吉林油田地面失效管线类型主要集中在点腐蚀、垢下腐蚀、微生物腐蚀、冲刷腐蚀和均匀腐蚀等五大类，其中介质内腐蚀作用非常普遍；不同区块由于采出液性能差别，导致的腐蚀失效类型与特征区块化差异较为明显，其中新民采油厂失效管线中垢下腐蚀情况较为严重，新木采油厂失效管线中存在氧离子辅助下的均匀腐蚀、点蚀和冲刷腐蚀均非常严重。现场调研选取了典型管件进行实验室详细剖析，对上述厂区典型腐蚀宏微观腐蚀形貌与特征进行了系统研究，并对相应的腐蚀失效机理进行了分析。基于现场宏观形貌采集和实验室微观分析，建立了吉林油田已经建立典型管道失效类型分析图版及腐蚀失效程度表观判据，以帮助实现腐蚀失效类型管线的现场快速判断和评价，为油田地面管道工程管理提供简单快捷的方法和科学的指导意见，为了进一步探讨集输管材在油田地下水和含 CO_2 等酸性气体环境下的腐蚀性进行适应性评价，以便更好的了解管材的耐腐蚀性能是否能满足使用环境的需求。

1　管材化学成分测试

吉林油田金属使用 Φ60×3.5 到 Φ159×5 的无缝钢管，管材均为 20#钢，管道埋深 2.0m，无内防腐层、外防腐为 3PE；管材 20#钢化学组分直接影响管材的韧性、塑性和焊接性能，新木采油厂按管道服役年限以五年为单位对新建和现役管道进行取样，利用光谱仪测定管材试样的主要化学成分，见表 1，检测结果表明均符合 20#钢化学成分组成相关标准。

表 1　吉林油田新木采油厂现役集输管道 20#钢管材平均化学成分　wt%

序号	取样数量	服役年限	C	Si	Mn	S	P	Cr	Ti	Nb	Ni	Mo	V
1#	5 组	新建	0.171	0.31	0.6423	0.0359	0.0156	0.1839	0.003	0.0073	0.1636	0.0046	0.0021
2#	15 组	5 年	0.186	0.323	0.5433	0.038	0.007	0.2224	0.0048	0.0022	0.1617	0.004	0.0046
3#	15 组	10 年	0.187	0.234	0.5034	0.0461	0.0204	0.0339	0.0043	0.0053	0.0962	0.003	0.0045
4#	10 组	15 年	0.216	0.249	0.4911	0.0448	0.005	0.0804	0.0042	0.0093	0.2067	0.0025	0.0038
5#	5 组	20 年	0.226	0.185	0.4249	0.0456	0.0259	0.0084	0.0013	0.0064	0.1881	0.0042	0.0047
6#	5 组	25 年	0.222	0.24	0.461	0.0437	0.0248	0.0140	0.0011	0.0026	0.1543	0.0028	0.0042

管材的化学成分可能因服役年限相关，在服役过程中腐蚀导致化学成分产生微小波动变化，会对其性能产生显著影响，管材的强度和硬度主要受碳含量的影响。如果腐蚀过程中碳含量发生变化，可能会导致材料的强度和硬度降低；锰元素能提高管材的韧性和塑性。腐蚀可能导致锰的流失，从而影响材料的韧性和塑性；20#钢管材应具有良好的焊接性能，但腐蚀可能改变材料表面状态，碳含量、氧化物含量增加将影响焊接质量。腐蚀机制可能涉及H+的酸性腐蚀和氧腐蚀，以及由腐蚀生成的Fe^{2+}的次生反应，形成铁的氧化物和其他复盐。

2　微观组织结构

在3#、4#、5#和6#组管件中选择腐蚀最为严重的管件经过切割、打磨和抛光后，经侵蚀剂侵蚀，在激光共聚焦显微镜下观察到的金相组织照片如图1～4所示。图中白色基体为铁素体，黑色组织为珠光体，其为铁素体和渗碳体的机械混合物。所有试样经侵蚀后，晶界非常明显，组织中并无特别粗大的晶粒，晶粒尺寸大小分布均匀。根据杠杆定律计算，材质中珠光体质量分数约为23.8%，铁素体质量分数约为76.2%。然而，6#管件的金相组织中珠光体和铁素体的分布极不均匀，局部珠光体的质量百分数偏高。

随后将3#、4#、5#和6#组管件样品置于扫描电镜下进行观察，可以看到晶界非常明显，其中黑色为铁素体组织，大小和分布较为均匀，白色为珠光体组织，呈现片层状，珠光体团的大小形态不一，最小尺寸约为5μm，最大尺寸约为20μm。同时可以发现组织中存在着少量夹杂物和孔洞，尺寸大致在1～5μm左右。

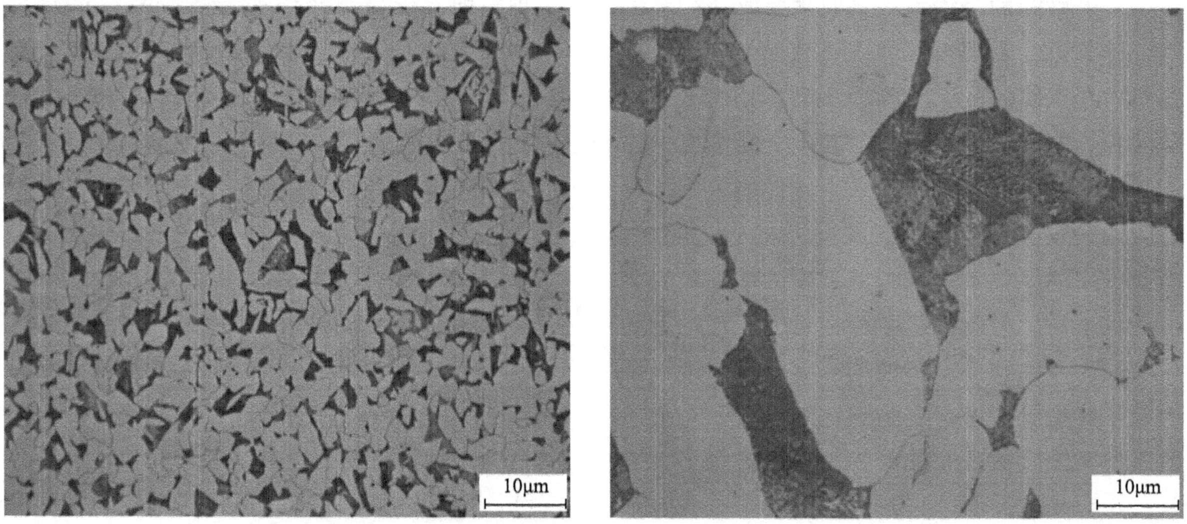

(a)×200　　(b)×1500

图1　3#组管件激光共聚焦下微观组织

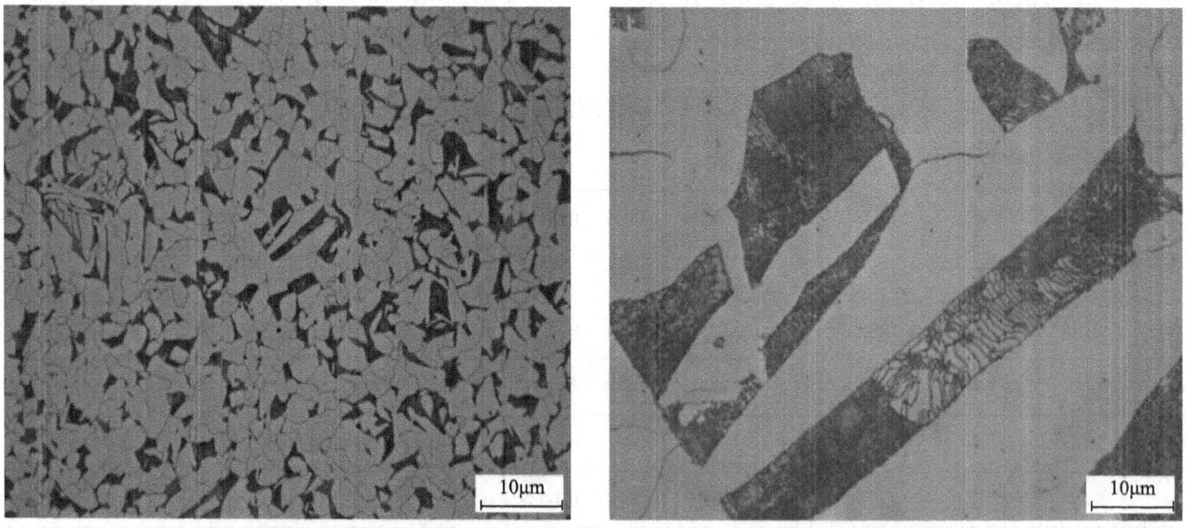

(a)×200　　(b)×1500

图2　4#组管件激光共聚焦下微观组织

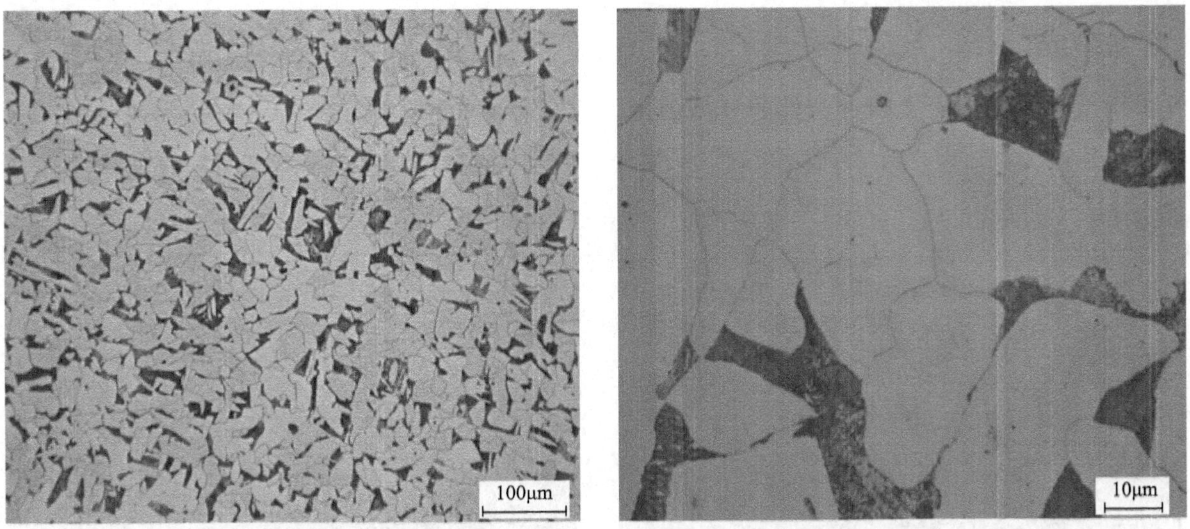

(a)×200　　(b)×1500

图 3　5#管件激光共聚焦下微观组织

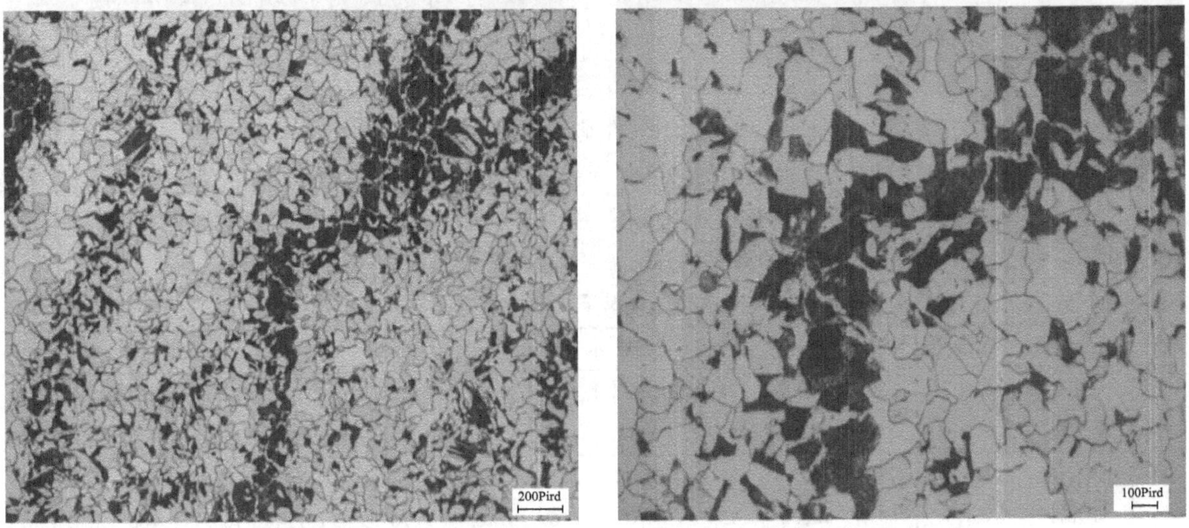

(a)×200　　(b)×500

图 4　6#组管件激光共聚焦下微观组织

对于6#组管件，可以看到试样中有局部珠光体密集区域，该组织类似于高碳钢组织，而铁素体局部区域的晶界上并没有像上述试样出现渗碳体，其组织类似纯铁的组织。初步推断，6#管件的微观组织结构可能存在组织不均匀性现象（图5）。

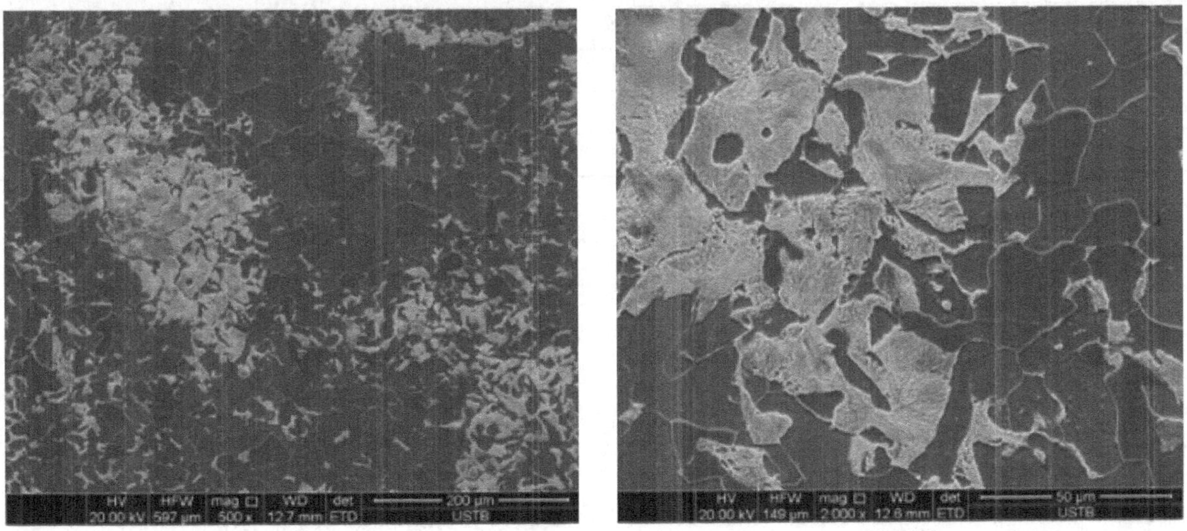

(a)×500　　(b)×2000

图 5　6#管件扫描电镜下微观组织

3 显微硬度

采用显微硬度计测量四种管件的显微硬度值，测试参数加载力为100gf，保持时间15s。分别在铁素体和珠光体组织处进行取点测量，取样位置如图6所示。

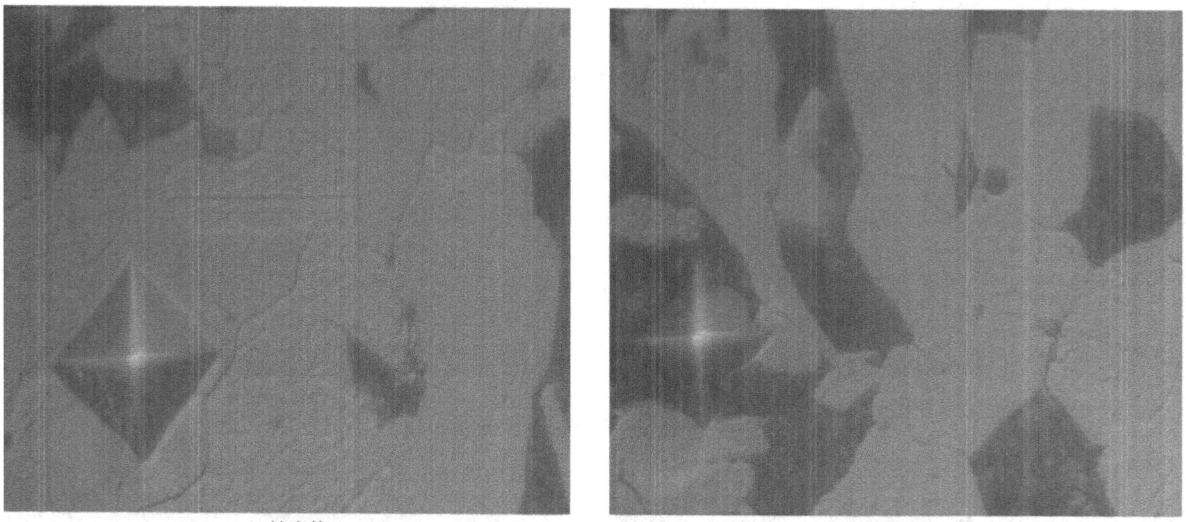

(a)铁素体　　(b)珠光体

图6　3#管件显微硬度标记

每种管件测量12组数据，铁素体和珠光体位置各6处，最后将测得结果取平均值。通过测量过程可知，珠光体的显微硬度在200HV左右，铁素体的显微硬度明显低于珠光体的显微硬度，约为150HV，这是由于珠光体中渗碳体相的存在，导致其硬度明显比铁素体高。

表2　吉林油田新木采油厂现役集输管道显微硬度测量数据/HV

序号	测量点点	1	2	3	4	5	6	7	8	9	10	11	12
1#	铁素体	222.7	230	227.1	221.5	220.7	225.3	221.5	222.9	221.9	225.9	227.2	227.4
1#	珠光体	165.4	165.8	169.3	167.9	164	162.4	163.4	161.9	162.4	166.4	167.5	168.7
2#	铁素体	223.4	228.4	219.6	221.6	224.2	218.1	222.6	220.5	227.1	220	218	219.9
2#	珠光体	161.9	163.5	158.6	159	164	161	165.2	164.9	161.4	165.7	160.7	158.5
3#	铁素体	218.9	226.2	220.1	226.1	225.1	221	227.6	219.9	226.7	219.7	225.4	221.8
3#	珠光体	157.5	160.4	162	161.8	164.9	160.4	159.7	158.7	155.8	162.8	164.5	159.3
4#	铁素体	220.3	221.4	217.2	220.2	220.7	224.6	224.3	222.2	224.2	223.9	215.9	217.7
4#	珠光体	152.4	155.3	150.9	156.5	151.3	153.8	159.1	151.5	158.1	157.1	150.9	156.9
5#	铁素体	217.3	213.3	223.3	220	218.8	223.5	214.6	213.4	215.4	215.3	214.2	218.5
5#	珠光体	151	151.9	157.7	155.9	148.4	150.3	157.3	155.2	151.3	149.5	155.7	150.3
6#	铁素体	211.1	218.9	212.6	213	215.6	215.6	210.4	207.6	216.1	211.8	217.1	219.3
6#	珠光体	147.4	144.9	153.6	150.2	150.5	146.8	147.3	147.3	144.3	143.3	149.1	152.3

六组试样所测的硬度平均值及误差情况，服役年限越久测量数据值的离散偏差越大。由表可知，1#组管件的硬度最高，达到222HV，2~4#组管件有所降低。整体而言，6#组管件的显微硬度最低，仅为211HV，说明其硬度值几乎与铁素体组织的硬度下降均比较明显，说明其材料组织存在明显的不均匀性，这与上述微观组织分析相符合。

4 管材耐介质腐蚀性能

测试20#钢金属管材在缺少防腐层保护情况下能够抵抗采出液腐蚀破坏的能力，在新木采油厂联合站、前60站、木69站取三组采油井出液水样，将挂片和现有管材两种材料，共6个试样，悬挂在室温下水样中，静态暴露浸泡720h，试验装置原理图如图7所示。

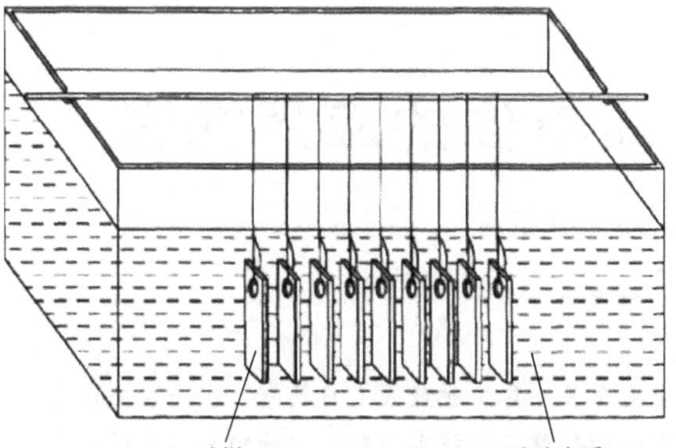

图 7　管材耐介质腐蚀静态暴露试验装置示意图

试验结束后，经清洗的试样表面呈明显的腐蚀形貌，有局部坑状腐蚀。试样的夹杂物微观形貌及能谱分析，由图可知，共发现三种不同的夹杂物。图 8(a)中夹杂物呈条状，尺寸长约 2μm，宽约 1μm，对应的能谱分析可知，该类夹杂物为复合夹杂物，成分主要为 MgO 和 Al_2O_3。图 8(b)中的夹杂物为球状，直径约为 5μm 左右，由对应的能谱分析可知，该夹杂物成分主要为 MgO、Al_2O_3和 CaO。图 8(c)和(f)表明，第三类夹杂物同样为球状，直径大约为 4μm，但其成分主要由 MgO、Al_2O_3、CaO 和 SiO_2组成。

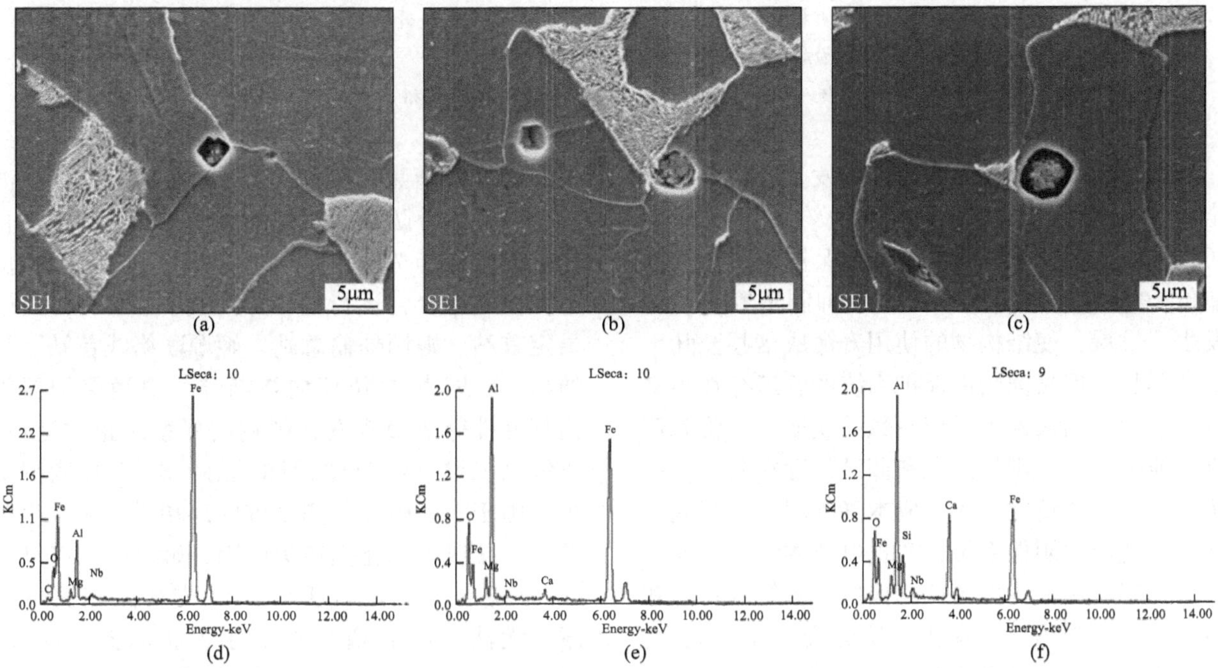

图 8　静态腐蚀管材组织夹杂物形貌及能谱分析

5　结论

通过材料化学成分分析发现，无论是新建(1#组)还是服役期(2~6#组)地面系统的掺输管件，其送检部分的元素成分和含量满足国标 GB/T 699—2015，判定为合格的 20 钢材料。微观结构分析表明，所有管件均由珠光体和铁素体组成，晶粒尺寸一致，同时存在少量的小尺寸复合夹杂物，部分管件存在组织分布不均匀现象。但从多组管件的宏观腐蚀特征对比判断，此类轻微的组织不均匀并不是导致结垢和快速腐蚀问题的主要因素。由此可知，吉林油田服役的管件材质质量符合要求，管件结垢和快速腐蚀主要归因于其服役环境，在缺少反复层保护的条件下，蚀机制可能涉及 H^+的酸性腐蚀和氧腐蚀，以及由腐蚀生成的 Fe^{2+}的次生反应，形成铁的氧化物和其他复盐。腐蚀可能导致 20#钢表面出现腐蚀坑，且随着温度的升高腐蚀坑逐渐增多并且加深，可能为冲刷切削作用加剧原因之一。这些化学成分的变化和性能影响需要在材料选择和工程设计时予以考虑，以确保结构的可靠性和安全性。

智能阴极保护技术在输油单位的应用探索

赵盼婷　周子栋　黄　志　孙银娟

（中国石油长庆油田工程设计有限公司）

摘　要　阴极保护技术作为埋地钢质管道腐蚀防护的重要手段，其保护效果有目共睹。在长庆油田聚焦管道智能化管理的重要阶段，第三输油处积极探索实践阴极保护智能化技术，既适应油田公司发展大方向，也提升了本单位防腐管理水平。随着埋地钢质管道面临的腐蚀环境日趋严峻，阴极保护的重要性显得更为突出，本文从第三输油处阴极保护系统存的问题出发，阐述了智能阴保建设的必要性、建设方向，及智能阴保初期的建设成效。智能阴极保护控制技术的应用将可大幅度提升管道及储罐阴极保护效能，降低管控的复杂度以及人力成本，助力输油管道及储罐安全高效运行。

关键词　影响因素；杂散电流干扰；站场区域阴保；智能阴保测试桩；智能阴保技术

腐蚀在我们身边无时无刻的发生着，据估计全世界每年因腐蚀报废的钢铁约占年产量的30%，应用阴极保护技术，用被保护金属结构物造价1%~5%的费用，从根本上抑制土壤腐蚀的发生、发展，使结构物的使用寿命成倍甚至几十倍地延长！但目前阴极保护系统的管理存在很多难点，常规阴极保护系统参数的获取、评价和调整只能依靠人工现场测试和调试，存在测量误差多、检测工作量大、人工成本高等问题。因此探索建设智能化阴保系统，实现电位的综合自动分析、预警和调控，可降低阴极保护系统的管理和运维成本，提高阴极保护系统的安全监管能力，对实现平稳储输具有重要意义。

1　阴保系统影响因素

1.1　设备设施故障

长庆油田第三输油处生产管理区域分布在陕西、宁夏2省(区)的靖边、定边、吴起、盐池4县，管理着靖惠、姬惠等7条共469km的输油管线，管线外防腐采用外加电流与牺牲阳极联合保护，共建有7座阴保站。阴保站的核心设备恒电位仪共9台，运行超10年的占比67%，其中吴定首站、姬塬外输总站、姬塬联络线首站、马坊(靖惠线)恒电位仪内熔断器、浪涌保护器等内部元件等故障频发，影响阴保系统正常运行。管线共安装435支普通测试桩，83支智能测试桩，由于人为破坏、测试桩内部端子丢失、生锈严重，接线板老化损坏等原因，姬马线、姬马复线10支普通测试桩丢失，39支智能测试桩掉线，无法判断管道是否处于保护状态。此外，2022年专业检测单位发现靖惠线1#-87#及姬塬联络线全线处于欠保护状态，如图1所示。经排查主要原因是高硅铸铁阳极年久消耗，阳极地床电阻值高达8~13Ω，参比电极差也远超正常范围。

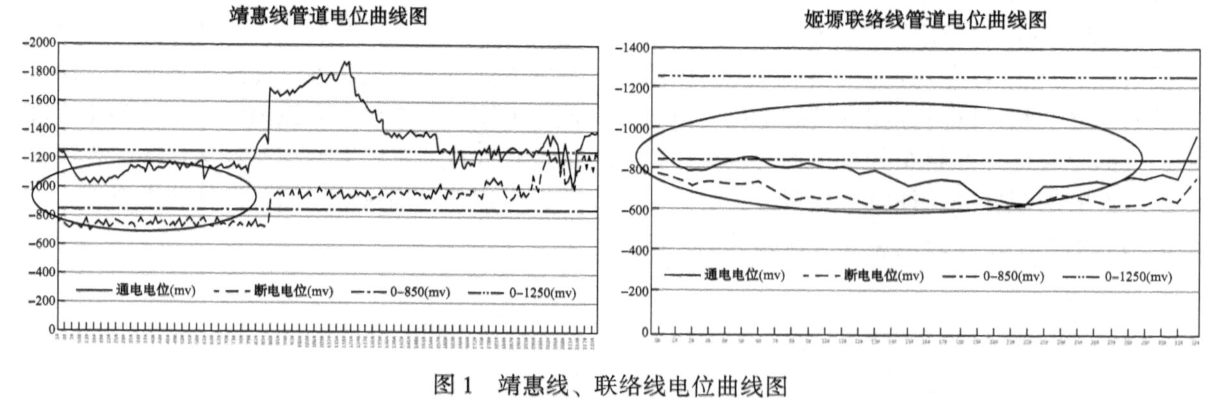

图1　靖惠线、联络线电位曲线图

1.2　杂散电流干扰

近几年随着第三输油处长输管道途径地区高速公路、电气化铁路以及高压输电线路的大量建设，与在役管道存在多处并行和交叉，造成长输管道设施中阳极地床、阴极保护等设施产生电磁感应，形成杂散电流。杂散电流干扰会加剧管线腐蚀，影响全线阴保有效性，也可能危及管道巡检人员和管道周边居民的人身安全。2022 年对 5 条在役管管道开展杂散电流排查，利用 uDL2 微型杂散电流检测仪，主要检测了交流电位、交流电流密度、断电电位等关键参数，共测 101 组测试数据，排查出交、直流杂散电流干扰等问题共 34 项。初步检测发现靖惠线 11 处、姬惠线 2 处断电电位偏正，吴定线 5 处交流电位超标(图 2)。进一步调查发现由于油房庄生产运行库(油-惠段)恒电位故障，恒电位仪修复后靖惠线的 5 处电位恢复正常，对姬惠、吴定电位异常的再次复测仍处于不达标状态，电位定期波动存在杂散电流干扰如图 3 所示。

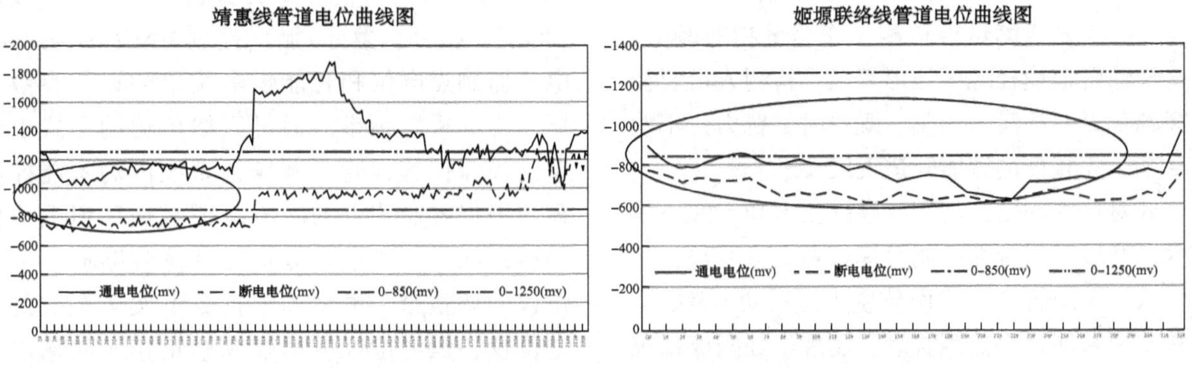

图 2　靖惠、姬惠、吴定管道通断电位及交流电位检测曲线图

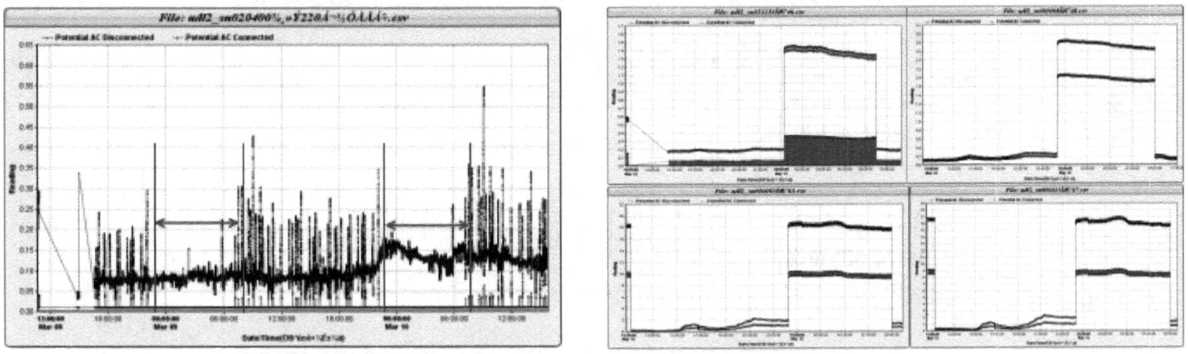

图 3　姬惠、吴定线电位曲线图

1.3　人员管理不到位

阴极保护系统作为一种重要的管道腐蚀防护技术，与管道外防腐一道保护管道，降低和避免管道外部腐蚀风险。但大多数人还是忽略了阴极保护管理的重要性，目前只有第三方检测维护人员以及场站专业技术人员熟悉恒电位仪操作、电位检测，而其他人员未真正引起重视，人员对阴保的管理存在诸多问题，例如：人员未掌握电位测量、恒电位仪常见故障处理方法，无法及时排查出阴保失效原因；日常只顾抄录阴保数据，忽视数据分析，导致恒电位仪故障不能第一时间发现，影响阴保系统正常运行；日常忽略对阴保设施的维护保养，例如应对长效参比电极埋设上方土壤定期浇水，减低土壤电阻率；未定期组织阴保相关知识、技术培训，场站人员对阴保检测仪器仪表、相关规范未能深入了解。

2　智能阴保技术

2.1　实施必要性

第三输油处管道及储罐阴极保护采用以强制电流为主、牺牲阳极为辅的保护方式，阴极保护系统日常巡检、模式切换、参数调整等均需人工赴现场操作，传统人工检测方式局限性如下：

（1）人工检测无法对阴极保护各项参数进行实时、同步监控。在整个管网系统中，阴极保护的测试桩较多，每半年开展一次逐桩测试，无法对管网的阴极保护情况和腐蚀情况做出及时响应，难以对异常情况或短时强干扰实时掌握。

（2）人工检测阴极保护各项参数不可避免地存在各种误差。由于外界环境的差异、人员经验等原因，往往引起各种测量误差甚至错误，从而影响数据的客观性。

（3）检测工作量大，人工成本高。全处长输管道435支普通测试桩检测工作总量相对较大，一些长输管道途径地区地形复杂，检测人员要徒步穿越荒野、沙漠、沟壑，既费时又费力，不能满足基于完整性的智能管道发展要求。

针对这些问题，利用互联网技术和无线通信技术，开展阴保智能控制管理也是大势所趋，将阴极保护系统管理方式由传统人工采集+表单台账转变为智能远程监测管理，实现全处阴保系统管理由“发现问题-人工检测-被动处理”到“集中监控-智能预警-及时处理”的转变，形成阴极保护智能管理新模式。

2.2 智能阴保技术原理

传统区域阴极保护人工调整方法，首先检测人员测量站内外各处监测点的断电电位，筛选电位达不到阴极保护准则的监测点，随后调整对电位不达标的监测点影响最大的恒电位仪，适当调整恒电位仪的输出，在极化完成后复测各处监测点电位，再进行调整。重复以上步骤，直至所有监测点满足保护要求。阴极保护智能控制逻辑与人工调整方法类似，采用“检测-分析-调整-再检测-再分析-再调整”的PID（比例、积分、微分）循环控制方法（图4），各电位监测点电位和智能恒电位仪的运行参数按照一定的采样频率，通过无线传输的方式上传至阴极保护远程管理系统，系统内的智能控制模块根据各监测点的断电电位数据和恒电位仪的运行状况，通过智能算法计算各路输出恒电位仪的调整量，再将调整指令下发至对应的恒电位仪，恒电位仪根据指令修正相应的输出参数，重复上述步骤，使得每个监测点的电位都达到阴极保护标准的要求。

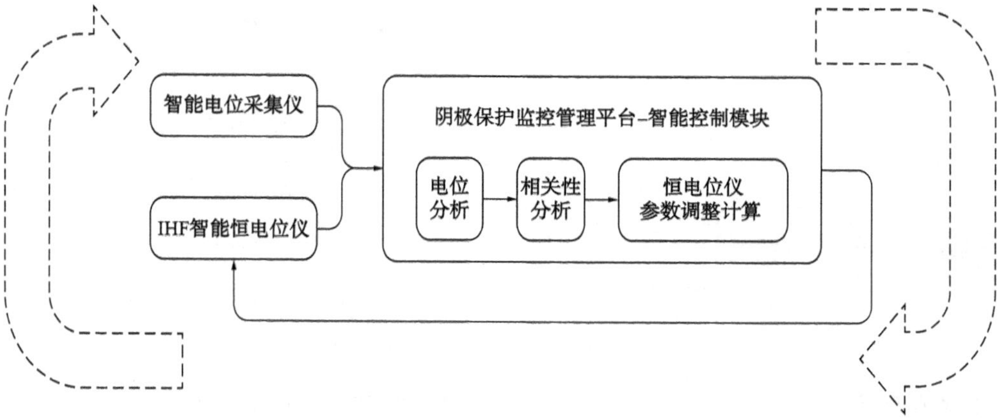

图4　智能阴保控制流程

2.3 智能阴保系统构成

智能阴极保护系统主要由智能测试桩（智能采集仪）、智能恒电位仪和阴保监控平台三部分组成。智能测试桩（智能采集仪）主要用于管道沿线、站内区域阴保参数的定时自动测量和上传，具备通电电位、断电电位、交流干扰电压等参数的测量功能，并且具备远程实时调整管道阴极保护状态监测的频率和时间的功能。智能恒电位仪具备远传远控功能，能够实现输出电位、输出电流、零位点电位等参数的测试和上传功能，同时实现阴保仪A/B机和阴保仪恒电位及恒电流模式的远程控制切换、输出电流、输出电位的远传调节功能。智能阴保监控平台是一套面向阴极保护领域的信息管理系统，具有阴极保护参数在线监控、数据的分析、异常预警、辅助决策等功能，在人员操控时，能够调整恒电位仪运行模式、输出参数以及阴保桩测试参数的频率等，智能阴保系统拓扑结构如图5所示。

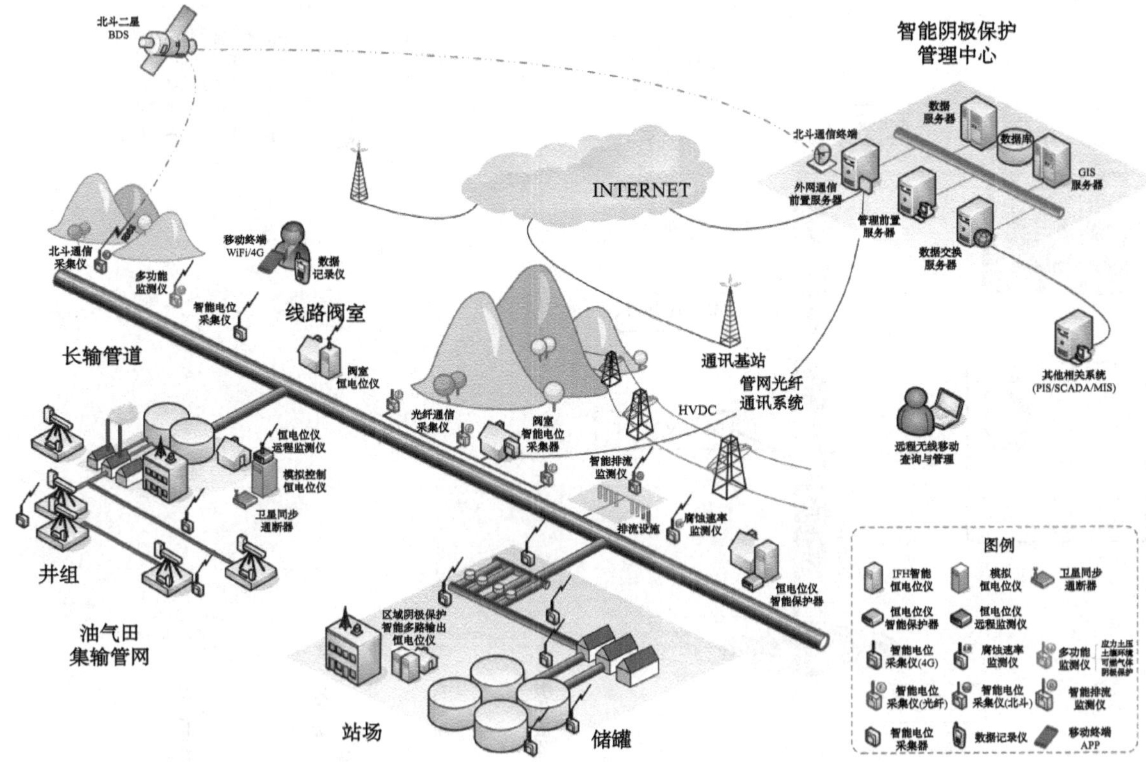

图 5　智能阴保系统拓扑结构图

3　智能阴保系统建设

3.1　智能阴保核心设备改造升级

在长输管道的阴极保护系统中，智能测试桩是关键的监测设备，用于评估管道的保护效果。然而，原有的智能测试桩可能存在一些局限性，比如无法测量断电电位、交流电位，这限制了其在全面评估管道保护状态方面的能力，为了克服这一限制，进行升级改造是必要的。对原有的 83 支智能测试桩进行了硬件、软件改造。在硬件方面，增设了高精度电位测量模块，该模块具备在断电状态下准确捕捉管道电位的能力，有效解决了传统测试桩在此方面的不足(图 6)。同时，对数据采集与传输系统进行了升级，确保测量数据的实时性与准确性。在软件算法层面，开发了先进的电位分析算法，能够对采集到的电位数据进行深度挖掘与处理，从而更精确地评估管道的断电电位状态。经过此次升级改造，取得了显著的效果，目前智能测试桩能够更加精确地测量管道的断电电位，为评估阴极保护系统的有效性提供了可靠的数据支持。改造后抽查了 10 支测试桩，平台显示断电电位数据与现场实测数据偏差率在 5%以内，稳定性、可靠性较佳。此外由于数据的准确性和实时性提升，减少了人工巡检的频率和工作量，降低了维护成本。

此外目前全处 9 座阴保站的 34 套恒电位仪均无远传远控功能，这给恒电位仪的管理和维护带来了诸多难题。为了提升管理效率，确保长输管道阴极保护系统的稳定运行，需对现有恒电位仪进行改造升级，并加装恒电位仪通信终端，建立恒电位仪远传远控系统。技术团队深入研究了现有恒电位仪的结构和工作原理，制定了针对性的改造方案。首先，为每台恒电位仪配备高性能的通信模块，实现与远程控制中心的数据传输。其次，对恒电位仪的内部控制系统进行优化，使其能够响应远程指令，实现精确的参数调整和操作控制(表 1)。在智能阴保监测平台拓展建立恒电位仪远传远控模块，实现了恒电位仪运行状况的自动采集。这意味着工作人员无需频繁到现场查看，就能实时获取恒电位仪的输出电压、输出电流、保护电位等关键参数。同时，利用先进的数据分析算法和智能诊断模型，对采集到的数据进行分析处理，能够及时发现异常情况，并进行智能辅助诊断分析。

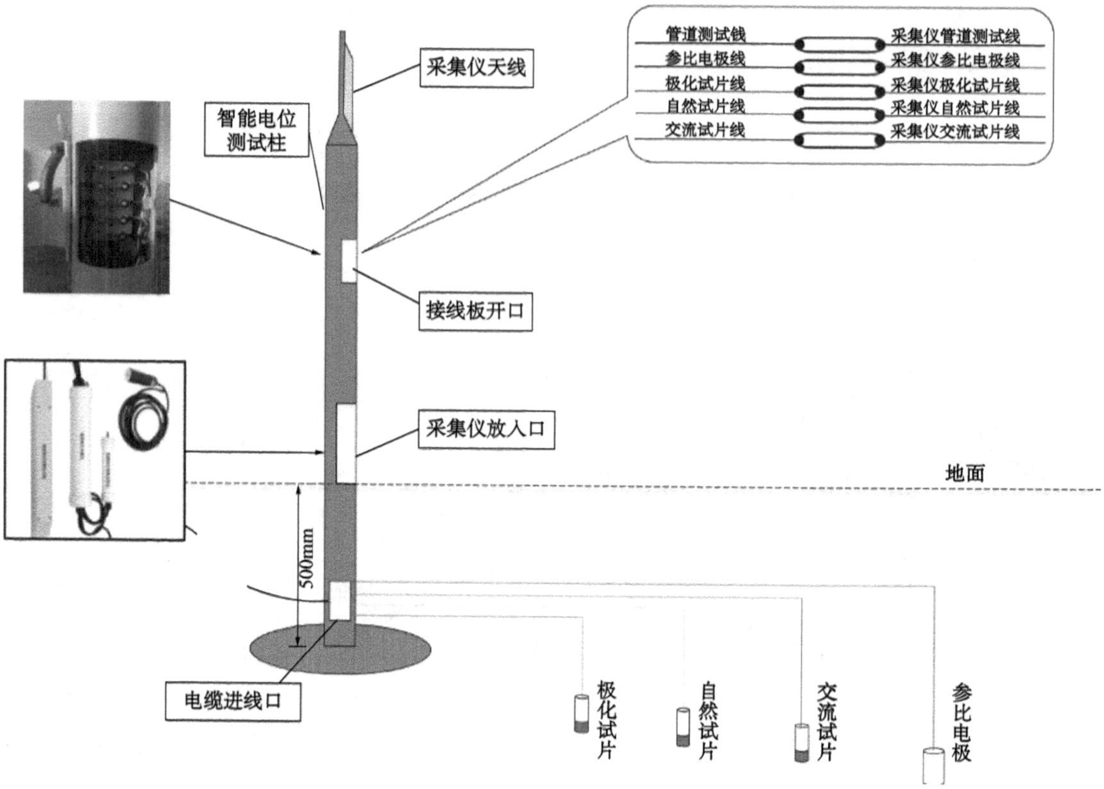

图 6　智能测试桩改造图

表 1　恒电位仪对比表

功能特征	传统恒电位仪	远传远控恒电位仪
多路输出	多路输出体积庞大，最多支持 4 路同时输出	在标准的恒电位仪机柜内，可以实现 6 路同时输出，12 路数据采样
运行模式	恒电位、恒电流、恒电压	恒电位、恒电流、恒电压恒断电电位模式(抗干扰、阴保效果更好)
数据远传，远程控制	485 或者模拟通讯传输，通过增加 DTU 模块，8001 模块实现数据远传远控	自带 4G 通讯模块，原生集成，不需要额外带附件，数据传输稳定
通断模式	设备自带通断测试模式、实现同步通断必须通过架设同步通断器	自带同步通断模块，依赖集成的 4G 通讯模块，在阴极保护监控系统上实现一键同步通断，设备可以自由选择，自由分组。

3.2　杂散电流智能排流监测

杂散电流的存在给长输管道带来了严重的腐蚀威胁，极大地影响了管道的使用寿命和运行可靠性。随着技术的不断进步，智能排流技术应运而生，为解决长输管道杂散电流问题提供了全新的思路和方法。传统的排流方法往往存在响应速度慢、排流效果不稳定等局限性。智能排流技术则凭借先进的传感器网络和智能控制系统，能够实时监测管道沿线的杂散电流分布和管道电位变化。通过对监测数据的精确分析和处理，智能排流系统能够快速、准确地调整排流器的工作状态，实现对杂散电流的高效排流。长输管道杂散电流的智能排流技术已成为保障管道安全、延长使用寿命的重要手段。2022 年在靖惠、吴定、姬惠 3 条杂散电流干扰严重的 13 处加装智能排流监测仪(图 7)，监测排流前及排流后常规阴极保护参数、排流防护系统参数等。采用智能排流技术后，管道的腐蚀速率显著降低，由之前的每年 0.075mm/a 降低至 0.005mm/a。同时，智能排流系统还能够根据不同的工况和环境条件，自动优化排流策略，大大提高了排流效果的稳定性和适应性，降低了杂散电流对管道的干扰影响，确保管道运行安全。

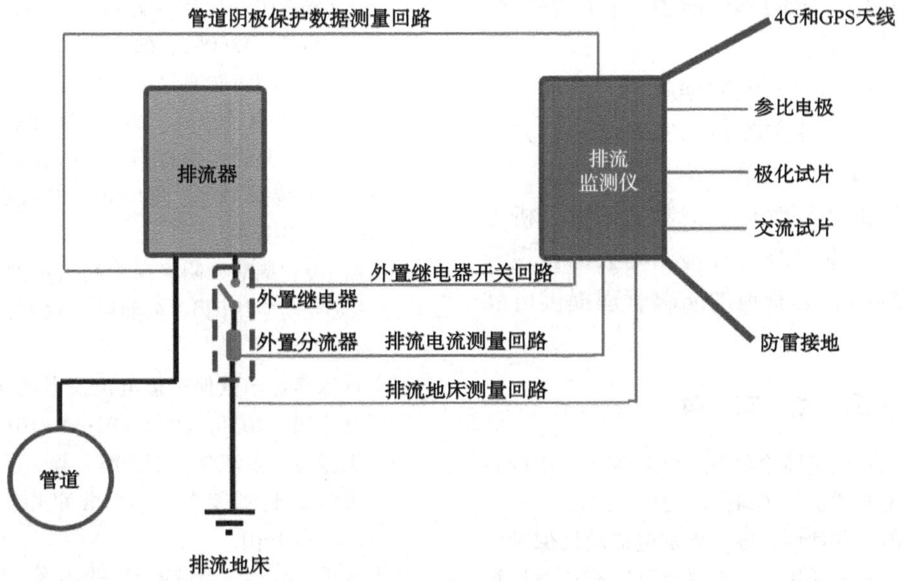

图 7　智能排流监测仪结构图

3.3　站内区域智能阴保建设

第三输油处 9 座站场，投运时间超 15 年的场站占比 67%，共有 6 座，随着管道服役年限的增长，腐蚀泄漏也成了场站的主要隐患。自 2020 年开始，陆续实施吴定首站、姬塬联络线首站、姬塬外输总站、靖安首站站内区域阴保改造。设计阶段通过现场馈电试验来得到区域阴极保护电流需求量，利用 BEASY 阴极保护软件仿真模拟(图 8)，设计了适用于站场实际服役环境的阳极地床方案，改造中对埋地管网相对集中、距离较长、容易改造施工的区域采用可测断点 MOMO/Ti 柔性阳极进行保护。但站内电位测试点为普通测试点，需人工定期检测电位，阴保系统智能化建设时整改为智能电位采集仪监测，并在各场站区域阴保的阳极地床周围增设土壤环境监测点，分析阳极地床接地电阻的变化以监测地床的运行状况，确保站内管道土壤腐蚀程度可控。

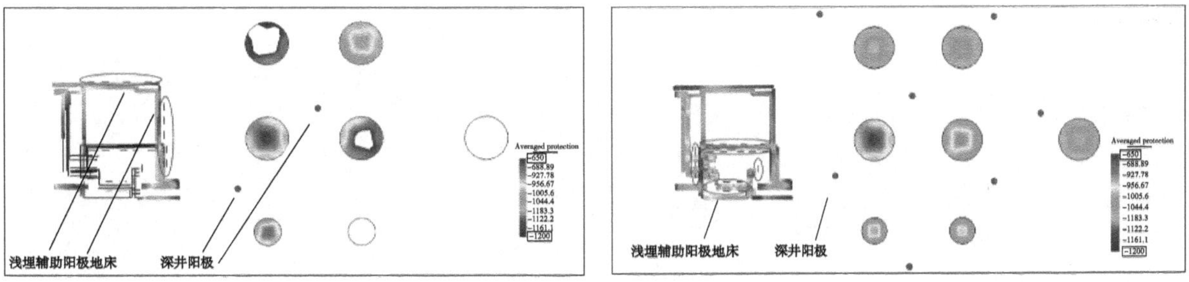

图 8　软件模拟保护方案

4　结论

随着油气行业的规模不断扩大，在未来遇到的影响生产运行的腐蚀情形会越来越复杂，而阴极保护技术作为一种保护管道的重要手段，也要与时俱进，阴极保护技术实现智能化，既顺应油田公司智能化发展方向，也减少了人员定期检测维护阴保系统费用，提高阴极保护率、恒电位仪运行率。但随着阴极保护电位智能采集系统的推广应用，也暴露了一些问题，主要包括：数据管理平台兼容性低、运行故障率高、分析评价软件算法过于简单，这些问题反映了现有硬件及软件与实际需求之间存在偏差，后期发展亟需从以下几方面考虑改进优化：

（1）提高智能阴保建设标准化水平。应推动标准化建设，实现埋地装置、供电模块通用，采集数据标准统一，直接传输到监测平台进行存储和管理；

（2）提高智能阴保系统可靠性。可靠性是当前系统面临的主要问题，主要由采集模块、供电模块及传输模块决定，三部分模块的稳定可靠需要建设中采用前端并且功能可靠的产品，另外也需要场站人员具备一定的辨识能力，及时发现处置影响稳定性的因素；

（3）深化智能阴保系统数据应用。目前智能阴保系统可实现阴保相关参数的实时监测、异常预警、管理任务分配、工单下发、数据反馈，形成阴极保护系统的闭环管理，但数据拓宽分析方面还存在短板，后期应结合外检测等数据实现管道的腐蚀情况判断，为管道的防腐管理提供可靠支持。

参 考 文 献

[1] 张永山．输油管线腐蚀检测与防护策略[J]．中国石油和化工标准与质量，2024，44(01)：28-30

[2] 刘晓龙，刘凯，董炳群，等．外加电流阴极保护技术在输油管道中的应用及效果评价[J]．全面腐蚀控制，2021，35(10)：17-19+131.

[3] 肖述辉．杂散电流对长输管道腐蚀影响的研究[D]．西安石油大学，2014.

[4] 董海．影响油气长输管道阴极保护系统的因素及对策[J]．石化技术，2018，25(01)：269.

[5] 杨彬，李孝莹．智能阴保监控系统的工程应用实例[J]．全面腐蚀控制，2017，31(10)：18-20.

[6] 李春雨，何鹏程，耿立娟，等．智能阴极保护系统在青海油田的应用与评价[J]．石油化工腐蚀与防护，2022，39(06)：60-64.

[7] 俞博洋．阴极防腐保护远传远控智能系统现场试验[J]．全面腐蚀控制，2022，36(03)：79.

[8] 罗彩萍，高岩，唐海燕，等．智能阴极保护数据采集监测装置[P]．四川省：CN308503303S，2024-03-12.

[9] 侯向峰，周巍．阴极保护测试桩的优化设计及智能化研究与应用[J]．全面腐蚀控制，2023，37(02)：31-34.

[10] 俞家海．阳极保护恒电位仪自动化改造[J]．自动化应用，2021，(03)：97-98+101.

[11] 王爱玲，余东亮，李开鸿，等．埋地管道排流监测方法及监测装置[P]．北京市：CN114113817A，2022-03-01.

[12] 汪理，章达．杂散电流一体化智能综合监控分析系统的研究[J]．计算机测量与控制，2020，28(07)：81-85.

[13] 马贵利，刘海峰，王浩，等．长输管道站场区域阴极保护馈电试验结果分析[J]．天然气与石油，2022，40(06)：94-100.

[14] 高桂飞，吕晓波，王增元．站场区域阴极保护智能控制技术[J]．实用技术，2022，55(07)：212-215.

长庆油田地面系统腐蚀分析与防护对策

孙银娟　林　罡　赵盼婷　张志浩　杨学青

（中国石油长庆油田工程设计有限公司）

摘　要　随着开发、服役年限的增长，长庆油田管道和设备腐蚀问题愈发突出，为进一步掌握油田、气田的腐蚀规律，利用历史失效数据分析、现场试验等方法，从输送介质、运行工况、防腐措施三个方面进行了腐蚀原因分析。结果表明，长庆油田各层系之间高矿化度水配伍性差，部分区域采出水矿化度高达17982~83173mg/L、Cl^-含量高达3439~53715mg/L、酸性气体累计含量从16~354mg/L不等，导致油气田腐蚀居高不下。通过现场试验发现采出液含水率高于60%时，管材腐蚀加剧，温度越高腐蚀越快。据此，制定了针对性的腐蚀控制措施，包括优选管材、定时清管检测、常温输送、系统优化简化、推行特色防腐工艺，实施腐蚀智能监测。长庆油田通过综合应用多种腐蚀控制措施，有效应对了腐蚀问题，保障了油气田的正常生产秩序，减少了环保和社会影响，为油气田的持续稳产和提质增效提供了重要支持。

关键词　油气管道；腐蚀原因；腐蚀规律；防腐措施；长庆油田

油田位于鄂尔多斯盆地中部的黄土高原梁峁沟壑区，气田位于盆地北部的毛乌素沙漠、戈壁、草原及丘陵区，点多面广、地形复杂、环境敏感。随着油田开发时间延长，原油含水率不断上升，采出液组分不断变化，腐蚀因素日趋复杂，致使地面管道和设备发生腐蚀泄漏，不仅扰乱油气田正常的生产秩序，而且会带来环保和社会影响。因此，腐蚀防护技术的研究和应用，对油田持续稳产和提质增效，意义重大。经统计分析管道失效原因主要有腐蚀穿孔、施工质量（焊缝应力开裂）、自然灾害、第三方破坏和其他等五个方面。油田管道：地质灾害影响占4.9%、腐蚀穿孔约占91%。气田管道：第三方破坏占42%、焊缝应力开裂占23%、地灾破坏占17%。

油田腐蚀特点主要有：管道腐蚀以内腐蚀为主，占比90%以上，主要发生在管体中下部，部分发生在焊缝或焊缝附近；油田地处黄土高原，土壤电阻率普遍在50Ω·m以上，外腐蚀发生率较低；储罐容易在罐底、罐顶部位发生内腐蚀，且一般在服役5年后易发生腐蚀穿孔；设备、盘管等容易在积液处、油水分界线处以及沉积死角处发生腐蚀穿孔。气田腐蚀特点主要有：地处黄土高原和毛乌素沙漠，站外管道外腐蚀整体较低；靖边气田（含硫）、苏里格气田（湿气输送）失效相比较高，占比77.6%；靖边气田H_2S平均2335.5mg/m^3，CO_2平均5.12%，平均矿化度50.3g/L，酸性介质与高矿化度并存，电化学腐蚀风险高；气田场站失效以内腐蚀为主，占比90%，主要集中在埋地管道弯头及三通处、分离器排液管段。

1　腐蚀原因分析

1.1　输送介质影响

长庆油田目前共开发层系10余套，除长4+5与长6、延9与延10外，其余层系均不配伍，各层系之间高矿化度水配伍性差，混合后生成大量钡锶垢等，垢下腐蚀严重。经研究，35℃条件下，有垢层时碳钢开始发生垢下点蚀，主要由活化区的腐蚀自催化效应与复合盐晶格错位引起（图1）。部分区域采出水矿化度高达17982~83173mg/L，内腐蚀环境敏感，采出液Cl^-含量高达3439~53715mg/L，加速点蚀发生，CO_2和H_2S双重叠加，累计含量从16~354mg/L不等，产生协同腐蚀。腐蚀性细菌含量最高可达2.5×10^{5}个/mL，细菌腐蚀不断滋生（表1）。部分运行的老井废液进入地面集输系统，形成酸性易腐蚀介质，如图2所示杏73-6、杏58-27、侯10-18井场采出液4d后pH值仍低于5，易对设备和管道造成腐蚀，目前长庆油气田管道腐蚀风险居高不下。

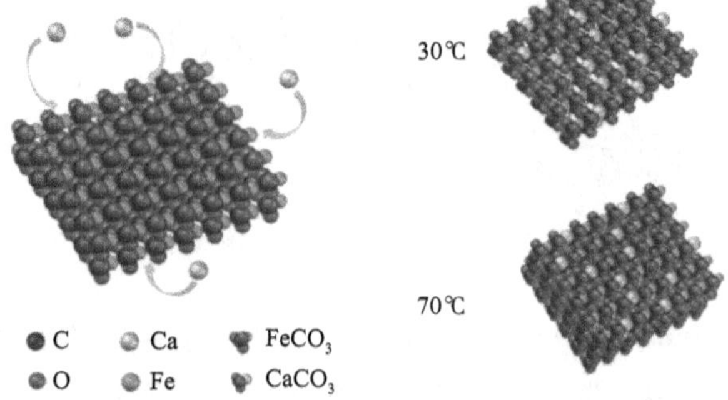

图 1　复合盐晶格错位效应示意图

表 1　油气田典型区块输送介质腐蚀因素统计表

区域		层位	水质			酸性气体		腐蚀性细菌			平均腐蚀速率/(mm/a)
			Cl^-/(mg/L)	HCO_3^-/(mg/L)	总矿/(mg/L)	CO_2/(mg/L)	H_2S/(mg/L)	TGB/(个/mL)	FB/(个/mL)	SRB/(个/mL)	
油田	姬塬	长 8	29731	292.41	77772	9.3	6.22	6	2.5×10^2	1.3×10^2	0.5366
	马岭	延 9/延 10	3439	1471.58	17982	186.0	92.84	2.5×10^1	6×10^3	2.5×10^2	0.6892
	姬塬	延 9	19807	1490.69	37569	23.0	0.15	6×10^3	1.3×10^3	6×10^2	0.6937
	环江	延 8/延 10	25549	1198.29	52038	354.1	0	2.5×10^2	6×10^3	2.5×10^3	1.227
气田	靖边气田	马五	25757	385	50300	99	23.36	2.5	2.5	2.5	0.08
	苏里格西区	盒 8 山 1	14200	620	21070	28	2	5×10^4	60	1×10^2	0.09
	苏里格南区下古	马五	53715	606	83173	98	20.61	700	2.5	2.5×10^5	0.08
	子州气田	山 23	19959	687	35199	31	1	/	/	/	0.03

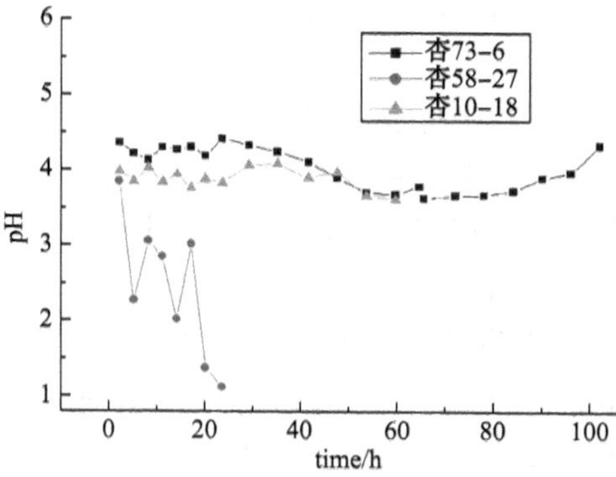

图 2　产出液随时间的 pH 值变化曲线图

1.2　运行工况影响

随着油田不断开发，采出液综合含水逐渐上升，经研究当含水达到 30%时，流体腐蚀性明显加重；达到 60%时，原油乳化性质发生反转，加剧管材腐蚀如图 3 所示。并且目前大多数场站含水油采用了加热输送工艺，外输温度在 30～60℃之间，经试验研究，温度对含水油碳钢管道的腐蚀具有显著影响，温度越高腐蚀越快(图 4)。油田区域内管道途径地区地形起伏较大，导致管道输送介质流速下降、低洼段容易积液，输送介质本身的较强腐蚀性在局部位置被进一步放大，导致局部点蚀频繁发生。

1.3　防腐措施影响

长庆油田经过数十年的发展，目前已经形成一系列、多样化的埋地管道防腐技术。2010 年以后，经油田公司多方论证和对比，油田站外输油管道均采用环氧粉末作为防腐层。但 2010 年前建设的管道大多采用环氧煤沥青，作为溶剂挥发型涂层，针孔较多，易形成隐性缺陷，也容易被冲击破坏，破损或缺陷处易发生土壤腐蚀。此外长输管道大多施加阴保与管道外防腐涂料联合保护，但长庆油田站内管道大多未实加阴保。管道内防腐一般采用改性环氧粉末、环氧酚醛等性能优异的涂料，防腐工艺也较为成熟，但长庆油田部分老旧管道、含水油管道进出站 50m 范围管道、清水管线改注采出水管道因设计缺陷、施工影响、防腐工艺受限等原因未配套内防腐层，随着使用年限的增加，易发生腐蚀泄露。

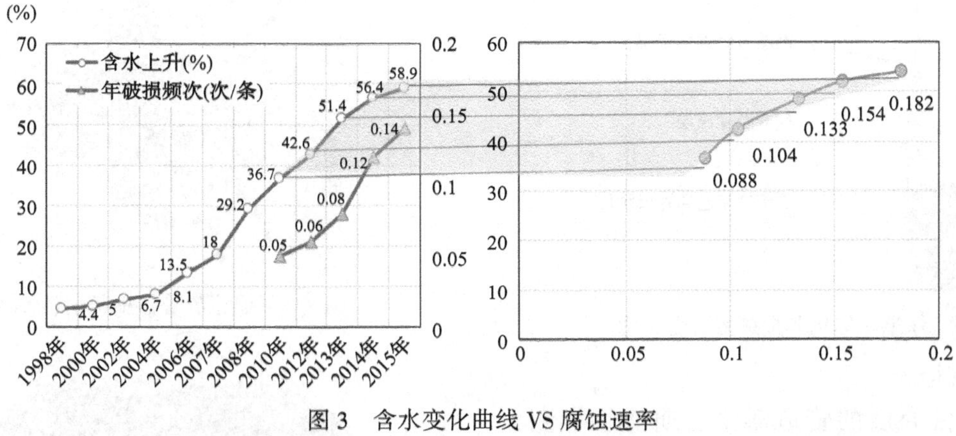

图 3　含水变化曲线 VS 腐蚀速率

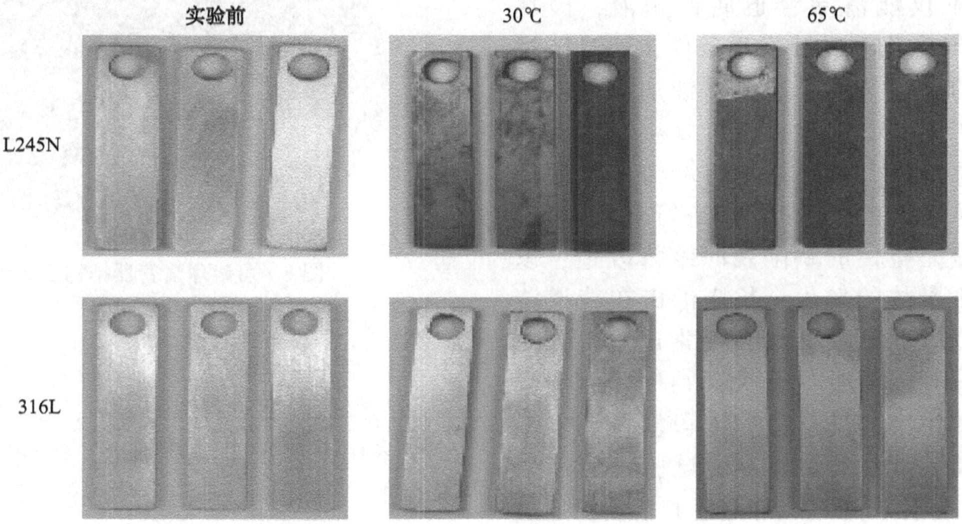

图 4　L245N 和 316L 随温度腐蚀变化形貌

2　腐蚀控制措施

2.1　优选管材清管防腐

2.1.1　优选管材

油田管道大多采用无缝钢管和不锈钢管材，广泛应用于石油化工工艺中各个环节，其连接方式以焊接为主。金属管材虽具有耐高压、易更换等优点，但施工工序复杂，寿命很有限，并且接头处的防腐及焊缝质量很难保证的，因此为减缓管道腐蚀从设计源头提高设计标准，例如设计时将 DN100 及以下管道壁厚增加 1mm、弯头壁厚增加 1.5mm。积极试验新管材，例如在出油管道、集油管道应用非金属复合管（三层结构）如图 5、图 6 所示，利用内衬层聚乙烯材料良好的耐腐蚀性能，有效降控含水油输送管道的腐蚀破漏风险，已在长庆油田出油、集油和站内管道共试验 152km 非金属复合管，无腐蚀泄漏和结垢现象，未见回压上升情况，效果较好；试验冶金复合制坯+无缝管成型工艺，避免了机械复合管、复合板焊管的技术缺陷；针对含硫区块设备腐蚀严重的问题，研究以树脂为基体，纤维及其织物为增强材料，采用接触成型、缠绕成型等工艺制备成储罐和设备，使用寿命是金属的 3～5 倍，设计寿命为 20 年，成功解决含硫区块及结垢腐蚀严重区块设备防腐难题。

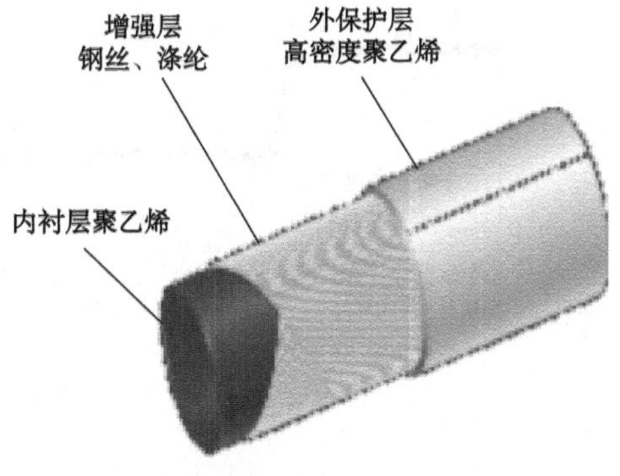

图 5　非金属复合管材基本结构

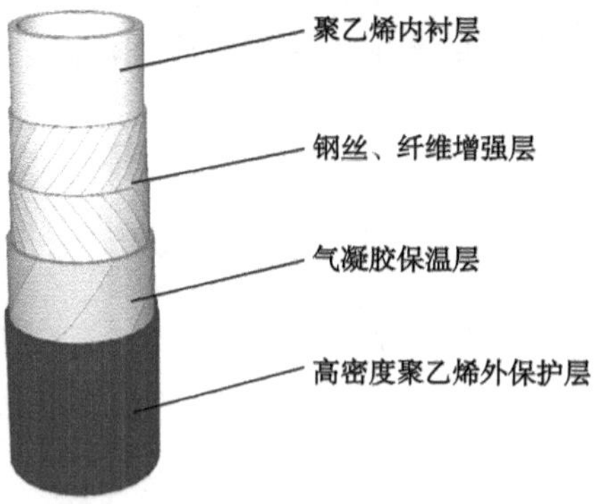

图 6　保温一体化非金属复合管结构

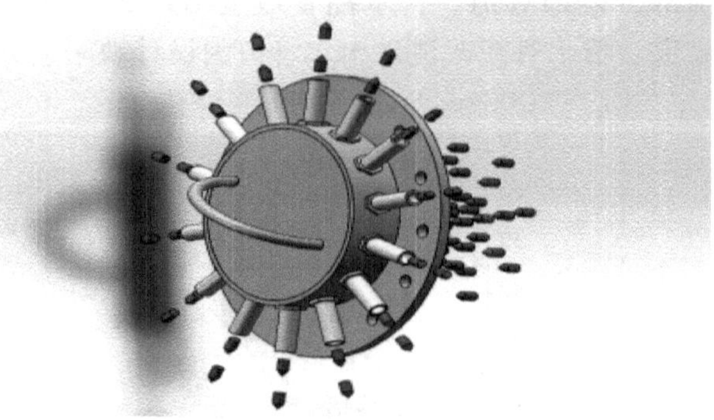

图 7　可控速清管器根部射流示意图

图 8　可溶球清管器结构示意图

2.1.2　清管检测

含有腐蚀介质的管道需要定期清管检测，清管作业不仅能清除管道底部积液，破坏 CO_2、H_2S 等电化学腐蚀发生条件，而且能祛除管道内的腐蚀杂质，避免腐蚀加深。清管后对管线实施漏磁内检测，可以获取管道本体状况信息数据，结合材料与结构可靠性等分析，可以对管道的安全状态进行全面评价，对影响管道完整性的缺陷及时维修改造，以减少和防止事故的发生。长庆油田在管道清管及内检测方面开展了诸多探索试验，针对气田常规清管需要批量开关井控制速度、影响气井正常生产、易产生积液段塞、严重影响下游分离装置运行的现状，试验可控速射流清管器(图 7)，通过根部射流和自动泄压技术攻关，实现了不关井、不影响生产情况下的清管作业。针对采气管线串接、部分管线收发球装置配备不完善、小口径管线无法清管等难点，试验可溶性清管球(遇水可溶图 8)，有效缓解了积液腐蚀，管线压降下降了 0.2～0.4MPa，管输效率提高了 3.3%～6.3%。

2.2　工艺流程改进

2.2.1　常温集输

为降低温度对腐蚀的影响，在井场出油管道全部采用不加热集输基础上，按照“分类施策、按需加热”的思路，逐步在站场含水油输送建立以压力替代温度作为常温集输的主要控制参数工艺体系，含水率≥70%站场，采用智能投球/热洗清蜡常温集输工艺；30%<含水率<70%时，外输压力与加热炉启停联锁，正常状态常温输送，压力达到设定超高限值时报警并启炉加热、清蜡降压(图 9)，通过在全油田推行常温集输工艺，降低温度对腐蚀的影响。

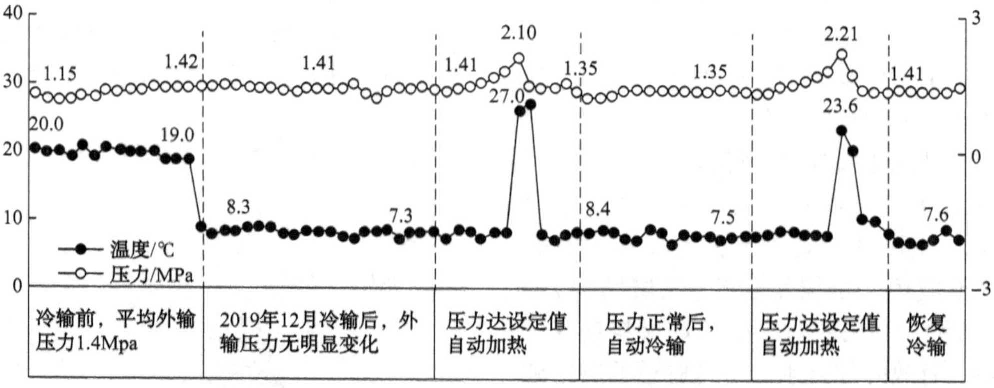

图 9　间歇加热管道冬季运行温度与压力曲线

2.2.2　系统优化简化

开展系统优化简化，降低腐蚀载体数量。按照“关、停、并、转、减”的思路，开展“四个优化”(图10)：一是实施井组井网优化，对敏感区河边、路边、沟边的810个风险井组关停，结合加密部署，在远离风险区域，实施井网再造。二是实施管线归属优化，对原沿河、跨河进站的井组，调整归属站点至远离河道站点，调整1107条1980km。三是实施集油管线走向优化，对沿河、跨河集油管线优化路由，改为远离河道敷设，优化765条2370km。四是实施沿河站点站址优化，对沿河等站点关停，站址选取远离河道位置新建，累计实施72座。近年来，累计优化站点715座，优化管道4350km，减少管道2310km，有效提升了系统运行效率，降低了腐蚀泄漏频次。

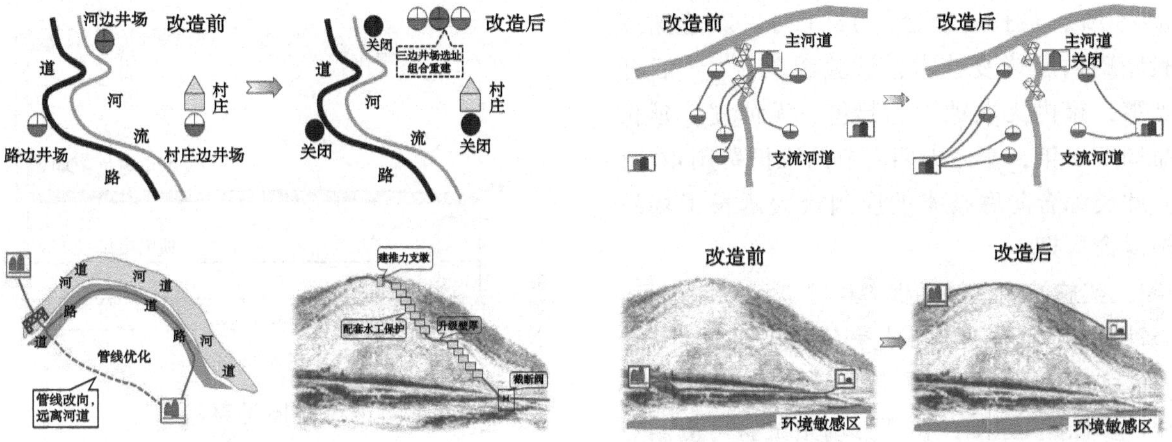

图10　“四优化”示意图

2.3　综合防腐工艺融合智能监测

2.3.1　推行特色内防腐工艺

结合挤涂工艺特点、油田腐蚀环境和低成本开发需求，研发环氧玻璃纤维复合内衬涂料，引进了石墨烯改性鳞片内防腐涂层。在含水油管道中全面推广在线整体挤涂技术，攻关在线挤涂防腐层智能检测技术通过检测机器人携带视频检测器、涂层测厚仪、电火花检漏仪等原器件(图11)，实现了小口径管道内防腐层外观、厚度和漏点的连续性且非破坏性检测。创新研发了工厂预制内涂层工艺，2019年首次试点应用，在站外管道应用580余公里，站内管道应用近50km，涉及场站40余座，弥补了挤涂工艺内涂层固化时间长、无法冬季施工的缺陷，进一步降低了管道腐蚀泄漏频次。试验复合二氧化硅气凝胶防腐保温涂料，该材料具有纳米轻质三维结构，能有效抑制和屏蔽热传导与对流，喷涂或涂抹施工，从根本上解决了保温层下腐蚀问题，在15具500m^3及以下储罐和5km地上管道中成功应用。

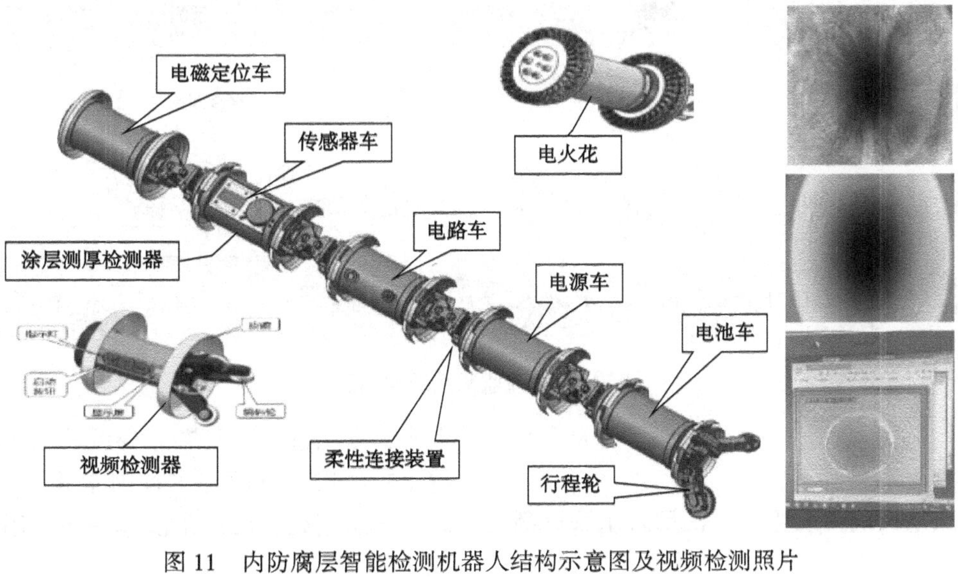

图11　内防腐层智能检测机器人结构示意图及视频检测照片

2.3.2　探索综合防腐技术

针对场站内设备、储罐、已建管线等腐蚀问题，针对性研究综合防腐技术，在加热炉盘管、换热器中应用加热炉盘管陶瓷内外防腐技术，可延长寿命周期9年，节约10万元/年·座；在用工艺管道增加牺牲阳极短节，平均腐蚀速率由1.01↓0.55mm/a；在用储罐增设牺牲阳极+玻璃钢构件，进、出口总铁下浮50%~80%，最长连续运行15个月；新建储罐试验储罐内胆修复技术，试验3具，3年后开罐观察，罐内无腐蚀、无起包、无掉皮，延长寿命周期9年，寿命周期内节约维护费用40万元。此类综合防腐技术的应用极大延长了场站设施寿命周期。

2.3.3　实施站内区域阴保

针对输油场站埋地工艺管道阴极保护系统覆盖率低、站内外干扰问题突出等问题，按照"小电流，多回路"原则，在部分场站试验可测断点MOMO/Ti柔性阳极对埋地管网实施保护，首次开展馈电试验如图12所示，判断阴保电位衰减情况，了解电流屏蔽严重区域，确定阳极地床分布位置，馈电试验和设计计算结果相互结合，从而使管道设计电流与实际需求更加吻合，在站场运行1年进行效果检测，96.7%管线断电点位位于-0.85~-1.2V范围内（图13），保护效果较好。

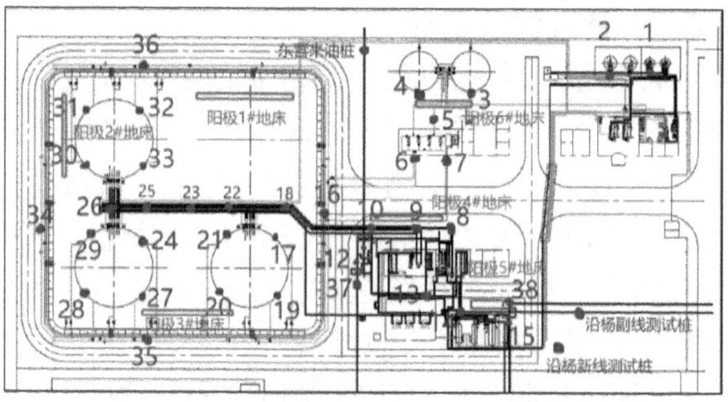

图12　站场区域阴保馈电试验

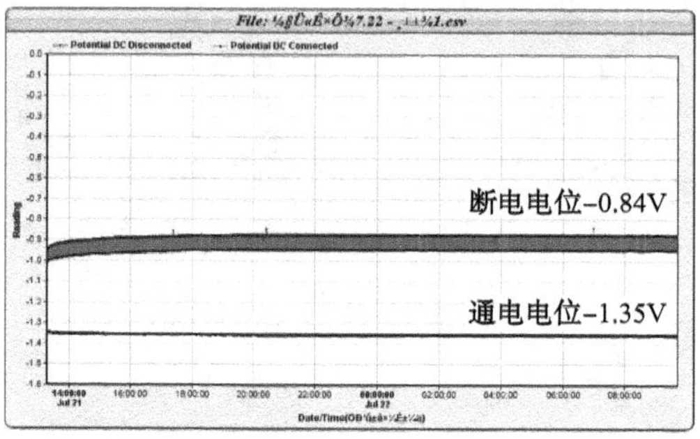

图13　某场站现场检测状态

2.3.4　建立腐蚀智能监控系统

针对长庆油田油气管道腐蚀严重，但腐蚀数据缺失、腐蚀情况掌握不明等问题较为突出，开发腐蚀监测、失效管理、完整性管理等平台（图14），全面开展地面腐蚀失效数据分析，实现油田腐蚀监测、分析、治理、预测、评价的闭环管理，建立了线上失效样品库模块，与已建失效参照图谱关联，强化失效小类分析，还可自动生成完整性管理各类报表、数据对标分析，切实提升数管道腐蚀智能监测水平。

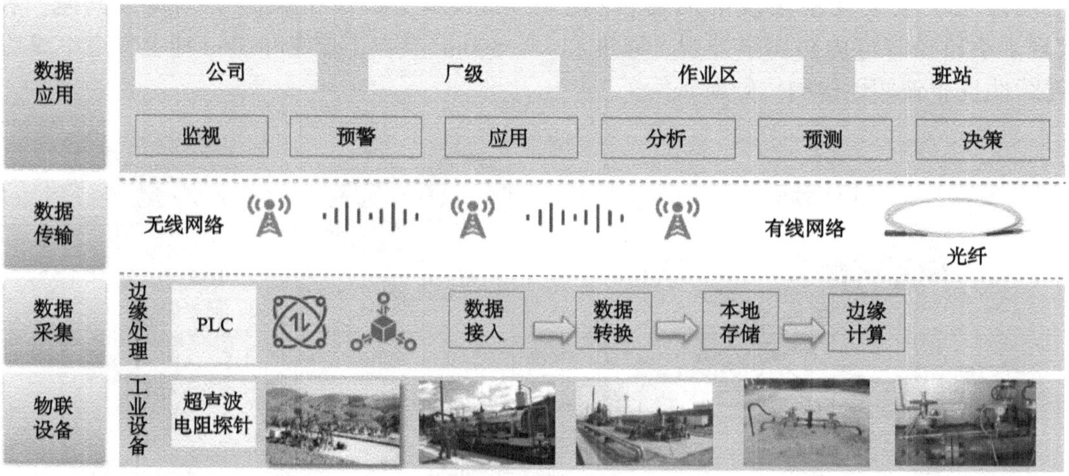

图14　腐蚀监测系统架构图

3　结论

随着长庆油田的开发生产，油田含水率逐渐上升，采出液组分复杂，导致地面系统腐蚀形势越来越严峻。腐蚀是多种因素共同作用的结果，影响因素复杂，所以不能单一地应用某一种防护技术来控制，而要多种因素综合考虑。在油气田日常防腐管理中，应重点关注：新建管道应严格按照防腐设计施工，建设单位严格把控防腐质量；老旧管道日常应做好腐蚀监测工作，直观掌握油田管道腐蚀趋势及隐患预警，科学指导腐蚀预防；此外应根据管道及站场分级分类情况、油气区环境特点及腐蚀特性，开展差异化防腐管理，做到“全面覆盖，重点突出”。未来，长庆油田将继续加强腐蚀防护技术的研究和应用，以进一步提高油气田的安全生产和环保水平。

参 考 文 献

[1] 翟博文，杨博，张巧生．长庆油田地面管道泄漏原因分析及防治对策[J]．油气田地面工程，2017，36(04)：70-72.

[2] 汪涛．原油储罐内底板腐蚀机理分析与涂层防腐蚀技术分析[J]．全面腐蚀控制，2020，34(02)：110-111.

[3] 徐江峰，郝健，黎力，等．油井垢下腐蚀的影响因素与防腐措施研究[J]．材料保护，2023，56(03)：159-165+188.

[4] 张骁勇，张萌，王吉喆．X80管线钢在高矿化度油田采出液中的腐蚀行为[J]．腐蚀科学与防护技术，2019，31(03)：272-278.

[5] 彭伟华，苗健，高伟，等．原油含水量和流速对X60钢管道腐蚀行为的影响[J]．材料保护，2012，45(05)：60-62+87-88.

[6] 石振宇．环氧煤沥青涂料在埋地金属管道上的应用[J]．炼油与化工，2018，29(03)：46-47.

[7] 桑元龙，胡力耀，王文灿，等．油田注水抗腐蚀管道材质的选择[J]．石油工程建设，2018，44(05)：82-85.

[8] 陈小伟，张对红，王旭．油气管道环焊缝面临的主要问题及应对措施[J]．油气储运，2021，40(09)：1072-1080.

[9] 王宝军，杨嫱，贺雪红．油田金属设备硫化氢腐蚀行为研究[J]．化工管理，2019，(15)：203-204.

[10] 邹航宇．输油管道清管作业标准化管理与探讨[J]．石油石化节能，2021，11(08)：23-25+4.

[11] 苏志华，欧阳小虎，王成园．漏磁内检测技术在原油管道腐蚀评价分析中的应用[J]．腐蚀与防护，2021，42(01)：50-56.

[12] 尹丰丰．适于油田集输系统用可溶性清蜡球的开发[D]．西安石油大学，2021.

[13] 赵晓辉．长庆油田油气集输工艺的发展[J]．石化技术，2016，23(08)：99+98.

[14] 黄周启，董宝利，汪圣雨．地面管线在线挤涂环氧玻璃纤维复合内衬防腐涂料装置[P]．陕西省：CN209502178U，2019-10-18.

[15] 杨卫东．基于智能技术的机器人小管径内壁防腐喷涂与焊缝检测技术实现[J]．2023，50(06)：79-81.

[16] 李佳林．油田常压储罐保温层下腐蚀检测与防护[J]．全面腐蚀控制，2020，34(08)：71-73+76.

[17] 马贵利，刘海峰，王浩，等．长输管道站场区域阴极保护馈电试验结果分析[J]．天然气与石油，2022，40(06)：94-100.

红外气云成像监测系统在长庆油气田站场的研究与应用

左　晨　姚欣伟　任晓峰

（中国石油长庆油田工程设计有限公司）

摘　要　安全生产对石油天然气集输场站至关重要，气体泄漏监测系统能够有效进行危险预警，并对决策判断提供信息分析基础，有助于实现危险快速响应及处理。基于被动红外光谱成像技术的气云成像泄漏监测系统将环境中的红外辐射能量进行图像记录与处理，并转化为光谱可视化呈现。该系统在长庆油田某联合站及天然气净化厂开展现场应用试验，取得了较好的效果，且其大范围、远距离、快速定位泄漏源、动态直观的优势有助于实现厂区全方位精准监测，在减少成本的同时提高生产效率，具备良好的推广和应用价值。

关键词　红外成像检测；气体泄漏；泄漏检测

1　前言

国内经济飞速发展之下，对石油天然气等能源的需求日益增多；然而，石油天然气生产及储运过程中，存在着产生及泄漏有毒有害、可燃气体的风险，其中，油气处理场站及石油化工厂的管道老化或者其他原因导致的气体泄漏隐患严重威胁生产安全。最近发生在 2018 年的“11 · 28 张家口爆炸事故”，由于氯乙烯气柜发生泄漏，气体扩散到厂区外公路上，遇明火发生爆燃，造成 23 人死亡，22 人受伤，经济损失及社会负面影响巨大。“安全第一，预防为主”，加强对有毒有害及可燃气体泄漏的监测与防控，形成预警机制，可有效避免因泄漏导致的重大安全事故的发生。

油气田场站通常使用固定式点型可燃/有毒气体探测器作为检测气体泄漏的主要方法。通过探测器的安装使用，可发现异常浓度的气体泄漏，向场站自控系统发出警报，从而及时处理异常气体泄漏，保障生产安全。此外，随着近年来物联网技术的发展，利用工业无线网、传感器和气云成像系统，实现了现场作业环境、人员、设备三位一体场站全域气体监测与预警管理，降低了人工成本，提高了检测精度和准确率，有效的降低了气体泄漏造成重大安全事故的风险。

2　气体泄漏监测技术现状

传统的固定式点型可燃/有毒气体探测器多应用电化学、催化燃烧、激光法等检测原理，被动扩散式的报警方式受环境、泄漏气体浓度等因素的影响很大，存在监测精度低、适用范围窄的缺点。

随着红外感应技术的发展，具备快速定位泄漏源、动态直观等优势的气体泄漏红外成像检测技术应运而生，成为气体泄漏检测的有效手段之一。

作为发展较早的红外热像仪生产厂家，美国 FLIR 公司研制出了一款本质安全型光学气体热像仪 FLIR GFx320，能快速探测气体泄漏，快速预警以维护危险场所安全。加拿大 Telops 公司研发生产的 Hyper-Cam 成像光谱仪空间分辨率和成像质量高，可有效实现石化企业的气体泄漏监测。但是，其技术成本较高，且由于要完成光谱扫描，系统运行速度较慢。此外，近年来广泛应用的气云成像系统，通过领先的探测算法和特有的高光谱成像技术，对泄漏源进行精准定位，准确的检测出泄漏气体的浓度和体积。然而由于需安装于特定地点，只能对小范围内的管道设备进行监测。在面积较大的厂区内，常常需要多台设备同时监测，大大提高了人工监管成本和设备成本。因此，研发一款低成本、适用范围更广的基于红外成像检测技术的气云成像泄漏检测系统，提高效率的同时降低了生产成本，对于保障油气生产及石油化工行业的安全生产至关重要。

3　红外气云成像监测系统

针对现有红外成像检测技术存在的不足，本研究中的基于红外气云成像的探测系统，可实现7天24小时全天候不间断运行，不受任何极端天气影响，对1km范围内气体泄漏事件实时(1/30s)预警，通过自动邮件、短信、可视化方式推送报警信息。

该系统主要由四个模块构成(图1)：

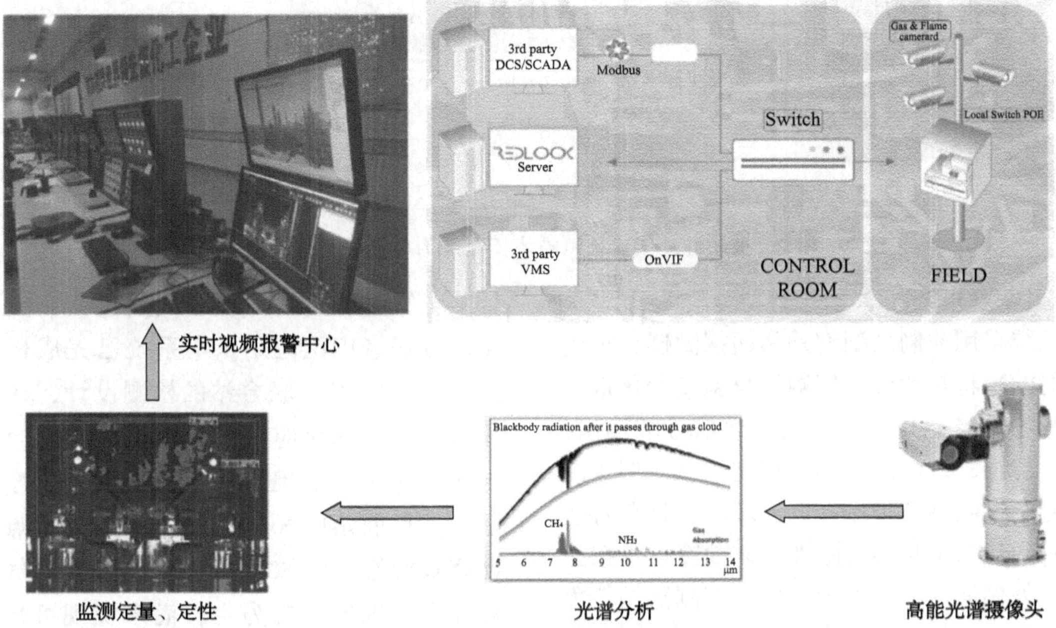

图1　红外气云成像监测系统构成

模块一，红外气云成像模块接收环境中的红外辐射并生成成像信息后发出；

模块二，视频采集模块采集环境中的视频信息并发出；

模块三，图像处理模块接收成像信息和视频信息并进行融合处理，由于高清相机与红外探测器相的结合，可得到实时气体影像和气体浓度组分，以形成可视化实时监测数据并发出；

模块四，中控模块接收实时监测视频，根据得到的信息分析不同的气体并判断当前环境气体位置与浓度，形成判断结果并发出预警。

红外气云成像监测系统设计理念先进，主要拥有以下功能和特点：(1)探测范围广，可监测硫化氢、甲烷等30多种可燃、有毒及VOCS气体，涵盖了上游油气集输场站的全部气体场景；(2)测试精度高，由于探测原理不同于以往产品，检测精度不受气体浓度影响，在较低的浓度下就可发现气体泄漏点，防微杜渐，将危害消灭在萌芽状态；(3)利用物联网技术，把监测系统与报警系统物联，形成实时监测，实时报警，实时治理的泄漏监测系统，真正实现早发现、早报警、早治理。

4　技术特点

4.1　被动红外成像检测技术

气云成像监测系统，基于被动吸收红外光谱的技术，运行在红外光谱区，不需要光源，因此不受白天或黑夜的影响。同时对于每一种气体的吸收峰不同，对于已知的气体可以进行准确监控。

相比于主动红外成像检测技术存在的局限性：由于辐射源光谱的限制，能够检测到的气体种类少；信号随着距离的增大而减弱；系统结构较为复杂，需要扫描机构的辅助；体积重量大，对激光等辐射源需求高，且安全性能低。被动红外成像检测技术在扩大了可检测光谱范围和气体种类的同时，增强了远距离探测能力；此外，被动红外成像检测技术采用系统结构简单的陈列式探测器，再不需要辐射源和反射背景的情况下，可直接成像(图2)。

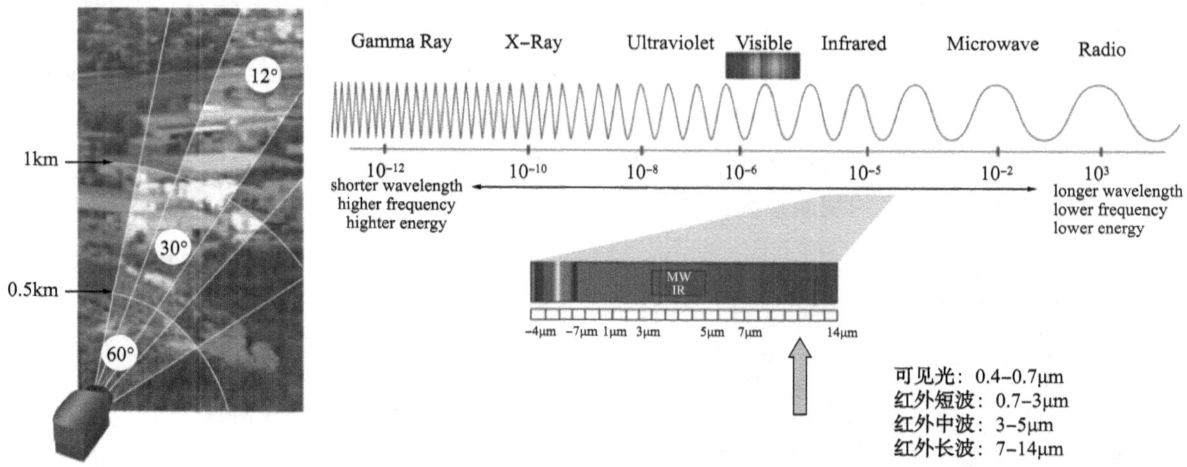

图 2　被动红外成像检测技术探测能力与检测光谱范围

4.2　非制冷技术

本系统采用非制冷型红外焦面探测器，利用红外辐射的独特热效应，探测材料温度变化带来的结构或物理量变化，并换成电学信号的输出，适用于大范围、远距离探测。相比于制冷型探测器——光子探测器需工作在低温环境，且具有连续使用时间仅为 1 年的局限性。非制冷技术在滤光片、红外焦面的应用大大增加了探测器的使用寿命，可有效降低生产成本(表 1)。

表 1　制冷技术和非制冷技术对比

	制冷技术	非制冷技术
测量的光谱波段不同	3.1~3.2μm	7~14μm
需要制冷系统	需要	不需要
连续使用时间	1 年	10 年
一次投入成本	较高	较低

4.3　利用气象数据判定泄漏源的方位角

本系统利用气象数据判定泄漏源的方位角，可实现采用少量监控设备即可对大范围的监控区域实施监控，同时可以快速确定泄漏位置。泄漏气体 VOCS 具有在可见光下不可见，泄漏时温度较高且呈现扩散性的特性，利用监控区域红外热成像和可见光图片的差异，可确定 VOCS 的泄漏位置，并能够排除烟气、水汽干扰，准确度高，不需要样例训练库。

5　现场应用

5.1　应用场景

红外气云成像监测系统可在油田脱水站、联合站、气田集气站、天然气处理厂、天然气净化厂等场景广泛应用。本系统已完成长庆 X 天然气净化厂和 X 联合站的检测设计，并在 X 天然气净化厂深化应用。开展现场试验的 X 天然气净化厂主要承担天然气脱硫脱碳、净化外输任务。目前站内气体泄漏监测以固定点型催化燃烧式可燃气体探测器和电化学有毒气体探测器和人工现场巡检为主，尚未实现可视化监控和连续巡检。为进一步提高气体泄漏监测和巡检的可靠性，现在 X 净化厂内设置 1 套红外气体成像监测系统，进行厂内可燃气体、有毒气体和 VOCS 可视化实时监测，实现气体泄漏可视化连续监控，追踪气体飘散方向，减少人工巡检强度。

5.2　应用效果

X 天然气净化厂安装的红外气体成像监测系统主要由红外线气体分析仪(前端感知设备)、气体泄漏光谱成像及火焰监测系统管理软件(后端智能分析软件)、服务器(后端智能分析硬件)以及防爆箱、三脚架和云台立杆等安装附件组成。

系统服务器设置在控制值班室，通过红外高光谱监测技术对厂内可燃气体、有毒气体和 VOCS 进行可视化连续监测。以及实时显示泄漏气体浓度，并对目标区域内火焰进行实施监测，并迅速定位泄漏点发出报警。从现场测试结果看，红外气云成像监测系统在气体泄漏位置识别、泄漏识别准确度、泄漏响应方面均取得较好的应用效果(图 3)。

此外，通过对 X 天然气净化厂的监测设计发现，传统的该规模天然气净化厂需要约 160 个固定式可燃/有毒气体探测器，而使用红外气云成像泄漏监测系统只需要 3 个前端红外气体分析仪，在提升检测精准的同时，有效降低了运维成本，实现了石油天然气工程“本质上更安全”的目标(图 4)。

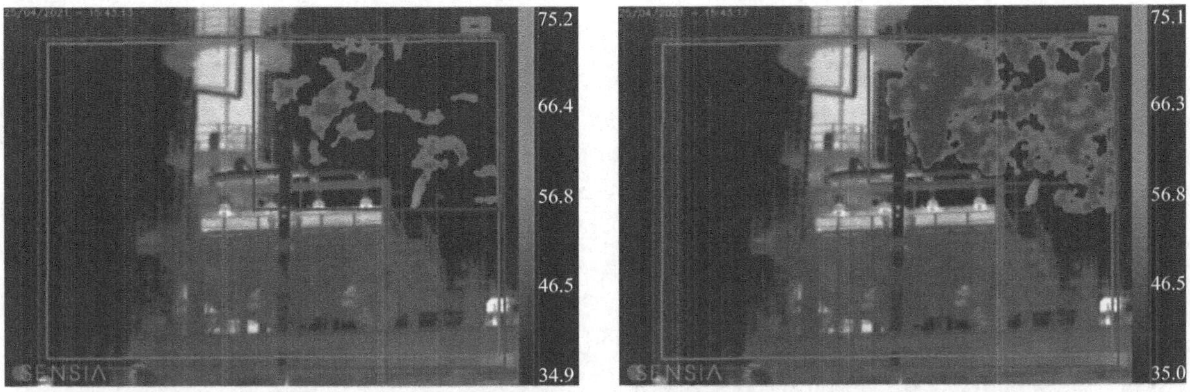

图 3　测试气体成像图

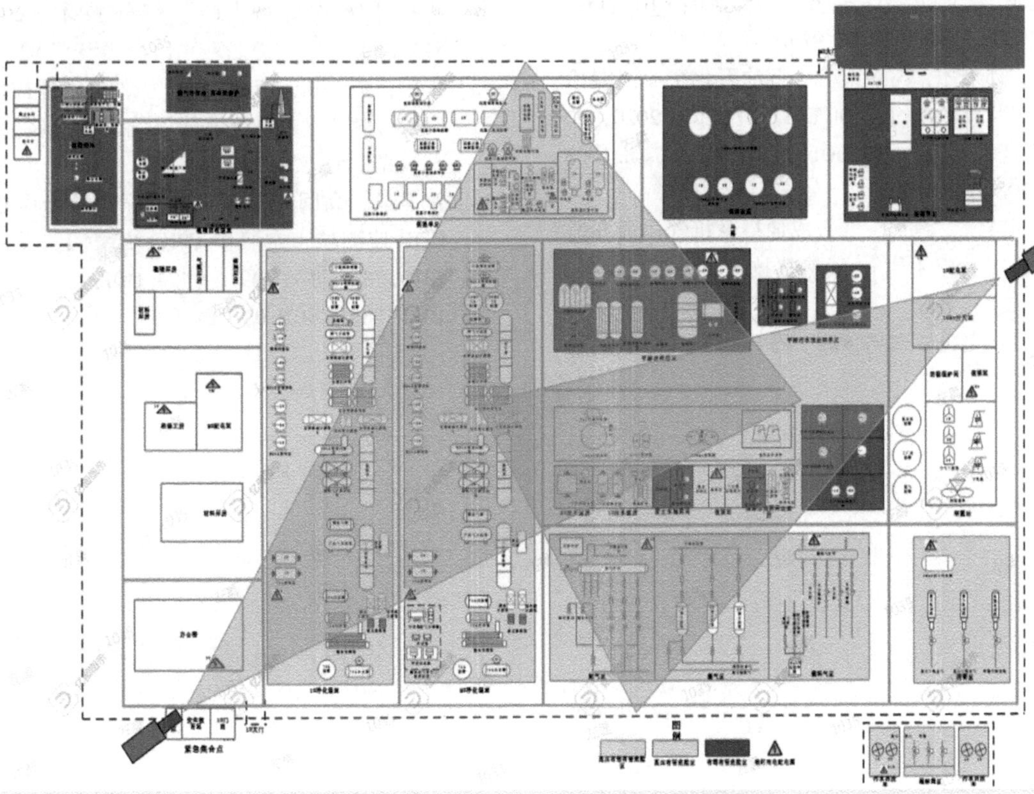

图 4　X 净化厂红外气云监测检测点布置图

6　结论

(1) 被动红外气云成像监测系统可适用于多种复杂的环境中，可实现全天候、各种天气状况下的精确监测。采用的非制冷型探测器具备体积小、功耗低、成本低、可靠性高、可昼夜昼夜连续工作的优点，并且，与高清摄像头的结合可得到实时气体影像和浓度分析，实现可视化连续监控和气体泄漏即时预警。

(2) 产品的控制模块可通过后台数据平台对得到的信息进行分析处理，判断气体浓度与类型，有针对性的发出预警，便于快速判断并采取相应措施。

(3) 被动红外气云成像监测系统在石油天然

气上游集输场站得到了较好应用，能够快速、精准识别气体泄漏位置及浓度，并且对面积较大的厂区能够低成本高效率的实现全方位监测，具有良好的推广价值。

参 考 文 献

[1] 熊仕富．红外热成像甲烷气体探测与识别系统关键技术研究[D]．长春理工大学．

[2] 王宏伟．我国安全生产与应急管理关系的变迁与整合：兼对“11·28”张家口重大爆燃事故的反思[J]．中国安全生产，2018(12)：6.

[3] 郑为建，余春超，杨智雄，等．宽谱段环境污染气体红外遥测技术研究[J]．红外与激光工程，2019，48(11)：8.

[4] 张颖，周学军，张艺，等．新型可燃气体探测器在海上平台的适用性分析[J]．石油化工自动化，2020，56(5)：61－63，75. DOI：10.3969/j.issn.1007-7324.2020.05.015.

[5] 张静宇，孙秉才，冯兴，等．石油石化企业泄漏检测技术现状及前景[J]．油气田环境保护，2020，30(2)：37－40. DOI：10.3969/j.issn.1005-3158.2020.02.010.

[6] 刘欢，胡畔宁，魏莱．气云成像摄像机气体泄漏监测技术研究及应用[J]．天然气技术与经济，2019，13(1)：5.

[7] 迟晓铭，肖安山，朱亮，等．石化企业气体泄漏红外成像检测技术研究进展[J]．安全．健康和环境，2021，21(2)：5.

[8] 冼敏元，薛晨亮，王飞，等．气云成像泄漏监测技术在海上钻井平台的应用[J]．设备管理与维修，2022(3)：90－92. DOI：10.16621/j.cnki.issn1001-0599.2022.02.38.

[9] 刘秀，王岭雪，金伟其，等．危险气体泄漏的光学遥测技术及其进展[J]．红外技术，2009，31(10)：563－567，572. DOI：10.3969/j.issn.1001-8891.2009.10.002.

[10] 朱亮，邹兵，高少华，等．红外成像光谱在泄漏气体处置中的应用研究[J]．激光与光电子学进展，2015，52(8)：112－117. DOI：10.3788/LOP52.080701.

[11] 北京锐百凌科技有限公司．一种气云成像设备：CN201820249279.0[P]. 2018-11-09.

[12] 李家琨，金伟其，王霞，等．气体泄漏红外成像检测技术发展综述[J]．红外技术，2014(7)：513-520.

[13] 张旭，金伟其，李力，等．天然气泄漏被动式红外成像检测技术及系统性能评价研究进展[J]．红外与激光工程，2019(S2)：13.

[14] 童晶晶，高闽光，刘志明，等．长光程开放光路FTIR监测城市空气中 C_2H_4 浓度[J]．红外技术，2010，32(8)：491－494. DOI：10.3969/j.issn.1001-8891.2010.08.014.

浅议电化学腐蚀监测技术在油田中的应用

徐志斌 胡少伟 李 剑

（中国石化中原油田分公司）

摘 要 腐蚀测量可提前发现材料或设备的腐蚀迹象，从而及时采取措施防止进一步恶化，电化学腐蚀监测技术实现了在线实时检测，能够很好的掌握被测对象的腐蚀状况，本文分析了现有的常用腐蚀检测技术，对比分析了电化学腐蚀检测技术的优缺点，并结合油田发展的现状，进一步的分析了电化学腐蚀技术在油田集输管网、油田储罐防腐、油田水处理工艺管线、长输管道中的应用范围和应用前景，探讨了电化学腐蚀检测技术在使用过程中的注意事项，为油田集输管网电化学腐蚀检测技术的推广应用提供了可借鉴的思路。

关键词 电化学腐蚀；腐蚀检测；腐蚀在线检测

腐蚀测量是油田管道、储罐腐蚀管理过程中的一项重要工作，定期进行腐蚀测量可以帮助提前发现材料或设备的腐蚀迹象，防止腐蚀不断加剧对设备产生严重的后果，这是一种成本效益高的预防性维护策略。在各油田企业多采用腐蚀挂片和超声波壁厚测量的方法，进行管道、储罐腐蚀变化的监测，进而通过腐蚀监测计算腐蚀速率，更加科学地制定维护和检修计划，避免过度维护造成的资源浪费。同时腐蚀监测有助于准确预测其剩余使用寿命，为资产管理和投资决策提供数据支持。腐蚀测量不仅是监控腐蚀状态的必要手段，也是提升运营效率、确保安全环保、促进技术创新的重要基石。

1 油田集输管网现有腐蚀监测技术

在油田集输管网、长输管道、储罐、水处理工艺设施中腐蚀监测方法包括腐蚀挂片、腐蚀测试短节、电阻探头、线性极化探头、电感探头、电化学噪声探头、氢探头、场信号法、在线超声波壁厚监测系统等，应根据不同的操作环境、安装和操作方式等选用。

1.1 腐蚀挂片

挂片失重法作为早期腐蚀监测的重要方法之一，除原理简单外，同时适用各种介质即电解质和非电解质，监测周期 1 个月以上。根据试片的质量损失计算均匀缓蚀率；根据试片表面最深点蚀深度计算点蚀缓蚀率；同时做不加缓蚀剂的空白试验；通过清洗，称重，计算得出均匀腐蚀速率。

除非均匀腐蚀很轻而点蚀又相当严重时，一般不推荐用失重法测量点蚀程度。如果均匀腐蚀很明显点蚀对金属的损失影响很小，而且失重法不能准确地确定点蚀的破坏性。在任何情况下，失重仅能提供由于点蚀造成的总金属损失，但丝毫不能提供蚀坑密度和深度的情况。在任何情况下都不应忽略失重，因为失重可能有意义。比如，失重结合点蚀表面的观察可能就足以在实验室试验中评估合金的耐点蚀性能。失重对于探测表面下金属损失的存在也可能是有意义的。

1.2 超声波腐蚀监测技术的应用

超声波腐蚀监测仪利用超声波的脉冲回波时间差来测量材料厚度，超声波探头测量管内壁较大面积内的腐蚀减薄和腐蚀速率，配合专用的阵列超声波探头测量管内壁较大面积内的腐蚀减薄和腐蚀速率，并以 3D 形式实现可视化展示。能准确监测管材或者储罐等曲面试件的内腐蚀厚度和腐蚀速率，为管道内腐蚀缺陷的快速诊断提供依据。采用无线数据收发器，组成无线数据监测网，实现远程在线腐蚀监测。超声波腐蚀监测仪系列分为单通道和多通道，根据现场监测需要选用。

超声波腐蚀监测仪在中原油田得到了普遍的使用，在中原油田技术服务的外部市场也普遍采用，该方法有很好的灵敏性，可以立即提供关于蚀坑的大小和位置的信息。

2 电化学腐蚀监测技术的特性分析

2.1 电化学腐蚀监测技术的原理及应用

电化学腐蚀监测技术是一种快速监测管道内

金属材料腐蚀速率的技术，电化学腐蚀监测技术采用交流阻抗测量原理，具有测量结果稳定、抗干扰能力强等特点。采用电化学腐蚀检测技术开发的仪器，可以准确地测量工作电极与参比电极间的介质电阻 R_s，并自动从极化电阻 R_p 中减掉介质电阻 R_s，从而获得准确的腐蚀速率，适用于介质电阻较大的腐蚀环境。仪器可采用定时自动测量，内置实时日历时钟，测量数据可以实时上传到中控室。

电化学腐蚀监测仪器是一种能自动测量记录金属瞬时腐蚀速度的腐蚀监测装置。可测量腐蚀体系高低两个频点的阻抗，基于阻抗测量（EIS）的腐蚀监测方法特别适用于高阻体系的腐蚀测量。采用电化学腐蚀监测技术制作的产品可设置存储器，采用 RS485 通讯电缆与控制计算机组成腐蚀监测网络，用户可在中控室 PC 机上进行数据处理、存档，并可将极化电阻、溶液电阻和腐蚀速率-时间曲线显示在屏幕上。

2.2 电化学腐蚀技术的软件应用

电化学腐蚀监测仪装置可以将检测结果传输至中控室的自动化控制系统，也可以进入现场的腐蚀测试软件，监控软件可读取电化学腐蚀测试仪的开路电位、介质电阻、极化电阻、腐蚀电流密度、腐蚀速率等数据，并保存到数据库中，还可以图形方式显示多台设备的测试数据，基于灰色预测算法计算腐蚀速率发展趋势等。所有测量数据、图形可以方便地打印和存储。

2.3 电化学腐蚀监测技术与现有技术的对比分析

腐蚀挂片挂片已经在油田得到了普遍应用，但是该方法只能进行周期性监测，并且这个周期受人员操作，制度管理影响较大，该方法无法实现实时监测，并且每次测量需人工操作，得到挂片后需要称重，其环节较多，容易出现测量误差，对比过程也全部依靠历史数据比对，对过程管理要求较高。超声波腐蚀监测仪的缺点是不能用于检测直径不到 1mm 的蚀坑或在 1mm 以内的无蚀坑面，该方法还需要参考标准做对比，需要对操作人员进行培训，在定期测量过程中受到被测对象表面的状态、测量仪器的精度、测量人员的水平、测量仪表的校准等因素影响较大，往往起不到持监测的作用。

电化学腐蚀监测技术的优点能够原位监测，可在不破坏材料和腐蚀环境的情况下，实时获取腐蚀过程的信息。灵敏度较高，可以检测到微小的电化学变化，有助于早期发现腐蚀迹象。提供丰富信息，能得到关于腐蚀速率、腐蚀电位等多方面的信息，帮助深入了解腐蚀机制。并且电化学腐蚀监测可以实现在线实时监控，形成完整的历史数据比对，大大减轻了员工的劳动强度和日常的管理难度，更有助于实现持续有效的腐蚀速率监测。

3 电化学腐蚀监测技术在油田中的应用分析

3.1 在原油集输管网中的应用分析

油田集输管网中，原油含水量较高，且部分集输管网中原油含硫化氢，介质腐蚀性强，导致穿孔频发。采用电化学腐蚀监测系统，能实时监测含水原油对钢管的腐蚀，监测缓蚀剂添加前后腐蚀速率的变化、掌握其腐蚀发生和发展的规律，优化缓蚀剂配方以及添加缓蚀剂用量、评价材料的耐蚀性等提供更准确、更快速的判断。

3.2 在油气田储罐内腐蚀检测中的应用分析

油气田储罐通常采用腐蚀挂片监测技术。由于原油储罐内底部有沉积物且含水，腐蚀性强，采用腐蚀挂片监测技术，操作步骤复杂，且间隔周期长，无法及时反应罐体腐蚀情况。采用超声波在线监测，只能监测罐壁而无法监测储罐罐底板腐蚀。采用电化学腐蚀监测技术能够实时监测储罐腐蚀情况。可在油田的原油储罐、过滤器分离器等设备中应用电化学腐蚀检测技术，将电化学腐蚀监控探头安装在储罐内，利用控制线路进行连接，实现及时监控其腐蚀情况的目的。

3.3 在油气田水处理管网中的应用分析

油田采油污水矿化度高，CO_3^{2-} 含量高，SRB 与 TGB 高，多价金属离子含量高。油田水处理管网较分散，距离较远，管理难度大。可将电化学腐蚀监测技术应用到油田污水处理管道中，将电化学检测仪器安装在典型的管道区域，对重点部位进行监控，实现远程在线测量，将测量结果介入到自动化控制系统中，便于各监测点的集中管理，在油田水处理管网中有很大的应用空间，减少因腐蚀穿孔导致的环境污染。

4 电化学腐蚀监测技术推广应用中的注意事项

电化学腐蚀监测技术可能受干扰，在一些复杂环境中，测量可能会受到外界因素的干扰，影响结果的准确性。接地网周围存在强磁场会对检测产生一定程度的干扰，影响诊断准确性。对被测对象有要求，部分方法可能对测试样本有特定要求，限制了其适用范围。电化学极化法要求待测物体是均匀腐蚀或者全面腐蚀，且导电性良好；电阻探针法要求电阻外侧和内侧的电阻温度一致或者接近。

5 结论

电化学腐蚀监测技术具有可在不破坏材料和腐蚀环境的情况下，实时获取腐蚀过程的信息的优点，其测量灵敏度较高，能得到关于腐蚀速率、腐蚀电位等多方面的信息。电化学腐蚀监测技术较以往常用的挂片腐蚀检测技术、超声波腐蚀检测技术，具有灵敏度高、在线实时监测、信息量大、易于操作等特点，该技术在油田集输管网中可以进行深化应用，不仅可以应用到各类原油和天然气管道、还可应用到油田水处理工艺管道中，为油田管道和设备的防腐蚀管理、安全生产运行提供有力的保障。

参 考 文 献

[1] 于涛. 电化学腐蚀监测技术现场应用[J]. 设备管理与维修，2009（10）：4. DOI：10.3969/j.issn.1001-0599.2009.10.022.

[2] 王雷，王晓东，雷博，等. 一种集输管道原位电化学腐蚀监测装置. CN202211336633.0[2024-08-18].

[3] 白丹. 在线腐蚀监测探针的电化学相关性探究[D]. 哈尔滨工业大学，2012. DOI：10.7666/d.D420117.

[4] 白丹. 在线腐蚀监测探针的电化学相关性探究[D]. 哈尔滨工业大学，2012. DOI：10.7666/d.D420117.

[5] 栾翀. 电化学防腐中的若干问题[J]. 科技信息，2008(33)：593-594. DOI：CNKI：SUN：KJXX.0.2008-33-484.

长岭气田高含 SRB 气井缓蚀技术研究

王宁宁　张钰泽　王诗萌　曹　吉

（中国石油吉林油田公司）

摘　要　近年来，由于长岭气田在开采过程中，部分管柱存在落井、断管等情况，长岭气田部分单井产出液内硫酸还原菌含量严重超标，严重影响后期气田的正常生产与经济效益开发，因此，针对长岭高含 SRB 气井缓释技术研究成为当务之急。通过采集长岭气田样品，结合微生物培养、腐蚀速率测量等方法，系统分析了长岭气田中 SRB 的分布特征、种类及其活性，并评估了不同缓蚀剂对 SRB 引起管道腐蚀的防护效果。研究结果表明，长岭气田存在高浓度 SRB，且其腐蚀活性强，是导致管道严重腐蚀的主要因素。在此基础上，筛选出了一种对 SRB 腐蚀具有良好抑制效果的缓蚀剂配方，为长岭气田管道腐蚀的防治提供了有效的技术支撑。本文通过实验试验两种不同药剂（9BS 和 XY-618）分别进行杀菌试验和矿场试验，优选杀菌效果更好的药剂进行加注。

关键词　SRB；腐蚀；管断；缓蚀剂；高含碳气田

随着我国天然气需求的持续增长，高含碳气田的开发利用已成为油气行业的重要研究方向。相比于常规天然气田，高含碳气田通常具有较高的二氧化碳和硫化氢含量，给气田开发和气体利用带来了诸多挑战。其中，由于硫酸盐还原菌（Sulfate Reducing Bacteria，SRB）的存在，导致管道腐蚀问题日益严重，已成为制约高含碳气田安全高效开发的关键技术瓶颈之一。SRB 是一类厌氧细菌，能够利用硫酸盐作为最终电子受体进行新陈代谢，生成腐蚀性的硫化氢等产物。这些腐蚀性物质会加速管道材料的腐蚀过程，造成管道的渗漏甚至断裂，给气田的稳定生产带来严重隐患。

长岭气田登娄库组和营城组中二氧化碳含量较高，为 SRB 的生长繁衍提供了良好的环境条件。由于气田管道腐蚀，给气田的安全生产带来了严重威胁。因此，深入研究长岭气田中 SRB 的分布特征、活性状况及其引发管道腐蚀的机理，对于制定有针对性的防控措施，保障气田的安全高效运行具有重要现实意义。

1　长岭气田 SRB 背景简介

长岭气田位于吉林省松原市前郭县查干花镇境内，主要含气层系为营城组、登娄库组。长深单井 A 井采用 S13Cr 防腐材质油管完井，2019 年 3 月 7 日投产，稳产期间日产气 2 万方，日产液 3 方，2021 年下半年，产量断崖式下降，措施复产无效，采用连续油管气举，下至 3200 米遇阻，无法下入，初步判断为油管内堵塞，小修作业发现管断。如图 1 所示。

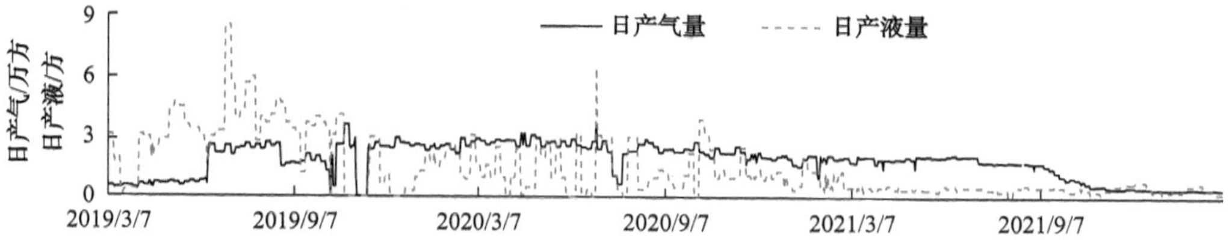

图 1　长深单井 A 井日产量下降情况

SRB 的腐蚀机理有阴极去极化机理：缺氧条件下，阴极去极化作用是钢铁腐蚀过程中的关键步骤，SRB 的作用是将氢原子从金属表面除去从而使腐蚀过程继续下去。SRB 代谢产物形成的腐蚀产物膜（如 Fe^{2+}，H_2S，磷化物等）会加速金属的局部腐蚀。

$$4Fe+SO_4^{2-}+4H_2O \longrightarrow 3Fe(OH)_2+FeS+2OH^-$$

SRB 对钢铁腐蚀过程中会产生大量 H_2S 气体，H_2S 气体扩散到金属缺陷部位（微观裂纹、间隙或内部缺陷），氢原子变成氢分子过程中产生巨大的压力，这个压力与材料内部的残留应力及材料受的外加应力组成一个合力，当合力超过材料的屈服强度，就会导致氢脆断裂。如图 2 所示。

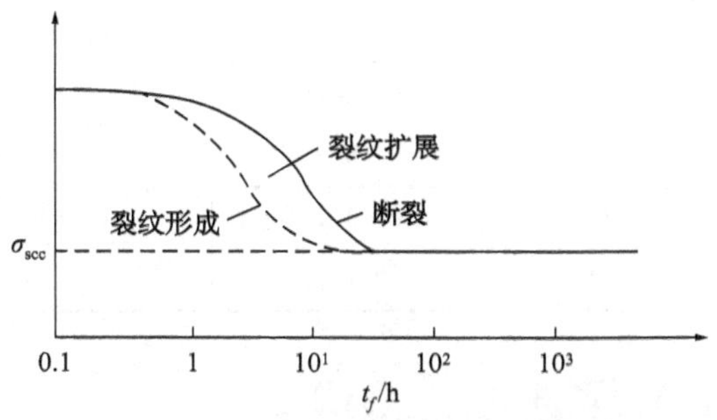

图 2　应力-断裂时间曲线

对长深单井 A 井管柱进行垢样分析，FeS 含量较高，初步怀疑 SRB 引起管柱断裂。对临井水样分析，不同气井硫酸盐还原菌含量差异较大，从投产时间看，早期投产的长深单井 B 井、长深单井 C 井等井含菌量较少，后期投产加密井长深单井 D、长深单井 E 等井含菌量高。长岭气田中 SRB 引发管道腐蚀问题的严峻现状，对气田 SRB 的分布特征、代谢活性以及其对管道腐蚀的具体影响机理研究，希望找到更加有效的防腐和断管预防措施。

为了分析长岭气田中 SRB 的分布情况。通过采集不同区域、不同深度的长岭气样，运用微生物培养等方法，详细测定 SRB 的种类和浓度分布特征。同时，结合气田的实际环境条件，如温度、pH 值、盐度等，分析这些因素对 SRB 生长繁衍的影响，为后续研究 SRB 的腐蚀行为提供基础数据支撑。如表 1、表 2 所示。

表 1　长深单井 A 井垢样分析　　%

井组编号	CaCO3	Fe2O3	FeCO3	FeO	FeS	SiO2
长深单井 A	0.92	23	4.22	4.94	65.85	1.07

表 2　长深气田断管井周围临井水质分析

序号	井号	测定种类	检测时间		实验条件	读数	
			起	止		指数	菌数个/mL
1	长深 B	SRB	2024.1.4	1.11	37℃	0	0
2	长深 D	SRB	2024.1.4	1.11	37℃	$212*10^3$	20000
3	长深 C	SRB	2024.1.4	1.11	37℃	212	20
4	长深 E	SRB	2024.1.4	1.11	37℃	$222*10^3$	110000

通过腐蚀速率测量等手段，测定 SRB 的生长速率等指标，并分析影响 SRB 活性的关键因素。这有助于深入认识 SRB 在管道腐蚀过程中的作用机理，为预测和控制 SRB 引起的腐蚀问题提供科学依据。在开发部统一部署下，厂院联合攻关，对长岭气田进行全覆盖式取样分析 84 井次，分别开展了腐蚀速率分析、SRB 菌含量分析 2 项实验。腐蚀性能分析实验结果表明 SRB 对 P110 材质管柱腐蚀比较严重，对于 S13CR 材质的腐蚀在可控范围内。如表 3、图 3 所示。

表 3　长深气田生产井产液腐蚀性分析

实验条件	试片材质	试片号	前重	后重	时间	腐蚀速率/(mm/a)	平均腐蚀速率/(mm/a)
长深 F	S13CR	1	11.1063	11.1013	72	0.057	0.055
	S13CR	2	11.1227	11.1183	72	0.05	
	S13CR	3	11.0665	11.0613	72	0.059	
长深 G	S13CR	4	12.5505	12.5451	72	0.0515	0.061
	S13CR	5	12.3879	12.3813	72	0.0651	
	S13CR	6	12.5187	12.5119	72	0.0674	

续表

实验条件	试片材质	试片号	前重	后重	时间	腐蚀速率/(mm/a)	平均腐蚀速率/(mm/a)
长深 H	P110	7	12.5233	12.5143	72	0.1024	0.103
	P110	8	12.5004	12.4915	72	0.1013	
	P110	9	12.3374	12.3282	72	0.1047	
长深 E	P110	10	12.3411	12.3277	72	0.1525	0.143
	P110	11	12.4181	12.406	72	0.1377	
	P110	12	12.1255	12.1132	72	0.14	

图 3　高温高压反应釜腐蚀评价实验室

对长岭气田 34 口气井取样分析，实验结果表明其中 15 口井不含 SRB，7 口井微含 SRB，12 口井 SRB 含量超标，共计 19 口井发现有 SRB 踪迹，占长岭区块总井数的 5 成以上。各井的 SRB 分布密度并不均匀，从 2.5 至 14 万个不等，对标油田公司采油集输系统 SRB 允许含量 110 个/ml，存在 SRB 腐蚀风险。

2　高危井治理与评价

针对不同类型缓蚀剂的防腐性能进行系统评估。包括：室内模拟试验和现场应用相结合的方式，对比分析无机盐类、有机胺类、季铵盐类等常见缓蚀剂，以及一些新型缓蚀剂如聚合物缓蚀剂、生物缓蚀剂等的防腐效果。在此基础上，筛选出最适用于长岭气田环境条件的高效缓蚀剂配方。将不同类型缓蚀剂对长岭气田 SRB 引起管道腐蚀的抑制效果，筛选出最适用于该气田环境条件的高效缓蚀剂配方。

开展室内实验进行药剂优选，长岭气田各单井 SRB 含量差异性较大，针对 4 口高危气井，优选两种药剂(9BS 和 XY-618)，分别进行杀菌室内实验，在相同浓度下，9BS(吡啶体系)杀菌效果不明显，采用 XY-618(咪唑啉体系)SRB 杀菌效果良好。如表 5 所示。

表 5　室内杀菌效果评价

井号	管材	尺寸	空白/SRB 数量	9BS (500ppm)/SRB 数量	XY-618 (500ppm)/SRB 数量
长深单井 1	CB110-13Cr	2-3/8"	≥140000	≥110000	0.5
长深单井 2	P110S-13Cr	2-7/8"	110000	110000	4.5
长深单井 3	P110S-13Cr	2-3/8"	≥140000	110000	45000
长深单井 4	P110-13cr	2-3/8"	4500	4500	/

根据室内评价结果，接下来开展矿场试验，根据杀菌剂试验方案，首先针对长岭含菌量超标严重的 4 口井，选用 XY-618 型号杀菌剂，以水药比 6：1 进行配液，采用车载式加药方式，每日一次从环空加注。同时跟踪评价加药效果，旬调整加药制度。以 24h 为周期每日加注一次，药

剂浓度 1000ppm 室内实验满足杀菌要求，矿场实验杀菌效果未达到部门既定标准。药剂浓度 2000ppm 杀菌效果合格，但费用过高，加药制度与加药浓度仍需优化。如图 4、图 5 所示。

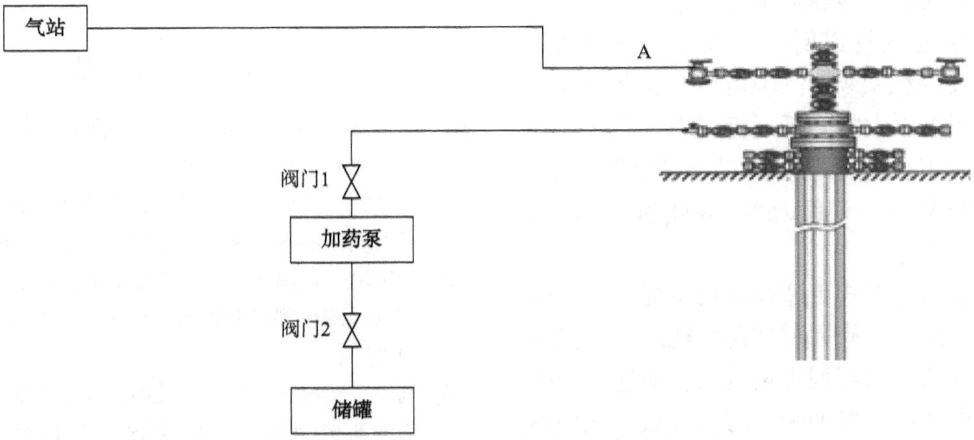

图 4　杀菌剂加注工艺流程图

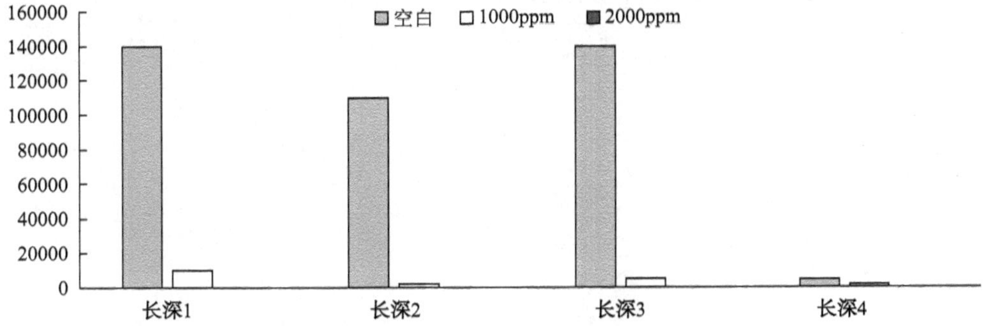

图 5　药剂加注效果

通过对周期加药结果分析，认为问题原因是气井产液并不规律，周期加药会让药剂随气井产液带出而导致井内药剂含量过低。为了解决这一问题，改用 24 小时连续泵注加药方式，并配备连续加药装置，保证井内药剂含量，从而达到更好的杀菌效果。通过室内模拟试验和现场应用相结合的方式，筛选出最适用于该气田条件的高效缓蚀剂配方。为长岭气田管道腐蚀的防治提供了有效解决方案。

优化后加药效果评价，未采取防腐措施前，腐蚀速率高于行业安全标准 0.076mm/a；优化加药制度后，腐蚀速率由 0.0869mm/a 降至 0.0434mm/a，且杀菌率>99%，费用相较一轮加注方案降低 50%。如表 6 所示。

表 6　产出液腐蚀速率评价结果

实验条件	序号	试片号	前重	后重	时间	腐蚀速率	平均腐蚀速率/(mm/a)
药剂浓度：0	P110	58	12.4181	12.4103	72	0.0888	0.0869
		112	12.0951	12.0871	72	0.0911	
		306	12.3616	12.3545	72	0.0808	
药剂浓度：1000ppm	P110	358	12.2411	12.2277	72	0.0525	0.0434
		410	12.0181	12.0060	72	0.0377	
		471	12.1255	12.1132	72	0.0400	

3　结论

（1）长岭气田存在大量活性较强的 SRB，其在不同区域、不同深度的分布存在明显差异。这些 SRB 通过新陈代谢产生大量的硫化氢，不仅直接腐蚀管道金属，还能在管道表面形成生物膜，加速局部腐蚀过程。

（2）筛选出了一种由聚合物缓蚀剂和季铵盐类缓蚀剂复配的高效缓蚀剂配方，在长岭气田环境下对 SRB 引起的管道腐蚀具有良好的抑制效果。该配方 XY-618（咪唑啉体系）能够有效控制管道腐蚀，还可以大幅降低运行成本，当周期加注药剂浓度为 2000ppm 时，可以满足杀菌要求，但是考虑经济角度，连续加注 1000ppm 经济成本更低，效益更好。

（3）连续加药方式更适合矿场情况，因为气井产液并不规律，如果周期加药可能药剂随气井产液带出而导致井内药剂含量过低。而连续加药则可避免这种情况，保证井内药剂含量，从而达到更好的杀菌效果。

（4）从目前情况来看，SRB 对 P110 材质管柱腐蚀比较严重，对于 S13CR 的腐蚀在可控范围内，所以现阶段更应关注的是套管的腐蚀情况。

参 考 文 献

［1］石宝衍，油气田腐蚀与防护技术手册［M］. 北京：石油工业出版社，1998.

［2］孟章进，吴伟林，祁健杭，井筒环境因素对 SRB 生长及腐蚀影响分析 . 石油化工应用 . 2015 年 01 期.

［3］廖宇斌，刘国文，油气管道 CO_2、H_2S、SRB 腐蚀机理及预测模型研究进展，化工设备与管道，2023 年 04 期.

［4］马刚，顾艳红，赵杰，硫酸盐还原菌对钢材腐蚀行为的研究进展，中国腐蚀与防护学报，2021 年 03 期.

第二篇　炼化装置及管道腐蚀防护技术篇

废酸再生装置停工检修防腐检查中的发现与总结

邵　帅　秦东峰

（中国石油锦州石化公司）

摘　要　本文主要介绍了锦州石化公司1.8万吨/年废酸再生装置的基本情况、设备受腐蚀机理，以及停产检修期间腐蚀检查的整体情况，同时认真分析其原因，总结经验，提出防范措施，为保证装置今后的安稳长优运行提供有利条件。

关键词　露点；硫酸；废酸再生；腐蚀检查

石油化工行业是对国民经济重要支柱产业，对国家经济的发展和人民生活水平的提高有着重要的作用，保障安全生产十分重要，石化企业装置的平稳生产是企业管理工作的第一要务。然而设备腐蚀是制约装置长周期运行的关键因素，腐蚀不仅对设备破坏力较大，而且埋藏巨大安全隐患，因此利用检修机会加强设备腐蚀检查，根据现象研究设备腐蚀机理，提出后续防范措有着十分重要的作用。

1　装置概况

奥地利P&P公司的湿法硫酸废酸再生工艺是将烷基化反应后$w(H_2SO_4)$89%～90.5%的废硫酸，通过废酸裂解炉焚烧裂解、氧化、吸收，变成$w(H_2SO_4)$98%～99.2%的产品硫酸，再生后的产品硫酸返回烷基化装置作为硫酸烷基化反应催化剂循环使用。近两年来，由于奥地利P&P废酸再生工艺相较于干法废酸再生工艺，设备少、流程简单、投资占地少而在国内得到逐步应用。锦州石化公司废酸再生装置同样采用此工艺，设计规模为1.8万吨/年，操作弹性60%～110%。废酸再生单元由燃烧、高温热气体过滤系统、反应、冷凝、浓硫酸回收及公用工程（熔盐蒸汽）六部分组成。

2　装置反应机理以及受腐蚀机理

2.1　废酸再生装置反应机理

装置采用湿法制酸工艺，以焚烧炉为起点，将需要处理的硫酸雾化喷射入燃烧室进行燃烧，在高温下将需要处理的废酸中所有碳元素都将氧化成二氧化碳，所有硫元素都将氧化成为二氧化硫，通过高温陶瓷过滤器滤去气体中的灰尘，然后经过换热进入反应器进行反应，在铂金催化剂和钒基催化剂的催化下，用氧气使二氧化硫氧化为三氧化硫。三氧化硫与水结合生成硫酸，并在冷凝器中凝结成酸滴下落进入硫酸产品罐向外输出。

具体反应方程式如下。

氧化：　$SO_2+1/2O_2 \longrightarrow SO_3$

水合：　$SO_3+H_2O \longrightarrow H_2SO_4$

同时装置以熔盐作为热媒在高温部位取热，包括焚烧炉的反应热及反应器内SO_2转化成SO_3的反应热，高温熔盐所携带热量一部分给系统内工艺气升温，一部分用于产生饱和中压蒸汽，并使过热蒸汽过热；高温熔盐所携带热量回收利用后，以257℃低温熔盐的形式返回到熔盐罐，并通过熔盐泵送至各取热点回收热量。

2.2　设备受腐蚀机理

由反应机理和过程可以看出，过程中生成大量二氧化硫、三氧化硫、气态硫酸，其中二氧化硫向硫酸的转换不仅发生在反应器之中，少量二氧化硫在高温及灰尘存在的条件下，也可生成三氧化硫，并进一步水合生成气态硫酸，气态硫酸在低于其露点时即会变成液态硫酸。因此流程中的金属管线和设备都存在着受到硫酸腐蚀的风险。为了抵御腐蚀风险，设备管线大多采用不锈钢以及玻璃钢等耐蚀材料，部分设备外部还衬有耐酸的PFA。工艺包中明确指出，在反应器、高温过滤器等设备管线中，工艺气体的温度必须要高于酸的露点温度（>260℃），以便防止酸的腐蚀。因此，低温露点腐蚀是装置发生腐蚀的最大诱因。

3　装置检修期间腐蚀检查情况

2020年7月，废酸再生装置进行常规检修，为了掌握设备的腐蚀情况，检修过程中，属地单位组织人员从多角度对装置设备腐蚀情况进行了认真检查，在仪表设备、容器等方面均发现了一些问题。

3.1　仪表设备腐蚀情况及原因分析

3.1.1　仪表设备腐蚀状况

容器开孔后，仪表保运单位立即组织了对仪表取源部件的腐蚀情况检查，重点放在涉酸部位。由于部件大部分都外衬PFA，所以其中大部分都比较正常，仅有几处腐蚀严重。具体如下：

3.1.1.1　二级冷却器音叉液位开关LSH-75070

经检查发现二级冷却器音叉液位开关LSH-75070受腐蚀比较严重，具体情况见图1。

图1　二级冷却器音叉液位开关LSH-75070

图2　一级冷却器音叉液位开关LSH-73070

音叉液位开关LSH-75070作用为测量装置二级冷凝器底部液位，跟大多数同类取源部件相同，为了防止硫酸的腐蚀，其外部衬有PFA，内部材质为316L。停工后抽出检查发现，其外部PFA损坏，内部金属腐蚀严重。通过对比发现，LSH-75070为二级冷却器液位开关，LSH-73070为一级冷却器液位开关(图2)，LSH-73070没有损坏，而LSH-75070损坏。从工艺条件来看，两个开关各项工况基本相同。

3.1.1.2　热阻TE-75008

过程中，共检查热偶热阻154支，发现热阻TE-75008被酸腐蚀损坏，其结构也是其外部衬有PFA，内部材质为316L(图3)。

图3　受腐蚀的热阻TE-75008

3.1.2　原因分析

3.1.2.1　二级冷却器音叉液位开关LSH-75070腐蚀原因分析

音叉材质为316L+PFA涂层，正常工况条件下PFA完全可以抵御硫酸，避免造成内部金属的腐蚀。调取该部位的各项参数变化趋势，并未发现此处有招标现象。故初步判断，在初始安装过程中，不慎把外层PFA碰坏，涂层破坏后，浓硫酸进入到涂层内部导致设备腐蚀。

3.1.2.2　热阻TE-75008腐蚀原因分析

热阻TE-75008结构同样为内部316L加外部PFA涂层，同样调取该部位的各项参数变化趋势，并未发现此处有招标现象。经认真排查发现，该热阻安装位置贴近冷却器内部挡板，安装时极有可能碰触到冷却器内部设备，致使热阻表面包覆的PFA涂层磨损，热阻套管受到含酸的工艺气腐蚀。

3.1.3　后续防范措施

为了避免同类腐蚀再次发生，要进一步加强相关管理工作。首先，在设备拆封时，轻拿轻放，安装前必须专人检查确认PFA涂层是否完整；其次，安装设备时，注意配合，合理安排施工顺序，避免PFA与内部设备摩擦；最后，每次检修时，对装置内 PFA 类仪表逐一抽出检查，确认涂层是否完好，发现问题及时处理或者更换。

3.2 管道、容器设备腐蚀情况及原因分析

3.2.1 管道、容器设备整体腐蚀情况

停工检修期间，还根据实际情况对高温过滤器、一级反应器及附属管道、二级反应器及附属管道等可能发生腐蚀的容器和管道进行逐一检查，涉及酸性气部位大部分都或多或少存在一些腐蚀现象，具体如下：

3.2.1.1 一级反应器底部腐蚀基本状况

容器开孔检查后，发现反应器底部器壁上聚集部分黄绿色黏稠物质，我们称之为“酸泥”对底部器壁进行整体测厚，器壁大部分未发生明显减薄，然而聚集酸泥处减薄现象比较明显，最薄处仅为 1.7mm，原器壁的初始厚度为 8mm（图 4~5）。

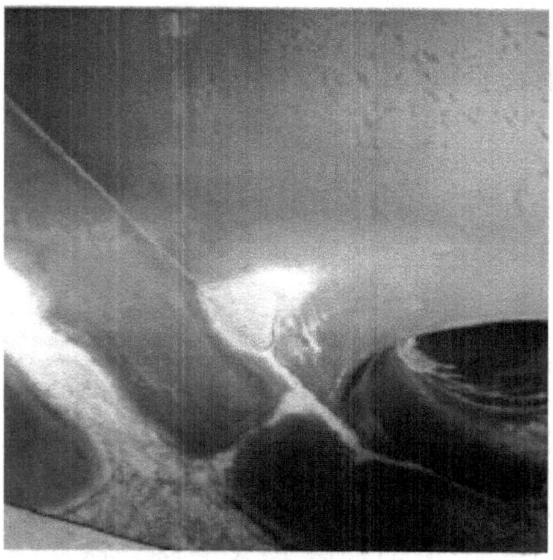

图 4　一级反应器底部内壁

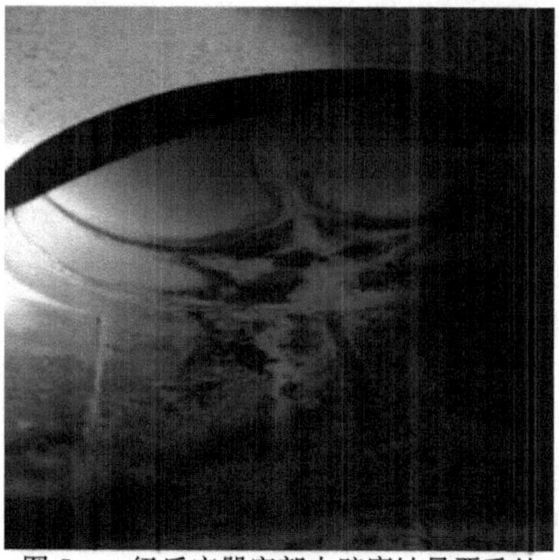

图 5　一级反应器底部内壁腐蚀最严重处

3.2.1.1 高温过滤器器壁腐蚀基本状况

对过滤器各层进行开孔检查，发现各过滤器器壁均有一定的腐蚀性“酸泥”，对聚集“酸泥”的部位全面测厚，发现大部分“酸泥”部位减薄量较小，减薄最严重的地方厚度为 7.5mm，原器壁的初始厚度为 8mm，可见高温过滤器腐蚀现象并不明显。

3.2.2 原因分析

3.2.2.1 一级反应器底部腐蚀原因分析及后续防范措施

针对一级反应器底部腐蚀的原因，属地单位进行了认真分析和排查。首先，在拆除此部位外侧保温后发现器壁上有明显的水渍痕迹，可有可能因为保温不完善导致雨水进入反应器底部保温，造成器壁温度骤冷，此处正常操作温度为 290℃，骤冷时温度下降至 250℃ 以下，达到了工艺气的露点温度，导致器壁上有酸性液体产生，形成“酸泥”，对设备器壁造成腐蚀。其次，腐蚀最严重部位为反应器最底部，此处长期受到工艺气的直接冲击，当工艺气低于露点温度时，取而代之的液体对此处进行冲击，加剧腐蚀（图 6）。

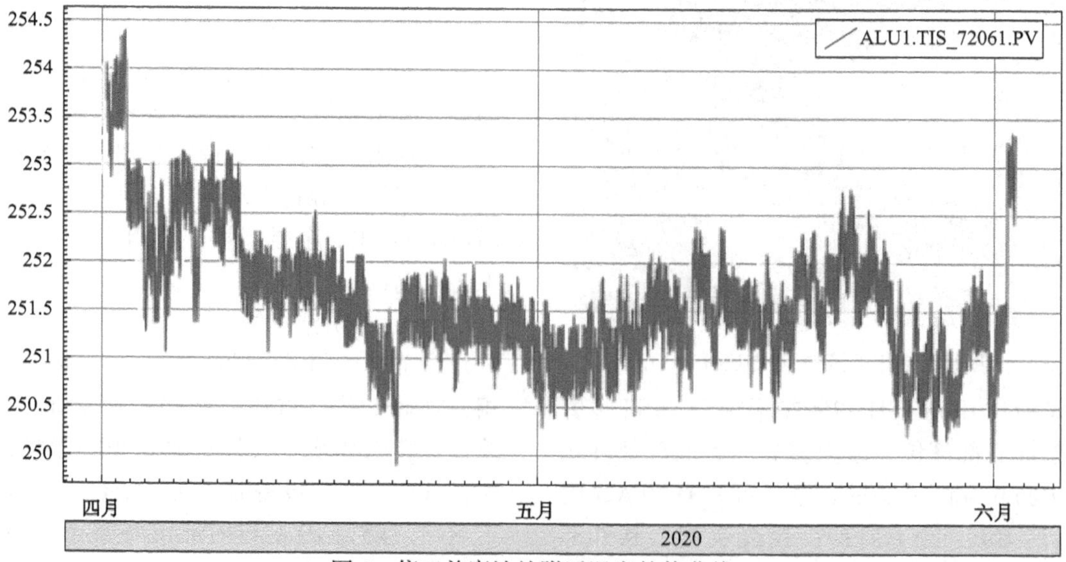

图 6　停工前腐蚀处附近温度趋势曲线

针对这些，属地单位制定了防范措施：一是对容器外底部腐蚀部位加焊钢板进行加固，加焊的钢板也升级了材质，此处原材质为S30409，加焊钢板材质为904L，抗腐蚀性能更加优越；而是在容器内底部内侧增焊斜板，减少工艺气及酸性液滴对设备本体的冲击；三室对容器外部保温进行完善处理，防止雨水再次进入保温层内部。与此同时，属地单位加强调节，将此处温度控制指标进一步提高，避免临边操作，不给露点腐蚀留有机会。

3.2.2.2　高温过滤器器壁腐蚀原因分析及后续防范措施

高温过滤器各层器壁虽然没有严重的腐蚀，但也形成了“酸泥”，并已经出现腐蚀的趋势，分析其主要原因：一方面每台高温过滤器均配有一组电伴热，4组共36路，经检测发现24路加热元件已损坏，不能正常使用，使得设备在较低温度下运行。另一方面防雨措施不完善，雨水易通过过滤器上部平台板缝隙流下，进入保温层接触器壁外侧，造成容器内壁温度瞬时低于酸性气露点温度250℃，形成酸性液体沾粘灰尘后生成“酸泥”。与此同时，由于电伴热不完好和保温缺陷导致一反入口温度偏低，车间只能将一台高温过滤器热备切除来减少热损失，保证一反入口温度达到铂金催化剂的最低反应要求。热备时高温过滤器温度只能维持在252℃左右，大于工艺气的露点腐蚀温度250℃，但是有时会受到天气等客观条件影响，使温度低于250℃，易于发生露点腐蚀。

对此属地单位提出了防范措施：首先是对过滤器上部平台板缝隙进行补焊处理，以防止雨水再次渗入；其次是完善部分保温，避免过多热量散失。同时对电伴热系统进行修复，或更换更加高效稳定的电伴热设备。此外，还可以尽量提设备上游温度，如通过提高焚烧炉瓦斯和风量，提高系统热量，既要保证一反入口温度在410℃以上，也确保高温过滤器温度在260℃以上，尽量避免由于环境影响造成露点腐蚀情况发生。

4　结束语

通过全面检查和分析，此次废酸装置暴露出的腐蚀问题多与过程工艺气的露点腐蚀有关系，因此为了保障装置的长周期运行，首要任务是保证装置各点温度维持在露点温度以上。为了达到这一目的，首先要从根本上减小装置热量损失，特别是焚烧炉出口到一级反应器入口，做好系统保温、防水防护的同时，保证电伴热设备运行良好。同时，要严密关注重点部位的各项参数变化趋势，尤其对温度影响较大的参数，要从操作层面上加强监管，一旦出现异常及时进行调整。最后，可以对设备材质进行进一步升级，提高抵御腐蚀的能力，为对抗腐蚀提供最后一道保障。

此次检修为锦州石化公司的1.8万吨/年废酸再生装置自投产以来的首次检修，也是首次对各设备首次进行防腐检查，由于采用同一工艺包的装置目前在国内较少，可借鉴的经验并不多。因此，这次检查对今后设备防腐蚀工作提供了宝贵经验，为今后装置的长周期运行提供了有利条件。

参考文献

[1] 王强．烷基化废酸再生工艺技术比较[J]．硫酸工业，2018，(10)：33-34.

常减压脱后原油盐含量实时预测方法研究

刘　杨　王　申　张玉刚

（中国石油锦州石化公司研究院）

摘　要　传统的电脱盐脱后原油含盐量监测一般采用人工采样的方法，定期分析指导生产。但盐含量指标在是随时波动的，且与多个生产参数相关。现代常减压装置生产上需要随时监测盐含量变化，本文尝试利用人工神经网络方法建立盐含量计算模型，探索实时接收现场数据，预测当前盐含量数值，方便即时指导生产。

关键词　原油；常减压；盐含量；电脱盐；人工神经网络

1　引言

原油含有一定的盐类，大部分是水溶性的碱金属或碱土金属无机盐类，主要是氯化物（$NaCl$、$MgCl_2$、$CaCl_2$等），其中氯化钠的含量最大，还有少量的硫酸盐和碳酸盐。原油中的无机盐会给原油的储运、加工及产品质量带来很多的负面影响。如盐类在加热炉管、换热器内壁会沉积结垢，轻则影响加热炉的热效率和换热器的换热效果，增加能耗，重则会造成相关设备的堵塞和腐蚀（氯盐水解产生氯化氢），缩短设备的使用寿命，甚至造成安全事故。盐类大多残留在重组分和渣油中，直接影响相关产品质量，且盐类物质会导致下游装置的催化剂中毒，影响其性能和寿命。为了降低原油中的无机盐造成的不良影响，炼厂在对原油进行处理前，要先进行电脱盐，将原油中的无机盐含量降低至 3～5mg・L^{-1}以下。原油盐含量的分析一直是炼厂重要的分析项目之一，其分析结果的准确性，直接关系到炼厂上下游装置安稳长满优运行。

2　常减压装置脱后原油盐含量计算问题

2.1　常减压装置盐含量监测的重要性

常减压装置是炼油企业的第一道工序，为下游诸多二次加工装置提供合格和优质的原料。电脱盐系统是常减压装置的“龙头”，是为后续装置提供优质原料必不可少的原油预处理工艺。电脱盐脱后原油中含盐量增加，容易造成装置设备和管道的结垢、堵塞和腐蚀，其中所含重金属还易引起后续加工过程催化剂中毒、并有可能影响下游装置的产品质量。因此，电脱盐是是炼油企业降低能耗、减轻设备腐蚀和结垢，减少催化剂损耗、改善产品质量、延长装置运行周期的重要工艺过程，也是装置人员重点关注的工艺单元。

近年来，随着石化企业加工规模快速增长及油源多元化，原油性质趋于重质化、劣质化，含盐含硫含酸性逐年上升，电脱盐油水分离难度不断上升，高含盐的原料已严重制约后续装置的长周期运行，使加工成本增加，经济效益降低。

传统的电脱盐脱后原油含盐量监测一般采用人工采样的方法，定期（一般 1～2 次/天）分析化验获取脱后原油的含盐量用于指导生产。虽然采样与分析过程引入了一定的技术化手段，但是分析结果的准确性一定程度上依赖于人员的经验和操作水平，同时若频繁采样和化验，也会带来巨大的成本。由于装置运行过程中工况始终处于波动中，脱盐效果的影响因素复杂，对于大量未进行在线采样的工况，通过人为经验往往难以准确对脱后原油盐含量进行分析预测，因而实际装置运行中脱后原油含盐量超标十分普遍。

2.2　常减压装置脱后原油盐含量计算难点

研究表明，影响电脱盐的关键因素主要包括：原油温度、含水量、电场强度、混合压差等。人们采用传统的机理分析模型，通过忽略次要因素、简化试验条件等方法对电脱盐影响因素开展大量分析，这些研究结果在一定程度上对指导电脱盐系统运行起到重要的参考作用。然而实际电脱盐系统是一个多种因素耦合、受工艺操作参数深度影响的系统，传统的机理分析模型往往在一定限定条件下用于指导实际运行，但受原油种类、处理量、操作工艺等多种因素影响，各种因素对脱盐效果的影响往往是多样的，很难得到普遍适用的方法。

更有甚者，现代常减压装置中，实时测量的各种因素中与脱后原油盐含量相关的因素可能多达数十个，忽略次要因素、简化的方法早已不再适用。可以认识到，建立通用的、简便的数学关系来预测盐含量是不现实的，考虑到装置运行期间，有大量的运行数据和盐含量分析数据，可以考虑采用大数据处理的相关方法来实现目的。

2.3 常减压装置脱后原油盐含量计算方法

为达到实时预测计算的目的，首先应确定常减压装置脱后原油盐含量相关的操作因素有哪些，通过文献调研和车间技术交流，这些因素至少包括如下因素，见表1。

表1 常减压装置脱后原油盐含量相关的操作因素示例

一级电脱盐混合压差	一级电脱盐进料温度	一级电脱盐操作压力	一级电脱盐注水量	一级电脱盐油水界位	二级电脱盐混合压差
二级电脱盐进料温度	二级电脱盐油水界位	二级电脱盐运行电流	二级电脱盐运行电压	二级电脱盐运行压力	二级电脱盐注水量
三级电脱盐罐运行电压	三级电脱盐混合压差	三级电脱盐油水界位	三级电脱盐运行电流	三级电脱盐运行压力	三级电脱盐注水量

据此查询车间及现场 PLC 上相关的位号，取得可以实时传送的数据种类如下，见表2。

表2 常减压装置脱后原油盐含量相关的 PLC 位号示例

CDU1. FI_ 291. PV	CDU1. AI_ 003. PV	CDU1. FI_ 3102. PV	CDU1. FI_ 293. PV	CDU1. FI_ 284. PV	CDU1. TI_ 3001. PV
CDU1. TI_ 295. PV	CDU1. TI_ 292. PV	CDU1. PI_ 3101. PV	CDU1. PI_ 280. PV	CDU1. PI_ 287. PV	CDU1. TI_ 209. PV
CDU1. PDIC_ 3102. PV	CDU1. PDIC_ 282. PV	CDU1. PDIC_ 289. PV	CDU1. LIC_ 288. PV	CDU1. LIC_ 281. PV	CDU1. LIC_ 3101. PV
CDU1. II_ 3101. PV	CDU1. II_ 3102. PV	CDU1. II_ 3103. PV	CDU1. II_ 2101. PV	CDU1. II_ 2102. PV	CDU1. II_ 2103. PV
CDU1. II_ 1101. PV	CDU1. II_ 1102. PV	CDU1. II_ 1103. PV	CDU1. TI_ 1004. PV	CDU1. TI_ 1005. PV	CDU1. TI_ 1006. PV

这些 PLC 位号每天实时产生大量生产监测数据，并保存在服务器上，同时日常每日对原油盐含量有定期分析数据，因此这些数据可以作为本项目研究的数据来源。确定数据来源以后，需要确定大数据处理的方法，大数据处理方法有很多种，基于本文需要研究的问题，对处理方法，即算法有一定的要求：

（1）算法要有扩展性。在常减压装置含盐量计算过程中，可能参与计算或可能影响计算结果的因素有很多种，并尚不确定各因素之间的关系和重要性，有时候还会因设备升级和改造增加分析项目、新设探测点等。这就要求算法具有扩展性，能够增减各种计算因素的同时不影响整体的计算。

（2）、算法要有容错性。考虑到装置为持续动态运行，采样时间、分析时间和装置运行参数的统计有概率出错，此外采样过程和分析本身也存在误差。因此采用的算法要有容错性，个别的错误数据不能对整体计算造成过大的影响。

综上所述及通过文献调研，本项目考虑采用人工神经网络算法尝试推导上述生产运行因素与脱后原油盐含量的规律。人工神经网络具有有初步的自适应与自组织能力，同时具有泛化能力。简单说，就是具有根据数据自动调整，以及相当的容错能力，而这正是本项目需要的。

3 人工神经网络法计算常减压装置脱后原油盐含量

3.1 人工神经网络模型方法概念

人工神经网络（artificial neural network，ANN），简称神经网络(neural network，NN)，是一种模仿生物神经网络的结构和功能的数学模型或计算模型。神经网络由大量的人工神经元联结进行计算。大多数情况下人工神经网络能在外界信息的基础上改变内部结构，是一种自适应系统。现代神经网络是一种非线性统计性数据建模工具，常用来对输入和输出间复杂的关系进行建模，或用来探索数据的模式。

人工神经网络用来解决生产实际问题有如下特点：

（1）人工神经网络具有初步的自适应与自组织能力

在学习或训练过程中改变突触权重值，以适应周围环境的要求。同一网络因学习方式及内容不同可具有不同的功能。人工神经网络是一个具有学习能力的系统，可以发展知识，以致超过设计者原有的知识水平。通常，它的学习训练方式可分为两种，一种是有监督或称有导师的学习，这时利用给定的样本标准进行分类或模仿；另一种是无监督学习或称无为导师学习，这时，只规定学习方式或某些规则，则具体的学习内容随系统所处环境(即输入信号情况)而异，系统可以自动发现环境特征和规律性，具有更近似人脑的功能。这一特点满足了常减压装置脱后原油盐含量计算对扩展性的要求。

(2) 泛化能力

泛化能力指对没有训练过的样本，有很好的预测能力和控制能力。特别是，当存在一些有噪声的样本，网络具备很好的预测能力。这一特点满足了常减压装置脱后原油盐含量计算对容错性的要求。

(3) 非线性映射能力

当对系统对于设计人员来说，很透彻或者很清楚时，则一般利用数值分析，偏微分方程等数学工具建立精确的数学模型，但当对系统很复杂，或者系统未知，系统信息量很少时，建立精确的数学模型很困难时，神经网络的非线性映射能力则表现出优势，因为它不需要对系统进行透彻的了解，但是同时能达到输入与输出的映射关系，这就大大简化设计的难度。这一特点本质上解决了常减压装置脱后原油盐含量计算影响因素众多，相互干扰引起的逻辑问题。

(4) 高度并行性

神经网络是根据人的大脑而抽象出来的数学模型，所以从功能的模拟角度上看，神经网络也应具备很强的并行性。

3.2 常减压装置脱后原油盐含量模型的建立

本项目研究采用 BP 神经网络算法实现，BP (Back Propagation) 神经网络是 1986 年由 Rumelhart 和 McCelland 为首的科学家小组提出，是一种按误差逆传播算法训练的多层前馈网络，是目前应用最广泛的神经网络模型之一。

本项目采用 Matlab 编程环境编写程序算法。

首先，我们创造两个数据集合，把第一个数据集合定义为“输入”，即现场实测相关数据，按照前文所述，将约 250 天产生的对应时刻 30 个位号的现场操作参数作为分析数据作为输入集。其次，把第二个集合定义为“目标”，即将前述 30 个位号的现场操作参数对应的时间的盐含量(也是约 250 个)分析数据作为目标数据集。然后将数据集合导入到神经网络中，完成神经网络的初始化(图 1)。

一级电脱盐混合压差	一级电脱盐进料温度	一级电脱盐操作压力	一级电脱盐注水量	一级电脱盐油水界位	二级电脱盐混合压差	二级电脱盐进料温度	二级电脱盐油水界位
CDU_110PDIC21101.PV	CDU_110TI21102.PV	CDU_110PIA21101.PV	CDU_110FIC21101.PV	CDU_110LDIAC21101.PV	CDU_110PDIC21201.PV	CDU_110TI21201.PV	CDU_110LDIAC21201.PV
45.25	132.33	1.28	33.86	51.95	45.95	129.57	39.63
44.8	132.79	1.27	34.07	51.57	44.8	129.55	39.55
44.16	133.22	1.26	33.9	51.6	44.37	130.04	39.63
45.46	132.46	1.29	34.92	51.33	46.37	129.57	39.22
44.65	132.32	1.27	35.12	51.49	44.67	129.86	39.23
45.98	132.07	1.29	34.91	51.42	46.55	129.44	39.26
44.67	132.26	1.28	35.13	51.55	44.62	129.8	39.51
44.48	132.08	1.28	35.1	51.54	45.05	129.36	39.45
45.42	131.99	1.29	35	51.51	45.52	128.92	39.53
45.46	132.28	1.29	34.94	51.35	45.93	129.97	39.57
45.4	132.44	1.29	34.93	51.48	46.2	129.57	39.69
44.16	132.6	1.28	34.99	51.6	44.3	130.09	39.55
43.44	133.24	1.26	34.99	51.09	43.54	129.83	38.64
49.06	131.25	1.33	35.1	54.52	49.66	128.99	38.8
65.17	130.71	1.45	34.98	54.29	66.53	128.7	38.91
63.75	131.65	1.45	35.01	54.37	64.66	129.06	39.15
67.68	131.03	1.45	34.75	54.8	67.83	128.52	38.68
67.75	130.52	1.45	34.79	53.95	67.99	128.4	39.07
67.55	130.77	1.45	35.12	54	67.52	128.77	39.06
66.4	131.04	1.45	35.25	53.25	66.37	128.17	39.05
66.66	131.03	1.52	34.75	52.41	67.6	128.88	38.97
66.61	131.49	1.51	34.97	52.23	67.32	129.13	39.14
66.61	130.71	1.52	35.09	52.5	67.37	128.44	39.03
66.2	131.7	1.51	35.14	52.43	66.43	129.3	39.19
63.3	131.88	1.49	34.85	51.94	63.64	129.31	39.09
65.38	130.8	1.5	35.24	51.99	64.83	128.77	39.02
64.74	[illegible]	1.48	34.76	51.5	65.85	[illegible]	[illegible]

图 1　盐含量相关 PLC 位号原始数据示例

然后我们将数据集合划分，其中 70%作为训练数据，用于“刺激”神经网络，让它能够产生近似正确的反馈。这个过程相当于传统数学方法中的拟合过程，只不过这种拟合可以是非线性的、可以容错的(传统数学方法的拟合通常都是线性拟合)。然后将 15%的数据作为验证数据，用于评估训练好的神经网络准确率。倘若准确率还可以，我们则将剩下的 15%数据用于尝试预测。

数据集合划分好之后，我们可以设定神经网络的参数，例如学习率和隐藏层数量。关于神经网络的参数如何设定，在数学界尚没有确切的理论参考，但我们可以利用计算机的优势，反复尝试，来确定合适的、当前待解决问题的神经网络参数。经过尝试，最终选择隐藏层数量为 60。

确定好参数后，可以开始神经网络的训练。训练的本质过程就是计算机根据输入的数据不断的调整权值，以使网络的最终输出接近目标值。由此可见，训练所用的数据量越多，理论上模型越接近实际，预测也会更准确。

神经网络训练完毕后，我们可以查看图示，查看训练所形成的拟合曲线与验证曲线、测试曲线是否吻合。如果参数选的合适，三条曲线形态应该一致，所计算的结果和目标数据集合应该集中在拟合曲线附近。如果出现离散，则说明参数不合适，出现了过度拟合，此时需要调整参数重新训练。另外一种情况是数据集合里某些点偏差过大，远超出其它数据的集中区间，此时应剔除这些异常数据再重新训练(图2)。

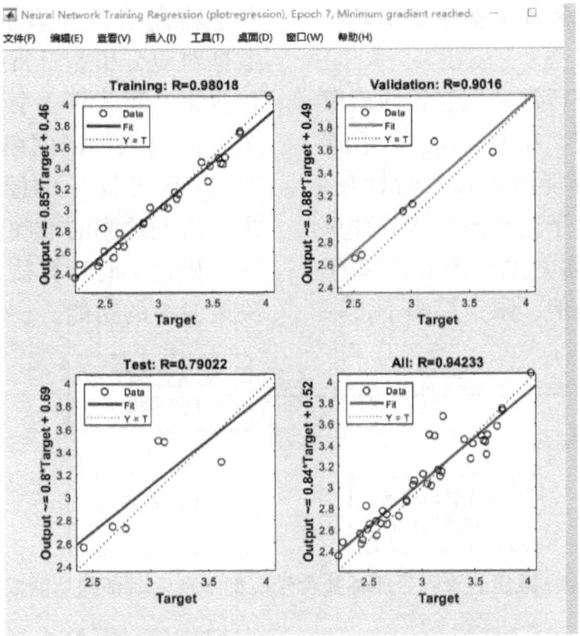

图 2　训练后符合比较好的神经网络示意图

经过多次训练，校正参数，最终取得一个相对比较理想的神经网络，将神经网络保存后形成模型，只需输入30个位号的实时数据即可得到计算该时刻原油盐含量。

3.3　人工神经网络模型预测常减压装置脱后原油盐含量

经过训练、校正过的模型具有预测计算能力，将模型计算的约250个实测值和模型计算值对比，将10%作为偏差标准(以盐含量指标而言，10%的偏差小于分析误差)，统计约有230个数值的误差小于10%，准确率可达到90%以上。在下图中展示了实测值和模型计算值的偏差(图3)。

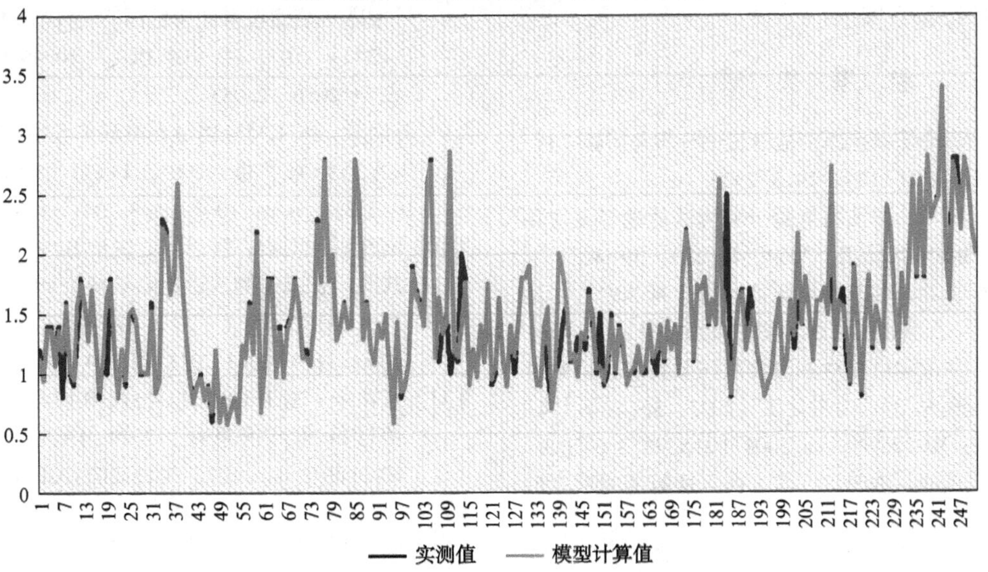

图 3　脱后原油盐含量模型计算值与实测值对比

上述模型值与实测值的对比表明，只要未来生产条件的变化范围不严重偏离模型依据的30个位号在这250天里的变化范围，即可用模型预测当前实时的盐含量，避免了盐含量分析数量少，分析结果取得滞后的问题。

3.4 利用常减压装置脱后原油盐含量模型实现实时预测思路

本文研究内容是为了进行常减压装置脱后原油盐含量模型实现实时预测，在依据前述内容建立计算模型之后，需要设计能够进行实时计算、更新模型并展示的流程，由于这些内容涉及计算机网络、信息管理内容较多，主要内容为基于OPC UA协议的PLC设备通信，限于篇幅不再一一赘述，在此仅列出基本框架及解释。

如图4所示，从现场取得的30个位号PLC实时数据传送至DA服务器上，DA服务器中已经预置好前述训练完成的人工神经网络模型，根据实时的30个位号结果计算出相应盐含量数值并上输出至目标显示设备上。同时，PLC实时数据对应分析室日常盐含量分析的数据也每日进行收集，每收集3个月左右的数据量手动重新训练校正人工神经网络模型，通过OPC连接方式对DA服务器上的原模型进行更新，数据量越多，模型预测的准确率越高。如此，可以实现无需分析，实时计算盐含量数值，为生产操作提供决策参考的功能。

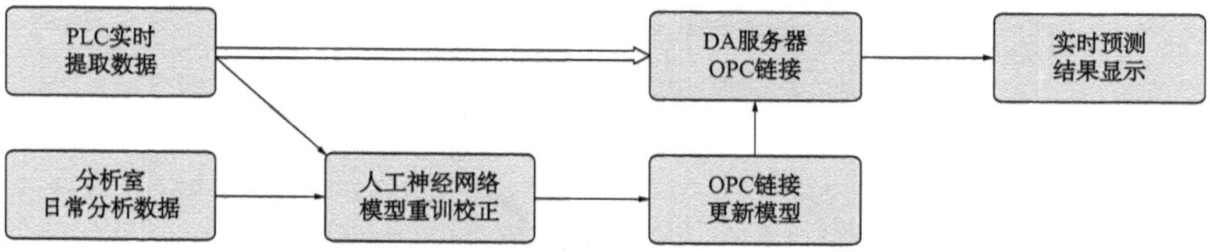

图4　减压装置脱后原油盐含量模型实现实时预测功能框图

4 结论

综上所述，本文作出如下结论：

（1）常减压装置脱后原油盐含量的实时计算在炼化过程中尤为重要。

（2）常减压装置脱后原油盐含量的实时计算难以用常规方法展开。

（3）人工神经网络算法可以建立常减压装置脱后原油盐含量模型。

（4）常减压装置脱后原油盐含量模型可以辅助建立实时计算方案。

参考文献

[1] 李颖．微库仑法测定原油盐含量的分析与讨论［J］．当代化工，2016(12)：2913-2915.

[2] 杨德凤，何沛．原油盐含量分析方法的选择及应用［J］．石油炼制与化工，2009，40(12)：39-42.

[3] 何沛，杨玉蕊，韩东兴．原油中盐含量测定方法的比较［J］．石油化工腐蚀与防护，2010(3)：43-46.

[4] 张焱琴．原油劣质化对炼油常减压装置腐蚀影响及防护措施探究［J］．山东化工，2023，52(7)：174-176. DOI：10.3969/j.issn.1008-021X.2023.07.049.

[5] 寇拴虎，陈梅，陈俊发，等．高含盐原油的深度脱盐［J］．石油炼制与化工，2001，32(2)：27-29. DOI：10.3969/j.issn.1005-2399.2001.02.007.

[6] 朱建新，周杨，乔松，等．基于大数据的电脱盐系统智能优化与影响因素分析［J］．高校化学工程学报，2023，37(1)：95-102. DOI：10.3969/j.issn.1003-9015.2023.01.012.

[7] 梁松．具有石化特色的人工智能专业建设研究［J］．数码世界，2020，(9)：211-212. 马铭．石化智能工厂发展与展望［J］．中国石油和化工标准与质量，2020，40(13)：159-160.

[8] 曾文静，梁正贤．基于人工神经网络预测评判炼油厂常减压蒸馏设备的腐蚀［J］．当代化工研究，2016(12)：107-108. DOI：10.3969/j.issn.1672-8114.2016.12.053.

[9] 陈丙珍．人工神经网络在过程工业中的应用［J］．中国有色金属学报，2004，14(z1)：106-111. DOI：10.3321/j.issn：1004-0609.2004.z1.015.

[10] 陶长兴，刘岩，肖付伟．基于BP神经网络的便携式阀门在线监测及诊断系统研究［J］．仪器仪表用户，2018，25(12)：17-19. DOI：10.3969/j.issn.1671-1041.2018.12.004.

[11] 黄颖华．基于OPC UA协议的PLC设备通信［J］．信息技术与信息化，2023(1)：134-138. DOI：10.3969/j.issn.1672-9528.2023.01.032.

某石化企业加氢裂化装置高压换热器内漏原因分析及防范措施建议

张玉刚

（中国石油锦州石化公司研究院）

摘　要　某石化企业200万吨/年加氢裂化装置换热器E-102A/B发生内漏，造成装置停工。为保证安全生产，需要对泄漏原因进行分析并给出防范措施建议。本文通过对工况与介质的变化分析及对失效件的扫描电镜分析和能谱分析等分析结果，给出了该换热器泄漏原因及防范措施建议。

关键词　高压换热器；泄漏；原因分析；防范措施

1　前言

高压换热器E-102A/B位于加氢裂化装置的反应流出系统，从反应器R-101来的反应流出物经过E-101、E-102A/B、E-103等高压换热器换热后，进入热高压分离器进行油、气分离，从P101原料油进入换热器E-102A/B的管程，与壳程反应流出物换热后进入反应器。

换热器E-102A/B管束由兰州兰石重型装备股份有限公司生产，换热管与管板采用强度焊+贴胀，无热处理工艺。2019年投用，结构类型为螺纹锁紧环U型管换热器，规格型号为DIU1300-17.70/16.70-579-6/19-2，共计2台，具体规格及运行参数如表1所示。

表1　换热器E-102AB运行参数

项目	材质	介质	工作温度（进/出）/℃	工作压力/MPa	规格/mm
壳程	12Cr2Mo1R	反应流出物	424/392	15.1	1300×89×9355
管程（组合件）	0Cr18Ni10Ti	热原料油	306/379	16.2	Φ19×2×6000
检修履历	换热器E-102A/B于2009年随装置开工运行，2015年停工检修时发现管束管板变形，进行了修复处理，为确保长周期运行，2019年大修期间采购更换了新管束。				

为保证安全生产，需要对换热器E-102A/B泄漏原因进行分析并给出防范措施建议。

2　设备检修情况

换热器E-102A/B管束抽出后，其表面附着一层疏松的灰黑色油垢层，剥离管束表面的油垢层后，露出金属光洁表面；管束清洗后，管板及换热管表面光洁，无明显腐蚀，管板角焊缝渗透检测正常；检查换热管与折流板管孔间隙正常，符合规范要求0.4~0.7mm，折流板与管束无碰磨痕迹(图1)。

图1　清洗后管束表面形貌

对 E-102A 换热管进行电涡流抽检 106 根(共计 1672 根)，抽检率 6.3%，壁厚损失率小于 10%，未发现明显缺陷信号，换热管无腐蚀减薄(图 2)。

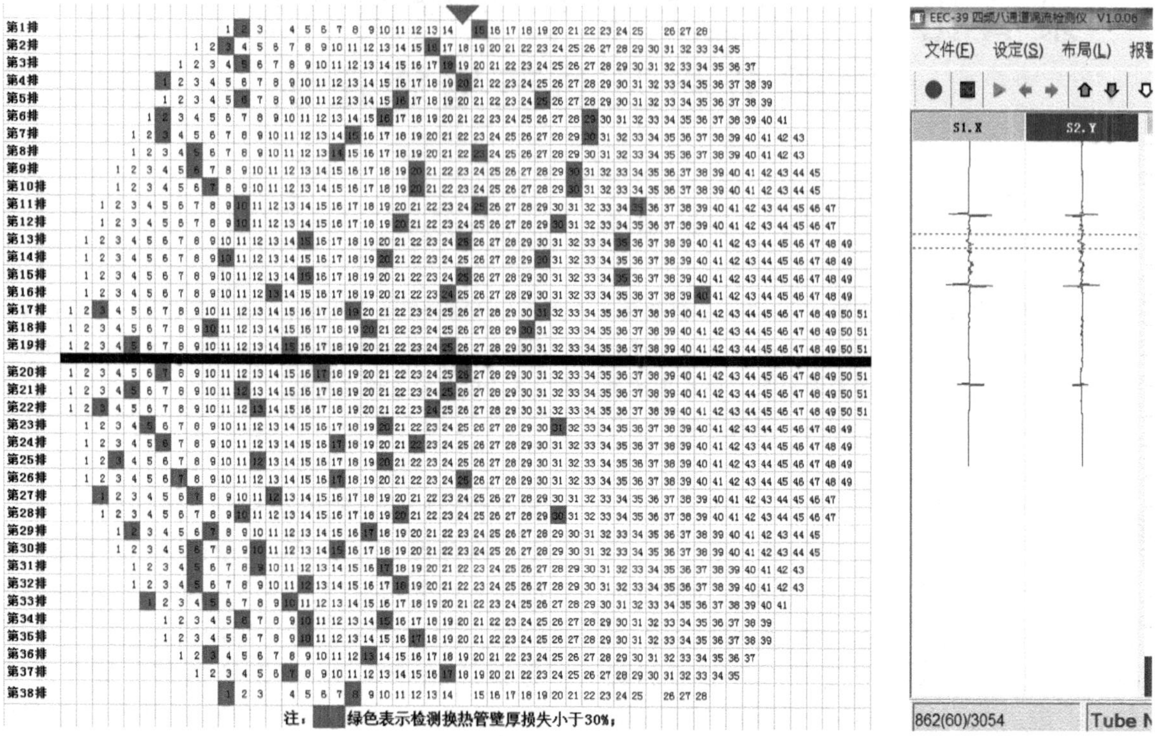

图 2　泄漏换热器 E-102A 管束涡流检测抽检部位

管束水压试验查漏，换热器 E-102B 管束无泄漏，E-102A 管束有 1 根换热管泄漏，位于第 38 排(从上往下数)第 15 列(从右往左数)，见图 3(a)。

泄漏换热管从管板背面根部发生断裂，断口表面有一层黑色污垢，未见塑性变形，整个断口表面台阶较多，呈高低起伏状，见图 3(b)。

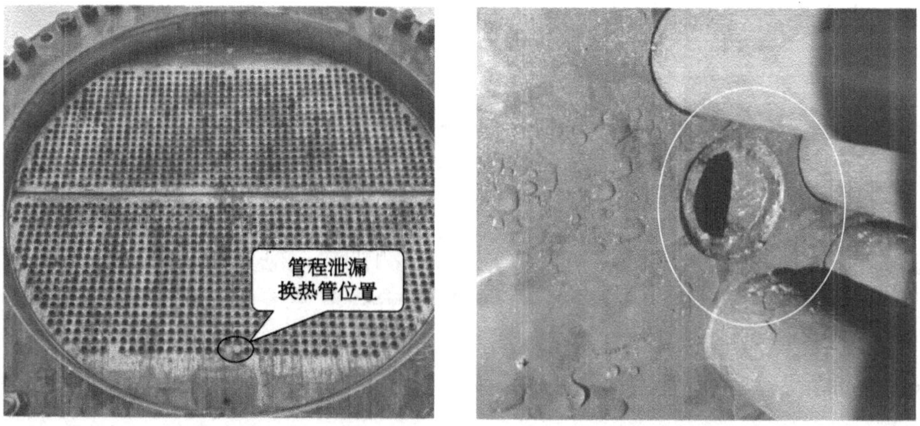

(a)泄漏换热管管程位置　　(b)泄漏换热管壳程位置

图 3

3　泄漏原因分析

3.1　工艺运行分析

换热器 E-102 壳程中的腐蚀介质主要为原料油中硫和氯，2019 年开工至今混合原料油中硫含量平均值为 0.977%(m/m)，最大值为 1.4%(m/m)，未超设防值 1.6%(m/m)，硫含量分析正常；2019 年开工至今，分析原料油氯含量极低，分析仪器只能检测出氯含量<0.3mg/kg，未出现超指标 1mg/kg 情况。结合涡流检测及管束宏观检查，排除腐蚀因素。

加氢尾油硫取样频次为每周两次(每周二和

周五)，2023年1月1日至9月1日，加氢尾油硫含量为1.6~3.2mg/kg(指标50mg/kg)，9月5日尾油硫含量突然上升，总硫含量的分析为144mg/kg。换热管断裂泄漏应该发生在9月1日~5日之间。

200万吨/年加氢装置正常加工负荷长期维持在220t/h左右，设计操作弹性60%~110%，新疆夏季气温高，高压空冷E-108出口温度受限，为保证循环氢压缩机K-101的稳定运行，2023年6~8月，共进行了16次有控制性的加工负荷调整，较2019~2022年平均次数增多，且较为集中，调整范围187~238t/h，均在操作弹性范围内。

3.2 换热管材质分析

对泄漏的换热管进行全定量光谱成份分析，元素成分符合GB/T 13296中0Cr18Ni10Ti范围要求。

表2　换热管成份分析结果　　ω%

元素 部位	C	Si	Mn	P	S	Cr	Ni	Ti	N
换热管成份	0.021	0.50	1.35	0.029	0.0015	17.28	9.04	0.21	0.020
0Cr18Ni10Ti	≤0.08	≤1.00	≤2.00	≤0.035	≤0.030	17.00~19.00	9.00~12.00	5×(C%-0.02)~0.8	/

3.3 金相组织及能谱分析

在断裂换热管的远离断口、断口附近、断口等三处部位取样进行金相组织分析，金相组织基体主要为奥氏体+孪晶，换热管越接近断口区域，形变马氏体量越多，内壁相对于外壁条带状形变马氏体组织较多，局部组织存在颗粒状夹杂物。随着形变马氏体增多，硬度随之增加，材料韧性下降，脆性断裂概率增大(图4)。

(a)远离断口金相组织　(b)断口附近金相组织　(c)断口处金相组织

图4

在断口金相观察面上对夹杂物进行能谱分析，组分为Ti、Fe、Cr、N等元素，其中主要组分为Ti和N元素，类似氮化钛化合物，虽在晶界上起到钉扎强化作用(防止晶格滑移)，但会导致材料韧性变差，沿晶开裂风险增大(图5)。

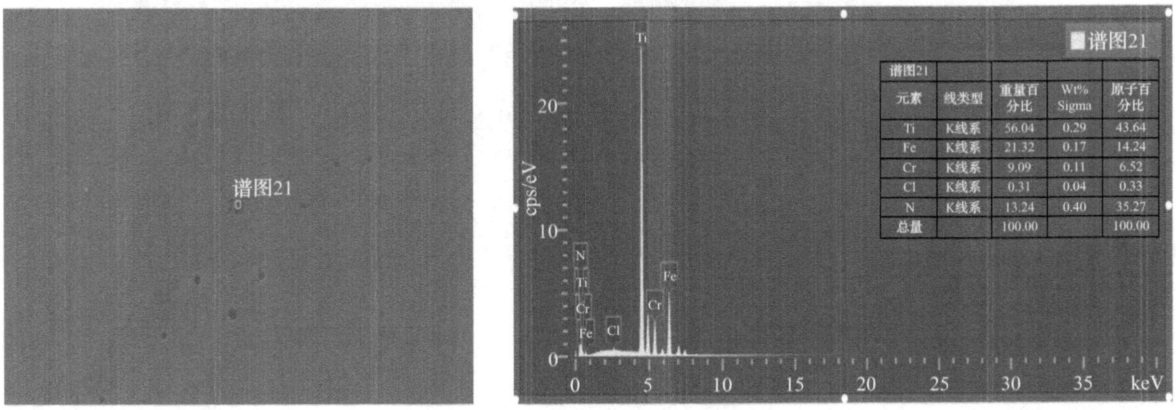

图5　颗粒状夹杂物能谱分析谱图

3.4 硬度测试

在各金相样品上进行显微维氏硬度试验，内壁越靠近断口区域硬度越大，最大相差 88HV1，内壁硬度大于外壁硬度，断口处内外壁硬度最大相差 99.1HV1，与金相组织分析形变马氏体含量相对应。GB/T13296 中对 0Cr18Ni10Ti 材料硬度虽没有强制要求，但断口区域内外壁硬度的差值过大，内部组织存在一定的局部应力。

表 3　金相样品显微硬度检测(HV1)

样品位置	测量部位	第一次	第二次	第三次	平均值	内外壁最大差值
远离断口	内壁	173.1	171.5	/	172.3	-11.2
	外壁	182.7	173.8	/	178.3	
断口附近	内壁	220.9	205.2	215.9	214.0	56
	外壁	165.3	173.6	164.9	167.9	
断口	内壁	253.3	231.5	259	247.9	99.1
	外壁	160.3	165.1	159.9	161.8	
GB/T13296　材质 0Cr18Ni10Ti 中未规定硬度要求						

3.5 断口微观形貌分析

采用扫描电镜对整个环向断口表面进行微观形貌观察，断口有两处平坦的区域，其余区域呈台阶状高低起伏。平坦区域 1 多源开裂源特征明显，整个断口上可见有河流状的准解理形貌特征；平坦区域 2 靠近台阶处内壁区域存在起裂源，周边存在疲劳条带；在断口区域形成多处二次裂纹，裂纹沿内壁向外壁扩展，呈明显的台阶状(图 6)。

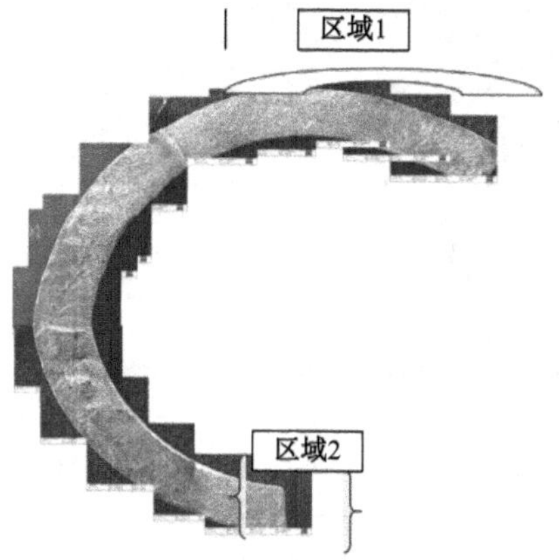

(a)整个环向断口表面微观形貌

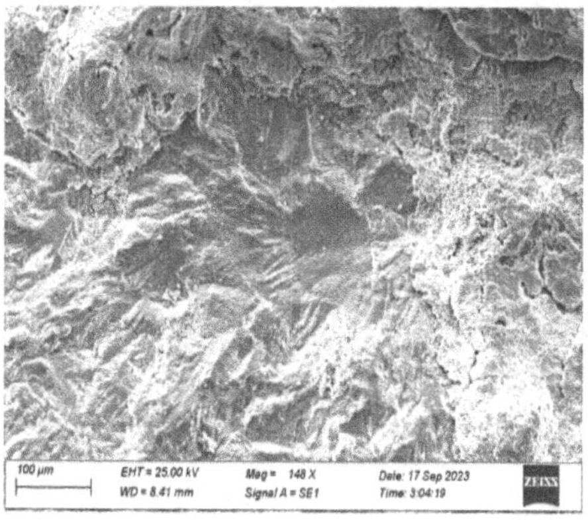

(b)准解理断口形貌

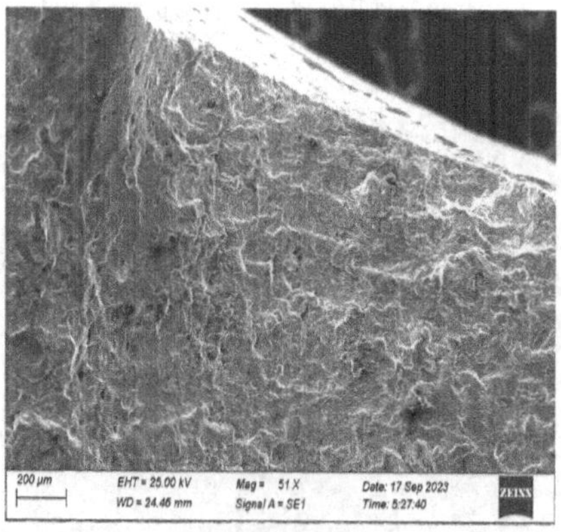

(c)起裂源处形貌图

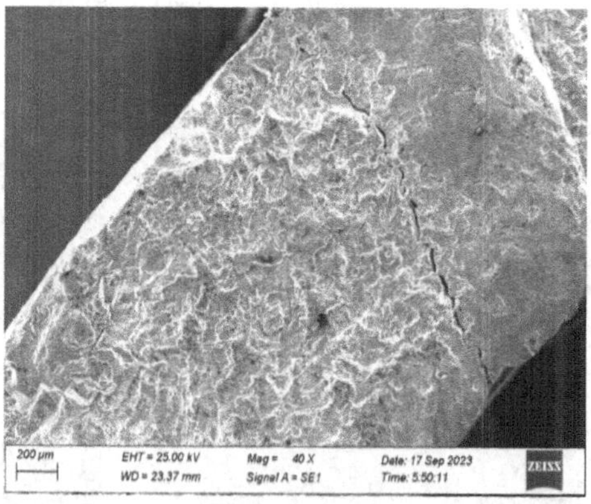

(d)断口表面的二次裂纹

图 6

通过对断口表面的微观形貌分析，本次起裂的位置在换热管内壁，并存在多处的起裂源；从裂纹的断口分析，本次断口形貌特征多样，存在疲劳条带以及准解理断裂形貌特征，该断口为准解理断口。

综上所述，通过工艺运行环境、宏观检查、涡流检测、晶相、硬度、微观能谱等方面综合分析，换热管未见明显腐蚀特征，断口形貌呈准解理特征(脆性断裂)。断裂失效原因主要为：换热管制造过程中存在质量缺陷。换热管在液压胀接时晶间滑移产生形变马氏体，与断口处的氮化钛等夹杂物共同作用下，形成多点起裂源，产生微裂纹缺陷。换热器运行过程中，随流体诱导，管束存在一定微振，导致裂纹缓慢发展，加之操作负荷调整及正常波动，加速裂纹延展，最终断裂失效发生泄漏。

4　防范措施建议

组织换热器厂家深入研究胀接工艺，摸索胀接后换热管形变马氏体及硬度变化规律，通过试样对比，优化胀接工艺，明确管控指标，并在技术协议中予以约定。

要求换热器厂家对不同厂家的换热管夹杂物分布数量及直径进行对比分析，择优选择换热管主材供货厂家，提升换热器整体性能。

精细平稳操作，严控控制负荷调整次数及调整速率，尽量减少因负荷调整所造成的管束诱导振动加大。

强化检修期间的检验检测。重点关注换热管与管板的焊缝腐蚀情况，换热管胀接部位是否有微裂纹，换热管(包括近管板和远管板处)硬度是否偏差过大。

参　考　文　献

[1] 左超，李宝龙．柴油加氢装置高压热交换器腐蚀泄漏原因分析及预防措施[J]．石油化工设备，2019，48(1)：6.

[2] 宋运通，王志坤，宋明瑾，等．柴油加氢高压空冷器泄漏原因分析及改进措施[J]．石油化工腐蚀与防护，2021，38(1)：58.

[3] 陈光．换热器管子-管板液压胀接中影响因素分析[J]．发电设备,，2010，24(05)：376-384.

高耐候环境友好型储罐涂料体系研究与应用

李宏远　白凤祥　韩忠智　王朋振　王　磊　郭晓军

（中国石油集团工程技术研究有限公司）

摘　要　针对原油储罐罐顶浮盘的防腐需求，研究并开发了高耐候环境友好型水性低表面处理环氧底漆、水性环氧云铁中间漆与水性丙烯酸聚氨酯面漆为配套的水性重防腐涂料体系。本研究采用反应型乳化剂接枝改性水性环氧乳液作为底漆成膜树脂，实现在轻微锈蚀或未完全除锈基材的高效附着；选择具有高屏蔽作用云母氧化铁灰及离子交换型二氧化硅作为中间漆防锈填料，实现"迷宫效应"和吸附置换协同作用下高效、稳定的防腐屏障；以高羟基含量水性丙烯酸二级分散体、低黏度型脂肪族异氰酸酯搭配光稳定剂制备水性双组分面漆，实现高等级腐蚀环境(C4、C5)下的持久耐候性与优异的耐腐蚀性；探究了配套涂料体系的施工性与复合涂层性能。制备的高耐候环境友好型储罐涂料体系满足现场复杂的实际施工工况需求，为原油储备库安全平稳运行和石化行业的绿色发展提供强有力的技术支持。

关键词　耐候；储罐；水性涂料；配套体系；防腐性能

在全球经济一体化的背景下，原油作为现代工业的血液和国家能源安全的重要基石，其稳定供应直接关系到国家经济命脉与战略安全。原油储罐作为储存原油的重要设施，不仅承载着保障能源安全的重要使命，也是维持石油产业链稳定运行的关键一环。罐顶浮盘作为原油储罐中的核心部件，起着隔绝氧气、减少油品损耗以及降低火灾隐患的关键作用，其性能与稳定性直接影响到储罐的运行效率与安全性。然而，由于原油及其挥发物腐蚀性较强，并且浮盘长期暴露在复杂多变的腐蚀环境中，如海洋大气侵蚀、储罐内介质的直接腐蚀及应力损坏导致的加速腐蚀等，都可能导致浮盘表面遭受严重破坏，进而影响使用寿命和工作性能。因此，加强储罐罐顶浮盘的腐蚀防护，避免因腐蚀引发经济损失与环境污染，对于保障原油储罐的安全平稳运行具有重要意义。

在石油化工领域溶剂型涂料占据主导地位，高挥发性有机化合物(VOCs)与低闪点的特性对涂装作业的安全控制造成了严峻挑战。随着国家环保力度和公众环保意识的日益增强，环境友好型涂料成为涂料行业发展的重要趋势。水性涂料以水作为分散介质，从源头上大幅降低了生产、施工及干燥固化等阶段释放的VOCs，极大地提升了涂装应用过程中的安全环保性能，在原油储罐的腐蚀防护中采用水性涂料体系替代传统溶剂型涂料，不仅是响应国家节能减排与绿色发展的号召，也是提升涂装安全等级、降低维护成本与延长储罐使用寿命的必然选择。

本研究开发的水性低表面处理环氧底漆、水性环氧云铁中间漆与水性丙烯酸聚氨酯面漆组成的水性涂料配套体系，具备卓越的耐老化性能、耐盐雾性能、耐化学介质性能、机械性能以及出色的表观效果，全面符合GB/T 50393《钢质石油储罐防腐蚀工程技术标准》和SY/T 0319《钢制储罐防腐层技术规范》等技术要求，能够替代相应溶剂型涂料并满足原油储罐罐顶浮盘等复杂腐蚀环境下的高性能防腐需求，推动石油石化行业钢结构防腐技术的绿色转型，为实现绿色石化、安全储运提供强有力的技术支撑与保障。

1　实验部分

1.1　实验原材料

水性环氧乳液与水性环氧固化剂：湛新、同德、亨斯迈、联固化学；水性羟基丙烯酸树脂：湛新、同德、花果山、联固化学；异氰酸酯固化剂：旭化成；消泡剂、流平剂、增稠剂、润湿分散剂、基材润湿剂：迪高、海明斯、巴斯夫、毕克化学；硅烷偶联剂：道康宁；光稳定剂：巴斯夫、台湾永光；防闪锈剂：美国瑞宝、青岛恩泽；二丙二醇甲醚(DPM)、二丙二醇丁醚(DPNB)、丙二醇丁醚(PNB)、丙二醇二醋酸酯(PGDA)：陶氏化学；特种防锈颜料：辉柏赫、纽碧莱；铁红、炭黑、云母、滑石、长石、膨润土、沉淀硫酸钡等颜填料：海迪斯、滁州格锐、江西定锐、诺诚化学；去离子水：自制。

1.2　实验仪器和设备

砂磨、分散、搅拌多用机 SFJ-500：上海天辰；磁性测厚仪：德国尼克斯；分析天平 ME204TE：梅特勒托利多；弯曲试验仪 QTY-32：天津中环；精密烘箱 FED115：德国宾德；刮板细度计、湿膜制备器：标格达；划格器 QFH：天津材机建筑仪器；恒温恒湿箱 HF20W：北京禾鼎科技；紫外加速老化试验机、循环腐蚀盐雾箱：美国 Q-LAB；拉拔法附着力测试仪 Positest AT-A：狄夫斯高；全自动三维激光形貌仪：奥林巴斯等。

2　结果与讨论

2.1　水性低表面处理环氧底漆的制备与性能研究

2.1.1　水性低表面处理环氧底漆配方

本研究开发的水性低表面处理环氧底漆配方如表1所示。

表1　水性低表面处理环氧底漆配方

组分	原料名称	质量分数/%
A组分	去离子水	余量
	分散剂	0.6~1.0
	消泡剂	0.2~0.4
	铁红	10~15
	云母粉	3.0~4.0
	滑石粉	10~15
	特种防锈颜料	2.0~4.0
	陶土	0.1~0.2
	水性环氧乳液	45~50
	成膜助剂	2.0~4.0
	润湿剂	0.2~0.4
	硅烷偶联剂	0.5~1.0
	消泡剂	0.2~0.4
	增稠剂	0.5~1.0
B组分		
	水性环氧固化剂	65~75
	防闪锈剂	5.0~10
	消泡剂	2.0~4.0
	去离子水	余量

2.1.2　水性低表面处理环氧底漆制备工艺

在分散罐中依次加入去离子水、分散剂、消泡剂，低速搅拌均匀，搅拌状态下定量加入铁红、云母粉、滑石粉、特种防锈颜料、陶土等颜填料，高速分散均匀，将上述混合物料进行研磨，研磨至细度小于 30μm。在低搅拌速度下将研磨水浆与水性环氧乳液混合均匀，依次加入成膜助剂、润湿剂、消泡剂、硅烷偶联剂，搅拌均匀后加入增稠剂调节黏度，高速搅拌分散均匀，得到水性低表面处理环氧底漆A组分。水性环氧固化剂、防闪锈剂、消泡剂和去离子水，高速分散搅拌均匀，即为水性低表面处理环氧底漆B组分。

2.1.3　水性低表面处理环氧底漆性能研究

储罐所采用的水性防腐底漆，其核心性能需求聚焦于两大方面：一是对基材展现出优异的附着力，确保涂层能够在轻微锈蚀或未完全除锈的基材上紧密且牢固地黏附；二是具备长效的防腐蚀性能，能够有效抵御包括湿度、温度、腐蚀性介质等复杂环境因素所导致的侵蚀，保障储罐的安全与耐久性。为达成上述要求，本研究采用反应型乳化剂实现水性环氧乳液的自乳化，提高其稳定性，并通过接枝改性在环氧树脂分子链中引入功能性基团，增强涂层与基材的湿附着力，有效降低腐蚀因子的透过速率，赋予涂层优异的防腐蚀性能；选用的云母等片状防锈颜料在涂层中可以交错排列、相互重叠，形成紧密的屏障层，显著增强涂层与基材的物理锁合作用，减少涂层中的孔隙和缺陷，提高涂层的致密性；使用的防闪锈剂能够与金属表面发生反应，形成一层致密的钝化膜，抑制闪锈的产生，增强涂层的阻隔性（表2）。

表2　水性低表面处理环氧底漆的性能测试结果

序号	项目		检验方法	检验结果
1	不挥发物含量/%		GB/T 1725	57
2	储存稳定性（组分A）(50℃ 30d)	沉降程度/级	GB/T 6753.3	7
		黏度变化/级		7
3	干燥时间	表干时间/h	GB/T 1728	0.5
		实干时间/h		8
4	附着力/MPa		GB/T 5210	10.39

续表

序号	项目	检验方法	检验结果
5	电气强度/(MV/m)	GB/T 1408.1	27
6	体积电阻率/(Ω·m)	GB/T 31838.2	2.6×10^{13}
7	耐酸性(10%H_2SO_4，常温 30d)	GB/T 9274	不起泡、不生锈、不开裂、不脱落
8	耐碱性(10%NaOH，常温 30d)	GB/T 9274	不起泡、不生锈、不开裂、不脱落
9	耐盐水性(10%NaCl，常温 30d)	GB/T 9274	不起泡、不生锈、不开裂、不脱落
10	耐盐雾性(1000h)	GB/T 1771	不起泡、不生锈、不开裂、不脱落

2.2 水性环氧云铁中间漆的制备与性能研究

2.2.1 水性环氧云铁中间漆配方

本研究开发的水性环氧云铁中间漆配方如表3所示。

表3 水性环氧云铁中间漆配方

组分	原料名称	质量分数/%
A 组分	去离子水	余量
	分散剂	0.8~1.0
	消泡剂	0.2~0.4
	云母氧化铁灰	8.0~10
	云母粉	4.0~5.0
	钛白粉	2.0~3.0
	长石粉	5.0~7.0
	滑石粉	8.0~10.0
	特种防锈颜料	1.0~2.0
	陶土	0.1~0.2
	水性环氧乳液	40~45
	成膜助剂	1.0~2.0
	消泡剂	0.2~0.4
	增稠剂	0.5~1.0
B 组分		
	水性环氧固化剂	60~70
	防闪锈剂	2.0~5.0
	消泡剂	1.0~2.0
	去离子水	余量

2.2.2 水性环氧云铁中间漆制备工艺

将分散剂、消泡剂加入去离子水中低速搅拌均匀，随后定量加入云母氧化铁灰、云母粉、钛白粉、长石粉、滑石粉、特种防锈颜料、陶土等颜填料，高速分散均匀，研磨至细度小于30μm，得到中间漆水浆。在水性环氧乳液中加入成膜助剂、消泡剂及中间漆水浆，搅拌均匀后加入增稠剂调节粘度，高速分散搅拌均匀，得到水性环氧云铁中间漆 A 组分。按配方量将水性环氧固化剂、防闪锈剂、消泡剂和去离子水高速分散搅拌均匀，即为水性环氧云铁中间漆 B 组分。

2.2.3 水性环氧云铁中间漆性能研究

应用于储罐的水性防腐中间漆，需综合评估其配套性、施工性与耐化学介质性能，以确保涂层达到最佳的防护效果和使用寿命。本研究开发的水性环氧云铁中间漆采用与底漆相同的水性环氧乳液，搭配改性多元胺加成物水性环氧固化剂提高体系的相容性，确保其与底漆完美配套，并且层间附着力优异，保障涂层体系的整体性和长期耐久性；选用比重小且具有良好的悬浮性的滑石粉和长石粉增加涂料的流平性，在施工环节还能够轻松增加涂层厚度，同时兼具出色的附着力和经济性，降低施工成本；采用云母氧化铁灰等片状防锈颜料形成物理屏障，利用其“迷宫效应”实现对水分、氧气等腐蚀介质的高效阻隔，并且添加离子交换型防锈填料对侵入涂层的腐蚀因子进行吸附置换，形成协同作用下高效、稳定的防腐屏障，即使面对复杂环境或机械应力，也能确保涂层优异的耐化学介质性能，持续发挥抗渗透、高防腐作用，从而长久保护储罐免受侵蚀，延长其使用寿命(表4)。

表4 水性环氧云铁中间漆的性能测试结果

序号	项目		检验方法	检验结果
1	不挥发物含量/%		GB/T 1725	60
2	储存稳定性(组分 A)(50℃ 30d)	沉降程度/级	GB/T 6753.3	7
		黏度变化/级		7
3	干燥时间	表干时间/h	GB/T 1728	1
		实干时间/h		10

续表

序号	项目	检验方法	检验结果
4	附着力/MPa	GB/T 5210	10.96
5	电气强度/(MV/m)	GB/T 1408.1	26.5
6	体积电阻率/(Ω·m)	GB/T 31838.2	1.8×10^{13}
7	耐酸性(10%H_2SO_4，常温30d)	GB/T 9274	不起泡、不生锈、不开裂、不脱落
8	耐碱性(10%NaOH，常温30d)	GB/T 9274	不起泡、不生锈、不开裂、不脱落
9	耐盐水性(10%NaCl，常温30d)	GB/T 9274	不起泡、不生锈、不开裂、不脱落
10	耐盐雾性(1000h)	GB/T 1771	不起泡、不生锈、不开裂、不脱落

2.3 水性丙烯酸聚氨酯面漆的制备与性能研究

2.3.1 水性丙烯酸聚氨酯面漆配方

本研究开发的水性丙烯酸聚氨酯面漆配方如表5所示。

表5 水性丙烯酸聚氨酯面漆配方

组分	原料名称	质量分数/%
A组分	去离子水	余量
	分散剂	1.8~2.0
	消泡剂	0.15~0.20
	钛白粉	10~15
	炭黑	0.2~0.4
	沉淀硫酸钡	8~15
	气相二氧化硅	0.2~0.3
	水性羟基丙烯酸树脂	55~60
	成膜助剂	2.0~4.0
	紫外光吸收剂	0.2~0.3
	光稳定剂	0.4~0.5
	硅烷偶联剂	0.5~0.8
	消泡剂	0.2~0.3
	润湿剂	0.2~0.3
	流平剂	0.4~0.6
	增稠剂	0.5~0.7
B组分		
	异氰酸酯固化剂	55~60
	成膜助剂	30~40
	脱水剂	1.0~1.5

2.3.2 水性丙烯酸聚氨酯面漆制备工艺

将分散剂加入去离子水中，低速搅拌下加入消泡剂，分散均匀后定量加入钛白粉、炭黑、沉淀硫酸钡、气相二氧化硅等颜填料，高速分散均匀，将上述混合物料进行研磨，研磨至细度小于30μm。将水性羟基丙烯酸树脂与成膜助剂搅拌混合均匀，依次加入紫外光吸收剂、光稳定剂、消泡剂、润湿剂、流平剂，搅拌均匀后加入上述研磨水浆，定量加入硅烷偶联剂，最后加入增稠剂调节黏度，高速搅拌分散均匀，得到水性丙烯酸聚氨酯面漆A组分。将异氰酸酯固化剂、脱水剂和成膜助剂搅拌均匀，高速分散搅拌均匀，即为水性丙烯酸聚氨酯面漆B组分。

2.3.3 水性丙烯酸聚氨酯面漆性能研究

面漆作为储罐涂料体系的最外层，其质量和性能直接决定了涂层的耐候性、装饰性和机械强度，是保障储罐安全、延长储罐使用寿命的关键一环。本研究采用高羟基含量水性丙烯酸二级分散体搭配低黏度型脂肪族异氰酸酯固化剂作为成膜物质，其中100%固含疏水分散的异氰酸酯保障了长活化期与优异的涂膜性能，而高溶解力、低挥发速率的PGDA助溶固化剂能够进一步增加体系的相容性，形成紧密稳定的涂层结构，并有效改善涂层的流平性能；利用苯并三唑类紫外线吸收剂和受阻胺类光稳定剂的协同效应吸收、消散紫外线能量并减缓光氧化降解过程，显著提高涂层的耐老化性能；采用含有反应性环氧丙氧基和甲氧基团的硅烷偶联剂提高涂膜的湿态附着力和耐盐雾性能，并选用氧化锆、氧化铝复合无机包膜处理的金红石型钛白粉提高涂层的耐候性与遮盖力，满足储罐C4腐蚀环境下的持久耐候性与优异的耐腐蚀性(表6)。

表6 水性丙烯酸聚氨酯面漆的性能测试结果

序号	项目		检验方法	检验结果
1	不挥发物含量/%		GB/T 1725	55
2	铅笔硬度		GB/T 1732	3H
3	储存稳定性(组分A)(50℃ 30d)	沉降程度/级	GB/T 6753.3	7
		黏度变化/级		7

续表

序号	项目		检验方法	检验结果
4	干燥时间	表干时间/h 实干时间/h	GB/T 1728	1 8
5	附着力/MPa		GB/T 5210	9.5
6	柔韧性/mm		GB/T 1731	1
7	耐磨性(500r/500g, CS-10)/mg		GB/T 1768	28
8	耐冲击性/cm		GB/T 1732	50
9	电气强度/(MV/m)		GB/T 1408.1	26.2
10	体积电阻率/(Ω·m)		GB/T 31838.2	1.6×10^{13}
11	耐酸性(5%H_2SO_4，常温 360h)		GB/T 9274	不起泡、不生锈、不开裂、不脱落
12	耐碱性(5%NaOH，常温 360h		GB/T 9274	不起泡、不生锈、不开裂、不脱落
13	耐盐水性(3%NaCl，60℃ 360h)		GB/T 9274	不起泡、不生锈、不开裂、不脱落
14	耐人工气候老化性(1000h)		GB/T 1865	不起泡、不开裂、不脱落，粉化 1 级、变色 1 级、失光 1 级
15	耐盐雾性(1000h)		GB/T 1771	不起泡、不生锈、不开裂、不脱落

2.4 高耐候环境友好型储罐涂料体系性能研究与应用

以研制的水性低表面处理环氧底漆、水性环氧云铁中间漆与水性丙烯酸聚氨酯面漆为配套，根据表 7 的高耐候环境友好型储罐涂料体系涂装工艺要求，制备复合涂层样板，常温下自干养护 14 天后测试复合涂层性能，结果如表 8 所示。

表 7　高耐候环境友好型储罐涂料体系涂装工艺要求

涂层配套	水性低表面处理环氧底漆	水性环氧云铁中间漆	水性丙烯酸聚氨酯面漆
涂料配比	主剂：固化剂＝100：10	主剂：固化剂＝100：10	主剂：固化剂＝100：20
施工方法	喷涂	喷涂	喷涂
施工道数	2	2	2
每道涂装膜厚/μm	50	70	50
每道涂装间隔/h	24	24	24
总膜厚/μm	80	140	100

表 8　高耐候环境友好型储罐涂料配套性能测试结果

序号	项目	检验方法	检验结果
1	附着力/MPa	GB/T 5210	11.28
2	耐水性(1500h)	GB/T 1733	不起泡、不生锈、不开裂、不脱落
3	耐人工气候老化性(1500h)	GB/T 1865	不起泡、不开裂、不脱落，粉化 1 级、变色 1 级、失光 1 级
4	耐酸性(10%H_2SO_4，常温 45d)	GB/T 9274	不起泡、不生锈、不开裂、不脱落
5	耐碱性(10%NaOH，常温 45d)	GB/T 9274	不起泡、不生锈、不开裂、不脱落
6	耐盐水性(10%NaCl，常温 45d)	GB/T 9274	不起泡、不生锈、不开裂、不脱落
7	耐盐雾性(1500h)	GB/T 1771	不起泡、不生锈、不开裂、不脱落

本实验研制的高耐候环境友好型储罐涂料体系配套涂层综合性能优异，各项性能指标远超 GB/T 50393“钢质石油储罐防腐蚀工程技术标准”和 SY/T 0319“钢制储罐防腐层技术规范”标准要求，并且该体系已成功应用于某石化企业原油储备库安全治理项目，切实满足客户需求。如图 1 所示，涂装后的储罐罐顶浮盘外观表现出色，防腐效果优异，为原油储备库的安全平稳运行提供了有力保障。

图 1　高耐候环境友好型储罐涂料体系涂装后外观

3　结语

本研究成功研制了集高耐候性与环境友好性于一体的水性重防腐涂料体系，该体系以水性低表面处理环氧底漆、水性环氧云铁中间漆与水性丙烯酸聚氨酯面漆为配套。通过采用反应型乳化剂接枝改性水性环氧乳液增强涂层的湿附着力与防腐性能；利用片状及离子交换型防锈填料的协同作用机制实现高效防腐屏障；利用高羟值羟丙分散体、低黏度型异氰酸酯与光稳定剂有效改善了涂层耐候性，确保复合涂层在 C4 及以上严苛腐蚀环境中仍能保持持久的耐候性和卓越的耐腐蚀性。此外，该体系配套性优异，各项性能指标远超 GB/T 50393 和 SY/T 0319 标准要求，并且已经在实际项目中成功应用，为原油储备库安全平稳运行和石化行业的绿色转型提供坚实的技术支撑。

参 考 文 献

[1] 酒荣跃，刘嘉东．大型浮顶罐罐顶外表面的腐蚀与防护[J]．石油化工腐蚀与防护，2023，40(4)：31-34.

[2] 郭娟丽，窦宏强，闫明珍，黄留群．地上石油储备库浮顶储罐涂层防腐蚀技术[J]．涂料工业，2013，43(5)：70-72.

[3] 冯刚，陆毅．外浮顶原油储罐浮盘内表面防腐[J]．涂层与防护，2018，39(1)：6-9.

[4] 王智勐，李少香，刘猛，张桂传．石化储罐水性导静电防腐涂料制备及性能研究[J]．山东化工，

2024，53(6)：1-59.
[5] 赵志广．石油储罐防腐措施的创新探讨[J]．中国石油和化工标准与质量，2023，43(17)：28-30.
[6] 刘虎冰，胡思堑，张耿涛．水性重防腐涂料配套涂层的研究与应用[J]．涂层与防护，2021，42(12)：27-32.
[7] 吕秋生，宋欢欢，刘岳麟，等．航空工装设备用水性防护涂料体系的设计及制备[J]．现代涂料与涂装，2022，25(10)：10-14.
[8] 肖祥定，何畅，段金弟，曹梦玲，李长春．桥梁钢结构全水性防腐涂料体系的应用性能研究评价[J]．材料保护，2022，55(9)：195-199.
[9] 刘本华，崔灿灿，石家烽，等．炼化钢结构水性环保耐候防腐蚀涂料体系研究[J]．现代涂料与涂装，2019，22(12)：19-22.
[10] 左骅，张桂顺，钱程，等．工程车用水性环保涂料配套体系的研究与应用[J]．涂料技术与文摘，2018，39(7)：9-15.

常减压装置常顶低温部位防腐与防护

妙鹏钧　孙亚旭　刘晓燕

（中国石油兰州石化公司）

摘　要　2023年初，兰州石化公司500万吨/年常减压蒸馏装置运行至检修周期后期，三塔顶低温部位腐蚀情况日益加剧。常压塔顶油气换热器E-504/1出口弯头两次出现泄漏，E-504/2出口弯头同样部位严重减薄；常顶空冷A-102/7.8管束多根出现泄漏情况。2023年6月装置大检修期间，重点对常顶油气挥发线及E-504/1.2出入口闸阀及弯头配管等进行更换，常顶空冷器部分进行更换。为实现装置下一个运行周期"四年一修"目标，装置从工艺防腐上找准腐蚀成因，优化电脱盐操作，强化了"一脱二注"以及灵活工艺管控，确保在新的运行周期能有效减缓了常顶腐蚀速率保障装置平稳运行。

关键词　低温腐蚀；防腐蚀；电脱盐；在线测厚

1　前言

常减压装置是石化公司原油加工的第一道工序，其平稳运行关系到公司炼化装置的正常生产。兰州石化公司500万吨/年常减压蒸馏装置主要加工长庆和青海混合原油。装置设计脱前原油盐含量为16mg/l，经过历年检修和加工原油适应性增强，装置脱前原油设防值为≤80mg/L。500万吨/年常减压蒸馏装置上一个运行周期自2019年6月份检修后开工运行以来打破以往运行三年检修的记录，努力向第四个运行年头迈进。随着装置已运行至检修周期后期，三塔顶低温部位腐蚀情况日益加剧。常压塔顶油气换热器E-504/1.2出口弯头出现严重腐蚀减薄甚至出现泄漏，冷却效果变差腐蚀介质未完全相变后移致使常顶空冷A-102/7.8管束出现泄漏等情况。常顶低温腐蚀严重影响装置平稳生产，成为装置四年一修的长生命周期运行的主要"拦路虎"。装置针对腐蚀从工艺防腐上制定有效措施减缓腐蚀速率。

2　腐蚀机理及腐蚀原因分析

2.1　常顶腐蚀问题

500万吨/年常减压蒸馏装置在常顶油气换热器E-504/1.2入口总管及总出口管线、常顶空冷出口集合管末端依次安装了3处在线腐蚀电感探针，在E-504/1的出口第二个弯头和E-504/2出口总线弯头部位，常顶空冷A-102/8入口总线和出口集合管上共安装了4处在线测厚仪。

自装置2023年8月检修后开工投产以来，因装置处于低负荷运行三塔顶腐蚀速率上升较快，装置加注的防腐用剂为武汉润尔滑中和缓蚀剂，统计2023年10月9日至11月27日常压塔C-102塔顶冷凝水质分析情况。详见表1。

表1　常压塔C-102塔顶冷凝水质分析统计　　mg/L

时间	常压塔				
	PH	铁离子	硫化物	氨氮	氯离子
2023-10-09	7.2	2.027	21.52	41.64	32.09
2023-10-11	7.5	2.124	34.18	48.36	26.59
2023-10-13	7	2.108	13.93	51.1	43.98
2023-10-16	7.5	1.981	31.02	50.28	15.6
2023-10-18	6.5	2.074	27.85	67.4	57.48
2023-10-20	8	1.884	34.18	57.79	67.47

续表

时间	常压塔				
	PH	铁离子	硫化物	氨氮	氯离子
2023-10-23	7.2	1.128	24.69	34.86	15.6
2023-10-25	7.2	1.352	34.18	39.78	8.99
2023-10-27	6.4	1.001	40.51	44.37	23.99
2023-10-31	7.2	2.391	34.18	33.36	16.49
2023-11-01	6.1	1.796	27.85	21.6	13.99
2023-11-03	8.1	0.339	40.51	36.4	11.49
2023-11-06	6.0	1.862	12.02	32.94	32.59
2023-11-08	7.1	1.175	21.52	20.7	35.59
2023-11-10	7.3	1.203	8.86	32.34	34.59
2023-11-13	8.1	0.864	84.82	31.02	41.59
2023-11-15	7.5	1.959	34.18	54.52	28.59
2023-11-17	8.3	1.991	34.17	45.32	33.59
2023-11-21	8.8	1.467	59.5	46.65	43.59
2023-11-24	8.4	1.831	53.17	45.66	39.59
2023-11-27	6.1	1.876	53.17	39.66	29.59
最大值	8.80	2.391	84.82	67.40	67.47
最小值	6.00	0.339	8.86	20.70	8.99
均值	7.32	1.616	35.64	41.91	31.72

通过上表看，10 月 9 日~20 日，因塔顶低温部位检测点腐蚀速率持续上升，装置通过提升注剂浓度，增大注水量等措施后，可看出常压塔顶冷凝水氨氮量上升较快，同时酸性水中脱除的氯离子含量较高，最高时达 67.47mg/l，铁含量平均在 2.0mg/l 以上，说明注剂后缓释膜剥离较快保护效果不好，水质颜色也出现明显发黑含渣等情况。经过持续调整，10 月 21 日~11 月 27 日，三塔顶冷凝水氯含量基本稳定，水质颜色也基本好转，常顶铁离子含量趋于 2.0mg/l 以下。

从图 1 看，常顶 E-504 入口总管腐蚀探针在 10 月 9 至 11 月 9 日时间段内腐蚀速率呈缓慢上升状态，腐蚀速率达 0.64mm/a，属于严重腐蚀状态。

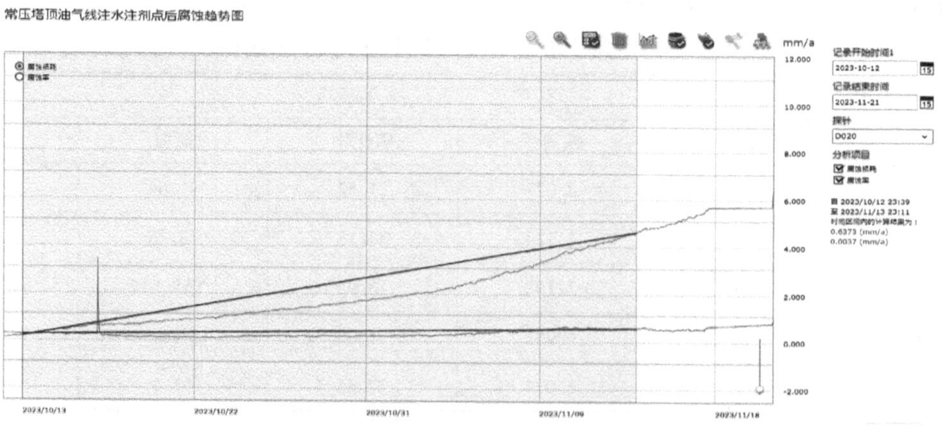

图 1　常顶油气注水注剂点后腐蚀趋势图

从图 2 看，常顶空冷 A-102/8 入口弯头部位定点测厚仪在 10 月 9 至 11 月 9 日时间段内腐蚀速率呈缓慢减薄状态，腐蚀速率达 0.5mm/a，属于严重腐蚀状态。

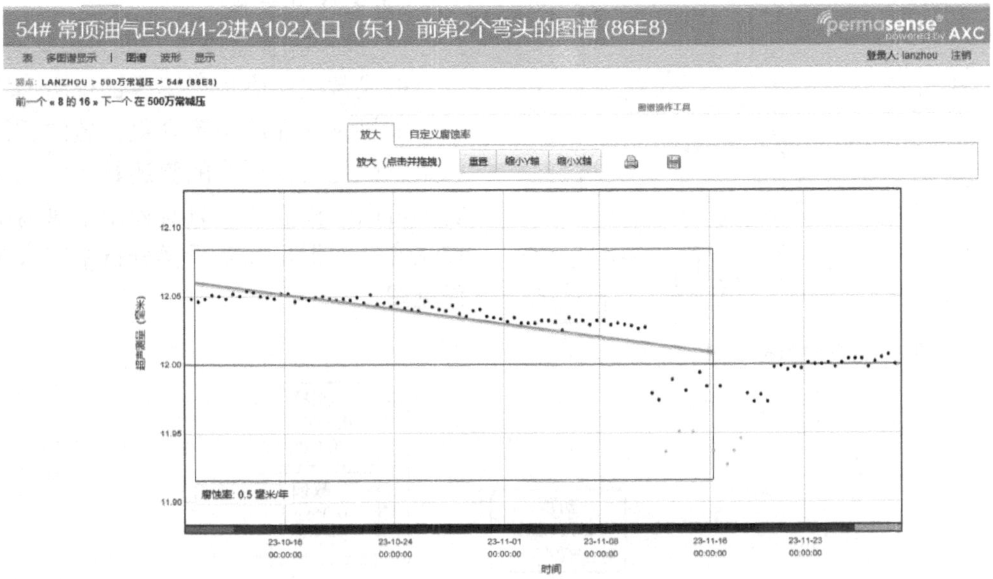

图 2　常顶空冷 A-102/8 入口弯头测厚图谱

2.2　腐蚀机理

常减压蒸馏塔顶冷凝系统腐蚀主要发生在冷凝液的水相中，而水相的 pH 值与冷凝温度、气相水含量，HCL、H_2S 及注入 NH_3 在气相中浓度有关，塔顶冷凝过程中各处 pH 值和腐蚀介质的组成是一个多因素物理化学过程，塔顶冷凝区 pH 值在冷凝过程中由强酸性低 pH 值逐渐向高 pH 值移动，由于 HCL、NH_3、H_2S 在水中的溶解性依次减弱，因此初凝区 HCL 首先深入水中，随着冷凝过程进行，水相更多的被冷凝 HCL 被稀释，当水相中 HCL 相对含量降低，随着冷凝温度下降，NH_3 逐渐被冷凝进入水相，并与 HCL 发生反应生成 NH_4CL，此时 pH 急剧上升，当 pH>5.5 时，H_2S 开始溶解进入水相，随着 NH_3 冷凝量增多，pH 值进一步上升。当冷凝结束时 pH 值最大。

由此可知，常压塔顶油气在油气换热器 E-504/1.2 管程出入口处的介质温度达到水露点温度时，产生了初凝水形成高浓度的盐酸溶液，从而构成了 $HCl+H_2S+H_2O$ 型循环腐蚀环境。由于相变区冷凝液会不连续的分散在油品中，油品夹带的冷凝液对设备及管线造成冲刷腐蚀，导致管线出现腐蚀速率超标情况。

2.3　腐蚀原因分析

造成常顶油气换热器 E-504/1.2 出口弯头腐蚀原因主要有：

（1）由于在相变区域介质达到水露点温度时产生的冷凝液不连续地分散在油品中，发生低温 $HCl+H_2S+H_2O$ 腐蚀，形成的酸性凝液出冷却器后沿弯头下弯部位流动，造成冲刷腐蚀；装置自本运行周期开工以来，2024 年 5 月份装置联系研究院防腐所人员对装置 E-504/1.2 出口管线弯头部位定期进行人工复测，发现减薄情况明显。

（2）E-504/1.2 出口管线为碳钢材质，耐 $HCl+H_2S+H_2O$ 腐蚀性能较差，导致该油气换热器出口弯头部位高流速极易发生腐蚀，尤其是弯头内弯部位腐蚀更加明显。

（3）装置常顶低温系统采取的多点注剂形式，常压塔顶挥发线处为主要注剂、注水点，该位置至 E-504/1.2 入口部位距离较长存在注剂量、注水量偏少的问题；另外，由于防腐注剂适应性等问题，导致工艺防腐效果不佳。

（4）从以前涡流扫查结果可知，E-504/1 出口第一个弯头腐蚀速率高于 E-504/2 出口第一个弯头，因此断定 E-504/1、2 存在偏流现象。

造成常顶空冷空冷器 A-102/7~8 出入口部位腐蚀的主要原因是装置提降量加工负荷变化大、工艺操作波动以及环境温度发生较大变化时，相变区域会随之发生改变，发生严重腐蚀的部位也会随之发生改变。未完全相变的气相腐蚀介质后移至常顶空冷 A-102/1~8 部分，加之常顶空冷入口管线未采用 1 分 2，2 分 4 的对称分布结构，易造成气液相在各管路分布不均现象。空冷最远端的7~8组空冷器腐蚀较为严重(图3)。

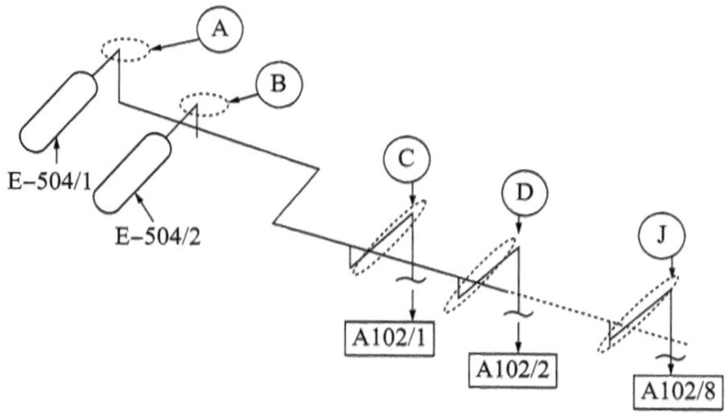

图3　常顶空冷分布图

3　防腐应对措施

3.1　工艺防腐措施

3.1.1　稳定电脱盐操作，提升脱盐合格率。

造成常减压塔顶低温腐部位腐蚀主要与氯有关，如果腐蚀介质中不含氯，硫的腐蚀也不会很严重，硫化亚铁形成的膜还具有缓蚀作用，设备腐蚀可以受控。所以只有控制了氯离子才能真正控制腐蚀。根据装置采样分析系统含氯分布情况详见图4。

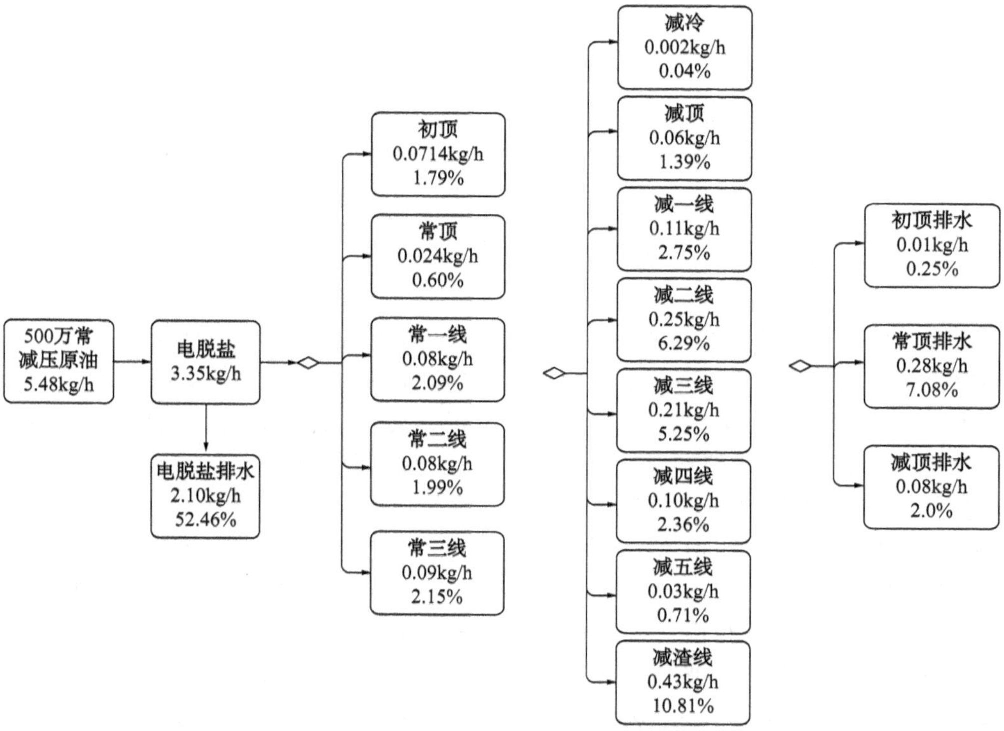

图4　500万常减压装置氯平衡图

从上图装置氯平衡分布看出，经过电脱盐系统操作，有52.46%的总氯随电脱盐污水脱出，因此控制好电脱盐脱盐脱水效果，是保障系统防腐蚀的第一道大门。500万吨/年常减压蒸馏装置通过优化电脱盐系统工艺操作，脱盐脱水效果明显，原油中水含量(指标：≤0.2%)为0.03%(质量分数)，无机氯盐含量<3.0mg/l合格率100%，无机氯盐含量<2.0mg/l合格率达到95%以上。原油中氯离子含量有时已无法检出，加上塔顶注入中和缓蚀剂等措施，无机氯盐类腐蚀已得到有效控制。但从氯平衡图上看出，塔顶低温部位依然存在明显氯离子腐蚀现象。这是蒸馏温度下原油中有机氯物质分解生成HCL所至，需要进一步采取有效应对这种氯离子腐蚀措施。

3.1.2　实施好“一脱二注”防腐措施。

“一脱二注”是常减压装置行之有效的工艺防腐措施，控制好电脱盐脱水、持续实施三塔顶注入中和缓蚀剂、注水等方法，确保塔顶低温部位腐蚀问题得以有效缓解，注剂注水的效果可以通过三塔顶冷凝水质pH值、铁含量、氯含量等关键指标得以验证。

冷凝水分析监测点位主要包括：初馏塔顶、常压塔顶、减压塔顶冷凝水及电脱盐排水。分析频次为塔顶酸性水2次/周，电脱盐污水为1次/周。

3.1.3　工艺操作调整。

装置根据加工负荷变化，控制好塔顶温度高于水露点温度14℃以上，且调整好注水量，确保注水后露点温度控制在 E-504/1、2 入口位置，使腐蚀介质相变控制在 E-504/1、2 内完成。并检测控制 E-504/1、2 出口温度在 75℃左右，如果出口温度过高，则及时调整水冷器冷却用水通量，避免大量气相内腐蚀介质后移。同时，针对 E-504/1、2 存在偏流问题，根据常顶负荷及水冷器流态变化，在低负荷运行工况下采单台油气换热器运行，完全满足生产需求同时减缓腐蚀压力。

3.2　设备防腐措施

3.2.1　腐蚀监测探针及在线测厚。

500 万吨/常减压装置在常压塔顶低温部位工艺管道上布置了 3 处在线测厚仪和 3 处电感探针，来监测常顶低温系统腐蚀实际情况，帮助预警腐蚀隐患。

针对在线测厚探针及电感探针发出预警腐蚀信号，装置及时进行分析预判做出工艺调整，对腐蚀速率超标部位定期进行人工减薄检测，并做好数据记录，以人工测厚计算腐蚀速率与系统监测双保险，监控好腐蚀速率变化。

同时，公司和运行部制定了涡流扫查计划定期开展涡流扫查工作，装置还采取了塔顶高空部位设置巡检签到点，要求管理技术人员每周检查签到和班组日常巡检结合，确保易腐蚀部位全天候巡检监控。

3.2.2　严重腐蚀部位采取补强措施。

像常顶油气换热器 E-504/1、2 出入口弯头等部位是极易发生冲刷腐蚀的部位，需要每月进行人工测厚，一旦测厚减薄率达 40%预警厚度，需及时做好设备补强防护措施。

上一个运行周期后期，E-504/1 出口第一个弯头(内弯)经测厚，发现存在明显的局部腐蚀减薄，装置对第一个弯头进行补强处理，具体见图 5。

图 5　E-504/1 出口第一个弯头采用同材质护板补强

4　防腐防护效果

500 万吨/年常减压装置脱前含盐量设防值为 80mg/L，从上表看，加工原油脱前含盐仅 7 月份最大值 43.0mg/L 没有高于设防值，其他月份脱前盐含量最大值均高于设防值，但脱后含盐控制较好，1~7 月份脱后含盐最高 2.4mg/L，指标<3.0mg/L 合格率 100%，指标<2.0mg/L 累计合格率 99.77%，比板块对标指标≥70%高出 29.77%。脱盐率的提升有效从源头遏制了无机氯的腐蚀机率(表 2)。

表 2　2024 年 1~7 月脱盐脱水质量合格率统计

项目 \ 日期		1月	2月	3月	4月	5月	6月	7月	均值
脱前含盐/(mg/l)	最大值	380.8	146.4	434.2	263.5	374	274.7	43.0	/
	最小值	5.3	4.5	5.3	1.1	7.5	8.8	8.0	/
	平均值	44.55	18.14	25.45	40.22	38.46	28.65	15.91	/

续表

项目＼日期		1月	2月	3月	4月	5月	6月	7月	均值
脱后含盐/(mg/l)	最大值	1.8	2.4	1.6	1.8	1.7	1.8	1.8	/
	最小值	0.7	0.8	0.9	0.9	0.9	1	0.9	/
	平均值	1.23	1.22	1.24	1.26	1.21	1.23	1.22	/
<3.0mg/l 合格率		100	100	100	100	100	100	100	100
<2.0mg/l 合格率		100	98.28	100	100	100	100	100	99.77

从表3看，常顶冷凝水主要控制指标 pH 值和铁含量合格率达 100%。仅 2 月份常顶冷凝水水质分析氯含量较高。通过数据分析，当前装置常顶低温系统采用以塔顶注剂为主，E-504 总出口和空冷 A-102/5~8 入口注剂点为辅，依次进行递减进行注剂方式，能很好满足后工艺管线缓释保护需求。

表3　2024年1~7月常压塔顶水质分析统计

项目＼日期		1月	2月	3月	4月	5月	6月	7月	合格率
常压塔顶冷凝水(数据为均值)	pH 均值 6~9	7.71	8.06	8.24	8.24	8.24	8.38	7.77	100
	铁含量≤3.0mg/L	1.776	1.641	1.61	1.61	1.61	1.546	0.94	100
	氯含量<30mg/L	24.1	36.36	29.26	29.26	29.26	24.78	17.99	85.71
	硫含量 mg/L(实测)	49.53	55.58	47.16	47.16	47.16	40.23	44.14	/

统计 2024 年 5~7 月份，53#、54#探针在线测厚数据控制稳定，连续三个月 2 处定点测厚腐蚀速率均控制<0.2mm/a 指标以内，说明常顶低温易腐蚀部位腐蚀速率得到了有效控制(表4)。

表4　2024年5~7月常顶在线测厚探针

序号	测点编号	安装位置	初始壁厚值/mm	7月29日壁厚值/mm	5月腐蚀率/(mm/a)	6月腐蚀率/(mm/a)	7月腐蚀率/(mm/a)	近三个月腐蚀率/(mm/a)	腐蚀程度	系统运行情况
1	53	常顶油气 E504/1-2 出口汇总管第一个弯头	12.21	12.08	0.16	0.09	0.07	0.09	正常	正常
2	54	常顶油气 E504/1-2 进 A102 入口(东1)前第2个弯头	12.00	11.99	0.06	0.08	0.08	0.04	正常	正常

5　结论及建议

(1) 控制好原油脱后盐含量<2mg/L 合格率，有效脱除了原油中无机氯，可以有效避免了装置低温部位无机氯腐蚀。

(2) 常压塔顶低温腐蚀主要集中在常顶油气换热器 E-504/1.2，通过加强腐蚀监测、及时跟进工艺调整，控制好水露点初凝温度位置，避免油气偏流及强化“一脱二注”，人工复检等防腐措施，能有效减缓常顶油气换热器 E-504/1.2 总出口管线腐蚀速率。

(3) 影响常顶低温腐蚀因素多，装置通过工艺防腐措施与设备防腐手段紧密结合在减缓腐蚀速率基础上，还需要借助研究院防腐所专业检测设备及防腐专业知识共同做好装置防腐蚀攻关工作，

(4) 按照当前的工艺、设备防腐管控措施，能有效减缓了常顶腐蚀速率，实现装置本周期四年稳定运行的目标。

锅炉给水脱氧槽除氧器泄漏失效腐蚀机理与管控措施

邓飞虎　梁宗忠

（中国石油兰州石化公司）

摘　要　介绍了兰州石化公司乙烯运行一部烯烃区域初分馏岗位的高压锅炉给水脱氧槽除氧器部件下封头出现多处穿孔泄漏情况，利用在线无损测厚检验检测手段，发现高压锅炉给水脱氧槽除氧器部件下封头部位存在设备本体局部壁厚严重变薄，无法保证裂解炉高压锅炉给水的生产需求。通过判断和分析：除氧器部件处在含水含氧环境下运行，除氧器部件本体母材与游离氧发生电化学有氧腐蚀以及因介质流动而产生的冲刷腐蚀共同作用而导致设备穿孔泄漏。针对脱氧槽的失效情况，分析其腐蚀机理，并提出相应的处理和管控措施。

关键词　冲刷腐蚀；腐蚀形式；电化学腐蚀；溶解氧；无损检测；保温层下腐蚀

在锅炉给水系统中的除氧系统的运行是非常关键的，整体包括给水系统、储水系统、加热除氧系统、脱氧水外送系统。整个系统中的除氧设备是关键设备，设备运行管理是重中之重。一般造成锅炉系统腐蚀的主要原因是给水中含游离氧，它们的存在使得省煤器盘管、给水管等锅炉部件，壁厚减薄，耐压性能下降，出现“爆管”现象，影响了锅炉的正常运行，给安全生产带来严重影响，应引起高度重视。

无损检测是在不损害或不影响设备使用性能的前提下查明设备的内在或表面存在的缺陷，以供使用单位做好提前预防或做出彻底处理方法，防止安全事故的发生。本文分析一例高压锅炉给水脱氧槽除氧器因系统电化学腐蚀导致下封头穿孔泄漏的故障来分析其腐蚀机理，并制定相应的防范管控措施，以指导日常生产以及设备日常维护，杜绝因给水系统故障导致裂解炉主要设备出现严重的安全环保事故。

1　锅炉给水脱氧槽工艺流程简介

脱氧槽(112-L)所需的脱盐水由公用工程二部340#脱盐水装置供水，经过界区总阀后分两路进入脱氧槽，脱盐水一路经过FI-212流量表计量后经过GB-302C/GB-302D机体夹套加热后进入脱氧槽；另一路脱盐水经过EA-703与低压蒸汽凝液换热后经过流量表FI-178后再与锅炉连续排污凝液再EA-704换热、130-C与丙烯塔再沸器凝液、EA-702低压凝液泛汽换热后经过LIC-189调节阀控制后进入脱氧槽。在脱氧槽内用低压蒸汽汽提的物理方法脱出脱盐水中的微量氧，并在脱氧槽的降液管去锅炉给水泵的入口管线上注入中和胺来调节锅炉给水的PH值。通过PICA-140控制注入脱氧槽的低压蒸汽量来控制脱氧槽的压力以及锅炉给水温度(图1)。

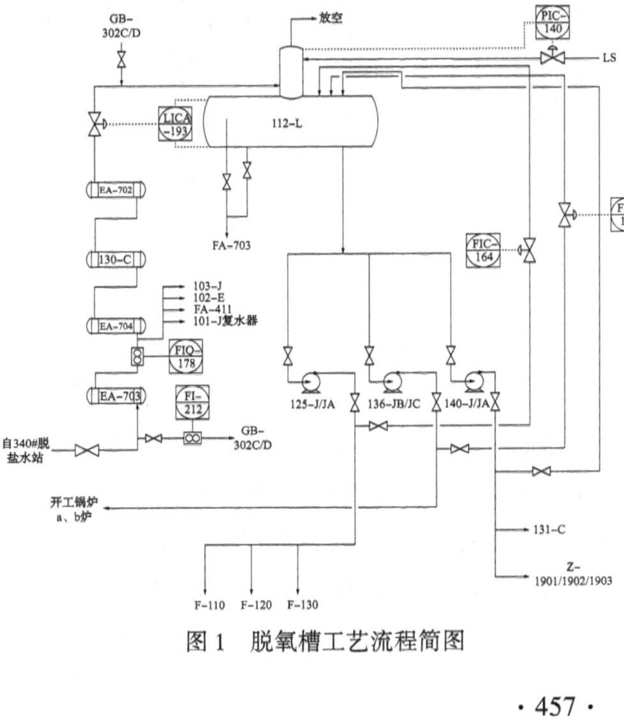

图1　脱氧槽工艺流程简图

2　脱氧槽除氧器腐蚀失效情况

2023 年 9 月 12 日现场巡检发现 112-L 底部有水流出，区域管理技术人员现场确认，拆除罐体局部保温后初步判断为罐体底部沙眼泄漏，后组织施工力量进行消漏，但消漏工作进行不顺利，在消漏过程中发现罐体底部存在严重减薄现象，随后联系检测单位对整台设备包括接管进行无损测厚检测，以指导设备运行及检修，以保证裂解炉给水系统安全稳定运，杜绝设备安全事故(图 2)。

图 2　脱氧槽除氧器部件腐蚀失效情况

3　脱氧槽除氧器部件无损检测

本次检测目标是：对脱氧槽除氧器部件上封头、筒体、下封头及接管进行无损测厚，以查出设备在存的薄弱点，检测点如图 3 所示。

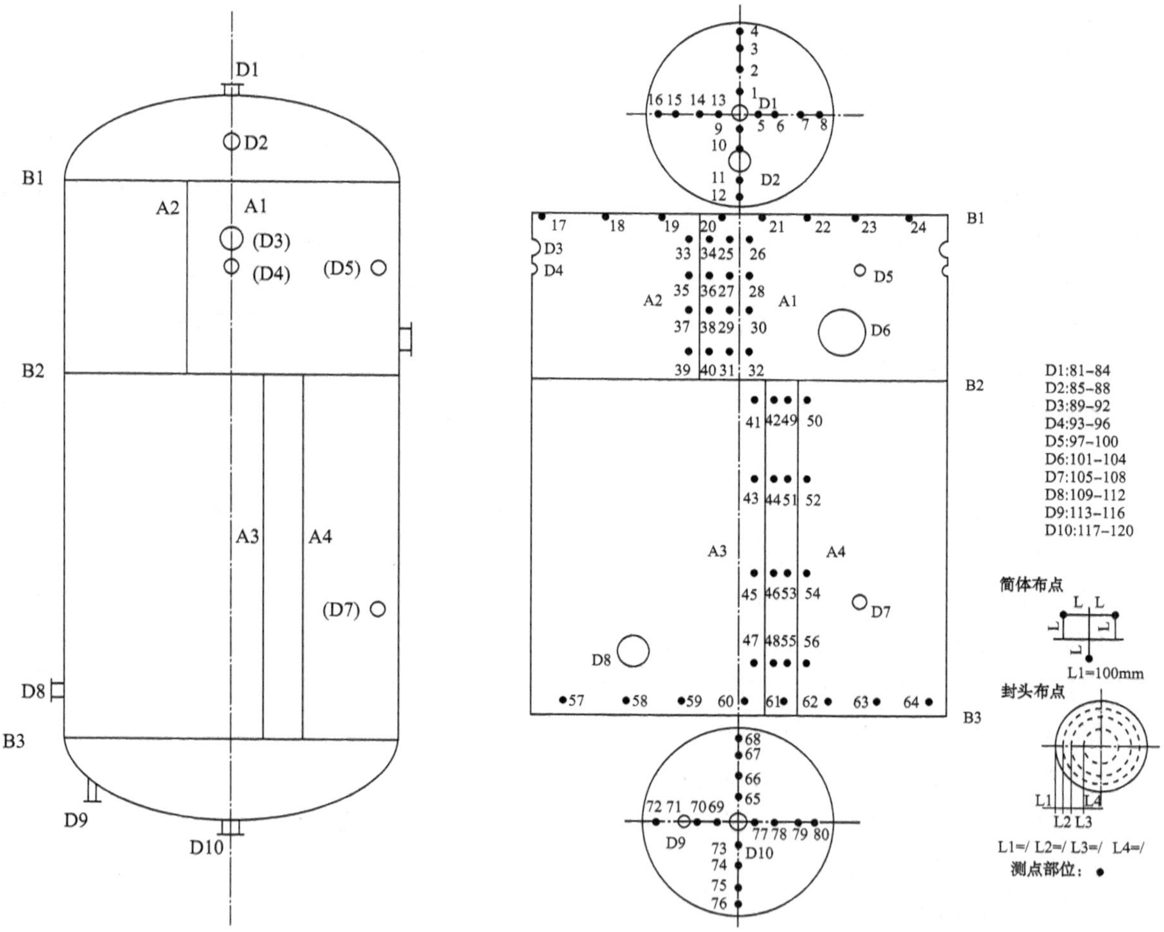

图 3　脱氧槽除氧器测厚点示意图

通过无损检测，不合格测厚数据表(表 1)表明只有脱氧槽除氧器部件下封头南北两侧发生严重减薄(图 3)，其余部位壁厚合格，最小壁厚最小值在 3.3mm 左右，比设备原始设计壁厚 12mm 相差太远，严重影响裂解炉高压给水系统安全稳定运行，给裂解炉高压盘管系统带来安全风险隐患。

表 1　无损测厚不合格数据表

测量仪器型号	27MG		测量仪器编号		200803505	
测量仪器精度	±0.01mm		实测点数		120 点	
表面状况	打磨		耦合剂		工业浆糊	
检测标准	NB/T 47013.3—2015		测厚数据精度		±(0.5%t+0.05)mm	
检验工艺：DR/QP 3T01—2019《压力容器定期检验细则》(单位：mm)						
部位名称	名义厚度	实测最小厚度	测点编号	测点厚度	测点编号	测点厚度
下封头	12	3.33	65	3.41	66	8.15
			69	7.99	70	9.21
			73	4.81	74	3.33
测定结果：封头实测最小厚度为 3.33mm；筒体实测最小厚度为 9.46mm。						

4　腐蚀失效分析

设备失效是下封头出现针孔状外漏型式表现出来，同时通过无损检测也发现设备本体的最小壁厚处也在下封头处，而且下封头壁厚显现出厚薄不均匀的分布状态。脱氧槽从 1996 年 12 月投入运行至今，已连续运行 27 年。通过对脱氧槽处理后的锅炉给水水质进行分析(表 2)，2023 年 1～2 月份锅炉水质正常，各项水质分析指标都符合要求，水质稳定，设备整体运行正常，无异常波动。

表 2　锅炉给水水质分析数据表

分析时间	氯离子	PH(25℃)	二氧化硅	硬度	铁离子	铜离子	油含量	溶解氧
规格指标	≤4.0	8.8～9.3	≤100	≤2.0	≤50	≤10	≤1.0	≤15
计量单位	mg/L		μg/L	μmol/L	μg/L	μg/L	mg/L	μg/L
1 月 2 日	3.38	8.86	18.9	<1.0	25	4.1	<0.06	
1 月 4 日	3.34	8.89						
1 月 5 日								6.2
1 月 6 日	3.41	8.82						
1 月 9 日	3.41	8.85	19.2	<1.0	22	3.49	0.44	
1 月 10 日								5.1
1 月 11 日	3.34	8.87						
1 月 13 日	3.41	8.83						
1 月 16 日	3.27	8.83	19.5	<1.0	24	3.98	<0.06	
1 月 17 日								6.7
1 月 18 日	3.48	8.86						
1 月 20 日	3.44	8.89						
1 月 23 日	3.2	8.85	19.2	<1.0	25	3.85	<0.06	
1 月 25 日								5

续表

分析时间	氯离子	PH(25℃)	二氧化硅	硬度	铁离子	铜离子	油含量	溶解氧
1月25日	3.48	9.07						
1月27日	3.52	8.84						
1月30日	3.59	8.98	19.5	<1.0	23	4.1	<0.06	
2月1日	3.34	8.89						
2月2日								5.1
2月3日	3.59	8.86						
2月6日	3.2	8.84	17.8	<1.0	27	4.46	0.14	5.7
2月8日	3.44	8.81						
2月10日	3.34	8.87						
2月13日	3.37	8.85	18.5	<1.0	26	4.34	0.15	5.5
2月15日	3.59	8.8						
2月17日	3.52	8.89						
2月20日	3.59	8.89	18.8	<1.0	28	4.1	<0.06	5.8
2月22日	3.44	8.96						
2月24日	3.23	8.82						
2月27日	3.52	8.9	18.1	<1.0	25	3.98	0.14	5.1
最大值	3.59	9.07	19.5	0	28	4.46	0.44	6.7
最小值	3.2	8.8	17.8	0	22	3.49	0.14	5
平均值	3.4176	8.8728	18.8333	-	25	4.0444	0.2175	5.5778

在含水、含氧环境下，除氧器部件下封头的母材产生电化学降解，在这个过程中金属失去电子，而产生的金属阳离子溶解进流体里或形成保护膜。

由于脱氧槽采用的除氧方法是物理热力除氧，即在脱氧槽内用低压蒸汽将脱盐水加热到饱和温度，使热力除氧器上部汽侧空间全部是蒸汽，其他气体压力接近于零，此时热力除氧器内凝结水中的其他气体被析出并从脱氧槽顶部的放空气排出，达到除氧的目的。低压加热蒸汽由脱氧槽除氧器罐体底部进入设备，蒸汽流动会冲刷设备内壁，机械性地除去设备下封头内表层的氧化腐蚀产物。在流体的冲刷作用下，腐蚀产物很容易脱落，冲刷力越大腐蚀产物脱落越快，当腐蚀产物脱落后，下封头内表面就失去了保护，同时也露出新鲜的活性表面。如此反复循环，不仅加速了母材的电学化腐蚀，也同时加快了冲刷腐蚀速度。下封头不断进行有氧腐蚀而腐蚀产物不断被冲刷脱落，最终形成下封头内壁不断变薄直到出现穿孔现象，从而导致设备外泄漏。

锅炉水中的溶解氧、氯离子、PH值(25℃)都处于工艺运行指标内(表2)，除氧器部件下封头内壁减薄主要原因是：设备处于含水、含氧环境下，在下封头部位的母材生产的电化学有氧腐蚀以及因介质流动而产生的冲刷腐蚀两者共同联合作用下产生的。

5　腐蚀机理

由于低压蒸汽及脱盐水注入脱氧槽储水槽及除氧器部件，设备部件内部存在多种介质流动，设备内流动的介质会与脱氧槽母材产生静电，从而导致脱氧槽局部形成弱电极性，形成电化学有氧腐蚀的环境。

上面已经分析到：脱氧槽处于含水、含氧环境下运行，除氧器母材一直产生有氧电学化腐蚀。此外，由于脱盐水给水及低压蒸汽流动的原因，流体对设备内壁又形成冲击效应带走设备本体上的腐蚀产物，形成冲刷腐蚀。在几个方面的腐蚀效应的共同作用下致使下部件内壁减薄，直到设备本体出现穿孔泄漏，直接影响安全生产运行。下面对脱氧槽除氧器部件的腐蚀机理进行分析。

5.1　含氧、含水环境的腐蚀机理：

脱氧槽设备除氧器部件整体为上部件除氧器、下部件储水槽，材质均为20G，设备主要功能为脱去脱盐水中的溶解氧（≤15μg/L）。

通过表1中的脱盐水的PH值分析，设备处于弱碱性工况下运行，因而设备内部会产生水在弱碱性条件下的电化学反应。在静电极化下，除氧器母材在氧环境下发生吸氧腐蚀，最终的产物是附着力不强、表面松软的四氧化三铁和氢氧化铁。

阳极（Fe）：

$$Fe-2e = Fe^{2+} \quad (1)$$

阴极（H_2O）：

$$2H_2O+O_2+4e = 4OH^- \quad (2)$$

阳极最终产物：

$$Fe^{2+}+2OH^- = Fe(OH)_2 \quad (3)$$

$$2Fe(OH)_2+2H_2O+O_2 = 4Fe(OH)_3\downarrow \quad (4)$$

$$Fe(OH)_2+2Fe(OH)_3 = Fe_3O_4\downarrow+4H_2O \quad (5)$$

在上述反应是不稳定的，电化学反应会持续而继续进行下去，阳极最终产物主要是$Fe(OH)_3$和Fe_3O_4。在常温下，两种腐蚀产物的在设备内表面附着力不强，被除氧器内的流动价质冲击而带走，而除氧器下封头内表面会露出新的母材，从而加速设备本体母材的吸氧腐蚀反应，导致除氧器下封头内壁逐步减薄。

6　腐蚀形式

除氧器下封头的腐蚀形式主要有：均匀腐蚀、坑蚀、冲刷腐蚀。

6.1　均匀腐蚀

除氧器内部主要是脱盐水，在弱碱性的环境下，设备表面母材与水中的游离氧会连续性进行电化学反应，产生物为Fe_3O_4。腐蚀产生物可以在设备母材表面行成保护膜，阻止有氧腐蚀反应的进行，使整个电化学反应的腐蚀速度降低。

6.2　坑蚀

除氧器下封头内表面在气相和带液、带固体颗粒环境中会发坑蚀。由于设备母材制造缺陷，下封头内表面的不平整也会导致某些局部优先发生腐蚀反应。此外，设备母材吸氧电化学反应产生的腐蚀产物（$Fe(OH)_3$、Fe_3O_4）在下封头的内表面覆盖程度不一，某些局部厚而某些局部比较单薄，产物和产物之间又全形成新的腐蚀电偶，加快除氧器下封头的腐蚀速度。

6.3　冲刷腐蚀

如图1所示，除氧器的低压蒸汽是从除氧器的下部位进入设备，流体对除氧器的冲刷是比较严重的，尤其是下封头部位承受气流冲击比较严重。在流体的流动冲击和流动作用下：一方面，除氧器下封头内表面电化学反应产生的腐蚀产物开始剥落被流体给带走；另一方面，在冲刷作用下母材表面的腐蚀产物被带走，使下封头内表面又露出新的金属表面，新的金属表面与腐蚀产物$Fe(OH)_3$和Fe_3O_4形成新的腐蚀偶，加快内表面的腐蚀速度，使下封头壁厚减薄直至磨损出现穿孔泄漏。

7　处理方法和管控措施

从上面的分析得知，脱氧槽除氧器部件下封头腐蚀主要是含水含氧环境下设备母材发生的有氧电化学腐蚀以及设备内的流体的冲刷腐蚀共同作用而产生的，针对腐蚀产生的机理，在目前正常生产运行的工况可以采取如下的几种处理方法和管控措施：

（1）加强补焊后的除氧器处于“带病”运行状态，对于脱氧槽缺陷设备要加强对应设备巡检管理，及时发现与阻止设备再次发生泄漏，在下次装置停工中对其进行整体更新；

（2）在保证脱盐水加热温度的控制情下，可适当减小低压蒸汽的供给量以减小蒸汽的流动速度，从而减小冲刷腐蚀；

（3）严格控制脱盐水的中和胺的注入量，以避免 PH 值波动从而产生酸性腐蚀；

（4）严格监控脱盐水中的氯离子工艺指标，避免设备因氯离子超标导致的设备局部点蚀的产生；

（5）加强车间内部的设备管理，扩大在线检验的频率和范围，对于有保温的设备做好保温层下腐蚀方面的排查与检测工作，及时发现和处理杜绝保温层下腐蚀引起的安全隐患，做好对应的预防处理措施，将安全风险最低化；

（6）做好工艺稳定操作，严格按照操作规程进行，控制好脱盐水的各项工艺指项，有问题及时做出调节，以降低设备的腐蚀速度。

参 考 文 献

[1] 傅正怀．除氧器在防止锅炉及其系统腐蚀上的使用[J]．合肥学院学报(自然科学版)，2007，17(4)：67-69.

[2] 彭宇．除氧器在防止锅炉及其系统腐蚀上的使用[J]．黑龙江科技信息，2014(25)：100-100.

[3] 马喜成．锅炉水汽系统金属腐蚀分析与防止措施[J]．大众标准化，2019，0(9)：45-46.

[4] 锅炉给水中溶解氧有时为什么会不合格？[J]．工业水处理，2018，38(4)：73-73.

甲醇回收塔腐蚀分析及控制措施

马　蓉　李志刚

（中国石油兰州石化公司）

摘　要　甲醇回收塔是MTBE生产装置的主要设备，由于其在生产过程中存在腐蚀现象，从而影响装置的安全运行。形成MTBE装置甲醇回收塔腐蚀的原因是多方面的，本文在全面分析相关因素的基础上，采取针对性的措施予以处理和防治，提高装置防腐蚀性能，为MTBE生产提供设备安全保障。

关键词　甲醇；MTBE酸性阳离子催化树脂；腐蚀；PH值

1　概述

甲醇回收塔（T-204）为MTBE装置甲醇水洗回收系统的关键设备，其作用是将从甲醇萃取塔来的甲醇水溶液通过普通精馏的方法将水和甲醇进行分离。甲醇水溶液进入到甲醇回收塔，塔顶出来的甲醇一部分回流，一部分返回V-202回收循环使用，塔釜精馏后的水再返回到T-203循环利用。T-204塔径1.0m，共60层塔板，塔的结构为单溢流结构，降液板、凹受液盘、塔盘、支撑圈等部件均为碳钢材质。自2006年开工投产以来多次出现腐蚀问题，2008年T-204塔加料管线因腐蚀破损泄漏；2013年T-204塔因腐蚀造成塔盘浮阀脱落达30%以上，降液板、凹受液盘、塔盘、支撑圈腐蚀严重，同年将60层塔盘更换为0Cr18Ni9材质；2019年检修发现T-204塔第1~15层降液板、凹受液盘腐蚀严重。

2　T-204塔腐蚀情况

T-204甲醇回收塔在2019年检修时，打开人孔发现第1~15层降液板、凹受液盘腐蚀严重，由原来的3mm变为1mm，甚至部分位置直接穿孔。如图1、图2所示。

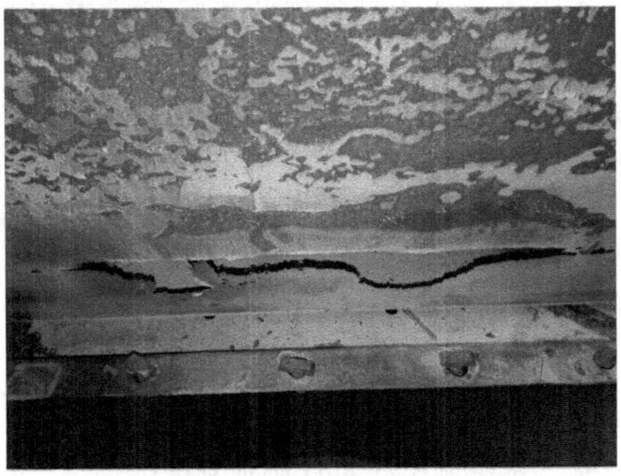

图1　降液板腐蚀穿孔

图2　凹受液盘腐蚀减薄

3　环境状况

T-204塔设备参数和操作条件见表1。

表1　T-204塔设备参数和操作条件

名称	T-204甲醇回收塔
介质	碳四、甲醇、水
规格/mm	DN1000×32500×14
材质	筒体：16MnR；降液板：Q235-A
工作压力/MPa	塔顶：0.01~0.02； 塔釜：0.02~0.04
工作温度/℃	塔顶：58~67； 塔釜：100~110

区域联系研究院对腐蚀产物进行取样分析，分析结果见表2。由表2可知，腐蚀产物的化学成分为C、O、Fe，主要成分为Fe_2O_3。

表2　腐蚀产物分析表

元素	重量百分比	原子百分比
C	4.23	10.17
O	28.16	55.82
Fe	67.61	34.01

对T-204塔加料萃取水PH值进行取样分析，分析结果见表3。由表3可知，T-204塔萃取水呈弱酸性。

表3　萃取水PH值

序号	甲醇萃取水
1	5.36
2	5.75
3	5.68

4　T-204塔腐蚀原因分析

4.1　催化剂酸性分析

MTBE装置所用的催化剂为酸性阳离子催化树脂D006，是苯乙烯和二乙烯苯的聚合物经硫酸磺化反应制得的大孔强酸性阳离子交换树脂。在实际生产过程中，酸性阳离子催化树脂D006(RHSD3)在高温及大量水存在的情况下会发生脱落，从而使得催化剂失活，催化剂失活的过程就是酸的生成过程，即形成了设备内的酸性环境。

高温环境下磺酸根脱落：RHSD3 $\longrightarrow$ RSO_3+H

水环境下磺酸基团脱落：RHSD3 $\longrightarrow$ R+H_2SO_4

这些酸性物质在水中溶解后会产生电解质溶液，电解质溶液与T-204塔的塔内件发生电化学腐蚀。降液板、凹受液盘表面会吸附水而形成一层薄薄的水膜，随着水里的氢离子增多，这就构成无数个以酸性水膜为电解质溶液的微小原电池，属于电化学腐蚀。

负极：$Fe-2e \longrightarrow Fe^{2+}$；

正极：$2H^{+}+2e = H_2\uparrow$

4.2　磺酸根脱落情况分析

磺酸根脱落情况受温度影响，温度-脱落速率曲线图，温度越高脱落越快越明显，因此可以通过加强反应温度控制的方式减少磺酸根的脱落。脱落的磺酸根随物料进入反应精馏塔，反应之后进入水洗塔，与塔釜排出的甲醇水溶液混合后进入回收塔。可通过加强醇烯比、外循环流量及外循环水温度等方面来实现。另外，由于开工初期反应器催化剂活性还比较高，物料进入反应器，发生醚化反应会产生较大放热量，当反应热无法放出时，就会导致催化剂温度升高，加速树脂的磺酸根脱落，从而对回收塔构件形成腐蚀。

4.3　冲刷腐蚀

流体在设备内流动，当流体方向改变时，对金属表面的钝化膜产生冲刷破坏作用，又对新露出的金属表面发生电化学腐蚀，造成设备损坏。

4.4　塔附件的材料性质

当钢中含铬量超过12%时，则钢在空气及酸性环境中不易腐蚀生锈，因为铬可在钢表面形成一层非常紧密的氧化铬膜，有效地保护了钢不受腐蚀。碳钢含合金元素很少，而不锈钢中的铬含量一般都超过14%，因此不锈钢的耐腐蚀性比碳钢好。2016年将60层碳钢塔盘更换为0Cr18Ni9材质，2019年检修时，通过检测发现塔盘厚度未减薄，腐蚀减轻，同年降液板、凹受液盘材质升级为0Cr18Ni9。

5　控制措施

5.1　控制甲醇水PH值，减少酸性腐蚀

酸性介质是MTBE装置甲醇回收系统发生腐蚀的重要因素，且酸性介质主要存在于甲醇水洗塔。甲醇回收塔中酸性介质主要分离到塔顶甲醇系统，又通过回收甲醇返回系统。

(1) 将甲醇萃取水的PH值作为日常监控措施，控制PH值在6~8，在正常生产过程中，可以通过持续定量或间断性外排系统内水，补充新鲜水以调和系统PH值。

(2) 加碱中和法

采取酸碱中和的方法可以控制甲醇萃取水的pH值。利用装置现有碱洗罐V-209配置相应的碱液，通过每周向V-209罐加1500ml氢氧化钠，使甲醇水洗塔基本达到中性。通过该措施，既可达到避免酸性腐蚀的问题，又可以降低注水量，减排酸性水至地沟。

为避免碱性物质随回收甲醇携带至反应系统，造成催化剂失去活性要求注碱量必须合适。注碱可分布进行，并及时分析系统pH值，确保系统不呈碱性。注碱期间，甲醇在回收系统循环，回收甲醇不进反应系统。待检测结果不呈碱性后，甲醇再进行回收。

5.2　控制反应器温度工艺指标

反应器温度过高，会造成反应速率增加，加快磺酸根脱落。在日常操作中尽量避免工艺波动，醚化系统温度尽量控制在60~65℃，一定程

度上延缓因高温造成催化剂磺酸根脱落的速率。

5.3 加强对原料中水、杂质、金属离子以及碱性化合物的控制

水环境下的磺酸根脱落比较严重，MTBE 装置反应器中水的来源有：C4 原料中携带和甲醇醚化生成。针对这方面原因，可以采取开工初期严格控制进料预热温度，防止反应过热，造成高温环境磺酸根脱落，生产过程中合理控制醇烯比，控制副反应水的生成。

在醚化反应器进料流程上串联两台原料净化器，原料净化器里面填装催化剂，在正常生产时将原料中的杂质、金属离子以及碱性化合物进行吸附过滤，从而保护反应器内的催化剂，减缓磺酸根的脱落速率(图 3)。

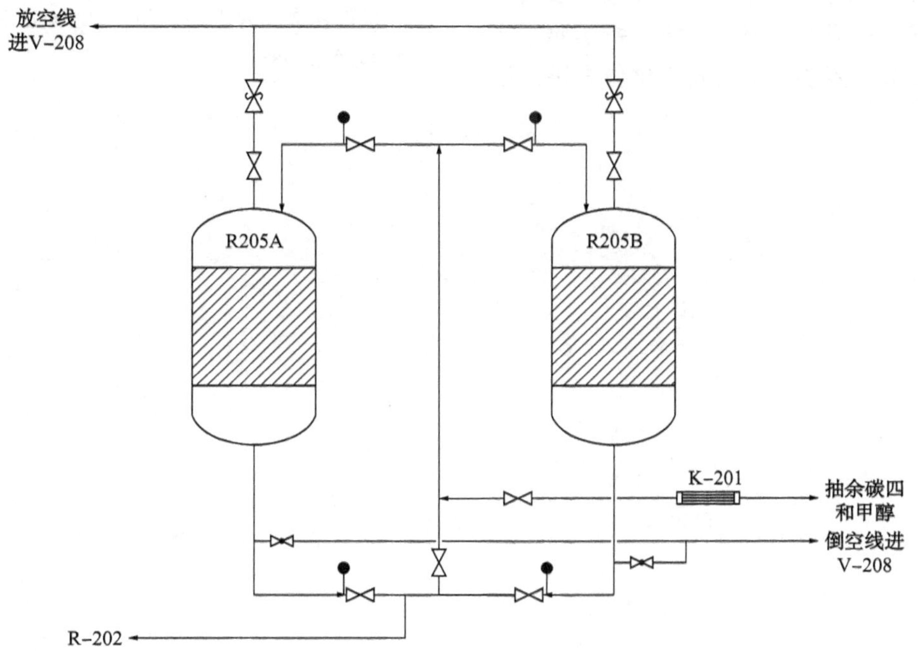

图 3　醚化反应器进料流程

5.4 升级塔内件材质

升级塔内件降液板、凹受液盘材质，选用具有良好耐电化学腐蚀的涂料作为防腐涂层。2016 年 T-204 塔盘材质升级为 0Cr18Ni9，经过 3 年运行，情况良好，未发生明显腐蚀。因此在 2019 年检修时，将第 1-15 层降液板、凹受液盘进行更换，材质升级为 0Cr18Ni9。

5.5 可加设阴离子交换床

离子交换床所用的交换剂是经酯化、氧化等化学反应引入阳性或阴性离子基团制成的，可与带相反电荷的物质进行交换吸附。带有阳离子基团的交换剂可置换吸附带负电荷的物质，称为阴离子交换剂，反之称为阳离子交换剂。在水洗塔进料前或萃取水出口加装阴离子交换床，交换出物料中所包含的酸根离子、氢离子和氢氧根离子，使其结合生成水进人萃取系统。

目前已有炼化企业，如青岛石化，采用在水洗塔进料前设置萃取水净化器以降低酸值的方法。在未对萃取水进行新水置换的情况下，萃取水 pH 值多数时间内保持在 6.5 以下，说明萃取水净化器对降低萃取水酸度效果较为明显。但是此方法虽效果显著，但需要一定的资金投入。

6 结论

设备腐蚀是影响 MTBE 装置长周期运行的一个重要因素。在实际生产过程中，酸性阳离子催化树脂 D006 在高温及大量水存在的情况下，大孔强酸性阳离子交换树脂的催化剂活性中心的氢离子被碱性阳离子取代，脱落的磺酸根离子会使催化剂失活，同时磺酸根有很强的酸性，随物料流动，会对设备造成腐蚀，在无法避免催化剂成酸性的前提下，可通过优化操作、加强对原料碳四的水洗操作和脱水、加碱中和、加设阴离子交换床、升级塔附件材料等措施来减缓甲醇回收塔的腐蚀。

经过运行部和区域的不断攻关，装置防腐蚀工作取得了一定效果，由于腐蚀造成的泄漏次数有了明显下降，2023 年检修时，设备内腐蚀有

了明显减缓趋势，但是甲醇水洗回收系统腐蚀仍然较为严重，对局部腐蚀严重的部件，区域通过材质升级的方式，将腐蚀严重的降液板、凹受液盘更换为不锈钢材质，对无法更换的部件，如塔内壁等，建议在下一个检修周期时将塔内壁喷涂防腐蚀涂层或阴离子交换床，进一步降低腐蚀速率。

虽然目前装置防腐蚀取得一定成效，装置腐蚀速率得以进一步降低，但仍要将设备防腐蚀工作当作重中之重，多学习国内其它单位先进的防腐蚀手段用于自身，为装置长周期运行保驾护航。

参　考　文　献

[1] 刘文飞，张荣军.MTBE装置甲醇萃取塔及精馏塔腐蚀原因分析及预防措施[J].MTBE与轻烃加工，2008，(1)：24-26

[2] 尹克新，王红晓，王金明.MTBE装置甲醇回收系统操作异常及分析处理[J].化学工业与工程，2011，28(6)：59-62.

延迟焦化装置工艺防腐策略探讨

孙亚旭　刘晓燕　马　强　巩巍峰

（中国石油兰州石化公司）

摘　要　延迟焦化装置是重要的原油二次加工装置，主要以高酸、高硫、高氮的减压渣油、催化油浆、乙烯裂解重油等为主要原料，因此对装置设备管线会造成严重的腐蚀危害。为了确保装置的长周期安全平稳运行，延迟焦化装置需分析存在的腐蚀介质、腐蚀机理、易腐蚀部位，并从加工原料组分、工艺操作调节、监检测方法等多方面着手，建立一个全方位的防腐蚀体系，寻找有效可行的防腐措施，达到预期防腐目标。

关键词　腐蚀机理；监检测；工艺防腐控制

延迟焦化装置采用一台加热炉、两台焦炭塔的工艺路线，以减压渣油、催化油浆、抽出油、乙烯裂解重油、苯乙烯焦油、脱油沥青为原料，产品为干气、液态烃、汽油、柴油、蜡油及石油焦。主要由焦化部分和分馏吸收部分组成，焦化部分包括焦炭塔、放空塔、加热炉、储焦池、高压水泵房和冷焦水系统；分馏部分包括分馏塔、柴油吸收塔、脱硫塔和气压机系统。引起延迟焦化装置腐蚀的介质，主要是存在于原料重油中的硫、氮、盐和有机酸等物质，形成低温 $H_2S-HCl^-NH_3-H_2O$ 腐蚀、高温硫与酸腐蚀、焦炭塔热应力腐蚀等。为了能实现装置长周期安全平稳运行，装置通过不断研究与实践运用多种防腐措施，来实现腐蚀过程的有效管控，达到装置安全平稳运行的目标。

1　腐蚀机理

1.1　低温部位腐蚀

1.1.1　氯化铵腐蚀

渣油中含有少量的氯化物，它们在焦化过程中裂解，分别生成 H_2S、NH_3 和 HCl，由于 NH_3 的中和作用使得 H_2S、及 HCl 产生的均匀腐蚀程度有所减弱，同时中和反应生成 NH_4Cl 盐。当流体温度低于 NH_4Cl 盐沉积点以下时，固态的 NH_4Cl 盐就从有 NH_3 和 HCl 的流体中析出，由于该盐具有吸湿性，很容易从气态流体中吸取水分。NH_4Cl 盐是一种酸性盐，这是因为它有强酸（HCl）和弱基（NH_3）形成，一定浓度的 NH_4Cl 盐溶液的腐蚀性和 HCl 水溶液相当，湿 NH_4Cl 盐或 NH_4Cl 盐水溶液会形成局部腐蚀。重点腐蚀部位：分馏塔塔顶及塔顶冷凝冷却系统设备和管道，富气压缩及冷凝系统设备和管道，以及吸收脱硫单元。

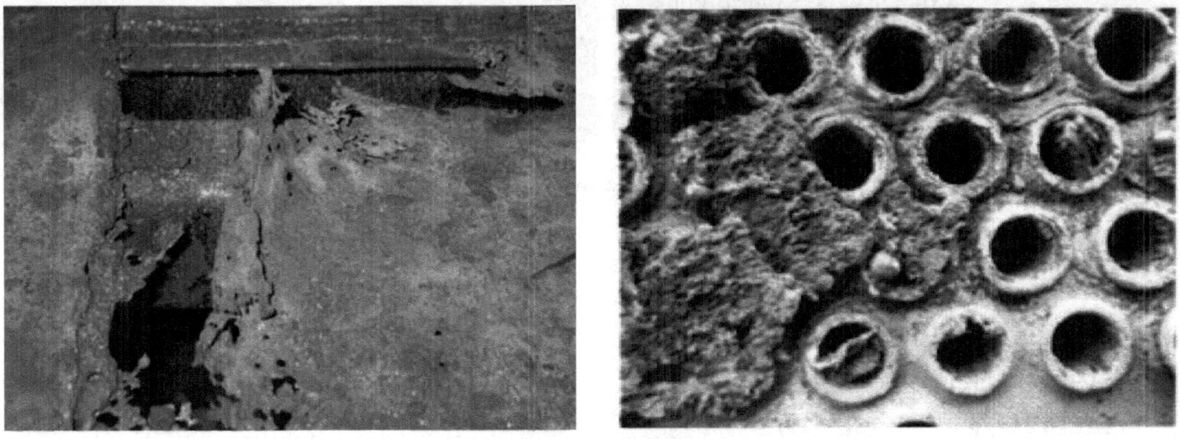

图 1　氯化铵腐蚀

1.2　湿硫化氢腐蚀

在含水和硫化氢环境中碳钢和低合金钢会发生湿硫化氢破坏，包括氢鼓泡（HB）、氢致开裂（HIC）、应力导向氢致开裂（SOHIC）和硫化物应力腐蚀开裂（SSCC）四种形式。影响湿硫化氢环境腐蚀的关键因素有环境条件（pH 值、硫化氢含量、污染物、温度)、材料特性(硬度、微观组织、强度)和拉伸应力水平(外加应力或残余应力)。重点腐蚀区域：分馏塔塔顶冷凝冷却系统设备及管道；吸收脱硫系统低温部位设备及管道。

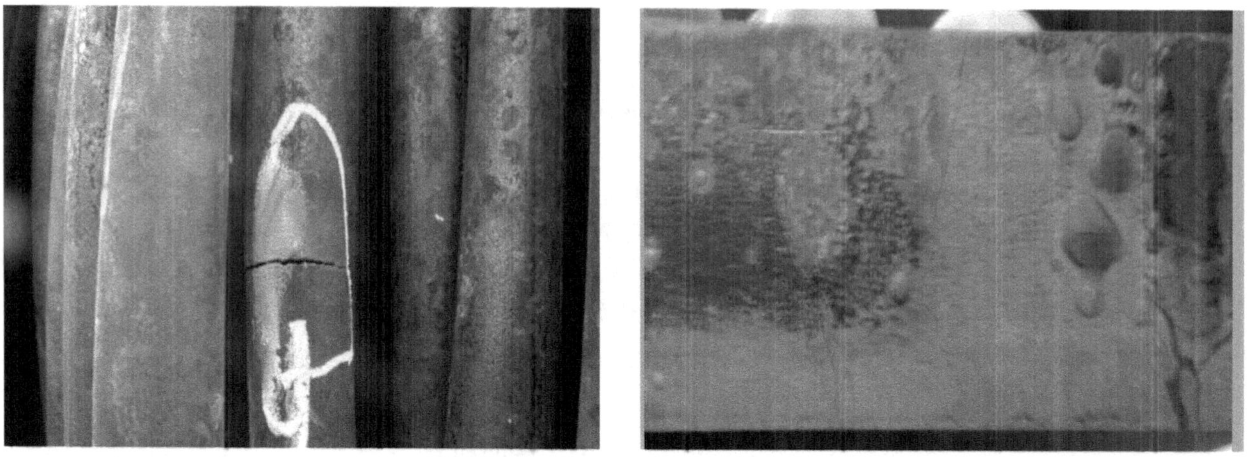

图2　湿硫化氢腐蚀

1.2　高温部位腐蚀

1.2.1　高温硫腐蚀

原油中的硫经常减压装置加工后大部分集中在渣油中，在220℃以上的油品或油气中硫、硫化氢和硫醇等活性硫化物与碳钢或低合金钢反应造成的腐蚀。高温硫腐蚀通常表现为均匀腐蚀，有时表现为局部腐蚀，高流速时局部腐蚀明显；腐蚀发生后部件表面多覆盖硫化物膜。重点腐蚀区域：加热炉、焦炭塔、分馏塔中下部、高温换热器和高温管道。

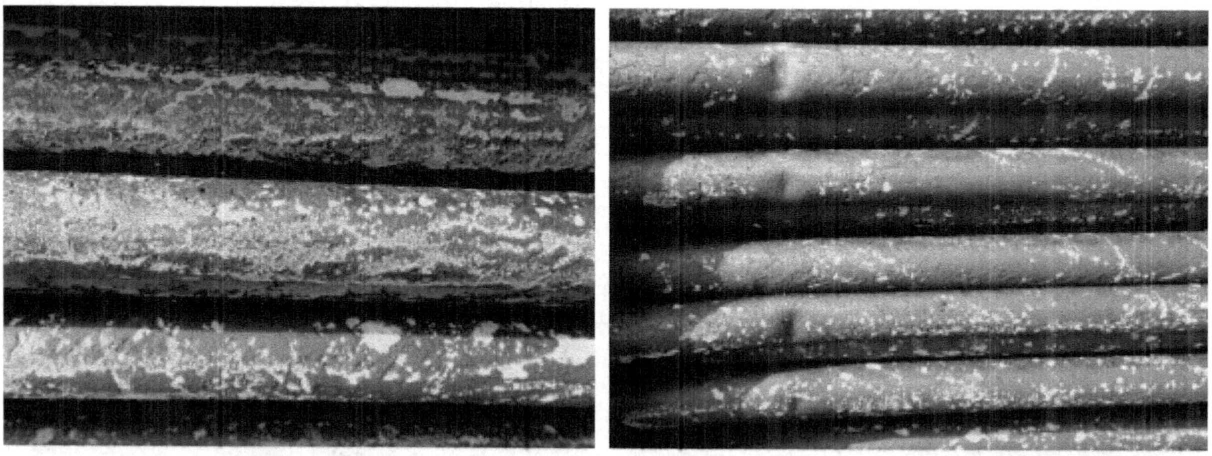

图3　高温硫腐蚀

1.2.2　高温环烷酸腐蚀

环烷酸腐蚀是高温腐蚀的一种形式，在高温环境中，某些有机羧酸(环烷酸为主)的油品对金属材料的腐蚀，其反应过程为：

$$2RCOOH+Fe \rightleftharpoons Fe(RCOO)_2+H_2$$

高温环烷酸腐蚀常与高温硫腐蚀相伴，国外(Kane R. D)的系统研究表明硫腐蚀和环烷酸腐蚀是一个连续统一体，一方面硫腐蚀生成的硫化亚铁膜在一定程度上可减缓腐蚀，另一方面环烷酸又可溶解保护性硫化亚铁膜，使腐蚀继续进行。当H_2S含量在一个适度的范围内时才可明显抑制环烷酸冲刷腐蚀，而当H_2S浓度超过一定值时高流速可去除保护性硫化物膜，形成硫冲刷腐蚀，并且环烷酸的存在可协同加速腐蚀，使其腐蚀速率甚至高出环烷酸冲刷腐蚀。重点腐蚀区域：加热炉、焦炭塔、分馏塔中下部、高温换热器和高温管道。

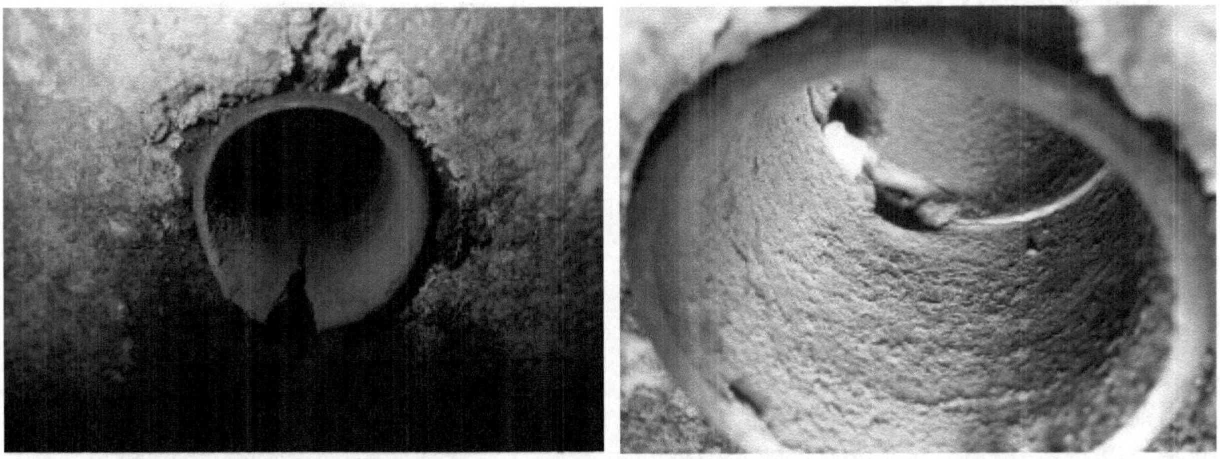

图4 环烷酸腐蚀

2 管控措施

2.1 原料控制

（1）装置加工的原料油应符合设计要求，原料油的硫含量，原则上不能超过设计值。当有特殊情况需短期、小幅超出设计值时，及时联系上级管理部门协调解决渣油酸值超标问题，装置要制订并实施严格的工艺防腐蚀措施，同时要加强薄弱部位的腐蚀监测和对工艺防腐蚀措施实施效果的监督。

（2）焦化原料酸值如大于0.3mgKOH/g，进料高温部位选材应考虑316类不锈钢，同时加强设备管线的定期腐蚀监测和高温部位检查。

（3）监测原料油氯含量，掺炼污油时，注意分馏塔结盐问题，并加强分馏塔顶部低温腐蚀监控。

（4）掺炼催化油浆，控制油浆固含量不大于800ppm。

2.2 烟气露点控制

（1）运用SEI经验公式或Müller曲线法进行烟气露点计算，根据计算的烟气露点温度控制排烟温度，确保管壁温度高于烟气露点温度5℃，确保排烟温度高于烟气露点温度20~30℃以上。

（2）控制干气含硫量小于20mL/m^3。

2.3 低温部位腐蚀控制

针对$H_2S+HCl+NH_3+H_2O$腐蚀，主要发生在分馏塔塔顶及塔顶冷凝冷却系统设备和管道，富气压缩及冷凝系统设备和管道，以及吸收脱硫单元。应采取注缓蚀剂、注水的工艺防腐措施，并通过分析塔顶冷凝水pH值和铁离子含量来及时调整注水量、注剂量；分馏塔顶露点腐蚀主要控制分馏塔顶温度高于露点14℃以上，DCS实现动态计算，每月对分馏塔顶露点温度进行人工计算；分馏塔顶铵盐结晶温度主要控制分馏塔顶温度低于铵盐结晶温度，每月计算分馏塔顶铵盐结晶温度。

2.3.1 注剂、注水方式

（1）缓蚀剂注入推荐采用原剂注入方式，建议使用自动注入设备，保证均匀、连续注入。

（2）注水建议采用雾化喷头，连续注入方式。

（3）通过分析塔顶冷凝水pH值和铁离子含量来调整注水、注剂量。

2.3.2 塔顶露点腐蚀控制

分馏塔塔顶露点温度实现DCS时时计算显示，装置根据露点温度调节控制塔顶温度为防止分馏塔顶形成露点腐蚀，控制塔顶内部操作温度高于水露点温度14℃以上。

2.4 高温部位腐蚀控制

2.4.1 高温硫与酸腐蚀控制

针对高温硫与酸腐蚀，主要发生在装置加热炉、焦炭塔、分馏塔中下部、高温换热器和高温管道。一是原油中的硫经常减压加工后大部分集中在渣油中，延迟焦化装置以渣油为主要原料，应该及时查看原料分析数据，关注原料中硫含量变化趋势，且原料中硫含量要始终≤1.5%。如发现原料中硫含量处于上升趋势，应汇报上级部门协调常减压装置做好电脱盐系统运行工作，以降低渣油中硫含量；二是按照工艺防腐要求使用合规防腐材质；三是高温部位增加在线测厚，根据在线测厚数据情况，进行工艺操作调节，同时加强高温部位的检查。

2.5 循环冷却水换热器控制

（1）管程循环冷却水流速不宜小于 1m/s；壳程循环冷却水流速不宜小于 0.3m/s。当受条件限制不能满足上述要求时，应采取防腐涂层、反向冲洗等措施。

（2）循环冷却水换热器中工艺介质温度宜小于 130℃。

（3）循环冷却水出水冷器温度不宜超过 60℃。

2.6 监检测

目前，国内炼化装置针对设备管线腐蚀监检测主要运用了定点测厚、在线监测、腐蚀探针挂片、脉冲涡流扫查等方式，在条件运行的情况下还可以采取氢通量检测、红外成像、露点腐蚀监测、无损检测等其它腐蚀检测技术，提高腐蚀检测的准确性和工作效率。腐蚀监检测技术是实现腐蚀速度预测和剩余寿命评估的重要手段，其关键在于确定监测部位、固定监测人员以保证数据的可靠性和连续性，不仅要重视装置运行当中的腐蚀监检测，还应加强停工检修期间的腐蚀检查。要成立专门的防腐蚀团队对腐蚀监检测数据进行收集整理、对比研究，为装置防腐措施的落实提出针对性的建议，以此消除装置存在的泄漏隐患装置可运用离线和在线监测手段对易腐蚀部位进行监控。例如：电感探针、超声测厚、涡流扫查、定点测厚等。

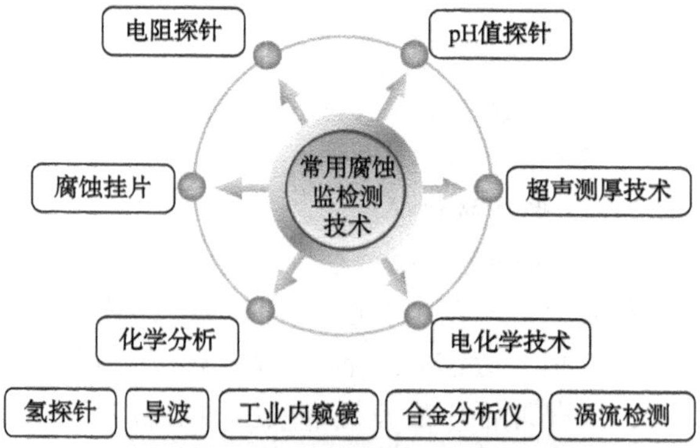

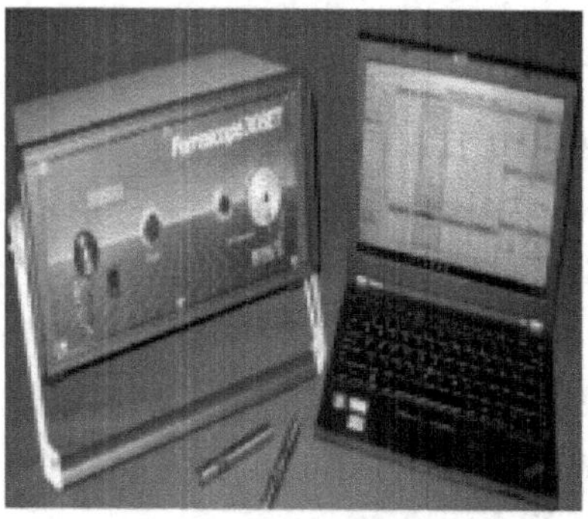

图 5　涡流扫查仪

图 6　定点测厚仪

图 7　在线测厚

图 8　电阻探针

3 结束语

延迟焦化装置的腐蚀已经成为制约装置“安、稳、长、满、优”运行的重要因素。焦化装置的防腐工程是一套综合的系统工程。装置产生腐蚀的部位、腐蚀类型、腐蚀机理，与装置所加工原料的性质有很大关系，需要具体问题具体分析，制定不同的防腐对策。是一个需要长期重视的课题，装置想要在未来走向一个新的高度就必须以保障装置长周期安全平稳运行为基石，减少安全生产事故的发生，不断总结经验教训，勇于攻关创新，实现防腐蚀技术的不断发展。防腐蚀工作不仅仅是简单的某一个专业或某一个方法能够完全解决的难题，它必须是基于多专业、多方位的有机融合，企业必须建立健全有效的腐蚀防控制度体系，为防腐蚀措施的落实提供坚实的基础，达到预期的腐蚀控制目标。

参 考 文 献

[1] 章建华．炼油装置防腐蚀策略[R]．中国石油化工股份有限公司青岛安全工程研究院，2008(1)：2-10.
[2] 凌逸群．炼油装置防腐蚀技术[M]．中国石化出版社，2021(1)：100-150.
[3] 石国伟．延迟焦化装置设备腐蚀的原因及预防措施[J]．石化技术与应用，2013，31(1)：58~62.

原油性质对常减压装置的腐蚀影响简述

刘晓燕　孙亚旭　巩巍峰　马　强

（中国石油兰州石化公司）

摘　要　常减压装置主要存在低温轻油和高温重油部位的腐蚀问题，本文针对常减压装置的腐蚀问题结合原油种类及性质变化对装置的影响进行的分析探讨，结果表明，原油酸值、硫含量、盐含量较高是引起常减压装置腐蚀的主要原因。针对常减压装置目前的运行情况，与注剂厂家进行电脱盐技术攻关，采用新的注剂方式，并使用新型破乳剂，达到脱盐后原油盐含量低于2mg/L的目标。

关键词　原油；腐蚀；性质变化；电脱盐

原油是一种多组分的复杂混合物，主要由碳、氢、硫、氮、氧五种元素组成，还含有微量的金属元素。碳、氢两种元素一般占95%（质量）以上，硫、氮、氧等杂原子总含量不到5%，但它们本身是腐蚀性介质对石油加工设备的腐蚀性影响很大。原油中引起设备和管道腐蚀的主要物质是氯化物、硫化物和有机酸等化合物。原油蒸馏时，这些物质被加热、蒸发、分解或水解，生成氯化氢和硫化氢、环烷酸等介质，造成设备和管道腐蚀。影响设备正常运行，缩短设备及管道使用寿命，大幅增加炼厂生产投资费用。

为减少设备和管道腐蚀，国内外常减压蒸馏装置均采用电脱盐及注化学药剂的综合措施，以最大限度延长设备和管道使用寿命及装置运行周期。近年来，在实践中还可通过调整易腐蚀段工艺操作参数，并配合材质升级措施，进一步来解决腐蚀问题。

1　常减压装置的腐蚀机理

1.1　低温部位腐蚀

常减压蒸馏装置加工高硫高酸原油时，低温位腐蚀介质主要来源于原油中的氯化物和硫化物，分别会引起HCl腐蚀和H_2S腐蚀。

（1）原油中盐类水解生成HCl，在水中与金属发生反应。在蒸馏冷凝系统中，随着冷凝水中Cl^-增多，腐蚀显著加重。在相变区，即露点部位，腐蚀更强烈。酸值高的原油更易发生氯化物的水解。原油中所含有的$CaCl_2$和$MgCl_2$一般在200℃开始水解，当浓度较高时，在120℃时即开始水解，随温度升高，水解率也提高。在常压炉出口温度360℃左右情况下，MgCl2有近90%，$CaCl_2$近16%水解。

水解反应：$MgCl_2+H_2O \longrightarrow Mg(OH)_2+2HCl$；$CaCl_2+H_2O \longrightarrow Ca(OH)_2+2HCl$

在分馏塔顶冷凝冷却系统最初出现冷凝水时，吸收水解产生的HCl生成较浓的盐酸，对金属造成严重腐蚀。

腐蚀反应机理：$Fe+2HCl \longrightarrow FeCl_2+H_2$

另外，盐酸还会对金属产生应力腐蚀开裂，特别是对奥氏体不锈钢。

（2）原油中硫化物分解放出H_2S，与金属反应生成FeS，可附在金属表面上起保护作用。当有HCl存在时，HCl与FeS反应破坏保护层，放出H_2S进一步加重腐蚀。

H_2S腐蚀反应：$Fe+H_2S \longrightarrow FeS+H_2$；$FeS+2HCl \longrightarrow FeCl_2+H_2S$

低温位腐蚀发生在分馏塔顶部系统的塔顶回流入口处塔板、顶油气管道、空冷器管束入口端及入口管道、冷却器等部位，其中以常压塔顶系统最为严重。

1.2　高温部位腐蚀

蒸馏装置高温位腐蚀来源于原油中所含的硫、硫化物及环烷酸。高温硫腐蚀的发生范围为240～480℃，是均匀腐蚀，腐蚀大小因温度、硫化氢浓度、介质流速、材质及环烷酸含量不同而改变。环烷酸在低温时腐蚀不强烈，一旦沸腾，特别是在高温无水环境中，腐蚀最激烈，是沟槽状腐蚀，可以认为是H_2S气体先与金属发生腐蚀，形成FeS，油气中的环烷酸又和FeS作用，生成可溶于水的环烷酸铁，使金属表面继续被H_2S腐蚀。

环烷酸腐蚀部位多在常压塔下部、减压塔下部、塔底管道、渣油换热器、转油线和渣油泵、焊缝边缘热影响区等部位。

腐蚀反应：$Fe+2RCOOH \longrightarrow Fe(RCOO)_2+$

H_2；$FeS+2RCOOH \longrightarrow Fe(RCOO)_2+H_2S$

2　常减压装置原油性质

表 1　各级原油性质统计表

样品名称	分析项目		指标	长庆原油	长混原油	进装置原油
原油	硫含量/%(质量分数)	≤	0.25	0.081	0.183	0.163
	总氯含量/(mg/kg)	≤	50	—	—	14.48
	酸值/(mgKOH/g)	≤	0.21	0.055	0.149	0.105
	盐含量/(mg/L)	≤	80	41.7	36.09	16.92
	水含量/%(质量分数)	≤	0.5	0.5	0.182	0.09

2.1　原油含水高

随着炼化生产的工艺优化，原油输转逐渐改为直输形式，缩短了储罐原油静置脱水的时间，会影响原油中盐类的分解集聚，对装置易造成盐酸腐蚀。同时，原油含水高会引起金属管道和设备的结垢，而原油中的水都有一定的矿化度，当矿化度较高时，其中的碳酸盐会在管道和设备的内壁沉积结垢，久而久之使管道通径变小，甚至完全堵塞。

2.2　原油酸值高

原油酸值高的原因主要是还有较高的环烷基，使得生成的环烷酸含量较高，在高温下加剧腐蚀，这会增加原油电脱盐难度，导致常三线油碱洗易乳化，对设备造成严重腐蚀。

2.3　原油盐含量高

原油中的盐类一般是溶解在原油所含的水中，有时也会有一部分以微细颗粒状态悬浮于原油中。各种原油所含盐分的组成是不同的，主要是钠、钙、镁的氯化物，而以 NaC1 的含量为最多。这些盐类的存在对加工过程危害很大，尤其是在低温设备部分由于水的存在而形成盐酸时更为严重。并且，在加工含硫原油时，含硫化合物会分解出 H_2S，对设备有腐蚀作用，但生成的腐蚀物 FeS 附着在金属表面上能对金属起保护作用。可是，当同时有 HC1 存在时，HC1 能与 FeS 反应而破坏保护层，而放出的 H_2S，又会进一步与铁反应，从而加剧腐蚀。

3　装置腐蚀现状

通过大检修期间腐蚀问题检查可以看出该装置的低温塔顶系统腐蚀严重，高温部位腐蚀情况处于可控状态，腐蚀问题主要存在于“三顶”腐蚀回路及电脱盐罐。需重点加强“三顶”的工艺防腐措施和循环水的管控，加强腐蚀风险较大的部位定点测厚工作(图 1~2)。

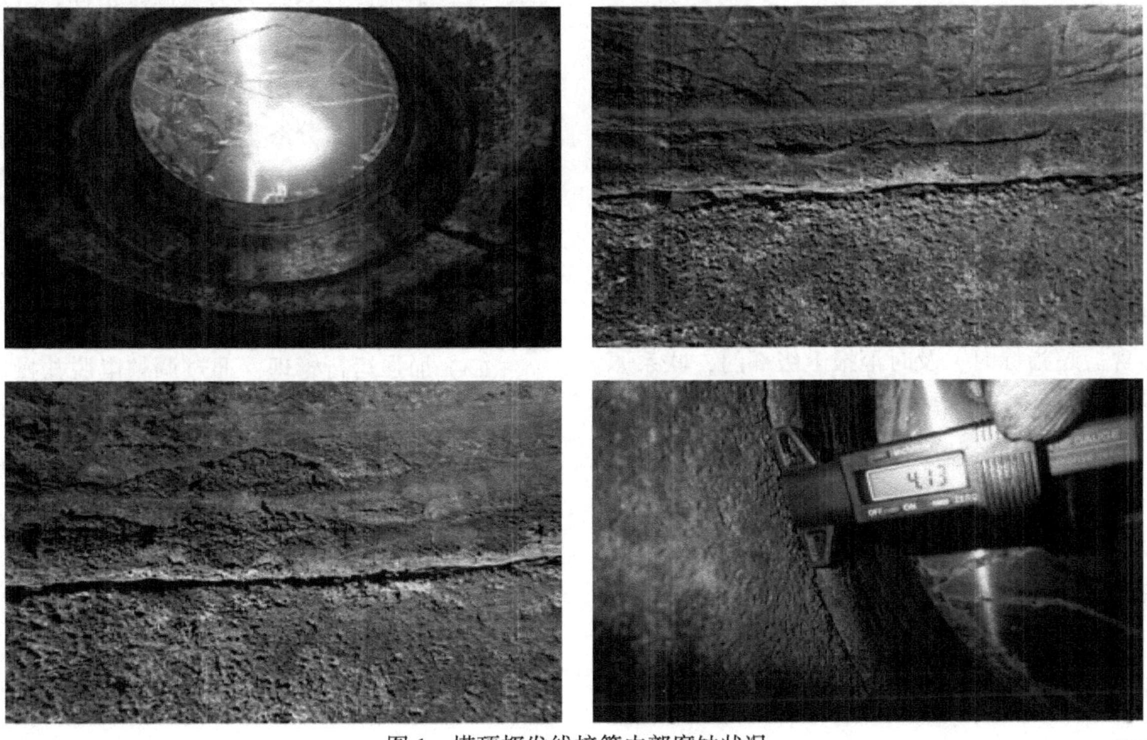

图 1　塔顶挥发线接管内部腐蚀状况

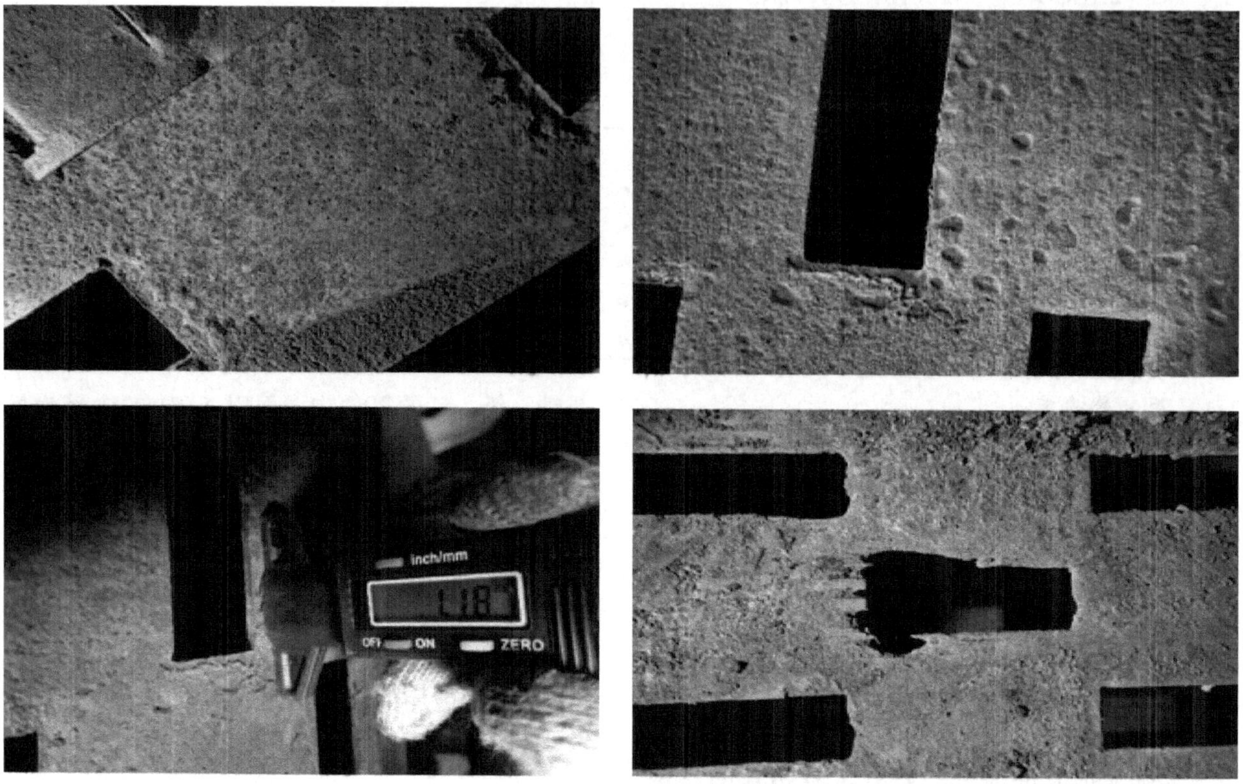

图 2　塔盘腐蚀状况

4　腐蚀防控措施

4.1　原油质量控制

（1）控制原油酸值和硫含量在指标以下，即控制进装置原油酸值不大于 0.21mgKOH/g，硫含量不大于 0.25%。

（2）进公司原油实行“分贮分炼”时，当原油酸值和硫含量超过指标时，应考虑在罐区对原油进行掺混，原油掺混时应使不同原油混合均匀，避免原油混合不均匀对设备造成冲击。

（3）脱前原油含水超标时，及时汇报上级部门，联系原油操纵站，加强罐区脱水，装置控制好电脱盐罐脱水，调节电脱盐罐实际界位正常。脱前含盐超指标时，及时汇报上级部门，联系原油操纵站，优化原油配比，降低进装置原油含盐量，控制好原油脱盐脱水率。

（4）直输方式：原油自末站由油品调合中心使用 1 具原油罐边供装置加工、边收油的一条龙供装置加工模式，管输原油混合均匀性相对更好，可保证装置加工稳定，原油混合均匀后供装置加工时装置工艺调整相对于稳定。

4.2　电脱盐控制

（1）目前，500 万吨/年常减压蒸馏装置采用的是水溶性破乳剂。破乳剂入厂检验由质检计量中心抽检，仅分析 pH 值、羟值、色度，不能全面反映破乳剂的质量指标。加强破乳剂质量管控，将脱水率作为破乳剂质量检验指标，并加强破乳剂入厂检验，确保破乳剂质量合格。

（2）电脱盐通过向原油中注水，通过充分混合使原油中所含盐分溶于水相，在通过住破乳剂等措施，降低水滴界面张力和界面膜强度；同时利用高压电场，使分散在原油中的小水滴产生极化，震荡、电泳等作用，聚结成较大水滴，借助油水密度差使水滴沉降脱除。

（3）加强运行管理，通过调整电脱盐操作温度、压力、电场强度、停留时间、混合强度 30kPa～60kPa、油水界面 55%～65%及管控好脱盐罐 D-101/1 连续反冲洗运行，扰动罐底沉渣尽快脱除，确保电脱盐达标操作。

5　结束语

通过严格监控加工原油品质，及时对电脱盐

操作条件进行优化调整，有效地降低原油中的盐含量，使塔顶冷凝水中的 Cl^- 浓度减少，最终达到减缓塔顶设备腐蚀的目的。实际生产过程中，还要根据装置自身的特点，分析检测设备发生腐蚀的原因，有机地采取工艺防腐和设备材质升级等综合防腐措施，从而达到减缓甚至减少腐蚀的目的，进而延长设备使用寿命，保证其安全、平稳、长周期运行。

参 考 文 献

[1] 刘晓春、宋新路．常减压装置炼制高硫原油防腐蚀措施[J]. 石油与化工设备，2010(9)：67-68.

[2] 刘建华．高硫高酸原油常减压装置的腐蚀与防护[J]. 石油化工腐蚀与防护，2007，24(3)：，36-39.

航煤加氢装置空冷注水点泄漏分析及措施

司延龙　李兴永　吕向荣　郑智高

（中国石油兰州石化公司）

摘　要　本文通过分析航煤加氢装置两次注水点的管线腐蚀泄漏的原因，查找出装置在腐蚀管理的薄弱点，通过模拟计算注水量与注水流速，提供装置最佳注水量，保证该处的安全平稳运行。

关键词　航煤加氢；注水；泄漏

1　前言

加氢装置高压空气冷却系统腐蚀问题存在已久，为解决加氢装置反应流出物系统的腐蚀失效问题，NACE，UOP，API 等组织先后对大量加氢装置进行了调研，形成了加氢装置反应流出物空冷系统的设计、材料、制造、运行及检验标准 API932-A. API932-B 等，提出理论结晶平衡常数 Kp 的概念（如：对氯化铵来说，Kp 为 NH_3 气相分压与 HCl 气相分压的乘积），指出 NH_3 和 HCl 对空冷系统的腐蚀程度可以通过计算 Kp 的大小进行估计，并提出限定 Kp 小于 0.5，流速控制为 4.6~6.1m/s，强调注水的重要性以及保证至少 25%的注水未汽化等腐蚀防控手段。在我国，中国石油、中国石化也针对加氢装置空冷系统的腐蚀失效情况开展了专项调研，尽管许多装置严格按照上述参数进行了设计和运行，但目前仍然存在普遍性的铵盐腐蚀失效。

可以预知，随着原油劣质化，加氢原料中的 Cl，N，S 等腐蚀性元素含量逐步增加，由腐蚀导致的空冷器失效案例也将会越来越多。本文为给装置提供有效的铵盐腐蚀防护手段，分析因腐蚀造成管束破裂的原因，及提出解决措施。

2　装置现状

兰州石化公司航煤加氢装置，原为催化柴油加氢装置。采用石科院开发的固定床催化柴油加氢精制技术，由洛阳院设计，2000 年 3 月建成投产；为配套 120 万吨/年延迟焦化装置焦化汽油、焦化柴油产品加氢精制，2004 年停工装置改造为焦化汽柴油加氢精制装置，2005 年 6 月投产；2012 年 6 月，300 万吨/年柴油加氢装置建成投产，装置再次进行改造，改为航煤加氢装置，生产 3#喷气燃料，催化剂使用 FHUDS-5，DCS 为 EMERSON 公司 DeltaV 系统，年规模 60 万吨。

2021 年 8 月 24 日该装置在空冷器 A-101 入口注水三通处出现泄漏，造成装置紧急停工（图 1），2022 年 9 月 13 日在相同位置再次出现泄漏。

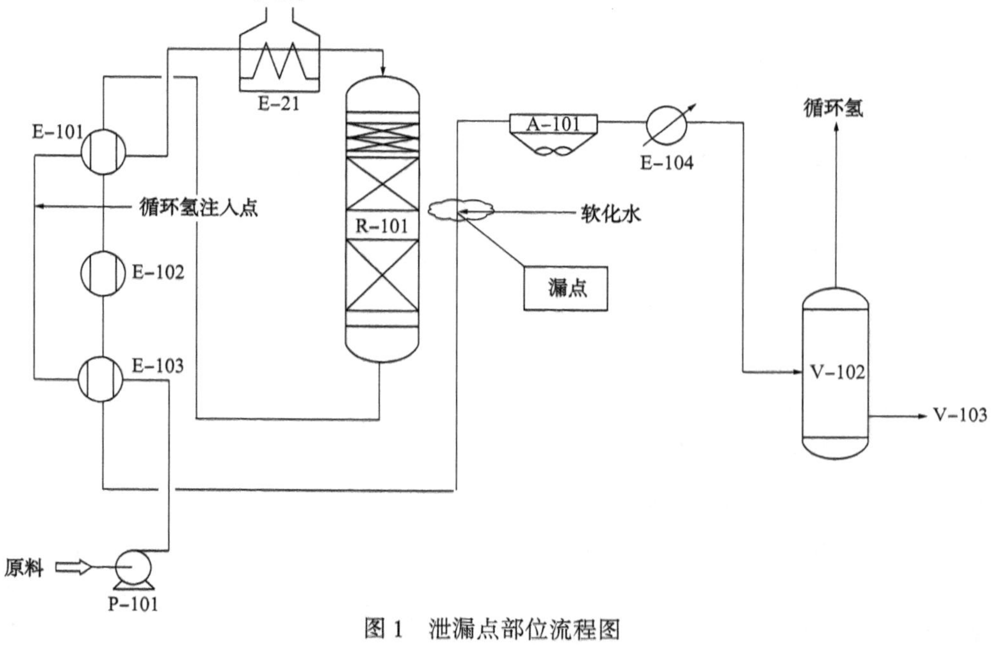

图 1　泄漏点部位流程图

装置后于2022年9月15日对泄漏点进行了拆除检查，泄漏部位内部有明显介质冲刷减薄痕迹，喷头两个DN40mm出水口间连接部位断裂。泄漏部位有一长约2cm左右的裂缝，呈不规则形状(图2)。

图2　泄漏点拆检情况

3　原因分析

3.1　直接原因

喷头腐蚀破损造成三通局部冲刷腐蚀破裂。注水喷头在主管道中直接插入，采用的开孔形式注水方向与介质逆向接触，由于持续受到含有硫化氢的工艺介质的冲刷和腐蚀造成注水喷头破损，呈不规则形状，导致注水点高压水流向发生改变，对异径三通的压制拉伸部位单侧主管局部发生较严重冲蚀，引起主管局部减薄，减薄部位在高压油气冲刷及介质腐蚀下发生腐蚀破裂，导致物料泄漏。

3.2　间接原因

3.2.1　注水管线设计存在缺陷

查阅相关文献，注水一般有4种方式(图3)：①在直管上开槽；②直管加缩径直管；③90°弯管加缩径；④90°弯管加喷嘴。其中注水方式①、③在工程上应用较多；90°弯管的注水方式最好，水流由垂直管道方向到水平管道方向过渡，减少了垂直管道方向的冲击力而带来的水相偏流。采用喷嘴可以使水滴更好地分散，使两相混合均匀。

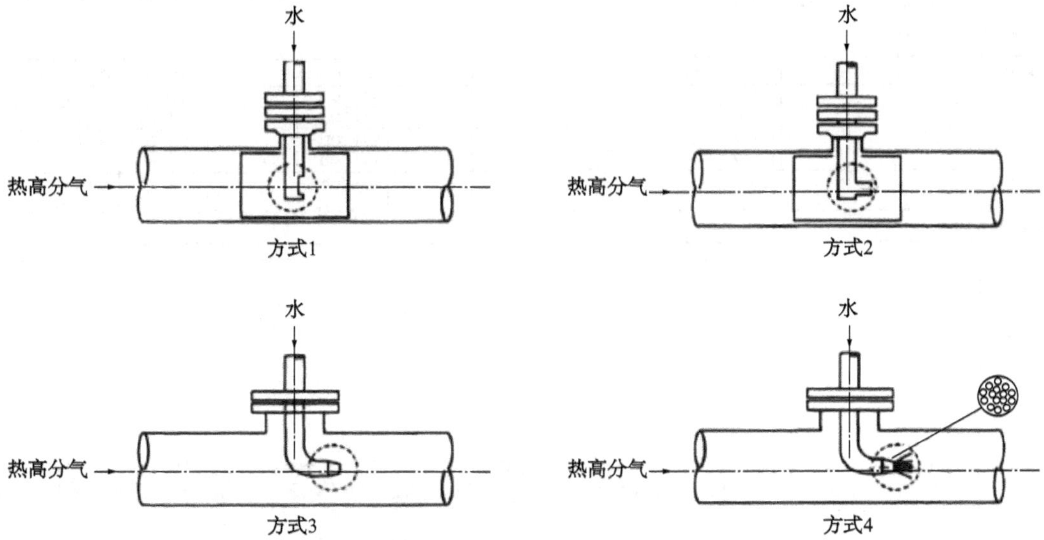

图3　四种常见的注水方式

航煤加氢装置注水方式没有按照以上四种方式设计，而是采用了下图的第五种方式(见图4)：在DN50的喷头直管段上开2个DN40的出水口，大大降低了直管段的强度；同时工艺介质的流向与开口反向，长期受含硫化氢的工艺介质的冲刷，易在开孔处断裂。

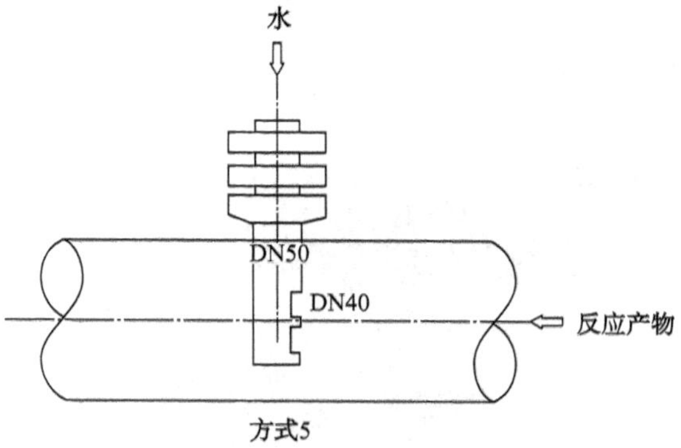

图 4　装置目前的注水方式

3.2.2　工艺介质中湿硫化氢腐蚀

加氢装置反应器流出物中含有大量的 H_2S 和少量的 NH_3、HCl 气体，直管注水会造成油气在注水位置局部冷热不均匀，形成露点腐蚀，尤其是局部减薄部位，在吸收工艺介质中的 H_2S 气体后形成酸性水及湿硫化氢腐蚀环境，三通材质为 20#钢，耐蚀性较差，注水喷头腐蚀见图 5。

图 5　注水喷头腐蚀情况照片

3.2.2.1　腐蚀产物分析

对航煤装置 A-101 空冷入口注水线腐蚀的垢样进行能谱和 XRD 物相分析，垢样主要含有元素 C、S、Fe，少量含有元素 O；主要化合物为铁的硫化物和少量铁的氧化物，印证了该处存在较为明显的湿硫化氢腐蚀。如图 6、图 7 所示。

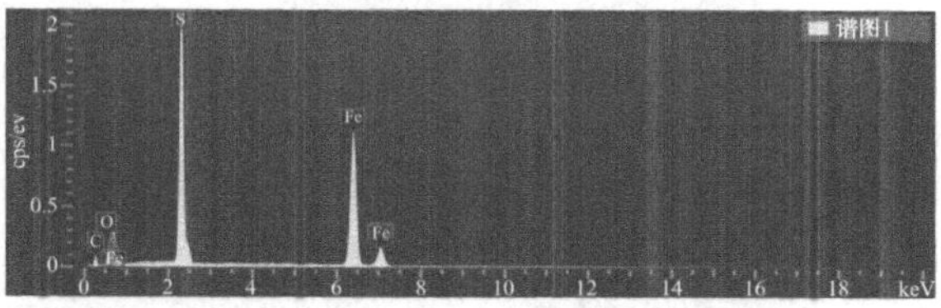

谱图1		
元素	重量百分比wt%	原子百分比At%
C	20.87	48.80
O	2.02	3.54
S	23.76	20.82
Fe	53.36	26.84
总量	100.00	100.00

图 6　能谱分析结果

3.2.2.2　定点测厚结果

对拆除的三通支管管口周围与泄漏点位置相近部位进行超声测厚，泄漏点附近壁厚在 2.46~4.50mm，上方为 7.61mm，下方为 4.76mm，右侧为 6.05mm。由检测结果，三通支管管口周围区域均存在严重减薄。定点测厚见图 8。

Qualitative Analysis Results

Phase name	Chemical formula	FOM	Phase reg.detail	Space Group	DB Card Number
Marcasite	Fe S2	0.850	S/M:COD	58:Pnnm	9013067
Fe7 O9	Fe7 O9	1.784	S/M:COD	12:C12/m1	1547276
Smythite	Fe3 54	2.995	S/M:COD	166:R-3m:H	9000077
hematite	Fe2 O3	2.843	S/M:COD	15:C12/c1	2108028
Iron sulfide	Fe S	0.916	S/M:COD	194:P63/mmc	1504400

Phase Data View

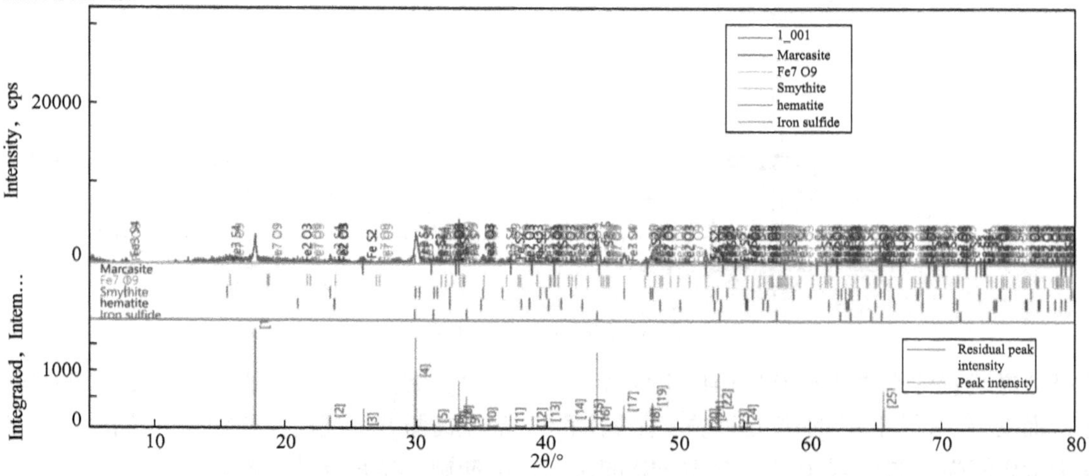

图 7　XRD 物相分析结果

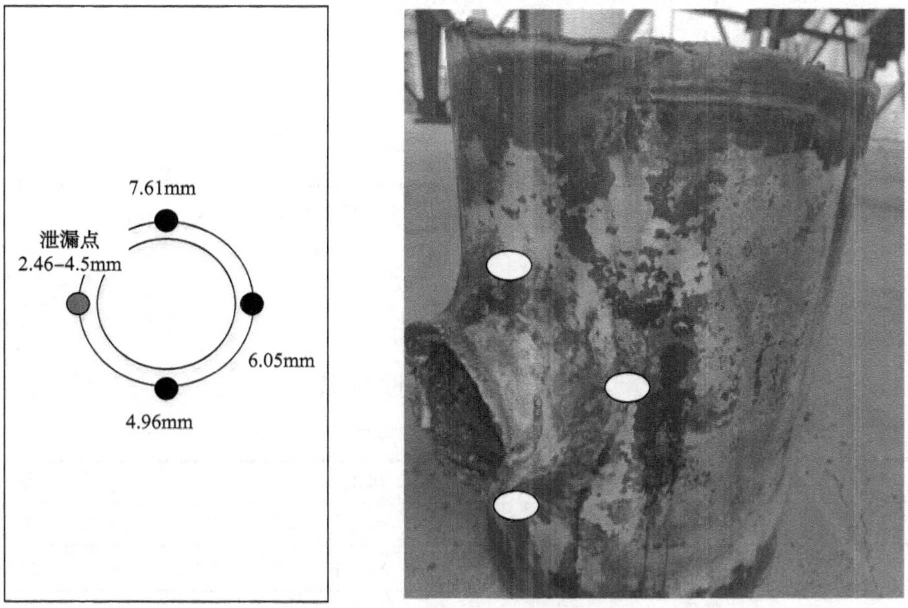

图 8　定点测厚示意图

3.2.2.3　原料性质变化情况

由于近年来原油性质变差，航煤原料中硫、氮、氯等杂质呈上升趋势，特别是 2020 年 7 月以来，装置原料硫平均值达 0.0370%（m），较 2017 年以前高 2 倍以上；循环氢中的硫化氢含量较 2017 年以前高 6～10 倍；原料中碱性氮近三年最大值在 14.31～21.49mg/kg，较 2017 年前高 2～3 倍；原料中的氯含量最高到 1.3mg/L，较 2017 年前高 4 倍。原料中硫、氮、氯等杂质含量的急剧增加，加剧了装置的腐蚀。具体见表 1 及图 9。

表 1　航煤加氢装置原料及注水点参数汇总

项目	2018 年	2019 年	2020 年	2021 年 1 月～8 月	2021 年 8 月～2022 年 8 月
硫平均值/%（m）	0.017	0.0264	0.0366	0.0370	0.036
硫最大值/%（m）	0.0191	0.0417	0.059	0.063	0.052
碱性氮平均值/（mg/kg）	5.82	5.85	8	7.63	5.03
碱性氮最大值/（mg/kg）	11.15	13.47	21.49	17.39	14.31
原料氯含量平均值/（mg/L）	0.34	0.4	0.7	1.2	1.3
循环氢硫化氢最大值/%（m）	0.07	0.28	0.6	0.59	0.58

图 9　原料中硫、氯、硫化氢趋势图

4　注水量和流速核算

4.1　注水量核算

航煤加氢装置的换热流程见图 10，目前装置注水点分为三路：一路注入到反应产物与原料油换热器 E-103B 管程入口；一路注入到反应产物与原料油换热器 E-103C 管程入口；一路注入反应流出物空冷器 A-101 入口。其中 E-103B 管程入口、E-103C 管程入口注水为间歇性注入，A-101 入口为连续性注水，注水量为 3～3.5t/h。

工艺计算条件见表 2。

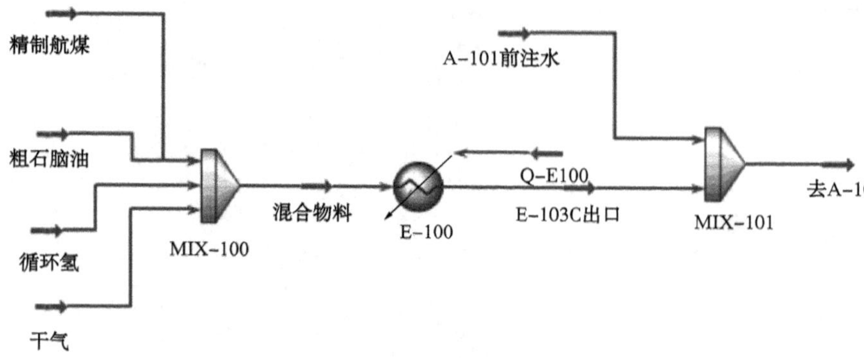

图 10　流程模拟计算截图

表 2　工艺计算条件

序号	工艺条件	单位	值
1	原料加工量	t/h	55
2	循环氢量	Nm^3/h	12000
3	干气量	Nm^3/h	550
4	注水点操作压力	MPa(绝压)	2.65
5	注水点操作温度	℃	126
6	注水量	t/h	3000
7	原料中硫含量	ppm(W)	500
8	原料中氮含量	ppm(W)	5.37
9	原料中氯含量	ppm(W)	1.1
10	产品中硫含量	ppm(W)	2.7
11	产品中氮含量	ppm(W)	0.10
12	产品中氯含量	ppm(W)	0

采用 Petro Sim 流程模拟软件，对 E-103C 注水后的混合物料中的液相水量进行计算(表 3)。

表 3　不同注水量下的液态水含量

序号	注水量	气相中水流量	油相中水流量	液态水流量	注水点液态水含量	酸性水中硫氢化铵浓度
1	kg/h	kg/h	kg/h	kg/h	%	%
2	3500.000	605.362	69.100	2825.537	80.730	0.031
3	3000.000	623.563	70.736	2305.701	76.857	0.036
4	2500.000	642.493	72.424	1785.083	71.403	0.043
5	2000.000	662.185	74.165	1263.649	63.182	0.054
6	1500.000	682.674	75.962	741.363	49.424	0.072
7	1050.000	701.822	77.628	270.550	25.767	0.102
8	1000.000	703.992	77.816	218.192	21.819	0.108

当注水量为 3.5t/h 时，混合物料中的液相水量占总注水量的 80.73%，酸性水中硫氢化铵浓度为 0.031%；当注水量为 1.05t/h 时，混合物料中的液相水量占总注水量的 25.767%，酸性水中硫氢化铵浓度为 0.108%。

因此，在表 3 给定的工艺条件下，注水量为 1.05t/h 时，即可满足注水点部位有 25%液态水的要求。

4.2　流速计算

注水泵出口压力为 3MPa，注水点处系统压力2.65MPa，压差为0.35MPa。以装置最大注水量3.5t/h、注水管径DN50计算，注水在管线内流速为0.4954m/s。

工艺管线内的主要介质为航煤和循环氢，为气液两相混合物。以装置加工量55t/h，循环氢量12000Nm^3/h、工艺管线管径DN250计算，则工艺管线内液相流速为0.439m/s，气相流速为3.974m/s(表4)。

表4　管内气、液相流速核算

工艺管线直径	工艺管线流通面积	工艺管内液相流量	工艺管内液相流速	工艺管内气相流量	工艺管内气相流速
mm	m^2	m^3/h	m/s	m^3/h	m/s
250	0.0491	77.488	0.439	701.911	3.974

由工艺管线内气、液两相流速计算可知，均满足相关要求。

5　防范措施

做好装置生产全过程管控和注水注剂点的精细化管理，通过泄漏原因分析，结合装置的实际生产情况，要做好以下几个方面的工作。

(1) 改变注水方式，选择雾化喷头，且注水方向与工艺介质方向相同；注水喷头宜采用耐腐蚀材质，与设计沟通材质升级为825合金或625合金；注水点下移，与注水点后第一个弯头距离大于2.5m(≮10d)处，避免对探头的冲刷同时保证注水与工艺介质的充分接触，达到溶解铵盐和稀释腐蚀性介质的作用。

(2) 从目前模拟注水点液态水含量及硫氢化铵浓度结果可知，目前A-101空冷前注水量满足工艺防腐相关要求且有一定调节余量；通过增加往复泵注水泵旁路降低注水量，并委托设计单位根据目前原料杂质核算适宜的注水量，同步提出注水泵改造方案。

(4) 加强注水点周围相关管线的腐蚀监测：增加定点测厚的频次以及测厚点密度；定期对工艺管线进行脉冲涡流扫查。

(5) 装置所有注水点、注剂点和两种介质交汇点管线的腐蚀情况，在管线检测指导意见的基础上增加检测范围与频次，做好记录，定期复测，确保管线壁厚在规定要求范围内，并对不合理的喷头形式按照规范进行确认，委托设计变更完善。

(6) 修订完善装置原料的设防值，从源头控制好原料硫、氯、氮含等杂质含量，降低装置的腐蚀。

参 考 文 献

[1] 史开红．加氢精制装置技术问答[M]．北京．中国石化出版社，2007：218.
[2] 蹇江海．加氢装置中几种注水方式的对比分析[J]炼油技术与工程，2015(45)：5.

汽油醚化装置反应器腐蚀与防护

王　勇　吴　莹　张海飞

（中国石油兰州石化公司）

摘　要　中国石油兰州石化分公司 50 万吨/年汽油醚化装置于 2012 年建成开工，现已运行 12 年。装置每两年进行一次换剂检修，自 2018 年后每次检修均发现反应器、换热器、回收塔出现不同程度的腐蚀问题，不仅给检修造成一定困难，后期还严重影响装置生产安全性与稳定性。因此，需加强汽油醚化装置设备防腐蚀的处理，对腐蚀原因进行探讨分析并采取措施有效防护，从而保障设备性能和延长使用寿命，提高装置的经济效益和运行周期。

关键词　醚化；催化剂；反应器；腐蚀；磺酸

催化裂化轻汽油醚化技术能够降低催化汽油中烯烃的含量，提高汽油辛烷值，并将低价值的甲醇转化为高价值的汽油，经济效益十分显著。近年来，催化轻汽油醚化装置的需求在迅速增多。醚化反应器是醚化反应发生的场所，是整个醚化装置的核心设备；催化轻汽油和甲醇作为操作介质其腐蚀性很小，但阳离子交换树脂催化剂具有一定的酸性会造成反应器的严重腐蚀，会给整个醚化装置的安全长周期运行带来隐患。

本文基于 2024 年 50 万吨/年汽油醚化装置换剂检修的腐蚀检查及处理情况，探讨了醚化装置反应器的腐蚀机理，研究了相应的防腐蚀措施，更新了反应器底部的防腐涂层，为其他醚化装置的反应器腐蚀防护管理提供了一定的借鉴意义。

1　装置及反应器概况

兰州石化公司 50 万吨/年汽油醚化装置，采用成熟可靠的催化轻汽油醚化生产工艺，是以轻汽油为原料，利用价格低廉的甲醇生产低烯烃、高辛烷值的汽油调和组分的连续化生产装置，整套装置经济效益显著。

装置主要包括轻汽油醚化反应单元、醚化产品分馏单元、甲醇萃取回收单元。醚化反应部分采用两台反应器串联的形式，进一步提高了醚化反应的深度，有助于活性烯烃转化率的提高。采用的催化剂为 D005-Ⅱs 型树脂催化剂，它是一种强酸性阳离子交换树脂催化剂，将催化轻汽油和甲醇混合，在阳离子交换树脂催化剂的作用下，使催化汽油中的 C4-C6 活性烯烃与甲醇发生亲电加成反应，生成与之相对应的醚类化合物。

醚化反应器特性参数详见表 1。

表 1　醚化反应器参数一览表

名称	醚化第一反应器	醚化第二反应器
设备位号	R-101	R-102
规格型号/mm	DN3000×23900×(22+3)	DN3000×23900×(22+3)
筒体材质	Q345R+S30408	Q345R+S30408
介质	轻汽油、甲醇、醚类	轻汽油、甲醇、醚类
设计压力/操作压力/MPa	1.9/1.0	1.9/1.0
设计温度/操作温度/℃	150/130	150/130

2014 年装置检修发现醚化反应器格栅上丝网腐蚀严重，此次检修过程中对丝网材质进行了升级，原丝网材质为 304，升级后材质为 316，增强了丝网的抗腐蚀性。

2024 年 4 月 50 万吨/年汽油醚化装置进行停工窗口检修，对现场易腐蚀设备进行了腐蚀检查，其中包括塔器 2 台、换热器 2 台，反应器 2 台，以及管线 4 条。

检查发现第一醚化反应器 R-101 底部耐磨防腐高聚陶瓷涂层鼓包、剥落，局部粉化。第二醚化反应器 R-102 底部耐磨防腐高聚陶瓷涂层鼓包、剥落；反应器南侧及南偏西局部涂层下不锈钢衬里及碳钢母材腐蚀，S30408 材质衬里多处穿孔，Q345R 母材腐蚀减薄约 2~3mm，底部支撑梁腐蚀减薄，分布器接管法兰均匀腐蚀。反应器排污管线部分腐蚀减薄。其余设备情况良好。

2 腐蚀检查情况

装置腐蚀情况总体受控，现场腐蚀问题主要发生在醚化反应单元：

① 醚化反应器底部涂层失效，不锈钢复合层腐蚀穿孔；

② 醚化反应器底部排污管线弯头局部减薄。

2.1 第一醚化反应器 R-101

第一醚化反应器 R-101 底部耐磨防腐高聚陶瓷涂层鼓包、剥落，局部粉化。反应器筒体顶部及上部未见明显腐蚀，中下部轻微腐蚀。宏观形貌如图 1~6 所示。

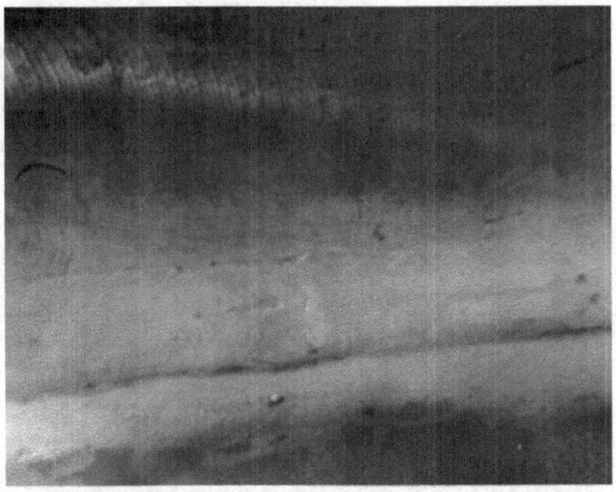

图 1 R1 人孔内壁焊缝宏观形貌

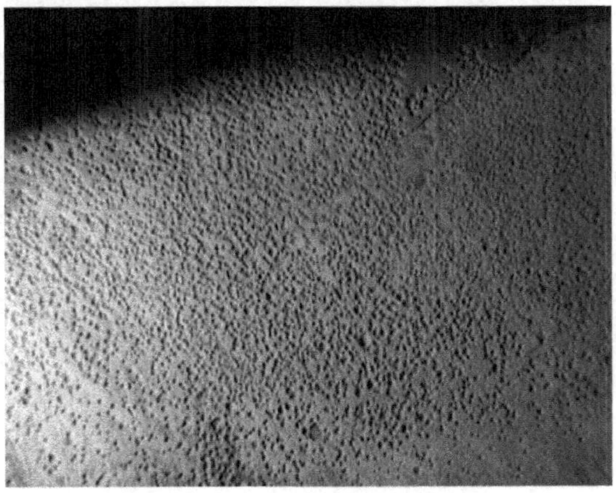

图 2 R2 人孔内器壁细小蚀坑

图 3 R3 人孔内器壁局部细小蚀坑

图 4 R4 人孔内壁均匀腐蚀

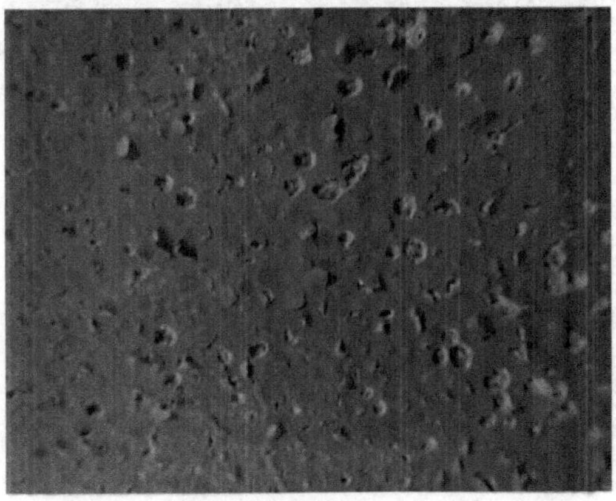

图 5 R4 人孔内器壁防腐涂层鼓包、剥落

图 6 R4 人孔内器壁防腐涂层剥落

反应器 R-101(图 7)，壁厚 22+3mm，器壁超声测厚未见显著异常，数据详见表 2。

表 2　R-101 器壁测厚数据　mm

测厚部位	测厚数据 1	测厚数据 2	测厚数据 3	测厚数据 4
R1 顶封头	25.58	25.27	25.45	25.70
R1 器壁	24.22	24.50	23.79	24.51
R2 器壁	24.16	24.38	24.13	24.75
R3 器壁	24.77	24.87	24.15	24.44
R4 器壁	24.02	23.86	24.00	23.92
底部器壁	24.13	24.50	24.15	24.25
涂层剥落部位	23.15	23.03	23.07	22.82

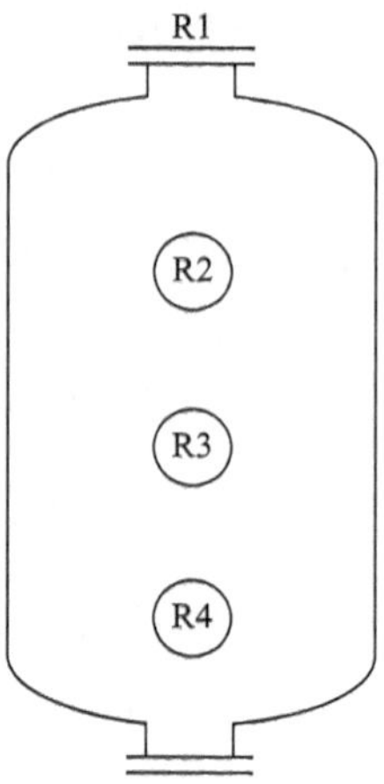

图 7

2.2　第二醚化反应器 R-102

第二醚化反应器 R-102 底部耐磨防腐高聚陶瓷涂层鼓包、剥落；反应器南侧及南偏西局部涂层下不锈钢衬里及碳钢母材腐蚀，S30408 材质衬里多处穿孔，Q345R 母材腐蚀减薄约 2~3mm。底部支撑梁腐蚀减薄。宏观形貌如图 8~17 所示。

图 8　R1 人孔内壁未见腐蚀

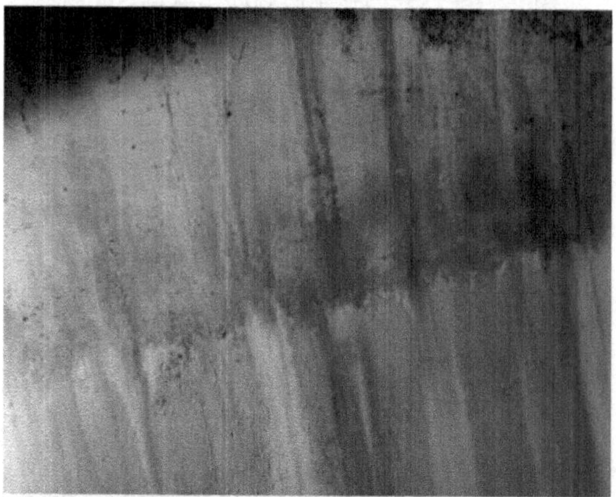
图 9　R2 人孔内壁未见腐蚀

反应器 R-102(图 18)，壁厚 22+3mm，器壁超声测厚未见显著异常，数据详见表 3。

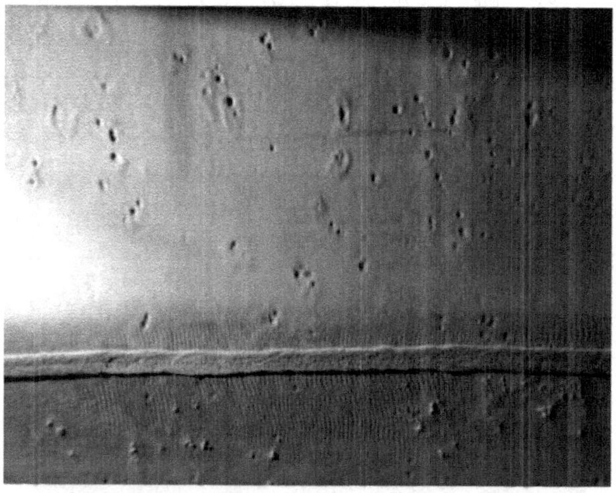
图 10　R3 人孔内壁两侧点蚀

图 11　R4 人孔内壁均匀腐蚀

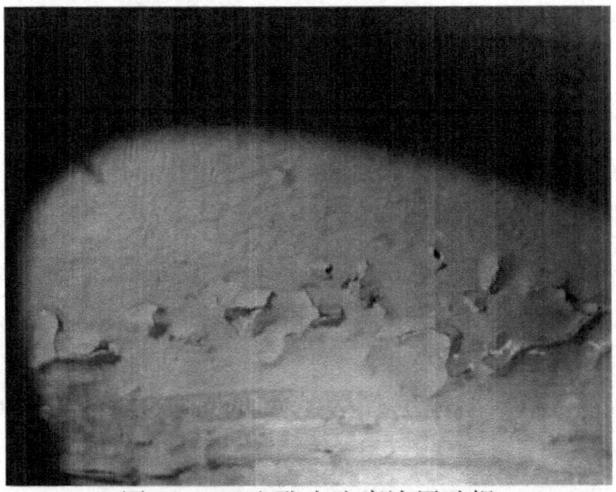
图 12　R4 人孔内防腐涂层破损

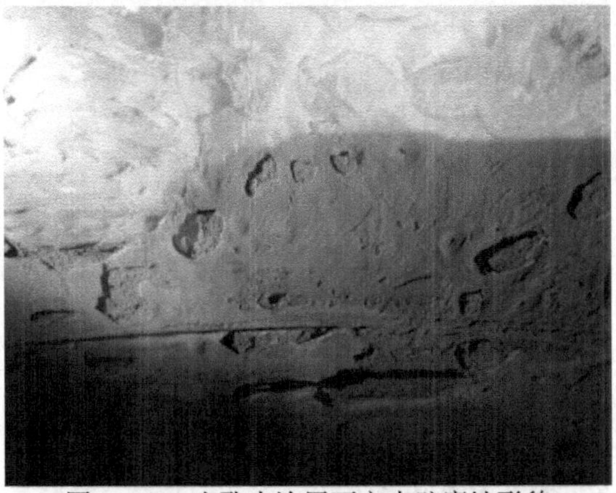
图 13　R4 人孔内涂层下方内壁腐蚀形貌

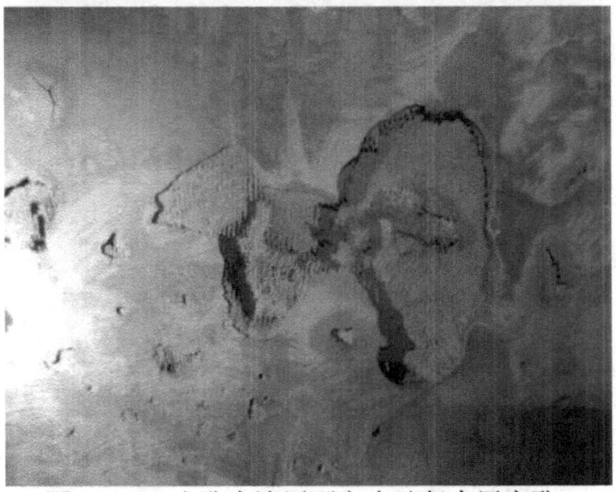
图 14　R4 人孔内涂层下方内壁复合层穿孔 i

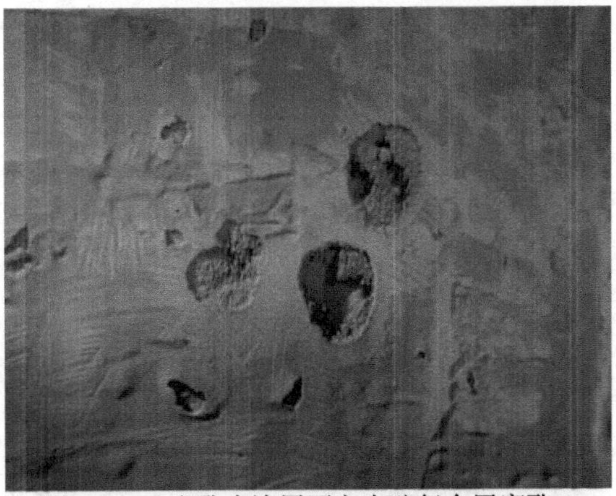
图 15　R4 人孔内涂层下方内壁复合层穿孔 ii

图 16　R4 人孔内支撑梁腐蚀减薄

图 17　R4 人孔内分布器接管法兰均匀腐蚀

表 3　R-102 器壁测厚数据　　mm

测厚部位	测厚数据 1	测厚数据 2	测厚数据 3	测厚数据 4
R1 顶封头	25.90	26.02	25.22	25.89
R1 器壁	24.42	24.80	23.88	24.53
R2 器壁	24.42	24.28	23.68	24.23
R3 器壁	24.72	24.75	24.58	24.78
R4 器壁	20.74	23.76	23.96	23.76
底部器壁	23.05	23.96	23.55	23.20
涂层剥落部位	23.52	/	23.30	22.67

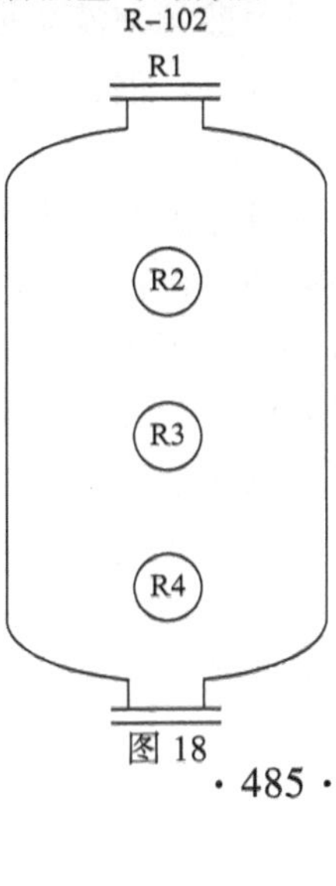

图 18

2.3 醚化反应器 R-101、R-102 排污管线

醚化反应器 R-101、R-102 排污管线检测点如图 19 所示。R-101 排污管线规格为：φ89×4.5mm，12#弯头外弯实测最小壁厚 1.22mm，上部侧弯实测最小壁厚 2.34mm，下部侧弯实测最小壁厚 2.20mm；R-102 排污管线 1#弯头外弯实测最小壁厚 3.73mm，下部侧弯实测最小壁厚 2.92mm。醚化反应器 R-101、R-102 排污管线弯头严重减薄，减薄率达 73%。

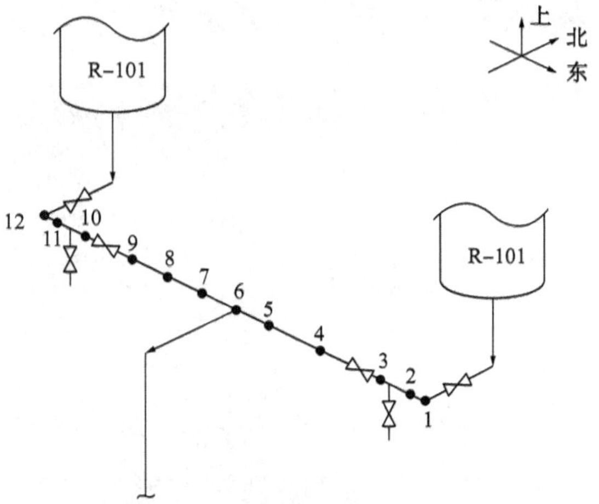

图 19　醚化反应器 R-101、R-102 排污管线弯头测厚位置示意图

3　腐蚀机理分析

汽油醚化装置主要的腐蚀机理包括：催化剂中游离酸及磺酸基脱落造成的酸腐蚀，局部污水电化学腐蚀，局部冲刷腐蚀及缝隙腐蚀。

3.1 催化剂中游离酸及磺酸基脱落造成腐蚀

汽油醚化反应使用催化剂为 D005-IIS 型强酸性阳离子交换树脂催化剂。该催化剂具有较高的醚化活性，但其热稳定性差，磺酸组分易流失，是醚化反应器发生腐蚀的主要原因，醚化反应器中酸的来源主要有三种途径。

其一：催化剂中的游离酸

D005-IIS 型阳离子交换树脂催化剂是采用乳液悬浮聚合制备大孔径交联聚苯乙烯骨架，再经物理结构稳定化、磺化等工艺制成的。催化剂出厂前必须进行严格的脱酸处理，以脱除磺化反应后催化剂孔道中残留的低分子苯磺酸等杂质。不同催化剂的游离酸的含量差别较大，残留的游离酸在催化剂填装到反应器内后析出，新催化剂装填的初期游离酸的量最大，其对设备造成的腐蚀最严重，随着时间的推移游离酸造成的腐蚀逐渐减弱。

其二：催化剂中磺酸基团的脱落

强酸性阳离子交换树脂催化剂热稳定性较差，磺酸根稳定性较差，一旦生产过程中超过一定温度活性磺酸基团就会脱落，磺酸基团的脱落速率与温度和含水量成正比。醚化反应为放热反应，操作不平稳或遇紧急情况易导致催化剂床层“飞温”，流动分布不均匀也易造成催化剂床层局部超温，脱落的磺酸基团与水作用生成 H_2SO_4 会造成设备腐蚀。

$$R-HSO_3 \longrightarrow RSO_3+H^+$$

$$R-HSO_3+H_2O \longrightarrow H_2SO_4+HR$$

$$R—SO_3^-H^++H_2O \longrightarrow R+H_2SO_4$$

其三；原料中金属离子和碱性物置换催化剂中的 H^+，造成 H^+的脱落

原料通过醚化反应器的催化剂床层后，几乎所有的金属离子(如 Fe^{3+}、Na^+、Ca^{2+}、Mg^{2+}等)和碱性物都被催化剂吸附，造成催化剂失活，同时释放大量的 H^+，使得反应器内物料变成酸性，从而对设备造成腐蚀。

$$R—SO_3^-H^++M^+ \longrightarrow R—SO_3^-M+H^+$$

3.2 污水电化学腐蚀

装置开停工处理期间设备排污管线内冲洗水对流经的管线造成电化学腐蚀。

3.3 冲刷腐蚀

管道内高速流动的介质及夹带的催化剂颗粒会对管道形成冲刷，在弯头等流向改变的部位表现尤为明显。

3.4 缝隙腐蚀

涂层下方狭小缝隙空间内，游离酸及磺酸基与金属反应释放出 H^+，H^+在狭小空间内不断聚集浓缩，腐蚀介质 pH 值下降，腐蚀性增强，造成局部严重腐蚀。

4　腐蚀原因与防护措施

4.1 醚化反应器底部涂层失效，不锈钢复合层腐蚀穿孔

汽油醚化反应使用催化剂为 D005-IIS 型强酸性阳离子交换树脂催化剂。该催化剂具有较高的醚化活性，但其热稳定性差，磺酸组分易流失，是醚化反应器发生腐蚀的主要原因。

此外，反应器底部耐磨防腐高聚陶瓷涂层鼓包，与设备本体剥离，腐蚀介质从涂层裂缝渗入涂层内部，在涂层下方狭小缝隙空间内，游离酸

及磺酸基与金属反应释放出 H^+，由于介质流动不畅，H^+在狭小空间内不断聚集浓缩，腐蚀介质 pH 值下降，腐蚀性增强，造成局部严重腐蚀，衬里多处穿孔。

2022 年检修期间，装置对反应器 R-101，R-102 底部进行了高聚陶瓷防腐层的涂刮施工，以减小反应器底部的腐蚀。

2024 年检修期间，因涂层鼓包，装置对反应器 R-101，R-102 底部失效的防腐涂层进行了清除，清理器壁，对反应器器壁已腐蚀的孔洞、坑槽及裂纹部分进行补焊处理，考虑反应器主体材质为不锈钢复合板，在补焊过程中严格控制对缺陷部位打磨及修复，尽可能消除补焊后的应力。由于反应器底层筛板支撑圈与器壁连接部位焊接有缺陷，这次修复过程中对缺陷进行了补焊加强。修复 R-102 衬里层后，对两台反应器的防腐涂层进行了更新，将原有易鼓包、脱落的高聚陶瓷涂层 1G，替换为耐温抗冲蚀的复合陶瓷涂层 KD-996，同时加强涂层施工的质量验收，KD-996 具有更好的附着力与弹性，能增强涂层的抗冲蚀能力。

2018 年检修后，装置已要求催化剂出厂前将其进行多次水洗脱酸降低催化剂中游离酸浓度。正常生产状态下，优化工艺操作，减少反应系统的含水量（≤0.01%），包括原料带水、回收甲醇带水、甲醇缩合反应生成的水。上游装置优化操作，控制原料中的金属离子≤0.001%、碱性物质含量≤0.0002%、S 含量≤23μg/g 等。尽量减少酸的产生。

生产及开停工处理阶段平稳操作，避免超温。日常操作控制醚化反应器床层温度控制在 51℃-73℃左右，避免反应温度过高将导致磺酸基团脱落。

4.2 醚化反应器 R-101、R-102 排污管线弯头减薄

装置开停工处理期间设备排污管线内冲洗水对流经的管线造成电化学腐蚀，在弯头等流向改变的部位，管道内介质夹带催化剂颗粒对管道弯头形成冲刷，造成严重减薄。

2024 年检修期间，对排污管线两处弯头进行了更换，下一检修周期将继续进行腐蚀检查与定点测厚工作，发现问题及时处理。因该管线只在开停工过程中使用，并于 2020 年检修期时也发现了减薄问题，并进行了更换，后续考虑将该段管线的弯头部位更换为带衬里的复合层弯头，以降低冲刷腐蚀。

5 结束语

为实现汽油醚化装置的安全平稳运行，首先必须了解装置的腐蚀机理，建设完整的腐蚀防护模型，为防腐工作提供坚实的基础；同时注重数据的累积，每两年换剂检修时，对易腐蚀部位进行详细的腐蚀检查与原因分析，优化工艺操作，提供可行的腐蚀防护方案。其次，寻找防腐效果优良的涂层，提高反应器底部的腐蚀防腐率，也是解决醚化装置腐蚀问题的一个手段。

参 考 文 献

[1] 任相军，艾波，刘健，等．催化轻汽油醚化反应器的腐蚀分析与设计[J]．广州化工，2017(045)009：176-178.

换热器管束全生命周期管理关键检测技术研究

蒋勤浩　陈虹宇

（中国石油抚顺石化公司）

摘　要　文章简要介绍了声脉冲反射法的原理，及其在换热器管束检测上的实际应用。通过其它多种方法对检测结果进行复验，结果证明了声脉冲反射法的有效性。同时，通过分析比较各种无损检测技术在换热器管束检测上存在的局限性和优缺点，进一步证明了声脉冲反射法的优越性和全面性。设备管理者可以根据其检测结果，评估管束运行状况，预判管束的剩余寿命，确定适宜的检维修周期，确保装置安稳运行，实现了设备全生命周期管理的目标。

关键词　声脉冲反射法；换热器管束；无损检测；设备管理；全生命周期

换热器是一种在不同温度的两种或两种以上流体间实现物料之间热量传递的节能设备，是使热量由温度较高的流体传递给温度较低的流体，使流体温度达到流程规定的指标，以满足工艺条件的需要，同时也是提高能源利用率的主要设备之一。换热器在炼油化工行业中的应用是十分广泛的。据统计，在某些化工厂的设备投资中，换热器占总投资的30%；在现代石油化工企业中，换热器约占全部工艺设备投资的40%以上，因此，其重要性也是显而易见的，换热器利用率的高低及寿命的长短直接影响到炼油工艺的效率和生产成本。

原油品种多样化、劣质化和重质化促使原油含硫含酸数值的不断增大，从而造成炼厂设备的服役环境劣化，使得腐蚀失效的原因也变得越发复杂，因腐蚀造成的影响也日益突出，严重影响了炼厂换热设备的安稳运行。换热器管束发生泄漏的事故也屡见不鲜：例如，自 2007 年 7 月至 2010 年 6 月，西北某炼油厂在三年中进行四次检修，经检验发现全厂 80 % 的换热器都存在不同程度的损坏，对 130 多台换热器进行了管束更换，对 18 台换热器进行了整体更换，严重影响了该炼厂的生产运营。某石化公司生产厂先后因换热设备管束发生泄漏，导致一年内发生两次非计划停车。2013 年 6 月 5 日发生第一次泄漏，E1271A 经检验后对 168 根管进行堵管修理，单程堵管率为 10. 5%，E1271B 共堵管 306 根，单程堵管率为 19. 14%；在相距仅十个月的短时间内就发生了第二次泄漏，E1271A 管束又堵管 374 根，总的单程堵管率为 33. 92%；E1271B 管束又堵管 235 根，单程堵管率为 33. 86%。详情见图 1。

图 1　E1271A（图左）和 E1271B（图右）的现场图

为了避免上述情况——因换热器管束腐蚀泄漏而导致非计划停车事故的发生，提高炼厂安全生产经济效益。设备管理者就必须精准掌握换热器管束的腐蚀状况，但针对换热器管束的检测目前存在以下几个问题：

（1）材质和形状的多样性：换热器管束可能由不同材质的管子组成，这些管子可能呈现不同的形状，如U型管、蛇形管、螺旋管等。这种多样性增加了检测的复杂性，因为不同的材质和形状可能需要不同的检测方法和技巧。

（2）缺陷类型的多样性：换热器管束可能出现的缺陷类型多样，包括腐蚀、堵塞和通孔（泄漏）等。这些缺陷可能对管束的性能和安全性产生影响，因此需要准确的检测和评估。

（3）检测效率低：受检测技术的局限性和现场条件的限制，目前应用在换热器管束检测中的无损检测技术，其检测效率都不高。例如：清管是远场涡流检测前不可或缺的一步，且不适用U型、螺旋型等换热器管束的检测；内置旋转超声检测前不仅需要对换热器管束进行清洗，还需将清洗完的管束充满水。

本文简单介绍了声脉冲反射检测技术（APR）在换热器管束检测中应用和效果，通过分析比较，证明利用该技术能对换热器管束的运行状况进行评估，能对管束剩余寿命进行预判，从而实现换热器管束全生命周期管理的目标。

1　背景介绍

1.1　声脉冲反射检测法（APR）原理（简述）

当脉冲声波射入管内的空气中，声波会沿管内部传播，当传播路径的横截面变化时，声波会分为2束：一束回波沿管内壁返回；另一束则继续向前传播。通过分析、测量接收器接收的反射回波，得到检测数据。

简要原理示意图见图2~4。

图2　激发声波

图3　声波传播

图4　接收回波

1.2　换热器情况

某石化公司丙烯腈装置使用的反应气体冷却器（E-102）为固定管板式换热器，筒体材质为16MnR，换热管材质为15CrMoG，换热管规格ϕ32×3，换热管数量2465根，换热面积1495m²。该换热器由中国石化集团兰州设计院设计，兰州石油机械设备有限责任公司制造，2002年11月投入使用。

2　现场检测及及结果

2.1　声脉冲反射法（APR）检测

检测时长：1天；检测数量：1079根。被检管束分布图见图5。

图5　E-102被检管束现场分布图

经检测发现：发生腐蚀穿孔（泄漏）的管束8根，占被检管束总数的0.74%；发生堵塞的管束324根，占被检管束总数的30.03%；发生腐蚀减薄的管束712根，占被检管束总数的65.99%；无明显缺陷的管束35根，占被检管束总数的3.24%。检测结果统计图见图6。

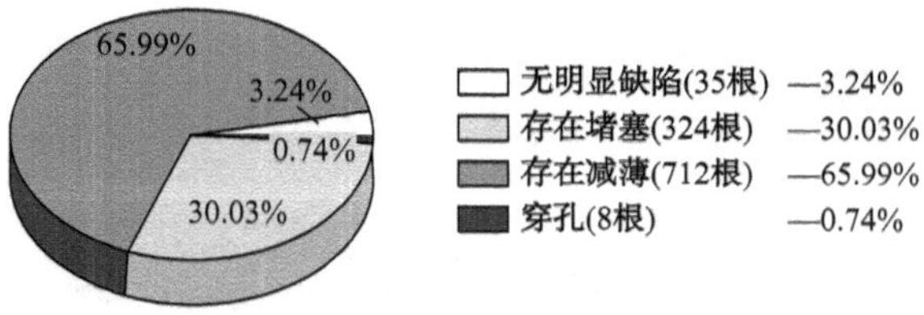

图6　E-102管束检测结果统计图

2.2　堵塞情况分析

对发生堵塞的324根管束进行统计分析。296根管束堵塞位置位于距检测端0～0.6m范围内；4根管束堵塞位置位于距检测端2～2.5m范围内；24根管束堵塞位置位于距检测端2.5～3m范围内。进一步对堵塞程度进行统计分析，见表1。堵塞程度在8%～10%之间的管束有104根，占被检管束总数的9.64%；堵塞程度在10%～30%之间的管束有208根，占被检管束总数的19.28%；堵塞程度大于30%的管束有12根，占被检管束总数的1.11%。

表1　换热器管束堵塞程度统计分析表

堵塞程度/%	8～10	10～30	30～50	>50
数量/根	104	208	11	1
占堵塞管束总数的百分数(324根)	32.10	64.20	3.40	0.30
占被检管束总数的百分数(1079根)	9.64	19.28	1.02	0.09

2.3　腐蚀减薄情况分析

对发生腐蚀减薄的712根换热管进行统计分析，见表2。减薄量小于10%的管束有330根，占被检管束总数的46.35%；减薄量在10%～30%之间的管束有204根，占被检测管束的18.91%；减薄量大于30%的管束有178根，占被检管束总数的16.49%。

表2　换热器管束腐蚀减薄统计分析表

减薄量/%	<10	10～30	30～50	>50
数量/根	330	204	173	5
占堵塞管束总数的百分数(712根)	46.35	28.65	24.30	0.70
占被检管束总数的百分数(1079根)	30.58	18.91	16.03	0.46

2.4　腐蚀穿孔(泄漏)情况分析

对检测时发出腐蚀穿孔信号的管束进行声脉冲反射法复检，然后标注出穿孔位置(距检测端)和泄漏点的直径大小，见表3。

表3　换热器管束腐蚀穿孔(泄漏)分析表

检测编号	管束定位编号/(行/列)	穿孔位置/m	穿孔直径/mm
24	R[1]C[4]	0.61	2.3
89	R[2]C[1]	0.49	1.9
139	R[22]C[44]	0.25	2.3
228	R[3]C[14]	0.70	2.0
523	R[7]C[7]	0.26	3.0
3138	R[36]C[10]	0.26	4.5
3140	R[12]C[14]	0.86	0.6
3065	R[57]C[4]	0.61	2.0

3　检验有效性的验证

为了验证声脉冲反射(APR)检测法的准确性和可靠性。对其检测出的缺陷管束，再利用涡流检测和内窥镜检测等检测方法进行复测。通过检测数据对比，来验证声脉冲反射(APR)检测法在换热器管束检测中的有效性。

3.1　堵塞程度复测

常规涡流检测无法检测换热器管束是否发生堵塞，更遑论定量；远场涡流检测是侵入式检测，在检测前需要对管束进行清洗，清洗结果决定了检测准确性和有限性，因此它也无法判定管束是否发生堵塞；内窥镜检测能直观的观察到管束是否发生堵塞，但只能凭感觉来对堵塞程度进行定量。

随机抽取用声脉冲反射(APR)检测出的堵塞管束9根(堵塞程度小于10%、10%～30%、大于30%的各3根)，然后用内窥镜进行检测，其结果见表4。

表4　堵塞检测结果对比分析表

检测编号	管束定位编号(行/列)	APR检测结果	内窥镜检测结果
18	R[1]C[15]	8%	无堵塞
156	R[13]C[21]	43%	重度堵塞
543	R[5]C[34]	26%	中度堵塞
2246	R[27]C[16]	17%	中度堵塞
768	R[16]C[21]	9%	轻度堵塞
1638	R[19]C[8]	48%	重度堵塞
1149	R[20]C[16]	16%	中度堵塞
2046	R[17]C[11]	46%	重度堵塞
1657	R[35]C[13]	8%	轻度堵塞

由表4可知，经内窥镜检测验证，声脉冲反射(APR)检测法不仅能够有效的检测出换热器管束的是否发生堵塞，更能对堵塞程度进行定量。

3.2 腐蚀减薄复测

E-102的管束材质为15CrMoG，故选用检测精度更高的远场涡流检测技术进行复测。

随机抽取用声脉冲反射(APR)检测出的腐蚀减薄管束9根(堵塞程度小于10%、10%~30%、大于30%的各3根)，然后进行涡流检测，其结果见表5。

表5　腐蚀减薄结果对比分析表

检测编号	管束定位编号(行/列)	APR检测结果	涡流检测结果
28	R[4]C[21]	6%	8.44%
136	R[10]C[18]	9%	8.56%
448	R[41]C[24]	6%	8.07%
369	R[25]C[19]	13%	15.44%
1068	R[46]C[21]	17%	15.46%
1335	R[15]C[15]	28%	27.66%
936	R[28]C[20]	35%	33.83%
2643	R[47]C[14]	40%	41.59%
1456	R[26]C[22]	38%	36.76%

由表5可知，涡流检测结果与声脉冲反射(APR)检测结果具有较高的吻合度。

3.3 腐蚀穿孔(泄漏)复测

对声脉冲反射(APR)检测出的8根发生腐蚀穿孔(泄漏)的管束全部进行复测。虽然检测管束是否发生穿孔(泄漏)最简单直接的方法是水压试验，但为了验证声脉冲反射(APR)检测出的穿孔位置的准确性，我们依然采用涡流检测与内窥镜检测相结合的方法来复测，结果见表6。

这里要说明的是：检测编号为139、523、3138的三根管束，因其穿孔处距离检测端很近，故直接用内窥镜检测+铁丝+卷尺的方式进行了验证。

表6　腐蚀穿孔(泄漏)结果对比分析表

检测编号	管束定位编号(行/列)	APR检测	涡流/内窥镜检测	
		穿孔位置/m	是/否穿孔	穿孔位置/m
24	R[1]C[4]	0.61	是	0.66
89	R[2]C[1]	0.49	是	0.45
139	R[22]C[44]	0.25	是	0.32
228	R[3]C[14]	0.70	是	0.78
523	R[7]C[7]	0.26	是	0.30
3138	R[36]C[10]	0.26	是	0.29
3140	R[12]C[14]	0.86	是	0.90
3065	R[57]C[4]	0.61	是	0.58

由表6可知，在对换热器管束腐蚀穿孔(泄漏)的检测上，声脉冲反射(APR)检测法依然保持相当高的检测准确性和可靠性。这进一步证明了其用于换热器管束检测上的有效性。

4 结论

本文举例了声脉冲反射(APR)检测法在某石化公司丙烯腈装置E-102换热器管束检测上的应用，并就检测结果进行了多项/种方法复验，证明了该检测方法的有效性。

对目前应用在换热器管束检测上的几种检测技术进行对比分析，见表7。

表7　几种检测技术对比分析表

检测方式	声脉冲反射检测	远场涡流检测	旋转超声检测
耦合条件	非侵入式	侵入式	侵入式(需注水)
缺陷类型	堵塞、穿孔、减薄	穿孔、减薄	减薄
被检管束材质	金属和非金属	导电材料	各种声学性能较好的材料
被检管束形状	直管、U型管、螺旋管等	直管	直管
校准/标定	无需校准	与被检管束材质相同	与被检管束材质相同
检测速度	10s/根(管长小于25m)	10m/min	2.5m/min

经过此次技术应用分析，得到以下几点结论：

(1) 声脉冲反射(APR)法适用于换热器管

束检测，其检测结果亦可信。

（2）声脉冲反射（APR）法的检测速度能确保在装置大修时，完成数量极大的在役换热器管束全部检测的要求。

（3）声脉冲反射（APR）法在换热器管束检测中识别的缺陷类型较为全面，依据其检测结果，管理者基本可以掌握管束的运行状况。根据腐蚀当量和堵塞程度，结合其服役情况和工艺参数，预判管束的剩余寿命。若管束的剩余寿命不能保证其安稳运行至下一检维修周期，则需对其进行预堵管或更换。

参 考 文 献

[1] 宋天民，韩建荒．炼油厂静设备(第二版)[M]．中国石化出版社，2015：167.

[2] ASME 锅炉及压力容器委员会无损检测委员会．ASME 锅炉及压力容器规范-国际性规范-V-无损检测[S]. 2021：351~354.

分子筛装置加氢单元进料换热器失效分析及其防护措施

赵　辉　张　伟　董媛媛

（中国石油抚顺石化公司）

摘　要　针对某石化公司分子筛车间12万吨/年分子筛装置2023年所发现的换热器腐蚀问题，根据其腐蚀形貌，测厚数据，设备材质、操作条件，垢样成分分析结果分析其可能的腐蚀机理，并从工艺、操作、设备材质等方面，提出了针对不同设备、不同腐蚀类型的防腐方案，保障装置的安稳长满优运行。

关键词　高温硫腐蚀；垢下腐蚀；换热器

1　概述

1.1　装置概况

某石化公司某厂分子筛脱蜡装置是以煤油馏分为原料，生产液体石蜡产品的石油二次加工装置，采用美国UOP公司的Molex工艺专利技术，产品有轻蜡Ⅰ（nC10～nC13）和轻蜡Ⅱ（nC11～nC14）两种规格，也可以生产富含nC15重蜡。分子筛装置于2000年12月动工，2001年9月建成，于2001年11月一次开车成功，生产出合格产品，目前分子筛装置年生产液蜡12万吨。

本次渗漏的部位是分子筛装置E2207，该换热器为分子筛装置加氢单元V2101塔进料加热器，生产厂家为大庆石油化工机械厂有限公司，型号BEU800-1.38/1.1-163-6/25-4I，输送介质为导热油（管程）和煤油（壳程），温度310℃（管程）和211℃（壳程），换热器材质20#钢，2021年投入使用。

1.2　设备运行情况

分子筛装置E2207换热器为加氢单元V2101塔进料换热器，为U型管式换热器。该换热器利用导热油与煤油进行换热，达到提高煤油进料温度的目的。该换热器为2021年投用，规格型号：BEU800-1.38/1.1-163-6/25-4I。

2023年10月该换热器第一次泄漏，泄漏2根，远场涡流扫查抽检发现一根减薄20%，合计堵管3根；2024年4月再次发生泄漏，抽芯检查发现换热器管束外壁有大量垢物，管束外管壁腐蚀严重。

1.3　设备腐蚀形貌

换热器管程运行正常，外观无明显腐蚀迹象，管束外壁部有大量垢物，腐蚀形貌详见图1，为典型的均匀腐蚀兼垢下腐蚀。垢下腐蚀是一种能够引起管道严重点蚀的局部腐蚀，主要通过形成具有不同腐蚀特征的微环境造成沉积物下金属的加速腐蚀。

图1

为分析腐蚀原因，截取一根减薄严重的管束进行失效分析，以找到减薄原因，并提供材质优选方案。管束为长约40cm的直管，一端稍微弯曲。管束表面覆盖有较厚的黑色沉积层，管内有大量黑色垢物，整根管束散发着较重的刺激性气味（图2）。

切割一根减薄严重的管束进行失效分析，以找到减薄原因，并提供材质优选方案。

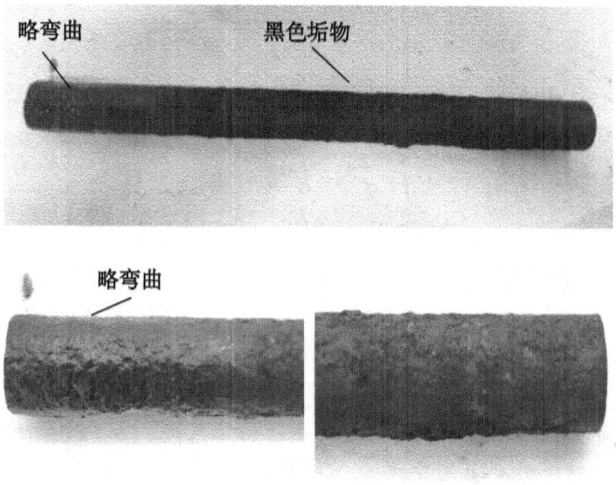

图 2　分析管束

2　检测分析

2.1　宏观、低倍分析

将管束外壁及内壁残留的黑色沉积物简单清理后，切割待分析试样，进行表观检测及宏观低倍显微分析。

图 3 为切割后管束截面。管束内壁厚度不均匀，出现一侧厚度减薄严重现象。用软毛刷将管束表面腐蚀产物清理后，采用游标卡尺对管束进行测厚。管束较厚一侧厚度在 2.4～2.6mm 之间；减薄严重一侧厚度在 1.2～1.4mm 之间，两者差距较大。

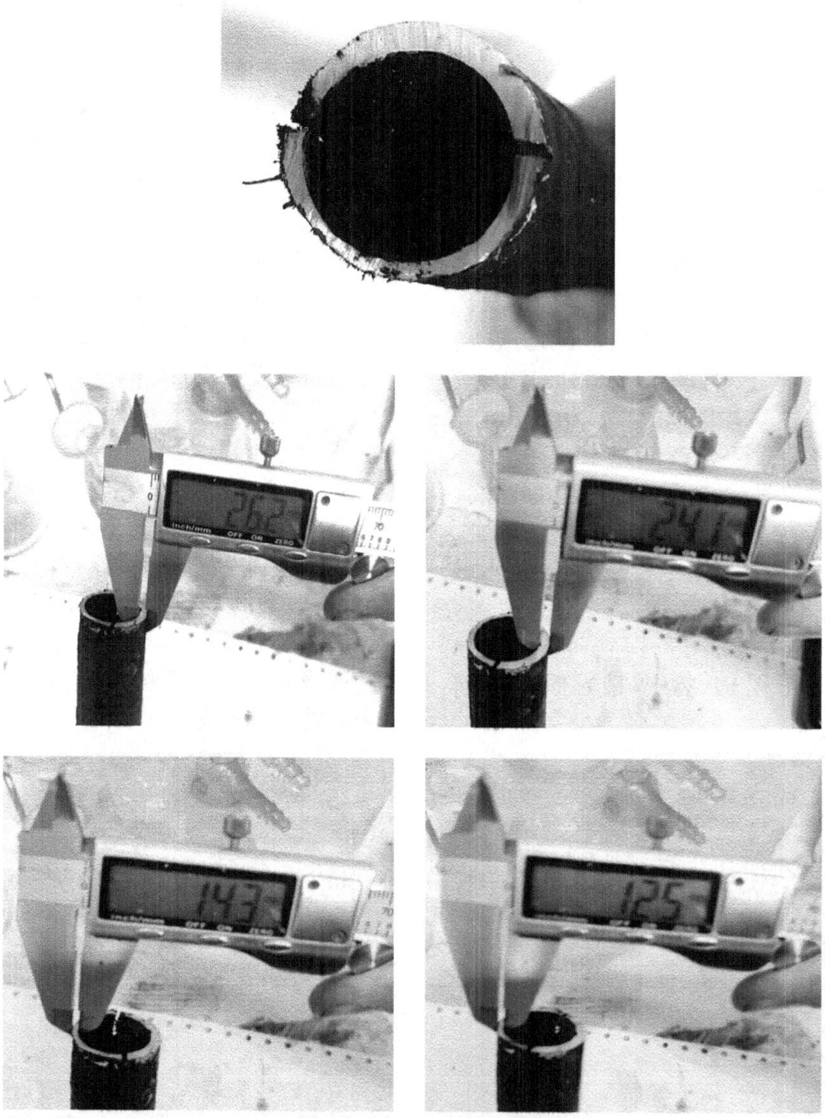

图 3　管束切割后宏观检查

图 4 为管束内壁体视检查结果。内壁覆盖有较厚的黑色垢物层，垢层表面不均匀，部分垢物呈片状堆叠在一起，垢物表面有明显的缝隙。

图 5 为管束外壁体视检查结果。外壁较内壁形貌有所差异，外壁也覆盖有黑色垢物，但表面颜色不均匀，也存在着明显的起伏。局部垢物层表面有破损。外壁表面有点状偏白色破损点，为表面沉积的垢物层损伤形成。

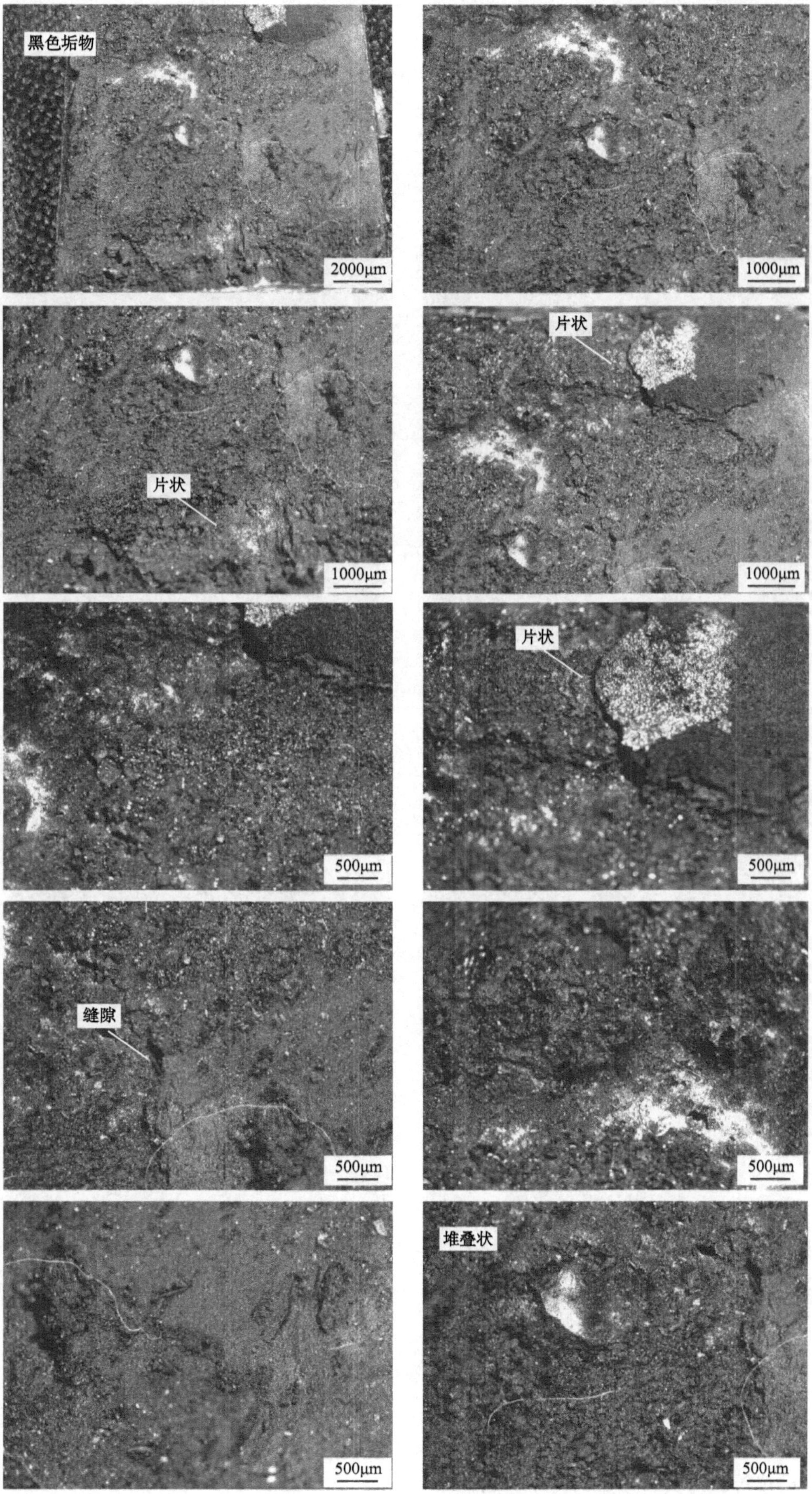

图4　管束内壁体视检查结果

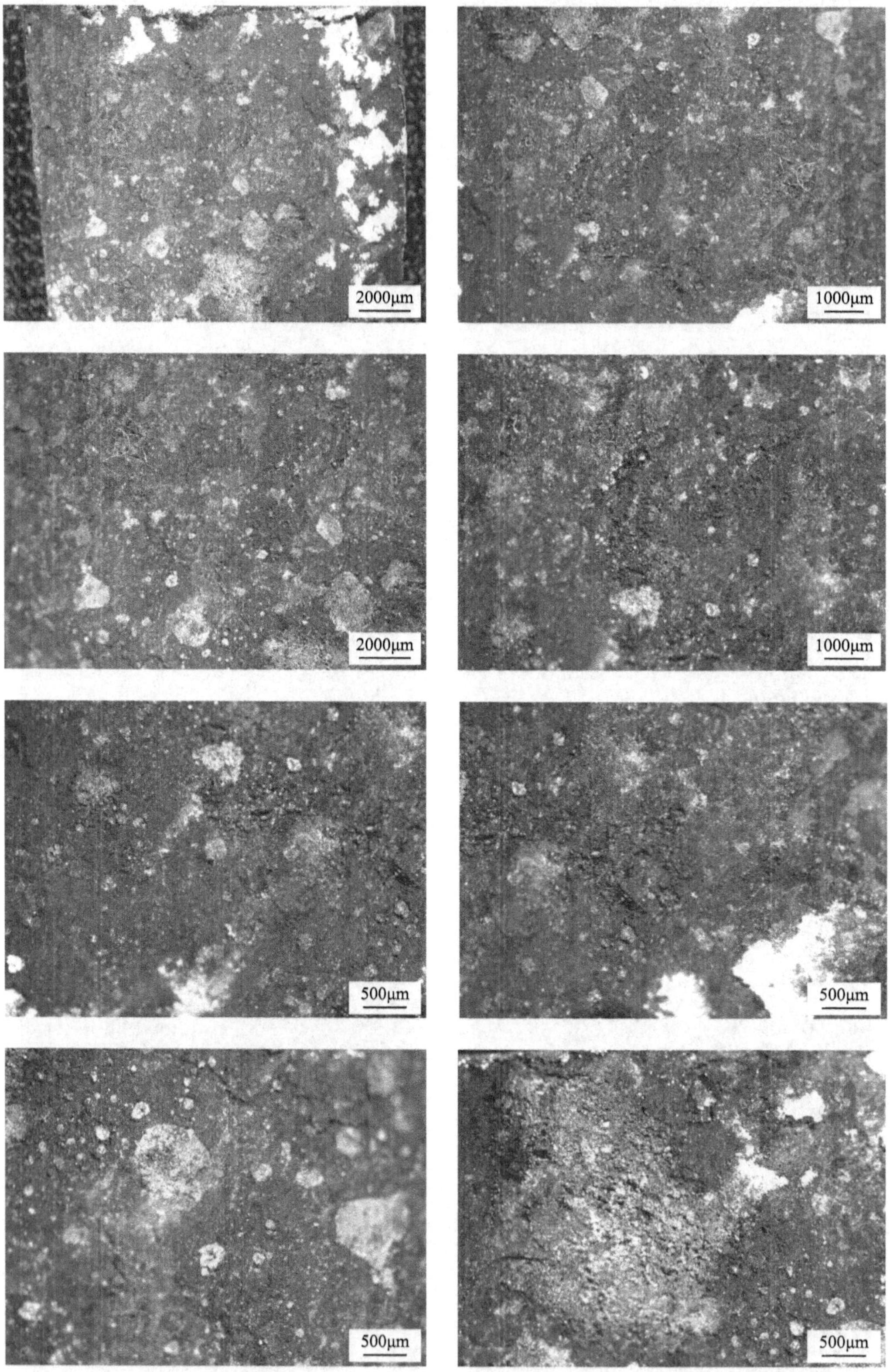

图 5　管束外壁体视检查结果

2.2　材质分析

从待检样品上切取块状样品，依据相关标准，使用光谱仪等，对其材质进行化学分析。

分析结果表明，待检管线的材质成分符合20#钢的标准要求，见表 1。

表 1　材质化学成分　wt%

元素	C	Si	Mn	P	S	Cr	Ni	Cu
试样	0. 19	0. 31	0. 38	0. 02	0. 02	0. 10	0. 12	0. 08
20#钢	0. 17~0. 24	0. 17~0. 37	0. 35~0. 65	≤0. 03	≤0. 03	≤0. 15	≤0. 30	≤0. 25

2.3　金相检验

将试片切割后取其减薄部位侧面加工成金相试样，封装后，经预磨、抛光，采用硝酸+酒精蚀刻溶液蚀刻 5s 后在显微镜下观察，分析其金相组织形貌。

图 6 为管线减薄严重部位内壁的金相照片。管束减薄严重部位的壁厚最薄处为 687μm，部分壁厚在 1000μm 左右，内壁垢物层厚度 125μm。检查发现，内壁垢物下有明显的凹坑，凹坑直径可达 200~400μm，可能为介质冲蚀造成的局部减薄。内壁均覆盖有较厚的垢物层，基体金属组织保持完好，较为平整光滑，局部有少量直径 100μm 左右的局部腐蚀坑。

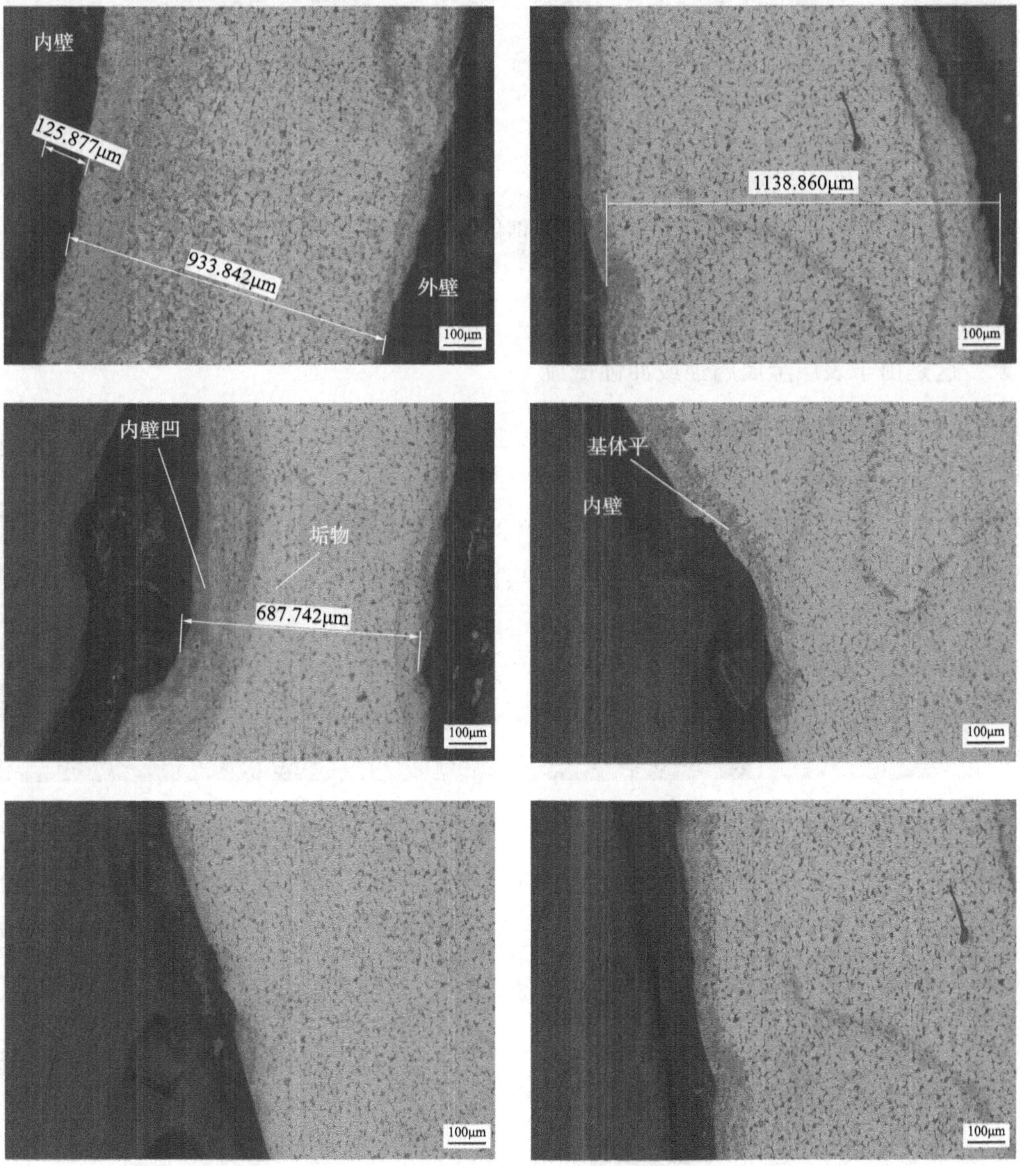

图 6　管线减薄严重部位内壁金相照片

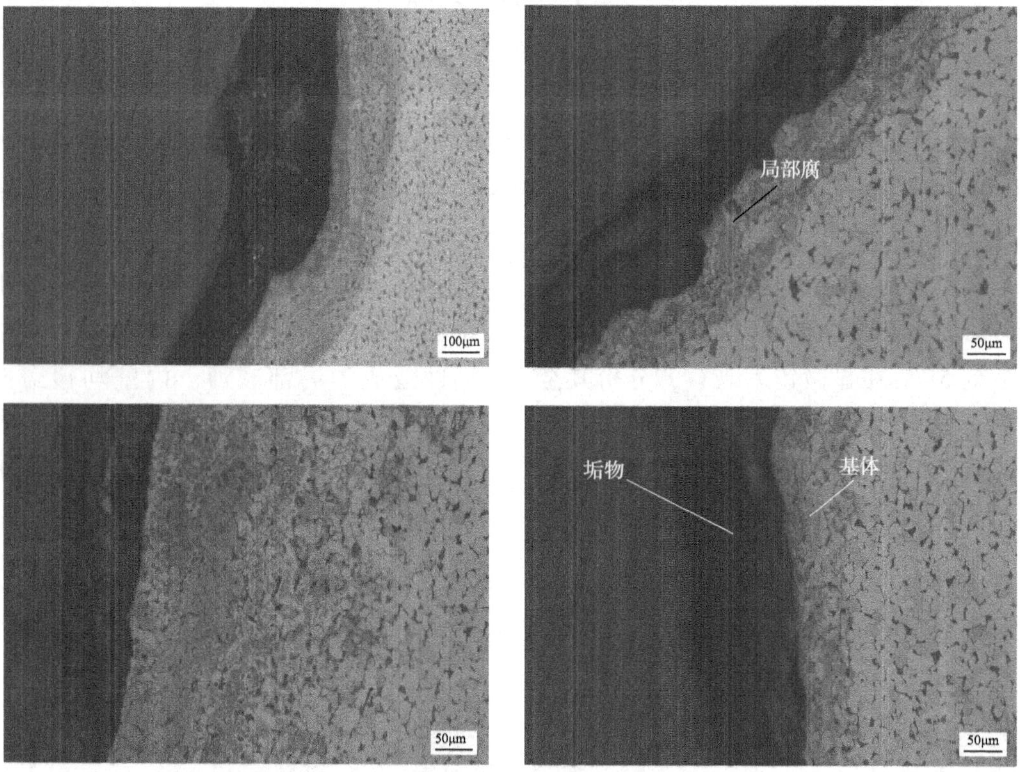

图 6　管线减薄严重部位内壁金相照片(续)

图 7 为减薄严重部位外壁金相照片。外壁垢物层厚度为 200μm 左右，且出现表面层金属整体剥离现象，这是由于表层金属腐蚀或冲蚀造成局部脱落。剥离后基体金属较为平整，局部有少量凹坑，凹坑直径在 100μm 左右。

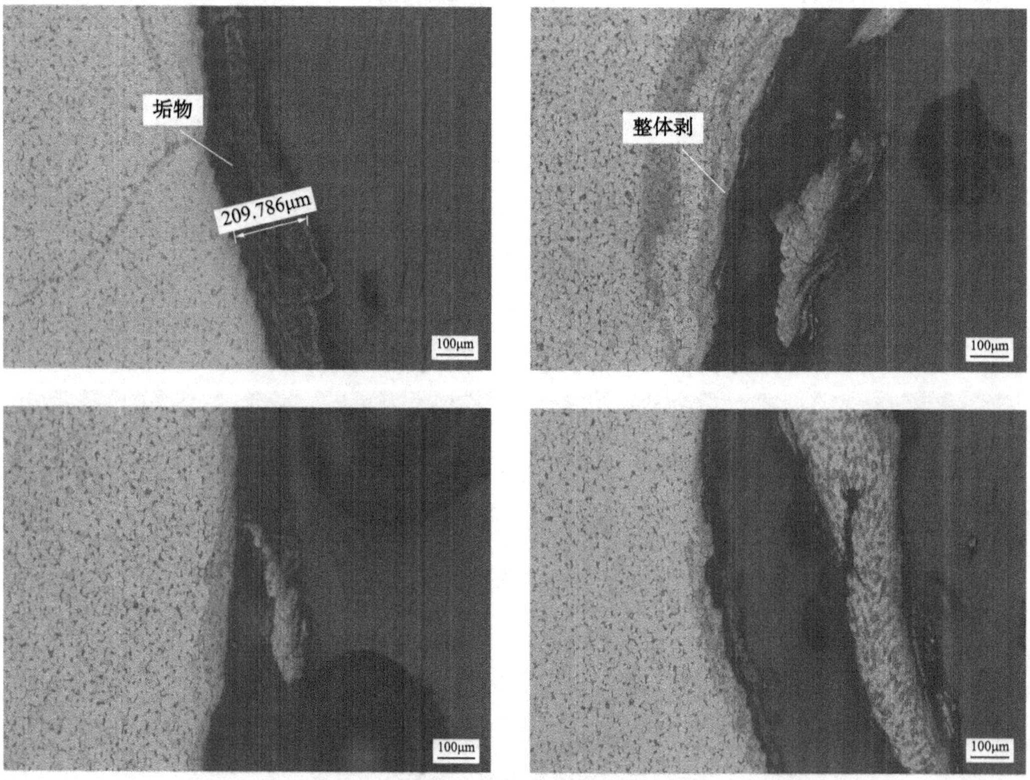

图 7　减薄严重部位外壁金相照片

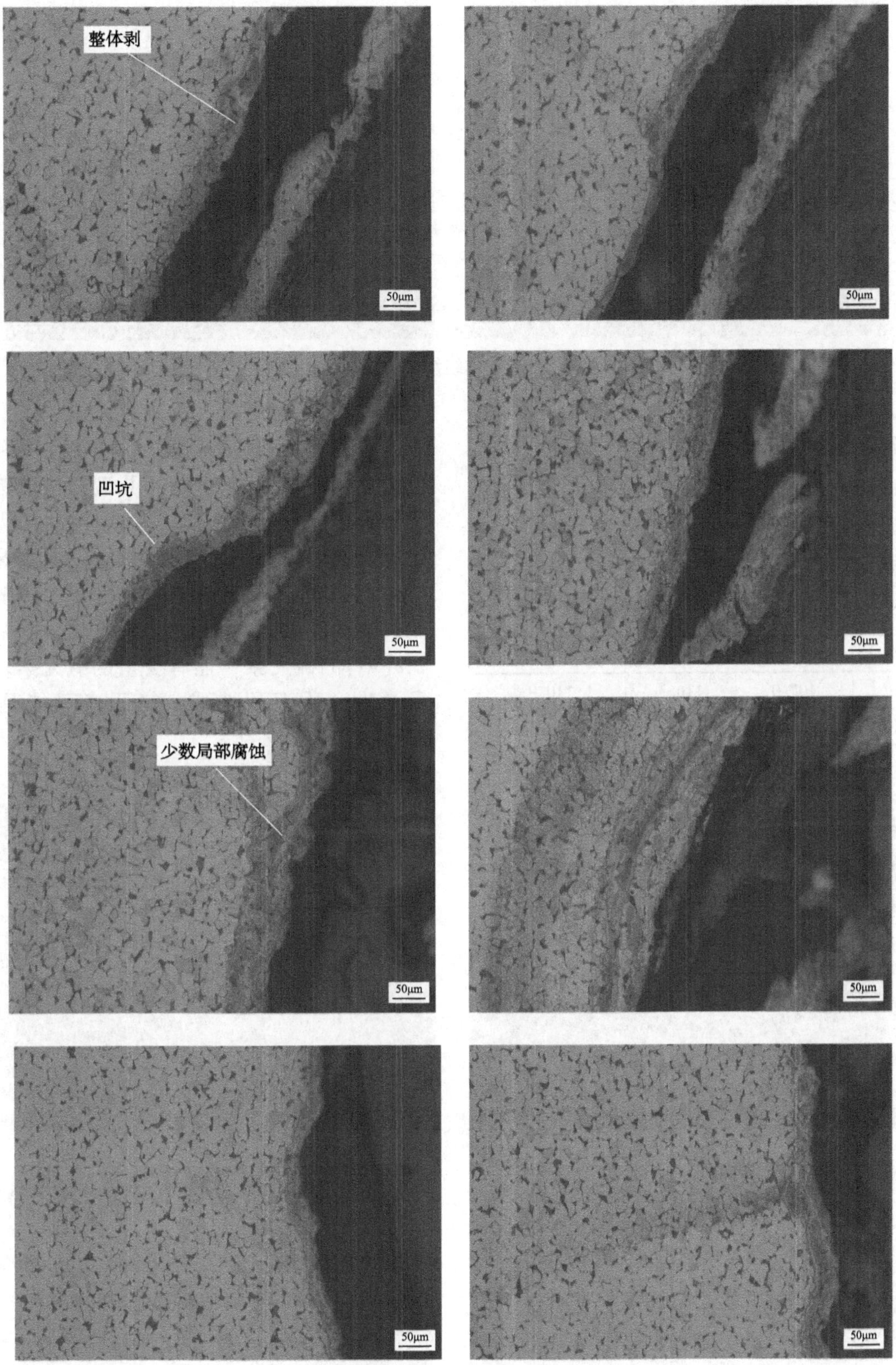

图 7　减薄严重部位外壁金相照片(续)

外壁基体金属较内壁基体表面起伏更大，基体组织整体剥离造成局部减薄严重。局部腐蚀造成的小凹坑较少，更多的是冲蚀造成的较大连续凹坑。

图 8 为基体组织金相照片。该管束为典型的碳钢组织，呈铁素体+片层状珠光体结构，铁素体的晶界清晰，夹杂物较少。珠光体为铁素体和渗碳体的混合物，正面可见片状渗碳体组织。

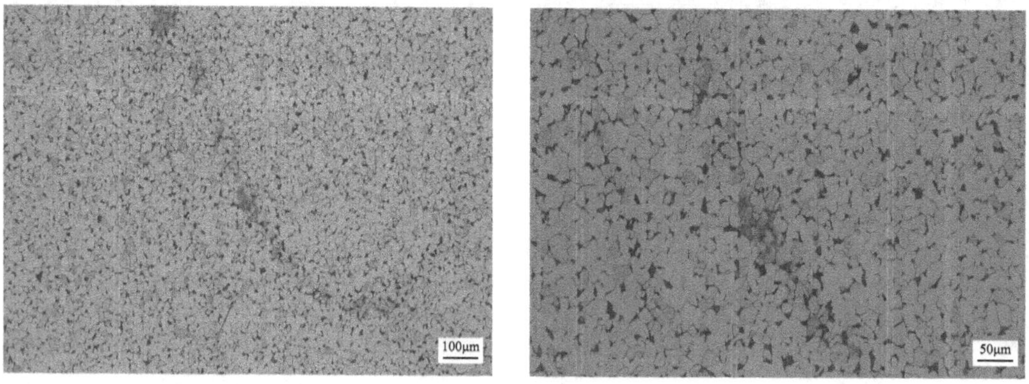

图 8　基体组织金相照片

2.4　硬度检测

对管束减薄部位进行显微硬度检测。载荷 1kg，加载时间 15s。其结果如下表 2 所示。管束边缘部位厚度稍低于中间部位硬度值，总体管束硬度值偏低。

表 2　样品显微硬度测量结果

位置点	1	2	3
边缘部位	107.0	116.3	110.9
中心部位	124.2	121.7	119.3

2.5　电镜分析

将内壁及外壁进行简单清理后，采用日本日立公司生产型号为 S-4800Ⅱ型扫描电镜对其形貌和能谱进行分析，其结果如图 9、10 所示。

图 9 为内壁扫描电镜及能谱分析结果。内壁表面沉积有较多的垢物，局部垢物团聚成团状物，表面垢物有缝隙。能谱结果显示垢物中有 2%(wt)的硫元素，还有少量的氯元素。其中硫元素为介质沉积造成，氯元素可能是加工时混入。

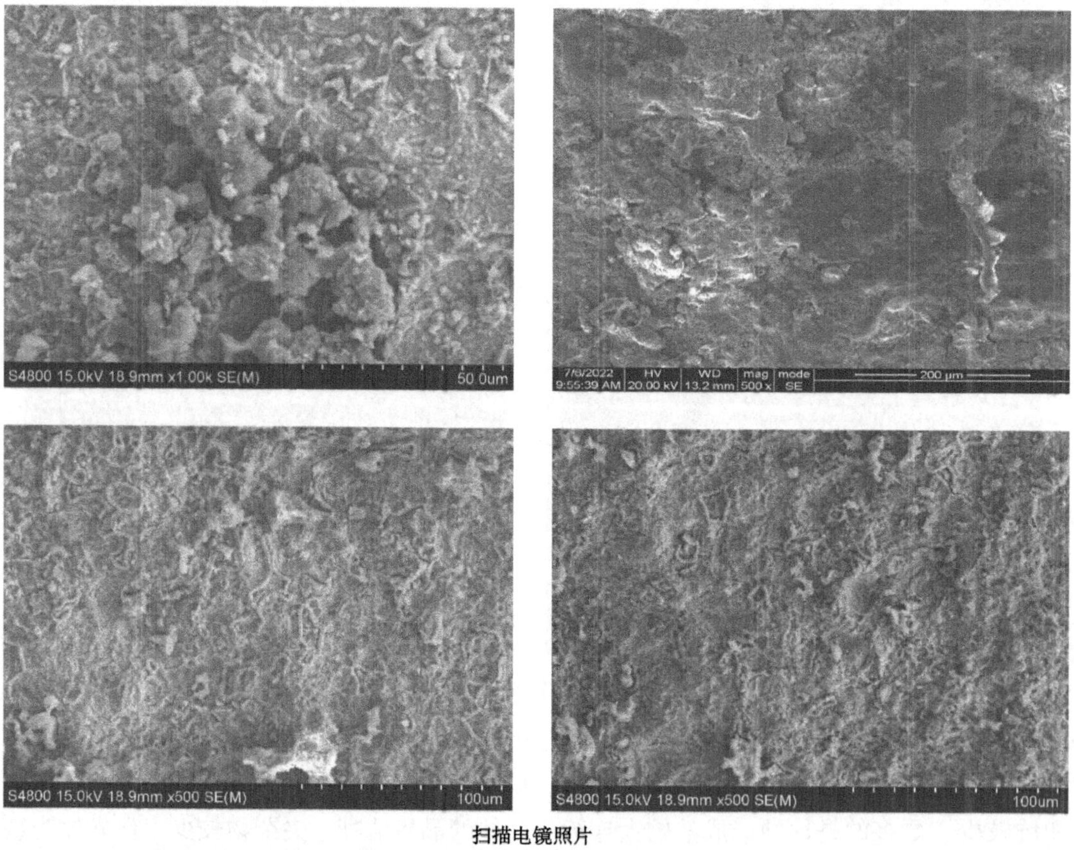

扫描电镜照片

图 9　内壁扫描电镜及能谱分析结果

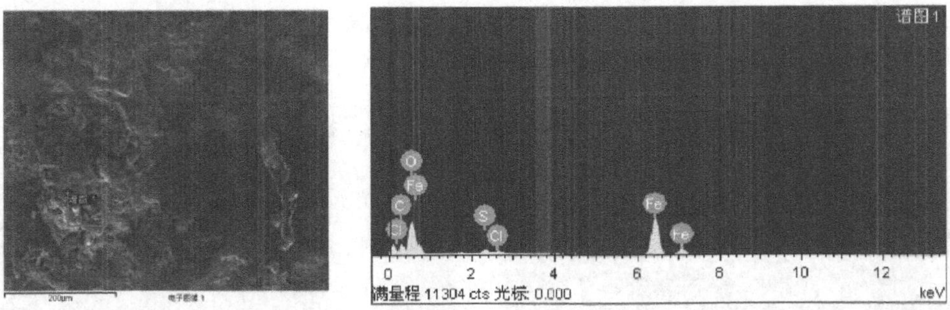

元素	重量百分比	原子百分比
C K	25.76	41.79
O K	36.63	44.60
S K	2.26	1.27
Cl K	0.82	0.45
Fe K	35.53	12.39
总量	100.00	

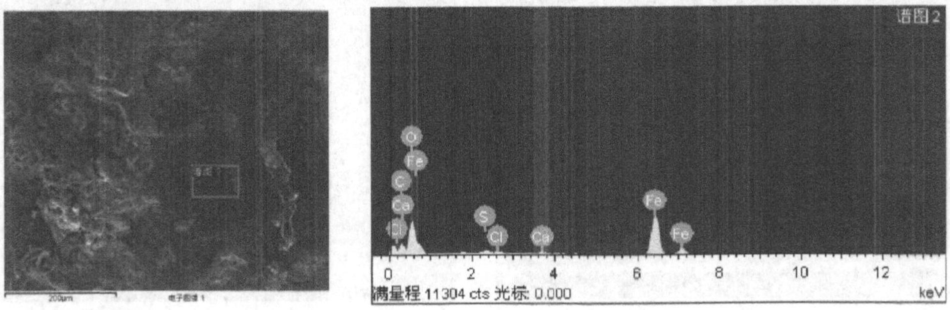

元素	重量百分比	原子百分比
C K	16.22	29.45
O K	38.43	52.39
S K	2.88	1.60
Cl K	0.40	0.25
Fe K	43.48	16.98
总量	100.00	

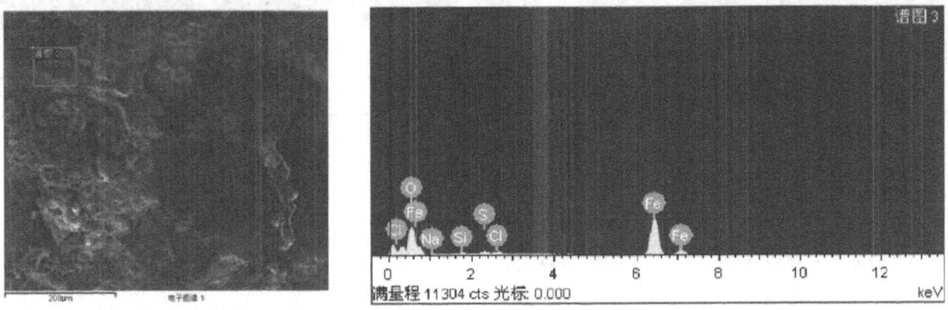

元素	重量百分比	原子百分比
O K	33.91	62.81
Si K	0.73	0.77
S K	2.46	1.85
Cl K	0.34	0.12
Fe K	61.56	32.66
总量	100.00	

图 9　内壁扫描电镜及能谱分析结果（续）

图 10 为外壁扫描电镜及能谱分析结果。外壁沉积的垢物块状物大于内壁，能谱结果显示硫元素及氯元素含量也高于外壁。

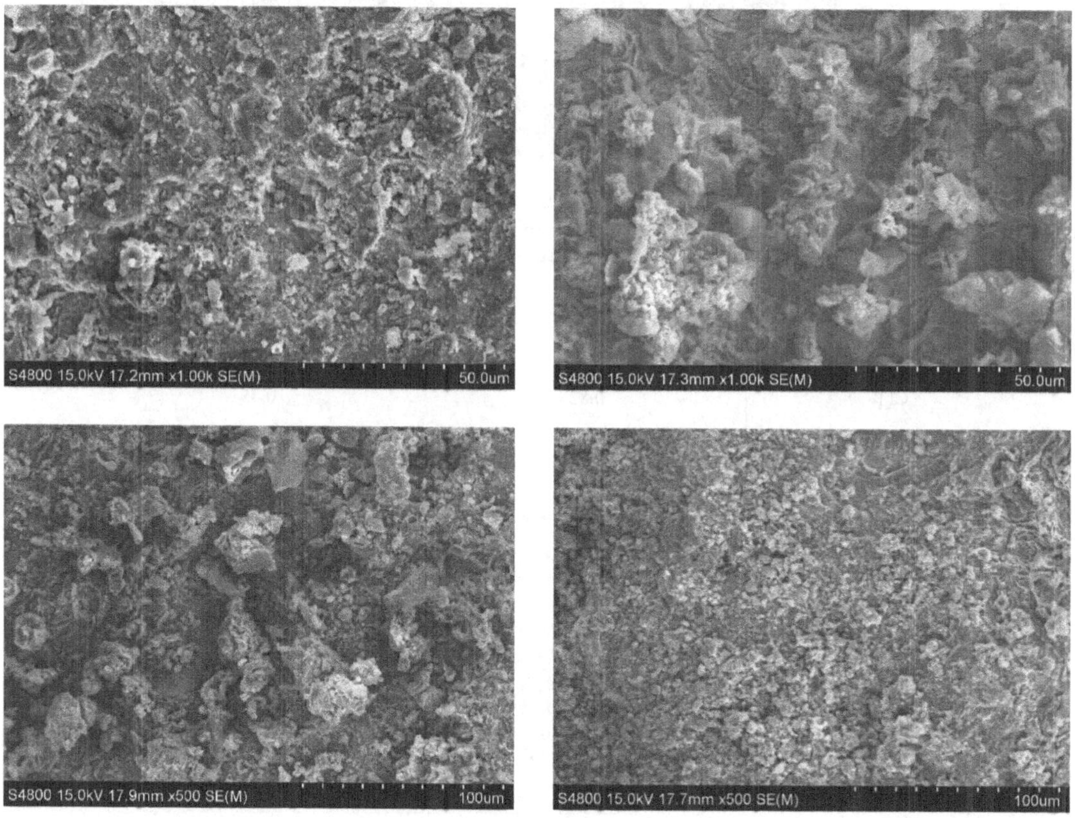

扫描电镜照片

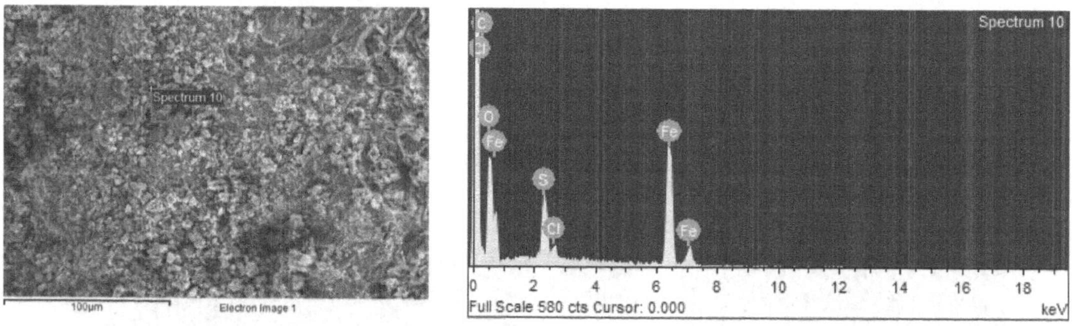

元素	重量百分比	原子百分比
C K	9.54	22.52
O K	22.72	40.28
S K	6.25	5.53
Cl K	1.54	1.23
Fe K	59.95	30.45
总量	100.00	

图 10　外壁扫描电镜及能谱分析结果

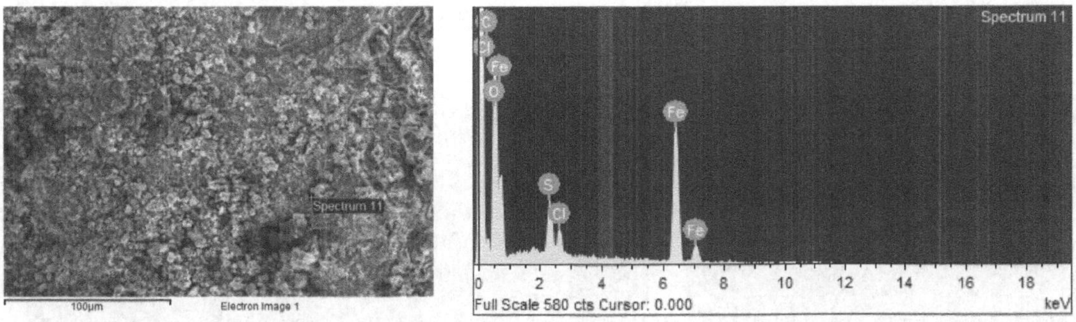

元素	重量百分比	原子百分比
C K	8.89	19.17
O K	31.45	50.92
S K	4.66	3.76
Cl K	2.39	1.74
Fe K	52.62	24.40
总量	100.00	

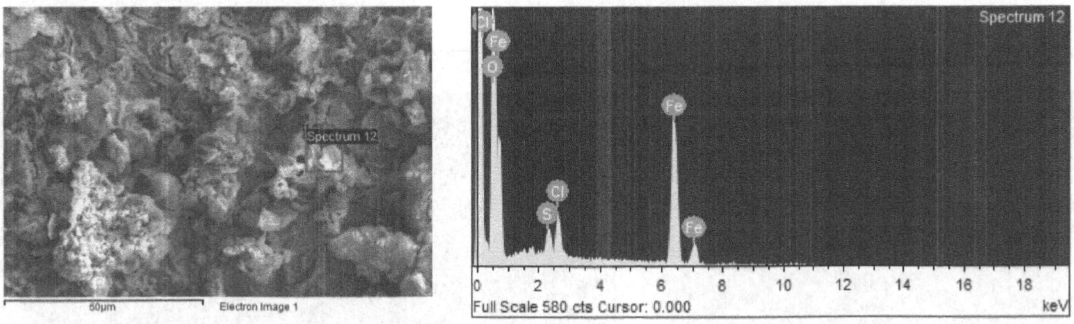

元素	重量百分比	原子百分比
O K	34.85	63.74
S K	2.38	2.17
Cl K	3.98	3.28
Fe K	58.79	30.80
总量	100.00	

图 10　外壁扫描电镜及能谱分析结果(续)

2.6　腐蚀产物分析

从管束(样管)的外壁上取腐蚀产物若干，对其进行 EDS 和 XRD 分析。

(1) 腐蚀产物的 EDS 分析。

由扫描电镜的能谱分析，确认管束外壁的腐蚀产物是由 C、O、S、Fe 元素构成的，见图 11。

(2) 腐蚀产物的XRD分析。

由X射线衍射分析(参考EDS的分析结果)，经检索，确认管束外壁腐蚀产物为Fe_7S_8，见图12。

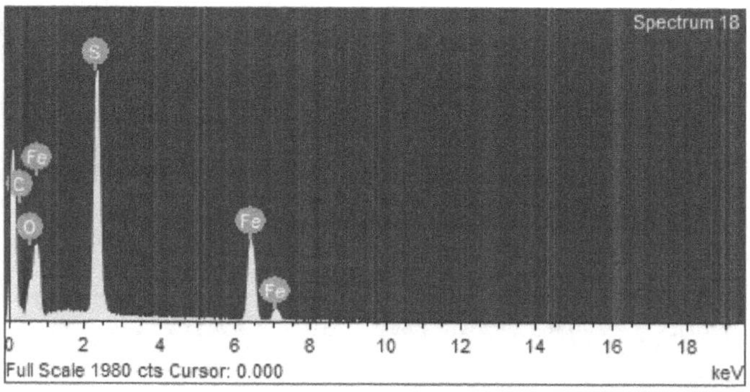

元素	线类型	wt%	原子百分比
C	K线系	13.68	31.71
O	K线系	12.07	21.01
S	K线系	27.74	24.09
Fe	K线系	46.50	23.18
总量:		100.00	100.00

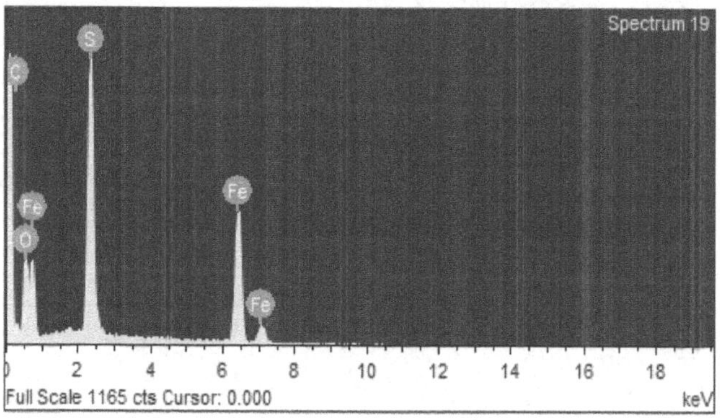

元素	线类型	wt%	原子百分比
C	K线系	15.23	33.47
O	K线系	16.51	27.25
S	K线系	19.99	16.46
Fe	K线系	48.27	22.82
总量:		100.00	100.00

图11　垢样扫描电镜及能谱分析结果

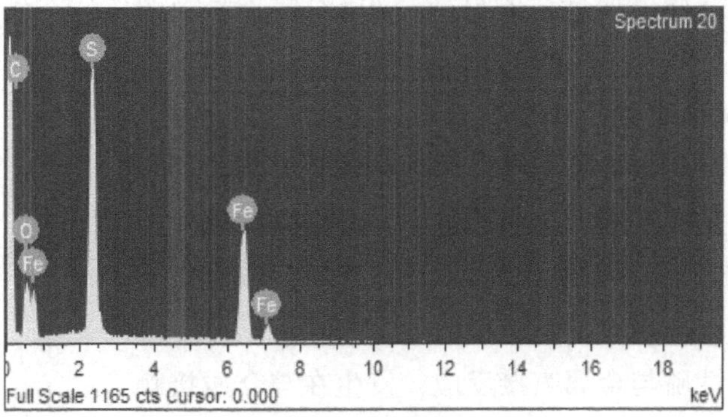

元素	线类型	wt%	原子百分比
C	K线系	11.14	26.88
O	K线系	13.84	25.06
S	K线系	23.75	21.46
Fe	K线系	51.27	26.60
总量		100.00	100.00

图 11　垢样扫描电镜及能谱分析结果

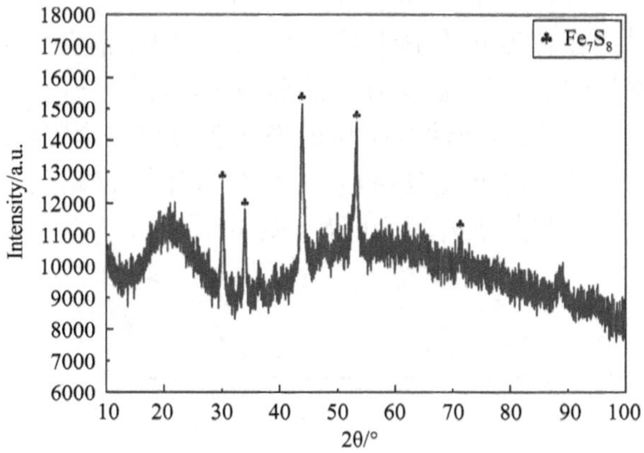

图 12　垢样 XRD 分析结果

3　分析与讨论

3.1　工艺分析

某石化公司分子筛车间换热器管束管程介质为导热油，操作温度为 310℃，工作压力为 1.2MPa；壳程介质为煤油，操作温度为 211℃，工作压力为 0.35MPa。

从管束内外表面垢物能谱分析结果看，均有一定量的硫元素存在，且外壁沉积的硫元素化合物浓度更高一些。通常煤油中含有烷烃 28%～48%、芳烃 20%～50%或 8%～15%、不饱和烃 1%～6%、环烃 17%～44%，还有少量的杂质，如硫化物、胶质等。导热油主要成分是多环芳香烃和芳香烃。两种介质中，壳程介质一般会含有少量的硫化物，如硫醇等物质。

该管束使用温度为 310℃，一般硫腐蚀发生在 240℃以上，存在硫化物的情况下。根据现有条件判断，该管束符合发生硫腐蚀的条件。

3.2　材质分析

该换热器采用材质为 20#钢，成分分析显示，材质组成符合相关标准规定的成分比例范围。金相组织检查中发现该管线正常的金相组织为典型的铁素体+珠光体组织，晶界较为清晰，未见明显夹杂。

管束局部减薄较为严重，从腐蚀形貌分析为局部的均匀减薄，并伴有局部的冲蚀、点蚀现象。在超过 240℃的情况下，存在硫化物的环境，一旦发生硫腐蚀，碳钢的腐蚀速率都在 1mm/a 以上。API 有关标准中表明，当介质中硫化物浓度高于 0.2%（wt），或环烷酸浓度高于 0.2mgKOH/g 时，温度超过 204℃就会发生均匀腐蚀减薄。因此，应该根据现场介质中硫化物的含量，选择更加合适的材质，20#钢材质等级明显偏低。

3.3　综合分析

某石化公司分子筛车间换热器管束减薄的主要原因是在较高的工作温度下，介质中的硫化物与管束发生硫腐蚀。同时介质流速对管壁也有明显的冲蚀作用，两者综合造成管束减薄。

活性硫与金属直接反应，发生在与介质接触的各个部位，表现为均匀腐蚀。各种硫化物中，以二价硫化物腐蚀性最强，特别是硫化氢。发生的腐蚀反应如下：

$$Fe+S^{2-} \longrightarrow FeS+2e$$

阳极反应生成的腐蚀产物为硫化亚铁或硫化铁，但在现场反应物浓度、温度、压力等条件影响下，一般腐蚀产物为复杂的硫化铁混合物，主要有 Fe_9S_8，Fe_3S_4，FeS_2，FeS 等组成，具体的腐蚀产物生成随 pH 值、H_2S 浓度等参数而变化。其中 Fe_9S_8 的保护性最差，与 Fe_9S_8 相比，FeS_2 和 FeS 具有较完整的晶格点阵，因此保护性较好。

高温硫腐蚀腐蚀速率大小，与介质中活性硫含量有关，也与总含硫量相关。温度升高，会加速活性含硫化合物与金属基体发生的化学反应速率，同时也会促进非活性硫分解，生成更多的腐蚀性活性硫。当温度高于 240℃时，随着温度升高，硫腐蚀速率逐渐加速；在 430℃时腐蚀速率达到最大值；之后腐蚀速率随着温度开始逐渐降低。高温硫腐蚀开始时速度很快，腐蚀进行到一定程度后腐蚀速率会保持恒定，这是由于金属表面生成了硫化铁对基体具有一定的保护作用。但在较高流速的介质中，保护膜会被介质冲刷掉，腐蚀将重新开始。

常用材质在含硫介质中的腐蚀速率可以用修正 McMonomy 曲线预测。曲线中碳钢在含硫介质中腐蚀速率最快，且腐蚀类型主要为均匀腐蚀，这与本次失效分析结果相符(图 13)。

本次管束腐蚀为高温环境下硫化物造成管束腐蚀，其表现形式为以均匀腐蚀为主，兼有少量垢下腐蚀。介质主要为油性物质，容易生成黏稠的垢物沉积在管束基体表面，垢下介质局部浓缩，活性硫浓度升高造成局部蚀坑。同时介质流速对管束有明显的冲刷作用，一方面将表面沉积垢物冲刷掉，露出新鲜的基体组织；另一方面高速流动的高温介质对管束基体本身也有明显的冲刷作用，造成基体减薄。两者综合作用，加速了管束减薄的腐蚀速率。

根据修正 McMonomy 曲线大致可判断出不同材质在含硫介质中的腐蚀速率，其中碳钢腐蚀速率最快，且随温度升高腐蚀速率直线上升。含 Cr 合金钢耐蚀性有明显提高，随着材质含 Cr 量腐蚀速率降低比较明显。而 18-8 不锈钢耐蚀性较上述材料提升较为明显(图 14)。

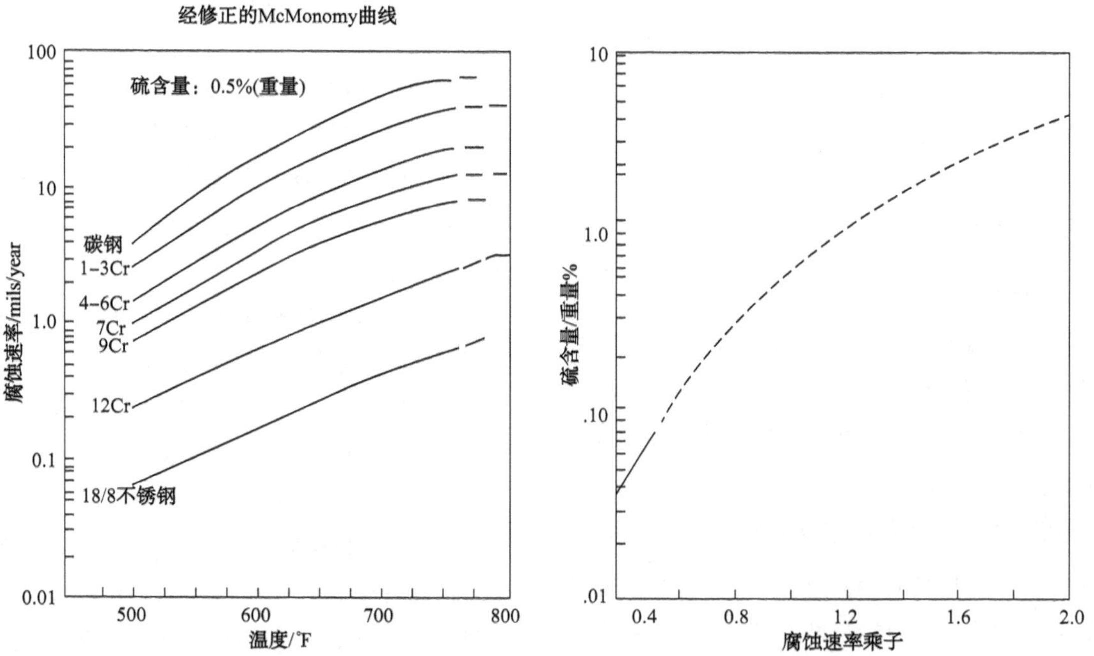

图 13　修正 McMonomy 曲线

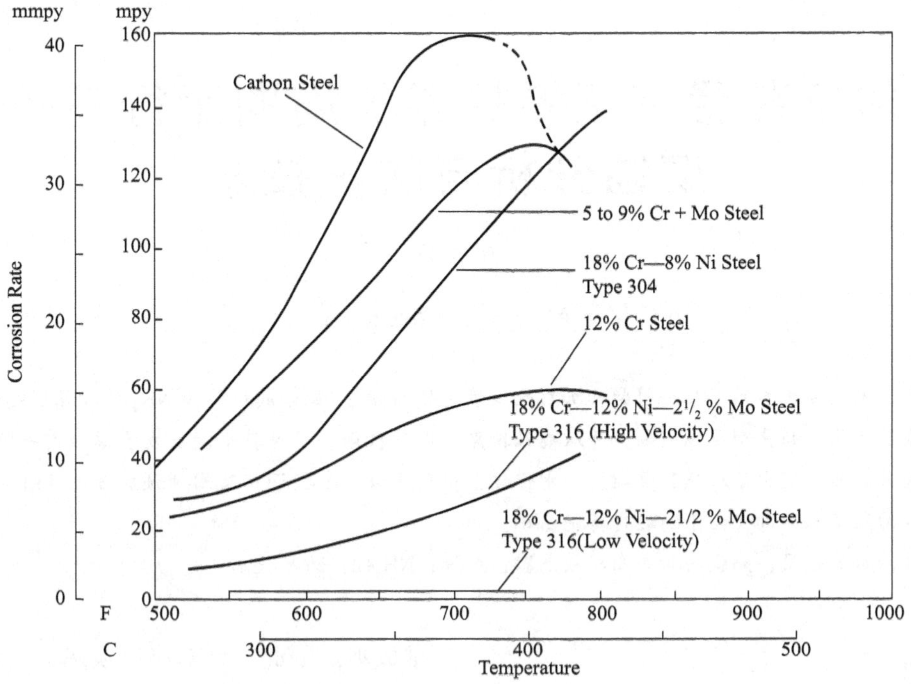

图 14　环烷酸及高温硫腐蚀环境下不同材质温度与腐蚀速率对应曲线

针对此类腐蚀问题，多数采用材质升级解决。高温部位可以采用 0Cr13 或 0Cr13Al 铁素体不锈钢，换热器可以采用 Cr5Mo 和 18-8 不锈钢，但 18-8 不锈钢抗应力腐蚀开裂能力不如 0Cr13 或 0Cr13Al，管线及转油线、弯头等部位可以采用 Cr5Mo 或 Cr9Mo，冲蚀严重区域可以选用 316L。选用 316L 材质需保证材质中 Mo 含量超过 2.5%。

根据介质中硫化物含量评估大概的腐蚀速率，并根据介质分析结果中 pH 值、硫含量、氯含量（是否存在）及活性氢等主要腐蚀性物质，选择合适的材质。从本次分析结果，碳钢材质均匀腐蚀速率较大，需进行材质升级。能谱结果中发现少量的氯元素，普通的奥氏体不锈钢加工制造过程中容易产生残余应力，发生应力腐蚀开裂的概率很高，因此建议升级至 316L 不锈钢。

4　结论及建议

4.1　结论

某石化公司分子筛车间换热器管束减薄的主要原因是在较高的工作温度下，介质中的硫化物与管束发生硫腐蚀。同时介质流速对管壁也有明显的冲蚀作用，两者综合造成管束减薄。

4.2　建议

（1）升级材质至更高等级。可以考虑升级为 316L 奥氏体不锈钢。

（2）控制工艺。控制介质中硫含量在合适的范围内。同时确保换热器在正常的温度范围内运行。

参　考　文　献

[1] 冉文燊，郑民君，王果，等．输油管道垢下腐蚀的电化学行为[J]．腐蚀与防护，2024，45(04)：33-38.

[2] 张栋，等．失效分析[M]．北京：国防工业出版社，2004，197~206.

加氢装置高压换热器长周期运行下的腐蚀分析与防护技术

康秀阁

（中国石油辽河石化公司）

摘　要　本文分析总结了某公司柴油加氢改质装置热高分气/混合氢换热器 NH_4Cl 结晶引起垢下腐蚀、氯离子引发应力腐蚀的典型腐蚀问题，并从腐蚀现象、腐蚀机理、腐蚀物来源及发生腐蚀前一阶段的设备运行状态展开分析，提出了从原料管控、注水优化、材质升级、参数调整及腐蚀预警方面开展腐蚀防控的具体措施，为装置长周期安全平稳运行奠定基础。

关键词　加氢装置；隔膜密封式高压换热器；腐蚀；NH_4Cl；防护技术

1　背景简述

随着国家"碳达峰、碳中和"战略持续推进，石化行业促进高质量发展、提升本质安全的发展方向正在加速演进、不断深化。在此背景下，设备腐蚀分析与精准防控技术的重要性进一步凸显。某公司120万吨/年柴油加氢改质装置热高分气/混合氢换热器E-2102为隔膜密封式高压换热器，该设备自投产以来，在运行的3个生产周期10年时间，频繁发生腐蚀问题。腐蚀问题一方面造成装置生产波动乃至停工，影响安稳运行；另一方面降低了换热器运行寿命，增加了运维成本。因此，针对高压换热器进行长周期、系统性的腐蚀情况调研分析，查找出各生产周期、工艺条件下高压换热器的腐蚀原因和相应防腐对策，对装置的长周期安全平稳运行和装备的腐蚀管控能力提升具有积极意义。

2　工艺条件与设备参数

工艺流程方面：该设备管程介质是来自热高压分离器顶部的气相组分，主要包含油气、H2及 H_2S；壳程介质是来自机组的混合氢（新氢+循环氢），其工艺流程如图1所示。

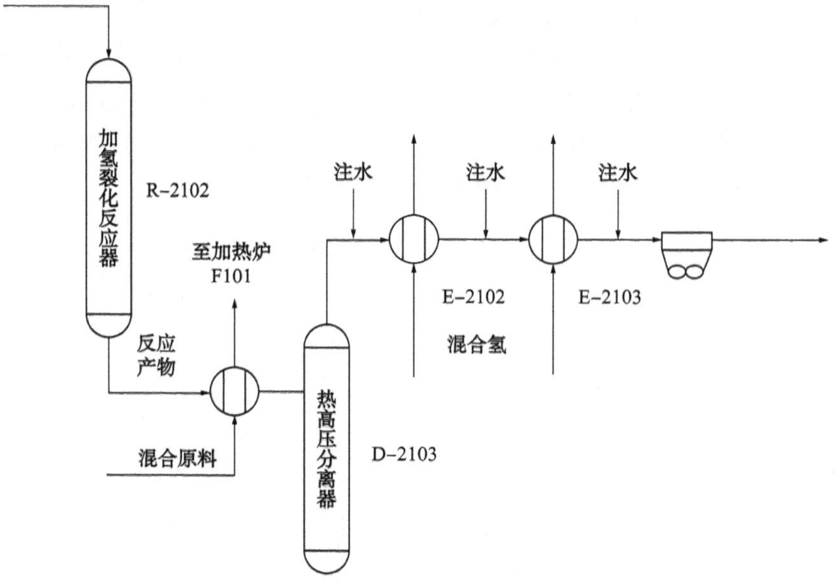

图1　高压换热器E-2102局部工艺流程

设备参数方面：该换热器为隔膜密封式高压换热器。壳体材质为 12Cr2Mo1R(H)，管束材质为 2507 型双相不锈钢，管板为 12Cr2Mo1(H)+堆焊(E309MoL+E2209)，密封盘材质为 316L。其他主要设备参数如表 1 所示。

表 1　高压换热器 E-2102 技术参数

工艺编号	设备名称	介质	材质	操作温度/℃	操作压力/MPa
E-2102	热高分气与混合氢换热器	管程：油气、H_2、H_2S	2507 型双相不锈钢	228/152	10.18
		壳程：混合氢	12Cr2Mo1R(H)	65/172	11.40

3　腐蚀情况及原因分析

3.1　腐蚀情况简述

该设备曾数次发生隔膜密封盘本体或角焊缝氯离子应力腐蚀开裂，裂纹电镜下形貌如图 2 所示，历次拆检处置过程中均发现管、壳程存在不同程度结盐、腐蚀问题。下文将以该设备最近一次泄漏检修与检查分析为论述对象，对该设备长期存在的腐蚀情况与管控措施进行详细论述。

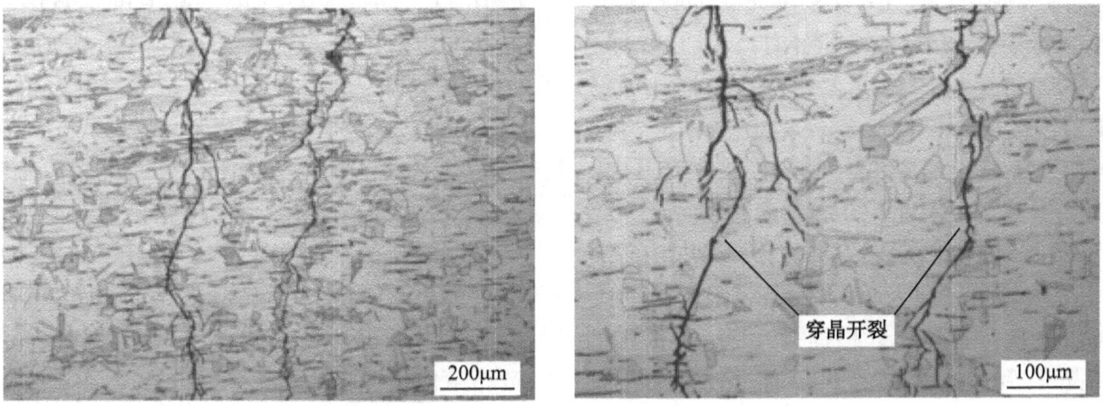

图 2　E-2102 应力腐蚀裂纹形貌

2022 年 4 月 14 日，发现热高分气与混合氢换热器 E-2102 管箱端部隔膜密封盘角焊缝位置出现长约 8mm 贯通裂纹，换热器管箱打开后，发现该管箱内存在片状垢块且氨味较重。管箱筒体内壁呈斑驳腐蚀形貌，平均减薄量约 2.5mm；管程入口与分程箱衔接位置一周均存在腐蚀沟槽，腐蚀最为严重，最大深度约 8mm。管程腐蚀与结垢情况如图 3 所示。

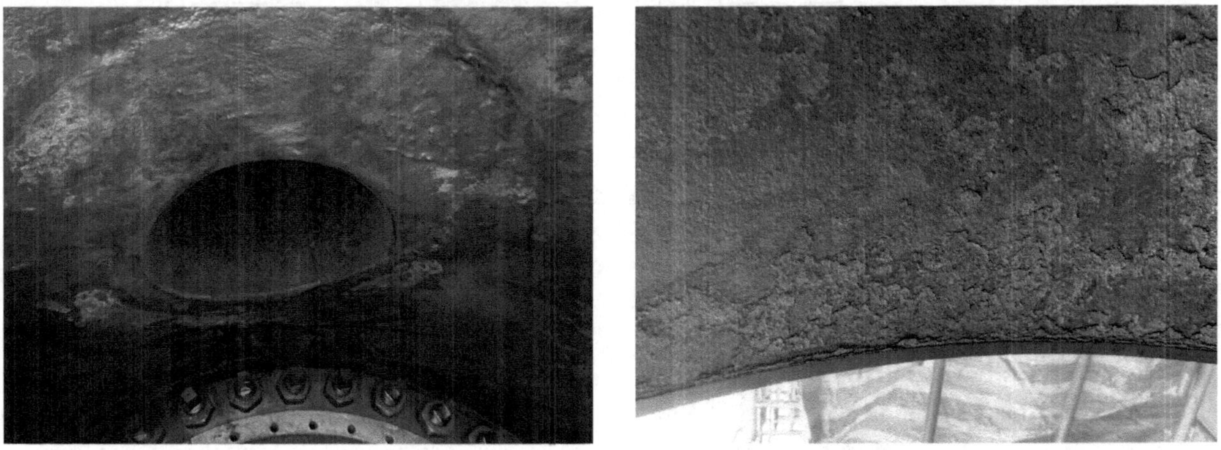

图 3　E-2102 管程腐蚀与结垢情况

管束抽出清洗完毕后，目测即发现管板与管头角焊缝位置存在大量裂纹，最长处约 150mm。情况如图 4 所示。

图 4　E-2102 管板裂纹

3.2　腐蚀产物的确定

采集的垢块表面存在黑色油迹，内部主体为白色固体，烘干后的样品基本可以全溶于蒸馏水，分析化验结果如表 2 所示。该结盐物中氯含量约为 66.55%，氨氮含量约为 22.07%，由此可以推断，该结盐物基本全部为 NH_4Cl。

表 2　腐蚀产物分析化验数据

采样部位	采样时间	氯化物/(mg/L)	硫化物/(mg/L)	氨氮/(mg/L)	NH_4Cl 总量
E-2102 管程	2022.05.16	449.3	0	154.5	60.38%

3.3　腐蚀机理

3.3.1　垢下腐蚀

装置原料中的 N、Cl 及 S 等元素的化合物，会在反应器中与 H_2 反应生成 NH_3、HCl 和 H_2S 气体。在随着反应产物进入到分离、换热系统时，随着温度的逐渐降低，气相中的 HCl、H_2S 组分可与 NH_3 发生反应，生成 NH_4Cl 和 NH_4HS。在加氢装置通常 NH_4Cl 的结晶温度约为 180～220℃，故其结晶常在空冷前的换热器中开始；NH_4HS 的结晶温度约为 70～120℃，因此 NH_4HS 结晶常发生在空冷器中。根据 API932-A 提出的理论结晶平衡常数计算方式，通过计算 NH_4Cl 结晶温度系数 Kp 值(氯化铵 Kp 值为 NH_3 分压值与 HCl 分压值乘积，即：Kp = (PNH_3) · (PHCl)，结合 NH_4Cl 的结晶温度估算图，可以确定反应流出物系统中 NH_4Cl 的结晶温度，NH_4HS 也是如此。

从图 5 得到 NH_4Cl 的结晶温度约为 190℃，而换热器 E-2102 管程的进口温度为 220～230℃，出口温度为 145～165℃，达到 NH_4Cl 的结晶温度，因此换热器管程内出现 NH_4Cl 结晶析出现象；NH_4HS 结晶温度在 120℃左右，换热器管程最低温度 145℃，因此可排除 NH_4HS 导致垢下腐蚀的因素。

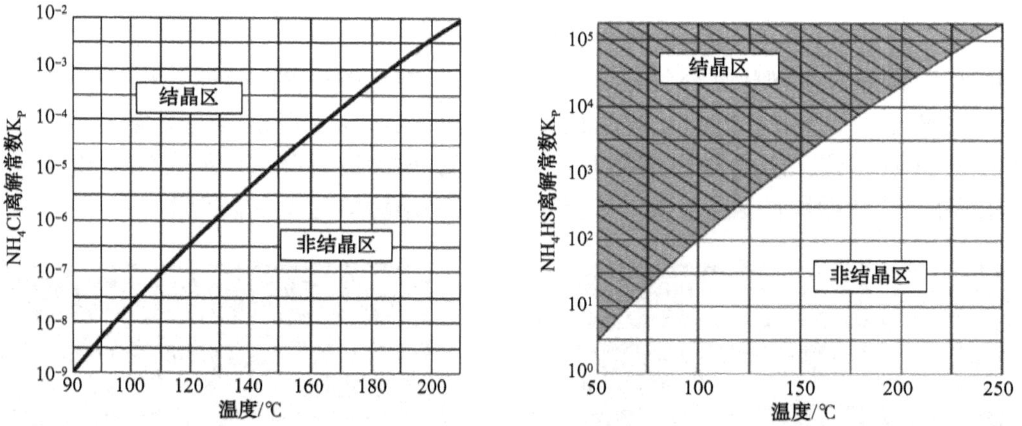

图 5　氯化铵、硫氢化铵结晶温度估算图

氯化氨在管程内部逐步挂壁沉积并发生潮解，在垢下形成高浓度强酸环境。其机理可表示为：

$$NH_4Cl+H_2O \longrightarrow NH_3 \cdot H_2O+HCl$$

$$Fe+2HCl \longrightarrow FeCl_2+H_2\uparrow$$

由于氯离子半径小，易穿透金属保护膜内极小的孔隙与金属产生离子反应，导致微孔不断扩大，Cl^- 不断向孔内迁移、富集，使得孔内溶液不断酸化、阳极加速溶解，形成闭塞电池的自催化过程，不断加速腐蚀的发展。

3.3.2　腐蚀与冲蚀

同时，NH_4Cl 与 H_2S 共存的情况下也会存在相互促进的作用，使 H_2S 在金属表面作用生成的 FeS 保护膜持续溶解脱落，新鲜表面不断暴露、腐蚀不断向金属构件内部发展延伸。这种现象在流速较高的部位如管口或存在湍流的位置更为显著。

3.3.3　Cl^-应力腐蚀

应力腐蚀是指金属在拉应力和特定的腐蚀介质共同作用下引起低于材料强度极限的脆性开裂现象。300 系列奥氏体不锈钢的 Cl^- 敏感性均较强，因此对该设备来说，隔膜密封盘角焊缝存在的残余应力、温度梯度造成的热应力、微观缺陷发展进而造成的应力集中等情况，均会在 Cl^- 电解质溶液环境下发生应力腐蚀，且随 Cl^- 浓度上升，开裂可能性随之增加。2205 双相不锈钢虽然具有一定的耐氯化物应力腐蚀的能力，但其允许的最大 Cl^- 使用浓度为 2%，且温度应小于 150℃。当长期处于高温、高 Cl^- 含量、强酸环境时，随着 PH 值的降低，双相不锈钢的表面膜被破坏，最终也将发生应力腐蚀开裂。

这一方面解释了该设备隔膜密封盘本体及角焊缝多次腐蚀开裂的原因，也说明了 2205 双相钢管束在长周期暴露于 Cl^-环境时，也面临着发生应力腐蚀开裂的较大风险。

3.4　腐蚀物来源

3.4.1　氢气

装置氢气主要为重整氢，少部分来自制氢。查询设备发生泄漏前 1 年的入装置新氢分析化验数据显示，新氢中氯含量无超标历史记录，历次分析化验数据均为“合格”(<0.2μL/L)。

3.4.2　原料油

目前国内柴油加氢装置原料氯含量基本均按照小于 1μg/g 设计，但各企业柴油加氢装置实际运行状况差异较大。查询设备发生泄漏前 1 年时间原料氯含量，情况如图 6 所示。

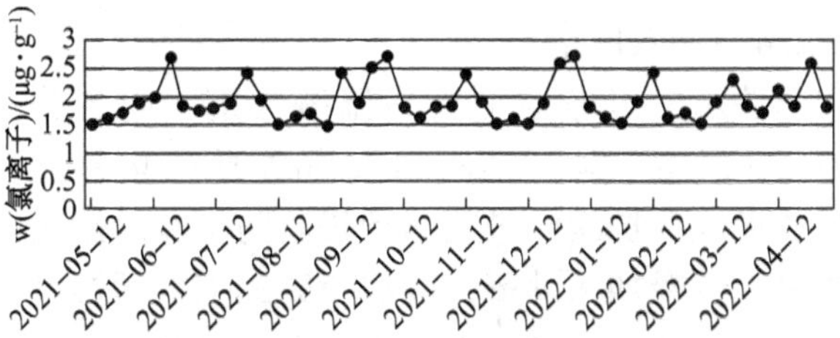

图 6　原料油氯含量分析数据

从图 6 可以看出，1 年中原料油中的氯质量分数均大于 1.5μg/g，采样数据最大值为 2.7μg/g，均超过了加氢装置的控制指标(不大于 1μg/g)。

3.4.3　注水

柴油加氢装置的注水采用了除盐水，其分析数据显示：水中氯离子质量分数最大为 0.4μg/g。

综上可见，该装置的氯离子主要来源是原料油。

3.5　运行状态分析

3.5.1　操作温度

查询 E-2102 检修前 1 年时间换热器管程入口、出口操作温度趋势变化如下图所示。

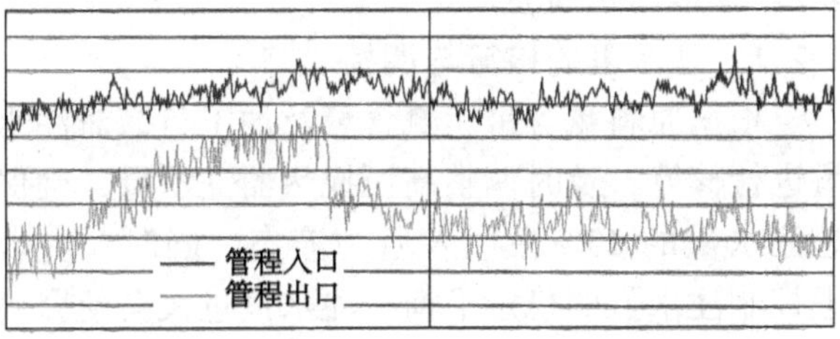

图 7　E-2102 管程入、出口温度变化趋势

其中入口温度变化范围为 220~230℃，出口温度变化范围为 145~165℃。可见该设备管程操作温度始终处于 NH_4Cl 结晶析出温度范围内。

3.5.2　注水情况

装置采用换热器前注水点连续注水方式。利用 PROII 模拟软件计算注水量和注水后温度，当介质温度为 225℃和 230℃时，若要满足注水后剩余液态水的质量分数达到 25%的要求，注水量应分别不小于 5.8t/h 和 6.4t/h，注水后温度分别为 151℃和 153℃。而目前该点注水量靠手阀控制且无流量显示，只能凭经验大致控制在约 6~7 t/h。

3.5.3　流速影响

装置上一周期起长期处于低负荷工况，相应的换热管内的介质流速也将有所降低。低流速更有利于铵盐结晶在管程内的沉积，结晶沉积的累积又将进一步影响介质流速，形成恶性循环过程。

4　防腐措施

根据上文分析，高压换热器的腐蚀主要受到原料中的氯化物、硫化物等杂质含量、注水方式与注水量以及生产操作条件等因素的影响。因此可采取如下措施进行相应的腐蚀防控。

4.1　控制原料的腐蚀物含量

目前装置氯化物主要来自原油本身携带的氯

化物及注剂残留的氯化物，其中部分有机氯经电脱盐后的脱除效果并不理想，导致氯化物从分馏装置进入到各下游装置中。为了解决该问题，目前可采取如下措施：

（1）在上游装置采用脱氯助剂，将有机氯转化为无机氯后进而脱除。从源头上降低原料油的氯化物含量；

（2）适当提高低氮柴油的掺炼比例，降低混合进料中的氮含量，进而也能降低 NH_4Cl 的结晶平衡常数，从而降低 NH_4Cl 的结盐温度。

4.2　注水优化调整

4.2.1　注水量的核算与调控

根据原料氯含量、氮含量及加工负荷对注水量进行核算，及时调整高压换热器注水量，确保总注水量的 25% 在注入后为液态。同时，应合理控制注水量的稳定平衡，注水量过大会使介质的温度降低过多，增加冷却负荷，影响换热器的换热平衡；注水量过小则不能起到理想的冲洗效果，甚至可能加重腐蚀。

此外，也应注意合理控制高压换热器前、后的注水量分配。由于两个注水点均无流量显示，只能依靠靠阀门开度判断、调整注水量。而由于高压换热器自身存在压降，导致设备后注水点系统压力必然更低，因而往往导致注水更容易从换热器后注水点进入系统。因此必须注意设备前后注水阀门的调控原则，避免换热器侧注水量不足，铵盐结晶冲洗不充分。

4.2.2　注水形式的优化

传统注水方式，水通过注水管道直接注入系统，由于水的密度远高于高分气相介质，导致注入后气液混合效率很低，铵盐洗涤效果不佳。用 fluent 模拟直管注水，从分布图中可以看出，水在注入后出现明显偏流。为了提高注水的混合效率，可采用雾化喷头使注水的分布更加分散，与高分气相的混合更加均匀，从而更充分地冲洗掉油气中的铵盐，同时也能有效降低对注水点后管线的冲刷腐蚀。采用雾化喷头前、后的注水分布情况如图 8 所示。

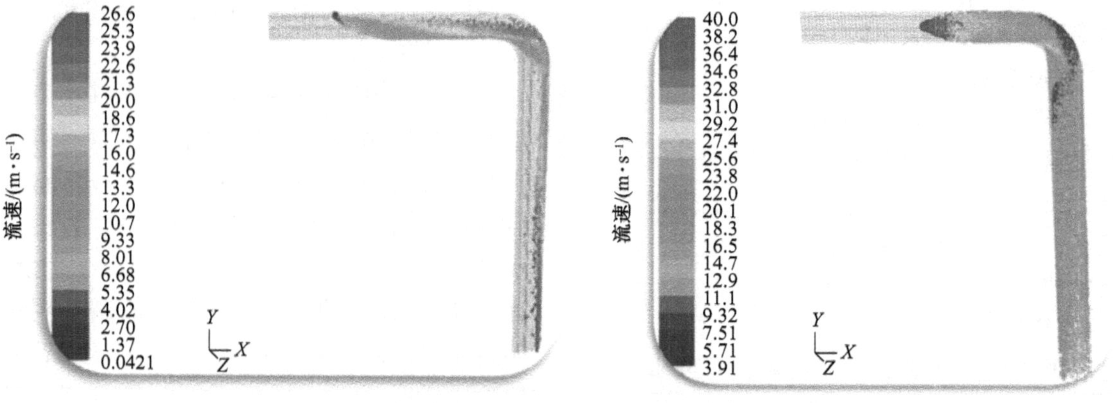

图 8　采用雾化喷头前、后的注水分布情况

4.2.3　注水方式的选择

若采用连续注水，则如上文所述，必须始终保证足够的注水量，且充分考虑原料组分变化、处理量变化的影响；连续注水方式有利于铵盐结晶的彻底冲洗，但同时存在较高的能耗，也伴随着持续的高浓度酸性物质冲刷腐蚀的风险。因此，目前在高换前采取间歇注水的方式也是较为普遍的。

若采用间歇注水，需注意除了科学计算注水量保证水量充足，同时应做好后路酸性水质分析化验监测，保证铵盐冲洗彻底--工艺波动相对较小--能耗相对经济节约的动态平衡。同时，密切监控换热器压降、换热温差等相关工艺参数变化趋势，合理掌控、适时调整间断注水的持续时间和注水周期。

4.2.4　加入助剂

注水中可考虑加入高温缓蚀剂，起到分散 NH_4Cl 结晶、避免 NH_4Cl 结晶挂壁聚集并能在管壁形成保护膜，进而达到提高防结盐、耐腐蚀效果。选择加入助剂，除需考察助剂的缓蚀性能外，也应注意考察助剂对流程上各设备的运行有无不利影响以及对下游的工艺和产品的影响。目前，相关助剂在类似工况的应用效果尚需进一步观察。

4.3　合理选用材质

合理选用材质是炼化行业高温部位防腐管控

的主要方式之一，是提升设备耐蚀能力的基础。根据 SH/T 3129—2012，镍基合金 Incoloy825 是该工况下的推荐选材，其在该腐蚀环境下具有较为优良的耐腐蚀性能。与 300 系列不锈钢及双相钢相比，该合金具有更优良的抗 Cl^- 应力腐蚀、抗稀盐酸及抗点蚀的能力，广泛应用于加氢装置中存在严重硫化物及氯化物腐蚀的设备。

4.4 加强生产过程的参数监测与调节

4.4.1 原料参数监测

制定原料中氮、硫、氯含量设防值并密切监控，确保原料油、氢气及注水中的氯、氮、硫等腐蚀相关元素含量合规受控。同时，还需对冷高分含硫污水氯离子、铁离子、氨氮、硫化物和 pH 值等腐蚀数据进行监测，做到提前预警。

4.4.2 工艺参数调整

根据氯化铵结晶热平衡曲线可以看出，温度的提高可显著提升结晶析出的平衡浓度。因此，在工艺条件允许、能耗控制合理的范围内，可适当提高高压换热器的入口温度，从而降低铵盐在高换中结晶析出的比例。目前，部分企业通过增设软硬件设施，实现了 KP 值和结盐温度在 DCS 系统的实时计算、动态监测，操作员可根据计算结果实时调整操作条件，保证高压换热器出口温度大于结盐温度并留有一定安全裕度。

根据平衡曲线，也可在工艺允许的条件下适当提高氢油比，降低腐蚀性介质气体分压，进而降低氯化铵的结晶温度。

4.4.3 腐蚀监测完善

目前各柴油加氢装置在各高换出入口管线上的监测仪表布置并不全面，往往导致高换压降、出入口温差等衡量设备运行状态的关键参数无法直观读取计算。因此，可在结盐情况严重、腐蚀风险较高的高压换热器出、入口管线，分别增设完善压力、温度测量仪表，实现换热器温差、压降参数的实时监控，为工艺调整、注水调整提供可靠依据，保障设备的安全平稳运行。

4.5 腐蚀预警新技术的应用

目前基于工业大数据的设备腐蚀预警系统在炼化行业中已有应用。该项技术依托石油化工系统信息采集传感器多的特点，通过对大量生产工艺数据、化学分析数据和操作参数的综合处理和分析，建立相应的腐蚀预测模型，实现多参数工况下材质腐蚀速率的估算，对设备运行状态进行评估和腐蚀风险的事前预判，有效协助炼化企业提前处理腐蚀风险，选择适宜的防腐蚀措施，消除设备运行隐患。相比传统的腐蚀相关数据定期采集与分析，该技术具有数据采集全面、处理准确，风险实时监控、提前预警等优势，若该项技术能持续优化完善，可对设备的腐蚀防控管理提供较大帮助。

参考文献

[1] 任日菊，周斌，程伟，等．加氢装置高压换热器失效分析及铵盐腐蚀结晶温度的变化规律研究[J]．石油炼制与化工，2021，52(1)：118-125.

[2] 李铸，余蕾，禹建军．加氢裂化热低分气空冷器结盐腐蚀泄漏原因分析[J]．石油化工腐蚀与防护，2020，37(1)：62-64.

[3] 孙毅，张小莉，董建伟．加氢裂化高压空冷器的防腐分析与措施[J]．石油炼制与化工，2009，40(6)：60-70.

[4] 包振宇，段永锋，于凤昌．加氢装置高压换热器铵盐腐蚀的模拟计算和试验研究[J]．石油化工腐蚀与防护，2018，35(3)：6-18.

[5] WU Z H. Analysis On the Corrosion Leakage Of High PressureHeat Exchanger For Hydrogenation And Countermeasures [J] . Petrochemical Safety And Environmental Protection Techno logy, 2016, 32 (2): 20.

[6] 韦勇．加氢裂化高压换热器的腐蚀泄漏及对策[J]．石油化工腐蚀与防护，2021，38(1)：14-17.

[7] 王国庆．加氢裂化装置高压换热器的腐蚀与防护[J]．石油化工腐蚀与防护，2014，31(3)：38-43.

[8] 李璐婕，柳旭．大数据技术在加氢高压换热器腐蚀预警系统中的应用[J]．石油化工腐蚀与防护，2019，36(2)：36-40.

连续重整装置工艺防腐蚀现状及分析

冷文明　张　淼

（中国石油辽河石化公司）

摘　要　本文主要从工艺防腐蚀监测体系、腐蚀检测、大修期间防腐蚀检查情况等方面、阐述了连续重整装置工艺防腐存在的问题及应对的解决措施。

关键词　重整装置；在线监测；腐蚀；定点测厚；露点温度

1　前言

某石化公司60万吨/年连续重整装置由原料预处理、重整反应再生、苯抽提、变压吸附氢气提纯等四个部分及公用工程与余热锅炉等组成，以三套常减压装置、焦化汽油加氢装置及柴油加氢改质装置提供的石脑油为原料，生产高辛烷值汽油组分、混合二甲苯、苯等芳烃产品，同时还副产 H_2、液态烃、干气、轻石脑油等产品。苯抽提系统设置有单乙醇胺注入点，预加氢进料换热器E1101设置了注水点，预加氢蒸发塔、C4/C5分离塔、脱戊烷塔C1201设置了缓蚀剂注入点。装置共安装腐蚀在线监测探针14支，其中腐蚀速率探针7支，pH探针2支，在线测厚探针5支。逐步完成了“一图两表一手册一报告”等工艺防腐标准化资料的编制，健全了装置防腐蚀管理监测体系。

2　重整装置腐蚀概述

（1）氯化物腐蚀是催化重整装置的主要问题之一。

在预加氢部分，由于原料中含有一定量的硫、氮、氧、氯等化合物，在预加氢过程中会与氢反应生成 H_2S、NH3、H_2O、HCl等，形成低温 H_2S+HCl+NH4+H_2O 腐蚀环境。

重整部分因为反应催化剂需要通过有机氯活化，有机氯在反应器中会生成HCl，部分进入气相随H2循环，部分随反应产物进入脱戊烷塔。虽然干态的HCl对没有腐蚀性，但有水存在时会发生强烈的腐蚀。因此在重整反应产物后冷却系统、脱戊烷稳定塔塔顶系统、轻油管线等部位会存在比较严重的HCl+H_2O 腐蚀。

（2）苯抽提系统的腐蚀

苯抽提部分的腐蚀主要是由于抽提溶剂降解造成的，在系统中存在的少量氧的作用下，溶剂在一定的温度条件下会发生降解，生成有机酸或无机酸产物，造成设备腐蚀。

3　检修期间腐蚀检查情况

2022年5月，连续重整装置开展停工期间的专项腐蚀检查。主要检测了塔器、容器、换热器、工艺管线的易腐蚀部位，现简略做如下分享。

3.1　塔器腐蚀检查情况

（1）溶剂回收塔C1402塔盘腐蚀。人孔内各层塔盘上条形浮阀四个顶点与塔盘接触处，塔盘有腐蚀坑，深度1~2mm，见图1。

（2）塔C1402塔壁腐蚀。人孔内部周围塔壁有大面积腐蚀坑，深度1~2mm，测厚数据：12.2~14.0mm，见图2。

图1　C1402塔盘腐蚀坑

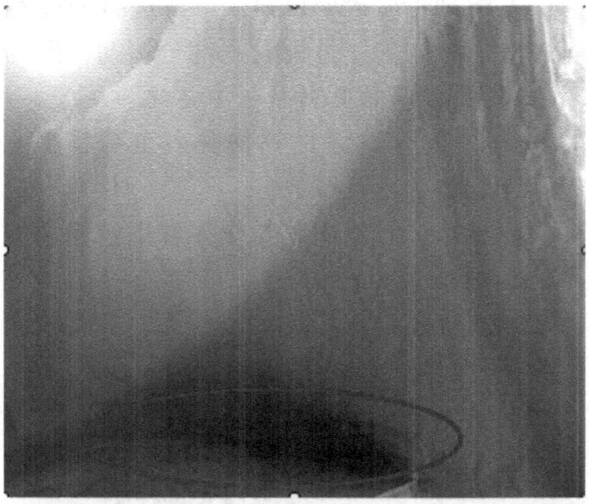

图 2　C1402 塔壁腐蚀凹陷

(3) 塔 C1402 进料管线腐蚀。人孔内进料分配管盲端腐蚀穿孔，直径约 Φ50mm，见图 3。

(4) 塔 C1402 分配管支撑座腐蚀。进料管底部分配孔之间金属腐蚀殆尽，形成一条长度约 500mm，宽度约 80mm 的穿孔区，见图 4。

图 3　C1402 进料分配管盲端腐蚀穿孔

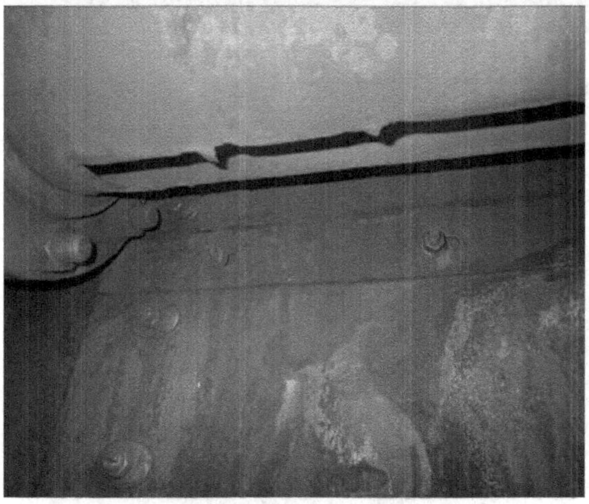

图 4　进料分配管底部穿孔区腐蚀

(5) 塔 C1402 降液板腐蚀。人孔北侧降液板大面积腐蚀缺失，降液板与塔壁焊缝腐蚀开裂。第一层塔盘受液盘与塔壁焊缝局部腐蚀开裂，长度约 1m，见图 5~6。

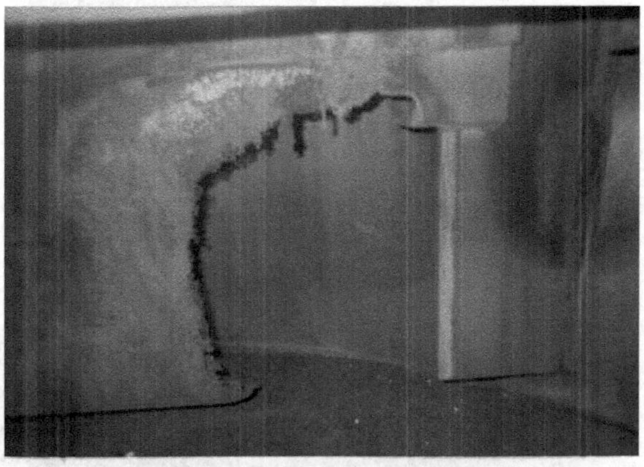

图 5　C1402 液板大面积腐蚀缺失

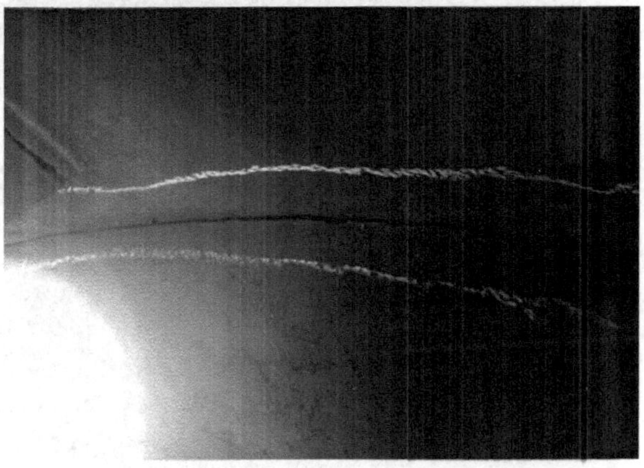

图 6　2#人孔受液盘与塔壁焊缝腐蚀开裂

3.2　容器腐蚀检查情况

(1) 溶剂再生罐 D1404 破沫网局部破损，破沫网腐蚀发黑变色，见图 7。

(2) 溶剂再生罐 D1404，2#人孔(罐底)底部重沸器(E1408)支架局部坑蚀 2~3mm，见图 8。

图 7　D1404 罐顶破沫网腐蚀情况

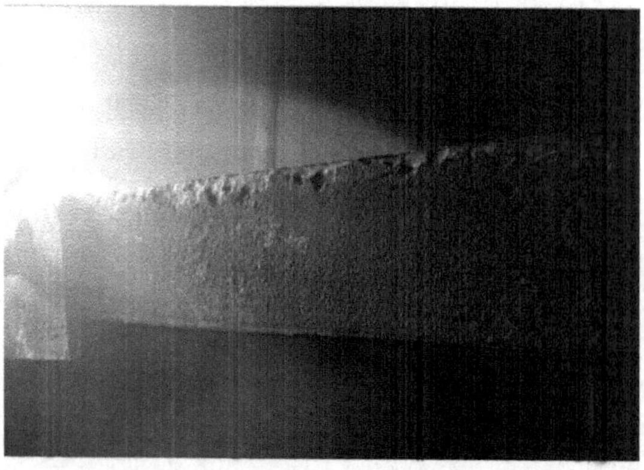

图 8　罐底重沸器支架坑蚀

(3) 溶剂再生罐 D1404，下方进料分配管法兰有一处螺栓缺失。分配管孔部分堵塞(图 9)。

3.3　水冷器、换热器腐蚀检查情况

3.3.1　C4/C5 分离塔进料换热器 E-1206 检查情况

(1) 管箱：管箱内附有较多红褐色铁锈，腐蚀较轻。

(2) 筒体及封头：筒体及封头底部有较多泥垢，垢下密集点蚀，深度 0.3~0.5mm(图 10)。

(3) 管束、管板表面防腐涂层脱落，管束及管板金属表面轻微腐蚀(图 11)。

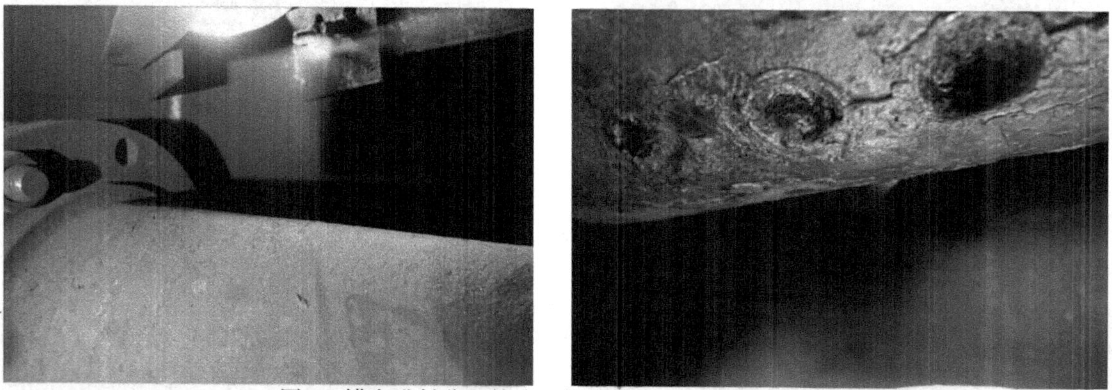

图 9　罐底进料分配管法兰螺栓缺失、分配管孔堵塞

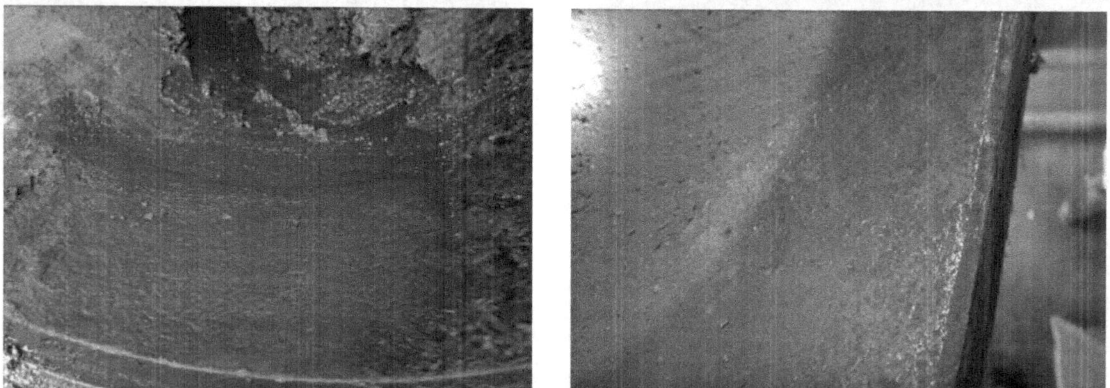

图 10　封头及筒体底部垢下密集点蚀

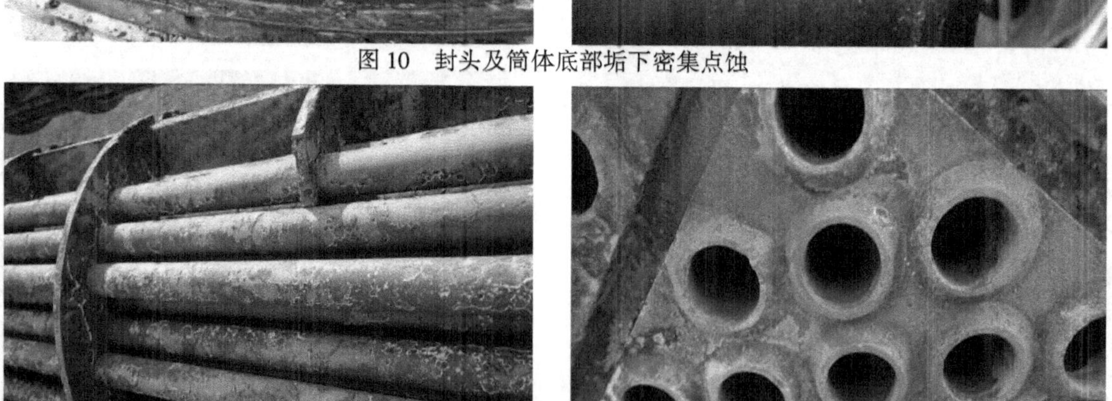

图 11　管束、管板防腐涂层老化脱落

3.3.2　预加氢反应产物水冷器检查情况

（1）筒体及封头：进料口环焊缝局部有不连续腐蚀沟槽，长度约100mm，深度约1mm。进料口附近筒体轻度点蚀，深度0.2~0.3mm。筒体出料口直角转角处有一处机械损伤和一处腐蚀坑，直径约15mm。西侧筒体底部轻度点蚀0.2~0.3mm。封头腐蚀较轻。

（2）管箱及浮头：管箱内牺牲阳极块消耗过度，管程进出口两侧牺牲阳极块腐蚀殆尽。管箱内防腐涂层老化变质，鼓包开裂。浮头内部防腐涂层老化变质局部脱落。

（3）管束：管束外表面及结构件完好，腐蚀较轻。管板及管口内防腐涂层大部分脱落。金属部分腐蚀较轻。

3.3.3　脱戊烷塔后水冷器（E-1218）检查情况

（1）筒体及封头：西侧筒体及封头腐蚀较轻，东侧筒体及封头法兰两侧约200mm密集点蚀0.8~1mm（图12）。

（2）管箱及浮头：管箱内牺牲阳极块腐蚀殆尽，管箱及浮头内部防腐涂层老化变质，局部脱落，局部金属表面点蚀0.8~1.0mm。

（3）管束：东侧管束、防冲板、折流板等构件密集点蚀深度0.8~1.0mm，局部管束点蚀深度1.0~1.2mm。西侧管束、防冲板、折流板等构件腐蚀较轻。东侧管板及管口防腐涂层局部脱落。西侧管板及管口涂层脱落殆尽。管束测厚数据：2.0mm（图13）。

图12　E1218筒体及法兰内侧点蚀

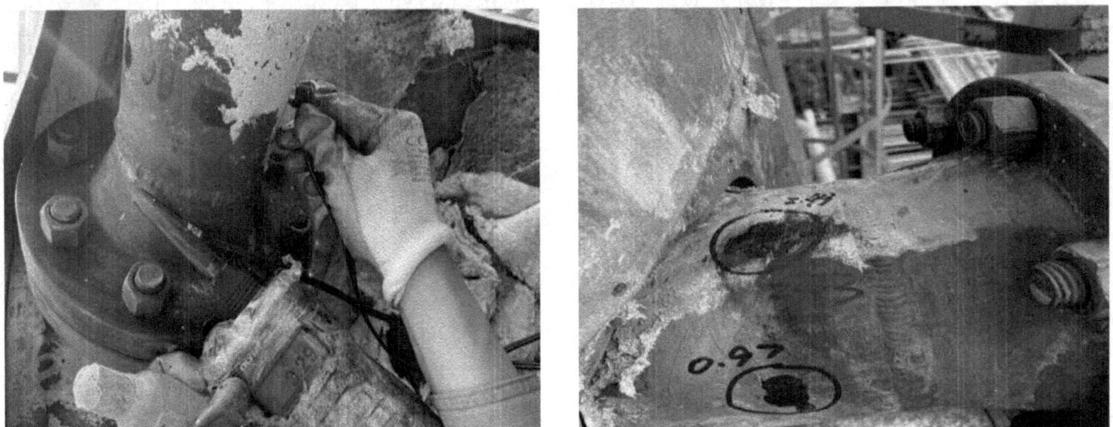

图13　管束、管板防腐涂层老化脱落

3.4　工艺管线检查情况

溶剂回收塔（C1402）进料线有腐蚀减薄现象，返塔法兰后管线侧面实测即将穿孔。

3.5　原因分析

（1）苯抽提系统。溶剂回收塔操作温度180℃，操作压力-40kPa，运行介质为环丁砜、苯，塔体材质及内构件均为碳钢。该塔腐蚀部位主要集中在进料段以下部位，结合工艺流程及腐蚀回路分析判断腐蚀原因主要为环丁砜降解物腐蚀。

由于运行过程中系统中氧的混入或运行温度较高的情况下，环丁砜降解产生 SO_2、SO_3 以及磺酸等酸性物质，形成了强酸的腐蚀环境，对设备造成腐蚀。

（3）C4/C5 分离塔进料换热器 E-1206。H_2S+H_2O 腐蚀

（4）预加氢反应产物水冷器 E1102。壳程 $H_2S+HCl+NH3+H_2O$ 腐蚀、管程循环水腐蚀。

（5）脱戊烷塔后水冷器 E-1218。水冷器壳程操作温度 53℃，操作压力 1.29Mpa，壳程介质为脱戊烷塔顶气（戊烷油），管程材质为 1#钢，壳程材质为 Q345R。水冷器处于重整反应单元分馏塔顶回路，如图 14 所示。

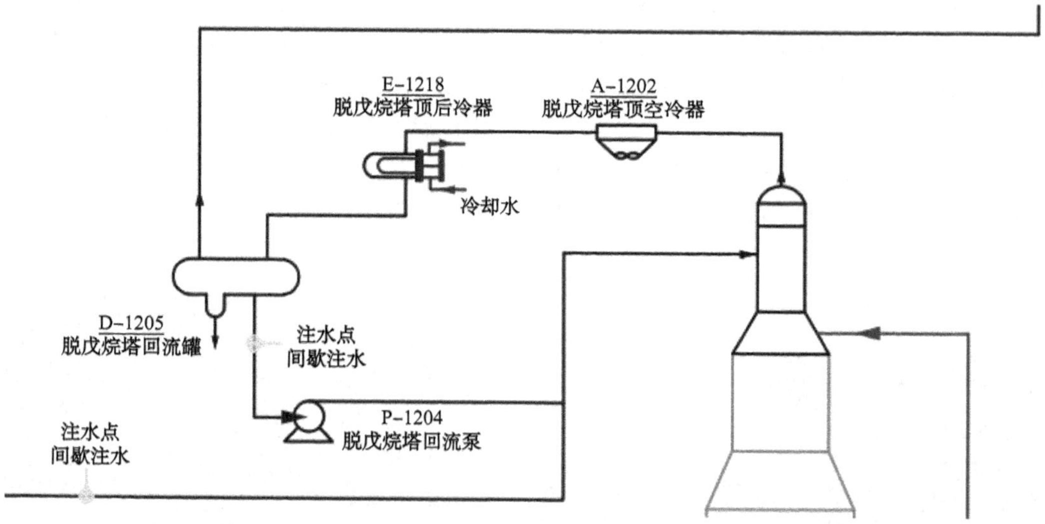

图 14　脱戊烷塔塔顶回路

脱戊烷塔为重整反应后的第一道分馏过程，由于重整反应催化过程是以 Cl^- 为酸性中心，因此反应产物中会携带较多的 Cl^-，在脱氯效果不理想的情况下，分馏塔进料中将会携带少量的 HCl，在分馏塔低温部位冷凝后形成了 $HCl+H_2O$ 的腐蚀环境，对设备造成腐蚀。

4　结论与防腐措施

4.1　结论

该连续重整装置的腐蚀问题主要存在于重整反应单元分馏塔顶回路（脱戊烷塔顶低温设备）及苯抽提部分的溶剂系统回路。

重整反应单元分馏塔顶回路设备主要包括：重整反应单元分馏塔顶回路：脱戊烷塔顶、脱戊烷塔顶空冷器、脱戊烷塔顶后冷器、脱戊烷塔顶回流罐等设备及相关管线。

苯抽提单元溶剂系统回路设备主要包括：苯抽提单元溶剂系统回：抽提蒸馏塔进料段以下部分、溶剂回收塔进料段以下部分、溶剂再生罐、地下溶剂罐、贫溶剂水冷器壳程、抽提塔进料-品溶剂换热器、抽提蒸馏塔重沸器、苯蒸发塔底重沸器管程、汽提水换热器管程等设备及相关管线。

其余的问题是个别设备的低速率长期硫化氢腐蚀以及循环水腐蚀。

总体上，装置的主要腐蚀问题反应单元脱戊烷塔顶低温系统的 $HCl+H_2O$ 腐蚀及抽提单元溶剂系统的环丁砜降解物腐蚀，因此需要重点加强脱戊烷塔顶低温回路及溶剂系统的工艺防腐措施等。

4.2　防腐管控措施

（1）材质升级。2022 年 5 月装置大检修期间对溶剂回收塔溶剂进料线进行材质升级，升级材质建议选用更耐酸的白钢材质。

（2）苯抽提控制加热蒸汽温度在 220℃ 以内，溶剂回收塔塔底温度控制在 160~175℃，压力（绝压）控制在 0.04~0.05MPa，溶剂再生塔的温度禁止超过 180℃。

（3）苯抽提系统防止氧气进入系统。①每次停开工，加强对系统的气密，特别是真空系统；同时真空试验不合格，不能开车；②定期对循环水冷却器查漏，防止循环水夹带的氧漏入系统；监控水洗水电导率的变化，发现异常及时查找确认循环水冷却器漏点，及时消除；③系统设备及管线检修时，做好盲板隔离工作和氮气保护，防止空气串入；④对原料储罐和溶剂储罐增加

氮封。

(4) 系统的水含量管控。①加强对原料罐的脱水管理，形成日常工作机制；②针对系统中循环水侧压力高于系统压力的循环水冷却器定期查漏，发现泄漏立即处理；③控制好苯抽提系统注水量，避免水含量过高，加速环丁砜劣化，同时也可能对塔盘造成冲击。

(5) 确保贫溶剂 PH≥8。溶剂系统添加单乙醇胺。单乙醇胺既是弱碱，又是一种缓蚀剂，能中和掉循环溶剂中的有机酸，可防止有机酸对管束腐蚀，还能在金属表面形成钝化膜。确保贫溶剂 PH 在指标范围。

(6) 监测系统。对装置预加氢原料、重整反应原料、重整生成油前、外送氢气进行数据监测分析；对预加氢产物分离罐 D1102、预加氢蒸发塔顶回流罐 D1104 酸性水进行 PH 值在线监测；预加氢系统、分馏系统、苯抽提系统设腐蚀速率探针 7 支，在线测厚探针 5 支；委托外部检测公司采用超声波测厚仪 26MG 对装置进行定点测厚，目前装置共设置 356 个检测点。装置定点测厚监测点应实行动态管理，腐蚀速率异常的点，经申请后重新进行检测。

(7) 塔顶露点温度管控。根据蒸发塔、脱戊烷塔顶压力、物料组成、流量等工艺条件，采用水分压法计算分馏塔顶水露点温度。按照工艺防腐管理规定要求，控制塔顶内部操作温度应高于水露点温度 14～28℃。装置脱戊烷塔设有注水线，必要时注水，以清洗塔盘及下游设备，稀释 HCl 浓度。

(8) 控制系统的 Cl^-。定期对循环水冷却器的查漏，防止 Cl^- 随循环水带入系统；重整反应系统设置合理的注氯量；重整生成油设有液相脱氯罐，油中的 Cl^- 含量控制在 1mg/kg 以下，当氯离子含量过大时更换脱氯剂。

(9)检修期间重点检查塔、容器内构件、进料分配管及其减薄支撑座，缺失螺栓补充；更换溶剂再生罐顶破沫网；疏通堵管孔；修复管板脱落涂层；清理换热器、冷却器筒体底部泥垢，筒体底部腐蚀沟槽打磨除锈，补焊处理管束打压试漏；若单程堵管比超过 10%，则更换管束；补充消耗殆尽的牺牲阳极块；修复管箱、浮头、管板及管口内防腐涂层。

904L 不锈钢在聚丙烯装置的应用研究

许碧璇　庞　东　张　鹏

（中国寰球工程有限公司）

摘　要　聚丙烯装置中的某工段含有酸类腐蚀性介质，对 304、316 和 904L 不锈钢的化学成分及耐腐蚀性能进行分析比较，研究此类腐蚀性介质的管道选材问题，发现 904L 在此酸类环境下的耐腐蚀性能最好。因此 904L 不锈钢的选用是对聚丙烯装置内盐酸存在的部位引起的管线氯离子腐蚀的一种有效应对措施。

关键词　聚丙烯装置；904L；不锈钢；腐蚀

聚丙烯装置常作为炼化项目中乙烯、炼油工艺的配套装置。该装置内的介质相较于其他化工装置较为安全，但也不乏有酸类腐蚀性物料和易燃易爆介质的存在，若管材选用不当或防护措施不到位会导致腐蚀泄露并引发安全事故。某聚丙烯装置中，在特别工段的管材中使用了 904L 不锈钢材料。904L 是奥氏体不锈钢，属低碳、高镍、高钼奥氏体不锈钢，具有很好的活化-钝化转变能力。本文介绍了该工段的工艺流程，分析腐蚀介质产生的原因，并通过对 304、316 和 904L 三种不锈钢进行化学成分和耐腐蚀性能对比分析，阐述该特别工段选用 904L 不锈钢的原因。

1　工艺流程介绍

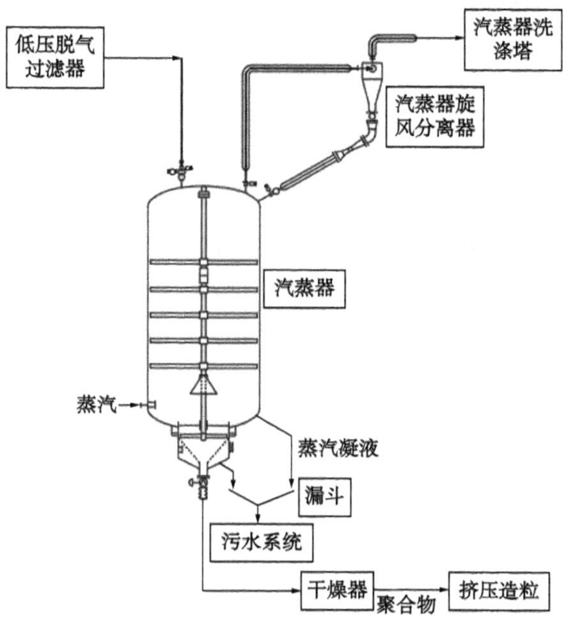

图 1　聚合物汽蒸和干燥流程简图

在某聚丙烯装置工艺生产中，某单元是聚合物汽蒸和干燥单元，主要的工艺流程如图 1 所示。

来自上游的聚合物及少量的丙烯、丙烷进入低压脱气过滤器，在低压脱气过滤器中聚合物与丙烯、丙烷分离。丙烯和丙烷为气相，从低压过滤器顶部排除。聚合物夹带着微量的丙烯、丙烷从低压过滤器进入汽蒸器内，与汽蒸器侧部通入的蒸汽充分混合。混有蒸汽的丙烯、丙烷进一步从聚合物中分离，从汽蒸器顶部排出进入旋风分离器。汽蒸器底部排出的聚合物中含有蒸汽凝液，通过管线进入干燥器。汽蒸器中的蒸汽凝液进入漏斗，最终排到污水系统。

丙烯、丙烷和蒸汽从汽蒸器旋风分离器上部排出进汽蒸器洗涤塔洗涤。下部排出的聚合物重新进汽蒸器内部循环。

在干燥器中，热氮气从干燥器底部进入，带走聚合物中的水分。干燥器底部出口管线排出的聚合物进入挤压造粒单元。

此段流程的主要目的是气固分离，通过查阅资料发现催化剂失活也发生在这个单元。

该装置所用的催化剂是以 $MgCl_2$ 为载体的 $TiCl_4$ 催化剂，反应后残留在聚合物中。残留的催化剂与空气接触会发生闪爆、着火，影响后续单元的正常操作、安全运行及最终产品质量，需要在此处进行失活反应。

图 1 中，来自上游设备的聚合物夹带着残余的催化剂进入汽蒸器。汽蒸器的残余催化剂颗粒与侧面通入的蒸气接触发生失活反应，催化剂的

失活属于水热失活，催化剂中的氯化镁，氯化钛与蒸汽接触发生水解反应，产生氢氧化镁固体，二氧化钛固体和氯化氢气体。与汽蒸器相连的管线也充斥着氯化氢气体。氯化氢气体不具有腐蚀性，但其氯化氢气体极易溶于水，在汽蒸器周边的管线和设备内的蒸气均处于近饱和状态，会产生一定的蒸汽凝液，与扩散到管子和设备中的氯化氢气体接触产生盐酸。

2 管道选材

基于以上工艺条件，对于管道中生成的盐酸介质，管材通常会选择不锈钢。不锈钢的种类很多，就常见的 304、316、904L 进行性能对比分析。

304 不锈钢是一种广泛使用的奥氏体不锈钢，适用于一般的有机和无机介质，但在硫酸和盐酸中的耐蚀性较差，尤其对含氯介质引起的缝隙腐蚀敏感。张瑜等通过电化学阻抗谱，极化曲线等测量方法的研究发现氯离子对 304 不锈钢表面产生的钝化膜有明显的破坏作用，影响不锈钢钝化膜的结构和性能。研究数据表明，盐酸浓度越大，钝化膜溶解速度越快，当盐酸浓度增大到一定值后，金属会发生点蚀，产生蚀孔。这意味着 304 不锈钢在盐酸环境中会遭受腐蚀，因此不适合作为首选材料。

316 不锈钢虽然具有优异的耐腐蚀性能，包括耐海水腐蚀等，但在面对盐酸的情况下，耐腐蚀性会受到限制。

向攀等通过实验发现氟离子和氯离子都会引起 904L 不锈钢发生点蚀，经过电化学方法研究表明，氟浓度的上升会增加 904L 不锈钢的点蚀倾向，氯离子浓度对 904L 的点蚀行为影响较小。

2.1 304、316 及 904L 不锈钢化学组成与含量。

304、316 和 904 不锈钢的化学组成与含量见表 1。

表 1 304、316 和 904 不锈钢的化学组成与含量 wt%

元素 钢号	C	Mn	P	S	Si	Cr	Ni	Mo	Cu	N
304	0.08	2	0.045	0.03	1	18~20	8~11	-	-	-
304L	0.035	2	0.045	0.03	1	18~20	8~13	-	-	-
316	0.08	2	0.045	0.03	1	16~18	11~14	2~3	-	-
316L	0.035	2	0.045	0.03	1	16~18	10~14	2~3	-	-
904	0.02	2	0.04	0.03	1	19~23	23~28	4~5	1~2	0.1
904L	0.02	2	0.045	0.035	1	19~23	23~28	4~5	1~2	0.1

从表 1 中可以看出，904L 不锈钢具有较高的铬含量和足够的镍含量，加上铜的加入，使其对氯化物间隙腐蚀和应力腐蚀崩裂具有高度抗性。它的抗点蚀能力略优于其他钢种，尽管价格较高，但在盐酸等强腐蚀性环境中，904L 不锈钢的耐腐蚀性能使其成为更合适的选择。

对于不锈钢种性能(抗间隙腐蚀与抗点蚀能力)的评定，由于涉及许多可变因素，因此为“局部耐腐蚀性” 而评定任何一种不锈钢都是困难的。出于这个原因，最好是考虑仅适用于具体试验条件下的评定。进行定量的评价以便作出一般性的比较以及进行材料适用性的初始评估是很有帮助的。三氯化铁试验方法已广泛用于开发高性能不锈钢。因此，该方法同样广泛用于不锈钢钢种间的相对比较。

试验通常按照 ASTM 标准试验方法 G48 进行，它根据清洁表面的点蚀或人造缝隙的腐蚀得出数据，试验产生的结果定义了“临界点蚀温度”或“临界缝隙腐蚀温度”。

2.2 临界点蚀温度的比较

临界点蚀温度(CPT-Critical Pitting Temperature)也是衡量金属材料耐腐蚀性能重要因素之一。它是指在特定的测试环境中，金属材料表面发生稳态点蚀萌生和发展的最低温度。临界点蚀温度越高，材料耐腐蚀性能越好。临界点蚀温度也是评估金属材料耐腐蚀性能的关键参数，其数值的高低直接反映了材料对点蚀的抵抗能力，从而间接表明了材料的整体耐腐蚀性能。

图 2 为三种不锈钢牌号按照 ASTM G48 标准的方法 E 得出的临界点蚀温度。

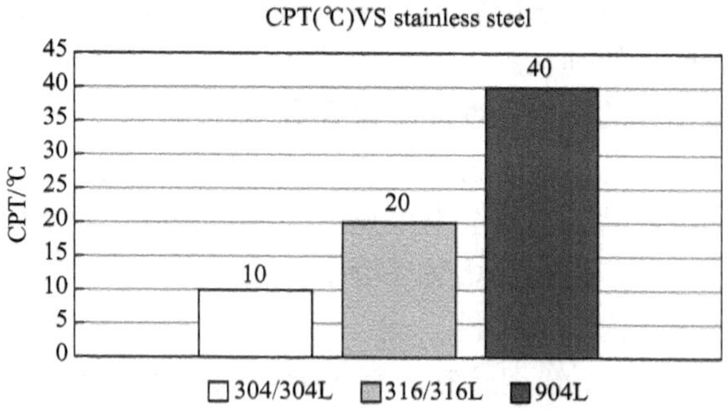

图 2　304、316、904L 不锈钢的临界点蚀温度比较

从图 2 中数据可以看出，904L 不锈钢的临界点蚀温度远远胜于标准 304 和 316 不锈钢，因此可判断出耐腐蚀性能 904L > 316/316L > 304/304L。

2.3　临界缝隙腐蚀温度的比较

临界缝隙腐蚀温度（CCT－Critical Crevice Temperature）是指材料在特定环境下发生缝隙腐蚀的最低温度。缝隙腐蚀是指金属与金属或非金属相接触时存在的微小缝隙中，由于氧或阻蚀性物质迁移困难，导致缝隙处产生腐蚀。临界缝隙腐蚀温度可以评估材料再特定环境下的耐腐蚀能力。

图 3 为常用的不锈钢牌号按照 ASTM G48 标准的方法 F 得出的临界缝隙腐蚀温度。

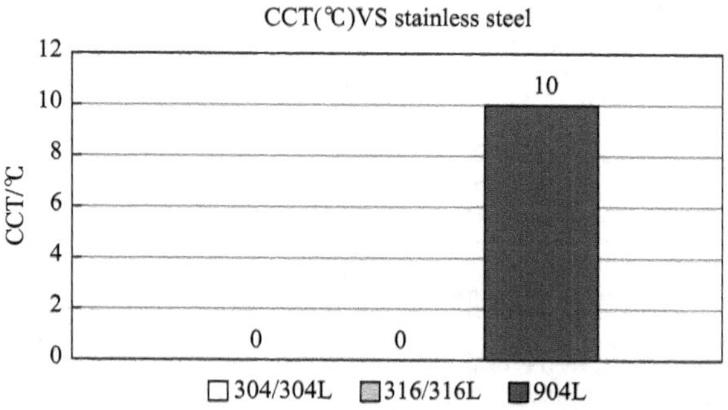

图 3　304、316、904L 不锈钢的临界缝隙腐蚀温度比较

从图 3 中数据可以看出，904L 不锈钢的 CCT 温度远远胜于标准 304 和 316 不锈钢。因此也可判断出耐腐蚀性能 904L>316/316L>304/304L。同时通过 CCT 和 CPT 的数值比较可以看出对于同样材质，临界缝隙腐蚀的温度 CCT 总是低于临界点蚀温度 CPT。因此材料存在缝隙时，腐蚀发生的可能性更大。

2.4　耐点蚀当量的比较

耐点蚀当量（PRE－Pitting Resistance Equivalent）是一种以金属中某些元素的质量分数为基础的一套算法，数值被用于耐点腐蚀比较的评定方法，数值越高，耐腐蚀性能越好。

耐点蚀当量公式：PRE＝Cr%＋3.3×Mo%＋16×N%

图 4 为通过计算得出的常用的不锈钢牌号对应的耐点蚀当量值。

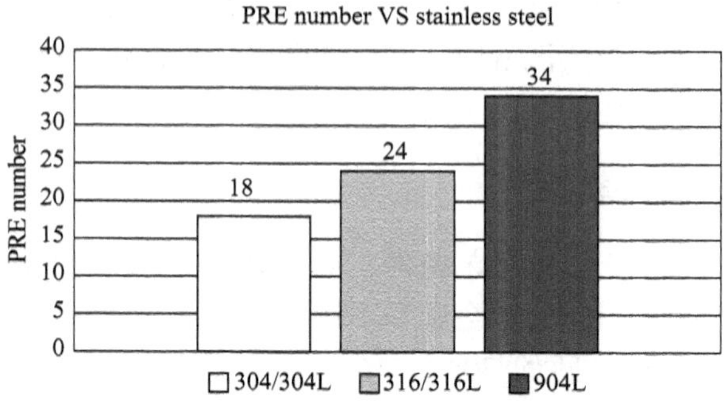

图 4　304、316、904L 不锈钢的耐点蚀当量比较

通过图 4 可以看出，904L 的耐点蚀能力最好，其次是 316 不锈钢，304 不锈钢的耐点蚀能力最差。

2.5　耐氯离子点蚀性能的比较

图 5、图 6 显示了不同不锈钢牌号允许的裂缝和点蚀的最高温度和氯化物浓度。

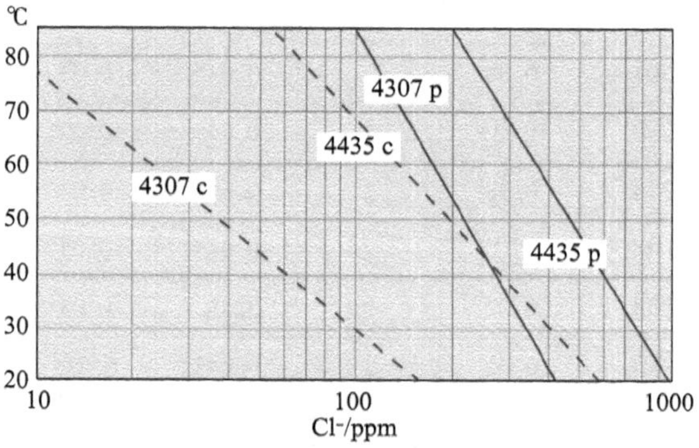

304L(4307)，316L(4435)，P=pitting，C=crevice

图 5　304、316 耐氯离子点蚀/缝隙腐蚀性能比较

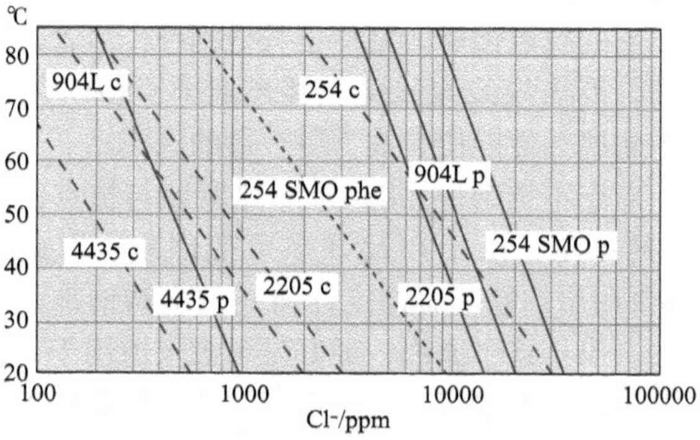

316L SS (4435)，Duplex 2205 SS(2205)，904L SS(904L)，254SMO Super austenitic SS(254 SMO)；p=pitting，c=crevice

图 6　316、904L 耐氯离子点蚀/缝隙腐蚀性能比较

从图 5 和图 6 中可以看出，304L 耐氯离子

点蚀性能低于 316L，316L 的耐氯离子点蚀能力远低于 904L。例如 60℃的时候，304L 耐点蚀的氯离子含量小于 110ppm，316L 耐点蚀的氯离子含量为 127ppm，904L 耐点蚀的氯离子含量约 8500ppm。同时，304L 耐氯离子缝隙腐蚀性能低于 316L，316L 耐氯离子缝隙腐蚀性能远低于 904L。

通过对 304、316、904L 三种不锈钢材料的化学成分、耐点蚀性能和耐缝隙腐蚀性能的比较发现，904L 的各项性能均优于标准 304 和 316 不锈钢，在盐酸环境下的耐腐蚀性能最好。此工段管道均选择 904L 不锈钢。

3 结语

综上所述，聚丙烯的某特殊工段内含有盐酸，通过对三种不锈钢材料的性能对比最终确定此处的管材选用 904L 不锈钢。因此 904L 不锈钢的选用是对系统内盐酸存在部位引起管线和设备氯离子腐蚀的一种有效应对措施。

腐蚀的产生由很多因素造成，只有合理选择管材，制定合适的防腐方案，将腐蚀泄露风险控制在可接受的范围内，才能避免不必要的损失，保障工业生产安全和环境安全。

参考文献

[1] 谷春义．石油化工装置工艺管道设计[J]．城市建设理论研究(电子版)，2015(21)：2881-2882.

[2] 张晨雨，张伟，杨云龙等．天然气长输管道防腐及运输风险职能防控策略[J]．石油化工建设，2023，45(9)：143-145.

[3] 于炎，周萍．904L 不锈钢在聚丙烯工艺装置中的应用分析[J]．化工设计，2015，25(4)：30-33.

[4] 张瑜．304L 不锈钢在 CL-作用下腐蚀行为的研究[J]．功能材料，2015，13(46)：13053-13056.

[5] 鞠云，朱维，东王鹏程．304 不锈钢在稀盐酸中的电化学腐蚀行为[J]．热加工工艺，2014，43(6)：53-55.

[6] 向攀，杨飞，唐小英，等．904L 不锈钢在含 Cl^- 和 F-溶液中的耐蚀性能研究[J]．四川轻化工大学学报(自然科学版)，2024，37(1)：20-26.

[7] A312/A312M-16 Standard Specification for Seamless, Welded, and Heavily Cold Worked Austenitic Stainless Steel Pipes [S]. ASTM, 2016.

[8] A240/A240M-20a Standard Specification for Chromium and Chromium-Nickel Stainless Steel Plate, Sheet, and Strip for Pressure Vessels and for General Applications[S]. ASTM, 2016.

二氧化碳管道腐蚀原因分析综述

王欣妍

（大庆油田设计院有限公司）

摘　要　二氧化碳管道的腐蚀会对技术、社会和经济产生不利影响。考虑到之前的综述对腐蚀原因的侧重点差异，导致一些可能因素未被完全统计，因此本文对所有早期探索到的最具影响力的腐蚀因素彻底涵盖。并将其划分为四大类进行讨论以便于进行更加直观的分析，此外，还适当论述了二氧化碳管道泄露的可能后果，以证明该问题的多维重要性。同时通过已有实验量对比，提出了需要进一步研究的领域及未来研究的潜在方向。

关键词　碳捕集、利用与封存（CCUS）；二氧化碳；腐蚀机理；协同效应；管道失效

从20世纪90年代至今可以明显的观察到全球气温上升的趋势明显变化，如果不对碳排放情况加以控制，温室效应及其可能引发的风险将严重影响人类的生存和发展。碳捕集、利用与封存技术（Carbon Capture，Utilization and Storage，CCUS）是降低大气二氧化碳浓度的直接有效手段，因其能够有效应对气候变化并稳定海洋酸化，因此也被世界广泛关注，CCUS整体路线图见图1。CCUS技术因其可提升原油采出率，已经在油田领域有多年的应用，但随着近年来百万吨级CCUS项目的实施，所配套使用的大量的二氧化碳管道和设备都面临着被严重腐蚀的风险，考虑到管道被腐蚀后会对环境、社会和经济等方面，直接或间接的产生极大的不良影响，对腐蚀产生的原因须加以重视。

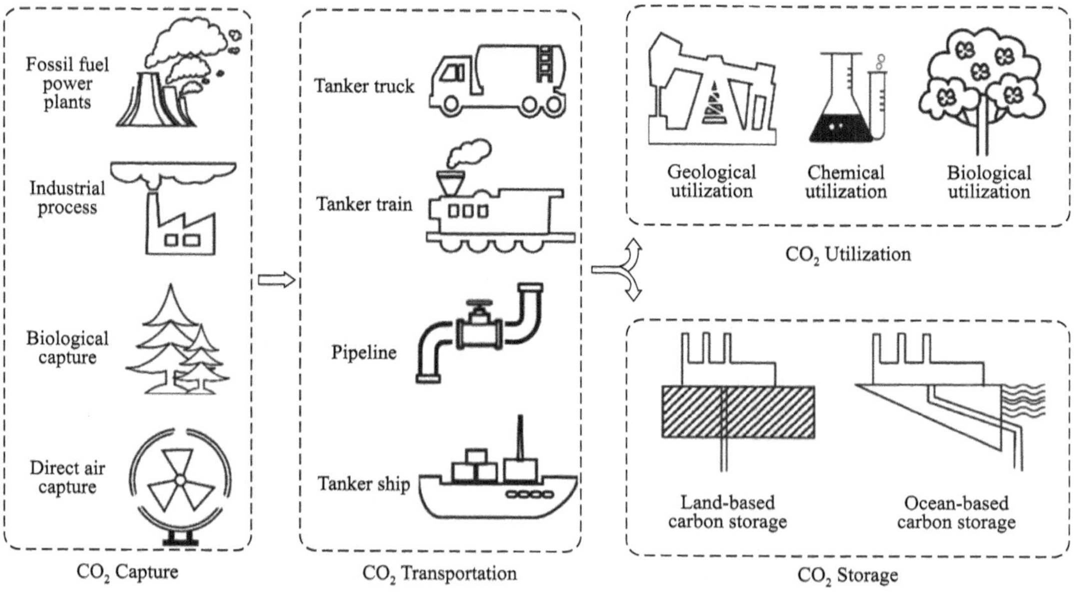

图1　CCUS技术路线图

尽管腐蚀过程已经被大量的研究列为主题，但由于腐蚀过程的复杂性及环境中多种其他变量的存在，影响腐蚀过程的因素仍是被争论的焦点。为更好的了解腐蚀的成因，通过对近百篇科学文献的内容进行了系统性分析整理，根据截止目前为止的相关文章所表述的影响因素，根据因素的来源，总体可被划分为四大类被进行讨论。第一类是由于二氧化碳捕集和运输时在混入不同杂质时所带来的腐蚀，第二类是环境因素所导致的腐蚀，包括土壤、气候、杂散电流等，第三类

是管道设计时被着重考虑的因素，包括管道材质、寿命、运行期间的温度压力载荷和制造缺陷等，第四类是投产后被高度注意的腐蚀影响因素，包括水锤效应、应力腐蚀、人为因素导致的缺陷等。

本文致力于对所有可能导致腐蚀的所有原因进行整理讨论，分析已有文献，提取差异及具有的局限性，探寻可指导未来研究方向的观点。

1 不纯二氧化碳引起的腐蚀

二氧化碳在常温下是惰性气体，稳定且无腐蚀性，因此纯净的二氧化碳在运输时并不会对管道造成腐蚀，但在运输中会面临温度和压力有所变化的情况，因此在超过临界点时会发现相变，图 2 为二氧化碳相图，与此同时工业来源的二氧化碳大多情况下含有杂质，这两者共同导致了二氧化碳腐蚀的产生。

二氧化碳腐蚀最常见的机制是当二氧化碳溶解在水中时，会形成碳酸，导致 pH 值下降增加腐蚀发生可能性，该机制已经被广泛研究且有可靠的预测模型。更加复杂的情况是二氧化碳流体中可能会存在的气源性 H_2O、NO_x、SO_x、O_2、CO、H_2等，以及清洁过程带来的乙二醇、胺以及一些特定项目还含有 NH_3和甲醇等杂质，这些杂质的协同作用使得二氧化碳腐蚀更为严重。后文会分开论述不同杂质对腐蚀过程的影响。

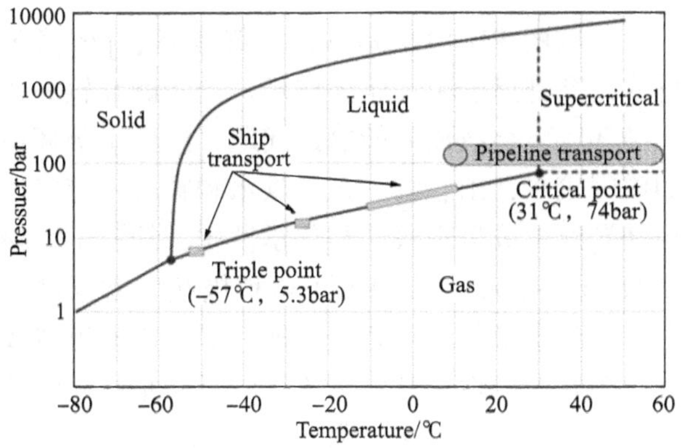

图 2 二氧化碳相图(为了确保介质在输送过程中维持稳定的相态，多选择气相/超临界态输送)

1.1 水

水是很多腐蚀反应产生的决定性因素，除二氧化碳溶解在水中形成碳酸的机制以外，还需要注意的溶解水和凝结水对钢制管道的腐蚀特性影响有根本的不同。对于溶解水来说，随着水含量的增加，管道的腐蚀速率相应加快。但当单独的水相在管道内壁凝结时，情况就完全不同了，这时凝结水并不会进一步参与腐蚀反应，甚至会对降低腐蚀速度产生积极影响。在 S−CO_2 输送管道中，腐蚀速率随含水量的增加而增大，存在临界含水量；在输油管道中，当含水量高于 50% 时，腐蚀速率明显加强，且由于原油与水的润湿不均匀，腐蚀形式由均匀腐蚀转变为局部腐蚀

1.2 氧气

氧气溶于冷凝水中可能会导致钢制管线腐蚀速率增加的情况有三种。第一种情况是会促进额外的阴极反应，不过这种形式的反应在酸性溶液中影响相对较小。第二种情况是导致氧化金属离子的产生，从而形成保护性相对较差的金属氧化物或氢氧化物。第三种情况是会与气态杂质作用，例如与亚硫酸根离子反应产生硫酸根离子从而促进水的酸化。

$$O_2+4H^++4e^- \rightleftharpoons 2\,H_2O$$

1.3 硫氧化物

二氧化硫和三氧化硫都是常见的杂质，它会与冷凝水结合反应生产硫酸和亚硫酸，同时由于二氧化硫所具有的吸湿性，会吸收周围环境中的水分，从而增加腐蚀介质的体积和侵蚀性。而且就像上一小节所提到的情况，当有氧气存在时，亚硫酸根离子会被氧化为硫酸根离子，生成的强酸参与腐蚀循环，与此同时铁在酸性冷凝水中会发生阴极反应形成硫酸铁和硫酸亚铁沉淀，并且在氧气数量相当高时，硫酸铁会进一步与水和氧气反应生成 FeOOH 和硫酸，导致腐蚀情况的加重。

$$SO_2+H_2O \rightleftharpoons H^++HSO_3^-$$

$$HSO_3^- \rightleftharpoons H^++SO_3^{2-}$$

$$2SO_3^{2-}+O_2 \rightleftharpoons 2\,SO_4^{2-}$$

$$Fe^{2+}+SO_3^{2-} \rightleftharpoons Fe\,SO_3$$

$$Fe^{2+}+SO_4^{2-} \rightleftharpoons Fe\,SO_4$$

$$4Fe\,SO_4+6\,H_2O+O_2 \rightleftharpoons 4FeOOH+4\,H_2SO_4$$

1.4 氮氧化物

一氧化氮和二氧化氮是由于燃料在空气中燃烧所形成的，二氧化氮与冷凝水反应生成硝酸。铁溶解在硝酸中生成 $Fe(NO_3)_2$和 NO_2，生成的 NO_2 进一步与水反应生成硝酸，加速腐蚀过程。另外，硝酸也吸湿性，会增加腐蚀介质的体积和侵蚀性。研究表明，NO_x 是所有杂质中对钢材的腐蚀影响最大的杂质。

$$3NO_2+H_2O \rightleftharpoons 2H\,NO_3+NO$$

$$Fe+4HNO_3 \rightleftharpoons Fe(NO_3)_2+2H_2O+2NO_2$$

1.5　硫化氢

硫化氢与铁反应会生成薄层产物 FeS_{1-x}，这种薄层产物会转化为不同相，与此同时硫化氢也会在水中发生解离。但这种薄层产物存在缺陷，腐蚀介质仍能触及底层钢材，不能起到很强的保护作用。尤其是某些形式的 Fe_xS_y 还具有电子导电性，可充当额外的阴极表面，从而导致附近的钢材溶解。这也就导致了在有水存在的情况下，钢制管道的腐蚀速率随硫化氢浓度增加而增大。

$$H_2S \rightleftharpoons H^++HS^-$$

$$HS^- \rightleftharpoons H^++S^{2-}$$

$$Fe+H_2S \rightleftharpoons FeS_{1-x}+(2-x)H^++xHS^-+2e^-$$

1.6　多杂质的协同作用

图 3 是 J. SONKE 从已有数据资料中整理出的可能发生的整体反应，这也是 pH 值多数情况下小于 7 的主要原因，当有多种杂质同时存在时强还原剂和强氧化剂将首先发生反应，然后是强度较低的剂发生反应，可以看到在此期间会同时存在多个协同相互作用。其中二氧化氮的存在会促进并导致大多数的连锁反应，甚至当硫化氢和二氧化氮都存在时在反应在低浓度和低温的情况下都会被引发。

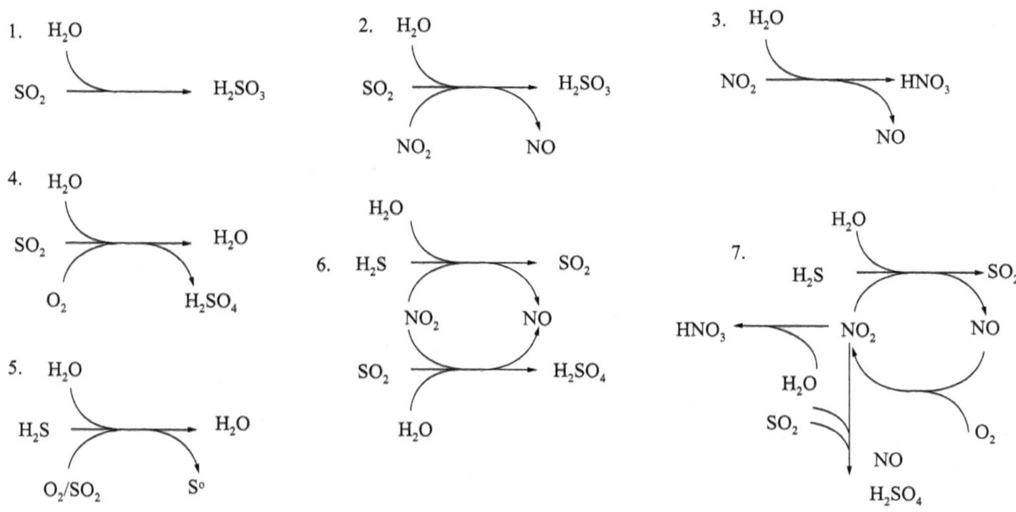

图 3　常见杂质间的化学反应

2　环境因素

管道所处的外部环境会直接与管道表面发生相互作用，在一些恶劣条件下对管道腐蚀的作用尤为明显，以下各节整理了常见的环境因素。

2.1　土壤

影响管道腐蚀的土壤因素，包括土壤电阻率和含水量、酸碱度、细菌存在、土壤中的化学物质和土质均匀性。

土壤的水分含量高会导致金属管道表面长时间暴露在潮湿环境中，金属与土壤中的溶解氧接触，WASIM 等人证明，氧浓度对腐蚀严重程度的影响随土壤深度而变化，且只有在土壤潮湿时，高氧浓度才会引起腐蚀。此外因水分对土壤中盐浓度和离子移速率存在影响，高水分也可作为土壤的电导率的指标，高含水的同时表明离子含量高，证明了腐蚀可能性高。

土壤的 PH 值也是一个关键参数，pH 值过低或过高都可能引发腐蚀作用。处于碱度较高的土壤环境下会造成一般腐蚀问题。酸性土壤环境的成因较多，雨、雪、云、洪水和颗粒物等气候条件导致土壤呈现酸性和化学性质，约占土壤酸度的 15%~35%，以及酸雨这种极端气候条件会直接引起土壤的酸度大幅增加，对钢制管道造成严重的腐蚀风险。其中更值得注意的是由于细菌和微生物存在的生化机制，微生物在营养过程中会释放各种有机酸代谢物，这些细菌生物体的存在可能会导致包括二氧化碳、硫化氢、氨以及有机酸和无机酸的产生，从而使局部土壤酸化，含有酸性物质的土壤会对管道外部金属表面产生强烈的腐蚀性影响从而产生点蚀。一些微生物和细菌还会形成生物膜，附着在金属表面上，并通过代谢产物和电化学反应的共同作用引发腐蚀。

当土壤中有硫酸盐时，在缺氧的情况下，会

存在一种细菌-硫酸盐还原菌(SRB)同时可能存在一定量氢化酶，硫酸盐还原菌可以利用氢气作为电子供体更有效地利用氢气，与钢管表面形成的氢膜相互作用，从而消耗氢膜，使钢管表面出现局部点蚀。

$$4Fe \longrightarrow 4Fe^{2+}+8e^-(阳极)$$

$$8H_2O \longrightarrow 8H^+ + 8OH^-$$

$$8H^+ + 8e^- \longrightarrow 8H(去极化)$$

$$S^{2-}+Fe \longrightarrow FeS$$

$$3Fe^{2+}+6OH^- \longrightarrow 3Fe(OH)_2$$

土壤中的氯离子也会改变腐蚀机理，导致反应途径更加复杂，由于氯离子的半径很小，它渗透到金属表面后会在氧化铁层的凹坑中聚集，虽然氯离子多数情况下不参与电极反应，但酸化会促进铁的局部溶解，从而加剧局部腐蚀，并且应力腐蚀开裂(SCC)敏感性也会受到氯离子浓度的影响。

埋地管道填土时所带来的土质不均匀性也会造成腐蚀，多数时候的填土是从沟渠开挖的土层混合物，很多时候并不能保证土壤的均匀性。根据美国国家标准局对埋在不同填土中的金属进行的大型实验测试，点蚀会随着时间的推移而加深，并且会随着管道周围土壤不均匀程度的增加而加剧。

2.2 外部因素

钢制水管会承受土壤静载、活载(例如道路交通)以及管道和重力的影响，加之管道振动、热膨胀、冷收缩、端点位移、地震载荷、设备及支架基础下沉等作用，不可避免地会产生变形，使管道产生差异应力，从而发生局部电化学作用推动下发生应力腐蚀行为，在这种情况下，管道受力部分充当阳极，而无应力部分充当阴极，从而增加了管道的腐蚀敏感性。

2.3 杂散电流

杂散电流是造成管道外腐蚀并进而导致管道故障的最常见原因之一，杂散电流可能会被埋地水管道拾取，而管道尤其是金属管道通常比大地具有更好的导体。在这种情况下，管道充当了此时的电流回路，这意味着电流将从一处流入管道，称为阴极区域，并从另一处流出到地面，称为阳极区域，从而导致腐蚀。阳极被迫向地面/土壤中释放电流。管道最终接收该电流并通过负极将其返回到电源，完成腐蚀电池。造成杂散电流的常见原因有：(1)受电力等相关基础设施和交通网络影响；(2)绝缘层缺陷；(3)不合理的阴极保护设置。

管道与铁路之间的距离会影响杂散电流的强度，该电流会根据土壤电导率流动数百米甚至数公里。不恰当的阴极保护会影响其他的管道系统，产生的杂散电流会通过缺陷/绝缘故障区流入和流出管道，从而在阳极区(较高的正电位值)腐蚀管道，不仅会导致杂散电流腐蚀，还会导致管道涂层脱粘并导致氢脆。

3 管道设计时被着重考虑的因素

基于各种与管道属性相关的因素，大部分埋在管道与周围环境接触的物理结构的状态可有助于引发腐蚀过程。这包括管道的材料、服役期间管道内的温度、压力、流速、服役年限及制造缺陷。以下各小节重新归类并详细介绍了与管道相关的因素。

3.1 材料

CO_2管道材料的选择通常需考虑可承受高内压以及抗温度和压力快速变化的机械性能的前提下，还需具有优良的抗全面腐蚀和局部腐蚀的能力。尤其是长输管道多采用超临界输送，经人口密集区域的管道则优先采用气相输送，当采用超临界输送时操作压力可能为8.8~18.6MPa，加之CO_2的特殊物性，在管材选取时需要特别考虑止裂性能。低碳API钢有时会被用于密CO_2输送。常用的API级钢包括X42、X46、X52、X56、X60、X65、X70、X80、X90、X100和X120，其中“X”后面的值表示该钢种的最小屈服强度，而且可以观察到大多数二氧化碳管道腐蚀实验研究都是基于X65和X70钢。

不锈钢有时被用作低碳钢的替代品，以提高二氧化碳管道的局部耐腐蚀性，SS304L就被用于脱水装置的上游；CHOI等人实验发现，304钢和316钢在相同压力的50度的密相CO_2中不会发生腐蚀，而碳钢则会出现腐蚀作用。虽然耐久性更高的管道材料具有较低的维护和运营成本，以及较低的健康和安全风险，但用以制造整条管道在经济上并不可行。

3.2 温度

温度影响腐蚀产物膜的形貌、晶粒尺寸和致密性，导致基材发生不同程度的腐蚀。高温会加剧腐蚀的原因之一是高温会导致更高的阴极反应动力学。但温度的升高也会促进腐蚀产物膜的形成，这层膜具有优异的防腐性能，能有效降低腐蚀速率。HUA 等人观察到在 50℃生成的 $FECO_3$ 膜比 35℃生成的 $FECO_3$ 膜更紧密、更具保护性，MAGDALENA 等人也证实，90℃会形成更厚的腐蚀产物膜。这一观察结果与石油和天然气生产系统的数据一致。

在气相 CO_2 中，腐蚀速率随温度的升高先增大，达到峰值后降低。综上所述，能发现温度变化对二氧化碳腐蚀速率存在影响，但在复杂的腐蚀机理作用下，具体影响因环境条件和材料而异，目前未能找到普适性对应关系。

3.3 压力

管道材料会受到多种形式的应力，包括残余应力、循环应力、环向应力等。拉伸应力与腐蚀环境之间的协同作用可能导致应力腐蚀开裂、腐蚀疲劳开裂和氢致应力开裂。一般来说，较高压条件下，二氧化碳更容易溶解到液相中，导致水中酸性腐蚀性物质的浓度升高，从而加快阴极反应速率，最终导致腐蚀速率加快。局部压差的存在会导致气液界面移动，从而造成局部腐蚀或点蚀。但 WEI 研究了不同压力下 X70 钢腐蚀产物形成的机理，发现 9.5MPA 压力下形成的 $FECO_3$ 比 1MPA 压力下所形成的反而更完整、致密，防护性能更好。

压力对二氧化碳腐蚀影响与温度、二氧化碳浓度、金属种类等因素存在相互作用。管道中心位置的变化以及 CO_2 与管道壁之间的摩擦均会导致压力下降。运行维护关闭、意外管道故障也都会导致压力大幅下降。根据焦耳-汤姆逊效应，压力下降会导致温度下降。目前，已研究的二氧化碳压力范围有限，超高压力(30MPA 及以上)下钢的腐蚀行为尚未得到广泛研究，因此需要进一步深入研究更宽压力范围，特别是在高压环境中的腐蚀行为。

3.4 流速

流速也会对二氧化碳腐蚀速率产生影响，它会使主要的腐蚀类型由全面腐蚀转变为局部腐蚀。当流体的流速或强度达到一定程度时，会阻碍保护性腐蚀产物膜的再生并在被剥离的腐蚀产物膜部位发生局部腐蚀。一般情况下，腐蚀速率随流速的增加而增大。这主要是因为高速水流会加速离子转移，阻碍腐蚀产物膜形成，并能对已经形成的腐蚀产物膜造成破坏；流速的增加，使双电层电容受到影响，电荷转移电阻减小，最终加速了钢材的腐蚀速度。但也有研究显示随着流速的增加，腐蚀电流密度增大，阻抗值减小，加快了腐蚀介质在金属表面的迁移速度，会抑制金属表面 $FECO_3$ 的生成，$FECO_3$ 的沉积受到抑制，腐蚀膜中 $CR(OH)_3$ 的浓度随之增加，从而降低了腐蚀速度。增加气体二氧化碳的流速则能明显降低腐蚀速率，因为二氧化碳气体的腐蚀性不如液体，腐蚀率则会随着气体滞留量的增加而降低。

但总的来说，已发表的实验数据并不一致，多数结果显示腐蚀速率随流速增加而增大，但其他报告显示腐蚀速率降低。

3.5 制造缺陷

长距离管道通常选用焊接方式作为永久性连接手段，这就不可避免的会产生焊接热影响区(HAZ)和残余应力，因焊接过程中的热处理循环引起的微观结构和微观化学变化，此区域的耐腐蚀性弱于母材其他区域。实验表明，在压力为 100BAR、温度为 40℃、饱和水的密相 CO_2 测试环境中焊接 X80，扫描电镜结果显示腐蚀程度按以下顺序降低：粗晶粒 HAZ、细晶粒 HAZ、焊缝金属和 X80 母材，腐蚀程度随铁素体相含量的增加而降低，而随珠光体相含量的增加而增加。

3.6 寿命

管道的服役年限也是一个腐蚀高风险因素，多数情况下旧管道比新管道更容易出现破裂和泄漏，但这种腐蚀敏感性的增长并非是完全线性的。腐蚀在开始时表现出迅速的进展，然后在特定时间后由于金属管道表面形成了保护性氧化层而导致腐蚀速度放缓。SONG 等人对 X70 管道进行了类似的实验研究，在外加开路电位进行交流干扰的情况下模拟土壤溶液中的腐蚀行为，结果能明显体现出腐蚀与时间的非线性。

4 投产后被高度注意的腐蚀影响因素

4.1 水锤效应

在管道系统中，流体流动突然改变时(如阀门快速关闭或泵突然停止)会在管道中产生强烈的冲击力，这种高压力波常伴随噪音和振动，可能影响设备的正常运行，而且过高的压力波可能直接导致管道、阀门和连接件的损坏或破裂。根据 LEISHEA 的说法水锤效应多数埋地管道破裂的诱因，在非酸性土壤中，这种疲劳会直接导致管道开裂；在酸性土壤中，水锤效应使管道开裂的同时会加速裂隙处腐蚀，这些裂缝会促进土壤和金属管壁之间的电化学腐蚀，最终引起管道表面腐蚀。

4.2 管道中的化学物质

工业上捕集 CO_2 时会涉及到醇胺基捕获溶液的使用，30%的单乙醇胺（MEA）水溶液常用于化学吸收，本身并不具有腐蚀性，不过有研究人员认为，MEA 在吸收一定量的 CO_2 后会对碳钢具有特别强的腐蚀性。

除此以外，氯和氯胺通常用作管道的消毒剂，添加以阻止细菌再生，和前文土壤中氯离子存在所导致的情况类似，它们的使用会导致严重点蚀。

4.3 应力腐蚀

管道在应力和腐蚀介质作用下具有明显的应力腐蚀开裂敏感性，O_2 和 SO_2 的存在会增强 CC 敏感性。阴极析氢控制着整个腐蚀过程，低压下 CO_2 的应力腐蚀机理一般为氢致开裂应力腐蚀。阳极不断溶解，促进了裂纹的萌生同时析出氢气，形成的氢原子在拉应力作用下进入表面位错、空位等缺陷，渗入基体，导致局部应力畸变，从而导致应力腐蚀开裂。氢的还原会不断促使氢原子通过吸附进入金属，并在裂纹尖端富集，又继续促进裂纹的扩展，氢在一方面降低原子键合力，另一方面又能稳定微裂纹。

4.4 二氧化碳和细菌共存体系腐蚀

CO_2 不仅自身会腐蚀管道，同时会促进细菌对油气管道的腐蚀，这个过程中存在协同作用，SBR 在二氧化碳管道内对金属材质的腐蚀明显更快。细菌腐蚀机理在前文环境因素中已经涉及，在此不再赘述。

4.5 人为因素

安装不当或在第三方施工过程中损坏钢管的外部保护涂层造成凹痕，凹痕处应力集中易发生电化学腐蚀。周围管道破裂未进行及时处理，不明液体蔓延到该地区，导致土壤含水增加，并使周围环境充满水中的腐蚀性因素，如硫酸盐和氯，将加速附近水网其他表面的腐蚀。

5 在技术社会经济方面可能产生的后果（历史事故统计分析）

对于二氧化碳管道，由于腐蚀导致的泄漏是事故的主要形式，会直接或间接地对环境和经济都造成负面影响，甚至产生人员伤亡，所以更应对提高对高后果区的重视。DONGMIN 基于 112 份事故数据分析发现服役 0～10 年的管道事故频率和碳排放占比最高，但服役 11～20 年的管道造成的经济损失最多。由于较高的焦耳-汤姆逊系数，CO_2 管道泄漏会导致温度大幅下降，干冰黏附在管道外表面上会增加低温脆性破坏的风险。若 CO_2 减压波的速度低于管道裂纹扩展的速度，极易引起脆性裂纹扩展，造成更为严重的破坏。此外，由于其密度高，泄漏后易在低洼处聚集，形成高浓度区，对人类和动物都构成重大威胁。WITKOWSKI 等人注意到浓度为 1%的 CO_2 会引起嗜睡；而浓度>2%则会导致轻度麻醉。当 CO_2 浓度在 3%至 5%之间时，会阻碍呼吸，导致头晕和头痛。接触浓度超过 CO_2 会导致意识丧失，长时间接触可能会导致窒息；浓度超过 20%就会立即导致死亡。

1977 年，挪威 HYDROAGRI 公司氨工厂的二氧化碳管道发生爆炸，虽然无人伤亡，但附近的管道被彻底摧毁，大楼的窗户被震碎。1986 年，西非尼奥斯湖岩浆喷发，释放出大量二氧化碳，造成至少 1700 人死亡，3500 多头牲畜死亡。2019 年，中国福建省一艘货船的二氧化碳储存和管道系统发生泄漏，导致 10 人死亡，19 人受伤。2020 年 SATARTIA 事故，事件报告并未明确报告受伤情况，但叙述中提到了泄漏后实际记录的 46 例住院治疗。

目前对埋地 CO_2 管道泄漏的具体风险尚不完全清楚，若对事故机制和后果的进一步分析将有助于改善对事故数据的解释、故障频率估计和潜在高后果区域的定义，以正确支持开发更适用于 CCUS 项目的风险评估过程。

6 差距及未来研究方向

从目前所收集的数据来看，对不同因素的研究权重并不均衡，权重高度的被研究因素为：细菌及微生物、水压、杂相电流和土壤质量。但权重低的因素也不应被忽视，才能更好的了解与其他因素的共同作用机理。

值得注意的是目前对混合流中杂质影响的理解相当有限仅对一小部分杂质进行了研究，因此有必要继续当前工作并探索；并且对气候因素的影响研究明显不足，尤其是针对不同气候条件的针对性分析，与此相关的就是温度对埋地金属管道腐蚀的影响方面研究较少，建议未来的研究应将气候数据源的数据与管道相关、环境相关和操作相关的数据相结合，以建立准确且具有代表性的二氧化碳管道管腐蚀模型。腐蚀原因是一个复杂的过程，在研究过程中只关注一个或几个因素而不考虑场地特征在实践中是不适用的。

即使采用先进的保护技术，CO_2 管道也会受到腐蚀，也证明腐蚀现象的复杂程度极高，现场数据收集困难也导致无法进行完整的科学分析验证，大多数研究因采样受限未能找到准确的影响关系，因此数学建模和统计分析的建立非常重要，辅助实验研究还是数值研究，可以作为一个有效手段准确链接影响因素和腐蚀现象，以建立准确且具有代表性的管道腐蚀模型，为了建立可靠且具有代表性的二氧化碳管道腐蚀模型，未来的研究应将来自气候数据源的数据与管道相关、环境相关和操作相关的数据结合起来，为生产过程中可能发生的失效预防和控制提供支持。在此基础上也可以考虑对新型金属及非金属复合材料的分析，区别不同的复合金属材料对腐蚀的敏感性，选取满足成本要求前提下更优的管道材料。

总而言之，二氧化碳的腐蚀是一个严重的问题，会损害管道网络的整体性，也由于泄露停产造成经济损失，尤其是在恶劣地区和高后果区。文献中已经对腐蚀问题的成因进行了彻底的汇总分析，希望未来研究者能多变量分析影响腐蚀过程的因素（从腐蚀的起始和发展的角度）以更优方式加以解决。

参 考 文 献

[1] ESRL, NOAA. "Measured CO_2 levels." Credit: NOAA ESRL Global Monitoring Division, Boulder, Colorado, US (http://esrl.noaa.gov/gmd/).

[2] Bui, Mai, et al., eds. "The Role of Carbon Capture and Storage (CCS) Technologies in a Net-Zero Carbon Future." (2021).

[3] Norhasyima, R. S., and T. M. I. Mahlia. "Advances in CO_2 utilization technology: A patent landscape review." Journal of CO_2 Utilization 26 (2018): 323-335.

[4] Mikunda, Tom, et al. "Carbon capture and storage and the sustainable development goals." International Journal of Greenhouse Gas Control 108 (2021): 103318.

[5] 高怡萱, et al. "超临界二氧化碳输送管道内腐蚀研究进展." 材料导报 38.12 (2024): 22120216-8.

[6] Shang, Yan, et al. "Comprehensive Review on Leakage Characteristics and Diffusion Laws of Carbon Dioxide Pipelines." Energy & Fuels (2024).

[7] Cole, Ivan S., et al. "Corrosion of pipelines used for CO_2 transport in CCS: Is it a real problem?." International Journal of Greenhouse Gas Control 5.4 (2011): 749-756.

[8] Halseid, Malgorzata, Arne Dugstad, and Bjørn Morland. "Corrosion and bulk phase reactions in CO_2 transport pipelines with impurities: review of recent published studies." Energy Procedia 63 (2014): 2557-2569.

[9] Porter, Richard TJ, et al. "The range and level of impurities in CO_2 streams from different carbon capture sources." International Journal of Greenhouse Gas Control 36 (2015): 161-174.

[10] Sonke, J., W. M. Bos, and S. J. Paterson. "Materials challenges with CO_2 transport and injection for carbon capture and storage." International Journal of Greenhouse Gas Control 114 (2022): 103601.

[11] Dugstad, Arne, et al. "Dense phase CO_2 corrosion and the impact of depressurization and accumulation of impurities." NACE CORROSION. NACE, 2013.

[12] Jiang, Xiu, et al. "Critical water content for corrosion of X65 mild steel in gaseous, liquid and supercritical CO_2 stream." International Journal of Greenhouse Gas Control 85 (2019): 11-22.

[13] Sonke, J., and Y. Zheng. "CO_2 Transport and Injection, Effect of Impurities, Understanding of Reactions and Consequences." AMPP CORROSION. AMPP, 2023.

[14] Hua, Yong, Richard Barker, and Anne Neville. "The influence of SO_2 on the tolerable water content to avoid pipeline corrosion during the transportation of supercritical CO_2." International Journal of Greenhouse Gas Control 37 (2015): 412-423.

[15] Ye, Zhengrong, et al. "Corrosion behavior of carbon steel in crude oil-water-gas multiphase environments with CO_2 and H_2S." Journal of Materials Engineering and Performance 31.9 (2022): 7673-7685.

[16] Cole, I. S., et al. "State of the aqueous phase in liquid and supercritical CO_2 as relevant to CCS pipelines." International Journal of Greenhouse Gas Control 7 (2012): 82-88.

[17] Barker, Richard, Yong Hua, and Anne Neville. "Internal corrosion of carbon steel pipelines for dense-phase CO_2 transport in carbon capture and storage (CCS) - a review." International Materials Reviews

62.1 (2017): 1-31.

[18] Kairy, S. K., et al. "Corrosion of pipeline steel in dense phase CO_2 containing impurities: A critical review of test methodologies." Corrosion Science 214 (2023): 110986.

[19] Wang, Wenhe, et al. "Experimental investigation of stress corrosion on supercritical CO_2 transportation pipelines against leakage for CCUS applications." Energy Reports 9 (2023): 266-276.

[20] Morland, Bjørn H., et al. "Nitric and sulfuric acid solubility in dense phase CO_2." Industrial & Engineering Chemistry Research 58.51 (2019): 22924-22933.

[21] Cole, I. S., et al. "State of the aqueous phase in liquid and supercritical CO_2 as relevant to CCS pipelines." International Journal of Greenhouse Gas Control 7 (2012): 82-88.

[22] Xiang, Yong, Minghe Xu, and Yoon-Seok Choi. "State-of-the-art overview of pipeline steel corrosion in impure dense CO_2 for CCS transportation: mechanisms and models." Corrosion Engineering, Science and Technology 52.7 (2017): 485-509.

[23] Tang, Sen, et al. "Analysis of internal corrosion of supercritical CO_2 pipeline." Corrosion Reviews 39.3 (2021): 219-241.

[24] Wei, Liang, et al. "Corrosion behaviors of steels under supercritical CO_2 conditions." Corrosion Reviews 33.3-4 (2015): 151-174.

[25] Halseid, Malgorzata, Arne Dugstad, and Bjørn Morland. "Corrosion and bulk phase reactions in CO_2 transport pipelines with impurities: review of recent published studies." Energy Procedia 63 (2014): 2557-2569.

[26] Cui, Gan, et al. "A comprehensive review of metal corrosion in a supercritical CO_2 environment." International Journal of Greenhouse Gas Control 90 (2019): 102814.

[27] Sun, Chong, et al. "Synergistic effect of O2, H_2S and SO_2 impurities on the corrosion behavior of X65 steel in water-saturated supercritical CO_2 system." Corrosion Science 107 (2016): 193-203.

[28] Sun, Chong, et al. "Effect of impurity on the corrosion behavior of X65 steel in water-saturated supercritical CO_2 system." The Journal of Supercritical Fluids 116 (2016): 70-82.

[29] Li, Kaiyang, Yimin Zeng, and Jing-Li Luo. "Influence of H_2S on the general corrosion and sulfide stress cracking of pipelines steels for supercritical CO_2 transportation." Corrosion Science 190 (2021): 109639.

[30] Wei, Liang, Xiaolu Pang, and Kewei Gao. "Effect of small amount of H_2S on the corrosion behavior of carbon steel in the dynamic supercritical CO_2 environments." Corrosion Science 103 (2016): 132-144.

[31] Choi, Yoon-Seok, et al. "Effect of H_2S on the corrosion behavior of pipeline steels in supercritical and liquid CO_2 environments." Corrosion 72.8 (2016): 999-1009.

[32] Slavchov, Radomir I., et al. "The role of NO2 and NO in the mechanism of hydrocarbon degradation leading to carbonaceous deposits in engines." Fuel 267 (2020): 117218.

[33] Sonke, J., et al. "Corrosion and chemical reactions in impure CO_2." International Journal of Greenhouse Gas Control 133 (2024): 104075.

[34] Wasim, Muhammad, et al. "Factors influencing corrosion of metal pipes in soils." Environmental Chemistry Letters 16 (2018): 861-879.

[35] Hussein Farh, Hassan M., et al. "Analysis and ranking of corrosion causes for water pipelines: a critical review." NPJ Clean Water 6.1 (2023): 65.

[36] Hussain, A-Kh M., A. Sanoussi, and H. Hussain. "Pollution of drinking water transported by corroded metallic pipelines." Water Pollut. X 135 (2010): 61-69.

[37] Bastidas, David M., et al. "Copper deterioration: causes, diagnosis and risk minimisation." International materials reviews 55.2 (2010): 99-127.

[38] Ismail, A. I. M., and A. M. El-Shamy. "Engineering behaviour of soil materials on the corrosion of mild steel." Applied clay science 42.3-4 (2009): 356-362.

[39] Pillay, Charlene, and Johnson Lin. "Metal corrosion by aerobic bacteria isolated from stimulated corrosion systems: effects of additional nitrate sources." International Biodeterioration & Biodegradation 83 (2013): 158-165.

[40] Hussain, A-Kh M., A. Sanoussi, and H. Hussain. "Pollution of drinking water transported by corroded metallic pipelines." Water Pollut. X 135 (2010): 61-69.

[41] Spark, Amy, et al. "Microbiologically influenced corrosion: a review of the studies conducted on buried pipelines." Corrosion Reviews 38.3 (2020): 231-262.

[42] 曾志强.“油田地面工程管道防腐施工技术探究.”工程管理 4.8 (2023): 25-27.

[43] 戴巧红，et al.“油气长输管道腐蚀与防护研究进展．”金属热处理 44. 12（2019）：198-204.

[44] 谷坛，et al.“典型离子对碳钢 CO_2 腐蚀的影响．”Natural Gas Industry 39. 7（2019）.

[45] Yan, Ting, et al. "Mechanism and anti-corrosion measures of carbon dioxide corrosion in CCUS: A review." Iscience（2024）.

[46] Zhao, Jin-Jin, et al. "Effect of Cl- Concentration on the SCC Behavior of 13Cr Stainless Steel in High-Pressure CO_2 Environment." Acta Metallurgica Sinica（English Letters）32（2019）：1459-1469.

[47] Melchers, R. E., and R. B. Petersen. "A reinterpretation of the Romanoff NBS data for corrosion of steels in soils." Corrosion Engineering, Science and Technology 53. 2（2018）：131-140.

[48] Wang, Wenhe, et al. "Experimental investigation of stress corrosion on supercritical CO_2 transportation pipelines against leakage for CCUS applications." Energy Reports 9（2023）：266-276.

[49] Seghier, Mohamed El Amine Ben, et al. "Prediction of maximum pitting corrosion depth in oil and gas pipelines." Engineering Failure Analysis 112（2020）：104505.

[50] Romer, Andrew E., and Graham EC Bell. "Causes of external corrosion on buried water mains." Pipelines 2001: Advances in pipelines engineering and construction. 2001. 1-9.

[51] Farh, Hassan M. Hussein, Mohamed El Amine Ben Seghier, and Tarek Zayed. "A comprehensive review of corrosion protection and control techniques for metallic pipelines." Engineering Failure Analysis 143（2023）：106885.

[52] Abdulbaqi, Isam M. "Numerical study and design of an impressed current cathodic protection system for buried metallic pipes." 2018 Third Scientific Conference of Electrical Engineering（SCEE）. IEEE, 2018.

[53] Mujezinović, Adnan, and Sanja Martinez. "Application of the continuous wavelet cross-correlation between pipe-to-soil potential and pipe-to-rail voltage influenced by dynamic stray current from DC train traction." IEEE transactions on power delivery 36. 2（2020）：1015-1023.

[54] Regula, Michal, et al. "Possibilities of the stray current measurement and corrosive risk evaluation." Electrical Engineering 104. 4（2022）：2497-2513.

[55] Rajani, Balvant, and Yehuda Kleiner. "Protecting ductile-iron Water Mains: What protection method works best for what soil condition?." Journal-American Water Works Association 95. 11（2003）：110-125.

[56] Żakowski, K., and W. Sokólski. "24-hour characteristic of interaction on pipelines of stray currents leaking from tram tractions." Corrosion Science 41. 11（1999）：2099-2111.

[57] 吴瑕，李长俊，贾文龙．二氧化碳的管道输送工艺［J］．油气田地面工程，2010，29(9)：52-53.

[58] 刘建武．“二氧化碳输送管道工程设计的关键问题．”油气储运 33. 4（2014）：369-373.

[59] Lu, Hongfang, et al. "Carbon dioxide transport via pipelines: A systematic review." Journal of Cleaner Production 266（2020）：121994.

[60] Sharma, Satish Kumar, and Sachin Maheshwari. "A review on welding of high strength oil and gas pipeline steels." Journal of Natural Gas Science and Engineering 38（2017）：203-217.

[61] Kobayashi, Y., and Z. Szklarska-Smialowska. "A study of the hydrogen-induced degradation of two steels differing in sulfur content." Metallurgical Transactions A 17（1986）：2255-2263.

[62] Sim, Samson, et al. "A review of the protection strategies against internal corrosion for the safe transport of supercritical CO_2 via steel pipelines for CCS purposes." International Journal of Greenhouse Gas Control 29（2014）：185-199.

[63] Cole, Ivan S., et al. "Corrosion of pipelines used for CO_2 transport in CCS: Is it a real problem?." International Journal of Greenhouse Gas Control 5. 4（2011）：749-756.

[64] Russick, Edward M., et al. "Corrosive effects of supercritical carbon dioxide and cosolvents on metals." The Journal of Supercritical Fluids 9. 1（1996）：43-50.

[65] Stergioudi, Fani, et al. "Corrosion behavior of stainless steels in CO_2 absorption process using aqueous solution of monoethanolamine（MEA）." Corrosion and Materials Degradation 3. 3（2022）：422-438.

[66] Hua, Yong, Richard Barker, and Anne Neville. "Effect of temperature on the critical water content for general and localised corrosion of X65 carbon steel in the transport of supercritical CO_2." International Journal of Greenhouse Gas Control 31（2014）：48-60.

[67] Eškinja, Magdalena, et al. "Investigation of the effects of temperature and exposure time on the corrosion behavior of a ferritic steel in CO_2 environment using the optimized linear polarization resistance method."

Results in Materials 14 (2022): 100282.

[68] Kahyarian, Aria, Mohsen Achour, and Srdjan Nesic. "CO_2 corrosion of mild steel." Trends in Oil and Gas Corrosion Research and Technologies (2017): 149-190.

[69] Nešić, Srdjan. "Key issues related to modelling of internal corrosion of oil and gas pipelines-A review." Corrosion science 49. 12 (2007): 4308-4338.

[70] Barker, Richard, et al. "A review of iron carbonate (FeCO3) formation in the oil and gas industry." Corrosion Science 142 (2018): 312-341.

[71] Dong, Baojun, et al. "Major corrosion influence factors analysis in the production well of CO_2 flooding and the optimization of relative anti-corrosion measures." Journal of Petroleum Science and Engineering 200 (2021): 108052.

[72] Ma, Wenhai. "Corrosion Behavior of Gas Storage Well Pipe Strings in Corrosive H_2S-CO_2 Environment." Journal of Failure Analysis and Prevention 22. 1 (2022): 368-376.

[73] Wang, Yun, et al. "Unraveling the effect of H_2S on the corrosion behavior of high strength sulfur-resistant steel in $CO_2/H_2S/Cl^-$ environments at ultra high temperature and high pressure." Journal of Natural Gas Science and Engineering 100 (2022): 104477.

[74] Zhang, Yucheng, et al. "Discussion of the CO_2 corrosion mechanism between low partial pressure and supercritical condition." Corrosion Science 59 (2012): 186-197.

[75] Wei L, Pang X, Zhou M, et al. Effect of exposure angle on the corrosion behavior of X70 steel under supercritical CO_2 and gaseous CO_2 environments [J]. Corrosion Science, 2017, 121: 57-71.

[76] Wang, Hanwen, et al. "Recent progress on the research of steel corrosion behavior and corrosion control in the context of CO_2 geological utilization and storage: a review." Corrosion Reviews 0 (2024).

[77] Wei, Liang, Xiaolu Pang, and Kewei Gao. "Effect of flow rate on localized corrosion of X70 steel in supercritical CO_2 environments." Corrosion Science 136 (2018): 339-351.

[78] Schmitt, Guenter A., and Michael Mueller. "Critical wall shear stresses in CO_2 corrosion of carbon steel." NACE CORROSION. NACE, 1999.

[79] Liu, An Qing, et al. "Flow dependence of steel corrosion in supercritical CO_2 environments with different water concentrations." Corrosion Science 134 (2018): 149-161.

[80] Niu, Qingwei, et al. "Effect of flow rate on the corrosion behavior of N80 steel in simulated oil field environment containing CO_2 and HAc." International Journal of Electrochemical Science 12. 11 (2017): 10279-10290.

[81] Niu, Qingwei, et al. "Effect of flow rate on the corrosion behavior of N80 steel in simulated oil field environment containing CO_2 and HAc." International Journal of Electrochemical Science 12. 11 (2017): 10279-10290.

[82] Fang, Xiao Jun, et al. "Corrosion Behavior and Mechanism of Oil Casing Steel in CO_2 Salt Solution." Materials Science Forum. Vol. 1035. Trans Tech Publications Ltd, 2021.

[83] Wang, Bei, et al. "Effect of Turbulent Flow on Corrosion Behavior of 6. 5 Cr Steel in CO_2-Containing Environment." International Journal of Electrochemical Science 16. 3 (2021): 21034.

[84] da Silva de Sá, Jonas, et al. "Effect of Flow Rate on the Corrosion Behavior of API 5L X80 Steel in Water-Saturated Supercritical CO_2 Environments." Corrosion 78. 1 (2022): 58-67.

[85] Hasan, Basim O., and Sahir M. Aziz. "Corrosion of carbon steel in two phase flow (CO_2 gas-CaCO3 solution) controlled by sacrificial anode." Journal of Natural Gas Science and Engineering 46 (2017): 71-79.

[86] Yan, Yongbo, et al. "Corrosion behaviour of X80 pipeline steel welded joint in H2O-saturated supercritical-CO_2 environment." International Journal of Electrochemical Science 15. 2 (2020): 1713-1726.

[87] Melchers, Robert E. "Modeling and prediction of long-term corrosion of steel in marine environments." International Journal of Offshore and Polar Engineering 22. 04 (2012).

[88] Wang, Xinhua, et al. "Corrosion behavior of X70 and X80 pipeline steels in simulated soil solution." International Journal of Electrochemical Science 13. 7 (2018): 6436-6450.

[89] Ghidaoui, Mohamed S., et al. "A review of water hammer theory and practice." Appl. Mech. Rev. 58. 1 (2005): 49-76.

[90] Leishear, Robert A. "Water hammer causes water main breaks." Journal of Pressure Vessel Technology 142. 2 (2020): 021402.

[91] He, San, et al. "Corrosion behavior of AISI 1020 steel in MEA and [Bmim] BF4 mixed solution containing saturated CO_2." International Journal of Greenhouse

Gas Control 94 (2020): 102931.

[92] Xiang, Yong, et al. "Time-dependent electrochemical behavior of carbon steel in MEA-based CO_2 capture process." International Journal of Greenhouse Gas Control 30 (2014): 125-132.

[93] Saeed, Idris Mohamed, et al. "Opportunities and challenges in the development of monoethanolamine and its blends for post-combustion CO_2 capture." International Journal of Greenhouse Gas Control 79 (2018): 212-233.

[94] Song, F. M. "Predicting the mechanisms and crack growth rates of pipelines undergoing stress corrosion cracking at high pH." Corrosion science 51.11 (2009): 2657-2674.

[95] Jianhua, L. V., et al. "INFLUENCE OF FACTORS ON RESISTANCE OF LOW-ALLOY STEELS TO CORROSION INDUCED BY H_2S 影响低合金钢材抗 H_2S 腐蚀的因素." 腐蚀科学与防护技术 18.2 (2006): 118-121.

[96] Cheng, Y. F. "Analysis of electrochemical hydrogen permeation through X-65 pipeline steel and its implications on pipeline stress corrosion cracking." International Journal of Hydrogen Energy 32.9 (2007): 1269-1276.

[97] Gong, Peng, et al. "Hydrogen embrittlement through the formation of low-energy dislocation nanostructures in nanoprecipitation-strengthened steels." Science Advances 6.46 (2020): eabb6152.

[98] 吴晓霞, et al. "CO_2和细菌共存环境下的油气管道腐蚀与防护研究." Hans Journal of Chemical Engineering and Technology 13 (2023): 199.

[99] 王月, et al. "页岩气田细菌腐蚀与控制技术研究及应用." Chemical Engineering of Oil & Gas/Shi You Yu Tian Ran Qi Hua Gong 50.5 (2021).

[100] 黄伟, et al. "黄土高原地区油田外输干线腐蚀穿孔原因分析." 安全, 健康和环境 21.8 (2021): 5-9.

[101] Kuliczkowska, Emilia, Andrzej Kuliczkowski, and Barbara Tchórzewska-Cieślak. "The structural integrity of water pipelines by considering the different loads." Engineering Failure Analysis 118 (2020): 104932.

[102] Xi, Dongmin, et al. "Carbon dioxide pipelines: A statistical analysis of historical accidents." Journal of Loss Prevention in the Process Industries 84 (2023): 105129.

[103] Aursand, Eskil, et al. "Fracture propagation control in CO_2 pipelines: Validation of a coupled fluid-structure model." Engineering Structures 123 (2016): 192-212.

[104] Koornneef, Joris, et al. "Quantitative risk assessment of CO_2 transport by pipelines—a review of uncertainties and their impacts." Journal of hazardous materials 177.1-3 (2010): 12-27.

[105] Witkowski, Andrzej, et al. "Comprehensive analysis of pipeline transportation systems for CO_2 sequestration. Thermodynamics and safety problems." Energy conversion and management 76 (2013): 665-673.

[106] Kling, George W., et al. "The 1986 lake nyos gas disaster in cameroon, west Africa." Science 236.4798 (1987): 169-175.

[107] Vitali, Matteo, et al. "Statistical analysis of incidents on onshore CO_2 pipelines based on PHMSA database." Journal of Loss Prevention in the Process Industries 77 (2022): 104799.

[108] Belvederesi, Chiara, Megan S. Thompson, and Petr E. Komers. "Canada's federal database is inadequate for the assessment of environmental consequences of oil and gas pipeline failures." Environmental Reviews 25.4 (2017): 415-422.

[109] Bubbico, Roberto. "A statistical analysis of causes and consequences of the release of hazardous materials from pipelines. The influence of layout." Journal of loss prevention in the process industries 56 (2018): 458-466.

中润冷却器管束腐蚀泄漏分析与应对

潘　强　李立峰

（中石油克拉玛依石化有限责任公司）

摘　要　本文对中石油克拉玛依石化有限责任公司炼油二部12万吨/年加氢处理装置中润冷却器管束泄漏问题开展相关研究分析，发现造成中润冷却器管束泄漏的主要原因是不合理的操作温度、循环水流速过低导致的不锈钢管束高温下垢下腐蚀穿孔引发的泄漏。本文对此开展研究分析提出了从管程设计、提高循环水流速、增加阴极保护、规范检维修管理、加强设备变更管理五方面的改进措施，保证其长周期运行。

关键词　中润冷却器；管束；高温结垢；腐蚀泄漏

管式循环水冷却器是炼油、化工、轻工、制药、电力、热力供应等行业中常见的换热设备，其出现的结垢现象对生产造成了一定的困扰。在其管道中，结垢物会减小管道的截面积，降低冷却水的流量，甚至堵塞冷却水的通道。结垢物会使得冷却器换热表面形成氧浓度差电池，造成金属的垢下腐蚀。有关数据表明，换热设备表面结垢厚度为1mm时，换热效率下降10%～20%。下面以润滑油与循环水冷却器结垢为典型案例，分析查找形成结垢的原因，找出解决问题的办法，采取预防措施，消除安全隐患，保障系统的正常运行。

1　中润冷却器简介

中石油克拉玛依石化有限责任公司炼油二部12万吨/年加氢处理装置中润冷却器L209型号FB500-65-25-4，换热管规格：Φ19×3×6000，该冷却器1994年安装投用，由无锡换热设备厂生产。冷却器基本参数如表1所示。

表1　中润冷却器运行参数

项目	壳程	管程
介质	润滑油	循环水
操作温度（入口/出口）/℃	210/35	30/40
操作压力/MPa	1.0	0.4
设计温度/℃	300	200
设计压力/MPa	4.0	1.0
材质	16MnR	管束：304， 管箱：16MnR

2　腐蚀泄漏及拆检概况

2.1　腐蚀泄漏概况

2024年4月28日循环水场发现水面上有油迹，排查加氢处理装置中润冷却器L209时发现出口循环水样含油明显升高，初步判断中润冷却器L209内漏，立即切除该冷却器管壳程进、出口流程。2024年4月29日对中润冷却器L209壳程内介质润滑油泄压排凝用蒸汽吹扫干净，对管程内介质循环水从低点放空排尽，用中压氮气对壳程充压至0.5MPa，发现管程放空处有气体泄漏，确定该冷却器管束内漏。2024年4月30日将该冷却器壳程进出口盲板隔离，管程循环水仅做流程关闭切断，准备冷却器维修。

2.2　拆检概况

2024年5月7日中润冷却器L209拆除维修解体时发现：

（1）壳程介质入口接管附近，由于介质温度过高面漆受热脱落，壳程入口介质润滑油温度为210℃，见图1；管束换热管外壁干净无腐蚀，壳程入口换热管束附近的换热管存在明显弯曲变形和高温变色，见图2；管束管板和换热管端头无腐蚀，见图3。

（2）查设计图纸，中润冷却器L209原设计为4管程冷却器，目前发现已被改造为2管程冷却器，改造时间不详，见图4和5。

（3）管束高压清洗过程中发现冷却器上部三排管束变形和结垢严重，此部位介质入口温度210℃，即使用高压水也不能将这三排管束打通，清洗完成后管束换热管内仍有坚硬水垢，见图6。

图 1　壳程入口

图 2　管束换热管变形

图 3　管束管板和换热管端头

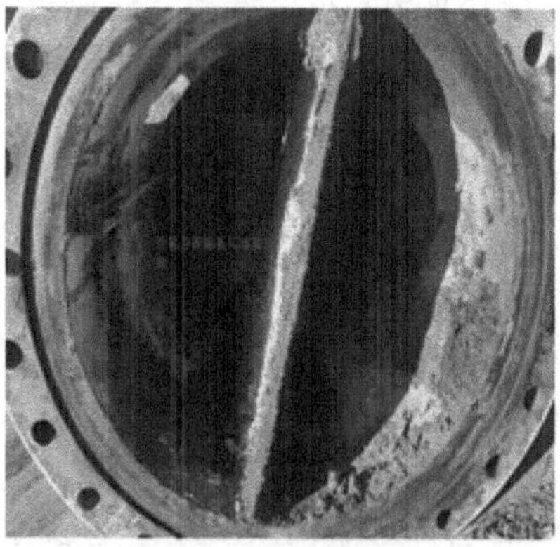

图 4　管箱分程隔板

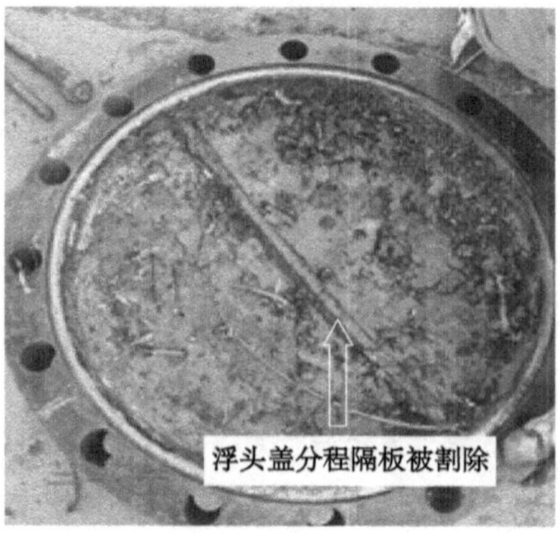

图 5　浮头盖分程隔板

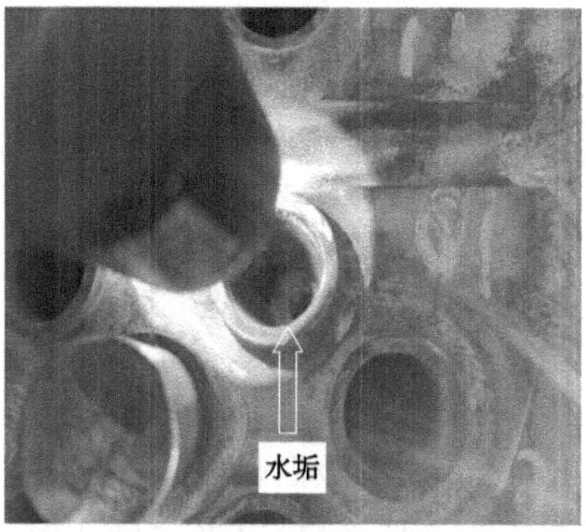

图 6　管束换热管内水垢

（4）L209 管束清洗完成后对管束进行涡流检测，由于冷却器上部三排换热管严重变形和结垢导致探头不能伸入换热管内无法进行涡流检测，抽检变形管束以下部位，本次对 L-209 换热器进行涡流检测，管束总计 192 根，涡流抽检 20 根，检测结果换热管壁厚损失均小于 20%，换热管基本无结垢和腐蚀减薄，见图 7，说明腐蚀结垢部位主要存在于高温变形的上部三排管束，管束内结垢严重度严格按换热管内温度梯度分布，温度越高的地方结垢越严重，结垢程度按温度高低逐次递减，温度低的地方基本不结垢（图 7）。

3　原因分析

中润冷却器 L209 管束腐蚀泄漏，清洗过程中发现与壳程入口处高温介质（210℃）直接接触的三排管束换热管内壁结垢严重，垢下腐蚀导致换热管穿孔发生泄漏。本文将从腐蚀机理、介质操作温度、管程介质流速、检维修管理、设备变更管理五方面进行泄漏原因分析。

3.1　管束变形原因

加氢处理装置中润冷却器原始设计管束材质

为碳钢，2018 年检修更换为不锈钢管束，新管束防冲板位置与原设计位置不一致，未起到防冲作用，新管束管径为 Φ19×3，原始设计碳钢管径为 Φ22×4，新管束外径和壁厚均减小，以上原因导致管束抵抗高温蠕变形能力减弱，壳程入口介质温度 210℃过高导致上部三排管束换热管变形。

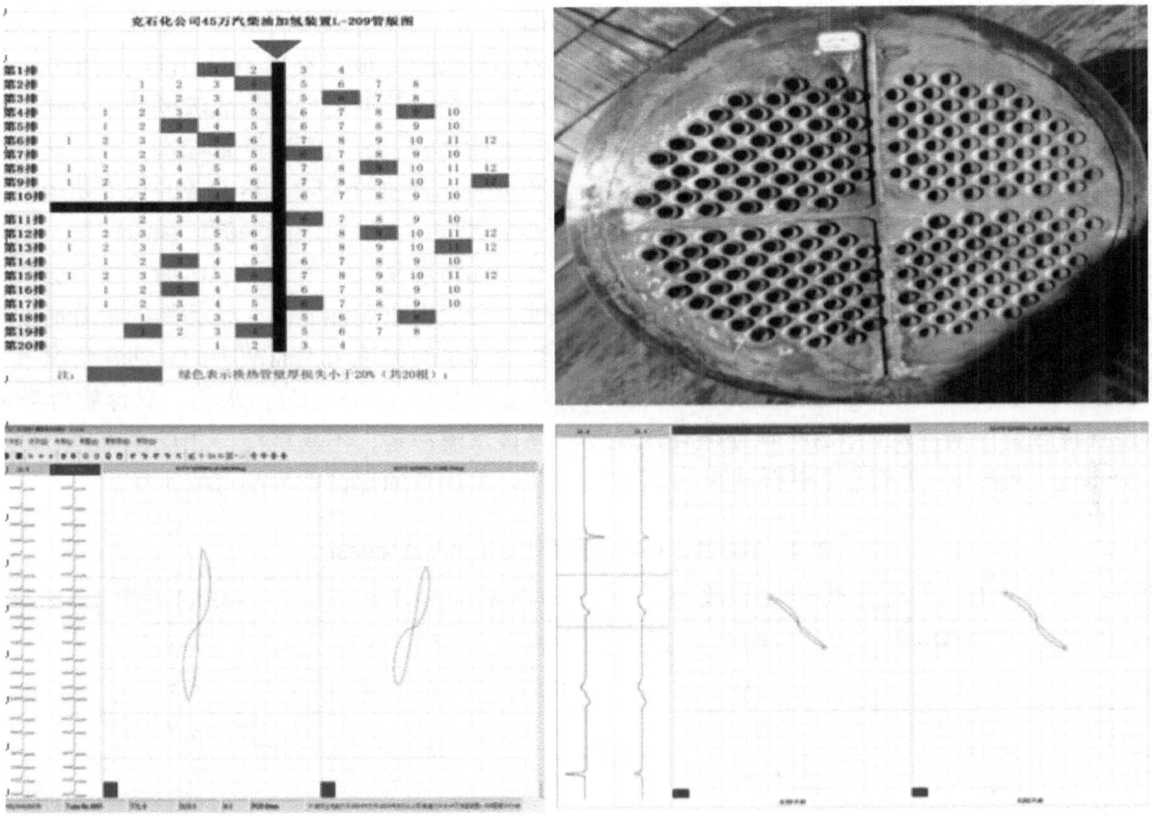

图 7　涡流检测

3.2　管束泄漏原因

(1) 腐蚀机理

金属在循环水中发生电化学腐蚀，在腐蚀电池中阴极反应主要是氧的还原，阳极反应则是铁的溶解，碳钢在循环水中的腐蚀反应为：

阳极反应：$Fe-2e \longrightarrow Fe^{2+}$

阴极反应：$O_2+2H_2O+4e \longrightarrow 4OH^-$

垢下电化学腐蚀初期，随着阳极金属不断形成 Fe^{2+}，阴极的溶解氧消耗完毕，阴极反应停止，由于垢下空间狭窄以及腐蚀产物的阻挡，水中的溶解氧很难达到垢下的腐蚀环境中，污垢下处于缺氧状态，而周围循环水中的溶解氧则比较丰富，如此形成了氧浓差腐蚀电池，促使反应继续进行，垢下为金属阳极反应，周围为氧的还原反应，金属不断溶解为 Fe^{2+}，出现过剩的正电荷，为了保持电中性，垢外 Cl^- 迁移至垢下，与金属离子形成 $FeCl_2$，并发生水解，生成腐蚀性较强的盐酸，反应式如下：

$$FeCl_2+2H_2O \longrightarrow Fe(OH)_2\downarrow+2H^++2Cl^-$$

$FeCl_2$ 发生水解后导致垢下 PH 值降低，介质酸性增加，腐蚀加剧，垢下产生坑蚀。随着蚀坑的生长，在蚀坑周围生成铁锈和其他沉积物，在蚀坑内介质处于滞留状态，这样就构成了闭塞电池，闭塞区内处于强酸环境，加速了垢下的金属溶解速度。同样垢外的还原速度也增加，而使垢下的金属不断溶解，垢下金属离子进一步过剩又促使 Cl^- 迁入，形成 $FeCl_2$，水解后形成盐酸，使垢下酸性溶液浓度增加，使腐蚀加剧，如此循环，形成了垢下腐蚀发展的自催化过程，可见造成垢下腐蚀加速进行的根本原因是闭塞电池的自催化作用。

Cl^- 对金属腐蚀起到严重的诱发作用。循环水里溶解了大量的氧，同时由于换热器管程内表面的结垢不均一，易在换热管表面形成氧浓度差的微电池，使换热器钢材表面发生电化学腐蚀；大量的 Cl^- 作为活性阴离子在疏松腐蚀产物层中聚集，起到自催化作用，破坏材料表面的氧化膜，金属基材表面在 Cl^- 的腐蚀作用下将形成坑状点腐蚀形态；一旦形成腐蚀坑以后，腐蚀坑以外的介质中的带负电的 Cl^- 与带正电荷的金属离子而形成电化学腐蚀，最终导致穿孔失效。可见，氯离子含量越高，钢材受腐蚀的程度则越严重。

（2）介质操作温度过高

加氢处理装置中润冷却器 L209 壳程入口介质润滑油温度 210℃，不符合《中石油克拉玛依石化有限责任公司循环水水质管理规定》第十条第（六）工艺介质进冷却器温度大于 150℃时应先进行热量回收，再用循环水冷却的要求，介质温度过高导致高温部位的换热管内部结垢。

（3）管程介质流速过低

查阅 2024 年 5 月 10 日加氢处理装置水冷器流量检查报告，中润冷却器 L209 管程循环水流速 0.46m/s，见表 2，不符合《中石油克拉玛依石化有限责任公司循环水水质管理规定》第十条第（七）水冷器管程冷却水流速应在 1.0 米/秒以上的要求，循环水流速慢促进循环水在换热管内结垢。介质流速较低，不仅无法满足壳程工艺介质的运行温度要求，还导致管程中的低温热水或循环水介质在管束内滞留时间过长，管束内的杂质容易沉积，最终在管程的出口（高温区）区域产生水垢，长期运行会形成较厚的结垢物，结垢物逐渐累积，造成管程严重堵塞，并由此增大了产生垢下腐蚀的风险，给设备的长周期运行留下安全隐患。在管箱内的涡流区和滞留区，水中污泥和油污容易沉积下来形成污垢，垢下会产生坑蚀，造成管束腐蚀泄漏。结垢物的附着速度是随着冷却水的流速增大而减小的。通常情况下，水流速度超过 1.0m/s 时，水垢、悬浮物等杂质容易被水流冲走，不易沉淀，相反在流速过低，存在死角拐角的部位就容易沉积水垢。

表 2　加氢脱酸处理装置循环水流速不达标设备

设备名称	流量/(m^3/h)	循环水进口开度/%	循环水出口开度/%	流速/(m/s)	循环水温差/℃	介质温差/℃
L-104	132	100%	100%	0.39	0.6	2.3
L-105/2	78	100%	100%	0.70	0.7	0.1
L-203	57	100%	100%	0.79	7.7	70.1
L-204	5	100%	100%	0.15	0.2	1.8
L-206	43	100%	100%	0.66	4.5	59.8
L-207	135	100%	100%	0.91	2.7	36.9
L-208	34	100%	100%	0.52	6.3	85.0
L-209	32	100%	100%	0.46	0.3	0.8
L-210	42	100%	100%	0.79	5.7	44.3

（4）检修管理不到位

2022 年大检修期间为了节约检修成本，对中润冷却器 L209 未进行维修，未能在大检修期间发现并处理冷却器管束变形及结垢问题，冷却器在大检修期间不维修不能满足下一个检修周期 4 年运行。

（5）变更管理不到位

中润冷却器 L209 原设计为 4 管程冷却器，管箱和内浮头分程隔板已经被局部割除，改造为 2 管程冷却器，改造后降低管程循环水流速，具体改造时间不详，没有找到相关记录和检修资料，检修资料管理不到位。L209 原始设计管束材质为碳钢，2018 年检修更换为不锈钢管束，新管束防冲板位置与原设计位置不一致，没有起到防冲作用。

4　应对措施

（1）2024 年 5 月 8 日对 L209 管束进行壳程水压试验，试验压力 1.6MPa，发现一根换热管泄漏进行堵管，同时将管束上部三排变形和结垢严重的换热管进行堵管，共计堵管 15 根，单程 96 根换热管，堵管率 15%。堵管完成后冷却器回装管程 1.0MPa 水压试验合格，壳程 1.6MPa 水压试验合格。

（2）采购新管束，新管束恢复原始设计，材质为碳钢，防冲板恢复至原设计位置。

（3）下次大检修时在 L209 管箱内壁焊接镁合金牺牲阳极块，增加阴极保护。

（4）L209 壳程入口介质温度为 210℃超规范运行问题，目前工艺上不具备热量回收降低温度运行的手段，故本文建议每次大检修期间 L209 必须进行拆检维修，对管束进行涡流检测，监控管束腐蚀情况并清洗除垢，做管束内壁防腐。

（5）加强设备检修资料管理，设备维修后资料电子化后归档至设备档案，便于日后查阅。

（6）加强设备变更管理。设备变更前对变更风险和技术方案进行充分论证，组织工艺、设备、安全专业进行充分讨论和风险辨识，确保变更后风险可控。

5　结论

本文对中石油克拉玛依石化有限责任公司 12 万吨/年加氢处理装置中润冷却器管束泄漏问题开展相关研究分析，发现造成中润冷却器管束泄漏的主要原因是介质操作温度过高、循环水流速过低、检修管理不到位、变更管理不到位导致的不锈钢管束高温下垢下腐蚀穿孔引发的泄漏。本文对此问题提出了相应的改进措施，使得问题圆满解决，采用本文研究的技术方案提高了冷却器运行的可靠性，为同行业处理类似问题提供借鉴和参照。

参 考 文 献

［1］潘从锦．管式循环水冷却器结垢原因分析与预防［J］．石油化工设备技术，2017，38(3)：23-25.

［2］齐慧滨．燃煤火电厂锅炉“四管”的高温腐蚀［J］．腐蚀科学与防护技术，2002，14(2)：113-116，119.

［3］杨晓君．解决炼油厂加热炉黏结性结垢与腐蚀的方法［J］．石油化工设备技术，2008，29(4)：30-32，37.

［4］任鑫，杨怀玉，王福会等．重金属钒腐蚀的研究进展［J］．腐蚀科学与防护技术，2001，13(6)：338-341.

［5］吴东亮，刘洪洋．电站锅炉产生高温硫腐蚀机理及预防措施［J］．华北电力技术，2007，(12)：52-54.

硫酸盐还原菌 SRB 引起的换热器腐蚀解析

吴世权　李洪亮

（中石油云南石化有限公司）

摘　要　换热器泄漏是日常工作中最常见的泄漏，由于存储或其他不当方式而造成的换热器腐蚀又是普遍现象，该文对一起换热器泄漏进行了详细的分析，通过各种试验数据做佐证，进而得出硫酸盐还原菌 SRB 的腐蚀机理。硫酸盐和生物膜产生的氢发生还原反应生成硫化氢，由于微生物在不断生长，使得菌落大面积繁殖，而菌落生长需要消耗氧气，产生氧浓差电池，使得金属腐蚀加剧。由于硫酸盐还原菌 SRB 作用中有去极化，在反应过程中产生的硫化物加速腐蚀进程，进而造成不锈钢各别部位点蚀，直到穿孔。

关键词　换热器；硫酸盐；腐蚀；还原菌；泄漏

某石化公司汽柴油加氢改制装置汽提塔底油-反应产物换热器（E-0102）在运行过程中发现管程和壳程有窜压得现象，经现场拆除换热器大盖对换热器进行氨试压查漏，发现有两根换热管出现明显的贯穿性缺陷。

1　概况

该换热器由国内某知名制造商制造，2020 年 3 月 24 日现场安装完毕，2021 年 4 月进行水压试验（试验用水为循环水），2021 年 11 月参与反应炉烘炉（烘炉循环介质为氮气，管程操作压力为 1.7MPa，操作温度为 264℃），2022 年 2 月进行氮气气密试验，2022 年 4 月又进行了氢气气密试验，在进行氢气气密试验过程中发现有串压现象。换热器主要技术参数见表 1。

表 1　设备主要技术参数

名称	壳程侧	管程侧	单位
介质	汽提塔底油	反应产物	—
设计温度	330	395	℃
进出口工作温度	186.97/266.34	296.31/245.03	
设计压力	8.64	10.8	MPa
最高（低）工作压力	0.4	10.25	
水压试验压力	13.3	15.9	
材料	管板：12Cr2Mo1/10603；板厚 300mm		
	换热管：0Cr18Ni10Ti；φ19×2×14590		
	板材：12Cr2Mo1R/Q345R/10603 锻件：12Cr2Mo1/Q345R/10603		
结构型式	DFU		
换热管与管板连接型式	强度焊+贴胀		

2　涡流检查

对该换热管进行涡流检查，换热管共有 1459 根 U 型管，抽检数量共计 200 根列管直管段（总长度 1400m）。

如图 1 所示，涂有彩色的为抽检管束，其中涂有红色的为泄漏管（上图箭头所指），涂有黄色的表示内部有缺陷信号，涂有绿色和蓝色的表示未发现有缺陷信号管。

3 分析

该石化公司为探求换热管束腐蚀根本原因，对汽提塔底油反应产物换热器(E0102)换热管泄漏进行根本了原因分析。

3.1 宏观检查

对换热管泄漏部位进行宏观检查，发现管段上外壁有1个直径约1毫米的小孔(图2)，内壁检查发现一个直径约0.5mm的小孔，内壁小孔被一腐蚀圆斑所包围，圆斑直径约8mm(图3)。

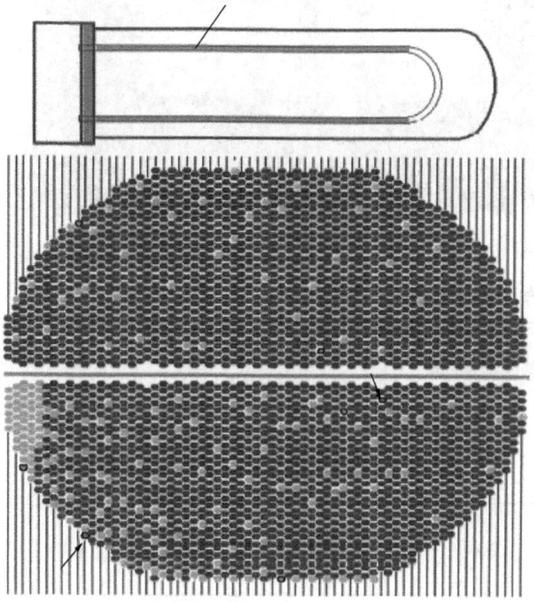

图1 涡流检查情况

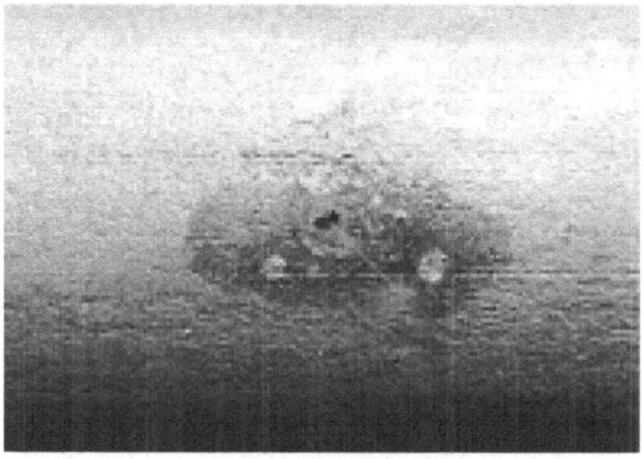

图2 泄漏孔部位内壁

沿外壁小孔轴向剖开检查换热管截面形貌，内壁小孔沿与内表面约30°夹角至外壁小孔(穿透管壁)，内壁和外壁2个孔环向间距约2.5mm(图4)，截面处腐蚀坑呈球状形状并串联在一起(图5)。从远离泄漏部位的管子上对半剖开检查内表面腐蚀情况，内表面未见有明显的腐蚀坑和腐蚀斑痕。根据腐蚀坑内外壁形貌判断，该腐蚀坑是由内壁萌生向外壁扩展直至穿透管壁的。

图3 泄漏孔部位外壁

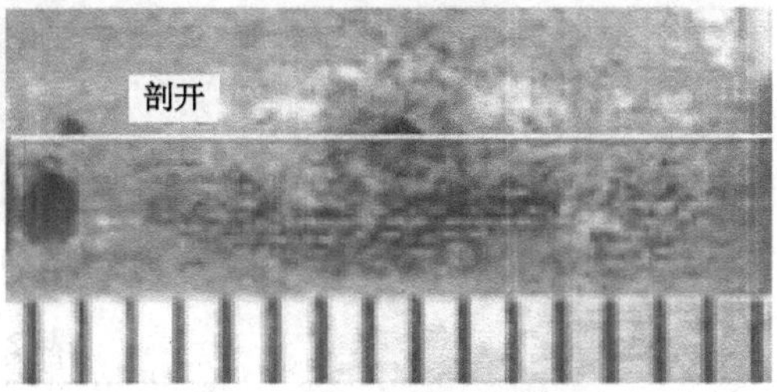

图4 泄漏内外壁间距

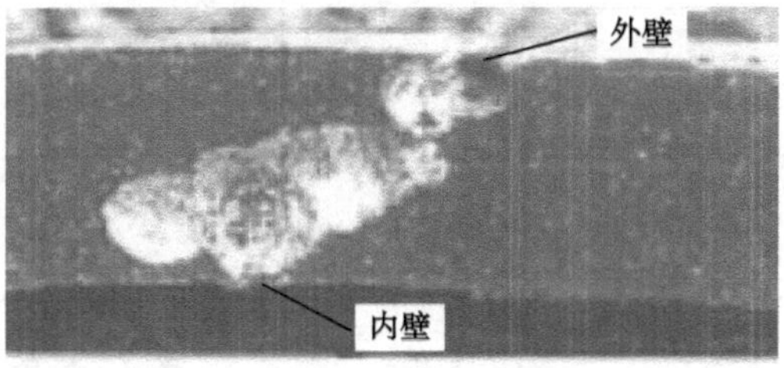

图5 泄漏孔轴向剖面

3.2 金相分析

对换热管进行$FeCL_3$点蚀试验，试验依据GB/T 17897《金属和合金的腐蚀，不锈钢三氯化铁点腐》进行，采用两种试验方式进行，结果发现两种方法均出现较多的腐蚀坑，腐蚀速率分别高达7.5g/m^2·h和14.07g/m^2·h，根据试验反馈可以表明该材质的换热管对点蚀非常敏感(图6、表2)。

3.3 其他分析

(1) 对换热管进行铁素体含量测定，测定结果铁素体含量属正常。

(2) 对换热管取样进行化学成分分析，结果表明换热管的化学成分满足相关标准的要求。

(3) 对换热管取样进行拉伸和硬度试验，实验结果表明，换热管的力学性能能满足相关标准的要求。

（4）对换热管进行非金属夹杂物监测，发现夹杂物较多且较少，经能谱分析，夹杂物以脆性TiN为主。级别为DTIN3.5，放大夹杂物形貌发现，部分已脱落形成孔洞。

（5）点腐蚀试验结果表明，换热管对 Cl^- 离子环境下的点蚀非常敏感，并在腐蚀坑内检测到Cl元素；

（6）对泄漏点附近表面及腐蚀坑内部进行能谱分析，其主要腐蚀性元素为O、S、Ca、Cr和Fe等，表明泄漏孔内也有硫酸盐存在。

射线能谱主要分析结果见表3。

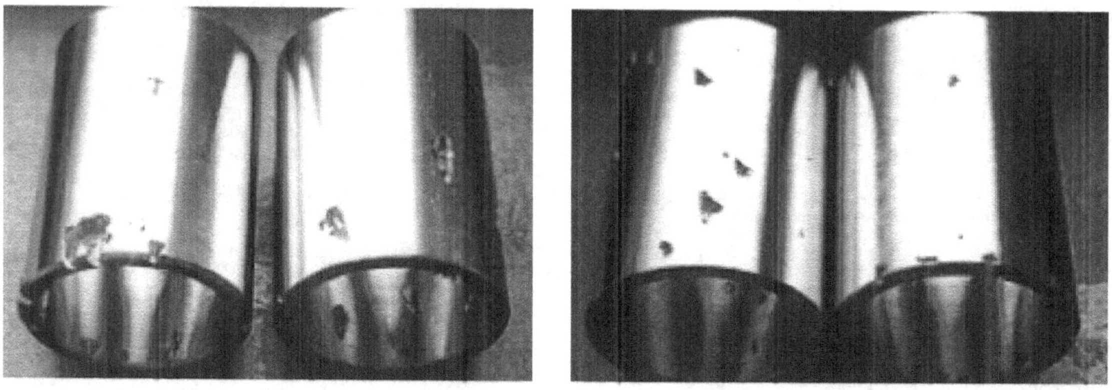

图6 点腐蚀试样

表2 点腐蚀试样结果

试样编号	试验溶液	试验温度/℃	试验时间/h	腐蚀速率/(g/m^2·h)	平均腐蚀速率/(g/m^2·h)
1	6%FeCl3	22±1	72	7.1224	7.54
2				7.9552	
3	0.16%HCl+6%FeCl3	35±1	24	15.3072	14.07
4				12.8358	

表3 X射线能谱主要元素分析结果

分析部位			主要成分分析结果/%						
			C	O	Cr	Fe	S	Ca	Si
XM4	能1	谱图1	/	12.61	16.05	67.3	0.9	3.14	/
		谱图2	/	68.74	/	/	0.54	28.8	2.35
	能2	谱图1	58.22	/	9.72	30.46	1.61	/	/
		谱图2	56.89	19.54	5.69	16.13	1.76	/	/
	能3	谱图1	63.25	24.13	/	11.29	1.34	/	/
		谱图2	64.5	23.3	/	10.91	1.28	/	/
		谱图3	55.44	12.09	5.52	26.02	0.93	/	/
		谱图4	62.43	26.24	/	10.18	1.15	/	/
	能4	谱图1	55.13	40.7	/	/	2.29	1.87	/
	能5	谱图1	62.77	16.21	/	15.75	1.82	/	3.44
		谱图2	66.37	30.03	/	2.14	1.47	/	/
		谱图3	59.44	26.49	/	7.75	1.84	1.29	/
	能6	谱图1	57.38	33.02	/	7.75	1.84	/	/

4　模拟实验

从管段上截取50mm长度放入烧杯中，取池塘中的淤泥和水放入烧杯中，另再向烧杯内加入2g和$CuSO_4$。烧杯在恒温50℃下放置100h后取出，发现管子的外表面局部呈绿色，用电子显微镜对绿色部位进行观察，有明显的腐蚀产物堆积，取出腐蚀产物后发现已萌生腐蚀坑，能谱分析结果表明，腐蚀坑内腐蚀产物中含有较高的S和O元素(图5、图6)。

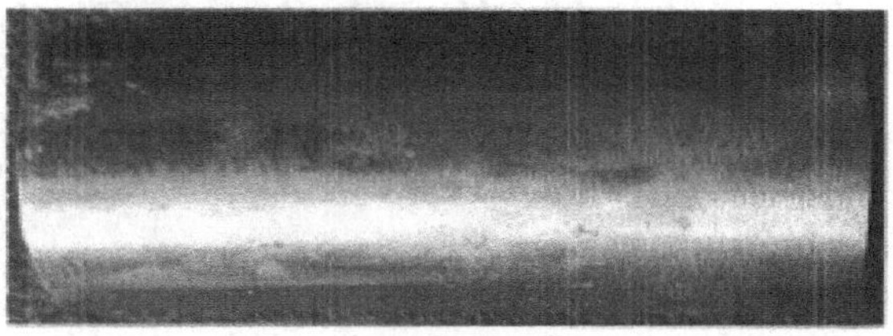

图5　样管

图6　已萌生的腐蚀坑

5　综合分析

该台换热器自安装完毕后再进行水压试验，试验后未对换热管内进行有效的保护措施(干燥+充氮)，故而在后期的气密试验过程中发现泄漏现象。

根据泄漏部位宏观特征可以判定泄漏是由于换热管内壁局部点蚀导致的，引起300系列奥氏体不锈钢点蚀最常见的介质是氯离子和微生物，硫酸盐和生物膜产生的氢发生还原反应生成硫化氢，由于微生物在不断生长，使得菌落大面积繁殖，而菌落生长需要消耗氧气，产生氧浓差电池，使得金属腐蚀加剧。由于硫酸盐还原菌SRB作用中有去极化，在反应过程中产生的硫化物加速腐蚀进程，进而造成不锈钢各别部位点蚀，直到穿孔。

氯离子和微生物引起的不锈钢点蚀在腐蚀坑形态和腐蚀产物性质方面存在较明显的差异，相对而言，硫化物引起的点蚀坑内部更趋向形成较为光滑的圆弧形表面，而氯离子引起的点蚀坑则形状较不规则。另一方面，氯离子引起的点蚀通过能谱分析可以在腐蚀坑内发现氯元素，而硫酸盐还原菌引起的点蚀坑内腐蚀产物能谱分析结果中则主要有较多的S和O存在，本次腐蚀坑内能谱分析未检测到氯，而是检测出含量较高的S和O，据此判断换热管发生的局部腐蚀属微生物(硫酸盐还原菌SRB为主)腐蚀，微生物的腐蚀需要有一定的微生物繁殖条件，从泄漏部位能谱分析也检测出有较多的S元素，由此可见管内存在着为微生物繁殖提供S的环境。

6　结论

该石化公司汽提塔底油-反应产物换热器(E-0102)换热管泄漏属于典型的硫酸盐还原菌SRB引起的点腐蚀造成。

参　考　文　献

[1] 孙培洲．硫酸盐还原菌对奥氏体不锈钢的腐蚀[J]．石油化工设备技术，2015.36(05)：62-64.

[2] 郭林坡．包晔峰．曹冲，等．富cu相对双相不锈钢堆焊层电化学腐蚀及点蚀性能的影响[J]．材料热处理学报，2022.43(01)：157-165.

催化裂化装置金属钝化剂注入管线腐蚀穿孔失效分析与应对策略

贾超亚

（中石油云南石化有限公司）

摘　要　随着催化裂化装置原料日益劣质化，特别是金属镍、钒等元素含量增加，这些重金属元素沉积在催化剂表面导致催化剂活性和选择性变差，生产过程中需要使用金属钝化剂来抑制重金属对催化剂活性和产品选择性的影响，降低干气中的 H_2/CH_4。本文以某催化裂化装置金属钝化剂注入管线腐蚀穿孔为研究对象，截取一段腐蚀穿孔管线送检，通过宏观及电子显微镜观察、化学组分分析、金相分析、电镜分析、X-射线能谱分析、腐蚀产物X射线衍射分析等表征方法，分析了材质为20#金属钝化剂线腐蚀穿孔失效原因，结果表明管线在水溶性钝化剂酸性环境发生了析氢酸性水腐蚀，同时暴露出在工艺变更过程中对风险识别不到位等管理问题，并根据失效模式提出了将20#管线升级为更耐腐蚀的304材质。

关键词　腐蚀穿孔；失效原因；酸性水腐蚀；失效模式；应对策略

催化裂化装置的原料油一般来自减压渣油、渣油加氢等装置的重油，均含有各种重金属，主要是镍，钒，钠等，为了抑制重金属对催化剂的破坏，保持催化剂的活性和选择性，需要向催化裂化装置系统内加注重金属钝化剂，而钝化剂中大多含有锑（Sb）组分。重金属钝化剂的作用是根据重金属对催化剂毒害的原理，使钝化剂中的有效组分Sb与催化原料油一起作用于催化剂晶粒表面，一部分与镍、钒等重金属生成无毒害作用的金属盐；另一部分则形成一层极薄的膜，使受污染的催化剂小颗粒被包裹，无论哪种形式都是在抑制重金属对催化剂活性和选择性的破坏，而钝化剂本身不会破坏催化剂的活性及选择性。

金属钝化剂有油溶性和水溶性之分，目前在催化裂化装置应用效果好，使用广的金属钝化剂为水溶性，但不同类型金属钝化剂对注剂管线材质有不同影响，水溶性金属钝化剂大多呈酸性，对碳钢管线有腐蚀作用，而油溶性金属钝化剂由于没有水的参与对碳钢管线腐蚀较轻，应根据不同类型金属钝化剂选用不同材质注剂管线，防止腐蚀问题产生。

本文通过对催化裂化装置金属钝化剂注入线腐蚀穿孔案例进行原因分析，希望能为其他炼化装置金属钝化剂线类似问题研究分析提供一些借鉴意义。

1　金属钝化剂线穿孔基本情况

某催化裂化装置设计处理量330万吨/年，2017年6月18日建成投产，期间运行正常，自2022年下半年发现金属钝化剂注入线频繁出现堵塞情况，每次通过解开泵出口法兰使用蒸汽吹扫的方式处理。2023年6月11日发现金属钝化剂注入线在泵出口水平段出现穿孔泄漏，随机更换泄漏处水平直管1米，2024年1月18日金属钝化剂注入线在更换管线附近再次出现泄漏，对金属钝化剂注入线开展定点测厚，发现多处减薄严重，本次将减薄严重部位管线更换5米，同时委托设计院对金属钝化剂注入线材质进行升级改造。2024年2月12日，5月15日金属钝化剂注入线再次出现泄漏，通过打卡子方式临时处理，2024年6月25日至28日将金属钝化剂注入线泵出口至原料油喷嘴前注入点管线全部更换为304L材质，运行至今未发生泄漏等异常情况。

金属钝化剂注入线流程：通过金属钝化剂注入泵将金属钝化剂由注入罐抽出送至原料油总管注入点，流程见图1。

金属钝化剂注入线管线的规格为：Φ34×6.5mm，材质：20#，操作温度：常温，操作压力：1.0MPa。

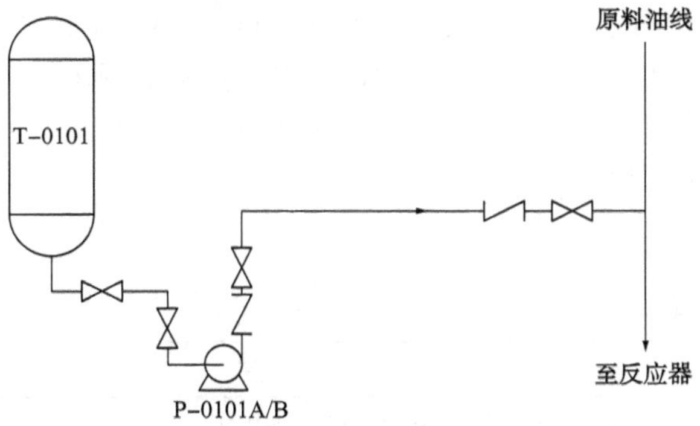

图 1　装置钝化剂注入线流程图

2　金属钝化剂线理化检验

2.1　腐蚀基本情况和宏观形貌

金属钝化剂注入线腐蚀泄漏后，为判断泄漏失效原因，割除一段长约 400mm 的钝化剂管线(管样)送检，管样外壁涂有黄、白油漆且部分油漆剥落出现锈蚀，从两端观察，看到管径内部一半已经被垢物堵塞，垢物沉积在管线的下半部分，垢物沉积位置与该段管线现场水平安装情况一致，垢物呈黄黑色，见图 2。将管样横向沿直径剖开，得到两个对称的半管；其上半部管内壁布满大小不等、深浅不一的蚀坑，下半部的管内壁已经被垢物填满，见图 3。将管样下半部管内壁上的垢物除掉后，看到下半部管内壁较为平整，未见大量的蚀坑出现，管样内壁上(左图)、下(右图)低倍形貌，见图 4。

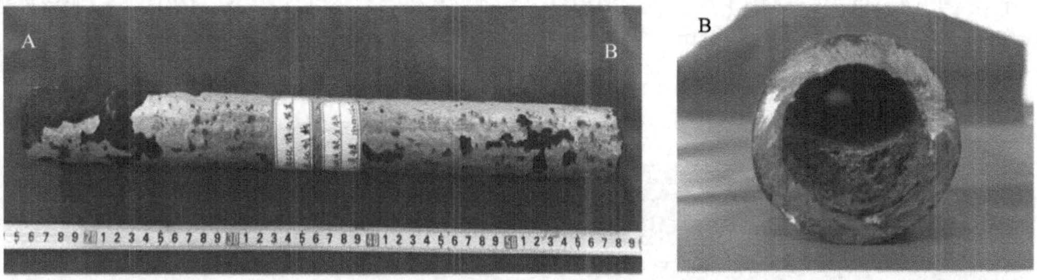

图 2　送检管线(管样)的宏观形貌

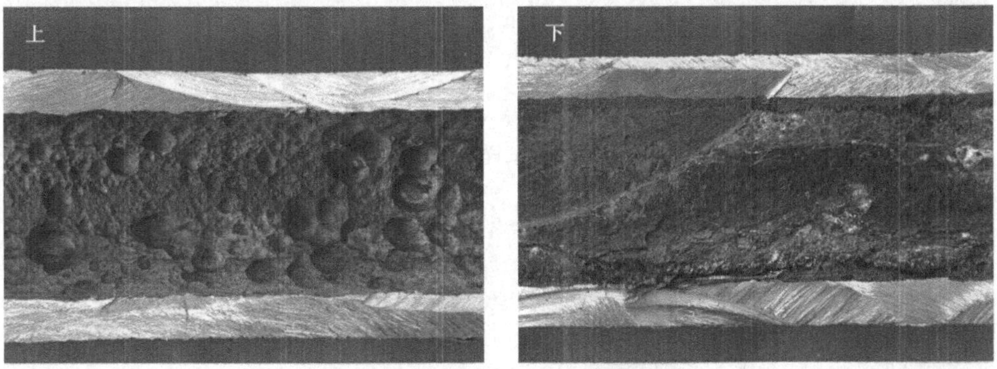

图 3　管样内壁的宏观形貌

图 4　管样内壁上(左图)、下(右图)低倍形貌

2.2 腐蚀穿孔管样金属元素分析

对送检管样进行金属元素分析，样品规格：φ34 * 6.5mm，材质：20#，评定依据：GB/T 150.2—2011，试验标准：GB/T 4336—2016，取样样品进行金属元素分析结果与20#化学成分对比情况见表1，从表中可以看到C、Si、Mn、P、S、Cr、Ni、Cu等元素含量均在指标范围内，试验结果：管样取样金属元素含量符合20#金属元素含量组成。

表1　试样金属元素对照表

牌号	C	Si	Mn	P	S	Cr	Ni	Cu
20#	0.17~0.23	0.17~0.37	0.35~0.65	≤0.035	≤0.035	≤0.25	≤0.30	≤0.25
取样样品	0.170	0.260	0.483	0.0116	0.0099	0.0221	0.0295	0.0343

2.3 腐蚀穿孔管样硬度检测

使用显微维氏硬度计VH3300对金相试样进行硬度测试，选取3个不同的位置点进行硬度测定，测得硬度值分别是154.4HV，141.3HV，133.4HV，平均值143HV(138HB)，正常20#硬度指标应该是131~156HB，试验结果：管样取样硬度指标符合20#硬度指标要求。

2.4 腐蚀穿孔管样金相分析

对送检腐蚀穿孔管样进行金相分析，取样部位未破坏端换热管，样品规格：φ34 * 6.5mm，材质：20#，评定依据：GB/T 13299-1991，试验标准：GB/T 13298-1991，试验结果：组织为铁素体+珠光体，由此可见本次泄漏管样通过金相分析符合20#金相组织结构，见图5、图6。

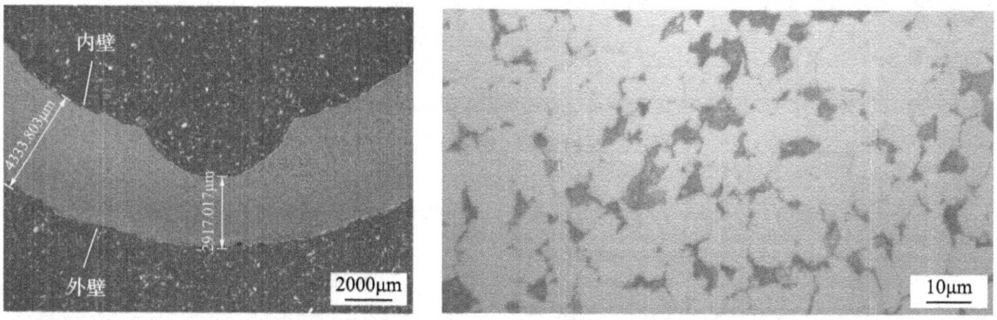

图5　试样组织图

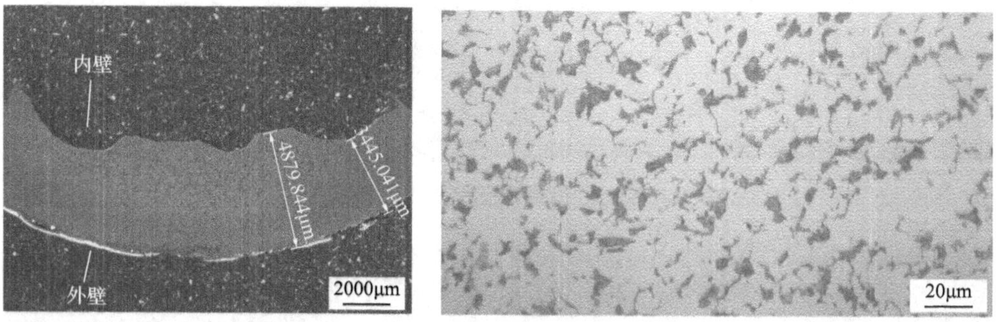

图6　试样组织图

2.5 腐蚀穿孔管样扫描电子显微镜

使用扫描电子显微镜和X射线能谱仪，对管内壁进行形貌和元素组成进行分析。

在管内壁(上半部)上有大量的蚀坑，蚀坑内有腐蚀产物，呈疏松多孔状；能谱分析表明，腐蚀产物由O、Sb、Fe元素构成，其中Sb的含量很高，见图7。查金属钝化剂技术协议中产品物化性能可知Sb含量≥15(w)%，由此可见Sb含量主要来自金属钝化剂。

在管内壁(下半部)上有疏松多孔的腐蚀产物(垢物)残留；能谱分析表明，腐蚀产物由O、Si、Fe元素构成，见图8。

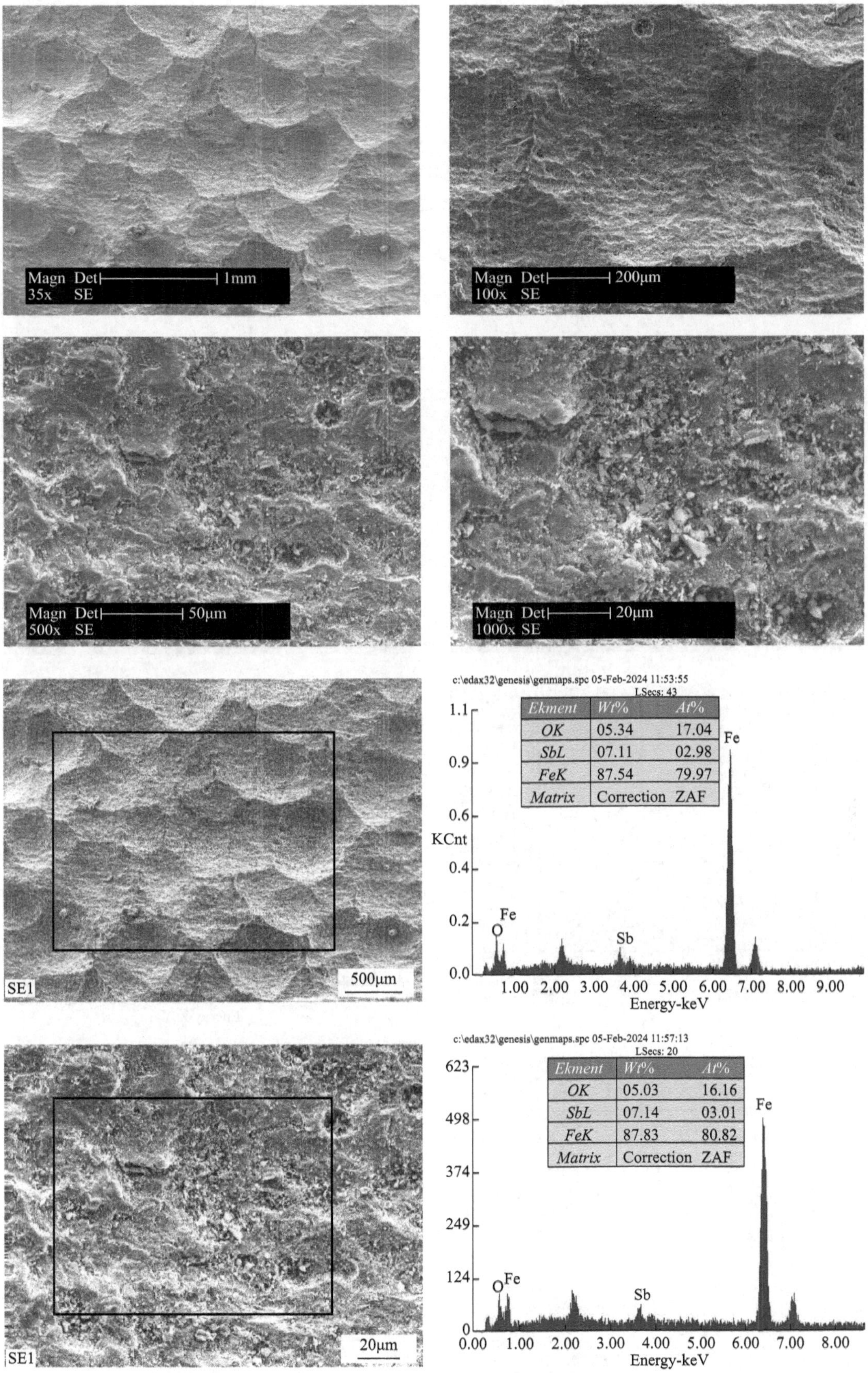

图 7　管内壁的 SEM+EDS(上半部)

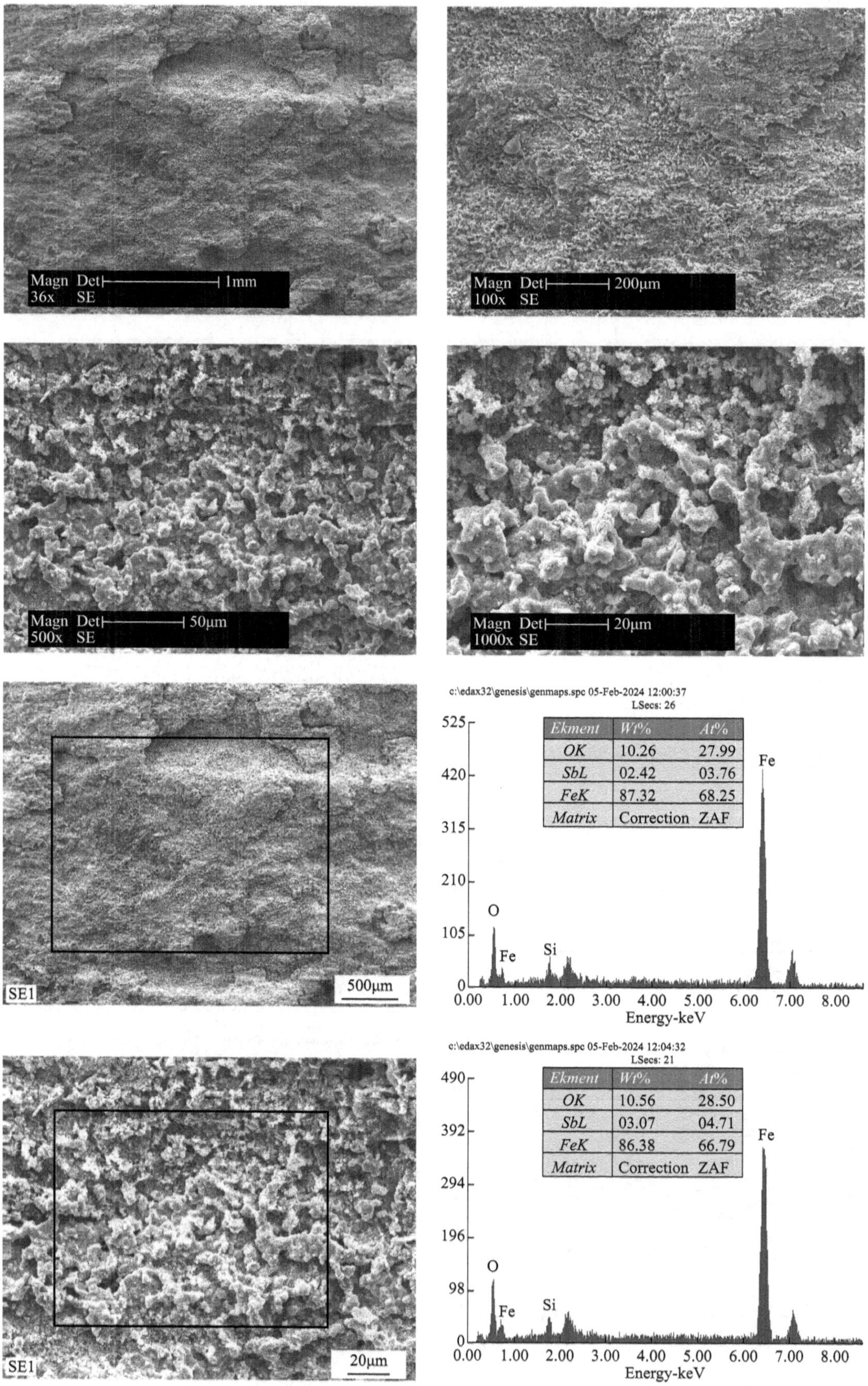

图 8　管内壁的 SEM+EDS(下半部，除垢后)

2.6 腐蚀产物组成分析

从钝化剂的管线内取垢物若干，对管样内垢物进行组成和结构的分析。

2.6.1 垢物的成分分析

使用扫描电镜，对管内垢物进行元素组成分析。对垢物3个不同部位进行扫描，垢物元素组成见表2、表3、表4。能谱分析表明，管内垢物主要由O、P、Fe、Sb、Ce元素构成，见图9。其中，O、Fe、Sb元素的含量较高，Sb来自于钝化剂；Ce为稀土元素，其同样来源于钝化剂。

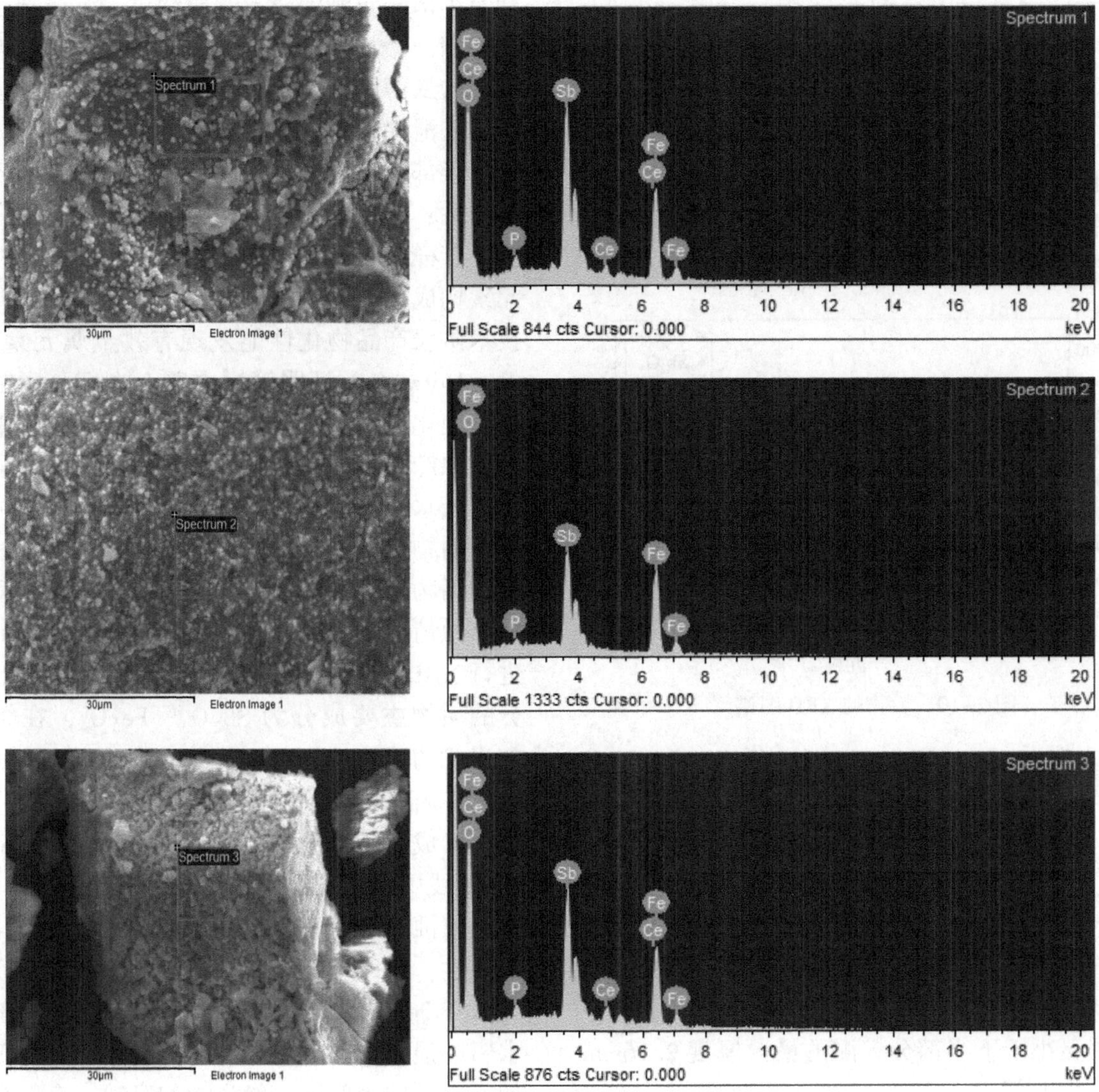

图2-9　管内垢物能谱分析

表2　垢物spectrum1部分元素组成

元素	线类型	wt%	at%
O	K线系	19.14	55.36
P	K线系	1.02	1.52
Fe	K线系	29.07	24.09
Sb	L线系	45.57	17.32
Ce	L线系	5.20	1.72
总量：		100.00	100.00

表3　垢物spectrum2部分元素组成

元素	线类型	wt%	at%
O	K线系	28.19	65.12
P	K线系	0.53	0.63
Fe	K线系	35.20	23.29
Sb	L线系	36.08	10.95
总量：		100.00	100.00

表4　垢物spectrum3部分元素组成

元素	线类型	wt%	at%
O	K线系	21.96	59.44
P	K线系	1.24	1.73
Fe	K线系	28.50	22.10
Sb	L线系	38.58	13.72
Ce	L线系	9.72	3.00
总量：		100.00	100.00

2.6.2　垢物的结构分析

使用X射线衍射仪，对管样内垢物的物相和晶体结构进行XRD分析，结果表明。管线内的垢物主要为Sb_2O_3、Fe_3O_4等，见图10。

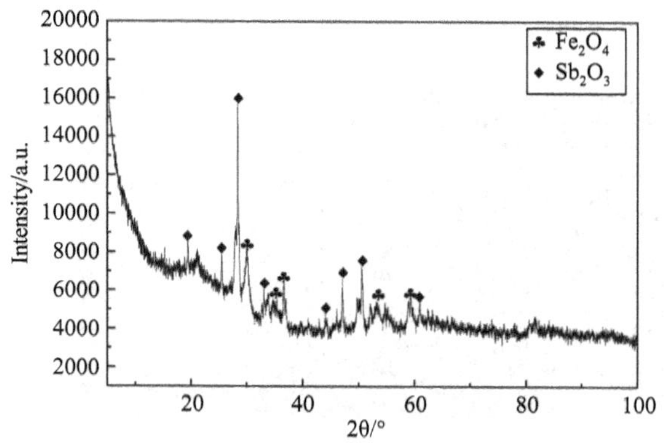

图2-10　垢物的XRD图谱

3　原因分析

3.1　主要分析结果

（1）宏观检查：管样外表面除局部油漆脱落外，未见明显腐蚀。管样剖开后上半部分布满深浅不一腐蚀坑，下半部位被垢物充满，垢物清理后发现腐蚀较轻微，根据测厚结果管子上半部分厚度明显小于下半部分，测的最薄厚度2.16mm在管子中上部。

（2）管样化学成分分析，金相组织分析，硬度测定等理化分析均属正常。

（3）使用电镜扫描，元素成分能谱分析表明，管样内表面上半部分腐蚀产物由O、Sb、Fe元素构成，其中Sb的含量很高，查金属钝化剂技术协议产品物化性能发现有效金属元素Sb含量≥15(w)%，证明管样内壁上半部分腐蚀产物来自钝化剂。能谱分析表明，在管样内部下半部分腐蚀产物由O、Si、Fe元素构成。

（4）管样内垢物的结构进行XRD分析，可以判断出沉积在管样下半部分的垢物主要成分为Sb_2O_3、Fe_3O_4。

3.2　失效讨论

试验结果表明：管样化学成分分析，金相组织分析，硬度测定等理化分析均属正常，由此可以排除管子本身质量问题导致的穿孔；管样外表面除局部油漆脱落外，未见明显腐蚀。管样剖开后上半部分布满深浅不一腐蚀坑，下半部位被垢物充满，垢物清理后发现腐蚀较轻微，定点测厚发现的最薄厚度2.16mm在管子中上部，由此判断穿孔泄漏从管子内部开始且管子上半部分减薄较下半部分严重，初步判断为管道内部介质引起的腐蚀；使用电镜扫描，元素组成能谱分析表明，管样内表面上半部分腐蚀产物由O、Sb、Fe元素构成，其中Sb的含量很高，查金属钝化剂技术协议产品物化性能发现有效金属元素Sb含量≥15(w)%，证明管样内壁上半部分腐蚀产物来自钝化剂。能谱分析表明，在管样内部下半部分腐蚀产物由O、Si、Fe元素构成，由于金属钝化剂线水平安装，管子上半部分碳钢被腐蚀后铁离子垢物沉积在管子下部形成，沉积在管线的下部的垢物抑制了管线下部的腐蚀，这也是管子下部腐蚀情况较上部轻的原因；管样内垢物的结构进行XRD分析，可以判断出沉积在管样下半部分的垢物主要成分为Sb_2O_3、Fe_3O_4，在管道内部形成的垢物可能是Sb^{3+}、Fe^{3+}与其他物质的结合物，由于管样割除后长时间暴露在空气中最终氧化形成了Sb_2O_3、Fe_3O_4垢物，形成的Fe_3O_4为20#管线中铁元素被腐蚀的结果。

腐蚀机理：查金属钝化剂技术协议钝化剂为水溶性，PH值在4.0左右，存在酸性水环境，《GB/T 30579承压设备损伤模式识别》关于酸性水腐蚀损伤形态、受影响的材料和损伤机理描述如下：酸性水腐蚀一般为均匀腐蚀，有氧存在时易发生局部腐蚀或沉积垢下局部腐蚀；

碳钢耐酸性水腐蚀能力较低；PH值介于4.5~7.0的酸性水引起的金属腐蚀。

钝化剂管线内壁以析氢腐蚀为主：

阳极反应：

$$Fe-2e^- \longrightarrow Fe^{2+} \quad (1)$$

阴极反应：

$$2H^+ + 2e^- \longrightarrow H_2\uparrow \quad (2)$$

腐蚀穿孔管线剖开形貌，管线材质及腐蚀产物分析与酸性水腐蚀损伤形态、受影响的材料和损伤机理描述一致，判断失效模式为酸性水腐蚀。

阳极：碳钢中铁原子失去电子形成铁离子进入溶液；阴极：溶液中的氢离子得到电子生成氢气。在 PH 为 4.0 的酸性环境中，氢离子溶度相对较高，能够促使反应不断发生最终铁原子被不断消耗，管子壁厚变薄，局部导致穿孔。

查装置 PID 图发现金属钝化剂罐顶有一条 DN25 轻柴油管线，为油溶性金属钝化剂稀释用，由于日常使用的是水溶性金属钝化剂，此管线一直未使用。由此可见设计院原设计为加注油溶性金属钝化剂，选择使用 20#管线并不存在酸性环境析氢腐蚀问题，实际生产过程中未辨识出水溶性金属钝化剂对 20#的腐蚀问题导致管线腐蚀穿孔泄漏。对装置变更风险辨识不到位是本次管线泄漏的管理原因。

4　应对措施

（1）依据原设计将水溶性金属钝化剂更换为油溶性钝化剂，防止 20#在酸性环境下发生析氢腐蚀。

（2）根据《GB/T 30579　承压设备损伤模式识别》中主要预防措施：温度低于 60℃ 可以使用 300 系列不锈钢，将 20#管线更换为更耐酸性环境腐蚀的 304 或 316 材质，目前装置已将原 20#碳钢管线更换为 304 材质，目前已运行一段时间时间测厚未发现减薄问题。

（3）对更换升级材质管线定期测厚密切关注管子腐蚀减薄情况。

参考文献

[1] 张建国，等. DM-5005 金属钝化剂在重油催化裂化装置上的应用[J]. 石油炼制与化工，1997，28(8)：31.

[2] 王恒. HC-10 金属钝化剂在重油催化裂化装置中的应用[J]. 炼油与化工，2015，26(2)：20.

[3] 邹衡，等. JCM-92E1 金属钝化剂在催化裂化装置工业应用[J]. 化工技术与开发，2012，41(2)：48.

[4] GB 150.2—2011 压力容器第 2 部分：材料[S]. 中华人民共和国国家标准：中华人民共和国国家质量监督检验检疫总局，中国国家标准化管理委员会，2011.

[5] GB/T 4336—2016 碳素钢和中低合金钢　多元素含量的测定火花放电原子发射光谱法(常规法)[S]：中华人民共和国国家标准. 中华人民共和国国家质量监督检验检疫总局，中国国家标准化管理委员会，2016.

[6] GB/T13299-1991　钢的显微组织评定方法[S]. 中华人民共和国国家标准：国家质量技术监督局，1991.

[7] GB/T13298-1991　金属显微组织检验方法[S]. 中华人民共和国国家标准：中华人民共和国国家质量监督检验检疫总局，中国国家标准化管理委员会，1991.

[8] GB/T 30579　承压设备损伤模式识别[S]. 国家市场监督管理总局，国家标准化管理委员，2022.

酸性水汽提塔结垢原因及防腐措施

李开红　于　娟　穆亦欣　聂春梅

（中石油克拉玛依石化有限责任公司）

摘　要　以某炼厂酸性水汽提装置预处理系统酸性水和汽提塔中的塔盘垢样为研究对象，分别进行了总固体含量、溶解性固体含量、COD、油含量、金属、粒径分布、阴离子分析，并对塔盘堵塞物做金属、非金属分析及微生物检测，指出了塔盘结垢原因，并提出了酸性水汽提装置预处理系统的具体防腐措施，为装置长周期运行提供了基础性数据支撑。

关键词　酸性水；汽提塔；塔盘垢样；结垢原因；防腐

炼厂酸性水具有COD含量高、硫含量大、可溶性油含量高等特点，污水中氨和硫化氢都可溶于水中，在水中的溶解度随温度的上升而下降，即在低温时溶解度大，高温时溶解度低。污水汽提就是利用这一原理，将污水加热至指定温度，破坏了硫化氢和氨在水中的平衡，促使它们从液相向气相转移；同时，利用水蒸气来降低硫化氢和氨在水中的分压，这样就可以降低硫化氢和氨在水中的含量，达到净化污水的目的。

酸性水汽提系统积垢现象普遍存在，对汽提系统的长满优运行及能耗造成很大影响。孙崇帅等采用XRD，FTIR，XRF等手段分析了汽提塔塔盘和再沸器积垢物的组成，结果发现，汽提塔塔盘积垢中有机物以烯烃聚合物为主，无机物以铁的硫化物和γ-勃姆石为主；酸性水中溶解油和乳化油所含烯烃和非烯烃化合物的缩聚反应产物是积垢中有机物的来源，硫化物来源于H_2S的腐蚀，γ-勃姆石来源于催化裂化酸性水所携带的催化剂粉末。佘浩滨等研究了惠州炼化污水汽提装置汽提塔重沸器、脱硫塔、脱氨塔塔盘结垢的原因，指出装置结垢的主要因素是污水中含有环烷酸盐、沥青质、挥发酚、催化剂粉末和焦粉等。并对酸性水汽提装置结垢问题给出了合理化建议。

某公司酸性汽提水装置在汽提工艺前设置了预处理系统，其中常减压装置、催化裂化装置、三套加氢装置等其他装置的酸性水在系统混合后进砂滤过滤进入原料水脱气罐（V001），脱出的轻油气送至火炬低压瓦斯管网。脱气后的酸性水进入原料水罐A（V002A）沉降脱油，沉降脱油后的酸性水经原料水增压泵（P001）加压后经过反冲洗过滤器过滤后进入原料水罐B（V002B），V002B的原料水经原料水进料泵（P002）加压后进入酸性水汽提系统，酸性水预处理系统流程如图1所示。

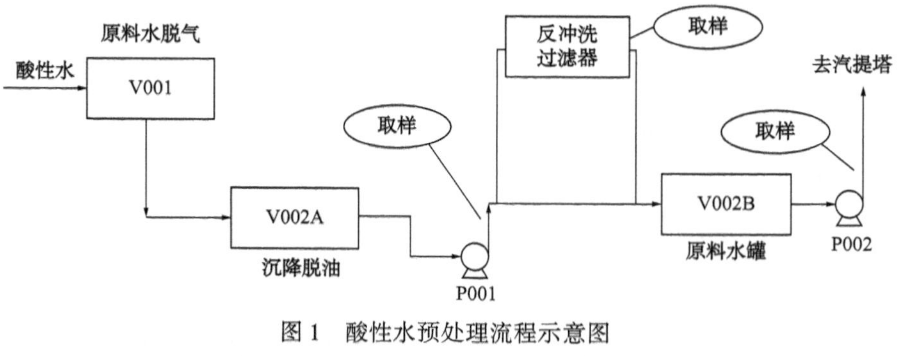

图1　酸性水预处理流程示意图

笔者对酸性水汽提装置预处理系统原料水泵进出口、反冲洗过滤器出口水样分别进行了总固体含量、溶解性固体含量、COD、油含量、金属、粒径分布、阴离子分析，并对塔盘堵塞物做金属、非金属分析及微生物检测，指出了塔盘结垢原因和防腐措施，为装置运行提供基础性数据。

1 试验部分

1.1 试验用水

酸性水汽提装置取P001泵出口、P002泵出口、反冲洗过滤器出口水样，并取塔盘堵塞物若干。

1.2 试验仪器及分析方法

主要试验仪器为：COD预制试剂14540（德国WTW）、水质中细菌数目采用TGB-HX型/FB-HX型/SRB-HX型水质测试瓶（北京华兴化学试剂厂）检测。水中总固体含量和可溶性固体含量采用HR83型卤素水份测定仪检测，BX53OLYMPUS显微镜，奥林巴斯；BSA224S-CW电子天平，赛多利斯科学仪器有限公司；CR4200型加热消解器，WTW；DHP-9272电热恒温培养箱，上海一恒科技公司；马弗炉，上海喆图科学仪器有限公司。

2 结果与讨论

2.1 预处理水质分析

2.1.1 COD分析

对P001泵出口、P002泵出口、反冲洗过滤器出口水样分别做COD分析。具体结果如表1所示。

表1 污水汽提预处理系统COD分析

项目	日期	P001出口	P002出口	反冲洗出口
COD/（mg/L）	2024.4.12	48885	48060	44360
	2024.4.15	43810	42035	41085
	2024.4.17	55415	53745	56425
	2024.4.19	46575	45840	57230
	2024.4.22	45775	47760	52605
	2024.4.24	44375	46465	39780
	平均值	47473	47318	48581

由表1可知，P001泵出口水样COD平均值为47473mg/L，P002泵出口水样COD平均值为47318mg/L，反冲洗出口水样COD平均值为48581mg/L，酸性水汽提装置预处理系统原料水COD很大，观察水样可知，这3个样颜色发黄，水质混浊，瓶壁有附着物存在，初步判断水中可能有油类物质存在。

2.1.2 金属分析

为了进一步了解塔盘结垢物的组成成分，对预处理系统3个水样和塔盘结构物进行金属含量分析，结果如表2所示。

表2 金属含量分析结果

项目		P001出口	P002出口	反冲洗出口
金属/（μg/g）	Fe	4.4	2.38	3.21
	Ni	<0.25	<0.25	<0.25
	Ca	3.89	5.67	3.41
	V	<0.25	<0.25	<0.25
	Mg	0.35	0.67	0.57
	Cu	<0.25	<0.25	<0.25
	Al	1.31	1.58	0.5
	Na	18.6	30.2	23.5
	Mo	<0.25	<0.25	<0.25

由表2可知，P001泵出口、反冲洗出口、P002泵出口3个水样中主要金属元素为Na、Ca、Fe，多数钠盐在高温时溶于水，因此最终富集程度较低，而钙盐和铁锈类物质不溶于水，在加上水中有其他胶体、油类物质的存在，导致塔盘垢样中Fe、Ca含量偏高。

2.1.3 油含量与阴离子分析

为了确定酸性水预处理系统中油类物质的存在，对P001泵出口、P002泵出口、反冲洗过滤器出口水样分别做油含量和阴离子分析，结果如表3所示。

表3 污水汽提预处理系统油含量及阴离子分析

项目		P001出口	P002出口	反冲洗出口
油含量/（mg/L）		251	324	1180
NH_3-N/（mg/L）		19660	19860	22000
阴离子/（mg/L）	F^-	13.8	7.7	11.5
	Cl^-	28.7	45.7	96.1
	NO_2^-	9.8	/	/
	NO_3^-	19.5	/	51.9
	SO_4^{2-}	1427.1	965.3	820.0
	S^{2-}/H_2S	11230	9890	10059
	CO_3^{2-}	4012	3615	4331
	HCO_3^-	9206	9003	9655

由表3可知，3个样品中，反冲洗过滤器出口的油含量约为两个泵出口的4倍，说明水中的油类物质、大颗粒悬浮物在此进行了富集，这些油类物质进入污水汽提塔后，形成了沉积物。3

个水样中的硫化物含含量约为10000mg/L，CO_3^{2-}含量约为4000mg/L，HCO_3^-含量约为9000mg/L，结合前面3个水样COD分析结果可知，酸性水汽提装置预处理系统原料水中COD贡献值主要为无机物组成，主要包括溶解于水中的H_2S、NH_3等小分子类物质，油含量对COD贡献值约占2%。

2.1.4　固体含量分析

从外观看，P001泵出口水样中含有黑色固体颗粒物，烘干后可以看见白色结晶物、棕色油类物质和黑色炭化物，P002泵出口水样和反冲洗出口水样颜色发黄，外观相对干净。三个样品可溶性固体含量平均值在1000mg/L以下，这些可溶性固体物烘干后呈棕褐色黏稠状态，再次将这些固形物加水搅拌溶解，发现其又能很好地溶解于水中，且不产生分层现象水样烘干后的外观如图2所示。

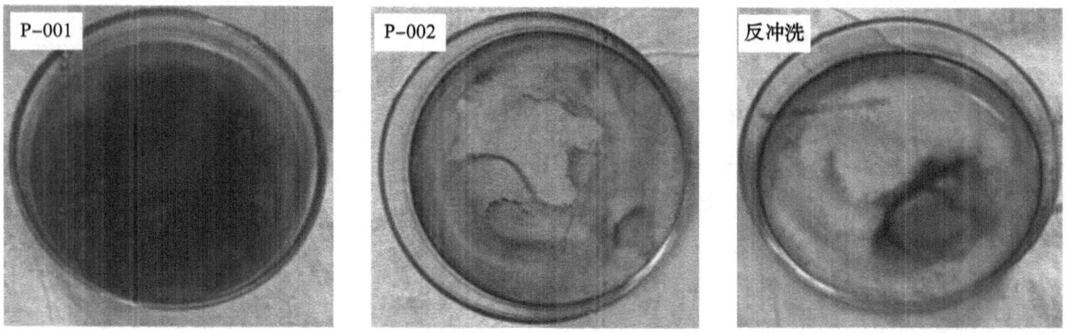

图2　水样烘干后的外观变化

由图3可知，三个取样点处反冲洗出口油含量与总固体含量、可溶性固体含量均是最高的，说明当前反冲洗过滤器处理能力下降，不能有效去除酸性水中的大颗粒物质，整个预处理系统运行效果不佳。

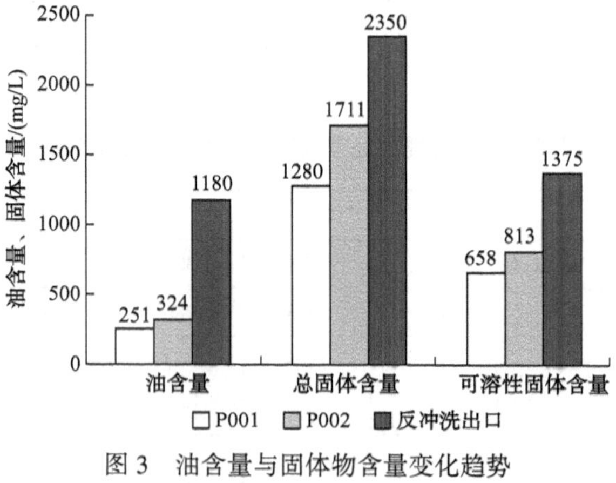

图3　油含量与固体物含量变化趋势

2.1.5　水样镜检分析

将P001泵出口、P002泵出口、反冲洗过滤器出口水样分别做显微镜观测，从而测量水质中固体颗粒物的粒径分布。详细分析如图4。

图4(a)为P001泵出口水过滤前图像，里面含有连片的黑色区域，为油物质和固体颗粒物，这些物质有团聚现象，颗粒尺寸在500~1000μm之间，图4(b)为P5401泵出口水过滤后图像，图中细小颗粒物分散性较好，颗粒尺寸在20~50μm之间；(c)为P002泵出口水过滤前图像，绝大多数固体颗粒物为球状和棒状，分散性好，颗粒尺寸在60~100μm之间，图4(d)为P002泵出口水过滤后图像，图中细小颗粒物分散性较好，颗粒尺寸在20~30μm之间；(e)为反冲洗出口水过滤前图像，颗粒形态为梭状和棒状，颗粒尺寸在80~150μm之间，图4(f)为反冲洗出口水过滤后图像，图中细小颗粒物分散性较好，颗粒尺寸在20~50μm之间。总体看，P001泵出口水样颗粒物较大，推测可能含有焦粉、泥沙、机械杂质等大颗粒物，P002泵出口和反冲洗出口水样中颗粒尺寸较小，分散性较好。另外，在观察过程中发现，水样中有游动的微生物存在。

2.2　塔盘垢样分析

2.2.1　基本元素分析

为了进一步分析塔盘垢样的组成成分，分别将垢样取四份，每一份质量相等，然后将塔盘垢样放入马弗炉中分别进行加热至105℃、450℃和950℃，恒温3h，然后对不同温度下的垢样进行金属元素、非金属元素分析，结果如表4所示。

由表4可知，塔盘垢样中最主要的金属元素为Fe、Ca、Na，非金属元素为C、O、S，随着温度的升高，垢样中金属元素含量逐渐增加，非金属元素含量逐渐减小。这是因为，随着温度的升高，垢样中的有机类物质被充分燃烧，最后剩了不能燃烧无机物。从垢样金属含量来看，该垢样为明显的铁腐蚀物。推测形成原因：(1)金属铁腐蚀是电化学反应过程。铁在酸性水溶液中反应，形成 Fe^{2+}，放出的电子使铁保持负电荷，形成带电位的电极。而水中的菌类微生物在铁的电化学腐蚀后，加速了电化学腐蚀。(2)因为酸性水中含有 H_2S 等含硫的强腐蚀成分，进入汽提塔的腐蚀产物和溶液中的铁离子都可能在塔盘表面形成铁的沉淀物(氢氧化铁、氧化铁)，而酸性水质中携带的焦粉、碳酸钙等物质，加快了垢晶体的成长，从而造成了塔盘垢样的沉积。(3)垢样中氧含量较高，说明酸性水中存在较多的氧化性物质，经过一系列的反应，使铁最终以三价铁化合物，沉积在塔盘的坑洼之处，再加上水中所含的其他较大的固体颗粒的沉积，从而为油类物质提供了附着点，日积月累，形成了密实的垢物。对于汽提塔而言，由于预处理后的酸性水中仍然携带一定的油类物质，其主要组成成分为不饱和烃及含 N，O，S 的非烃类化合物，这些混合物在高温下发生缩聚反应生成胶质和沥青质，最终沉积在塔盘上，形成了积垢。另外，由于酸性水中 H_2S 含量较高，在较高温度下易腐蚀设备生成 FeS，因此，FeS 可能是垢样中无机物的主要来源。

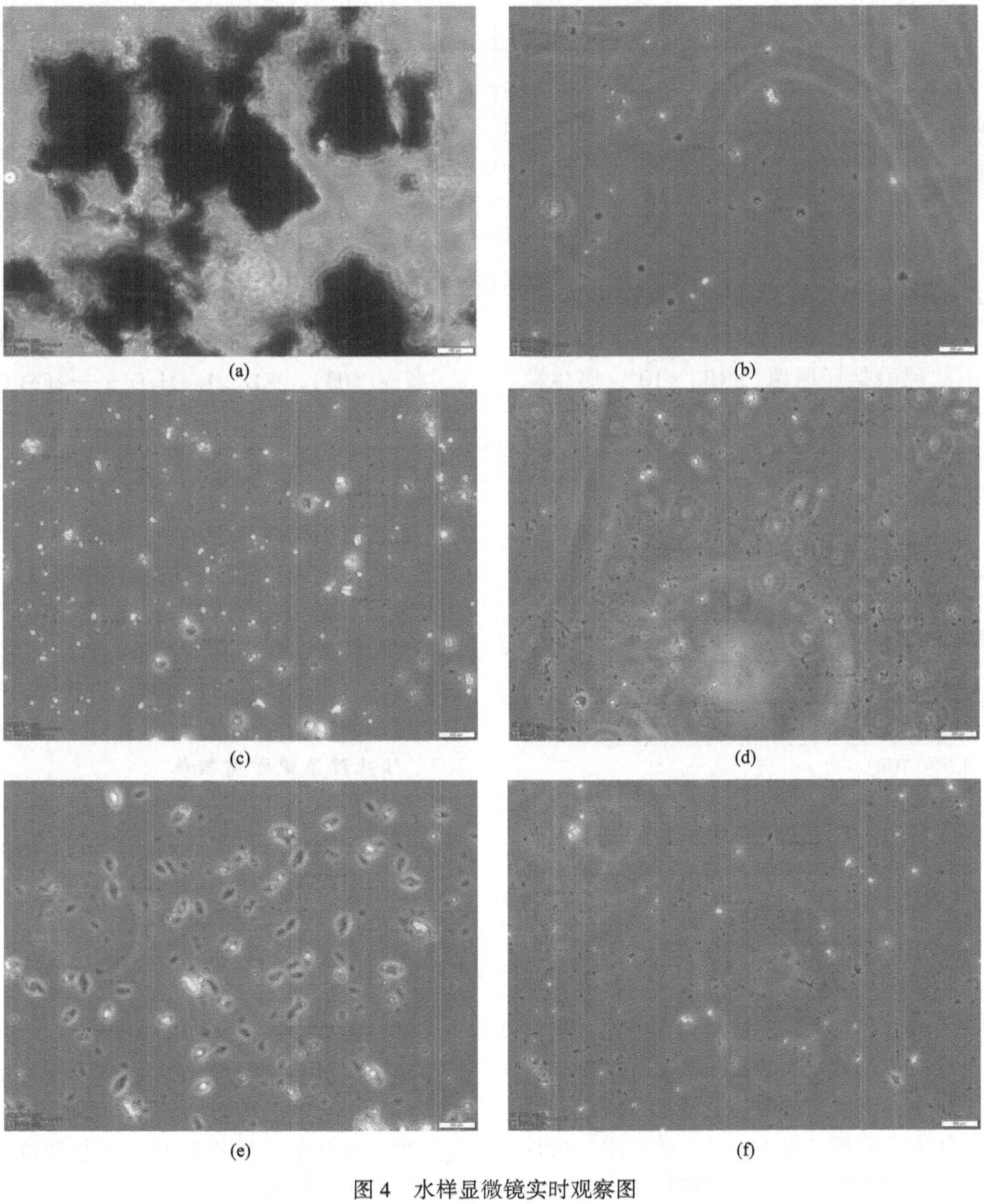

(a)　(b)　(c)　(d)　(e)　(f)

图 4　水样显微镜实时观察图

(图 a、图 b 分别为 P001 泵出口水过滤前后对比图像；图 c、图 d 分别为 P002 泵出口水过滤前后对比图像；图 e、图 f 分别为反冲洗过滤器出水过滤前后对比图像)

表 4　不同温度下塔盘垢样成分分析

项目		25℃自然干燥	105℃烘干	450℃烘干	950℃烘干
金属/(μg/g)	Fe	32700	356000	463000	549000
	Ni	460	1680	1870	2370
	Ca	1000	2200	2530	3210
	V	84	87	132	157
	Mg	376	810	880	1200
	Cu	70	97	119	158
	Al	360	731	762	969
	Na	4780	8540	7810	11000
	Mo	95	118	136	151
非金属/(μg/g)	H	2.36	3.81	3.76	0.63
	N	2.69	2.42	2.09	1.89
	C	28.63	26.1	11.74	9.1
	O	18.2	24.16	21.6	6.93
	S	23.4	15.87	12.57	9.65

2.2.2　微生物检测分析

称取 1.6g 垢样，用 32ml 自来水稀释溶解，过程中采用充分搅拌，制成污水样。分别监测该污水样中的硫酸盐还原菌(SRB)$\times 10^8$、腐生菌(TGB)$\times 10^8$、硫细菌(SB)$\times 10^8$，铁细菌(FB)$\times 10^8$，在 30℃培养箱培养 7~14 天统计实验结果，分析结果如表 5 所示。

表 5　塔盘垢样微生物检测

分析项	结果/(个/g)垢样
硫酸盐还原菌(SRB)	未检出
硫细菌(SB)	50
铁细菌(FB)	50
腐生菌(TGB)	50

由表 5 可知，7 天后观察细菌测试瓶，没有检测出明显的硫酸盐还原菌，而硫细菌、铁细菌和腐生菌的数量则均可达 50 个/g 垢样。推测原因可能是由于流经汽提塔水中的硫化氢浓度过高，对硫酸盐还原菌的生长形成抑制。铁细菌在有氧有铁的地方存在。以底铁盐为营养物，把二价铁离子变成三价铁化合物-氢氧化铁贮存于皮鞘的胶质物中，所以它的残体及菌落都能起到堵塞作用。并由于消耗二价铁离子，使产生二价铁离子的化学反应加剧，加快了腐蚀作用。其可能的腐蚀堵塞机理如下：

$2Fe \longrightarrow 2Fe^{2+} + 4e$　阴极过程

$O_2 + 2H_2O + 4e \longrightarrow 4OH^-$　阴极过程

$2Fe^{2+} + 4OH^- \longrightarrow 2Fe(OH)_2$　腐蚀产物

$2Fe(OH)_2 + 1/2O_2 + H_2O \longrightarrow 2Fe(OH)_3$　腐蚀产物

总反应式：$2Fe + 3H_2O + 3/2O_2 \longrightarrow 2Fe(OH)_3$

将塔盘垢样溶解于水中，观测微生物的基本状况，可检测出单位质量的垢样中微生物种类和存在数量。据相关文献报道，微生物包括附着型和溶解型两类，残留在塔盘壁的微生物更难以去除和检测，因此，对于塔盘垢样的形成不排除微生物腐蚀的可能性。

2.3　预处理系统防腐措施

从分析结果可知，预处理系统中，P001 泵出口和反冲洗过滤器出口的 Fe 含量>3mg/L，而这部分因系统腐蚀产生的铁的化合物最终被带入汽提塔内，并在塔盘不断沉积。因此，建议对预处理系统水样进行定期分析，防止 Fe 含量超标运行。

预处理系统中可溶性油含量较高，车间要加强含硫污水的目视化检查，一旦发现带油情况，或者反冲洗过滤器压差增大，要及时清理反冲洗过滤器，并联系上级部门对上游装置进行管控，降低酸性水中的带油量。

3 试验结论

（1）酸性水汽提装置预处理系统过滤器前的水样中总固体含量为1514mg/L，可溶性固体含量为554mg/L，油含量为251mg/L，颗粒尺寸在20~1000μm之间，大小不均一；过滤后的水样中总固体含量平均值为1122mg/L，可溶性固体含量平均值为813mg/L，油含量为324mg/L，颗粒尺寸在20~100μm之间，颗粒物分散性较好；反冲洗出口水样中总固体含量为平均值1660mg/L，可溶性固体含量平均值为768mg/L，油含量为1180mg/L，颗粒尺寸在20~150μm之间，颗粒物分散性较好。水样中可以观测到游动的微生物。

（2）通过塔盘垢样的金属、非金属含量分析、微生物检测结果，再结合预处理水质状况可知，II酸性水汽提塔塔盘垢样主要由水溶性油类、铁类腐蚀物、钠盐和钙盐等混合物组成，塔盘中的微生物可能会造成一定腐蚀。建议车间强化源头控制，尽量控制好上游装置（催化、焦化等）来水中的含油量，检查隔油沉降罐的日常操作，定期清理反冲洗过滤器，确保酸性原料水中油含量达标。

参考文献

[1] 陈有为，崔博洋．加氢酸性水汽提塔侧线抽氨异常原因分析[J]．中国石油和化工标准与质量，2024，44(11)：25-28.

[2] 牛春革，陈永立，聂春梅，等．炼油厂酸性水汽提脱硫装置结垢原因分析[J]．炼油技术与工程，2010，40(11)：37-41.

[3] 李百虎．酸性水汽提装置结垢原因分析及处理措施[J]．石化技术，2024，31(05)：44-46.

[4] 汤杰国，黄占修．酸性水汽提装置设备结垢原因分析及处理[J]．河南化工，2014，31(07)：43-45.

[5] 刘成军，温世昌，周璇，等．酸性水汽提装置操作问题分析及处理措施[J]．中外能源，2024，29(07)：68-74.

[6] 孙崇帅，姜恒，宫红，等．炼油厂酸性水汽提装置换热器及汽提塔塔盘积垢的分析[J]．石油化工，2016，45(06)：719-724.

[7] 佘浩滨，花飞，龚朝兵，等．污水汽提装置设备结垢原因分析及解决措施[J]．中外能源，2013，18(04)：78-82.

重整装置氢增压机缓冲罐罐体开裂失效原因分析

木合塔尔·买买提　焦智宗　阿力普·麦麦提尤努斯

（中石油克拉玛依石化有限责任公司）

摘　要　针对某石化公司连续重整装置氢气增压机缓冲罐腐蚀开裂问题，采用宏观检测、材料化学成分分析、扫描电镜和能谱分析、金相检测等方法对失效部位代表性测试，结合分析缓冲罐腐蚀开裂产生的原因，认为开裂原因为垫板焊接缺陷，加上缓冲罐及管道振动较大，在增压机缓冲罐的疲劳工况下，造成缺陷部位开裂并扩展，最终形成穿透性开裂失效。通过垫板断裂面的检测结果及引起振动的原因进行综合分析，从制造、定期检验、隐患排查等方面提出了避免过早发生疲劳破坏的改进建议，对为保障同类设备的长期安全运行具有一定的参考价值。

关键词　压力容器；失效分析；检测；疲劳

某石化公司连续重整装置氢气增压机 K-2202 为装置的关键设备，共有 3 台，日常生产中两开一备，单台设备为两级 4 列，型号为 MW-171/(2.4-23.5)-X，介质为氢气。2023 年 3 月 1 日巡检时发现 K-2202/C 机组一级排气缓冲罐（以下简称缓冲罐）侧面氢气泄漏，紧急切换备用机组并停机检查。检查发现缓冲罐侧面双金属温度计套管垫板出现贯穿性裂纹，对重整装置安全、平稳运行构成严重威胁，尤其是易燃易爆的氢气介质极易发生泄漏引起着火和爆炸事故。为了查明引起缓冲罐失效的原因，对泄漏部位进行了失效分析，同时将机组系统振动原因进行了分析，提出日常生产管控措施和建议，减少此类事件的发生，保障装置安全、稳定、长周期运行。

1　工艺流程及设备简介

装置采用超低压重整工艺，平均反应压力 0.35MPa，气液分离罐（D2201）压力 0.24MPa。在此压力下，大量轻烃进入氢气，氢气的纯度较低，并且烃类损失较多，因此设置了产品回收（即再接触）部分。重整产物分离罐（D2201）顶含氢气体，一部分经重整循环氢压缩机（K2201）升压后作为循环氢参与重整反应，另一部分经重整氢增压机（K2202）增压，该增压机一级出口缓冲罐抽 1 号再接触罐（D2202）气体，出口经 2 号再接触空冷器 A2204 和再接触预冷器 E2205A/B 冷却后再进入再接触冷却分液，最后通过氢气脱氯罐 D2204A/B 送往 PSA 变压吸附氢气提纯单元处理。缓冲罐为 2011 年投用，最近一次检修为 2021 年 9 月，各类检测数据正常，没有发现异常情况。2023 年 3 月发现缓冲罐侧面双金属温度计套管垫板附近存在多处贯穿性裂纹（图 1），缓冲罐主要技术参数如表 1 所示。

图 1　缓冲罐失效部位

表 1　K2202C 增压机缓冲罐主要参数

项目	参数
设计压力/MPa	1.0
工作压力/MPa	0.852
设计温度/℃	150
工作温度/℃	129
介质	氢气
材质	Q345R
规格	Φ1100×4692×10mm
容器类别	Ⅰ类
投用时间	2011 年 2 月

2 检测结果与分析

2.1 宏观检查

开罐检查后发现开裂部位位于双金属温度计套管垫板角焊缝附近，分别选取失效部位代表性部位，截取部位如图2所示。失效样垫板一侧断裂截面形貌图如图3所示。由图3可见，断裂处角焊缝焊接情况，焊接工艺完整，现场外观成型良好。开裂部位附近内外表面未见表面腐蚀情况，开裂起始于垫板角焊缝处。

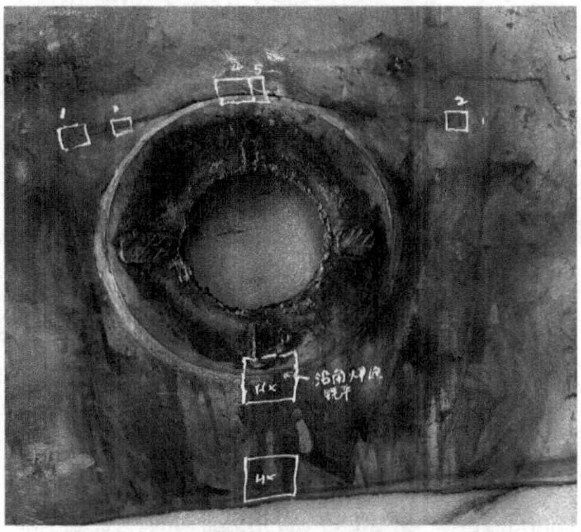

图2 缓冲罐失效分析取样示意图

2.2 材料化学成分分析

为确定双金属温度计套管垫板材质的化学成分是否合格，以及断裂面是否有杂质元素，采用固定式直读光谱仪分析缓冲罐母材和角焊缝的化学成分，分析结果如表2所示。

由表2可知，失效件母材化学成分符合Q345R的标准要求。

图3 4#失效样开裂截面形貌

2.3 金相分析

依据GB/T 13298—2015《金属显微组织检验方法》，对取样位置外表面开裂部位进行金相检验，失效样金相样品及金相形貌如图4～图5所示。图5为取样位置裂纹末端母材金相，母材未完全断裂，外表面断裂先于内表面形成，开裂起始于罐体外表面。

表2 双金属温度计套管垫板母材化学成分 %

项目	C	Si	Mn	P	S	Cr	Ni	Mo	Al	V	Ti
母材	0.167	0.299	1.49	0.02	0.0039	0.022	0.029	0.021	0.032	0.002	0.003
焊缝	0.068	0.452	1.11	0.016	0.0104	0.028	0.034	0.028	0.010	0.013	0.036
标准要求	≤0.2	≤0.55	≤1.7	≤0.04	≤0.04	残余元素总量≤0.70					

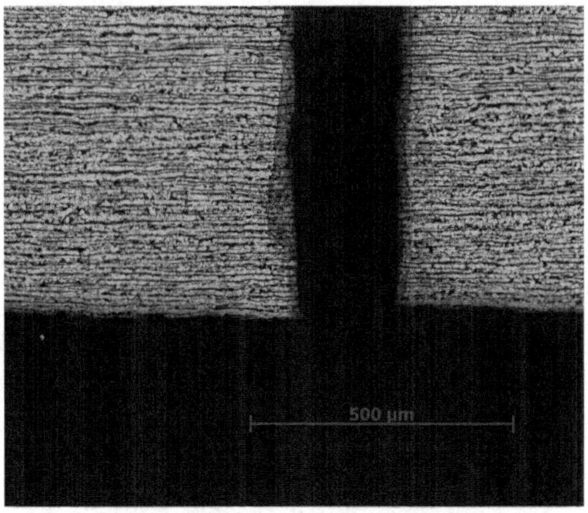

图4 取样位置远离裂纹末端金相

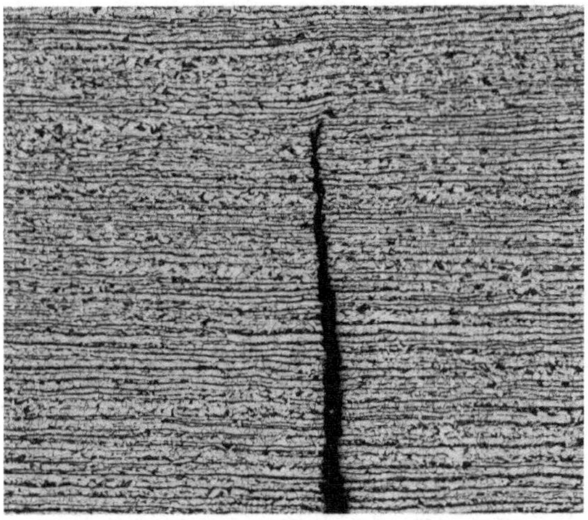

图5 取样位置裂纹末端金相

2.3 扫描电镜和能谱分析

断口能谱分析见图6，具体元素比例见表3。由表3数据可见，断口表层腐蚀产物主要为铁的氧化物。断口截面扫描电镜形貌见图7，扫描电子显微镜下观察断口形貌进行分析，从图中发现与断裂面垂直的埋藏裂纹，裂纹扩展区微观形貌存在疲劳辉纹和孔洞，可见有明显的疲劳辉纹花样。

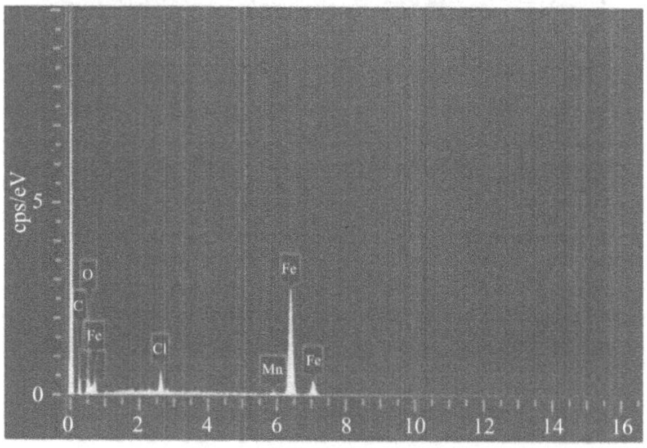

图6　断口表面进行EDS分析

图7　断口表面进行EDS分析

表3　具体元素比例

项目	参数
C/wt%	22.47
0/wt%	22.98
CI/wt%	2.27
Mn/wt%	0.78
Fe/wt%	46.5
总量/wt%	100

3 失效原因分析

开裂部位内外表面未见明显腐蚀，开裂表面能谱分析未发现可能由于应力腐蚀产生的腐蚀产物，开裂非应力腐蚀开裂。开裂起始于垫板与筒体焊接部位，且外表面先于内表面开裂，断口截面扫描电镜可见明显疲劳辉纹花样，裂纹具有穿晶且无分叉特点，因此失效件的断裂方式为疲劳断裂。而垫板本体连接的角焊缝属于结构不连续部位，焊缝外观成形相对较差，局部存在咬边，与实际的失效位置重合，且应力集中，与罐体材料的屈服强度相接近，经过长时间的应力循环，导致罐体与垫板的焊接根部疲劳开裂。综合分析失效部位起始开裂原因为垫板焊接缺陷，角焊缝没有严格打磨齐平，角焊缝处没有圆滑过渡，产生局部应力，加上在压缩机缓冲罐的振动工况下，造成缺陷部位开裂并扩展，最终形成穿透性开裂失效。

疲劳产生的根本原因都由振动所引发，重整氢增压机及其附属管线系统振动较大部位，主要情况表现为：压缩机缸体一级出口缓冲罐及管道振动较大，缓冲罐水平振动为14mm/s，导致出口气缓冲罐侧面的测压仪表、双金属温度计等出现摆动，与之相连的法兰上螺栓因振动原因偶尔松动。往复式压缩机及其管道系统振动问题是一个影响因素较多的复杂问题，其主要原因可能有：

（1）由于压缩机本身的振动引起。机组本身由于运动部件动平衡性能差，安装不对中，基础设计不当等，均能引起机组的振动，从而使连接的缓冲罐及管道也发生振动。

（2）由于脉动气流引起管道受迫振动。往复式压缩机的工作特点是具有吸排气呈间歇性和周期性变化，必将激起管内气体呈脉动状态，致使管内介质的压力、速度、密度等随位置变化，又随时间作周期性变化，这种现象称之为气流脉动，重整氢增压机管道结构复杂，弯头多，压缩机流量大，气流脉冲冲击也大，造成管道振动。

（3）缓冲罐自身刚度不够。缓冲罐的容积一般为压缩机活塞工作容积的10倍以上，一级出口缓冲罐的规格为Φ1100×4692×10mm，容积为4m^3，缓冲罐的设计容积满足设计要求，但缓冲管罐的壁厚与直径比值偏小（10/1100＝0.009），造成出口缓冲罐刚度不够，产生“皮囊”效应，即现场对缓冲罐延罐的水平方向进行振动测量，振动值是中间大两头小，在出口气流的脉冲作用下，加剧了出口缓冲罐的振动。

从对氢增压机自身机体的振动测量来看，机

体振动均在正常范围之内。但出口缓冲罐和管线振动较大，不但使管道自身容易诱发疲劳断裂，更为严重的是，由于缓冲罐、管道直接与重整氢增压机相连，缓冲罐和管道振动必然导致重整氢增压机缸体振动，如果不采取减振措施，压缩机的振动会严重影响其性能，持续的振动会损坏压缩机内部活塞、缸体等部件，造成更为严重的损害。

4　结论及建议

4.1　结论

通过宏观断口形貌、化学成分、金相形态及能谱分析，研究了缓冲罐罐体开裂的失效原因，得出以下几个结论：

（1）罐体双金属温度计套管垫板开裂的失效形式是疲劳开裂。

（2）断裂面存在带状组织缺陷，且通过分析，该裂纹周围存在应力集中现象，所以导致疲劳失效。

4.2　建议

（1）建议在增压机和出口缓冲罐的连接法兰间增加了减振限流孔板，一定程度上可以减振效果。

（2）安装管道阻尼器。利用管道阻尼器吸收缓冲罐和管道振动的能量，一方面可以减小缓冲罐、管道自身的振动，保护阀门、法兰等设备的安全，更为重要的是保护了与管道相连的缓冲罐及压缩机缸体，减少了管道振动对压缩机缸体的激励，有利于压缩机长期、安全、稳定的运行。

（3）检验方面：对于同类设备，检验人员应加强对本体上有垫板的部位、结构不连续部位进行扩检，杜绝漏检。

（4）双金属温度计根部安装加强小接管或管座，减小振动开裂风险。

（5）排查易发生疲劳开裂的部位，周期性开展渗透或着色检查，检查焊缝是否存在表面裂纹。

（6）利用装置停工检修周期，开展举一反三排查，采用相控阵或射线等检验检测措施，排查并消除安全隐患。

（7）设备本身着手，例如，对一级出口缓冲罐重新进行核算设计，增加缓冲罐的壁厚或减小缓冲罐的尺寸，提高缓冲罐的刚度，消除缓冲罐的“皮囊”效应，利用装置停工检修的机会进行更换。振动的问题只有通过综合治理，才能最终实现大型机组的安全、平稳、长周期运行。

参 考 文 献

[1] 周海，冯驰，王文达等．变压吸附塔筒体开裂失效原因分析[J]．焊工之友．2024，53(2)：141-144.

[2] 赵力电．压力管道振动分析[J]．管道技术与设备．2006(6)：31-32.

[3] 师树才．压缩机出口管道振动原因分析及减振改造[J]．中国氯碱．2000(5)：26-30.

[4] 毕志刚，何立东．重整装置氢增压机出口缓冲罐及管道的减振改造[J]．石油化工设备技术．2014，35(4)：18-21.

常压塔腐蚀问题分析及防控措施

张小建[1]　曹　杰[1]　张宏飞[2]

（1. 中国石化塔河炼化有限责任公司；2. 中国石油化工集团石化设备防腐蚀研究中心）

摘　要　某炼化公司停工期间腐蚀检查发现常压塔上部及塔顶系统腐蚀问题严重。研究结果表明，盐酸露点腐蚀、氯化铵腐蚀及奥氏体不锈钢选材是导致腐蚀的主要原因；电脱盐效果差、塔顶及回流温度偏低、电脱盐注水氨氮含量高、塔顶排水回注是导致塔顶腐蚀问题的根源。基于腐蚀原因的分析结果，分别从工艺操作调整、电脱盐改进、选材优化等方面提出了腐蚀控制措施，为减缓改善装置腐蚀问题、降低腐蚀风险、保障装置长周期安全稳定运行提供有效助力。

关键词　常压塔；盐酸腐蚀；氯化铵腐蚀；氯化物应力腐蚀开裂；工艺防腐

1　前言

某炼化公司以塔河重质原油为原料，加工流程以常压蒸馏为龙头，采用延迟焦化路线。塔河原油具有密度高、盐含量高、黏度大、沥青质含量高、金属含量高等特点。近年来，随着塔河原油性质的进一步劣质化，其中密度已经超过0.95g/cm^3、盐含量约450mgNaCl/L、原油黏度（50℃）达到700mm^2/s、沥青质含量达到15wt%。塔河原油的劣质化导致油水分离愈加困难，电脱盐效果较差，进而引发的腐蚀问题长期困扰着后续加工装置的长满安稳运行，特别是一些低温部位的硫、氯腐蚀等问题仍没有妥善解决。

塔河炼化原油加工装置，设计之初就考虑了塔河原油硫含量高的特点，装置选材符合高硫原油加工装置选材导则，因此高温部位腐蚀情况相对较轻，装置停工腐蚀检查也证实了这一点，而常压蒸馏单元低温部位尤其是常压塔顶冷凝冷却系统腐蚀则较为突出。近日，针对常压焦化联合装置停工期间开展腐蚀检查，发现常压塔上部及塔顶系统地腐蚀问题较为严重，通过分析腐蚀成因及主要影响因素，制定针对性防控措施，为装置在下一周期的安全稳定运行提供技术保障。

2　常压塔主要腐蚀问题

停工期间腐蚀调查发现，常压塔腐蚀问题主要集中在以下几个方面：

（1）常压塔顶数1~12层塔盘腐蚀断裂严重，塔盘腐蚀略有减薄，部分浮阀减薄严重并失去强度；

（2）塔顶回流分布管倾斜、腐蚀减薄穿孔严重，分布管及塔盘上存在大量黑色垢物；

（3）塔顶封头及5层以上筒体腐蚀较轻，焊缝完好，塔壁未见裂纹；

（4）第5~6层塔盘支撑腐蚀减薄严重，第5~6层塔盘之间塔壁及折流板上有密集蚀坑约0.5~1mm；

（5）顶数第三人孔塔盘（常一线附近），部分浮阀脱落；第四人孔塔盘存在大量黄褐色垢物；第五人孔塔盘整体完整，个别浮阀脱落，塔盘上存在一定量的垢物。

常压塔腐蚀情况如图1~图5所示。

3　腐蚀原因分析

3.1　工艺流程

1#常压焦化装置常压塔顶系统工艺流程示意图如图6所示。常顶油气经“三注”后，便经过常顶空冷器、常顶后冷器换热，然后进入常顶回流罐进行油、气、水分离；汽油由常顶回流泵抽出后分为两路，一路先通过换热器与稳定汽油换热，然后再返回常压塔，另一路出装置；常顶不凝气一路经过低压瓦斯分液罐分液后作为常压炉燃料，另一路经低压瓦斯系统排入气柜进行回收；塔顶含硫污水自流入污水沉降罐。

3.2　温度控制分析

如果在塔内出现露点，在露点位置HCl溶于少量水中形成低pH值的盐酸，当这种酸性水沿常压塔向下流动时，会随着温度升高、水分蒸发形成酸液浓缩，进而造成极高的腐蚀速率。为了避免这种情况发生，通常控制塔顶操作温度至少高于水露点温度14℃。塔顶露点温度核算可基于装置工艺操作条件，通过工艺流程模拟的方法实现。为此采用ProⅡ建立常压塔顶系统工艺仿真模型，如图2所示，将塔顶的烃、水和不凝气混合，在一定条件下进行VLLE闪蒸计算，从而得到露点温度等相关参数。通过模拟获得常压塔顶水露点温度约为97℃，因此为满足高于水露点温度14℃的要求，常顶操作温度需不低于111℃。

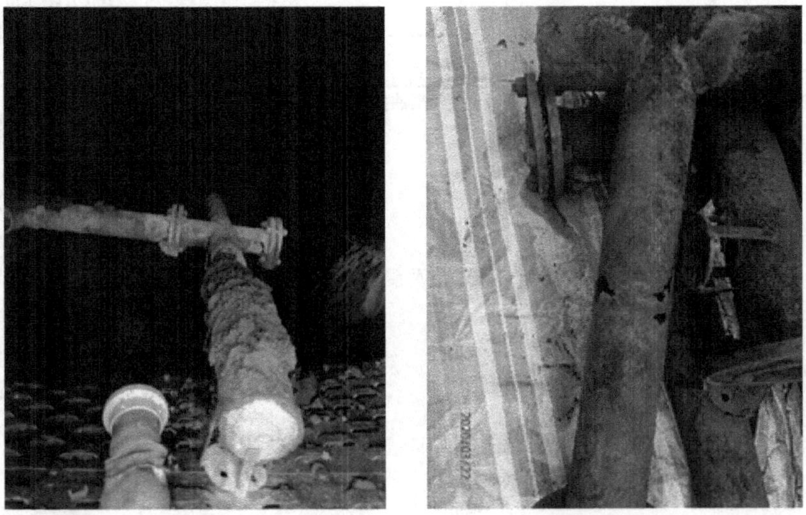

图1　第一层塔盘及塔顶回流分布管腐蚀形貌

图2　第5~6层塔盘支撑板腐蚀减薄

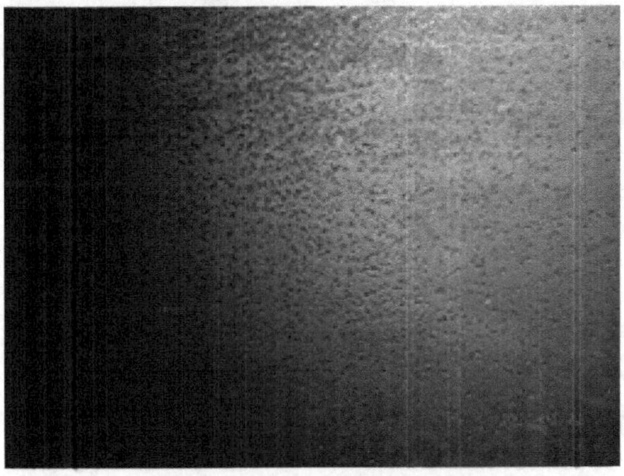

图3　第5~6层塔盘间内衬点蚀

图4　第二人孔处塔盘腐蚀形貌

图5　第三人孔处塔盘腐蚀形貌

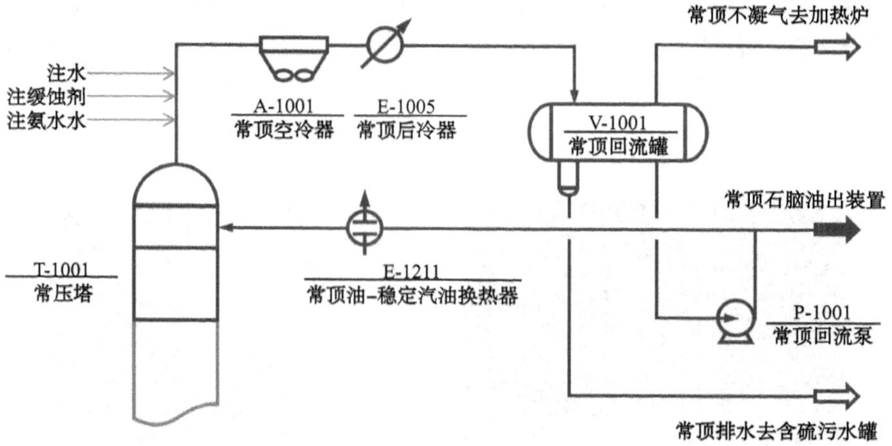

图 6　常压塔顶系统工艺流程图

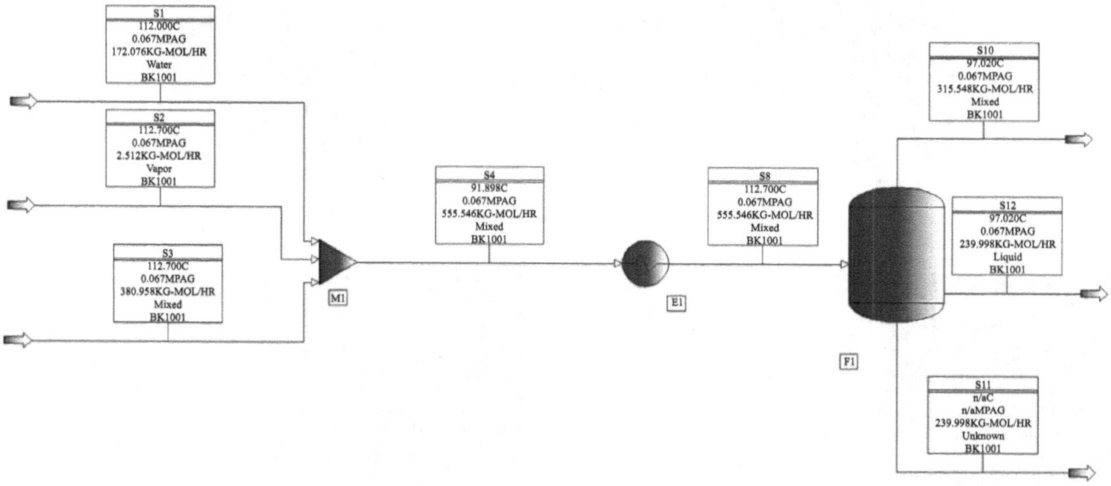

图 7　常压塔顶系统工艺仿真模型

分析正常运行工况常压塔顶控制温度及塔顶回流控制温度发现，塔顶控制温度及塔顶回流控制温度均长期偏低，分别如图 8、图 9 所示（以 2018 年 1 月 1 日～2020 年 1 月 1 日为例，下同），因此在常压塔顶盐酸（$HCl+H_2S+H_2O$）露点腐蚀风险较高。

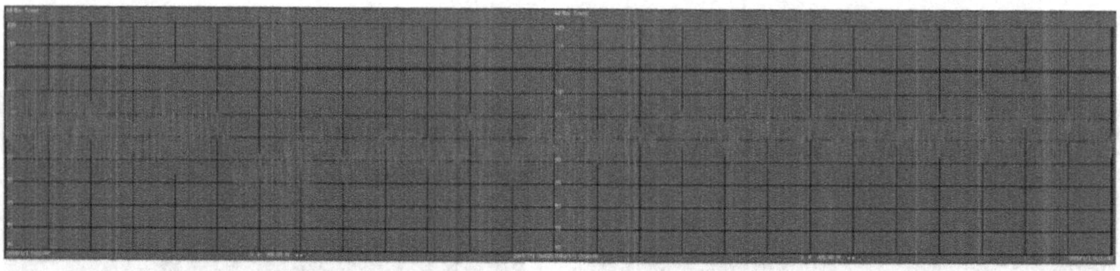

图 8　常顶温度变化趋势（红线为露点温度+14℃：约 111℃左右）

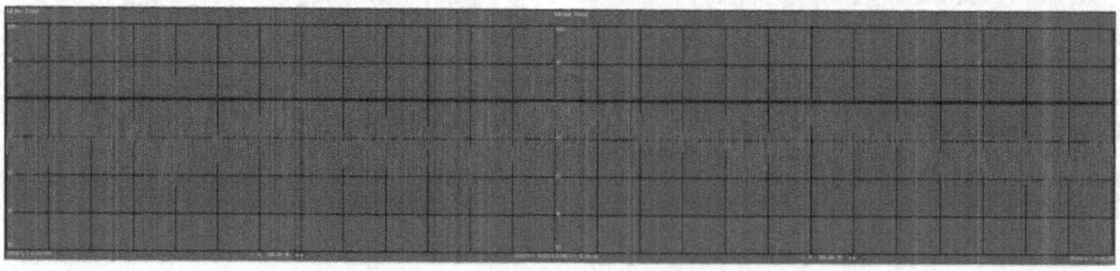

图 9　常顶回流温度变化趋势（红线为建议下限值 90℃）

3.3 工艺防腐分析

“一脱三注”是控制常压塔顶冷凝冷却系统低温腐蚀的有效手段。由于塔河原油特性造成脱后盐含量偏高（图 10），且电脱盐注水氨含量和 pH 偏高（图 11、图 12），可能在常压塔顶部位露点温度以上形成 NH_4Cl 盐。

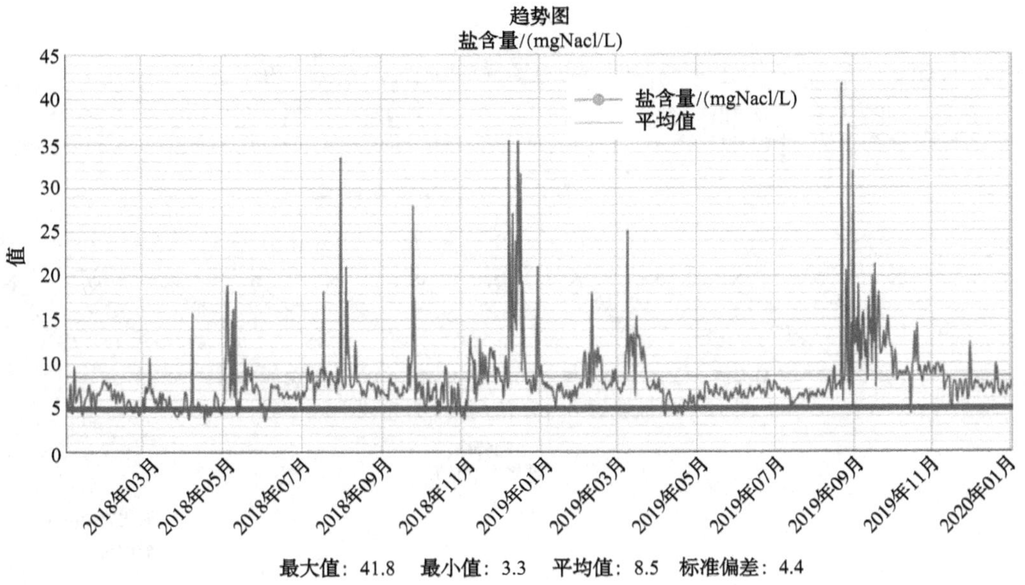

图 10　脱后原油盐含量变化趋势（红线为建议上限值）

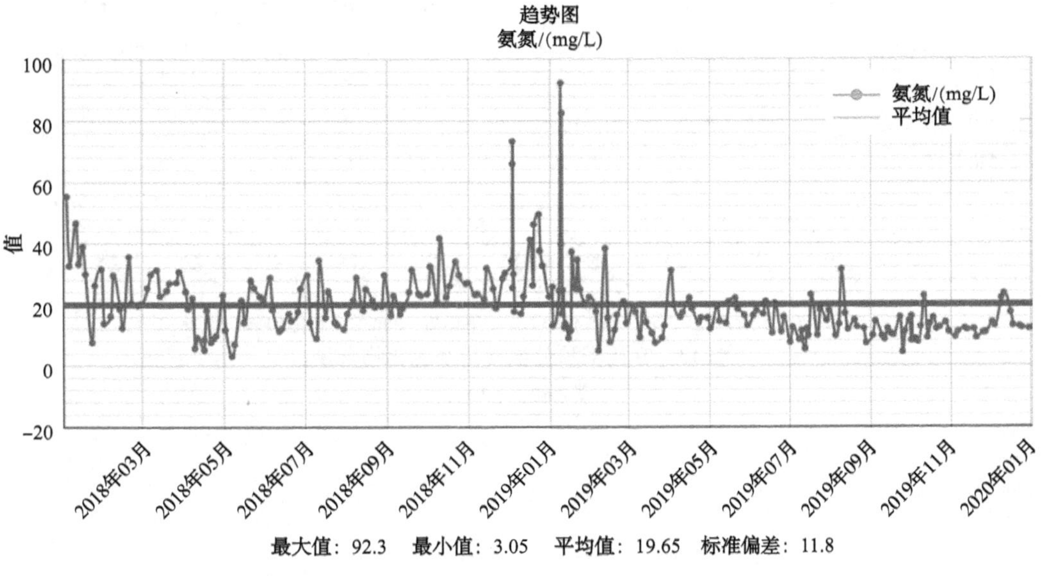

图 11　电脱盐注水氨氮含量（红线为建议上限值）

同时塔顶注水（塔顶排水回注）中氯离子和氨含量较高（图 13、图 14），部分会随塔顶回流返回塔顶，在累积作用下堵塞塔盘，造成压降升高，需注水冲洗；当注水冲洗时，冲洗水在常一线排出，这就会将温度较高的 NH_4Cl 水溶液带到常一线附近塔盘，形成较严重的 NH_4Cl 腐蚀环境。另外，塔内垢样分析结果也证实了氯化铵盐的存在。

3.3 选材分析

常压塔设备信息如表 1 所示，主体材质为 16MnR + N04400/316L，五层塔盘以上内衬为 N04400，五层塔盘以下内衬为 316L；塔盘材质均为 316L。316L 为奥氏体型不锈钢，奥氏体不锈钢在盐酸腐蚀、氯化铵腐蚀等含氯离子环境下易发生点蚀和氯化物应力腐蚀开裂。

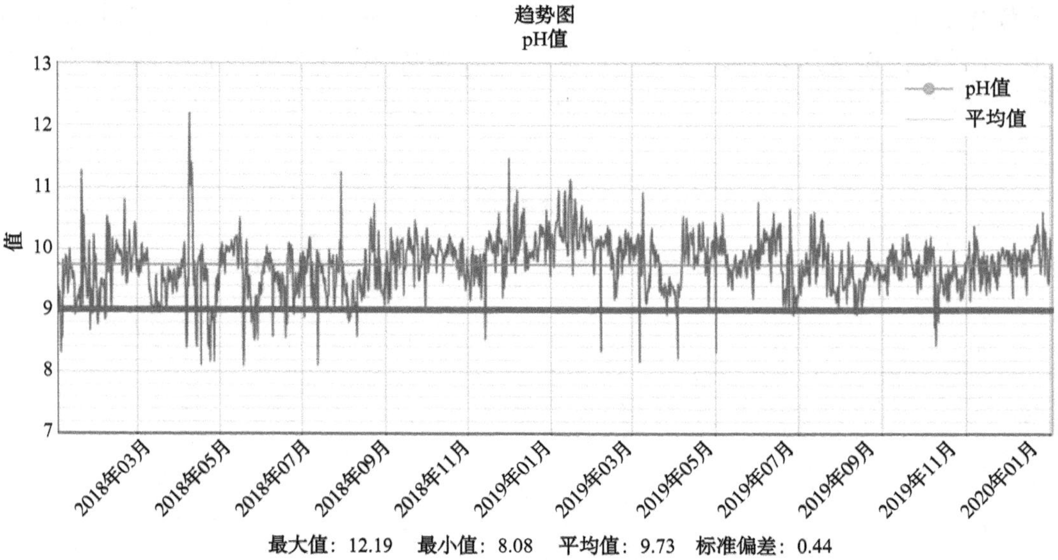

图 12　电脱盐注水 pH 值(红线为建议上限值)

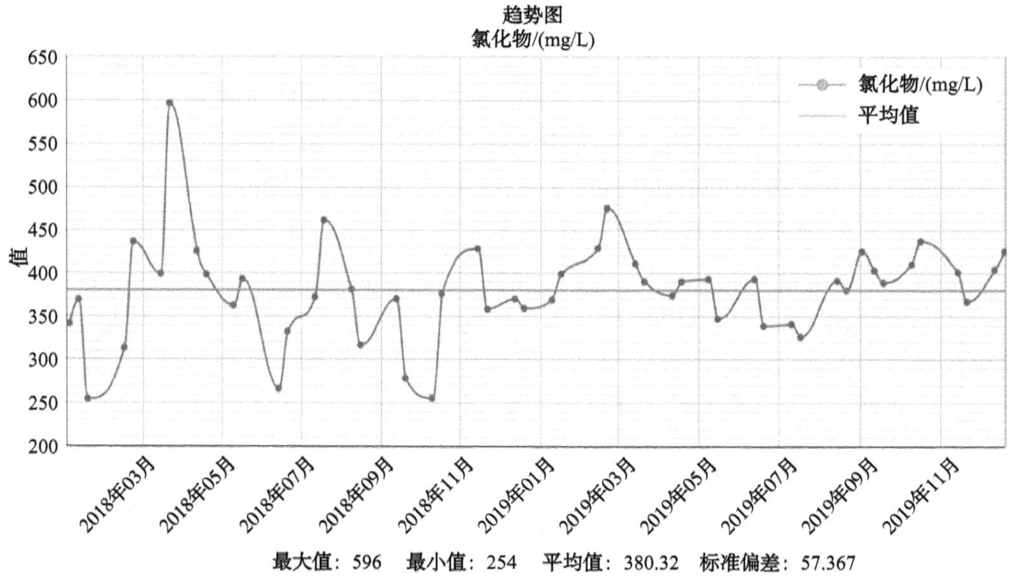

图 13　常压塔顶分液罐排水氯化物含量

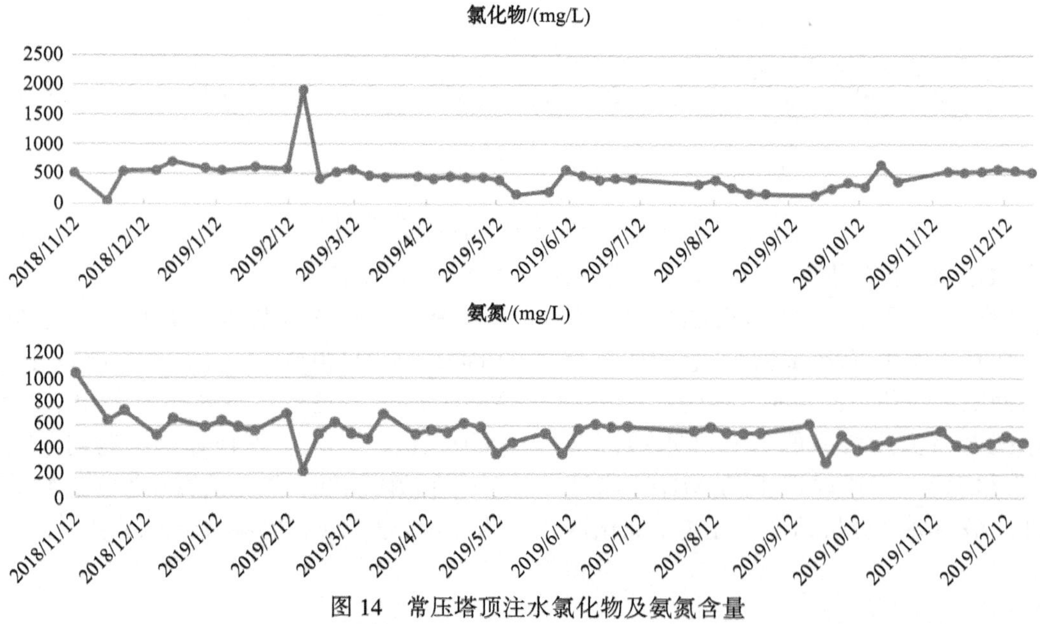

图 14　常压塔顶注水氯化物及氨氮含量

表1 常压塔设备信息

设备名称	常压塔	设备编号		T1001
规格	Φ3000×(12+3)/(20+3)/6000×(20+3)/(18+3)×24920	操作条件	温度℃(顶/底)	105/351
材质	主体：16MnR+N04400/316L 塔盘：316L		压力 MPa(顶/底)	0.08/0.2
投用日期	2004/10		介质	闪底油

4 总结及防控措施

综合分析塔顶温度控制、工艺防腐及选材结果可知，常压塔上部形成盐酸露点腐蚀+氯化铵腐蚀环境，及在此环境选用奥氏体不锈钢，是造成常压塔上部一系列腐蚀问题主要原因。

基于腐蚀原因分析结果，针对该装置常压塔腐蚀问题制定如下控制措施：

(1) 跟踪常压塔顶操作条件，根据露点温度核算结果，优化常压塔顶操作温度及塔顶回流温度，避免在塔内形成露点腐蚀环境；

(2) 提高电脱盐效果，降低电脱盐注水氨氮含量和 pH 值；降低塔顶注水氨氮含量和氯含量，以减少塔内氯化铵盐累积，进而避免水洗操作；

(3) 综合考虑经济性和耐蚀性，优化塔顶部位塔盘选材，盐酸露点腐蚀/氯化铵腐蚀环境下避免使用奥氏体不锈钢。

参 考 文 献

[1] 丁振君．加工塔河原油对常减压装置腐蚀的影响[J]．石油化工腐蚀与防护，2008，25(4)：28-31.

[2] 张国信．高硫、高酸原油加工装置设备和管道设计选材导则编制介绍[J]．石油化工设备技术，2011(01)：7+61-65.

[3] 段永锋，于凤昌，崔中强，等．蒸馏装置塔顶系统露点腐蚀与控制[J]．石油化工腐蚀与防护，2014，31(5)：29-33.

[4] 赵露露．常压塔顶系统低温部位 $HCl-H_2O$ 露点腐蚀规律研究[D]．杭州：浙江理工大学．

[5] 王海博，李云，欧阳文彬，等．Aspen Plus 模拟预测常压塔顶冷凝系统露点及 pH 值[J]．石油学报(石油加工)，2008，34(3)：203-207.

[6] 张小建，李永红，王雪峰，等．蒸馏装置常压塔顶系统低温腐蚀与控制[J]．石油化工腐蚀与防护，2019，36(6)：18-21，26.

[7] 中国石油化工股份公司炼油事业部．中国石化炼油工艺防腐蚀管理规定实施细则[Z]，2 版．北京；中国石油化工股份公司，2018：2-53.

[8] 夏延燊．常减压蒸馏装置塔顶冷凝系统防腐蚀措施[J]．石油炼制与化工，2006，37(1)：47-49.

[9] 李庆梅，袁瑞森，徐晓．"一脱四注"与"一脱二注"—蒸馏塔顶系统工艺防腐技术概论[J]．石油化工腐蚀与防护，1996，13(4)：33-35.

[10] Water G.；George D.；Dan J. Effective corrosion control techniques for crude unit overheads [M]. Proc. NACE Corros. 2002，(paper No. 02477).

[11] 王勤娜，庄锁良，张茂盛．常减压塔顶系统工艺防腐[J]．化工进展，1999，(2)：54-56.

[12] 王海博，李云，程光旭，等．常压塔塔顶冷凝系统铵盐腐蚀及控制[J]．中国石油大学学报(自然科学版)，2018，v.42；No.227(03)：182-187.

[13] 吴祥，程四祥，陆秀群，等．某蒸馏装置常顶冷凝系统腐蚀分析与控制建议[J]．化工机械，2015，42(4)：563-566.

[14] 刘洋．炼油厂常压塔腐蚀与维护的研究与应用[D]．西安：西安石油大学，2014.

[15] 张艳玲，韩磊，刘小辉．几种钢材在 NH4Cl 环境中的腐蚀行为[J]．腐蚀与防护，2014.

[16] 杨宏泉，段永锋．奥氏体不锈钢的氯化物应力腐蚀开裂研究进展[J]．全面腐蚀控制，2017(1).

催化裂化装置硫平衡计算烟气露点温度可行性分析

吴　寰　郭营营　谷　昊

（中国石油大庆炼化公司）

摘　要　催化裂化装置原料中的硫一部分随再生烟气排出，以 SO_2 和 SO_3 的形式存在，催化裂化装置的技术人员在日常的防腐工作中，普遍根据烟气中 SO_2 含量，按 2%的转化率估算烟气中 SO_3 含量，以计算烟气酸露点温度。但从各催化裂化装置的硫平衡计算结果和烟气 SO_3 含量实际测量结果看，烟气 SO_3 含量很可能较经验估算的含量要高，且误差较大，使经验计算得到的酸露点温度与实际偏差较大，进而影响催化裂化装置锅炉的长周期运行。

关键词　催化裂化；硫平衡；三氧化硫；露点

催化裂化装置原料中的硫在经过催化裂化反应后，45%～55%转化为 H_2S，5%～15%转移至催化裂化反应生成的焦炭中，焦炭随催化剂携带到再生器内氧化生成 SO_x，随着再生烟气带入下游的余热锅炉和烟气脱硫系统。

对于常规催化裂化装置，一般认为再生烟气中的 SO_x 有 90%左右的 SO_2 和 10%左右的 SO_3。因现阶段烟气中 SO_3 含量无法用在线分析仪表的量，而人工采样测量烟气中 SO_3 含量，需要外委专业的检测机构进行分析。所以催化裂化装置的技术管理人员在日常的锅炉防腐工作中，普遍按照经验值估算烟气中的 SO_3 含量，进而得到锅炉内的烟气露点温度，用以指导装置省煤段上水温度和排烟温度控制范围，防止相关设备发生露点腐蚀，保证装置长周期运行。

但从某些催化裂化装置运行数据看，再生烟气 SO_x 中的 SO_3 占比也存在其他情况。镇海炼化蜡油 FCC 装置再生烟气中 SO_3 约占 SO_x 的 20%。某 FCC 再生烟气中 SO_3 占 SO_x 的 40%左右。惠州石化催化裂化烟气中 SO_3 占 SO_x 的 60%～70%。所以使用经验值估算的 SO_3 含量，计算得到的烟气露点温度可能与实际值误差较大。

从催化裂化装置的硫平衡计算结果看，部分装置的计算损失收率占 5%～15%，这很有可能是随烟气排入大气的三氧化硫。本文以某催化裂化装置的硫平衡计算结果为基础，探讨通过硫平衡计算间接得到烟气中 SO_3 含量的可行性，从而用更低的成本得到相对准确的烟气露点温度。

1　硫平衡计算

1.1　基础数据

催化裂化装置的硫主要分布在产品和含硫污水中，其中产品主要是干气、液态烃、稳定汽油、柴油、油浆和焦炭，焦炭中的硫随烟气带出。以下为装置 2021 年 8 月标定数据（表 1）。

表 1　原料和产品硫含量分析数据

项目	单位	数值
原料	mg/kg	1530
干气（硫化氢）	ppm	2900
液态烃（硫化氢/总硫）	ppm/w%	260/0.056
稳定汽油	mg/kg	148
上塔柴油	mg/kg	1705
下塔柴油	mg/kg	2515
油浆	mg/kg	4170
含硫污水	mg/L	2256
烟气	mg/m^3	93.67

干气中的硫主要以硫化氢形式存在，因干气组成和干气中硫化氢含量的化验分析方法不同，所以需对两种化验分析方法的体积含量进行归一，得到硫化氢在干气中的真实含量。因本装置的干气中硫化氢含量较低，归一前后硫化氢含量变化不大。另外还需注意刨除装置回炼外来物料带来的硫（表 2）。

取干气流量时需注意，如干气的流量计不是

质量流量计时，需对流量进行校正后再进行使用。本装置干气流量计有孔板流量计和旋进漩涡流量计，孔板流量计需进行温度、压力、密度的校正，旋进漩涡流量计需进行密度校正。

因液态烃中的硫除了以硫化氢的形式存在，还有硫醇、羰基硫等形式，只取硫化氢含量计算硫平衡会使计算结果较实际值小，所以取液态烃中总硫含量化验分析数据进行计算，液态烃中总硫 1250mg/m^3 计算，可得硫含量为 0.056w%(表3)。

表2　干气中硫含量

组成	Vi/%	归一后 Vi/%	Mi	Mi·Vi	Mi·Vi/∑Mi·Vi/%	质量流量/(t/h)
氢气	21.79	21.72	2.015	0.438	2.21	0.225
甲烷	29.56	29.48	16.0429	4.729	23.85	2.428
乙烷	12.01	11.98	30.0698	3.602	18.16	1.849
乙烯	17.89	17.83	28.054	5.003	25.23	2.569
丙烷	0.11	0.11	44.0968	0.047	0.24	0.024
丙烯	0.78	0.77	42.0809	0.326	1.64	0.167
异丁烷	0.04	0.04	58.1238	0.026	0.13	0.013
正丁烷	0.02	0.02	58.1238	0.012	0.06	0.006
1-丁烯	0.00	0.00	56.1079	0.000	0.00	0.000
异丁烯	0.02	0.02	56.1079	0.013	0.06	0.007
反-2-丁烯	0.03	0.03	56.1079	0.017	0.09	0.009
顺-2-丁烯	0.00	0.00	56.1079	0.000	0.00	0.000
碳 5+	0.08	0.08	72.1508	0.058	0.29	0.030
氮气	13.42	13.38	28.0135	3.749	18.90	1.925
氧气	0.37	0.37	31.9989	0.119	0.60	0.061
二氧化碳	3.21	3.20	44.01	1.410	7.11	0.724
一氧化碳	0.66	0.66	28.0105	0.185	0.94	0.095
硫化氢	2900ppm	0.29	34.0825	0.099	0.50	0.051
合计	100	100		19.83	100.00	10.182

表3　液态烃中硫含量

组成	Vi/%	归一后 Vi/%	Mi	Mi·Vi	Mi·Vi/∑Mi·Vi/%	质量流量/(t/h)
氢气	0.00	0.00	2.015	0.000	0.00	0.000
甲烷	0.00	0.00	16.0429	0.000	0.00	0.000
乙烷	0.00	0.00	30.0698	0.000	0.00	0.000
乙烯	0.00	0.00	28.054	0.000	0.00	0.000
丙烷	8.96	8.96	44.0968	3.950	7.90	5.342
丙烯	39.23	39.22	42.0809	16.503	33.01	22.321
异丁烷	18.22	18.21	58.1238	10.585	21.17	14.317
正丁烷	4.54	4.54	58.1238	2.640	5.28	3.571
1-丁烯	6.45	6.44	56.1079	3.616	7.23	4.891
异丁烯	9.02	9.02	56.1079	5.061	10.12	6.846
反-2-丁烯	7.96	7.95	56.1079	4.463	8.93	6.037

续表

组成	Vi/%	归一后 Vi/%	Mi	Mi · Vi	Mi · Vi/∑Mi · Vi/%	质量流量/(t/h)
顺-2-丁烯	5.55	5.55	56.1079	3.115	6.23	4.213
碳 5+	0.08	0.08	72.1508	0.054	0.11	0.073
氮气	0.00	0.00	28.0135	0.000	0.00	0.000
氧气	0.00	0.00	31.9989	0.000	0.00	0.000
二氧化碳	0.00	0.00	44.01	0.000	0.00	0.000
一氧化碳	0.00	0.00	28.0105	0.000	0.00	0.000
硫化氢	260ppm	0.03	34.0825	0.009	0.02	0.012
合计	100.00	100.00		49.996	100.00	67.625

因干气和液态烃样一般采用气袋或钢瓶，要注意采样时的置换，均对其硫化氢含量和总硫含量进行分析便于互相验证，并积累多组数据，保证数据的准确性。

1.2　计算过程

已知原料、产品的质量流量和质量浓度后，可得到个组分的硫流量和硫分布，具体计算过程如下。

1.2.1　原料中硫

原料中硫含量0.153%，按处理量233.89t/h计算，硫流量分别为358.85kg/h。

1.2.2　干气中硫

由表2可知，干气中硫化氢流量为51kg/h，刨除外来物料带来的硫化氢，扣除硫化氢中的两个氢原子后，可得干气中硫流量为4.462kg/h。

1.2.3　液态烃中硫

由表3可知，液态烃中硫化氢流量为12kg/h，按此数值计算液态烃的硫分布比例较小。因液态烃中含有部分硫醇和羰基硫，按液态烃中总硫1250mg/m^{3}计算，可得硫含量为0.056%，则硫流量为36.44kg/h，取此数值计算硫平衡。

1.2.4　汽油中硫

汽油中硫含量为0.015%，按汽油流量99.05t/h计算，硫流量为14.67kg/h。

1.2.5　上塔柴油中硫

上塔柴油中硫含量为0.171%，按上塔柴油流量24.47t/h计算，硫流量为41.73kg/h。

1.2.6　下塔柴油中硫

下塔柴油中硫含量为0.252%，按下塔柴油流量3.28t/h计算，硫流量为8.25kg/h。

1.2.7　油浆中硫

油浆中硫含量为0.417%，按油浆流量12.21t/h计算，硫流量为50.91kg/h。

1.2.8　焦炭中硫

由表1可知，烟气中SO_2含量为93.67mg/Nm^3，标定期间湿主风量为2833398.6Nm^3/h，则烟气中硫流量=93.67×2833398.6×32÷64÷1000000=13.27kg/h。按此数据计算硫平衡发现硫分布比例明显较小。

查标定当月全月的30% NaOH消耗量为122t，则烟气脱硫塔碱液中纯NaOH用量为49.19kg/h，依据化学反应式计算。

$$2NaOH+SO_2=Na_2SO_3+H_2O$$

$$2NaOH+SO_3=Na_2SO_4+H_2O$$

按NaOH与S原子的摩尔比为2：1，NaOH摩尔流量=49.19÷40=1.23kmol/h，则硫原子摩尔流量为0.615kmol/h，硫原子质量流量=0.615×32=19.68kg/h，使用此数据计算硫平衡。

1.2.9　含硫污水中硫

标定期间含硫污水量为36.22t/h，含硫污水硫化物含量为2256mg/L，则硫流量为81.70kg/h。

1.2.10　硫平衡计算结果

表4　硫平衡计算结果

	硫含量/w%	硫流量/(kg/h)	硫分布/%
入方			
混合原料	0.153	357.85	100
出方			
干气	0.652	42.46	11.86
液态烃	0.056	36.44	10.18
汽油	0.015	14.67	4.10
上塔柴油	0.171	41.73	11.66
下塔柴油	0.252	8.25	2.30
油浆	0.417	50.91	14.23

续表

	硫含量/w%	硫流量/(kg/h)	硫分布/%
焦炭		19.68	5.50
污水	0.226	81.70	22.83
损失		62.03	17.33
合计		357.85	100
偏差	17.33%		

1.3 计算结果分析

从硫分布看，装置硫分布较高的产品主要是干气、柴油和油浆，其中干气中的硫含量最高，是装置防腐蚀监控的重点部位。

使用烟气中 SO_2 含量计算的硫流量为 13.27kg/h，按普遍认为 SO_2 有 10%转化为 SO_3 的方式计算，烟气中硫流量也仅为 14.59kg/h；使用碱液消耗量进行计算时，烟气中硫流量为 19.68kg/h，硫分布也仅占 5.50%~5.57%，明显比其他催化裂化装置低。一方面原因是在线分析设施测量的 SO_2 数值可能偏小，另一方面原因是烟气中还存在大量 SO_3，在线仪表测不到 SO_3。

由于 SO_2 转化成 SO_3 受到烟气中 SO_2 含量、过剩氧含量、再生温度、CO 助燃剂、催化剂组成以及催化剂上重金属含量等因素的影响。本装置余热锅炉使用选择性还原(SCR)技术脱除烟气中的 NO_x，该系统使用的钒基催化剂也能将烟气中 SO_2 催化氧化为 SO_3，转换率取决于催化剂中 V_2O_5 含量、催化剂壁厚、催化剂形态和烟气温度等因素。使 SO_2 转化成 SO_3 的转化率变化很大，国内某炼油厂催化烟气中的 SO_2：SO_3 为 35：65，即 SO_2 转化成 SO_3 的转化率为 65%。本装置再生器形式为两段完全再生，正常生产时定期加入 CO 助燃剂，标定期间烟气中氧含量控制在 4.5%~5.3%，不加硫转移助剂，余锅内装由两层 SCR 催化剂，都易发生 SO_3 的转化。

在湿法烟气脱硫过程中，当含有气态 SO_3 或 H_2SO_4 的烟气通过湿法烟气脱硫系统时，由于烟气被急速冷却到酸露点之下，这种冷却速率比气态 SO_3 或 H_2SO_4 被吸收塔内吸收剂吸收的速率快得多。因此，SO_3 或 H_2SO_4 不仅不能有效脱除，而且会快速形成难以捕集的亚微米级的 H_2SO_4 酸雾，酸雾气溶胶中颗粒较大的雾滴是可以被吸收塔除去的，但是对亚微米级的雾滴，吸收塔则无能为力，形成的亚微米级的雾滴只能通过烟囱排入大气。

烟气中 SO_2 极少溶解于水蒸气，但 SO_3 几乎完全溶解于水蒸气。当再生烟气中 SO_3 达到一定浓度时，增加了余热锅炉下游换热设备腐蚀和结垢的可能性。SO_3 可与 SCR 脱硝反应后逃逸的微量 NH_3 反应生成硫酸铵盐，当烟气中 NH_3/SO_3 摩尔比大于 2 时，反应主要产物为硫酸铵 $(NH_4)_2SO_4$；当烟气 SO_3 浓度足够高时，即使 SCR 脱硝反应后逃逸的 NH_3 只有 1μL/L，仍可与 SO_3 反应形成硫酸氢铵 NH_4HSO_4，随 NH_3 和 SO_3 浓度乘积的增大，NH_4HSO_4 露点温度升高。大量生成的 NH_4HSO_4 容易导致催化剂孔道堵塞，降低催化剂有效活性，还会随烟气进入余热锅炉下游设备并沉积在换热元件表面，引起积灰、结垢、堵塞和腐蚀。所以，烟气中的 SO_3 对装置的余热锅炉长周期运行的影响是多方面的。

烟气脱硫塔对 SO_3 脱除效率一般在 30%~50%，也有说可以达到 60%~67%。但目前的湿法脱硫设备主要是针对 SO_2，对 SO_3 的脱除并没有特殊考虑，普遍的结果是 SO_3 脱除率低于 SO_2。当含有亚微米级雾滴的烟气被排入到大气中之后，使得烟囱在阳光照射侧烟气的烟羽呈蓝色，而在烟羽的另一侧(透射侧)呈黄褐色(图 1)。

图 1　本装置烟气脱硫塔出口烟气烟羽

2 烟气酸露点温度计算

2.1 计算方法

常用的烟气酸露点温度计算方法主要有 Müller 曲线、Verhoff & Branchero、含实验常数公式等。催化裂化装置的技术管理人员普遍采用 Müller 曲线估算烟气的酸露点温度。

因催化裂化装置烟气中 SO_3 浓度的定量测量是一个难题，目前只有某些专业机构具备测量能力，所以装置在日常的防腐工作中，只能通过在线分析仪表测量到的 SO_2 浓度按一定的经验值比例估算一个 SO_3 浓度值，用以烟气酸露点温度的计算，普遍假设有 2%～10% 的 SO_2 转化为 SO3 转化进行估算，而从装置的硫平衡计算结果看，实际的转化率可能远大于普遍的经验值，进而导致估算的烟气酸露点温度远低于实际值，很可能对装置的余热锅炉防腐工作有不利影响。

Müller 曲线法

条件：烟气中 SO_3 气体浓度已知，根据烟气中 SO_3 气体浓度查下图得到烟气硫酸露点(图 2)。

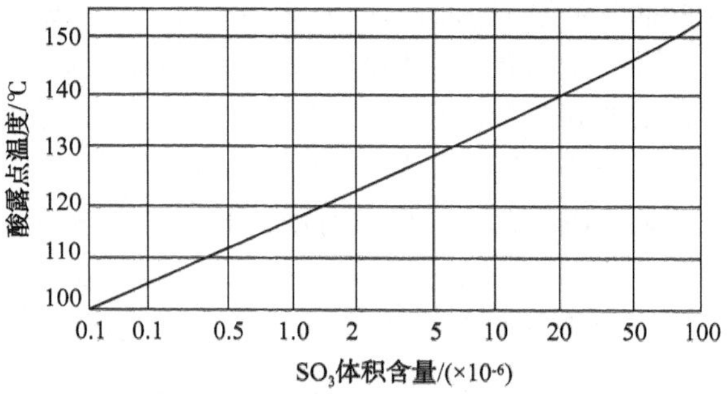

图 2　Müller 曲线图

通过图 2，可得拟合回归方程：

$$Tsld=116.5515+16.06329\lg Vso_3+1.05377(\lg Vso_3)^2$$

式中，Vso_3 为烟气中三氧化硫体积含量，vppm。

2.2　计算结果

如按 SO_2：SO_3=35：65 的比值计算，则烟气中的硫分布上升至 15.91%，误差降低至 6.16%，将此时的数据带入公式，烟气露点温度将接近 150℃。即便考虑硫平衡计算的损失部分不全部是 SO_3，在装置运行的过程中，也要注意省煤段的露点腐蚀问题，不宜将省煤段上水温度控制过低。

3　烟气中 SO_3 含量的测量和验证

3.1　现场测量验证

为验证上述硫平衡计算损失大部分为三氧化硫的猜想，装置于 2024 年 5 月、7 月利用装置标定的机会，联系了中石化石油化工科学研究院对装置的烟气中三氧化硫含量进行了测量。

中石化石油化工科学研究院开发的 Q/SH 3360 278—2018 催化裂化烟气三氧化硫采样和分析方法，将采气探头伸入尾气管道中心。使用采样泵以恒定气速从催化裂化烟气尾气中抽取含 SO_2、SO_3 的烟气，流量计准确计量烟气体积流量。采用 1% 双氧水溶液吸收烟气中的 SO_3 和 SO_2。SO_2 被氧化成 SO_3 后溶于水形成硫酸根，SO_3 与 H_2O 直接反应生成硫酸根。采用离子色谱法或比色法测定硫酸根含量，根据硫酸根含量换算成 SO_2 和 SO_3 的总量。另用 SO_2 在线分析仪实时在线分析烟气中的 SO_2 含量，两者差值即为烟气中 SO_3 含量。

该方法简单易行，对硬件要求不高，结果准确性高，平行性好。装置管理人员计划采用该方法对烟气中 SO_3 的含量进行测量，以验证通过硫平衡计算烟气中三氧化硫含量的方式是否可行。

3.2　测量结果

装置分别于 2024 年 5 月 30 日、7 月 24 日进行了现场测量，同时为验证猜想的普适性，5 月 31 日对本公司另一套催化裂化装置的烟气组成也进行了测量，并对计算硫平衡相关的样品进行了采样分析。

表 5　SO_x 现场采样结果

	O_2	CO_2	CO	NO_x	SO_2	SO_3	SO_x
采样日期	%	%	mg/Nm3	mg/Nm3	mg/Nm3	mg/Nm3	mg/Nm3
5 月 30 日	2.77	16.66	15	779	215	75	290
7 月 24 日	2.87	16.21	15	687	203	157	360
5 月 31 日	3.7	15.53	10	28	167	93	260

从烟气的采样结果看，三氧化硫含量原超过经验估算的 2%～10%，实际测量结果在 30%～60%。按照上述烟气采样分析结果和 1.2 小节的计算方法，重新进行硫平衡计算，计算结果见表 6、表 7、表 8。

从计算结果看，计算偏差均收敛在 2% 以内，说明通过硫平衡计算烟气中 SO_3 含量是基本可行的。本装置的 SO_x 占比相对较高，这可能和两套装置的再生形式、氧含量控制、是否使用 CO 助燃剂、是否有 SCR 床层有关。按照上述烟

气 SO_3 含量计算的露点温度在140℃左右。

表6 5月30日含 SO_3 硫平衡计算结果

	硫含量/w%	硫流量/(kg/h)	硫分布/%
入方			
混合原料	0.139	364.73	100.00
出方			
干气	0.821	76.06	20.85
液态烃	0.073	55.37	15.18
汽油	0.010	10.57	2.90
柴油	0.149	42.63	11.69
油浆外甩	0.369	73.35	20.11
含硫污水	0.190	65.84	18.05
烟气中 SO_2		27.66	7.58
烟气中 SO_3		7.72	2.12
损失		5.53	1.52
偏差		1.52	

表7 7月24日含 SO_3 硫平衡计算结果

	硫含量/w%	硫流量/(kg/h)	硫分布/%
入方			
混合原料	0.138	361.16	100.00
出方			
干气	0.966	107.57	29.79
液态烃	0.002	1.43	0.40
汽油	0.009	9.40	2.60
柴油	0.145	43.12	11.94
油浆外甩	0.379	72.08	19.96
含硫污水	0.185	64.74	17.92
烟气中 SO_2		35.31	9.78
烟气中 SO_3		21.84	6.05
损失		5.66	1.57
偏差		1.57	

表8 5月31日含 SO_3 硫平衡计算结果

续表

	硫含量/w%	硫流量/(kg/h)	硫分布/%
入方			
混合原料	0.141	181.19	97.41
外来汽油	0.020	4.82	2.59
出方			
干气	0.298	17.16	9.23
液态烃	0.067	24.39	13.11
汽油	0.011	7.70	4.14
上塔柴油	0.134	24.12	12.97
下塔柴油	0.183	9.15	4.92
油浆外甩	0.355	36.66	19.71
含硫污水	0.232	55.66	29.92
烟气中 SO_2		8.65	4.65
烟气中 SO_3		3.85	2.07
损失		-1.33	-0.72
偏差		-0.72	

4 结论

（1）通过对催化裂化装置的硫平衡计算，发现硫平衡计算结果普遍存在5%~15%的损失，从其他装置的烟气中 SO_3 测量结果看，这部分损失很可能是 SO_3。从烟气采样数据和硫平衡计算结果看，本公司两套催化裂化装置的烟气中 SO_3 含量约是 SO_2 含量30%~60%。

（2）烟气中 SO_3 含量，一方面影响使用SCR脱硝技术的装置，在发生氨逃逸时会与烟气中的 SO_3 反应生成铵盐，使脱硝催化剂床层的孔道和省煤段管束更易发生积灰、结垢、堵塞和腐蚀，影响装置的稳定运行；另一方面，烟气中 SO_3 含量上升，会使烟气中算露点温度升高，使省煤段管束更易发生露点腐蚀，会对装置的余热锅炉长周期运行产生不利影响。

（3）因催化裂化装置的技术管理人员对烟气中的酸露点温度计算，普遍采用经验估算的 SO_3 含量进行计算，如装置的再生器是完全再生形式，且烟气中过剩氧含量高，再生温度高，使用CO助燃剂，使用SCR技术时，烟气中 SO_3 含量可能会大幅升高，使用经验值估算的烟气酸露点温度准确性大幅降低，无法指导装置的实际防腐工作。

（4）为得到准确的烟气中 SO_3 含量，建议对烟气中三氧化硫含量进行现场采样分析，如不具备现场采样的条件，可以使用硫平衡估算装置烟气中和三氧化硫含量的大致范围，注意分析数据取值要具有代表性，进而得到相对准确的烟气露点温度，用以更好的开展装置的防腐蚀工作，指导装置的长周期运行。

参 考 文 献

[1] 龚望欣．催化裂化烟气脱硫除尘脱硝技术问答[M]．北京：中国石化出版社，2015：35-36.

[2] 陈俊武，许友好．催化裂化工艺与工程[M]．3 版．北京：中国石化出版社，2015：582-583.

[3] 李磊，金平，郭东明等．FCC 再生烟气中三氧化硫的形成、危害及控制[J]．当代化工，2021，50(5)：1231-1240.

[4] 曹汉昌，郝希仁，张韩．催化裂化工艺计算与技术分析[M]．北京：石油工业出版社，2000：182-188.

[5] 齐文义．再生烟气中 SO3 的生成及应对措施[J]．炼油技术与工程，2011，41(1)：6-8.

[6] 段传和，夏怀祥．燃煤电站 SCR 烟气脱硝工程技术[M]．北京：中国电力出版社，2009：43-44.

[7] 齐文义，郝代军．FCC 烟气湿法洗涤脱硫过程中烟羽生成及应对措施[J]．炼油技术与工程，2014，44(10)：20-23.

[8] 胡敏．催化裂化烟气三氧化硫排放问题分析与对策[J]．炼油技术与工程，2016，46(9)：1-7.

[9] 杨雪梅，林玉，白正伟．钍试剂滴定法测定硫化催化裂化烟气中二氧化硫和三氧化硫的含量[J]．理化检验-化学分册，2015，51(7)：893-896.

催化裂化装置腐蚀分析及控制策略

包振宇[1]　佘　锋[2]　王　宁[1]　段永锋[1]

[1. 中石化炼化工程(集团)股份有限公司 洛阳技术研发中心；2. 中国石化工程建设有限公司]

摘　要　催化裂化作为重要的二次加工装置，其安全稳定运行直接关系到重油的充分利用和企业经济效益的提高。本文针对催化裂化装置运行过程中出现的腐蚀问题，系统分析了各个系统存在的主要腐蚀损伤机理及相应的应对措施，并提出了涵盖高温部位选材、低温部位腐蚀控制回路、设备设计及管道布置等方面的腐蚀控制策略。通过将腐蚀控制策略进行工业应用，催化裂化装置的腐蚀问题得到了有效改善，设备/管道的使用寿命得以明显提高。本研究为催化裂化装置的防腐蚀工作提供依据和参考，有助于企业提高装置的运行周期。

关键词　催化裂化；损伤机理；选材；工艺腐蚀；控制策略

1　引言

随着国内炼化企业生产装置服役时间的延长，以及原料劣质化、重质化的加剧，催化裂化装置的正常运行经受着日益严重的考验。催化剂磨蚀与高温硫腐蚀、高温氧腐蚀同时发生、相互促进，对高温设备和管道造成破坏；低温部位的碱式酸性水腐蚀、氯化铵腐蚀等也使得减薄穿孔问题时有发生。本文基于催化裂化装置的典型工艺流程，综合分析了各部位可能发生的腐蚀损伤机理及应对措施，阐述了高温部位的选材依据，建立重点部位的腐蚀控制回路，形成关键参数的控制指标和腐蚀控制措施，旨在为装置的安稳优运行提供参考和借鉴作用。

2　催化裂化装置主要腐蚀损伤机理及分布

2.1　反应-再生系统

反应-再生系统是高温、多相流、高流速区共存的环境，腐蚀的主要类型包括高温氧化、催化剂及固体的冲蚀磨蚀、耐火材料退化、热应力引起的焊缝开裂、蒸发管的高温水浓缩应力腐蚀开裂和热应力腐蚀疲劳等。

2.1.1　高温氧化

主要发生在再生器内。应对措施包括：

(1) 合理选材：铬是影响耐氧化能力的主要合金元素，选材时铬含量需满足温度使用要求。硅和铝等其他合金元素也有同样效果，但因其对力学性能不利，添加量应控制。用于加热炉支架、烧嘴喷口和燃烧设备部件的特殊合金常添加这些元素；

(2) 保护层：涂敷耐氧化的表面保护层。

2.1.2　冲蚀磨蚀

包括催化剂及固体的冲蚀磨蚀。主要发生在提升管预提升蒸汽喷嘴、原料油喷嘴及再生器主风分布管、提升管出口快速分离设施、旋风分离系统、烟气和油气管道上的弯头、塞阀的阀头和滑阀的阀板、外取热器壳体及取热管、伸入设备内部的热电偶套管等。某企业沉降器翼阀舌形挡板因冲蚀磨蚀导致穿孔的形貌如图1所示。

应对措施包括：

(1) 优化设计：增加管道直径降低介质流速，采用流线型弯头，增加易冲蚀部位壁厚，设置易更换的防冲板等；

(2) 降低固含量：催化油浆中催化剂含量不应大于6g/L；

(3) 合理选材：提高基体金属的硬度，采用耐蚀金属或合金，除气、注冷凝剂或添加缓蚀剂，增设耐磨衬里或进行表面强化处理。

2.1.3　耐火材料退化

主要发生在反应-再生系统高温部位使用耐火材料的设备及管线、滑阀、内构件。某企业第二再生器再生催化剂出口斜管高温耐磨衬里因材料退化导致局部破损、脱落形貌如图2所示。

应对措施：选择合适的耐火材料、锚固件、填充物，并按照设计要求安装和使用。

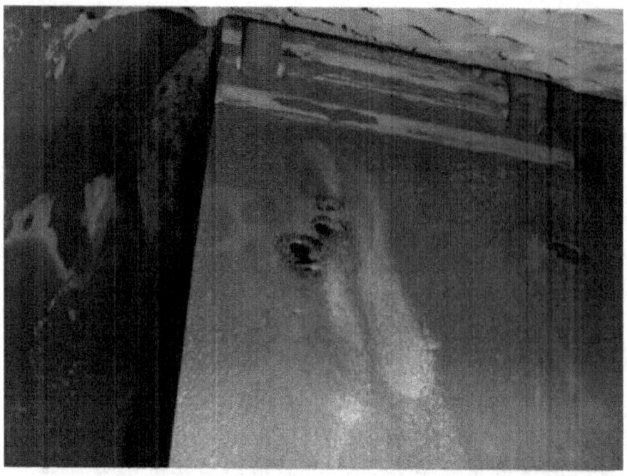
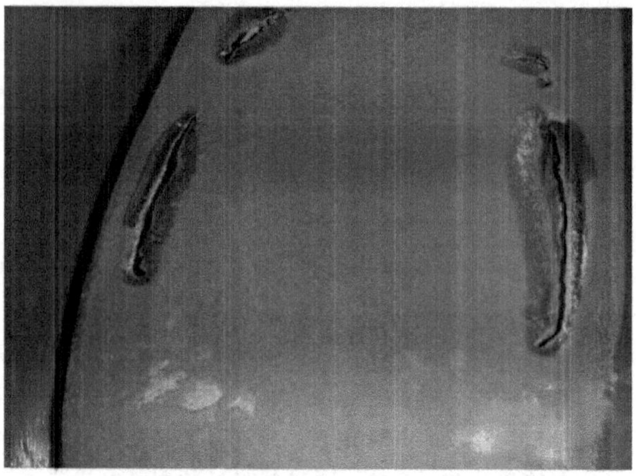

图1　沉降器翼阀舌形挡板冲蚀磨蚀穿孔形貌

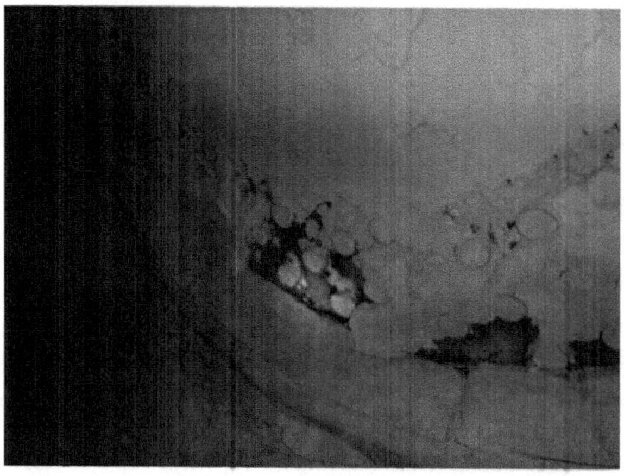

图2　再生催化剂出口斜管高温耐磨衬里破损形貌

2.1.4　热应力引起的焊缝开裂

主要发生在反应器和再生器罐体周围的管道，旋分料腿拉杆以及两端焊接固定的松动风、测压管等。某企业旋分挡板拉筋因热应力导致脱焊，形貌如图3所示。

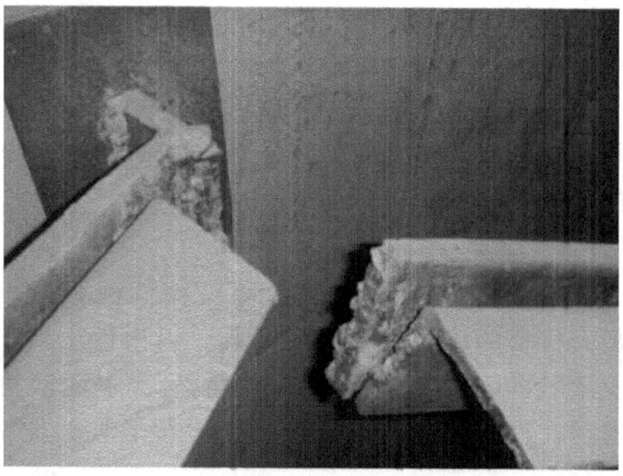

图3　旋分挡板拉筋脱焊

应对措施包括：

(1) 优化设计，稳定操作：保证温度分布均匀，受力均匀；

(2) 异种金属焊接要求：选取适宜的焊料金属，使焊接接头热膨胀差异减小。

2.1.5　高温水浓缩应力腐蚀开裂和热应力腐蚀疲劳

主要发生于外取热器的蒸发管。应对措施包括：

(1) 控制水质：降低高温水中的 Cl^- 含量，并保证呈中性；

(2) 合理选择水温：设计时应充分考虑水的汽化问题，减少汽液两相同时出现的概率；

(3) 添加衬里：选择耐高温耐蚀衬里。

2.1.6　硝酸盐应力腐蚀开裂

主要发生在壁温低于露点温度的烟道及外取热器。应对措施包括：

(1) 保证设备工作温度在露点温度以上；

(2) 控制烟气中的水含量和 NO_x 含量；

(3) 使用具备转硫、脱氮、助燃三种功能的催化剂。

2.2　分馏系统

分馏系统的腐蚀主要为高温硫腐蚀、油浆中固体的磨蚀、氯化铵腐蚀、碱式酸性水腐蚀、湿硫化氢损伤、碳酸盐应力腐蚀开裂等。其中，高温硫腐蚀也可出现在反应-再生系统的提升管反应器及再生斜管、吸收稳定系统的稳定塔底再沸器；油浆中固体的磨蚀参照2.1.2节。

2.2.1　高温硫腐蚀

主要发生在分馏塔中下部、高温换热器和高温管道。应对措施：确保材料中铬含量满足修正的 McConomy 曲线要求（见3.1.2节），避免超温。

2.2.2　氯化铵腐蚀

主要发生在分馏塔顶循至塔顶区域的塔内壁，以及顶循系统换热器和相应连接管道。某企业分馏塔顶循附近塔盘和塔内壁发生氯化铵腐蚀后的形貌如图 4 所示。应对措施包括：

（1）原料及工艺控制：根据原料氯和氮含量，计算氯化铵结晶温度，塔顶操作温度应高于该结晶温度，否则应降低原料氯和氮含量；

（2）顶循除盐：增设顶循除盐设施，移除顶循油中携带的氯化铵盐。

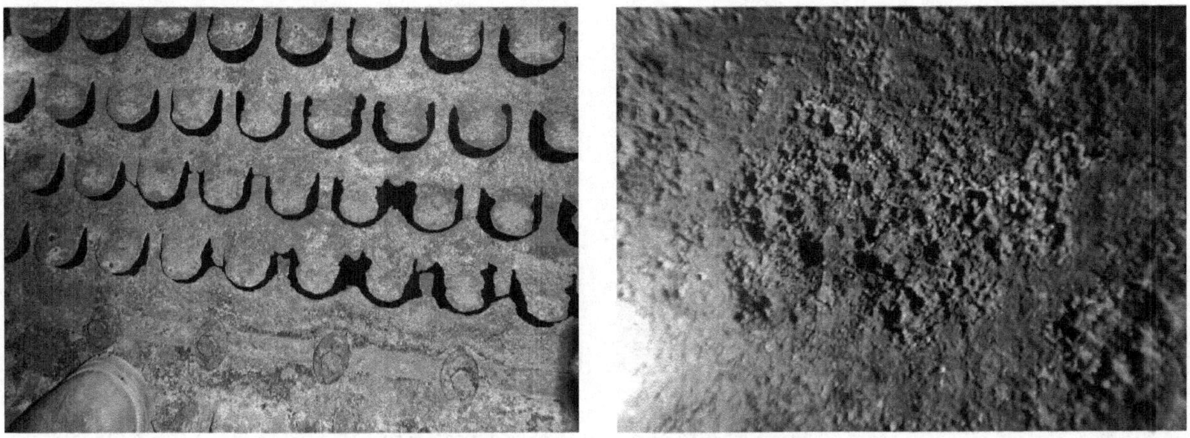

图 4　分馏塔顶循附近塔盘及塔内壁氯化铵腐蚀形貌

2.2.3　碱式酸性水腐蚀及湿硫化氢损伤

主要发生在分馏塔塔顶冷凝冷却系统的设备和相应连接管道。某企业分馏塔顶油气/热媒水换热器管束的腐蚀形貌如图 5 所示。应对措施包括：

（1）合理选材：根据介质环境，选用合适的抗 HIC 钢，提高材质纯度，并控制焊缝和热影响区的硬度不超过 HB200，对焊接接头部位进行焊后热处理，也可设置防腐涂层或升级材质为 400 系列不锈钢；

（2）注水：稀释腐蚀性介质的浓度，尤其是氢氰酸；

（3）注缓蚀剂：选用成膜型缓蚀剂，减少氰化物的影响。

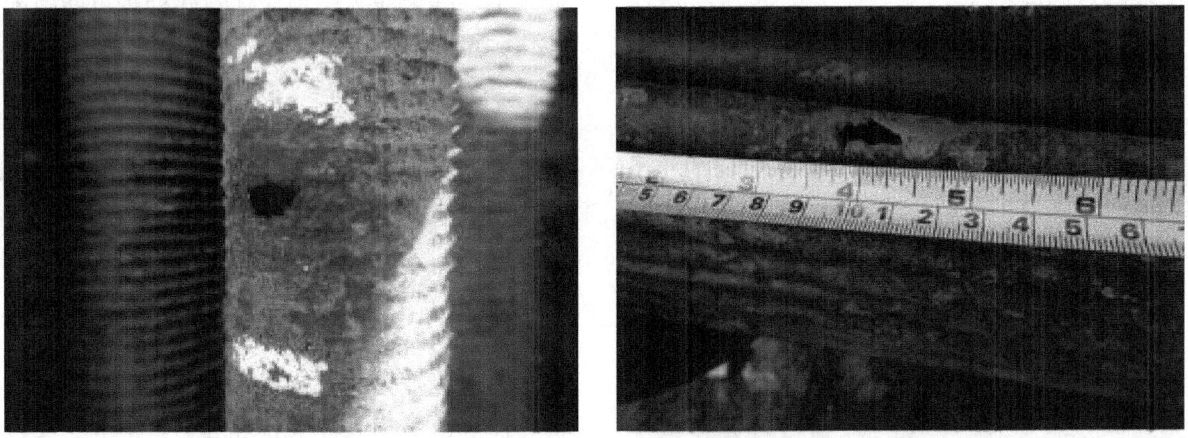

图 5　分馏塔顶油气/热媒水换热器管束腐蚀穿孔

2.2.4　碳酸盐应力腐蚀开裂

主要发生在分馏塔塔顶冷凝冷却和回流系统的设备和相应连接管道。应对措施包括：

（1）材料处理：对焊接接头（包括补焊接头，内、外部构件焊接接头）进行消除应力热处理。在材料内部涂覆有效的阻隔涂层；

（2）合理添加缓蚀剂：选用偏钒酸盐可防止开裂，但应注意用量和氧化变质情况。

2.3　吸收稳定系统

吸收稳定系统的腐蚀损伤机理主要包括：碱式酸性水腐蚀、湿硫化氢损伤、碳酸盐应力腐蚀开裂、热应力腐蚀疲劳。其中，碱式酸性水腐蚀和湿硫化氢损伤主要发生在富气压缩及冷凝系统、吸收塔和脱吸塔筒体及相应连接管道、稳定塔顶及冷凝冷却系统设备及管道；碳酸盐应力腐蚀开裂主要发生在富气压缩冷凝系统；热应力腐蚀疲劳主要发生在稳定塔再沸器。上述腐蚀损伤机理参照2.1和2.2节。

某企业吸收塔下部筒体(Q245R+06Cr13)内壁腐蚀形貌如图6(a)所示，脱吸塔底封头(Q345R)内壁腐蚀形貌如图6(b)所示。

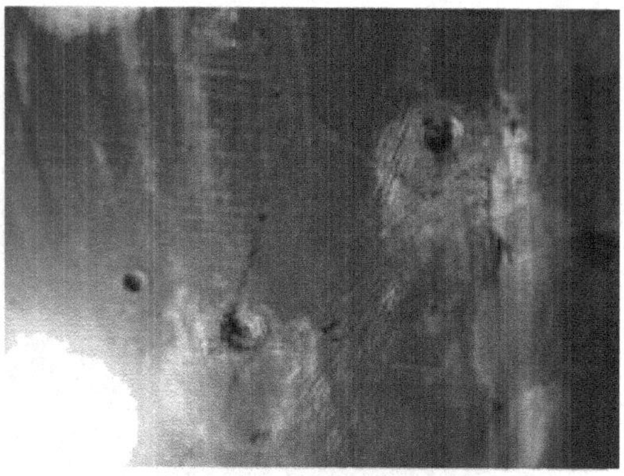

(a)吸收塔底部筒体内衬蚀坑

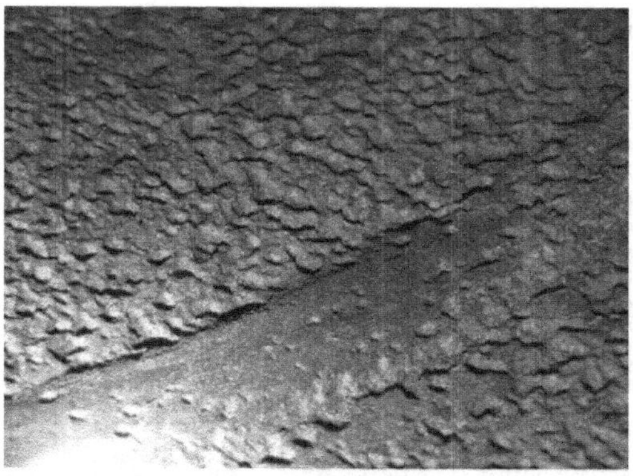

(b)脱吸塔底封头蚀坑

图6　吸收稳定系统碱式酸性水腐蚀案例

2.4　能量回收系统

能量回收系统的腐蚀主要是高温烟气中催化剂及固体的冲蚀磨蚀、烟气露点腐蚀以及 Cl^- 引起的奥氏体不锈钢应力腐蚀开裂。

2.4.1　烟气露点腐蚀

主要发生在再生烟气余热回收设备及烟囱。应对措施包括：

(1) 温度：保证锅炉和加热炉的金属壁温高于硫酸露点温度；

(2) 材料：使用碳钢时应增加壁厚，在露点腐蚀严重区域添加耐蚀衬里。

2.4.2　氯化物应力腐蚀开裂

主要发生在膨胀节的波纹管。某企业304不锈钢波纹膨胀节出现贯穿性裂纹，如图7所示。

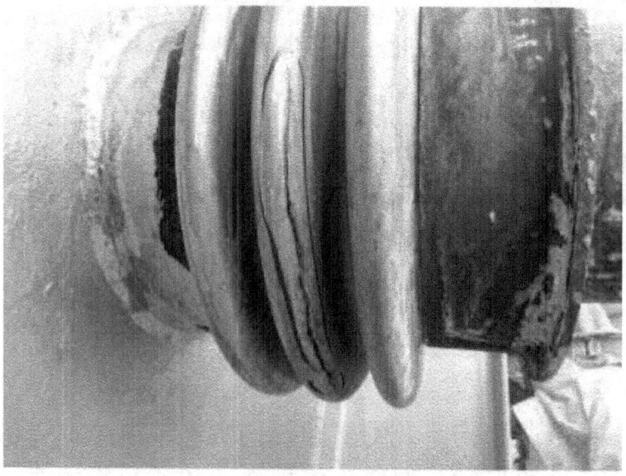

图7　余热锅炉波纹管膨胀节开裂形貌

应对措施包括：

(1) 材质：选用耐氯化物应力腐蚀开裂能力较强的合金；

(2) 结构设计：对于易出现氯化物应力腐蚀开裂的部位，尽量避免出现介质流动的死角或低流速区；

(3) 应力：对300系列不锈钢制作的部件进行固溶处理，对稳定化奥氏体不锈钢进行稳定化处理消除残余应力，但应注意热处理可能引起的敏化会增大材料的连多硫酸应力腐蚀开裂敏感性、变形以及再热裂纹；

(4) 表面处理：降低材料表面粗糙度，防止机械划痕、擦伤和麻点坑等，减少氯化物聚集，或在材料表面涂覆耐蚀涂层。

3　催化裂化装置腐蚀控制策略

3.1　高温部位选材

为避免催化裂化装置高温部位出现腐蚀或损伤，需要依照相关标准合理选材。本节主要讨论高温氧化和高温硫腐蚀。

3.1.1　高温氧化

高温氧化在482℃以下基本不发生或可忽略，不同金属材料在高温下的氧化腐蚀速率如图8所示。对于催化裂化装置的高温部位，如再生器内构件，选用300系列不锈钢(如304)可以取得较好的耐高温氧化效果。

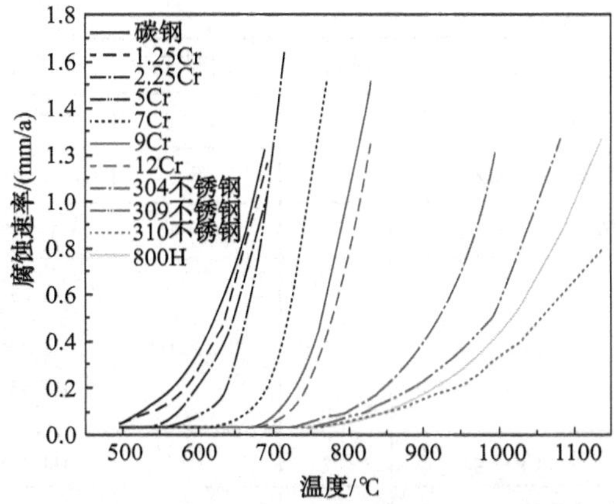

图 8　金属在不同温度下的高温氧化速率

3.1.2　高温硫腐蚀

普遍认为发生高温硫腐蚀的临界温度为260℃。催化裂化装置的高温硫腐蚀严重程度主要与原料油中硫化物的种类和活性有关，并且在分馏塔汽提效果不理想时，会增大塔底的高温硫腐蚀程度。目前选材的主要依据为修正的 McConomy 曲线，如图 9 所示，但对于分馏塔底系统的实际腐蚀程度而言，其预期腐蚀速率较为保守。

3.2　典型腐蚀控制回路

低温部位的腐蚀问题，主要依赖于工艺防腐实现。本节基于腐蚀回路和完整性操作窗口的理念，建立典型低温部位的腐蚀控制回路，形成包括设备/管道信息、操作参数和工艺防腐参数等在内的管控清单，将其集成在同一操作窗口内进行管理，便于腐蚀状态的监控和工艺防腐措施的有效实施。

3.2.1　分馏塔顶冷凝冷却系统

分馏塔顶冷凝冷却系统的腐蚀以碱式酸性水腐蚀和氯化铵腐蚀为代表。腐蚀控制手段为注水、注缓蚀剂，以及增设顶循除盐设施等。腐蚀控制回路图如图 10 所示。

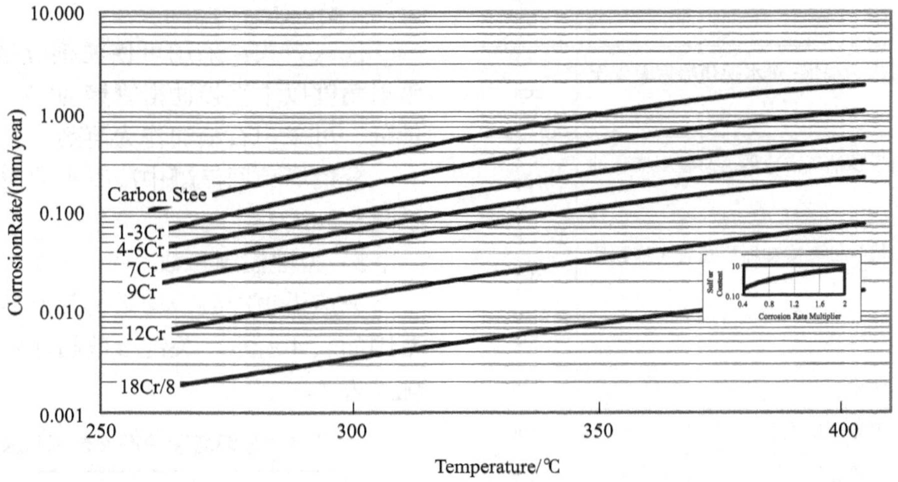

图 9　修正的 McConomy 曲线(图中曲线为硫质量分数 0.6%，其他硫含量见校正系数图)

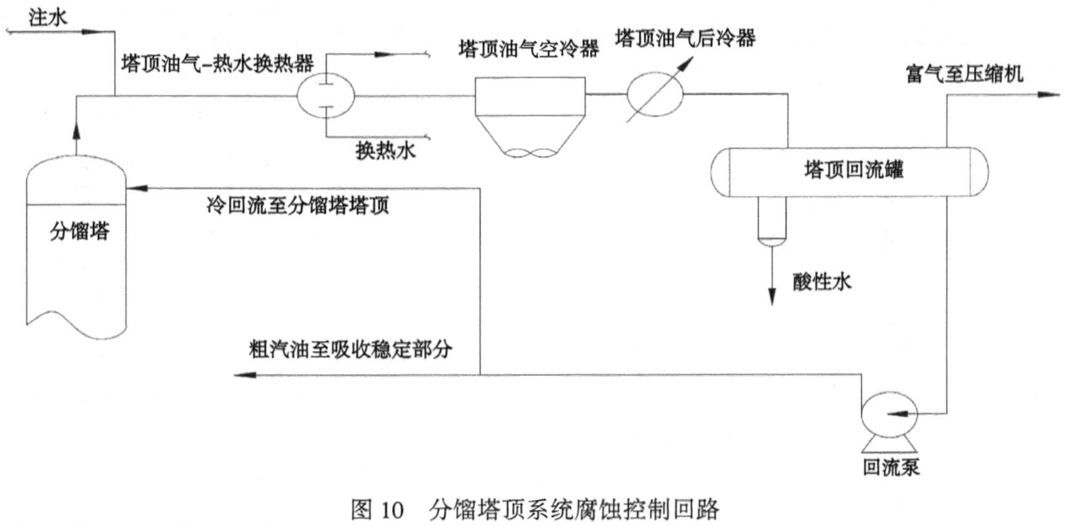

图 10　分馏塔顶系统腐蚀控制回路

1）相关设备管道

系统主要设备如表 1 所示，主要管道如表 2 所示。

表 1　分馏塔顶系统主要设备

设备名称	材质(示例)
分馏塔	筒体：16MnR+0Cr13 塔盘：0Cr13
塔顶油气-热水换热器	壳体及管箱：20R 管束：09Cr2AlMoRE(波纹管)
塔顶油气空冷器	管束：09Cr2AlMoRE
塔顶油气冷却器	壳体及管箱：20R 管束：10(波纹管)
塔顶回流罐	筒体：20R

表 2　分馏塔顶系统主要管道

管道名称	材质
分馏塔顶油气自分馏塔至塔顶油气-热水换热器前总管	20#
分馏塔顶油气自塔顶油气-热水换热器后总管至空冷器前总管	20#
分馏塔顶油气自塔顶油气空冷器后总管至塔顶油气冷却器前总管	20#
分馏塔顶油气自塔顶油气冷却器后总管至塔顶回流罐	20#
酸性水自塔顶回流罐来	20#
富气自塔顶回流罐来	20#
粗汽油自塔顶回流罐至回流泵	20#
粗汽油自回流泵至吸收塔	20#

2）工艺防腐措施

（1）核算塔顶油气中水露点温度，控制塔顶内部操作温度高于水露点温度 14℃以上。

（2）注水：

注入部位：分馏塔顶出口管线。

注水水质：本装置含硫污水、净化水或除盐水，水质具体指标要求见表 3。

表 3　注水水质指标

成分	最高值	期望值	分析方法
氧/(μg/kg)	50	15	HJ 506
pH	9.5	7.0~9.0	GB/T 6920
总硬度/(μg/g)	1	0.1	GB/T 6909
溶解的铁离子/(μg/g)	1	0.1	HJ/T 345
氯离子/(μg/g)	100	5	GB/T 15453
硫化氢/(μg/g)	—	小于 45	HJ/T 60
氨氮	—	小于 100	HJ 535 HJ 536 HJ 537
CN^-/(μg/g)	—	0	HJ 484
固体悬浮物/(μg/g)	2	0.2	GB 11901

用量：控制排水 pH 值小于 8.5。

注入方式：采用可使注剂分散均匀的喷头，喷射角度以不直接冲击管壁为宜。

（3）必要时可加注缓蚀剂

注入部位：塔顶油气管线。

用量：推荐不超过 20μg/g(相对于塔顶总流出物，连续注入)。

注入方式：采用可使注剂分散均匀的喷头，喷射角度以不直接冲击管壁为宜。若为油溶性缓蚀剂，可采用石脑油作为溶剂。

分馏塔顶回流罐中冷凝水的控制指标：总含铁量≤3mg/L。

3）关键控制参数

分馏塔顶冷凝冷却系统关键参数及推荐控制范围如表 4 所示，关键参数超标后的相关推荐措施见表 5。

表 4　分馏塔顶冷凝冷却系统关键参数

参数名称	单位	推荐上限值	推荐下限值
分馏塔顶温度	℃	—	露点温度+14
塔顶回流罐排水铁离子	μg/g	3	—
塔顶回流罐排水氯离子	μg/g	30	—

表 5　关键参数超标后推荐操作

参数名称	超标状态	推荐操作
分馏塔顶温度	超下限	升高塔顶温度至露点温度+14℃以上
塔顶回流罐排水铁离子	超上限	核算并注入适宜水量，增加缓蚀剂注入量
塔顶回流罐排水氯离子	超上限	控制注水水质

3.2.2　富气压缩机冷凝冷却系统

富气压缩机冷凝冷却系统的腐蚀损伤以碱式酸性水腐蚀和湿硫化氢损伤为代表。腐蚀控制手段为注水，必要时可加注缓蚀剂。为了更好的对工艺防腐进行管理，建立富气压缩机冷凝冷却系统腐蚀控制回路，如图 11 所示，实时监控各工艺操作参数。

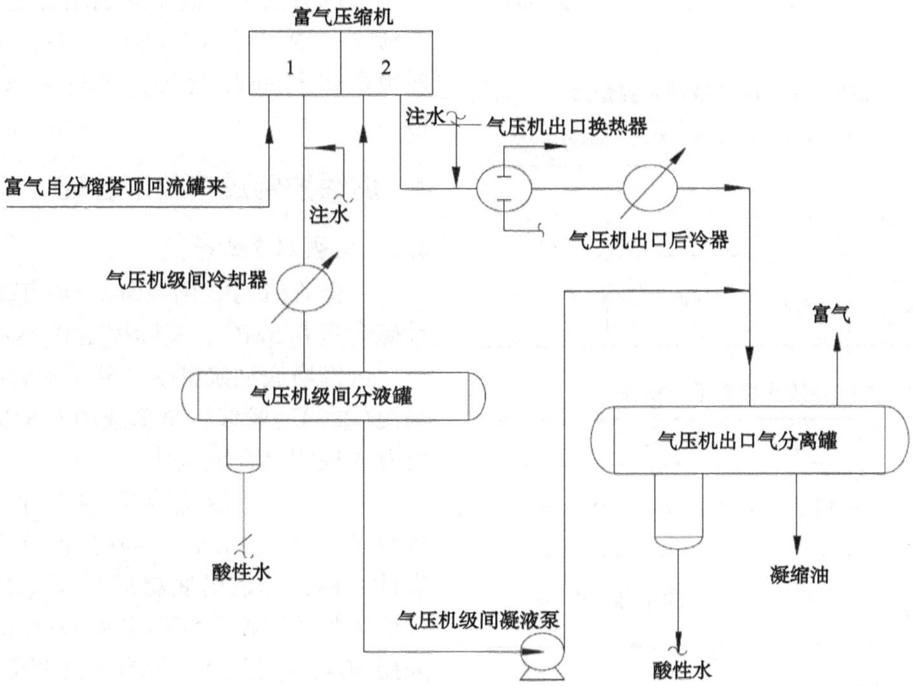

图 11　富气压缩机冷凝冷却系统腐蚀控制回路

1）相关设备管道

富气压缩机冷凝冷却系统涉及的主要设备如表 6 所示，主要管道如表 7 所示。

表 6　富气压缩机冷凝冷却系统主要设备

设备名称	材质
气压机级间冷却器	壳体及管箱：Q345R 管束：10#
气压机级间分液罐	筒体：Q345R(R-HIC)
气压机出口换热器	壳体及管箱：Q245R 管束：09Cr2AlMoRE
气压机出口后冷器	壳体及管箱：Q245R 管束：09Cr2AlMoRE
气压机出口油气分离器	Q345R

表 7　富气压缩机冷凝冷却系统主要管道

管道名称	材质
富气自塔顶回流罐至压缩机	20#
富气自压缩机至级间冷却器	20#
富气自级间冷却器至级间分液罐	20#

续表

管道名称	材质
富气自级间分液罐至压缩机	20#
富气自压缩机至压缩富气-除盐水换热器	20#
富气自压缩富气-除盐水换热器至压缩富气冷凝冷却器	20#
富气自压缩富气冷凝冷却器至气压机出口油气分离器	20#
富气自气压机出口油气分离器至吸收塔	20#

2）工艺防腐措施

（1）注水

注入部位：富气压缩机出口管线。

注水水质：本装置含硫污水、净化水或除盐水，水质符合规定要求。

用量：控制排水 pH 值小于 8.5。

注入方式：采用可使注剂分散均匀的喷头，喷射角度以不直接冲击管壁为宜。

（2）必要时注缓蚀剂

注入部位：富气压缩机出口注水线。

类型：建议选用成膜性缓蚀剂。

注入方式：随注水一同注入，可预先在注水罐中混合均匀。

(3) 关键控制参数

富气压缩机冷凝冷却系统关键参数及推荐控制范围如表8所示，关键参数超标后的相关推荐措施见表9。

表8　富气压缩机冷凝冷却系统关键参数

参数名称	单位	推荐上限值	推荐下限值
气压机出口油气分离器排水铁离子	μg/g	3	—
气压机出口油气分离器排水氯离子	μg/g	30	—

表9　关键参数超标后推荐操作

参数名称	超标状态	推荐操作
气压机出口油气分离器排水铁离子	超上限	增加注水量或使用缓蚀剂
气压机出口油气分离器排水氯离子	超上限	控制注水水质

3.3　其他腐蚀控制措施

3.3.1　换热设备结构设计

分馏塔顶油气-热水换热器，主要腐蚀位置集中在介质入口部位，形成严重结垢、以及腐蚀问题，采用防冲板能够有效地减缓腐蚀。光管比螺纹管/波节管/缠绕管等形式的换热管能够减缓结垢，从而降低腐蚀概率。

稳定塔底重沸器常因介质汽化导致振动，增大换热管直径和换热管间距，能够提高管子的固有频率，可减少振动问题。采用间距较小的折流杆或增大折流板的缺口面积，能够有效降低换热管的诱导振动问题。换热管和管板的连接形式采用强度胀加密封焊，或者强度胀加强度焊，能够提高管接头的连接强度，减少管接头的泄漏风险。

3.3.2　管道布置方式

催化分馏塔顶管道布置上，宜采用对称布置，尽可能降低偏流的影响；分馏塔顶油气-热水换热器前注水点宜设置在支管上，确保注入量均匀。

3.3.3　金属表面处理

高温硫腐蚀环境且伴有冲刷时，可考虑采用化学镀的方法，提高金属的耐蚀能力，如镍磷合金镀层，硬度可达HV500左右，采用重铬酸盐对镀层进行钝化处理，可进一步提高其耐蚀能力。

4　腐蚀控制应用效果验证

4.1　高温部位选材

A企业催化裂化装置2006年装置投用，设计硫含量0.5wt%，实际控制0.38~0.49wt%。

分馏塔底油浆管线、回炼油管线、以及其他高温(280℃)管线，全部选用Cr5Mo，运行18年没有发现明显腐蚀减薄。

B企业催化裂化装置1978年投用，装置硫含量设计值1.0wt%，实际控制0.80~0.95wt%。设计之初，分馏塔底材质采用Q245R，2004年分馏塔整体更换，简体采用Q345R+410S，塔盘采用304，运行20年没有发现明显腐蚀减薄。

4.2　低温部位工艺控制

C企业共有两套催化裂化装置，其中I催化采用双提升管技术，主副分馏塔塔顶冷凝冷却系统发生严重腐蚀，12台一级换热器8台发生泄漏；II催化采用单提升管技术，分馏塔顶未发生腐蚀。分析发现，II催化分馏塔顶温度高于水露点温度25℃，且实际注水量满足注入点25%液态水要求；而I催化主、副分馏塔均不符合工艺防腐蚀要求。

按照3.2.1节的腐蚀控制策略，通过控制I催化主、副分馏塔顶温度高于水露点温度14℃，并将一级换热器管程入口的注水量提高至满足注入点25%液态水要求，腐蚀泄漏再也没有发生。具体工艺防腐蚀数据如表10所示。

表10　两套催化裂化装置分馏塔顶工艺防腐数据

设备名称	塔顶水分压/kPa	露点温度/℃	塔顶温度控制/℃	实际注水量/(t/h)	25%液态水注水量/(t/h)
I催化主分馏塔	125	106	120	5	7.1
I催化副分馏塔	153	112	126	2.5	5.2
II催化分馏塔	104	101	126	10	9.2

5 结论

（1）催化裂化装置的腐蚀和损伤主要分为：高温部位的高温氧化、高温硫腐蚀、冲蚀磨蚀、热应力开裂等，主要通过合理的选材、优化结构设计和规范焊接工艺进行防范；低温部位的碱式酸性水腐蚀、氯化铵腐蚀、湿硫化氢损伤、烟气露点腐蚀等，主要通过温度控制、注水等工艺防腐蚀手段进行缓解。

（2）通过对高温部位进行选材适应性研究，在低温部位建立腐蚀控制回路，形成了针对催化裂化装置的腐蚀控制策略。工业实践证明，腐蚀控制策略能够有效缓解装置的腐蚀问题，对于保障装置安稳长满优运行具有重要意义。

参考文献

[1] 高春杰，胡阳国，张宏伟．油浆系统堵塞原因分析及改进措施[J]．四川化工，2012，(4)：24.

[2] 王海，吴艳萍．重油催化裂化装置卸剂线腐蚀分析及改造[J]．化工管理，2020，(9)：161.

[3] 张俊猛，肖扬，孟令栋，等．浅析渣油催化裂化装置腐蚀与防护[J]．装备环境工程，2020，17(11)：45-50.

[4] 马赟．重油催化裂化装置分馏塔结盐原因分析及对策[J]．化工机械，2023，50(3)：427-432.

[5] 闫学旭．重油催化裂化分馏塔顶循氯化铵的腐蚀控制措施及效果分析[J]．中外能源，2021，26(5)：81-82.

[6] 谢晓东，熊卫国．催化裂化分馏系统腐蚀分析及控制[J]．石油化工腐蚀与防护，2016，33(6)：63-64.

[7] 李凤宇，李超，崔问师，等．催化裂化装置分馏系统腐蚀分析及对策[J]．石油和化工设备，2020，23(8)：110.

[8] 许兰飞，刘希武，崔新安．催化裂化烟气湿法脱硫装置的腐蚀问题及防护对策[J]．腐蚀与防护，2021，42(1)：75-77.

[9] API. Risk-based inspection methodology: API RP 581[S]. Washington D. C.: American Petroleum Institute, 2020: 2. B68-2. B70.

[10] API. Guidelines for avoiding sulfidation(sulfidic) corrosion failures in oil refineries: API 939C[S]. Washington D. C.: American Petroleum Institute, 2019: 1-9.

[11] 朱俊峰．催化裂化装置油浆系统腐蚀分析与防护措施[J]．石油化工腐蚀与防护，2021，38(6)：31.

[12] 余锋，宗瑞磊，张迎恺．催化裂化装置分馏塔底系统高温部位腐蚀和选材分析[J]．安全．健康和环境，2020，20(11)：65-68.

[13] 余锋．催化裂化装置稳定塔底重沸器管束腐蚀和选材分析[J]．石油化工设备技术，2023，44(1)：31-34.

炼化企业防腐保温维修质量控制措施与应用

张　猛[1]　苏耀伦[1]　李晓炜[1]　段永锋[1]　丁平平[2]　孟祥彪[2]

（1. 中石化炼化工程集团洛阳技术研发中心；2. 中国石油化工股份有限公司安庆分公司）

摘　要　炼化企业防腐保温工程质量偏低会导致装置防腐涂层老化、开裂、锈蚀和保温散热量超标、保温结构渗水等问题，严重威胁装置生产安全，增加维护频次，影响企业经济效益。为提升防腐保温维修施工质量，通过分析影响防腐保温维修质量的关键因素，提出了一系列质量提升措施，包括设计优化、加强施工过程管理、人员培训考核、黑名单制度以及强化完工检查。应用结果表明：企业在实施上述措施后，防腐保温工程的质量得到了显著提升，涂层附着力、干膜厚度和保温能效合格率大幅提高。防腐保温维修质量管理措施增强了装置的安全性和节能效果，降低了长期运维成本，为同类工程项目提供了经验参考。

关键词　防腐保温；施工过程控制；完工检查；质量提升

炼化企业生产装置防腐保温工程质量涉及安全、节能、投资经济性等诸多方面，其防腐保温的效果对降低装置腐蚀风险、确保内部介质在流程中各段的工艺温度、节能降碳及降低多次施工带来的费用和安全风险等方面都具有重要意义。目前，炼化企业装置普遍存在防腐保温质量问题，中国石化炼油事业部组织洛阳技术研发中心开展的炼化企业防腐保温质量现状调研及量化测评研究结果表明，各企业油漆涂层的应用情况及效果较差，约有 52% 管道保温散热超过国家标准，散热损失量超标在 50% 以上的管道占超标管道数的 57.2%。

国内某炼化企业部分装置和公共管廊的服役时间久，运行期间经历多次防腐保温维修施工，但由于施工人员技术能力不足、方案设计落后和施工过程管理缺失等问题，防腐保温质量一直未能改善。2022 年 1 月，对该炼化企业近三年施工的防腐保温业绩工程质量进行了量化评测，其中涂层附着力合格率为 86%，干膜厚度合格率为 80%，平均得分 77.5 分；管道保温能效超标率为 25%，平均得分 81.8 分。2023 年 2 月，对该企业 2022 年大修期间施工的防腐保温工程质量进行了量化评测，其中涂层附着力合格率为 86%，干膜厚度合格率为 86%，平均得分 75.4 分；管道保温能效超标率为 11.1%，平均得分 86.6 分。上述防腐保温工程质量评测结果表明，防腐保温维修工程质量整体存在较多的质量问题，且随着装置运行过程的振动和老化，防腐保温性能会逐年降低，整体施工质量不能满足中国石化防腐保温维修工程质量要求。

据前期调研统计，防腐保温工程设计使用年限为 4~6 年，其中装置类 4 年、储罐类 6 年(与检维修周期一致)。通过从设计、采购、施工、验收、承包商管理、人员培训及考核等各方面采取有效措施，提高防腐保温维修施工管理水平，可实现新建防腐工程设计使用年限不低于 15 年、维修工程设计使用年限不低于 10 年，保温工程设计使用年限不低于 10 年的目标。从全生命周期来看，可减少防腐保温工程维修 1~2 次，显著减少了因防腐保温工程维护带来的费用投入，同时降低了多次施工带来的安全风险。防腐保温质量的提升降低了装置腐蚀风险，减少了装置热损，整体经济效益和社会效益明显。

1　防腐保温维修质量的关键因素

1.1　防腐保温维修质量影响因素

通过梳理分析行业内近年来防腐保温维修施工经验，总结了影响防腐保温维修质量的关键因素和存在的管理问题。

（1）人员素质：①目前施工单位的防腐保温专业施工人员大多在上岗前缺少专业技术培训，不能理解规范要求，导致部分施工质量不达标。②现场施工人员责任心不强，降低标准，应付差事，质量意识淡薄。③项目未能配备足够的、合格的质量监督管理人员。

（2）设计问题：①防腐工程施工方案中涂层配套不完整(至少应包含涂料类型、干膜厚度、表面处理要求等)，涂层配套方案笼统，未依据工作温度、是否保温等条件进行区分设计，可参考性不强，环境要求、过程质量检查、质量控制点等关键信息缺失。②防腐涂层维修设计未考虑区域大气腐蚀等级，涂层配套方案不能满足设计使用年限不低于10年的要求。③部分企业在可能发生保温层下腐蚀的温度范围内(60℃~175℃)，使用富锌类底漆，这会加速保温层下的腐蚀。④保温层厚度设计未进行能效核算，导致保温散热损失超标。⑤保温材料未要求使用不锈钢材质。沿江沿海企业镀锌类材料在一个检修周期内出现了生锈腐蚀现象，不利于长周期运行。

(3) 施工过程管理：①施工技术交底不明确，部分现场施工人员对表面处理要求、应使用涂料类型、干膜厚度等关键环节不清楚。②施工前未进行环境数据监测，特别是相对湿度较大或冬季露天施工，若未采取环境控制措施，将导致涂层干燥过慢，出现流挂、剥落等问题。③未进行表面处理效果验收检查。④现场施工过程中道间干膜厚度和外观质量检查不到位，导致质量问题处理不及时，后期整改难度增加。⑤保温工程未按设计要求施工。主要体现在绝热材料使用错误、绝热厚度和绝热长度达不到要求等。⑥保温施工质量与标准有差距。普遍存在绝热层捆扎间距过大、错缝及压缝距离不足、防潮层厚度不足及密封性差、保护层朝天缝、保护层固定破坏防潮层、弯头虾米腰片数量不足及开裂等问题。

(4) 完工验收：①未按照规定要求执行验收标准。防腐保温维修施工完工验收未按照预先设定的标准进行验收，检测数量、检测项目和质量要求缩水，无法发挥质量把控最后一关的作用。②验收检测能力缺失。多数施工单位都不具备能够熟练执行完工验收检测项目的技术人员，仪器操作错误导致误差大，检测结果不具有参考价值。

1.2　防腐保温维修质量提升手段

防腐保温维修施工受动火限制和空间限制的影响，施工难度大，为提升防腐保温维修质量，依托前期的防腐保温完整性管理体系建设的成果，从施工人员技术能力提升、设计优化、施工管理、完工检查等方面全方位进行防腐保温维修工程项目管理，共涉及2023年共8项防腐保温工程，具体管理工作流程如图1所示。

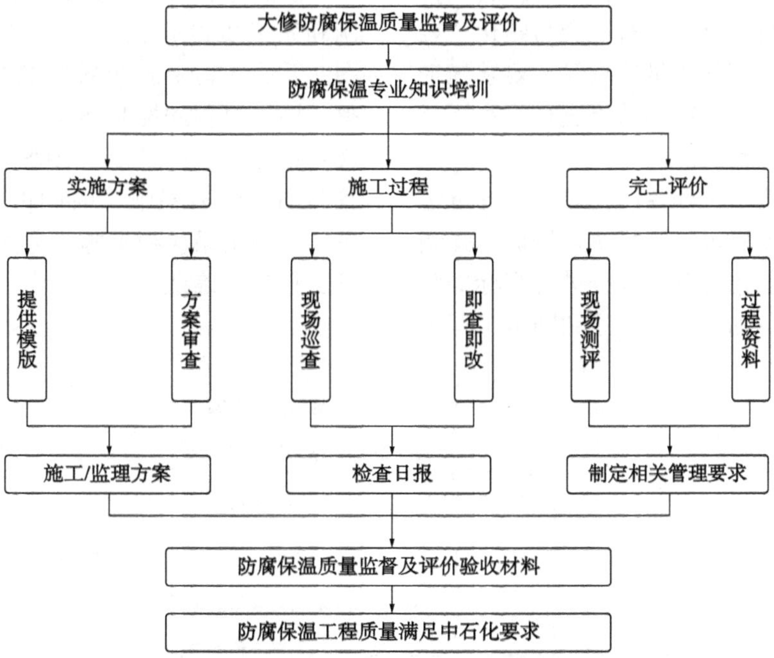

图1　防腐保温维修工程施工管理流程

2　质量控制实施方案

2.1　设计优化

(1) 防腐工程：维修环节St2和St3表面处理等级时使用环氧类底漆，在50~175℃的保温管道上使用环氧酚醛底漆替代富锌底漆。

(2) 保温工程：①优化保温材料类型选择。避免使用复合硅酸盐保温材料，高温情况下避免使用岩棉制品，可使用纳米气凝胶毡与常规保温材料复合结构。②根据SH/T 3010—2013式

7.2.4-2 计算表面散热损失，若超标或非常接近，则进行加厚处理。③优选经济保温厚度。在现场管道空间满足的情况下，工艺管道和蒸汽管道应优先选择经济厚度，可大幅度降低散热损失，实现节能降碳效果。④避免使用镀锌类材料。优先选用铝质及不锈钢材料。

2.2 加强施工管理

（1）施工和监理技术方案的指导及审查：针对施工技术方案中的涂层配套方案/保温结构设计等关键内容进行审查，对于可能存在的错误或模糊之处提出修改建议，并最终形成定稿。

（2）人员的培训考核：聘请专业团队开展防腐保温工程施工质量和验收培训，强化施工人员和管理人员对现场施工重要节点和验收标准的理解。

（3）一线人员黑名单制度：对业务能力不合格、违反施工工艺纪律并造成较严重后果的分包商人员，以及存在偷工减料、弄虚作假等严重违反诚信行为的分包商人员列入质量诚信黑名单，对其实施停岗培训，乃至一定期限或永久清理出公司项目现场的处罚措施。

（4）防腐工程施工过程控制：针对防腐工程施工过程中的原材料检查、涂料混合与熟化、表面处理实施及效果、道间质量检查等，要求施工承包商立查立改，对整改后的结果进行复查，合格后方能进行下一步施工。

（5）保温工程施工过程控制：首先指导承包商现场建立管道保温样板，进行实操培训，强调验收要求。其次对承包商首件工程进行高标准验收。施工过程中进行加强施工工序和隐蔽工程检查，发现问题要求限期整改并进行通报和考核，对于不整改及连续出现质量问题的要求停工整顿。

2.3 强化完工检查

（1）完工检查体系构建：充分发挥各级管理人员的能力，构建由承包商自查、作业部检查和管理部门抽查的三级完工质量检查体系。

（2）完工检查技术参数要求：①防腐工程采用目视检查的方法进行涂层外观检查，检查内容主要包括涂层的均匀性、颜色、刷纹及分色界限，且不得有漏涂、皱皮、针孔、起泡、剥落和裂纹等缺陷；涂层厚度应遵循“90/10”原则，为了避免涂层过厚，建议最大干膜厚度不应超过规定干膜厚度的3倍；涂层的附着力不低于3MPa（拉开法）。②保温工程按照GB/T 8174—2008进行散热量测试计算，判断保温能效是否达标；保温层材质及规格、捆扎间距、纵缝位置、同层错缝及上下层压缝等应符合设计要求；保护层材质及规格、螺钉间距、顺水搭接、搭接尺寸、贴敷紧密性、密封性等应符合设计要求。

2.4 过程资料

防腐工程资料分为施工前准备、施工过程控制和完工质量验收三个阶段，具体项目明细如图2所示，其中施工技术方案应内容详实、完整，施工过程和控制和完工质量验收记录应包含文字描述、实测数据和现场检查情况影像资料，且不同区域不同施工时间的工作内容应分开记录，各项记录应根据施工方案中质量控制点的要求进行签字确认。

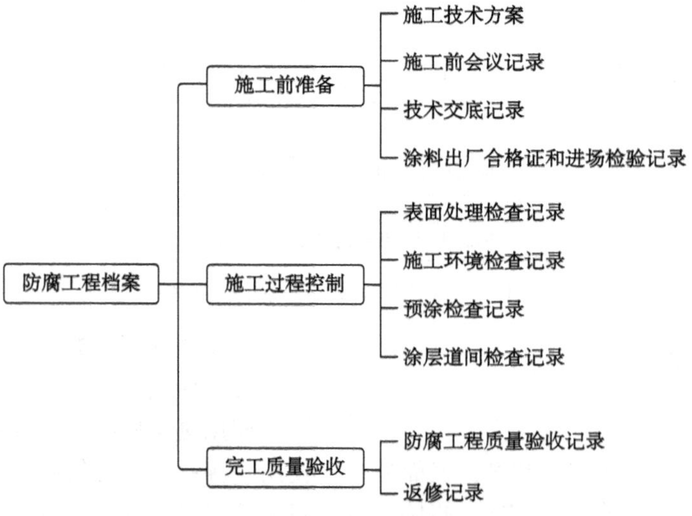

图2　防腐工程施工资料明细

保温工程档案明细如图3所示，在收集、整理、填写保温工程资料时，应做到资料与施工工序同步，确保资料的真实、准确、完整，严禁弄虚作假。

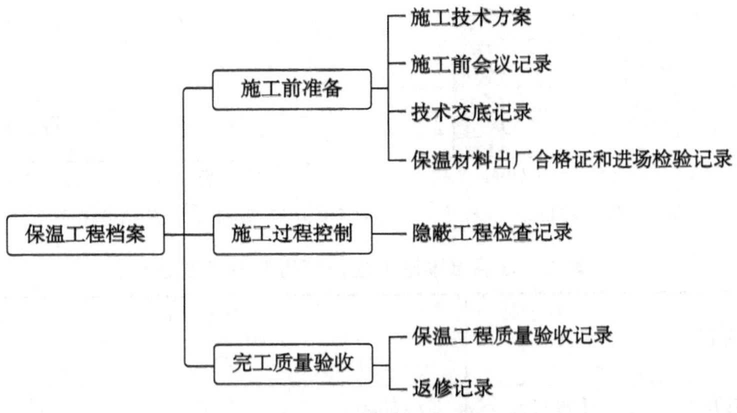

图3　保温工程施工资料明细

3　应用实践及效果

3.1　现场测评

（1）防腐工程

对2023年施工的6项防腐维修工程施工质量进行现场测评，依据相同标准涂层干膜厚度、附着力、涂层外观质量和施工资料完整性进行量化打分，满分为100分，评分结果如表1所示。

表1　各防腐维修工程分项得分情况汇总

序号	承包商	装置/储罐名称	分项得分				总分
			干膜厚度	附着力	外观	资料	
1	承包商1	16#路管廊	12.6	35.0	16.8	28.5	92.9
2	承包商1	902#罐	7.7	35.0	20.3	28.5	91.5
3	承包商2	腈纶中央大道	11.2	31.5	18.2	29.4	90.3
4	承包商1	1107#罐	7.0	35.0	17.5	28.5	88.0
5	承包商1	硫磺装置管廊	13.3	25.2	19.6	28.5	86.6
6	承包商3	S-zorb装置	14.0	20.3	18.2	30.0	82.5

以当年度完工的防腐工程平均得分作为防腐工程质量得分，2023年防腐维修工程质量分为88.6分，如图4所示，与2021年业绩工程和2022年大修工程质量得分作对比，2023年防腐维修工程质量整体提升效果明显。

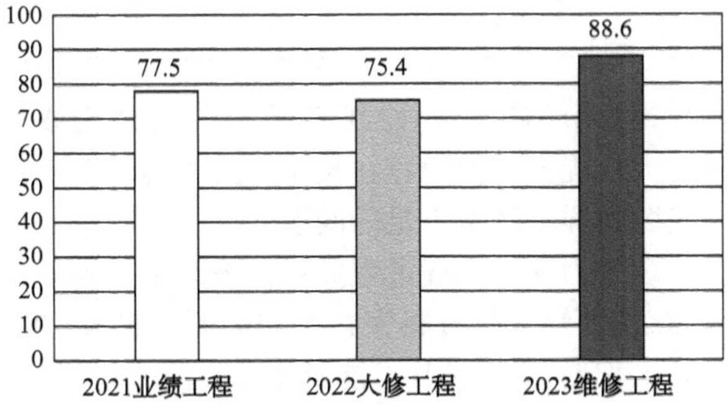

图4　企业各阶段防腐工程测评得分对比

分别统计了各阶段防腐工程涂层干膜厚度、附着力合格率，对比结果如图5所示，2023维修工程干膜厚度和涂层附着力合格率均为94%，较2021业绩工程和2022大修工程均有较大幅度的提高。此外，2023维修工程涂层外观质量良好，无大面积流挂、起泡、缩孔等缺陷，只有几处边角、焊缝漏涂和局部涂层剥落问题。

（2）保温工程

对2023年施工的2项保温维修工程施工质量进行现场测评，依据相同的标准对保温能效、施工质量和施工资料完整性进行量化打分，满分为100分，评分结果如表2所示。

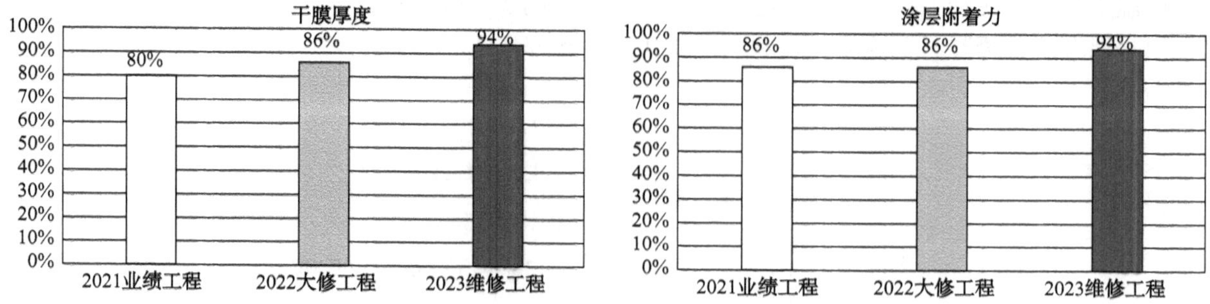

图 5　各阶段防腐工程全厂干膜厚度和涂层附着力合格率对比

表 2　各保温维修工程分项得分情况汇总

序号	承包商	装置名称	分项得分			总分
			保温能效	附着力	资料	
1	承包商 4	Ⅰ常减压	56.6	17.0	18.0	91.6
2	承包商 5	重油加氢	56.3	15.0	17.0	88.3

以当年度完工的保温工程平均得分作为保温工程质量得分，2023 年保温维修工程质量分为 90.0 分，如图 6 所示，与 2021 年业绩工程和 2022 年大修工程质量得分作对比，2023 年保温维修工程质量整体提升效果明显。

此次保温能效测评共包括 2 项保温改造项目的 6 条保温管道，测试数据见表 3。保温散热损失均达标，平均低于国标允许值 32.4%。相对于 2021 年业绩工程和 2022 年大修工程，保温能效超标率由 25%和 11.1%降至 0，保温能效水平得到大幅度提升。

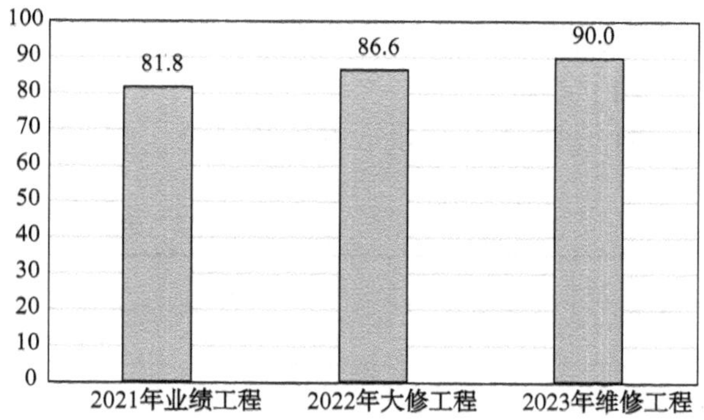

图 6　企业各阶段保温工程测评得分对比

表 3　保温散热损失测试数据表

序号	设备/管道名称	介质温度/℃	热流密度/(W/m²)	国标允许值/(W/m²)	超标值/(W/m²)	超标百分比/%
1	Ⅰ常减压-初底油进换热器 11512	290	141.3	163.0	-21.7	-13.3
2	Ⅰ常减压-初换热器 11578 出口渣油线	270	74.4	155.0	-80.6	-52.0
3	Ⅰ常减压-换热器 118/4	280	106.5	159.0	-52.5	-33.0
4	重油加氢-R103	390	106.9	200.8	-93.9	-46.8
5	油品区 2#泵房-63#管线	120	61.0	92.0	-31.0	-33.7
6	焦化-大油汽线	425	179.4	212.0	-32.6	-15.4

现场保温管道保护层螺钉间距均匀、纵向接缝位置基本正确、密封措施良好、外观整齐美观，保温工程质量得到了进一步提升，整体符合长周期运行要求。

3.2　过程资料

表 4 为防腐工程过程资料检查结果，各承包商 2023 维修工程资料完整、内容详实，能够如实反映整个施工过程控制流程，较 2022 大修工程有大幅提升，但仍存在技术交底内容不明确和完工验收样本数量不足的问题。

表 5 为保温工程过程资料检查结果，各承包商 2023 维修工程资料完整性和编制质量较 2022 大修工程有大幅提升，能够如实记录整个施工过程。

表 4　防腐工程过程资料检查结果

完工时间	施工单位	施工方案编制	施工方案审批	技术交底	原材料证明文件	原材料入场检查	环境检测	表面处理	预涂检查	道间检查	完工验收	维修整改
2022大修工程	承包商 1	√̶	√	√̶	√	×	√̶	√̶	√	√	√̶	√
	承包商 2	√̶	√	√̶	√	×	×	√̶	×	×	√	×
	承包商 3	√̶	√	√̶	√	×	√	√̶	√	√	√	√
2023维修工程	承包商 1	√	√	√	√	√	√	√	√	√	√̶	√
	承包商 2	√	√	√̶	√	√	√	√	√	√	√	√
	承包商 3	√	√	√	√	√	√	√	√	√	√	√

注：√：表示资料完整　√̶：表示部分内容缺失　×：表示未提供该部分资料

表 5　保温工程过程资料检查结果

完工时间	承包商	施工方案	技术交底	保温材料质量证明书	隐蔽工程检查	整改记录	验收报告
2022大修工程	承包商 4	√	√	√	√̶	√̶	√
	承包商 5	√̶	√̶	√	√	√	√
2023维修工程	承包商 4	√	√	√	√	√	√
	承包商 5	√	√	×	√	√	√

4　结语

通过梳理分析行业内近年来防腐保温维修施工经验，总结了影响防腐保温维修质量的关键因素和存在的管理问题，并结合防腐保温完整性管理技术推出了防腐保温维修工程全流程管理措施，从施工人员技术能力提升，设计优化、施工管理、完工检查等方面全方位进行防腐保温维修工程项目管理，共涉及企业 2023 年共 8 项防腐保温工程。实践应用表明，在实施上述措施后，其防腐保温工程的质量得到了显著提升，其中防腐工程干膜厚度和涂层附着力合格率均为 94%，保温工程保温能效全部达标，较 2021 业绩工程和 2022 大修工程均有较大幅度的提高。这些防腐保温维修质量管理措施不仅增强了装置的安全性和节能效果，还降低了长期运维成本，为同类工程项目提供了经验参考。

参　考　文　献

[1] 吕伟，任刚，杨锋，等．炼化企业防腐保温工程质量提升措施与效果[J]．石油化工腐蚀与防护，2023，40(03)：19-22，27.

[2] 任刚，吕伟，李晓炜，等．炼化企业防腐蚀涂层应用现状调研及应对措施[J]．石油化工腐蚀与防护，2021，38(04)：24-8.

[3] 段永锋，郜建松，李晓炜，等．炼化企业防腐保温质量的关键环节与控制措施[J]．石油化工腐蚀与防护，2023，40(04)：15-20.

[4] AMADI S，UKPAKA C P. Performance evaluation of anti-corrosion coating in an oil industry[J]．Int J Nov Res Eng Pharm Sci，2014，1(03)：41-9.

[5] POJTANABUNTOENG T，EHSANI H，KINSELLA B，et al. Comparison of insulation materials and their roles on corrosion under insulation; proceedings of the NACE CORROSION，F，2017[C]．NACE.

[6] 王建军，吕伟．炼油装置长周期运行管理技术[J]．石油化工设备技术，2018，39(06)：1-4，14，15.

[7] BAHADORI A，VUTHALURU H B. A simple correlation for estimation of economic thickness of thermal insulation for process piping and equipment[J]．Applied Thermal Engineering，2010，30(2-3)：254-9.

汽油吸附脱硫装置腐蚀问题分析及预防对策

李晓炜[1]　宗瑞磊[2]　王　宁[1]　段永锋[1]

（1. 中石化炼化工程集团洛阳技术研发中心；2. 中国石化工程建设有限公司）

摘　要　随着国家环保要求的不断提高，对车用燃油中的有害物及相关的质量控制指标提出了更高的要求，S Zorb 脱硫技术已成为提高燃油产品质量的主流。近年来国内炼化企业新建的多套 S Zorb 装置，陆续出现反应系统吸附剂颗粒冲刷腐蚀泄漏、原料换热器结焦堵塞、循环氢系统结盐等问题，通过梳理 S Zorb 装置典型腐蚀失效案例，分析问题的主要原因，提出内壁烧结刚玉耐磨内衬层、适当降低气速减少冲刷腐蚀，降低原料油胶质含量、引入抗氧、防焦、阻聚能力的原料阻垢剂避免结焦，减少重整氢源、加强临停水洗避免氯化铵结盐等改进措施及建议，为装置的长周期稳定运行提供技术保障。

关键词　汽油吸附脱硫装置；腐蚀分析；冲蚀；结焦；氯化铵

随着汽车工业的发展和汽车持有量的增加，汽车尾气排放的有害物（SO_x、CO、NO_x、VOC 和 PM）对大气的污染日益为人们所重视，各国对车用汽油规格如氧含量、蒸汽压、苯含量、芳烃总含量、沸点、烯烃含量及硫含量等指标日益提高。降低成品车用汽油的硫和烯烃含量，可有效地减少汽车尾气中有害物的排放量。因此，国家不仅制定了日益严格的《汽车尾气排放标准》，并对车用燃油（汽油、柴油）中的有害物（硫、烯烃、芳烃/多环芳烃）及相关的质量控制指标提出了更高的要求。汽油中的硫和烯烃基本上都来自催化裂化汽油组分，其特点是硫含量高，烯烃含量高，且随着催化裂化加工原料的重质化，将使其汽油中的硫和烯烃含量进一步提高，从而导致成品车用汽油中的硫含量提高，直接增加汽车尾气中的 SO_x 排放，使汽车尾气转化器中催化剂中毒，并导致汽车尾气排放出的 CO、NO_x 和 VOC 增加。

SZorb 脱硫技术基于吸附作用原理对汽油进行脱硫，通过吸附剂选择性地吸附含硫化合物中的硫原子达到脱硫目的，脱硫后的汽油产品能够满足排放标准的要求。近年来国内炼化企业新建的多套 S Zorb 装置，陆续出现反应系统吸附剂颗粒冲刷腐蚀泄漏、原料换热器结焦堵塞、循环氢系统结盐等问题，严重影响装置的安全稳定运行，影响企业经济效益。通过梳理 S Zorb 装置典型腐蚀失效案例，分析问题的主要原因，提出改进措施及建议，为装置的长周期稳定运行提供技术保障。

1　S Zorb 装置的工艺流程

S Zorb 装置主要包括进料与脱硫反应、吸附剂再生、吸附剂循环和产品稳定四个部分。进料与脱硫反应系统是将原料汽油和氢气混合加热后汽化送入反应器进行脱硫反应；吸附剂再生系统是将吸附了硫的待生吸附剂在再生器内氧化再生，恢复其脱硫活性；吸附剂循环系统是装置的关键和核心部分，通过闭锁料斗的操作，将反应器内的待生吸附剂送往再生器，再将再生器内的再生吸附剂送往反应器，完成吸附剂的反应——再生循环；产品稳定系统是将脱硫后的汽油产品通过稳定塔，将液化气和轻烃组分从塔顶排出，得到稳定后的合格汽油产品，并送出装置。

2　S Zorb 装置腐蚀流程分析

炼化装置涉及的材料损伤形式通常包括 70 种，编号①到㊸。S Zorb 装置涉及的材料损伤形式共有 11 中，如表 1 所示。图 1 为 S Zorb 装置工艺流程图上标出相关材料的损伤形式。其中进料与脱硫反应单元高温部位材质主要采用不锈钢、铬钼钢或不锈钢堆焊层，主要损伤模式包括高温硫腐蚀、蠕变、高温氢损伤、高温氧化、回火脆化、氢脆、过热、脆断、再热裂纹，发生部位包括进料换热器、进料加热器、脱硫反应器及其相连管道。吸附剂再生单元和吸附剂循环单元主要损伤模式包括高温氢损伤、冲蚀、氢脆，发生部位包括反应器接收器、再生器接收器、再生器及其相连管道。产品稳定单元主要损伤模式为循环水腐蚀，发生部位包括稳定塔顶后冷器、产品冷却器及其相连管道。

表1　S Zorb 装置主要损伤机理及分布

序号	损伤机理	代码	影响部位
1	高温硫腐蚀	①	进料换热器、进料加热炉、脱硫反应器及其相连管道
2	蠕变	③	进料加热炉及其相连管道
3	高温氢损伤	⑩	进料换热器、反应器接收器及其相连管道
4	高温氧化	⑪	进料加热炉及其相连管道
5	回火脆化	⑯	脱硫反应器及其相连管道
6	冲蚀	⑳	反应器接收器、再生器接收器、再生器及其相连管道
7	氢脆	㉕	进料换热器、进料加热炉、脱硫反应器、反应器接收器、再生器及其相连管道
8	过热	㉚	进料加热炉及其相连管道
9	脆断	㉛	脱硫反应器及其相连管道
10	再热裂纹	㉟	脱硫反应器及其相连管道
11	循环水腐蚀	㊾	稳定塔顶后冷器、产品冷却器及其相连管道

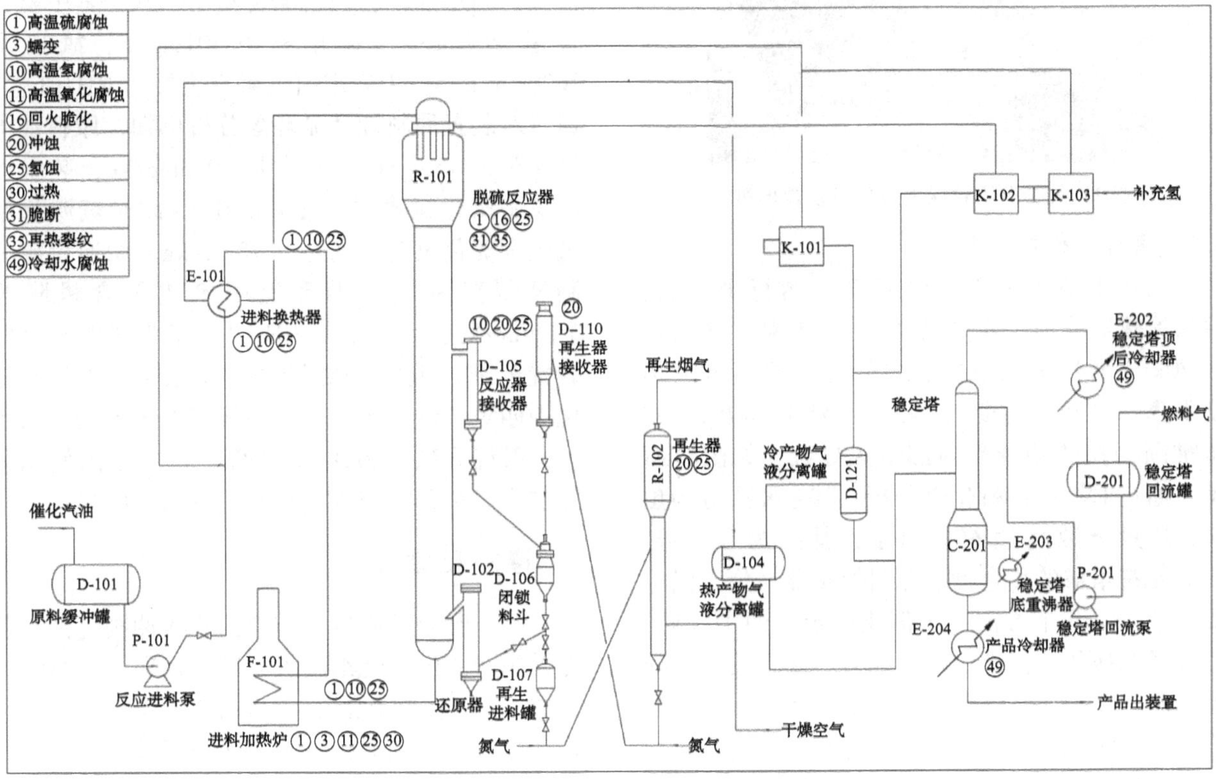

图1　S Zorb 装置损伤机理分布图

3　腐蚀案例分析

3.1　*反应器气相返回管线腐蚀泄漏*

某石化企业新建 S Zorb 装置投产连续运行 11 个月后，位于反应器与接收器之间的反应器返回管线发生腐蚀泄漏，且之后半个月内同一管线的其他 2 个弯头部位也相继发生腐蚀泄漏。该管线内介质主要为油气、氢气和吸附剂，运行温度为 410℃、压力 3.1MPa，管线材质为 P11，原始壁厚 14mm。如图 2 为管线失效部位宏观形貌，腐蚀减薄和泄漏部位均位于管道外弯侧，呈冲蚀坑洞状，直管段和弯头内弯侧冲蚀较轻微。气相返回管线腐蚀原因主要是由于介质中含有大量的吸附剂固体颗粒，在压力输送过程中固体颗粒会对管道内壁造成较为严重的冲蚀，相对于直管段，弯头部位的磨损率高达50倍以上，冲蚀受气速、固体颗粒粒径、弯径比等多种因素共同影响。固体颗粒流经弯头部位时会出现频繁的碰撞反弹，冲蚀部位，基本位于外弯中心侧70°范围内，呈现典型的区域性分布，最终在外弯侧发生腐蚀泄漏。

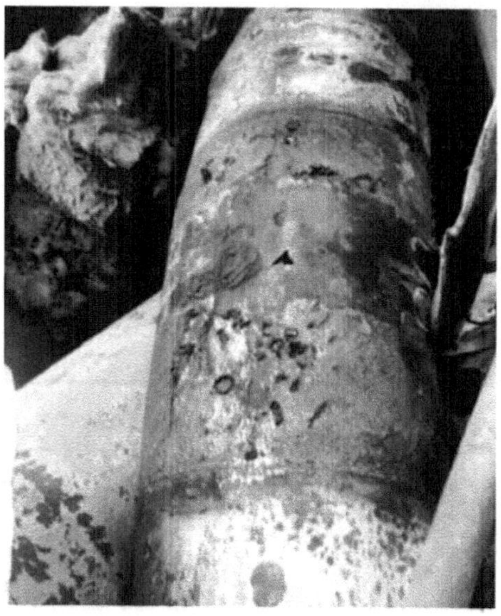

图2　气相返回管线失效部位宏观形貌

3.2　原料换热器结焦

某石化企业S Zorb装置开工运行半年后，原料换热器管程压差呈现快速增长趋势，由最初的70kPa增长至320kPa，且管程出口温度大幅度下降，由开工初期的372℃下降至342℃，初步推断为换热器管程内部结焦导致，如图3所示。通过对垢样进行化学分析，其主要成分为焦炭，质量分数高达65%以上，其余为铁、硫、氧等元素组成的化合物。原料换热器结焦原因主要包括以下几个方面：①催化稳定汽油中胶质、二烯烃在换热高温部位发生缩合、聚合反应，导致积碳；②换热器灌输在线清洗不彻底，垢物累积导致系统压降增大；③原料过滤器精度不足导致原料中携带的杂质吸附在管束内壁，成为生焦载体。

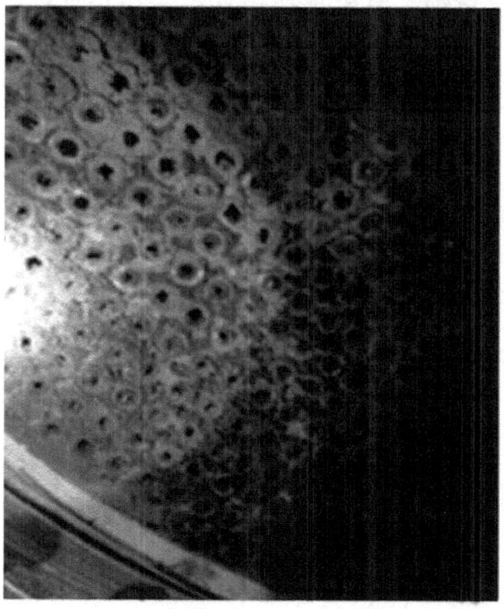

图3　原料换热器管束结焦堵塞宏观形貌

3.3　氢气管线结盐

SZorb装置循环氢系统结垢导致反应所需氢气及用于硫化转剂氢气均受到影响，会严重危及到装置的正常生产。某石化企业S Zorb装置生产运行过程中循环氢流量由5800Nm^3/h下降至4170Nm^3/h，采取控制阀开度增大等措施后效果不明显，拆开控制阀后发现阀体内部堵塞严重，套筒内存在大量白色垢物，如图4所示，送样化验分析结果显示：白色垢物易溶于水，其中氨氮含量287mg/L、硫化物0.401mg/L、氯离子2600mg/L，初步确定白色垢物主要为NH_4Cl盐。通过对装置原料油及循环氢分析可知，原料油中氮含量为45mg/kg、氯含量<0.5mg/kg，装置循环氢中氯化氢含量为1.4mg/kg，此时氢源重整氢气中氯化氢含量高达0.78mg/kg，切换氢源为制氢装置氢气后循环氢中氯化氢含量降为0.38mg/kg，因而推断NH_4Cl盐的形成源自重整装置氢源。其主要原因为重整装置采用含氯型催化剂四氯乙烯，氯化过程中氯流失进入循环氢系统，最终导致S Zorb装置循环氢中氯化氢积聚并在降温过程中与NH_3结晶生成NH_4Cl盐。

4　措施及建议

（1）针对反应器气相返回管线冲刷腐蚀问题可采用弯头内壁烧结刚玉耐磨内衬层、适当降低气速（维持在900m^3/h～1000m^3/h为宜）、增大管径提升吸附剂运行空间从而降低吸附剂之间的碰撞动能等措施，同时加强管道特别是弯头部位壁厚的日常检测工作。

（2）针对原料换热器结焦堵塞问题可采用合理控制焦化汽油进入催化装置掺炼比例、降低罐区汽油停留时间等措施降低催化汽油胶质含量；提高换热器管束清洗压力（由原来的40MPa提高至60MPa）确保清洗效果；采用具有抗氧、防焦、阻聚能力的原料阻垢剂避免胶质聚集以及烯烃发生缩合反应达到抑焦阻垢的目的。

图 4　控制阀套筒内部结垢宏观形貌

(3) 针对氢气管线结盐问题建议采用减少重整氢源的用量，及时关注循环氢流量、过滤器压差等异常情况，必要时采取临停消缺水洗等措施。

参考文献

[1] 宁玮，彭晨，张学恒，等．S Zorb 汽油精制脱硫装置运行常见问题分析及解决方法[J]．石油炼制与化工，2018，49(3)：6.

[2] Yu S，Yang W，Hongjun Y，et al. Failure Analysis of Weld Cracks of Flue Gas Elbow of S－Zorb Unit[J]. Corrosion & Protection in Petrochemical Industry，2015，32(01)：54.

[3] 胡跃梁，孙启明．S Zorb 吸附脱硫装置运行过程中存在问题分析及应对措施[J]．石油炼制与化工，2013，44(7)：4.

[4] GB/T 30579—2014，承压设备损伤模式识别[S].

[5] 张学恒，竺家培．催化汽油吸附脱硫装置反应器气相返回线腐蚀与防护[J]．石油化工腐蚀与防护，2018，35(3)：4

[6] 毕兆吉．S Zorb 装置吸附剂提升管线的冲刷腐蚀与防护[J]．石油化工腐蚀与防护，2018，35(6)：6.

[7] Xinxin Z. Cause analysis on adsorbent deactivation in gasoline desulfurization in S－Zorb unit [J]. Petrochemical Industry Technology，2016，23(11)：38.

[8] 吴军，黄军相，聂兵权．S Zorb 装置原料换热器结焦原因分析及对策[J]．石油炼制与化工，2023，54(6)：120.

[9] 申仁俊．S Zorb 装置长周期运行问题分析及应对措施[J]．炼油技术与工程，2022，52(2)：41.

[10] Ma J. Maintenance of reactor in SZorb unit and analysis [J]. Petroleum Refinery Engineering，2018，49(1)：36.

[11] 于晓玲．S Zorb 装置氢气管线结盐问题分析及对策[C]//2020 国际石油石化技术会议(2020IPPTC). 西安石油大学成都理工大学陕西省石油学会，2020.

氨法脱硫蒸发结晶换热器泄漏失效分析与改进措施

高 乾

(中国石化扬子石油化工有限公司)

摘 要 以某氨法脱硫装置蒸发结晶系统换热器泄漏失效为例，通过对工艺流程、腐蚀部位和抽取样管检测分析，发现蒸发结晶换热器失效的主要原因是氟、氯离子引起的点蚀和硫酸铵浆液结晶颗粒的冲蚀，并探究腐蚀发生的机理。最后，从蒸发结晶换热器运行工艺、设计和检修维护方面提出改进措施，可以有效减轻硫酸铵浆液对换热器管束的腐蚀，提高设备的可靠性、延长使用寿命。

关键词 氨法脱硫；蒸发结晶；换热器；腐蚀机理；改进措施

1 前言

氨法脱硫工艺通常利用氨水或者液氨作为吸收剂，与 SO_2 反应并进一步氧化后生成硫酸铵，具有效率高、能耗低、副产物硫酸铵可利用等优点。按照硫酸铵结晶方式的不同，可分为塔内饱和结晶和塔外蒸发结晶。塔外蒸发结晶是在脱硫塔外将低含固量的硫酸铵浆液进行加热浓缩，避免高含固量的硫酸铵浆液对脱硫系统的腐蚀作用而且结晶质量更好，而蒸发结晶系统中的换热器发挥了重要作用。换热器是石油化工装置应用最广泛的换热设备，主要功能是实现生产过程中热量的交换与传递，保证工艺过程对介质要求的特定温度。在化工厂中，其投资约占工程项目总投资的 10%~20%。由于运行工况的多样性以及结构的复杂性，换热器失效的情况屡见不鲜。据统计，换热管腐蚀泄漏占换热器故障的 50%以上，对装置安全高效运行的影响最为严重。

本文以某氨法脱硫装置蒸发结晶换热器的泄漏失效为例进行剖析讨论，确定腐蚀机理、提出改进措施，为提高换热器维护管理水平，延长装置稳定运行周期，节约检修费用提供借鉴。

2 蒸发结晶换热器工艺流程及腐蚀状况

本文所述的氨法脱硫塔外蒸发结晶工艺如图 1所示，硫酸铵浆液(含固量 15%~20%)通过结晶器循环泵不断循环，物料经过蒸发结晶换热器加热升温，达到在结晶系统内闪蒸脱水提浓的目的，并从离心液槽和稀硫酸铵罐补液以稳定循环流量。提浓后的硫酸铵浆液(含固量 40%~50%)由料浆泵输送至底流槽，再经过旋流离心形成硫酸铵产品。蒸发结晶换热器为固定管板式，属于Ⅰ类压力容器，尺寸为 φ1000×6000/7300，换热管材质为高性能双相不锈钢(S25073，元素组成符合 GB/T 21833—2020 要求，如表 1 所示)，其他部分材质为 Q345R，换热面积 272.9m^2。壳程为蒸汽，设计压力 1.0MPa，工作压力 0.5MPa，设计温度 180℃，工作温度 148.3℃~158.8℃，流量 5~10t/h。管程为硫酸铵溶液，设计压力 1.0/-0.1MPa，工作压力 0.26/-0.073MPa，设计温度 180℃，工作温度 67.5℃~73.15℃，设计流量 1600m^3/h。对蒸发结晶换热器硫酸铵浆液进行取样分析，结果见表 2。

该换热器安装投运 8 个月后，蒸汽凝液水质分析数据显示电导率>1000μs/cm，因此判断换热器管程发生泄漏，导致硫酸铵溶液进入蒸汽凝液系统，停运换热器解体检修。检修结果表明，换热管大面积堵塞[图 2(a)]，堵塞物为硫酸铵固料及玻璃鳞片碎片[图 2(b)]。射流清洗疏通后进行水压试漏，堵管率达 30%，已达到报废标准(换热器堵管率 10%即达到报废标准)。换热管入口端管接头已磨损至管板根部(设计值 9mm)。换热管大范围减薄，经测量入口端管束平均剩余壁厚余量 0.6~1.2mm；出口端管束平均剩余壁厚余量 2mm(管束设计尺寸 φ32×3mm)。使用内窥镜探查管束内壁，距离入口端约 200mm 处换热管内壁较为光滑，多有蚀槽[图 2(c)]；其后内壁呈环向波浪状，直至出口端[图 2(d)]，无明显裂纹或缺损现象。

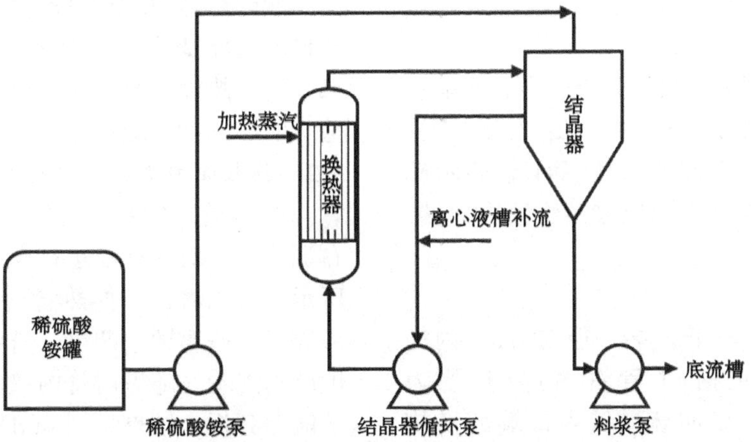

图 1　硫酸铵塔外蒸发结晶工艺流程简图

表 1　换热管材料元素组成分析　　wt%

	C	Si	Mn	P	S	N	Cr	Mo	Ni	Cu
测量值	0.02	0.57	0.75	0.018	0.0073	0.290	26.55	4.02	6.16	0.1
标准值	≤0.03	≤0.80	≤1.2	≤0.035	≤0.02	0.24~0.32	24~26	3~5	6~8	≤0.5

表 2　硫酸铵浆液取样分析结果

密度/$kg \cdot m^{-3}$	pH	F^-/%	Cl^-/%	$SO_4^{2-}+SO_3^{2-}$/%	灰分/%
1210	5.8	6.45	10.86	29.81	0.87

图 2　换热管堵塞情况(a)、堵塞物(b)、内壁腐蚀坑(c)和内窥镜探查照片(d)

3　腐蚀分析

抽取换热管分别进行宏观分析、内表面电镜形貌及能谱分析、微观组织分析。由于换热管较长，因此将管子分成7部分，其中#1管表示硫酸铵浆液入口端，#7管表示硫酸铵浆液出口端，其余为中间分段。

3.1　宏观分析

根据测量结果，#1管左端外径32mm，内径30mm，其余管子（包括#1管右端）外径均为32mm，内径28mm，说明硫酸铵入口端的换热管内壁发生明显的腐蚀减薄。如图3(a)所示，剖管后可以看出，自硫酸铵入口端向内，管壁厚度呈明显的由薄至厚趋势，管内壁也存在从光滑（距硫酸铵入口端长度约160mm）到“波浪形”特征的变化。#7管管口壁厚均匀，剖管后也未见明显的壁厚变化，如图3(b)所示。宏观观察结果表明换热管外壁无明显腐蚀，硫酸铵入口端内壁有明显的冲刷减薄。

3.2　换热管内表面形貌电镜及能谱分析

在#1管左端减薄位置、#1管右端以及#7管右端取样，对内壁面进行电镜观察，结果如图4所示。可以看出，换热管内壁发生明显的腐蚀，形成了一些腐蚀小凹坑，有些位置还观察到有腐蚀产物附着。随后对管内壁和腐蚀产物成分进行了能谱分析，结果见图4(d)和图4(h)。根据能谱分析结果，管内壁暴露金属的基体材质，腐蚀产物中主要含有Fe、O、F、S、N、Cl等元素，为正常氨法脱硫硫酸铵介质中材料腐蚀产物。

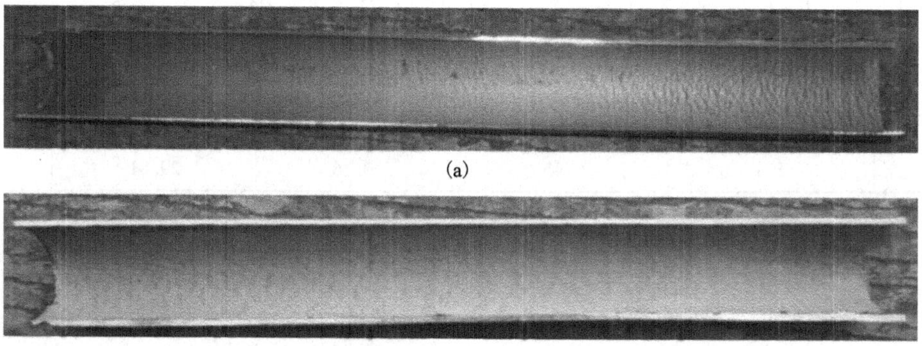

图3　#1管(a)和#7管(b)剖管后照片

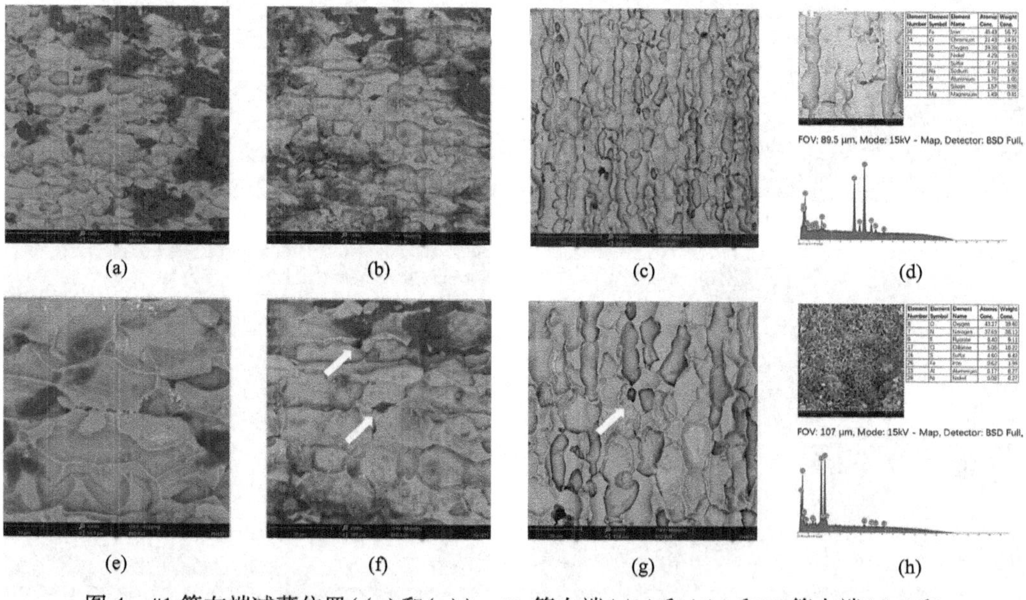

图4　#1管左端减薄位置((a)和(e))、#1管右端((b)和(f))和#7管右端((c)和(g))内壁的微观形貌以及管内壁(d)和腐蚀产物(h)的能谱分析

3.3 微观组织分析

如图5所示，对1管左端减薄处[(图5(a)~(c)]、#1管右端[(图5(d)~(f)]和#7管出口端[(图5(g)~(i)]分别进行外壁、剖面和内壁金相组织观察。结果显示，换热管金相组织正常，发生了内壁的均匀腐蚀。由图可知，三个分析区域的材料均呈现出典型的铁素体+奥氏体的金相组织结构，换热管外壁均无明显腐蚀，但是内壁的腐蚀较明显。其中#1管左端内壁[(图5(c)]边缘呈锯齿状，说明相对于其他两个区域[(图5(f)和(i)]腐蚀更为严重，这与前面宏观分析和形貌分析的结果一致。

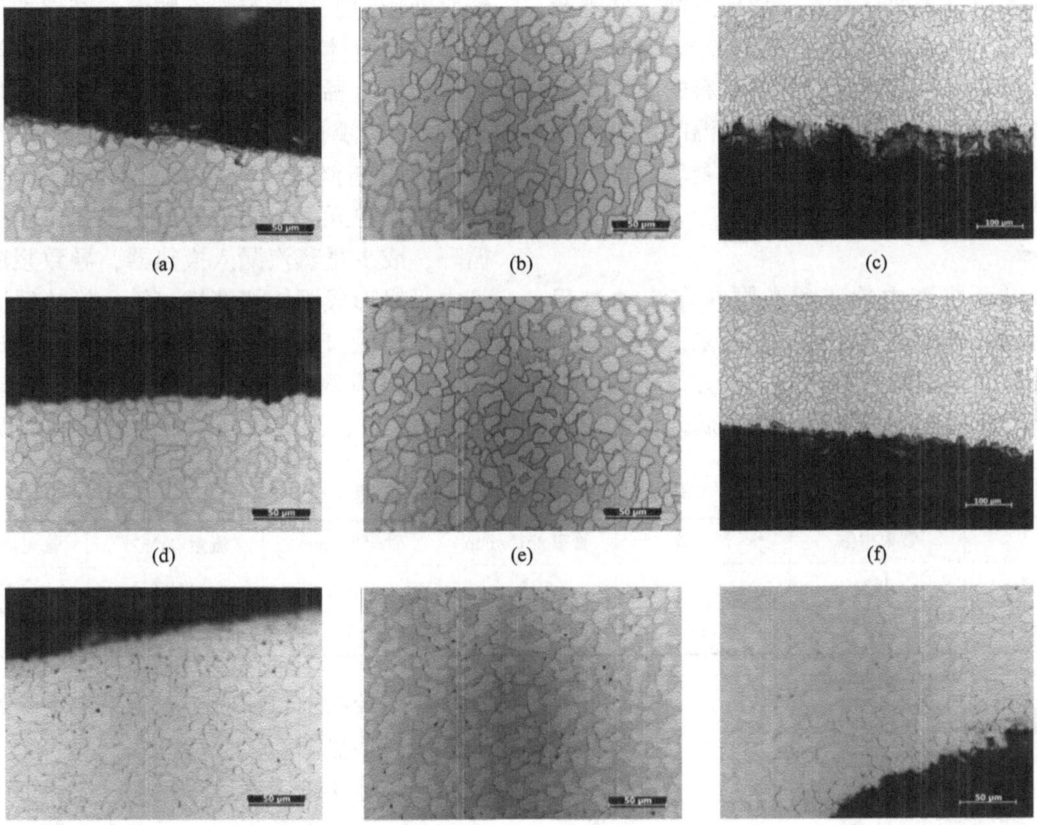

图5　#1管左端减薄处(a、b、c)、#1管右端(d、e、f)和#7管出口端(g、h、i)的外壁、剖面和内壁金相组织图

4　蒸发结晶换热器的腐蚀机理

根据蒸发结晶换热器的工艺流程分析，运行参数均在控制范围内，无超温、超压及超液位运行。过饱和硫酸铵浆液为液固两相流，通过不断循环浓缩提高含固量，在相同条件下，硫酸铵相较于氯化铵和氟化铵优先结晶析出，浆液中氟、氯离子不断富集，超出相应控制指标，存在导致材料发生点蚀的风险。根据样管检测分析结果，该管材质合格，组织正常，为铁素体+奥氏体。管道内壁在使用8个月后发生明显的腐蚀减薄，大部分位置壁厚由原来的3mm减薄到约2mm。#1管入口端约160mm范围腐蚀速率更快，管口厚度仅剩下约0.6~1.2mm。入口端之所以会发生快速减薄，主要是由于硫酸铵浆液在流入管口的时候会发生紊流冲刷管壁，导致入口端一定范围内发生冲刷腐蚀，因而腐蚀速率大。随着液体进入管内一段距离后，流动方向稳定转为层流，对管壁的冲刷作用降低，表现为均匀腐蚀，因此后段管子的壁厚基本一致。综上所述，换热管泄漏失效的主要腐蚀机理为氟、氯离子导致的点蚀及含硫酸铵固体颗粒浆液产生的冲蚀。

4.1 点蚀

氨法脱硫浆液系统中的氟、氯离子，只有少部分能随着硫酸铵固体带出，导致氟、氯离子在浓缩循环浆液中不断富集，这是由脱硫工艺决定的。系统补给水本身也含有氯离子，在硫酸铵浆液循环蒸发过程也无法排出系统。由表2可知，硫酸铵浆液中氟离子和氯离子浓度分别达到6.45%和10.86%，会导致金属材料发生严重腐蚀。

在管道长周期循环的情况下，硫酸铵浆液中的高浓度氟、氯离子与金属表面的阳离子发生反应，生成可溶性的氟化物和氯化物被浆液带走，在管束或者设备表面逐渐发展形成点蚀，并不断向深处发展。一般情况下，氟、氯离子浓度越大，硫酸铵浆液温度越高，金属材料的腐蚀速率越大。蒸发结晶换热器内一般是高温的水蒸气和硫酸铵浆液换热，温度较高，使得金属腐蚀更加严重。

4.2 冲蚀

脱硫循环浆液中的硫酸铵颗粒在流动过程中，会对设备表面造成冲蚀。一般来说，液固两相流的冲蚀磨损速度与流速的三次方成正比，当腐蚀溶液静止或速度很低时，对金属表面的冲蚀作用很小；当流体高速运动时，腐蚀介质中的颗粒以较高的速度冲刷金属表面保护膜，产生磨损。冲蚀磨损速率与腐蚀液温度相关，温度升高，金属强度降低，抗磨损腐蚀能力减弱。在高速旋转的泵叶轮、蜗壳处，阀门节流处，管道弯头等浆液流速较高处，循环浆液冲刷速度较大，磨损腐蚀速度显著增大。换热器管束入口处硫酸铵浆液压力、速度突变，颗粒冲刷更加严重。

本次解体检查发现堵管现象，其中玻璃鳞片为脱硫塔、稀硫酸铵罐、离心液槽(材质为20#碳钢+玻璃鳞片)本体玻璃鳞片脱落进入换热管并滞留阻塞流道。硫酸铵固体应为操作不当所致：生产单元间歇性停运后，未保持硫酸铵浆液循环，或少量蒸汽漏入换热器，导致浆液在换热管内干燥形成固体堵塞换热管。换热器流通面积减小使得入口端紊流工况更加复杂，通过计算可知，管路堵塞后管束内流速相比堵塞前增加43%(表3)，因此对换热管束的冲刷磨损加剧。

表3　堵管前后管束内流体流速

	管束根数	管程数	管束外径/mm	管壁厚/mm	流量/m^3h^{-1}	管束流速/ms^{-1}
堵管前	462	1	32	3	1600	1.81
堵管后	323	1	32	3	1600	2.59

5　改进措施

5.1 工艺方面

(1) 控制浆液pH值

硫酸铵为强酸弱碱盐，脱硫循环液呈酸性，酸性环境更利于烟气中二氧化硫的吸收，但酸性条件下对金属的腐蚀亦增强。提高pH值，尤其是在碱性环境下，可以减弱对设备的腐蚀，但锅炉烟气二氧化硫吸收速度降低，且易造成氨逃逸等现象。因此，脱硫循环液pH值推荐控制在5.0~6.0之间。

(2) 降低氟、氯离子含量

浆液中氟、氯离子含量越高，金属点蚀越严重。蒸发结晶循环系统中氟、氯离子在浆液循环过程中逐渐浓缩富集，对工作温度较高的蒸发结晶换热器腐蚀加剧。因此，脱硫系统必须严格控制氯离子浓度，避免超越上限运行。该脱硫装置现配有一套处理量为0.5t/h的氟、氯离子脱除单元，该套生产单元以中压蒸汽直接加热烘干料液，将氟、氯离子带出循环系统，但产量较低，且故障率较高，目前对于脱硫系统去除氟、氯离子效果尚不显著。

根据历年来装置运行经验，在保证处理单位具有合法合规性条件下，寻求将硫酸铵溶液输送给专业的硫酸铵溶液处理公司处理，向脱硫系统外输出硫酸铵浆液，既可以有效降低氟、氯离子浓度，又节省了蒸发结晶系统运行过程的能耗。同时积极探索膜分离等技术手段，将氟、氯离子从硫酸铵浆液中选择性分离出来，实现对硫酸铵浆液的净化，同时降低硫酸铵产品中的氟氯离子含量，提高产品质量。

(3) 控制进入换热器浆液的含固量

在固、液两相流中，液相夹杂固体对设备表面进行冲刷，尤其是对换热器的管束入口冲刷力更大，容易造成入口部位磨损腐蚀。为减少硫酸铵浆液对换热器的磨损，可以降低出料含固量，在蒸发结晶单元后增加一级旋流分离装置。

(4) 优化运行流程

蒸发结晶单元出料完毕后，应维持低浓度浆液继续循环2~4小时，并严格按照操作规程关闭加热主蒸汽电调阀后手操闸阀，并开启前后疏水阀，以防蒸汽漏入换热器。

5.2 设计方面

（1）选用更加耐磨、更耐腐蚀的材质

选用不锈钢换热器的替代材料，如碳化硅，兼具耐腐蚀、耐高温、高热导、高硬度、耐磨、使用寿命长等优良特性，产品高效节能洁净、质量稳定且空间占用小。碳化硅换热器采用高导热的碳化硅作为主要元件，具有以下优势：①换热效果好：碳化硅的导热系数是碳钢的2倍，是不锈钢的5倍，碳化硅管采用整体烧制，密度非常高，使用更少的换热面积，允许更小的换热器尺寸，大大降低占用空间，降低使用成本；②超强的耐腐蚀性：可耐高浓度硝酸、混合酸、碱、氯化剂和有机氟酸，使用过程中不必担心因腐蚀引起的设备损坏，降低了企业生产设备的维护保养成本，使用效益明显；③高硬度：碳化硅是目前换热器管材中硬度较好的材料，其硬度比碳化钨高50%，耐介质高速冲刷，在高温下也有极高的耐磨性；④洁净的耐高温高压性：碳化硅换热管是没有采用任何浸渍剂的密封体，具有超强耐磨性和完全的不渗透性，不会污染介质；⑤超长的运用寿命：碳化硅优异的性能，使其换热器的运用寿命数倍于其他换热器产品，可以确保生产接连运转，也大大降低了设备的维护保养成本，运用效益显著。

（2）换热器入口增加防冲刷措施

为降低硫酸铵浆液对换热器入口端的冲刷强度，可以在入口管箱内增设防冲牺牲板，管束入口处增设防磨套管。防冲牺牲板与管束材质相同，板与管箱通过焊接固定。防磨套管插入换热器管束内200mm，材质与管束材质相同，防磨套管与换热器管板用牺牲板夹紧固定，使用过程中根据防磨套管磨损情况定期检查、更换。在相同工艺条件下，采用该方法可使换热器管束使用寿命提高一倍以上。

5.3 检修维护方面

（1）换热管定期测厚和射流清洗疏通

对于蒸发结晶循环过程，换热器管束在运行过程中不可避免发生冲刷、腐蚀以及堵塞，可采取定期解体的方式，检查换热管或防磨套管的磨损情况并更换，射流清洗疏通堵塞管束，以避免流速增加对管束的冲刷。

（2）避免玻璃鳞片等固态不溶物进入循环

玻璃鳞片等固态不溶物进入换热管内后，因碎片大小不一，换热管通径较小以及硫酸铵浆液不断蒸发结晶提浓，换热管堵塞的风险大为增加。除定期射流清洗疏通外，还应采取措施避免固态不溶物进入循环：一是在换热器前方增加过滤网，一般设置在循环泵入口处，可过滤大部分碎片杂质，有效降低堵管风险。二是需加强检修质量，避免玻璃鳞片、零件脱落进入循环系统。

6 结语

硫酸铵浆液中氟、氯离子造成的点蚀及硫酸铵固体颗粒的冲蚀是导致蒸发结晶换热器泄漏失效的主要原因。工艺方面通过控制浆液pH值、降低氟氯离子含量、控制进入加热器浆液含固量、优化运行流程；设计方面通过选用更加耐磨、更耐腐蚀的材质、在换热器入口增加防冲刷措施；检修维护方面通过换热管定期测厚和射流清洗疏通、避免玻璃鳞片等固态不溶物进入循环，都可以有效减缓硫酸铵浆液对换热器管束的腐蚀，提高设备的可靠性，延长装置使用寿命。

参考文献

[1] 刘伟，王小民，孟斌斌，等．氨法烟气脱硫蒸发结晶系统的改进及应用[J]．云南冶金，2024，53(01)：155-160.

[2] 郑津洋，桑芝富．过程设备设计(第五版)[M]．北京：化学工业出版社，2020.

[3] 姚卫学．制氢装置腐蚀分析及应对措施[J]．化工设计通讯，2019，45(09)：71-124.

[4] Lian Z, Luo Z, Yuan L, et al. Corrosion inhibition of organic amine on Q235 steel in ammonium sulfate slurry of ammonia flue gas desulfurization system[J]. Anti-corrosion Methods and Materials, 2017, 64(4): 432-442.

[5] Lian Z. Inhibition of pitting corrosion on type 304 stainless steel[J]. Materials Performance, 2017, 56(12): 54-56.

[6] 任万凯，连洲洋，周康，等．氨法脱硫液成分对304不锈钢局部腐蚀发展阶段影响探究[J]．中国腐蚀与防护学报，2023，43(06)：1392-1398.

[7] 张海鹏，杨裔琦，赵敏．氨法脱硫蒸发加热器泄漏原因分析及对策[J]．石油化工设备技术，2022，43(04)：62-66.

[8] 方信贤，甄睿，薛亚军，等．两种不锈钢在单相流和液/固两相流中冲刷与腐蚀的交互作用[J]．材料研究学报，2011，25(02)：172-178.

[9] Luo Z, Wang D, Zhu D, et al. Separation of fluoride and chloride ions from ammonia-based flue gas desulfurization slurry using a two-stage electrodialysis [J]. Chemical Engineering Research and Design, 2019, 147: 73-82.

[10] 刘培鸿，丁朝旺，石艳彩，等. 一种新型节能装置(碳化硅列管换热器)在石油化工生产中的应用[J]. 化学工程与装备，2019(09)：142.

[11] 国家市场监督管理总局，国家标准化管理委员会. GB/T 30579—2022 承压设备损伤模式识别 压力容器检验师考试标准[S]. 2022.

加氢裂化补充氢压缩机后冷却器 EA118管束泄漏失效分析

盛祎明

（中国石化扬子石油化工有限公司）

摘　要　1#高压加氢裂化装置补充氢压缩机GB102二段出口冷却器之一EA118B，在2021年7月发生管束腐蚀泄漏。本文通过对EA118B换热器管束内部进行成分分析，并对腐蚀严重部位切割取样，分别进行宏观分析、壁厚测量、材质成分分析、腐蚀产物分析、组织检测、硬度试验确认造成管束泄漏的腐蚀机理，结合装置实际运行工况，提出并实施改进措施，延长水冷换热器使用寿命，消除隐患。

关键词　换热器；硫腐蚀；氯腐蚀；氧腐蚀；改进措施

1　设备及工况情况

EA118B为1#加氢裂化装置补充氢压缩机GB102二段出口冷却器之一（冷却器共两台EA118A/B，并联排布），换热器型式为U型管式，规格Φ750×7965×10，设备重量7780Kg，1999年投用至今，历次大检修进行检修，前期没有堵管，EA118B规格型号如表1所示。

表1　设备参数表

设备规格	Φ750×7965×10	设备厂家	湖北长江石化设备有限公司
设备型式	U型管	壳体材质	HⅡ
设计压力(壳/管)/MPa	0.8/17.5	换热管材质	ST35.8(20#)
工作压力(壳/管)/MPa	0.35/15.9	换热管数量	Φ25×2.5×6000×132×32×4.64
设计温度(壳/管)/℃	100/120	换热面积	124平米
工作温度(壳/管)/℃	33~43/43~88	换热管	Φ25×2.5×6000×132×32×4.64
介质(壳/管)	循环水/氢气	程数(壳/管)	1/4

6月22日10时30分，1#加氢裂化装置循环水系统检查过程中，发现补充氢压缩机GB102A/B二段出口水冷器EA118B循环回水检测出氢气500ppm。18：30 EA118B氢气侧进出口阀逐步关闭，监控GB102A/B运行参数正常。23日10：00 EA118B循环水进出口阀逐步关闭，装置循环回水总管氢气报警仪检测数据逐步降为0ppm；出口导淋和循环水侧增加临时管线泄压至火炬，循环水侧增加压力远传，判断出口阀存在内漏。24日10：00 EA118B氢气侧出口阀在线维护处理，氢气侧增加压力远传，持续监控正常。目前EA118B管程和壳程向火炬泄压，压力可泄为0。25日新增压力远传表数据传入实时数据库和生产运行监控系统。为保证GB102二级出口氢气换热效果，降低EA118B管束内漏带来的停车风险，计划对EA118B进行检修，针对此次泄漏事件进行失效分析。如图1所示即为换热管失效管段。失效管段为EA118B加氢裂化联合装置换热管，取样位置如图2所示。换热管材质为ST35.8（德国标准，中国标准相当于20号钢），规格为Φ25×2.5×6000，管程介质为氢气（包含有氯化氢、甲烷、乙烷等杂质），内部工作温度为43℃~88℃（设计温度为120℃），工作压力为15.9MPa（设计压力为17.5MPa）。壳程介质为循环水；工作温度为33℃~43℃（设计温度为100℃），工作压力为0.35MPa（设计压力为0.8MPa）。EA118B加氢裂化联合装置自1999年投用至今已有22年，历次大检修中曾多次进行检修。如表2所示为管程介质种类表。

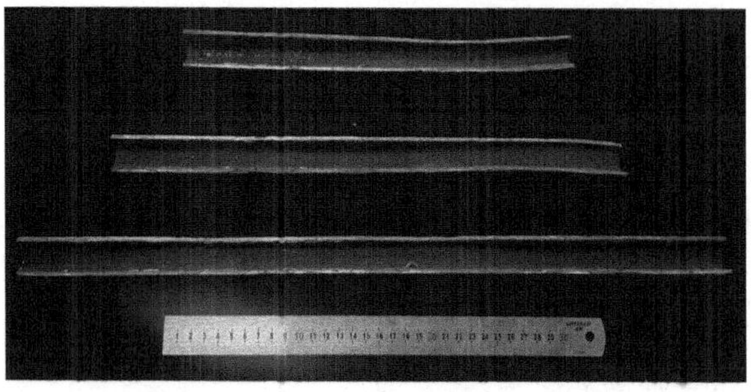

图 1　换热管失效管段

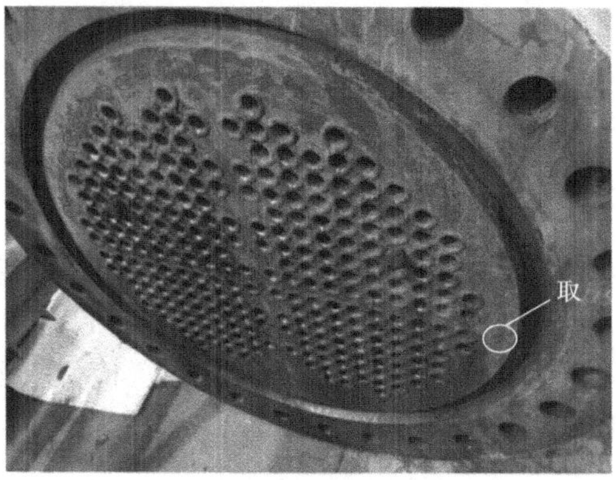

图 2　换热管取样位置

表 2　管程介质种类表

序号	介质种类	含量(体积分数/%)
1	氯化氢(含水)	<1mg/m^3
2	氢气	92.88
3	硫化氢	0.02
4	甲烷	2.68
5	乙烷	2.76
6	丙烷	1.40
7	异丁烷	0.19
8	正丁烷	0.07
9	异戊烷	0.02
10	碳三和碳四组分	1.66
11	碳五及以上组分	0.02
12	碳二和碳三组分	4.16

2　宏观分析

如图 3 为换热管内外壁宏观特征。由图 3(a)可以看出换热管外壁表面光滑，未发生明显的腐蚀现象。同时，对换热管内壁宏观特征观察，从图 3(b)可以看出换热管内壁发生了较明显的腐蚀现象，内壁点蚀坑密布，几乎布满整个管道内壁。同时，管道内壁表面有着一层明显的棕褐色腐蚀垢样。综上所述，可以判断换热管管道内壁发生了较为严重的腐蚀现象。

3　换热管壁厚测量

为了获得换热管真实壁厚数据，采用壁厚千分尺进行壁厚测量。测量的方法为：沿换热器管轴向方向每隔 50mm，并沿换热管径向方向测量 10 个点的方法进行壁厚测量。将测量结果进行记录，并进行相关处理后，测量结果以壁厚云图的方式展现出来，如图 4 所示。

根据换热管壁厚云图可以看出换热管壁厚极差为 0.307mm(换热管壁最厚处与最薄处相差 0.307mm，大约减薄 10.59%)，管壁最厚处与最薄处壁厚相差较大。同时，从壁厚云图中可以明显的观察到壁厚分布不均匀的现象，结合宏观观察分析中发现的密布点蚀坑以及普遍的腐蚀现象，可以得出：换热管内壁可能出现了不均匀腐蚀以及腐蚀减薄现象。根据工况内容，换热管壁厚为 2.5mm，所得测量数据与原始壁厚略有增加，可能为腐蚀产物增加了管壁厚度。

4　换热管材质成分分析

换热管材质为 ST35.8 钢。为了确定换热管材质的具体成分，采用线切割对换热管截取材质检测试样。利用意大利 GNR S5 Solaris CCD Plus 直读光谱仪，对换热管材质的元素成分进行检测三组数据并计算其平均值，检测结果如表 3、图 5 所示。通过与德国标准 DIN17175《耐热无缝钢管供货技术条件》进行对比发现：换热管材质成分除 Mn 含量外均符合 ST35.8 钢标准，换热管材质成分中 Mn 含量平均为 0.221wt.%，低于德国标准 0.4~1.3wt.%含量标准。Mn 含量对于低碳钢的影响主要表现在强度与韧性，Mn 含量越高，低碳钢的强度以及韧性越高。Mn 含量对于钢的耐腐性能主要表现为，Mn 可以消除 S 对钢的影响(Mn 与 S 形成化合物 MnS)，可作为耐腐蚀元素。综上所述，换热管材质为 ST35.8 钢，而相对较低的 Mn 含量会影响低碳钢的耐腐蚀性能。

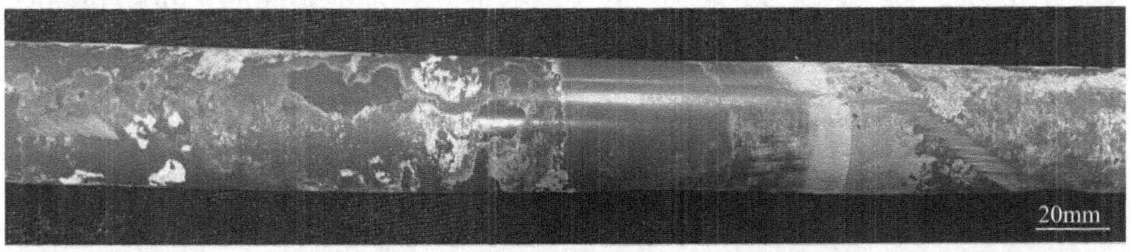

(a)外壁宏观特征

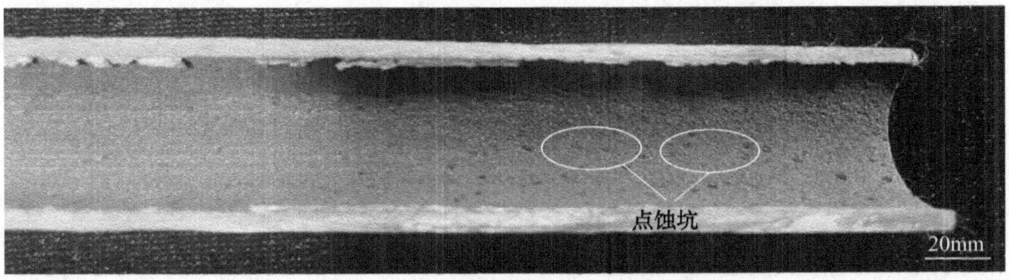

(b)内壁宏观特征

图 3　换热管内外壁宏观特征

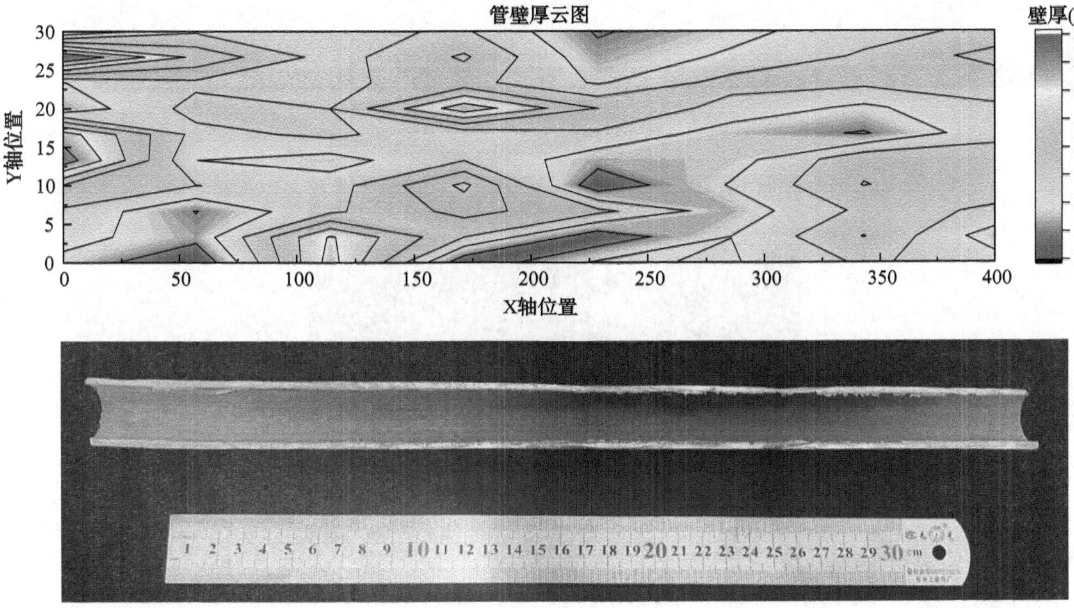

图 4　换热管壁厚云图以及实物图

表 3　冷却器管材质成分　　wt%

元素	C	Si	Mn	P	S	检测结果
1#	0.101	0.155	0.221	0.0118	0.0059	基本合格
2#	0.0946	0.149	0.224	0.0119	0.0059	基本合格
3#	0.0956	0.148	0.218	0.0118	0.0055	基本合格
平均值	0.0969	0.150	0.221	0.0118	0.0058	基本合格
DIN17175(ST35.8)	≤0.17	0.1-0.35	0.4-1.3	≤0.04	≤0.04	

5　腐蚀产物分析

为了进一步确定腐蚀产物的具体成分，对换热管内壁表面严重腐蚀区域的黑色腐蚀产物进行收集，用刮刀对管段内壁的黑色腐蚀产物进行取样，并进行研磨处理。将研磨好的腐蚀垢样进行 SEM 试验以及 EDS 试验，检测结果如图 6 所示。从图 6 可以看出，腐蚀产物以 O、Al、Si、P、

S、Cl 等元素为主，S 含量最高达到了 16.53wt.%，O 含量次之，含量为 4.46wt.%，Cl 含量也较高。因此，这说明腐蚀产物以铁硫化物为主，并且含有铁的氧化物和铁的氯化物，以及铝的氧化物。

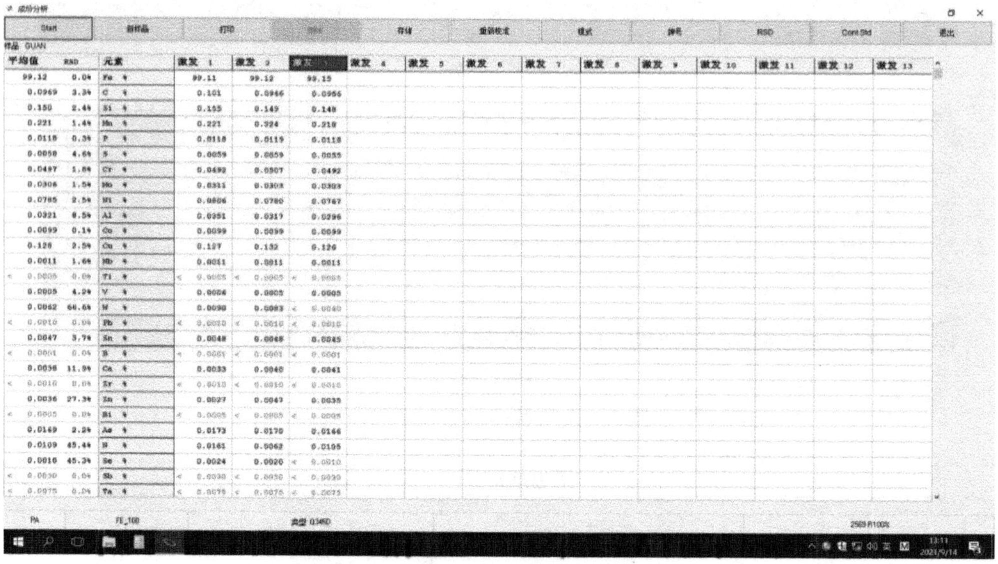

平均值	RSD	元素	激发 1	激发 2	激发 3
99.12	0.0%	Fe %	99.11	99.12	99.15
0.0969	3.3%	C %	0.101	0.0946	0.0956
0.150	2.4%	Si %	0.155	0.149	0.148
0.221	1.4%	Mn %	0.221	0.224	0.218
0.0118	0.3%	P %	0.0118	0.0119	0.0118
0.0058	4.6%	S %	0.0059	0.0059	0.0055
0.0497	1.8%	Cr %	0.0492	0.0507	0.0492
0.0306	1.5%	Mo %	0.0311	0.0303	0.0303
0.0785	2.5%	Ni %	0.0806	0.0780	0.0767
0.0321	8.5%	Al %	0.0351	0.0317	0.0296
0.0099	0.1%	Co %	0.0099	0.0099	0.0099
0.128	2.5%	Cu %	0.127	0.132	0.126
0.0011	1.6%	Nb %	0.0011	0.0011	0.0011
< 0.0005	0.0%	Ti %	< 0.0005	< 0.0005	< 0.0005
0.0005	4.2%	V %	0.0006	0.0005	0.0005
0.0062	66.6%	W %	0.0090	0.0083	< 0.0040
< 0.0010	0.0%	Pb %	< 0.0010	< 0.0010	< 0.0010
0.0047	3.7%	Sn %	0.0048	0.0048	0.0045
< 0.0001	0.0%	B %	< 0.0001	< 0.0001	< 0.0001
0.0036	11.9%	Ca %	0.0033	0.0040	0.0041
< 0.0010	0.0%	Zr %	< 0.0010	< 0.0010	< 0.0010
0.0036	27.3%	Zn %	0.0027	0.0047	0.0035
< 0.0005	0.0%	Bi %	< 0.0005	< 0.0005	< 0.0005
0.0169	2.2%	As %	0.0173	0.0170	0.0166
0.0109	45.4%	N %	0.0161	0.0062	0.0105
0.0018	45.3%	Se %	0.0024	0.0020	< 0.0010
< 0.0030	0.0%	Sb %	< 0.0030	< 0.0030	< 0.0030
< 0.0075	0.0%	Ta %	< 0.0075	< 0.0075	< 0.0075

图 5　换热管直读光谱检测结果

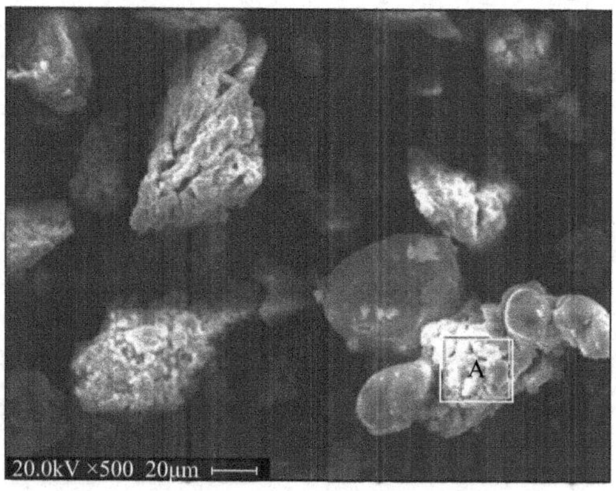

(a) 500倍率腐蚀垢样SEM扫描电镜图

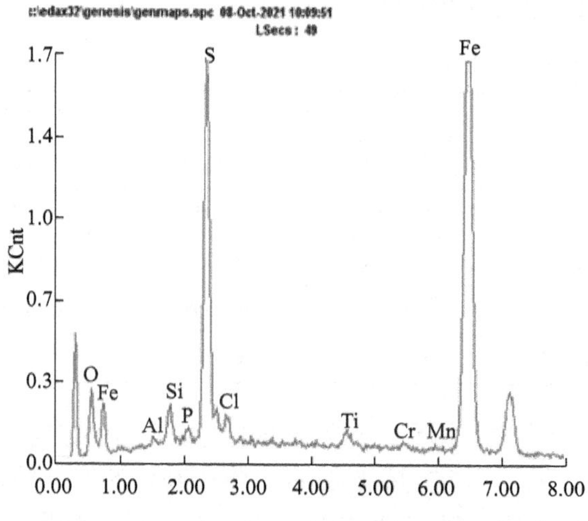

Element	Wt%	At%
OK	04.46	12.30
AlK	00.37	00.60
SiK	01.64	02.58
PK	00.58	00.83
SK	16.35	22.47
ClK	01.24	01.54
TiK	01.38	01.27
CrK	00.76	00.64
MnK	00.61	00.49
FeK	72.60	57.29

(b)区域A的EDS能谱成分检测结果

图 6　腐蚀垢样 SEM 及 EDS 试验结果

从腐蚀产物的成分分析可知，换热管发生了吸氧腐蚀、氯腐蚀以及硫腐蚀。腐蚀介质可能来自于换热管的管程介质。除此之外，EDS结果中Mn、Cr、Ti、Si、Al元素可能来自于材料本身，也有可能来自于外部介质。

6　换热管组织检测

换热管材质为ST35.8钢，ST35.8钢(相当于10号钢)是优质碳素结构钢的一种，作为一种优质低碳钢，它的显微组织由珠光体与铁素体构成。为了探究换热管的显微组织，对换热管进行金相试验。采用线切割对换热管进行切割取样，取样位置如图7所示。对试样进行打磨、抛光后用4%硝酸酒精溶液侵蚀10s，得到浸蚀成功的试样后用酒精清洗并吹干，并采用OLYMPUS-DSX510光学显微镜对试样的金相组织进行观察。最终得到的金相组织图片见图8。

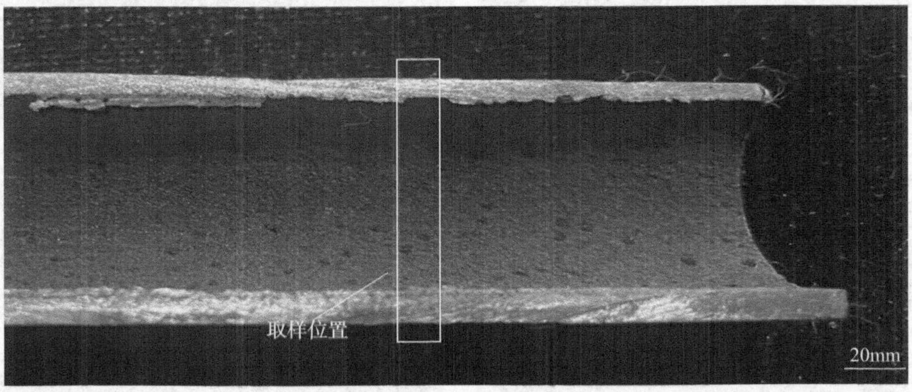

图7　金相取样位置图

通过对换热管的金相组织观察发现：换热管的显微组织较均匀，由白色的细小铁素体和黑色的片层状珠光体组成，铁素体所占的比例较多，珠光体的含量少且晶粒大小不够均匀。由图8(a)以及(b)中可以明显的观察到换热管内壁存在着密布的点蚀坑，这说明换热管内壁区域发生了较为严重的腐蚀。而由图8(c)和(d)可以看出，换热管中间以及外壁区域组织较为均匀，未发生腐蚀现象。内壁区域的严重点蚀现象会随着时间的增长向中间区域以及外壁区域拓展，并造成最终的穿孔泄漏。

为了进一步观察并分析换热管的腐蚀区域，利用SEM扫描电镜对换热器点蚀区域进行观察与分析。利用SEM扫描电镜对金相试样点蚀区域处进行观察分析，试样点蚀区域处的扫描电镜图与EDS能谱分析结果如图9所示。根据图7以看出换热管内壁明显出现了点蚀孔，并且基体表面附着了一层腐蚀产物。通过将基体处EDS结果与点蚀孔处EDS结果发现，基体处EDS结果与点蚀孔处EDS结果相差不大，它们表面都附着有铁的氧化物以及硫化物。同时，点蚀孔与基体处氧化物含量几乎没有差距(基体处O含量8.53wt.%，点蚀孔处O含量9.18wt.%)。

综上所述，换热管内壁发生了氧腐蚀以及硫腐蚀。EDS结果中的其他元素含量可能来自于材料本身或者管程介质。

7　硬度试验

利用HX-1000TM/LCD自动转塔式显微硬度计在室温下，针对金相试样进行硬度测试，从内壁至外壁总共测试10个点，每隔0.26mm采集一个点(测量所得换热管壁厚最薄处2.613mm)，其中前3个点将靠近内壁点蚀孔区域附近。硬度测试取点方向如图10所示，其测试结果如表4所示。

通过表4数据对比以及图11所示：腐蚀区域硬度较低分别为80.48HV、84.84HV、127.6HV，平均硬度值为97.52HV，该区域硬度值较小，组织受到腐蚀影响，分布不均匀。非腐蚀区域硬度值分布较为均匀，平均硬度值为203.9HV，硬度值分布较为均匀。腐蚀区域的硬度值较低以及其不均匀特征可能是换热管管内介质对换热管内壁区域造成了腐蚀，这引起了腐蚀区域内的显微组织基体疏松现象，最终导致了硬度值的下降。

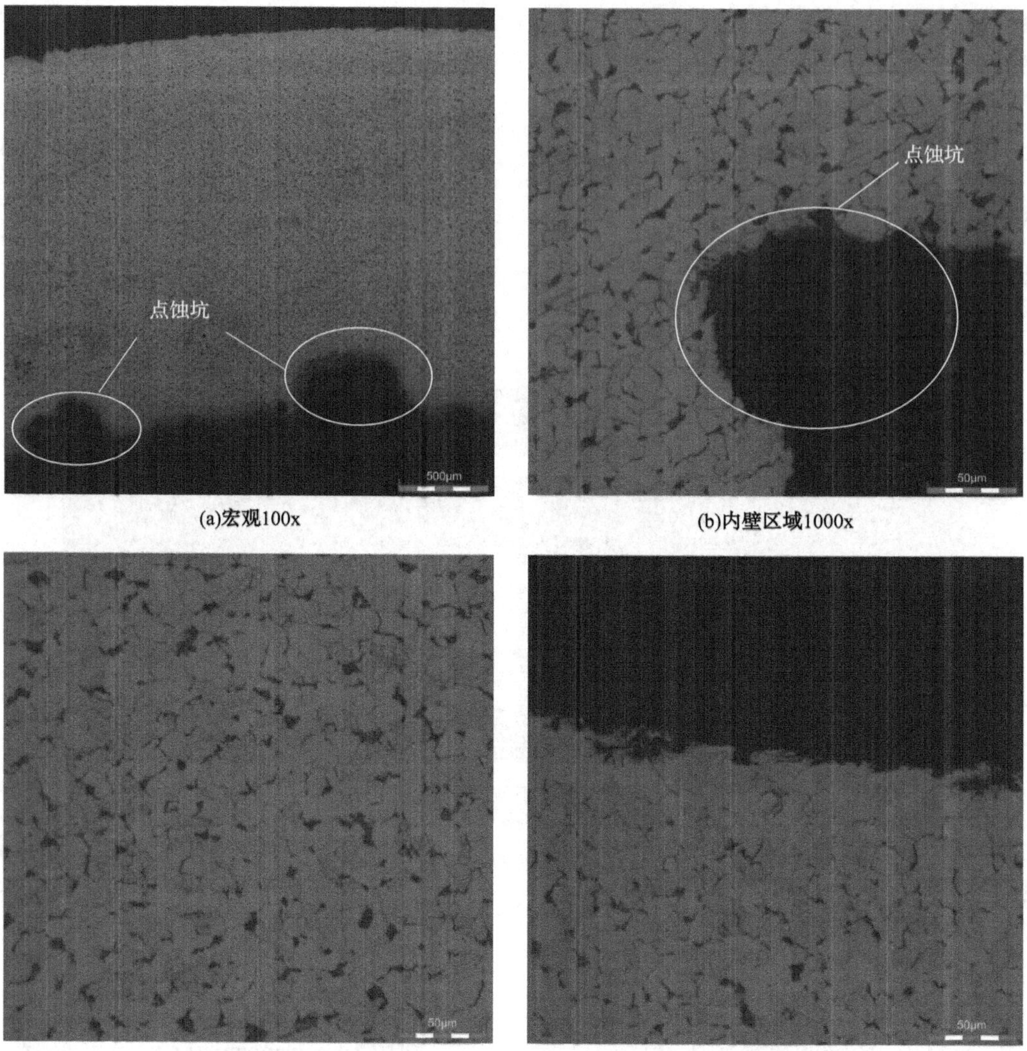

(a)宏观100x　　(b)内壁区域1000x

(c)中间区域1000x　　(d)外壁区域

图 8　换热管金相组织

(a)100x下换热管点蚀孔处SEM扫描电镜图

图 9　换热管点蚀区域处的扫描电镜图与 EDS 能谱分析结果

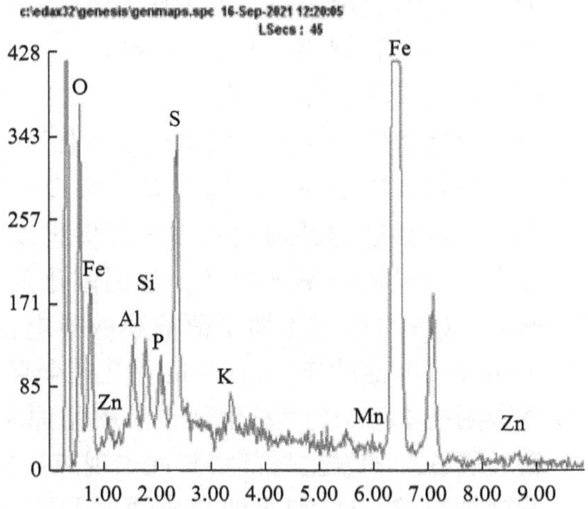

Element	Wt%	At%
OK	09.18	24.12
AlK	02.36	03.68
SiK	01.94	02.91
PK	01.59	02.15
SK	05.83	07.64
KK	00.75	00.81
MnK	00.73	00.56
FeK	74.95	56.41
ZnK	02.66	01.71

(b)区域A的EDS能谱成分检测结果

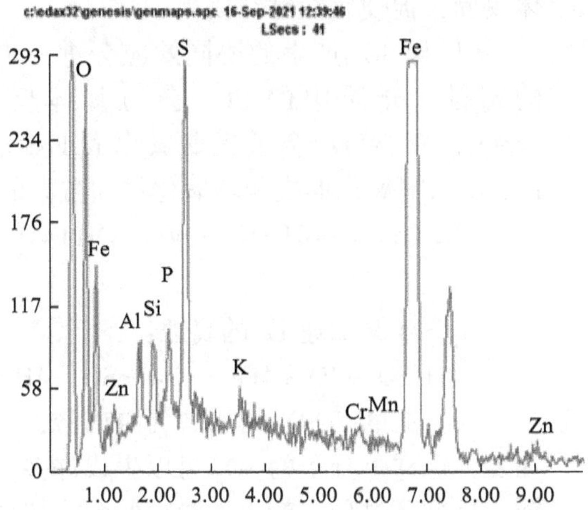

Element	Wt%	At%
OK	08.53	22.74
AlK	01.81	02.86
SiK	01.77	02.70
PK	01.62	02.23
SK	06.14	08.17
KK	00.69	00.76
CrK	00.77	00.81
MnK	00.89	00.69
FeK	75.97	58.05
ZnK	01.81	01.18

(c)区域B的EDS能谱成分检测结果

图 9　换热管点蚀区域处的扫描电镜图与 EDS 能谱分析结果(续)

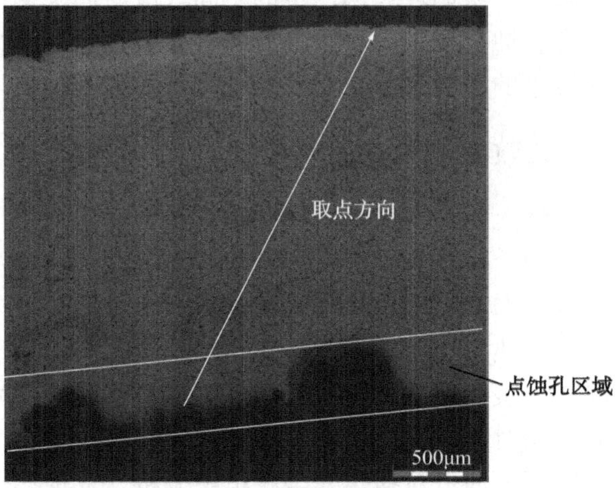

图 10　硬度打点方向

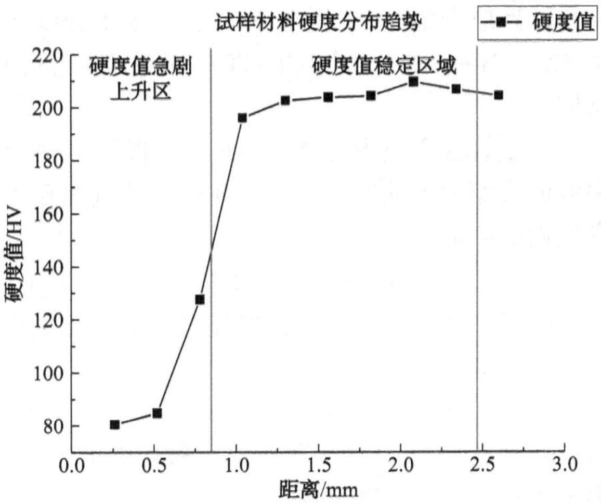

图 11　试样材料硬度分布趋势

表 4　硬度试验结果

距离(mm)	0.26	0.52	0.78	1.04	1.30	1.56	1.82	2.08	2.34	2.60	腐蚀区域平均值/HV	非腐蚀区域平均值/HV
硬度值/HV	80.48	84.84	127.6	196.1	202.6	203.8	204.3	209.5	206.7	204.3	97.52	203.9

8 腐蚀机理分析

根据工况内容，该加氢裂化联合装置自1999年服役至今已有22年。管程介质为氢气，同时还夹杂着其他诸如氯化氢、硫化氢、甲烷、乙烷等杂质。

首先，根据上述换热管的宏观分析可知，换热管内部发生了普遍的腐蚀现象以及点蚀孔，结合SEM试验以及EDS试验结果，可以推断出换热管内壁发生了氧腐蚀、氯腐蚀以及硫腐蚀。氧腐蚀的实质是电化学腐蚀。因为换热器管束管程介质可能有中压除氧水，同时管子内壁面温度可能较高，从而导致析出的氧气泡附着在换热器管束上，水中溶解氧就与金属壁上电极电位较高的部位(阴极)发生吸氧夺取电子的反应，产生大量的氢氧根离子。金属壁电极电位较低的铁基(阳极)，则发生铁原子失掉电子变为亚铁离子溶于水中和溶于水后的一系列反应。即：

$$O_2+2H_2O+4e^- \longrightarrow 4OH^-(阴极) \quad (1)$$

$$Fe \longrightarrow Fe^{2+}+2e^-(阳极) \quad (2)$$

$$O_2+2H_2O+4e^- \longrightarrow 4OH^- \quad (3)$$

$$4Fe(OH)_2+O_2+2H_2O = 4Fe(OH)_3 \quad (4)$$

$$Fe(OH)_2+2Fe(OH)_3 = Fe_3O_4+4H_2O \quad (5)$$

阴、阳两极不断的反应，最终使管内壁被氧腐蚀，表面形成凹坑，氧腐蚀是一种均匀腐蚀，所以换热管内壁均出现了腐蚀现象。同时，H_2S会与铁反应产生FeS，并且H_2S会在水中分解产生S2+、H+。S2+会与Cl-带来一系列的腐蚀反应。

由于管程介质中可能存在的Cl-促使换热管中内壁表面的点蚀核的产生。在诱发的点蚀孔内发生铁的溶解：

$$Fe \longrightarrow Fe^{2+}+2e^- \quad (6)$$

同时，在相邻的点蚀孔口外表面上，发生阴极还原反应：

$$O_2+2H_2O+4e \longrightarrow 4OH^- \quad (7)$$

点蚀孔口处的PH值升高，和孔内的Fe2+离子外迁，发生二次反应：

$$Fe^{2+}+2OH^- \longrightarrow Fe(OH)_2 \quad (8)$$

$$4Fe(OH)_2+2H_2O+O_2 \longrightarrow 4Fe(OH)_3 \quad (9)$$

沉淀在点蚀孔内，形成了点蚀孔的自封闭状态。同时，在低碳钢腐蚀过程中，Cl-和SO_4^{2-}迁移到点蚀孔内，形成氯化亚铁和硫酸亚铁，加速了换热管内壁表面腐蚀坑的发展，形成大量的点蚀孔。同时，由于较高的工作温度、较高的工作压力(工作温度43℃～88℃，工作压力15.9MPa)等因素的影响，换热管内壁的腐蚀情况将会随着服役时间的增加变得更加严重。

管程介质中夹杂的氯化氢中的Cl-由于体积小，可以穿过锈层到达基体表面促进腐蚀反应，且在反应过程中不被消耗，起到催化剂的作用。同时，Cl-的存在增加了薄液膜的导电性，促进了腐蚀微电池的作用。Cl-的存在还会导致Fe基体吸附的$Fe(OH)_2$发生部分溶解使原本较为致密的腐蚀产物发生局部溶解而出现疏松的外锈层及微细裂纹，O_2和腐蚀介质通过裂纹传输到基体表面，促使腐蚀继续发生。

Cl-与SO_2产生的协同效应会进一步加快钢的腐蚀。介质中的SO_2会与基体反应生成$FeSO_3$，而$FeSO_3$会被逐渐氧化成$FeSO_4$，然后$FeSO_4$水解氧化形成羟基氧化物和游离的硫酸：

$$4FeSO_4+O_2+6H_2O \longrightarrow 4FeOOH+4H_2SO_4 \quad (10)$$

H₂SO4又加速Fe的腐蚀：

$$4H_2SO_4+2O_2+4Fe \longrightarrow 4FeSO_4+4H_2O \quad (11)$$

新生成的$FeSO_4$再水解为游离酸，如此循环往复，这样一分子的SO_2可以生成许多分子的铁锈，且循环过程中产生的游离酸会溶解锈层中不稳定的腐蚀产物，为O_2和腐蚀性介质的侵入提供通道，进一步加速腐蚀。腐蚀产物的局部溶解与酸的再生循环作用产生的协同效应使低碳钢在混合腐蚀介质中的腐蚀失重明显高于在单一腐蚀介质中的腐蚀失重。

9 失效原因及综合分析

综上所述可以得出如下结论：

(1) 换热管管道内壁发现明显腐蚀现象以及出现密布点蚀孔的现象，结合壁厚测量结果分析，换热管壁厚分布不均，存在腐蚀减薄的情况，内表面腐蚀严重，发生氧腐蚀和硫腐蚀；外表面相对光滑，并见明显的腐蚀迹象。

(2) 通过对换热管金相组织分析，发现换热管的金相组织是由白色的细小铁素体和黑色的片层状珠光体组成，铁素体所占的比例较多，珠光体的含量少且晶粒大小不够均匀。

(3) 换热管内壁表面发生了氧腐蚀、氯腐蚀以及硫腐蚀，管程介质中存在的氯化氢、硫化氢等杂质气体造成了换热管内壁表面的普遍腐蚀以及点蚀现象。同时，由于可能存在的较高的工作温度、较高的工作压力等工况因素的影响，换热管内壁的腐蚀情况将会随着服役时间的增加变得更加严重。

(4) 换热管材质成分基本符合德国标准 DIN17175《耐热无缝钢管供货技术条件》中 ST35.8 标准，但是 Mn 含量较低，过低的 Mn 含量会降低低碳钢的耐腐蚀性能。

(5) 换热管壁厚内壁区域由于腐蚀的产生，导致低碳钢组织基体产生疏松，显微硬度值较低，平均显微硬度为 97.52HV。但是，中间以及外壁区域未受腐蚀作用影响，组织正常，平均显微硬度为 203.9HV。

10 改进措施

定期对循环水流速进行检测；跟踪原料油杂质含量分析，优化调整反应注水量，并定期进行切换反应注水点，跟踪高分酸水分析指标变化；举一反三组织全面排查装置水冷换设备运行状况。根据排查结果，结合装置停车大修契机，对长周期水冷换设备进行评估、更新。

参考文献

[1] 林翠，陈三娟，何文，赵立才. 酸雨对低碳钢腐蚀行为的影响[J]. 钢铁研究学报，2011，23(06)：18-23.

[2] 白松莲. 含 Al-Si-Ni 的低碳钢耐腐蚀行为[D]. 沈阳：东北大学，2008.

[3] 张弦，杨森，汪新，林安，甘复兴. 低碳钢在 H_2S 溶液中的腐蚀行为研究[J]. 中国腐蚀与防护学报，2010，30(06)：465-468.

[4] 郭明晓，潘晨，王振尧，等. 碳钢在模拟海洋工业大气环境中初期腐蚀行为研究[J]. 金属学报，2018，54(1)：11.

[5] 蔡健平，郑逸苹. 氯化物，硫污染物对碳钢大气腐蚀的协同作用[J]. 中国腐蚀与防护学报，1996，16(4)：4.

某成品油管道腐蚀穿孔失效分析

金作良

（中国石油管道建设项目经理部）

摘　要　油气管道作为油气输送最便捷、最安全的运输方式，在国内外得到普遍运用。腐蚀穿孔是油气输送管道最常见的失效方式，具有不可预见性和后果严重等特点，尤其是液体管道，一旦发生腐蚀穿孔泄露事故，很可能会发生安全事故和环境污染事件，本文通过某成品油管道腐蚀穿孔的失效分析介绍，提出同类管道预防腐蚀穿孔的具体措施，为同类项目提供借鉴。

关键词　成品油管道；腐蚀；失效分析

1　引言

某成品油管道管径273mm，采用L245MB钢级的ERW直缝管，管道壁厚5.6mm，管道设计压力3.0MPa。因管道建成后，长时间没有投产，为保证管道安全投产，在投产前重新组织试压工作，试压介质为水。在试验压力升至3.0MPa后，发现试压压力快速下降，经排查沿线管道，共发现两处管体泄露。现场开挖后发现在管体6点位，存在泄露点。现场情况见图1，为查清泄露原因，组织开展了失效分析工作。

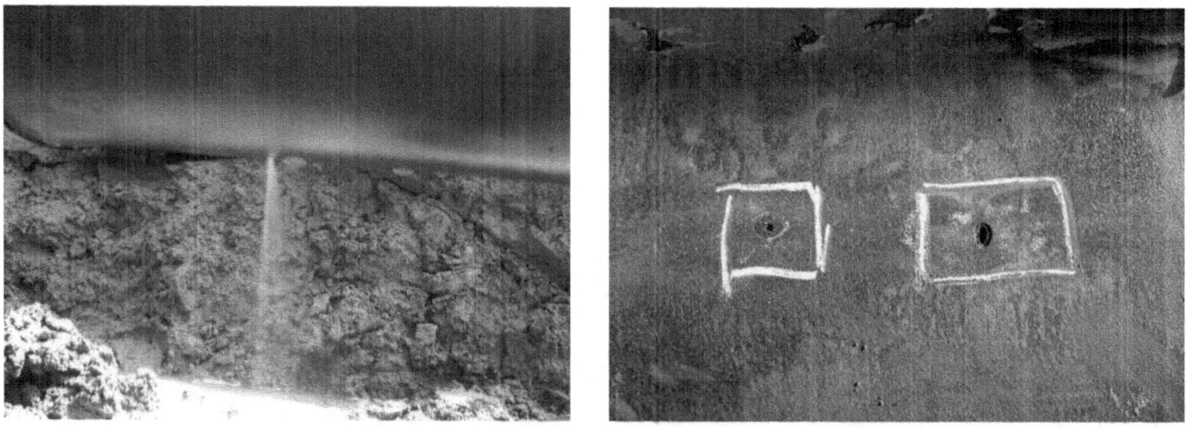

图1　现场情况

2　失效分析方案

为了保证失效分析结果能真实再现腐蚀产生的原因，在开展失效分析前，需要制定失效分析方案。失效分析方案包括资料搜集、尺寸测量、无损检测、理化性能分析、金相显微组织分析、形貌分析等。

3　失效分析主要结果

3.1　*壁厚测量*

（1）环带壁厚测量：采用MX-5型超声测厚仪，依据GB/T 11344—2008，对送样管段壁厚进行了测量。测量了钢管5个截面环带壁厚，每个截面共测量6个点，测量了2点、4点、6点（泄漏点位置）、8点、10点及12点钟方向位置，截面位置如图2所示。测量结果表明，壁厚均值5.645mm，最小值5.39mm，最大值5.81mm。

（2）6点钟位置壁厚：沿A端以约4mm的间距测量了送检管段泄漏点所在6点钟位置壁厚，结果如图3所示。测量结果表明，最小壁厚为5.06mm，与公称壁厚5.6mm相比，减薄量为9.64%，该最小壁厚处距离B段36cm。

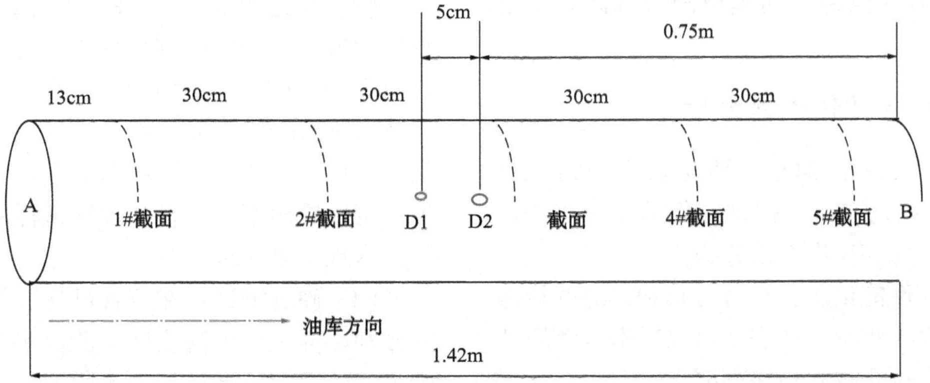

图 2　钢管环带壁厚测量示意图

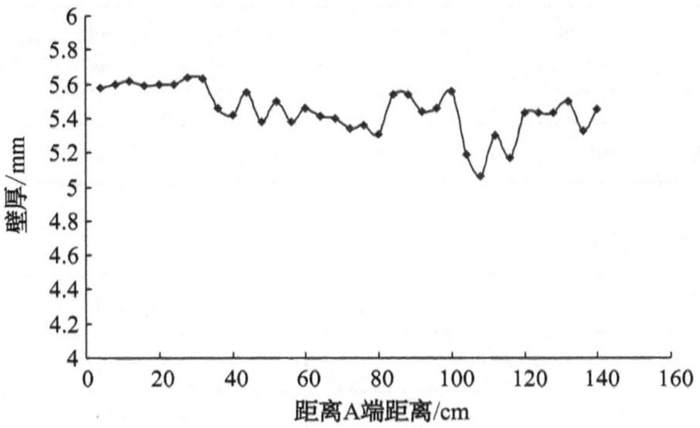

图 3　钢管 6 点钟位置壁厚

从测量的情况看，测量的 5 个截面环带的外径符合技术规格书允许偏差要求，泄漏点 D1 和 D2 周围区域的壁厚未见明显减薄。

3.2　无损检测

（1）泄漏点处射线检测：将管段切开成 A1、A2 和 A3 三段，如图 4 所示，采用 XXQ-2505 型射线探伤仪，选用 150KV 的管电压在 3min 的曝光时间下以单壁单影的透照方式，对 A2 管段泄漏点位置（图 4）进行射线探伤检测，检测结果表明 A2 管段穿孔处发现 6 处明显可见的缺陷，具体如表 1 所示。

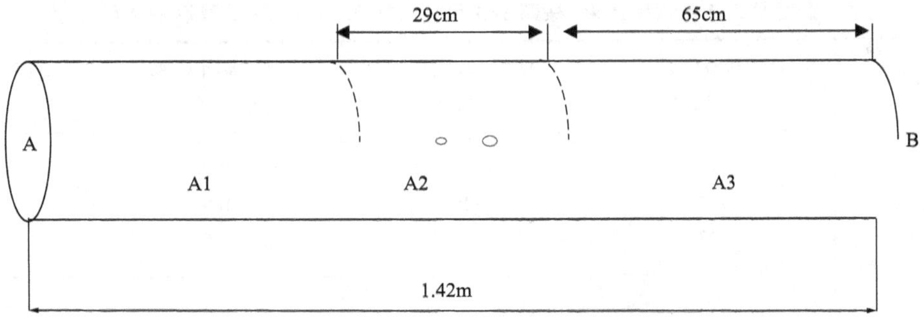

图 4　管段切割示意图

表 1　泄漏点处射线检测结果

编号	缺陷位置	缺陷描述
1	D2 穿孔缺陷	6mm 圆形缺陷
2	朝 B 端方向距 D2 穿孔缺陷 40mm	6mm 圆形缺陷
3	朝 A 端方向距 D2 穿孔缺陷 50mm	4mm 圆形缺陷
4	朝 A 端方向距 D2 穿孔缺陷 72mm	7mm 圆形缺陷
5	朝 A 端方向距 D2 穿孔缺陷 119mm	5mm 圆形缺陷
6	朝 A 端方向距 D2 穿孔缺陷 127mm	4mm 圆形缺陷

（2）壁厚减薄处射线检测：采用 XXQ-2505 型射线探伤仪，以单壁单影的透照方式，对 A3 管段 6 点钟方向超声测后减薄处（距离 B 端 36cm）进行射线探伤，结果表明局部减薄处未发现超标缺陷。

（3）超声波探伤检测：采用 MS380 超声波探伤仪、2. 5P12×12 K2 探头及 5%刻槽对比试块以锯齿形的扫查方式对送检管段焊缝进行 100%超声波探伤检测。超声波探伤检测依据标准 JB/T 4730. 3—2005《承压设备无损检测　第三部分：超声检测》进行。检测结果表明送检管段 ERW 焊缝未发现超标缺陷。

综上所述，从无损检测的结果看，该管段 ERW 焊缝未发现超标缺陷，泄漏点未在焊缝上，处于偏离焊缝 90°位置；A2 管段穿孔处发现 6 处缺陷，A3 管段 6 点钟方向超声测后减薄处未发现超标缺陷。

3.3　失效钢管理化性能分析

（1）化学成分：钢管主要化学成分结果见表 2。从表 2 可以看出，钢管的化学成分符合技术规格书中 L245MB 化学成分的要求。

（2）拉伸性能试验：钢管母材和焊缝的拉伸试验结果如表 3 所示。从表 3 可以看出，钢管的拉伸试验结果符合技术规格书要求。

（3）夏比冲击性能试验：在钢管母材、焊缝及热影响区分别取样进行夏比冲击性能测试，试验温度为-10℃。试样规格为 3.3×10×55mm，V 型缺口垂直钢管表面。表 4 中夏比冲击功值为按照 1/3 尺寸试样结果换算出的全尺寸试样冲击结果，可以看出钢管母材和焊缝试样的冲击功均符合技术规格书要求。

（4）硬度测试：在钢管母材、焊缝及热影响区分别取样进行硬度测试试验。测试位置如图 5 所示，硬度测试结果如表 5 所示。

表 2　钢管化学成分分析结果

元素	碳(C)	硅(Si)	锰(Mn)	磷(P)	硫(S)	铬(Cr)	铜(Cu)	碳当量(Ceq)
最大含量	0.090	0.11	0.76	0.017	0.0057	0.016	0.022	0.22
规格书要求	≤0.15	≤0.35	≤1.45	≤0.020	≤0.010	≤0.25	≤0.30	≤0.40

表 3　钢管拉伸试验结果

试样编号	宽度×标距/mm	Rm/MPa	Rt0.5/MPa	屈强比	A/%	断裂位置
管体 90°横向	38.1×50	456	366	0.80	33.0	/
焊接接头	38.1	518	/	/	/	母材
技术规格书要求		≥415	245~440	≤0.88	≥24	

表 4　钢管夏比冲击试验结果（按照 1/3 尺寸试样 3.3×10×55 折算后的全尺寸值）

试样编号	冲击吸收能量/J 单个试样	冲击吸收能量/J 平均值	剪切断面率/% 单个试样	剪切断面率/% 平均值
母材横向	117 117 123	119	100 100 100	100
焊缝	114 114 84	104	100 100 95	98
热影响区	105 102 105	104	100 100 100	100
技术规格书要求（全尺寸 10×10×55）	管体横向单个值≥40（平均≥50）；焊缝及热影响区单个值≥25（平均≥30）		管体横向单个值≥75（平均≥85）；焊缝及热影响区单个值≥30（平均≥40）	

表 5　维氏硬度试验结果

焊接接头试验位置	1	2	3	4	5	6	7	8	9
硬度值(HV_{10})	171	173	175	166	167	167	168	171	182

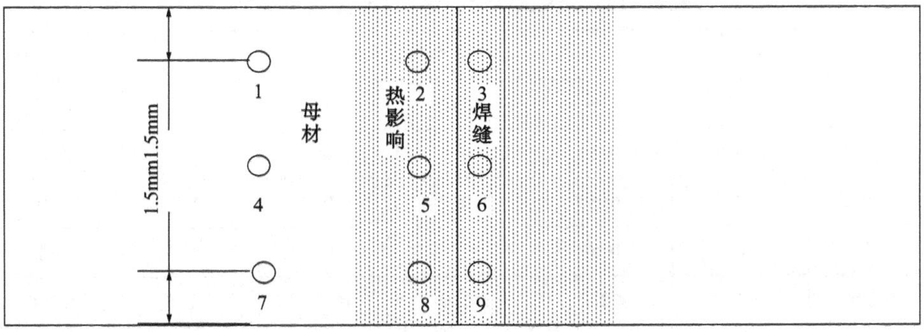

图 5　焊接接头硬度示意图

技术规格书中要求，钢管管体、焊缝及热影响区最大允许硬度值为 240HV10。由表 5 可知，硬度测试结果满足要求。

(5) 压扁试验：焊管的压扁试验结果表明置试样分别于偏离焊缝 0°、90°位置，压至 2/3D、1/3D 至贴合，焊缝及焊缝以外管体均未出现裂纹，并且在整个试验过程中钢管表面未出现分层缺欠或金属过烧，满足技术规格书要求。

(6) 金相分析：焊管的金相分析结果如表 6 所示，可以看出，焊管的母材金相分析结果符合技术规格书要求。

表 6　母材金相分析结果

编号	非金属夹杂物 *								组织	晶粒度
	A 薄	A 厚	B 薄	B 厚	C 薄	C 厚	D 薄	D 厚		
1#	1.0	0	0.5	0	0	0	1.0	0	F+P	10.0 级
级别限定	≤2.0	≤2.0	≤2.0	≤2.0	≤2.0	≤2.0	≤2.0	≤2.0	/	/

3.4　金相及电镜分析

(1) 试块取样：为了分析钢管腐蚀穿孔的原因，在钢管无损检测确定的缺陷部位进行线切割取样，共切取 8 块，分别标号为 1#~8#，随后分别取 1#~8#剖开一侧试样和 8#纵切试样进行金相观察分析，同时测量腐蚀坑深。金相组织和非金属夹杂物观察结果表明：试样内外表面组织与壁厚中心组织相同，纯净度相当。同时对腐蚀孔洞进行进一步金相分析，图 6~图 10 为某典型贯穿壁厚的腐蚀孔洞形貌特征以及典型腐蚀坑及产物的形貌分析，结果表明试样内表面存在明显腐蚀样貌，腐蚀坑较深，腐蚀产物较厚；泄漏点轴向两侧另外 4 处腐蚀坑深度介于 2.57mm ~ 4.6mm，最大腐蚀坑深度占壁厚比例达到 82%。如表 7、表 8 所示。

表 7　腐蚀坑缺陷样品金相组织

编号		腐蚀坑周围组织	内表面组织	外表面组织	壁厚中心组织	铁素体晶粒度
1#(横向)		F+P	F+P	F+P	F+P	10.0
2#(横向)		F+P	F+P	F+P	F+P	10.0
3#(纵向)		F+P	F+P	F+P	F+P	/
4#(横向)		F+P	F+P	F+P	F+P	10.0
5#(纵向)		F+P	F+P	F+P	F+P	/
6#(横向)		F+P	F+P	F+P	F+P	10.0
7#(横向)		F+P	F+P	F+P	F+P	10.0
8#	横向	F+P	F+P	F+P	F+P	10.0
	纵向	F+P	F+P	F+P	F+P	/

表 8　腐蚀坑缺陷样品(纵向)非金属夹杂物

编号	非金属夹杂物 *							
	A 薄	A 厚	B 薄	B 厚	C 薄	C 厚	D 薄	D 厚
3#(纵向)	1.0	0	0.5	0	0	0	1.0	0
5#(纵向)	1.0	0	0.5	0	0	0	1.0	0
8#(纵向)	1.0	0	0.5	0	0	0	1.0	0
级别限定	≤2.0	≤2.0	≤2.0	≤2.0	≤2.0	≤2.0	≤2.0	≤2.0

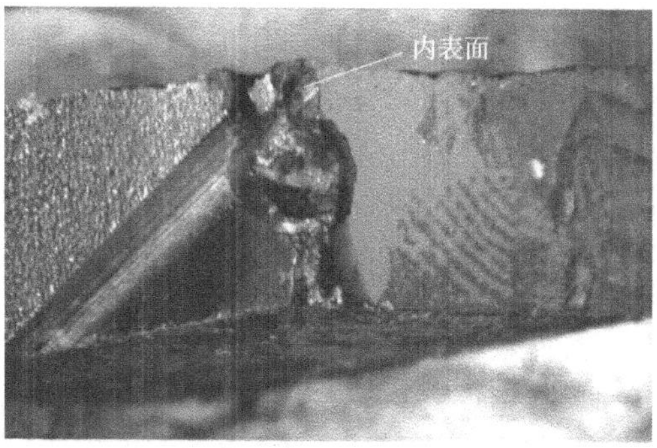

图 6　某贯穿壁厚的腐蚀孔洞形貌特征

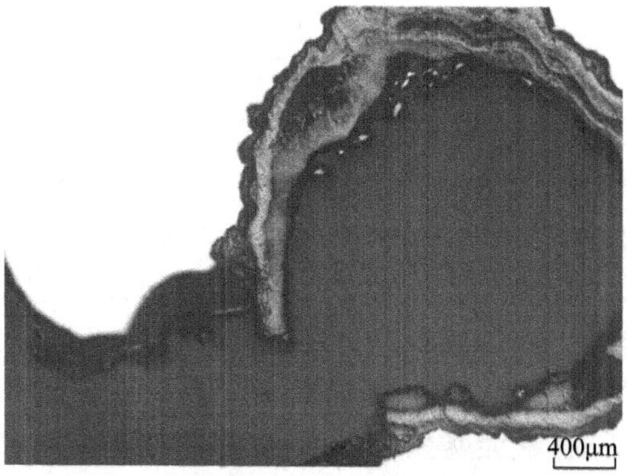

图 7　腐蚀坑及产物

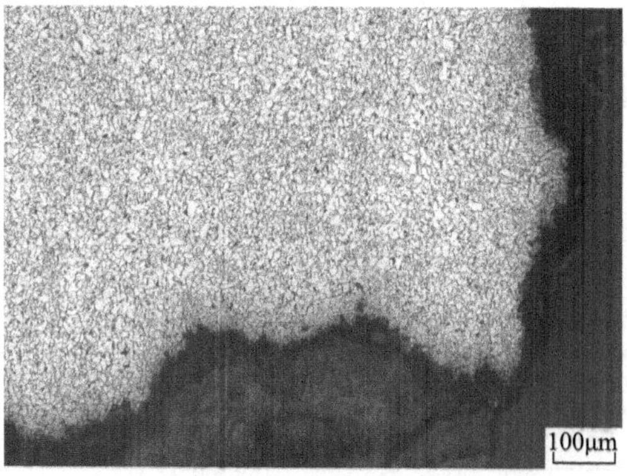

图 8　孔洞周围腐蚀产物及组织

（2）电镜分析：为了进一步明确管体腐蚀产生的原因，采用 TESCAN VEGA Ⅱ 扫描电子显微镜及 XFORD INCA350 能谱分析仪对 1#～8#剖面进行了电镜观察和腐蚀产物能谱分析。分析结果表明，腐蚀坑孔口有腐蚀产物覆盖，并沿壁厚方向发展，如图 11 所示。1#～8#试样剖面能谱分析表明，腐蚀坑表面氧含量较高，如图 12、图 13所示，说明该区域存在氧腐蚀，并在腐蚀坑内发现有氯离子存在。

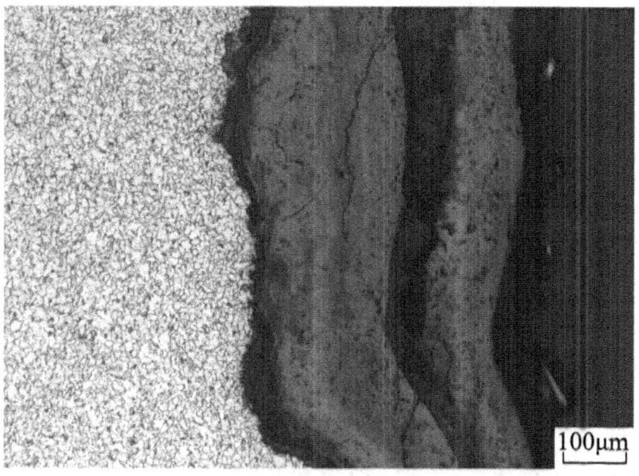

图 9　孔洞周围腐蚀产物及组织

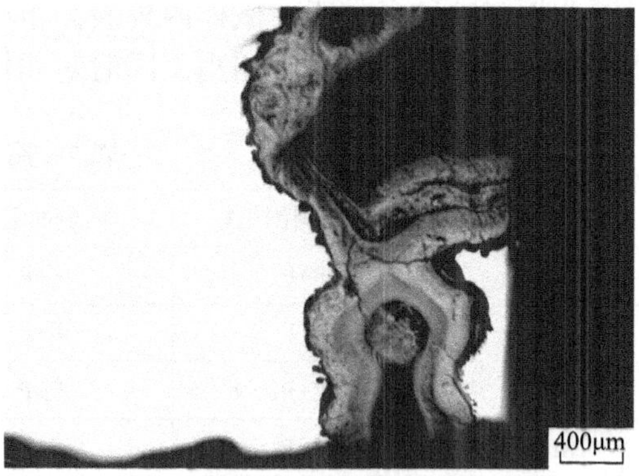

图 10　某贯穿壁厚的腐蚀孔洞截面特征（内表面孔洞）

3.5　泄漏原因综合分析

综上所述，按照钢管技术规格书，对取样管段进行化学成分、拉伸试验、夏比冲击、硬度测试、压扁和金相分析等理化性能检测的结果表明：取样管段各项性能均符合技术规格书要求。

两处泄漏点位于管道6点钟位置，距离直焊缝22.8cm，金相纵向剖面表明第1处泄漏点(D2)靠近内外表面孔径大，中部小；第2处泄漏点(D1)靠近内外表面孔径小、中部大。对取样管段A2管段去除腐蚀产物后在泄漏点(管道6点钟位置)轴向两侧内表面发现另外4处内腐蚀坑，腐蚀坑深度位于2.57mm～4.6mm，最大腐蚀坑深度占壁厚的82%。能谱分析表明泄漏点位置黑色腐蚀产物成分主要是C、O、Fe、Al、Si、Ca、Mn等元素，红褐色腐蚀产物成分主要是C、O、Fe、Al、Si、Ca、Mn等元素，XRD分析表明泄漏点位置黑色腐蚀产物成分以Fe_3O_4为主，并含有少量的$Fe(OH)_3$，红褐色腐蚀产物主要是$Fe(OH)_3$和Fe_2O_3，伴有少量的Fe_3O_4，说明存在氧腐蚀。另外腐蚀坑区域能谱分析结果表明氧含量较高，说明存在氧腐蚀，并有氯离子存在。

取样管段泄漏点位置存在明显的黑色腐蚀产物和其他部位均存在不同程度腐蚀形貌表明该部位有残留水存在。由于水中存在氧气，溶解氧和钢管表面的铁组成腐蚀电池，铁的电极电位，比氧的电极点位低，在铁氧腐蚀电池中，铁是阳极，阳极区域Fe不断失去电子，变成离子进入溶液，也即铁不断被溶解腐蚀，留下的电子，通过金属本体移动到阴极的表面，与水和溶解在水中的O_2起反应生成OH^-离子。在水中，阴、阳极反应生成的OH^-与Fe^{2+}相遇即生成不溶性的白色$Fe(OH)_2$沉淀，因$Fe(OH)_2$这种物质极易被氧化为$Fe(OH)_3$，同时脱水形成FeOOH，而形成的FeOOH可以作为电子受体继续反应，逐渐生成Fe_2O_3和黑色Fe_3O_4，这些腐蚀产物与前面XRD在腐蚀产物中检测的物相结构是吻合的。溶解氧的这种阴极去极化的作用，造成对钢管内表面的氧化保护膜的破坏，产生局部的坑蚀或孔腐蚀。

由于残留水中含有Cl^-，金属离子的产生会使得腐蚀部位的正电荷量过剩，导致Cl^-迁移到腐蚀部位来维持其电中性，并且腐蚀坑外面的Cl^-会持续不断的向腐蚀坑内富集，坑内的溶液处于滞留状态，形成闭塞腐蚀电池，闭塞电池导致坑内酸性增加，促进了腐蚀坑沿壁厚方向发展，直至穿孔。

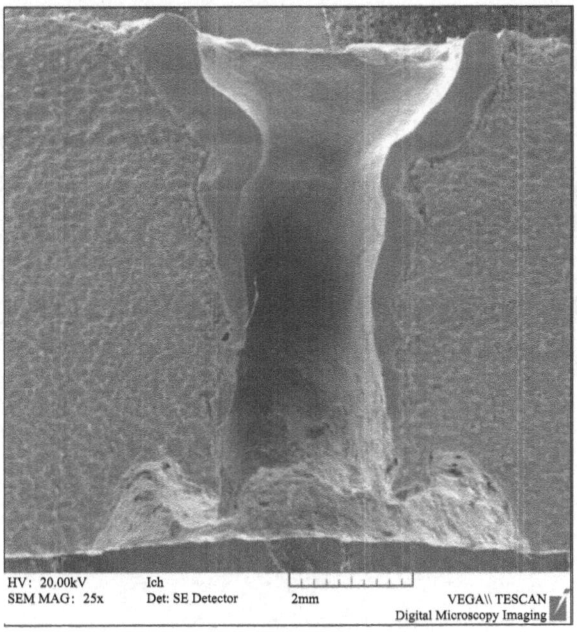

图11　某典型试样穿孔25倍扫描电镜形貌

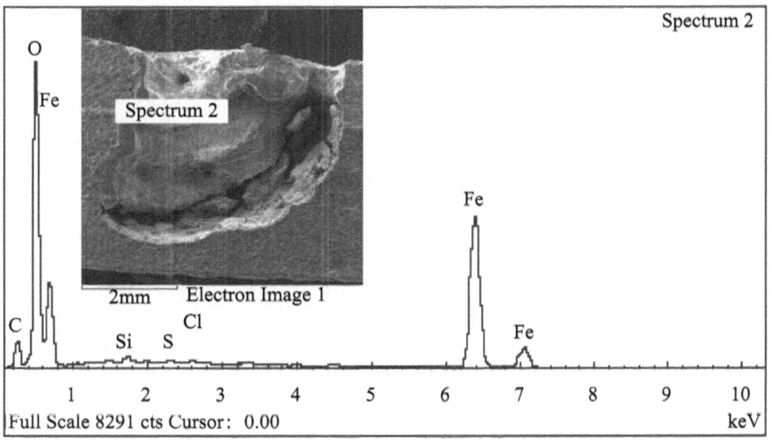

图12　某典型试样腐蚀产物能谱图

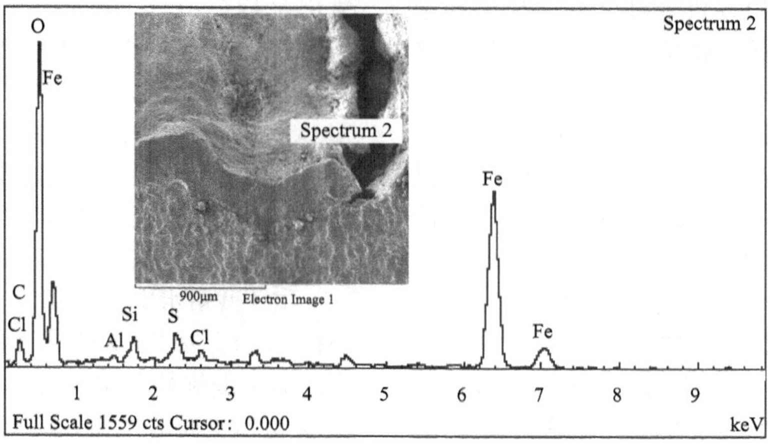

图 13　某典型试样腐蚀坑底部能谱图

4　结论及预防措施

管道泄漏原因是管道内部有水残留，导致管道内壁发生不均匀氧腐蚀，而氯离子的存在促进了个别部位管体腐蚀沿壁厚方向发展直至穿孔。

失效分析结论表明该管道的泄漏与管道建设过程中的扫水、干燥等环节的作业效果关系密切。各管道参建单位都应从这些泄漏事故中吸取经验教训，加强对管道扫水、干燥等环节的管控，严格执行标准规范要求并做好相关过程记录，杜绝此类事故的再次发生。

参　考　文　献

[1] 刘国志，彭英伟，伍东，等．天然气管道失效分析与防范对策[J]，安全与环境工程，2012，19(3)：100-104.

[2] 吴策宇，耿晓梅，赵焕省．欧洲天然气管道发展特点及事故原因[J]，油气储运，2014，33(2)：148-152.

[3] European Gas Pipeline Incident Data Group. 8th EGIG report[R/OL]. 2011-12-01[2013-04-10]. http://www.egig.eu/.

[4] 李鹤林，赵新伟，吉玲康．油气管道失效分析与完整性管理[J]. 理化检验(物理分册)，2005，41(增刊)：24-31.

[5] 李鹤林．油气管道失效控制技术[J]. 油气储运，2011，30(6)401-410.

保温层下小接管腐蚀的成因分析及检测技术研究

曾　阳

（中国石油大庆炼化公司）

摘　要　本文深入研究了保温层下小接管腐蚀问题，对腐蚀产生原因进行分析，并提出有效检测和保护措施。对造成小接管腐蚀的主要环境、材料、施工和使用因素进行了详细的分析，通过介绍腐蚀的基本概念及其在保温层下的特殊表现形式。在此基础上，对传统与先进腐蚀检测技术的应用进行了探讨，提出了一系列综合防护措施，包括保温层的设计与施工改进、腐蚀防护涂层的应用及腐蚀介质含量的降低、养护与更换的具体技术建议等，以期为保温层下小接管腐蚀的预防与控制提供了理论基础和技术支撑。

关键词　保温层下腐蚀；小接管；成因分析；检测技术；防护措施

1　引言

保温层下小接管腐蚀是工业生产过程中的通病，不仅对生产设备的安全运行造成影响，而且可能引发较大事故。保温层下腐蚀是指由于保温层内部潮湿环境的影响，在保温层覆盖的金属结构表面发生局部性腐蚀现象。此类腐蚀一般具有很强的隐蔽性，不易被及时察觉。本文将围绕保温层下小接管腐蚀成因进行分析，探讨有效的检测与防护技术，以期为工业领域腐蚀防治工作提供参考与指导。

2　保温层下小接管腐蚀的理论基础

2.1　腐蚀的定义与分类

腐蚀是金属材料与其周围环境发生化学或电化学反应而导致的损坏过程，这一过程通常伴随着金属材料的物理性质改变，如强度、硬度、外观等。根据腐蚀机理的不同，可以将其分为两大类：化学腐蚀和电化学腐蚀。化学腐蚀是指金属与非电解质介质（如干燥气体或非导电液体）直接接触时发生的腐蚀，这类腐蚀过程不涉及电流流动。电化学腐蚀则更为常见，它发生在金属与电解质溶液接触的情况下，其中金属作为阳极失去电子形成离子进入溶液，而在阴极位置发生还原反应，整个过程中伴随着电流的产生和流动。在工业环境中，电化学腐蚀尤其值得关注，因为它常常是导致保温层下小接管腐蚀的主要原因。保温层下腐蚀（Corrosion Under Insulation，CUI）是一种特定类型的电化学腐蚀，发生在保温层覆盖的金属表面，尤其是在湿度较高的环境下，保温层内积聚的水分会加速腐蚀过程。

2.2　腐蚀的基本机理

腐蚀是一种复杂的物理化学过程，主要涉及金属与周围环境之间的相互作用。电化学腐蚀是最常见的腐蚀类型，特别是在保温层下小接管腐蚀的情景中尤为重要。电化学腐蚀过程涉及阳极反应和阴极反应两个基本步骤，这两个步骤通过电子传递和离子迁移来完成。在阳极区域，金属失去电子变成金属离子，即发生氧化反应，化学方程式通常表示为

$$M \longrightarrow M^{n+} + ne^-$$

例如，在钢铁表面，铁原子失去电子形成铁离子进入溶液中，这一过程释放出电子。在阴极区域，则发生还原反应，通常是由水或氧气接受电子的过程，例如：

$$O_2 + 2H_2O + 4e^- \longrightarrow 4OH^- \text{或} 2H^+ + 2e^- \longrightarrow H_2$$

在保温层下小接管的环境中，保温层内部的水分和空气中的氧气为腐蚀提供了必要的条件。当水分渗透到保温层与金属表面之间时，形成了一个微电池，其中金属作为阳极，而保温层内部的水分则充当电解质。在这个微电池中，阳极区域的金属失去电子溶解进入溶液，而阴极区域则发生还原反应。随着时间的推移，阳极区域的金属逐渐消耗，导致金属壁厚减薄，最终可能引起设备失效。为了有效地控制和防止这种腐蚀现象的发生，必须深入理解腐蚀的基本机理，并采取相应的防腐措施。

2.3　保温层下腐蚀的特点

保温层下腐蚀主要发生在被保温层覆盖在金属表面的环境中，是一种特殊的腐蚀形式。保温

层下腐蚀与其他腐蚀类型相比，具有以下特点：(1)隐蔽性，腐蚀过程往往因保温层的存在而难以直接观察，给早期检测、维修增加了难度。(2)局部性，保温隔热下面的腐蚀通常表现为局部腐蚀，即腐蚀只在保温层下面某一特定的区域内发生，而不是整体性的均匀腐蚀。这种局部性造成短时间内可能造成结构严重破坏的金属材料损耗不均。(3)加速性，金属表面会形成一种电解溶液，这种溶液会加速腐蚀过程，如保温层内部的湿气和盐分等腐蚀性物质。尤其是保温层内部的水分凝结，在温差变化很大的情况下，腐蚀会进一步加剧。(4)复杂性，保温层下腐蚀机理涉及多种因素的综合作用，包括保温层的材质、厚度、完整性，金属材料的种类，以及环境条件(如温度、湿度、盐分浓度等)等，保温层下腐蚀机理涉及多种因素，如保温层这些因素的相互影响，使得保温层下面的腐蚀问题变得复杂，而且是一个多变量的问题。(5)预测性难通过简单模型预测保温层下腐蚀的发生和发展，由于上述因素的复杂性和不确定性，给防治工作带来挑战。

3　小接管腐蚀的成因分析

3.1　环境因素

环境因素是导致保温层下小接管腐蚀的关键原因，主要包括湿度、温度、大气污染物(如二氧化硫、氯化物等)、微生物活动等因素。高湿度环境下，保温层内部容易积聚水分，形成电解质溶液，加速电化学腐蚀过程。温度波动也会促进水分的凝结和蒸发，进而影响腐蚀速率。大气中的污染物如二氧化硫和氯化物可以溶解于保温层内的水分中，形成更具腐蚀性的环境。微生物活动也能促进腐蚀过程，某些细菌能够在湿润环境中生存并分解有机物，生成酸性物质，加速金属的腐蚀。

3.2　材料因素

物质因素主要包括物质本身的化学成分、表面处理状态和微观结构等方面，在小接管腐蚀过程中起着至关重要的作用。材料的合金成分差异会造成局部腐蚀倾向的差异，如不锈钢中铬含量不足或含碳量过高，都可能造成点蚀或缝隙腐蚀。焊接热影响区钝化层破坏、机械损伤处等表面处理不良，都会成为腐蚀的起始点。晶界偏析、非金属质夹杂物的存在等材料的微观结构缺陷也会使腐蚀过程加剧。这些因素相互影响，使材料的耐蚀性能降低，从而在特定的环境条件下，促进了小接管腐蚀现象的发生。

3.3　施工因素

施工因素主要包括保温层在施工过程中的安装质量、密封性以及焊接工艺等原因，是造成保温层下小接管腐蚀的重要原因。保温层安装不当，使外界水分容易侵入，形成腐蚀环境，可能会造成保温材料与金属表面产生缝隙或裂缝。密封性差也会使保温层内部湿度增大，腐蚀过程加快。焊接过程中的热影响区域若处理不当，可能会造成局部地区的耐腐蚀性下降，成为腐蚀的敏感地带。如果施工过程中使用的胶黏剂、油漆等含有腐蚀性成分或施工不当，也有可能成为腐蚀的源头。

3.4　使用因素

使用因素主要包括运行条件的变化、介质特性、维修情况等，是保温层下小接管腐蚀的重要原因。经常波动的温度、压力等运行条件的变化，会使保温层内部的水分产生冷凝或蒸发，从而形成腐蚀性的环境。介质特性(如氯离子、硫酸根离子等)会使腐蚀过程加剧，特别是介质中含有腐蚀性成分。小接管长期暴露在这些介质中，受侵蚀的可能性比较大。保温层内部积水未能及时清理或破损保温材料更换等情况，缺乏定期的检查和维护，也会使腐蚀现象加速发展。

4　腐蚀检测技术研究

4.1　传统检测技术

基于成熟的技术原理，传统检测技术在保温层下小接管腐蚀的检测中仍占有重要地位，主要包括目测、超声波检测(UT)、磁粉检测(MT)、射线探测等多种方法。通过肉眼或辅助工具(如放大镜、内窥镜)观察保温层表面有无破损、渗漏或其他异常现象，虽然直观但受可见性的限制，目视是目视检查最基本的方法。超声波检测是利用超声波穿透材料的原理，对内部的瑕疵或腐蚀进行检测。这种方法可以测量墙体厚度的变化，特别有效地检测保温下面小接管的局部腐蚀情况，但实际应用存在局限性，因为检测需要去除部分保温层。磁粉检测适用于表面及近表面的铁磁材料检测缺陷。由缺陷引起的磁场外泄可以通过在材料表面施加磁场并在表面涂上磁粉来表现出来，然后将潜在的腐蚀情况揭示出来。但非铁磁性材料用此方法无效。射线检测适用于对保温层下较深部位腐蚀的检测，利用 X 射线或 γ 射线穿透材料的能力揭示内部结构的变化。但这种方法成本较高，在常规测试中应用受到限制，需要专业的保护措施。

4.2 先进检测技术

先进的检测技术对检测保温层下的小接管腐蚀起到了重要的作用，可以更精确地利用现代科技原理对腐蚀状况进行评估。主要有声发射侦测(AE)，导波侦测(GW)，红外热像技术(IRT)，激光雷达侦测(LIDAR)等方法。声发射探测是通过捕捉材料内部应力变化产生的声波信号，对腐蚀过程进行实时监控的一种无损探测技术。此法可连续监视，适用于腐蚀动态的小接管在保温层下长期监视。利用超声波在材料中的传播特性，导波检测特别适用于长距离管道的腐蚀检测，可以检测出深层的腐蚀缺陷。这种方法可以不拆卸保温层，检测效率提高。通过测量物体表面的温度分布，红外热像技术可以对腐蚀的潜在区域进行识别。红外线热像技术可以直观地显示这些区域，适用于大面积快速筛查，因为腐蚀区域通常伴随着热量散失的变化。激光雷达检测(Laser Radar Detection)是以激光反射原理为基础的非接触式检测技术，可以高精度地获取保温层表面三维图像。结合算法分析，特别是对复杂结构的检测，能识别出保温层下可能存在的腐蚀征象。

5 腐蚀防护与维修技术

5.1 防护措施

5.1.1 保温层设计与施工改进

保温层设计与施工的改进是预防保温层下小接管腐蚀的重要措施，为了有效减少腐蚀的发生，具体改进方法如图1所示。选用合适的保温材料，选择具有良好防水性能的保温材料至关重要。理想的保温材料应该具有低吸水率和良好的耐候性，以减少水分渗透的可能性。例如，使用闭孔泡沫塑料或硅酸钙板等材料可以有效隔绝水分。优化保温层结构，在设计阶段，应考虑到保温层内部的通风和排水，可以通过设置通风孔或排水通道来减少保温层内部积水的风险。此外，内外层材料的不同特性也可采用多层保温结构进行互补，使整体防护效果更好的提高。可用防水胶带、密封胶或专用密封材料将接缝和边缘密封，防止水分侵入，以加强密封措施，保证保温层与金属表面之间的密封性。特别要注意加强密封处理，小接管与主体结构之间的衔接。保温层厚度要合理选择保温层厚度既要符合保温需要，又要兼顾防潮性能。隔热层过薄，对外界环境可能起不到有效隔离作用，而过厚则会造成内部湿度升高。所以保温层的厚度要根据具体的环境条件和使用要求来合理的确定。执行严格的施工标准，在施工过程中要严格按照施工规范进行施工，保证安装保温层的质量。为了减少施工过程中的误差和疏漏，施工人员需要经过专业的培训才能掌握正确的安装技巧。定期检查保养，即使在设计施工阶段做好了一切防范措施，但任何损坏或渗漏的地方，都需要定期检查保温层的状态，以便发现并及时修补。

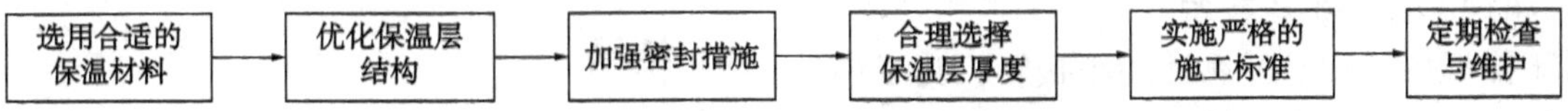

图1　保温层设计与施工改进方法

5.1.2 腐蚀防护涂层的应用

防腐防护涂料是在保温隔热下防止小接管腐蚀的有效措施，涂料的合理选用和应用能使腐蚀风险明显降低。金属表面一定要彻底清洗干净，去除油污、锈迹等杂质后再进行涂刷。常用的预处理手段有喷砂、化学清洗、机械抛光等。涂料的附着力和防腐效果受到预处理程度的直接影响。选择适合自己的涂层材料，根据环境条件和使用要求是必不可少的。常用的包覆材料有环氧树脂，聚氨酯，氟碳漆等。这些材料的耐腐蚀性和化学稳定性都很好，对腐蚀介质能起到有效隔离作用。为获得更好防护效果，常采用多层涂料系统，各层之间保持很好的相容性。底层漆以增强涂层与金属基材间的粘结力，中间层起到额外的屏障保护作用，而面漆则有耐候性和美观性。施工时对各层厚度及干燥时间等进行严格把关，防止过薄或过厚的情况发生以符合设计要求，各层之间要相互协调。施工结束后应对涂膜进行质量检验，检测项目有干膜厚度和粘结力等来保证涂膜达到设计要求。另外可结合漏电检测仪等工具对涂膜的完整性进行检验。如有必要，也可进行耐温测试等。随着时间推移，涂层可能出现磨损或老化现象，为保证涂层的长期有效性，需定期对其状态进行检查并进行必要的修补或重涂工作。所以保持涂层的保养工作必不可少。

5.1.3　降低腐蚀介质的措施

降低腐蚀介质的影响是预防保温层下小接管腐蚀的重要策略，通过过滤或化学处理等手段去除介质中的腐蚀性成分，如氯离子、硫酸盐等。例如，可以使用离子交换树脂去除水中的溶解盐分，减少其对金属的腐蚀作用。调节介质的 pH 值至适宜范围，以减少酸性或碱性介质对金属的侵蚀。对于水介质，通常通过添加缓冲剂或中和剂来调整 pH 值，使其维持在中性或略偏碱性，有助于形成保护性钝化层。向介质中添加适当的防腐剂，如缓蚀剂、抑制剂等，这些化学物质可以在金属表面形成一层保护膜，阻止腐蚀介质与金属直接接触。例如，缓蚀剂如亚硝酸盐、钼酸盐等对腐蚀速度有有效的降低作用。通过介质的循环流动，避免了保温层下小接管区域介质的长时间滞留，减少了腐蚀介质的堆积，同时也避免了腐蚀介质在保温层下对于密闭系统，循环泵的设置可以使介质保持流动，减少局部腐蚀的几率。防止腐蚀性介质直接接触金属表面，如止回阀、过滤器等，在介质进入保温层下小接管区域前设置隔离装置。采用双层管道设计，对内层的小接管进行外围管道的隔离保护。采取措施控制湿度和温度，减少水分凝结的机会，以利于保温层下小接管所处的环境。如保温层内部可加装除湿设备或保持干爽的加热元件。

5.2　维修与更换技术

5.2.1　腐蚀部件的维修技术

对于保温层下面已经腐蚀的小接管，为了确定最佳的维修方案，需要综合评估腐蚀程度和腐蚀范围。这包括利用超声波检测（UT）、导波检测（GW）等先进的检测技术来确定具体的腐蚀部位和腐蚀程度。将腐蚀品、残留物清除干净，这是养护的首要环节。对腐蚀表面的清理可采用机械方法（如砂轮打磨、钢丝刷清洗等）或化学方法（如酸洗等）进行。注意清理时不能对未腐蚀区造成过度破坏。如焊接补片、金属喷涂或用复合材料修补等轻微腐蚀，可采用局部修补的方法。这些方法能使原来的结构和受损地区的强度得到恢复。将防腐涂层重新涂在修复后的表面，以提供额外的防护作用。选用与原涂膜相配套的材料，保证有良好的粘结性及耐腐蚀能力。在进行镀膜修复之前，一定要把表面处理做到位，这样才能保证镀膜的品质。结构加固措施可能需要在腐蚀严重导致结构强度减弱的情况下使用，如支护结构的增加和加固环的使用等。修复完毕后，为保证修复部位的稳定可靠，定期进行监测和评估。定期对修复区的情况进行检查，利用无损检测技术及时发现腐蚀的新迹象。

5.2.2　部件更换和改造策略

更换改造是保温层下小接管，腐蚀严重或无法通过维修恢复功能的必要措施。在更换之前，需要进行综合的腐蚀评估，以确定腐蚀的具体位置和严重程度，如超声波检测（UT）、导波检测（GW）等需要更换哪些部件。详细改造方案根据评估结果制定。考虑是否需要对整个部件进行更换或只对损坏的部件进行更换，并对新部件的材料、尺寸、接口兼容性等进行评估。选用合金含量较高的不锈钢或使用耐腐蚀合金等耐腐蚀性能较好的材料进行更换。使用专门的防腐涂层或内衬材料，可能也是特定环境条件下需要考虑的。新部件按照改造计划进行制造。通过尺寸校验、无损检测等必要的质量控制检查，确保新部件的制造符合相关标准规范。新部件按照改造方案进行安装。确保施工程序、安全规范等在安装过程中得到正确的遵循。安装完毕后，为验证新部件的功能和可靠性，进行必要的调试和性能检测。更换或改装后，为保证新部件的稳定可靠，定期进行监测和评价。利用无损检测技术定期对新部件进行状态检查，及时发现潜在的问题。

6　结语

保温层下的小接管腐蚀是一个涉及多种因素的复杂工艺。通过本文提出的综合防护措施和先进的检测技术，能够有效降低腐蚀风险、延长设备使用寿命、降低维护成本。今后的研究可以针对工业生产和环境保护的需要，进一步探索保温层下小接管腐蚀防护中新材料、新技术的应用，开发更高效、更经济的检测手段。

参考文献

[1] 张卓．保温下的压力容器腐蚀浅析及改进措施[J]．石油化工技术与经济，2019，35(02)：52-55.

[2] 景鹏飞，武渊博，董鑫．储运系统长输管道接管腐蚀案例分析及应对策略[J]．当代化工，2021，50

(08)：1995-1998.

[3] 陈泰劭，范桂利，朱致远．酸性水汽提装置双相钢管线腐蚀失效分析与防护措施[J]. 涂层与防护，2024，45(04)：19-28.

[4] 钟建华，冉文燊，王春生．炼化装置压力管道小接管隐患分析及检测技术[J]. 化学工程与装备，2020，(10)：72-74.

[5] 唐飞阳亮，王波，张文泽．石化设备小接管结构损伤模式分析及检测方案[J]. 化工机械，2023，50(03)：297-302+325.

[6] 葛品．油品码头小接管的泄漏风险分析及对策[J]. 化工技术与开发，2023，52(03)：89-91.

煤气化装置粗合成气管道腐蚀减薄原因分析

李　程[1]　王　宁[1]　杜延年[1]　段永锋[1]　丁平平[2]　孟祥彪[2]

(1. 中石化炼化工程集团洛阳技术研发中心；2. 中国石化安庆石化公司)

摘　要　为了查明粗合成气管道腐蚀减薄的原因，采用多种检测方法对腐蚀减薄管道及腐蚀产物、垢样进行了分析。根据粗合成气管道服役环境、腐蚀形貌、超声测厚、腐蚀产物及垢样分析、材质分析和露点计算结果得出，粗合成气管道发生腐蚀减薄的原因为：(1)介质温度接近露点温度，存在液态水并溶解介质中的H_2S、CO_2和HCl，从而发生腐蚀；(2)高流速的冲刷导致FeS保护膜被破坏，导致腐蚀加剧；(3)中压过热蒸汽注入后，导致介质流态发生变化，使腐蚀集中在"3点钟"至"6点钟"方向的区域。提出了加强管道壁厚监测、提升粗合成气温度、蒸汽注入位置后移、改变蒸汽注入方式、加强保温、使用新型镍基合金涂层等防腐蚀建议。

关键词　粗合成气；管道；腐蚀减薄；露点腐蚀

煤气化作为一种洁净煤技术，已引起人们的广泛关注。目前，世界各地能源均呈现出多极化发展趋势，我国煤化工产业生产规模日渐扩大。原料煤中的碳、氢、硫、氯、氮等元素，在高温气化过程中转变为H_2、H_2S、CO_2、COS、NH_3、HCl等腐蚀性组分，无论是高温还是低温部位，都会产生腐蚀问题，并且在游离水析出条件下使腐蚀问题更为突出。

国内某石化企业合成气净化装置处理来自气化装置的粗煤气，通过变换、脱硫、脱碳得到合格的净化气和合成气送往下游工段，同时通过分离、提纯产出合格的Claus气和CO_2产品气。装置于2004年3月开工建设，2006年8月建成中交，2006年11月开车投产，设计处理能力为142000Nm^3/h。

为提高水气比，通过技术改造，在粗合成气进入气液分离器之前，注入中压过热蒸汽。由气化单元送来的粗合成气通过补加中压过热蒸汽调节水气比后，然后进入气液分离器。发生减薄的管道为补加中压过热蒸汽后的粗合成气管道，该管道于2023年1月投入使用，于2023年12月初在进行日常涡流扫查过程中发现局部减薄，拆除保温验证后，发现从注入蒸汽部位后约1米处的直管段和弯头存在局部减薄，安庆石化公司针对减薄管道进行了同材质更换，为详细分析腐蚀减薄原因，洛阳技术研发中心开展了腐蚀减薄原因分析。洛阳技术研发中心针对现场减薄管道截取直管段、弯头取样(图1)，制定失效分析方案，分析失效原因，并提出防护措施及建议。

(a)

(b)

图1　现场减薄管道截取直管段(a)、弯头(b)

1　检测分析结果

1.1　服役环境

合成气净化装置粗合成气管道于 2023 年 1 月投入使用，注入蒸汽部位后约 1 米处的直管段开始腐蚀发生局部区域减薄，并且直管后弯头也减薄，其在耐硫变换装置的相对位置如图 2 所示，红色部分为发生腐蚀减薄的管道。

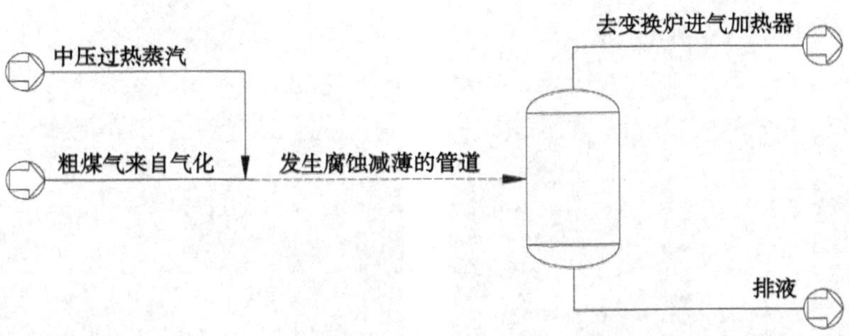

图 2　发生减薄的粗合成气管道在耐硫变换装置的相对位置

粗合成气管道与中压过热蒸汽管道的相关信息如表 1 所示。粗合成气管道材质为 20#(Anti-H_2S)，公称直径 600mm，公称壁厚 25mm，管道长度 85m。介质为粗合成气与注入的中压过热蒸汽，中压过热蒸汽注入方向如图 3 所示。粗合成气流速 20m/s，流量 178982.7kg/h，水气比 0.15，粗合成气介质成分如表 2 所示。中压过热蒸汽压力 4.0MPaG、温度 300℃、流量 73441.4kg/h。注入中压过热蒸汽前，粗合成气压力 3.84MPa、温度 200.2℃；注入中压过热蒸汽后，粗合成气压力 3.5MPaG、温度在 195~205℃范围内。

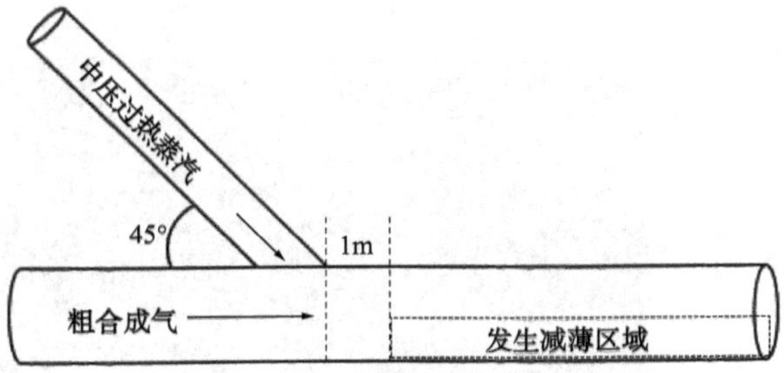

图 3　中压过热蒸汽注入方向

表 1　相关管道基本参数信息

设计/工作条件			管道规格			流量/(kg/h)	材质	投用时间
介质	压力/MPa	温度/℃	公称直径/mm	公称壁厚/mm	管道长度/m			
粗合成气	4.1/3.84	250/200.2	600	25	85.00	178982.7	20#，ANTI-H_2S	2023.01
中压过热蒸汽	6.1/4.0	450/300	300	18	13.40	73441.4	15CrMoG	2023.01

表 2　粗合成气介质成分分析结果

分析项目	分析结果	试验方法
氮气含量/%(v/v)	12.18	Q/SH 3200 200—2018
甲烷含量/%(v/v)	0.0200	
甲烷/ppm	200	
一氧化碳含量/%(v/v)	64.4	
二氧化碳含量/%(v/v)	1.6	
硫化氢含量/%(v/v)	0.34	
羰基硫含量/%(v/v)	0.05	
硫化氢加羰基硫含量/%(v/v)	0.39	
氢气含量/%(v/v)	21.40	

1.2　腐蚀形貌

粗合成气管道腐蚀减薄部位的腐蚀形貌如图 4所示。管道内壁覆盖有较厚的褐色垢层，减薄最严重部位(区域①、②)沿管道走向形成一道沟槽。

对粗合成气管道减薄最严重部位(图 4 中区域①、②)进行切割取样，用体式显微镜观察除去腐蚀产物前后的腐蚀形貌，如图 5 所示。清洗前，可以看出试样表面有一层黄褐色垢层。清洗后，可以看出试样表面凹凸不平，具有明显腐蚀痕迹。

(a)　(b)

图 4　穿孔位置外表面腐蚀形貌

(a)　(b)

图 5　粗合成气管道减薄最严重部位清洗前(a)、后(b)

1.3　超声测厚

在管道四周打磨测厚点，检测结果如图 6 所示，对图中所示区域①、②进行切割后拍照，分别如图 7、图 8 所示。已知该管道初始公称壁厚为 25mm。由测厚结果得知，减薄部位在“3 点钟”至“6 点钟”方向，减薄最严重处约在“4 点钟”和“5 点钟”方向，剩余厚度分别为 13.52mm、16.94mm，计算腐蚀最严重部位的平均腐蚀速率约为 12mm/a。

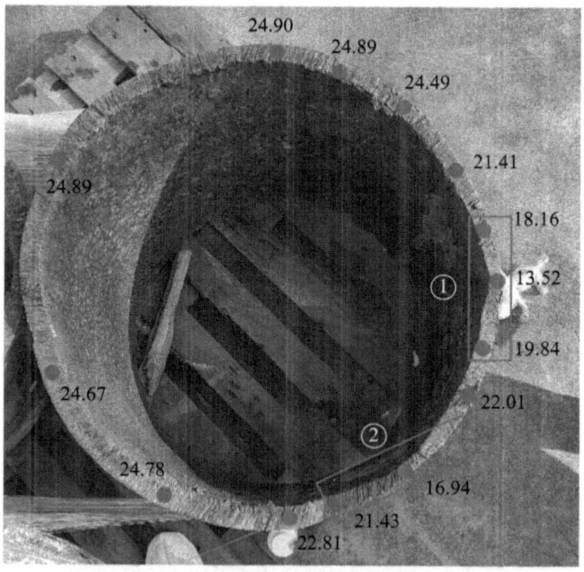

图 6　管道测厚数据

1.4　腐蚀产物及垢样分析

1.4.1　水溶性介质分析

取腐蚀产物和垢样各 1g，分别加入蒸馏水至 50ml，超声溶解后过滤，对所得的滤后水溶液进行 pH 值、阴离子含量检测，数据见表 3。数据表明：粗合成气管道处于酸性环境，且可溶性腐蚀产物及垢样中含有一定量的氯离子。

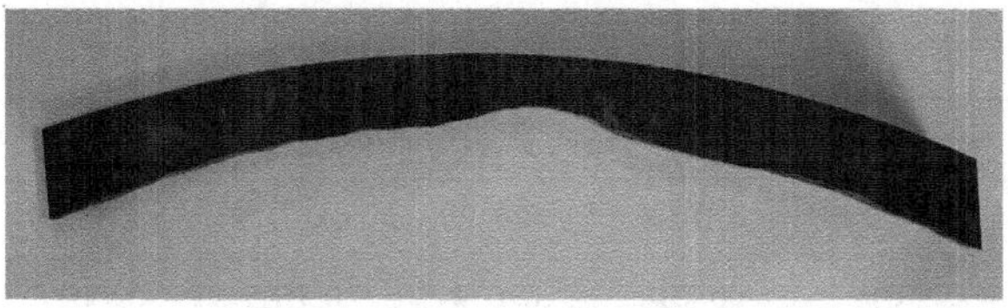

图 7　区域①切割后图片

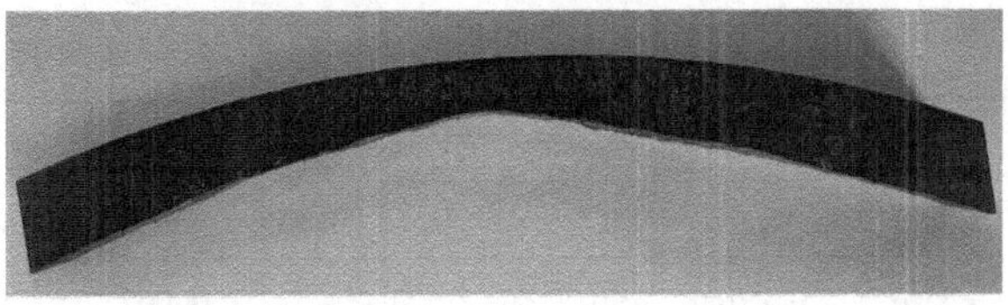

图 8　区域②切割后图片

表 3　腐蚀产物及垢样水溶液的 pH 值和阴离子含量　　mg/L

样品	pH	甲酸根	乙酸根	Cl^-	CO_3^{2-}	$C_2O_4^{2-}$	SO_3^{2-}	SO_4^{2-}	NO_3^-
腐蚀产物	5.28	/	0.386	43.6	1.26	/	/	12.4	0.411
垢样	5.42	0.125	0.480	118	1.62	/	/	5.66	0.357

1.4.2　SEM+EDS 分析

对现场收集的腐蚀产物和垢样干燥、研磨处理后进行 SEM 分析，SEM 图片如图 9 所示。对图中所示部位进行 EDS 分析，EDS 数据见表 4，数据表明：腐蚀产物及垢样组分中以 Fe、O、S 元素为主，还含有少量的 Cl 元素。

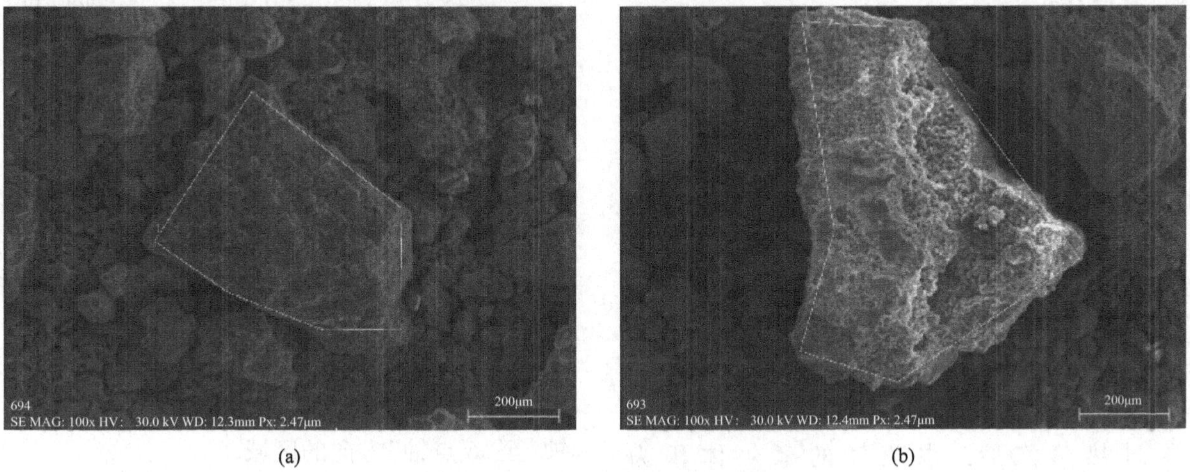

图 9　腐蚀产物(a)及垢样(b)的 SEM 图片

表 4　腐蚀产物及垢样的 EDS 分析数据　　wt%

样品	Fe	O	S	Cl	其他
腐蚀产物	42.85	32.22	22.58	1.55	0.80
垢样	44.75	28.05	21.29	2.69	3.22

1.4.3　XRD 分析

对现场收集的垢样干燥、研磨处理后进行了 XRD 分析，数据如图 10 所示，数据表明：粗合成气管道内的腐蚀产物及垢样均以 FeS 为主。

1.5　材质分析

截取部分粗合成气管道进行材质化学分析检测，检测标准为《GB/T 20123—2006 钢铁　总碳硫含量的测定　高频感应炉燃烧后红外吸收法(常规方法)》、《GB/T 20125—2006　低合金钢　多元素含量的测定　电感耦合等离子体发射光谱法》、《SN/T 3806—2014 进出口碳钢、合金钢中铌、硼、钨、锆含量的测定　电感耦合等离子体原子发射光谱法》，数据见表 5。

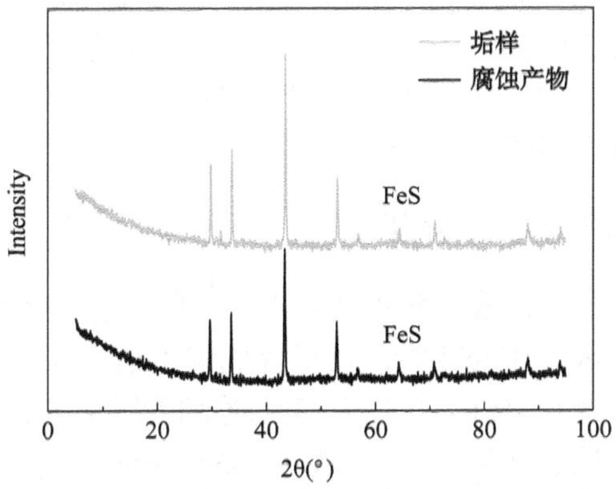

图 10　粗合成气管道内的腐蚀产物及垢样 XRD 图谱

表 5　粗合成气管道化学元素含量分析结果　wt%

元素	C	Si	Mn	Cr	Mo	Ni	V	Cu	P	S
标准值	0.14~0.23	0.17~0.37	0.35~0.65	≤0.25	≤0.15	≤0.25	≤0.08	≤0.20	≤0.015	≤0.010
实测值	0.270	0.218	0.602	0.067	0.017	0.019	<0.010	0.034	0.012	0.0051

注：CEV 为碳当量，CEV=C+Mn/6+(Cr+Mo+V)/5+(Ni+Cu)/15=0.393，CEV≤0.42，满足要求。

参照《GB/T 9948—2013　石油裂化用无缝钢管》中规定的20#(Anti-H_2S)钢化学成分含量，结果表明粗合成气管道材质中C元素含量超标，为0.270wt.%，其余元素的含量均在标准范围内，且CEV≤0.42。碳含量超标会影响钢的性能，例如强度、硬度和延展性等，但一般不会造成腐蚀减薄，因此判断粗合成气管道腐蚀减薄与管道材质无关。

1.6　露点计算

注入蒸汽前，由水气比0.15和粗合成气压力3.84MPaG可以计算出，水蒸气分压为0.576MPaG，此分压下水的露点温度为158.3℃。由表1中粗合成气介质成分分析结果和水气比为0.15可以计算得出粗合成气(不含水蒸气)平均摩尔质量为22.0172kg/kmol。因此可以计算出粗合成气的摩尔流量为8129.22kmol/h，其中水蒸气的摩尔流量为1219.38kmol/h。注入中压过热蒸汽的质量流量为73441.4kg/h，转化成摩尔流量为4080.08kmol/h。因此，注入中压过热蒸汽后，水蒸气的摩尔体积为43.41%。结合注入中压过热蒸汽后压力为3.5MPaG，得出水蒸气分压为1.5628MPa，此分压下水的露点温度为200.2℃。粗合成气在注入中压过热蒸汽后，使水的露点温度较之前升高了41.9℃。

现场注入中压过热蒸汽后，粗合成气的温度如图11所示。可以看出，注入中压过热蒸汽后，粗合成气的温度约在195~205℃之间，而露点温度为200.2℃。因此，易出现凝结水，使H_2S、CO_2、HCl等酸性气体溶解到凝结水中导致粗合成气管道腐蚀。

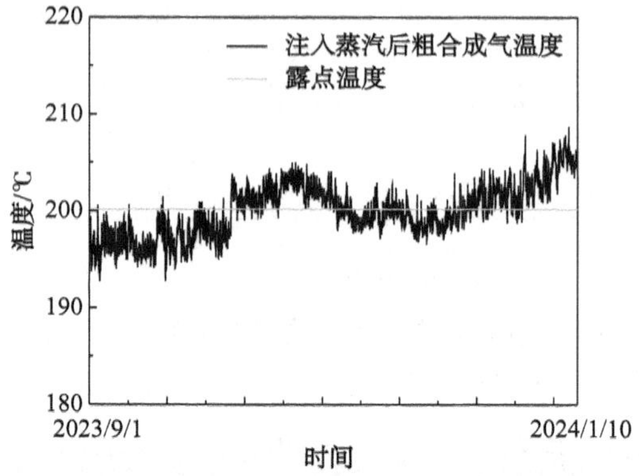

图 11　注入中压过热蒸汽后粗合成气的温度

2　腐蚀原因分析

(1) 由检测分析结果可知，因工艺调节粗合成气水气比的需要，在粗合成气管道上45°注入中压过热蒸汽，自注入蒸汽改造以来粗合成气管道介质温度基本在195℃~205℃之间，经计算，注入前水露点温度为158.3℃，注入中压过热蒸汽后露点为200.2℃，极易产生冷凝水，并溶解介质中的H_2S、CO_2和HCl，从而发生腐蚀。

(2) 通常碳钢在酸式酸性水中发生腐蚀会在表面形成FeS膜，但粗合成气管道介质流速高达20m/s，高流速的酸性水冲刷导致FeS保护膜被破坏，腐蚀进一步加剧。

(3) 中压过热蒸汽注入后，会导致介质的流态发生变化，致使酸性水冲刷腐蚀集中在“3点钟”至“6点钟”方向的区域。

3　结束语

煤气化装置粗合成气管道因蒸汽产生冷凝水导致酸式酸性水冲刷腐蚀，又因介质流态的变化，致使酸性水冲刷腐蚀集中在“3点钟”至“6点钟”方向的区域。针对上述腐蚀问题，建议从材质升级、工艺防腐、加强监检测三个方面入手：

材质升级：在粗合成气管道内壁采用耐腐蚀、抗冲蚀的新型镍基合金涂层，在保障良好耐腐蚀性能的同时降低费用投入。

工艺防腐：(1)提升粗合成气温度，确保注入中压过热蒸汽后，高于露点温度14℃；(2)蒸汽注入位置后移，缩短注入位置和气液分离罐间的距离；(3)改变蒸汽注入方式，蒸汽注入管插入粗合成气管中间，减少偏流。

加强监检测：(1)对保温管道进行红外热成像检查，避免因保温效果差而导致局部区域过冷，使水汽遇冷凝结；(2)加强设备的日常巡查及维护，检查保温层是否完好，如发现保温层有破损、脱落现象及时进行修补；(3)加强粗合成气管道壁厚监测，增加脉冲涡流扫查及定点测厚检测频次和面积。

参　考　文　献

[1] 刘希武，李辉，陈章淼，等. 合成气变换装置脱氨塔冷凝液系统腐蚀规律研究[J]. 压力容器，2022，39(8)：75-81.

[2] 王欢，范飞，李鹏飞，等. 现代煤气化技术进展及产业现状分析[J]. 煤化工，2021，49(4)：52-56.

[3] 李志，张跃强. CO 变换汽提系统腐蚀问题及技改措施[J]. 氮肥技术，2020，41(6)：6-8.

[4] 高飞，张磊，李自恩，等. 煤气化常见的腐蚀分析[J]. 山西化工，2023，43(4)：117-118，128.

PCM 法在埋地管线防腐检测中的应用

文建强

（中国石化扬子石油化工有限公司）

摘　要　埋地管线防腐管理一直是管理中的难点。本文运用多频管中电流法(PCM 法)对埋地管线防腐层进行检测。通过向管道发射一特定频率的激励信号，激励信号自发射点向管道两侧传输，管中电流信号强度将随着管道距离的增加而衰减，根据电力衰减情况判断管道是否完好。同时采用相配套的交流电位梯度法(ACVG 法)对防腐的破损点进行检测与定位。根据检测出的防腐破损点 DB 值的大小，判断防腐层破损程度。并采取相应的防护措施，提高管线耐腐蚀性能。

关键词　埋地管线；防腐层；破损；PCM 法；测腐；测漏

在化工企业公用工程中，埋地管道的种类和数量越来越多，相应地也出现了涉及地下管道安全运行的各种腐蚀问题。为保证管道的安全运行，延长管道的使用寿命，埋地管道的防腐措施的研究已引起世界性关注。埋地管道防腐层的完好或损伤情况是管理部门非常关心的问题。由于很多管道从竣工及其后的运行经常处在防腐层有破损的状态下，以致缩短了管道的使用寿命。防腐层是管道腐蚀的第一道防线，其功能是使钢管与土壤等腐蚀环境隔绝，抑制管道中腐蚀电池的发生，最终达到控制或延缓管道腐蚀的目的。由于外部的机械作用、环境介质的潮解作用、土壤的扰动或压力、岩石的磨损、细菌的侵扰等多种因素的作用，随着时间的推移，管道防腐层损坏或逐渐老化不可避免。破损之后的金属管道受到腐蚀性土壤的侵袭，破损面积逐渐增大，逐渐发展将会使管道发生腐蚀穿孔最终影响管道的正常运行和使用寿命。因此，有必要在管道发生腐蚀之前对管道防腐层的缺陷进行检测。

1　埋地管线现状

扬子石化水厂共十五套循环水系统，担负向全公司各装置提供循环冷却水的任务。现循环水系统已连续运行 30 多年。近年来多次发生循环水穿地管线、地下管线腐蚀泄漏情况，影响装置的稳定运行。埋地管线防腐检查一直是管理中的难点。故水厂组织对所有循环水埋地管线进行腐蚀状况检测，以便于发现问题能及时处理，确保生产装置能稳定运行。循环水管线总计约 9km，管径在 DN700～DN2000 之间，埋深在 0.6m～3.5m 之间。均为碳钢材质。原埋地管线都采用两布三油进行防腐。供水外管工业水管线总计约 78km。面临同样的使用年限长、埋地管线腐蚀状况不明问题，因此也对外管埋地管线进行了检测。

2　埋地管线腐蚀检测原理

管道外防腐层是确保管道不产生腐蚀的第一道屏障，是最重要的防护措施。从电化学腐蚀原理上讲，外防腐层是为了增大宏观原电池腐蚀电流回路中的电阻，从而减小腐蚀电流，达到保护金属管体的目的。由于外防腐层的安装质量、运行过程中的自然老化、第三方破坏，外防腐层整体质量会有所下降，导致管道腐蚀。因而需经过检测确定出管线防腐的整体状况。根据检测结果，运用专业软件计算出防腐层的绝缘电阻值 Rg，并对外防腐层进行评价并分级，提出维修维护处理措施。

腐蚀检测采用多频管中电流法(PCM 法)。检测原理如下：用发射机向管道发射一特定频率的激励信号，激励信号自发射点向管道两侧传输，管中电流信号强度将随着管道距离的增加而衰减，用接收机在管道上方按照一定间隔检测管中信号的强度。对于同一管道，电流衰减率越小，证明管道完好。具体如图 1 所示。

在进行多频管中电流法(PCM 法)对防腐质量检测的同时，采用相配套的交流电位梯度法(ACVG 法)对防腐的破损点进行检测与定位。拟 5 米测量一点。对管道施加一个交流电信号，电流流过破损点周围的土壤时，在土壤电阻上产生的电压降，在破损点周围形成一个电压梯度分布。利用测量地面上与管道防腐破损点对应的电压梯度分布，就可以判断破损点的位置。对检测出的防腐破损点，按照其防腐层破损点(DB 值)的大小进行分类。DB 值越大，防腐层破损越严重)。ACVG 法检测原理见图 2。

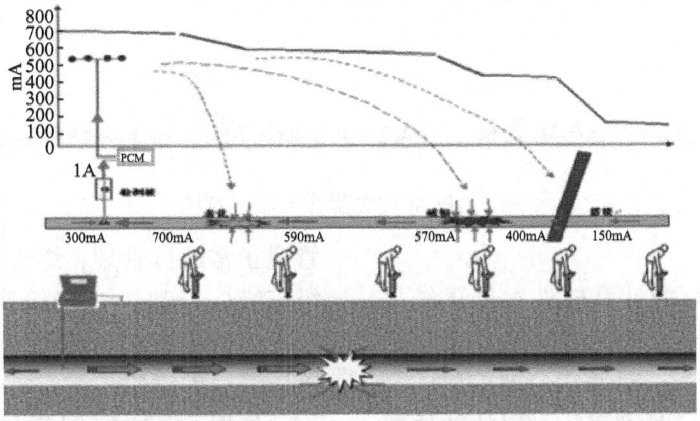

图 1 PCM 法检测原理图

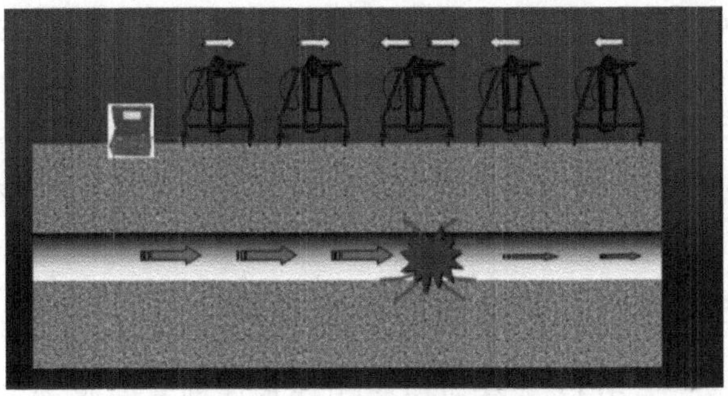
图 2 ACVG 法检测原理图

3 运用 PCM 法对埋地管线防腐层进行检测

3.1 检测实施前准备

在实施检查而之前，收集管线相关基础资料。

(1) 管道原始资料：每条管道的长度、管径壁厚、管道材质、管道运行压力，输送介质、管道运行温度、投产时间、设计年限、焊缝类型、维检修记录等。

(2) 管道防腐层资料：每条管道防腐层类型，防腐层原始厚度，管道补口形式、防腐层大修记录等。

3.2 信号接入点的选择

一是要尽量选择管道分布简单、防腐状况较好的位置。如阴极保护的检测桩上、阴保站内的保护电流输入点、阀门等位置。二是有多个接入点可供选择时，应选择管道分布简单、防护层状况较好的位置。三是被测管线上有绝缘法兰时，接入点选在法兰的前端。

3.3 检测间距的选择

若管线第一次使用 PCM 检测防腐层，为能准确的检测和反应出管线防腐层概况，对防腐层较好的管线，检测间距可选择 50m 以上。对于较差的管线，检测间距应在 30m 以下。对已有破损的管段进行加密检测时，间距应小于 10m。

3.4 运用 PCM 法对防腐层进行检测

首先将电源和 PCM 发射器进行连接，连接完成后，再将绝缘头和 PCM 发射器进行连接，管道测试桩接线柱和白色线连接在一起，铜芯绝缘软线与绿色的地线连接在一起(图 3)。打开电源前，对线的连接情况进行检查，将给定电流强度进行固定不变，检查发射机的运行状态是否正常。正常后在将 A 字架和 PCM 接收器连接在一起，检查接收器中电池的工作情况，进行适当的调试。一定要明确管线的走向和位置。对状态进行切换，对可能出现的管道防腐层破损点进行具体位置的检测。仪器中接收器收到的信号值是信号的强度。由于管道防腐存在弱而稳定的导电性，在管道防腐完好时，随着检测距离的增加电流强度呈指数衰减规律。在管径、管材、土壤环境不变的情况下，管道的防腐层的绝缘性越好，施加在管道上的电流损失越少，衰减越慢；如果管道防腐损坏，绝缘性变差，管道上电流损失就越严重，衰减就越快。如果管道防腐层出现破损点，数值就会增大，箭头指向破损点并在破损点位置反转，如果没有反转就说明管道防腐层没有出现破损点。

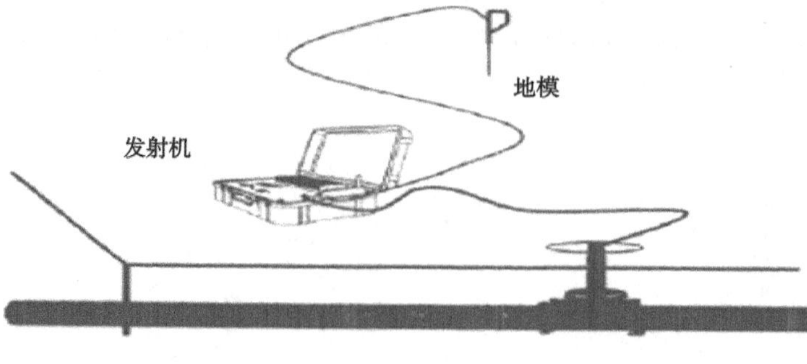

图 3　PCM 检测操作方法示意图

3.5　处理结果分析

通过采用 PCM 配套的计算软件对处理结果进行系统全面的分析研究，并根据电流在管道传播过程中的衰减变化情况，计算出所对应的防腐绝缘电阻值（即 Rg 值）。对管道防腐层的整体情况进行准确的判定，进而为后续维修工作提供科学合理的指导。

本次采用英国雷迪 PCM+埋地管线防腐检测系统进行防腐绝缘性能检测。应用 PCM 接收机和发射机，对管道防腐绝缘性能检测。采用峰值法或零值法对管道进行精确定位，精确测绘管中电流，数据采集间距为 20m。

4　腐蚀状况评级

根据《埋地钢质管道沥青防腐层大修理技术规定》（SY/T 5918－94）防腐层等级一级（优），管道正常运行管理。防腐层等级二级（良好），管道正常运行管理，缩短再评价周期。防腐层等级三级（一般），对三级腐蚀管线计划维修，缩短再评价周期。防腐层等级四级（差），对于该管段需立即维修。

依据《埋地钢制管道腐蚀防护工程检验》（GB/T 19285—2014）标准，按照外防腐层破损点大小（DB 值）进行分级评价。防腐破损点分为四类：一类，严重破损（立即开挖，即 DB≥60）；二类，中度破损（计划维修，即 45≤DB<60）；三类，轻微破损（监控，即 30≤DB<45）；四类。良好（DB<30）。

5　各埋地管线防腐检测结果

运用 PCM 法对所有循环水埋地管线及部分外管埋地管线进行检测，并根据检测结果重新绘制地管图，并在图上标明管线防腐情况及防腐破损点（图 4～图 5）。

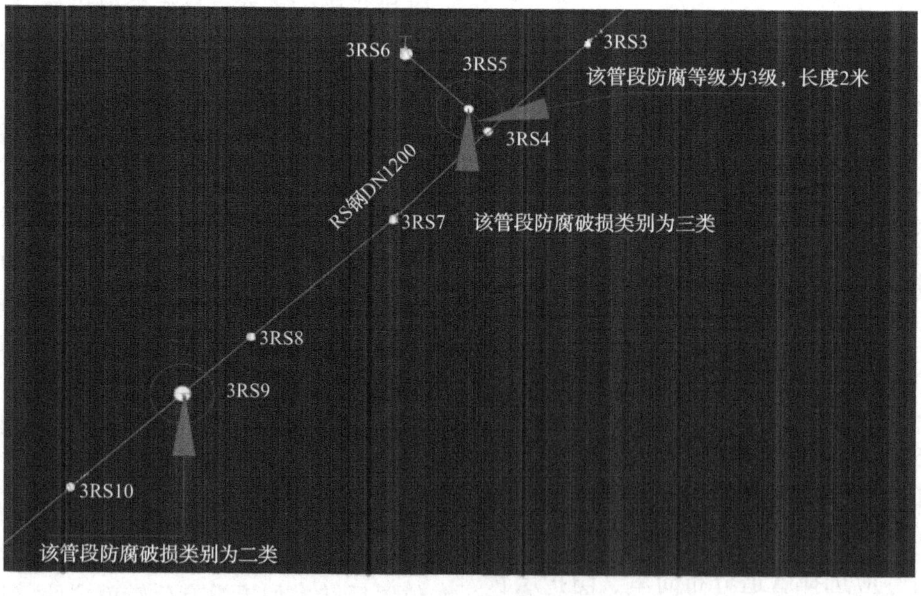

图 4　三循埋地管线测腐图

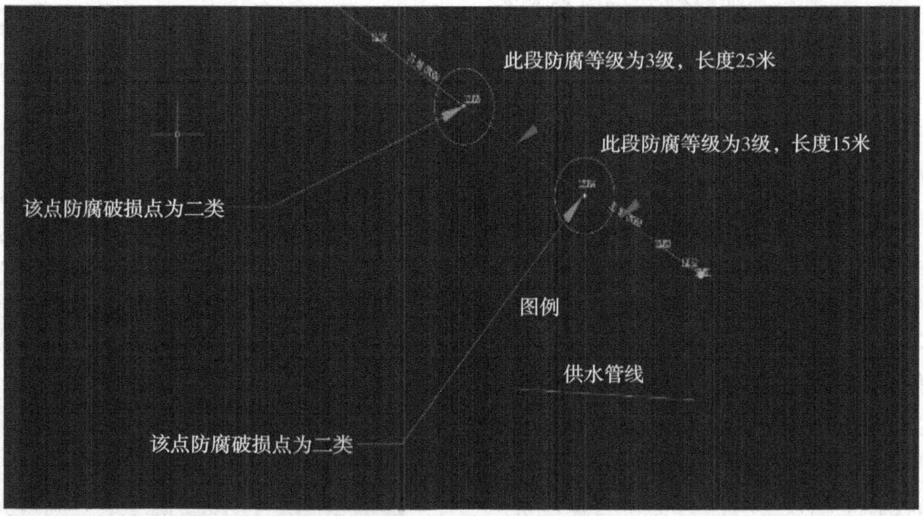

图 5　供水外管埋地管线测腐图

（1）此次共检测循环水管线 8968m，质量为一级防腐 8822m，二级防腐 138m，三级防腐 6m，四级防腐 2m。检测出防腐破损点 16 处(二类破损点 4 处，三类破损点 12 处)。见表 1。

表 1　各循环埋地管线检测情况统计表

装置	测量循环水管长度/m	管线防腐等级				防腐破损类别			
		Ⅰ级/m	Ⅱ级/m	Ⅲ级/m	Ⅳ级/m	Ⅰ类/个	Ⅱ类/个	Ⅲ类/个	Ⅳ类/个
各循环水装置	8968	8822	138	6	2	0	4	12	0

根据检测结果，循环水埋地管线总体情况较好，一级防腐管线达 98.4%，局部存在防腐层轻微破损。

5.2　供水工业水外管沿江东路管线腐蚀检测情况

工业水外管沿江东路工业水埋地管线共检测 320 米管线。质量为二级防腐长度为 280m，三级防腐 40m，检出防腐破损点 18 个，二类点(计划维修类)2 个，埋深 0.7m、管径 DN300、特征点是直线点；图上点号是 12JS5、埋深 1.3m、管径 DN300、特征点直线点。三类点(监控类)16 个。见表 2。

表 2　沿江东路工业水管线检测情况统计表

名称	长度/m	Ⅰ级/m	Ⅱ级/m	Ⅲ级/m	Ⅳ级/m	Ⅰ类/个	Ⅱ类/个	Ⅲ类/个	Ⅳ类/个
沿江东路	320	0	280	40	0	0	2	16	0

根据检测结果，沿江东路工业水管线总体腐蚀较严重，无一级防腐管线，三级防腐管线达 12.5%，防腐层破损点较多。

6　对防腐检测情况进行验证

对检测出的管线防腐破损点挖出，对管线进行测厚，对检测情况进行复核验证。如对炼油水务测出的冷水泵房南侧到焦化冷水管线挖出后检测其壁厚，经检查而厚度为 5.6mm、5.7mm，原壁厚为 7mm，腐蚀减薄约 20%，与检测结果相符(图 6)。

对沿江东路工业水管线挖出，对防腐破损点进行测厚。经检测该段管线最薄处厚度 5.1mm，原管线壁厚 7mm，减薄约 27%。与检测结果相符(图 7)。

7　PCM 法与超声波相结合，对地下管线泄漏点检测

地下管道泄漏具有隐蔽性和复杂性。地下管道深埋地下，无法直接观察其运行状态，一旦发生泄漏，往往难以第一时间发现，尤其是非明显渗漏点，可能长期未被察觉。石化企业地下供水管道网络往往错综复杂，不仅有主管道，还有众

多分支和连接点，且多与其他管线并行或交叉布置，给准确定位泄漏点带来极大困难。由于地下土壤结构、土质松紧程度不同等多种因素，地下管线出现泄漏往往不易察觉。且出现冒水的地方与管线的泄漏点会存在一定的距离，会给漏点的查找带来一定的难度。尤其在错综复杂的地下工业水管网，地面上出现漏点，在地上泄漏点处开挖经常出现找不到管线漏点的情况。如在水厂供水车间工业水外管乙烯路贮运厂三站门前地下管线泄漏，此前在出现渗水处多次开挖，均未能找到漏点。此次运用 PCM 法结合超声波进行检测，在渗水处西侧 10m、25m 处，准确定位找到了 2 处漏点。准确找到了漏点 2 处。具体位置见图 8。

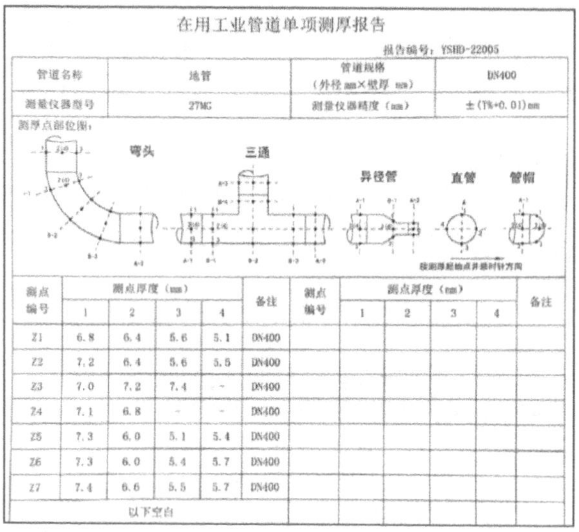

在用工业管道单项测厚报告

报告编号：YSHD-22005

管道名称	地管	管道规格（外径 mm×壁厚 mm）	DN400
测量仪器型号	27MG	测量仪器精度（mm）	±(T%+0.01)mm

测厚点部位图：

弯头　三通　异径管　直管　管帽

测点编号	测点厚度（mm）				备注	测点编号	测点厚度（mm）				备注
	1	2	3	4			1	2	3	4	
Z1	6.8	6.4	5.6	5.1	DN400						
Z2	7.2	6.4	5.6	5.5	DN400						
Z3	7.0	7.2	7.4	-	DN400						
Z4	7.1	6.8	-	-	DN400						
Z5	7.3	6.0	5.1	5.4	DN400						
Z6	7.3	6.0	5.4	5.7	DN400						
Z7	7.4	6.6	5.5	5.7	DN400						
以下空白											

图 6　炼油水务管线测厚记录

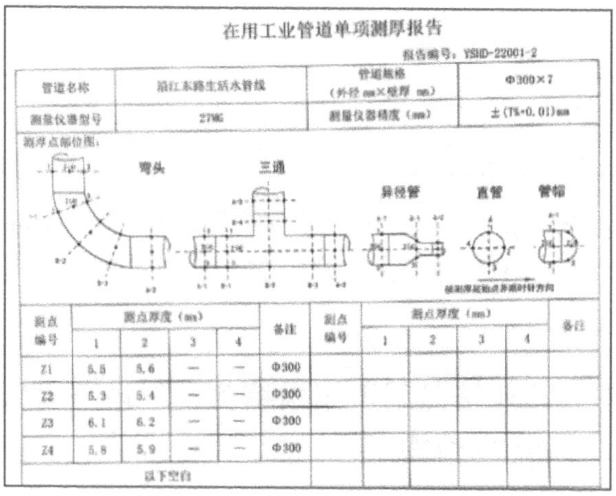

在用工业管道单项测厚报告

报告编号：YSHD-22001-2

管道名称	沿江东路生活水管线	管道规格（外径 mm×壁厚 mm）	Φ300×7
测量仪器型号	27MG	测量仪器精度（mm）	±(T%+0.01)mm

测厚点部位图：

弯头　三通　异径管　直管　管帽

测点编号	测点厚度（mm）				备注	测点编号	测点厚度（mm）				备注
	1	2	3	4			1	2	3	4	
Z1	5.5	5.6	—	—	Φ300						
Z2	5.3	5.4	—	—	Φ300						
Z3	6.1	6.2	—	—	Φ300						
Z4	5.8	5.9	—	—	Φ300						
以下空白											

图 7　沿江东路工业水管线测厚记录

在水厂供水车间工业水外管乙烯大道大件路附近地下管线泄漏，因该处管线错综复杂，有多个阀门井，且管线埋地较深，埋深约 6~7 米。无法判断为哪根管线泄漏。通过运用 PCM 法结合超声波进行检测，准确找到了泄漏点位置。（在距离阀门井壁 1m 位置，在管线侧下方有 1 个漏点。）

图 8　地下管线泄漏点检测

8　改进措施

（1）一级、二级腐蚀管线无需处理。对三级腐蚀管线挖出，进行重新防腐。如对炼油水务测出的冷水泵房南侧到焦化冷水管线挖出后检测其壁厚，经检查而厚度为 5.6mm、5.7mm，原壁厚为 7mm，腐蚀减薄约 20%。同样对烯烃六循、芳烃三循等三级腐蚀管线挖出，进行测厚复测。并对三级腐蚀管线进行三布四油重新防腐，减缓腐蚀速率。

（2）对四级防腐管线挖出，进行管壁厚度测量。根据测量情况，决定是予以更换或重新进行重防腐。如对沿江东路管线挖出，对防腐破损点进行测厚。经检测该段管线最薄处厚度 5.1mm，原管线壁厚 7mm，减薄约 27%。与检测结果相符。检测的 320 米管线中 18 个防腐破损点，该段管线腐蚀较严重，在日常生产运行中也经常出现泄漏。故对该段管线进行整体更换。

9　结论

（1）此次埋地管线防腐检测中，发现的 16 处循环水防腐破损点中，有 5 个弯头，4 个三通，其余 7 处为直管段。弯头三通处占破损点的 56.3%。说明弯头及三通处是管线防腐中较难控制点。在今后的施工过程中，要做好对弯头、三通以及变径处防腐质量的管控。

（2）利用 PCM 技术进行地管腐蚀检测，可有效确定地管的腐蚀状况，同时发现地管的防腐薄弱点、泄漏点。PCM 检测技术无需开挖，能够在不破坏地表和管道结构的前提下，对埋地管道进行防腐层状况的检测。这不仅节省了开挖成本，还减少了施工对环境的影响和管道的二次损伤风险。适用于大规模管道网络的定期检测。

（3）PCM 结合超声波技术，对地管泄漏检测定位技术比较准确。可准确发现地下管线漏点位置。

（4）PCM 技术主要适用于金属管道，且对防腐层的导电性有一定要求。对于非金属管道或特定类型的防腐层（如某些绝缘性能极好的涂层），PCM 可能无法有效检测。

综上所述，PCM 地管防腐检测以其非开挖、高效、定位准确等优点，在地下管道防腐检测中展现出了强大的应用潜力。该技术可以准确地探测出地下管道的埋深及走向，对防腐层的破损程度进行有效地评估。可以帮助企业全面了解管道使用情况，有效延长管道使用寿命。在实际应用中，也可结合其他技术手段进行综合评估，以确保检测结果的准确性和可靠性。

参　考　文　献

[1] 张俊泰，刘红晓，易楠. 埋地管道防腐层破损点检测技术综合应用研究[J]. 管道技术与设备，2012.

[2] 郧可胜. 浅谈给排水管道防腐施工新技术研究应用分析[J]全面腐蚀控制，2016.

[3] 郭勇，邢辉斌. 埋地管道外防腐层 PCM 检测技术[J]石油和化工设备，2011(07).

[4] 高星，沈成业，李斌彬，等. 气体公司埋地管道现状及不开挖检验[J]化工机械，2022.

第三篇　数字化与低碳及新能源新技术篇

CIMS 腐蚀完整性管理系统在锦州石化的应用

刘　涛

（中国石油锦州石化公司）

摘　要　针对各类防腐数据碎片化管理，没有形成完整的数据综合分析诊断体系的实际情况，建立了符合锦州石化公司实际的 CIMS 腐蚀完整性管理系统，实现腐蚀数据集中管理和综合分析、腐蚀状态量化评估与监控预警、防腐诊断，有效的指导设备防腐蚀管理，为各级防腐管理人员提供有价值的决策数据。

关键词　腐蚀；完整性管理；系统；应用

1　引言

随着原油性质的劣质化和装置运行周期的延长，炼油企业腐蚀失效事故不断发生，腐蚀管理工作也面临一系列难题，主要表现在以下五个方面：一是原料适应性不足，原料性质超装置设防值；二是工艺波动造成腐蚀加剧，工艺防腐控制措施不足；三是腐蚀监控不到位，腐蚀隐患未及早发现；四是防腐意识不高，部门之间缺少沟通配合；五是信息化管理程度不够，腐蚀基础数据利用率低。为加强设备防腐蚀管理，杜绝设备重大腐蚀事故发生，锦州石化于 2019 年开始建立以“一图两表一手册”为核心的腐蚀管理体系，同时，在腐蚀理论研究、腐蚀监检测技术等方面也持续进行改进，防腐管理已初见成效，但是各类防腐数据分散在不同系统中没有得到有效整合利用，进而无法对数据进行综合分析诊断。随着智能化管理水平的不断提升，腐蚀完整性管理系统的建立已经非常必要。

2　CIMS 腐蚀完整性管理系统的内涵

随着腐蚀监测和检测手段的不断完善，监测数据越来越多，通过不同渠道获取的数据缺乏有效的综合管理、分析、利用，数据相对孤立，削弱了大量腐蚀数据的运用价值。借助从设备管理角度开发的腐蚀完整性管理系统可解决这一问题。

腐蚀完整性管理系统（Corrosion Integrity Management System，简称“CIMS”），是结合企业腐蚀管理现状，融入国外先进的腐蚀管理理念，以腐蚀管理为抓手，建立的一套腐蚀完整性管理系统平台，实现腐蚀数据集中管理和综合分析、腐蚀状态量化评估与监控预警、防腐诊断。

3　锦州石化 CIMS 腐蚀完整性管理系统的主要功能

锦州石化 CIMS 腐蚀完整性管理系统实现了监测与防腐蚀控制的一体化管理，将各装置的腐蚀在线监测、定点测厚、水冷器水流速检测等设备腐蚀监控信息，与工艺防腐控制参数、实验室 Limis 分析数据融为一体，建立了设备腐蚀状态与工艺操作数据、实验室分析数据的三者之间的联系，通过对数据集中收集、集中处理，综合分析，各级防腐管理人员可从系统中获取有价值的决策数据，有效指导设备防腐蚀管理。其总体架构如图 1 所示。

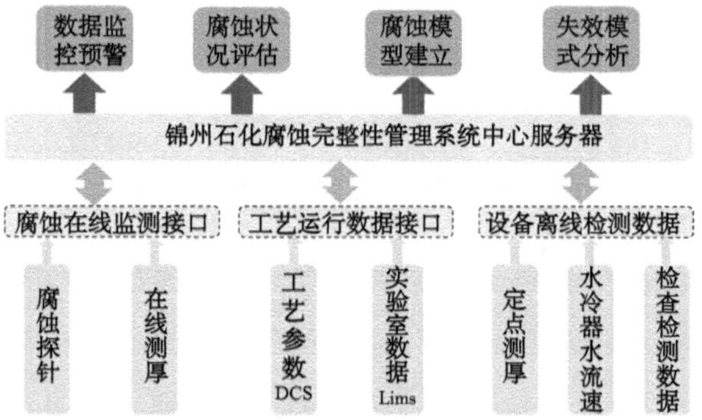

图 1　锦州石化腐蚀完整性管理系统总体架构

CIMS 腐蚀完整性管理系统通过对锦州石化现有的在线监测系统数据接口采集，实现了与工艺运行数据 DCS 系统、Limis 系统相关数据集成，保证了用于防腐决策分析数据来源准确性和及时性。其腐蚀在线监测（硬件部分）基于锦州石化现有的三套腐蚀在线监测系统，由现场专业传感器、数据采集器和通讯设备组成，负责各装置设备及管道腐蚀状况信息的采集，主要包括腐蚀速率、管道壁厚等，随着在线监测布点的增加可不断补充；工艺运行数据则采集自各装置 DCS 系统，主要包括工艺操作参数、工艺防腐操作参数等；实验室分析数据则来自公司 Limis 系统，主要包括装置原油分析数据、原料腐蚀性介质分析数据、铁离子、PH 值等。另外各装置定点测厚、水冷器水流速检测等人工离线监控信息由各装置设备管理人员定期导入，作为腐蚀完整性管理系统的数据补充，为设备失效分析评估提供参考。腐蚀完整性管理系统的核心功能就是通过对上述数据的采集和集成，实现腐蚀数据集中管理和综合分析、腐蚀状态量化评估与监控预警、防腐诊断，该功能在主服务器上实现。

CIMS 腐蚀完整性管理系统的主要功能为：(1)腐蚀情况展示，如各类统计数据，如报警、在线监检测；(2)基于腐蚀回路的动态风险管理；(3)腐蚀风险预测，利用现场在线离线检测数据对软件理论计算进行修正，建立修正系数，完善计算结果，根据结果预测风险；(4)基于风险的腐蚀速率计算、基于流程分析的动态评估模型以及离线计算工具；(5)根据系统智能化腐蚀分析，系统自动形成月报、季报、年报等文件，便于导出，提高设备管理效率；(6)设置手机 APP 端口，实现腐蚀预警手机端展示。

3.1　腐蚀看板展示

该模块主要内容包括风险矩阵图，实时展示公司设备管线风险等级；实现全公司和各装置腐蚀报警次数，含提醒、预警、报警三类；统计各装置腐蚀泄漏、泄漏原因；水中油在线监测报警等(图 2～图 3)。

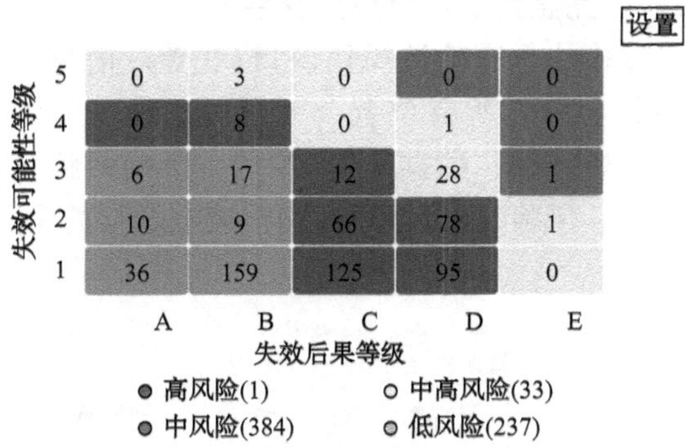

图 2　腐蚀风险矩阵

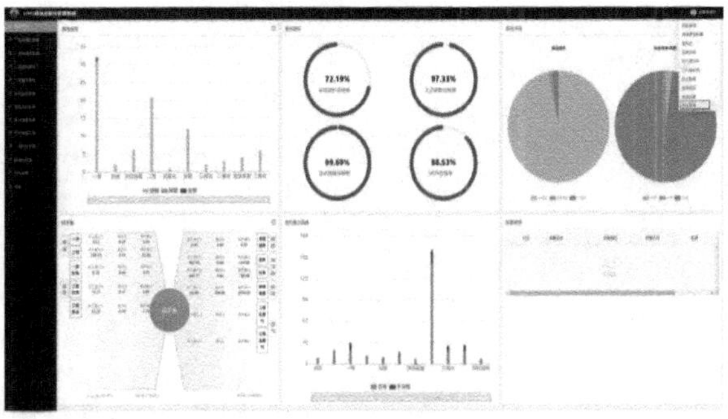

图 3　系统总体腐蚀看板

3.2　腐蚀回路图

3.2.1　腐蚀回路图及腐蚀风险等级显示

该模块实现公司常减压、催化、临氢装置、焦化等 10 套腐蚀回路图展示，配置腐蚀回路信息、单管图腐蚀回路信息、设备原始信息等基本内容，可实现各类腐蚀控制参数的预警功能。可实时展示工艺流程中的所有控制点和特殊点，如 DCS 参数、LIMS 化验分析参数、业主指定的非防腐蚀工艺参数等，各控制点都实时显示风险等级，中高风险(黄色)和高风险(红色)为闪烁状态(图 4)。

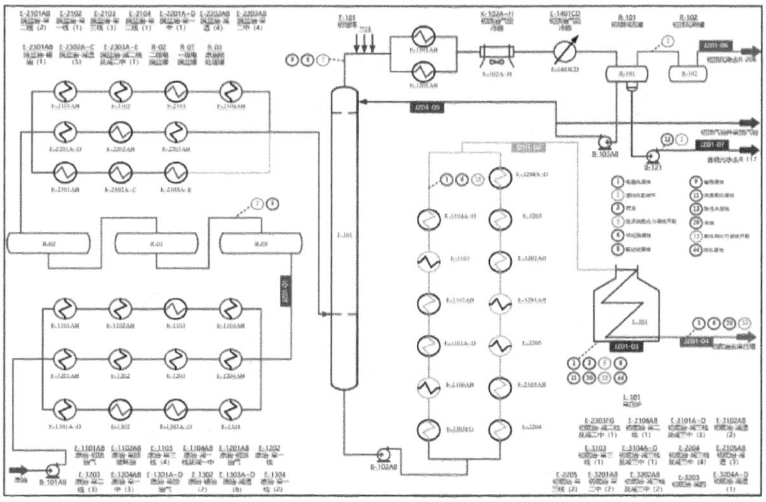

图 4　腐蚀回路图

3.2.2　完整性操作窗口预警平台

该模块是完整性操作窗口(IOWs)信息，包含参数名称、所在位置、下限、上限、采样频次、分析方法、数据来源/接口、影响回路、偏离后果、风险/报警级别、调整措施以及责任人。其中部分参数及其指标限值的确定需要依据各装置的计算模型获得，因此，在建立各装置IOWs之前，需要对装置进行全流程的腐蚀评估，并将评估后形成的计算模型内置于系统平台，便于系统后续的动态风险评估和预警(图5)。

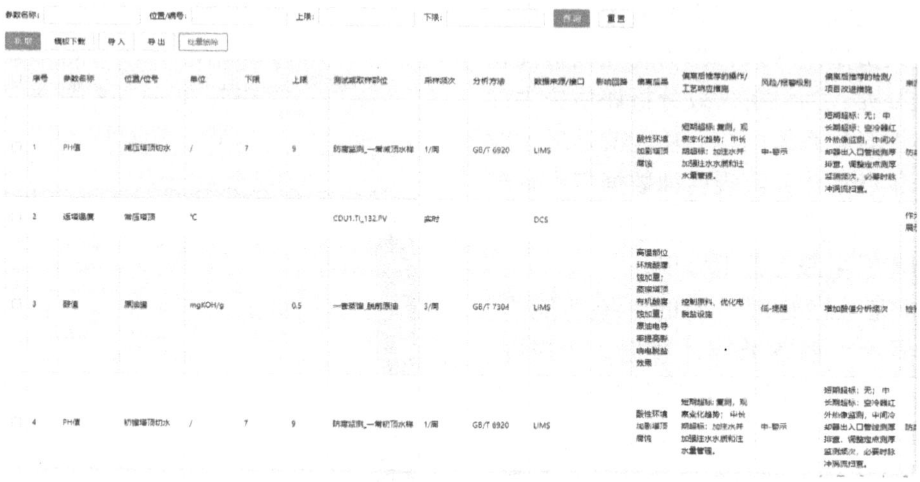

图5　完整性操作窗口(IOWs)信息展示界面

3.3　腐蚀评估

3.3.1　腐蚀评估模型

该模块设置了各类腐蚀计算模型，包括：工艺指标计算、剩余寿命计算、露点温度计算、露点位置计算、结盐点温度计算、结盐点位置计算、烟气露点计算、烟气露点位置计算、高温硫腐蚀速率计算以及风险等级判断等功能，并建立输入输出窗口，对于系统计算出来的输出结果，可设置相应经验判断结果的输入窗口，便于技术人员对评估结果进行修正。除此之外，对各装置重点部位建立可视化的腐蚀评估模型，包括如下且不限于：

（1）常减压装置的常顶、减顶系统露点、结盐点模拟；

（2）常减压电脱盐运行模拟(图6)；

（3）催化、焦化装置的分馏塔顶循系统结盐点模拟(图7)；

（4）加氢装置的反应流出物系统、分馏塔顶系统等部位结盐点模拟；

（5）连续重整装置的反应流出物系统结盐点模拟；

（6）各装置烟气系统的露点模拟。

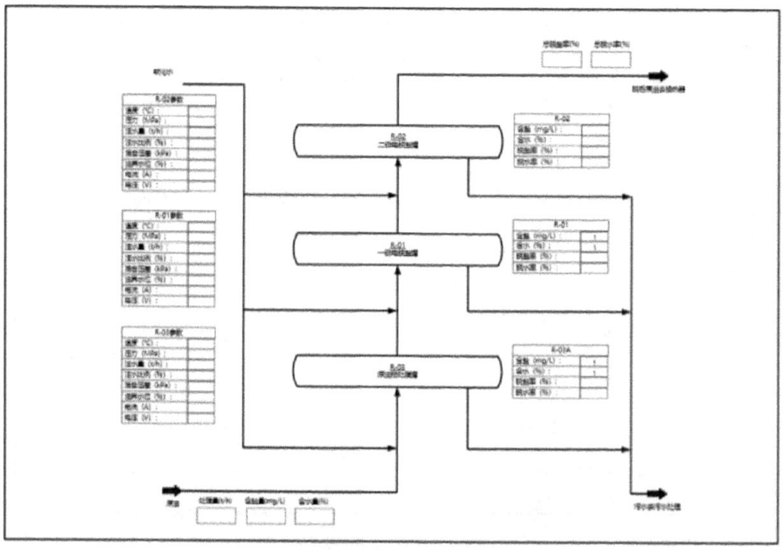

图6　电脱盐运行状态模型计算

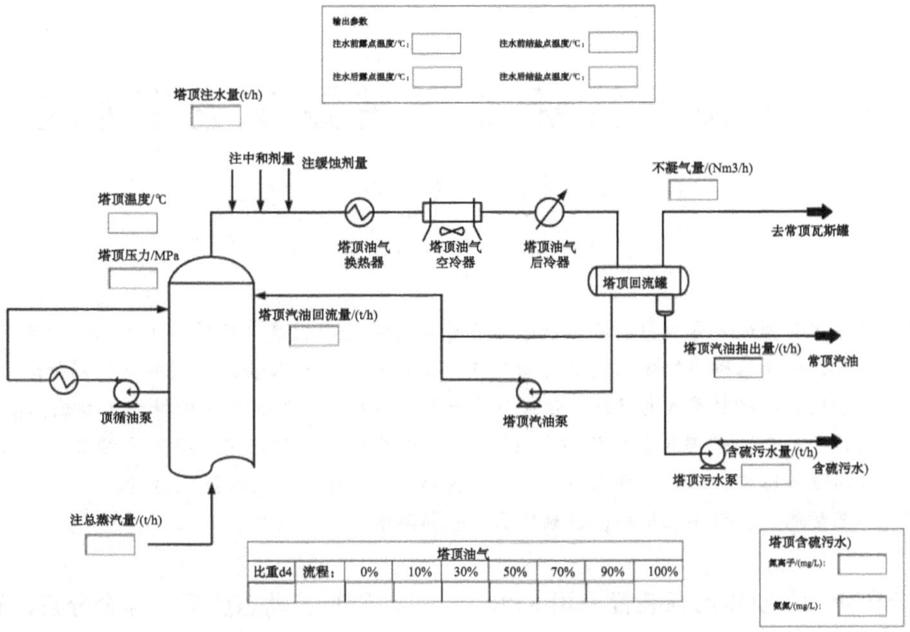

图 7　加氢装置结盐点模型计算

腐蚀评估模型中各类计算可作为风险等级评估的依据，对于无法计算风险或腐蚀速率的部位，可结合理论计算与在线离线监检测数据进行修正来获取风险等级。

3.3.2　离线检测管理

该模块可实现对定点测厚、水冷器水流速等离线数据进行汇总，并对异常数据进行报警。

3.3.3　腐蚀数据统计

该模块可实现 DCS 数据、在线探针、在线测厚等数据统计，对 LIMS 化验分析数据进行管理，实现数据曲线图统计。

3.3.4　文档管理

该模块可实现对各类台账、文档进行智能管理。各部分数据可直接从平台中其他模块自动调入，管理者可通过设定报告的起止日期，系统将这段时间的数据生成相应图表自动导入模板，管理者补充主观分析建议，即可直接导出报告。

3.4　案例库管理

系统还设置了案例的录入、分析功能，包括：包括腐蚀事件基本信息、图文、分析等文本框，系统根据输入的信息形成腐蚀事件报告，具有导出和查看功能，并有关键字搜索和腐蚀事件汇总表格。

4　结论

腐蚀完整性管理是提升防腐管理人员工作效率、改革创新、提升价值的重要手段，锦州石化从腐蚀管理现状出发，建立 CIMS 腐蚀完整性管理系统，实现腐蚀动态量化评估与监控，有效指导各单位制定更具针对性的检维修策略，提升了公司设备防腐蚀管理水平。

5　展望

炼化装置安全运行管控是一个动态的多因素相互关联的系统问题，解决这一复杂系统问题就必须采用多因素综合决策方法。下一步锦州石化将在腐蚀完整性管理系统的基础上，逐步将压力容器压力管道检验、水冷器效能计算、小接管管理等检验检测信息均纳入进来，也就是把所有与静设备有关的工艺参数监测和设备状态监测的数据在该完整性平台上加以管理，实现全过程、全方位实时监管，最终实现炼化装置安全稳定长周期运行。

参　考　文　献

[1] 陈炜，陈学冬，顾望平等．石化装置设备操作完整性平台（IOW）技术及应用[J]．压力容器，2010(217)：53-57.

[2] 吴强，石油化工企业静设备完整性管理技术探析[J]．化工管理，2018(15)：57.

基于数字化转型构建乙烯装置工艺防腐蚀体系

童利明　张文静　段　赟　吴万红

（中国石油兰州石化公司）

摘　要　数字化转型逐渐成为推动石化行业高质量发展的重要引擎，兰州石化 46 万吨/年乙烯装置基于数字化转型项目，以工艺防腐蚀体系构建为切入点，将装置原有的零散工艺防腐蚀控制管理方式转化为工艺防腐蚀体系管理，针对装置内易腐蚀部位进行重点监控分析，分类制定管控措施，编制《46 万吨/年乙烯装置工艺防腐蚀手册》，在“腐蚀监控与综合决策”数字化系统中实施应用，将防腐蚀工作从设备防腐转变为工艺防腐蚀与设备防腐相结合，确保防腐蚀工作持续推进，保证装置长周期运行。

关键词　工艺防腐蚀；数字化转型；监测体系；长周期运行

兰州石化公司 46 万吨/年乙烯装置采用 KBR 公司的 SCORE 专利技术，设计运行 8000 小时，裂解炉系统有 5 台 SC-1 型管式裂解炉，对石脑油、轻柴油、混合乙烷/丙烷、LPG 进料等原料进行加工裂解；急冷系统采用采用了闪蒸段设计，降低急冷油黏度；压缩系统采用四段压缩三段碱洗，前脱丙烷、前加氢流程；分离系统乙烯精馏塔与乙烯制冷压缩机构成开式热泵系统，可以灵活控制气相乙烯和液相乙烯的送出量。

随着裂解原料的多样性变化，原料中含有的硫、氯等腐蚀性元素逐渐增加，单方面依靠设备防腐蚀难度大，风险防控不到位，因此需要构建乙烯装置工艺防腐蚀体系，双向密切配合，依托“腐蚀监控与综合决策”数字化系统，全面提升风险研判、动态监测、综合分析、智能决策的能力，实现腐蚀流程分析、腐蚀评估及选材、腐蚀回路控制及腐蚀过程监控一体化，实现装置稳定运行。

1　工艺防腐蚀体系

根据 46 万吨/年乙烯装置工艺流程、运行数据及历史记录建立工艺防腐蚀体系，工艺防腐蚀体系包括腐蚀流程分析、监检测项目及腐蚀控制与管理，根据腐蚀流程分析绘制腐蚀流程图，编制工艺防腐蚀手册；根据原料分析、冷凝水分析及在线分析，结合工艺指标及防腐蚀指标控制情况，形成工艺防腐蚀月报，对每月防腐蚀工作开展情况进行分析总结(图 1)。

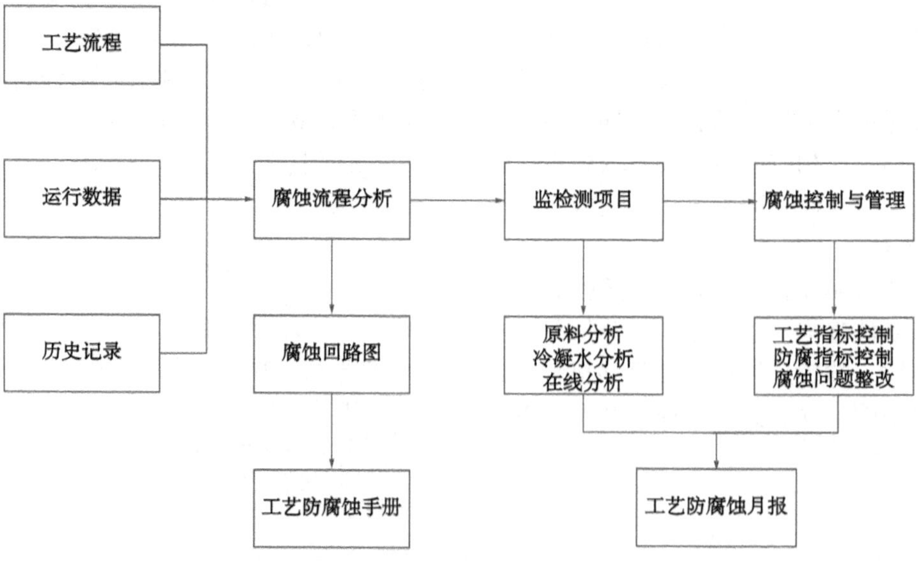

图 1　工艺防腐蚀体系示意图

1.1 腐蚀流程分析

针对46万吨/年乙烯装置工艺流程，主要易腐蚀产生部位为裂解炉对流段、裂解炉排烟烟道、脱氧槽、急冷水塔、稀释蒸汽系统、压缩机段间换热器及碱洗塔等部位，对以上部位进行腐蚀机理分析，并编制腐蚀回路图。

（1）裂解炉系统

裂解炉炉管高温下长期使用易发生渗碳腐蚀。裂解炉炉管内接触的介质主要为烃类，同时还有一定量水蒸气等作为稀释剂，其中大多数烃的反应产物在高温下是不稳定的，可发生缩聚反应和过度裂解，最终产物为焦炭并释放出碳和氢。因此，裂解炉运行一段时间后，在裂解炉管的内壁，不可避免地产生积碳，使炉管结焦。炉管结焦后表面出现渗碳，在高温作用下渗碳层碳化物逐渐分解并被物料带走，致使炉管减薄，甚至穿孔，形成渗碳腐蚀。

乙烯装置裂解炉燃料气中含有硫元素在裂解炉中燃烧时生成 SO_2，SO_3，当接触面的外表面温度低于烟气温度时，在接触面上就会形成硫酸雾露珠，导致烟道腐蚀减薄，产生烟气露点腐蚀，腐蚀回路图见图2。

（2）急冷水系统

乙烯装置生产过程中，裂解气中的 H_2S 溶于工艺水中，形成含有 H_2S 的酸性水，在pH控制偏低时产生 H_2S 腐蚀，形成硫化亚铁（FeS）膜对碳钢表面具有保护性。但高流速冲刷易使FeS保护膜破坏，腐蚀速率增大。另外，在含有氧气的水中，H_2S 腐蚀生成的FeS也不能稳定存在，会发生进一步氧化，转化为铁氧化物，另一部分FeS也会转换为 Fe_xS_y 等不具有保护性的硫化物膜，不能阻止 H_2S 与Fe继续发生反应，腐蚀回路图见图2。

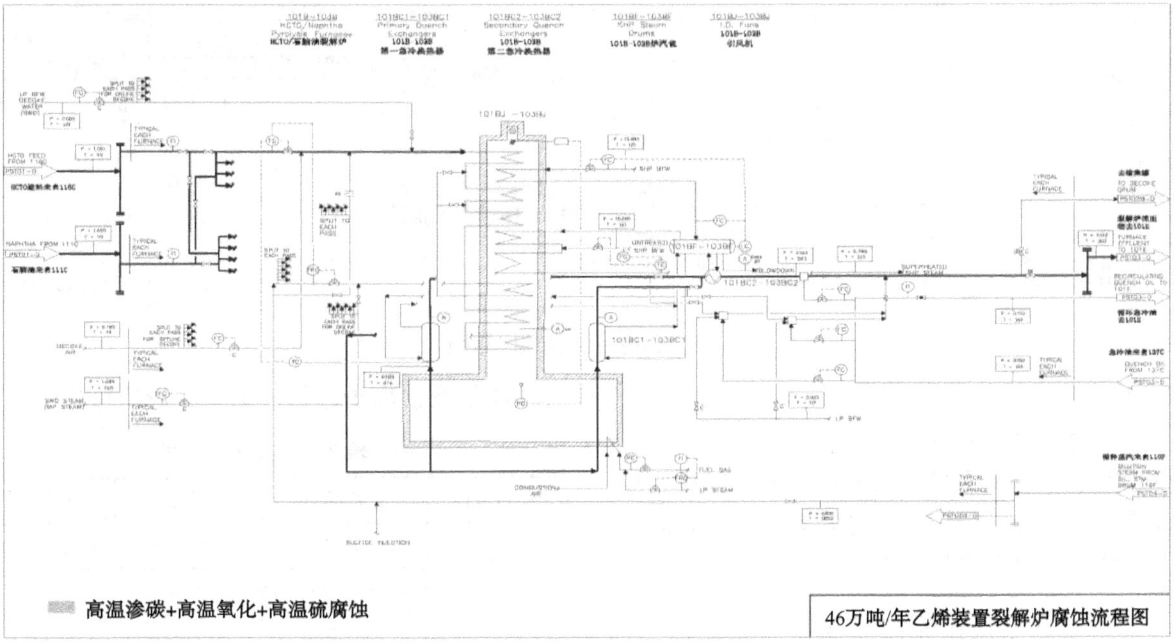

图2　裂解炉系统腐蚀回路图

（3）稀释蒸汽系统

乙烯装置急冷水、工艺水中存在氯离子时，氯离子不断向阳极区迁移、富集，Fe^{2+} 和 Cl^- 生成可溶于水的 $FeCl_2$，$FeCl_2$ 与OH－生成 $Fe(OH)_2$，同时放出 Cl^-，新的 Cl^- 又向阳极区迁移，带出更多的 Fe^{2+}，这种催化腐蚀不断形成恶性循环。Cl^- 对碳钢的腐蚀起着阳极去极化作用，加速阳极反应，促进碳钢的腐蚀，腐蚀回路图见图3。

（4）压缩机段间换热器

急冷水塔的酸性水进入压缩机段间后，因急冷系统pH值控制不稳定，且裂解气中的 H_2S 浓度会加速酸性水腐蚀速率，H_2S 含量增加会降低溶液的pH值，最低可达4.5，形成较强的酸性环境，腐蚀明显。pH值高于4.5时，会形成硫化亚铁保护膜，减小腐蚀速率；但如果受其他腐蚀因素影响，可能会形成一层多孔硫化物厚膜，性质比较疏松，不但不能降低腐蚀作用，反而会促进垢下点蚀。

（5）碱洗塔

碱洗塔内有强、中、弱碱液，碱溶液接触的设备和管道发生碱腐蚀。碱引起的腐蚀，蚀坑可能因充满沉积物，损伤被遮盖，容易在蒸发浓缩或高传热条件下发生。因碱性物质或碱液浓度不同，也可能发生局部或者均匀腐蚀。水气界面介质浓缩区域会形成局部沟槽，立管可形成一个环形槽，水平或倾斜管会在管道顶端或两侧形成纵向槽。温度高于 79℃ 的高浓度碱液可引起碳钢腐蚀，温度达到 93℃ 以上腐蚀严重。

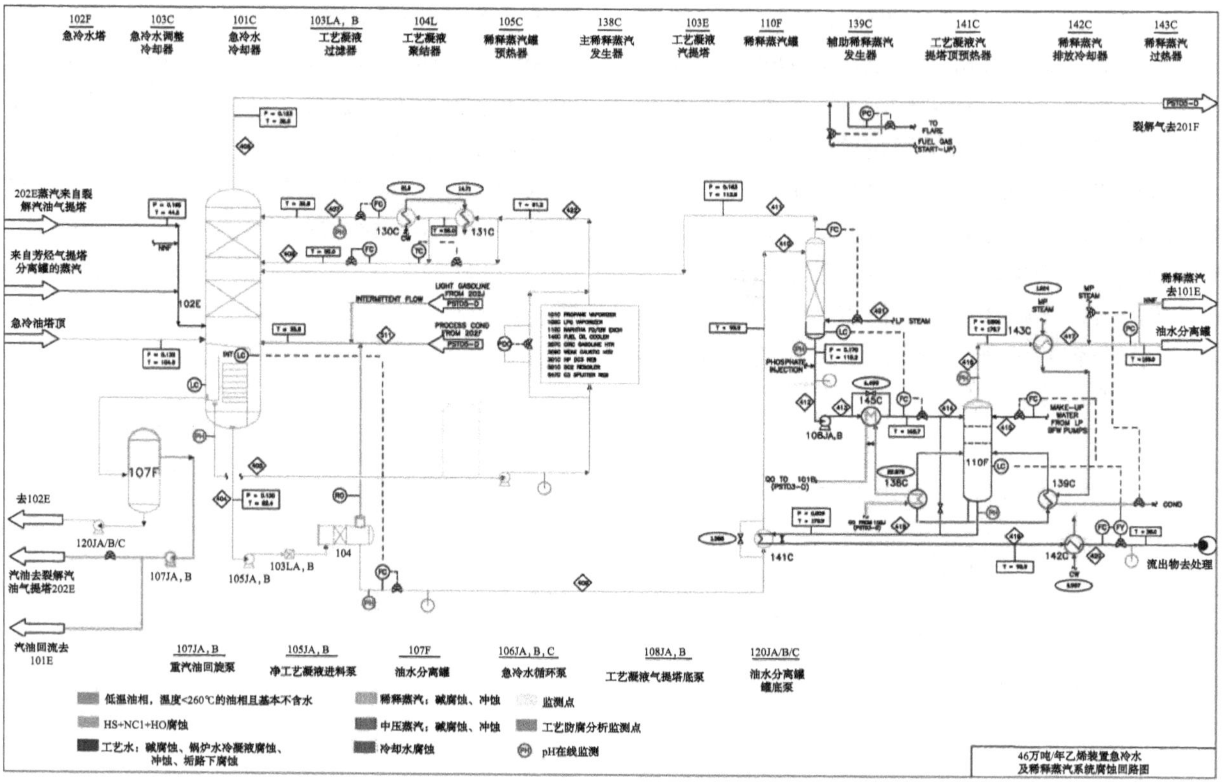

图 3　急冷系统腐蚀回路图

1.2　监检测项目

（1）原料分析监测项目

乙烯装置加工原料主要为石脑油、轻烃、油田液化气、柴油、丙烷、对进装置的原料腐蚀介质监测分析项目数据见表 1。

表 1　原料腐蚀介质监测表

样品名称	分析项目	指标/(mg/L)	分析频次
石脑油	有机氯	≤5.0	2 次/月
	总硫	≤500	1/24h
柴油	有机氯	≤5.0	2 次/月
	总硫	≤500	1/24h
拔头油	总硫	≤50.0	1/24h

（2）冷凝水监测

乙烯装置裂解气中的稀释蒸汽在急冷水塔冷凝，因裂解气中含有酸性组分，因此需要对冷凝水 pH 值及铁离子进行检测，分析项目如下表 2。

表 2　冷凝水监测表

样品名称	分析项目	指标	分析频次
工艺凝液	pH 值	6.0~8.0	1 次/12 小时
	铁离子/(mg/L)	≤3.0	1 次/周
急冷水	pH 值	6.0~8.0	1 次/12 小时
	铁离子/(mg/L)	≤3.0	1 次/周
	氯离子/(mg/L)	实测值	1 次/周
	硫化物/(mg/L)	实测值	1 次/周
工艺凝液	pH 值	6.0~9.0	1 次/12 小时
	铁离子/(mg/L)	≤3	1 次/周
	氯离子/(mg/L)	实测值	1 次/周
	硫化物/(mg/L)	实测值	1 次/周
稀释蒸汽排污	pH 值	7.5~9.5	1 次/12 小时
	铁离子/(mg/L)	≤3	1 次/周

1.3　腐蚀控制与管理

（1）原料控制

乙烯装置加工原料主要为石脑油、柴油和轻烃原料，实际加工过程中的原料指标无法按照设计值控制，腐蚀介质达到设防值时需立即协调上级部门进行工艺调整，装置通加强装置的腐蚀在线监测、定点测厚、在线测厚、冷凝水分析，并根据腐蚀监检测数据趋势变化情况，对注剂量进行调整，确保助剂的有效注入，控制乙烯装置因原料变化造成的腐蚀速率加速。

（2）排烟温度控制

裂解炉通过乙烯装置自产燃料气加热，燃料气硫化氢含量 0.5~1.0mL/m^3，具体分析数据见图 4，根据 SEI 加热炉烟气硫酸露点估算公式：

Td =116.55+16.063×lg[-0.0692×(1.01344×V)2+3.8493×(1.01344×V)]+1.05377×{lg[-0.0692×(1.01344×V)2+3.8493×(1.01344×V)]}2

式中，v 为 H_2S 体积百分含量。

计算的蒸馏加热炉烟气露点温度 Td=71.93℃。

根据《炼油装置工艺防腐运行管理规定》，加热炉排烟温度应大于 71.93+5=75.93℃，目前乙烯裂解炉炉排烟温度工艺控制 120~140℃，控制正常。

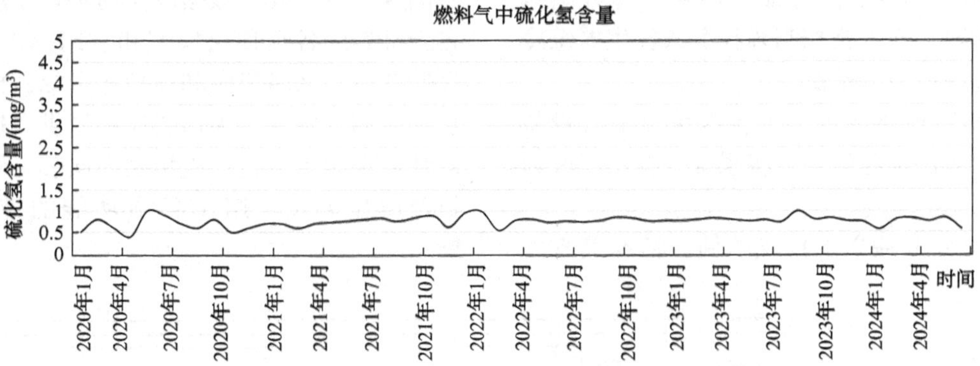

图 4　燃料气中 H_2S 含量趋势图

（3）急冷系统 pH 值控制

46 万吨/年乙烯装置急冷水和稀释蒸汽系统设有 pH 自动控制系统，但因存在偏差，装置现采用“自动控制+手动控制”的调整方式，保证急冷水、工艺水 pH 值在 6~8，装置持续开展急冷水 pH 值控制技术攻关，自 2021 年开始，急冷水 pH 值合格率稳步提高，2021 年至 2024 年合格率如图 5 所示。

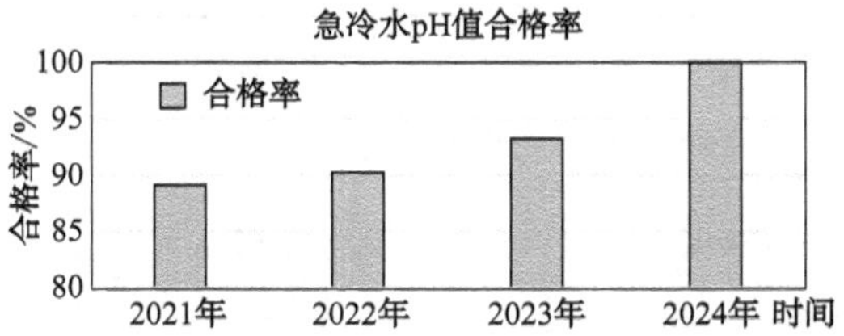

图 5　急冷水 pH 值合格率统计图

（4）急冷系统铁离子控制

46 万吨/年乙烯装置铁离子含量控制采用加注膜胺，通过膜胺注入泵将其注入工艺水及急冷水系统，在金属管道的表面形成一层很薄的保护层，其厚度只有单分子层厚，将金属与腐蚀性物质隔离开来，从而防止腐蚀。膜胺的渗透性很强，可以渗透到铁锈等沉积物的下方在金属的表面形成保护膜，膜胺可以用在已发生腐蚀的汽、水管道防止管道进一步被腐蚀，2019 年至 2023 年运行周期铁离子含量均值在 1.21mg/L，合格率 99.21%，控制稳定。

（5）裂解气压缩机段间工艺防腐控制

裂解气压缩机段间 pH 值控制控制在 6~8，铁离子不大于 5mL/m^3，段间加注缓蚀剂，所有指标均受控，无腐蚀现象。

（6）稀释蒸汽系统腐蚀控制

乙烯装置稀释蒸汽系统腐蚀现象普遍存在，因腐蚀机理的复杂性及多样性，造成换热器运行时间短，为延长稀释蒸汽发生器运行时间，装置细化控制措施，优化工艺调整，制定控制措施如下：

① 严格控制裂解汽油干点、急冷油塔顶温度不高于 110℃，急冷水塔釜温度等工艺运行指

标，防止急冷水乳化导致工艺水含油量超标。

② 定期采样监测急冷水、工艺水聚结器出口、工艺水汽提塔塔釜和外排水，根据水质情况判断腐蚀变化趋势。

③ 定期对稀释蒸汽发生器水质和蒸汽品质进行采样观察，及时发现和处理换热器泄漏问题；定期对稀释蒸汽发生器工艺侧进行排放，防止有害物质积累；定期对U型管式稀释蒸汽发生器进行工艺水侧反冲洗，降低垢下腐蚀可能性。

④ 将工艺水汽提塔汽提比至5.6t/h，降低工艺水中有机烃类物质含量。

⑤ 严格工艺水pH值控制指标操作，避免pH值过高，稀释蒸汽发生器出现碱浓缩腐蚀。

⑥ 裂解炉切换、急冷油泵切换或稀释蒸汽发生器投用时，应严格控制稀释蒸汽发生器急冷油侧压力和温度波动范围。

⑦ 严格监控急冷水和工艺水系统中微量氧含量，必要时添加除氧剂或将系统外补水源改为锅炉给水。

自2020年开展以上控制措施，稀释蒸汽发生器运行时间由1年延长至3年，辅助稀释蒸汽发生器运行时间由2年延长至一个检修周期，保证了装置稳定运行。

2 数字化系统应用

基于兰州石化公司数字化转型项目，以乙烯装置工艺防腐蚀为切入点，以装置原有腐蚀管理体系为着手点，构建“数字化、智能化”的腐蚀决策系统，建立腐蚀监测、腐蚀控制及腐蚀总结的体系架构，覆盖工艺、设备及操作全领域，实现了“数据+平台+应用”的智能化管控平台，并在实际生产中开展应用。

2.1 总体设计

乙烯装置腐蚀监控与综合决策系统平台架构如图6所示，其中数据层面向平台管理者，在平台上部署的各类顶层模型和应用提供计算资源、存储资源、网络资源和虚拟化资源；模型层面向顶层应用开发者，为顶层应用提供数据基础、开发环境和展示平台；应用层面向装置管理技术人员及操作人员，用于各项功能的使用和结果展示。

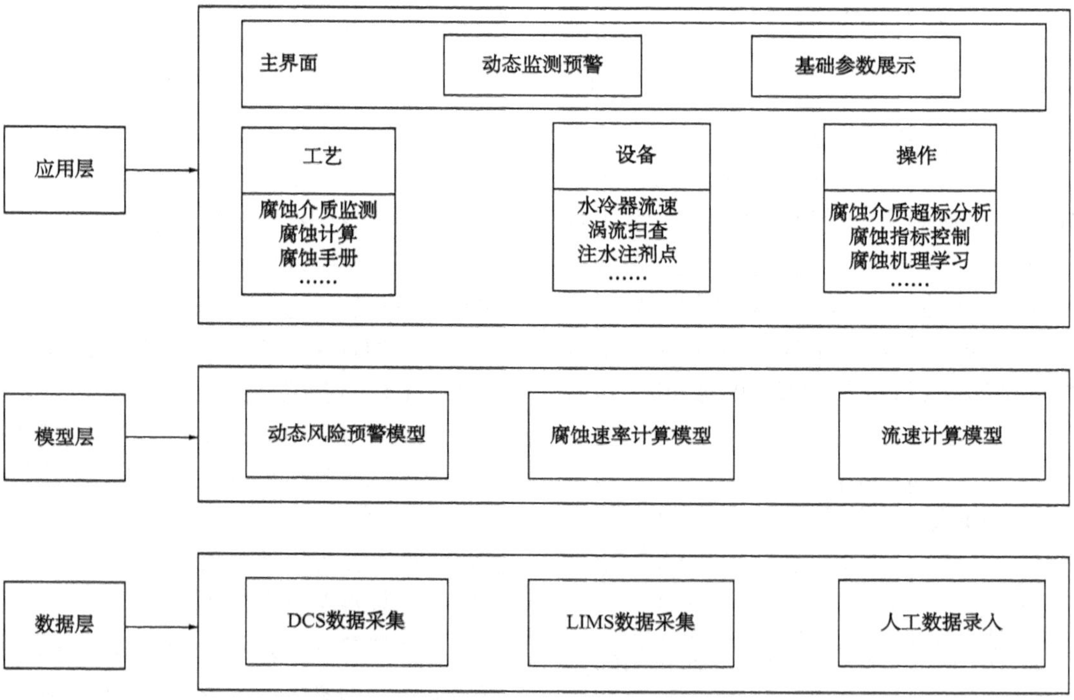

图6　腐蚀监控与综合决策系统平台架构图

2.2 业务功能

乙烯装置腐蚀监控与综合决策系统设置有体系管理、腐蚀手册、腐蚀监测诊断、腐蚀回路图、腐蚀综合管理、报告管理及知识库7大核心功能模块，并开发预警提醒功能，对报警信息通过信息提醒，以提升对异常信息的快速感知及及时处理能力，实现了从预警管理、异常监测、风险预警到调整处置的一体化管控，图7为系统功能结构。

(1) 体系管理模块

主要包括制度规范、组织机构、会议纪要及防腐蚀检查四部分功能。在该模块可以查阅防腐蚀制度规范，应用于日常运行管理，对防腐蚀检查问题进行整改，按照组织机构架构流程，上报审批，实现闭环管理。

(2) 腐蚀手册模块

该模块需要装置技术人员上传装置工艺防腐蚀手册，供操作人员下载，根据手册内容进行控制调整。

(3) 腐蚀监测诊断

该模块包括腐蚀监测管理、定点测厚管理、工艺防腐蚀计算及在线监测设备四部分功能。在腐蚀监测管理模块可导入腐蚀介质监测计划，实现腐蚀介质实时监测，当腐蚀介质超标，系统进行预警，装置人员进行原因分析，制定调整措施，并提交审核；定点测厚管理包括了定点测厚点位及测厚数据；工艺防腐蚀计算包括常见腐蚀计算，根据计算结果指导装置进行调整。

(4) 腐蚀流程图

该模块包括装置腐蚀流程图，流程图中包括腐蚀机理、监检测项目、注水注剂点及腐蚀预警等功能，实现了通过腐蚀流程图可直观监测防腐蚀措施执行情况。

(5) 腐蚀综合管理

该模块包括水冷器管理、注水注剂和涡流扫查三部分内容，可监测装置水冷器运行情况，水冷器流速不达标将发生预警；注水注剂点包括装置注水注剂点信息及定点测厚情况；涡流扫查信息可通过该模块查询，异常部位进行原因分析，制定管控措施。

(6) 报告管理

该模块包括腐蚀检查报告、防腐蚀月报及定点测厚报告的汇总，防腐蚀月报中监测项目数据的提取，生成防腐蚀技术月报。

(7) 知识库

该模块包括腐蚀机理和腐蚀案例库两部分内容，主要提高技术人员及操作人员进行学习，提高综合防腐蚀能力，增强全员防腐蚀意识，借鉴同类装置腐蚀案例，吸取经验。

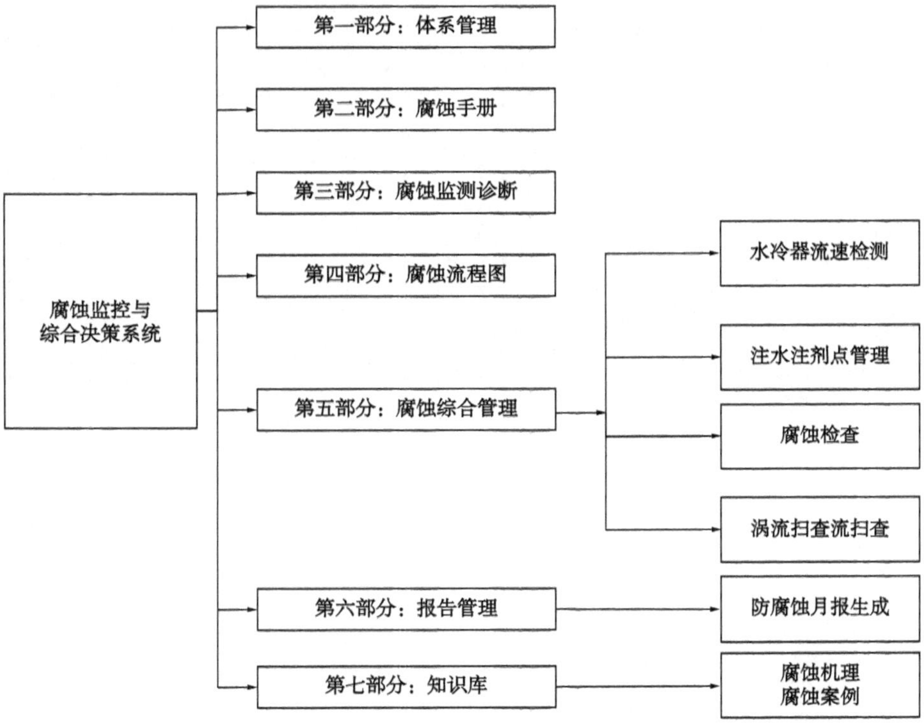

图 7　腐蚀监控与综合决策系统功能框架图

3　结束语

46 万吨/年乙烯装置工艺防腐蚀工作以数字化平台“腐蚀监控与综合决策”系统为载体，构建了“智能化+数字化”的体系，分别开发了用于管理人员的驾驶舱和用于操作人员的专业工作台，搭建了腐蚀监测预警，以异常分析为核心，实现从预警管理、分析处置、结果跟踪到预警消除的一体化管控，不仅帮助装置管理人员快速、准确分析腐蚀原因，进一步完善工艺防腐蚀体系，强化对装置的防腐蚀管控，保证了装置长周期运行。

参 考 文 献

[1] 王松汉．乙烯工艺与技术(精华本)[M]．北京：中国石化出版社，2012：92.

CO_2 驱注采管柱腐蚀试验

王小萌　姚金杭　褚浩元　张　辉　雷德荣　黄晓东

（中国石油新疆油田公司）

摘　要　CO_2 腐蚀会引起油套管穿孔或管柱掉井等严重事故，导致油套管及井下工具失效、生产井停产、注入井停注等一系列生产问题，是制约油气田长期有效开采的关键问题之一。因此，明确不同温度、CO_2 分压、流速和 Cl^- 浓度对金属材质腐蚀速率影响 CO_2 注采井管柱防腐工艺研究至关重要。本文从室内实验及经济性方面评价 HP1-13Cr110、13Cr110、3Cr110、P110 管材抗 CO_2(含 Cl-) 均匀腐蚀、局部腐蚀性能，结果表明：随着温度、CO_2 分压、流速及 Cl-浓度的升高，油管材料的均匀腐蚀速率都呈上升趋势，局部腐蚀严重程度增强；BG13Cr110 及 HP1-13Cr110 两种马氏体不锈钢材料的均匀腐蚀速率要比普通 P110 及 BG3Cr110 低两个数量级左右，综合实验结果及经济性评价优选 BG13Cr110 为 CO_2 注采井管柱油管材料。

关键词　CO_2 腐蚀；腐蚀速率；防腐工艺；井下工艺

CO_2 腐蚀一直是油气田设备在生产中造成腐蚀的主要原因，随着 CO_2 驱油技术的发展和应用，传统 CO_2 驱注采井中的环境日益恶劣。干燥的 CO_2 本身并没有腐蚀性，但它溶于水相后，会促进管材与油田生产介质产生多重的电化学反应，加剧管柱腐蚀，造成油管管柱短期内穿孔失效，或由于均匀腐蚀速率过大，导致腐蚀余量满足不了使用强度要求。本文从室内实验及经济性方面评价 HP1 - 13Cr110、13Cr110、3Cr110、P110 管材抗 CO_2(含 Cl-) 均匀腐蚀、局部腐蚀性能，从而确定 HP1-13Cr110、13Cr110、3Cr110、P110 管柱的应用环境条件，综合分析后选出适合 CO_2 驱注采管柱管材，保证注采管材的材料设计和选材时充分考虑 CO_2 腐蚀的影响，将腐蚀的危害降到最低，既可满足安全生产的需要，同时满足开发、生产过程中的成本控制。

1　CO_2 腐蚀室内实验

1.1　实验材料及条件分析

实验材料取自普通 P110、BG3Cr110、BG13Cr110、HP1-13Cr110 成品管材，其化学成分见表 1。所用试样均为六分之一圆弧试样，各种材料的平行腐蚀试样为三个，其中两个试样作为失重试样分析、一个用为腐蚀试样的表面及 X-射线衍射分析。实验条件见表 2。

表 1　所用试样化学成分　wt%

	C	Si	Mn	P	S	Cr	Mo	Ni	V	Ti	Nb	Cu
普通 P110	0.29	0.21	1.40	0.015	0.0041	0.029	0.032	0.019	0.048	0.005	/	0.080
BG3Cr110	0.19	0.32	0.47	0.0089	0.00082	2.93	0.39	0.17	0.008	0.019	/	0.33
BG13Cr110	0.025	0.22	0.45	0.019	0.0031	13.01	0.94	4.32	/	/	/	/
HP1-13Cr110	0.024	0.21	0.45	0.016	0.0012	12.69	0.92	4.30	0.0096	0.0036	0.0035	0.045

表 2　实验条件

温度/℃	95						30
CO_2 分压/MPa	0.7	0.7	0.7	0.2	0.5	0.7	0.7
流速/(m/s)	1	2	3	3	3	3	3
氯离子/(mg/L)	16000	16000	16000	16000	16000	1000	16000
实验时间/h	168						

1.2 试验方法

实验前，将试样分别用400#、600#、1000#砂纸逐级打磨以消除机加工的刀痕，此后，将试样清洗、除油、冷风吹干后测量尺寸和称重。然后，将试样相互绝缘安装在特制的试样架上，放入高压釜内的腐蚀介质中。实验装置选用FCZ-25/250、TFCZ2-4/200型磁力驱动反应釜，示意图见图1。实验前，先通入高纯氮10h除氧，然后，通入CO_2升压升温到设计要求。实验结束后将试样表面用蒸馏水冲洗去除腐蚀介质、无水酒精除水后烘干待用。

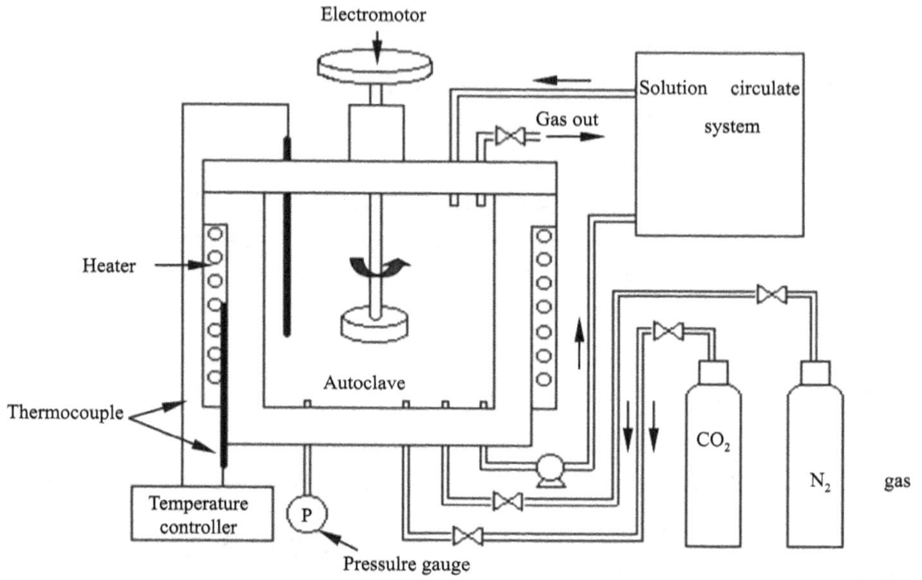

图1　实验装置示意图

清除腐蚀产物的方法是将试样放入清洗液中剧烈搅拌至腐蚀产物除净为止。清洗液配方为：盐酸(1.19)：1升、三氧化二锑：20克、氯化亚锡：50克。酸洗后的试样立即在自来水中冲洗，并通过在饱和碳酸氢钠溶液中浸泡约2~3分钟进行中和处理，之后自来水冲洗并用滤纸吸干后置于无水酒精或丙酮中浸泡3~5分钟脱水。脱水后试样经冷风吹干后，用BS124S电子天平(精度1mg)称重并按式(1)和(2)计算其失重腐蚀速率。

均匀腐蚀速率的计算方法如下：

$$V_a = g \cdot 365000/\gamma \cdot t \cdot S \qquad (1)$$

式中，g为试样的失重，g；γ为材料的比重，7.8g/cm^3；t为实验时间，天；S为试样面积，mm^2；V_a为均匀腐蚀速率，mm/a。

点蚀速率的计算方法如下：

$$V_p = 365 \cdot h/7 \qquad (2)$$

式中，h为试样最深点蚀坑深度，mm；V_p为试样点蚀速率，mm/a。

使用JSM-5800型扫描电镜观察其表面腐蚀形貌、OXFORD ISIS能谱仪分析元素含量；用荷兰Panalytical公司生产的X' Pert Pro型X-射线衍射仪分析试样表面腐蚀产物的成分、结构；用Olympus BX51型金相显微镜分析试样表面点蚀形貌及点蚀深度。

2　实验结果分析

2.1 均匀腐蚀速率影响因素分析

表3为模拟CO_2注采井管柱室内CO_2腐蚀实验均匀腐蚀速率汇总表，图2为温度、CO_2分压、流速及Cl-浓度等环境条件对四种材料均匀腐蚀速率影响对比图。均匀腐蚀速率：普通P110 > BG3Cr110 > BG13Cr110 > HP1-13Cr110。BG3Cr110的均匀腐蚀速率都要小于普通P110，这主要是因为Cr元素在腐蚀产物膜中的富集可以显著改善膜的保护性，至于Cr的氢氧化物或氧化物是以单独腐蚀产物层存在，还是堆积在$FeCO_3$腐蚀产物的孔隙中来改善膜的稳定性，到目前为止，国内外还存在很多争议；BG13Cr110及HP1-13Cr110两种马氏体不锈钢材料的均匀腐蚀速率要比普通P110及BG3Cr110低两个数量级左右，最高仅为0.0640mm/a，而HP1-13Cr110具有优异的抗CO_2均匀腐蚀能力，原因

在与冶炼过程中加入少量 Mo、Ni 等合金元素，增强了钝化膜稳定性，提高了 CO_2 腐蚀抗力。

从均匀腐蚀速率方面来看，BG13Cr110 及 HP1-13Cr110 均可以满足 CO_2 注采井管柱选材要求，在设计寿命为 30 年的条件下，壁厚减薄量最大仅为 1.92mm，当选用尺寸为 41/2、壁厚 7mm 的油管时，在井底苛刻腐蚀条件下，腐蚀余量可以满足强度要求。

表 3　模拟腐蚀实验均匀腐蚀速率汇总表

材料	均匀腐蚀速率/(mm/a)						
	条件 1	条件 2	条件 3	条件 4	条件 5	条件 6	条件 7
普通 P110	1.0713	1.3776	2.4939	1.2446	1.7284	1.4505	1.4625
BG3Cr110	0.8855	1.0539	1.3337	0.4654	0.8251	0.6102	0.6570
BG13Cr110	0.0362	0.0416	0.0640	0.0223	0.0468	0.0277	0.0258
HP1-13Cr110	0.0224	0.0292	0.0396	0.0064	0.0171	0.0154	0.0182

注：条件 1 为温度为 95℃、CO_2 分压为 0.7MPa、流速为 1m/s、Cl^- 浓度为 16000mg/L；条件 2 为温度为 95℃、CO_2 分压为 0.7MPa、流速为 2m/s、Cl^- 浓度为 16000mg/L；条件 3 为温度为 95℃、CO_2 分压为 0.7MPa、流速为 3m/s、Cl^- 浓度为 16000mg/L；条件 4 为温度为 95℃、CO_2 分压为 0.2MPa、流速为 3m/s、Cl^- 浓度为 16000mg/L；条件 5 为温度为 95℃、CO_2 分压为 0.5MPa、流速为 3m/s、Cl^- 浓度为 16000mg/L；条件 6 为温度为 30℃、CO_2 分压为 0.7MPa、流速为 3m/s、Cl^- 浓度为 16000mg/L；条件 7 为温度为 95℃、CO_2 分压为 0.7MPa、流速为 3m/s、Cl^- 浓度为 1000mg/L。

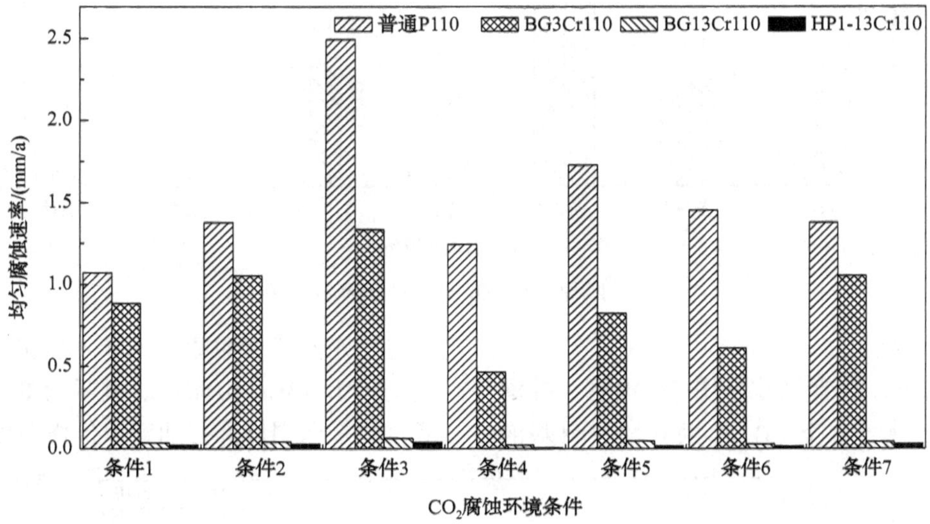

图 2　四种材料 CO_2 均匀腐蚀速率对比图

2.2　局部腐蚀速率影响因素分析

表 4 为模拟 CO_2 注采井管柱室内 CO_2 腐蚀实验点腐蚀速率汇总表，图 3 为温度、CO_2 分压、流速及 Cl^- 浓度等环境条件对四种材料点腐蚀速率影响对比图。在所有模拟实验条件下，普通 P110 局部腐蚀最为严重，最高可达 14.235mm/a(温度为 95℃、CO_2 分压为 0.7MPa、流速为 3m/s、Cl^- 浓度为 16000mg/L)；BG3Cr110 局部腐蚀相对轻微，但也出现明显点蚀现象；BG13Cr110 在绝大多数模拟实验条件下，未出现点蚀，仅在最为苛刻的模拟实验(温度为 95℃、CO_2 分压为 0.7MPa、流速为 3m/s、Cl^- 浓度为 16000mg/L)条件下，出现轻微点蚀，但低于极限点腐蚀速率 0.26mm/a；而 HP1-13Cr110 在所有模拟实验条件下均未出现点蚀，这主要是因为相比于普通 13Cr，超级 13Cr 马氏体不锈钢有较高的 Mo、Ni 含量，Mo、Ni 的加入，能够阻滞电化学腐蚀的阳极过程，促进超级 13Cr 的钝化，在钢的表面上形成了富钼的氧化膜，这种含有 Cr、Mo 元素的氧化膜，具有高的稳定性，能有效地抑制因 Cl^- 侵入而产生的点蚀。

同时，随着温度升高、CO_2 分压增大及 Cl^- 浓度升高，普通 P110 及 BG3Cr110 点腐蚀速率增大。这同样是因为点蚀一旦形成以后，温度升高、CO_2 分压增大及 Cl^- 浓度升高使点蚀坑内的酸化自催化效应得到增强，点腐蚀速率得到极大地加速。

表 4　模拟腐蚀实验点腐蚀速率汇总表

材料	点腐蚀速率/(mm/a)						
	条件 1	条件 2	条件 3	条件 4	条件 5	条件 6	条件 7
普通 P110	3.6500	5.0579	14.2350	3.0764	4.4842	0.7820	1.7207
BG3Cr110	1.9293	3.1286	7.8214	0.5214	1.1993	0.6256	0.3650
BG13Cr110	0	0	0.2086	0	0	0	0
HP1-13Cr110	0	0	0	0	0	0	0

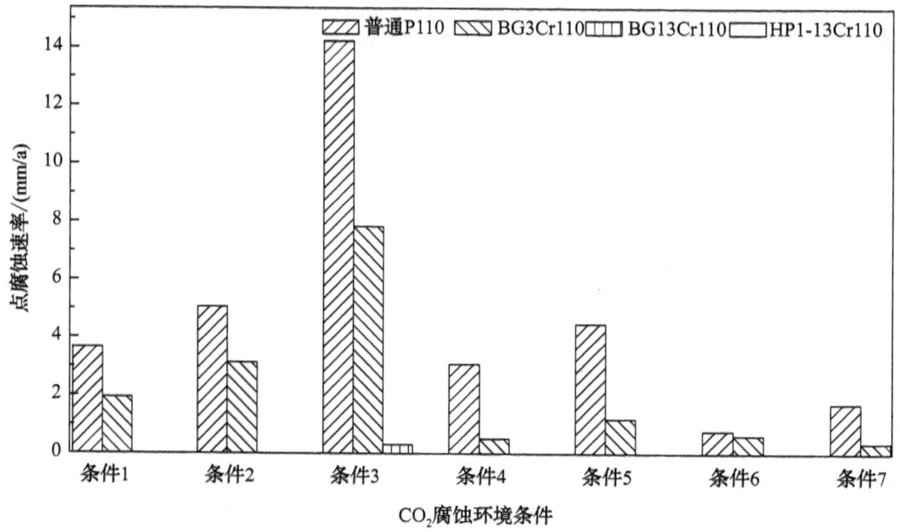

图 3　四种材料 CO_2 点腐蚀速率对比图

2.3　经济性分析

CO_2 驱注采井油管尺寸采用 2⅞油管，井深按照 1800m 计算，整个 CO_2 注采井油管材料的经济性评价计算如图 4 所示。普通 P110 总价最低，HP1-13Cr110 最高，几乎为 BG13Cr110 的 2 倍，如果选用特殊扣油管，价格会更高。

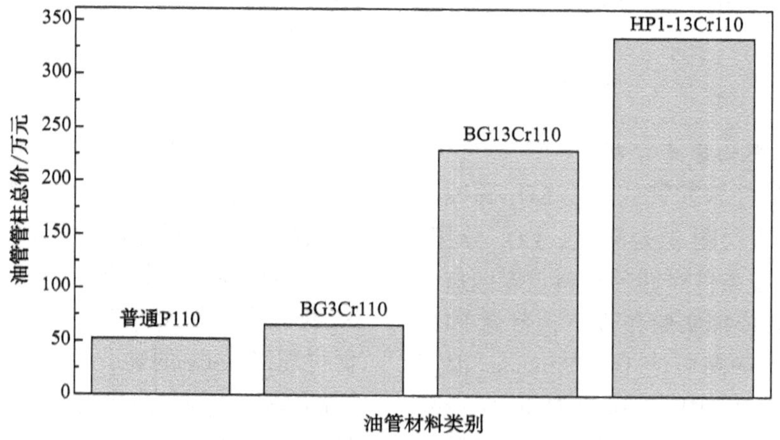

图 4　油管材料经济性评价对比图

3　CO_2 注采井管柱管材的优选

通过以上室内 CO_2 腐蚀实验(均匀腐蚀速率、点腐蚀速率测定)及经济性评估，普通 P110 具有良好的经济性，但在所有模拟条件下，均匀腐蚀速率最高，局部腐蚀最为严重，作为设计寿命为 30 年的 CO_2 注采井油管材料，不能够满足使用要求；BG3Cr110 作为经济性油管材料，相比于普通 P110，其抗 CO_2 均匀腐蚀，特别是局部腐蚀能力都有一定程度的提高，在较低温度条件下最为明显，但若作为设计寿命为 30 年的 CO_2 注采井油管材料，在运行过程中不添加缓蚀剂(如添加缓蚀剂，运行成本会显著增加)，使用有一定风险；HP1-13Cr110 在所有模拟条件下，均匀腐蚀速率最低，并未出现明显局部腐蚀，但价格过高；BG13Cr110 的均匀腐蚀速率尽管比 HP1-13Cr110 稍高，但远低于 0.1mm/a，且仅在模拟最为苛刻的腐蚀环境出现轻微点蚀，点蚀速率低于 0.26mm/a，BG13Cr110 国产化工艺成熟，价格为 HP1-13Cr110 的一半左右。通过以上分析，推荐 BG13Cr110 为 CO_2 注采井管柱油管材料。

4 结论

(1) 均匀腐蚀速率排序：普通 P110>BG3Cr110>BG13Cr110>HP1-13Cr110；

(2) 普通 P110、BG3Cr110 的均匀腐蚀速率在所有模拟实验条件下都大于 0.5mm/a，并且局部腐蚀严重；

(3) BG13Cr110 及 HP1-13Cr110 两种马氏体不锈钢材料的均匀腐蚀速率要比普通 P110 及 BG3Cr110 低两个数量级左右，最高仅为 0.0640mm/a，远小于 0.1mm/a，BG13Cr110 仅在最为苛刻腐蚀环境中出现轻微点蚀，点蚀速率低于 0.26mm/a，而 HP1-13Cr110 在所有模拟条件下未出现点蚀现象；

(4) 随着温度、CO_2 分压、流速及 Cl^- 浓度的升高，油管材料的均匀腐蚀速率都呈上升趋势，局部腐蚀严重程度增强；

(5) 通过以上室内 CO_2 腐蚀实验及经济性评估，推荐 BG13Cr110 为 CO_2 注采井管柱油管材料。

参 考 文 献

[1] 曹力元，钱卫明，宫平，等．苏北油田二氧化碳驱油注气工艺应用实践及评价#br#[J]．新疆石油天然气，2022，18(2)：46-50.

[2] 钟志英，罗天雨，邬国栋，等．新疆油田呼图壁储气库气井管柱腐蚀实验研究[J]．新疆石油天然气，2012，8(3)：82-86.

[3] 李海成，刘云，赵骊川，等．低渗透油藏二氧化碳分注工艺及配套测调技术[J]．新疆石油天然气，2022，18(2)：26-32.

[4] CHAN C F. Effect of chromium on the pitting resistance of oil tube steel in a carbon dioxide corrosion system[J]. Corrosion，2005，61：594-601.

[5] 张学元，邸超，雷良才．二氧化碳腐蚀与控制[M]．北京：化学工业出版社，2000.

[6] Trasatti S，Scoppio L. H_2S and CO_2 corrosion of some 9Cr-1Mo alloys for downhole application. 56th NACE Annual Conference，Houston，Texas，March 11-16，2001[C]. Houston：Omnipress，2001.

[7] Tiziana Cheldi，Eugenio Lo Piccolo，Lucrezia Scoppio. Corrosion Behavior of Corrosion Resistant Alloys in Stimulation Acids[C]. Eurocorr 2004，Paper No. 449.

[8] 蒲仁瑞，刘唯贤，李敏，等．气井管柱腐蚀机理研究及防治[J]．钻采工艺，2003，026(001)：80-82.

[9] 赵朴．钼在不锈钢中的应用[J]．中国钼业，2004，28(5)：3-10.

[10] Zhang Y C，Shao-Peng Q U，Pang X L，et al. Review on Corrosion Behaviors of Steels under Supercritical CO_2 Condition[J]. Corrosion & Protection，2011.

[11] 关欣．CO_2 对天然气井管柱腐蚀模拟研究及应用[D]．成都：西南石油大学，2014.

[12] 程远鹏，李自力，王菲菲，等．集输管道 CO_2 腐蚀预测研究[J]．化工机械，2015(4)：7.

[13] 李炎军，张超，丁剑，等．南海高温高压含 CO_2 气井管柱腐蚀适用性评价[J]．装备环境工程，2021.

[14] 邢希金．我国海上油井管腐蚀与防护研究进展[J]．装备环境工程，2021，018(001)：前插 1-前插 2，1-7.

[15] 安洋．油气田开发中的 CO_2 腐蚀及防护技术[J]．中国石油和化工标准与质量，2022，42(6)：3.

基于物联网+的阴极保护系统智能监管

刘凤霞　高新杰　何　凯

(山东省天然气管道有限责任公司)

摘　要　设置在野外的阴极保护系统(例如恒电位仪运行参数)无法实现24小时全天候在线监管，日常管理多采用巡线人员现场巡查的方式，当阴极保护系统发生设备故障、掉电、异常干扰等情况时无法及时发现，进而不能第一时间分析并排除故障。基于此现状，笔者提出了运用物联网+阴极保护智能监管系统，实现24小时全天候阴保数据采集、异常报警、视频监视、后台分析、定期存储等功能，确保阴极保护系统可控、在控、能控。

关键词　阴极保护；数据采集；异常报警；智能监管

“十三五”以来，天然气管道运行维护在集中化、自动化、智能化、智慧化方向取得了长足进步，以计算机技术、通信技术以及自动化技术为基础的生产监控系统在天然气管道运行维护中起着越来越重要的作用。

然而随着时代的进步，城市的发展，地铁、电气化铁路、太阳能发电场日益增多，“十四五”期间，国家电网更是规划建设特高压工程“24交14直”，涉及线路3万余公里，高压、特高压输电线路分布越来越广，导致对管道产生的杂散电流干扰日益严重，根据现场实际干扰情况，管道企业往往会在沿线增设阴极保护站、设置排流设施等，以降低杂散电流对管道的干扰影响。

1　管理现状

天然气管道阴极保护站一般设置在输气站、清管站、压气站内，由生产人员24小时监管；但当出现因杂散电流治理或阴极保护电位不达标等原因而将阴极保护站设置在野外时，一般不设置24小时值守人员，其日常监管多采用巡线人员现场巡查的方式，无法实现24小时实时数据监控。

阴极保护站在野外运行过程中会出现恒电位仪故障停机、参数异常等情况，且无法及时发现，导致不能第一时间排除故障。例如某长输管道公司针对部分管道阴极保护电位不达标的问题，于2014年在管道附近新建阴极保护站1座，采用外加电流保护其管道。阴极保护站建成后，由全日制巡线工每日驱车前往现场查看设备运行状态，并记录相关参数。因该站点恒电位仪部署在管道沿线非人员值守点，运行期间巡线工多次发现恒电位仪发生短时无输出故障，因没有第一时间发现此故障，进而无法及时分析查找恒电位仪无输出故障原因，导致管道阴极保护不受控。

阴极保护站设置在野外还会出现恒电位仪开机(运行)率无法准确计算等问题。当出现夜间停电、或白天停电区间恰好在线路巡线人员巡检时间点之外，将无法真实记录恒电位仪的运行状态，阴极保护系统开机(运行)率计算结果将失真。

2　解决方式

通信技术与物联网技术的发展，给野外设备的24小时监管提供了可能。在物联网应用中有两项关键技术，分别是传感器技术和嵌入式技术。它通过信息传感设备，按约定的协议，将任何物体与网络相连接，物体通过信息传播媒介进行信息交换和通信，以实现智能化识别、定位、跟踪、监管等，通过这种方式可以解决阴极保护系统野外无法实时监管的现实问题。

2.1　架构设计

基于上述分析，提出基于物联网+的阴极保护系统智能监管架构设计。阴极保护系统智能监管以设备层和传输层为基础，借助恒电位仪自带的RS485通讯接口，用4G物联网作为传输通道，在现场加装边缘采集器，将恒电位仪内的关键数据：输出电压、输出电流、参比电位等进行关键数据的采集，通过进行边缘计算，由联网模块进行数据采集和解析后上报云端。

2.2　智能监管

通过物联网平台可实现阴极保护系统 24 小时智能监管。一是在物联网平台进行变量数据的储存扩展后通过 PC 端或微信内嵌程序进行现场数据的定期存储、主动采集和历史数据查看；二是通过在后台进行关键点设定，以实现历史数据的定期导出；三是通过添加触发器条件限定，进行报警配置，完成变量和设备异常状态的预警提示功能；四是现场接入摄像头进行 24 小时视频监控。通过以上四种途径可以全方位对阴极保护站进行 24 小时监管。下面主要介绍 PC 端的智能监管与应用。

2.2.1　数据采集与储存

阴极保护数据的采集与储存是阴极保护系统智能监管的基础。将边缘采集设备联网后，设备将按照设定程序采集恒电位仪的输出电压、输出电流、参比电位、预置电位，通过进行边缘计算，把采集和计算的压力分布到硬件设备中，由联网模块进行数据采集和解析，然后按照一定的规律上报云端，在 PC 端可以实时查看采集变量的曲线趋势图(图 1)。

在数据采集方面，本地设备可以设为毫秒级采集，也可以根据需要设定固定的周期采集，例如针对恒电位仪采集数据，可以设定输出电压、输出电流、参比电位每小时采集一次，预置电位每 15 天采集一次(图 2)，也可以根据需要设置采集数据的单位、储存方式、读写方式、小数位数等，还可根据需要添加其他变量，以上数据采集完成后上传至云端，云端的存储可实现每月 500 万条以上的数据存储。

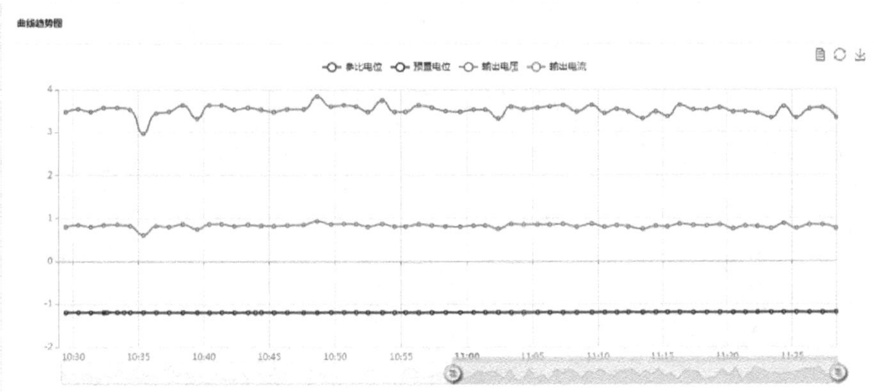

图 1　采集变量趋势图

图 2　设备变量采集

2.2.2　数据分析与导出

阴极保护数据分析与导出是阴极保护系统智能监管的关键所在。在 PC 端控制台数据中心进行历史数据查询，选择需要查询的变量和时间区间，变量数据将通过曲线趋势图的方式呈现出来(图 3)，通过该图可以直观的观察变量之间的变化关系，便于采集变量的数据分析，提高发现异常数据的效率，能够第一时间分析处理故障，从而提高管道阴极保护率。为了便于数据存档和运行分析大表制作，可以将上述数据根据实际需要，设置时间区间并下载保存。

除了在历史数据查询界面进行数据分析外，还可以通过平台的数据统计功能，快速查看异常报警内容(图4)，通过报警内容确认并处理异常数据，初步判断异常原因并开展现场处置。

阴保设施的运行数据是阴保设施运行状态是否良好的重要参考依据，运行数据需要存档以方便查询，PC端控制台能够简洁、高效的将恒电位仪历史运行数据下载导出，也可以根据实际需要选择固定时间下载或周期循环下载，以满足数据的定期收集需求(图5)。

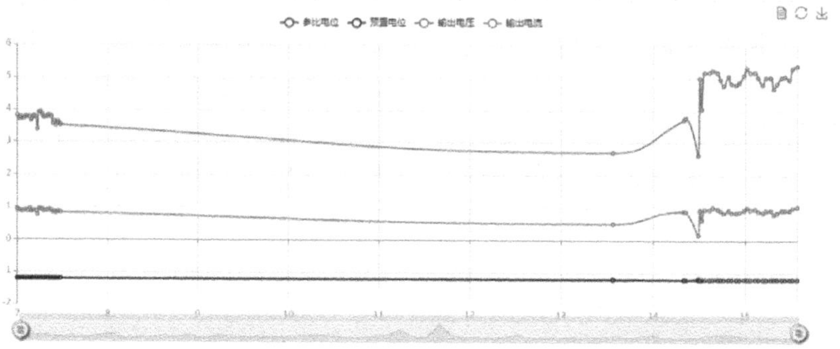

图3　历史数据趋势图

图4　数据统计

图5　数据定期下载

2.2.3　异常报警

阴极保护系统异常报警提醒是阴极保护系统智能监管的核心。野外阴极保护系统最大的风险是出现异常问题时无法及时发现，进而导致无法第一时间分析处理故障，因此，阴保系统异常状态的及时、准确报警显得尤为重要。

基于管道阴极保护实际需求，主要从以下两个方面设置报警提醒。一方面当边缘采集设备发生故障后，将不能进行数据采集和报警，导致智能监管失效；另一方面在边缘采集设备正常运行状态下，若恒电位仪故障或采集到的数据出现异常，监管人如不能及时、有效、准确的收到报警信息，则智能监管效率较低。

基于以上分析，结合智能监管系统架构，通过在 PC 端对变量和设备分别进行报警配置，实现对边缘采集设备和阴保设备的监管。

（1）设备监测报警。在设备监测触发器中定义设备报警规则，能够实现设备监测报警。如设置设备离线超过 5 分钟报警，可以及时发现设备处于非采集状态；设置无线信号强度报警，能够及时发现数据传输不流畅的问题；根据月度流量使用平均值设置当月流量消耗超过 50MB 报警，能够及时发现流量消耗异常的问题(图 6)。当出现阴极保护系统失电，可根据报警信息对阴极保护系统开机(运行)率进行准确计算。

图 6　设备监测报警

（2）变量监测报警。在报警触发器中定义变量报警规则，能够实现实时采集数据的监测报警。如要监测阴极保护系统因故障等导致恒电位仪停止输出，则只需在触发器中设置触发条件为当电流数值小于 0.06 时触发报警即可实现，同时当设备监测到电流数值不满足触发条件时，会提示设备已恢复输出(图 7)。还可根据需要设置参比电位、电压输出等异常情况的报警。

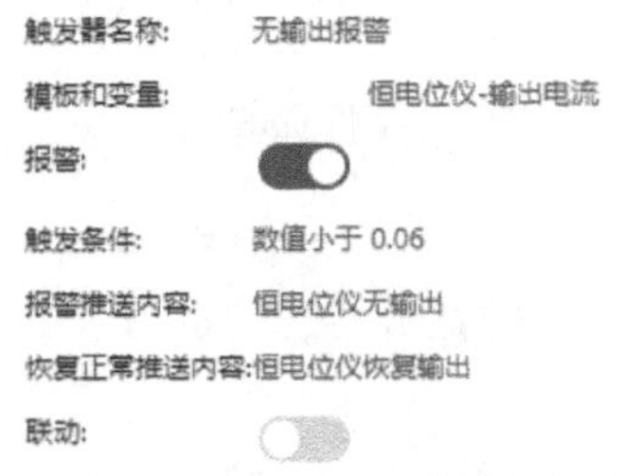

图 7　变量监测报警

报警规则设置后，需要对报警信息进行配置、添加推送人(图 8)。将需要推送的信息根据重要程度或属性设置好推送机制类型；推送方式可以选择短信、邮件、电话、微信中的一种或其中的两至三种组合推送，保证监管人能够及时收到报警信息；推送人可设置为一人或多人，将推送人进行关联后，设置好推送规则。完成以上设置后将会在设备或数据出现异常时收到报警提示(图 9、图 10)。当收到报警提示后，监管人可通知阴极保护站附近巡检人员前往现场查看情况，同时组织人员前往阴极保护站进行紧急维修，这极大地提高了维修维护效率。

2.2.4　视频监控

除了进行设备和数据变量监控外，通过添加配套的监控视频设备，能够实现对阴极保护设备设施周边环境的 24 小时监控(图 11)，便于管理人员抓取生产现场的第一手信息。

图 8　报警配置

图 9　邮件提醒

图 10　短信提醒

图 11　摄像头管理

3　结束语

通过物联网+数据智能监管系统，实现了对阴极保护系统的数据采集与分析、报警监管、视频监控等，使管理人员能够第一时间掌握系统及设备运行状态，及时消除故障，极大的提高了管道阴极保护率，保障管道安全、稳定、健康运行，具有现实而深远的意义。

掺氢环境下对腐蚀缺陷天然气管道的结构强度失效探讨

张文轩　谢旭仁　张淑琴

（中国石油化工股份有限公司天然气分公司）

摘　要　本文深入探讨了掺氢天然气对管道表面缺陷处氢致开裂敏感性。同时，分析了不同腐蚀形状对掺氢管道的结构性能影响，以及通过对现场管道不同缺深度下缺陷区进行有限元分析，并得出了包括最大应力、不同轴向拉伸应变作用下内、外腐蚀缺陷处的氢原子分布、不同腐蚀形状的失效影响。通过这些探讨，旨在提升掺氢管道运输系统的安全性和效率，同时确保符合国际安全标准。

关键词　混氢天然气；管道腐蚀；安全；风险、氢脆

1　掺氢天然气管道基本情况

1.1　国外现状、发展趋势

国际上从 2000 年初开始天然气掺氢相关的应用示范研究，欧盟、美国、日本、加拿大等均开展了示范。截至 2024 年，全球共有 40 多个示范工程，每年有 2900 吨氢气掺入天然气管网。意大利 SNAM 公司进行的中高钢级天然气管道掺氢输送，是国际上能够公开获取的最高参数。目前各国研究认为，在掺氢比 20%以下，不需要对燃气管网进行大规模改造，掺氢燃气终端应用不存在问题。国外掺氢天然气管道示范工程正从燃气管网向长输管道方向发展，即从中低压力、中低钢级管网向中高钢级、中高压力方向发展。德国、英国、澳大利亚等国已将天然气掺氢列入能源发展战略规划，以利用现有的天然气管网进行 100%氢气的输送作为未来的发展目标。

1.2　国内相关政策及发展趋势

2023 年，国家发改委、能源局联合印发《氢能产业发展中长期规划（2021～2035 年）》，要求到 2025 年初步建立以工业副产氢和可再生能源制氢就近利用为主的氢能供应体系，稳步构建储运体系，开展掺氢天然气试点示范。2024 年 6 月，国家发展和改革委员会 2024 年第 21 号令《天然气利用管理办法》明确提出“油气电氢综合能源供应项目、终端天然气掺氢示范项目等高精尖天然气安全高效利用新业态”为天然气利用的优先类。目前国内多家企业已开展天然气管道掺氢输送的研究和示范，国家管网、中石油制定了 2025 年掺氢 5%，2030 年 10%，2035 年达 20%的掺氢规划。围绕天然气掺氢开展研究，既能充分利用现有天然气管道，又能降低氢气运输成本，为后续氢气大规模输送利用提供技术支持。

2　探讨方向及实际情况

由于掺氢天然气管道在服役过程所处的环境十分复杂，管道表面难免会出现各种腐蚀缺陷造成结构强度降低，现有研究大多是在掺氢环境中进行慢应变速率拉伸试验，研究不同等级钢材的力学性能、断口样貌、断面收缩率以及断后伸长率，来判断材料氢脆的敏感性，而对掺氢环境下含腐蚀缺陷天然气管道进行结构强度失效机理探讨十分少见。因此为确保掺氢天然气管道的安全运行，对含缺陷的掺氢管道进行结构强度失效机理探讨具有重要意义。输气管道的主要材料为传统钢材。传统钢质管道由于其对氢脆性的敏感性，所以通常建议的掺氢比例较低，大约在 5%至 10%之间。钢材等级越高，越容易发生氢脆，高比例的氢气可能加剧钢材的脆化，从而增加泄漏和断裂的风险。

目前西北某含氢来气以管道输送方式输送至输气场站，最高压力约为 3.0MPa。炼厂干气冬季富余量少甚至不富余、夏季富余量较大。输送至输气门站的炼厂干气流量 1000～6000Nm^3/h。本文取某炼厂来气最大值（6000m^3/h）和 7、8 月份的最小流量（8 月 6 日为 1298300m^3）。经计算混合气体的组分如表 1 所示，混合后甲烷含量下降，乙烷丙烷以及 C_3 以上组分含量上升。氢气

占比为2.08%，符合GB/T 37124—2018规定的进入长输管道的天然气气体质量要求的氢气浓度上限3%。上游来气的硫化氢浓度是某管线的38倍多，不符合GB 17820—2018中Ⅰ类气的硫化氢含量要求(<6mg/m³)；但混合后的气体的硫化氢浓度为0.94mg/m³，符合Ⅰ类气的标准要求且小于15mg/m³的安全临界浓度。此外混合气体中还含有少量的乙烯和丙烯。现采用实验测试手段分析库车门站在役X52管材在管输压力和温度等条件下的氢致开裂敏感性(表1)。

表1　西北某管线气体组分

组分名称	组分含量(摩尔分数)/%	组分名称	组分含量(摩尔分数)/%
甲烷	82.58	氮气	8.26
乙烷	5.51	氧气	0.87
丙烷	0.86	二氧化碳	1.69
C_3^+	0.234	硫化氢	0.2mg/m³

3　管道表面缺陷处氢致开裂敏感性

利用现有的分布广泛的天然气管道进行氢气/天然气混输，不仅可以充分利用已有的管道装备、长期积累的丰富的管道运行经验以及大量具有专业技能的工程技术人员，而且能够大大加速能源转换效率。在对老化的管道进行输氢改造之前，需注意的是，这些现场服役数十年的天然气管道，其管体不可避免地存在各种表面缺陷，如腐蚀、凹痕、擦划等。这些缺陷如果能够通过各种类别的缺陷评估标准，则管道无需进行维修即可继续运行。然而这些缺陷对于渗透进入管线钢的氢原子而言，则是典型的氢陷阱(图1)。

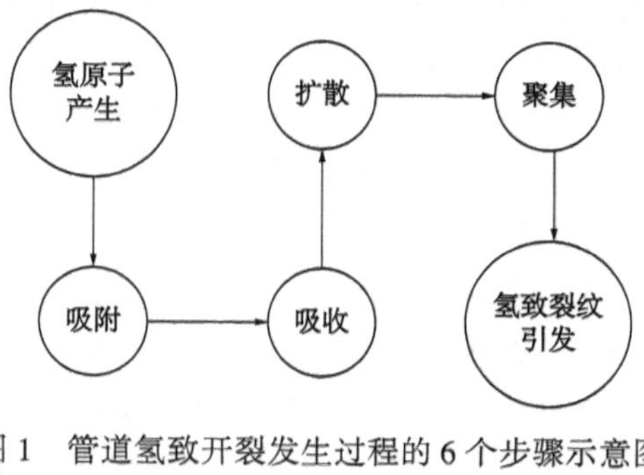

图1　管道氢致开裂发生过程的6个步骤示意图

现有的天然气管道中不仅存在各种属于管线钢冶金结构方面的氢陷阱，还存在导致氢原子聚集的表面缺陷陷阱。

这些陷阱在捕获一定浓度的氢原子后，在管道内压产生的环向应力以及轴向的辅助应力等作用下，也可能成为引发氢致裂纹的地方。很显然，相对于新建管道而言，服役多年的“老”管道在氢气输送时存在额外的引发氢致开裂的因素。研究表明，当管道表面存在一个机械凹痕时，进入管线钢的氢原子会向凹痕处扩散并发生局部聚集，氢原子扩散的驱动力是凹痕处的局部应力与应变集中(图2~4)。

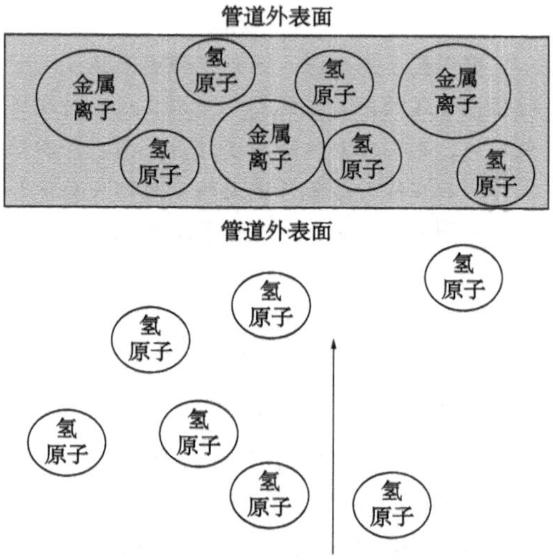

图2　氢原子进入金属离子内部示意图

图3　西北某管道外表面腐蚀坑实物图

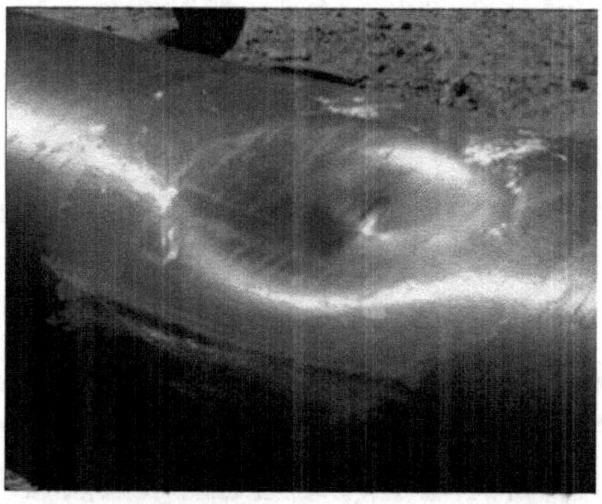

图4　管道外表面非限制型机械凹痕实物图

以图 4 中西北某一典型的位于管道外表面的非限制型机械凹痕、凹痕处的应力集中至某 X52 钢管(内压 10MPa、壁厚 12.7mm、外径 457mm)含有一个半球形凹痕(直径为 100mm、深度为管道外径的 3%)的氢原子分布为例，可见氢原子主要集中于凹痕两侧沿径向方向且距凹痕中心约 100mm 处。此外，氢原子的局部浓度随着凹痕深度增加而增大，但内压改变对局部平衡应力、应变、氢原子浓度的影响不大(图 5)。

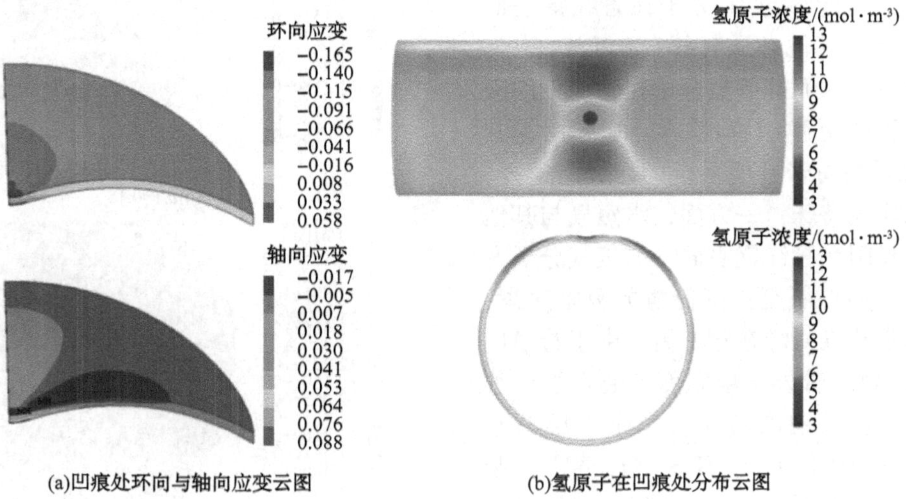

图 5　某一典型的位于管道外表面非限制型机械凹痕、凹痕处的应力集中以及氢原子在凹痕处的分布图

与机械凹痕不同，腐蚀是一种金属损失，能够降低管道的承压能力，而且腐蚀缺陷的生长是一个随时间不断变化的动态过程，这些特征都会显著影响缺陷处局部应力与应变集中、氢原子的分布。

以图 6 中某一典型的管道外表面腐蚀坑[图 6(a)]和某 X52 钢管在不同轴向拉伸应变作用下的内、外腐蚀缺陷处的氢原子分布[图 6(b)]为例，随着轴向拉伸应变增大，氢原子在腐蚀缺陷处的聚集浓度增加。当腐蚀缺陷在管道内壁时，最大的氢原子浓度位于缺陷位置相对应的管道外表面；当腐蚀缺陷在管道外壁时，最大的氢原子浓度位于缺陷底部的管体中。这些结果可以为确定管道氢致裂纹的位置提供科学依据，进一步的研究还表明，随着腐蚀缺陷长度减小、深度增大，局部聚集的氢原子浓度增加。同时，在相同几何形状与尺寸条件下，内腐蚀缺陷对氢原子聚集的影响比外腐蚀缺陷更明显。

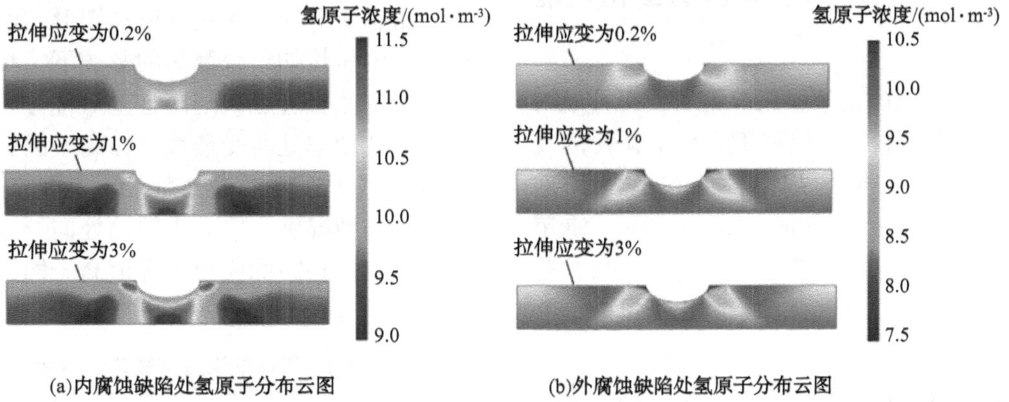

图 6　某一典型的 X52 钢管在不同轴向拉伸应变作用下内、外腐蚀缺陷处的氢原子分布云图

利用在役天然气管道掺氢送时，管道内流体通常包括多种气体，除了氢气、甲烷以外，还包括氧气、CO_2、SO_2、水蒸气等。甲烷以及这些杂质气体均会影响氢分子的吸附解离，从而改变管道发生氢脆的敏感性。Sun 等最新研究表明，在管道运行条件下，甲烷气体在管线钢大角度晶界于管道内表面的露头处发生吸附解离的自由能变为负值，即具备热力学可行性。同时，甲烷分子的吸附会对 H_2 分子的吸附产生巨大影响。根据 Fe—H 键在甲烷吸附前、后状态电子密度分

析结果可见：有预先吸附的—CH_3 时，Fe—H 键交互峰强度为 0.58 电子/eV；没有预先吸附的—CH_3时，Fe—H 键交互峰强度为 0.63 电子/eV。因此，甲烷分子的吸附能够通过影响 Fe 原子与氢原子的交合作用，从而降低氢原子的吸附稳定性。除了甲烷分子能够与 H_2分子在管线钢表面发生竞争吸附外，其他杂质气体(如氧气)也具有表面阻挡效应，从而抑制氢分子在管线钢的吸附解离，降低管道氢脆敏感性。CO_2、SO_2 等其他杂质气体的影响尚未开展系统的研究。此外，水蒸气的影响比较特殊：一方面，水蒸气与其他气体一样可以吸附在管线钢表面，与氢气分子发生竞争吸附，从而抑制至少降低氢的吸附解离；另一方面，当水蒸气凝结在管壁后，由于管道内外温差的存在(较之管外土壤温度，通常管内气体温度更高)，管线钢内表面会产生一层薄水膜，但输送气体中的 CO_2或 H_2S 气体溶入水膜后，则产生了具有较低 pH 值、较强腐蚀性的电解质薄液膜。已有的研究表明，管线钢在该薄液膜下会发生严重的腐蚀，同时，阴极析氢反应会产生氢原子进入管线钢，将大大提高管道的氢脆敏感性。值得注意的是，在酸性液膜下阴极析氢的氢原子浓度通常会显著高于 H_2分子吸附解离产生的“气态氢”，因此，管道氢脆的敏感性将会增大。各种杂质气体在管线钢表面与 H_2分子的竞争吸附动力学，是目前尚未解决的科学问题。

4 不同腐蚀形状对掺氢管道的结构性能影响

现使用 L360MB 直缝埋弧焊钢管，对应 API 钢管标准为 X52 钢。目前我国暂无掺氢天然气管道的安全掺氢比标准规范，但在欧洲标准 CGA-5.6“Hydrogen Pipeline System”中，使用 X52 钢的天然气管道的掺氢比例限制为 10%，若用现有管道参氢，混合气体的掺氢比例符合该欧洲标准。

管道表面存在的腐蚀类型有凹坑、均匀腐蚀等，凹坑腐蚀坑采用半球形模型，均匀腐蚀采用正方形模型。为探究掺氢比例为 25%时，含有不同初始缺陷形状的管道在组合载荷下的承载能力变化，选取正方形和圆形进行比较。取正方形的边长 l 和圆形的直径 a 为 50mm，腐蚀深度均为 3.6mm，载荷和约束设置为管道一端全固定，一端加 2.14mm 位移，管道内压为 12MPa，图 7 给出了不同形状初始缺陷应力云图。

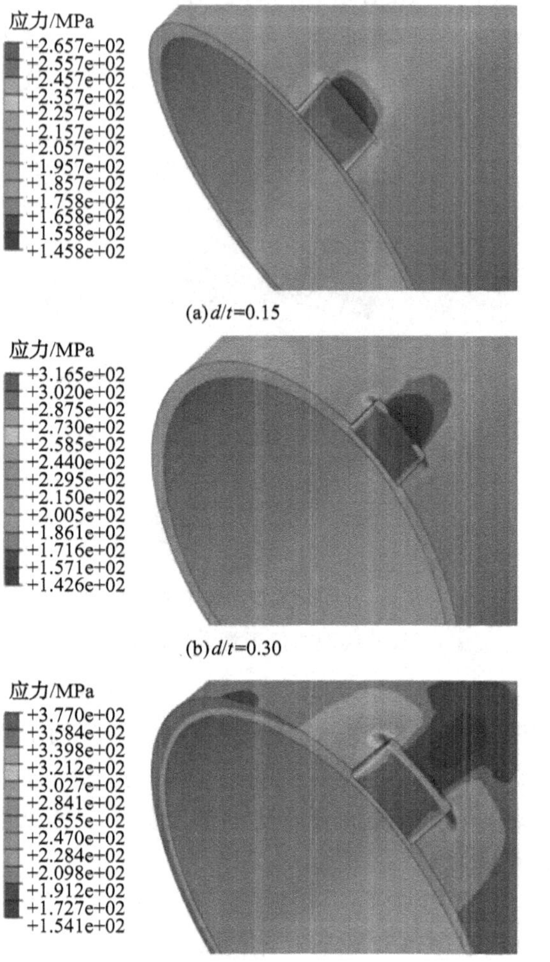

(a) d/t=0.15

(b) d/t=0.30

(c) d/t=0.45

图 7 不同深度下缺陷区应力云图

由图 7 可知，含正方形和圆形初始缺陷的管道，在内压拉伸组合载荷的影响下，高应力区应力集中都是在管道缺陷区且呈对称分布，正方形形状腐蚀缺陷处所受最大应力高于圆形腐蚀缺陷处 10%，达到管道失效强度。从缺陷区外管道应力分布情况看，应力由缺陷处向外递减，正方形形状腐蚀缺陷的应力梯度值高于椭圆形腐蚀缺陷 4%(表 2)。

表 2 不同缺深度下缺陷区最大应力

d/t	缺陷处最大应力/MPa
0.15	265.8
0.30	316.5
0.45	377.0
0.60	397.3

5 结束语

运用管道输氢能够加速发展规模氢能经济，早日实现能源转型，但管道腐蚀会严重影响管道运行安全，制约氢气管道发展，这在利用已建天然气管道进行掺氢输送时尤为重要。目前在气态氢气环境中的腐蚀研究领域，不仅存在基础知识的普及不足问题，也有非常多的科学与技术难题困扰着管道领域的科学家与工程技术专家，这也对管道工业界输送高压氢气的信心产生了影响。

为探究掺氢环境下含腐蚀缺陷 X52 天然气管道的结构强度失效机理，本文基于试验数据分析了 X52 钢在不同掺氢比例下的承载性能，结合掺氢天然气管道实际运行工况，采用非线性有限元方法分析了掺氢比例、缺陷深度及形状对管道结构强度的影响规律。得到主要结论如下：(1)掺氢环境下会导致管道结构承载性能降低，掺氢比例为 50%时，管道达到管道失效强度的位移值最小为 2.58mm，管道韧性明显下降。达到管道失效时的外部载荷变化与不同掺氢比例环境下 X52 钢屈服强度的变化规律相似。(2)氢环境下管道缺陷深度越大，结构失效程度越严重。当掺氢比例为 25%，缺陷相对深度达到 $d/t=0.6$ 时，管道缺陷区最大应力达到管道失效强度。

参 考 文 献

[1] European Commission. A hydrogen strategy for a climate-neutral Europe: COM (2020) 301 [R]. Brussel: European Union, 2020.

[2] Office of Fossil Energy. Hydrogen strategy enabling a low-carbon economy[R]. Washington, D. C.: United States Department of Energy, 2020.

[3] 程玉峰，孙颖昊，张引弟．氢气管道发展与管线钢氢脆挑战[J]．长江大学学报(自然科学版)，2022，19(1)：54-69. DOI：10.3969/j.issn.1673-1409.2022.01.006.

[4] 贾文龙，温川贤，杨明，等．掺氢天然气输送管道阀室泄漏扩散规律研究[J]．油气与新能源，2021，33(6)：75-82.

[5] 朱红钧，李佳男，陈俊文等．混氢天然气管道放空自燃过程数值模拟分析[J]．天然气工业，2023，43(09)：149-161.

[6] 徐彬．高压加氢装置长周期运行中腐蚀问题分析及解决措施[J]．石油炼制与化工，2012，43(11)：87-91.

油田含硫采出水回注处理技术研究

李世勇[1,2]　徐　军[1,2]　陈怀兵[1,2]

（1. 中国石油川庆钻探工程有限公司钻采工程技术研究院；2. 低渗透油气田勘探开发国家工程实验室）

摘　要　陆上油田相继进入中后期，油井产量下降、综合含水率逐渐上升，尤其是开采前期不含 H_2S 油井出现 H_2S 现象频发，给后续回注水处理系统增加了难题，也增加了回注水处理成本。本文通过对含硫采出水的水质分析、SRB、腐蚀速率测定及相关实验研究，优化工艺流程、研发的多功能除硫剂产品，配套专用处理设备，经除硫、除氧及 pH 调节后，水质 SRB≤10^2、含油≤20mg/L、悬浮物≤10mg/L，使其满足油田回注水水质标准。

关键词　含硫采出水；腐蚀速率；污水处理；回注指标

随着油田开发的不断深入，含硫采出水的产生量日益增加。含硫采出水的回注不仅可以解决水资源短缺的问题，还能减少对环境的污染。然而，由于含硫采出水成分复杂，含有多种有害物质，如硫化物、油类、悬浮物等，使其处理难度较大。因此，开展油田含硫采出水回注水质处理研究具有重要的现实意义。

延长油田地处陕、甘、宁盆地东部黄土高原，石油资源丰富，但地质条件复杂，以隐蔽性岩性油藏为主，且低渗、低压、低产，水资源严重匮乏，地面条件差，近几年开始进行采出水回注试验，通过简单沉降、除油处理后，对渗透率相对较高的长 2 层、长 3 层等目的层进行回注试验，又对特低渗长 6 油层进行了污水回注试验。该含油污水中富含硫化氢、Cl^-、SO_4^{2-}、HCO_3^- 以及 S^{2-} 等，原污水腐蚀速率高，同时易使管壁穿孔，影响现场正常生产。

水处理工艺流程如图 1 所示。

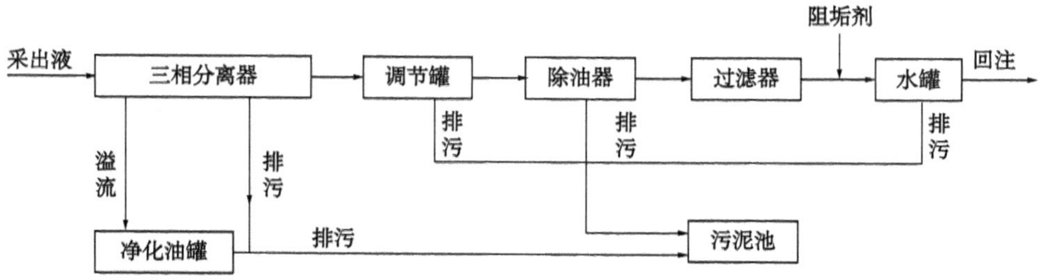

图 1　水处理工艺流程

1　室内试验

1.1　仪器与材料

1.1.1　仪器

自制室内硫化氢溶解性测试系统；ST0805 比长式硫化氢检测装置，BIC-100 生化培养箱；723 分光光度计；PHSJ-3F 酸度计；SRB-HX-7 硫酸盐还原菌试剂盒；SG23 多功能水质参数测试仪、T70 全自动电位滴定仪、FCZ24/320 高温高压反应釜、扫描电镜。

1.1.2　检测内容

检测内容 H_2S 含量、水质全分析、pH 值、矿化度、细菌（SRB）含量、腐蚀速率、腐蚀形貌分析等。

1.1.3　材料

实验用采出水取自油田某井组单井及污水处理站；乙酸锌、乙酸钠、硫酸钠，碳酸氢钠，硫代硫酸钠、硫化钠、碘化钠、盐酸、氨水、氯化铵、氢氧化钠、氯化钙等分析纯。

1.2　实验标准及方法

参照《天然气中硫化氢含量的测定—检测管着色长度法（SN/T 2943—2011）》进行实验设计，参照 SY/T 0532—2012《油田注入水细菌分析方法绝迹稀释法》测定硫酸盐还原菌的含量。依据《油田水分析方法》SY/T 5523—2016；《碎屑岩油藏注水水质推荐指标及分析方法》SY/T 5329—

2012；《水腐蚀性测试方法》SY/T 0026—1999；《油田采出水用缓蚀剂性能评价方法》SY/T 5273—2014；《天然气，含硫化合物的测定系列标准》GB/T 11060.10—2021 要求进行相关指标检测。

1.3 室内检测

1.3.1 水质分析

含硫采出水中主要包含硫化物、石油类物质、悬浮固体、溶解盐类以及各种微生物等(表1)。

表1 水样水质分析结果

序号	Na^++K^+/(mg/L)	Ca^{2+}/(mg/L)	Mg^{2+}/(mg/L)	Ba^{2+}/(mg/L)	Sr^{2+}/(mg/L)	总 Fe/(mg/L)	Cl^-/(mg/L)	SO_4^{2-}/(mg/L)	HCO_3^-/(mg/L)	CO_3^{2-}/(mg/L)	S^{2-}/(mg/L)	总矿化度/(mg/L)	水型
1	7178.320	192.240	116.08	未检出	未检出	165.750	10873.667	26.214	1496.916	未检出	30.41	20079.596	$CaCl_2$
2	11179.188	1532.952	546.85	未检出	未检出	2.975	20651.797	406.796	1101.318	未检出	90.10	35511.976	$CaCl_2$
3	11131.856	1439.208	415.886	未检出	未检出	10.000	19837.181	722.330	1022.905	未检出	270.53	34949.897	$CaCl_2$
4	3241.45	未检出	未检出	未检出	未检出	3.682	2193.40	36.40	4297.755	160.38	133.5	9966.567	$NaSO_4$

1.3.2 腐蚀速率及细菌等含硫检测

由检测结果可知，处理站水样 Cl^- 含量较高约为 20.0g/L，其中 2#Cl^- 含量最高为 20.65g/L；各水样 HCO_3^- 含量较高，矿化度较高，腐蚀倾向较强；各水样均有 SO_4^{2-} 检出，硫酸盐还原菌(SRB)含量较高，在 10^5 数量级，为 H_2S 生成提供了条件，在后续进行污水处理时必须要针对性进行杀菌处理。室内对采出液中硫离子进行测定，其中水处理站中含量最高为 270.53mg/L，处理站(注水处)硫离子含量最低为 30.41mg/L 左右，含量均较高(表2)。

表2 其他指标分析结果

序号	名称	平均腐蚀速率/(mm/a)	SS/(mg/L)	SRB/(个/mL)	H_2S 含量/ppm	
					现场检测	室内氮气吹扫
1	处理站(注水处)	0.138	24.65	$\geqslant 1.3\times10^4$	318.3	24.8
2	处理站(来水)	0.1786	37.88	$\geqslant 1.1\times10^5$	246.5	22.5
3	处理站(系统)	0.0762	42.56	$\geqslant 1.1\times10^5$	369.1	33.5
4	X4 井	0.0862	34.32	$\geqslant 1.1\times10^5$	421.6	46.4

2 结果与讨论

2.1 腐蚀性评价分析

依据 SYT 5273—2014《油田采出水用缓蚀剂性能评价方法》标准对采出液进行腐蚀速率测定，选用 A3 型挂片，在 45℃，168h 进行静态腐蚀速率测定。

由微观形貌可以看出两组试片表面具有明显坑蚀现象，随着时间的延长，腐蚀趋势会越发严重。选取来水处试片上的腐蚀产物进行 XRD 分析，结果显示主要为铁的氧化物和硫化物，与上述的检测分析结果相符合。同时腐蚀的主要原因是水中富含硫引起(图 2~5)。

采出水中的硫化物通常为硫离子，存在如下反应：

$$S^{2-}+H_2O \longrightarrow HS^-+OH^- \quad (1)$$

$$HS^-+Fe \longrightarrow Fe(HS^-)ads \quad (2)$$

$$Fe(HS^-)ads \longrightarrow Fe(HS^+)ads+2e^- \quad (3)$$

$$Fe(HS^+)ads+HS^- \longrightarrow FeS+H_2S \quad (4)$$

此外在氧存在的情况下，采出水中的 HCO_3^- 可作为催化剂，促进氧对金属的腐蚀。硫化氢与铁反应而释放的氢本身也会在应力作用下，渗入到钢内部结晶就中，从而使高强度的钢产生氢脆现象引起断裂。

$$2H_2S+2e^- \longrightarrow H_2+2HS^-\text{(阴极去极化)} \quad (5)$$

$$Fe+S^{2-} \longrightarrow FeS+2e^-\text{(阳极去极化)} \quad (6)$$

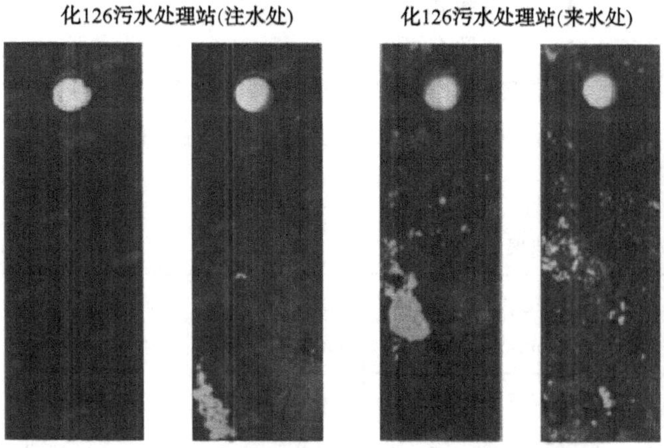

图2　腐蚀挂片

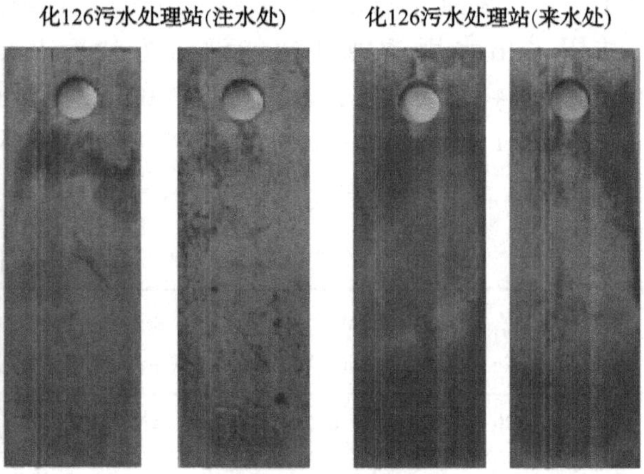

图3　清洗后腐蚀挂片

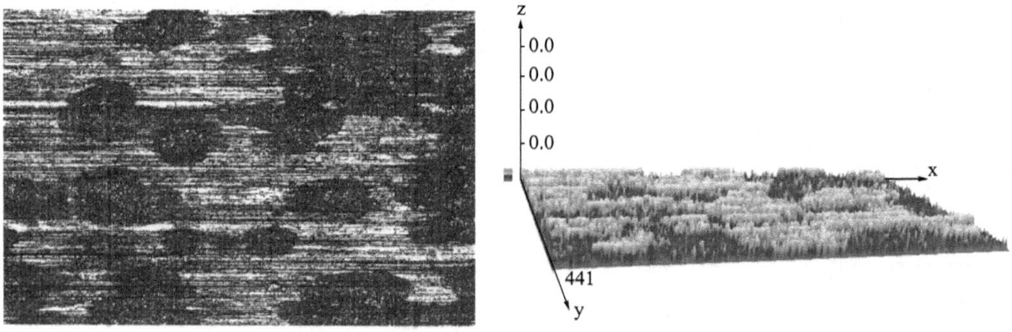

图4　挂片微观形貌

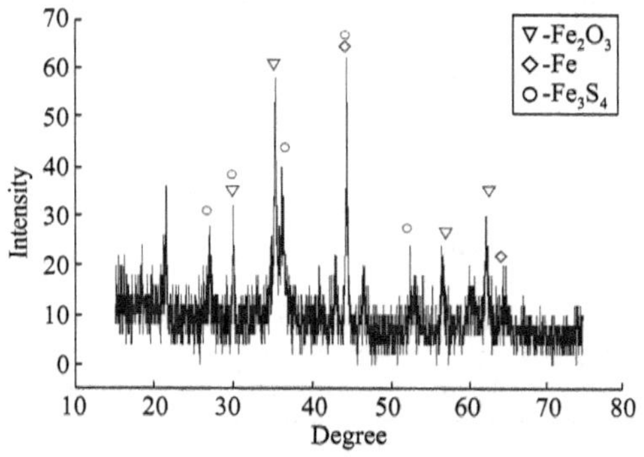

图5　挂片腐蚀产物 XRD 分析

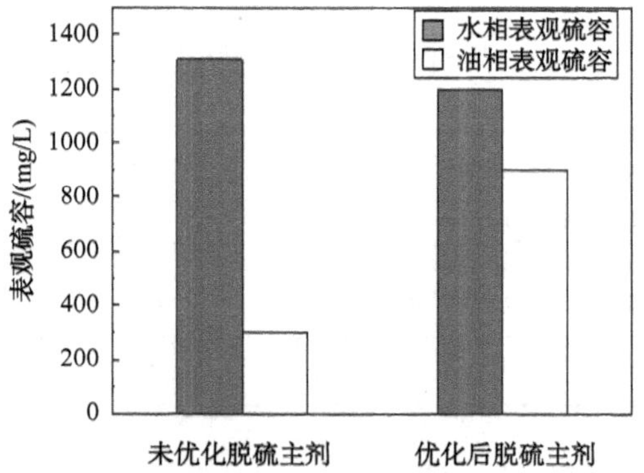

图6　羟乙基六氢均三嗪在优化前后的脱硫性能对比图

2.2　除硫实验研究

为去除含硫污水中硫化氢和硫离子，同时满足 Q/SYCQ 17018—2020《采油用有机类液体除硫剂技术规范》中除硫剂的指标要求，为提高脱硫效率，试验选用该水处理站的来水进行硫化氢吸收和杀菌型试验等。

2.2.1　多功能型除硫剂

通过加入互溶剂、表面活性剂及水解抑制剂对纯羟乙基六氢均三嗪进行优化，投加促进剂、表面活性剂和水解抑制剂进行优化，优化后结果见图6。

从该图可以看出，在加入助剂优化后，药剂能与原油充分混合，其在油相中的除硫性能得到大幅提升。

2.2.2　除硫剂指标评价

室内对除硫剂评价，依据《采油用除硫剂有机类液体技术规范》Q/SYCQ 17018—2020 企业标准在室内进行评价，以除硫率为主要考核指标，其次为凝点和 pH 值。主要药剂为油井用除硫剂(杂环类环氧化合物 G732)，评价结果见表3 所示。

表 3 油井用除硫剂(G732)技术指标

项目	指标	检测结果
外观	均匀液体	均匀液体
pH 值	8.0~10.0	9.3
有机氯/(mg/L)	未检出	未检出
凝点/℃	≤-25	-31
除硫率/%	≥95	96.66
密度(20℃±1℃)/(×10³kg/m³)	1.05±0.10	1.035

从表 3 可以看出，除硫剂密度略大于水，pH 偏碱性，凝固点小于-30℃，且易溶于水。根据现场实际生产情况，结合近些年当地气温(陕北地区冬季气温最低大于-25℃)、油井产液的酸碱性等情况，该药剂的物化性能适合现场生产情况，在进行现场脱硫剂药剂添加试验时，不会对联合站的正常运行产生影响。

2.2.3 腐蚀和杀菌性评价

室内进行二次取样，以 2#即污水处理站的来水，加多功能除硫剂进行缓蚀性能评价，作用 72h 后，进行杀菌性能评价，具体数据见表 4~5。

表 4 加药前腐蚀速率及细菌含量等数据

序号	名称	平均腐蚀速率/(mm/a)	SRB/(个/mL)	H_2S 含量/ppm	
				现场检测	氮气吹扫
1	处理站(注水处)	0.128	≥1.1×10⁵	238.3	8.8
2	处理站(来水)	0.1846	≥1.1×10⁵	186.5	13.5

表 5 加药后腐蚀速率及细菌含量等数据

序号	名称	平均腐蚀速率/(mm/a)	SRB/(个/mL)	H_2S 含量/ppm 氮气吹扫
1	处理站(注水处)	0.058	70	未测出
2	处理站(来水)	0.0846	未检出	未测出

由上表 4 和表 5 结果可以看出，加入除硫剂后，硫化氢完全被吸收，室内吹扫未测出；杀菌率在 99.9%以上，注水处平均腐蚀速率为 0.058mm/a，满足标准要求，来水处平均腐蚀速率为 0.0846mm/a，稍高于标准要求的 0.076mm/a，但是相对原水，腐蚀率平均降低约为 60%。

2.2.4 小结

选用多功能型除硫剂(G732)和无机盐复配药剂进行除硫试验，通过优化，使药剂除硫率 96.66%，提高现场除硫效率，降低腐蚀速率 60%，杀菌率在 99.9%以上，后续需要对药剂的缓蚀性能继续优化。同时该除硫剂的加入消除了悬浮物硫化亚铁的生成。

2.3 除硫技术

硫化物的存在不仅会导致腐蚀问题，还会影响后续处理工艺的效果，油类物质的存在增加了处理的难度和成本，高矿化度使得水质具有较高的导电性和腐蚀性，所以除硫尤为重要。

目前针对含硫油田采出水的处理方法主要有：物理法、化学法、生物法以及不同方法联用的综合处理法。其中化学法以化学沉淀法、氧化法及取代法为主，如铁盐、铜盐等，与硫化氢反应生成不溶性的硫化物沉淀，使用氧化剂如氯气、次氯酸钠、过氧化氢等，将硫化氢氧化为硫酸盐或硫单质；物理法采用溶剂(如醇胺溶液)对硫化氢进行吸收，然后通过解吸回收溶剂并释放出硫化氢，利用活性炭的吸附性能，吸附污水中的硫化氢，再对硫化氢进行进一步处理，其中汽提法是通过向污水中通入气体，将硫化氢从液相转移至气相，然后对气相中的硫化氢进行处理；生物处理方法是利用微生物的代谢作用降解有机物，但对水质条件和微生物的适应性要求较高。

2.4 现场试验

油田回注水主要控制指标为悬浮固体含量、含油量、平均腐蚀率、悬浮物颗粒直径中值、SRB、TGB 和 IB 应当达到标注要求，注水水质辅助性指标包括为总铁含量、溶解氧含量、硫化物含量、pH 值。水质的主要控制指标已达到注水要求，注水又较顺利，可以不考虑辅助性指标；如果达不到注水水质要求，为查其原因可进一步检测辅助性项目及指标。

通过室内分析研究试验，对油田含硫采出水的特性分析、现有处理技术评估和实验研究，提出了一套优化的水质处理方案，并对现场工艺进行修改，增加多功能除硫剂加药口(图7)。

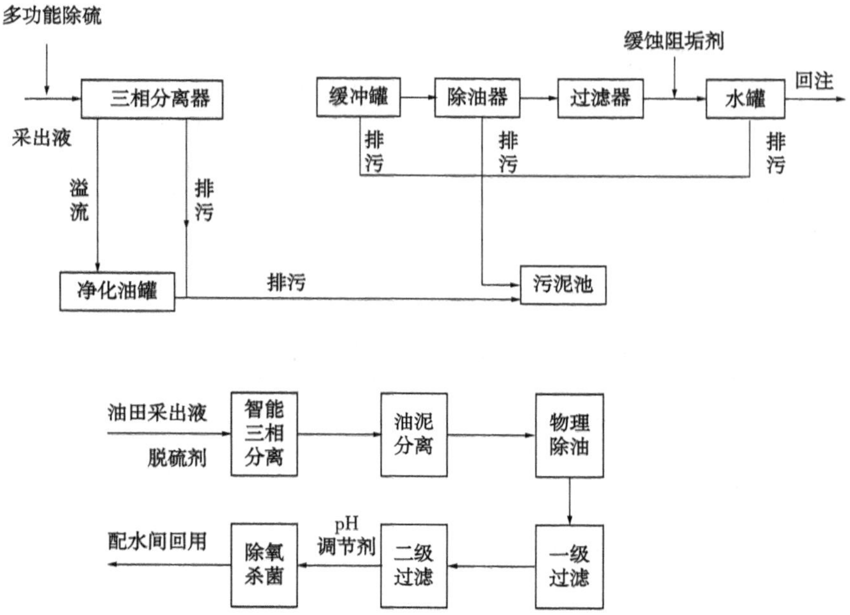

图7　水处理工艺流程

研制的撬装化水处理装置，对该处理站超量的污水经过一体化连续含硫污水处理装置后，水质含油满足回注水指标要求，最大处理量为200方每天。处理后水中悬浮物含量为5.44mg/L，SRB为13个/mL，平均腐蚀速率为0.058mm/a(图8~9、表6)。

图8　含硫污水处理一体化撬

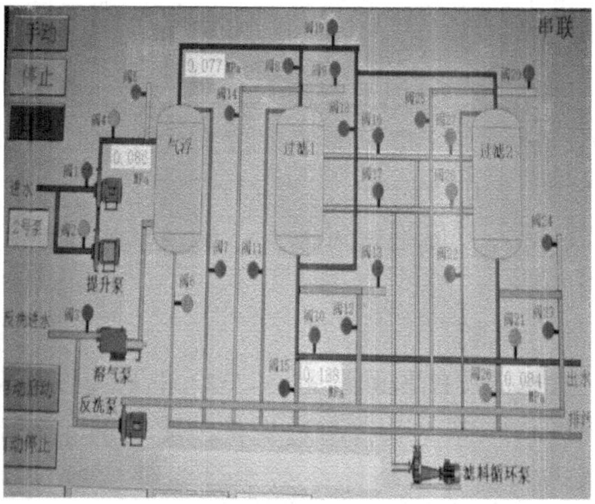

图9　控制系统流程

表6　处理站不同位置水质部分指标

序号	名称	SRB/(个/mL)	SS/(mg/L)	平均腐蚀速率/(mm/a)	H_2S 含量/ppm
1	处理站(来水)	≥1.1×10^5	39.54	0.1786	306.5
2	处理站(气浮)	130	16.54	0.089	4.33
3	处理站(注水处)	13	5.44	0.058	未测出

3　结论

通过对油田含硫采出水的特性分析、现有处理技术评估和实验研究，提出了一套优化的水质处理方案。该方案含油污水经过一体化连续含油污水处理装置流程后，水质含油≤20mg/L、细菌≤n×10^2、SS≤10mg/L，粒径中值≤5um，满足各油田回注水标准。具有处理效果好、运行成本低、环境友好等优点，为油田含硫采出水的回注处理提供了科学依据和技术支持。然而，在实际应用中，还需根据油田的具体情况进行进一步的优化和调整，以确保处理后的水质满足回注要求。

参考文献

[1] 含硫气田水地面处理达标外排工艺技术研究[J]. 顾友义；许深皓等. 工业水处理，2020(06).

[2] 高级氧化法处理气田水中有机污染物的研究[J]. 陶莎；胡金燕等. 石油与天然气化工，2020(03).

[3] 渤海油田注水用液体脱硫剂的筛选和现场应用[J]. 胡廷. 油田化学，2019(02).

[4] 陕北高含硫采油污水腐蚀特性研究[J]. 马云；任鹏；牛步能. 腐蚀科学与防护技术，2017(01).

[5] 高含硫废水受控氧化的混凝强化研究[J]. 王兵；陈丹丹；任宏洋等. 工业水处理，2016(07).

[6] 延长油田含硫采出水回注水质处理研究[J]. 叶政钦等. 西安石油大学学报(自然科学版)，2016(02).

[7] 江汉油田注入水杀菌剂的筛选与应用[J]. 陈晓丽. 江汉石油职工大学学报，2009(02).

[8] 特低渗透油层含油污水处理工艺新技术[J]. 聂春红；王宝辉. 环境工程，2011(06).

姬塬油田黄X区块硫化氢形成机理研究

薛　艳[1,2]　李世勇[1,2]　唐红南[3]

(1. 川庆钻探工程有限公司钻采工程技术研究院；2. 低渗透油气田勘探开发国家工程实验室；
3. 长庆油田分公司技术监测中心)

摘　要　姬塬油田黄X区块部分油水井出现硫化氢气体连年增多的趋势，给油田的生产带来了一定安全隐患。本文通过试验针对长庆油田某区块原油及采出液硫化氢升高原因进行分析，探讨硫酸盐还原菌在输送过程生成硫化氢的机理。实验结果表明该区块延9层，长8层的硫化氢主要来源为原生硫化氢和SRB转化而来的硫化氢，SRB生长时间、硫酸根含量和体系pH值都会影响SRB的生长和对硫酸根的还原。

关键词　油溶硫化氢；硫化氢机理；硫酸盐还原菌

姬塬油田某区块硫化氢主要来源于长6、长8、延10、延9、延6等区块，对该区块38口井硫化氢含量情况开展检测，其中有24口井硫化氢浓度超标，最高浓度达到1200mg/L以上。原油主要有石油、水和伴生气组成的混合物，经过井场、增压站、联合站三相分离等环节进行集输，集输过程中原油体系温度、压力变化很大，且在原油加热输送环节、伴生气气提分离、减压分离等都会造成油气中 H_2S 浓度变化。目前原油输送过程硫化氢形成的主要原因分为富硫烃岩浆生成作用、微生物硫酸盐还原作用(BSR)、硫酸盐热化学作用(TSR)三种，长庆油田与辽河、大庆、胜利油田开采方式有很大不同，油藏层位和驱替方式不同导致硫化氢升高原因也会不同。本文开展姬塬油田某区块产生硫化氢生成来源因素研究，确定硫化氢产生机理，为解决油田集输系统硫化氢含量升高而带来的安全问题提供依据。

1　实验部分

1.1　仪器与材料

仪器：自制室内硫化氢溶解性测试系统；ST0805比长式硫化氢检测装置，BIC-100生化培养箱；721分光光度计；PHSJ-3F酸度计；SRB-HX-7硫酸盐还原菌试剂盒；总硫测定仪Sindie7039。

材料：实验用原油取自长庆油田某井组单井；乙酸锌、乙酸钠、硫酸钠，碳酸氢钠，硫代硫酸钠、硫化钠、碘化钠、盐酸、氨水、氯化铵、氢氧化钠、氯化钙等分析纯。

1.2　实验方法

参照《天然气中硫化氢含量的测定—检测管着色长度法(SN/T 2943—2011)》进行实验设计，参照SY/T 0532—2012《油田注入水细菌分析方法绝迹稀释法》测定硫酸盐还原菌的含量。水质指标参照SY/T 5329—2012《碎屑岩油藏注水水质推荐指标及分析方法》，SRB还原硫酸根实验实验装置如图1所示，主要由反应装置和吸收装置组成，装置间有阀门控制。反应瓶有效容积为1L，材质为玻璃瓶，瓶口由橡胶塞密封以保证厌氧条件，采用磁力搅拌器进行搅拌，反应装置中设有氮气通入口，主要用于对反应中产生的 H_2S 进行吹脱。吸收装置主要为有效容积1L的玻璃锥形瓶，锥形瓶内溶液为碘吸收溶液，用于吸收反应装置中吹脱出的 H_2S。

实验步骤：将反应瓶放在磁力搅拌器上，设置转速50r/min，温度35℃。选用50mL的注射器定时取样20mL，对样品中的pH和各含硫组分进行测量；取样后在4000r/min的离心机中离心10min，离心后的沉淀物用来测定微生物含硫量。锥形瓶中配制碘吸收溶液，氮气通入速率为0.15mL/min。测量pH，测定硫离子浓度，利用碘吸收法测定 H_2S 含量；SO_4^{2-}、SO_3^{2-}、$S_2O_3^{2-}$ 选用离子色谱分析，所有样品均在4000r/min的离心机中离心10min，经0.22μm滤膜过滤后进样测定；在分析微生物硫时，取离心后的沉淀物添加1mL 30%的 H_2O_2，将微生物硫组分转化为硫酸盐，选用离子色谱分析测定硫酸根浓度，折合硫后即为微生物含硫浓度。

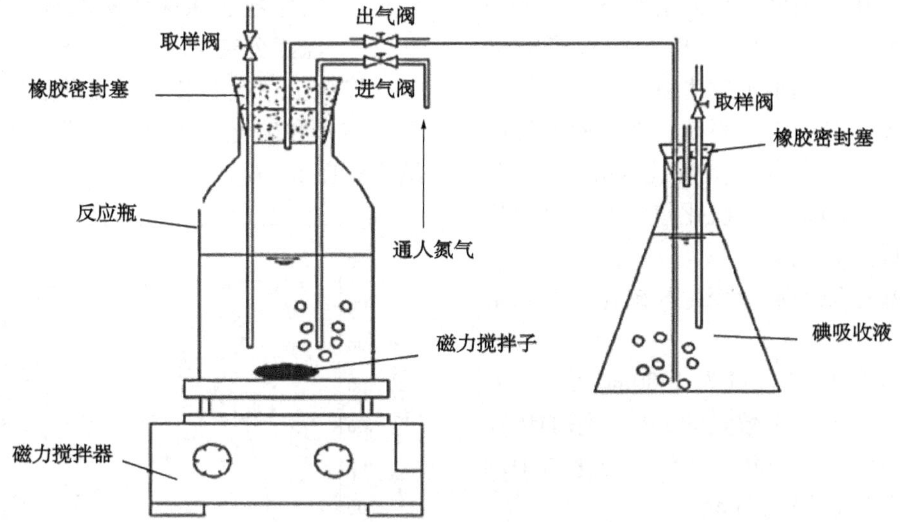

图1　实验装置系统图

2　结果与讨论

2.1　不同地层硫化氢来源现状

实验过程中如果温度、压力保持时间较长还会有硫化氢产生，则考虑硫酸盐还原菌还原硫酸根产生硫化氢的作用。硫酸盐还原菌是硫化氢的产生必不可少的一种因素。对不同地层采出液数据进行汇总作图分析如图2所示。

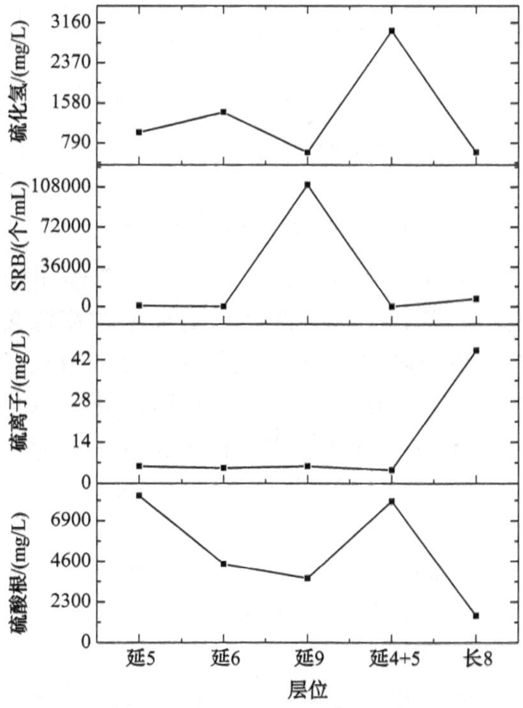

图2　不同地层含硫化合物、细菌含量对比曲线

由图2可知，延5、延6、延4+5层，SRB含量不高，硫酸根很高，产生了部分硫化氢，此时的硫化氢主要来源为采出液中伴生的硫化氢。对于延9层，SRB含量高，硫酸根含量相对较低，此时的硫化氢主要来源为采出液中伴生的硫化氢和SRB将硫酸根转化的硫化氢。对于长8层，硫酸根、SRB、硫化氢含量均不高，此时硫化氢的主要来源也为原生硫化氢和SRB转化而来的硫化氢。

2.2　原油次生硫化原因分析

（1）系统无菌状态下硫化氢的变化

微生物硫酸盐还原在实际中是硫化氢气体产生的主要来源。硫酸盐还原菌最适宜的生长温度是30～40℃，可以在高达50～60℃的温度下生存。本实验采用该井原油，含水率为30%，硫化氢由最初的41.2mg/L，在密闭状态下，在模拟系统的最初环节投加高效杀菌剂，然后密闭存放，控制系统中压力为0.3MPa，温度为30～40℃。观察无微生物存在状态下的硫酸盐变化情况以及系统中硫化氢含量的变化情况，结果见图3所示。

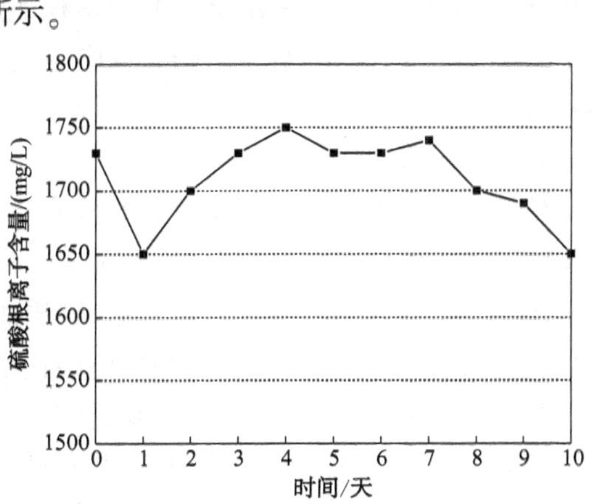

图3　硫酸根离子随时间变化关系

由图3可知在无细菌存在的情况下，在最初的几天内迅速消减直至为零，而SO_4^{2-}离子浓度在实验的观察时间内基本不发生变化。这些结果说明，没有细菌参与的集输系统，在实验的温度和压力下，不会产生任何形成硫化氢化学反应。这一结果说明了集输系统中硫化氢的产生是微生物还原反应生成的硫化氢。

（2）硫酸盐还原菌数量变化与硫化氢关系室内实验

测得该井水中SO_4^{2-}含量为2680mg/L，在上述实验条件下，培养一定数量的SRB，添加培养基，在系统中连续检测SRB的数量变化与H_2S气体产生量，具体数据见图4。

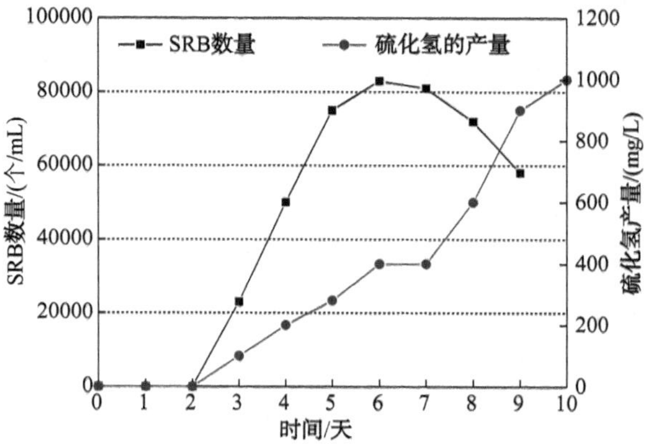

图4　硫酸盐还原菌的数量变化与H_2S产生量的关系

结果显示随着培养时间的增加，SRB数量不断增加，在第6天达到最大值，SRB与硫酸根发生化学反应生成硫化氢气体促使硫化氢量也不断增加，随后SRB逐步衰减，9天后菌的生物数量降至较低水平，主要原因是在反应器中培养基逐步消耗，同时反应生成是硫化氢浓度的增高反过来会抑制SRB的生长。硫化氢的浓度在第10天的时候达到最大值，一方面是由于累积效应，另一方面反应结束后再次测得SO_4^{2-}含量为820mg/L，硫酸根含量的减少也说明了硫酸盐还原菌和硫酸根对硫化氢含量影响。

2.3　硫酸盐还原菌与硫酸根反应机理研究

通过硫酸盐生化代谢过程中涉硫组分(SO_4^{2-}、SO_3^{2-}、H_2S、S^{2-}、$S_2O_3^{2-}$、微生物含硫)等代谢特性模式研究，揭示了代谢过程中的主要限速步骤及过程代谢产物演替规律。通过实验监测代谢过程中pH的变化，分析代谢过程中硫组分对系统中的pH的影响和初始硫酸根对SRB还原反应的影响。

2.3.1　硫酸盐还原菌代谢过程中硫酸根和硫化氢组分变化

按照上述实验装置对硫酸盐还原菌代谢过程中硫酸根和硫化氢组分变化进行模拟试验，实验结果见图5、6。

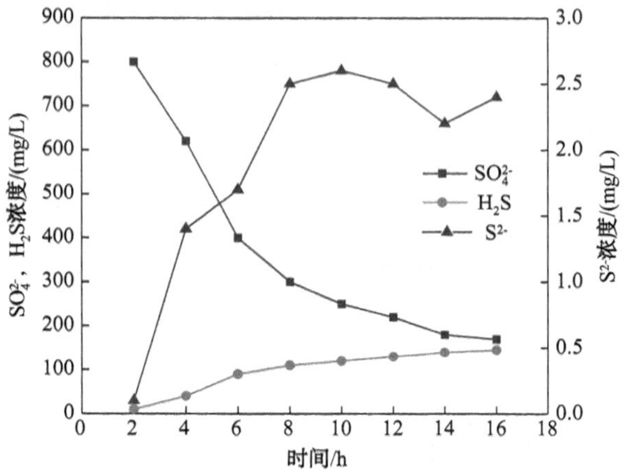

图5　硫化氢组分随时间的变化

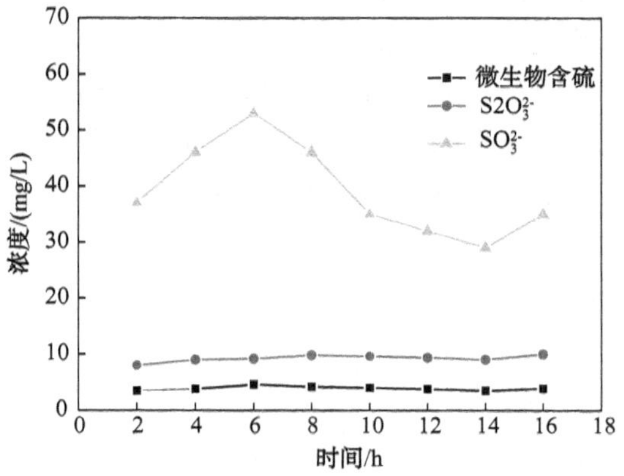

图6　含硫组分随时间的变化

由上述两图可知，通入氮气对产生的硫化氢进行吹脱，硫化氢浓度与硫离子浓度随着硫酸根浓度下降呈现逐渐上升的趋势，硫离子浓度10h时达到最高，反应终止时硫化氢浓度为126.45mg/L，SRB代谢过程中生成了大量的硫化氢，而不是以硫离子形态存在溶液中，微生物含硫浓度稳定在2.10～4.28mg/L，亚硫酸根浓度为38.6mg/L。吹脱硫化氢后，亚硫酸根浓度呈现降低的趋势。SRB还原过程中亚硫酸根转化为硫化氢是主要步骤。

该区块开采地层深度一般为2000多米，地层温度为60–70℃，适合硫酸盐还原菌生长，因此在注水开发循环过程中各个位置都存在，容易滋生，硫酸盐还原菌在注水循环过程的井底、集油管网、计量站、集输管线、增压站、联合站各个环节均容易滋生，系统温度适宜细菌生长，造成不同阶段细菌含量过高。

2.3.2　不同pH值对硫酸盐还原菌还原的影响

取最初 SO_4^{2-} 浓度含量为1500mg/L、转速50r/min，研究不同pH值对SRB还原反应的影响。调节pH值分别为4、5、6、7、8、9和10进行实验，结果如图7所示。

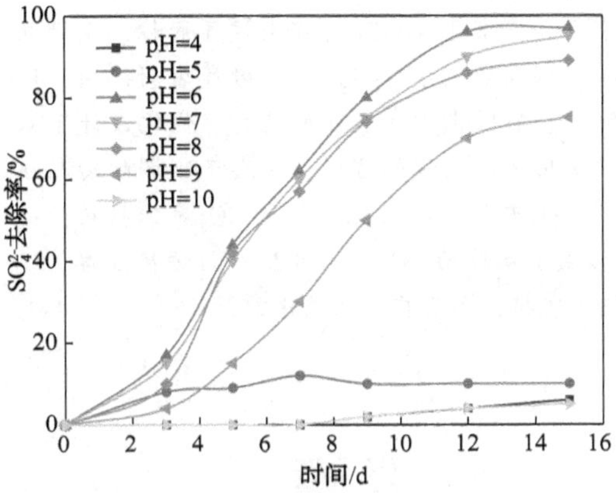

图7　不同pH值对 SO_4^{2-} 去除率影响

由图可知，pH值为4、5和10时 SO_4^{2-} 去除率都低于10%，当pH值在6~8时，SO_4^{2-} 去除率均大于90%，说明pH对SRB活性有重要影响，过低和过高的pH值都会影响甚至抑制SRB的生长和对 SO_4^{2-} 的还原。当pH在6~7之间时 SO_4^{2-} 去除率可达到100%，说明新型碳源驯化下的SRB最适宜pH值在6~7之间，与现场水质检测结果相吻合。

3　结论

通过系统模拟实验分析，研究模拟系统中SRB、H_2S 以及环境中离子的分布规律，得出以下主要结论：

（1）该区块延9层，长8层硫化氢的主要来源为SRB转化而来的硫化氢，其中长8层有少部分来源于原生硫化氢。

（2）分析了代谢过程中硫组分含量，硫化氢浓度与硫离子浓度随着硫酸根浓度下降呈逐渐上升的趋势，SRB代谢过程中生成了大量的硫化氢，H_2S 含量随着SRB生长时间的延长而增加。但是在SRB生长初期速度比较缓慢，当SRB生长达到旺盛时期时，硫酸根的转化率及 H_2S 含量都急剧变化，到SRB的衰减期均维持稳定，变化不大。

（3）代谢过程中pH的变化说明pH对SRB活性有重要影响，过低和过高的pH值都会影响甚至抑制SRB的生长和对硫酸根的还原，SRB生长最适宜pH值在6~7之间。

参　考　文　献

[1] Amir Karimian Torghabeh a，*，Azim Kalantariasl b，c，Mohammadreza Kamali d，etal. Reservoir gas isotope fingerprinting and mechanism for increased H_2S：An example from Middle East Shanul gas field[J]. Journal of Petroleum Science and Engineering. 199（2021）：1-12.

[2] Kongyang Wang，Wei Yan，Jingen Deng，etal.，Experimental study on H_2S and CO_2 generation capacities of the Bohai bayheavy oil[J]. Journal of Petroleum Science and Engineering. 167（2018）：241-248.

[3] 张国欣，陆原，蓝阳．有机胍杀菌剂的制备及在含硫化氢油气田的应用[J]．应用化工，2020，49（S2）：378-381+388.

[4] 刘岩．硫化氢在胜利原油中的溶解及释放行为[J]．油田化学，2020，37(02)：335-339.

[5] 王志国．油气田原油和伴生气中硫化氢脱除技术研究[D]．青岛：中国石油大学(华东)，2017.

[6] 侍雁翔，刘峰．硫化氢生成机理及影响因素实验研究[J]．中国石油和化工标准与质量，2019，39（12）：156-157.

[7] 赵德银，叶帆，赵毅，等．一种新型气提脱硫工艺在稠油脱除硫化氢中的应用[J]．应用化工，2014（S2）：255-257.

CCUS 安全长效注采技术的腐蚀与防护

岳广韬　于　超　刘建新　苏秋涵　魏　伟　李汝强

（中国石化胜利油田分公司）

摘　要　CO_2驱是提高低渗油藏原油采收率的一种重要手段。研发了 Y445J 型安全注气管柱、测调联动分层注气技术和腐蚀与防护技术，为 CO_2驱提供了技术支持。创新研制了 Y445J 型长效气密封隔器，研发了笼统安全注气管柱，具备了耐气密压差 30MPa、耐温 150℃、有效期大于 3 年的能力。优化设计了双锚定分层注气管柱，创新研发了井下超临界 CO_2流量测调仪，采用边测边调的方式，研发了测调联动高压分层注气技术。通过高温高压 CO_2腐蚀实验，明确了井下管材 CO_2腐蚀规律，优选了耐 CO_2腐蚀材料，提出了把原油含水率 30%作为油井采取防腐措施的时机界限，形成了系统的 CO_2注采井腐蚀与防护方案。现场应用结果表明，安全注气技术可为 CCUS 大规模开发提供技术支持，具有广阔的应用前景。

关键词　CO_2驱；注气；封隔器；腐蚀；防护

二氧化碳捕集利用与封存（CCUS）是实现碳达峰、碳中和的重要途径，在全世界得到了广泛应用。CCUS 是指将 CO_2从工业过程、能源利用或大气中分离出来，直接加以利用或注入地层以实现 CO_2永久减排的过程。迄今为止，人类产生的 CO_2被注入地下永久封存的超过 2.6 亿吨，其中大部分是通过 CO_2驱实现。CO_2驱可提高原油采收率 7~20%，胜利油田 2008 年开始 CO_2驱先导试验，取得了良好的效果。在 CO_2驱现场试验过程中，套管长期带压注气、油套管腐蚀等问题严重影响注采井的安全生产。针对上述问题，通过多年坚持不懈的攻关，研发了包括 Y445J 型安全长效注气管柱、测调联动高压分层注气和腐蚀与防护的 CCUS 长效安全注气技术。

1　注入工艺技术

1.1　Y445J 型安全长效注气管柱

（1）技术原理：用气密封隔器将油套环空封隔，环空上部用套管保护液进行防腐；通过单向注入阀进行注气，停注时自动防止注入气返吐；后期作业时通过滑套提供洗井压井通道。

（2）管柱主要构成：滑套+Y445J 注气封隔器+单向注入阀（图 1）。

（3）技术指标：耐温 150℃、耐注气压差 30MPa，适用于 Φ139.7mm 套管井。

（4）技术创新

① 发现了胶筒“气爆”现象，揭示了胶筒“气爆”机理：将橡胶置于高压气体中，然后急

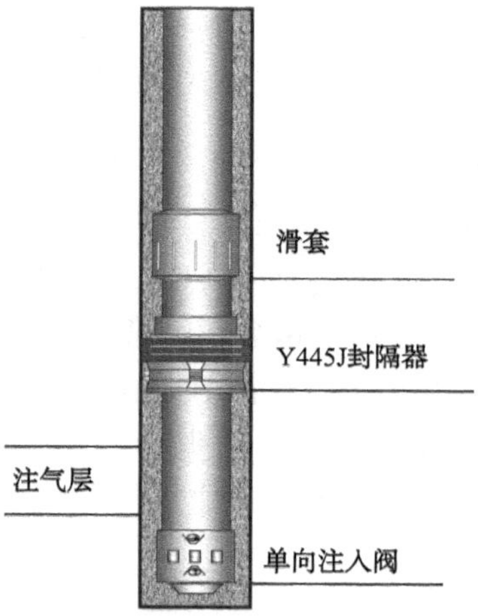

图 1　Y445J 安全注气管柱

剧减压，橡胶表面会出现鼓包破坏。封隔器胶筒在高压差下失效破坏的形式与橡胶气爆的破坏形式相类似。分析胶筒产生“气爆”的原因，与胶筒材料本身的气密性有关。橡胶材料的分子之间存在较大间隙，而 CO_2气体分子较小，在压力作用下，CO_2分子能渗入橡胶件内部，穿过橡胶件到压力较低的一端渗出。优化了胶筒结构，研制了气密封胶筒，解决了胶筒“气爆”问题，保证了胶筒在高温高压条件下的气密性。

② 在分析胶筒受力与坐封距的动态变化规律的基础上，巧妙地引入了二次加载持续压缩胶筒的设计理念，由于胶筒套管径向接触应力分布的不均匀性，锁环回退是影响接触应力的重要因素。要提高并保持较高的接触应力，不仅要消除锁环回退所带来的影响，还应考虑将坐封力加载

方式由短时间作用改变为持续施力，即在坐封液压力泄压之前，通过其他方式对胶筒再进行加载，持续保持该加载力，然后再进行坐封液压力泄压过程。这样，胶筒可以保持持续受力状态，有效避免最大接触应力的降低，借助上述原理研制了 Y445J 型注气封隔器，增加了利用管柱加载持续压缩胶筒功能，使其永久保持与套管的接触应力。大幅度提高了胶筒的坐封力，克服了胶筒的应力松驰和锁紧机构回退对密封的不利影响，解决了常规封隔器不能长期承受双向交变压差的问题。

③ 研制了防返吐单向注入阀，设计了单球气密反向密封机构，实现了自动防返吐功能。

④ 研制了可多次开关滑套，设计了防胶圈刺坏扩压平衡机构，提高了反复开关后组合密封的可靠性，为后期作业提供循环通道。

(5) 现场应用情况

2014 年 10 月起，在中石化胜利油田、华东分公司、江苏油田、长庆油田应用了 230 余口，其中草中 1-8 井注气压力 28MPa，无套压生产 8 年，目前继续有效。现场试验结果表明，安全注气管柱解决了套管长期带压注气的问题。目前该管柱应用井的最高注气压力 33MPa，最大井深 3500m。

1.2 测调联动高压分层注气技术

(1) 技术原理：用气密封隔器将注气层分开，通过配气器进行注气；采用边测边调的方式进行流量测量与调配，自下而上，先测调最下层，再向上逐层完成测调。

(2) 技术构成

① 管柱主要构成：井下滑套+安全接头+悬挂封隔器+配气器+分层封隔器+配气器(图 2)。

② 测调系统构成：测调仪+测试电缆+井口电缆防喷装置+测试绞车+地面控制柜。

(3) 技术指标：耐温 150℃、耐注气压差 30MPa，适用于 Φ139.7mm 套管井。

(4) 技术创新

① 打破传统分层管柱理念，设计了双锚定注气管柱，解决了由于交变压力、温度变化等造成管柱蠕动、失稳弯曲的问题。

② 研制了可调式配气器，优化设计了旋转阀片式调节结构，保证了开关灵活和配气精度，实现了配气量线性可调。

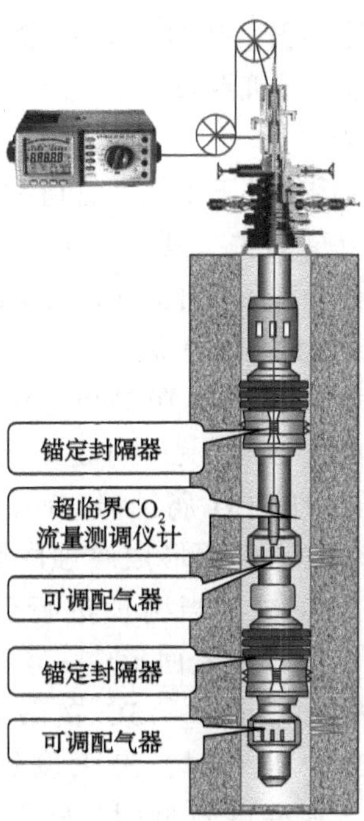

图 2　测调联动分注技术

③ 研制了集流式井下超临界 CO_2 流量测调仪，其中涡轮流量计已完成了井下标定，测量误差小于 5%，达到了设计目标。

(5) 应用情况

在胜利油田应用 8 井次，超临界 CO_2 流量测量误差小于 5%，满足了工艺需求。

2　腐蚀与防护技术

在水湿环境下，CO_2 极易引起钢铁严重腐蚀，腐蚀速率可高达 20mm/a。利用高温高压反应釜模拟井筒环境，开展 CO_2 腐蚀挂片实验，研究了注入管材 CO_2 腐蚀规律，优选了耐蚀管材。在实验和国内外文献调研的基础上，提出了注采井腐蚀与防护方法。

2.1 CO_2 腐蚀规律

CO2 具有易溶于水和原油的特性，当 CO_2 溶于水或原油时，会与其中的水分子反应生成碳酸，碳酸会进一步与金属发生电化学腐蚀。

1) 井下管材 CO_2 腐蚀的主要形式是点蚀和台地腐蚀，点蚀速率是平均腐蚀速率的 16～25 倍。在井下深度 800m～2200m 范围内，是管材的高腐蚀区，是应采取防腐措施的重点区域。

2) 含水率是影响 CO_2 腐蚀速率的一个重要因素。含水低于 30% 时，管材腐蚀轻微，含水率在 30%～50% 之间时，腐蚀速率发生一次突变，腐蚀速率提高约 10 倍，含水率超过 50% 后，腐蚀速率快速上升。因此，含水率30%是油井采取防腐措施的时机界限。

2.2 耐蚀材料

油田中常用的井下工具及管道的材质大多以碳钢和低合金钢为主，其中合金元素对金属的CO_2腐蚀影响极大。一种是Cr元素的影响，Cr元素对提高合金的耐CO_2腐蚀具有很好的效果。Cr元素可以较好的富集在$FeCO_3$中，从而提高金属表面膜的稳定性。另一种是C元素的影响，当钢铁被介质中的CO_2腐蚀时，Fe_3C因失去保护膜被暴露在钢铁表面形成腐蚀的阴极，从而加快了钢铁的腐蚀，当腐蚀进行到一定程度后，Fe_3C又会在钢铁表面形成一层腐蚀产物膜而抑制CO_2腐蚀的进行。13Cr的最大腐蚀速率出现在温度为70℃时，最大腐蚀速率达到1.1726mm/a。在温度较低时，随着温度升高。阴阳极反映速率加快，促进了腐蚀的进行，所以腐蚀速率先升高。当温度升高到一定程度，影响了CO_2在介质中的溶解度，此时CO_2的扩散界定了腐蚀速率，所以温度升高溶解度降低，抑制了腐蚀的进行。在相同的模拟井下环境下，镀镍钨合金材料腐蚀速率最低，不超过0.076mm/a，腐蚀形态为均匀腐蚀，表现出良好的抗CO_2腐蚀性能；3Cr-N80虽然腐蚀速率较高，但是腐蚀形态为均匀腐蚀，表现出较好的抗CO_2局部腐蚀性能(图3)。

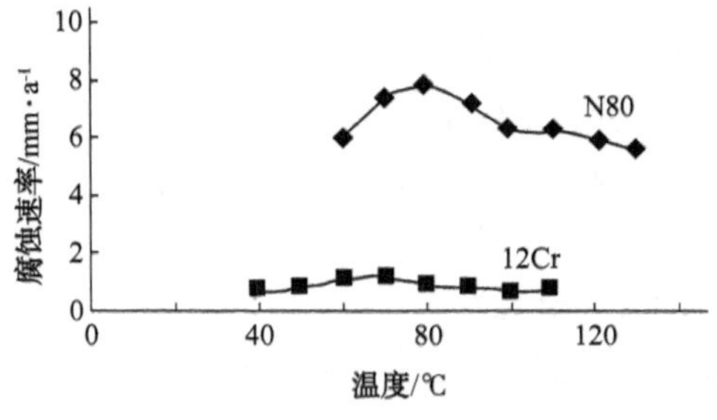

图3　温度对N80和13Cr的腐蚀速率的影响

2.3 腐蚀与防护方法

综合考虑实验研究结果与国内外CO_2驱的腐蚀与防护措施，提出了“注采管材、缓蚀剂、阴极保护和防腐效果监测”四位一体的注采井腐蚀防护工艺措施。

(1) 注气井

采用EE注气井口；连续注CO_2采用N80气密扣油管，气水交替注入采用镀镍钨合金N80或3Cr-N80气密扣油管，新钻井套管采用N80或P110气密扣套管，井下工具材质采用30Cr13。环空保护液采用CO_2专用缓蚀剂溶液。注CO_2前，先注柴油200L，以隔开CO_2与水；对于气水交替注入，注气前后3天，水中要连续加CO_2专用缓蚀剂，并且注气前后要注柴油200L，以隔开CO_2与水。

(2) 采油井

① 含水<30%的井采用AA级采油井口，含水>30%的井采用CC级采油井口；

② 含水<30%的井采用普通碳钢井下工具，定期检测铁离子浓度；含水>30%的井，对于杆管无偏磨现象油井，油管采用N80油管，D级抽油杆，抽油泵采用过桥式防腐抽油泵，如图4所示；对于杆管有偏磨现象油井，当泵深对应温度小于等于80℃时，采油井防腐工艺为油管泵以上采用N80内衬油管，泵以下N80油管，抽油杆采用包覆抽油杆/碳纤维杆，如图4(a)所示；当泵深对应温度大于80℃时，采油井防腐工艺为油管泵以上采用89mmNHW101涂料油管/激光涂层油管或内衬油管+73mmNHW101涂料油管/激光涂层油管，泵以下N80油管，抽油杆采用包覆抽油杆/碳纤维杆，如图4(b)所示；抽油泵采用牺牲阳极短节保护抽油泵。实验井安装内外挂环监测腐蚀情况，同时采取从井口环空连续加药的方式加注缓蚀剂。

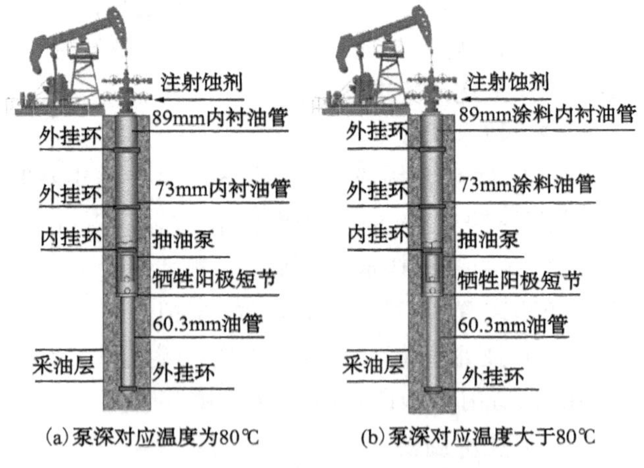

图4　无偏磨井采油管柱防腐配套

③ 作业入井液中应加入CO_2专用缓蚀剂并替到井底，并确定合理的缓蚀剂添加浓度。加缓蚀剂的采油井需要定期测试产出液的腐蚀速率，发现有腐蚀问题应及时调整措施参数，保证达到最佳防腐效果。

3　结论

CO_2驱安全注气技术解决了套管长期带压注气、管材腐蚀和超临界CO_2流量测量的问题，研发了Y445J型安全注气管柱、测调联动分层注气技术和腐蚀与防护技术，为CO_2驱提供了技术支持。创新研制了Y445J型长效气密封隔器，研发了笼统安全注气管柱，具备了耐气密压差30MPa、耐温150℃、有效期大于3年的能力。优化设计了双锚定分层注气管柱，创新研发了井下超临界CO_2流量测调仪，采用边测边调的方式，研发了测调联动高压分层注气技术。通过高温高压CO_2腐蚀实验，明确了井下管材CO_2腐蚀规律，优选了耐CO_2腐蚀材料，提出了把原油含水率30%作为油井采取防腐措施的时机界限，形成了系统的CO_2注采井腐蚀与防护技术。该技术在中石化胜利油田、华东分公司、江苏油田、长庆油田应用注气井230余口，采油井300余口，现场应用结果表明，CCUS安全长效注采腐蚀与防护技术可为CCUS大规模开发提供技术支持，具有广阔的应用前景。

参 考 文 献

[1] 秦积舜，韩海水，刘晓蕾．美国CO_2驱油技术应用及启示[J]．石油勘探与开发，2015，42(2)：209-216.

[2] 杨永智，沈平平，张云海，等．中国CO_2提高石油采收率与地质埋存技术研究[J]．大庆石油地质与开发，2009，28(6)：262-267.

[3] Koottungal L. 2014 worldwide EOR survey[J]. Oil & Gas Journal，2014，112(4)：79-91.

[4] 郝敏，宋永臣．利用CO_2提高石油采收率技术研究现状[J]．钻采工艺．2010. 33(4)：59-64.

[5] 张冬玉．CO_2驱技术及其在胜利油田的应用前景[J]．油气田地面工程，2010，29(5)：52-55.

[6] 张德平．CO_2驱采油技术研究与应用现状[J]．科技导报，2011，29(13)：75-79.

[7] 程百利，钱卫明．CO_2驱油注入管柱的研制与应用试验[J]．油气藏评价与开发，2012，2(2)：58-75.

[8] 张瑞霞，刘建新，田启忠等．CO_2驱注气管柱研究及应用[J]．石油机械，2013，41(12)：26-32.

[9] 张瑞霞，刘建新，王继飞等．CO_2驱免压井作业注气管柱研究及应用[J]．钻采工艺，2014，37(1)：78-82.

[10] 方谊峰．CO_2水气交替驱防腐技术研究[J]．中国化工贸易，2019(6).

[11] 王兴．高温高压完井封隔器力学性能分析[D]．西安：西安石油大学，2013.

[12] 刘永辉，付建红，林元华，等．封隔器胶筒密封性能有限元分析[J]．石油矿场机械，2007，36(9)：38-41.

[13] 王海兰，辜利江，刘清友．井下封隔器胶筒橡胶材料力学性能试验研究[J]．石油矿场机械，2006，35(3)：57-59.

[14] 刘天良，施纪泽．封隔器胶筒对套管接触应力模拟试验研究[J]．石油机械，2001，29(2)：10-11.

[15] 杨秀娟，杨恒林．液压封隔器胶筒座封过程数值分析[J]．石油大学学报(自然科学版)，2003，27(5)：84-87.

[16] 练章华，乐彬，宋周成，等．封隔器坐封过程有限元模拟分析[J]．石油机械，2007，35(9)：19-21.

[17] 尹飞，高宝奎，金磊．压缩式封隔器坐封力学有限元分析[J]．石油机械，2012，40(2)：39-41.

[18] 陈爱平．压缩式封隔器胶筒耐温耐压浅析[J]．石油机械，1999，27(3)：45-48.

[19] 王世杰．二次压缩Y445型封隔器的研制[J]．石油机械，2014，42(11)：163-165.

CCUS 用缓蚀剂及管杆材料的性能评价

管　新　郭志永　张博文　李　风　于　洲　李汝强　陈　超

（中国石化胜利油田分公司）

摘　要　针对 CO_2 驱注采过程中引发的腐蚀问题，开展了高温高压工况下 CCUS 用管杆材料和缓蚀剂性能的评价。结果显示，60℃、总压 10MPa 下常规管杆材料的腐蚀速率较高，由于表面形成了腐蚀产物，腐蚀速率随时间延长而降低。随 Cr 含量的增加，材料的腐蚀方式由局部腐蚀和点腐蚀向均匀腐蚀转变，腐蚀速率降低。随着温度和压力的增加，缓蚀剂的缓蚀率均有所下降。与咪唑啉类缓蚀剂相比，咪唑啉改性中间体受温度和压力的影响较小，缓蚀效果更好。

关键词　腐蚀速率；缓蚀剂；缓蚀率；管杆材料；Cr 元素

随着全球气候变暖，冰川融化导致海平面上升，越来越多的国家开始关注 CO_2 排放引发的一系列问题。中国于 2020 年 9 月提出“碳达峰”和“碳中和”的战略，其中碳捕集封存与利用（CCUS）技术是实现 CO_2 深度减排的重要手段。CO_2 驱油封存既可以实现减排还可实现原油采收率的提升，是目前先进的强采技术。但是，CO_2 利用过程中的腐蚀问题不容忽视，且注采过程中均有发生。随着原油含水量不断升高，高温高压和水环境的协同作用加剧了 CO_2 造成的腐蚀问题。

通常应对 CO_2 腐蚀方法包括添加缓蚀剂和使用耐蚀材料，其中添加缓蚀剂成本低且不会影响正常生产。咪唑啉已被证实对处在含有 CO_2 卤水介质中的碳钢和合金钢具有优异的缓蚀性能，耐蚀材料主要包括高含铬-镍钢、非金属、有机涂层等。前人研究指出，含 CO_2 的矿水介质对金属材料的最高腐蚀速率出现在 60~90℃，此温度被称为高腐蚀温度区，且腐蚀率随 CO_2 分压的升高而升高。现场应用表明，随着 CO_2 注气量的增加和时间的延长，大量 CO_2 溶于油井，产出液的酸性不断增强，管杆材料的腐蚀严重，造成频繁躺井等问题。

目前，中国石化已建成齐鲁石化-胜利油田百万吨级 CCUS 示范区。为了应对注采井腐蚀问题，胜利油田引进、开发了多种耐蚀合金和缓蚀剂，并在生产中发挥了良好效果。但是，上述材料的适用范围尚不明晰，因此本中心开展了高温、高压 CO_2 腐蚀、缓蚀规律的模拟实验，以期界定各类产品的应用界限，为 CCUS 注采缓蚀剂的选型和管杆的选用提供技术支持。

1　实验部分

1.1　实验仪器

高温高压反应釜（压力范围：0~70MPa，温度范围：室温~200℃，容积：25L）；超景深显微镜；钨灯丝扫描电子显微镜；金相显微镜；直读光谱仪。

1.2　实验材料

管杆材料包括 4 种常用的油套管（N80、P110）和抽油杆（20CrMo 和 30CrMo）材料，以及 2 种新型防腐材料（Cr9 和 Cr10），各材料的化学成分如表 1 所示；缓蚀剂包括固相咪唑啉、液相咪唑啉和固相咪唑啉改性中间体 3 类。

表 1　选用材料的化学成分　　wt%

材料	C	Mn	Si	Ni	Cr	Mo	Cu	稀土
N80	0.24	1.19	0.22	0.03	0.04	0.02	0.02	—
P110	0.29	1.40	0.21	0.02	0.30	0.03	0.01	
20CrMo	0.23	0.54	0.25	0.05	0.96	0.18	0.09	—
30CrMo	0.32	0.57	0.26	0.01	0.91	0.17	0.01	—
Cr9	0.10	0.92	0.40	0.64	8.60	0.91	0.30	—
Cr10	0.08	1.31	1.09	0.03	9.88	0.33	0.31	微量

1.3 实验方案

1.3.1 实验条件

根据油田采出液成分和井下工况，确定不同井深对应的温度、总压力和CO_2分压等模拟实验条件，如表2所示。分别评价金属材料的耐腐蚀性和缓蚀剂（不同加药量）的缓蚀效果，实验介质为矿化度40000mg/L的纯矿化水，侵蚀气体为不同含量、分压的CO_2，试验周期3d、6d、9d以及12d。

1.3.2 管杆材料

检测各类材料在模拟实验条件下的腐蚀速率及变化趋势，确定各类材料适用的工艺条件。

1.3.3 缓蚀剂

以对N80、P110和30CrMo材料的缓蚀效果作为评价依据，分析不同加药浓度对腐蚀速率的影响以及不同类型缓蚀剂的缓蚀效果。

表2 实验介质和条件

序号	实验条件	CO_2分压/MPa			缓蚀剂浓度/(mg/L)
1	60℃总压10MPa	5(CO_2含量50%)	10(CO_2含量100%)	/	100
2	90℃总压20MPa	5(CO_2含量25%)	10(CO_2含量50%)	15(CO_2含量75%)	500
3	130℃总压30MPa	5(CO_2含量15%)	10(CO_2含量35%)	15(CO_2含量50%)	1000
4	备注	适用于缓蚀剂、管杆材料评价			适用于缓蚀剂

2 结果与讨论

2.1 管杆材料评价结果

目前完成了部分评价。如图1所示，在CO_2分压为5MPa、模拟井深1000m（温度60℃、总压10MPa）的条件下，常规的管杆材料（N80、P110、20CrMo和30CrMo）的腐蚀速率随实验时间的延长逐渐降低，这是由于腐蚀产物在材料的表面不断沉积，影响了侵蚀介质与基体的接触所致。而新型防腐材料（Cr9和Cr10）的腐蚀速率随时间的延长变化不大，并且常规材料的腐蚀速率偏高，始终高于1.5mm/a。与常规材料相比，新型防腐材料的腐蚀速率成数量级下降，其中Cr10材料的耐蚀效果最好，腐蚀速率在整个实验周期内始终<0.06mm/a，根据《金属防腐蚀手册》，Cr10材料属于耐蚀级别（5级：0.05~0.10mm/a），满足油田腐蚀速率≤0.076mm/a的控制指标，是可以优先选用、无需添加缓蚀剂的材料。

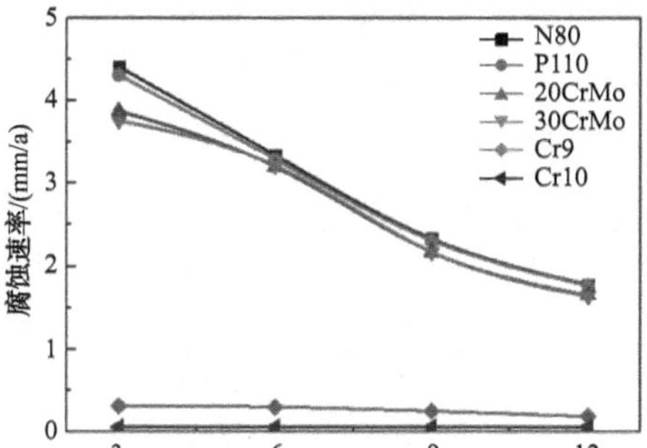

图1 不同材料的腐蚀速率
（CO_2分压5MPa、温度60℃、总压10MPa条件下）

由图2可见，60℃、总压10MPa、CO_2分压5MPa时，N80、P110和20CrMo三种材料均出现了明显的腐蚀坑，这是局部腐蚀的特征，图2(b)中还可以观察到较大的点蚀坑。而图2(d)Cr10材料未见到明显的腐蚀坑，呈均匀腐蚀形貌。

根据腐蚀速率和腐蚀产物的形貌可知，Cr元素的添加可以有效减少局部腐蚀和点蚀的发生，有利于提高钢材抗CO_2腐蚀的能力。有学者认为，当合金钢中含有Cr元素时，Cr会参与额外的阳极反应：$Cr^{-}3e^{+}+3OH^{-}\rightarrow Cr(OH)_3$，生成的$Cr(OH)_3$可以进一步发生脱水反应生成$Cr_2O_3$。与N80、P110材料相比，20CrMo、Cr10腐蚀产物中多了$Cr(OH)_3$和Cr_2O_3，$Cr(OH)_3$和Cr_2O_3组成的腐蚀产物膜具有阳离子选择性，会阻碍阴离子达到金属表面，从而降低金属的腐蚀速率，因此可以认为，Cr元素形成的$Cr(OH)_3$、Cr_2O_3非晶形腐蚀产物膜可有效缓解腐蚀，Cr10材料含有约10%的Cr，因此具有更优异的抗CO_2腐蚀性能。

2.2 缓蚀剂缓蚀性能的评价结果

2.2.1 缓蚀剂实验结果

目前完成了部分评价。表3、表4列出了加药浓度分别为100mg/L和500mg/L时，模拟1000m井深（60℃、总压10MPa、CO_2分压为5MPa）和3000m井深（130℃、总压30MPa、CO_2分压为5MPa）环境，3种缓蚀剂对N80、P110和30CrMo材料腐蚀速率的影响。

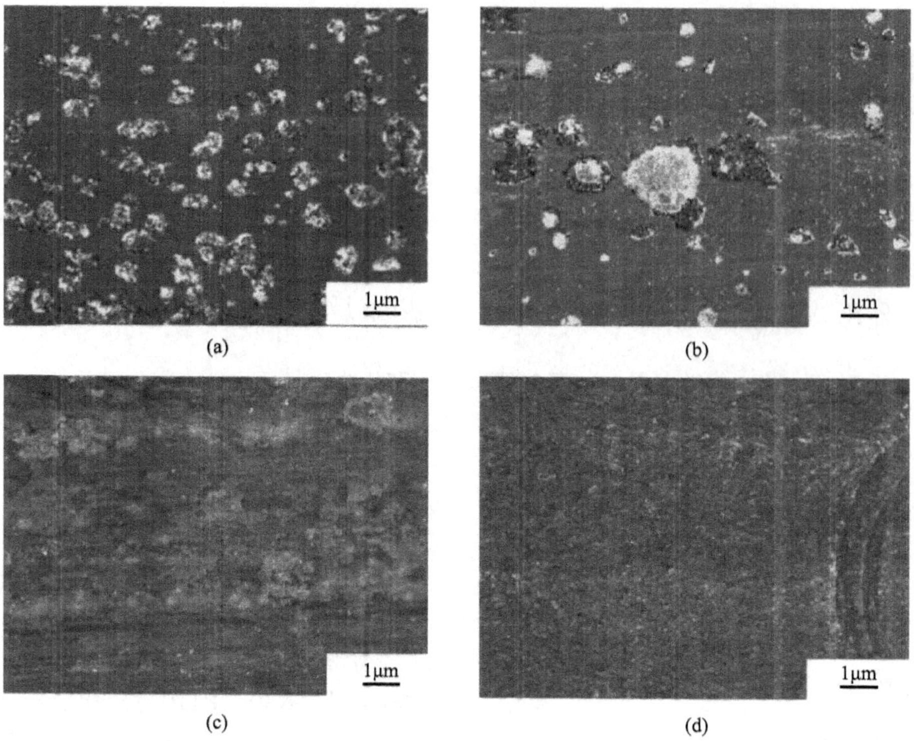

图2　不同材料的腐蚀形貌

表3　不同缓蚀剂缓蚀性能实验结果(60℃)

材料	缓蚀剂	浓度/(mg/L)	腐蚀速率/(mm/a)					缓蚀率/%
			3d	6d	9d	12d	平均值	
N80	空白	/	4.41	3.34	2.33	1.78	2.97	/
	固相咪唑啉	100	2.66	2.31	2.25	2.31	2.38	39.68
		500	1.01	0.99	0.97	1.02	1.00	77.10
	固相咪唑啉改性中间体	100	2.33	2.25	2.29	2.24	2.28	47.17
		500	0.85	0.81	0.83	0.74	0.81	80.73
	液相咪唑啉	100	2.29	2.21	2.29	2.25	2.26	48.07
		500	0.91	0.88	0.86	0.89	0.89	79.37
P110	空白	/	4.31	3.29	2.31	1.77	2.92	/
	固相咪唑啉	100	2.61	2.27	2.26	2.29	2.36	39.44
		500	0.95	0.95	1.03	1.01	0.99	77.96
	固相咪唑啉改性中间体	100	2.28	2.19	2.21	2.20	2.22	47.10
		500	0.80	0.76	0.79	0.83	0.80	81.44
	液相咪唑啉	100	2.16	2.13	2.19	2.18	2.17	49.88
		500	0.93	0.87	0.88	0.88	0.89	78.42
30CrMo	空白	/	3.76	3.21	2.17	1.64	2.69	/
	固相咪唑啉	100	2.49	2.19	2.19	2.20	2.27	33.78
		500	0.87	0.89	0.90	0.89	0.89	76.86
	固相咪唑啉改性中间体	100	2.06	1.98	2.01	2.03	2.02	45.21
		500	0.78	0.75	0.77	0.75	0.76	79.26
	液相咪唑啉	100	2.09	2.04	2.03	2.03	2.05	44.41
		500	0.85	0.83	0.84	0.87	0.85	77.39

表 4　不同缓蚀剂耐高温性能实验结果(130℃)

材料	缓蚀剂	浓度/(mg/L)	腐蚀速率/(mm/a)					缓蚀率/%
			3d	6d	9d	12d	平均值	
N80	空白	/	4.98	3.30	2.36	1.79	3.11	/
	固相咪唑啉	100	4.71	3.22	2.25	1.64	2.96	5.42
		500	1.59	1.56	1.53	1.52	1.55	68.07
	固相咪唑啉改性中间体	100	4.64	3.14	2.20	1.61	2.90	6.83
		500	1.18	1.20	1.16	1.18	1.18	76.30
	液相咪唑啉	100	4.66	3.20	2.21	1.69	2.94	6.43
		500	1.33	1.38	1.32	1.40	1.36	73.29
P110	空白	/	4.84	3.30	2.33	1.78	3.06	/
	固相咪唑啉	100	4.79	3.16	2.12	1.61	2.91	1.03
		500	1.48	1.44	1.45	1.40	1.44	69.42
	固相咪唑啉改性中间体	100	4.69	3.11	2.07	1.56	2.86	3.10
		500	1.14	1.17	1.15	1.10	1.14	76.45
	液相咪唑啉	100	4.71	3.19	2.17	1.67	2.94	2.69
		500	1.30	1.35	1.36	1.40	1.35	73.14
30CrMo	空白	/	4.12	3.23	2.19	1.67	2.80	/
	固相咪唑啉	100	3.86	3.14	1.99	1.43	2.61	6.31
		500	1.48	1.49	1.47	1.43	1.47	64.08
	固相咪唑啉改性中间体	100	3.83	2.99	1.94	1.43	2.55	7.04
		500	1.05	1.09	1.12	1.02	1.07	74.51
	液相咪唑啉	100	3.91	3.08	1.88	1.44	2.58	5.10
		500	1.24	1.29	1.29	1.34	1.29	69.90

2.2.2　缓蚀剂性能分析

结果显示，在 130℃、总压 30MPa 条件下，加药浓度为 100mg/L 时，3 种材料的腐蚀速率随缓蚀剂的加入略有下降，但变化规律与未添加缓蚀剂时基本一致。图 3 和图 4 为以液相咪唑啉缓蚀剂为例，加药浓度对各种材质腐蚀速率的影响。可以看出当加药浓度为 100mg/L 时，缓蚀剂基本无缓蚀效果。随着加药浓度提升至 500mg/L，缓蚀效果明显提高，说明加药浓度的提升有利于缓蚀剂在金属表面形成更加致密和完整的分子膜，促使金属表面的能量趋于平衡态，提升腐蚀反应所需的活化能。但实验周期内的缓蚀率均在 80%以下、腐蚀速率均保持在 1.0mm/a 以上，腐蚀程度较为严重。

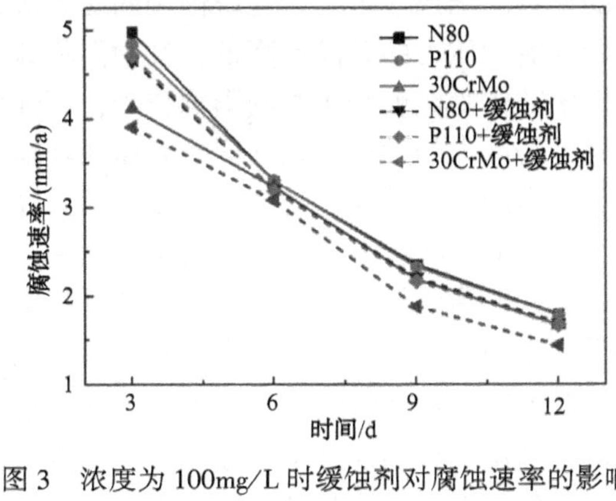

图 3　浓度为 100mg/L 时缓蚀剂对腐蚀速率的影响（130℃、总压 30MPa 及 CO_2分压为 5MPa 条件下）

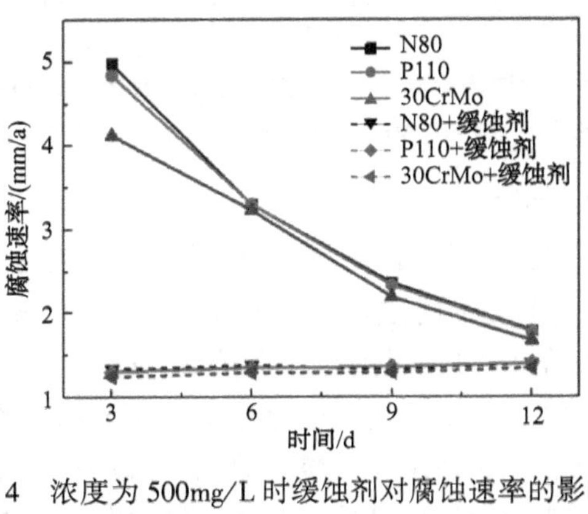

图 4　浓度为 500mg/L 时缓蚀剂对腐蚀速率的影响（130℃、总压 30MPa 及 CO_2分压为 5MPa 条件下）

在 60℃、总压为 10MPa 的条件下，缓蚀剂的缓蚀效果更明显。加药浓度为 100mg/L 时即可展现出较明显的缓蚀效果。图 5 和图 6 为以液相咪唑啉缓蚀剂为例，不同的加药浓度对各材质腐蚀速率的影响。图5显示，加入缓蚀剂后3种材料的腐蚀速率均明显下降，但材料的腐蚀速率仍高于2.0mm/a，腐蚀速率较高。随着加入缓蚀剂的浓度提升至500mg/L，缓蚀效果明显提高(图6)。其中咪唑啉改性中间体缓蚀剂的缓蚀率可达80%，但材料的平均腐蚀速率仍高达0.80mm/a左右，远超过石油行业标准规定的0.076mm/a，说明即便加入了高浓度的缓蚀剂，处在高腐蚀温度区的材料依旧面临严重的腐蚀风险。

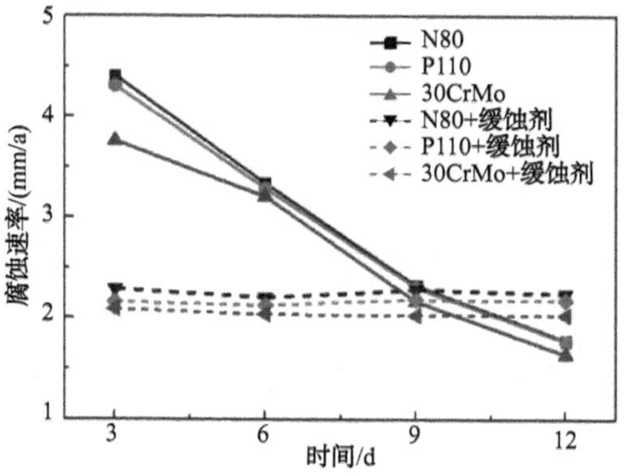

图5　浓度为100mg/L时缓蚀剂对腐蚀速率的影响
(60℃、总压为10MPa及CO_2分压为5MPa条件下)

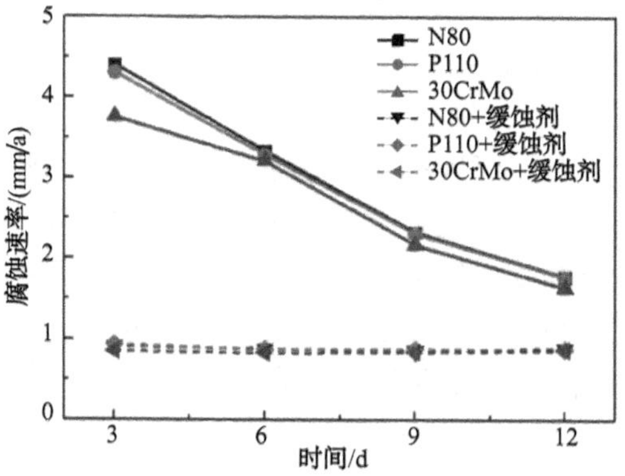

图6　浓度为500mg/L时缓蚀剂对腐蚀速率的影响
(60℃、总压10MPa及CO_2分压为5MPa条件下)

2.2.3　缓蚀剂对比分析

由实验结果可知，温度对缓蚀剂的性能影响显著。当缓蚀剂浓度为500mg/L时，在60℃、10MPa的高腐蚀温度区，各类缓蚀剂的缓蚀效果差别不明显(图7)，缓蚀率均接近80%，缓蚀效果较好，3种缓蚀剂缓蚀效果的排序依次为固相咪唑啉改性中间体、液相咪唑啉和固相咪唑啉。

在130℃、30MPa的高温高压条件下，3种缓蚀剂的缓蚀率均低于80%，与60℃条件相比，

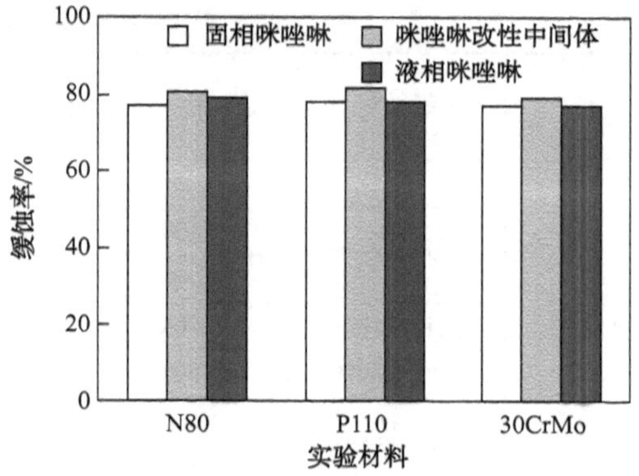

图7　不同缓蚀剂缓蚀率的对比
(60℃、总压10MPa及CO_2分压为5MPa条件下)

缓蚀效果降低(图8)。与60℃、10MPa实验条件下得出的规律一致，3种缓蚀剂的缓蚀效果排序依次为固相咪唑啉改性中间体、液相咪唑啉和固相咪唑啉。

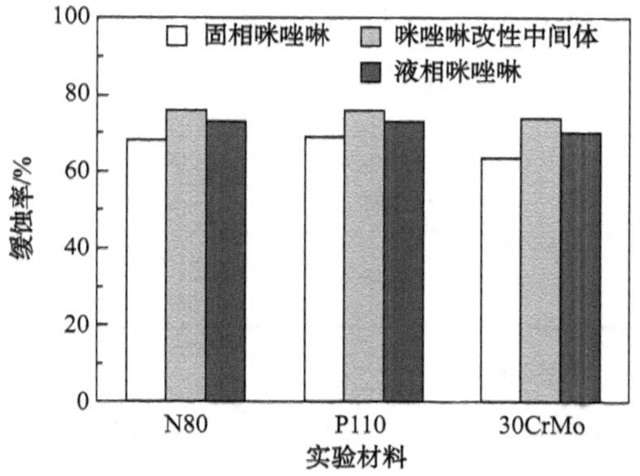

图8　不同缓蚀剂的耐高温性能的对比
(130℃、总压30MPa及CO_2分压为5MPa条件下)

图9展示了在相同CO_2分压(5MPa)、加药浓度为500mg/L时，温度对3种缓蚀剂缓蚀效果的影响。结果显示，所有缓蚀剂的缓蚀效果均随着温度和压力的升高而降低，其中固相咪唑啉改性中间体受温度和压力的影响较小，缓蚀效果最好，与前人的发现一致。同时固相咪唑啉受温度和压力的影响较大，随温度和压力的升高缓蚀率明显降低。咪唑啉是一种吸附型缓蚀剂，而吸附过程一般为放热反应，因此温度的升高会抑制其吸附效果，导致缓蚀剂在金属表面的成膜性变差，最终影响缓蚀效果；另一方面，咪唑啉类缓蚀剂在高温和水的环境中可以发生水解反应，生成酰胺类物质，从而降低缓蚀效果。而咪唑啉改性中间体中原本的咪唑啉N原子经季铵化后变为阳离子大分子，更易被金属表面活性点吸附，从而抑制了腐蚀过程的阴极反应，因此咪唑啉改

性中间体缓蚀剂的耐高温性能更好，但添加后，材料的平均腐蚀速度仍达到 0.80mm/a 左右，不满足现场防腐蚀需求。

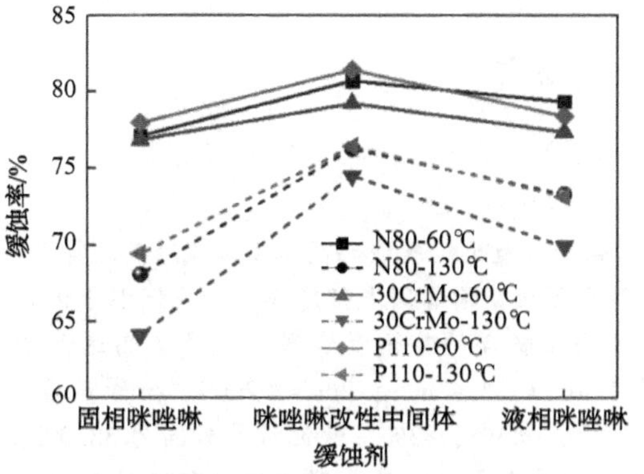

图 9　温度对缓蚀剂缓蚀率的影响

3　结论与展望

（1）随着材料中 Cr 含量的增加，材料的腐蚀方式由局部腐蚀和点蚀向均匀腐蚀转变，抗 CO_2 腐蚀能力逐渐提高。

（2）在不添加缓蚀剂的情况下，含 Cr 量最高的 Cr10 材料在高腐蚀温度区的腐蚀速率始终低于 0.056mm/a，具有优异的耐蚀性能，建议开展深入研究。

（3）季铵盐改性咪唑啉中间体受温度和压力的影响较小，在高腐蚀温度区以及高温高压的条件下，缓蚀效果均优于咪唑啉类缓蚀剂。

（4）进一步开展耐高温缓蚀剂的筛选实验，探究改善缓蚀剂耐高温性能差、高腐蚀温度区缓蚀效果差的措施。

（5）按照实验方案继续完成剩余缓蚀剂和管杆材料的性能评价实验，确定各类材料的适用工况，并为管材材料的寿命评价提供依据。

参　考　文　献

[1] 邝生鲁．全球变暖与二氧化碳减排[J]．现代化工，2007，27(08)：1-12.

[2] 胡鞍钢．中国实现 2030 年前碳达峰目标及主要途径[J]．北京工业大学学报(社会科学版)，2021，21(03)：1-15.

[3] 郭敏晓，蔡闻佳．全球碳捕捉、利用和封存技术的发展现状及相关政策[J]．中国能源，2013，35(03)：39-42.

[4] 韩桂芬，张敏，包立．CCUS 技术路线及发展前景探讨[J]．电力科技与环保，2012，28(04)：8-10.

[5] 赵雪会，何治武，刘进文，等．CCUS 腐蚀控制技术研究现状[J]．石油管材与仪器，2017，3(03)：1-6.

[6] 胡耀强，何飞，鲍文，等．CO_2 输送管道腐蚀研究进展[J]．表面技术，2016，45(08)：14-21.

[7] 马涛，张贵才，葛际江，等．改性咪唑啉缓蚀剂的合成与评价[J]．石油与天然气化工，2004，33(5)：359-361.

[8] 朱镭，于萍，罗运柏．咪唑啉缓蚀剂的研究与应用进展[J]．材料保护，2003，36(12)：4-7.

[9] 齐光峰，李风，张瑾，等．抽油杆材料在含 CO_2 高温高压环境中的腐蚀规律研究[J]．全面腐蚀控制，2022，36(04)：126-130.

[10] 史常平，杨建华，杨苏南．二氧化碳驱油藏油井腐蚀原因分析及防治技术[J]．清洗世界，2018，34(12)：55-58.

[11] 李国敏，李爱魁，郭兴蓬，等．油气田开发中的 CO_2 腐蚀及防护技术[J]．材料保护，2003，36(06)：1-5.

[12] 熊颖，陈大钧，张磊，等．一种咪唑啉类抗高温酸化缓蚀剂的制备与性能评价[J]．钻采工艺，2007，30(4)：140-143.

[13] 陈长风，赵国仙，严密林，等．含 Cr 油套管钢 CO_2 腐蚀产物膜特征[J]．中国腐蚀与防护学报，2002，22(06)：16-19.

沙漠环境集输管道在线清管技术研究及应用

王　恒　高秋英　张志宏　曾文广

（中国石化西北油田分公司）

摘　要　针对某油田集输管道高程起伏大、输送距离长、输送气量大、气液比高、腐蚀风险高的特点，开展集输管道在线清管工艺研究。采用 OLGA 软件对 A 区块和 B 区块集输管网进行建模，开展模型分析验证、集输过程风险分析和在线清管工艺模拟。计算得到 A 区块至联合站集输管线累积液量最高达到了 2232m^3；模拟在线清管，A 区块管线清管器平均运行速度为 1.4m/s、2.45m/s，2m/s，2m/s，清管前后 4 条管线输送效率分别由 63%、65%、61%、61%提升至 86%、80%、83%、83%，最优清管时间为 38.09h。B 区块到联合站管道累积液量最高达到了 1406m^3，B 区块到联合站 3 条管线清管器平均运行速度分别为 1.2m/s、2.3m/s、1.2m/s，管道输送效率分别由 63%、61%、60%提升至 72%、84%、90%；通过模拟计算开展现场应用，成功解除 B 区块至 A 区块管道水合物冻堵问题，目前已累计开展 7 条管道/35 次/1898km 在线清管作业，清管后管道压损降低 0.3-2MPa，单次清出积液 2300 方，成功进行了推广应用。

关键词　长距离；大起伏；高气液比；油气混输；在线清管

1　前言

某油田管道集输具有特点为：高程起伏大、输送距离长、腐蚀风险高、输送气量大、气液比高。具体为

（1）高程起伏大

某油田主要开发 A、B 区块。区块间联络管线频繁横穿沙丘，其高程起伏变化大（10～50m），如图 1 所示。区块内管道起伏变化小；冬夏、昼夜温差变化大，冬夏可达 100℃，昼夜可达 30～40℃。

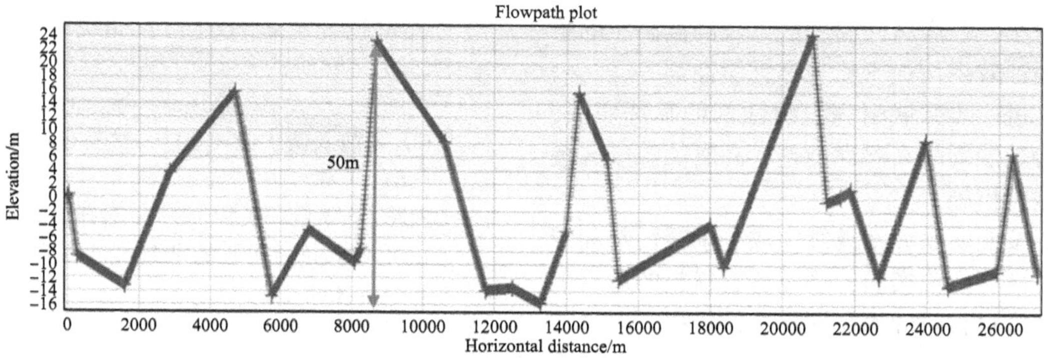

B阀组至A阀组(25.9km)

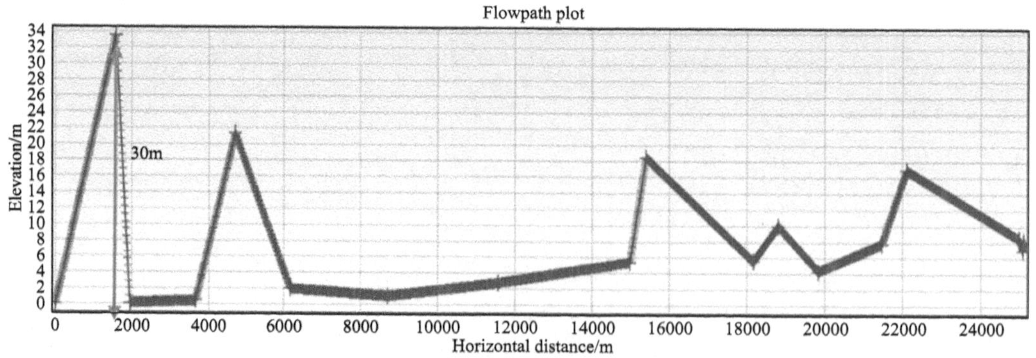

A阀组至联合站(23.5km)

图 1　某油田集输管道高程图

（2）输送距离长

某油田集输管网图如图 2 所示。已建油气混输管道 7 条/322.5km，管径 DN250-DN400，设计压力 9.5MPa、6.3MPa 二种，B 区块的油气集输至 B 阀组(61.7km)，通过 DN250 管线输至联合站(133.4km)。A 区块油气集输至 A#阀组(46km)、通过 DN400 管线输送至联合站(81.4km)。

（3）腐蚀风险高

某油田油气水物性如表 1 所示。原油属于含蜡轻质原油，密度 0.76～0.78g/cm³、蜡含量 2.4%～3.5%；天然气高含 H_2S 与 CO_2，H_2S 含量 1281～17642mg/m³、CO_2 含量 3.77%～8%；平均矿化度 66267mg/L，Cl^-平均 76563mg/L。H_2S、CO_2等腐蚀介质含量高，尤其是 A 区块南，腐蚀介质含量更高，腐蚀风险更大；是以 H_2S 为主控的 H_2S、CO_2共存的腐蚀环境。

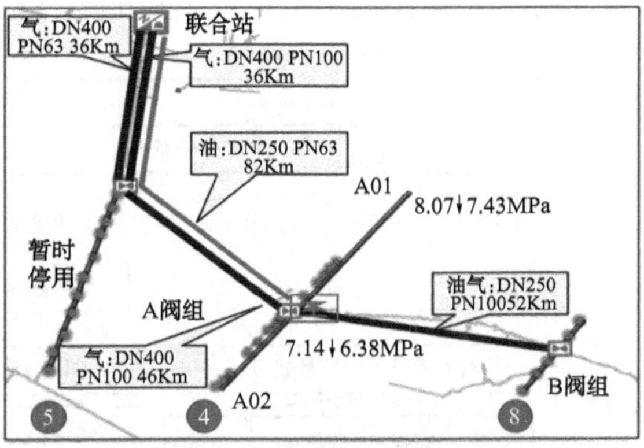

图 2　某油田集输管网图

表 1　某油田介质物性表

区块	区块	原油				天然气			地层水			
		密度/(g/cm³)	运动黏度/(mm²/s)	凝固点/℃	蜡含量/%	相对密度	CO_2/%	H_2S/(mg/m³)	密度/(g/cm³)	pH	Cl^-/(mg/L)	总矿化度/(mg/L)
二区	A 区块北	0.78	1.71	-13	3.5	0.7	4	17642.89	1.04	6.43	28950	42339.4
	A 区块南	0.78	1.93	-6	3.3	0.78	8	13775.34	1.03	6.68	76563	122521.6
	B 区块	0.76	1.25	-14	2.4	0.65	3.77	1281.75	1.35	6.44	34928	60984.9

（4）输送气量大、气液比高

某油田管道输量和气液比如表 2 所示。B 区块至联合站集输管线日输气量 67.5 万方，液量 154.7t，气液比 4363；A 区块至联合站集输管线日输气量 192 万方，液量 1228.8t，气液比 1562。大气量、高气液比工况下输送易形成段塞流，对下游设备造成强冲击。

表 2　某油田管道输量和气液比

管道名称	输气量/(万方/d)	输液量/(t/d)	气液比
B01 阀组至 B 阀组站 DN400	11.8	54.27	2174
B02 阀组至 B 阀组站 DN400	30.04	68.04	4415
B 阀组站至 A 分输站联络管线 DN250	67.5	154.7	4363
A 分输站至联合站管线 DN250	67.5	154.7	4363
A 分输站至联合站管线 DN400	192	1228.8	1562
A01 流程至 A 分输站管线 DN350	129.6	1035.8	1252
A02 流程至 A 分输站管线 DN400	62.4	193	3233

油田集输特点为管道沿线高程起伏大、输送距离长，输送工况特点为输送量大、气液比高，管道建设时选择经济性较好的抗硫碳钢管道。借鉴国内油田腐蚀防护经验，对管道采取“在线清管+缓蚀剂加注”的防护方案。目前普光、元坝、塔里木油田等采取油气分输模式，在线清管工艺成熟，某油田为油气混输方式，集输方式复杂，在线清管工艺尚无借鉴经验，在线清管风险和工艺参数不明确。因此需开展在线清管工艺研究。

2　在线清管工艺研究

采用 OLGA 软件对现有集输流程进行建模，开展模型分析验证，集输过程风险分析和在线清管工艺模拟，开展在线清管前风险识别和清管工艺参数模拟，为现场开展在线清管技术做理论支撑。确保某油田长距离、大起伏、大输量混输管线在线清管安全开展。技术路线图如图 3 所示。

图 3　在线清管工艺研究技术路线图

2.1 软件原理

OLGA 软件基于一维修正的双流体模型，遵循气相、液相、液滴各自的质量守恒方程、动量守恒方程以及三者混合物的能量守恒方程，以欧拉法进行描述各控制方程，同时辅以拉格朗日法中的前缘跟踪格式。该模型可以用于模拟管内压力、速度、持液率等多种运行参数的变化规律。建模流程如图 4 所示。

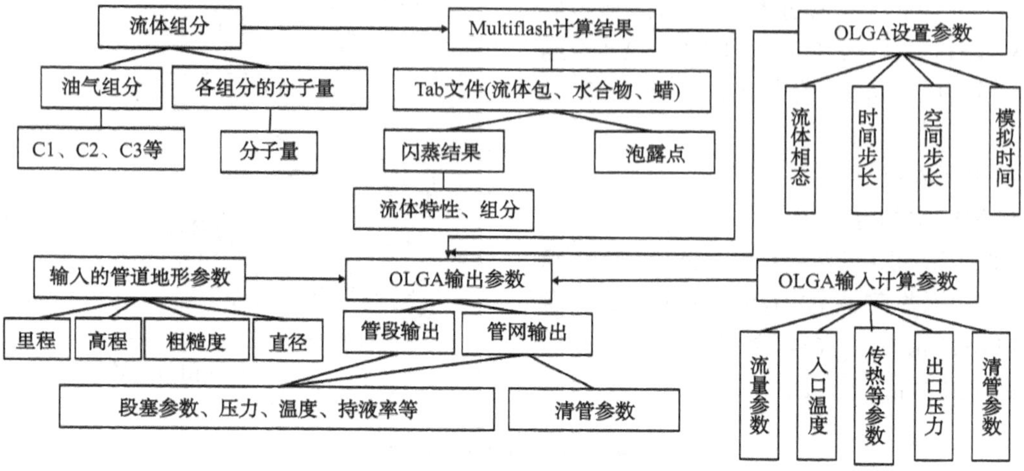

图 4　OLGA 软件建模流程

2.2 管网建模

利用 multiflash 软件对所输流体组分进行物性计算并将原油和气体的流体包进行闪蒸得到摩尔质量，算出质量分数，再用现场输量计算出原油和原料气各自的质量流量，最后用 Tools 里的 blend 将原油和原料气的流体包进行结合得到最终的流体包。通过对 A 区块和 B 区块生产井油气物性和生产输量等参数进行计算分析，得到 A 区块的油气物性和运行参数如表 3 所示。通过 OLGA 根据现场管网结构建立计算模型如图 5 所示。

表 3　A 区块和 B 区块油气物性

区块	甲烷/%	乙烷/%	丙烷/%	异丁烷/%	正丁烷/%	新戊烷/%	异戊烷/%	正戊烷/%	已烷及以上/%	氧气/%	氮气/%	二氧化碳/%	氦气/%
A 区块	82.16	4.93	2.06	0.70	0.98	0.01	0.42	0.43	0.15	0.21	2.47	5.47	0.03
B 区块	90.62	3.5	1.1	0.35	0.44	0.01	0.22	0.23	0.12	0.19	1.69	1.46	0.03

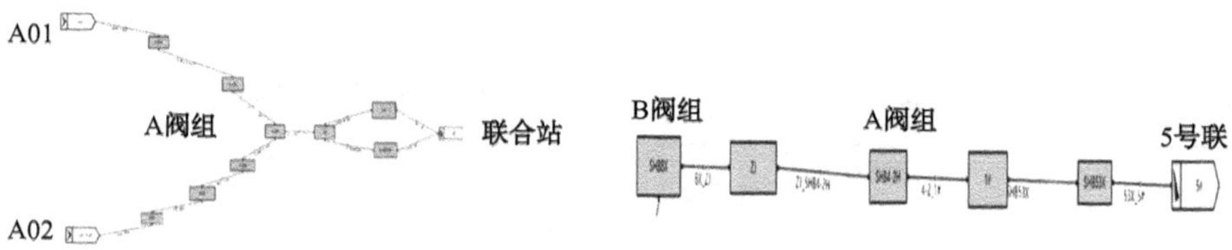

图 5　管网集输模型拓扑结构

2.3 模型验证

为了验证建立的管道仿真模型的可靠性，采用“温度正算”的原则验证所建 OLGA 基础模型的准确性，以管道的入口温度作为边界条件，模拟得到管道的出口温度，并将模拟结果与现场生产的实际数据进行对比。采用 OLGA 软件模拟的管道沿线的温度。结果为温度和压力误差不超过 5%，符合计算要求(<10%)。模拟结果误差值如图 6 所示。模拟具体数值如表 4 所示。

表 4　模拟和实际温度和压力数值表

管线	A 区块到联合站				B 区块到联合站		
节点	A01	A02	A 阀组	联合站	B	A 分输站	联合站
现场压力/MPa	8.08	7.82	6.84	2.81	4.02	3.18	0.9

续表

管线	A 区块到联合站				B 区块到联合站		
模拟压力/MPa	8.03	7.81	6.81	2.81	4.08	3.14	0.9
误差/%	0.62	-1	0.4	0	1.4	-1.2	0
现场温度/℃	20.7	27	41	22.4	20	17	5
模拟温度/℃	20.7	27	42.3	21.5	19.9	17	5
误差/%	0	0	3.1	-4	0.5	0	0

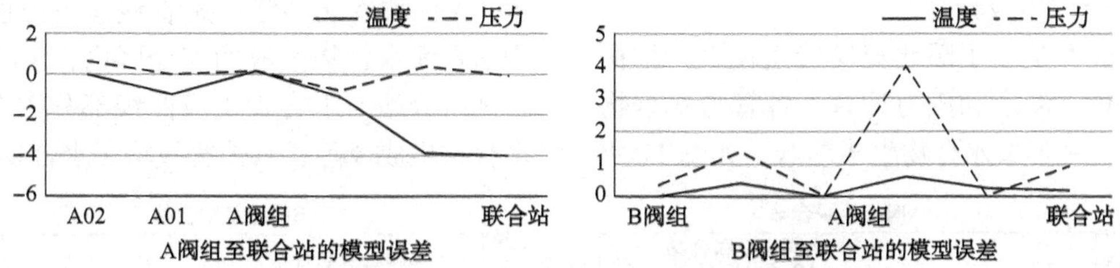

图 6　A 区块和 B 区块集输管线温度和压力模拟误差图

2.4　风险分析

集输管道风险分析计算分为积液计算、段塞计算、水合物计算。

（1）积液计算

通过 OLGA 建立模型，根据输送介质物性参数来计算管道沿线积液积垢位置和积液量，明确腐蚀易发位置。蓝色代表管道，棕色代表管段中的液相流体，A 区块计算结果如图 7 所示，每条管段均有积液，且低洼处积液较多。单条管道积液量最大为 $2232m^3$，管段积液腐蚀风险高。

B 区块集输管道计算结果如图 8 所示。每条管段均有积液，且低洼处积液较多，在 A 阀组到联合站管段地势起伏频繁，积液量达到最大，为 $1277m^3$，B 区块到 A 区块管段积液腐蚀风险高。

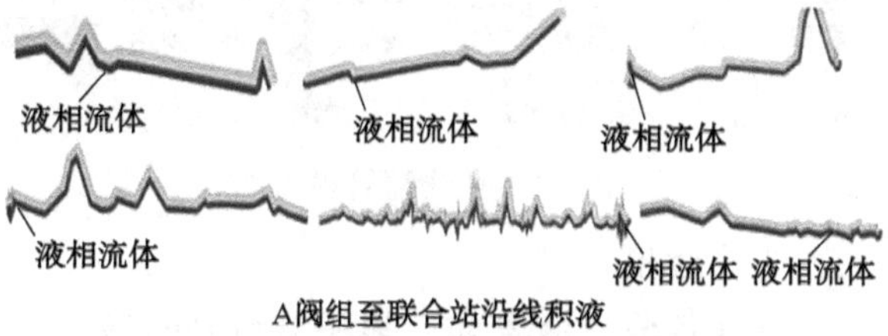

图 7　A 区块管道积液模拟图

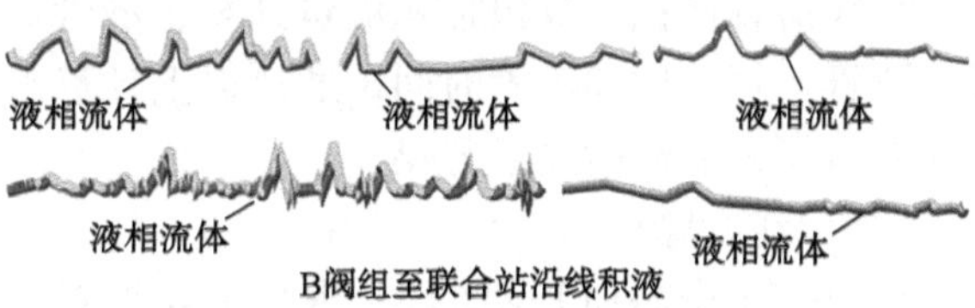

图 8　B 区块管道积液模拟图

（2）段塞计算

通过 OLGA 建立模型，根据管道中液相流体的占比来计算持液率大小，结合段塞数量，判断段塞流生成情况。

计算结果如图 9 所示，A 区块单条管道持液率最大为 0.62，说明该管道出现了少量段塞流，且段塞数量最大为 24，平均长度为 6m，因此现场应注意段塞流情况并予以控制。

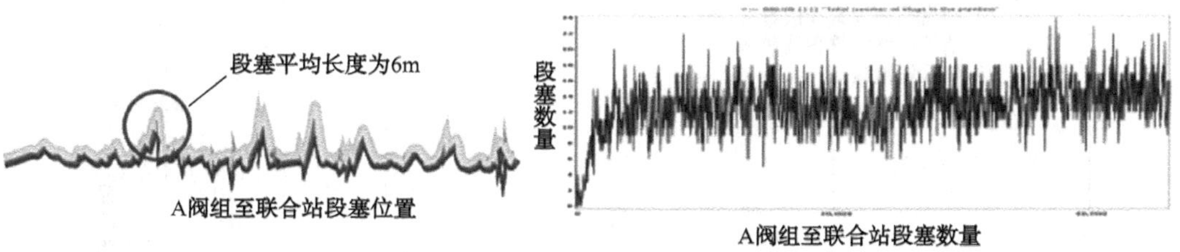

图 9　A 区块段塞计算模拟图

计算结果如图 10 所示。B01 到 B 阀组、A 阀组到联合站管线持液率在 0-1 之间波动，说明这 2 条管道出现了大量段塞流，且段塞数量最大为 710，平均长度最大为 120m，可能会在管道出口处引起相当严重的压力及液体流量波动。

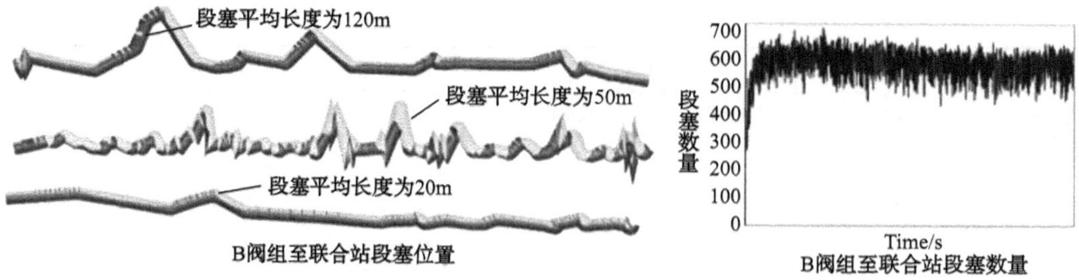

图 10　B 区块段塞计算模拟图

（3）水合物生成计算

使用 OLGA 建立了顺北集输管道模型，根据各节点的输量、温度和压力计算了各管道水合物生成的风险，并形成水合物生成图版，如图 11 所示。A 区块南北到联合站管线运行温度压力范围均落在无水合物生成的安全区内，B 区块到 A 区块到联合站与水合物生成曲线部分重合，说明有水合物生成风险，其他管线均无水合物生成风险。

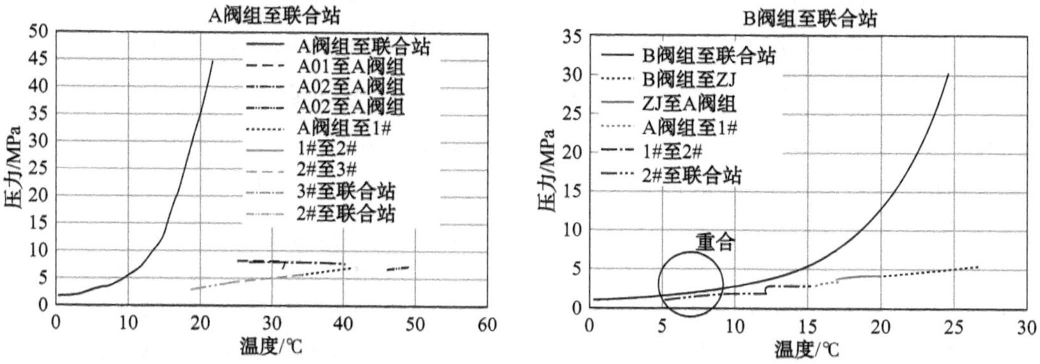

图 11　水合物计算模拟图

2.5　清管模拟

在线清管模拟计算包括积液量计算、清管效果、清管运行速度和清管时间。通过以上计算来为现场清管开展做指导性意见。

（1）清除计算

在 OLGA 中添加 Pig 组件，进行总体设置与清管球属性设置。在加入清管器后，随着清管器在管线中推进，将会有大量液体聚集在清管器前部，清管器将会带出大量液体。计算模拟图流程图如图 12 所示。

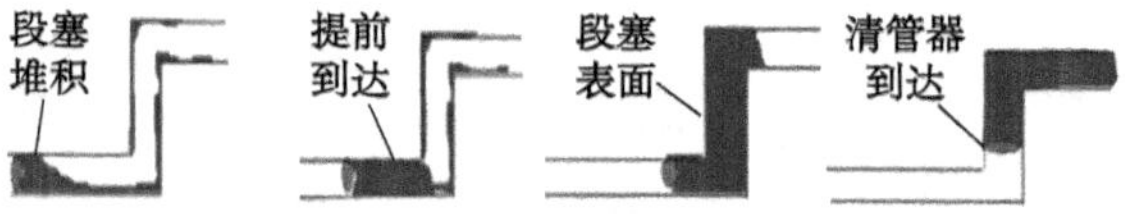

图 12　在线清管模拟图

（2）清管效果

根据各节点清管前后累积液量判断清管器的清管效果。计算结果如图 13 和 14 所示。A 区块南北到联合站积液量分别为 285～1352m³，最大清除液量在 A 阀组到联合站，清管效果明显。顺北 B 区块到 A 区块积液量分别为 202～727m³，清管效果明显。

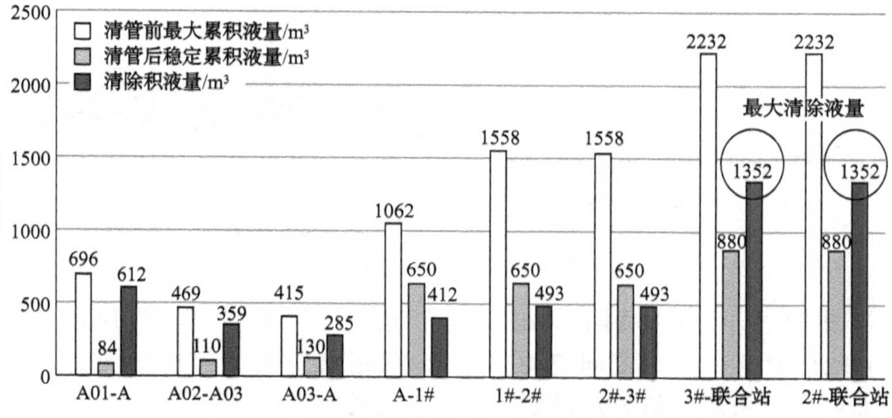

图 13　A 区块集输管线在线清管清除积液量

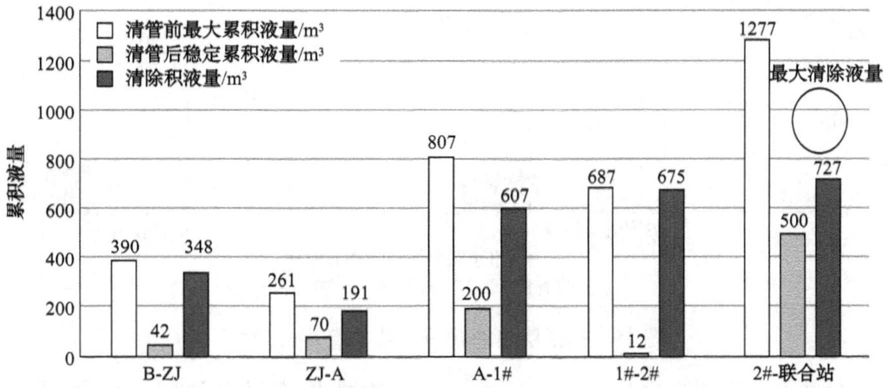

图 14　B 区块集输管线在线清管清除积液量

根据清管过程中激增液相体积量来计算判断清管效果。计算结果如图 15 和 16 所示。A 区块南北到联合站清管过程中最大激增量为 180m³，且清管前后管道输送效率提升较大，最小提升了 22%，说明清管效果明显。为防止出现溢流现象，需及时控制段塞流捕集器的瞬时处理能力或控制段塞流捕集器的液位，使其大于 180m³。

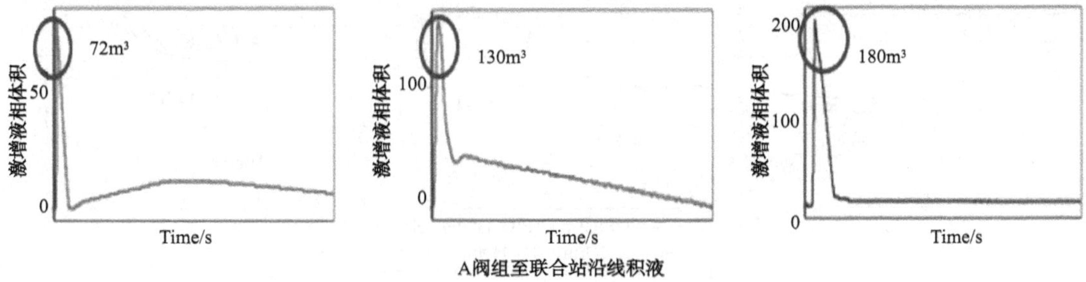

图 15　A 区块集输管线在线清管液相激增体积

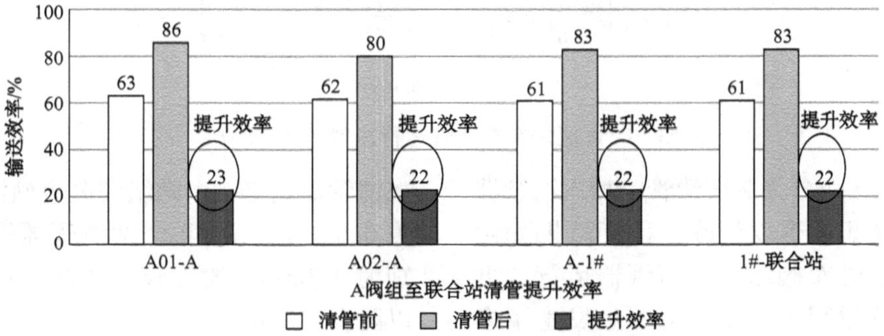

图 16　A 区块集输管线在线清管提升效果

B 区块到 A 区块清管过程中最大激增量为 222m³，且清管前后管道输送效率提升较大，最小提升了 23%，说明清管效果明显，计算结果如图 17 和 18 所示。为防止出现溢流现象，需及时控制段塞流捕集器的瞬时处理能力或控制段塞流捕集器的液位，使其大于 222m³。

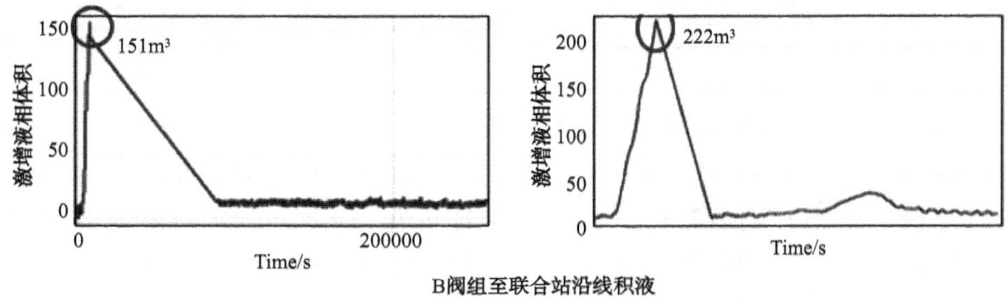

图 17　B 区块集输管线在线清管液相激增体积

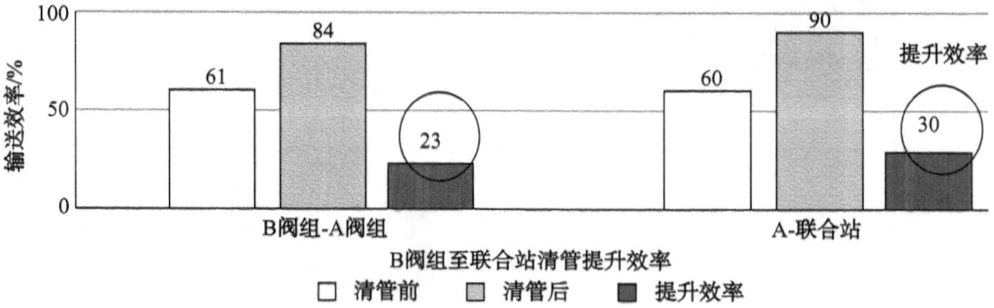

图 18　B 区块集输管线在线清管提升效果

(3)清管器运行距离与速度

使用 OLGA 软件对某油田集输干线管道在线清管过程进行模拟，A01 到联合站分为 4 段清管。计算结果如图 19 所示加入清管器后，管道内的段塞流得以清除。清管器平均运行速度为 1.4m/s、2.45m/s，2m/s 符合 SY/T 5922 规定的清管器运行速度不宜超过 5m/s，且清管过程未发生卡堵，说明管网在线清管技术上可行。

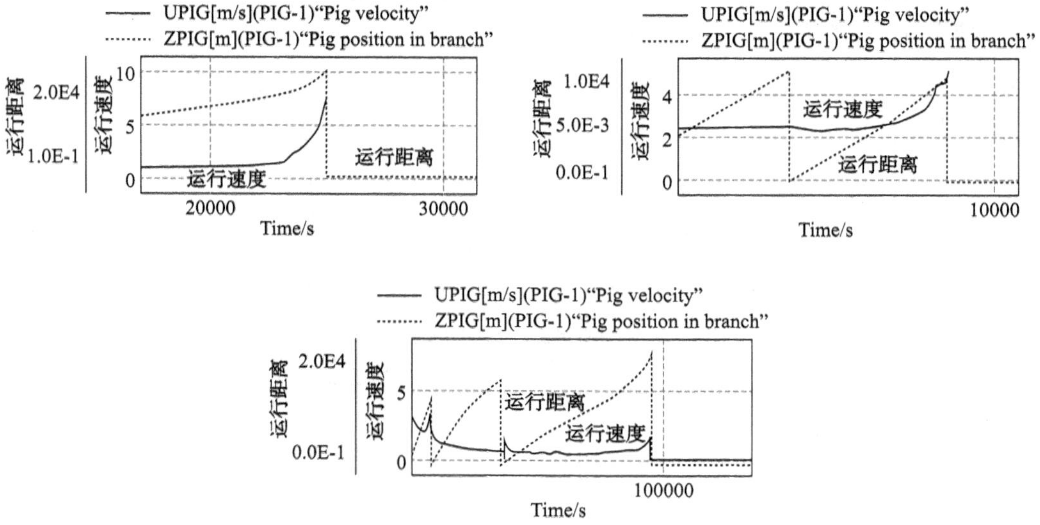

图 19　A 区块在线清管运行速度和运行距离

B 区块到 A 区块分为 2 段清管，加入清管器后，管道内的段塞流得以清除，计算结果如图 20 所示。B 阀组到 A 阀组管线清管器运行速度为 2.1m/s，清管过程中由于动力不足发生了多次清管器倒退，A 阀组到联合站清管器运行速度为 0.8m/s，A 到联合站清管器平均运行速度分别为 0.8m/s，速度较小，建议增大动力源输量以防发生卡堵。

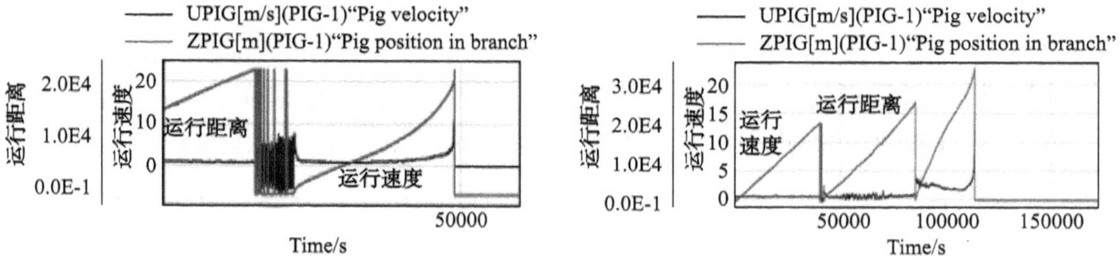

图 20　B 区块在线清管运行速度和运行距离

(4) 清管时间

根据清管后总积液量回升到清管前的总积液量稳定后所花费的时间计算清管器周期。计算结果如图 21 所示。A 区块集输管线到联合站积液量回升后稳定时间为 7.2 天，即最优清管时间为 7.2 天。B 区块到 A 区块积液量回升后稳定时间分别为 4.79 天，即最优清管时间为 4.79 天。

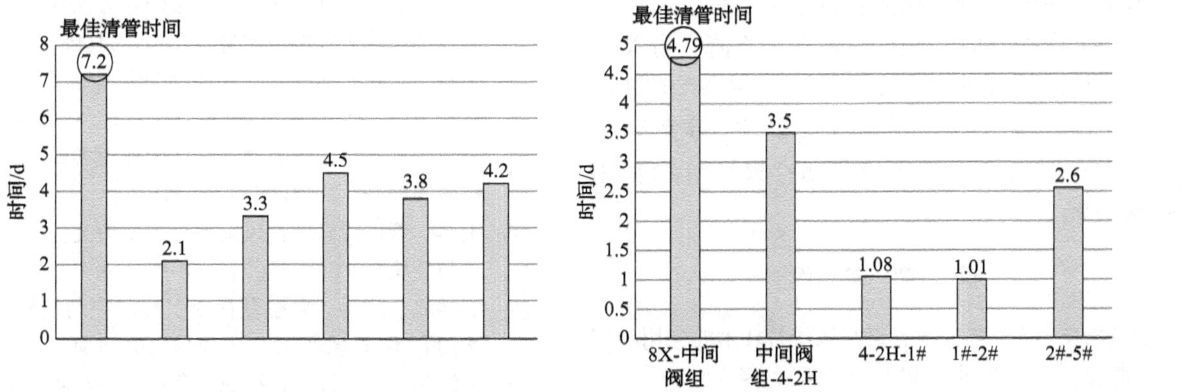

图 21　A 区块和 B 区块集输管线在线清管最优时间

3　在线清管现场应用

共计清管 7 条集输管线，清管次数 35 次，距离 1898km，清管后管道压损降低 0.3～2MPa，单次清出积液最大量 2300m^3，整体清管效果优异，累计节约因停产清管造成原油倒运和氮气租赁等费用 3568 万元。

2023 年 B 区块至 A 区块集输管道在冬季运行时首次出现水合物冻堵，A 阀组在分离器中取出冻堵水合物，管道压差增大，B 阀组压力升高，继续生产后造成管道完全被水合物堵塞，无法生产后停输。针对水合物冻堵情况，围绕水合物形成的规律特征，通过 OLGA 开展了水合物模拟计算，准确定位了水合物形成位置，计算结果如图 22 所示。在距 B 阀组至 28.41km 处开始形成水合物，在距 B 阀组 29.31km 处水合物生成量达到最大。根据计算结果由 A 阀组向 B 阀组反向开展解堵工作，通过采取“清管器推送甲醇段塞化冻、甲醇连续加注”等系列措施，有效解决了现场冻堵问题。解冻清管后管输压降损失由 2MPa 降低至 0.6MPa。

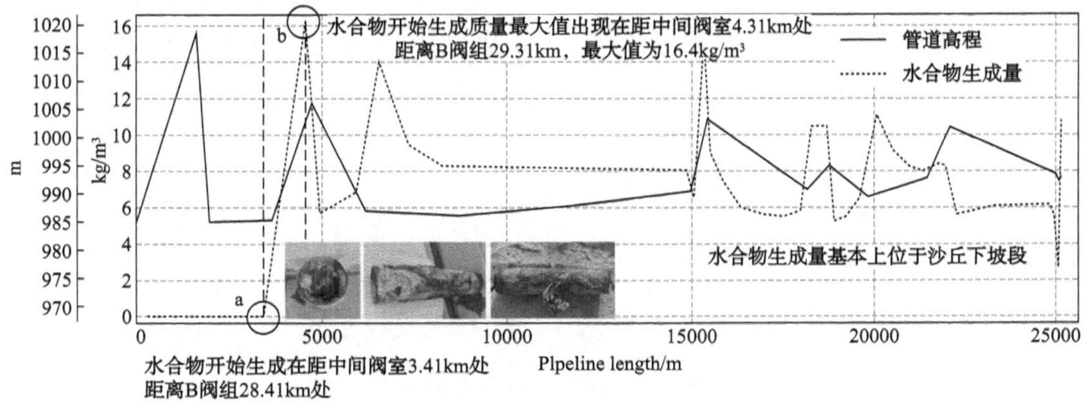

图 22　B 阀组-A 阀组集输管道水合物计算位置图

4　结论

（1）A 区块到联合站和 B 区块到 A 区块单条管道积液量最大为 2232m^3 和 1277m^3，管段积液腐蚀风险高；

（2）A 区块到联合站和 B 区块到 A 区块单条管道持液率最大分别为 0.62 和 1，出现了大量段塞流，会在管道出口处引起严重的压力及流量波动；

（3）B 区块至 A 区块到联合站管段与水合物生成曲线部分重合，有水合物生成风险，其余管线无水合物风险；

（4）A 区块到联合站和 B 区块至 A 区块清除积液量分别为 1352m^3 和 727m^3，加入清管器后，管道内的段塞流得以清除，为防止出现溢流现象，需及时控制段塞流的捕集器的瞬时处理能力或控制段塞流捕集器的液位，清管前后管道输送效率提升较大，最小提升了 22%，清管效果明显，清管器运行速度符合 SY/T5922 规定的清管器运行速度不宜超过 5m/s，且清管过程未发生卡堵，说明管网在线清管技术上可行。

（5）在线清管实施后管道压力下降，方案参数与现场清管参数吻合度达 85%；采取"清管器推送甲醇段塞化冻、甲醇连续加注"等系列措施，有效解决了现场冻堵问题；累计节约费用 3568 万元。

参 考 文 献

[1] 潘文良．天然气支线管道在线清管技术的应用与实践[J]．华电技术，2017，39(05)：64-65+79.

[2] 毛娅，冉斯．长输天然气管道在线清管作业运行速度控制[J]．石化技术，2017，24(03)：218.

[3] 谢发军．天然气长输管线清管作业方法探讨[J]．中国石油和化工标准与质量，2014，34(08)：66-67.

[4] 王刚．长输天然气管道在线清管作业运行速度控制探究[J]．石化技术，2019，26(12)：82+100.

[5] 夏云生．曹津长输原油管道清管作业实践[J]．管道技术与设备，2014(05)：49-51.

[6] 王然．管道清管作业风险评价技术研究[J]．化工安全与环境，2022，35(24)：8-11+16.

[7] 董学航，陈熙．混输海管变工况研究与清管影响因素[J]．化工管理，2022(12)：161-164.

[8] 左江伟，田一波，李汉成，郑锐，许红明，徐思莹，杨子航．基于 OLGA 的含蜡热油管道析蜡模拟与清管优化[J]．辽宁化工，2022，51(07)：954-958.

阴极保护的数字化管理

孟祥刚[1] 王志国[2] 于志华[1]

(1. 大庆油田设计院有限公司；2. 大庆油田有限责任公司)

摘 要 阴极保护是抑制埋地钢质管道腐蚀的主要措施。本文说明了如何消除土壤IR降的影响，确保测量阴极保护电位的准确性。通过阴极保护实施数字化管理平台的应用。介绍了阴极保护系统数字化管理的原理、组成、数据采集。通过阴极保护数字化管理的实施，可以加强阴极保护系统的监管，解决现场技术人员短缺和现场人员专业操作能力不强的问题，控制运行率，提高保护度，减少储罐、管道穿孔率，抑制腐蚀发生，延长管道和储罐的使用寿命。

关键词 阴极保护数字化；断电电位IR降；采集模块；传输模块

埋地金属管道的腐蚀、穿孔、泄露，不仅造成能源和金属材料的浪费，增加投资成本，更重要的是给自然环境带来极大的污染和不可逆的破坏。甚至会引起火灾、爆炸、人身伤亡等重大伤害性事件。

埋地钢质管道通常采用外防腐层和施加阴极保护的联合方案控制管道外腐蚀，延长管道使用寿命。根据国家标准GB/T 21448—2017《埋地钢质管道阴极保护技术规范》4.1.1条要求，“埋地油气长输管道、油气田外输管道和油气田内埋地集输干线管道应采用阴极保护；其他埋地管道宜采用阴极保护。”可以说明，阴极保护是抑制埋地钢质管道腐蚀的主要措施。

管道采用阴极保护措施后，如何判断阴极保护的有效性，监测管道的阴极保护电位是否满足标准要求，是运行管理部门亟需解决的问题。传统的人工定时巡检方式，以万用表和便携式硫酸铜参比电极进行现场采集。人工采集效率低，容易受到天气、季节的影响和管道所处地貌的影响。人工汇总数据，过程繁琐，实时性差，查看管线阴极保护状态不直观。而且，该方式只能测量阴极保护通电电位，但阴极保护准则中的评判指标是断电电位，这样就造成了管理上的误差。阴极保护的通电电位是直接测量管道和参比电极之间的电位，实际包含了断电电位和IR降两部分。IR降即为电流流过管道和参比电极之间的土壤产生的压降，断电电位是管道的受保护电位。为了得到管道真实的受保护状态，需要消除IR降的影响，获取断电电位。阴极保护标准规定：碳钢管道阴极保护电位（断电电位）应在-850mV(CSE)～-1200mV(CSE)范围内；当上述准则难以达到时，也可采用阴极极化或去极化电位差大于100mV的保护准则判据。

综合以上分析，优化设计，利用极化测试探头代替长效饱和硫酸铜参比电极进行测试，可以直接测量管道的断电电位，不需要专业人员调节电源设备运行模式。采用数字化管理设计后，通过数字化管理软件平台，可以实时查看管线的阴极保护状态，包括恒电仪的运行状态、输出电流、输出电压以及对采集的现场数据的分析。通过采集的现场数据判断管道阴极保护的有效性，对阴极保护系统的运行管理，具有重要的意义。同时也解决了阴极保护专业技术人员短缺，现场人员专业操作能力不强的问题。

1 阴极保护数字化原理

阴极保护数字化原理，是数字化管理平台通过监测现场采集的阴极保护电位是否在-850mV(CSE)～-1200mV(CSE)范围内，进行实时调控。如果不在标准范围内，阴极保护系统数字化管理平台通过软件设置，可以发出指令对阴极保护设备的输出进行自动控制和调节，确保保护体（管道和储罐）的保护电位始终处于被保护的标准状态-850mV(CSE)～-1200mV(CSE)范围内。抑制腐蚀发生，延长管道和储罐的使用寿命。

2 阴极保护数字化管理系统组成

阴极保护数字化管理系统主要由数据采集模块（智能采集仪或遥测分机）、数据传输模块和数字化管理系统软件平台构成。以大庆油田阴极保护数字化系统示意图为例：站外管道系统的数据传输流程见图1，系统图见图2。

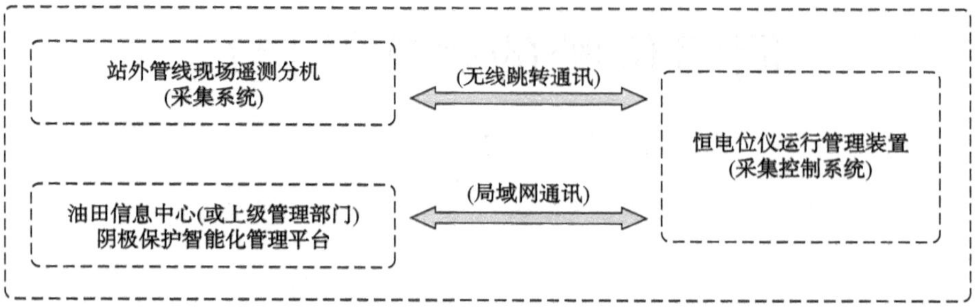

图1　站外管道阴极保护数字化系统数据传输流程

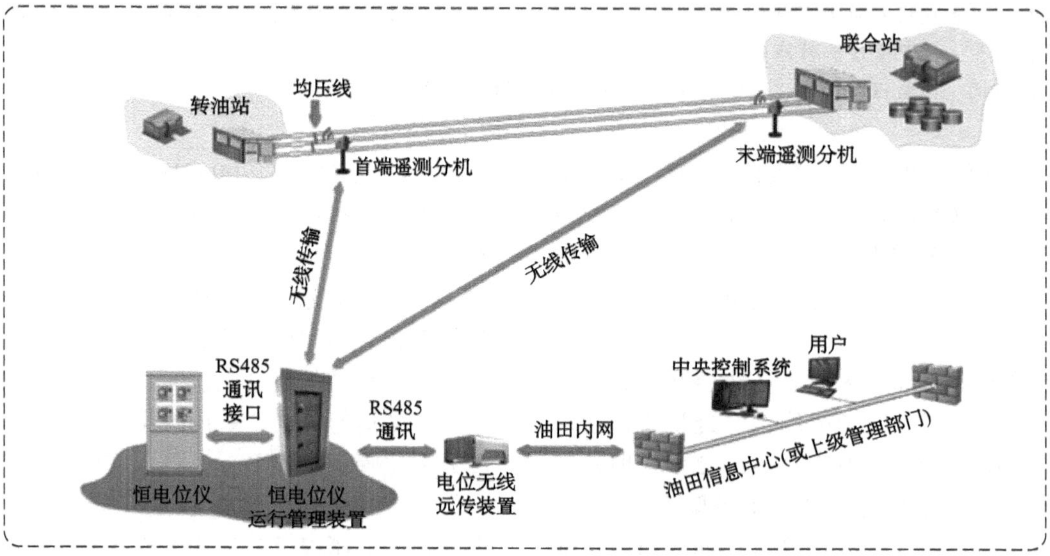

图2　站外管道阴极保护数字化系统示意图

阴极保护数字化管理系统，可以实现数据实时采集、传输、处理，以及对阴极保护设备的远程调控。

(1) 数据采集模块：包括恒电位仪采集数据和在被保护的管道或者储罐上设置智能采集仪采集到的数据。

(2) 数据传输模块：是将采集仪的数据通过网络进行传输，是每个采集仪必备的功能。数据传输有多种模式，如数据线、光缆、LoRa、蓝牙、GPRS或GPS等。

(3) 数字化管理软件：数字化管理软件进行数据处理以及设备调控。采集仪传输来的数据在数字化管理软件中进行存储。通过数字化管理软件，能够监测每个采集仪的数据。并依据采集仪的数据对阴极保护系统状况进行评估，对恒电位仪进行远程调控操作，以优化阴极保护效果。实现数字化控制、视图化显示与阴极保护系统评价一体化。

3　阴极保护数字化管理系统数据采集

采集恒电位仪参数包括：(1)给定电位；(2)输出电流；(3)输出电压(4)设备状态。

采集仪参数包括：(1)通电电位；(2)断电电位；(3)自然电位；(4)试片电流；(5)直流干扰电压；(6)交流干扰电压；(7)直流干扰电流；(8)交流干扰电流；(9)电池剩余电量；(10)当前温度；(11)当前湿度。

4　阴极保护数字化管理设置及应用

一套数字化管理软件，可以配套多个采集仪。在阴极保护设计中，采集仪数量占普通电位测试点的比例越大，阴极保护数字化管理覆盖范围就越大，管理的完善度也就越高。

管道进行区域阴极保护时，每套阴极保护系统应根据管道保护范围，确定采集仪的数量。一般情况下，管道较长时，宜10km设置一处；管道较短时且比较密集时，例如油田站间管道或单井管道，宜在保护管道的远端设置 1 个智能采集仪；在低洼处、人员不易到达处、交/直流干扰区域应适当增加智能采集仪的设置数量。

站场进行区域阴极保护时，部分联合站或油库储罐比较多，管网复杂，导致电流分布不均匀。在通电点附近电位过保护的同时，局部可能还有电位欠保护不达标的情况。宜在每座储罐上和管网分布密集处设置采集仪，监测整个场区的阴极保护状况。

图 3 是采用大庆油田采用六厂某阴保站采集的数据，包括保护电电位、干扰电压和试片电流等信息。可根据采集的电位情况判断设备运行是否正常，监测点的电位是否达标，是否需要采取交直流干扰防护措施等等。当系统故障时，系统会自动报警，并给出处理建议，见图 4。同时，引入 Web 技术，使得用户仅需一台接入 Internet 网络的终端或手机专业软件 APP，即可登录浏览器，随时随地访问阴极保护数字化管理软件平台，实时查看管线的阴极保护状态。

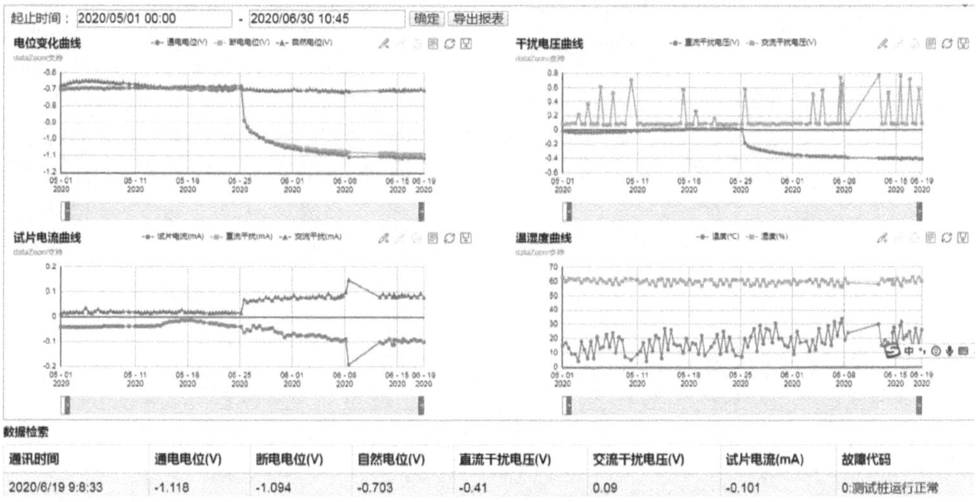

图 3 现场采集的阴极保护数据

图 4 系统监测点故障报警

5 结论

阴极保护数字化系统的优点是在采集仪处直接安装极化测试探头，消除了土壤 IR 降的影响，测得了断电电位，使管道得到了精准保护。同时，通过数字化软件管理，解决了现场测试人员技术能力不强、专业管理技术人员不足的问题。通过阴极保护数字化的实施，可以加强阴极保护系统的监管，控制阴极保护系统运行率，提高保护度，减少储罐、管道穿孔率。目前，大庆油田已经在多个采油厂开展了阴极保护数字化管理平台设计，通过实践证明，该系统效率高、工作稳定、取得了良好的经济效益。

参 考 文 献

[1] 熊川雲，刘明哲，庹先国，等．埋地金属管道阴极保护参数野外监测系统的设计[J]. 自动化与仪表，2015(3)，14-18.

[2] 王爱玲，刘玉展，渝东亮，等．山区管道阴极保护智能化采集监控管理系统应用[J]. 设备与自动化，增刊 12019-z1，38：149-153.

[3] 王宝珠，杜逸伟，郭志涛，等．埋地金属管道阴极保护远程监控系统的设计[J]. 河北工业大学学报，2017，46(1)：29-33.

油气管道腐蚀泄漏智能监测报警技术

李　颖

（大庆油田有限责任公司）

摘　要　针对头台油田油气输送管道运行年限较长，管道的老化、腐蚀严重，存在管道泄漏环境污染等安全隐患问题，开展了对油气输送管道进行定位和腐蚀泄漏监测技术的研究。首先通过对比分析国内外用于油气管道腐蚀泄漏的检测方法，同时结合大庆油田其他采油厂油气管道腐蚀泄漏监测系统的应用情况，其次优选出适合头台油田的管道腐蚀泄漏监测报警定位系统，最后结合运行现状实施了改造，至今已运行7年，泄漏点定位精度在98.8%，从根本上解决了头台油田外输油管道腐蚀泄漏的危险，不仅方便了油田外输油气管道生产管理，同时具有一定的经济效益和环境效益。

关键词　油气管道；腐蚀；泄漏；智能监测；报警

1　引言

随着石油天然气行业的发展，管道运输已成为石油行业不可或缺的运输工具。但是，由于油气输送管道运行年限较长，管道的老化、腐蚀等受地理和气候环境的影响以及人为损坏等原因，管道泄漏事故时有发生，不仅会造成巨大的经济损失和资源浪费，而且还会带来安全和环境污染问题，对人们的生命、财产和生存环境造成潜在威胁。

本文为全面落实油田管道完整性建设要求，最大限度地减少经济损失和资源浪费，尽可能避免环境污染和安全事故的发生，开展了对油气输送管道进行定位和泄漏检测技术的研究，提出了新的改造方案并实施改造，降低岗位员工日常巡线的工作量，提高了巡线精度，从根本上解决了头台油田外输油管道泄漏的危险，降低了安全环保风险。

2　油气管道腐蚀泄漏监测技术概述

2.1　分类

泄漏监测方法一般用来检测管道的完整性，目前国内外有多种油气管道泄漏检测方法，大致可分为生物方法、硬件方法和软件方法。

2.2　对比分析

目前，国内外有多种油气管道泄漏检测方法，泄漏检测方法一般用来检测管道的完整性，大致可分为生物方法、硬件方法和软件方法。

生物法优点是定位精度高误报率低、维护安装费用不高。缺点是灵敏度低、不能对管线进行连续监测；硬件法优点是灵敏度高，响应快，定位精度高，抗干扰能力强有较快的检测速度。缺点是难以对长输管道进行连续检测；软件法优点是能连续监测管道，易于维护、安装费用不高。缺点是不能准确估计泄漏位置，不适用有操作变化的管线，抗干扰能力弱。

国外一些较发达国家从70年代末已经开始对管道泄漏故障进行了研究，80年代末进入较实用的商品阶段。而我国对管道泄漏技术的研究起步较晚。通过对比表1，发现没有一种方法所有性能都好，建议两种或多种方法配合使用。

表1　管道泄漏检测技术综合对比分析表

检测方法	灵敏性	定位精度	评估能力	响应时间	连续性	适应性	误报警率	操作性	安全性	费用
一、生物方法		√	√			√	√	√		√
二、硬件方法										
气体取样检测器	√	√	√			√	√	√		√
温度检测器	√	√	√	√		√			√	
声学检测器	√	√	√	√	√	√			√	
电参数检测器	√	√	√	√	√	√			√	
管内行走检测器	√	√	√						√	

续表

检测方法	灵敏性	定位精度	评估能力	响应时间	连续性	适应性	误报警率	操作性	安全性	费用
三、软件方法										
压力分布法	√	√		√	√	√		√	√	
负压波法	√	√		√	√				√	
瞬变流模法	√	√		√	√				√	√
质量流量平衡法	√	√		√	√	√	√	√	√	

声波检测器原理是管道发生泄漏后，流体流出管道后会发生声音，声音检测器通过检测这种声波确定管道是否发生泄漏；负压波检测原理是管道发生泄漏后，泄漏点会产生负压波，通过安装在管道上、下游的压力变送器来检测负压波信号，从而判断管道是否发生泄漏；质量流量平衡原理是根据质量守恒定律，当管道发生泄漏后，入口和出口会形成明显流量差，通过检测管道多点位的输入和输出流量变化，从而判断管道是否发生泄露。

而经过我们研究发现，次声波管道泄漏监测技术是将这三种监测技术有机的结合起来，监测效果更加明显，其原理是通过接收安装在管道的首、末端的压力、流量、次声波信号判断管道是否发生泄漏，同时通过接收次声波到达管道首、末端的时间差，来计算泄漏点的具体位置。

理论条件：设计管道长度 L 米，声波传波速度 V 米/秒，(t1～t2) 秒为首末、站次生波接收时间差，泄漏点与首站之间距离 x 米，由公式计算泄漏点 $X=1/2[L+(t1-t2)V]$ 的具体位置(图 1)。

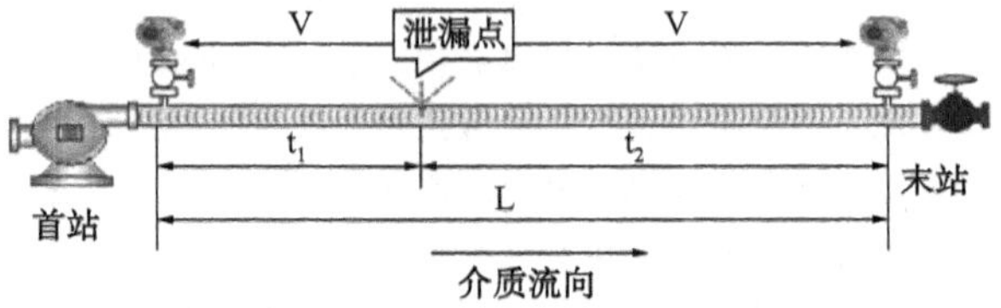

图 1　装置工艺流程图

3　油气管道腐蚀泄漏监测技术应用案例分析

3.1　概况及存在问题

某转油站外输管道 2003 年建成投产，管径 Φ159×6 管材为 20#钢，全长 24km。经现场勘察，张连生屯北侧，林肇路至中间加热站段，长度为 6.5km 的管线多处浸泡在鱼池中，存在严重的安全环保隐患。近年，该位置管线共发生严重穿孔 6 次。严重影响了转油站的正常生产(图 2，表 2)。

表 2　2010 年后外输线泄漏统计表

序号	情况描述	时间	位置	影响	处理方式
1	被盗栽阀泄漏	2011 年 8 月	加温站至林肇路段	污染农田水渠	焊补
2	被盗栽阀泄漏	2012 年 5 月	加温站至林肇路段	污染农田	焊补
3	腐蚀泄漏	2012 年 7 月	林肇路至源二联段	污染农田	套管
4	腐蚀泄漏	2013 年 12 月	加温站南侧	污染农田	焊补
5	腐蚀泄漏	2014 年 3 月	加温站至林肇路段	污染农田	焊补
6	腐蚀泄漏	2014 年 9 月	联合站至加温站段	污染农田	焊补

图 2　现场照片

3.2　设计方案

某转油站(首站)出站管线处安装流量计(利旧)、次声变送器、压力变送器，在联合站(末站)进站管线安装流量计(利旧)、次声变送器、压力变送器。两台流量计经现场勘查可以利旧。在联合站油岗值班室内新建管道泄漏检测报警定位系统一套。在联合站油岗值班室内新建管道泄漏检测报警定位系统一套，对接收到首、末站信息进行分析、计算、处理，确定泄漏时间、位置、泄漏量，并在60秒内发出声、光报警提示，系统界面显示检测管段实时压力、流量曲线和数据。根据相关文件该数据不需要上传，在站内管理显示即可(图3)。

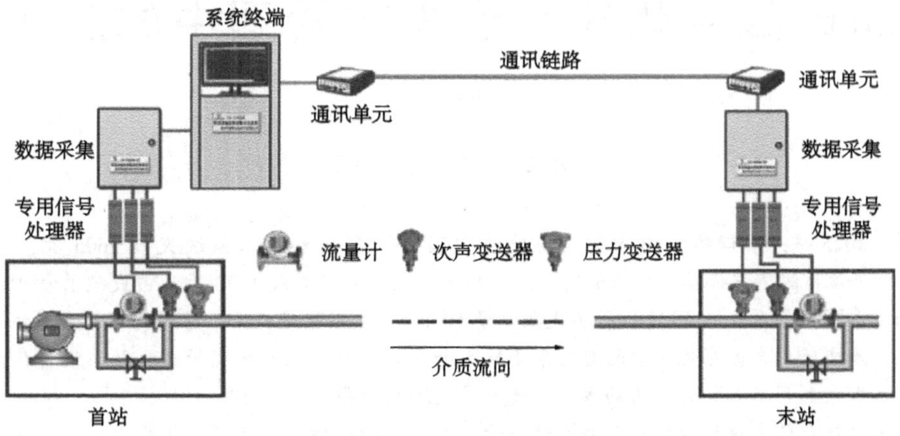

图3　泄漏监测系统结构示意图

3.3　现场应用效果

该转油站外输管线长24km，管径φ159mm，日输液量860m³/d。9月初安装LD-SAKER管道泄漏监测系统，9月12日18时04分52秒发生泄漏，监测系统在45秒后做出泄漏报警反应，定位泄漏位置在距距源二联14.87公里处，与实际泄漏点位置相差180米，泄漏点定位精度在98.8%(图4)。

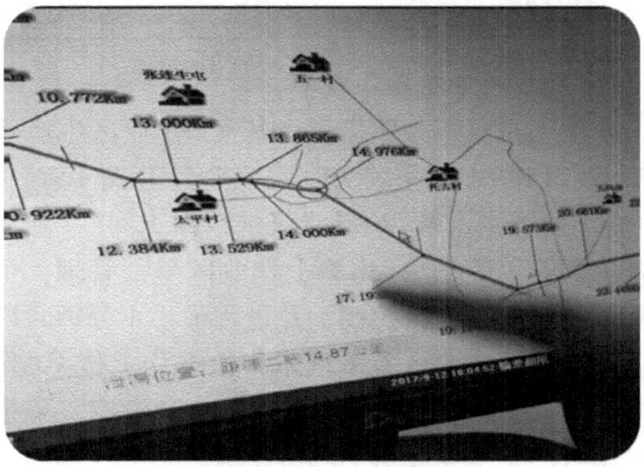

图4　外输线泄漏现场图

4　结论

(1) 通过综合应用多种泄漏检测技术，能有效、及时、准确的判断管线泄漏时间和位置，从目前试运行的效果看，报警时间及定位精度均优于单一管线泄漏检测技术。

(2) 应用油气管道腐蚀泄漏智能监测技术，大幅减少了人工探测漏点的时间，提高了漏点定位精度，泄漏点定位精度在98.8%，避免较大环保事故的发生，具有良好的应用前景和推广价值。

参考文献

[1] 黄山田，王朝晖，张来斌，等．基于微波技术的输气管道泄漏检测方法[J]．石油机械，2006，34(1)：67-70.

[2] 丁辉，王立，贝克，等．现代管道泄漏检测技术[J]．现代科学仪器，2005，(6)：20-23.

油田数字化在管道失效管理中的应用

张奎鹏

（大庆油田有限责任公司）

摘　要　2023 年，油田各类埋地管道共失效 2622 次，集输和注入系统失效 2605 次，占失效总量 99.4%。其中集输系统单井掺水、出油管道，站间掺水、集油管道失效 1273 次，占失效总量 48.6%。注入系统单井注水和注剂管道失效 1332 次，占失效总量 50.8%，失效情况严重。管道泄漏对各系统运行压力具有直接影响，本文将结合数字化平台的自动采集能力和失效记录，深入研究管道失效与运行压力间是否存在对应关系，探索利用监测运行压力的方式，进行管道泄漏预警的可行性。

关键词　数字化仪表建设现状；压力波动与管道失效分析；作业区生产管控平台；配注系统实时监控平台；低压预警

随着自控仪表配备和数字化平台建设日趋完善，第五采油厂对油、水井现场数据自动采集，运行工况集中调控能力已得到全面提升。结合“作业区生产管控平台”、“配注系统实时监控平台”和井史记录，采集第一至第七作业区集输、注入系统，2024 年 1 月 1 日至 4 月 30 日管道失效前后 5 天的压力监测数据，并开展相关分析。由于集输单井掺水管道无压力变送器，转油站以上管道和注入支干线以上管道失效极少，本文不做分析研究。

1　建设现状

1.1　集输和注入系统数字化仪表建设现状

集输系统按流程走向，共配备数字化仪表 13 块，其中压力变送器 5 块，温度变送器 5 块，流量计 3 块，3 块流量计均无远传功能。注入系统分为注剂和注水两部分，均具备远传功能。注剂系统按流程走向，共配备数字化仪表 8 块，其中压力变送器 4 块，流量变送器 2 块，水量控制器 1 块，排污池液位计 1 块。注水系统按流程走向，共配备数字化仪表 6 块，按照流程走向，其中压力变送器 4 块，流量变送器 2 块（表 1）。

表 1　集输和注入系统数字化仪表建设情况

数字化仪表类型	集输系统	注入系统		合计
		注水	注剂	
压力变送器	5	4	4	13
温度变送器	5	—	—	5
流量计（无远传功能）	3	—	—	3
流量变送器	—	2	2	4
水量控制器	—	—	1	1
排污池液位计	—	—	1	1
合计	13	6	8	27

1.2　采集平台及采集频率

注剂系统采集数据可上传至“作业区生产管控平台”和“配注系统实时监控平台”（图 1）。其中“作业区生产管控平台”仅供数据查阅，“配注系统实时监控平台”由第七作业区单独管理，可实现数据实时采集控制，并进行最小 1 分钟时段查阅。其他作业区各系统采集数据均上传至“作业区生产管控平台”，并在各作业区中控室集中控制管理，采集频次 10 分钟/次。

2　压力波动与管道失效分析

2.1　集输系统

集输系统分别针对单井出油管道、站间掺水、集油管道失效进行了统计分析，总体看，3 种类型管道的失效和压力曲线对应关系大体可分为“有压降体现”和“无压降体现”两种类型。分别选取杏 8-2-丙 481 至杏南 2003 计量间出油管道、太北五转油站至太 5#-6 计量间掺水管道和杏南 17#-7 计量间至杏南十七转油站集油管道失效时的压力曲线做如下分析：

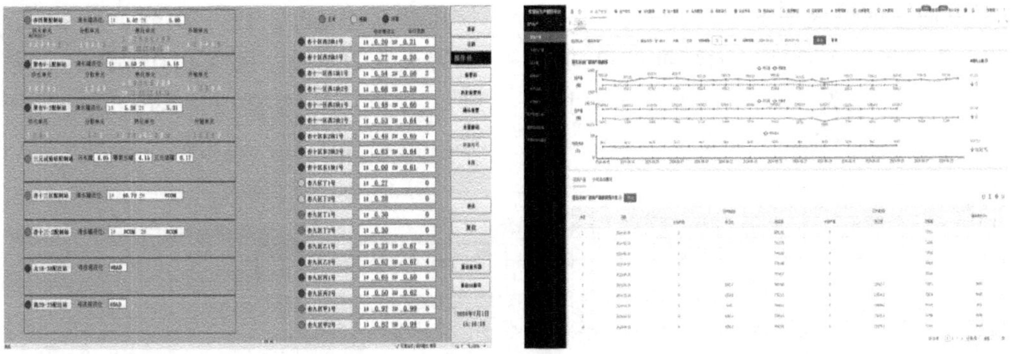

图 1　配注系统实时监控平台和作业区生产管控平台

2.1.1　单井出油管道调查情况

杏 8-2-丙 481 至杏南 2003 计量间出油管道于 4 月 29 日上报失效。该井 4 月份井史为不停机间抽，27 日 12：50 前，压力处于有规律波动状态，能够反映间抽执行情况。压力最高 1.55MPa，最低 0.36MPa，压差 1.19MPa。12：50 后压力程逐渐上升趋势，至 29 日 13：50，压力突然下降，14：50 压力逐步回升。30 日 3：00，压力保持在 0.44MPa。平台显示该井 27 日 13：30 后处于停井状态，分析失效发生在 27 日 12：50 至 13：30 之间，由于间抽压力波动大，失效引起的压降无法区分。27 日 13：30 至 29 日 13：50 压力上升，分析是停井后，班组人员关闭了组合阀掺水、回油和套管放气闸。此时录取的压力数据为井底油压，随时间推移，压力逐渐上升。堵漏发生在 29 日 13：50 前，之后压力骤降是施工完毕打开组合阀的泄压过程。当管道逐渐充满介质后，压力逐步恢复正常(图 2)。

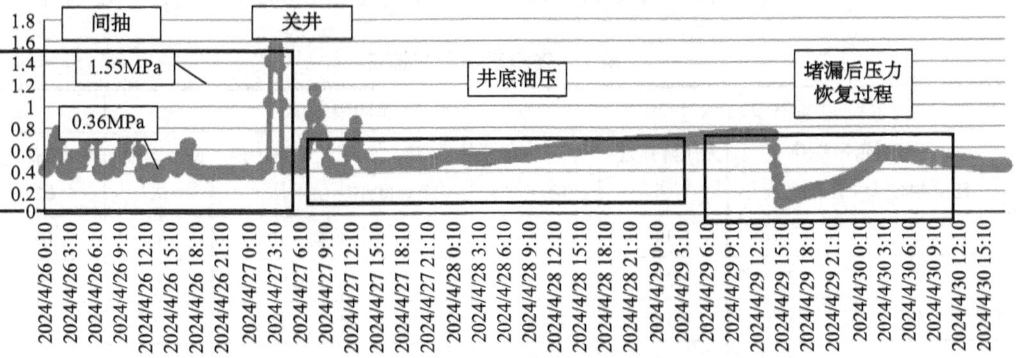

图 2　杏 8-2-丙 481 出油管道 4 月 26 日~30 日压力曲线

2.1.2　站间掺水管道调查情况

太北五转油站至太 5#-6 计量间掺水管道于 3 月 20 日上报失效。3 月 19 日 9：40 前，运行压力平稳，平均压力 1.86MPa。3 月 19 日 9：40 至 3 月 20 日 12：50 平均压力下降至 1.69MPa，下降幅度 0.17MPa，分析该段为管道失效后的压力下降。3 月 20 日 12：50 至 13：30，压力下降至 0.5MPa，该段为泄压堵漏过程。3 月 20 日 13：40 后，恢复生产，压力处于 1.9MPa 的正常水平(图 3)。

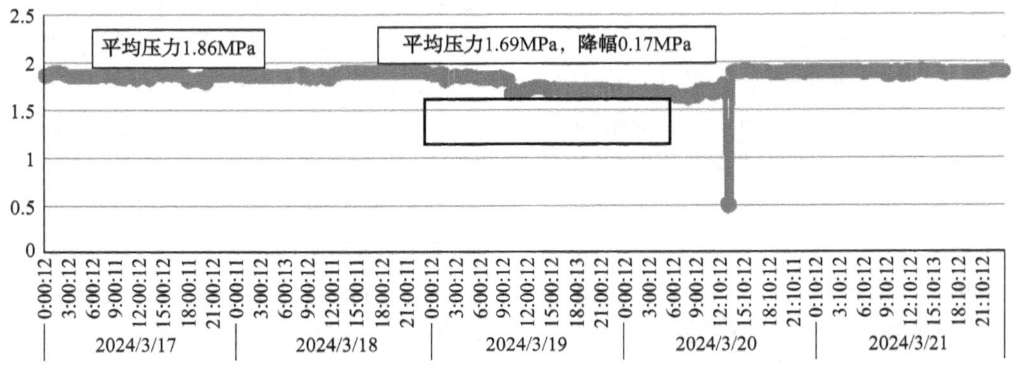

图 3　太 5#-6 计量间掺水管道 3 月 17 日至 21 日压力曲线

2.1.3　站间集油管道调查情况

杏南 17#-7 计量间至杏南十七转油站集油管道于 4 月 20 日上报失效。4 月 19 日 12：20 前，运行压力平稳，最高 0.3MPa，最低 0.27MPa，系统压差 0.03MPa。12：20 至 4 月 20 日 12：50 压力降至 0.26MPa，压降 0.03MPa，与系统压差持平，分析该段为管道泄露引起的失压。12：50 后，经堵漏维修，压力逐步恢复正常(图 4)。

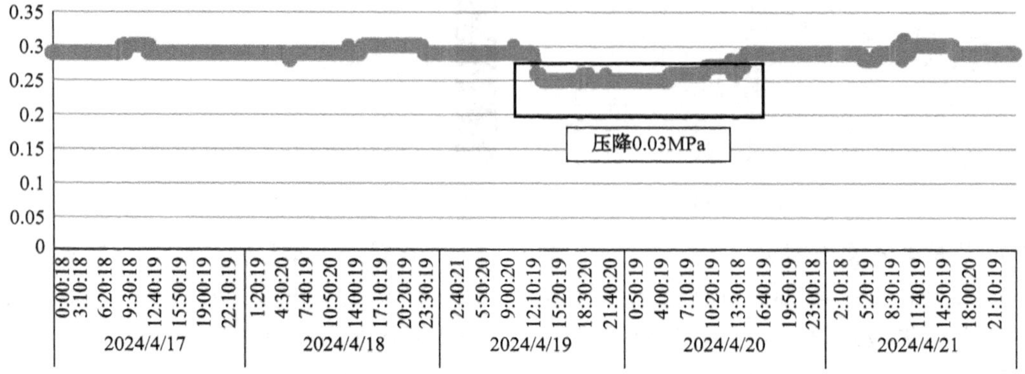

图 4　杏南 17#-7 计量间集油管道 4 月 17 日至 21 日压力曲线

本次共统计出油管道失效 102 次，站间掺水管道失效 38 次，站间集油管道失效 33 次。其中出油管道有压降体现的 19 次，占出油管道调查量 18.6%，压降幅度大，能够明确判定为失效的有 7 次，降幅均在 0.4MPa 左右，占比 6.9%。站间掺水管道有压降体现的 3 次，占站间掺水管道调查量 7.9%，压降大于 0.1MPa 的仅有 1 次，降幅 0.17MPa，占比 2.6%。站间集油管道有压降体现的 2 次，占站间集油管道调查量 6.1%，压降均在 0.03MPa 左右，幅度过小(表 2)。

表 2　集输系统调查情况

作业区	出油管道			站间掺水				站间集油	
	有压降体现/次		无压降体现/次	有压降体现/次		无压降体现/次	设备离线/次	有压降体现/次	无压降体现/次
	压降幅度大	压降幅度小		压降幅度大	压降幅度小				
第一作业区	1	1	15	0	0	12	1	0	6
第二作业区	2	3	12	0	1	4	1	0	9
第三作业区	0	1	16	0	0	11	0	2	4
第四作业区	1	4	12	1	1	4	2	0	11
第五作业区	3	1	13	—	—	—	—	0	1
第六作业区	0	2	15	—	—	—	—	—	—
合计	7	12	83	1	2	31	4	2	31
各自占比/%	6.9	11.7	81.4	2.6	5.3	81.6	10.5	6.1	93.9

集输系统总结：总体看，集输系统运行压力偏低，压力波动影响因素复杂，失效引起的压降一般在 0.1MPa 以内，远低于系统压力波动，依据压降预判单井出油、站间掺水、集油管道失效准确率分别为 6.9%、2.6%和 6.1%。误报概率极大。因此集输系统不适合通过监测压降的方式来进行管道泄漏预警。

2.2　注入系统

2.2.1　注剂管道调查情况

注剂管道通过独立的“配注系统实时监控平台”进行管理，数据为实时采集，并可进行最小 1 分钟时段查阅。第七作业区根据工作经验，设定低压预警阈值为 0.5MPa，当运行压降大于 0.5MPa 时，即弹窗预警，可较准确的发现管道泄漏，预警准确率 76.2%。

集控班管理人员在发现报警后操作流程如下：

① 核实该井当天是否有洗井、测试、重配、压裂，大修等各种关井措施计划；

② 向管理班组发布管道低压预警，并说明该井当天是否存在措施计划；

③ 班组接收预警后由员工进行现场核实反

馈。如该井当天有措施计划，且现场正在施工，则反馈为相应措施。如有措施计划，但未施工，或无措施计划，则需进一步核实是否为管道失效；

④ 如确认失效，则拍照确认失效位置，关井，上报集控调度管理中心，开启上报堵漏维修流程。如不是失效，上报集控班管理人员，进一步分析压降原因。

以杏10-1-P3043和杏11-3-斜P3422注剂井为例做如下分析：

杏10-1-P3043注剂井于7月2日19：00上报失效，平台于18：43提示低压预警。运行压力由18：37的12.71MPa下降至18：43的12.18MPa，压降0.53MPa，时隔仅6分钟。经核实，该井自6月27日因注入压力高，下调了注入量，但运行压力并未受下调方案影响产生压力波动，且当天无其他关井措施，现场确认为管道失效(图5)。

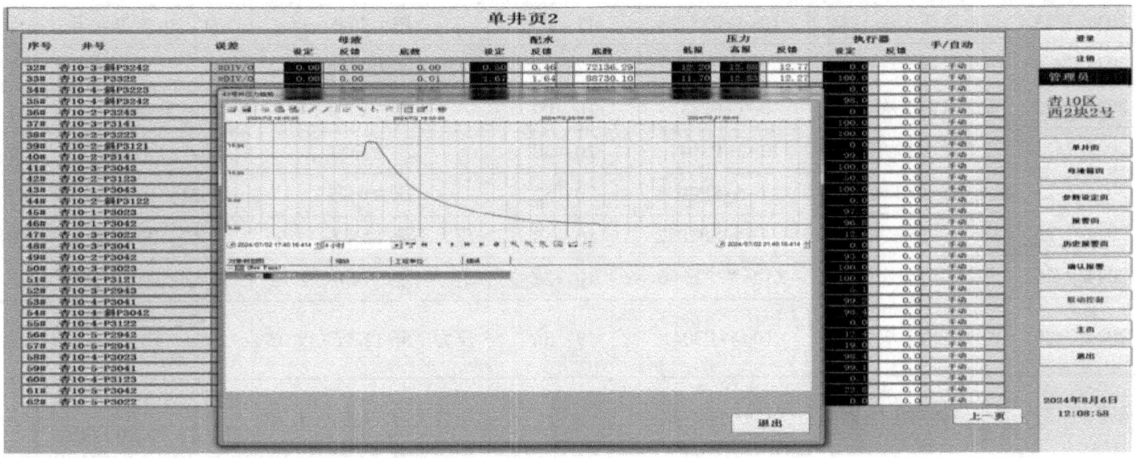

图5　杏10-1-P3043注剂井7月2日预警曲线

杏11-3-斜P3422注剂井于7月22日21：14提示低压预警。运行压力由10.47MPa下降至9.6MPa，压降0.87MPa。经核实，该井当天无方案调整和其他关井措施，现场巡线确认无泄漏点。经集控班调取井史分析，压力波动原因为水表流量计调节阀损坏(图6)。

【X11-3-SP3422】在2024-07月至2024-07月的水井综合记录

日期	备注
2024-07-01	核实无漏
2024-07-02	
2024-07-03	核实压力；测相关流量，测试五大队13359803140
2024-07-04	
2024-07-05	核实无漏
2024-07-06	
2024-07-07	
2024-07-08	
2024-07-09	
2024-07-10	
2024-07-11	2024-7-10 水表流量计调节阀坏
2024-07-12	2024-7-10 水表流量计调节阀坏
2024-07-13	核实无漏；2024-7-10 水表流量计调节阀坏
2024-07-14	2024-07-10-水表流量计调节阀坏
2024-07-15	2024-07-10-水表流量计调节阀坏
2024-07-16	2024-07-10-水表流量计调节阀坏
2024-07-17	2024-07-10-水表流量计调节阀坏；核实无漏
2024-07-18	2024-07-10-水表流量计调节阀坏；核实压力
2024-07-19	2024-07-10-水表流量计调节阀坏
2024-07-20	2024-07-10-水表流量计调节阀坏
2024-07-21	2024-07-10-水表流量计调节阀坏；核实无漏
2024-07-22	2024-07-10-水表流量计调节阀坏
2024-07-23	2024-07-10-水表流量计调节阀坏；2024-7-22 9:30-10:30换清水流量计调节阀，已修好
2024-07-24	维修流量计后压力波动

图6　杏11-3-斜P3422注剂井7月份井史

本次调取注采703班组7月11日至8月2日低压预警上报情况，共上报预警21次，经核实反馈，其中确认管道失效的16次，占比76.2%，无失效的3次，占比14.3%，措施井的2次，占比9.5%(表3)。

表 3　注采 703 班组 7 月 11 日至 8 月 2 日预警情况汇总表

序号	日期	所属注入站	井号	发现问题时间	需落实的问题	备注(反馈结果)	记录人
1	2024/7/11	杏十区东 2 块 2#站	杏 10-1-SP4342	上午 10：30	压力下降 6.62，核实压力 12.86-6.24	下午 14：30 反馈有漏	郭晓慧
2	2024/7/22	杏十区西 2 块 1#站	X10-2-P2822	10：30	压力归零	10：30 报漏	于小峰
3	2024/7/22	杏十一区西 2 块 2#站	X11-3-SP3422	21：14	压力下降 10.47-9.60	换清水流量计调节阀	于小峰
4	2024/7/23	杏十一区西 1 块 1#站	X11-4-SP2521	7：10	压力下降 13.37-12.46	已通知小班，待今天核实；10：30 报漏	于小峰
5	2024/7/23	杏十一区西 1 块 2#站	X11-5-SP2821	7：10	压力下降 11.49-10.75	已通知小班，待今天核实；10：00 报漏	于小峰
6	2024/7/23	杏十区西 2 块 1#站	10-1-P2542	11：00	压力归零	11：50 有漏关井	许金霞
7	2024/7/23	杏十区西 2 块 1#站	10-4-SP3022	17：18	压力下降	17：54 有漏关井	许金霞
8	2024/7/23	杏十区西 2 块 1#站	10-1-P2842	18：00	压力归零	20：00 有漏关井	许金霞
9	2024/7/23	杏十区西 2 块 2#站	10-3-P3141	20：30	压力归零	20：39 有漏关井	许金霞
10	2024/7/23	杏十一区西 1 块 2#站	X11-5-SP2923	20：52	压力归零	21：16 有漏	许金霞
11	2024/7/26	杏十一区西 1 块 2#站	X11-4-SP2822	10：18	压力下降 12.81-12.29	12：00 报漏	于小峰
12	2024/7/26	杏十区西 2 块 1#站	X10-3-P2941	19：36	压力下降 10.78-9.73	核实无漏压力波动	于小峰
13	2024/7/26	杏十区西 2 块 2#站	X10-4-P3041	19：36	压力下降 12.96-12.16	核实无漏下调方案压力波动	于小峰
14	2024/7/27	杏十一区西 1 块 2#站	X11-4-P2722	7：04	压力下降 12.68-11.73	已通知小班，待今天核实；12：00 报漏	于小峰
15	2024/7/28	杏十区西 2 块 2#站	10-5-P3222	13：36	之前欠注，水瞬时调上来了，现在压力还在降	15 点报漏	沈丽丽
16	2024/7/31	杏十区西 2 块 1#站	X10-1-P2823	7：15	压力下降至 0.31	已通知小班，待今天核实；9：40 报漏	于小峰
17	2024/8/3	杏十区西 2 块 1#站	X10-1-SP2642	11：00	压力下降	11：：30 报漏	于小峰
18	2024/8/3	杏十区西 2 块 1#站	X10-2-SP2942	14：30	瞬时归零	14：30 报漏	于小峰
19	2024/8/4	杏十区西 2 块 1#站	X10-1-P2842	6：20	压力下降 12.59-11.26	核实无漏压力波动	于小峰
20	2024/8/4	杏十一区西 1 块 2#站	X11-5-SP2823	6：20	压力下降 13.65-12.25	核实无漏压力波动	于小峰
21	2024/8/2	杏十区东 2 块 2#站	杏 10-2-P4222	7：10	压力下降	9：48 反馈有漏关井	郭晓慧

通常情况下，员工巡线过程中会发现管道失效，但失效可能发生于巡线的前一天。这样管道泄漏的时间将会达到 8 小时以上，增加了安全环保事件发生的风险和影响程度。对 703 班组确认的 16 次失效，从发现预警到班组反馈时间进行统计，1 小时内确认并关井的有 7 次，占 43.8%。2 小时内确认并关井的有 10 次，占 62.5%。3 小时内确认并关井的有 14 次，占 87.5%。第七作业区采用管道低压预警的方式，能够及时、高效的发现穿孔，缩短管道泄漏事件的处理时间，大大降低了安全环保事件发生的影响程度(表 4)。

表 4　预警反馈情况汇总

失效井反馈时长	1 小时内	1~2 小时	2~3 小时	3~4 小时	4 小时以上
反馈次数	7	3	4	1	1
反馈占比/%	43.8	18.8	25.0	6.3	6.3

小结：

一是注剂管道失效预警准确率为 76.2%，从预警、核实到关井，3 小时内关井完成率为 87.5%，运行效果较好；

二是影响失效预警准确率的因素很多，在预警发布前，需要重点核实洗井、测试、重配、压裂，大修、压力变送器极其配件运行状态等影响因素，避免运行工况调整造成的误报，以确保预警及时、准确、有效。

2.2.2　注水管道调查情况

注水管道失效和压力曲线对应关系可分为“有压降体现”和“无压降体现”两种类型。以杏9-3-540和杏8-41-斜水162注水管道失效为例，分析如下：

九区三次加密注水干线至杏9-3-540注水管道于4月18日上报失效。该井16日11：20前运行压力平稳，为12.2MPa，11：30突然降为10.11MPa，下降2.09MPa，至18日14：20，压力最低6.66MPa，降幅5.54MPa。18日14：20后压力迅速恢复至正常注水压力。分析失效发生在16日11：20至11：30之间，失效后现场关闭了根阀、井口生产闸门和配水器一侧的上行闸门。压力变送器处于生产闸门和上行闸门之间，因此压力无法快速降至常压。而16日11：30至18日14：20的压力逐渐下降，应与上行闸门不严有关。因此该段曲线无法反应管道泄压和堵漏修复过程(图7)。

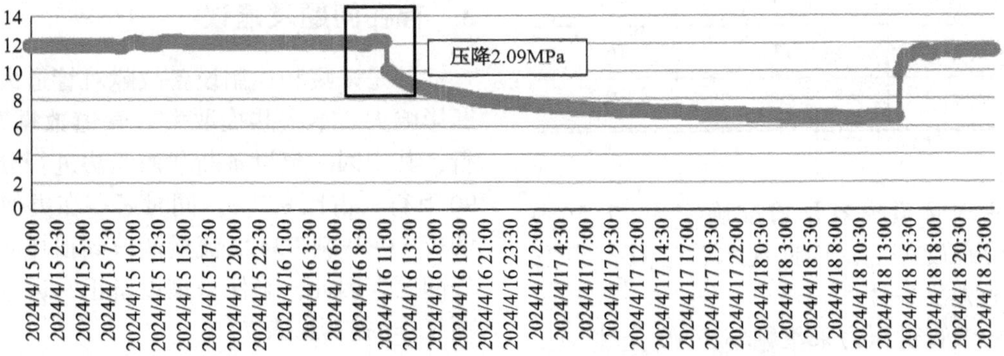

图7　杏9-3-540注水管道4月15日至18日压力曲线

西部过渡带扩边注水干线至杏8-41-斜水162注水管道于3月21日上报失效。该井3月21日11：30前，运行压力始终处于13.2MPa，11：30至12：20压力快速下降至常压。其后压力快速回升至正常运行压力。分析认为，11：30至12：20为泄压堵漏作业，而前期并未发现管道有明显压降(图8)。

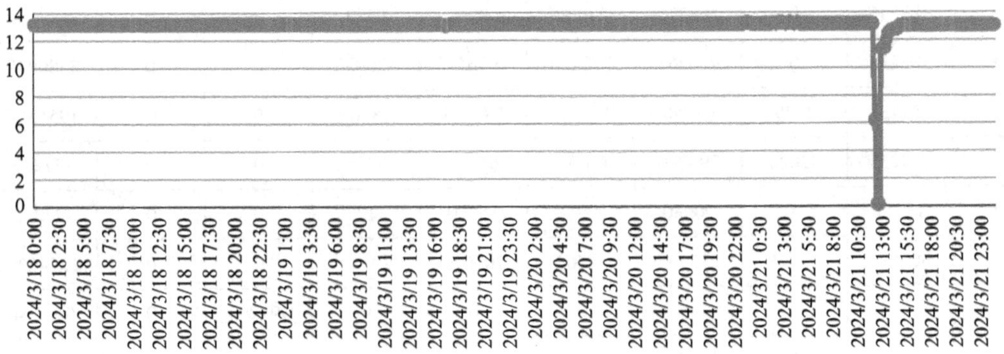

图8　杏8-41-斜水162注水管道3月18日至21日压力曲线

本次统计注水管道失效102次，其中有压降体现的79次，占比77.5%，无压降体现的23次，占比22.5%。有压降体现的失效中，压降幅度最小0.38MPa，最大2.09MPa。压降小于等于1MPa的有61次，占有压降体现的77.2%。压降大于0.5MPa小于等于1MPa的占比最大，为44.3%(表5、表6)。

表5　注水管道失效与压力对应关系汇总

作业区	有压降体现/次	无压降体现/次	合计/次
第一作业区	11	6	17
第二作业区	14	3	17
第三作业区	13	4	17
第四作业区	15	2	17

续表

作业区	有压降体现/次	无压降体现/次	合计/次
第五作业区	12	5	17
第六作业区	14	3	17
合计	79	23	102
占比/%	77.5	22.5	100.0

表 6　注水管道压降情况汇总

压降分类	有压降体现/次	占比/%
压降≤0.5MPa	26	32.9
0.5MPa<压降≤1MPa	35	44.3
1MPa<压降≤2MPa	13	16.5
2MPa<压降	4	5.1

小结：

一是注水管道失效预警准确率为 77.5%，与注剂管道程度相当。因此注水管道具备实施失效预警的先决条件；

二是注水管道压力采集频率为 10 分钟/次，虽未达到注剂管道实时采集的频次，但不影响低压预警准确性，仅是及时性稍有滞后。作业区生产管控平台完全满足实施失效预警工作需求。

注入系统总结：对比集输系统各类管道，注入管道运行压力大，管道失效引起的泄压作用明显。注水和注剂管道失效准确率均达到 75% 以上，“作业区生产管控平台”和“配注系统实时监控平台”采集频次虽有不同，但监控效果相同，注入系统具备开展管道失效预警工作条件，建议推广应用。

3　存在问题及建议

一是采集和控制设备故障对管道失效预警判断影响大。本次共提取失效管道数据 1000 余万行，其中因采集设备断联而无法进行分析的有近 90 万行，占比 8.7%。同时还存在类似前文提及的杏 11-3-斜 P3422 流量调节阀损坏而产生的误报问题。因此，确保采集设备正常运行是开展此项工作的前提(表 7)。

表 7　采集数量及断联情况

作业区	集输系统				注入系统				合计	
	计量间		单井		注水		注剂			
	采集数量/行	设备断联/行	采集数量/行	设备断联/行	采集数量/行	设备断联/行	采集数量/行	设备断联/行	采集数量/行	设备断联/行
第一作业区	387246	0	569270	81232	688322	6583	0	0	1644838	87815
第二作业区	708238	0	966261	273106	1906448	125936	0	0	3580947	399042
第三作业区	551137	1749	1019803	159340	383564	18767	0	0	1954504	179856
第四作业区	399235	35628	296790	66987	61182	9224	0	0	757207	111839
第五作业区	17217	79	90986	37926	15170	17	0	0	123373	38022
第六作业区	300594	18045	273935	41402	700079	20130	0	0	1274608	79577
第七作业区	0	0	0	0	0	0	992294	0	992294	0
合计	2363667	55501	3217045	659993	3754765	180657	992294	0	10327771	896151

二是受系统或地层压力波动，存在部分错误预警。以杏 11-3-斜 P3141 注剂井 7 月 2 日 12：09 预警为例，该井压力在半分钟内由 12.88MPa 降至 11.6MPa，又经过半分钟恢复至 12.89MPa。经核实，该井无措施，无泄漏。分析认为压力快速波动是由地层压力突然变化引起。建议平台对 1 分钟内压力快速下降回升至正常水平的情况进行自动屏蔽，降低集控班管理人员工作强度(图 9)。

4　下步工作安排

第七作业区针对注剂管道开展的失效预警工作，已具备相对完整的操作管理流程，预警准确率达 76.2%以上，从预警、核实到关井，3 小时内关井完成率接近 90%。能够有效降低安全环保事件影响，其工作经验在全厂范围内具有一定的推广意义，下步将开展如下工作：

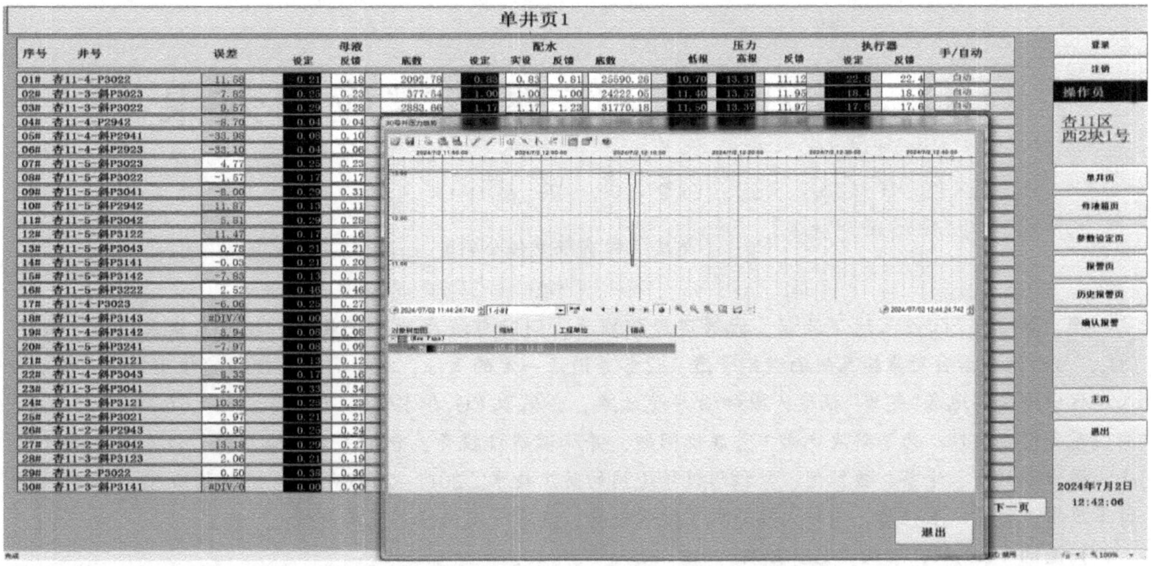

图 9　杏 11-3-斜 P3141 注剂管道 7 月 2 日预警曲线

（1）与数字化运维中心结合，进一步完善配注系统实时监控平台的预警功能，通过算法规避掉部分错误预警。同时开发完善作业区生产管控平台注水系统的低压预警功能，为其他作业区开展管道失效预警工作做好基础；

（2）在其他作业区开展注水管道失效预警试运行工作。通过借鉴第七作业区先进工作经验，第一至第六作业区可通过作业区生产管控平台，摸索适用于本作业区的低压预警阈值和预警操作规程，探索管道泄漏预警管理新模式；

（3）集输系统虽不能通过监测压降方式进行泄漏预警，但下步将与各作业区结合，进一步探索，如通过监测流量、温度等方式进行预警的可行性。

CO_2驱地面工艺防腐技术应用效果

李　影　丛　林

（大庆油田有限责任公司）

摘　要　将CO_2注入地下油层，能够实现碳埋存，同时可提高油气采收率。在CO_2驱采出液中含有CO_2，与水结合后会对集输系统的碳钢管道、设备等造成一定的腐蚀，减少管道和设备的使用寿命。CO_2注入过程中为缓解地层“气窜”程度，增加油井受效率，会采取CO_2和水交替注入的方式，CO_2和水对管道、阀门等会形成腐蚀。为了解决地面工艺腐蚀问题，并降低建设投资，分析了CO_2驱集输、注入系统腐蚀特点，提出了材质、涂层、缓蚀剂、牺牲阳极等适用的防腐技术。2011~2015年开始在Y油田S1、S6区块进行了应用，防腐效果较好，同时大幅降低了建设投资，具有一定的推广应用价值。

关键词　CO_2驱；地面工艺；防腐

1　引言

将CO_2注入地下油层，不仅是我国实现“碳达峰、碳中和”的重要举措，也是低渗透油田大幅度提高采收率的战略性接替技术。Y油田2007年开始在S1区块进行CO_2驱先导试验，2014年在S1、S6区块进行了工业化推广，取得较好的开发效果。在CO_2驱油过程中，采出液含有CO_2，与采出水或者与北方寒冷地区主要采用的掺水集油工艺中的水结合，会对集输系统的碳钢管道、设备等造成一定的腐蚀，减少管道和设备的使用寿命；注入的CO_2为液态，温度较低，对注入管道的耐低温性等有要求；为缓解地层“气窜”程度，增加油井受效率，会采取CO_2和水交替注入的方式，CO_2和水对管道、阀门等会形成腐蚀。为解决地面集输、注入系统腐蚀问题，可采用不锈钢材质，但不锈钢材质成本高，所以需要研究CO_2驱地面工艺防腐技术，满足生产需求，降低建设投资。

2　CO_2腐蚀特点及影响因素

纯净的CO_2无腐蚀性，但CO_2溶于水饱和后形成碳酸，碳酸通过两步电离形成H^+、HCO_3^-、CO_3^{2-}离子，CO_2通过提供额外的H^+加速了析氢反应和金属的腐蚀过程。对于碳钢管道说，在二氧化碳成分脱水不足的情况下，内部腐蚀是对管道完整性的一个重大风险。CO_2腐蚀典型的特征是呈现局部的点蚀、癣状腐蚀和台面状腐蚀，台面状腐蚀是最严重的一种情况。总的腐蚀反应为：$CO_2+H_2O+Fe \rightarrow FeCO_3+H_2$。$CO_2$管道更容易发生延性断裂。外防腐涂层应该具有较好的耐低温性能。

影响CO_2腐蚀速率的因素很多，主要是CO_2分压、温度、流速等，PH值、采出液成分、伴生气中H_2S及O_2含量等对CO_2腐蚀的影响也不容忽视。注入水管道因溶解氧、细菌、矿化度、压力等因素，造成腐蚀。

3　集输、注入系统各节点腐蚀程度分析

3.1　集输系统

在北方寒冷地区，集油工艺主要是掺水集油，集输系统的主要工艺流程为：油井→集油管道→计量间→转油站（油、水、气分离）→联合站（脱水、污水处理）。采出液从井口进入集油管线，所携带的CO_2最多，腐蚀性最强；进入转油站进行气液分离以及油水初步分离后，液体中含有的CO_2减少，腐蚀性降低。通过室内模拟实验和现场腐蚀监测分析，掺水介质和集油介质为严重腐蚀等级（>0.254mm/a），油气分离后油水介质和伴生气介质为中度腐蚀等级（0.125~0.254mm/a），具体参数见表1。

表1　集输系统各工艺段腐蚀等级

工艺段名称	温度/℃	CO_2分压/MPa	腐蚀等级
掺水介质	70	≤0.2	严重
集油介质	40~55	0.2−1.5	严重
油气分离后油水介质	40~55	≤0.2	中等
油气分离后伴生气介质	40~55	≤0.5	中等

另外，对“四合一”(加热、缓冲、沉降、分离设备简称)内部用20钢进行挂片，检测容器内部存水区、存油区、存气区腐蚀情况。检测结果表明，存气区腐蚀速率大于存油区腐蚀速率，存水区腐蚀速率最小。

3.2 注入系统

Y油田注入的CO_2为液态，其成分99.92%以上为CO_2，其他为烃类、氮气、水，其中含水<0.01%；注入CO_2运行温度为-20~10℃，注入水温度为7~10℃，管道运行压力约29MPa。

在由注CO_2转为注水和由注水转为注CO_2时，管道内出现CO_2和水的混合，易形成腐蚀现象。且由于CO_2的低温，与水接触易出现管道冻堵情况。

4 CO_2驱地面防腐技术分析

CO_2驱地面防腐技术主要有应用防腐材质、加防腐内涂层、加缓蚀剂、加牺牲阳极保护等。常用的防腐组合方式有不同成分的不锈钢、内衬不锈钢的双金属复合材质、非金属、碳钢加缓蚀剂、碳钢加内涂层等。

防腐材质常见的有不锈钢、非金属等。不锈钢管道、设备成本高，但内衬不锈钢的双金属复合材质能有效降低成本。非金属管道防腐性能好，但对于CO_2环境应用不一定适合。通过对非金属管道材质的体积变化率、拉伸强度变化率、质量变化率、模量变化率进行测试，交联聚乙烯(PEX)、聚乙烯(PE)管道性能优于常规玻璃钢等。又对不同保护层的交联聚乙烯、聚乙烯管的密度、环刚度、弯曲强度等进行测试，发现具备PE/PEX介质传输层+钢丝/钢骨架增强层+PE外护层结构的钢骨架增强塑料复合管及复合连续管适用于CO_2驱集输系统工艺介质条件。

对于涂层防腐技术，由于CO_2的渗透作用，导致有些涂层易出现起泡、脱落等情况。以CO_2驱掺水集输系统处理设备工艺参数(温度、CO_2分压、流速)为依据，以加速模拟试验和电化学分析为研究手段，深入研究涂层防腐技术适用性，优选出适用于集输系统的环氧酚醛内防腐涂料，具有较好的防腐效果。

对于缓蚀剂，是解决腐蚀问题最为简单经济的有效途径。咪唑啉类缓蚀剂以其独特的分子结构、热稳定性好、低毒高效等优点，尤其可以针对含CO_2/H_2S的腐蚀环境，受到了国内外各大油田和研究者的高度关注。咪唑啉类缓蚀剂一般都是以有机多元胺和有机酸为原料合成咪唑啉环，然后通过多种方式对其进行改性，最终得到所需要的缓蚀剂。

5 Y油田CO_2驱集输、注入系统防腐技术

根据对集输、注入系统各工艺节点腐蚀程度的分析，Y油田S1、S6区块集输、注入系统创新了集输工艺，优选了防腐技术。

5.1 集输工艺

Y油田的S6区块集输工艺，站外创新采用“羊角环”掺水集油工艺，即在常规掺水集油环基础上，将井口节流阀后60~100m范围内易发生冻堵的管道，从集油环管道独立出来，形成环状掺水集油工艺中的“羊角段”，此段增加电加热维温，可解决集油环内油井一堵全堵的问题。转油站内采用“双气双液”油气处理工艺，设置“油气分离器+四合一”，加强气体缓冲能力，完成2次气相、液相高效分离，逐级减少系统内CO_2含量，降低CO_2分压及腐蚀强度，使下游工艺设备得到有效保护。转油站后端的脱水站为“游离水分离+电脱水”处理工艺，污水站为“曝气+气浮+流砂过滤+超滤”的特低渗透油田处理工艺，CO_2驱产液进入水驱产液后混合处理。

5.2 注入工艺

经调研，国外尚未发现形成成熟可靠的二氧化碳驱水气交替注入工艺技术。国内油田各CO_2驱采油区块主要采用井口活动注入工艺(F48试验区)和注入站双管注入工艺(H59试验区)，为防止水气交替时地面管线及井筒发生冻堵，均采用了柴油或甲醇轻烃段塞。井口活动注入工艺采用注入泵车及配套罐车实现井口注入，该工艺适用于注入井较少的前期试验阶段，应用比较灵活，规避了投资风险，但不适合规模化推广。双管注入工艺实现了水、气(液态CO_2)地面分输，适用于注入井较多的规模试验阶段，但两套管网于井口交汇，而且在两种介质切换时，要在井口交汇处注入柴油等轻烃段塞，柴油泵车需要到井口注入。因此不仅注入工艺管网、井口配电及道路升级等建设投资高，而且维修维护工作量及费用大；另外井口注入段塞液增加工人劳动强度，且需单独配套操作班组，人员成本费用高。Y油田的S1、S6区块采用“一管双注”水气交替注入

工艺，即注水和注气共用一条管道，管道材质应用耐低温的16Mn钢，温度、压力同样适用注水，交替时用乙二醇水溶液做段塞，有效防止冻堵，且可降低注入井管道投资(图1)。

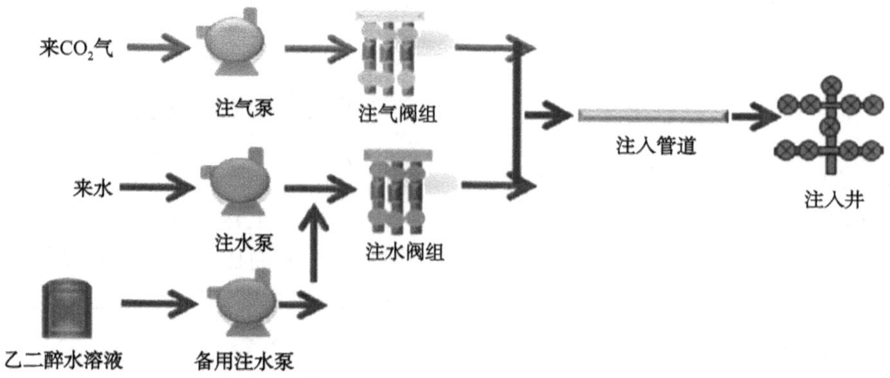

图1　“一管双注”工艺流程图

为了避免水气交替时切换的阀门漏失，在阀门处安装8字盲板，确保CO_2和水物理隔断，避免冻堵，减缓腐蚀。

5.3　集输系统防腐技术

总体上，S6集输系统防腐以采出液中CO_2分离前和分离后为节点，分离前加强防腐，分离后偏向常规防腐。

(1)“羊角环”掺水集油管道防腐

集油管道输送井口产液，含CO_2高，容易腐蚀，且工艺上容易冻堵，对管道有电热解堵需求，所以“羊角段”采用比不锈钢成本低的内衬不锈钢双金属复合管，集油环采用钢丝增强交联聚乙烯塑料复合连续管，既能防腐，又可电解堵。

(2)转油站内设备设施防腐

转油站接收站外未经分离的含CO_2产液，首先进入的油气分离器属于压力容器，材质选用不锈钢；之后进入的“四合一”壳体仍使用碳钢，内加防腐涂层和铝牺牲阳极阴极保护；烟火管温度高，使用双相不锈钢。“四合一”后CO_2含量变少，去计量间的掺水、去脱水站的含水油输送管道，以及天然气除油器均为碳钢材质。在转油站内投加缓蚀剂，保护站内、站外整个集输系统。

(3)站间管道防腐

站间管道包括计量间到转油站的集油管道和转油站到计量间的掺水管道。集油管道含有未分离的CO_2，且所输送产液对产量影响大，所以使用内衬不锈钢双金属复合管，保证稳定生产。掺水管道输送的是分离CO_2后的含油水，使用了碳钢材质，并加了牺牲阳极保护。

(4)脱水站、污水站防腐

CO_2驱产液目前与水驱产液混合处理，根据各节点腐蚀特点，以及对脱水站、污水站的腐蚀监测结果，脱水站和污水站内设备管道腐蚀性弱。未针对CO_2驱产液做特殊防腐处理，仍为水驱工艺，脱水站内根据实际情况投加缓蚀剂。

5.4　注入系统防腐技术

注入系统应用的“一管双注”水气交替工艺，注入管道选用耐低温的16Mn钢，管道壁厚留有一定的腐蚀余量。根据国外CO_2管道建设和运行经验，不建议使用内涂层防腐。而在外防腐涂层设计中，由于管道较低的温度，因此选择的外防腐涂层应该具有较好的耐低温性能。

站外注入管道防腐采用牺牲阳极保护，并设计保冷功能，采用硬质聚氨酯泡沫黄夹克成品管，具体为防腐层(液体环氧涂料)+保冷层(硬质聚氨酯泡沫塑料)+聚乙烯护层(防护层兼做防潮层)。站内埋地管道保冷采用：防腐层(液体环氧涂料)+保冷层(硬质聚氨酯泡沫塑料)+防潮层(3mm阻燃型沥青玛蹄脂+一层无蜡中碱粗格平纹玻璃布(搭接50%)+3mm阻燃型沥青玛蹄脂)+防护层(沥青防腐胶带)。地上管道保冷采用：防腐层(液体环氧涂料)+保冷层(硬质聚氨酯泡沫塑料)+防潮层(3mm阻燃型沥青玛蹄脂+一层无蜡中碱粗格平纹玻璃布(搭接50%)+3mm阻燃型沥青玛蹄脂)+防护层(0.5mm厚镀锌铁皮)。

6　应用效果

6.1　集输系统

目前S6区块集输系统已运行近10年，站内容器、站间线、“羊角段”未出现过腐蚀穿孔问题；钢丝增强交联聚乙烯塑料复合连续管集油环仅出现过机械损伤性穿孔，未出现过腐蚀穿孔；“四合一”内涂层无明显脱落、起泡现象，集输系统防腐技术满足生产需求。

与双金属复合材质相比，S6集输系统集油环管道、“四合一”、天然气除油器等共节约防腐工程投资1500万元，具有较高的经济效益，此技术在以后的CCUS建设中可推广应用。

6.2 注入系统

S1和S6区块注入系统已运行近9～13年，累积注入二氧化碳一百多万吨，水气交替水气交替一百多次，站内外管道未出现过穿孔、断裂等问题。试验区70口注入井应用“一管双注”工艺技术，节省投资1860万元，降幅40%，具有较高的经济效益，此技术在以后的CCUS建设中可推广应用。

7 取得的认识

一是CO_2驱集输系统的防腐技术需根据工艺各节点的特点来制定。二是CO_2腐蚀影响因素有温度、CO_2分压等。三是转油站“双气双液”集油工艺能较好地分离CO_2，对后续工艺设备起到腐蚀防护作用。四是S6区块集输系统中应用了“材质+涂层+缓蚀剂”的防腐技术，在近10年的运行中防腐效果较好，同时降低了建设投资。其中“羊角段”、站间集油管道采用了内衬不锈钢双金属复合管，集油环段采用钢丝增强交联聚乙烯塑料复合连续管，转油站的油气分离器材质选用不锈钢，“四合一”壳体使用碳钢加内涂层、烟火管使用双相不锈钢，天然气除油器、站间掺水管道使用碳钢，配合在转油站内投加缓蚀剂。五是注入系统采用“一管双注”工艺，管道材质为16Mn钢，防腐采用牺牲阳极，管道外设防腐、保冷、防护层，运行近9～13年，防腐效果较好，具有推广价值。

参 考 文 献

[1] 生态环境部环境规划院，中国科学院武汉岩土力学研究所，中国21世纪议程管理中心．中国二氧化碳捕集利用与封存（CCUS）年度报告（2021）：中国CCUS路径研究[R/OL].（2021-07-29）[2022-05-19].

[2] WEI L，BROWN B，YOUNG D，et al. Investigation of pseudo－passivation of mild steel in CO2 corrosion [J]. Corrosion，2014，70(3)：294-302.

[3] JOHNSEN K，HELLE K，RΦNEID S，et al. DNV recommended practice：Design and operation of CO2 pipelines [J]. Energy Procedia，2011，4：3032-3039.

[4] 张学元，邸超，雷良才．二氧化碳腐蚀与控制[M]．北京：化学工业出版社，2000.

[5] 陈兵，徐梦林，齐文娇．基于CCUS的CO_2管道延性断裂机理及止裂控制研究进展[J]．焊管，2022，45(9)：1-10.

[6] 孙宏，韩秀林，孙志刚．二氧化碳管道输送技术进展[J]．焊管，2024，53(2)：9-16.

[7] 丛林．CO_2气驱采出液对加热设备的腐蚀规律研究[J]．中国石油和化工标准与质量．2014，11：81，106.

[8] 吴明菊．CO_2驱三次采油地面系统的腐蚀研究与治理[J]．油气田地面工程，2004，23(1)：16-18.

[9] 王霞，马发明，陈玉祥，等．注CO_2提高采收率工程中的腐蚀机理及防护措施[J]．钻采工艺，2006，29(6)：73-76.

[10] 申成俊，仲洁云，何春，等．南堡陆地油田二氧化碳腐蚀机理及防治措施[J]．内蒙古石油化工，2016(11).

[11] 孙冲，王勇，孙建波等．含杂质超临界CO_2输送管线腐蚀的研究进展[J]．中国腐蚀与防护学，2015，35(5)：379.

[12] 辛爱渊，朱晓明，栾永幸．复配咪唑啉型缓蚀剂体系的缓蚀性能研究[J]．腐蚀科学与防护技术，2006，18(5)：317.

[13] 赵景茂，赵雄，姜瑞景．在动态H_2S/CO_2体系中疏水链上的双键对咪唑啉衍生物缓蚀性能的影响[J]．中国腐蚀与防护学报，2015，35(6)：505.

[14] 庞志庆．大庆油田CO_2驱集油工艺技术研究[J]．石油规划设计，2016，27(1)：45-46.

[15] 刘建武．二氧化碳输送管道工程设计的关键问题[J]．油气储运，2014，33(4)：369-373.

长输管道施工中3PE防腐及阴极保护问题总结探讨

肖　帆

（大庆油田有限责任公司）

摘　要　3PE防腐层外加阴极保护是目前油气长输管道腐蚀防护最常用的方式，3PE防腐层因其具有优良的绝缘性能和抗机械损伤性能，已成为我国埋地钢质管道防腐层的主流。但管道在回填后经过地面检漏或油气管道投用一段时间后，经检测发现依旧存在着不同程度的防腐层损伤、腐蚀剥离失效、焊道补口处翘边等问题。探讨防腐层损伤、失效、翘边等的产生原因，解决生产施工中出现的问题，对施工质量的提高以及对延长管道使用寿命有实际意义。

关键词　长输管道；3PE防腐；腐蚀；防护；阴极保护

1　概述

为什么埋在地下的管道会发生腐蚀？其实，管道所处的环境（土壤）是由各种颗粒状矿物质、有机物、水分、空气、可溶性盐以及腐蚀性离子（主要为 Cl^-、SO_4^{2-}、HCO_3^-）、微生物等组成，成分非常复杂，属于一种特殊的腐蚀环境。因此，埋地管道每时每刻都受到土壤腐蚀的影响。这就像是我们生活中沾水存放的菜刀更容易生锈一样，当金属材料接触水分时，表面会形成一层液膜，它与金属构成了一个腐蚀原电池体系。既然是原电池，那么它就有阴极和阳极之分，管道材料的最主要组成元素铁，将作为阳极失去电子，被逐渐氧化为铁离子，使得管道在宏观上发生腐蚀减薄，从而产生安全隐患。

既然管道腐蚀的实质是组成金属管道的铁原子失去电子变为铁离子，那么如果将金属管道与介质土壤有效隔断或者给金属管道补充大量的电子，会发生什么呢？

3PE外防腐层结合阴极保护技术目前被认为是埋地管道外部防腐的最佳方案。在众多种类的外防腐层中，3PE防腐层具有超越其他防腐层的物化性能、电绝缘性能及抗剥离能力，以优异的防护性和适用性在我国管道工程中得到了广泛应用，是目前埋地管道外防腐技术的主流。然而，由于施工质量、外力破坏、服役环境、长期使用等因素，3PE防腐层会出现破损、老化等现象，使其防腐能力降低甚至失去。在破损点，管道基材受到土壤等介质的化学和电化学腐蚀，严重时导致管道穿孔泄漏，造成经济、生态环境等方面的损失。

GB 21448—2017《埋地钢质管道阴极保护技术规范》中规定：埋地油气长输管道、油气田外输管道和油气田内埋地集输干线管道应采用阴极保护，其他埋地管道宜采用阴极保护；阴极保护应与防腐层联合实施；阴极保护工程应与主体工程同时勘察、设计、施工和投运；当阴极保护系统在管道埋地内不能投运时，应采取临时阴极保护措施保护管道；埋地管道阴极保护可采用强制电流法、牺牲阳极法或两种方法结合的方式，应视工程规模、土壤环境、管道防腐层绝缘性能等因素，经济合理地选用。

所以腐蚀与防护是油气管道完整性管理的重要组成部分，贯穿管道的全生命周期。

2　3PE防腐层及阴极保护系统介绍

2.1　3PE防腐层

所谓3PE即三层结构聚乙烯防腐层，它是由熔结环氧粉末（FBE）为底层（主要起到与钢管表面的粘结作用）、聚合物胶黏剂作中间层（作用是将外层聚乙烯与底层环氧涂层粘结在一起）、聚乙烯（PE）外护层在最外层（主要起腐蚀防护和机械保护作用）同步缠绕或挤出而形成。其具有优良的绝缘性能和抗机械损伤性能，在管道建设施工中损伤小、防护层稳定性好、阴极保护一次投资及运行成本低，因此得到普遍采用（图1）。

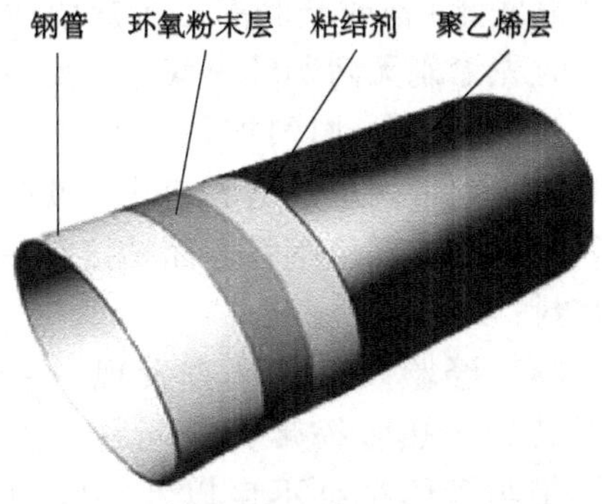

图1　3PE防腐层结构示意图

3PE发生的缺陷多种多样，其中黏结力缺陷的危害最大。当最外面的聚乙烯层与下面的任何一层分离，其腐蚀防护作用将丧失。如果防护层有破损，则可能出现聚乙烯层剥离，剥离的聚乙烯层对阴极保护电流有强烈的屏蔽作用，当管体具备腐蚀条件时，由于其自身的屏蔽作用，在内部形成独立腐蚀空间，并可能在屏蔽层下发生加速腐蚀。近年来，国内外均发现了管道投运后短期内3PE防腐层黏结失效的案例，以至于可以毫不费力地将涂层从管道表面剥离下来。

2.2　阴极保护

阴极保护实现的技术有两种：一是外加电流阴极保护也称强制(电流)阴极保护，二是牺牲阳极保护。

管道外加电流阴极保护不神秘也不复杂，它只是电化学原理的直接应用。其原理是通过外加直流电源的方式向被保护的金属管道施加一个外加电流，借助辅助阳极，通过介质(如土壤、水)与管道之间形成电回路，将直流电通向被保护的金属管道，给金属管道表面补充大量的电子，使被保护金属管道整体处于电子过剩的状态成为阴极，减少管道因自身的金属铁原子失去电子成为铁离子而产生的腐蚀现象，从而使管道腐蚀速率显著减小而实现电化学保护的一种方法。它是管道防腐层防护的一种补充，一旦投入，在管道运行期间是不能间断的。只有这样，阴极保护才是经济可行的(图2)。

牺牲阳极保护法是用一种电位比所要保护的金属管道还要负的金属或合金(如铝、锌、镁)与被保护的金属管道连接或焊接在一起，依靠电位比较负的金属材料与所处介质(如土壤、水)之间发生电化学腐蚀反应，金属阳极材料自身不断地消耗牺牲将释放出的电子提供给被保护金属管道而阴极极化到保护电位，从而实现对管道的保护(图3)。

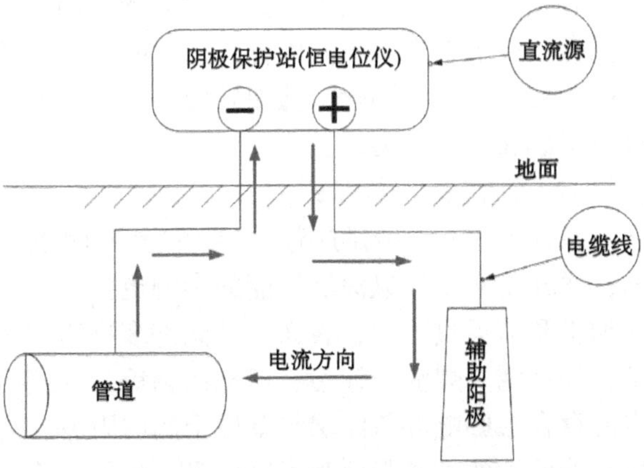

图2　外加电流阴极保护示意图

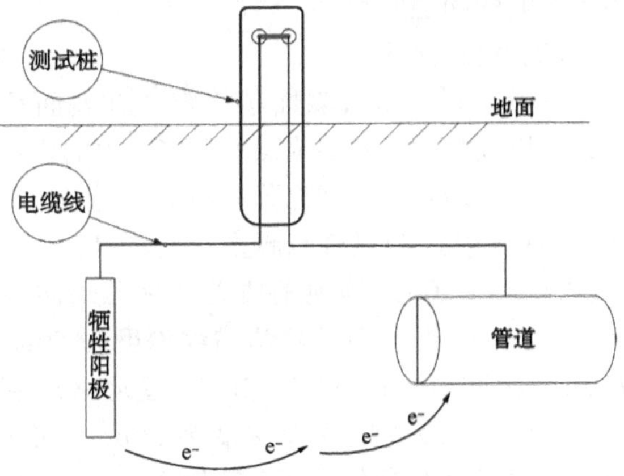

图3　牺牲阳极保护示意图

3　防腐层失效主要原因分析

理论上来说，如果防腐层是100%完好的话，管道是可以“免疫”腐蚀的。但是管道防腐层在预制出厂、中间运输、现场施工、后期运维等环节上，会不可避免的造成防腐层缺陷，此时就需要电化学保护对破损点处裸露金属进行防护，作为第二道防线。

3.1　工厂预制过程中可能出现的问题原因分析

(1) 环氧粉末的固化度

环氧粉末在固化后与钢管表面是通过化学键联结的，其抗剥离性能很强，如果环氧粉末固化不完全，将直接影响到防腐层的质量。标准GB/T 23257—2017《埋地钢质管道聚乙烯防腐层》中规定环氧粉末固化时间应≤3min。3PE在环氧粉末涂装前，需要把钢管加热。但温度过高，环氧粉末固化反应太快，粉末熔化就会不充分，和钢表面的结合力就会降低。温度太高，熔结环氧层甚至可能发生轻度焦化，表现为环氧粉末层颜色变深、发黄，造成环氧粉末层黏结力降低而导致剥离失效。而另一方面如果钢管加热温度偏低，环氧粉末来不及固化，严重时，会使环氧粉末层不能完全固化，从而致使整根管体的一段或全部丧失黏结力。

（2）钢管表面清洁度

表面处理是影响防腐层性能的重要因素之一，尤其是对于环氧涂层性能的影响更大。钢管在加工和储运过程中，表面会受到许多物质的污染，如铁锈、焊渣、油污、机械污物等，这些因素的存在会影响环氧涂层与基体金属的附着，进而影响涂膜的剥离强度和防腐效果。另外在涂装工序前，钢管表面受潮和粉尘沾污二次污染也是不可忽略的问题原因。

（3）锚纹深度

一般来说，钢管表面越粗糙，真表面积越大，可以咬合的防腐层锚点就越多。力的作用点也就越多，结合也就越充分。污染程度越小，真实表面积越大，则活性点越多，反之越少。标准SY/T 0413—2002《埋地钢质管道聚乙烯防腐层技术标准》中规定钢管除锈锚纹深度为50μm~75μm，标准GB/T 23257—2017《埋地钢质管道聚乙烯防腐层》规定锚纹深度为50μm~90μm，也就是说锚纹不能太深也不能太浅，应达到所采用的标准规范的范围值以内。锚纹深度不足会影响熔结环氧粉末与钢管的粘结力。锚纹深度过大则会在熔结环氧粉末与钢管间形成独立腐蚀空间，加剧管道腐蚀。

3.2 管道施工过程中可能出现的问题

（1）防腐补口施工

目前，国内长输管道建设过程中防腐补口大多采用环氧底漆+辐射交联聚乙烯热收缩带的结构。施工时先涂刷无溶剂环氧底漆，然后将热收缩带包覆在补口处，均匀加热使其产生径向收缩，同时热收缩带内层热熔胶熔化，使收缩带与管体防腐层和补口部位钢管表面粘接在一起，形成防腐密封。

结合施工经验及文献调查发现，采用此工艺施工时若产生热收缩带失效问题，主要表现为热收缩带与管体粘结不良以及热收缩带与管体聚乙烯防腐层搭接部位粘结不良两种情况。资料显示，西气东输一线大部分外腐蚀均发生在管道补口搭接处，由此看出，补口防腐层与管体PE层搭接部位的粘接是否紧密是补口有效性的关键。

由于管体PE防腐层属于无机非极性物质，很难与其他物质结合，为了加强热熔胶与管体PE层界面的粘结强度，往往需要对管体PE层搭接部位进行极化处理，包括火焰极化、表面粗糙化处理等。现场施工时火焰极化通过手工烘烤管体PE防腐层来实现，表面粗糙化则是通过手工钢丝刷拉毛来实现。由于是手工操作，火焰加热温度、加热均匀性、拉毛深度及均匀度都不能得到保证，因此热熔胶与PE搭接部位的粘结很难做到完全密封，因此防腐补口施工后就会产生热收缩带粘接不牢产生翘边等问题（图4）。

此外，热收缩带回火施工时，手工烘烤温度不足、热熔胶未充分熔融或烘烤温度过高，使热收缩带局部产生碳化等也是影响热收缩带与管体粘结力下降的原因，见图4。

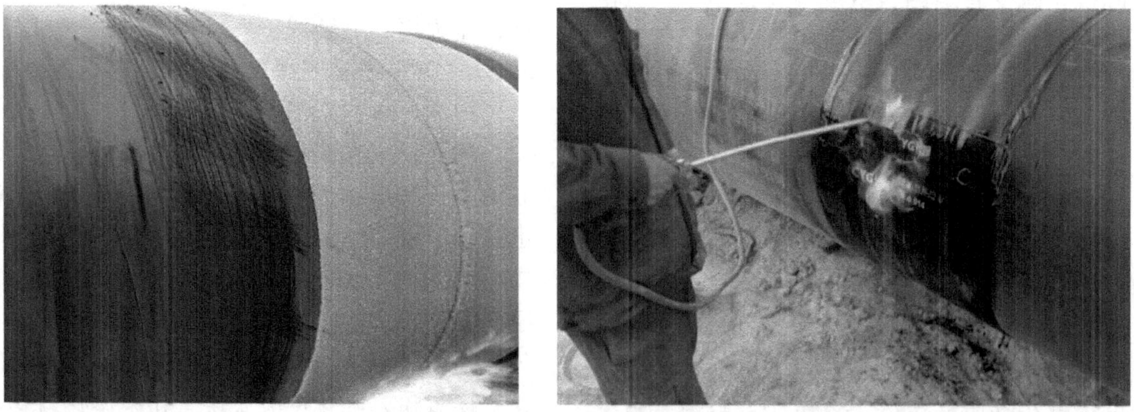

图4　管体PE层手工加热、拉毛，热收缩带手工回火

（2）防腐管露天长时间存放

标准GB/T 23257—2017《埋地钢质管道聚乙烯防腐层》中规定：挤压聚乙烯防腐管露天存放时间不宜超过6个月，若需存放6个月以上时，应用不透明的遮盖物对防腐管加以防护。实际在管道施工过程中，受施工各种不利因素的影响，在物资中转站或施工单位的临时堆管场，防腐管在场地堆放时间很有可能超过6个月，很少有管理单位采取遮盖措施，从而影响了防腐管的使用寿命。

另外，即便是堆管场地的防腐管已经及时地焊接完成，但由于建设单位或施工单位追求面子上的焊接施工进度，而忽视防腐补口施工进度，就会造成已焊接完的长段管道不能及时下沟回填，从而使管道防腐层长期受高温、雨水、紫外线等的直接作用，由于管体金属与3PE防腐层随温度变化有不同的热胀冷缩系数，长期冷热交替运行外加太阳紫外线等辐射影响后，会加速防腐层的老化，防腐层会与管体发生剥离。此外，若管道焊接下沟后长时间不回填，沟内产生的积水、露水等与管口光管处长时间接触会产生直接腐蚀，更会造成管材壁厚减薄，甚至影响焊缝的机械性能。

3.3　后期运行维护中可能出现的问题

1）电气化铁路带来的杂散电流的影响

长输管道施工的一个特点就是"长"，所以管道线路不可避免地会与电气化铁路形成下穿、上跨、并行等空间形式。这样的话铁路电路系统运行时会在周围产生电磁场，电磁场范围内的管道会因电磁感应作用而在管道内部产生干扰电流和电压，从而影响正常的管道阴极保护系统运行。

2）高压（交流）输电系统带来的杂散电流的影响

高压输电系统分为交流输电和直流输电两种，对埋地油气管道产生电磁干扰的机制各不相同。

交流输电系统形成的杂散电流干扰方式主要通过感应耦合和阻性耦合两种途径实现。

（1）高压输电系统正常运行状态下的干扰

在高压输电线路正常运行状态下，对埋地管道的干扰机制以感应耦合为主。由于三相交流电力线路存在不对称性且三根相线与管道之间的距离不完全相等，电力线路上交变的电流会在与其并行或相交的管道上产生感应电压，从而引起杂散电流干扰。

（2）高压输电系统故障状态下的干扰

在线路发生瞬间故障时，较大的短路电流除了存在于相线上，还可能沿杆塔或意外搭接物等流入大地。这种情况下，不仅入地电流可以在管道上产生阻性耦合干扰，而且由于相电位的瞬间不平衡，管道上在短路点和并行段的两端会产生非常高的瞬时感应电压。电力线路故障时因短路而瞬间产生的总干扰电压比稳态干扰电压有效值高得多，在短路点附近最高，并随着与短路点距离的增大而显著降低。

3）高压（直流）输电系统带来的杂散电流的影响

高压直流输电系统对埋地管道形成杂散电流干扰方式主要通过阻性耦合来实现，且与其运行模式密不可分。

（1）双极运行模式下的干扰

正常情况下，高压直流输电系统为双极运行方式，双极回路电流数值基本相等但方向相反。由于设备整流运行差异，导致双极间存在一定的不平衡电流，通常控制在输送电流的1%以内。接地极往往特意设置在远离其他公共设施的区域，较小的不平衡电流对管道造成干扰影响的强度相对较弱，较容易得到控制。

（2）接地极单极大地回路运行模式下的干扰

在投运初期、年度检修或出现故障排查时，高压直流输电系统往往切换为单极大地回路模式运行，输送电流通过接地极流入大地形成闭合回路，大量电流通过大地回流，会在两侧接地极周围极大程度地抬升或降低地电势，对附近的金属管道及构筑物造成显著的杂散电流干扰。高压直流接地极的规模较大，直径范围可达公里级，而且当接地极通过上千安电流时，可以在很大的空间范围内对埋地管道及其站内设备造成干扰问题。经查询资料了解，2013年12月，云广特高压直流输电工程鱼龙岭接地极在故障检修时切换为单极大地回路运行模式，导致广东某天然气管道分输站内的气液联动球阀执行机构引压管绝缘接头位置发生持续几个小时的放电现象，造成绝缘接头内部绝缘材料炭化，位于绝缘接头正上方的引压管也被高温氧化为黑色。所以，尽管高压直流输电系统只有较短时间是在单极大地回路模式下运行，但仍会在管道上引起严重的腐蚀风险。

4）阴极保护电位不合理

大量资料表明，强制电流阴极保护系统中过负的阴极极化电位会造成电解质更容易渗透防腐层引起阴极剥离，致使防腐层提早失效。涂层表面有破损、漏点时更易导致涂层剥离。

此外，在管道场区内存在这大量的接地系统，这些接地系统有的是仪器仪表的接地，有的是电动设施（执行机构、阀门等）的接地。如果没有处理好埋地管道与这些附属设施间的绝缘，则会由于这些接地设施的存在将管道上的阴极保护电流引入地下。这样，一方面白白浪费了电能；另一方面使原有的阴极保护电流密度大大降低，从而使管道的部分区域达不到阴极保护电位准则的要求，或者使受阴极保护管道的长度缩短。

4　总结

不论是勘察设计单位还是建设运营或施工单位，作为利益相关方，共同面对的问题都是来自于管道防腐的安全性问题。若设计不合理、施工不规范、运营管理不正常，埋地管道发生腐蚀或其他失效形式的确定性是增加的，但在具体什么位置、以多快的速度发生失效并不完全确定，具有一定的随机性。这就需要多方协同从工程可研阶段、建设阶段及运行阶段分别采取合理的控制措施，从而确保管道防腐系统持续安全可靠运行。

参　考　文　献

［1］王建林．3PE 防腐层失效原因及修补措施探讨［J］．管道保护，2017，5.

［5］陈少松．高压输电系统对油气管道的电磁干扰影响与防控［J］．管道保护，2023，4.

老油田管道完整性管理体系优化与关键技术应用分析

蔡卫军 刘书孟 吴镇禹 尹 升

（大庆油田有限责任公司）

摘 要 随着油田开发年限的增长，埋地管道腐蚀老化问题日益突出，运行及安全环保风险较大。为有效控制腐蚀，全面降低管道失效率，油田公司于“十四五”期间深入推动管道完整性管理工作实践。萨南油田结合自身管道运行特征及存在问题，展开失效成因分析，并围绕各项指标管控目标，制定针对性腐蚀防控管理与技术措施。通过强化建设期、运行期完整性管理，使得管道腐蚀穿孔形势明显好转，失效率显著下降，降低了安全环保风险和产量损失。

关键词 完整性；网格化管理；失效治理；阴极保护；腐蚀控制

1 引言

完整性管理是指管理者不断根据最新信息，对管道和站场运营中面临的风险因素进行识别和评价，并不断采取针对性的风险减缓措施，将风险控制在合理、可接受的范围内，使管道和站场始终处于可控状态，预防和减少事故发生，为其安全经济运行提供保障。而管道失效治理工作，作为管道完整性管理的重要载体，是有效降低管道失效率的重要技术措施保障。其失效治理内容主要包括失效成因分析、管道风险评价、管道完整性检测和管道修复更换等。

依据公司“十四五”完整性管理工作总体部署，第二采油厂（以下简称“萨南油田”）先后探索建立“基于腐蚀防控的完整性管理体系”，实施“厂-区-班”三级管理模式，持续加强完整性管理建设期和运行期管理水平，通过管道完整性检测评价、更新更换、阴极保护系统完善、压力试验、技术攻关等失效治理工作，阶段性工作成效显著。

2 完整性工作基本情况及成效

2.1 基本情况

2.1.1 管理指标基本情况

随着油田开发建设年限的不断延长和管道规模的持续扩大，管道腐蚀、老化、失效问题日益突出，加之部分管道因敷设环境限制以及生产需要而位于人员及环境敏感区域，一旦发生失效将带来巨大的生命财产损失。2017 年，为了有效控制管道失效，股份公司制定并颁布《中国石油天然气股份有限公司油气田管道和站场完整性管理规定》要求开展管道全生命周期完整性管理工作，推动管道失效治理模式由“事后抢修”向“事前预防”转变。2018 年，大庆油田全面启动并推进管道完整性腐蚀防控管理工作，要求“5 年内实现Ⅰ、Ⅱ、Ⅲ类管道完整性管理全覆盖”，保障管道安全平稳运行。

进入“十四五”以来，为进一步强化管道完整性腐蚀防控管理工作，围绕油田公司“减存量、控增量”的管道腐蚀防控工作核心，结合各生产单位管道失效现状，分别制订了失效率总体管控目标及各生产单位分年度失效率管控目标。

（1）总体目标：全油田各生产单位 2023 年实现Ⅰ类管道失效率下降 0.002 次/公里·年；2024 年实现Ⅱ类管道失效率下降至 0.01 次/公里·年；2025 年实现Ⅲ类管道失效率下降至 0.05 次/公里·年，管道整体失效率下降至 0.05 次/公里·年。

（2）年度目标：萨南油田 2021 年实现管道失效率下降至 0.444 次/公里·年；2022 年实现管道失效率下降至 0.332 次/公里·年；2023 年实现管道失效率下降至 0.164 次/公里·年；2024 年实现管道失效率下降至 0.100 次/公里·年；2025 年实现管道失效率下降至 0.046 次/公里·年。

截至 2022 年底，萨南油田管道整体失效率为 0.275 次/公里·年，Ⅰ类管道失效率为 0.089 次/公里·年，Ⅱ类管道失效率为 0.113 次/公里·年，Ⅲ类管道失效率为 0.289 次/公里·年，作为典型老区采油厂，各项指标均与公司“十四五”目标要求存在一定差距，需要进一步强化管道失效治理工作。

2.1.2 管道建设及运行基本情况

第二采油厂已建生产管道 14634.4 公里。具体情况如表 1 所示。

（1）按照集输介质划分油气集输管道 9193.0km，注入管道 4598.4km，二者占总量 94.2%，构成管道主体；

（2）按照运行年限划分，运行 21 年以上管道 5280km，占总量的 36.1%，整体投运年限长，老化问题突出；

（3）按照管道材质划分，金属管道 12918.5km，非金属管道 1715.9km，非金属管道占比仅为 11.7%；

（4）按照管道分类划分，Ⅰ类管道 45.3 公里（均为金属管道），Ⅱ类管道 1719.2 公里（含非金属管道 153.1 公里），Ⅲ类管道 12869.9 公里（含非金属管道 1562.8 公里），Ⅲ类管道构成主体。

表 1　第二采油厂生产管道建设情况统计表　　km

管道类型	投运年限								管道类别				管道材质		
	0-5 年	6-10 年	11-15 年	16-20 年	21-25 年	26-30 年	31 年以上	合计	Ⅰ类	Ⅱ类	Ⅲ类	合计	金属	非金属	合计
油集输管道	1298.7	2252.7	1166.0	858.1	1209.6	872.0	1536.0	9193.0	0.0	535.4	8657.6	9193.0	8701.1	501.4	9202.5
气集输管道	12.3	37.9	24.6	22.2	33.6	3.5	62.2	196.4	0.0	106.0	90.4	196.4	196.4	0.0	196.4
输油管道	0.0	14.5	9.9	16.2	0.0	0.0	4.7	45.3	45.3	0.0	0.0	45.3	45.3	0.0	45.3
输气管道	17.2	32.4	37.7	21.5	28.4	11.4	58.4	207.0	0.0	98.7	108.3	207.0	206.9	0.0	206.9
注入管道	804.3	972.4	1056.5	455.9	524.5	262.3	522.5	4598.4	0.0	976.4	3622.0	4598.4	3401.8	1058.4	4460.2
污水管道	3.4	71.4	102.2	44.8	78.4	36.2	19.9	356.3	0.0	2.7	353.5	356.3	230.4	127.4	357.9
供排水管道	0.8	2.9	8.5	9.2	9.6	0.6	6.4	38.0	0.0	0.0	38.0	38.0	136.5	28.7	165.2
小计	2136.8	3384.1	2405.4	1427.8	1884.1	1186.0	2210.1	14634.4	45.3	1719.2	12869.9	14634.4	12918.5	1715.9	14634.4
6 年以上管道总量(km)及占比/%				12497.6							85.4				
11 年以上管道总量(km)及占比/%				9113.5							62.3				
16 年以上管道总量(km)及占比/%				6708.0							45.8				
21 年以上管道总量(km)及占比/%				5280.2							36.1				
26 年以上管道总量(km)及占比/%				3396.1							23.2				
31 年以上管道总量(km)及占比(%)				2210.1							15.1				

2.2 近年来失效防控工作成效

2.2.1 建立个性化腐蚀防控管理体系，管理水平持续提升

结合前期管道失效统计排查和成因分析成果，掌握了管道腐蚀失效的基本规律和影响因素，明确了管道失效“广泛性、系统性、多样性”这一显著特征，据此建立一套适宜第二采油厂以“管道腐蚀防控”为核心的完整性管理体系，对管道全生命周期采取切实有效的腐蚀防控措施（图 1）。

（1）健全组织机构，明确分工职责

实施“厂-区-班”三级管理体系，明确职责分工，精简运转流程，落实管理责任，推动管理提升。其中，油田管理部负责组织贯彻落实公司级管理要求，推进、实施、生产协调工作；工艺研究所负责开展完整性相关规划、设计和科研攻关工作；生产运行部负责管道物资采购，产品质量把控；监督管理中心负责防腐工程施工组织，施工质量监督验收等工作；作业区、班组依据公司、厂级各部门完整性管理要求，落实岗位职责，充分发挥基层管理职能。

（2）完善制度体系，优化工作流程

结合生产实际，完善制度体系，制定了《第二采油厂地面工程腐蚀与防护技术管理办法（试行）》，并配套编制了管理规定和实施细则，进一步明确了职责权限，突出了管理重点，细化了

操作内容，为完整性管理工作实现良性循环奠定制度基础。

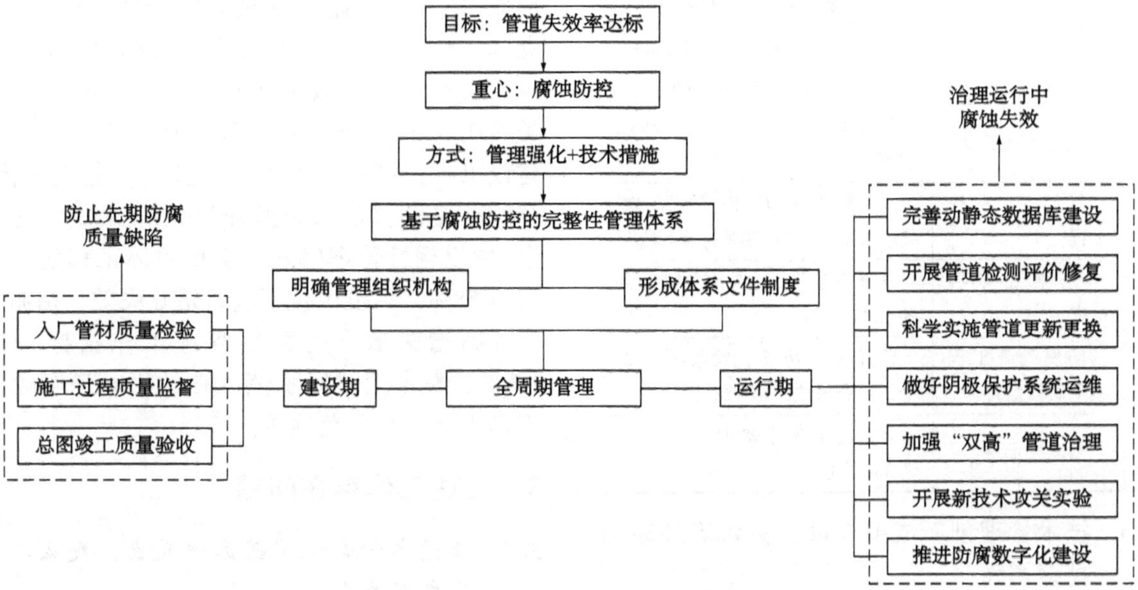

图 1　第二采油厂完整性腐蚀防控管理体系构架图

（3）落实主体责任，强化执行落实

实施“周–月–季–年”防腐月报模式，分作业区统计管道腐蚀穿孔率、阴保系统投运率、在建防腐工程完成率等动态关键数据指标，并按照管理时间节点，做好动态跟踪、汇总分析、整改监督、定向指导、总结回顾等工作，形成“周观察、月汇总、季分析、年强化”的良性监督管理氛围，实现动态管理。

2.2.2　失效态势得到根本性扭转，腐蚀防控趋势持续向好

“十三五”期间，萨南油田管道失效率呈先上升后下降趋势，平均失效率达 0.79 次/(km·年)，远高于油田平均水平。自 2018 年起，第二采油厂贯彻完整性管理理念，落实建设期、运行期各项管理举措，加强监督监管力度，大力开展管道入厂质检、管道更新更换、管道检测修复、阴极保护新建恢复等工程，从根本上扭转了失效率逐年上升趋势。截至 2022 年底，实现管道失效率 4 连降，失效率由 0.872 次/(km·年)降至 0.275 次/(km·年)，累计下降幅度达 68.46%，取得阶段性成效，但距离公司“十四五”失效率管控目标还存在一定差距(图 2、表 2)。

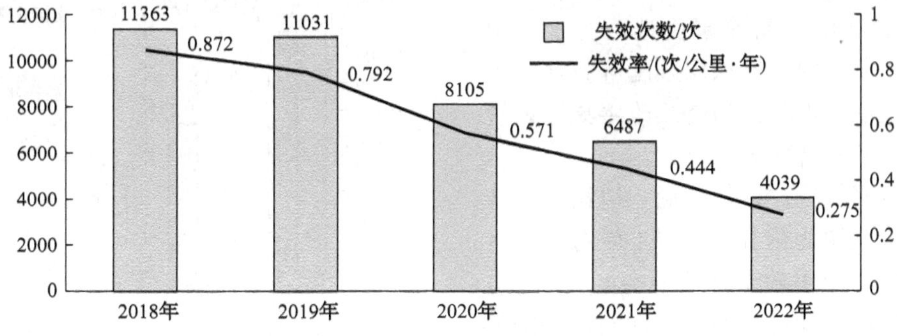

图 2　第二采油厂近 5 年管道失效率情况统计

表 2　近年来完整性腐蚀管控工程主要工作量统计

序号	项目类型	主要工程量(已实施)
1	牺牲阳极恢复工程	恢复牺牲阳极保护 553.8km
2	外加电流阴极保护恢复工程	恢复阴极保护系统 88 套
3	站外区域性阴极保护新建工程	新建一体化区域性阴极保护系统 47 套，保护管道 448km
4	管道检测评价与修复	检测管道 2805.8km，修复管道 1153km、破损点 2533 处

续表

序号	项目类型	主要工程量(已实施)
5	管道更新更换工程	资本化项目更新管道549.6km，成本项目更新管道672.7km
6	压力试验工程	开展管道压力试验328.5km，削减潜在失效262次
7	管材入厂质检工程	开展管材质检69批次、428.11km，返厂问题管材56.98km
8	完整性专项检查	开展专项巡查45次，整改问题12843项，
9	防腐隐蔽工程施工质量监督	监督项目26个，验收项目21个，检查整改问题128项
10	专业技术培训	开展专业技术培训10次，培训396人次

2.2.3 技术管理创新成果丰硕，失效治理能力持续增强

在完整性数字化技术应用方面。建立萨南油田管道完整性管理评价指标体系，实现了管道分类精细化、高后果区识别标准化、风险评价模型化。在此基础上进一步丰富管理内容和点项，明确了完整性检测评价工作流程和方法，规定了专业化管道修复技术流程，建立了完整性管理工作效能评价体系，实现了完整性管理集成化与信息化，为后续决策和方案编制提供指导。

在集输管道腐蚀防控技术方面。开展典型区块腐蚀失效管段的材质成分分析、腐蚀产物形貌及成分分析以及输送介质分析，以此明确腐蚀发生原因，掌握腐蚀变化趋势，形成适用于萨南油田的集输管道防腐措施。并结合生产实际从介质腐蚀性改善和管道内防腐涂层优选两方面，提出、上游工艺设备、内防腐涂层匹配等方面，提出了4项综合性治理策略，为持续改善集输系统内腐蚀情况提供了有益指导。

在管道区域阴保模式评价方面。以第五作业区阴极保护试验区块为依托，开展《萨南油田区域性阴极保护技术应用效果评价研究》，通过电位测量、腐蚀速率化验，掌握区域性阴极保护管道与非阴极保护管道电位分布情况，对比腐蚀失效频率变化情况，评价系统保护有效性。同时，建立1套区域性阴极保护数字化管理平台，明确4项影响区域性阴极保护效果的关键因素，形成3项优化建议，有效提升该工艺模式的科学性，为后续推广应用奠定基础。

在完整性现代化管理提升方面。探索实施“老区采油厂地面工程腐蚀与防护管理体系”，形成以“分层定标、限期达标、剖析追标、创新立标、循序提标”为核心的“五标”管理工作模式，实现管道失效率年均下降14.3%，节约各类费用3595万元；依托油田首个无泄露示范区建设工程，打造以“全人员参与、全技术优化、全规范建设、全周期提升”为核心的示范区“四全”建设运行管理模式，实现主体工程建设周期缩短58%，示范区现更新管道0失效，措施老管道无新增失效，完整性管理工作指标合格率100%，奠定无泄漏示范区在油田管道腐蚀防控工作中的引领示范地位。

3 管理工作存在问题

3.1 管道腐蚀老化问题依旧突出，失效率目标完成难度大

目前，我厂已建各类生产管道14634.4公里。其中，运行21年以上管道5278.3km，占总量的36.1%，整体投运年限长，老化问题突出。2022年全厂管道整体失效率为0.275次/公里·年，虽圆满完成年度失效率管控目标，但失效率仍处于油田前列，位居第四，处于较高水平。

同时，“十四五”后三年油田公司为我厂制定了更为严格的管道失效率管控目标，要求失效率年均下降幅度高达44.36%，控制压力较大，需持续采取有效管控措施，改善管道老化失效局面(图3)。

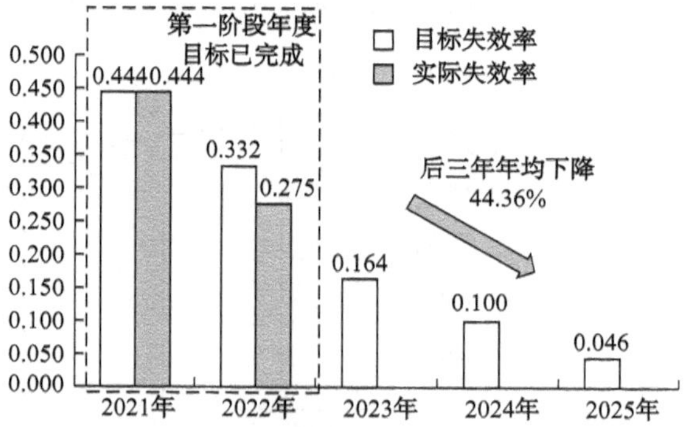

图3　第二采油厂“十四五”管道失效率指标

此外，我厂Ⅰ类管道实际失效率较高，仅2023年已发生失效8次，失效率高达0.132次/公里·年，为公司指标66倍，亟需开展专项治理。其中，以南七联外输油管道是失效最为严重，近3年累计失效达20次，2023年失效6次，且失效部位与管道破损点、老化段位置相重合，急需进行修复、更换。

3.2 管道阴极保护覆盖率、合格率偏低，管道保护度不足

目前，全厂共有油气集输管道 9641.7km。其中，中计及以上管道 2178km，均设计安装阴极保护，但由于运行年限长，老化程度高，仅有 553.8km 管道牺牲阳极处于有效保护状态，合格率仅 25.4%(45.3km Ⅰ类管道牺牲阳极运行年限均超过设计年限 10 年，处于失效状态，亟待恢复)；单井管道 7026km，仅有 448km 实施了区域性阴极保护，覆盖率仅为 6.4%，管道整体阴极保护覆盖率、合格率低，难以对管道形成有效的外腐蚀防护(表 3~4)。

表 3　第二采油厂中计及以上集输管道牺牲阳极保护运行情况

管道类型	有效保护/km	失效状态/km	有效保护率/%
净化油管道	0	45	0
油气集输管道	553.8	1624.2	25.4
合计	553.8	2178.2	25.4

表 4　第二采油厂单井集输管道阴极保护覆盖率情况

项目	五区区域性阴保	无泄漏示范区	未实施阴保管道
管道长度/km	297.7	150.4	6578
覆盖率占比/%	4.2	2	93.6

3.3 体系制度精细度不足，各项技术管理措施落实不到位

现有完整性管理体系以“厂-区-班”三级进行管理职能划分，虽明确了每一级职能部门完整性管理职责权限，但并未实现各类管道管理职责到岗到人，在一定程度上影响了技术管理举措的落实程度，需要进一步细化完善。

3.4 管理人员不足、岗位变动大，影响工作开展质量效率

目前，区级完整性专业技术管理人员平均 1~2 人(兼职)，班级平均 1 人(兼职)，需承担厂完整性各项工作具体执行落实、制度及方案编制、专项检查等工作，同时还承担厂相关部门多项工作，加之近年基层技术人员岗位流动性增加，出现管理人员队伍断层，整体业务素养有待提升。

4 解决对策及重点工作安排

针对完整性管理工作中存在的突出问题，分别从管理模式优化、工作组织推进、技术举措实施提出了切实可行的建议及对策，进一步提升完整性管理水平，圆满完成“十四五”完整性管道失效率防控任务。

4.1 强化失效分析，明确阶段性管控重点

以管道基础分类为主线，结合设计特征、集输介质、失效类型等因素开展分类管道失效成因分析工作，明确我厂管道内、外腐蚀主要影响因素，前期设计及建设运行管理原因导致的失效易感性，为后续采取针对性失效治理对策提供依据(图 4)。

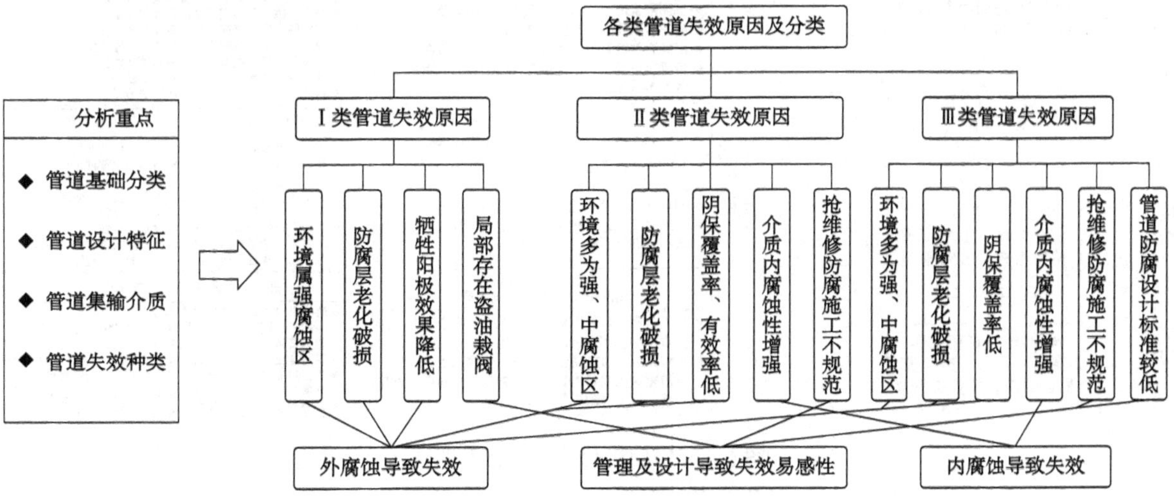

图 4　管道分类失效成因分析

依托前期管道分类失效成因分析成果，以运行阶段为主线，开展管道阶段失效成因分析工作，实现“阶段主因清、重点措施明、周期效果好”的管控目标。其中，短期(0~5 年)运行管道失效主要由管材防腐质量缺陷、建设施工质量不高导致；中期(6~10 年)运行管道失效主要由外防腐层老化破损、内防腐层失效缺失导致；长期(11 年以上)运行管道失效主要由内外防腐缺陷未及时处理和日常抢维修防腐质量缺陷导致(图 5)。

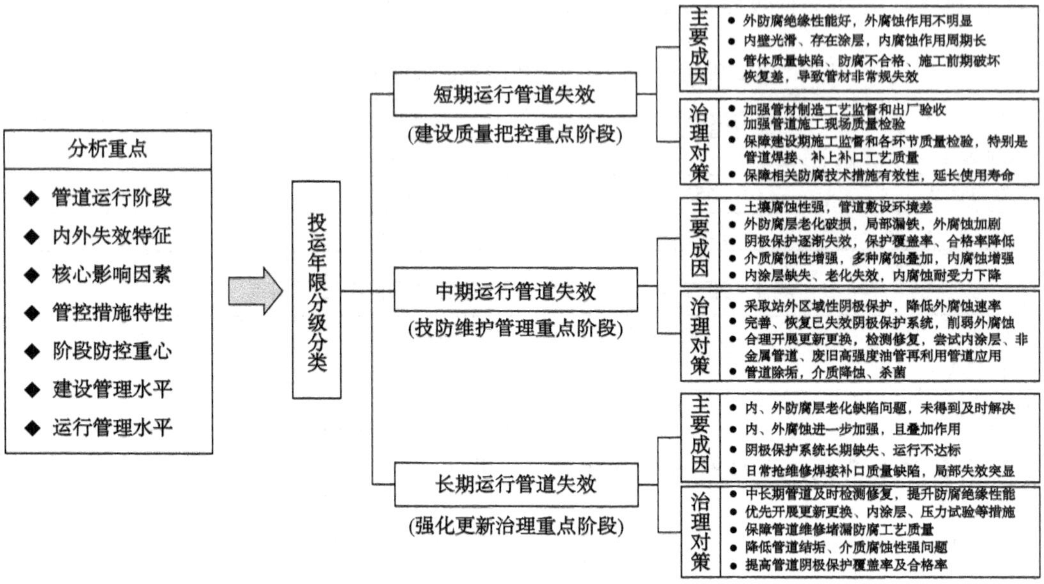

图 5　管道分阶段失效成因分析

因此，根据各阶段失效主要影响因素，明确短期运行管道为“建设质量把控重点阶段”，中期运行管道为“技防维护重点管理阶段”，长期运行管道为“强化更新治理重点阶段”，建议后续管理过程中分别从入厂质检、施工质量监督、检测修复、阴极保护系统完善、压力试验、更新更换等方面入手，采取适宜的阶段性管控举措。

4.2　推进完整性网格化管理模式实施，提升工作流转效率

推进“厂-作业区-班组”网格化管理，完善管理办法及实施细则，落实管道分类管理责任，突出生产领导主责优势，开展包保联系点管道月度检查考评，实现各类管道完整性管理履职到岗到人，形成“一点调度、全网响应、覆盖全厂、三级贯通”的工作机制，提高问题处置针对性、时效性(图 6)。

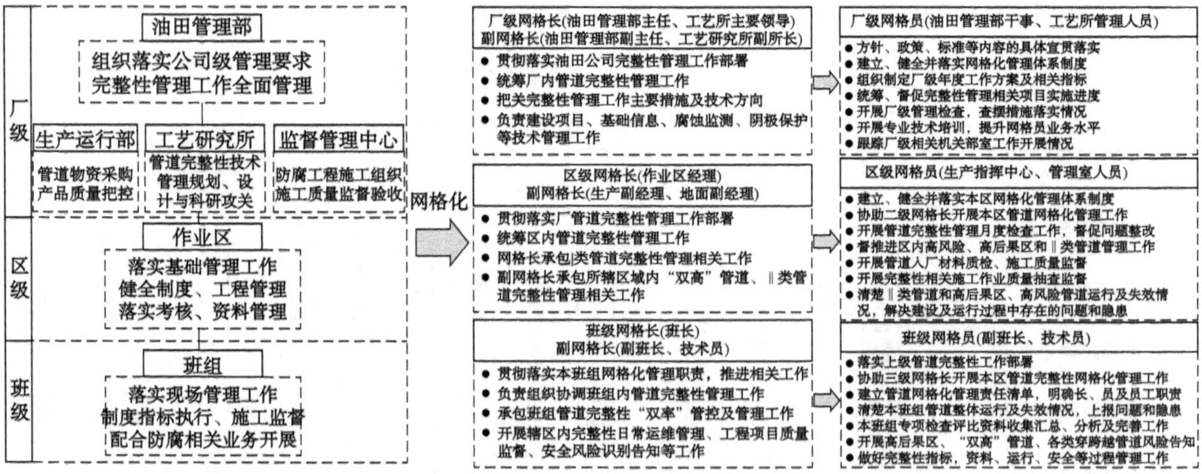

图 6　管道网格化管理方案及职责

4.3 优化工程方案设计，消减隐患存量

优化管道更新项目治理策略，依据所处区域、运行现状、失效成因等特点，制定针对性改造原则，充分利用有限投资，削减老化及安全隐患管道存量。在资本类管道安全隐患治理工程中，突出高后果区、高风险隐患管道治理，打破驱替系统界限，科学挂接削减集油半径，强化低洼地、强腐蚀区非金属管道应用，全面降低管道安全隐患；在成本类管道安全隐患治理工程中，突出经济效益，优先治理失效多、改造成本低的管道，并配合空穴射流、检测修复等技术措施，进一步削减更换投资。

4.4 强化全过程质量监督，提升建设及运维管理水平

4.4.1 提升日常完整性运维管理

围绕完整性4大类27项运维管理要求，制定资料编制模板，严格开展专项检查，持续完善A5数据管理、个性化区线方案编制、高后果区巡检、专业化培训等工作，实现“周跟踪落实、月分析考评”，提升基础运维管理水平。

4.4.2 加强管材入厂质量检验

由工艺研究所根据监检测工作开展需要，配合油田管理完善作业区防腐仪器设备配备工作，按照《防腐质量抽样检验技术管理办法》，明确检测项目和技术标准，配备质检设备，强化作业区产能、安全、老改、生产维修项目管道自检自查，出具质量抽检公报，跟踪问题管材返厂整改，保障管材入厂先期质量，杜绝低质问题管材应用。

4.4.3 做好检测评价与修复工作

根据管道分级分类、穿跨越地类、运行阶段，制定检测修复原则，科学开展年度管道检测评价工作。同时，采取随检随修策略，从破损点开挖、防腐层修复补强、老化段修复、土方回填等方面规范作业流程，避免检测修复脱节现象，确保检测修复合格率100%，延长管道使用年限。

4.4.4 建立常态化压力试验作业机制

严格按照《管道压力试验作业规程》，结合管道失效历史、运行工况，以及压力试验技术特点，进一步明确热洗泵洗井、热洗车洗井、清管作业等提压方式适用管道，并规范试验周期、升压压力、稳压时间等工艺参数，实现压力试验与热洗周期有机结合，减少试验对产量及注入量影响，保障常态化试验工作有效性，切实削减潜在失效。

4.4.5 开展日常抢维修质量提升工作

完善并严格执行《第二采油厂管道腐蚀穿孔维修操作规定》，开展宣贯培训配备抢维修物资、设备，推进专业抢修队伍建立和外委专业化维修模式，严格执行管道补漏施工程序，全面提升漏点防腐保温层恢复质量，杜绝二次失效，控制腐蚀增量。

4.4.6 推进阴极保护完善工程

针对已建系统，做好运行状态周期性普查，持续优化运行参数，动态把控阴保系统运行状态，针对系统运行故障，及时进行专项维修恢复；针对新建系统，积极做好产能项目结合，对新建集输系统管道同步实施区域性阴极保护模式，进一步提升全周期管道保护度。

4.4.7 加快防腐工程实施进度

由油田管理部等相关机关部室针对投资未落实项目、开工未完工项目进行进度跟踪督办，加快投资计划落实，推动已开工项目当年完成，确保年度管道更新更换、阴极保护系统恢复新建工作量圆满完成。

4.5 开展技术攻关及成果应用，提升腐蚀综合治理能力

4.5.1 开展管道典型腐蚀失效行为分析与防控技术研究

通过内腐蚀过程数值模拟，明确低温集输管道腐蚀行为和腐蚀特征；通过高压流体冲蚀管壁流型模拟，探究高压高速流体携带微粒杂质时对管壁的冲蚀剥离作用，最终提出针对性腐蚀控制措施。

4.5.2 开展Ⅰ类管道完整性管理数字化可视平台研究

开展Ⅰ类管道完整性数字化管理平台建设，实现跨数据库信息整合，实现管道生产运行工况全方位监控，并构建空间实景数字化平台，实时评估运行风险，为检测评价、更新更换计划制定提供指导。

4.5.3 做好无泄漏示范区腐蚀分析及措施效果评价

开展示范区管道失效事件分析、腐蚀成因及特征分析，明确管道失效影响因素；开展腐蚀防控措施适应性及应用效果评价，调整技术指标界限，形成检测修复、更新更换、阴保完善、压力

试验等配套技术系列规范，指导同类项目建设；加强示范区网格化管理体系制度建设和运行管理创新，持续完善示范管理模式。

4.6 强化专业技术人员培养，完善人才梯队建设

在完善人员配置、挖潜人员潜力基础上，提升厂内外完整性交流学习质量，大范围派遣人员参与完整性专业技术培训，并依托院厂合作平台，强化项目交流学习，实现厂内全面覆盖，厂外专家级培养目标，进一步强化人才梯队建设。同时，通过开展完整性管理岗位练兵活动，从指标、资料、运维、安全多方面进行成果评价，推选管理典型，实施专项奖励，调动广大干部员工争先创优积极性。

5 结论

面对完整性管理工作的新形势、新要求，萨南油田要持续推进管理体系优化，紧紧围绕完整性管理重点工作，积极推动工程实施、新技术攻关储备、管理数字化智能化转型，努力为实现公司"一稳三增两提升"及我厂"打造'六个萨南'，争当'六个标杆'，建设世界一流现代化百年采油厂"奋斗目标贡献力量。

参考文献

[1] 张菁．浅谈油气田企业设备设施完整性管理体系建设[J]．中国设备工程，2022，07：93-97.

[2] 张博文，张永丰，刘书孟，等．基于腐蚀防控的油田管道完整性技术管理体系构建与应用[J]．油气田地面工程，2022，06：76-83.

[3] 许兵．油气管道工程建设项目管理创新与应用[J]．化工设计通讯，2020，09：36-37.

[4] 帅义，帅健，苏丹丹．企业级管道完整性管理体系构建模式[J]．中国安全科学学报，2016，07：150-154.

[5] 袁金雷，张菁，郭红军，等．油田企业设备设施完整性程序文件体系的建立[J]．化工管理，2022，01：15-19.

管道完整性管理技术在环境敏感区的应用

刘 冰

（大庆油田有限责任公司）

摘 要 随着油气生产规模的逐步扩大，地面工程区域延伸至人员密集、环境敏感等区域，形成潜在的安全环保隐患，企业为此承担更为繁重的任务，加大管理难度。通过管道完整性管理技术，在从数据收集、高后果区识别、管道风险评价、完整性评价、维修维护和效能评价六个方面开展管理工作，并根据环境条件，适当调整技防措施，将管道失效风险降至最低。从而有效解决人、生产、环境之间的矛盾，在保证绿水青山的同时，增加企业产能，达到提效创收的目的，有较好的推广和应用价值。

关键词 地面工程；管道；技防措施；失效评估；环境敏感

随着可持续发展战略的贯彻与执行，环境资源保护工作逐年重视。1986 年英国农业法率先提出环境敏感区的概念，并着重论述，起到了提高环境保护工作效率的作用。当年油田地面工程建设延伸至永久基本农田、自然保护区、人员密集区等区域，人、生产、环境之间的矛盾愈演愈烈，水域溢油事故是油品运输过程中发生的重要环境污染事件，对环境破环性极大。从技术角度出发，在管道运行期，开展六大方面的管理工作，有利于降低管道整体更换费用，减少埋地管道失效风险。

1 某油田管道建设现状

1.1 油田建设现状

S 油田于 1984 年投入开发，1986 年正式投产，管理面积 516km^2，管道总里程 5320km。建成脱水站 3 座，转油站 20 座，管道以埋地方式敷设，在水渠、河流、道路等位置加高跨越。主要敷设地类为耕地（旱），其次为草地、水田，少数在松花江行洪区内，每年 7 月中旬至 10 月上旬为丰水期，主要措施为关停油水井，除站内用电外，其他电网断电。行洪区内计量间单环掺水低水量循环，高液量井和井口设备密封有问题井定期向系统泄压，防止污油、污水流入江中。所有油、水井、提捞井进行井口封井，油井油套放空用卡箍片、丝堵封堵、盘根盒和清蜡闸门关闭，一次生产和组合阀总生产关闭；注水井井口油套放空用卡箍片、丝堵进行封堵，提捞井井口用 250 闸板阀、卡箍片、丝堵进行封堵。依据受保护区政策，在自然保护区的核心区和缓冲区内，不得新建任何生产设施。在缓冲区内，允许部分维修维护工程，且经过环境影响评估论证后才可立项施工。以下是环境敏感地区管道分类统计见表 1。

表 1 环境敏感区管道建设现状

管道类型	长度/km	数量/条	Ⅱ类管道		Ⅲ类管道		高后果区管道	
			长度/km	数量/条	长度/km	数量/条	长度/km	数量/条
油集输	492.9	664	228.7	163	264.2	501	130.1	171
气集输	36.5	6			36.5	6		
输气	149.6	27	97.0	11	52.6	16	13.3	2
注水	132.2	240	69.1	147	63.1	93	43.7	112
合计	811.2	937	394.8	321	416.4	616	187.1	285
Ⅱ类管道长度及占比/%					394.8		48.7	
Ⅲ类管道长度及占比/%					416.4		51.3	

目前，区域内建有各类管道 937 条，共 811.2km，占 S 厂管道总量的 15%。其中Ⅱ类管道 394.8km，Ⅲ类管道 416.4km；金属管道 757.2km，占区域内管道总量的 93.3%，非金属

管道 54.0km，占区域内管道总量的 6.7%；15 年以上管道 394.4km，占比 48.6%。

1.2　环境情况概述

环境敏感区域的部分管道位于几个某省级自然保护区内，为内陆湿地与水域类型，保护对象为平原沼泽与水域生态系统及其珍稀濒危野生动植物资源。该地区土质表层为河流沉积的优质黑土，沉积层约为 1m，往下为黄色细砂，渗水较快。2022 年对该地区开展土壤电阻率检测，采用四级法进行测试，共采集 152 个点，平均电阻率 18.58Ω·m，为强腐蚀区域(表 2)。

表 2　土壤电阻率检测记录表

序号	位置描述	测试值/Ω·m	腐蚀等级	序号	位置描述	测试值/Ω·m	腐蚀等级	序号	位置描述	测试值/Ω·m	腐蚀等级
1	宏兴村南	28.89	中	39	砬子屯北	13.82	强	77	前库塘木南	11.93	强
2	宏兴村南	24.49	中	40	砬子屯北	11.30	强	78	涝洲镇北	25.75	中
3	宏力村南	17.58	强	41	后七棵树南	16.33	强	79	涝洲镇南	23.24	中
4	宏伟村南	22.61	中	42	甘沙陀子南	21.35	中	80	涝洲镇南	18.21	强
5	后水泉屯南	24.49	中	43	南联三南	25.12	中	81	建乡村北	21.98	中
6	羊草甸子屯西	27.00	中	44	三家窝棚北	11.93	强	82	建乡村北	13.82	强
7	宏生村北	21.35	中	45	三家窝棚北	20.72	中	83	姜家屯东	11.93	强
8	宏生村南	21.98	中	46	三家窝棚北	10.68	强	84	谢家屯西	13.19	强
9	宏昌村东	21.35	中	47	三家窝棚北	17.58	强	85	新兴村北	27.63	中
10	宏昌村南	20.10	中	48	菜园子村南	18.21	强	86	涝洲镇东	25.75	中
11	宏昌村南	16.33	强	49	甘沙陀子东	19.47	强	87	张家纸房北	13.19	强
12	岔古敖村西	14.44	强	50	南联三南	13.82	强	88	张家纸房北	16.33	强
13	银家围子北	25.12	中	51	三家村北	16.96	强	89	前围子北	13.19	强
14	银家围子南	21.35	中	52	三家村北	31.4	中	90	大关家窝棚北	9.42	强
15	银家围子南	16.96	强	53	三家村北	10.05	强	91	大关家窝棚北	24.49	中
16	银家围子南	8.16	强	54	三家村南	14.44	强	92	谢家屯北	22.61	中
17	吴山屯北	19.47	强	55	菜园子村东	19.47	强	93	谢家屯北	16.33	强
18	吴山屯南	22.61	中	56	新立屯南	21.98	中	94	谢家屯北	13.82	强
19	银家围子东	25.75	中	57	后菜家西	11.3	强	95	岔宝村西	11.3	强
20	西北岔村东	22.61	中	58	张国栋南	15.7	强	96	徐万珍屯北	10.05	强
21	岔古敖东	16.33	强	59	唐家围子北	11.3	强	97	沿江村南	16.33	强
22	新发村南	15.70	强	60	唐家围子南	20.72	中	98	永兴村北	22.61	中
23	立旗碑北	20.10	中	61	龙江村北	14.44	强	99	永兴村北	17.58	强
24	立旗碑南	24.49	中	62	后联合西	9.42	强	100	永兴村北	8.79	强
25	西北岔村东	27.00	中	63	三星村北	20.72	中	101	杨马贩南	11.93	强
26	岔古敖东	11.30	强	64	宁静屯北	14.44	强	102	新江村北	6.91	强
27	西八里乡南	20.72	中	65	永兴村南	19.47	强	103	大伙房北	14.44	强
28	刘合东	33.91	中	66	唐家围子东	12.56	强	104	安乐村西	23.24	中
29	太平山村北	25.75	中	67	唐家围子南	11.3	强	105	永兴村东	18.21	强
30	立旗碑东	16.33	强	68	龙江村北	16.96	强	106	永兴村东	12.56	强
31	立旗碑南	24.49	中	69	谭家屯北	6.91	强	107	徐江屯北	18.21	强
32	砬子屯西	28.89	中	70	稻香村北	21.35	中	108	何天池东	18.21	强
33	砬子屯西	20.10	中	71	郝家窝棚南	32.66	中	109	四站村北	16.33	强
34	七道海北	10.05	强	72	涝洲镇西	11.3	强	110	四站村南	25.12	中
35	前七道海东	28.26	中	73	涝洲镇南	21.98	中	111	大窑西	21.98	中
36	太平村东	19.47	强	74	涝洲镇南	17.58	强	112	西山头西	17.58	强
37	立旗碑东	13.82	强	75	徐家窝棚北	9.42	强	113	克堡村北	21.98	中
38	立旗碑东	10.05	强	76	联合村北	8.79	强	114	克堡村南	20.72	中

续表

序号	位置描述	测试值/Ω·m	腐蚀等级	序号	位置描述	测试值/Ω·m	腐蚀等级	序号	位置描述	测试值/Ω·m	腐蚀等级
115	小窑北	21.98	中	128	民胜村北	11.93	强	141	徐家窝棚北	15.07	强
116	小窑南	18.21	强	129	龙江村北	20.72	中	142	徐家窝棚南	21.98	中
117	东兴村西	16.96	强	130	龙江村北	17.58	强	143	李世悦北	24.49	中
118	刘国忠北	27.63	中	131	龙江村西	13.82	强	144	李世悦北	19.47	强
119	南斗我堡东	17.58	强	132	西北屯西	24.49	中	145	春山村北	15.7	强
120	小后屯北	18.84	强	133	临江乡北	23.24	中	146	建乡村北	10.68	强
121	哈土岗子南	27	中	134	临江乡西	19.47	强	147	建乡村北	13.82	强
122	东兴村东	21.98	中	135	龙江村北	21.98	中	148	杨升窝堡东	21.35	中
123	菜园子村南	17.58	强	136	龙江村北	20.72	中	149	建强村东	28.89	中
124	龙江村西	21.98	中	137	侯家屯北	26.38	中	150	杨家窝棚西	20.72	中
125	龙江村西	18.21	强	138	民强村北	28.89	中	151	徐振窝棚西	23.24	中
126	民胜村北	28.26	中	139	民强村南	16.96	强	152	治强村北	10.68	强
127	民胜村北	12.56	强	140	徐家窝棚北	13.19	强	—	—	—	—

1.3　管道技防措施

某区域埋地管道保护措施主要有泄漏报警监测系统2套、阴极保护系统3套，2座转油站分别安装雷达监控系统。丰水期间开展无人机巡检、水下堵漏等措施，每年对管道实施定期检测等措施，对运行管道提供监控。

1.4　管道失效情况

2019年至今，区域管道累计失效283次。其中，金属管道失效227次，占总失效次数的80.2%；非金属管道失效56次，占总失效次数的19.8%。失效主要集中在金属管道从失效率看，非金属管道失效率远高于金属管道失效。相对于金属管道，非金属管道更易产生失效(图1)。

造成金属管道失效的原因有腐蚀、第三方破坏和机械损伤，其中腐蚀失效216次，占金属管道失效总次数的95.2%，外腐蚀、内腐蚀分别造成失效143次、73次，占比分别为63.0%、32.2%(图2)。腐蚀是金属管道失效的主要原因，且外腐蚀为首要原因(表3)。

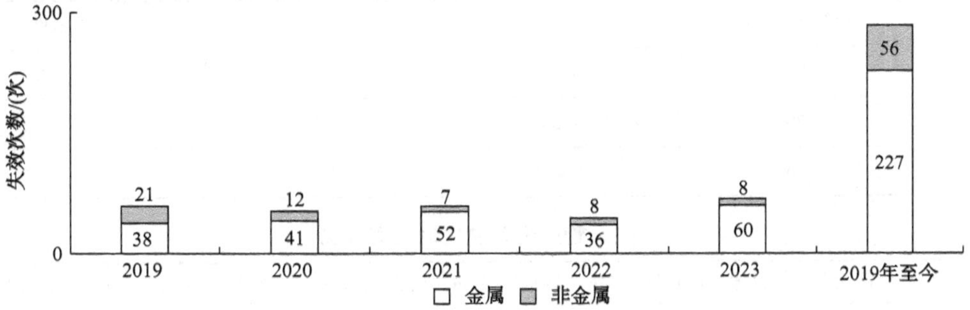

图1　不同材质管道失效次数

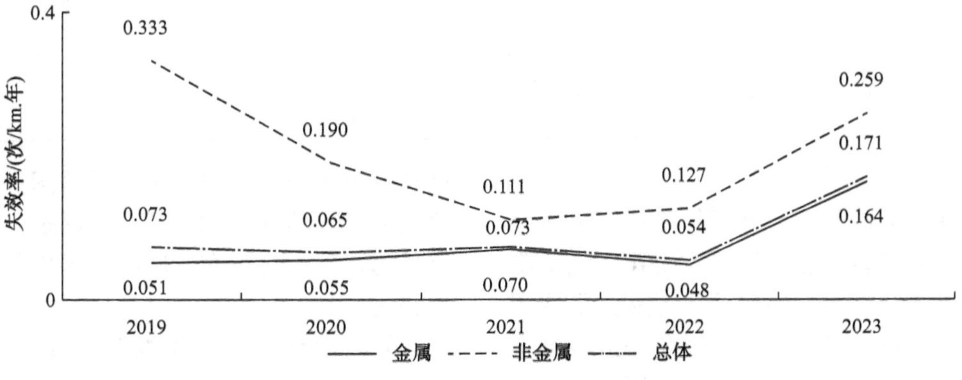

图2　不同材质管道失效率

表3　2019年以来管道失效原因分类

管道年限	管道长度/km	失效次数/次	失效率/(次/km·年)	外腐蚀	内腐蚀	非金属管道失效	第三方破坏	机械损伤
金属	757.2	227	0.067	143	73		7	1
非金属	54.0	56	0.230			59		
合计	811.2	283	0.078	143	73	59	7	1

1.5　腐蚀原因分析

针对外腐蚀，主要原因有2点：一是土壤腐蚀性强。辖区平均土壤电阻率19.47Ω·m，土壤导电性好，金属管道易失去电子引发电化学腐蚀。二是水体冲刷影响。汛期洪水冲刷造成埋地管线覆土变浅，管道受力不均匀，易发生扭曲变形，造成局部的应力集中点，从而引发金属疲劳开裂。

针对内腐蚀，主要原因有3点：一是管道输送介质与铁之间发生反应产生金属氧化物和游离酸，造成内腐蚀；二是内涂层脱落失效后，管道内壁失去涂层保护发生腐蚀；三是随着水驱开发时间的延长，采出液含水率持续升高，采出液物相从早期的“油包水”转变为“水包油”，导致管输介质腐蚀作用增强。

2　管道完整性技术管理及失效治理对策

通过对管道失效情况的调查，初步掌握了环境敏感区域管道失效的基本规律和影响因素，按照“防治并重，修换结合”原则，以风险管控为目标，以腐蚀控制为重点，加大技术成果应用，保证敏感区域埋地管道安全平稳运行。

2.1　开展资料整理与收集

针对已建成管道，重新核实该区域管道数量、长度、材质、防腐方式、管径、壁厚、埋深、输送介质等基础信息，组织测量管道走向，录入管道数据专项资料库，确保每一条管道资料真实准确。

2.2　组织管道检测工作

开展金属管道完整性检测与评价，明确管道缺陷数量、分布与腐蚀严重程度，根据评价结果，制定管道修复方案，确保防腐措施的有效性，降低管道腐蚀泄漏机率(表4)。

组织管道本体检测，对某地区的站间线及单井管线共81.7km开展金属磁记忆本体检测。选取10个点进行开挖验证，判断检测情况(表5)。

表4　外防腐保温层检测结果统计表

年份	检测数量/条	检测长度/km	破损点数量/个	破损点密度/(个/km)
2018	24	51.4	177	3.4
2020	20	73.3	130	1.8
合计	44	124.7	307	2.5

表5　管道金属磁记忆检测情况

类别	单井/处	站间/处	外输/处	数量/处	异常管段/m	开挖数量/处	开挖长/(m	验证情况
一级异常	2	0	2	4	28	4	18	表面腐蚀1处、形变1处
二级异常	50	16	30	96	180	4	13	焊口位置环状腐蚀2处、应力异常1处
三级异常	72	16	44	132	642	2	7	无问题
合计	124	32	76	232	850	10	38	

2.3　组织管道修复

某集油阀组间油管道，处于松花江国堤内行洪区，腐蚀老化严重，存在穿孔对松花江流域造成环境污染的风险；且管线集油压力高，集油环运行较困难。因此，该区域油管道急需进行更新改造。但是，行洪区内禁止油田大面积施工，办理管道更新施工环保许可证手续困难。为解决管道更新和环境保护相互矛盾的问题，保证管道安全平稳运行，对肇东一联行洪区内集油管道进行内翻衬修复。

管道内翻衬修复是在不大面积破坏自然地貌、不破坏原管道结构的条件下，采用防渗膜底纤维软管，通过浸渍热固性树脂，用水压或气压翻转软管，使之紧密的贴衬到旧管道内壁，固化后形成修复层，和原管道形成复合结构，增加管道的承压强度和防腐性能，强化管道整体性能，延长管道使用寿命。

技术标准：耐温范围：-30℃～+80℃；耐压范围：0.01MPa～3.6MPa；软管的厚度：1.5mm～2.5mm；修复后的金属管线承压能力不低于原设计。

目前已安排该集油阀组间修复管道17.6km，与管道更新对比，可降低投资约为43.6%。

2.4 开展薄弱环节排查

阀组间和各井立管下的弯头处，由于流体方向发生改变，产生旋涡和涡流，对管壁冲力变大，造成冲刷腐蚀而导致穿孔。

针对弯头处穿孔频繁的现象，为保障平稳生产，避免污染环境，对江心岛区域完成更换集油环弯头18个、连接线59米，极大的降低了穿孔的频率。

2.5 加强日常监测

一是加强日常巡检。严格落实执行管线巡检制度，针对汛期等特殊时期，通过人工穿水衩、皮划艇、乘风舟进行巡检，采用实时监控、雷达监测、无人机等人与设备结合的方式对管道进行全方位检查监测，保证管道运行状态受控。

二是借助泄露报警设备。管道泄漏报警仪能够直观、准确地对管道进行监测，并指示泄露位置，与人工巡线相比，可以大大节约定位穿孔点位置所需要的时间，降低泄漏造成的安全环保风险。区域内建设泄露报警系统4套，监测外输管道42.1km。

利用现有水泥桥梁，对某集油阀组间江汉上的4条站间油管道(2条掺水、2条回油)260m管段由水上直接跨越改为栈桥跨越并外加套管保护(掺水、回油并线共同置于套管内)，降低了管道泄漏原油进入江汉带来的环保风险，使其可防、可控。

3 结论及认识

(1) 外腐蚀是环境敏感区域金属管道失效的主要原因。

(2) 非金属管道受汛期水体冲刷易产生受力不均造成应力破损，其失效率高于同区域金属管道，且一旦发生泄露后需专业队伍维修。建议环境敏感区域管道材质选用金属管道。

(3) 内衬修复可在不大面积开挖土方的情况下修复管道，解决管道更新和环境保护相互矛盾的问题，降低维修埋地管道投资，可作为我厂敏感区域管道维护的技术储备。

(4) 建议成立专业化管道维护队伍，压缩管道检测、修复成本。

参考文献

[1] 陈彤，徐增友. 环境敏感区在环境影响评价分类管理中的应用[J]. 清洗世界，2022，38(2)：190-192.

[2] Helle I, Makinen J, Nevalainen M, et al. Impacts of oil spills on Arctic marine ecosystems: a quantitative and probabilistic risk assessment perspective[J]. Environmental science & technology, 2020, 54 (4): 2112-2121.

[3] 骆巧云，刘伟，寿建敏. 基于MAS模拟的北极航运对生态环境的影响评估[J]. 世界地理研究，2023，32(2)：12-22.

[4] 宋旭，赵雪峰，李宏斌，等. 油气田地面工程智能化建设探索[J]. 油气田地面工程，2021，40(7)：1-5.

[5] 南昊. 从哈尔滨段江心岛分析松花江泥沙沉降[J]. 中国新技术新产品，2010(12)：81.

油田管道完整性管理模式应用与腐蚀防护治理探讨

刘忠宇　李殿杰　李　波　梁东虎　谭　智　高立峰

（大庆油田有限责任公司）

摘　要　管道作为油田重要的运输方式，承担着油田生产中重要的集输任务，随着安全环保形势的日益严峻、管道更换成本逐年增加，管道腐蚀问题已成为油田地面管理中的重要难题。本文结合大庆油田某采油厂地区管道运行情况，分析管道腐蚀形势，浅析“油田管道完整性管理模式”应用效果，总结管道完整性管理取得的经验，并针对目前管道腐蚀形势，分析管道完整性管理存在问题，制定治理措施，逐步提升管道完整性管理水平。

关键词　完整性管理；腐蚀机理；阴极保护；腐蚀防护

管道输送流体具有成本低、安全等优点，是应用最为广泛的流体输送方式。但由于管道大都埋于地下，会受到输送介质、土壤、地下水以及杂散电流的腐蚀，腐蚀会导致管壁变薄，甚至穿孔泄漏，最终使管道失效，这不仅造成了巨大的经济损失和资源浪费，同时，泄漏物还会造成环境污染。

1　建设现状

截至 2022 年底，大庆某油田已建管道 7600km，其中运行 20 年以上的有 1900km，占总管道数的 25%。

2　完善管道完整性管理体系

近年来，结合大庆油田某采油厂管道完整性情况，初步形成“系统化治理、专业化管理、信息化建设”的“油田管道完整性管理模式”，逐步加强管道完整性管理。

2.1　系统化治理

“十三五”以来，大庆油田某采油厂持续加大管道完整性管理工作力度，强化全过程管理，逐步推进系统化管理，并取得较好的效果。

2.1.1　腐蚀成因分析

2018 年以来，大庆油田某采油厂持续开展管道腐蚀机理分析工作，从内腐蚀成因分析、土壤腐蚀性调查等腐蚀机理工作，为管道防腐、管道选材等方面提供技术支撑。

（1）内腐蚀成因分析

为准确分析内腐蚀成因，大庆油田某采油厂选取腐蚀管段，从宏观观察、微观分析、微区成分分析和 X 射线衍射分析等多方面验证分析（图 1）。

图 1　腐蚀管段宏观观察、微观分析、微区成分分析和 X 射线衍射分析

经过分析 3 个腐蚀产物主要物相组成，腐蚀产物物相定量分析结果见表 1。

从表 1 中物相数据可以看出，总的来说，腐蚀产物主要包括 $FeCO_3$、FeS、Fe_3O_4、Fe_2O_3、$MgCO_3$、$MgSiO_3$、$CaCO_3$和 $CaSiO_3$，也验证了之前宏观及微观的分析，腐蚀类型主要为氧腐蚀、细菌腐蚀和垢质等多种腐蚀因素造成。从腐蚀管段的宏观观察、微观分析、微区成分分析和 X

射线衍射分析等多方面验证分析可知，PB 地区金属管道腐蚀主要为氧腐蚀、细菌腐蚀和垢质等多种腐蚀因素综合参与造成的。

表 1　管段腐蚀产物物相定量分析对比表

样品编号	相对含量/%													
	$FeCO_3$	FeS	Fe_3O_4	Fe_2O_3	$MgCO_3$	SiO_2	$CaCO_3$	$MgSiO_3$	$CaSiO_3$	K_2CO_3	$GaSO_4$	$BaCO_3$	$MgSO_4$	Na_2SO_4
1-1			10	84		4	2							
1-2		1	5	87		4	4							
2-1	1		2	83		3			11					
2-2			35			18	8	30				9		
3-1	12	5				34	28	21						
3-2		11			33	3		22					13	

2020 年，为进一步开展管道腐蚀成因分析，优选管道防腐方式、管道材质、补口方式等，大庆油田某采油厂立项开展 PN 地区管道腐蚀成因分析及治理对策研究，设计管道腐蚀试片试验装置，包括防腐涂层试片、多种焊后涂层修补技术管段和双金属复合管段，目前已安装至在运管道模拟运行，预计 2022 年取出并分析相关数据，优选防腐涂层和管道材质。

（2）土壤腐蚀性调查

2018 年，大庆油田某采油厂开展土壤腐蚀性分析，经分析辖区腐蚀性分级数据，大庆油田某采油厂大部分地区土壤类型为砂土，土壤腐蚀性等级以“Ⅲ”为主，部分区域为“Ⅱ”级；PN 部分区域土壤类型为壤土，土壤腐蚀性等级以“Ⅲ”为主，部分区域为“Ⅱ”级；其余区域土壤类型为黏土，土壤腐蚀性等级以“Ⅳ”级为主，部分区域为“Ⅲ”级。

2.1.2　管道检测和修复

2014 年起，大庆油田某采油厂持续加大管道经济修复措施力度，对管道外防腐保温层进行检测修复。结合管道运行情况，先后开展敖包塔管道检测修复示范区、站间管道、集返输气管道、双高管道等重点管道检测修复工程，并取得良好效果(表 2)。

表 2　2015 年至 2020 年管道检测修复工程实施情况统计表

序号	年限	管道检测/km	检测破损点数	修复防腐层长度/m
1	2015 年	103.604	316	4234
2	2016 年			1119.35
3	2017 年	107.05	210	1357.8
4	2018 年	590.8	444	1934.6
5	2019 年	236	1186	5202
6	2020 年	346	1249	1582
	合计	1383.45	3405	15429

在开展管道检测和修复示范区项目的同时，大庆油田某采油厂持续摸索管道检测和修复技术的适应性。

（1）管道检测技术摸索。站外管道：经过现场验证，PCM 评估防腐层整体质量的方法适用于油田管道的防腐保温层检测，已广泛应用。站内管道：2021 年，应用超导声波管道检测技术，该技术能够准确定位管道腐蚀位置，但是检测距离受限，需进一步摸索应用。

（2）管道修复技术摸索。2015 年以来，大庆油田某采油厂实施管道修复示范区工程，形成了适合大庆油田某采油厂管道修复的技术方案(表 3)。

表 3　管道修复技术方案

原防腐层类型	局部修复			连续修复
	缺陷直径≤30mm	缺陷直径>30mm	补口修复	
三层聚乙烯	粘弹体+外防护带、热熔胶棒+补伤片	粘弹体+外防护带、压敏胶型热收缩带、聚烯烃胶粘带	粘弹体+外防护带、无溶剂液体环氧+聚烯烃胶粘带、压敏胶型热收缩带	无溶剂液体环氧、无溶剂液态聚氨酯、聚烯烃胶粘带、粘弹体+外护带
熔结环氧粉末、液体涂料	无溶剂液体环氧、粘弹体+外护带	无溶剂液体环氧、粘弹体+外护带	无溶剂液体环氧、粘弹体+外护带	
石油沥青、煤焦油磁漆	石油沥青、煤焦油磁漆、聚烯烃胶粘带、粘弹体+外护带	聚烯烃胶粘带、粘弹体+外护带	粘弹体+外护带、聚烯烃胶粘带	

2.1.3　完善区域性阴极保护

2016 年至 2017 年，在 PN 地区实施区域性阴极保护完善工程，投运阴极保护设备 16 套，重点保护 PN 地区“站-站”管道、“站-间”管道以及站内基础设施，实现 PN 地区区域性阴极保护功能(表 4)。

表 4　PN 地区阴极保护完善工程实施前后管道失效率

年份	管道长度/km	失效次数/(次/年)	失效率/(次/公里·年)
2016 年	1950.4	403	0.207
2017 年	2085.88	149	0.071
2018 年	2044.076	154	0.075

经过对比 PN 地区区域性阴极保护设备投运前后管道失效率，区域性阴极保护效果显著。

2.1.4　初步探索管道更换依据

(1) 管道整体更换的技术界限：管道运行 20 年以上，近五年管道平均失效率超过 4~5 次/公里·年，失效位置均匀分布的可以进行管道整体更新。管道运行 20 年以下，结合管道现场实际抢维修情况，内腐蚀严重，内腐蚀防护措施失效导致失效的管道，可以进行管道整体更新。

(2) 管道局部更换的技术界限：管道运行 15 年以上，近五年管道平均失效率超过 3 次/公里·年，失效位置相对集中的可以进行管道局部更换。管道运行 15 年以下，局部腐蚀严重的管道，结合管道现场实际抢维修情况，可以进行管道局部更换。

2.2　专业化管理

近年来，大庆油田某采油厂逐步推进管道完整性专业化管理，从制度建设、人才队伍、技术管理、配套设备等方面，逐步完善管道完整性管理体系，推动管道完整性管理工作向专业化管理转变。

2.2.1　制度建设方面

结合大庆油田某采油厂管道完整性管理工作模式，编制《大庆油田某采油厂生产管道完整性管理规定(试行)》、《大庆油田某采油厂管道完整性管理工作日常检查细则及要求(征求意见稿)》等管理规定，逐步实现“机构明确、分工明确、指标明确”，并通过制度建设，逐步规范管道完整性管理节点问题治理，提升管道完整性管理水平。

2.2.2　设备设施方面

2019 年以来，大庆油田某采油厂通过多种渠道，配备应用专业化质检设备，配备电火花检漏仪、高精度超声波测厚仪等 9 大类专业设备，并逐步应用专业化质检设备，开展管道质检、地理信息数据采集等工作，为管道完整性管理提高设备保障。

2.2.3　队伍建设方面

2017 年以来，大庆油田某采油厂逐步组建管道完整性专业化队伍，成立管道完整性管理技术攻关小组，并按照“走出去、请进来”学习模式，组织地面技术管理人员学习先进的管道完整性管理技术，提升技术水平，并持续加强新技术、新方法的推广应用，不断探索可行性管理举措。

2.3　信息化建设

大庆油田某采油厂以管道数据建设为基础，开展管道分类、高后果区评价等数据分析工作，并深化应用地理信息数据、基础数据，逐步形成管道数据化、信息化建设模型，为管道完整性管理工作提供信息化管理平台。

2.3.1　管道数据建设

大庆油田某采油厂持续完善管道基础数据台账、运行数据库、失效台账等数据库，为管道分析、评价工作提供了数据保障。

2018 年以来，大庆油田某采油厂结合管道运行情况，对全厂管道进行分类。2022 年全厂共分类Ⅰ类管道 47km、Ⅱ类管道 3290km、Ⅲ类管道 4257km。按照《油气输送管道完整性管理规范》对全厂管道进行高后果区识别。经识别，全厂共有高后果区管道 709 条，涉及长度 854.48km。

通过开展管道分类、高后果区识别、风险评价等评价工作，实现管道精细划分，有针对性的编制“一线一案”和“一区一案”，实现管道精准分类、精细管理和全面覆盖，为管道管理提供精准的数据保障。

2.3.2　A4 深化应用

（1）管道地理信息数据采集

地理信息系统中数据采集主要是为了得出相应的地理位置信息，按照大庆油田某采油厂地理信息数据完善工作部署，分两个阶段完成地理信息数据完善工作。2015 年底，大庆油田某采油厂实现地理信息数据库的“基础架构搭建+技术引进”，2017 年大庆油田某采油厂采取“租赁设备+选取专人测量”的方式，组建自主测量队伍，实现地理信息数据采集工作的“自主采集+深化应用”部署，逐步形成数据采集、校验、审核的管理体系。

（2）数据深化应用

依托 A4 数据库、A5 数据库和大庆油田某采油厂辖区内 1∶5000 航测成果图，构建“数据查询平台”，该平台主要实现站内管道二三维一体化联动展示、站外管道二维展示、局部区域放大显示效果、影像图叠加展示、动静态数据查询及统计分析、地形图输出打印等功能，辅助占压管道治理、故障抢修、生产管理等工作（图 2）。

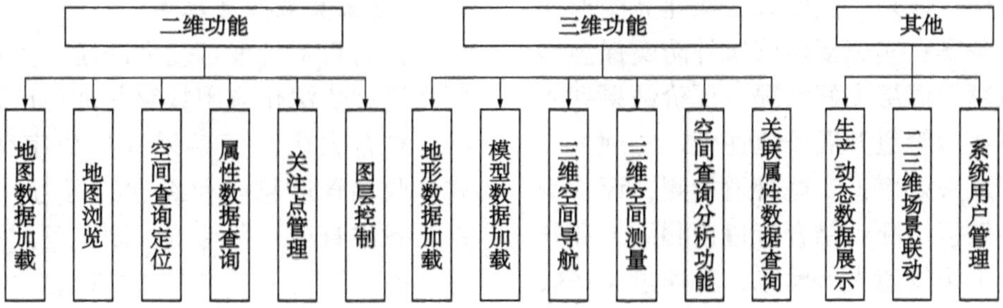

图 2　数据查询平台

3　存在问题

3.1　失效管理问题仍需重视

“十三五”期间，大庆油田某采油厂管道失效问题得到有效控制，但随着安全环保形势日益严峻、管道更换和维护成本日益增加、原油产量压力持续增大，管道失效管理问题仍然是地面系统管理的重中之重。为了解管道的腐蚀状况，从 2015 年开始加大了管道检测的力度，并依据检测评价结果，及时采取有效的技术措施，以控制管道失效泄漏隐患。

3.2　区域阴极保护不完善

大庆油田某采油厂站间输油（气）管线阴极保护覆盖率 36.3%、站间集油管线阴极保护覆盖率 22.2%、单井集油管线阴极保护覆盖率 1.4%，阴极保护覆盖率较低。目前大庆油田某采油厂已投运阴极保护设备 81 套，其中 66 套阴极保护设备运行，15 套故障停运。另外，PB10#转油站、PB13#转油站、PB14 转油站、PB15#转油站等转油站无强制电流阴极保护设备，影响区域阴极保护效果。

3.3　日常管理难度大

一是人均管理管道数量逐年增加。经统计，大庆油田某采油厂人均管理管道长度 8.07 公里，人均处理管道失效次数 1.31 次/年，且大庆油田某采油厂辖区面积 45%区域为水泡子、低洼地等环境敏感区，随着生产管理人员数量逐年减少，管道巡检、漏点探查、应急抢修、监督检查等日常管理工作难度逐年增加。二是管道完整性管理自动化程度低。大庆油田某采油厂管道完整性管理数据采集、巡检、数据分析等相关工作自动化程度低，管道泄漏监测、腐蚀监测等措施覆盖面小，工人劳动强度大，尤其是管道失效抢修、巡检等日常管理工作开展难度大。

4 下步建议

4.1 实施管道经济治理

针对大庆油田某采油厂管道失效问题，大庆油田某采油厂计划从完善管道评价体系、实施管道经济治理两方面着手。

（1）“十四五”期间，大庆油田某采油厂规划实施安全隐患治理工程，重点治理高后果区管道，加大管道经济更换、管道检测修复、管体修复等措施力度，进一步强化管道措施管理，实施管道经济更换和经济治理，降低管道失效率，延长管道全生命周期。

（2）完善管道评价体系

为确保管道经济、高效运行，以数据分析和管道检测为基础工作，构建管道检测、评价体系，逐步实现管道各施工流程、管理流程影像资料体系建立，有效督促施工方保证施工质量，并有效避免监督管理不到位导致的质量缺陷。逐步建立现场监督检查体系，关键施工点建立图形库备案、责任人备案；实施新建管道外防腐保温层检测，评价防腐保温层完好情况，评价结果列入验收项。针对在运管道开展管道评价。整理失效数据，分析管道失效率；实施管道检测，评价管道防腐保温层破损情况；结合管道检测结果和开挖验证结果，确定管道失效状态，并通过经济效益对比分析修复和管道更换效益。

4.2 强化阴极保护管理

阴极保护设备作为管道腐蚀的有效防护措施，大庆油田某采油厂将逐步完善区域性阴极保护，完善阴极保护管理体系，发挥阴极保护设施的腐蚀防护效果。

（1）逐步完善区域性阴极保护

“十四五”期间，大庆油田某采油厂安全隐患治理工程规划新建25套阴极保护设备，实现转油站以上站场全覆盖，逐步完善区域性阴极保护。

同时，针对油田区域阴极保护系统存在恒电位输出电流分配不合理、保护电位分布不均匀出现大量欠保护区、对临近非保护结构存在直流干扰腐蚀等问题开展研究，建立区域阴极保护系统模型，模拟计算保护电位分布，基于保护效果、投资经费、电流需求等数据得出优化调整方案。通过研究确定了以阳极电流为调节对象，以“减小单负载回路电流需求，增加负载回路数量”为主要技术手段的区域阴极保护系统电流调配优化技术，解决了电源与负载不匹配，不能灵活调配的问题，使阴极保护电源的输出电流均控制在其满负荷的70%以下。改善保护区域内阴极保护效果，确保埋地金属管道得到有效保护。

（2）完善阴极保护设备运行评价体系，定期对全厂阴极保护设备运行参数、保护电位等参数进行检测分析，并制定针对性的维修维护计划；结合各类改造项目，更换失效的牺牲阳极，并逐步安装绝缘接头等配件；加强在运设备的运行管理，落实责任人；结合维修改造项目，逐步完善区域性阴极保护。

4.3 建立失效预警机制

针对日常管理难度大问题，大庆油田某采油厂将进一步深化应用数字化油田已采集的运行参数，结合大庆油田某采油厂数字化油田建设模式，收集管道起点和终点的压力、流量等信息，结合各类管道运行特点，制定不同算法，经过计算，筛选可能存在泄漏的管道，并发送预警信息，提示管理人员巡检，缩短管道泄漏探查时间，减少泄漏量。目前，已建的“大庆油田某采油厂油水井生产预警平台”可初步实现预警功能，下一步，大庆油田某采油厂将逐步完善平台功能，逐步实现全面预警功能。

5 结束语

新时期原油生产任务日益艰巨，开发成本日益增加，降本增效已成为油田新时代发展的主题，通过多措并举实现管道完整性管理，节省管道更换投资，避免管道腐蚀穿孔带来的原油损失，降低安全隐患，节约能源，为油田高质量稳产、高效益发展做出新的更大贡献。

油田管道智能一体化区域性阴极保护技术应用与优化调整

张博文　刘书孟　吴镇禹　尹　升

（大庆油田有限责任公司）

摘　要　随着油田开发的不断深入，管道运行工况及敷设环境日趋复杂，腐蚀失效问题日益突出。为有效改善站外管道腐蚀失效形势，萨南油田实施了“联合站-中转站-计量间-单井”一体化管网区域性阴极保护模式，并应用远传远控技术，实现了管道电位、系统运行参数的远程采集和调控，有效降低基层劳动强度，保障管道阴极保护效果。在此基础上，结合运行效果及现场管理经验，形成技术模式优化调整意见，为后续模式推广奠定基础。

关键词　区域性阴极保护；远传远控；优化调整；数字化；腐蚀防控

1　引言

目前，大庆油田第二采油厂（以下简称萨南油田）集输系统采出液输送主要依靠埋地管网来实现，管材一般为20#碳钢等。由于油田生产管理辖区多存在地势低洼，沼泽地、苇塘及积水泡分布较多等情况，土壤及地下水腐蚀性较强，致使集输系统埋地管道腐蚀老化速度较高，加之管道超年限运行、管材质量、施工质量、后续维修补孔防腐质量难以保证等多种因素的影响，导致管道腐蚀失效问题日益突出。

“十三五”期间，萨南油田管道失效率最高达至2018年的达0.87次/(km·年)，后通过强化完整性管理，落实有效技术举措，使得管道失效率呈现逐年下降态势，2020年下降至0.57次/(km·年)。进入“十四五”以来，萨南油田管道失效率延续逐年降低趋势，2022年管道失效率降至0.275次/(km·年)，但距离公司阶段性失效率管控目标仍存在较大差距。其中，集输系统管道失效最为严重，失效占比达52.64%。

针对萨南油田集输系统管网密集、跨越区域大、服役年份长、防腐层绝缘质量不高等特点，结合现有阴极保护技术应用情况，发现“联合站-中转站-计量间-单井”一体化区域性外加电流阴极保护技术更为适宜集输管道防腐实际。同时，传统外加电流阴极保护系统，需要有稳定可靠不间断的电源和专人管理维护，需要定期对被保护管道电位进行现场测量，根据实际运行情况调整系统输出参数，给基层生产管理增添附加工作量及难度。因此，需应用数字化技术，实现阴极保护系统自动调控等功能，加速区域性外加电流阴极保护技术无人值守演化进程。

2021年以来，萨南油田在大力推进集输系统管道一体化区域性阴极保护模式建设的同时，探索应用了阴极保护远程自动监测调控系统，实现了阴极保护系工作参数远程监测、采集、分析、自动调控等功能，有效提升系统保护时率，降低岗位员工劳动强度。

2　智能一体化阴极保护技术原理及构成

2.1　一体化阴极保护技术模式构成

以站站、站间、井间管道为阴极保护对象，实施外加电流阴极保护；以计量间、中转站、联合站为控制点，设置恒电位仪、阳极地床等阴极保护系统关键设备，形成“联合站-中转站-计量间-单井”一体化管道阴极保护网络，打造大区域保护模式（图1~2）。

2.2　智能化远传远控系统原理及构成

主要以中转站为中心，建立阴极保护智能化接入点，通过电位无线远传装置和遥测分机采集中转站下属各计量间恒电位仪以及单井管道和周边油井等数据，以LoRa短距离通信方式，将数据汇总至中转站内管理装置中，传入油田内部网络遥测系统主机器中，完成数据的整合实现恒电位仪运行状态的自动调整。

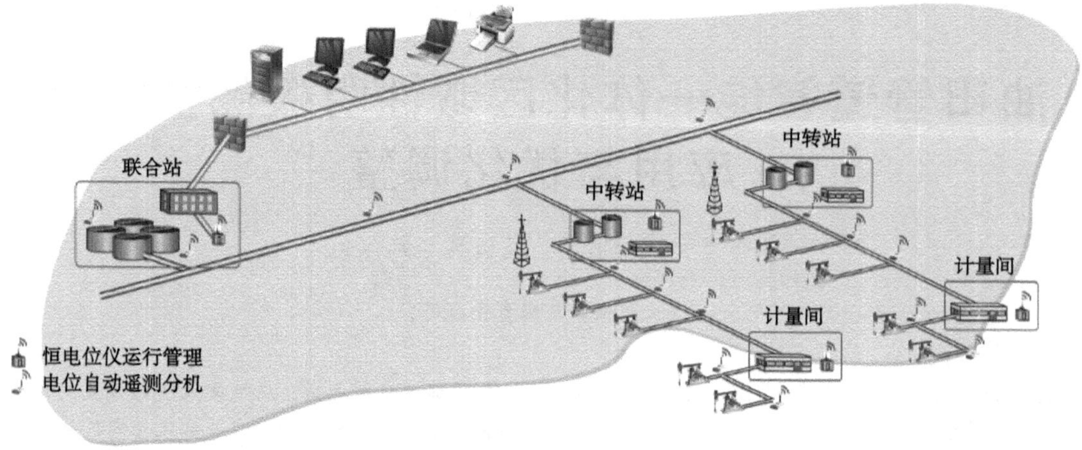

图 1　一体化区域性阴极保护技术系统框图

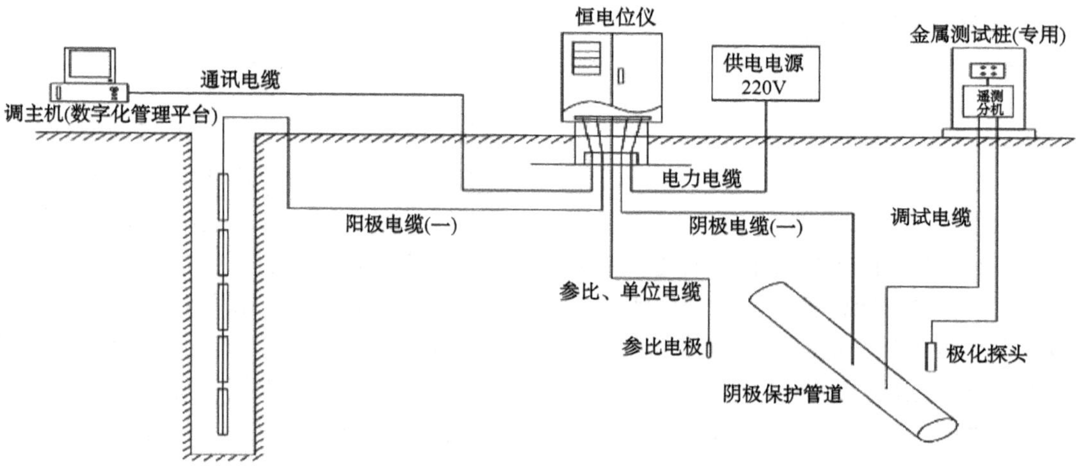

图 2　保护回路组成机构示意图

2.2.1　总体构架

主要由现场数据采集组块、站内接收与输出组块和远程调控中心组块 3 部分组成，各组块间信号传递流程如下：

（1）管道保护电位信号传输流程：电位测量探头→（电缆）→电位遥测分机→（无线跳转）→恒电位仪运行管理装置→（网线）→交换机→（局域网）→电位自动遥测系统主机→数字化管理平台（图 3）。

（2）恒电位仪运行工况传输流程：恒电位仪→（RS485）→电位无线远传装置→（无线跳转）→恒电位仪运行管理装置→（网线）→交换机→（局域网）→电位自动遥测系统主机→数字化管理平台（图 4）。

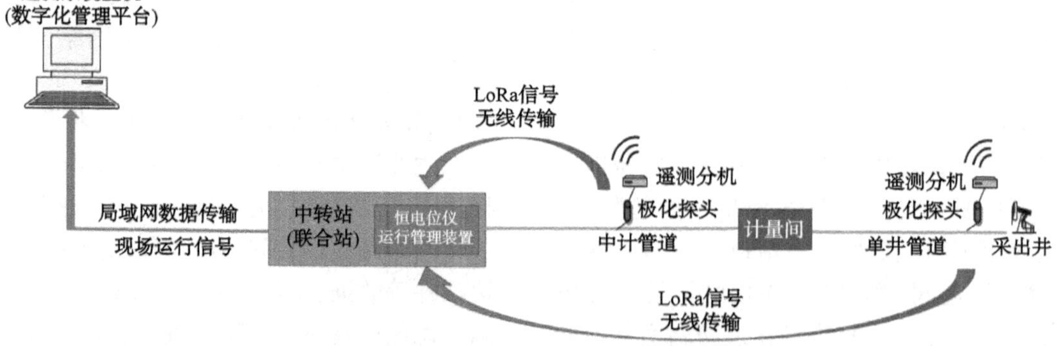

图 3　管道保护电位信号传输流程示意图

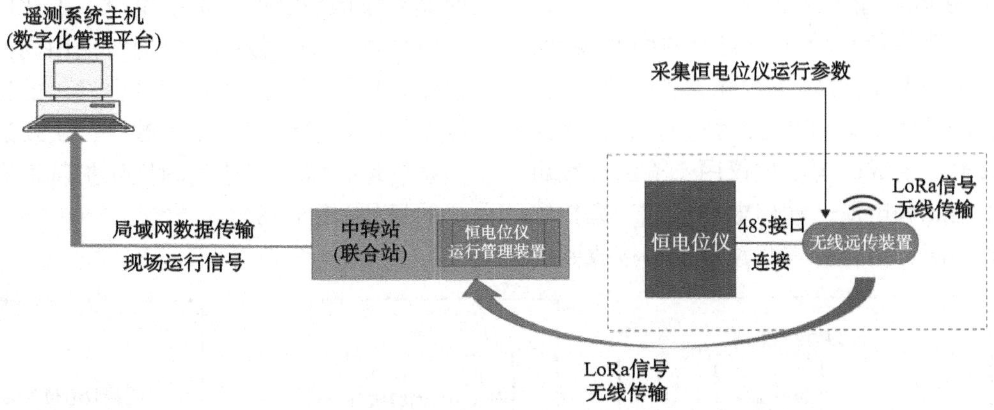

图 4　恒电位仪运行工况数据传输流程示意图

(3) 远程调控信号传输流程：数字化管理平台→电位自动遥测系统主机→交换机→(网线)→恒电位仪运行管理装置→(无线跳转)→电位无线远传装置→(RS485)→恒电位仪(图 5)。

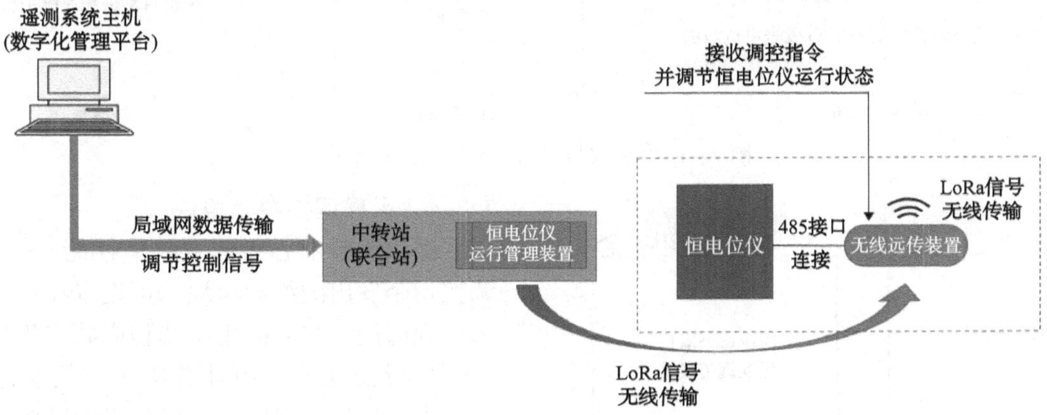

图 5　管理平台远程调控信号传输流程示意图

2.2.2　现场数据采集组块

该组块为系统信息检测、采集与传输的前端模块，设置在阴极保护管道上方，主要由极化探头、遥测分机、无线远传装置、专用金属检测桩 4 部分组成，起到动态检测现场阴极保护管道保护电位，并将采集数据上传至运行管理装置的作用(图 6)。

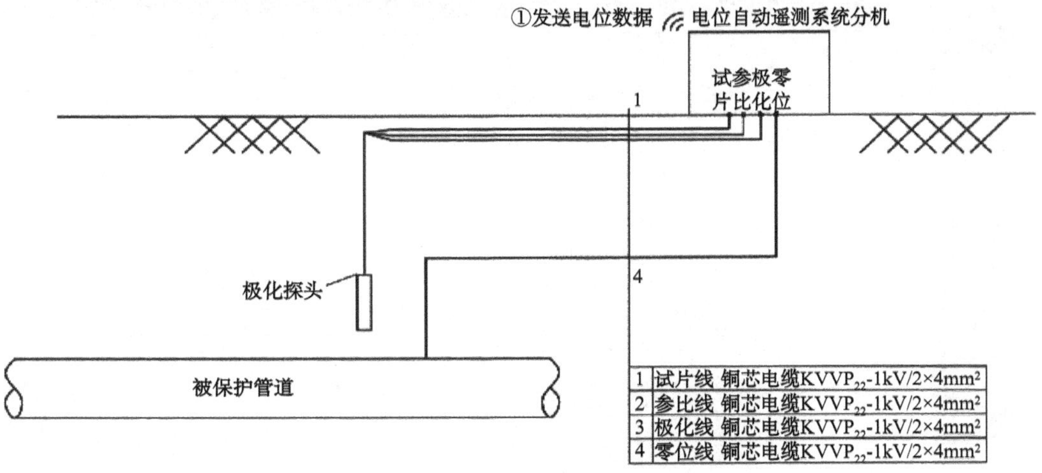

图 6　现场数据采集组块电气连接示意图

2.2.3　站内接收与输出组块

该组块为系统信息传输与交换的中端模块，设置在阴极保护间内部。主要由多功能恒电位仪、远程控制终端(恒电位仪运行管理装置)、无线远传装置等组成。恒电位仪用于输出连续可调控的直流电压和电流，输出电压恒定，调控安全，运行效率高；运行管理装置用于将接收到的前端阴极保护管道的保护电位、参比电位，以及恒电位仪的工况数据信号通过油田内网传送到数字化管理平台，并将管理平台发出的调整指令回传至恒电位仪调节工作参数等，实现远程在线监控系统运行状况，达到阴极保护管道安全高效运行的目的(图 7~8)。

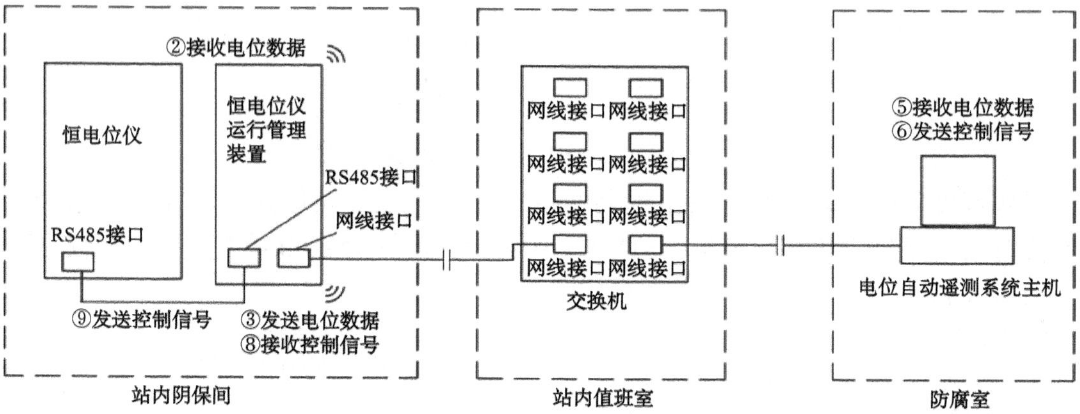

图 7　站内接收与输出组块电气连接示意图

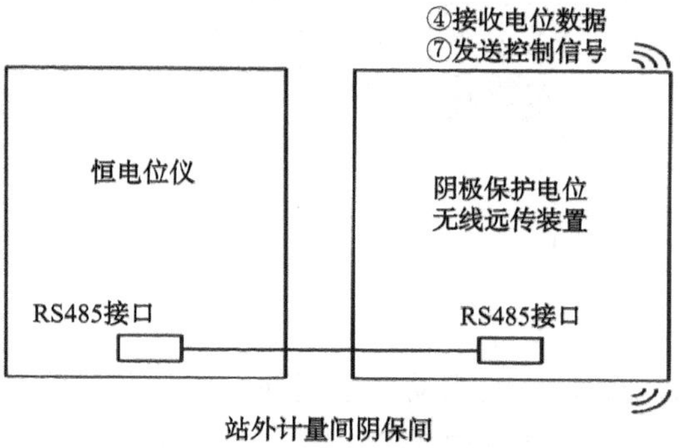

图 8　站外计量间接收与输出组块电气连接示意图

2.2.4　远程调控中心组块

远程调控中心为信息收集存储、分析处理、调控指令发出的终端模块，可设置在企业防腐技术管理部门。主要由主机和相应数字化管理平台(软件系统)组成，由计算机上的数字化管理平台提供人机交互界面，通过油田内网接收恒电位仪运行管理穿装置传送的电流、电压、电位等工况数据，并通过数字化管理平台直接显示阴极保护设备的运行状态，以及异常状态的分析和判断，并作出针对性反馈(图 9~10)。

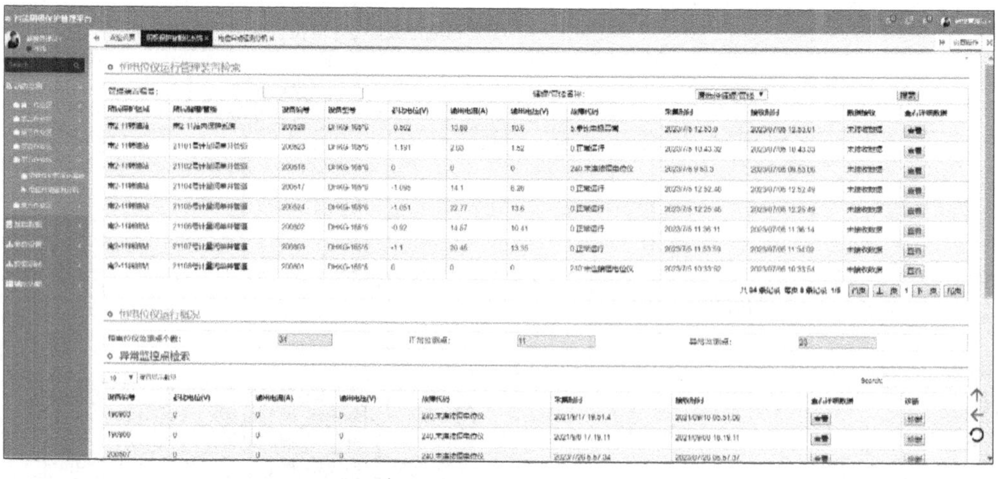
图 9　恒电位仪运行状态实时监测

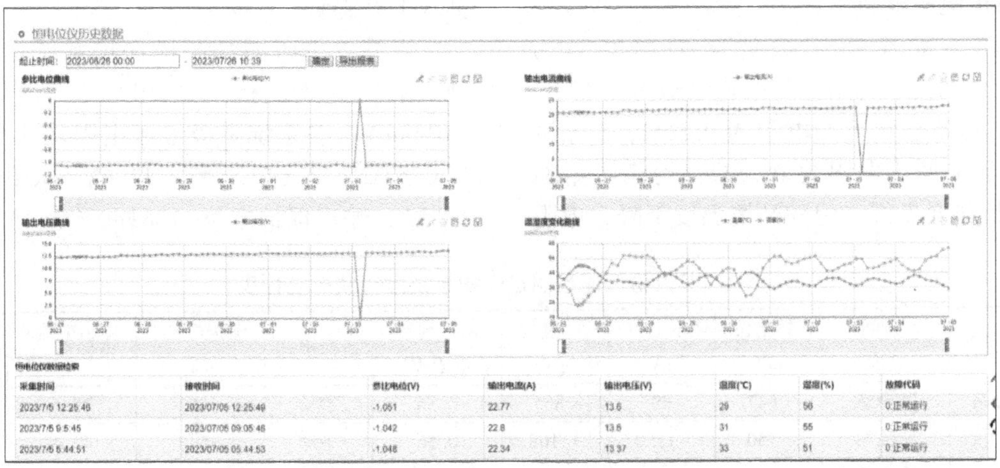

图 10　恒电位仪运行历史数据调用

3　模式应用效果评价

3.1　阴极保护系统运行有效性评价

3.1.1　管道通电电位

试验联合站全年管道平均通电电位-906mV，1 号试验中转站全年管道平均通电电位-1090mV，2 号试验中转站全年管道平均通电电位-1095mV，2 号试验中转站全年管道平均通电电位-1130mV，均处于-850mv-1200mv 保护区间，整体处于有效保护状态(图 11)。

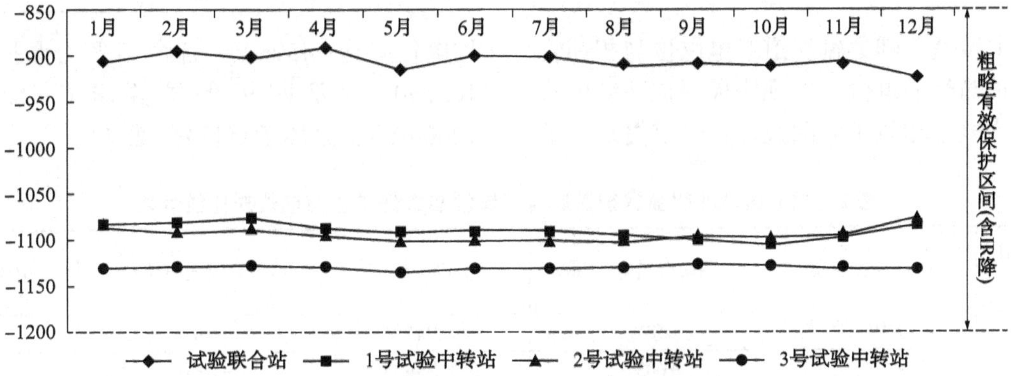

图 11　区域性阴极保护管道年平均通电电位

3.1.2　管道断电电位

试验联合站全年管道平均断电电位-885mV，1 号试验中转站全年管道平均断电电位-1025mV，2 号试验中转站全年管道平均断电电位-1060mV，3 号试验中转站全年管道平均断电电位-1068mV，均处于-850mv-1200mv 保护区间，整体处于有效保护状态(图 12)。

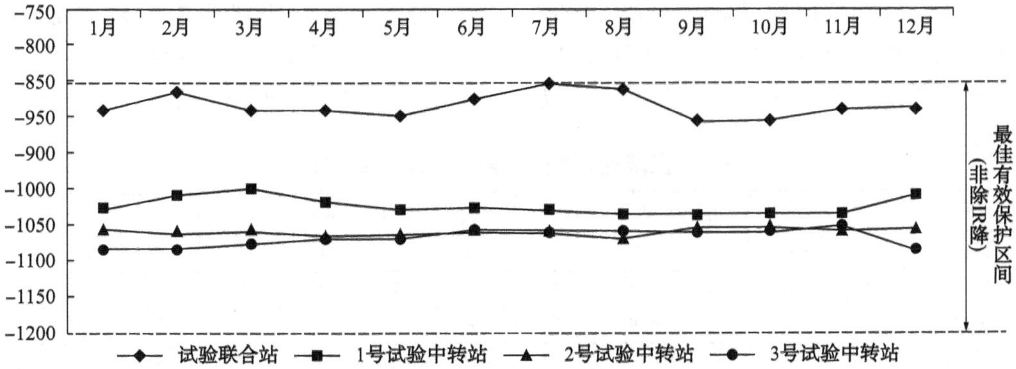

图 12　区域性阴极保护管道年平均断电电位

3.1.3 阳极地床电阻

试验联合站全年阳极地床平均电阻为0.56Ω，1号试验中转站全年平均电阻为0.63Ω，2号试验中转站全年平均电阻为0.56Ω，3号试验中转站全年平均电阻为0.55Ω，均满足<1Ω要求，运行状况良好，但随环境温度下降，电阻呈现上升趋势。

以某月份区域性阴极保护系统运行状态为例，系统有效运行率达100%，平均断电电位-1043mV，各系统阳极地床电阻均小于1Ω，平均0.53Ω，输出电压平均11.6V，输出电流平均20.5A，输出保护电位-1081mV(表1)。

表1 某月份区域性阴极保护系统运行状态统计表

序号	站库类别	计量间/站库	自然电位/mV	通电电位/mV	断电电位/mV	阳极地床电阻/Ω	运行模式	保护电位/mV	输出电流/A	输出电压/V
1	联合站	联合站	-647	-895	-865	0.56	手动	-962	25.6	15.2
2	3号中转站	转油站	-750	-1150	-1108	0.56	手动	-645	40.1	25.7
3		1号计量间	-736	-1168	-1125	0.54	自动	-1202	11.6	5.6
4		2号计量间	-692	-1185	-1085	0.63	自动	-1205	7.6	4.5
5		3号计量间	-645	-1176	-1150	0.58	自动	-1202	9.1	5.3
6		4号计量间	-625	-1142	-1092	0.5	自动	-1089	21.5	10.6
7		5号计量间	-710	-1175	-1145	0.49	自动	-1201	25.7	13.3
8		6号计量间	-663	-1056	-968	0.52	自动	-1108	25.4	15.3
9		7号计量间	-720	-906	-900	0.48	自动	-1050	15.9	9.2
10		8号计量间	-706	-1203	-1197	0.5	自动	-1206	26.9	14.1

对比中转站下辖集输管道断电电位与相邻管辖区域内集输管道电位，发现阴极保护区域内管道全年平均电位相较于非阴极保护管道更负，平均电位差达-459mV，且全年平均保护电位达-1051mV满足阴极保护要求(-850mV～-1200mV)，总体运行良好(表2)。

表2 相邻区域非阴极保护管道与区域性阴极保护管道电位对比统计表

序号＼类型	非阴极保护管道	全年平均自然电位/mV	阴极保护管道	全年平均断电电位/mV	电位差/mV
1	1号中转站	-581	1号中转站	-1025	-444
2	2号中转站	-603	2号中转站	-1060	-457
3	3号中转站	-592	3号中转站	-1068	-476
平均		-592		-1051	-459

3.2 站外埋地管道保护效果评价

在确定阴极保护系统整体有效运行基础上，通过持续跟踪站库系统所辖阴极保护管道的腐蚀失效频次的周期性变化情况，开展管道失效对比分析，同时采用腐蚀失重检查片法对比阴极保护试片和非阴极保护试片腐蚀速率，系统评价区域性阴极保护系统有效性。

3.2.1 失效频次对比分析

近3年，区域性阴极保护试验区块共发生失效672次，2020年发生362次，2021年发生207次，同比降低42.8%，2022年发生103次，同比降低50.2%，年均下降46.0%(表3)。

表3 区域性阴极保护管道失效情况统计表

站库	年份	1月	2月	3月	4月	5月	6月	7月	8月	9月	10月	11月	12月	合计
1号中转站	2020	8	4	6	11	23	19	12	12	6	5	21	7	134
	2021	4	8	4	7	8	9	7	6	11	14	6	0	84
	2022	4	3	1	9	9	0	0	5	1	2	2	0	36
	差值1	-4	4	-2	-4	-15	-10	-5	-6	5	9	-15	-7	-50
	差值2	0	-5	-3	2	1	-9	-7	-1	-10	-12	-4	0	-48
	累计幅度/%	-50.0	-25.0	-83.3	-18.2	-60.9	-100.0	-100.0	-58.3	-83.3	-60.0	-90.5	-100	-73.1

续表

站库	年份	1月	2月	3月	4月	5月	6月	7月	8月	9月	10月	11月	12月	合计
2号中转站	2020	7	1	8	8	15	10	6	9	10	32	26	21	153
	2021	9	2	5	8	9	5	5	6	10	8	4	0	71
	2022	3	2	5	1	7	7	6	12	2	7	1	0	53
	差值1	-1	1	-3	0	-6	-5	-1	-3	0	-24	-22	-21	-82
	差值2	-6	0	0	-7	-2	2	1	6	-8	-1	-3	0	-18
	累计幅度/%	-57.1	100.0	-37.5	-87.5	-53.3	-30.0	0.0	33.3	-80.0	-78.1	-96.2	-100	-65.4
3号中转站	2020	2	4	10	2	7	4	5	3	8	5	18	7	75
	2021	4	0	3	1	6	2	1	9	4	20	2	0	52
	2022	1	0	3	0	7	0	0	1	2	0	0	0	14
	差值1	2	-4	-7	-1	-1	-2	-4	6	-4	15	-16	-7	-23
	差值2	-3	0	0	-1	1	-2	-1	-8	-2	-20	-2	0	75
	累计幅度/%	-50.0	-100.0	-70.0	-100.0	0.0	-100.0	-100.0	-66.7	-75.0	-100.0	-100.0	-100	-81.3
合计	2020	17	9	24	21	45	33	23	24	24	42	65	35	362
	2021	17	10	12	16	23	16	13	21	25	42	12	0	207
	2022	8	5	9	10	23	7	6	18	5	9	3	0	103
	差值1	-3	1	-12	-5	-22	-17	-10	-3	1	0	-53	-35	-155
	差值2	-9	-5	-3	-6	0	-9	-7	-3	-20	-33	-9	0	-104
	累计幅度/%	-52.9	-44.4	-62.5	-52.4	-48.9	-78.8	-73.9	-25.0	-79.2	-78.6	-95.4	-100	-71.5

3.2.2 失重检查片腐蚀速率对比分析

为进一步排除管道材质、投运年限、日常维修作业规范性等方面带来的影响，在工程建设期各选取转联管道、中计管道、单井管道1条作为试验对象，埋设失重检查片（尺寸为100mm×50mm×20mm），共埋设24组，周期1年。

开挖酸洗后发现：一是阴极保护失重检查片整体腐蚀较轻，自然失重检查片腐蚀较为严重，部分检查片出现明显腐蚀坑；二是靠近通电点的阴极保护失重检查片仅出现轻微锈蚀，主体表面平整，无腐蚀坑，距离通电点较远的检查片表面锈蚀面积更大，但主体表面平整无明显腐蚀坑。

测量重量，对比阴极保护失重检查片、自然失重检查片与标准样片重量差，计算平均腐蚀速率，验证阴极保护有效性。经称重计算发现，自然失重检查片腐蚀速率较高，对应所处土壤环境均为较强、强腐蚀区，这与该区域94.15%为中等以上腐蚀区的前期结果相一致；阴极保护检查片腐蚀速率较低，呈现较弱及弱腐蚀性环境，有效减缓了管道腐蚀速率（表4）。

表4　失重检查片腐蚀情况及腐蚀性判定（样片重量为104.5g）

序号	监测点	试片类型	试片平均重量/g	损失重量/g	平均腐蚀速率/[g/(dm^2·a)]	腐蚀等级
1	联检1	自然试片	101.8	2.7	5.45	较强
2		阴极保护试片	104.4	0.1	0.20	弱
3	联检2	自然试片	101.4	3.1	6.26	较强
4		阴极保护试片	104.2	0.3	0.61	弱
5	联检3	自然试片	101.2	3.3	6.66	较强
6		阴极保护试片	104.2	0.3	0.61	弱
7	联检4	自然试片	101.3	3.2	6.46	较强
8		阴极保护试片	104.1	0.4	0.81	弱
9	联检5	自然试片	101.1	3.4	6.86	较强
10		阴极保护试片	104.1	0.4	0.81	弱

续表

序号	监测点	试片类型	试片平均重量/g	损失重量/g	平均腐蚀速率/[g/(dm² · a)]	腐蚀等级
11	计检 1	自然试片	102.7	1.8	3.63	中
12		阴极保护试片	104.5	0	0.00	弱
13	计检 2	自然试片	102.2	2.3	4.64	中
14		阴极保护试片	104.3	0.2	0.40	弱
15	计检 3	自然试片	102.1	2.4	4.85	中
16		阴极保护试片	104.1	0.4	0.81	弱
17	计检 4	自然试片	101.9	2.6	5.25	较强
18		阴极保护试片	103.9	0.6	1.21	较弱
19	井检 1	自然试片	100.1	4.4	8.88	强
20		阴极保护试片	103.4	1.1	2.22	较弱
21	井检 2	自然试片	100.3	4.2	8.48	强
22		阴极保护试片	103.2	1.3	2.62	较弱
23	井检 3	自然试片	98.3	6.2	12.52	强
24		阴极保护试片	103.1	1.4	2.83	较弱

综上，阴极保护管道失效频次周期性变化情况及失踪检查片试验测定结果，可以判定该区域性阴极保护模式对于站外埋地金属管道具有较好的保护效果，可有效减缓腐蚀失效速率，年均降低区域内 46.0%的失效频率。

3.3　阴极保护数字化管理平台应用效果评价

为提高区域性阴极保护试验区块数字化程度，实现管道电位远端监测、自动调节系统输出、诊断系统运行故障等功能，随工程建设同期安装管道电位自动遥测调控系统，并基于油田办公网络建立区域性阴极保护数字化管理平台，在实现区域内保护数据自动采集和调控基础上，实现保护电位数据的汇总、整理、分析，以及人工调整保护电位数值等功能。

3.3.1　系统数据采集准确性验证

在平台运行期内，采取“周录取、月模拟、全程跟踪”的方式，人工录取方式现场采集系统运行状态、保护参数等信息，并对比遥测远控系统自动采集的相应信息，验证准确性，开展自动调控系统动态数据收集与现场验证对比 33 组。

经对比，遥测系统自动采集电位与人工实测测试电位差处于-46mA～-9mA，平均误差为-30mA，误差适宜，符合设计标准 -50mA～50mA；整体误差率处于-4.72%～-0.43%，平均为-2.91%，误差适宜，符合设计标准-5%～5%。整体误差呈现负值，即遥测系统测得电位相较于人共测量电位更负，主要是用于遥测系统极化探头埋于地下管道附近，比人工测量方式的参比电极距离管道更近，IR 降更小导致，符合自然规律，遥测系统准确性合格。具体情况如图 13～17 所示。

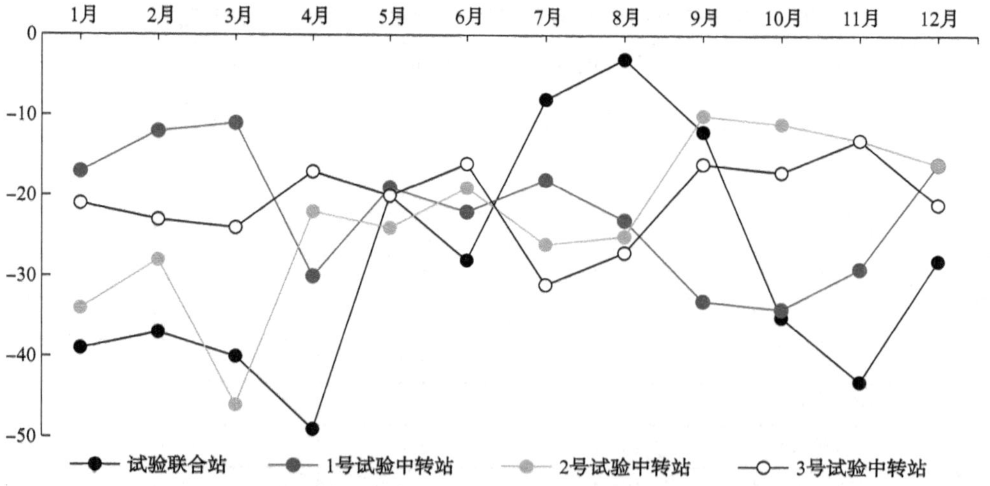

图 13　遥测系统与人工实测电位误差/mA(站内)

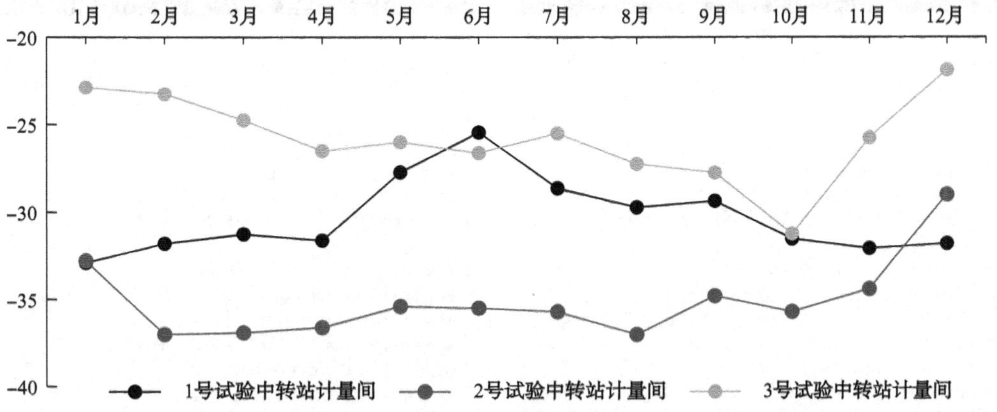

图 14　遥测系统与人工实测电位误差/mA(计量间平均)

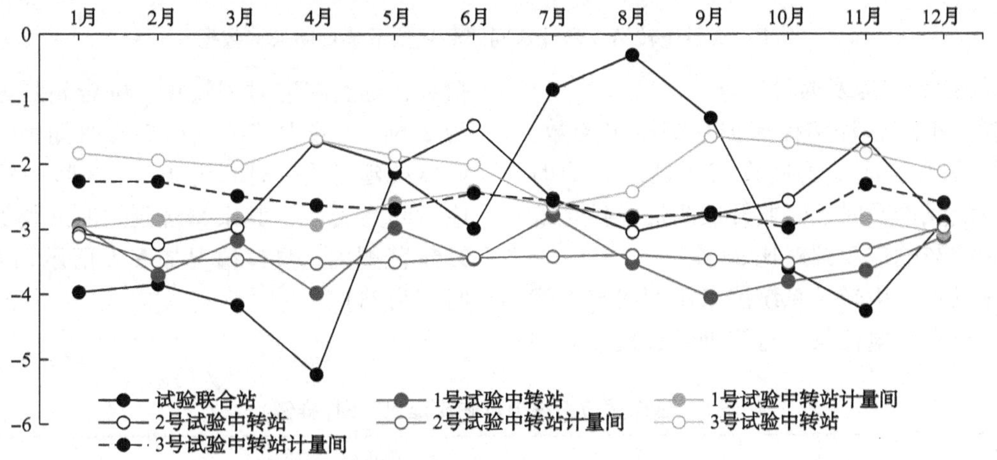

图 15　遥测系统与人工实测电位误差率/%

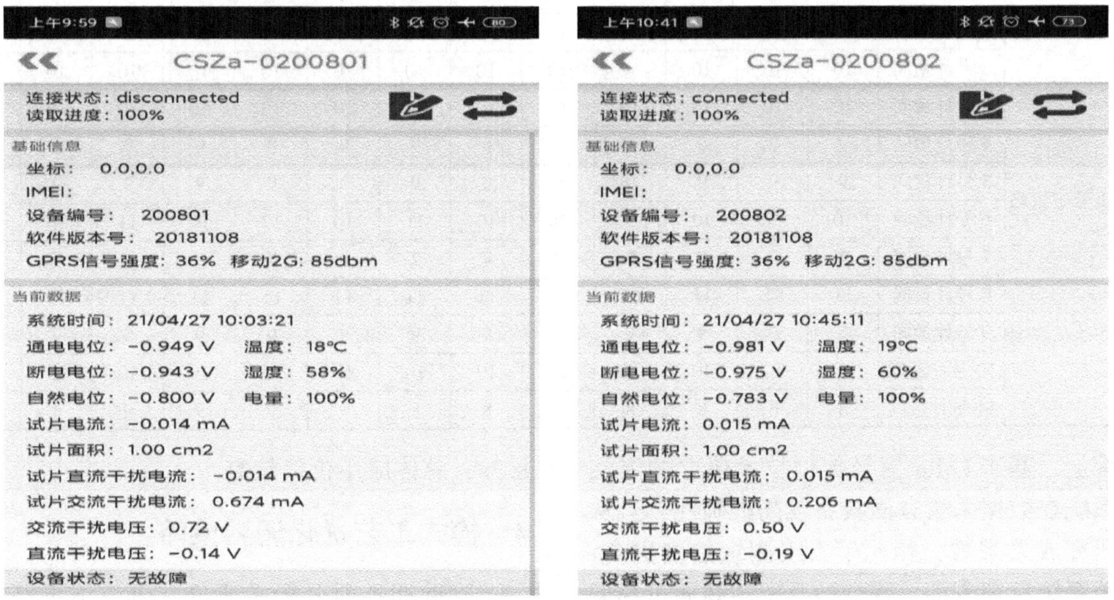

图 16　1 号中转站 6 号计量间遥测远控系统自动采集数据

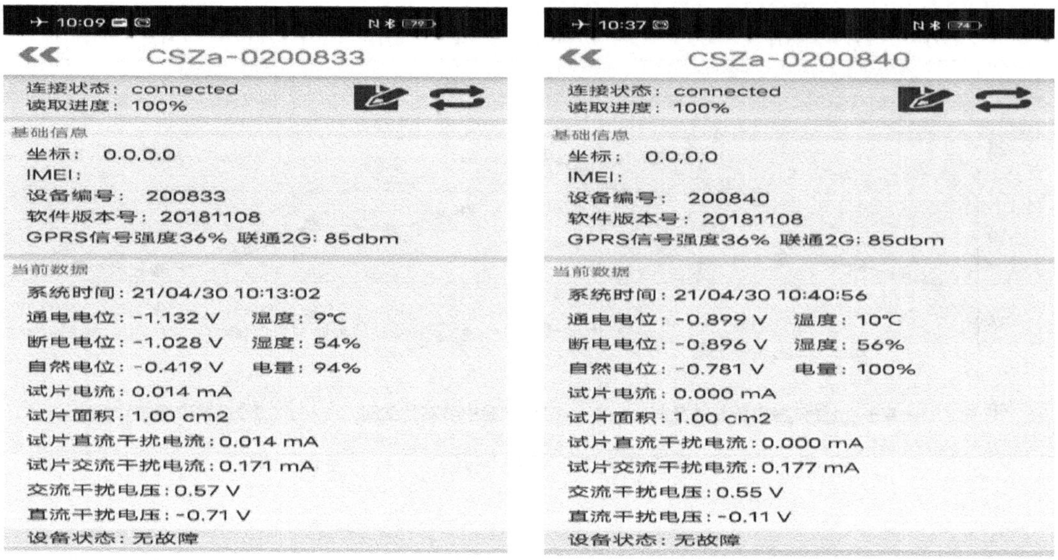

图 17　3 号中转站 5 号计量间遥测远控系统自动采集数据

3.3.2　系统指令响应及时性验证

采取管理平台远程调控保护系统输出参数，并现场安排专人验证系统接收信号延迟响应时间，验证系统反馈及时性，共开展阴极保护系统自动模拟调控与响应反馈对比 24 组。

经对比发现，中转站系统因采用网线与内网直接连通，仅需恒电位仪运行管理装置接收处理指令，延迟响应时间较短，联合站延迟响应时间为 2.6s，1 号中转站延迟响应时间为 2.8s，2 号中转站延迟响应时间为 2.9s，3 号中转站延迟响应时间为 3.0s，其余系统延迟时间均处于 7.5s~9.5s 范围内。具体情况如表 5 所示(以电位相应时间为例)。

表 5　远控调节系统电位响应延迟时间(样例)

序号	转油站(联合站)	计量间/站	电位响应延迟时间/s												
			1	2	3	4	5	6	7	8	9	10	11	12	平均
1	联合站	联合站	2	2	2	2	2	2	2	4	4	4	4	2	2.7
2	1 号中转站	1 号中转站	3	3	3	4	2	3	2	3	2	2	3	3	2.8
3		1 号计量间	11	11	11	11	11	11	11	12	12	12	12	11	11.3
4		2 号计量间	10	10	10	10	10	10	10	10	10	10	10	10	10.0
5		3 号计量间	10	10	10	10	10	10	10	10	10	10	10	10	10.0
6		4 号计量间	9	9	9	9	9	9	9	9	9	9	9	9	9.0
7		5 号计量间	9	9	9	9	9	9	9	9	9	9	9	9	9.0
8		6 号计量间	10	9	10	9	10	10	11	10	12	10	11	10	10.2
9		7 号计量间	7	7	7	7	7	7	7	9	9	9	9	7	7.7
10		8 号计量间	11	11	11	11	11	11	11	11	11	11	11	11	11.0
11		9 号计量间	9	9	9	9	9	9	9	9	9	9	9	9	9.0
12		10 号计量间	10	10	10	10	10	10	10	10	10	10	10	10	10.0
13		11 号计量间	8	8	8	8	8	8	8	9	9	9	9	8	8.3

综上，基于 LoRa 信号传输技术建立的遥测远控系统在数据采集方面具备较高准确性，且从理论研究成果来看，相比于人工测量信度更高；在远控系统反馈方面，联合站及中转站通过局域网相连的系统延迟较低，平均为 2.8s，计量间等采用无线传输的系统延迟相对较高，平均为 8.3s，总体应用价值较高。

4　模式工艺优化调整策略

在前期各项分析、评价、研究结果基础上，从保护效果、管理难度、经济效益等方面，提出针对性工艺优化措施，调整系统各组成部分参数匹配，优化设计模式，并总结区域性阴极保护管理、维护经验，为后续技术推广提供指导。

4.1 保护效果主要影响因素

影响一体化区域性阴极保护效果的主要因素有阴极保护管道外绝缘防腐层性能、绝缘接头安装完整度、恒电位仪额定输出功率等因素。

4.1.1 管道外绝缘防腐层性能

根据前期管道保护电位对比数据分析可得，管道外绝缘防腐层绝缘性能越好，越能有效防止阴极保护电流向土壤散失，在同等输出功率前提下，管道阴极保护电位越负。特别是，受雨季土壤电阻率降低，导电性增强影响，外绝缘防腐层性能较差的管道保护电位衰减更多。

4.1.2 绝缘接头安装完整度

通过绝缘接头对比试验结果可知，对所有连通管道安装绝缘接头可有效阻断保护电流向井口采油树、井下管柱等其他金属构筑物的散失，提升保护效果，平均节电可达35.47%。

4.1.3 恒电位仪额定输出功率

通过对比发现，联合站、中转站阴极保护系统整体阴极保护电位偏低，且输出功率已达推荐区间(60%额定功率)。受额定功率限制，再上调输出参数，将会影响安全稳定运行。

4.2 优化调整措施

一是结合完整性管理要求，建议针对建设期管道，配套实施智能一体化区域性阴极保护模式，从源头降低管道腐蚀速率；针对运行期管道，先完成管道检测评价，依据报告实施专业化修复后，再实施一体化区域性阴极保护模式，防止电流散失，提升保护效果。

二是考虑到经济因素，建议取消安装单井管道绝缘接头，同时取消计量间通电点处极化探头和遥测分机，仅保留远端井处极化探头和遥测分机。

三是建议研制生产安全可靠的高额定功率恒电位仪，或在站库系统增设恒电位仪，满足大面积管道保护需求。

四是针对于部分计量间远端采油井由于自身管道长、周边官网复杂、电流沿线散失量大等造成的管道末端保护电位低的情况，采取末端增加牺牲阳极，作为补充保护。

5 结论

通过管道智能一体化区域性阴极保护技术应用及效果评价，在站外管道区域性阴极保护适应性、绝缘接头影响、电位自动遥测系统和数字化管理平台运行效果等方面取得了如下认识：

（1）一体化区域性阴极保护模式对站外埋地金属管道具备良好保护效果，可有效降低管道腐蚀速率，年均失效频次降低40.6%。

（2）绝缘接头在管道阴极保护中可有效防止电流向相邻金属构筑物散失，降低系统能耗，平均节约用电35.47%，但受投资限制，建议在油气长输管道区域性阴极保护中应用，阴极保护提升保护效果。

（3）数字化远传远控技术及管理平台，在数据采集、远程调控，响应时效等方面具备较高准确性和及时性，能有效降低基层管理难度和人员工作量，具备较高应用价值。

（4）针对建设期管道，配套实施一体化区域性阴极保护模式，能有效从运行初期降低管道腐蚀速率；针对运行期管道，需先开展管道检测评价和修复工作，以便保障阴极保护系统效果。

（5）极化探头及遥测分机可实现电位实时采集与传输，便于动态跟踪系统运行状态，调节系统输出，但造价较高，建议在系统保护末端设置。

（6）对于距离远、辐射环境复杂、搭接井多的管道，可在保护末端增加牺牲阳极保护，提升保护电位，保障保护效果。

参 考 文 献

[1] 冯继和. 大庆油田埋地钢质管道腐蚀主要原因及对策分析[J]. 腐蚀研究，2018，32(7)：79-81.
[2] 张博文，张永丰，刘书孟，等. 基于腐蚀防控的油田管道完整性技术管理体系构建与应用[J]. 油气田地面工程，2022，06：76-83.
[3] 宋晓琴，李佳佳，黄诗嵬，等. 油气站场内埋地管道区域性阴极保护技术[J]. 材料保护，2015，48(6)：52-54.
[4] 俞彦英. 长输管道站场埋地管网区域阴极保护技术的应用[J]. 管道技术与设备，2015，4：59-60.
[5] 高宝成. 长输油气管道站场区域阴极保护技术应用[J]. 科学技术创新，2018，26：56-57.
[6] 周兰，陶文亮，李龙江. 埋地钢质管道强制电流阴极联合保护研究[J]. 表面技术，2015，44(4)：118-122.
[7] 石仁委，卢明昌. 油气管道腐蚀控制工程[M]. 北京：中国石化出版社，2017.

基于内外检测数据分析的管体腐蚀原因调查及对策

李宏霞　武海彬　侯利涛　白新刚

（国家管网集团西部管道有限责任公司）

摘　要　西部某成品油管道采用FBE外防腐层，开挖验证中发现防腐层剥离，管体发生大面积腐蚀。依据1次管道外腐蚀直接评价、2次漏磁内检测结果开展数据对齐，排查管道腐蚀风险较高的重点管段，管道最大腐蚀速率达0.51mm/a。开展防腐层附着力、锚纹深度、FBE材料玻璃化转变温度、土壤成分等测试结果，分析出建设期表面处理质量不合格，是防腐层失效的主要原因。同时，结合阴极保护系统运行、防腐层失效情况，分析本体腐蚀风险点，采取防腐层大修、增加阴极保护恒电位仪等措施，减少阴极保护电流衰减，提升管道断电电位，降低管道腐蚀风险。

关键词　环氧粉末；内检测；外检测；腐蚀；完整性评价

环氧粉末涂层具有较好的附着力、耐腐蚀性强、耐温性能好、价格低，广泛应用长输管道的外部防腐，但防腐层质量对施工工艺、施工环境等有较高要求，如出现管体喷砂打磨等表面处理不达标、环氧粉末双组分混合比例不合格、施工温度低于水露点等情况，则容易造成防腐层质量不合格，给管道带来较高的腐蚀风险。本文中提到的成品油管道因建设期施工质量较差，环氧粉末防腐层出现大面积剥离，引起管道发生外腐蚀。

近年来，管道企业开始推行完整性管理理念，内检测作为完整性管理的重要组成部分，给管道的安全运行管理带来很多帮助。目前，变形内检测、漏磁内检测、超声内检测、电磁超声内检测等检测方法都已应用到长输管道检测中，为管道完整性管理提供了直观有效的数据支撑。但考虑到技术的成熟性、管道本身的洁净程度以及信号分析的难度等因素，漏磁检测技术仍然是最有效、最实用的内检测技术，可较好检测宏观体积缺陷、腐蚀和径向裂纹等。本文结合漏磁内检测、外检测等数据进行腐蚀情况分析，排查管道发生腐蚀的重点管段，通过防腐层大修、增加阴极保护恒电位仪等措施，减少了阴极保护电流的衰减，有效提升了管道断电电位，降低了管体腐蚀风险。

1　腐蚀情况概述

某成品油管道于2004年投产，全长228km，管材为X52，管径426mm，壁厚7.0mm，外防腐层为环氧粉末涂层，在管道4.8km处的首站油库及管道64km处分别设置一座阴保站。

在管道内检测开挖验证、本体修复及其他开挖项目实施过程中，发现环氧粉末涂层出现大面积剥离，管体表面存在不同程度的腐蚀坑。从图1可以看到，环氧涂层整片剥离，管道本体发生锈蚀，管体表面可见较严重的腐蚀坑(图1)。

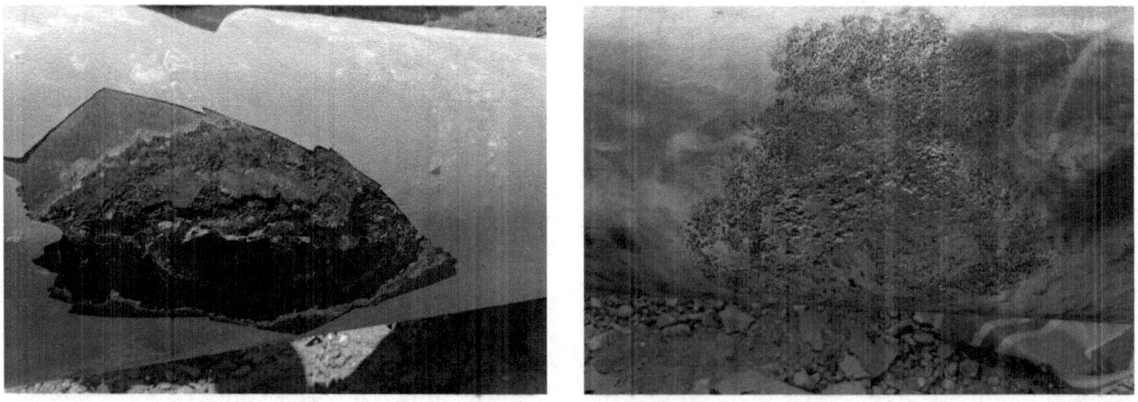

图1　管体腐蚀情况实景图

2 管道防腐层状况分析

2.1 防腐层 PCM 检漏情况

2021 年，该管道开展 ECDA 检测，共检出防腐层缺陷点 2654 处，平均 11.6 处/km，按照外防腐层缺陷点密度分级评价，防腐层等级为 3 级。其中，油库首站 - 2#阀池的长度约 22.28km，共检测出外防腐层破损点 383 处，平均 17.2 处/km，其中 22 处评价为重，321 处为中、40 处为轻(图 2)。

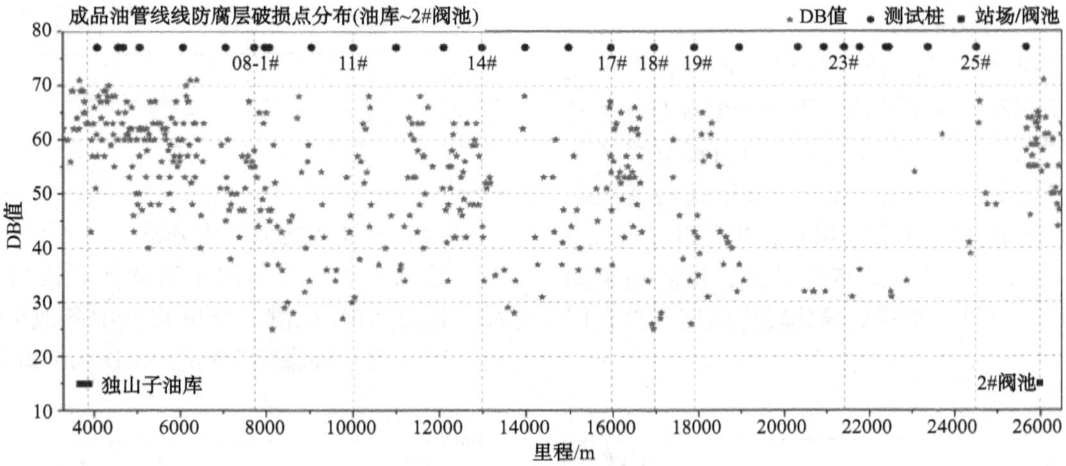

图 2　首站油库-2#阀池防腐层破损点分布图

2.2 防腐层性能分析

（1）附着力分析

将粘接块用 AB 胶附着在管道防腐层表面，每个位置测试两处，以最小值作为该处管道防腐层的最小附着力，待 24 小时完全固化后，使用附着力测试仪对粘接块进行拉拔，得出管道防腐层的粘接力情况(图 3)。

防腐层大修位置的附着力检测结果见表 1。

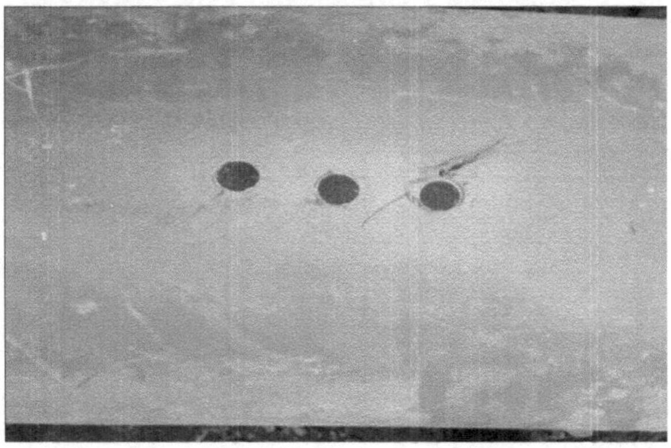

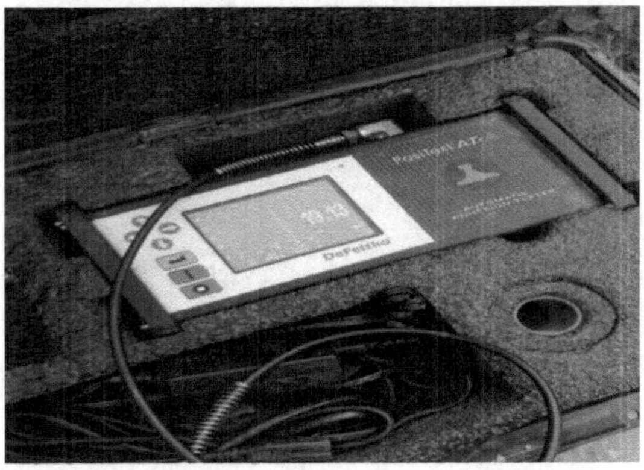

图 3　防腐层大修位置防腐层附着力测试

表 1　管道防腐层附着力测试结果

序号	附着力/MPa	
1#	8.31	7.53
2#	8.25	7.62
3#	8.21	7.57
4#	8.29	7.66

根据检测结果，防腐层附着力不满足标准要求。

（2）表面处理情况分析

管道建设期为提高防腐层的粘接力，在涂敷防腐材料前需要对管体表面进行处理，根据 SY/T 0315《钢制管道熔结环氧粉末外涂层技术规范》相关要求，表面锚纹深度应在 40～100μm。对管道剥离的防腐层进行去除，测量管体锚纹深度，检测结果如表 2 所示。可见，锚纹深度不符合标准要求。

表 2　管体锚纹深度测试结果

序号	锚纹深度/μm			
	3：00	6：00	9：00	12：00
1#	28	16	22	14
2#	26	18	20	15

续表

序号	锚纹深度/μm			
	3：00	6：00	9：00	12：00
3#	30	17	21	13
4#	32	20	22	14

（3）固化情况分析

固化温度是保持 FBE 涂层长效附着力的关键，低于标准温度下的固化不利于熔融态分子对底材的浸润。根据 SY/T 0315《钢制管道熔结环氧粉末外涂层技术规范》要求，玻璃化转变温度 ΔTg 应大于最高使用温度 40℃。在管道上选取 7 处 FBE 涂层材料进行热特性试验，检测结果如表 3 所示。可见，材料玻璃化转变温度不符合标准要求。

表 3　玻璃化转变温度统计表

序号	ΔTg/℃
1#	14.05
2#	14.17
3#	14.07
4#	13.14
5#	2.33
6#	9.34
7#	9.20

（4）土壤及腐蚀产物分析

选取 3 处管道不同里程的典型腐蚀产物样品，进行 XRD 检测，分析锈层中各成分含量情况。图 4 为三种腐蚀产物的 XRD 结果分析。

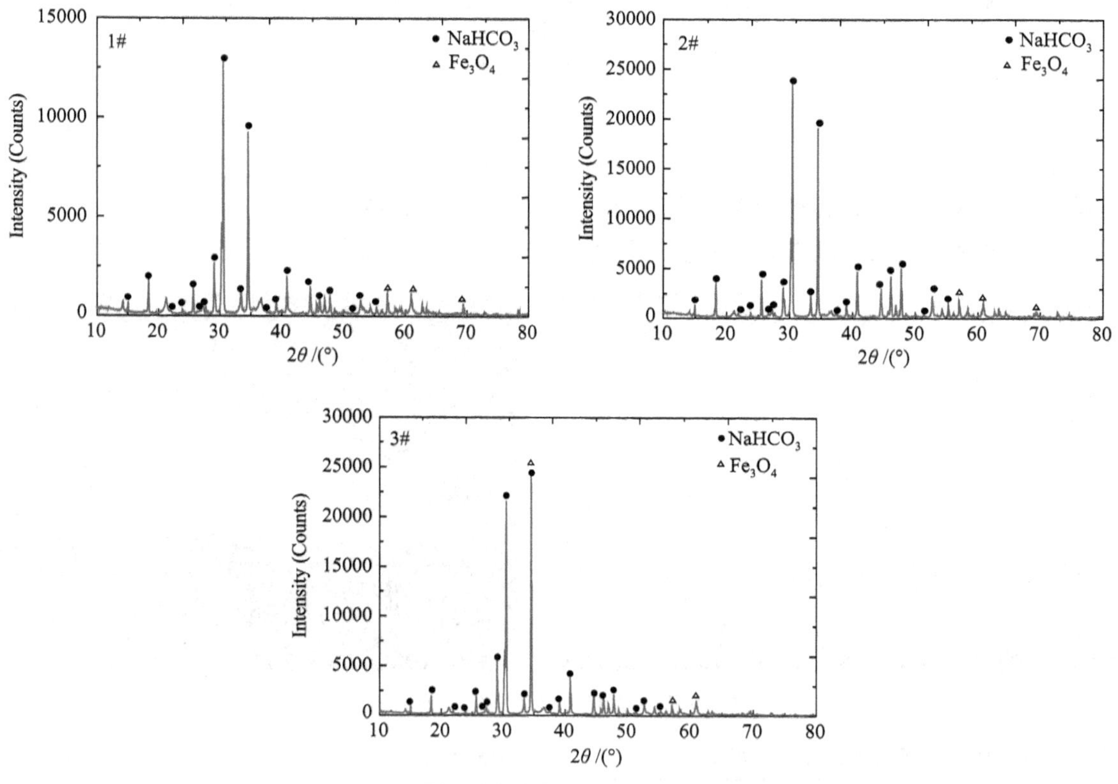

图 4　腐蚀产物 XRD 图谱

由于是腐蚀产物与土壤混杂，腐蚀产物样品 XRD 结果为 $NaHCO_3$、$CaCO_3$ 和 Fe_3O_4，表面土壤为碱性土壤，测试现场土壤电阻率为 570Ω · m，pH 值=10，土壤腐蚀性较弱，土壤属性并非加速管道发生腐蚀的主要因素。

3　阴极保护效果分析

该管段上一次 ECDA 检测结果显示，该管道 3km 至 6.5km 管段，管道断电电位负于-1200mV，处于过保护状态；17km 至 55km 管段及 80km 至 112km 的部分管段，管道断电电位正于或接近-850mV 判据，管道无法达到阴极保护状态。通过测量全线电位测试桩处管地电位发现，5#测试桩处油库首站阴保站出站电位为-1.998V，33#测试桩处电位衰减为-0.730V，可以看出，管道管地电位衰减严重（图 5）。

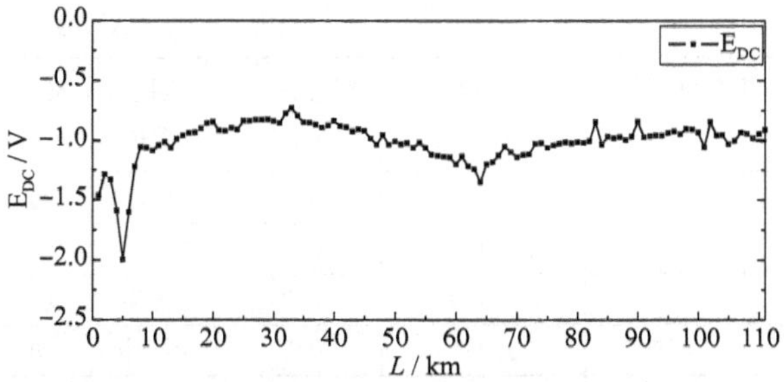

图 5　成品油管道 0-110km 电位曲线图

2 个阴保站的恒电位仪运行参数如表 4 所示。经测试，两座阴保站恒电位仪输出正常，阴极电缆、阳极电缆、参比电缆、零位接阴电缆完好，参比电极工作正常。油库首站恒电位仪输出较大，输出电流已达到 10. 1A，但距离该阴保站仅 12km 的管道阴极保护电位仍然偏正。

表 4　阴极保护系统运行参数统计表

阴极保护站	油库首站	64km 阴保站
给定电位/V	-1. 98	-1. 25
保护电位/V	-1. 98	-1. 248
输出电流/A	10. 1	3. 8
输出电压/V	36. 5	9. 8
阳极地床接地电阻/Ω	2. 89	2. 1

通过对防腐层、阴极保护电位及恒电位仪输出情况进行梳理分析，该成品油管道靠近首站油库阴保站管段电位过保护，而远离阴保间管段电位欠保护，因此，近首站油库阴保站管段防腐层较差，破损点较多导致阴极保护电流流失严重是重要原因。

4　管道漏磁内检测结果分析

为掌握管道真实的腐蚀状况，对该成品油管道开展 2 次漏磁内检测，其中，2012 年共发现外部金属损失点 40 处，其中深度≥20%的损失点有 4 处，≥10%的损失点有 31 处，深度<10%的损失点有 5 处，2019 年共发现管体金属损失 9303 处，其中大于 20%wt 金属损失共计 163 处，其中内部金属损失 40 处，外部金属损失 123 处。

两次内检测发现的外部金属损失点分布如图 6 和图 7 所示。

根据内检测的外部金属损失检测结果，外部金属损失位置管体腐蚀发展较快，两次内检测之间管体最大腐蚀速率达到 0. 51mm/a(表 5)。

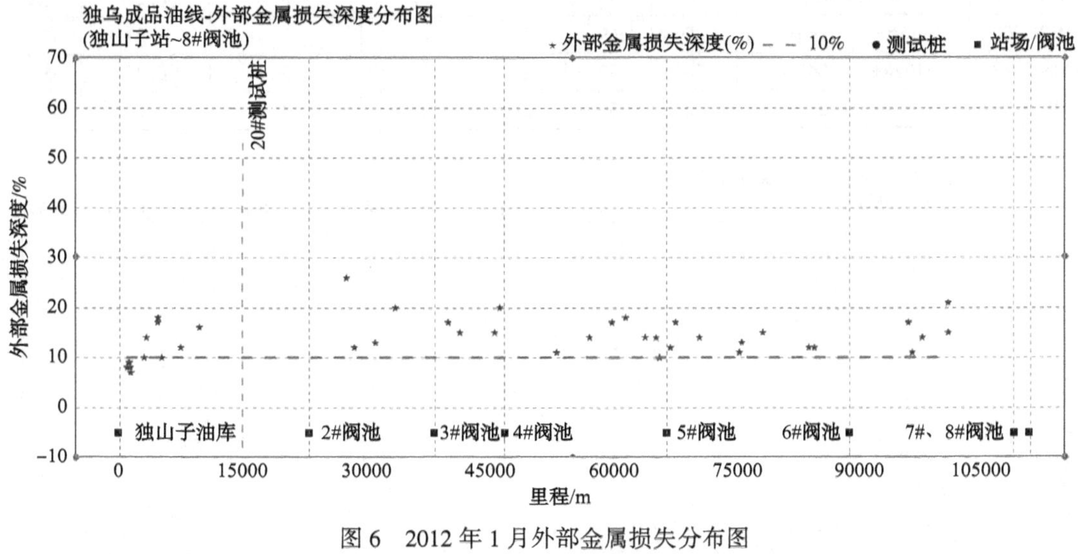

图 6　2012 年 1 月外部金属损失分布图

表 5　外部金属损失点腐蚀速率

序号	检测里程	桩号距离	长度/mm	宽度/mm	深度/mm	深度增长/%	腐蚀速率(%WT/year)	腐蚀速率/(mm/a)	阴极保护	交流干扰
1	5. 111	出站三通上游 0. 897m	97	113	23	23	3. 286	0. 263	达标	弱
2	7466. 961	12#+188. 834m	25	33	26	26	3. 714	0. 26	达标	弱
3	10995. 407	16#-251. 894m	35	49	26	26	3. 714	0. 26	达标	弱
4	3. 986	出站三通上游 2. 002m	73	82	22	22	3. 143	0. 251	达标	弱
5	7226. 134	12#-51. 993m	127	79	25	25	3. 571	0. 25	不达标	弱
6	152. 408	5#-22. 098m	35	112	24	24	3. 429	0. 24	达标	弱

续表

序号	检测里程	桩号距离	长度/mm	宽度/mm	深度/mm	深度增长/%	腐蚀速率(%WT/year)	腐蚀速率/(mm/a)	阴极保护	交流干扰
7	677.226	5+1#-5.049m	47	112	21	21	3	0.24	达标	弱
8	3264.981	8#-30.491m	120	108	24	24	3.429	0.24	达标	弱
9	4414.098	9#+85.349m	70	120	24	24	3.429	0.24	达标	弱
10	7224.483	12#-53.644m	145	78	23	23	3.286	0.23	不达标	弱
11	7228.872	12#-49.255m	89	128	23	23	3.286	0.23	不达标	弱
12	7565.097	12#+286.97m	189	160	23	23	3.286	0.23	不达标	弱
13	4025.247	8+1#+60.011m	126	88	23	23	3.286	0.23	达标	弱
14	10292.868	15#+37.459m	185	186	23	23	3.286	0.23	达标	弱
15	6574.249	11#+284.69m	125	157	22	22	3.143	0.22	不达标	弱
16	3165.331	8#-130.141m	92	103	22	22	3.143	0.22	达标	弱
17	4606.902	9#+278.153m	74	120	22	22	3.143	0.22	达标	弱
18	4619.962	9#+291.213m	115	104	22	22	3.143	0.22	达标	弱
19	4926.262	10#-382.084m	109	80	22	22	3.143	0.22	达标	弱
20	7588.792	12#+310.665m	119	73	21	21	3	0.21	不达标	弱
21	3334.258	8#+38.786m	100	97	21	21	3	0.21	达标	弱
22	4240.744	8+2#+22.4m	35	36	21	21	3	0.21	达标	弱
23	4782.536	9#+453.787m	61	208	21	21	3	0.21	达标	弱
24	4843.364	10#-464.982m	110	112	21	21	3	0.21	达标	弱
25	5503.712	10#+195.366m	139	85	21	21	3	0.21	达标	弱
26	7279.593	12#+1.466m	188	139	21	21	3	0.21	达标	弱
27	10126.098	15#-129.311m	80	40	21	21	3	0.21	达标	弱
28	10126.773	15#-128.636m	70	69	21	21	3	0.21	达标	弱
29	100527.484	102#+865.842m	36	32	21	21	3	0.21	达标	弱
30	100529.937	102#+868.295m	32	32	21	21	3	0.21	达标	弱

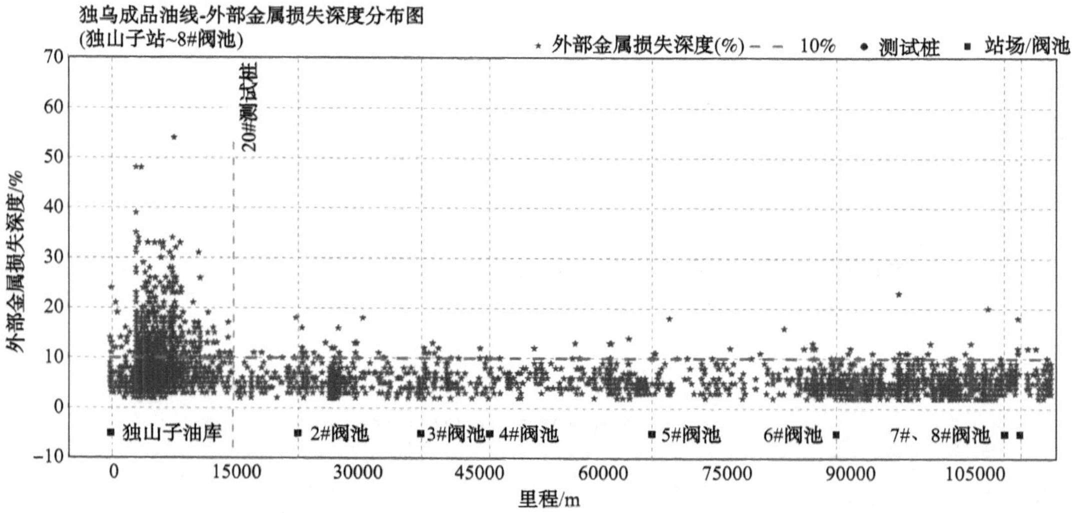

图 7　2019 年 3 月外部金属损失分布图

为判断管道外腐蚀风险的重点管段，按照每 20km 管道作为一个管段进行划分，统计大于 20%wt 金属损失数量和比例，如图 8 所示。可以看到，首站油库-20#测试桩管段范围内，大于 20%wt 金属损失数量远大于其他管段，占全线的 70%。并且，该段管段腐蚀深度较大，超过 50%wt 的金属损失有 3 处，40%～50%wt 金属损失有 3 处(表 6)。

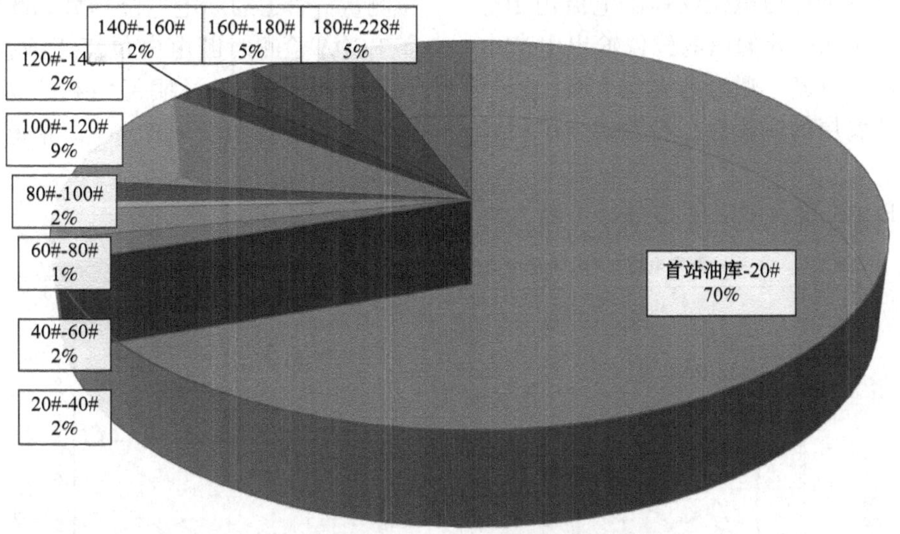

图 8　漏磁内检测发现的大于 20%wt 金属损失按照管道里程分布图

表 6　独山子油库至 20#测试桩外部金属损失情况

外部金属损失深度	超过 50%	40%～50%	30%～40%	20%～30%	10%～20%	低于 10%	合计
数量	3	3	24	87	621	3518	4256

通过上述分析可以看出，首站油库-20#测试桩管段外部金属损失数量多、腐蚀深度大，是该段管道外腐蚀风险的重点管段。同时，外检测防腐层破损点较多的管段，如独山子阴保站-2#阀池（0-22.28km）、2#阀池-3#阀池（15.3-22.28km）、4#阀池-5#阀池（46.01-65.55km），其内检测外部金属损失数量也比较多；值得注意的是，6#-7#阀池（88.4～106.25km）之间外检测防腐层破损点较少，但内检测发现的外部金属损失数量较多。表明外检测无法发现所有的外部金属损失点位置。

5　处置对策及效果分析

针对首站油库-20#测试桩外腐蚀风险重点管段，为减少阴极保护电流衰减，通过防腐层大修、增加阴保站的措施，保证防腐层的完整性，降低腐蚀风险。2016～2021 年，利用 5 年时间对该成品油管道外防腐层剥离严重的首站油库-27km段管道采用无溶剂环氧涂料开展了防腐层大修。2017 年 11 月，在该管道 32km 处新增加一处阴保站，设置恒电位仪为管道线路提供阴极保护电流。

为评估防腐层大修对阴保系统的影响，收集管道在防腐层大修前的阴保测试数据，与防腐层大修后的阴保数据进行对比分析。首站油库恒电位仪和 64km 阴保站恒电位仪自 2015 年 3 月起的输出数据变化如下图 9、图 10 所示。

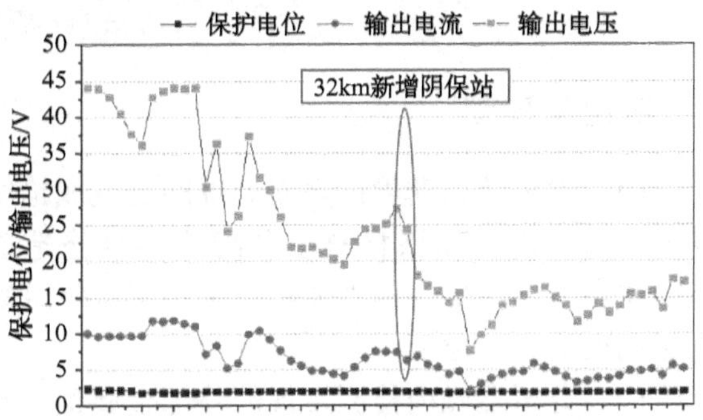

图 9　首站油库阴保站恒电位仪输出趋势图

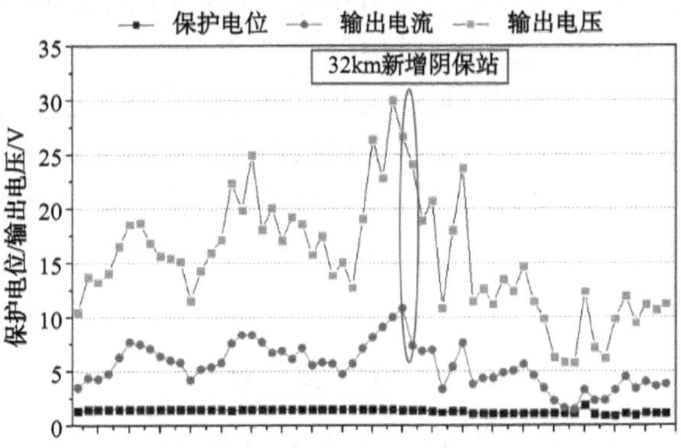

图 10　64km 阴保站恒电位仪输出趋势图

通过对 2 个阴保站恒电位仪的输出趋势可以看出，32km 处阴保站恒电位仪于 2017 年投用后，首站恒电位仪及 64km 恒电位仪输出均匀明显下降，可见，32km 处恒电位仪的投用降低了其他阴保站恒电位仪负荷，共同对管道实施阴极保护。另外，首站油库恒电位仪输出电流由10A逐渐下降至5A，64km处的恒电位仪输出电流也有下降趋势。可以推断，通过防腐层大修，提升了成品油管道防腐层的完整性，有效减少了阴极保护电流衰减。

2019年，ECDA项目中对管道进行了断电电位测量，管道通断电电位趋势如图11所示。2014年ECDA检测时断电电位正于或接近-850mV的管段，在增设32km阴保站和防腐层大修后，断电电位均满足负于-850mV，管道达到阴极保护要求。

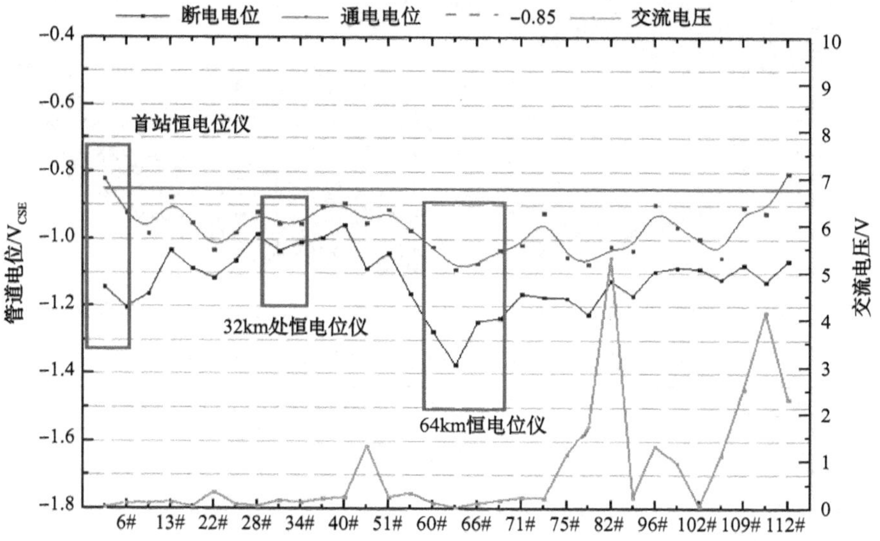

图11　管道通断电位趋势图

6　结论与建议

（1）管道建设期管体表面处理问题造成锚纹深度不够，FBE涂层材料组分配比不合格造成玻璃化转变温度低于标准要求，是引起该管道防腐层剥离的主要原因。

（2）分析漏磁内检测发现的外部金属损失和PCM检测出的防腐层破损沿里程的分布情况、管道阴极保护电位分布状况，能够判断出管道腐蚀风险较高的重点管段。

（3）通过防腐层大修，提升管道防腐层的完整性，能够有效减少阴极保护电流衰减。

（4）在管道中间位置增设阴极保护站，能够降低其他阴保站恒电位仪负荷，提升管道断电电位。

参考文献

[1] 苏志华，欧阳小虎，王成园．漏磁内检测技术在原油管道腐蚀评价分析中的应用[J]．腐蚀与防护，2021，(1)，50-56.

[2] 祝明，姜晓红，李晓晖，等．管道内外检测数据对齐在完整性评价中的应用[J/OL]．油气储运．

[3] 国家质量监督检验检疫总局．埋地钢质管道腐蚀防护工程检验 GB/T 19285[S]．北京：中国标准出版社，2014.

[4] 中国石油天然气管道科学研究院有限公司．管道防腐层性能试验方法 第7部分：厚度测试 SY/T 4113.7[S]．北京：石油工业出版社，2013.

[5] 中国石油天然气管道科学研究院有限公司．钢制管道熔结环氧粉末外涂层技术规范 SY/T 0315[S]．石油工业出版社，2013.

[6] 中国石油天然气集团公司，埋地钢质管道及储罐腐蚀评价标准—埋地钢制管道外腐蚀直接评价 SY/T 0087.1[S]．北京：石油工业出版社，2018.

线路阴保杂散电流干扰分析

谢信军

（国家管网集团西部管道有限责任公司）

摘　要　随着我国长输管道的发展和线路铺设里程的不断增长，以及交通运输，电力，矿业的快速发展，管道与轨道和输电线路平行、交叉、接近或共用走廊的情况越来越普遍，杂散电流流入管道的情况越来越多，对埋地管道腐蚀破坏也越来越大，动态杂散电流干扰引起的管道腐蚀问题也越来越被人们所关注。由于杂散电流干扰数量大，腐蚀速度快，因杂散电流腐蚀引起的管道泄漏事故频发。本专题重点梳理得出分公司某作业区管辖范围内管线受杂散电流干扰存在的问题，对于存在的杂散电流干扰问题统计分析，根据结采用果针对性方案进行治理。

关键词　长输管道；交流干扰；直流干扰；腐蚀

杂散电流腐蚀本质上是电化学腐蚀，由于埋地管道具有导电性，杂散电流从管道的一个部位流入，从另一个部位流出，导致管道表面电流密度发生变化，形成电位差，即杂散电流干扰。根据干扰源的不同，杂散电流可分为直流杂散电流干扰、交流杂散电流干扰、地电流干扰。直流杂散电流主要来源于厂矿、直流高压输电线路、管道外加的阴极保护系统等；交流杂散电流主要来源于交流电气化铁路、交流高压交流电线设施等；地电流是地磁场的变化感应产生的，属于自然界的一种现象，地电流从腐蚀观点来说并不重要。杂散电流干扰严重影响管道腐蚀安全，相关研究资料显示直流干扰在管道上的腐蚀速率达到 7. 9kg/(A・yr)；交流干扰腐蚀速率虽然较直流干扰低很多(相关资料显示是直流腐蚀速率的 10%)，但是由于交流干扰范围广，干扰源多，同样对管道腐蚀安全具有严重危害。可靠、高效的杂散电流干扰防护是保障管道腐蚀安全的重要因素。

根据分公司线路管道杂散电流干扰日常的统计数据，结合《分公司 2022 年阴保系统运维服务项目》交直流杂散电流排查结果及历年外检测项目报告，重点梳理得出分公司某作业区管辖范围内管线受杂散电流干扰存在的问题。

1　概况

1.1　专题主旨

对于存在的杂散电流干扰问题，对分公司某作业区管辖范围内的管线开展杂散电流干扰专项调查统计和分析，根据测试结果选取严重管段有针对性的进行治理。

1.2　内容和范围

调查管段：管道 B 某站附近，管道 B、管道 C 及管道 D 的并行相互干扰管段；出具阴保系统调整及治理方案(表 1)。

调查与治理管段：某矿矿车干扰段；根据测试调查结果，进行杂散电流干扰治理(表 2)。

表 1　并行管段干扰段范围

管线名称	起始桩号	终点桩号	里程/km
管道 A	A10001	A10056	55
管道 B	B10001	B10069	68
管道 C	C10001	C10077	76
管道 D	D10001	D10099	98
合计			297

表 2　某矿矿车干扰段

管线名称	起始桩号	终点桩号	里程/km
管道 A	A10057	A10081	24
管道 B	B10069	B10146	77
管道 C	C10078	C10114	36
管道 D	D10099	D10175	76
合计			213

2　管道交直流干扰测试

2.1　管道沿线土壤电阻率测试及评价

依据 GB 21447—2018《钢质管道外腐蚀控制规范》，土壤腐蚀性的测定可采用土壤电阻率，并按照表 3 的规定划分等级。

表 3　按电阻率划分土壤腐蚀性等级

等级	弱	中	强
土壤电阻率/(Ω·m)	>50	20~50	<20

管道 A 土壤电阻率测试范围：A10001#测试桩-A10056#测试桩，共 56km；A10057#测试桩-A10081#测试桩，共 25km；累计测试里程 81km。测试结果如图 1~4 所示。

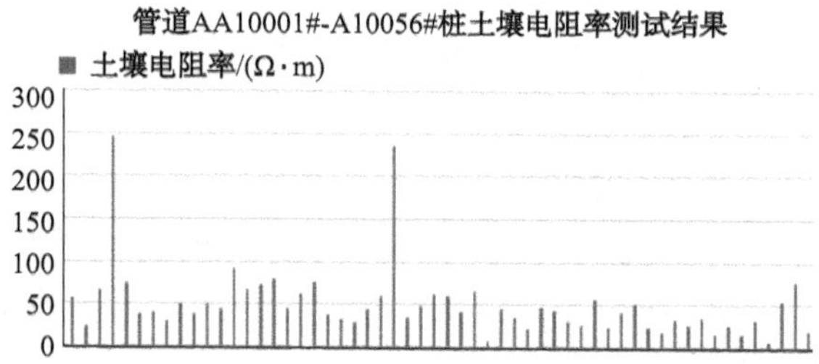

图 1　管道 AA10001#-A10056#桩土壤电阻率测试结果

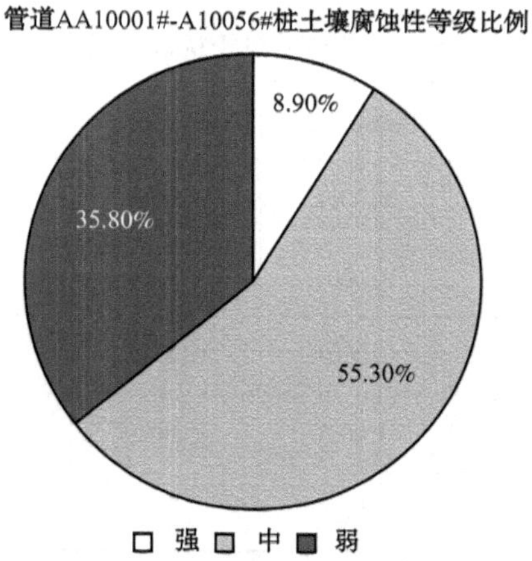

图 2　管道 AA10001#-A10056#桩土壤腐蚀性评价结果

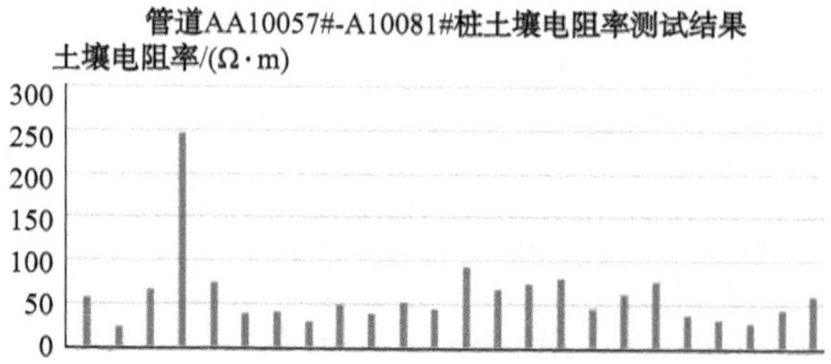

图 3　管道 AA10057#-A10081#桩土壤电阻率测试结果

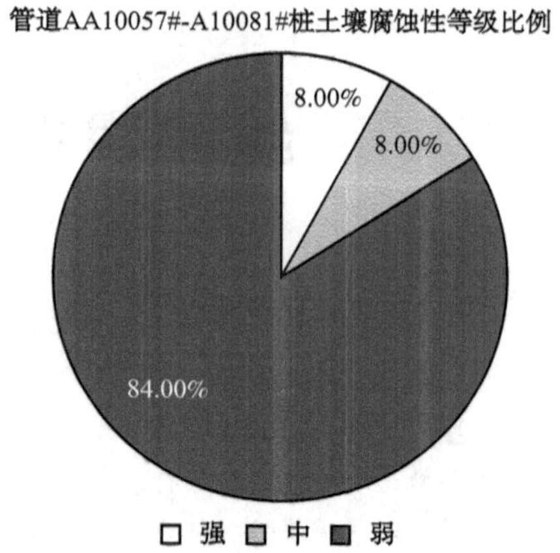

图 4　管道 AA10057#-A10081#桩土壤腐蚀性评价结果

管道 B、C、D 土壤电阻率测试结果如图 5~10 所示。

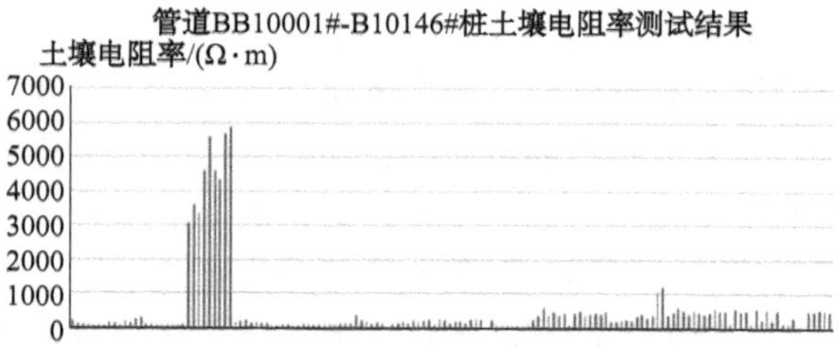

图 5　管道 BB10001#-B10146#桩土壤电阻率测试结果

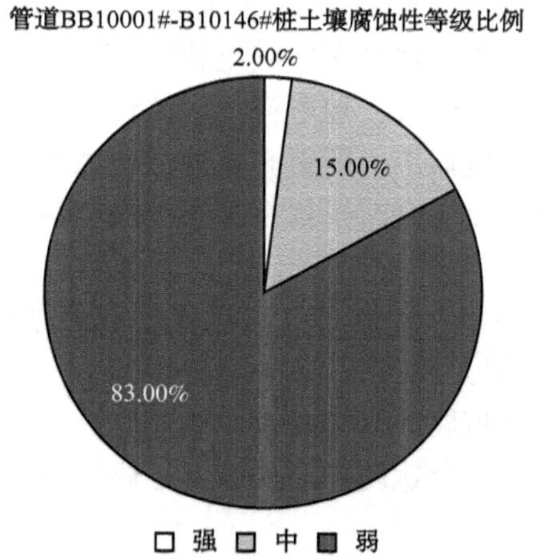

图 6　管道 BB10001#-B10146#桩土壤腐蚀性评价结果

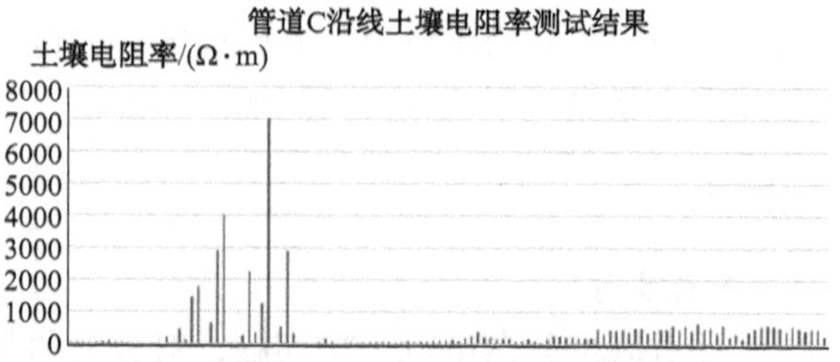

图 7　管道 C 沿线土壤电阻率测试结果

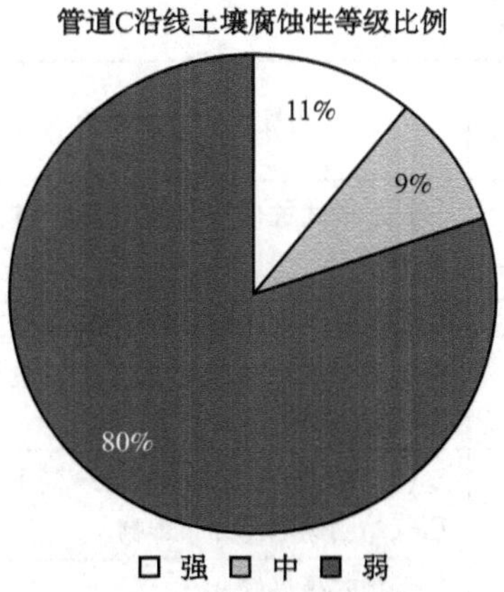

图 8　管道 C 沿线土壤土壤腐蚀性评价结果

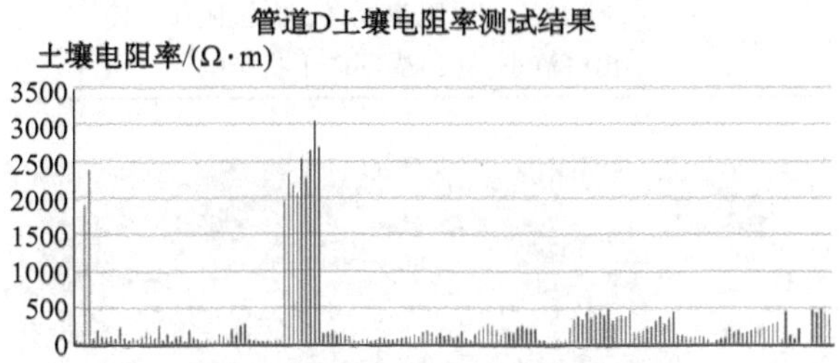

图 9　管道 D 土壤电阻率测试结果

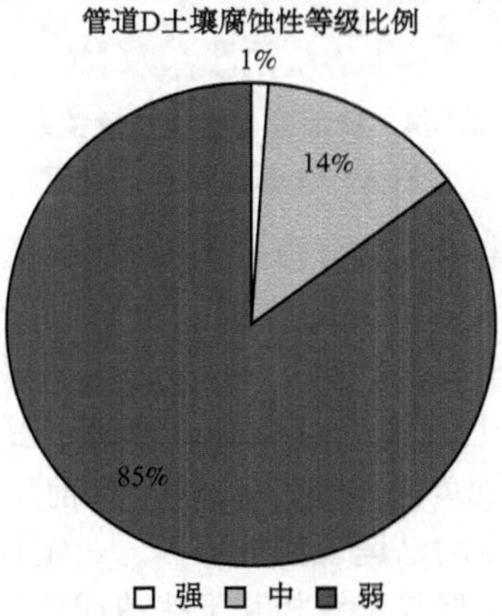

图 10　管道 D 沿线土壤腐蚀性评价结果

土壤电阻率现场测试照片见图 11。

图 11　土壤电阻率现场测试照片

2.2　交流干扰测试结果及评价

SY/T 0087.6—2021《钢制管道及储罐腐蚀评价标准第 6 部分：埋地钢制管道交流干扰腐蚀评价》中给出了综合评价指标(表 4)。

表 4

指标名称	评价指标
交流电流密度 J_{ac} 指标	$J_{ac} \leqslant 30A/m^2$
综合评价指标	当 $30A/m^2 < J_{ac} < 100A/m^2$ 时，则应满足： (1) $-1.15V_{CSE} \leqslant E_{IR\text{-}free} \leqslant -0.90V_{CSE}$ 或 (2) $J_{dc} < 1A/m^2$，且 $E_{IR\text{-}free} \leqslant -0.90V_{CSE}$

注：在高土壤电阻率（> 100Ω·m）、高温（> 40℃）和硫酸盐还原菌（SRB）等特殊环境下，宜采用腐蚀速率指标。

依据交流干扰程度的判断指标，所测管段均进行了交流电流密度计算，各条管线均未发现交流干扰程度评估为“强”的点，具体评价结果见表 5。

2.3　直流干扰测试结果及评价

对于直流干扰，GB/ 50991—2014《埋地钢质管道直流干扰防护技术标准》明确规定：已投运阴极保护的管道，当干扰导致管道不满足最小保护电位要求时，应及时采取干扰防护措施。

阴极保护效果评价结果，见表 6。

表 5　交流干扰程度评价结果

序号	线路名称	测试管段	按交流电流密度评估为“中”度干扰的点	交流干扰程度评价	备注
1	管道 A	A10001#-A10056#	无	弱	
2		A10057#-A10081#	1 处测试桩(土壤电阻率低)	1 处测试桩评价为“中”；其余测点评价为“弱”等级	
3	管道 B	B10001#-B10146#	2 处测试桩	2 处测试桩评价为“中”；其余测点评价为“弱”等级	
4	管道 C	C10001#-C10077#	3 处测试桩	3 处测试桩评价为“中”；其余测点评价为“弱”等级	
5		C10078#-C10114#	无	弱	
6	管道 D	D10001#-D10175#	无	弱	

表 6　阴极保护效果评价结果

序号	线路名称	测试管段	测点数量	断电电位满足-0.85V	断电电位未满足-0.85V	阴极保护效果评价	备注
1	管道 A	A10001#-A10056#	56	55	1	1 处测试桩位于沙漠管段，其余正常保护	
2		A10057#-A10081#	25	3	22	3 处测试桩正常保护；其余测点欠保护，受杂散电流干扰影响，电位波动较大	
3	管道 B	B10001#-B10146#	150	30	120	(1)受厂矿干扰影响；(2)受上下游压气站阴保电流分布影响	
4	管道 C	C10001#-C10077#	79	78	1	保护效果良好	
5		C10078#-C10114#	37	6	31	受厂矿干扰影响	
6	管道 D	D10001#-D10175#	175	112	63	(1)土壤电阻率较高、微控阴保站输出电流小；(2)受厂矿干扰影响	

3　直流干扰调查及测试

3.1　换流站接地极调查

具体如图 12~14 所示。

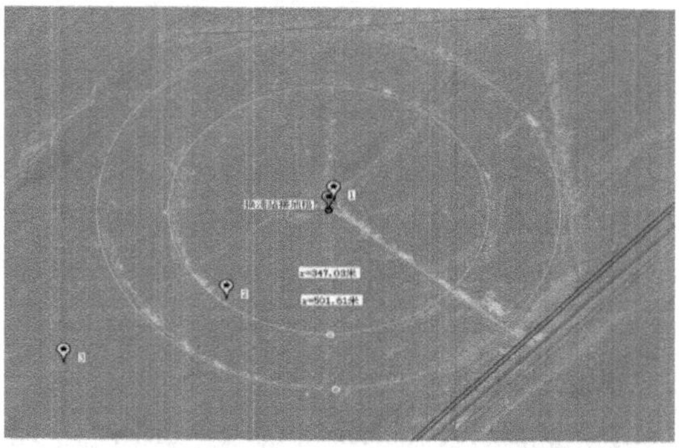

图 12　换流站接地极(水平双环接地极)

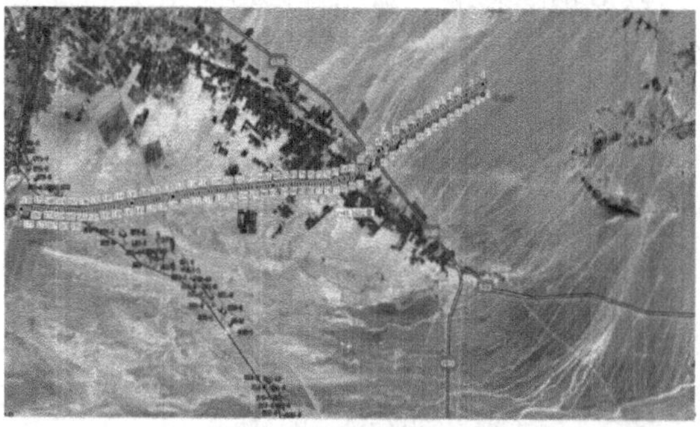

图 13　接地极线路走向图

图 14　接地极与管道位置关系
(管道 A、管道 D 及并行管道)

3.2　某压气站区域阴保与线路管道干扰排查

经现场测试与排查(图 15)，管道 B 某压气站恒电位仪正常运行情况下，上下游管道电位差较大，一方面阴保站辅助阳极地床埋设于管道上游方向，辅助阳极地床附近管道受到阳极干扰影响，电位负向偏移；另一方面阴保电流分布不均，阴保电流大部分流向上游管道(受管道沿线土壤电阻率、防腐层状况、管道 C 管道、站场屏蔽等诸多因素影响)。而受区域阴保影响主要为管道 C 上游管道，其 5km 范围内受区域阴保影响，电位负向偏移 200mV，目前，进出站绝缘接头两侧均已埋设牺牲阳极，一定程度上可以缓解区域阴保与干线相互干扰造成绝缘接头附近管道的腐蚀(绝缘接头附近均已埋设牺牲阳极组，经现场连接实验，将绝缘接头测试电缆分别连接对应的牺牲阳极组，受干扰管段通电电位下降 100mV，而断电电位值没有变化)。

图 15　管道 B 线路阴保排查测试

经过多处馈电实验，在下游10km处效果最佳，在馈电点施加1A的电流，经电位测试上下游管道均能得到有效保护，管道B辅助阳极地床干扰问题也能得到较大程度的缓解(表7)。

表7　馈电实验测试记录表

测试位置/桩号	恒电位仪正常运行，输出电流3.8A	恒电位仪正常运行，下游绝缘接头测试桩施加1A阴保电流	恒电位仪4.8A电流分布	馈电实验1A电流分布	下游10km处测试桩馈电实验1A电流
上游测试桩A	-1.50V	-1.80V(断电电位-1.35V)			-1.30V(断电电位-1.02V)
上游测试桩B	-1.56V	-1.87V	上游方向3.1A	上游方向0.8A	-1.32V(断电电位-1.03V)
上游绝缘接头测试桩	-1.50V	-1.82V			-1.26V(断电电位-1.01V)
下游绝缘接头测试桩	-1.00V	-1.20V			-1.25V(断电电位-1.01V)
下游测试桩C	-0.71V	-1.01V(断电电位-0.65V)	下游方向0.7A	下游方向0.2A	-1.23V(断电电位-0.99V)
下游测试桩D	-0.71V	-1.01V			-1.23V(断电电位-1.00V)

3.3　大明集团天湖铁矿

在受干扰较严重的3个测试桩附近进行了3组十字交叉法电位梯度及杂散电流方向测试，测试结果显示其杂散电流源均指向铁矿方向(测试前对矿区进行了定位)，见图16。

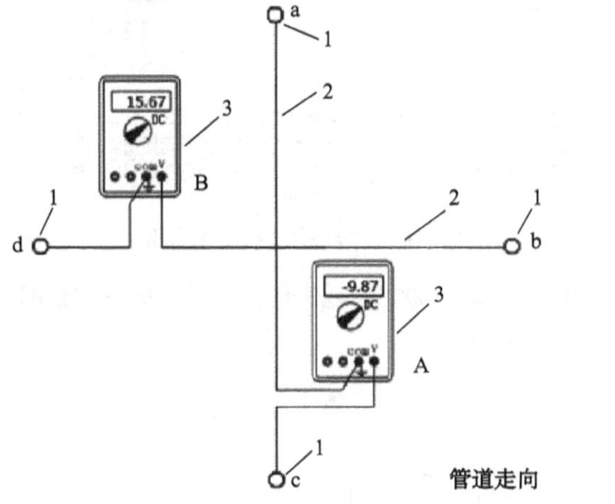

图16　地电位梯度与杂散电流方向测试接线图

1—a、b、c、d四支钢-饱和硫酸铜电极；

2—测试导线；3—A、B两块直流电压表

建立直角坐标系，使坐标系的纵、横两轴分别与图16中的ac、bd相对应。将计算出的四种读数组合的平均值分别记入坐标中，然后利用矢量合成法，分别求出矢量和，则地电位梯度的方向为沿矢量和指向坐标原点的方向；将计算求得的矢量和的大小除以对应的参比电极间距，得到地电位梯度。应沿着某一干扰段选取几个地点重复测试地电位梯度的大小和方向，进而判断杂散电流源的方位。

3.3.1　大明天湖铁矿与管道的位置关系调查

具体位置关系如表8所示。

表8　管道B管道沿线测试桩与铁矿的位置关系

编号	管道B测试桩编号	管道与铁矿的直线距离/km	备注
1	B10080	16.25	
2	B10081	15.63	
3	B10082	14.93	
4	B10083	14.10	
5	B10084	13.37	
6	B10085	12.73	
7	B10086	11.98	
8	B10087	11.25	
9	B10088	10.57	
10	B10089	9.95	
11	B10090	9.39	
12	B10091	8.94	
13	B10092	8.61	
14	B10093	8.43	
15	B10094	8.40	与铁矿距离最近
16	B10095	8.46	
17	B10096	8.56	
18	B10097	8.74	
19	B10098	9.01	

续表

编号	管道 B 测试桩编号	管道与铁矿的直线距离/km	备注
20	B10099	9.31	
21	B10100	9.59	
22	B10101	9.97	
23	B10102	10.43	
24	B10103	10.94	
25	B10104	11.50	
26	B10105	12.10	
27	B10106	12.75	
28	B10107	13.40	
29	B10108	14.13	

3.3.2　直流干扰源调查与测试

3.3.2.1　干扰源调查情况

经调查，铁矿设计年生产能力 90 万吨/年，最大开采深度 740m，与管道 B 最近距离为 8.4km，距电位最正点的距离为 14.9km，矿区设变电站 1 座，由交流 35kV 变 6kV，交流 6kV 变直流 660V，矿区目前在开采的矿井为 2 个，井深 600 米左右，在副井井口设直流提升机 1 台（功率 750kW，输出电压 725V，电流容量 2000A），地上和地下坑道内均铺设了 1 条电动铁轨（图 17～18），与其相匹配的 4 台整流器的负极连接（输出电压 275V，电流容量 200A）。矿区正常开采时，4 台电力机车（功率 22kW/台）每天运行约 420 列次（正常情况下 3 班运行，每班约 140 次/8 小时）。

图 17　矿区轨道图片

图 18　矿区轨道车图片

3.3.2.2　管道与矿区轨道同步测试

依据规范要求进行了干扰源侧与被干扰侧的同步测试，根据测试结果显示，地下铁轨与管道受干扰曲线基本一致，管轨同步监测曲线见图 19。

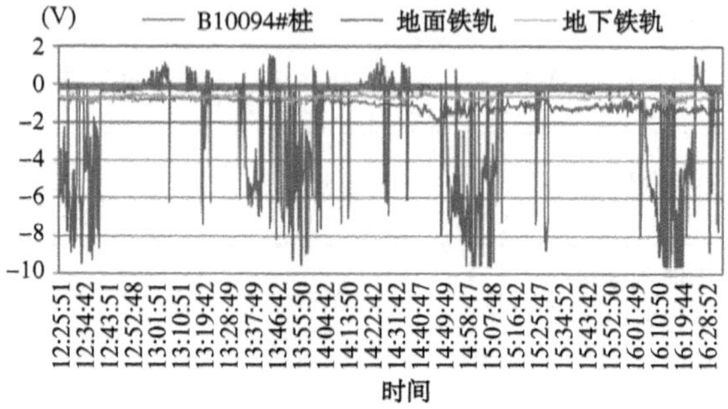

图 19　管轨同步电位测试曲线

3.3.2.3　矿区变电所接地极电位测试

在铁矿变电所接地极裸露部位进行了监测，接地极电位值也出现了较大波动，（正常情况下电位稳定值为−0.50V 左右），说明变电所接地极也受到电力轨道车杂散电流的影响，电位值出现正负波动，监测曲线图如 20 所示。

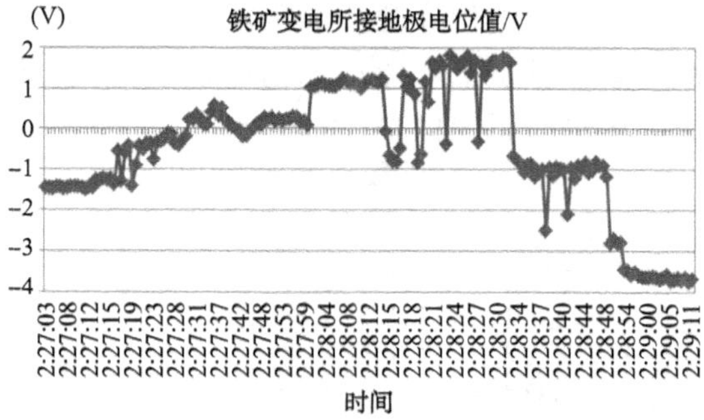

图 20　矿区接地极电位测试曲线

3.3.2.4　矿区地面电动铁轨电位测试（表 9、图 21）

表 9

最大	平均	最小
0.7903 V DC	−1.0401 V DC	−4.3985 V DC

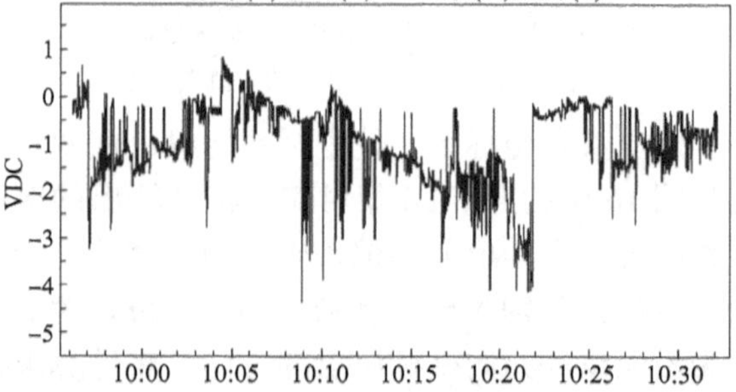

图 21　矿区地面轨道电位测试曲线

3.3.2.5　*矿区与管道之间地电位梯度测试*

测试方法：

(1) 将参比电极放置于待测管道位置管顶上方，将电流电压表与管道及参比电极相连接(图22)；

(2) 将直流电压表调至适宜的量程上，记录测试值和测试时间；

(3) 将参比电极移至下一个测试点，重复上述操作；

(4) 对测试数据进行处理。

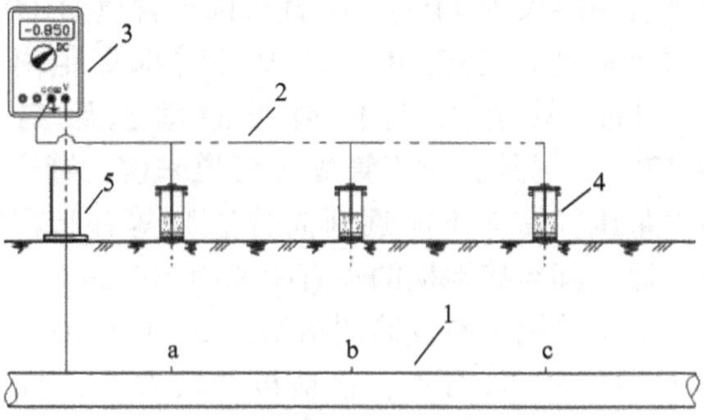

图22　管地电位测试接线图

1—管道；2—测试导线；3—直流电压表；
4—参比电极；5—测试桩

距矿井口约500m处采用校正后的两参比(误差小于1mV)放置间距为1m，测试地表电位梯度结果如表10所示。

表10

最大	平均	最小
235.26mV	-6.95mV	-84.58mV

3.3.3　管道受干扰情况测试

管道通断电位、交流电流密度均采用试片法测试：

首先将极化试片($6.5cm^2$)和交流试片($1cm^2$)埋在管道附近并浇水，试片埋深至少有50cm，然后将极化试片与管道用电缆相连，并充分极化；试片充分极化后，在管道与试片的中间串接信号中断器并设置通断周期，信号断路器的通断周期一般选为周期4s，断电1s，数据记录仪的正极连接极化试片，交流接线端子连接交流试片，负极连接参比电极；数据采集器记录通断电电位、交流电压、交直流电流密度。

对每条管道受干扰管段沿线每个测试进行了5min普查测试(通电电位、断电位、交流电压，采集频率1s)，对受干扰严重点进行了24h连续监测(通电电位、断电位、交流电压、交直流电流密度)，累计24h监测点为30处。

通过管道沿线普查测试数据纵向对比可以明显看出管道沿线受干扰的状况和程度。

杂散电流从管道流出区域为阳极区，管道受到腐蚀；杂散电流流入区域形成阴极区，受到一定程度的阴极保护；在管道中间形成极性交变区，杂散电流可能流入也可能流出，当杂散电流流出时管道受到腐蚀。

根据测试结果以受干扰最严重的管道B为参考点，受干扰段管道区域大致划分如表11所示。

表11

阳极区段 (杂散电流流出)	阴极区段 (杂散电流流入)	极性交变区
B10087#~B10091#	B10081#~B10087#	B10091#~B10105#
B10105#~B10112#	B10115#~B10120#	B10112#~B10115#

天湖铁矿干扰影响范围主要涉及管道A(A10057#~A10081#测试桩)管段，通电电位值在-0.60V~-1.20V之间波动，管道B(B10081#~B10087#测试桩)及管道D其中30千米范围内局部管道的管地电位偏正；在阴极保护运行情况下，管道B其中14千米范围内电位值变化频繁；管道D其中8个测试桩受干扰时段电位值偏正，且管地电位值波动较大；管道C(C10078#~C10114#测试桩)管段，局部时间段电位偏正；每条管道均受到不同程度的干扰，该段管道大部分时间断电电位偏正，存在较大的腐蚀安全隐患。

4　调查测试数据统计分析及评价

(1) 调查管段各阴保站运行状况正常，绝缘设施绝缘性能良好，未发现漏电现象；

(2) 该段各条管道均存在一定数量的防腐层漏点，一定程度上也为杂散电流流入和流出提供了通道；杂散电流流入管道管段防腐层可能存在防腐层阴极剥离，杂散电流流出管道位置管道存在腐蚀风险；

(3) 由于某压气站、红柳压气站阴保电流分布不均，导致管道B某压气站下游大部分管道电位欠保护；受区域阴保系统影响，管道C上游5km范围内管道通电电位负向偏移200mV，但断电电位均满足规范要求。

(4) 土壤电阻率较高的石方地段，因土壤电阻率较高，阴保电流分布较少，加上受杂散电流干扰影响，电位长期欠保护；

（5）调查管段沿线穿越交流电气化铁路6处，与220kV高压线多次交叉、与750kV超高压输电线路长距离伴行，对管道造成一定程度的交流干扰，由于管道沿线设置了96处交流干扰设施，极大缓解了交流干扰对管道产生的影响，根据测试数据分析，未出现交流电流密度评价等级为强的测试桩，无需新增交流排流设施。

（6）两条直流高压输电线路与管道交叉伴行，当直流接地系统正常运行时为双极运行模式，双极两端中性点接地是利用正负两极导线和换流站的正负两极相连，形成直流侧的闭环回路。双极两端中性点接地的直流侧接线由两个单极大地回线方式组成。两极中流过的电流在系统正常运行时相互抵消，所以大地回路中电流为零；当直流接地极系统在运行初期或发生故障和检修时为单极运行模式，单极运行时大地作为一根导线加入到输电系统中，电流从受端接地极流经大地返回到送端接地极，入地电流为系统额定直流电流，数值会达到几千安培，瞬间大电流会击穿埋地管道防腐层造成管道穿孔，烧毁附近的阴保设备、绝缘设施等，甚至威胁人身安全。根据现场调查，换流站与接地极线路跨越管道D（某桩+600m）、管道B（某桩+300m）、管道C（某桩+100m）管道，换流站到接地极线路塔杆数量为181个。管道D、管道B和管道C为并行段管道，与接地极垂直距离最近的为管道D，其次为管道B，最后为管道C，其中管道D与接地极垂直距离仅为44km，垂直点位于管道D10024测试桩附近。管道B与接地极的垂直距离为44.13km。管道C与接地极的垂直距离为44.17km。另外，对于管道A管道来说，管道走向由某压气站向下游逐渐向管道D等并行段管道靠近，其与接地极的垂直距离为102km。

根据前期资料及监测结果从2014年10月份截止2022年12月份，接地极单极大地运行13次，共持续时间112.8小时，具体时间见表12。

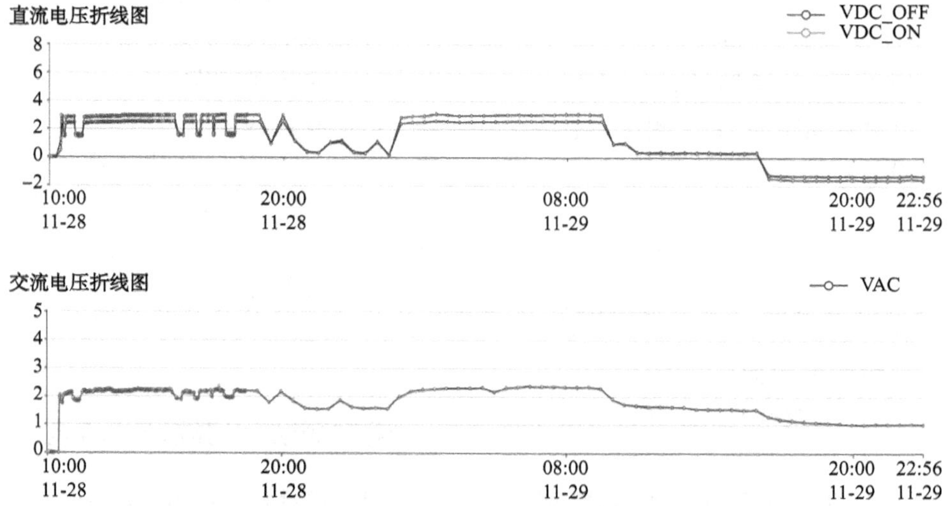

图23　2019年管道C1某桩受HVDC干扰监测数据曲线

表12　接地极放电时间统计表

放电开始		放电结束		续时间/h	接地极放电极性
日期	时间	日期	时间		
2014/12/2	15：35	2014/12/2	17：31	1.93	阴极
2014/12/2	19：03	2014/12/2	20：19	1.27	阴极
2015/1/25	2：02	2015/1/25	2：14	0.2	阳极
2015/1/26	1：28	2015/1/26	2：54	1.43	阳极
2015/2/13	20：32	2015/2/13	21：25	0.88	阳极
2015/4/18	1：12	2015/4/18	1：52	0.67	阳极
2015/4/23	5：45	2015/4/25	19：43	62.2	阴极

续表

放电开始		放电结束		续时间/h	接地极放电极性
日期	时间	日期	时间		
2015/5/26	4：20	2015/5/26	5：51	1.87	阴极
2015/6/12	14：20	2015/6/12	16：12	1.52	阳极
2015/6/22	12：50	2015/6/22	15：10	2.33	阴极
2015/10/2	16：00	2015/10/2	22：00	6	阴极
2015/10/2	22：10	2015/10/3	0：40	2.5	阳极
2019/11/28	10：00	2019/11/29	16：00	30	阴极

测试调查期间，未发现因高压直流输电线路单极运行导致管道电位异常的情况。根据以往监测数据显示，直流输电线路谐波对管道的交流干扰较小，在标准的规定的范围内。

（7）管道沿线厂矿较多，多为露天开采，根据目前调查结果，铁矿使用电力轨道由矿井内向地面运送矿石；铁矿附近管段目前主要受直流杂散电流干扰影响，表现为受影响管段电位波动剧烈，管道受保护率降低。

① 直流电电动机车引起的管道杂散电流腐蚀的原理是电流从供电所经输出馈线、电动机车、轨道、负极母线返回发电机。在铁轨连接不好、接头电阻较大的部位，部分电流将由轨道的绝缘不良处向大地漫流，从土壤流入管道后又流出，再从大地流回轨道，电流这种流动将使铁轨和管道均受到腐蚀。矿区变电所接地极和电动铁轨电位变化剧烈，所测试到的矿区变电所接地极电位区间为-13.2V～+0.35V，地面铁轨及其接地极电位值区间为-9.65V～+4.56V，矿井下铁轨电位区间为-1.40V～-0.01V，每次测试电位值差异较大，无固定规律。

② 管道B、管道D受干扰范围大，每条管道受干扰范围达40km以上，干扰影响的状态复杂多变，干扰影响的位置和时间分布上存在较大差异。直流杂散电流与轨道上行驶的车辆的数量、位置、轨道状况及土壤情况有关，是随时间变化而变化。因此，管道上直流杂散电流干扰的状况在位置及时间分布上都有较大差异。

③ 通过杂散电流方向测试，判断杂散电流源的方位均指向铁矿方向；通过管道沿线的地电位梯度测试，5处测试桩附近地电位梯度均大于2.5mV/m，由于受干扰源变化影响，测试桩的地电位梯度值也会有所变化，在某测试桩附近曾测试到26mV/m的地电位梯度。

④ 通过管道B管地电位测试结果可以看出，在自然状态下，受干扰最严重管段位于B10094～B10095#测试桩附近，其与铁矿接近最近距离为8.40km，B10094#测试桩8.46km，B10095#测试桩8.56km），除此之外还出现4处管地电位偏正峰值区。管道D与之相对应的测试桩段受干扰状况与管道B大体相同，干扰程度略小于管道B。

5　馈电实验结论分析及改进思路

现场馈电实验、排流实验采用微控恒电位仪、智能排流器+临时地床进行实验，（备用馈电实验设备：直流稳压电源60V/30A；备用供电设备：发电机），实验现场见图24。

图24　预排流实验现场照片

实验前将并行管道进行跨接，并测试受干扰管段电位值，采用临时接地极连接智能排流器正极，负极接管道，进行电流输出调整，记录智能排流器输出参数和管道电位，受厂矿干扰管段预排流实点验累计15处。实验点选择杂散电流流出管段与极性交变管段（电位偏正位置），以管道B为参考线，主要在B10081、B10088、B10098、B10101、B10105#测试桩附近（并行管道管道A、管道D、管道C对应进行测试）采用微控阴保电源和智能排流器进行实验，测试排流效果。

如表 13 所示，根据实验结果，若在管道 B10081#桩设置排流点，其上游电位均能得到有效保护，但下游部分测试桩电位值未满足规范要求，若石方段断电电位值满足-0.85V，需在 B10081#桩提供 5A 的阴保电流(同时上游管段断电电位值均负于-1.30V，属于过保护状态)，因此不适合在管道 B10081#桩设置排流点。经过不断测试和实验，将排流位置选择在管道 B10082#桩，虽然附近土壤电阻率较高(达 1000Ω · m 以上)，但能均衡排流点两侧电位，是最佳排流位置。

表 13　预排流实验测试记录(以管道 B10081 实验点为例)

测试桩号	实验设备输出电流/电压					
	电流 0.5A/5.2V		1A/10.5V		2A/16V	
	通电电位(-V)	断电电位(-V)	通电电位(-V)	断电电位(-V)	通电电位(-V)	断电电位(-V)
管道 B10074	-1.11	-0.89	-1.30	-1.03	-1.56	-1.12
管道 B10075	-1.08	-0.88	-1.28	-1.02	-1.58	-1.17
管道 B10076	-1.07	-0.86	-1.32	-1.00	-1.47	-1.14
管道 B10077	-1.13	-0.87	-1.25	-1.02	-1.53	-1.15
管道 B10078	-1.16	-0.88	-1.29	-1.05	-1.56	-1.13
管道 B10079	-1.18	-0.89	-1.29	-0.98	-1.61	-1.11
管道 B10080	-1.15	-0.88	-1.32	-0.95	-1.57	-1.09
管道 B10081(实验点)	-1.22	-0.80	-1.40	-0.92	-1.67	-1.05
管道 B10082(石方段)	-0.71	-0.62	-0.78	-0.64	-0.83	-0.67
管道 B10083(石方段)	-0.78	-0.66	-0.86	-0.69	-0.90	-0.70
管道 B10084(石方段)	-0.86	-0.70	-0.92	-0.77	-0.90	-0.72
管道 B10085(石方段)	-0.94	-0.79	-1.05	-0.80	-1.18	-0.84
管道 B10086	-0.96	-0.80	-1.07	-0.82	-1.21	-0.85
管道 B10087	-0.94	-0.81	-1.05	-0.83	-1.18	-0.84
管道 B10088	-0.94	-0.79	-1.02	-0.80	-1.18	-0.85

根据实验结果，选择管道 B10082#桩设置排流点，并行管道采用跨接电缆连接；管道 B10089#桩设置排流点，并行管道采用跨接电缆连接；管道 B10099#桩设置排流点，并行管道采用跨接电缆连接、管道 A10023 桩安装智能排流器。管道 B 某作业区下游管段阴保电流分布较少，建议断开跨接电缆后，在下游线路距作业区约 10km 处安装 1 处微控阴保电源，为该段管道提供阴极保护。

现场测试照片见图 25~26。

图 25　现场智能排流器实验照片

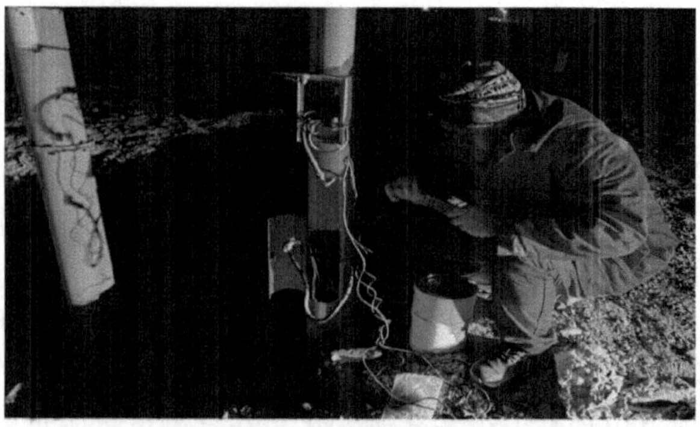

图 26　现场采用数据采集器测试照片

6 现场直流干扰段改进措施及整改方案

6.1 直流杂散电流常用的排流方式

（1）直接排流法：将管道与电气化铁路变电所中的负极或回归线（铁轨）用导线直接连接起来。这种方法无需排流设备，最为简单，造价低，排流效果好。但是当管道对地电位低于铁轨对地电位时，铁轨电流将流入管道内。这种排流法，只能适用于铁轨对地电位永远低于管地电位，不会产生逆流的场合，因此该方法的应用会受到条件的限制。

（2）极性排流法：随着负荷的变动，变电所负荷分配的变化等，管地电位低于铁轨对地电位而产生逆流的现象比较普遍。为了防止逆流，使杂散电流只能由管道流入铁轨，必须在排流线中设置单向导通的二极管整流器、逆电压继电器等装置，这种装置称排流器，具有这种防止逆流的排流法称极性排流法。

（3）强制排流法：在管道和铁轨的电气接线中加入直流电流，促进排流，这种方法也可看做是利用铁轨做辅助阳极的强制电流阴极保护。由于铁轨对地电位变化大，所以也存在逆流问题，需要有防逆流回路。这种方法可能使管道过保护，而使铁轨腐蚀加强，因此排流设置应征求干扰源方的意见，还可能对附近的埋地金属构筑物有干扰。

（4）接地排流法：管道中的电流不是直接通过排流线和排流器流回铁轨，而是流入接地极，散流于大地，然后再经大地流回铁轨。这种方式是采用镁、铝、锌等电位较钢铁负的牺牲阳极材料作为排流地床。这种方法也可以用在有阴极保护的管道，并可向管道提供部分的阴极保护电流。虽然排流效果较差，但是在不能直接向铁轨排流时却有优越性，缺点是需要定期更换阳极。

6.2 智能排流器排流

6.2.1 系统优点

交直流杂散电流干扰同步缓解、监测

智能排流：设备自动调整排流参数，使管道处于最佳保护状态

数据远传：排流参数、阴极保护参数、杂散电流干扰参数无线传输

远程控制：页面远程控制设备工作参数

数据显示：数据更直观，显示内容更详细

多点同步：集成高精度卫星时钟，多套设备同步测量

云备份：系统参数云端备份，数据更安全

电量显示：实时显示剩余电量

6.2.2 系统功能

（1）杂散电流干扰缓解/排流

智能排流：直流干扰智能调节、交流干扰长通排流

（2）排流参数监测

测量数据：直流/交流电压、直流/交流排流电流

（3）阴极保护数据监测

测量数据：通电电位、极化/断电电位、交流电压、直流电流、交流电流、测试点位置（经纬度高程）

6.3 排流方式及排流点的选择

根据现场与干扰源的位置关系及现场电位测试情况，为防止杂散电流逆流，优先选择智能排流器，接地极选用镁合金牺牲阳极（由于多条管道并行，地床位置受限，原排流地床尽量利用的原则；原排流地床为 25 支镁合金牺牲阳极）。阳极型号及规格：选用镁合金阳极，单支阳极重量 22kg，阳极尺寸为（130mm+150mm）×700mm×1250mm，阳极填充料采用 75%的石膏粉、5%工业硫酸钠、20%膨润土组成，阳极四周填充不低于 50mm。

6.4 排流点的选择

选择管道 B10082#桩设置排流点，并行管道采用跨接电缆连接；管道 B10089#桩设置排流点，并行管道采用跨接电缆连接；管道 B10099#桩设置排流点，并行管道采用跨接电缆连接、管道 A10023 桩安装智能排流器。

依据规范中排流点的选择条件和现场电位分布情况，拟在管道选择管道 B10082#桩、管道 B10089#桩、管道 B10099#桩设置排流点，并行管道采用跨接电缆连接；管道 A10023 桩安装智能排流器。，尽量利用现有的测试桩引线。根据“综合治理”和“共同防护”的原则，建议必要时将管道沿线的防腐层破损点进行修复，将并行管道设置均压线，因为在一条管道采用排流保护后，会对该地区其他埋地金属物体形成次生干扰。若另一管道再增设排流保护，往往会对已防护的管道造成影响。这将使干扰情况复杂且难以达到良好保护效果。

6.5　土壤电阻率测试及分析

受干扰段管道的接地电阻及沿线的土壤电阻率是排流保护设计的重要参数，管道的接地电阻及沿线的土壤电阻率测试分别采用长接地体接地电阻测量法和等距法进行测试。

如表 14 所示，通过土壤电阻率测试结果可以看出，管道沿线土壤电阻率起伏较大，部分管段土壤电阻率均在 1000Ω · m 以上，均位于岩石地段，通过馈电实验，在该区域以外施加 0. 5A-5A 阴保电流对该段电位提升作用很小，若要解决该段阴极保护问题，需要在山区段布设阳极地床，经多次土壤电阻率测试和选址，同时考虑后期四线的干扰和阴保问题，选择在管道 C 某测试桩北侧 20 米处埋设排流地床，排流地床位置土壤电阻率为 1010Ω · m 为附近土壤电阻率最低点，由于周边埋设位置条件的限制，根据计算，将该地床的接地电阻控制在 20Ω 以内，可以有效提高该段的管道电位，同时避免山区两侧电位过保护。

表 14　受厂矿干扰管段土壤电阻率测试结果

序号	管道 B 测试桩编号	土壤电阻率/(Ω · m)	管道接地电阻/Ω	备注
1	B10080	39	2. 8	
2	B10081	42	0. 9	
3	B10082	364	1. 5	
4	B10083	7. 5	1. 8	
5	B10084	190	1. 1	
6	B10085	67	2. 4	
7	B10086	113	3. 8	
8	B10087	24	0. 8	
9	B10088	28. 5	0. 9	
10	B10089	556	17	
11	B10090	69	2. 2	
12	B10091	205	12	
13	B10092	374	5	
14	B10093	1021	14	
15	B10094	1207	8. 9	
16	B10095	590	4. 6	
17	B10096	442	5. 5	
18	B10097	538	13. 8	
19	B10098	107	5. 4	
20	B10099	459	10. 5	
21	B10100	108	4. 8	
22	B10101	224	3. 6	
23	B10102	185	4. 9	
24	B10103	124	3. 8	
25	B10104	89	3. 5	
26	B10105	280	3. 2	
27	B10106	15. 4	2. 3	
28	B10107	19	2. 8	

6.6　排流地床的设置

经计算阳极理论根数 n 为 15，阳极间距取 2 米，现场应根据实际情况进行阳极间距调整。

6.7　各排流点阳极支数统计

阳极型号采用镁合金阳极，开路电位为 -1. 55V，用镁合金作为牺牲阳极材料，适用于电阻率较高的土壤和淡水中。

由于管道 C10034#测试桩附近为石方地段，土壤电阻率达 1000Ωm 以上，为该段并行管道电位值长期稳定正向偏移，同时保证智能排流器为山区段管道提供持续的阴保电流，将该排流点排流地床材料更换为高硅铸铁阳极(表 15)。

表 15　预设排流位置统计

序号	排流点/阴保站位置	材料数量	附近焊接排流电缆(设均压线)的管道	备注
1	管道 B 测试桩	10 支镁合金阳极	/	微控阴保站
2	管道 C-1 测试桩	14 支高硅铸铁阳极，2 吨焦炭	跨接线位置：管道 B、管道 C、管道 D 并行某桩附近	智能排流器
3	管道 C-2 测试桩	15 支镁合金阳极	跨接线位置：管道 C、管道 B、管道 D 并行某桩附近	智能排流器
4	管道 D 测试桩	15 支镁合金阳极	跨接线位置：管道 B、管道 D、管道 A、管道 C 并行某桩附近	智能排流器
5	管道 A 测试桩	20 支镁合金阳极	/	智能排流器

6.8　杂散电流排流治理技术要求

(1) 智能排流器

根据测试数据显示，管道直流干扰存在正向和负向动态干扰，管道在正向干扰周期内电位正向偏移，管道腐蚀加剧；电位负向偏移则可能出现过保护现象。因此智能排流器应具备缓解此干扰的能力，当管道处于正向干扰周期排流器能够为管道提供额外的阴极保护电流，抵消直流干扰腐蚀电流；当管道处于负向干扰周期排流器能够将干扰电流排出管道，降低管道过保护风险。智能排流器同时应具备以下常用功能：交流干扰长通排流、断电电位控制排流器工作状态、监控排流参数、监控阴保相关参数等。

(2) 镁合金阳极

镁合金阳极重量为 22kg，阳极引出线为 VV-1kV/1×35mm^2。阳极引出线与阳极的接触电阻应为零，拉脱离强度数值应大于阳极自身质量的 1.5 倍，阳极接头密封可靠，阳极表面应无明显缺陷。为了有效降低镁合金阳极的接地电阻，阳极周围填加填包料。

(3) 高硅铸铁阳极

管道 C 某测试桩附近计划敷设 14 只预包装高硅铸铁阳极，规格 Φ219×2000mm。高硅铸铁阳极的化学成分应符合表 16 的规定。阳极的允许电流密度为 5A/m^2-80A/m^2，消耗率应小于 0.5kg/(A·a)。阳极引出线与阳极的接触电阻应小于 0.01Ω，拉脱力数值应大于阳极自身质量的 1.5 倍，接头密封可靠。阳极表面应无明显缺陷。

表 16　含铬高硅铸铁阳极的化学性能

主要化学成分的质量分数/%					杂质质量分数/%	
Si	Mn	C	Cr	Fe	P	S
14.25-15.25	0.5-1.5	0.8-1.4	4-5	余量	≤0.25	≤0.1

阳极填充料应使用冶金焦炭或石油焦炭，填充料的含碳量应大于 85%，最大粒径不应大于 15mm。

(4) 极化探头

极化探头应由长效参比电极、6.5cm^2 极化试片、1cm^2 交流试片、10cm^2 自腐蚀试片组成。

(5) 电缆

排流地床主电缆采用 VV-0.6/1kV 1×35mm^2 单芯电缆；牺牲阳极自带电缆为 VV-1kV/1×16mm^2。

6.9　排流系统的施工要求

(1) 智能排流器

智能排流器安装在箱体内，设备的安装应按设计和设备产品说明书要求进行。

(2) 排流点及极化探头

排流点设置尽量利用现有测试桩，并设置智能排流器箱体，极化探头埋设深度与管道同深，并进行注水，上方设置注水孔。

(3) 电缆

排流地床主电缆采用 VV22-1kV/1×35mm^2；牺牲阳极自带电缆为 VV-1kV/1×16mm^2，排流电缆埋深不低于 0.8 米。若排流点无法利用现有测试桩，电缆与管道的连接采用免焊接模块进行连接，连接后要采取必要的防护、绝缘措施，以防接头处损坏，并涂抹环氧树脂(加入固化剂)并作防腐绝缘，防腐等级不低于主体管道。最后连接处要进行防腐处理。

(4) 排流地床

阳极地床一般设在干扰源一侧，每支阳极自带电缆，电缆规格为 VV-0.6/lkv1×16mm²。排流地床埋在距离管线垂直距离≥20m 处。埋深为阳极顶部距地面不小于 1.5m，应位于冻土层以下。干旱地段牺牲阳极上方加设注水孔。

排流地床的埋设宜避开地上、地下构筑物，宜选择在潮湿、低洼地区。根据现场情况可以对阳极地床位置做适当调整。

(5) 投产调试

排流系统实施完成后，在投入运行前进行系统测试、调试。

7 应用效果

通过对杂散电流排流前后交流电压、交流电流密度、管道断电电位数据对比，排流治理后交直流防护效果均满足 SY/T 0087.6—2021《钢制管道及储罐腐蚀评价标准第 6 部分：埋地钢制管道交流干扰腐蚀评价》和 GB 50991《埋地钢质管道直流干扰防护技术标准》对于排流效果评价标准。

如表 17 所示，根据监测结果显示，各监测点交流电流密度均小于 30A/m²，排流后管道交流电流密度均满足交流防护效果评价要求范围。

表 17　治理前后交流干扰程度评价结果

序号	线路名称	测试管段	治理前交流干扰程度评价	治理前交流干扰程度评价	电压下降率=(整改前电压平均值-整改后电压平均值)/整改前电压平均值*100%
1	管道 A	A10001#-A10056#	弱	弱	10.12%
2		A10057#-A10081#	1 处评价为“中”；其余测点评价为“弱”等级	弱	
3	管道 B	B10001#-B10146#	12 处评价为“中”；其余测点评价为“弱”等级	弱	39.77%
4	管道 C	C10001#-C10077#	13 处评价为“中”；其余测点评价为“弱”等级	弱	56.44%
5		C10078#-C10114#	弱	弱	
6	管道 D	D10001#-D10175#	弱	弱	37.41%

表 18　治理前后阴极保护效果评价结果

序号	线路名称	测试管段	测点数量	治理前断电电位未满足-0.85V 数量	治理后效果评价	备注
1	管道 A	A10001#-A10056#	56	1	极化电位(试片瞬间电位均负于-0.85V)管道 100%保护	
2		A10057#-A10081#	25	22		
3	管道 B	B10001#-B10146#	150	120		
4	管道 C	C10001#-C10077#	79	1		
5		C10078#-C10114#	37	31		
6	管道 D	D10001#-D10175#	175	63		

根据 24h 监测结果显示，各监测点管道断电电位值均满足-0.85V~-1.2V，管地电位达到阴极保护电位要求，满足 GB 50991《埋地钢质管道直流干扰防护技术标准》对于排流效果评价标准。

8 管理建议

8.1 依据规范 GB/ 50991—2014《埋地钢质管道直流干扰防护技术标准》，干扰防护系统的管理相关要求如下：

1) 干扰防护系统的监测，应每月应进行一次常规测试。常规测试应包括以下内容：

(1) 管地电位；

(2) 排流电流；

(3) 接地排流装置的接地电阻；

（4）牺牲阳极组的开、闭路电位和输出电流；

（5）强制电流阴极保护系统的控制电位和输出电流。

2）每年应进行一次排流保护效果评定测试和干扰环境的调查，前后相邻两次调查测试之间的时间间隔不应超过 18 个月；

3）当干扰环境发生较大改变时，应及时进行各项调查测试，并应根据调查测试结果进行干扰防护的调整；

4）当干扰防护系统主要元件进行维修或更换后，应进行干扰防护效果评定点的管地电位及排流保护装置排流电流的 24h 连续测试。

8.2　干扰防护系统的检查与维护，应符合下列规定：

1）每月应对干扰防护系统进行一次一般性检查与维护。一般性检查与维护应符合下列规定：

（1）应检查各主要元器件的性能，并应更换失效的元器件；

（2）应检查各电气连接点的接触情况，对接触不良的连接点应进行处理并重新连接牢固。

2）每年应对干扰防护系统进行一次全面检查与维护。全面检查与维护应符合下列规定：

（1）应检查各元器件的性能，并应更换失效的元器件；

（2）应检查各电气连接点的接触情况，对接触不良的连接点应进行处理并重新连接牢固；

（3）应检查各指示仪表的准确性，并应维修或更换失效的仪表；

（4）应检查接地排流装置的接地情况，在接地电阻过大时应及时采取降阻措施；

（5）前后相邻两次全面检查与维护之间的时间间隔不应超过 18 个月。

8.3　处于干扰区域的管道每年应进行防腐层缺陷检测；管道阴极区的防腐层缺陷应及时修复；对于管道阳极区的防腐层缺陷应待该管段转变为管道阴极区或干扰消除后进行修复。防腐层缺陷修复所使用材料的绝缘性能不应低于原防腐层；

8.4　目前并行高铁暂未运行，建议并行高铁运行后，在其交叉管段及近距离并行管段选点进行 24h 监测，评价杂散电流对管道的影响；

8.5　建议作业区定期对排流设备进行检查，发现异常及时与厂家联系沟通，及时确保排流设备正常运行；质保期内厂家每月对设备参数进行汇总，上报管道科；

8.6　排流地床选址期间已考虑西四线管道路由，排流地床与西四线距离均大于 20 米，建议西四线管道运行后对受干扰程度进行监测，必要时进行跨接后联合排流。

8.7　由于动态直流杂散电流干扰特征非常复杂，并且随着时间推移，杂散电流、管道运行状态以及管道防护设施运行状态也在不断变化，对管道腐蚀安全影响很大。建议在存在动态直流干扰管段进行管道外腐蚀综合监测（主要监测管内电流、管道外防腐层状况、阴极保护状况、杂散电流干扰、管道腐蚀速率等），实时监测管道电流方向、阴极保护状态、腐蚀速率等数据，监控管道腐蚀风险，以便及时发现管道腐蚀风险，及时防护，确保管道腐蚀安全。

8.8　今后在局部阴极保护不足、腐蚀热点区域安装微控恒电位仪取代传统的牺牲阳极保护来加强阴极保护，使管道获得长期稳定可靠的保护。

9　规范依据

SY/T 0087.6—2021《钢制管道及储罐腐蚀评价标准第 6 部分：埋地钢制管道交流干扰腐蚀评价》

GB 50991—2014 埋地钢质管道直流干扰防护技术标准

GB/T 21246—2020 埋地钢质管道阴极保护参数测量方法

GB/T 21447—2018 钢质管道外腐蚀控制规范

GB/T 2A100016.1—2011 轨道交通地面装置第 1 部分：电气安全和接地相关的安全性措施

GB/T 2A100016.2—2018 轨道交通地面装置电气安全、接地和回流第 2 部分：直流牵引供电系统杂散电流的防护措施

GB/T 19285—2014 埋地钢质管道腐蚀防护工程检验

GB/T 40377—2021 金属和合金的腐蚀交流腐蚀的测定防护准则

参 考 文 献

[1] 陈利琼，李卫杰，孙磊．油气管道阴极保护效果评

估技术研究[J]. 全面腐蚀控制，2013.
[2] 程明，唐强，魏德军，等．高压直流接地极干扰区埋地钢质油气管道的综合防护[J]. 天然气工业，2015.
[3] 宋吟蔚，王新华，何仁洋，等．埋地钢质管道杂散电流腐蚀研究现状[J]. 腐蚀与防护，2009.
[4] 杨永，何仁洋，李刚，等．埋地钢质管道杂散电流的检测与防护[J]. 腐蚀与防护，2012.
[5] 唐永祥，宋牛奎，朱坤峰．油气管道的杂散电流腐蚀防护措施[J]. 石油化工安全技术，2006.
[6] 冯洪臣．阴极保护系统维护[J]. 北京：中国石化出版社，2019.

埋地管道聚氨酯防腐补口失效原因分析

李振军

（国家管网集团西部管道有限责任公司）

摘　要　结合现场检测和实验室表征分析对西气东输二线轮吐支干线上两处采用液体聚氨酯涂层防腐的管道补口从土壤腐蚀性、管道阴极保护、交流干扰和防腐层服役状况等方面进行了综合评价。结果显示，两处管道补口阴极保护状况良好，无明显交流干扰，周边土壤腐蚀性强，其中一处补口防腐层出现鼓泡失效现象。基于现场检测和实验室分析结果，对防腐层发生鼓泡失效的原因进行了分析，表明聚氨酯防腐层施工过程中产生的气泡和阴极剥离是导致防腐层鼓泡失效的主要原因。

关键词　埋地管道；聚氨酯涂层；管道补口；鼓泡失效

借助环焊缝开挖机会，对西气东输二线轮南-吐鲁番支干线聚氨酯防腐补口服役现状进行调查，发现少量补口存在黏结强度下降的情况，甚至还有大面积防腐层鼓泡失效及防腐层下方积液现象，对管道的安全稳定运行造成了威胁。国内外对埋地管道液体聚氨酯防腐补口失效行为的相关研究较少，防腐层鼓泡失效的机理尚无明确结论，本文选取其中两处服役状况较差的聚氨酯防腐补口，结合现场检测和实验室分析表征，从土壤腐蚀性、管道阴极保护、交流干扰和聚氨酯防腐层服役等方面综合评估，初步揭示埋地管道聚氨酯防腐层发生鼓泡失效的主要原因。

1　实验过程

1.1　现场检测

两处检测点按“测试桩编号+偏移距离”分别命名为 KP10-809.5m 和 KP12+281m。首先对两处液体聚氨酯管道补口进行现场检测及样品采集。其中，土壤检测主要为管道补口附近土壤电阻率测试及样品采集，评估土壤腐蚀性；防腐层检测主要包括防腐层外观、厚度、漏点和附着力等检测及剥离防腐层采样，评价管道补口防腐层质量；电位测试包含管道通电电位（补口位置与上下游智能桩距离较远，不具备采集管道断电电位条件）、交流电压和交流电流密度采集，评估管道阴极保护有效性和交流干扰状况；防腐层下方管体壁厚测试以评估腐蚀类型和程度。各项测试执行标准见表 1。

表 1　现场检测执行标准

检测项目	执行标准
土壤电阻率	SY/T 0087.1—2018
通电电位	GB/T 21246—2020
交流电压、交流电流密度	GB/T 19285—2014
防腐层外观	GB/T 51241—2017
防腐层厚度	SY/T 0066—1999
防腐层电火花检漏	GB/T 19285—2014
防腐层附着力	SY/T 5918—2017
管体厚度	SY/T 0087.1—2018

1.2　实验室分析

参照 GB/T 19285—2014 相关规定，采集的土壤样品在实验室内进行 pH 值、质地、含水率、含盐量、Cl^- 含量等分析检测，结合现场测得的电阻率数据，综合评价管道各检测点附近土壤腐蚀性。

聚氨酯防腐层样品在光学显微镜下观察防腐层内外表面显微形貌。通过 SEM-EDS 采集防腐层内表面电子显微形貌及化学元素组成。同时，借助接触角仪表征防腐层外表面疏水性。综合上述数据对聚氨酯防腐层鼓泡失效原因进行分析。

2　结果与讨论

2.1　聚氨酯防腐层质量评价

图 1 为聚氨酯防腐层样品外观照片。KP10-809.5m 处防腐层外观缺陷较多，表面有大面积鼓泡现象[图 1(a)]，鼓泡下方存在积液[图 1(b)]，管道 6 点钟方向存在流挂现象[图 1(c)]。KP12+281m 处防腐层表面则相对光滑平整，未见明显外观缺陷[图 1(d)]。

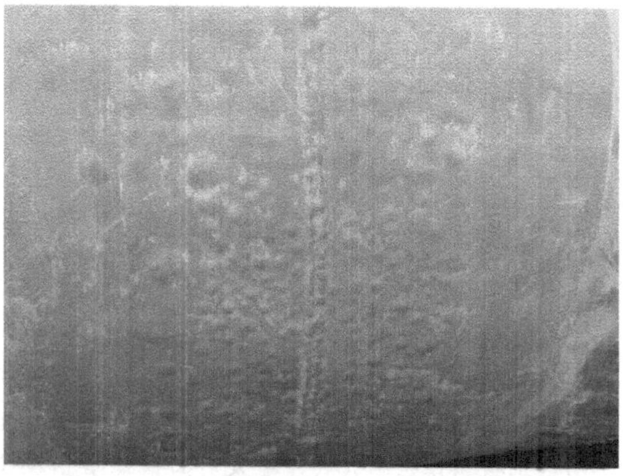

(a)KP10-809.5m

(b)KP10-809.5m

(c)KP10-809.5m

(d)KP12+281m

图 1 聚氨酯防腐层样品外观

防腐层厚度、漏点、附着力等级测试结果见表 2，采用撬剥法进行附着力测试后的聚氨酯防腐层见图 2。KP10-809.5m 处防腐层附着力为 5 级，测试过程中无明显抗撬离性能，呈整片剥离；KP12+281m 处防腐层附着力为 4 级，表现出一定抗撬离性能，呈大块碎屑剥离。

表 2 聚氨酯防腐层检测结果

检测点	防腐层厚度/mm	电火花检漏结果	附着力等级	质量问题	评价结果
KP10-809.5m	2.89，2.61，2.69，2.66	无漏点	5 级	防腐层鼓泡、流挂、积液	差
KP12+281m	1.47，1.50，1.42，1.51	无漏点	4 级	防腐层粘结力低于标准值	中

(a)KP10-809.5m

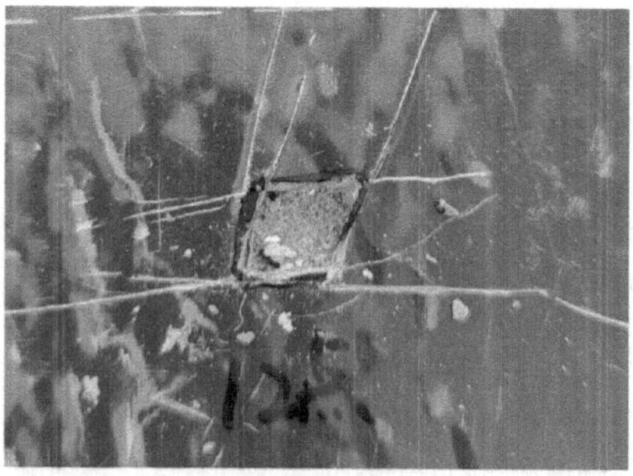

(b)KP12+281m

图 2 防腐层样品附着力测试

由表2数据可知，两处防腐层厚度均满足GB/T 51241对厚度要求(≥1.0mm)。如前所述，尽管KP10-809.5m存在大面积鼓泡、积液现象，电火花检漏却无漏点检出。这表明土壤中的水并非通过防腐层表面宏观破损进入内部，防腐层内部可能存在微观缺陷，为水分穿过防腐层向管道本体渗透提供了通道。

两处聚氨酯防腐补口均存在粘结力降低问题，其中，KP10-809.5m存在鼓泡、流挂和积液现象，已基本丧失对管道本体的保护作用。由于液体聚氨酯补口施工对管道表面状态、施工环境及操作均有较高要求，且聚氨酯涂层对阴极剥离较弱的抵抗能力。防腐层施工前对管体表面处理不达标、防腐层内部微观缺陷的存在及过负的阴极保护电位引发的阴极剥离都可能导致鼓泡失效，因此需进一步分析确定。

2.2 阴极保护及交流干扰评价结果

由表3可知，两处管道交流电压低于4V，交流电流密度均在30A/m²以内，表明管道未受明显的交流干扰。两处管道的通电电位均在-1.4V(CSE)左右，考虑到两处土壤电阻率均较低，见表4，分别为2.26和3.39Ω·m，其对应的断电电位应仍处于较负的水平，管道的阴极保护状况良好。然而，在环境中的水渗入防腐层内部后，也无法排除较负的阴极保护电位导致防腐层发生阴极剥离的可能。

表3　阴极保护及交流干扰测试结果

检测点	通电电位/V(vs. CSE)	交流电压/V	交流电流密度/(A/m²)
KP10-809.5m	-1.43	0.01	0.44
KP12+281m	-1.42	0.01	0.37

表4　土壤腐蚀性测试结果

检测点	土壤pH	土壤质地	土壤含水率/%	土壤含盐量/%	土壤电阻率/(Ω·m)	土壤Cl⁻含量/%	土壤腐蚀性
KP10-809.5m	8.28	中壤土	17.13	1.44	2.26	0.15	4(强)
KP12+281m	8.72	轻壤土	18.23	1.33	3.39	0.45	4(强)

2.3 管体腐蚀状况调查结果

由图3可知，两处管道补口聚氨酯防腐层下方管道表面均未观察到呈散点分布的坑穴状腐蚀，其中，KP10-809.5m表面较为粗糙，可能发生了一定程度的均匀腐蚀，而KP12+281m表面相对光滑，目测其腐蚀程度较轻。

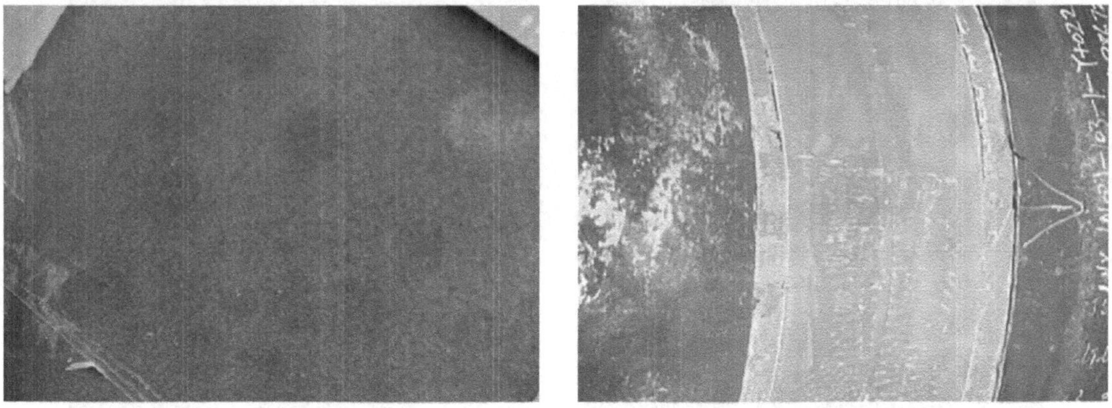

(a)KP10-809.5m　　(b)KP12+281m

图3　防腐层下管体表面腐蚀形貌

分析管道壁厚损失率数据可知，KP10-809.5m处管道在服役期间管壁减薄约5.68%，可能与其表面聚氨酯防腐层较差的屏蔽性能有关；而KP12+281m处管道几乎未见减薄(0%)，说明该处管道的防腐层+阴极保护体系仍有较好的防护效果。

2.4 土壤腐蚀性评价结果

由表4中数据可知，两处管道补口位置附近土壤理化性质相近，呈弱碱性，具有较高的含水率、含盐量、Cl^-含量和较低的土壤电阻率。综合现场和实验室检测数据，根据GB/T 19285判定土壤腐蚀性为强，管道暴露其中腐蚀风险较高。尽管土壤理化性质相近，但 KP12+281m 处防腐层并未发生鼓泡积液，外界环境因素可能不是导致 KP10-809.5m 处防腐层发生鼓泡失效的主要原因。

2.5　聚氨酯防腐层失效原因分析

综上所述，两处检测点管道补口所处土壤环境大致相同，阴极保护和交流干扰状况基本一致。由此可推断，管道补口聚氨酯防腐层在施工过程中产生的结构差异可能是导致两者在相同服役环境下产生不同劣化现象的主要原因。为此，继续对聚氨酯防腐层样品进行光学显微镜、电子显微镜扫描和接触角分析，以揭示其发生鼓泡失效的原因。

由图 4 可知，KP10-809.5m[图 4(a)]处防腐层外表面更为粗糙；光学显微形貌发现其内表面相对平整[图 4(e)]，表明该处防腐层与管体已整体剥离；如图 4(c)和 4(e)所示，该处防腐层内外表面均可观察到大量直径 10μm~50μm 的圆孔，可能与防腐层施工过程中液体聚氨酯涂料内产生的气泡有关。相较而言，KP12+281m 处防腐层外表面[图 4(d)]则较为光滑，未见孔洞；此处防腐层内表面则呈破碎状[图 4(f)]，表明防腐层与管体间仍有一定粘结强度，取样过程中主要在防腐层内部发生内聚破坏。防腐层样品内表面电子显微形貌结果(图 5)同样显示，KP10-809.5m 处防腐层内表面相较于 KP12+281m 具有更多的内部孔洞。

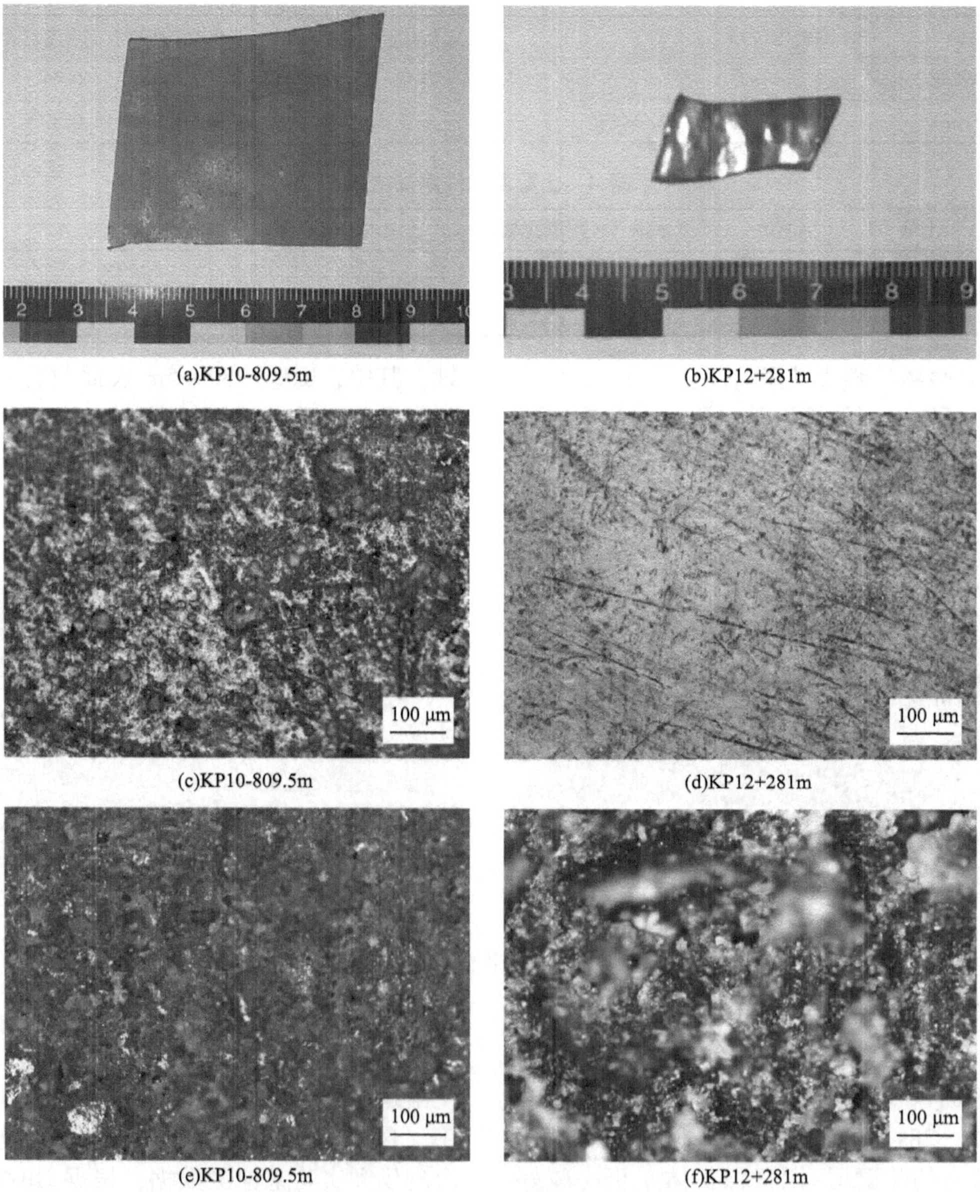

图 4　防腐层样品表面形貌

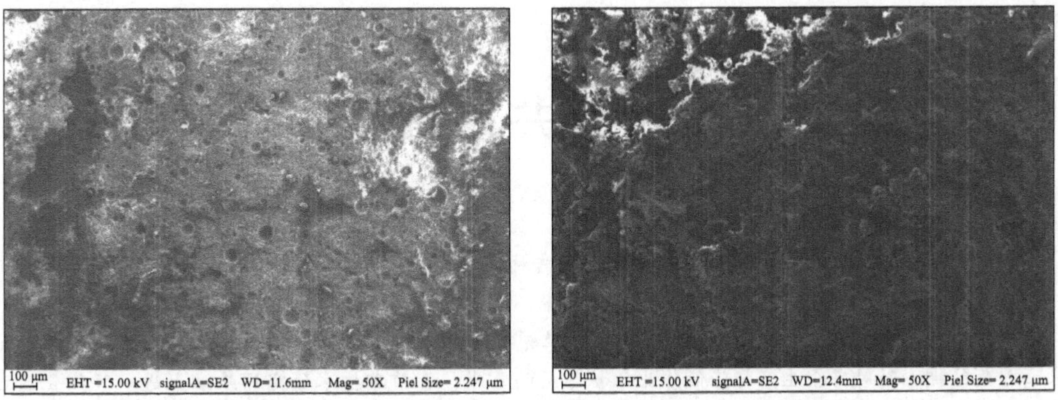

(a)KP10-809.5m　　(b)KP12+281m

图 5　防腐层样品内表面电子显微形貌

防腐层样品外表面接触角测试结果见图 6。KP10-809. 5m 处防腐层外表面对水的接触角仅为 23°，明显低于 KP12+281m 处防腐层(71°)。表明 KP10-809. 5m 处聚氨酯防腐层的防水性能较差。

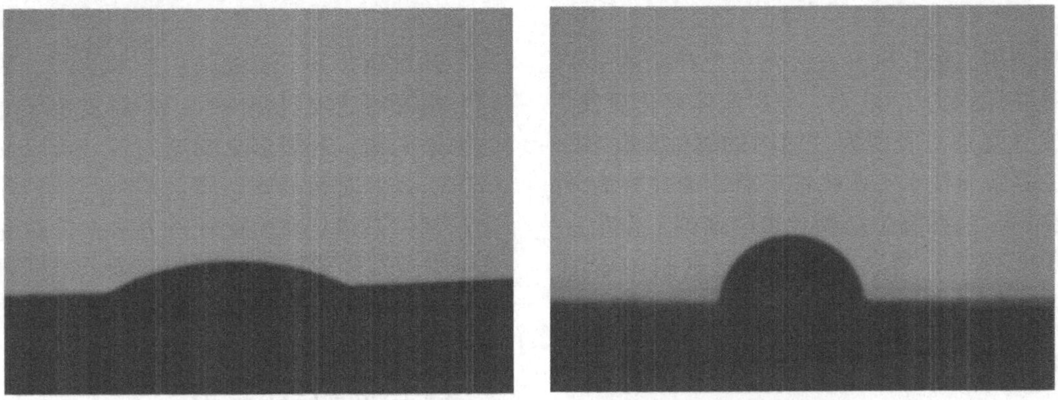

(a) KP10-809.5m　　(b) KP12+281m

图 6　防腐层样品外表面接触角测试结果

综合现场及实验室检测分析结果，分析 KP10-809. 5m 处管道补口聚氨酯防腐层发生鼓泡失效的原因。首先，在液体聚氨酯涂料涂敷阶段对气泡的控制不到位，导致防腐层固化后内部及表面均留下大量微孔，因其尺寸较小(直径 10μm~50μm)且未在防腐层内部互连贯通，无法被电火花检漏仪检出。正常服役条件下，KP10-809. 5m 处防腐层厚度(约 2. 6mm)比 KP12+281m (约 1. 5mm)整体厚，环境中的水分穿过防腐层向管道本体渗透所需的时间也应较长。然而，KP10-809. 5m 处防腐层却更早发生了鼓泡和积液现象。由此推断，防腐层内部及表面微孔的存在一方面增大了防腐层表面粗糙度，使防腐层防水性能下降，另一方面也为土壤中的水分向防腐层内部的渗透提供了通道，所需时间大大缩短。同时管道附近土壤含水率较高，补口下沟回填后，土壤中水分将通过微孔向防腐层内部渗透并逐渐在防腐层下积聚。在较负的阴极保护电位(-1. 43V vs. CSE)下，聚氨酯防腐层可能发生阴极剥离从管体表面局部脱离，并最终形成鼓泡。

3　结论

(1) 两处管道补口所处土壤环境相近，土壤腐蚀性较强。

(2) 两处管道补口阴极保护良好，交流干扰程度低，无须采取交流干扰防护措施。

(3) 两处管道补口聚氨酯防腐层黏结强度均有下降，其中一处出现防腐层鼓泡、积液、流挂现象，防腐层服役现状较差。推断防腐层施工过程中产生的气泡和阴极剥离是导致其鼓泡失效的主要原因。

参 考 文 献

[1] 温志新 . 关于提升液体聚氨酯喷涂防腐补口质量的探讨[J]. 中国科技投资，2016(5)：253，154.

[2] 陈洪源，李英义，罗鹏，等 . 在役 3PE 管道补口修复技术研究[J]. 管道技术与设备，2012(04)：24-26.

CO_2驱腐垢影响作业井治理技术研究与应用

于　洋　周贤胤　王建宇

（中国石油吉林油田公司）

摘　要　随着CO_2驱工业化推广应用，因地质单元差异呈现出采油井多样化腐蚀结垢现象，严重制约着采油井免修期。针对安全生产与降低作业维护费用的需求，在前期技术研究的基础上进一步细化腐蚀结垢单元，明确不同地质单元腐蚀结垢主控因素，建立主控因素快速评价方法，强化多效性药剂的针对性应用，针对不同腐蚀结垢主控因素筛选一体化药剂，开展药剂质量一体化评价技术。应用成膜效果最佳的连续加药工艺，更加精准的针对主控因素控制腐蚀速率，不断扩大矿场治理井次，建立腐蚀结垢单元的评价方法，着力延长高频作业采油井检泵周期，保障矿场安全平稳运行以及油井维护的降本增效。

关键词　免修期；主控因素；缓蚀剂；连续加药；检泵周期

吉林油田二氧化碳开发公司主力开采油层平均采油井井深约为2200米，地层流体矿化度高，且离子成分复杂，表现为井筒内的腐蚀与结构。随着CO_2驱采油技术工业化推广后，油井井筒矛盾日益突出，油井腐蚀结垢导致的维护工作量占比高达50%左右，复杂井下工况严重制约着油井的正常生产。

1　研究目的

随着CO_2驱采油技术工业化推广，地层井筒环境日趋复杂，采取有效治理措施缓解井筒矛盾成为企业降本稳产的重要课题。通过分析地层流体导致井筒腐蚀结垢的主控因素，不断强化丰富相关治理技术，经过五年多的强化治理，公司油井免修期从594天上升到721天，实现了大幅度攀升；同时在油井数量逐年递增的情况下，确保单井维护成本稳中有降，公司修井维护作业效益不断提升。

采油井井筒腐垢治理技术是井下作业领域中的重要部分，对复杂地层条件下延长油井免修期、降低油井维护费用至关重要，对于油田降本增效有着重要意义。

2　研究思路与内容

依托实验平台深入细化油井井筒腐蚀主控因素，以低成本防腐为目标，不断优化药剂体系、加药工艺，合理控制防腐成本，同时结合各个地质单元历年修井维护原因进行统计分析，针对性开展不同地质区块的专项治理工作，从而延长腐垢影响高频作业采油井的检泵周期。

针对油井井下腐蚀防护技术的需求和存在问题，拟开展三项研究内容：针对复杂环境中的腐蚀因素问题，开展多重腐垢因素分析以及快速评价方法；针对药剂体系质量控制问题，开展一体化药剂体系建立及质量评价方法；针对腐蚀高频作业井受腐垢影响免修期的问题，根据研究结果制定治理对策，开展腐垢影响高频井专项治理及评价方法。

3　研究进展与结果

通过对地层流体成分、细菌含量和结垢产物组分进行实验分析，得出腐蚀结垢的主控因素，针对性选取药剂类型，形成一体化药剂体系，并开展综合质量评价方法，在现场通过合理制定方案，不断扩大治理井次，在提升整体免修期的前提下，建立基于地质单元的腐垢影响高频作业井评价方法，确保特殊区块得到有效治理。

3.1　明确主控因素，建立快速评价方法

通过采集主力开采层位地层水进行实验分析，结果见表1~2。

表1　大情字主要开采层位地层水质分析结果

层段	A段	B段	C段
矿化度/(mg/L)	10069.45	19333.87	26955.64
Mg^{2+}/(mg/L)	18.32	25.63	34.14
Ca^{2+}/(mg/L)	46.99	144.53	156.41
Cl^-/(mg/L)	4377.35	8973.33	11100
HCO_3^-/(mg/L)	1918.76	1344.03	1101.81
SRB菌/(个/mL)	4400	3100	8800

表2　主要开采层段采出水沉积及配伍性试验数据表

试样名称	配伍比例	沉积率/%	配伍性
A段		45.9	
B段		67	
C段		71.1	
A：B	1：1	75.38	差
A：C	1：1	77.14	差
B：C	1：1	74.03	差

数据结果表明A段腐蚀结垢较轻，B段水质物性稍差，C段水质物性最差、腐蚀结垢情况突出，同时开展了层间水沉积、配伍性试验，结果表明，A、B、C层间水配伍性差，易发生沉积结垢，实验得出数据结果与相关层位历年作业频次统计相吻合。

随着油田开采到中后期，井筒影响工况的杂物成分日趋复杂，发现大量的固体不溶物，造成井筒泵漏或者堵塞，通过XRD衍射仪，对井筒采出的不溶物进行了组分分析(表3)。

表3　大情字各地质层位、单元垢样成分分析表

序号	井号	层位	$CaCO_3$	FeS	$FeCO_3$
1	1井	A	6.88	15.88	24.45
2	2井	A	5.16	89.75	0
3	3井	A	4.05	29.42	25.88
4	4井	A	5.39	9.39	25.21
5	5井	A、B	17.51	10.91	63.29
6	6井	A、C	0.87	44.01	47.3
7	7井	AD	12.42	12.28	58.36
8	8井	A、B	3.44	19.54	66.08
9	9井	A	3.21	43.73	45.6
10	10井	A	1.22	3.77	87.7
11	11井	A	15.99	46.02	13.39
12	12井	A	3.37	67.26	22.58
13	13井	A、B	13.35	20.5	53.83
14	14井	A、D	13.64	39.82	17.64

通过对地质层位水质以及油井结垢产物进行实验分析，明确了腐蚀主控因素：A段水质结垢较轻，腐蚀以CO_3^{2-}、S^{2-}、SRB细菌腐蚀为主；C段水质物性最差、易结垢，且伴随CO_3^{2-}、S^{2-}、SRB细菌腐蚀；多层开采的采油井，易发生结垢现象。

针对不同腐蚀产物类型与酸反应的物理化学性能不同，建立垢样快速判断方法，利用前线实验室快速对井底杂物进行定性分析，及时制定修井措施对策，减少占井时间(表4)。

表4　垢样定性分析判断

碳酸盐垢	铁的氧化物垢	硫化亚铁垢	碳酸亚铁垢	酸性不容物
加入稀盐酸，迅速溶解，同时产生大量气泡，溶液剩余残渣量极少，可判断为碳酸盐	加入稀盐酸，溶解速度慢，酸液呈黄绿色，使用测铁管粗测铁含量较高，则可能为铁类氧化物	加入稀盐酸，垢样溶解，产生气泡，有H_2S的气味，能够使湿润的醋酸铅试纸变黑，同时溶液变黑色	加入稀盐酸，垢样溶解较快，产生大量气泡，其酸液呈黄绿色，使用测铁管粗测铁含量较高	砂子、淤泥或粘土均不发生反应，用放大镜可以辨认砂子颗粒
矿化度	氧化腐蚀	H_2S腐蚀	CO_2腐蚀	杂物

3.2　完善药剂体系，建立药剂质量评价方法

目前，CO_2驱矿场缓蚀剂是具有耐二氧化碳腐蚀功能为主的缓蚀剂，采用周期间歇加药方案，根据采油井采出液含水率以及井底CO_2分压制定单井的加药浓度，确保CO_2腐蚀得到有效控制。

如表5所示，鉴于实验分析存在CO_2、水质、SRB多因素腐蚀规律，且腐蚀性较强，需要开展针对性药剂体系筛选，原用CO_2缓蚀剂对CO_{2-3}腐蚀起到良好的防腐效果，对于S^{2-}腐蚀防护作用较弱，当多因素共同存在时腐蚀加剧，所以需要开展复合型药剂评价，以CO_2缓蚀剂为主、脱硫剂为辅进行实验评价。

实验表明CO_2缓蚀剂+脱硫剂复合体系相对于单独使用杀菌剂或者CO_2缓蚀剂能起到更好的腐蚀防护效果(表6)。

表5　油井井下多因素腐蚀模拟实验

实验系列	实验类型	平均腐蚀速率/(mm/a)
CO_2腐蚀	现场水+CO_2腐蚀实验	0.486
S^{2-}腐蚀	含SRB细菌现场水腐蚀实验	0.088
CO_2+S^{2-}腐蚀	SRB细菌现场水+CO_2腐蚀实验	1.021

表6　采出液加注三种不同药剂体系对N80材质腐蚀评价试验(90℃，5MPa，100ppm)

药剂(浓度)	试片号	前重/g	后重/g	腐蚀速率/(mm/a)	平均腐蚀速率/(mm/a)
杀菌剂(150ppm)	631	10.8344	10.7820	0.1158	0.1056
	652	10.6537	10.5963	0.954	
CO_2缓蚀剂(150ppm)	448	10.7623	10.7451	0.0596	0.0582
	479	11.0526	11.0352	0.0568	
CO_2缓蚀剂(100ppm)+脱硫剂(50ppm)	830	11.1767	11.1742	0.0122	0.0113
	211	11.2940	11.2910	0.0121	
	835	10.9860	10.9840	0.0098	

综合模拟地层条件的室内高温高压釜实验数据与井筒内腐蚀监测设备监测结果，共同形成了药剂应用体系有效性的综合评价方法，评价表明现用药剂体系质量达标，可有效将腐蚀速率控制在0.076mm/a之内(表7)。

表7　井筒腐蚀监测设备取出后处理数据

序号	井号	深度/m	周期/d	腐蚀速率/(mm/a)	腐蚀速率/(mm/a)
1	井1	1700	204	1.3450	0.0342
2	井2	1500	363	0.0449	0.0011
3	井3	1700	221	0.4171	0.0106
4	井4	1700	847	0.4164	0.0106
5	井5	1735.9	42	2.2893	0.0581
6	井6	1846.1	424	0.9782	0.0248
7	井7	1650	301	1.2865	0.0327
8	井8	1767.8	127	2.2960	0.0583
9	井9	1638	146	1.1878	0.0302

3.3　确立治理思路，建立效果评价方法

确定选择治理井的开采层位开展腐蚀主控因素分析，对腐蚀矛盾突出的地质单元，开展地层水质、垢样组分分析，明确主控因素，根据得出的主控因素，针对性筛选有效药剂体系及配套井筒防腐工艺；根据药剂成膜理论，采用连续加药工艺，保障缓蚀剂吸附速率≥脱附速率；最终建立了以地质单元为研究对象、单元内检泵周期井数变化趋势为指标的治理效果评价方法。

根据试验井腐垢主控因素分析结果，确定该

井主要受CO_2腐蚀影响，选择加注CO_2缓蚀剂，应用连续加药工艺，根据该井产液量、含水率、CO_2分压设计加药方案，同时井筒装备腐蚀监测装置。该井治理前三次平均检泵周期为304天，治理后延长至1206天，治理效果显著(表8~9)。

表8 腐垢影响高频作业采油井试验井1加药浓度设计

井号	防腐工艺	加药制度	
试验井1	连续加药	产液量	3.8t
		含水	89.1%
		CO_2分压	0
		设计浓度	100ppm
		加药量	2.66kg/周

表9 腐蚀高频井治理井号及检泵周期统计

序号	井号	治理前三次清检平均检泵周期	治理后检泵周期
1	试验井1	304天	1206天(因结垢修井)
2	试验井2	268天	519天(内衬脱落卡泵)
3	试验井3	389天	780天(正常生产)
4	试验井4	344天	991天(正常生产)
5	试验井5	374天	925天(正常生产)
6	试验井6	283天	689天(正常生产)
7	试验井7	243天	540天(正常生产)
8	试验井8	230天	625天(正常生产)

3.3.1 气驱A区块治理情况

对A区块118口连续生产采油井油井检泵周期进行分类统计，A区块采油井检泵周期低于公司平均值7口，主要受腐垢、偏磨影响，通过分析井筒垢样，确定该区块存在CO_2腐蚀、硫腐蚀等问题，通过开展腐垢影响专项治理，检泵周期一年以内高频井数呈下降趋势，两年以上井数明显提升，该区块治理效果显著。

3.3.1 2水驱B区块治理情况

对B区块58口连续生产采油井油井检泵周期进行分类统计，B区块采油井检泵周期低于公司平均值10口，通过分析井筒垢样，确定该区块存在CO_2腐蚀、硫腐蚀等问题，通过开展腐垢影响专项治理，检泵周期一年以内高频井数逐年下降，检泵周期两年以上井数明显提升，该区块治理效果显著。

4 研究结论与认识

腐垢影响高频井的专项治理，从地层流体矛盾着手，分析流体性质及井筒不溶物组分，明确主控因素并建立快速评价方法，可操作性强。根据分析得出的主控因素，筛选有效药剂体系，开展室内实验评价结合井筒监测设备反馈的实际数据，形成一体化药剂质量评价方法，具备较强的针对性。现场实施应用连续加药工艺，确保药剂有效浓度，按检泵周期划分区间跟踪地质单元高频井数变化趋势，使得治理效果评价更为直观化。本次技术研究对于复杂环境下腐垢影响导致的高频作业井的治理，具有很高的治理借鉴意义。

吉林油田二、三类站场风险评价策略研究

邵立新

（中国石油吉林油田公司）

摘　要　目前，吉林油田已设计并建立了多个“人力资源优化+生产经营模式改革+完整性管理”于一体的采油作业区级别的无泄漏示范区。为准确分析油田脱水站、转油站、放水站等二类站场以及计量间、配水间等三类站场内的管道设备运行中存在的风险，针对该类站场与净化油气一类站场在设备、工艺等方面存在的差异，制定了具体的评级步骤和方法，有效评价油田二、三类站场的安全状况。本文重点介绍了吉林油田以站场风险评价的行业标准为基础，依托现有人员、技术和手段，借鉴形成了针对不同工艺、不同类型设备、不同失效模式的“采-防-检-监-评-修”全流程站场风险评价思路和策略。对采油作业区站场内的压力容器、加热炉、泵类、罐类、工艺管道、电气系统和仪表自控系统开展全流程的管理实践和风险消减工作。实际应用情况表明，油田站场风险评价策略符合国家行业标准规范的同时，通过以内部操作人员自行检测评价为主外孤检测单位为辅，最大限度的提高了站场检测评价的有效性及经济适用性，能够满足完股份公司的完整性管理长期规划要求。采用物联网技术不仅可实现管道完整性管理的可视化和数字化目标，还能最大限度提升监测结果的可靠性。本文对吉林油田二、三类站场完整性管理中取得的阶段性成果进行总结，期望能更好的促进行业内油田站场完整性管理工作，确保油田行业管道和站场安全平稳运行。

关键词　油田二、三类站场；站场完整性；风险评价

目前，吉林油田针对净化油气站场实际情况的风险评价流程和工作内容已经应用于实际生产，先后开展了长岭天然气处理中心的设备与工艺管道的风险评价与检测评价、安全仪表系统完整性等级确定及验证、储气库完整性管理文件体系完善等工作。在油田站场方面，采油区范围内放水站、转油站数量众多，而且功能和设备相对于净化油气站场要复杂许多，如果依托油田现有操作人员用一类站场的风险评价体系来评价中小型二、三类站场，会因工作量大导致无法保障风险评价准确性，也会检测评价费用投入资金高导致性价比低，不利于长期有效开展。

在油田二、三类站场风险评价中，站内要素的选取和影响因素之间的层次关系是否合理，以及评价模型的建立及简化处理是否正确是核心，找到适合油田特点、能够独立自主高效经济开展的站场完整性管理方法是吉林油田中小型站场风险管理技术中的关键。

1　油田站场风险管理的基本原理

风险管理是事故发生的可能性与事故造成后的严重程度的综合度量。油田站场担负原油储存的功能外，主要是站外含水原油脱水、生产污水处理的重要生产场所，设备管道在运行期服役条件更为苛刻，面临的风险种类及要素也更为复杂。衡量站场的风险指标时，二三类站场与一类站场相比由于事故的概率高，而事故发生造成的损失大小程度较低，导致通过二者乘积计算出来的风险系数所体现的性质有很大差异。

针对这一技术难题经过系统梳理，吉林油田站场内的静设备、动设备、电气设备和仪表自控系统在“采、防、监、检、评、修”等完整性管理各环节研究可实施的技术体系，针对管道、设备及仪表管理的内容包括：风险分析、风险评价、风险(决策)。

2　油田站场管道、设备检测评价方案

2.1　数据收集及整合

数据收集工作重点包括油田站场基础数据采集及失效数据分析，并根据现场设备的数据和管理要求开展数据差异性分析，其中数据采集工作内容如表1。

将油田站场管道、设备防腐设计文件要求的内外防腐形式、施工文件规定的质量标准与现场实际相比较，其应满足内外腐蚀设计、施工要求、涂色要求等文件，对不符合要求项目编制整

改方案。对检测过程中发现的防腐层破损点及时按照防腐标准化图纸进行修复。

表 1　吉林油田站场数据收集统计表

序号	时间段	类型	内容
1	投产前	设计文件、竣工资料	收集设备及附属设施的技术资料，图纸、历史检测、检验后校准报告，根据数据收集情况进行梳理，编制技术档案。
2	投产前		设计文件、竣工资料与现场情况进行排查，对不符合要求，编制整改方案。
3	运行期	运行期数据	运行数据、防腐数据、评价数据、检测数据等。
4		腐蚀防护数据	腐蚀防护需要的数据、防腐层、绝热层等，以及环境数据。
5		检测数据	年度检查和定期检测、缺陷数据、基于风险的检验数据等相关。
6		风险评价数据	设备、仪表及电气，设置唯一编号，管道分段和编号。
7			静设备 FMBRA 分析所需的数据：包括设计资料、工艺资料、检验资料、维护资料。
8			动设备分析所需要的数据：包括基本数据、故障假设、安全分析所需的资料。
9		维修维护数据	修复内容、修复时间、修复方法、修复日期等。
10		失效数据	失效定位，管道名称、起止阀门或设备描述失效位置
11			失效识别，内外腐蚀、冲刷腐蚀、应力开裂、施工缺陷、机械损伤等。
12			失效记录，设备编号、失效后果、维修方式、维修人员、维修费用，按不同类型的设备进行划分不同的失效模式。
13			失效数据分析，按周期对失效和故障进行汇总及统计，计算失效概率，对失效概率高的设备进行风险评价，根据风险大小制定维护方法及周期。
14		数据差异性分析	对运行数据、防腐数据、评价数据、检验数据、维修维护数据的时效性、准确性等方面进行分析，形成报告说明数据现状、提出整改工作项目，实施时间等。

2.2　管道、设备风险评价

吉林油田站场开展的风险评价包括：静设备风险评价、动设备风险评价、电气仪表风险评价。

（1）动设备风险评价

针对油田站场内的动设备开展风险评价，包括设备功能划分、失效模式识别、失效影响分析、确定风险可接受准则、监测运行参数(表 2)。

表 2　吉林油田站场动设备风险评价工作量

序号	项目	内容
1	设备功能划分	定义设备主要功能、次要功能、功能失效、失效模式等
2	失效模式识别	失效模式识别：失效概率、失效后果、失效损失、维修维护成本确定
3	失效影响分析	失效模式与功能丧失间的关系，确定失效影响以及失效局部影响
4	风险可接受准则	量化设备失效概率、统计故障反生频率、安全后果及环境后果、成本后果
5	监测运行参数	运行转速、流量、排液量、齿轮箱、轴承温度及电机电流

（2）静设备风险评价

油田站场内静设备风险评价采用 FMBRA 分析法，包括数据收集与整理、失效模式及失效机理的确定、失效效果分析、风险等级描述(表 3)。

表 3　吉林油田站场静设备风险评价工作量

序号	项目	内容
1	数据收集与整理	基础数据、工艺数据、校验维护数据、站场完整性管理制度、与财务数据、数据分析与补充
2	失效模式的确定	按照内腐蚀、外腐蚀、冲刷腐蚀、环境应力开裂、施工缺陷、设备故障、机械损伤、天气及外部力量、操作不当、制造及施工缺陷划分设备及失效模式
3	确定各类失效可能性等级	根据标准规范确定识别出的各类失效模式的可能性等级
4	失效后果分析	根据《集团公司安全生产管理办法》，确定失效后果等级
5	风险评价	根据不同的失效模式选择不同的风险矩阵，评定风险高低
6	风险等级描述	根据不同的概率确定风险类别等级

(3) 电气及仪表风险评价

针对油田站场电气与仪表选择适合吉林油田的安全评价方法。通过构建系统的故障分析方法，形成安全分析检查表。针对故障假设问题进行分析、后果严重性进行分析、识别并评估现有的防控措施是否满足需要，根据评价结果确定整改措施、整改人、整改时间。

实施内容包括对象的确立、数据收集与整理、模拟开展 SIL 分析(表 4)。

表 4　吉林油田站场电气及仪表风险评价工作量

序号	项目	内容
1	分析准备	成立分析小组、确定分析对象和范围、熟悉分析对象、收集及筛选准备材料
2	模拟开展 SIL 分析	构建假设故障问题和项目、确定安全检查分析表、分析问题和项目、提出建议措施

2.3　检测评价、监测

根据油田站场内的设备类型开展针对性的检测评价项目，内容包括：工艺管道检测评价、静设备腐蚀监测、动设备运行状态监测、电气及仪表系统测试。

(1) 工艺管道检测评价

工艺管道安全评定作业有三种，分别为年度检测、全面检测及基于风险的检验工作，针对油田站场内管道选择基于风险的检验工作，根据不同的失效模式采取不同的检测策略，检测策略选择原则如图 1 所示。

首先对数据采集阶段的信息进行核实及完善，确保能最大程度反应站场内管道使用情况，能够客观指导检测评价，然后开展宏观检测评价判断失效模式，根据不同的失效模式选择检测策略，最后根据管道内压强校核、安全状况等级评定确定检验周期(表 5)。

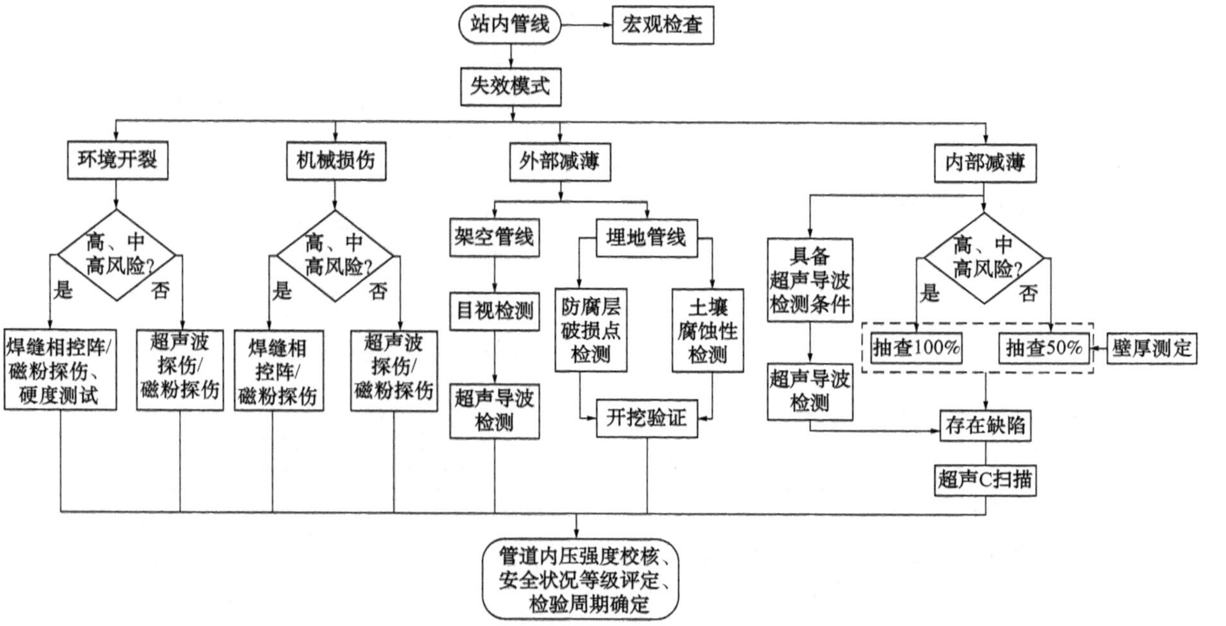

图 1　工艺管道风险检测策略

表 5　吉林油田站场工艺管道检测评价工作量

顺序	项目	内容
1	数据收集	数据采集阶段的信息进行核实及完善，重点管道走向图、分段信息等
2	宏观检测	管道结构检测、几何尺寸检测、外观检测、管道材质分析
3		弯头、三通及直径突变处壁厚抽查，GC1、GC2 及 GC3 管道按 50%、20%及 5%频率抽检，异常区域可适当增加
4		管道表面裂纹、绝热层破损、交变荷载部位无损检测
5		开展 GC1 焊缝检测、GC2 管道超声波抽检，比例不低于焊口 15%，重点部位包括错边、泵进口焊口、硬度异常等

续表

顺序	项目	内容
6	失效模式分析及检测评价方式选择	内腐蚀减薄为主要风险，壁厚检查100%全覆盖
7		针对埋地外腐蚀检测站内土壤腐蚀性
8		架空管道外腐蚀，开展超声导波检测
9		机械损伤主要为砂磨风险为高，开展超声导波检测
10		环境应力开裂，风险为底，开展磁粉探伤及硬度测试

(2)静设备腐蚀监测评定作业

对油田站场4台静设备开展腐蚀监测，包括内部腐蚀监测和外部腐蚀监测，监测方法综合考虑风险、介质腐蚀性、监测系统的准确性和监测范围、历史监测结果等。监测分析应采用“长期监测、定期分析”的方法，每月下载监测数据进行汇总分析，定期综合分析设备内腐蚀发生趋势，制定内腐蚀防护方案(表6)。

表6 吉林油田站场静设备腐蚀监测工作量

序号	项目	内容
1	内部腐蚀监测	监测静设备内部储存或流经的组分进行分析，定量获取设备内部的金属损失速率
2	外部腐蚀监测	监测静设备外表面金属损失速率
3		对静设备壁厚变化显著的外壁开展定点壁厚监测

(3) 动设备运行状态监测

对油田站场内动设备运行监测，包括运行状况监测、失效模式识别、工况参数、机泵温度监测等。也应采用采用“长期监测、定期分析”的方法，每2小时记录机泵动态数据(表7)。

表7 吉林油田站场动设备监测工作量

序号	项目	内容
1	运行状况监测	设备震动、温度、油压、润滑油质量、磨损
2	失效模式识别	根据不同的机泵类型，确定重点识别部位
3	机泵振动监测	根据机泵种类不同，布置监控点
4	监测运行试参数	运行转速、流量、排液量、齿轮箱、轴承温度及电机电流

(4) 电气及仪表系统测试

油田站场电气系统测试内容包括：接地电阻测试、避雷器测试。

2.4 站场完整性评价

吉林油田站场开展的完整性评价包括：工艺危害与可操作性分析作业(模拟HAZOP分析)、含缺陷设备实用性评价两项内容(表8)。

表8 油田站场模拟HAZOP分析工作量

序号	项目	内容
1	前期准备工作	成立可操作性性分析小组(适当降低小组人员要求)，明确小组人员职责及分工
2	确定分析范围和目标	确定要开展的HAZOP分析范围包括的工艺单元、共用工程及辅助设施，明确可操作性性分析的需要考虑的因素
3	分析准备的材料	工艺参数、工艺管道仪表流程图、平面布置图及相关工艺技术信息
4	模拟开展HAZOP分析	节点划分、确定现场与工艺指标的偏差、分析偏差导致的后果
5	分析偏差导致的后果	分析偏差导致的人员、财产、环境的影响
6	分析偏差产生的原因	对工艺、设备、仪表、控制和操作等方面分析探讨其发生的所有原因
7	现有安全措施分析	记录现有的切实投用及执行安全措施，并对偏差进行分析
8	风险评价	根据《油田二三类站场完整性管理手册》开展风险评价
9	建议措施	根据风险高低及现有安全措施，提出合理化建议
10	分析记录	根据实际需要对模拟开展HAZOP分析采用的表格进行调整，形成HAZOP分析报告，并小组签字确认

2.5 维修维护

吉林油田站场开展的维修维护包括：日常检验维护、季度检验维护、年度全面检验维护、压力试验维护、无损检测维护、安全措施的制定维护等内容。

3 结束语

针对油田二、三类站场风险评价内容及方法

是老油气田人力资源优化、组织机构调整形式下产生的站场完整性管理模型，是依托油田内部操作人员、检测成本能够自行开展的风险识别及评价方管理方法，通过分析工艺、设备、电气、仪表等四个方面失效原因及失效模式，明确不同系统不同设备的完整性管理重点，形成针对性的技术方法、工作内容、实施周期、管理流程，完善“采-防-监-检-评-修”各环节完整性管理技术，真正实现站场风险受控其风险评级结果可最大程度减少站场突发事故造成的经济损失，有效提高油田中小型站场的安全性。

参　考　文　献

[1] 张东明．天然气输气场站基础管理思路探讨[J]．石油工业技术监督，2008(11)：28-30.

[2] 田达，张思佩，韩东升．危险与可操作分析(HAZOP)方法在生产工作中的简单应用[J]．山东化工，2011，40(10)：49-52.

[3] 徐刚．HAZOP分析指南[M]．北京：中国石化出版社，2008：7-12.

[4] 王文和，易俊，沈士明．基于风险的城市埋地燃气管道安全评价模型及应用[J]．中国安全生产科学技术，2010(3)：163-166.

[5] 陈登丰．在役承压设备风险管理技术的发展[J]．化工设备与管道，2006(4)：17-24.

[6] 梁运枚，骆晖，杨伟，等．天然气长输管道风险接受准则的研究进展[J]．油气储运，2009(10)：6-9.

石油天然气工业用耐微生物腐蚀特殊钢的研究现状

冯文昊[1,2,3]　袁军涛[1,2]　张慧慧[4]　付安庆[1,2]　谭凤玲[1,2,3]
徐　婷[1,2]　李轩鹏[1,2]　黄居峰[1,2]　王　邃[1,2]　陈子晗[1,2]

（1. 油气钻采输送装备全国重点实验室；2. 中国石油集团工程材料研究院有限公司；
3. 陕西九州石油工程技术服务有限责任公司；4. 西安科技大学材料科学与工程学院）

摘　要　随着作业的广泛应用，微生物腐蚀已成为石油天然气工业管道和设备腐蚀失效的主要诱因，耐微生物腐蚀特殊管材的开发是应对这类失效问题的有效措施。本文从腐蚀性微生物及生物膜的作用出发，综述了与微生物腐蚀密切相关的生物膜的性质及演变规律，系统分析了含铜低合金钢、含铜不锈钢等耐微生物腐蚀特殊钢的研究进展，讨论了合金元素、微观结构在改善耐微生物腐蚀性能方面的作用机制，最后展望了耐微生物腐蚀特殊钢的发展方向，为推动石油天然气工业用耐微生物腐蚀特殊管材的开发和应用提供参考。

关键词　微生物腐蚀；含 Cu 低合金钢；含 Cu 不锈钢；生物膜，合金元素

腐蚀问题每年在全球造成 4 万亿美元的经济损失，是严重威胁工程材料服役安全的主要因素。微生物腐蚀是一种区别与传统电化学腐蚀的特殊腐蚀类型，是由微生物本身或者生命活动所引起的材料破坏形式，广泛存在于石油、电力、海洋、水力等工业领域。微生物腐蚀不仅会破坏材料的结构，还会影响材料的性能，如强度、硬度、韧性等，从而导致巨大的安全隐患和财产损失。在石油天然气工业中，微生物腐蚀已经逐渐成为造成管道和设备失效的主要诱因。根据加拿大 Trans-Canada 管道公司的调查数据，大约有 50%的管道腐蚀失效事故是由于微生物腐蚀引起的。近几年来，我国页岩气开发中，微生物腐蚀导致管柱及集输管道穿孔失效频发，因此微生物腐蚀与防护受到极大的关注。

目前，物理化学法、抗菌材料（如抗菌涂层、抗菌钢）、杀菌剂是油气行业缓解和控制微生物腐蚀的主要手段。其中，抗菌钢被认为是最经济、高效、环保、长效的手段。这种通过合金化手段开发的耐微生物腐蚀钢，从本质上缓解微生物腐蚀，可以减少工业杀菌剂的使用，解决杀菌剂对生物膜下微生物杀除效果有限、微生物耐药性以及环境污染的问题。

近几年来，耐微生物腐蚀特殊钢（包括含铜低合金钢、含铜不锈钢等）的研究取得了较大的进展，本文从腐蚀性微生物及生物膜诱发的局部腐蚀出发，从合金化改善耐微生物腐蚀性能的角度，综述了含铜低合金钢、含铜不锈钢等新型耐微生物腐蚀特殊钢的研究认识，为这类钢管的开发和应用提供支持。

1　腐蚀性微生物与生物膜

在自然界中许多微生物都会导致微生物腐蚀的发生，如硫酸盐还原菌（SRB）、硝酸盐还原菌（NRB）、产甲烷菌（Methanogens）、铁氧化细菌（IOB）、锰氧化细菌（MOB）等细菌以及多种真菌。在石油天然气工业中，SRB 是最受关注的一类细菌，它是一类非严格厌氧菌，广泛存在于油气田采出水、集输管线、地下管道、土壤中。SRB 通过氧化有机化合物或分子氢将硫酸盐（SO_4^{2-}）还原为硫化氢来获得生长能量。根据 SRB 生长对温度的要求，可以分为中温菌和嗜热菌。大多数常见的 SRB 是生长在 20～30℃，也有一些 SRB 可以在大约 50～60℃下甚至更高温度下存活。石油石化领域广泛分布的 SRB 对油井管柱、集输管道、储罐以及相关设备内部造成的腐蚀问题逐渐受到越来越多的关注。

生物膜对微生物腐蚀至关重要。微生物的代谢活动参与了一系列过程，导致了其在材料

表面的沉积，在表面附着形成单一或多物种群落的生物膜。生物膜通常嵌入在细菌产生的胞外聚合物质(EPS)基质中。EPS由多糖、蛋白质、脂质和一些遗传物质组成，其中多糖和蛋白质占比达到80%。生物膜的发展是一个涉及多个连续阶段的复杂过程，如图1所示。首先，细菌通过物理作用与材料表面发生初步粘附，随后经历不可逆黏附阶段，在此过程中细菌通过分泌蛋白质和细胞外聚合物(EPS)形成牢固结合。随着细菌繁殖、相互作用及微生物表面成分对基质分子的识别，有序的生物膜结构逐渐形成并成熟，增强了菌落生存能力和适应性。最后，部分细菌从成熟的生物膜上脱离并扩散到新区域进行再次定植。生物膜显著影响材料表面的物理化学性质的调节，因此它与抑制或加速腐蚀性和局部形式的腐蚀有关。生物膜的形成会改变膜下环境，如氧浓度、氯离子、H_2S浓度以及pH值等，从而影响膜下金属的腐蚀进程。

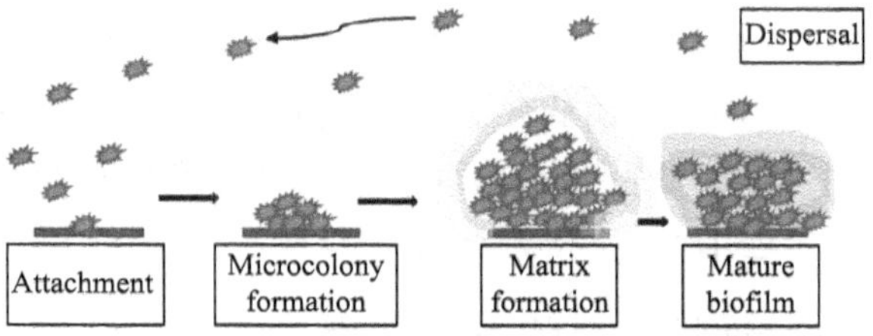

图1　生物膜形成的各个阶段

生物膜对金属腐蚀的影响是复杂的。一方面，金属材料局部腐蚀的发生与生物膜的存在密切相关，由于微生物的生长和繁殖导致材料表面生物膜存在一定的不均匀性，没有被生物膜覆盖的区域作为阳极位点，而被生物膜覆盖的区域作为阴极位点，使金属表面形成局部腐蚀电池从而导致点蚀的发生。另一方面，一些研究也指出生物膜具有缓蚀作用。生物膜是由微生物及其分泌的胞外多聚物(EPS)组成的复杂生态系统，它可以作为一道物理屏障减少环境中的氧气、氯离子等腐蚀介质与金属表面的接触，降低其在金属表面的氧化还原反应速率，从而抑制均匀腐蚀过程。然而，在自然条件下，由于生物膜结构多样、成分不均一，以及不同微生物之间的相互作用，使得其对金属腐蚀的影响呈现出时空动态变化的特点。因此，研究并控制生物膜在材料表面的形成和发展对于提高材料抗微生物腐蚀性能至关重要。

2　耐微生物腐蚀特殊钢

金属Ag和Cu离子都具有一定能力的杀菌能力，但由于Ag的价格较高未能得到工业化应用，而相对廉价的铜(Cu)及其合金则成为抗菌金属材料的理想元素。近年来，研究发现新型含铜碳钢和不锈钢能够抑制材料表面生物膜的形成从而减缓MIC。尽管如此，其他合金元素(如铬、铌、钼)也会影响材料的耐微生物腐蚀性能。例如：有研究发现铬离子可以促进低合金钢表面生物膜的形成和矿化从而加速金属的腐蚀，还可以影响金属表面的微生物群落结构，而铌和钼等元素则可以在某些特殊环境下改善材料的耐腐蚀性间接增强其对抗微生物腐蚀的能力。

2.1　含Cu低合金钢

从经济性考虑，利用Cu元素改良传统低合金钢，具有成本低的优势，可以用来解决由微生物腐蚀所导致的油套管以及管线管频繁失效的问题。这种含Cu的低合金钢的研究，主要是通过调控Cu含量、富铜相的显微结构等，改善低合金钢耐微生物腐蚀的性能。

Li等比较了含Cu和不含Cu的X65管线钢在含铜绿假单胞菌介质中的腐蚀行为，发现添加Cu可以有效降低MIC腐蚀速率，主要是含铜X65钢释放出的Cu离子能有效杀死附着在钢表面的铜绿假单胞菌，从而显著减小腐蚀坑的深度和直径。然而，含铜X65管线钢耐微生物腐蚀性能与其热处理工艺有密切关系，只有进行等温时效处理的含铜钢在腐蚀试验后表面细菌数量明显减少，并且耐点蚀性能也明显提高，如图2所示。在X80钢级管线钢中，发现了类似的现象。Shi等发现在X80管线钢中添加1%Cu，能显著降低钢的点蚀速率，认为在Cu^+和Cu^{2+}之间的催化作用下产生的ROS(Reactive Oxygen Species 活性氧)在杀死细菌中起着重要的作用，如图3所示。钢中的铜含量对其耐微生物腐蚀性能有着显著影响，Yu等研究发现随着铜含量增加，含铜钢耐SRB腐蚀的性能逐渐提高。这种现象主要归因于生物膜中积累的具有杀菌作用的含铜化合物(如Cu_2S和Cu_2O)以及生物膜阴离子的选择性降低，有利于缓解生物膜下方的局部酸化。除了Cu，其他合金元素的加入也会对其耐微生物腐蚀性能产生影响。一种新型的Cu-Cr钢，由于Cu和Cr的协同效应，使得其在*Desulfovibrio* *vulgaris Hildenborough* 环境中表现出较传统 X70 钢更好的耐微生物腐蚀性能。

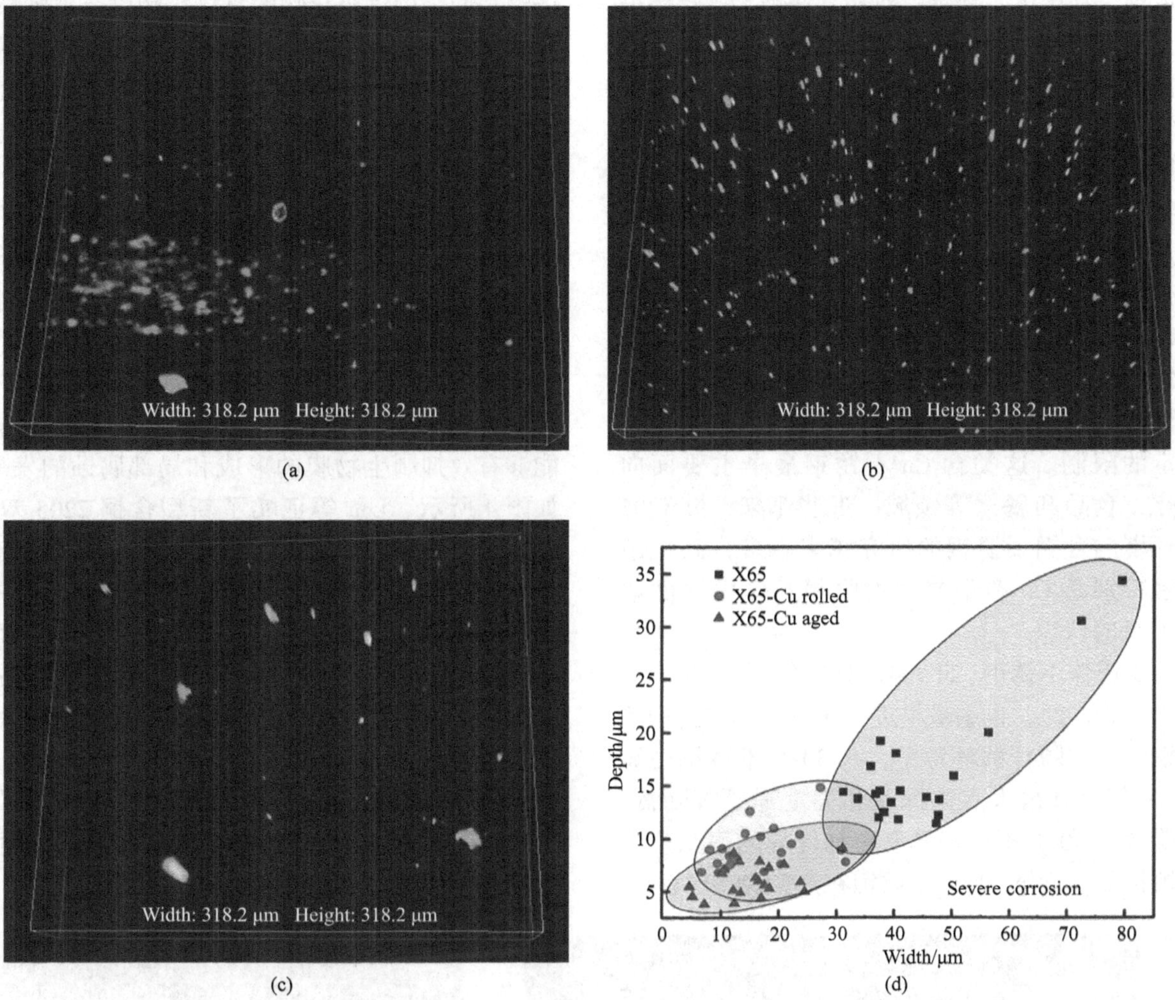

图 2　在 API-RP38 培养基中培养 14d 后硫酸盐还原菌(SRB)在(a)X65，(b)未时效 X65-Cu，(c)时效 X65-Cu 管线钢表面活/死染色形貌的 CLSM 像；(d)培养 65d 后的点蚀坑数据统计

但铜的影响并非绝对，也有研究发现了不同的效应，即添加铜会抑制生物矿化膜的形成，导致钢材的均匀腐蚀和点蚀加速。Liu 等研究发现低合金钢表面存在 *Bacillus subtilis* 生物膜时能够诱导碳酸盐矿物沉积从而有效抑制钢材的腐蚀，而含 0.4wt%(质量分数)Cu 的低合金钢表面上由于铜阻碍了 *Bacillus subtilis* 形成保护性生物矿化膜而加剧了均匀腐蚀和点蚀。铜对有无微生物作用下材料的腐蚀性能影响不同，一方面，在材料表面存在生物膜时，由于铜离子的毒性破坏了生物矿化膜的形成，会导致合金钢的点蚀速率增加；另一方面，在表面没有生物膜时，铜的添加可以提高在无菌条件下的材料耐蚀性。目前，含铜低合金钢的研究逐渐从管线钢(如 X65、X80)向合金化(如 3Cr、5Cr)发展，旨在兼顾耐 CO_2 与耐微生物腐蚀的综合性能，优化 Cr-Cu 组成及调控富铜相的显微结构仍是持续改善耐微生物腐蚀性能的主要方向。

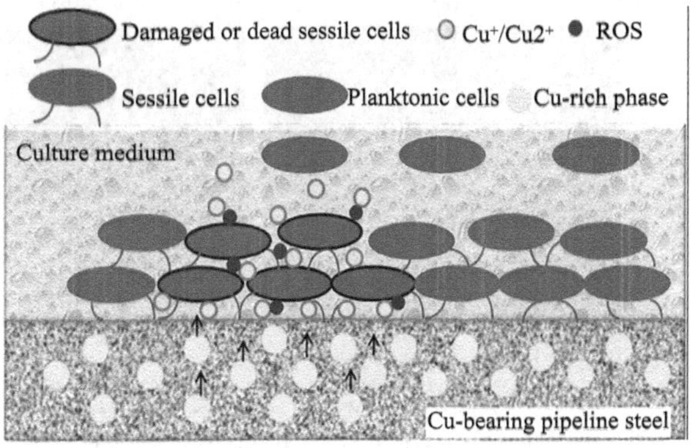

图 3　含 Cu 管线钢耐微生物腐蚀机制示意图

2.2　含 Cu 不锈钢

不锈钢具有黑色金属的韧性和高 Cr 含量金属的耐腐蚀性，具有优异机械性能、成本可控、

环境友好性等多种优点。铁素体不锈钢、奥氏体不锈钢、马氏体不锈钢、双相不锈钢等广泛用于海上油气管道、海水淡化热交换器、沿海电站冷凝器等。尽管不锈钢优异的耐蚀性使其在石油天然气工业中大有可为，但其对微生物作用下的腐蚀抗性明显不足。微生物通过释放破坏性的代谢产物或直接从金属表面获取电子进行呼吸以产生能量，从而加速或引发原本由水、二氧化碳等因素引起的腐蚀过程。在腐蚀性微生物的作用下，不锈钢表面的钝化膜会被破坏，从而导致局部腐蚀的发生；但添加铜能在一定程度上抑制其表面生物膜的形成，对浮游细菌的抑制作用有一定的限制。这类含 Cu 不锈钢最早主要面向医疗、食品和餐饮等领域。近些年来，针对海洋环境的含铜不锈钢的研究越来越多，其抗菌机理特别是 Cu 离子与生物膜相互作用方面取得了新的认识。

奥氏体不锈钢（如 304、316 等）在工业中的应用最为广泛，也是最早进行含铜抗菌改善的不锈钢。在大肠杆菌环境中，在 304L 不锈钢中添加 Cu 使得其最大点蚀深度和失重都显著降低，表明含铜 304L 不锈钢具有更加优异的耐微生物腐蚀性能。含铜 316L 不锈钢在产酸菌 SM-1 环境中同样表现出优异的耐蚀性能，研究者认为不锈钢表面膜中铜氧化物的直接接触以及基体释放的间接离子 Cu^{2+} 可能协同改善了含铜 316L 不锈钢的生物膜形成和耐微生物腐蚀性能，而且表面的非活性生物膜可能与 Cu^{2+} 中毒引起的细胞内 ROS（活性氧）增加有关。

相对于奥氏体不锈钢，双相钢具有更高的 PREN（耐点蚀当量），其耐蚀性更优，可用于更为苛刻的工业环境。Xu 等以 2205 双相不锈钢为基础研究铜的影响规律，发现添加铜可以显著提高 2205 双相不锈钢的机械性能以及对海洋好氧假单胞菌 MIC 的抗性，主要是由于含铜不锈钢能够有效抑制生物膜的形成和局部腐蚀的发展，如图 4 所示。Lou 等证实了新型含铜 2205 双相不锈钢对铜绿假单胞菌生物膜也具有显著的抑制作用，能够有效减少生物膜的形成和厚度，并诱导细胞死亡。在硝酸还原假单胞菌环境中，含铜 2205 双相不锈钢也能够显著降低生物膜中固着细胞数量及腐蚀速率。这类含铜不锈钢的耐微生物腐蚀性能的改善主要归因于表面 Cr_2O_3、$Cr(OH)_3$ 和 Cu 的富集以及均匀腐蚀电阻的降低，这刺激了更多 Cu 离子的释放，从而提高了耐微生物腐蚀性能。

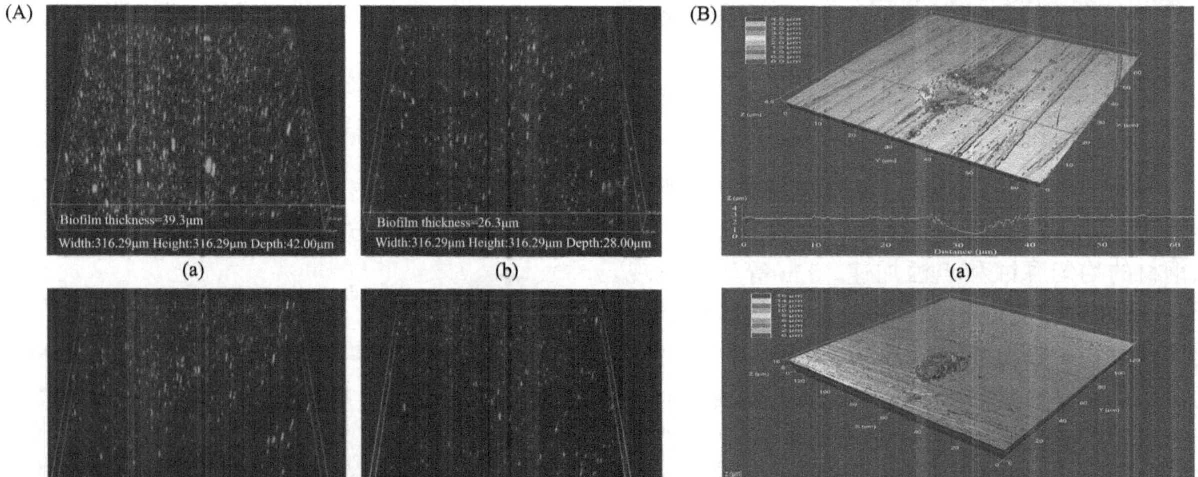

图 4　(A)在 7 天(a，c)和 14 天(b，d)后，对 2205(a，b)和 2205-Cu(c，d)DSS 表面进行活/死染色后的 CLSM 图像；(B)在 2216E 培养基中与 *P. aeruginosa* 共孵育 14 天后，通过 CLSM 测量的(a)2205 DSS 和(b)2205-Cu DSS 表面的最大点蚀坑形貌

通过观察和测量细菌与含铜不锈钢之间的接触情况以及分析电荷转移效应，Zhang 等提出了含铜不锈钢的抗菌机制，如图 5 所示。细菌与含铜不锈钢之间的持续有效接触是诱导细菌杀灭效果的关键，这种接触可以通过材料微域内的电势差驱动阴极电子转移至细菌细胞内，耗尽细菌内

部质子，干扰其呼吸链和能量产生过程，从而干扰细菌细胞的呼吸链和能量生成。此外，质子耗尽反应还可以催化 Cu(II) 向 Cu(I) 的转化，进一步破坏细菌细胞的结构并加速其死亡。

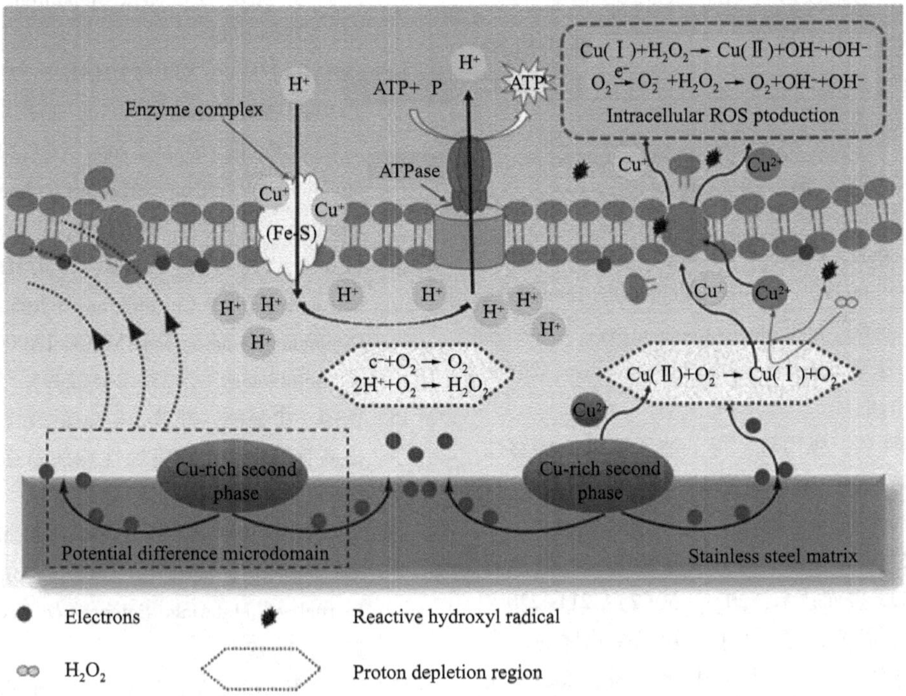

图 5　可能的抗菌机制示意图

2.3　其他合金元素的影响

除了以上含铜低合金钢和含铜不锈钢中的 Cu 和 Cr 的影响外，其他合金元素以及某些稀土元素对改善钢耐微生物腐蚀性能也有重要的影响。添加合适的合金元素组合不仅可以抑制微生物生长，还能优化腐蚀产物膜，从而提升整体的耐腐蚀性能。在富集人工海水环境中，不锈钢的 MIC 行为与 Cr 含量成反比，而与 Mo 含量无关，然而 Cr 和 Mo 含量会影响表面产物膜的半导体特性和再钝化能力。Mo 元素通常认为能提高合金的耐点蚀能力，Guo 等在低合金钢中添加不同含量的 Mo 元素，发现适度浓度的 Mo 能够显著增强生物膜的形成和矿化过程，主要是 Mo 离子作为化学引物吸引铜绿假单胞菌并激活了趋化性途径。

除了常见的合金元素，稀土金属也会影响钢的 MIC 性能。Liu 等研究发现在 316L 不锈钢中添加 La 和 Ce 元素能显著提升其耐 SRB 腐蚀的能力。在含铜的 2205 双相不锈钢中添加 Ce 元素，同样可以显著提升其对 SRB 腐蚀的抗性，尤其是当 Ce 含量超过 0.18%时，可以有效抑制 SRB 生物膜的形成并大幅降低腐蚀速率。当多种合金元素共存时，耐微生物腐蚀的机制更加复杂。例如，09CrCuSb LAS 明显抑制了固着细菌的生长，其中 Cr、Cu 元素能够通过破坏细胞膜或直接损害 DNA 等方式起到杀灭细菌的作用，而 Al 和 Sb 有助于改善保护性钝化膜并降低电化学反应活性，从而增强了钢材的 MIC 抗性。因此，多种合金元素对 MIC 有联合抑制作用，还能通过对晶粒细化和腐蚀产物膜形成的联合效应来改善钢的耐蚀性能。

3　总结与展望

（1）生物膜对微生物腐蚀起关键作用，受其结构与成分的动态变化，它可能营造导致局部腐蚀的微环境，也可能形成物理屏障起到缓蚀作用，因此从调控生物膜和抗菌/抑菌的角度设计钢的组成与组织是开发耐微生物腐蚀特殊钢的重要方向。

（2）含铜低合金钢的经济性使得其在工程应用中的潜力更大，钢中 Cu 含量和 Cr/Cu 含量的优化、微观组织尤其是富铜相的调控是使得含铜钢兼顾机械性能和综合耐蚀性能的关键，不仅如此铜离子的释放机制及长效作用机制仍有待进一步研究。

（3）含铜不锈钢是应对苛刻油气环境腐蚀的

重要措施，能够通过抑制生物膜的形成来减缓腐蚀。目前含铜奥氏体不锈钢和双相不锈钢表现出抗 MIC 的优势。但研究多集中于合金元素设计来改善不锈钢的 MIC 抗性，如何兼顾提升机械性能和复杂油气环境中的综合耐蚀性能是含铜不锈钢有待进一步攻关的重要方向。

参 考 文 献

[1] LI Y C，XU D K，CHEN C F，et al. Anaerobic microbiologically influenced corrosion mechanisms interpreted using bioenergetics and bioelectrochemistry：A review [J]. Journal of Materials Science & Technology，2018，34：1713-1718.

[2] 刘宏伟，陈翠颖，张雨轩，等．油气田微生物腐蚀与防护研究进展[J]．装备环境工程，2020，17(11)：1-9.

[3] 李鑫，尚东芝，于浩波，等．油气管道 SRB 腐蚀研究新进展[J]. 表面技术，2021，50(2)：211-220.

[4] 李强，张弛，林海，等．抑制油田微生物腐蚀的现状与发展趋势[J]．化学与生物工程，2021，38(09)：9-14.

[5] 韦博鑫，许进，高立群，等．油气管线钢土壤环境硫酸盐还原菌腐蚀研究进展[J]. 表面技术，2021，50(03)：30-44.

[6] 马凯军，王萌萌，史振龙，等．温度对原油储罐罐底微生物腐蚀影响规律的研究[J]. 中国腐蚀与防护学报，2022，42(06)：1051-1057.

[7] PAL M K，LAVANYA M. Microbial Influenced Corrosion：Understanding Bioadhesion and Biofilm Formation [J]. Journal of Bio-and Tribo-Corrosion，2022，8(76)：1-13.

[8] 吕美英，李振欣，杜敏，等．微生物腐蚀中生物膜的生成、作用与演变[J]．表面技术，2019，48(11)：59-68.

[9] WANG Z Q，LI Y T，REN J，et al. Investigating the efects of environment，corrosion degree，and distribution of corrosive microbial communities on service-life of refned oil pipelines [J]. Environmental Science and Pollution Research，2022，29：52204-52219.

[10] MADIRISHA M，HACK R，MEER F V D. Simulated microbial corrosion in oil，gas and non-volcanic geothermal energy installations：The role of biofilm on pipeline corrosion [J]. Energy Reports，2022，8：2964-2975.

[11] 陈四红，吕曼祺，张敬党，等．含 Cu 抗菌不锈钢的微观组织及其抗菌性能[J]．金属学报，2004，40(3)：314-318.

[12] ZENG Y P，WEI Y，SHI X B，et al. Enhanced Biocorrosion Resistance by Cu Alloying in a Micro-alloyed Pipeline Steel [J]. Acta Metallurgica Sinica，2022，35：1731-1743.

[13] JEBARAJ A V，AJAYKUMAR L，DEEPAK C R，et al. Weldability，machinability and surfacing of commercial duplex stainless steel AISI2205 for marine applications—A recent review [J]. Journal of advanced research，2017，8：183-199.

[14] LI Y C，SHI X B，LI J G，et al. Mitigation of microbial corrosion by Cu addition to X65 pipeline steel by Pseudomonas aeruginosa MCCC 1A00099[J]. Archives of Microbiology，2022，204(299)：1-11.

[15] 杨柯，史显波，严波，等．新型含 Cu 管线钢——提高管线耐微生物腐蚀性能的新途径[J]．金属学报，2020，56(4)：385-399.

[16] SHI X B，WEI Y，XU D K，et al. Microbial corrosion resistance of a novel Cu-bearing pipeline steel [J]. Journal of Materials Science & Technology，2018，1271：1-12.

[17] YU H B，LI Z M，XIA Y Y，et al. Effect of copper addition in carbon steel on biocorrosion by sulfate-reducing bacteria in solution[J]. Anti-Corrosion Methods and Materials，2021，68(4)：310-323.

[18] FAN L，SUN Y M，WANG D，et al. Microbiologically influenced corrosion of a novel pipeline steel containing Cu and Cr elements in the presence of Desulfovibrio vulgaris Hildenborough[J]. Corrosion Science，2023，223：1-11.

[19] LIU T，WANG Y N，PAN S，et al. The addition of copper accelerates the corrosion of steel via impeding biomineralized film formation of Bacillus subtilis in seawater[J]. Corrosion Science，2019，149：153-163.

[20] Gardner L. The use of stainless steel in structures [J]. Prog. Struct. Engng Mate，2007，7：45-55.

[21] RAO P，MULKY L. An Overview of Microbiologically Influenced Corrosion on Stainless Steel [J]. ChemBioeng Reviews，2023，10(5)：829-840.

[22] ZHAO J L，SUN D，ARROUSSI M，et al. Effect of anodic polarization treatment on microbiologically influenced corrosion resistance of Cu-bearing stainless steel against marine Pseudomonas aeruginosa [J]. Corrosion Science，2022，207 (110592)：1-15.

[23] NAN L，XU D K，GU T Y，et al. Microbiological influenced corrosion resistance characteristics of a 304L-Cu stainless steel against Escherichia coli[J]. Materials Science and Engineering C，2015，48：228-234.

[24] DONG Y Q，LI J Q，XU D K，et al. Investigation of

microbial corrosion inhibition of Cu－bearing 316 Lstainless steel in the presence of acid producing bacterium Acidithiobacillus caldus SM-1[J]. Journal of Materials Science & Technology, 2019, 1-29.

[25] XU D K, ZHOU E Z, ZHAO Y, et al. Enhanced resistance of 2205 Cu-bearing duplex stainless steel towards microbiologically influenced corrosion by marine aerobic Pseudomonas aeruginosa biofilms[J]. Journal of Materials Science & Technology, 2017, 1115: 1-12.

[26] LOU Y T, LIN L, XU D K, et al. Antibacterial ability of a novel Cu-bearing 2205 duplex stainless steel against Pseudomonas aeruginosa biofilm in artificial seawater[J]. International Biodeterioration & Biodegradation, 2016, 110: 199-205.

[27] LIU J L, RU J, ZHOU E Z, et al. Antimicrobial Cu-bearing 2205 duplex stainless steel against MIC by nitrate reducing Pseudomonas aeruginosa biofilm [J]. International Biodeterioration & Biodegradation, 2018, 01: 1-7.

[28] ZHAO J L, YANG C, ZHANG D, et al. Investigation on mechanical, corrosion resistance and antibacterial properties of Cu-bearing 2205 duplex stainless steel by solution treatment[J]. RSC Advances, 2016, 1-31.

[29] ZHANG X R, YANG C G, YANG K. Contact Killing of Cu-Bearing Stainless Steel Based on Charge Transfer Caused by the Microdomain Potential Difference [J]. Applied Materials and interfaces, 2020, 12: 361-372.

[30] WAN H H, ZHANG T S, WANG J L, et al. Effect of alloying element content on anaerobic microbiologically influenced corrosion sensitivity of stainless steels in enriched artificial seawater [J]. Bioelectrochemistry, 2023, 150(108367): 1-12.

[31] GUO Z C, LIU T, GAO S, et al. Pseudomonas aeruginosa-accelerated corrosion of Mo-bearing low-alloy steel through molybdenum-mediating chemotaxis and motility[J]. Bioelectrochemistry, 2022, 144: 1-20.

[32] LIU H W, XU D K, YANG K, et al. Corrosion of antibacterial Cu-bearing 316L stainless steels in the presence of sulfate reducing bacteria[J]. Corrosion Science, 2017, 1-10.

[33] YIN L, XU D K, YANG C G, et al. Ce addition enhances the microbially induced corrosion resistance of Cu-bearing 2205 duplex stainless steel in presence of sulfate reducing bacteria [J]. Corrosion Science, 2020, 1-14.

[34] LU S H, HE Y, XU R C, et al. Inhibition of microbial extracellular electron transfer corrosion of marine structural steel with multiple alloy elements[J]. Bioelectrochemistry, 2023, 151(108377): 1-12.

CCUS 封隔器胶筒耐 CO_2 腐蚀性能研究

王　邃[1]　宋少华[1,2]　陈　森[3]　张立义[3]　陈治军[3]　李彦鹏[1,2]

（1. 中国石油集团石油管工程技术研究院石油管材及装备材料服役行为与结构安全国家重点实验室；
2. 陕西九州石油工程技术服务有限责任公司；3. 中国石油新疆油田分公司工程技术研究院）

摘　要　封隔器作为 CCUS 驱油作业的重要工具，其胶筒的可靠性直接影响封隔器性能，为探索其在临界 CO_2 环境中的耐蚀性能，分别研究了丁腈橡胶（NBR）、氢化丁腈橡胶（HNBR）、氟橡胶（FKM）在模拟超临界 CO_2 环境中的耐蚀性和力学性能。通过对比橡胶材料腐蚀前后形貌、质量及力学性能变化，评价三种橡胶材料在超临界 CO_2 环境中的适用性，并探索了不同服役时间对胶筒橡胶材料耐蚀性与力学性能的影响。结果表明，由于氢化丁腈橡胶内部不饱和双键等弱键的数量少于丁腈橡胶、键能高于氟橡胶的 N-O 键，所以氢化丁腈橡胶的耐 CO_2 腐蚀能力优于氟橡胶和丁腈橡胶。

关键词　CO_2 驱油；封隔器胶筒；超临界 CO_2 环境；服役时间；耐 CO_2 腐蚀

CCUS 作为新时期油田开发节能降碳、提高采收率的重要手段，在提高油田原油采收率的同时又能解决温室气体减排问题。其基本原理是将 CO_2 通过管道注入井下，利用 CO_2 在井下特定环境中与原油相溶后可降低原油粘度、增强原油流动性和建立微酸性环境溶解部分油藏孔隙间堵塞物的能力，进而提高原油的开采率。但通过油管注入的 CO_2 在封隔器位置常处于超临界状态（$t>31.26℃$，$p>7.2MPa$），该状态下 CO_2 的密度值接近液体、粘度值类似气体、扩散系数更是液体的 100 倍，故而其具备较强的溶解能力与传质性能。在环境中与水、油等介质结合对橡胶密封件有很强的腐蚀性，导致封隔器密封失效。致使腐蚀介质气体窜入套管和油管的环空空间，造成油套环空带压，从而影响油气井安全生产。因此，封隔器在服役环境中具备良好的抗酸性腐蚀对于 CCUS 的发展意义重大，其抗渗性能的优劣主要取决于胶筒橡胶材料的耐温耐压性能以及在腐蚀环境下的耐腐蚀性能。目前相关学者对封隔器胶筒胶材料的研究主要集中于 CO_2 分压较低的服役工况中丁腈橡胶、氢化丁腈橡胶、氟碳橡胶、氟硅橡胶和 AFLAS 橡胶等材料的耐腐蚀性能，对于 CO_2 超临界状态（温度≥31℃，压力≥7.3MPa）及以上的服役工况研究甚少，而实际 CCUS 封隔器的服役工况约为温度 80~150℃，CO_2 分压 25~35MPa。本文以丁腈橡胶（NBR）、氢化丁腈橡胶（HNBR）、氟橡胶（FKM）为研究对象，通过模拟封隔器胶筒在井下的服役工况，对比 CO_2 超临界状态下三种橡胶胶筒的耐腐蚀性能及服役时间对胶筒橡胶耐腐蚀性能的影响，评价胶筒橡胶在高温高压腐蚀实验前后拉伸性能、硬度以及外观形貌特性的变化，为新疆油田 CCUS 项目的封隔器橡胶胶筒选材提供参考。

1　实验

1.1　试样及实验条件

选用丁腈橡胶（编号 1#）、氢化丁腈橡胶（编号 2#）、氟橡胶（编号 3#）为实验材料，按 GB/T 528—2009《硫化橡胶或热塑性橡胶拉伸应力应变性能的测定》将三种橡胶材料制成哑铃形标准试样（A 型试样），尺寸为 20.0mm×2.0mm，如图 1（a）所示；三种橡胶材料胶筒的实物试样（B 型试样）见图 1（b），尺寸为：外径 100±1mm，高 110±1mm，壁厚 20±0.5mm。

为模拟 CO_2 驱油生产时注气井的工况，设定实验条件为：CO_2 分压 35MPa，温度 120℃，由于不同橡胶对试验溶液内腐蚀介质的敏感程度各有差异，为消除其对试验结果的影响，实验溶液选用 3.5% NaCl 溶液。实验在高温高压釜中进行，该釜最高密封工作压力为 70MPa，最高工作温度为 300℃、容积 10L。

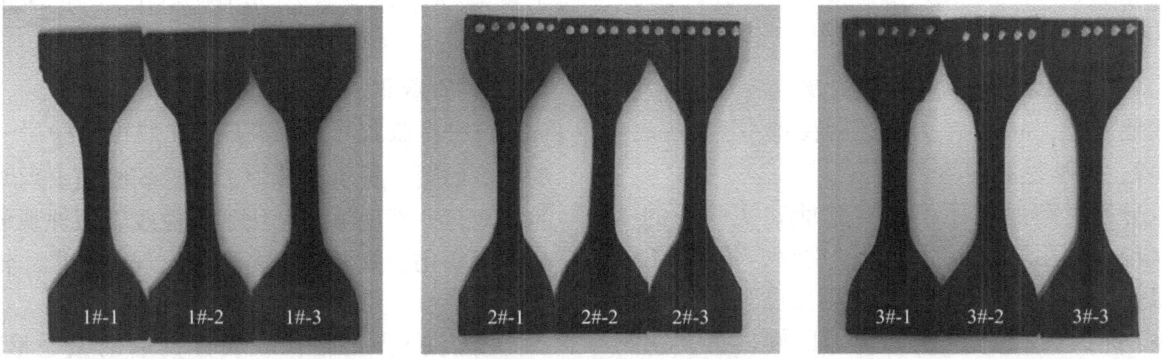

(a)封隔器胶筒橡胶哑铃形试样

(b)封隔器胶筒橡胶实物

图 1　封隔器胶筒橡胶试样的原始形貌

1.2　实验方法

1.2.1　高温高压工况模拟实验

实验采用 A、B 型试样，模拟试验装置为 HAST. C 高温高压釜(如图 2 所示)。实验前对 B 型试样的质量及外径值(取试样“0 点-6 点、2 点-8 点、4 点-10 点”三个方向外径的均值)进行记录。将试样放入釜内，倒入实验溶液直至浸没试样，密封反应釜后用 CO_2 气体除氧 2h，升温至实验温度后通过 CO_2 气体加压至设计压力。实验结束后取出所有试样，观察分析试样外观形貌的变化，并依据 GB/T 533—2008《硫化橡胶或热塑性橡胶密度的测定》测量 B 型试样实验后的质量和外径值，通过公式(1)计算腐蚀前后试样的质量变化率，公式(2)计算腐蚀前后试样的外径变化率。

图 2　HAST. C 高温高压釜装置

$$\Delta m=\frac{m_2-m_1}{m_1}\times100 \tag{1}$$

式中，Δm 为胶筒质量变化率,%；m_1 为腐蚀前胶筒重量，g；m_2 为腐蚀后胶筒重量，g。

$$\Delta R=\frac{R_2-R_1}{R_1}\times 100 \quad (2)$$

式中，ΔR 为胶筒外径变化率，%；R_1为腐蚀前胶筒外径，mm；R_2为腐蚀后胶筒外径，mm。

1.2.2　力学性能实验

分别对高温高压模拟实验前和实验后的 A 型试样，使用 LX-A 型橡胶硬度计，依据 GB/T 2411—2008《塑料和硬橡胶使用硬度计测定压痕硬度（邵氏硬度）》测量试样邵氏硬度值；使用 WDT-2000 型电子拉伸试验机，按照 GB/T 528—2009 标准测试试样拉伸性能。

2　实验结果分析

2.1　不同材质橡胶胶筒的耐 CO_2 腐蚀性能测试

为对比三种胶筒的耐 CO_2 腐蚀性能，对丁腈橡胶胶筒、氢化丁腈橡胶胶筒、氟橡胶胶筒 A 型和 B 型试样进行了高温高压耐 CO_2 腐蚀测试，实验温度 120℃、CO_2 分压 35MPa、实验周期 7 天。

2.1.1　质量测试及形貌分析

三种橡胶胶筒高温高压 CO_2 腐蚀实验后的宏观形貌如图 3 所示，其中丁腈橡胶胶桶出现明显的鼓泡与开裂现象，氢化丁腈橡胶表面外观形貌基本无变化，氟橡胶胶筒表面出现多个尺寸较大的鼓泡。

图 4（a）为丁腈橡胶腐蚀前后的微观形貌，腐蚀前丁腈橡胶表面较为规整，只出现少数颗粒脱落现象。图 4（b）是丁腈橡胶高温高压 CO_2 腐蚀后的表面微观形貌，可发现橡胶表面出现裂纹、颗粒脱落和橡胶溶解等迹象，局部出现凹坑与孔洞，这是由于 CO_2、H_2O 等腐蚀介质腐蚀橡胶基体时破坏大分子链交联键，使橡胶分子发生裂解、重组，最终组合成新分子结构，引起橡胶自身分子结构发生改变。

(a)丁腈橡胶胶筒　(b)氢化丁腈橡胶胶筒　(c)氟橡胶胶筒

图 3　高温高压耐 CO_2 腐蚀实验后三种胶筒的宏观形貌

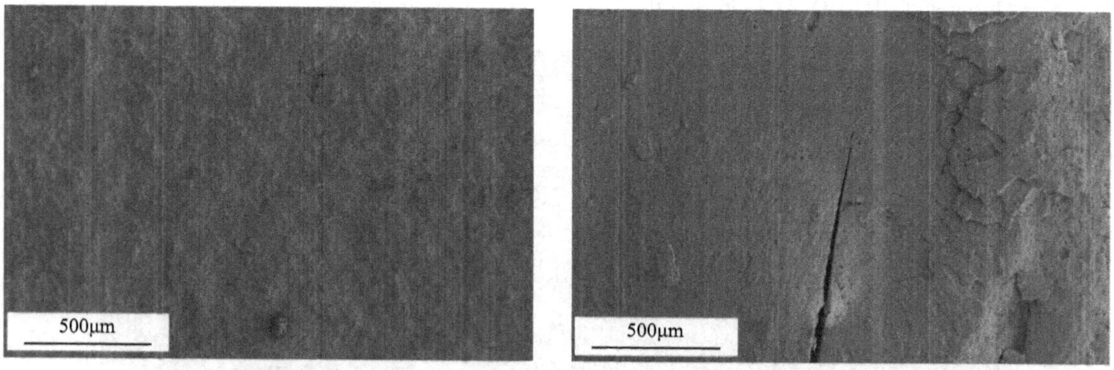

(a)腐蚀前　(b)腐蚀后

图 4　丁腈橡胶腐蚀前后的微观形貌

图 5（a）是氢化丁腈橡胶腐蚀前的微观形貌，腐蚀前氢化丁腈橡胶表面平整，橡胶基体将填料颗粒牢牢束缚在其中，只发现寥寥几处颗粒脱落现象。腐蚀试验后的微观形貌如图 5（b）所示，橡胶表面出现较为均匀且轻微的溶解现象，试样表面整体较为规整，未出现孔洞、裂纹及大面积颗粒脱落等缺陷，表面形貌未出现明显结构上变化。腐蚀介质未对其分子结构产生明显影响，可

能是因为氢化丁腈橡胶分子链在腐蚀介质的作用下依旧能保持完整，其化学键在高温高压 CO_2 环境中仍能保持良好的稳定性。

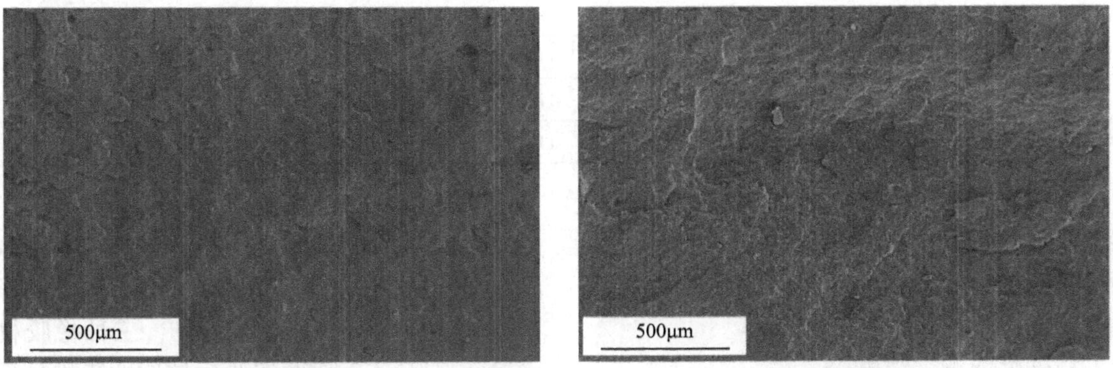

(a)腐蚀前　　(b)腐蚀后

图 5　氢化丁腈橡胶腐蚀前后的微观形貌

氟橡胶在腐蚀实验前试样表面整体规整，无颗粒脱落现象(见图 6(a))。如图 6(b)所示，橡胶在腐蚀试验后表面被腐蚀介质侵蚀，局部发生橡胶溶解呈现不规整的棱台，部分填料松动甚至脱落，出现凹坑和孔洞。在高温高压 CO_2 环境中氟橡胶中的 N-O 键被破坏，导致橡胶大分子链发生断裂、重组，引起橡胶自身结构产生改变。

(a)腐蚀前　　(b)腐蚀后

图 6　氟橡胶腐蚀前后的微观形貌

对比三种胶桶在实验前后质量及外径变化，结果见表 1、表 2。由表 1 可知，三种胶筒经过高温高压实验后其质量均增加，其原因是液体介质进入胶筒橡胶内部。其中丁腈橡胶胶筒的质量增加 6.81%，氢化丁腈橡胶胶筒的质量增加 2.48%，氟橡胶胶筒质量增加 6.31%，可见氢化丁腈橡胶的质量变化量最小，丁腈橡胶的质量变化量最大。

表 1　高温高压耐 CO_2 腐蚀实验前后胶筒质量变化

胶筒材料	实验前质量/g	实验后质量/g	质量变化值/g	质量变化率/%
丁腈橡胶	476.07	508.50	32.43	+6.81
氢化丁腈橡胶	471.76	483.46	11.70	+2.48
氟橡胶	368.57	391.85	23.38	+6.31

由表 2 可知，高温高压实验后三种胶筒外径均增大，主要原因是在超临界环境中，CO_2 具有与液体介质类似的流动性，在高压工况环境下其进入橡胶内部的能力得到增强，加之溶液介质分子进入到橡胶内，使胶筒发生膨胀。具体数值为丁腈橡胶胶筒外径增大了 4.21%，氢化丁腈橡胶胶筒外径增大了 2.65%，氟橡胶胶筒外径增大了 2.91%。

表 2　高温高压耐 CO_2 腐蚀实验前后胶筒外径变化

胶筒材料	实验前外径/mm		实验后外径/mm		外径变化率/%
	(0~6 点)	(3~9 点)	(0~6 点)	(3~9 点)	
丁腈橡胶	107.96	108.22	115.42	109.87	+4.21
氢化丁腈橡胶	107.93	107.93	110.72	110.85	+2.65
氟橡胶	107.12	107.63	110.14	110.85	+2.91

从高温高压 CO_2 腐蚀实验后三种橡胶胶筒的形貌特征、重量和尺寸变化可得，氢化丁腈橡胶胶筒在腐蚀实验前后的变化不大，具备良好的耐蚀性能。

2.1.2　拉伸性能测试结果

依据标准对三种胶筒橡胶材料原始状态、高温高压腐蚀实验前后的拉伸性能进行研究，测试结果如图 7、图 8 所示。

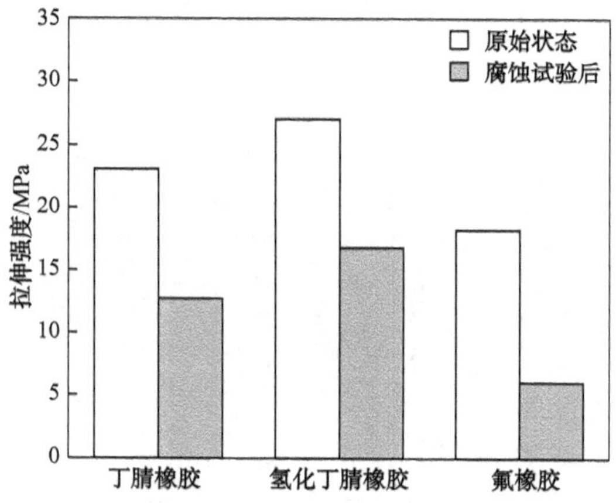

图 7　三种胶筒高温高压腐蚀实验前后拉伸强度的变化

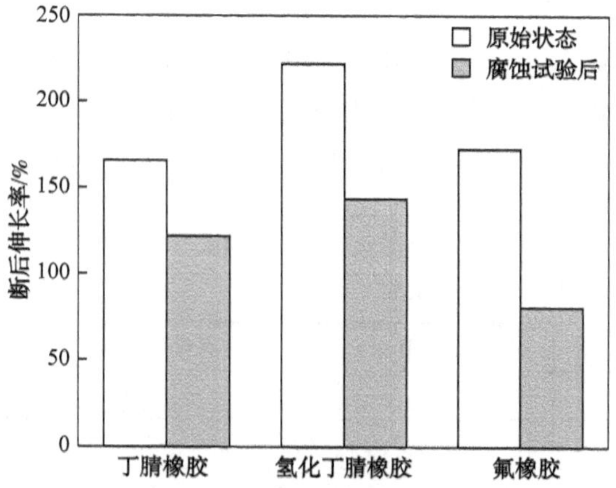

图 8　三种胶筒高温高压腐蚀实验前后断后伸长率的变化

在经过高温高压 CO_2 腐蚀实验后三种橡胶材料的拉伸强度与断后伸长率跟初始状态相比较均大幅下降。其中，丁腈橡胶的拉断伸长率降低幅度为 35.05%，拉伸强度降低幅度为 44.78%；氢化丁腈橡胶的拉断伸长率降低幅度为 26.33%，拉伸强度降低幅度为 37.78%；氟橡胶的拉断伸长率降低幅度为 53.02%，拉伸强度降低幅度为 66.85%。由此可见，三种橡胶材料经过高温高压 CO_2 腐蚀实验后拉伸性能均呈现明显减弱。

2.1.3　硬度测试结果

对三种材质橡胶胶筒进行硬度测试，结果如图 9 所示。丁腈橡胶、氢化丁腈橡胶和氟橡胶经腐蚀后其邵氏硬度均出现降低，其中丁腈橡胶硬度值降幅为 30.15%，氢化丁腈橡胶硬度值降幅为 18.47%，氟橡胶硬度值降幅为 15.49%。与朱达江的测试结果相似，丁腈橡胶在测试后硬度值降低程度较大，耐蚀性能较差。

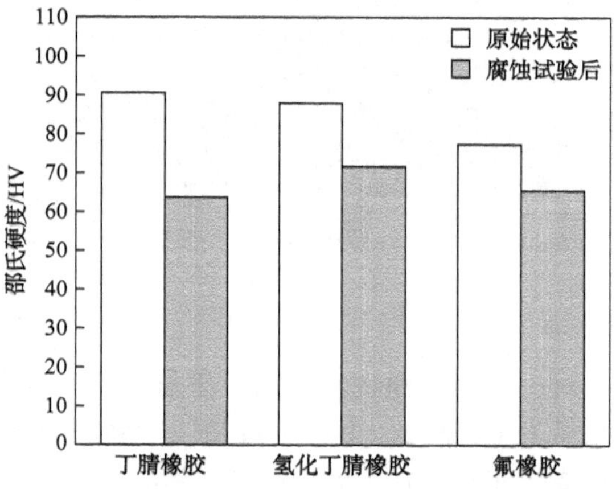

图 9　三种胶筒高温高压腐蚀实验前后硬度的变化

2.1.4　材质组分 EDS 分析

分别对丁腈橡胶、氢化丁腈橡胶和氟橡胶三种材质腐蚀前后的 A 型试样进行了 EDS 分析，结果见图 15、表 3~表 5。

由图 5、图 6 和表 3 可知，C、O 为丁腈橡胶的主要组成元素，其中 C 元素含量占比较大，达到 90%以上。经过腐蚀后分子链中的 C 原子含量下降了 12.64%，可能是橡胶交联双键在腐蚀介质的作用下发生断裂所致，同时扩散到基体内部的 H_2O、CO_2 等介质导致 O 原子含量增加了 10.01%。

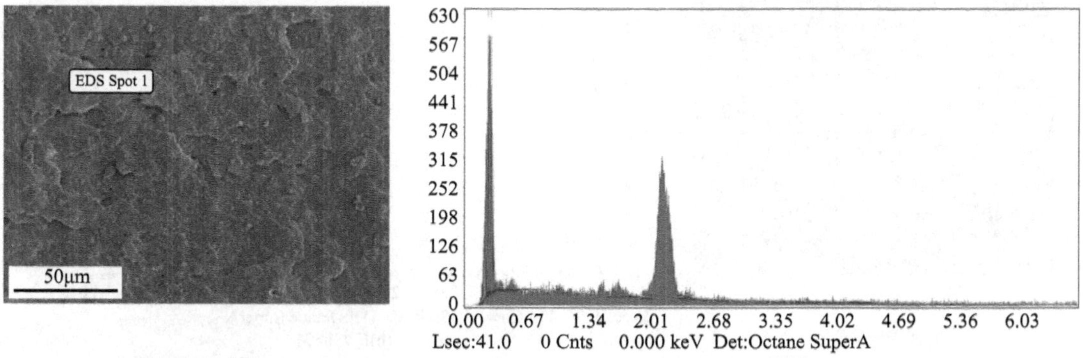

(a)能谱扫描位置　　(b)EDS能谱

图 10　丁腈橡胶腐蚀前能谱分析

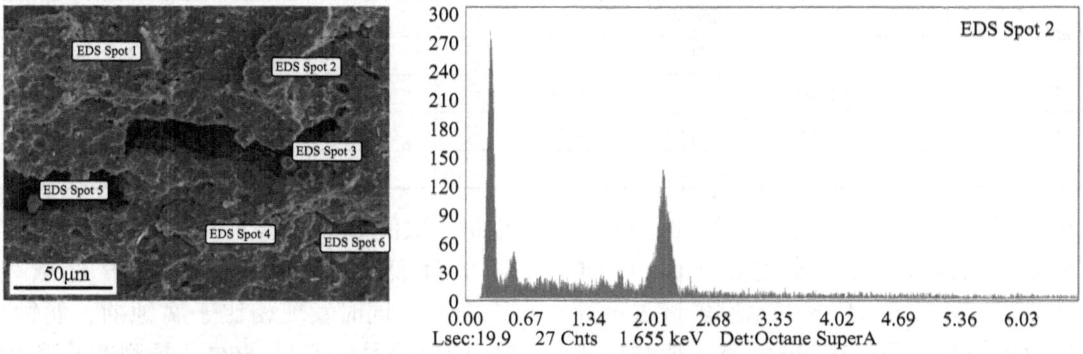

(a)能谱扫描位置　　(b)EDS能谱

图 11　丁腈橡胶腐蚀后能谱分析

表 3　丁腈橡胶能谱分析结果

元素名称	腐蚀前		腐蚀后	
	wt/%	atomic/%	wt/%	atomic/%
C	95. 83	96. 84	83. 19	86. 83
O	4. 17	3. 16	16. 81	13. 17

图 12、图 13 和表 4 为氢化丁腈橡胶腐蚀前后能谱分析及结果。从中可知，氢化丁腈橡胶内 C 原子含量在 92% 以上，橡胶基材还存在 Zn 元素，可能是基体含有 ZnO 等填料所致，经过腐蚀后 C 原子含量下降了 1.51%，这可能是因为橡胶大分子链中交联键受到腐蚀介质影响，出现旧键断裂与新键重组的变化。与丁腈橡胶类似，由于 CO_2、H_2O 等腐蚀介质渗入基体内部，使得氢化丁腈橡胶的 O 原子含量增长了 0.79%，但增长量远低于丁腈橡胶。

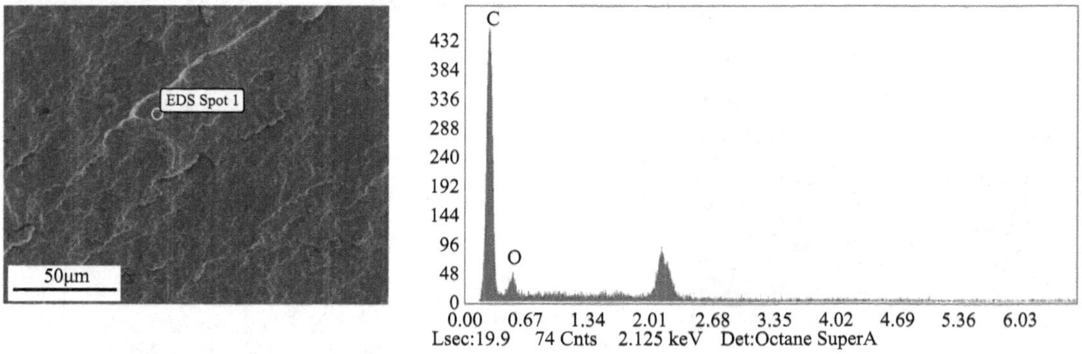

(a)能谱扫描位置　　(b)EDS能谱

图 12　氢化丁腈橡胶腐蚀前能谱分析

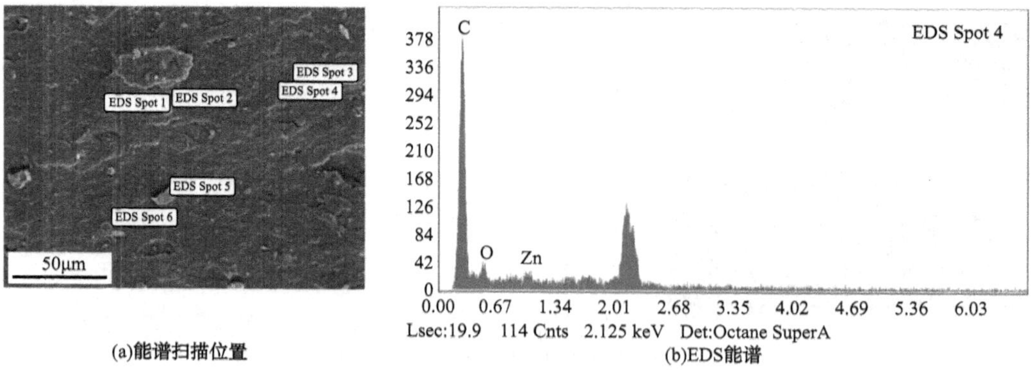

(a)能谱扫描位置　　(b)EDS能谱

图 13　氢化丁腈橡胶腐蚀后能谱分析

表 4　氢化丁腈橡胶能谱分析结果

元素名称	腐蚀前		腐蚀后	
	wt/%	atomic/%	wt/%	atomic/%
C	96.67	97.48	92.04	95.97
O	3.33	2.52	4.23	3.31
Zn	—	—	3.73	0.71

氟橡胶能谱分析及相应结果如图 14、图 15 和表 5 所示。氟橡胶组成元素主要以 C、O、F 三种元素为主，并且 C、F 两中元素含量占主导地位，同时氟橡胶中还存在 Mg 元素，猜测可能基体中还存在以 MgO 为主的氧化物。腐蚀试验后后，由于 CO_2、H_2O 等腐蚀介质与橡胶基体产生发应，导致橡胶大分子链的交联键出现断裂与重组，致使 C 原子含量降低了 10.41%，F 原子含量降低了 18.61%，O 原子含量增长了 17.36%。同时发现相比于腐蚀前，腐蚀试验后 Mg 的含量增长了 11.66%，推测这是因为腐蚀介质对于基体橡胶的侵蚀作用，致使被包裹的氧化物填料得以暴露在基体表面所致。

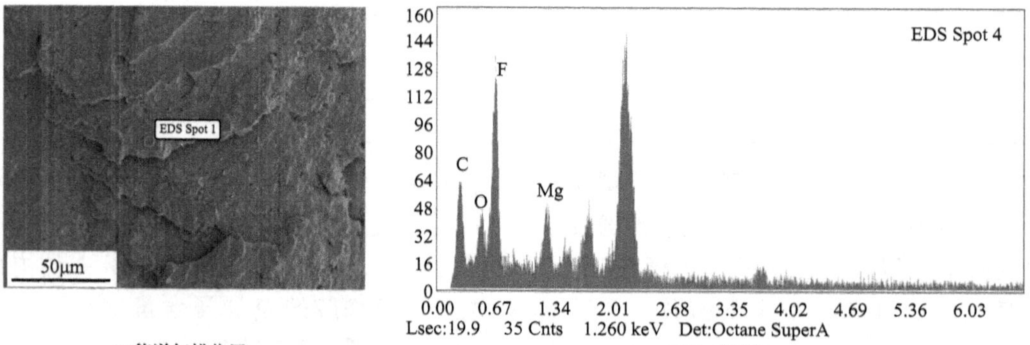

(a)能谱扫描位置　　(b)EDS能谱

图 14　氟橡胶腐蚀前能谱分析

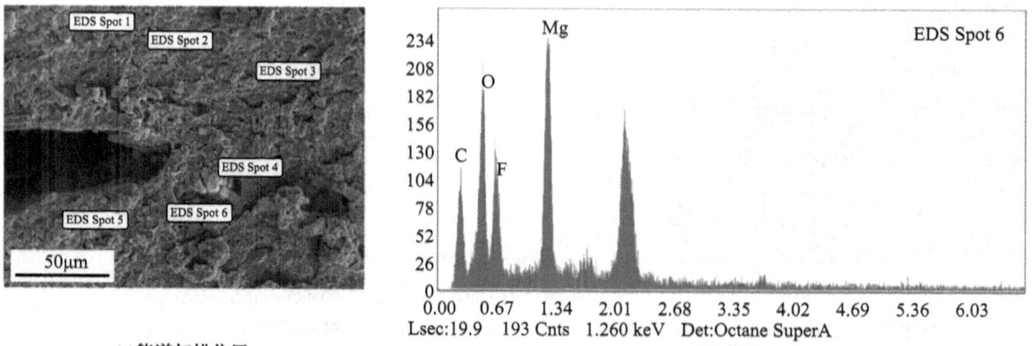

(a)能谱扫描位置　　(b)EDS能谱

图 15　氟橡胶腐蚀前能谱分析

表 5　氟橡胶能谱分析结果

元素名称	腐蚀前		腐蚀后	
	wt/%	atomic/%	wt/%	atomic/%
C	35.83	47.50	26.60	37.09
O	9.66	9.61	25.76	26.97
F	39.29	32.93	16.25	14.32
Mg	15.21	9.96	31.39	21.62

2.1.5　小结

通过三种胶筒腐蚀实验前后形貌分析、拉伸性能和硬度实验测试结果对比可得，在 CO_2 超临界状态下氢化丁腈橡胶相比丁腈橡胶和氟橡胶胶筒，具有更强的耐高温高压 CO_2 腐蚀能力。分析认为在高温腐蚀环境中，腐蚀介质易与橡胶中的活性基团产生反应，消耗橡胶分子链中键能较低的键，导致橡胶大分子链的化学键被破坏，引起分子链断裂。分子基团重新交联组合，使得分子链发生位移，引起材料的力学性能下降。所以橡胶中含弱键的数量对其稳定性起决定性作用，降低小分子结构中弱键的数量或提高键能即可增强橡胶的稳定性。丁腈橡胶属于二烯烃类橡胶，其分子量上不饱和双键较多且键能较弱，对高温和含氧腐蚀介质的耐受性较弱。氢化丁腈橡胶是丁腈橡胶加氢制备而成，通过将部分不饱和的双键氢化，从而使得氢化丁腈的稳定性得以提高。从丁腈橡胶与氢化丁腈橡胶材质 EDS 分析的结果也可看出，在相同的腐蚀环境中丁腈橡胶各元素含量的变化要大于氢化丁腈橡胶，这正是由于氢化丁腈橡胶内含有的不饱和双键占比较少的缘故。实验所用氟橡胶属于羧基亚硝基氟橡胶一类，其主链有较多 N-O 键，与普通氟橡胶相比其具备良好的耐低温性能，但 N-O 键的键能低，高温下容易裂解，导致其在高温腐蚀环境内稳定性不如丁腈橡胶和氢化丁腈橡胶。

2.2　实验时间对胶筒耐腐蚀性能的影响

通过前述实验可知，在 CO_2 超临界状态下氢化丁晴橡胶的耐腐蚀能力强于其他两种橡胶材料。为研究服役时间对橡胶胶筒耐 CO_2 腐蚀性能的影响，进行了 7 天、14 天和 21 天三种不同试验周期下氢化丁晴橡胶耐高温高压腐蚀（CO_2 分压 35MPa）的模拟实验，实验温度设计为 120℃。

2.2.1　质量测试及形貌分析

氢化丁腈橡胶胶桶在高温高压 CO_2 腐蚀环境下服役 7 天、14 天和 21 天后的宏观形貌，如图 16 所示。由图可知，实验进行到 7 天时其表面外观形貌基本无变化；胶筒在 14 天后其表面出现小范围的鼓泡，未出现开裂；21 天后胶筒表面与 14 天后相比较鼓泡尺寸更大，并且出现鼓泡开裂现象，胶筒表面裂纹数量也有所增加。

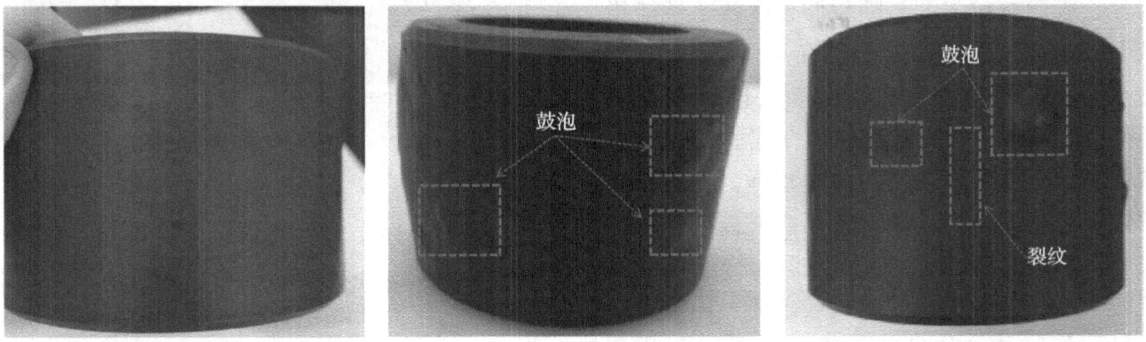

(a)实验7天　(b)实验14天　(c)实验21天

图 16　高温高压 CO_2 腐蚀实验后胶筒的宏观形貌

测量不同实验天数内耐 CO_2 腐蚀实验后胶筒质量与外径变化率并计算出各自均值，结果见图 17。由图可知，在经过不同时间的超临界高温高压 CO_2 腐蚀后，氢化丁腈的质量变化率与原始状态相比呈现先增加后减小的趋势，在实验进行到 14 天时达到最大值 7.49%，在 21 天后质量变化率出现小幅下降；胶筒的外径变化率则呈现出一直增加的趋势。分析认为，因为橡胶材料处于高温高压环境的腐蚀介质中时，橡胶的交联键长时间被氧化后发生断裂，大分子基团进行了降解、重新交联的过程，分子链发生位移，导致化学应力松弛，使得橡胶材料物理性能下降，发生了“老化”现象，随着腐蚀介质进入橡胶内部逐渐聚集，致使胶筒发生形变，局部形成鼓包，此时胶筒的质量与外径变化率正在逐步增加，同时期橡胶老化的较轻微，自身弹性性能依旧良好。随着腐蚀介质越聚越多产生的内部压力超过胶筒材料的张弛极限，加之环境因素导致橡胶老化加剧，最终致使鼓泡破裂，此时橡胶的弹性性能已基本丧失，无法恢复到原始状态，鼓泡破裂的使其质量变化率出现小幅下降，但外径变化率依旧呈现增长态势。

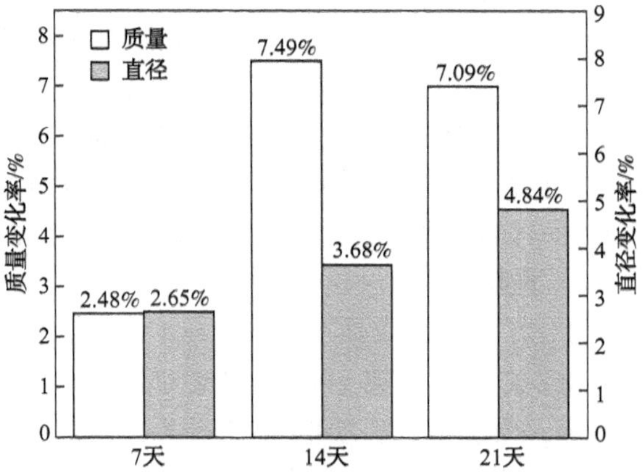

图 17　实验时间对胶筒质量/外径变化率的影响

2.2.2　拉伸性能测试结果

图 18 为不同时间耐 CO_2 腐蚀实验后胶筒抗拉强度及断裂伸长率变化。由图可知，随着实验时间延长胶筒抗拉强度与断裂伸长率两个性能指标呈下降趋势。胶筒拉伸强度在实验 21 天后与原始状态下相比下降 57.4%，断裂伸长率下降 54.3%。这是由于胶筒橡胶分子在实验初期结合较紧密，分子间交联性、内聚力较好，具备较高的拉伸强度与断裂伸长率，故其能够被拉伸至较大长度。在经过超临界 CO_2 腐蚀后，橡胶性能发生了较大变化，分子间的交联被破坏、内聚力减小，导致橡胶的拉伸性能下降。随着在超临界 CO_2 环境内实验时间的延长橡胶分子间的交联作用被持续破坏，分子间内聚力进一步减弱，胶筒橡胶老化失去原本的弹性，最终在外界腐蚀环境与腐蚀介质渗入共同的影响下发生断裂，宏观表现为橡胶试样在远低于其断裂伸长量的程度下被拉断。

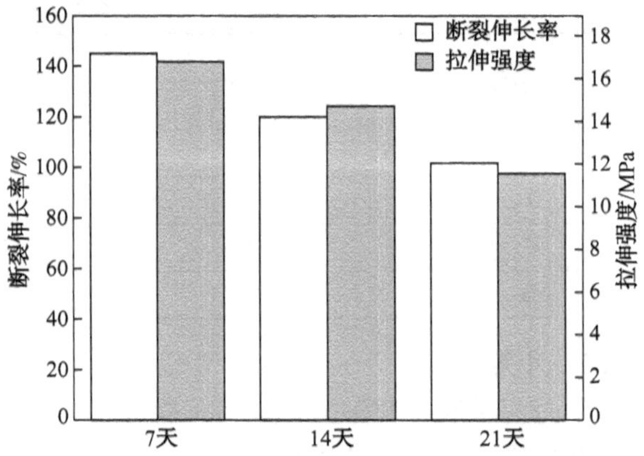

图 18　实验时间对胶筒拉伸性能的影响

2.2.3　硬度测试结果

图 19 为不同时间耐 CO_2 腐蚀实验后胶筒邵氏硬度的变化。由图可得，随着实验时间的延长胶筒的硬度逐渐降低，其数值与原始状态相比下降 32.79%。分析认为，腐蚀介质侵入胶筒橡胶包含溶解与扩散两个过程，且橡胶对于腐蚀介质的溶解度与环境压力呈正相关规律，腐蚀介质浸入橡胶分子的交联网络中且不能将交联网络结构破坏时，此时橡胶会受其影响产生溶胀现象，影响分子间的作用造成橡胶硬度降低。

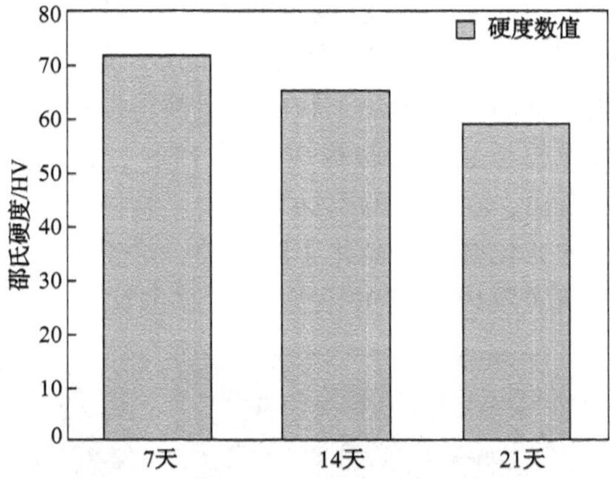

图 19　实验时间对胶筒硬度的影响

2.2.4　小结

通过上述实验并经综合对比可知，胶筒橡胶在超临界 CO_2 环境中服役时，橡胶材料的交联键在高 CO_2 压力、高温环境中被长时间氧化并最终断裂，且橡胶的大分子基团开始发生降解、重新并联，导致分子链出现位移，大幅降低了橡胶材料的使用性能。与此同时，环境内高温对橡胶材料的裂解和交联起到催化作用，并诱导或加强服役环境内其他因素对橡胶材料的侵蚀作用。橡胶材料的性能变化具备相应的规律可通过其性能的变化趋势分析胶筒试样腐蚀损伤的程度，对比出

橡胶耐 CO_2 腐蚀性能的优劣。结合 CO_2 驱作业时井下苛刻复杂的腐蚀环境，氢化丁腈橡胶宜被用于 CO_2 驱注井封隔器的密封材料。

3 结论及建议

（1）橡胶胶筒在超临界 CO_2 环境下服役时，由于氢化丁腈橡胶内部的不饱和双键等弱键数量占比要少于丁腈橡胶，且高温腐蚀环境下氢化丁腈橡胶不饱和双键等弱键稳定性高于氟橡胶的 N–O 键，故而氢化丁腈橡胶在超临界 CO_2 腐蚀环境内表现出良好的稳定性；

（2）随着服役时间增加，在温度等其他环境因素的影响下，加速了 CO_2 等腐蚀介质向橡胶内部扩散进程，加快了橡胶材料交联网络的破坏，导致橡胶逐渐发生开裂并可能导致最终失效。

（3）环境温度、压力、腐蚀介质及腐蚀时间等因素的综合作用是导致封隔器密封橡胶失效的主要原因，橡胶材料在实际服役中多以溶蚀、鼓泡和开裂等失效形式为主。所以在工程设计时应全面考虑实际服役环境对封隔器胶筒材质分子结构及力学性能的影响，以筛选出合适的橡胶材料。

参 考 文 献

[1] 朱道义，施辰扬，赵岩龙等．二氧化碳驱化学封窜材料与方法研究进展及应用[J]．新疆石油天然气，2023，19(01)：65-72.

[2] 曹力元，钱卫明，宫平，等．苏北油田二氧化碳驱油注气工艺应用实践及评价[J]．新疆石油天然气，2022，18(02)：46-50.

[3] 仵元兵，胡丹丹，常毓文，等．CO_2 驱提高低渗透油藏采收率的应用现状[J]．新疆石油天然气，2010，6(01)：36-39+54+104.

[4] 李士伦，孙雷，陈祖华等．再论 CO_2 驱提高采收率油藏工程理念和开发模式的发展[J]．油气藏评价与开发，2020，10(3)：14.

[5] 侯大力，龚凤鸣，陈涛等．低渗透油藏注 CO_2 混相驱及 CO_2 埋存评价[J]．大庆石油地质与开发，2024，43(01)：59-67.

[6] 李云飞，董兴，李欢等．CO_2 吞吐技术在克拉玛依油田白 251 井区的应用[J]．新疆石油天然气，2019，15(03)：74-78+8.

[7] 高树生，叶礼友，刘华勋等．柴达木盆地涩北气田水淹后注 CO_2 驱提高采收率实验分析[J]．天然气工业，2023，43(12)：55-62.

[8] 朱达江，林元华，邹大鹏等．CO_2 驱注气井封隔器橡胶材料腐蚀力学性能研究[J]．石油钻探技术，2014，42(05)：126-130.

[9] 张峰．油田井下封隔器密封性能影响因素研究[J]．钻采工艺，2018，41(04)：77-79+10.

[10] 李舜水，葛俊瑞等．气井腐蚀环境对封隔器胶筒橡胶材料的影响[J]．表面技术，2018，47(12)：51-59.

[11] 李天雷，曹大勇，李科等．高温高压高含 CO_2 环境下两种氟橡胶密封可靠性评价[J]．装备环境工程，2020，17(11)：18-23.

[12] Jin L，Li S，Cheng Y，et al. A time-dependent Yeoh model to predict the corrosion effect of supercritical CO_2 on the HNBR sealing rubber[J]. Journal of Mechanical Science and Technology，2022(5)：36.

[13] 刘建新，魏伟，韩博等．四丙氟橡胶和氢化丁腈橡胶的耐 CO_2 腐蚀性能[J]．腐蚀与防护，2017，38(09)：702-704.

[14] 王海伦．封隔器橡胶在 CO_2 环境下的腐蚀机理研究[D]．四川成都：西南石油大学，2020.

[15] 曹震．热采注气井封隔器胶筒密封性能研究[D]．四川成都：西南石油大学，2018.

[16] 胡刚．复杂工况下永久式封隔器胶筒密封性能研究[D]．四川成都：西南石油大学，2021.

[17] 邹大鹏．二氧化碳驱注气井封隔器胶筒密封性能研究[D]．四川成都：西南石油大学，2014.

[18] Zhu D，Lin Y，Ma H，et al. Experimental studies on CO_2 corrosion of rubber materials for packer under compressive stress in gas wells[J]. Engineering Failure Analysis，2017，80.

[19] Zhu D，Lin Y，Zhang H，et al. Corrosion evaluation of packer rubber materials in CO_2 injection wells under supercritical conditions [J]. Journal of Petroleum Science and Engineering，2017，151.

分子生物技术在油气田微生物腐蚀分析中的应用

谭凤玲[1,2,3]　袁军涛[1,2]　付安庆[1,2]　冯文昊[1,2,4]　张慧慧[5]
李轩鹏[1,2]　黄居峰[1,2]　王　邃[1,2]　陈子晗[1,2]

（1. 油气钻采输送装备全国重点实验室；2. 中国石油集团工程材料研究院有限公司；
3. 西安奥德石油工程技术有限责任公司；4. 陕西九州石油工程技术服务有限责任公司；
5. 西安科技大学材料科学与工程学院）

摘　要　微生物腐蚀是造成油气田领域工程材料腐蚀失效的重要因素之一，高效检测和识别潜在的腐蚀性微生物有助于及时制定腐蚀防治措施，减少管材腐蚀失效风险。基于核酸和蛋白质等生物大分子的分子生物技术能够克服传统培养法的繁琐低效，实现微生物的高灵敏、高特异性、高通量快速检测。综述了油气田微生物腐蚀分析中常用的分子生物技术（如流式细胞术、PCR、基因测序方法等）基本原理及应用现状，比较分析了不同技术的特点及局限，并结合油气田领域需求，对未来分子生物技术的开发及应用提出了建议。

关键词　微生物腐蚀；分子生物技术；微生物检测

微生物腐蚀（Microbiologically Influenced Corrosion，MIC）是指由于微生物的自身生命活动及其代谢产物直接和间接地加速金属材料腐蚀过程的现象，普遍发生在与水、土壤或湿润空气相接触的金属构件中。油气田回注水系统及油藏系统富含有机物，为微生物提供丰富的碳源、氮源，此外，油气田中某些区域属于缺氧环境，为厌氧微生物大量繁殖提供条件。参与金属腐蚀的微生物主要有细菌、真菌及藻类，其中厌氧的硫酸盐还原菌（Sulfate-Reducing Bacteria，简称 SRB）及好氧的铁细菌（Iron Bacteria，简称 IB）为油气田最典型的腐蚀性微生物。SRB 在厌氧条件下大量繁殖，能通过将水中的硫酸根离子还原成硫化氢获得能量，其生命代谢过程产生的大量黏液状胞外聚合物（EPS）附着在材料表面加速管道的局部腐蚀。铁细菌通过消耗氧气将介质中的低价铁氧化成高价铁，导致金属腐蚀，同时为硫酸盐还原菌创造厌氧环境。这些微生物在金属基体表面的附着、生长、新陈代谢等生命活动改变了金属表面状态、金属/介质界面结构及化学成分，由此造成金属材料的腐蚀。据统计，微生物对金属材料的腐蚀占总金属材料腐蚀的 20%左右，每年成本超过 20 亿美元。微生物腐蚀成为制约油气田工程领域发展的重要因素之一，提高识别和监测微生物腐蚀风险点的能力，是微生物腐蚀防控中的关键。

传统的微生物研究多依赖于培养基培养，利用选择性培养基分离菌株后再基于菌落形态、颜色、生理生化反应等进行鉴定和识别。目前油气田领域普遍使用培养法结合最大可能数法（MPN 法）对硫酸盐还原菌、铁细菌、腐生菌进行鉴别和计数。然而，传统的培养法耗时长、操作繁琐，且自然界中还存在超过大约 90%以上难培养或尚未培养的微生物，过分依赖培养法会严重低估微生物群落的复杂性。基于核酸和蛋白质等大分子的分子生物技术摆脱了传统培养法的限制，可直接对微生物样本进行分子水平分析。分子生物技术已经在石油和天然气行业得到应用，包括流式细胞术、PCR、高通量测序、宏基因组等技术。这些技术为油气田微生物腐蚀的识别和检测以及腐蚀机理研究提供了新的思路和方法。本文主要综述适用于油气田领域的分子生物技术及其目前的应用现状，并对未来分子生物技术的在油气田领域的开发及应用提出了建议。

1　油气田领域常用的分子生物技术

1.1　流式细胞术

流式细胞术（Flow Cytometer，FCM）可高速分析上万个细胞并获取细胞的一系列生物物理、生物化学方面的特征参量，具有速度快、精度高、准确性好等优点。流式细胞仪主要包括以下部分：液流系统、光源系统、检测系统、计算与分析系统。其工作原理是经荧光标记的细胞或微粒逐个通过样品池时受到激光照射并发出散射光线，荧光探测器捕获荧光信号并转换成非荧光散射信号及特异性荧光信号，再经计算机转换成图象进行参数分析，根据参数将不同性质的细胞分开，以获得纯细胞群体。不同类型的细胞直径、丰度、结构、性质不同，它们产生的荧光信号和散射光信号也不同。因此通过流式细胞仪结合特定的荧光标记可以实现对不同类型细胞的分析和分类。

FCM 解决了时效性不足、难以区分死活、无法检测非培养性微生物等问题，可用于油气田环境微生物区分死活、计数、种群鉴定、分选等多参数定性和定量分析。早在二十世纪 60 年代，FCM 就被应用于微生物群体的单细菌分析，之后被广泛应用细菌检测、计数，确定细胞功能和代谢活性的变化，以及识别在特定条件下表达的基因。在石油和天然气行业的应用包括检测和监测水样、泥浆、管道表面的腐蚀性微生物活动，以及杀菌剂性能的筛选和评价等。

1.2　PCR 技术

聚合酶链式反应(Polymerase Chain Reaction，PCR)是一种在 DNA 聚合酶催化下利用母链 DNA 为模板，以特定引物为延伸点，通过变性、退火、延伸三个基本步骤，体外扩增特定 DNA 片段的分子生物学技术。利用 PCR 技术能够靶向地扩增 16S rRNA 基因、其他系统发育标记或功能基因。自 1985 年 Kary Mullis 发明 PCR 以来，经过不断演化和革新，在传统 PCR 技术的基础上还发展形成了实时荧光定量 PCR(Quantitative Real - time PCR，qPCR)以及数字 PCR(Digital PCR，dPCR)等技术。

传统 PCR 技术是基于不同微生物的基因序列差异分析，需结合凝胶电泳成像技术及基因测序进行定性及半定量分析。qPCR 是指在 PCR 扩增反应体系中加入荧光染料或者荧光基团，通过收集荧光信号来实现对每一个循环中扩增产物量的实时监测，最后通过 CT 值和标准曲线对待检测样品进行定量分析。与传统 PCR 比较，qPCR 具有高灵敏度、操作简便、能够快速对样品进行定量分析等优点，已被广泛应用在测定许多不同类型的复杂环境样品中的微生物丰度，如沉积物、水样、粪便和海洋样品等。在 PCR、qPCR 技术的基础上，针对目标产物为 RNA 核酸分子进行特异性扩增还衍生出逆转录 PCR(RT-PCR)和实时荧光定量逆转录 PCR(RT-qPCR)。dPCR 是基于泊松分布原理将 DNA 或 RNA 样品分散成大量的微反应单元中，然后对微反应单元内的靶序列进行单分子模板 PCR 扩增、荧光检测和统计学分析，从而实现绝对定量。

PCR 技术因其强特异性、高灵敏度、高效省时等优点已在油气田领域被用于快速检测水样、管道内壁、试样表面的腐蚀性微生物组成。但 PCR 分析的是可提取的全部基因数量而非单个活细胞，因此不能区分活死菌。在 PCR 之前使用 DNA 染料(如 EMA 和 PMA)预处理样品可以抑制死菌的 DNA 扩增，从而选择性扩增活菌的 DNA。

1.3　基因测序

1.3.1　测序技术的发展

基因测序技术是鉴定微生物种类的最准确的方法之一，可以通过对微生物全基因组或扩增子进行测序，比对数据库中的已知序列，确定微生物的种属关系。经过不断迭代，基因测序技术已经发展到第三代。第一代测序技术是指 Sanger 在 1977 年提出的快速测定 DNA 序列的“双脱氧终止法”，也叫 Sanger 法。Sanger 法的测序读长在 1000-1500bp，准确性几乎达到 100%，但一次只能测一条单独的序列，导致测序成本高、通量低，无法应用于大规模的基因测序。二代测序技术又称“下一代”测序技术(NGS)，能够在几小时内对几百万甚至几十亿个 DNA 分子进行测序。该技术主要解决了第一代测序通量低的问题，但由于测序读长只有 250-300bp，且测序具有系统偏好性，导致有些数量大的序列被重复测序而数量小的序列无法被大量扩增，准确性有所降低。三代测序技术主要有单分子测序(SMRT)和纳米孔测序技术(Nanopore)，它们的主要特点是单分子实时测序、测序过程无需进行 PCR 扩增，但错误率及成本均高于 NGS。近些年来，NGS 发展迅速，是目前商业化最成熟的测序方法，在以 16S/18S rRNA 基因或全基因组为目标序列的微生物组学研究中得到广泛应用。

1.3.2　扩增子测序

扩增子测序可直接以 DNA 为模板进行 PCR 获得扩增子，再利用二、三代测序平台进行高通量测序分析，能够快速灵敏地对环境微生物进行属甚至种水平物种鉴定。选择合适的基因进行扩增子测序可以提高实验的准确性和可靠性，常用的扩增子测序基因主要包括 16S rRNA、18S rRNA 和转录间隔区(ITS)三种。16S rRNA 基因普遍存在于细菌和古细菌中，序列长度约为 1500bp，由 10 个保守区和 9 个可变区(V1-V9)交替组成，保守区序列反映物种间的亲缘关系，而可变区序列体现物种间的差异，其中 V3、V4、V5 区特异性好且数据库信息全，是细菌多样性分析注释的最佳选择。18S rRNA 是组成真核生物的核糖体小亚基的 RNA，与原核生物的 16S rRNA 同源，序列中既有保守区又有可变区(V1-V9)。ITS 存在于真核生物 rDNA 基因上，分为 ITS1 和 ITS2 两个区域，ITS1 序列位于 18S rRNA 和 5.8S rRNA 之间，ITS2 位于 5.8S rDNA 和 28S rDNA 之间。

利用二代测序平台进行扩增子测序能够高速、大规模地产生短读长的 DNA 片段，从而实现对扩增子序列的大规模测序，但由于其读长相对较短，仅能基于部分可变区序列进行微生物的属水平鉴定。最新的三代测序平台的平均读长长达 8-12Kb，可进行 16S/18S/ITS 的全长序列测定(即全长扩增子测序)。全长扩增子测序能够获得全部变异区域序列信息，极大提高了物种分辨率，实现环境样本中微生物的种水平物种鉴定。

1.3.3 宏基因组测序

宏基因组(Metagenomes)也称微生物环境基因组，是指环境中全部微小生物遗传物质的总和。宏基因组测序即直接从环境样品中提取所有物种的全基因组进行高通量测序，主要用于研究微生物种群结构、基因功能、微生物之间的相互协作关系以及微生物与环境之间的关系。与仅通过扩增 16S rRNA/18S rRNA/ITS 基因中 1~2 个区域进行物种鉴定的扩增子测序相比，宏基因组测序对环境中细菌、真菌、病毒等几乎全部微生物的 DNA 进行检测，可以获得更多功能基因信息，进行基因和功能层面的深入研究。

2 分子生物技术在微生物腐蚀领域的应用

2.1 微生物识别

引起金属腐蚀的微生物包括硫酸盐还原菌、产甲烷菌、铁氧化/还原菌、锰氧化菌、分泌有机酸、黏液的细菌等。使用传统的培养法来计数某一类细菌会严重低估参与 MIC 的微生物种类和数量。qPCR 用于识别和定量某一类具有已知的特异性基因的微生物。16S rRNA、异构亚硫酸盐还原酶、亚硝酸盐还原酶和甲基辅酶 M 还原酶基因分别用于油田样本中总菌、硫酸盐还原菌、反硝化菌和产甲烷菌的鉴定。

不依赖于微生物培养和分离的 16S rRNA 扩增子测序能够实现微生物的高通量检测，并且通过与数据库中已知物种序列比对来确定细菌类型。Atalah 等从实验室内培养的浮游样本和生物膜样本中扩增出 16 S rRNA 基因并进行测序，两种样本中微生物在属水平上具有相似的结构，主要由芽孢杆菌组成(*Bacillus*，约 94%)，其次是热厌氧菌(*Thermoanaerobacterium*，分别为 4.5% 和 3.8%)以及少量的厌氧芽孢杆菌(*Anoxybacillus*，分别为 0.9%和 0.2%)和类芽孢杆菌(*Paenibacillus*，0.4%和 1%)。芽孢杆菌具有抑制和促进金属腐蚀的双重作用，热厌氧菌被报道存在于石油管线的腐蚀部位。Lan 等对分离得到的单菌株进行 16S rRNA 测序分析得到一株热厌氧菌，并通过电化学方法、失重和表面分析证明了该菌株对金属具有腐蚀作用。

2.2 微生物群落分析

尽管 MIC 对油气田等领域造成极大的经济损失和安全隐患，关于 MIC 环境中微生物群落的结构和动态变化仍存在许多认识上的不足，分子生物技术的发展和应用使得 MIC 环境中微生物群落及微生物之间的互作关系变得逐渐清晰。基因测序如 16S rRNA 扩增子测序、宏基因组测序等可以获取环境中不同种类微生物的基因序列，分析群落的物种组成、物种间的进化关系以及群落的多样性，是研究 MIC 环境微生物群落的强大工具。

微生物及其胞外聚合物附植在金属表面形成生物膜是金属腐蚀的关键，因此，明确生物膜形成过程中微生物群落的变化可为微生物腐蚀防治和干预提供指导。Capão 等通过 16S rRNA 基因测序获得了 316L 金属浸泡在海水环境中的 30、60 和 90 天后的生物膜样品内微生物多样性及丰度，阐明了生物膜从生长到成熟的菌群变化。吴虹宇等同样利用 16S rRNA 基因测序分析了 L360N 试片表面生物膜形成过程中主要腐蚀细菌的种类及丰度变化，发现腐蚀初期(0~3d)是硫氧化菌属和产酸菌腐蚀，腐蚀中期(3~7d)是硫酸盐还原菌和硫氧化菌硫循环腐蚀，腐蚀后期（7~14d）是硫酸盐还原菌腐蚀。

为探究腐蚀与土壤微生物群落之间的相互关系，Su 等对石油运输管道周围的土壤微生物进行 16S rRNA 基因测序，发现存在腐蚀的管道周围土壤中存在更多与发酵、硫呼吸、铁呼吸和锰呼吸相关的微生物，这与土壤腐蚀性较强相关；存在石油污染而未发生腐蚀的管道周围土壤中存在更多与碳氢化合物降解相关微生物，这与土壤腐蚀性较弱相关。Gösi 等采用宏基因组分析应急冷却水系统中两条不同流速的碳钢管道内微生物对腐蚀的影响，发现低流速管道的严重腐蚀与硫酸盐还原菌有关，并可能与产甲烷古菌有关，而高流速管道的中等程度腐蚀与非硫酸盐还原菌相关。利用分子生物技术分析微生物群落结构和组成为揭示微生物腐蚀与环境之间的关系提供线索，并为实际工程应用中微生物腐蚀防护提供指导。

2.3 微生物活性评价

微生物通过自身代谢活动参与金属腐蚀，因此，微生物活性是评价金属微生物腐蚀的一项重要指标。分子生物技术如 qRT-PCR 和流式细胞术可以准确高效地评价微生物活性。

mRNA 是仅由代谢活跃的微生物产生来转录特定蛋白质的一种 RNA。微生物代谢越活跃，mRNA 就越多。qRT-PCR 可以通过特异性识别和定量从 mRNA 逆转录而来的互补 DNA（cDNA）来检测微生物活性。Price 等为探究硝酸盐对硫酸盐还原原核生物（SRP，包括硫酸盐还原细菌和硫酸盐还原古菌）活性的影响，采用 RT-qPCR 技术对油田采出水中 SRP 的亚硫酸盐还原酶基因（dsrA）进行了定量分析。研究指出，投加硝酸盐后，高硝酸盐含量井中仍存在大量活 SRB 但并未检出 dsrA 基因的 mRNA 转录本，而在低硝酸盐含量井中检测到 250000 个 dsrA 基因的 mRNA 转录本。在药剂处理后检测到的大量活 SRB 并不能说明这些细菌会参与硫酸盐还原来促进金属腐蚀。因此，在评价药剂治理微生物腐蚀的有效性时，不能仅凭活细菌数的多少来判断药效，还应进行细菌活性评价。

流式细胞术不仅可以区分活死细菌，还可以通过测试细胞的应激状态来评价细胞活性。Tidwell 等比较了传统培养法、ATP 光谱法及流式细胞术三种方式测试杀菌剂处理后的细菌活性，证明流式细胞术能够通过区分单个细胞死活、应激状态等快速且准确地测试杀菌剂效能。虽然流式细胞术功能强大，但设备成本及油田水样悬浮物干扰阻碍了该技术在油气田生产系统中的应用。

3 结语

本文着眼于油气田微生物腐蚀领域分子生物技术的应用现状，介绍了油气田腐蚀领域常用的分子生物技术及其基本原理，梳理了分子生物技术在微生物识别、微生物群落分析、微生物活性评价三个方面的应用现状。总体来看，分子生物技术由于其高灵敏度、高特异性、高通量等优势已经成为微生物腐蚀研究的有力工具，但是当前仍存在一些问题。

（1）当前分子生物技术发展较为成熟，流式细胞术、定量 PCR、高通量测序技术等是微生物定性定量及群落分析的强有力工具。但由于行业技术壁垒和认知差异的存在，分子生物技术在油气田领域还未得到广泛普及和应用。未来还需更多地借助分子生物技术来深入和全面地认识潜在腐蚀性微生物的类别及功能特性，为油气田腐蚀防治提供参考依据。

（2）在应用分子生物技术对油气田腐蚀微生物检测中，针对 SRB 特异性检测的 qPCR、RT-qPCR 技术相对成熟，但对于油气田广泛存在的其他腐蚀性微生物（如铁细菌）的特异性检测技术的研究还有待深入，以期针对除硫酸盐还原菌外的腐蚀性微生物的功能特性建立高灵敏度、高特异性的快速检测技术。

（3）分子生物技术克服了依赖实验室培养的局限，提高了油气田系统微生物群落的分析能力，但不同的技术存在一定的局限性，因此，在实际应用中应结合多种技术手段来评估微生物腐蚀风险及腐蚀防治效果。

参 考 文 献

[1] 刘宏伟，徐大可，吴亚楠，等．微生物生物膜下的钢铁材料腐蚀研究进展[J]．腐蚀科学与防护技术，2015，27(05)：409-418.

[2] 田源，张库．长庆长输油气管道 X80 钢腐蚀调查分析[J]．云南化工，2018，45(07)：16-17.

[3] YANG J，WANG Z B，QIAO Y X，et al. Synergistic effects of deposits and sulfate reducing bacteria on the corrosion of carbon steel[J]. Corrosion Science，2022，

199：110210.

[4] 卢玉琢．铁锰氧化菌及硫酸盐还原菌在典型水环境中对金属腐蚀的影响研究[D]．天津大学，2011.

[5] 杨丽洁，贾仲君．"99%难培养"微生物的概念与初步评价：以固氮菌为例[J]．微生物学报，2021，61(04)：903-922.

[6] MANOHAR S M，SHAH P，NAIR A. Flow cytometry: principles，applications and recent advances[J]. Bioanalysis，2021，13(3)：181-198.

[7] AMBRIZ-AVIÑA V，CONTRERAS-GARDUÑO J A，PEDRAZA-REYES M. Applications of flow cytometry to characterize bacterial physiological responses [J]. BioMed research international，2014，2014.

[8] NEBE-VON C G，BADLEY R A. Bacterial characterization by flow cytometry[M]//Flow cytometry applications in cell culture. CRC Press，2020：257-290.

[9] PRIYADARSINI M，KUSHWAHA J，PANDEY K P，et al. Application of flow cytometry for rapid，high-throughput，multiparametric analysis of environmental microbiomes[J]. Journal of Microbiological Methods，2023：106841.

[10] TIDWELL T J，DE P R，SMADI M Y，et al. Flow cytometry as a tool for oilfield biocide efficacy testing and monitoring[J]. International Biodeterioration & Biodegradation，2015，98：26-34.

[11] FICHTER J，JANES C，MILLS A，et al. Use of A Methodological Panel to Identify the Source of Problematic Microbial Contamination in an Oil Shale Field [C]//NACE CORROSION. NACE，2017：NACE-2017-9019.

[12] ZHU H，ZHANG H，XU Y，et al. PCR past，present and future[J]. Biotechniques，2020，69(4)：317-325.

[13] HARSHITHA R，ARUNRAJ D R. Real-time quantitative PCR：A tool for absolute and relative quantification[J]. Biochemistry and Molecular Biology Education，2021，49(5)：800-812.

[14] CANENE-ADAMS K. General PCR[M]//Methods in enzymology. Academic Press，2013，529：291-298.

[15] SINGH C，ROY-CHOWDHURI S. Quantitative real-time PCR：recent advances[J]. Clinical Applications of PCR，2016：161-176.

[16] SALIPANTE S J，JEROME K R. Digital PCR—an emerging technology with broad applications in microbiology[J]. Clinical chemistry，2020，66(1)：117-123.

[17] VERMA M，KULSHRESTHA S，PURI A. Genome sequencing[J]. Bioinformatics：Volume I：Data，Sequence Analysis，and Evolution，2017：3-33.

[18] HU T，CHITNIS N，MONOS D，et al. Next-generation sequencing technologies：An overview[J]. Human Immunology，2021，82(11)：801-811.

[19] EID J，FEHR A，GRAY J，et al. Real-time DNA sequencing from single polymerase molecules[J]. Science，2009，323(5910)：133-138.

[20] 王兴春，杨致荣，王敏，等．高通量测序技术及其应用[J]．中国生物工程杂志，2012，32(01)：109-114.

[21] CHAKRAVORTY S，HELB D，BURDAY M，et al. A detailed analysis of 16S ribosomal RNA gene segments for the diagnosis of pathogenic bacteria[J]. Journal of microbiological methods，2007，69(2)：330-339.

[22] FANIYAN O，AKPE V，COCK I E. Analyzing bacterial species from different environments using direct 16S rRNA gene sequencing methods[J]. Pharmacognosy Communications，2023，13(1)：24-33.

[23] MATSUO Y，KOMIYA S，YASUMIZU Y，et al. Full-length 16S rRNA gene amplicon analysis of human gut microbiota using MinION™ nanopore sequencing confers species-level resolution [J]. BMC microbiology，2021，21：1-13.

[24] 蒋志伟．链状亚历山大藻藻际菌群的物种多样性及其新种鉴定研究[D]．浙江海洋大学，2020.

[25] CHEN L X，ANANTHARAMAN K，SHAIBER A，et al. Accurate and complete genomes from metagenomes [J]. Genome research，2020，30(3)：315-333.

[26] OGAWA A，TAKAKURA K，HIRAI N，et al. Biofilm formation plays a crucial rule in the initial step of carbon steel corrosion in air and water environments [J]. Materials，2020，13(4)：923.

[27] ZHU X Y，MODI H，AYALA A，et al. Rapid detection and quantification of microbes related to microbiologically influenced corrosion using quantitative polymerase chain reaction[J]. Corrosion，2006，62(11)：950-955.

[28] ATALAH J，BLAMEY L，AMENABAR M J，et al. Biochemical and microbiological characterization of a thermotolerant bacterial consortium involved in the corrosion of Aluminum Alloy 7075[J]. World Journal of Microbiology and Biotechnology，2024，40(1)：36.

[29] KARN S K，FANG G，DUAN J. Bacillus sp. Acting as dual role for corrosion induction and corrosion inhibition with Carbon Steel (CS)[J]. Frontiers in microbiology，2017，8：2038.

[30] NASSER B，SAITO Y，ALARAWI M，et al. Characterization of microbiologically influenced corrosion by

comprehensive metagenomic analysis of an inland oil field[J]. Gene, 2021, 774: 145425.

[31] LAN G, HONG H, QING D, et al. Identification and bio-corrosion behavior of Thermoanaerobacter CF1, a thiosulfate reducing bacterium isolated from Dagang oil field [J]. Afr. J. Microbiol. Res, 2012, 6 (12): 3065-3071.

[32] CAPÃO A, MOREIRA-FILHO P, GARCIA M, et al. Marine bacterial community analysis on 316L stainless steel coupons by Illumina MiSeq sequencing[J]. Biotechnology Letters, 2020, 42(8): 1431-1448.

[33] 吴虹宇，谭鹏，刘汉军，等. 页岩气集输管道生物膜的形成及腐蚀行为研究[J]. 全面腐蚀控制，2022，36(04)：1-9.

[34] SU H, MI S, PENG X, et al. The mutual influence between corrosion and the surrounding soil microbial communities of buried petroleum pipelines [J]. RSC advances, 2019, 9(33): 18930-18940.

[35] GÖSI P, RÁTKAI S, SHETTY P, et al. Prediction of long-term localized corrosion rates in a carbon steel cooling water system is enhanced by metagenome analysis [J]. Engineering Failure Analysis, 2022, 141: 106733.

[36] PRICE A, ÁLVAREZ L A, WHITBY C, et al. Detection of SRP activity by quantification of mRNA for the dissimilatory (bi) sulfite reductase gene (dsrA) by reverse transcription quantitative PCR [C]//NACE CORROSION. NACE, 2010: NACE-10253.

温度对硅醛涂层水冷器牺牲阳极保护的影响研究

徐秀清[1]　索　涛[2]　杜小英[2]　来维亚[1]　尹向昆[2]　刘宏铭[2]　任　泓[1]

（1. 中国石油集团工程材料研究院有限公司；2. 中国石油长庆石化公司）

摘　要　为了获得不同温度下水冷器牺牲阳极保护的边界参数，采用恒电位和动电位扫描方法研究了AZ31B镁合金牺牲阳极、10#碳钢以及硅醛涂层保护的10#碳钢在不同温度模拟冷却水的电化学性能。试验结果表明，温度对AZ31B镁合金牺牲阳极性能影响显著，腐蚀电位随着温度升高；在30~90℃工作温度范围内，硅醛涂层具有良好的保护性能，阴极极化电流密度较小，与牺牲阳极联合后，可对水冷器起到良好的保护作用。同时通过10#碳钢以及硅醛涂层钢阴极极化曲线和AZ31B镁合金阳极极化曲线获得了水冷器后续牺牲阳极保护模拟计算所需的边界条件。

关键词　硅醛涂层；水冷器；牺牲阳极

水冷器是石化生产的重要设备之一，由于循环冷却水为含有Cl^-、SO_4^{2-}、Na^+等离子，电导率较高，腐蚀性较强，水冷器均存在不同程度的腐蚀问题。为抑制水冷器腐蚀，提高其可靠性、耐久性，减少停机维修时间和工作量，实际工程中普遍采用涂层联合牺牲阳极保护技术对水冷器进行保护。常用的涂层有硅醛涂层、浸铝涂层、渗铝涂层、浸锌涂层等，硅醛树脂可与管束金属表面形成硅键结构层，具有良好的耐高温、耐化学品、耐油、导热和防腐蚀效果。

牺牲阳极保护技术是通过在水冷器内安装电负性金属，通过牺牲该金属，达到保护水冷器的目的。国内外常用的牺牲阳极保护材料由锌合金牺牲阳极、铝合金牺牲阳极和镁合金牺牲阳极。锌合金牺牲阳极电流效率可达95%以上，但电容量较低，理论电容量仅为820Ah/kg，并主要用于电阻率低于200Ω·cm的介质环境；铝的理论电容量达2980A·h/kg，是锌的3.6倍，镁的1.35倍，铝的原料来源广，制造工艺简单，价格低廉，是理想的牺牲阳极材料，但其主要适用于电阻率低于100Ω·cm的介质环境；镁合金牺牲阳极的特点是密度小，电位负，极化率低，单位重量发生电量大，适用于高电阻率环境腐蚀防护。由于水冷器冷却介质电阻率通常高于250Ω·cm，因此普遍采用镁合金牺牲阳极进行保护。

涂层联合牺牲阳极保护技术，牺牲阳极可对涂层破损部位起到阴极保护作用，涂层可减少水冷器所需的阴极保护电流和牺牲阳极数量，延长牺牲阳极寿命。本文以硅醛涂层水冷器为研究对象，研究温度对硅醛涂层保护时镁合金牺牲阳极保护的影响，为后续计算牺牲阳极数量，确定分布位置，指导水冷器设计提供依据。

1　试验部分

1.1　试验材料及冷却水组成

试验材料为10#碳钢和采用硅醛涂层保护的10#碳钢，由大庆石化机械厂提供。试样尺寸为40mm×20mm×5mm。

试验模拟冷却水组成及物化性质见表1。采用分析纯级NaCl、Na_2SO_4、Na(OH)、SiO_2、$CaCl_2$和$MgCl_2$以及蒸馏水配置模拟冷却水，其pH值为8.9，电导率为3890μS/cm。

表1　模拟冷却水组成及物理化学特性

分析项目	数值
PH	8.6~9.2
总硬度	400(以$CaCO_3$计)
总碱度	50(以$CaCO_3$计)
Ca^{2+}	350(以$CaCO_3$计)
Mg^{2+}	50(以$CaCO_3$计)
Cl^-	900mg/L
SO_4^{2-}	150mg/L
SiO_2	50mg/L
Na^+	850mg/L
总铁	0.15mg/L
电导率	3500~4000μS/cm

根据GB/T 17731—2015《镁合金牺牲阳极》

标准，常用的镁合金牺牲阳极类型包括 AZ63B、AZ31B 和 M1C 这 3 种类型。M1C 镁合金牺牲阳极属于高电位阳极，驱动电压达到 0.9V，主要用于介质电阻率大于 2000Ω · cm 介质环境，但其实际电容量较低，使用寿命较短。AZ63B、AZ31B 镁合金牺牲阳极属于低电位阳极，驱动电压达到 0.7V 左右，实际电容量较 M1C 高，由于水冷器冷却水含有 Cl^-、SO_4^{2-}、Na^+等离子，电阻率相对较低，AZ63B、AZ31B 工作电位均可满足要求，但 AZ31B 工作电位稍正，根据腐蚀电化学理论，其发生电流量以及消耗速率较 AZ63B 小，寿命较长。因此，根据水冷器冷却水电阻率大小，本文选用 AZ31B 牺牲阳极对其进行保护。

1.2　试验方法及表征

采用美国普林斯顿 ParStat4000 电化学工作站测试装置，如图 1 所示，测试 AZ31B 镁合金牺牲阳极、10#碳钢以及硅醛涂层保护的 10#碳钢在温度为 30°、40°、50°、60°、70°和 90℃模拟冷却水的电化学性能。测试过程中以上述试样为工作电极，铂片为辅助电极，Ag/AgCl 为参比电极。采用恒电位和动电位扫描法，测量 AZ31B 镁合金、10#碳钢以及硅醛涂层保护的 10#碳钢在不同温度下极化曲线，恒电位测试为 -0.95V，动电位扫描范围为-20～+600mV（相对于牺牲阳极腐蚀电位），扫描速率为 20mV/min。

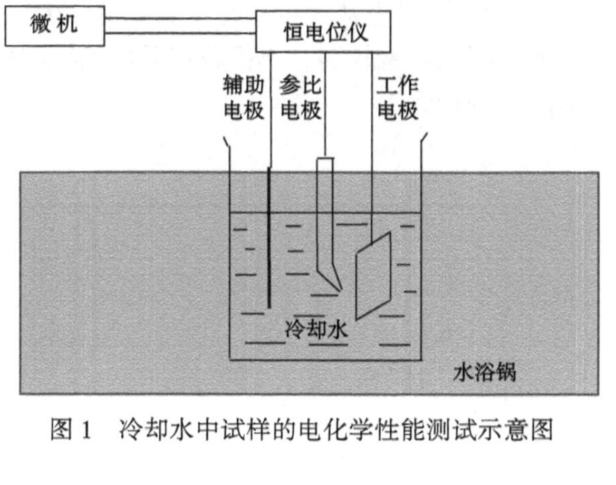

图 1　冷却水中试样的电化学性能测试示意图

2　结果与讨论

2.1　AZ31B 镁合金极化特性

图 2 为不同温度冷却水 AZ31B 牺牲阳极腐蚀电位。由测试结果可知，AZ31B 腐蚀电位随着温度逐渐升高，腐蚀电位基本规律呈正移趋势，AZ31B 腐蚀电位越负，其与水冷器电位差越大，越有利于牺牲阳极产生保护电流，对阴极保护越有利。因此，从 AZ31B 牺牲阳极腐蚀电位随温度变化可初步判断，随着温度升高，牺牲阳极输出电流驱动电压减小。

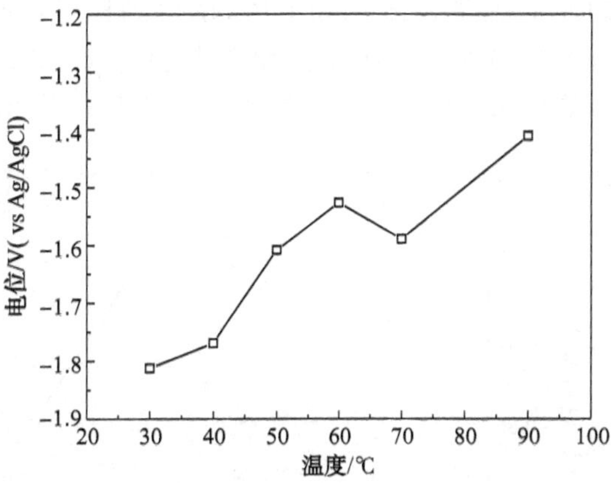

图 2　AZ31B 牺牲阳极腐蚀电位随温度变化曲线

图 3 为不同温度冷却水中 AZ31B 镁合金阳极极化曲线。由图 3 可知，在 30～60℃模拟冷却水中，相同电位下，AZ31B 的保护电流随着温度升高而降低，即牺牲阳极保护能力随着温度升高而降低，在此温度范围内，温度升高不利于牺牲阳极保护。在 30～70℃模拟冷却水中，AZ31B 在腐蚀电位至-1.3V 区间，发生明显钝化现象，不利于牺牲阳极输出电流保护水冷器，当温度升高至 90℃后，牺牲阳极虽然腐蚀电位正移，但未发生钝化现象，输出的保护电流增加，有利于为水冷器提供更多的阴极保护电流。

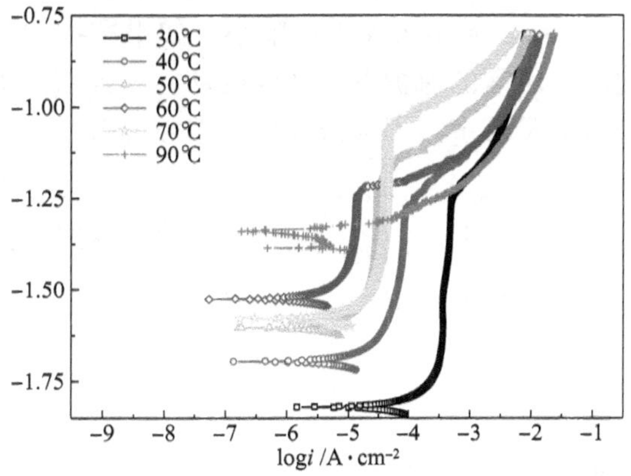

图 3　不同温度冷却水中 AZ31B 阳极极化曲线

2.2　温度对水冷器腐蚀电位的影响

图 4 为 10#碳钢以及硅醛涂层保护的 10#碳钢在温度为 30°、40°、50°、60°、70°和 90℃模拟冷却水的腐蚀电位变化。可以看出，不同温度条件下，10#钢腐蚀电位稳定，腐蚀电位处于 -0.68～-0.61V 范围内；当冷却水温度不超过

70℃，10#钢腐蚀电位随着温度升高而正移，说明腐蚀倾向随着温度升高而增加；当温度达到90℃后，腐蚀电位负移，但仍正于60℃以下温度条件下腐蚀电位。10#钢采用硅醛涂层保护后，表面处于绝缘状态，此时10#钢得到良好保护，不会发生腐蚀。但随着使用时间增长，冷却水通过硅醛涂层孔隙扩散至10#表面，此时孔隙部位10#钢发生腐蚀。因此，为准确测量硅醛涂层钢腐蚀行为，将硅醛涂层钢浸泡在冷却水中30天后进行电化学测试。不同温度冷却水中腐蚀电位测试结果如图3b所示，30℃冷却水中的腐蚀电位明显高于其他温度条件，40～90℃时硅醛涂层钢腐蚀电位变化较小。

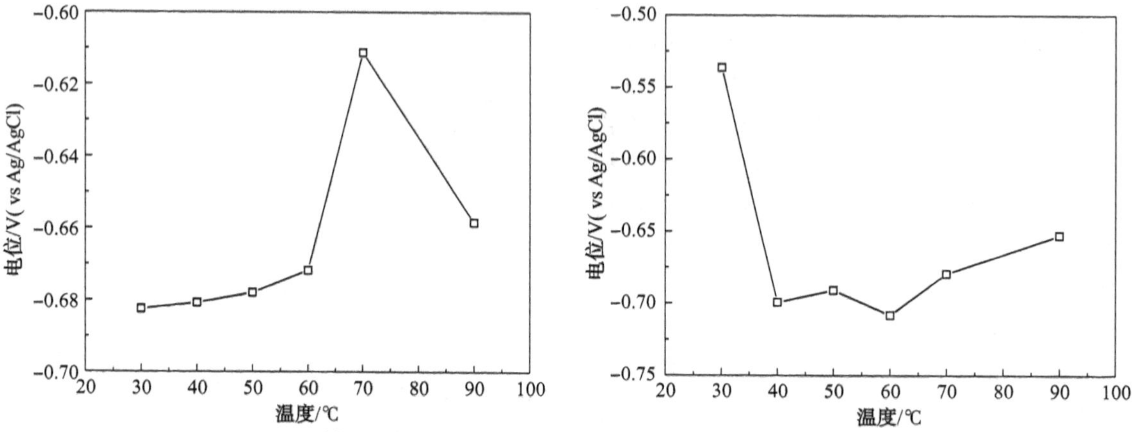

(a) 10#碳钢　(b)硅醛涂层碳钢

图4　不同状态碳钢在模拟冷却水中的腐蚀电位

2.3　温度对水冷器保护电流密度的影响

根据国家标准和国际标准，10#钢最佳保护电位范围为-1.1～-0.8V，恒电位测试过程中，选取极化电位为-0.95V，这主要是因为此极化电位距离-0.8V最正范围有较大余量，按此极化电位条件下所需保护电流密度设计牺牲阳极数量，即使随着阳极溶解消耗，仍可保证电位负于-0.8V，发生欠保护风险小。如果按-1.1V极化电位所需的保护电流密度设计，导致所需牺牲阳极数量较多，不仅造成牺牲阳极浪费，也会影响换热管数量，减小换热效率。

图5为10#钢在不同温度下极化至-0.95V时测得的极化电流密度。结果表明，10#钢所需阴极保护电流密度随着温度升高而增加，30℃冷却水中10#钢保护电流密度为68mA/m²，当冷却水温度达到90℃后所需的保护电流密度达到162mA/m²，保护电流密度增加了2.4倍。因此，所需牺牲阳极数量较多，不推荐仅采用牺牲阳极对水冷器进行保护。

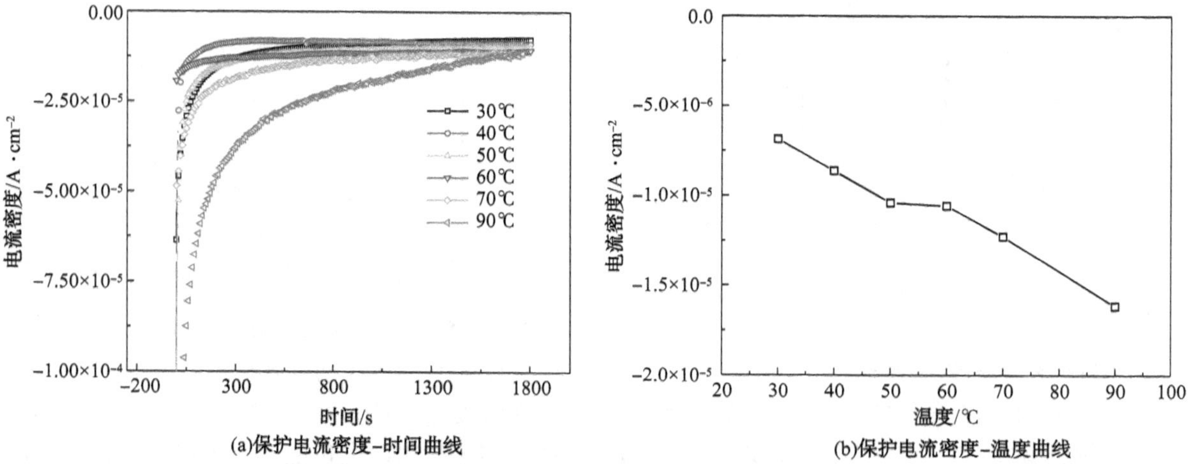

(a)保护电流密度-时间曲线　(b)保护电流密度-温度曲线

图5　温度对10#钢阴极保护电流密度影响

将硅醚涂层保护的10#碳钢恒电位极化至-0.95V，测量得到其在不同温度冷却水中的极化电流密度如图6所示。测试结果表明，硅醚涂层钢阴极极化电流密度较小，说明其所需的阴极保护电流密度小，当冷却水温度不高于60℃时，阴极保护电流密度处于2~6mA/m^2范围内，当温度升高至70℃以上时，阴极极化电流密度约为20mA/m^2。

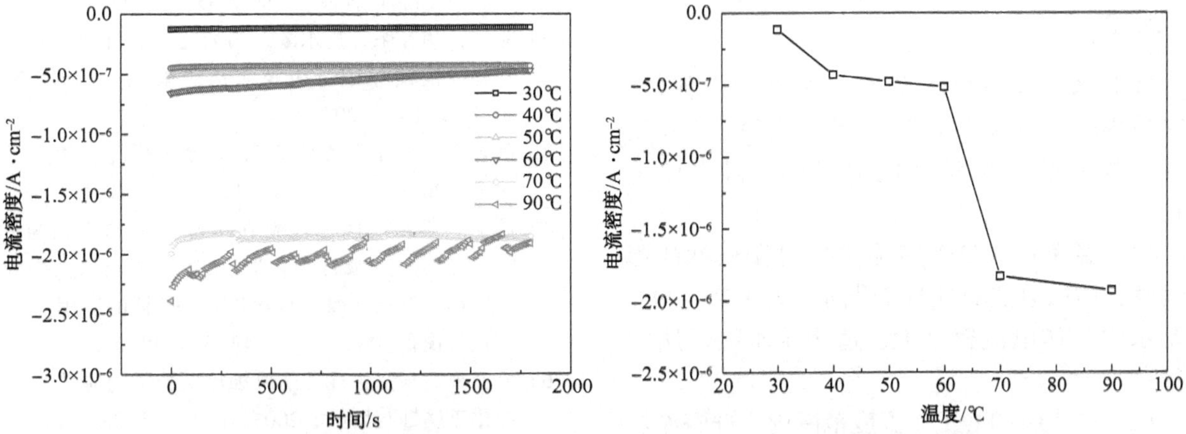

(a)保护电流密度-时间曲线　(b)保护电流密度-温度曲线

图6　温度对硅醚涂层碳钢阴极保护电流密度影响

2.4　温度对水冷器阴极极化特性的影响

采用动电位扫描法，测量10#碳钢以及硅醚涂层保护的10#碳钢在不同温度下阴极极化特性，结果如图7所示。随着温度升高，相同阴极极化电位条件下，10#碳钢所需的阴极极化电流密度增加，由此可推测，相同的保护寿命条件下，温度越高，所需的牺牲阳极数量越多；相同牺牲阳极数量条件下，温度越高，电位梯度越大，寿命越短。而硅醚涂层钢由于硅醚树脂良好的保护性能，10#钢所需的阴极保护电流密度较裸钢显著减小，30℃时减小1个数量级以上。随着温度升高，硅醚涂层钢所需的阴极保护电流密度缓慢增加，增加幅值约为1个数量级。图7所示阴极极化曲线可作为水冷器有/无硅醚涂层保护时阴极保护计算的阴极边界条件。

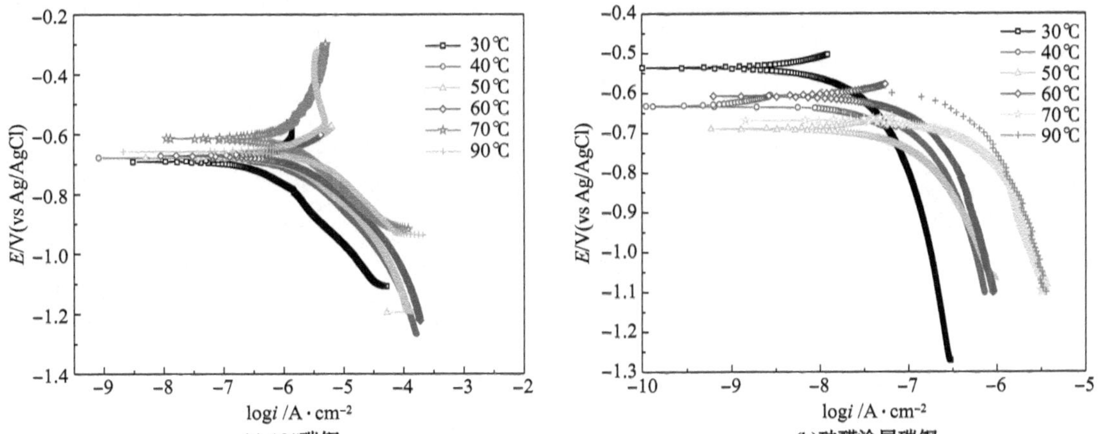

(a) 10#碳钢　(b)硅醚涂层碳钢

图7　不同状态碳钢在模拟冷却水中的阴极极化曲线

3　牺牲阳极保护边界条件分析

阴极保护参数的获取需要以水冷器结构为已知条件，通过计算得到水冷器表面阴极保护电位与电流分布。阴极保护参数边界条件主要包括：恒电位边界条件、恒电流边界条件、阴极极化边界条件、阳极极化边界条件。本文中水冷器后续阴极保护模拟计算所需的边界条件为恒电位边界条件(-0.95V)以及水冷器阴极极化边界条件和AZ31B牺牲阳极阳极极化边界条件。不同温度下有/无硅醚涂层的10#碳钢水冷器阴极极化电流密度与阴极极化电位关系可由图6计算得出，而不同温度下 AZ31B 牺牲阳极阳极极化边界条件则可由图 2 计算获得。因此，在不同温度冷却水条件下，本文为有/无硅醛涂层 10#碳钢水冷器的牺牲阳极保护计算提供了设计依据。

4 结论

针对水冷器 AZ31B 镁合金牺牲阳极保护，本文采用电化学测试方法，研究了水冷器工作温度对牺牲阳极电化学性能的影响，得出以下结论：

（1）温度对 AZ31B 镁合金牺牲阳极性能影响显著，腐蚀电位随着温度升高，其在 30~90℃冷却水中工作电流密度大，适用于水冷器腐蚀防护；

（2）在 30~90℃工作温度范围内，硅醛涂层具有良好的保护性能，所需阴极极化电流密度较小，与牺牲阳极联合后，可对水冷器起到良好的保护作用；

（3）获得了水冷器后续牺牲阳极保护模拟计算所需的边界条件。

参考文献

[1] 刘殿如．炼化厂水冷器常见腐蚀形式与控制措施[J]．全面腐蚀控制，2021，35(2)：112-115.
[2] 邓剑，胡春荣，杨永豪，刘云龙．新建炼油厂水冷器腐蚀泄漏原因分析及防护对策[J]．石化技术，2017，24(4)：202-203.
[3] 贾忠喜．水冷器结垢和腐蚀机理分析[J]．化工设计通讯，2021，47(2)：41-42.
[4] 贾生．柔性防腐蚀涂料在水冷器上的应用与评价[J]．石油化工腐蚀与防护，2019，36(1)：55-60.
[5] 宗瑞磊．涂层防腐在石化装置水冷器的应用[J]．石油化工设备技术，2022，43(3)：48-51.
[6] 吴金奎．碳钢水冷器防腐蚀涂层技术与应用[J]．石油化工腐蚀与防护，2003，(2)：35-38.
[7] 张姮．涂层防护+阴极保护技术在水冷器上的应用[J]．化工管理，2021，(2)：90-91.
[8] GB/T 17731—2015，镁合金牺牲阳极[S]．北京：中国国家标准化管理委员会，2015.

面向碳中和的 CCUS 技术进展及工程实践

潘　杰[1]　袁志彬[2]　孙大勇[1]　范振宁[1]

(1. 中石化石油工程设计有限公司；2. 中国石油化工股份有限公司胜利油田分公司)

摘　要　碳捕集、利用和储存(CCUS)技术已经在许多国家得到应用，并已被证明是一种具有巨大潜力的 CO_2减排方法和实现碳中和最后一公里的重要解决方案之一。本文对近年来国内外 CCUS 技术的研究现状进行了总结，介绍了典型的 CCUS 技术工程实践。最后对该技术的发展和前景进行了展望。

关键词　碳中和；CCUS；工程实践；进展

1　引言

自人类社会进入工业化以来，CO_2的日益排放导致温室效应不断增强，引起全球气候逐渐变暖，冰川融化和海平面持续上升等一系列环境问题，极端气候事件的强度和频率也明显增加。有科学数据显示，在过去的一个世纪里，地球的平均温度上升了约 0.6℃，且预计在未来几个世纪将继续保持上升趋势。目前，大气中 CO_2的含量已经超过 400ppm，亦处在上升阶段。其中，人类活动产生的 CO_2排放量中约有 87%来源于化石燃料的燃烧。全球许多国家仍然依赖于燃煤发电，因为其成本低，可靠性高的优点不能被可再生能源系统完全取代。据调查，波兰等一些欧洲国家将至少在 30 年内仍依赖化石燃料发电。相关报告显示，2020 年，全球 CO_2 排放量约为 34.81 亿吨。

当前，有效解决 CO_2排放问题成为了全球的研究热点，二氧化碳的捕集、利用和封存(CCUS)技术的应用可以有效改善火电、化工、钢铁等工业源的碳排放问题。自 20 世纪 70 年代以来，有国外学者为缓解气候变化就提出了捕获二氧化碳的方法。几十年来，二氧化碳捕获技术也被应用于各种领域，如煤化工尾气 CO_2分离。目前我国出台了许多政策法规将 CCUS 技术列为重点发展的减缓气候变化技术。本文将着重介绍 CCUS 技术中的几项关键支撑技术，及其在国内外的研究进展和工程实践应用情况。

2　CCUS 技术发展现状

2.1　碳捕集技术

CO_2捕集是 CCUS 技术中的首要环节，根据化石燃料的燃烧过程特点和 CO_2捕集系统的技术基础，目前国内外捕集 CO_2 主要有三条技术路线：燃烧前捕集、富氧燃烧和燃烧后捕集 3 种。

(1) 燃烧前捕集

燃烧前碳捕集是应对全球变暖的直接策略之一，是一种相对成本较低，效率较高的捕集方法。这项技术是在实际进行燃烧之前，在高压(2~7MPa)下从燃料中捕获碳。在煤制氢等场景，燃料(天然气、煤、原油等)首先被气化成由 H_2和 CO 组成的合成气，然后将气流中的 CO 转换成 CO_2，此时气流组成为 H_2和 CO_2。最后将通过物理/化学方法 CO_2从该气流中分离，剩余的 H_2可用于能量生产如燃料电池等(图 1)。

燃烧前捕集：

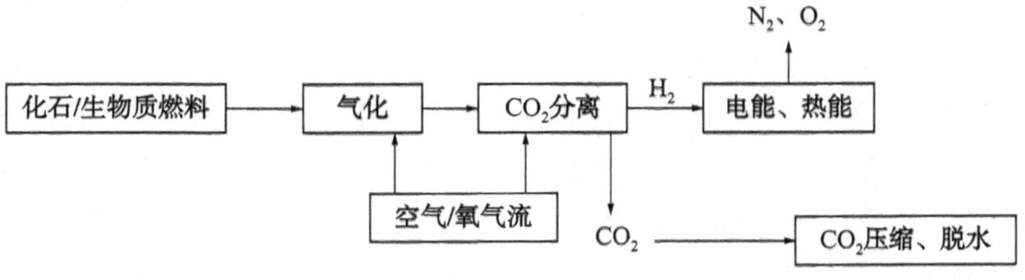

图 1　燃烧前捕技术路线图

（2）富氧捕集

富氧燃烧技术在过去的十几年中关的研究数量急剧增加。富氧燃烧过程是将作为氧化剂的空气替换成高纯度 O_2 和再循环烟道气。首先将空气中的 O_2 与 N_2 分离，获得用于燃烧的高纯 O_2。在高温（通常在燃气涡轮机循环中约 1300～1400℃，在氧燃料燃煤锅炉中约 1900℃）、高纯度氧气（95%～99%vol）氛围下，可以生产出高纯度的 CO_2（80%～98%vol）、水蒸气、颗粒物（SO_2 和 NO_x 等），具体的纯度取决于燃料类型、燃烧过程、O_2 的纯度等（图 2）。

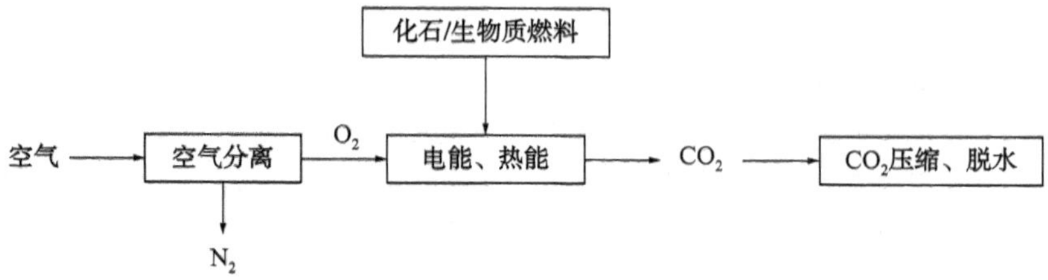

图 2　富氧捕集技术路线图

（3）燃烧后捕集

燃烧后捕集 CO_2 技术相比于前两种已经比较成熟，应用较为广泛。通过燃烧后的碳捕集技术，可以对现有的大型点源进行改造，如化石燃料发电厂、水泥制造业或炼油厂等，因为它们是大气中二氧化碳排放的主要来源。其是从燃料燃烧产生的烟道气中捕集 CO_2。通常，在 CO_2 捕集之前，由于无法封存烟气，同时考虑压缩和储存的成本，烟道气流需要进行脱氮、脱硫和除尘处理。烟道气流保持在 50～150℃、低 CO_2 分压（0.03bar 至 0.2bar）和低 CO_2 浓度（3%～20%vol）以下（图 3）。

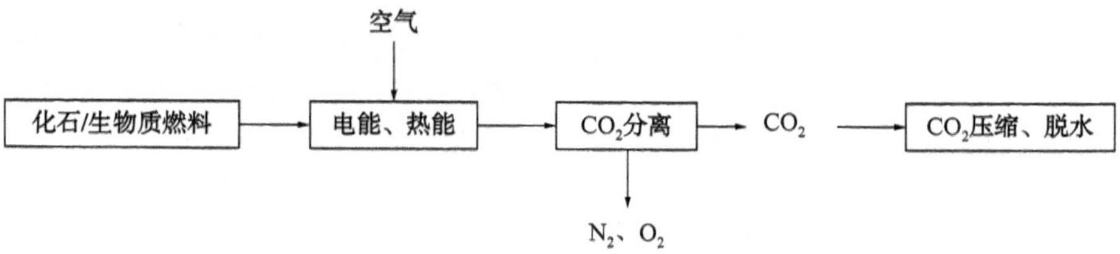

图 3　燃烧后捕集技术路线图

2.2　二氧化碳运输

在 CCUS 过程中，CO_2 输送是确保 CO_2 从捕集地安全、可靠的运输至储存地的关键环节。CO_2 运输按照输送方式不同可分为海上运输和陆地运输。陆地运输包括公路、铁路和管道，而海上运输包括管道和船舶。本文主要阐述 CO_2 管道运输方式。

管道运输由于其输送量大、距离长、运行可靠等特点，将成为未来大型 CCUS 项目中最经济、最便捷的 CO_2 输送方式。在国外，大规模、长距离 CO_2 输送管线的建设已有 40 余年历史。据统计，进入 21 世纪以来这十几年全球 CO_2 输送管线长度超过 6000km，截至到 2015 年，总长度超过 8000km。但这一长度远不能满足碳中和目标下的 CO_2 管道运输需求，未来还需要建设大量的 CO_2 管道。这些管线大多数分布在美国，只有少量分布于土耳其、挪威等国家。其中大部分管线是陆地管线，少部分管线属于海底 CO_2 输送管线。

根据相态的不同，CO_2 管道运输可分为气相、液相、密相和超临界输送。气相输送管道具有较低的工作压力和较高的安全性，CO_2 输送管径比较大，因此成本较高，适宜低输送量和短距离的 CO_2 输送，并且比超临界 CO_2 输送更适宜在人口稠密的地区。液相输送管道工作压力较低，通常需要保温层，因此成本较高，适宜油田低输量和短距离的 CO_2 输送。为避免在运输过程中形成两相流，提高输送效率，通常需要将捕集的 CO_2 压缩至超临界状态或液相状态（温度高于 31℃，压力大于 7.38MPa）。密相和超临界输送管道工作压力较高，输送量可高可低，无需保温加热，成本较低，适宜大输送量长距离输送，管道运行安全系数较低，适宜人口稀疏地区输送。四种 CO_2 运输方法特点具体如表 1 所示。

表1　四种CO_2运输方法特点

运输方法	形态	要求	优点	缺点	应用
气相运输	气态	CO_2进入管道之前需节流和减压，输送过程中加压不得超过临界压力，以避免CO_2的相变，管道无需保温	管道材料的要求相对较低	运输量小，经济差，对高压运输的适应能力差	小输量、短距离、人口稠密地区
液相运输	液态	温度控制严格，以防CO_2变成气体或固体	运输过程中摩擦力小、黏度小、密度小，便于运输	高蒸汽压可能会影响正常运输	小输量、短距离、人口稠密地区、适用于油田使用
密相运输	密相态	输送温度略低于超临界输送，压力范围不变	成本远低于气相和液相运输，接近超临界运输	仅用于人口稀疏地区	大输量、长距离、人口稀疏地区
超临界运输	超临界态	输送温度和压力均高于临界值	大直径管道降低了压降和相关的泵送损失，经济性好	由于温度和压力变化，杂质可能从CO_2中沉淀并形成气相	大输量、长距离、人口稀疏地区

2.3　二氧化碳利用和储存

（1）二氧化碳利用

CO_2利用大致可分为非转化和转化两种方法，其中转化法包括矿物碳酸化、作为燃料原料和微藻培养原料等。非转化法包括用于食品加工及包装、温室气体利用和强化采油(EOR)技术等。

矿物碳酸化即加速碳酸化的过程，也可称为CO_2的非地质储存，工业CO_2排放物可通过加速碳酸化从而得到热力学稳定的碳酸盐沉淀如$CaCO_3$/$MgCO_3$等产物。这些碳酸盐具有环境稳定性，使CO_2得到有效利用，且矿化过程旨在永久固定CO_2。天然硅酸盐矿石和碱性工业固体废物等各种原料均可用于CO_2矿化过程，其中利用碱性工业固体废物矿化不仅能够减少环境污染还能够产生额外的经济效益。诺奖得主George Olah曾提出将甲醇作为燃料以获取经济效益的概念。由于甲醇和甲酸等燃料产品具有优异的燃烧特性，因此应优先考虑制成以达到优异的减排效果。近年来，由可再生电力驱动的电催化CO_2转化为燃料和化学品也有很大的潜力。微藻培养即自养微生物，其具有体积小、光合速率高、环境适应性强、繁殖快、处理效率高、易于与其他技术集成等优点。据研究显示，1kg的藻类生物质可以固定约1.83kg的CO_2。

在食品工业中利用超临界CO_2萃取技术，可提取脂质和胆固醇、茶和咖啡的脱咖啡因等。温室气体利用即将工业产生的CO_2输送到农业基地，提高温室中CO_2浓度，促进植物生长，提高作物产量，从而提高经济效益。强化采油(EOR)是指将超临界/密相CO_2在高压下注入枯竭的油田或天然气储层中，回收残余原油，提高采收率。这种方法在采出石油的同时也将CO_2储存到地下。其原理是降低原油界面张力和粘度，增加原油内能，提升原油流动性和油层压力。世界上90%以上的油藏适合提高采收率。根据储层的条件(温度、压力和油性质)，注入的CO_2可以保持与油不混溶或者与油混溶，通常选用可混溶工艺，因为其回收率通常高于不混溶工艺。在该程序之后，将CO_2和油的混合物推至表面，并将其中的CO_2分离出来。然后再次使分离的CO_2通过循环以继续该过程。CO_2-EOR能够提取油井中原先存在的原油的30%~60%。

（2）二氧化碳储存

CO_2储存技术是减缓全球变暖的重要一环，是未来几十年减少大气中CO_2的最佳选择。CO_2储存方法分为两类，即地质储存和海洋储存。

CO_2可用于提高石油、天然气和煤层气的采收率，注入的CO_2也永久储存在那里。最好的储存场所是枯竭的油气藏，也可直接用于封存CO_2，但缺点是无法提高采收率和产生经济效益。地质储存即将超临界状态的CO_2注入地质构造中。为了使CO_2储存具有千兆吨(Gt)规模的容量、永久性和环境性能，目前认为只有地质构造的储存方式可以满足，因此地质储存是目前CO_2的主要储存方式。最高的CO_2地质储存容量是美国，占总储存资源的62.2%(8，061.812Gt)。其次是中国，占23.75%(3，077.431Gt)。其他国家包括：加拿大(3.11%)，韩国(1.60%)，日本(1.17%)，马来西亚(1.154%)等。

CO_2地质储存构造一般要求包括储层岩石具有适当的孔隙度、厚度和渗透率、盖层具有良好的封闭能力以及稳定的地质环境，通常选择枯竭(接近枯竭)的油气藏、深层不可开采的煤层和深层盐水层。CO_2地质储存主要包括两种基本机制，即物理储存和化学储存。如果将物理储存与化学储存相结合，将能够更好地发挥二者的优势，实现更高效、更安全的CO_2储存方式。

(3) 离岸储存

离岸储存是指将二氧化碳运输到深海进行储存的方法。海洋每年可以通过水和大气之间的自然交换吸收约1.7Gt的CO_2，而每年产生50~100Gt的CO_2，超过了大陆植被的吸收量。虽然海洋的碳储量大约是大气的50倍，但通过自然交换吸收CO_2极为缓慢，因此有研究人员提出直接将CO_2注入海洋中以加速储存。然而CO_2的相态和密度会因注入深度的变化而变化，因此储存效果也有所影响。当注入深度小于3km时，CO_2的密度小于海水则会逐渐上升到海平面而进入大气中，使储存效果大打折扣。当深度大于3km时，CO_2则会逐渐下沉到海底。House等人提出向深海沉积物中注入CO_2可以将其永久储存，因为注入的CO_2可保持重力稳定，克服了CO_2在地质储存时由于浮力导致其逃逸的问题。

相比于地质储存，海洋储存泄漏风险更低，但这种储存方法目前还存在较大争议，在大量CO_2注入并沉入海底的过程中会溶解在海水中，会改变海底的CO_2浓度和降低海水pH值，导致海水酸化，从而可能会影响海洋生态系统。海洋酸化对从细菌到鱼类等各种生物都有负面影响，许多生物体需要投入额外的能量来维持其酸碱平衡、代谢过程或其他生物功能，从而影响其生长、繁殖和存活。有研究人员在实验室测试的所有物种中，约有50%表现出对海洋酸化的负面反应。近几十年来，大量文献显示海洋酸化正在对海洋生态系统产生渗透性和潜伏性影响，由此产生的变化无处不在。Rodolfo-Metalpa等人还发现，全球变暖引起的温度升高可能会降低海洋生态系统对酸化的抵抗力。面对上述诸多问题，对于CO_2海洋储存还要进行更多的研究以保证这种方法的长远发展。

3　CCUS项目工程实践

3.1　国外CCUS项目进展

国外CCUS项目的发展历程较长，规模也较大。自20世纪60年代以来，CO_2强化采油(EOR)已在美国和加拿大进行。自1972年1月26日以来，Chevron公司实施了世界上第一个大规模CCUS项目：Terrell项目。其CO_2的捕集能力可实现$(4\sim5)\times10^5$t/a。该项目的CO_2来自科罗拉多的天然CO_2场，并通过管道输送到油田用于注水。在1972—2009年期间，Terrell项目总共注入了超过1.75×10^9t天然CO_2。1982年在俄克拉荷马州建成的Enid项目，利用化肥厂产生的CO_2提高采收率，CO_2的捕集能力可实现7×10^5t/a。1996年，挪威Equinor公司在北海Sleipner油田启动了世界上第一个CO_2捕集和储存项目，将从天然气中捕获的CO_2储存在咸水层中，其中储存量约9×10^5t/a，这些年来共储存了约2×10^8t CO_2。

进入21世纪后，CO_2捕集越来越受到人们的重视。2000年，美国和加拿大合作，在Weyburn油田实施CO_2注入和储存项目，此项目是世界上关于CO_2地质储存的最完整的多学科科学研究项目。截至2012年，该项目已注入近2.2×10^8t CO_2。2015年，加拿大Quest项目将合成油制氢过程中产生的CO_2注入咸水层储存，年CO_2储存能力达1×10^6t/a，并以较低的成本实现了截止到2019年CO_2累计减排4×10^6t的目标，是目前世界上最大的CO_2地下储存项目。2016年，西澳的Gorgon项目将天然气中分离出的CO_2注入巴罗岛盐水层，注入量高达3.5×10^6t/a，此外，此项目是全球最大的单体LNG项目Gorgon天然气项目的配套。表2列出了1972年至2022年已开发或运营的一些国外项目。

表2　国际CCS/CCUS项目一览表

项目名称	地点	捕集能力($\times10^4$t/a)	CO_2来源	CO_2去向	运行年份
Terrell	美国	40-50	天然气处理	EOR	1972
Enid	美国	70	化肥厂	EOR	1982
Shute Creek	美国	700	天然气处理	EOR	1986

续表

项目名称	地点	捕集能力(×10^4t/a)	CO_2来源	CO_2去向	运行年份
Sleipner	挪威	90	天然气处理	盐水层	1996
Val Verde	美国	130	天然气处理	EOR	1998
Weyburn	美国/加拿大	100	煤气化	EOR	2000
In Salah	阿尔及利亚	120	天然气处理	枯竭气田	2004-2011
Snohvit	挪威	70	天然气处理	盐水层	2008
Century	美国	840	天然气处理	EOR	2010
Coffeyville	美国	80	化肥厂	EOR	2013
Lost Cabin	美国	90	天然气处理	EOR	2013
Lula	巴西	70	天然气处理	EOR	2013
Air Products	美国	100	甲烷重整	EOR	2013
Boundary Dam	加拿大	100	燃煤电厂	EOR/盐水层	2014
Quest	加拿大	110	甲烷重整	盐水层	2015
Uthmaniyah	沙特阿拉伯	80	天然气处理	EOR	2015
Decatur	美国	100	乙醇	盐水层	2016
Kemper	美国	340	燃煤电厂	EOR	2016
Petra Nova	美国	160	燃煤电厂	EOR	2016
Gorgon	澳大利亚	400	天然气处理	盐水层	2016
Tomakomai	日本	10	氢气产品	盐水层	2016
Abu Dhabi	阿联酋	80	钢铁厂	EOR	2016
Alberta Trunk	加拿大	30-60	化肥厂	EOR	2016
Alberta Trunk	加拿大	120-140	炼油厂	EOR	2017
ILLINOIS	美国	100	乙醇生产	地质储存	2017
Gorgon	澳大利亚	400	天然气处理	地质储存	2019
Qatar	卡塔尔	220	天然气处理	地质储存	2019
Alberta Trunk	加拿大	160	炼油厂	EOR	2020
Alberta Trunk	加拿大	30	化肥厂	EOR	2020
Orca	冰岛	0.4	直接空气捕获	地质储存	2021
Glacier	加拿大	20	天然气处理	地质储存	2022
Red trail	美国	18	乙醇生产	地质储存	2022

3.2 国内 CCUS 项目进展

1965 年中石油大庆油田进行碳酸水驱井组试验，2006 年香山科学大会和 2020 年碳达峰、碳中和目标的宣布这三个标志性事件将中国 CCUS 的发展划分为勘探(1965—2005)、初步试验(2006—2019)和产业化(2020 以后)三个阶段。

20 世纪 60 年代，大庆油田进行了 CO_2室内实验研究。1965 年，大庆油田首次专门开展小井距提高采收率试验研究，提高采收率 10%左右。自 1967 年开始，中石化开展了 CO_2-EOR 机理实验，并在胜利、华东、江苏和草舍油田进行了 CO_2驱油试验和实际生产。1984 年进行了混相和非混相二氧化碳驱油的研究并在中原油田、大庆油田和华北油田进行了相关的实验。1994 年，吉林油田进行多井组 CO_2吞吐试验，1999 年进行 CO_2驱油试验。

《中国二氧化碳捕集、利用与封存(CCUS)—2023》报告指出，截至 2022 年底，中国已投产和规划建设中的 CCUS 示范项目近 100 个，其中已投产项目的 CO_2捕集能力约为 400 万 t/a。这代表了中国已具备大规模捕集和封存 CO_2的能力，并且目前已在积极筹备建设全流程 CCUS 集群。表 3 列出了一些已开发或运营的一些国内 CCUS 项目。

表 3　国内 CCUS 项目一览表

运营商	地点	捕集能力($\times10^4$t/a)	CO_2来源	CO_2去向	运行年份
中国石油天然气集团公司	大庆油田	20	天然气处理	EOR	2003
中国石油化工总公司	江苏东台	10	化工厂	EOR	2005
中国石油天然气集团公司	吉林油田	35	天然气处理	EOR	2007
华能集团	石洞口	12	燃煤电厂	商业用途	2009
中国石油化工总公司	胜利油田	4(第一阶段) 100(第二阶段)	燃煤电厂	EOR	2010
中国电力投资集团	重庆	1	火力电厂	商业用途	2010
神华集团	鄂尔多斯	10	煤制油装置捕集	盐水层	2011
陕西延长石油集团	陕西靖边	5	甲醇和乙酸生产	EOR	2012
中国大唐集团	北京	0.2	燃气电厂	商业用途	2014
中国石油化工总公司	中原油田	10	化肥处理	EOR	2015
华能集团	天津	6-10	燃煤电厂	EOR	2016
中国石油天然气集团公司	克拉玛依	10	甲醇生产	EOR	2016
华润集团	广东	2	电厂	商业用途	2019
中国石油化工总公司	胜利油田	100	电厂	EOR	2020
中国石油化工总公司	胜利油田	100	化工厂	EOR	2022

4　结论与展望

目前大量CO_2捕集技术已被证明可行性，但只有少数技术能够以商业规模部署，捕集成本仍然是广泛部署 CCUS 的主要障碍。进一步研发新材料、新工艺或新设备以推进CO_2捕集技术的进展，从而降低能耗和总成本，这是 CCUS 未来大规模实施的必要条件。

管道运输由于其输送量大、距离长、运行可靠等特点，将成为未来大型 CCUS 项目中最经济、最便捷的CO_2输送方式。长距离管道建设是CO_2输送的一个挑战，需要更多的技术改进。

美国、欧洲、加拿大等国家已实现了成熟和大规模的现场应用，为应对气候变化和石油生产做出了巨大贡献。中国在过去的十年中进行了大量的 CCUS 技术研发投资，但大规模示范工程较少。目前，CCUS 工程实践正处于从先导性试验向产业化阶段过渡的关键时期，项目主要集中在CO_2-EOR，盐水层蓄水等项目，全流程 CCUS 产业集群正在筹备和摸索中。

参 考 文 献

[1] Kelvin O. Yoro, Michael O. Daramola. CO_2 emission sources, greenhouse gases, and the global warming effect [J]. Advances in Carbon Capture, 2020: 3-28.

[2] Rosa, L. P. *, Ribeiro, S. K. *. The present, past, and future contributions to global warming of CO/sub 2/ emissions from fuels. A key for negotiation in the Climate Convention [J]. Climatic Change, 2001, Vol. 48: 289-308.

[3] Iqra Mehmood, Amna Bari, Shakeel Irshad, Fatima Khalid, Sehrish Liaqat, Hamza Anjum & Shah Fahad. Carbon Cycle in Response to Global Warming[J]. Environment, Climate, Plant and Vegetation Growth, 2020: 1-15.

[4] Mohammed Redha Qader, Shahnawaz Khan, Mustafa Kamal, Muhammad Usman, Mohammad Haseeb. Forecasting carbon emissions due to electricity power generation in Bahrain[J]. Environmental science and pollution research international, 2022, Vol. 29(12): 17346-17357.

[5] Lauri Holappa. A General Vision for Reduction of Energy Consumption and CO_2 Emissions from the Steel Industry [J]. Metals, 2020, Vol. 10(9): 1-20.

[6] Garba M D, Usman M, Khan S, et al. CO_2 towards fuels: A review of catalytic conversion of carbon dioxide to hydrocarbons[J]. Journal of Environmental Chemical Engineering, 2020: 104756.

[7] Mikhaylov A, Moiseev N, Aleshin K, et al. Global climate change and greenhouse effect[J]. Entrepreneurship and Sustainability Issues, 2020, 7(4): 2897.

[8] IPCC. AR6 climate change 2021: the physical science basis [R]. Cambridge, UK: Cambridge University

Press, 2021.

[9] Suicmez V S. Feasibility study for carbon capture utilization and storage (CCUS) in the Danish North Sea [J]. Journal of Natural Gas Science and Engineering, 2019, 68: 102924.

[10] 邓小红，王健健. 模拟大气 CO_2浓度升高对虎耳草生理特性和药用品质的影响[J]. 生态科学, 2023, 42(02): 9-16.

[11] T. Wilberforce, A. G. Olabi, E. T. Sayed, K. Elsaid and M. A. Abdelkareem, Progress in carbon capture technologies, Sci. Total Environ., 2021, 761, 143203.

[12] Madejski P, Chmiel K, Subramanian N, et al. Methods and techniques for CO_2 capture: Review of potential solutions and applications in modern energy technologies [J]. Energies, 2022, 15(3): 887.

[13] Ritchie H, Roser M, Rosado P. CO_2 and greenhouse gas emissions[J]. Our world in data, 2020.

[14] Ren Q, Wei S, Du J, et al. Research progress and perspectives on carbon capture, utilization, and storage (CCUS) technologies in China and the USA: a bibliometric analysis [J]. Environmental Science and Pollution Research, 2023: 1-18.

[15] 汪黎东，荆润秋，王茹洁，等. 中国火电行业燃煤烟气 CO_2捕集技术路径探究[J]. 北京理工大学学报(社会科学版), 2022, 24(04): 66-73.

[16] 桑树勋，刘世奇，陆诗建，等. 工程化 CCUS 全流程技术及其进展[J]. 油气藏评价与开发, 2022, 12(05): 711-725+733.

[17] Pal M, KaraliūtėV, Malik S. Exploring the Potential of Carbon Capture, Utilization, and Storage in Baltic Sea Region Countries: A Review of CCUS Patents from 2000 to 2022[J]. Processes, 2023, 11(2): 605.

[18] 郭敏晓，蔡闻佳. 全球碳捕捉、利用和封存技术的发展现状及相关政策[J]. 中国能源, 2013, 35(03): 39-42.

[19] 张引弟，胡多多，刘畅，等. 石油石化行业 CO_2捕集、利用和封存技术的研究进展[J]. 油气储运, 2017, 36(06): 636-645.

[20] 王明坛，谢圣林，许子通. 二氧化碳捕集技术的现状与最新进展[J]. 当代化工, 2016, 45(05): 1002-1005.

[21] Alami A H, Hawili A A, Tawalbeh M, et al. Materials and logistics for carbon dioxide capture, storage and utilization[J]. Science of the Total Environment, 2020, 717: 137221.

[22] Gulzar A, Gulzar A, Ansari M B, et al. Carbon dioxide utilization: A paradigm shift with CO_2 economy [J]. Chemical Engineering Journal Advances, 2020, 3: 100013.

[23] Godin J, Liu W, Ren S, et al. Advances in recovery and utilization of carbon dioxide: A brief review[J]. Journal of Environmental Chemical Engineering, 2021, 9(4): 105644.

[24] Olajire A A. CO_2 capture and separation technologies for end-of-pipe applications-A review[J]. Energy, 2010, 35(6): 2610-2628.

[25] Theo W L, Lim J S, Hashim H, et al. Review of pre-combustion capture and ionic liquid in carbon capture and storage [J]. Applied energy, 2016, 183: 1633-1663.

[26] Osman A I, Hefny M, Abdel Maksoud M I A, et al. Recent advances in carbon capture storage and utilisation technologies: a review [J]. Environmental Chemistry Letters, 2021, 19(2): 797-849.

[27] Kudapa V K. Carbon-dioxide capture, storage and conversion techniques in different sectors-a case study [J]. International Journal of Coal Preparation and Utilization, 2023, 43(9): 1638-1663.

[28] Lau H C, Ramakrishna S, Zhang K, et al. The role of carbon capture and storage in the energy transition [J]. Energy & Fuels, 2021, 35(9): 7364-7386.

[29] Metz B, Davidson O, Coninck H D, et al. IPCC special report on carbon dioxide capture and storage [J]. Economics & Politics of Climate Change, 2005.

[30] Wienchol P, Szlęk A, Ditaranto M. Waste-to-energy technology integrated with carbon capture-Challenges and opportunities[J]. Energy, 2020, 198: 117352.

[31] Singh R I, Kumar R. Current status and experimental investigation of oxy-fired fluidized bed[J]. Renewable and Sustainable Energy Reviews, 2016, 61: 398-420.

[32] Spigarelli B P, Kawatra S K. Opportunities and challenges in carbon dioxide capture[J]. Journal of CO_2 Utilization, 2013, 1: 69-87.

[33] Hong W Y. A techno-economic review on carbon capture, utilisation and storage systems for achieving a net-zero CO_2 emissions future[J]. Carbon Capture Science & Technology, 2022, 3: 100044.

[34] Dziejarski B, Krzyżyńska R, Andersson K. Current status of carbon capture, utilization, and storage technologies in the global economy: A survey of technical assessment[J]. Fuel, 2023, 342: 127776.

[35] Mukherjee A, Okolie J A, Abdelrasoul A, et al. Review of post-combustion carbon dioxide capture technologies using activated carbon[J]. Journal of Environmental Sciences, 2019, 83: 46-63.

[36] Wu X, Wang M, Liao P, et al. Solvent-based post-

combustion CO_2 capture for power plants: A critical review and perspective on dynamic modelling, system identification, process control and flexible operation [J]. Applied Energy, 2020, 257: 113941.

[37] Wang X, Song C. Carbon capture from flue gas and the atmosphere: A perspective [J]. Frontiers in Energy Research, 2020, 8: 560849.

[38] 蒋秀，屈定荣，刘小辉．超临界 CO_2 管道输送与安全[J]．油气储运，2013，32(8)：809-813.

[39] Oosterkamp A, Ramsen J. State-of-the-art overview of CO_2 pipeline transport with relevance to offshore pipelines[J]. Polytec Report number: POL-O-2007-138-A, 2008.

[40] Lu H, Ma X, Huang K, et al. Carbon dioxide transport via pipelines: A systematic review [J]. Journal of Cleaner Production, 2020, 266: 121994.

[41] Cui G, Yang Z, Liu J, et al. A comprehensive review of metal corrosion in a supercritical CO_2 environment [J]. International Journal of Greenhouse Gas Control, 2019, 90: 102814.

[42] Zheng J P, Shi J G, Liu Z J, et al. Recent advances in pipeline transportation technology of carbon dioxide [J]. Sino-Global Energy, 2018, 23(6): 87-94.

[43] Shuaishuai G, Hui L. Research and application of key technologies for carbon dioxide pipeline transportation [J]. Petrochemical Industry Technology, 2017.

[44] Gulzar A, Gulzar A, Ansari M B, et al. Carbon dioxide utilization: A paradigm shift with CO_2 economy [J]. Chemical Engineering Journal Advances, 2020, 3: 100013.

[45] Liu W, Teng L, Rohani S, et al. CO2 mineral carbonation using industrial solid wastes: A review of recent developments [J]. Chemical Engineering Journal, 2021, 416: 129093.

[46] Olah G A, Goeppert A, Prakash G K S. Beyond oil and gas: the methanol economy [M]. John Wiley & Sons, 2018.

[47] Lin Q, Zhang X, Wang T, et al. Technical perspective of carbon capture, utilization, and storage[J]. Engineering, 2022, 14: 27-32.

[48] Razzak S A, Hossain M M, Lucky R A, et al. Integrated CO_2 capture, wastewater treatment and biofuel production by microalgae culturing—a review[J]. Renewable and sustainable energy reviews, 2013, 27: 622-653.

[49] Sahena F, Zaidul I S M, et al. Application of supercritical CO_2 in lipid extraction-A review[J]. Journal of Food Engineering, 2009, 95(2): 240-253.

[50] Ilgaz S, Sat I G, Polat A. Effects of processing parameters on the caffeine extraction yield during decaffeination of black tea using pilot-scale supercritical carbon dioxide extraction technique[J]. Journal of food science and technology, 2018, 55(4): 1407-1415.

[51] Oreggioni G D, Luberti M, Tassou S A. Agricultural greenhouse CO_2 utilization in anaerobic-digestion-based biomethane production plants: A techno-economic and environmental assessment and comparison with CO_2 geological storage [J]. Applied Energy, 2019, 242: 1753-1766.

[52] Adu E, Zhang Y, Liu D. Current situation of carbon dioxide capture, storage, and enhanced oil recovery in the oil and gas industry[J]. The Canadian Journal of Chemical Engineering, 2019, 97(5): 1048-1076.

[53] Verma M K. Fundamentals of carbon dioxide-enhanced oil recovery (CO_2-EOR): a supporting document of the assessment methodology for hydrocarbon recovery using CO_2-EOR associated with carbon sequestration [R]. US Geological Survey, 2015.

[54] Melzer L S. Carbon dioxide enhanced oil recovery (CO_2-EOR): Factors involved in adding carbon capture, utilization and storage (CCUS) to enhanced oil recovery[J]. Center for Climate and Energy Solutions, 2012: 1-17.

[55] Luboń K. Influence of Injection Well Location on CO_2 Geological Storage Efficiency[J]. Energies, 2021, 14(24): 8604.

[56] Ma Z, Ranjith P G. Review of application of molecular dynamics simulations in geological sequestration of carbon dioxide[J]. Fuel, 2019, 255: 115644.

[57] Solomon S, Carpenter M, Flach T A. Intermediate storage of carbon dioxide in geological formations: A technical perspective [J]. International Journal of Greenhouse Gas Control, 2008, 2(4): 502-510.

[58] Yi-Hang W, Bo-Heng T. Research Review and Prospect of Carbon Capture and Storage Technology [J]. Applied Energy Technology, 2015.

[59] Yamasaki, Akihiro. An Overview of CO_2 Mitigation Options for Global Warming—Emphasizing CO_2 Sequestration Options[J]. Journal of Chemical Engineering of Japan, 2003, 36(4): 361-375.

[60] Adams E E, Caldeira K. Ocean Storage of CO_2 [J]. Elements, 2008, 4(5): 319-324.

[61] House K Z, Schrag D P, Harvey C F, et al. Permanent carbon dioxide storage in deep-sea sediments [J]. Proceedings of the National Academy of Sciences, 2006, 103(33): 12291-12295.

[62] Zheng J, Chong Z R, Qureshi M F, et al. Carbon dioxide sequestration via gas hydrates: a potential pathway toward decarbonization[J]. Energy & Fuels, 2020, 34(9): 10529-10546.

[63] Wittmann A C, Pörtner H O. Sensitivities of extant animal taxa to ocean acidification [J]. Nature climate change, 2013, 3(11): 995-1001.

[64] Rodolfo-Metalpa R, Houlbrèque F, Tambutté É, et al. Coral and mollusc resistance to ocean acidification adversely affected by warming [J]. Nature Climate Change, 2011, 1(6): 308-312.

[65] Ma J, Li L, Wang H, et al. Carbon capture and storage: history and the road ahead [J]. Engineering, 2022, 14: 33-43.

[66] 陈秋燕. 国内外大型碳捕集与封存(CCS)项目建设综述[J]. 技术与市场, 2013, 20(07): 222-224.

[67] Chadwick A, Williams G, Delepine N, et al. Quantitative analysis of time-lapse seismic monitoring data at the Sleipner CO_2 storage operation[J]. The Leading Edge, 2010, 29(2): 170-177.

[68] Protti G. Win-Win: Enhanced Oil Recovery and CO_2 Storage at EnCana's Weyburn Oilfield[C]. World Petroleum Congress. WPC, 2005: WPC-18-0986.

[69] Tucker O, Gray L, Maas W, et al. Quest commercial scale CCS-the first year[C]. International Petroleum Technology Conference. IPTC, 2016.

[70] Temizel C, Ranjith R, Suhag A, et al. Optimization of CO_2 Sequestration in Aquifers under Geochemistry and Thermal Effects[C]. Eage Conference & Exhibition -spe Europec, 2017.

[71] Liu Z X, Gao M, Zhang X M. CCUS and CO_2 injection field application in abroad and China: Status and progress[J]. Geoenergy Science and Engineering, 2023.

[72] 赵志强, 张贺, 焦畅等. 全球 CCUS 技术和应用现状分析[J]. 现代化工, 2021, 41(04): 5-10.

[73] Yang L I, Wenhuan H, Yong J I N. Different reservoir types of CO_2 flooding in Sinopec EOR technology development and application under "dual carbon" vision [J]. Reservoir Evaluation and Development, 2021, 11(6): 793-804.